Standard Units Used in this Book

Units for both the System International (SI, metric) and United States Customary System (USCS) are listed in equations and tables throughout this textbook. Metric units are listed as the primary units and USCS units are given in parentheses.

Prefixes for SI units:

Prefix	Symbol	Multiplier	Example units (and symbols)
nano-	n	10^{-9}	nanometer (nm)
micro-	μ	10^{-6}	micrometer, micron (μm)
milli-	m	10^{-3}	millimeter (mm)
centi-	c	10^{-2}	centimeter (cm)
kilo-	k	10^{3}	kilometer (km)
mega-	M	10^{6}	megaPascal (MPa)
giga-	G	10^{9}	gigaPascal (GPa)

Table of Equivalencies between USCS and SI units:

Variable	SI units	USCS units	Equivalencies
Length	meter (m)	inch (in)	1.0 in = 25.4 mm = 0.0254 m
		foot (ft)	1.0 ft = 12.0 in = 0.3048 m = 304.8 mm
		yard	1.0 yard = 3.0 ft = 0.9144 m = 914.4 mm
		mile	1.0 mile = 5280 ft = 1609.34 m = 1.60934 km
		micro-inch (μ-in)	1.0 μ-in = 1.0×10^{-6} in = $25.4 \times 10^{-3} \mu$m
Area	m^2, mm^2	in^2, ft^2	1.0 in^2 = 645.16 mm^2
			1.0 ft^2 = 144 in^2 = 92.90×10^{-3} m^2
Volume	m^3, mm^3	in^3, ft^3	1.0 in^3 = 16,387 mm^3
			1.0 ft^2 = 1728 in^3 = 2.8317×10^{-2} m^3
Mass	kilogram (kg)	pound (lb)	1.0 lb = 0.4536 kg
		ton	1.0 ton (short) = 2,000 lb = 907.2 kg
Density	kg/m^3	lb/in^3	1.0 lb/in^3 = 27.68×10^3 kg/m^3
		lb/ft^3	1.0 lb/ft^3 = 16.0184 kg/m^3
Velocity	m/min	ft/min	1.0 ft/min = 0.3048 m/min = 5.08×10^{-3} m/s
	m/s	in/min	1.0 in/min = 25.4 mm/min = 0.42333 mm/s
Acceleration	m/s^2	ft/sec^2	1.0 ft/sec = 0.3048 m/s^2
Force	Newton (N)	pound (lb)	1.0 lb = 4.4482 N
Torque	N-m	ft-lb, in-lb	1.0 ft-lb = 12.0 in-lb = 1.356 N-m
			1.0 in-lb = 0.113 N-m
Pressure	Pascal (Pa)	lb/in^2	1.0 lb/in^2 = 6895 N/m^2 = 6895 Pa
Stress	Pascal (Pa)	lb/in^2	1.0 lb/in^2 = 6.895×10^{-3} N/mm^2 = 6.895×10^{-3} MPa
Energy, work	Joule (J)	ft-lb, in-lb	1.0 ft-lb = 1.356 N-m = 1.356 J
			1.0 in-lb = 0.113 N-m = 0.113 J
Heat energy	Joule (J)	British thermal unit (Btu)	1.0 Btu = 1055 J
Power	Watt (W)	Horsepower (hp)	1.0 hp = 33,000 ft-lb/min = 745.7 J/s = 745.7 W
			1.0 ft-lb/min = 2.2597×10^{-2} J/s = 2.2597×10^{-2} W
Specific heat	J/kg-°C	Btu/lb-°F	1.0 Btu/lb-°F = 1.0 Calorie/g-°C = 4,187 J/kg-°C
Thermal conductivity	J/s-mm-°C	Btu/hr-in -°F	1.0 Btu/hr-in -°F = 2.077×10^{-2} J/s-mm-°C
Thermal expansion	(mm/mm)/°C	(in/in)/°F	1.0 (in/in)/°F = 1.8 (mm/mm)/°C
Viscosity	Pa-s	$lb-sec/in^2$	1.0 $lb-sec/in^2$ = 6895 Pa-s = 6895 $N-s/m^2$

Conversion between USCS and SI

To convert from USCS to SI: To convert the value of a variable from USCS units to equivalent SI units, ***multiply*** the value to be converted by the right-hand side of the corresponding equivalency statement in the Table of Equivalencies.

Example: Convert a length $L = 3.25$ in to its equivalent value in millimeters.

Solution: The corresponding equivalency statement is: 1.0 in $= 25.4$ mm

$$L = 3.25 \text{ in} \times (25.4 \text{ mm/in}) = \mathbf{82.55\,mm}$$

To convert from SI to USCS: To convert the value of a variable from SI units to equivalent USCS units, ***divide*** the value to be converted by the right-hand side of the corresponding equivalency statement in the Table of Equivalencies.

Example: Convert an area $A = 1000$ mm^2 to its equivalent in square inches.

Solution: The corresponding equivalency statement is: 1.0 in$^2 = 645.16$ mm^2

$$A = 1000 \text{ mm}^2/(645.16 \text{ mm}^2/\text{in}^2) = \mathbf{1.55\,in^2}$$

현대제조공학 제4판
PRINCIPLES of MODERN MANUFACTURING 4/e

MIKELL P. GROOVER

지음

김도석
김석민
김종민
김주현
신영의
이건상
조민행
최 영

옮김

최만성

감수

PRINCIPLES OF MODERN MANUFACTURING (4/e)

역자 머리말

현대생산제조공학은 기계/메카트로닉스/산업/생산 등의 공학 분야를 전공하기 위해 가장 필수적인 학문으로서 생산제조의 재료, 공정, 시스템에 관련된 내용을 다루고 있다.

생산제조공학을 다루는 서적들은 현재 많이 출간되어 있으며, 나름대로의 특징을 가지고 있다. 그 중 Mikell P. Groover의 '현대제조공학 4판(Principles of Modern Manufacturing 4th. edition)'은 생산제조공학의 기본적인 개념부터 최근 반도체기술, 신소재기술 등에 이르기까지 전반적인 내용을 매우 체계적으로 다루고 있다. 본 교재의 명칭에서 '현대'라는 용어는 다른 교재에 비하여 좀 더 현대적이고 정량적인 내용을 다루고 있다는 의미이고, 여기서 '정량적'이라는 용어는 생산제조에 관련된 메커니즘을 과학적 혹은 공학적인 수식과 연계하여 본문의 예제와 복습문제를 다루었다는 것을 뜻한다.

각 장의 도입부에는 장의 학습개요, 용어의 정의가 서술되어 있고, 내용에 따라 해당되는 제조의 역사적 고찰, 응용분야 등을 기술하고, DVD 비디오클립을 추가하여 독자의 흥미와 관심을 높이도록 하였다. 아울러 각 장에서 학습하여야 하는 목표를 제시하여 학습자에게 학습 동기를 부여하고, 각 장의 끝부분에는 참고문헌 및 각 장에서 학습한 내용에 대한 복습문제 및 객관식문제를 다루어 본문에서 학습한 내용을 다시 정리하고 응용할 수 있도록 하였다.

이 책의 원서는 모두 39장으로 구성되어 있고, 본 교재도 원서의 내용에 따라 충실하게 번역되어 있으므로 교재의 내용이 너무 방대하여 한 학기에 이를 소화하기에는 많은 무리가 있을 것으로 예상된다. 따라서 공학 분야에 따라 학습내용이 다르겠지만, 한 학기 분량에 맞추어 학습한다면 생산제조의 기본적인 내용을 공부하는 것이 바람직할 것이다. 참고로 현재 출간된 기계공작법 혹은 제조공학 관련 서적과 달리 본 책에 추가된 내용은 반도체공정, 고분자와 복합재료 등의 신소재공정, 급속조형 기술 등에 관련된 공정과 시스템 등이다.

이 책에서는 편집 체제를 원서와 동일하게 하여 원서의 취지를 살릴 수 있도록 하였으며, 또한 번역 과정에서 원저자의 참뜻이 그대로 전달되도록 하고, 초심자들이 쉽게 이해할 수 있도록 노력하였다. 아울러 전문 용어를 알기 쉬운 용어로 번역하고, 문장도 최대한 쉽게 설명할 수 있도록 번역에 신중을 기하였으나 번역과정에서 약간의 오류가 있을 수 있으므로 독자들의 넓은 아량을 부탁드리며, 이러한 오류는 지속적으로 보완할 것을 약속드린다.

끝으로 이 책을 번역하면서 여러 면에서 수고를 많이 하신 ITC 출판사의 사장님을 비롯한 편집부의 직원 여러분들께 감사의 뜻을 전하며, 아무쪼록 이 책이 독자들의 생산제조공학을 이해하는 데 좋은 길잡이가 되기를 기원하는 바이다.

2012년 8월
옮긴이 일동

저자 머리말

본 '현대제조공학'은 기계공학, 산업공학, 생산공학 관련 학과의 2학년 학생들이 제조공학을 한 학기 혹은 두 학기에 걸쳐 학습할 수 있도록 저술되었다. 본 교재는 공업 재료에 대한 부분을 담고 있으므로, 또한 재료의 가공분야를 강조하는 재료공학 과목에서 사용될 수 있다. 아울러 관련 분야의 기술 교육 프로그램에도 사용될 수 있다. 본 교재에 수록된 내용의 대부분(약 65%)은 제조공정에 관한 내용이나, 공업재료와 생산시스템에 대한 전반적인 내용도 포함하고 있다. 재료, 공정 및 시스템은 현대 제조공정을 구성하는 기본 요소이며, 본 교재에서는 각각의 요소를 광범위하게 다루고 있다.

교재의 저술 방향

본 교재의 이전 판을 포함하여 본 개정판에서도 저자는 '현대적'이고 '정량적'인 제조 공정을 다루고자 하였다. '현대적'이라는 것은 본 교재가 (1) 기본 공업 재료(금속, 세라믹, 폴리머, 복합체)에 대해 균형 있게 다루고 있으며, (2) 오랫동안 사용되고 개선된 전통적인 제조공정 외에 최근 개발된 제조 공정을 포함하고 있으며, (3) 전자 소자의 제조공정에 대해 포괄적으로 소개하고 있음을 의미한다. 제조공학과 관련된 타 교재의 경우 최근 수십 년 동안 그 응용과 가공 공정이 비약적으로 발전한 비금속 공업재료에 대한 소개보다는 금속 재료와 이의 가공공정에 대해 강조하고 있으며, 최근 십 년 간 상업적 중요성 및 관련 산업이 비약적으로 발전하고 있는 전자 소자의 제조 공정에 대해 충분한 설명이 포함되어 있지 않다.

'정량적'이라는 것은 본 교재에서 제조 과정의 과학성을 강조하면서, 다른 교재에 비해 수학적 모델과 정량적인 연습문제(각 장의 끝)를 더 많이 제공하고 있다는 것을 의미한다. 특히 일부 공정에 대해서는 정량적인 해석을 처음 시도한 교재라 할 수 있다.

4판에서 개선된 내용

본 현대제조공학 제4판은 3판의 개정판으로, 저자가 요구받은 출판사의 지침은 교재의 내용은 증가시키면서 페이지 분량은 감소시키는 것이었다. 본 서문을 작성하는 시점에서 저자는 아직 교재의 페이지 분량이 감소되었는지 알지 못한다. 다만 교재의 내용은 분명히 증가되었음을 확신한다. 4판에서 추가되고 변경된 내용은 다음과 같다.

- 모든 예제와 연습문제의 단위를 SI 단위계로 변경하였다.
- 일부 장의 통폐합을 통해 총 장수를 45장에서 39장으로 축소하였다.
- 일부 연습문제가 컴퓨터 스프레드시트를 이용하여 계산될 수 있도록 수정되었다.
- 1장에 제조공학에 대한 경향(trends in manufacturing)절이 신규로 추가되었다.
- 5장에 치수, 공차, 표면파트에 측정과 규격화 기술이 추가되었다.
- 6장에 특수강에 대한 새로운 절이 추가되었다.
- 8장에 재활용 고분자 및 생분해성 고분자 관련 새로운 절이 추가되었다.
- 10장에서 몇몇 새로운 주조 공정이 추가로 논의되었다.
- 20장에 나사와 기어의 가공에 관한 절이 추가되었다.
- 21장에 몇 가지 홀가공 공구에 대한 소개가 추가되었다.
- 전판 26장 및 27장의 산업적 세정 및 코팅 공정이 하나의 장으로 통합되었다.
- 28장에 마찰 교반 용접과 관련된 신규 절이 추가되었다.
- 전판 37장 및 38장의 마이크로 가공 및 나노 가공 기술이 34장 하나의 장으로 통합되었다.
- 전판 39, 40, 41장의 생산 시스템과 관련된 내용이 두 개의 장으로 통합되었다. 35장은 제조시스템의 자동화(Automation for Manufacturing Systems)이며, 36장은 통합 생산 시스템 (Integrated Manufacturing Systems)이다. 이들 장에는 자동화 요소와 소재 이송 기술이 추가되었다.
- 전판 44장 품질관리와 45장 측정 및 검사가 하나의 장으로 통합되었다. 39장의 제목은 품질관리와 검사(Quality Control and Inspection)이며, 전체 품질 관리, 식스시그마, ISO9000에 관한 절이 추가되었다. 기존의 측정 기술과 관련된 내용은 5장으로 이동되었다.

기타 주요 특징

추가로 다음의 내용이 3판과 4판에 걸쳐 지속적으로 개선되었다.

- 다양한 제조 공정을 실질적으로 보여주는 동영상 DVD가 본 책에 포함되어 제공된다.
- 각장 뒷부분에 많은 수의 복습 문제 및 객관식 문제가 과제와 퀴즈에 사용될 수 있도록 제공된다.
- 각장 뒷부분에 많은 수의 복습 문제, 객관식 문제 및 연습문제가 과제와 퀴즈에 사용될 수 있도록 제공된다.
- 다수의 제조공정 관련 장에 공정가이드 절이 추가되었다.
- 다수의 제조공정 관련 장에 설계 시 고려사항 절이 추가되었다.
- 다양한 기술에 대한 역사적 고찰이 교재 전반에 걸쳐 추가되었다.

강의 지원 자료

본 교재를 수업에서 교재로 사용하고자 하는 강사를 위해 다음의 강의 지원 자료가 제공된다.

- 모든 연습문제, 복습문제, 객관식 문제에 대한 풀이(전자자료 형태)
- 모든 장에 대한 파워포인트 강의 자료

본 강의 지원 자료는 www.wiley.co/go/gobal/groover에서 받을 수 있으며, 해당 과목에서 본 책이 주교재로 사용되고 있음이 증빙되어야 한다. 개별적인 질문이나 의견은 저자 Mikell.Groover@Lehigh.edu에게 직접 문의하기 바란다.

저자 소개

본 교재의 저자인 Mikell P. Groover 교수는 미국 리하이 대학 산업시스템공학과 소속으로 제조 시스템공학과 교수를 겸하고 있다. 그는 리하이 대학에서 1961년 예술과 과학 전공으로 문학사를 취득하고, 1962년 기계공학 공학사를 취득 하였으며, 1966년 산업공학 석사학위와 1969년 산업공학 박사학위를 취득하였다. 그는 펜실베이니아 주 지정 전문공학자 중 한 명이며, 수년 간 Estman Kodak Company의 제조 기술자로 근무한 바 있다. 리하이 대학에 임용된 이후에도 다수의 회사를 위해 컨설팅, 연구, 프로젝트를 진행하였다.

그의 교육과 연구 분야는 제조공정과 생산시스템, 자동화, 재료가공, 시설계획 분야이다. 그는 리하이 대학에서 Albert G. Holzman 우수 교육자 상(산업공학회 1995), SME 교육상(제조 기술자 학회, 2001)를 비롯하여 다수의 교육상을 수상하였다. 그는 75편이 넘는 기술 논문과 10편의 저서를 저술하였으며, 그의 저서는 전 세계에 걸쳐 널리 읽혀지고 있으며, 프랑스어와 독일어, 스페인어, 포르투갈어, 러시아어, 일본어, 한국어, 중국어로 번역되었다.

본 교재의 첫 번째 판은 1996년 IIE Joint Publishers Award와 E. Eugene Merchant Manufacturing Textbook Award를 받았다.

Groover 교수는 산업공학회(IIE), 미국 기계학회(ASME), 제조공학회(SME), 북미 제조연구학회(NAMRI), ASM International의 회원이며, 1987년 IEE의 펠로우와, 1996년 SME의 펠로우를 역임했다.

차례

제1장   개요   1

1.1 제조란 무엇인가?   2
1.2 재료   8
1.3 제조공정   10
1.4 생산시스템   17
1.5 제조의 경향   20
1.6 이 책의 구성   23

제I부   재료의 특성과 제품의 속성   27

제2장   재료의 특성   29

2.1 원자구조와 원소   30
2.2 원자 및 분자 사이의 결합   32
2.3 결정구조   34
2.4 비정질구조   39
2.5 공업용 재료   41

제3장   재료의 기계적 성질   45

3.1 응력-변형률 관계   45
3.2 경도   58
3.3 온도의 영향   62
3.4 유체 특성   64
3.5 고분자화합물의 점탄성 거동   66

제4장   재료의 물리적 성질   73

4.1 체적 및 용융 특성   73
4.2 열적 성질   76
4.3 질량 확산   78
4.4 전기석 성질   80
4.5 전기화학 공정   82

제5장   치수, 표면 및 그들의 측정   85

5.1 치수, 공차 및 관련 속성   85
5.2 전통적 측정기기 및 게이지   87
5.3 표면   95
5.4 표면 측정   100
5.5 제조공정의 영향   102

제II부   공업재료   107

제6장   금속   109

6.1 합금과 상평형도   110
6.2 철계 금속   115
6.3 비철금속   132
6.4 초내열합금   144
6.5 금속 공정을 위한 가이드   145

제7장   세라믹   149

7.1 세라믹의 구조와 물성   150
7.2 전통적인 세라믹   153
7.3 신소재 세라믹   155
7.4 유리   158
7.5 세라믹 관련 중요 원소   162
7.6 세라믹 공정을 위한 가이드   165

제8장   고분자재료와 복합재료   167

8.1 고분자의 유래와 기술의 기초   170
8.2 열가소성 중합체   182
8.3 열경화성 중합체   187
8.4 탄성중합체   190
8.5 복합재료 — 기술과 분류   195
8.6 복합재료들   204

8.7 고분자와 복합재료 공정을 위한 가이드 209

제III부 응고 공정 215

제9장 주조의 기초 217
9.1 주조기술의 개요 219
9.2 가열과 주입 221
9.3 응고와 냉각 226

제10장 금속 주조 공정 237
10.1 사형주조 237
10.2 기타 소모성주형 주조 공정 243
10.3 영구주형 주조 공정 248
10.4 주조 장비 257
10.5 주조 품질 261
10.6 주조금속 264
10.7 제품설계 시 고려사항 265

제11장 유리성형 271
11.1 원재료 준비 및 용융 271
11.2 유리성형 공정 272
11.3 열처리 및 다듬질 278
11.4 제품 설계 시 고려 사항 279

제12장 플라스틱 가공 공정 283
12.1 고분자용융체의 특성 285
12.2 압출 287
12.3 플라스틱 박판 및 필름 제조 297
12.4 화이버 및 필라멘트 제조(스피닝) 299
12.5 코팅 공정 301
12.6 사출성형 301
12.7 압축성형과 트랜스퍼몰딩 312
12.8 블로우몰딩과 회전몰딩 314
12.9 열성형 319
12.10 플라스틱 주조 323
12.11 고분자 발포 공정 및 성형 324
12.12 제품 설계 시 고려사항 325

제13장 고무 및 고분자기지 복합재료 성형공정 333
13.1 고무소재 생산 및 성형 334
13.2 타이어 및 기타 고무제품 제조 339

13.3 고분자기지 복합재료 성형공정 343
13.4 개금형 공정 347
13.5 폐금형 공정 351
13.6 필라멘트 권선 354
13.7 연속인발성형 공정 356
13.8 기타 고분자기지 복합재료의 성형공정 357

제IV부 금속과 세라믹의 입자 공정 363

제14장 분말 야금 365
14.1 공업용 분말소재의 특성 367
14.2 금속분말의 제조 371
14.3 압축 및 소결 공정 373
14.4 압축/소결 공정의 대체공정 379
14.5 분말야금 재료 및 제품 383
14.6 분말야금공정에서 제품설계 시 고려사항 383

제15장 세라믹 및 서멧의 가공 389
15.1 전통적 세라믹 공정 390
15.2 신소재 세라믹 공정 397
15.3 서멧 공정 400
15.4 부품 설계 시 고려사항 402

제V부 금속성형과 금속박판가공 405

제16장 금속성형의 기초 407
16.1 금속성형의 개요 407
16.2 금속성형에서의 재료 거동 410
16.3 금속성형에서의 온도 412
16.4 변형률속도 민감도 414
16.5 금속성형에서의 마찰과 윤활 416

제17장 금속의 용적변형공정 419
17.1 압연 420
17.2 기타 압연 관련 변형공정 427
17.3 단조 429
17.4 단조 관련 변형공정 440
17.5 압출 444

17.6 인발 455

제18장 금속박판가공 469
18.1 절단 공정 470
18.2 굽힘 공정 476
18.3 드로잉 481
18.4 기타 금속박판 성형공정 488
18.5 금속박판가공용 금형 및 프레스 492
18.6 프레스를 사용하지 않는 금속박판 공정 498
18.7 튜브 소재의 굽힘 504

제VI부 재료제거공정 511

제19장 절삭가공의 이론 513
19.1 절삭가공 기술의 개요 515
19.2 금속가공에서의 칩 형성 이론 518
19.3 절삭력과 Merchant 식 522
19.4 절삭동력과 에너지 528
19.5 절삭온도 530

제20장 절삭공정과 공작기계 537
20.1 절삭가공과 부품 형상 537
20.2 선삭과 관련 공정 540
20.3 드릴링과 관련 공정 549
20.4 밀링 553
20.5 머시닝센터와 터닝센터 560
20.6 기타 절삭가공 공정들 563
20.7 특수한 형상을 위한 절삭가공 공정들 567
20.8 고속가공 575

제21장 절삭공구 기술 581
21.1 공구 수명 582
21.2 공구재료 588
21.3 공구형상 597
21.4 절삭유 606

제22장 절삭가공의 경제성 615
22.1 절삭성 615
22.2 공차와 표면정도 618
22.3 절삭조건의 선정 622
22.4 절삭가공 부품을 고려한 설계 628

제23장 연삭과 기타 연마공정 635
23.1 연삭 636
23.2 기타 연마공정 652

제24장 특수가공과 열적 절삭공정 659
24.1 기계적 에너지 공정 660
24.2 전기화학 공정 664
24.3 열에너지 공정 668
24.4 화학가공 676
24.5 특수가공 적용 시 고려 사항 682

제VII부 공업재료 689

제25장 금속의 열처리 691
25.1 아닐링 692
25.2 강의 마르텐사이트 형성 692
25.3 석출경화 696
25.4 표면경화 698
25.5 열처리 방법과 장비 699

제26장 표면 공정 작업 703
26.1 산업적 청정 공정 704
26.2 확산법과 이온 주입법 708
26.3 도금과 관련 공정들 710
26.4 변환코팅 714
26.5 증착 공정 716
26.6 유기코팅 722
26.7 법랑에나멜링과 기타 세라믹 코팅 724
26.8 열적 기계적 코팅 공정 725

제VIII부 접합과 조립 공정 731

제27장 용접의 기초 733
27.1 용접기술의 개요 735
27.2 용접 접합부 737
27.3 용접의 물리학 740
27.4 융합용접 접합부의 특징 744

제28장 용접 공정 749
  28.1 아크용접 749
  28.2 저항용접 760
  28.3 산소연료가스용접 767
  28.4 기타 융접 공정 771
  28.5 고상용접 773
  28.6 용접품질 779
  28.7 용접성 783
  28.8 용접에서의 설계 고려사항 784

제29장 경납접, 연납접 및 접착제 접합 791
  29.1 경납접 792
  29.2 연납접 797
  29.3 접착제 접합 801

제30장 기계적 조립 809
  30.1 나사체결구 810
  30.2 리벳과 아일릿 816
  30.3 간섭박음에 의한 조립법 817
  30.4 기타 기계적 체결 방법 820
  30.5 몰딩삽입구와 복합체결구 821
  30.6 조립성 감안 설계 822

제IX부 특수 가공 및 조립 공정 829

제31장 급속조형 831
  31.1 급속조형의 기초 832
  31.2 급속조형 기술 833
  31.3 급속조형 기술의 응용 841

제32장 반도체 공정 847
  32.1 반도체 공정의 개요 847
  32.2 실리콘 공정 851
  32.3 리소그래피 855
  32.4 적층 공정 859
  32.5 반도체 공정단계의 통합 866
  32.6 IC 패키징 868
  32.7 반도체 공정의 수율 872

제33장 전자 조립과 패키징 879
  33.1 전자 패키징 879

33.2 인쇄회로기판 881
33.3 PCB 조립 889
33.4 표면실장 기술 893
33.5 전기 커넥터 기술 897

제34장 마이크로 제조 및 나노 제조기술 903
  34.1 마이크로시스템 제품 904
  34.2 마이크로 제조공정 909
  34.3 나노 기술 제품 918
  34.4 나노과학 입문 921
  34.5 나노 제조공정 924

제X부 제조시스템 935

제35장 제조시스템을 위한 자동화 기술 937
  35.1 자동화 기초 938
  35.2 자동화를 위한 하드웨어 구성요소 941
  35.3 컴퓨터 수치제어 945
  35.4 산업 로봇공학 958

제36장 통합생산시스템 969
  36.1 자재취급 969
  36.2 생산라인의 기초 972
  36.3 수동조립라인 974
  36.4 자동생산라인 978
  36.5 셀방식 제조 983
  36.6 유연생산시스템과 유연생산셀 987
  36.7 컴퓨터통합생산 991

제XI부 제조지원시스템 997

제37장 제조공학 999
  37.1 공정계획 1000
  37.2 문제해결 및 지속적 개선 1007
  37.3 동시공학과 제조성 감안설계 1008

제38장 생산계획 및 관리 1013
  38.1 총괄생산계획 및 기준생산계획 1014
  38.2 재고관리 1016
  38.3 자재소요계획 및 생산능력계획 1020

38.4 JIT와 린 생산   1023

38.5 제조현장관리   1026

제39장   품질관리와 검사   1033

39.1 제품품질   1033

39.2 공정능력과 공차   1034

39.3 통계적 공정관리   1036

39.4 제조업에서의 품질 프로그램   1041

39.5 검사의 원리   1047

39.6 최신 검사 기술   1049

찾아보기   1061

Chapter 1

개요

1.1 제조란 무엇인가?
1.1.1 제조의 정의
1.1.2 제조 산업과 제품
1.1.3 제조 능력

1.2 재료
1.2.1 금속
1.2.2 세라믹
1.2.3 고분자화합물
1.2.4 복합재료

1.3 제조공정
1.3.1 가공공정
1.3.2 조립공정

1.3.3 생산기계와 공구류

1.4 생산시스템
1.4.1 생산설비
1.4.2 제조지원시스템

1.5 제조의 경향
1.5.1 린 생산과 6시그마
1.5.2 세계화와 대외 조달
1.5.3 환경고려 제조
1.5.4 미세 제조와 나노 기술

1.6 이 책의 구성

물건을 만든다는 것은 선사시대 이래로 인간 문명화의 핵심 활동이었다. 오늘날 **제조**(manufacturing)라는 용어는 이러한 활동을 지칭하는 데 사용된다. 기술적이고 경제적인 이유 때문에 제조는 미국뿐 아니라 대부분의 선진국 및 개발도상국의 복지에 중요한 역할을 하고 있다. **기술**(technology)이란 사회와 그 구성원들이 필요로 하거나 원하는 것들을 제공하기 위해 과학을 응용하는 것으로 정의할 수 있다. 기술은 우리 일상생활의 많은 면에서 직·간접적으로 영향을 미치고 있다. 표 1.1에 열거한 제품들을 보면 우리의 삶을 더 풍요롭게 해주는 다양한 기술들을 내포하고 있음을 알 수 있다. 그러면 이들 제품들의 공통점은 무엇일까? 우선 이들 모두 제조되었다는 것이다. 만일 제조될 수 없었다면 이런 기술적인 경이로움도 존재할 수 없을 것이다. 제조는 기술을 가능하게 만들어 주는 필수적인 요소이다.

경제적 측면에서 제조는 한 나라의 부를 창출하는 중요한 수단이다. 미국의 연간 국내총생산(GDP)의 약 15%는 제조업이 담당하고 있다. 농토, 광물, 원유 등의 천연자원도 역시 부를 창출한다. 미국에서 농업, 광업 및 이와 유사한 산업은 GDP의 5% 미만(농업만을 보면 약 1% 정도)을 차지한다. 건설이나 공익사업은 약 5% 정도이다. 나머지는 서비스 산업으로서 소매업, 교통, 금융, 통신, 교육, 행정 조직 등이 이에 속하며 미국 GDP의 75% 이상을 담당한다. 정부만으로도 제조업과 같은 정도의 GDP를 담당하지만, 정부의 서비스는 부를 창출하지 못한다. 현대의 국제 경제 속에서 어떤 나라가 막강한 경제력을 가지면서 국민에게 높은 생활수준을 제공하기 위해서는 반드시 견고한 제조업 기반(또는 중요한 천연자원)을 가지고 있어야만 한다.

표 1.1 거의 모든 사람에게 영향을 미치는 다양한 기술이 적용된 제품들.

운동화	Fax 기계	스캐너
현금지급기	평면 고화질 텔레비전(HDTV)	개인용 컴퓨터(PC)
식기 세척기	휴대용 전자계산기	복사기
볼펜	고밀도 PC 디스켓	음료캔
휴대폰	가정용 보안시스템	전자식 손목시계
CD	하이브리드 자동차	제초기
CD 플레이어	산업용 로봇	초음속 비행기
소형형광등	잉크젯 컬러 프린터	복합재료 테니스라켓
콘택트렌즈	IC(Integrated circuit)	비디오 게임
디지털 카메라	의료 진단용 MRI 기계	세탁기와 건조기
DVD	전자렌지	
DVD 플레이어	일체형 플라스틱 의자	

1장에서는 제조에 관련된 다음과 같은 일반적인 주제를 다루게 된다. 제조란 무엇인가? 산업 속에서 제조업은 어떻게 구성되어 있는가? 제조가 수행되는 데에 필요한 재료, 공정, 그리고 시스템이란 무엇인가?

1.1 제조란 무엇인가?

영어 단어 **manufacture**의 어원은 **manus**(hand)와 **factus**(make)라는 두 개의 라틴어 단어이며, 그 조합은 '손으로 만든다(make by hand)'라는 뜻을 가지고 있다. 처음 이 단어가 만들어진 것은 수세기 전[1]인데, 그 당시에 사용된 수작업을 정확하게 묘사하고 있다. 현대에 와서 제조는 자동화되고 컴퓨터에 의해 제어되는 기계에 의해 수행되는 경우가 대부분이다(역사적 고찰 1.1 참조).

역사적 고찰 1.1 제조의 역사

제조의 역사는 다음과 같이 크게 두 주제로 나눌 수 있다. (1) 물건 제작을 위한 재료와 공정의 발견과 발명, (2) 생산시스템의 개발. 그런데 재료와 공정의 역사가 시스템의 역사보다 수천 년 앞선다. 주조, 단조, 연삭 등의 몇몇 공정은 6,000년 이상의 역사를 가진다. 초창기의 도구와 무기의 제작은 대부분 수작업으로 이루어졌다. 고대 로마인들은 공장과 비슷한 곳을 가지고 있어서 수작업으로 무기, 장신구, 도자기, 유리 및 그 시대에 필요한 물품 등을 생산했으나, 그 공정은 수작업에 크게 의존하였다.

여기서는 제조의 시스템 측면에 대해 언급하고자 하며, 재료와 공정에 대해서는 역사적 고찰 1.2에서 다루고자 한다. **제조시스템**이란 보다 효율적인 생산이 이루어지게 하기 위해 사람과 기계를 조직하고 운영하는 방법을 의미한다. 몇 가지 역사적인 사건과 발견들이 현대적인 제조시스템 개발에 큰 영향을 미쳤다.

가장 큰 발견은 분업의 원리였는데, 이는 전체 작업을 개별 업무로 나누어 각 작업자들을 한 업무만의 전문가로 만드는 것이다. 수세기 동안 실행되어 왔던 이 원리의 경제학적인 중요성을 최초로 설명한 책이 경제학자 Adam Smith(1723~1790)의 국부론이다.

산업혁명(대략 1760~1830)은 여러 면에서 생산에 주요한 영

---

[1] 명사로서 단어 **manufacture**가 영국에서 처음 나타난 것은 AD 1567년경이며, 동사로서는 AD 1683년경이다.

향을 끼쳤다. 농업과 수공업에 기반을 둔 경제를 산업과 제조에 기초하는 것으로 변화시켰다. 이 변화는 영국에서부터 시작되었는데 일련의 기계들이 발명되었고, 증기기관이 수력, 풍력, 동물을 대체하였다. 이러한 발전으로 인해 영국의 산업이 다른 나라보다 우월성을 갖게 되었고, 신기술들의 국외 유출을 제한하게 되었다. 그러나 산업혁명은 결국 다른 유럽국가와 미국으로 퍼져나갔다. 제조의 발전에 크게 기여를 한 세 가지 발명품은 다음과 같다. (1) 새로운 산업용 동력발생기술인 **Watt의 증기기관**, (2) 1775년경 John Wilkinson의 보링기계로부터 출발한 **공작기계**(역사적 고찰 20.1), (3) 섬유산업의 생산성을 극대화시킨 **방적기, 동력 직조기**, (4) 분업의 원리에 기초하여 대량의 작업자를 조직하는 새로운 방법인 **공장시스템.**

영국에서 산업혁명을 주도하였으나, 하나의 중요한 개념은 미국에서 만들어졌다. 이것은 Eli Whitney(1765~1825)가 제안하고, 다른 사람들에 의해 그 중요성이 인정받은 **호환가능 부품**(interchangeable parts)의 개념이다[9]. 1797년 Whitney는 미국 정부와 10,000정의 머스켓(musket) 총을 공급하는 계약을 협상하고 있었다. 그 당시 총을 만드는 전통적인 방법은 각각의 총에 맞추어 부품들을 제작한 후 손으로 연마하여 박아 끼워 맞추는 것이었다. 따라서 총 하나하나는 각자 고유한 것이 되었고, 제조시간이 상당히 오래 걸렸다. Whitney는 조립할 때 갈고 박아서 끼위 맞출 필요가 없을 정도로 충분히 정확하게 부품을 만들 수 있을 것이라 믿었다. 그의 코네티컷 공장에서 몇 년간의 개발 과정을 거친 후에 1801년 그의 원리를 시연해 보였다. Thomas Jefferson과 같은 정부 관리들 앞에서 10개 소총을 위한 부품들을 늘어놓고, 무작위로 부품을 집어 소총 조립을 실시했다. 연마하거나 박는 동작 없이 조립된 모든 총들이 제대로 작동하였다. 이러한 성공의 비밀은 그의 작업장에서 개발한 전용기계, 고정구, 그리고 게이지에 있었다. 호환가능 부품 제조의 개념이 실효성을 갖기 위해서 그 후 몇 년 간의 개발 과정을 거쳐야 했지만, 제조 방법에 있어서 하나의 혁명을 일으켰다. 즉, 그 후에 올 대량생산의 전제조건이 되었다. 호환가능 부품의 생산은 미국에 기원을 주고 있으므로 제조의 **미국 시스템**(American System)이라 알려지게 되었다.

1800년대 중후반 들어 철도, 증기선 및 기타 기계류의 사용이 많아지면서 철과 강의 수요가 증가되었고, 이런 수요를 맞추기 위하여 새로운 철강 생산방법들이 개발되었다(역사적 고찰 6.1 참조). 또한 이 기간 동안 재봉틀, 자전거, 자동차 등을 포함하는 몇 가지 소비재가 개발되었다. 이런 제품의 막대한 수요를 채우기 위해서는 보다 효율적인 생산 방법이 요구되었다. 일부 역사학자들은 이 기간 동안의 발전을 **제2차 산업혁명**으로 구분하기도 하는데, 다음과 같이 제조시스템에 끼친 특징을 가지고 있다. (1) 대량생산, (2) 과학적 관리운동, (3) 조립 라인, (4) 전력사용 공장.

1800년대 후반, 증가하는 생산 작업자의 활동을 계획하고 통제하기 위하여 **과학적 관리 운동**이 미국에서 전개되고 있었다. 이 운동은 Frederick W. Taylor(1856~1915), Frank Gilbreath(1868~1924)와 그의 부인 Lilian(1878~1972) 등에 의하여 주도되었다. 과학적 관리에서 활용되는 방법은 다음과 같다[2]. (1) 주어진 작업을 수행하는 최적 방법을 찾는 것이 목표인 **동작 연구**, (2) 작업 표준을 설정하는 **시간 연구**, (3) 산업 표준의 광범위 사용, (4) 노동 **성과급**, (5) 공장 운영에서 데이터 수집, 기록 관리, 원가 회계의 사용.

Henry Ford(1863~1947)는 1913년 미시간에 있는 그의 자동차 공장(Highland Park)에 조립라인을 도입하였다. **조립라인을** 통해 복잡한 소비재 제품의 대량생산이 가능하게 되었다. 조립라인 방법을 사용하여 Ford는 Model T 자동차를 $500의 적은 가격으로 팔 수 있었고, 미국 국민의 다수가 차를 소유하는 것이 가능하게 되었다.

1881년 뉴욕시에 최초의 발전소가 건설되었고, 곧 이어 전기 모터가 공장의 기계 운전용 동력원으로 보편화되었다. 모터는 증기기관보다 동력 전달과 분배가 훨씬 용이하였다. 증기기관의 동력을 각 기계에 분배하기 위해서는 머리 위로 지나다니는 벨트가 필요하기 때문이다. 1920년경에 와서 미국의 주 동력원으로 전력이 증기력을 압도하였다. 20세기는 이전 세기들을 모두 합친 것보다 많은 기술적 진전이 이루어진 때이다. 이러한 발전이 생산의 **자동화**라는 결과를 가져왔다.

1.1.1 제조의 정의

제조는 기술적 측면과 경제적 측면의 두 가지로 정의될 수 있다. 기술적인 측면에서, **제조**(manufacturing)란 부품이나 제품을 만들기 위해서 원재료의 형상, 특성, 외관을 바꾸기 위해 물리적이고 화학적인 공정을 적용하는 것으로 정의된다. 제품을 구성하는 여러 부품을 조립하는 것 또한 제조에 포함된다. 제조를 수행하는 공정은 그림 1.1(a)에서 보는 바와 같이 기계, 공구, 동력, 노동력을 필요로 한다. 제조는 거의 항상 일련의 공정을 통하여 수행된다. 각 공정을 통해서 소재는 원하는 최종 상태에 가까워진다.

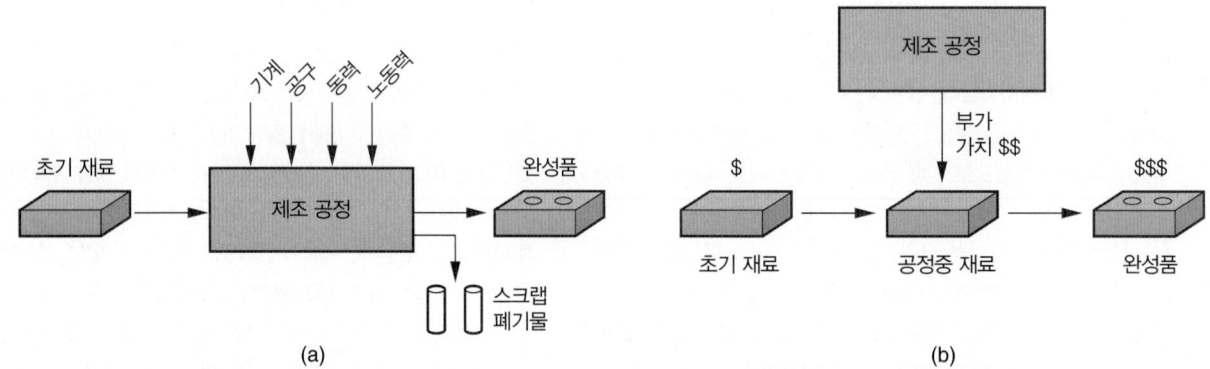

그림 1.1 제조를 정의하는 두 가지 방법. (a) 기술적인 측면의 공정, (b) 경제적 측면의 공정.

경제적인 측면에서 **제조**란 그림 1.1(b)와 같이 가공공정과 조립공정을 통해 더 큰 가치를 갖도록 원재료를 변환시키는 것으로 정의된다. 중요한 사항은 재료의 외형이나 성질을 바꾸거나 다른 재료와 결합시켜 **가치를 증가**(add value)시킨다는 것이다. 원재료는 제조공정을 거치면서 더욱 더 가치 있는 상태로 만들어진다. 철광석이 강철로, 모래가 유리로, 석유가 정제되어 플라스틱으로 바뀌면 가치가 증가한다. 그리고 플라스틱이 성형되어 복잡한 형상을 가진 의자로 변환되면 가치는 훨씬 더 증가된다.

제조(manufacturing)와 **생산**(production)의 두 용어는 종종 혼용되는데, 저자의 견해로는 생산이 제조보다 더 넓은 의미를 갖는다고 본다. 예를 들어 우리는 '원유 제조' 보다는 '원유 생산' 이라고 표현한다. 하지만 금속 부품이나 자동차와 같은 제품의 범주에서는 두 용어가 모두 사용될 수 있다.

1.1.2 제조 산업과 제품

제조는 제품을 고객에게 판매하는 기업에 의해 수행되는 중요한 상업적 활동이다. 기업의 제조 유형은 그 기업에서 만드는 제품의 종류에 의해 결정된다. 이러한 제조 산업과 제품 간의 관계를 살펴보기로 한다.

제조 산업

산업은 상품과 서비스를 생산하거나 공급하는 기업과 조직으로 구성된다. 산업은 1차, 2차, 3차 산업으로 구분된다. **1차 산업**에는 농작물을 경작하고 천연자원을 채취하는 농업과 광업이 포함된다. **2차 산업**은 1차 산업의 산출물을 소비재와 자본재로 변환시키는 산업이다. 따라서 제조는 이런 산업의 주요 활동인데, 건설업과 에너지산업도 여기에 포함된다. **3차 산업**은 경제의 서비스 활동으로 구성된다. 이들 세 가지 영역에 속하는 구체적인 산업체가 표 1.2에 열거되어 있다.

본서는 제조와 관련된 회사를 포함하는 표 1.2의 2차 산업에 초점을 맞추고 있다. 그러나 표 1.2 작성에 사용된 국제표준 산업분류(International Standard Industrial Classification, ISIC)에는 여기서 다루지 않은 생산기술이 포함되어 있다. 본서에서는 제조는 볼트와 너트로부터 컴퓨터와 군용 무기에 이르는 **하드웨어**(hardware)의 생산을 의미한다. 플라스틱과 세라믹 제품은 포함되지만 의류, 제지, 의약품, 에너지, 출판 및 목재 등은 제외하였다.

표 1.2 1차, 2차, 3차 산업에 속하는 산업.

1차 산업	2차 산업		3차 산업	
농업	항공	식품	은행	보험
임업	의류	유리와 세라믹	통신	법률
어업	자동차	중공업	교육	부동산
축산업	기초 금속	제지	엔터테인먼트	수리
채석업	음료	정유	재무서비스	음식점
광업	건축자재	약품	행정	소매
석유업	화학	플라스틱(성형)	건강과 의료	관광
	컴퓨터	에너지	호텔	운수
	건설	출판	정보	도매
	가전제품	방직		
	전자	타이어와 고무		
	장비	목재와 가구		
	금속가공			

생산 제품

산업체에서 만들어지는 최종 제품은 소비재와 자본재의 두 가지로 구분될 수 있다. **소비재**(consumer goods)란 자동차, PC, TV, 타이어 및 테니스라켓 등과 같이 소비자가 직접 구매하는 제품을 의미한다. **자본재**(capital goods)란 상품을 생산하고 서비스를 제공하기 위해서 어떤 다른 회사가 구매하는 제품을 의미한다. 자본재의 예로는 비행기, 컴퓨터, 통신장비, 의료기구, 트럭과 버스, 철도차량, 공작기계 및 건설장비 등을 들 수 있다. 이러한 자본재의 대부분은 서비스 기업이 구매한다. 서론에서 언급한 바와 같이 미국의 국내총생산(GDP) 중 15%는 제조업이, 75%는 서비스업이 담당하고 있다. 그러나 서비스 부문이 구매하는, 제조된 자본재는 서비스 부문의 활동을 가능하게 하는 것이다. 자본재 없이 서비스 부문은 돌아가지 않는다.

최종제품을 만드는 기업에서 필요로 하는 **재료**(materials), **부품**(components) 및 **공급품**(supplies)도 제조되는 제품에 속한다. 강철 판재, 봉재, 스탬핑 제품, 절삭부품, 플라스틱 사출품과 압출품, 절삭공구, 금형, 주형, 윤활제 등이 이러한 예가 된다. 따라서 최종 소비자가 직접 접촉하지 않는, 다양한 영역과 계층의 중간 공급자로 구성되는 제조업체들의 복잡한 하부구조(infrastructure)가 존재하게 된다.

본서에서는 주로 **이산형**(discrete) 품목을 다루게 된다. 즉 **연속공정**(continuous processes)을 통해 생산되는 품목이 아닌, 개별 부품이나 조립품이 이에 해당된다. 금속 스탬핑 제품은 이산형 품목이지만, 스탬핑 제품을 만드는 판재 코일은 (거의) 연속형이다. 대부분의 이산형 부품은 압출품이나 전기와이어와 같은 연속형 혹은 반연속형 제품을 이용하여 제조된다. 즉 거의 연속된 길이를 갖는 긴 소재로부터 적당한 크기로 잘라 사용하게 된다. 원유 정제 같은 공정도 연속공정의 좋은 예이다.

생산수량과 제품다양성

공장에서 만들어지는 제품들의 수량은 그 공장 내의 작업자, 설비, 공정을 조직하는 방법에 매우 중요한 영향을 준다. 연간 생산수량은 세 범주로 구분해볼 수 있다. (1) 연간 1에서 100 단위 사이의 **소량** 생산, (2) 연간 100에서 10,000 단위 사이의 **중량** 생산, (3) 연간 10,000에서 수백만 단위 이상의

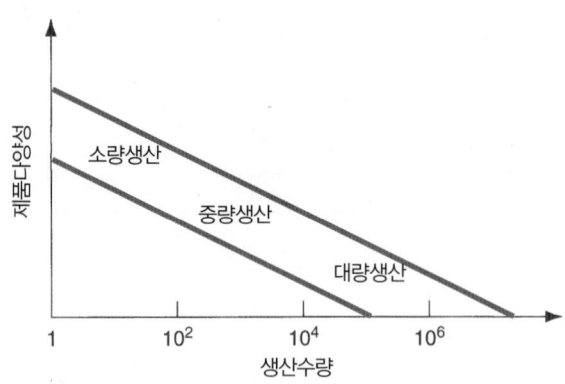

그림 1.2 이산형 제품 생산에서 생산수량과
제품다양성 사이의 관계.

대량 생산. 이 범주의 경계는 다소 임의적(저자의 판단)이어서, 제품의 종류에 따라 경계선이 바뀔 수
있다.

　생산수량이란 어떤 특정한 제품 유형에 대해 연간 생산하는 제품 단위수를 의미한다. 어떤 공장에
서 서로 다른 다양한 제품 각각에 대해 소량 혹은 중량 생산할 수 있고, 또 다른 어떤 공장에서는 단
지 하나의 제품에 대해 대량 생산하는 데에 전문화되어 있을 수도 있다. 생산수량과 구별되는 또 다
른 척도로서 **제품다양성**이 있다. 이는 공장 내에서 생산되는 서로 다른 제품 설계 혹은 유형을 의미
한다. 서로 다른 제품은 다른 형상과 치수를 가지며 다른 기능을 수행하고, 다른 시장을 겨냥하고 있
으며, 구성 부품수가 다를 것이다. 연간 만들어지는 서로 다른 제품 유형의 개수를 세어 본 결과 이
수가 크다는 것은 제품다양성이 크다는 것을 의미한다.

　일반적으로 제품다양성과 생산수량 사이에는 반비례의 관계가 있다. 만일 한 공장의 제품다양성
이 크다면 생산수량은 적을 것이고, 반대로 생산수량이 많으면 제품다양성은 그리 크지 않을 것이다
(그림 1.2). 제조업체들은 그림 1.2의 굵은 두 대각선 사이의 어느 특정 위치를 차지하여 전문화할 수
있도록 두 파라미터를 설정하려는 경향이 있다.

　위에서 제품다양성을 하나의 정량적 파라미터(공장이나 회사에서 생산되는 서로 다른 제품 유형의
수)로 설명했지만, 사실 생산수량만큼 정량적이지는 못하다. 그 이유는 얼마나 설계가 다른가 하는
문제는 단지 상이한 설계 요소의 수에 의해서만 정해지는 것은 아니기 때문이다. 자동차와 에어컨 사
이의 차이점은 에어컨과 냉장고 사이의 차이점보다 훨씬 더 크다고 할 수 있다. 그리고 한 제품 유형
내에서도 모델 별로 차이가 있을 것이다.

　자동차 산업을 예로 들어 제품 차이의 정도가 작을 수도 혹은 클 수도 있음을 설명하겠다. 보통 미
국의 자동차회사에서는 같은 조립공장에서 차체 형태나 설계 특징은 실제로 동일하면서도 다른 이
름을 갖는 두세 개 승용차 차종을 만들어낸다. 같은 회사의 다른 지역 공장에서는 큰 트럭을 만든다.
제품다양성의 이러한 차이를 기술하기 위해 연(soft)과 경(hard)이라는 수준을 도입하자. **제품의 연
다양성**(soft product variety)은 동일한 생산라인에서 나오는 승용차 모델들과 같이 제품들 간에 단
지 작은 차이점만 있는 경우를 말한다. 조립 제품의 경우 연다양성은 모델 간 공통 부품이 많다는 특
징을 가지고 있다. **경다양성**(hard product variety)은 제품이 근본적으로 다르고 공통 부품이 거의
없는 경우이다. 승용차와 트럭을 놓고 보면 경다양성이 있다고 할 수 있다.

1.1.3 제조 능력

생산공장은 **공정**과 **시스템**(인력 포함)으로 구성되는데, 이 공정과 시스템은 주어진 **재료**를 어느 특정한 정도 변형시켜 가치가 증가된 제품으로 만들도록 설계되어 있다. 재료, 공정, 시스템의 세 구성요소가 현대 생산문제의 주요 주제가 된다. 이 구성요소들은 서로 강한 상호의존성을 갖고 있다. 제조업체들이 생산에 관련된 모든 것을 다 할 수는 없다. 어떤 특정한 일만을 맡아 그 일을 잘 수행해야만 한다. **제조능력**(manufacturing capability)이란 제조업체와 그 공장의 기술적이고 물리적인 제한성을 의미한다. 이 능력을 몇 가지 측면에서 볼 수 있는데, (1) 기술적 공정능력, (2) 제품의 물리적 크기와 무게, (3) 생산용량 등이 그것이다.

기술적 공정능력

어떤 공장(혹은 회사)의 기술적 공정능력이란 그곳에서 활용 가능한 제조공정을 의미한다. 어떤 공장은 절삭가공 공정을 수행하고, 어떤 곳은 압연공정을 통해 강철 판재를 만들고, 또 다른 곳은 자동차를 조립한다. 절삭가공 공장에서는 압연을 할 수 없고, 압연 공장에서 자동차 조립은 불가능하다. 이렇게 공장들을 구분하는 근본적인 특징은 그곳에서 수행할 수 있는 공정이다. 기술적 공정능력은 재료와 많은 관련이 있다. 즉 공정마다 적합한 재료가 다르다는 것이다. 어떤 특정한 공정들에 전문화된 공장은 역시 다루는 재료에 있어서도 전문화가 되어 있다. 기술적 공정능력은 물리적 공정뿐만 아니라 그 공정 기술자의 전문성도 포함한다. 각 회사는 그들만의 기술적 공정능력에 적합한 제품을 설계하고 제조하는 데 관심을 집중해야 한다.

제품의 물리적 제한성

제조 능력의 두 번째 측면은 물리적 제품이다. 정해진 공정을 수행하는 공장은 수용할 수 있는 제품의 크기와 무게에 제한을 받는다. 크고 무거운 제품은 움직이기가 힘들어서 이를 위해 요구되는 용량의 크레인이 필요하다. 작은 부품이나 제품을 대량으로 만들 경우에는 컨베이어나 다른 장치를 통해 이들을 움직일 수 있다. 제품의 크기와 무게의 제한성은 생산 장비의 물리적 용량에까지 영향을 미친다. 생산기계는 다양한 크기로 공급이 되는데 큰 기계는 큰 제품을 생산하기 위해 사용된다. 생산 장비와 자재취급 장치는 특정한 크기와 무게 범위에 맞도록 계획되어야 한다.

생산용량

공장 제조 능력에 대한 세 번째 제한요소는 주어진 기간(월 혹은 년) 동안 생산 가능한 수량이다. 이러한 수량 제한을 **공장용량**(plant capacity) 혹은 **생산용량**(production capacity)이라고 부르는데, 가정된 운전조건 하에서 공장의 최대 생산속도로 정의된다. 운전조건이란 주당 교대 수, 교대 시간, 직접노동의 유인화수준 등이 포함된다. 이런 요소들이 공장의 입력으로 작용하고 이 입력 하에서 공장이 생산하는 출력이 얼마나 되는가 하는 것이 생산용량이다.

　공장용량은 일반적으로 생산 단위수로 평가된다. 예를 들어 제강공장의 연간 생산 강철 톤수, 최종 조립공장에서 생산되는 자동차 대수 등이 그것이다. 이런 경우 생산품에 동질성이 있어야 하는데, 만일 동질성이 없다면 다른 평가척도가 사용되어야 한다. 예를 들어 다양한 품목을 가공하는 기계가공 공장에서는 가용 노동시간 같은 것이 생산용량이 된다.

　재료, 공정 및 시스템이 제조의 기본 구성요소가 되며, 본서의 세 가지 주제영역도 이것을 따른다.

여기서는 이 주제들에 대한 개요를 살펴본다.

1.2 재료

대부분의 공업용 재료(materials)는 다음의 세 범주로 구분된다. (1) 금속, (2) 세라믹, (3) 고분자화합물. 이들의 화학조성과 기계적 · 물리적 특성이 모두 다르기 때문에 이 차이점이 각 재료를 다루는 공정에 영향을 미치게 된다. 부가적으로 (4) **복합재료**가 있는데, 이는 세 가지 기본 재료를 혼합한 유형이다. 이상의 네 가지 재료의 그룹 간 관계를 도식화한 것이 그림 1.3이다. 이 절에서는 이들 재료에 대해 간단히 소개하고, 6장부터 9장에서 보다 상세히 다루게 된다.

1.2.1 금속

생산에서 사용되는 금속은 보통 **합금**(alloy)의 형태인데, 둘 이상의 원소가 합쳐진 것이고 적어도 한 원소는 반드시 금속이다. 금속과 합금은 (1) 철금속, (2) 비철금속의 두 가지 기본 그룹으로 나누어진다.

그림 1.3 네 가지 공업용 재료의 분류.

철금속

철금속은 강철과 주철같이 철을 기초재료로 갖는 금속이다. 철금속은 전 세계 금속량의 75%를 차지할 정도로 상업적으로 가장 중요한 금속이다. 순수한 철은 상업적인 용도로는 제한을 받지만, 탄소와 합금이 되었을 때는 어느 다른 금속보다 많은 용도와 가치를 가지게 된다. 철과 탄소가 섞여서 강철과 주철이 형성된다.

강철(steel)은 0.02~2.11%의 탄소를 함유하는 철-탄소 합금으로 정의되며, 철금속 그룹 중에서 가장 중요한 범주에 속한다. 강철에는 종종 다른 원소도 포함되기도 하는데 망간, 크롬, 니켈, 몰리브덴 등을 첨가하여 특성을 향상시킨다. 강철은 건설(교량, I빔, 못), 교통(트럭, 철도 및 철도차량), 소비재(자동차, 가전제품) 등 다양한 영역에서 사용된다.

주조(주로 사형주조)에 사용되는 **주철**(cast iron)은 철과 탄소(2~4%)의 합금이다. 규소 또한 포함되어 있으며(0.5~3%), 주물에서 원하는 특성을 위하여 다른 원소들도 흔히 첨가된다. 주철에는 몇 가지 종류가 있는데, 내연기관 엔진블록과 헤드에 사용되는 회주철이 가장 흔한 유형이다.

비철금속

비철금속은 철이 아닌 금속 원소와 이들의 합금이다. 거의 모든 경우에 순수한 금속보다는 합금의 형태가 상업적으로 가치가 있다. 중요한 비철금속은 알루미늄, 구리, 금, 마그네슘, 니켈, 은, 주석, 티타늄, 아연 및 기타 금속과 그 합금이다.

1.2.2 세라믹

세라믹(ceramics)은 금속(혹은 준금속)과 비금속 원소를 포함하는 화합물로 정의된다. 대표적인 비금속은 산소, 질소 및 탄소이다. 세라믹에는 다양한 전통적 재료와 현대적 재료가 포함된다. 수천 년 전부터 사용되어온 전통적인 세라믹에는 **점토**(벽돌, 타일, 도기 등에 사용되는, 수분을 함유하는 알루미늄 규산염과 기타 광물질의 혼합물), **실리카**(Silica, SiO_2, 거의 모든 유리 제품의 원료인 규산염), 연마제로 사용되는 두 가지 재료인 **알루미나**(Alumina, Al_2O_3)와 **탄화규소**(SiC, 실리콘카바이드)등을 함유한다. 현대적 세라믹도 역시 알루미나와 같은 위의 재료들을 함유하는데, 현대적인 공정기술을 통해 특성을 향상시킨 것이다. 더 최근의 세라믹에는 탄화물과 질화물이 포함된다. 탄화텅스텐(텅스텐카바이드, WC)이나 탄화티타늄(티타늄카바이드, TiC) 등과 같은 **탄화물**(카바이드, carbide)은 절삭공구 재료로 널리 사용되며, 질화티타늄(티타늄나이트라이드, TiN)이나 질화붕소(보론나이트라이드, BN)와 같은 **질화물**(나이트라이드, nitride)은 절삭공구나 연삭용 연마제로 사용된다.

제조공정에 따라 세라믹은 (1) 결정질 세라믹과 (2) 유리로 나누어지는데, 이들에게는 상이한 제조방법이 적용된다. 결정질 세라믹은 분말로부터 다양한 방법으로 성형되어 소결과정(입자 간의 결합력을 크게 하기 위해 용융점 이하에서 가열)을 거친다. 유리 세라믹(즉, 유리)은 녹여서 일정한 틀에 넣은 후 전통적인 방법인 바람을 불어 넣는 등의 방법으로 성형된다.

1.2.3 고분자 화합물

고분자(polymer)는 매우 큰 분자를 형성하기 위하여 **단위체**(mer)로 불리는 구조 단위의 원자가 전자를 공유하면서 반복되는 화합물이다. 이것은 보통 탄소와 하나 혹은 그 이상의 원소(수소, 질소, 산소 및 염소)로 구성된다. 고분자화합물은 다음의 세 가지로 분류된다.

1. **열가소성 고분자**(thermoplastic polymers) : 여러 번의 가열 및 냉각 사이클을 거쳐도 분자구조가 크게 변하지 않는 고분자인데 폴리에틸렌, 폴리스티렌, PVC 및 나일론 등이 이에 해당된다.
2. **열경화성 고분자**(thermosetting polymers) : 가열상태에서 냉각되면 견고한 구조로 분자의 화학적인 변화가 오는 고분자인데 페놀, 아미노 수지 및 에폭시 등이 이에 해당된다. 열경화성이란 명칭에도 불구하고 이중 몇몇 재료는 가열과는 다른 메커니즘에 의해 경화된다.
3. **고탄성 고분자**(elastomers) : 이 유형의 고분자는 상당히 큰 탄성 거동을 나타낸다. 천연고무, 네오프렌(neoprene), 실리콘(silicone) 및 폴리우레탄 등이 여기에 속한다.

1.2.4 복합재료

복합재료는 독립된 재료 그룹을 구성하는 것이 아니고, 위의 세 가지 기본 재료가 혼합된 재료이다. **복합재료**(composites)란 따로 만들어진 후 각각의 특성보다 더 우월한 특성을 얻기 위해 결합된 두 가지 혹은 그 이상의 상으로 구성되는 재료를 말한다. **상**(phase)이란 고체금속에서 동일한 단위격자 구조를 갖는 결정립의 집합과 같이 균질한 재료의 집합을 의미한다. 일반적으로 복합재료는 하나의 상을 갖는 입자 혹은 섬유가 **모재**(matrix)라 불리는 두 번째 상에 혼합된 구조를 갖는다.

복합재료는 자연에서도 얻을 수 있으며(예, 나무), 인공적으로 생산할 수도 있다. 여기서는 인공적으로 합성된 것이 더 관심 대상이다. 섬유강화유리와 같이 고분자 모재에 유리 섬유가 포함된 것도 있고, 에폭시케블라(epoxy-Kevlar)와 같이 고분자 섬유가 다른 고분자 모재에 들어간 형태도 있으며, 초경합금(cemented carbide) 절삭공구 재료로 사용하기 위해 코발트 결합제에 텅스텐카바이드를 혼합하여 만든 금속 모재 속의 세라믹 형태도 있다. 각 복합재료의 성질은 구성요소의 종류, 구성요소의 물리적 형상, 복합된 방식에 따라 달라진다. 경량으로 고강도를 낼 수 있는 복합재료는 비행기 부품, 자동차바디, 보트선체, 테니스라켓, 낚싯대 등에 사용된다. 초경합금(cemented carbide) 절삭공구와 같은 복합재료는 고온에서 강하고 단단한 성질을 유지할 수 있다.

1.3 제조공정

제조공정(manufacturing process)은 공작물 재료의 가치를 증가시키려는 의도로 초기공작물에 물리적 또는 화학적 변화를 가져오도록 하는 계획된 과정이다. 제조과정은 보통 **단위작업**(unit operation)으로 수행되는데, 이 단위작업은 초기공작물을 최종 제품으로 변환하는 데 필요한 일련의 단계에서 하나의 단계를 의미한다. 제조작업(manufacturing operations)은 가공공정과 조립공정의 두 가지 기본 유형으로 나눌 수 있다. **가공공정**(processing operations)은 어떤 상태의 원재료를 최종 제품에 가까워진, 보다 발전된 상태로 변화시킨다. 원자재의 형상, 성질, 표면을 바꾸어 가치를 증가시키는 것이다. 일반적으로 가공공정은 이산형 부품에 대해 이루어지나, 특정 가공공정은 조립품에 대해서도 적용될 수 있다(예: 점용접된 차체에 대한 도색작업). **조립작업**(assembly operations)은 조립품, 반조립품 또는 결합공정과 관련된 기타 다른 용어(예: 용접된 조립품은 weldment로 불림)로

그림 1.4 제조공정의 분류.

불리는 새로운 개체를 생성하기 위하여 둘 이상의 부품을 결합하는 것이다. 제조공정의 분류를 그림 1.4에 나타내었고, 여기서 언급하는 많은 제조공정은 본서의 부록 DVD에서 볼 수 있다. 고대로부터 현대에 이르기까지 사용되는 기본 공정들을 역사적 고찰 1.2에서 소개하고 있다.

역사적 고찰 1.2   재료와 제조공정

현재 활용되는 대부분의 제조기술은 불과 지난 몇 세기 전에 개발된 것들이다(역사적 고찰 1.1). 그러나 몇 가지 기본 제조공정들은 그 역사가 신석기시대(기원전 8000-3000년)까지 올라간다. 이 시대에 목재 조각과 **목공**, 토기의 성형과 **굽기**, 돌의 **연마**, **방적**, **직조**와 **염색** 등이 개발되었다.

야금술과 금속가공 기술 또한 신석기 시대에 메소포타미아와 지중해 연안에서 시작되었고, 유럽과 아시아로 전파되었는데, 또한 여기서도 독자적으로 발전하고 있었다. 일찍이 비교적 순수한 상태의 금이 선사시대 사람들에게 발견되어 원하는 형상을 만들기 위해 해머로 **단조**를 하였다. 동(구리)은 광석으로부터 추출된 최초의 금속이고 공정으로서 **제련** 과정이 적용되었다. 동은 가공경화가 되기 때문에 단조할 수 없었고 대신에 **주조**를 통해 모양이 만들어졌다(역사적 고찰 9.1). 이 기간에 사용된 다른 금속은 주석과 은이었다. 동에 주석이 합금되면 보다 가공성이 좋은 금속이 된다는 사실이 이때 발견되었다(단조와 주조 모두 가능). 이 사실이 **청동기시대**(기원전 3500-1500년)라는 중요한 시대의 시작을 알리게

되었다.

철 또한 청동기 시대에 최초로 제련되었다. 운석이 철의 원천이 되기도 했지만, 한편으로는 철광석을 캐기도 하였다. 철광석을 금속으로 만드는 온도가 동보다 상당히 높기 때문에 용광로의 공정이 훨씬 어려운 문제였다. 똑같은 이유로 다른 공정들도 적용하기가 까다로웠다. 이때의 대장장이들은 어떤 철(탄소를 소량 함유하고 있는)은 충분히 **가열**한 후 **담금질**(퀜칭, quenching)하면 매우 단단해진다는 것을 알게 되었다. 이리하여 칼과 무기의 날을 매우 예리하게 가는 것이 가능했지만, 한편으로는 금속의 취성이 커지게 만드는 단점이 있었다. 저온으로 재가열하면 인성이 증가할 수 있었는데, 이 과정이 **뜨임**(tempering)이다. 여기서 언급된 사항들은 바로 강철의 **열처리** 공정이다. 강철의 우수한 특성으로 인하여 많은 영역(무기, 농기구, 기계장치)에서 동을 대체하게 되었다. 이 기간이 **철기시대**(기원전 1000년경 시작)로 명명되었다. 19세기 이후로 강철에 대한 수요가 상당히 증가하였고, 보다 현대적인 강철 제조기술이 개발되었다(역사적 고찰 6.1 참조).

산업혁명 시기에 공작기계 기술이 나타나기 시작하였다. 1770년부터 1850년 사이에 **보링, 선삭, 드릴링, 밀링, 형삭, 평삭** 등 대부분의 **재료제거공정**(절삭가공)을 위한 공작기계들이 개발되었다(역사적 고찰 20.1 참조). 위의 많은 공정들은 사실 각 공작기계의 탄생보다 몇 세기를 앞서서 출현한 것들이었다. 예를 들어 (목재의) 드릴링과 절단은 고대에서부터 시작되었고, (목재의) 선삭은 그리스도의 시기에 출현하였다.

고대 문명에서 배, 무기, 도구, 농기구, 기계류, 전차, 수레, 가구, 의복 등을 만들기 위해서 조립 방법을 사용하였다. 여기에는 삼실과 로프의 **묶기, 리벳팅, 못질, 납땜** 등이 포함된다. 대략 2000년 전에 **단접과 접착제접합** 방법이 개발되었다. 현대의 조립에서 흔히 볼 수 있는 체결부품인 나사, 볼트, 너트는 필요한 나사산을 정확히 깎을 수 있는 공작기계가 개발되어야 출현할 수 있었다(예: 1800년 Maudsley의 나사가공선반). 1900년경 **용접법**이 조립방법으로 개발되었다(역사적 고찰 27.1 참조).

제조용으로 최초로 사용된 고분자화합물(폴리머)은 천연고무였다. Charles Goodyear가 1839년에 소개한 **가황**(vulcanization) 공정 덕분에 고무가 유용한 공업용 재료가 되었다(역사적 고찰 8.2 참조). 그 후 개발된 폴리머 재료는 질산셀룰로오스(1870년), 베이크라이트(1900년), PVC(1927년), 폴리에틸렌(1932년), 나일론(1930년대 말)의 플라스틱 등이었다(역사적 고찰 8.1 참조). 플라스틱 재료를 위한 공정 방법으로 **사출성형**과 기타 성형방법들이 개발되었다.

전자제품들은 소형화라는 특별한 제조방법이 필요했다. 기술이 발전됨에 따라 더욱더 많은 전자소자들을 작은 면적 안에 넣을 수 있게 되었다. 어떤 경우에는 한 면의 길이가 단지 12mm 밖에 안 되는 반도체 칩 안에 수백만 개의 트랜지스터를 형성하였다. 반도체 제조 기술은 불과 몇 십 년의 역사를 가지고 있지만 많은 발전을 이루었다(역사적 고찰 32.1, 33.1, 33.2 참조).

1.3.1 가공공정

가공공정(processing operations)은 원자재의 가치를 높이기 위해 에너지를 사용하여 공작물의 형상, 물리적 특성, 혹은 표면을 바꾸는 것이다. 에너지의 형태는 기계적, 열적, 전기적 및 화학적 에너지인데, 기계와 공구가 에너지를 조절하며 사용한다. 인간의 에너지도 필요하지만 작업자는 일반적으로 기계를 조종하고, 공정을 감독하고, 공정의 각 사이클 전후에서 부품을 장착·탈착하는 일을 한다. 가공공정의 일반적인 모델이 그림 1.1(a)에 나타나 있다. 원자재가 공정에 투입되고, 기계와 공구에 에너지가 공급되어 원자재를 변환시킨 후 완성된 부품이 공정을 빠져나가게 된다. 대부분의 가공공정에서는 폐기물이나 스크랩이 남게 되는데, 절삭공정에서처럼 자연적인 것이 있는 반면에 간혹 발생하는 불량품의 형태일 경우도 있다. 이 중의 어떤 경우이든지 낭비를 줄이는 것이 제조공정의 중요한 목표 중의 하나이다.

초기 자재를 최종 형태로 변환시키기 위해서는 보통 두 가지 이상의 공정이 필요하다. 설계 명세로 정의된 형상과 조건을 달성하기 위한 특정 순서대로 공정들이 수행된다.

가공공정은 다음의 세 가지로 분류된다. (1) 외형형성공정, (2) 물성향상공정, (3) 표면공정. **외형형성공정**(shaping operations)은 다양한 방법으로 초기 자재의 외형을 바꾸어 주는 것으로 주조, 단조, 절삭 등이 전형적인 예이다. **물성향상공정**(property-enhancing operations)은 형상변화 없이 물리적 특성을 향상시켜 재료의 가치를 증가시키는 공정이다. 가장 대표적인 공정이 열처리이다. **표면공정**(surface processing operations)은 공작물 외부 표면의 청정, 처리, 코팅, 적층 등을 하는 공정이다. 코팅의 일반적인 예는 도금과 도장이다. 외형형성공정은 이 책의 Part III부터 Part VI에서 다루며, 이 공정의 주된 네 가지 부류는 그림 1.4에 나타나 있다. 성질향상공정과 표면공정은 Part VII에서 다루게 된다.

그림 1.5 주조와 성형 공정.
(1) 주형 공동에 유체를 주입,
(2) 응고 후 고체 주물을
주형으로부터 제거소결 중인
공작물.

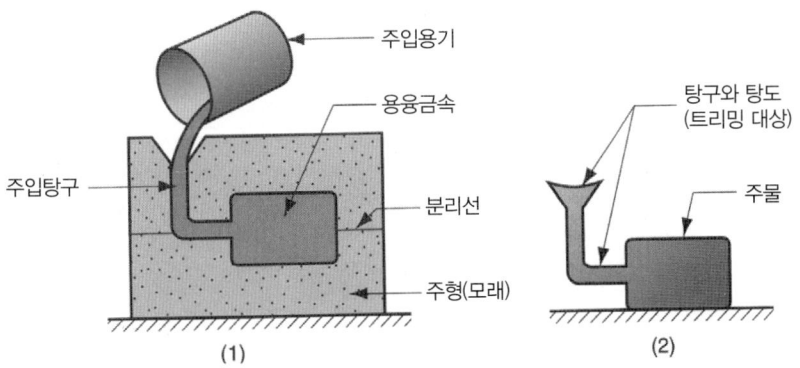

외형형성공정

대부분의 외형형성공정에서는 공작물의 형상 변화를 위해 열, 기계적 힘, 또는 이 두 가지의 조합을 적용시킨다. 외형형성공정을 분류하는 여러 가지 방법이 있으나 이 책에서는 초기 재료의 상태에 따라 네 가지로 분류한다. (1) 초기 재료는 가열된 **액체** 혹은 **반유동체**이고, 이것을 냉각시켜 부품의 형상을 만드는 **응고공정**(solidification processes), (2) 초기 재료인 **분말**을 성형한 후 가열시켜 원하는 형상을 만드는 **입자공정**(particulate processing), (3) 초기 소재가 부품의 형상으로 변형될 수 있는 **연성 고체**(보통 금속)인 **변형공정**(deformation processes), (4) **고체**(연성 또는 취성)인 초기 소재의 일부를 제거하여 원하는 형상을 만드는 **재료제거공정**(material removal processes).

첫 번째 부류인 **응고공정**에서는 초기 재료를 충분히 가열하여 유체 혹은 높은 소성 상태(반유동체)로 만든다. 금속, 유리, 플라스틱 등 거의 모든 재료가 이 방법으로 처리될 수 있다. 액체 혹은 반유동체 형태로 재료가 변환되면, 주형 공동(cavity) 속으로 붓거나 강제로 밀어 넣은 후 응고시켜서 공동 내부와 동일한 형상의 외형을 만들게 된다. 이런 방법의 공정은 금속의 경우 **주조**(casting)로, 플라스틱의 경우 **성형**(몰딩, molding)으로 불린다. 그림 1.5는 이 유형의 외형형성공정을 나타낸 것이다.

입자공정에서는 초기 재료가 금속이나 세라믹 분말이다. 이 두 재료는 완전히 다른 종류이지만, 이들의 성형공정은 거의 비슷하다. 공통적인 기술은 그림 1.6에서와 같이 분말을 금형 공동 속에서 고압으로 누르는 가압과정과 개별 입자들을 하나로 결합시키는 소결(sintering)과정이다.

변형공정에서는 소재에 항복강도 이상의 힘을 작용시켜 형상을 만들게 된다. 이런 방법이 적용될

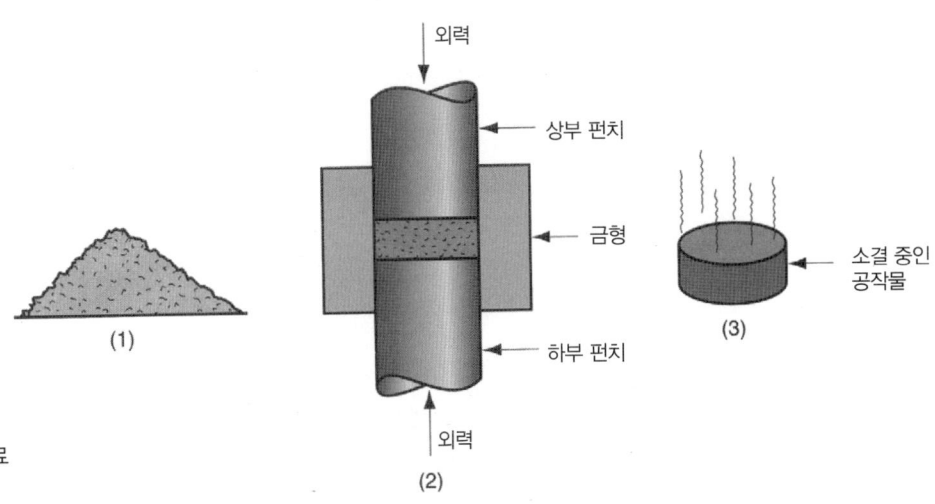

그림 1.6 입자공정. (1) 초기 재료
분말, (2) 가압, (3) 소결.

그림 1.7 일반적인 변형공정. (a) 두 개의 금형이 재료를 압착하여 금형 공동의 형상으로 재료를 변형시키는 단조, (b) 빌릿(소재)을 다이구멍을 통과하도록 밀어 넣어 다이구멍 단면형상으로 변형시키는 압출.

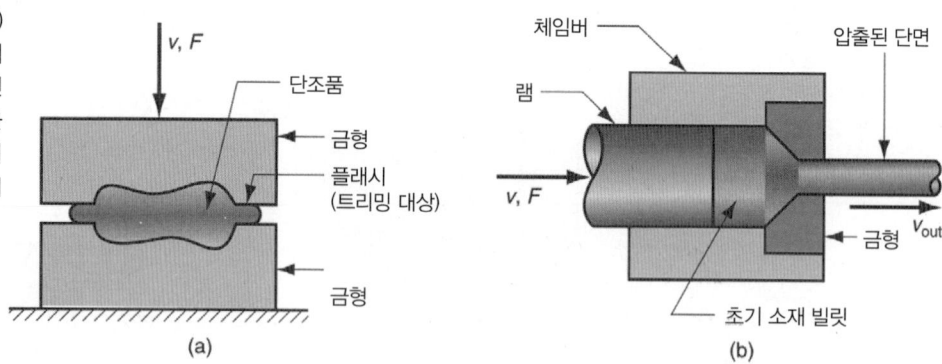

수 있는 재료는 변형 중에 파단이 일어나지 않을 만큼 충분한 연성을 가지고 있어야 한다. 연성을 증가시키기 위해(혹은 다른 이유에서), 성형에 앞서서 재료를 용융점 이하의 온도까지 가열하는 경우가 많다. 변형공정은 금속성형과 매우 밀접한 관계를 가지며, 그림 1.7에 나타낸 **단조**(forging)와 **압출**(extrusion)과 같은 공정을 포함한다.

　재료제거공정은 공작물로부터 불필요한 재료를 제거함으로써 원하는 형상으로 만들어가는 공정이다. 이 영역에서 가장 중요한 공정은 그림 1.8에 나타낸 **선삭**(turning), **드릴링**(drilling), **밀링**(milling)과 같은 **절삭**(machining)공정이다. 이러한 절삭공정은 대부분 금속 재료에 적용되기 때문에, 공작물보다 더 단단하고 강한 절삭공구가 사용되어야 한다. **연삭**(grinding) 또한 이 영역에 속하는 중요한 공정이다. 그 밖의 재료제거공정으로는 레이저, 전자빔, 화학적 부식, 전기방전, 전기화학적 에너지 등을 이용하여 재료를 제거하는 **특수가공**(nontraditional processes)이 있다.

　초기 소재를 그 다음의 형상으로 변환시키는 데에 있어서 폐기물과 스크랩을 최소화하는 것이 바람직하다. 외형형성공정에 속하는 공정들을 재료보존의 효율성을 가지고 서로 비교할 수 있다. 재료제거공정(예: 절삭)의 작업형태를 보면 재료를 낭비하는 경향이 있다. 주조와 몰딩공정에서는 초기 재료의 거의 100%를 최종 제품으로 변환시킨다. 이와 같이 소재의 거의 대부분이 최종제품으로 변환되어서, 최종형상을 만들기 위한 부가적인 절삭공정이 필요 없는 제조공정을 **순형상공정**(net shape processes)이라 한다. 최종형상을 얻기 위해서 최소한의 절삭을 필요로 하는 공정을 근사 **순형상공정**(near net shape processes)이라 부른다.

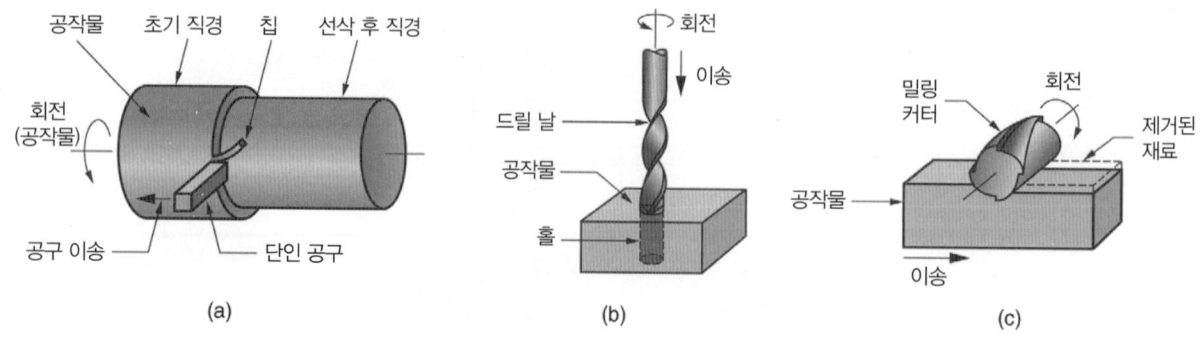

그림 1.8 일반적인 절삭공정. (a) 단인공구가 회전하는 공작물의 직경을 줄이기 위해 재료를 제거하는 선삭, (b) 원형 구멍을 내기 위해 회전 드릴 날이 공작물 속으로 들어가는 드릴링, (c) 공작물이 여러 날을 가진 회전하는 공구 밑으로 이송되어 지나가는 밀링.

물성향상공정

가공공정에서 두 번째로 많은 유형은 부품의 기계적 혹은 물리적 특성을 향상시키는 것이다. 이러한 공정은 일부 의도하지 않은 몇 가지 경우를 제외하고는 부품의 외형을 변화시키지는 않는다. 성질향상공정 중 가장 중요한 공정은 **열처리**(heat treatment)인데, 금속과 유리에 대한 다양한 풀림공정과 강도 향상 공정들이 이에 속한다. 분말 금속과 세라믹의 **소결**(sintering) 또한 압축된 분말로 이루어진 부품의 강도를 증가시키는 열처리 공정이라고 할 수 있다.

표면공정

여기에는 (1) 청정, (2) 표면처리, (3) 코팅과 박막적층공정 등이 포함된다. **청정**(cleaning)은 화학적 혹은 기계적 방법을 통해 부품의 표면으로부터 오물과 기름 등을 제거하는 공정이다. **표면처리** (surface treatment)에는 숏피닝 및 샌드블라스팅과 같은 기계적인 작업과 확산 및 이온주입과 같은 물리적인 작업이 있다. **코팅**(coating)과 **박막적층공정**(thin film deposition)은 부품의 외부 표면에 어떤 재료를 덧씌우는 것이다. 일반적인 코팅공정으로 **전기도금**, 알루미늄의 **양극처리**(산화피막), 유기질 코팅(도장이라 부름), 법랑도포 등이 있다. 박막적층공정에는 다양한 물질의 극도로 얇은 막을 형성하는 **물리적 증착법**(physical vapor deposition)과 **화학적 증착법**(chemical vapor deposition)이 포함된다.

화학적 증착법, 물리적 증착법 및 산화 등의 몇 가지 표면공정들이 반도체 재료로 집적회로(IC)를 제조하는 데 응용되고 있다. 이러한 방법들이 얇은 실리콘 웨이퍼(또는 다른 반도체 물질)의 매우 국부적인 영역에 적용되어 미세한 회로를 형성하게 된다.

1.3.2 조립공정

제조공정의 두 번째 기본 공정은 두 개 이상의 분리된 부품을 결합하여 새로운 개체로 만드는 조립이다. 조립품의 구성부품들은 영구적 혹은 반영구적으로 연결되어 있다. 영구결합공정에는 **용접, 경납접, 연납접** 및 **접착법**이 있다. 반영구적인 **기계적 조립 방법**은 손쉽게 분해될 수 있도록 둘 이상의 부품을 체결하는 것이다. 나사, 볼트 및 기타 **나사 체결구**들이 이 범주에 속하는 전통적인 방법들이다. 이들보다 좀 더 영구적인 기계적 조립 기술에는 **리벳, 가압박음**(press fitting) 및 **팽창박음** (expansion fitting)이 있다. 전자제품의 조립에는 특별한 결합과 체결 방법이 사용되는데, 일부는 위의 기술과 동일하거나 약간 변형된 것이다. 예를 들어, 연납접(soldering)은 전자조립에 널리 사용되고 있다. 전자조립은 복잡한 전자회로를 생산하기 위해서 인쇄회로기판(PCB) 위에 전자부품(예, IC)을 조립하는 것이 주가 된다. 결합과 조립공정은 Part VIII에서, 전자 분야를 위한 특수 조립기술은 Part IX에서 다룬다.

1.3.3 생산기계와 공구류

제조공정은 기계와 공구류, 그리고 사람에 의해 수행된다. 생산에 기계가 본격적으로 활용된 것은 산업혁명 때부터이다. 이 시기에 금속절삭용 기계가 개발되어 널리 사용되기 시작하였다. 이런 기계를 **공작기계**(machine tool)로 부르는데, 이전에 사람 손으로 하던 절삭공구의 조작을 동력으로 대체한

표 1.3 다양한 공정에서 사용되는 생산 기계와 공구류.

공정	기계	특수 공구류 (기능)
주조	다양한 유형의 주조장비(10장 참조)	주형(용융금속을 위한 공동)
성형(몰딩)	성형기(몰딩 머신)	금형(가열 폴리머를 위한 공동)
압연	압연기	롤(소재 두께의 감소)
단조	단조 해머 혹은 프레스	금형(소재 변형을 위한 압착)
압출	프레스	압출다이(소재 단면적의 감소)
스탬핑	프레스	금형(전단, 박판성형)
절삭	공작기계	절삭공구(재료제거)
		고정구(공작물 고정)
		지그(공작물 고정 및 공구 안내)
연삭	연삭기	연삭숫돌(재료제거)
용접	용접기	전극(재료융합)
		고정구(용접 중 공작물 고정)

것이다. 현대적인 공작기계의 정의는 동력이 수력이나 증기가 아닌 전기라는 점과 정밀도와 자동화 수준이 상당히 높아졌다는 점을 제외하고는 과거의 것과 동일하다. 공작기계는 모든 생산기계 중에서 가장 다용도로 사용할 수 있다. 즉 소비재 부품뿐만 아니라 다른 생산기계를 구성하는 부품까지도 만들 수 있다. 역사적 관점이나 다른 기계류로 재탄생된다는 관점 모두에서 공작기계는 다른 기계의 모체라고 할만하다.

다른 생산기계로는 스탬핑 공정을 위한 **프레스**, 단조를 위한 **단조해머**, 금속판재의 압연을 위한 압연기, 용접을 위한 용접기, PCB 기판에 전자부품을 삽입하는 **자삽기**(insertion machines) 등이 있다. 각 장비의 이름은 보통 공정의 이름에서 따오는 것이 대부분이다.

생산기계는 범용 또는 특수 목적용(전용)이 될 수 있다. **범용장비**는 다양한 작업에 대해서 유연성과 적응성이 좋고, 도입하고자 하는 어느 회사에서도 손쉽게 구매할 수 있다. **전용장비**는 어떤 특정한 부품이나 제품을 대량으로 만들 수 있게 설계된 것이다. 대량생산이 경제성을 얻기 위해서는 고효율성과 사이클타임의 단축을 보장하는 전용장비가 바람직하다. 전용장비를 사용하는 다른 이유로는 어떤 공정이 매우 특수하여 상업적으로 시장에 나온 장비가 없는 경우이다. 특수한 공정이 필요한 일부 회사에서는 자기 공장을 위한 전용 기계를 개발하기도 한다.

생산 기계는 보통 **공구류**(tooling)를 필요로 하는데, 이것이 각 장비를 특정한 부품이나 제품의 제조에 맞추어주는 역할을 한다. 대부분의 경우 공구류는 부품 혹은 제품의 형태에 따라 설계된다. 범용장비에서는 공구류가 쉽게 교환되도록 계획된다. 즉 각 부품 유형에 따른 공구류가 기계에 장착되어 생산이 시작되고, 다음 부품 유형을 처리할 때까지 그 공구류가 유지된다. 전용장비에서는 공구류가 기계와 통합되어 설계된다. 전용기계는 주로 대량생산을 위해서 사용되기 때문에 마모된 공구류 구성부품의 교체나 수리할 경우를 제외하고는 공구류는 거의 바뀌지 않는다.

공구류의 유형은 제조공정에 따라 분류된다. 표 1.3은 다양한 공정에 사용되는 공구류의 예를 나타낸 것이다. 자세한 내용은 이들 공정을 설명하는 각 장에서 다루게 된다.

1.4 생산시스템

제조업체가 효율적으로 운영되기 위해서는 생산을 효율적으로 수행할 수 있는 시스템을 갖추고 있어야만 한다. 생산시스템(production systems)은 인간, 기계 및 작업순서로 구성되는데, 이것들은 업체의 제조공정을 구성하는 재료와 공정들의 조합을 위해 설계된 것이다. 생산시스템은 다음의 두 영역으로 구분된다(그림 1.10). (1) 생산설비, (2) 제조지원시스템. **생산설비**(production facilities)는 공장 내의 물리적인 장비와 그 장비들의 배치를 의미한다. **제조지원시스템**(manufacturing support systems)은 업체가 생산을 관리하고, 자재주문, 공장 내 공작물 운반, 제품 품질관리에서 맞닥뜨리는 기술적이고 물류관련 문제를 해결하는 데에 사용되는 작업순서를 의미한다. 이 두 영역 모두 인간을 포함하며, 인간이 이들 시스템을 작동시킨다. 일반적으로 직접노동인력은 제조장비를 조작하는 일을, 전문인력은 제조지원의 업무를 책임지고 수행한다.

1.4.1 생산설비

생산설비는 공장, 생산기계, 자재취급장비 및 공장 내의 기타 장비로 구성된다. 기계는 현재 만들어지고 있는 부품들 또는 조립품들과 물리적으로 직접 접촉한다. 설비에는 또한 기계들이 공장 내에서 배열되는 방식인 **공장배치**(plant layout)도 포함된다. 기계들은 보통 **제조시스템**(manufacturing systems)이라고 불리는 논리적 그룹들로 조직된다. 제조시스템의 예로는 자동 생산라인이나 하나의 산업용 로봇과 두 대의 공작기계로 구성되는 가공셀(machine cell)을 들 수 있다.

　제조업체들은 가장 효율적인 방법으로 특정한 목표를 달성할 수 있게 제조시스템을 설계하고, 공장을 구성한다. 오랜 기간의 결과로, 어떤 유형(제품다양성과 생산수량의 조합, 1.1.2절 참조)의 제조에 가장 적합하게 구성된 생산설비는 무엇인가 하는 규칙이 알려져 있다. 세 종류의 연간 생산수량 범위에 요구되는 설비는 다음과 같다.

소량생산

연간 1∼100 단위 정도를 생산하는 소량생산의 경우, 여기에 맞는 생산설비 유형을 기술하기 위하여 **개별생산**(Job shop)이라는 용어가 종종 사용된다. 개별생산에서는 특별히 주문된 제품을 소량으로 만든다. 제품은 우주캡슐, 비행기 시제품 및 전용기계와 같이 복잡한 경우가 많다. 주로 범용기계가 사용되며, 노동인력의 기술숙련도는 매우 높다.

　Job shop은 다양한 제품(경다양성)을 취급할 수 있도록 최대 유연성을 고려하여 설계되어야 한다. 만약 제품이 크고 무거워서, 공장 내에서 자유로운 이동이 불가능한 경우에는 한 지점에서 처음부터 최종 조립까지의 모든 작업을 수행한다. 제품이 기계가 설치된 위치로 이동하는 것이 아니라, 작업자와 장비가 제품의 위치로 모여들게 이동하는 것이다. 이러한 유형의 배치를 **고정위치 배치**(fixed position layout)라고 하는데, 이를 그림 1.9(a)에 나타내었다. 이와 같은 제품의 예로는 선박, 항공기, 기관차 및 중장비를 들 수 있다. 실제 현장에서 이들 제품은 각각의 위치에서 큰 모듈로 나뉘어 가공/조립된 후, 대형 크레인을 이용하여 완제품으로 조립되는 방식을 따른다.

　대형 제품을 구성하는 개별 부품은 기계들이 기능 혹은 유형에 따라 그룹화된 **공정별 배치**(process layout)를 갖는 공장에서 생산된다. 그림 1.9(b)에 나타나 있듯이, 선반들로 하나의 부서를, 밀링기

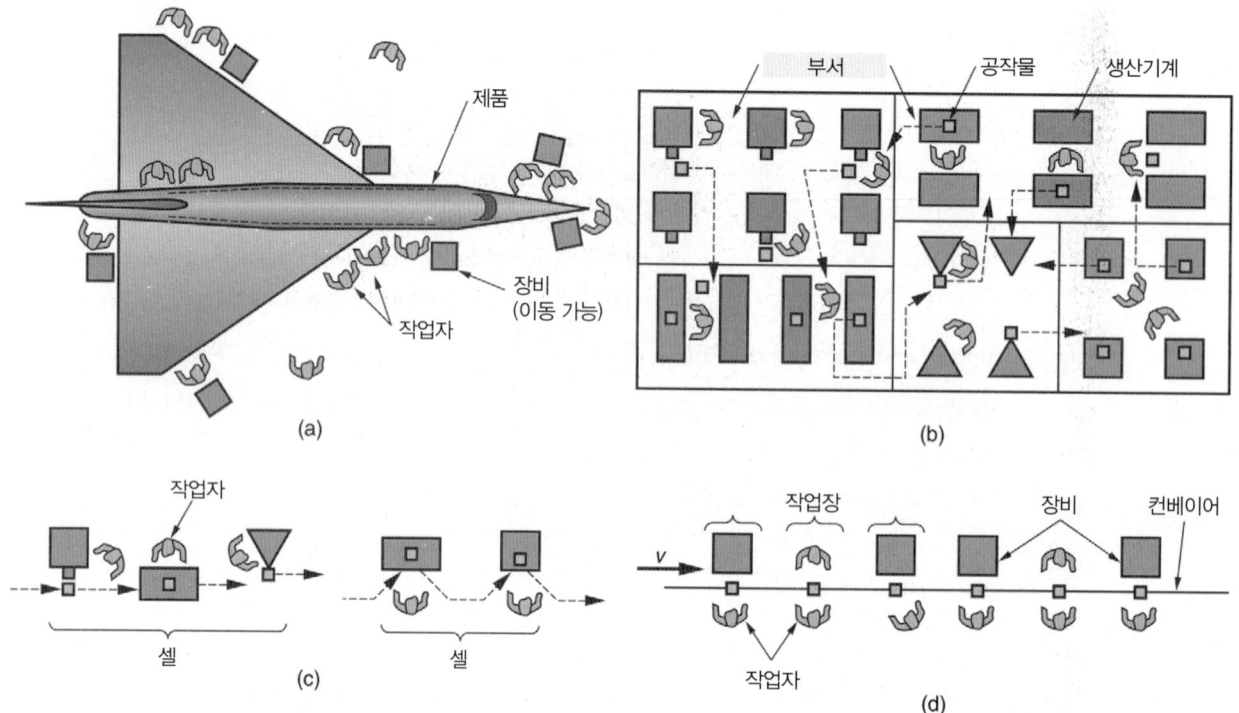

그림 1.9 다양한 유형의 공장 배치. (a) 고정위치 배치, (b) 공정별 배치, (c) 셀형 배치, (d) 제품별 배치.

계들로 또 다른 부서를 만드는 식으로 배치를 한다. 각기 다른 공정순서를 요구하는 서로 다른 부품들이 보통 배치(batch) 단위로 공정수행에 필요한 특정한 순서대로 부서 간을 움직인다. 공정별 배치에서는 유연성이 주목받을 만하다. 즉, 서로 다른 부품 구성에 따른 매우 다양한 공정 순서에 적응할 수 있다. 이런 배치의 단점으로는 기계와 생산 방법의 설계 시 높은 효율성이 고려되지 못한다는 점이다.

중량생산

연간 100~10,000 단위를 생산하는 중량생산에 대해서는 제품의 다양성에 따라 두 가지 유형의 설비로 구분할 수 있다. 제품의 경다양성이 있는 경우, 일반적인 접근방법은 **배치 생산**(batch production)이다. 한 종류의 제품이 배치 단위로 생산이 되다가 이것이 끝나면 다음 제품의 배치를 생산하기 위해서 제조시스템이 변환된다. 어떤 한 제품의 수요가 기계의 생산률 보다 적어서 여러 제품들이 동일한 기계를 공유할 수 있다. 생산 대상물을 전환하는 데에는 공구류와 기계의 셋업을 바꾸어주는 데 필요한 시간이 소모된다. 이 셋업시간은 생산시간의 손실이라 할 수 있어, 배치 생산의 단점이 된다. 배치 생산이 보통 적용되는 상황은 수요에 의해 점진적으로 소진되는 재고를 채워주는 생산을 하는 재고비축생산(make-to-stock)이다. 장비들은 그림 1.9(b)와 같은 공정별 배치에 따라 배열된다.

　제품 연다양성의 경우 중량생산을 위한 다른 대안이 가능하다. 이 경우 어떤 제품 스타일과 다른 스타일 사이에 심각한 전환이 필요하지 않다. 셋업으로 인한 심각한 시간손실 없이 유사한 제품 그룹을 동일한 장비에서 생산할 수 있도록 제조시스템을 구성하는 것이 가능하다. 상이한 부품 및 제품들의 가공 또는 조립은 몇 개의 작업장 또는 몇 대의 기계로 구성되는 셀에서 수행될 수 있다. **셀형 생산**(cellular manufacturing)이 이런 유형의 생산을 일컫는 용어이다. 각 셀은 부품 형태의 한정된 다양성만을 수용하도록 설계된다. 즉, 하나의 셀은 **그룹 테크놀러지**(Group Technology, GT)의 원리에 따라 유사한 부품 한 세트의 생산에 특화되어 있다(36.5절). 그림 1.9(c)에 나타낸 것과 같은 이런 배치를 **셀형 배치**(cellular layout)라 한다.

대량생산

연간 10,000에서 수백만 단위의 제품을 생산하는 것을 **대량생산**(mass production)이라 한다. 이런 상황의 특징은 어떤 제품에 대해 높은 수요가 있고, 제조시스템이 그 단일 제품의 생산에 전념한다는 것이다. 대량생산을 다량생산과 흐름라인생산의 두 가지로 분류할 수 있다. **다량생산**(quantity production)은 단일기계 상에서 이루어지는 단일부품의 대량생산을 말한다. 이를 위해 보통 특수한 공구류(예: 금형과 자재 취급장치)가 장착된 표준기계들(예: 스탬핑 프레스)이 사용되며, 오직 한 종류의 부품생산에만 전념한다. 다량생산에 사용되는 전형적인 배치 형태는 공정별 배치와 셀형 배치이다.

흐름라인 생산(flow line production)은 연속적으로 배열된 복수 개의 장비 혹은 작업장을 가지며, 공작물이 제품으로 완성되기 위해서 일정한 순서대로 물리적으로 이동하는 방식이다. 작업장과 기계는 효율을 최대화하는 방향으로 한 제품만을 위해 특정하게 설계된다. 이런 배치를 **제품별 배치**(product layout)라 하는데, 그림 1.9(d)와 같이 작업장이 하나의 긴 라인을 따라 배열되거나, 연결된 일련의 부분적 라인으로 구성되기도 한다. 공작물은 보통 기계화된 컨베이어에 의해 작업장 사이를 이동한다. 각 작업장에서는 전체 작업의 일부분만이 수행된다.

흐름라인 생산의 가장 친숙한 예는 자동차와 가전제품과 같은 제품을 위한 조립라인이다. 순수한 형태의 흐름라인 생산은 라인 상에서 만들어지는 제품의 변화가 없는 것이다. 각 제품은 모두 동일하기 때문에 이런 라인을 **단일모델 생산라인**(single-model production line)이라고 부른다. 주어진 하나의 제품으로 시장에서 성공하기 위해서는, 고객 각자에게 정확히 맞는 상품을 선택할 수 있도록 특징과 모델에 차이를 두는 것이 효과가 있을 것이다. 생산의 관점에서 제품 특징의 변화는 제품의 연다양성을 의미한다. **혼합모델 생산라인**(mixed-model production line)은 라인 상에서 제조되는 제품에 연다양성이 있는 경우이다. 현대적인 자동차 조립라인이 대표적인 예이다. 조립라인으로부터 나오는 자동차는 옵션이 다양하고, 다른 모델임을 나타내는 변화를 주며, 많은 경우 동일한 기본 차체설계에 다른 명판을 달고 있다.

1.4.2 제조지원시스템

설비를 효율적으로 운영하기 위해, 회사는 스스로를 조직화하여 공정과 기계의 설계, 생산주문의 계획과 관리, 제품품질 요구조건의 만족이 가능하도록 하여야 한다. 이러한 기능들은 제조지원시스템에 의해 수행되는데, 이 제조지원시스템은 생산공정을 관리하는 사람과 작업순서를 의미한다. 대부분의 제조지원시스템은 제품과 직접적인 접촉을 하지는 않고, 전 공장에 걸쳐 제품의 계획과 통제의 역할을 한다. 제조지원기능은 다음과 같은 부서로 조직된 사람들에 의해 수행된다.

- **제조엔지니어링 부서.** 제조엔지니어링 부서는 제조과정의 기획, 즉 부품을 만들고 제품을 조립하는 데 어떤 공정을 적용할 것인가를 결정하는 책임을 지고 있다. 또한 이 부서에서 해야 할 일은 가공과 조립을 수행할 현장부서에서 사용될 공작기계와 기타 장비를 설계하고 주문하는 것이다.
- **생산계획 및 생산관리 부서.** 이 부서는 현장에서의 물품조달 문제의 해결을 책임지고 있다. 즉 자

그림 1.10 본서에서 다루는
주요 주제의 개관.

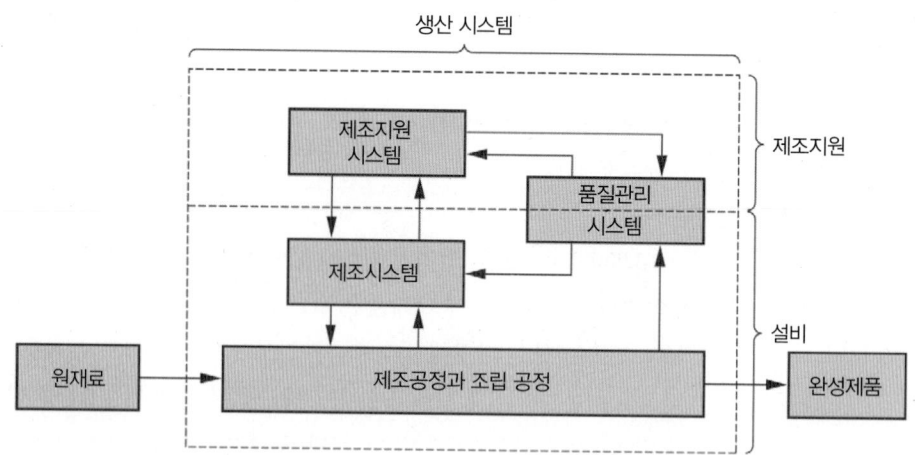

그림 1.10 본서에서 다루는
주요 주제의 개관.

재주문, 부품구매, 생산일정계획을 수행하고, 이 일정계획에 맞출 수 있는 능력을 현장부서가 갖
추도록 해준다.

- **품질관리 부서.** 현대의 경쟁적 환경 하에 있는 제조업체는 제품의 고품질화에 가장 중점을 두어
야 한다. 이것은 명세와 규격에 맞는 제품을 설계하고 만들어야 한다는 것과, 고객의 기대 수준을
맞추거나 더 초과해야 한다는 것을 의미한다. 이런 노력의 대부분은 품질관리 부서의 책임이다.

1.5 제조의 경향

여기서는 제조에 사용되는 재료, 공정 및 시스템에 영향을 주는 몇 가지 경향을 알아보고자 한다. 이
러한 경향은 전 세계에 걸친 기술적, 경제적 요인에 의해 유발된다. 그것들에 의한 영향은 제조에만
국한되어 있는 것은 아니며, 사회 전반에 걸쳐 발생하고 있다. 다음과 같은 주제에 대해 논의하고자
한다. (1) 린 생산(lean production)과 6시그마(Six Sigma), (2) 국제화, (3) 환경 친화적 제조 및
(4) 미세가공과 나노기술.

1.5.1 린 생산과 6시그마

이것들은 제조에서 효율과 품질의 향상을 목적으로 하는 두 가지 프로그램이다. 즉 저렴하고 품질이
우수한 제품을 구매하고자 하는 소비자의 요구를 겨냥하고 있다. 린 생산과 식스시그마는 특히 미국
의 기업들 사이에 매우 광범위하게 퍼져있기 때문에 하나의 추세가 되어 있다.

린 생산은 일본의 도요타 자동차회사에서 개발된 도요타 생산시스템에 기반을 두고 있다. 그 기원
은 1950년대, 도요타 자동차회사가 품질향상, 재고감소 및 공정유연성 확대를 위해 지금까지 사용되
지 않았던 비전통적인 방법을 활용하면서 시작되었다. **린 생산**(Lean production)은 '더 적은 자원
으로 더 많은 일을 한다.'[2]라고 간단히 정의할 수 있다. 더 적은 수의 작업자와 장비를 사용하여 더

---

[2] M. P. Groover, Work Systems and the Methods, Measurement, and Management of Work [7], p. 514.
린 생산이란 용어는 1980년대 도요타와 기타 다른 공장에서 생산공정을 연구한 MIT의 연구자들이 붙인 이
름이다.

적은 시간에 더 많은 생산량을, 그것도 더 높은 품질의 최종제품에 도달한다는 것을 의미한다. 린 생산의 근본적인 목적은 낭비를 없애는 것이다. 도요타 생산시스템에서는 일곱 가지의 생산 낭비요소를 정의하였다. (1) 결함 부품의 생산, (2) 필요 이상의 부품 생산, (3) 과도한 재고, (4) 불필요한 공정단계, (5) 작업자의 불필요한 동작, (6) 공작물의 불필요한 이동 및 취급, (7) 작업자 대기. 낭비를 줄이기 위해 도요타에서 사용한 방법은 오류 방지, 잘못 진행되고 있는 공정의 정지, 장비 유지보수의 개선, 공정 개선에 작업자 투입(소위 지속적인 개선) 및 작업공정의 표준화이다. 가장 중요한 개선은 아마도 JIT(just-in-time) 공급시스템의 도입일 것이다(41.4절 참조).

6시그마는 1980년대 미국 모토로라 사(Motorola Corporation)에서 시작되었다. 그것의 목적은 소비자의 만족도를 높이기 위해 회사의 공정과 제품에서 발생하는 가변성을 줄이는 것이었다. 오늘날 6시그마는 '조직의 운영 성과를 개선할 목적으로 프로젝트를 수행하기 위해 작업자 팀을 활용하는 품질에 초점을 맞춘 프로그램'[3]이라 정의할 수 있다. 6시그마는 39.4.2절에서 상세히 다룬다.

1.5.2 국제화와 외부위탁

세계는 국가 경계선에 의해 일단 만들어진 방벽이 감소 또는 제거된 국제 경제를 만들면서 점점 더 통합되고 있다. 이에 따라 지역과 나라 사이에서 상품, 서비스, 자본, 기술 및 인력이 더욱 자유롭게 움직이는 것이 가능 가능되었다. **국제화**(globalization)는 1980년대에 인정되고, 오늘날에는 주된 경제적 실체가 된 이러한 추세를 묘사하는 용어가 되었다. 여기서 흥미로운 점은 한때 저개발국가였던 중국, 인도 및 멕시코와 같은 나라들이 그들의 제조 인프라(infrastructure)와 기술을 개발하여 지금은 국제 경제에서 중요한 생산국가로 발전했다는 것이다. 특히 이 세 나라가 갖고 있는 장점은 그들의 엄청난 인구(즉 대형 인력 풀)와 그에 따른 저임금이다. 현재 미국 내에서의 시간당 임금은 이들 나라보다 한 자릿수 이상 높으므로, 미국 내 회사가 수많은 노동집약적 제품에서 경쟁하기는 매우 어렵다. 의류, 가구, 많은 종류의 장난감 및 가정용 전자제품이 그 예이다. 그 결과 미국 내에서는 제조업 일자리가 감소하였으며, 이들 나라에서는 관련 일자리가 증가하였다.

세계화는 외부위탁과 매우 밀접한 관계를 맺고 있다. 제조에서 **외부위탁**(outsourcing)이란 전통적으로 사내에서 수행되던 작업을 수행하기 위해 외부 계약자(하청업자)를 활용하는 것이다. 외부위탁은 지역 공급업자를 포함해 여러 가지 방법으로 수행될 수 있다. 이 경우 일자리는 미국 내에 남아 있게 된다. 다른 방법으로 미국 회사가 외국에서 외부위탁을 하여, 한때 미국 내에서 생산되던 부품과 제품을 이제는 나라 밖에서 생산하는 것이다. 이때 미국 내의 일자리는 소멸된다. 두 가지 가능성으로 구별할 수 있다. (1) **해외 외부위탁**. 중국이나 기타 해외에서 생산하고 화물선을 통해 미국으로 운반한다. (2) **연안 외부위탁**. 캐나다, 멕시코 및 중앙 아메리카에서 생산하고 기타나 트럭을 이용해 미국으로 운반한다.

중국은 국제화를 얘기할 때 특히 흥미로운 국가이다. 그 이유는 급속하게 성장하는 경제, 그 경제에서 제조의 중요성 및 미국 회사들이 중국에 외부위탁을 하는 작업의 규모 때문이다. 미국 회사들은 저임금의 이점을 얻기 위해 많은 생산을 중국과 기타 동아시아 국가에 위탁하였다. 미국으로 돌려보내는 물류 문제와 상품의 선적 비용에도 불구하고 외부위탁을 한 회사에는 저비용과 높은 이익이 발

---

[3] Ibid, p. 541.

생했으며, 미국 소비자에게는 구입가능 상품의 저렴한 가격과 다양성이라는 결과를 가져왔다. 가격이 하락하면서 미국 내에서 좋은 급료를 주는 제조업 일자리의 손실이 발생하였다. 미국이 중국에 외부위탁을 하면서 발생한 또 다른 결과는 GDP에 대한 제조업의 상대적 기여도가 줄어들었다는 것이다. 1990년대 제조업은 미국 GDP의 약 20%를 차지하였다. 오늘날에는 15%에도 미치지 못하고 있는 실정이다. 동시에 중국의 제조업은 성장하여 현재 중국 GDP의 거의 35%를 담당하고 있다. 미국의 GDP는 대략 중국의 세 배에 달하기 때문에 미국의 제조업은 여전히 중국보다 더 크다. 그러나 중국은 여러 가지 산업분야에서 세계를 주도하고 있다. 중국의 철강 생산량은 그 다음으로 많이 생산하는 6개국(순서대로 일본, 미국, 러시아, 인도, 대한민국 및 독일)의 생산량을 합한 것보다 더 많다.[4] 중국은 또한 금속 주물을 그 다음으로 많이 생산하는 3개국(순서대로 미국, 일본 및 인도)의 생산량을 합한 것보다 더 많이 생산하는 최대 생산국이다.

철강생산과 주조는 소위 '험한(dirty)' 산업으로 분류되며, 그에 따른 환경오염은 중국뿐 아니라 전 세계 수많은 지역에서 논쟁거리가 되고 있다. 이러한 논쟁은 다음의 추세를 지향하고 있다.

1.5.3 환경 친화적 제조

실제로 모든 제조공정의 타고난 특징은 낭비요소의 발생이다(1.3.1절 참조). 가장 분명한 예는 재료제거공정으로서, 이것은 원하는 부품 형상을 만들기 위해 초기 재료로부터 칩을 제거하는 제조공정이다. 하나 또는 다른 형태의 폐기물은 거의 모든 생산공정의 부산물이다. 제조에서 피할 수 없는 또 다른 측면은 어느 공정을 수행하기 위해 요구되는 동력이다. 동력을 만들기 위해서는(최소한도 미국과 중국에서는) 화석연료가 필요하며, 이것이 연소되면서 환경오염이 발생한다. 제조공정의 마지막에는 제품이 만들어지며, 이는 소비자에게 판매된다. 결국 제품은 사용하면서 수명이 끝나면 아마도 어떤 쓰레기 매립장에서 처리되는데, 이는 환경악화와 관련되어 있다. 사회는 인간의 활동이 환경에 주는 충격에 대해, 또한 현대 문명이 어떻게 우리의 천연자원을 지속할 수 없는 속도로 사용하고 있는가에 더욱 더 주의를 기울여야 한다. 지구온난화는 현재 주요한 우려사항에 속한다. 제조산업은 이러한 문제들에 책임을 지고 있다.

환경을 고려한 제조(environmentally conscious manufacturing)는 생산에서 재료와 천연자원을 가장 효율적으로 사용방법을 찾고, 환경에 대한 부정적인 결과를 최소화하는 프로그램과 관련되어 있다. 이러한 프로그램과 관련된 용어에는 **녹색 제조**(green manufacturing), **청정생산**(cleaner production) 및 **지속가능 제조**(sustainable manufacturing)가 있다. 그것들은 두 가지 근본적인 접근방법으로 요약될 수 있다. (1) 환경적 충격을 최소화하는 제품을 설계할 것, (2) 환경친화적 공정을 설계할 것.

제품설계는 환경을 고려한 제조에 있어서 논리적인 시작점이 될 수 있다. **환경고려 설계**(design for environment, DFE)라는 용어는 때때로 생산에 앞서 제품을 설계하는 동안 환경에 대한 충격을 고려하고자 시도하는 기술에 대해 사용된다. 환경고려 설계에서는 다음의 일곱 가지 사항을 고려하고 있다. (1) 생산에 최소의 에너지가 소요되는 재료의 선택, (2) 재료와 에너지의 낭비를 최소화하는 공정의 선택, (3) 리사이클 또는 재사용될 수 있는 부품의 설계, (4) 부품의 유지보수를 위해 쉽게

---

[4] 출처 : World Steel Association, 2008 data.

분해될 수 있는 제품의 설계, (5) 유해하고 독성이 있는 재료의 사용을 최소화하는 제품의 설계, (6) 제품의 유효수명이 다한 후의 처리방법에 대한 고려.

설계가 진행되는 동안 이루어진 결정은 제품을 만드는 데 사용되는 재료와 공정에 상당한 정도로 영향을 준다. 이러한 결정들로 인해 지속가능성을 얻기 위해 제조부서가 취할 수 있는 선택권이 제한된다. 그러나 공장 운영을 더욱 친환경적으로 만들기 위해 다양한 접근방법을 시도할 수 있다. 여기에는 다음과 같은 여덟 가지가 포함된다. (1) 공장을 청결하게 유지한다, (2) 오염물질이 환경(강과 대기)으로 배출되는 것을 방지한다, (3) 단위 공정 당 재료 낭비를 최소화한다, (4) 폐기물을 버리기보다는 재생한다, (5) 순형상가공 공정을 사용한다, (6) 적절할 경우 재생에너지원을 사용한다, (7) 생산 설비가 최대의 효율로 작동할 수 있도록 유지한다, (8) 에너지 요구가 최소화되는 장비를 설치한다.

환경을 고려한 제조와 관련된 다양한 주제가 논의된다. 고분자화합물의 재생과 생물분해성 플라스틱에 관한 주제는 8.1.6절에서 다룬다. 오염된 절삭유의 악영향을 감소시키는 절삭유 정제와 건식 기계가공에 대해서는 21.4.2절에서 다룬다.

1.5.4 미세가공과 나노기술

제조의 또 다른 추세는 치수가 매우 작아 맨눈으로는 확인할 수 없는 재료나 제품의 출현이다. 극단적인 경우 이러한 품목들은 광학현미경으로도 확인할 수 없다. 이러한 소형 제품에는 특수한 제조기술이 적용된다. **마이크로가공**(microfabrication)은 그의 대표적 치수가 마이크로미터 범위($1\ \mu m = 10^{-3}\ mm = 10^{-6}\ m$)에 드는 부품이나 제품을 만드는 데 필요한 공정을 의미한다. 잉크젯 프린터 헤드, CD와 DVD 및 자동차용 마이크로센서류(예 : 에어백 전개 센서)가 그 예에 속한다. **나노기술** (nanotechnology)은 그의 대표적 치수가 나노미터 범위($1\ nm = 10^{-3}\ \mu m = 10^{-6}\ mm = 10^{-9}\ m$)에 드는 재료나 제품과 관련이 있으며, 나노미터는 원자나 분자의 치수에 접근하는 크기이다. 촉매변환장치에 사용되는 초극박막 코팅(ultra-thin coatings), 평면 TV 모니터 및 암 치료용 약품이 나노기술에 기초한 제품의 예이다. 마이크로 및 나노 재료와 제품은 미래에 기술적 및 경제적으로 더욱 중요성의 증가가 예상되며, 또한 이것들을 상업적으로 생산하는 공정이 요구된다. 여기서 이것들을 언급한 목적은 독자들에게 극소화(miniaturization)에 대한 경향을 인지하도록 하기 위함이다. 이러한 기술들은 34장에서 언급한다.

1.6 이 책의 구성

앞의 세 절은 이 책의 개요를 소개하였다. 이 후의 43개장은 11개 Part로 구성된다. 그림 1.10의 블록도표는 이 책의 중요한 주제를 요약한 것이다. 전체적으로 생산시스템(점선)을 보여주고, 여기의 좌측에 재료가 들어가고, 오른쪽으로 완성 제품이 나가게 된다. '재료의 특성과 제품의 속성' 이라는 제목을 가지는 Part I은 네 개의 장으로 구성되는데 재료의 중요한 특성과 명세, 그리고 재료로부터 만들어지는 제품에 대하여 설명한다. Part II는 네 가지 중요한 재료, 즉 금속, 세라믹, 고분자화합물, 복합재료에 대해 기술한다. 그림 1.10의 가장 큰 블록은 '제조공정과 조립공정' 이다. 이 책에서 다루는 공정들이 그림 1.4에 구분되어 있다. Part III은 외형형성공정의 네 영역을 다루는 것으로 시작된다. Part III은 6개의 장으로 구성되는데 금속주조(두 개 장), 유리제조, 고분자성형, 고무공정기술, 고분자복합재료의 성형공정이 그것이다. Part IV는 두 장에 걸쳐 금속과 세라믹의 입자공정을 다루고 있다. Part V는 압연, 단조, 압출, 금속박판가공 등과 같은 금속 변형공정을 설명한다. 마지막으로 Part VI는 재료제거공정을 다루는데, 네 장이 절삭공정에, 두 장이 연마공정(예 : 연삭)과 특수가공에 할당되었다.

기타 가공공정들, 성질향상공정, 표면공정은 Part VII에 실었다. 총 세 장으로 구성되는데 열처리, 청정법, 표면처리법, 코팅과 도포 공정들을 소개한다. 용접, 경남접, 연납접, 접착제접합, 기계적 조립 등의 결합과 조립공정은 Part VIII의 네 개 장에서 설명된다. 그림 1.4의 분류법에 잘 들어맞지 않는 몇 가지 독특한 공정들은 '신공정 기술'이라는 제목을 갖는 Part IX에서 다룬다. 총 네 개 장이 있는데 급속조형, 반도체공정, 전자조립과 패키징, 마이크로제조에 대해 기술한다. 그림 1.10에서 나머지 블록은 생산의 시스템적 측면에 관련된 것이다. '제조시스템'이라는 이름이 붙은 Part X은 공장 안에서 볼 수 있는 주요 시스템 기술과 장비그룹들을 다룬다. 즉 수치제어(NC), 산업용 로봇, 그룹 테크놀러지, 셀형 생산, 유연생산시스템, 생산라인 등이 그것이다. 최종적으로 '제조지원시스템'인 Part XI에서 제조엔지니어링, 생산계획 및 관리, 품질관리, 검사 등이 설명된다.

▌참고문헌

[1] Black, J., and Kohser, R. *DeGarmo's Materials and Processes in Manufacturing,* 10th ed. John Wiley & Sons, Hoboken, New Jersey, 2008.

[2] Emerson, H. P., and Naehring, D. C. E. *Origins of Industrial Engineering.* Industrial Engineering & Management Press, Institute of Industrial Engineers, Norcross, Georgia, 1988.

[3] Flinn, R. A., and Trojan, P. K. *Engineering Materials and Their Applications,* 5th ed. John Wiley & Sons, New York, 1995.

[4] Garrison, E. *A History of Engineering and Technology.* CRC Taylor & Francis, Boca Raton, Florida, 1991.

[5] Gray, A. "Global Automotive Metal Casting," *Advanced Materials & Processes,* April 2009, pp. 33– 35.

[6] Groover, M. P. *Automation, Production Systems, and Computer Integrated Manufacturing,* 3rd ed. Pearson Prentice-Hall, Upper Saddle River, New Jersey, 2008.

[7] Groover, M. P. *Work Systems and the Methods, Measurement, and Management of Work,* Pearson Prentice-Hall, Upper Saddle River, New Jersey, 2007.

[8] Hornyak, G. L., Moore, J. J., Tibbals, H. F., and Dutta, J., *Fundamentals of Nanotechnology,* CRC Taylor & Francis, Boca Raton, Florida, 2009.

[9] Hounshell, D. A. *From the American System to Mass Production, 1800–1932.* The Johns Hopkins University Press, Baltimore, Maryland, 1984.

[10] Kalpakjian, S., and Schmid S. R. *Manufacturing Processes for Engineering Materials,* 6th ed. Pearson Prentice Hall, Upper Saddle River, New Jersey, 2010.

[11] wikipedia.org/wiki/globalization

[12] www.bsdglobal.com/tools

▌복습문제

1.1 1차, 2차 및 3차 산업 사이의 차이점은 무엇인지 각각의 예를 들어 설명하여라.

1.2 자본재란 무엇인지 정의하고, 그 예를 들어라.

1.3 제품다양성과 생산수량은 서로 어떻게 관련되어 있는가를 알아보기 위해 대표적인 공장을 비교하여라.

1.4 제조능력을 정의하여라.

1.5 재료의 기본 범주 세 가지를 들어라.

1.6 외형성형공정은 표면공정과 어떻게 다른가?

1.7 조립공정의 두 가지 하부공정은 무엇인가? 각각의 공정 예를 들어라.

1.8 배치생산(batch production)을 정의하고, 중량생산 제품에 흔히 사용되는 이유를 설명하여라.

1.9 생산설비에서 공정별 배치와 재품별 배치의 차이를 설명하여라.

1.10 제조지원 부서를 대표적인 세 개의 부서로 분류하여라.

객관식문제(18개의 답)

다음의 객관식 문제에는 옳은 답이 하나이거나 여러 개인 것이 있다. 백점을 받으려면 모두 옳은 답만을 선택하여야 한다. 각각의 옳은 답은 1점이다. 빠뜨린 답 또는 틀린 답은 1점을 감점하고, 올바른 수의 답보다 많은 답도 각 1점씩 감점한다. 점수 백분율은 올바른 답의 전체 수를 기준으로 한다. 이후 모든 객관식문제는 동일하게 채점한다.

1.1 다음의 산업분류 중 2차 산업에 속하는 것은 무엇인가? (세 개의 정답)(a) 음료, (b) 재무서비스, (c) 어업, (d) 광업, (e) 에너지 사업, (f) 출판, (g) 운수.

1.2 광업은 다음 중 어느 산업으로 분류되는가?(a) 농업 산업, (b) 제조 산업, (c) 1차 산업, (d) 2차 산업, (e) 서비스 산업, (f) 3차 산업.

1.3 산업혁명의 발명품에 속하는 것은 다음 중 어느 것인가?(a) 자동차, (b) 대포, (c) 인쇄기, (d) 증기기관, (e) 칼.

1.4 철금속에 속하는 것은 다음 중 어느 것인가? (두 개의 정답)(a) 알루미늄, (b) 주철, (c) 구리, (d) 금, (e) 강(鋼).

1.5 다음 공업용 재료 중 금속과 비금속 원소의 화합물로 정의되는 것은 어느 것인가?(a) 세라믹, (b) 복합재료, (c) 금속, (d) 고분자화합물.

1.6 다음 중 재료가 유체 또는 반유체 상태에서 시작하여 캐비티 속에서 응고하는 공정은 어느 것인가? (두 개의 답)(a) 주조, (b) 단조, (c) 절삭, (d) 성형, (e) 프레스, (f) 선삭.

1.7 금속과 세라믹의 입자공정에는 다음 어느 공정단계가 포함되는가? (두 개의 답)(a) 접착제 접합, (b) 변형, (c) 단조, (d) 재료제거, (e) 용융, (f) 가압, (g) 소결.

1.8 변형공정에는 다음 중 어느 것이 포함되는가? (두 개의 정답)(a) 주조, (b) 드릴링, (c) 압출, (d) 단조, (e) 밀링, (f) 페인팅, (g) 소결.

1.9 압출을 위해 다음 중 어느 기계를 사용하는가?(a) 단조해머, (b) 밀링기계, (c) 압연기, (d) 프레스, (e) 토치.

1.10 조립품의 대량생산과 매우 밀접하게 연결된 배치는 다음 중 어느 것인가?(a) 셀형 배치, (b) 고정위치 배치, (c) 공정별 배치, (d) 제품별 배치.

1.11 생산계획 및 생산관리 부서는 제조지원이라는 역할 측면에서 다음 중 어느 기능을 수행하는가? (두 개의 답)(a) 공작기계의 설계와 주문, (b) 공동의 전략계획 개발, (c) 재료와 구매부품의 주문, (d) 품질관리 수행, (e) 기계용 제품의 주문 일정계획.

제Ⅰ부

재료의 특성과 제품의 속성

재료의 특성

2.1   원자구조와 원소

2.2   원자 및 분자 사이의 결합

2.3   결정구조
    2.3.1   결정구조의 유형
    2.3.2   결정 내 결함
    2.3.3   금속 결정의 변형
    2.3.4   금속의 결정립과 결정립경계

2.4   비결정질 구조

2.5   공업용 재료

재료에 대한 이해는 제조공정의 연구에서 가장 기초적인 일이다. 1장에서 제조공정을 변환과정으로 정의하였다. 여기에서 변환되는 것은 재료이며, 작업의 성공 여부를 결정하는 것은 특정한 힘과 온도, 그리고 기타 물리적 공정변수들이 관련될 때의 재료거동이다. 어떤 재료는 특정한 제조공정에 대해서는 적절히 반응하지만, 다른 공정에 대해서는 다소 미흡하거나 아니면 전혀 적합하지 않는다. 서로 다른 공정에 의해서 변환되는 능력을 결정하는 재료의 특성과 성질은 무엇일까?

이 책의 제I부는 이러한 질문에 적합한 네 개의 장으로 구성되어 있다. 본 장에서는 원자와 분자 사이의 결합과 원자 구조에 대하여 고찰한다. 또한 공업용 재료의 원자와 분자가 어떻게 두 가지 구조적 형태(즉, 결정과 비결정)를 조직하는가에 대해서도 알아본다. 금속, 세라믹 및 고분자의 기초적인 공업 재료들도 이 둘 중의 하나의 형태로 존재할 수 있으나, 주어진 재료에 따라 특정한 형태를 선호한다. 예를 들어 금속은 고체 상태에서 거의 항상 결정으로 존재하는 데 비하여, 유리나 세라믹은 비결정 형태를 갖는다. 어떤 고분자화합물은 결정과 비결정 구조의 혼합물이다.

제3장과 4장에서는 제조에서 중요한 기계적 및 물리적 성질을 다룬다. 물론 이러한 성질은 제품설계에서도 중요하다. 제5장에서는 제품설계에서 정해지고, 제조에서 도달하여야 하는 부품과 제품에 대한 몇 가지 속성을 설명하고 있다. 또한 이러한 속성을 측정하는 방법에 대해서도 언급한다.

2.1 원자구조와 원소

물질의 가장 기본적인 구조 단위는 원자이다. 각각의 원자는 (＋) 전하를 띠는 핵과 그것을 둘러싼 (－) 전하를 띠는 전자로 구성되는데, 각각의 원자에는 전기적 평형을 이루기에 충분한 수의 전자가 존재한다. 전자의 수는 원자 번호와 그 원자의 원소를 나타낸다. 인위적으로 만들어진 약간의 원소를 제외하면 100개보다 약간 많은 수의 원소가 존재하며, 이들 원소들이 모든 물질의 화학적 구성성분이다.

원소들 사이에 차이점이 있는 것처럼 유사성 또한 존재한다. 그림 2.1에 나타낸 주기율표와 같이 원소들을 분류할 수 있다. 수평 방향의 원소 배열에 있어서 반복성이나 주기성이 나타난다. 금속 원소는 표의 왼쪽과 중앙에 위치하고, 비금속은 오른쪽에 위치한다. 그들 사이에 대각선 방향으로 **반금속**(metalloid) 또는 **준금속**(semimetal)이라고 불리는 원소들로 이루어진 천이구역이 있다. 원칙적으로 각 원소들은 온도와 압력에 따라 고체, 액체 혹은 기체의 상태로 존재한다. 상온과 대기압 하에서는 자연적인 상태를 이룬다. 예를 들어 철(Fe)은 고체이고, 수은(Hg)은 액체이며, 질소(N)는 기체이다.

표에서 원소들은 수평 행과 수직 열로 배열되어 있으며, 동일한 열의 원소들 사이에는 유사성이 존재한다. 예를 들어, 가장 오른쪽 열은 불활성 가스(헬륨, 네온, 아르곤, 크립톤, 크세논 및 라돈)인데, 이들 모두는 화학적으로 매우 안정적이며 작은 반응성을 나타낸다. VIIA 열의 할로겐 원소들(불소, 염소, 브롬, 요오드 및 아스타틴)도 유사한 특징을 지닌다(수소는 할로겐에 속하지 않는다). 또한 IB 열의 귀금속(구리, 은 및 금)도 서로 유사한 성질을 갖는다. 일반적으로 주어진 열 내의 원소들에서는 성질들 사이의 상관관계가 있는 반면, 다른 열의 원소들 사이에는 차이를 보인다.

원소들 사이의 유사성과 차이점들 중의 대부분은 그들 각각의 원자구조에 의해 설명된다. 가장 단순한 원자구조 모델은 행성모델이라 불리는 것으로서, 그림 2.2와 같이 원자 내의 전자가 핵 둘레에

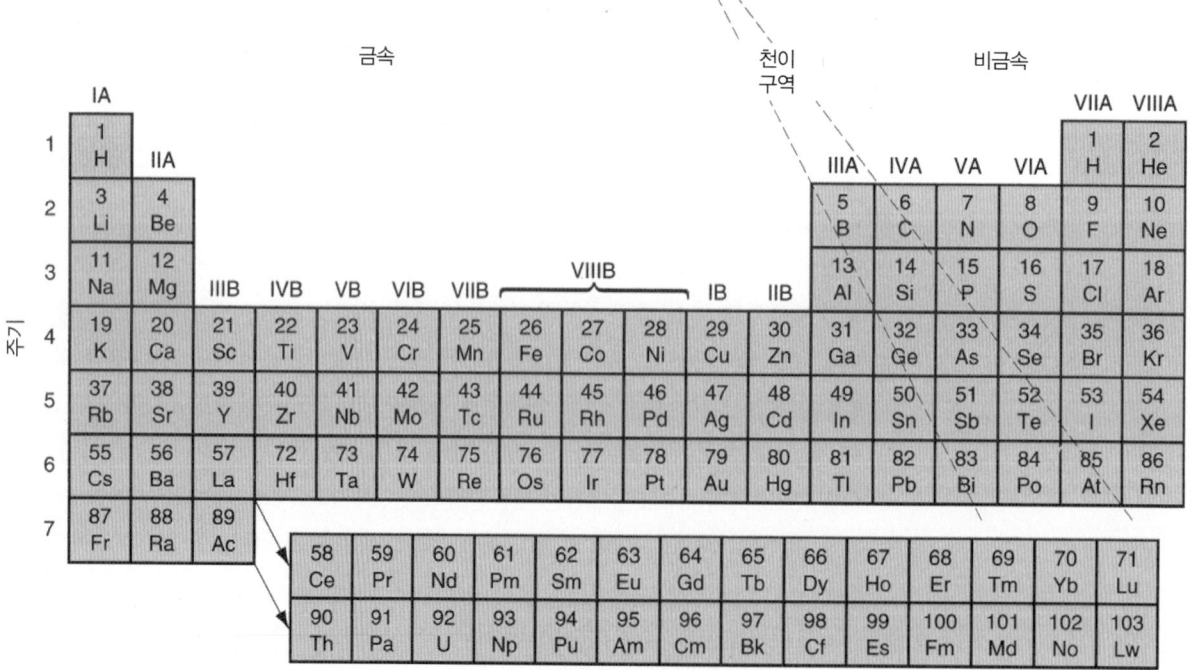

그림 2.1 원소주기율표. 103개 원소들에 대한 원자번호와 기호를 나타낸다.

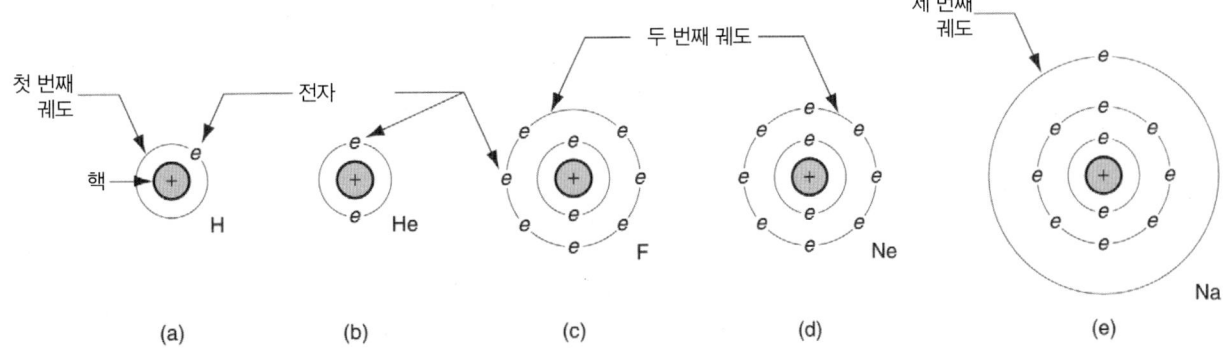

그림 2.2 몇 가지 원소들에 대한 원자구조의 간단한 모델. (a) 수소, (b) 헬륨, (c) 불소, (d) 네온, (e) 나트륨.

서 정해진 궤도(셀이라 불림)를 차지하고 있다. 수소원자(원자번호 1)는 핵에 가장 가까운 궤도에 하나의 전자를 갖고 있으며, 헬륨(원자번호 2)은 두 개의 전자를 갖는다. 불소(원자번호 9), 네온(원자번호 10) 및 나트륨(원자번호 11)에 대한 원자구조 또한 그림에 나타나 있다. 이들 모델로부터 어떤 주어진 궤도에 들어갈 수 있는 전자의 최대 개수가 있으며, 그 최대 개수는 다음과 같이 정의된다.

$$\text{한 궤도 내 전자의 최대값} = 2n^2 \tag{2.1}$$

여기에서 n은 궤도를 뜻하고, $n = 1$은 핵에 가장 가까운 궤도를 의미한다.

원자의 화학적 친화력은 허용된 최대 전자수와 상대적으로, 가장 바깥쪽 셀에 있는 전자의 개수에 따라 결정된다. 이러한 가장 바깥쪽의 전자를 **원자가 전자**(valence electron)라고 부른다. 예를 들어 수소 원자는 단 하나의 궤도에 하나의 전자만을 갖기 때문에 다른 수소 원자와 쉽게 결합하여 수소 분자, 즉 H_2를 구성한다. 같은 이유로 수소는 다른 원소들과도 잘 반응한다(예 : H_2O의 형성). 헬륨원자의 경우에는 헬륨의 유일한 첫 번째 궤도에 있는 전자 두 개가 최대 허용전자수가 되므로($2n^2 = 2(1)^2 = 2$), 매우 안정적이라 할 수 있다.

마찬가지로 네온도 안정적인데, 최외각 궤도($n = 2$)에 여덟 개의 전자(최대 허용 전자개수)를 지니므로 불활성 가스가 된다. 반면 불소는 최외각 궤도($n = 2$)에 최대 허용 전자개수보다 하나 적은 수의 전자를 가지므로 다른 원소들에 쉽게 이끌려 전자를 공유하여 더 안정된 상태를 만들려고 한다. 식이 있으나 이러한 법칙들에 대한 설명은 재료에 대한 제조라는 본서의 영역을 넘어선다. 나트륨 원자의 경우는 최외각 궤도에 하나의 전자를 가지고 있는데, 이는 그러한 상황을 고려한 신의 배려인 것으로 보인다. 그림 2.3에 나타낸 것처럼 불소와 강하게 결합하여 불화나트륨 화합물을 만든다.

여기서 다루는 낮은 원자번호의 원소들에서는 최외각 전자수의 예측이 비교적 간단하다. 그러나 원자번호가 높아짐에 따라 각기 다른 궤도에서의 전자들의 배치가 상당히 복잡하게 된다. 양자역학

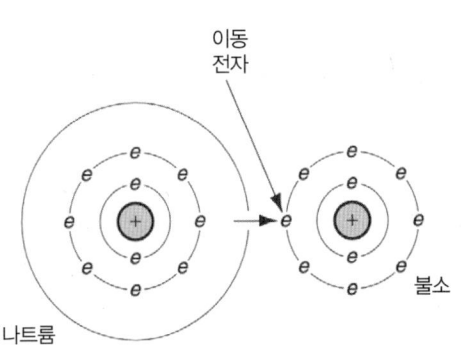

그림 2.3 나트륨 원자의 잉여 전자가 이동하여 불소원자의 최외각을 채운 불화나트륨의 분자.

에 기초하여 여러 가지 궤도 사이의 전자 위치를 예측하고, 그 특성을 설명하는 법칙과 지침이 있으나, 이러한 법칙들에 대한 설명은 제조를 위한 재료라는 본서의 영역을 넘어선다.

2.2 원자 및 분자 사이의 결합

원자들은 원자가전자에 따라 여러 가지 형태로 결합되어 분자로 존재한다. 일반적으로 분자들은 각 분자 내 전자배열의 결과로 발생한 약한 결합에 의하여 서로 끌어당기게 된다. 그러므로 두 가지 종류의 결합 형태가 있다. (1) 일반적으로 분자의 형성과 관련된 1차 결합, (2) 일반적으로 분자들 간의 인력과 관련된 2차 결합. 1차 결합이 2차 결합에 비하여 훨씬 더 강하다.

1차 결합

1차 결합의 특징은 원자가전자의 교환을 포함한 원자와 원자 사이의 강한 인력이다. 1차 결합에는 그림 2.4에 나타낸 것 같이 (a) 이온결합, (b) 공유결합 및 (c) 금속결합이 속한다. 이온결합과 공유결합은 분자 내 원자들 사이의 인력에 의한 것이므로 **분자 내의 결합**(intramolecular bond)이라 부른다.

이온결합(ionic bond)에서 한 원소의 원자는 최외각에 있는 전자를 포기하고 다른 원자에게 내어 줌으로써 최외각전자의 수를 여덟 개로 만드는 방식으로 원소늘 간의 인력을 발생하게 한다. 일반적으로 최외각에 여덟 개의 전자가 있는 경우가 가장 안정적인 원자 배치이고(아주 가벼운 원자를 제외하고는), 이러한 배치를 통하여 원자들 사이에 매우 강한 결합을 얻을 수 있다. 앞의 예에서 본 바와 같이, 불소와 나트륨 사이의 반응을 통해 형성된 불화나트륨도 이러한 원자 결합의 형태이다. 염화나트륨(소금)은 더욱 일반적인 예이다. 불소와 나트륨, 혹은 염소와 나트륨 원자들 간의 전자 전달은 이온을 형성하게 되고, 이러한 이유에서 이온결합이라는 이름이 붙여졌다. 이온결합을 하는 고체 재료는 전기 전도도와 연성이 매우 낮은 성질을 지닌다.

공유결합(covalent bond)은 원자들 간에 (전자를 전달하는 것이 아니라) 최외각 전자를 서로 공유함으로써 8개의 안정적인 최외각 전자들을 얻는 방식이다. 불소와 다이아몬드는 공유결합의 좋은 예이다. 그림 2.5(a)에 나타낸 것 같이 두 개의 원자들이 각각 하나씩의 전자를 서로 공유하여 F_2 가스를 형성한다. 원자번호 6인 탄소로 구성된 다이아몬드의 경우에는 각각의 원자들이 네 개의 이웃 원자와 전자를 공유한다. 이러한 결합은 그림 2.5(b)에 간단하게 나타낸 것과는 달리 매우 견고한 3차원적인 구조를 생성하게 되며, 이 재료에 극히 높은 경도를 제공하게 된다. 흑연과 같이 다른 형태의 탄소덩어리는 이러한 견고한 원자구조를 갖지 않는다. 공유결합을 갖는 고체들은 대체적으로 경도가

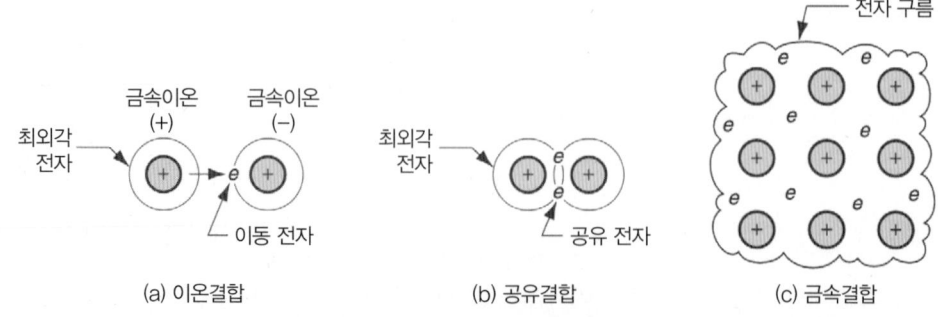

그림 2.4 1차 결합의 세 가지 유형.

그림 2.5 공유결합의 예.

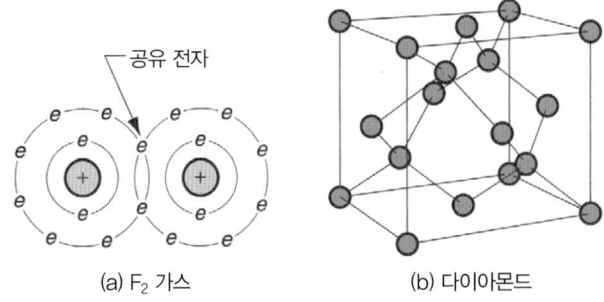

공유 전자

(a) F₂ 가스   (b) 다이아몬드

높고, 전기전도도가 낮다.

금속결합은 순수한 금속과 금속합금들에서 볼 수 있는 원자결합 메커니즘이다. 금속원소의 원자들은 일반적으로 가장 바깥쪽 궤도의 전자 개수가 너무 적어서, 주어진 금속 덩어리에 포함된 모든 원자들의 최외각 궤도를 완전히 채울 수 없다. 따라서 원자 하나 대 원자 하나를 기반으로 전자를 공유하는 대신에, **금속결합**(metallic bonding)에서는 전체 금속 블록을 관통하는 전자구름을 형성하여 모든 원자들이 최외각 전자들을 공유한다. 이러한 구름은 원자들을 함께 붙잡아주고, 대부분의 경우 강하고 견고한 구조를 형성하는 인력을 제공한다. 전자들의 포괄적인 공유와 금속 내 전자들의 자유로운 운동성 때문에, 금속결합은 양호한 전기전도도를 나타낸다. 금속결합을 하는 재료의 다른 특징으로는 좋은 열전도도와 연성을 들 수 있다.

2차 결합

1차 결합이 원자와 원자 사이의 인력에 의해 발생한다면, 2차 결합은 분자들 사이의 인력, 또는 분자 간(intermolecular)의 인력에 의해 발생한다. 2차 결합에서는 전자의 이동이나 공유와 같은 현상은 없으므로, 1차 결합에 비하여 결합력이 약하다. 그림 2.6과 같이, 2차 결합에는 다음의 세 가지 형태가 있다. (a) 쌍극자힘(dipole forces), (b) 런던힘(London forces), (c) 수소결합(hydrogen bonding) 등이 있다. 여기서 (a)와 (b)는 이것을 처음 연구하고 정량화한 과학자의 이름을 따서 흔히 **반데르발스**(van der Waals) 힘이라고 한다.

쌍극자힘(dipole forces)은 크기는 같으면서 반대 방향의 전하량을 갖는 두 개의 원자로 구성된 분자에서 발생한다. 그림 2.6(a)에 나타낸 염화수소의 경우에서와 같이 각 분자는 하나의 쌍극자를 형성한다. 비록 재료 전체로는 전기적으로 중성이지만, 분자 수준에서는 각각의 쌍극자가 서로를 당기고 있으며, 분자들의 양극과 음극은 적절한 방향으로 배열되어 있다. 이러한 쌍극자힘에 의해 재료 안에서 진정한 분자 사이의 결합이 형성된다.

런던힘(London forces)은 비극성 분자들 사이에 작용하는 인력이다. 즉 분자 내의 원자들은 앞 절에서와 같은 쌍극자를 형성하지는 않는다. 그러나 분자 둘레 궤도에 있는 전자들이 빠르게 운동함으

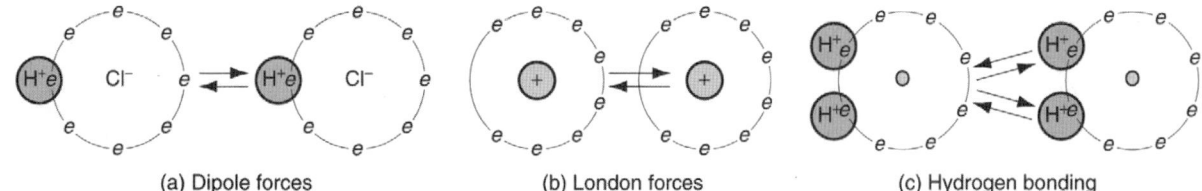

(a) Dipole forces   (b) London forces   (c) Hydrogen bonding

그림 2.6 2차 결합의 세 가지 종류. (a) 쌍극자힘, (b) 런던힘, (c) 수소결합.

로 말미암아 한쪽에 더 많은 전자들이 몰리게 되면서 일시적인 쌍극자를 형성한다(그림 2.6(b) 참조). 이러한 일시적인 쌍극자는 재료 내 분자들 사이에 인력을 발생시킨다.

끝으로 **수소결합**(hydrogen bonding)은 수소원자가 다른 원자(예 : H₂O 안의 산소)와 공유결합으로 분자를 형성하는 경우에 나타난다. 수소원자의 최외각을 채우는 데 필요한 전자들이 핵의 한쪽으로 치우쳐서 정렬되기 때문에, 그 반대쪽에는 순수한 양전하가 위치하게 되고, 이것은 주위에 있는 다른 분자들의 전자를 끌어당기게 된다. 물에 대한 수소결합을 그림 2.6(c)에 나타나있으며, 일반적으로 수소결합은 다른 두 가지 2차 결합에 비하여 더 강한 분자 사이의 결합 메커니즘을 지닌다. 이 것은 많은 고분자화합물의 형성에 중요한 역할을 한다.

2.3 결정구조

원자와 분자는 물질의 거시적 구조를 구성하는 기초요소로 사용된다. 어떤 재료가 용융상태로부터 응고하면, 그들은 가깝게 정렬하여 빡빡하게 채우려는 경향이 있으며, 많은 경우 매우 규칙적인 구조로 스스로를 배열하는데, 어떤 경우에는 그렇게 규칙적이지 않기도 하다. 근본적으로 다른 두 가지 재료 구조는 (1) 결정질과 (2) 비결정질로 구분된다. 결정질 구조는 이 절에서, 비결정질은 다음 절에서 설명한다. 열처리에 관한 비디오 영상은 금속이 어떻게 자연스럽게 결정구조를 형성하는 가를 보여준다.

> 비디오클립
>
> 열처리 : 부제 '금속과 합금의 구조'

많은 재료들은 용융 또는 액체 상태로부터 응고할 때 결정을 형성한다. 이것은 세라믹과 고분자화합물(폴리머)을 포함한 실제 모든 금속재료들의 특징이다. 결정구조(crystalline structure)는 원자들이 3차원 상에서 규칙적이고 반복적인 위치를 차지한 것이다. 그 패턴은 주어진 하나의 결정 내에서 수백만 번 반복될 수 있다. 결정구조는 **단위셀**(unit cell)이라는 원자의 기본적인 기하학적 집합이 반복되어 나타나는 구조이다. 금속의 일반적인 구조 중 하나인 체심입방격자(BCC) 결정구조에 대한 단위셀을 그림 2.7에 도시하였다. 그림 2.7(a)는 BCC 단위셀의 가장 단순한 모델을 보여주고 있다. 이 모델은 셀 내 원자들의 위치를 잘 나타내고 있으나, 실제의 결정에서는 그림 2.7(b)와 같이 원자들이 조밀하게 위치한다. 그림 2.7(c)는 결정 내의 단위셀이 반복되는 특성을 나타내고 있다.

그림 2.7 체심입방격자(BCC) 결정구조. (a) 3차원 상에서 원자들의 상대위치를 보여주는 단위셀, (b) 조밀한 원자들을 보여주는 단위셀 모델(hard−ball 모델), (c) BCC 구조의 반복 패턴.

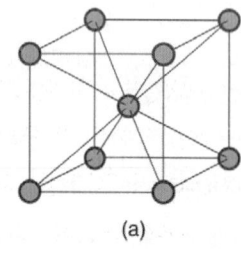
(a)

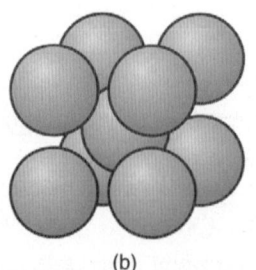
(b)

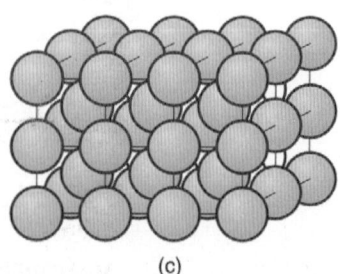
(c)

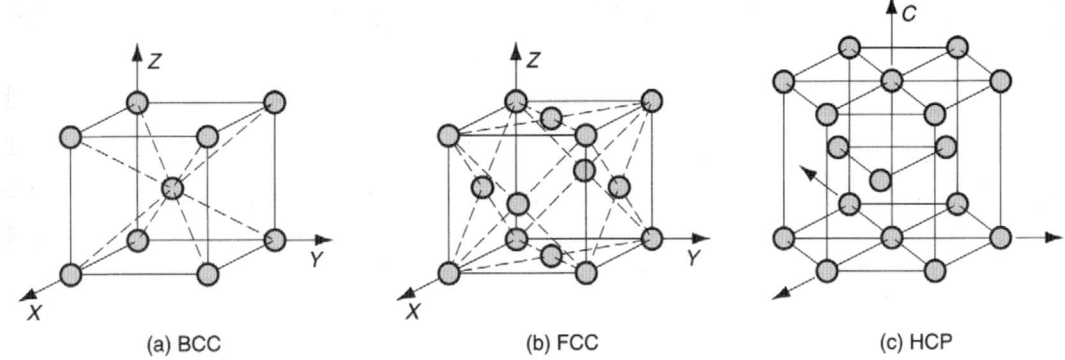

그림 2.8 금속 결정구조의 세 종류, (a) 체심입방격자(BCC), (b) 면심입방격자(FCC), (c) 조밀육방격자(HCP).

2.3.1 결정구조의 종류

금속에서는 다음의 세 가지 격자구조가 일반적이다(그림 2.8 참조). (1) 체심입방격자(body-centered cubic, BCC), (2) 면심입방격자(face-centered cubic, FCC) 및 (3) 조밀육방격자(hexagonal close-packed, HCP). 일반적인 금속에 대한 결정구조는 표 2.1에 나타냈다. 어떤 금속은 온도가 달라질 때 결정구조의 변화를 겪는다는 점을 유의하여야 한다. 예를 들어, 철은 상온에서는 BCC이다. 그런데 912°C(1185 K) 이상에서는 FCC로 변화하고, 1400°C(1673 K) 이상의 온도에서는 다시 BCC로 돌아온다. 금속(또는 다른 재료)이 이와 같은 구조의 변화를 보일 때, 이를 **동소체**(allotropic)이라고 부른다.

2.3.2 결정 내 결함

지금까지 결정구조는 완전한 것처럼 설명하였다. 즉 단위셀은 재료 내에서 모든 방향으로 계속 반복되는 완벽한 것으로 설명하였다. 완벽한 결정은 때때로 미적으로나 공학적인 목적을 만족시키기 위해서 바람직할 수도 있다. 예를 들면 결함이 전혀 없는 완벽한 다이아몬드는 불완전성을 지닌 것에 비하여 훨씬 더 가치가 있다. 집적회로 칩 제조에 있어서 커다란 실리콘 단결정은 미세한 회로 패턴을 만드는 데에 있어서 바람직한 공정 특성을 갖고 있다.

그러나 결정격자구조가 완벽하게 생성되지 못하는 이유가 몇 가지 있다. 불완전성은 흔히 자연적으로 발생하는데, 그 이유는 재료가 응고될 때 단위셀이 방해받지 않고 무한히 복제되는 능력에 제한

표 2.1 대표적인 금속의 결정구조(상온).		
체심입방격자(BCC)	**면심입방격자(FCC)**	**조밀육방격자(HCP)**
크롬(Cr)	알루미늄(Al)	마그네슘(Mg)
철(Fe)	구리(Cu)	티타늄(Ti)
몰리브덴(Mo)	금(Ag)	아연(Zn)
탄탈륨(Ta)	납(Pb)	
텅스텐(W)	은(Ag)	
	니켈(Ni)	

이 따르기 때문이다. 금속의 결정립경계가 한 가지 예이다. 어떤 경우에는 불완전성을 제조공정 중에 의도적으로 도입하기도 한다. 예를 들어 강도를 증가시키기 위하여 금속에 합금 성분을 첨가하는 경우이다.

결정질 고체 내의 다양한 불완전성을 결함(defect)이라고 한다. **불완전성**(imperfection)이나 **결함**(defect)은 결정격자 구조의 규칙적인 패턴에서 벗어났음을 의미한다. 이들은 (1) 점결함, (2) 선결함 및 (3) 면결함으로 분류된다.

점결함(point defect)은 결정구조 내에서 하나 또는 몇 개의 원자와 관련된 불완전성이다. 이러한 결함은 그림 2.9와 같이 다양한 형태를 취할 수 있다. (a) **공극**(vacancy) - 격자구조 내에 분실된 원자를 지닌 가장 단순한 형태의 결함, (b) **이온쌍 공극**(ion-pair vacancy) - Schottky **결함**이라고도 하며, 전체 전하량이 평형상태인 화합물에서 서로 반대 전하를 가진 이온쌍이 분실된 경우, (c) **침입**(interstitialcy) - 결정구조 내에 원자가 하나 더 끼어들어서 발생한 격자 뒤틀림, (d) **치환이온**(displaced ion) - Frenkel **결함**이라고 하며, 이온이 격자구조 내의 원래 위치를 벗어나서 정상적으로는 차지할 수 없는 침입위치로 이동한 경우.

선결함(line defects)은 점결함들이 연결되어 격자구조 내에서 선을 형성하는 경우이다. 가장 중요한 선결함은 **전위**(dislocation)이며, 두 가지 형태를 가질 수 있다. (a) 모서리전위, (b) 나선전위. **칼날전위**(edge dislocation)는 그림 2.10(a)와 같이 격자 내에 추가로 존재하는 원자면의 모서리이다. 그림 2.10(b)의 **나선전위**(screw dislocation)는 나사몸통을 감싸는 나사산처럼 결함선을 감싸는 격자 내의 나선이다. 두 가지 형태의 전위는 응고 도중 결정구조 내에서 발생하거나(예 : 주조), 고체재료의 변형공정(예 : 금속성형)동안 시작된다. 전위는 금속의 기계적 거동의 특정한 측면을 설명하는 데 유용하다.

면결함(surface defect)은 경계를 형성하는 두 방향으로 확장된 불완전성이다. 면결함의 가장 명백한 예는 외형을 결정하는 결정질 대상물의 바깥 표면이다. 표면은 격자구조의 중단을 의미한다. 표면경계가 물질 내부에 존재할 수도 있다. 결정립경계는 내부에 있는 면이 중단된 가장 좋은 예이다. 금속의 결정립에 대하여 곧 다루게 되지만, 우선 결정격자 내에서 변형이 어떻게 발생하는가와 전위의 존재가 어떻게 그 변형공정을 돕는지 알아본다.

2.3.3 금속 결정의 변형

어떤 결정에 작용하는 기계적 응력이 점점 증가하면, 초기에는 **탄성적으로**(elastically) 변형하는 반

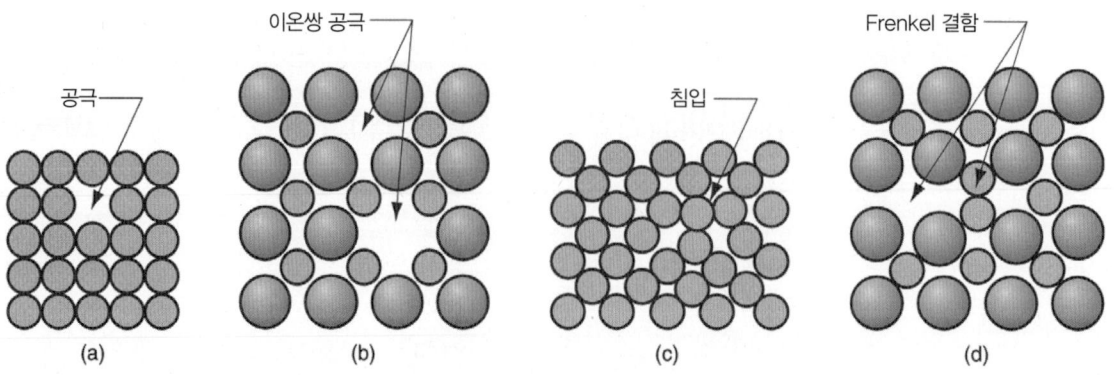

그림 2.9 점결함. (a) 공극, (b) 이온쌍 공극, (c) 침입, (d) 치환이온.

그림 2.10 선결함. (a) 칼날전위, (b) 나선전위.

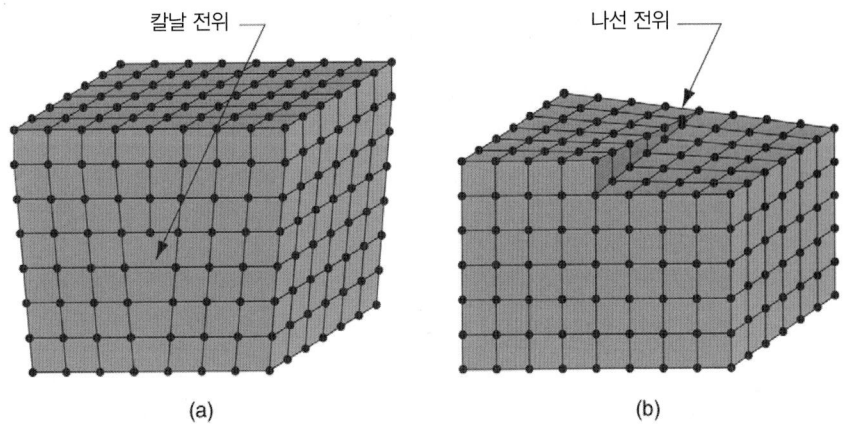

칼날 전위

나선 전위

(a)   (b)

응을 보인다. 이것은 그림 2.11(a)와 (b)에 나타낸 것처럼, 격자 내 원자들의 위치변화는 전혀 없이 격자구조만 기울어지는 것으로 비유될 수 있다. 힘을 제거하면, 격자구조(그리고 결정 또한)는 원래의 형태로 환원된다. 응력이 그들 격자위치 내에서 원자를 붙잡고 있는 정전기력보다 큰 값을 갖게 되면, **소성변형**(plastic deformation)이라는 영구적 형상변화가 발생한다. 이것은 그림 2.11(c)와 같이, 격자 내의 원자들이 자신들의 이전 위치로부터 영구적으로 이동하여 새로운 평형 격자를 생성했음을 의미한다. 그림 (c)의 격자 변형은 발생 가능한 메커니즘 중 한 가지로서 슬립이라고 불리며, 슬립에 의해 결정구조 내에서 소성변형이 발생할 수 있다. 또 다른 하나의 메커니즘으로 쌍정이 있다.

　슬립(slip)은 **슬립면**(slip plane)이라는 격자 내의 어느 면을 기준으로 서로 반대쪽에 있는 원자들이 상대 운동하는 것을 의미한다. 슬립면은 그림과 같이 격자구조와 어떻게 해서든지 정렬되어 있어야 하며, 그렇게 하여 슬립이 더 잘 일어날 수 있는 특정한 방향들이 존재한다. 이러한 **슬립방향**(slip directions)의 수는 격자 종류에 따라 달라진다. 세 개의 일반적인 금속 결정구조는 그림 2.11 의 정사각형 격자에 비하여 어느 정도 더 복잡하며, 특히 3차원적이다. HCP는 슬립방향의 수가 가장 적으며, BCC가 가장 많고, FCC는 그 중간 정도이다. HCP 금속은 연성이 낮으며, 일반적으로 상온에서 변형시키기 힘들다. 슬립방향의 수만으로 연성을 판단한다면, BCC 구조를 갖는 금속은 매우 높은 연성을 나타낼 것이다. 그러나 자연은 그렇게 단순하지 않다. 문제를 복잡하게 만드는 것은, BCC 금속은 일반적으로 다른 금속보다 더 강하고, 슬립을 일으키는 데 보통 더 큰 응력이 필요하다는 것이다. 실제로 어떤 BCC 금속은 낮은 연성을 나타낸다. 저탄소강은 주목할 만한 예외적인 경우이다. 이것은 상대적으로 강하면서도 우수한 연성을 나타내므로, 박판성형 공정에서 상당한 상업적 성공을 거두면서 널리 사용되고 있다. FCC 금속은 슬립방향의 수가 많고 강도가 상대적으로 중간 이하이므로, 일반적으로 세 결정구조들 중에서 가장 높은 연성을 지닌다. 이러한 세 가지 금속구조는 모두 온도가 올라가면 연성이 높아지게 되며, 이러한 사실을 기초로 이들을 성형하는 것이다.

그림 2.11 결정구조의 변형. (a) 초기 격자, (b) 영구적인 원자위치 변화가 없는 탄성변형, (c) 격자 내 원자가 새로운 위치로 이동하는 소성변형.

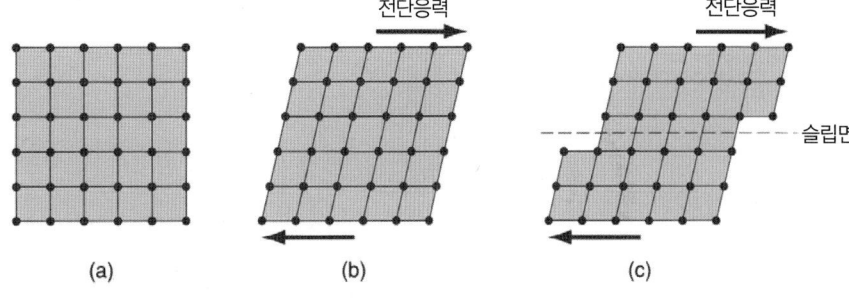

전단응력   전단응력

슬립면

(a)   (b)   (c)

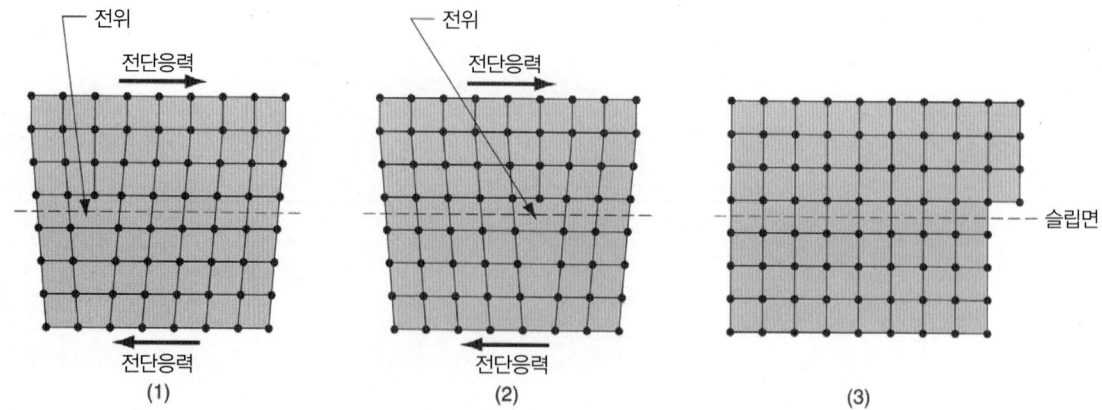

그림 2.12 응력을 받는 격자구조 내에서 전위의 영향. 전위의 이동으로 인해 완벽한 격자에서보다 더 적은 응력 하에서도 변형이 가능하다.

전위는 금속 내에서 슬립을 촉진하는 데 중요한 역할을 한다. 칼날전위를 포함하는 격자구조가 전단응력을 받으면, 완전한 구조인 경우보다 훨씬 더 쉽게 변형된다. 이것은 그림 2.12와 같이 응력이 작용하면 전위가 결정격자 내에서 이동한다는 사실로 설명된다. 격자를 따라 전위가 이동하는 것이 왜 격자 자체가 변형하는 것보다 더 쉬울까? 그 이유는 칼날전위에 위치하고 있는 원자가 새로운 평형 위치에 도달하기 위해서 뒤틀린 격자 구조 내에서 약간의 변위만 이동하면 되기 때문이다. 그러므로 진위가 없는 격자구조에 비하여 훨씬 낮은 에너지 수준으로도 원자들을 새로운 위치로 정렬시킬 수 있다. 따라서 변형시키는 데 더 낮은 수준의 응력이 필요하다. 이렇게 정렬된 새로운 위치도 이전과 유사한 뒤틀린 격자이므로, 전위에서 원자들의 이동은 더 낮은 응력 수준에서 계속된다.

여기서 슬립현상과 전위의 영향은 매우 미시적인 관점에서 설명하였다. 더 크게 보면 금속이 변형하중을 받는 동안 여러 번에 걸쳐 슬립이 일어나게 되어 눈에 익은 거시적인 거동을 일으키게 된다. 전위는 좋은 점과 나쁜 점을 동시에 지니고 있다. 즉 전위로 인하여 금속은 연성이 더 커져 가공하는 동안 소성변형(또는 소성가공)이 더 쉽게 발생한다. 그러나 제품설계 관점에서 보면 금속은 전위가 없는 경우에 비하여 그다지 강하지 않다.

쌍정(twinning)은 금속결정이 소성변형할 수 있는 두 번째 방법이다. 쌍정은 쌍정면(twinning plane) 한쪽의 원자들이 이동하여 쌍정면 다른 쪽의 거울면 대칭 이미지를 형성하는 소성변형 메커니즘으로 정의할 수 있다(그림 2.13 참조). HCP 금속들은 슬립이 쉽게 발생하지 않기 때문에, 이 메커니즘은 HCP 금속(예 : 마그네슘, 아연)에서 매우 중요하다. 이런 구조 외에 쌍정에서의 또 다른 인자는 변형의 속도이다. 슬립 메커니즘에는 거의 순간적으로 발생하는 쌍정보다 더 많은 시간이 필요하다. 그러므로 변형속도가 매우 클 경우, 금속은 쌍정을 형성한다. 그러나 그렇지 않을 경우에는 슬립이 발생한다. 저탄소강은 이러한 변형속도 민감성을 보여주는 예이다. 높은 변형률 속도에서는 쌍정이 일어나고, 보통의 변형률 속도에서는 슬립에 의하여 변형된다.

2.3.4 금속의 결정립과 결정립경계

금속블록(block)에는 수백만 개의 개별적인 결정들이 포함되어 있는데, 이들 결정을 **결정립**(grain)이라 한다. 각각의 결정립은 자신의 고유한 격자 배열을 가지고 있으나, 결정립들은 금속블록 내에서 임의로 배열되어 있다. 이러한 구조를 **다결정**(polycrystalline)이라고 부른다. 어떻게 하여 이러한 구

그림 2.13 원자의 거울면 대칭 이미지를 형성하는 쌍정. (a) 쌍정 전, (b) 쌍정 후.

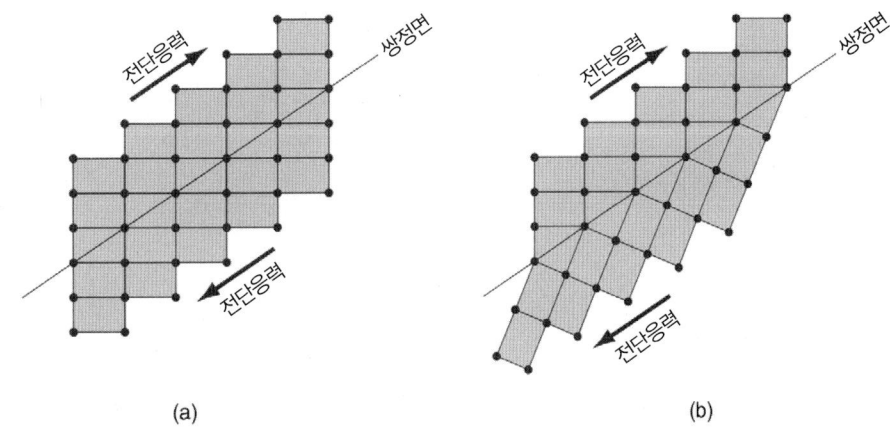

(a)　　　　　　　(b)

조가 그 물질의 자연적 상태인지 이해하는 것은 간단하다. 블록이 용융상태로부터 냉각되어 응고를 시작하면, 액체 전체에 걸쳐 개별적인 결정들의 성장을 위한 결정핵 생성이 임의의 위치에서, 임의의 방향으로 시작된다. 이러한 결정들은 성장하면서 결국 서로를 방해하게 되어 경계면에서 면결함, 즉 **결정립경계**(grain boundary)를 형성한다. 결정립경계는 불과 원자 몇 개 정도의 두께이며, 이들 원자들은 어떤 결정립과도 정렬되지 않은 천이구역을 형성한다.

금속블록 내의 결정립 크기는 용융금속의 결정핵 생성 위치의 수와 냉각속도에 의해 결정된다. 주조공정에서 결정핵 생성 위치는 상대적으로 차가운 주형 벽면에 의해 야기되며, 그 차가운 벽은 어느 정도 선호하는 결정립 배열이 형성되도록 자극한다.

결정립의 크기는 냉각속도와 반비례한다. 냉각속도가 빠르면 작은 결정립이 생기는 반면, 냉각속도가 느리면 반대의 효과가 나타난다. 결정립의 크기는 금속의 기계적 성질에 영향을 주므로 중요하다. 결정립 크기가 작으면 강도와 경도가 높으므로 설계자들이 선호한다. 또한 특정 제조공정(예: 금속 성형)에서는 결정립의 크기가 작은 것이 바람직한데, 그 이유는 변형 중에 높은 연성을 나타내며, 최종 제품이 양호한 표면을 갖는 것을 의미하기 때문이다.

기계적 성질에 영향을 미치는 또 다른 인자는 금속 내 결정립경계의 존재이다. 결정립경계는 금속 결정구조 내의 불완전성을 의미하며, 전위의 연속적인 이동을 방해한다. 결정립의 크기가 작은 금속에는 결정립과 결정립경계가 그만큼 더 많이 포함되어 있고, 이로 인해 결국은 금속의 강도가 증가하게 된다. 결정립경계는 전위의 이동을 방해함으로써, 금속이 변형된 만큼 더 강해지는 금속의 독특한 성질에 기여한다. 이 특성을 **변형경화**(strain hardening)라 하는데, 이것에 대해서는 3장의 기계적 성질에서 자세히 다룬다.

▌2.4 비정질구조

많은 중요한 재료에는 액체와 기체의 경우처럼 결정이 존재하지 않는다. 물과 공기도 결정을 가지고 있지 않다. 금속도 용융상태가 되면 결정질 구조를 잃게 된다. 수은은 상온에서 액체인 금속이며, 그 용융온도는 $-38°C(-37°C)$이다. 공업용 재료들 중 고체 상태에서 비정질 형태를 지니는 재료들을 표현하기 위해 **비정질**(amorphous)이라는 용어를 사용한다. 유리, 대부분의 플라스틱 및 고무가 이 범주에 들어간다. 대부분의 주요 플라스틱들은 결정질과 비정질 형태를 혼합하여 만들어진다. 금속

그림 2.14 두 가지 결정구조의 차이. (a) 결정질 구조, (b) 비정질 구조. 결정구조는 규칙적이며, 반복적이고 밀도가 더 조밀한 반면, 비정질구조는 더 느슨하게 채워져 있으며 무질서하다.

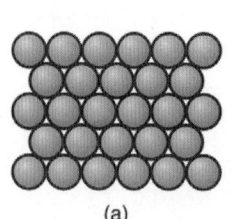
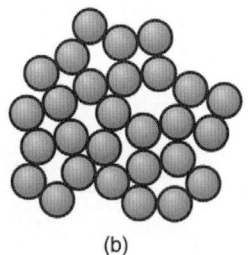

(a)　　　(b)

조차도 액체에서 고체로 바뀔 때 냉각속도가 충분히 빨라서 원자들이 그들 스스로 선호하는 규칙적인 패턴으로 배열하는 것이 억제되면, 결정질이 아니라 비정질이 될 수 있다. 예를 들어, 이러한 상황은 용융된 금속을 좁은 간격을 사이에 두고 배치된 차가운 회전롤 사이에 부을 경우에 발생할 수 있다.

두 가지의 밀접하게 연관된 특징이 비정질을 결정질 재료와 구분한다. (1) 분자구조에 긴 범위의 규칙성(long-range order)이 없다, (2) 용융 및 열팽창 특성이 다르다. 분자구조의 차이점은 그림 2.14와 같이 시각화할 수 있다. 왼쪽은 조밀하게 꽉 채워지고 반복되는 패턴을 가진 결정구조이며, 오른쪽은 원자들이 성글고 무질서하게 배열되어 있는 비정질 재료를 나타낸다. 차이점은 금속이 용융될 때 나타난다. 용융금속 내의 성글게 채워진 원자들에서는 재료의 고체 결정질 상태와 비교하여 부피의 증가(밀도는 감소)가 나타난다. 이러한 효과는 용융 시 대부분 금속들이 갖는 특성이다(얼음은 주목할 만한 예외이다. 물은 얼음에 비해 밀도가 높다). 오른쪽 그림과 같이 긴 범위의 규칙성이 없다는 것은 액체와 비정질 고체의 일반적인 특성이다.

이제 용융 현상에 대하여 더 자세히 살펴보며 결정질과 비정질 구조 사이의 두 번째 중요한 차이점에 대해 정의한다. 이미 지적한 바와 같이, 금속은 고체에서 액체 상태로 용융할 때, 부피가 증가한다. 순수 금속은 일정한 온도(즉, 용융온도 T_m)에서 매우 급격한 부피변화가 일어난다(그림 2.15 참조). 그 변화는 그래프에서 용융온도(T_m)를 중심으로 서로 다른 쪽 기울기의 불연속으로 나타난다. 완만한 기울기는 **금속 열팽창**(thermal expansion)의 특징, 즉 온도의 함수로 표현한 부피 변화인데, 이것은 고체와 액체 상태에서 일반적으로 다르다. 용융점에서 특정한 양의 열인 **용융열**(heat of fusion)이 추가되면 금속이 고체에서 액체로 바뀌면서 급격한 부피증가기 나티니는데, 이로 인해 원자들은 결정구조가 갖는 조밀하고 규칙적인 배열을 잃게 된다. 이 과정은 가역적이어서 양방향으로 작용한다.

용융금속이 용융온도를 통과하여 냉각되면 (부피가 감소하는 것만 제외하고) 동일하고 급격한 부피변화가 나타나고, 금속으로부터 같은 양의 열이 방출된다.

비정질 재료는 순수 금속이 고체에서 액체로 변화할 때와는 상당히 다른 거동을 보인다(그림 2.15 참조). 이 과정 역시 가역적인데, 이번에는 액체 상태로부터 냉각되는 동안에 발생하는 비정질 재료의 거동을 살펴본다. 유리(실리카, SiO_2)를 예로 든다. 높은 온도에서 유리는 진정한 액체이며, 일반적인 액체의 성질과 마찬가지로 분자들은 자유롭게 움직일 수 있다. 고온의 유리가 냉각되면서 최종적인 고체 상태가 되기 전에 천이영역에서 **과냉액체**(supercooled liquid)을 거치면서 점차 고체로 바뀐다. 이때 결정질 재료의 특징인 급격한 부피 변화는 나타나지 않고, 오히려 열팽창 기울기의 변화 없이 용융온도 T_m을 통과한다. 이 과냉액체 영역에서는 온도가 감소함에 따라 재료의 점성이 증가한다. 더욱 냉각이 되면 과냉액체는 고체로 변환되는 점에 도달한다. 이 점을 **유리-천이온도**(glass-transition temperature) T_g라 부른다. 이 점에서 열팽창 기울기의 변화가 발생한다(정확하게는 열수

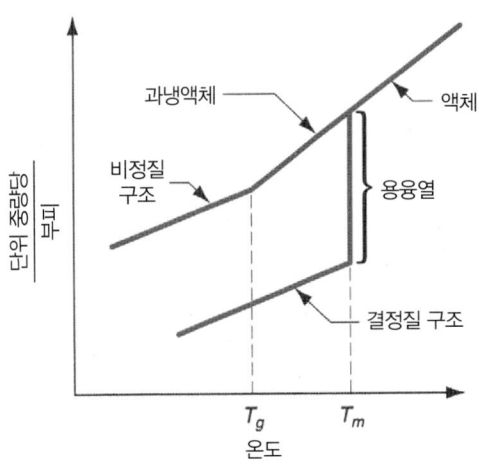

그림 2.15 순수한 금속(결정구조)과 유리(비정질구조)의 부피변화 특성의 비교.

축 기울기이지만, 팽창과 수축에 대한 기울기는 같다). 고체 재료의 열팽창 속도는 과냉액체보다 낮다.

결정질과 비정질 재료의 거동 차이는 온도 변화에 따른 각각의 원자구조의 반응으로 이해할 수 있다. 순수 금속이 용융상태로부터 응고할 때, 원자들은 스스로 규칙적이고 반복적인 구조로 정렬하게 된다. 이 결정구조는 그 결정이 형성된 무작위로 성글게 배열된 액체에 비하여 훨씬 더 조밀하다. 따라서 그림 2.15과 같이 결정질 재료에서는 응고과정을 통해 급격한 부피수축이 발생한다. 반대로 비정질 재료는 낮은 온도에서도 반복되고 조밀하게 채워진 구조를 얻을 수 없다. 원자구조는 액체 상태와 동일한 불규칙한 배열을 하고 있으며, 따라서 이러한 재료는 액체에서 고체로 변화하여도 급격한 부피 변화는 없다.

2.5 공업용 재료

원자구조, 결합유형 및 결정구조(혹은 비정질구조)가 금속, 세라믹 및 고분자재료의 공업용 재료와 어떻게 관련되어 있는지 요약하면 다음과 같다.

금속
금속은 거의 예외 없이 고체 상태에서 결정구조를 지닌다. 이들 결정구조의 단위셀은 대부분 BCC, FCC 또는 HCP이다. 금속 원자들은 금속결합에 의해 결합되어 있으며, 원자가전자들은 (원자결합이나 분자결합들에 비해) 상대적으로 자유롭게 움직일 수 있다. 이러한 구조와 결합은 일반적으로 금속을 강하고 단단하게 만든다. 많은 금속들이 높은 연성(가공에 적합한 성질로, 변형될 수 있는 능력)을 가지며, 특히 FCC 금속에서 그러하다. 금속의 구조와 결합에 관련 있는 기타 일반적인 성질들에는 높은 전기 및 열전도도, 불투명도(광선이 통과할 수 없는), 반사도(광선을 반사하는 능력) 등을 들 수 있다.

세라믹
세라믹 분자의 특징은 공유결합이나 이온결합 또는 두 가지 모두에 의한 결합이다. 금속원자들은 최외각 전자들을 비금속 원자에 내어주거나 공유하며, 이에 따라 분자들 내부에는 매우 강한 인력이 존재한다. 이러한 결합 메커니즘의 결과로 세라믹 재료는 높은 경도와 강성(고온에서도), 취성(연성 없음), 전기절연성(부도체), 내열성(열저항) 및 화학적 비활성 등의 일반적인 특성을 갖는다.

세라믹은 결정구조 또는 비정질구조를 지닌다. 대부분의 세라믹은 결정구조를 지니지만, 실리카 (SiO$_2$)를 기반으로 하는 유리는 비정질이다. 특정한 경우에는 동일한 세라믹 재료에서 두 가지 구조를 가지는 경우도 있다. 예를 들어 자연 상태에서 실리카는 수정 결정의 형태로 존재한다. 이 광물이 용융되어 냉각되면, 비정질 구조를 갖는 실리카를 형성하면서 응고한다.

고분자재료

고분자화합물(폴리머)의 분자는 수많은 반복되는 **단위체**(mer)로 구성되어 공유결합에 의해 결합하여 매우 커다란 분자를 형성한다. 고분자화합물 내의 원소는 보통 탄소와 하나 또는 그 이상의 원소 (수소, 질소, 산소 및 염소)로 구성된다. 2차 결합(van der Waals)은 분자들을 서로 묶어 집합적인 재료(분자 사이의 결합)를 형성한다. 고분자재료는 유리질 구조이거나 유리질과 결정의 혼합 구조이다. 고분자화합물에는 서로 다른 세 가지의 형태가 있다. **열가소성 고분자화합물**(thermoplastic polymers)에서는 분자들이 선형구조로 길게 연결된 단위체들로 구성되어 있다. 이들 재료는 선형구조의 근본적인 변화 없이 가열되고 냉각될 수 있다. **열경화성 고분자화합물**(thermosetting polymers)은 가열된 소성 상태에서 냉각되면서 분자들이 단단한 3차원 구조로 변환된다. 열경화성 고분자화합물을 다시 가열하면 연화하는 것이 아니라 화학적으로 특성이 저하된다. **고탄성 고분자** (elastomers)는 코일 구조를 갖는 거대한 분자로 구성된다. 응력사이클을 받으면 분자들이 풀렸다 감기면서 탄성거동을 나타낸다.

고분자재료의 분자구조와 결합은 다음과 같은 선형적인 성질을 보인다. 낮은 밀도, 높은 전기저항 (어떤 고분자화합물은 절연재로 사용됨) 및 낮은 열전도도. 고분자화합물의 강도와 강성은 매우 크게 변화한다. 어느 것은 매우 강하고 견고하며(비록 금속이나 세라믹보다는 못하지만), 어느 것은 매우 높은 탄성거동을 보인다.

참고문헌

[1] Callister, W. D., Jr., *Materials Science and Engineering: An Introduction,* 7th ed. John Wiley & Sons, Hoboken, New Jersey, 2007.

[2] Dieter, G. E. *Mechanical Metallurgy,* 3rd ed. McGraw-Hill, New York, 1986.

[3] Flinn, R. A., and Trojan, P. K. *Engineering Materials and Their Applications,* 5th ed. John Wiley & Sons, New York, 1995.

[4] Guy, A. G., and Hren, J. J. *Elements of Physical Metallurgy,* 3rd ed. Addison-Wesley, Reading, Massachusetts, 1974.

[5] Van Vlack, L. H. *Elements of Materials Science and Engineering,* 6th ed. Addison-Wesley, Reading, Massachusetts, 1989.

복습문제

2.1 주기율표에 나타난 원소들은 세 가지로 분류되는데, 그들은 무엇인가? 각각의 예를 들어라.

2.2 귀금속은 어떤 원소들인가?

2.3 재료구조에 있어서 일차결합과 이차결합의 차이점은 무엇인가?

2.4 이온결합이 어떻게 이루어지는지를 설명하여라.

2.5 재료의 결정질과 비정질 구조의 차이는 무엇인가?

2.6 결정격자구조에서 일반적인 점결함으로는 무엇이 있는가?

2.7 결정격자구조의 끼치는 영향 측면에서 탄성과 소성 변

형의 차이를 기술하여라.

2.8 금속에서 결정립경계가 변형경화 현상에 어떻게 영향을 주는가?

2.9 결정구조를 갖는 재료를 들어라.

2.10 비정질 구조를 갖는 재료를 들어라.

2.11 응고(또는 용융) 과정에서 나타나는 결정질과 비정질 구조의 근본적인 차이점은 무엇인가?

객관식문제(20개의 답)

2.1 물질의 근본적인 구성단위는 다음 중 무엇인가? (a) 원자, (b) 전자, (c) 원소, (d) 분자, (e) 핵.

2.2 근사적으로 가장 적절한 지구상의 원소의 수는? (a) 10, (b) 50, (c) 100, (d) 200, (e) 500.

2.3 주기율표에서 원소들은 다음 중 어느 범주로 분류가 되는가? (세 개의 답) (a) 세라믹, (b) 기체, (c) 액체, (d) 금속, (e) 비금속, (f) 고분자화합물, (g) 준금속, (h) 고체.

2.4 다음 중 어느 원소가 가장 낮은 밀도와 가장 작은 원자량을 갖는가? (a) 알루미늄, (b) 아르곤, (c) 헬륨, (d) 수소, (e) 마그네슘.

2.5 다음 중 어느 결합이 일차결합에 속하는가? (세 개의 답) (a) 공유결합, (b) 수소결합, (c) 이온결합, (d) 금속결합, (e) van der Waals 결합.

2.6 면심입방(FCC) 단위셀에는 몇 개의 원자가 포함되어 있는가? (a) 8, (b) 9, (c) 10, (d) 12, (e) 14.

2.7 다음 중 결정격자구조 내의 점결함이 아닌 것은? (세 개의 정답) (a) 모서리 전위, (b) 결정립경계, (c) 침입, (d) Schottky 결함, (e) 나사 전위, (f) 공극.

2.8 다음의 금속 결정구조 중 슬립 방향이 가장 적어서, 상온에서 변형하기가 일반적으로 더 어려운 것은 어느 것인가? (a) BCC, (b) FCC, (c) HCP.

2.9 결정립경계는 다음 중 어느 결정구조의 결함 형태인가? (a) 전위, (b) Frenkel 결함, (c) 선결함, (d) 점결함, (e) 면결함.

2.10 쌍정은 다음 중 어느 것인가? (세 개의 답) (a) 탄성변형, (b) 소성변형 메커니즘, (c) 높은 변형속도에서 더잘 발생, (d) HCP 구조의 금속과 연관, (e) 슬립 메커니즘, (f) 전위의 유형.

2.11 고분자화합물은 다음 중 어느 형태의 결합의 특징을 갖는가? (두 개의 답) (a) 접착, (b) 공유, (c) 수소, (d) 이온, (e) 금속, (f) van der Waals.

3.1 **응력-변형률 관계**
 3.1.1 인장 특성
 3.1.2 압축 특성
 3.1.3 취성재료의 굽힘 및 시험
 3.1.4 전단 특성

3.2 **경도**
 3.2.1 경도시험
 3.2.2 다양한 재료들의 경도

3.3 **온도의 영향**

3.4 **유체 특성**

3.5 **고분자화합물의 점탄성 거동**

재료의 기계적 특성은 기계적 응력이 작용할 때 재료의 거동을 결정한다. 이러한 특성에는 탄성계수, 연성, 경도 및 다양한 강도의 측정치들이 포함된다. 기계적 특성은 설계에서 중요한 의미를 갖는다. 그 이유는 제품의 기능과 성능이, 제품의 실제 사용 시에 나타나는 응력 하에서 발생하는 변형에 저항하는 능력에 의존하기 때문이다. 제품과 그 부품의 설계에서 보통의 목표는 현저한 기하학적 변화 없이 이러한 응력을 견디는 것이다. 이러한 능력은 탄성계수와 항복강도와 같은 특성에 의존한다. 그러나 가공할 때의 목표는 정반대이다. 재료의 형상을 변화시키기 위해 재료의 항복강도보다 큰 응력을 가해야 한다. 성형이나 절삭가공과 같은 기계공정은 변형에 대한 재료의 저항능력을 능가하는 힘을 가해야만 성공할 수 있다. 그러므로 다음과 같은 딜레마에 빠지게 된다. 높은 강도와 같이 설계자에게 바람직한 기계적 특성은 일반적으로 제품의 제조를 더욱 어렵게 만든다. 제조 엔지니어들은 설계의 관점을 이해하고, 설계자들은 제조의 관점을 아는 것이 도움이 된다.

이 장에서는 재료의 기계적인 특성 중 제조에서 특히 중요한 성질을 다루도록 한다.

3.1 응력-변형률 관계

재료에 작용할 수 있는 정적 응력은 인장, 압축 및 전단의 세 가지 형태다. 인장응력은 재료를 잡아늘리고, 압축응력은 재료를 압착하며, 전단응력은 재료의 인접한 부분이 서로 반대방향으로 미끄러

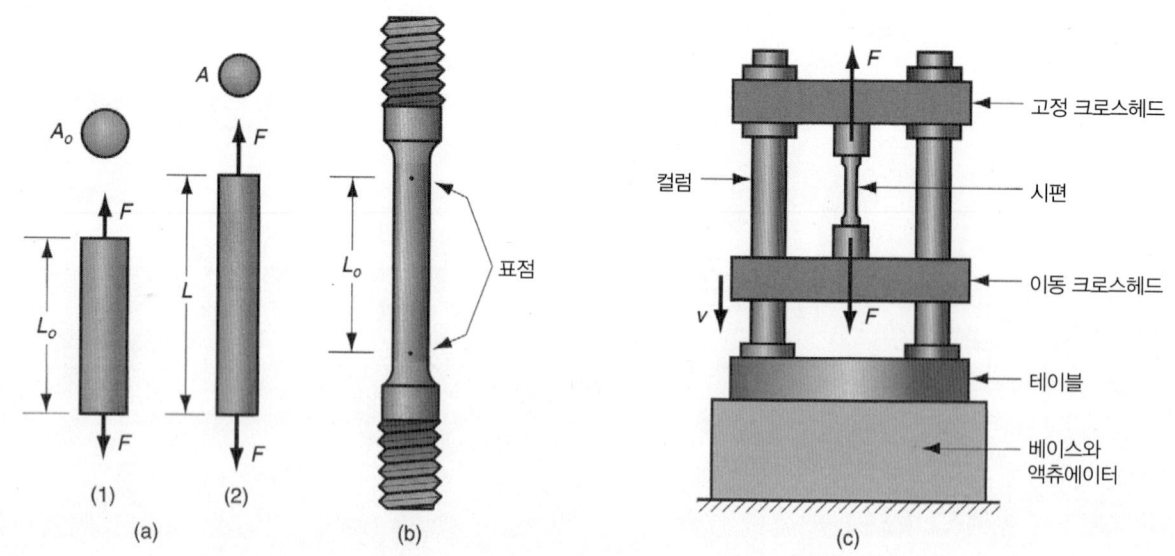

그림 3.1 (a) 인장력을 가하는 초기(1)와 재료가 늘어난 결과(2), (b) 일반적인 시편의 모습, (c) 인장시험 장치.

지도록 한다. 응력-변형률 곡선은 이들 세 가지 형태의 응력에 대한 재료의 기계적 특성을 설명하는 기본적인 관계이다.

3.1.1 인장 특성

인장시험은 특히 금속에 대하여 응력-변형률 관계를 연구하는 데 있어서 가장 일반적인 절차다. 시험에서 재료를 당기는 힘이 작용하면 길이는 늘어나고, 직경은 줄어드는 경향이 있다(그림 3.1(a) 참조). ASTM(미국 시험 및 재료학회)은 시편의 준비와 시험 자체의 진행에 대한 표준을 제정하였다. 인장시험에 대한 전형적인 시편과 일반적인 시험 장치를 각각 그림 3.1(b)와 (c)에 나타내었다.

최초 시편은 원래 길이 L_o와 단면적 A_o를 갖는다. 길이로는 표점 사이의 거리를 측정하고, 단면적은 시편의 단면(일반적으로 원형)을 측정한다. 그림 3.2와 같이 금속시험동안 시편은 신장되면서 네킹이 발생하고 미지막으로 파단이 일어난다. 시험이 진행되는 동안 하중과 시편 길이의 변화가 기록되며, 이 자료는 응력-변형률 관계를 결정하는 데이터를 제공한다. 응력-변형률 곡선에는 두 가지 서

그림 3.2 인장시험의 진행과정. (1) 시험 초기(무하중), (2) 균일한 신장과 단면감소, (3) 연속적 신장, 최대 하중 도달, (4) 네킹 시작, 하중 감소 시작, (5) 파단, (6)과 같이 두 부분을 붙여서 최종 길이를 측정.

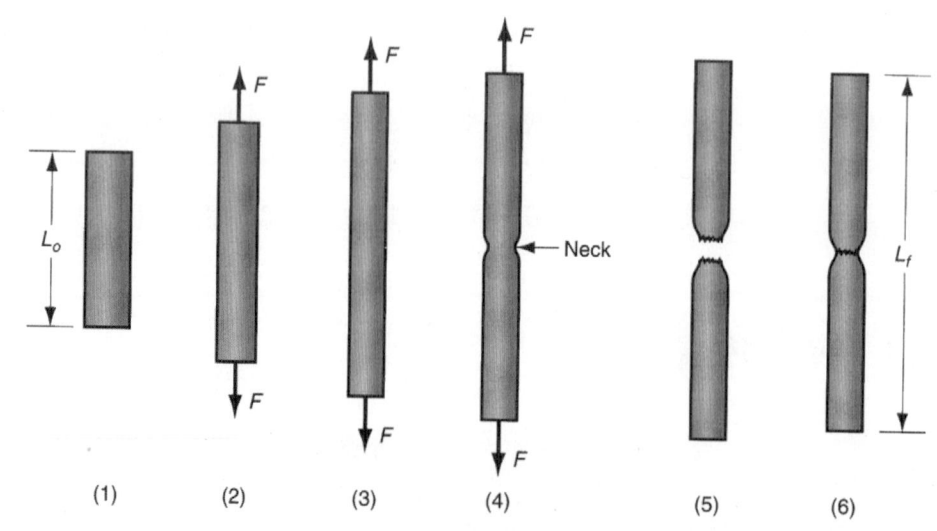

그림 3.3 금속 인장시험의 대표적인 공칭응력-공칭변형률 선도.

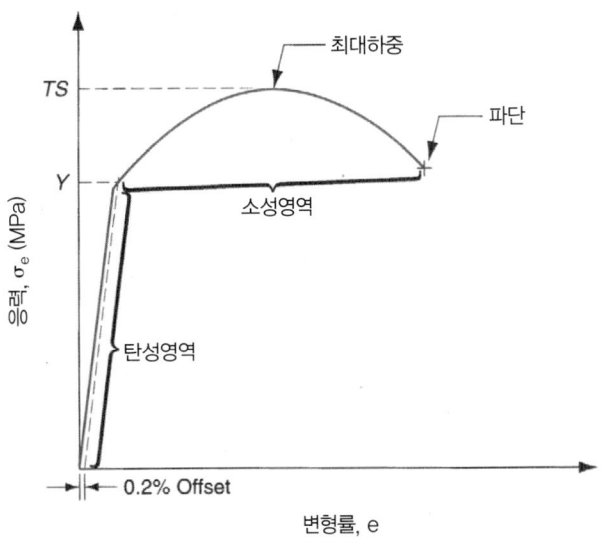

로 다른 형태가 있다. (1) 공칭응력-공칭변형률, (2) 진응력-진변형률. 전자는 설계에서, 후자는 제조에서 더욱 중요하다.

공칭응력-공칭변형률

인장시험에서의 공칭응력과 공칭변형률은 시편의 초기 단면적과 길이를 기준으로 상대적으로 정의된다. 설계에서는 이 값들이 관심의 대상인데, 그 이유는 제품의 어느 부품에서 발생하는 변형률도 제품형상을 크게 변화시키지 않기를 기대하기 때문이다. 부품들은 실제 사용 시 예상되는 응력을 견디도록 설계된다.

　금속시편을 인장시험하여 얻은 전형적인 공칭응력-공칭변형률 곡선을 그림 3.3에 표시하였다. 곡선 위 임의의 점에서 **공칭응력**(engineering stress)은 힘을 초기 단면적으로 나눈 값으로 정의된다.

$$s = \frac{F}{A_o} \tag{3.1}$$

여기에서 s = 공칭응력(MPa), F = 시험에서의 하중(N), A_o = 시편의 초기 단면적(mm^2).

　시험 중 어떤 점에서의 **공칭변형률**(engineering strain)은 다음과 같다.

$$e = \frac{L - L_o}{L_o} \tag{3.2}$$

여기에서 e = 공칭변형률(mm/mm), L = 신장 동안 임의의 시점에서의 길이(mm), L_o = 초기 표점길이(mm).

　공칭변형률의 단위는 mm/mm이지만, 단위 길이 당 연신량으로 생각하여 무차원수로 나타낸다. 그림 3.3의 응력-변형률 관계에서 두 가지 확연히 구분되는 거동영역을 확인할 수 있다. (1) 탄성, (2) 소성. 탄성영역에서 응력과 변형률 사이의 관계는 선형적이며, 재료는 하중(응력)이 제거되면 초기 길이로 회는 탄성 거동을 보인다. 그 관계는 **Hooke의 법칙**에 의해 정의된다.

$$s = Ee \tag{3.3}$$

여기에서 E = **탄성계수**(modulus of elasticity)(MPa)이며, 재료 고유의 강성(stiffness)의 척도이다.

표 3.1 몇 가지 재료의 탄성계수.

금속	탄성계수 MPa	세라믹과 고분자재료	탄성계수 MPa
알루미늄과 합금	69×10^3	알루미나	345×10^3
주철	138×10^3	다이아몬드[a]	1035×10^3
동과 합금	110×10^3	판유리	69×10^3
철	209×10^3	실리콘카바이드	448×10^3
납	21×10^3	텅스텐카바이드	552×10^3
마그네슘	48×10^3	나일론	3.0×10^3
니켈	209×10^3	페놀포름알데히드	7.0×10^3
강	209×10^3	폴리에틸렌(저밀도)	0.2×10^3
티타늄	117×10^3	폴리에틸렌(고밀도)	0.7×10^3
텅스텐	407×10^3	폴리스티렌	3.0×10^3

[a] 문헌 [8], [10], [11], [15], [16] 및 기타 출처로부터 편집함.
다이아몬드가 세라믹은 아니지만 세라믹재료들과 자주 비교됨.

이 값은 재료마다 서로 다른 값을 갖는 비례상수이다. 표 3.1에 금속과 비금속의 몇 가지 재료에 대한 전형적인 값을 표시하였다.

응력이 증가함에 따라, 선형 관계의 어떤 점이 결국 재료가 항복을 시작하는 위치에 도달한다. 재료의 **항복점**(yield point) Y는 그래프의 선형 영역이 끝나는 곳에서 기울기의 변화를 통해 확인할 수 있다. 일반적으로 항복의 시작을 시험데이터의 그래프에서 확인하는 것은 어렵기 때문에(기울기의 급격한 변화는 보통 나타나지 않는다), Y는 전형적으로 직선으로부터 0.2%의 변형률(strain offset)이 발생하는 위치에서의 응력으로 정의한다. 좀 더 분명히 하자면, 항복점은 재료의 응력-변형률 곡선이 그 곡선의 직선영역과 평행하지만 0.2%의 변형률만큼 이동한 직선과 만나는 점을 의미한다. 항복점은 재료의 강도 특성이므로 흔히 **항복강도**(yield strength), **항복응력**(yield stress), **탄성한계**(elastic limit)라는 이름으로도 불린다.

항복점은 소성영역으로 이동하여 재료의 소성변형이 시작됨을 니디낸다. 응력과 변형률 사이의 관계는 더 이상 Hooke의 법칙을 따르지 않는다. 하중이 항복점 이상으로 증가하면서 시편의 연신은 계속되며, 특히 그림 3.3과 같이 이전보다 훨씬 빠른 속도로 연신되고, 곡선의 기울기는 급격히 변화한다. 연신은 부피를 일정하게 유지하면서, 균일한 단면 감소를 동반한다. 결국 가해진 하중 F가 최대값에 도달하고, 이 점에서 계산한 공칭응력을 그 재료의 인장강도(tensile strength) 또는 최대 인장강도(ultimate tensile strength)라고 부른다. 그 값을 TS로 나타내고, 이때 $TS = F_{max}/A_o$이다. TS와 Y는 설계 시 계산에서 매우 중요한 강도 특성이다(제조 시 필요한 계산에서도 사용된다). 몇몇 금속들에 대한 전형적인 항복강도와 인장강도를 표 3.2에 나타내었다. 세라믹 재료에 대한 전통적인 인장시험은 어려우며, 이러한 취성 재료의 강도를 측정하기 위하여 다른 시험법들을 사용한다(3.1.3절 참조). 고분자화합물은 강도 특성이 점탄성 때문에 금속이나 세라믹과는 다르다(3.1.5절 참조).

응력-변형률곡선에서 인장강도의 오른쪽으로 갈수록 하중이 감소하기 시작하고, 시편은 **네킹**(necking)이라 알려진 국부적 연신의 진행이 시작된다. 변형이 시편의 전체 길이를 통하여 균일하게 진행되는 것이 아니라, 변형은 시편의 한 작은 부분에 집중된다. 그 부분의 면적은 급속하게 작아지고(neck), 결국 파단이 발생한다. 파단이 일어나기 직전에 계산된 응력이 **파단응력**(fracture stress)

표 3.2 몇 가지 재료의 항복강도와 인장강도.

금속	항복강도 MPa	항복강도 MPa	금속	항복강도 MPa	항복강도 MPa
알루미늄(아닐링)	28	69	니켈(아닐링)	150	450
알루미늄(냉간가공)	105	125	저탄소강[a]	175	300
알루미늄합금[a]	175	350	고탄소강[a]	400	600
주철[a]	275	275	합금강[a]	500	700
동(아닐링)	70	205	스테인레스강[a]	275	650
동합금[a]	205	410	순수티타늄	350	515
마그네슘합금[a]	175	275	티타늄합금	800	900

문헌 [8], [10], [11], [16]과 기타 출처로부터 편집함.
[a] 이 값들은 대표적인 값임. 합금의 경우 조성과 처리법(예: 열처리, 가공경화)에 따라 강도의 변화범위가 넓음.

이다.

파단이 일어나기 전에 재료가 견딜 수 있는 변형률의 양도 역시 많은 제조공정에서 관심을 끄는 기계적 성질이다. 이러한 성질을 나타내는 일반적인 척도를 **연성**(ductility)이라 하며, 파단 없이 소성 변형할 수 있는 재료의 능력을 의미한다. 연성은 연신율(elongation) 또는 단면감소율(area reduction)로 표현된다. 연신율은 다음과 같이 정의된다.

$$EL = \frac{L_f - L_o}{L_o} \tag{3.4}$$

여기서 EL = 연신율(주로 백분율로 표시), L_f = 파단 시 시편의 길이(mm), 파단된 시편의 두 부분을 잘 맞추어 놓고 표점거리를 측정, L_o = 시편의 초기 길이(mm).

단면감소율은 다음과 같이 정의된다.

$$AR = \frac{A_o - A_f}{A_o} \tag{3.5}$$

여기에서 AR = 단면감소율, 주로 백분율로 표시, A_f = 파단점에서의 단면적(mm²), A_o = 초기 단면적(mm²).

금속 시편에 발생하는 네킹과 그와 관련된 불균일한 연신과 단면감소 때문에 이들 연성의 측정에는 어려움이 따른다. 이러한 어려움에도 불구하고, 백분율로 나타낸 연신율과 단면감소율은 공학 실무에서 가장 일반적으로 사용되는 연성의 측정치이다. 다양한 재료(주로 금속)에 대한 대표적인 백분율 연신율의 값을 표 3.3에 표시하였다.

진응력-진변형률

독자들은 공칭응력을 계산하기 위해, 실제 (순간적인) 단면적이 아니라 시편의 초기 단면적을 사용하면서 혼란스러움을 느낄 수도 있다. 인장시험이 진행되면서 시편의 단면적은 점점 작아진다. 실제 단면적을 사용한다면 계산된 응력은 더 커진다. 가해진 하중을 순간 단면적으로 나누어 얻은 응력을 **진응력**(true stress)이라 한다.

표 3.3 몇 가지 재료의 백분율 연신율(대표적인 값)로 표현한 연성.

재료	% 연신율	재료	% 연신율
금속		**금속**(계속)	
알루미늄(아닐링)	40	저탄소강[a]	30
알루미늄(냉간가공)	8	고탄소강[a]	10
알루미늄합금(아닐링)[a]	20	합금강[a]	20
알루미늄합금(열처리)[a]	8	스테인레스강(오스테나이트계)[a]	55
알루미늄합금(주조)[a]	4	순수 티타늄	20
희주철[a]	0.6	아연합금	10
동(아닐링)	45	**세라믹**	0[b]
동(냉간가공)	10	**고분자**	
동합금(황동, 아닐링)	60	열가소성고분자	100
마그네슘합금[a]	10	열경화성고분자	1
니켈(아닐링)	45	고탄성고분자(예: 고무)	1[c]

문헌 [8], [10], [11], [16]과 기타 출처로부터 편집함.

[a] 이 값들은 대표적인 값임. 합금조성과 처리법(예: 열처리, 가공경화의 정도)에 따라 연성의 변화범위가 넓음.

[b] 세라믹은 취성이 강함. 탄성 변형율에는 견디지만, 실제로 소성 변형율은 전혀 없음.

[c] 고탄성폴리머는 상당히 큰 탄성 변형율에도 견디지만, 소성 변형율은 단지 1% 정도로 매우 제한적임.

$$\sigma = \frac{F}{A} \tag{3.6}$$

여기서 σ = 진응력(MPa), F = 힘(N), A = 하중을 지탱하는 실제 (순간) 단면적(mm²).

마찬가지로 **진변형률**(true strain)도 재료의 단위 길이당 '순간' 연신량을 보다 실제적으로 평가하게 해준다. 인장시험에서 진변형률은 다음과 같이 계산할 수 있다. (1) 전체 연신량을 작은 증분으로 나눈다. (2) 각각의 증분에 대해 그 증분의 시작 길이를 기준으로 한 공칭변형률을 계산한다. (3) 공칭변형률을 더한다. 결국 진변형률은 다음과 같이 정의된다.

$$\epsilon = \int_{L_o}^{L} \frac{dL}{L} = \ln\frac{L}{L_o} \tag{3.7}$$

여기서 L = 연신 도중 임의의 시점에서의 순간적 길이.

시험(또는 변형)이 끝날 때, 최종 변형률은 $L = L_f$를 이용하여 계산할 수 있다.

그림 3.3의 공칭응력-공칭변형률 곡선을 진응력-진변형률 값을 이용하여 나타내면 그림 3.4와 같은 선도를 얻을 수 있다. 탄성영역에서는 앞의 선도와 거의 동일하다. 변형률이 작아서, 진변형률은 관심을 갖는 대부분의 금속들에서는 공칭변형률과 거의 같다. 진응력과 공칭응력도 역시 매우 유사한 값을 가진다. 이렇게 거의 동일한 이유는 시편의 단면적이 탄성영역에서는 그리 크게 줄어들지 않기 때문이다. 따라서 Hooke의 법칙을 사용하면 진응력과 진변형률 사이의 관계($\sigma = E\,\epsilon$)를 나타낼 수 있다.

진응력-진변형률 선도와 공칭응력-공칭변형률 선도 사이의 차이는 소성영역에서 나타난다. 소성영역에서의 응력은 더 높다. 그 이유는 연신되는 동안 지속적으로 감소하는, 시편의 순간적인 단면적을 이용하여 계산하기 때문이다. 앞의 선도와 마찬가지로, 네킹이 발생한 후 결국 선도는 하강한다.

그림 3.4 그림 3.3의 공칭응력-
공칭변형률 선도에 대한 진응력-
진변형률 선도.

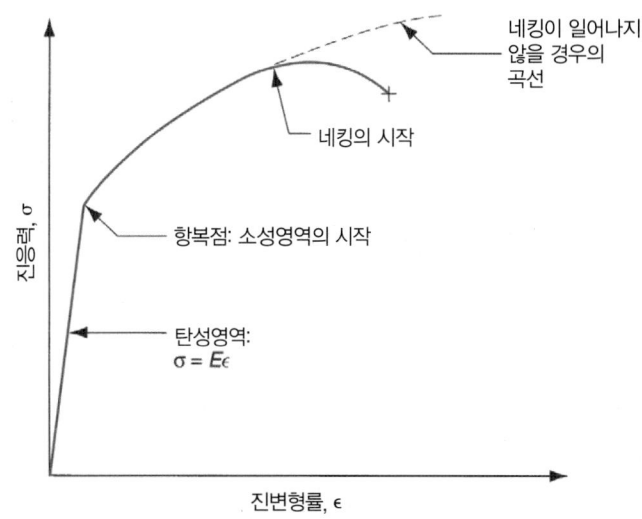

점선은 네킹이 발생하지 않았을 경우, 진응력-진변형률 선도를 연장한 것이다.

소성영역에서 변형률 값이 커짐에 따라 진변형률과 공칭변형률은 서로 달라진다. 공칭변형률과 진변형률 사이에는 다음과 같은 관계가 있다.

$$\epsilon = \ln(1 + e) \tag{3.8}$$

마찬가지로, 진응력과 공칭응력 사이에는 다음과 같은 관계가 있다.

$$\sigma = s(1 + e) \tag{3.9}$$

그림 3.4와 같이, 소성영역에서의 응력은 네킹이 시작될 때까지 계속 증가한다. 이것이 공칭응력-공칭변형률 선도에서 일어났다면, 응력을 계산할 때 명백하게 잘못된 값을 사용하였기 때문에 그 선도는 그 의미를 잃어버린 것이다. 이제 진응력 또한 증가하게 되면 가볍게 취급해서는 안 된다. 이것은 변형률이 증가함에 따라 금속이 점점 더 강해진다는 것을 의미한다. 이것은 금속 결정구조에서 언급한 **변형경화**(strain hardening)로, 대부분의 금속이 다소간의 차이는 있으나 이 특성을 나타낸다.

변형경화는 **가공경화**(work hardening)라고도 불리며 제조공정, 특히 금속성형에서 중요한 요소이다. 이 성질의 영향을 받는 금속의 거동에 대하여 알아보자. 진응력-진변형률 선도에서 소성영역 부분을 log-log 척도로 나타내면 그림 3.5와 같이 선형적인 관계를 갖게 될 것이다. 이렇게 데이터를 변환하면 직선을 얻으므로, 소성영역의 진응력과 진변형률 사이의 관계는 다음과 같다.

$$\sigma = K \epsilon^n \tag{3.10}$$

이 방정식은 **유동곡선**(flow curve)이라고 불리며, 재료의 변형경화 능력뿐만 아니라 소성영역에서의 금속거동을 근사적으로 잘 나타낸다. 상수 K는 **강도계수**(strength coefficient)(MPa)이고, 진변형률이 1일 때의 진응력과 같다. 지수 n은 **변형경화지수**(strain hardening exponent)라고 불리며, 그림 3.5에서 직선의 기울기이다. 이 값은 금속이 가공경화되는 경향과 직접적으로 관련되어 있다. 몇 가지 금속에 대한 대표적인 K와 n의 값을 표 3.4에 제시하였다.

공작물의 시편을 잡아 늘리는 인장시험이나 금속성형 공정에서 나타나는 네킹은 변형경화와 밀접한 연관이 있다. 시험의 초반부에서 (네킹이 시작하기 전) 시편이 신장되면서, 전체 길이를 통하여 균일한 변형이 일어난다. 그 이유는 시편 내의 임의의 부분이 주변 금속에 비하여 더 많이 변형된다면,

그림 3.5 log–log 척도로 나타낸
진응력–진변형률 선도.

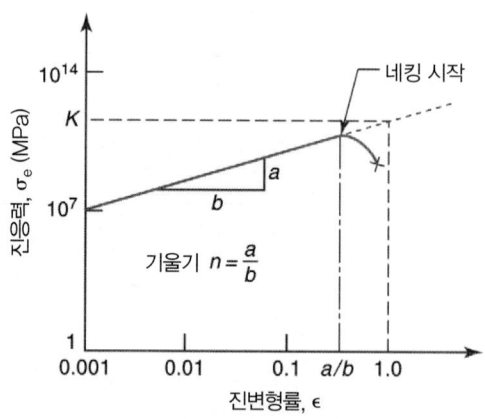

가공경화에 의하여 강도가 증가하고, 그 부분은 주변 금속이 동일한 값을 가질 때까지 추가적인 변형을 하지 않을 것이기 때문이다. 결국 변형률이 점점 증가하여 균일 변형으로는 지속할 수 없게 된다. 시편의 길이 부분에서 약한 부분이 발생하여 (결정립경계에서 전위의 발생 증가, 금속 내의 불순물 및 기타 인자들에 의해), 네킹이 시작되면서 파단에 이르게 된다. 어떤 특정한 금속에서는 실험적으로 진변형률이 변형경화지수 n과 같게 될 때 네킹이 발생하는 것을 볼 수 있다. 그러므로 n값이 크다는 것은 금속이 인장 하중에 대하여 네킹 발생 전에 더 많이 변형할 수 있다는 것을 의미한다.

응력–변형률 관계의 유형

탄성-소성 거동에 대한 많은 정보들을 진응력-진변형률 선도에 통하여 알 수 있다. 전술한 바와 같이, 탄성영역에서는 Hooke의 법칙($\sigma = E\epsilon$)이 금속의 거동을 지배하고, 소성영역에서는 유동곡선($\sigma = K\epsilon^n$)이 거동을 결정한다. 세 가지 기본적인 형태의 응력-변형률 관계를 이용하면 거의 모든 종류의 고체 재료 거동을 기술할 수 있다(그림 3.6 참조).

1. **완전탄성**(perfectly elastic) 이 재료의 거동은 탄성계수 E로 나타내는 재료의 강성에 의해 완벽히

재료	강도계수, K	변형경화지수, n
	MPa	
알루미늄(아닐링)	175	0.20
알루미늄합금(아닐링)[a]	240	0.15
알루미늄합금(열처리)	400	0.10
동(아닐링)	300	0.50
동합금(황동)[a]	700	0.35
저탄소강(아닐링)[a]	500	0.25
고탄소강(아닐링)[a]	850	0.15
합금강(아닐링)[a]	700	0.15
스테인레스강(오스테나이트계, 아닐링)	1200	0.40

표 3.4 몇 가지 재료의 강도계수 K와 변형경화지수 n의 대표적인 값.

문헌 [9], [10], [11], [11]과 기타 출처로부터 편집함.
[a] K와 n값은 조성, 열처리 및 가공경화에 따라 달라짐.

그림 3.6 응력–변형률 관계의 세 가지 유형. (a) 완전탄성, (b) 탄성 및 완전소성, (c) 탄성 및 변형경화.

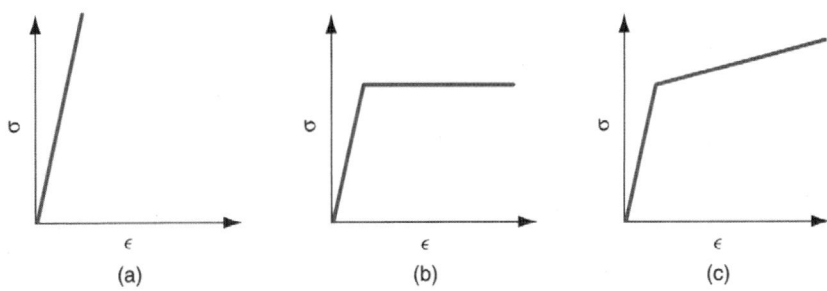

결정된다. 이 재료는 소성유동으로 진행하는 항복 없이 파단이 발생한다. 취성재료(세라믹, 많은 종류의 주철, 열경화성 고분자화합물)는 이러한 유형의 응력-변형률 곡선을 나타낸다. 이러한 재료들은 성형가공에 적합하지 않다.

2. **탄성 및 완전소성**(elastic and perfectly plastic) 이 재료는 E에 의해 정의된 강성을 지닌다. 일단 항복강도 Y에 도달하면, 재료는 동일한 수준의 응력 하에서 소성 변형된다. 유동곡선은 $K = Y$와 $n = 0$의 조건에서 결정된다. 금속들은 이러한 방식으로 거동한다. 즉 금속을 충분히 높은 온도로 가열되면, 변형이 발생하는 동안 가공경화 없이 재결정된다. 납은 상온에서 이러한 거동을 보이는데, 상온은 납의 재결정온도보다 높은 온도이기 때문이다.

3. **탄성 및 변형경화**(elastic and strain hardening) 이 재료는 탄성영역에서 Hooke의 법칙을 따른다. 항복강도 Y에서 유동을 시작한다. 변형이 계속되기 위해서는 응력이 점점 증가해야 하며, 이때 응력을 결정하는 유동곡선의 강도계수 K는 Y보다 크고, 가공경화지수 n은 0보다 큰 값을 갖는다. 유동곡선은 자연로그 척도로 나타내면 일반적으로 선형함수로 표현된다. 대부분의 연성 금속은 냉간가공을 할 때 이러한 거동을 한다.

재료를 변형시키는 제조공정 중 인장응력을 이용하는 것에는 선과 봉의 인발(17.6절 참조)과 스트레치포밍(18.6.1절 참조)이 있다.

3.1.2 압축 특성

압축시험에서는 원통형 시편을 두 개의 평판 사이의 넣고 압착하는 하중을 가한다(그림 3.7 참조). 시편이 압축됨에 따라, 높이는 감소하고 단면적은 증가한다. 공칭응력은 다음과 같이 정의된다.

$$s = \frac{F}{A_o} \tag{3.11}$$

여기서 A_o = 시편의 초기단면적.

이것은 인장시험에서 사용된 공칭응력의 정의와 동일하다. 공칭변형률은 다음과 같다.

$$s = \frac{h - h_o}{h_o} \tag{3.12}$$

여기서 h = 시험 도중 특정 순간의 시편 높이(mm), h_o = 시편의 초기 높이(mm).

압축을 하는 동안 높이는 감소하므로, e 값은 음수이다. 압축변형률의 값을 나타낼 때, 음의 부호는 보통 생략한다.

그림 3.7 압축시험. (a) 압축력이
작용할 초기 시편(1)과 압축 후
시편(2), (b) 압축시험장치.

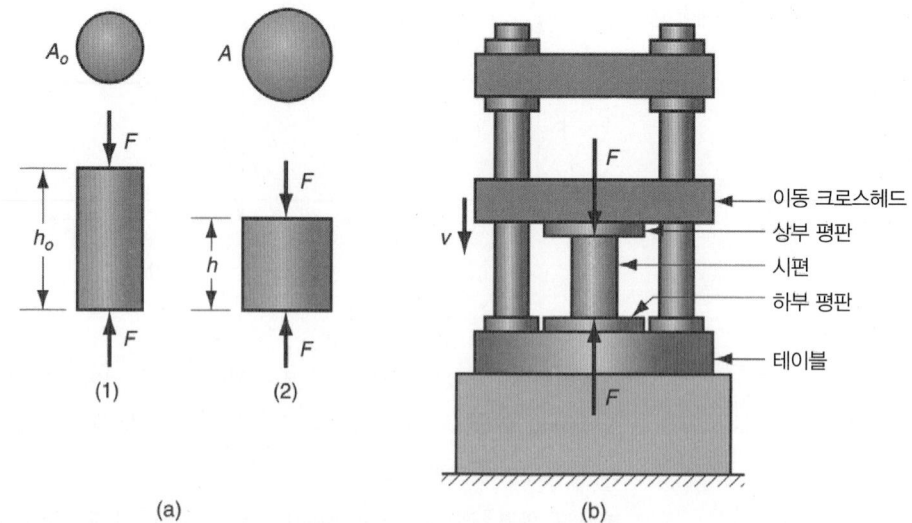

압축시험에서 공칭변형률을 공칭응력에 대하여 나타내면 그림 3.8과 같다. 곡선은 이전과 같이 탄성과 소성 영역으로 나뉘지만, 곡선의 소성 영역 형태가 인장시험과는 다르다. 압축은 단면을 증가시키므로(인장시험에서는 단면이 감소함), 하중은 이전보다 더욱 빠르게 증가한다. 이 결과로 계산으로 구한 공칭응력은 더 높은 값이 된다.

응력 증가를 발생시키는 압축시험에서는 다른 무엇인가가 발생한다. 원통형 시편이 압착되면서 원통의 끝부분은 넓게 퍼지려하지만, 평판과 접촉하고 있는 표면에서의 마찰은 그것을 방해한다. 시험에서 발생하는 이러한 마찰에 의해 추가적인 에너지가 소모되고, 이 결과 더 큰 힘을 가해야 한다. 이것은 또한 계산으로 구한 공칭응력 값의 증가로 나타난다. 그러므로 단면적의 증가 및 평판과 시편 사이의 마찰로 인하여, 압축시험에서 그림과 같은 공칭응력-공칭변형률 특성곡선을 얻는다.

표면 사이의 마찰에 의한 또 다른 결과는 시편 중앙의 재료 단면적이 끝단에서의 값에 비하여 훨씬 더 크게 증가한다는 것이다. 이 결과로 시편의 **배럴링**(barreling, 배부름현상)이 나타난다(그림 3.9 참조). 인장시험과 압축시험에 대한 공칭응력-공칭변형률 선도 사이에는 차이점이 존재하지만, 각각의 데이터를 진응력-진변형률 선도로 나타내면 거의 모든 재료에서 거의 일치한다. 인장시험에 대한

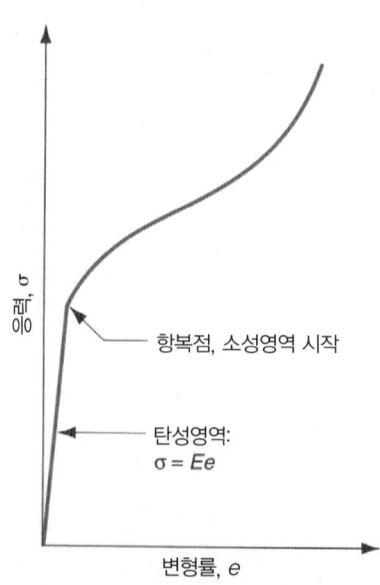

그림 3.8 압축시험에서의 공칭
응력-변형률 선도.

그림 3.9 압축시험에서의 배럴링 현상. (1) 시험초기, (2) 압축을 가한 후.

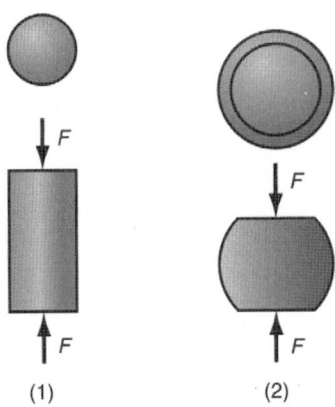

결과는 문헌에서 쉽게 구할 수 있으므로, 유동곡선 변수들(K와 n)은 인장시험 데이터로부터 구하고, 구한 값을 압축공정에 적용하면 된다. 인장시험 결과를 압축공정에 적용할 때에는 네킹의 영향을 무시해야 하는데, 네킹은 인장응력에 의한 변형에서 나타나는 독특한 현상이기 때문이다. 압축에서는 이와 같은 공작물의 붕괴는 없다. 앞의 인장 응력-변형률 선도에서는 네킹 이후의 데이터를 점선으로 확장하였다. 점선은 실제 인장시험 결과를 나타낸다기보다는, 압축 시의 재료 거동을 더 잘 표현하고 있다.

금속성형에서 압축공정은 잡아 늘이는 공정보다 훨씬 더 일반적이다. 산업에서 중요한 압축공정에는 압연, 단조 및 압출이 있다(17장 참조).

3.1.3 취성재료의 굽힘 및 시험

굽힘공정은 금속 판재나 박판을 성형하는 데 사용된다. 그림 3.10과 같이 사각단면의 굽힘공정에서는 재료의 바깥쪽 절반에는 인장 응력(과 변형률)이, 안쪽 절반에는 압축 응력(과 변형률)이 작용한다. 재료가 파단되지 않는다면, 그림 3.10 (3)과 같이 영구적으로 (소성적으로) 굽혀진다.

단단한 취성재료(예 : 세라믹)는 소성이 거의 또는 전혀 없고 탄성만 지니는데, 이러한 재료는 시편에 굽힘하중을 가하는 방법으로 시험한다. 이러한 재료들에 전통적 인장시험 방법을 적용하는 것은 별로 효과적이지 못하다. 그 이유는 시편 준비가 어렵고, 시편을 고정하는 프레스 조(jaw) 중심선의 불일치 가능성 때문이다. **굽힘시험**(bending test) 혹은 **굴곡시험**(flexure test)을 적용하여 이러한 재

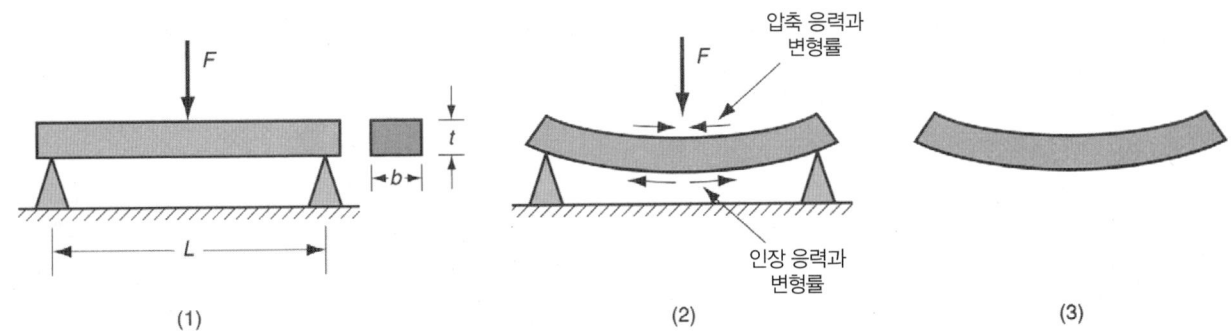

그림 3.10 직사각형 단면 시편의 굽힘 시험에서는 재료에 인장 및 압축 응력이 동시에 작용함. (1) 초기 하중상태, (2) 높은 응력과 변형률이 작용된 시편, (3) 구부러진 시편.

료들의 강도를 시험할 수 있다(그림 3.10 (1)의 시험 장치 참조). 이때 직사각형 단면의 시편을 두 개의 지지대 위에 설치하고, 그 중앙에 하중을 가한다. 이러한 배치에 의한 시험을 3점 굽힘시험이라 한다. 4점 배치에 의한 굽힘시험도 때때로 사용한다. 이러한 취성재료는 그림 3.10과 같은 정도로 과장되게 굽혀지지는 않으며, 파단 직전까지 탄성 변형한다. 파단은 인장응력이 시편 바깥쪽 조직의 최대 인장강도를 넘어서면 발생한다. 이러한 현상을 **벽개**(cleavage)라 하는데, 벽개는 낮은 온도에서 사용되는 세라믹과 금속의 파괴 양상이며, 재료의 특정 결정면을 따라 슬립이 발생하는 것이 아니라 분리되는 것이다. 이 시험으로부터 얻은 강도값을 **횡적붕괴강도**(transverse rupture strength)라 부르며, 다음 식으로부터 계산할 수 있다.

$$TRS = \frac{1.5FL}{bt^2} \tag{3.13}$$

여기서 TRS = 횡적붕괴강도(MPa), F = 파괴 시 가해진 하중(N), L = 지지대 사이의 시편의 길이(mm), b와 t는 그림과 같이 시편 단면의 치수(mm).

또한 굴곡시험은 열가소성 고분자화합물과 같은 특정한 비(非) 취성재료에서 사용되기도 한다. 이 경우의 재료는 파단되지 않고 변형하므로, 시편의 파단을 근거로 하는 횡적붕괴강도를 결정할 수 없다. 대신 다음의 두 가지 방법 중 하나가 이용된다. (1) 주어진 변형 수준에서 기록된 하중, 또는 (2) 주어진 하중에서 측정된 변형.

3.1.4 전단 특성

전단은 얇은 요소의 양쪽에 서로 반대방향으로 작용하여 어긋나게 변형시키는 응력을 의미한다(그림 3.11 참조). 전단응력은 다음과 같이 정의된다.

$$\tau = \frac{F}{A} \tag{3.14}$$

여기서 τ = 전단응력(MPa), F = 가해진 힘(N), A = 힘이 작용하는 면적(mm²).

$$\gamma = \frac{\delta}{b} \tag{3.15}$$

여기서 γ = 전단변형률(mm/mm), δ = 요소의 변형(mm), b = 어긋나게 변형이 발생하는 수직거리(mm).

전단응력과 전단변형률은 보통 얇은 벽의 튜브형 시편에 토크를 가하는 **비틀림시험**(torsion test)

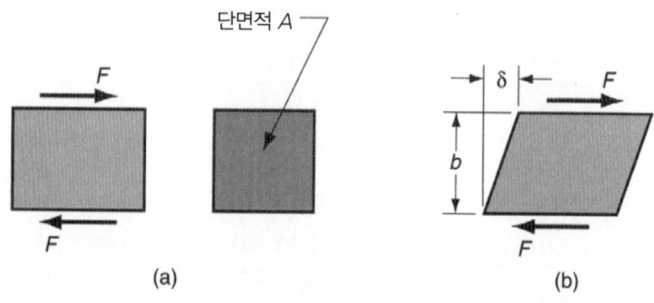

그림 3.11 전단.
(a) 응력, (b) 변형률.
(a)　　　　　　(b)

그림 3.12 비틀림시험 준비.

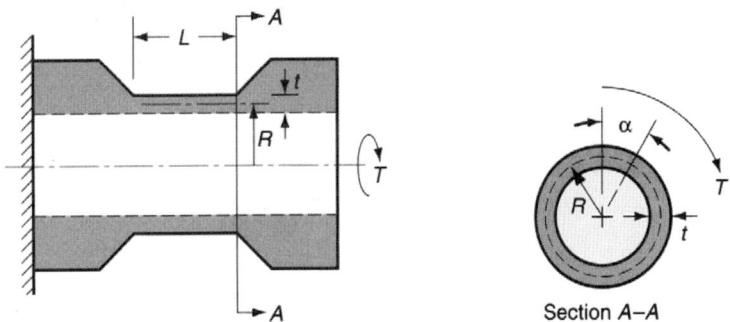

으로 측정한다(그림 3.12 참조). 토크가 증가함에 따라 튜브는 비틀림에 의해 어긋나게 변형하고, 이러한 기하학적인 변형이 전단변형률을 야기한다.

전단응력은 이 시험에서 다음의 식에 의해 결정된다.

$$\tau = \frac{T}{2\pi R^2 t} \tag{3.16}$$

여기서 T = 가해진 토크(N-mm), R = 중립축에서 측정한 튜브의 반지름(mm), t = 벽두께(mm).

전단변형률은 튜브의 총 변형각을 변형된 길이로 환산한 후, 표점거리 L로 나누어서 결정할 수 있다. 이것을 간단한 식으로 나타내면 다음과 같다.

$$\gamma = \frac{R\alpha}{L} \tag{3.17}$$

여기서 α = 변형각도(라디안).

전형적인 전단응력-전단변형률 선도를 그림 3.13에 나타냈다. 탄성영역에서 그 관계는 다음과 같이 정의된다.

$$\tau = G\gamma \tag{3.18}$$

여기서 G = **전단계수**(shear modulus), 또는 **전단탄성계수**(shear modulus of elasticity)(MPa). 대부분의 재료에서 전단계수 G는 $G = 0.4E$로 근사적으로 추정할 수 있다(E는 탄성계수).

전단응력-전단변형률 선도의 소성영역에서는, 재료에 변형경화가 발생하면서 가해지는 토크는 계

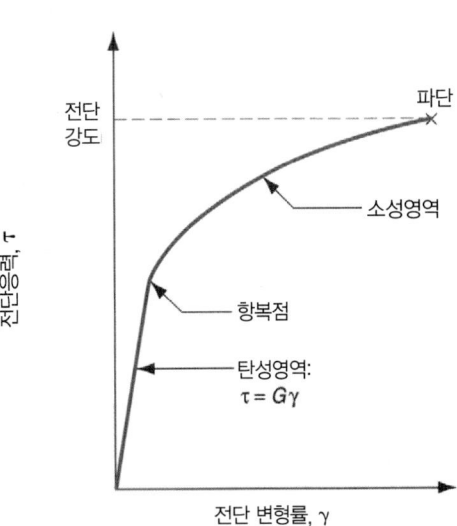

그림 3.13 비틀림시험의 전단응력–전단변형률 선도.

속 증가하고, 결국 파단에 이른다. 이 영역에서의 관계식은 유동곡선과 유사하다.

파단 시의 전단응력은 계산할 수 있으며, 재료의 **전단강도**(shear strength) S로 사용된다. 전단강도는 인장강도 값을 이용하여 근사적으로 표시할 수 있다. $S = 0.7(TS)$.

비틀림시험에서 시편의 단면적은 인장시험 및 압축시험에서와는 달리 변화하지 않기 때문에, 비틀림시험에서 구한 전단 공칭응력-공칭변형률 선도는 실제로 진응력-진변형률 선도와 동일하다.

전단공정은 산업계에서 흔한 공정이다. 전단작용은 금속박판 절단공정에 사용되는데, 그 공정으로 블랭킹, 펀칭 및 기타 절단작업(18.1절 참조)을 들 수 있다. 절삭가공에서 재료의 제거는 전단변형의 메커니즘에 의해 이루어진다(19.2절 참조).

3.2 경도

재료의 경도(hardness)는 영구적인 압입에 대한 재료의 저항값으로 정의된다. 좋은 경도라는 것은 일반적으로 재료가 흠집과 마모에 잘 저항한다는 것을 의미한다. 생산에 사용되는 대부분의 공구를 포함하여 많은 공업적인 응용분야에서, 마모와 흠집에 대한 저항은 매우 중요한 특성이다. 경도와 강도 사이에는 밀접한 연관관계가 있으며, 이 절의 뒷부분에서 설명한다.

3.2.1 경도시험

경도시험은 빠르고 편리하기 때문에, 재료의 특성을 평가하는 데 일반적으로 사용된다. 그러나 재료에 따라 경도가 다르기 때문에 다양한 시험방법을 적절히 사용한다. 가장 잘 알려진 경도시험법은 브리넬과 로크웰 경도시험이다.

브리넬(Brinell) 경도시험
브리넬 경도시험은 중간 이하의 경도를 지니는 금속 및 비금속을 시험하는 데 널리 사용된다. 1900년대에 이 방법을 발명한 스웨덴 엔지니어의 이름을 따서 명명되었다. 경화강(또는 초경합금)으로 만든 지름 10 mm의 구를 이용해, 시편의 표면을 500, 1500 또는 3000 kg의 힘으로 누른다. 브리넬 경도값(BHN)은 하중을 압입된 면적으로 나누어 구한다. 계산식은 다음과 같다.

$$HB = \frac{2F}{\pi L D_b(D_b - \sqrt{D_b^2 - D_i^2})} \tag{3.19}$$

여기서 HB = 브리넬 경도값(BHN), F = 압입 하중(kg), D_b = 구의 지름(mm), D_i = 표면 압입부의 지름(mm).

이들 치수를 그림 3.14(a)에 나타내었다. BHN의 궁극적인 단위는 kg/mm²이지만 보통 생략한다. 단단한 재료(500 BHN 이상)에 대해서는 초경합금으로 만든 구를 사용하는데, 강철로 만든 구는 탄성변형이 일어나 정밀도가 감소하기 때문이다. 또한 단단한 재료의 시험에는 더 높은 하중(1500 및 3000 kg)을 사용한다. 다른 하중을 사용하면 다른 결과가 나오기 때문에, HB 값을 읽을 때에는 시험에 사용된 하중을 표시하여야 한다.

그림 3.14 경도시험법. (a) 브리넬, (b) 로크웰 (1) 초기 부하중 (2) 주하중, (c) 비커스, (d) 누프.

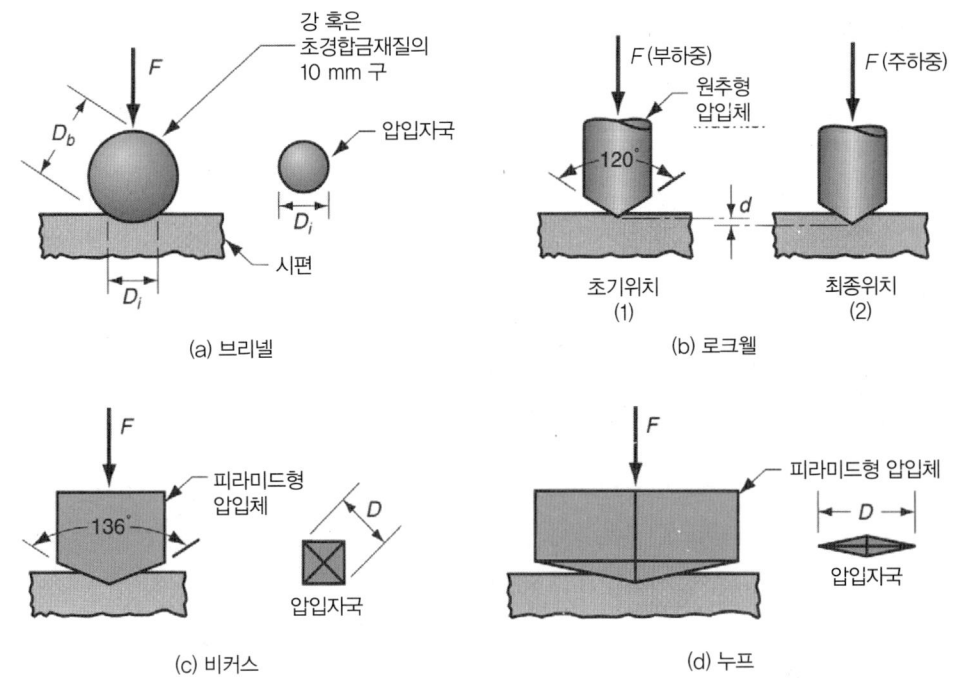

(a) 브리넬

(b) 로크웰

(c) 비커스

(d) 누프

로크웰(Rockwell) 경도시험

이 시험법도 역시 많이 이용되는 방법으로서, 1920년대 초에 이 방법을 개발한 금속학자의 이름을 따라 명명되었다. 이 시험법은 사용이 매우 편리하며, 해를 거듭하면서 다양한 재료에 적합하도록 몇 가지 개선된 시험법이 개발되었다. 로크웰 경도시험에서는 시편을 원추형 압입체 또는 작은 지름(1.6 또는 3.2 mm)의 구를 10 kg의 부하중으로 눌러, 압입체가 재료 내에 자리잡도록 만든다. 그 다음 150 kg(또는 그 이상)의 주하중을 가하여 압입체가 초기 위치 이후로 일정한 거리만큼 시편 속으로 침입되도록 한다. 이 추가적인 침입거리 d는 시험기에 의하여 읽혀져서 로크웰 경도값으로 환산된다. 이 과정은 그림 3.14(b)에 묘사되었다. 하중과 압입체의 형상이 다르기 때문에, 서로 다른 재료에 적합한 다양한 로크웰 스케일을 찾을 수 있다. 표 3.5에는 가장 일반적인 스케일을 나타냈다.

비커스(Vickers) 경도시험

이 시험법도 1920년대 초에 개발되었으며, 다이아몬드로 만든 피라미드 형태의 압입체를 사용한다. 이 방법은 압입체에 의한 자국은 하중에 관계없이 기하학적으로 닮은꼴이라는 원리에 기초하고 있다. 측정하고자 하는 재료의 경도에 따라 다양한 크기의 하중이 가해진다. 비커스 경도(HV)는 다음의 식으로 결정할 수 있다.

표 3.5 일반적인 로크웰 경도 스케일.

로크웰 스케일	경도 단위	압입체	하중(kg)	대표적인 적용재료
A	HRA	원추	60	카바이드, 세라믹
B	HRB	1.6 mm 구	100	비철금속
C	HRC	원추	150	철계 금속, 공구강

$$HV = \frac{1.854\,F}{D^2} \qquad\qquad (3.20)$$

여기서 F = 작용 하중(kg), D = 압입체에 의한 자국의 대각선 길이(mm)(그림 3.14(c) 참조).

비커스 경도는 모든 금속에 대하여 사용될 수 있으며, 가장 넓은 범위의 스케일을 갖는 경도시험법 중 하나이다.

누프(Knoop) 경도시험

1939년에 개발된 누프 시험법에서는 피라미드 형태(길이와 폭의 비가 7:1)의 다이아몬드 압입체를 사용하며, 가하는 하중은 일반적으로 비커스 시험에 비하여 작다(그림 3.14(d) 참조). 이 방법은 미세경도 시험법으로서 작고 얇은 시편 또는 큰 하중을 가하면 파괴될 가능성이 있는 단단한 재료의 경도 측정에 적합하다. 압입체의 형상은 여기서 사용되는 작은 하중에 의한 자국의 치수를 읽어내는 것이 용이하도록 만들어져 있다. 누프경도값(HK)은 다음 식으로 결정된다.

$$HK = 14.2\frac{F}{D^2} \qquad\qquad (3.21)$$

여기서 F = 하중(kg), D = 압입체의 긴 대각선 길이(mm).

이 시험에서 만들어진 자국은 일반적으로 매우 작으므로, 측정하고자하는 표면을 준비하는 데 매우 세신한 주의가 요구된다.

스크레로스코프(Scleroscope)

이전의 시험법들은 가해진 하중에 대한 눌린 자국의 넓이(브리넬, 비커스 및 누프) 또는 자국의 깊이(로크웰)의 비를 기초로 경도 측정을 하였다. 스크레로스코프는 시험하고자 하는 재료의 표면 위의 일정한 높이에서 떨어진 '해머'가 다시 튀어 오른 높이를 측정하는 장치이다. 해머는 추와 거기에 붙어있는 다이아몬드 압입체로 구성되어 있다. 스크레로스코프는 압입체가 표면을 칠 때 재료에 의하여 흡수된 기계적 에너지를 측정한다. 흡수된 에너지는 경도의 정의인, 침투에 대한 저항의 정도를 나타낸다. 많은 에너지가 흡수되면 되돌아오는 양이 적을 것이고, 이것은 부드러운 재료를 의미한다. 적은 에너지가 흡수되면 되돌아오는 양이 높아지고, 이것은 단단한 재료를 의미한다. 스크레로스코프의 주요 용도는 강과 철계 금속의 대형부품 경도를 측정하는 일이다.

듀로미터(Durometer)

이전의 방법들은 모두 영구적인 또는 소성변형(압입)에 대한 저항을 기초로 하고 있다. 듀로미터는 탄성변형을 측정하는 장치인데, 압입체로 고무 또는 유사한 유연한 재료의 물체 표면을 누름으로써 측정한다. 이들 재료들에 대하여도 경도는 침입에 대한 저항을 의미한다.

3.2.2 다양한 재료의 경도

여기서는 공업재료의 세 가지 유형인 금속, 세라믹 및 고분자화합물의 몇 가지 일반적인 재료의 경도값을 비교하고자 한다.

표 3.6 몇 가지 금속의 대표적인 경도.

금속	브리넬 경도 HB	로크웰 경도 HR[a]	금속	브리넬 경도 HB	로크웰 경도 HR[a]
알루미늄(아닐링)	20		마그네슘(경화)[b]	70	35B
알루미늄(냉간가공)	35		니켈(아닐링)	75	40B
알루미늄합금(아닐링)[a]	40		저탄소강(열간 압연)[b]	100	60B
알루미늄합금(경화)[a]	90	52B	고탄소강(열간 압연)[b]	200	95B, 15C
알루미늄합금(주조)[a]	80	44B	합금강(아닐링)[b]	175	90B, 10C
희주철(주조)[a]	175	10C	합금강(열처리)[b]	300	33C
동(아닐링)	45		스테인레스강(오스테나이트계)[b]	150	85B
동합금(황동, 아닐링)	100	60B	티타늄	200	95B
납	4		아연	30	

문헌 [10], [11], [16] 및 기타 출처로부터 편집함.
[a] HR의 B와 C는 각각 HRB와 HRC를 의미함. 값이 없는 것은 로크웰로 측정하기에 경도가 너무 작은 것임.
[b] HB는 대표적인 값을 나타냄. 경도값은 조성, 열처리 및 가공경화의 정도에 따라 달라짐.

금속

브리넬과 로크웰 경도시험은 금속이 주된 공업재료로 사용될 당시 개발되었다. 매우 많은 양의 경도 데이터들은 금속에 대한 이들 시험을 통하여 축적되었다. 표 3.6에서 몇 가지 금속의 경도값을 나열하였다.

대부분의 금속에서 경도는 강도와 밀접하게 관련되어 있다. 경도를 측정하는 방법은 압축의 일종인 압입에 대한 저항에 기초를 두고 있다. 따라서 경도와 압축시험에 의하여 결정되는 강도 사이에는 밀접한 상관관계가 있으리라는 것을 예상할 수 있다. 그러나 각 시편 단면적의 변화를 허용하면 압축시험에 의한 강도특성은 인장시험에 의한 강도특성과 거의 동일하기 때문에, 인장특성과 경도와의 상관관계 역시 좋아야 한다.

강의 브리넬경도 HB는 극한 인장강도 TS와 다음과 같은 밀접한 관계를 갖고 있다 [9, 15].

$$TS = K_h(HB) \tag{3.22}$$

여기서 K_h = 비례상수. 극한 인장강도 TS를 MPa로 표현하면 $K_h = 3.450$.

세라믹

브리넬 경도시험은 세라믹 재료에 대해서는 적절하지 않은데, 그 이유는 시험하고자 하는 재료가 압입체 구보다 더 단단한 경우가 종종 있기 때문이다. 이렇게 단단한 재료에는 비커스 및 누프 경도시험이 사용된다. 표 3.7에는 몇 가지 세라믹 재료들과 단단한 재료들에 대한 경도값을 열거하였다. 비교를 위해 예를 들면, 경화공구강의 로크웰 C 경도는 65HRC이다. HRC 척도는 더 단단한 재료에 사용할 만큼 충분히 폭이 넓지 않다.

고분자재료

고분자재료는 세 가지 공업용재료 중에서 가장 낮은 경도를 지닌다. 표 3.8에는 몇 가지 고분자재료들에 대한 브리넬 경도값을 나열하였지만, 브리넬 경도 스케일은 고분자재료에 잘 사용하지 않는다.

표 3.7 몇 가지 세라믹과 기타 단단한 재료의 경도(경도 오름차순 배열).

재료	비커스 경도 HV	누프 경도 HK	금속	비커스 경도 HV	누프 경도 HK
경화공구강[a]	800	850	질화티타늄(TiN)	3000	2300
초경합금(WC-Co)[a]	2000	1400	티타늄카바이드(TiC)	3200	2500
알루미나(Al_2O_3)	2200	1500	입방정질화붕소(BN)	6000	4000
텅스텐카바이드(WC)	2600	1900	합성다이아몬드	7000	5000
실리콘카바이드(SiC)	2600	1900	천연다이아몬드	10,000	8000

문헌 [14], [16] 및 기타 출처로부터 편집함.
[a] 경화공구강과 초경합금은 보통 브리넬 경도시험에서 사용됨.

표 3.8 몇 가지 고분자재료의 경도.

고분자 재료	브리넬 경도 HB	고분자 재료	브리넬 경도 HB
나일론	12	폴리프로필렌	7
페놀포름알데히드	50	폴리스티렌	20
폴리에틸렌(저밀도)	2	PVC	10
폴리에틸렌(고밀도)	4		

문헌 [5], [8] 및 기타 출처로부터 편집함.

그러나 이들 값을 금속의 경도와 비교해볼 수 있다.

3.3 온도의 영향

온도는 재료의 거의 모든 특성에 매우 큰 영향을 준다. 설계자들에게는 제품이 실제로 작동하는 온도에서의 재료 특성을 아는 것이 중요하다. 또한 온도가 가공 중 기계적 성질에 어떻게 영향을 주는가를 아는 것도 중요하다. 온도가 올라가면 재료의 강도는 낮아지고 연성은 높아진다. 금속에 대한 기계적 특성과 온도 사이의 일반적인 관계를 그림 3.15에 도시하였다. 따라서 대부분의 금속은 낮은 온도에서보다 높은 온도에서 더 용이하게 성형된다.

고온 경도(Hot Hardness)

높은 온도에서의 강도와 경도를 나타내는 데에 사용되는 특성은 고온경도이다. 고온경도는 재료가 고온에서 경도를 유지하는 능력이며, 일반적으로는 여러 온도들에 대한 경도값 리스트 또는 경도-온도의 선도(그림 3.16)로 표현한다. 강은 합금을 통하여 고온경도의 상당한 개선이 가능하다(그림 3.16 참조). 세라믹은 고온에서도 뛰어난 특성을 나타낸다. 이런 재료들은 흔히 고온용(예: 터빈부품, 절삭 공구, 내화용)으로 선택된다. 우주왕복선 외부의 세라믹 타일은 대기권을 고속으로 재진입할 때의 마찰열을 견디기 위하여 사용된다.

높은 고온경도는 많은 제조공정에서 공구용 재료의 특성으로도 바람직하다. 대부분의 금속가공

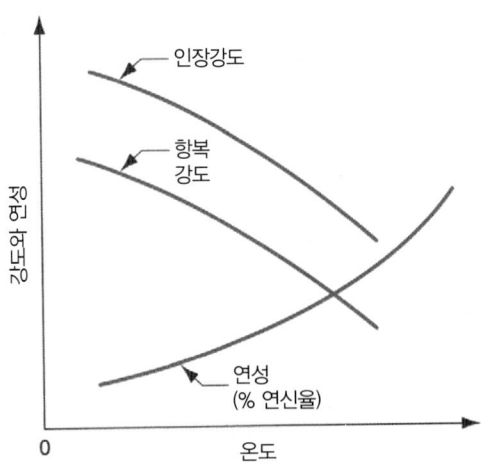

그림 3.15 온도가 강도와 연성에 미치는 일반적인 영향.

공정에서 상당한 양의 열에너지가 생성되기 때문에, 공구는 고온에서 견딜 수 있어야 한다.

재결정 온도

대부분의 금속은 상온에서 소성영역의 유동곡선에 따라 거동한다. 금속은 변형되면서 변형경화로 인해 강도가 증가한다(변형경화지수 $n > 0$인 경우). 그러나 금속을 충분히 높은 온도로 가열한 후 변형시키면, 변형경화가 발생하지 않는다. 그 대신 변형률이 없는 새로운 결정립이 형성되고, 그 금속은 완전소성 재료(변형경화지수 $n = 0$)인 것처럼 거동한다. 변형률이 없는 새로운 결정립이 형성되는 과정을 **재결정**(recrystallization)이라 하고, 그때의 온도는 절대온도(R이나 K)로 용융온도의 절반 정도($0.5T_m$)이다. 이 온도를 **재결정온도**(recrystallization temperature)라고 한다. 재결정에는 시간이 필요하다. 특정 금속의 재결정온도는 대략 한 시간 동안 새로운 결정이 완전히 형성되는 온도를 뜻한다.

재결정은 온도에 의존하는 금속의 특성으로, 제조에 활용할 수 있는 성질이다. 금속을 변형 전에 재결정온도로 가열하면, 금속이 견딜 수 있는 변형량은 크게 증가되며, 공정 수행에 필요한 힘과 동력은 주목할 정도로 감소한다. 금속을 재결정온도 이상의 온도에서 성형하는 것을 열간가공(hot working)이라 한다(16.3절 참조).

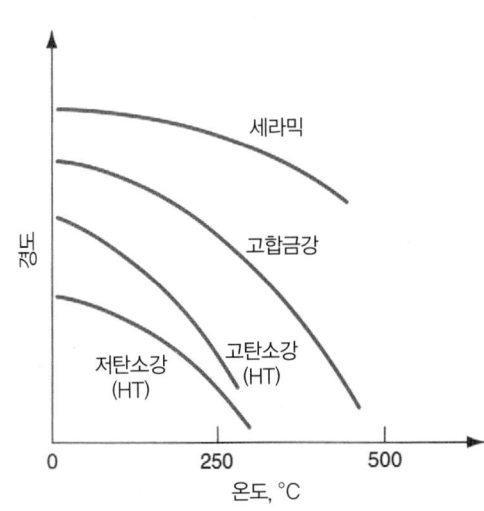

그림 3.16 고온경도-몇 가지 재료에 대한 온도 함수로서의 대표적 경도.

3.4 유체 특성

유체는 고체와는 매우 다르게 거동한다. 유체는 흐르며, 그것을 담고 있는 용기의 형상을 취한다. 고체는 흐르지 않고, 그것은 그 주변과는 독립적으로 기하학적 형상을 유지한다. 유체는 액체와 기체를 포함하는데, 이 절의 관심사는 액체이다. 많은 제조공정에서는 재료를 가열하여, 고체를 액체로 바꾸어 수행한다. 금속은 용융상태에서 주조되고, 유리는 가열되어 높은 유동상태에서 성형되며, 고분자 화합물들은 거의 항상 걸쭉한 액체 상태에서 성형된다.

점성

유동이 유체를 정의하는 특성이지만, 유동의 경향은 유체마다 다르다. 점성은 유체의 유동을 결정하는 성질이다. 대략적으로 **점성**(viscosity)은 유체의 특징인 유동에 대한 저항으로 정의할 수 있다. 점성은 유체 내에 속도구배가 존재할 때 발생하는 내부저항의 척도이며, 유체의 점성이 커질수록 내부저항은 높아지고 유동에 대한 저항은 커진다. 점성과 상반되는 개념은 **유동성**(fluidity)으로서 유체 유동의 용이성이라 정의된다.

점성은 두 개의 평행 판이 거리 d만큼 떨어진 실험준비를 이용하여 보다 정밀하게 정의할 수 있다 (그림 3.17 참조). 하나의 판은 정지되어 있고, 다른 판은 속도 v로 움직이고 있으며, 판 사이의 공간은 유체로 채워져 있다.

변수 d를 y축-방향으로, 변수 v를 x축-방향으로 취한 좌표시스템을 고려한다. 위판의 운동은 유체의 전단 점성운동에 의한 힘 F에 의하여 저지된다. 이 힘은 F를 판의 면적 A로 나눔으로써 전단응력으로 바꾸어 표현할 수 있다.

$$\tau = \frac{F}{A} \tag{3.23}$$

여기서 τ = 전단응력(N/m^2 또는 Pa).

이 전단응력은 전단속도와 연관되어 있으며, dy에 대한 속도변화 dv로 정의된다. 즉,

$$\dot{\gamma} = \frac{dv}{dy} \tag{3.24}$$

여기서 $\dot{\gamma}$ = 전단속도($1/s$), dv = 속도의 증분변화량(m/s), dy = 거리 y의 증분변화량(m). 전단 점성은 F/A와 dv/dy 사이의 관계를 결정하는 유체의 물성이다. 즉

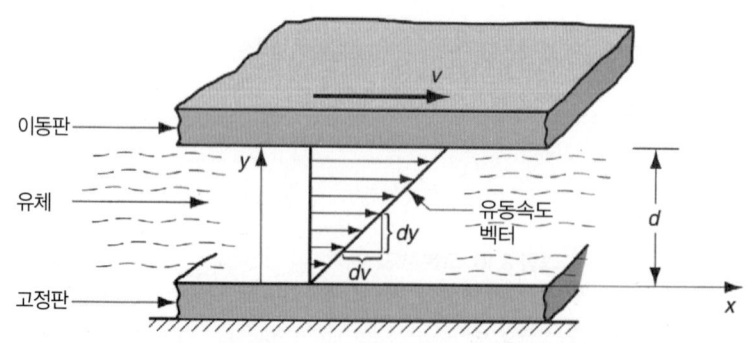

그림 3.17 두 평행 판 사이의 유체의 유동. (한 개의 판은 정지 상태, 다른 판은 속도 v로 이동 중.)

$$\frac{F}{A} = \eta \frac{dv}{dy} \quad \text{또는} \quad \tau = \eta \dot{\gamma} \tag{3.25}$$

여기서 η = 점성계수라고 불리는 비례상수(Pa-s). 식 (3.25)를 재배열하면, 점성계수는 다음과 같이 표현할 수 있다.

$$\eta \frac{\tau}{\dot{\gamma}} \tag{3.26}$$

그러므로 유체의 점성은 유동하는 동안 전단응력과 전단속도의 비로 정의할 수 있다. 여기서 전단응력은 유체에 의해 가해진 단위면적 당 마찰력이며, 전단속도는 유동방향과 수직한 방향의 속도구배이다. 유체의 점성 특성은 식 (3.26)으로 정의되며, 뉴턴에 의하여 처음으로 언급되었다. 점성은 주어진 유체에 대하여 변화하지 않는 일정한 물성이라고 보았다. 이러한 유체를 **뉴턴유체**(Newtonian fluid)라 한다.

점성계수의 단위에 대해 살펴본다. 국제단위계(SI)에 따르면 전단응력의 단위는 N/m² 또는 Pascals, 전단속도는 1/s이므로 η의 단위는 N-s/m² 또는 Pascal-seconds이며, 줄여서 Pa-s이다. 때때로 사용되는 점성계수의 다른 단위는 poise(10 poise = 1 Pa-s)이다. 다양한 유체에 대한 점성계수의 몇 가지 대표적인 값이 표 3.9에 나와 있다. 표에 나와 있는 몇 가지 재료를 살펴보면 점도는 온도에 따라 달라진다는 것을 알 수 있다.

제조공정에서의 점성

많은 금속들의 용융상태 점성은 상온에서의 물의 점성과 비교된다. 주조와 용접과 같은 특정 공정은 금속이 용융된 상태에서 진행되는데, 이러한 작업의 성공을 위해서는 용융금속이 응고하기 전에 주형의 공간을 채우거나, 용접부를 채울 수 있도록 낮은 점성이 요구된다. 금속성형이나 절삭가공과 같은 작업에서는 윤활제나 냉각제가 가공 중에 사용되며, 이들 유체의 성공 여부도 어느 정도 점성의 영향을 받는다. 유리는 온도가 올라감에 따라 고체에서 액체로 점진적으로 바뀌며, 순수 금속과 같이 급격하게 용융되지 않는다. 표 3.9에는 여러 온도들에 대한 유리의 점도 변화를 나타냈다. 상온에서 유리는 취성 고체이고 유동하지 않는다. 모든 실제적 용도에서는 유리의 점성은 무한대이다. 유리가

표 3.9 몇 가지 유체의 점도값.

재료	점성계수 Pa-s	재료	점성계수 Pa-s
유리[b], 540°C(813 K)	10^{12}	팬케익시럽(상온)	50
유리[b], 815°C(1088 K)	10^5	고분자[a], 151°C(424 K)	115
유리[b], 1095°C(1368 K)	10^3	고분자[a], 205°C(478 K)	55
유리[b], 1370°C(1643 K)	15	고분자[a], 260°C(533 K)	28
수온, 20°C(293 K)	0.0016	물, 20°C(293 K)	0.001
윤활유(상온)	0.1	물, 100°C	0.0003

다양한 출처로부터 편집함.

[a] 고분자의 예로는 저밀도 폴리에틸렌을 사용하였으며, 대부분의 다른 고분자는 약간 더 높은 점도를 나타냄.

[b] 유리 성분은 대부분 SiO_2이며, 점도는 변화하며, 나타낸 값은 대표적인 값임.

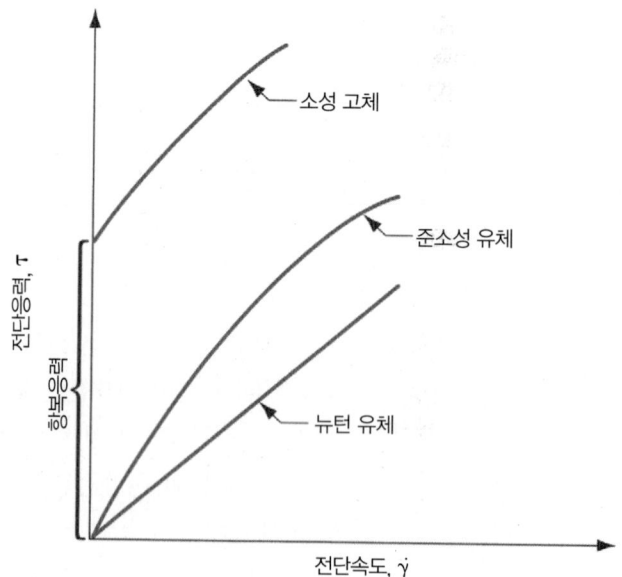

전단응력, τ

항복점이하

소성 고체

준소성 유체

뉴턴 유체

전단속도, γ̇

그림 3.18 뉴턴 유체와 준소성 유체의 점성거동. 용융된 고분자 화합물은 준소성 거동을 보임. 비교를 위해 소성 고체의 거동을 나타냄.

가열됨에 따라 점차적으로 연화되고 점성이 점점 줄어든다(즉 점점 유동성이 커진다). 유리는 대략 1100°C(1373 K) 근처에서 블로잉(blowing)이나 주조를 통해 성형할 수 있다.

대부분의 고분자화합물 성형공정은 고온에서 진행된다. 이때 재료는 유체상태 또는 높은 소성 상태에 있다. 열가소성 고분자화합물들이 가장 직접적인 예인데, 이들은 또한 가장 일반적인 고분자화합물에 해당한다. 저온에서 열가소성 재료들은 고체이지만, 온도가 올라감에 따라 처음에는 연한 고무와 같은 재질로 바뀌었다가 나중에는 걸쭉한 유체로 변환한다. 온도가 계속 상승하면 점도가 점진적으로 감소하며, 이는 가장 널리 이용되는 열가소성 고분자화합물인 폴리에틸렌의 경우에서 확인할 수 있다(표 3.9 참조). 그러나 고분자의 경우, 그 관계는 다른 인자들에 의하여 더 복잡하게 된다. 예를 들어 점성은 유동 속도에 영향을 받는다. 열가소성 고분자화합물의 점도는 상수가 아니다. 용융된 고분자화합물은 뉴턴유체와 같은 거동을 하지 않는다. 그 재료의 전단응력과 전단속도 사이의 관계를 그림 3.18에 나타내었다. 전단속도가 증가함에 따라 점도가 떨어지는 유체를 **의소성**(pseudoplastic)이라고 부른다. 이러한 거동은 고분자재료 성형 해석을 어렵게 한다.

3.5 고분자화합물의 점탄성 거동

고분자화합물의 또 다른 특성은 점탄성이다. **점탄성**(viscoelasticity)이란, 시간에 따른 응력과 온도의 조합이 작용할 때, 재료가 겪는 변형률을 결정하는 재료의 특성을 의미한다. 이름이 나타내듯이, 점탄성은 점성과 탄성이 조합된 것이다. 점탄성은 그림 3.19를 참조하여 설명할 수 있다. 그림의 두 부분(a와 b)은 일정 시간 동안 항복점 이하의 응력이 가해졌을 경우, 두 가지 재료가 보여주는 대표적인 반응이다. 그림 (a)에서 재료는 완전탄성을 나타내는데, 응력이 제거되면 재료는 원래의 형태로 되돌아온다. 반면 그림 (b)에서 재료는 점탄성 거동을 나타낸다. 변형률의 양은 가해진 응력 하에서 시간의 경과에 따라 점진적으로 증가한다. 응력이 제거되면 재료는 원래의 형태로 즉시 되돌아오지 않고, 변형률이 점진적으로 감소한다. 응력을 작용시킨 후 즉시 제거한다면, 재료는 초기 형상으로 곧바로 복귀할 것이다. 그러나 시간이 그림에 도입되었고, 재료의 거동에 중요한 역할을 하였다.

탄성의 정의로부터 시작하여 점탄성의 단순한 모델을 개발할 수 있다. 탄성은 Hooke의 법칙(σ =

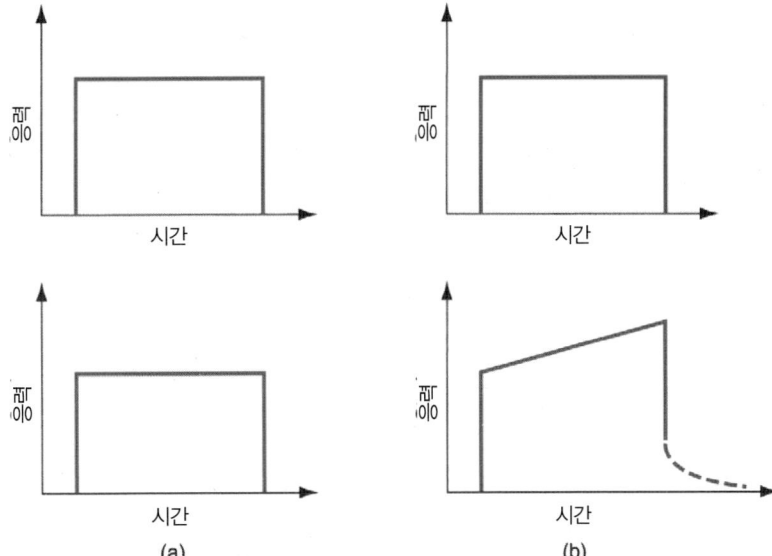

그림 3.19 탄성과 점탄성의 비교. (a) 시간에 따라 가해진 응력에 대한 재료의 완전탄성 반응, (b) 동일한 조건에서 점탄성 재료의 반응. 재료 (b)의 변형률은 시간과 온도의 함수.

$E\epsilon$)에 의해 간명하게 표현되는데, 이때 응력은 비례상수를 통해 변형률에 단순하게 연결된다. 점탄성 고체에서 응력과 변형률 사이의 관계는 시간에 의존하며, 다음과 같이 표현될 수 있다.

$$\sigma(t) = f(t)\epsilon \tag{3.27}$$

시간함수 $f(t)$는 시간 의존적 탄성계수로서 개념화할 수 있다. 그것은 점탄성계수라는 $E(t)$로 나타낼 수 있다. 이 시간함수의 형태는 여러 인자가 혼합되어 복잡할 수 있고, 때때로 변형률을 인자로 포함한다. 수학적인 표현을 사용하지 않아도, 시간 의존성의 영향을 조사할 수 있다. 일반적인 영향의 하나를 그림 3.20에서 볼 수 있는데, 서로 다른 변형률속도 하에서 나타나는 열가소성 고분자화합물의 응력-변형률 거동이 그것이다. 낮은 변형률속도에서 재료는 상당히 큰 점성 유동을 나타낸다. 높은 변형률속도에서는 훨씬 더 취성에 가까운 형태로 거동한다.

온도는 점탄성에 영향을 미치는 한 인자이다. 온도가 증가함에 따라 점성거동이 탄성거동에 비해 점점 더 두드러지게 나타난다. 재료는 점점 더 유체와 유사하게 된다. 그림 3.21에서는 열가소성재료에 대한 이러한 온도 의존성을 나타낸다. 낮은 온도에서 고분자화합물은 탄성거동을 보인다. 온도가 유리천이온도 T_g를 넘어 증가하면, 고분자화합물은 점성성을 갖게 된다. 온도가 더 증가하면 재료는 더 연해지고 고무처럼 된다. 더 높은 온도에서는 점성적인 특징을 나타낸다. 이러한 거동의 양상이 유지되는 온도는 플라스틱에 따라 달라진다. 또한 점탄성계수-온도 곡선의 형태는 열가소성 고분자

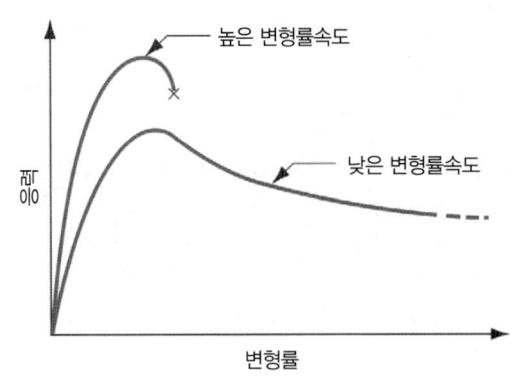

그림 3.20 다른 변형률속도에서 점탄성 재료(열가소성 고분자)의 응력-변형률 곡선.

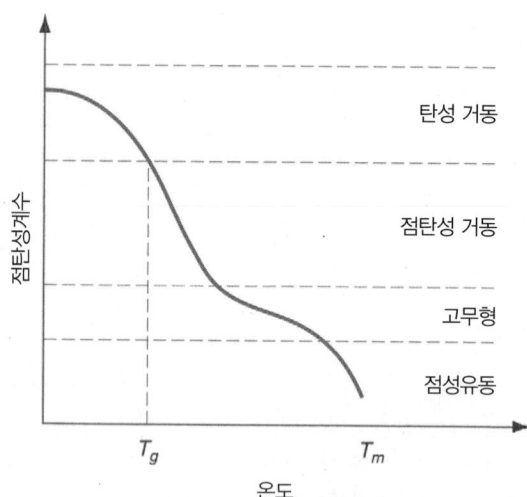

그림 3.21 온도의 함수인 열가소성 고분자화합물의 점탄성계수.

화합물 내의 결정 및 비결정구조의 비율에 따라 달라진다. 열경화성 고분자화합물과 탄성체는 그림에 보인 것과는 다르게 거동한다. 이들 고분자화합물은 경화된 후에는 고온에서 열가소성 고분자화합물처럼 연화되지 않는다. 대신 이들은 고온에서 열화(즉 탄화)된다.

점탄성 거동은 용융된 고분자화합물에서 형상기억의 형태로 나타난다. 용융된 걸쭉한 고분자화합물이 변형공정을 통해 하나의 형상에서 다른 형상으로 바뀔 때, 이전의 형상을 '기억'하여 그 기하학적 형상으로 되돌아가려고 한다. 예를 들어, 고분자화합물 압출의 일반적인 문제는 압출된 재료의 단면형상 치수가 증가하는 다이팽윤(die swell) 현상이다. 이것은 고분자화합물이 작은 다이구멍을 통과하면서 압착되기 직전의 압출용기의 커다란 단면형상으로 되돌아가려는 경향을 반영하는 것이다. 점성과 점탄성의 성질에 대하여는 플라스틱 성형에서 보다 자세하게 다룬다(12장 참조).

참고문헌

[1] Avallone, E. A., and Baumeister III, T. (eds.). *Mark's Standard Handbook for Mechanical Engineers,* 11th ed. McGraw-Hill, New York, 2006.

[2] Beer, F. P., Russell, J. E., Eisenberg, E., and Mazurek, D., *Vector Mechanics for Engineers: Statics,* 9th ed. McGraw-Hill, New York, 2009.

[3] Black, J. T., and Kohser, R. A. *DeGarmo's Materials and Processes in Manufacturing,* 10th ed. John Wiley & Sons, Hoboken, New Jersey, 2008.

[4] Budynas, R. G. *Advanced Strength and Applied Stress Analysis,* 2nd ed. McGraw-Hill, New York, 1998.

[5] Chandra, M., and Roy, S. K. *Plastics Technology Handbook,* 4th ed. CRC Press, Inc., Boca Raton, Florida, 2006.

[6] Dieter, G. E. *Mechanical Metallurgy,* 3rd ed. McGraw-Hill, New York, 1986.

[7] *Engineering Plastics.* Engineered Materials Handbook, Vol. 2. ASM International, Metals Park, Ohio, 1987.

[8] Flinn, R. A., and Trojan, P. K. *Engineering Materials and Their Applications,* 5th ed. John Wiley & Sons, Hoboken, New Jersey, 1995.

[9] Kalpakjian, S., and Schmid S. R. *Manufacturing Processes for Engineering Materials,* 5th ed. Prentice Hall, Upper Saddle River, New Jersey, 2007.

[10] *Metals Handbook,* Vol. 1, Properties and Selection: Iron, Steels, and High Performance Alloys. ASM International, Metals Park, Ohio, 1990.

[11] *Metals Handbook,* Vol. 2, Properties and Selection: Nonferrous Alloys and Special Purpose Materials, ASM International, Metals Park, Ohio, 1991.

[12] *Metals Handbook,* Vol. 8, Mechanical Testing and Evaluation, ASM International, Metals Park, Ohio, 2000.

[13] Morton-Jones, D. H. *Polymer Processing.* Chapman and Hall, London, 2008.

[14] Schey, J. A. *Introduction to Manufacturing Processes.* 3rd ed. McGraw-Hill, New York, 2000.

[15] Van Vlack, L. H. *Elements of Materials Science and Engineering,* 6th ed. Addison-Wesley, Reading, Massachusetts, 1991.

[16] Wick, C., and Veilleux, R. F. (eds.). *Tool and Manufacturing Engineers Handbook,* 4th ed. Vol. 3, Materials, Finishing, and Coating. Society of Manufacturing Engineers, Dearborn, Michigan, 1985.

복습문제

3.1 기계적 성질에 있어서 설계와 제조 사이의 딜레마는 무엇인가?

3.2 재료가 받는 세 가지 형태의 정적 응력은 무엇인가?

3.3 Hooke의 법칙에 대하여 기술하여라.

3.4 인장시험에서 공칭응력과 진응력 사이의 차이점은 무엇인가?

3.5 재료의 인장강도를 정의하여라.

3.6 재료의 항복강도를 정의하여라.

3.7 연성의 척도인 연신율과 단면감소율을 체적불변의 가정을 이용하여 직접적으로 변환할 수 없는 이유는 무엇인가?

3.8 가공경화란 무엇인가?

3.9 유동곡선식의 강도계수가 항복강도와 같은 값을 가질 때는 어떤 경우인가?

3.10 압축시험에서 시편 단면적의 변화는 인장시험 시편의 경우와 어떻게 다른가?

3.11 압축시험에서 복잡하게 하는 인자는 무엇인가?

3.12 인장시험은 세라믹과 같은 취성재료에는 부적절하다. 이러한 재료들의 강도 특성을 결정하는 일반적인 시험은 무엇인가?

3.13 평균적으로 전단탄성계수 G는 인장탄성계수 E와 어떻게 연관되어 있는가?

3.14 평균적으로 전단강도 S는 인장강도 TS와 어떻게 연관되어 있는가?

3.15 경도란 무엇이며, 일반적으로 어떻게 시험하는가?

3.16 왜 다양한 경도시험법들과 스케일이 필요한가?

3.17 금속의 재결정온도를 정의하여라.

3.18 유체의 점도를 정의하여라.

3.19 Newton 유체의 결정적인 특성은 무엇인가?

3.20 재료 특성으로서 점탄성은 무엇인가?

객관식문제(15개의 답)

3.1 다음 중 재료가 지지할 수 있는 세 가지 기본적인 형태의 응력은 어느 것들인가?(세 개의 정답) (a) 압축, (b) 경도, (c) 단면감소율, (d) 전단, (e) 인장, (f) 진응력, (g) 항복.

3.2 금속시편의 인장시험 결과로부터 얻은 최대 인장강도의 정의로 옳은 것은 어느 것인가? (a) 응력-변형률 선도가 탄성에서 소성 거동으로 바뀔 때의 응력, (b) 최대 하중을 시편의 최종 단면적으로 나눈 값, (c) 최대 하중을 시편의 최초 단면적으로 나눈 값, (d) 시편이 최종 파단될 때의 응력 값.

3.3 응력값을 인장시험 진행 동안 측정한다면, 다음 중 어느 값이 더 큰가? (a) 공칭응력, (b) 진응력.

3.4 만약 변형률값이 인장시험 동안 계속하여 측정된다면, 다음 중 어느 값이 더 큰가? (a) 공칭 변형률, (b) 진변형률.

3.5 금속 응력-변형률 선도 소성영역의 특징은 응력과 변형률 사이의 선형적 비례관계로 표현할 수 있다. (a) 참, (b) 거짓.

3.6 다음의 응력-변형률 관계유형 중 어느 것이 세라믹이나 열경화성 플라스틱과 같은 취성재료를 설명하는 데 가장 적합한가? (a) 탄성 및 완전소성, (b) 탄성 및 변형경화, (c) 완전탄성, (d) 답 없음.

3.7 다음의 응력-변형률 관계유형 중 어느 것이 대부분 금속의 상온에서의 거동을 설명하는 데 가장 적합한가?

(a) 탄성 및 완전소성, (b) 탄성 및 변형경화, (c) 완전탄성, (d) 답 없음.

3.8 다음의 응력-변형률 관계유형 중 어느 것이 재결정온도 이상에서의 금속의 거동을 설명하는 데 가장 적합한가? (a) 탄성 및 완전소성, (b) 탄성 및 변형경화, (c) 완전탄성, (d) 답 없음.

3.9 다음 재료들 중 어느 것의 탄성계수가 가장 높은가? (a) 알루미늄, (b) 다이아몬드, (c) 강, (d) 티타늄, (e) 텅스텐.

3.10 금속의 전단강도는 일반적으로 인장강도보다 (a) 높다,

(b) 낮다.

3.11 대부분의 경도시험은 단단한 물체를 시험편의 표면에 누른 후, 그 결과로 생긴 압입을 측정한다. (a) 참, (b) 거짓.

3.12 다음 재료들 중 어느 것의 경도가 가장 높은가? (a) 알루미나 세라믹, (b) 회주철, (c) 경화공구강, (d) 고탄소강, (e) 폴리스틸렌.

3.13 점성은 유체가 얼마나 흐르기 쉬운가로 정의된다. (a) 참, (b) 거짓.

연습문제

인장에서의 강도와 연성

3.1 인장시험에서 표점길이 = 50 mm, 단면적 = 200 mm² 인 시편을 사용하였다. 시험동안 시편은 98,000 N의 하중에서 항복하였다. 이때 표점길이는 50.23 mm이었다. 이것은 0.2% 항복점이다. 최대 하중은 168,000N이고, 이때 표점길이는 64.2 mm이었다. 다음을 결정하여라. (a) 항복강도 Y, (b) 탄성계수 E, (c) 인장강도 TS, (d) 표점길이 67.3 mm에서 파단될 경우, 연신율(%) EL, (e) 네킹 발생 시 시편의 단면적이 92 mm² 일 경우, 단면감소율(%) AR.

3.2 인장시험에서 표점길이 = 5 cm, 단면적 = 3.125 cm² 인 시편을 사용하였다. 시험동안 시편은 14,515 kg의 하중에서 항복하였다. 이때 표점길이는 5.1 cm이었다. 이것은 0.2% 항복점이다. 최대 하중은 27.215 kg이고,

이때 표점길이는 6.6 cm이었다. 다음을 결정하여라. (a) 항복강도 Y, (b) 탄성계수 E, (c) 인장강도 TS, (d) 표점길이 7.4 cm에서 파단될 경우, 연신율(%) EL, (e) 네킹 발생 시 시편의 단면적이 1.56 cm² 일 경우, 단면감소율(%) AR.

3.3 다음의 하중과 표점길이에 관한 데이터는 초기 표점길이 125.0 mm, 초기 단면적 62.5 mm² 인 시편을 이용한 인장시험에서 얻은 것이다. 최대 하중이 28,913 N이고, 최종 데이터는 파단 직전의 점이다. (a) 공칭응력-공칭변형률 곡선을 그려라, (b) 항복강도 Y를 구하여라. (c) 탄성계수 E를 구하여라. (d) 인장강도 TS를 구하여라.

유동곡선

3.4 문제 3.3에서 유동곡선의 강도계수와 변형경화지수를 결정하여라. 네킹이 발생한 이후의 점에서의 값은 사용하지 않도록 유의하여라.

3.5 금속시편의 인장시험에서 진응력 = 265 MPa일 때 진변형률 = 0.08이고, 진응력 = 325 MPa일 때 진변형률 = 0.27이었다. 유동곡선의 강도계수 K와 변형경화지수 n을 결정하여라.

3.6 금속시편의 인장시험에서 진응력 = 255 MPa일 때 진변형률 = 0.10이고, 진응력 = 380 MPa일 때 진변형

률 = 0.25이었다. 유동곡선의 강도계수 K와 변형경화지수 n을 결정하여라.

3.7 인장시험에서 진응력 = 345.0 MPa, 진변형률 = 0.28에서 네킹이 발생하기 시작한다. 시험에 대한 추가적인 정보 없이, 유동곡선의 강도계수 K와 변형경화지수 n을 구할 수 있는가?

3.8 어떤 금속에 대한 인장시험을 통하여 변형경화지수 n = 0.3, 강도계수 K = 600MPa을 얻었다. (a) 진변형률 = 1.0에서 유동응력을 결정하여라. (b) 유동응력

= 600 MPa에서의 진변형률을 구하여라.

3.9 어떤 금속에 대한 인장시험을 통하여 변형경화지수 n = 0.22, 강도계수 K = 372 MPa을 얻었다. (a) 진변형률 = 1.0에서 유동응력을 결정하여라. (b) 유동응력 = 275 MPa에서의 진변형률을 구하여라.

3.10 금속이 인장시험에서 소성영역까지 변형되었다. 초기 시편의 표점길이 = 5.0 cm, 단면적 = 3.125 cm²이다. 인장시험 중 어느 한 점에서 표점길이 = 6.25 cm, 공칭응력 = 165 MPa이었으며. 네킹 전의 다른 한 점에서 표점길이 = 8 cm, 공칭응력 = 193 MPa이었다. 이 금속에 대한 유동곡선의 강도계수 K와 변형경화지수 n을 결정하여라.

3.11 초기 표점길이 = 75.0 mm인 인장시편이 있다. 네킹이 발생하기 전에 110.00 mm까지 인장하였다. (a) 공칭변형률을 구하여라. (b) 진변형률을 구하여라. (c) 다음과 같이 시편이 인장하는 동안의 공칭변형률을 계산하고 합하여라 (1) 75.0부터 80.0 mm까지, (2) 80.0부터 85.0 mm까지, (3) 85.0부터 90.0 mm까지, (4) 90.0부터 95.0 mm까지, (5) 95.0부터 100.0 mm까지, (6) 100.0부터 105.0 mm까지, (7) 105.0부터 110.0 mm까지 인장. (d) 그 결과가 (a) 공칭변형률과 (b) 진변형률 중 어느 것에 더 가까운가? 이것이 진변형률의 의미를 이해하는 데 도움이 되는가?

압축

3.18 금속합금을 인장시험하여 유동곡선 매개변수를 구하였다. 강도계수 K = 620.5 MPa, 변형경화지수 n = 0.26. 이번에는 같은 금속의 시편(초기높이 = 62.5 mm, 초기지름 = 25 mm)으로 압축시험을 한다. 단면이 균일하게 증가한다고 가정하여, 시편을 다음의 높이로 압축하는 데 필요한 하중을 구하여라. (a) 50 mm, (b) 37.5 mm.

3.19 어떤 스테인리스강의 유동곡선 매개변수가 강도계수 K = 1100 MPa, 변형경화지수 n = 0.35이다. 초기단면적 = 1,000 mm², 초기높이 = 75 mm인 원기둥형

3.12 인장시편이 원래 길이의 두 배로 인장되었다. 이 시험에 대한 공칭변형률과 진변형률을 구하여라. 이 금속이 압축에 의하여 변형된다면, 다음 경우에 최종 압축된 길이를 구하여라. (a) 압축 시 공칭변형률이 인장 시와 동일한 값을 갖는 경우(압축이므로 음의 부호), (b) 압축 시 진변형률이 인장 시와 동일한 값을 갖는 경우(압축이므로 음의 부호), (a)의 결과는 불가능하다는 것에 유의하여라. 그러므로 진변형률이 소성변형을 측정하는 데 더 적합하다.

3.13 둥근 단면의 인장시편에 대하여 진변형률을 D와 D_o의 함수로서 표현하여라. 여기서 D = 시편의 순간 지름, D_o = 시편의 초기 지름.

3.14 진변형률이 $\ln(1 + e)$라는 것을 보여라. 여기서 e = 공칭변형률.

3.15 인장시험의 결과에 기초하여, 유동곡선의 변형경화지수 n = 0.40과 강도계수 K = 551.6 MPa을 갖는다는 것이 계산되었다. 이 정보를 기초로 하여, 금속의 (공칭) 인장강도를 계산하여라.

3.16 지름 = 0.80 mm인 구리선이 공칭응력 = 248.2 MPa에서 파단되었다. 연성은 단면감소율 = 75%로 측정되었다. 파단 시의 진응력과 진변형률을 구하여라.

3.17 강철 인장시편의 초기 표점길이 = 5.0 cm, 단면적 = 3.125 cm²인데, 최대 하중 = 16,780 kg에 도달하였다. 이때 연신율=24%이었다. 최대 하중에서 진응력

시편을 압축하여 높이 = 58 mm로 만들었다. 단면이 균일하게 증가한다고 가정하여, 이러한 압축에 소요되는 하중을 구하여라.

3.20 압축시험에서 사용된 강재 시편(탄성계수 = 205 × 10³ MPa)은 초기높이 = 5 cm, 초기지름 = 3.75 cm이다. 그 금속은 하중 = 63,500 kg에서 항복(0.2% offset)한다. 하중 = 117,900 kg에서 그 높이는 4 cm로 줄어들었다. 압축시험에서 단면적은 균일하게 증가한다고 가정하고, 다음을 결정하여라. (a) 항복강도 Y, (b) 유동함수 매개변수(강도계수 K, 변형경화지수 n).

굽힘과 전단

3.21 굽힘시험은 단단한 재료에 사용된다. 만약 재료의 횡적붕괴강도가 1,000 MPa로 알려져 있다면, 다음과 같은 제원의 시편에 대하여 예상 파단 하중은 얼마인가? b = 15 mm, h = 10 mm, L = 60 mm.

3.22 특수한 세라믹 시편에는 굽힘시험을 사용한다. 시편의 폭 = 1.25 cm, 두께 = 0.625 cm, 지지대 사이의 시편의 길이 = 5.0 cm. 파괴가 하중 = 770 kg에서 발생할 때, 횡적붕괴강도를 결정하여라.

3.23 비틀림 시험편은 반지름 = 25 mm, 벽두께 = 3 mm, 표점길이 = 50 mm이다. 시험에서 토크 900 N-m을 가하여, 변형각도 = 0.3° 발생하였다. 다음을 결정하여라. (a) 전단응력, (b) 전단변형률, (c) 전단계수(시편은 아직 항복하지 않았다고 가정), (d) 시편의 파손이 토크 = 1,200 N-m, 변형각도 = 10° 발생하면, 그 금속의 전단강도는 얼마인가?

3.24 비틀림 시험에서 토크 6,780 N-m를 가하여, 변형각도 = 1° 발생하였다. 튜브 모양의 비틀림 시험편은 반지름 = 3.75 cm, 벽두께 = 0.25 cm, 표점길이 = 5.0 cm이다. 다음을 결정하여라. (a) 전단응력, (b) 전단변형률, (c) 전단계수(시편은 아직 항복하지 않았다고 가정), (d) 시편의 파손이 토크 = 10,850 N-m, 변형각도 = 23° 발생하면, 그 금속의 전단강도는 얼마인가?

경도

3.25 브리넬 경도시험에서, 지름 = 10 mm의 경화강 구에 하중 = 1,500 kg를 가하여 시편을 눌렀다. 압입부의 지름은 3.2 mm이다. (a) 이 금속에 대한 브리넬경도 BHN은 얼마인가? (b) 시편이 강으로 만들어졌다면, 철의 인장강도를 대략 계산하여라.

3.26 품질관리 부서의 한 검사자가 그 회사에서 사용가능한 장비를 이용하여 브리넬과 로크웰 경도시험을 자주 수행한다. 그는 모든 경도시험법이 브리넬 경도시험의 경우와 동일한 원리에 기초하고 있다고 주장한다. 즉 경도는 언제나 가해진 하중을 압입면적으로 나눈 값으로 측정한다는 것이다. (a) 그가 옳은가? (b) 옳지 않다면, 경도시험에 어떤 다른 원리가 적용되고 있는가? 또한 그 시험법은 무엇인가?

3.27 어닐링 처리된 강을 공급자로부터 납품받았다. 인장강도는 410~480 MPa이라 추정한다. 구매부서에서 브리넬 경도시험을 통해 HB = 118을 얻었다. (a) 그 강철이 인장강도에 대한 요구사항을 만족하는가? (b) 그 재료의 항복강도를 대략 계산하여라.

유체의 점성

3.28 서로 4 mm 떨어진 두 개의 평판이 상대속도 5 m/sec로 서로 움직이고 있다. 이들 사이의 공간은 점성을 알 수 없는 유체로 채워져 있다. 유체의 점성이 평판의 운동에 10 Pa의 전단응력으로 저항한다. 유체의 속도구배가 일정하다고 가정하고, 유체의 점성계수를 구하여라.

3.29 서로(삭제) 1.25 cm 떨어진 두 개의 평판이 상대속도 62.5 cm/sec로 서로 움직이고 있다. 이들 사이의 공간은 유체로 채워져 있다. 유체의 점성이 평판의 운동에 2 KPa의 전단응력으로 저항한다. 두 평판 사이 유체의 속도구배가 일정하다고 가정하고, 유체의 점성계수를 구하여라.

3.30 지름 = 125.0 mm의 축이 안지름 = 125.6 mm, 길이 = 50 mm의 정지된 부쉬(bush) 안쪽에서 회전한다. 축과 부쉬 사이의 틈새에는 점도 = 0.14 Pa-s의 윤활유가 들어있다. 축이 400 rev/min의 속도로 회전하고, 이 속도와 기름의 운동이 축을 부쉬 안에서 중심을 잡고 있기에 충분하다. 축의 회전에 저항하는 점성에 의한 토크의 크기를 구하여라.

재료의 물리적 성질

4.1 체적 및 용융 특성
   4.1.1 밀도
   4.1.2 열팽창
   4.1.3 용융 특성

4.2 열적 성질
   4.2.1 비열과 열전도도
   4.2.2 제조공정의 열적 성질

4.3 질량 확산

4.4 전기적 성질
   4.4.1 저항과 전도도
   4.4.2 전기적 성질에 의한 재료 분류

4.5 전기화학 공정

물리적 성질이란 기계적이 아닌 물리적인 힘에 대한 반응으로 나타나는 재료의 거동을 의미한다. 이러한 성질로는 체적, 열, 전기 및 전기화학적인 성질이 있다. 제품을 구성하는 부품들은 단순히 기계적인 응력을 견디는 것 이상을 충족해야 한다. 그들은 전기도 통해야 하고(또는 차단), 열도 전달해야 하며(또는 방출), 빛도 전달하고(또는 차단), 기타 수많은 기능들도 만족시켜야 한다.

물리적 성질은 제조에 있어 매우 중요한데, 그 성질이 흔히 공정 수행에 영향을 주기 때문이다. 예를 들어, 절삭가공에서 공작물 재료의 열적 성질이 절삭온도를 결정하는데, 이것은 공구의 수명에 영향을 준다. 마이크로 전자공학에서는, 실리콘의 전기적 성질 그리고 다양한 화학적/물리적 공정을 통해 이 성질을 바꿀 수 있는 방법이 반도체 제조의 기초가 된다.

여기서는 제조에서 매우 중요한 물리적 성질들을 다루며, 이러한 성질들은 본서의 다른 장에서 만나게 된다. 이들 성질을 체적, 열, 전기 등의 범주로 나뉜다. 앞 장의 기계적 성질과 같이, 이들 성질을 제조와 관련하여 다룬다.

4.1 체적 및 용융 특성

체적 및 용융 특성은 고체의 부피와 관련이 있으며, 또한 온도에 의해 어떻게 영향을 받는가와 관련되어 있다. 이들 성질에는 밀도, 열팽창 및 용융점이 포함된다. 표 4.1에는 몇 가지 공업용 재료들에

표 4.1 공업용 재료의 체적 성질.

재료	밀도, ρ g/cm^3	열팽창계수, α °C$^{-1} \times 10^{-6}$	응용온도, T_m °C	K
금속				
알루미늄	2.70	24	660	933
동	8.97	17	1083	1356
철	7.87	12.1	1539	1812
납	11.35	29	327	600
마그네슘	1.74	26	650	923
니켈	8.92	13.3	1455	1728
강	7.87	12	a	a
주석	7.31	23	232	505
텅스텐	19.30	4.0	3410	3683
아연	7.15	40	420	693
세라믹				
유리	2.5	1.8−9.0	b	b
알루미나	3.8	9.0	NA	NA
실리카	2.66	NA	b	b
고분자재료				
페놀수지	1.3	60	c	c
나일론	1.16	100	b	b
테프론	2.2	100	b	b
천연고무	1.2	80	b	b
폴리에틸렌(저밀도)	0.92	180	b	b
폴리스티렌	1.05	60	b	b

문헌 [2], [3], [4] 및 기타 출처로부터 편집함.

[a] 강의 용융특성은 조성에 따라 달라짐.

[b] 고온에서 연화되어 용융점이 확실히 구별되지 않음.

[c] 고온에서 화학적으로 열화

NA = 특성값을 구할 수 없음

대한 이들 특성의 전형적인 값들을 나열하였다.

4.1.1 밀도

공학적으로 재료의 밀도는 단위 체적 당 중량이다. 기호는 ρ이고, 일반적인 단위는 g/cm^{3}이다. 원소의 밀도는 원자번호와 기타 인자들(원자 반지름 및 원자 충진도)에 의하여 결정된다. **비중력**(specific gravity)은 어떤 재료의 밀도를 물의 밀도와 비교하여 나타낸 비율로서 단위는 없다.

밀도는 주어진 응용에 필요한 재료 선정 시, 중요한 고려 대상이지만 유일한 것은 아니다. 강도 또한 중요하므로 흔히 이 두 가지 성질을 결합하여 만든 **강도-중량비**(strength-to-weight ratio)를 사용하는데, 이것은 재료의 인장강도를 그 밀도로 나눈 값이다. 이 비율은 무게와 에너지를 동시에 고려해야 하는 구조용 응용분야(항공기, 자동차 등)에서 재료의 비교를 위해 유용하다.

4.1.2 열팽창

재료의 밀도는 온도의 함수이다. 일반적으로 온도가 상승하면 밀도는 감소한다. 달리 표현하면, 단위 중량당 부피는 온도에 따라 증가한다. 열팽창이라는 명칭은 온도가 밀도에 끼치는 이러한 영향에 의해 주어졌다. 열팽창은 보통 **열팽창계수**(coefficient of thermal expansion)로 표현하며, 단위온도당 길이의 변화(mm/mm/°C)로 측정한다. 열팽창계수는 부피비(比)가 아니라 길이비(比)이며, 측정과 적용이 용이하기 때문이다. 이것은 일반적인 설계상황과도 잘 일치하는데, 치수변화가 부피변화보다 더 관심의 대상이기 때문이다. 주어진 온도변화에 대한 길이변화는 다음과 같이 표현된다.

$$L_2 - L_1 = \alpha L_1 (T_2 - T_1) \tag{4.1}$$

여기서 α = 열팽창계수($°C^{-1}$), L_1과 L_2 = 온도 T_1과 T_2에서의 길이(°C 또는 K).

표 4.1에 주어진 열팽창계수들의 값은 이들이 온도와 선형적인 관계가 있음을 나타낸다. 이것은 단지 근사적일 뿐이다. 길이뿐만 아니라 열팽창계수 자체도 온도의 영향을 받는다. 재료에 따라 열팽창계수는 온도변화에 의해 증가하기도 하고, 감소하기도 한다. 이러한 변화는 일반적으로 크게 관심을 가질 만큼 크지 않고, 표의 값들은 작동 온도범위의 설계 계산을 위해 매우 유용하다. 열팽창계수의 변화는 금속이 상변태(고체에서 액체로, 또는 어느 결정구조에서 다른 것으로)를 겪을 때 더 커진다.

제조공정에서 열팽창은 수축박음(shrink fit) 또는 팽창박음(expansion fit)에 유용하게 사용된다(30.3절 참조). 이때 부품의 냉각 또는 가열을 통하여, 그 크기를 줄이거나 늘려 다른 부품 속으로 삽입한다. 부품의 온도가 주위 온도와 같은 상태로 돌아오면 견고하게 조립된 조립품이 얻어진다. 열팽창은 열처리(25장)와 용접(28.6절) 공정에서 문제가 되는데, 그 이유는 공정이 진행되면서 재료 내에 열응력이 발생하기 때문이다.

4.1.3 용융 특성

순수한 원소의 **용융점**(melting point) T_m은 재료가 고체에서 액체로 변환되는 온도이다. 액체에서 고체로의 역변환도 같은 온도에서 일어나며, **응고점**(freezing point)이라고 부른다. 금속과 같은 결정질 원소에서 용융과 응고 온도는 동일하다. 이 온도(용융점)에서 고체에서 액체로의 변환을 완성하기 위해서는 **용융열**(heat of fusion)이라는 열에너지가 필요하다.

전술한 바와 같이, 특정 온도에서 금속원소의 용융은 평형상태를 가정하고 있다. 자연계에는 예외가 있기 마련인데, 예를 들어 용융금속이 냉각될 때 결정핵이 즉시 생성되지 않으면 응고점 이하에서도 액체 상태를 유지할 수 있다. 이러한 현상이 발생하면, 액체는 **과냉**(supercooled)되었다고 부른다.

용융과정에는 다른 방식도 있다. 즉 서로 다른 금속일 경우, 용융이 진행되는 과정에 차이가 있다. 예를 들어 순금속과는 달리, 대부분의 금속합금에서는 단일 용융점을 갖는 것이 아니다. 그 대신 용융은 **고상선**(solidus)이라는 어떤 온도에서 시작되고, 온도가 상승하면서 **액상선**(liquidus)이라고 불리는 온도에서 완전히 액체로 변환될 때까지 계속 진행된다. 두 온도 사이에서 합금은 고체와 용융금속이 혼합된 상태이며, 각각의 양은 액상선과 고상선에서 떨어진 상대적인 거리에 반비례한다. 대부분의 합금은 이런 방법으로 거동하지만, 공정합금(eutectic alloys)의 경우는 예외이며, 단일 온도에서 용융 및 응고한다. 이 주제는 6장에서 자세히 논의하기로 한다.

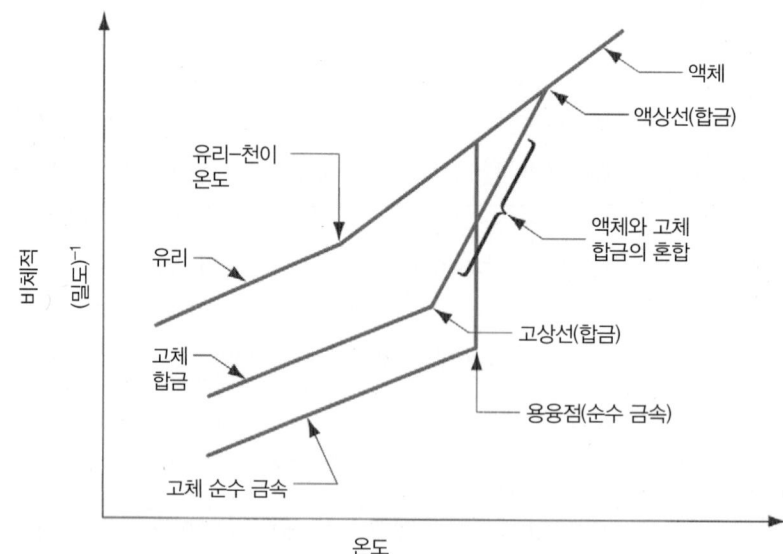

그림 4.1 온도에 따른 단위무게 당 부피(1/밀도)의 변화. 관념적 재료(순금속, 합금 및 유리) 모두가 유사한 열팽창과 용융 특성을 보임.

또 다른 용융 방식은 비정질 재료(유리)에서 나타난다. 이들 재료에서는 고체에서 액체 상태로 점진적인 변환이 이루어진다. 온도가 올라감에 따라 고체 재료는 점진적으로 무르게 되고, 최종적으로 용융점에서 액체가 된다. 재료가 연화되는 동안, 용융점에 근접할수록 소성이 일관되게 증가하게 된다(즉 점점 액체에 가까워진다).

순수금속, 합금 및 유리 사이에 존재하는 이러한 용융특성의 차이를 그림 4.1에 나타냈다. 이 그래프에서는 세 가지 관념적 재료에 대하여, 밀도의 변화를 온도의 함수로서 나타냈다. 이 그래프에서 부피(밀도의 역수)의 변화를 나타내고 있다.

제조공정에서 용융의 중요성은 명백하다. 금속주조(9장 및 10장)에서 금속은 용융된 후, 주형에 부어진다. 용융점이 낮은 금속이 주조하기 쉽지만, 용융점이 너무 낮으면 공업용 재료로 이용하기 어렵다. 고분자화합물의 용융특성은 플라스틱성형 또는 다른 성형 공정에 중요하다(12장). 분말금속과 세라믹의 소결에는 용융점에 대한 지식이 필요하다. 소결은 금속을 녹이지는 않지만, 분말들을 결합시키기 위하여 용융점 근처의 온도에서 공정을 수행하게 된다.

4.2 열적 성질

앞 절의 내용에서는 온도가 재료의 부피에 주는 영향에 대하여 다루었다. 열팽창, 용융 및 용융열은 열 특성인데, 그 이유는 온도는 원자의 열에너지 준위를 결정하게 되고, 결국 재료의 내부적 변화를 야기하기 때문이다. 이번 절에서는 몇 가지 부가적인 열 특성에 대하여 다루는데, 물질 내 열의 저장과 흐름에 연관된 것이다. 일반적인 성질 중 흥미로운 것은 비열과 열전도도이며, 몇 가지 재료에 대한 값을 표 4.2에 열거하였다.

4.2.1 비열과 열전도도

물질의 비열(specific heat) C는 단위 질량의 재료 온도를 1도 올리는 데 필요한 열에너지의 양으로

표 4.2 몇 가지 재료에 대한 일반적인 열특성치. 이 값들은 상온에서의 값이며, 온도에 따라 달라진다.

재료	비열 Cal/g °C[a]	열전도도 J/s mm °C	재료	비열 Cal/g °C[a]	열전도도 J/s mm °C
금속			**세라믹**		
알루미늄	0.21	0.22	알루미나	0.18	0.029
주철	0.11	0.06	콘크리트	0.2	0.012
동	0.092	0.40			
철	0.11	0.072	**고분자재료**		
납	0.031	0.033	페놀릭스	0.4	0.00016
마그네슘	0.25	0.16	폴리에틸렌	0.5	0.00034
니켈	0.105	0.070	테프론	0.25	0.00020
강	0.11	0.046	천연고무	0.48	0.00012
스테인레스강[b]	0.11	0.014			
주석	0.054	0.062	**기타**		
아연	0.091	0.112	물(액체)	1.00	0.0006
			얼음	0.46	0.0023

문헌 [2], [3], [6] 및 기타 출처로부터 편집함.

[a] 1.0 Calory = 4.186 Joule

[b] 오스테나이트계(18-8)

정의된다. 몇 가지 대표적인 값은 표 4.2에 나타내었다. 특정 중량의 금속을 노(furnace) 내에서 원하는 온도까지 가열하는 데 필요한 에너지의 양을 결정하기 위해 다음 식을 사용할 수 있다.

$$H = CW(T_2 - T_1) \tag{4.2}$$

여기서 H = 열에너지의 양(J), C = 재료의 비열(J/kg °C), W = 질량(kg)이며, $(T_2 - T_1)$ = 온도의 변화(°C).

재료의 부피 당 열저장능력은 자주 관심의 대상이 된다. 이것은 간단하게 밀도와 비열을 곱하면 (ρC) 된다. 부피비열(volumetric specific heat)은 재료의 단위부피 온도를 1도 올리는 데 필요한 열에너지이고, 그 단위는 J/mm^3 °C이다.

전도는 기본적인 열전달 과정의 하나이다. 이때 열에너지가 물질 내 분자에서 분자로 순수한 열적 운동(질량전달 없이)에 의해 전달된다. 따라서 물질의 열전도도는 이러한 물리적 메커니즘에 의해 물질을 관통하여 열을 전달하는 능력이다. 이것은 **열전도계수**(coefficient of thermal conductivity) k로 측정하며, 대표적인 단위는 J/s mm °C이다. 열전도계수는 일반적으로 금속에서 높고, 세라믹이나 고분자화합물에서 낮다.

열전달 해석에서 열전도도와 부피비열의 비율이 자주 사용된다. 이것은 **열확산도**(thermal diffusivity) K라고 부르며, 다음과 같이 정의된다.

$$K = \frac{k}{\rho C} \tag{4.3}$$

이 관계는 절삭가공 시의 절삭온도를 계산하는 데 사용할 수 있다(19.5.1절).

4.2.2 제조공정의 열적 성질

열적 성질은 제조에 있어서 중요한 역할을 하는데, 그 이유는 많은 공정에서 열이 발생하기 때문이다. 어떤 작업에서 열은 공정수행에 필요한 에너지이며, 다른 경우에는 열이 공정의 결과로 생성된다.

비열이 중요한 몇 가지 이유가 있다. 재료의 가열이 필요한 공정(예: 주조, 열처리 및 열간 금속성형)에서는, 비열에 따라 원하는 수준의 온도상승을 위해 필요한 열에너지 양이 결정된다(식 (4.2) 참조).

상온에서 행해지는 많은 공정에서 작업을 수행하는 기계적 에너지는 열로 변환되고, 이 열은 공작물의 온도를 상승시킨다. 이것은 절삭공정과 냉간 금속성형 공정에서 공통적이다. 온도 상승은 금속 비열의 함수이다. 냉각제는 절삭가공에서는 이러한 온도를 낮추기 위해 사용하며, 이때 유체가 갖는 열용량이 중요하다. 물은 열운반 능력이 높기 때문에 거의 항상 이러한 목적으로 채택된다.

열전도도는 제조공정에서 열을 발산시키는 역할을 하는데, 때로는 유리하게 때로는 불리하게 작용한다. 금속성형이나 절삭가공 같은 기계적인 공정에서는, 공정에 요구되는 대부분의 동력이 열로 변환된다. 공작물 재료와 공구류가 갖는, 열원으로부터 열을 전도하는 능력은 이러한 공정에서 매우 높게 요구된다.

반대로 공작물 금속이 갖는 높은 열전도도는 아크용접과 같은 용접공정에서 바람직하지 않다. 이러한 공정에서 투입되는 열은 용융될 접합부위에만 집중되어야 한다. 예를 들어 구리는 일반적으로 용접하기 어려운데, 그 이유는 구리의 열전도도가 높아 매우 빨리 에너지원으로부터 소재로 열이 전도되기 때문이다.

4.3 질량 확산

물질에는 열전달과 더불어 질량전달도 있다. **질량확산**(mass diffusion)은 하나의 재료 내부에서, 또는 두 개의 재료가 접촉하고 있는 경계를 통과하여 원자나 분자가 이동하는 것을 의미한다. 직관적으로 보면 이러한 현상은 액체나 기체에서 발생할 것이라 생각하지만, 고체 내에서도 발생한다. 그것은 순금속과 합금 내에서, 그리고 접촉면을 공유하는 재료들 사이에서 발생한다. 재료(고체, 액체 또는 기체) 내부 원자들의 열적 동요 때문에 원자는 계속하여 움직인다. 열적 동요의 수준이 높은 액체나 기체의 경우에는 원자들은 자유롭게 돌아다닌다. 고체(특히 금속)에서는, 원자운동이 결정구조 내의 공극이나 결함에 의하여 촉진된다.

확산은 그림 4.2의 연속적인 스케치를 통해 설명할 수 있으며, 이때 두 개의 금속이 갑자기 서로 매우 근접한 접촉을 하도록 하는 경우를 의미한다. 처음에는 두 금속 모두 각자의 고유한 원자구조를 유지하지만, 시간이 경과함에 따라 원자의 교환이 발생한다. 이때 원자의 교환은 경계를 가로질러서뿐만 아니라, 각자 분리된 영역 내에서도 일어난다. 시간이 충분히 지나면 두 부분의 결합은 전체적으로 균일한 조성에 도달하게 된다.

온도는 확산에 있어서 중요한 요소이다. 높은 온도에서 열적 동요가 커지게 되고, 원자들은 더욱 자유롭게 움직일 수 있다. 또 다른 요소는 농도구배(concentration gradient) dc/dx이며, 이것은 두 종류 원자의 농도를 관심방향 x를 따라 나타낸 것이다. 결합 시 원자들의 순간적인 분포에 해당하는 농도구배를 그림 4.2(b)에 나타냈다. 질량확산을 표현하기 위해 흔히 사용하는 관계식은 **Fick의 제1**

법칙이다.

$$dm = -D \left(\frac{dc}{dt} \right) A \, dt \tag{4.4}$$

여기서 dm = 전달된 재료의 미소량, D = 금속의 확산계수이며, 온도에 따라 급속하게 증가함, dc/dx = 농도구배, A = 경계의 면적, dt = 미소 시간증분. (4.4)식을 변형시켜 질량확산속도를 다음과 같이 표현할 수 있다.

$$\frac{dm}{dt} = -D \left(\frac{dc}{dt} \right) A \tag{4.5}$$

D를 포함하고 있기 때문에 이들 방정식을 계산에 사용하는 것은 어렵지만, 확산과 그 변수들을 이해하는 데에는 유용하다.

질량확산은 몇 가지 공정에 이용된다. 침탄법과 질화법을 포함하여 많은 표면경화법(25.4절)이 확산을 기초로 하고 있다. 용접법 중에서 확산용접(28.5.2절)은 두 부품에 압력을 가해 영구적인 결합을 얻는 방법이다. 이때 그 경계를 통하여 확산이 일어나도록 한다. 또한 확산은 반도체산업에서 반도체 칩의 표면 화학조성을 국부적으로 변화시켜 미세한 회로를 얻을 때에도 이용된다(32.4.3.절).

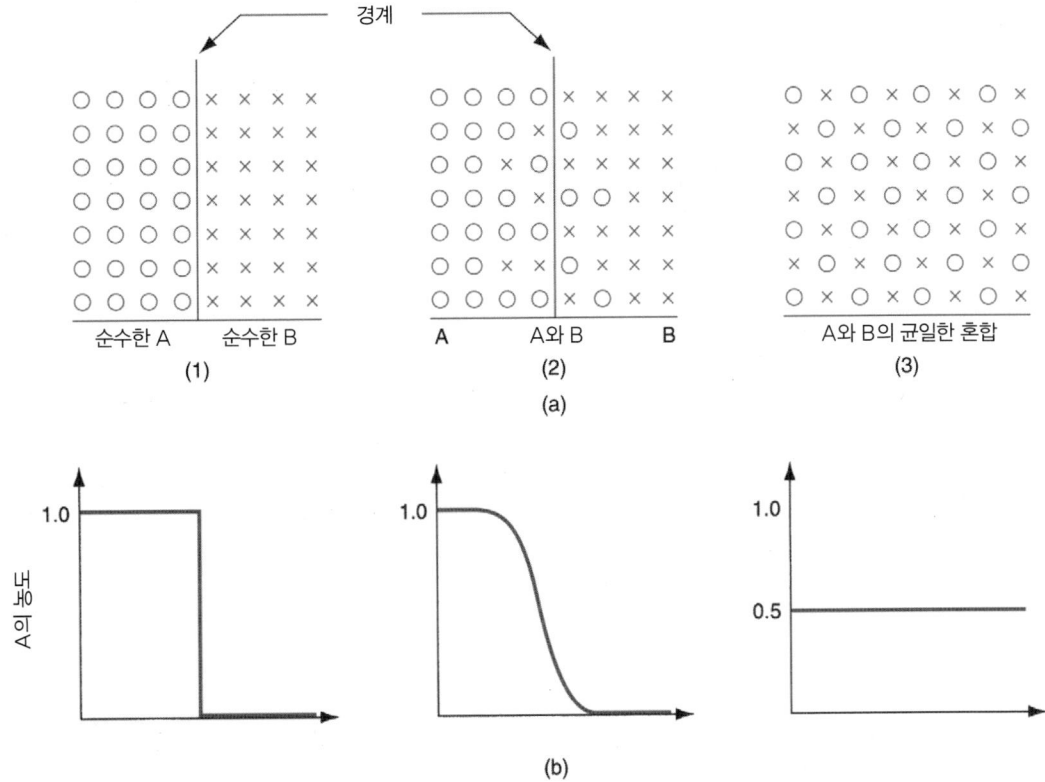

그림 4.2 질량확산. (a) 접촉된 두 고체블록의 원자모델. (1) 두 재료가 접촉한 초기이며, 각자 개별적인 조성을 유지함. (2) 시간이 얼마 경과된 후 원자 교환이 발생함. (3) 최종적으로 균일한 농도 상태에 도달함. (b) 금속 A의 농도구배 dc/dx.

4.4 전기적 성질

공업용 재료들은 전기전도 능력이 매우 다양하다. 이 절에서는 이러한 물리적 성질에 대해 다룬다.

4.4.1 저항과 전도도

전류의 흐름은 전하를 띠는 극소로 작은 입자들인 **전하운반체**(charge carrier)의 이동을 의미한다. 고체에서 이러한 전하운반체는 전자다. 액체 용액에서는 전하운반체가 양이온과 음이온이다. 전하운반체들의 운동은 전압에 의하여 추진되며, 재료의 고유한 특성(예: 원자구조, 원자/분자 결합)에 의해 저항을 받는다. 이러한 관계는 익숙한 옴(Ohm)의 법칙에 의하여 정의된다.

$$I = \frac{E}{R} \tag{4.6}$$

여기서 I = 전류(A), E = 전압(V), R = 전기저항(Ω).

재료의 균일한 부분(예: 전선)에서의 저항은 재료의 길이 L, 단면적 A 및 비저항 r에 따라 달라진다.

$$R = r\frac{L}{A} \quad \text{또는} \quad r = R\frac{A}{L} \tag{4.7}$$

여기서 비저항은 $\Omega\text{-m}^2/\text{m}$, 또는 $\Omega\text{-m}$의 단위를 지닌다. 비(比)**저항**(resistivity)은 재료가 전류의 흐름을 방해하는 능력을 결정하는 기본적인 특성이다. 표 4.3에 몇 가지 재료에 대한 비저항의 값을 나열하였다. 비저항은 상수가 아니라 변화하는 값이며, 다른 많은 특성치처럼 온도에 따라 변화한다. 금속에서 비저항은 온도에 따라 증가한다.

재료를 전류의 흐름을 저항하는 것으로가 아닌, 전류를 잘 흐르도록 하는 것으로 고려하는 것이 흔히 더 편리하다. 재료의 **전기전도도**(conductivity)는 간단하게 비저항의 역수다.

$$\text{전기전도도(Electrical conductivity)} = \frac{1}{r} \tag{4.8}$$

여기에서 전도도는 $(\Omega\text{-m})^{-1}$의 단위를 갖는다.

4.4.2 전기적 성질에 의한 재료의 분류

금속은 금속결합을 하기 때문에 전기의 가장 우수한 **전도체**(conductor)이다. 가장 낮은 비저항을 지닌다(표 4.3). 대부분의 세라믹이나 고분자재료들은 전도도가 좋지 않은데, 그 이유는 전자들이 공유결합이나 이온결합에 의하여 매우 단단하게 결합되어 있기 때문이다. 이들 중 많은 재료들은 비저항이 높기 때문에 **절연체**(insulator)로 사용된다.

유전체(dielectric)라는 용어는 직류 전류가 흐르지 않는 것을 의미하므로 절연체는 종종 유전체라고 불린다. 그것은 두 개의 전극 사이에 위치할 수 있으나, 전류가 흐르지 않는 재료를 의미한다. 그러나 전압이 충분히 높아지면, 그 재료를 통하여 갑자기 전류가 흐르게 된다(예를 들어 아크의 형태로). 절연재료의 **유전강도**(dielectric strength)는 단위 두께당 절연을 깨뜨리는 데 필요한 전압이다.

적절한 단위는 volts/m이다.

전도체와 절연체(또는 유전체) 외에도 초전도체와 반도체가 존재한다. **초전도체**(superconductor)란 비저항이 0인 재료이다. 이러한 현상은 절대온도 0 근처인 매우 낮은 온도에서 특정 재료에서 관찰할 수 있다. 온도가 비저항에 상당한 영향을 미치므로 이러한 현상은 충분히 예측이 가능하다. 또 이러한 초전도재료가 존재한다는 사실은 과학적으로 많은 관심을 끌고 있다. 만약 상온 부근에서 이러한 성질을 보이는 재료가 개발된다면, 동력전달, 전자스위치 속도 및 자기장 응용에서 매우 실용적인 개선이 가능할 것이다.

반도체는 대형컴퓨터로부터 가정용 전기제품이나 자동차 엔진제어장치에 이르기까지 그 실용적인 가치가 이미 실증되어 있다. 예상하듯이 **반도체**(semiconductor)는 절연체와 전도체 사이의 비저항을 가지는 재료이다. 대표적인 예를 표 4.3에 나열하였다. 오늘날 가장 보편적으로 사용되는 반도체 재료는 실리콘이다(7.5.2절). 그 이유는 자연계에 풍부하고 상대적으로 값이 저렴하며 공정이 용이하기 때문이다. 반도체의 고유한 능력은 IC를 만들기 위해 매우 미세한 영역의 표면에서 전도성을 상당히 바꿀 수 있다는 점이다(32장).

전기적인 성질은 다양한 제조공정들에 있어서 중요한 역할을 한다. 최신의 일부 특수가공들은 전기에너지를 이용하여 재료를 제거하기도 한다. 방전가공(24.3.1절)은 전기에너지에 의하여 생성된 스파크(spark)로 금속 재료를 제거하고, 대부분의 중요한 용접공정은 전기에너지를 이용하여 용접금속을 용융시킨다. 결국 반도체 재료의 전기적 성질을 변화시키는 능력이 마이크로전자산업의 기초가 된다.

표 4.3 몇 가지 재료의 비저항.

재료	비저항 Ω-m	재료	비저항 Ω-m
전도체	$10^{-6} - 10^{-8}$	**전도체**(계속)	
알루미늄	2.8×10^{-8}	스틸, 스테인레스	70.0×10^{-8a}
알루미늄합금	4.0×10^{-8a}	주석	11.5×10^{-8}
주철	65.0×10^{-8a}	아연	6.0×10^{-8}
동	1.7×10^{-8}	탄소	5000×10^{-8b}
금	2.4×10^{-8}		
철	9.5×10^{-8}	**반도체**	$10^1 - 10^5$
납	20.6×10^{-8}	규소	1.0×10^3
마그네슘	4.5×10^{-8}		
니켈	6.8×10^{-8}	**절연체**	$10^{12} - 10^{15}$
은	1.6×10^{-8}	천연고무	1.0×10^{12b}
저탄소강	17.0×10^{-8}	폴리에틸렌	100×10^{12b}

다양한 표준 출처로부터 편집함.

[a] 합금조성에 따라 값이 달라짐.

[b] 대략적인 값을 의미함.

4.5 전기화학 공정

전기화학(electrochemistry)은 전기와 화학변화 사이의 관계, 그리고 전기 및 화학 에너지의 변환을 다루는 과학 분야이다.

수용액 내에는 산, 염기, 또는 염의 분자들이 양이온과 음이온으로 분리되어 있다. 이러한 이온들은 용액 내의 전하운반체이므로, 전기적 흐름을 허용하여 전기적 도체가 되게 한다. 이때 이온들은 전자가 금속도체에서 하는 것과 동일한 역할을 한다. 이온화된 용액을 **전해액**(electrolyte)이라고 하며, 전해 전도가 되기 위해서는 전류가 **전극**(electrode)을 통하여 용해액으로 들어가고 나와야 한다. 전극은 극성에 따라 **양극**(anode)과 **음극**(cathode)으로 나누어진다. 이상의 전체적인 구성을 **전해전지**(electrolytic cell)라고 한다. 각각의 전극에서는 재료의 축적이나 용해, 또는 용액으로부터 가스가 분해되는 등의 화학적인 반응이 일어난다. **전기분해**(electrolysis)는 이러한 용액 내에서 일어나는 화학적 변화의 명칭이다.

그림 4.3에 나타낸 것과 같은 물이 분해되는 전기분해에 대하여 살펴보자. 분해과정을 촉진하기 위하여 묽은 황산(H_2SO_4)을 전해질로 사용하고, 화학적으로 불활성인 백금과 탄소를 전극으로 사용하였다. 전해질은 H^+와 $SO_4^=$ 이온으로 분해된다. H^+ 이온은 음극으로 이끌리어, 음극에 접근하여 전자를 얻어 수소분자 가스를 형성한다.

$$2H^+ + 2e \rightarrow H_2 \text{ (gas)} \tag{4.9a}$$

$SO_4^=$ 이온은 양극으로 이끌리어, 양극에 전자를 전해주고, 부가적인 황산을 생성하고 산소를 방출한다.

$$2SO_4^= - 4e + 2H_2O \rightarrow 2H_2SO_4 + O_2 \text{ (gas)} \tag{4.9b}$$

이렇게 생성된 H_2SO_4는 다시 H^+와 $SO_4^=$ 이온으로 분해되고 이 반응은 계속 진행된다.

위의 예와 같은 수소와 산소의 생산 외에, 전기분해를 몇 가지 다른 산업 공정에 이용할 수 있다. 두 가지 예를 들 수 있다. (1) **전기도금**(26.3.1절): 하나의 금속(예: 강) 표면에 장식이나 기타 목적으로 다른 금속(예: 크롬)을 얇게 코팅하는 공정, (2) **전해가공**(24.2절): 금속 부품의 표면으로부터 재료를 제거하는 공정. 이 두 공정 모두 전기분해를 이용하며, 금속부품의 표면에 재료를 덧붙이거나 표면으로부터 재료를 제거한다. 전기도금의 전기분해 회로에서는, 공작물을 음극(cathode)으로 연결하면 코팅 금속의 양이온을 공작물 쪽으로 끌어들인다. 전해가공에서는 공작물을 양극(anode)으로

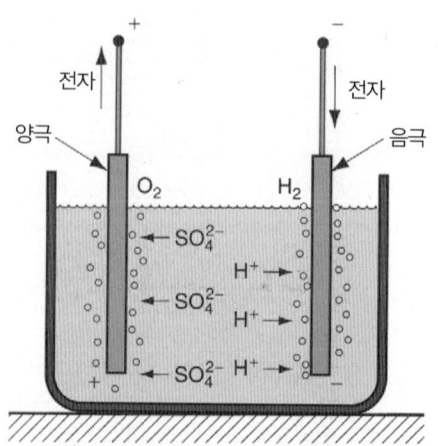

그림 4.3 전기분해의 예: 물의 분해.

연결하고, 원하는 형상의 공구를 음극(cathode)으로 연결한다. 이러한 장치에서 전기분해의 작용으로 공작물 표면으로부터 금속이 제거된다. 이때 제거되는 영역은 공구가 공작물로 서서히 이송함에 따라 공작물의 형상에 의해 결정된 영역이다.

금속표면으로부터 적층되거나 제거되는 재료의 양을 결정하는 두 가지 물리법칙이 영국의 과학자 Michael Faraday에 의해 만들어졌다.

1. 전해전지로부터 유리되는 물질의 질량은 셀을 통과하는 전기량에 비례한다.
2. 서로 다른 전해전지에 동일한 전기량을 통과시켜 유리되는 물질의 질량은 그것의 화학적 원자등가에 비례한다.

Faraday의 법칙은 이후에 설명될 전기도금과 전해가공에서 사용될 것이다.

참고문헌

[1] Guy, A. G., and Hren, J. J. *Elements of Physical Metallurgy,* 3rd ed. Addison-Wesley Publishing Company, Reading, Massachusetts, 1974.

[2] Flinn, R. A., and Trojan, P. K. *Engineering Materials and Their Applications,* 5th ed. John Wiley & Sons, New York, 1995.

[3] Kreith, F., and Bohn, M. S., *Principles of Heat Transfer,* 6th ed. CL-Engineering, New York, 2000.

[4] *Metals Handbook,* 10th ed., Vol. 1, Properties and Selection: Iron, Steel, and High Performance Alloys. ASM International, Metals Park, Ohio, 1990.

[5] *Metals Handbook,* 10th ed., Vol. 2, Properties and Selection: Nonferrous Alloys and Special Purpose Materials. ASM International, Metals Park, Ohio, 1990.

[6] Van Vlack, L. H. *Elements of Materials Science and Engineering,* 6th ed. Addison-Wesley, Reading, Massachusetts, 1989.

복습문제

4.1 재료의 밀도를 정의하여라.

4.2 순금속원소와 합금의 용융특성 차이는 무엇인가?

4.3 유리와 같은 비정질 재료의 용융특성을 설명하여라.

4.4 재료의 비열을 정의하여라.

4.5 재료의 열전도도는 무엇인가?

4.6 열확산도를 정의하여라.

4.7 질량확산에 영향을 주는 중요한 변수들은 무엇인가?

4.8 재료의 비저항을 정의하여라.

4.9 왜 금속재료가 세라믹이나 고분자재료에 비하여 전기전도도가 좋은가?

4.10 재료의 유전강도는 무엇인가?

4.11 전해액은 무엇인가?

객관식문제(12개의 답)

4.1 다음 금속 중 밀도가 가장 낮은 것은? (a) 알루미늄, (b) 동, (c) 마그네슘, (d) 주석.

4.2 고분자재료는 일반적으로 금속보다 열팽창이 (a) 크다, (b) 작다, (c) 같다.

4.3 대부분의 금속 합금에서 어떤 온도에서 용융이 시작되어 더 높은 온도에서 끝나게 된다. 이런 경우 용융이 시작되는 점의 온도는? (a) 액상선, (b) 고상선.

4.4 다음 중 비열이 가장 큰 재료는? (a) 알루미늄, (b) 콘

크리트, (c) 폴리에틸렌, (d) 물.

4.5 구리는 높은 열전도도 때문에 용접하기 쉽다. (a) 참, (b) 거짓.

4.6 두 개의 서로 다른 금속의 경계를 통한 질량확산속도 dm/dt는 다음 변수들 중 어느 것의 함수인가?(올바른 답 네 개) (a) 농도구배 dc/dx, (b) 접촉 면적, (c) 밀도, (d) 용융점, (e) 열팽창, (f) 온도, (g) 시간.

4.7 다음 순금속들 중 전기전도도가 가장 높은 것은? (a) 알루미늄, (b) 구리, (c) 금, (d) 은.

4.8 초전도체의 특성은 다음들 중 어느 것인가? (가장 옳은 답 1개) (a) 높은 전도도, (b) 전도체와 반도체 사이의 비저항 특성, (c) 매우 낮은 비저항, (d) 비저항 0.

4.9 전해전지에서 anode는 어떤 전극인가? (a) 양극, (b) 음극.

연습문제

4.1 어떤 축의 초기 지름은 25 mm이다. 이 축을 구멍에 넣어서 팽창박음을 하고자 한다. 구멍에 잘 삽입이 되도록 직경을 줄이기 위해서 축을 우선 냉각시킨다. 표 4.1을 참조하여 지름을 상온(20°C)에서 24.98 mm가 되게 하려면 얼마의 온도로 냉각시켜야 하는가?

4.2 강철제 대들보(girder)를 이용한 어느 교각이 길이 500 m, 폭 12 m의 크기로 만들어졌다. 팽창조인트(expansion joint)를 사용하여 온도변화에 따른 지지 대들보의 길이변화를 보상하려고 한다. 각 팽창조인트는 길이방향으로 최대 40 mm를 보상할 수 있다. 역사적 기록으로부터 그 지역의 온도는 최대 35°C와 최저 38°C를 예측할 수 있다. 필요한 팽창조인트의 최대 개수는 몇 개인가?

4.3 알루미늄의 밀도는 상온(20°C)에서 2.70 g/cm³이다. 표 4.1을 참조하여 630°C에서의 밀도를 결정하여라.

4.4 표 4.1을 참조하여, 상온(21°C)에서 25 cm의 길이를 갖는 강철봉의 온도를 260°C로 가열하였을 때, 길이의 증가를 결정하여라.

4.5 표 4.2를 참조하여, 10 cm × 10 cm × 10 cm의 알루미늄 블록을 상온(21°C)에서 300°C까지 가열하는 데 필요한 열량을 구하여라.

4.6 길이가 10 m이고 지름이 0.10 mm인 구리선의 저항 값은 얼마인가? 표 4.3을 참조하여라.

4.7 지름이 0.129 cm인 니켈선이 솔레노이드를 10 m 떨어진 제이회로에 연결하고 있다. (a) 니켈선의 지힝은 얼마인가? 표 4.3을 참조하자. (b) 전류가 니켈선을 통과하면 가열될 것이다. 이것이 저항에 어떻게 영향을 주는가?

4.8 1960년대에는 구리가격이 비싸서 많은 가정에서 알루미늄 선을 대신 사용하였다. 단면적으로 측정한 12 게이지(gauge)의 알루미늄 선은 15 A 전류의 전달에 사용되었다. 동일한 게이지의 구리선이 알루미늄 대신 사용된다면, 비저항을 제외한 모든 인자가 동일할 경우, 얼마의 전류를 전달할 수 있는가? 선의 저항이 전달할 수 있는 전류를 결정하는 가장 우선적인 인자이며, 단면적과 길이는 동일하다고 가정한다.

5.1 **치수, 공차 및 관련 속성**
  5.1.1 치수와 공차
  5.1.2 기타 기하학적 속성

5.2 **전통적 측정기기 및 게이지**
  5.2.1 정밀 게이지블럭
  5.2.2 선형치수 측정 기기
  5.2.3 비교 측정기기
  5.2.4 고정 게이지
  5.2.5 각도 측정

5.3 **표면**
  5.3.1 표면의 특성
  5.3.2 표면조직
  5.3.3 표면품위

5.4 **표면 측정**
  5.4.1 표면거칠기 측정
  5.4.2 표면품위의 평가

5.5 **제조공정의 영향**

재료의 기계적 및 물리적 성질과 더불어 생산제품의 성능을 결정하는 다른 인자로서 그 부품의 치수와 표면이 있다. **치수**(dimension)는 부품도면에 명시된 부품의 길이 또는 각도의 크기를 말한다. 치수는 부품들이 조립될 때 얼마나 서로 잘 맞는가를 의미하기 때문에 중요하다. 도면에 제시된 완벽한 치수로 부품을 만든다는 것은 거의 불가능하고 매우 많은 비용이 소요된다. 그 대신 어느 정도 제한된 치수변화를 허용하며, 이렇게 허용된 변화량을 **공차**(tolerance)라 한다.

부품의 표면 또한 중요하다. 표면은 제품의 성능과 조립, 그리고 잠재적 고객이 제품에 대하여 갖게 되는 미적 매력에 영향을 준다. **표면**(surface)은 제품의 외부경계로서 다른 물체나, 유체, 공간 또는 이들의 조합과 이웃한다. 표면은 물체가 갖는 전체적인 기계적 및 물리적 성질을 아우르는 역할을 한다.

이 장에서는 치수, 공차 및 표면에 대하여 기술한다. 그리고 이들 세 가지 속성은 제품설계자들이 지정하며, 부품과 제품의 제조공정을 통해 결정된다. 또한 이들 속성을 측정을 통해 어떻게 평가하는가에 대해서도 고찰할 것이다. 이와 밀접하게 관련된 주제인 검사는 39장에서 고찰할 것이다.

5.1 치수, 공차 및 관련 속성

여기서는 설계자가 기하학적 특징을 나타내는 크기를 규정하기 위하여 부품도면에 사용하는 기본적

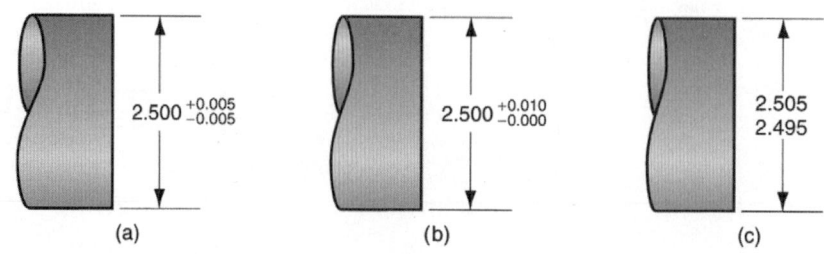

그림 5.1 공칭치수 2.500을 표시하는 세 가지 공차한계. (a) 양쪽공차, (b) 한쪽공차, (c) 한계치수.

인 변수들을 정의한다. 이 변수에는 치수, 공차, 평탄도, 진원도 및 향사도가 포함된다.

5.1.1 치수와 공차

ANSI(American National Standards Institute, 미국표준협회)[3]에서는 **치수**(dimension)를 '부품의 치수나 기하학적 특성 또는 부품의 특징을 정의하기 위해 선, 부호 및 주석을 이용하여 도면과 기타 문서에 적절한 단위로 표현한 수치적인 값'이라고 정의하였다. 부품도면의 치수는 부품의 공칭 또는 기본적인 크기 및 부품의 특징을 나타낸다. 이러한 값은 설계자가 그렇게 되기를 원하는 부품의 크기인데, 그 부품이 제작과정에서 오차 없이 정확한 크기로 만들어질 수 있다면 가능한 일이다. 그러나 실제 제조공정에서는 변화가 존재하며, 이 변화는 부품 크기의 변화로 명백하게 확인할 수 있다. 공차는 변화의 허용한계를 정의하기 위해 사용된다. ANSI 표준에 따르면 **공차**(tolerance)란 '특정 치수에 대하여 허용된 변화의 전체적인 양이다. 공차는 최대와 최소 한계 사이의 차이이다.'라 정의되어 있다.

공차는 그림 5.1과 같이 몇 가지 방법으로 규정할 수 있다. 가장 일반적인 방법은 **양쪽공차**(bilateral tolerance)이며, 여기서는 공칭치수로부터 양과 음의 방향으로 변화를 허용한다. 그림 5.1(a)의 예를 보면, 공칭치수 = 2.500 선형 단위(예: mm 또는 in.)이고, 양쪽 방향으로 0.005 단위의 변화를 허용한다. 이 한계 밖의 부품은 허용되지 않는다. 양쪽공차는 2.500 +0.010, −0.005처럼 균형을 이루지 않을 수도 있다. **한쪽공차**(unilateral tolerance)는 그림 5.1(b)와 같이, 특정 치수로부터 양 또는 음의 한쪽 방향으로만 변화를 허용하는 방식이다. 부품의 특징적 크기에 대한 허용변화를 나타내는 다른 방법으로 **한계치수**(limit dimension)가 있으며, 그림 5.1(c)와 같이, 허용되는 최대 및 최소 치수를 사용하는 방법이다.

5.1.2 기타 기하학적 속성

치수와 공차는 보통 선형적인 값(길이)으로 표시한다. 부품이 갖는 기타 중요한 기하학적 속성도 있는데, 이에는 표면의 평탄도, 축이나 구멍의 진원도, 두 평면 사이의 평행도 등이 있다. 이에 대한 정의를 표 5.1에 나타냈다.

표 5.1 부품의 기하학적 속성에 대한 정의.

경사도(angularity) — 표면이나 축과 같은 부품특징이 기준면에 대하여 규정된 각도에서 멀어진 정도이다. 각도 = 90° 경사도를 직각도라 부른다(기준 직선 또는 기준 평면에 대해 이론적으로 정확한 각도를 이루고 있는 기하학적 직선 혹은 평면으로부터 다른 직선 또는 평면 부분의 어긋남의 크기).

진원도(circularity, roundness) — 실린더, 둥근 구멍 또는 원뿔과 같은 회전표면에 대한 진원도는 표면과 회전축에 수직한 평면 사이의 모든 교차점이 축으로부터 동일한 거리에 존재하는 정도이다. 구에 대한 진원도는 표면과 중심을 지나는 평면 사이의 모든 교차점이 중심으로부터 동일한 거리에 존재하는 정도이다(원형 부분의 기하학적(이상적) 진원으로부터 어긋남의 크기).

동축도(concentricity) — 원통표면 및 둥근 구멍과 같이 어느 두 개(또는 그 이상)의 부품특징이 공동의 축을 가지는 정도(기준축선과 동일 선상에 있어야 할 축선이 기준 축선으로부터 어긋남의 크기).

원통도(cylindricity) — 원통과 같은 회전표면 위의 모든 점이 회전축으로부터 동일한 거리에 위치한 정도(원통부분의 기하학적(이상적) 원통면으로부터 어긋남의 크기).

평탄도(flatness) — 표면 위의 모든 점이 단일 평면에 놓여있는 정도(평면부분의 기하학적(이상적) 평면으로부터 어긋남의 크기).

평행도(parallelism) — 표면, 선 또는 축과 같은 부품속성 위의 모든 점이 기준 평면 또는 선 또는 축으로부터 동일한 거리에 놓여 있는 정도(기준 직선 또는 기준 평면에 대해 평행을 이루고 있는 기하학적(이상적) 직선 혹은 평면으로부터 다른 직선 혹은 평면 부분의 어긋남의 크기).

직각도(perpendicularity, squareness) — 표면, 선 또는 축과 같은 부품속성 위의 모든 점이 기준 평면 또는 선 또는 축으로부터 90° 이루고 있는 정도(기준 직선 또는 기준 평면에 대해 직각을 이루고 있는 기하학적(이상적) 직선 혹은 평면으로부터 다른 직선 혹은 평면 부분의 어긋남의 크기).

진직도(straightness) — 선 또는 축과 같은 부품속성이 직선인 정도(직선부분의 기하학적(이상적) 직선으로부터 어긋남의 크기).

5.2 전통적 측정기기 및 게이지

측정(measurement)은 일반적으로 인정되고 일관성 있는 단위시스템을 이용하여, 크기를 모르는 양을 크기를 알고 있는 표준과 비교하는 과정이다. 국제적으로 두 개의 단위시스템이 발전되었는데, (1) 미국시스템(U.S. customary system, U.S.C.S.)과 (2) 미터시스템(metric system)으로 더 잘 알려져 있는 국제시스템(International System of Units, SI)이 그것이다 본서에서는 미터시스템을 사용한다. 미터시스템은 미국시스템을 고수하는 미국을 제외한 전 세계의 거의 모든 산업에서 채용되고 있다. 점진적으로 미국도 SI를 채용해가고 있는 중이다.

측정을 통해 관심 대상인 양(quantity)에 대한 수치 값을 정확도와 정밀도의 특정 한계 내에서 제공한다. **정확도**(accuracy)는 측정된 값이 측정하려는 양의 참값과 일치하는 정도이다. 측정과정은 시스템오차가 없을 때 정확하다. 시스템오차(systematic errors)는 참값으로부터의 양 또는 음의 편차인데, 여러 번의 측정에서 일관되게 나타난다. **정밀도**(precision)는 측정과정에서 반복가능성의 정도이다. 좋은 정밀도는 측정과정의 랜덤오차(random error)가 최소화된 것을 의미한다. 랜덤오차는 보통 측정과정에서 사람이 개입하기 때문에 발생한다. 예를 들면 셋업(setup)의 변화, 부정확한 눈금 읽기, 반올림 근사 등이 포함된다. 랜덤오차 발생에 영향을 주는 사람 외적인 요인에는 온도 변화, 장치 작동요소의 점진적 마모 및 잘못된 정렬, 그리고 기타 변화가 포함된다. 측정과 밀접한 관련을 가진 것이 게이지를 이용한 측정이다.

게이지측정(gaging 또는 gauging)에서는 부품특성이 설계규격과 일치하는가 또는 일치하지 않는가를 결정한다. 게이지측정은 보통 측정보다는 신속하지만, 관심대상 특성의 실제 값에 대한 불충분한 정보가 주어진다. 측정과 게이지측정에 대한 동영상에서는 여기서 논의한 몇 가지 주제를 보여준다.

비디오클립

측정과 게이지측정. (1) 정밀도, 해상도 및 정확도, (2) 버니어 캘리퍼스 읽는 법, (3) 마이크로미터 읽는 법.

이 절에서는 다양한 수동 측정기기와 게이지를 다루는데, 이들은 길이 및 지름과 같은 치수와 각도, 진직도 및 진원도 같은 특징을 측정하기 위해 사용된다. 이러한 종류의 기기는 측정실, 검사부서 및 공구실에서 찾아볼 수 있다. 정밀 게이지블록부터 시작한다.

5.2.1 정밀 게이지블록

정밀 게이지블록은 다른 치수 측정기기 및 게이지와 비교하기 위한 표준이다. 게이지블록(gage block)은 보통 정사각형 또는 직사각형이다. 측정표면들은 공차가 수십만 분의 일 밀리미터 이내가 되도록 치수가 정확하고 평행하도록 다듬질이 되어 있으며, 거울면 정도로 연마가공되어 있다. 여러 등급의 정밀 게이지블록이 있으며, 높은 등급은 더 작은 공차를 가진다. **가장 높은 등급**(master laboratory standard)은 ±0.000,03 mm의 공차를 갖는다. 게이지블록은 필요한 경도와 가격에 따라 공구강, 크롬코팅 강, 크롬카바이드 또는 텅스텐카바이드의 몇 가지 경한 재료로 만들어진다.

정밀 게이지블록은 일정한 표준 크기 또는 세트로 판매하는데, 후자의 경우에는 다양한 크기의 블록들로 구성된다. 세트에 포함된 블록 크기는 체계적으로 결정되어, 공차 0.0025 mm 범위 안에서 어떤 치수도 측정할 수 있도록 적층하여 사용할 수 있다.

가장 좋은 결과를 얻기 위해서는 게이지블록이 정반과 같은 평평한 기준면 상에서 사용되어야 한다. **정반**(surface plate)은 윗면이 평면으로 가공되어 있는 커다란 고체 블록이다. 오늘날 대부분의 정반은 화강암으로 만들어진다. 화강암의 장점은 단단하고, 녹슬지 않고, 자성이 없으며, 마모에 오래 견디고, 열에 안정적이며, 관리하기 쉽다는 것이다.

게이지블록과 다른 고정밀 측정장치들은 측정에 부정적인 영향을 줄 수 있는 온도나 다른 조건들을 표준조건에 맞춰 사용하여야 한다. 국제적으로 20℃(293 K)가 표준온도로 지정되어 있으며, 측정실은 이 표준온도에서 운영된다. 게이지블록이나 다른 측정장치들이 표준에서 벗어나는 온도의 공장 환경에서 사용된다면, 열팽창 또는 수축을 보정해야한다. 또한, 공장에서 검사에 사용되는 게이지블록들은 마모가 발생할 수 있으므로, 보다 정밀한 측정실의 게이지블록을 이용하여 주기적으로 보정작업을 수행해야한다.

5.2.2 선형치수 측정기기

측정기기는 눈금이 있는 것과 눈금이 없는 것의 두 가지로 나눌 수 있다. **정량적 측정기기**(graduated measuring devices)는 선형 또는 각도가 표시된 눈금을 가지고 있으며, 대상물의 특징을 이것과 비교한다. **정성적 측정장치**(nongraduated measuring devices)는 눈금을 가지고 있지 않으며, 치수들을 서로 비교하거나, 정량적 측정장치에 의한 측정을 위해 치수를 전달하는 데 사용된다.

가장 기본적인 정량적 측정장치는 **자**(rule)로서 선형치수를 측정하는 데 사용된다. 이러한 자가 강재로 만들어진 경우 흔히 **강철자**(steel rule)로 불리며, 다양한 길이가 있다. 미터자의 길이는 150, 300, 600 및 1,000 mm(1 또는 0.5 mm의 눈금을 가짐)이다.

캘리퍼스(calipers)에는 정량적 또는 정성적 종류가 있다. 정성적 캘리퍼스(간단하게 캘리퍼스)는 힌지에 의해 연결된 두 개의 다리로 구성된다(그림 5.2).

두 다리 끝은 측정하고자 하는 물체의 표면과 접촉하도록 만들어졌으며, 힌지는 측정하는 동안 그 위치를 유지하도록 설계되었다. 접촉점은 안쪽 또는 바깥쪽 방향으로 향할 수 있다. 접촉점이 안쪽 방향으로 향하는 경우, 도구는 **외부측정용 캘리퍼스**(outside caliper)라고 하며 직경과 같은 바깥치수를 측정하는 데 사용된다(그림 5.2). 접촉점이 바깥쪽 방향으로 향하는 경우, 도구는 **내부측정용 캘리퍼스**(inside caliper)라고 하며 두 개의 내부표면 사이의 거리를 측정하는 데 사용된다. 캘리퍼스와 유사한 형상을 갖는 도구로 **디바이더**(divider)가 있는데, 이것의 양쪽 다리는 직선이고, 끝 부분은 단단하고 날카로운 접촉부로 되어 있다. 디바이더는 표면 위의 두 점 또는 직선 사이의 거리를 분할하는 데 사용되며, 표면 위에 원이나 호를 긋기 위해서도 사용된다.

눈금이 새겨진 다양한 캘리퍼스가 여러 가지 측정목적에 맞추어 사용된다. 가장 간단한 것은 **슬라이드 캘리퍼스**(slide caliper)로서, 강철자에 두 개의 죠(jaw)가 부착되어 있는데, 하나는 끝 부분에 고정되어 있고, 또 하나는 이동할 수 있다(그림 5.3). 슬라이드 캘리퍼스는 사용되는 죠의 면이 안쪽이냐 바깥쪽이냐에 따라 안쪽 또는 바깥쪽을 측정할 수 있다. 죠를 측정하고자 하는 부품의 표면에 밀어 접촉시키면, 이동 가능한 죠의 위치를 통해 원하는 치수를 알 수 있다. 슬라이드 캘리퍼스는 간단한 자보다 정확하고 정밀한 측정이 가능하다. 슬라이드 캘리퍼스를 개량한 것이 **버니어 캘리퍼스**(vernier caliper)다(그림 5.4). 버니어 캘리퍼스의 이동 가능한 죠에는 버니어 눈금이 있으며, 이것을 발명한 프랑스의 수학자 P. Vernier(1580-1637)의 이름에서 유래한 것이다. 버니어 캘리퍼스는 슬라이드 캘리퍼스보다 훨씬 더 정밀하여, 0.01 mm의 눈금을 읽을 수 있다.

마이크로미터(micrometer)는 널리 사용되고 있는 매우 정밀한 측정기기로서, 스핀들(spindle)과 C자형의 앤빌(anvil)로 구성되어 있다(그림 5.5). 스핀들과 고정 앤빌은 정밀한 나사에 의해 상대 운동한다. 미터시스템에서 마이크로미터의 눈금은 0.01 mm이다. 최신 마이크로미터 (및 정량적 캘리

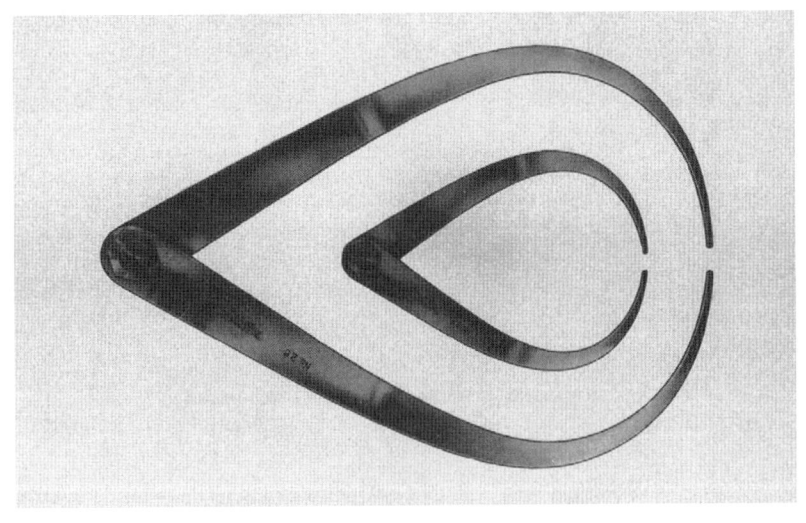

그림 5.2 두 가지 크기의 외부측정용 캘리퍼스 (L. S. Starrett사 제공).

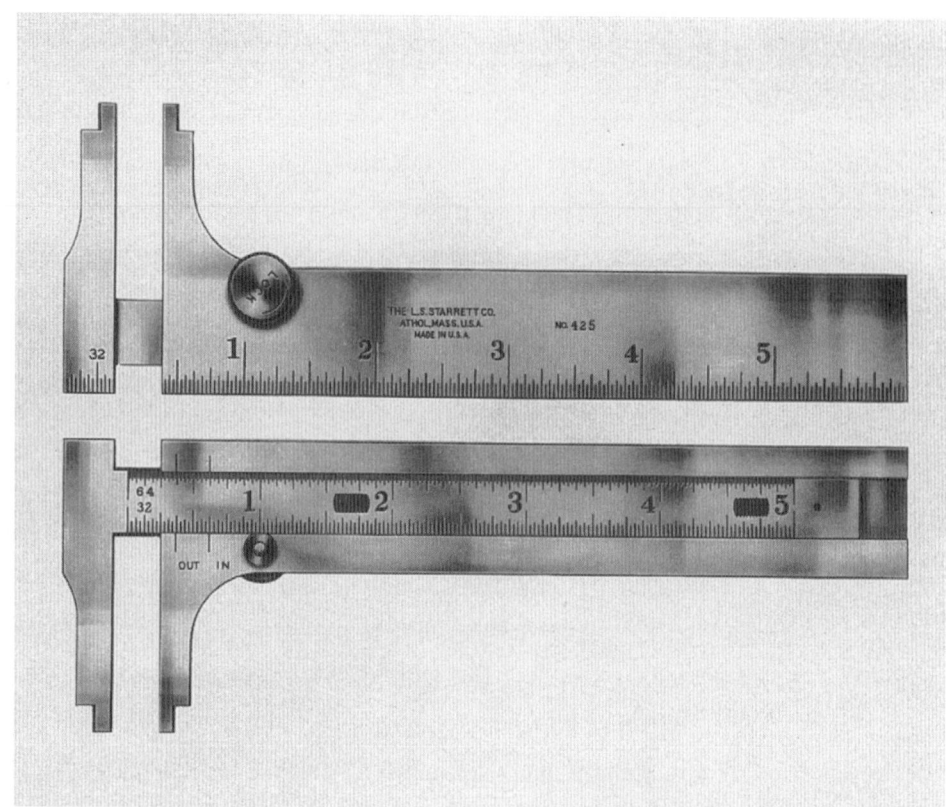

그림 5.3 서로 다른 면을 보이고 있는 슬라이드 캘리퍼스 (L. S. Starrett 사 제공).

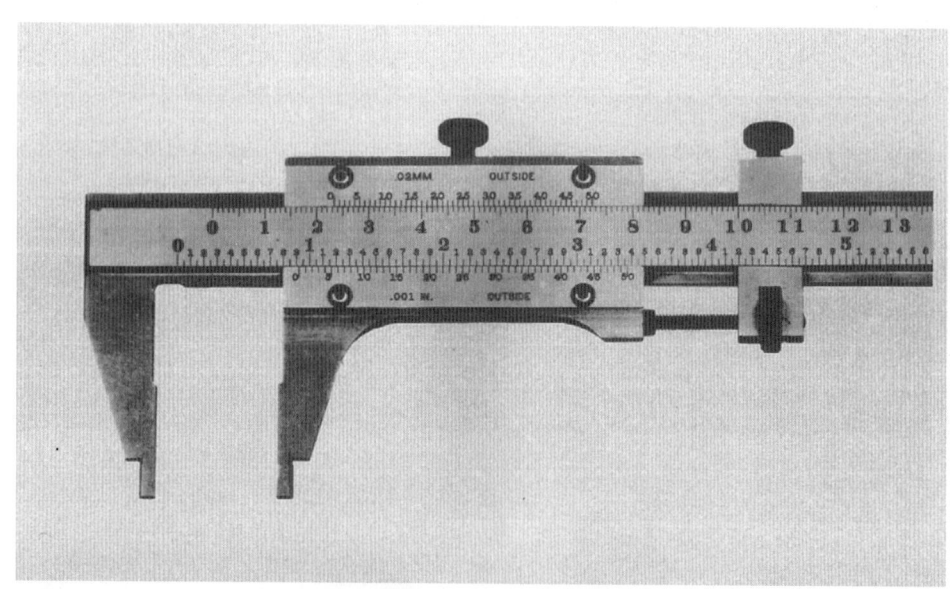

그림 5.4 버니어 캘리퍼스 (L. S. Starrett 사 제공).

퍼스)에는 그림과 같이 측정결과를 디지털로 표시하는 전자장치가 부착되어 있다.

이것은 훨씬 읽기 쉬우며, 눈금을 읽는 과정에서 발생할 수 있는 사람의 실수를 제거해준다.

가장 일반적인 마이크로미터의 종류는 다음과 같다.

(1) **외부측정용 마이크로미터**(external micrometer 또는 outside micrometer)는 다양한 크기의 표준 앤빌이 제공된다(그림 5.5).

(2) **내부측정용 마이크로미터**(internal micrometer 또는 inside micrometer)는 머리조립품과 다양한

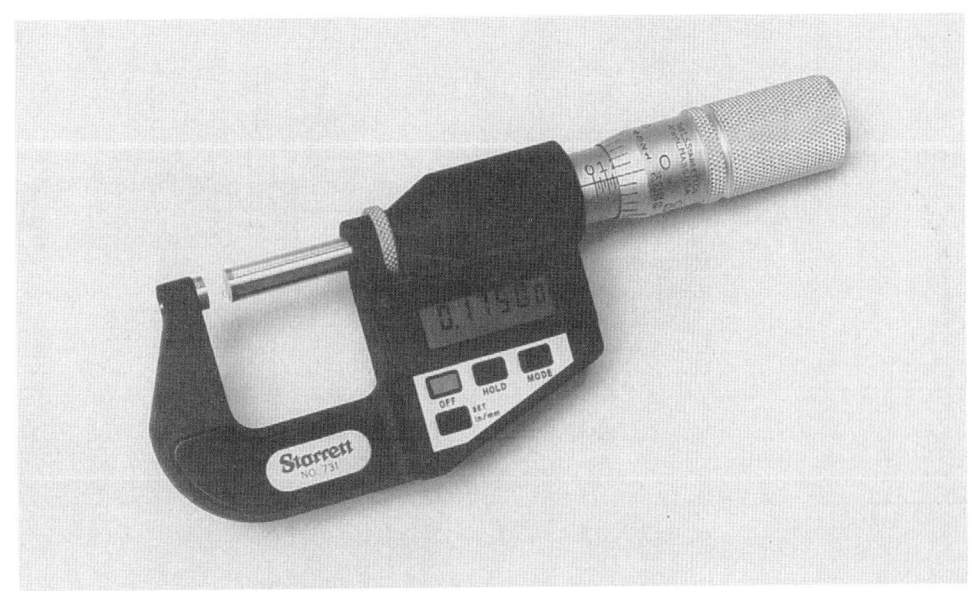

그림 5.5 디지털 표시창을
가진 표준 1인치 크기의 외부
측정용 마이크로미터
(L. S. Starrett사 제공).

그림 5.6 다이얼 게이지.
다이얼과 눈금이 표시된 면,
커버를 제거한 뒷면 내부
(Federal Products Co.,
Providence, RI. 제공).

내부 치수를 측정하기 위한 서로 다른 길이의 막대 세트로 구성되어 있다.

(3) **깊이측정용 마이크로미터**(depth micrometer)는 내부측정용 마이크로미터와 유사하지만 구멍
의 깊이를 측정하는 데 사용된다.

5.2.3 비교 측정기기

비교 측정기기(comparative instrument)는 공작물 표면 및 기준면과 같은 두 개의 대상물 사이의
치수를 비교하기 위해 사용된다. 비교 측정기기는 정량적인 절대치를 제공하지 못한다. 그 대신 두
대상물 사이의 편차의 크기와 방향을 측정한다. 이러한 측정기기로는 기계적 및 전자적인 게이지가
있다.

기계적 게이지: 다이얼 게이지

기계적 게이지(mechanical gages)는 관찰이 가능하도록 편차를 기계적으로 확대해준다. 가장 일반적
인 기기는 **다이얼 게이지**(dial indicator)이며, 접촉점의 직선운동을 다이얼 바늘의 회전으로 변환하

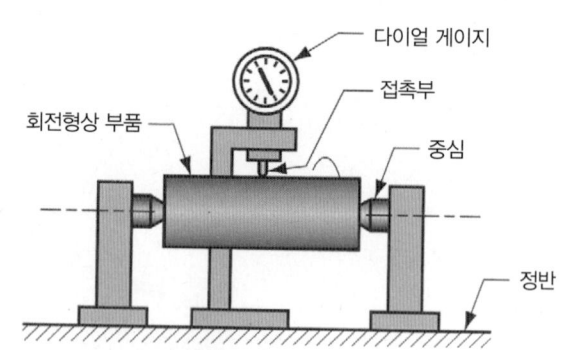

그림 5.7 다이얼게이지를 이용한 흔들림 공차를 측정장치. 부품은 중심축에 대해 회전하고, 중심축으로부터의 바깥면의 변동이 다이얼에 표시된다.

여 증폭시킨다(그림 5.6). 다이얼에는 0.01 mm의 작은 단위로 눈금이 표시되어 있다. 다이얼 게이지는 진직도, 평탄도, 평행도, 직각도, 진원도 및 흔들림 공차를 측정할 수 있다. 흔들림 공차를 측정할 수 있는 일반적인 셋업이 그림 5.7에 나타나 있다.

전자게이지

전자게이지는 직선 변위를 전기신호로 바꿀 수 있는 변환기(transducer)에 기초한 측정기기 집단을 일컫는다. 전기신호는 그림 5.5의 디지털 표시값과 같이 적절한 데이터 형식으로 증폭되어 변환된다. 전자게이지의 활용은 마이크로프로세서 기술발전에 의해서 최근 몇 년간 급격히 증가하였다. 그리고 점점 더 많은 전통적인 측정기기들을 대체하고 있다. 전자게이지들의 장점은 다음과 같다.

(1) 양호한 민감도, 정확도, 정밀도, 반복성 및 응답속도
(2) 최소 0.025 μm까지 매우 작은 치수 감지능력
(3) 작동 편의성
(4) 인간오류의 감소
(5) 여러 형식으로 표시 가능한 전기신호
(6) 데이터처리를 위한 컴퓨터와의 인터페이스 가능성

5.2.4 고정 게이지

고정 게이지는 평가하고자 하는 부품 치수를 물리적으로 복제한 것이다. 기본적으로 마스터 게이지와 한계 게이지의 두 가지로 나누어진다. **마스터 게이지**(master gage)는 부품치수의 공칭크기를 직접적으로 복제하여 제작된다. 마스터 게이지는 일반적으로 다이얼 게이지와 같이 비교측정 장치들을 설치하거나, 측정기기를 보정하기 위해 사용된다.

한계게이지(limit gage)는 부품 치수의 반대 형상을 복제하여 제작되며, 치수와 공차를 확인하는데 사용된다. 한계게이지는 보통 두 개의 게이지가 하나로 제작되는데, 하나는 부품 치수공차의 윗 한계를 확인하기 위해서, 또 다른 하나는 부품 치수공차의 아랫 한계를 확인하기 위해서 사용된다. 이러한 게이지들은 **통과/정지 게이지**(GO/NO-GO gages)로 널리 알려져 있는데, 그 이유는 한 게이지는 부품의 삽입을 허용하는 한계이고 다른 하나는 이를 허용하지 않기 때문이다. **통과한계**(GO limit)는 허용되는 최대소재 조건에서 치수를 확인하는 것으로, 최대소재 조건이란 구멍과 같은 내부 특징에 대해서는 최소 크기이며, 외부 직경과 같은 외부특징에 대해서는 최대 크기를 의미한다. **정지**

한계(NO-GO limit)는 치수의 최소소재 조건을 검사하는 데 사용된다.

일반적인 한계게이지에는 부품의 외부치수를 확인하기 위한 스냅게이지와 링게이지가 있고, 내부치수를 확인하기 위한 플러그게이지 있다. **스냅게이지**(snap gage)는 게이징 면이 있는 죠가 부착된 C자형 몸체로 구성되어 있다(그림 5.8). 스냅게이지에는 두 개의 단추가 있는데, 하나는 통과게이지이고, 다른 하나는 정지게이지이다. 스냅게이지는 직경, 폭, 두께와 같은 외부치수 및 유사한 표면을 확인하는 데 사용된다.

링게이지(ring gage)는 원통의 직경을 확인하는 데 사용된다. 보통 통과와 정지를 위한 한 쌍의 게이지가 함께 사용된다. 각 게이지는 링인데, 부품 지름에 대한 공차한계 중 하나에 맞추어 입구가 가공되어 있다. 취급이 편하도록 링의 외면은 널(knurl) 가공되어 있다. 두 게이지의 구별을 위해 정지게이지 외면에는 홈이 가공되어 있다.

구멍직경을 확인하기 위한 가장 보편적인 한계게이지는 **플러그게이지**(plug gage)이다. 대표적인 게이지는 정확하게 연마 가공된 두 개의 경화강 원통(plugs)이 부착된 손잡이로 구성되어 있다(그림 5.9). 원통형 플러그가 통과 및 정지 게이지 역할을 수행한다. 플러그게이지와 유사한 다른 게이지로는 테이퍼가 있는 구멍을 확인하기 위해 플러그를 테이퍼 가공한 **테이퍼게이지**(taper gage), 그리고 부품의 내면 나사를 확인하기 위해 플러그에 나사를 가공한 **나사게이지**(thread gage)가 있다.

고정게이지는 사용하기 쉬우며, 일반적으로 검사에 소요되는 시간이 측정기기를 이용하는 경우보다 거의 항상 짧다. 고정게이지는 호환 가능한 부품을 개발하는 데 기본적인 요소였다(역사적 고찰 1.1). 고정게이지는 부품을 마무리 줄작업 및 조정작업 없이 조립하기에 충분한 공차범위 내에 있도록 만들 수 있는 수단을 제공해주었다. 고정게이지의 단점은 단지 치수가 공차범위 내에 있는지 여부만을 알려주며, 부품의 실제 크기에 대해서는 정보를 거의 주지 못한다. 근래에는 고속의 전자식 측정장비가 사용가능하게 되고, 부품 크기에 대한 통계적 공정관리가 요구됨에 따라, 게이지의 사용은 점차 치수를 실제로 측정하는 것으로 대체되고 있다.

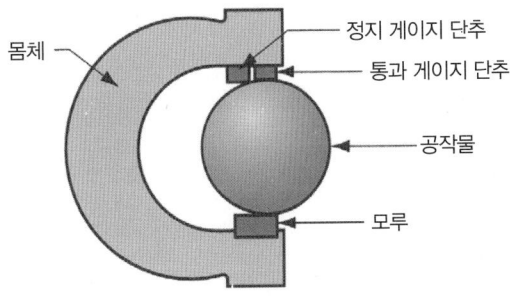

그림 5.8 부품의 직경을 측정하기 위한 스냅게이지. 통과 및 정지 게이지 단추의 높이차가 과장되게 그려져 있다.

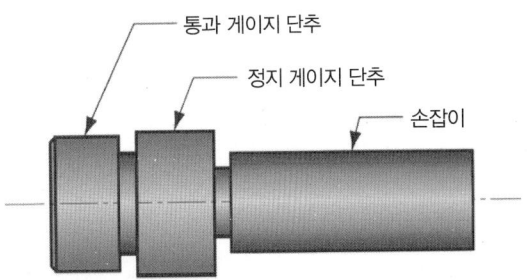

그림 5.9 플러그 게이지. 통과 및 정지 플러그의 직경 차이가 과장되게 그려져 있다.

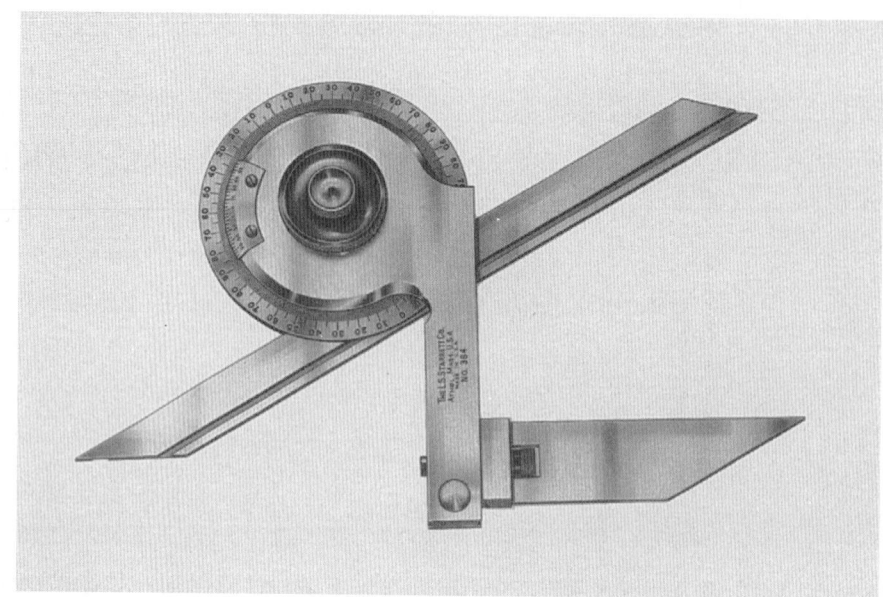

그림 5.10 버니어 눈금을
채용한 베벨 각도기
(L. S. Starrett사 제공).

5.2.5 각도측정

각도는 다양한 형태의 **각도기**(protractor)로 측정한다. **단순각도기**(simple protractor)는 단위각도
(예: 도, 라디안) 눈금이 새겨진 반원형 헤드에 대해 상대적으로 회전하는 직선 칼날(blade)로 구성되
어 있다. 직선 칼날을 측정할 부품의 각도에 해당하는 위치로 회전시켜 그 각도를 읽는다. **베벨각도기**
(bevel protractor)는 서로 상대적으로 회전하는 두 개의 직선 칼날로 구성되어 있다(그림 5.10). 피
봇 조립체는 두 칼날 사이의 각도를 읽을 수 있는 각도기 눈금을 가지고 있다. 버니어가 있는 베벨각
도기는 약 5분(min, 1분 = 1/60도)을 읽을 수 있고, 버니어가 없으면 해상도는 약 1도(degree)이다.

고정밀의 각도측정에는 **사인바**(sine bar)가 사용된다(그림 5.11). 하나의 가능한 측정기기 구성은
직선 모서리를 갖는 평평한 강철 막대(사인바)와 사인바 위에서 떨어진 거리가 알려진 두 개의 정밀
롤러로 구성된다. 직선 모서리를 측정하고자 하는 부품의 각도에 맞추고, 높이를 측정하기 위해 게이
지블록이나 다른 정밀한 선형치수 측정방법들을 사용된다. 이 과정은 매우 정확한 결과를 얻기 위해
정반 위에서 수행한다. 높이 H와 롤러 사이의 사인바 길이 L을 이용하여 각도 A를 다음과 같이 구
한다.

$$\sin A = \frac{H}{L} \tag{5.1}$$

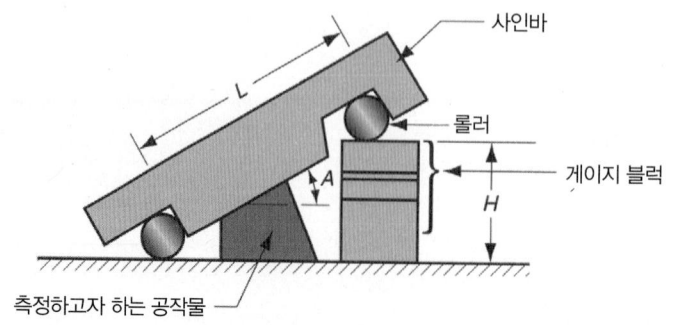

그림 5.11 사인바를 이용한
각도 측정기기의 구성.

5.3 표면

표면은 제조된 부품과 같은 어떤 물체를 잡을 때 접촉하는 부분이다. 설계자는 여러 표면들을 서로 연결시키면서 부품치수를 규정한다. 이러한 **공칭표면**(nominal surfaces)은 부품의 의도된 표면 윤곽을 나타내는데, 도면에서는 선에 의해 정의된다. 공칭표면은 완전한 직선, 이상적인 원, 둥근 구멍 및 기타 기하학적으로 완전한 모서리나 면으로 표현된다. 제조 후 부품의 실제 표면은 그것을 만드는 데 사용된 공정에 의하여 결정된다. 사용된 제조공정에 따라 표면 특성이 매우 다양하게 변화하며, 엔지니어가 표면에 대한 기술을 이해하는 것은 중요하다.

표면은 수많은 이유에서 상업적으로, 기술적으로 중요하다.

(1) 미적인 이유— 표면이 매끈하고 흠집과 결점이 없으면 구매자에게 좋은 인상을 준다.
(2) 표면은 안전에 영향을 준다.
(3) 마찰과 마모는 표면 특성에 의존한다.
(4) 표면은 기계적, 물리적 성질에 영향을 준다. 예를 들어 표면의 흠집이 응력집중의 발생 위치가 될 수 있다.
(5) 표면은 부품의 조립에 영향을 준다. 예를 들어 접착제 접합부(31.3절)의 강도는 표면이 약간 거칠 때 증가한다.
(6) 표면이 매끄러우면 전기 접촉이 더 양호하다.

표면기술(surface technology)에서는 다음 사항을 취급한다. (1) 표면의 특성 결정, (2) 표면조직, (3) 통합표면속성 및 (4) 제조공정과 최종 표면 특성 사이의 관계. 처음 세 가지 주제는 이 절에서 다루고, 마지막 내용은 5.5절에서 다룬다.

5.3.1 표면의 특성

어떤 부품의 표면을 현미경으로 보면 불규칙성 및 불완전성을 찾을 수 있다. 전형적인 표면의 특징은 그림 5.12와 같이 금속부품 표면의 단면을 높은 배율로 확대하여 나타낼 수 있다. 여기서 다루는 내용은 금속의 표면에 초점을 맞추지만, 세라믹과 고분자화합물에 대해서도 재료 구조의 차이에 따라 수정하면 적용할 수 있다. **기질**(substrate)이라고 불리는 부분은 이전에 행해진 공정에 따른 결정립 구조를 가진다. 예를 들어 금속의 기질구조는 그 화학 조성, 금속에 원래 적용된 주조공정 및 주물에 행해진 변형작업과 열처리에 의하여 영향을 받는다. 부품의 바깥 부분은 결코 곧고 매끄러운 지형을

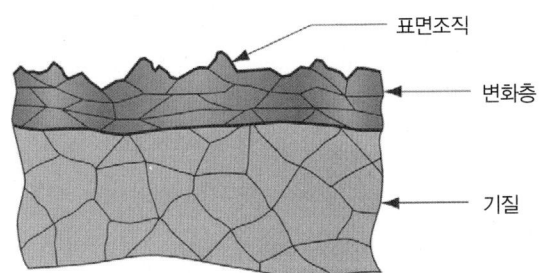

그림 5.12 전형적인 금속부품 표면의 단면 확대도.

지닌 표면이 아니다. 단면을 높은 배율로 확대해보면 표면은 거칠고 기복이 있으며 갈라진 틈도 있다. 여기서는 보이지 않지만, 생산할 때의 기계적인 가공에 의한 무늬나 방향도 있다. 이러한 모든 기하학적인 특징을 **표면조직**(surface texture)이라 한다.

표면의 바로 아래에는 기질과는 다른 구조를 가진 금속층이 있다. 이 층을 **변화층**(altered layer)이라 하는데, 표면이 생기면서 진행된 반응들의 결과이다. 제조공정에는 보통 많은 양의 에너지가 사용되며 이는 표면을 통하여 작용한다. 변화층은 가공경화(기계적 에너지), 열(열에너지), 화학처리 또는 전기에너지로부터 발생할 수 있다. 이 층의 금속은 에너지 작용에 의해 영향을 받으며, 이에 따라 그 미세구조가 변화한다. 이 변화층은 **표면품위**(surface integrity)의 범주에 속하는데, 표면품위속성은 제조 시에는 재료(보통 금속)의 표면층에 대한 정의, 규격 및 제어를 다루며, 그 이후의 사용 시에는 성능을 다룬다. 표면품위속성의 범위는 보통 표면조직과 아래의 변화층을 포함하는 것으로 인식된다.

더구나 대부분의 금속표면에는 공정 후 막 형성에 필요한 충분한 시간이 경과하면 **산화막**(oxide film)이 형성된다. 알루미늄은 그 표면에 강하고, 밀도가 높고, 얇은 Al_2O_3의 막(기질을 부식으로부터 보호)을 형성하며, 철은 그 표면에 몇 가지 화학 조성의 산화물(보호와는 전혀 관계없는 녹)을 형성한다. 또한 부품의 표면에는 습기, 때, 기름, 흡착된 기체 및 기타 오염물질이 있을 수 있다.

5.3.2 표면조직

표면조직(surface texture)은 물체의 공칭표면으로부터 반복적인 편차 및 임의의 편차로 구성되며, 이것은 거칠기(roughness), 표면파형(waviness), 레이(lay) 및 흠집(flaw)의 네 가지 특징에 의해 정의된다(그림 5.13). **표면거칠기**(roughness)는 공칭표면으로부터의 미세한 간격의 작은 편차를 의미하며, 재료의 특성 및 표면성형 공정에 의하여 결정된다. **표면파형**(waviness)은 훨씬 더 큰 간격의 편차로 정의되며, 소재의 휨, 진동, 열처리 및 이와 유사한 인자들에 기인한다. 거칠기는 표면파형에 중첩되어 올라간다. **레이**(lay)는 표면조직의 지배적인 방향이나 무늬다. 레이는 표면을 만들기 위해 사용된 가공방법에 의해 결정되며, 일반적으로 절삭공구의 작용으로 발생한다. 표면에 나타날 수 있는 대부분의 레이를 그림 5.14에 기호와 함께 표시하였는데, 그 기호는 설계자가 레이의 지정을 위해

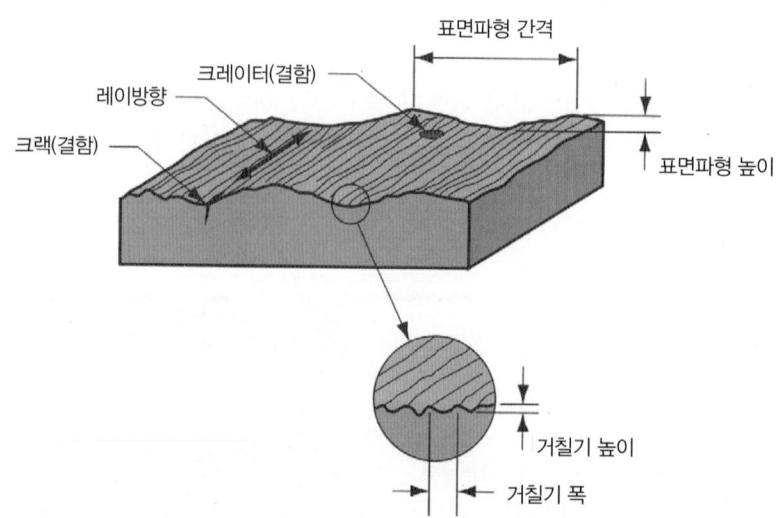

그림 5.13 표면조직의 특징.

레이 기호	표면 무늬	설명	레이 기호	표면 무늬	설명
=		레이는 기호가 적용되는 표면을 나타내는 직선에 평행함.	C		레이는 기호가 적용되는 표면의 중심에 대해 원형임.
⊥	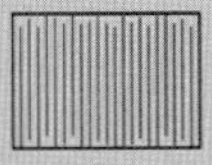	레이는 기호가 적용되는 표면을 나타내는 직선에 직각임.	R		레이는 기호가 적용되는 표면의 중심에 대해 대략 반경방향임.
X		레이는 기호가 적용되는 표면을 나타내는 직선에 양쪽 방향으로 기울어져 있음.	P		레이가 개별적이며, 무(無)방향성 또는 돌출되어 두드러짐.

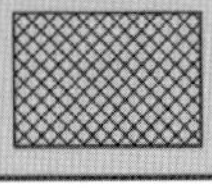

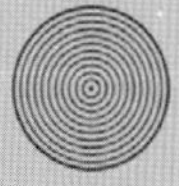

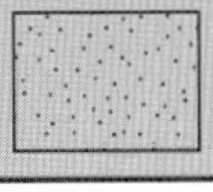

그림 5.14 표면에 가능한 레이 [1].

사용하는 것이다. 끝으로 **결함**(flaw)은 표면에 가끔 나타나는 불규칙성으로서, 균열(crack), 긁힘(scratch), 함입(inclusion) 및 이들과 유사한 표면의 결함을 포함한다. 어떤 결함은 표면조직과 연관되어 있지만, 그것은 또한 통합표면속성(5.2.3절)에도 영향을 준다.

표면거칠기와 표면다듬질정도

표면거칠기는 앞서 정의한 바와 같이 거칠기 편차에 기초한 측정가능한 특성이다. **표면다듬질정도**(surface finish)는 표면의 매끄러운 정도와 일반적인 품질을 나타내는 보다 주관적인 용어이다. 일반적으로 표면다듬질정도는 표면거칠기와 동의어로 사용된다.

가장 일반적으로 사용되는 표면조직의 척도는 표면거칠기다. 그림 5.15와 같이, **표면거칠기**(surface roughness)는 정해진 표면길이 내에서 공칭표면으로부터 측정한 수직편차의 평균값으로 정의된다. 일반적으로 편차의 절대값에 기초한 산술 평균(AA)을 이용하며, 이러한 표면거칠기 값을 **평균거칠기**(average roughness)라고 부른다. 식의 형태로 표현하면 다음과 같다.

$$R_a = \int_0^{L_m} \frac{|y|}{L_m} dx \tag{5.2}$$

여기서 R_a = 거칠기의 산술평균값 (m), y = 공칭표면으로부터 측정한 수직편차로서 절대값으로 변환된 값(m), L_m = 표면 편차를 측정한 특정한 거리.

식 (5.2)를 근사적으로 표현하면 다음과 같다.

$$R_a = \sum_{i=1}^{n} \frac{|y_i|}{n} \tag{5.3}$$

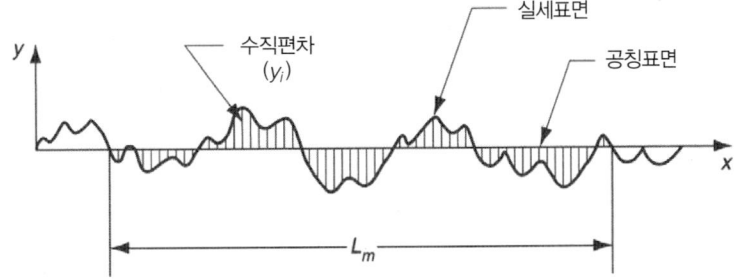

그림 5.15 표면거칠기의 두 가지 정의에서 사용되는 공칭표면으로부터 측정한 편차.

여기서 R_a = 거칠기의 산술평균값 (m), y_i = 첨자 i로 규정한 점에서 절대값으로 변환된 수직편차 (m), $n = L_m$에 포함된 편차의 수. 이 식에서의 단위는 미터(meter)다.

실제로 편차의 크기는 매우 작으므로 더 적절한 단위는 μm이다($\mu m = m \times 10^{-6} = mm \times 10^{-3}$). 이들은 표면거칠기를 표현하는 데 널리 사용되는 단위들이다.

산술평균(AA) 방법은 오늘날 표면거칠기에 대한 평균법으로 가장 널리 사용된다. 미국에서 사용되는 다른 방법으로는 **자승평균제곱근**(root-mean-square, RMS) 평균이 있으며, 이것은 측정하는 길이에 걸쳐 자승편차 평균값의 제곱근을 뜻한다. RMS 표면거칠기는 거의 모든 경우에 AA값보다 크다. 그 이유는 큰 편차값이 RMS의 계산에서 현저하게 증폭되어 계산되기 때문이다.

표면거칠기 하나로 표면의 복잡한 물리적 속성을 평가한다는 것은 불완전하다. 예를 들어 표면거칠기로는 표면 무늬의 레이를 고려할 수 없으므로, 표면거칠기는 측정방향에 따라 매우 다르게 나타날 수 있다.

또 다른 단점으로는 표면파형이 R_a 계산에 포함될 수 있다는 점이다. 이 문제를 해결하기 위해 **차단길이**(cutoff length)라는 파라미터를 사용하는데, 이것은 측정표면의 표면파형을 거칠기 편차와 분리하기 위한 필터의 역할을 한다. 실제로 차단길이는 표면의 표본길이(sampling distance)다. 표본길이를 표면파형 간격보다 짧게 설정하면, 표면파형과 관련된 수직편차는 소거되고 거칠기와 관련된 것만 포함된다. 실제로 사용되는 가장 일반적인 차단길이는 0.8mm이다. 측정길이 L_m은 일반적으로 대략 차단길이의 다섯 배 정도로 설정한다.

표면거칠기가 깊는 한계성 때문에 주어진 표면의 위상을 더욱 완벽하게 기술할 수 있도록 부가적인 척도의 개발이 유발되었다. 이러한 평가척도에는 표면의 3차원 그래픽 렌더링(three-dimensional graphical rendering)이 있다 [17].

표면조직의 기호

설계자는 공학도면에서 표면조직을 규정할 때 그림 5.16의 기호를 사용한다. 표면조직 변수를 지정하는 기호는 체크모양(평방근 기호와 흡사)이며, 평균거칠기, 표면파형, 차단길이, 레이 및 거칠기 최대간격의 정보를 기입한다. 레이 기호는 그림 5.14와 같다.

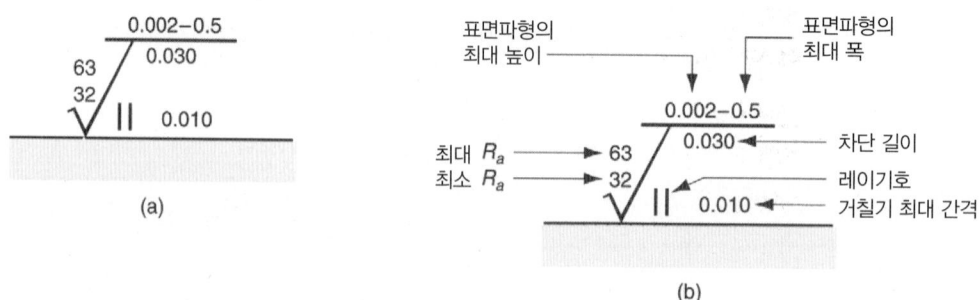

그림 5.16 공학도면의 표면조직 기호. (a) 기호, (b) 기호설명. R_a값은 마이크로인치이고 나머지는 in 단위이다. 여기에 나타낸 모든 파라미터를 모두 표기할 필요는 없다.

5.3.3 표면품위

표면조직만으로는 표면을 완전하게 서술하지 못한다. 표면 바로 아래의 재료에는 금속학적 또는 다른 변화가 존재할 수 있는데, 이것은 재료의 기계적 성질에 상당한 영향을 줄 수 있다. **표면품위**(surface integrity)는 이러한 표면아래층(subsurface layer) 및 그곳의 변화에 대하여 연구하고 제어하는 것이다. 그리고 그 변화는 최종 부품이나 제품의 성능에 영향을 줄 수도 있는 가공에 의한 것이다. 앞에서는 이러한 표면아래층을 그 구조가 기질과 다를 경우 변화층이라 정의하였다(그림 5.12).

표 5.2에는 가공 시 표면아래층에 나타날 수 있는 가능한 변화와 손상들에 대하여 나열하였다. 표면변화는 가공 중에 가해지는 다양한 종류의 에너지(예: 기계적, 열적, 화학적 및 전기적)에 기인한다. 기계적 에너지는 가공에 사용되는 가장 일반적인 종류의 에너지이며, 이것은 금속성형(예: 단조, 압출), 프레스가공 및 절삭가공과 같은 공정에서 공작물 재료에 가해진다. 이러한 공정에서 기계적 에너지의 일차적인 역할은 공작물의 기하학적 형상의 개변(改變, alteration)이지만, 이것은 또한 표면층에 잔류응력, 가공경화 및 균열을 야기한다. 표 5.3에는 가공 시에 가해진 에너지 종류에 따른 표면과 표면아래층의 개변을 나타냈다. 이 표에 나타낸 대부분의 개변은 표면품위가 매우 집중적으로 연구된 금속에 대한 것이다.

표 5.2 표면품위를 정의하는 표면과 표면아래층의 개변.[a]

흡수(absorption) — 모재의 표면층에 흡수되어 남아있는 불순물이며, 이것은 취성 또는 다른 특성변화를 야기할 수 있음.

합금원소감소(alloy depletion) — 중요한 합금원소가 표면층으로부터 분실되어, 금속 특성의 손실이 가능함.

균열(crack) — 표면이나 그 아래의 좁게 갈라진 틈으로, 재료의 연속성을 변화시킴. 균열은 예리한 모서리와 길이:폭 = 4:1 또는 그 이상을 가짐. 거시적 균열(10배 이하의 확대로 관찰 가능)과 미시적 균열(10배 이상의 확대 요구됨)로 분류함.

크레이터(crater) — 전기단락 방전에 의해 표면에 남겨진 울퉁불퉁한 표면 함몰. 방전가공이나 전해가공과 같은 전기적 공정에 의해 발생함 (24장).

경도변화(hardness change) — 표면이나 그 근처에서 나타나는 경도 차이.

열영향부(heat affected zone) — 열의 작용에 의해 영향을 받은 금속 영역. 이 영역은 용융되지는 않지만 특성에 영향을 주는 금속학적 변화를 겪기에 충분할 정도로 가열됨. 약자로 HAZ. 그 결과는 융합용접 공정에서 매우 중요함(29장).

함유물(inclusion) — 공정 중 표면층으로 섞여 들어간 작은 재료 입자. 모재의 불연속성 유발함. 이들의 조성은 보통 모재의 조성과 다름.

결정립 간의 파괴(intergranular attack) — 표면에서의 다양한 화학적 반응. 결정립 사이의 부식과 산화를 포함함.

겹침, 포갬, 주름(lap, fold, seam) — 겹쳐진 표면의 소성가공에 기인한 불규칙성과 결함.

피트(pit) — 몇 가지 메커니즘의 작용에 의한 얇은 원형 함몰. 이 작용 메커니즘에는 선택적인 에칭이나 부식, 표면 함유물의 제거, 기계적으로 형성된 흠집 또는 전해작용이 포함됨.

소성변형(plastic deformation) — 표면금속의 변형에 의한 미세구조 변화. 그 결과로 변형경화 발생.

재결정(recrystallization) — 변형경화된 금속에서 새로운 결정립이 형성되는 것으로서, 변형된 금속부품을 가열하면 발생된다.

재도포 금속(redeposited metal) — 용융상태에서 표면으로부터 제거된 후 응고 전에 다시 부착된 금속.

재응고 금속(resolidified metal) — 공정 중에 용융된 후 표면으로부터 제거되지 않고 응고되는 표면의 일부. 재용융 금속(remelted metal)이라는 용어로도 불린다. 재주조 금속(recast metal)이란 재도포 금속과 재응고 금속을 모두 포함하는 용어이다.

잔류응력(residual stress) — 공정 후 재료에 남아있는 응력.

선택적 에칭(selective etch) — 모재의 특정 원소에 집중되는 화학적 공격의 형태.

---

[a] 문헌 [2]로부터 편집함.

표 5.3 제조공정에서 가해지는 에너지 종류와 그 결과로 발생가능한 표면 및 표면아래층의 개변.[a]

기계적	열적	화학적	전기적
표면아래층의 잔류응력	금속학적 변화(재결정, 결정 립크기 변화, 표면의 상변화)	결정립 사이의 공격	전도성 및 자성의 개변
균열 — 미시적 및 거시적	재도포 또는 재응고 금속	화학적 오염	특정 전기적 공정 중의 전기 단락으로 인한 크레이터
소성변형	열영향부	금속표면에서 수소와 염소 같은 원소의 흡수	
겹침, 포갬, 주름 기공과 함유물 경도개변(예: 가공경화)	경도개변	부식, 피팅 및 에칭 미세조성의 분해 합금원소감소	

[a] 문헌 [2]에 기초함.

5.4 표면 측정

표면은 (1) 표면조직과 (2) 표면품위의 두 가지 요소로 기술할 수 있다. 이 절에서는 이러한 두 가지 요소의 측정방법에 대하여 설명한다.

5.4.1 표면거칠기 측정

표면거칠기(surface roughness)를 평가하기 위해 다양한 방법을 사용한다. 이들을 세 가지 부류로 나눌 수 있다. (1) 표준 시험표면과의 주관적인 비교, (2) 전자 촉침(stylus) 기기 및 (3) 광학기술.

표준 시험표면

거칠기 값을 규정할 수 있도록 생산된 몇 가지 표준 표면거칠기 블록세트를 사용할 수 있다. 주어진 시편의 표면거칠기를 추정하기 위해서, 육안검사와 손톱시험을 이용하여 시편표면을 표준표면과 비교한다. 이 시험에서 사용자는 시편과 표준 표면을 부드럽게 긁어본 후, 어느 표준이 시편과 가장 유사한지 판단한다. 표준 시험표면 방법은 기계가공 작업자가 표면거칠기를 추정하기에 편리하다. 이 방법은 설계자가 부품도면에 어떤 표면거칠기를 규정할지 결정할 때에도 유용하다.

촉침 장치

손톱시험의 단점은 그 주관성에 있다. 몇 가지 촉침(stylus) 장비들이 표면거칠기를 측정하기 위해 상용화되어 있으며, 손톱시험과 유사하지만 더 과학적이다. 한 가지 예가 그림 5.17의 **표면윤곽측정기(profilometer)**다. 이 전자장비에서는 원뿔형 다이아몬드 바늘(직경 = 0.005 mm, 첨단각 = 90°)이 일정한 느린 속도로 시험표면을 가로질러 이동한다. 그 작동이 그림 5.18에 묘사되어 있다. 전자촉침 헤드는 수평으로 움직이면서, 동시에 표면의 편차를 따라 수직으로 움직인다. 이러한 수직운동은 표면의 윤곽(topography)을 나타내는 전기신호로 전환된다. 이것을 실제 표면의 윤곽으로 보여주거나, 평균거칠기 값으로 나타낼 수 있다. **윤곽기기(profiling devices)**는 편차특정을 위해 별도의 평면

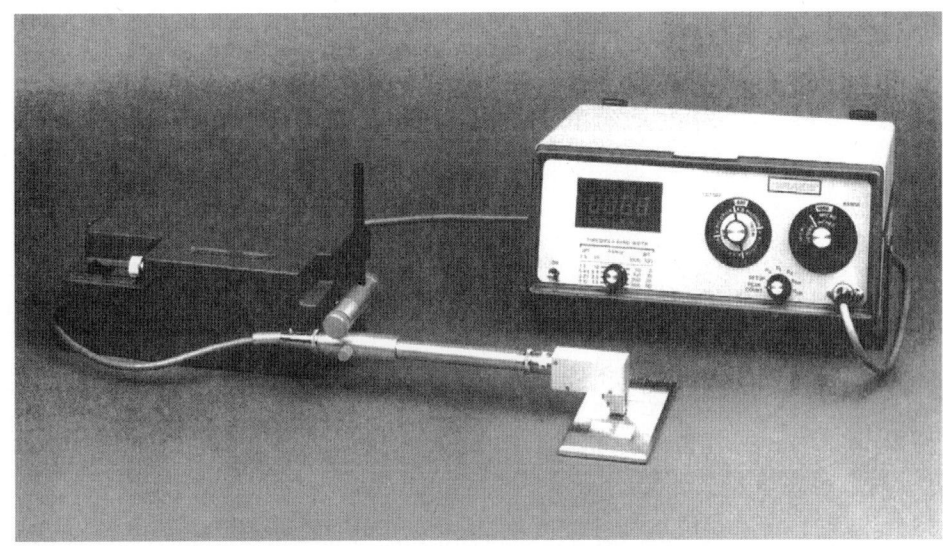

그림 5.17 표면거칠기 측정용 촉침 기기(Giddings & Lewis, Measurement Systems Division사 제공).

을 공칭기준면으로 사용한다. 바늘의 이동라인을 따라 측정된 표면 윤곽의 그래프를 출력으로 보여준다. 이러한 종류의 시스템에서는 시험표면의 거칠기와 표면파형을 규정할 수 있다. **평균기기**(averaging devices)는 거칠기의 편차를 단일 평균값 R_a로 만들어낸다. 여기서는 공칭 기준평면을 확립하기 위해 실제 표면 위에서 미끄러져 이동하는 방법을 활용한다. 미끄럼판은 표면파형의 영향을 줄이는 기계식 필터의 역할을 한다. 실제로 이 평균기기는 식 (5.1)의 연산을 전자식으로 수행한다.

광학기술

기타 표면측정 장치 대부분은 거칠기 평가를 위해 광학기술을 사용한다. 이 기술은 표면으로부터의 빛의 반사, 빛의 산란 및 레이저 기술에 기초한 것이다. 이 방법은 바늘과 표면의 접촉이 바람직하지 않을 경우 유용하다. 어떤 기술은 매우 고속의 작동이 가능하기 때문에 전수검사(100% inspection)를 가능하게 한다. 그러나 광학기술로 얻은 값이 촉침 장비로 얻은 거칠기 측정값과 항상 상관관계를 잘 유지하는 것은 아니다.

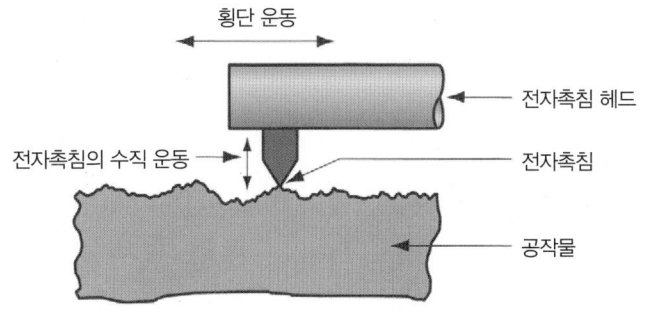

그림 5.18 촉침 기기의 작동을 설명하는 그림. 전자촉침 헤드는 표면을 수평으로 가로질러 움직이면서, 동시에 표면의 윤곽을 따라 수직으로 움직인다. 이러한 수직운동이 (1) 표면윤곽 또는 (2) 평균거칠기로 변환된다.

5.4.2 표면품위의 평가

표면품위는 표면거칠기보다 평가하기 어렵다. 어떤 검사 기술에서는 표면아래층의 변화를 알기 위해 재료시편을 파괴시험하기도 한다. 표면품위를 평가하는 방법은 다음과 같다.

- **표면조직**(surface texture) 표면거칠기, 레이의 지정 및 기타 측정치는 통합표면속성에 대한 피상적인 데이터를 제공한다. 이러한 종류의 시험은 상대적으로 간단하며, 표면결함 평가에 항상 포함된다.
- **육안검사**(visual examination) 육안검사를 통하여 균열(crack), 크레이터(crater), 겹침(lap) 및 솔기(seam)와 같은 다양한 표면결함을 찾아낼 수 있다. 이 방법은 흔히 형광기술과 사진기술에 의해 보강된다.
- **미세구조 검사**(microstructural examination) 여기서는 단면 준비 및 현미경사진 촬영을 위하여 표준 금속학적 기술을 사용하며, 이때 표면층의 미세구조를 기질과 비교하여 검사한다.
- **미세경도 프로파일**(microhardness profile) 표면 근처에서의 경도차이는 Knoop 및 Vickers 시험(3.2.1절)과 같은 미세경도 측정기술로 발견할 수 있다. 시편을 절단하고 표면으로부터 아랫방향 위치에 따른 경도를 측정하면 단면의 미세경도 윤곽을 얻는다.
- **잔류응력 윤곽**(residual stress profile) X선 회절기술을 이용하여 부품의 표면층에 있는 잔류응력을 측정할 수 있다.

5.5 제조공정의 영향

특정 공차나 표면은 제조공정에 의해서 얻어진다. 이 절에서는 공차, 표면거칠기 및 표면품위의 관점

표 5.4 다양한 제조공정의 공정능력(39.2절)에 기초한 대표적인 공차한계.[b]

공정	대표적인 공차한계, mm	공정	대표적인 공차한계, mm
사형주조:		연마공정:	
주철	±1.3	연삭	±0.008
강	±1.5	래핑	±0.005
알루미늄	±0.5	호닝	±0.005
다이캐스팅	±0.12	특수가공:	
플라스틱성형:		화학가공	±0.08
폴리에틸렌	±0.3	방전가공	±0.025
폴리스티렌	±0.15	전해연삭	±0.025
절삭가공:		전해가공	±0.05
드릴링, 직경 6 mm(0.25 in.)	±0.08, ±0.03	전자빔절단	±0.08
밀링	±0.08	레이저절단	±0.08
선삭	±0.05	플라즈마아크절단	±1.3

[b] 문헌 [4], [5] 및 기타 문헌을 편집함. 공차는 공정변수에 따라 달라짐. 또한 공차는 부품 크기에 따라 증가함.

표 5.5 다양한 제조공정에 의하여 얻어지는 표면거칠기.[a]

공정	대표적인 다듬질 수준	거칠기 범위[b]	공정	대표적인 다듬질 수준	거칠기 범위[b]
주조:			**연마공정:**		
다이캐스팅	Good	1–2	연삭	Very good	0.1–2
인베스트먼트주조	Good	1.5–3	호닝	Very good	0.1–1
사형주조	Poor	12–25	래핑	Excellent	0.05–0.5
금속성형:			폴리싱	Excellent	0.1–0.5
냉간압연	Good	1–3	수퍼피니싱	Excellent	0.02–0.3
박판드로잉	Good	1–3	**특수가공:**		
냉간압출	Good	1–4	화학밀링	Medium	1.5–5
열간압연	Poor	12–25	전해가공	Good	0.2–2
절삭가공:			방전가공	Medium	1.5–15
보링	Good	0.5–6	전자빔가공	Medium	1.5–15
드릴링	Medium	1.5–6	레이저가공	Medium	1.5–15
밀링	Good	1–6	**열 이용 공정:**		
리밍	Good	1–3	아크용접	Poor	5–25
평삭 및 형삭	Medium	1.5–12	화염절단	Poor	12–25
톱작업	Poor	3–25	플라즈마아크절단	Poor	12–25
선삭	Good	0.5–6			

[a] 문헌 [1], [2] 및 기타 문헌을 편집함.
[b] 거칠기 범위의 단위는 μm. 표면거칠기는 공정변수에 따라, 하나의 공정에서도 상당히 바뀔 수 있음.

에서 다양한 공정의 일반적인 능력에 대해 기술한다. 다른 공정들에 비하여 본질적으로 더 정확한 공정이 존재한다.

대부분의 절삭가공 공정은 매우 정확하여 공차 = ±0.05 mm 또는 그 이상이 가능하다. 반면 사형주조품은 일반적으로 부정확하여, 절삭가공 부품에 규정된 공차보다 10∼20배 정도 크다. 표 5.4에는 다양한 제조공정과 대표적인 공차에 대하여 나열하였다. 이 공차는 39.2절에서 정의한 특정 제조공정에 대한 공정능력을 기초로 하였다. 규정되어야 할 공차는 부품크기의 함수다. 즉 부품이 커질수록 넉넉한 공차가 요구된다. 이 표에서 나열한 공차는 각 공정 범주에서 중간크기의 부품에 대한 값이다.

제조공정은 표면다듬질정도와 표면품위를 결정한다. 어떤 공정은 다른 공정들에 비하여 더 좋은 표면을 만들 수 있다. 일반적으로 표면다듬질정도를 개선하려면 가공비가 증가한다. 그 이유는 더 나은 표면을 얻기 위해서 일반적으로 추가공정과 더 많은 시간이 소요되기 때문이다. 우수한 다듬질정도를 갖는 가공법에는 호닝, 래핑, 폴리싱 및 수퍼피니싱이 있다(23장). 표 5.5에서는 다양한 제조공정으로부터 기대할 수 있는 일반적인 표면거칠기를 보여준다.

참고문헌

[1] American National Standards Institute, Inc. *Surface Texture,* ANSI B46.1-1978. American Society of Mechanical Engineers, New York, 1978.

[2] American National Standards Institute, Inc. *Surface Integrity,* ANSI B211.1-1986. Society of Manufacturing Engineers, Dearborn, Michigan, 1986.

[3] American National Standards Institute, Inc. *Dimensioning and Tolerancing,* ANSI Y14.5M-1982. American Society of Mechanical Engineers, New York, 1982.

[4] Bakerjian, R. and Mitchell, P. *Tool and Manufacturing Engineers Handbook,* 4th ed., Vol. VI, *Design for Manufacturability.* Society of Manufacturing Engineers, Dearborn, Michigan, 1992.

[5] Brown & Sharpe. *Handbook of Metrology.* North Kingston, Rhode Island, 1992.

[6] Curtis, M., *Handbook of Dimensional Measurement,* 4th ed. Industrial Press, New York, 2007.

[7] Drozda, T. J. and Wick, C. *Tool and Manufacturing Engineers Handbook,* 4th ed., Vol. I, Machining. Society of Manufacturing Engineers, Dearborn, Michigan, 1983.

[8] Farago, F. T. *Handbook of Dimensional Measurement,* 3rd ed. Industrial Press Inc., New York, 1994.

[9] *Machining Data Handbook,* 3rd ed., Vol. II. Machin-ability Data Center, Cincinnati, Ohio, 1980, Ch. 18.

[10] Mummery, L. *Surface Texture Analysis — The Handbook.* Hommelwerke Gmbh, Germany, 1990.

[11] Oberg, E., Jones, F. D., Horton, H. L., and Ryffel, H. *Machinery's Handbook,* 26th ed. Industrial Press, New York, 2000.

[12] Schaffer, G. H. "The Many Faces of Surface Texture," Special Report 801, *American Machinist and Automated Manufacturing,* June 1988, pp. 61–68.

[13] Sheffield Measurement, a Cross & Trecker Company, *Surface Texture and Roundness Measurement Handbook,* **Dayton,** Ohio, 1991.

[14] Spitler, D., Lantrip, J., Nee, J., and Smith, D. A. *Fundamentals of Tool Design,* 5th ed. Society of Manufacturing Engineers, Dearborn, Michigan, 2003.

[15] S. Starrett Company. *Tools and Rules.* Athol, Massachusetts, 1992.

[16] Wick, C., and Veilleux, R. F. *Tool and Manufacturing Engineers Handbook,* 4th ed., Vol. IV, Quality Control and Assembly. Society of Manufacturing Engineers, Dearborn, Michigan, 1987, Section 1.

[17] Zecchino, M. "Why Average Roughness Is Not Enough," *Advanced Materials & Processes,* March 2003, pp. 25–28.

복습문제

5.1 공차란 무엇인가?

5.2 양쪽공차와 한쪽공차의 차이는 무엇인가?

5.3 측정에서 정확도란 무엇인가?

5.4 측정에서 정밀도란 무엇인가?

5.5 정량적 측정기기란 무엇인가?

5.6 표면이 중요한 이유를 몇 가지 들어라.

5.7 공칭표면을 정의하여라.

5.8 표면조직을 정의하여라.

5.9 표면조직과 표면품위는 어떻게 다른가?

5.10 표면조직의 범주 내에서, 표면거칠기는 표면파형과 어떻게 다른가?

5.11 표면거칠기는 표면조직 중에서 측정할 수 있는 측면이다. 표면거칠기는 무엇을 의미하는가?

5.12 표면조직의 척도로서 표면거칠기 사용 시 단점은 무엇인가?

5.13 금속표면 바로 아래에서 발생할 수 있는 변화와 손상을 몇 가지 기술하여라.

5.14 표면 바로 아래의 변화층에서 발생하는 다양한 종류의 변화 원인은 무엇인가?

5.15 표면거칠기를 평가하는 일반적인 방법은 무엇인가?

5.16 표면다듬질정도가 매우 불량한 제조공정을 들어라.

5.17 표면다듬질정도가 매우 우수한 제조공정을 들어라.

5.18 (동영상) 버니어 캘리퍼스 동영상에 기초하면, 이동 가능한 버니어 눈금의 간격은 정지막대와 비교하여 그 간격이 같은가, 더 좁은가 또는 더 넓은가?

5.19 (동영상) 버니어 캘리퍼스 동영상에 기초하여, 눈금을 어떻게 읽는지 설명하여라.

5.20 (동영상) 마이크로미터 동영상에 기초하여, 미국식 마이크로미터가 미터식과 다른 가장 중요한 요인을 설명하여라.

┃ 객관식문제(19개의 답)

5.1 공차는 다음 중 어느 것인가? (a) 축과 그것이 들어갈 구멍 사이의 틈새, (b) 측정오차, (c) 특정 치수로부터의 총 허용 편차, (d) 가공의 편차.

5.2 다음 기하학적 용어들 중 같은 의미인 것 두 개는 무엇인가? (a) circularity, (b) concentricity, (c) cylindricity, (d) roundness.

5.3 정반은 가장 대표적으로 다음 어느 재료로 만들어지는가? (a) 산화알루미늄, (b) 주철, (c) 대리석, (d) 단단한 중합체, (e) 스테인리스스틸.

5.4 외부 마이크로미터로 측정하기에 적절한 것은 다음 중 어느 것인가? (두 개의 정답) (a) 구멍 깊이, (b) 구멍 직경, (c) 부품 길이, (d) 축의 지름, (e) 표면거칠기.

5.5 통과/정지 게이지에서 통과게이지의 기능을 가장 잘 설명한 것은? (a) 최대 공차한계의 확인, (b) 최대소재 조건의 확인, (c) 최대 치수의 확인, (d) 최소소재 조건의 확인, (e) 최소 치수의 확인.

5.6 다음 중 통과/정지 게이지로 적합한 것은? (세 개의 정답) (a) 게이지블럭, (b) 한계 게이지, (c) 마스터 게이지, (d) 플러그 게이지, (d) 스냅 게이지.

5.7 표면조직은 다음의 표면 특성들 중 어느 것을 포함하는가? (세 개의 정답) (a) 공칭표면으로부터의 편차, (b) 표면에 생긴 공구의 이송 자국, (c) 경도 편차, (d) 기름층, (e) 표면 균열.

5.8 표면조직은 표면품위의 범주에 포함된다. (a) 참, (b) 거짓.

5.9 열에너지는 일반적으로 변화층의 어느 변화와 관련이 있는가? (세 개의 답) (a) 균열 (b) 경도변화, (c) 열영향부, (d) 소성변형, (e) 재결정, (f) 공극.

5.10 다음 가공법들 중 표면다듬질정도가 가장 좋은 것은? (a) 아크용접, (b) 연삭, (c) 절삭가공, (d) 사형주조, (e) 톱작업.

5.11 다음 가공법들 중 표면다듬질정도가 가장 나쁜 것은? (a) 냉간압연, (b) 연삭, (c) 절삭가공, (d) 사형주조, (e) 톱작업.

┃ 연습문제

5.1 지름 = 3.75 + 0.075 cm인 구멍을 검사하기 위한 통과/정지 플러그게이지(GO/NO-GO plug gage)의 공칭치수를 설계하여라. 통과게이지에만 마모 허용값이 있다. 마모 허용값은 검사할 속성에 대한 전체 공차폭의 2%이다. 다음을 결정하여라. (a) 마모 허용값을 포함한 통과게이지의 공칭치수, (b) 정지게이지의 공칭치수.

5.2 지름 = 1.500 ± 0.030 cm인 축의 지름을 검사하기 위한 통과/정지 스냅게이지(GO/NO-GO snap gage)의 공칭치수를 설계하여라. 통과게이지에만 마모 허용값이 있다. 마모 허용값은 검사할 속성에 대한 전체 공차폭의 2%이다. 다음을 결정하여라. (a) 마모 허용값을 포함한 통과게이지의 공칭치수, (b) 정지게이지의 공칭치수.

5.3 지름 = 30.00 ± 0.18 mm인 구멍을 검사하기 위한 통과/정지 플러그게이지(GO/NO-GO plug gage)의 공칭치수를 설계하여라. 통과게이지에만 마모 허용값이 있다. 마모 허용값은 검사할 속성에 대한 전체 공차폭의 3%이다. 다음을 결정하여라. (a) 마모 허용값을 포함한 통과게이지의 공칭치수, (b) 정지게이지의 공칭치수.

5.4 지름 = 30.00 ± 0.18 mm인 축의 지름을 검사하기 위한 통과/정지 스냅게이지(GO/NO-GO snap gage)의 공칭치수를 설계하여라. 통과게이지에만 마모 허용값이 있다. 마모 허용값은 검사할 속성에 대한 전체 공차폭의 3%이다. 다음을 결정하여라. (a) 마모 허용값을 포함한 통과게이지의 공칭치수, (b) 정지게이지의 공칭치수.

5.5 사인바(sine bar)는 부품 속성인 각도를 결정하는 데 사용된다. 사인바의 길이는 15 cm이다. 롤러의 지름은

2.5 cm이다. 모든 검사는 정반 위에서 수행된다. 사인바를 부품의 각도에 맞추기 위해 다음과 같은 게이지블록을 적층해야 한다. 2.0000, 0.5000, 0.3550. 부품 속성인 각도를 결정하여라.

5.6　길이가 200.00 mm인 사인바(sine bar)를 부품 속성인 각도를 결정하는 데 사용한다. 각도의 치수는 35.0 ± 1.8이다. 사인바 롤러의 지름은 30.0 mm이다. 사용할 수 있는 게이지블록 세트는 10.0000 ~ 199.9975 mm의 어느 높이든지 0.0025 mm 증가폭으로 만들 수 있다. 모든 검사는 정반 위에서 수행된다. 다음을 결정하여라.

(a) 최소 각도를 검사하기 위한 게이지블록의 높이,

(b) 최대 각도를 검사하기 위한 게이지블록의 높이,

(c) 공칭각도 크기에서 정할 수 있는, 각도의 최소 증분.

제 II 부

공업재료

Chapter

6

금속

6.1 **합금과 상평형도**
  6.1.1 합금
  6.1.2 상평형도

6.2 **철계 금속**
  6.2.1 철-탄소 상평형도
  6.2.2 철과 강의 생산
  6.2.3 강
  6.2.4 주철

6.3 **비철금속**
  6.3.1 알루미늄과 그 합금
  6.3.2 마그네슘과 그 합금

6.3.3 구리와 그 합금
6.3.4 니켈과 그 합금
6.3.5 티타늄 그 합금
6.3.6 아연과 그 합금
6.3.7 납과 주석
6.3.8 내화금속
6.3.9 귀금속

6.4 **초내열합금**

6.5 **금속 공정을 위한 가이드**

Part II에서는 (1) 금속, (2) 세라믹, (3) 중합체, (4) 복합재의 네 가지 유형의 공업재료에 대하여 다룬다. 금속은 가장 중요한 공업재료이며 이 장의 주제이다. **금속**(metal)은 연성, 전성, 광택, 높은 전기적·열적 전도도 등의 물성 특성을 갖는 재료의 범주에 속한다. 이 범주는 금속 원소와 합금을 포함한다. 금속은 설계시의 필요조건을 매우 광범위하게 만족시킬 수 있는 물성을 지니고 있다. 최종 제품의 형상을 만드는 제조공정들은 이미 오래 전에 개발되어 개량되어 왔는데, 어떤 공정들의 역사는 고대로 거슬러 올라간다(역사적 고찰 1.2). 또한, 금속의 기본 물성들은 열처리를 통하여 개선될 수 있다(25장에서 다룸).

금속의 기술적, 상업적 중요성은 대부분의 금속들이 다음과 같은 일반적인 물성을 지니고 있기 때문이다.

- **고강성과 고강도** 금속들을 합금하여 높은 강성, 강도 및 경도 등을 얻을 수 있어서, 대부분 공업 제품의 구조용 골격으로 사용된다.
- **인성** 다른 재료들에 비하여 금속은 에너지를 흡수할 수 있는 능력이 뛰어나다.
- **우수한 전기전도도** 금속결합 구조가 전하 운반체인 전자를 자유롭게 이동할 수 있도록 하기 때문에 전도체가 된다.
- **우수한 열전도도** 금속결합으로 인하여 세라믹이나 중합체에 비하여 일반적으로 열을 잘 전도한다.

게다가, 어떤 금속은 특별한 적용대상에 필요한 특별한 물성을 가지고 있기도 하다. 대부분의 금속들은 단위 중량당 비교적 낮은 가격에 이용이 가능하고, 이러한 이유로 단순하게 선택이 되는 재료이다.

금속은 다양한 제조공정에 의하여 부품이나 제품으로 변환된다. 공정을 위한 금속의 초기 형태는 공정에 따라 달라진다. 주요 범주는 (1) **주조 금속**(cast metal), 주조공정에서의 초기 형태, (2) **단조 금속**(wrought metal), 금속이 주조 이후에 단조(예, 압연이나 다른 성형)되거나 혹은 단련될 수 있는 금속을 말하며, 주조 금속에 비하여 기계적 성질이 개선된다. (3) **분말 금속**(powdered metal), 분말 야금 기술에 의하여 부품으로 변환되기 위하여 상당히 작은 분말 형태로 공급된 금속을 의미한다. 대부분의 금속은 이들 세 가지 형태 모두로 이용이 가능하다. 이 장에서는 상업적으로나 공업적으로 관심이 큰 (1)과 (2)의 범주에 대하여 다룬다. 분말야금 기술은 14장에서 다루게 된다.

금속은 두 개의 큰 범주로 분류된다. (1) **철계**(ferrous)─철을 기본으로 한다, (2) **비철계**(nonferrous)─철 이외의 모든 금속이 속한다. 철계 금속은 강과 주철로 다시 분류된다. 대부분의 설명은 이러한 분류에 따라 전개되는데, 먼저 합금과 상평형도에 대한 일반적인 주제들에 대하여 설명하겠다.

6.1 합금과 상평형도

어떤 금속은 순수한 원소로서 중요하지만(예, 금, 은, 구리 등), 대부분의 경우에는 합금에 의해 개선된 물성을 요구하게 된다. 합금을 통하여 순수한 금속보다 개선된 강도, 경도 및 기타 물성들을 얻을 수 있다. 이 절에서는 합금을 정의하고 분류하였으며, 이러한 합금은 조성과 온도의 함수로 표기되며, 합금계의 상을 나타내는 상평형도에 대하여 다룬다.

6.1.1 합금

합금(alloy)은 두 개 원소 이상의 금속으로 이루어진 합금 금속이다. 합금의 두 가지 주요 범주는 (1) 고용체와 (2) 중간상이다.

고용체

고용체(solid solution)란 하나의 원소가 또 다른 원소 속에 단상구조 형태로 용해되어 들어가는 것을 말한다. **상**(phase)이란 용어는 모든 결정입자들이 동일한 결정 격자구조를 갖는 것과 같이 어떤 재료의 균일한 상태를 뜻한다. 고용체에서는 용매나 기저 원소가 금속이고, 용질원소는 금속일 수도 있고 비금속일 수도 있다. 그림 6.1에서처럼 고용체는 두 가지 형태가 있다. 첫 번째는 **치환형 고용체**

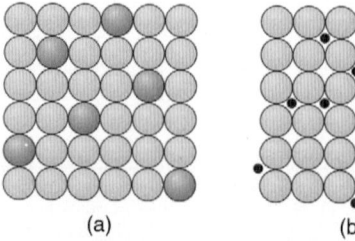

그림 6.1 고용체의 두 가지 형태.
(a) 치환형 고용체, (b) 침입형 고용체.   (a)   (b)

(substitutional solid solution)로서 용매 원소의 원자가 용질 원소에 의하여 그 단위셀 내에서 치환되는 것을 말한다. 구리 안에 아연이 녹아 있는 황동이 그 예이다. 치환을 하기 위해서는 몇 가지 규칙을 만족해야 한다 [3], [6], [7]. (1) 두 원소의 원자 반지름은 약 15% 차이 이내로 비슷해야 한다. (2) 그들의 격자 형태는 같아야만 한다. (3) 원소들이 다른 원자가를 지닐 경우에는, 낮은 원자가의 금속이 용제가 된다. (4) 원소들이 서로 화학적으로 반응을 잘하면 고용체를 형성하는 것이 아니고 화합물을 형성한다.

고용체의 두 번째는 **침입형 고용체**(interstitial solid solution)로서 용질 원소의 원자들이 기저 금속의 원자들의 격자구조 사이사이의 빈 공간에 위치하는 것이다. 이러한 침입형에 위치하는 원자들은 용매 금속의 원자들에 비하여 상당히 작다. 이러한 고용체의 가장 중요한 예는 탄소가 철 속으로 녹아들어서 강을 형성하는 것이다.

고용체의 두 가지 형태 모두에서 합금 구조는 두 원소의 어느 것보다도 일반적으로 더 강하고 단단하다.

중간 상

보통 한 원소가 다른 원소 내로 용해되는 데에는 한계가 있다. 합금 내 용질 원소의 양이 기저 금속의 고용 한계를 넘어서게 되면 합금 내에 두 번째 상이 형성된다. 이것을 설명하기 위하여 **중간 상**(intermediate phase)이라는 용어를 사용하는데, 그 이유는 그 화학 조성이 두 순수 원소의 중간이기 때문이다. 그 결정구조도 순수한 금속의 경우와는 다르다. 조성에 따라서 그리고 두 원소 이상으로 구성된 합금의 구성 원소의 수에 따라서, 이 중간상은 몇 가지 형태로 나타날 수 있는데 다음의 두 형태를 포함한다. (1) Fe_3C와 같이 금속과 비금속으로 구성된 금속 화합물, (2) Mg_2Pb와 같이 두 개의 금속이 화합물을 형성하는 금속간 화합물이다. 합금의 조성은 종종 중간상과 일차 고용체가 섞여져서 2상 구조를 형성하게 된다. 2상 합금은 고용체에 비하여 상당히 높은 강도를 갖도록 조성을 하여 열처리를 할 수 있기 때문에 더욱 중요성이 크다고 할 수 있다.

6.1.2 상평형도

상평형도(phase diagram) 혹은 상태도는 조성과 온도의 함수로써 나타낸 금속 합금계의 상들을 보여주는 그래프를 말한다. 여기에서 우리는 대기압 하에서 두 가지 원소로 구성된 합금계의 평형도에 대하여만 다룬다. 이러한 형태의 상평형도를 **2원 상평형도**(binary phase diagram)라고 한다. 다른 형태의 상평형도는 참고문헌 [6]과 같은 다른 재료과학 문헌에 설명되어 있다.

구리-니켈 합금계

상평형도를 설명하는 가장 좋은 방법은 예를 드는 것이다. 그림 6.2는 가장 쉬운 예들 중의 하나인 Cu-Ni 합금계에 대한 상평형도이다. 조성은 수평축에 표시되고 온도는 수직축 상에 표시된다. 그러므로 평형도 내의 어떤 점도 조성에 따른 상, 혹은 주어진 온도에서의 상을 나타낼 수 있다. 순수한 구리는 1083°C(1356 K)에서 용융하고, 순수한 니켈은 1455°C(1728 K)에서 용융한다. 이들 양극단 사이에서의 합금 성분은 온도가 올라감에 따라 고상선에서 시작하여 액상선에서 끝나는 점진적인 용융을 보인다.

구리-니켈계는 그 전체 조성에 걸쳐 고용체 합금이다. 고상선 아래의 어떠한 영역에서도 합금은

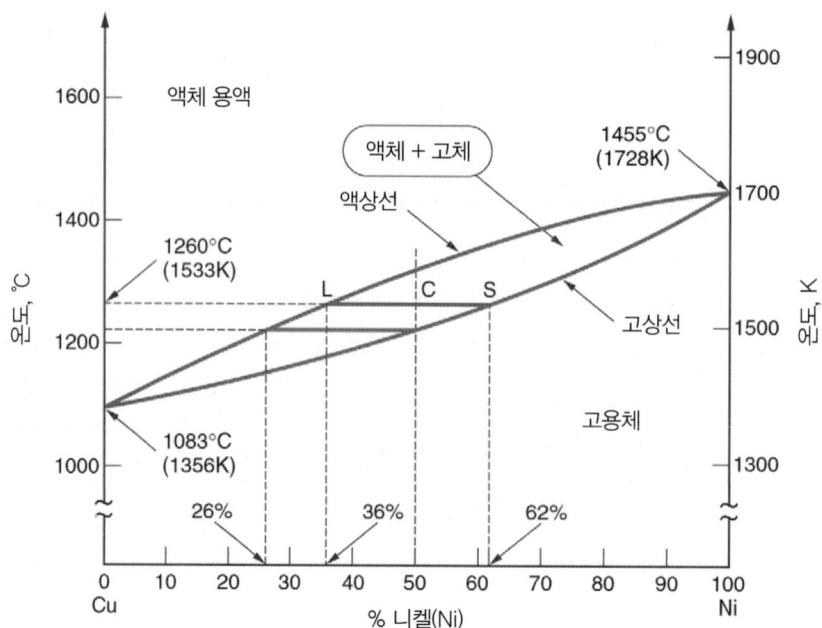

그림 6.2 구리–니켈 합금계의 상평형도.

고용체이고, 이 계에서 중간 고상은 존재하지 않는다. 그러나 고상선과 액상선 사이의 영역에서 혼합된 상들이 존재한다. 4장에서 전술한 바와 같이 고상선은 온도가 올라가서 고체금속이 용융을 시작하는 온도를 의미하고, 액상선은 용융을 끝마치는 온도를 의미한다. 우리는 상평형도를 통하여 이러한 온도들이 그 조성에 따라 변화하는 것을 알 수 있다. 고상선과 액상선 사이에서, 금속은 고체와 액체의 혼합 상태이다.

상의 화학적 조성 결정

합금의 전체적인 조성은 수평축상의 위치에 따라 주어지지만 고상과 액상의 조성은 그렇지 않다. 상평형도에서는 우리가 원하는 온도에서 수평선을 그어서 이러한 조성을 결정할 수 있다. 이 수평선과 고상선 및 액상선과의 교점은 각각 주어진 고상과 액상의 조성을 나타낸다. 간단하게 이 교점들로부터 x축으로 수선을 내리면 일치하는 조성을 알 수 있다.

예제 6.1 상평형도로부터 조성 결정하기

구리-니켈계에서 니켈의 총 구성비가 50%일 때, 1260°C(1553 K)의 온도에서의 액상과 고상의 조성에 대하여 설명하여라.

풀이

그림 6.2에 나타낸 것과 같이 주어진 온도에서 수평선을 그린다. 이 선은 62% 니켈 조성에서 고상선과 교차하므로, 고상의 조성을 나타낸다. 즉, 이 온도에서의 고체조성은 Ni 62%, Cu 38%이다. 액상선과의 교차는 36%의 Ni 조성에서 일어나므로 액상에서 Ni 성분이 36%임을 의미한다.

50-50 구리-니켈 합금의 온도가 내려가면, 1221°C(1494 K) 정도에서 고상선에 이른다. 예제 6.1

에서 제시한 과정과 동일하게 적용하면, 고체 금속의 조성은 50% 니켈이라는 것과 응고까지 마지막으로 남아있는 액체의 조성은 약 26% 니켈이 된다. 독자들은 어떻게 잔여 액체금속이 응고한 고체 금속과 다른 조성을 갖는가에 대하여 의문을 가질 수도 있을 것이다. 그 답은 상평형도는 평형상태를 가정했다는 것이다. 실제로 2원 상평형도는 이러한 가정으로 인하여 평형상태도라고도 불린다. 그것이 의미하는 것은 확산이 일어날 수 있도록 충분한 시간이 있고, 고체금속이 점진적으로 그 조성을 변화하여 액상선을 따라 교점이 나타내는 조성을 갖도록 하는 것을 의미한다. 실제로 합금이 응고하면(예, 주조) 비평형 상태로 인하여 **편석**(segregation)이 고체 내에 발생한다. 응고하는 초기 액체는 높은 용융점을 갖는 금속원소가 풍부한 조성을 지닌다. 추가적으로 금속이 응고함에 따라 초기 금속이 응고했을 때의 조성과는 다르게 된다. 핵 형성 위치가 고체 안으로 자라면서 응고가 일어나는 온도와 시간에 따라 고체 내의 조성이 분포된다. 전체적인 조성은 이러한 분포의 평균과 같다.

각 상의 양 계산

주어진 온도에서의 각 상들의 양도 상평형도로부터 결정될 수 있다. 이것은 **역지렛대 법칙**(inverse lever rule)에 의하여 수행된다. (1) 그림 6.2에서와 같은 방법으로 전체 조성과 액상선, 고상선의 교차점 사이의 거리를 CL과 CS라 하면, (2) 액상의 비율은 다음과 같이 주어진다.

$$L상 \ 비율 = \frac{CS}{(CS + CL)} \tag{6.1}$$

(3) 고상의 비율은 다음과 같이 주어진다.

$$S상 \ 비율 = \frac{CL}{(CS + CL)} \tag{6.2}$$

예제 6.2 각 상의 비율 결정하기 ────────────────────────────

구리-니켈계에서 1260°C(1553 K)의 온도에서의 니켈 성분의 조성비가 50%일 때, 액상과 고상의 비율을 결정하여라.

풀이

앞의 예제 6.1에서와 같이, 그림 6.2의 같은 수평선을 이용하면, CS와 CL의 거리는 각각 10 mm, 12 mm로 측정된다. 따라서, 액상의 비율은 10/22 = 0.45(45%)이고, 고상의 비율은 12/22 = 0.55(55%)의 비율이 된다.

───

식 (6.1)과 (6.2)로 주어진 비율은 상평형도와 같은 질량 백분율이다. 비율은 우리가 알고자 하는 상의 반대편 거리를 기준으로 하므로 역지렛대 법칙이라고 부른다. $CS = 0$인 극한의 경우에 대하여 적용하여 보면, 이 점에서 고상선에 도달하였기 때문에 합금은 완전히 응고하고, 액상의 비율은 0임을 알 수 있다.

상의 화학적 조성과 각 상의 양을 결정하는 방법은 상평형도의 고체 영역뿐만 아니라 액상선-고상선 사이의 영역에도 적용이 가능하다. 두 개 상이 존재하는 상평형도 상의 어떠한 위치에서도 이 방법들은 사용 가능하다. 한 개 상만 존재하는 경우(그림 6.2의 완전한 고체영역)에 상의 조성은 평형상태 하의 전체 조성이고, 하나의 상밖에 없기 때문에 역지렛대 법칙을 적용할 수는 없다.

주석-납 합금계

조금 더 복잡한 상평형도는 그림 6.3에 나타낸 주석-납 상평형도이다. 주석-납 합금은 전기적 · 기계적 결합을 위한 솔더링 재료용으로 많이 이용된다(29.2절)[1]. 상평형도는 이전의 Cu-Ni계에는 없는 몇 개의 다른 특징을 보인다. 첫 번째 특징은 알파(α)와 베타(β)의 두 개의 고상이 존재한다는 것이다. 평형도의 왼쪽 편에 있는 알파상은 납 안에 주석이 있는 고용체이고, 200°C(473 K) 정도의 높은 온도에서 평형도의 오른쪽 편에 나타나는 베타상은 주석 안에 납이 있는 고용체이다. 이 두 고용체들 사이에서는 $\alpha + \beta$ 두 고상의 혼합 상태로 존재한다.

주석-납계에서 흥미로운 또 다른 특징은 다른 조성에 대하여 용융이 어떻게 다른 가에 대한 것이다. 순수한 주석은 232°C(505 K)에서 녹고, 순수한 납은 327°C(600 K)에서 녹는다. 이들 원소의 합금은 더 낮은 온도에서 용융한다. 상평형도에서 두 개의 액상선이 순금속에 대한 용융점에서 시작하여 주석 61.9% 조성에서 만난다는 것을 볼 수 있다. 이것이 주석-납계의 공정 조성이다. 일반적으로 **공정합금**(eutectic alloy)은 합금계에서 고상선과 액상선이 동일한 온도에 있는 특정한 조성을 갖는다. 이에 해당하는 **공정온도**(eutectic temperature)는 공정조성의 용융점으로서 이 경우에는 183°C(456 K)이다. 합금계에서 공정온도는 항상 가장 낮은 용융점이다(공정을 뜻하는 eutectic은 쉽게 용융하는 것을 뜻하는 그리스 단어 **eutektos**에서 유래되었다).

Sn-Pb 계에 대한 상의 화학적 분석과 상의 비율을 결정하는 방법들은 이미 설명한 Cu-Ni계에서의 방법들과 동일하다. 실제로 이 방법들은 두 개의 고상을 포함하여 두 개의 상을 갖는 어떠한 경우에도 적용이 가능하다. 대부분의 합금계는 다수의 고상과 공정조성이 존재하므로 대부분의 계에 대한 상평형도들은 종종 주석-납계와 유사하다. 물론 많은 합금계는 훨씬 더 복잡하다. 이들 중 하나는

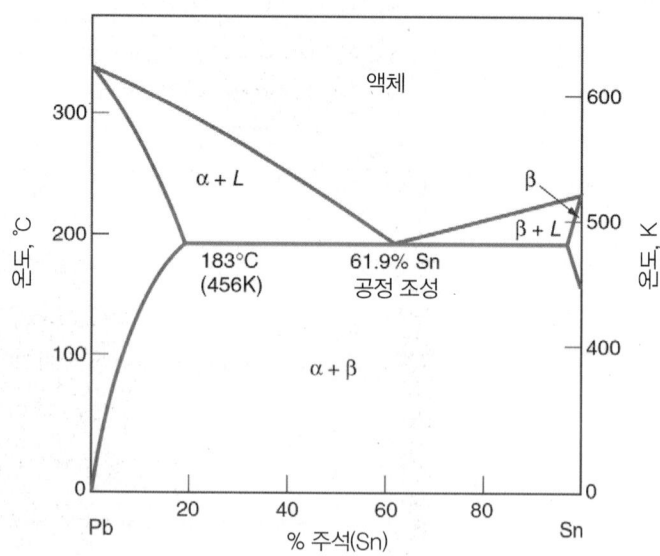

그림 6.3 주석-납 합금계의 상평형도.

---

[1] 납은 독성이 있는 물질이어서 많은 상업용 솔더에서 납 대신에 대체 합금 성분들로 대체되었다. 이것을 무연솔더 라고 부른다.

철과 탄소의 합금계이다.

6.2 철계 금속

철계 금속은 인류에게 알려진 가장 오래된 금속들 중의 하나인 철을 근간으로 한다(역사적 고찰 6.1). 철과 관련된 물성과 기타 자료는 표 6.1(a)에 나타내었다. 공학적으로 중요한 철계 금속은 철과 탄소의 합금이다. 이 합금들은 강과 주철의 두 개의 범주로 크게 나뉜다. 이들은 미국의 금속 소비량의 약 85%를 차지한다 [6]. 철-탄소 상평형도에 대하여 살펴봄으로써 철계 금속에 대하여 설명을 하

표 6.1 금속 원소들에 대한 기초 데이터 : (a) 철.

기호 : Fe	탄성계수 : 209,000 MPa
원자번호 : 26	주요 원석 : **Hematite**(Fe_2O_3)
비중 : 7.87	합금 원소 : 탄소, 크롬, 망간, 니켈, 몰리브덴, 바나듐, 규소
결정구조 : BCC	
용융온도 : 1539°C(1812K)	전형적인 용도 : 건설, 기계, 자동차, 철도 트랙, 설비

문헌 [6], [11], [12]로부터 편집함.

역사적 고찰 6.1　　**철과 강**

철은 청동기시대에도 몇 차례 발견되었다. 그것은 아마도 철 광석이 함유된 근처 불의 재에 의해 나타났을 것이다. 이 금속의 사용이 증가하면서 청동의 가치를 능가하게 되었다. 비록 인위적으로 만들어진 철은 기원전 2900년경의 이집트 기자 지역의 대 피라미드 안에서 발견되었지만, 일반적인 철기시대는 기원전 1200년경에 시작되었다고 본다. 철 용광로는 기원전 1300년경의 이스라엘에서 발견되었다. 철제 마차, 검, 도구 등이 기원전 1000년경의 고대 아시리아(북부 이라크)에서 제작되었다. 로마인들은 철 가공 기술을 주로 그리스 지역으로부터 전수받아서 높은 기술 수준으로 발전시켜 유럽의 각 지역으로 보급시켰다. 고대 문명은 철이 청동보다 강하고, 더 날카롭고, 더 단단하게 가공된다는 것을 알게 되었다.

중세 유럽에서 대포가 발명되자 드디어 철이 수요 면에서 구리와 청동을 앞지르게 되었다. 또한 17세기와 18세기에 주철 난로의 보급으로 인하여 철에 대한 수요가 급격하게 증가하였다(역사적 고찰 10.3).

19세기에 들어서, 철도, 조선, 건설, 기계류와 무기 등의 산업으로 인하여 유럽과 미국 등에서는 철과 강의 수요가 극적으로 증가하였다. **고로**(blast furnace)에 의하여 많은 양의 **선철**(pig iron)이 생산될 수 있었지만, 단철과 강의 생산을 위한 추가적인 공정은 느리게 개발되었다. 이런 필수적인 금속에 대한 생산성을 개선하기 위한 필요성이 '발명의 어머니'가 되었다. 영국의 Henry Bessemer는 **베서머 전로**(Bessemer converter)를 이용하여 용융철 위로 공기를 불어넣는 공정을 개발하였다(1856년 특허). 프랑스의 Pierre와 Emile Martin은 1864년에 처음으로 **평로**(open hearth furnace)를 개발하였다. 이들 방법에 의해 한 번 가열로 15톤 이상의 강을 생산할 수 있었으며, 이는 이전 방법에 비하여 비약적으로 증가한 양이었다.

미국에서는 남북전쟁 이후에 철도의 증설로 인하여 매우 많은 양의 강이 필요하게 되었다. 1880년대와 1890년대에는 건설 분야에 상당한 양의 강재 빔이 사용되었다. 마천루는 이러한 강구조에 의존하였다.

1800년대 후반에 전기를 풍부하게 이용할 수 있게 되자 제강을 위한 에너지원으로도 사용하게 되었다. 제강을 위한 최초의 상업적인 **전기로**(electric furnace)는 1899년 프랑스에서 시작되었다. 1920년까지 이 방법은 합금강을 만드는 주요한 공정이 되었다.

순수한 산소를 제강에 이용하는 것은 2차 세계대전 직전에 유럽의 몇몇 나라와 미국에서 시작되었다. 전쟁 이후에 오스트리아에서 **보통 산소 전로**(basic oxygen furnace, BOF)가 개발되었다. 이 방법은 제강에 있어서 신기술이었고, 1970년에 평로를 능가하였다. 베서머 전로는 1920년경에 평로에 추월되었고, 1971년에는 상업적인 제강법에서 사라지게 되었다.

기로 한다.

6.2.1 철–탄소 상평형도

그림 6.4에는 철-탄소 상평형도를 나타내었다. 순철은 1539°C(1812 K)에서 용융한다. 상온으로 부터 온도가 상승하는 동안 상평형도에 나타낸 것과 같이 이들은 몇 번의 고상 변화를 겪는다. 상온에서는 **페라이트**(ferrite)라고 불리는 알파(α)상으로 시작한다. 912°C(1185 K)에서 페라이트는 **오스테나이트**(austenite)라고 불리는 감마(γ)상으로 변한다. 이것이 1394°C(1667 K)에서 델타(δ)상으로 변하여 용융 시까지 유지된다. 이 세 가지 상은 다음과 같이 구분된다. 알파와 델타는 BCC구조(2.3.1절)이고 이들 사이의 감마는 FCC이다. 열처리에 대한 비디오클립을 통하여 철-탄소 상평형도와 강화철에 사용되는 방법들에 대하여 알 수 있다.

> 비디오클립
> 열처리 : 'iron-carbon phase diagram' 내용을 볼 것.

상업적인 제품으로서 철은 순도에 따라 다양하게 사용될 수 있다. **전해철**(electrolytic iron)이 가장 순수한데 약 99.99%이고, 순금속이 요구되는 연구나 기타 목적으로도 사용된다. 약 0.1% 불순물을 포함하는(약 0.01% 탄소를 포함하는) **잉곳 철**(ingot iron)은 높은 연성 또는 부식 저항이 필요한 응용 분야에 사용된다. **연철**(wrought iron)은 탄소는 매우 적지만 약 3%의 슬래그를 포함하며, 단조와 같은 열간 성형 공정에서 쉽게 성형이 된다.

철 안의 탄소 용해 한계는 페라이트 상에서는 723°C(996 K)에서 약 0.022% 정도로 낮은 편이다. 오스테나이트는 1130°C(1403 K)에서 약 2.1%의 탄소를 용해할 수 있다. α와 γ 사이의 이러한 용

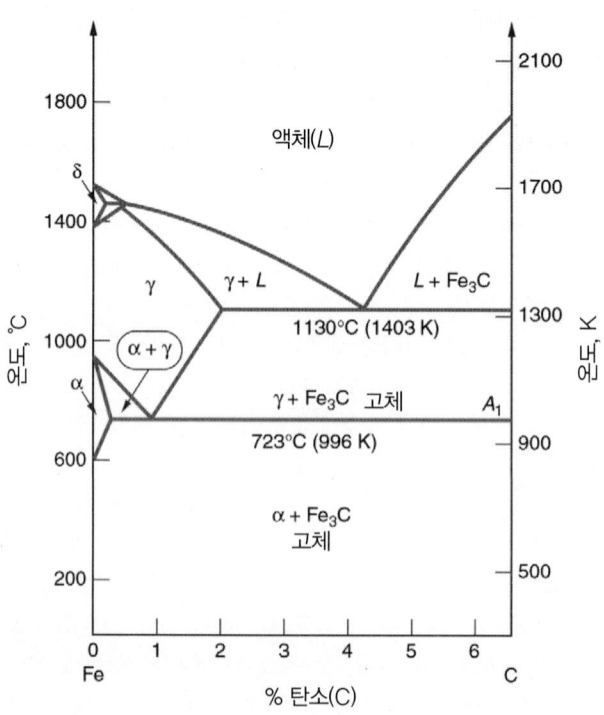

그림 6.4 약 6% 정도 탄소까지의 철–탄소 상평형도.

해도의 차이는 열처리에 의한 강화를 가능하게 해주지만, 이에 대한 논의는 25장에서 다룬다. 열처리가 없더라도 탄소량이 증가하게 되면 철의 강도는 급격히 증가하게 되어 강이라고 부르는 금속이 된다. 보다 정확하게는 **강**(steel)이란 0.02%에서 2.11%까지의 탄소를 함유한 철-탄소 합금으로 정의된다.[2] 물론 다른 합금원소를 함유할 수도 있다.

상평형도에서 공정조성은 4.3%의 탄소에서 나타난다. 0.77% 탄소, 723°C(996 K)의 고체 영역에서도 유사한 특성이 존재한다. 이것은 **공석조성**(eutectoid composition)으로 불린다. 탄소함유량이 이보다 적은 강은 **아공석강**(hypoeutectoid steels)이고, 탄소함유량이 이보다 많은 강, 즉 0.77에서 2.1%까지의 탄소를 함유한 강을 **과공석강**(hypereutectoid steels)이라고 한다.

언급된 상들 이외에도 철-탄소 합금계에는 또 다른 상이 하나 더 있다. **시멘타이트**(cementite)로 알려진 Fe_3C로서 단단하고 취성을 지닌 철과 탄소의 금속 화합물인 중간상이다. 실온에서 평형상태하에서는 탄소량이 0보다 약간만 커도 철-탄소 합금계는 2상계를 형성한다. 강 내의 탄소량은 이들 매우 낮은 수준과 2.1% 사이에 위치하게 된다. 2.1%의 탄소를 넘어 4% 내지 5%까지의 합금을 **주철**(cast iron)로 정의한다.

6.2.2 철과 강의 생산

철과 강의 생산은 철광석과 기타 원재료부터 시작된다. 이 절에서는 철광석으로부터 철을 분해하는 제선법과, 원하는 순도와 조성의 합금 형태로 정련하는 제강법에 대하여 다룬다. 아울러 제강공장에서 수행되는 주조공정에 대하여 다룬다.

철광석과 기타 원재료

철과 강의 생산에 사용되는 주된 광석은 **헤마타이트**(hematite, Fe_2O_3)이다. 기타 철광석은 **마그네타이트**(magnetite, Fe_3O_4), **사이더라이트**(siderite, $FeCO_3$)와 **리모나이트**(limonite, Fe_2O_3-xH_2O, 여기서 x는 통상 1.5정도) 등이 있다. 철광석은 등급에 따라 50%에서 70%의 철을 함유하며 헤마타이트는 약 70%의 철을 함유한다. 아울러 최근에는 철과 강의 제조를 위한 원재료로서 파철과 스크랩강이 널리 사용된다.

철광석으로부터 철을 분해하는 데 필요한 또 다른 원자재료서 **코크스**(cokes)와 **석회석**(limestone)이 있다. 코크스는 역청탄을 몇 시간 동안 산소가 제한된 대기에서 가열한 후, 특수한 냉각탑에서 물을 분무하여 얻은 고탄소 연료이다. 코크스는 분해 공정에서 두 가지 기능을 한다. (1) 화학반응에 있어서 열을 공급해 주는 연료이다. (2) 철광석을 분해하면서 일산화탄소(CO)를 생성한다. 석회석은 탄산칼슘($CaCO_3$)을 많은 비율로 함유한 광석이다. 석회석은 용제(flux)로 사용되며 용융철의 불순물을 슬래그(slag)의 형태로 제거한다.

제선공정

철을 생산하기 위하여 철광석, 코크스 및 석회석이 고로의 위쪽으로부터 장입된다. **고로**(blast furnace)는 가장 넓은 곳에서 9 내지 11 m의 지름을 갖고, 높이가 40 m 정도인 내화처리된 노로서

---

[2] 이것은 강의 전통적인 정의이지만 예외가 존재한다. 최근에는 판금 성형용 강으로 개발된 **침입형-자유 강**(interstitial-free steel)은 단지 0.005%의 탄소 함량을 갖는다. 6.2.3절에서 다룬다.

가열된 기체가 노의 아래 부분으로 높은 속도로 강제 송풍되어 연소시켜 철을 분해한다. 전형적인 고로와 그 기술적인 세부사항을 그림 6.5와 그림 6.6에 나타내었다. 투입 재료는 노의 위쪽으로부터 바닥 쪽으로 천천히 내려오게 되고, 약 1650°C(1923 K) 정도의 온도로 가열된다. 가열된 기체(CO, H_2, CO_2, H_2O, N_2, O_2 및 연료)는 장입된 재료들의 층 사이를 위쪽으로 통과하면서 코크스를 태우게 된다. 가열 기체로서 일산화탄소가 공급되는데 코크스 연소로부터도 일산화탄소가 생성된다. 일산화탄소 기체는 철광석을 분해하는 효과를 지니고 있는데, 헤마타이트를 철광석으로 시작한 경우의 반응

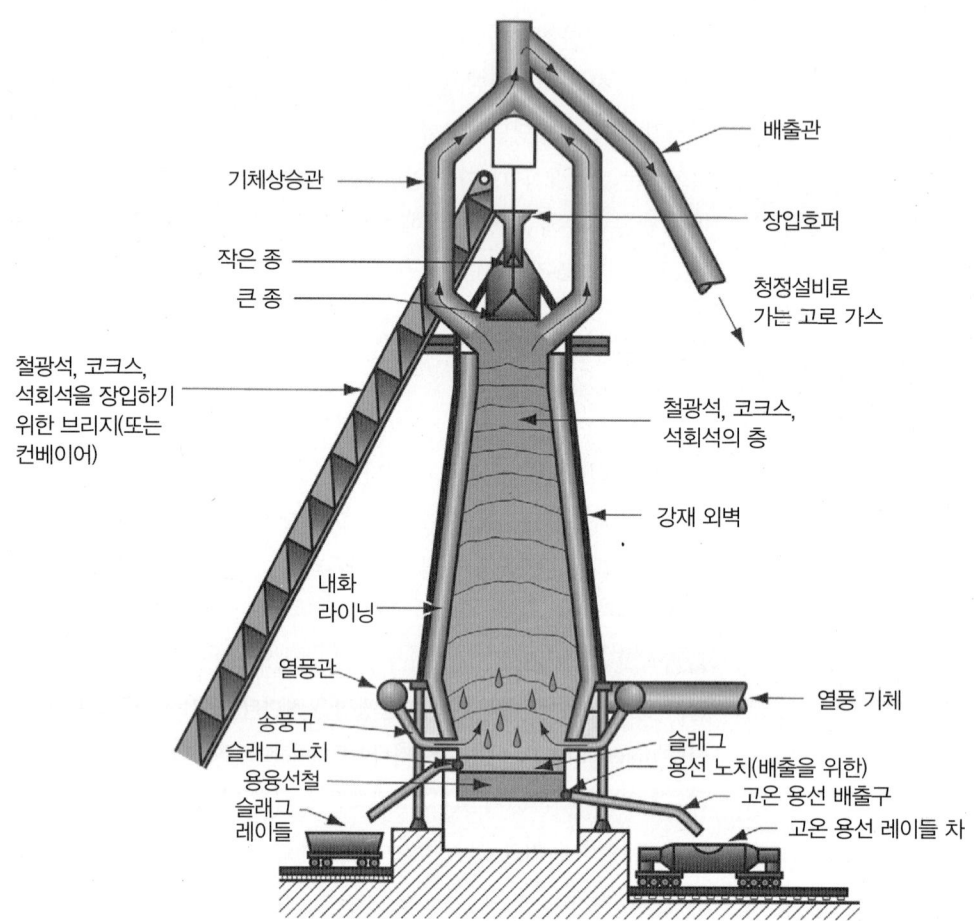

그림 6.5 제선용 고로의 주요 부품들을 보여주는 단면.

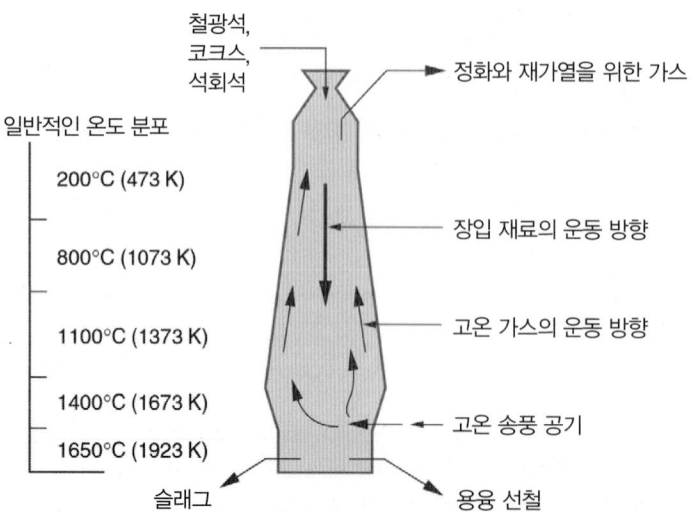

그림 6.6 고로 공정의 상세 계통도.

과정을 간단하게 기술하면 다음과 같다.

$$Fe_2O_3 + CO \rightarrow 2FeO + CO_2 \tag{6.3a}$$

이산화탄소는 코크스와 반응하여 더 많은 일산화탄소를 생성한다.

$$CO_2 + C(coke) \rightarrow 2CO \tag{6.3b}$$

최종적으로 FeO가 철로 분해가 된다.

$$FeO + CO \rightarrow Fe + CO_2 \tag{6.3c}$$

용융 철은 아래로 떨어져서 고로의 바닥에 모이게 된다. 이렇게 모인 철은 주기적으로 레이들 차에 실려 제강공정으로 보내진다.

석회석이 하는 역할은 다음과 같이 요약된다. 우선 석회석은 가열에 의하여 석회(CaO)로 분해된다.

$$CaCO_3 \rightarrow CaO + CO_2 \tag{6.4}$$

석회는 실리카(SiO_2), 황(S), 알루미나(Al_2O_3) 등과 같은 불순물과 결합하여, 철 위쪽에 뜨는 용융 슬래그를 생성하는 반응을 한다.

1톤의 철을 얻기 위해서는 약 7톤 정도의 원재료가 필요하다는 것에 주목할 필요가 있다. 구성요소들은 다음과 같은 비율이다. 철광석 2톤, 코크스 1톤, 석회석 0.5톤, 3.5톤의 기체이다. 상당량의 부산물은 재활용된다.

고로의 바닥에서 꺼내는 **선철**(pig iron)은 4.0% 이상의 탄소를 포함하며, 아울러 0.3～1.3%의 규소, 0.5～2.0%의 망간, 0.1～1.0%의 인, 0.02～0.08%의 황과 같은 불순물도 함유한다 [11]. 주철과 강 둘 다를 위하여 금속의 정련이 더 필요하다. 선철을 회주철로 변환하는 데 일반적으로 사용되는 용광로는 **용선로**(cupola)이다(10.4.1절). 강을 위해서는 조성을 보다 세밀하게 조절하고 불순물을 매우 낮은 수준으로 줄여야 한다.

제강공정

1800년대 중반부터 선철을 제련하여 강을 만드는 몇 가지 방법들이 개발되었다. 오늘날 가장 중요한 두 가지 방법은 보통 산소 전로와 전기로이다. 이 두 가지 방법은 모두 탄소강과 합금강을 제조하는 데 이용된다.

보통 산소 전로(basic oxygen furnace, BOF)는 미국 제강의 약 70%를 담당한다. BOF는 베서머 전로를 개선한 것이다. 베서머 공정은 공기를 불어서 용융 선철의 불순물을 연소시키는 데 비하여 보통 산소 공정은 순수한 산소를 이용한다. 그림 6.7은 가열하고 있는 도중의 전통적인 BOF에 대한 도해이다. 전형적인 BOF 용기는 내경이 약 5 m 정도이고, 한 번 가열로 150 내지 200톤을 가공할 수 있다.

BOF 제강 순서를 그림 6.8에 나타내었다. 용융된 선철을 고로로부터 열-철 레이들 차라고 불리는 궤도차량을 이용하여 BOF로 운반한다. 최근에는 일반적인 BOF 장입량의 약 30% 정도의 강재 고철을 선철에 첨가한다. 또한 석회석(CaO)도 첨가된다. 장입이 끝나면 용기 안으로 산소관을 집어넣어서 그 끝이 용융철 표면의 1.5 m 정도 위에 위치하게 한다. 관을 통하여 순수한 산소를 고속으로 뿜어서 연소를 일으키고, 용융철의 표면을 가열한다. 철안에 녹아 있는 탄소, 규소, 망간, 인과 같은

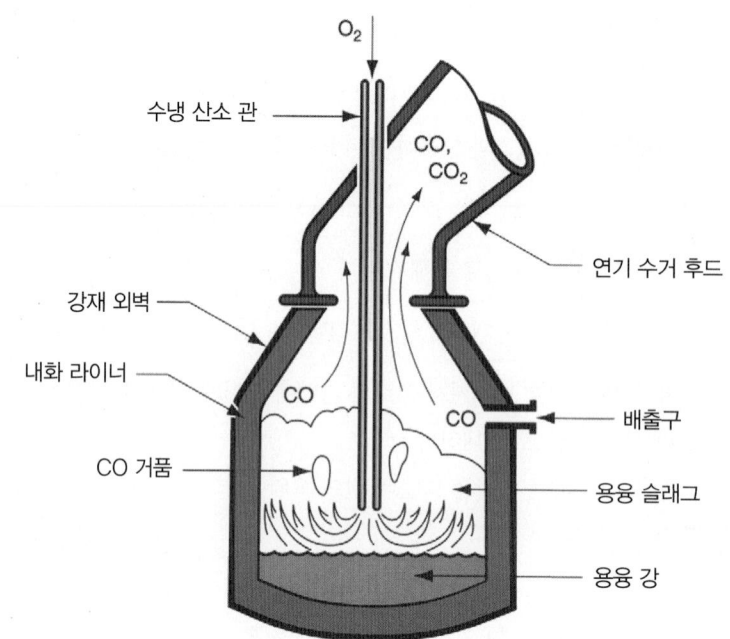

그림 6.7 가열 공정 중의 보통 산소 전로(BOF)의 용기.

수냉 산소 관

$CO,$ CO_2

연기 수거 후드

강재 외벽

내화 라이너

CO

CO

배출구

CO 거품

용융 슬래그

용융 강

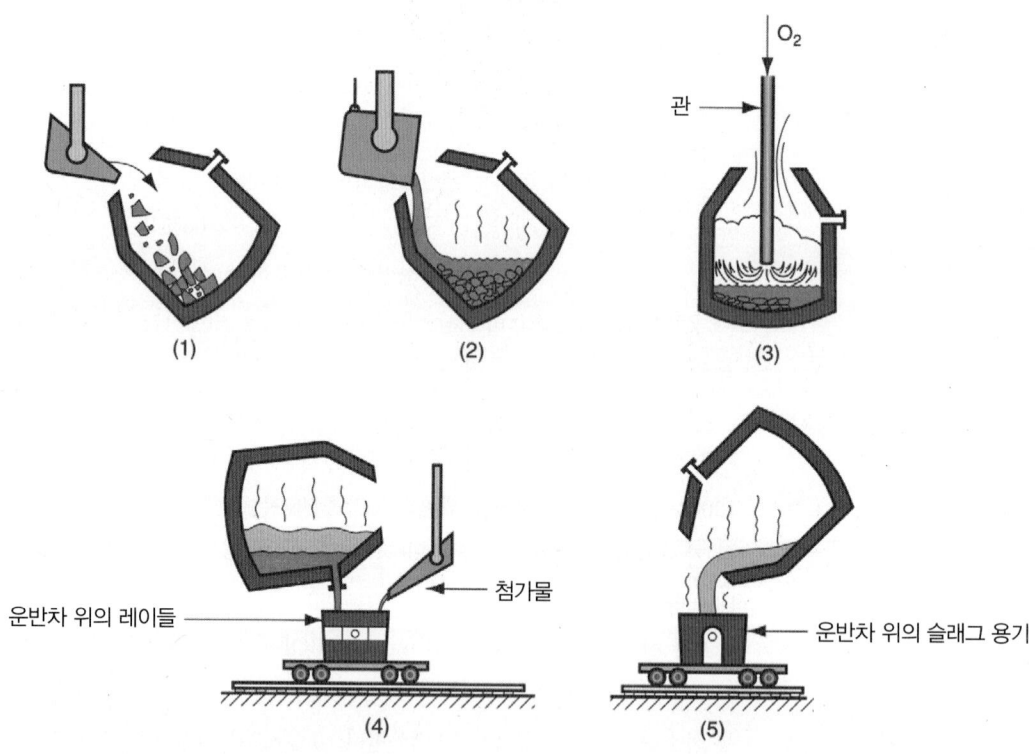

(1)

(2)

관

O_2

(3)

운반차 위의 레이들

첨가물

운반차 위의 슬래그 용기

(4)

(5)

그림 6.8 공정 사이클 동안의 BOF 순서. (1) 스크랩 장입, (2) 선철 장입, (3) 블로잉(그림 6.7), (4) 용강 배출, (5) 슬래그 배출.

불순물들은 산화하게 된다. 반응은 다음과 같다.

$$2C + O_2 \rightarrow 2CO(CO_2 \text{ 또한 생성}) \tag{6.5a}$$

$$Si + O_2 \rightarrow SiO_2 \tag{6.5b}$$

$$2Mn + O_2 \rightarrow 2MnO \tag{6.5c}$$

$$4P + 5O_2 \rightarrow 2P_2O_5 \tag{6.5d}$$

첫 번째 반응에서 생성된 CO와 CO_2 가스는 BOF 용기 위를 통하여 연기 수거 후드에 의하여 모인다. 다른 세 가지 반응에 의한 생성물들은 용제로 사용된 석회석에 의하여 슬래그의 형태로 제거된다. 철 내의 탄소량은 반응시간에 따라 거의 선형적으로 감소되므로, 강 내의 탄소량을 매우 정확하게 조절할 수 있다. 원하는 수준으로 제련을 한 이후에 용강은 배출되고, 합금 재료와 다른 첨가물들이 가열상태에서 주입되고 나서 슬래그로 배출된다. 200톤의 강을 생산하는 데 전체 사이클 시간은 45분 정도가 소요되지만 실제 가열시간은 20분 정도이다.

최근에는 용기 바닥의 노즐을 통하여 용융철로 산소를 주입하는 BOF 기술이 개발되었다. 이 기술은 전통적인 BOF 산소관보다 혼합을 더 잘 시킬 수 있어서 가공시간을 약 3분 정도 줄이고 탄소량을 더 감소시키며 수율을 상승시킬 수 있다.

전기아크로(electric arc furnace)는 미국 제강 생산의 30% 정도를 차지한다. 원래는 이 형태의 노에는 선철을 장입했었으나, 오늘날에는 고철과 스크랩강을 주원재료로 사용한다. 전기아크로는 몇 가지 설계로 적용 가능하며, 그림 6.9에는 현재 가장 경제적인 형태인 직접 아크형을 나타내었다. 이들 노는 상부에서 장입하기 위하여 탈착이 가능한 덮개를 가지고 있으며, 노 전체를 기울여서 용융강을 따른다. 고철과 스크랩강은 강의 조성을 조절하기 위하여 합금 성분과 석회석(용제)과 함께 노 속으로 들어가며, 대형 전극과 장입 금속 사이의 전기 아크에 의하여 가열된다. 전체 용융에는 2시간 정도가 필요하며, 한 번의 제강 사이클은 네 시간이 소요된다. 일반적인 전기로의 용량은 매 가열당 25톤 내지 100톤 정도이다. 전기아크로는 BOF에 비하여 더 양질의 강을 얻을 수 있으나 톤당 생산 가격이 높다. 전기아크로는 일반적으로 합금강, 공구강 및 스테인리스강 생산에 사용된다.

잉곳의 주조

BOF나 전기로에 의하여 생산된 강은 후공정을 위해 잉곳의 형태나 혹은 연속주조에 의하여 응고된다. 강 **잉곳**(ingot, 괴)은 1톤 미만에서부터 300톤(전체 가열의 중량)에 이르는 대형의 주물이다. 잉곳용 주형은 고탄소철로 만들어지며, 응고된 주강을 분리하기 위하여 위쪽이나 아래쪽이 경사져 있다. **하단이 넓은 주형**(big-end-down mold)에 대하여 그림 6.10에 나타내었다. 주형 단면형상은 정사각

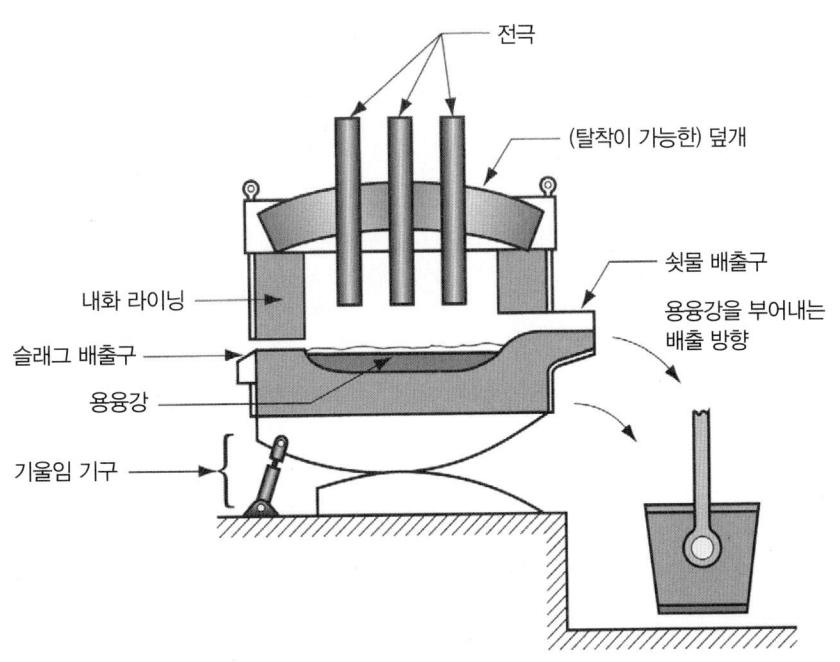

그림 6.9 제강용 전기아크로.

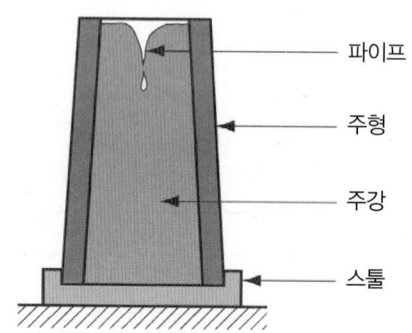

그림 6.10 제강에 사용되는 하단이 큰 전형적인 잉곳 주형.

형, 직사각형 혹은 원형일 수도 있고, 냉각을 빨리하기 위하여 표면적을 넓혀서 둘레는 주름져 있다. 주형이 위치한 바닥판은 **스툴**(stool)이라고 불리며, 응고 후에 주형을 뺐을 때, 스툴 위에 주강이 남는다.

다른 주조와 더불어 잉곳의 응고과정에 대해서는 9장의 주조원리에서 다룬다. 잉곳은 대형의 주물이기 때문에 응고에 필요한 시간과 수축문제가 중요하다. 냉각과 응고 중에 탄소와 산소가 반응하여 생성되는 CO 가스에 의한 기공 발생이 잉곳주조에서 고려해야 할 문제점이다. 이런 가스들은 온도가 감소함에 따라 용해도가 떨어져서 용융강으로부터 빠져나오게 된다. 주강은 응고 중 CO 가스의 배출을 제한하거나 막도록 처리된다. 이런 처리법 중 하나는 용융강 내 용해되어 있는 산소와 반응을 할 Si 혹은 Al 같은 원소를 첨가하여, CO 반응의 소지를 없애는 것이다. 이렇게 처리하여 고체강 구조에 가스 형성으로부터 생기는 기공이나 기타 결함 발생을 막는다.

연속주조

연속주조는 알루미늄과 구리 생산에도 널리 사용되지만, 가장 많은 응용분야는 제강이다. 이 공정은 생산성이 극단적으로 증가되기 때문에 잉곳주조를 대체하고 있다. 잉곳주조는 연속이 아닌 단속적인 공정이다. 주형이 상대적으로 크기 때문에 응고시간이 중요하다. 대형 강 잉곳에서는 주물이 모두 응고하는 데 10시간에서 12시간이 소요된다. 연속주조법을 이용하면 대량주문에 의해 응고시간이 줄어든다.

스트랜드주조(strand casting)라고도 불리는 연속주조 공정을 그림 6.11에 나타내었다. 레이들(ladle)로부터 **턴디시**(tundish)라고 부르는 임시 저장 용기로 용융강을 주입한다. 여기를 통해 하나 혹은 그 이상의 연속주조 주형으로 용융강이 분배된다. 수냉 주형을 통과함에 따라 바깥쪽부터 강 재료가 응고하기 시작한다. 물을 분사하여 냉각 공정을 가속화시킨다. 여전히 가열되어 뜨겁고, 소성을 갖고 있는 상태에서 금속의 방향을 수직에서 수평으로 굽힌다. 그 다음에 조각으로 절단하거나 연속적으로 압연기(17.1절)에 공급하여 판재나 박판 소재 혹은 다른 단면을 가진 형상으로 성형한다.

6.2.3 강

강(steel)은 중량비로 0.02%에서 2.11%까지 탄소를 함유하는 철합금이다(대부분의 강은 0.05%에서 1.1% 탄소 범위). 종종 망간, 크롬, 니켈, 몰리브덴 등의 다른 합금 원소들도 함유하지만(표 6.2 참조), 탄소 함유량이 철을 강으로 변화시킨다. 상업적으로 이용 가능한 강의 조성은 수백 가지가 넘는다. 여기에서는 상업적으로 중요한 강의 대부분을 다음과 같이 분류한다. (1) 순수탄소강, (2) 저합

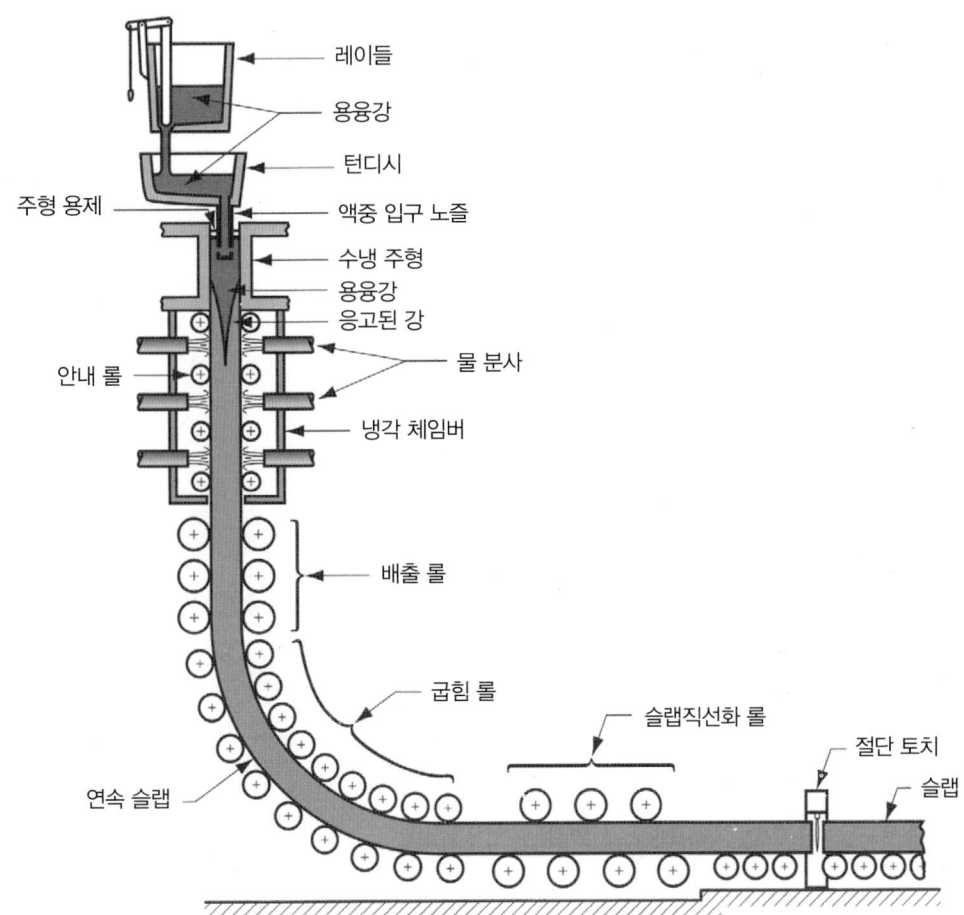

레이들
용융강
턴디시
주형 용제
액중 입구 노즐
수냉 주형
용융강
응고된 강
안내 롤
물 분사
냉각 체임버
배출 롤
굽힘 롤
슬랩직선화 롤
절단 토치
연속 슬랩
슬랩

그림 6.11 연속주조. 강은 턴디시로 주입되고, 수냉 연속주조 주형으로 분배된다. 주형 아래로 흘러가면서 냉각된다. 슬랩 두께는 선명하게 확장된다.

금강, (3) 스테인리스강, (4) 공구강, (5) 특별강.

순수탄소강

이 강은 주합금원소로서 탄소를 함유하고 소량의 기타 원소(약 0.4% 정도의 망간과 0.4% 미만의 실리콘, 인, 황)를 함유한다. 순수탄소강의 강도는 탄소량에 따라 증가한다. 그림 6.12에 전형적인 구성 관계를 나타내었다. 철과 탄소의 상평형도(그림 6.4 참조)에서 보는 바와 같이, 상온에서 강은 페라이트 (α)와 시멘타이트(Fe_3C)의 혼합으로 구성되어 있다. 페라이트 전체에 걸쳐서 분포되어 있는 시멘타이트 입자들은 슬립 동안에 전위의 움직임을 방해한다(2.3.3절). 더 많은 탄소는 더 많은 장애물로 작용하고, 더 많은 장애물은 더 강하고 더 단단한 강을 의미한다.

미국철강협회(AISI)와 자동차공업협회(SAE)에서 공동으로 개발한 명칭체계에 의하면, 순수탄소강의 종류는 '10XX'의 네 자리 숫자로 표시한다. 여기서 10은 순수탄소강임을 나타내고, XX는 탄소 함유 백분율을 의미한다. 예를 들어 1020강은 탄소를 0.2% 함유한 순수탄소강이다.

순수탄소강은 탄소 함유량에 따라서 다음의 세 가지로 분류된다.

1. **저탄소강**(low carbon steel)은 0.20% 이하의 탄소를 함유하며, 현재까지 가장 널리 사용되는 강이다. 전형적인 응용분야는 자동차용 박판부, 구조용 판재, 철도용 레일 등이다. 이 강은 상대적으로 성형하기 쉽고, 고강도가 필요하지 않은 곳에 널리 사용된다. 강 주조법으로도 보통 이러한 탄소 범위를 만들 수 있다.

표 6.2 강의 AISI-SAE 명칭.

코드	강의 이름	공칭 화학 분석 %							
		Cr	Mn	Mo	Ni	V	P	S	i
10XX	순수탄소강		0.4				0.04	0.05	
11XX	재황화강		0.9				0.01	0.12	0.01
12XX	재황화강(재인화)		0.9				0.10	0.22	0.01
13XX	망간강		1.7				0.04	0.04	0.3
20XX	니켈강		0.5		0.6		0.04	0.04	0.2
31XX	니켈-크롬강	0.6			1.2		0.04	0.04	0.3
40XX	몰리브덴강		0.8	0.25			0.04	0.04	0.2
41XX	크롬-몰리브덴강	1.0	0.8	0.2			0.04	0.04	0.3
43XX	Ni-Cr-Mo강	0.8	0.7	0.25	1.8		0.04	0.04	0.2
46XX	니켈-몰리브덴강		0.6	0.25	1.8		0.04	0.04	0.3
47XX	Ni-Cr-Mo강	0.4	0.6	0.2	1.0		0.04	0.04	0.3
48XX	니켈-몰리브덴강		0.6	0.25	3.5		0.04	0.04	0.3
50XX	크롬강	0.5	0.4				0.04	0.04	0.3
52XX	크롬강	1.4	0.4				0.02	0.02	0.3
61XX	크롬-바나듐강	0.8	0.8			0.1	0.04	0.04	0.3
81XX	Ni-Cr-Mo강	0.4	0.8	0.1	0.3		0.04	0.04	0.3
86XX	Ni-Cr-Mo강	0.5	0.8	0.2	0.5		0.04	0.04	0.3
88XX	Ni-Cr-Mo강	0.5	0.8	0.35	0.5		0.04	0.04	0.3
92XX	실리콘-망간강		0.8				0.04	0.04	2.0
93XX	Ni-Cr-Mo강	1.2	0.6	0.1	3.2		0.02	0.02	0.3
98XX	Ni-Cr-Mo강	0.8	0.8	0.25	1.0		0.04	0.04	0.3

출처 : 문헌 [11].

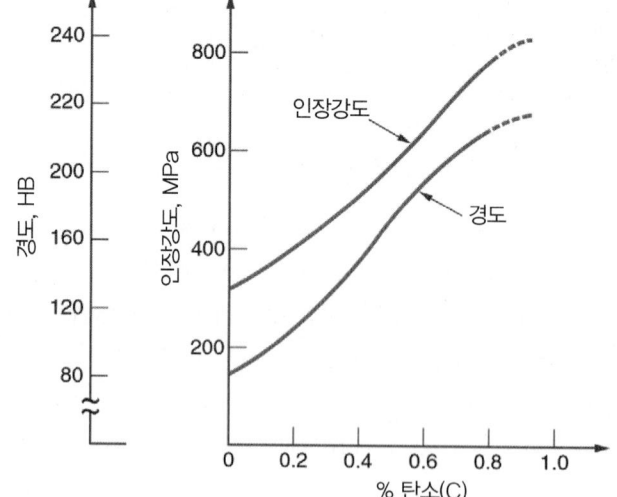

그림 6.12 순수탄소강에서 탄소 함유량에 따른 인장강도와 경도(조건 : 열간 압연, 비열처리).

2. **중탄소강**(medium carbon steel)은 0.20%에서 0.50% 정도의 탄소를 함유하며, 저탄소강보다 고강도가 요구되는 분야에 사용된다. 기계 부품들이나 크랭크축, 커넥팅로드와 같은 엔진 부품에 사용된다.

3. **고탄소강**(high carbon steel)은 0.50%보다 많은 양의 탄소를 함유한다. 더 높은 강도가 요구되는 곳에 사용되며, 강성과 경도가 필요한 곳에도 사용된다. 스프링, 절삭 공구 및 날, 내마모성 부품 등이 그 사용 예이다.

탄소량이 증가하면 강의 강도와 경도가 증가하는 반면 연성은 감소한다. 또한 고탄소강은 열처리를 통하여 마르텐사이트를 형성하여 강을 매우 단단하고 강하게 만든다(25.2절).

저합금강

저합금강(low alloy steel)은 중량비로 약 5% 이하의 추가적인 합금원소를 함유하는 철-탄소 합금이다. 이러한 첨가물로 인하여 저합금강은 주어진 적용 분야에서 순수탄소강보다 더 우수한 기계적 물성을 지닌다. 우수한 물성이란 보통 높은 강도, 경도, 고온경도, 마모저항, 인성 등을 말하며, 이러한 물성들의 원하는 조합을 포함한다. 이렇게 개선된 물성을 얻기 위해서 종종 열처리가 필요하기도 하다.

일반적으로 철에 첨가되는 합금 원소는 크롬, 망간, 몰리브덴, 니켈, 바나듐 등이며 보통은 조합하여, 때로는 개별적으로 첨가된다. 이러한 원소들은 전형적으로 철과 고용체를 형성하며, 반응하기에 충분한 탄소가 공급된다고 가정하면 탄소와 금속 화합물(탄화물)을 형성한다. 이들 주요한 합금 성분들의 효과는 다음과 같다.

- **크롬**(Cr)은 강도, 경도, 마모저항과 고온 경도를 개선한다. 경화능을 증가시키는 데 가장 효과적인 합금 성분이다(25.2.3절). 크롬은 부식저항도 개선한다.
- **망간**(Mn)은 강의 강도와 경도를 개선한다. 강이 열처리될 때, 망간이 늘어남에 따라 경화능이 개선된다. 이러한 이점으로 망간은 강의 합금 성분으로 널리 사용된다.
- **몰리브덴**(Mo)은 인성과 고온경도를 증가시킨다. 또한 경화능을 증가시키고 탄화물을 형성하여 마모저항을 개선한다.
- **니켈**(Ni)은 강도와 인성을 증가시킨다. 강의 다른 합금 원소만큼은 아니지만, 경화능을 증가시킨다. 충분한 양이면 부식저항을 개선하고 크롬과 함께 스테인리스강의 주요한 성분이다.
- **바나듐**(V)은 고온 가공과 열처리 동안 결정립의 성장을 저해하여 강의 강도와 인성을 향상시킨다. 또한 탄화물을 형성하여 마모저항을 증가시킨다.

표 6.2는 저합금강에 대한 AISI-SAE 명칭을 보여주는데, 각 명칭에 대한 공칭 화학 분석을 나타낸다. 앞에서 설명한 것처럼 XX는 1/100% 탄소함유를 나타낸다. 이러한 강들의 일부에 포함되는 물성들에 대한 아이디어를 얻기 위하여, 표 6.3은 일부 저합금강의 강도와 연성을 동시에 개선시키기 위한 처리법의 목록을 나타낸 것이다.

저합금강은 특히 탄소함유량이 중간 정도 이상으로 높을 경우 쉽게 용접이 되지 않는다. 1960년대 이래로, 중량당 강도비가 순수탄소강보다 높은 저탄소 저합금강의 개발에 대한 연구를 많이 수행되었지만, 용접성은 순수탄소강이 저합금강보다 우수하였다. 이런 노력의 결실로 출현한 것이 **고강도저합금**(high-strength low alloy, HSLA)강이다. 이것은 일반적으로 탄소를 적게 함유하고(0.10%∼0.30% 탄소), 합금원소의 비율도 상대적으로 적은 편이다(Mn, Cu, Ni, Cr과 같은 원소들의 총량이 전체 원소의 단지 3% 정도). HSLA강은 순수탄소강에 비해 향상된 강도를 제공하기 위해 설계된 열간

표 6.3 일부 강의 처리법 및 기계적 물성.

코드	처리[a]	인장강도	
		MPa	연신율, %
1010	HR	304	47
1010	CD	366	12
1020	HR	380	28
1020	CD	421	15
1040	HR	517	20
1040	CD	587	10
1055	HT	897	16
1315	None	545	34
2030	None	566	32
3130	HT	697	28
4130	HT	890	17
4140	HT	918	16
4340	HT	1279	12
4815	HT	635	27
9260	HT	994	18
HSLA	None	586	20

[a] HR : 열간압연, CD : 냉간인발, HT : 마르텐사이트 형성을 위한 가열, 퀜칭, 템퍼링 열처리(25.2절)
문헌 [6], [11]로부터 편집함.

압연의 과정을 거치지만, 성형성과 용접성은 그대로 유지된다. 강화효과는 고용합금에 의해 이루어지고 탄소의 비율이 적어서 열처리가 쉽지 않다. 표 6.3에 하나의 HSLA강을 물성과 함께 수록하였다(조성: 0.12 C, 0.60 Mn, 1.1 Ni, 1.1 Cr, 0.35 Mo, 0.4 Si).

스테인리스강

스테인리스강(stainless steel)은 높은 내부식성을 제공하기 위하여 설계된 고합금강 그룹이다. 스테인리스강의 주요 합금원소는 크롬으로 약 15% 이상이다. 합금 내의 크롬은 산화성 대기 속에서 얇고 불침투성의 산화막을 생성하여 표면을 부식으로부터 보호한다. 니켈은 내부식성을 증가시키기 위하여 스테인리스강에 사용되는 또 다른 합금 성분이다. 탄소는 금속을 강화하고 경화하는 데 사용되지만, 탄소 함유량이 증가되면 크롬탄화물이 합금에 이용되는 자유 크롬의 양을 감소시키기 때문에 부식보호 성능이 감소하는 영향이 있다.

부식저항과 더불어 스테인리스강은 강도와 연성의 조합이 더 잘 알려져 있다. 이러한 물성은 많은 적용분야에서 바람직하지만 이러한 합금을 가공하는 것은 일반적으로 어렵다. 또한 스테인리스강은 순수탄소강이나 저합금강보다 월등하게 비싸다.

스테인리스강은 전통적으로 대기온도에서 합금에 존재하는 지배적인 상에 따라 세 그룹으로 나누어진다.

1. **오스테나이트계 스테인리스**(austenitic stainless) 전형적인 조성은 18%의 Cr과 8%의 Ni인데, 내부식성이 세 그룹 중 가장 우수하다. 이러한 조성으로 인하여 18-8 스테인리스로 분류되기도 한다. 이것의 물성은 비자성체이고 연성이 매우 우수하지만, 심각한 가공경화 현상을 보인다. 니켈은 철-탄소 상평형도에서 오스테나이트 영역을 확장시키는 효과를 주는데, 상온에서는 안정되게 해준다. 오스테나이트 스테인리스강은 내부식성이 필요한 기계 부품뿐만 아니라 화학 장비나 식품 가공 장비를 제작하는 데 사용될 수 있다.

2. **페라이트계 스테인리스**(ferritic stainless) 15%~20%의 Cr과 적은 양의 탄소를 함유하고, Ni은 들어가지 않는다. 이것은 상온에서 페라이트 상을 제공한다. 자성체이지만 오스테나이트계보다 연성과 내부식성은 떨어진다. 페라이트계 스테인리스로 만들어진 부품들은 주방용품에서부터 제트 엔진 부품까지 다양하다.

3. **마르텐사이트계 스테인리스**(martensitic stainless) 탄소 함유량이 페라이트계보다 높아서 열처리에 의해 강화가 가능하다(25.2절). 18%까지의 Cr을 함유하지만 Ni은 함유하지 않는다. 이것의 물성은 강하고, 단단하며 피로저항이 양호하나 일반적으로 다른 두 그룹만큼의 내부식성을 갖지는 않는다. 이것으로 만들어진 전형적인 제품으로는 나이프, 포크, 숟가락 등과 수술기구 등이다. 대부분의 스테인리스강은 세 자리의 AISI 숫자 체계로 표기될 수 있다. 첫 자리는 일반 유형을 나타내고, 다음 두 자리는 그 유형에서의 특정 등급을 의미한다. 표 6.4에 일반적인 스테인리스강의 종류를 전형적인 조성과 함께 기계적 물성을 나타내었다. 전통적인 스테인리스강은 1900년대 초에 개발되었다. 그 이후로 우수한 내부식성과 기타 원하는 물성을 갖는 몇 가지 고합금강이 출현하였다. 이들 또한 스테인리스강으로 분류될 수 있는데, 이들에 대한 상세한 사항은 다음과 같다.

4. **석출경화 스테인리스**(precipitation hardening stainless) 이것의 전형적인 조성은 17% Cr, 7% Ni과 부가적으로 Al, Cu, Ti, Mo과 같은 합금원소가 소량 들어간다. 여러 스테인리스강들 중에서 이것의 구별되는 특징은 석출경화에 의해 강화가 이루어진다는 점이다(25.3절). 고온에서도 강도와 내부식성이 유지되어서 항공우주 산업에 적합한 합금이다.

5. **듀플렉스 스테인리스**(duplex stainless) 이것은 오스테나이트와 페라이트가 거의 같은 양만큼 혼합된 구조를 가지고 있다. 부식에 대한 저항성은 오스테나이트계와 유사하고, 응력부식 균열에 대하여 향상된 물성을 보여준다. 열교환기, 펌프, 폐수처리 공장 등에 사용된다.

공구강

공구강(tool steel)은 산업용 절삭공구, 금형, 주형 등에 사용하기 위한 고합금강의 범주에 속한다. 이러한 분야들에 적용을 위해서는 그들은 높은 강도, 경도, 고온경도, 내마모성, 충격인성 등을 지녀야만 한다. 이러한 물성을 얻기 위하여 공구강은 열처리된다. 합금원소가 높은 수준으로 들어가는 주요한 이유는 (1) 경화능 향상, (2) 열처리 중 뒤틀림 감소, (3) 고온경도, (4) 마모저항을 위한 단단한 금속탄화물 형성, (5) 인성 증가 등이다.

공구강은 적용대상과 조성에 따라 유형이 나누어진다. AISI는 공구강을 나타내는 접두 문자를 포함하는 분류체계를 사용한다. 다음의 표 6.5에 공구강 유형의 리스트에 따른 각각의 접두 문자와 전형적인 조성을 나타내었다.

표 6.4 일부 스테인리스강의 조성과 기계적 물성.

유형	화학 분석, %						인장강도 MPa	연신율, %
	Fe	Cr	Ni	C	Mn	기타[a]		
오스테나이트계								
301	73	17	7	0.15	2		620	40
302	71	18	8	0.15	2		515	40
304	69	19	9	0.08	2		515	40
309	61	23	13	0.20	2		515	40
316	65	17	12	0.08	2	2.5 Mo	515	40
페라이트계								
405	85	13	–	0.08	1		415	20
430	81	17	–	0.12	1		415	20
마르텐사이트계								
403	86	12	–	0.15	1		485	20
403[b]	86	12	–	0.15	1		825	12
416	85	13	–	0.15	1		485	20
416[b]	85	13	–	0.15	1		965	10
440	81	17	–	0.65	1		725	20
440[b]	81	17	–	0.65	1		1790	5

[a] 모든 등급에는 1% 정도의 규소, 1% 미만의 인, 황, 기타 알루미늄 같은 원소를 포함한다.
[b] 열처리됨.
문헌 [11]로부터 편집함.

표 6.5 공구강의 조성과 전형적인 경도값에 따른 AISI 접두어 식별.

AISI	예	화학 분석, %[a]							경도, HRC
		C	Cr	Mn	Mo	Ni	V	W	
T	T1	0.7	4.0				1.0	18.0	65
M	M2	0.8	4.0		5.0		2.0	6.0	65
H	H11	0.4	5.0		1.5		0.4		55
D	D1	1.0	12.0		1.0				60
A	A2	1.0	5.0		1.0				60
O	O1	0.9	0.5	1.0				0.5	61
W	W1	1.0							63
S	S1	0.5	1.5					2.5	50
P	P20	0.4	1.7		0.4				40[b]
L	L6	0.7	0.8		0.2	1.5			45[b]

[a] 소수점 첫째 자리까지 백분율 조성.
[b] 추정된 경도값.

T, M **고속도강**(high-speed steel, HSS) – 이것은 절삭공정을 위한 절삭공구에 사용된다(21.2.1절). 높은 내마모성과 고온경도를 위한 조성을 가지고 있다. 원래의 고속도강은 1900년경에 개발되었는데, 이전에 사용되던 공구에 비하여 절삭속도가 상당히 증가되는 효과가 있어서 이와 같은 이름을 붙이게 되었다. 주 합금원소에 따라 고속도강에는 두 가지 AISI 명칭이 있는데, T는 텅스텐이고, M은 몰리브덴이다.

H **열간가공용 공구강**(hot-working tool steel) – 이것은 단조, 압출, 다이캐스팅 등과 같은 열간가공용 다이를 만드는 강이다.

D **냉간가공용 공구강**(cold-working tool steel) – 이것은 판금 프레스가공, 냉간압출, 일부 단조공정과 같은 냉간가공용 금형강이다. 명칭 D는 die의 약자이다. 이것과 밀접하게 연관되어 있는 명칭은 냉각방법을 나타내는 A와 O이다. A는 기냉경화(air-hardening), O는 유냉경화(oil-hardening)를 의미하는데, 이들 모두 우수한 내마모성과 낮은 뒤틀림 물성을 제공한다.

W **수냉경화 공구강**(water-hardening tool steel) – 이 공구강은 탄소를 많이 함유하고, 다른 합금원소는 거의 없거나 전혀 들어가지 않는다. 물속에서의 빠른 담금질에 의해서만 경화된다. 낮은 비용으로 인해 널리 사용되지만, 적용대상이 낮은 온도여야 한다는 제한성을 갖는다. 냉간헤딩 다이가 전형적인 적용 예이다.

S **내충격 공구강**(shock-resistant tool steel) – 이것은 판금의 전단, 펀칭, 굽힘 등의 공정에서처럼 높은 인성이 요구되는 분야에 사용하기 위해 만들어진 강이다.

P **몰드강**(mold steel) – 플라스틱과 고무 성형을 위한 주형을 만드는 데 사용되는 강이다.

L **저합금공구강**(low-alloy tool steel) – 특별한 분야에 사용되도록 만들어진 공구강이다.

공구강은 유일한 공구용 재료는 아니다. 순수탄소강, 저합금강, 스테인리스강 등도 많은 공구와 금형 분야에 사용될 수 있다. 또한 주철과 일부 비철합금도 일부 공구용으로 적합할 수도 있다. 게다가 몇 가지 세라믹 재료(예, Al_2O_3)는 고속절삭용 인서트, 연마제, 기타 공구로 사용된다.

특수강

앞의 내용에서 다루지 않은 일부 특수강(specialty steel)에 대하여 다룬다. 이러한 강이 특별한 이유 중 하나는 독특한 공정 특성을 갖는다는 것이다.

마레이징강(maraging steel) – 이 강은 많은 양 15% ~ 25%의 니켈을 함유하고, 이보다 적은 비율의 코발트, 몰리브덴, 티타늄을 함유하는 저탄소합금강이다. 크롬 또한 부식 저항을 위해서 첨가되기도 한다. 마레이징강은 석출경화(25.3절)에 의해 강화되지만, 비경화 조건에서는 성형성과 기계가공성이 매우 높다. 마레이징강은 용접성도 우수하며, 열처리를 하면 좋은 인성과 함께 매우 높은 강도를 얻을 수 있다. 2000 MPa 인장강도와 10% 연신율 물성은 이상한 게 아니다. 적용 분야는 이러한 물성들이 필요한 미사일 부품, 기계류, 금형공구 등에 사용되며, 합금의 높은 가격을 정당화해주는 분야에 사용된다.

쾌삭강(free-machining steel) – 이 강은 기계가공성을 향상시키기 위해 만들어진 탄소강이다(22.1절). 합금 원소는 황, 납, 주석, 비스머스, 셀렌, 텔루르 그리고(또는) 인 등을 포함한다. 오늘날 납은 환경과 건강에 대한 우려 때문에 사용양이 극단적으로 제한받고 있다. 미량으로 첨가되는 이러한 원소들은 절삭 작업 시 윤활작용을 하고, 마찰을 감소시키고, 더 쉬운 처리를 위해 조각으로 부서지게 하는 작용을 한다. 비쾌삭강에 비하여 더 비싸지만, 더 높은 생산성과 더 긴 공구수명으로 인하여 그 비용을 충당시켜 준다.

침입형자유강(interstitial-free steel) – 좋은 연성 때문에, 저탄소 박강판은 박판 성형 작업에 넓게 사용되는데, 침입형자유강은 성형성이 더 향상된 박강판 제품의 새로운 범주이다. 이 강은 니오븀 (Nb), 티타늄과 같은 합금원소들과 아주 적은 탄소량(0.005%C)을 갖도록 조합하여, 그 결과 내부 원자들을 강 내에 사실상 자유롭게 남겨둔다. 저탄소강보다 아주 뛰어난 연성을 갖는다. 적용 분야는 자동차 산업에서 딥드로잉(deep-drawing) 작업에 사용된다.

6.2.4 주철

주철은 2.1%에서 약 4%까지의 탄소와 1%~3%의 규소를 포함하는 철합금이다. 이 조성은 주조 용 금속으로 매우 적합하도록 만든 것이다. 사실상 주철 주물의 총량이 다른 금속의 주물을 다 합한 것보다 몇 배 더 많다(연속적으로 압연되는 봉, 판, 유사한 제품들을 만드는 제강공정에서 나오는 잉곳은 제외). 그리고 주철의 총량은 금속 중에서 강철 다음의 위치를 차지한다.

주철에는 몇 가지 유형이 있는데 가장 중요한 것은 회주철이다. 다른 종류로는 연주철, 백주철, 가단주철과 다양한 합금주철이 있다. 회주철과 백주철의 전형적인 조성을 그림 6.13에 나타내었는데, 비교를 위해 주강과의 관계를 나타내었다. 연주철과 가단주철은 각각 회주철, 백주철과 유사한 화학 조성을 갖지만, 이들은 아래에 설명할 특별한 처리의 결과로 다른 물성들을 갖는다. 표 6.6은 주철의 기계적 물성과 함께 주요 유형에 대한 화학조성을 보여준다.

회주철

회주철(gray cast iron)은 주철 중에서 가장 많은 양을 차지한다. 이것의 조성은 2.5%~4%의 탄소 와 1%~3%의 규소이다. 이러한 조성의 결과로 응고하면서 주조 제품 전체에 걸쳐 흑연(탄소) 박편 (flake)이 형성된다. 이러한 구조로 인해 파단면의 색깔이 회색을 띄게 되므로, 이름이 회주철이다. 흑연 박편의 분산으로 인해 다음의 두 가지 좋은 특성을 갖는다. (1) 엔진이나 기타 기계류에 필요한 우수한 진동감쇠 능력, (2) 주조 금속의 절삭성을 위한 내부윤활 능력을 갖는다.

회주철의 강도 범위는 상당히 넓다. 미국재료시험학회(ASTM)는 다양한 등급으로 최소 인장강도

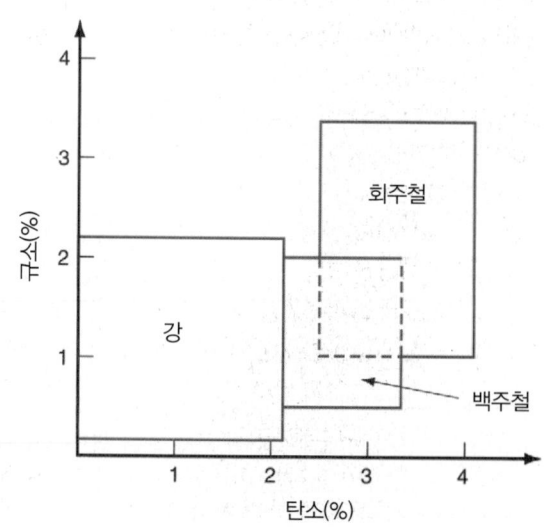

그림 6.13 강과 비교한 주철의 탄소 및 규소 조성(대부분의 강은 상대적으로 규소 함량이 낮고 주강은 규소 함량이 더 높다). 연철은 회주철의 특별한 용융 및 주입에 의해 생성되고, 가단주철은 백주철의 열처리에 의해 생성된다.

표 6.6 일부 주철의 조성과 기계적 물성.

유형	전형적인 조성, %					인장강도 MPa	연신율, %
	Fe	C	Si	Mn	기타[a]		
회주철							
ASTM Class 20	93.0	3.5	2.5	0.65		138	0.6
ASTM Class 30	93.6	3.2	2.1	0.75		207	0.6
ASTM Class 40	93.8	3.1	1.9	0.85		276	0.6
ASTM Class 50	93.5	3.0	1.6	1.0	0.67 Mo	345	0.6
연주철							
ASTM A395	94.4	3.0	2.5		414	60,000	
ASTM A476	93.8	3.0	3.0		552	80,000	
백주철							
Low-C	92.5	2.5	1.3	0.4	1.5Ni, 1Cr, 0.5Mo	276	0
가단주철							
Ferritic	95.3	2.6	1.4	0.4		345	10
Pearlitic	95.1	2.4	1.4	0.8		414	10

주철은 다양한 시스템에 의해서 분류된다.

이 표는 각각의 유형에 대해서 가장 일반적인 분류를 이용하여 특별한 주철 등급을 알려주기 위한 표이다.

[a] 주철은 또한 보통 총량이 0.3% 이하인 인과 황을 포함한다.

문헌 [11]로부터 편집함.

규격을 나타내기 위해 고안된 분류 방법을 제공하고 있다. 예를 들어 Class 20의 인장강도는 138 MPa이고, Class 30의 인장강도는 207 MPa이다. 기타 회주철의 인장강도는 482 MPa 정도까지이다(표 6.6 참조). 회주철의 압축강도는 인장강도에 비하여 상당히 높다. 주물의 물성은 열처리에 의해 어느 정도까지는 조절된다. 회주철의 연성은 매우 떨어져 일반적으로 취성 재료라고 할 수 있다. 회주철로 만들어진 부품에는 자동차 엔진 블록과 헤드, 모터하우징, 기계공구 베이스 등이 있다.

연주철

연주철(ductile iron)은 회주철의 조성을 가지지만, 박편상 흑연이 아닌 구상(spheroid) 흑연을 형성시키기 위해서 용융 금속을 붓기 전에 화학적으로 처리한다. 이 결과로 더 강하고 연성이 더 좋은 철이 생성된다. 적용 분야는 고강도와 우수한 내마모성이 필요한 기계부품에 사용된다.

백주철

백주철(white cast iron)은 회주철보다 탄소와 규소를 적게 함유한다. 백주철은 용융 금속을 부은 후 회주철보다 더 빠르게 냉각시키면 생성된다. 이렇게 하면, 회주철에서처럼 탄소가 박편의 형상으로 용체로부터 석출되는 것이 아니라 시멘타이트(Fe_3C)의 형태로 탄소와 철이 화학적으로 결합하게 된다. 파단면은 백색의 결정질 면이 되므로 이름을 백주철이라 부른다. 시멘타이트로 인해서 백주철은 경도와 취성이 크고 내마모성이 뛰어나다. 강도도 우수하여 전형적인 인장강도가 276 MPa이다. 이러한 물성으로 백주철은 기차용 브레이크슈와 같은 내마모성이 필요한 분야에 적합하다.

가단주철

가단주철(malleable iron)은 백주철 주물을 열처리하여 용체로부터 탄소를 분리시켜 흑연집합체를 형성시켜서 만든 철이다. 새로운 미세구조는 상당한 연성(연신율 20%까지)을 가지는데, 이는 원소재인 백주철과는 매우 큰 차이점을 보인다. 가단주철로 만들어진 전형적인 제품에는 파이프 접합부품과 플랜지, 일부 기계부품, 철도장비 부품 등이 있다.

합금주철

주철도 특별한 물성이나 적용 대상을 위해 합금이 될 수 있다. 이러한 합금주철은 다음과 같이 분류된다. (1) 마르텐사이트 형성에 의해 강화될 수 있는 열처리 가능 유형, (2) 합금원소에 니켈과 크롬이 포함되는 내부식 유형, (3) 고온경도와 고온산화저항을 위해 니켈을 상당 부분 함유하는 내열 유형이 있다.

6.3 비철금속

비철금속은 철을 기초로 하지 않는 금속원소와 그 합금을 포함한다. 공업적으로 중요한 비철금속으로는 알루미늄, 구리, 마그네슘, 니켈, 티타늄, 아연과 그것들의 합금들이다.

비철금속 그룹의 강도는 강에는 못 미치지만, 일부 비철 합금은 부식저항과(또는) 중량당 강도비에서 중간 이상의 응력을 필요로 하는 분야에서 강과 비교하여 떨어지지 않는다. 게다가, 많은 비철금속들은 강을 사용하기가 어려운 분야에 적합한 기계적 물성을 지니고 있다. 예를 들어 구리는 전기 저항이 가장 작은 금속들 중의 하나로 전선으로 널리 사용된다. 알루미늄은 매우 우수한 열전도체로서 열교환기나 요리용 팬으로 사용된다. 또한 성형성도 매우 높아 가치가 있는 비철금속이다. 아연은 용융점이 상대적으로 낮아서 다이캐스팅에 작업에 적합하다. 일반적인 비철금속은 다양한 용도에 적합한 고유 물성값을 갖는다. 다음의 9개의 절들에서는 상업적으로 또한 기술적으로 가장 중요한 비철금속들에 대하여 설명한다.

6.3.1 알루미늄과 그 합금

알루미늄과 마그네슘은 가벼운 금속이고 주로 이 특성 때문에 공업 분야에서 많이 활용되고 있다. 두 원소 모두 지구상에(알루미늄은 땅에, 마그네슘은 바다에) 풍부하지만 자연 상태에서 추출하기는 쉽지 않다.

알루미늄의 물성과 기타 데이터를 표 6.1(b)에 수록하였다. 주요 금속 중에서 알루미늄은 비교적 나중인 1800년대 후반에 출현하였다(역사적 고찰 6.2). 이 절에서는 (1) 알루미늄 생산 방법과 관련하여 간단한 설명과 (2) 알루미늄과 그의 합금에 대한 물성과 명칭체계에 대해서 설명한다.

알루미늄의 생산

알루미늄의 주요 원석은 **보크사이트**(bauxite)인데, 이것은 주로 함수 산화알루미늄(Al_2O_3-H_2O)과 다른 산화물로 구성되어 있다. 보크사이트로부터 알루미늄을 추출하는 과정은 다음의 세 단계로 요약된다. (1) 광석을 세척 후 분쇄하여 고운 분말로 만든다. (2) 보크사이트를 순수한 알루미나

표 6.1 금속 원소들에 대한 기초 데이터(계속) : (b) 알루미늄.

기호 : Al	주요 원석 : 주요 원석 : 보크사이트(Al_2O_3와 $Al(OH)_3$의 혼합)
원자번호 : 13	
비중 : 2.7	합금 원소 : 구리, 마그네슘, 망간, 규소, 아연
결정구조 : FCC	전형적인 용도 : 용기(알루미늄 캔), 포장 호일, 전기 도체, 냄비, 후라이팬, 건설, 항공우주, 자동차 등 경량이 중요한 응용 분야의 부품들
용융온도 : 600°C(933 K)	
탄성계수 : 69,000 MPa	

역사적 고찰 6.2 알루미늄

1807년에 영국의 화학자 Humphrey Davy는 광물인 **알루미나**(Al_2O_3)에 금속기질이 있을 것으로 믿고, 그 금속을 추출하려는 시도를 하였다. 결국 성공하지는 못했지만, 그것의 존재를 확신하고 **alumium**이라는 이름을 붙였고, 후에 **aluminum**으로 명칭을 바꾸었다. 1825년에는 덴마크의 물리학자이자 화학자인 Hans Orsted가 마침내 그 금속의 추출에 성공하였다. 그는 '주석과 비슷하다'라고 기록하였다. 1845년 독일의 물리학자 Friedrich Wohler는 알루미늄의 비중, 연성 등 다양한 물성을 측정한 최초의 인물이다.

알루미늄을 생산하기 위해 현대적인 전기분해방법을 사용하게 된 것은 1866년경의 미국의 Charles Hall과 프랑스의 Paul Heroult의 동시적이지만 서로 독립적인 연구의 결과이다. 1888년에 Hall과 몇 명의 사업가들이 Pittsburgh Reduction Co.를 창업하여, 전해제련에 의해 최초의 알루미늄 잉곳을 같은 해에 생산하였다. 알루미늄에 대한 수요는 점점 증가하였다. 생산 공정에서 전력을 많이 필요로 하기 때문에 1895년 이 회사가 Niagara Falls로 이주하였는데, 근처의 수력발전소를 통해 전기를 저렴하게 공급받기 위함이었다. 1907년 회사의 명칭을 Aluminum Company of America(Alcoa)로 바꾸었다. Alcoa는 제2차 세계대전까지는 미국에서 유일한 알루미늄 생산회사였다.

(Al_2O_3)로 만드는 Bayer 공정을 실시한다. (3) 전기분해를 통해 알루미나를 알루미늄과 산소 가스로 분해한다. **Bayer 공정**은 이 공정을 개발한 독일의 화학자의 이름에서 따온 것이다. 여기서는 보크사이트 분말 용액을 압력 하에서 수산화나트륨(NaOH)에 넣어, 이 용액으로부터 순수한 알루미나를 석출시킨다. 알루미나는 공업용 세라믹으로서 상업적으로 그 자체의 중요성을 가지고 있다(7장).

Al_2O_3를 **전기분해**(electrolysis)하기 위해서 우선 알루미나를 빙정석(cryolite, Na_3AlF_6)의 용융조 속에 용해시킨 다음, 전기분해로 속의 판 사이에서 이 용액에 직류를 가한다. 전해액에 의해 음극에서 알루미늄이, 양극에서는 산소 가스가 분해되어 나온다.

물성과 명칭체계

알루미늄은 우수한 전기 및 열전도체이고, 단단하면서 얇은 표면산화막을 형성하기 때문에 내부식성도 매우 높다. 연성이 매우 우수한 금속이어서 성형성이 주목을 받고 있다. 순수한 알루미늄의 강도는 비교적 낮은 편이지만 합금을 하고 열처리를 하면 특히 무게가 중요한 분야에서는 일부 강에 대체할 수 있다.

알루미늄 합금의 명칭체계는 네 자리 코드번호를 사용한다. 이 체계는 두 범주로 나누어지는데, 하나는 단련 알루미늄을 위한 것이고 다른 하나는 주조 알루미늄에 대한 것이다. 차이점은 주조 알루미늄에 대해서는 셋째 자리 다음에 소수점을 사용한다는 것이다. 표 6.7(a)에 명칭들을 나타내었다.

알루미늄 합금의 물성이 가공경화와 열처리에 의해 영향을 많이 받기 때문에 조성코드에 첨가하

표 6.7(a) 단조용, 주조용 알루미늄의 합금 명칭.

합금 그룹	단조용 코드	주조용 코드
알루미늄(99% 이상 순도)	1XXX	1XX.X
알루미늄 합금(주요 원소)		
구리	2XXX	2XX.X
망간	3XXX	
규소 + 구리 그리고/또는 마그네슘		3XX.X
규소	4XXX	4XX.X
마그네슘	5XXX	5XX.X
마그네슘과 규소	6XXX	
아연	7XXX	7XX.X
주석		8XX.X
기타	8XXX	9XX.X

표 6.7(b) 알루미늄 합금에 대한 뜨임처리 명칭.

템퍼	설명
F	생산된 대로(무처리)
H	변형경화(단련 알루미늄). H 다음에 두 자리가 들어가는데, 첫째 자리는 열처리(있는 경우), 둘째 자리는 잔류 가공경화의 수준을 나타냄. 예 : H1X : 변형경화 후 무 열처리, X = 1 ~ 9(가공경화의 수준) H2X : 부분적 아닐링, X = 잔류 가공경화의 수준 H3X : 안정화, X = 잔류 가공경화의 수준. **안정화**란 예상 사용온도보다 약간 높게 가열하는 것.
O	변형경화를 줄이고 연성을 증가하기 위한 아닐링, 강도는 최저수준으로 감소
T	안정된 템퍼를 위한 F, H, O 외의 열처리. 다음 자리 숫자는 특정한 처리법. 예 : T1 = 상승온도로부터 냉각, 자연시효 T2 = 상승온도로부터 냉각, 냉간가공, 자연시효 T3 = 용체화열처리, 냉간가공, 자연시효 T4 = 용체화열처리 + 자연시효 T5 = 상승온도로부터 냉각, 인공시효 T6 = 용체화열처리 + 인공시효 T7 = 용체화열처리 + 과시효 혹은 안정화 T8 = 용체화열처리, 냉간가공, 인공시효 T9 = 용체화열처리, 인공시효 + 냉간가공 T10 = 상승온도로부터 냉각, 냉간가공 + 인공시효
W	사용 도중 시효경화하는 합금에 적용하는 용체화열처리. 불안정한 템퍼임.

여 뜨임처리(temper, 강화처리방법)도 지정되어야만 한다. 주요 뜨임처리 명칭을 표 6.7(b)에 나타내었다. 이 명칭은 앞의 네 자리 숫자에 하이픈을 사이에 두고 추가된다(예 2024-T3). 물론, 변형경화를 지정하는 뜨임처리는 주조합금에는 적용되지 않는다. 표 6.8을 통해 서로 다른 처리를 거친 알루미늄 합금에서 기계적인 물성의 차이가 크게 나타나는 예를 볼 수 있다.

표 6.8 일부 알루미늄 합금의 조성과 기계적 물성.

| 코드 | 전형적인 조성, %[a] | | | | | | 템퍼 | 인장강도 MPa | 연신율, % |
	Al	Cu	Fe	Mg	Mn	Si			
1050	99.5		0.4			0.3	O	76	39
							H18	159	7
1100	99.0		0.6			0.3	O	90	40
							H18	165	10
2024	93.5	4.4	0.5	1.5	0.6	0.5	O	185	20
							T3	485	18
3004	96.5	0.3	0.7	1.0	1.2	0.3	O	180	22
							H36	260	7
4043	93.5	0.3	0.8			5.2	O	130	25
							H18	285	1
5050	96.9	0.2	0.7	1.4	0.1	0.4	O	125	18
							H38	200	3
6063	98.5		0.3	0.7		0.4	O	90	25
							T4	172	20

[a] 나열된 원소 외에, 합금은 구리, 마그네슘, 망간, 바나듐, 아연 같은 다른 원소를 아주 조금 함유할 수도 있다.
문헌 [12]로부터 편집함.

6.3.2 마그네슘과 그 합금

마그네슘(Mg)은 구조용 금속 중에서 가장 가볍다. 표 6.1(c)에 비중과 기타 기본 데이터가 나와 있다. 마그네슘과 그 합금은 단조와 주조 형태로 공급된다. 가공하기에 상대적으로 용이하지만, 공정 중에 발생하는 작은 입자(예, 작은 금속 절삭 칩)가 급격히 산화하므로 화재위험성을 피하기 위한 각별한 주의가 필요하다.

마그네슘의 생산

바닷물은 0.13%의 $MgCl_2$를 함유하는데, 이것이 대부분의 상업적으로 생산되는 마그네슘의 원료가 된다. 마그네슘을 추출하기 위해서 해수를 석회 유액($Ca(OH)_2$)과 섞는다. 반응 결과 수산화마그네슘($Mg(OH)_2$)이 침전되고, 이를 슬러리의 형태로 배출시킨다. 슬러리를 걸러서 $Mg(OH)_2$ 성분을 증가시킨다. 이 혼합물을 염산(HCl)과 혼합하면 농축 $MgCl_2$가 생성된다. 이 염을 전기분해시켜 Mg

표 6.1 금속 원소들에 대한 기초 데이터(계속) : (c) 마그네슘.

기호 : Mg	탄성계수 : 48,000 MPa
원자번호 : 12	추출원 : 해수 내의 $MgCl_2$(전기분해)
비중 : 1.74	합금 원소 : 표 6.9 참조
결정구조 : HCP	전형적인 용도 : 항공우주, 미사일, 자전거, 체인톱 하우징, 가방 등 경량이 기본적으로 요구되는 응용 분야
용융온도 : 650°C(923 K)	

표 6.9 마그네슘 합금의 합금 원소를 나타내는 코드.

A	알루미늄(Al)	H	토륨(Th)	M	망간(Mn)	Q	은(Ag)	T	주석(Sn)
E	희귀금속	K	지르코늄(Zr)	P	납(Pb)	S	규소(Si)	Z	아연(Zn)

표 6.10 일부 마그네슘 합금의 조성과 기계적 물성.

코드	전형적인 조성, %						공정	인장강도 MPa	연신율, %
	Mg	Al	Mn	Si	Zn	기타			
AZ10A	98.0	1.3	0.2	0.1	0.4		Wrought	240	10
AZ80A	91.0	8.5				0.5	Forged	330	11
HM31A	95.8		1.2			3.0 Th	Wrought	283	10
ZK21A	97.1				2.3	6 Zr	Wrought	260	4
AM60	92.8	6.0	0.1	0.5	0.2	0.3 Cu	Cast	220	6
AZ63A	91.0	6.0			3.0		Cast	200	6

문헌 [12]로부터 편집함.

와 염소가스를 분리한다. 마그네슘을 잉곳의 형태로 주조하고, 연소가스는 재사용하여 더 많은 $MgCl_2$를 생성하는 데에 이용한다.

물성과 명칭체계

순수한 금속으로서의 마그네슘은 상대적으로 연해서 대부분의 공업 분야에 사용하기에는 강도가 부족하다. 그러나 합금과 열처리를 하면, 알루미늄에 필적할만한 강도를 얻을 수 있다. 특히 항공기와 미사일 부품에서 마그네슘의 중량당 강도비가 이점으로 작용한다.

마그네슘 합금을 위한 명칭체계는 3〜5 자리의 알파벳-숫자 코드를 사용한다. 처음의 두 자리는 주요 합금원소를 나타내는데, 두 가지 원소까지 비율 감소의 순서로 혹은 같은 비율일 경우 알파벳 순서로 코드에 나타낼 수 있다. 여기에 사용되는 문자를 표 6.9에 수록하였다. 그 다음의 두 자리 숫자는 각각 두 합금성분의 근사 함유량(%)을 의미한다. 마지막 자리는 조성에 있어서의 변동사항이나 상업적 목적으로 표준화된 순서를 단순히 표시해주기 위해 사용된다. 마그네슘 합금도 템퍼에 대한 사양을 필요로 하는데, 알루미늄에 대한 표 6.7(b)의 기본 사양이 그대로 적용된다.

표 6.10에 일부 마그네슘 합금의 예를 명칭체계, 인장강도, 연성과 함께 나타내었다.

6.3.3 구리와 그 합금

구리(Cu)는 사람에게 알려진 것이 가장 오래된 금속 중의 하나이다(역사적 고찰 6.3). 구리에 대한 기본 데이터는 표 6.1(d)에 나타내었다.

구리의 생산

고대에는 구리가 자연에서 독립된 원소의 형태로 존재하였다. 오늘날은 이런 형태로 발견하기는 어렵고, 황화된 원석인 **찰코파이라이트**(chalcopyrite, $CuFeS_2$)로부터 추출하여 생산한다. 원석을 분쇄 구리는 인류문명이 최초로 사용한 금속 중의 하나이다(금이 또 다른 하나). 구리는 기원전 6000년경 순수 금속의 상태로 발견되었다. 고대인들은 구리를 두드려서(냉간단조) 도구와 무기를 만들었는데, 때릴수록 더 단단해졌다(가공경화). 초기 문명사회에서 이 현상은 구리의 붉은 색과 함께 동의 가치를 만들어주었다.

B.C. 4000년경 구리가 용융되어 유용한 형상으로 주조되는 것이 발견되었다. 그 후에 주석을 섞으면 주조성과 가공성이 순수 상태일 때보다도 더 좋아진다는 것을 알게 되었다. 이것이 청동의 사용을 널리 퍼지게 하였고, 이 시대를 청동기 시대로 부르고 있는데, B.C. 2000년경부터 기원 초까지의 기간이다.

고대 로마인에게는 Cyprus 섬이 유일한 구리 산지였기 때문에 그들은 구리를 **aes cyprium**(사이프러스의 광석)이라고 불렀다. 이 이름이 **cyprium**으로 줄어들었고 다시 **cuprium**으로 바뀌었다. 이 명칭으로부터 화학기호 Cu가 나오게 되었다.

하여(15.1.1절), 부유선광(flotation)에 의해 농축한 후 **용해제련**(smelt, 원석으로부터 금속 분리를 위한 화학반응 물질도 종종 결합됨)을 한다. 이 결과로 나온 구리를 **브리스터동**(blister copper)이라 하는데, 98% ~ 99%의 순도를 가지고 있다. 상업적인 용도로 사용하기 위해 순도를 더 높이려면 전기분해를 수행한다.

물성과 명칭체계

순수한 구리는 불그스레한 분홍색을 띠는데, 가장 뚜렷한 공업적 특성은 낮은 전기저항성이다(가장 낮은 원소 중의 하나). 이 물성과 자연에서의 풍부함 때문에 상업적으로 순수한 구리는 전기전도체로 폭넓게 사용되고 있다(합금원소가 첨가됨에 따라 전도성은 급격히 감소한다). 구리는 또한 뛰어난 열전도체이다. 구리는 금, 은과 같은 무부식금속(noble metal)중 하나여서 내부식성도 우수하다. 이런 모든 물성으로 인해 구리가 가장 중요한 금속 중 하나의 위치를 차지하고 있다.

취약점 중 하나는 특히 무게가 고려되어야 하는 상황에서는 강도와 경도가 상대적으로 낮다는 점이다. 따라서 강도를 개선할 목적으로(혹은 다른 이유로), 구리는 많은 경우 합금을 하게 된다. **청동**(bronze)은 구리와 주석의 합금(전형적으로 약 90% Cu, 10% Sn)으로서, 고대로부터 지금까지도 널리 사용되고 있다. 주석 외의 원소를 사용하는 청동도 개발되어 왔고 알루미늄청동, 실리콘청동 등이 그런 예이다. **황동**(brass)도 친숙한 다른 구리합금이며 구리와 아연(전형적으로 약 65% Cu, 35% Zn)이 주성분이다. 가장 높은 강도를 가지는 구리합금은 베릴륨동(약 2%의 Be)인데, 열처리하여 인장강도를 1035 MPa 수준으로 얻을 수 있다. Be-Cu 합금은 스프링용으로 사용되고 있다.

구리 합금의 명칭은 Unified Numbering System for Metals and Alloys(UNS)를 따르는데, 문자

표 6.1 금속 원소들에 대한 기초 데이터(계속) : (d) 구리.

기호 : Cu	추출원석 : 찰코파이라이트($CuFeS_2$)
원자번호 : 29	합금 원소 : Sn(청동), Zn(황동), Al, Si, Ni, Be
비중 : 8.96	전형적인 용도 : 전기 도체 및 부품, 탄피(황동), 주전자와 후라이팬, 보석류, 배관, 해양부품, 열교환기, 스프링(Be-Cu)
결정구조 : FCC	
용융온도 : 1083°C(1356 K)	
탄성계수 : 110,000 MPa	

표 6.11 일부 구리 합금의 조성과 기계적 물성.

코드	전형적인 조성, %					인장강도 MPa	연신율, %
	Cu	Be	Ni	Sn	Zn		
C10100	99.99					235	45
C11000	99.95					220	45
C17000	98.0	1.7	a			500	45
C24000	80.0				20.0	290	52
C26000	70.0				30.0	300	68
C52100	92.0			8.0		380	70
C71500	70.0		30.0			380	45
C71500[b]	70.0		30.0			580	3

[a] 적은 양의 Ni, Fe + 0.3Co.

[b] 고강도를 위해 열처리함.

문헌 [12]로부터 편집함.

C(copper의 앞 문자 C)로 시작하는 다섯 자리 숫자체계를 가지고 있다. 합금은 단련 혹은 주조 형태로 처리되고, 명칭체계도 이 둘을 포함하도록 만들어져 있다. 일부 구리 합금의 조성과 기계적 물성을 표 6.11에 나타내었다.

6.3.4 니켈과 그 합금

니켈은 많은 면에서 철과 유사하다. 자성체이며 탄성계수도 철이나 강과 거의 비슷하다. 하지만 내부식성은 훨씬 뛰어나고 니켈 합금의 고온 물성은 일반적으로 철보다 우수하다. 부식에 대한 저항 특성 때문에 스테인리스강에서와 같이 강에 들어가는 합금원소로 자주 사용되며, 순수탄소강과 같은 금속의 도금재료로도 많이 사용된다.

니켈의 생산

가장 중요한 니켈 원석은 **펜트란다이트**(pentlandite, $(Ni, Fe)_9S_8$)인데, 여기서 니켈을 추출하기 위해서 원석을 우선 분쇄하고 물에 침전시킨다. 부유선광 기술을 통해 광석이 섞여 있는 다른 광물질로부터 황화물을 분리시킨다. 그 다음에 니켈황화물을 가열하여 황 성분을 연소시킨 다음, 철과 규소를 제거하기 위해 용해제련을 실시한다. 고농도 황화니켈(NiS)을 얻기 위해서 Bessemer형 전로에서

표 6.1 금속 원소들에 대한 기초 데이터(계속) : (e) 니켈.

기호 : Ni	추출원석 : 펜트란다이트(pentlandite, $(Ni, Fe)_9S_8$)
원자번호 : 28	합금 원소 : Cu, Cr, Fe, Al
비중 : 8.90	전형적인 용도 : 스테인리스강 합금 재료, 강의 도금 금속, 고
결정구조 : FCC	온과 부식에 대한 저항을 요하는 응용 분야
용융온도 : 1453°C(1726 K)	
탄성계수 : 209,000 MPa	

표 6.12 일부 니켈 합금의 조성과 기계적 물성.

| 코드 | 전형적인 조성, % | | | | | | | 인장강도 MPa | 연신율, % |
	Ni	Cr	Cu	Fe	Mn	Si	기타		
270	99.9		a	a				345	50
200	99.0		0.2	0.3	0.2	0.2	C, S	462	47
400	66.8		30.0	2.5	0.2	0.5	C	550	40
600	74.0	16.0	0.5	8.0	1.0	0.5		655	40
230	52.8	22.0		3.0	0.4	0.4	b	860	47

ª 아주 적은 양.

ᵇ 230 등급에 사용되는 다른 합금 재료 : 5% Co, 2% Mo, 14% W, 0.3% Al, 0.1% C.

문헌 [12]로부터 편집함.

정련을 더 실시한다. 그리고 나서 이 화합물로부터 높은 순도의 니켈을 얻기 위해 전기분해를 수행한다. 니켈 원석은 때때로 구리 원석과 혼합되기도 하는데, 이 경우 위의 과정을 거치면 순수한 구리 또한 추출할 수 있다.

니켈 합금

니켈 합금은 상업적으로 중요하며 내부식성과 고온 성능으로 주목을 받는다. 표 6.12에 일부 니켈 합금의 조성, 인장강도, 연성을 나타내었다. 몇 가지 초합금은 니켈을 기저 재료로 사용한다(6.4절).

6.3.5 티타늄 그 합금

티타늄(Ti)은 지각의 약 1% 정도를 구성할 정도로 자연에서 꽤 풍부한 원소이다(가장 풍부한 Al은 약 8%). 티타늄의 밀도는 알루미늄과 철의 중간 정도인데, 이 밖의 데이터는 표 6.1(f)에 나타내었다. 티타늄의 경량성과 우수한 중량당 강도비를 잘 발휘할 수 있는 항공우주산업에서 그 활용성이 최근 수십 년간 계속 성장하고 있다.

티타늄의 생산

티타늄의 주 원석은 98% ~ 99%의 TiO_2로 구성되는 **루타일**(rutile)과 FeO와 TiO_2가 조합된 **일메나이트**(ilmenite)이다. Ti 함량이 높기 때문에 루타일이 선호된다. 원석으로부터 티타늄을 추출하기 위해서 우선 염소가스를 반응시켜 TiO_2를 $TiCl_4$로 변환시킨다. 그 다음에 불순물을 제거하기 위해 증

표 6.1 금속 원소들에 대한 기초 데이터(계속) : (e) 티타늄.

기호 : Ti	추출원석 : 루타일(TiO_2), 일메나이트($FeTiO_3$)
원자번호 : 22	합금 원소 : Al, Sn, V, Cu, Mg
비중 : 4.51	전형적인 용도 : 제트엔진 부품, 항공우주 분야, 인공보철물
결정구조 : HCP	
용융온도 : 1668°C(1941 K)	
탄성계수 : 117,000 MPa	

표 6.13 일부 티타늄 합금의 조성과 기계적 물성.

코드[a]	전형적인 조성, %						인장강도 MPa	연신율, %
	Ti	Al	Cu	Fe	V	기타		
R50250	99.8			0.2			240	24
R56400	89.6	6.0		0.3	4.0	[b]	1000	12
R54810	90.0	8.0			1.0	1 Mo[b]	985	15
R56620	84.3	6.0	0.8	0.8	6.0	2 Sn[b]	1030	14

[a] United Numbering System(UNS).

[b] 아주 적은 양의 C, H, O.

문헌 [1], [12]로부터 편집함.

류 단계들을 거친다. $TiCl_4$에서 금속 티타늄을 분리시키기 위해서는 마그네슘과 반응을 시키는데, 이 과정을 **Kroll 공정**이라고 부른다. 나트륨 또한 분리제로 사용될 수 있다. 어느 것을 사용하든지 산소, 질소, 수소가 티타늄(Ti)을 오염시키는 것을 방지하기 위해 불활성대기 환경을 만들어야 한다. 산물로 나오는 금속을 티타늄과 그 합금의 잉곳을 주조하는 데에 사용한다.

티타늄의 물성

티타늄의 열팽창계수는 금속 중에서 비교적 낮은 편이다. 그리고 강성과 강도는 알루미늄보다 높고 고온에서도 강도를 잘 유지한다. 순수한 티타늄은 반응성이 높아 특히 용융상태에서 처리하는 데 있어서 문제를 발생시킨다. 그러나 상온에서는 얇은 산화코팅(TiO_2)을 형성하기 때문에 뛰어난 내부식성을 보인다.

이러한 물성으로 티타늄은 다음의 두 가지 주요한 적용 영역을 가진다. (1) 상업적으로 순수한 티타늄은 해양부품, 인공보철물과 같은 내부식성을 요하는 부품에 사용하며, (2) 티타늄 합금은 대기온도에서 550°C(823 K)까지의 온도 범위에서 고강도 특성이 필요하고, 특히 우수한 중량당 강도비를 요하는 부품에 사용한다. 두 번째 영역에는 항공기와 미사일 부품이 포함된다. 티타늄에 사용되는 합금원소로는 Al, Mg, Sn, V 등이 있다. 몇 가지 합금의 조성과 기계적 물성을 표 6.13에 나타내었다.

6.3.6 아연과 그 합금

표 6.1(g)는 아연에 대한 기본 데이터를 나타낸다. 아연의 낮은 용융점이 주조 금속으로서의 가치를 지니게 해준다. 또한 강과 철에 코팅하면 부식보호의 기능을 제공해준다. **아연도강**(galvanized steel)은 아연 도금된 강을 의미한다.

아연의 생산

황화아연(ZnS)을 함유하는 **스펠러라이트**(sphalerite)가 아연의 주 원석이다. 다른 중요한 원석으로는 탄산아연($ZnCO_3$)을 가지는 **스미스소나이트**(smithsonite)와 함수규산아연($Zn4Si_2O_7OH-H_2O$)을 가지는 **헤미모페이트**(hemimorphate)가 있다.

표 6.1 금속 원소들에 대한 기초 데이터(계속) : (g) 아연.

기호 : Zn	탄성계수 : 90,000 MPa
원자번호 : 30	추출원석 : 스펠러라이트(ZnS)
비중 : 7.13	합금 원소 : Al, Mg, Cu
결정구조 : HCP	전형적인 용도 : 강과 철의 도금용, 다이캐스팅,
용융온도 : 419°C(692 K)	황동의 합금원소

[a] 아연은 크리프 특성이 있어서 탄성계수를 측정하기가 어렵다. 일부 물성 테이블들은 이런 이유로 아연의 E값을 제외시킨다.

스펠러라이트 안의 황화아연 비율은 작기 때문에 농축시켜야만 한다. 우선 광석을 분쇄시키고 슬러리를 형성하기 위하여 볼밀(ball mill) 안에서 물과 함께 갈아진다(15.1.1 절). 슬러리에 거품제를 투입하면 슬러리가 뒤섞여 광물질이 위로 떠올라 걷어낼 수 있다(저급 광물의 분리). 이렇게 농축된 황화아연을 1260°C(1533K) 부근에서 구워 산화아연(ZnO)을 형성한다.

이 산화물로부터 아연을 회수할 수 있는 다양한 열화학적 공정이 있으며, 모든 방법이 탄소를 이용한다. 탄소가 ZnO의 산소와 반응하여 CO와(혹은) CO_2를 생성하고 증기 형태의 Zn을 분리시키는데, 원하는 금속을 얻기 위해서 이를 응축시킨다.

전기분해 방법 또한 널리 사용되어 전 세계 아연 생산의 약 반을 차지한다. 이 공정 역시 ZnO의 준비로부터 시작된다. ZnO를 묽은 황산(H_2SO_4)에 혼합하여 만들어진 황산아연($ZnSO_4$) 용액을 전기분해하여 순수한 아연을 생산한다.

아연 합금과 용도

몇 가지 아연 합금을 표 6.14에 조성, 인장강도, 적용 분야와 함께 나타내었다. 아연 합금은 자동차와 가전용품 산업체의 대량생산 다이캐스팅 부품에 흔히 사용된다. 아연의 다른 주 적용대상은 갈바나이즈강이다. 이름에서 알 수 있듯이 부식으로부터 강을 보호하기 위해 도금막이 생성된다(도금시 아연이 양극, 강이 음극). 세 번째로 중요한 아연의 용도는 황동이다. 앞서 구리 부분에서 설명하였듯이 황동은 구리와 아연으로 구성되고, 구성비는 대략 2/3의 구리와 1/3의 아연이다. 마지막으로, 독자들은 거의 아연으로 구성되어 있는 U.S. 1센트 동전에 관심을 가질지도 모른다. 페니는 아연으로 만들어졌고 그런 후에 구리로 전기코팅을 하였다. 최종 비율이 아연 97.5%와 구리 2.5%로 구성되었다.

표 6.14 일부 아연 합금의 조성과 기계적 물성.							
	전형적인 조성, %						
코드[a]	Zn	Al	Cu	Mg	Fe	인장강도 MPa	용도
Z33520	95.6	4.0	0.25	0.04	0.1	283	다이캐스팅
Z35540	93.4	4.0	2.5	0.04	0.1	359	다이캐스팅
Z35635	91.0	8.0	1.0	0.02	0.06	374	주조용 합금
Z35840	70.9	27.0	2.0	0.02	0.07	425	주조용 합금
Z45330	98.9		1.0	0.01		227	압연용 합금

[a] United Numbering System(UNS).

문헌 [12]로부터 편집함.

표 6.1 금속 원소들에 대한 기초 데이터(계속) : (h) 납과 주석.

	납	주석
기호 :	Pb	Zn
원자번호 :	82	50
비중 :	11.35	7.30
결정구조 :	FCC	HCP
용융온도 :	327°C(600 K)	232°C(505 K)
탄성계수 :	21,000 MPa	42,000 MPa
추출원석 :	갈레나(PbS)	캐시터라이트(SnO_2)
일반적인 합금 원소 :	Sn, Sb	Pb, Cu
전형적인 용도 :	본문 참조	청동, 솔더, 깡통

페니는 각 페니당 U.S. 조폐국 생산 단가가 1.5센트 정도이다.

6.3.7 납과 주석

납(Pb)과 주석(Sn)은 둘 다 비슷하게 낮은 용융점을 가지며, 전기적인 접속을 위한 솔더링 합금 원소로 사용되기 때문에 종종 함께 취급된다. 주석-납 합금계에 대한 상평형도는 그림 6.3에 나타나 있다. 표 6.1(h)에 주석과 납에 대한 기본 데이터를 나타내었다.

납은 저융점을 가지는 조밀한 금속이다. 다른 물성으로는 저강도, 저경도(부드럽다는 말이 더 적절하다), 고연성, 우수한 내부식성을 들 수 있다. 솔더의 용도 외에 납과 그 합금은 탄약, 활자 합금, x선 방호재, 배터리, 베어링, 진동감쇠재 등으로 사용된다. 또한 화학약품과 페인트에도 널리 사용된다. 납의 주 합금원소는 주석과 안티몬이다.

주석은 납보다도 더 낮은 용융점을 갖는다. 다른 물성으로는 저강도, 저경도, 우수한 연성 등이 있다. 가장 오래된 주석의 용도는 청동이었으며, 이것은 B.C. 3000년경 메소포타미아와 이집트에서 개발된 구리와 주석의 합금이다. 그 이후로 5000년 동안 주석의 중요성이 점점 줄어들고 있긴 하지만 상업적으로 여전히 중요한 합금원소라고 할 수 있다. 다른 용도로는 음식물을 저장하는 주석코팅강판 용기(tin can, 깡통)와 솔더 금속을 들 수 있다.

6.3.8 내화금속

내화금속(refractory metals)은 고온에서 견딜 수 있는 금속을 말한다. 이 그룹에 속하는 가장 중요한 금속은 몰리브덴과 텅스텐이다(표 6.1(i) 참조). 다른 내화금속으로는 컬럼븀(Cb)과 탄탈륨(Ta)이 있다. 일반적으로 이러한 금속과 합금은 높은 온도에서도 높은 강도와 경도를 유지할 수 있는 능력을 가지고 있다.

몰리브덴은 높은 융점을 가지며 비교적 높은 밀도, 강성, 강도를 지닌다. 순수상태(99.9% 이상 Mo)와 합금의 두 형태가 모두 사용된다. 주요 합금은 소량의 티타늄과 지르코늄(총 1% 미만)을 함유하는 몰리브덴합금(TZM)이다. 몰리브덴과 그의 합금은 우수한 고온강도를 가지고 있어서 열방호재, 가열부품, 저항용접용 전극, 고온가공용 금형(예, 다이캐스팅 주형), 로켓과 제트엔진 부품 등에 사

표 6.1 금속 원소들에 대한 기초 데이터(계속) : (i) 내화금속.

	몰리브덴	텅스텐
기호 :	Mo	Zn
원자번호 :	42	74
비중 :	10.2	19.3
결정구조 :	BCC	BCC
용융온도 :	2619°C(2892 K)	3400°C(3673 K)
탄성계수 :	324,000 MPa	407,000 MPa
주요 원석 :	몰리브데나이트(MoS_2)	쉐이라이트($CaWO_4$), 울프라마이트 ((Fe, Mn)WO_4)
합금 원소 :	본문 참조	[a]
용도 :	본문 참조	전구 필라멘트, 로켓엔진 부품, WC 공구

[a] 텅스텐은 순수 금속, 합금 재료로 사용되지만, 텅스텐을 기초로 한 합금은 거의 없다.

용된다. 또한 강과 초합금 같은 다른 금속의 합금원소로도 널리 적용된다.

텅스텐은 금속 중에서 용융점이 가장 높은 금속이며 가장 조밀한 금속 중의 하나이다. 또한 모든 순금속 중에서 가장 강성과 경도가 높다. 가장 친숙한 적용대상은 백열전구의 필라멘트라고 할 수 있다. 텅스텐은 사용온도가 높은 대상에 적합한 특성을 갖는데, 로켓과 제트엔진, 아크용접봉 등이 그 예가 된다. 또한 공구강 재료, 내열합금, 텅스텐카바이드 등에도 사용된다(7.3.2절).

몰리브덴과 텅스텐의 주요 단점은 약 600°C(873 K) 이상의 고온에서 산화되는 경향이며, 이로 인해 고온 물성이 떨어진다. 이러한 결함을 극복하기 위하여 고온에서 견딜 수 있는 보호코팅을 하든지, 진공 속에서 이런 금속부품의 공정을 수행한다. 예를 들어 전구의 텅스텐 필라멘트는 백열전구의 내부 진공상태에서 전기가 가해져 빛을 발한다.

6.3.9 귀금속

은, 금, 백금과 같은 귀금속(precious metal)은 **무부식금속**(noble metal)이라고도 불리는데, 그 이유는 화학적으로 불활성이기 때문이다. 이들은 아름다운 금속이고 한정된 양만 공급되어 역사적으로 볼 때 이것들로 주화나 화폐대용품을 만들었다. 또한 그들의 높은 가치를 활용하기 위해 보석류나 유사한 대상에 이용하였다. 귀금속들은 높은 밀도, 우수한 연성, 높은 전기전도성, 우수한 내부식성을 가진다(표 6.1(j)참조).

은(silver, Ag)은 금과 백금보다 단위 중량당 가격이 저렴하지만 아름다운 은색 광택이 있어 동전, 장신구, 식기(silverware라고도 부름) 등의 가치를 높여 준다. 또한 치과에서 치아 구멍을 채워주는 재료로도 사용된다. 은은 전기전도성이 가장 높아서 전자산업에서 접점으로 유용하게 사용된다. 마지막으로 광민감성 염화은과 기타 할로겐화합물은 사진 기술의 기초 재료가 된다.

금(gold, Au)은 가장 무거운 금속 중의 하나이다. 부드러워 쉽게 성형이 되며 가치를 더해주는 아름다운 황색을 띠고 있다. 화폐와 장신구 외에 전기접점(우수한 전기전도성과 내부식성 활용), 치과용 재료, 도금용 재료(장식 목적) 등으로 활용된다.

표 6.1 금속 원소들에 대한 기초 데이터(계속) : (j) 귀금속.

	금	백금	은
기호 :	Au	Pt	Ag
원자번호 :	79	78	47
비중 :	19.3	21.5	10.5
결정구조 :	FCC	FCC	FCC
용융온도 :	1063°C(1336 K)	1769°C(2042 K)	961°C(1234 K)
주요 원석 :	a	a	a
용도 :	본문 참조	본문 참조	본문 참조

[a] 세 가지 귀금속 모두 순수한 금속이 다른 원석, 금속과 섞여져 있는 상태에서 얻어진다.
은은 원석인 휘은석으로부터도 얻어진다.

백금(platinum, Pt)은 장신구에 사용되며, 사실상 금보다 더 비싼 금속이다. 백금 그룹으로 잘 알려진 가장 중요한 여섯 가지 귀금속은 백금에 더하여, 루테늄(ruthenium, Ru), 로듐(rhodium, Rh), 팔라듐(palladium, Pd), 오시뮴(osmium, Os), 이리듐(iridium, Ir)이다. 이들은 그림 2.1의 주기율표에서 사각형 안에 묶여져 있다. Os, Ir, Pt는 금보다 더 밀도가 높다(Ir은 가장 밀도가 높은 금속으로 알려져 있다, 22.65g/cm³). 백금 금속 그룹은 모두 드물고 매우 비싸기 때문에, 높은 용융온도와 부식저항, 촉매 특성과 같은 독특한 물성을 필요로 하는 분야와 단지 적은 양을 필요로 하는 제한된 상황에만 적용된다. 또한 열전쌍, 전기접점, 스파크 플러그, 부식저항 장치, 자동차용 촉매 오염 조절장치 등에도 적용된다.

6.4 초내열합금

초내열합금은 철계와 비철계 금속의 양쪽 범주를 구성한다. 그들 중의 어느 것은 철을 기본으로 하며, 다른 어떤 것은 니켈과 코발트를 기본으로 한다. 사실 많은 초내열합금들은 하나의 기저금속에 합금원소를 첨가하여 구성하는 것보다는 셋이나 그 이상의 금속들로 구성된다. 이들 금속의 총량은 우리가 이 장에서 다루었던 대부분의 다른 금속들에 비하여 크지는 않지만, 그럼에도 불구하고 그들의 성능 때문에 기술적으로 중요하고 아울러 고가이기 때문에 상업적으로 중요하다.

초내열합금(superalloy)은 고온에서 부식이나 산화 등의 표면 열화에 대한 강도나 저항에 대한 요구조건을 충족시키기 위하여 설계된 고기능성 합금 그룹이다. 이러한 금속들에서는 일반적인 상온에서의 강도는 그다지 중요한 기준이 아니고, 이들 대부분은 상온 강도 물성은 그다지 뛰어나지는 않지만 좋은 편이다. 이들의 고온 성능은 매우 우수하다. 높은 온도에서의 인장강도, 고온경도, 크리프저항, 부식저항 등은 관심이 가는 기계적 물성들이다. 적용온도는 보통 1100°C(1373 K) 부근이다. 이들 금속은 고온에서 작동 효율이 증가하는 가스 터빈(제트 및 로켓엔진, 증기터빈, 핵발전소) 시스템에 널리 사용된다.

초내열합금은 주요 성분에 따라 통상, 철, 니켈, 코발트의 세 가지 그룹으로 분류된다.

- **철-기저 합금**(iron-based alloys) 전체 조성 중의 철이 50% 미만인 경우도 있지만, 철을 주요 성

표 6.15 일부 초내열합금의 상온과 고온(870°C(1143K))에서의 강도 물성과 조성.

초내열합금	화학 분석 %[a]							상온에서의 인장강도 MPa	870°C(1143K)에서의 인장강도 MPa
	Fe	Ni	Co	Cr	Mo	W	기타[b]		
철-기저									
인코로이 802	46	32		21			<2	690	195
헤인즈 556	29	20	20	22	3		6	815	330
니켈-기저									
인코로이 718	18	53		19	3		6	1435	340
르네 41		55	11	19	1		5	1420	620
하스텔로이 S	1	67		16	15		1	845	340
니모닉 75	3	76		20			<2	745	150
코발트-기저									
스텔라이트 6B	3	3	53	30	2	5	4	1010	385
헤인즈 188	3	22	39	22		14		960	420
L-605		10	53	20		15	2	1005	325

[a] 근사치 비율 조성.
[b] 탄소, 니오븀, 티타늄, 텅스텐, 망간, 규소를 포함하는 다른 원소.
문헌 [11], [12]로부터 편집함.

분으로 갖는 합금이다.
- **니켈-기저 합금**(nickel-based alloys) 일반적으로 합금강보다 고온 강도가 더 좋다. 니켈이 기저 금속이다. 주요 합금 원소로는 크롬과 코발트이다. 주요 원소보다 더 적은 원소로는 알루미늄, 티타늄, 몰리브덴, 니오븀(Nb) 및 철이 속한다. 이 그룹에 속하는 친숙한 이름으로는 인코넬, 하스텔로이, 르네 41 등이 있다.
- **코발트-기저 초합금** 이 합금의 주요 원소는 코발트(약 40%)와 크롬(아마도 20%)이다. 다른 합금 원소로는 니켈, 몰리브덴, 텅스텐 등을 포함한다.

사실상 철을 기저로 하는 초합금을 포함하여 모든 초합금들은 석출경화에 의해 강화시킨다. 철-기저 초합금은 강화 중에 마르텐사이트를 생성하지 않는다. 표 6.15에는 일부 합금들에 대한 상온과 고온에서의 전형적인 조성과 강도 물성에 대하여 나타내었다.

| 6.5 금속 공정을 위한 가이드

금속을 성형하고 그 물성을 향상시키며 조립하고 외관과 보호를 위하여 다듬질 처리를 하는 데에는 매우 다양한 생산 공정들이 이용된다.

성형, 조립 및 다듬질 공정
금속은 주조, 분말 야금, 변형 공정, 절삭 등의 모든 기초적인 공정들로 가공된다. 아울러 금속 부품은 용접이나 브레이징, 솔더링, 기계적 체결 등의 방법으로 조립된다. 또한 금속 부품의 외관을 향상시키고, 부식을 방지하기 위하여 다듬질 처리를 한다. 이러한 다듬질 공정에는 전기도금이나 도장이 포함된다.

금속의 기계적 물성 개선

금속의 기계적 물성은 여러 가지 기술에 의하여 변화될 수 있다. 다양한 금속들의 기본특성을 향상시키는 방법에 대하여 언급하였다. 금속의 기계적 물성을 향상시키는 방법들은 세 가지 범주로 나눌 수 있으며, (1) 합금, (2) 냉간가공, (3) 열처리 등이다.

합금(alloying)은 이 절 전체를 통하여 다루었는데 금속을 강화하는 중요한 기술이다.

냉간가공(cold working)은 이전에 변형경화에서 언급되었다. 냉간가공의 효과는 강도는 증가하고 연성은 감소한다. 이러한 기계적 물성에 영향을 받는 정도는 변형의 양과 식 (3.10)의 유동곡선에서의 변형경화지수에 의존한다. 냉간가공은 순금속과 합금 모두에 적용이 가능하다. 압연이나 단조, 압출 등과 같은 외형 성형공정들 중의 하나에 의하여 부재가 변형하는 동안 수행된다. 그러므로 금속의 강화는 성형공정의 부산물로 얻어진다.

열처리(heat treatment)는 금속의 물성을 향상시키기 위하여 수행되는 가열과 냉각 사이클의 각각의 형태를 의미한다. 이것은 금속의 기계적 물성을 결정하는 기본 미세구조를 변화시켜서 수행된다. 어떤 열처리 작업은 특정한 종류의 금속에만 적용이 가능하다. 예를 들어 마르텐사이트는 독특하게 강에만 형성되므로 강을 열처리하여 마르텐사이트를 생성하는 것은 강에만 국한된다. 강과 기타 금속들에 대한 열처리는 25장에서 다룬다.

참고문헌

[1] Bauccio. M. (ed.). *ASM Metals Reference Book,* 3rd ed. ASM International, Materials Park, Ohio, 1993.
[2] Black, J, and Kohser, R. *DeGarmo's Materials and Processes in Manufacturing,* 10th ed., John Wiley & Sons, Hoboken, New Jersey, 2008.
[3] Brick, R. M., Pense, A. W., and Gordon, R. B. *Structure and Properties of Engineering Materials,* 4th ed. McGraw-Hill, New York, 1977.
[4] Carnes, R., and Maddock, G., "Tool Steel Selection," *Advanced Materials & Processes,* June 2004, pp. 37–40.
[5] *Encyclopaedia Britannica,* Vol. 21, *Macropaedia.* Encyclopaedia Britannica, Chicago, 1990, under section: Industries, Extraction and Processing.
[6] Flinn, R. A., and Trojan, P. K. *Engineering Materials and Their Applications,* 5th ed. John Wiley & Sons, New York, 1995.
[7] Guy, A. G., and Hren, J. J. *Elements of Physical Metallurgy,* 3rd ed. Addison-Wesley, Reading, Massachusetts, 1974.
[8] Hume-Rothery, W., Smallman, R. E., and Haworth, C. W. *The Structure of Metals and Alloys.* Institute of Materials, London, 1988.
[9] Keefe, J. "A Brief Introduction to Precious Metals," *The AMMTIAC Quarterly,* Vol. 2, No. 1, 2007.
[10] Lankford, W. T., Jr., Samways, N. L., Craven, R. F., and McGannon, H. E. *The Making, Shaping, and Treating of Steel,* 10th ed. United States Steel Co., Pittsburgh, 1985.
[11] *Metals Handbook,* Vol. 1, *Properties and Selection: Iron, Steels, and High Performance Alloys.* ASM International, Metals Park, Ohio, 1990.
[12] *Metals Handbook,* Vol. 2, *Properties and Selection: Nonferrous Alloys and Special Purpose Materials,* ASM International, Metals Park, Ohio, 1990.
[13] Moore, C., and Marshall, R. I. *Steelmaking.* The Institute for Metals, The Bourne Press, Ltd., Bournemouth, U.K., 1991.
[14] Wick, C., and Veilleux, R. F. (eds.). *Tool and Manufacturing Engineers Handbook,* 4, Vol. 3, *Materials, Finishing, and Coating.* Society of Manufacturing Engineers, Dearborn, Michigan, 1985.

복습문제

6.1 금속이 세라믹, 고분자와 구분되는 다른 일반적인 물성은 무엇인가?

6.2 금속의 두 가지 주요 그룹은 무엇인가? 그들을 정의하여라.

6.3 합금이란 무엇인가?

6.4 합금에 있어서 고용체란 무엇인가?

6.5 치환형 고용체와 침입형 고용체를 구분하여라.

6.6 합금에 있어서 중간상이란 무엇인가?

6.7 상평형도에 나타난 것과 같이 구리-니켈계는 간단한 합금계이다. 이렇게 간단한 이유는 무엇인가?

6.8 철-탄소 합금계에서 강의 탄소 범위는?

6.9 철-탄소 합금계에서 주철의 탄소 범위는?

6.10 저합금강에 들어가는 탄소 이외의 일반적인 합금 원소에 대하여 확인하여라.

6.11 탄소가 이외의 합금 원소들에 의해 강이 강화되는 메커니즘은 무엇인가?

6.12 스테인리스강의 가장 지배적인 합금 원소는 무엇인가?

6.13 오스테나이트계 스테인리스강이 그 이름으로 불리는 이유는 무엇인가?

6.14 높은 탄소함유량과 함께, 주철의 특징적인 다른 합금 원소는 무엇인가?

6.15 기술된 알루미늄의 물성에 대하여 확인하여라.

6.16 마그네슘의 주목할 만한 물성은 무엇인가?

6.17 구리가 그 대부분의 용도로 쓰이게 하는 가장 중요한 공업적 물성은 무엇인가?

6.18 구리는 전통적으로 어떤 원소와 합금을 이루어 (a) 청동, (b) 황동이 되는가?

6.19 니켈의 중요한 용도는 무엇인가?

6.20 티타늄의 주목할 만한 물성은 무엇인가?

6.21 아연의 중요한 용도를 확인하여라.

6.22 납과 주석으로부터 생성되는 중요한 합금은 무엇인가?

6.23 (a) 중요한 내화금속의 명칭은 무엇인가? (b) "내화성"이 의미하는 겻은 무엇인가?

6.24 (a) 네 가지의 중요한 귀금속(noble metal)의 명칭은 무엇인가?
(b) noble metal로 불리는 이유는 무엇인가?

6.25 초내열합금은 합금에 사용되는 기본 금속에 따라 세 가지 기본 그룹으로 분류된다. 세 가지 그룹의 명칭은 무엇인가?

6.26 초내열합금은 무엇이 그렇게 특별한가? 다른 합금과 구별되는 점은 무엇인가?

6.27 금속을 강화하는 세 가지 기본 방법은 무엇인가?

객관식문제(20개의 답)

6.1 다음의 물성이나 특징들 중에서 금속에 해당하지 않는 것은? (두 개의 정답)
(a) 우수한 열전도도, (b) 높은 강도,
(c) 높은 전기저항, (d) 높은 강성, (e) 이온 결합.

6.2 지구에 가장 풍부한 금속 원소는?
(a) 알루미늄, (b) 구리, (c) 철, (d) 마그네슘,
(e) 규소.

6.3 철-탄소 합금계에서 상온에서 99%의 철 조성을 지닌 상은 다음 중 어느 것인가?
(a) 오스테나이트, (b) 시멘타이트, (c) 델타,
(d) 페라이트, (e) 감마.

6.4 1.0%의 탄소를 지닌 강은 다음 중 무엇인가?

(a) 공석, (b) 아공석, (c) 과공석, (d) 단철.

6.5 강의 강도와 경도는 탄소가 증가함에 따라 증가한다.
(a) 증가한다, (b) 감소한다.

6.6 순수탄소강은 AISI 코드체계에서 어떻게 지정되는가?
(a) 01XX, (b) 10XX, (c) 11XX, (d) 12XX,
(e) 30XX.

6.7 다음 원소들 중에서 강에 가장 중요한 합금 원소는 무엇인가?
(a) 탄소, (b) 크롬, (c) 니켈, (d) 몰리브덴,
(e) 바나듐.

6.8 다음 중 강의 일반적인 합금재료가 아닌 것은?
(a) 크롬, (b) 망간, (c) 니켈, (d) 바나듐, (e) 아연.

6.9 고용체 합금은 고강도저합금(HSLA) 강의 중요한 강화 메커니즘이다.
(a) 참, (b) 거짓.

6.10 다음 합금 원소들 중에서 스테인리스강과 가장 관련이 깊은 것은? (두 개의 정답)
(a) 크롬, (b) 망간, (c) 몰리브덴, (d) 니켈, (e) 텅스텐.

6.11 다음 중 상업적으로 가장 중요한 주철은?
(a) 연주철, (b) 회주철, (c) 가단주철, (d) 백주철.

6.12 다음 금속들 중에서 밀도가 가장 낮은 것은?
(a) 알루미늄, (b) 마그네슘, (c) 주석, (d) 티타늄.

6.13 다음 금속들 중에서 밀도가 가장 높은 것은?
(a) 금, (b) 납, (c) 백금, (d) 은, (e) 텅스텐.

6.14 다음 광석들 중에서 알루미늄을 얻을 수 있는 것은?
(a) 알루미나, (b) 보크사이트, (c) 시멘타이트, (d) 헤마타이트, (e) 쉐이라이트.

6.15 다음 금속들 중에서 가장 좋은 전기전도성을 지닌 것은?
(a) 구리, (b) 금, (c) 철, (d) 니켈, (e) 텅스텐.

6.16 전통적인 황동은 다음 어느 금속의 합금인가?
(두 개의 정답)
(a) 알루미늄, (b) 구리, (c) 금, (d) 주석, (e) 아연.

6.17 다음 중 용융점이 가장 낮은 것은?
(a) 알루미늄, (b) 납, (c) 마그네슘, (d) 주석, (e) 아연.

연습문제

6.1 그림 6.2에 나타낸 구리-니켈 상평형도에 대하여 1371°C(1644 K)에서 70% Ni과 30% Cu의 공칭 조성에서 액상과 고상의 조성을 구하여라.

6.2 앞의 문제에서 역지렛대 법칙을 이용하여 이 합금 내에 존재하는 액상과 고상의 비율을 결정하여라.

6.3 그림 6.3의 납-주석 상평형도를 이용하여 204°C (477 K)에서 40% Sn, 60% Pb의 공칭 조성에 대한 액상과 고상의 조성을 결정하여라.

6.4 앞의 문제에서 역지렛대 법칙을 이용하여 이 합금 내에 존재하는 액상과 고상의 비율을 결정하여라.

6.5 그림 6.3의 납-주석 상평형도를 이용하여 204°C (477 K)에서 90% Sn, 10% Pb의 공칭 조성에 대한 액상과 고상의 조성을 결정하여라.

6.6 앞의 문제에서 역지렛대 법칙을 이용하여 이 합금 내에 존재하는 액상과 고상의 비율을 결정하여라.

6.7 그림 6.4의 철-탄화철의 상평형도에서 다음 각 온도에서의 공칭 조성에서 존재하는 상 또는 상들을 결정하여라. (a) 650°C(477 K), 2% Fe_3C, (b) 760°C (1033 K), 2% Fe_3C, (c) 1095°C(1368 K), 1% Fe_3C.

Chapter **7**

세라믹

7.1 세라믹의 구조와 물성
　7.1.1 기계적 물성
　7.1.2 물리적 물성

7.2 전통적인 세라믹
　7.2.1 원재료
　7.2.2 전통적 세라믹 제품들

7.3 신소재 세라믹
　7.3.1 산화물 세라믹
　7.3.2 탄화물 세라믹
　7.3.3 질화물 세라믹

7.4 유리
　7.4.1 유리의 화학조성과 물성
　7.4.2 유리 제품
　7.4.3 유리-세라믹

7.5 세라믹 관련 중요 원소
　7.5.1 탄소
　7.5.2 규소
　7.5.3 붕소

7.6 세라믹 공정을 위한 가이드

일반적으로 기술자들은 금속을 가장 중요한 종류의 공업 재료로 취급한다. 그러나 실제로는 세라믹 재료가 훨씬 더 풍부하며 일상에서 더 널리 사용된다. 이 범주에는 점토 제품(예, 벽돌, 도자기), 유리, 시멘트 등이 포함된다. 또한 최근 세라믹 재료에는 텅스텐카바이드와 입방정 질화붕소 등이 포함된다. 이러한 재료들은 이 장에서 다뤄질 재료들의 종류이다. 세라믹과 유사한 분야에 적용되는 몇몇 원소들 중 탄소, 규소, 붕소에 대하여도 다룰 것이다.

공업 재료로서의 세라믹의 중요성은 자연계에 풍부하다는 점과 금속과는 전혀 다른 기계적, 물리적 물성들에 기인한다. **세라믹**(ceramic) 재료는 금속(혹은 준금속)과 하나 이상의 비금속들로 구성된 무기 화합물이다. 세라믹이라는 단어는 도자기 점토 혹은 불에 구운 점토로 만들어진 용품을 뜻하는 고대 그리스 keramos라는 문자에서 유래되었다. 세라믹 재료의 중요한 예로는 대부분의 유리 제품의 주원료인 **실리카**(silica) 혹은 이산화규소(SiO_2)와, 연마재로부터 인공뼈에 이르기까지 널리 이용되는 **알루미나**(alumina) 혹은 산화알루미늄(Al_2O_3), 대부분의 점토 제품의 주원료인 **고령토**(kaolinite)로 알려져 있는 함수알루미늄규산염($Al_2Si_2O_5(OH)_4$)과 같은 복잡한 혼합물 등이 있다. 이들 혼합물 안의 원소들은 표 7.1에서 알 수 있듯이 지구 표면에 가장 흔한 원소들이다. 이러한 그룹에는 자연적이거나 인공적으로 제조된 여러 가지 혼합물들도 포함된다.

세라믹이 공업용 제품으로 유용하게 사용되도록 해주는 일반적인 물성들은 높은 경도, 우수한 전기 및 열 절연 특성, 화학적 안정성, 높은 용융온도 등이다. 어떤 세라믹은 투명한데, 창문용 유리가 좋은 예이다. 또한 세라믹 제품의 가공과 성능 면에서 문제점을 일으키기도 하는 취성 특성을 지니

표 7.1 지구의 지각에서 가장 일반적인 원소들의 대략적인 비율.

산소	규소	알루미늄	철	칼슘	나트륨	칼륨	마그네슘
50%	26%	7.6%	4.7%	3.5%	2.7%	2.6%	2.0%

문헌 [6]으로부터 편집함.

며, 연성은 거의 없다.

세라믹의 상업적, 기술적인 중요성은 다양한 제품과 용도로 확인할 수 있다. 그 예는 다음과 같다.

- **건축토목용 점토제품**(clay construction products) : 벽돌, 도관, 타일 등에 쓰임.

- **내화세라믹**(refractory ceramics) : 가열로 벽이나 도가니, 주형 등에 사용되는 고온 특성을 가진다.

- **시멘트**(cement) : 건설과 도로에 사용되는 콘크리트를 구성(콘크리트는 복합재료이지만 구성요소들은 세라믹이다).

- **백색도자기 제품**(whiteware products) : 진흙과 기타 광물을 혼합한 도기, 스톤웨어, 차이나, 자기, 기타 주방용품 등을 포함한다.

- **유리**(glass) : 병, 잔, 렌즈, 창문 유리, 전구 등에 쓰임.

- **유리 섬유**(glass fiber) : 단열용 면, 강화플라스틱, 광통신·라인 등에 쓰임.

- **연마재**(abrasives) : 알루미나와 실리콘카바이드.

- **절삭공구재료**(cutting tool materials) : 텅스텐카바이드, 산화알루미늄, 입방정 질화붕소 등.

- **세라믹 절연체**(ceramic insulator) : 전기 부품, 점화 플러그, 초소형 전자 칩 기질 등에 응용됨.

- **자성세라믹**(magnetic ceramics) : 컴퓨터 메모리에 사용됨.

- **핵연료**(nuclear fuels) : 산화우라늄(UO_2)에 기반을 둔 핵연료.

- **생체세라믹**(bioceramics) : 인공 치아, 뼈에 사용되는 재료.

본서에서는 세라믹 재료를 구조의 목적에 맞게 세 가지의 기본 형태로 분류한다. (1) **전통적인 세라믹**(traditional ceramics) — 도기, 벽돌, 일반 숫돌, 시멘트 등에 사용된 규산염, (2) **신소재 세라믹**(new ceramics) — 전통적인 세라믹보다 더 우수한 기계적, 물리적 물성을 지니고, 산화물이나 탄화물 등의 비규산염을 토대로 하여 새롭게 개발된 세라믹, (3) **유리**(glasses) — 비정질 구조로 인하여 다른 세라믹들과 구분되며 실리카를 기본으로 하는 세라믹이다. 이러한 세 가지 기본적인 형태와 더불어 열처리를 하여 대부분이 결정질 구조로 변환된 **유리세라믹**(glass ceramics)도 있다.

7.1 세라믹의 구조와 물성

세라믹 화합물은 공유결합과 이온결합의 특징을 가지고 있다. 이러한 결합들은 금속에서의 금속결합에 비하여 훨씬 더 강한 결합을 하기 때문에 세라믹 재료들은 강도와 강성은 크지만 연성은 떨어진다. 금속결합에서는 자유전자가 있기 때문에 금속이 열과 전기를 잘 통하는 것에 반해, 세라믹에서는 모든 전자들이 세라믹 분자에 강하게 결합되어 있기 때문에 전도성이 많이 떨어진다. 강한 결합으로 말미암아 이들의 용융온도는 매우 높으며, 어떤 세라믹의 경우에는 높은 온도에서 용융되는 것이 아니라 분해되기도 한다.

대부분의 세라믹은 결정질 구조를 지닌다. 그 구조는 금속의 경우보다 일반적으로 더 복잡하다. 이것에는 몇 가지 이유가 있다. 첫째 세라믹분자는 일반적으로 상당히 다른 크기의 원자들로 구성된다. 둘째 SiO_2나 Al_2O_3와 같은 일반적인 세라믹에서와 같이 이온전하량이 다르다. 이러한 두 가지 요인으로 인하여 분자와 결정구조 내의 원자들의 물리적인 배열이 매우 복잡하게 되는 경향이 있다. 게다가, 많은 세라믹 재료들은 $Al_2Si_2O_5(OH)_4$와 같이 두 가지 이상의 원소로 구성되기 때문에 분자구조가 더욱 복잡해진다. 결정질 세라믹은 단결정일 수도 있고, 또는 다결정질 물질일 수도 있다. 더 일반적인 두 번째 형태에서는, 기계적 · 물리적 물성은 입자 크기에 따라 영향을 받으며, 미세한 입자일수록 더 높은 강도와 인성을 지닌다.

어떤 세라믹 재료에서는 결정질 형태가 아니라 비정질(amorphous) 구조 혹은 **유리질**(glassy) 상인 경우도 있다. 가장 친숙한 예는 유리이다. 화학적으로, 대부분의 유리는 융합 실리카로 구성된다. 색깔과 물성의 차이는 알루미늄, 붕소, 칼슘, 마그네슘 등의 산화물과 같은 기타 유리질 세라믹 재료를 첨가하여 얻을 수 있다. 이러한 순수 유리와 아울러 결정질 구조를 지닌 많은 세라믹들은 결정질 상을 위한 결합제로서 유리질 상을 이용한다.

7.1.1 기계적 물성

세라믹의 기본적인 기계적 물성은 3장에서 다루었다. 세라믹 재료들은 단단하고 취성이 있으며 응력-변형률 거동은 완전탄성과 같은 특징을 보인다(그림 3.6). 표 7.2와 같이 많은 신소재 세라믹들은 금속에 비하여 경도와 탄성계수가 더 크다(표 3.1, 3.6 및 3.7 참조). 전통적인 세라믹과 유리의 강성과 경도는 신소재 세라믹에 비하여 훨씬 낮다.

이론적으로 세라믹의 강도는 그 원자결합 때문에 금속의 강도에 비하여 더 크다. 공유결합과 이온결합의 형태는 금속결합에 비하여 더 강하다. 그러나 금속결합의 이점은 높은 응력이 가해질 때 금속이 소성변형을 일으키는 기본적인 메커니즘인 슬립(slip)이 가능하다는 것이다. 세라믹에서의 결합은 더 견고하지만 응력 하에서 슬립을 허용하지 않는다. 슬립이 일어나지 못한다는 점은 세라믹이 응력을 흡수하기가 어렵다는 의미이다. 세라믹은 금속과 같이 결정구조 내에 공극, 침입, 치환원자 및 미세균열 등의 불완전성을 지닌다. 이러한 내부 결함들로 인하여 특히 세라믹은 주어진 인장, 굽힘, 충격하중이 가해질 때, 응력 집중 현상을 보인다. 이러한 요인들로 인하여 주어진 응력 하에서 금속보다 훨씬 쉽게 취성 파괴를 일으키게 된다. 그들의 인장강도와 인성은 상대적으로 낮다. 특히 전통적인 세라믹을 제조할 때에는 불규칙한 불완전성과 공정 변동의 영향으로 인하여 성능을 예측하기가 더욱 더 어렵다.

세라믹 재료는 인장강도가 제한적인 약점이 있지만, 압축응력이 작용하는 경우에는 별다른 문제가 없다. 세라믹 재료는 인장보다 압축에 상당히 더 강하다. 공업용 및 구조용으로 사용할 때 설계자는 인장이나 굽힘하중을 받는 경우보다는 압축하중을 받는 경우에 세라믹 요소를 사용해야 함을 알아야 한다.

표 7.2 세라믹 재료의 일부 기계적 물리적 물성.

재료	경도(비커스)	탄성계수, E GPa	비중	용융온도 °C	용융온도 K
전통적인 세라믹					
내화점토벽돌	NA	95	2.3	NA	NA
포틀랜드 시멘트	NA	50	2.4	NA	NA
실리콘 카바이드(SiC)	2600 HV	460	3.2	27,007[a]	27,280[a]
신소재 세라믹					
알루미나(Al_2O_3)	2200 HV	345	3.8	2054	2327
입방정 질화붕소(cBN)	6000 HV	NA	2.3	30,007[a]	30,280[a]
티타늄 카바이드(TiC)	3200 HV	300	4.9	3250	3523
텅스텐 카바이드(WC)	2600 HV	700	15.6	2870	3143
유리					
규산염 유리(SiO_2)	500 HV	69	2.2	7[b]	280[b]

NA = 자료 없음.

[a] 세라믹 재료는 화학적으로 분해되거나, 혹은 다이아몬드와 흑연의 경우에는 용융하는 것이 아니라 승화(기화)한다.

[b] 비결정질 유리는 명확한 용융온도에서 녹지 않는다. 대신에 온도 증가에 따라 점진적으로 액체 물성을 나타낸다. 약 1400°C(1673 K)에서 액체가 된다.

문헌 [3], [4], [5], [6], [9], [10]으로부터 편집함.

세라믹을 강화시키는 다양한 방법들이 개발되었고, 거의 모두가 기본적으로 표면과 내부의 결함 및 그의 영향을 최소화하는 방향으로 접근하고 있다. 이들 방법들에는 (1) 초기재료의 균질화, (2) 다결정질에서 세라믹 제품들에서 결정크기 축소, (3) 공극률 최소화, (4) 압축 표면 응력 도입, 예를 들어 열팽창률이 작은 광택제(유약)를 도포한 후에 구우면 제품의 몸체가 수축하고, 광택제가 압축 상태에 있게 된다. (5) 섬유 보강재 사용, (6) 강화하기 위하여 약한 소성 구간의 온도로부터 알루미나를 담금질하는 것과 같은 열처리 등이 있다[7].

7.1.2 물리적 물성

세라믹에 대한 몇 가지의 물리적 물성에 대하여 표 7.2에 나타내었다. 대부분의 세라믹 재료들은 금속보다는 가볍고 중합체보다는 무겁다(표 4.1 참조). 용융온도는 대부분의 금속들보다는 높고, 어떤 세라믹의 경우에는 용융되는 것이 아니라 분해되기도 한다.

대부분의 세라믹의 전기 및 열 전도성은 금속보다는 떨어지는 편이지만, 그 범위는 매우 넓어서 어떤 세라믹은 절연체로 사용되는 반면 어떤 것은 전기적 도체이기도 하다. 열팽창계수는 금속보다는 작지만 취성 때문에 세라믹에서의 그 영향은 훨씬 더 심각하다. 상대적으로 열팽창이 크고 열전도도가 낮은 세라믹 재료는 동일한 부품 내의 다른 영역에서의 큰 온도구배와 부피변화의 결과로 말미암아 특히 더 파괴되기 쉽다. 이러한 파괴에 대하여 **열적충격**(thermal shock)과 **열적균열**(thermal cracking)이라는 용어가 사용된다. 일부 유리(예를 들어 높은 비율의 SiO_2를 지닌 유리)와 유리세라믹 등은 작은 열팽창성을 가지고 열적파괴에 특히 잘 견딘다(그릇용 **Pyrex**가 친숙한 예).

7.2 전통적인 세라믹

이러한 재료들은 광물 규산염, 실리카 및 광물 산화물 등을 기초로 한다. 주요 제품은 구운 점토 제품(도기, 식탁용 식기류, 벽돌 및 타일), 시멘트, 알루미나 같은 천연 숫돌 등이다. 이 제품들과 그들을 제조하기 위한 공정기술들은 수천 년 전으로 거슬러 올라간다(역사적 고찰 7.1 참조). 유리도 역시 규산염 세라믹 재료여서 종종 전통적 세라믹 그룹에 포함된다 [5], [6]. 유리는 비정질, 혹은 유리상 구조로 인하여 위의 결정질 재료와는 구분되므로 유리에 대하여는 마지막 절에서 다룬다(**유리질**(vitreous)이라는 용어는 유리의 특성을 지녔다는 것을 의미한다).

7.2.1 원재료

다양한 조성의 점토와 같은 광물 규산염, 석영과 같은 실리카 등은 자연에서 가장 흔한 물질이어서 전통적인 세라믹의 원재료가 되었다. 이러한 고체 결정질 혼합물은 복잡한 지질학적 과정에 의해서 수십억 년 동안 지각에서 형성되고 혼합되어 왔다.

점토는 세라믹에 가장 널리 사용되는 원재료이다. 그들은 물과 반응하였을 때 성형이 가능한 가소성 물질이 되도록 하는 함수알루미늄규산염의 미세한 입자들로 구성되어 있다. 가장 일반적인 점토는 광물 **고령토**(kaolinite, $Al_2SiO_5(OH)_4$)를 기본으로 한다. 그 외의 점토 광물들은 마그네슘, 나트륨, 칼륨과 같은 다른 원소들의 첨가를 통한 기초 재료들의 비율에 따라 조성이 바뀐다.

물과 혼합되었을 때의 가소성 이외에도 점토를 유용하게 하는 점은 충분히 높은 온도로 가열하면 치밀하고 강한 재료가 된다는 것이다. 세라믹의 열처리는 **굽기**(firing)를 뜻한다. 적절한 굽기 온도는 점토 조성에 달려있다. 그러므로 점토는 촉촉하고 연한 상태에서 조형을 하고나서 가열을 함으로써 최종적으로 단단한 세라믹 제품을 얻게 된다.

실리카(silica, SiO_2)는 전통적인 세라믹의 또 다른 주요 원재료이다. 이것은 유리의 주성분이고 백색도자기류, 내화물 및 연마재 등을 포함한 다른 세라믹 제품들의 중요 재료이다. 실리카는 자연 상태에서 매우 다양한 형태로 존재하는데, 그 중 가장 중요한 것은 **석영**(quartz)이다. 석영은 주로 **사암**(sandstone)에서 얻어진다. 사암은 지구상에 풍부하고 비교적 가공하기가 쉽기 때문에 실리카의 가

도자기를 만드는 것은 초기 문명 이래로 예술 작업이었다. 고고학자들은 고대 사회의 문화를 연구하기 위하여 고대의 도자기와 유사 유물에 대하여 조사한다. 세라믹 도자기는 나무, 금속 또는 옷감 등으로 된 유물들처럼 급속하게 부식되거나 분해되지 않는다. 일찍이 부족들은 왜 그런지는 모르지만 점토를 불에 가까이하면 단단한 고체로 변형되는 것을 발견하였다. 거의 10,000년 전에 점토를 구워서 만든 물품이 중동지방에서 발견되었다. 도기 및 그와 유사한 제품들이 기원전 4000년 경의 이집트에서 상거래되었다.

도자기 제조에 있어서 가장 획기적인 진보는 일찍이 기원전 1400년경에 백색 도자기를 처음으로 만든 중국에서 이루어졌다. 19세기까지 중국인들은 도기나 사기그릇에 비하여 높은 온도에서 구워서 더 복잡한 원자재 혼합물을 부분적으로 유리질화시킴으로써 최종 제품으로 투명한 제품인 자기를 얻었다. 중국 자기로 된 식기는 유럽에서 매우 귀중하게 여겨졌으며, '차이나(china)'로 불렸다. 이것은 중국과 유럽의 교역에 크게 기여를 하였고 유럽 문화의 발달에 영향을 주었다.

격은 저렴하다. 또한 단단하면서도 화학적으로도 안정적이다. 이러한 특징으로 인해 세라믹 제품에 널리 사용되고 있다. 일반적으로 최종 제품에 적절한 특성을 얻기 위하여 점토와 기타 다른 광물들을 다양한 비율로 섞는다. 장석도 종종 사용되는 광물중의 하나이다. **장석**(feldspar)이란 알루미늄 규산염이 칼륨, 나트륨, 칼슘 또는 바륨 등과 결합하여 구성된 다결정 광물을 말한다. 예를 들어 칼륨과 결합하면 화학적 조성은 $KAlSi_3O_8$이 된다. 점토, 실리카, 장석 등의 혼합물을 이용하여 사기그릇, 차이나 및 기타 식탁용 식기류 등을 제작한다.

전통적 세라믹의 또 다른 중요한 원재료로는 **알루미나**(alumina)가 있다. 대부분의 알루미나는 함수산화알루미늄과 수산화알루미늄에 철이나 망간 등의 불순물이 혼합된 형태인 **보크사이트**(bauxite) 광물로부터 처리된다. 보크사이트는 알루미늄 금속의 생산에 있어서 주요한 원석이기도 하다. 더 순도가 높지만 덜 일반적인 Al_2O_3의 형태로는 알루미나를 다량 함유하고 있는 광물 **코런덤**(corundum, 금강사)이 있다. 약간의 불순물을 지닌 코런덤 결정은 사파이어나 루비와 같은 유색의 보석의 원석이 된다. 알루미나 세라믹은 회전 숫돌의 연마재나 가열로의 내화벽돌로 사용된다.

역시 연마재로 사용되는 **실리콘카바이드**(silicon carbide)는 광물로 존재하지 않는다. 대신에 모래(규소가 주원소)와 코크스(탄소)를 2200°C(2473 K) 정도의 온도에서 가열 혼합하여 만들어지며, 최종적인 화학반응 결과는 SiC와 일산화탄소이다.

7.2.2 전통적 세라믹 제품들

위에서 다룬 광물들은 다양한 세라믹 제품들의 원료가 된다. 이 절에서는 전통적 세라믹 제품들의 주요한 범주에 대하여 다룬다. 이러한 제품들의 요약과 원재료 및 그들을 구성하는 세라믹을 표 7.3에 나타내었다. 생산 제품에 일반적으로 사용되는 재료들에 대하여만 다룰 것이기 때문에 시멘트와 같은 상업적으로 중요한 세라믹은 다루지 않는다.

도자기와 식기류

이들은 가장 오래된 세라믹 종류로서 수천년의 역사를 지니고 있으며 아직도 매우 중요한 분야중의 하나이다. 이것에는 우리 모두가 사용하는 토기, 사기그릇, 차이나 등의 식탁용 식기류가 모두 포함된다. 이러한 제품들의 원재료는 보통 실리카와 장석 등과 같은 광물과 점토의 혼합물이다. 혼합물은 젖은 상태에서 조형된 후 가열을 하여 최종 제품을 얻는다.

토기(earthenware)는 도자기 중 가장 거친 것으로서 고대로부터 만들어온 유사한 제품들이 포함

표 7.3 전통적 세라믹 제품들의 요약.

제품	주요 화학식	광물 및 원재료
도자기, 식기	$Al_2Si_2O_5(OH)_4$, SiO_2, $KAlSi_3O_8$	점토 + 실리카 + 장석
자기	$Al_2Si_2O_5(OH)_4$, SiO_2, $KAlSi_3O_8$	점토 + 실리카 + 장석
벽돌, 타일	$Al_2Si_2O_5(OH)_4$, SiO_2 plus fine stones	점토 + 실리카 + 기타
내화재	Al_2O_3, SiO_2 Others: MgO, CaO	알루미나와 실리카
연마재 : 탄화규소	SiC	실리카 + 코크스
연마재 : 산화알루미늄	Al_2O_3	보트사이트 혹은 알루미나

된다. 이것은 비교적 구멍이 많고 종종 유약을 칠하게 된다. **유약칠**(glazing)은 실리카 혹은 알루미나와 같은 산화물을 표면에 코팅하는 것으로서 제품에 습기가 덜 스며들게 해주고 외관을 더 아름답게 해준다. **사기그릇**(stoneware)은 성분을 세밀히 조절하고 굽는 온도를 더 높여서 토기 제품보다 적은 다공성을 가진다. **차이나**(china)는 더욱 더 높은 온도에서 굽게 되며, 이 결과로 그들의 품질을 결정짓는 반투명성을 갖게 된다. 이렇게 되는 이유는 세라믹 재료의 많은 부분이 유리상으로 변환되기 때문인데, 이것은 다결정질에 비하여 상대적으로 투명도가 더 높다. 현대의 **자기**(porcelain)는 차이나와 거의 유사하며, 매우 단단하고 조밀한 유리질 재료를 얻기 위하여 점토, 실리카, 장석으로 구성된 제품을 더 높은 온도에서 구워 내어 만든다. 자기는 전기절연체로부터 욕조코팅재에 이르기까지 다양한 제품에서 사용된다.

벽돌과 타일

건축용 벽돌, 도관, 기와, 배수 타일 등은 자연적 퇴적층에서 널리 구할 수 있는 실리카나 모래가 든 저자의 점토를 사용하여 제작한다. 이들 제품은 누르거나 형틀을 이용하여 조형을 하고, 비교적 낮은 온도에서 굽는다.

내화재

벽돌의 형태로 종종 사용되는 내화 세라믹은 재료를 가열하고(또는) 용융시키는 로나 도가니를 필요로 하는 산업공정에서 필수적이다. 내화재료의 유용한 물성은 높은 내열성과 단열, 가열되는 재료(대부분 용융금속)와의 화학반응에 대한 저항성 등이다. 이미 언급하였듯이 실리카와 함께 알루미나가 내화 세라믹으로 사용된다. 다른 내화재료로는 산화마그네슘(MgO)과 산화칼슘(CaO) 등이 있다. 내화벽면은 종종 두 층으로 구성되며, 바깥층은 단열 물성을 증가시키기 때문에 보다 더 다공질인 형태를 갖는다.

연마재

숫돌과 사포를 만드는 데 사용되는 전통적 세라믹은 **알루미나**와 **실리콘카바이드**이다. SiC가 더 단단한 재료이지만(SiC의 경도는 2600 HV, 알루미나의 경도는 2200 HV), 알루미나가 가장 널리 사용되는 금속인 강을 분쇄하는 데 더 좋은 결과를 주기 때문에 숫돌의 주재료는 Al_2O_3이다. 연마재 입자들은 셸락(shellac, 니스를 만드는 쓰이는 천연수지), 고분자 수지, 또는 고무와 같은 결합제에 의하여 숫돌 전체에 골고루 분포된다. 산업에서의 연마재의 사용은 재료 제거를 포함하며, 재료 제거를 위한 숫돌 연마 기술과 다른 연마 방법들에 대하여는 23장에서 다룬다.

7.3 신소재 세라믹

신소재 세라믹(new ceramics)이라는 용어는 최근 수십 년에 걸쳐 합성적인 방법으로 개발되었고, 세라믹 재료들의 구조와 물성에 대하여 더 크게 제어하는 공정기술을 통하여 향상된 세라믹을 의미한다. 일반적으로 신소재 세라믹은 전통적 세라믹 재료의 대부분을 형성하는 다양한 알루미늄 규산염의 형태가 아닌 다른 화합물을 기초로 한다. 신소재 세라믹은 산화물, 탄화물, 질화물, 붕화물의 예와 같이 보통 전통적 세라믹보다는 화학적으로 더 간단하다. 산화알루미늄이나 탄화규소 등은 전통적 세라믹에도 포함되기 때문에 전통적 세라믹과 신소재 세라믹을 분리하는 것은 불명료할 수 있다. 이러한 경우에 대한 분류는 화학적 조성보다는 공정방법에 그 중요성을 강조하고 있다.

다음 절에서는 산화물, 탄화물, 질화물 등의 화학적 성분 범주에 따라 신소재 세라믹을 체계화한다. 신소재 세라믹에 대한 보다 자세한 내용은 참고문헌을 참조하기 바란다([3], [5], [8]).

7.3.1 산화물 세라믹

가장 중요한 산화물 신소재 세라믹은 **알루미나**(alumina)이다. 전통적 세라믹에 대한 본문에서도 다루었지만, 오늘날 알루미나는 전기로 방식을 이용하여 보크사이트로부터 합성하여 만들어진다. 알루미나의 입자크기와 불순물의 조절, 정련 공정법, 다른 세라믹 재료의 작은 양 혼합 등을 통하여 강도 및 인성이 자연적인 상태에 비하여 월등한 상태로 개선되었다. 또한 알루미나는 우수한 고온경도, 낮은 열전도, 우수한 부식저항 등을 지니고 있다. 이러한 물성들의 조합으로 인해 알루미나는 연마재(숫돌입자), 생체 세라믹(인공 뼈와 치아), 전기 절연재, 전자 부품, 유리의 합금 재료, 내화벽돌, 절삭공구 삽입품(21.2.4절), 점화플러그 몸체, 공업용 부품 등의 적용 범위를 넓혀가고 있다(그림 7.1)[13].

7.3.2 탄화물 세라믹

탄화물 세라믹은 실리콘카바이드(SiC), 텅스텐카바이드(WC), 티타늄카바이드(TiC), 탄탈륨카바이드(TaC) 및 탄화크롬(Cr_3C_2) 등을 포함한다. 실리콘카바이드는 앞에서 다루었다. 비록 인공적인 세라믹이지만, 그 생산방법은 이미 백여 년 전에 개발되었기 때문에 일반적으로 전통적 세라믹에 포함된다. 연마재로서의 용도 이외에도 강제조에 있어서 저항가열 요소와 첨가제로 SiC가 사용된다.

WC, TiC, TaC 등은 경도와 마모 저항이 물성이 필요한 절삭공구 및 그 이외의 적용분야에 사용된다. **텅스텐카바이드**(tungsten carbide)가 가장 먼저 개발되었고(역사적 고찰 7.2), 현재에도 이러한 용도로 가장 중요하고 널리 사용된다. WC는 일반적으로 **울프라마이트**(wolframite, $FeMnWO_4$)와 쉐이라이트(scheelite, $CaWO_4$)와 같은 텅스텐 광석에서 얻어진 텅스텐 분말을 침탄 처리하여 제조

그림 7.1 알루미나 세라믹 부품
(Insaco사 제공).

자연적으로 WC 화합물은 존재하지 않는다. 이것은 1890년 대 말, 프랑스 사람인 Henri Moissan에 의하여 최초로 개발되었다. 그러나 기술적이고 상업적인 개발의 중요성은 20여년 동안 알려지지 않았다.

텅스텐은 1900년대 초에 백열전구의 필라멘트용으로 중요한 금속이 되었다. 와이어 인발이 필라멘트를 제조하는 데 필요하였다. 그 당시의 인발용 공구강 다이는 과도한 마모로 인하여 텅스텐 와이어를 인발하는 데는 부족하였다. 훨씬 더 단단한 재료가 필요하게 되었다. WC 혼합물이 그러한 경도를 지니고 있다는 것이 알려졌다. 1914년에 독일에서 H. Voigtlander와 H. Lohmann은 텅스텐카바이드와(또는) 몰리브덴카바이드 분말을 압축, 소결시켜 단단한 카바이드 인발 다이를 제작하는 방법을 개발하였다. Lohmann은 소결 카바이드의 첫 번째 상업적 생산을 가능하게 하였다.

초경합금을 현대적 기술로 이끈 돌파구가 된 것은 1920년대 초에서 중반까지의 독일사람 K. Schroter의 업적이다. 그는 철 그룹으로부터 약 10%의 금속을 WC 분말과 혼합해 보았는데, 최종적으로 코발트 결합제가 가장 좋은 결과를 주는 것을 알았고, 금속의 용융점 근처에서 혼합물을 소결하였다. 단단한 재료가 1926년에 'Widia'라는 시제품이 처음으로 독일에서 출시되었다. Schroter의 특허제품은 1928년경, General Electric사에 의하여 'Carboloy'라는 상표로 미국에서 처음으로 생산되었다.

Widia와 Carboloy는 4%에서 13%까지의 범위의 코발트 함량을 지니며, 절삭공구재로 사용되었다. 그들은 주철과 비철금속의 절삭에는 효과적이지만 강의 절삭에는 부적절하였다. 강을 절삭하면 공구는 크레이터 마모로 말미암아 급속하게 마모한다. 1930년대 초에 강의 절삭을 위한 WC와 TiC들이 개발되었다. 1931년에 독일 회사 Krupp는 WC 84%, TiC 10%, Co 6%를 조합하여 Widia X를 생산하기 시작하였다. 또한 1932년에 미국에서 69% WC, 21% TiC, 10% Co를 조합한 Carboloy 831급이 소개되었다.

한다. **티타늄카바이드**(titanium carbide)는 **루타일**(rutile, TiO_2), 또는 **일메나이트**(ilmenite, $FeTiO_3$) 등의 광물의 침탄처리로 얻어진다. 또한 **탄탈륨카바이드**(tantalum carbide)는 순수한 탄탈륨 분말이나 5산화탄탈륨(Ta_2O_5) 분말을 침탄처리하여 얻는다 [11]. **탄화크롬**(chromium carbide)은 화학적 안정성과 산화 저항이 중요한 적용분야에 적합하다. Cr_3C_2는 산화크롬(Cr_2C_3)을 시작 성분으로 하여 침탄처리를 통해 준비된다. 일반적으로 카본블랙(carbon black, 활성탄소)이 이러한 반응들을 위한 탄소를 공급한다.

SiC를 제외하고는 여기에서 다루는 각각의 탄화물이 유용한 고체 제품으로 생성되기 위하여 코발트나 니켈과 같은 금속 결합제와 함께 결합되어야 한다. 요컨대 탄화물 분말은 금속 구조에 결합하여 복합재료, 특별히 **서멧**(cermet, ceramic과 metal의 준말)인 **초경합금**(cemented carbide)이 된다. 8.6.2절에서는 초경합금과 다른 서멧들에 대하여 살펴본다. 탄화물은 복합재 시스템의 구성요소로서의 가치를 제외하고는 공업적 가치가 별로 없다.

7.3.3 질화물 세라믹

중요한 질화물 세라믹으로는 질화규소(Si_3N4), 질화붕소(BN), 질화티타늄(TiN) 등이 있다. 질화물 세라믹 그룹은 단단하고 취성이 있고 높은 온도(탄화물만큼 높지는 않지만)에서 녹는다. 그들은 일반적으로 전기절연체이지만 TiN은 예외이다.

질화규소(silicon nitride)는 고온 구조물에 적합하다. Si_3N_4는 약 1200°C(1473 K)에서 산화하고, 약 1900°C(2173 K) 부근에서 화학적으로 분해된다. 이 재료는 열팽창계수가 낮으며 열충격과 크리프에 우수한 저항을 보이고 용융비철금속에 잘 부식되지 않는다. 이러한 물성 때문에 가스터빈, 로켓 엔진, 용융도가니 등에 사용된다.

질화붕소(boron nitride)는 탄소와 유사하게 몇 가지의 구조로 존재한다. BN의 중요한 형태로는 (1) 흑연과 같은 육방정, (2) 다이아몬드와 같은 입방정이 있으며, 이 경우는 실제로도 다이아몬드와 비교될만한 경도를 지닌다. 이러한 구조는 **입방정 질화붕소**(cubic boron nitride) 또는 **보라존**(borazon)이라고 부르는데, cBN으로 표기하고, 매우 높은 압력 하에서 육방정 BN을 가열하여 제조한다. 매우 높은 경도를 갖기 때문에 cBN의 주요 응용분야는 절삭공구(21.2.5절)와 연마숫돌(23.1.1절)이다. 흥미롭게도 cBN은 다이아몬드 절삭공구, 연삭숫돌과 경쟁적이지는 않다. 다이아몬드는 강이 아닌 금속의 절삭과 연삭에 적합한 반면, cBN은 강에 적합하다.

질화티타늄(titanium nitride)은 전기적으로 전도체라는 점만 제외하고는 이 그룹의 다른 질화물들과 흡사한 물성을 지닌다. TiN은 높은 경도와 우수한 마모저항, 철계 금속에 대한 낮은 마찰계수 등의 물성이 있다. 이러한 물성의 조합은 TiN을 절삭공구의 표면 코팅재료로서 이상적으로 만들어준다. 코팅은 단지 0.006mm 정도의 두께에 불과하므로 이 분야에 사용되는 재료의 전체 사용량은 매우 낮다.

질화물 및 산화물 그룹과 관련된 신소재 세라믹 재료는 **시아론**(sialon)이라고 불리는 산화질화물 세라믹이다. 이것은 규소, 알루미늄, 산소, 질소의 원소들로 구성되어 있기 때문에 이 재료들로부터 그 이름이 유래하였다(Si-Al-O-N). 그 화학적 조성은 다양하며 전형적인 조성은 $Si_4Al_2O_2N_6$이다. 시아론의 물성은 질화규소와 유사하지만, 높은 온도에서의 항산화성이 Si_3N_4보다 우수하다. 주 적용분야는 절삭공구이지만, 미래에는 고온상에서 다른 분야에도 적용이 가능할 것이다.

7.4 유리

유리(glass)라는 용어는 물질의 상태를 나타내기도 하고, 한편으로는 세라믹의 한 유형을 나타내기도 하기 때문에 다소 혼동이 될 수도 있다. 물질의 상태로서 이 이름은 고체 재료의 비정질 혹은 비결정질 구조를 의미한다. 유리질 상태는 용융상태에서 냉각하는 동안 결정질 구조를 형성하기에 불충분한 시간이 주어졌을 때 발생한다. 공업재료의 세 가지 형태, 즉 금속, 세라믹, 중합체 모두에서 유리질 상태가 일어날 수 있으나 금속의 상황에서는 매우 드물다.

세라믹의 한 형태로서의 **유리**는 무기질이고 비금속 화합물(혹은 화합물의 혼합물)로서 결정화되지 않은 상태로 냉각된 것이다. 고체 재료로서의 유리질 상태는 세라믹이다. 이것이 우리가 이 절에서 다루고자 하는 재료이며, 역사는 약 4,500년 이상의 시간을 거슬러 올라간다(역사적 고찰 7.3).

7.4.1 유리의 화학조성과 물성

거의 모든 유리의 주원료는 **실리카**(silica, SiO_2)이며, 이것은 주로 사암과 실리카 모래에서 광물석영의 형태로 발견된다. 석영(quartz)은 자연적으로는 결정질 물질이지만 용융한 후 냉각되면 유리 같은 실리카를 형성한다. 실리카 유리는 매우 낮은 열팽창 계수를 가지며 열 충격에 매우 강한 특성을 갖는다. 이러한 물성들은 고온에서 이상적인 적용이 가능하기 때문에 가열에 강하도록 설계된 Pyrex나 화학 유리제품들은 실리카 유리를 다량으로 함유하여 제조되었다.

더 용이한 공정을 위하여 유리의 용융온도를 낮추고 물성을 조절할 목적으로, 대부분의 상업적 유가장 오래된 유리 표본들은 기원전 2,500년경의 것으로 유리 구슬과 기타 단순한 형태들로서 메소포타미아와 고대 이집트에서 발견된 것들이다. 이들은 용융유리를 주형 혹은 성형하는 것이 아니라, 많은 공을 들여 조각을 하여 제조되었다. 천 년 전의 고대 문명에서 고온 유리의 유동 특성을 발견하여 모래 코어 위에 원하는 두께와 강도가 나올 때까지 연속적으로 층상으로 부어서 컵 형상의 용기 제품을 얻었다. 이렇게 주입하는 기술은 기원전 200년까지 사용되었고, 이때 유리를 위한 간단한 도구가 개발되었고 혁신적인 도구로 발달한 블로우관이 개발되었다.

유리블로잉(glassblowing) 기술은 아마도 바빌론에서 처음으로 시작되었고 후에 로마인에 전수되었다. 수 피트 길이의 철관의 한쪽 끝에 입을 대고 다른 끝에는 용융유리를 묻혀서 작업을 하였다. 원하는 최초 형상과 점도를 갖는 뜨거운 유리 방울을 철관의 한쪽 끝에 묻힌 후 공기 중에서나 혹은 주형 공동 속으로 공기를 불어 넣었다. 다른 간단한 공구를 이용하여 물체에 가지와(또는) 바닥을 더하였다.

고대 로마인들은 다양한 금속 산화물을 첨가하여 색유리를 만드는 데 뛰어난 재능을 보였다. 이러한 기술은 중세시대에 이태리나 다른 유럽 국가들의 대성당이나 교회의 스테인드 글라스 유리로 계승되었다. 유리블로잉 기술은 현대에도 일부 유리 제품 소비자를 위하여 행해지고 있으며, 병이나 전구와 같은 유리제품을 대량으로 생산하는 데에는 자동화된 유리블로잉 공정이 사용되고 있다 (11장).

리의 조성에는 실리카뿐만 아니라 기타 산화물도 함유된다. 이러한 유리제품들에서도 실리카는 주요 원소로 남아있으며, 전체 화학조성에서 보통 50% 내지 75%를 차지한다. 이렇게 SiO_2가 널리 사용되는 이유는 그것이 가장 좋은 **유리조성체**(glass former)이기 때문이다. 대부분의 세라믹들은 응고 시에 결정화하는 반면 실리카는 액체에서 냉각하면 자연적으로 유리질 상태로 변이된다. 표 7.4에 일반적인 유리들에 대한 전형적인 화학조성에 대하여 나타내었다. 첨가재료로는 SiO_2의 고용체 형태로 포함되며 그 각각은 다음의 기능을 가진다. (1) 가열시에 용제(융합을 촉진)로 작용, (2) 공정 중에 용융 유리의 유동성 증가, (3) **비유리질화**(devitrification, 유리질 상태에서 결정화되려는 경향)

표 7.4 일부 유리 제품들의 전형적인 조성.

제품	화학 조성(근사 중량비 %)								
	SiO_2	Na_2O	CaO	Al_2O_3	MgO	K_2O	PbO	B_2O_3	기타
소다-석회 유리	71	14	13	2					
창 유리	72	15	8	1	4				
용기 유리	72	13	10	2[a]	2	1			
전구 유리	73	17	5	1	4				
실험기구 유리									
Vycor	96			1				3	
Pyrex	81	4		2				13	
E-glass (섬유)	54	1	17	15	4			9	
S-glass (섬유)	64			26	10				
광학 유리									
크라운 유리	67	8				12		12	ZnO
플린트 유리	46	3				6	45		

[a] Al_2O_3가 함유된 Fe_2O_3를 포함하기도 함.
문헌 [4], [5], [10]으로부터 편집함.

감소, (4) 최종 제품의 열팽창 저감, (5) 산이나 염기성 물질 혹은 물 등에 대한 화학적 저항 개선, (6) 유리에 색상 첨가, (7) 광학 응용(예, 렌즈)을 위한 굴절률 변화 등이다.

7.4.2 유리 제품

유리 제품의 주요 범주에는 창문 유리, 용기, 백열 전구, 실험기구용 유리, 유리 섬유, 광학 유리 등이 있다. 이 제품들에 대하여 논의할 것이며, 표 7.4에 나타낸 다양한 재료들의 역할도 살펴보자.

창문 유리

표 7.4에 의하면 이 유리는 소다석회 유리와 창문 유리의 두 가지 화학조성을 나타낸다. 소다석회 유리의 역사는 1800년대와 그 이전의 유리블로잉 산업으로 거슬러 올라간다. 이것은 주재료인 실리카(SiO_2)를 소다(Na_2O)와 석회(CaO)에 섞어 만든다. 재료 혼합은 냉각 중 결정화를 피하는 것과 최종제품이 화학적 내구성을 유지하고 조화를 갖기 위하여 많은 실험 경험이 수행 되었다. 현대적인 창문 유리를 만드는 기술은 조성과 조성의 변화를 미세하게 제어하는 것이 필요하다. 비유리질화를 줄이기 위해서 마그네시아(MgO)를 첨가한다.

용기 유리

예전에는 기본적인 소다석회 조성을 가지고 수작업 유리블로잉 공정을 적용하여 병과 같은 용기들을 제조하였다. 유리 용기를 만드는 현대적인 공정에서는 과거보다 훨씬 더 빠르게 냉각시킨다. 또한 오늘날에는 용기 유리의 화학적 안정의 중요성이 더 강조되고 있다. 조성의 변화에 있어서 석회(CaO)와 소다(Na_2O_3)의 비율을 최적화하는 노력이 시도되어져 왔다. 석회는 유동성을 증가시키고 비유리질화도 촉진시킨다. 그러나 냉각속도가 더 빨라졌기 때문에 서냉하던 과거의 공정 기술처럼 이 효과가 중요한 사항은 아니다. 소다는 용기 유리의 화학적 불안정성과 용해성을 줄여준다.

전구 유리

백열전구나 다른 얇은 유리 제품(예, 물컵, 크리스마스 장식품)에 사용되는 유리는 소다 양은 많게 석회 양은 적게 함유한다. 마그네시아와 알루미나도 소량 포함되어 있다. 화학조성은 전구 생산에 있어서 대량생산의 경제성에 의해 대부분 좌우된다. 원재료는 저렴하면서도 오늘날 쓰이는 연속 용융로에 적합한 것이 사용된다.

실험기구 유리

이들 제품은 화학물질을 담는 용기(예, 플라스크, 비커, 유리관)를 의미한다. 이 유리는, 화학 침식과 열충격에 강해야만 한다. 실리카를 많이 함유하는 유리는 열팽창률이 낮아서 이러한 목적에 적합하다. 'Vicor'라는 상표명을 갖는 제품이 고실리카 유리를 위해 사용된다. 이 제품은 물과 산에 대한 용해성이 매우 낮다. 붕소 산화물을 첨가해도 낮은 열팽창계수를 갖는 유리를 얻을 수 있는데, 실험실에서 사용되는 일부 유리는 B_2O_3를 약 13% 정도 함유하는 것들이다. Corning Glass Works사에서 개발한 붕소실리케이트 유리는 'Pyrex'라는 상표명으로 불린다. 또한 Vicor와 Pyrex는 이러한 제품 범주의 예들에도 포함된다.

유리 섬유

유리 섬유는 섬유유리강화 플라스틱(FRP), 단열용 면, 광섬유 등 많은 중요한 용도를 위해 생산된다. 이것의 조성은 기능에 따라 다양하다. 플라스틱용 강화섬유로 가장 일반적으로 사용되는 것은 E-glass이다. 이것은 CaO, Al_2O_3의 함유량이 높고, 경제적이며, 섬유 형태가 되었을 때 우수한 인장강도를 갖는다. 다른 유리 섬유 재료로는 S-glass가 있는데, 강도는 더 우수하지만 E-glass 만큼 경제적이지는 못하다. 이들의 화학 조성들이 표 7.4에 나타나 있다.

단열재용 섬유유리 면은 보통의 소다-석회-실리카 유리로부터 제조된다. 광섬유는 높은 굴절률을 갖는 길고 연속적인 중심부 유리가 굴절률이 더 낮은 바깥 유리에 둘러싸인 형태를 갖고 있다. 내부의 유리는 장거리 통신을 수행할 수 있도록 빛의 전달성이 매우 높아야만 한다.

광학 유리

이 유리의 주 용도는 안경이나 카메라, 망원경, 현미경 등과 같은 광학기기의 렌즈이다. 이런 기능을 얻기 위해서 유리들이 각기 다른 굴절률을 가져야만 하는데, 각 렌즈는 조성에 있어서는 균질해야만 한다. 광학 유리는 크라운과 플린트의 두 그룹으로 분류된다. **크라운 유리**(crown glass)는 굴절률이 낮은 반면에 **플린트 유리**(flint glass)는 산화납(PbO)을 함유하고 있어 굴절률이 높은 편이다.

7.4.3 유리-세라믹

유리-세라믹(glass-ceramic)은 유리를 열처리하여 다결정질 구조로 바꾼 세라믹 재료를 뜻한다. 최종 제품에서의 결정질상의 비율은 전형적으로 90% 내지 98%이고, 나머지는 변이되지 않은 유리질 재료이다. 결정립의 크기는 보통 0.1과 1.0µm 사이이고, 상업적인 세라믹의 입자 크기에 비하여 매우 작다. 이러한 결정의 미세구조는 유리-세라믹을 일반 유리에 비하여 더 많이 강하게 만들어 준다. 또한 이들의 결정구조로 말미암아 유리-세라믹은 투명하다기보다는 불투명하다(통상 회색이나 흰색).

유리-세라믹의 공정 순서는 다음과 같다. (1) 첫 단계로서 원하는 제품 형상을 얻기 위하여 가열과 성형 작업을 한다(11.2절). 유리 성형 방법은 분말을 압축하고 소결시켜서 성형하는 전통적 방법 혹은 분말로부터 신소재 세라믹을 만드는 방법보다는 일반적으로 더 경제적이다. (2) 제품을 냉각시킨다. (3) 유리를 전체 재료를 통하여 결정핵이 충분히 조밀하게 생성할 수 있을 정도의 온도로 재가열한다. 결정핵의 밀도가 높으면 각각의 결정 성장이 억제되어 궁극적으로 유리-세라믹 재료의 미세한 입자가 얻어지게 된다. 핵 발생 성향의 관건은 약간의 핵 발생 촉매를 유리 성분에 넣어주는 것이다. 일반적인 핵 발생 촉매로는 TiO_2, P_2O_5, ZrO_2 등이 있다. (4) 일단 핵이 발생하게 되면, 결정질 상으로 성장할 수 있도록 더 높은 온도로 계속 열처리를 한다.

유리-세라믹 시스템의 일부 예와 전형적인 조성은 표 7.5에 나타내었다. Li_2O-Al_2O_3-SiO_2계가 상업적으로 가장 중요하며, 코닝웨어(Pyroceram)와 같은 Corning Glass Works사의 많은 제품들에 함유되어 있다.

유리-세라믹에는 매우 우수한 장점이 있다. (1) 유리질 상태의 공정효율성, (2) 최종 제품 형상에 대한 정밀한 치수 관리, (3) 우수한 기계적, 물리적 물성들이다. 이러한 물성에는 높은 강도(유리보다 강함), 기공의 부재, 낮은 열팽창계수, 우수한 열충격 저항능력 등이 포함된다. 이러한 물성들로 인하여 요리용 그릇, 열교환기, 미사일 덮개 등에 응용된다. 어떤 종류(예, MgO-Al_2O_3-SiO_2계)는 전기

표 7.5 일부 유리-세라믹 계.

유리-세라믹 계	전형적인 조성(근사치 %)						
	Li_2O	Mg_2O	Na_2O	BaO	Al_2O_3	SiO_2	TiO_2
Li_2O–Al_2O_3–SiO_2	3				18	70	5
MgO–Al_2O_3–SiO_2		13			30	47	10
Na_2O–BaO–Al_2O_3–SiO_2			13	9	29	41	7

문헌 [5], [6], [10]으로부터 편집함.

저항이 매우 높아서 전기나 전자 제품에 적절하다.

7.5 세라믹 관련 중요 원소

이 절에서는 탄소, 규소, 붕소와 같이 공업적인 중요성을 갖는 요소들에 대해서 알아본다. 이들 물질은 다른 장에서도 언급이 되고 있다. 이들이 본서의 정의에 따른 세라믹은 아니지만 세라믹 사용분야에서 종종 경쟁을 하는 위치에 있는 물질들이다. 또한 이들 자체로서의 중요한 용도도 있다. 이들에 대한 기본 데이터는 표 7.6에 나타내었다.

7.5.1 탄소

공업용·상업용으로 중요한 탄소는 흑연과 다이아몬드의 두 가지 형태로 존재한다. 이들은 다양한 응용 영역에서 세라믹과 경쟁하는데, 흑연은 내화 특성이 중요한 분야에서, 다이아몬드는 경도 특성이 꼭 필요한 분야(예, 절삭 및 연삭공구)에서 많이 사용된다.

표 7.6 일부 탄소, 규소, 붕소의 기본적인 데이터와 물성.

	탄소	규소	붕소
기호	C	Si	B
원자번호	6	14	5
비중	2.25	2.42	2.34
용융온도	3727°C[a] (4000 K)	1410°C (1683 K)	2030°C (2303 K)
탄성계수, GPa	240[b] 10357[c]	NA	393
경도(Mohs 단위)	1[b], 10[c]	7	9.3

NA = 자료없음.
[a] 탄소는 용융보다는 승화(기화)됨.
[b] 흑연상의 탄소(전형적인 값이 주어짐).
[c] 다이아몬드상의 탄소.

흑연

흑연(graphite)은 층상으로 결정화된 탄소를 많이 함유하고 있다. 층 내에서 탄소의 결합은 공유결합이어서 강하기는 하지만, 층간의 결합은 서로 약한 반데르발스 힘에 의해 이루어져 있다. 이 구조는 흑연이 이방성(anisotropic), 즉 강도와 기타 특성들이 방향에 따라 달라짐을 의미한다. 또한 이것은 흑연이 왜 윤활제와 진보된 복합재용 섬유의 두 가지 역할을 모두 할 수 있는지도 설명해준다. 흑연이 분말 형태가 되면 층간 전단의 용이성으로 인해 저마찰 특성을 보이기 때문에 윤활제로서의 가치가 있다. 섬유 형태가 되면 흑연이 육방정 방향성을 갖게 되어 매우 높은 강도와 탄성계수를 지니게 된다. 이런 흑연 섬유는 테니스 라켓에서부터 전투기 부품에 이르기까지 다양한 분야의 구조용 복합재로 사용된다.

흑연은 유용하기도 하고 특별하기도 한 고온 물성을 가지고 있다. 열충격에 대한 저항성이 좋고 온도 증가에 따라 강도가 뚜렷이 증가한다. 상온에서의 인장강도는 100 MPa 정도이지만, 2500°C(2773 K)에서는 이 값의 두 배까지 증가한다 [5]. 탄소의 이론적 밀도는 2.22 g/cm^{3}이지만 흑연 덩어리의 실제 밀도는 기공 때문에 이 값보다는 작다(약 1.7 g/cm^3). 밀도는 압축과 가열에 의해서 증가된다. 흑연은 전기전도체이긴 하지만 대부분의 금속만큼 높지는 않다. 흑연의 취약점은 500°C(773 K) 이상의 온도에서는 공기 중에서 산화된다는 점이다. 대기를 줄인 환경에서는 3000°C(3273 K)까지 사용 가능하다. 최대 사용 온도는 3727°C(4000 K)를 넘지는 않는다.

흑연의 전통적인 형태는 혼합물 속에 일정량의 비정질 탄소를 약간 포함하는 다결정질이다. 흑연 결정은 상업적 생산 공정에서 방향성(제한된 정도)을 갖게 되어 사용처에 맞도록 방향 물성을 향상시킬 수 있다. 또한 결정립 크기를 줄임으로써 강도도 증가한다(세라믹과 유사). 이런 형태의 흑연은 도가니와 기타 내화성이 필요한 부분, 전극, 내열요소, 반마찰 재료, 복합재의 섬유 등으로 사용된다. 따라서 흑연은 그 용도가 매우 다양한 재료이다. 분말로서는 윤활제로 사용된다. 전통적인 고체 형태로는 내화재로 사용된다. 흑연 섬유로 만들면 고강도 구조용 재료가 된다.

다이아몬드

다이아몬드는 그림 2.5(b)와 같이 원자 사이의 공유결합으로 만들어진 입방형 결정구조를 가지는 탄소이다. 이 구조는 흑연처럼 층상 구조가 아니고 3차원적이다. 이로 인해 매우 높은 경도를 가지게 되는 것이다. 단결정 천연다이아몬드(남아프리카 산)는 10,000 HV의 경도를 가지는 반면, 산업용 다이아몬드(다결정)는 약 7,000 HV의 경도를 갖는다. 산업용 다이아몬드는 고경도가 필요한 곳에 사용된다. 즉 단단하고 취성이 있는 재료나 마모성이 높은 재료를 위한 절삭공구와 연삭숫돌로 사용된다. 예를 들어 다이아몬드 공구와 숫돌은 강 외의 세라믹, 유리 섬유, 경화금속을 절삭하기 위해 선택된다. 또한 알루미나나 실리콘카바이드와 같은 다른 연마재로 구성된 연삭숫돌의 날을 내기 위한 드레싱(dressing) 공구의 용도도 있다. 흑연처럼 다이아몬드도 약 650°C(923 K) 이상 온도의 공기 중에서는 산화하기 쉬운 경향을 지니고 있다.

산업용 혹은 합성 다이아몬드의 역사는 1950년대로 거슬러 올라가는데, 이들은 흑연을 매우 높은 압력과 함께 약 3000°C(3273 K)로 가열하여 얻어진다(그림 7.2). 이 공정은 천연다이아몬드가 수백만 년 전에 형성될 때의 지질학적 조건을 모사한 것이다.

그림 7.2 합성하여 생산된 다이아몬드 분말(사진 – GE사 제공).

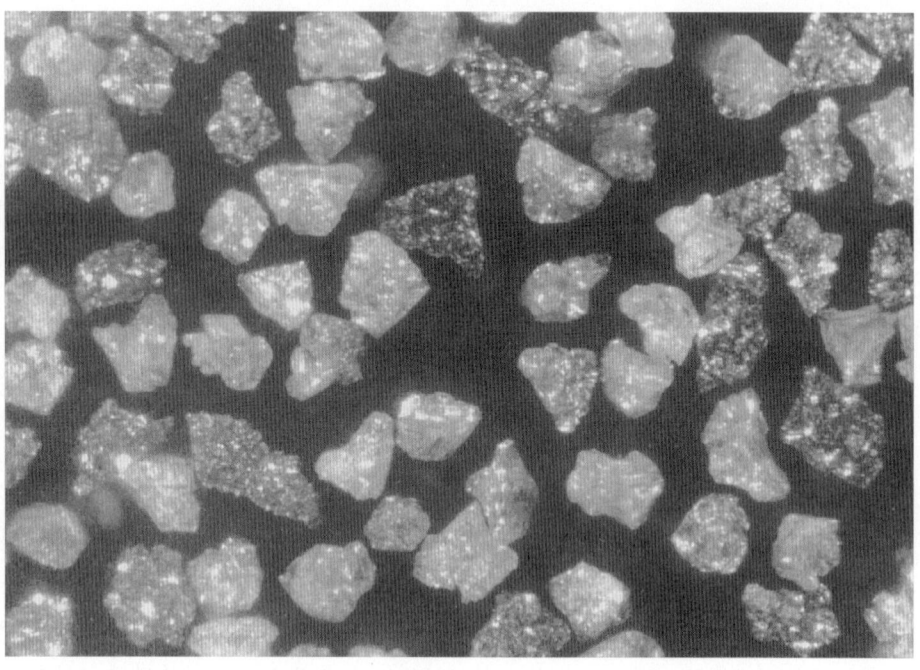

7.5.2 규소

규소는 주기율표 상에서 탄소와 같은 그룹에 속하는 준금속 원소이다(그림 2.1). 규소는 지각에서 가장 많은 원소인데 중량비로 약 26%를 차지한다(표 7.1). 자연적으로는 이산화규소나 이보다 더 복잡한 규산염 같은 화합물의 형태로만 암석, 모래, 점토, 흙에 존재한다. 규소 원소는 다이아몬드와 동일한 결정구조를 가지고 있지만, 경도는 더 낮다. 단단하지만 취성이 있고, 가벼우며, 상온에서 화학적으로 비활성이고, 반도체로 분류된다.

생산에 있어서 규소가 가장 많은 양을 차지하는 것은 세라믹 화합물(유리의 SiO_2와 점토의 규산염)과 강, 알루미늄, 동 합금을 위한 합금 원소를 들 수 있다. 또한 일부 야금 공정에서 환원제로 사용된다. 현대에 와서 기술적으로 가장 중요한 용도는 순수 규소가 전자공학 분야의 반도체 생산에 있어서 기초 재료가 된다는 것이다. 오늘날 생산되는 IC의 대부분은 규소로부터 만들어진다(32장).

7.5.3 붕소

붕소(boron)는 알루미늄과 같은 주기 그룹에 속하는 준금속 원소이다. 지각 안에 단지 0.001%만 존재하는데, 흔히 **보락스**(borax, $Na_2B_4O_7$-$10H_2O$)와 **커나이트**(kernite, $Na_2B_4O_7$-$4H_2O$)의 광물질로 발견된다. 붕소는 경량이며 섬유상으로는 강성이 매우 높다(높은 탄성계수). 전기적 물성으로는 반도체(저온에서는 절연체이고 고온에서는 전도체)로 분류된다.

산업적으로 중요한 재료로서의 붕소는 보통 화합물의 형태로 사용된다. 니켈 전기도금 공정에서 전해용액으로, 일부 유리 조성에서의 구성 재료(B_2O_3)로, 유기화학 반응에서 촉매제로, 절삭공구를 위한 질화물(입방정질화붕소, cBN)의 형태로 적용된다. 거의 순수한 붕소는 복합재료를 위한 섬유로 사용된다(8.6.1절, 13.3.1절).

재료	장 또는 절	재료	장 또는 절
유리	11장	합성 다이아몬드	21.2.6절
유리 섬유	11.2.3절	규소	32.2절
미립자 세라믹	15장	탄소 섬유	13.3.1절
서멧	15.3절	붕소 섬유	13.3.1절

표 7.7 세라믹 재료의 공정 가이드와 탄소, 규소, 붕소 원소들.

7.6 세라믹 공정을 위한 가이드

세라믹 공정은 용융 세라믹과 미립자 세라믹의 두 가지 기본적인 범주로 나누어진다. 용융세라믹의 주요 용도는 유리 공정이다(11장). 미립자 세라믹은 전통적 세라믹과 신소재 세라믹이 포함되는데, 이들에 대한 공정 방법에는 세라믹을 위한 대부분의 성형 기술이 적용된다(15장). 초경합금과 같은 서멧은 금속기지 복합재료이므로 특별한 경우이다(15.3절). 표 7.7은 세라믹 재료의 공정 가이드와 탄소, 규소, 붕소 원소들에 대하여 나타낸다.

참고문헌

[1] Carter, C. B., and Norton, M. G. *Ceramic Materials: Science and Engineering.* Springer, New York, 2007.

[2] Chiang, Y-M., Birnie, III, D. P., and Kingery, W. D. *Physical Ceramics.* John Wiley & Sons, Inc., New York, 1997.

[3] *Engineered Materials Handbook,* Vol. 4, *Ceramics and Glasses.* ASM International, Materials Park, Ohio, 1991.

[4] Flinn, R. A., and Trojan, P. K. *Engineering Materials and Their Applications,* 5th ed. John Wiley & Sons, Inc., New York, 1995.

[5] Hlavac, J. *The Technology of Glass and Ceramics.* Elsevier Scientific Publishing Company, New York, 1983.

[6] Kingery, W. D., Bowen, H. K., and Uhlmann, D. R. *Introduction to Ceramics,* 2nd ed. John Wiley & Sons, Inc., New York, 1995.

[7] Kirchner, H. P. *Strengthening of Ceramics.* Marcel Dekker, Inc., New York, 1979.

[8] Richerson, D. W. *Ceramics—Applications in Manufacturing.* Society of Manufacturing Engineers, Dearborn, Michigan, 1989.

[9] Richerson, D. W. *Modern Ceramic Engineering: Properties, Processing, and Use in Design,* 3rd ed. CRC Taylor & Francis, Boca Raton, Florida, 2006.

[10] Scholes, S. R., and Greene, C. H. *Modern Glass Practice,* 7th ed. CBI Publishing Company, Boston, 1993.

[11] Schwarzkopf, P., and Kieffer, R. *Cemented Carbides.* The Macmillan Company, New York, 1960.

[12] Singer, F., and Singer, S. S. *Industrial Ceramics.* Chemical Publishing Company, New York, 1963.

[13] Somiya, S. (ed.). *Advanced Technical Ceramics.* Academic Press, San Diego, California, 1989.

복습문제

7.1 세라믹이란 무엇인가?

7.2 지각에 가장 많은 네 가지 원소는 무엇인가?

7.3 전통적 세라믹과 신소재 세라믹의 차이점은 무엇인가?

7.4 전통적 세라믹, 신소재 세라믹과 유리를 구분지어 주는 특징은 무엇인가?

7.5 세라믹 재료들의 일반적인 기계적 물성은 무엇인가?

7.6 세라믹 재료들의 일반적인 물리적 물성은 무엇인가?

7.7 세라믹의 원자결합 형태의 특징은 무엇인가?

7.8 보크사이트와 코런덤의 공통점은 무엇인가?

7.9 세라믹 제품을 만드는 데 사용되는 점토란 무엇인가?

7.10 세라믹에 첨가되는 유약이란 무엇인가?

7.11 내화라는 용어가 뜻하는 것은?

7.12 WC-Co와 같은 초경합금의 주요 용도는 무엇인가?

7.13 본문에 언급되었던 질화티타늄의 중요한 용도 중 하나는 무엇인가?

7.14 세라믹 재료 Sialon에 함유되어 있는 원소들은 무엇인가?

7.15 유리를 정의하라.

7.16 유리 제품에 들어가는 주요 광물질은 무엇인가?

7.17 유리에 첨가되는 실리카 재료의 기능은 무엇인가? 첨가되는 재료 세 가지 이상은 무엇인가?

7.18 비유리질화라는 용어가 의미하는 것은 무엇인가?

7.19 흑연이란 무엇인가?

▌객관식문제(17개의 답)

7.1 다음 중 지각에 가장 흔한 원소는?
(a) 알루미늄, (b) 칼슘, (c) 철, (d) 산소, (e) 규소.

7.2 유리 제품은 다음의 어떤 광물질을 주성분으로 하고 있는가?
(a) 알루미나, (b) 코런덤, (c) 장석, (d) 고령토, (e) 실리카.

7.3 다음 중 산화알루미늄을 다량 함유하고 있는 것은? (세 개의 정답)
(a) 알루미나, (b) 보크사이트, (c) 코런덤, (d) 장석, (e) 고령토, (f) 석영, (g) 사암, (h) 실리카.

7.4 다음 중 숫돌의 연마재로 가장 흔하게 사용되는 세라믹은? (두 개의 정답)
(a) 산화알루미늄, (b) 산화칼슘, (c) 일산화탄소, (d) 탄화규소, (e) 이산화규소.

7.5 다음의 점토기반 도자기 제품들 중에서 일반적으로 가장 다공질인 것은?
(a) china, (b) 도기, (c) 자기, (d) 스톤웨어.

7.6 다음 중 가장 높은 온도에서 굽는 것은?
(a) china, (b) 도기, (c) 자기, (d) 스톤웨어.

7.7 다음 중 점토의 화학 조성과 가장 가까운 것은?

(a) Al_2O_3, (b) $Al_2(Si_2O_5)(OH)_4$, (c) $3Al_2O_3 \cdot 2SiO_2$, (d) MgO, (e) SiO_2.

7.8 유리 세라믹은 유리질 상태로 변이된 다결정질 세라믹 구조이다.
(a) 참, (b) 거짓.

7.9 다음 중 다이아몬드의 경도에 가장 가까운 재료는?
(a) 산화알루미늄, (b) 이산화탄소, (c) 입방정 질화붕소, (d) 이산화규소, (e) 텅스텐카바이드.

7.10 다음 중 유리-세라믹 구조의 특징은?
(a) 95%의 다결정질, (b) 95%의 유리질, (c) 50%의 다결정질.

7.11 다음 중 유리-세라믹의 물성과 특성은 무엇인가? (두 개의 정답)
(a) 공정 효율성, (b) 전기적 도체, (c) 높은 열팽창, (d) 다른 유리들에 비하여 상대적으로 강함.

7.12 다이아몬드는 가장 단단한 재료로 알려져 있다.
(a) 참, (b) 거짓.

7.13 합성 다이아몬드가 만들어진 때는?
(a) 고대, (b) 1800년대, (c) 1950년대, (d) 1980년.

고분자재료와 복합재료

8.1 고분자의 유래와 기술의 기초
8.1.1 중합
8.1.2 중합체의 구조와 공중합체
8.1.3 결정화
8.1.4 중합체의 열 거동
8.1.5 첨가물
8.1.6 중합체 재활용과 생물분해성의 중합체물

8.2 열가소성 중합체
8.2.1 열가소성 중합체의 물성
8.2.2 중요한 상업적 열가소성 중합체

8.3 열경화성 중합체
8.3.1 일반적인 물성과 특성
8.3.2 중요한 열경화성 중합체

8.4 탄성중합체

8.4.1 탄성중합체의 특성
8.4.2 천연고무
8.4.3 합성고무

8.5 복합재료 - 기술과 분류
8.5.1 복합재료의 성분
8.5.2 강화 상
8.5.3 복합재료의 물성
8.5.4 기타 복합 구조

8.6 복합재료들
8.6.1 고분자기지 복합재
8.6.2 금속기지 복합재
8.6.3 세라믹기지 복합재

8.7 고분자와 복합재료 공정을 위한 가이드

중합체(polymer)는 각각의 분자가 반복되는 단위로 함께 연결된 긴 사슬 분자들로 구성된 혼합물이다. 단일 중합체 분자에는 수천, 수백만의 단위체들이 있을 수 있다. 그리스 문자로는 많다는 뜻의 **poly**라는 단어와, 부분을 뜻하는 **mer**에서 유래되었다. 대부분의 중합체들은 탄소를 기본으로 하기 때문에 유기 화학물질로 고려된다.

중합체는 **플라스틱**(plastic)과 **고무**(rubber)로 나누어질 수 있다. 중합체들은 1800년대 중반부터 금속과 세라믹에 새롭게 견줄만한 공업 재료가 되었다(역사적 고찰 8.1 참조). 기술적 주제로서 중합체를 다루는 목적에 맞게 중합체들을 다음의 세 가지 범주로 분류하는 것이 적절하다. (1)과 (2)는 플라스틱 범주이며 (3)은 고무 범주를 나타내었다.

1. **열가소성 중합체**(thermoplastic polymers, thermoplastics, TP)

이 재료는 상온에서는 고체이지만 수백도 정도의 온도로만 가열해도 점성 액체로 변한다. 이러한 특성 때문에 제품을 쉽게 경제적으로 성형할 수 있다. 중합체의 중요한 물성 저하 없이 가열·냉각 사이클을 반복할 수 있다.

2. **열경화성 중합체**(thermosetting polymers, thermosets, TS)

이 재료는 열가소성 재료처럼 반복적으로 가열 사이클을 진행할 수 없다. 처음 가열하면 연해지고 몰딩을 위한 유동성을 가지지만, 온도가 상승하면 화학적 반응을 일으켜서 단단한 재료로 되어 용융되지 않는 재료가 된다. 재가열하면 연화되는 것이 아니라 열화 혹은 탄화된다.

중합체의 역사에 있어서 획기적인 사건들 중의 하나는 1839년 Charles Goodyear가 고무의 가황을 발견한 것이다 (역사적 고찰 8.2). 1851년에 그의 형제 Nelson은 실제적으로 열경화성 중합체의 하나인 **에보나이트**(ebonite)라는 경화 고무로 특허를 받았다. 이 재료는 오랫동안 빗, 배터리 케이스, 치과 보철물 등으로 사용되었다.

1862년 런던 국제 박람회에서 영국의 화학자 Alexender Parkes는 최초의 열가소성 중합체인 **질산셀룰로오스**(celloulose nitrite, 셀룰로오스는 나무나 목화솜에 있는 천연 중합체)를 발표하였다. 그는 이것을 **Parkesine**이라고 명명하였고, 상아나 거북별갑(tortoiseshell)의 대용품으로 제시하였다. 가소제로 작용하는 질산셀룰로오스와 장뇌(camphor)를 혼합한 후, 열과 압력을 가하여 **셀룰로이드**(Celluloid)를 만든 미국인 John W. Hyatt, Jr.의 노력으로 말미암아 상업적으로 매우 중요한 재료가 되었다. 그의 특허는 1870년에 등록되었다. 셀룰로이드 플라스틱은 투명해서 사진과 영화 필름 및 초창기 자동차 유리 등을 포함하여 여러 분야에 적용이 되었다.

세기가 바뀌고, 셀룰로오스에 기초한 몇 가지 추가적인 제품들이 개발되었다. **레이온**(rayon)이라고 불리는 셀룰로오스 섬유는 1890년경에 처음으로 생산되었다. **셀로판**(cellophane)이라고 불리는 포장용 필름은 1910년경에 상품화되었고, 같은 시기에 **셀룰로오스아세테이트**(cellulose acetate)가 사진 필름의 기본 재료로 적용되었다. 이러한 재료들은 이후 몇 십년을 거치며 사출성형을 위한 중요한 열가소성재료가 되었다.

최초의 합성 플라스틱은 1900년대 초에 벨기에 출신 미국인 화학자, L.H. Baekeland에 의하여 개발되었다. 페놀과 포름알데히드를 중합반응시켜서 **베이크라이트**(bakelite)라고 불리는 발명품을 개발하였다. 이 열가소성재료는 오늘날에도 여전히 상업적으로 중요하다. 1918년에 요소포름알데히드, 1939년에 멜라닌포름알데히드 등의 비슷한 중합체들이 계속하여 등장하게 되었다.

1920년대 말부터 1930년대에 걸쳐서 오늘날 중요한 수많은 열가소성 중합체들이 개발되었다. 러시아인 I. Ostromislensky는 **폴리염화비닐**(polyvinylchloride)로 1912년에 특허를 받았지만, 훨씬 뒤인 1927년에 벽면 덮개용으로 처음 상품화되었다. 거의 비슷한 시기에 **폴리스티렌**(polystyrene)은 독일에서 처음으로 생산되었고, 영국에서는 1932년에 기초연구를 시작하여 **폴리에틸렌**(polyethylene)을 합성하였다. 제2차 세계대전 발발 바로 직전에 첫 생산 공장이 등장하였다. 이것은 저밀도 폴리에틸렌이었다. 최종적으로 1928년에 미국 DuPont사의 W. Carothers의 지휘로 시작된 기초연구를 바탕으로 폴리아미드 **나일론**을 합성하였고 1930년대 말에 상업화되었다. 최초의 용도는 여성용 양말류였고, 전쟁 동안에는 저마찰 베어링과 와이어 절연재로도 응용되었다. 독일에서도 유사한 연구가 진행되어 1939년에 다른 형태의 나일론을 개발하였다.

1940년대에는 몇 가지 중요한 특수 목적 중합체들이 개발되었다. 1943년에는 **테프론**(teflon, fluorocarbon), **실리콘**(silicon), **폴리우레탄**(polyurethane) 등, 1947년에는 **에폭시**(epoxy) 수지들, 1948년에는 **ABS**(acrylonitrile-butadiene-styrene) 공중합체가 개발되었다. 1950년에는 **폴리에스터**(polyester) 섬유, 1957년에 **폴리프로필렌**(polypropylene), **폴리카보네이트**(polycarbonate), **고밀도 폴리에틸렌**(high density polyethylene) 등이 개발되었다. **열가소성 탄성중합체**는 1960년대에 처음으로 개발되었다. 그 후로부터 플라스틱 사용이 엄청난 증가를 하게 되었다.

3. **탄성중합체**(elastomers, E)

이 재료는 상대적으로 낮은 기계적 응력에 대하여 매우 큰 탄성 신장성을 나타내는데, 고무가 대표적인 예이다. 어떤 탄성중합체의 경우에는 10배 정도로 늘어난 후 다시 원래의 상태로 완전히 회복된다. 열경화성 재료의 성질과는 완전히 다르지만 유사한 분자 구조를 지니는데, 이 구조는 열가소성 중합체와는 전혀 다르다.

이들 세 가지 유형 중에서 열가소성 중합체가 상업적으로 가장 중요하며, 전체 합성 중합체 생산량의 70%에 달한다. 열경화성 중합체와 탄성중합체가 나머지 30%를 비슷한 양으로 공유한다. 일반적인 TP 중합체에는 폴리에틸렌, PVC, 폴리프로필렌, 폴리스티렌, 나일론 등이 있다. TS 중합체의 예로는 페놀, 에폭시, 일부 폴리에스터가 있다. 탄성중합체의 가장 일반적인 예로는 천연(가황)고무가 있으나, 합성고무의 생산량이 천연고무를 능가하고 있다.

중합체를 TP, TS, E로 분류하는 것은 이 장의 내용을 설명하는 목적에는 적절할지 모르지만, 세 가지 형태가 종종 중첩된다는 것을 유념하여야 한다. 즉 보통 열가소성의 중합체를 열경화성으로 만들 수도 있으며, 어떤 중합체는 열경화성 중합체와 탄성중합체에 동시에 해당되기도 한다(이런 경우 그들의 분자구조는 유사하다). 또한 어떤 탄성중합체는 열가소성이다. 그러나 이러한 것들은 일반적인 분류 체계에서 벗어나는 예외적인 것이다.

합성 중합체의 적용 분야 확대는 매우 인상적이다. 부피만을 고려하면 현재 중합체의 연간 사용량은 금속의 사용량을 능가한다. 중합체가 상업적·기술적으로 중요한 이유들은 다음과 같다.

- 플라스틱은 복잡한 부품 형상으로 바로 성형이 되며, 더 이상의 가공이 필요하지 않을 수도 있다. 이들 공정은 **순형상**(net shape) 공정에 해당된다.
- 플라스틱은 강도만 제외하면 많은 공업 분야에서 매력적인 물성들을 갖는 재료이다. (1) 금속과 세라믹에 비하여 저밀도, (2) (전부는 아니지만) 어떤 중합체에 대하여는 우수한 중량당 강도비, (3) 높은 내부식성, (4) 낮은 전기 및 열전도성 등이다.
- 부피에 기초하여 중합체는 금속과 가격 경쟁력이 있다.
- 부피에 기초하여 일반적으로 중합체는 금속에 비하여 생산에 필요한 에너지를 적게 요구한다. 이 것은 작업 온도가 금속의 경우보다 훨씬 낮기 때문이다.
- 어떤 플라스틱은 반투명이거나 투명해서 어떤 응용 분야에서는 유리와 경쟁할 수 있다.
- 중합체는 복합재료에 널리 사용된다(8.5절, 8.6절)

부정적인 면으로 중합체는 다음과 같은 제약도 지닌다. (1) 금속과 세라믹에 비하여 경도가 낮다. (2) 탄성계수나 강성이 낮다 — 물론 탄성중합체의 경우는 이것은 장점이 될 수도 있다. (3) 열가소성 중합체의 연화 현상과 열경화성 중합체와 탄성중합체의 열화 현상 때문에 사용온도 범위가 몇 백 도 정도에 불과하다. (4) 어떤 중합체는 햇빛이나 기타 방사선에 노출되면 열화한다. (5) 플라스틱은 점탄성을 가지며(3.5절), 이로 인해 하중을 견디는 용도로 사용하지 못한다.

금속, 세라믹, 중합체와 더불어 네 번째 범주의 재료는 복합재료이다. **복합재료**(composite material)란 물리적으로 서로 다른 두 개 이상의 상이 합쳐져서 원래의 재료들의 물성과 다른 집합적인 물성을 가지는 재료시스템이다. 복합재료는 그를 구성하는 원재료들의 물성보다 우수한 성질을 지니는 경우가 많기 때문에 기술적·상업적으로 관심을 끈다. 다음과 같은 장점들이 있다.

- 복합재료는 매우 가벼우면서도 매우 강하고 견고하게 설계될 수 있어서, 강이나 알루미늄보다 몇 배나 큰 중량당 강도비, 혹은 중량당 강성비를 갖게 할 수 있다. 이러한 물성들은 상업적 항공기에서 스포츠 용품에 이르기까지 광범위한 응용이 가능하다.
- 일반적으로 피로 물성이 일반 공업용 금속에 비하여 우수하다. 인성도 역시 큰 경우가 종종 있다.
- 복합재료는 강처럼 부식되지 않게 설계될 수 있다.
- 금속, 세라믹, 혹은 중합체 단독으로는 얻을 수 없는 물성도 복합재료로는 가능하다.
- 어떤 복합재료에서는 보다 우수한 표면 형상을 얻을 수 있고, 또한 표면을 매끄럽게 조절할 수 있다.

복합재료는 이러한 장점과 더불어 단점과 제약점도 함께 동반된다. 단점으로는 (1) 많은 중요한 복합재의 물성은 이방성이어서 측정하는 방향에 따라 그 물성이 바뀐다. (2) 중합체 자체가 화학물질이나 용제의 공격을 받기 쉬운 것처럼 고분자기지 복합재의 많은 경우도 화학물질이나 용제에 민감하다. (3) 양이 증가하면 그 가격은 떨어지긴 하지만 복합재료는 일반적으로 고가이다. (4) 복합재료의 성형 제조법들 중 어떤 것들은 매우 느리고 고가이다.

이 장에서는 고분자재료와 복합재료의 기술적인 측면에 대하여 다룬다. 첫 절은 중합체의 유래와 기술에 대하여 소개를 한다. 8.2에서 8.4절까지는 열가소성 중합체, 열경화성 중합체, 탄성중합체의 세 가지 고분자 재료 각각에 대하여 다룬다. 8.5절, 8.6절에서는 복합재료에 대하여 다룬다. 마지막으로 8.7절은 고분자재료와 복합재료의 가공 공정에 대하여 설명한다.

8.1 고분자의 유래와 기술의 기초

중합체는 많은 작은 분자들이 **거대분자**(macromolecules)라고 불리는 매우 큰 분자로 결합되어 합성된 것으로 사슬과 같은 구조를 지닌다. **단량체**(monomer)라고 불리는 작은 단위는 에틸렌(C_2H_4)과 같이 간단한 불포화 유기분자이다. 이들의 원자들은 공유결합에 의하여 분자가 되고, 중합체를 구성할 때에도 같은 공유결합에 의하여 연쇄 사슬이 연결된다. 그러므로 각각의 거대한 분자는 강한 일차결합의 특징을 가지고 있다. 그림 8.1에는 폴리에틸렌 분자의 합성에 대하여 도시하였다. 이 그림과 같이 폴리에틸렌은 선형 중합체로서, 그 단량체들은 하나의 긴 사슬을 형성한다.

중합체 재료의 질량은 많은 거대 분자들로 구성되는데, 막 요리된(소스가 없는) 스파게티 국수 그릇을 유추하면 전체 재료에 대한 각각의 분자들의 관계를 그려볼 수 있다. 긴 가닥이 얽혀 있는 것이 질량을 함께 유지하는 데 도움이 되지만, 원자 결합이 더 중요하다. 거대분자들 사이의 결합은 반데르발스(van der Waals) 결합과 이차결합 형태이다. 따라서 집합적인 고분자재료는 분자구성을 위한 일차결합에 비하여 근본적으로 더 약한 힘에 의하여 결합되어 있다. 이것은 일반적으로 플라스틱이 왜 금속이나 세라믹보다 더 강하지 못한가에 대한 이유를 설명해준다.

열가소성 중합체가 가열되면 연화된다. 열에너지가 거대분자를 열적으로 동요시켜서 중합체 질량 내에서 서로에 대하여 상대운동이 가능해진다(소스를 뿌린 스파게티가 원래 모습을 잃는 것을 유추해보라). 재료는 점성 유체와 같은 거동을 하기 시작하고, 온도가 올라감에 따라 점성이 감소한다(유동성이 증가한다).

이상의 간단한 소개를 확장하여 중합체가 어떻게 합성되는지를 알아보고, 또 합성의 결과로 나온 재료의 특성들을 검토하기로 한다.

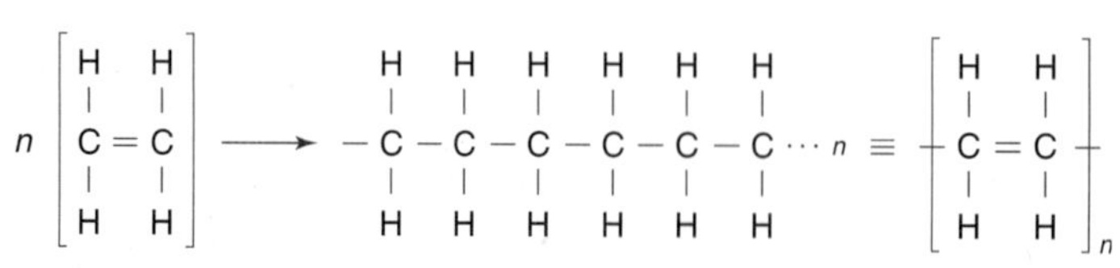

그림 8.1 에틸렌 단량체로부터 폴리에틸렌으로의 합성. (1) n개의 단량체가 연결되어, (2a) 사슬길이 n의 폴리에틸렌이 된다, (2b) 사슬길이 n의 중합체 구조의 약식 표시.

8.1.1 중합

화학 공정으로서 중합체의 합성은 다음 두 가지 중의 하나로 이루어진다. (1) 첨가중합과 (2) 계단중합이다. 주어진 중합체의 생산은 일반적으로 이들 둘 중의 하나에 따른다.

첨가중합

폴리에틸렌이 좋은 예가 되는 이 공정에서는 에틸렌 단량체 내의 탄소원자 사이의 이중결합이 열려지면서 다른 단량체 분자와 결합하도록 유도된다. 확장하는 거대 분자의 양 끝에 연결이 되면서 단위체가 반복되는 긴 사슬을 구성하게 된다. 분자가 형성되는 방식 때문에 이 공정은 **사슬중합**(chain polymerization)이라고도 알려져 있다. 화학촉매(chemical initiator, 개시제)를 사용하여 단량체 내 탄소의 이중결합의 열림을 촉진시킨다. 비결합 전자들로 말미암아 반응력이 매우 강한 이러한 단량체들은 다른 단량체를 잡아서 사슬을 형성하기 시작한다. 다른 단량체를 잡아서 사슬은 한 번에 하나씩 전파되기 시작하고, 거대분자가 생성 완료되며, 반응이 끝난다. 이러한 공정은 그림 8.2에 나타낸 것과 같이 진행된다. 거대분자가 될 때까지 걸리는 중합반응은 수초에 불과하다. 그러나 전체 혼합물에서 모든 사슬반응이 동시에 일어나지 않기 때문에 실제 산업공정에서는 수분에서 수시간이 걸릴 수도 있다.

첨가중합(addition polymerization)에 의하여 형성된 다른 중합체들을 시작 단량체, 반복 단위체와 함께 그림 8.3에 나타내었다. 단량체의 화학 조성은 중합체 내 단위체의 조성과 동일하다는 것을 주목해야 한다. 이것은 이 방식의 중합의 특징이다. 또한 많은 일반적인 중합체들에서 폴리에틸렌의 H 원자 위치에 다른 원자나 분자가 치환된다는 것도 유의해야 한다. 폴리프로필렌, 폴리염화비닐, 폴리스티렌은 이러한 치환의 예들이다. 테프론은 네 개의 H 원자 전부를 불소(F)원자로 치환한 것이다. 대부분의 첨가중합체는 열가소성중합체이다. 그림 8.3에서 예외는 천연고무의 중합체인 폴리이소프렌이다. 이것은 첨가중합에 의하여 생성되지만 탄성중합체이다.

계단중합

이 중합의 방식에서는 두 개의 반응하는 단량체가 하나로 모여서 원하는 화합물의 새로운 분자를 형성한다. (전부는 아니지만) 대부분의 계단중합(step polymerization) 공정에서는 반응의 부산물이 생성되며, 전형적인 부산물은 물이다. 반응 동안에 응축을 하기 때문에 **응축중합**(condensation polymerization)이라는 용어도 사용된다. 반응이 진행됨에 따라 보다 많은 반응물 분자들이 길이 $n = 2$인 중합체와 결합하여 $n = 3$의 중합체들을 만드는 방식으로 계속 진행된다. 큰 n의 중합체는 천천히 단계별로 생성된다. 분자들의 이러한 점진적인 신장과 더불어 중간 중합체의 길이 n_1과 n_2가 결합하여 $n = n_1 + n_2$ 길이의 중합체를 만드는 반응이 동시에 일어나는데, 이 과정을 그림 8.4에 나

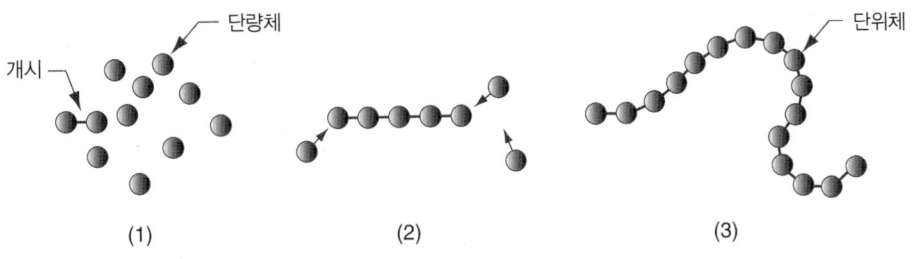

그림 8.2 첨가(사슬)중합의 모델. (1) 개시, (2) 단량체의 급격한 첨가, (3) 반응이 끝났을 때에 n개의 단위체를 가진 긴 사슬의 중합체 분자.

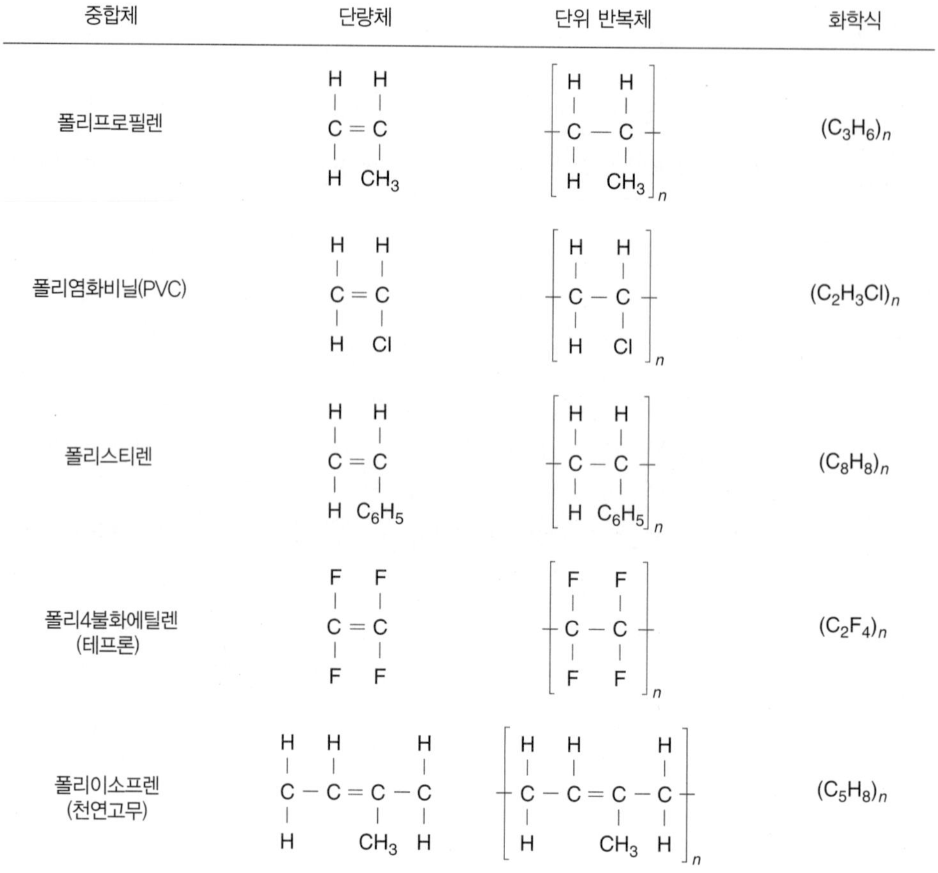

그림 8.3 첨가(사슬)중합에 의하여 형성되는 일부 전형적인 중합체들.

중합체	단량체	단위 반복체	화학식
폴리프로필렌	$\begin{matrix} H & H \\ | & | \\ C = C \\ | & | \\ H & CH_3 \end{matrix}$	$\left[\begin{matrix} H & H \\ | & | \\ C - C \\ | & | \\ H & CH_3 \end{matrix}\right]_n$	$(C_3H_6)_n$
폴리염화비닐(PVC)	$\begin{matrix} H & H \\ | & | \\ C = C \\ | & | \\ H & Cl \end{matrix}$	$\left[\begin{matrix} H & H \\ | & | \\ C - C \\ | & | \\ H & Cl \end{matrix}\right]_n$	$(C_2H_3Cl)_n$
폴리스티렌	$\begin{matrix} H & H \\ | & | \\ C = C \\ | & | \\ H & C_6H_5 \end{matrix}$	$\left[\begin{matrix} H & H \\ | & | \\ C - C \\ | & | \\ H & C_6H_5 \end{matrix}\right]_n$	$(C_8H_8)_n$
폴리4불화에틸렌 (테프론)	$\begin{matrix} F & F \\ | & | \\ C = C \\ | & | \\ F & F \end{matrix}$	$\left[\begin{matrix} F & F \\ | & | \\ C - C \\ | & | \\ F & F \end{matrix}\right]_n$	$(C_2F_4)_n$
폴리이소프렌 (천연고무)	$\begin{matrix} H & H & & H \\ | & | & & | \\ C - C = C - C \\ | & | & & | \\ H & CH_3 & & H \end{matrix}$	$\left[\begin{matrix} H & H & & H \\ | & | & & | \\ C - C = C - C \\ | & | & & | \\ H & CH_3 & & H \end{matrix}\right]_n$	$(C_5H_8)_n$

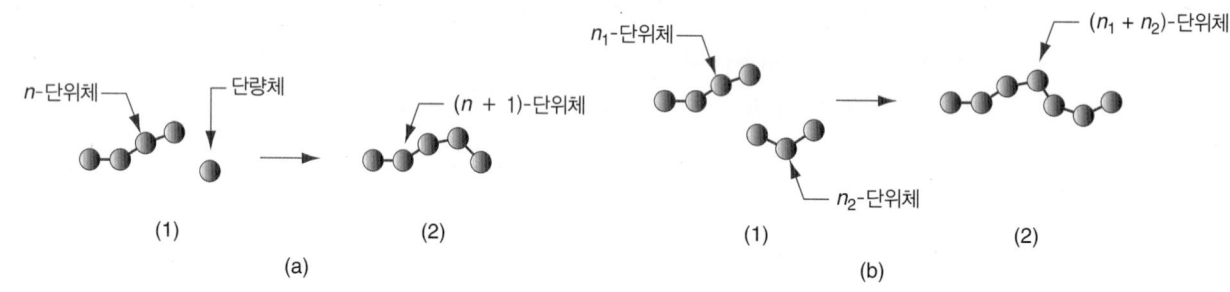

그림 8.4 두 가지 형태의 반응이 일어나는 것을 보여주는 계단중합의 모델 : (a) n - 단위체들이 모여서 $(n+1)$ 단위체로 된 하나의 단량체를 형성, (b) n_1 - 단위체와 n_2 - 단위체가 결합하여 $(n_1 + n_2)$ - 단위체를 형성. (1)과 (2) 반복.

타내었다. 결과적으로 공정의 어떤 순간에도 중합체들은 서로 다른 길이를 지닌다. 충분한 시간이 경과한 후에야 충분한 길이의 분자들이 형성된다.

반응의 부산물로 항상 물이 생성되는 것은 아니며, 예를 들어 어떤 반응의 결과로는 암모니아 (NH_3) 같은 단순 혼합물이 생성되기도 한다. 그럼에도 불구하고 응축중합이라는 용어가 사용된다. 대부분의 계단중합 공정에서 부산물이 응축되지만, 어떤 것에서는 안 할 수도 있다는 점을 명심해야 한다. 계단중합에 의하여 생성되는 상업적 중합체들의 예에 대하여 그림 8.5에 나타내었다. 열가소성(themoplastic)이나 열경화성 중합체(thermosetting polymers), 둘 다 이 방법에 의하여 합성될 수 있다. 나일론-6,6과 폴리카보네이트는 TP 중합체인 반면, 페놀 포름알데히드와 요소 포름알데히

중합체	반복 단위	화학식	응축물
나일론-6, 6	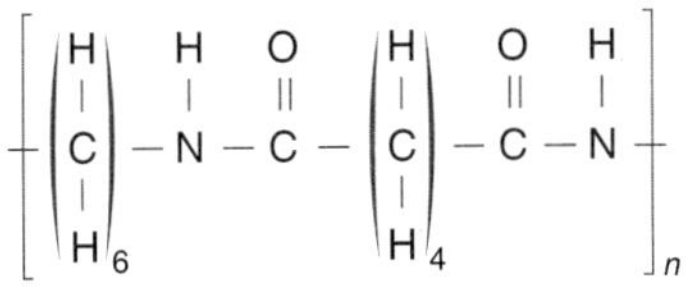	$[(CH_2)_6 (CONH)_2 (CH_2)_4]n$	H_2O
폴리카보네이트	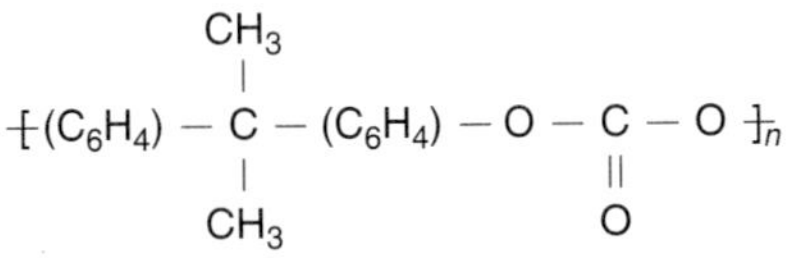	$(C_3H_6 (C_6H_4)_2CO_3)n$	HCl
페놀 포름알데히드	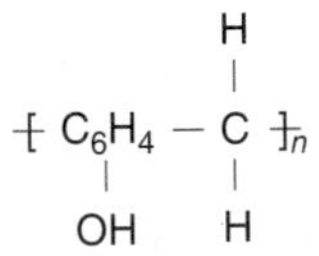	$[(C_6H_4)CH_2OH]n$	H_2O
요소 포름알데히드	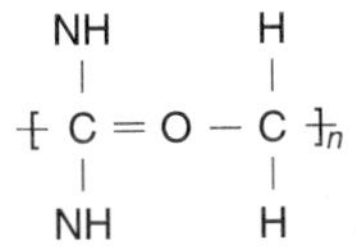	$(CO(NH)_2 CH_2)n$	H_2O

그림 8.5 계단(축합)중합에 의하여 형성되는 일부 전형적인 중합체들(구조와 식의 간단한 표현 : 중합체 사슬의 끝은 보이지 않음).

드는 TS 중합체이다.

중합도, 분자량

중합에 의하여 생성된 거대분자는 n개의 반복되는 단위체들로 구성된다. 주어진 중합 재료 배치 (batch, 집단) 내에 있는 분자들의 길이는 서로 다르기 때문에 그 배치에 대한 n은 평균값이고 그 통계적인 분포는 정규분포이다. 평균값 n을 그 집단 배치에 대한 **중합도**(degree of polymerization, DP)라고 부른다. 중합도는 중합체의 물성에 영향을 준다. 중합도가 높아지면 기계적 강도가 증가되지만 액체 상태에서 점성도 증가되어 공정을 더 어렵게 만든다.

  중합체의 분자량(molecular weight, MW)은 분자 내 단위체 분자량들의 합이며, 이것은 각각의 반복 단위 분자량의 n배이다. 배치 내의 다른 분자들에 대하여는 n 값이 변하므로, 분자량은 평균으로 고려하여야 한다. 일부 중합체들에 대한 대표적인 중합도와 분자량 값을 표 8.1에 나타내었다.

표 8.1 일부 열가소성 중합체의 DP와 MW의 전형적인 값들.

중합체	중합도(n)	분자량
폴리에틸렌	10,000	300,000
폴리스티렌	3,000	300,000
폴리염화비닐	1,500	100,000
나일론	120	15,000
폴리카보네이트	200	40,000

문헌 [6]으로부터 편집함.

8.1.2 중합체의 구조와 공중합체

같은 중합체라 하더라도, 중합체 분자들 사이에는 구조적 차이가 있을 수 있다. 이 절에서는 분자 구조의 세 가지 면에 대하여 다룬다. (1) 입체규칙성, (2) 분기와 교차결합, (3) 공중합체이다.

입체규칙성

입체규칙성(stereoregularity)이란 중합체 분자의 반복 단위들 내의 원자들이나 원자군들의 공간 배열에 관한 용어이다. 입체규칙성의 중요한 측면은 중합체의 사슬들에 위치한 원자군들에서 단위체 내의 H원자들 중의 하나가 다른 원자나 원자군으로 치환된다는 것이다. 폴리프로필렌이 그 예로서 단위체의 네 개 H원자들 중의 하나가 CH_3로 치환된 것이라는 것만 제외하곤 폴리에틸렌과 매우 유사하다. 그림 8.6에 나타낸 것과 같이 세 가지 순서 배열이 가능하다. (a) 짝이 안 맞는 원자군들이 모두 한쪽에만 있는 **아이소택틱**(isotactic), (b) 원자군들이 교대로 반대쪽에 있는 **신디오택틱** (syndiotactic), (c) 원자군들이 불규칙적으로 양쪽에 위치하는 **어택틱**(atactic) 등이다.

택틱구조는 중합체의 물성을 결정하는 데 있어서 매우 중요하다. 또한 중합체의 결정화 경향에도 영향을 준다(8.1.3절). 폴리프로필렌 예를 계속하면 이 중합체는 세 가지의 택틱구조를 모두 합성한다. 아이소택틱 형태는 강하고 175°C(448 K)에서 용융된다. 신디오택틱 구조도 역시 강하지만, 이것은 131°C(404 K)에서 용융되는 반면, 어택틱 폴리프로필렌은 연하고 75°C(348 K) 부근에서 용융되며 상업적으로는 별로 사용되지 않는다 [5], [10].

선형, 분지, 교차결합 중합체

우리는 중합화 과정을 통하여 **선형 중합체**(linear polymer)라고 불리는 사슬과 같은 구조의 거대분자로 생성되는 것을 설명하였다. 이것은 열가소성 중합체의 특징적인 구조이다. 그림 8.7과 같은 또 다른 구조도 가능하다. 하나의 가능성은 곁가지가 또 다른 사슬을 형성하여 그림 8.7(b)와 같은 **분지 중합체**(branched polymer)를 생성하는 것이다. 폴리에틸렌에서 수소원자는 사슬을 따라 불규칙적인 위치에서 탄소원자와 치환이 되고, 각 위치들에서 가지가 자라기 시작하기 때문에 발생한다. 어떤 중합체들에서는 그림 8.7(c)와 (d)에서처럼 어떤 연결점들에서 가지들과 다른 분자들 사이에 일차결합이 발생하여 **교차결합 중합체**(cross-linked polymer)를 생성하기도 한다. 교차결합 중합체를 생성하는 데 사용된 단량체들 중의 일부가 인접한 두 쪽 이상의 단량체와 결합할 수 있어서 다른 분자로부터 나온 가지에 붙기 때문에 만들어진다. 가벼운 교차결합 구조는 탄성중합체의 특징이다. 중합체가 고도로 교차결합화되면 (d)에 나타낸 것과 같은 **망상구조**(network structure)로 되며, 그 결과 전

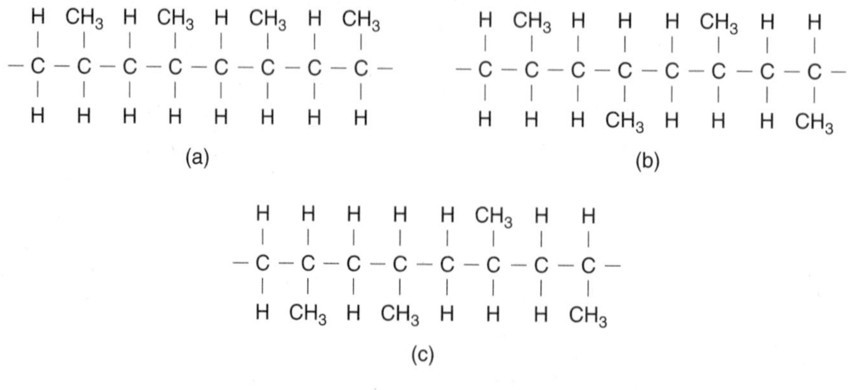

그림 8.6 폴리프로필렌의 가능한 원자군 배열. (a) 아이소택틱, (b) 신디오택틱, (c) 어택틱.

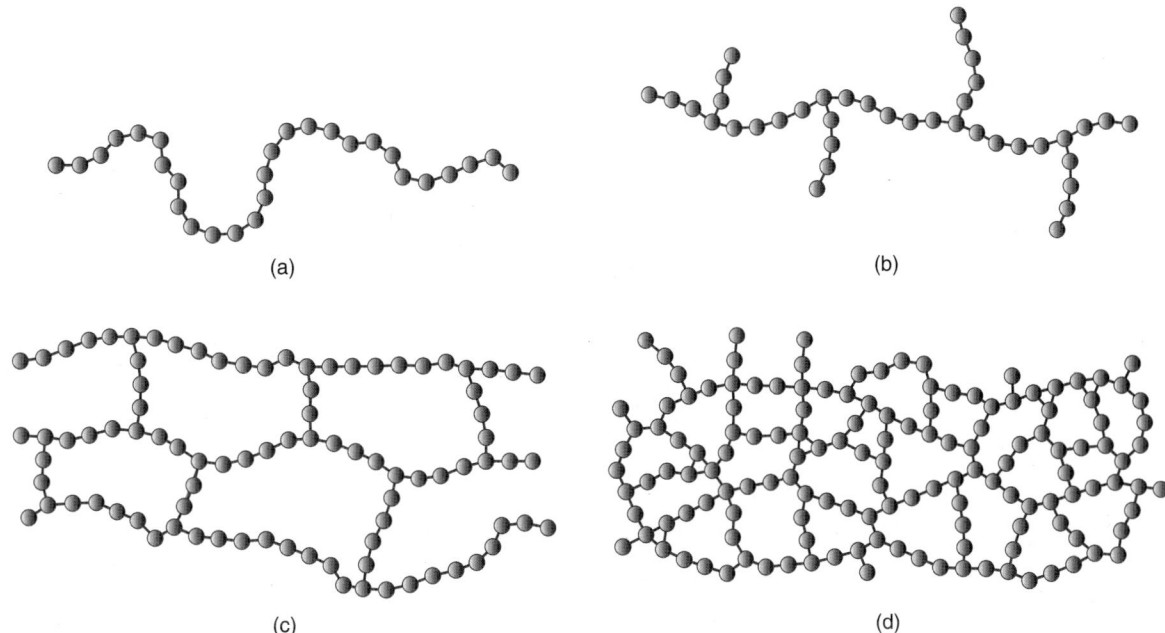

(a)

(b)

(c)

(d)

그림 8.7 중합체 분자의 다양한 구조들. (a) 열가소성 중합체의 특징인 선형, (b) 분기, (c) 탄성중합체 내에서와 같은 약한 교차결합, (d) 열경화성 중합체 내에서와 같은 조밀한 교차결합, 혹은 망상 구조.

체 질량이 매우 큰 하나의 거대분자가 된다. 열경화성 플라스틱은 경화 이후에 이러한 구조가 된다.

중합체에서 분지와 교차결합의 존재는 물성에 매우 중요한 영향을 주게 된다. 이것은 중합체의 세 가지 범주, 즉 TP, TS 및 E 차이의 기초가 된다. 열가소성 중합체는 항상 선형 혹은 분지 구조를 지니거나 이 둘이 혼합되어 나타난다. 분지가 증가하여 분자들 사이에서 더 얽힐수록 보통 고체 상태에서 중합체를 더 강하게 만들게 되고, 소성 상태나 액체 상태에서 주어진 온도 하의 점성이 더욱 높게 된다.

열경화성 중합체와 탄성중합체는 교차결합 중합체이다. 교차결합은 중합체를 화학적으로 고정되게 하여 반응을 비가역적으로 만든다. 반응은 중합체의 구조를 영구히 변화시켜서 가열을 하여도 용융하는 것이 아니라 연소하거나 열화한다. 열경화성 중합체는 높은 교차결합도를 지니는 반면 탄성중합체는 낮은 교차결합도를 지닌다. 열경화성 중합체는 단단하고 취성이 있는 반면 탄성중합체는 탄성적이고 탄력이 있다.

공중합체

폴리에틸렌은 폴리프로필렌, 폴리스티렌 및 다른 많은 플라스틱들과 마찬가지로 **균질중합체**(homopolymer)로서 그들의 분자는 모두 한 가지 같은 형태의 단위체가 반복된 것이다. **공중합체**(copolymer)란 두 가지 다른 형태의 반복되는 단위들로 만들어진 분자로 된 중합체이다. 일례로 에틸렌과 프로필렌을 합성하여 만들어진 공중합체는 탄성 물성을 지닌 공중합체가 된다. 에틸렌-프로필렌 공중합체는 다음과 같이 표시된다.

$$- (C_2H_4)_n \, (C_3H_6)_m -$$

여기에서 n과 m은 10에서 20정도의 범위이고, 두 성분의 비율은 각각 50% 정도이다. 8.4.3절에서 폴리에틸렌과 폴리프로필렌에 소량의 디엔(diene)을 혼합하면 매우 중요한 합성고무가 된다는 것을

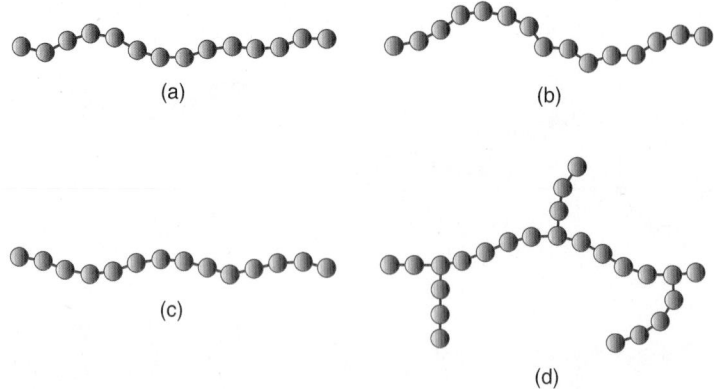

그림 8.8 공중합체의
다양한 구조.
(a) 교호, (b) 불규칙,
(c) 블록, (d) 그래프트.

알게 될 것이다.

공중합체는 그 성분 단위체들의 상이한 배열을 가질 수 있다. 이러한 가능성을 그림 8.8에 나타내었다. (a) **교호**(alternating) **공중합체** ― 단위체들이 한 번씩 건너 반복된다. (b) **불규칙**(random) **공중합체** ― 단위체들이 불규칙한 순서로 초기 단량체의 상대적인 비율에 의존하여 주기적으로 위치한다. (c) **블록**(block) **공중합체** ― 같은 형태의 단위체들이 자기들끼리 사슬을 따라 길게 군을 형성하여 위치하는 경우이다. (d) **그래프트**(graft) **공중합체** ― 어떤 형태의 단위체들이 다른 형태의 단위체들로 구성된 주된 줄기에 결합하는 경우이다. 앞에서 설명한 바와 같이 에틸렌-프로필렌 디엔 고무는 블록 공중합체 형태이다.

공중합체가 합성되는 것은 금속의 합금이 고용체를 형성하는 과정과 유사하다. 금속 합금에서와 같이 공중합체의 성분과 구조의 차이는 물성에 상당한 영향을 미친다. 폴리에틸렌-폴리프로필렌 혼합물에 대하여 이미 예를 든 바 있다. 이들 중합체 각각은 매우 강성이 높은 반면 50-50 혼합물은 고무와 같은 불규칙한 구조의 공중합체를 형성한다.

마찬가지로 서로 다른 세 가지 형태의 단위체들로 구성된 **3중중합체**(ternary polymer), 혹은 **삼중합체**(terpolymer)도 가능하다. 그 예는 ABS(acrylonitrile-butadiene-styrene) 플라스틱이다.

8.1.3 결정화

금속이나 비유리질 세라믹보다는 결정화 경향이 훨씬 덜하지만, 중합체도 비정질이나 결정질 구조가 모두 가능하다. 모든 중합체들이 결정을 형성하는 것은 아니다. 결정화가 가능한 재료들에 대하여 **결정화도**(degree of crystallinity, 결정화된 재료의 질량비)는 항상 100%보다 적다. 중합체에서 결정화가 증가함에 따라, (1) 밀도, (2) 강성, 강도 및 인성, (3) 열저항도 증가한다. 게다가 (4) 비정질 상태에서 투명한 중합체라면 부분적으로 결정화될 경우 불투명하게 된다. 많은 중합체들이 투명하지만 비정질(유리) 상태에서만 그러하다. 이러한 결과는 표 8.2에 나타낸 저밀도와 고밀도 폴리에틸렌 사이에서 그 차이를 볼 수 있다. 이들 재료의 서로 다른 물성은 결정화도에 기인한다.

선형 중합체들은 수천 개의 반복 단위체를 갖는 긴 분자들로 구성된다. 이들 중합체들의 결정화는 그들 스스로의 긴 사슬을 앞뒤로 접어서 그림 8.9(a)에 나타낸 것과 같은 단위체들의 매우 규칙적인 배열을 얻기도 한다. 결정화된 구간은 **결정자**(crystallite)라고 불린다. 원자 크기에 비하여 엄청나게 긴 단일 분자의 길이로 말미암아 하나 이상의 결정자가 참여할 수도 있다. 또한 하나 이상의 분자가

표 8.2 저밀도 및 고밀도 폴리에틸렌의 비교.

폴리에틸렌 형태	저밀도	고밀도
결정화도	55%	92%
비중	0.92	0.96
탄성계수	140 MPa	700 MPa
용융온도	115°C(388 K)	135°C(408 K)

주어진 값들은 전형적인 값임.

문헌 [5]로부터 편집함.

단일 결정구간에서 합쳐지기도 한다. 결정자는 그림 8.9(b)에 나타낸 것과 같이 주름판(lamellae) 형태를 띠기 때문에 비정질 재료와 불규칙적으로 혼합된다. 그러므로 결정화되는 중합체는 2상계이며, 결정자는 비정질 기지 전체에 걸쳐 산재하게 된다.

많은 요인들에 의하여 재료 내의 결정 구간을 형성하는 중합체의 경향과 능력이 결정된다. 이 요인들을 정리하면 다음과 같다. (1) 일반적인 규칙으로 선형 중합체만이 결정을 형성한다. (2) 분자의 입체규칙성이 제한요소이다 [17]. 아이소택틱 중합체는 항상 결정을 형성하고, 신디오택틱 중합체는 어느 정도만 결정을 형성하며 어택틱 중합체는 결정을 전혀 형성하지 않는다. (3) 분자의 불규칙성으로 인하여, 공중합체는 거의 결정을 형성하지 않는다. (4) 금속이나 세라믹에서와 마찬가지로 서냉을 하면 결정의 생성과 성장이 촉진된다. (5) 가열된 열가소성 중합체의 신장에서와 같이 기계적 변형은 구조를 재배치시키고, 결정화를 증가시키는 경향이 있다. (6) 가소제(중합체를 연화시킬 목적으로 첨가되는 화학물질)는 결정화도를 감소시킨다.

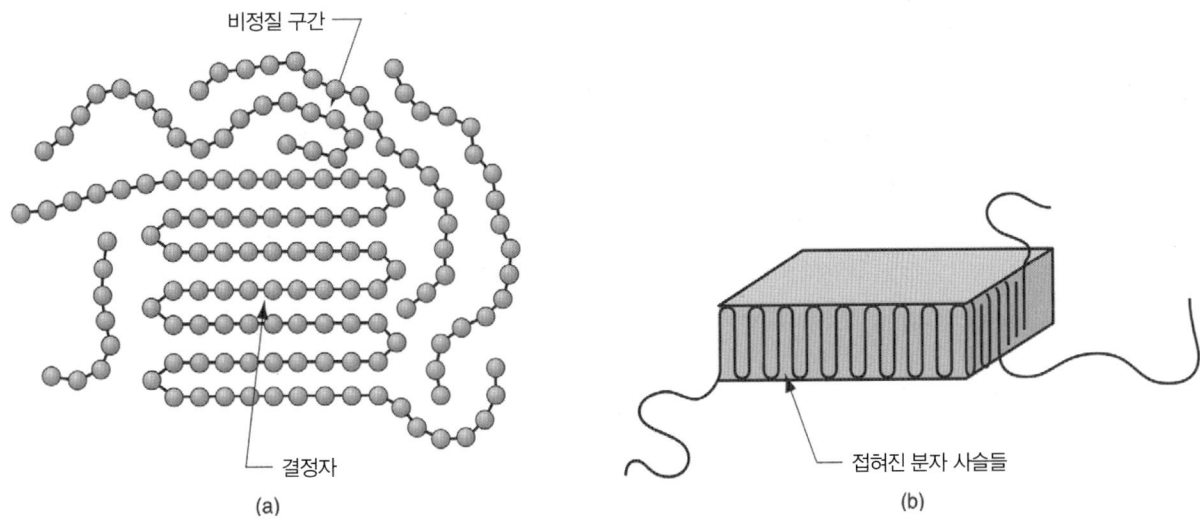

(a)

(b)

그림 8.9 중합체 내의 결정화된 구간. (a) 비정질 재료 내에서 불규칙적으로 혼합되어 결정을 형성한 긴 분자, (b) 결정화된 구간의 전형적인 형태를 갖는 접혀진 사슬 주름판.

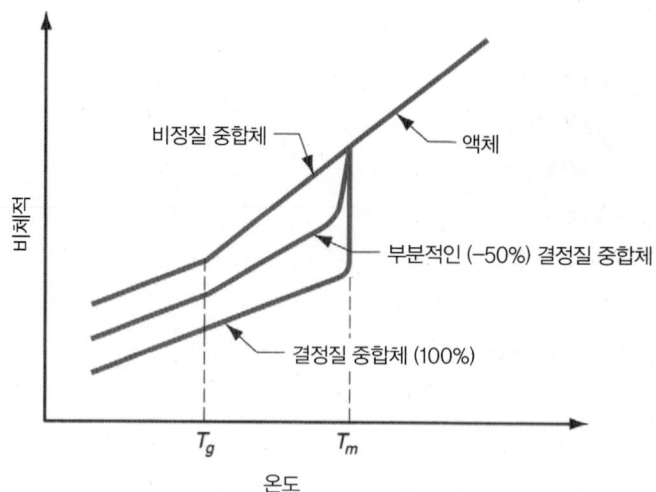

그림 8.10 온도함수로서의 중합체의 거동.

8.1.4 중합체의 열 거동

결정질 구조를 지닌 중합체의 열적 거동은 비정질 중합체의 경우와 서로 다르다. 구조에 따른 영향은 그림 8.10에 나타낸 것과 같이 온도의 함수로 표기된 비체적(밀도의 역수)에서 관찰할 수 있다. 결정수준이 높은 중합체는 체적이 급격하게 변화하는 온도인 T_m에서 용융한다. 또한 T_m보다 높은 온도에서의 용융금속의 열팽창은 T_m보다 낮은 온도에서의 고체상태에서 보다 더 크다. 비정질 중합체에서는 이와 같이 T_m에서의 급격한 변화는 없다. 액체에서부터 냉각하게 됨에 따라 열팽창계수는 용융할 때와 같은 경로를 따라 계속하여 감소하고, 온도가 감소함에 따라 점성이 매우 증가하게 된다. T_m 이하로 냉각하는 동안 중합체는 액체에서 고무로 변화한다. 온도가 계속 감소하게 되면, 비정질 중합체의 열팽창이 갑자기 떨어지는 점에 도달하게 된다. 이것이 **유리-천이온도**(glass-transition temperature), T_g이며(3.5절), 기울기의 변화로 나타난다. T_g 이하에서 재료는 단단하고 취성을 지닌다.

부분적으로 결정화된 중합체는 그림 8.10에 도시한 것과 같이 이들 두 가지 사이에 위치한다. 이것은 비정질과 결정질 상태의 평균으로서 평균정도는 결정화도에 의존한다. T_m 이상에서는 액체의 점성 특성이 나타나며, T_m과 T_g 사이에서는 점탄성 물성이, T_g 이하에서는 고체의 일반적인 탄성 물성이 나타난다.

이 절에서 다룬 내용은 그림 8.10의 곡선을 따라 여러 번 오르내릴 수 있는 열가소성 재료에 적용된다. 가열되고 냉각되는 방식이 그 따라갈 경로를 변화시킨다. 예를 들어 급냉을 하면 결정 형성을 방해하고 유리-천이온도를 증가시킨다. 액상에서 냉각되는 열경화성 중합체와 탄성중합체의 경우 교차결합이 발생할 때까지는 비정질 중합체처럼 거동한다. 이들의 분자구조가 결정 형성을 방해한다. 이들의 분자가 일단 교차결합으로 연결되면 용융상태로 재가열될 수 없다.

8.1.5 첨가물

중합체의 물성은 첨가물과 혼합함으로써 유용하게 변화되기도 한다. 첨가물은 중합체의 분자구조를 변화시키기도 하고, 혹은 이차상을 플라스틱에 첨가하여 중합체를 복합재료로 변화시키기도 한다. 첨가물은 그 기능에 따라 다음과 같이 분류된다. (1) 충진제, (2) 가소제, (3) 착색제, (4) 윤활제,

(5) 인화지연제, (6) 교차결합 촉진제, (7) 자외선 흡수제, (8) 항산화제 등이다.

충진제

충진제(filler)는 고분자의 기계적 물성을 변화시키거나 단순히 재료의 가격을 절감하기 위하여 미립자나 섬유질 형태로 중합체에 첨가되는 고체 재료이다. 충진제를 첨가하는 또 다른 이유는 치수안정과 열적 안정성을 개선하기 위함이다. 중합체에 사용되는 충진제의 예로는 셀룰로오스 섬유소와 분말(예를 들어, 면 섬유와 목분 등), 실리카(SiO_2), 탄산칼슘($CaCO_3$), 점토(수산화알루미늄규산염)의 분말, 유리, 금속, 탄소의 섬유, 혹은 다른 중합체들이 있다. 기계적 물성을 개선하기 위한 충진제를 **강화제**(reinforcing agents)라고 하고, 그로 인하여 생성된 플라스틱을 **강화플라스틱**(reinforced plastic)이라고 부른다. 일반적으로 이들은 원래의 중합체에 비하여 강성, 강도, 경도 및 인성 등이 더 높다. 강도를 높여주는 충진제로는 섬유가 가장 효과가 크다.

가소제

가소제(plasticizer)는 중합체를 더 연하고 유연하게 만들어서 성형 중의 유동특성을 개선하기 위하여 첨가하는 화학물질이다. 가소제는 유리-천이온도를 실온 아래로 내리는 역할을 한다. 중합체가 T_g 아래에서 단단하고 취성을 지니더라도 그 이상에서는 연하고 인성을 지닌다. 가소제[1]를 PVC에 첨가하는 것이 좋은 예로서 혼합물 중의 가소제 비율에 따라 PVC는 단단하고 취성이 있는 물성에서부터 유연하고 고무와 같은 물성까지 여러 가지 물성을 얻을 수 있다.

착색제

금속이나 세라믹에 비하여 많은 중합체의 강점은 그 재료 자체의 색이 있다는 점이다. 이러한 점은 이차적인 코팅 작업이 불필요하게 해준다. 중합체의 **착색제**(colorant)는 안료와 염료의 두 가지 형태가 있다. **안료**(pigment)는 미세한 분말의 재료로서 용해되지 않는 상태로 보통 1% 이하의 아주 낮은 농도로 중합체 전체에 균일하게 분포되어야 한다. 이들은 종종 플라스틱의 색깔뿐만 아니라 불투명도도 증가시킨다. **염료**(dye)는 일반적으로 액체 상태로 공급되는 화학물질로서 중합체 내에 용해된다. 이들은 스티렌이나 아크릴과 같은 투명 플라스틱의 채색에 사용된다.

기타 첨가물들

윤활제(lubricant)는 중합체에 첨가되어 마찰을 줄이고 금형 표면에서의 유동을 촉진시킨다. 윤활제는 또한 사출성형에서 제품을 금형으로부터 분리시키는 데에도 유용하다. 금형 표면에 분사되는 금형분리제도 같은 목적으로 사용된다.

  대부분의 중합체들은 열과 산소가 가해지면 연소한다. 어떤 고분자는 다른 재료들에 비하여 더 연소하기 쉽다. **인화지연제**(flame retardant)는 다음의 메커니즘들에 의하여 인화를 더디게 하기 위하여 첨가되는 화학물질이다. (1) 화염 전파의 방해, (2) 많은 양의 불연 기체 생성, (3) 재료의 연소온도 상승, (4) 연소 시에 생성되는 유해한 기체의 배출을 감소시키는 기능을 한다.

  열경화성 중합체나 탄성중합체 내에 교차결합 반응을 유발시키는 첨가물도 있다. **교차결합촉진제**

---

[1] PVC에 사용되는 일반적인 가소제는 디옥틸프탈레이트, 프탈레이트에스터가 있다.

(cross-link agent)라는 용어는 교차결합 반응을 유발시키거나, 혹은 그러한 반응을 촉진시키는 촉매로 작용하는 다양한 재료를 의미한다. 상업적으로 중요한 예로는 (1) 천연고무의 가황처리에 사용되는 황, (2) 페놀 열경화성 플라스틱을 형성하는 포름알데히드, (3) 폴리에스터를 생성하는 과산화물 등이 있다.

많은 중합체들이 자외선(예, 태양광선)이나 산화에 의하여 열화되기 쉽다. 이런 경우 긴 사슬 분자의 연결이 끊김으로써 열화가 나타나는 것이다. 예를 들어 폴리에틸렌은 이들 두 가지 모두에 대하여 약점이 있으며 기계적 강도를 잃기 쉽다. **자외선흡수제**(ultraviolet light absorber)나 **항산화제**(antioxidant)는 중합체들의 이러한 약점들에 대한 민감성을 감소시킨다.

8.1.6 중합체 재활용과 생물분해성의 중합체물

1950년대 이래로, 10억 톤의 플라스틱이 쓰레기로 버려진 것으로 추정된다.[2] 이러한 플라스틱 쓰레기들은 강한 일차결합 때문에 자연의 환경적·생물학적 과정을 통하여 분해되는 것이 저해되어 수세기 동안 쓰레기로 남아있었다. 이 절에서는, 환경적 관심과 연관하여 두 가지 중합체 주제를 다룰 것이다. (1) 중합체 제품의 재활용과, (2) 자연분해성의 플라스틱들이다.

중합체 재활용

미국에서 생산되는 양의 8분의 1보다 많은 양인 약 3억 톤 가량의 플라스틱 제품이 매년 전 세계에서 생산되고 있다.[3] 미국 생산량의 약 6%만이 플라스틱 쓰레기에서 재활용된다. 나머지는 제품으로 남아있거나 쓰레기 매립지에 매립된다. **재활용**(recycling)은 폐기되는 플라스틱 품목들을 회수하거나 근본적으로 버려지는 품목들과는 매우 다른 새로운 제품으로 재처리되는 것을 의미한다.

일반적으로 플라스틱의 재활용은 몇 가지 이유들로 인해 유리나 금속 제품의 재활용보다 더 어렵다. (1) 플라스틱 제품들과 비교하여, 많은 재활용된 금속 품목들은 훨씬 더 크고 무겁다(예, 건물, 교량에서 나오는 구조용 강, 승용차 몸체용 강). 재활용의 경제성이 재활용 금속의 경우에 더 유리하다. 대부분의 플라스틱 품목들은 가볍다. (2) 잘 혼합되지 않는 화학적 조성의 다양성을 가진 플라스틱과 비교하여, 유리 제품들은 모두 이산화규소 성분으로 이루어져 있다. (3) 충진제, 염료, 다른 첨가물들을 함유하는 많은 플라스틱 제품들은 쉽게 중합체 자체로부터 분리해낼 수 없다. 물론, 모든 재활용 노력들에 있어서 일반적인 문제점은 재활용된 재료들의 물성 변화이다.

서로 다른 플라스틱들의 혼합의 문제점을 극복하고, 플라스틱의 재활용성을 높이기 위해서 플라스틱 식별 코드(plastic identification code, PIC)를 플라스틱 산업 협회(the Society of the Plastics Industry)에서 개발하였다. PIC 코드는 숫자가 들어가 있는 세 개의 구부러진 화살표로 구성된 삼각형 모양의 기호이다. 이 코드는 플라스틱 품목에 인쇄되거나 성형되었다. 숫자는 재활용을 위해서 플라스틱들을 식별해준다. PIC 재활용 프로그램에 사용된 일곱 가지 플라스틱들(모든 열가소성 중합체)은 (1) 2*l* 용량의 음료 용기에 사용되는 폴리에틸렌 텔레프탈레이트(PET), (2) 우유병, 쇼핑 가방 등에 사용되는 고밀도 폴리에틸렌(HDPE), (3) 주스 용기와 PVC 파이프에 사용되는 폴리비닐클로라

---

[2] 자료출처 : en.wikipedia.org/wiki/Plastic.
[3] 자료출처 : the Society of Plastics Engineers, en.wikipedia.org/wiki/Biodegradable_plastic

이드(PVC), (4) 짤 수 있는 병들과 유연한 용기 뚜껑들에 사용되는 저밀도 폴리에틸렌(LDPE), (5) 요구르트와 마가린 용기들에 사용되는 폴리프로필렌, (6) 계란 갑, 가정용 기구, 발포 포장 재료들에 사용되는 폴리스티렌, (7) 폴리카보네이트 또는 ABS와 같은 기타 플라스틱들이다. PIC 코드는 재처리를 위해 플라스틱들의 서로 다른 형태들로부터 만들어지는 품목들의 분리를 가능하게 해준다. 그럼에도 불구하고 플라스틱들을 분류하는 것은 많은 노동력을 필요로 하는 활동이다.

일단 분리되면, 열가소성 품목들은 재용융하여 새로운 제품으로 재처리하기가 쉽다. 이것은 이러한 중합체들의 교차결합 때문에 열경화성 중합체들과 고무들의 경우는 해당되지 않는다. 따라서 이러한 재료들은 다른 방법들로 재활용, 재처리되어야만 한다. 재활용된 열경화성 중합체들의 사용 예를 들면, 전형적으로 입자물질로 갈아서 성형 플라스틱 제품들의 충진제로 사용된다. 대부분의 재활용 고무들은 사용된 타이어로부터 만들어진다. 이러한 타이어들 중 일부는 재생되는 반면, 나머지는 덩어리나 너겟과 같은 알갱이 형태로 갈아서 풍경 덮개, 운동장 등 유사한 목적으로 사용된다.

자연분해성 중합체

플라스틱에 대한 환경적 관심의 또 다른 접근은, 자연 상태에서 발생되는 박테리아, 곰팡이 등과 같은 미생물의 작용에 의해 분해될 수 있는 자연분해성 플라스틱들의 개발을 포함한다. 전통적인 플라스틱 제품들은 보통 석유근간 중합체와 충진제의 조합으로 구성된다(8.1.5절). 사실상 이 재료들은 중합체기지 복합재이다(8.6.1절). 충진제의 목적은 기계적인 물성을 향상시키고(또는) 재료비를 줄이는 것이다. 많은 경우에 중합체와 충진제 모두 자연분해성이 아니다. 이러한 비자연분해성인 플라스틱들에 비하여 차이점을 갖는 자연분해성 플라스틱들은 (1) 부분적으로 분해가능, (2) 완전히 분해가능 한 형태가 있다.

부분적인 자연분해성 플라스틱(partially biodegradable plastics)은 전통적인 중합체와 자연적인 충진제로 구성되어 있다. 중합체기지는 비자연분해성인 석유근간이지만, 자연적인 충진제는 미생물들(예, 매립지에 있는)에 의해 분해될 수 있다. 따라서, 스펀지와 같은 구조로 중합체를 바꿔주는 데 분해 시간이 오래 걸린다.

환경적인 관점에서의 플라스틱의 가장 큰 관심사는 자연과 재생가능한 자원으로부터 얻어질 수 있는 중합체와 충진제로 구성된 **바이오플라스틱**(bioplastic)으로 알려진 **완전 자연분해성 플라스틱**(completely biodegradable plastics)이다. 다양한 농업용 제품들에 자연분해성 플라스틱 원재료로 사용된다. 일반적인 중합의 시작 재료는 옥수수, 밀, 쌀, 감자의 주성분인 녹말이다. 그것은 아밀로오스와 아밀로펙틴의 두 가지 중합체로 구성되어 있다. 녹말은 압출과 사출 성형 같은 전통적인 플라스틱 성형 방법들로 만들어질 수 있는 몇몇 열가소성 재료들을 합성하는 데 사용될 수 있다(12장). 또 다른 자연분해성 플라스틱을 위한 시작점은 폴리렉타이드(polylectide)와 다른 열가소성 재료들을 중합화할 수 있는 렉틱 에시드(분해젖산)를 생산하기 위하여 옥수수 녹말 혹은 사탕수수의 발효를 포함한다. 바이오플라스틱에 사용되는 일반적인 충진제는 셀룰로오스이며, 종종 중합체기지 복합재에는 강화 섬유가 사용된다. 셀룰로오스는 아마 섬유 또는 대마로 성장한다. 그것은 비싸지 않으며, 좋은 기계적 강도를 갖는다.

자연분해성 플라스틱의 응용 분야는 석유근간 중합체들보다 더 비싸다는 사실 때문에 제한적이다. 그것은 기술적 진보와 경제 규모 때문에 미래에는 바뀔지도 모른다. 생물 중합체는 분해성이 가격 절약보다 더 우선시되는 상황에서는 가장 매력적이다. 플라스틱들 중 매립지에 쓰레기로 빠르게 버려지는 것은 포장 재료들이다. 모든 플라스틱의 약 40% 가량이 대부분 음식 제품을 위한 포장에 사용되는 것으로 추정된다 [13]. 따라서, 자연분해성 플라스틱들은 포장분야에 사용되는 전통적인 플라스틱들을 대체하는 것으로서의 사용이 증가하고 있다. 다른 적용분야는 일회용 음식 서비스 품목과, 종이, 판지, 일회용 백, 농작물 등의 코팅을 포함한다. 의료 분야는 병원에서 사용되는 봉합선들, 카테테르 가방, 위생 세탁물 가방들을 포함한다.

8.2 열가소성 중합체

이 절에서는 열가소성 중합체군의 물성과 그 중요한 재료들에 대하여 다룬다.

8.2.1 열가소성 중합체의 물성

열가소성 중합체를 정의하는 물성은 고체 상태에서 점성액체 상태로 반복하여 가열을 하고, 다시 고체 상태로 냉각을 하여도 심각하게 열화되지 않는다는 것이다. 이러한 물성의 이유는 TP 중합체가 선형(혹은 분기) 거대분자로 구성되어 있어서 가열될 때 교차결합이 이루어지지 않기 때문이다. 반대로 열경화성 중합체와 탄성중합체들을 가열하면 이들 분자들이 교차결합을 하여 영구히 고착되는 화학적 변화를 겪게 된다.

실제로 열가소성 중합체는 가열과 냉각을 반복하여도 화학적으로 악화되지 않는다. 플라스틱 성형에 있어서는 새로운 혹은 **순수**(virgin)재료와 예전에 성형되어 열적 순환과정을 이미 겪은 플라스틱(예를 들어 탕구, 결함 부위)과는 확연하게 구분이 된다. 어떤 경우에는 순수재료만이 사용되어야 한다. 열가소성 중합체는 T_m 아래의 온도로 계속하여 가열하면 점진적으로 열화된다. 이러한 장기간의 영향을 **열적시효**(thermal aging) 현상이라고 하며 화학적으로 취약해진다. 어떤 TP 중합체는 다른 것들에 비하여 열시효가 되기 쉬운데 주어진 재료의 취약정도는 온도에 의존한다.

기계적 물성

기계적 물성에 대한 3장의 내용에서 고분자재료와 금속 및 세라믹에 대하여 비교하였다. 상온에서의 전형적인 열가소성 중합체는 다음과 같은 특성이 있다. (1) 금속과 세라믹에 비하여 탄성계수의 차수가 2(혹은 어떤 경우에는 3) 정도 더 낮은 강성, (2) 금속의 10% 정도인 낮은 인장강도, (3) 매우 낮은 경도, (4) 연신율은 폴리에틸렌의 경우에는 1% 정도, 폴리프로필렌의 경우에는 500%에 달하는 등 매우 넓은 범위를 갖지만 평균적으로는 매우 높은 연성의 특성이 있다.

열가소성 중합체의 기계적 물성은 온도에 의존한다. 기능적인 관계는 비정질과 결정질 구조의 맥락에서 설명되어야만 한다. 비정질 열가소성 중합체는 유리-천이온도 T_g 이하에서는 굳고 유리와 같으며 그 이상에서는 유연하거나 고무와 같다. 온도가 T_g 이상으로 상승하면 중합체는 매우 연하게 되고 결국 점성 유체가 된다(높은 분자량 때문에 절대로 묽은 유체가 되지는 않는다). 기계적 거동에의 영향을 그림 8.11에 묘사하였으며, 이 그림에서 기계적 거동은 변형저항으로 정의되었다. 이것은 탄성계수와 유사하지만 고체에서 액체로 천이됨에 따라 온도가 비정질 중합체에 끼치는 영향을 알 수 있게 해준다. T_g 아래에서 재료는 탄성적이고 강하다. T_g에서는 재료가 고무상으로 변화하게 되어 변형저항이 갑자기 떨어지게 되며 이 구간에서의 거동은 점탄성적이다. 온도가 증가함에 따라 점점 더 유체처럼 변화한다.

그림 8.11 비정질 열가소성 중합체와 100%(이론상) 결정질 열가소성 중합체 및 부분적으로 결정화된 열가소성 중합체에 대하여 온도의 함수로서 변형저항으로 나타낸 기계적 물성 관계.

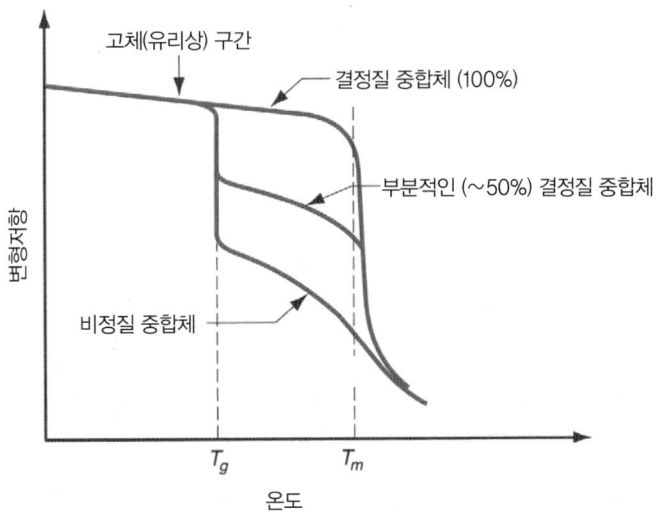

이론적으로 100%의 결정화도를 갖는 열가소성 중합체는 분명하게 T_m에서 고체에서 액체로 천이되지만, T_g점은 분명하지 않다. 물론 실제의 중합체는 100%보다 낮은 결정화도를 갖는다. 부분적으로 결정화된 중합체에서 변형저항은 두 개의 극단적인 곡선 사이에 위치하게 되며, 두 상의 상대적인 비율에 따라 그 위치가 결정된다. 부분적으로 결정화된 중합체는 비정질과 완전히 결정화된 플라스틱 모두의 특징을 보인다. T_g 아래에서는 온도가 올라감에 따라 변형저항 기울기가 하강하는 탄성적 특징을 보인다. T_g 이상에서는 중합체 내의 결정질 부분은 그대로인 반면 비정질 부분은 연화한다. 전체 재료는 일반적으로 점탄성의 특징을 보인다. T_m에 도달하면 결정은 용융하여 중합체 전체가 액체로 변화하게 되고 변형저항은 액체의 점성 물성에 의존하게 된다. T_m 이상에서 중합체가 액체 특성을 보이는 정도는 분자량과 중합도에 따라 결정된다. 중합도와 분자량이 높으면 중합체의 유동을 감소시키고 성형작업이나 그와 유사한 성형 방법으로 가공하는 것을 더 어렵게 한다. 분자량과 중합도가 높다는 것은 높은 강도를 의미하기 때문에 이러한 재료들을 선정하는 데에 있어서는 딜레마에 빠지게 된다.

물리적 물성
재료의 물리적 물성에 대하여는 4장에서 다루었다. 일반적으로 열가소성 중합체의 특성은 다음과 같다. (1) 금속이나 세라믹보다 저밀도(비중이 금속은 7.0 정도, 세라믹은 2.5 정도인데 비하여 중합체는 1.2 정도), (2) 훨씬 높은 열팽창률(금속보다 5배, 세라믹보다는 10배 정도), (3) 매우 낮은 용용온도, (4) 금속이나 세라믹에 비하여 두 배 내지 네 배 정도의 비열, (5) 금속에 비하여 3차수 정도 낮은 열전도도, (6) 전기 절연성 등이다.

8.2.2 중요한 상업적 열가소성 중합체

열가소성 중합체 제품은 성형품, 압출품, 섬유, 필름, 시트, 포장재, 페인트 및 니스 등을 포함한다. 이러한 제품들을 위한 원재료의 출발점은 봉지, 드럼 혹은 트럭이나 화차에 의하여 분말이나 펠릿(pellet)의 형태로 제작자들에게 공급된다. 이 절에서는 가장 중요한 열가소성 중합체에 대하여 알파벳 순서로 다룬다. 각각의 플라스틱에 대한 문자 기호와 화학식을 적절한 곳에 나타내었다.

아세탈

아세탈(acetal)은 **폴리옥시메틸렌**(polyoxymethylene, POM, $(OCH_2)_n$)에 주어지는 잘 알려진 이름이다. 이는 포름알데히드(formaldehyde, CH_2O)로부터 만들어지는 공업용 플라스틱인데 높은 강성, 강도, 인성, 내마모성을 갖는 공학 중합체이다. 게다가, 고용점과 저습윤성을 가지며 상온에서 일반 용제에 잘 용해되지 않는다. 이런 물성으로 아세탈 수지는 문손잡이나 펌프하우징과 같은 자동차 부품, 가전제품, 기계부품 등의 용도에서 일부 금속(예, 황동, 아연)에 경쟁력을 가지고 있다.

아크릴

아크릴(Acrylics)은 아크릴산($C_3H_4O_2$)과 이의 화합물로부터 생성되는 중합체이다. 아크릴 군 중에서 가장 중요한 열가소성 중합체는 **폴리메틸메타크릴레이트**(PMMA, $(C_5H_8O_2)_n$) 혹은 플렉시글라스(plexiglas, PMMA에 대한 Rohm & Haas의 상품명)이다. 이것은 비정질의 선형 중합체이다. 아크릴의 중요한 물성은 우수한 투명도이며 광학분야에서 유리의 경쟁상대라고 할 수 있다. 사용 예로서 자동차 후미등 덮개, 광학기기, 항공기 창문 등을 들 수 있다. 유리와 비교하여 단점으로는 긁힘에 대한 저항이 약하다는 것이다. PMMA의 그 밖의 용도로는 마루왁스와 유화 라텍스페인트 등에 사용된다. 또 다른 중요한 사용처는 직물용 섬유재료인데, 폴리아크릴로니트릴(polyacrylonitrile, PAN)은 DuPont사의 Orlon, Monsanto사의 Acrilan 상표로 더 잘 알려져 있다.

ABS

ABS(Acrylonitrile-Butadiene-Styrene)는 기계적 물성의 조합이 우수한 공업용 플라스틱이다. 이는 2상의 삼중합체로서 한 상은 단단한 styrene-acrylonitrile(C_8H_8과 C_3H_3N)의 공중합체이고, 다른 한 상은 고무 같은 styrene-butadiene(C_8H_8과 C_4H_6)의 공중합체이다. 플라스틱의 이름에서 알 수 있듯이 세 가지의 초기 단량체가 다양한 비율로 혼합되어 만들어진다. 전형적인 사용 예는 자동차, 가전제품, 사무기기 등의 부품과 파이프와 연결부품 등이다.

셀룰로오스계

셀룰로오스(cellulose, $C_6H_{10}O_5$)는 자연에서 흔히 존재하는 탄수화물 중합체이다. 셀룰로오스의 주요 산업용 원료가 되는 목재와 면 섬유는 각각 50%와 95%의 중합체를 함유하고 있다. 셀룰로오스가 화학공정 중에 분해되어 재침전된 것을 **재생셀룰로오스**(regenerated cellulose)라 한다. 셀룰로오스가 의류용 섬유질로 생산된 것을 **레이온**(rayon)이라 부른다(물론, 면 자체로 의류용 섬유로 널리 사용된다). 박막 형태로 생산되면 **셀로판**(cellophane)이라 부르며 포장재로 널리 사용된다. 온도가 올라가면 용융 전에 분해되기 때문에 셀룰로오스 자체는 열가소성 중합체로 사용될 수 없다. 그러나 다양한 화합물과 섞이면 상업적으로 중요한 플라스틱을 형성할 수 있는데, 대표적인 것이 **cellulose acetate**(CA)와 **cellulose acetate-butyrate**(CAB)이다. CA는 포장용 시트, 사진용 필름, 성형품 등으로 생산된다. cellulose acetate-butyrate는 cellulose acetate보다 높은 충격강도, 낮은 습윤성, 좋은 가소제 반응성을 가지므로 더 우수한 성형재료가 된다. 셀룰로오스계 열가소성 중합체들은 시장의 약 1% 정도를 차지한다.

불소계 중합체

일반적으로 **테프론**(tefron)으로 알려진 **폴리4불화에틸렌**(polytetrafluorethylene, PTFE, $(C_2F_4)_n$)은

탄화수소 사슬에서 수소 원자를 불소원자로 치환한 것으로 불소계 중합체군의 85%를 차지한다. PTFE는 화학적 환경적 영향과 물에 대해 매우 높은 저항성을 가지며, 우수한 내열성, 매우 낮은 마찰계수를 지닌다. 우수한 내열성, 매우 낮은 마찰계수의 물성으로 인해 음식이 들러붙지 않는 요리기구용으로 많이 사용된다. 다른 용도로는 무윤활 베어링과 이에 유사한 부품, 화학장비와 식품공정에도 사용된다.

폴리아미드계

중합화 과정에서 아미드 링크(CO-NH)의 특성을 형성하는 중요한 중합체군을 **폴리아미드**(polyamide, PA)라고 한다. PA군 중에서 가장 중요한 재료는 **나일론**(nylon)이다. 나일론의 주요 두 등급으로 nylon-6과 nylon-6,6이 있다(숫자는 단량체 속의 탄소 원자수를 의미). 나일론은 강도, 탄성, 인성, 내마모성, 자기윤활성이 우수하다. 또한 125℃(398K)의 온도까지도 기계적 물성을 유지할 수 있다. 단점은 물을 흡수하여 성질이 떨어질 수 있다는 점이다. 나일론의 대부분의 용도(약 90%)는 카펫, 의류, 타이어 코드용 섬유이다. 나머지 용도(10%)는 공업용 부품인데, 나일론은 베어링, 기어와 같이 강도와 저마찰이 요구되는 부품에서 금속을 대체할 재료로 흔히 사용된다.

두 번째 그룹은 **아라미드**(aramid)인데, 보통 DuPont사에서 만든 상표인 케블러(Kevlar)라고 더 잘 알려져 있다. 이는 강화플라스틱의 섬유강화재로 그 중요성이 인식되어 있다. 그 이유는 강철과 강도를 비교할 때, 케블러의 중량이 20%만 안 되어도 강과 동일한 강도를 얻을 수 있기 때문이다.

폴리카보네이트

폴리카보네이트(polycarbonate, PC, $(C_3H_6(C_6H_4)_2CO_3)_n$)는 일반적으로 우수한 기계적 물성이 주목 받는데, 대표적인 것이 높은 인성과 우수한 크리프 저항이다. 또한 내열성이 가장 우수한 열가소성 중합체 중의 하나인데, 125℃(398K) 정도의 온도까지 사용될 수 있다. 게다가, 투명성과 내화성도 가지고 있다. 중요 용도로는 성형 기계부품, 사무기기의 하우징, 펌프의 임펠러, 안전 헬멧, CD(예, 오디오, 비디오, 컴퓨터), 창문 등을 들 수 있다.

폴리에스터계

에스터 링크(CO-O) 특성을 갖는 중합체군을 말한다. 교차결합 발생 유무에 따라 열가소성 혹은 열경화성이 될 수 있다. 열가소성 폴리에스터(polyster)의 대표적인 예는 **폴리에틸렌 텔레프탈레이트**(polyethylene terephthalate, PET, $(C_2H_4\text{-}C_8H_4O_4)_n$)로서 성형 후의 냉각 방법에 따라 비정질 혹은 부분적(약 30%까지)으로 결정질이 될 수 있다. 급냉인 경우 투명성이 매우 높은 비정질이 된다. 중요한 용도로는 블로우 성형 음료병, 사진필름, 마그네틱 녹화 테이프 등이 있다. 폴리에틸렌 텔레프탈레이트는 또한 의류용 섬유로 널리 사용된다. 폴리에스터 섬유는 습기를 적게 흡수하고 변형에 대한 회복도 우수하여 구김 없이 세척이 용이한 옷감으로 이상적인 소재이다. 폴리에틸렌 텔레프탈레이트 섬유는 거의 항상 면과 모와 같이 혼합되어 사용된다. 잘 알려진 폴리에스터 섬유들에 대한 상표로는 DuPont사의 Dacron, Celanese사의 Fortrel, Eastman Kodak사의 Kodel이다.

폴리에틸렌

폴리에틸렌(polyethylene, PE, $(C_2H_4)_n$)은 1930년대에 최초로 합성되어 현재는 모든 플라스틱 중 가장 큰 양을 차지한다. PE가 공업용 재료로 선호되는 이유는 저비용, 화학적 불활성, 용이한 공정 등을 들 수 있다. 폴리에틸렌의 종류 중 가장 일반적인 것은 저밀도 폴리에틸렌(LDPE)과 고밀도 폴리에틸렌(HDPE)이다. 저밀도 등급은 더 낮은 결정화도 및 밀도를 갖는 높은 분기 중합체이다. 저밀도 폴리에틸렌는 짤 수 있는 병, 냉동 음식 용기, 시트, 필름, 와이어 절연재로 사용된다. 고밀도 폴리에틸렌는 높은 결정화도 및 밀도를 갖는 보다 선형적인 구조를 가져서 강성과 강도가 더 우수하고 높은 용융점을 갖는다. 고밀도 폴리에틸렌는 병, 파이프, 주방용품 등에 사용된다. 이 두 등급 제품 모두 대부분의 중합체 성형 방법(13장)으로 만들어진다.

폴리프로필렌

폴리프로필렌(polypropylene, PP, $(C_3H_6)_n$)은 1950년대 후반에 소개된 이후로 특히 사출성형용 주요 플라스틱이 되었다. PP는 아이소택틱, 신디오택틱, 어택틱 구조로 합성될 수 있고, 이들 중 첫 번째가 가장 중요하다. 그것이 플라스틱 중에서 가장 경량이고 무게당 강도비가 높은 편이다. PP는 HDPE와 종종 비교되는데 그 이유는 가격과 많은 물성이 유사하기 때문이다. 그러나 폴리프로필렌의 용융점이 더 높아서 폴리에틸렌이 사용될 수 없는 용도(예, 열로 살균(소독)되어야만 하는 부품들)에 적용될 수 있다. 기타 용도로는 자동차와 가정용품의 사출성형 부품과 카펫용 섬유제품 등이 있다. 아울러, 폴리프로필렌의 특수 적용 분야로는 결함 없이 반복 사용 횟수가 요구되는 일체형 경첩들이다.

폴리스티렌

스티렌(styrene, C_3H_8) 단량체를 기반으로 하는 몇 가지 중합체, 공중합체, 삼중합체들이 있는데, 그 중 폴리스티렌(polystyrene, PS)이 가장 많이 사용된다. 이것은 비정질 구조를 갖는 선형 균질중합체여서, 일반적으로 취성을 갖고 있다. 또한 투명하고, 색을 갖기 쉽고, 쉽게 성형되지만 고온에서 열화되고 여러 용제에 용해되는 단점이 있다. 고유의 취성 때문에 PS 등급에 5~15%의 고무가 혼합되기도 하는데, **고충격폴리스티렌**(high-impact polystyrene, HIPS)이 이러한 형태로 사용된다. 높은 인성을 갖지만, 투명하고 인장강도는 감소된다. 사출성형 용도(성형된 장난감, 주방용품 등) 외에 PS 폼 형태로 포장에 사용되는 사례를 볼 수 있다.

폴리염화비닐

폴리염화비닐(polyvinylchloride, PVC, $(C_2H_3Cl)_n$)은 첨가제에 따라 다양한 물성을 얻을 수 있어 여러 용도로 사용되는 플라스틱이다. 특히 가소제를 사용하여 단단한 PVC(가소제가 첨가되지 않은 PVC)로부터 유연한 PVC(높은 비율의 가소제가 사용된 PVC)까지의 열가소성 중합체를 얻을 수 있다. 물성의 범위가 PVC를 다양한 중합체로 만들어주므로, 적용 분야로는 단단한 파이프(건축용, 상하수도, 용수로), 연결부품, 와이어와 케이블 절연재, 필름, 박판, 음식 포장, 마루바닥재, 장난감 등이다. PVC 자체로는 상대적으로 열과 빛에 불안정하므로 주변 환경조건에 대한 저항성을 향상시키기 위해 안정제가 첨가되어야만 한다. 발암성 본질 때문에 PVC 중합에 비닐클로라이드 단량체가 사용될 때 생산과 취급에 주의해야만 한다.

8.3 열경화성 중합체

열경화성(TS) 중합체는 높은 교차결합 구조로 인해 다른 중합체와 구별된다. 결과적으로 성형품 (주전자 손잡이나 전기스위치 커버)이 하나의 거대분자가 된다. 열경화성 중합체는 항상 비정질이며, 유리천이 온도를 보이지 않는다. 이 절에서는 TS 플라스틱의 일반적인 특성에 대하여 논하고, 여기 에 속하는 중요한 재료들에 대하여 다룬다.

8.3.1 일반적인 물성과 특성

화학조성과 분자구조의 차이로 말미암아 열경화성 플라스틱의 물성은 열가소성 플라스틱의 물성 과는 다르다. 일반적으로 열경화성 중합체는 (1) 더 견고하고(탄성계수가 2배 내지 3배 더 큼), (2) 취 성이 있고(거의 연성이 없음), (3) 일반적인 용제에 대한 용해성이 떨어지고, (4) 사용온도가 더 높고, (5) 재용융되지 않는다(그 대신 열화하거나 연소한다).

TS 플라스틱들의 물성 차이는 교차결합에 기인하는데, 이로 인해 열적 안정성을 가지고, 3차원적 이며, 분자 내에 공유결합 구조를 생성한다. 교차결합은 다음의 세 가지 방식에 의해 달성된다[6].

1. 온도에 의한 활성화 시스템

가장 일반적인 시스템에서 부품 성형 작업(예, 성형) 동안 공급된 열에 의하여 변화가 일어난다. 초 기 재료는 화학공장에서 공급된 과립상의 선형중합체이다. 열이 가해지면 성형 동안에 재료는 연 화되고, 계속 가열을 하면 중합체의 교차결합이 얻어진다. **열경화성**(thermosetting)이라는 용어가 가장 잘 어울리는 중합체이다.

2. 촉매에 의한 활성화 시스템

이 시스템의 교차결합은 소량의 촉매를 액체상태의 중합체에 첨가함으로써 발생한다. 촉매가 없 으면 중합체는 안정적으로 유지되고, 일단 촉매가 혼합되면 고체상태로 변한다.

3. 혼합에 의한 활성화 시스템

대부분의 에폭시가 이에 속한다. 두 개의 화학물질이 혼합되어 반응을 일으켜서 교차결합된 고체 중합체를 생성한다. 온도가 올라가면 종종 반응이 가속된다.

교차결합에 수반되는 화학반응을 **경화**(curing) 혹은 **고화**(setting)라고 부른다. 경화는 초기 재료 를 가공자에 공급하는 화학공장보다는 실제로 부품을 생산하는 가공공장에서 수행된다.

8.3.2 중요한 열경화성 중합체

열경화성(TS) 중합체를 경화시키는 데 추가 공정을 요구하기 때문에 열가소성 플라스틱에 비하여 열경화성 플라스틱은 덜 사용된다. 가장 많이 사용되는 열경화성 중합체는 페놀수지이며, 연간 전체 플라스틱 시장의 약 6% 정도가 사용된다. 가장 널리 사용되는 열가소성 중합체인 폴리에틸렌의 35%에 비해서는 현저하게 적은 규모이다.

아미노 수지

아미노(NH$_2$)의 특성을 갖는 아미노 플라스틱을 의미하며, **요소-포름알데히드**(urea-formaldehyde)와 **멜라민-포름알데히드**(melamine-formaldehyde)의 두 가지 열경화성 중합체로 구성된다. 이들은 포름알데히드(CH$_2$O)에 요소(CO(NH$_2$)$_2$) 또는 멜라민(C$_3$H$_6$N$_6$)이 각각 반응한 것이다. 상업적 중요성에서 아미노 수지는 아래에서 논의될 다른 포름알데히드 수지, 페놀 포름알데히드 바로 아래에 위치한다. 요소-포름알데히드는 일부 적용분야에서, 특히 합판이나 입자보드의 접착제로서 페놀수지와 어깨를 견줄만하다. 또한 성형 부품으로도 사용된다. 하지만 페놀수지보다는 약간 비싼 편이다. 멜라민-포름알데히드는 방수가 잘되어 주방용 접시 소재나 테이블과 조리대의 코팅재로 사용된다 (예, Cyanamid사의 상표, Formica). 성형 재료로 사용될 때, 아미노 플라스틱은 보통 셀룰로오스 같은 충진제를 상당한 비율로 포함한다.

에폭시 수지

에폭시 수지는 **에폭사이드**(epoxides)라고 불리는 화학조성 군에 기초를 두고 있다. 에폭사이드의 가장 간단한 조성은 산화에틸렌(C$_2$H$_3$O)이다. 에피클로로히드린(C$_3$H$_5$OCl)이 에폭시 수지 생산을 위해 더 많이 사용되는 에폭사이드이다. 경화되지 않은 에폭사이드는 낮은 중합화도를 갖는다. 에폭사이드의 분자량을 증가시키고 교차결합을 증진시키기 위해서 경화제가 사용되어야만 한다. 가능한 경화제는 폴리아민과 산 무수물(acid anhydride)이다. 경화된 에폭시는 강도, 접착성, 내열성, 내화학성이 우수하다. 따라서 표면 코팅재, 산업용 바닥재, 유리 섬유강화 복합재, 접착제 등에 사용된다. 에폭시 열경화성 중합체의 절연 물성도 우수하여 IC 부품의 캡슐화와 PCB의 적층과 같은 다양한 전기 분야에서 사용된다.

페놀 수지

페놀(C$_6$H$_5$OH)은 알데히드(수소가 제거된 알콜)와 반응할 수 있는 산성 화합물로 포름알데히드(CH$_2$O)가 가장 반응성이 좋다. **페놀-포름알데히드**(phenol-formaldehyde)가 가장 중요한 페놀계 중합체이다. 이것은 1900년경 **베이크라이트**(bakelite)란 상표로 처음으로 상업화되었다. 성형 재료로 사용될 때는 목분, 셀룰로오스 섬유, 광물질 등의 충진제를 거의 항상 결합한다. 취성이 있으며 열적, 화학적 물성이 우수하고, 치수 안정성이 우수하다. 착색제를 사용할 수 없기에 단지 어두운색만 가능하다. 전체 페놀 수지의 용도 중 성형 부품의 비율은 단지 10% 정도이다. 합판의 접착제, PCB, 조리대, 브레이크 라이닝과 연삭숫돌의 결합제 등으로 사용된다.

폴리에스터

에스터 링크(CO-O)의 특성을 갖는 폴리에스터는 열가소성뿐만 아니라 열경화성도 가질 수 있다 (8.2절). 열경화성 폴리에스터는 강화 플라스틱(복합재료)의 형태로 파이프, 저장탱크, 보트의 몸체, 자동차 차체 부품, 건축용 패널 등의 큰 품목을 만드는 데에 사용된다. 더 작은 부품을 생산하기 위해 다양한 성형 공정이 적용될 수도 있다. 초기 중합체의 합성에는 산이나 말레산무수물(maleic anhydride, C$_4$H$_2$O$_3$)과 같은 무수물과, 에틸렌글리콜(ethylene glycol, C$_2$H$_6$O$_2$)과 같은 글리콜의 반응을 포함한다. 이를 통해 상대적으로 저분자량(MW = 1000~3000)의 **불포화 폴리에스터**(unsaturated polyester)가 생성된다. 이 성분은 폴리에스터와 중합화, 교차결합을 할 수 있는 단량체와 혼합된다. 스틸렌(C$_3$H$_8$)이 이런 목적으로 30%~50% 비율로 사용된다. 억제제로 불리는 세 번째의 구성요소는 너무 빠른 교차결합을 방지하는 데 사용된다. 이들 혼합물은 플라스틱 제품 생산자에게 제공되는 폴리에스터 수지 시스템을 형성한다. 폴리에스터는 열(열에 의한 활성화) 혹은 첨가되는 촉매(촉매에 의한 활성화)에 의해 경화된다. 경화는 제품 제조(성형 혹은 기타 성형 공정) 시에 수행되어 중합체의 교차결합을 발생시킨다.

폴리에스터의 다른 중요한 범주 중의 하나는 **알키드**(alkyd, 알콜(alcohol)과 산(acid)의 글자를 조합하고, 일부 글자를 바꿔서 만든 이름) 수지인데 주로 페인트, 니스, 라커의 기초재료로 사용된다. 알키드 성형 혼합물들은 유용하지만, 적용 분야는 제한적이다.

폴리이미드

폴리이미드 플라스틱은 열가소성 중합체와 열경화성 중합체 모두 가능하지만, TS 형태가 상업적으로 더 중요하다. 테이프, 필름, 코팅재, 성형 수지를 포함하여 몇몇 형태로 사용되는 DuPont 사의 Kapton, Professional Plastrics 사의 Kaptrex와 같은 제품명으로 사용된다. TS 폴리이미드(PI)는 화학적 저항성, 높은 인장 강도와 강성, 고온에서 안정성이 우수한 것으로 잘 알려져 있다. 이러한 물성들을 잘 이용한 응용분야는 절연 필름, 고온 조건에서 사용되는 성형 부품, 랩톱 컴퓨터에 사용되는 유연 케이블, 의료용 튜브 그리고 보호 의류용 섬유가 포함된다.

폴리우레탄

구조적으로 우레탄(NHCOO) 그룹의 모든 특성을 가지고 있는 중합체의 큰 군을 폴리우레탄이라고 부른다. 폴리우레탄의 화학조성은 복잡하고, 우레탄 군내에서 많은 화학적 다양성을 가진다. 특징적 형상은 부틸렌 에테르 글리콜($C_4H_{10}O_2$)과 같은 수산기(OH) 그룹을 포함하는 분자들인 **폴리올**(polyol, 세 개 이상의 수산기를 가진 알코올)의 반응이다. 그리고, 디페닐메탄 디이소시아네이트(diphenylmethane diisocyanate, $C_{15}H_{10}O_2N_2$)와 같은 **이소시아네이트**(isocyanate) 반응이다. 화학적 변화, 교차결합, 공정 등의 변화를 통하여, 폴리우레탄은 열가소성, 열경화성, 탄성 재료가 될 수 있는데, 뒤의 두 가지가 상업적으로 가장 중요하다. 폴리우레탄의 가장 큰 적용 형태는 발포성 폼(foam)이다. 이들은 탄성과 견고함의 사이에서 어떤 성질을 가질 수 있는데, 견고할 경우는 교차결합이 더 많이 일어났음을 의미한다. 견고한 폼은 속이 빈 건축용 패널과 냉장고 벽의 충진제로 사용된다. 이런 용도로 사용되면 우수한 단열효과와 구조물에 견고성이 부가되며, 뛰어난 방수 효과도 기대할 수 있다. 각종 페인트, 니스와 유사 코팅재에 사용되고 있다. 폴리우레탄 탄성체는 8.4절에서 다룬다.

실리콘

실리콘은 무기질 혹은 준무기질 중합체로서 그들의 분자구조에 실록산(siloxane) 링크(–Si–O–)가 반복되는 것이 특징이다. 전형적인 배합은 반복 단위체로 –((CH_3)$_m$–SiO) –를 얻기 위하여 메틸(CH_3) 근간에 다양한 비율로 SiO를 첨가하여 조합한다. 여기에서 m은 비율을 나타낸다. 조성과 공정의 다양성에 따라, 실리콘 중합체(polysiloxanes)는 (1) 유체, (2) 탄성중합체, (3) 열경화성 수지의 세 가지 유형으로 생산될 수 있다. (1) 유체 실리콘은 윤활제, 연마제, 왁스 등의 용도로 사용되는 저분자량 중합체이다(사실 이 책의 정의에 의한 중합체라고는 할 수 없지만, 그럼에도 불구하고 상업적으로 중요한 제품이다). (2) 8.4절에서 다루게 될 탄성중합체 실리콘, (3) 여기에서 다루는 열경화성 실리콘은 교차결합되어 있는 중합체이다. 높은 수준으로 교차결합될 경우 실리콘 중합체는 페인트, 니스, 기타 코팅재, PCB의 적층용으로 사용되는 단단한 수지 시스템을 형성한다. 또한 전기부품용 성형 재료로도 사용된다. 경화는 열에 의해 이루어지기도 하고, 증발할 수 있도록 중합체를 포함하는 용제에 의해서도 수행될 수 있다. 실리콘은 좋은 열저항, 방수성으로 널리 알려져 있지만, 기계적 강도는 다른 교차결합 중합체만큼 크지 못하다.

8.4 탄성중합체

탄성중합체(elastomer)란 상대적으로 낮은 응력이 가해져도 큰 탄성변형을 보이는 중합체를 말한다. 어떤 탄성중합체는 500% 이상 인장되었다가도 원래의 형상으로 되돌아간다. 가장 유명한 탄성중합체는 고무이다. 고무는 두 가지 범주로 나누어진다. (1) 특정 나무로부터 얻어지는 천연고무, (2) 열가소성과 열경화성 중합체에 사용되는 것과 유사한 중합반응에 의하여 생성되는 합성고무이다. 천연고무와 합성고무에 대하여 논하기 전에 탄성중합체의 일반적인 특성에 대하여 설명한다.

8.4.1 탄성중합체의 특성

탄성중합체는 교차결합된 긴 사슬의 분자들로 구성된다. 이들은 다음의 두 가지 특성이 조합되어 탄성 물성을 타나낸다. (1) 인장되지 않을 때에는 긴 분자가 단단하게 꼬여있고, (2) 교차결합도는 실질적으로 열경화성 재료에 비하여 낮다. 이러한 특징을 그림 8.12(a)의 모델로 나타내었고, 무응력 하에서 매우 꼬여진 교차결합 분자 형태를 보여주고 있다.

재료가 늘어나면 그림 8.12(b)와 같이 분자들은 코일이 풀려져서 직선화된다. 코일이 풀리지 않으려고 하는 분자들의 자연적인 저항이 전체 재료의 초기 탄성계수를 의미한다. 변형이 더 많이 진행되면 교차결합 분자의 공유결합이 탄성계수를 증가시키는 역할을 하게 되고, 강성은 그림 8.13에 나타낸 것과 같이 증가하게 된다. 교차결합이 더 커질수록 탄성중합체는 더 단단해지고, 그 탄성계수는 더욱 선형적으로 된다. 이러한 특성은 고무의 세 가지 등급에 대한 응력-변형률 곡선에 의하여 나타낼 수 있는데, 이 세 가지는 교차결합이 매우 낮은 천연고무, 낮거나 중간 정도의 교차결합을 지닌 경화(가황)고무, 높은 교차결합도에 의하여 열경화성 플라스틱으로 변환된 경질 고무(hard rubber, 에보나이트) 등이다.

중합체가 탄성중합체의 물성을 나타내기 위해서는 늘어나지 않은 상태에서 비정질이어야만 하고, 그 온도는 T_g보다 높아야만 한다. 만약 유리-천이온도보다 낮으면 재료는 단단하고 취성을 지닌다. T_g보다 높으면 중합체는 '고무' 상태가 된다. 모든 비정질 열가소성 중합체는 T_g 이상에서는 잠시 동안 탄성중합체의 성질을 보인다. 그 이유는 그 선형 분자들이 항상 어느 정도 꼬여 있고, 탄성 신장을 하기 때문이다. TP 중합체 내에는 교차결합이 없어서 진정한 탄성이 되지는 못하고 대신 점탄성의 거동을 한다.

그림 8.12 낮은 교차결합도를 가진, 긴 탄성중합체 분자의 모델. (a) 인장되지 않은 상태, (b) 인장응력 하의 상태.

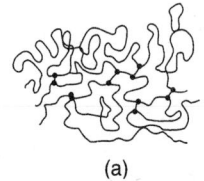

(a)   (b)

오늘날 대부분의 탄성중합체에서 경화를 통한 교차결합이 필요하다. 천연고무(혹은 어떤 합성고무)에서 경화를 뜻하는 용어는 **가황처리**(vulcanization)이며, 중합체 사슬 사이의 화학적 교차결합의 형성을 의미한다. 고무에서의 전형적인 교차결합은 선형 중합체 사슬내의 100개의 탄소 원자당 1개 내지 10개의 링크인데, 재료 내에 원하는 강도의 정도에 따른다. 이것은 열경화성 중합체 내의 교차결합 수보다 현저히 적은 양이다.

경화의 다른 방법은 혼합되면 반응을 하는(종종 촉매나 가열이 필요) 개시제를 사용하여, 분자들 사이가 상대적으로 띄엄띄엄한 탄성중합체를 생성하는 방법이다. 이러한 합성고무는 **반응시스템 탄성중합체**(reactive system elastomer)로 알려져 있다. 우레탄이나 실리콘 같은 중합체들은 이러한 방법으로 경화를 하는데, 반응 동안에 얻어진 교차결합도에 따라 열경화성 중합체나 탄성중합체로 분류된다.

상대적으로 최신의 탄성중합체 종류인 **열가소성 탄성중합체**(thermoplastic elastomer)는 모두 열가소성인 두 상이 혼합하여 탄성 물성을 나타내는 것이다. 하나의 상은 실온에서 T_g 위에 있고, 다른 상은 T_g 아래에 있다. 따라서 중합체가 교차결합과 같은 역할을 하는 단단한 입자들이 섞여 있는 연한 고무 영역을 가지게 된다. 대부분의 다른 탄성중합체만큼 늘어나지 않지만, 이러한 복합재료의 기계적인 거동은 탄성적이다. 두 상 모두 열가소성이기 때문에 전체 재료는 성형을 위해서 T_m 이상으로 가열하면 되며, 고무에 사용되는 공정에 비하여 일반적으로 더 경제적이다.

다음 두 절에서는 탄성중합체에 대하여 다룬다. 처음은 천연고무로서 어떻게 가황처리를 하여 상업적으로 유용한 재료를 생성하는지에 대하여 다루고, 두 번째는 합성고무에 대하여 설명한다. 총 고무 비율은 고분자 시장의 약 15% 정도에 해당한다.

8.4.2 천연고무

천연고무(natural rubber, NR)는 주로 폴리이소프렌(polyisoprene)으로 구성되며, 이는 이소프렌(C_5H_8)의 높은 분자량의 중합체이다. 이것은 다양한 식물들의 유액에서 생산된 라텍스(latex)로부터 추출되며, 가장 중요한 나무로는 열대기후에서 자라는 고무나무(Hevea brasiliensis)가 있다(역사적 고찰 8.2 참조). 라텍스는 폴리이소프렌(전체 중량의 3분의 1 정도)과 다양한 다른 성분들로 이루어진 물유화액이다. 고무는 물을 제거하는 다양한 방법들(예를 들어 응고, 건조, 분무 등)에 의하여 라텍스로부터 추출된다.

가황처리를 하지 않은 천연고무는 더운 날씨에서는 끈끈해지지만, 추운 날씨에서는 단단하고 취성성질을 갖는다. 유용한 물성을 지닌 탄성중합체를 만들기 위해서, 천연고무를 가황처리하여야 한다. 전통적으로 가황처리는 미가공된 고무를 가열하면서 소량의 황과 기타 화학물질을 혼합하여 이루어진다. 가황처리의 화학적 효과는 교차결합이며, 기계적인 결과는 연성을 유지하면서 강도와 강성이 증가되는 것이다. 그림 8.13의 응력-변형률 곡선에 나타낸 것과 같이 가황처리를 하면 극단적인 성질의 변화를 보인다.

황만으로도 교차결합을 시킬 수 있지만 공정이 느리고, 많은 시간이 소요된다. 공정을 가속화시키기 위해서 가황처리 중에 황과 함께 다른 화학물질을 첨가하며, 다른 유용한 성질을 얻을 수 있다. 또한 고무는 황이 아닌 다른 화학물질에 의해서도 가황처리될 수 있다. 오늘날의 가황처리의 시간은 수년전의 가황처리 시간에 비하여 상당히 단축되었다.

그림 8.13 고무의 세 가지 등급에 대한 변형률의 함수로서의 강성의 증가. 천연고무, 가황고무 및 경질고무.

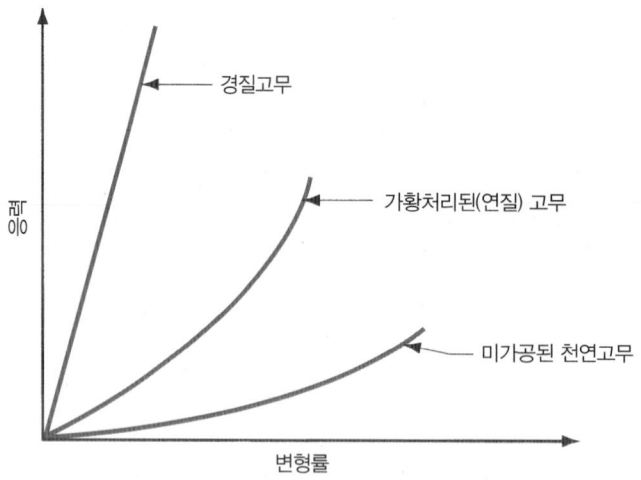

경질고무

가황처리된(연질) 고무

미가공된 천연고무

응력

변형률

역사적 고찰 8.2 | 천연고무

최초의 천연고무는 적어도 500년 전에 중남미 인디언들이 운동용으로 사용하던 고무공일 것이다. 콜럼버스가 1493~1496년까지의 그의 두 번째 여행에서 이 사실을 기록하였다. 이 공들은 고무에서 나온 건조 수지를 가지고 만들었다. 남미에 간 최초 백인들은 이 나무를 인디언의 발음을 따라 **카우축**(caoutchouc)이라고 불렀다. **Rubber**라는 이름은 영국의 화학자 J. Priestley가 붙였는데, 그는 1770년경 고무수지가 연필자국을 'rub'(문질러 닦음)할 수 있음을 발견하고 나서 이런 이름을 만들었다.

초기의 고무 제품은 그다지 만족할만한 것이 못되었다. 여름의 열기에 쉽게 녹았고, 겨울에는 한기에 쉽게 경화되었다. 고무 제품을 만들어 파는 사업을 하던 사람 중에 Charles Goodyear라는 사람이 있었다. 그는 천연고무의 취약점을 인식한 후, 고무 물성을 향상시키기 위한 실험을 수행하였고, 황과 함께 가열하여 경화시키는 방법을 개발하였다. 후에 **가황처리**(vulcanization)라는 이름이 붙여지는 이 공정은 1839년에 개발되었고, 1844년에 그에게 특허가 부여되었다.

고무 제품에 대한 가황처리와 신규 수요는 고무 생산과 산업체의 거대한 성장을 이끌었다. 1876년에는 Henry Wickham이 브라질 정글에서 수천 개의 고무나무 씨앗을 수집하여 이들을 영국에 심었다. 여기서 나온 묘목을 영국령 실론섬과 말레이반도에 옮겨 심어 고무농장을 만들었다. 곧 다른 나라들도 영국의 사례를 따라 하게 되었고, 동남아시아가 고무산업의 기지로 성장하게 되었다.

1888년에는 John Dunlop이라는 영국의 수의사가 자전거용 공기타이어의 특허를 획득하였다. 20세기까지, 자동차산업이 미국과 유럽에서 발전되고 있었다. 이와 함께, 자동차산업과 고무산업은 성장하여 상상할 수 없을 정도의 중요한 위치를 차지하게 되었다.

공업재료로서의 가황고무는 탄성중합체 중에서도 높은 인장강도, 균열강도, 복원능력(변형 후에 원래의 형상으로 되돌아오는 능력), 마모 및 파괴 저항 등을 갖는다. 약점으로는 열, 태양광, 산소, 오존 및 기름 등에 노출되면 분해된다는 점이다. 이러한 약점들은 일부 첨가제를 사용함으로써 감소시킬 수 있다.

천연고무의 가장 큰 사용처는 자동차 타이어이다. 타이어에서는 활성탄소(carbon black)가 가장 중요한 첨가제이다. 이것은 인장강도를 증가시키고 파열과 마멸에 대한 저항을 크게 하여 고무를 보강한다. 고무를 사용하는 다른 제품으로는 구두바닥, 부싱, 밀봉재, 충격흡수부품 등이다. 각각의 경우에 고무는 그 목적에 부합하도록 혼합된다. 활성탄소 외에 고무나 합성 탄성중합체에 사용되는 첨가제들로는 점토, 고령토, 규산염, 활석, 탄화칼슘 및 가황처리를 가속시키고 촉진시키는 화학물질들이 있다.

1826년에 Faraday가 천연고무의 화학식 C_5H_8임을 발견하였다. 이 분자를 인공적으로 만들기 위한 그 이후의 시도는 번번이 실패로 끝났다. 유감스럽게도 합성고무 발명의 동기가 된 것은 세계대전이었다. 제1차 세계대전 때, 천연고무를 얻을 수 없었던 독일은 메틸에 기반한 대체품을 개발하였다. 이 물질은 그다지 성공적이지 못하였지만, 합성고무에 대한 최초의 대량생산으로 주목을 받을만하다.

제1차 세계대전 후, 천연고무의 가격이 너무 싸져서 합성하려는 시도는 포기되었다. 그러나 독일인은 그 후의 전쟁을 예견했는지는 모르지만, 그들의 개발 노력은 다시 시작되었다. I.G. Farben사는 1930년대 초부터 Buna-S와 Buna-N의 두 가지 합성고무를 개발하였다. **Buna**는 많은 현대 합성고무의 필수 재료인 **bu**tadiene(C_4H_6)과 중합화의 가속 혹은 촉매 역할을 하는 sodium의 기호 **Na**에서 따온 이름이다(**Na**trium은 sodium의 독일 단어이다). Buna-S의 기호 **S**는 styrene의 약자이다.

Buna-S는 오늘날 우리가 알고 있는 **스티렌-부타디엔 고무**(styrene-butadiene rubber, SBR)로 알려진 공중합체이다. Buna-N의 기호 **N**은 acrylo**N**itrile의 약자인데, 오늘날 사용되는 **니트릴고무**(nitrile rubber)라는 합성고무이다.

다른 많은 노력들이 미국의 DuPont사에서 행하여졌으며, 여기서는 폴리클로로프렌을 개발하였고, 1932년에 Duprene이라는 이름으로 이를 상업화하였고 후에 현재 이름인 **Neoprene**으로 이름이 바뀌었다.

제2차 세계대전 중에 일본인들은 동남아시아에서 미국으로 가는 천연고무를 차단하였다. 이를 계기로 미국에서 Buna-S가 대량으로 생산되기 시작하였다. 미국 정부는 Buna-S라는 명칭이 독일식이기 때문에 **GR-S**(Government Rubber-Styrene)라는 명칭을 사용하였다. 1944년까지 미국은 SBR을 독일보다 약 10배 정도 더 생산하게 되었다. 1960년대 초 이후로 합성고무의 전체 생산량이 천연고무를 초과하게 되었다.

8.4.3 합성고무

오늘날 합성고무의 사용량은 천연고무에 비하여 세 배가 넘는다. 이러한 합성 재료의 발전은 세계대전으로 인하여 천연고무를 얻기가 어려웠던 것에 기인한다(역사적 고찰 8.3 참조). 가장 중요한 합성물은 스티렌(C_4H_6)과 부타디엔(C_8H_8)의 공중합체인 스티렌-부타디엔 고무(SBR)이다. 다른 대부분의 중합체들과 마찬가지로 합성고무의 원소재는 원유이다. 여기에서는 상업적으로 매우 중요한 합성고무들에 대해서만 다룬다.

부타디엔 고무

폴리부타디엔(polybutadiene, PB)은 다른 고무들과 조합하는 데 있어서 중요한 재료이다. 천연고무와 스티렌이 혼합되어 자동차 타이어에 사용된다(스티렌-부타디엔 고무는 뒤에 논의된다). 다른 고무들과의 혼합 없이 폴리부타디엔 자체만으로는 파열 저항성, 인장강도, 공정 활용성 등이 덜 바람직하다.

부틸 고무

부틸고무는 폴리이소부틸렌(98~99%)과 폴리이소프렌(1~2%)의 공중합체이다. 가황처리되면 공기 기밀성이 좋아져서 타이어의 안쪽 튜브, 무튜브 타이어의 라이너, 스포츠 용품 등의 공기를 주입하는 제품에 사용된다.

클로로프렌 고무

폴리클로로프렌은 최초로 개발된(1930년대 초) 합성고무 중의 하나이다. 오늘날 **네오프렌**(Neoprene)이라는 이름으로 잘 알려져 있는데, 이는 중요한 특수목적용 고무이다. 이것은 좋은 기계적 물성을 제공하기 위해 변형될 때 결정화된다. 클로로프렌 고무(CR)는 기름, 기후, 오존, 열, 화염(염소성분이 자체소화 능력을 제공)에 대한 저항력이 천연고무보다 우수하지만 가격이 다소 비싼 편이다. 용도는 연료호스(혹은 기타 자동차 부품), 컨베이어벨트, 개스킷 등이고 타이어에는 사용되지 않는다.

에틸렌-프로필렌 고무

에틸렌과 프로필렌의 중합화가 소량(3~8%)의 디엔 단량체와 같이 이루어지면, 에틸렌-프로필렌-디엔(EPDM)의 삼중합체가 생산된다. 용도로는 타이어 외의 자동차 산업에서의 거의 모든 부품에 사용된다. 다른 용도로는 와이어 및 케이블의 절연재 등이 있다.

이소프렌 고무

이소프렌은 천연고무와 화학적으로 동일하게 합성되도록 중합화될 수 있다. 합성(비가황) **폴리이소프렌**(polyisoprene)은 가공되지 않은 천연고무보다 더 부드럽고 더 쉽게 성형될 수 있다. 용도는 천연고무와 비슷한데 자동차 타이어가 가장 큰 단일 시장이다. 그 밖에 신발, 컨베이어벨트, 누수방지재 등으로 사용된다. 단위 무게당 단가는 천연고무보다 약 35% 정도 더 비싸다.

니트릴 고무

이것은 부타디엔(50~75%)과 아크릴로니트릴(25~50%)의 가황 공중합체이다. 더 기술적인 이름은 **부타디엔-아크릴로니트릴 고무**(butadiene-acrylonitrile rubber)이다. 우수한 강도를 가지며 마모, 기름, 휘발유, 물에 대한 저항성이 우수하다. 이러한 물성으로 인하여 휘발유용 호스나 밀봉재와 신발 등의 용도에 이상적이다.

폴리우레탄

최소한의 교차결합을 갖는 열경화성 폴리우레탄(8.3.2절)은 탄성중합체가 되는데, 가장 보편적으로 유연한 폼(foam)의 형태로 생산된다. 이런 형태로서 가구와 자동차 시트의 쿠션재로 사용된다. 폼이 아닌 폴리우레탄은 구두밑창부터 자동차범퍼에 이르기까지 넓은 영역에 사용된다. 원하는 사용처에 맞게 교차결합 상태를 조정하여 원하는 물성을 얻게 된다. 교차결합이 없으면 사출성형재료로 사용할 수 있는 열가소성 탄성중합체가 된다. 탄성중합체 혹은 열경화성수지로서는 반응사출성형이나 기타 성형 방법들이 적용될 수 있다.

실리콘

폴리우레탄처럼 실리콘도 교차결합도에 따라 탄성중합체 혹은 열경화성수지가 될 수 있다. 실리콘 탄성중합체는 사용 온도 범위가 넓은 것으로 유명하다. 하지만 기름에 대한 저항력은 약하다. 실리콘의 화학조성은 다양한데, 가장 일반적인 것은 **폴리디메틸실록산**(polydimethylsiloxane)이다. 원하는 기계적 물성을 얻기 위해서 실리콘 탄성중합체는 보통 미세한 실리카 분말을 사용하여 강화되어야 한다. 비용이 비싸기 때문에 실리콘은 특수목적의 고무로 간주되고, 주로 개스킷, 밀봉재, 와이어와 케이블 절연재, 보철물, 무수방지재 등에 사용된다.

스티렌-부타디엔 고무

스티렌-부타디엔 고무(Styrene-Butadiene Rubber, SBR)는 스티렌(약 25%)과 부타디엔(약 75%)의 불규칙 공중합체이다. 제2차 세계대전 이전에 최초로 독일에서 Buna-S 고무라는 이름으로 개발되었다. 오늘날 중량 차원에서는 가장 많은 탄성중합체라고 할 수 있으며 전체 고무 생산량의 약 40%를 차지한다(두 번째는 천연고무). 이 탄성중합체의 장점은 천연고무보다 저비용, 내마모성과 우수한 균질성을 들 수 있다. 활성탄소로 보강되고 가황처리를 거치면, 특성과 사용대상이 천연고무와 매우 유사하게 된다. 비용 또한 비슷한 수준이다. 특성을 면밀히 비교해 보면 내마모성을 제외한 대부분의 기계적 물성이 천연고무보다는 떨어짐을 알 수 있다. 하지만 열시효, 오존, 기후, 기름에 대한 저항력은 더 우수하다. 용도는 자동차 타이어, 신발, 와이어와 케이블 절연재 등을 포함한다. 스티렌-부타디엔 고무와 화학적 관련성이 있는 재료로는 스티렌-부타디엔-스티렌 블록 공중합체가 있는데, 이는 다음에 설명할 열가소성 탄성중합체이다.

열가소성 탄성중합체

앞에서 설명하였듯이 열가소성 탄성중합체(thermoplastic elastomer, TPE)는 탄성중합체와 유사한 거동을 보이는 열가소성 중합체이다. 이들은 탄성중합체 재료 시장에서 빠른 속도로 성장하고 있는 중합체 군이다. TPE의 탄성은 화학적 교차결합에서 나오는 것이 아니라, 재료를 구성하는 연하고 단단한 상들 사이의 물리적인 연결로부터 나오게 된다. TPE에는 **스티렌-부타디엔-스티렌**(SBS) 블록 공중합체가 포함되는데, 이것은 불규칙 공중합체(8.1.2절)인 스티렌-부타디엔 고무(SBR)에 대응하는 것이라 할 수 있다. 그 밖의 TPE로는 **열가소성 폴리우레탄**과 **열가소성 폴리에스터 공중합체**, 그리고 기타 공중합체와 중합체의 혼합물이 있다. 이러한 재료들의 화학식과 구조는 상온 물성이 서로 다른 구별된 상을 형성하는 서로 호환될 수 없는 두 가지 재료들을 포함하고 있어서 일반적으로 복잡하다. 열가소성 탄성중합체의 열가소성으로 인하여 전통적으로 교차결합된 탄성중합체와 비교하면 고온 강도와 크리프 저항이 떨어진다. 일반적인 용도로 신발, 고무줄, 압출튜브, 와이어 코팅재, 자동차용 사출품 등이 있고 기타 탄성이 필요한 곳에 사용된다. 열가소성 탄성중합체는 타이어에는 사용되지 않는다.

8.5 복합재료 – 기술과 분류

이 장 소개에서도 언급하였듯이 복합재료는 두 가지 이상의 서로 다른 상을 포함한다. **상**(phase)이라는 용어는 모든 결정들이 동일한 결정구조를 가지는 금속이나 세라믹, 혹은 충진제가 안 들어간 고분자 등과 같은 균질 재료를 의미한다. 앞으로 다루게 될 방법들을 사용하여 상들을 혼합하게 되면, 각각의 원래 성능을 능가하는 집합적 성능을 가진 새로운 재료를 만들 수 있다. 그 영향은 일종의 상승효과이다.

복합재료들은 다양한 방식으로 분류될 수 있다. 하나의 가능한 분류법은 (1) 전통적 복합재와 (2) 합성 복합재로 구분하는 것이다. **전통적 복합재**(traditional composites)는 자연적으로 발생하거나 또는 오랜 기간 동안 문명의 발달과 함께 만들어진 복합재를 뜻한다. 목재는 자연적으로 발생한 복합재료인 반면, 콘크리트(포틀랜드 시멘트 + 모래 또는 자갈)와 자갈 혼합 아스팔트는 건설에 사용되는 전통적 복합재이다. **합성 복합재**(synthetic composites)는 일반적으로 생산 산업과 연관된 현대적인 재료 시스템으로서, 이들은 미리 성분들을 분리하여 생산한 다음, 원하는 구조와 물성, 부품 형상을 얻기 위한 조절 방식을 통하여 혼합된 것이다. 이러한 합성 재료는 일반적으로는 공업제품으로 간주되는 복합재이다. 이 장에서는 이러한 재료들에 대하여 다룬다.

8.5.1 복합재료의 성분

가장 간단한 복합재료에 대한 정의는 두 개의 상(일차상과 이차상)으로 구성된다는 것이다. 일차상은 이차상에 들어가는 **기지**(matrix, 모재)를 형성하는 것이다. 삽입된 상은 일반적으로 복합재를 더 강하게 만들기 때문에 이들은 종종 **강화재**(reinforcing agent)라고 불린다. 앞으로 다루게 되겠지만, 강화상은 섬유, 입자 혹은 다른 다양한 형태일 수 있다. 상들은 서로 용해되지는 않지만, 그들의 접촉면에서는 강한 결합이 존재해야만 한다.

고분자, 금속 혹은 세라믹의 세 가지 기본 재료형태들 중 어느 것이나 기지상이 될 수 있다. 이차상은 역시 이들 기본 재료 중의 어느 것이나 될 수 있고, 탄소, 붕소와 같은 단일 원소도 될 수 있다. 두 성분 복합재료의 가능한 조합을 표 8.3의 3×4 차트로 나타내었다. 세라믹 기지상의 중합체와 같은 어떤 조합은 불가능하다는 것을 볼 수 있다. 또한 플라스틱(고분자) 기지 속의 케블라(Kevlar) 섬유(고분자) 경우와 같이, 같은 형태의 재료들의 두 가지 구조들 간에도 가능하다는 것을 알 수 있다. 다른 복합재들의 첨가재료로 탄소, 붕소와 같은 원소들도 첨가재료가 될 수 있다.

이 책에서 사용된 복합재료들에 대한 분류는 기지상에 따라 분류한다. 분류된 결과를 여기에 나열하고 8.6절에서 자세히 다룬다.

1. **고분자기지 복합재**(polymer matrix composites, PMCs)

PMCs에서는 열경화성수지가 가장 널리 사용되는 고분자이다. 에폭시와 폴리에스터는 일반적으로 섬유보강재와 혼합되며, 페놀은 분말과 혼합된다. 열가소성 성형 재료들도 역시 분말(8.1.5절)을 사용하여 강화될 수 있다.

표 8.3 두 성분 복합재료의 가능한 조합들.

이차상(강화재)	일차상(기지)		
	금속	세라믹	고분자
금속	2차 금속이 침입된 분말야금부품	적용 없음	플라스틱 성형 복합체 강벨트 레이디얼 타이어
세라믹	서멧[a] 섬유강화금속	SiC 휘스커 강화 Al_2O_3	플라스틱 성형 복합체 유리섬유 강화 플라스틱
고분자	고분자로 만들어진 분말야금부품	적용 없음	플라스틱 성형 복합체 케블라 강화 에폭시
원소(C, B)	섬유강화금속	적용 없음	활성탄소 함유 고무 붕소 또는 탄소 섬유 강화 플라스틱

NA = 적용 없음.
[a] 서멧은 초경합금 포함.

2. **금속기지 복합재**(metal matrix composites, MMCs)

이 복합재는 초경합금이나 기타 서멧 등과 같은 세라믹과 금속의 혼합물을 포함하며, 아울러 고강도, 고강성 섬유로 강화된 알루미늄이나 마그네슘 등도 포함한다.

3. **세라믹기지 복합재**(ceramic matrix composites, CMCs)

이 복합재는 많이 보급되어 있지 않았다. 알루미늄 산화물이나 실리콘카바이드는 특별히 고온 사용에서 개선된 물성을 얻기 위하여 섬유를 첨가할 수 있다.

이러한 분류는 전통적 복합재뿐만 아니라 합성 복합재에도 적용될 수 있다. 아스팔트와 나무는 고분자기지 복합재인데 반하여, 콘크리트 세라믹기지 복합재이다.

기지 재료는 복합재 내에서 몇 가지 기능들을 제공한다. 첫째 복합재료로 만들어진 부품이나 제품의 벌크(bulk) 형태로 제공한다. 둘째로 이들은 기지 재료를 둘러싸거나, 감추어서 공간상에 첨가된 상을 위치시킨다. 셋째로 하중이 가해지면 기지는 이차상과 함께 하중을 공유하고, 어떤 경우에는 응력이 강화재에 필수적으로 발생되도록 변형하는 경우도 있다.

8.5.2 강화 상

일차상을 강화하기 위하여 이차상이 어떤 역할을 하는지를 이해하는 것은 중요하다. 침입상의 형상은 그림 8.14에 나타낸 것과 같이, 섬유, 입자 혹은 박편 중의 하나가 가장 일반적으로 사용된다. 게다가, 골격 혹은 다공성 형태의 기지 속에 이차상이 첨가된 상의 형태를 취한다.

섬유

섬유(fiber)는 보강재의 필라멘트로서 단면형상이 일반적으로 원형이지만, 종종 다양한 형상(예를 들어 튜브, 직사각형, 육각형 등)이 사용되기도 한다. 지름은 재료에 따라서 0.0025mm ~ 약 0.13mm 보다 작은 경우에까지 이른다.

섬유강화는 복합재 구조의 강도향성을 위한 가장 큰 기회를 제공한다. 섬유는 하중 지지에 가장 큰 역할을 하므로, 섬유강화 복합재에 있어서 섬유가 주 구성요소로 취급된다. 대부분의 재료에서 벌크 형태로 있을 때보다 필라멘트의 형태로 있을 때의 강도가 훨씬 높기 때문에 보강재로서의 섬유는 매우 큰 관심의 대상이다. 인장강도에 대한 섬유 지름의 영향을 그림 8.15에 나타내었다. 지름이 작아짐에 따라 섬유의 축방향으로 재료가 방향을 잡게 되고, 구조내의 결함 가능성은 현저하게 감소된다. 결국 인장강도는 극단적으로 증가하게 된다.

복합재에서 사용되는 섬유는 연속적일 수도 있고, 불연속적일 수도 있다. **연속 섬유**(continuous fiber)는 매우 길어서, 이론적으로는 복합재 부품에 의하여 전달되는 하중의 연속 경로를 제공한다. 실제로는 섬유 재료의 다양성과 공정상의 문제로 인하여 이러한 것은 얻기가 힘들다. 연속 섬유를 끊어서 만든 부분인 **불연속 섬유**(discontinuous fiber)는 길이가 짧다(L/D가 대략 100 정도). 불연속 섬유의 중요한 형태는 **휘스커**(whiskers)가 있는데, 이것은 지름이 약 0.001mm 정도의 머리카락과 같

그림 8.14 복합재료 내에 삽입 상의 가능한 물리적 형상. (a) 섬유, (b) 입자, (c) 박편.

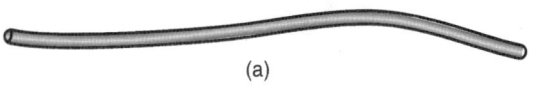

(a)　　　　　　　　(b)　　(c)

그림 8.15 탄소섬유에 대한 인장강도와 지름사이의 관계(출처: 문헌 [7]). 다른 필라멘트 재료도 유사한 관계를 타나낸다.

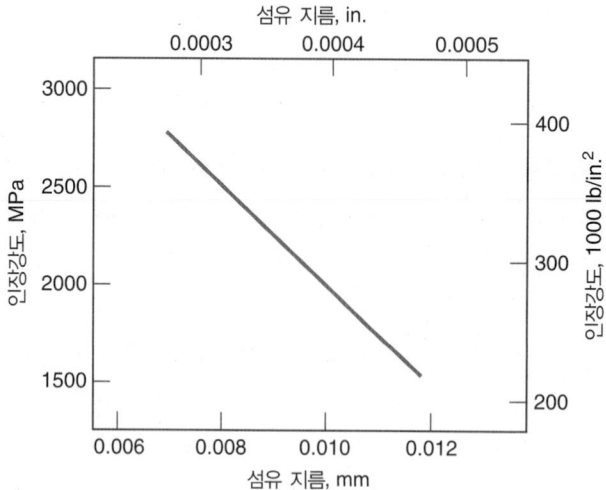

이 단결정 구조이며 매우 높은 강도를 나타낸다.

복합재 부품에서 섬유 방향은 또 하나의 중요 인자이다. 그림 8.16에 나타낸 것과 같이 세 가지로 분류할 수 있다. (a) 최대 강도와 강성이 섬유 방향에서 얻어지는 일차원 강화, (b) 이차원으로 직조된 섬유의 경우와 같은 평면 강화, (c) 복합재료가 등방성 물성을 보이는 불규칙 혹은 삼차원의 경우이다.

금속, 세라믹, 고분자, 탄소 및 붕소와 같은 다양한 재료들이 섬유강화 복합재의 섬유로서 이용될 수 있다. 상업적인 용도로 가장 중요한 섬유는 고분자 복합재 내의 섬유이다. 그러나 섬유강화 금속이나 세라믹의 용도도 점증적으로 증가하고 있다. 다음은 주요 섬유 재료에 대한 조사결과인데, 그 물성은 표 8.4에 나타내었다.

- **유리** – 가장 널리 상용되는 고분자용 섬유로서 **유리섬유**(fiberglass)라는 용어가 유리 섬유강화 플라스틱(GFRP)을 나타내는 말로 사용된다. 일반적인 유리섬유로 E-glass와 S-glass가 있으며, 표 7.5에 그 조성을 나타내었다. E-glass는 강하고 가격이 저렴한 반면, 다른 섬유들에 비하여 탄성계수는 낮다. S-glass는 강성이 더 높고, 그 인장강도는 모든 섬유소재들 중에서 가장 높은 것들 중의 하나이지만, E-glass에 비하여 고가이다.

- **탄소** – 탄소(7.5.1절)는 고탄성계수 섬유로 만들 수 있다. 강성뿐만 아니라 밀도와 열팽창이 작다는 장점도 있다. 탄소섬유는 일반적으로 흑연과 비정질 탄소의 혼합물이다.

- **붕소** – 붕소(7.5.3절)는 매우 높은 탄성계수를 가지지만, 가격이 고가이기 때문에 이러한 물성이 필수적인 항공우주 부품 소재로만 적용이 제한된다.

그림 8.16 복합재료 내의 섬유 방향. (a) 일차원, 연속 섬유, (b) 평면, 직조된 섬유 형태에서의 연속 섬유, (c) 불규칙, 불연속 섬유.

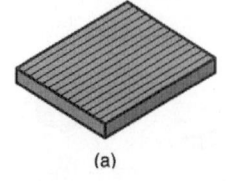
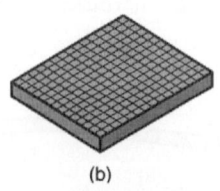
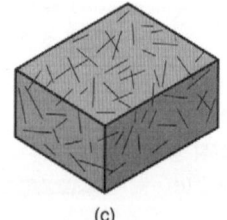

(a)   (b)   (c)

표 8.4 복합재의 보강재로 사용되는 섬유소재의 전형적인 물성.

섬유소재	지름 mm	인장강도 MPa	탄성계수 GPa
금속 : 강	0.13	1000	206
금속 : 텅스텐	0.013	4000	407
세라믹 : Al2O3	0.02	1900	380
세라믹 : SiC	0.13	3275	400
세라믹 : E-glass	0.01	3450	73
세라믹 : S-glass	0.01	4480	86
중합체 : 케블라	0.013	3450	130
원소 : 탄소	0.01	2750	240
원소 : 붕소	0.14	3100	393

강도는 섬유 지름에 따라 다르다(그림 8.14 참조).
이 표에 있는 물성들은 섬유 지름에 따라 해석되어져야만 한다.
문헌 [8], [14], [20]으로부터 편집함.

- **케블라 49** – 이것은 가장 중요한 고분자 섬유로서 폴리아미드 군(8.2.2절) 중의 하나인 고결정질 아라미드(aramid)이다. 비중이 낮으며 모든 섬유들 중에서 중량당 강도 비율이 가장 높은 것들 중의 하나이다.

- **세라믹** – 실리콘카바이드(SiC)와 산화알루미늄(Al_2O_3)이 세라믹들 중에서 중요한 섬유 소재이다. 둘 다 탄성계수가 높은데 알루미늄, 마그네슘과 같은 저밀도, 저탄성계수 재료를 강화하는 데 사용된다.

- **금속** – 연속적, 불연속적인 금속 필라멘트 둘 다 플라스틱 내의 강화재로 사용된다. 다른 종류의 금속은 강화섬유로는 많이 사용되지 않는다.

입자와 박편

매몰 삽입되는 상 중에서 두 번째로 일반적인 것은 **입자성물질**(particulate)로서 그 크기는 미세한 것부터 큰 것까지 다양하다. 입자(particle)는 금속과 세라믹을 형성하는 데 있어서 중요한 재료이며, 14장, 15장에서 공업용 분말의 특성과 생산방법에 대하여 다룬다.

복합재 기지 안에서 입자들의 분포는 불규칙하므로 복합재료의 강도와 기타 물성들은 보통 등방성(isotropic)이다. 강화 메커니즘은 입자의 크기에 달려있다. 매우 미세한 분말(약 1μm)을 사용할 경우 미세 입자들은 기지 내에 15% 이내로 분포된다. 이러한 미세 입자들의 영향에 의하여 기지 재료 내의 전위 이동이 제한을 받는 기지 분산경화 현상이 일어난다. 그 결과로 기지 자체가 강화되고, 가해진 하중의 대부분은 입자들에 의하여 전달되지 않는다.

입자 크기가 거시적인 수준으로 증가하면, 첨가삽입재료의 비율은 25% 이상으로 증가하며 강화 메커니즘이 변화한다. 이 경우에는 기지와 첨가삽입상이 가해진 하중을 함께 지탱한다. 입자의 하중 전달능력과 기지 내에서 입자들의 결합능력에 따라 강화가 나타난다. 이러한 복합재 강화의 형태는 코발트로 결합된 텅스텐카바이드의 초경합금에서 일어난다. Co 기지 내의 WC의 비율은 전형적으로 80% 이상이다.

박편(flake)은 납작한 조각으로서 기본적으로 이차원 입자이다. 이러한 형상의 두 가지 예는 플라스틱의 강화소재로 사용되는 광물인 운모(K와 Al의 규산염)와 활석($Mg_3Si_4O_{10}(OH)_2$)이다. 이들은 고분자보다 저렴한 가격의 재료이고, 플라스틱 성형 화합물의 강도와 강성을 증가시킨다. 조각의 크기는 일반적으로 길이 방향으로는 0.01mm~1mm, 두께는 0.001mm~0.005mm 정도이다.

침입상

첨가삽입상의 네 번째 형태는 기지가 스펀지와 같은 다공질의 형태를 지닐 때 나타나며, 이때 이차상은 간단하게 **충진제**(filler)가 된다. 이 경우에는 첨가삽입상이 기지 내의 기공 형상과 동일한 것으로 취급된다. 분말야금기술(14.3.4절)로 만든 개방형 다공 구조의 부품에 침입되는 데에 금속 충진제가 사용되며, 그 결과 복합재료가 생성된다. 베어링, 기어 등과 같은 기름주입 소결 분말야금 부품들은 이러한 범주에 속하는 또 다른 예이다.

접촉면

복합재료 내의 구성성분들 상 사이에는 항상 **접촉면**(interface)이 존재하게 된다. 복합재가 원활하게 작용하기 위해서는 상들은 그들이 결합한 곳에서 접착되어야만 한다. 어떤 경우에는 그림 8.17(a)에 나타낸 것과 같이 두 재료들 사이에 직접 접착이 있는 반면, 다른 경우에는 제3의 재료를 첨가하여 두 일차상들의 접합을 촉진시키기도 한다. **중간상**(interphase)이라고 불리는 이러한 제3의 재료는 접착제로서 생각될 수 있다. 중요한 예로서 유리섬유 강화플라스틱(FRP)에서 열경화성 수지와의 접착을 얻기 위하여 유리 섬유를 코팅하는 것을 들 수 있다. 그림 8.17(b)에 나타낸 것처럼 이들 경우는 두 개의 접촉면이 생기는데 각각이 다른 것의 중간상 경계가 된다. 마지막으로 접촉면의 세 번째 형태로는 두 개의 일차성분들이 상대방과 완전히 용해되지 않는 경우로서 이 경우에는 그림 8.17(c)에 나타낸 것과 같이 중간상은 상들의 용액상태로 형성된다. 일례로 초경합금(8.6.2절)을 들 수 있으며 소결온도가 높아지면 경계면에서 용융이 약간 일어나 중간상을 생성하게 된다.

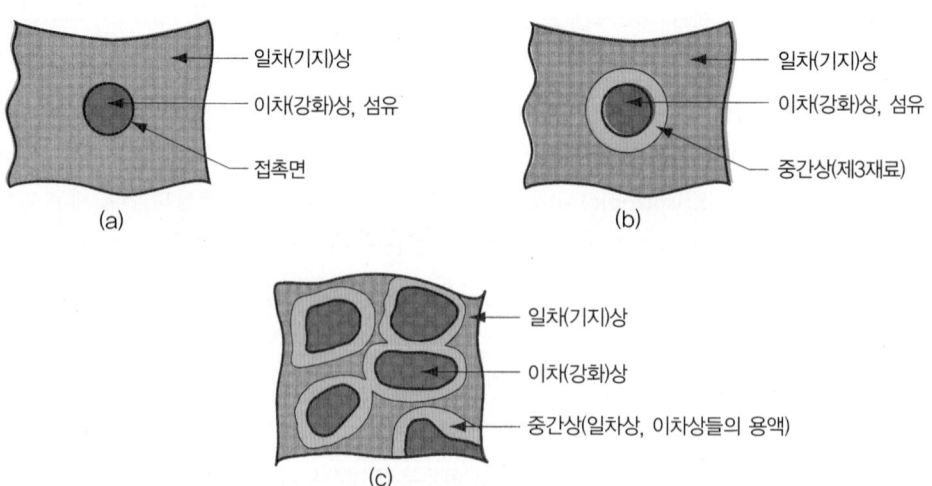

그림 8.17 복합재료 내의 상들 사이의 접촉면과 중간상. (a) 일차상, 이차상의 직접 접착, (b) 일차상, 이차상들의 접착을 위하여 제3의 재료를 첨가하여 중간상을 생성한 경우, (c) 일차상, 이차상의 경계면이 녹아서 중간상을 생성한 경우.

8.5.3 복합재료의 물성

복합재료의 선택에 있어서 어떤 하나의 특정한 물성보다는 최적의 물성 조합을 찾는 경우가 일반적이다. 예를 들어 항공기의 기체와 날개는 강하고 강성이 높으면서도 경량이어야만 한다. 이러한 조건을 만족시키는 단일 재료를 찾는 것은 어렵다. 일부 섬유강화 고분자들은 이러한 물성들의 조합을 갖는다.

또 다른 예는 고무이다. 천연고무는 상대적으로 약한 재료이다. 1900년대 초에, 이 천연고무에 중요한 양의 활성탄소(거의 순수한 탄소)를 첨가하면 강도가 극단적으로 증가한다는 사실이 발견되었다. 두 재료는 상호 반응하여 각각의 재료보다 월등하게 강도가 높은 복합재료를 생성한다. 물론 고무는 완벽한 강도를 얻기 위해서는 가황처리가 되어야만 한다.

고무 자체는 폴리스티렌(PS)의 유용한 첨가제이다. 폴리스티렌의 특이하면서 불리한 물성 중의 하나는 취성이다. 대부분의 다른 중합체들은 상당한 연성을 갖는데 반하여 PS의 연성은 거의 없다고 할 수 있다. 고무(천연 혹은 합성)를 적당한 양(5~15%)만큼 첨가하면 충격강도와 인성이 매우 뛰어난 고충격 폴리스티렌을 얻을 수 있다.

복합재료의 물성은 다음의 세 가지 인자에 의하여 결정된다. (1) 복합재의 구성상으로 사용되는 재료, (2) 구성 재료의 기하학적 형상과 복합시스템의 구조, (3) 상들이 서로 반응하는 방식 등이다.

혼합물 규칙

복합재료의 물성은 초기 원료들의 함수이다. 복합재료의 어떤 물성은 구성 재료 물성들의 가중 평균을 계산하는 것을 포함하는 **혼합물 규칙**(rule of mixtures)을 이용하여 계산될 수 있다. 이러한 평균 규칙의 예는 밀도이다. 복합재료의 질량은 기지와 강화상들의 질량 합이다.

$$m_c = m_m + m_r \tag{8.1}$$

여기에서 m은 질량(kg)이고, c, m 및 r의 하첨자는 각각 복합재, 기지 및 강화상들을 표시한다. 마찬가지로 복합재의 부피는 그 구성 요소들의 합이다.

$$V_c = V_m + V_r + V_v \tag{8.2}$$

여기에서 V는 부피(cm^3)이고, V_v는 복합재 내의 공극(예, 기공)의 부피이다. 복합재의 밀도는 질량을 부피로 나눈 것이다.

$$\rho_c = \frac{m_c}{V_c} = \frac{m_m + m_r}{V_c} \tag{8.3}$$

기지와 강화상의 질량은 그들 각각의 밀도와 부피를 곱하면 되므로,

$$m_m = \rho_m V_m \quad \text{그리고} \quad m_r = \rho_r V_r$$

이 관계식들을 식(8.3)에 대입하면,

$$\rho_c = f_m \rho_m + f_r \rho_r \tag{8.4}$$

여기에서 $f_m = V_m/V_c$과 $f_r = V_r/V_c$은 단순히 기지와 강화상들의 부피비이다.

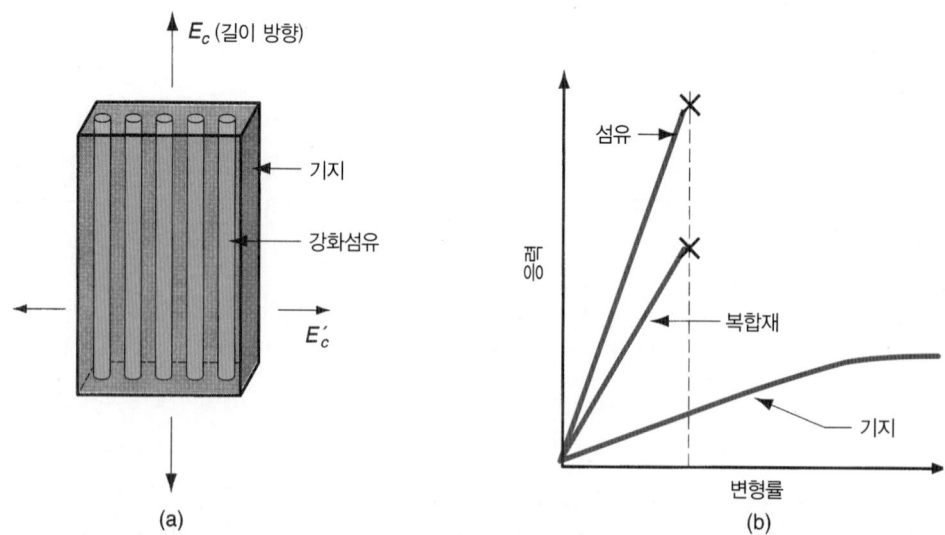

그림 8.18 (a) 혼합물 법칙을 이용하여 추정된 섬유강화 복합재료의 탄성계수의 방향을 보여주는 모델, (b) 복합재료와 구성요소에 대한 응력–변형률 관계. 섬유는 단단하지만 취성이 있고, 기지(일반적으로 중합체)는 연하지만 연성이 있다. 복합재료의 탄성계수는 그 성분들의 탄성계수의 가중 평균이다. 그러나 강화 섬유가 파괴되면 복합재도 비슷하게 된다.

섬유강화 복합재

구성 재료의 물성을 이용하여 복합재료의 기계적 물성을 결정하는 방식을 알아보자. 길이 방향으로 측정하여 연속 섬유로 만들어진 섬유강화 복합재의 탄성계수 E_c를 혼합물 규칙을 이용하여 구할 수 있다. 그림 8.18(a)에 나타낸 상황에서 기지재료에 비하여 섬유 재료의 강성이 훨씬 높으며, 두 상 사이에는 매우 견고한 결합이 이루어져 있다고 가정한다. 이러한 모델에 대하여 복합재의 탄성계수는 다음과 같이 예측된다.

$$E_c = f_m E_m + f_r E_r \tag{8.5}$$

여기에서 E_c, E_m과 E_r은 각각 복합재와 구성 재료들의 탄성계수(MPa)이고, f_m과 f_r은 기지와 강화상의 부피비이다. 식 (8.5)의 결과를 그림 8.18(b)에 나타내었다.

길이에 대한 직각방향으로는 섬유들이 충진 효과를 제외하고는 전체 강성에 별다른 기여를 하지 못한다. 이 방향으로의 복합재 탄성계수는 다음과 같이 추정될 수 있다.

$$E'_c = \frac{E_m + E_r}{f_m E_r + f_r E_m} \tag{8.6}$$

여기에서 E'_c은 섬유와 직각인 방향으로의 탄성계수(MPa)이다. E_c에 대한 이러한 두 가지 관계식은 섬유강화 복합재의 매우 극명한 이방성을 보여준다. 그림 8.19는 섬유강화 고분자 복합재에 대한 이러한 방향 효과를 나타내고 있는데, 탄성계수와 인장강도를 섬유 방향에 따라서 측정한 것이다.

섬유는 그 기하학적 형상이 매우 중요하다. 대부분의 재료들에서 벌크였을 때에 비하여 섬유상이었을 때의 인장강도가 몇 배 더 크다. 그러나 표면 결함이나 압축시의 좌굴, 또한 속이 꽉 찬 부품이 필요할 때 필라멘트 형상의 불편함 등으로 인하여 섬유를 적용하는 데는 제약이 따른다. 섬유를 고분자기지에 삽입시킴으로써 복합재료들은 이러한 섬유들의 문제점을 피하면서도 강도를 얻을 수 있다. 기지는 벌크 형상을 제공함으로써 섬유 표면을 보호하고, 좌굴을 억제할 수 있으며, 섬유는 높은 강

그림 8.19 탄소 섬유강화 에폭시 복합재의 길이 방향 축에 대한 상대적인 각도로 측정한 탄성계수와 인장강도의 변화(출처: 문헌 [14]).

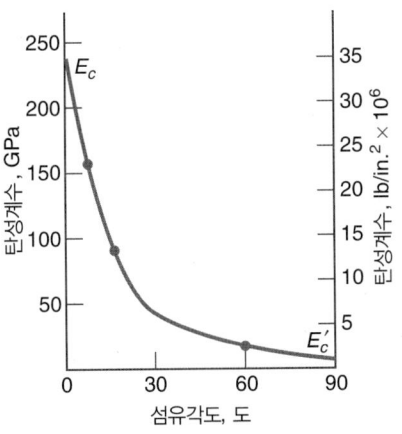
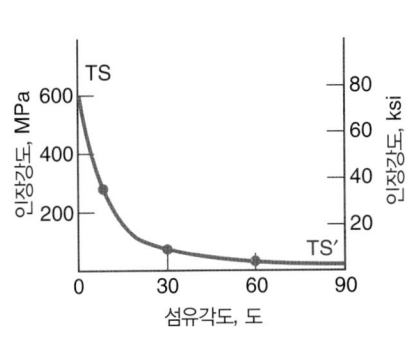

도를 복합재에 제공한다. 하중이 가해지면 저강도 기지는 변형을 하게 되고, 고강도 섬유에 응력이 분산되면서, 하중을 전달한다. 만약 일부 섬유가 부러지면, 기지를 통하여 다른 섬유에 하중이 재분산된다.

8.5.4 기타 복합 구조

위의 복합재료 모델은 강화상이 기지상에 삽입되어서 구성원소들이 단독일 때보다 더 우수한 물성을 얻는 것이다. 그러나 이러한 조건을 만족시키지 않지만, 상업적, 기술적으로 매우 중요한 복합재료의 형태도 있다.

층상복합재구조(laminar composite structure)는 그림 8.20(a)처럼 둘 이상의 층으로 구성되어 통합구조를 형성하는 것이다. 구성된 층들은 눈으로 구별할 수 있을 정도로 충분히 두껍다. 다른 복합재의 경우에는 항상 눈으로 구별할 수 있는 것은 아니다. 층들은 다른 재료일 수도 있지만 꼭 그런 것만은 아니다. 합판이 이러한 예로서 각각의 판들은 모두 같은 목재이지만, 각 판의 입자들이 서로 다른 방향으로 위치하여서 층상구조의 전체적인 강도를 증대시킨다. 층상복합재는 각각의 특별한 물성의 이점을 조합하여 얻기 위하여 각 층에 서로 다른 재료들을 사용하기도 한다. 어떤 경우에는 층들 자체가 복합재료이기도 하다. 이미 언급한 바와 같이 목재는 복합재료이므로, 합판은 복합재료인 층이 층상복합재 구조를 형성하는 경우이다. 층상복합재의 예들을 표 8.5에 나타내었다.

샌드위치구조(sandwich structure)는 층상복합재구조의 특별한 경우로 구별된다. 상대적으로 두꺼운 저밀도 코어의 두 면에 다른 재료의 얇은 박판을 접합하여 만든다. 저밀도 코어는 그림 8.20(b)

그림 8.20 층상복합재구조. (a) 일반적인 층상구조, (b) 폼 코어를 이용한 샌드위치 구조, (c) 벌집 샌드위치 구조.

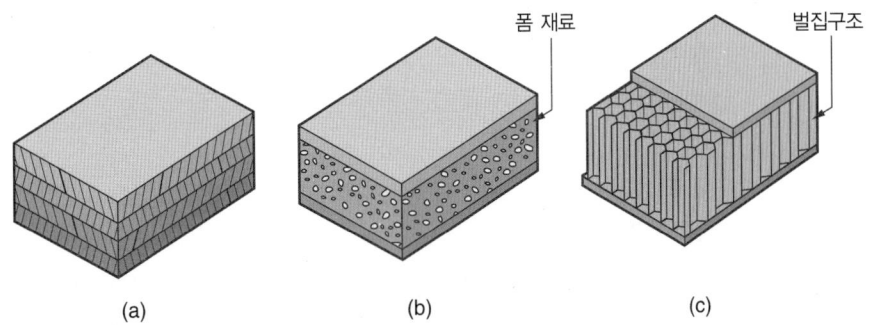

폼 재료   벌집구조

(a)   (b)   (c)

표 8.5 층상복합재구조의 예.

층상복합재	설명(참고 본문)
자동차 타이어	타이어는 여러 층들이 결합하여 이루어진 것이며, 층들은 복합재료(활성탄소 강화고무)이고, 플라이는 고무함유 직물로 구성된다(14장).
벌집 샌드위치	그림 8.20(c)와 같이 두 박판 사이에 가벼운 무게의 벌집 구조를 접합시킨다.
FRP	다층 섬유강화 플라스틱판들이 항공기, 자동차 차체 패널과 보트 선체로 사용된다(15장).
합판	목재 판을 서로 다른 방향으로 접합하여, 우수한 강도를 얻을 수 있다.
인쇄회로기판(PCB)	구리층들과 강화 플라스틱이 전기 전도 및 절연에 이용된다(36.2절).
눈 스키	스키는 금속, 목재 입자판 및 페놀 플라스틱의 다층으로 구성된 층상복합재구조이다.
전면유리	두 장의 유리판 사이에 인성이 높은 플라스틱을 결합한다(11.3.1절).

처럼 **폼 재료**(foam material, 발포재료)일 수도 있고, (c)처럼 **벌집**(honeycomb)일 수도 있다. 샌드위치 구조를 사용하는 이유는 높은 중량당 강도비와 중량당 강성비를 얻기 위함이다.

8.6 복합재료들

이 절에서는 복합재료들의 세 범주 (1) 고분자기지 복합재, (2) 금속기지 복합재, (3) 세라믹기지 복합재에 대해서 알아본다.

8.6.1 고분자기지 복합재

고분자기지 복합재(PMC)는 이차상이 섬유, 입자 또는 박편 등의 형태로 중합체 일차상에 삽입되어 있다. 합성 복합재의 세 가지 종류 중에서 PMC가 상업적으로 가장 중요하다. 이들에는 플라스틱 성형 화합물, 활성탄소강화 고무, 섬유강화 고분자(FRP) 등이 포함된다. 이들 세 가지 중에서 FRP는 복합재라는 용어와 가장 밀접하게 연관되어 있다. 만약 어떤 사람이 설계기술자에게 '복합재료'라고 말한다면 그는 보통 FRP를 마음속에 떠올릴 것이다. 복합재료와 생산에 대한 비디오클립을 통하여 섬유강화 고분자 복합재에 대한 개요를 알 수 있다.

비디오클립
복합재료와 생산 : 'composite materials' 내용을 볼 것

섬유강화 고분자
섬유강화 고분자(FRP)는 고강도 섬유가 삽입된 고분자기지로 구성된 복합재료이다. 고분자기지는 일반적으로 불포화 폴리에스터나 에폭시 등과 같은 열경화성(TS) 플라스틱이지만, 나일론(폴리아미

드), 폴리카보네이트, 폴리스티렌 및 폴리염화비닐 등과 같은 열가소성(TS) 고분자도 가능하다. 게 다가 타이어와 컨베이어 벨트와 같은 고무제품에 널리 사용되는 섬유강화 방식의 탄성중합체이다.

PMC에서의 섬유는 불연속적(토막난 형태), 연속적이거나 혹은 직조된 천 등 다양한 형태가 사용된다. FRP의 주요 섬유재료로는 유리, 탄소, 케블라 49 등이 있다. 많이 보급되어 있지 않는 섬유로는 붕소, SiC, Al_2O_3, 강 등이 있다. 유리(특히 E-glass)는 약 1920년부터 플라스틱 강화재로 사용된 이래, 오늘날의 FRP에 가장 일반적인 섬유재료이다.

1960년대 말에 붕소, 탄소 또는 케블라 등을 강화 섬유재료로 사용하고부터 FRP와 연관하여 **신복합재**(advanced composites)라는 용어가 사용되고 있다 [22]. 전형적인 기지 중합체는 에폭시이다. 이 복합재들은 일반적으로 섬유 함량이 높고(체적비로 50% 이상), 고강도, 고탄성계수를 지닌다. 둘 이상의 섬유재료들을 혼합하여 만들어진 FRP 복합재를 **혼성복합재**(hybrid composite)라고 한다. 전통적 혹은 신FRP에 비하여 혼성복합재의 이점은 강도와 강성의 균형을 잡을 수 있고, 인성과 충격저항을 개선할 수 있으며, 중량을 감소시킬 수 있다는 것이다[20]. 신복합재와 혼성복합재는 항공우주 분야에 적용된다.

가장 널리 사용되는 FRP 자체의 형태는 층상구조로서, 원하는 두께가 될 때까지 섬유와 중합체의 얇은 층을 계속 적층하고 결합시켜서 만든다. 층들 간의 섬유 방향을 변화시킴으로써, 적층판에서 얻을 수 있는 특정한 수준의 이방성 물성을 얻을 수 있다. 이러한 방법은 항공기 날개와 동체부분, 승용차와 트럭의 몸체 패널, 보트 선체 등의 얇은 단면을 갖는 부품을 성형하는 데 이용된다.

섬유강화 플라스틱은 공업재료로서 매우 매력적인 특징들을 지닌다. 가장 두드러진 것들로는 (1) 높은 중량당 강도비, (2) 높은 중량당 탄성계수비, (3) 낮은 비중 등이다. 전형적인 FRP는 강에 비하여 그 중량이 5분의 1에 불과하지만, 섬유 방향으로의 강도와 탄성계수는 거의 필적할 만하다. 표 8.6은 일부 FRP와 강, 알루미늄 합금 등에 대하여 이들 물성을 비교한 것이다. 표 8.6에 열거된 물성들은 복합재 내의 섬유 비율에 따라 바뀐다. 식 (8.5)의 관계에 따라 섬유 함유량이 증가하면, 인장강도와 탄성계수 둘 다 증가한다. 섬유강화 플라스틱이 가진 그 외의 물성과 특성으로는 (4) 피로강도

표 8.6 섬유강화 플라스틱과 대표적인 금속 합금들의 전형적인 물성 비교. 기타 자료.

재료	비중 (SG)	인장강도(TS) MPa	탄성계수(E) GPa	지수[a] TS/SG	E/SG
저탄소강	7.87	345	207	1.0	1.0
합금강(열처리됨)	7.87	3450	207	10.0	1.0
알루미늄 합금(열처리됨)	2.70	415	69	3.5	1.0
FRP : 폴리에스터 내에 섬유유리	1.50	205	69	3.1	1.7
FRP : 에폭시 내에 탄소[b]	1.55	1500	140	22.3	3.4
FRP : 에폭시 내에 탄소[c]	1.65	1200	214	16.7	4.9
FRP : 에폭시기지 내에 케블라	1.40	1380	76	22.5	2.1

섬유 방향에 따라 측정된 물성들.
문헌 [8], [14]로부터 편집함.
[a] 저탄소강을 기준으로 비교한 상대 중량당 인장강도(TS/SG) 및 중량당 탄성계수(E/SG) 결과임(기준 지수 1).
[b] FRP에 높은 인장강도의 탄소섬유가 사용됨.
[c] FRP에 높은 탄성계수의 탄소섬유가 사용됨.

가 높고, (5) 많은 화학약품에 중합체가 용해됨에도 불구하고 높은 부식저항을 지니며, (6) 많은 FRP의 경우에 열팽창이 낮아서 치수 안정성이 뛰어나고, (7) 매우 큰 이방성 물성이 있다는 것 등이다. 이 마지막 특징과 관련하여 표 8.6에는 FRP들의 섬유 방향으로의 기계적 물성들을 다루었다. 전술한 바와 같이 다른 방향으로 측정한 결과는 이들보다 매우 낮다.

지난 30여 년 동안 높은 강도와 낮은 중량을 필요로 하는 제품들에 대하여 금속 대신에 섬유강화 고분자를 사용하는 사례가 꾸준히 증가해왔다. 항공우주 산업분야는 신복합재의 가장 큰 사용자 중 하나이다. 설계자들은 연료효율과 유상하중 용량을 증가시키기 위하여 끊임없이 항공기 중량을 줄이는 노력을 계속해왔다. 군사용 및 상업용 항공기에서의 신복합재의 사용은 꾸준하게 증가하고 있다. 새로운 보잉 787 Dreamliner는 탄소섬유강화 플라스틱 복합재가 50%(무게)나 사용된다. 이는 항공기 부피의 약 80%에 해당한다. 복합재는 동체, 날개, 꼬리, 문, 내장재 등에 사용된다. 비교하면, 보잉 777기는 단지 약 12%(무게)의 복합재가 사용되었다.

자동차 산업은 FRP의 또 다른 중요한 사용자이다. 가장 분명한 적용부는 승용차와 트럭 운전석의 FRP 몸체 패널이다. 두드러진 예로는 수십년 동안 FRP 몸체를 생산한 Chevrolet Corvette이다. 덜 분명한 사용은 섀시와 엔진 부분이다. 자동차에서의 적용은 항공기에 대한 경우와 두 가지 면에서 크게 다르다. 첫째, 항공기에서처럼 높은 중량당 강도비가 필수적이지는 않다. 승용차와 트럭에서는 신복합재보다는 전통적인 유리섬유 강화 플라스틱이 사용된다. 둘째, 자동차의 생산량이 월등히 많기 때문에 경제적인 제조방법이 필수적이다. FRP의 많은 이점에도 불구하고, 자동차에서 아직도 저탄소 강판을 사용한다는 것은 강의 저렴한 비용과 우수한 가공성 때문이다.

스포츠와 레크리에이션 장비에도 FRP는 널리 사용된다. 섬유유리강화 플라스틱은 1940년대부터 보트 선체로 사용되었다. 낚싯대도 오래된 적용분야이며, 오늘날에는 테니스 라켓, 골프채 대, 미식 축구 헬멧, 활과 화살, 스키 및 자전거 바퀴 등의 스포츠 용품 등에도 널리 사용되고 있다.

기타 고분자기기 복합재

FRP 이외에도 다른 PMC들이 입자, 박편 및 단섬유들을 함유한다. 고분자 성형 화합물에 사용될 때, 이차상의 재료는 **충진제**라고 불린다(8.1.5절). 충진제는 (1) 강화재와 (2) 확장재의 두 가지 범주로 나누어진다. **강화충진제**(reinforcing filler)는 중합체를 강화시키거나 기계적 물성을 개선한다. 일반적인 예로는 목분이나 분말 운모가 페놀과 아미노 수지 내에서 강도와 마멸저항 및 치수안정성을 증가시키고, 고무 내의 활성탄소가 강도, 마모, 균열저항을 개선하는 것 등이 있다. **확장재**(extender)는 기계적 물성에는 거의 효과가 없고, 단순히 부피를 증가시켜서 중합체의 단위 중량당 단가를 줄이는 역할을 한다. 확장재는 수지의 성형 특성을 개선하기도 한다.

폼 고분자(12.11절)는 가스 거품이 고분자기지에 삽입된 복합재의 형태이다. 스티로폼과 폴리우레탄폼 등이 가장 일반적인 예이다. 기체의 거의 0에 가까운 밀도와 기지의 상대적으로 낮은 밀도가 조합하여, 매우 가벼운 중량의 재료를 만든다. 기체 혼합물은 열전도도가 매우 낮기 때문에 단열이 필요한 부분에 적용할 수 있다.

8.6.2 금속기지 복합재

금속기지 복합재(MMCs)는 금속기지를 이차상으로 강화하여 만들어진다. 일반적인 강화상으로는 (1) 세라믹 입자와 (2) 다른 금속, 세라믹, 탄소, 붕소 등 다양한 재료의 섬유들이 이용된다. 세라믹 입자로 강화된 금속기지 복합재를 일반적으로 서멧이라고 부른다.

서멧

서멧(cermet)[4]은 금속기지 내에 세라믹이 함유되어 있는 복합재료이다. 세라믹은 종종 혼물의 대부분을 차지하기도 하며, 부피비로 96%까지 이르기도 한다. 이러한 복합재를 생산할 때, 높은 온도에서 두 상 사이의 약간의 용융에 의하여 결합이 촉진된다. 서멧은 (1) 초경합금과 (2) 산화물기반 서멧으로 분류된다.

초경합금(cemented carbide)은 금속기지 내에 하나 이상의 탄화물 성분으로 구성된다. 기술적으로는 동일하다고 하더라도 서멧이라는 용어는 이러한 재료 모두를 지칭하는 것은 아니다. 일반적인 초경합금은 텅스텐카바이드(WC), 티타늄카바이드(TiC), 크롬카바이드(Cr_3C_2)에 기초한다. 탄탈륨카바이드(TaC)와 기타 다른 재료들은 일반적으로 덜 사용된다. 주요한 금속 결합제(binder)는 코발트와 니켈이다. 우리는 이미 카바이드 세라믹에 대하여 다루었다(7.3.2절). 이들은 초경합금 내에서 주재료가 되며, 전형적으로 전체 중량의 80% 내지 95%를 차지한다.

초경합금 부품은 입자 공정기술에 의하여 생산된다(15.3절). 코발트는 WC의 결합제로 사용되고 (그림 8.21 참조), 니켈은 TiC와 Cr3C2의 일반적인 결합제이다. 비록 결합제는 5% 내지 15%에 불과하지만 복합재료 내에서 기계적 물성에 대한 효과는 매우 중요하다. 일례로 WC-Co에서 그림 8.22에 나타낸 것과 같이, Co의 백분율이 증가함에 따라 경도는 감소하고 횡방향 붕괴강도(transverse rupture strength, TRS)는 증가한다. TRS는 WC-Co 복합재의 인성과 밀접한 관계가 있다.

텅스텐카바이드를 기반으로 한 초경합금은 절삭공구용 재료로 가장 일반적으로 이용된다. WC-Co 초경합금의 또 다른 용도로는 와이어 인발용 다이, 암반 드릴용 공구와 기타 채광용 공구, 분말야금

그림 8.21 85% WC와 15% Co의 초경합금에 대한 약 1500배 현미경 사진 (Kennametal사 제공).

---

[4] '서멧'은 1948년 경에 영어로 처음 사용되었다.

그림 8.22 코발트 함량에 따른 경도와 횡방향 붕괴강도의 전형적인 그래프.

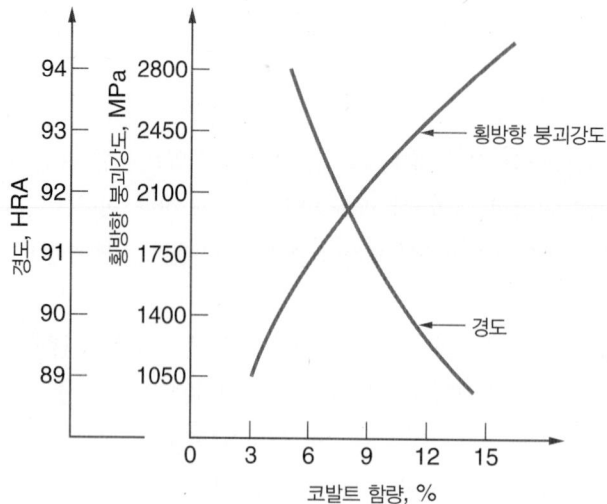

용 금형, 경도시험기의 압입체, 그 외 경도와 내마모성이 필수적인 분야들이다.

티타늄카바이드 서멧은 고온 응용분야에서 매우 유용하게 사용된다. 고온에서의 산화에 대한 저항은 니켈이 코발트에 비하여 더 높기 때문에 니켈이 결합제로 자주 사용된다. 적용분야로는 가스터빈 노즐날개, 밸브 시트, 열전쌍 보호용 튜브, 토치 끝단, 냉간 스피닝 공구 등이다 [20]. TiC-Ni는 강절삭용 절삭공구 재료로도 사용된다.

WC-Co 초경합금과 비교하여 니켈결합 **크롬카바이드**는 취성은 강하지만, 화학적 안정성과 내부식성은 매우 뛰어나다. 우수한 내마모성과 함께 이러한 조합은 게이지 블록, 밸브 라이너, 스프레이 노즐, 베어링 밀폐 링 등의 응용에 적합하다 [20].

이러한 산화물기반 서멧의 대부분은 미립자상의 Al_2O_3를 사용하며 종종 MgO도 산화물로 사용된다. 다른 금속들도 결합제로 사용될 수는 있지만, 일반적으로는 크롬이 금속기지로 사용된다. 두 상의 상대적인 비율은 매우 다양하며 금속 결합제가 주성분이 될 수도 있다. 절삭공구, 기계적 밀봉 요소, 열전쌍 보호 요소 등으로 사용된다.

섬유강화 금속기지 복합재

이러한 MMC들은 저밀도면서도 고인장강도와 고탄성계수를 동시에 가질 수 있어서 최종적인 복합재료에서 우수한 중량당 강도비 및 중량당 탄성계수비를 얻을 수 있다. 저밀도 기지로 사용되는 전형적인 금속들은 알루미늄, 마그네슘, 티타늄 등이 있다. 복합재에 사용되는 중요한 섬유재료는 Al_2O_3, 붕소, 탄소 및 SiC 등이다.

예상대로 섬유강화 MMC들의 물성은 이방성 재료이다. 연속 섬유를 기지 금속에 강하게 결합하였을 때 원하는 방향에서의 최대 인장강도가 얻어진다. 섬유의 부피가 증가함에 따라 복합재료의 탄성계수와 인장강도는 증가한다. 섬유강화 MMC들은 우수한 고온강도 물성을 지니며 전기적·열적으로 우수한 도체이다. 이러한 물성이 활용될 수 있는 항공기나 터빈 기계의 요소로 널리 사용된다.

8.6.3 세라믹기지 복합재

세라믹은 높은 강성 및 경도, 고온경도 및 압축강도 또한 상대적으로 낮은 밀도 등 매우 매력적인

그림 8.23 절삭공구 재료로 사용되는 SiC 휘스커 강화 세라믹(Al_2O_3)의 파단면을 보여주는 고배율(약 3000배) 전자현미경 사진(Greenleaf사 제공).

물성들을 지니고 있다. 그러나 세라믹은 낮은 인성과 체적 인장강도, 열균열의 가능성 등의 약점도 동시에 가지고 있다. 세라믹기지 복합재(CMC)는 이러한 약점들을 보완하면서도 세라믹의 바람직한 물성을 유지하도록 생성되었다. CMC는 세라믹 일차상에 이차상이 삽입되어 구성된다. 최근에는 이차상으로 섬유를 사용하는 방법을 개발하고 있으나, 성공 여부는 아직 알 수 없다. 이는 공정 중에 CMC 내에 있는 원재료들 간의 열적, 화학적 적합성에 대한 기술적인 어려움 때문이다. 또한 모든 세라믹 재료에서와 마찬가지로 부품 형상의 한계도 고려해야만 한다.

기지들로 사용되는 세라믹 재료로는 알루미나(Al_2O_3), 탄화붕소(B4C), 질화붕소(BN), 탄화규소(SiC), 질화규소(Si_3N_4), 탄화티타늄(TiC), 기타 유리의 일부 종류들이다 [18]. 이러한 재료들은 CMC 기지들로서 아직도 개발 단계에 있다. CMC의 섬유 재료로는 탄소, SiC 및 Al_2O_3 등이 있다.

현재의 CMC 기술에서는 휘스커와 같은 단섬유나 장섬유 중 어느 것이나 강화상으로 사용될 수 있다. 입자공정 방법(15장)을 이용하면 단섬유를 이용한 제품도 성공적으로 만들 수 있으며, 섬유들은 재료 내 분말의 형태로 취급될 수 있다. 세라믹기지 복합재 내의 강화재로서 장섬유를 사용하는 것이 성능상으로는 더 유리하지만 상업적 공정 기술로는 곤란하다. CMC의 가장 확실한 상업적인 적용 분야는 그림 8.23에 나타낸 것과 같이, 초경합금의 경쟁자로 더불어 금속절삭 공구에 사용된다는 것이다. 복합재 공구재료로는 Al_2O_3 기지 내에 SiC 휘스커가 이용된다. 또한 높은 온도에서와 다른 재료들에 화학적으로 부식이 잘 되는 환경에서 강점을 나타낸다.

8.7 고분자와 복합재료 공정을 위한 가이드

중합체는 거의 항상 가열하여 성형을 하게 된다. 일반적인 공정은 압출과 성형이다. 열경화성수지의 성형은 경화(교차결합)를 필요로 하기 때문에 일반적으로 더 복잡하다. 열가소성수지는 더 성형하기 쉽고, 더 다양한 성형공정이 적용될 수 있다(12장). 플라스틱 공정은 순형상을 쉽게 이룰 수 있지만, 절삭가공이 종종 필요하기도 하다(20장). 플라스틱 부품은 용접(27장), 접착접합(29.3절), 또는 기계조립(30장)과 같은 영구결합 기술에 의하여 제품으로 조립될 수 있다.

고무 공정은 플라스틱보다 더 오랜 역사를 지니고 있는데, 이 두 가지 공정은 여러 가지 면에서 유사하지만, 이러한 중합체와 관련된 산업분야는 전통적으로 구분되어 있다. 고무 공정기술은 13장에서 다룬다.

복합재료는 많은 서로 다른 기술로 성형될 수 있다. 두 상은 전형적으로 복합재 부품 형상으로 결합되기 전에 따로 제조된다. 기지상은 금속, 세라믹, 고분자에 대하여 6, 7, 8장에서 설명한 기술들에 의하여 생산된다.

삽입상을 위한 공정 방법은 기하학적 형상에 따라 달라진다. 섬유 생산방법은 유리에 대하여는 11.2.3절에서, 고분자에 대하여는 12.4절에서 다루고 있다. 탄소, 붕소 및 기타 재료들에 대한 섬유 생산방법은 표 13.1에 요약하였다. 금속의 분말 생산방법은 14.2절에, 세라믹에 대한 것은 15.1.1절에서 설명한다.

PMC에서는 일반적으로 입자와 토막난 섬유 형태를 사용하는 성형 공정이 이루어진다. 이들 복합재들에 대한 성형 공정은 고분자에 대한 과정과 동일하다(12장). 특별히 고분자기지 복합재와 섬유강화 고분자에 대한 기타 특수 공정은 13장에서 다룬다. 많은 층상 복합재와 벌집 구조는 접착결합에 의하여 조립된다(29.3절).

MMC와 CMC 요소를 제조하는 공정 기술은 분말야금과 세라믹을 이용하는 방법과 유사하다(14, 15장). 특별히 서멧 가공에 대해서는 15.3절에서 자세히 다룬다.

참고문헌

[1] Alliger, G., and Sjothum, I. J. (eds.), *Vulcanization of Elastomers,* Krieger Publishing Company, New York, 1978.

[2] Billmeyer, F. W., Jr., *Textbook of Polymer Science,* 3rd ed., John Wiley & Sons, New York, 1984.

[3] Brandrup, J., and Immergut, E. E. (eds.), *Polymer Handbook,* 4th ed., John Wiley & Sons, Inc., New York, 2004.

[4] Brydson, J. A., *Plastics Materials,* 4th ed., Butterworths & Co., Ltd., London, U.K., 1999.

[5] Chanda, M., and Roy, S. K., *Plastics Technology Handbook,* 4th ed. CRC Taylor & Francis, Boca Raton, Florida, 2006.

[6] Charrier, J-M, *Polymeric Materials and Processing,* Oxford University Press, New York, 1991.

[7] Chawla, K. K., *Composite Materials: Science and Engineering,* 3rd ed., Springer-Verlag, New York, 2008.

[8] *Engineering Materials Handbook,* Vol. 1, Composites, ASM International, Materials Park, Ohio, 1987.

[9] *Engineering Materials Handbook,* Vol. 2, *Engineering Plastics,* ASM International, Materials Park, Ohio, 2000.

[10] Flinn, R. A., and Trojan, P. K., *Engineering Materials and Their Applications,* 5th ed., John Wiley & Sons, Inc., New York, 1995.

[11] Greenleaf Corporation, *WG-300—Whisker Reinforced Ceramic/Ceramic Composites* (Marketing literature), Saegertown, Pennsylvania.

[12] Hall, C., *Polymer Materials,* 2nd ed., John Wiley & Sons, New York, 1989.

[13] Kolybaba, M., Tabil, L. G., Panigrahi, S., Crerar, W. J., Powell, T., and Wang, B., "Biodegradable Polymers: Past Present, and Future," Paper Number RRV03-0007, American Society of Agricultural Engineers, October 2003.

[14] Mallick, P. K., *Fiber-Reinforced Composites: Materials, Manufacturing, and Designs,* 3rd ed., CRC Taylor & Francis, Boca Raton, Florida, 2007.

[15] Margolis, J. M., *Engineering Plastics Handbook,* McGraw-Hill, New York, 2006.

[16] Mark, J. E., and Erman, B. (eds.), *Science and Technology of Rubber,* 3rd ed. Academic Press, Orlando, Florida, 2005.

[17] McCrum, N. G., Buckley, C. P., and Bucknall, C. B. *Principles of Polymer Engineering,* 2nd ed., Oxford University Press, Oxford, U.K., 1997.

[18] Naslain, R., and Harris, B. (eds.), *Ceramic Matrix Composites,* Elsevier Applied Science, London and New York, 1990.

[19] Reisinger, T. J. G., " Polymers of Tomorrow," *Advanced Materials & Processes,* March 2004, pp. 43–45.

[20] Schwartz, M. M., *Composite Materials Handbook,* 2nd ed., McGraw-Hill Book Company, New York, 1992.

[21] Tadmor, Z., and Gogos, C. G. *Principles of Polymer Processing,* Wiley-Interscience, Hoboken, New Jersey, 2006.

[22] Wick, C., and Veilleux R. F., (eds.) *Tool and Manufacturing Engineers Handbook,* 4th ed., Volume III—Materials, Finishing, and Coating, 1985, Chapter 8.

[23] wikipedia.org/wiki/Plastic_recycling,/Biodegradable_plastic,/Plastic.

[24] www.greenplastic.com/reference.

[25] wikipedia.org/wiki/Boeing_787.

[26] Young, R. J., and Lovell, P. *Introduction to Polymers,* 3rd ed. CRC Taylor and Francis, Boca Raton, Florida, 2008.

[27] Zweben, C., Hahn, H. T., and Chou, T-W., *Delaware Composites Design Encyclopedia,* Vol. 1, *Mechanical Behavior and Properties of Composite Materials,* Technomic Publishing Co., Inc., Lancaster, Pennsylvania, 1989.

복습문제

8.1 중합체란 무엇인가?

8.2 중합체의 세 가지 기본적인 범주는 무엇인가?

8.3 금속과 비교하여 중합체의 물성은 어떻게 다른가?

8.4 중합도가 나타내는 것은 무엇인가?

8.5 중합체에서 교차결합은 무엇이며, 그 중요성은 무엇인가?

8.6 공중합체란 무엇인가?

8.7 공중합체는 네 가지 다른 배열의 연속적인 단량체를 가질 수 있다. 네 가지 배열에 대하여 그 이름과 간략하게 설명하여라.

8.8 삼중합체란 무엇인가?

8.9 중합체가 결정구조를 가질 때 중합체의 물성은 어떤 영향을 받는가?

8.10 모든 중합체가 100% 결정질이 될 수 있는가?

8.11 중합체가 결정화되는 경향에 영향을 주는 인자들은 무엇인가?

8.12 중합체에 충진제를 첨가하는 이유는 무엇인가?

8.13 가소제란 무엇인가?

8.14 충진제나 가소제 이외에 중합체에 사용되는 첨가물에는 무엇이 있는가?

8.15 온도의 함수로서 고결정질 열가소성수지와 비정질 열경화성수지 사이의 기계적 물성의 차이점을 설명하여라.

8.16 셀룰로오스 고분자의 독특한 점은 무엇인가?

8.17 나일론은 어떤 고분자 군에 속하는가?

8.18 폴리에틸렌의 단량체인 에틸렌의 화학식은 무엇인가?

8.19 저밀도와 고밀도 폴리에틸렌의 근본적인 차이점은 무엇인가?

8.20 열경화성 중합체와 열가소성 중합체의 물성은 어떻게 다른가?

8.21 열경화성 중합체의 교차결합(경화)은 세 가지 방식 중 하나를 따른다. 그 세 가지 방법의 명칭은 무엇인가?

8.22 탄성중합체와 열경화성 중합체는 모두 교차결합을 한다. 하지만 그들의 물성이 다른 이유는 무엇인가?

8.23 유리-천이온도 이하에서 탄성중합체는 어떤 현상이 일어나는가?

8.24 천연고무에 있어서 주요 고분자 구성요소는 무엇인가?

8.25 상업적인 고무와 열가소성 탄성중합체는 어떻게 다른가?

8.26 복합재료란 무엇인가?

8.27 복합재료의 특징적인 물성들의 몇 가지 예를 들어라.

8.28 이방성은 무엇을 의미하는가?

8.29 전통적인 복합재는 합성 복합재와 어떻게 구별되는가?

8.30 복합재료의 기본적인 세 가지 범주들은 무엇인가?

8.31 복합재료에서 전형적인 강화상의 형태는 무엇인가?

8.32 휘스커란 무엇인가?

8.33 층상 복합구조 중에서 샌드위치 구조의 두 가지 형태는 무엇인가? 각각에 대하여 간단하게 설명하여라.

8.34 층상 복합구조의 상업적 제품의 몇 가지 예를 들어라.

8.35 복합재료의 물성을 결정하는 세 가지 인자는 무엇인가?

8.36 혼합물 법칙은 무엇인가?

8.37 서멧은 무엇인가?

8.38 초경합금은 어떤 종류의 복합재인가?

8.39 섬유강화 세라믹기지 복합재에서 보완될 수 있는 세라믹의 약점은 무엇인가?

8.40 섬유강화 플라스틱에서 가장 일반적인 섬유 재료는 무엇인가?

8.41 신복합재란 용어는 무엇을 의미하는가?

8.42 혼성복합재란 무엇인가?

8.43 섬유강화 플라스틱 복합재료의 중요한 물성은 무엇인가?

8.44 FRP의 중요한 적용분야들 중 몇 가지 예를 들어라.

8.45 복합재료의 관계에서 접촉면이라는 용어가 의미하는 것은 무엇인가?

▌객관식문제(39개의 답)

8.1 이방성이란 다음 중 어느 것을 의미하는가?
(a) 두 개 이상의 재료로 구성된 복합재료, (b) 모든 방향으로 같은 성질, (c) 측정된 방향에 따라 바뀌는 성질, (d) 경화 온도의 함수로 된 강도 및 기타 물성.

8.2 세 가지 중합체 유형 중에서 상업적으로 가장 중요한 것은?
(a) 열가소성수지, (b) 열경화성수지, (c) 탄성중합체.

8.3 다음의 세 가지 중합체 유형 중 일반적으로 플라스틱으로 간주되지 않는 것은?
(a) 열가소성수지, (b) 열경화성수지, (c) 탄성중합체.

8.4 다음의 세 가지 중합체 유형 중 교차결합을 포함하지 않는 것은?
(a) 열가소성수지, (b) 열경화성수지, (c) 탄성중합체.

8.5 주어진 고분자의 결정화도가 증가함에 따라 고분자 재료는 점점 더 조밀해지고, 단단해지며, 용융온도는 감소한다.
(a) 참,   (b) 거짓.

8.6 다음 중 폴리에틸렌의 반복 단위의 화학식은 어느 것인가?
(a) CH_2, (b) C_2H_4, (c) C_3H_6, (d) C_5H_8, (e) C_8H_8.

8.7 중합도는 다음 중 무엇인가?
(a) 분자 사슬 내 단위체의 평균수, (b) 중합화된 단량체의 비율, (c) 분자 내 단위체의 분자량의 합, (d) 답 없음.

8.8 분기 분자구조는 같은 중합체의 선형구조에 비하여 고체 상태에서 더 강하고 용융 상태에서는 점성을 지닌다.
(a) 참,   (b) 거짓.

8.9 공중합체는 두 가지 서로 다른 균질 중합체의 거대분자들로 구성된 혼합물이다.
(a) 참,   (b) 거짓.

8.10 고분자의 온도가 상승하면 그 밀도는?
(a) 증가한다, (b) 감소한다, (c) 변함없이 유지된다.

8.11 다음의 고분자 재료들 중 시장 점유율이 가장 높은 것은?
(a) 페놀수지, (b) 폴리에틸렌, (c) 폴리프로필렌, (d) 폴리스티렌, (e) PVC.

8.12 다음의 고분자 재료들 중에서 일반적으로 열가소성수지인 것은? (네 개의 답)
(a) 아크릴, (b) 셀룰로오스 아세테이트, (c) 나일론, (d) 페놀수지, (e) 폴리클로로프렌, (f) 폴리에스터, (g) 폴리에틸렌, (h) 폴리이소프렌, (i) 폴리우레탄.

8.13 폴리스티렌(가소제가 없는)은 비정질이고, 투명하며 취성이 있다.
(a) 참,   (b) 거짓.

8.14 직물에 사용되는 섬유질 레이온은 다음 중 어떤 중합체를 기본으로 하는가?
(a) 셀룰로오스, (b) 나일론, (c) 폴리에스터, (d) 폴리에틸렌, (e) 폴리프로필렌.

8.15 저밀도 폴리에틸렌과 고밀도 폴리에틸렌의 근본적인 차이점은 후자가 더 높은 결정화도를 갖는다는 것이다.
(a) 참,   (b) 거짓.

8.16 열경화성 중합체 중에서 상업적으로 가장 많이 이용되는 것은 다음 중 어느 것인가?
(a) 에폭시, (b) 페놀수지, (c) 실리콘, (d) 우레탄.

8.17 천연고무에서 폴리이소프렌의 화학식은?
(a) CH_2, (b) C_2H_4, (c) C_3H_6, (d) C_5H_8, (e) C_8H_8.

8.18 상업적으로 가장 중요한 합성고무는 다음 중 어느 것인가?
(a) 부틸 고무, (b) 이소프렌 고무, (c) 폴리부타디엔, (d) 폴리우레탄, (e) 스티렌-부타디엔 고무, (f) 열가소성 탄성중합체.

8.19 강화상은 이차상이 삽입되는 기지이다.
(a) 참,   (b) 거짓.

8.20 다음 중 어느 강화 형상을 사용하였을 경우, 최종 복합 재료의 강도와 경도를 가장 개선할 수 있는가?

(a) 섬유, (b) 박편, (c) 입자, (d) 침입상.

8.21 목재는 다음 중 어느 형태의 복합재인가?

(a) CMC, (b) MMC, (c) PMC.

8.22 다음 재료들 중에서 섬유강화 플라스틱의 섬유로 사용 되는 것은? (네 개의 답)

(a) 알루미늄 산화물, (b) 붕소, (c) 주철, (d) E-glass, (e) 에폭시, (f) 케블라 49, (g) 폴리에스터, (h) 실리콘.

8.23 다음 금속 중 섬유강화 MMC의 기지 재료로 일반적으 로 사용되는 것은? (두 개의 답)

(a) 알루미늄, (b) 구리, (c) 철, (d) 마그네슘, (e) 아연.

8.24 다음 금속들 중 거의 모든 WC 초경합금과 TiC 서멧의 기지 금속으로 사용되는 것은? (두 개의 정답)

(a) 알루미늄, (b) 크롬, (c) 코발트, (d) 납, (e) 니켈, (f) 텅스텐, (g) 텅스텐카바이드.

8.25 세라믹 기지 복합재는 다음의 세라믹 약점들 중 어느 것 을 보완하기 위하여 설계되었는가? (두 개의 답)

(a) 압축강도, (b) 경도, (c) 고온경도, (d) 탄성계수, (e) 인장강도, (f) 인성.

8.26 다음들 중 고분자기지 복합재에서 가장 일반적으로 사 용되는 중합체 형태는 무엇인가?

(a) 탄성중합체, (b) 열가소성수지, (c) 열경화성수지.

8.27 다음 재료들 중에서 복합재가 아닌 것은? (두 개의 정답)

(a) 초경합금, (b) 페놀수지 성형 혼합물, (c) 합판, (d) 포틀랜드 시멘트, (e) 자동차 타이어용 고무, (f) 나무, (g) 1020 강.

8.28 보잉 787 Dreamliner 비행기에 사용된 복합재료의 비 율은 얼마인가? (두 개의 정답)

(a) 12% 부피, (b) 20% 부피, (c) 50% 부피, (d) 80% 부피, (e) 12% 무게, (f) 20% 무게, (g) 50% 무게, (h) 80% 무게.

연습문제

8.1 섬유유리 복합재는 비닐 에스터(vinyl ester) 기지와 E-glass 강화 섬유로 구성되어 있다. E-glass의 부피비가 35%이다. 나머지는 비닐 에스터이다. 비닐 에스터의 밀 도는 0.082 g/cm³이고, 탄성계수는 3.60 GPa이다. E-glass의 밀도는 2.60 g/cm³이고, 탄성계수는 76.0 GPa 이다. 복합재의 단면이 1 cm, 50 cm, 200 cm로 길이 방 향 200 cm를 따라 E-glass 섬유가 생산된다. 복합재에 는 어떤 공극도 없다고 가정한다. 다음을 결정하여라.

(a) 단면에 따른 비닐 에스터의 질량.

(b) 단면에 따른 E-glass 섬유의 질량.

(c) 복합재의 밀도.

8.2 앞의 8.1문제에서, 다음의 경우에 대한 탄성계수를 결정 하여라.

(a) 유리 섬유의 길이 방향.

(b) 유리 섬유에 대한 직각 방향.

8.3 복합재인 탄소강화 에폭시가 30 cm × 30 cm × 0.625 cm의 치수와, 질량 0.81 kg로 주어져 있다. 탄소 섬유의 탄성계수는 345 GPa이고, 밀도는 0.002 kg/cm³이다. 에폭시기지의 탄성계수는 4 GPa이고, 밀도는 0.001 kg/cm³이다. 복합재에는 어떤 공극도 없다고 가정한다. 다음의 구하여라.

(a) 탄소 섬유의 부피비.

(b) 에폭시기지의 부피비.

8.4 앞의 8.3문제에서 계산되는 탄성계수 값은 얼마인가?

(a) 길이 방향.

(b) 탄소 섬유에 대한 직각 방향.

8.5 복합재는 폴리에스터기지에 케블라 49 섬유로 구성되어 있다. 폴리에스터의 부피비는 60%, 케블라 49의 부피비 는 40%이다. 케블라 섬유는 길이 방향 60 GPa의 탄성 계수를 가지고, 가로 방향은 3 GPa의 탄성계수를 가진 다. 폴리에스터기지는 두 방향 모두 5.6 GPa의 탄성계 수를 가진다.

(a) 길이 방향으로의 복합재의 탄성계수를 결정하여라.

(b) 가로 방향으로의 복합재의 탄성계수를 결정하여라.

제 Ⅲ 부

응고 공정

주조의 기초

9.1 주조기술의 개요
9.1.1 주조공정
9.1.2 사형주조 주형

9.2 가열과 주입
9.2.1 금속의 가열
9.2.2 용융금속 주입
9.2.3 주입의 공학적 해석
9.2.4 유동성

9.3 응고와 냉각
9.3.1 금속의 응고
9.3.2 응고시간
9.3.3 수축
9.3.4 방향성 응고
9.3.5 라이저 설계

본 장에서는 초기 원재료가 액체이거나 고도의 소성 조건하에 있고, 응고과정을 거쳐서 부품이 생성되는 제조 공정에 대하여 알아본다. 주조 및 주형 공정이 이러한 성형 공정 범주에 속한다. 그림 9.1과 같이 응고 공정은 처리되는 공업 재료에 따라 분류될 수 있다. (1) 금속, (2) 세라믹(특히 유리)[1], (3) 중합체 및 중합체기지 복합재료(PMC). 금속주조는 본 장 및 다음 장에서 다룬다. 유리성형은 11장, 중합체 및 PMC 공정은 12장, 13장에서 다룬다.

주조(casting)는 원하는 형태의 빈 공간을 가진 주형에 중력 또는 다른 힘으로 용융 금속을 주입하여 굳히는 공정이다. **주물**이라는 용어는 이러한 공정으로 제조된 부품을 의미한다. 주조는 가장 오래된 성형 공정 중의 하나이며, 역사가 약 6000년 전으로 거슬러 올라간다(역사적 고찰 9.1). 주조의 원칙은 단순하다. 금속 용융, 주형에 주입, 냉각과 고체화의 순서이다. 그러나 성공적인 주물을 얻기 위하여 고려하여야 하는 인자 및 변수는 다양하다.

주조는 잉곳(ingot, 괴)주조 및 성형(shape)주조 모두를 포함한다. **잉곳**(ingot)은 주로 1차 금속산업에서 제조되며, 형상이 단순하고 압연 또는 단조 공정으로 재성형되는 주물을 일컫는다. 잉곳주조는 6장에서 언급되었다. **성형주조**(shape casting)는 원하는 부품 또는 제품의 최종형상에 매우 근접한, 복잡한 형상으로 제조함을 의미한다. 본 장 및 다음 장에서는 잉곳주조보다는 성형주조에 관하

---

[1] 세라믹들 중에서, 단지 유리만이 응고에 의해 생산된다. 전통적인 세라믹과 신소재 세라믹은 미립자 공정에 의해서 성형된다(11장).

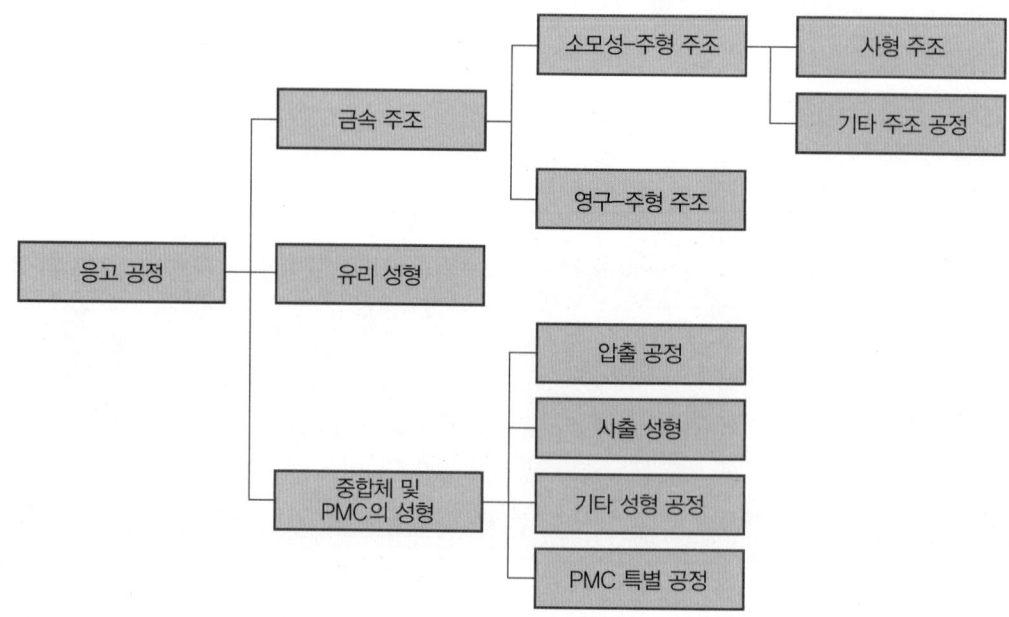

그림 9.1 응고 공정의 분류.

역사적 고찰 9.1 **주조의 기원**

금 속주조의 역사는 기원전 약 4000년 전으로 거슬러 올라간다. 금은 초기 문명사회에서 사용된 최초의 금속이었다. 금은 무르며 상온에서 두들겨서 성형할 수 있었기 때문에 성형하기 위하여 별다른 방법이 필요 없었다. 구리(동)가 발견되면서 주조의 필요성이 대두되었다. 구리는 단조성형이 가능하여도, 가공경화 때문에 성형하기가 더 어려워 상대적으로 단순한 형태로 국한되었다. 두들겨서 유용한 형상을 만들기 위하여 필요한 구리원석이 부족한 가운데, 아마도 우연히 구리의 주조법이 처음으로 발견되었을 것이라고 역사학자들은 믿는다. 이렇듯 우연하게 주조법이 탄생하였다. 메소포타미아에서 이러한 발견이 이루어진 것 같으며, 급속도로 이 '기술'이 나머지 고대의 전 세계로 전파되었을 것이다.

이는 인류 역사에서 의미 있는 발견이었다. 매우 복잡한 형상은 단조보다는 주조로 만들 수 있었다. 좀 더 세밀한 공구 및 무기가 만들어질 수 있었다. 복잡한 도구 및 장신구 등이 만들어졌고, 정교한 금 세공품이 이전의 방법보다 더 아름답고 가치 있게 제작되었다. 합금이 처음으로 주조에 사용되었는데, 이는 구리와 주석을 혼합한 것(청동)이었으며, 구리보다 훨씬 우수한 주조품이 되었다. 이 시기에는 우수한 주조기술을 보유한 국가가 부를 창출하였으며, 이집트는 주조 공정을 수행할 수 있는 능력을 보유하였기에 청동기시대(거의 2000년 동안)에 전 세계를 지배할 수 있었다.

종교는 암흑기(대략 서기 400년부터 1400년까지) 동안 주조기술을 유지하는 데에 중요한 영향을 끼쳤다. 대성당과 교회의 건축에는 종의 주조가 필요했고, 거대한 청동 종의 주조에 필요한 시간과 노력은 주조기술을 예술의 영역에서 핵심 기술로 변모시켰다. 용융기술과 주형기술에 많은 진전이 있었다. 주입공정을 단순화시키기 위하여 노 앞의 깊은 구멍에서 주물을 만드는 피트성형(pit molding)에 많은 발전이 있었다. 게다가, 종 제작자는 품질의 척도인 종의 음색, 크기, 형상, 두께 및 금속 조성 사이의 상관관계를 알게 되었다.

주조기술의 발전과 관계있는 또 다른 중요한 제품은 바로 대포이다. 연대기적으로 보면, 대포는 종이 나타난 후에 출현했는데, 종을 만들며 축적된 기술이 대포의 주조에 적용되었다. 1313년에 벨기에의 Ghent에서 수도사가 처음으로 대포를 만들었다. 이는 청동으로 만들었으며, 포 내경은 주조시 코어를 사용하여 만들어지기 때문에 내경이 매우 거칠었다. 이러한 초기 대포는 정확하지 않았으며 비교적 가까운 거리 범위에서 발사해야 했다. 포 내경을 가공하여 매끄럽게 하면, 탄도가 정확해지고 원거리 발사가 가능하다는 사실을 곧 알게 되었는데, 매우 적절한 이러한 공정이 **보링**(boring)이다(20.1.5절).

여 알아본다.

다양한 성형주조법이 개발되면서, 모든 제조공정 중에서 매우 유용한 방법 중의 하나가 되었다. 다음은 다양한 성형주조법들의 역량과 이점들이다.

- 주조는 외부 및 내부 형상을 가진 복합한 부품 형상을 생산하는 데 사용될 수 있다.
- 일부 주조 공정들은 최종 **순형상**(net shape)을 가지는 부품을 생산할 수 있어서 원하는 형상과 치수의 부품을 얻기 위해서 부가적인 제조 공정이 필요하지 않다. 그 밖의 주조 공정들은 대개 **근사순형상**(near net shape)을 만들기 때문에, 정확한 치수를 얻기 위하여 부가적인 공정(주로 절삭가공)이 필요하다.
- 주조는 매우 커다란 제품을 생산할 수 있으며, 백 톤이 넘는 주조물도 가능하다.
- 녹일 수 있다면, 어떤 금속으로도 주조 공정은 가능하다.
- 몇 가지 주조 방법들은 대량생산에 매우 적합하다.

주조에도 물론 단점이 있으며, 이는 주조 방법마다 다르다. 단점으로는 기계적 물성의 한계, 기공 발생, 일부 주조 공정들의 치수정확도 불량과 표면 불량, 고온 용융 금속을 취급할 때 작업자의 안전사고 위험, 환경문제 등이다.

주조 공정으로 만든 부품들은 크기 면에서 몇 온스에서부터 몇 톤까지 다양하다. 치과 보철재료, 보석, 난로, 자동차 엔진, 기계, 철로, 프라이팬, 펌프 등이며, 거의 모든 금속들을 이용하여 주조된다.

중합체 화합물이나 세라믹으로도 주조할 수 있다. 단, 자세히 보면 금속과 확연히 다른데, 재료에 따른 주조법의 차이는 다음 장 이후에 알아본다. 이번 장과 다음 장에서는 금속주조만을 살펴보는데, 이번 장에서는 모든 주조 공정들에 대한 기초를 다룬다. 다음 장에서는 주물 이외의 부품들을 만들 때 고려되어야만 하는 제품 설계 시안에 따른 각각의 주조 공정에 대하여 알아본다.

9.1 주조기술의 개요

생산 공정으로서의 주조는 주로 주물공장에서 이루어진다. **주물공장**(foundry)은 주형제작, 용융 금속 제조 및 처리, 주조 및 주조물 세척을 위한 장비가 갖추어져 있다. 주조 공정을 수행하는 작업자를 **주물작업자**(foundrymen)이라고 한다.

9.1.1 주조공정

주조에 대한 설명은 필연적으로 주형부터 시작한다. **주형**(mold)은 주물의 형상을 기하학적으로 결정하는 공동(cavity)을 가지고 있으며, 실제로 공동의 크기와 형상은 응고 및 냉각과정에서 발생하는 수축을 고려하여 주물의 최종 형상보다 약간 커야만 한다. 수축되는 정도는 재료마다 다르기 때문에, 정확한 치수정밀도가 요구되는 주물에 대해서는 주조재료에 따라 주형 공동이 다르게 설계되어야만 한다. 주형은 모래, 석고, 세라믹, 금속 등 다양한 재료로 제작된다. 이러한 다양한 주형의 형태에 따라 주조공정을 분류하기도 한다.

주조 작업을 수행하려면, 먼저 금속이 액체 상태로 되기에 충분한 온도로 가열되어야 하며, 이후 주형의 공동에 주입하거나 또는 용융시 직접 주형의 공동에 주입한다. 그림 9.2(a)와 같은 **개방형 주형**(open mold)에서는 개방된 공동을 채울 때까지 용융금속을 주입한다. 그림 9.2(b)와 같이 **폐쇄형 주형**(closed mold)에서는 탕구계로 불리는 통로로 용융금속이 주입되어 공동 끝까지 흘러들어야 한다. 폐쇄형 주형이 생산 주조공정에서 훨씬 중요하게 취급된다.

용융금속이 주형에 부어지면 바로 냉각하기 시작한다. 온도가 충분히 내려가면(즉, 순수 금속일 경우 응고점 이하), 응고가 시작된다. 응고는 금속의 상의 변화를 포함한다. 상변화가 완전히 이루어지기 위한 시간이 필요하며, 이 과정에서 상당한 열이 방출된다. 금속이 주형 공동과 동일한 형상과 주물에서 요구되는 물성과 특성을 갖게 되는 때가 바로 이 과정에서이다.

주물이 충분히 냉각되면 주형에서 제거된다. 사용되는 주조방법이나 재료에 따라 후속 공정이 필요할 수 있다. 이러한 후속 공정으로는 실제 주물로부터 과도한 부분을 제거하거나, 표면세척, 제품검사, 그리고 물성을 보강하기 위한 열처리 등이 해당될 수 있다. 뿐만 아니라, 주조부품에서 특정부위의 정밀한 공차를 얻기 위하여, 또한 주조표면을 제거하기 위하여 절삭공정(20장)이 필요할 수도 있다.

주조공정은 사용되는 주형의 종류에 따라 크게 소모성주형 주조방식 및 영구주형 주조방식의 두 가지로 분류될 수 있다. **소모성주형**(expendable mold)은 용융금속이 응고된 후 주물을 제거할 때에는 주형을 부수어야 한다. 이러한 주형은 모래, 석고 또는 유사한 재료로 만들어지며, 다양한 종류의 결합제를 이용하여 형태를 유지하게 된다. 사형주조는 소모성주형 공정의 가장 중요한 예이다. 사형주조에서는 액체 금속이 모래주형의 공동에 부어진다. 금속이 응고되면 주물을 꺼내기 위하여 모래주형이 부수어진다.

영구주형(permanent mold)은 대량의 주물을 생산하기 위하여 계속 사용될 수 있는 주형이며, 주조공정의 고온에 견딜 수 있도록 금속(가끔은 세라믹 내화재료)으로 만들어진다. 영구주형은 완성품을 열어서 꺼내기 위하여 두 부분(혹은 이상)으로 구성되며, 다이캐스팅이 가장 많이 알려진 영구주형 방법이다.

매우 정교한 주물의 형상은 일반적으로 소모성주형을 사용하여야 한다. 소모성주형 공정에서의 부품 형상은 주형을 열어야하는 경우로 제한된다. 반면에 영구주형은 대량생산시스템에 적합한 경제

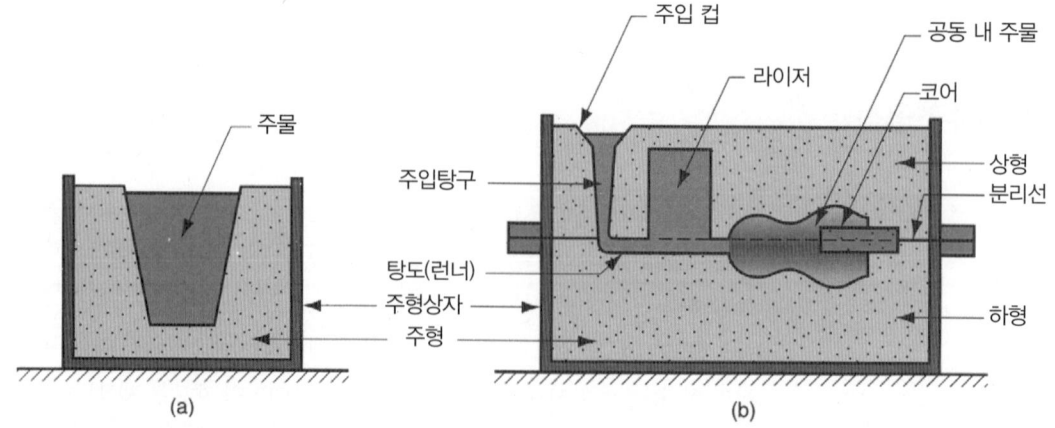

그림 9.2 주형의 두 형태. (a) 개방형 주형, 원하는 형상을 갖는 단순한 용기, (b) 폐쇄형 주형, 주형의 형상이 복합하고 주형의 공동까지의 탕구계가 필요.

적인 이점이 있다. 소모성주형 및 영구주형 주조공정에 관해서는 10장에서 다룰 것이다.

9.1.2 사형주조 주형

사형주조(sand casting)는 현재 가장 중요한 주조방식이다. 이 절에서는 주형의 기본 특징을 사형 주조 주형을 이용하여 설명하기로 한다. 이러한 특징들은 다른 주조 공정들에 사용되는 주형들과 공통적인 특징이다. 그림 9.2(b)는 전형적인 사형주조 주형의 단면과 전문용어들의 일부를 보여준다. 주형은 상형 및 하형의 두 부분으로 구성된다. **상형**(cope)은 주형의 위 반쪽이며, **하형**(drag)은 아래 반쪽이다. 두 주형 부분은 **플라스크**(flask)라고 불리는 주형 상자에 담겨있으며, 플라스크도 상형용과 하형용으로 나뉘어져 있고, **분리선**(parting line)으로 구분된다.

사형주조(기타 소모성 주형 공정)에서, 주형 공동은 **패턴**(pattern)을 이용하여 만들어진다. 패턴은 나무, 금속, 플라스틱, 또는 기타 재료로 제작되며, 주물의 형상을 갖는다. 상형과 하형에서 패턴 주위에 모래를 채움으로써 공동이 형성되며, 패턴이 제거되면 주물의 원하는 형상의 빈 공간이 된다. 용융금속이 응고, 냉각될 때 수축이 일어나므로 패턴은 일반적으로 원하는 제품보다 크게 만들어진다. 주형에 사용되는 모래는 습기가 있으며, 모양을 유지하기 위하여 결합제를 함유하고 있다.

주형의 공동은 주물의 외부 표면을 형성하며, 또한 내부 표면도 만들 수 있다. 이러한 내부 표면은 **코어**(core)를 이용하여 주물의 내부 표면을 결정하는 주형 안쪽에 위치시켜서 만든다. 사형주조에서 코어는 주로 모래로 만들어지며, 금속, 석고 또는 세라믹으로 만들어지기도 한다.

주형에서 **탕구계**(gating system)는 탕로(channel) 또는 탕로의 망(network)을 의미하며, 주형의 바깥에서부터 주형의 공동으로 용융금속이 흘러들어 갈 수 있도록 해준다. 그림에서 보는 바와 같이 탕구계는 전형적으로 **주입탕구**(downsprue, 간단히 sprue라고 불리움)로 구성되어 있으며, 이를 통하여 주형의 주 공동으로 용융금속을 흘러들어 가도록 해주는 **탕도**(runner)가 있다. 주입탕구 위에는 용융금속이 주입탕구에 부어질 때 튀거나 난류가 생기지 않도록 **주입컵**(pouring cup)을 사용하는데, 이것은 단순한 원뿔 깔때기 모양을 가지고 있다. 일부 주입컵은 주입탕구로 안내하는 개방형 탕로를 가진 경우에는 접시 모양으로 설계되기도 한다.

탕구계에는 수축이 상당할 경우 주 공동에 연결되어 있는 라이저가 포함된다. **라이저**(riser)는 응고과정에서 주형 내에 발생하는 수축공간에 용융금속을 보충하기 위하여 설치되는 용융금속 저장소이다. 이러한 기능을 만족시키기 위하여 주물이 응고된 후에 라이저가 냉각되도록 설계해야 한다.

용융금속이 주형에 주입될 때, 공동에 원래 있던 공기뿐만 아니라 용융금속과의 반응으로 발생한 가스가 빠져나와야만 용융금속이 빈 공간에 완벽하게 채워질 수 있다. 예를 들면, 사형주조에서 모래 주형의 자연적인 구멍들은 공기와 가스가 공동 벽을 통하여 빠져나가게 한다. 영구주형에서는 공기와 가스를 제거하기 위하여 주형 또는 분리선에 작은 공기구멍을 뚫어놓는다.

▌9.2 가열과 주입

주조공정이 이루어지기 위하여 금속은 용융점보다 약간 높은 온도로 가열된 후, 주형 공동에 주입되어 냉각된다. 이 절에서는 주조에 있어서 이러한 두 단계의 여러 가지 사항을 고려한다.

9.2.1 금속의 가열

다양한 종류의 가열로(10.4.1절)가 주조하기에 충분한 용융 온도까지 금속을 가열한다. 필요한 가열에너지는 (1) 용융점까지 온도를 높이는 데에 필요한 열, (2) 고체를 액체로 변환시키는 융해열, (3) 용융금속을 주입하기에 적합한 온도까지 높이는 열의 총합이다. 이는 다음 식과 같이 나타낼 수 있다.

$$H = \rho V \{ C_s (T_m - T_o) + H_f + C_l (T_p - T_m) \} \tag{9.1}$$

단, H는 금속을 주입 온도까지 높이는 데에 필요한 총 열량(J), ρ는 밀도(g/cm^3), C_s는 고체금속의 비열(J/g°C), T_m은 금속의 용융점(°C(K)), T_o는 초기 온도(일반적으로 상온, (°C(K)), H_f는 융융열(J/g), C_l은 액체금속의 비열(J/g°C), T_p는 주입온도(°C(K)), V는 가열되는 금속의 부피(cm^3)이다.

예제 9.1 주조금속의 가열 ────────────────

어떤 공정합금 1 m^{3}을 주조하기 위하여 도가니로에서 상온으로부터 용융점보다 100°C 높은 온도까지 가열하려 한다. 합금의 밀도는 7.5 g/cm^3, 용융점은 800°C, 금속의 고체비열은 0.33 J/g°C, 액체비열은 0.29 J/g°C, 융융열은 160 J/g이다. 열손실이 없다면, 가열에 필요한 열에너지는 얼마인가?

풀이

주물공장에서 상온은 25°C이고, 금속의 고체 상태나 액체 상태에서의 밀도는 동일하다고 가정한다. 1 m^{3}은 10^6 cm^{3}이고, 각 물성치를 식 (9.1)에 대입하면,

$$H = (7.5)(10^6)\{0.33(800 - 25) + 160 + 0.29(100)\} = 3335.625(10^6)J$$

위의 계산식은 개념상의 값들을 가지고 있어, 식 10.1을 사용한 계산값은 제한적이 되는데, 그 이유들은 다음과 같다.

(1) 고체금속의 비열 및 기타 열에 관한 물성들은 온도에 따라 변하며, 특히 가열 중에 금속의 상변화가 발생하면 변화가 심하다.
(2) 금속의 비열은 고체와 액체 상태일 때 다를 수 있다.
(3) 대부분의 주조금속은 합금이며, 대부분의 합금은 단일 용융점이 아니라 고상점과 액상점 사이의 온도에서 녹는다. 따라서, 용융열은 위에서 나타낸 것과 같이 단순하게 적용될 수 없다.
(4) 특별한 합금에 대한 물성치는 대부분의 경우에 있어서 유효하지 않다.
(5) 가열 중에 주위로 상당한 열손실이 발생한다.

9.2.2 용융금속 주입

가열 후에 금속은 주입할 준비가 된다. 용융금속을 주형(탕구계 및 주형 공동을 포함)에 주입하는 것은 주조공정에서 매우 중요한 단계이다. 이러한 단계가 성공적이기 위해서는 금속이 응고되기 전에 주형에 골고루, 특히 주요 공동부에 흘러 들어가야 한다. 주입공정에 영향을 미치는 요인으로는 주입온도, 주입속도, 난류를 포함한다.

주입온도(pouring temperature)는 주형에 주입될 때 용융금속의 온도를 말한다. 여기에서 중요한 점은 주입온도와 응고 시작온도(순수 금속일 경우에는 용융점, 합금일 경우에는 액상온도)와의 차이이며, 이러한 온도 차이는 종종 **과열량**(superheat)이라고 부른다. 이는 용융금속 주입과 응고시작 사이의 시간 동안 없어져야 하는 열량을 나타낸다[7].

주입속도(pouring rate)는 단위시간 당 용융금속이 주형에 주입되는 부피를 의미한다. 주입속도가 너무 느리면, 주형 공동에 채워지기 전에 금속이 응고되기 시작한다. 주입속도가 너무 빠르면, 난류가 발생하여 심각한 문제를 야기한다.

유체흐름에서 **난류**(turbulence)는 유체 전체 속도의 크기 및 방향이 일정하지 않게 변하는 것을 의미하며, 층류(laminar flow)의 유선과는 달리, 흐름이 뒤섞이고 불규칙적이다. 난류는 여러 가지 요인 때문에 주입하는 동안에 피하여야 한다. 난류는 주물의 품질을 떨어뜨리는 금속산화물의 형성을 응고 중에 촉진시킨다. 또한, 용융금속이 흐르면서 주는 충격 때문에 주형 표면을 점차 마모시키는 **주형침식**(mold erosion) 현상을 일으킨다. 대부분 용융금속의 밀도는 물이나 기타 유체에 비하여 매우 높고, 상온에서 보다 큰 반응성이 있기 때문에 주형에서 침식이 발생하기 쉬우며, 특히 난류가 발생하면 매우 심각한 상황이 된다. 제품 형상을 결정하는 공동에서 침식이 발생하면 문제가 커진다. 대부분의 용융금속의 밀도는 물과 일반적으로 취급하는 다른 유체들보다 더 크다. 이러한 용융금속들은 상온에서보다 훨씬 더 화학적으로 반응하기 쉽다. 그 결과, 주형 내에서 용융금속들의 유동에 의해 발생하는 마모가 중요하며, 특히 난류 조건하에서 중요하다. 부식은 주조 부품의 형상에 영향을 주기 때문에 주 공동에서 발생할 때 더욱 심각하다.

9.2.3 주입의 공학적 해석

주형과 주형의 탕구계를 흐르는 용융금속의 흐름을 지배하는 관계식은 여러 가지가 있다. 그 중 동일한 유체의 에너지(수두, 압력, 운동, 마찰) 합을 나타내는 **베르누이 정리**(Bernoulli's theorem)가 가장 중요하다. 이는 다음과 같다.

$$h_1 + \frac{p_1}{\rho} + \frac{v_1^2}{2g} + F_1 = h_2 + \frac{p^2}{\rho} + \frac{v_2^2}{2g} + F_2 \tag{9.2}$$

단, h는 수두(cm), p는 유체의 압력(N/cm^2), ρ는 밀도(g/cm^3), v는 유체속도(cm/s), g는 중력가속도 상수(981 cm/s^2), F는 마찰로 인한 수두손실이다. 첨자 1과 2는 유체가 흐르는 임의의 두 지점을 의미한다.

베르누이 정리는 여러 가지 방법으로 단순화될 수 있다. 마찰 손실(마찰은 모래주형을 지나가는 유체흐름에 영향을 미침)을 무시하고, 시스템 전체가 대기압 상태라고 가정하면, 관계식은 다음과 같이 줄여질 수 있다.

$$h_1 + \frac{v_1^2}{2g} = h_2 + \frac{v_2^2}{2g} \tag{9.3}$$

이는 주입탕구 바닥에서 용융금속의 속도를 계산하는 데에 이용될 수 있다. 1은 주입탕구의 위, 2를 주입탕구의 바닥이라고 하자. 2가 기준면이라면, 2에서의 수두는 0이며($h_2 = 0$), h_1은 주입탕구의 높이다. 금속이 주입 컵에 부어져서 주입탕구로 흘러 들어가면, 맨 위에서의 초기속도는 0이다 ($v_1 = 0$). 그러므로 식 (9.3)은 다음과 같이 단순화된다.

$$h_1 = \frac{v_2^2}{2g}$$

이를 유속에 대한 식으로 다시 쓰면,

$$v = \sqrt{2gh} \tag{9.4}$$

단, v는 주입탕구의 바닥에서 용융금속의 속도(cm/s), g는 중력가속도 상수(981 cm/s²), h는 주입탕구의 높이(cm)이다.

주입 동안에 또 다른 중요한 관계식은 유체의 체적 유량이 항상 일정함을 나타내는 **연속성 법칙** (continuity law)이다. 체적 유량은 유체의 단면적에 속도를 곱한 값이다. 연속성 법칙은 다음과 같이 표현될 수 있다.

$$Q = v_1 A_1 = v_2 A_2 \tag{9.5}$$

단, Q는 체적 유량(cm³/s), v는 유속, A는 유체의 단면적(cm²)이며, 첨자는 유체의 임의의 두 지점을 나타낸다. 따라서, 단면적이 늘어나면 유속이 줄어들게 되며, 반대로 단면적이 줄어들면 유속이 늘어난다.

식 (9.4) 및 식 (9.5)는 주입탕구가 경사져야 한다는 사실을 의미한다. 주입탕구에서부터 용융금속이 가속되어 흘러들어 가면서 탕도의 단면적이 줄어들어야 한다. 그렇지 않으면 주입탕구의 바닥에서 용융금속의 속도가 증가하면서 용융금속에 공기가 들어가서 기공을 만들게 된다. 이러한 현상을 방지하기 위하여, 주입탕구는 체적 유량 vA가 주입탕구의 입구에서나 바닥에서도 같도록 경사지게 설계되어야 한다.

탕구 바닥에서 주형 공동까지의 탕도가 수평이라고 가정하면(즉, 주입탕구 바닥에서 수두 h가 변하지 않는다면), 탕구에서 주형 공동까지의 체적 유량은 vA값을 유지하게 된다. 따라서 체적 V인 주형 공동을 채우는 데 필요한 시간은 다음과 같다.

$$T_{MF} = \frac{V}{Q} \tag{9.6}$$

단, T_{MF}는 주형충진시간(s), V는 주형 공동 부피(cm³), Q는 체적 유량이다. 식 (9.6)으로 계산된 주형충진시간은 최소 시간이 되어야만 한다. 이는 마찰 손실을 무시하였으며, 탕구계에서 용융금속의 흐름을 저해하는 요소를 고려하지 않았기 때문이다. 그러므로 일반적으로 주형충진시간은 식 (9.6)에서 계산된 것보다 더 길게 된다.

예제 9.2 용융금속 주입 계산 ─────────

어떤 주형의 주입탕구의 길이가 20 cm이고 바닥에서의 단면적이 2.5 cm²이다. 수평인 탕도가 주입탕구에서 주형 공동으로 연결되어 있으며, 주형 공동의 체적은 1560 cm³이다, 이때 다음을 결정하여라. (a) 주입탕구의 바닥에서 용융금속의 속도, (b) 체적 유량, (c) 주형을 채우는 시간.

풀이

(a) 주입탕구의 바닥에서 용융금속의 속도는 식 (9.4)로부터 계산할 수 있다.

$$v = \sqrt{2(981)(20)} = 198.10 \text{ cm/s}$$

(b) 체적 유량

$$Q = (2.5 \text{ cm}^2)(198.1 \text{ cm/s}) = 495.25 \text{ cm}^3/\text{s}$$

(c) 체적이 1560cm³인 주형 공동을 채우는 데 필요한 시간

$$T_{MF} = 1560/495.25 = 3.149 \cong 3.15\text{s}$$

9.2.4 유동성

용융금속의 유동특성은 종종 **유동성**(fluidity)으로 나타내며, 용융금속이 주형으로 흘러들어가 응고되기 전에 주형을 채우는 용량으로 측정한다. 유동성은 점성의 반대이다(3.4절). 점성이 증가할수록 유동성은 감소한다. 표준 시험 방법은 그림 9.3과 같이 나선형 주형시험기를 이용하여 유동성을 측정할 수 있으며, 나선형 탕도에서 응고된 금속의 길이가 용융금속의 유동성을 의미한다. 길이가 길면 길수록 유동성이 큰 것을 의미한다.

유동성에 영향을 미치는 요인은 용융점에 비례한 주입온도, 금속 조성, 용융금속의 점성, 그리고 주변으로 전달되는 열이 포함된다. 금속의 응고점보다 주입온도가 높을수록 액체 상태로 머무는 시간이 길어지게 되므로 응고되기 전에 많이 흐를 수 있다. 이는 산화물 형성, 가스 기공, 주형을 형성하는 모래 입자들 사이로 용융금속의 침투 등의 주조 문제를 야기할 수 있다. 용융금속의 침투가 발생하면 주물 표면에 모래 입자가 붙어 있게 되어, 표면이 매우 거칠게 된다.

용융금속의 조성도 유동성에 영향을 미치며, 특히 금속의 응고 메커니즘에 지대한 영향을 끼친다. 가장 좋은 유동성은 일정한 온도에서 응고되기 시작하는 것(즉, 순수 금속 및 공정 합금)이며, 응고가 어떤 온도범위에서 이루어진다면(대부분의 합금), 일부 응고된 부분이 액상의 금속부분과 접하면서

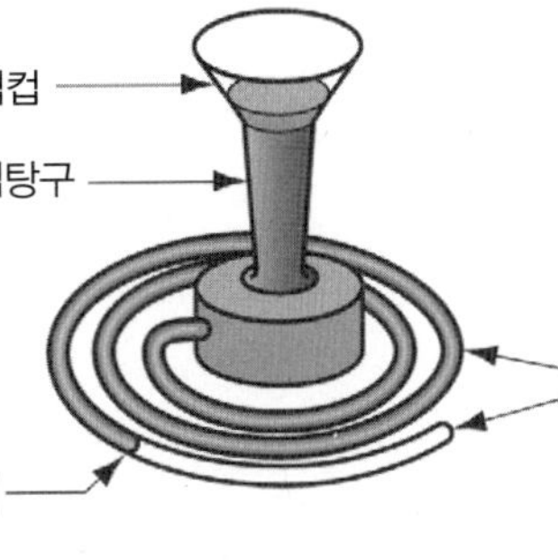

그림 9.3 유동성 측정을 위한 나선형 주형 시험기. 응고되기 전까지 용융금속에 의해 채워지는 나선형 탕도의 길이를 측정.

주입컵
주입탕구
나선형 주형
응고전까지의 유동 한계점

유동성을 저하시키게 된다. 뿐만 아니라 금속의 조성은 액체 상태로부터 응고시키는 데 필요한 열의 총량인 **용융열**(heat of fusion)에도 영향을 미친다. 용융열이 높으면 주물의 유동성을 증대시킨다.

9.3 응고와 냉각

주형에 주입 후 용융금속은 냉각되면서 응고된다. 본 절에서는 주조에서 응고의 물리적 메커니즘에 대하여 알아본다. 응고와 관련된 문제는 응고시간, 수축, 방향성 응고 및 라이저 설계이다.

9.3.1 금속의 응고

응고란 용융금속이 다시 고체 상태로 되돌아가는 변환과정을 말하며, 순수한 금속 또는 합금인가에 따라 응고과정이 다르다.

순수금속

순수한 금속은 용융점과 동일한 응고점에서 일정한 온도에서 응고되기 시작한다. 순수한 금속의 용융점은 잘 알려져 있으며, 이를 표 4.1에 나타내었다. 시간에 따른 냉각과정은 냉각곡선이라고 불리는 그림 9.4와 같이 이루어진다. 실제 냉각은 **국부응고시간**(local solidification time)이라 불리는 시간동안 이루어지며, 이 기간 동안에 용융 잠열이 주형 주변으로 방출이 된다. **총응고시간**(total solidification time)은 용융금속 주입에서부터 완전응고까지 걸리는 시간을 의미한다. 주물이 완전히 응고된 후, 냉각곡선의 하향기울기와 같은 속도로 냉각이 지속된다.

주형 벽의 냉각작용으로 인하여 용융금속을 주입하자마자 고체금속의 얇은 막이 바로 형성된다. 막의 두께는 응고가 진행됨에 따라 점점 두꺼워져서 껍데기를 형성하고, 주형 공동의 중심으로 응고가 진행된다. 진행속도는 주형으로의 열전달 및 주조금속의 열적 물성에 따라 다르다.

이러한 응고과정 동안에 금속 입자 형성 및 성장에 대하여 살펴보자. 초기 금속막을 형성하는 금속 입자는 주형 벽을 통속 열의 방출에 의하여 완전히 냉각된다. 이러한 냉각 작용은 조직을 세밀하

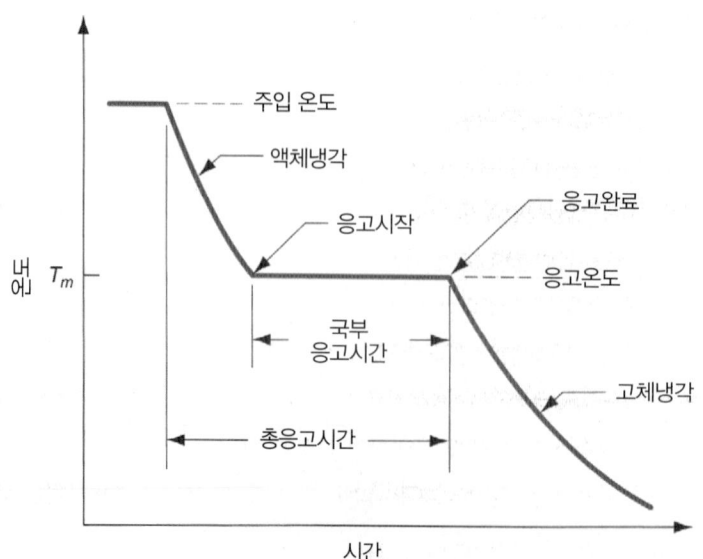

그림 9.4 주조 동안의 순수 금속에 대한 냉각곡선.

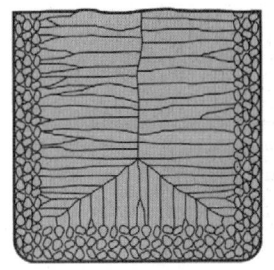

그림 9.5 주형 벽 가까이에 있는 작은 입자들은 방향성이 없으며, 주물 중앙으로 향함에 따라 커다란 막대모양 입자들이 나타나는 순수금속 주물의 특징적 입자 구조.

게 하고, 임의의 방향성을 갖게 만든다. 냉각이 진행되면서 열전달이 되는 방향으로 입자 형성 및 성장 냉각 작용은 조열전달은 금속막과 주형 벽을 통하여 입자 형기 때문에, 입자는 내부 방향의 바늘 또는 가시와 같은 모양으로 성장한다. 이러한 가시 모양들은 성장하면서 곁가지가 형성되고, 이 곁가지가 점점 더 성장하여 첫 번째 가지와 직각을 이룬다. 이러한 입자 성장형태를 **덴드라이트성장**(dendritic growth)이라고 하며, 순수금속뿐만 아니라 합금에서도 나타난다. 완전히 응고될 때까지 용융금속이 보충되면서 이러한 나무 모양의 조직이 가득 차게 된다. 이러한 덴드라이트성장으로 생긴 입자는 방향성이 있으며, 그림 9.5와 같이 주물의 중앙으로 향하는 막대모양으로 굵게 되는 경향을 보인다.

일반 합금

대부분의 일반 합금은 단일 온도가 아닌 어떤 온도 범위에서 응고되며, 정확한 온도 범위는 합금계 및 특별한 조성에 따라 다르다. 합금의 응고는 특별한 합금계(6.1.2절)의 상태도와 주어진 조성에 따른 냉각곡선을 보여주는 그림 9.6으로 설명할 수 있다. 온도가 내려감에 따라 **액상선**(liquidus) 온도에서 응고가 시작되어, **고상선**(solidus) 온도에서 응고가 완료된다. 응고의 시작은 순수금속과 매우 유사하며, 주형 표면에서의 급격한 온도변화로 얇은 막이 형성된다. 주형 벽으로부터 중앙으로의 수상조직의 형성이 성장해나가며 응고가 진행된다. 그러나 액상선과 고상선 사이의 온도가 확산되면서 수상성장의 성질은 액체금속 및 고체금속이 공존하는 영역이 형성되는 것을 나타낸다. 수상조직에서 고체 상태로 변한 부분은 망 속에 액체금속의 작은 섬처럼 가두게 되는데, 이러한 고체-액체 영역은 **머쉬존**(mushy zone)이라 부르며 농도가 묽은 상태를 보인다. 응고 조건에 따라 머쉬존이 매우 얇게

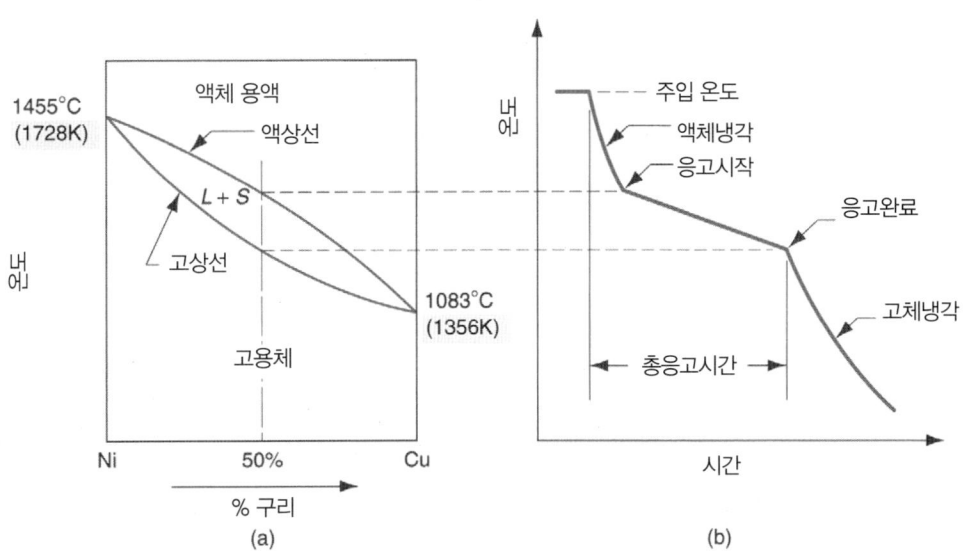

그림 9.6 (a) 구리-니켈 합금의 상태도, (b) 50% 니켈-50% 구리의 냉각곡선.

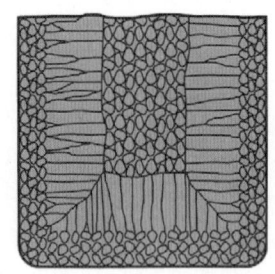

그림 9.7 주물의 중앙에서 합금 원소의 편석 현상을 보여주는 특징적 결정입자 구조.

나타날 수 있거나, 주물 전체에 걸쳐 나타날 수 있다. 전체에 걸쳐 나타나는 경우는 매우 뜨거운 용융 금속이 매우 천천히 냉각되는 경우와 액상선과 고상선의 온도 차이가 매우 큰 경우이다. 점차적으로, 수상조직 망 내에 있는 액체 섬들은 주어진 합금 조성에 따라 액상선으로 주조 온도가 떨어짐에 따라 응고된다.

합금의 응고과정을 복잡하게 만드는 또 다른 요인은 수상조직의 조성이 용융점이 더 높은 금속을 선호한다는 것이다. 응고가 진행되고 수상조직이 성장하면서, 응고된 금속과 남아있는 용융 금속 간의 조성 불균형이 발생하게 된다. 이러한 조성 불균형은 완성된 주물에서 원소들이 편석된 형태로 나타나게 된다. 편석의 형태는 미시적, 거시적 두 종류가 있다. 미시적인 관점에서의 편석은 각각 개별 결정립에서 화학적 조성이 다른 것이다. 이는 각 수상조직의 초기 중심기둥이, 합금원소 중 어느 한 원소의 비율이 더 높기 때문이다. 수상조직이 주변으로 성장할 때, 첫 번째 금속이 부분적으로 감소되고 남아있는 액체금속을 이용하여 조직이 확장된다. 결국 각 결정립에서 마지막으로 응고되는 금속은 수상조직의 가지에 의해 갇히게 되고, 그것의 조성은 더 한층 평형을 잃게 된다. 따라서 주물의 단일 결정립 안에서 화학적 조성의 변화가 나타난다.

편석을 거시적인 관점에서 보면, 화학적 조성이 주물 전체에 걸쳐 변화하게 된다. 이는 처음 응고하기 시작한 부분(주형 벽 근처의 바깥쪽)에서는 다른 요소보다 어떤 하나의 구성요소 금속이 더 많고, 안쪽 부분에서 응고가 발생하는 시간에는 남아있는 용융 합금에서 그 요소 금속이 없게 되기 때문이다. 그러므로 주물의 단면에는 그림 9.7과 같이 일반적인 편석 현상이 나타나며, 이를 **잉곳편석**(ingot segregation)이라고 부른다.

공정합금

공정합금(eutectic alloy)은 액상선과 고상선이 같은 온도를 취하는 특별한 조성을 가지며, 응고하는 과정에 있어 예외적인 취급을 받는다. 그러므로 응고가 일정한 온도 범위에 걸쳐서 일어나는 것이 아니라 일정한 온도값에서 일어난다. 그림 6.3과 같이 납-주석 합금계의 상태도에서 알 수 있듯이, 순수한 납은 327°C(600 K)에서 용융되는 반면, 순수한 주석은 232°C(505 K)에서 용융된다. 대부분의 납-주석 합금은 전형적인 고상선-액상선 범위를 갖지만, 주석 61.9%, 납 38.1%인 특별한 조성을 가지면 온도범위가 아닌 183°C(456 K)의 용융온도(응고온도)를 가진다. 이러한 조성을 납-주석 합금계의 **공정조성**(eutectic composition)이라고 하며, 183°C를 **공정온도**(eutectic temperature)라 한다. 납-주석 합금은 주조에서 일반적으로 사용되지는 않지만, 공정에 근접한 납-주석 합금은 낮은 용융점이 요구되는 전자 솔더링에 사용된다. 주조에 사용되는 공정합금의 예는 알루미늄-규소(11.6% Si), 주철(4.3% C)이다.

9.3.2 응고시간

주물이 순수 금속이나 합금이건 간에 응고에는 시간이 필요하며, 총응고시간은 용융금속 주입부터 주물이 응고되기까지에 필요한 시간이다. 이 시간은 주물의 크기와 모양에 따라 다르며, 잘 알려진 실험적 관계인 **크보리노프 법칙**(Chvorinov's rule)으로부터 알 수 있다.

$$T_{TS} = C_m \left(\frac{V}{A} \right) \tag{9.7}$$

단, T_{TS}는 총응고시간(min), V는 주물의 부피(cm^3), A는 주물의 표면적(cm^2), n은 통상적으로 2인 지수, C_m은 **주형 상수**(mold constant)이다. n이 2라면, C_m의 단위는 min/cm^2이며, 주조공정의 조건에 따라 값이 달라진다. 이 조건은 주형재료(예, 비열, 열전도율), 주물 재료의 열특성(예, 용융열, 비열, 열전도율) 및 용해온도에 대한 상대적인 용융금속 주입온도 등이다. 주물의 형상이 다를지라도, 주어진 주조 조건에 따른 C_m 값은 동일한 주형재료, 주조금속, 용융금속 주입온도에서 이전에 수행된 공정 데이터를 기초로 산정될 수 있다.

크보리노프 법칙은 표면적 대비 체적 비율이 크면, 작은 경우보다 더 천천히 냉각되고 응고됨을 의미하며, 이는 라이저 설계에 유용하게 사용된다. 주형 공동에 용융금속을 보충해주기 위하여, 라이저의 용융금속은 주물보다 긴 시간동안 액상으로 유지되어야 한다. 즉, 라이저의 T_{TS}는 주물의 T_{TS}보다 커야 한다. 라이저 및 주물의 주형 조건이 동일하기 때문에 주형상수는 동일하다. 라이저가 표면적 대비 체적 비율이 크도록 설계하여, 주형 공동에서 먼저 응고되어 수축의 영향을 줄일 수 있도록 하여야 한다. 크보리노프 법칙을 이용하여 라이저를 설계하기 전에, 수축에 관하여 알아보자.

9.3.3 수축

앞의 응고 부분에서는 냉각과 응고 동안에 발생하는 수축의 영향에 대해서는 무시하였다. 이 절에서는 수축에 대하여 알아본다. 수축(shrinkage)은 다음과 같은 3단계로 발생한다. (1) 응고 전에 냉각과정에서의 액상수축, (2) 액상에서 고상으로 변하는 과정의 **응고수축**(solidification shrinkage), (3) 상온까지의 냉각과정에서의 응고된 주물의 열수축. 이러한 3단계는 그림 9.8과 같이 개방형 주형에서의 원통형 주물로 설명될 수 있다. 주입한 직후의 용융금속은 그림 9.8의 (0)과 같다. 용융금속 주입온도부터 응고온도까지 냉각과정에서의 액상수축은 그림 9.8의 (1)과 같이 용융금속의 높이를 시작높이보다 낮추게 되며, 이러한 액상수축의 양은 보통 약 0.5%이다. 그림에서 (2)와 같은 응고수축은 두 가지 영향을 주는데, 첫째 주물의 높이가 훨씬 더 줄어들게 되며, 둘째 주물의 상부 중앙 부분에 공급되는 용융금속의 양이 제한된다는 점이다. 보통 이 부분이 가장 늦게 응고되는 부분이며, 용융금속의 부족은 주물의 이 부분에 빈 공간을 만들게 된다. 주조기술자는 이러한 수축 공동을 **파이프**(pipe)라고 부른다. 한번 응고된 후에는, 주물은 그림 9.8의 (3)과 같이 높이와 직경이 더 많이 줄어든다. 이러한 수축은 고체 금속의 열팽창 계수에 의하여 결정되며, 수축량을 결정할 때에 사용된다.

고체 상태는 액체 상태보다 밀도가 크기 때문에 응고수축은 거의 모든 금속에서 나타난다. 응고에 수반되는 상변태에 의해 금속의 단위 무게당 부피가 감소하게 된다. 높은 탄소함량의 주철은 예외적인 경우이며, 응고의 최종단계인 흑연화 과정에서 상변화와 연관된 응고 수축을 상쇄시키는 팽창

그림 9.8 응고 및 냉각 중의 원통형 주물의 수축. (0) 용융금속 주입 직후의 초기 높이, (1) 냉각중의 액상수축에 의한 높이 감소, (2) 응고 수축에 의한 높이 감소 및 수축공동 생성, (3) 열수축으로 인한 높이 및 직경의 더 많은 감소. 그림에서 치수 감소는 이해를 돕기 위해 과장되게 표현하였음.

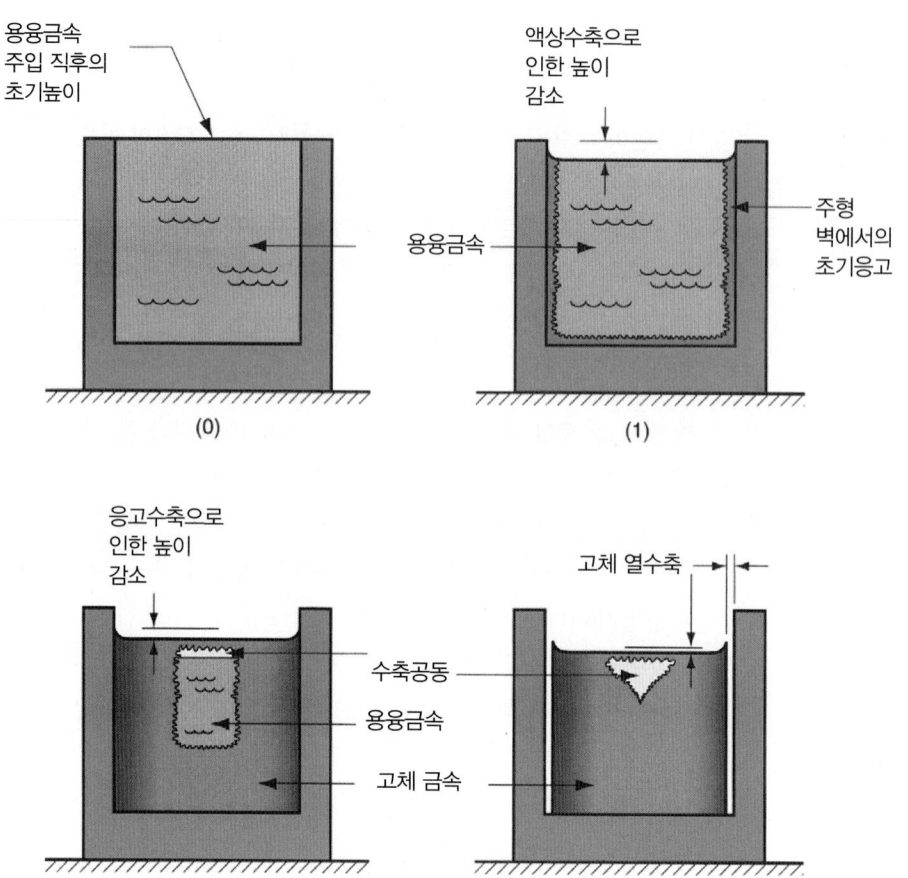

을 야기시킨다 [7]. 응고수축에 대한 용융금속 보충은 주조 공정에 따라 몇 가지 방법으로 이루어진다. 사형주조에서, 액상금속은 라이저에 의해 공동에 공급된다(9.3.5절). 다이캐스팅(10.3.3절)에서, 용융금속은 압력 하에서 공급된다.

패턴 제작자는 열수축을 감안하여 주형 공동을 크게 설계하는데, 최종 주물 크기에 비하여 주형이 큰 정도를 **패턴수축여유**(pattern shrinkage allowance)라고 부른다. 수축은 부피의 단위이지만, 주물의 크기는 거의 항상 길이로 표현되기 때문에 수축여유도 마찬가지로 길이단위로 표현된다. 정확한 치수보다 약간 늘린 특별한 수축자를 이용하여 원하는 주형보다 큰 패턴 및 주형을 제작한다. 표 9.1에 다양한 주조 금속에 대한 전형적인 선형 수축값이 나타나 있다. 이러한 값들은 주조할 금속에 따라 수축자의 크기를 결정하는 데 사용된다.

표 9.1 고체 열수축에 기인한 다양한 주조 금속들에 대한 전형적인 선형 수축값들.

금속	선형 수축	금속	선형 수축	금속	선형 수축
알루미늄 합금	1.3%	마그네슘	2.1%	크롬강	2.1%
황동	1.3%–1.6%	마그네슘 합금	1.6%	주석	2.1%
회주철	0.8%–1.3%	니켈	2.1%	아연	2.6%
백주철	2.1%	탄소강	1.6%–2.1%		

문헌 [10]으로부터 편집함.

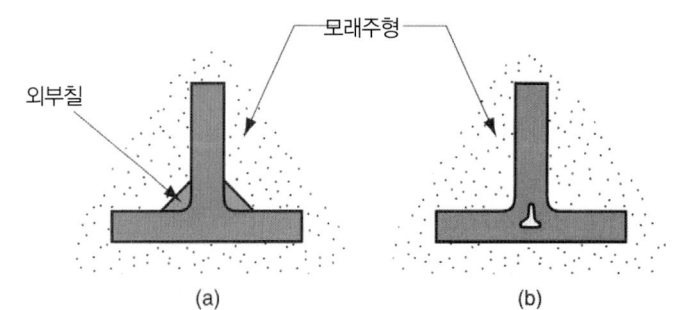

그림 9.9 (a) 주물의 얇은 단면에서 용융금속을 급격히 냉각시키는 외부칠, (b) 외부칠을 사용하지 않았을 경우.

9.3.4 방향성 응고

수축의 악영향을 최소화하기 위하여, 공급되는 용융금속이 주입구에서 가장 먼 부분이 먼저 응고되기 시작하고, 여기로부터 라이저 쪽으로 응고가 진행되는 것이 바람직하다. 수축 공동을 예방하기 위하여 이러한 방식으로 라이저의 용융금속이 계속 공급된다. 이러한 응고과정과 조절방식을 표현하기 위하여 **방향성응고**(directional solidification)라는 용어가 사용된다. 원하는 방향의 응고는 주물 설계에 대한 크보리노프의 법칙, 주형 내에서의 방향성, 라이저 설계를 통하여 가능하다. 예를 들면, 라이저로부터 멀리 떨어진 부분에 V/A 비율(표면적 대비 부피비)이 낮은 주물부를 위치시키면 응고가 먼저 진행되어 더 커다란 단면을 가진 주물의 나머지 부분에 용융금속의 공급이 가능하게 된다.

방향성응고를 시키는 다른 방법은 **칠**(chill)을 이용하는 방법이다. 내부칠 혹은 외부칠은 주물의 특정부위를 급격히 냉각시키도록 열을 방출한다. **내부칠**(internal chill)은 용융금속 주입 전에 주형 공동 내에 작은 금속 조각을 위치시켜 용융금속이 칠 주위에서 먼저 응고되게 한다. 내부칠은 주물 자체와 같은 금속 또는 주입되는 용융금속과 비슷한 화학적 조성을 갖도록 해야만 한다.

외부칠(external chill)은 주형 공동의 내부 벽에 금속 삽입물을 위치시켜 응고를 촉진시키기 위하여 주변 모래보다 신속히 열을 빼앗아 갈 수 있도록 한다. 이는 용융금속이 지속적으로 공급될 수 없는 주물의 단면 부위에 용융금속이 공급될 수 있는 동안에 신속히 응고시키고자 할 때 효과적으로 사용될 수 있다. 그림 9.9는 외부칠의 적용 가능한 예를 보여주며, 사용하지 않았을 경우도 보여준다.

주형의 적절한 부분에서 응고가 시작되는 것이 중요하며, 마찬가지로 라이저에 가까운 주형의 단면에서 먼저 응고가 일어나지 않도록 하는 것도 중요하다. 또한 중요한 관심사항은 라이저와 주형 공동사이의 통로가 특별한 관심의 대상이 된다. 주조 중에 먼저 이 통로 내의 용융금속이 응고되어 라이저의 용융금속이 주형 공동에 공급될 수 없는 일이 발생하지 않도록 설계해야만 한다. 또한 일반적으로는 통로의 부피를 최소화하지만(낭비되는 금속을 줄이기 위하여), 응고가 시작되는 것을 막기에 충분한 단면적을 갖도록 설계해야만 한다. 이러한 목적을 위하여 통로의 길이를 짧게 하여, 라이저와 주물의 용융금속으로부터 열을 흡수할 수 있도록 한다.

9.3.5 라이저 설계

이전에 설명한 바와 같이, 그림 9.2(b)의 라이저는 응고수축을 보상하기 위하여 냉각중인 주물에 용융금속을 공급하기 위하여 사형주조 주형에 사용된다. 제 기능을 다하기 위하여 주물이 응고된 후까지 라이저는 용융금속을 액상으로 유지시켜야 한다. 크보리노프 법칙이 라이저의 크기를 계산하는 데에 사용된다. 다음의 예제는 라이저의 크기 계산을 설명해준다.

예제 9.3 크보리노프 법칙을 이용한 라이저 설계 ────────────

원통형 라이저가 사형주조 주형에 사용되어야 하며, 주물은 7.5 cm × 12.5 cm × 2.0 cm인 사각 강철판이다. 이전에 관찰한 바로는, 이러한 주물의 총응고시간(T_{TS})은 1.6 min이었다. 원통형 라이저의 높이 대 직경비가 1.0일 때, T_{TS}가 2.0 min이 되도록 라이저의 치수를 결정하여라.

풀이

먼저 판의 V/A 비를 계산한다.

$$V = 7.5 \times 12.5 \times 2.0 = 187.5 \text{ cm}^3, A = 2(7.5 \times 12.5 + 7.5 \times 2.0 + 12.5 \times 2.0) = 267.5 \text{ cm}^2$$

주어진 조건에서 T_{TS} = 1.6 min이며, 식 9.7로부터 n = 2에 대한 주형 상수 C_m을 계산할 수 있다.

$$C_m = \frac{T_{TS}}{(V/A)^2} = \frac{1.6}{(187.5/267.5)^2} = 3.256 \cong 3.26 \text{ min/cm}^2$$

다음은, 주물과 라이저가 동일한 주형 내에 있으므로 동일한 주형상수를 사용하여 T_{TS} = 2.0 min인 라이저를 설계한다. 라이저의 부피는 다음과 같다.

$$V = \frac{\pi D^2 h}{4}$$

표면적은

$$A = \pi D h + \frac{2\pi D^2}{4}$$

이다. D/H = 1.0이므로, D = H이다. 부피 및 표면적 식에 H 대신에 D를 대입하면,

$$V = \pi D^3/4$$
$$A = \pi D^2 + 2\pi D^2/4 = 1.5\pi D^2$$

따라서, $V/A = D/6$, 크보리노프의 방정식에 대입하면,

$$T_{TS} = 2.0 = 3.26\left(\frac{D}{6}\right)^2 = 0.09056 D^2$$
$$D^2 = 2.0/0.09056 = 22.086 \text{ cm}^2$$
$$D = 4.699 \cong 4.70 \text{ cm}$$

H와 D는 같으므로, H = 4.70 cm

라이저의 금속은 응고된 주물에서 분리되어 낭비 금속이며, 다음 주조 공정에서 다시 용융되어 사용된다. 따라서 낭비적인 요소가 있기 때문에 라이저의 부피를 최소화하는 것이 바람직하다. 반면에 라이저 형상의 V/A비를 최대화하기 위하여, 부피를 가능한 한 크게 하는 경향이 있다. 예제 문제에서 라이저의 부피는 $V = \pi(4.70)^3/4 = 81.54 \text{ cm}^3$이여서, 비록 총응고시간이 25% 더 길지만, 판(주

물) 부피의 44%밖에 되지 않는다.

라이저는 여러 가지 다양한 모양으로 설계될 수 있으며, 그림 9.2(b)는 주물의 측면에 작은 탕도로 부착되어 있는 **측면라이저**(side riser)이다. **상부라이저**(top riser)는 주물의 상부에 붙어 있다. 또한 라이저는 개방형 또는 폐쇄형도 가능하다. **개방형라이저**(open riser)는 상형의 윗면에 노출되어 있으며, 열을 빨리 발산시켜서 더 빠른 응고를 촉진시킨다는 단점이 있다. **폐쇄형라이저**(blind riser)는 그림 9.2(b)와 같이 완전히 주형 내에 위치한다.

참고문헌

[1] Amstead, B. H., Ostwald, P. F., and Begeman, M. L. *Manufacturing Processes.* John Wiley & Sons, Inc., New York, 1987.

[2] Beeley, P. R. *Foundry Technology.* Butterworths-Heinemann, Oxford, UK, 2001.

[3] Black, J, and Kohser, R. *DeGarmo's Materials and Processes in Manufacturing,* 10th ed. John Wiley & Sons, Inc., Hoboken, New Jersey, 2008.

[4] Datsko, J. *Material Properties and Manufacturing Processes.* John Wiley & Sons, Inc., New York, 1966.

[5] Edwards, L., and Endean, M. *Manufacturing with Materials.* Open University, Milton Keynes, and Butterworth Scientific Ltd., London, 1990.

[6] Flinn, R. A. *Fundamentals of Metal Casting.* American Foundrymen's Society, Inc., Des Plaines, Illinois, 1987.

[7] Heine, R. W., Loper, Jr., C. R., and Rosenthal, C. *Principles of Metal Casting,* 2nd ed. McGraw-Hill Book Co., New York, 1967.

[8] Kotzin, E. L. (ed.). *Metalcasting and Molding Processes.* American Foundrymen's Society, Inc., Des Plaines, Illinois, 1981.

[9] Lessiter, M. J., and K. Kirgin. "Trends in the Casting Industry," *Advanced Materials & Processes,* January 2002, pp. 42–43.

[10] *Metals Handbook,* Vol. 15, *Casting.* ASM International, Materials Park, Ohio, 2008.

[11] Mikelonis, P. J. (ed.). *Foundry Technology.* American Society for Metals, Metals Park, Ohio, 1982.

[12] Niebel, B. W., Draper, A. B., Wysk, R. A. *Modern Manufacturing Process Engineering.* McGraw-Hill Book Co., New York, 1989.

[13] Simpson, B. L. *History of the Metalcasting Industry.* American Foundrymen's Society, Inc., Des Plaines, Illinois, 1997.

[14] Taylor, H. F., Flemings, M. C., and Wulff, J. *Foundry Engineering,* 2nd ed. American Foundrymen's Society, Inc., Des Plaines, Illinois, 1987.

[15] Wick, C., Benedict, J. T., and Veilleux, R. F. *Tool and Manufacturing Engineers Handbook,* 4th ed., Vol. II, *Forming.* Society of Manufacturing Engineers, Dearborn, Michigan, 1984.

복습문제

9.1 성형주조 공정의 중요한 이점을 설명하여라.

9.2 주조의 제약조건 및 단점은 무엇인가?

9.3 주조 공정을 수행하는 공장을 영어로 보통 무엇이라 하는가?

9.4 개방형 주형과 폐쇄형 주형의 차이는 무엇인가?

9.5 주조 공정을 구별시키는 두 가지 기본적인 주형 형태는 무엇인가?

9.6 상업적으로 가장 중요한 주조 공정은 무엇인가?

9.7 사형주형에서 패턴과 코어의 차이점은 무엇인가?

9.8 과열은 무엇을 의미하는가?

9.9 용융금속을 주입할 때에 왜 용융금속의 난류를 피하여야 하는가?

9.10 주조에 있어서 용융금속의 흐름에 적용되는 연속방정식이란 무엇인가?

9.11 주형 공동에 용융금속을 주입할 때에 용융금속의 유동성에 영향을 미치는 요인들로는 무엇이 있는가?

9.12 주조에서 용융열이란 무엇인가?

9.13 합금의 응고와 순수 금속의 응고는 어떻게 다른가?

9.14 공정합금이란 무엇인가?

9.15 주조에서 크보리노프 법칙으로 알려진 관계는 무엇인가?

9.16 금속 주조에서 발생하는 용융금속을 주입한 후의 세

가지 수축은 무엇인가?

9.17 주조에서 칠(chill)이란 무엇인가?

객관식문제(15개의 답)

9.1 사형주조는 다음 중 어느 것인가?

(a) 소모성 주형, (b) 영구 주형.

9.2 사형주조에서 상부 주형을 영어로 무엇이라 하는가?

(a) cope, (b) drag.

9.3 주조에서 플라스크는 다음 중 어느 것인가?

(a) 주조기술자의 음료병, (b) 상형과 하형을 담는 상자, (c) 용융금속을 담는 상자, (d) 상형과 하형 사이에 누출된 금속.

9.4 주조과정에서 탕도는 다음 중 어떤 것인가?

(a) 탕구로부터 주형 공동으로 연결되는 통로, (b) 주형으로 용융금속을 운반하는 작업자, (c) 주형으로 용융금속이 흘러들어가는 수직 통로.

9.5 용융금속을 주입하는 동안에 발생되는 난류가 바람직하지 않은 이유는 무엇인가? (두 개의 답)

(a) 주형 표면의 변색을 유발한다, (b) 모래주형의 모양을 잡아주는 데에 사용되는 결합제를 용해시킨다, (c) 주형 표면의 부식을 증가시킨다, (d) 응고 동안에 응고를 방해하는 금속산화물의 형성을 증가시킨다, (e) 주형충진시간을 증가시킨다, (f) 총응고시간을 증가시킨다.

9.6 총응고시간은 다음 중 어떻게 정의되는가?

(a) 용융금속 주입부터 완전히 응고될 때까지의 시간, (b) 용융금속 주입부터 상온으로 냉각될 때까지의 시간, (c) 응고부터 상온으로 냉각될 때까지의 시간, (d) 융해열을 배출하는 시간.

9.7 합금의 응고 동안에 액체금속과 고체금속이 함께 존재할 때, 고체-액체 금속의 혼합물을 무엇이라고 하는가?

(a) 공정조성, (b) 잉곳분리, (c) 액상선, (d) 머쉬존, (e) 고상선.

9.8 크보리노프 법칙에 의하면 총응고시간은 다음 중 무엇에 비례하는가?

(a) $(A/V)^n$, (b) H_f, (c) T_m, (d) V, (e) V/A, (f) $(V/A)^2$.

단, A는 주물의 표면적, H_f는 융해열, T_m은 녹는 온도, V는 주물의 부피

9.9 다음 중 주물에서 라이저는 무엇인가? (세 개의 정답)

(a) 코어의 부력을 방지하기 위하여 주물에 삽입하는 삽입물,

(b) 탕구에서 주형 공동으로 직접 용융금속을 공급하는 탕구계,

(c) 주물제품의 일부분이 아닌 금속,

(d) 주물에 용융금속을 공급하고 응고 수축을 보상하는 용융금속 공급처,

(e) 일반적으로 재활용되는 폐금속.

9.10 사형주조 주형에서 라이저의 V/A 비는 주물 자체의 V/A 비에 비하여 어떠한가?

(a) 같다, (b) 크다, (c) 작다.

9.11 모래주형으로 완전히 둘러싸여 있으며, 주형 공동에 용융금속을 공급하는 통로로 연결되어 있는 라이저의 종류는 무엇인가? (두 개의 정답)

(a) 폐쇄형 라이저, (b) 개방형 라이저,

(c) 측면 라이저, (d) 상부 라이저.

연습문제

가열과 용융금속 주입

9.1 직경 40 cm, 두께 5 cm인 디스크를 개방형 주형 주조 공정에서 순수 알루미늄으로 주조하려 한다. 알루미늄의 용융온도는 660°C이며, 용융금속 주입온도는 800°C이다. 용융 알루미늄은 주형 공동을 채우는 양보다 5% 많다고 가정한다. 25°C 상온에서부터 용융금속 주입온도까지 가열하는 데에 필요한 열량을 계산하여

라. 알루미늄의 융해열은 389.3 J/g이며, 다른 물성치들은 표 4.1과 표 4.2에서 구하고, 고체 알루미늄과 용융 알루미늄의 비열은 같은 것으로 가정한다.

9.2 개방형 주형에서 대형 판을 주조하는 데에 충분한 양의 순수 구리를 사용하여 가열된다. 판의 치수는 길이 50 cm, 폭 25 cm, 두께 7.5 cm이다. 주입 온도인 1175°C까지 금속을 가열하는 데에 필요한 열량을 계산하여라. 가열되는 금속의 양은 주형 공동을 채우는 데 필요한 양보다 10% 더 많다고 가정한다. 금속의 물성치는 밀도 0.009 kg/cm³, 녹는점 1083°C, 금속의 고체 상태 비열은 0.39 J/g°C이고, 액체 상태 비열은 0.38 J/g°C이며, 융해열은 186kJ/kg이다.

9.3 주형의 탕도에 연결되는 주입탕구의 길이는 175 mm이고, 탕구 바닥의 단면적은 400 mm²이다. 주형 공동의 부피는 0.001 m³일 때, 다음을 결정하여라. (a) 주입탕구의 바닥을 통하여 흘러 들어가는 용융금속의 속도, (b) 용융금속 흐름의 단위시간당 부피, (c) 주형 공동을 채우는 데에 필요한 시간.

9.4 주형의 주입탕구의 길이는 15 cm이고, 탕구 바닥의 단면적은 3.125 cm²이다. 주형 공동으로 용융금속을 공급해주는 수평 탕도의 부피가 1172 cm³일 때 다음을 결정하여라. (a) 주입탕구의 바닥을 통하여 흘러 들어가는 용융금속의 속도, (b) 용융금속 흐름의 단위시간당 부피, (c) 주형 공동을 채우는 데에 필요한 시간.

9.5 주형의 탕구로 흘러 들어가는 액체 금속의 유량은 1 L/s이다. 주입탕구의 상부 단면적은 800 mm²이고, 길이는 175 mm이다. 용융금속에 기포 함유가 되지 않도록 하기 위한 탕구 바닥의 면적은 얼마가 되어야 하는가?

수축

9.9 백주철에 대하여 패턴 제작자들이 사용하는 수축자를 결정하여라. 수축값은 표 9.1의 값을 사용하고, 늘어난 정도를 센티미터 단위로 답하여라.

9.10 아연의 다이캐스팅에 대하여 주형 제작자들이 사용하는 수축자를 결정하여라. 수축값은 표 9.1의 값을 사용하고, 표준 300 mm 크기와 비교하여 300 mm 길이당 수축값을 십진법 mm로 답하여라.

9.11 바닥이 200 mm × 200 mm를 갖는 사각형 모양의 개

9.6 주입컵으로부터 탕구로 흘러 들어가는 용융금속의 유량은 780 cm³/s이다. 주입컵의 입구에서 단면적이 6.25 cm²이다. 만약 탕구의 수직 높이가 20 cm라면, 탕구 바닥에서의 단면적은 얼마이어야 하는지 결정하여라. 단, 용융금속에 기포 함유가 되지 않도록 하기 위해서 탕구 상부와 바닥의 유량은 일정하게 유지된다.

9.7 용융금속이 1000 cm³/s의 일정한 유량으로 모래주형의 주입컵으로부터 주입된다. 용융금속이 주입컵을 통하여 탕구로 흘러 들어간다. 주입컵의 단면은 상부의 직경이 3.4 cm로 둥글게 되어 있다. 만약 탕구 길이가 25 cm라면, 탕구의 바닥에서도 같은 유량을 유지하도록 적절한 직경을 결정하여라.

9.8 모래주형으로 주입되는 동안에, 주형을 채우는 데 걸리는 시간 동안에 용융금속이 일정한 유량으로 탕구로 주입될 수 있다. 용융금속 주입의 마지막에 탕구는 가득 채워지고, 주입컵에 남아 있는 금속은 무시할만하다. 탕구의 길이는 15 cm이며, 상부 단면적은 5 cm², 바닥의 단면적은 3.75 cm²이다. 또한 탕구로부터 이어지는 탕도의 단면적도 3.75 cm²이며, 주형 공동의 부피는 1015 cm³, 주형 공동 입구까지의 탕도의 길이는 20 cm이다. 탕도를 따라 주형 공동 가까이에 있는 라이저의 부피는 390 cm³이다. 주형 공동, 라이저, 탕도, 탕구 모두를 포함하여 주형을 완전히 채우는 데 3.0s가 걸린다. 이것은 탕구와 탕도에서의 마찰로 인한 속도 손실을 포함하여 이론적인 시간보다 더 많은 것이다. 다음을 구하여라. (a) 주입탕구 바닥에서의 이론적인 속도와 유량, (b) 주형의 총 부피, (c) 탕구의 바닥에서의 실제 속도와 유량, (d) 마찰로 인한 탕구계에서의 수두 손실.

방형 주형에서 납작한 판이 주조된다. 주형의 깊이는 40 mm이다. 총 1,000,000 mm³의 용융 알루미늄이 주형에 주입된다. 응고수축은 6.0%이다. 응고 후에 열 수축으로 인한 선형 수축값은 1.3%로 표 9.1에 나타나 있다. 만약 주형 내에서 용융금속이 응고가 완전히 끝날 때까지 200 mm × 200 mm 치수를 유지하도록 주조 판의 사각 형상이 유지된다면, 판의 최종 치수를 결정하여라.

응고시간 및 라이저 설계

9.12 어떤 주형 조건하에서 강을 주조하는데, 이전 경험으로 크보리노프 법칙의 주형상수 C_m은 4.0 min/cm²이다. 주물은 길이 30 cm, 폭 10 cm, 두께 20 cm인 넓적한 판이다. 주물이 응고하기까지 어느 정도의 시간이 필요한지를 결정하여라.

9.13 앞의 9.12문제에서 크보리노프 법칙의 지수값이 $n = 4.75$ cm라면 총응고시간은 얼마인가? 주형 상수의 단위는 어떻게 되는가?

9.14 알루미늄으로 만들어진 원반모양 주물의 직경은 500 mm, 두께는 20 mm이다. 크보리노프 법칙에서 주형상수 C_m이 2.0 s/mm²이면, 주물이 응고하는 데에 얼마나 걸리겠는가?

9.15 모래주형을 이용하여 어떤 합금을 주조하는데, 한 변의 길이가 50 mm인 정육면체가 응고하는 데에 155s가 소요되었다. (a) 크보리노프 법칙에서 주형상수 C_m을 구하여라. (b) 동일한 합금과 주형이 사용된다면, 직경이 30 mm, 높이가 50 mm인 원통형 주물에 필요한 냉각시간은 얼마인가?

9.16 직경 10 mm, 무게 9 kg의 원통형 강 주물은 완전히 응고하는 데 6.0 min가 걸린다. 같은 길이 대 직경비를 갖는 또 다른 원통형 주물의 무게는 5.4 kg이다. 같은 강으로 만들어지며, 같은 주형과 주입 조건이 사용된다. 다음을 구하여라. (a) 크보리노프 법칙에서 주형 상수, (b) 주물 치수, (c) 강의 밀도가 7850 kg/m³인 더 가벼운 주물의 총응고시간.

9.17 모두 같은 주조합금을 사용한 다음의 세 가지 주물의 총응고시간을 비교하여라. (1) 직경이 10 cm인 구, (2) 직경과 길이가 모두 10 cm인 원기둥, (3) 각 변의 길이가 10 cm인 정육면체. 세 경우 모두 동일한 주조합금을 사용한다. (a) 각 주물 형상에 따른 상대적인 응고시간을 결정하여라. (b) (a)의 결과를 기초로, 어떤 것이 라이저로 가장 적합한가? (c) 크보리노프 법칙에서 C_m이 3.5 min/cm²일 때, 각 주물의 총응고시간을 계산하여라.

9.18 다음의 세 가지 주물의 총응고시간을 비교하여라. (1) 구, (2) L/D 비가 1.0인 원기둥, (3) 정육면체. 세 주물의 부피는 모두 1000 cm³이고, 동일한 주조합금을 사용한다. (a) 각 주물 형상에 따른 상대적 응고시간을 구하여라. (b) (a)의 결과를 기초로, 어떤 형상이 라이저에 가장 적합한가? (c) 크보리노프 법칙에서 C_m이 3.5 min/cm²일 때, 각 주물의 총응고시간을 계산하여라.

9.19 사형주조 주형에서 원기둥 형상인 라이저의 부피가 주어지면, 응고시간을 최대로 하기 위한 길이 대 직경의 비를 구하여라.

9.20 사형주조 주형에서 구 형상의 라이저를 사용한다. 주물은 길이 200 mm, 폭 100 mm, 두께 18 mm인 직사각형 판이다. 주물의 총응고시간이 3.5 min이라면, 응고시간이 25% 더 긴 라이저의 직경을 구하여라.

9.21 사형주조 주형에서 원통형 형상의 라이저를 사용한다. 원기둥의 길이는 직경의 1.25 배이며, 주물의 밑변은 각각 25 cm, 두께 1.875 cm인 정사각형 판이다. 만약 주철이 주조 재료이며, 크보리노프 법칙에서 C_m이 이 2.56 min/cm²라면, 주물보다 응고하는 데에 30% 더 걸리는 라이저의 치수를 결정하여라.

9.22 사형주조 주형에서 길이 대비 직경의 비가 1.0 cm인 라이저를 사용하며, 주물의 형상은 그림 P9.22와 같고, 단위는 센티미터이다. 크보리노프 법칙에서 C_m이 3.12 min/cm²이라면, 주물보다 응고하는 데에 0.5분이 더 걸리는 라이저의 치수를 결정하여라.

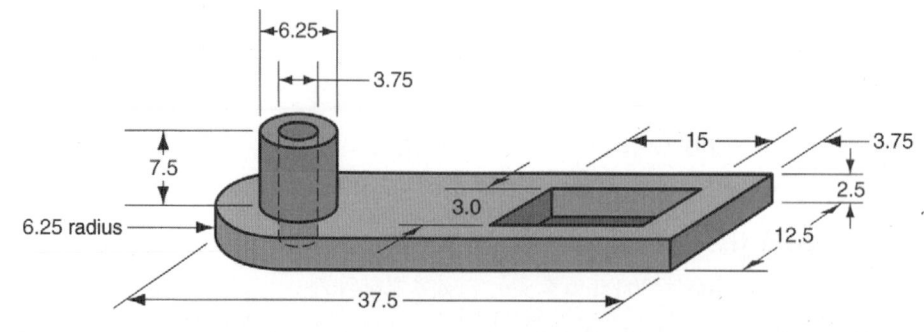

그림 P9.22 문제 9.22의 주물 형상 (단위는 센티미터).

Chapter 10

금속 주조 공정

10.1 사형주조
　10.1.1 패턴과 코어
　10.1.2 주형과 주형 제작
　10.1.3 주조 공정

10.2 기타 소모성주형 주조 공정
　10.2.1 셸 주조
　10.2.2 진공주조
　10.2.3 발포 폴리스티렌 공정
　10.2.4 인베스트먼트 주조
　10.2.5 석고주형 및 세라믹주형 주조

10.3 영구주형 주조 공정
　10.3.1 기본 영구주형 공정

10.3.2 영구주형 주조의 변형
　10.3.3 다이캐스팅
　10.3.4 스퀴즈주조와 세미솔리드 금속주조
　10.3.5 원심주조

10.4 주조 장비
　10.4.1 용융로
　10.4.2 용융금속 주입, 세척, 열처리

10.5 주조 품질

10.6 주조금속

10.7 제품설계 시 고려사항

금속 주조 공정은 주형에 따라 크게 두 가지 범주로 나뉜다. (1) 소모성 주형, (2) 영구 주형. 소모성 주형 작업에서는 주물을 꺼내기 위하여 주형을 파괴해야만 한다. 각각의 새로운 주물을 위하여 새로운 주형이 필요하기 때문에, 소모성 주형 공정에서의 생산성은 주물 자체를 만드는 시간보다 주형을 만드는 시간이 제약조건이 된다. 그러나 어떤 부품 형상들에 대해서는 시간당 400개 이상의 사형주형이 만들어지고 주물이 생산되는 경우도 있다. 영구 주형 주물 공정에서는 주형이 금속(또는 기타 내구성 재료)으로 제작되어서 많은 주물을 만드는 데에 여러 번 사용될 수 있다. 따라서 이러한 공정들은 생산성이 높다는 장점을 가지고 있다.

이 장에서의 다음과 같은 주물 공정에 대하여 다룬다. (1) 사형주조, (3) 기타 소모성 주형 주물 공정들, (3) 영구 주형 주물 공정들. 이 장은 또한 주물공장에서 사용되는 주물 장비와 작업들에 대하여도 다룬다. 또 다른 절은 검사와 품질에 대하여 다룬다. 마지막 절에서는 제품 설계 지침에 대하여 다룬다.

10.1 사형주조

사형주조는 전체 주조의 상당 부분을 차지할 정도로 가장 광범위하게 사용되는 주조 공정이다. 거의 모든 주물 합금은 사형주조로 제조할 수 있다. 사실상, 사형주조는 강, 니켈 및 티타늄과 같은 용

그림 10.1 컴프레서 프레임으로 쓰이는 680 kg 이상의 대형 사형주물(Elkhart Foundry사 제공).

융점이 높은 금속에 사용될 수 있는 몇 가지 방법 중의 하나이다. 크기는 작은 것부터 매우 큰 것(그림 10.1)까지 가능하고, 수량은 하나부터 몇 백만 개까지 부품들에 대한 주조가 가능하다.

　사형주조(sand casting)는 모래주형에 용융금속을 주입하고, 금속을 응고시키고, 주물을 꺼내기 위하여 주형을 부수는 것으로 구성된다. 주물은 반드시 세척과 검사를 거쳐야 하며, 금속학적 물성을 향상시키기 위하여 때때로 열처리를 실시한다. 모래주형 내의 주형 공동은 패턴(주조하고자 하는 부품과 거의 복사본) 주변에 모래를 채워서 만들며, 그런 후에 주형을 반쪽으로 나누어서 패턴을 빼낸다. 또한 주형에는 탕구와 라이저 시스템이 포함된다. 뿐만 아니라, 주물이 내면을 포함하고 있으면(즉, 빈 공간이 있거나 구멍이 있는 부품), 주형에 코어가 있어야만 한다. 주물을 꺼내기 위하여 주형을 부수어야 하기 때문에, 만들어야 하는 각 부품마다 새로운 모래주형이 필요하다. 이러한 사실로부터, 사

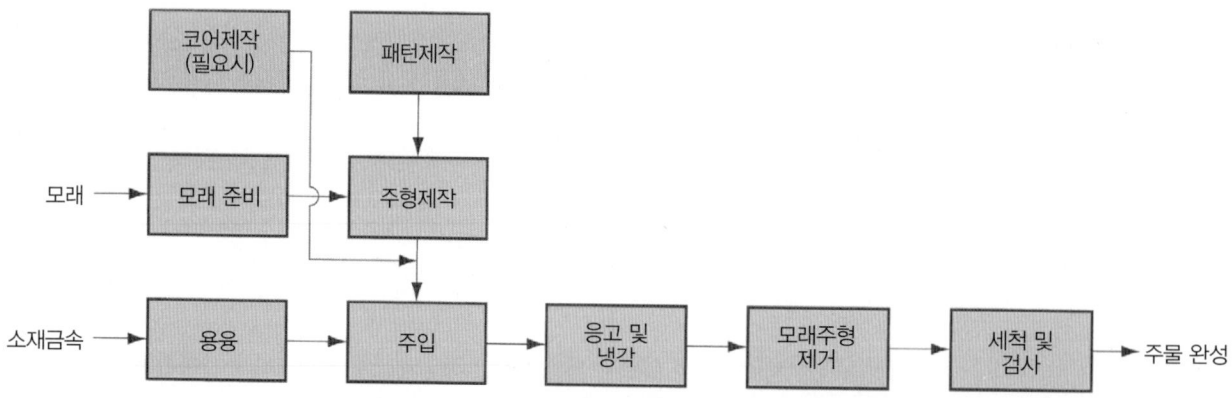

그림 10.2 사형주조에서의 생산 절차에 있어서 단계들. 주조 공정뿐만 아니라 패턴 및 주형 제작 단계도 포함한다.

형주조는 주조 공정 자체뿐만 아니라 패턴과 주형의 제작도 포함된다는 것을 알 수 있다. 생산 절차는 그림 10.2와 같다. 주조에 관한 비디오클립에서 'Sand-Mold Casting' 참조.

비디오클립

주조 : 'Sand-Mold Casting' 제목을 볼 것

10.1.1 패턴과 코어

사형주조는 **패턴**(pattern, 최종 주물에서 수축 및 가공여유를 감안하여 크게 만든 전체 크기의 부품 모형)이 필요하다. 패턴을 만드는 데에는 나무, 플라스틱, 금속들이 사용된다. 형상을 쉽게 만들 수 있다는 이유로 나무가 패턴 재료로 많이 쓰인다. 단점은 휘기 쉽고, 주변의 모래로 마모되기 쉬워서 여러 번 사용하기 어렵다는 점이다. 금속 패턴은 만들기에는 더 비싸지만, 수명이 길다는 장점이 있다. 플라스틱은 나무와 금속의 중간이다. 적절한 패턴 재료의 선정은 주물로 만들고자 하는 제품의 총 수량에 달려 있다.

그림 10.3에서와 같이 다양한 형태의 패턴이 있다. 가장 간단한 것은 **솔리드 패턴**(solid pattern)으로 불리는 하나로 구성된 것이며, 수축과 가공을 감안하여 크기가 맞춰진 주물과 똑같은 형상이다. 패턴을 만들기가 가장 쉽지만, 이것으로부터 모래주형을 제작하기는 가장 어렵다. 주형의 반쪽 사이에 솔리드 패턴에 대하여 분리선을 결정하는 것이 문제가 될 수 있으며, 탕구계와 탕도를 주형에 위치시키는 것은 주조기술자의 판단과 기술에 달려 있다. 결과적으로 솔리드 패턴은 일반적으로 매우 적은 생산 수량인 경우에 사용된다.

분할 패턴(split pattern)은 주물을 주형의 분리선을 따라 두 부분으로 나눈 패턴이다. 분할 패턴은 복잡한 부품 형상이거나 생산량이 적당한 정도일 때 적용된다. 주형의 분리선은 작업자의 판단이 아니라 분할 패턴에 따라 미리 결정된다.

생산량이 많을 때에는 매치플레이트 패턴이나 상형-하형 패턴이 사용된다. **매치플레이트 패턴** (patch-plate pattern)에서는 분할 패턴의 두 부분이 나무 또는 금속판의 양쪽면에 부착된다. 판의 구멍은 주형의 위와 아랫부분(상형 및 하형)을 정확하게 일치하도록 해준다. **상형-하형 패턴**(cope-and-drag pattern)은 분할 패턴의 반쪽들이 각각 판에 부착되었다는 점 이외에는 매치플레이트 패

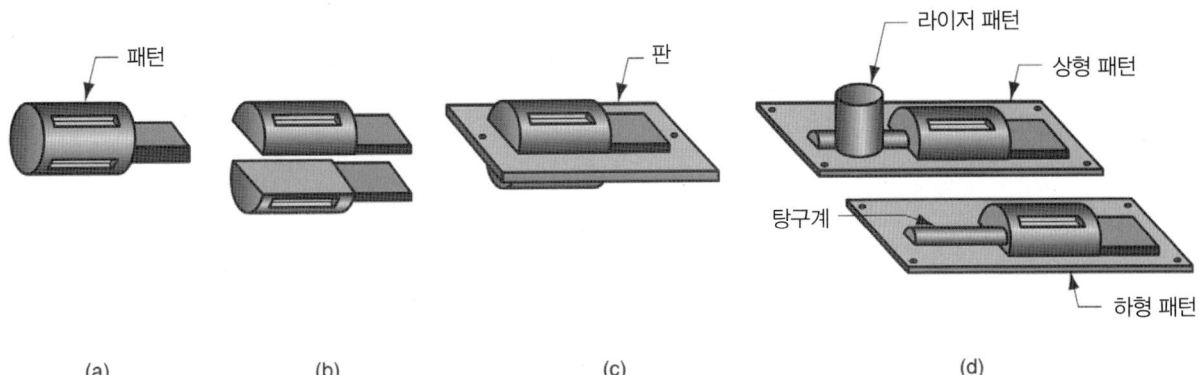

(a) (b) (c) (d)

그림 10.3 사형주조에서 사용되는 패턴 종류. (a) 솔리드 패턴, (b) 분할 패턴, (c) 매치플레이트 패턴, (d) 상형-하형 패턴.

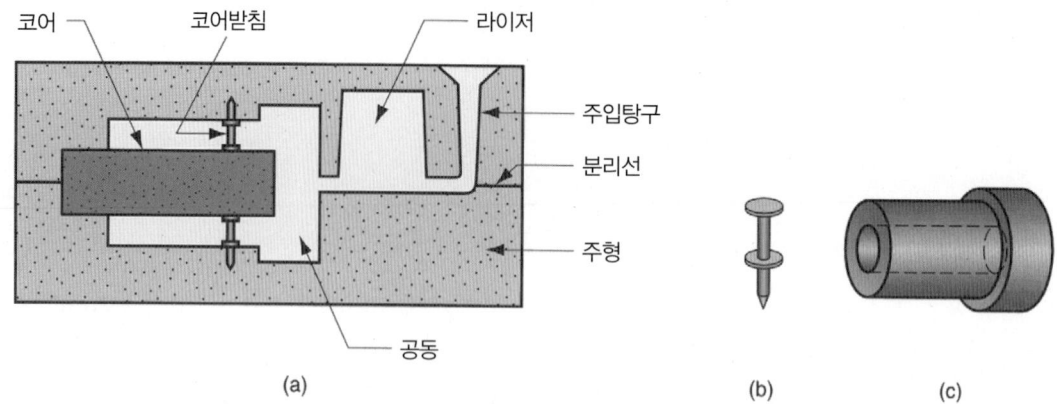

그림 10.4 (a) 주형 공동에서 코어받침에 의해 지지되는 코어, (b) 가능한 코어받침 설계, (c) 내부 공동이 있는 주물.

턴과 유사하며, 주형의 상형과 하형의 단면들은 둘 다 같은 공구를 사용하는 대신에 각각 제작될 수 있다. 그림 10.3(d)는 상형-하형 패턴에 탕구계와 라이저 시스템도 포함시킨 것이다.

패턴은 주조 부품의 외형을 결정한다. 만약 주물이 내면을 포함하고 있다면 코어가 필요하다. **코어**(core)는 부품의 내면에 대한 전체 크기의 모형이다. 코어는 용융금속 주입 전에 주형 공동에 삽입되어, 용융금속이 주형 공동과 코어 사이에 흘러들어 냉각되면서 주물의 외면과 내면을 형성하게 된다. 코어는 보통 모래를 이용하여 원하는 형상으로 만들어진다. 패턴과 마찬가지로 코어의 실제 크기는 수축과 가공 여유를 감안하여야 한다. 부품의 형상에 따라, 용융금속 주입 동안에 주형 내에서의 코어의 위치를 잡아주는 지지대가 필요할 수도 있다. **코어받침**(chaplet)이라고 불리는 지지대는 주조 금속보다 용융온도가 높은 금속으로 만들어진다. 예를 들면 강철 코어받침은 주철 주조에 사용될 수 있다. 용융금속 주입과 응고 중에 코어받침이 주물에 달라붙게 된다. 코어받침을 사용한 주형에서의 코어의 가능한 배치를 그림 10.4에 나타내었다. 주물에서 튀어나온 코어받침은 주조 후에 절단된다.

10.1.2 주형과 주형 제작

주조공장에서 사용되는 주물사는 실리카(SiO_2) 또는 기타 광물과 혼합된 실리카이다. 주물사는 양호한 내열성(높은 온도에서 용해되지 않고 성능이 저하되지 않는 성질)을 가져야 한다. 주물사의 다른 중요한 특성으로는 입자 크기, 혼합물에서 입자크기 분포, 개별 입자들의 형상 등이 있다(14.1절). 입자 크기가 작으면 주조 부품의 표면이 우수하며, 입자 크기가 크면 통기성이 좋아진다(용융금속 주입 시 가스의 분출이 용이하다). 둥근 입자로 만들어진 주형보다 불규칙한 모양의 입자로 만들어진 주형은 서로 맞물리기 때문에 강도는 향상되지만, 통기성이 떨어지는 경향이 있다.

주형을 만드는 데 있어서, 모래 입자는 물과 점토의 혼합물과 함께 만들어진다. 전형적인 혼합비(부피)는 모래 90%, 물 3%, 점토 7%이다. 결합제로 점토 대신 유기수지(예, 페놀수지) 또는 무기결합제(예, 나트륨실리케이트, 인산염)를 사용하기도 한다. 모래와 결합제뿐만 아니라, 주형의 강도와(또는) 통기성을 강화하기 위하여 첨가제를 섞기도 한다.

주형 공동을 만드는 전통적인 방법은 **주형상자**(flask)라고 불리는 용기 안에 위치한 상형과 하형 패턴 주변에 주물사를 채우는 것이다. 채우는 공정은 다양한 방법으로 이루어진다. 가장 간단한 방법은 작업자가 손으로 모래를 다져 넣는 것이다. 또한 모래를 채우는 과정을 수행하는 다양한 기계가 개발되었으며, 다음과 같은 동작을 하는 여러 가지 기구가 있다. (1) 공압을 이용하여 패턴 주변에 모래를 채워 넣는다. (2) 플라스크 내에 있는 패턴 주변의 모래가 제자리를 잡도록 반복적으로 흔들어준다. (3) 모래입자들이 패턴에 대하여 충격을 받도록 고속으로 불어 넣는다.

사형주조에서 전통적인 플라스크를 사용하지 않고, 주형 생산의 기계시스템에 있어서 마스터주형상자를 사용하는 **비주형상자주조**(flaskless molding) 방법이 있다. 모든 모래주형은 동일한 마스터플라스크를 이용하여 제작되며, 더욱 자동화된 시스템에서는 시간당 600개의 주형을 생산할 수 있다[8].

모래주형의 품질을 평가하는 척도로 여러 가지가 사용된다[7]. (1) **강도**(strength) – 형태를 유지하고 용융금속의 흐름에 의해 발생하는 침식을 막는 능력(이러한 특징은 입자 모양, 결합제의 접착품질과 기타 다른 인자들에 영향을 받는다), (2) **통기성**(permeability) – 주조 공정 중에 뜨거운 공기나 가스가 모래의 기공을 통하여 빠져나가게 하는 주형의 능력, (3) **열안정성**(thermal stability) – 용융금속에 접촉하면서 금이 가거나 무너지지 않는 주형 공동 표면에 있는 모래의 능력, (4) **붕괴성**(collapsibility) – 주물이 주형으로부터 분리되어 주물에 금이 가지 않으면서 수축할 수 있도록 하는주형의 능력(이는 세척 중에 모래를 제거할 수 있도록 하는 능력과도 관계가 있다), (5) **재사용성**(reusability) – 사용한 주형의 모래를 다른 주형 제작에 사용할 수 있는가? 이러한 척도는 때로는 상반될 수 있는데, 예를 들면, 강도가 큰 주형일수록 붕괴성이 취약할 수 있다.

모래주형은 종종 생사주형, 건조사주형, 표면건조사주형으로 분류된다. **생사주형**(green-sand mold)은 모래, 점토 및 물을 혼합하여 만들며, '생(green)'이라는 말은 용융금속을 주입할 때 주형이 습기를 담고 있다는 것을 의미한다. 생사주형은 대부분의 적용에 충분한 강도를 가지며, 붕괴성, 통기성, 재사용성이 우수하고, 가장 경제적인 방법이다. 가장 많이 사용되는 주형 종류이지만, 문제가 없는 것은 아니다. 모래의 습기는 금속재료나 부품 형상에 따라 주물에 결함을 발생시키기도 한다. **건조사주형**(dry sand mold)은 점토 대신 유기결합제를 사용하여 만들어지며, 주형을 200°C에서 320°C 사이(437 K에서 593 K)의 온도에서 대형 오븐에서 구워 만든다[8]. 오븐에 구우면 주형의 강도가 커지며 주형 공동의 표면이 단단해진다. 건조사주형은 생사주형에 비하여 주조 제품에 있어서 좋은 치수정밀도를 제공해줄 수 있으나, 가격이 비싸고 건조 시간 때문에 생산율이 저하되는 단점이있다. 적용범위는 일반적으로 낮거나 중간 정도의 생산율을 나타내는 중간과 대형 주물들에 제한적이다. **표면건조주형**(skin-dried mold)은 토치, 가열램프 또는 기타 가능한 도구들을 이용하여 생사주형의 표면을 10 mm에서 25 mm 깊이로 건조시켜서 건조사 주형 장점의 일부를 얻는 주형이다. 주형 공동 표면을 강화시키기 위하여 모래를 혼합할 때 특수 결합제를 첨가하여야만 한다.

앞에서 언급한 주형 분류방법은 점토-물로 구성된 전통적인 결합제를 사용하는가 또는 가열이 필요한 재료들로 구성된 결합제를 사용하는가이다. 이러한 분류방법에 더하여, 전통적인 결합제 성분을 이용하지 않는 화학적인 결합제가 사용된 주형이 개발되었다. 이러한 '굽지 않는' 주형 시스템에 사용되는 결합물질들은 퓨란수지(푸르푸랄 알코올, 요소, 포름알데히드로 구성), 페놀 및 알키드기름 등을 포함한다. 굽지 않는 주형은 생산 공정에서 우수한 치수정밀도를 유지하기 때문에 점점 더 많이사용된다.

10.1.3 주조 공정

코어가 고정되고(코어가 사용된다면), 상형과 하형이 결합된 후에 주조가 이루어진다. 주조는 용융금속 주입, 응고 및 냉각으로 이루어진다(9.2절 및 9.3절). 주형의 탕구계 및 라이저 시스템은 주형 공

표 10.1 일부 주조 합금의 밀도.

금속	밀도(g/cm³)	금속	밀도(g/cm³)
알루미늄(99% = 순수)	2.70	회주철[a]	7.16
알루미늄-규소 합금	2.65	구리(99% = 순수)	8.73
알루미늄-구리(92% Al)	2.81	납(순수)	11.30
황동[a]	8.62	강	7.82

문헌 [7]로부터 편집함.

[a] 밀도는 합금의 조성에 따라 다르며, 주어진 값은 전형적인 값이다.

동에 용융금속을 공급하고, 응고 수축시에 충분한 용융금속을 공급하도록 설계된다. 공기와 가스는 빠져나갈 수 있도록 해야만 한다.

용융금속 주입 중의 문제는 코어의 부력이며, 부력은 아르키메데스 원리에 의하여 코어가 차지하는 부피만큼의 용융금속의 무게이다. 코어를 들어 올리는 힘은 코어가 차지하는 부피의 용융금속 무게에서 코어 무게를 뺀 것과 같다. 이를 수식으로 표현하면 다음과 같다.

$$F_b = W_m - W_c \tag{10.1}$$

단, F_b는 부력(N), W_m은 같은 부피의 용융금속 무게(N), W_c는 코어의 무게(N)이다. 무게는 코어의 부피에 코어재료(전형적으로 모래) 및 주조재료의 밀도를 곱하여 구한다. 코어에 사용되는 주물사의 밀도는 대략 1.6 g/cm³이며, 기타 일반적인 주조 합금의 밀도는 표 10.1에 나타내었다.

예제 10.1 사형주조에서 부력

모래 코어의 부피는 1875 cm³이며, 주형 공동 내에 배치된다. 용융된 납을 주형에 주입하는 동안에 코어를 들어 올리는 부력을 계산하여라.

풀이

모래 코어의 밀도는 1.6 g/cm³이고 코어의 질량은 1875(1.6) = 3000 g = 3.0 kg이다. 표 10.1에서 납의 밀도는 11.3 g/cm³이고, 코어 부피만큼의 납의 질량은 1875(11.3) = 21187.5 g = 21.1875 kg 이다. 차이는 21.1875 kg − 3.0 kg = 18.1875 kg이며, 1 kg이 9.81 N이라면, 부력 F_b = 18.1875 (9.81) = 178.419 ≅ **178.42 N**이다.

응고와 냉각이 끝나면, 모래주형은 부품을 꺼내기 위하여 부서진다. 부품은 세척된다-탕구계와 라이저 시스템은 분리되고, 모래는 제거된다. 그런 후에 주물을 검사한다(10.5절).

10.2 기타 소모성주형 주조 공정

사형주조가 유용하지만, 특별한 목적을 만족시키기 위한 주조방식들이 계속 개발되었다. 이러한 방법들의 차이점은 주형재료, 주형제조 방식, 패턴제조 방식 등으로 구성된다.

10.2.1 셸주조

셸주조(shell molding)는 모래와 열경화성 수지결합제로 만들어진 얇은(전형적으로 9 mm) 셸주형을 이용한 주조 공정식이다. 이 방식은 1940년대 초에 독일에서 개발되었으며, 그림 10.5에 나타내었다.

셸주조 공정은 많은 이점이 있다. 셸 주형 공동 표면은 재래식 생사주형의 표면보다 매끄러워서 용융금속을 주입할 때에 용융금속이 더 쉽게 흘러 들어가고, 최종 주물의 표면이 더 우수하다. 2.5 μm의 표면거칠기를 얻을 수 있다. 또한 소형이나 중형 부품에서는 ± 0.25 mm의 우수한 치수공차를 얻을 수 있다. 우수한 표면과 정밀도는 종종 추가적인 절삭공정이 필요하지 않게 해준다. 주형 붕괴성도 일반적으로 주물의 균열과 파열을 피하기에 충분할 정도로 우수하다.

셸주조의 단점은 생사주조의 패턴보다 훨씬 비싼 금속 패턴을 사용한다는 점이다. 이것은 셸주조가 소량의 제품 생산에는 적용하기 어렵게 만든다. 셸주조는 대량생산을 위하여 기계화할 수 있으며, 수량이 많아질수록 매우 경제적이다. 특히, 10 kg 이하의 강 주조에 적합하다. 셸주조 방법을 사용하여 만들어지는 부품들의 예로는 기어, 밸브 바디, 부싱, 캠축 등이 있다.

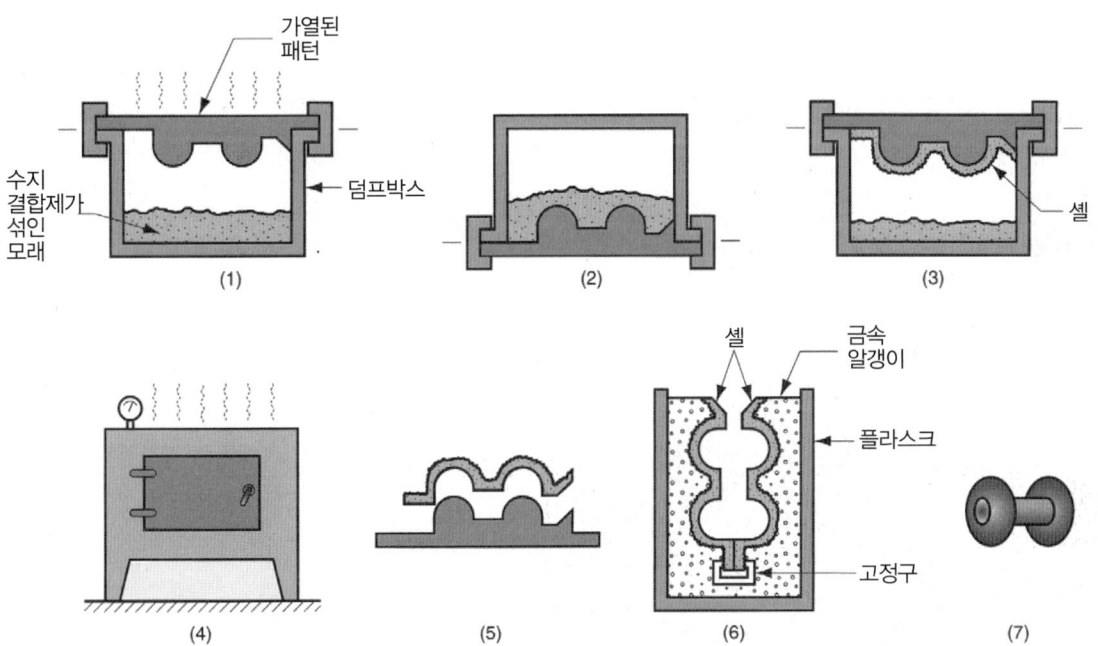

그림 10.5 셸주조의 단계. (1) 매치플레이트나 상형-하형 금속 패턴이 가열되어 열경화성 수지와 혼합된 모래를 담은 상자위에 놓는다. (2) 상자는 뒤집어져서 모래와 수지가 가열된 패턴 위에 놓이며, 단단한 셸을 형성하기 위하여 부분적으로 경화된 패턴 표면에 모래와 수지의 혼합 층을 형성한다. (3) 상자는 다시 원래대로 뒤집어 놓으며, 경화되지 않은 입자들은 아래로 떨어진다. (4) 완전하게 경화시키기 위하여 모래셸을 수분동안 가열시킨다. (5) 셸주형을 패턴으로부터 격리시킨다. (6) 셸주형의 두 짝이 결합되고 모래나 금속 알갱이로 지지된 상자에 넣고 용융금속을 주입한다. (7)은 용융금속 주입구가 제거된 주물의 완성품이다.

10.2.2 진공주조

V 공정(V-process)이라고 불리는 진공주조(vacuum molding)는 1970년경에 일본에서 개발되었다. 진공주조는 화학적인 결합제 대신 진공 압력으로 결합되는 모래주형을 사용한다. 따라서 이 공정에서 **진공**(vacuum)이라는 용어는 주조공정 자체보다는 주형을 만드는 것과 관련이 있다. 제조공정단계는 그림 10.6과 같다.

결합제가 사용되지 않기 때문에 진공주조에서 모래를 재활용할 수 있다. 또한 주조사에 결합제를 사용하였을 경우에 이루어지던 값비싼 기계적 재처리 과정이 필요하지 않다. 물이 사용되지 않기 때문에 주물에 습기 관련 결함들이 없다. 진공주조 공정의 단점으로는 상대적으로 느리며, 자동화가 쉽지 않다.

10.2.3 발포 폴리스티렌 공정

발포 폴리스티렌 주조 공정은 주형에 용융금속이 주입될 때 증발되어 날아가는 폴리스티렌폼 패턴 주변에 모래를 채워 넣은 모래주형을 사용한다. 이러한 공정과 변형은 **로스트폼 공정**(lost-foam process), **로스트패턴 공정**(lost-pattern process), **증발폼 공정**(evaporative-foam process) 및 **풀몰드 공정**(full-mold process)을 포함하여 다른 이름으로 알려져 있다(풀몰드 공정은 상품명임). 폼 패턴은 주입탕구, 라이저 및 탕구계를 포함하며, 필요할 경우 내부 코어도 포함할 수 있어 주형에서 독립된 코어를 사용할 필요가 없다. 또한 폼 패턴이 주형의 공동이 되므로 패턴을 제거하기 위한 주형

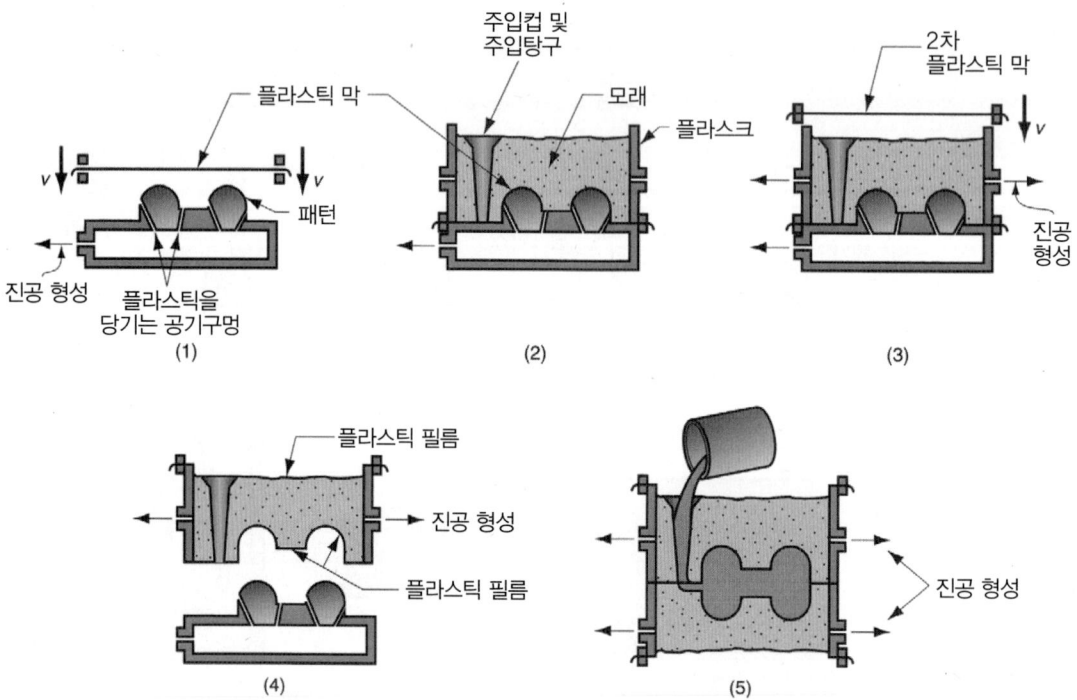

그림 10.6 진공주조 단계. (1) 가열된 플라스틱 얇은 막을 매치플레이트 또는 상형─하형 패턴에 진공으로 밀착시킨다. 진공이 되도록 패턴에 작은 기공들이 있다. (2) 특별히 설계된 플라스크가 패턴 위에 놓이고, 주물사로 채운다. 주입탕구 및 주입컵을 모래에 만든다. (3) 또 다른 얇은 플라스틱 막을 플라스크 위에 놓고, 모래를 밀착시켜 단단한 주형이 되도록 진공을 형성한다. (4) 주형으로부터 패턴이 분리될 수 있도록 진공을 푼다. (5) 상형과 하형을 조립하고 진공을 유지시키면서 용융금속을 주입한다. 용융금속이 주입되면 플라스틱 막은 바로 타버리며, 응고 후 거의 모든 모래는 재사용을 위해서 회복될 수 있다.

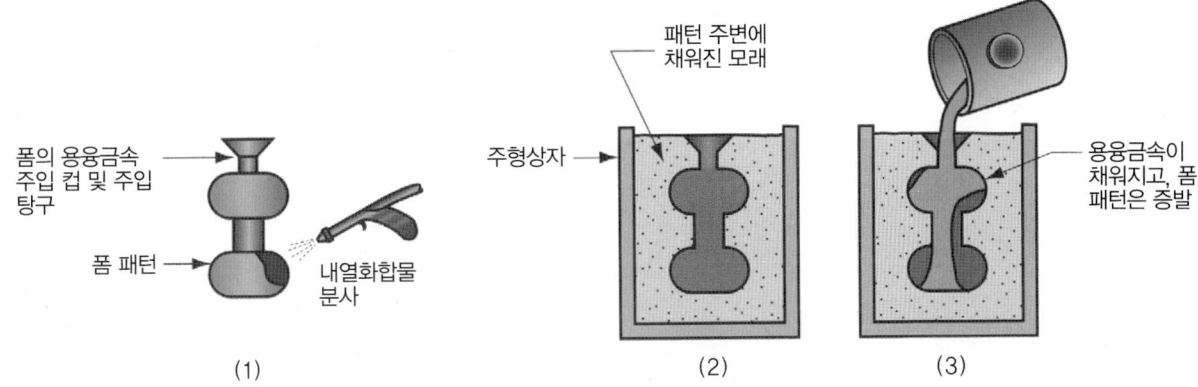

그림 10.7 발포 폴리스티렌 주조 공정. (1) 폴리스티렌 패턴은 내열화합물로 코팅된다. (2) 폼 패턴을 주조상자 안에 놓고, 패턴 주변에 모래를 채운다. (3) 용융금속 주입 컵 및 주입 탕구를 형성하는 패턴 부분에 용융금속을 주입한다. 용융금속이 주형에 주입됨에 따라 폴리스티렌 폼은 증발되고, 주형 공동은 용융금속으로 꽉 차게 된다.

구배 및 분리선은 무시할 수 있다. 주형은 상형-하형으로 구분되지 않는다. 이러한 주조 공정 단계는 그림 10.7에 나타내었다. 생산될 주물의 수량에 따라 패턴을 만들기 위한 다양한 방법들이 사용될 수 있다. 한 가지 방법으로, 패턴을 만들기 위하여 큰 덩어리를 직접 손으로 잘라서 조립할 수 있다. 대량생산 시스템에서는 주조용 주형을 만들기 전에 패턴을 만드는 자동 성형 공정이 수행된다. 일반적으로 패턴은 매끈한 표면과 고온 저항성을 향상시키기 위하여 내열화합물로 코팅된다. 하지만, 어떤 공정들에서는 회복성을 향상시키고 재사용성을 위하여 건조사를 사용하기도 한다. 주조에 관한 비디오클립에서 'Evaporative-Foam Casting' 참조.

> **비디오클립**
>
> 주조 : 'Evaporative-Foam Casting' 제목을 볼 것

이 공정의 주요 장점은 이점은 패턴이 주형에서 제거될 필요가 없다는 점이다. 이것은 주형을 제작하는 과정이 단순하고 신속하다는 것이다. 재래식 생사주형에서는, 적절한 분리선이 필요하고, 주형 구배 여유가 주형설계에 반영되어야만 하며, 코어가 삽입되어야만 한다. 또한 탕구계 및 라이저 시스템이 고려되어야 한다. 발포 폴리스티렌 공정에서는 이러한 단계가 패턴 자체에 담겨져 있다. 이 공정의 단점은 새로운 주물마다 새로운 패턴이 필요하며, 경제성은 패턴의 제작비용에 크게 의존한다. 발포 폴리스티렌 공정은 자동차 엔진부품의 대량생산에 적용되어 왔으며, 이러한 적용 분야의 경우 폴리스티렌 폼 패턴을 주조하는 자동 생산시스템이 설치된다.

10.2.4 인베스트먼트 주조

인베스트먼트 주조에서는 왁스로 만들어진 패턴이 주형을 만들기 위하여 내열재로 코팅이 되며, 용융금속이 주입되기 전에 왁스는 녹아 없어지게 된다. **인베스트먼트**(investment)라는 용어는 **인베스트**(invest)라는 용어로부터 왔으며, 완전하게 도포한다는 의미로서 왁스 패턴 주변을 내열재로 코팅한다는 것을 의미한다. 매우 정밀하고 세밀한 주물을 만들 수 있기 때문에 정밀주조 공정에 해당한다. 고대 이집트(역사적 고찰 10.1)까지 역사가 거슬러 올라가며, 주조 전에 왁스 패턴이 없어지므로

역사적 고찰 10.1 　인베스트먼트 주조

로스트왁스 주조 공정은 약 3500년 전에 고대 이집트인들에 의해서 개발되었다. 언제 시작되었는지, 누가 개발하였는지에 대한 문서기록은 없어도, 역사학자들은 일찍이 도기와 주조의 밀접한 관계로부터 발생하였을 것이라고 추측한다. 주조에 사용되는 주형을 제작하는 사람은 도공이었으며, 로스트왁스 공정에 대한 아이디어는 주조 공정을 잘 아는 도공에 의하여 시작되었을 것이 틀림없다. 그는 세라믹으로 작업(아마도 화려하게 장식된 화병이나 그릇)하던 어느 날, 금속으로 만들면 더 멋지고 견고하다는 생각이 들었을 것이다. 그래서 원하는 크기보다 작게 일반적인 형상의 코어를 만들고, 실제 크기가 되도록 왁스로 코팅을 하였을 것

이다. 왁스는 제작하기에 쉬운 재료로 알려졌으며, 복잡한 설계 및 제작은 기술자들이 할 수 있었다. 왁스의 표면에는 주의 깊게 진흙을 바르고, 전체를 지지할 수 있는 장치를 고안하였다. 그리고 주형을 가마에서 구우면, 진흙은 더욱 단단해지고 왁스는 녹아서 주형 공동 밖으로 빠져나간다. 용융된 청동이 주입되고, 응고되며 냉각되면, 주물을 꺼내기 위하여 주형을 부순다. 고대 도공과 도구들에 대하여 자세히 알아보면, 위대한 발명과 안목을 보여주는 로스트왁스 공정의 발명을 접하게 될 것이다. '고고학자들은 어떤 다른 공정도 이처럼 공학적 우수성과 독창성을 지닌 것은 없다'고 한다 [14].

로스트왁스 공정(lost-wax process)이라고도 한다.

인베스트먼트 주조의 각 단계를 그림 10.8에 나타내었다. 내열 주형이 만들어진 후에 왁스 패턴이 녹아버리기 때문에, 매 주물마다 독립된 패턴이 만들어져야만 한다. 일반적으로 패턴은 성형 공정으로 제작된다. 뜨거운 왁스를 **마스터다이**(master die)에 붓거나 주입하는데, 마스터다이는 왁스와 후

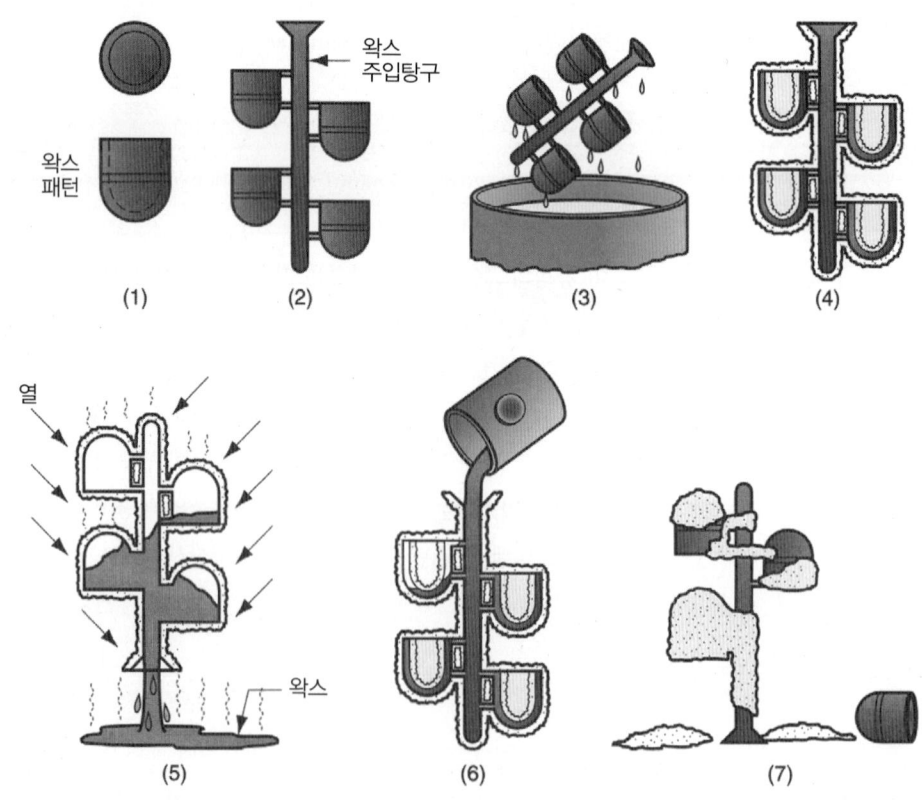

그림 10.8 인베스트먼트 주조의 각 단계. (1) 왁스 패턴의 제작, (2) 패턴트리를 만들기 위하여 주입탕구에 여러 패턴들을 부착한다, (3) 패턴트리는 내열재의 얇은 층으로 코팅된다, (4) 패턴트리를 단단하게 만들기 위해서 충분히 내열재를 도포하여 완전한 주형을 만든다, (5) 주형을 거꾸로 하여 가열하면, 왁스가 녹아 내려 주형 공동을 형성한다, (6) 주형을 고온으로 예열하여 오염물질들을 제거하고, 주형 공동으로 용융금속 주입이 용이하게 한다, 용융금속이 주입되고 응고된다, (7) 주물로부터 주형을 제거하고 주입탕구로부터 부품들을 얻는다.

속 주조 금속의 적당한 가공여유 및 수축을 고려하여 설계된다. 부품의 형상이 매우 복잡한 경우에는 여러 개의 왁스 조각을 결합하여 패턴을 만들 수 있다. 대량 제조 공정에서는 여러 개의 패턴이 주입 탕구에 붙어있고 또한 왁스로 만들어진 **패턴트리**(pattern tree)를 만든다. 패턴트리의 형상은 금속으로 만든다. 주조에 관한 비디오클립에서 'Investment Casting' 참조.

> 비디오클립
> 주조 : 'Investment Casting' 제목을 볼 것.

내열재 코팅(단계 3)은 일반적으로 패턴트리를 주형과 결합되도록 석고와 혼합된 고운 입자의 실리카 또는 기타 내열재(거의 분말 형태)가 들어간 용액 속에 담가서 수행된다. 작은 입자 크기의 내열재는 부드러운 표면을 만들고 왁스 패턴의 복잡한 부분도 표현할 수 있다. 최종 주형(단계 4)은 트리를 내열재 용액에 반복적으로 담그거나 용기속의 트리 주위에 내열재를 부드럽게 채움으로써 얻어진다. 결합제를 굳히기 위하여 8시간 동안 공기 중에서 건조시킨다.

인베스트먼트 주조는 다음과 같은 장점이 있다. (1) 매우 복잡하고 세밀한 부품들을 주조할 수 있다. (2) 매우 정밀한 치수 제어가 가능하다. ±0.75 mm 공차까지 가능. (3) 우수한 최종 표면이 가능하다. (4) 일반적으로 왁스는 재사용이 가능하다. (5) 일반적으로 부가적인 절삭가공 공정이 필요없다. 이는 최종 순형상으로의 주조를 의미한다. 이 주조 공정에는 많은 단계가 있기 때문에 비교적 고비용의 공정이다. 35 kg 정도의 복잡한 제품도 훌륭히 주조할 수 있지만, 일반적으로 크기가 작은 부품에 적용된다. 강, 스테인리스 강 및 기타 고온 합금 등 모든 금속이 인베스트먼트 주조에 사용할 수 있다. 복잡한 기계부품, 터빈 엔진의 블레이드 및 기타 부품, 귀금속 세공, 치과보철물 등이 인베스트먼트 주조의 예이다. 인베스트먼트 주조가 가능한 정밀한 형상의 부품 예를 그림 10.9에 나타내었다.

10.2.5 석고주형 및 세라믹주형 주조

주형이 모래로 만들어지지 않고 석고($CaSO_4$–$2H_2O$)로 만들어졌다는 사실 외에는 석고주형 주조는 사형주조와 유사하다. 운모와 실리카 분말과 같은 첨가제는 수축 및 응고시간을 조절하고, 균열을 줄이고, 강도를 증가시키기 위하여 석고와 혼합된다. 주형을 만들기 위하여 물이 배합된 석고혼합물은 플라스크 안의 플라스틱 또는 금속 패턴에 부어지며, 응고된다. 일반적으로 목재 패턴은 석고 내에 있는 물과 과도하게 접촉하기 때문에 만족스럽지 못하다. 유동의 일관성으로 인하여 석고혼합물이 패턴 주변으로 잘 흘러들어가서 세밀한 부분의 표현 수준과 매끄러운 표면을 얻을 수 있도록 해준다. 그러므로 석고주형 주조로 만들어진 주조 제품들은 이러한 속성에 대해 주목을 받는다.

석고주형의 경화는 이 공정의 단점 중의 하나이며, 적어도 대량생산에서는 더 단점이 된다. 패턴이 제거되기 전까지 약 20분 정도는 주형이 경화되어야만 한다. 습기를 제거하기 위하여 수 시간 동안 주형을 굽는데, 굽더라도 모든 수분이 석고에서 제거되지는 않는다. 주조기술자가 당면하는 딜레마는 석고가 너무 수분을 잃게 되면 주형 강도를 잃게 되며, 과도한 수분은 제품에 주조결함을 발생시킨다는 점이다. 이러한 점들 사이에서 수분의 균형이 이루어져야 한다. 석고주형의 또 다른 단점은 주형 공동에서 가스의 배출을 막는 비통기성이다. 이러한 단점은 다음과 같은 방법으로 해결될 수 있다. (1) 용융금속 주입 전에 주형 공동으로부터 공기를 빼낸다. (2) 주형을 만들기 전에 응고된 석고

그림 10.9 인베스트먼트 주조로 제작된 108개의 독립 날개가 달린 컴프레서 스테이터(Howmet사 제공).

가 세밀하게 퍼진 기공들을 포함하도록 하기 위하여 석고혼합물에 공기를 통하게 한다. (3) **Antioch 공정**(antioch process)으로 알려진 특수한 주형성분 및 처리공정을 이용한다. 이 공정은 석고에 50% 모래를 혼합하여, 오토클레이브(autoclave, 가압 상태에서 과열 증기를 이용하는 오븐)에서 주형을 가열하여 건조시킨다. 완성된 주형은 전통적인 석고주형에 비하여 상당히 더 큰 통기성을 보인다.

석고주형은 모래주형에서와 같은 고온에 견디지 못하므로, 알루미늄, 마그네슘 및 기타 동합금과 같은 저융점 합금에 국한된다. 플라스틱과 고무 성형을 위한 금형, 펌프 및 터빈 임펠라, 기타 상대적으로 복잡한 형상에 적용된다. 주물의 크기는 20 g부터 100 kg 이상까지도 가능하며, 약 10 kg 이하의 무게가 나가는 부품들에 적용하는 것이 가장 일반적이다. 석고주조의 장점은 좋은 제품 표면과 치수 정밀도를 얻을 수 있으며, 얇은 단면을 제작할 수 있다는 점이다.

세라믹주형 주조(ceramic-mold casting)는 석고보다 더 높은 온도에 견딜 수 있는 내열 세라믹 재료를 사용한다는 점을 제외하고는 석고주형주조와 유사하다. 따라서, 세라믹주조는 주철, 주강 및 고온 합금을 주조할 수 있다. 적용 예(상대적으로 복잡한 부품들)도 금속을 주조한다는 점을 제외하고는 석고주조와 유사하며, 장점(좋은 정밀도와 표면)도 비슷하다.

10.3 영구주형 주조 공정

소모성주형 공정의 경제적인 단점은 주물마다 새로운 주형이 필요하다는 점이다. 영구주형 주조에서는, 주형이 여러 번 재사용된다. 이 절에서는, 재사용 가능한 금속주형을 사용하는 모든 주조 공정에 있어서 기본 공정으로 영구주형 주조를 다룬다. 그 밖의 공정으로는 다이캐스팅과 원심주조가 있다.

10.3.1 기본 영구주형 공정

영구주형 주조(permanent-mold casting)는 쉽고 정밀한 개폐를 고려하여 설계된 두 부분의 금속 주형을 사용한다. 이러한 주형은 주로 강 또는 주철로 만든다. 정밀한 치수와 좋은 표면 상태를 얻을 수 있도록, 탕구계를 포함한 주형 공동은 두 부분으로 나누어 가공된다. 영구주형으로 주조하는 금속은 일반적으로 알루미늄, 마그네슘, 동합금 및 주철 등이다. 그러나 주철은 1250°C에서 1500°C (1523 K ~ 1773 K)까지의 높은 용융금속 주입 온도를 요구하는데, 이러한 온도는 주형 수명에 악영향을 끼칠 수 있다. 주형이 내열재료로 만들어지지 않았다면, 강의 매우 높은 용융금속 주입 온도 때문에 영구주형 주조가 적당하지 않을 수 있다.

주물의 내면을 만들기 위하여 영구주형에서도 코어를 사용할 수 있다. 코어는 금속으로 만들어지지만, 주물로부터 제거될 수 있는 형상이거나, 기계적으로 접을 수 있어서 제거될 수 있어야만 한다. 금속 코어가 제거되기가 어렵거나 불가능하다면, 모래 코어가 사용될 수 있으며, 이 공정을 **준영구주형 주조**(semipermanent-mold casting)라고 부른다.

기본적인 영구주형 주조 공정의 단계를 그림 10.10에 나타내었다. 주조를 위한 준비로서, 주형은 미리 가열되고 여러 코팅제가 주형 공동에 분사된다. 예열은 탕구계에서 주형 공동까지의 용융금속 흐름을 용이하게 한다. 코팅은 열 방출을 도와주며, 주물이 쉽게 분리될 수 있도록 주형 표면에 윤활 작용도 한다. 용융금속을 주입한 후, 용융금속이 응고되자마자 주형을 열어서 주물을 분리시킨다. 소모성주형과는 달리 영구주형은 부수지 않으므로 주물에 균열이 발생하지 않도록 주목할 만한 냉각 수축이 일어나기 전에 주형을 열어야만 한다.

영구주형 주조의 장점은 이전에 설명한 바와 같이 좋은 표면 상태 및 정밀한 치수 관리이다. 뿐만 아니라, 금속주형에 의한 더 신속한 응고는 조밀한 결정립 구조를 만들어 강한 주물을 생산할 수 있다. 이 공정은 일반적으로 낮은 용융점을 갖는 금속에 국한된다. 기타 단점은 사형주조에 비하여 단순한 형상에 적용되며(주형을 열어야 하는 필요 때문에), 주형에 대한 비용이 크다는 점이다. 주형의 비용이 상당하기 때문에, 이 공정은 대량생산시스템에 적합하며, 자동화가 요구된다. 자동차 피스톤, 펌프 본체, 항공기 및 미사일용 주물 등이 전형적인 적용 예이다.

10.3.2 영구주형 주조의 변형

여러 주조 공정들은 기본적인 영구주형 방법과 매우 유사하며, 슬러시 주조, 저압 주조, 진공영구 주형 주조 등이 있다.

슬러시 주조

슬러시 주조(slush casting)는 주형 표면에서 부분적인 응고가 시작된 후에 주형을 거꾸로 하여 주형 공동 중앙의 용융금속을 배출함으로써 속이 빈 주물을 만드는 영구주형 공정이다. 주형이 상대적으로 차가우므로 주형 벽에서부터 응고가 시작되며, 시간에 따라 주물의 중앙으로 진행해나간다

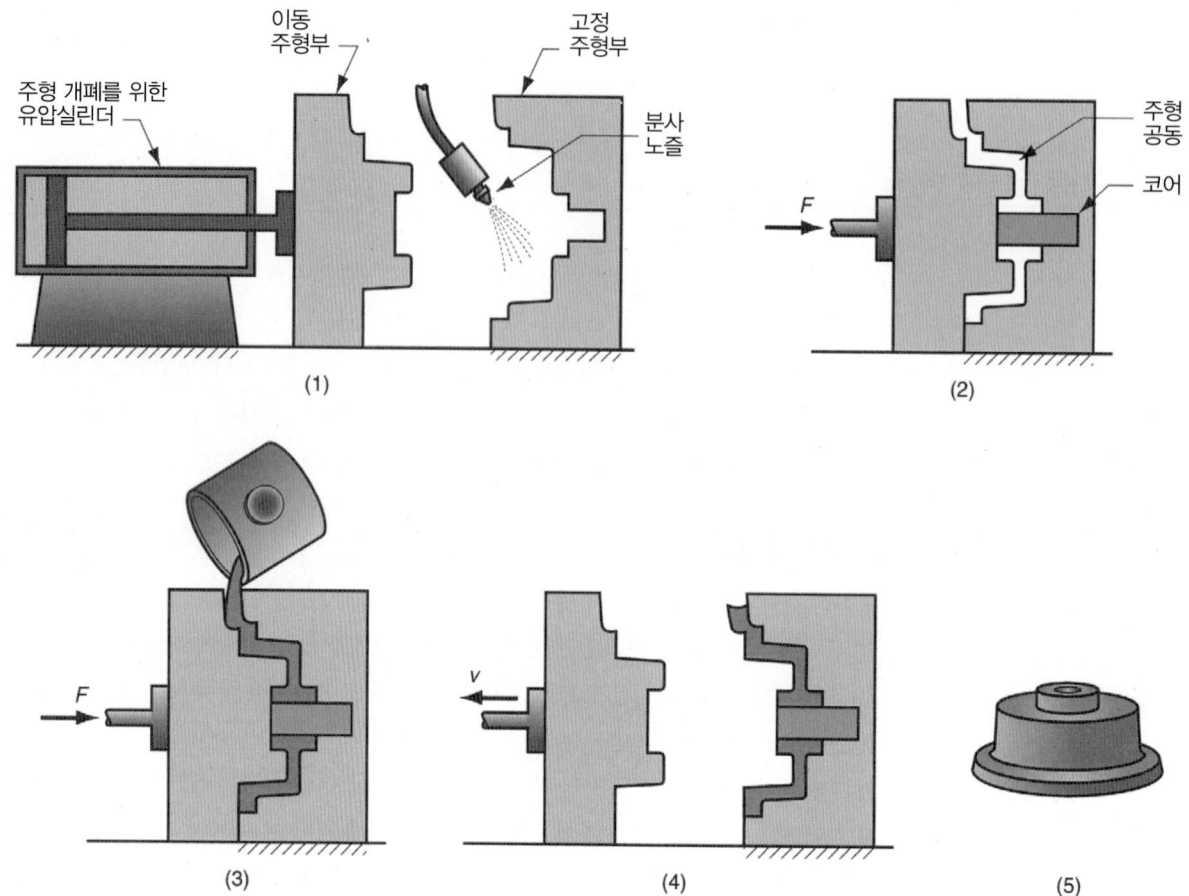

그림 10.10 영구주형 주조의 각 단계. (1) 주형이 예열되고 코팅된다. (2) 코어(필요시)가 삽입되고 주형이 닫힌다. (3) 주형에 용융금속이 주입된다. (4) 주형이 열린다. (5) 완성된 주물.

(9.3.1절). 주물의 두께는 배출까지의 시간에 따라 좌우된다. 슬러시 주조는 동상, 전등 받침, 아연이나 주석 같은 저융점 금속으로 만들어진 장난감 등을 제작하는 데에 사용된다. 이러한 제품은 외관이 중요하지만, 강도와 내면 형상은 별로 중요하지 않은 제품들이다.

저압 주조

기본적인 영구주형 주조와 슬러시 주조에서는 중력에 의하여 용융금속이 주형 공동으로 흘러 들어간다. 저압 주조(low-pressure casting)에서는 그림 10.11과 같이 아래에 있는 용융금속이 위에 있는 주형 공동으로 저압(약 0.1 MPa)에 의하여 흘러 들어간다. 재래식 주입방식과 비교하면, 공기에 노출된 용융금속을 주입하는 것이 아니라 용융금속 저장용기 중앙의 깨끗한 용융금속을 주형에 주입한다는 장점이 있다. 가스기공과 산화결함을 줄일 수 있으며, 기계적 물성도 개선된다.

진공영구주형 주조

진공영구주형 주조(vacuum permanent-mold casting)(진공주조와 혼동하지 말 것, 10.2.2절)는 용융금속을 주형 공동으로 끌어당기는 용도로 진공을 사용하는, 저압 주조의 변형이다. 진공영구주형 주조의 구성은 저압주조 공정과 유사하다. 차이점은 대기압보다 높은 공기압력으로 아래의 용융금속을 밀어 올리는 것이 아니라 주형의 진공으로부터 감소된 공기압력에 의하여 용융금속을 주형 공동

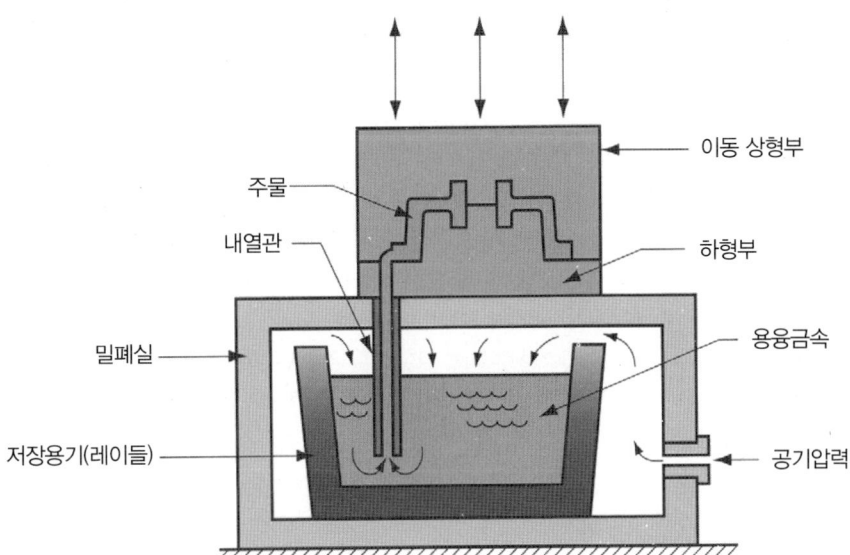

그림 10.11 저압 주조. 공기압력이 저장용기(레이들)에 있는 용융금속을 주형 공동으로 밀어 올려주는 것을 보여준다. 압력은 주물이 응고될 때까지 유지된다.

(그림 내 라벨)
이동 상형부
주물
내열관
하형부
밀폐실
용융금속
저장용기(레이들)
공기압력

으로 끌어올리는 것이다. 저압 주조에 비하여 진공 기술의 여러 장점이 있다. 기공 및 관련 결함을 줄일 수 있으며, 강도가 더 큰 주물을 얻을 수 있다.

10.3.3 다이캐스팅

다이캐스팅(die casting)은 용융금속을 고압으로 주형 공동에 분사하는 영구주형 주조방식이다. 전형적으로 7 MPa에서 350 MPa의 압력이 사용된다. 압력은 주형이 열리고 부품이 제거된 후 응고 동안에도 유지된다. 이 주조 공정에서 주형을 다이(die, 금형)라고 부른다(따라서 공정 이름이 die casting이다). 용융금속을 다이 공동에 고압으로 밀어 넣는 것은 다른 영구주형 주조방식과 구별되는 가장 주목할 만한 특징이다. 다이캐스팅에 관한 비디오클립을 통하여 이 공정의 다양한 형태들을 볼 수 있다.

> **비디오클립**
> 다이캐스팅 : (1) 'die casting machines', (2) 'die casting tooling' 제목을 볼 것.

다이캐스팅 작업은 금형의 양쪽을 매우 정확히 접근시키도록 설계되며, 용융금속이 다이공동에 분사되는 동안에 금형 양쪽을 매우 정확하게 유지시켜 주도록 설계된 특수한 다이캐스팅 기계(역사적 고찰 10.2)에서 수행된다. 일반적인 구성은 그림 10.12와 같다. 다이캐스팅 기계에는 크게 두 가지 방식이 있다. (1) 열가압실과 (2) 냉가압실이 있는데, 이 두 가지는 다이 공동에 용융금속을 분사하는 방식에 차이가 있다.

열가압실 기계(hot-chamber machine)에서는, 기계에 붙어있는 용기에서 금속이 용융되고, 피스톤은 다이에 고압으로 용융금속을 분사하는 데에 사용한다. 전형적인 분사 압력은 7 MPa에서 35 MPa이며, 주조 사이클은 그림 10.13에 요약하였다. 시간당 500개의 제품을 생산하는 것도 흔하다. 분사시스템의 많은 부분이 용융금속에 잠기기 때문에, 열가압실 다이캐스팅은 분사시스템에 특별히 어려움을 준다. 따라서 이 공정은 플런저 및 기타 기계요소에 화학적인 문제를 일으키지 않는

현대의 다이캐스팅 기계는 인쇄산업에 기원을 두고 있으며, 1800년대 중반에서 후반에 이를 때에 증가하는 독서 인구에 대해 독서에 대한 증가된 욕구를 만족시키기 위해서 개발되었다. 1800년대 후반 O. Mergenthaler는 인쇄활자를 제작하는 기계인 리노타입을 발명, 개발하였다. 이 기계는 인쇄판을 준비할 때 사용되는 활자 라인을 납을 주조하여 만들었기 때문에 주조 기계라고 할 수 있다. **리노타입**(linotype)이라는 명칭은 각 공정 사이클마다 한 줄의 활자가 생산되는 기계라는 것을 의미한다. 이 기계는

1886년에 뉴욕에 상업적 기반을 둔 신문인 트리뷴(The Tribune)에 의하여 처음으로 성공적으로 사용되었다.

리노 타입은 기계화된 주조기계의 가능성을 보여주었다. 최초의 다이캐스팅 기계는 1905년 H. Doehler에 의하여 특허 등록되었다(이 기계는 워싱턴의 스미소니언협회에 전시되어 있다). 1907년 E. Wagner는 열가압실을 이용한 최초의 다이캐스팅 기계를 개발하였다. 이 기계는 제 1차 세계대전 중에 쌍안경과 가스마스크의 부품을 주조하는 데에 처음으로 사용되었다.

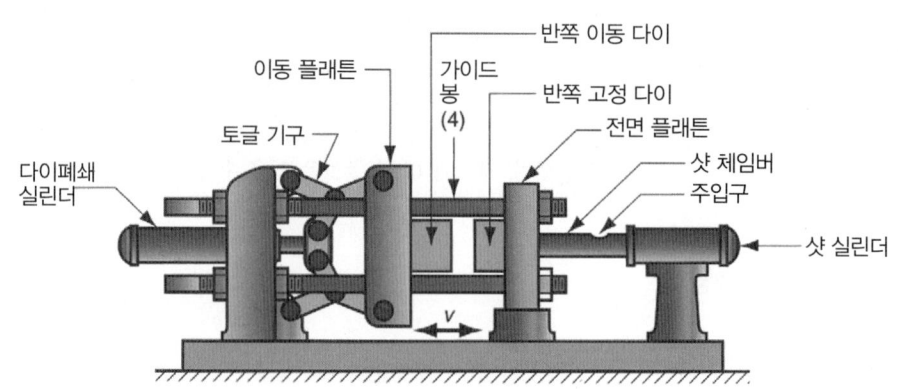

그림 10.12 냉가압실 다이캐스팅 기계의 일반적인 형태.

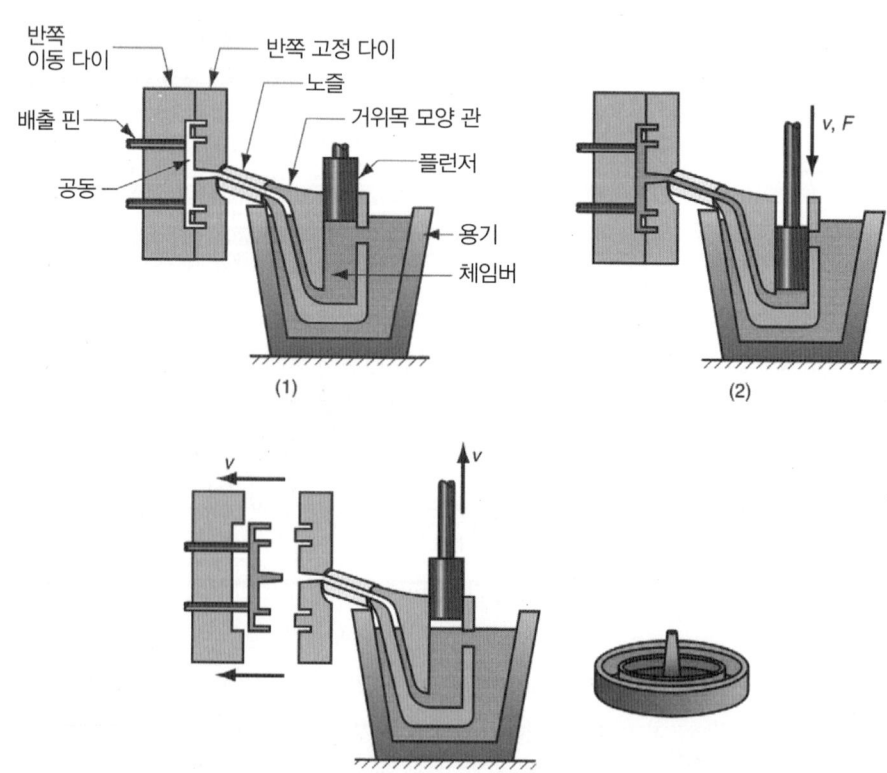

그림 10.13 열가압실 주조 사이클. (1) 다이가 닫히고 플런저가 올라가면 용융금속이 체임버에 흘러들어간다. (2) 플런저가 체임버 안의 용융금속을 다이로 밀어 넣는다. 냉각과 응고 동안에 압력이 유지된다. (3) 플런저가 올라가고 다이가 열리면 응고된 제품이 배출된다. (4) 완성품.

저융점 금속(아연, 주석, 납, 때때로 마그네슘)에 적용된다.

냉가압실 다이캐스팅 기계(cold-chamber die casting machine)에서는 외부 용융용기의 용융금속이 가열되지 않은 기계의 챔버로 주입되고, 피스톤이 용융금속을 다이 공동에 고압으로 분사하는 데에 사용된다. 이러한 기계에서는 전형적으로 14 MPa에서 140 MPa의 압력이 사용된다. 그림 10.14에 생산 사이클을 나타내었다. 열가압실 기계에 비하여, 외부로부터 용융금속을 레이들로 옮겨와야 하기 때문에 보통 생산 속도가 빠르지 않다. 그럼에도 불구하고 이 주조 공정은 대량생산에 적용된다. 냉가압실 기계는 전형적으로 알루미늄, 황동 및 마그네슘 합금의 주조에 사용된다. 저융점 합금(아연, 주석, 납)도 냉가압실 기계에서 주조될 수 있지만, 이러한 금속들에 대해서는 열가압실 공정이 더 유리하다.

다이캐스팅 공정에서 사용되는 금형은 일반적으로 공구강, 금형강, 또는 마레이징강(maraging steel)으로 만들어진다. 우수한 내열특성을 갖는 텅스텐과 몰리브덴이 사용되기도 하는데, 이들은 특히 강과 주철의 다이캐스팅용으로 사용된다. 다이 내 공동의 수는 단일 공동 또는 다수 공동일 수 있다. 단일 공동 다이는 그림 10.13 및 10.14에 나타내었다. 모식도와 같이 다이가 열리면 다이로부터 제품을 꺼내기 위하여 배출 핀이 필요하다. 이러한 배출 핀은 주형 표면으로부터 제품을 밀어서 제품을 분리시킨다. 또한 달라붙는 것을 방지하기 위하여 공동들은 윤활제가 도포되어야 한다.

다이의 재료는 자연적인 기공이 없고, 용융금속이 다이에 급속도로 흘러들어가기 때문에, 주형 공동의 공기와 가스를 배출하기 위한 통기구가 다이 분리면에 설치되어야만 한다. 이 통기구들은 매우 작지만 분사 중에 용융금속이 흘러들어가므로, 이 부분을 응고 후에 제거한다. 또한 용융금속이 매우 높은 압력으로 분사되므로 양쪽 다이 사이의 분리선 및 코어와 배출핀 주위의 틈으로 용융금속이 흘러들어가므로 **플래시**(flash)가 형성된다. 플래시는 주입탕구, 탕구계와 함께 주물로부터 제거된다.

다이캐스팅의 장점은 다음과 같다. (1) 높은 생산율이 가능, (2) 대량생산에 대하여 경제적, (3) 정밀 공차가 가능, 작은 제품의 경우 ±0.076 mm 정도, (4) 우수한 표면 상태, (5) 얇은 단면이 가능,

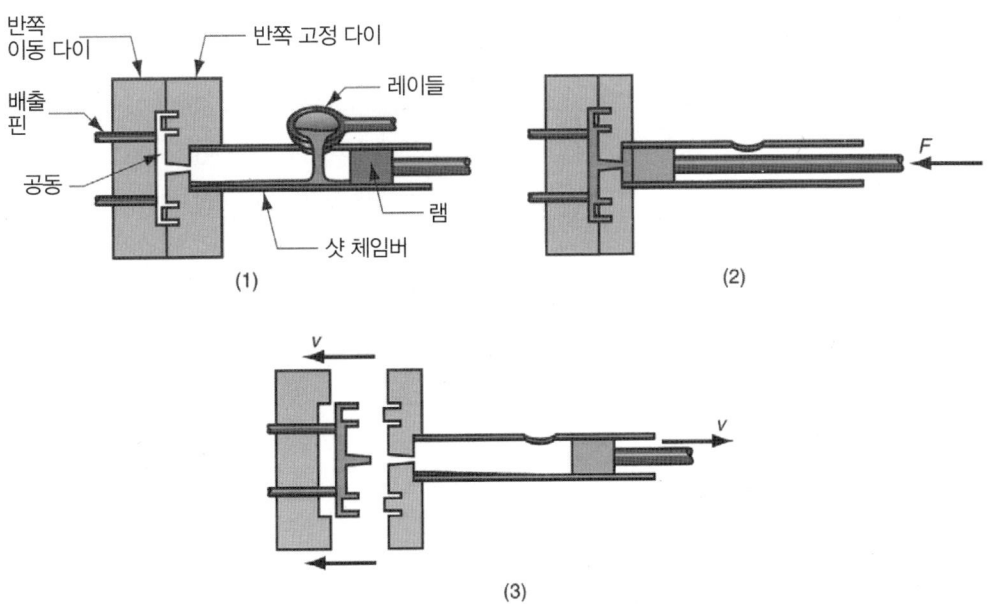

그림 10.14 냉가압실 주조 사이클. (1) 다이가 닫히고 램이 당겨지면, 용융금속이 체임버에 흘러 들어간다, (2) 램이 용융금속을 다이로 밀어 넣는다, 냉각과 응고 동안에 압력이 유지된다, (3) 램이 당겨지고 다이가 열리면, 부품이 배출된다(단순화된 탕구계).

대략 0.5 mm까지 가능, (6) 급속 냉각으로 인한 작은 입자 크기 및 높은 강도. 하지만 이 공정의 단점은 금속 주조와 더불어 다이 공동에서 제품을 꺼낼 수 있는 형상이어야 한다는 제한조건이 있다는 점이다.

10.3.4 스퀴즈주조와 세미솔리드 금속주조

스퀴즈주조와 세미솔리드 금속주고는 다이캐스팅과 종종 관련되는 두 가지 공정이다. **스퀴즈주조**(squeeze casting)는 용융금속을 예열된 아래쪽 다이에 주입하고 응고가 시작된 후에 주형 공동을 형성하도록 위쪽 다이를 결합시키는 주조와 단조(17.3절)를 조합한 공정이다. 이 공정은 주입 또는 분사 전에 두 개의 다이가 닫혀져 있는 보통의 영구주형 주조와는 다르다. 공정의 혼합 특성 때문에, **액체-금속 단조**(liquid-metal forging)로도 잘 알려져 있다. 스퀴즈주조에 있어서 용융금속이 공동에 완전히 채워지도록 상형에 압력을 가하기 때문에 우수한 표면 상태와 수축률이 작다는 것이다. 요구되는 압력은 고체 금속 빌렛의 단조보다 매우 낮은 압력이 필요하며, 단조공정보다 다이를 통하여 훨씬 더 미세한 표면을 얻을 수 있다. 스퀴즈주조는 철계 및 비철계 합금 모두에 적용 가능하지만, 낮은 용융온도를 갖는 알루미늄과 마그네슘 합금이 가장 많이 사용되고 있다.

세미솔리드 금속주조(semi-solid metal casting)는 액상선과 고상선(9.3.1절) 사이의 온도에 있는 금속 합금에 대해 수행되는 순형상과 순형상에 가까운 부류들에 적용되는 공정이다. 따라서 합금은 주조 동안에 고체와 용융금속의 혼합인 곤죽 같은 슬러리 상태이다. 원활한 유동을 위하여, 혼합물은 용융금속의 응고 동안에 더욱 더 전형적인 수상정 고체 형상을 만들어주는 것보다는 액체 속에 고체 금속의 작은 구상체들로 구성되어야만 한다. 이것은 수상정 조직이 형성되는 것을 방지하고, 구형상을 만들어주는 대신에 작업 금속의 점성을 줄이기 위하여 슬러리를 강제로 저어주어서 얻어질 수 있다. 세미솔리드 금속주조의 장점은 다음과 같다 [16]. (1) 복잡한 부품 형성, (2) 얇은 벽을 갖는 부품, (3) 정밀한 공차, (4) 주물이 높은 강도를 갖도록 해주는 내부기공 발생의 최소화.

세미솔리드 금속주조에는 몇 가지 형태가 있다. 알루미늄이 적용될 때는 요변주조(thixocasting)와 유변주조(rheocasting)가 사용된다. 요변주조의 접두어는 흔들면 유체처럼 점성을 갖는 성질인 **칙소트로피**(thixotropy)에서 나왔다. 유변주조의 접두어는 재료의 변형 및 유동에 관련된 학문인 **유동학**(rheology)에서 나왔다. **요변주조**에서 시작 작업 재료는 비수상정 미세조직을 갖는 주조된 빌렛이다. 이것은 세미솔리드 온도 범위로 가열되고, 다이캐스팅 장비를 사용하여 주형 공동으로 주입된다. **유변주조** 공정에서 세미솔리드 슬러리는 매우 많이 상업적인 다이캐스팅 기계를 이용하여 주형 공동으로 분사된다. 이 둘의 차이점은 rheocasting에서의 시작 금속이 액상선보다 높은 액상선과 고상선 사이의 온도에서 시작된다는 점이다.

마그네슘이 사용될 때는, 사출성형기계(11.6.3절)와 유사한 장비를 사용하여 **요변주형**(thixomolding)이라고 한다. 마그네슘 합금 입자들은 세미솔리드 온도 범위로 가열됨에 따라 배럴(barrel)로 공급되고, 회전 스크류에 의해 앞으로 나아간다. 요구되는 고체 상태의 구상체는 회전하는 스크류의 혼합 작용에 의해 얻어진다. 그런 후에 슬러리는 스크류의 선형적인 전진 운동에 의해 주형 공동으로 분사된다.

10.3.5 원심주조

원심주조는 주형을 빠른 속도로 회전시켜서 발생하는 원심력이 용융금속을 다이 공동 외벽에 밀착시키는 주조공법이다. 이 주조법을 분류하면 (1) 진원심주조, (2) 반원심주조, (3) 센트리퓨즈 주조로 구분된다.

진원심주조

진원심주조(true centrifugal casting)에서 용융금속은 관형 부품을 생산하기 위하여 회전하는 주형에 부어진다. 이 공정으로 제작되는 부품들은 파이프, 관, 부싱, 링 등이다. 그림 10.15는 가능한 장비 구성의 한 예를 보여준다. 수평으로 회전하는 주형의 한쪽 끝으로 용융금속을 부어넣는다. 어떤 공정에서는 용융금속 주입 전이 아니라 주입 후에 주형이 회전하기 시작한다. 고속 회전이 금속을 공동의 모양이 되도록 해주는 원심력을 발생시킨다. 따라서, 주물의 외형은 원형, 팔각형, 육각형 등의 모양이 된다. 그러나 주물의 내형은 방사상으로 동일한 힘이 가해지므로 완전한 원형(이론적으로)이 된다.

주형을 회전시키는 축은 수평 또는 수직일 수 있는데, 수평형이 더 일반적이다. **수평형 원심주조** (horizontal centrifugal casting)에서 작업이 성공적으로 수행되기 위하여 주형이 얼마나 빠르게 회전하여야 하는지를 고려해보자. 원심력은 다음과 같은 물리적 방정식으로 정의된다.

$$F = \frac{mv^2}{R} \tag{10.2}$$

단, F는 힘(N), m은 질량(kg), v는 속도(m/s), R은 주형 내반경(m). 중량 $W = mg$, g는 중력가속도(9.8m/s²). G-factor GF는 중량에 대한 원심력의 비이다.

$$GF = \frac{F}{W} = \frac{mv^2}{Rmg} = \frac{v^2}{Rg} \tag{10.3}$$

속도 v는 $2\pi RN/60 = \pi RN/30$, N은 회전속도(rev/min)이다. 이를 식 10.3에 대입하면,

$$GF = \frac{(R\frac{\pi N}{30})^2}{g} \tag{10.4}$$

식 (10.4)에 반경 대신 직경 D를 이용하여 회전속도 N에 대한 식을 정리하면,

$$N = \frac{30}{\pi} = \sqrt{\frac{2gGF}{D}} \tag{10.5}$$

D는 주형의 내경이다. 원심주조에서 G-factor가 너무 작으면, 회전할 때 윗벽에 용융금속을 밀어붙이는 힘이 약하게 되어 주형 공동 속에서 비가 오는 것과 같이 된다. 용융금속과 주형 벽 사이에 미끄

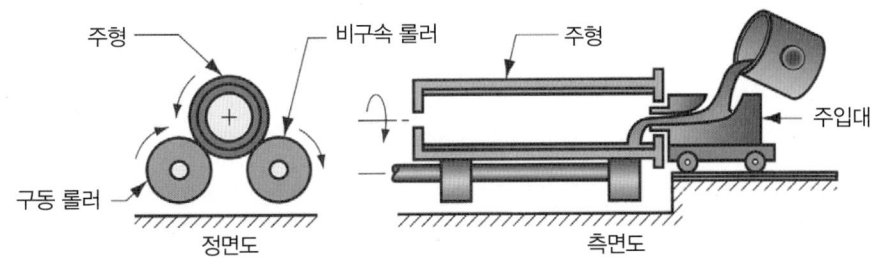

그림 10.15 진원심주조의 구성.

러짐이 발생하는데, 이는 용융금속의 회전속도가 주형의 회전속도보다 작다는 것을 의미한다. 비록 주조되는 금속에 따라 어느 정도 변하지만, 실험적으로 수평형 원심주조에서는 GF 값이 60에서 80 이 적당하다고 알려져 있다 [2].

예제 10.2 진원심주조의 회전속도 ─────────────────

외경 OD = 25 cm, 내경 ID = 22.5 cm인 동 파이프를 만들기 위하여 수평형 진원심주조를 하려 한다. 관을 만들기 위한 G-factor가 65라면, 회전속도는 얼마이어야 하는가?

풀이
주형의 내경 D는 주물의 외경 OD = 25 cm = 0.25 m
식 (10.5)를 이용하여 회전속도를 계산하면,

$$N = \frac{30}{\pi} = \sqrt{\frac{2(9.8)(65)}{0.25}} = 681.688 \cong \textbf{681.69 rev/min}$$

수직형 원심주조(vertical centrifugal casting)에서는, 용융금속에 작용하는 중력이 주물의 상부보 다 하부를 두껍게 만드는 경향이 있다. 주물 벽의 내부 형상은 포물선 모양이다. 상부와 하부의 내경 차이는 다음과 같은 회전속도와 관계 있다.

$$N = \frac{30}{\pi} = \sqrt{\frac{2gL}{R_t^2 - R_b^2}} \tag{10.6}$$

L은 주물의 높이(m), R_t는 주물 상부의 내반경(m), R_b는 주물 하부의 내반경(m).

식 10.6은 상부 및 하부 내경이 주어졌을 때, 수직형 원심주조에서 회전속도를 계산하기 위하여 이용된다. 식으로부터, R_t와 R_b가 같다면 회전속도 N은 무한대가 되어야 하며, 이는 실제적으로 불 가능하다. 실제로는 수직형 원심주조로 만드는 제품의 길이는 보통 제품 직경의 두 배를 넘지 않는 다. 길이에 비하여 매우 큰 직경을 가진 부싱이나 다른 제품들에 알맞으며, 특별히 정밀한 내경 치수 를 위하여 내경절삭을 할 수도 있다.

진원심주조로 제작된 주물은 밀도가 높은 특징이 있는데, 특히 F가 가장 커지는 제품의 외부는 특 별히 밀도가 높다. 응고 동안에 원심력이 용융금속을 지속적으로 주형 벽으로 밀착시키기 때문에 주 물관 외부의 응고 수축은 중요하지 않다. 주물에서 불순물은 내벽에 모이는 경향이 있으며, 필요하다 면 절삭공정으로 제거할 수 있다.

반원심주조
반원심주조(semicentrifugal casting)는 그림 10.16에서와 같이 관형 부품이 아니라 속이 차있는 부 품을 제조하기 위하여 원심력이 사용된다. 보통 반원심주조에서 회전속도는 대략 15 정도의 G-factor가 얻어지도록 설정되며 [2], 용융금속을 지속적으로 공급하는 라이저가 중앙에 위치하도록 주형을 설계한다. 최종 주물의 외곽 부분은 회전중심 부근보다 금속 밀도가 더 크다. 그러므로 이 공

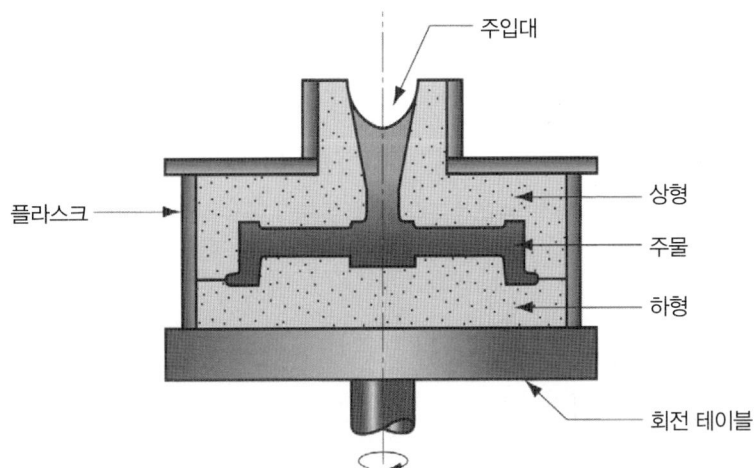

그림 10.16 반원심주조.

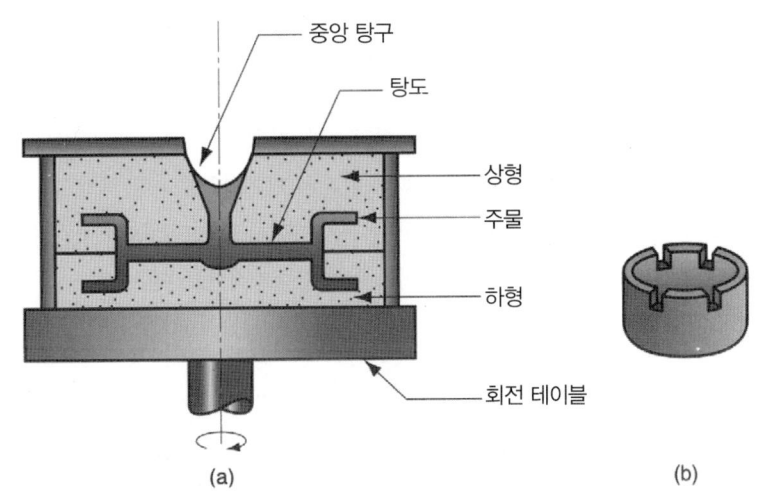

그림 10.17 (a) 원심주조-원심력이 회전축에서 먼 쪽으로 용융금속을 밀어낸다, (b) 주물.

정은 주물의 중심 부분을 절삭할 부품에 많이 사용되며, 이는 품질이 좋지 않은 부분을 제거하는 것이다. 반원심주조 공정으로 제조되는 부품은 휠과 풀리 등이며, 소모성 주형이 많이 사용된다.

원심주조

원심주조(centrifuge casting)는 그림 10.17과 같이, 부품 공동이 회전축으로부터 떨어져 있도록 주형을 설계하여, 원심력이 용융금속을 주형 공동들에게 골고루 퍼지게 하는 공정이다. 이 공정은 작은 부품에 적용하며, 다른 두 원심주조법과는 달리 만들고자 하는 부품의 형상이 꼭 회전대칭일 필요는 없다.

▎10.4 주조 장비

모든 주조 공정에서는 금속이 용융상태가 되어 주형 속으로 부어지거나 강제로 주입되기 위하여 가열되어야 한다. 가열과 용융은 용해로에서 이루어지며, 이 절에서는 주조공장에서 사용되는 다양한 형태의 용융로와 용융금속을 주형에 공급하는 주입도구에 대하여 알아본다.

10.4.1 용융로

주물공장에서 사용하는 가장 일반적인 용융로의 종류는 다음과 같다. (1) 용선로, (2) 직접연소로, (3) 도가니로, (4) 전기아크로, (5) 유도 전기로. 가장 적합한 노의 선택은 다음과 같은 인자에 의하여 결정된다. 주조합금, 용융온도 및 주입온도, 노의 용량, 투자비, 공정비용 및 유지보수비용, 환경 오염.

용선로

용선로(cupola)는 바닥 가까이에 배출구가 설치된 수직 원통형 노이다. 용선로는 주철을 녹이는 데에만 사용된다. 주철을 위해 다른 노가 사용되기도 하지만, 용선로에서 녹여지는 주철의 양이 가장 많다. 용선로의 일반적 구성과 동작특성은 그림 10.18과 같다. 내부에 내열재가 들어간 커다란 강재 외벽으로 구성되어 있다. 용선로의 중간보다 약간 낮은 곳에 위치한 입구를 통하여, 철, 코크스, 용제 및 가능한 합금원소를 투입한다. 일반적으로 철은 선철과 스크랩(주물로부터 제거된 라이저, 탕도, 주입탕구를 포함)의 혼합물이다. 코크스는 노를 가열하는 연료로 사용된다. 코크스의 연소를 위하여 아래쪽 주입구를 통하여 공기를 강제로 불어넣는다. 용제는 코크스 재와 기타 불순물과 반응하여 슬래그를 형성하는 석회석과 같은 기초화합물이다. 슬래그는 용융금속을 덮어서, 용선로 내부에서 용융금속 주위와 반응하는 것을 차단하고 열손실을 줄여준다. 혼합물이 가열되고 철이 용융되면, 주입을 위한 용융금속 준비를 위하여 주기적으로 배출한다.

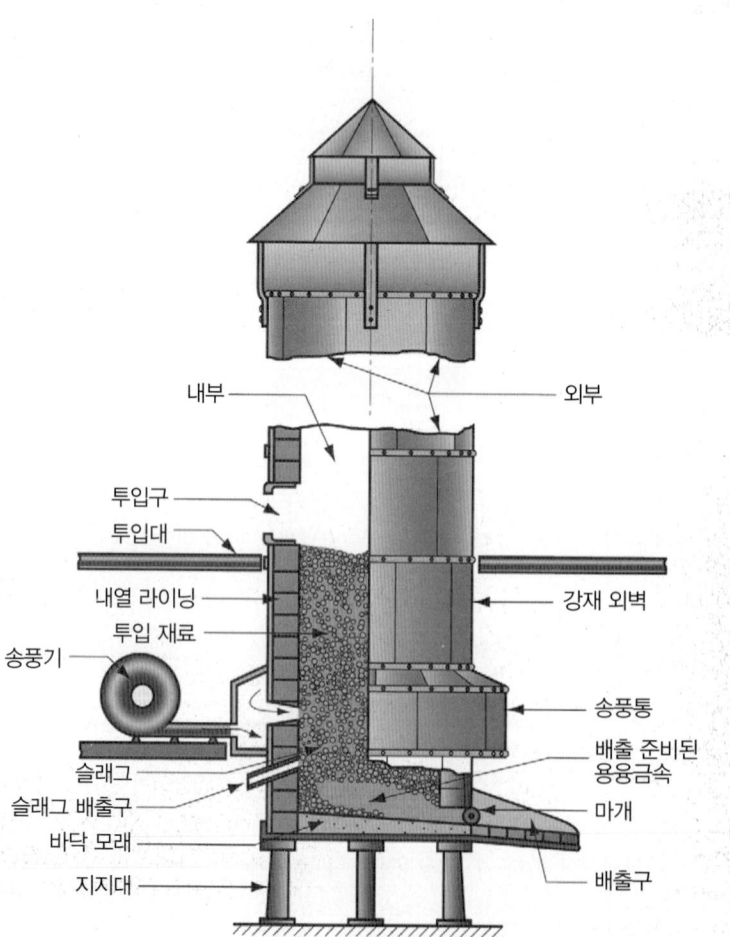

그림 10.18 주철을 용융하는 데 사용되는 용선로. 소규모 주물공장의 전형적인 용선로이며, 현대 용선로에서 요구되는 배출물 제어 시스템은 생략하였다.

직접연소로

직접연소로(direct fuel-fired furnace)는 작은 화덕을 갖고 있으며, 그 안에 금속을 넣고 연소로의 측면에 위치한 연료 버너로 가열한다. 연소로의 천장은 불꽃을 반사하여 가열을 돕는다. 전형적인 연료는 천연가스이며, 연소 물질들은 굴뚝을 통하여 연소로를 빠져나간다. 화덕의 아래에는 배출구가 있어 용융금속을 배출한다. 직접연소로는 일반적으로 구리기반 합금이나 알루미늄과 같은 비철금속을 용융하여 주조하는 데에 사용된다.

도가니로

도가니로(crucible furnace)는 혼합연료를 연소시켜서 직접 접촉하지 않고 금속을 용융시키는 방법이며, 이러한 이유 때문에 종종 **간접 연소로**(indirect fuel-fired furnace)라고도 불린다. 주물공장에서는 그림 10.19와 같이 세 가지 형태의 도가니로가 사용된다. (a) 들어올림형, (b) 고정형, (c) 기울임형. 모든 도가니로는 적절한 내화재(예를 들면, 점토-흑연의 혼합물) 또는 고온 합금강으로 만들어진 도가니를 사용한다. **들어올림형 도가니**(lift-out crucible furnace)는 도가니가 노의 가운데 위치하며, 금속을 용융시키기에 충분하게 가열된다. 기름, 가스 또는 분말 석탄이 들어올림형 도가니의 전형적인 연료이다. 금속이 용융되면 도가니는 들어올려져서 용융금속의 주입 용기로 이용된다. 고정형 및 기울임형 도가니로는 종종 **냄비로**(pot furnace)라고 불리며, 가열로와 용융금속 용기가 일체형으로 이루어져 있다. **고정형 냄비로**(stationary pot furnace)에서 노는 고정되어 있으며 용융금속은 용기로부터 꺼내어진다. **기울임형 냄비로**(tilting pot furnace)는 전체 구조물이 용융금속 주입을 위하여 기울여질 수 있다. 도가니로는 청동, 황동, 아연합금, 알루미늄 합금과 같이 비철계 금속에 사용된다. 일반적으로 도가니로의 용량은 약 200kg 정도로 제한된다.

전기아크로

전기아크로(electric-arc furnace)는 전기아크로 인해 발생하는 열로써 투입물을 용융시킨다. 그림 6.9에서와 같이 두 개 또는 세 개의 전극을 이용하여 다양한 조합이 가능하다. 소모 전력은 매우 높으나, 전기아크로는 대용량(23,000 ~ 45,000 kg/hr 또는 25 ~ 50 tons/hr)으로 설계될 수 있고, 주로 강의 주조에 적용된다.

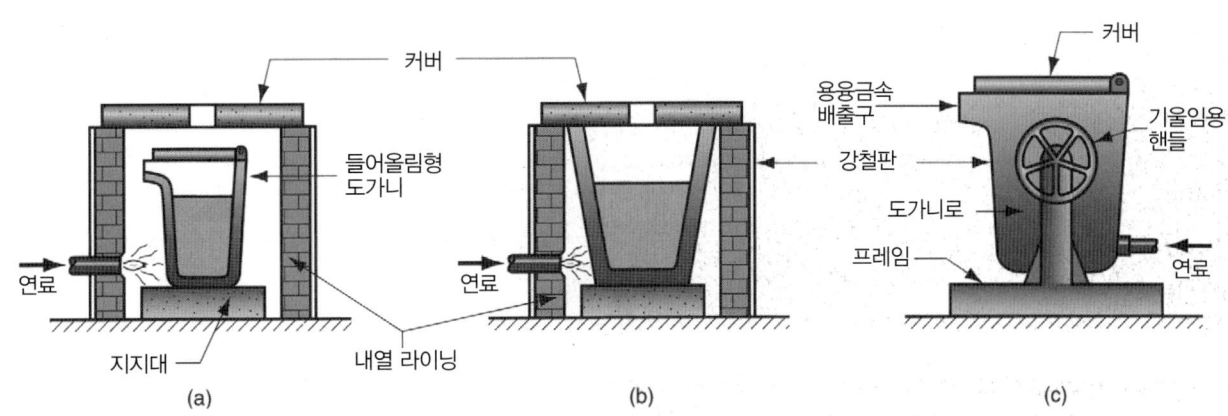

그림 10.19 세 가지 형태의 도가니로. (a) 들어올림형 도가니, (b) 고정형 냄비로, (c) 기울임형 냄비로.

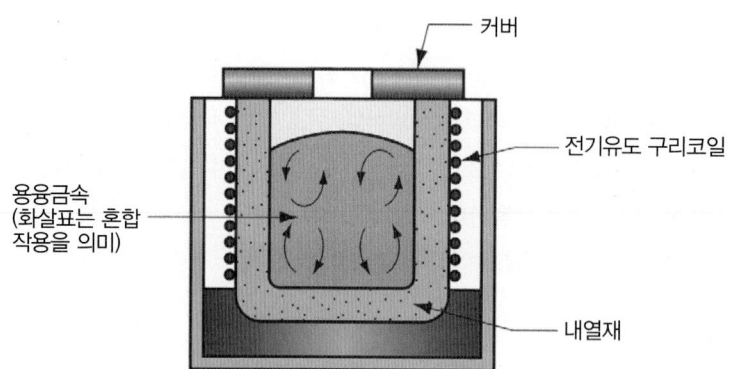

그림 10.20 전기유도로.

전기유도로

전기유도로(induction furnace)는 코일을 통과하는 교반전류를 이용하여 금속에 자장을 형성시키며, 형성된 유도전류로 금속을 급속히 가열하여 용융시킨다. 주조 공정에서 유도로의 특징을 그림 10.20에 나타내었다. 전자기적 힘은 용융금속 내를 혼합시키는 역할을 한다. 또한 금속을 가열할 때에 직접 접촉하는 것이 없기 때문에, 용융이 일어나는 환경을 세밀하게 조절할 수 있다. 이러한 이유로 용융금속의 품질과 순도가 우수하며, 전기유도로는 품질과 순도가 우수할 필요가 있는 거의 대부분의 주조 합금에 사용될 수 있다. 강, 주철, 알루미늄 합금이 가장 보편적인 적용재료이다.

10.4.2 용융금속 주입, 세척, 열처리

도가니를 이용하여 용융금속을 용융로에서 주형으로 옮기기도 하지만, 주로 다양한 종류의 **레이들**(ladle)을 이용한다. 이러한 레이들은 용융금속을 받아서 주형에 주입하기에 편리하게 되어있다. 두 가지 일반적인 레이들은 그림 10.21에 나타내었으며, 하나는 천장크레인을 이용하여 대용량 용융금속을 취급하는 레이들이고, 다른 하나는 수동으로 적은 용량의 용융금속을 이동시키고, 주입하는 '2인용 레이들'이다.

주입 시 문제점 중의 하나는 산화된 용융금속이 주형에 주입되는 것이다. 산화금속은 품질을 저하시키며 주물의 결함을 감싸서 막을 형성할 수 있으므로, 용융금속 주입 시에 산화물의 혼입을 최소화하여야 한다. 필터를 이용하여 용융금속이 배출구를 빠져나올 때에 산화물 및 기타 불순물을 걸러내기도 하며, 용융금속이 산화되지 않도록 용제를 이용하여 산화를 지연시키기도 한다. 게다가 상층부

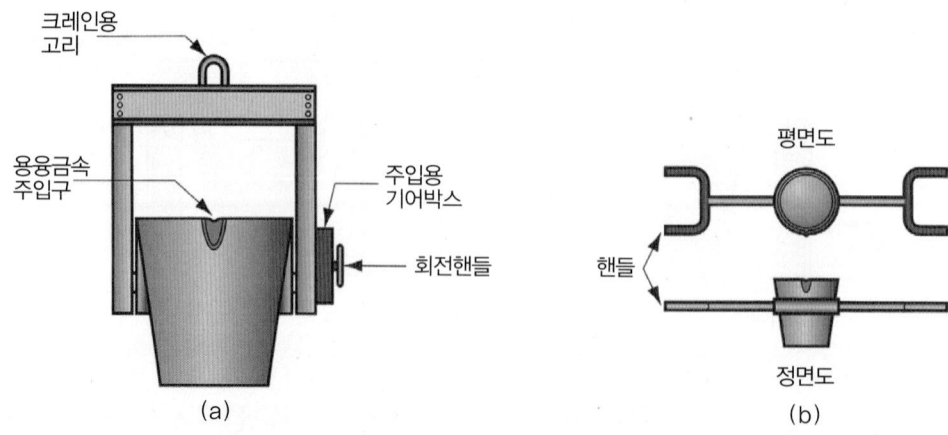

그림 10.21 두 가지 일반적인 형태의 레이들. (a) 크레인 레이들, (b) 2인용 레이들.

는 산화물이 축적되는 위치이기 때문에 용융금속이 아래쪽부터 주입될 수 있도록 레이들을 설계한다.

주물이 응고되고 주형에서 제거된 후에 일반적으로 필요한 절차는 다음과 같다. (1) 트리밍, (2) 코어 제거, (3) 표면세척, (4) 검사, (5) 보수(필요한 경우), (6) 열처리. 단계 (1)에서 (5)까지를 주물 공정에서는 '세척(cleaning)'이라는 용어로 사용된다. 주물 공정 및 금속에 따라 어떤 부가적인 공정이 필요한 것인가가 결정된다. 필요에 따라서, 때로는 많은 노동력과 비용이 소요된다.

트리밍(trimming)은 주입탕구, 탕도, 라이저, 분리선 플래시, 핀, 코어받침 및 기타 필요 없는 부분을 주물로부터 제거하는 것이다. 취성이 있는 주조합금이거나 비교적 단면이 작을 경우에 이러한 필요 없는 부분은 부서져 나갈 수 있다. 그렇지 않다면 해머, 전단기, 활톱, 띠톱, 연삭휠 절단 또는 다양한 화염 절단방법이 사용된다.

주물에 코어가 사용되었다면, 이는 제거되어야만 한다. 대부분의 코어는 화학적으로 결합된 모래나 기름으로 결합된 모래로 만들어지기 때문에 결합제가 열화되면서 주물에서 떨어져 나온다. 어떤 경우에는 주물을 수작업 또는 기계적으로 흔들어줌으로써 제거하기도 한다. 매우 드물지만, 모래 코어에 사용되는 결합제를 화학적으로 용해시켜서 제거하기도 한다. 고체 코어는 해머를 이용하거나 눌러서 제거한다.

사형주조에서 표면 세척과정은 가장 중요하다. 기타 주조과정에서 특히 영구주형주조에서는 세척과정이 생략될 수 있다. **표면세척**(surface cleaning) 과정은 주물 표면의 모래를 제거하는 것과 표면의 외관을 좋게 만드는 것을 포함한다. 표면을 세척하는 방법은 텀블링, 굵은 모래 연마 또는 금속 샷, 와이어브러싱, 버핑, 화학적 산피클링 등이다(26장).

주물에서 결함이 발생될 수 있으며, 결함을 찾기 위하여 검사가 수행된다. 다음 절에서 품질에 관한 사항을 검토할 것이다.

주물은 절삭공정과 같은 후속공정을 위하여, 또는 사용상 바람직한 물성을 얻기 위하여 열처리를 하여 물성을 강화하기도 한다.

10.5 주조 품질

주조 공정에서 품질을 저하시켜서 주물에 결함을 발생시키는 요인은 매우 많다. 이 절에서는 주물에서 발생할 수 있는 결함과 이들을 찾아낼 수 있는 검사방법을 알아본다.

주물결함

어떤 결함은 일부 혹은 전체 주조 공정에서 발생할 수 있으며, 이러한 결함들을 그림 10.22에 나타내었고 다음에 간략하게 설명하였다.

(a) **미스런**(misrun) : 미스런은 주형 공동을 완전히 채우기 전에 응고된 주물이다. 전형적인 원인으로는 (1) 용융금속의 유동성이 충분하지 않다, (2) 주입온도가 너무 낮다, (3) 주입이 너무 천천히 이루어졌다, (4) 주형 공동의 단면이 너무 얇다 등이다.

(b) **콜드셧**(cold shut) : 양쪽에서 접근하는 용융금속이 만났으나, 이미 응고가 시작되어 용융금속이 결합되기 어려운 상태가 되었을 때 발생하며, 미스런의 원인과 유사하다.

그림 10.22 주물에서 흔한 결함.
(a) 미스런, (b) 콜드셧, (c) 콜드
샷, (d) 수축 공동, (e) 미세기공,
(f) 열간균열.

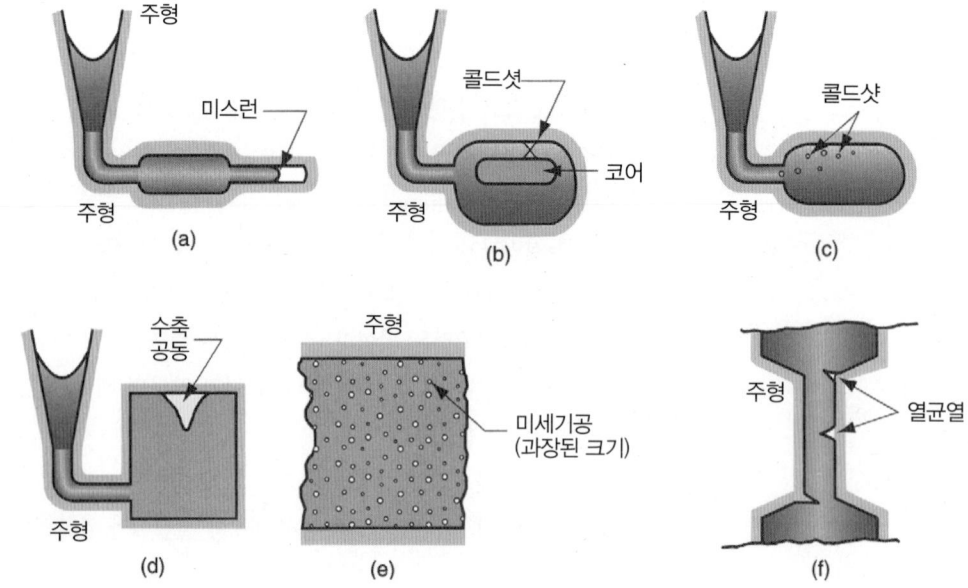

(c) **콜드샷**(cold shots) : 용융금속을 주입할 때에 튀어서 고체입자가 주물에 형성된 것을 의미하며, 튀지 않도록 용융금속 주입 절차와 탕구계를 설계하여야 한다.

(d) **수축 공동**(shrinkage cavity) : 용융금속이 응고되는 마지막 부분에서 가능한 용융금속의 양이 제한되는 응고수축으로 인하여 주물의 표면이 움푹 파지거나 내부에 빈 공간이 생기는 결함이다. 이는 주로 주물의 상부 근처에 발생하며, '파이프'라고 불린다[그림 10.8(3) 참조]. 이 결함은 라이저를 적절히 설계함으로써 해결될 수 있다.

(e) **미세기공**(microporosity) : 수상구조(dendritic structure)에서 마지막 용융금속의 부분적인 응고수축으로 인하여 주물 전체에 분포되어 있는 작은 기포들을 의미한다. 이러한 결함은 일반적으로 응고가 오랫동안 이루어지는 합금에서 발생한다.

(f) **열간균열**(hot tearing) : 핫크래킹(hot cracking)이라고도 불리며, 응고의 최종단계 또는 응고 후 초기 냉각단계에서 주물의 수축이 주형 때문에 제한을 받을 때 발생한다. 이 결함은 금속이 자연스럽게 수축하지 못하게 되면서 발생하는 높은 인장응력 상태에서 금속이 떨어져나감(**tearing, cracking**)에 따라 결함이 확실하게 드러난다. 사형주조 및 기타 소모성주형 공정에서는 주형이 부서지기 때문에 이러한 결함이 방지된다. 영구주형 공정에서는 응고 즉시 주형에서 부품을 꺼냄으로써 이 결함을 방지할 수 있다.

어떤 결함은 모래주형의 사용과 관련이 있는데, 따라서 모래주형에서만 발생한다. 그 밖에 소모성 주형 공정도 이러한 결함에 약간 관련이 있다. 주로 사형주조에서 발견되는 기본적인 결함을 그림 10.23에 나타내었고, 다음과 같다.

(a) **샌드블로우**(sand blow) : 풍선과 같은 모양의 가스 공동으로서, 용융금속을 주입할 때에 주형 가스로 인하여 발생한다. 주물의 상부 부근의 표면이나 바로 아래에서 발생하며, 모래주형의 낮은 통기성, 열악한 배기 및 높은 습기함유량이 주된 원인이다.

(b) **핀홀**(pinhole) : 용융금속 주입 동안에 가스 방출에 의해서 발생하는 샌드블로우와 유사한 결함이며, 주물표면 또는 바로 아래에 작은 기공이 많이 생긴 것을 의미한다.

그림 10.23 모래주형에서 흔한 결함. (a) 샌드블로우, (b) 핀홀, (c) 샌드워시, (d) 스캡, (e) 침투, (f) 주형 어긋남, (g) 코어 편향, (h) 주형 균열.

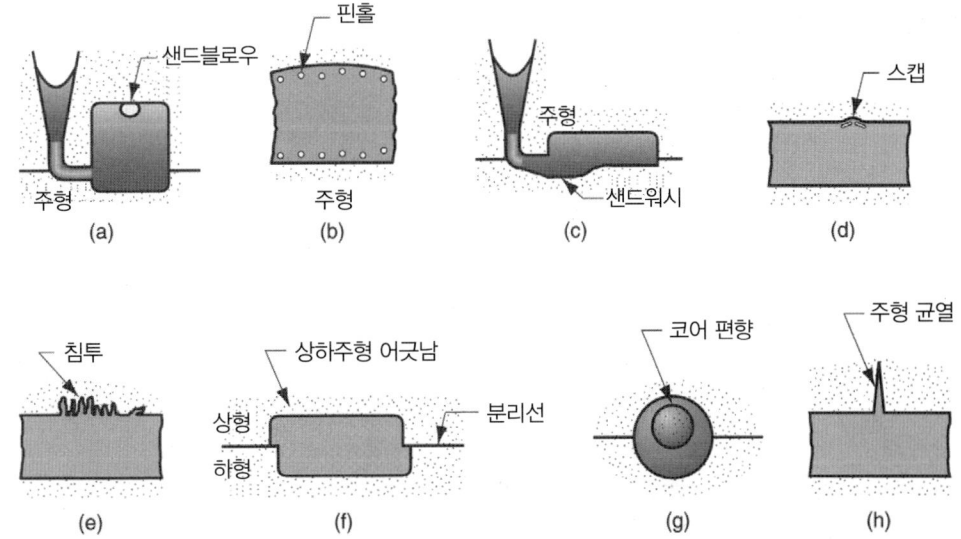

(c) **샌드워시**(sand wash) : 용융금속 주입 동안에 주물사의 침식으로 인하여 주물 표면이 균일하지 못함을 의미하며, 침식된 모양이 그대로 최종 주물의 표면에 찍혀 나온다.

(d) **스캡**(scap) : 모래와 금속의 외피(encrustation)로 인한 주물 표면에 거친 부분을 말하며, 응고 동안에 주형 표면이 떨어져 나와 주물의 표면에 붙음으로써 생긴다.

(e) **침투**(penetration) : 용융금속의 유동성이 양호할 경우, 모래주형 또는 모래 코어에 스며들어 표면에 발생하는 결함이다. 응고에 따라서, 주물의 표면은 모래입자와 금속의 혼합물이 된다. 모래 주형을 단단하게 다지면 침투현상을 완화시킬 수 있다.

(f) **주형 어긋남**(mold shift) : 상형과 하형이 옆으로 어긋나면서 분리선에 단(step)이 만들어지는 결함이다.

(g) **코어 편향**(core shift) : 코어에서도 주형 어긋남과 유사한 문제가 발생할 수 있으나, 일반적으로 어긋나는 방향은 수직이다. 코어 편향과 주형 어긋남은 용융금속의 부력에 의하여 발생한다 (10.1.3절).

(h) **주형 균열**(mold crack) : 주형의 강도가 충분하지 않으면, 균열이 발생할 수 있으며 용융금속이 스며들어와 최종주물에 핀(fin)을 만든다.

검사방법

주물 검사 절차는 다음과 같다 [7]. (1) 미스런, 콜드셧 및 기타 표면결함을 찾기 위한 육안검사, (2) 공차 만족 여부를 확인하기 위한 치수 측정, (3) 주물 금속의 품질검사를 위한 금속학적, 화학적, 물리적 및 기타 시험. (3)번에 해당하는 시험은 다음과 같다. (a) 주물에서 누설부를 검사하는 압력시험, (b) 주물의 내부 및 외부의 결함을 찾는 비파괴 검사인 방사선검사, 자기입자검사, 형광침투물질 사용, 초음파검사, (c) 인장강도 및 경도와 같은 물성을 측정하는 기계적 시험. 결함이 발견되었으나 심각하지 않다면, 용접, 연삭 또는 고객이 허용하는 보완 방법으로 주물을 보강하는 것이 가능하다.

10.6 주조금속

대부분의 상업용 주조에서는 순수 금속보다 합금을 이용한다. 일반적으로 합금이 주조하기에 용이하며 주조로 만들어진 제품의 물성이 더 우수하다. 주조합금은 (1) 철계와 (2) 비철계로 구분될 수 있다. 철계 합금은 주철 및 주강으로 더 세분화된다.

철계 주조합금 : 주철

주철은 모든 주조합금 중에서 가장 중요하다(역사적 고찰 10.3). 주철이 주조되는 양은 나머지 모든 합금이 주조되는 양의 몇 배나 된다. 주철에는 여러 종류가 있다. (1) 회주철, (2) 노듈러주철, (3) 백주철, (4) 가단주철, (5) 주철합금(6.2.4절). 주철의 용융금속 주입온도는 조성에 따라 다르지만 전형적으로 1400℃(1673 K)이다.

철계 주조합금 : 강

강의 기계적 특성은 공학적으로 매우 유용한데(6.2.3절), 복잡한 형상을 만들 수 있는 능력은 주조를 매우 매력적인 공정으로 만들었다. 그러나 전문화된 주물공장에서 강을 주조하는 데에 큰 어려움을 겪게 되었다. 첫째, 일반적으로 주조되는 다른 금속에 비하여 강의 용융점은 상당히 더 높았다. 저탄소강(그림 6.4)은 1540℃(1813 K) 하에서 응고되기 시작하는데, 이는 이보다 훨씬 높은 온도에서 주입을 해야 한다는 것을 의미한다[약 1650℃(1923 K)]. 이러한 고온에서 강은 상대적으로 화학적 반응성이 매우 크게 된다. 용융 및 용융금속 주입 시에 쉽게 산화되기 때문에 용융금속을 공기로부터 차단하기 위하여 특별한 절차가 사용되어야만 한다. 또한 용융된 강은 상대적으로 유동성이 좋지 않기 때문에 얇은 부분의 주조에 제약이 따른다.

강의 주조에 있어서 이러한 특성들이 문제가 됨에도 불구하고 다음과 같은 특징 때문에 주강을 사

역사적 고찰 10.3 초기 주철 제품

주조의 초창기에는 청동과 황동이 주철보다 주조금속으로 선호되었다. 높은 용융온도와 금속학적 지식의 부족으로 철은 주조하기에 매우 어려운 실정이었다. 또한 주철 제품에 대한 수요도 크지 않았다. 16세기와 17세기에 들어서 모든 상황이 변하였다.

사형주조를 이용한 철 공예기술이 2500년 이전부터 사형주조를 이용하여 철을 주조하였던 중국으로부터 유럽에 전해졌다. 1550년에 유럽에서 처음으로 철을 이용한 대포가 주조되었으며, 포탄은 1568년 경에 주철을 이용하여 제작되기 시작하였다. 주철을 이용한 대포와 발사체에 대한 수요가 크게 창출되었다. 그러나 이러한 품목은 상업용 목적보다는 군사용이었다. 16세기와 17세기에 일반 대중에게 의미 있는 두 가지 주철 제품은 주철난로와 주철수도파이프였다.

오늘날 믿겨지지 않을 정도로 주철난로는 유럽과 미국의 많은 사람들에게 편안함과 건강을 제공하였고, 삶의 조건을 향상시켰다.

1700년대 동안에, 주철난로 사업은 양 대륙에서 가장 크고 수익성이 큰 산업 분야였다. 난로 제조의 상업적인 성공은 주철을 이용한 제품, 공예, 주철난로를 생산하는 주철 기술에 대한 막대한 수요에 기인한다.

주철수도파이프는 철주조산업의 성장을 도운 또 다른 제품이었다. 주철파이프가 나오기 전까지 가정과 공장에 물을 공급하기 위한 여러 가지 방법으로, 속이 빈 나무파이프(쉽게 썩었음), 납파이프(너무 비쌈), 개방형 도랑(쉽게 오염됨) 등이 시도되었다. 철 주조 공정의 개발은 저렴한 가격으로 수도파이프를 제조하는 방법을 제공하였으며, 주철수도파이프는 1664년 프랑스에서 처음 사용되었고, 다른 지역은 더 나중에 사용되었다. 1800년대 초까지 주철파이프라인은 영국에서 물과 가스공급을 위하여 대규모로 설치되었다. 미국에서는 1817년 처음으로 영국에서 수입된 파이프를 이용하여 필라델피아에 수도파이프가 설치되었다.

용하게 된다. 인장강도가 410 MPa 이상이기 때문에 대부분의 주조금속보다 높으며 [9], 대부분의 주조합금보다 인성이 더 양호하다. 주강의 물성은 강도가 모든 방향으로 동일하기 때문에 등방성을 가지고 있다. 반면에 기계적으로 성형된(예, 압연, 단조) 부품의 기계적 물성은 방향성을 보인다. 제품의 요구사항에 따라 다르지만, 재료의 등방성 거동은 바람직한 성질이다. 주강의 또 다른 장점은 용접의 용이성이다. 주물을 보수하거나 다른 강철 구조물을 제작할 때 강도의 손실 없이 쉽게 용접할 수 있다.

비철계 주조합금

비철계 주조금속은 알루미늄, 마그네슘, 구리, 주석, 아연, 니켈 및 티타늄(6.3절)의 합금을 포함한다. **알루미늄합금**(aluminum alloy)은 일반적으로 주조가 용이한 것으로 알려져 있다. 순수 알루미늄의 용융온도는 660°C(733 K)이므로 알루미늄 합금의 용융금속 주입 온도는 주철과 강보다 낮다. 다음과 같은 물성들 때문에 알루미늄합금이 주조에 매우 적합하다. 가벼운 무게, 열처리에 따라 다양한 강도, 절삭가공의 용이성. **마그네슘합금**(magnesium alloy)은 다른 모든 주물금속보다 가벼우며, 부식에 잘 견디고 무게당 강도비, 무게당 강성비가 높다.

동합금(copper alloy)은 청동, 황동 및 알루미늄 청동을 포함한다. 바람직한 물성으로 내부식성, 미려한 외관 및 우수한 베어링 품질을 가지고 있으나, 구리의 비싼 가격이 사용상의 제한조건이 된다. 파이프 피팅, 배 프로펠러 날개, 펌프 부품 및 장식용 보석에 사용된다.

주석은 주조금속 중에서 가장 용융온도가 낮으며 **주석기조 합금**(tin-based alloy)은 일반적으로 주조하기에 용이하다. 내부식성이 우수하나, 기계적 강도는 약하여 주석머그잔이나 유사한 제품들처럼 강도가 요구되지 않는 제품에 한정적으로 사용된다. **아연합금**(zinc alloy)은 일반적으로 다이캐스팅에 사용된다. 아연은 낮은 용융온도와 우수한 유동성으로 인하여 주조재료로 많이 사용된다. 단점으로는 크리프강도가 낮아, 높은 응력이 오랫동안 걸리는 제품에는 사용될 수 없다.

니켈합금(nickel alloy)은 높은 온도에서 강도가 높으며 내부식성이 우수하여 제트 엔진, 로켓 부품, 고온 보호막 등 높은 온도에서 사용되는 제품에 적합하다. 니켈합금은 용융온도가 높아서 주조하기에는 용이하지 않다. **주조용 티타늄합금**(titanium alloy)은 부식에 강하며 무게당 강도비가 높다. 그러나 티타늄은 높은 용융온도와 낮은 유동성, 그리고 고온에서 산화되기 쉬운 단점이 있다. 이러한 이유로 티타늄과 티타늄합금은 주조하기에 어렵다.

10.7 제품설계 시 고려사항

제품설계자가 어떤 제품의 초기 제조공정으로 주조를 선택하였다면, 생산을 쉽게 하고 10.5절에서 열거한 많은 결함들을 피하기 위하여 몇 가지 가이드라인을 따르는 것이 바람직하다. 주조에서 중요한 가이드라인과 고려사항은 다음과 같다.

- **형상 단순화**(geometric simplicity) : 복잡한 부품형상을 생산하는 데에 주조가 사용될 수는 있지만, 부품 설계를 가급적 단순화하여 생산 가능성을 향상시키는 것이 바람직하다. 불필요한 복잡성을 피하는 것이 주형 제작을 용이하게 하고, 코어의 사용을 줄일 수 있으며, 주물의 강도를 높일 수 있다.

- **모서리**(corner) : 날카로운 모서리와 각도는 응력이 집중될 수 있거나 주물에 열균열이 발생될 수 있으므로 이를 피하는 것이 좋다. 부드러운 필릿(fillet)을 안쪽 모서리에 적용시키는 것이 좋으며, 날카로운 모서리는 무디게 하여야 한다.

- **단면 두께**(section thickness) : 수축 공동을 피하기 위하여 단면 두께는 균일하게 하여야 한다. 부피가 클수록 응고와 냉각에 시간이 많이 필요하기 때문에, 주물의 단면이 더 두꺼운 부분에서는 **핫스팟**(hot spot)이 발생한다. 또한 두꺼운 부분에 수축 공동이 발생하기 쉬워진다. 그림 10.24는 이러한 문제점을 보여주고, 가능한 해결방법을 제시하였다.

- **드래프트**(draft, 구배) : 주형으로 움푹 들어간 부품에는 그림 10.25에서와 같이 드래프트 또는 기울기를 두어야 한다. 소모성주형 주조에서 드래프트를 두는 목적은 주형에서 패턴이 잘 빠져나오게 하기 위해서이다. 영구주형 주조에서 드래프트를 두는 목적은 주형으로부터 부품을 제거하는 것을 돕기 위해서이다. 주조공정에서 솔리드 코어가 사용되는 경우도 유사한 경사면을 주어야 한다. 사형주조에서는 약 1°, 영구주형 주조에서는 2°에서 3°의 경사각이 요구된다.

- **코어의 사용**(use of core) : 그림 10.25와 같이 부품 설계를 조금만 바꾸어도 코어의 사용을 줄일 수 있다.

- **치수공차**(dimensional tolerance) : 어떤 공정을 사용하였는가에 따라 주물에서 얻을 수 있는 치수공차와 표면 상태가 상당히 차이가 난다. 표 10.2에 이러한 변수에 따른 차이를 나타내었다.

- **표면거칠기**(surface finish) : 사형주조에서 얻어지는 전형적인 표면거칠기는 약 6 μm 정도이다. 석고주형 주조와 인베스트먼트 주조는 0.75 μm의 더 좋은 표면거칠기를 얻을 수 있는 반면에 셸 주조에서도 사형주조와 유사한 거친 표면거칠기가 얻어진다. 영구주형 공정들 사이에서 다이캐스팅은 약 1 μm 정도의 우수한 표면거칠기를 얻을 수 있다.

- **절삭 여유**(machining allowance) : 많은 주조공정에서 발생할 수 있는 공차는 적용 분야의 요구사항을 만족하기에 불충분하다. 사형주조가 이러한 결점이 있는 두드러진 예이다. 이러한 경우 주물의 일정 부분은 요구되는 치수로 추가적인 가공이 이루어져야 한다. 거의 모든 사형주물에서 부품들이 기능을 발휘할 수 있도록 절삭가공되어야 한다. 그러므로 절삭이 필요한 부분을 가공하기 위해서 주물에는 절삭 여유(machining allowance)가 남겨있어야 한다. 사형주조에서 전형적인 절삭 여유는 1.5 mm에서 3 mm 정도이다.

그림 10.24 (a) 교차점에서 두꺼운 부분은 수축공동을 발생시킬 수 있다. 해결은 (b) 두께를 줄이도록 재설계, (c) 코어 사용이다.

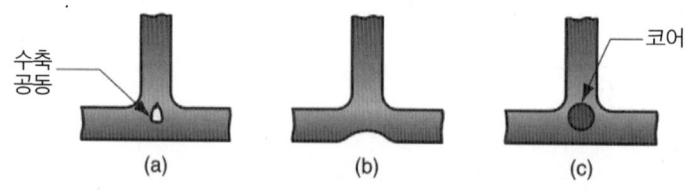

그림 10.25 코어의 사용을 줄이기 위한 설계 변경. (a) 원래의 설계, (b) 재설계.

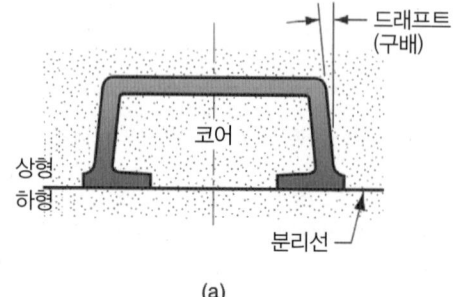

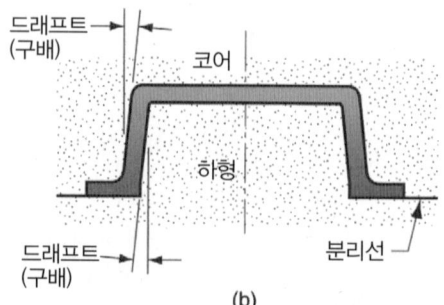

표 10.2 다양한 주조공정 및 금속에 따른 전형적인 치수공차.

주조공정	부품 크기	공차 mm	주조공정	부품 크기	공차 mm
사형주조			영구주형		
알루미늄[a]	소	± 0.5	알루미늄[a]	소	± 0.25
주철	소	± 1.0	주철	소	± 0.8
	대	± 1.5	동합금	소	± 0.4
동합금	소	± 0.4	강	소	± 0.5
강	소	± 1.3			
	대	± 2.0	다이캐스팅		
			알루미늄[a]	소	± 0.12
셸주조			동합금	소	± 0.12
알루미늄[a]	소	± 0.25			
주철	소	± 0.5	인베스트먼트		
동합금	소	± 0.4	알루미늄[a]	소	± 0.12
강	소	± 0.8	주철	소	± 0.25
석고주형	소	± 0.12	동합금	소	± 0.12
	대	± 0.4	강	소	± 0.25

문헌 [7], [15]로부터 편집함.

[a] 알루미늄에 대한 값을 마그네슘에도 적용 가능함.

참고문헌

[1] Amstead, B. H., Ostwald, P. F., and Begeman, M. L. *Manufacturing Processes.* John Wiley & Sons, Inc., New York, 1987.

[2] Beeley, P. R. *Foundry Technology.* Newnes-Butterworths, London, 1972.

[3] Black, J, and Kohser, R. *DeGarmo's Materials and Processes in Manufacturing,* 10th ed. John Wiley & Sons, Inc., Hoboken, New Jersey, 2008.

[4] Datsko, J. *Material Properties and Manufacturing Processes.* John Wiley & Sons, Inc., New York, 1966.

[5] Decker, R. F., D. M. Walukas, S. E. LeBeau, R. E. Vining, and N. D. Prewitt. "Advances in Semi-Solid Molding," *Advanced Materials & Processes,* April 2004, pp 41–42.

[6] Flinn, R. A. *Fundamentals of Metal Casting.* American Foundrymen's Society, Inc., Des Plaines, Illinois, 1987.

[7] Heine, R. W., Loper, Jr., C. R., and Rosenthal, C. *Principles of Metal Casting,* 2nd ed. McGraw-Hill Book Co., New York, 1967.

[8] Kotzin, E. L. *Metalcasting & Molding Processes.* American Foundrymen's Society, Inc., Des Plaines, Illinois, 1981.

[9] *Metals Handbook,* Vol. 15, *Casting.* ASM International, Materials Park, Ohio, 2008.

[10] Mikelonis, P. J. (ed.). *Foundry Technology.* American Society for Metals, Metals Park, Ohio, 1982.

[11] Mueller, B. "Investment Casting Trends," *Advanced Materials & Processes,* March 2005, pp. 30–32.

[12] Niebel, B. W., Draper, A. B., Wysk, R. A. *Modern Manufacturing Process Engineering.* McGraw-Hill Book Co., New York, 1989.

[13] Perry, M. C. "Investment Casting," *Advanced Materials & Processes,* June 2008, pp. 31–33.

[14] Simpson, B. L. *History of the Metalcasting Industry.* American Foundrymen's Society, Inc., Des Plaines, Illinois, 1997.

[15] Wick, C., Benedict, J. T., and Veilleux, R. F. *Tool and Manufacturing Engineers Handbook,* 4th ed. Vol. II, Forming, Ch. 16. Society of Manufacturing Engineers, Dearborn, Michigan, 1984.

[16] Wikipedia. "Semi-solid metal casting." Available at: http://en.wikipedia.org/wiki/Semi-solid_metal_casting.

복습문제

10.1 주조공정의 두 가지 기본 범주는 무엇인가?

10.2 사형주조에서 사용되는 패턴은 다양하다. 분리형 패턴과 매치플레이트 패턴의 차이점은 무엇인가?

10.3 코어받침이란 무엇인가?

10.4 사형주조에서 모래주형의 품질을 결정하는 물성들은 무엇인가?

10.5 Antioch 공정이란 무엇인가?

10.6 진공영구주형 주조와 진공주조의 차이점은 무엇인가?

10.7 다이캐스팅에서 가장 일반적으로 사용되는 금속은 무엇인가?

10.8 냉가압실과 열가압실 중 보통 어떤 다이캐스팅 기계가 생산율이 더 높은가? 그리고 그 이유는 무엇인가?

10.9 다이캐스팅에서 플래시란 무엇인가?

10.10 진원심주조와 반원심주조의 차이점은 무엇인가?

10.11 용선로란 무엇인가?

10.12 사형주조에서 주물을 주형에서 빼낸 다음 필요한 공정은 무엇인가?

10.13 주조공정에서 발생하는 일반적인 결함들은 무엇인가? 결함의 종류와 그 중 세 가지에 대하여 간단하게 설명하여라.

10.14 (**동영상**) 생사주형 공정에서의 생사의 조성은 무엇인가?

10.15 (**동영상**) 인베스트먼트 주조에 비하여 사형주조의 이점과 단점은 무엇인가?

10.16 (**동영상**) 수평과 수직 다이캐스팅 기계의 차이점을 설명하여라. 어느 것이 더 일반적인가?

10.17 (**동영상**) 열가압실 다이캐스팅에서 알루미늄과 구리 합금을 사용하기에 부적합한 이유는 무엇인가?

10.18 (**동영상**) 다이캐스팅 비디오에 따르면, 다이캐스팅 다이에 사용되는 가장 일반적인 재료들은 무엇인가?

객관식문제(27개의 답)

10.1 다음 주조공정 중에서 가장 광범위하게 사용되는 것은 무엇인가?
(a) 원심주조, (b) 다이캐스팅, (c) 인베스트먼트 주조, (d) 사형주조, (e) 셸주조.

10.2 사형주조에서 패턴의 체적의 크기는 주조 부품에 비하여 어떠한가?
(a) 크다, (b) 같다, (c) 작다.

10.3 실리카 모래의 조성은 다음 중 어떤 것인가?
(a) Al_2O_3, (b) SiO, (c) SiO_2, (d) $SiSO_4$.

10.4 생사주형이라는 이름이 붙은 이유는 다음 중 무엇인가?
(a) 주형의 색깔이 녹색이다.
(b) 주형에 습기를 담고 있다.
(c) 주형이 경화된다.
(d) 주형이 건조해진다.

10.5 W_m은 코어 부피만큼의 용융금속 무게, W_c는 코어의 무게라고 할 때, 부력은 다음 중 어느 것인가?
(a) 아랫방향 힘 = $W_m + W_c$,
(b) 아랫방향 힘 = $W_m - W_c$,
(c) 위쪽방향 힘 = $W_m + W_c$,
(d) 위쪽방향 힘 = $W_m - W_c$.

10.6 다음의 주조 공정 중 어느 것이 소모성주형 주조 공정인가? (네 개의 정답)
(a) 원심주조, (b) 다이캐스팅, (c) 인베스트먼트 주조, (d) 저압주조, (e) 사형주조, (f) 셸주조, (g) 슬러쉬주조, (h) 진공주조.

10.7 다음 중 셸주조를 가장 잘 설명한 것은 어느 것인가?
(a) 주형에서 얇은 셸이 응고된 후에 용융금속이 주입되는 주조공정, (b) 열경화성 수지로 뭉친 얇은 모래셸로 만들어진 주형을 이용한 주조공정, (c) 패턴이 솔리드 형태라기보다 오히려 셸 형태인 사형주조공정, (d) 인공 바다조개를 만들기 위한 주조공정.

10.8 다음 중 알려져 있는 인베스트먼트 주조의 다른 명칭은 무엇인가?
(a) fast-payback 주조, (b) full-mold 공정, (c) lost-foam 공정, (d) lost-pattern 공정,

(e) lost-wax 공정.

10.9 석고주형 주조에서 주형은 다음 중에서 어느 것으로 만들어지는가?

(a) Al_2O_3, (b) $CaSO4,-H_2O$, (c) SiC, (d) SiO_2.

10.10 다음 중에서 어느 방법이 정밀주조법이라고 할 수 있는가? (두 개의 정답)

(a) 잉곳주조, (b) 인베스트먼트 주조,

(c) 석고주형 주조, (d) 사형주조, (e) 셸주조.

10.11 다음 주조공정 중에서 영구주형 공정은 무엇인가?

(세 개의 정답)

(a) 원심주조, (b) 다이캐스팅,

(c) 발포 폴리스티렌 공정, (d) 사형주조,

(e) 셸주조, (f) 슬러쉬주조, (g) 진공주조.

10.12 다음 재료 중에서 다이캐스팅에 전형적으로 사용되는 재료는 무엇인가? (세 개의 정답)

(a) 알루미늄, (b) 주철, (c) 강, (d) 주석,

(e) 텅스텐, (f) 아연.

10.13 사형주조에 비하여 다이캐스팅의 장점을 선택하여라. (네 개의 정답)

(a) 우수한 표면상태, (b) 우수한 공차, (c) 더 높은 용융온도를 가진 금속, (d) 높은 생산율, (e) 더 큰 제품도 주조 가능, (f) 주형의 재활용 가능.

10.14 다음 재료들 중에서 용선로를 이용하여 용융하기에 가장 적합한 재료는 무엇인가?

(a) 알루미늄, (b) 주철, (c) 강, (d) 아연.

10.15 미스런은 다음의 주물 결함들 중에서 어떤 결함을 의미하는가?

(a) 주물 내에 생긴 금속 방울, (b) 용융금속이 주입탕구에 잘 못 부어짐, (c) 주형 공동에 채워지기 전에 응고된 금속, (d) 미세기공, (e) '파이프' 형성.

10.16 다음 중 상업적으로 가장 중요한 주조금속은 어느 것인가?

(a) 알루미늄 및 알루미늄 합금, (b) 청동, (c) 주철, (d) 주강, (e) 아연합금.

연습문제

부력

10.1 알루미늄 92%-구리 8% 합금주물을 20 kg의 모래코어를 사용하여 사형주조로 만들었다. 용융금속을 주입하는 동안에 코어를 들어 올리는 부력을 N 단위로 구하여라.

10.2 부피가 2450 cm³인 주형 공동 안에 모래코어가 위치한다. 주철 펌프 하우징의 주조에 사용된다. 용융금속을 주입하는 동안에 코어를 들어 올리는 부력을 구하여라.

10.3 코어받침이 모래 주형 공동에 있는 모래코어를 지지하는 데 사용된다. 주형 공동 표면에 위치하는 코어받침의 설계와 방법은 각각의 코어받침이 45N의 힘을 유

지하도록 해주는 것이다. 몇몇 코어받침은 용융금속 주입 전에 코어를 지지해주기 위해서 코어 바로 밑에 위치시키고, 몇몇 다른 코어받침은 주입 동안에 부력을 억제하도록 코어 위에 위치시킨다. 만약 코어의 부피가 5075 cm³이고, 주입되는 금속은 청동이라면, (a) 코어의 바로 아래에 위치, (b) 코어의 위에 위치해야 하는 최소한의 코어받침은 몇 개인가?

10.4 강주조의 내면을 형성하는 데에 사용되는 모래코어의 경험적 부력은 23 kg이다. 주물의 외면을 형성하는 주형 공동의 부피는 5000 cm³이다. 최종 주물의 무게는 얼마인가? 수축은 무시한다.

원심주조

10.5 동 튜브를 만들기 위하여 수평 진원심주조 공정을 이용하려고 한다. 길이는 1.5 m, 외경은 15.0 cm, 내경은 12.5 cm이다. 파이프의 회전속도가 1000 rev/min일 경우, G-factor를 구하여라.

10.6 진원심주조 공정은 주철 파이프 단면을 만들기 위해 수평 배치가 되도록 한다. 단면은 길이 105 cm, 외경 20 cm, 벽 두께 1.25 cm의 치수를 갖는다. 만약 파이프의 회전 속도가 500 rev/min라면 G-factor는 얼마

인가? 성공적인 공정이 될 수 있는가?

10.7 길이 10 cm, 외경 15 cm, 내경 12 cm인 황동 부싱을 만들기 위하여 수평 진원심주조공정을 이용하려고 한다. (a) G-factor가 70이 되기 위하여 필요한 회전속도를 구하여라. (b) 이러한 속도로 회전하였을 때, 용융금속이 주형 내벽에 가하는 원심력을 제곱미터당 힘(Pa)으로 구하여라.

10.8 대구경 동파이프를 수평 진원심주조법으로 만들고자 한다. 파이프 길이는 1.0 m, 직경 0.25 m, 파이프 벽두께는 15 mm이다. (a) 파이프의 회전속도가 700 rev/min라면, 용융금속의 G-factor를 구하여라. (b) 비와 같이 뿌려지는 현상을 피하기 위한 충분한 회전속도는 얼마인가? (c) 응고수축과 응고 후 냉각수축을 고려한다면 주물을 만들기 위하여 필요한 용융금속의 주입양은 얼마인가? 구리의 응고수축률은 4.5%, 고체 상태 열수축률은 7.5%이다.

10.9 만약 지구를 회전하는 우주선에서 진원심주조 공정이 수행된다면, 무중력상태가 이 공정에 어떠한 영향을 미쳤을까?

10.10 길이 5 cm, 외경 65 cm, 내경 60 cm인 알루미늄 링을 만들기 위하여 수평 진원심주조 공정을 사용하려고 한다. (a) G-factor가 60이 되기 위한 회전속도는 얼마인가? (b) 링을 알루미늄 대신 강으로 만든다고 가정하자. 강주조 공정에 (a)에서 계산된 동일한 회전속도를 가했을 때, G-factor를 구하여라. (c) 주형 벽에 작용

하는 제곱미터 당 원심력(Pa)은 얼마인가? (d) 이러한 회전속도를 이용하면 성공적인 공정이 될 수 있겠는가?

10.11 이전의 문제 10.10(b)에서, 액상수축 0.5%, 응고수축률은 3%, 응고 후 냉각수축률은 7.2%일 때 주형에 주입되어야 하는 용융금속의 부피를 결정하여라.

10.12 화공장용 납 파이프를 만들기 위하여 수평 진원심주조 공정을 사용하려고 한다. 길이는 0.5 m, 외경은 70 mm, 두께는 6.0 mm일 때, G-factor가 60이 되기 위한 회전속도를 구하여라.

10.13 길이 25 cm, 외경 15 cm의 관 단면을 만들기 위하여 수직 진원심주조 공정을 사용하려고 한다. 관의 상부의 내경은 13.75 cm, 하부의 내경은 12.5 cm이다. 이러한 사양을 얻기 위하여 공정 동안에 회전 속도는 얼마이어야 하는가?

10.14 길이가 200 mm, 외경이 200 mm인 부싱을 만들기 위하여 수직 진원심주조 공정을 사용하려고 한다. 응고 동안에 회전속도가 500 rev/min이고 하부의 내경이 150 mm라면, 상부의 내경은 얼마이어야 하는가?

10.15 길이 37.5 cm, 외경 20 cm인 청동관을 주조하는 데에 수직 진원심주조 공정을 사용하려고 한다. 응고 동안에 회전속도가 1000 rev/min이고 최종 주물의 총 무게가 35 kg이라면, 상부와 하부의 내경은 얼마이어야 하는가?

결함 및 설계 시 고려사항

10.16 어떤 기계 제품의 하우징이 알루미늄 주물로 만들어진 두 부분으로 구성되어 있다. 큰 부분은 원반형이며, 두 번째 부분은 기계 부품을 덮을 수 있도록 첫 번째 부분에 붙어있으며 편평한 커버이다. 이러한 두 주물을 생산하기 위하여 사형주조법이 적용되었으며, 두 부분 모두에서 미스런과 콜드셧 형태의 결함이 발생하였다. 작업 감독자는 제품의 두께가 너무 얇은 것이 결함의 원인이라고 불평하였다. 그러나 다른 주조공장에서는

이 제품들이 성공적으로 주조되었다고 알려져 있다. 이러한 결함들에 대하여 어떤 다른 설명이 있을 수 있겠는가?

10.17 사형주조를 이용한 대형 강 주물에서 침투 결함(모래와 금속이 혼합된 표면)이 발생한다면, (a) 결함을 수정하기 위하여 어떤 단계를 취할 수 있는가? (b) 이러한 각각의 단계를 취함에 따라서 다른 어떤 결함이 발생할 수 있는가?

Chapter 11

유리성형

11.1 원재료 준비 및 용융

11.2 유리성형 공정
11.2.1 단위제품 성형
11.2.2 평유리 및 관유리 성형
11.2.3 유리섬유 성형

11.3 열처리 및 다듬질
11.3.1 열처리
11.3.2 다듬질

11.4 제품 설계 시 고려 사항

유리제품은 상업적으로 매우 다양한 형태로 제조된다. 전구, 음료병, 유리창 등 다양한 제품들이 대량으로 생산되고 있다. 대형 천제망원경 렌즈와 같은 제품은 개별적으로 생산된다.

유리는 전통적 세라믹, 신소재 세라믹과 함께 세 가지 세라믹의 기본 종류 중의 하나이다(7장). 다른 세라믹 재료는 결정구조를 가지는데 반해, 유리는 비결정 구조를 가진다는 점에서 차이가 있다. 유리가 유용한 제품으로 성형되는 방법은 다른 세라믹 재료에서 사용되는 방법과 매우 다르다. 유리 성형에서 원 소재는 실리카(SiO_2)이다. 이는 일반적으로 유리를 형성하는 다른 산화세라믹과 결합된다. 딱딱한 고체 상태에서 점성 액체로 변화시키기 위하여 원 소재를 가열시키며, 높은 소성상태나 유체상태로 있는 동안 원하는 형상으로 성형시킨다. 냉각시켜서 응고되면, 결정화되는 것이 아니라 유리상이 된다.

유리성형의 전형적인 생산 절차는 그림 11.1과 같은 단계들로 구성된다. 성형은 주조, 프레싱-블로잉(병 및 기타 용기 제조), 압연(평유리 제조) 등의 다양한 공정으로 이루어진다. 일부 제품에는 다듬질 공정이 필요하기도 한다.

11.1 원재료 준비 및 용융

거의 모든 유리의 주원료는 실리카인데, 실리카는 모래에 들어있는 천연 석영이 주요한 근원이다.

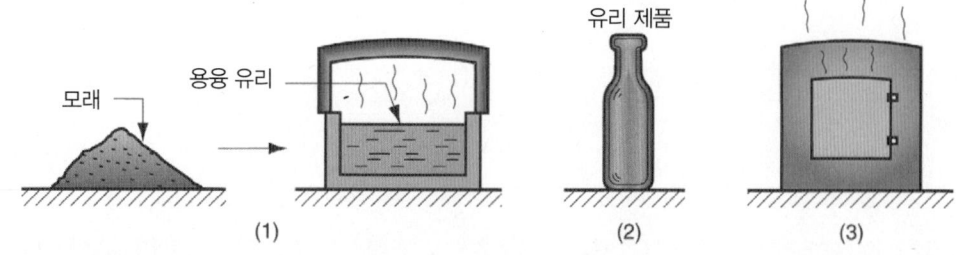

유리 제품

그림 11.1 전형적인 유리 성형의 공정 단계. (1) 원재료 준비 및 용융, (2) 성형, (3) 열처리.

모래는 진흙과 원하지 않는 색깔을 만드는 광물성 물질과 같은 불순물들이 제거되도록 잘 세척되어야 한다. **분류**(classifying) 공정은 모래가 입자 크기별로 분류되는 것을 의미하며, 모래를 만들기에 가장 적합한 입자 크기는 0.1 mm에서 0.6 mm 사이의 것이다 [3]. 공업용 소다(근원 : Na_2O), 석회석(근원 : CaO), 산화알루미늄, 잿물(근원 : K_2O) 및 기타 광물질들이 원하는 조성을 얻기 위하여 적절하게 첨가된다. 보통 혼합은 사용 가능한 용융로의 용량에 맞추어 배치(batch)로 이루어진다.

현대 유리공정에서는 재활용된 유리가 혼합물에 첨가된다. 환경을 보존한다는 의미도 있지만, 재활용된 유리는 용융을 원활하게 해준다. 경우에 따라서는 최종 조성에 있어서 재활용유리의 비율이 100%가 될 때도 있다.

용융될 원재료의 배치를 **투입재**(charge)라고 부르고, 용융로에 이것들을 채우는 작업을 **투입**(charging)이라 한다. 유리 용융로는 다음과 같이 분류될 수 있다 [3]. (1) **냄비로**(pot furnace) ─ 포트 벽에 열을 가함으로 유리를 녹이는 제한된 용량의 세라믹 포트. (2) **데이탱크**(day tank) ─ 투입재 위의 연료를 태우면서 가열하는 배치생산에 적합한 대용량의 용기이다. (3) **연속탱크로**(continuous tank furnace) ─ 긴 탱크로에서 한쪽으로 소재가 공급되고, 다른 한쪽으로는 용융된 용융금속이 나오는 대량생산에 적합한 방식이다. (4) 광범위한 생산률에 따라 다양하게 설계된 **전기로**(electric furnace).

일반적으로 1500°C부터 1600°C(1773 K부터 1873 K)에서 유리 용융이 이루어진다. 전형적으로 투입물을 녹이는 과정은 24시간에서 48시간이 소요된다. 이는 모래입자가 맑은 액체 상태로 바뀌고, 용융유리가 정제되고, 작업하기에 적당한 온도로 냉각되는 데에 필요한 시간이다. 용융된 유리는 점성액체인데, 점도는 온도에 반비례한다. 성형공정이 용융공정 바로 뒤에 이루어지므로 녹은 유리가 노에서 배출되는 온도는 후속공정에서 필요한 점도에 따라 달라진다.

11.2 유리성형 공정

유리제품을 크게 나누어보면(7.4.2절 참조), 창유리, 유리용기, 전구, 실험용 유리 기구, 유리섬유 및 광학유리로 구분될 수 있다. 이러한 목록에서 나타난 광범위한 쓰임새에도 불구하고, 이러한 제품들을 만들기 위한 성형공정은 다음 세 가지로 분류된다. (1) 병, 전구, 기타 개별적인 제품과 같이 단위 제품을 만들기 위한 단속공정, (2) 평유리(유리창을 위한 얇고 편평한 유리) 및 튜브(실험용 기구 및 형광등용)를 만드는 연속공정, (3) 단열을 위한 유리섬유, 유리복합재료 및 광학유리섬유를 만드는 섬유제조공정.

11.2.1 단위제품 성형

유리 블로잉과 같이 고전적인 수작업 유리성형 방법을 역사적 고찰 7.3에 간략히 설명하였다. 소량이며 매우 고가인 유리제품을 만드는 데에는 아직도 수작업으로 수행하고 있다. 이 절에서 언급할 대부분의 공정들은 병(jar), 유리병, 전구 등의 단위제품을 대량으로 만드는 매우 기계화된 기술이다.

스피닝

유리 스피닝(spinning)은 금속의 **원심주조**(centrifugal casting)와 유사하며, 또한 유리공정으로도 알려져 있다. 텔레비전이나 컴퓨터 모니터 음극선의 뒷면과 같은 깔때기 모양의 제품을 만드는 데에 사용되며, 그림 11.2와 같다. 강으로 만들어진 원뿔형 주형에 용융 유리 덩어리를 놓고 주형을 회전시켜, 원심력이 유리를 위쪽으로 밀어 올려 주형 표면에 골고루 퍼지게 한다. 정면판(앞에서 보는 스크린)은 저용점의 밀봉용 유리를 이용하여 깔때기형의 뒷면에 나중에 붙인다.

프레싱

프레싱(pressing)은 접시, 제빵 기구, 헤드라이트 렌즈, TV 브라운관 정면판과 같이 비교적 편평한 유리제품을 대량으로 생산하는 데에 광범위하게 사용된다. 공정은 그림 11.3에 설명한 것과 같으며, 이러한 프레싱 생산 과정은 대량생산을 하기 위해서 자동화하는 것이 바람직하다.

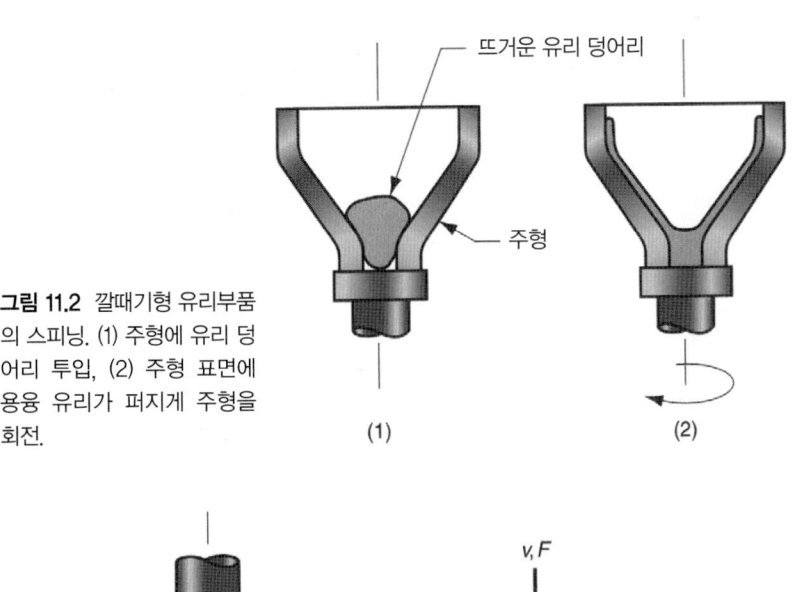

그림 11.2 깔때기형 유리부품의 스피닝. (1) 주형에 유리 덩어리 투입, (2) 주형 표면에 용융 유리가 퍼지게 주형을 회전.

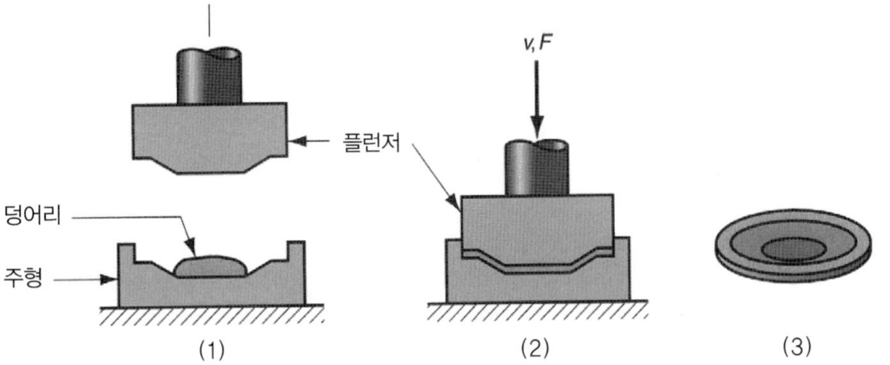

그림 11.3 편평한 유리제품의 프레싱. (1) 용융로에서 유리 덩어리를 주형에 투입, (2) 플런저로 압력을 가함, (3) 플런저를 후퇴시켜 제품을 빼냄. v는 운동(속도), F는 힘을 의미.

블로잉

여러 성형 절차들은 한두 단계 정도의 블로잉(blowing)을 포함한다. 블로잉은 수작업이 아닌 고도로 자동화된 장비에서 수행된다. 이 절에서는 프레스-블로우 및 블로우-블로우 두 가지 방법에 대하여 알아본다.

프레스-블로우(press-and-blow) : 이름이 의미하는 바와 같이, 프레스-블로우 방법은 프레스 공정이 끝난 후에 블로잉 공정이 수행되며, 그림 11.4에 그려진 것과 같다. 이 공정은 주둥이가 큰 제품을 생산하기에 적합하다. 블로잉 공정에서 제품을 꺼내기 위하여 분할금형이 사용된다.

블로우-블로우(blow-and-blow) : 블로우-블로우 방법은 주둥이가 작은 제품을 생산하기에 적합하며, 프레싱과 블로잉 대신에 두 번 이상의 블로잉 공정이 사용된다는 점을 제외하고는 프레스-블로우 방법과 유사하다. 제품의 형상에 따라 다양한 공정이 있으며, 그림 11.5에 가능한 한 가지 절차를 보였다. 때때로 블로잉 단계 사이에 재가열이 필요할 수도 있다. 어떤 경우에는 생산율을 향상시키기 위하여, 용융유리 덩어리를 공급하는 장치와 함께 금형이 두 개 혹은 세 개가 사용되기도 한다. 프레스-블로우 및 블로우-블로우 방법은 병, 음료병, 백열전구 그리고 이와 유사한 형상들을 만드는 데에 사용된다.

주조

용융유리가 충분하게 액체 상태가 된다면, 주형에 주입할 수 있다. 천체망원경 렌즈와 거울과 같이 비교적 대형 제품은 이러한 방법으로 제작된다. 이러한 제품은 온도 차이로 인하여 발생하는 내부 응력과 균열을 방지하기 위하여 매우 천천히 냉각되어야 한다. 응고와 냉각이 이루어진 후에, 래핑과 폴리싱으로 반드시 다듬질되어야 한다. 이러한 특수한 제품을 제외하고는 주조는 유리성형에서 많이 사용되는 방법은 아니다. 냉각 및 균열 문제뿐만 아니라, 일반 성형온도에서 용융유리는 비교적 점도가 커서 용융금속과 가열된 열가소성 수지와 같이 좁은 오리피스나 작은 부분을 통과하여 흐를 수 없다. 더 작은 렌즈 등은 일반적으로 앞에서 설명된 프레싱 공정으로 만들어진다.

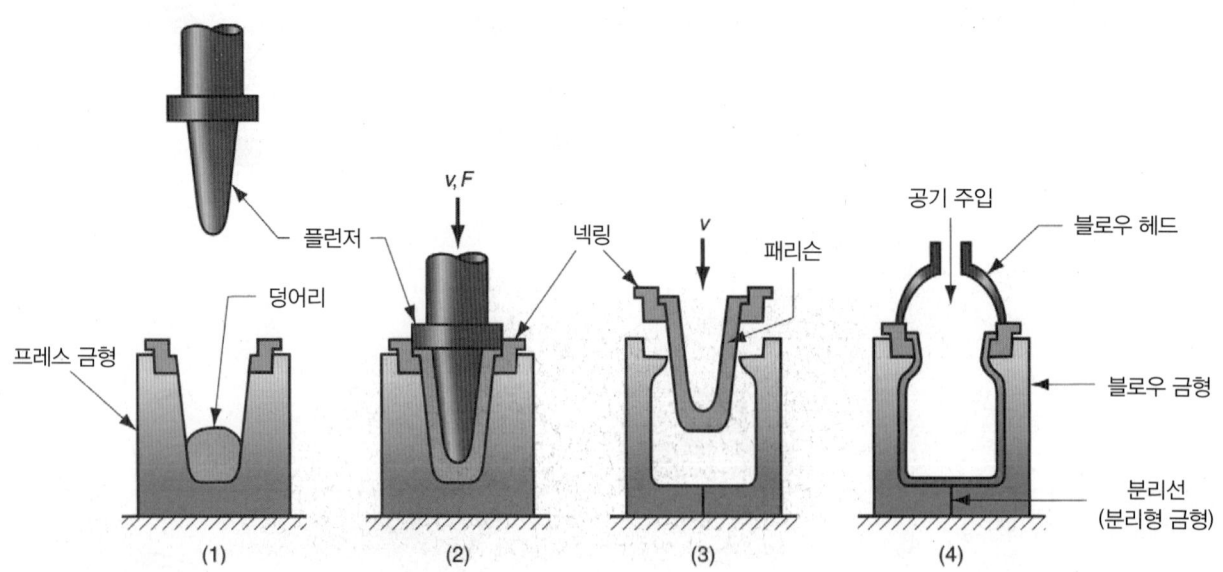

그림 11.4 프레스–블로우 성형 절차. (1) 용융 덩어리를 금형 공동에 투입, (2) **패리슨**(parison)을 만들기 위해 프레싱, (3) 넥링에 매달린 부분적으로 성형된 패리슨을 블로우 금형으로 이동, (4) 최종 형상으로 불어냄. v는 운동(속도), F는 힘을 의미.

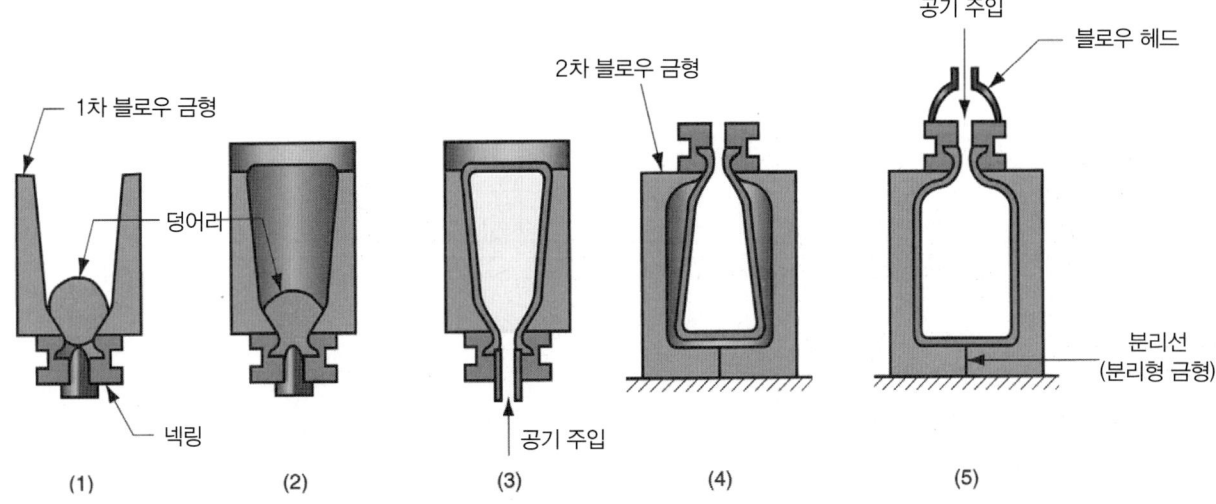

그림 11.5 블로우–블로우 성형 절차. (1) 유리 덩어리를 뒤집은 금형 공동에 투입. (2) 금형을 덮음(3) 1차 블로잉. (4) 부분 성형된 부품을 방향을 다시 잡아 2차 블로우 금형으로 이동. (5) 최종 형상으로 블로잉.

11.2.2 평유리 및 관유리 성형

이 절에서는 평유리를 제작하는 두 가지 방법과 관유리를 만드는 한 가지 방법을 알아본다. 이러한 방법들은 연속적인 공정이며, 평유리 또는 관유리가 길게 만들어진 후에 적당한 크기와 길이로 절단된다. 역사적 고찰 11.1은 고전적인 방법과 그것과 대조적인 현대적인 기술을 소개하고 있다.

유리판의 압연

평판 유리는 그림 11.6과 같이 압연으로 만들어질 수 있다. 노에서 적당히 소성 조건을 가진 상태로 나온 유리를 롤 사이로 통과시키는데, 롤러 사이의 간격이 평판의 두께가 된다. 일반적으로 압연 공정이 끝나면, 평판 유리는 바로 풀림로(annealing furnace)로 들어가게 된다. 압연된 유리박판은 평행도와 표면거칠기를 위하여 나중에 연마되고 폴리싱된다.

역사적 고찰 11.1 평유리를 만드는 고전적인 방법 [7]

유리창은 수세기 동안 건물에 사용되어 왔다. 평유리를 만드는 가장 오래된 공정은 수작업 유리 블로잉이며, 다음과 같은 공정으로 구성된다. (1) 블로우파이프로 용융유리 덩어리를 불어낸다. (2) 작업자가 사용하는 금속봉 '펀티(punty)'의 끝에 블로우파이프의 용융유리를 붙인다. (3) 유리를 재가열하고, 원심력을 이용하여 펀티를 충분히 회전시켜 용융유리가 편평한 원판이 되도록 한다. 최대로 가능한 크기는 대략 1 m 정도의 원판이며, 유리창을 만들기 위하여 작은 크기로 잘라진다.

공정 중 세 번째 단계에서 펀티에 붙어있었던 원판의 중간부분에는 왕관 모양의 용융유리 덩어리가 형성된다. 왕관유리(crown glass)라는 말은 이러한 모양에서 유래되었다. 안경 렌즈는 이러한 방법으로 만들어진 유리를 연마하여 만들어진다. 고대의 기술이 현대 생산기술에 의하여 대체되었어도, 광학 및 안경 유리의 특정 형태에는 아직도 왕관유리라는 이름이 사용되고 있다.

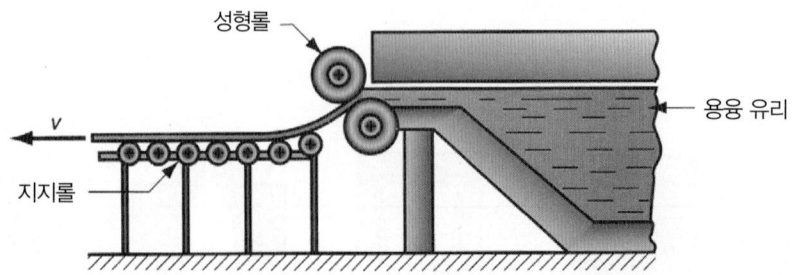

그림 11.6 평유리의 압연.

플로우트 공정

플로우트 공정(float process)은 1950년대 말에 개발되었다. 압연과 같은 방법보다 이로운 점은 매끄러운 표면을 얻기 위한 후속 마무리 공정이 필요하지 않다는 점이다. 그림 11.7과 같이 용융유리는 용융로로부터 용융주석조의 표면위로 직접 흘러 들어가게 된다. 유동성이 높은 유리는 용융주석조를 가로질러서 편평하게 펴지며, 균일한 두께가 되며 매끄러운 표면이 된다. 조의 냉각부를 통과한 후에 유리는 경화되며 풀림로를 통과한 후에 적당한 크기로 잘라진다.

유리관의 인발

유리관은 그림 11.8에 설명한 것과 같이 **Danner 공정**(danner process)으로 알려진 인발 공정으로 만들어진다. 용융유리는 회전하는 주축 주위로 흐르게 되며, 주축은 속이 비어 있어 유리가 인발되는 동안 공기를 불어넣게 된다. 인발 속도뿐만 아니라 공기온도 및 유량은 유리관의 직경 및 두께를 결정한다. 경화되는 동안, 유리관은 주축을 지나서 약 30 m 정도 길이에 걸쳐져 있는 롤러들에 의하여 지지된다. 연속된 유리관은 표준 길이로 잘라진다. 실험실 유리 기구, 형광등, 유리온도계 등이

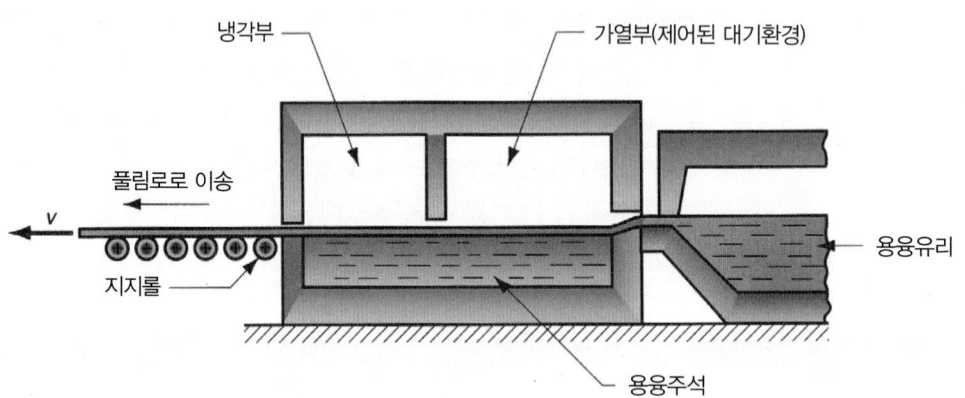

그림 11.7 박판유리 생산을 위한 플로우트 공정.

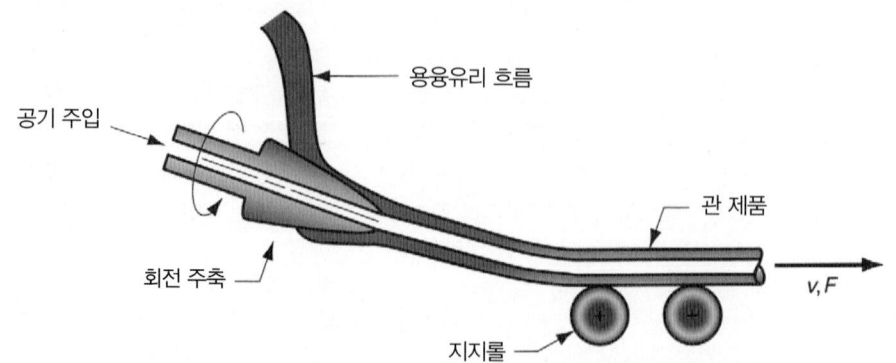

그림 11.8 Danner 공정에 의한 유리관의 인발. v는 운동(속도), F는 작용된 힘을 의미.

이러한 방법으로 만들어진다.

11.2.3 유리섬유 성형

유리섬유는 단열 면에서부터 통신용 광섬유에 이르기까지 광범위하게 사용된다(7.4.2절 참조). 유리섬유 제품은 두 가지 범주로 나눌 수 있다 [6]. (1) 단열, 방음, 공기필터에 사용되는 유리섬유이며, 모(wool)와 같은 형태이다. (2) 섬유강화 플라스틱, 옷감 및 광섬유에 적합한 길고 연속적인 필라멘트. 이 두 가지 종류에는 각각 다른 생산방식이 적용되며, 아래에 각각의 제품 범주에 대한 두 가지 생산 방법을 설명하였다.

원심분사

유리섬유를 만드는 전형적인 공정이며, 둘레에 많은 작은 오리피스를 가진 회전통으로 용융유리를 흘려보낸다. 용융유리가 원심력에 의해 오리피스의 작은 구멍들로 분사되며, 단열 및 방음재에 적합한 섬유 다발을 만든다.

연속 필라멘트 인발

그림 11.9에서 보는 바와 같이, 백금 합금으로 만들어진 가열판에 있는 작은 오리피스를 통하여 용융유리를 인발하여 작은 직경(최소 0.0025 mm)의 연속 유리섬유를 생산하는 공정이다. 가열판에 수백 개의 작은 오리피스 구멍들이 있으며, 하나의 구멍이 유리섬유 하나를 만든다. 각 유리섬유를 모아서 수집스풀에 감으며, 감기 전에 윤활 및 보호를 위해서 다양한 화학제를 코팅한다. 인발 속도는 대략 50 m/s이며 그 이상도 드문 것은 아니다.

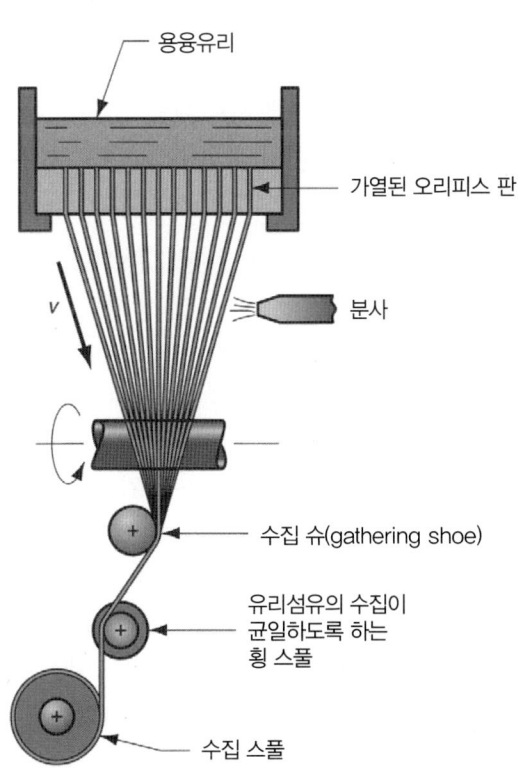

그림 11.9 연속 유리섬유의 인발.

11.3 열처리 및 다듬질

유리제품의 열처리는 유리성형 절차 중에서 세 번째 단계이다. 어떤 제품에는 부가적인 다듬질 공정이 수행되기도 한다.

11.3.1 열처리

7.4.3절에서 유리-세라믹에 대하여 알아보았다. 이러한 독특한 재료는 대부분의 유리상태를 다결정 세라믹으로 변환시키는 특수 열처리를 통하여 만들어진다. 유리에 행해지는 기타 열처리 방법은 기술적으로 획기적인 변화를 보여주지는 않지만, 상업적으로는 매우 중요하다. 예를 들면 아닐링과 템퍼링이 그 예이다.

아닐링

유리제품은 대개 성형을 한 후에는 강도를 감소시키는 바람직하지 않은 내부 응력을 갖게 된다. 이러한 내부 응력을 없애기 위하여 금속성형에서와 마찬가지로 유리성형에서도 아닐링을 시킨다. **아닐링**(annealing, 풀림)이란 유리를 어느 온도까지 가열한 후에 응력 및 온도 구배를 없애기 위하여 일정 시간 동안 유지하는 것을 의미한다. 그런 후에 응력의 형성을 억제하면서 천천히 냉각시키다가, 상온까지는 좀 더 신속히 냉각시킨다. 일반적인 아닐링 온도는 대략 500°C(773 K)이다. 제품으로 만드는 시간은 일정 온도에서 머무르는 시간뿐만 아니라 사이클 동안에 가열 및 냉각 속도는 유리의 두께에 따라 달라지며, 일반적으로 필요한 아닐링 시간은 유리 두께의 제곱에 비례한다.

현대적인 유리 제조 공장에서 아닐링은 **레어**(lehr)라고 불리는 터널 모양의 노에서 수행되며, 제품은 컨베이어를 이용하여 뜨거운 체임버를 천천히 통과하게 된다. 체임버의 시작부분에 가열기가 설치되어 유리는 요구되는 가열과 냉각 주기를 거치게 된다.

강화유리 및 관련 제품

템퍼링(tempering, 뜨임)으로 알려진 열처리를 이용하여 내부 응력이 유용하게 쓰인 유리 제품을 개발하였으며, 이를 **강화유리**(tempered glass)라고 한다. 경화된 강의 열처리와 마찬가지로 템퍼링은 유리의 인성을 증가시킨다. 이 공정은 유리를 아닐링 온도보다 약간 높게 소성영역까지 가열하고 보통 공기 제트로 표면을 담금질하는 것이다. 표면이 냉각될 때, 내부는 여전히 소성의 성질을 가지고 있으며 표면은 수축 경화된다. 내부가 천천히 냉각되면서 수축함으로써 경화된 표면에 압축력을 가하게 된다. 다른 세라믹과 같이 유리는 인장력보다 압축력을 받았을 때 더 강하다. 따라서 강화유리는 표면에 압축력이 가해졌기 때문에 긁힘이나 부서지는 것에 훨씬 더 강하다. 대형 빌딩의 유리창, 유리문, 안전유리 및 기타 강화유리가 필요한 곳에 사용된다.

강화유리가 부서지면, 일반적인(annealed) 유리창보다 훨씬 작은 조각으로 부서지게 된다. 흥미있는 것은 자동차의 앞 유리는 부서지면서 작은 조각들로 인하여 운전자를 다치게 할 수 있기 때문에 강화유리를 사용하지 않고 일반적인 유리를 사용한다. 대신에 질긴 고분자 박판으로 양쪽 유리를 붙인 안전유리를 사용한다. 이러한 **합판유리**(laminated glass, 안전유리의 일종)가 부서진다면, 유리조각들은 고분자 박판에 의하여 그대로 붙어 있으며 앞 상황도 비교적 투명하게 보인다.

11.3.2 다듬질

유리제품은 종종 다듬질 공정이 필요하며, 이러한 2차 공정은 연삭, 폴리싱 및 절단을 포함한다. 유리 박판은 드로잉과 압연으로 만들어졌기 때문에 양쪽 면이 꼭 평행하지는 않으며, 표면에 부드러운 유리에 단단한 생산 장비의 사용에 의한 결함과 긁힘 자국이 나타난다. 유리 박판은 대부분 상업적으로 사용하기 위해서는 연삭과 폴리싱이 필요하다. 분할 금형이 사용된 프레싱과 블로잉 공정에서는 종종 제품의 분리선에 생긴 무늬를 제거하기 위하여 폴리싱해야 한다.

판이나 관 생산과 같은 연속 유리성형 공정에서는 연속된 부분을 작은 조각으로 잘라야 한다. 처음에 유리절단 휠 또는 절단 다이아몬드로 유리에 금을 긋고, 그런 후에 금을 그은 부분을 따라 잘라 낸다. 일반적으로 아닐링 레어를 빠져나오면서 절단이 이루어진다.

어떤 유리제품에는 장식과 표면처리 공정이 사용된다. 이러한 공정은 기계적 절단 및 폴리싱 공정, 샌드블라스팅, 화학적 에칭(불화수소산을 이용하며, 종종 다른 화학제를 같이 사용한다), 코팅(예를 들면, 거울을 만들기 위하여 알루미늄 또는 은을 판유리에 코팅)을 포함한다.

11.4 제품 설계 시 고려 사항

유리는 일부 적용분야에 적합한 특별한 물성들을 가지고 있다. Bralla [1]와 기타 자료를 이용하여 다음과 같은 설계 추천사항을 작성하였다.

- 유리는 투명하며, 공업재료 중에서 매우 독특한 광학적 물성을 가지고 있다. 투명함, 빛의 통과, 확대 등 유사한 광학적 물성들이 필요한 적용 분야에 유리가 재료로 선정된다. 설계 요구사항에 따라 투명한 어떤 고분자가 대안이 될 수도 있다.
- 유리는 인장력보다 압축력에 몇 배 강하다. 그러므로 유리부품은 인장력을 받지 않고 압축력을 받도록 설계되어야 한다.
- 유리를 포함하여 세라믹은 잘 부서진다. 충격하중을 받거나 부서질 정도의 높은 응력을 받으면 파괴가 발생되므로 이런 조건의 적용분야에 유리 제품을 사용해서는 안 된다.
- 어떤 유리 구성은 매우 낮은 열팽창 계수를 가지기 때문에 열 충격에 잘 견딜 수 있다. 유리는 이러한 열 충격에 견딜 수 있는 특성이 필요한 곳에 사용될 수 있다.
- 유리제품의 외부 모서리나 코너는 큰 반경을 갖게 하거나 모따기를 하여야 한다. 마찬가지로 내부 코너도 큰 반경을 갖게 한다. 외부와 내부 코너 모두 응력 집중이 일어나는 곳이다.
- 전통적인 세라믹과 새로운 세라믹 재료들과 달리 유리제품에는 나사산을 만들 수 있다. 기술적으로 프레스-블로우 성형공정으로 만들 수 있으나, 나사산이 거친 편이다.

참고문헌

[1] Bralla, J. G. (editor). *Design for Manufacturability Handbook.* 2nd ed. McGraw-Hill, New York, 1998.

[2] Flinn, R. A., and Trojan, P. K. *Engineering Materials and Their Applications*, 5th ed. John Wiley & Sons, New York, 1995.

[3] Hlavac, J. *The Technology of Glass and Ceramics.* Elsevier Scientific Publishing, New York, 1983.

[4] McColm, I. J. *Ceramic Science for Materials Technologists.* Chapman and Hall, New York, 1983.

[5] McLellan, G., and Shand, E. B. *Glass Engineering Handbook.* 3rd ed. McGraw-Hill, New York, 1984.

[6] Mohr, J. G., and Rowe, W. P. *Fiber Glass.* Krieger, New York, 1990.

[7] Scholes, S. R., and Greene, C. H. *Modern Glass Practice.* 7th ed. TechBooks, Marietta, Georgia, 1993.

복습문제

11.1 유리는 세라믹재료로 분류된다. 하지만 유리는 전통적인 세라믹, 새로운 세라믹과는 다르다. 그 차이는 무엇인가?

11.2 거의 모든 유리제품에 첨가하는 화학제는 무엇인가?

11.3 유리성형 절차에서 세 가지 기본단계는 무엇인가?

11.4 유리성형에서 용융로는 네 가지 종류로 나누어진다. 네 가지 중에서 세 가지를 나열하라.

11.5 유리성형에서 스피닝 공정을 설명하라.

11.6 유리성형에서 프레스-블로우와 블로우-블로우 성형 공정의 차이점은 무엇인가?

11.7 유리판 또는 유리박판을 만드는 몇 가지 방법을 설명하였다. 몇 가지 중의 하나의 이름과 공정을 설명하라.

11.8 Danner 공정을 설명하여라.

11.9 유리섬유를 만드는 두 가지 공정을 설명하였다. 두 가지 중에서 한 가지의 이름과 공정을 설명하여라.

11.10 유리성형에서 아닐링의 목적은 무엇인가?

11.11 강화유리를 만들기 위하여 필요한 열처리를 설명하여라.

11.12 자동차의 앞 유리에 일반적으로 사용되는 유리는 어떤 것인지를 설명하여라.

11.13 유리제품을 설계하는 데에 고려해야 하는 사항을 몇 가지만 나열하여라.

객관식문제(10개의 답)

11.1 다음 중의 어느 것이 재료의 유리상태와 관계가 있는가?
(a) 결정질, (b) 불투명, (c) 다결정질, (d) 오염됨, (e) 유리같은.

11.2 환경을 보존한다는 점 이외에 유리를 만드는 원재료에 재활용된 유리를 첨가하는 유용한 목적은 무엇인가? (한 개의 정답)
(a) 미적인 가치를 위해 다양한 색을 넣는다, (b) 유리를 녹이기 쉽게 하기 위하여, (c) 유리를 강하게 하기 위하여, (d) 설비의 냄새를 줄이기 위하여.

11.3 유리성형에서 charge란 다음 중 어느 것인가?
(a) 용융 사이클의 시간, (b) 유리를 용융하는 데 필요한 전기에너지, (c) 용융로의 이름, (d) 용융 시의 초기 원재료.

11.4 전형적인 유리용융 온도 범위는 다음 중 어느 것인가?
(a) 400°C ~ 500°C, (b) 900°C ~ 1000°C, (c) 1500°C ~ 1600°C, (d) 2000°C ~ 2200°C.

11.5 주조는 유리성형 공정에 있어서 다음 중 어느 경우에 사용되는가?
(a) 대량생산, (b) 소량생산, (c) 중간생산.

11.6 다음 공정 또는 절차 중 유리성형 공정에 사용할 수 없는 것은 어느 것인가?
(a) 아닐링, (b) 프레싱, (c) 담금질, (d) 소결, (e) 스피닝.

11.7 프레스-블로우 공정은 주둥이가 작은 음료수 병을 만드는 데에 가장 적합하고, 블로우-블로우 공정은 주둥

이가 넓은 병을 만드는 데에 더 적합하다.

(a) 참, (b) 거짓.

11.8 유리관을 만드는 데에 사용되는 공정은 다음 중 어느 것인가?

(a) Danner 공정, (b) 프레싱, (c) 압연, (d) 스피닝.

11.9 벽 두께가 5 mm인 유리제품을 아닐링하는 데에 10분이 걸렸다면, 유사한 모양이고 두께가 7.5 mm인 유리 제품을 아닐링하는 데에 몇 분이 걸리겠는가? (가장 근접한 한 개의 답)

(a) 10분, (b) 15분, (c) 20분, (d) 30분.

11.10 다음 중 레어(lehr)는 무엇인가?

(a) 사자우리, (b) 용융로, (c) 소결로, (d) 아닐링로, (e) 맞는 것이 없음.

12.1 고분자용융체의 특성

12.2 압출

    12.2.1 공정 및 장비

    12.2.2 압출 공정 해석

    12.2.3 다이형상과 압출제품

    12.2.4 압출품의 결함

12.3 플라스틱 박판 및 필름 제조

12.4 화이버 및 필라멘트 제조(스피닝)

12.5 코팅 공정

12.6 사출성형

    12.6.1 공정과 장비

    12.6.2 금형

    12.6.3 사출성형기

    12.6.4 사출성형공정에서의 수축과 결함

    12.6.5 기타 사출성형 공정

12.7 압축성형과 트랜스퍼몰딩

    12.7.1 압축성형

    12.7.2 트랜스퍼성형

12.8 블로우몰딩과 회전몰딩

    12.8.1 블로우몰딩

    12.8.2 회전몰딩

12.9 열성형

12.10 플라스틱 추조

12.11 고분자 발포 공정 및 성형

12.12 제품 설계 시 고려사항

플라스틱은 사출제품, 압출제품, 필름 및 박판, 전선의 절연코팅, 직물용 섬유 등과 같은 광범위한 제품으로 가공될 수 있으며, 니스, 접착제, 다양한 고분자 기지 복합재료 등과 같은 물질의 주원료가 되기도 한다. 본 장에서는 플라스틱 가공 기술을 알아보고, 다음 장에서 페인트 및 니스, 접착제, 복합재료에 대해 알아보겠다. 한편 많은 플라스틱 가공 공정은 고무(13장) 및 고분자 기지 복합재료(13장)에 적용될 수 있다.

플라스틱 재료의 중요성이 점차 증대됨에 따라 플라스틱 가공공정의 상업적, 기술적 중요성이 커지고 있다. 지난 50년에 걸쳐 금속과 세라믹 재료보다 플라스틱 재료를 사용한 제품이 빠르게 늘어났으며, 과거 금속으로 제작되던 많은 제품들이 오늘날 플라스틱 및 플라스틱 복합재로 제작되고 있다. 현재 전 세계에서 생산하는 고분자재료(플라스틱 및 고무)의 총 부피는 금속의 총 생산 부피를 넘어섰으며, 유리 재료의 경우에서도 제품포장에 사용되는 유리병과 유리용기를 대체하는 플라스틱 용기가 광범위하게 사용되고 있다. 플라스틱 성형공정이 중요한 이유는 다음과 같다.

■ 가공에 용이한 고분자 재료의 특성과, 다양한 성형공정으로 인해 제작 부품의 형상에 대한 제약이 거의 없다.

■ 많은 플라스틱 부품이 **순형상**(net shape) 제작 공정인 성형공정으로 제작되어, 추가적인 가공 공정이 필요하지 않다.

■ 일반적으로 플라스틱 성형을 위해 가열공정이 요구되지만, 공정온도가 낮아 금속 성형 공정에 비

해 적은 에너지가 소모된다.

- 낮은 온도에서 가공공정이 수행되므로 제품의 취급(운반과 저장)이 용이하다. 대다수의 플라스틱 제품은 일회의 공정(molding, 성형공정)으로 제작되므로 금속에 비해 제작 공정 시 부품 취급 횟수가 적다.
- 특별한 경우를 제외하고 페인팅이나 도금과 같은 후처리 공정이 플라스틱에는 필요하지 않다.

8장에서 알아본 바와 같이, 플라스틱 재료는 **열가소성**(thermoplastic)과 **열경화성**(thermoset)으로 구분된다. 열경화성 플라스틱은 가열공정과 성형과정에서 분자구조에서 영구적인 화학변화인 **가교결합**(cross-linking)이 이루어지는 경화반응을 겪으며, 한번 경화되면 재가열을 하여도 녹일 수 없다. 반면, 열가소성 물질은 경화반응을 겪지 않으며, 고체 상태에서 액체 상태로 바뀌는 재가열을 하여도 기본적인 화학구조는 변화되지 않는다. 두 가지 형태의 플라스틱 중, 열가소성 플라스틱이 상업적으로 널리 사용되고 있으며, 전체 플라스틱 수요의 약 80%를 차지한다.

플라스틱 가공공정은 제품 형상에 따라 (1) 박판(sheet), 필름(film), 필라멘트(filament)를 제외한 일정한 단면을 가지는 연속 압출 제품, (2) 연속 플라스틱 박판 및 필름, (3) 연속 필라멘트(화이버), (4) 대부분 속이 꽉 찬 성형제품, (5) 속이 빈 비교적 얇은 벽으로 구성된 성형제품, (6) 플라스틱 박판 또는 필름으로 만들어진 단위제품, (7) 주물, (8) 발포(foam)제품으로 분류될 수 있다. 본 장에서는 상기의 플라스틱 성형공정에 대해 각각 알아볼 것이다. 열가소성 플라스틱의 성형공정은 상업적으로 매우 중요하며, 이 중 플라스틱 압출과 사출성형은 가장 중요한 공정이라 하겠다. 플라스틱 성형공정의 간단한 역사를 '역사적 고찰 12.1'에 설명하였다

거의 모든 열가소성 플라스틱의 성형공정이 플라스틱의 유동성 향상을 위한 가열공정을 공통적으로 포함하고 있으므로, 고분자용융체(polymer melt)의 특성을 알아보는 것으로 플라스틱 성형공정에 대한 설명을 시작한다.

역사적 고찰 12.1 플라스틱 성형공정

플라스틱 성형장비는 고무 성형기술로부터 발전되었다. 초기 개발자 중 주목할 만한 인물은 1835년경, 고무에 첨가제를 섞는 Two-roll steam-heated mill을 개발한 미국인 Edwin Chaffee이다(13.1.3절 참조). 그는 또한 옷감에 고무를 코팅하기 위하여 캘린더(calender)라고 불리는 기계를 만들었다. 두 기계 모두 현재까지 플라스틱과 고무 재료의 성형공정에 사용되고 있다.

1845년경, 영국에서 처음으로 고무를 압출하여 전선에 코팅하는 램(ram)구동 압출기가 개발되었다. 전선이나 케이블 코팅작업에서는 연속적으로 동작하는 압출기의 형태가 바람직함에도 불구하고, 당시의 램 구동 기계는 단속적인(intermittent) 형태로 동작한다는 단점을 가졌다.

이에 다수의 개발자가 다양한 형태의 스크루 구동 압출기를 개발하였으나(12.2.1절 참조), Mathew Gray가 1879년 영국에서 발명특허를 획득하였다. 한편 열가소성 플라스틱이 개발되면서, 원래 고무를 위하여 설계되었던 스크루 구동 압출기가 열가소성 플라스틱에 적용되었다. 이후 열가소성 플라스틱을 위한 전용 압출기가 1935년 개발되었다.

플라스틱 사출성형기는 금속의 다이캐스팅을 위하여 설계된 기계를 이용하여 개발되었다(역사적 고찰 10.2 참조). 1872년경에 플라스틱의 개발(역사적 고찰 8.1 참조)에 중요한 인물인 John Hyatt가 플런저 구동 형태의 플라스틱 성형기계(12.6.3절 참조)에 대한 특허를 출원하였다. 현대적인 형태의 사출성형 기계는 1921년에 소개되었으며, 1937년에 반자동 제어기가 추가되었다. 수십 년 동안 플라스틱 성형산업에서 램구동 기계가 표준이 되어 왔으나, 1952년 미국의 William Willert가 개발한 스크루 구동 기계가 이를 대체하였다.

| 12.1 고분자용융체의 특성

열가소성 플라스틱을 가공하기 위해서는, 재료가 연화되어 액체 상태에 이를 때까지 가열공정이 수
행되어야 하며, 용융된 재료를 **고분자용융체**(polymer melt)라고 부른다. 본 절에서는 고분자용융체
의 여러 가지 독특한 특성을 다룬다.

점성

플라스틱 재료의 높은 분자량 때문에, 고분자용융체는 높은 점성(viscosity)을 갖는다. 3.4절에서 정
의된 바와 같이, 점도는 유체가 흐르면서 생기는 전단응력(shear stress)에 대한 전단 속도(shear
rate)의 영향에 관련된 유체 특성이다. 대부분의 플라스틱 성형 공정은 고분자용융체를 작은 관이나
금형 입구로 흘리기 때문에 점도는 플라스틱 성형공정에서 매우 중요한 인자이다. 플라스틱 성형공
정에 있어, 종종 큰 유량(flow rate)이 발생하며, 이는 높은 전단 속도를 발생시키고, 전단 속도의 증
가에 따라 전단 응력이 증가하게 되므로, 공정을 수행하기 위해 높은 압력이 요구된다.

그림 12.1은 두 가지 종류의 유체에 대해 점도를 전단속도의 함수로 나타낸 것이다. **뉴턴유체**
(Newtonian fluid, 물과 기름 같이 대부분의 간단한 유체)의 경우 특정 온도에서 점도는 전단속도에 따
라 변하지 않고 일정하다. 전단 응력과 전단 변형률은 점도를 비례상수로 한 비례관계에 있다.

$$\tau = \eta\dot{\gamma} \quad \text{또는} \quad \eta = \tau\dot{\gamma} \tag{12.1}$$

여기서 τ = 전단응력(Pa), η은 전단점도 계수(Ns/m^2, 또는 Pa-s), $\dot{\gamma}$는 전단속도(1/s, 1/sec)이다.

그러나 고분자용융체의 경우 전단속도가 증가함에 따라 점도가 감소한다. 이는 전단속도가 높아
짐에 따라 유체가 얇아지게 된다는 것을 의미하며, **의소성**(pseudoplasticity)이라고 한다. 의소성 특
성은 다음과 같이 적절히 근사시킬 수 있다.

$$\tau = k(\dot{\gamma})^n \tag{12.2}$$

여기서, k는 점도계수에 따른 상수이며, n은 유체의 거동에 따른 지수이다. $n = 1$이면, 식 (12.2)는
뉴턴유체에 대한 식 (12.1)과 같으며, k는 η가 된다. 고분자용융체에서 n은 1보다 작게 된다.

고분자용융체의 점도는 전단속도(유속)의 효과뿐만 아니라, 온도에 영향을 받으며, 대부분의 유체
와 마찬가지로 온도가 올라감에 따라 점도가 감소한다. 그림 12.2는 일반적인 사출성형 및 고속 압출
공정에 사용되는 대략적인 전단속도인 $10^3 \ s^{-1}$에서 다양한 고분자의 온도에 따른 점도 특성을 보여
준다. 그림을 통해 고분자용융체의 점도는 전단속도와 온도가 증가함에 따라 감소한다는 것을 알 수

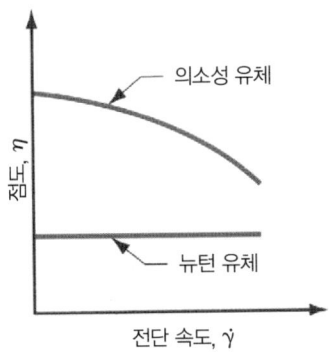

그림 12.1 뉴턴유체와 일반적인 고분자용융체의 점도 비교.

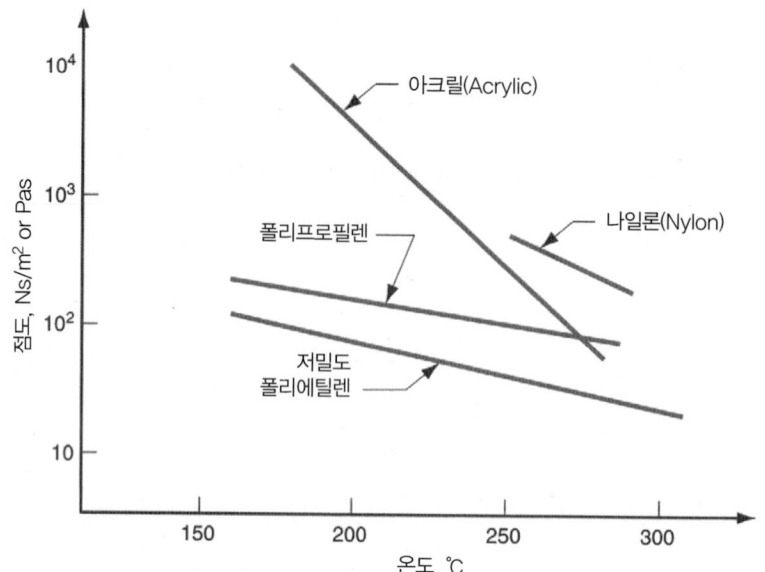

그림 12.2 전단속도 10^3 s^{-1}에서 다양한 고분자의 온도에 따른 점도 영향 비교 [12].

있다. 그림 12.2에서와 같이 k값이 온도에 영향을 받는 현상을 제외하고 식 (12.2)가 적용될 수 있다.

점탄성

다음으로 다룰 고분자용융체의 특성은 **점탄성**(viscoelasticity)이다. 앞서 3.5절에서 고체 고분자의 점탄성 특성을 알아보았으며, 액체 고분자에서도 동일한 특성이 적용된다. 액체 고분자의 점탄성 효과의 좋은 예로 압출성형 공정에서 다이 개구부(die opening, 開口部)를 빠져나온 뜨거운 플라스틱이 팽창하는 다이 **팽윤**(die swell) 현상을 들 수 있다. 그림 12.3은 넓은 단면을 가진 공간에 담겨져 있던 고분자 재료가 좁은 다이 통로를 통해 나오는 과정에서 팽창되는 현상을 보여준다. 다이의 좁은 오프닝으로 압출된 재료는 이전의 형상을 기억하고 되돌아가려고 하는 것이다. 좀 더 기술적으로 말하면, 다이 팽윤은 좁은 다이 개구부를 지나면서 재료에 가해진 압축응력이 바로 사라지지 않기 때문에 발생하는 현상으로, 압축응력을 받아 재료가 좁은 개구부를 통과한 뒤에도 잔류 압축응력이 재료 내부에 존재하고, 이후 다이에 의한 제한조건이 사라졌을 때, 단면적이 확장되는 현상이다.

다이팽윤은 다음과 같이 정의된 **팽윤율**(swell ratio)을 이용하여, 원형 단면에 대하여 쉽게 측정될 수 있다.

$$r_s = \frac{D_x}{D_d} \tag{12.3}$$

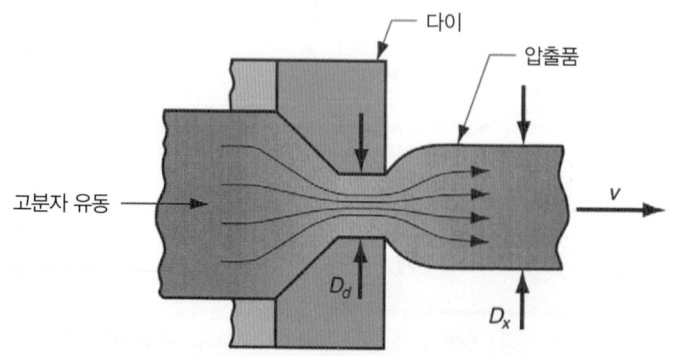

그림 12.3 고분자용융체의 점탄성 성질에 의해 압출 과정에서 발생하는 다이팽윤 현상.

여기서, r_s는 팽윤율, D_x는 압출된 단면의 직경 (mm), D_d는 다이 개구부 오리피스의 직경(mm)이다.

다이팽윤의 양은 고분자용융체가 압출 다이의 다이 개구부 통로에 머무는 시간에 영향을 받으며, 다이 개구부 통로의 길이가 길어져 머무는 시간이 길어지면 다이팽윤이 감소한다.

12.2 압출

금속과 세라믹 재료에서와 같이 **압출**(extrusion)은 고분자 재료에 대해서도 기본적인 가공방법 중 하나이다. 압출은 다이 오리피스 모양의 단면 형상을 갖는 길고 연속적인 제품의 제작을 위해, 힘을 가하여 재료가 다이 오리피스를 통과하도록 하는 압축공정이다. 압출 공정은 열가소성 플라스틱과 고탄성 고분자(elastomer)의 가공에 광범위하게 사용되며(열경화성 플라스틱에는 잘 적용되지 않는다), 플라스틱 튜브(tubing), 파이프(pipes), 호스(hose), 창틀 및 문틀과 같은 구조물, 박판, 필름, 연속필라멘트, 전선 및 케이블의 절연 코팅 등과 같이 단면형상이 균일한 길고 연속적인 제품의 대량생산을 위해 적용된다. 이러한 제품들의 제작을 위한 압출공정은 연속적으로 수행되며, **압출물**(extrudate)은 적당한 길이로 절단되어 제품으로 가공된다. 본 절에서는 기본적인 압출공정을 알아보고 순차적으로 압출에 기반을 둔 공정에 대해 알아본다.

12.2.1 공정 및 장비

고분자 압출공정에서, 펠릿(pellet) 또는 분말 형태의 원소재는 압출배럴(extrusion barrel)로 공급되고, 배럴 내에서 가열되어 용융된 뒤, 회전 스크루(screw)에 의해 그림 12.4와 같이 다이 개구부를 통과하도록 가압된다. 압출기의 두 가지 주요 구성품은 배럴과 스크루이다. 다이는 압출기의 부품이 아니며 생산하고자 하는 제품에 적합하도록 제작된 특정한 공구라고 할 수 있다.

일반적으로 압출기 배럴의 직경은 25~150 mm 범위이다. 배럴의 길이는 직경보다 상대적으로 길며, 직경 대 길이비(L/D ratio)는 일반적으로 10~30 정도이다. 그림 12.4의 직경 대 길이비는 효과적인 설명을 위해 축소된 상태이다. 배럴의 길이 대 직경비는 재료에 따라 다르며, 일반적으로 열가소성 플라스틱의 경우 높은 길이 대 직경비가 적용되고 고탄성고분자의 경우 낮은 값이 적용된다. 배럴의 다이 반대편 끝에는 원소재를 공급하는 호퍼(hopper)가 위치하고 있으며, 원소재는 중력에 의해 회전 스크루에 공급되고, 스크루가 회전하면 소재가 배럴을 따라 이동한다. 고체 상태인 펠릿의 초기 용융을 위해 전기히터가 사용되며, 회전스크루에 의해 이동하며 발생하는 순차적인 재료의 혼합과 기계적 마찰에 의해 발생하는 추가적인 열에 의해 재료가 용융상태로 유지된다. 일부의 경우, 스크루의 회전에 의해 발생하는 재료의 혼합과 전단 현상에서 재료의 용융을 위한 충분한 열이 발생하여 외부의 가열이 필요하지 않을 수도 있다. 더 심한 경우에는 재료의 과열을 막기 위해 배럴의 외부를 냉각시키기도 한다.

배럴 내부에서 약 60 rev/min 의 속도로 회전하는 압출 스크루에 의해 재료는 다이 오프닝 쪽으로 이동된다. 스크루는 여러 기능을 수행하며 기능에 따라 다음과 같이 세 개의 구간으로 나눌 수 있다. (1) **공급부**(feed section): 원소재가 호퍼로부터 이동하며, 예열된다. (2) **압축부**(compression section): 고분자재료가 액상으로 변하고, 펠릿에 포함되었던 공기를 용융체로부터 제거하며, 재료를 압축한다. (3) **계량부**(metering section): 용융체를 균질하게 하며, 다이출구부로 용융체를 밀어내기

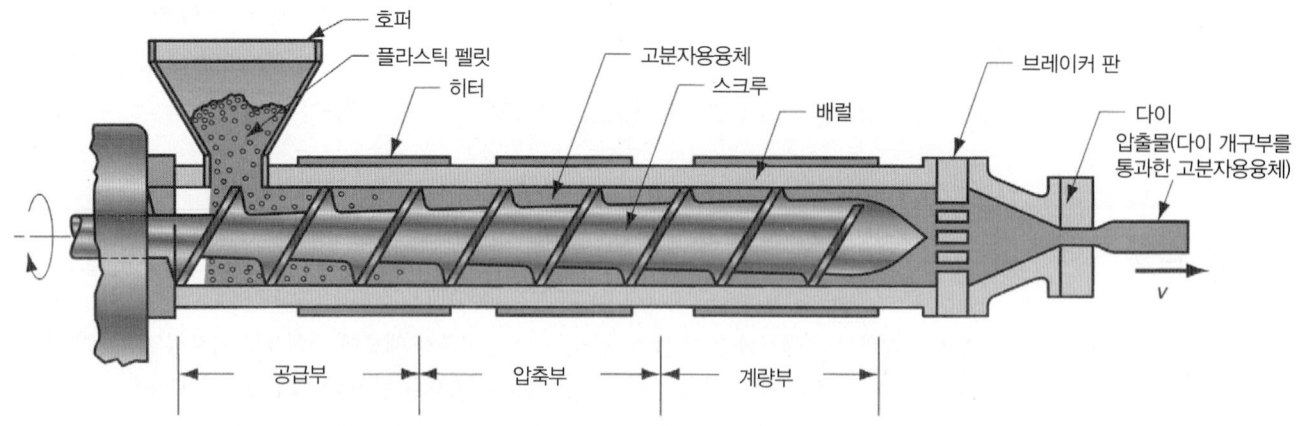

그림 12.4 플라스틱 및 고탄성고분자 압출기(단일스크루)의 구성 및 기능.

에 충분한 압력을 만든다.

스크루의 기능은 스크루의 형상과 회전속도로 결정된다. 그림 12.5는 전형적인 압출기 스크루의 형상을 나타낸 것이다. 스크루는 나선형의 '플라이트(flight)'로 구성되어 있으며, 그 사이의 채널로 고분자용융체가 이송된다. 채널간격은 w_c, 깊이는 d_c이다. 스크루가 회전하면서, 플라이트가 재료를 호퍼로부터 다이 쪽으로 채널을 통해 밀어낸다. 그림에서는 구별할 수 없지만, 플라이트의 직경은 배럴의 직경 D보다 작게 제작되어, 약 0.05 mm의 간격이 형성되도록 하며, 간격의 크기는 용융체가 채널 뒤쪽으로 새는 것을 막아주도록 선정된다. 플라이트의 두께는 w_f이며 회전하는 과정에서 배럴의 내면과 접촉에 의한 마모가 발생하지 않도록 경화강으로 제작된다. 스크루의 피치는 일반적으로 배럴의 직경 D와 유사한 값으로 선정된다. 플라이트 각도 A는 스크루의 나선각이며, 아래의 관계식으로 결정된다.

$$\tan A = \frac{p}{\pi D} \tag{12.4}$$

여기서 p는 스크루의 피치이다.

번잡하지만 p는 본 절에서 두 가지 변수를 지칭하기 위해 사용되는 기호이다. 본 그림과 다른 여러 장에서 스크루 피치를 나타내는 기호이나, 본 장의 후반부에 p는 압력을 의미한다.

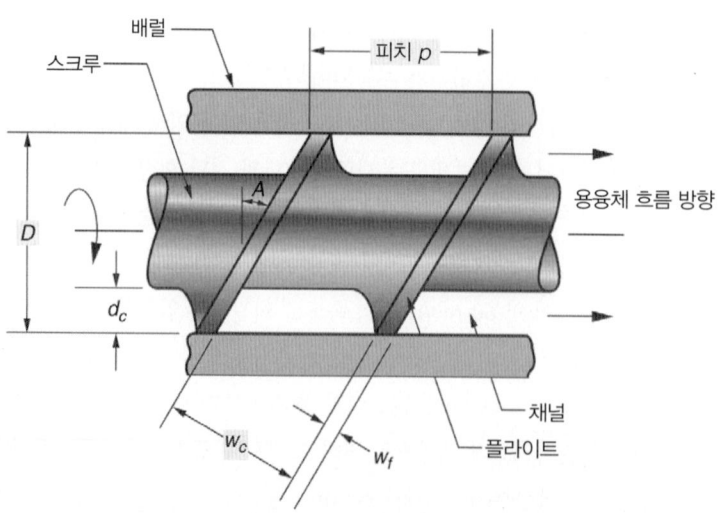

그림 12.5 배럴 내부의 압출 스크루 상세도.

배럴의 세 영역에서 고분자용융체에 가해지는 압력은 채널 깊이에 크게 영향을 받는다. 그림 12.4의 공급부에서 d_c는 많은 양의 원재료 고분자가 배럴로 들어오도록 하기 위해 비교적 큰 값으로 선정된다. 압축부에서 d_c는 점점 줄어드는데, 이로 인해 고분자가 용융되며, 고분자에 가해지는 압력이 증가된다. 계량부에서 d_c는 매우 작으며, 유동은 스크린팩(screen pack)과 브레이커 판을 통과하며 안정화되고 가해지는 압력은 최대가 된다. 그림 12.4에서 배럴의 세 부분의 길이는 거의 비슷한 것으로 보인다. 이는 저밀도 폴리에틸렌과 같이 점진적으로 용융되는 고분자 재료에 적합하다. 배럴의 각 부분별 길이는 고분자 재료의 특성에 따라 각각 다르게 설계된다. 나일론과 같이 특정한 용융 온도에서 갑자기 용융하는 결정질 고분자의 경우 짧은 압축부 길이가 적당하며, 폴리염화비닐(PVC, polyvinylchloride)과 같은 비결정질 고분자의 경우 LDPE(low density polyethylene)보다 서서히 용융되므로 배럴 길이의 거의 전체를 압축부가 차지한다. 이와 같이 재료에 따라 최적 스크루 설계가 다르지만, 재료와 관계없이 다양한 재료에 대한 절충안으로 선정된 스크루 구조가 널리 사용된다. 이는 스크루 교환에 따른 기계정지시간의 증가로 인한 제조 비용증가를 피하기 위함이다.

배럴을 따라 이동한 고분자용융체는 최종적으로 다이에 이르게 된다. 용융체는 다이에 이르기 전에 스크린팩(screen pack)을 통과하는데, 이는 작은 구멍을 가진 철망의 연속으로 견고한 판(브레이커 플레이트)에 지지되어 있다. 스크린팩의 기능은 다음과 같다. (1) 고분자용융체에서 불순물이나 딱딱한 덩어리를 걸러낸다. (2) 계량부에서 압력을 형성한다. (3) 고분자용융체의 흐름을 직선화하고, 스크루에 의한 회전운동의 관성을 제거한다. 세번째 기능은 고분자의 점탄성 성질에 관련이 있는데, 유동의 흐름이 직선으로 되지 않으면, 고분자 재료는 압출기 내부에서 회전하던 성질로 인해 압출품의 휨이나 뒤틀림을 야기한다.

12.2.2 압출 공정 해석

본 절에서는 간단한 방법으로 몇몇 플라스틱 압출 특성에 대한 수학적 모델을 구성한다.

압출기의 용융체 유동

배럴 내에서 스크루가 회전함에 따라 고분자용융체는 아르키메데스의 스크루 펌프와 유사한 원리로 다이 방향으로 이동한다. 이송의 주된 메커니즘은 점성 유체와 서로 반대로 움직이는 (1) 정지한 배럴 내면과 (2) 회전하는 스크루의 채널 면 사이이의 마찰에 의한 **추진류**(drag flow)이다. 이는 그림 3.17에서 보여주는 정지한 판과 이동하는 판 사이의 점성 유체에서 발생하는 유체 흐름과 유사하다. 이동하는 판의 속도를 v라 한다면 유체의 평균 속도는 $v/2$이며, 유량은 아래와 같이 결정된다.

$$Q_d = 0.5 \, v \, d \, w \tag{12.5}$$

이때 Q_d는 추진류의 유량(m^3/s)이며, v는 이동하는 판의 속도(m/s), d는 두 판 사이의 간격(m), w는 속도 방향에 직각인 방향으로 판의 폭(m)이다.

각각의 변수들은 회전하는 압출 스크루와 정지한 배럴 면에 의해 아래와 같이 결정된다.

$$v = \pi D N \cos A \tag{12.6}$$

$$d = d_c \tag{12.7}$$

$$w = w_c = (\pi D \tan A - w_f) \cos A \tag{12.8}$$

여기서 D는 스크루플라이트 직경(m)이며, N은 스크루 회전속도(rev/s), d_c는 스크루 채널 깊이(m), w_c는 스크루채널 폭(m), A는 플라이트 각, w_f는 플라이트 랜드 폭(m)이다.

플라이트 랜드 폭이 무시할 정도로 작다고 가정하면, 식 (12.8)은 아래와 같이 간략해진다.

$$w_c = \pi D \tan A \cos A = \pi D \sin A \tag{12.9}$$

식 (12.6)과 (12.7), (12.9)를 식 (12.5)에 대입하고 삼각함수 관계를 이용하면, 아래의 식을 얻을 수 있다.

$$Q_d = 0.5\,\pi^2\,D^2\,N\,d_c \sin A \cos A \tag{12.10}$$

유체의 전진에 대한 저항력이 없다는 가정 하에 위의 식은 압출기 내부의 용융체 유량을 타당하게 제공한다. 그러나 다이 쪽으로 고분자용융체를 압축함에 따라 식 (12.10)의 추진류에 의한 재료의 이동을 감소시키는 **배압**(back pressure)이 발생한다. **배압 유동**(back pressure flow)이라 불리는 이러한 유동 감소는 스크루 크기, 고분자용융체의 점도, 배럴 내의 압력구배에 의해 영향을 받는다. 배압 유동은 다음 식으로 계산될 수 있다 [12].

$$Q_b = \frac{\pi D d_c^3 \sin^2 A}{12\eta}\left(\frac{dp}{dl}\right) \tag{12.11}$$

이때, Q_b는 배압유량(m^3/s), η는 점도(N-s/m^2), dp/dl은 압력구배 (MPa/m)를 나타내고 나머지 변수는 이전에 정의된 것과 동일하다.

배럴 내의 실제 압력 구배는 배럴의 길이에 따른 스크루 형상의 함수이며, 일반적인 배럴 내 압력 분포는 그림 12.6과 같다. 그림에서 점선으로 표시한 것처럼 압력 분포 그래프를 직선으로 가정하면, 압력 구배는 상수(p/L)가 되며, 위의 식은 다음 가음과 같이 간략화 된다.

$$Q_b = \frac{p\pi D d_c^3 \sin^2 A}{12\eta L} \tag{12.12}$$

여기서, p는 배럴 내 출구 압력(MPa), L은 배럴의 길이(m)를 나타낸다.

배압 유동은 실제로 존재하는 재료의 이동이 아니라, 추진류의 감소량임을 알고 있으면, 압출기의 용융체 유량은 드래그 유동 유량과 배압 유동 유량의 차이로 계산될 수 있다.

$$Q_x = Q_d - Q_b$$
$$Q_x = 0.5\,\pi^2\,D^2\,N\,d_c \sin A \cos A - \frac{p\pi D d_c^3 \sin^2 A}{12\eta L} \tag{12.13}$$

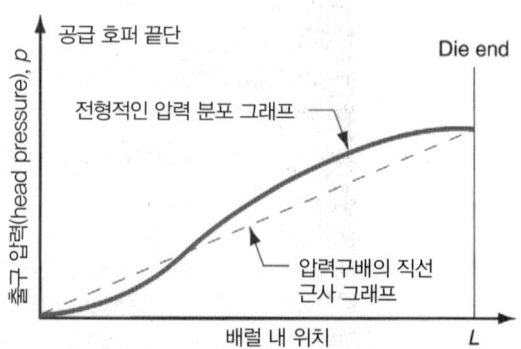

그림 12.6 압출기 내부의 전형적인 압력 구배, 점선은 계산의 편의를 위해 직선으로 근사한 그래프.

여기서 Q_x는 결론적인 압출기의 고분자용융체 유량이다.

마모가 심한 압출기를 제외하고는 추진류 및 배압류의 유량에 비해 플라이트와 배럴 사이로 누설되는 누설류의 유량은 상대적으로 작으므로, 식 (12.13)에서 **누설류**(leak flow)는 고려하지 않는다.

식 (12.13)은 많은 변수들을 포함하고 있으며, (1) 설계 변수와 (2) 동작 변수로 나눌 수 있다. 설계변수는 스크루와 배럴의 기하학적 형상을 표현하는 상수로서, 직경 D, 채널깊이 d_c, 나선각(helix angle) A 이다. 이러한 변수들은 압출기의 동작 과정 중에 변하지 않는다. 동작변수는 압출 유량에 영향을 주는 인자들 중에서, 공정 중 변화하는 것으로는 회전 속도 N, 배럴 내 출구 압력 p, 용융체 점도 η이 해당된다. 물론 용융체 점도는 온도와 전단속도의 제어를 통해 변화가 가능하다. 다음의 예에서 상기 변수들의 역할을 알아본다.

예제 12.1 압출 유량

배럴의 직경 D = 75 mm, 스크루 회전속도 N = 1 rev/s, 채널 깊이 d_c = 6.0 mm, 플라이트 각도 A = 20°인 압출기가 있다. 배럴의 끝단에서의 출구 압력 p = 7.0×10^6 Pa이고 배럴의 길이 L = 1.9 m, 고분자용융체의 점도 η는 100 Pa-s일 때, 배럴의 고분자용융체 유량(Q_x)을 구하여라.

풀이
식 (12.13)을 이용하여 추진류 유량 및 반대방향의 배압 유량을 계산할 수 있다.

$$Q_d = 0.5\,\pi^2\left(75 \times 10^{-3}\right)^2(1.0)\left(6 \times 10^{-3}\right)(\sin 20)(\cos 20) = 53,525\left(10^{-9}\right) \text{ m}^3/\text{s}$$

$$Q_b = \frac{\pi\left(7 \times 10^6\right)\left(75 \times 10^{-3}\right)\left(6 \times 10^{-3}\right)^3(\sin 20)^2}{12(100)(1.9)} = 18.276\left(10^{-6}\right) = 18,276\left(10^{-9}\right) \text{ m}^3/\text{s}$$

$$Q_x = Q_d - Q_b = (53,525 - 18,276)\left(10^{-9}\right) = \mathbf{35,249\left(10^{-9}\right)\ m^3/s}$$

압출기 및 다이 특성
압출기에서 배압이 0이고 이로 인해 용융체 유동이 제한받지 않는다면, 용융체 유동은 식 (12.10)에서의 추진류 유량 Q_d와 같을 것이다. 설계 및 동작 변수(D, A, N 등)가 주어지면, 이는 압출기의 최대 가능 유동 용량이다. 이를 Q_{max}라 하면,

$$Q_{\text{max}} = 0.5\pi^2 D^2 N\, d_c \sin A \cos A \tag{12.14}$$

반면에, 배압이 매우 커서, 유량이 0이 된다면, 배압 유량은 추진류 유량과 같게 된다. 즉 $Q_x = Q_d - Q_b = 0$, 따라서 $Q_d = Q_b$.

식 (12.13)의 Q_d와 Q_b에 대한 수식을 이용하여 p에 대한 수식을 구하면, 압출기의 유량이 발생하지 않는 최대 출구압력 p_{max}를 구할 수 있다.

$$p_{\text{max}} = \frac{6\pi DNL\eta \cot A}{d_c^2} \tag{12.15}$$

Q_{max}와 P_{max}는 그림 12.7과 같이, **압출기 특성**(또는 스크루 특성)이라 알려진 선도의 각 절편에 해당하는 값이다. 이는 주어진 동작 변수 하에서 압출기의 출구 압력과 유량 사이의 관계를 나타낸다.

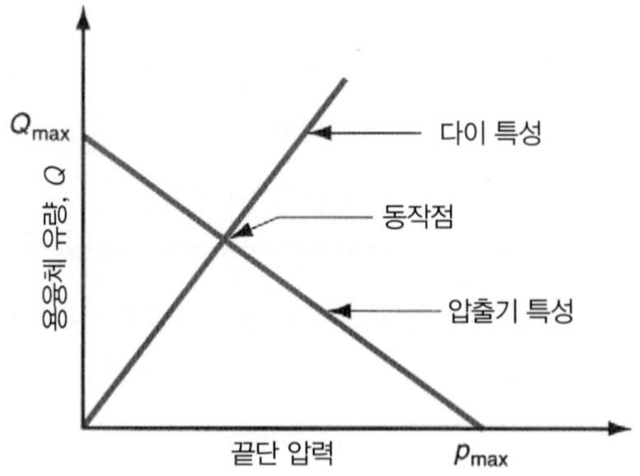

그림 12.7 압출기 특성(또는 스크루 특성) 및 다이 특성 그래프. 압출기 동작점은 두 직선의 교점이다.

다이가 장착되어 압출기가 동작하고 있다면, 실제 Q_x와 p는 압출기 특성 선도의 양 끝점 사이의 어느 한 점에 위치할 것이며, 다이의 특성에 따라 위치가 결정될 것이다. 다이를 통과하는 유량은 다이 개구부의 크기 및 형상, 용융체에 가해지는 압력에 따라 영향을 받으며, 다음과 같이 표현된다.

$$Q_x = K_s p \tag{12.16}$$

여기서 Q_x는 유량(m^3/s), p는 출구압력(Pa), K_s는 다이의 형상계수(m^5/Ns)이다. 다이 개구부가 원형이고 길이가 주어졌을 때, 형상계수는 다음과 같이 계산된다 [12].

$$K_s = \frac{\pi D_d^4}{128 \eta L_d} \tag{12.17}$$

여기서 D_d는 다이 개구부 직경(m), η은 용융된 고분자 점도($N\text{-}s/m^2$), L_d는 다이 개구부 길이(m)이다.

다이 형상이 원형이 아닌 경우, 다이 형상계수는 같은 단면적의 원형 다이 형상계수보다 작으며, 이는 동일한 유량을 위하여 더 큰 압력이 필요하다는 것을 의미한다.

식 (12.16)의 Q_x와 p와의 관계를 **다이특성**(die characteristic)이라 부른다. 그림 12.7에서, 다이특성은 이전의 압출기 특성과 교차하는 직선으로 표시된다. 두 직선의 교차점에서의 Q_x와 p값은 압출 공정의 **동작점**(operating point)이다.

예제 12.2 압출기와 다이특성

예제 12.1의 압출기는 $D = 75$ mm, $L = 1.9$ m, $N = 1$ rev/s, $d_c = 6$ mm, $A = 20°$이다. 고분자용융체의 전단 점도가 $\eta = 100$ Pa-s일 때, 다음을 구하여라. (a) Q_{max} 및 p_{max}, (b) 직경 $D_d = 6.5$ mm, 길이 $L_d = 20$ mm인 원형 다이 개구부의 형상계수 K_s, (c) 동작점에서의 Q_x 및 p값.

풀이

(a) Q_{max}는 식 (12.14)에 의해 계산된다.

$$Q_{max} = 0.5\pi^2 D^2 N d_c \sin A \cos A = 0.5\pi^2 (75 \times 10^{-3})^2 (1.0)(6 \times 10^{-3})(\sin 20)(\cos 20)$$
$$= \mathbf{53,525(10^{-9})} \textbf{ m}^3/\textbf{s}$$

p_{max}는 식 (12.15)에 의해 계산된다.

$$p_{max} = \frac{6\pi DNL\eta \cot A}{d_c^2} = \frac{6\pi (75 \times 10^{-3})(1.9)(1.0)(100) \cot 20}{(6 \times 10^{-3})^2} = \mathbf{20,499,874 \, Pa}$$

상기의 두 값은 압출기 특성 그래프의 x 절편과 y 절편이다.

(b) 직경 $D_d = 6.5$ mm, 길이 $L_d = 20$ mm의 원형 다이 개구부에 대한 형상계수는 식 (12.17)을 이용하여 계산한다.

$$K_s = \frac{\pi (6.5 \times 10^{-3})^4}{128(100)(20 \times 10^{-3})} = \mathbf{21.9(10^{-12}) \, m^5/Ns}$$

계산된 형상계수는 다이 특성 그래프의 기울기를 나타낸다.

(c) 동작점은 압출기 특성 그래프와 다이 특성 그래프의 교차점에서 Q_x 및 p로 결정된다. 압출기 특성 그래프는 Q_{max}와 p_{max}를 연결하는 직선 방정식으로 표현된다.

$$
\begin{aligned}
Q_x &= Q_{max} - (Q_{max}/p_{max})p \\
&= 53,525(10^{-9}) - (53,525(10^{-9})/20,499,874)p = 53,525(10^{-9}) - 2.611(10^{-12})p \quad (12.18)
\end{aligned}
$$

다이 특성은 (b)에서 계산한 K_s의 값을 이용하여 식 (12.16)으로 주어진다.

$$Q_x = 21.9(10^{-12})p$$

두 식이 같다고 하면,

$$
\begin{aligned}
53,525(10^{-9}) - 2.611(10^{-12})p &= 21.9(10^{-12})p \\
p &= \mathbf{2.184(10^{-6}) \, Pa}
\end{aligned}
$$

식 (12.18)을 이용하여 Q_x를 풀면,

$$Q_x = 53.525(10^{-6}) - 2.611(10^{-12})(2.184)(10^6) = \mathbf{47.822(10^{-6}) \, m^3/s}$$

다른 식으로 검산하면,

$$Q_x = 21.9(10^{-12})(2.184)(10^6) = \mathbf{47.82(10^{-6}) \, m^3/s}$$

12.2.3 다이형상과 압출제품

다이 오리피스의 형상이 압출제품의 단면 모양을 결정한다. 일반적인 다이형상과 압출품의 형상을 나열하면 다음과 같다. (1) 중실(solid) 프로파일, (2) 튜브와 같은 중공(hollow) 프로파일, (3) 와이어 및 케이블 코팅, (4) 박판(sheet) 및 필름, (5) 필라멘트(filament). 본 절에서는 나열된 압출품 형상 중 앞의 세 가지에 대해 알아본다. 박판 및 필름을 만드는 방법은 12.3절에서 설명하고, 필라멘트 생산은 12.4절에서 논의된다. 본 절에서 논의되지 않는 압출품 형상은 종종 압출이 아닌 성형공정으로 만들어진다.

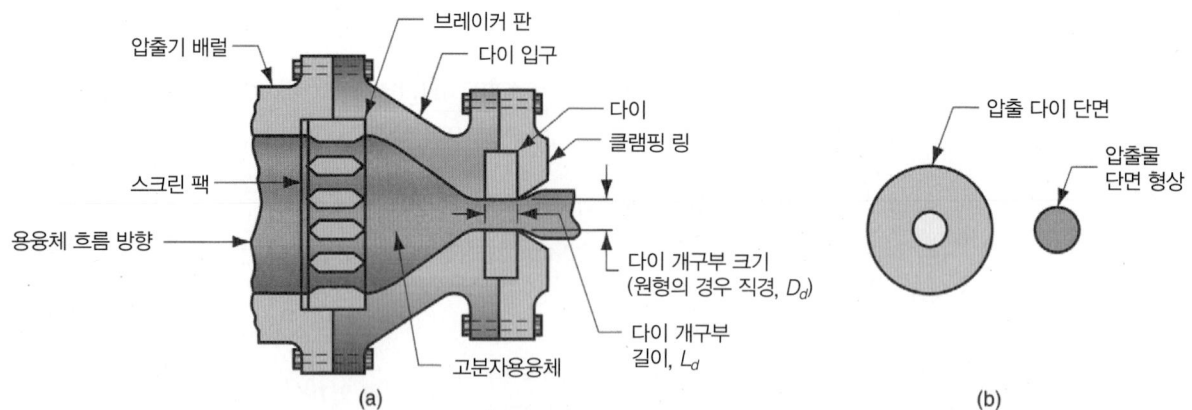

그림 12.8 (a) 원형 봉재와 같은 정형적인 단면의 제작을 위한 압출 다이의 측면도. (b) 다이의 정면도 및 압출물의 단면 형상. 두 개 그림 모두에서 다이팽윤이 확인된다(다이의 상세부는 간략화하거나 생략되었다).

중실 프로파일

중실 프로파일(solid profiles)은 원형, 사각형 같은 전형적인 단면 외에도 건축재, 문 및 창문 몰딩, 자동차 트림 등 비전형적인 단면의 제품을 포함한다. 이러한 중실 형상 압출품에 대한 다이의 측면 단면도는 그림 12.8과 같다. 고분자용융체는 스크루 끝과 다이 사이에 존재하는 스크린 팩과 브레이커 판을 통과하며 용융체의 흐름이 직선화되고 이후 (일반적으로) 좁아지는 다이 입구로 흘러 들어간다. 다이 입구는 용융체가 층류(laminar flow)를 유지하고 모서리 부근에서 사점(dead spot)이 형성되지 않도록 설계된다. 부득이한 경우 사점은 오리피스 부근에서 형성되도록 설계된다. 이후 용융체는 다이 개구부를 통과하게 된다.

고분자 재료는 다이를 빠져나간 이후에도 여전히 말랑말랑하다. 냉각과정에서 자신의 형상을 잘 유지할 수 있는 높은 점도의 고분자 재료가 압출공정에 적합하다. 압출공정에서 냉각은 공기 및 물 분사 또는 냉각수 속으로 압출물이 통과하는 방법으로 이루어진다. 다이팽윤을 보정하기 위한 목적으로 다이오프닝은 고분자벨트의 회복력을 제거하기 위하여 충분히 길게 만든다. 뿐만 아니라, 압출물에 길이방향 인장력을 가하여 (당겨서) 다이팽윤으로 인한 평면방향 팽창을 감쇄시킬 수 있다.

압출물의 단면이 원형이 아닌 경우, 다이오프닝의 단면은 원래 원하는 모양과 조금 다르게 설계되며, 다이팽윤에 의해 형상이 정확하게 보정된다. 사각 단면에 대한 보정방법을 그림 12.9에 나타내었다. 다이팽윤의 정도는 재료에 따라 다르므로, 다이 모양은 압출되는 재료에 따라 달라진다. 따라서, 복잡한 단면의 생산을 위해서는 다이 설계자의 상당한 기술수준과 판단이 요구된다.

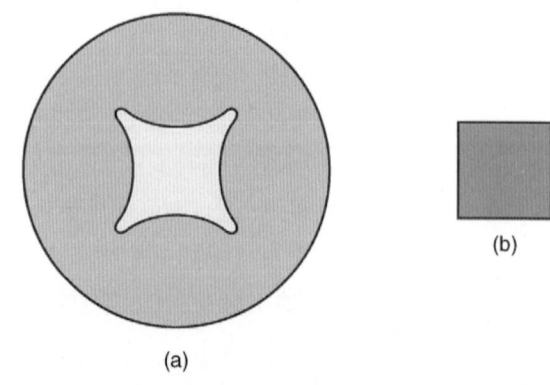

그림 12.9 (a) 정사각형 형상의 압출물 단면을 얻기 위한 오리피스를 갖는 단면의 형상. (b) (a)의 단면형상으로 제작되는 정사각형 형상의 압출물.

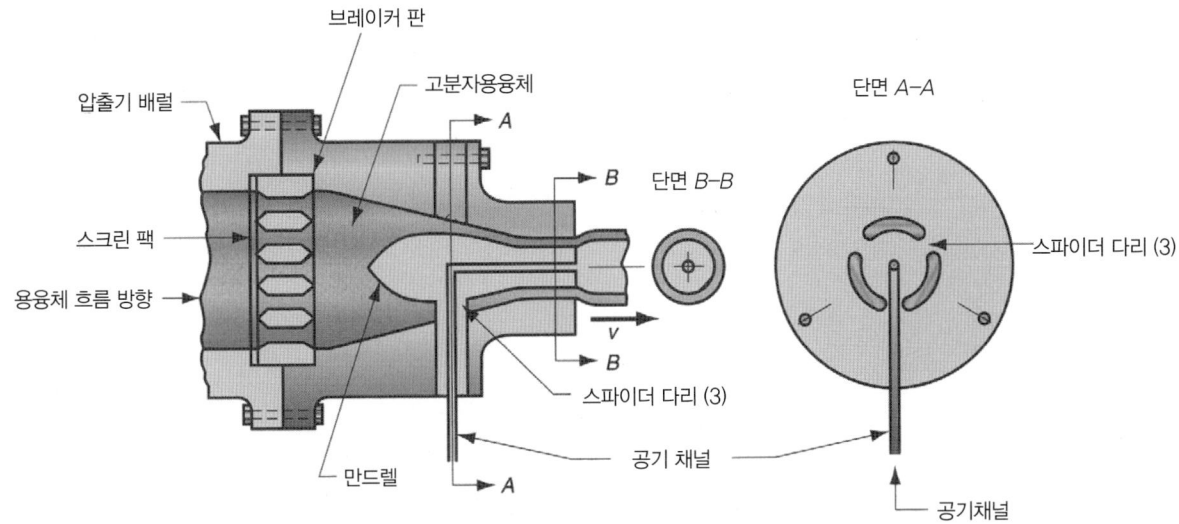

그림 12.10 튜브와 파이프와 같은 중공단면 제작을 위한 압출다이의 측 단면도. 단면 A–A는 만드렐이 어떻게 고정되는지를 보여 주는 정 단면도. 단면 B–B는 다이오프닝에 대한 단면도. 다이팽윤에 의한 직경 확대가 발생함(일부 다이의 복잡한 형상은 단순화 되었음).

중공 프로파일

튜브, 파이프, 호스와 같은 단면에 오프닝이 있는 중공 프로파일(hollow profile)을 압출하기 위해서 만드렐(mandrel)이 요구된다. 그림 12.10은 중공 프로파일을 압출하는 전형적인 다이 구성을 보여 준다. 그림의 A-A 단면에서 보는 바와 같이, 만드렐은 스파이더(spider)를 이용하여 고정된다. 만드렐을 지지하는 다리 주위를 지나기 위해 나뉜 고분자용융체는 균일하게 이어진 튜브 벽을 형성하기 위해 다시 합쳐진다. 종종 만드렐 내부에 공기 채널이 포함될 수 있으며, 냉각 경화 중에 내부의 모양을 유지하기 위해 공기가 주입된다. 파이프 및 튜브의 냉각을 위해 물을 분사하거나, 말랑말랑한 압출물을 냉각수통으로 잡아당길 수 있으며, 이때 슬리브(sleeve) 구조를 이용하여 튜브의 외경을 유지시키며 내부에 주입된 공기압으로 내부형상이 유지된다.

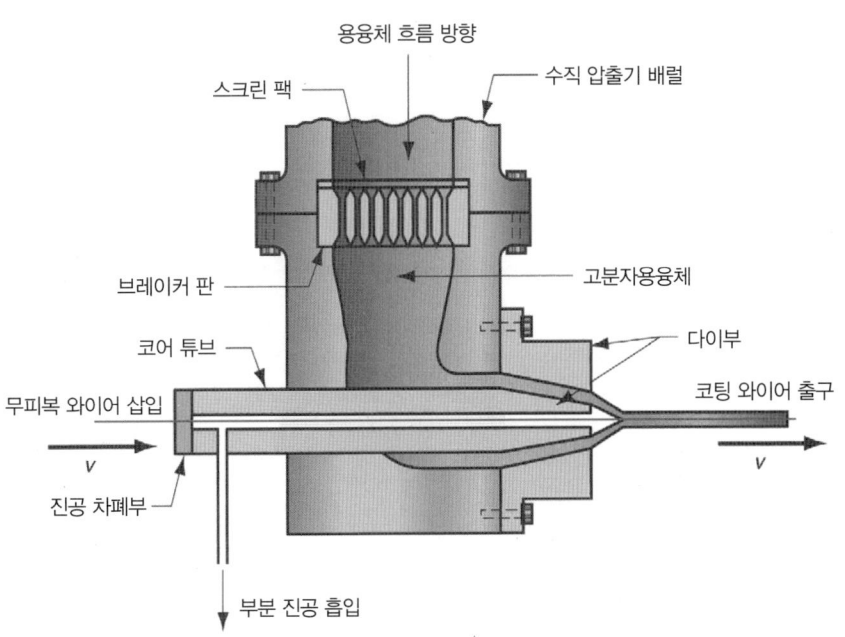

그림 12.11 압출을 이용한 전기와이어의 코팅을 위한 다이의 측단면도(일부 다이 구성품의 자세한 형상은 간략화 되었음).

와이어 및 케이블의 코팅

절연을 위한 와이어 및 케이블의 코팅은 중요한 고분자 압출공정 중 하나이다. 그림 12.11과 같이, 와이어 코팅공정에서는 다이를 통하여 매우 높은 속도로 당겨지는 무피복 와이어에 고분자용융체가 덮인다. 코팅의 접착성 향상을 위해 와이어와 고분자 사이에 약간의 진공을 만든다. 코팅된 전선은 일반적으로 냉각수통을 통과하는 형태로 경화된다. 완제품은 큰 스풀(spool)에 최대 50m/s의 속도로 감기게 된다.

12.2.4 압출물의 결함

많은 결함들이 압출 제품에 영향을 끼칠 수 있다. **용융체 파괴**(melt fracture)는 압출공정의 최악의 결함 중 하나로, 용융체가 다이로 흘러가기 직전 혹은 흘러가는 도중 용융체에 가해지는 응력이 매우 높아서 파손되는 결함을 말하며, 압출물의 형상이 매우 비정형적인 경우에 특히 심하게 발생한다. 그림 12.12에서 볼 수 있듯, 다이 입구가 급격하게 좁아짐에 따라 난류(turbulent flow)가 발생하고 이로 인해 용융체 파괴가 일어난다. 이는 그림 12.8과 같이 점진적으로 좁아지는 다이에서 볼 수 있는 층류와 대비된다.

　압출에서 더 흔하게 볼 수 있는 결함은 **샤크스킨**(sharkskin)이며, 제품의 표면이 다이를 빠져 나가면서 거칠어지게 되는 것을 말한다. 용융체흐름이 다이개구부를 지나갈 때, 다이와의 경계에서 발생하는 마찰에 의해 용융체 내부에 그림 12.13과 같이 속도 분포가 형성된다. 중심부의 용융체는 빠르게 이동하면서 벽면부의 재료를 잡아당기게 되어 표면부에 인장응력이 발생한다. 이러한 응력은 표면에 미세한 파단을 만들어 표면을 거칠게 한다. 속도 구배가 더 커지게 되면, 표면에 명확한 무늬가 생기며 대나무와 같은 모양이 된다. 이렇게 심각한 결함상태를 **밤부잉**(bambooing)이라고 한다.

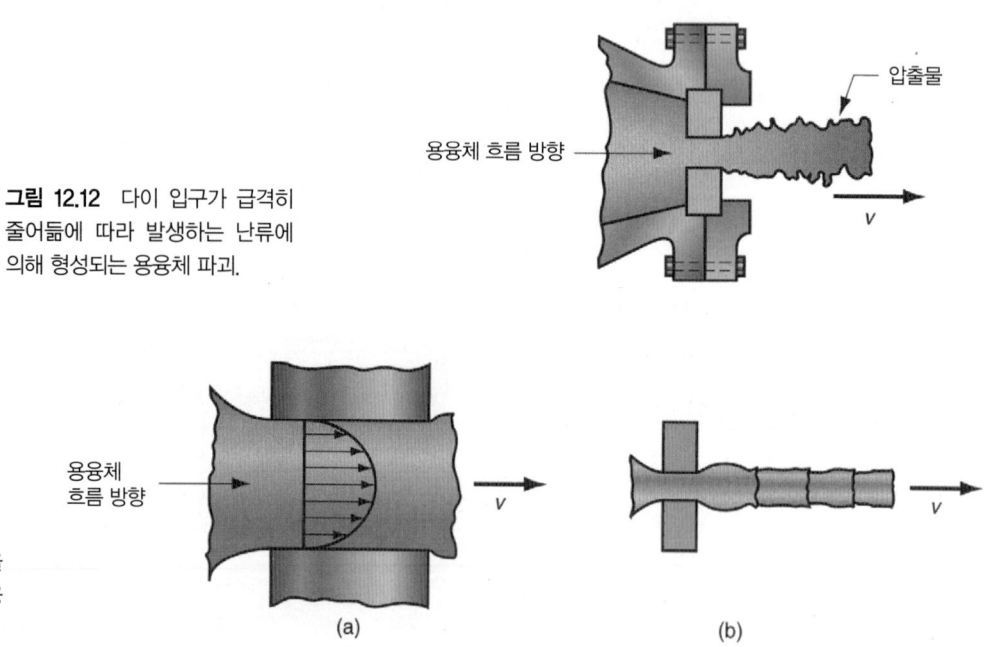

그림 12.12　다이 입구가 급격히 줄어듦에 따라 발생하는 난류에 의해 형성되는 용융체 파괴.

그림 12.13　(a) 샤크스킨 결함을 일으키는 다이 개구부에서의 용융체 속도 분포. (b) 밤부잉.

12.3 플라스틱 박판 및 필름 제조

열가소성 플라스틱 박판과 필름은 다양한 방법으로 생산되며, 그 중에서 압출을 기반으로 두 가지 방법이 가장 중요하다. **박판**(sheet)라는 용어는 두께가 0.5 mm에서 12.5 mm 범위의 제품을 말하는 것이며, 창문재나 열성형을 위한 소재 등으로 사용된다(12.9절 참조). **필름**은 두께가 0.5 mm 이하인 제품을 말한다. 얇은 필름의 경우 제품 포장재, 식료품 비닐, 쓰레기봉투 등으로 사용되며, 두꺼운 필름은 커버나 라이너(liner)로 사용된다(풀장 커버나 용수로의 라이너).

본 절에서 설명하는 모든 공정은 연속 대량생산 공정이다. 오늘날 생산되는 필름의 절반 이상이 폴리에틸렌이며, 그 중의 대부분이 저밀도 폴리에틸렌이다. 그 밖의 재료는 폴리프로필렌, PVC, 재생 셀룰로오스(셀로판) 등이며, 상기 모든 필름 재료는 모두 열가소성 고분자이다.

박판 및 필름의 슬릿다이 압출

다양한 두께의 플라스틱 박판과 필름은 좁은 슬릿(slit)을 다이 개구부로 사용하는 일반적인 압출공정으로 생산된다. 슬릿의 폭은 최대 3 m가 될 수 있으며 두께는 약 0.4 mm까지 좁아질 수 있다. 그림 12.14는 박판 및 필름 압출을 위한 다이 구성의 한 예를 보여준다. 다이에 존재하는 매니폴드는 용융체가 슬릿(다이 오리피스)을 통과하기 전, 고분자용융체를 퍼트리는 역할을 수행한다. 박판 및 필름의 폭 방향에 대해 모든 위치에서 두께가 균일해야 한다는 점은 슬릿다이 압출공정에서 가장 해결하기 어려운 문제 중 하나이다. 이는 고분자용융체가 다이를 통과할 때 큰 형상 변화가 발생하고, 슬릿 다이의 온도 및 압력 분포가 균일하지 않기 때문이다. 일반적으로 압출된 필름의 가장자리 두께가 상대적으로 두껍기 때문에 이 부분을 압출물에서 잘라내게 된다.

높은 생산율을 달성하기 위하여 압출된 필름의 효율적인 냉각 방법 및 감는 방법이 압출공정과 결합되어야 한다. 이를 위해 일반적으로 그림 12.15와 같이 압출물이 즉시 냉각수 탱크를 통과하거나 냉각 롤을 지나가도록 하는 방법이 수행된다. 상업적으로는 냉각 롤을 통과시키는 것이 조금 더 유용하다. 냉각 롤과 접촉하면서 압출물은 빠르게 냉각되고 고화된다. 사실 압출기는 실질적으로 필름을 제작하는 냉각롤의 재료 공급 장치 역할을 한다고 할 수 있다. 이러한 필름 제작공정은 매우 빠른 생산속도(약 5 m/s) 구현이 가능하며, 또한 매우 작은 필름 두께 공차 확보가 가능하다. 냉각 방법에 기인하여 이 방법은 **냉각롤 압출**(chill-roll extrusion)이라 불린다.

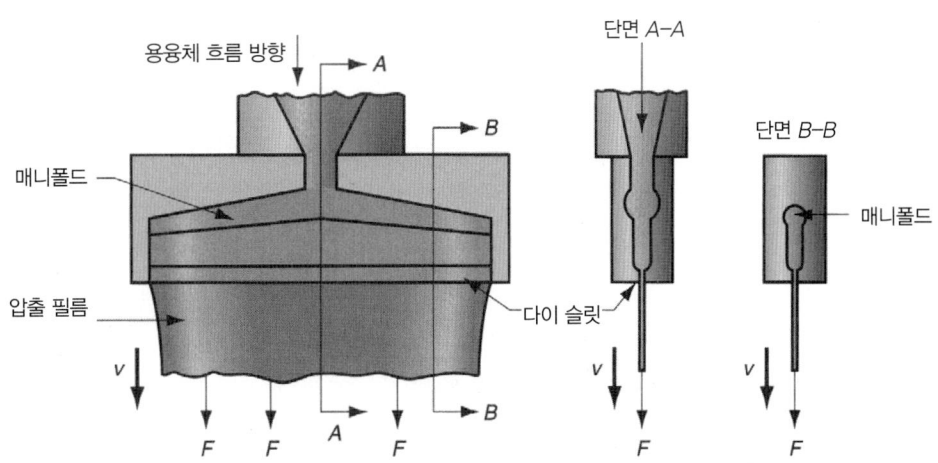

그림 12.14 박판 및 필름 압출을 위한 다이 구조의 일례.

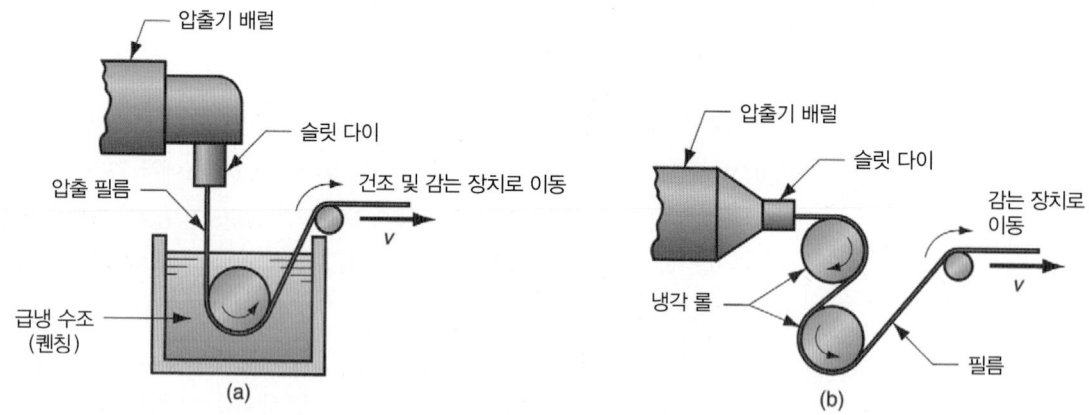

그림 12.15 압출 필름의 빠른 고화를 위한 (a) 급냉 수조를 이용한 냉각법 및 (b) 냉각 롤을 이용한 냉각법 개념도.

블로잉 필름 압출

블로잉(blowing) 필름 압출 방법은 포장용 얇은 폴리에틸렌 필름을 만들기 위하여 광범위하게 사용되는 방법이다. 본 공정은 박막 필름 튜브의 생산을 위해 그림 12.16과 같이 압출과 블로잉 공정을 결합한 공정이다. 이 공정은 튜브의 압출로 시작되며, 용융상태의 압출 튜브는 즉시 위쪽으로 들어올리며, 동시에 다이 만드렐을 통하여 주입된 공기에 의해 튜브의 형상이 팽창된다. 프로스트 라인 (frost line)은 용융 튜브가 위쪽으로 이동하다가 응고되는 지점을 말한다. 공정에서 공기압이 일정하게 유지되어야 필름 두께와 튜브 반경이 균일하게 유지된다. 핀치 롤(pinch roll)은 공기를 튜브 안에 가두는 역할과 함께 튜브가 냉각된 후 튜브를 눌러서 다시 붙게 한다. 안내롤(guide roll)과 접이롤(collapsing roll)은 부풀어진 튜브를 구속하는 역할과 튜브를 핀치롤(pinch roll) 방향으로 이동시키는 역할을 한다. 핀치롤을 지난 평평한 튜브는 감는 릴(ree1)에 모아지게 된다.

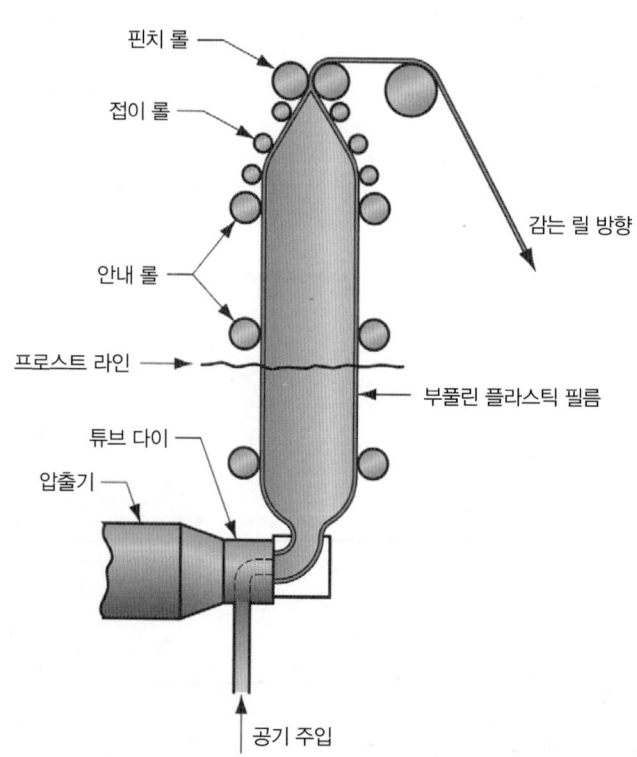

그림 12.16 얇은 튜브 형태의 필름 고속 생산을 위한 블로잉 필름 공정.

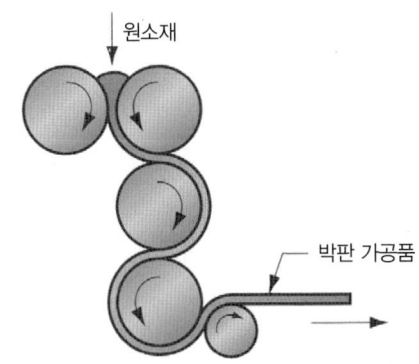

그림 12.17 캘린더링 공정에서 전형적인 롤 구성.

공기를 이용한 팽창 방법은 용융상태의 압출 튜브를 양방향으로 늘이는 효과가 있다. 이러한 방법은 압출물이 등방성 강도 특성을 가지게 하며, 재료를 한 방향으로 늘려 제작하는 공정보다 장점을 갖는다. 또 다른 장점은 압출속도와 공기압으로 제품의 폭과 두께를 쉽게 조절할 수 있다는 점이다. 블로잉 필름 압출과 슬릿다이 압출을 비교하면, 블로잉 필름 압출법은 더 강한 필름을 생산할 수 있으나(따라서 블로잉 필름 압출공정으로 제작된 필름을 사용하는 경우 제품을 포장하는 데 더 얇은 필름을 사용할 수 있다), 두께 조절능력과 생산성은 낮은 특성을 갖는다. 최종 블로우 필름 제품은 튜브 형태(일례로 양 끝단이 뚫린 튜브 형태의 미국식 쓰레기봉투)이거나, 모서리를 절단하여 두 장의 평행한 얇은 필름 형태가 될 수 있다.

캘린더링

캘린더링(calendering)은 고무재료(13.1.4절 참고), 혹은 소성 PVC와 같이 탄력 있는 열 가소성 재료를 박판 및 필름 형태로 가공하는 방법이다. 캘린더링 공정에서 원소재는 여러 개의 롤러를 통과하면서 원하는 목표까지 두께가 줄어드는 형태로 가공되며 전형적인 구성은 그림 12.17과 같다. 캘린더링 장비는 매우 고가이나 생산속도가 높으며 최대 2.5 m/s까지 가능하다. 또한 공정에 있어 롤 온도, 압력, 회전속도에 대한 정밀한 제어가 요구된다. 캘린더링 공정을 통해 양호한 표면 상태와 높은 두께 정밀도를 가진 성형품 가공이 가능하다. 캘린더링으로 만들어진 제품은 PVC 바닥재, 욕실 커튼, 비닐 테이블 보, 풀장 안감, 공기를 불어넣는 배와 장난감 등이다.

▌12.4 화이버 및 필라멘트 제조(스피닝)

고분자 **화이버**(fiber)와 **필라멘트**(filament)의 가장 중요한 응용 분야는 섬유 산업이다. 화이버와 필라멘트는 고분자 복합재료의 강화재료(reinforcing material)로서 그 사용이 증대되고 있으나 아직 섬유산업에 비교되지 않는다. 화이버는 단면치수에 비하여 적어도 100배의 길이를 갖는 물질로 정의되며, 필라멘트는 연속적인 길이를 갖는 화이버를 의미한다.

화이버는 천연 화이버와 합성 화이버로 구분되며, 현재 전체 화이버 생산량의 75%를 합성 화이버가 차지하고 있다. 이중 폴리에스터가 가장 많은 비중을 차지하며 다음으로 나일론, 아크릴 레이온 등이 생산된다. 현재까지 가장 중요한 섬유재료인 면을 포함하는 천연 화이버는 총 생산량의 25%를 차지한다(모는 면에 비하여 사용량이 상당히 적다).

스피닝(spinning)이란 용어는 천연 화이버를 뽑아내고 꼬아서 실을 만드는 방법에서 유래되었다.

합성 화이버 제작을 위한 스피닝 방법은, **스피너레트**(spinneret, 여러 작은 구멍이 있는 다이)를 통해 압출되는 고분자용융체 또는 용액를 이용하여 필라멘트를 만들고 **보빈**(bobbin)에 감는 공정을 의미한다. 고분자 재료를 처리하는 방식에 따라, 합성 화이버의 스피닝 공정은 크게 (1) 용융체 스피닝, (2) 건식 스피닝, (3) 습식 스피닝으로 나뉜다.

용융체 스피닝(melt spinning)은 전형적인 압출공정과 유사하게 고분자 재료를 용융상태로 가열하여 스피너레트로 압출하는 것이다. 전형적인 스피너레트는 두께가 6mm의 판에 직경이 0.25 mm인 구멍이 대략 50개 정도 형성된 형태이다. 구멍의 형상은 접시형 구멍(countersink)이며, 구멍의 L/D 비율은 5/1 이하이다. 다이로부터 흘러나오는 필라멘트는 당겨지면서, 동시에 공기로 냉각되고, 그림 12.18과 같이 보빈에 감기게 된다. 고분자 재료가 아직 녹아있는 상태에서 필라멘트는 지속적으로 늘어나고 얇아지게 되며, 최종 직경은 압출될 때 직경의 10분의 1에 불과하다. 용융체 스피닝은 폴리에스터와 나일론에 적용되며 이들 두 재료는 가장 대표적인 합성 화이버이다. 따라서 용융체 스피닝은 합성 화이버의 세 가지 제작공정 중 가장 중요하다.

건식 스피닝(dry spinning)에서 초기 고분자 재료는 용제(solvent)에 용융된 상태이며, 용제는 증발에 의해 제거된다. 건식 스피닝에서 압출물은 용제의 제거를 위해 가열된 체임버를 통과하도록 당겨지며, 이외의 공정은 멜트 스피닝과 유사하다. 셀룰로오스 아세테이트와 아크릴 화이버가 건식 스피닝 공정에 적용되는 대표적 재료이다. **습식 스피닝**(wet spinning)에서도 초기 고분자 재료는 용제에 용융된 상태이나 이때는 비휘발성 용제가 사용된다. 고분자 재료를 분리시키기 위해 압출물을 고분자 재료를 응고시키거나 침전시키는 화학용액에 통과시키며 이때 제작된 필라멘트를 보빈에 모은다. 이러한 방법은 레이온(재생 셀룰로우스 화이버)을 생산하는 데 사용된다.

상기의 세 가지 공정 중 하나로 생산된 필라멘트는 필라멘트 축 방향으로 결정구조를 정렬하기 위하여 일반적으로 2~8배까지 연신되는 냉간인발(cold drawing) 공정을 거친다. 이는 화이버의 인

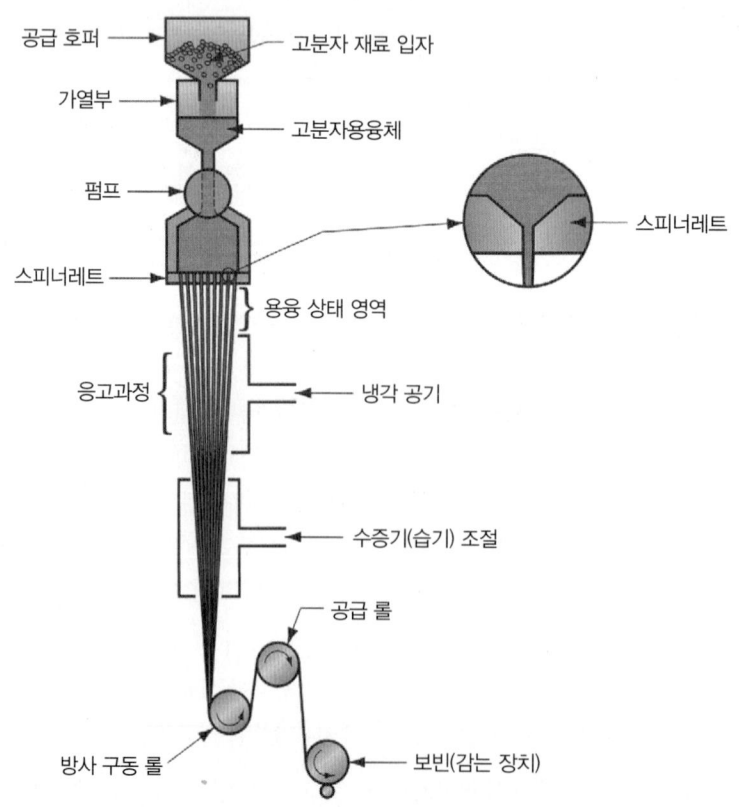

그림 12.18 연속 필라멘트의 용융체 스피닝 공정 개념도.

장 강도를 획기적으로 증대시키는 효과가 있다. 인발 공정은 두 개의 스풀(spool)에 필라멘트를 걸고, 감는 스풀을 푸는 스풀에 비해 더 빠른 속도로 회전시켜 필라멘트를 인장하는 형태로 진행된다.

12.5 코팅 공정

플라스틱 또는 고무 코팅은 기본 재료 위에 주어진 고분자 재료의 층을 입히는 것을 말하며, (1) 와이어 및 케이블 코팅 (2) 편평한 필름 상의 코팅과 같은 평면코팅 (3) 3차원 물체에 코팅을 수행하는 윤곽(contour) 코팅의 세 가지로 구분된다 [6]. 와이어 및 케이블 코팅은 12.2.3절에서 이미 설명한 바와 같이 기본적인 압출 공정으로 수행된다. 본 절에서는 나머지 두 가지 방법에 대해 소개할 것이다. 이외의 페인트, 니스, 라커 및 기타 코팅 공정에 대해서는 26.6절에서 살펴본다.

평면 코팅(planar coating)은 일부 플라스틱의 주요 생산품인 직물, 종이, 판지(cardboard) 및 금속박판의 코팅에 적용된다. 폴리에틸렌과 폴리프로필렌이 주로 평면코팅 공정에 적용되며 나일론과 PVC, 폴리에스터의 적용 빈도는 높지 않다. 대부분의 경우 코팅 두께는 0.01 ～ 0.05 mm이다. 그림 12.19는 두 가지 중요한 평면 코팅 기술을 보여준다. **롤 방식**(roll method)에서 고분자 코팅 재료는 서로 마주보는 두 개의 롤에 의해 기판상에 압착된다. **닥터 블레이드 방식**(doctor blade method)에서는 날카로운 칼날에 의해 기판상에 코팅되는 고분자용융체의 양이 제어된다. 두 가지 경우 모두 코팅 재료는 슬릿 다이 압출 또는 캘린더 방식으로 공급된다.

3차원 물체에 대한 윤곽 코팅은 **침적**(dipping)이나 **분무**(spraying)를 이용하는 것이다. 침적은 물체를 고분자용융체 또는 용액 용기에 담근 후 꺼내어 냉각 혹은 건조시키는 형태로 수행된다. 분무 공정(스프레이 페인팅)은 고체에 고분자 코팅을 수행하는 또 다른 방법이다.

12.6 사출성형

사출성형(injection molding) 공정에서 고분자 재료는 가열되어 매우 높은 소성상태가 되며, 금형 공동(mold cavity)에 고압으로 주입된 후 고화된다. 고화된 사출 성형품은 이후 공동에서 이형된다.

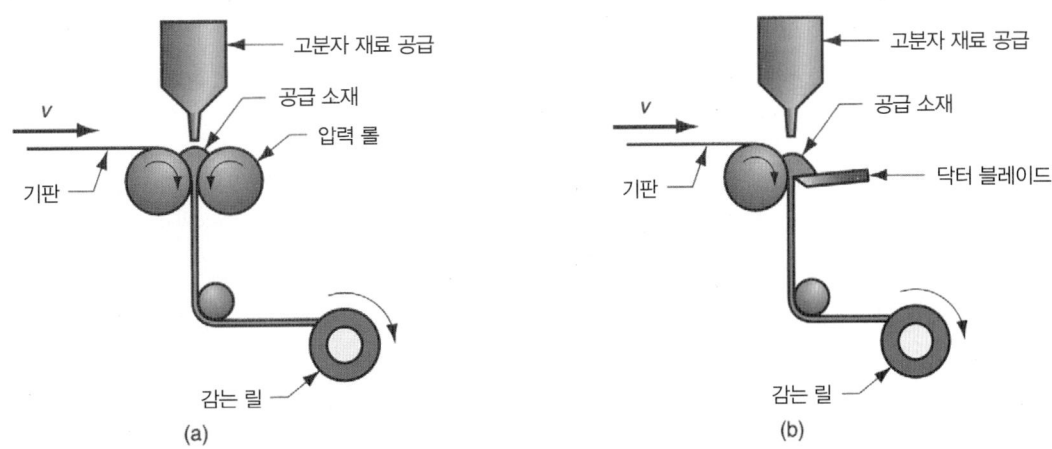

그림 12.19 평면 코팅 공정 개념도. (a) 롤 방식, (b) 닥터 블레이드 방식.

이 공정은 거의 정형(net shape)상태를 갖는 단위 제품을 생산한다. 대형 제품의 경우 공정시간(cycle time)이 1분 또는 더 긴 경우도 있지만, 일반적으로 약 10초에서 30초 정도의 공정시간을 갖는다. 또한 금형은 한 개 이상의 공동을 가지고 있어 1회 공정에서 다수 개의 성형품을 생산하기도 한다. 사출성형의 다양한 특징들은 부록으로 제공되는 비디오 자료에 설명되어 있다.

> **비디오클립**
> 플라스틱 사출성형. 비디오자료는 (1) 플라스틱 재료와 성형, (2) 사출성형 장비, (3) 사출 금형에 관한 내용을 포함하고 있다.

사출성형 공정은 복잡하고 세밀한 형상의 성형이 가능하다. 이때 부품의 형상과 동일한 형상의 공동을 가지며, 부품의 이형을 가능하게 하는 금형의 설계 및 제작이 매우 중요하다. 사출성형품의 크기는 대략 50 g에서 25 kg까지이며, 대형 사출품의 주요 예는 냉장고 문과 자동차 범퍼이다. 금형은 제품의 형상 및 크기를 결정하며, 사출성형의 특수한 공구라 할 수 있다. 크고 복잡한 제품의 경우 금형의 가격이 수천만 원에 이르기도 한다. 작은 크기의 제품 제작을 위해 여러 개의 공동을 가진 금형을 제작하기도 하나 이 경우 금형 비용이 증가하는 문제가 있다. 따라서 사출성형은 대량 생산 시스템에서만 경제적인 방법이다.

사출성형은 열가소성 재료의 성형공정에 광범위하게 사용된다. 일부 열경화성 재료와 고탄성 고분자도 해당 재료의 중합반응이 일어나도록 사출장비와 공정조건을 수정하여 적용될 수 있다. 열경화성재료 및 탄성 고분자 재료의 사출성형 공정 및 다양한 사출 성형 공정의 변형에 대해서는 12.6.6절에서 알아보겠다.

12.6.1 공정과 장비

사출성형 장비는 금속 다이캐스팅 장비에서 발전하였다(역사적 고찰 12.1). 그림 12.20은 대형 사출성형기를 보여준다. 그림 12.21에서 보이듯, 사출성형기는 크게 (1) 플라스틱 사출부와 (2) 금형 고정부의 두 부분으로 나뉜다. 플라스틱 사출부는 압출기와 매우 유사하며, 플라스틱 펠릿이 보관된 호퍼로부터 재료를 이송하는 배럴로 구성되어 있다. 배럴 내부에는 스크루가 있는데 압출기와 같이 고분자 재료를 혼합하고 가열하며 이동시키기 위해 회전하는 기능 외에 추가로 금형으로 용융 플라스틱을 신속하게 주입하기위해 전후로 이동하는 램(ram) 기능을 갖는다. 스크루 끝단에는 역지 밸브

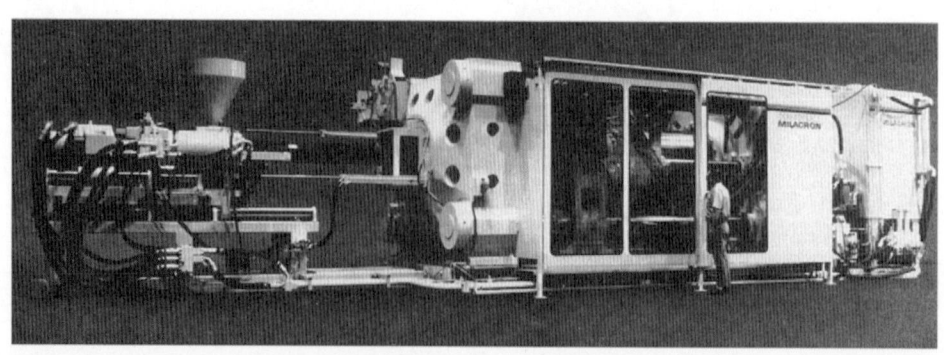

그림 12.20 대형 사출성형 (3000톤 용량, Cincinnati Milacron 제공).

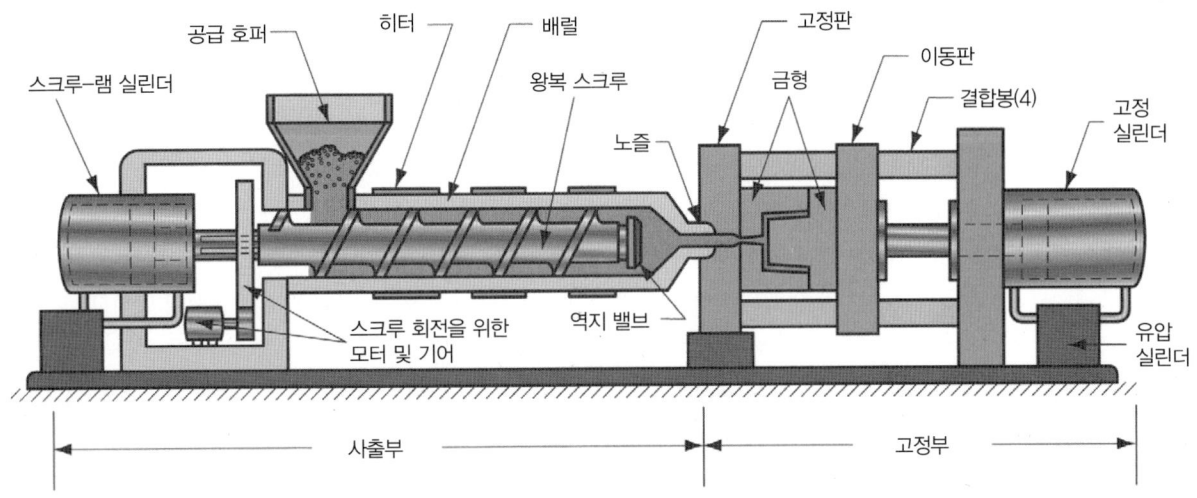

그림 12.21 왕복 스크루형의 사출성형기 개략도(일부 기계 정보는 단순화 됨).

(non-return valve, 逆止)가 있어 용융체가 스크루 나사 홈을 따라 역류하는 것을 막아 준다. 성형 공정 이후 램은 원래의 위치로 되돌아온다. 이와 같이 회전운동과 램 운동의 두 가지 운동을 하는 스크루를 **왕복 스크루**(reciprocating screw)라 부르며, 이는 사출 장비의 종류를 지칭하는 데 사용된다. 과거의 사출성형기는 단순한 램(스크루 플라이트가 없는)을 사용했으나, 오늘날 사출 성형 공장에서는 거의 대부분 왕복 스크루 형식의 장비가 적용되고 있다. 사출성형기의 플라스틱 사출부의 역할을 정리하면 고분자 재료를 녹이고 균질화 한 후, 금형 공동에 주입하는 것이다.

　　고정부(clamping unit)는 금형의 구동과 관련이 있다. 고정부의 역할은 (1) 금형의 양쪽을 서로 잘 정렬된 상태로 고정하고, (2) 고분자용융체 주입 공정 시, 금형이 닫힌 상태로 유지되도록 사출 압

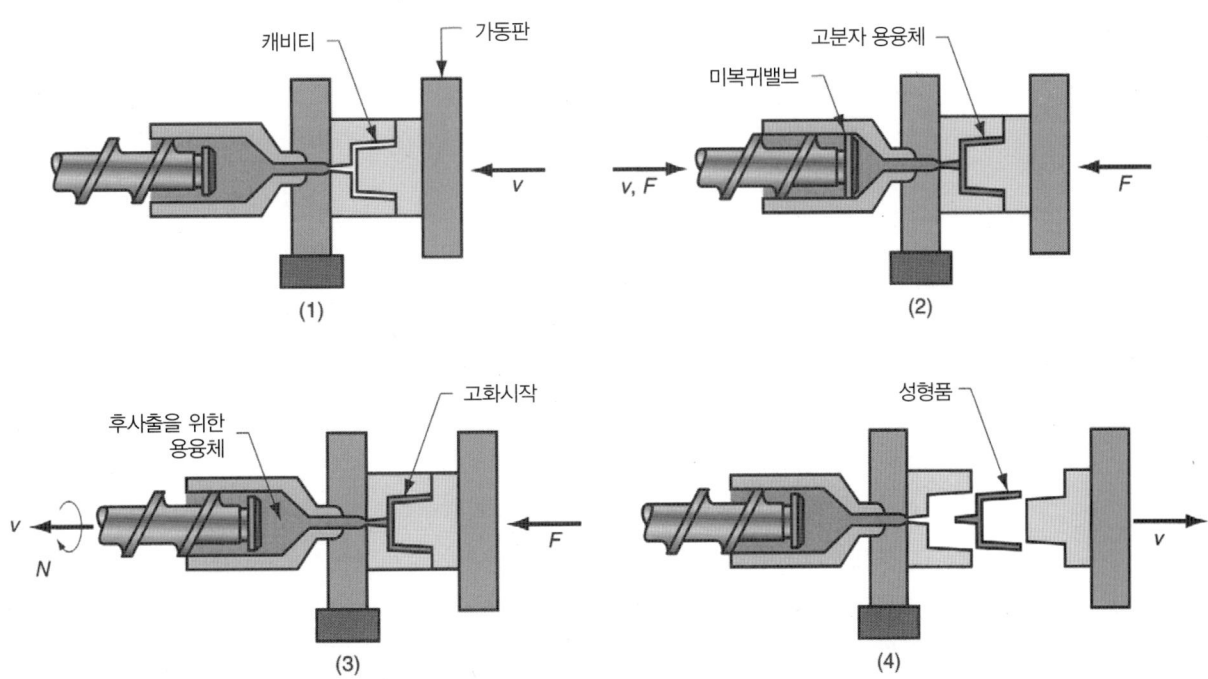

그림 12.22 일반적인 사출공정 사이클. (1) 금형이 닫힘, (2) 용융체가 금형공동에 주입, (3) 스크루 후퇴, (4) 금형 열림, 사출품 이형.

력에 대항하여 충분히 큰 형체력(clamping force)을 가하며, (3) 공정 주기 동안 적절한 시점에 금형을 열고 닫는 것이다. 고정부는 고정판(fixed platen)과 이동판(moveable platen)으로 구성되며, 이동판이 움직이는 구조이다. 메커니즘은 기본적으로 유압 피스톤 혹은 다양한 형태의 기계적 토글 구조에 의한 파워프레스(power press)와 동일하다. 대형 장비의 경우 최대 수천 톤의 형체력이 가해질 수 있다.

열가소성 고분자 재료의 사출 성형 공정은 그림 12.22에 나타낸 순서로 수행된다. 금형이 열려있고 성형기가 새로운 사출을 할 준비가 되어있는 시점에서 시작하면 (1) 금형이 닫히고, 고정된다. (2) 가열공정과 스크루의 기계적 회전운동에 의해 적당한 온도와 점도를 갖고 있는 플라스틱 재료가 높은 압력으로 금형 공동으로 주입된다. 플라스틱 재료는 차가운 금형 표면에 닿으면서 냉각되어 고화를 시작한다. 냉각과정에서의 수축을 보상하기 위해 램 압력을 계속 유지하여 지속적으로 고분자용융체가 공급되도록 한다. (3) 스크루는 계속 회전하면서 후퇴하고, 이때 역지 밸브가 열려 배럴의 앞단으로 고분자용융체가 계속 흘러 들어가도록 한다. 이 과정 동안 금형 내의 플라스틱은 완전히 고화된다. (4)금형이 열리고, 사출물이 금형으로부터 이형되어 배출된다.

12.6.2 금형

금형(mold)은 생산하고자 하는 제품에 따라 주문 설계 제작되는 사출성형의 특별한 공구로서, 한 부품에 대한 생산이 종료되면 새로운 제품을 위해 새로운 금형으로 교체된다. 본 절에서는 사출성형을 위한 여러 종류의 금형을 알아본다.

양판금형

그림 12.23에 나타낸 전형적인 **양판금형**(two-plate mold)은 성형기 고정부(clamping unit)의 고정판과 이동판에 부착된 금형 쌍으로 이루어진다. 고정부의 이동판이 움직이면 그림 (b)와 같이 금형이 열린다. 금형에서 가장 중요한 형상은 **금형공동**(cavity)이며, 일반적으로 양쪽 금형이 만나는 표면에서 금속을 제거하여 구현된다. 금형에는 하나의 금형공동이 있을 수 있으며, 1회 공정으로 여러 개의 제품을 만들기 위하여 여러 개의 공동이 있을 수 있다. 그림은 두 개의 공동을 가진 금형을 보여준다. **분리면**(parting surfaces, 또는 금형의 단면도에서 보이는 **분리선**(parting line))은 제품을 꺼내기 위하여 금형이 열리는 지점이다.

금형공동뿐 아니라 금형의 다른 형상들도 사출성형공정에서 꼭 필요한 역할을 수행한다. 금형에는 고분자용융체를 사출부의 노즐에서 금형공동으로 흐르게 하는 공급경로(유동시스템)가 있어야 한다. 이러한 공급경로는 (1) 노즐에서 금형으로 용융체를 유도하는 **탕구**(sprue), (2) 탕구에서 금형공동으로 안내하는 **탕도**(runner), (3) 금형공동에 주입되는 용융체의 양을 제어하는 **게이트**(gate)로 구성된다. 고분자용융체는 게이트를 통과하면서 전단 속도가 증가하고 점도가 낮아지게 된다. 금형의 각 금형공동은 한 개 혹은 여러 개의 게이트를 포함하고 있다.

성형공정이 끝난 후 금형 공동에서 사출물을 꺼내기 위해 **이형 시스템**(ejection system)이 필요하다. 일반적으로 이형 기능을 수행하기 위하여 금형의 이동부에는 **이형 핀**(ejector pin)을 설치한다. 사출 공정 후 금형공동이 두 쪽으로 나뉘어 열릴 때, 사출물은 수축에 의해 자연스럽게 이동부에 부착되도록 설계된다. 금형이 열리면 이형 핀은 사출물을 금형공동 밖으로 밀어낸다.

금형 내부에는 뜨거운 플라스틱을 식히기 위한 **냉각 시스템**(cooling system)이 요구되며, 냉각 시

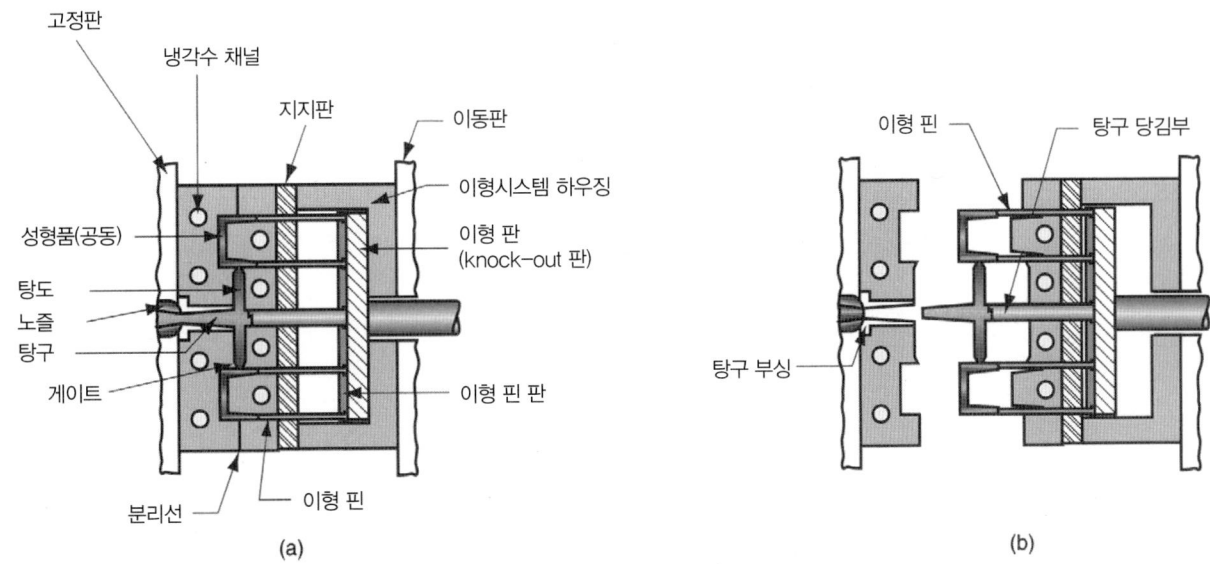

그림 12.23 열가소성 사출성형품을 위한 양판금형의 상세도. (a) 금형 닫힘 상태, (b) 금형 열림 상태. 그림에서 금형은 두 개의 금형공동을 가져 1회 사출공정을 통해 두 개의 컵 형상의 부품을 제작할 수 있다.

스템은 금형 내의 냉각 라인과 냉각 라인 내부로 물을 순환시키는 외부 펌프로 구성된다. 한편 고분자 재료가 금형 공동으로 밀려들어올 때 금형 공동의 공기가 외부로 빠져나가야만 한다. 대다수의 공기는 이형 핀과 금형 간의 간극을 통해 빠져나가며 추가적으로 분리면에 깊이 약 0.03 mm, 폭 12∼25 mm의 좁은 공기 배출구를 가공하기도 한다. 공기배출구로는 공기는 빠져나가지만 점성이 있는 고분자용융체는 빠져나가지 않는다.

정리하면 금형은 (1) 제품 형상을 결정하는 하나 이상의 금형 공동, (2)고분자용융체를 금형 공동으로 안내하는 공급경로, (3) 제품 이형 시스템, (4) 냉각시스템, (5) 공기 배출 시스템으로 구성된다.

기타 금형 종류

양판금형은 사출성형에서 가장 흔한 금형이다. 또 다른 형태의 금형으로 그림 12.24에서 보이는 **3판금형**(three-plate mold)이 있다. 3판 금형은 여러 가지 장점이 있는데, 첫째로, 컵의 주위로 고분자용융체가 균일하게 공급되도록, 고분자용융체의 주입을 위한 게이트를 컵 모양의 제품의 옆이 아닌 중심부에 위치시킬 수 있다. 그림 12.23의 양판금형에서 측면게이트(side gate)를 통해 주입된 용융체를 둘로 나뉘어 코어를 돌아 반대편에서 서로 만나게 되는데, 이때 강성이 취약한 용접선(weld line)이 발생하며, 중심부에 위치한 게이트를 이용하면 이러한 용접선 결함을 최소화할 수 있다. 두 번째로, 3판 금형은 사출 성형공정의 자동화에 더욱 적합하다. 금형 열림 공정 시 금형이 세 개의 판으로 나뉘어 열리면서 탕도가 사출품으로부터 떨어지고 자중에 의해 아래의 상자로 투입된다.

전통적인 양판 또는 3판 금형에서 탕구와 탕도는 폐기물이 되며, 많은 경우에 잘게 부수어져서 재활용된다. 그러나 어떤 경우에는 제품이 '생(virgin)' 고분자재료(이전에 성형된 적이 없는)로 만들어져야 한다. **열간탕도**(hot runner) 금형은 탕도 주변에 히터를 설치하여 탕구와 탕도가 응고되지 않도록 한다. 금형 공동의 플라스틱이 응고되는 동안, 탕구와 탕도의 재료는 용융된 상태로 있으며 다음 단계의 금형 공동으로의 주입을 위해 대기하게 된다.

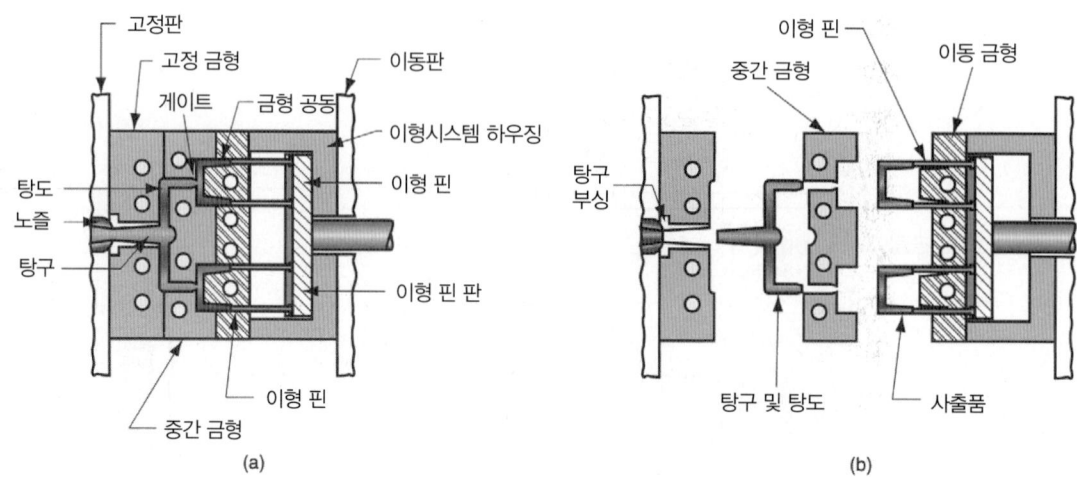

그림 12.24 3판 금형 구조. (a) 금형 닫힘 상태, (b) 금형 열림 상태.

12.6.3 사출성형기

사출성형기의 종류는 사출부와 고정부의 특징에 따라 나뉜다. 이 절에서는 오늘날 사용되는 사출성형기 중에서 중요한 몇 가지를 알아본다. 일반적으로 사출성형기의 이름은 사출부의 형태에 따라 결정된다.

사출부

오늘날 주로 두 가지 형태의 사출부(injection unit)가 널리 사용되며, 왕복 스크루 사출기(12.6.1절 그림 12.21과 12.22 참조)가 가장 일반적이다. 이러한 설계는 고분자재료를 녹이고 사출하는 데에 동일한 배럴을 사용한다. 또 다른 형태의 사출기는 그림 12.25(a)와 같이 고분자재료를 녹이고 사출하는 데에 별개의 배럴을 사용한다. 이러한 형식의 사출기를 **스크루 예비가소 사출기**(screw pre-plasticizer machine) 또는 **이단 사출기**(two-stage machine)라고 한다. 이단 사출기의 첫 번째 단계로 호퍼로부터 플라스틱 펠릿이 공급되며, 스크루는 고분자재료를 이동시키면서 용융시킨다. 용융 플라스틱은 두 번째 통으로 공급되며, 플런저(plunger)를 이용하여 용융체를 금형 속으로 사출한다. 초기의 사출기는 고분자재료를 녹이고 사출함에 있어 플런저로 구동되는 하나의 배럴을 사용하였다.

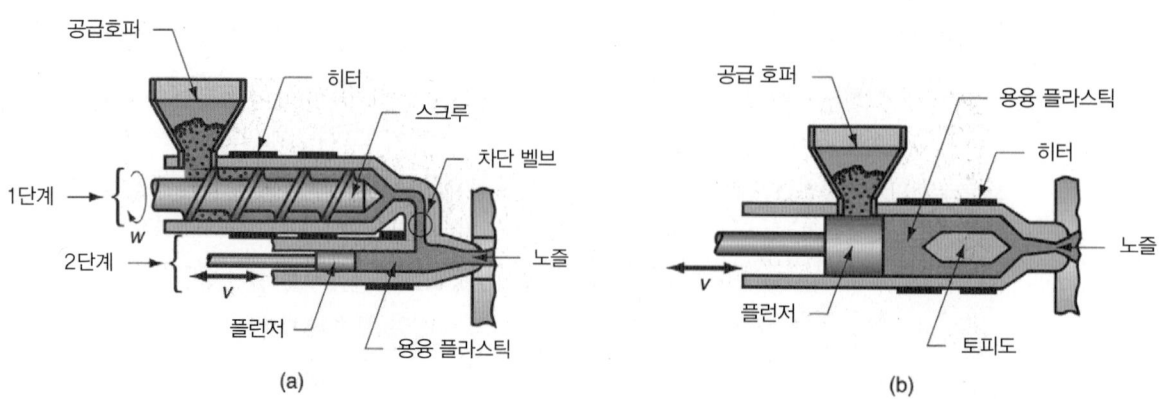

그림 12.25 그림 12.21의 왕복 스크루를 제외한 두 가지 사출부 구조. (a) 스크루 예비가소 사출기, (b) 플런저식 사출성형기.

이러한 사출기를 **플런저식 사출성형기**(plunger-type injection molding machine)라 한다(그림 12.25(b) 참조).

고정부

고정부(clamping unit)의 구조는 토글식, 유압식, 유압 기계식의 세 가지 종류로 나뉜다. **토글식 고정부**(toggle clamp)는 다양한 구조가 있으며, 그 중의 하나는 그림 12.26(a)와 같다. 액추에이터는 크로스헤드(crosshead)를 앞으로 이동시켜서 금형 이동판을 닫힘 위치로 밀어낸다. 토글식 구조는 이동을 시작하는 시점에는 기계적인 이득이 낮고 속도는 빠르다. 그러나 이동을 마치는 지점에서는 초기의 반대이다. 따라서 토글식 고정부는 높은 속도와 큰 힘을 각각 사출성형 사이클에서 요구되는 시점에 맞추어 이동판에 제공한다. 토글식 고정부의 구동은 유압실린더 또는 전기 모터에 의한 볼 스크루(ball screw)에 의해 이루어진다. 토글식 고정부는 비교적 적은 용량의 사출기에 적합하다.

　그림 12.26(b)에서 보이는 **유압식 고정부**(hydraulic clamp)는 일반적으로 1300～8900 kN(150 ～1000톤)의 용량을 갖는 대용량 사출성형기에 사용된다. 유압식 고정부는 동작 중에 주어진 위치에서 힘을 제어할 수 있는 면에서 토글식 고정부에 비해 자유롭다. **유압 기계식 고정부**(hydro-mechanical clamp)는 8900 kN(1000톤) 이상의 대용량 사출성형기에 사용된다. 유압 기계식 고정부는 (1) 닫힘 위치로 급속히 이동하는 경우 유압실린더를 이용하고 (2) 기계적인 장치로 한 위치에 고정한 뒤, (3) 최종적으로 금형을 닫고 하중 용량을 발휘하기 위해 고압 유압 실린더를 사용하는 구조를 갖는다.

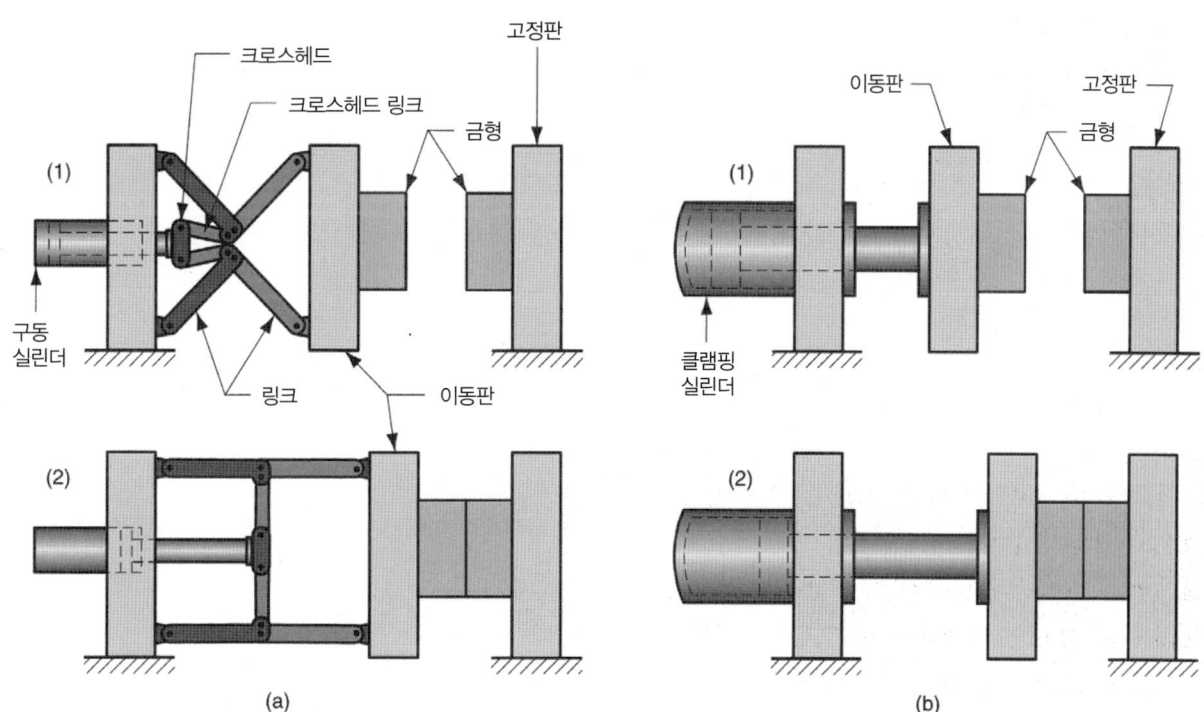

그림 12.26 두 가지 고정부 구조. (a) 토글식 고정부의 특정위치에서의 형태 : (1) 열림 위치, (2) 닫힘 위치. (b) 유압식 고정부 : (1) 열림 위치, (2) 닫힘 위치. 이동판의 움직임을 위한 결합봉은 생략됨.

12.6.4 사출성형공정에서의 수축과 결함

고분자재료는 열팽창계수가 크며, 금형에서 냉각되는 동안 상당한 수축(shrinkage)이 발생한다. 일반적으로 결정질 고분자재료는 비결정질 고분자재료보다 더 크게 수축하는 경향이 있다. 수축은 성형온도에서 상온까지 냉각하는 중에 발생하는 길이의 감소를 의미하며 mm/mm의 단위가 사용된다. 몇 가지 고분자재료의 수축계수를 표 12.1에 나타내었다.

고분자재료에 충진재(filler)를 첨가하면 수축량이 감소하는 경향이 있으며, 상업적 생산 현장에서는 특정한 고분자화합물의 수축률을 금형제작 전에 고분자 생산자가 제공하여 이를 고려한 금형 보상 가공이 수행된다. 수축의 보상을 위해, 금형 공동의 크기는 실제 제품 크기보다 크게 만들어져야 하며, 다음 식이 사용된다 [14].

$$D_c = D_p + D_p S + D_p S^2 \tag{12.19}$$

여기서, D_c는 금형 공동의 크기(mm), D_p는 사출물의 크기(mm), S는 표 12.1에서 얻어지는 수축률이다.

우측의 세 번째 항은 수축을 보상하기 위해 공동의 크기를 키운 부분에 대한 수축을 보정한다.

예제 12.3 사출성형공정에서의 수축 ────────────────

폴리에틸렌으로 제작되는 제품의 설계 길이는 80 mm이다. 수축을 보정하기 위한 금형 공동의 길이는 얼마인가?

풀이
표 12.1로부터 폴리에틸렌의 수축률 S는 0.025이다. 식 (12.19)를 이용하여 금형 공동의 길이를 구하면,

$$D_c = 80.0 + 80.0(0.025) + 80.0(0.025)^2$$
$$= 80.0 + 2.0 + 0.05 = \mathbf{82.05\ mm}$$

성형하는 고분자재료에 따라 수축률이 다르기 때문에 금형공동의 형상은 사출품을 구성하는 고분자 재료에 따라 결정된다. 즉 동일한 금형으로 성형된 사출품이라도 고분자재료의 종류에 따라 제품의 크기가 달라진다.

표 12.1의 수축률 값은 각 재료에 대한 전반적인 경향을 보여주며, 실제로 수축률은 다양한 요인에 영향을 받는다. 그중 가장 중요한 요인으로 사출압력과 보압 시간, 성형 온도, 제품 두께를 들 수 있다. 사출압력이 증가하면, 금형 공동에 더 많은 고분자재료를 밀어 넣으므로 수축은 감소한다. 게이트의 고분자재료가 고화되지 않아 금형 공동을 밀봉하지 않는다고 가정하면, 보압 시간의 증가는 사출압력의 증가와 유사한 효과를 보인다. 즉 수축이 발생하는 동안 금형 공동으로 더 많은 재료를 집어넣는 힘이 유지되어 전체적인 수축이 감소한다.

성형온도는 사출되기 직전에 실린더 안 고분자재료의 온도이다. 일반적으로 성형온도가 증가하면

표 12.1 사출성형 공정 시 일부 열가소성고분자 재료의 일반적인 수축률 값

플라스틱	수축률(mm/mm)	플라스틱	수축률(mm/mm)
ABS	0.006	폴리에틸렌	0.025
나일론-6,6	0.020	폴리스틸렌	0.004
폴리카보네이트	0.007	PVC	0.005

문헌 [14]에서 편집함.

상온과의 온도차이가 커지면서 수축률이 증가한다고 생각할 수 있다. 그러나 실제로는 성형온도가 높으면 수축률이 작아진다. 성형온도가 높아지면 고분자 재료의 점도가 낮아지고 사출압력이 증가한 경우와 같이 금형공동에 좀 더 많은 재료를 밀어 넣을 수 있으므로 수축량이 작아진다. 따라서 점도 감소의 효과가 큰 온도 차이에서 발생하는 효과보다 더 큰 영향을 줌을 알 수 있다.

마지막으로 제품의 두께가 두꺼우면 수축량이 커진다. 사출공정에서 용융 고분자 재료의 고화는 금형 표면에 닿는 외부부터 시작되고 점차 내부로 진행된다. 고화가 진행되는 과정에서 게이트 부분이 고화되면, 금형 공동 안의 재료는 탕도와 차단되어 더 이상 보압에 의한 재료의 추가 공급을 받지 못한다. 게이트가 고화된 이후에 금형공동 안에 남아있는 용융 플라스틱의 고화과정에서 발생하는 수축이 제품에서 발생하는 수축의 대부분을 차지한다. 따라서 제품의 두께가 두꺼워지면 게이트 차단 이후 금형공동에 남아있는 용융된 고분자재료의 양이 많아지므로 더 많이 수축하게 된다.

수축 문제와 더불어 사출공정에서 다양한 결함이 발생할 수 있다. 사출품에서 주로 발생하는 결함은 다음과 같다.

- **주입부족**(short shot) : 용융수지가 금형공동을 완전히 채우기 전에 고화되어 발생하는 결함이다. 성형 온도를 높이거나 압력을 높임으로써 해결될 수 있다. 사출용량이 작은 사출기를 사용하는 경우에도 발생할 수 있으며 이 경우 사출용량이 큰 사출기를 사용하여야 한다.

- **플래싱**(flashing) : 플래싱은 양금형 사이의 분리면으로 고분자용융체가 스며들거나 이형 핀 주변에 스며드는 경우 발생한다. 일반적으로 플래싱의 원인은 (1) 금형의 공기배출구 혹은 분리면 및 이형 핀의 간극이 너무 크거나, (2) 형체력(clamping force)에 비해 사출압이 너무 큰 경우, (3) 용융수지의 온도가 너무 높은 경우, (4) 수지 주입량이 과도한 경우이다.

- **함입자국**(sink mark) **및 기공**(voids) : 일반적으로 단면이 두꺼운 사출품에서 발생한다. **함입자국**(sink mark)은 사출품의 표면이 먼저 고화되고 내부가 고화되면서 수축하여 표면이 내부 쪽으로 함입되는 결함이다. **기공**(void)은 기본적으로 함입자국과 동일한 현상이나, 고화된 표면은 형상을 유지하고 내부의 용융 수지에 높은 인장응력이 가해져서 내부 기공이 발생하는 것이다. 이러한 결함은 사출 후 보압을 증가시킴으로써 해결될 수 있다. 더 바람직한 해결 방안은 제품의 두께를 균일하고 얇게 설계하는 것이다.

- **용접선**(weld lines) : 용융 수지가 금형공동의 코어 혹은 다른 음각 구조 주위를 흐르면서 반대편에서 서로 만나게 될 때, 만나는 경계를 용접선이라고 부르며, 다른 부분에 비하여 기계적 성질이 떨어진다. 높은 용융수지온도, 높은 사출압력, 게이트의 위치 변경 및 공기배출구의 개선 등이 용접선 결함의 해결방안이다.

12.6.5 기타 사출성형 공정

사출성형 공정의 대부분은 열가소성 플라스틱을 이용한 공정이며, 열가소성 플라스틱 재료를 이용한 다양한 변형 공정에 대해 알아본다.

열가소성 폼 사출성형

플라스틱 발포(foam)의 적용 분야는 매우 다양하며, 12.11절에서 플라스틱 발포 재료와 공정에 대하여 알아볼 것이다. 플라스틱 발포 제작공정 중, **구조용 발포 성형**(structural foam molding)이라 불리는 공정은 사출성형 공정이므로 본 절에서 알아본다. 구조용 발포 성형 공정은 외부는 고밀도의 표피를 가지고 있고 내부는 가벼운 발포로 구성된 열가소성 플라스틱 부품의 성형방법이다. 이러한 부품은 높은 무게 당 강성비율을 가져 구조용 소재에 적합하다. 충분하지 않은 양의 용융 수지를 금형 공동에 사출하면, 폼이 팽창(발포)하여 금형공동을 채우게 된다. 차가운 금형 표면에 닿는 포말(form cell)은 없어지면서 조밀한 표피를 형성되며, 내부의 포말은 셀 형태를 유지하게 된다. 폼 성형 공정으로 제작되는 부품으로는 전자제품 케이스, 기계 장비 하우징, 가구 부품, 세탁기 수조 등이 있다. 구조용 발포 성형 공정은 낮은 사출압력 및 형체력을 이용하여 앞서 언급한 응용 제품과 같은 대형 제품을 생산할 수 있는 장점을 가지며, 성형 제품의 표면이 거칠고, 종종 기공을 가지고 있다는 단점이 있다. 이에 좋은 표면 상태가 요구되는 경우 샌딩(sanding), 도장(painting), 껍데기판(veneer) 접착 등과 같은 후속공정이 필요하다.

복수 사출성형 공정

여러 가지 고분자재료를 금형에 주입하여 사출성형하면 특이한 효과를 얻을 수 있다. 고분자재료는 동시에 혹은 단계적으로 사출되며, 하나 이상의 금형 공동이 있을 수 있다. 복수 사출성형 공정(multi-injection molding processes)은 여러 단계의 공정으로 이루어지며, 두 개 이상의 사출부가 필요하므로 장비가 매우 고가이다.

샌드위치 성형(sandwich molding)은 두 가지 고분자 재료를 사출한다. 하나는 제품의 외부 표면용이고, 다른 하나는 내부용인데 일반적으로 고분자 폼이 사용된다. 특수하게 설계된 노즐은 몰드에 주입되는 두 가지 고분자재료의 흐름 순서를 제어한다. 재료의 주입순서는 금형공동 내에서 내부 고분자재료가 외부 재료로 완벽하게 둘러싸이도록 설계된다. 최종 구조는 구조용 폼 성형품과 유사하나, 매끈한 표면을 구현할 수 있어 표면이 거친 구조용 발포 성형품의 단점을 해결한 공정이다. 또한 두 개의 다른 플라스틱 재료로 구성되므로 적용 분야에 따라 적합한 특성의 재료 선택이 가능한 장점이 있다.

또 다른 복수 사출성형 공정으로 이원위치금형(2-position mold)에 두 가지 고분자재료를 단계적으로 사출하는 방법이 있다. 첫 번째 위치에서 금형에 첫 번째 고분자재료를 사출한 후, 금형을 열어 두 번째 위치로 변경한다. 이후 확대된 금형 공동에 다른 고분자재료를 사출하여, 두 가지 고분자재료가 통합되는 구조가 된다. **이단 사출성형**(bi-injection molding)은 두 가지 색깔로 이루어진 플라스틱(예를 들면, 자동차 후방 라이트 커버)이나, 동일한 제품에서 부분별로 다른 성질이 필요한 제품을 생산하는 데에 이용된다.

열경화성 재료의 사출성형

사출성형 공정의 장비와 공정이 가교결합(cross-linking)에 적합하도록 수정되면 열경화성 플라스틱의 성형공정에도 적용될 수 있다. 열경화성 수지 사출성형기의 구조는 열가소성 수지 사출성형기와 유사하다. 열경화성 수지 사출성형기 역시 왕복 스크루 사출부를 이용하나, 열경화성 플라스틱의 경화와 고화를 피하기 위하여 배럴의 길이가 더 짧다. 같은 이유로 배럴의 온도는 비교적 낮은 온도로 유지된다. 고분자재료에 따라 다르지만 보통 50°C ~ 120°C(323 K ~ 398 K)가 일반적이다. 펠릿 또는 과립 형태의 열경화성 플라스틱 재료가 호퍼를 통하여 배럴에 공급된다. 스크루의 회전운동에 의해 재료는 노즐방향으로 이동하며 용융된다. 스크루 앞단에 충분한 양의 용융체가 누적되면 금형으로 사출되며, 이때 몰드는 플라스틱의 경화를 위한 가교결합이 발생할 수 있는 150°C에서 230°C로 가열된 상태이다. 이후 금형이 열리고 제품이 이형되어 배출된다. 일반적인 성형주기는 20초에서 2분 정도인데, 이는 고분자재료의 종류나 제품 크기에 따라 달라진다.

열경화성 재료의 사출성형 공정에서 경화(curing) 공정은 가장 많은 시간을 소비하는 단계이다. 많은 경우에 제품은 경화가 완료되기 전에 금형에서 배출되며, 배출된 후 1분 ~ 2분 사이에 남아있는 열로 최종 경화가 이루어진다. 긴 경화공정 시간을 해결하고자 하는 방안으로 복수 금형 장비를 사용하는 방법이 있으며, 이는 하나의 사출부로 구동되는 분할대(indexing head)에 두 개 이상의 금형이 부착되어 있는 것이다.

사출성형공정에 적용가능한 대표적인 열경화성 재료는 페놀, 불포화 폴리에스터, 멜라민, 에폭시 및 요소-포름알데히드가 있다. 또한 고탄성고분자(elastomer)도 사출성형공정으로 제작된다(13.1.4절 참조). 현재 미국에서 생산되는 페놀 성형품의 50% 이상이 사출성형 공정으로 생산되며 [11], 이는 전통적인 열경화성 재료 성형공정인 압축 및 트랜스퍼 성형(12.7절)에서 변화되고 있음을 보여준다. 열경화성 성형재료의 대부분은 높은 비율(무게비율로 70% 이상)의 충진재(filler), 즉 유리섬유, 점토, 목재섬유 및 카본블랙을 함유한다. 따라서 실제로 사출성형되는 재료는 복합재료라 하겠다.

반응사출성형

반응사출성형(reaction injection molding, RIM)은 매우 반응성이 강한 두 가지 용액성분을 섞고, 바로 즉시 혼합물을 금형공동으로 사출하여 화학적 반응으로 응고시키는 방법이다. 두 가지 성분은 촉매활성(catalyst-activated) 또는 혼합활성(mixing-activated) 열경화성 재료 시스템에서 사용되는 성분들이다(8.3.1절 참조). 우레탄, 에폭시, 요소-포름알데히드가 이러한 시스템의 예이다. 반응사출성형은 범퍼, 스포일러, 휀더와 같은 큰 자동차 부품을 폴리우레탄을 이용하여 만들기 위해 개발되었다. 이러한 부품들이 아직도 반응사출성형의 주된 적용분야이다. 반응사출성형된 폴리우레탄 부품은 일반적으로 조밀한 표피로 둘러싸인 내부 발포 구조를 갖고 있다.

그림 12.27에 보는 바와 같이, 각각의 독립된 탱크로부터 정확히 측정된 액상 성분이 혼합 헤드(mixing head)로 주입된다. 각각의 성분은 급격히 혼합되어 비교적 낮은 압력으로 금형공동에 사출되며 중합과 경화공정이 이루어진다. 일반적인 반응 사출성형 공정시간은 대략 2분 정도이다. 반응사출성형 금형은 공정에서 요구되는 형체력이 작아, 금형에 가벼운 부품을 사용할 수 있으므로, 비교적 큰 공동을 갖는 금형의 경우 반응사출성형 금형은 일반적인 사출성형 금형보다 매우 저렴하다. 반응사출성형 공정의 장점은 다음과 같다 [17]. (1) 공정에 요구되는 에너지가 적다. (2) 장비와 금형이 사출성형에 비하여 저렴하다. (3) 특이한 성질을 가진 성형품 제작이 가능한 다양한 화학 물질이 존재한다. (4) 생산 장비의 신뢰성이 있으며, 공정 재료와 장비 간의 상관관계가 잘 알려져 있다.

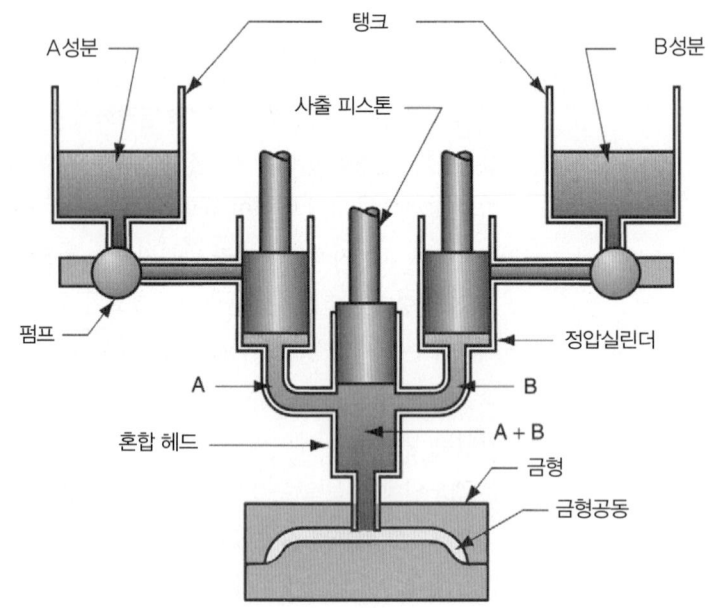

그림 12.27 반응사출성형(reaction injection molding) 시스템. 금형 공동에 사출되기 전에 A성분 및 B성분이 혼합 헤드에 섞여 들어간 직후의 모습 (금형의 복잡한 부분은 생략되었음).

12.7 압축성형과 트랜스퍼몰딩

본 절에서는 열경화성 플라스틱과 탄성고분자에 광범위하게 사용되는 두 가지 성형방법을 알아본다. 본 절에서 소개되는 방법은 열가소성 재료에 대해서는 특별한 경우를 제외하고는 사출성형보다 효율성이 높지 않다.

12.7.1 압축성형

압축성형(compression molding)은 열경화성 플라스틱에 대하여 오래전부터 광범위하게 사용되는 공정이다. 압축성형은 또한 고무타이어 및 다양한 고분자 복합재료 부품에 적용될 수 있다. 그림 12.28에서와 같이 열경화성 플라스틱의 압축성형 공정은 (1) 정확한 양의 **충전물**(charge)이라 불리는 성형 원료를 가열된 금형 하판 상부에 충전한다. (2) 금형을 닫으며 원료를 압축하면, 원료가 금형 공동의 형상을 채우며 이동한다. (3) 가열된 금형을 통해 원료가 가열되고 중합 및 경화반응이 발생하여 고화된다. (4) 금형을 열고 고화된 제품을 배출한다.

압축성형공정의 초기 충전물은 분말, 펠릿(pellets), 액상, 프리폼(preform)등 여러 가지 형태일 수 있다. 초기 장전되는 충전물의 양은 성형제품의 반복 균일성을 위하여 매우 정밀하게 조절되어야 한다. 충전물을 금형에 충전하기 전 예열하는 것이 일반적이며 이는 고분자 재료를 부드럽게 하여 공정시간을 단축시킨다. 예열하는 방법은 적외선 히터, 오븐을 이용한 대류열 가열, 가열된 회전 스크루를 이용하는 방법이 적용될 수 있다. 가장 마지막 방법(사출성형과 유사)은 충전물을 균질화하는 데에도 이용될 수 있다.

압축성형 프레스는 수직으로 구성되어 있으며 상하부의 두 개의 판에 상부/하부 금형이 각각 고정된다. 압축성형 프레스는 하판이 상부로 이동하거나 상판이 하부로 이동하는 형태로 구동되나 하판이 상부로 이동하는 형태가 일반적인 구성이다. 압축성형 프레스는 일반적으로 수백 톤의 형체력을 제공하는 유압시스템으로 구동된다.

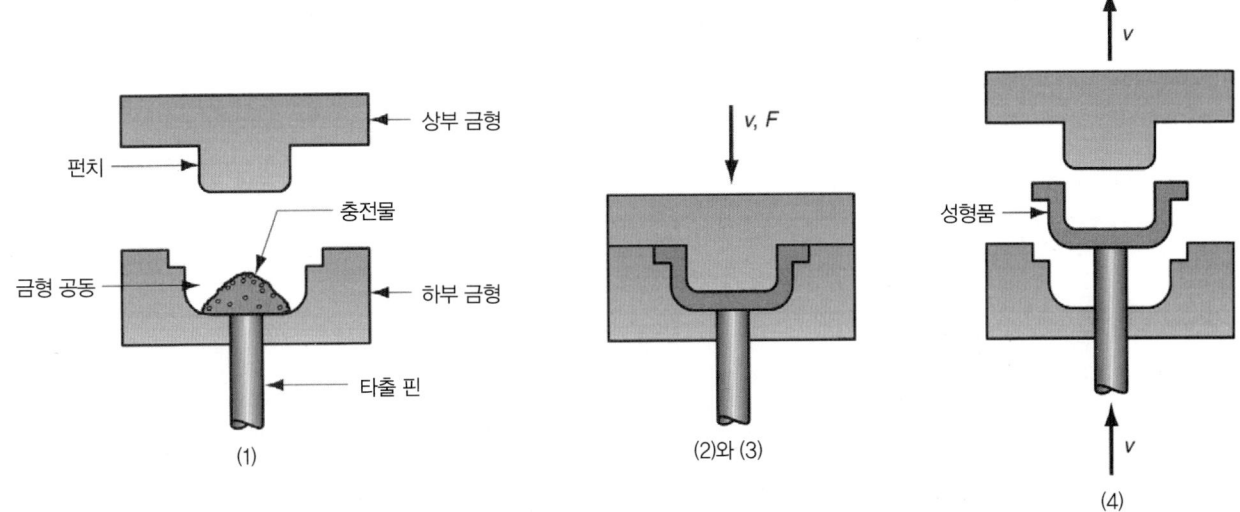

그림 12.28 열경화성 플라스틱의 압축성형 공정. (1) 충전물 장착, (2)와 (3) 투입재의 압축 및 경화 (4) 제품 배출 (일부 복잡한 형상은 생략되었음).

압축성형용 금형은 탕구와 탕도가 없으며, 초기 열경화 소재의 낮은 유동 특성으로 인해 간단한 형상으로 구성되어 사출성형 금형보다 단순하다. 그러나 금형의 가열에 필요한 장비가 반드시 필요하며, 일반적으로 전기저항 가열, 증기 또는 고온기름 순환 등의 방법을 이용한다. 압축성형 금형은 시험생산(trial run)에 사용되는 **수동금형**, 프레스는 프로그램 사이클로 동작되나 작업자가 수동으로 소재를 장착, 탈착하는 **반자동금형**, 충전물의 장착 및 제품의 탈착이 자동으로 수행되는 **완전자동 금형**으로 구분될 수 있다.

압축성형 재료는 페놀, 멜라민, 요소 포름알데히드, 에폭시, 우레탄 및 고탄성고분자 등이다. 대표적인 압축성형품으로는 전기 플러그와 소켓, 냄비 손잡이, 접시 등이 있으며, 이러한 제품들의 제작에 있어 압축성형공정은 (1) 금형이 간단하며 저렴하고, (2) 탕구와 탕도와 같은 불필요한 부분이 적으며, (3) 성형품의 잔류응력이 낮은 장점을 갖는다. 대표적인 단점으로는 공정시간이 길고, 사출성형에 비하여 생산성이 낮다는 것이다.

12.7.2 트랜스퍼몰딩

트랜스퍼몰딩(transfer molding)에서 열경화성 충전물은 금형 공동의 바로 위에 있는 가열실에 장착되어 가열된다. 이후 부드러워진 고분자 재료에 압력을 가하여 가열된 금형으로 유동시키고 경화가 이루어진다. 트랜스퍼몰딩 공정은 그림 12.29에서 보는 바와 같이, 두 가지 형태로 수행될 수 있다. 첫째는 **포트트랜스퍼몰딩**(pot transfer molding)으로 불리며 충전물은 포트(pot)라 불리는 공간에서 수직 탕구를 통해 금형공동에 주입된다. 두 번째로 **플런저트랜스퍼몰딩**(plunger transfer molding)이 있으며, 충전물은 가열실에서 플런저에 의해 수평의 탕도를 통해 금형공동에 주입된다. 두 경우에서 모두, 매 공정마다 가열실 및 탕도의 바닥에 남는 재료인 **컬**(cull)이라는 명칭의 스크랩(scrap)이 생긴다. 또한 포트트랜스퍼몰딩에서 탕구도 스크랩이 된다. 트랜스퍼몰딩에 사용되는 재료는 열경화성이기 때문에, 스크랩은 재활용될 수 없다.

동일한 고분자재료(열경화성 플라스틱 및 고탄성고분자)의 성형에 적용된다는 면에서, 트랜스퍼몰

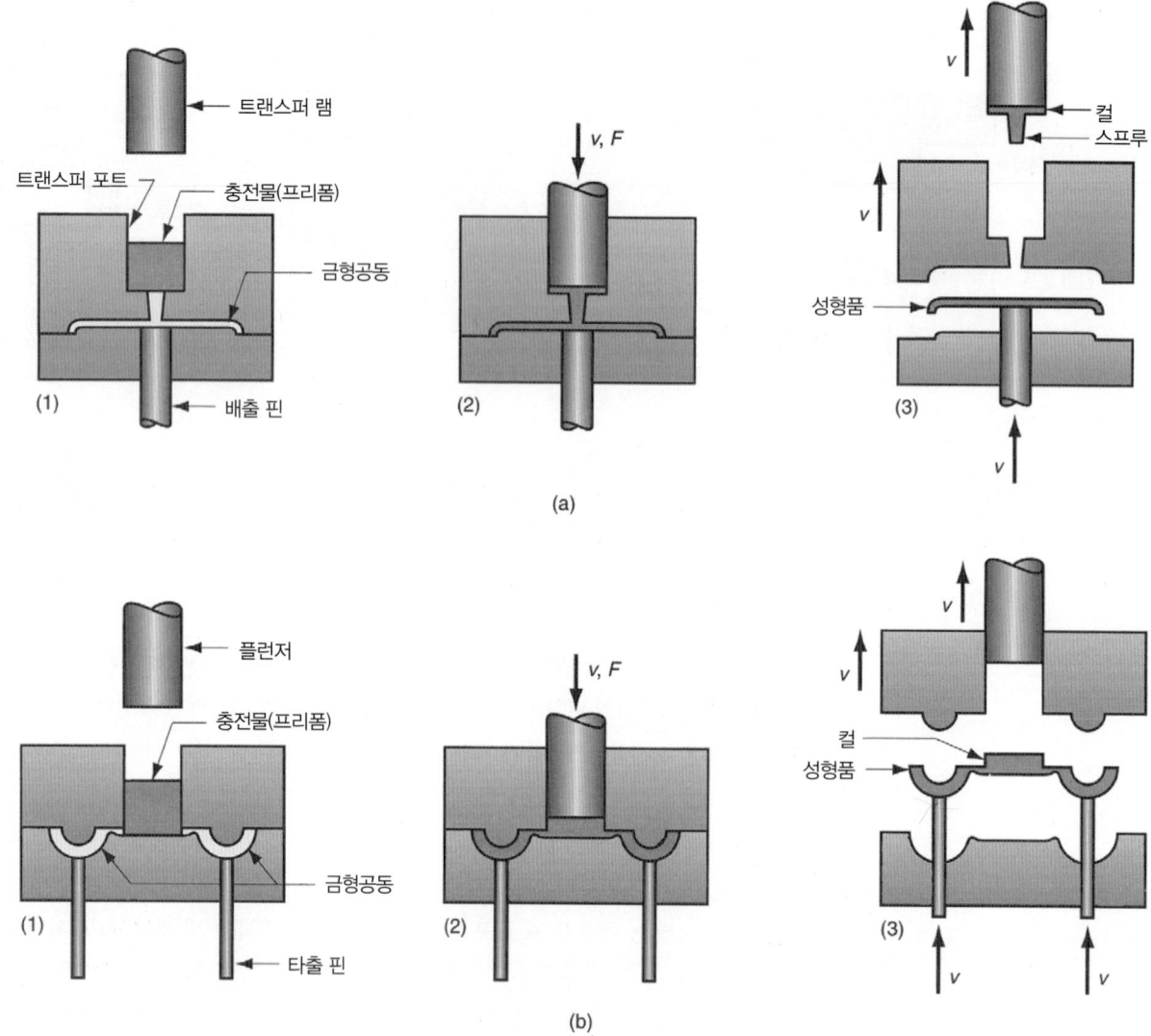

그림 12.29 (a) 포트트랜스퍼몰딩, (b) 플런저트랜스퍼몰딩. 두 공정의 사이클은 모두 (1) 포트에 충전물 장착, (2) 연화된 고분자 재료를 가압하여 금형공동에 주입하고 경화함, (3) 성형품 배출로 구성된다.

딩은·압축성형과 매우 밀접한 관계가 있다. 또한 투입재가 독립된 공간에서 예열되고 금형으로 주입된다는 점에서 사출성형과 유사점을 찾을 수 있다. 트랜스퍼몰딩은 압축성형보다 훨씬 복잡한 형상을 성형할 수 있지만, 사출성형의 수준에는 이르지 못한다. 트랜스퍼몰딩 공정에서는 인서트(insert)를 사용한 성형이 가능하며, 이 경우 금속 또는 세라믹 인서트를 금형공동에 위치시키고 성형공정을 수행하면 성형 중 가열된 고분자재료가 인서트와 접착된다.

12.8 블로우몰딩과 회전몰딩

블로우몰딩과 회전몰딩은 열가소성 고분자재료를 이용하여 속이 비고, 이음매 없는 제품을 만드는데 사용된다. 또한 회전몰딩은 열경화성 재료에도 적용될 수 있다. 5밀리리터(ml) 정도의 작은 플라스틱 병에서부터 38,000리터의 대형 저장용기까지 생산할 수 있으며, 특정한 경우 두 가지 공정이 서로 경쟁적인 위치에 있을 수 있지만, 대개의 경우 각각 적용 분야가 정해져 있다. 블로우몰딩은 작은 일회용 용기의 대량생산에 적합하며, 회전몰딩은 대형 중공(hollow)형상에 더 적합하다.

12.8.1 블로우몰딩

블로우몰딩(blow molding)은 부드러운 고분자재료를 금형 공동 내에서 부풀리는 과정에 공기를 이용하는 성형방식이다. 블로우 몰딩은 병이나 이와 유사한 용기와 같이 얇은 두께의 단품 중공 고분자 부품의 생산에 있어 산업적으로 매우 중요하다. 블로우 몰딩 제품은 시장이 큰 대중용 음료수 용기로 사용되기 때문에, 매우 높은 생산성을 갖도록 구성된다. 유리산업(11.2.1절 참조)으로부터 기술이 도입되었으며, 일회용 또는 재활용 용기시장에서 유리와 플라스틱은 경쟁 관계에 있다

블로우몰딩은 다음의 두 단계로 수행된다. (1) **용융예비형성체**(parison)이라고 불리는 용융 플라스틱 관을 제작한 후(유리 블로잉과 동일), (2) 원하는 최종 형상으로 관을 부풀린다. 일반적으로 패리슨용융예비형성체는 압출 혹은 사출성형으로 제작된다. 블로우 몰딩에 관한 동영상 자료는 블로우 몰딩의 두 단계를 개념적으로 보여준다.

> **비디오클립**
> 플라스틱 블로우몰딩. 본 동영상 자료는 (1) 블로우몰딩 재료 및 공정, (2) 압출 블로우몰딩, (3) 사출 블로우몰딩 공정을 보여준다.

압출 블로우몰딩

압출 블로우몰딩(extrusion blow molding)은 그림 12.30과 같은 공정 단계로 구성된다. 일반적으로 본 공정은 플라스틱 병을 만들기 위하여 대량생산 시스템으로 구축된다. 공정은 자동화되어 있으며, 내용물 투입 및 상표 부착 공정과 통합되기 위해 종종 상하 시스템으로 구성되기도 한다.

일반적으로 블로잉된 용기는 강성을 가져야 하며, 제품의 강성에 영향을 주는 다양한 인자 중 용기의 벽 두께가 가장 중요하다. 최종 제품이 원통형이라고 가정할 때 용기 벽면의 두께는 압출될 초기 용융예비형성체의 형상에 따라 결정될 수 있다. 용융예비형성체에서 다이팽윤의 효과는 그림 12.31과 같다. 다이를 빠져나올 때, 용융예비형성체의 평균 직경은 다이의 평균직경 D_d에 의하여 결정되며, 다이팽윤(die swell)은 용융예비형성체 평균직경 D_p의 팽창을 야기한다. 동시에 용융예비형성체의 두께도 t_d에서 t_p로 팽창하며, 용융예비형성체 직경 및 용융예비형성체 두께의 팽윤비(swell ratio)는 아래와 같이 표현된다.

$$r_s = \frac{D_p}{D_d} = \frac{t_p}{t_d} \tag{12.20}$$

용융예비형성체가 몰드 직경 D_m까지 부풀어 오르면, 두께는 t_m으로 감소하고, 단면 부피가 일정하다고 가정하면,

$$\pi D_p t_p = \pi D_m t_m \tag{12.21}$$

t_m에 대해 풀면,

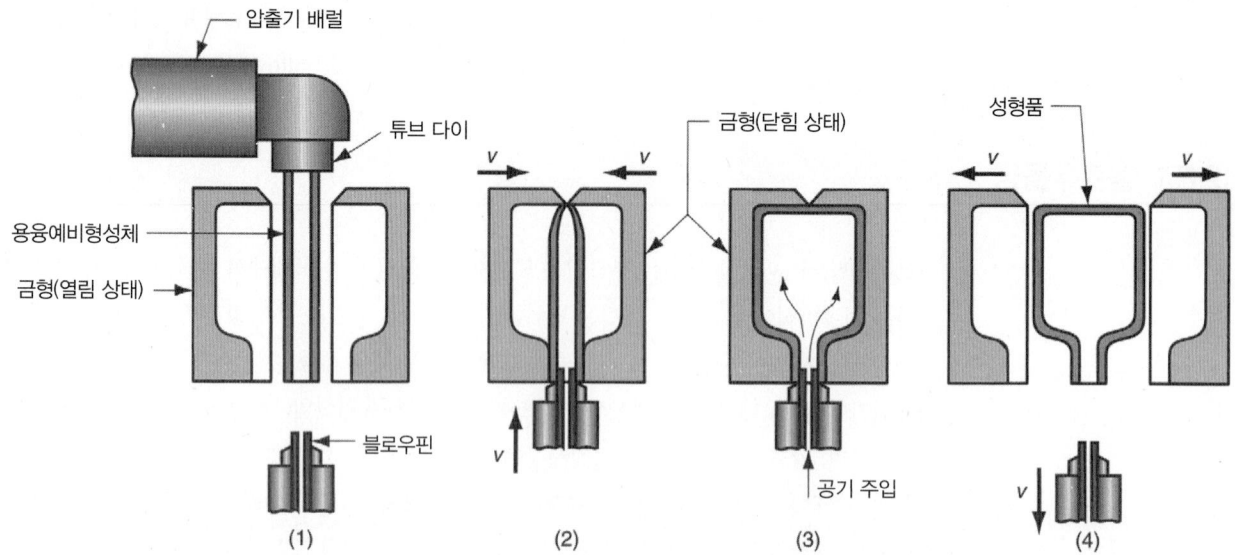

그림 12.30 압출 블로우몰딩 공정. (1) 용융예비형성체 압출. (2) 금형이 닫히면 용융예비형성체의 상부가 조여지며 밀봉되고, 하부는 금속 블로우핀에 의해 밀봉됨. (3) 튜브가 부풀려져 금형 공동의 형상을 갖게 됨. (4) 금형이 열리고 고화된 제품이 배출됨.

그림 12.31 (1) 다이팽윤 후 용융예비형성체의 형상을 보여주는 압출다이의 치수 및 (2) 압출 블로우몰딩 후 최종 블로우 성형 용기.

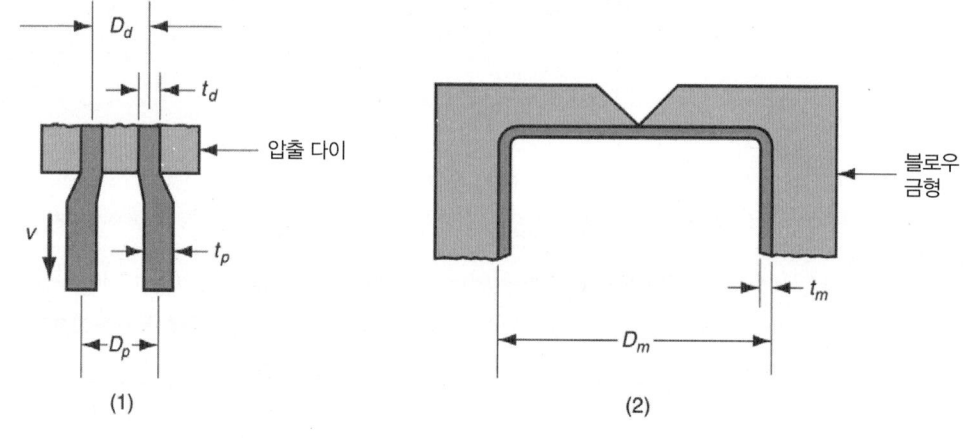

$$t_m = \frac{D_p t_p}{D_m}$$

식 (12.20)을 위의 식에 대입하면,

$$t_m = \frac{r_s^2 t_d D_d}{D_m} \tag{12.22}$$

초기 압출공정에서 다이팽윤의 양은 직접적인 관찰로 측정될 수 있으며, 다이의 치수는 주어진 값이므로 블로우 성형 용기의 벽 두께를 결정할 수 있다.

사출 블로우몰딩

사출 블로우몰딩(injection blow molding) 공정에서, 초기 용융예비형성체는 압출이 아닌 사출공정으로 성형된다. 간단한 공정 단계는 그림 12.32와 같다. 압출 블로우몰딩에 비해 사출 블로우 몰딩은 (1) 높은 생산속도, (2) 최종 성형품의 높은 형상 정밀도, (3) 낮은 스크랩 비율, (4) 재료 낭비의 최

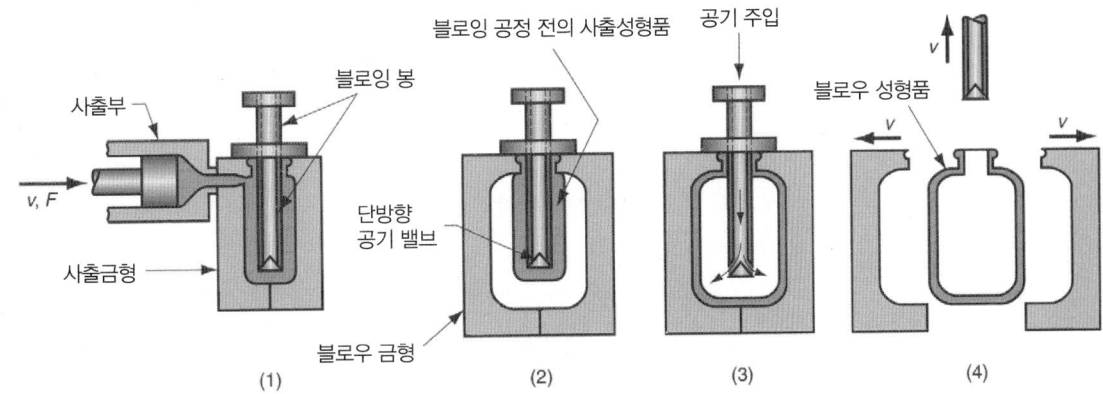

그림 12.32 사출 블로우몰딩 공정. (1) 블로잉 봉 주위로 용융예비형성체가 사출성형된다. (2) 사출금형이 열리고 용융예비형성체가 블로우 몰드로 이동한다. (3) 블로우 금형 형상에 맞도록 연화된 고분자 재료를 부풀린다. (4) 블로우 금형을 열고 성형품을 배출한다.

소화의 장점을 갖는다. 그러나 사출성형의 경우 대형 용융예비형성체의 제작을 위해 고가의 비용이 요구되므로, 대형 용기의 경우 압출 블로우몰딩 공정으로 제작된다. 또한 압출 블로우몰딩은 의약품 및 개인 위생용품, 다양한 화학 물질의 보관을 위해 두 층의 용기(double-layered bottles)가 요구되는 경우 더욱 경제적이다.[2]

사출 블로우몰딩의 다양한 변형 중 하나인 **스트레치 블로우몰딩**(stretch blow molding)이라 불리는 공정은 그림 12.33과 같이 수행되며, 2단계에서 블로잉 봉은 사출성형된 용융예비형성체 속으로 내려간다. 이를 통해 연화된 플라스틱이 늘어나고 기존의 사출 블로우몰딩 또는 압출 블로우몰딩에 비해 보다 바람직한 응력분포를 갖게 된다. 이를 통해 결과적으로 제작된 성형품의 강성, 투과도, 내충격성이 증가하게 된다. 스트레치 블로우몰딩에 가장 많이 사용되는 재료는 폴리에틸렌 테레프탈염산(PET)으로, 매우 낮은 투수성을 가지며, 스트레치 블로우몰딩 공정으로 강도가 강화된 폴리에스터이다. 이러한 특성으로 인해 PET는 탄산음료 용기(예: 2-L 탄산음료병)로 이상적인 재료이다.

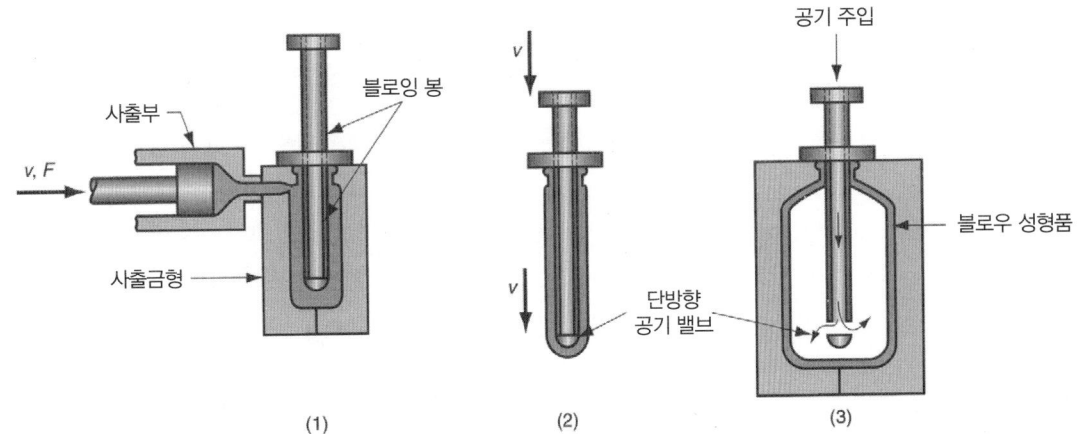

그림 12.33 스트레치 블로우몰딩 공정. (1) 용융예비형성체의 사출성형, (2) 스트레칭, (3) 블로잉.

---

[2] 저자는 압출 및 사출 블로우몰딩 공정 간의 비교 자료를 제공해준 Graham Packaging Company의 블로우몰딩 공장의 공장장인 Tom Walko 씨에게 감사를 전한다.

재료 및 제품

블로우몰딩은 열가소성 재료에 국한된다. 폴리에틸렌은 블로우몰딩에 가장 광범위하게 사용되는 고분자재료로, 특히 고밀도 및 고분자량 폴리에틸렌(HDPE 및 HMWPE)이 널리 사용된다. 이들 재료는 저밀도 PE에 비해 고가이나, 최종 제품에 요구되는 강성을 만족하기 위해 저밀도 PE에 비해 용기 두께를 얇게 할 수 있어 경제적이다. 이외에도 폴리프로필렌(PP), PVC 및 폴리에틸렌 테레프탈염산이 블로우몰딩에 사용된다.

블로우 몰딩은 액상 소비재를 담는 일회용 용기의 생산을 위해 주로 사용되지만, 액체 및 분말 저장을 위한 대형 용기(55 gal), 대형 저장탱크(200 gal), 자동차 연료통, 장난감, 범선 및 작은 배의 선체 등에도 적용된다. 범선 및 작은 배의 선체의 경우, 두 개의 선체를 한 번의 블로우몰딩으로 제작하고 절단함으로써 제작된다.

12.8.2 회전몰딩

회전몰딩(rotational molding)은 속이 빈 형상을 만들기 위하여 회전하는 금형 속에서의 중력을 이용한다. **회전몰딩**(rotomolding)이라고도 불리며, 대형 중공형상(hollow shape)을 제작함에 있어 블로우몰딩의 대안이 될 수 있다. 일반적으로 열가소성 고분자재료가 사용되나, 열경화성 고분자 및 고탄성고분자에 대한 사용도 점차 일반화되고 있다. 제품의 외부형상이 복잡하고, 대형이며, 소량 생산인 경우 회전몰딩은 블로우몰딩에 비해 이점을 갖는다. 회전몰딩 공정은 다음과 같다. (1) 미리 결정된 양의 고분자 분말이 분할 금형 공동에 투입된다. (2) 금형이 가열되고, 직각인 두 축에 대하여 동시에 회전하여 분말이 금형 내부전면에 밀착되고 점차 균일한 두께의 층을 형성한다. (3) 회전하는 중에 금형은 냉각되고 플라스틱 층이 고화된다. (4) 금형이 열리고 제품이 배출된다. 본 공정에서 회전속도는 비교적 낮으므로 금형 표면에 균일한 코팅이 이루어지는 원리는 원심력이 아니라 중력이다.

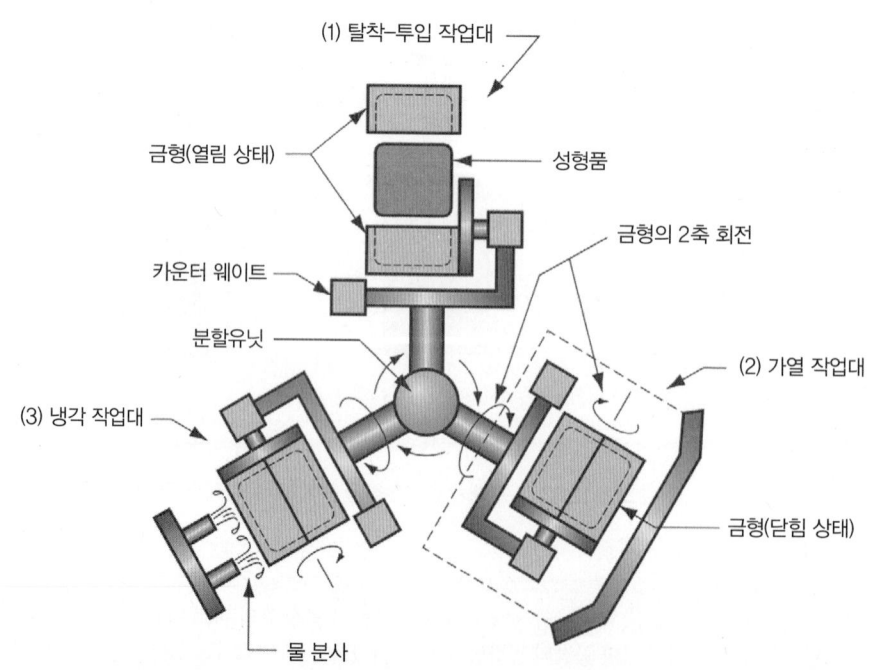

그림 12.34 3단계 분할장비에서 수행되는 회전성형 공정. (1) 탈착–투입 공정, (2) 금형 가열 및 회전 공정, (3) 금형 냉각.

회전몰딩의 금형은 블로우몰딩 혹은 사출성형에 비해 간단하고 저렴하나, 생산 사이클이 10분 또는 그 이상으로 매우 긴 문제점을 갖는다. 이러한 회전몰딩의 장점과 단점을 고려하여 실제 제조 공정에서는 그림 12.34에서 보여주는 3단 장비와 같이 여러 개의 금형이 부착된 분할장비가 종종 사용된다. 그림 12.34의 장비는 세 개의 금형이 순차적으로 각각의 작업대를 통과하며 공정이 수행되도록 설계되어 각각의 금형이 동시에 서로 다른 공정 단계를 진행하게 된다. 첫 번째 공정 단계는 탈착-투입 작업대로서, 이전 성형공정의 성형품을 배출하고 다음 성형공정을 위한 분말을 금형공동에 투입한다. 두 번째 공정 단계는 가열 체임버로서, 금형이 회전되는 동안 가열된 다의 대류를 통해 금형을 가열한다. 이때 체임버 내부의 온도는 고분자재료와 성형품에 따라 다르지만 대략 375°C(648 K)이다. 세 번째 공정 단계는 냉각 과정으로 플라스틱 성형품을 고화시키기 위해 찬 공기 또는 물을 분사하여 금형을 냉각시킨다.

회전몰딩을 통해 제작될 수 있는 부품은 매우 다양하며, 일례로 목마, 공과 같은 속이 빈 장난감, 배와 카누의 선체, 모래 상자, 작은 물놀이 통, 부표 및 기타 물에 뜨는 기구, 트럭 바디 부품, 자동차 계기판, 연료통, 가방, 가구, 쓰레기통, 패션 마네킹, 대형 산업용 배럴, 상자, 저장 탱크, 이동용 화장실, 정화조 등이 있다. 가장 일반적인 회전성형 재료는 폴리에틸렌이며 이 중 HDPE가 주로 사용된다. 그 외 폴리프로필렌, ABS 및 내 충격 폴리스틸렌이 회전성형 재료로 사용된다.

12.9 열성형

열성형(thermoforming)은 평평한 열가소성 박판을 가열하여 원하는 형상으로 변형시키는 공정으로, 제품 포장재나, 욕조, 곡면 채광창, 냉장고문 내부라이너 등과 같은 대형 제품의 생산에 널리 사용된다.

열성형 공정은 가열과 성형의 두 단계로 이루어진다. 일반적으로 가열은 플라스틱 원자재 박판에서 한쪽 또는 양쪽으로 125 mm 정도 떨어진 위치에서 히터의 복사열에 의해 이루어진다. 고분자 재료의 두께 및 색깔에 따라 플라스틱 박판의 충분한 연화 과정에 필요한 가열시간이 결정된다. 열성형 공정은 크게 (1) 진공 열성형, (2) 압력 열성형, (3) 기계적 열성형 공정으로 구분된다. 본 절에서는 열성형 방법 중 박판 성형 공정에 대해서만 살펴보겠지만, 포장 산업에서 대부분의 열성형 공정은 얇은 필름에 대하여 이루어진다.

진공 열성형

진공 열성형(vacuum thermoforming)은 가장 오래된 열성형 방법으로 공정이 개발되었던 1950년대에는 진공성형이라 불렸다. 본 공정에서는 예열된 박판을 금형 공동으로 끌어당기는 데에 음압(negative pressure)을 이용한다. 그림 12.35는 일반적인 진공 열성형 공정을 보여준다. 금형에서 진공을 흡입하는 배출구의 경은 0.8 mm 정도로서 플라스틱 표면에 미치는 형향은 미미하다.

압력 열성형

진공 열성형의 대안으로 가열된 고분자재료를 금형 공동에 밀착시키기 위해 양압을 가하는 방법을 **압력 열성형**(pressure thermoforming) 또는 **블로우포밍**(blow forming)이라 한다. 진공 열성형에서 가열된 박판에 가하는 압력은 이론적으로 최대 1기압이지만 압력 열성형의 경우 더 높은 압력을 가

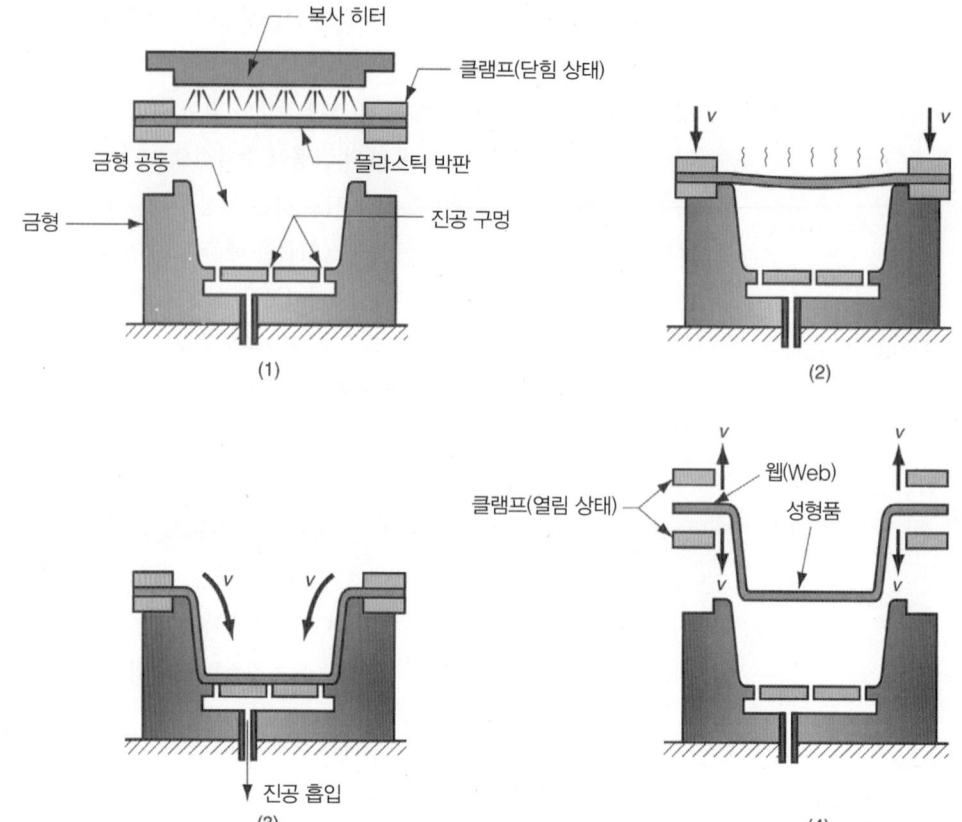

그림 12.35 진공 열성형. (1) 평평한 고분자 박판이 가열에 의해 연화된다. (2)연화된 박판을 음각 금형공동 상부에 위치시킨다. (3) 진공을 이용하여 박판을 금형공동으로 빨아들인다. (4) 플라스틱이 차가운 금형에 닿으면서 냉각되어 고화되고, 최종 성형품이 배출된 이후 순차적으로 트리밍 공정이 수행된다.

할 수 있는 장점이 있으며 일반적으로 3～4기압의 가압력이 적용된다. 압력 열성형의 공정단계는 진공 열성형과 유사하나, 박판이 위로부터 압력이 가해져 금형공동에 밀착된다는 점이 다르다. 이 때 갇혀 있는 공기를 빼내기 위한 통기 구멍이 마련되어 있다. 성형 단계(단계 2, 3)는 그림 12.36과 같다.

열성형 공정에서 **음각금형**(negative mold)과 **양각금형**(positive mold)의 차이를 이해하는 것은 매우 중요하다. 그림 12.35와 12.36에서 보여주는 금형은 오목한(concave) 금형공동을 가져 음각금

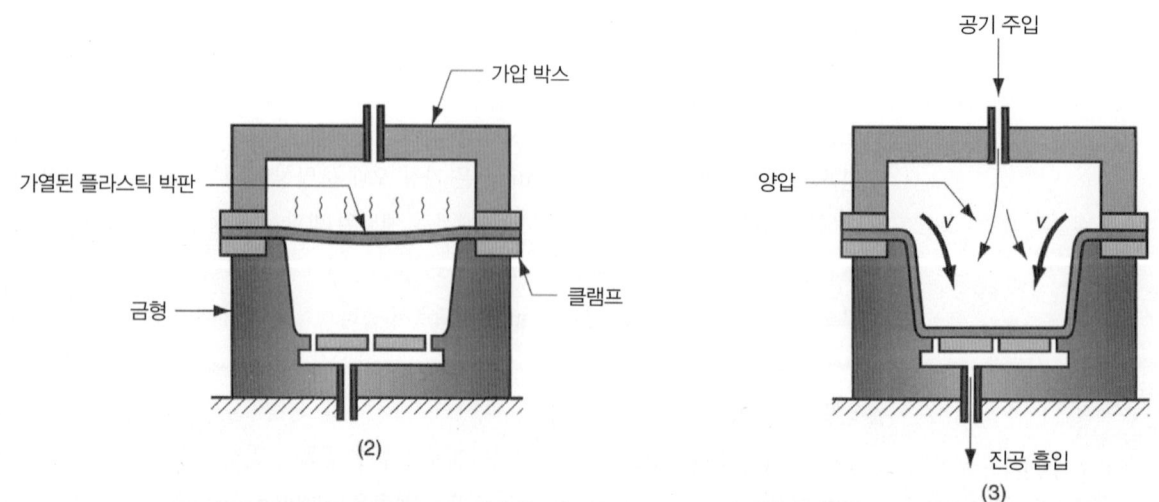

그림 12.36 압력 열성형. 진공 열성형과 공정이 유사하며 차이점은 (2) 박판을 금형공동 위에 놓고 (3) 양압을 가하여 박판을 금형공동에 밀착시키는 점이다.

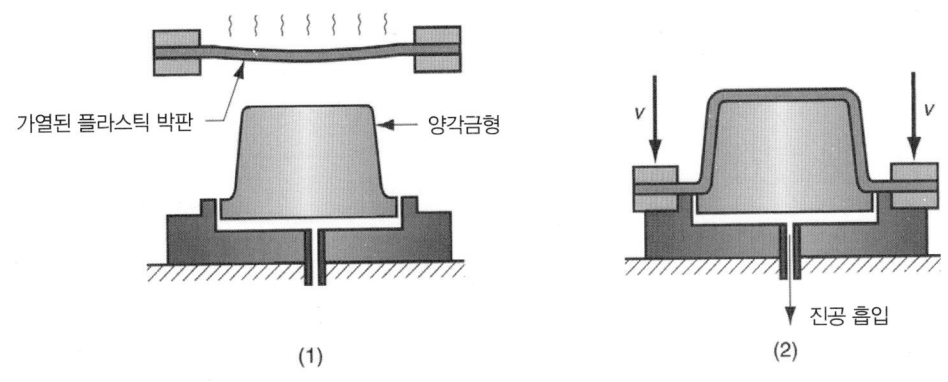

그림 12.37 진공 열성형에서 양각금형의 사용. (1) 가열된 플라스틱 박판을 양각금형 상부에 위치시킴, (2) 클램프를 하부로 이동시켜 박판으로 금형을 감싸고 진공으로 금형표면에 밀착시킴.

형이며, 양각금형은 볼록한 금형공동 형상을 갖는다. 두 가지 형태의 금형 모두 열성형에 사용될 수 있으며, 양 금형의 경우 가열된 박판을 볼록한 형상 위에 덮고, 고분자재료를 금형에 밀착시키기 위하여 음압 또는 양압을 가한다. 진공 열성형에서 양각금형을 사용하는 방법은 그림 12.37과 같다.

그림에서 보여주듯 양각금형과 음각금형을 이용한 제품의 형상이 동일하므로 두 금형의 차이는 별로 중요하게 생각되지 않을 수 있다. 그러나 제품이 음각금형에서 제작되는 경우, 제품의 외면은 정확히 그 금형의 표면형상과 일치한다. 그러나 내면은 금형 표면형상과 비슷한 모양이며, 내표면은 초기 박판의 상태 그대로일 것이다. 반면에, 박판이 양각금형에 덮여 성형되는 경우, 제품의 내면은 양각금형의 외형과 정확히 일치할 것이고 제품의 외면은 유사한 형상일 것이다. 제품의 요구사항에 따라, 이러한 차이는 매우 중요할 수 있다.

또 다른 차이점은 열성형의 문제점 중 하나인 박판의 얇아지는 정도에 있다. 금형의 형상이 깊다면, 박판이 금형 형상에 밀착되며 늘려짐에 따라 박판의 두께가 상당히 얇아지게 된다. 동일한 형상에 대해 양각금형과 음각금형은 얇아지는 현상에 있어 다른 경향을 보인다. 그림에서 보여주는 것과 같이 욕조형 제품에 대해 살펴보면, 양각금형에서는 박판을 볼록한 형상위에 덮여지는 과정에서 접하는 상부(욕조의 바닥에 해당하는 부분)는 빠르게 고화되어 실제로 전혀 늘려지지 않게 된다. 결과적으로 제작된 욕조는 바닥이 두껍고 벽면은 상당히 얇은 상태가 된다. 반면에, 음각금형에서는 차가운 면과 접촉하기 전까지 박판이 균일하게 늘려지고 얇아지게 된다.

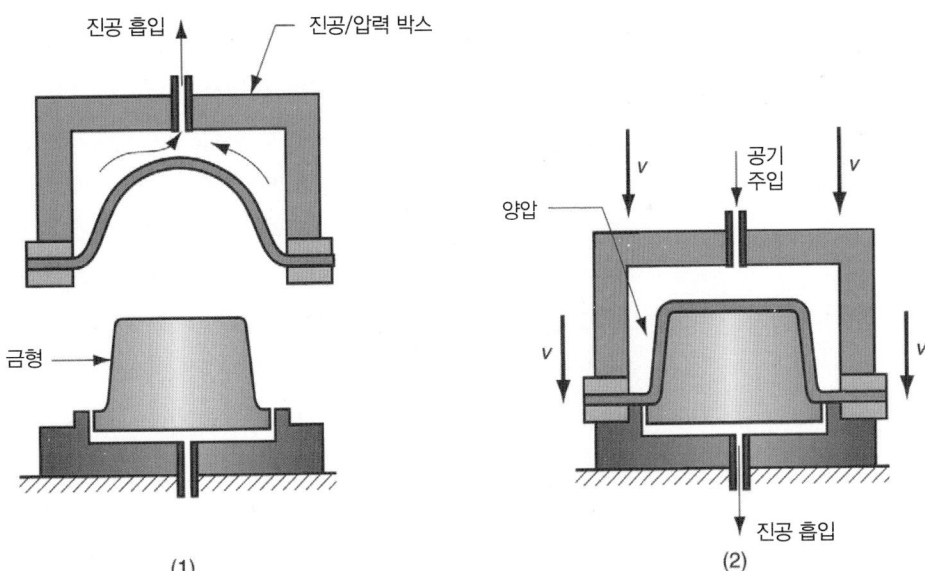

그림 12.38 (1) 진공압을 이용한 박판의 사전 늘림 공정을 수행하고 (2) 양각금형 상에 압력 열성형 공정을 수행한다.

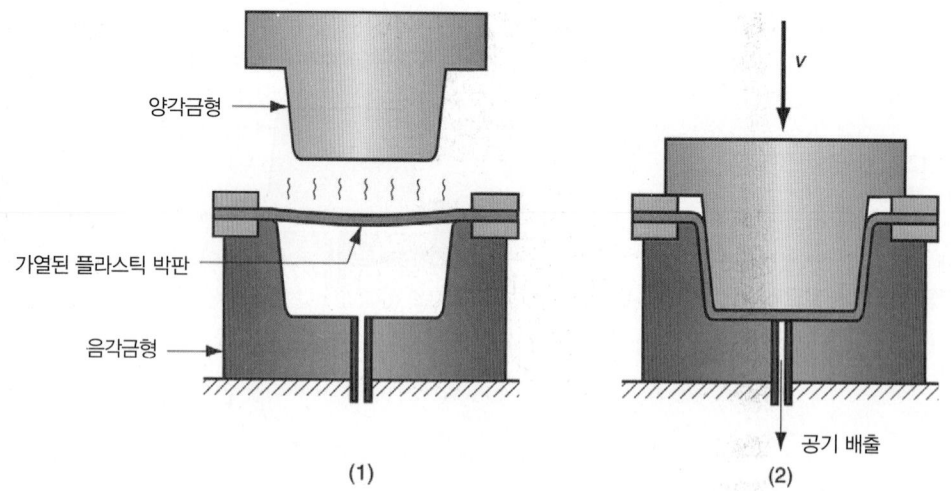

그림 12.39 기계적 열성형. (1) 가열된 박판이 음각금형 위에 놓여지고 (2) 금형이 닫 히면서 박판의 형상이 변형된 다.

양각금형에서 성형품의 균일한 두께 분포를 구현하기 위해 그림 12.38에서와 같이 가열된 박판을 금형에 덮기 전 진공압을 이용하여 구형으로 늘리는 방법이 사용된다.

채광창과 투명 돔과 같은 구형상의 제품을 제조하기 위하여, 그림 12.38의 (1)단계는 단독으로 이 용될 수 있다. 부드러운 박판을 팽창시키기 위하여 정밀하게 조절되는 공기압이 사용되며, 압력은 팽 창된 형상이 응고될 때까지 계속 유지된다.

기계적 열성형

세 번째 열성형 방법은 기계적 열성형(mechanical thermoforming)으로 윤곽이 서로 맞는 양각금 형과 음각금형을 함께 사용하며, 두 금형 사이에 위치한 가열된 플라스틱 박판을 눌러 원하는 형상으 로 만드는 것이다. 순수 기계적 열성형 방법에서는 그림 12.39와 같이 공압이 전혀 사용되지 않는다. 본 공정의 장점은 양호한 치수 정밀도를 가지며, 제품 양면의 표면 형상을 세밀하게 제작할 수 있다 는 점이며, 단점은 두 개의 금형이 필요하므로 이전의 두 방법에 비해 비경제적이라는 점이다.

적용 분야

열성형은 2차 성형공정으로, 1차 성형공정은 박판 또는 필름을 만드는 공정(12.3절 참조)이다. 압출 공정으로 제작된 열경화성 또는 고탄성 고분자재료 박판은 이미 가교결합이 완료되어, 재가열로 연 화되지 않기 때문에, 열가소성 재료만 열성형 공정이 가능하다. 많이 사용되는 열성형 고분자 재료는 폴리스틸렌, 셀룰로오스 아세테이트, 셀룰로오스 아세테이트 부티레이트, ABS, PVC, 아크릴(폴리메 틸메타아크릴레이트), 폴리에틸렌, 폴리프로필렌이다.

열성형을 이용한 양산공정은 포장 산업에서 사용된다. 초기 박판 또는 필름은 가열 체임버를 통과 하여 신속히 공급되고, 기계적으로 원하는 형상으로 성형된다. 양산 시스템은 보통 여러 개의 공동을 갖는 금형을 이용하여 일회 성형공정으로 다수 개의 제품을 생산하도록 설계된다. 어떤 경우에는 압 출성형 공정으로 제작되는 박판 또는 필름이 열성형 공정 직전에 설치되어 플라스틱 박판/필름의 재 가열이 필요하지 않게 설계되며, 또한 제품을 열성형으로 제작된 용기에 담는 공정을 열성형 공정 바 로 뒤에 위치시키는 것이 가장 효율적이다.

열성형으로 대량생산되는 얇은 필름포장에는 기포막포장(blister pack)과 표피포장(skin pack)이 포함되며, 화장품, 세면용품, 작은 공구, 체결구(못, 나사 등)와 같은 일용품을 포장하는 데에 매우 좋은 방법이다. 두꺼운 박판으로 만들어지는 대형제품도 열성형의 적용 분야이며, 사무용 기기의 커버, 배의 선체, 샤워 칸막이, 광학 확산판, 광고판, 욕조 및 완구 등에 적용된다. 전에 언급한 채광창의 경우 아크릴(투명함)로 제작되며 냉장고 문 내부 라이너는 ABS(성형이 용이하고 냉장고 내부의 기름과 지방에 내구성이 높음)로 제작된다.

12.10 플라스틱 주조

고분자재료 성형에서 주조(casting)는 액상 수지를 금형에 부어 자중으로 금형 공동을 채우고 고화시키는 것을 의미한다. 열가소성 수지와 열경화성 수지 모두 주조가 가능하다. 주조에 사용되는 열가소성 수지는 아크릴, 폴리스틸렌, 폴리아미드(나일론) 및 PVC 등이다. 열가소성 수지를 이용한 주조 공정은 다음의 여러 가지 방법으로 수행될 수 있다. (1) 열가소성 수지를 유동성 있는 액체 상태로 가열한 후, 금형 공동에 빠르게 부어 채우고, 금형 내에서 냉각과정을 거쳐 고화시킨다. (2) 저분자량 준중합체(또는 단량체)를 주형 내에서 중합시켜 고분자량 열가소성 고분자재료를 만든다. (3) 플라스티졸(plastisol, PVC와 같은 열가소성 수지 분말을 용매에 섞은 현탁액)을 가열된 금형에 넣고 경화시킨다.

주조로 성형되는 열경화성 고분자재료로는 폴리우레탄, 불포화 폴리에스터, 페놀 및 에폭시 등이 있다. 열경화 수지의 주조 공정은 열경화수지 모재를 금형에 붓고 중합 및 경화반응을 일으키는 것으로, 재료의 종류에 따라 가열 공정 혹은 촉매 첨가 공정이 요구될 수 있다. 열경화수지의 중합 및 경화 반응은 재료가 금형을 완전히 채울 수 있도록 충분히 느리게 이루어져야 한다. 급격한 중합 및 경화 반응이 발생하는 일부 폴리우레탄 수지 등에 대해서는 반응사출성형(12.6.5절 참조)과 같은 대체 성형공정이 필요하다.

사출성형과 같은 공정에 비하여 주조는 다음과 같은 장점이 있다. (1) 금형이 간단하고 저렴하다. (2) 잔류응력 및 점탄성 복원력이 작은 성형품의 제작이 가능하다. (3) 소량생산에 적합하다. 플라스틱 주조의 두 번째 장점으로 인하여 아크릴 박판(Plexiglas, Lucite)의 경우 일반적으로 고정도로 연마된 두 유리판 사이에서 주조된다. 플라스틱 주조공정은 투명 플라스틱 박판 제작에 있어 평판 압출 공정에서는 달성할 수 없는 높은 평탄도와 투명도를 제공할 수 있다. 플라스틱 주조 공정의 단점으로는 일부 성형품의 경우 심각한 수준의 수축이 발생할 수 있다는 점이다. 예를 들어 아크릴 박판은 주조할 때에 대략 20% 정도의 부피 수축이 발생한다. 이는 재료를 금형 공동에 주입할 때에 수축을 줄이기 위하여 고압을 사용하는 사출성형에 비하여 매우 큰 것이다.

슬러시 주조(slush casting)는 금속 주조기술에서 유래한 일반적인 플라스틱 주조 공정의 대안이다. 슬러시 주조에서는 플라스티졸 용액을 가열된 분할금형에 주입하여 금형 표면에 플라스틱 표층을 형성시킨다. 이후 원하는 두께의 표층이 형성되면, 내부의 남은 용액을 금형에서 빼내고 금형을 열어 제품을 꺼낸다. 이 방법은 셀 주조(shell casting)로 불리기도 한다 [6].

전자 산업에서 플라스틱 주조 공정이 적용되는 매우 중요한 분야는 밀봉 공정(encapsulation)으로, 변압기, 코일, 커넥터 및 기타 전자 부품을 플라스틱 주조로 둘러싸는 것을 의미한다.

12.11 고분자 발포 공정 및 성형

고분자 발포(polymer foam)는 고분자재료와 가스의 혼합물인 다공성 고분자 구조(porous or cellular structure)이다. 고분자 발포는 또한 **셀형 고분자**(cellular polymer), **발포 고분자**(blown polymer) 또는 **팽창 고분자**(expanded polymer)라고도 불린다. 가장 널리 사용되는 고분자 발포는 폴리스틸렌(스티로폼)과 폴리우레탄이다. 고분자 발포의 또 다른 재료로는 천연고무(발포고무)와 PVC가 있다.

고분자 발포의 주요 특징은 (1) 낮은 밀도, (2) 단위 무게 당 높은 강도, (3) 우수한 단열 특성, (4) 우수한 에너지 흡수 특성이다. 고분자 발포의 특성은 모재가 되는 고분자재료의 탄성에 의해 결정된다. 고분자 발포는 다음과 같이 분류된다 [6]. (1) **탄성 발포** : 기지(matrix) 고분자는 고무이며, 큰 탄성변형이 가능함, (2) **유연 발포** : 기지 고분자는 부드러운 PVC와 같은 높은 가소성재료. (3) **견고 발포** : 고분자재료는 폴리스티렌과 같은 단단한 열가소성 재료 또는 페놀과 같은 열경화성 재료. 폴리우레탄 재료는 화학적 구성 및 경화 정도에 따라 모든 종류의 고분자 폼으로 성형될 수 있다.

고분자 발포 특유의 성질과 기지 고분자의 선택에 따른 탄성 제어 능력으로 인해, 고분자 발포 재료는 매우 다양한 응용 분야에서 이용될 수 있다. 그 적용 예로는 뜨거운 음료 컵, 단열 구조재, 구조 패널의 코어, 포장재, 가구 및 침대 완충재, 자동차 계기판의 패딩, 부력이 필요한 제품 등에 사용된다.

고분자 발포에 주로 사용되는 가스는 공기, 질소, 이산화탄소이다. 가스의 비율은 90% 이상이 될 수 있다. 가스는 발포(forming)공정으로 불리는 다음의 여러 가지 방법으로 고분자 재료 속에 주입될 수 있다. (1) 기계적인 교반으로 수지용액에 공기를 혼합하고, 가열 또는 화학적 반응으로 경화시킨다. (2) 질소(N_2) 또는 펜탄(C_5H_{12})과 같은 **물리적 블로잉제**(physical blowing agent)를 고분자재료에 혼합하고 압력을 가하여 고분자용융체에 용해시킨 후, 압력을 제거하면 가스가 용액 밖으로 나오면서 팽창하여 고분자 발포물이 형성된다. (3) **화학적 블로잉제**(chemical blowing agent)라고 불리는 화학 분말을 고분자재료에 혼합하고 온도를 올리면 용융체 속에서 분해되면서 용융체 내부에 이산화탄소 또는 질소 가스가 배출된다.

전체 고분자재료에 분포된 가스 기공의 형상은 그림 13.40과 같이 크게 두 가지로 분류된다. (a) **폐쇄 셀**(closed cell): 가스기포가 구 모양이며, 가스기포가 고분자기지에 의해 서로 완전히 분리되어 있다. (b) **개방 셀**(open cell): 기포가 어느 정도 서로 연결되어 있으며, 발포물 속에서 유체의 흐름이 가능하다. 폐쇄 셀 구조는 구명조끼를 만드는 데에 사용될 수 있는 반면, 개방 셀 구조는 물이 스며들게 된다. 고분자 발포물의 특성을 결정하는 또 다른 성질로는 고분자재료와 가스의 상대비율과 발포물에서 각 기포의 크기에 반비례하는 셀 밀도(단위부피당 셀의 수)가 있다.

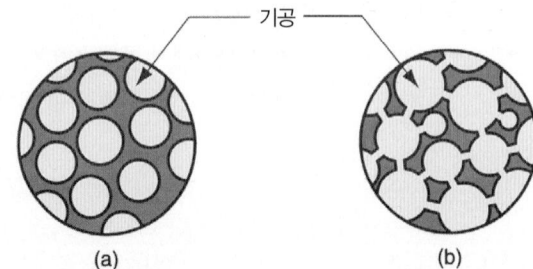

그림 12.40 두 가지 고분자 발포물 구조. (a) 폐쇄 셀, (b) 개방 셀.

고분자 발포 제품은 다양한 방법으로 성형된다. 가장 중요한 고분자 발포 재료는 폴리스틸렌과 폴리우레탄이므로, 본 절에서는 이 두 재료에 대한 성형공정에 대해 살펴본다. 폴리스틸렌은 열가소성 고분자이며, 폴리우레탄은 열경화성 또는 고탄성 고분자(열가소성 고분자도 될 수 있으나 이 경우에는 크게 중요하지 않다)가 될 수 있으므로, 이들 재료에 대한 공정은 기타 고분자 발포에 사용되는 방법을 대표한다고 할 수 있다.

폴리스틸렌 발포

폴리스틸렌 발포는 압출과 몰딩으로 성형된다. 압출에서 물리적, 화학적 블로잉제가 압출 배럴의 다이 출구 부근에서 용융체에 공급된다. 따라서 압출물은 발포 고분자재료가 된다. 대형 박판과 보드가 이러한 방법으로 생산되며 단열재 등에 쓰이기 위해 절단된다.

폴리스티렌 발포물의 제작을 위해 다양한 성형방법이 사용될 수 있다. 구조용 발포 성형 및 샌드위치 성형(12.6.5절 참조)은 앞에서 언급하였다. 가장 많이 사용하는 방법은 팽창 발포 성형인데, 일반적인 성형재료는 폴리스틸렌 프리폼 비드(prefoam bead)이다. 프리발포물비드는 물리적 블로잉제가 스며든 고체 폴리스틸렌 펠릿으로 만들어진다. 프리폼 비드는 대형 탱크에서 생성되며, 펠릿들을 부풀리기 위하여 증기 열을 가하고 동시에 융합을 방지하기 위하여 교반시킨다. 성형공정에서 프리발포물 비드는 금형 공동에 주입되고, 더 부풀어지고 서로 융합하여 고분자 폼 성형품이 된다. 폴리스틸렌 폼으로 만든 뜨거운 음료용 컵은 이러한 방식으로 생산된다. 어떤 공정에서는 프리발포 단계가 생략되고, 바로 비드가 공급되어, 가열, 팽창 및 융합된다. 다른 공정으로는 팽창발포를 블로잉 필름 압출(12.3절 참조)을 이용하여 편평한 박판으로 만들고, 열 성형(12.9절 참조)으로 계란용기와 같은 포장용기를 제조하는 것이 있다.

폴리우레탄 발포

폴리우레탄 발포제품은 단일 공정으로 제작되며, 두 가지 액상 성분(polyol과 isocyanate)을 혼합함과 동시에 금형 및 기타 형상에 주입함으로써, 고분자 재료의 합성과 제품형상 구현이 함께 수행된다. 폴리우레탄 발포성형공정은 분무와 주입의 두 가지 기본공정으로 구성된다 [11]. 분무는 두 가지 성분이 지속적으로 공급되고 혼합되는 분사 건(gun)을 이용하여 목표 표면에 분사하는 공정이다. 중합화와 성형은 표면에 재료가 분사된 이후에 진행된다. 이러한 공정은 건설 자재 패널, 열차 및 유사한 대형제품의 단열 발포물을 만들 때에 이용된다. 주입은 혼합기 내의 두 가지 성분을 반응이 일어나는 개방형 또는 폐쇄형 금형에 주입하는 것이다. 개방형 금형은 원하는 곡면(예를 들면, 자동차 의자 쿠션)이 있는 용기 또는 길고 연속된 제품을 만들기 위하여 주입구로부터 천천히 이동하는 긴 채널 형상이 사용된다. 폐쇄형 금형은 일정한 양의 혼합액이 주입되는, 완벽히 폐쇄된 금형이다. 반응물질은 팽창하면서 금형 공동을 완전히 채움으로써 제품의 형상을 이룬다. 신속히 반응하는 폴리우레탄의 경우에는 반응사출성형(12.6.6절 참조)을 이용하여 혼합물이 금형공동에 신속히 사출되어야 한다. 중합도는 초기 성분의 배합비로 조정되며 최종 제품의 강성을 결정한다.

| 12.12 제품 설계 시 고려사항

플라스틱은 매우 유용한 설계 재료이나, 설계자는 플라스틱 재료의 한계점도 함께 인지하여야 한다.

본 절에서는 일반적으로 사용하는 플라스틱 부품으로부터, 압출과 몰딩(사출성형, 압축성형, 트랜스퍼 몰딩)으로 제작되는 플라스틱 부품까지 플라스틱 부품의 설계 시 고려사항을 살펴본다.

플라스틱 제품 설계 시 성형 공정과 관계없이 다음의 일반적인 고려사항이 적용된다. 이는 설계자가 고려해야 하는 플라스틱 재료의 특성에 기인한다.

- **강도와 강성** — 플라스틱 재료의 강도와 강성은 금속재료에 비해 낮다. 따라서 높은 응력이 가해지는 대상에는 적합하지 않으며, 크리프 저항도 낮아 지속적인 하중이 적용되는 대상에의 적용도 부적절하다. 그러나 플라스틱 재료의 강성은 재료의 종류에 따라 큰 차이를 가지며, 일부 플라스틱 재료의 무게 당 강도비는 금속과 유사하다.
- **내충격성** — 플라스틱 재료의 충격 흡수량은 대부분의 금속에 비해 양호하다.
- **사용온도** — 플라스틱 재료의 사용온도는 금속과 세라믹에 비해 제한적이다.
- **열팽창** — 플라스틱 재료는 금속에 비해 큰 열팽창 계수를 갖는다. 따라서 금속재료에 비해 온도 변화에 따른 치수 변화에 대한 고려가 더욱 중요하다.
- 대다수의 플라스틱 재료는 햇빛이나 기타 형태의 **방사**(radiation)에 의해 재료의 성능이 저하되며, 일부 재료는 산소 및 오존 환경에서 열화된다. 아울러 플라스틱 재료는 일반적으로 사용되는 용제에 용해되는 성질을 갖는다. 반면, 많은 금속에 영향을 끼치는 부식에는 강한 특성을 갖는다. 따라서 특정 플라스틱 재료의 단점을 감안한 설계가 수행되어야 한다.

압출 성형은 가장 많이 사용되는 플라스틱 재료의 성형공정이다. 일반적인 압출성형에 대한 몇 가지 설계 지침은 다음과 같다 [3].

- **벽 두께** — 압출품의 설계에 있어 압출단면이 균일한 벽 두께를 갖도록 설계되어야 한다. 벽 두께의 변화가 크면 재료의 유동이 균일하지 않고, 균일한 냉각이 이루어지지 않아 압출품의 뒤틀림 현상이 발생할 수 있다.
- **중공**(hollow sections) — 압출품 내의 중공 구조는 금형설계를 어렵게 하고 플라스틱 유동의 흐름을 복잡하게 한다. 따라서 제품의 기능 요구사항을 만족하면서 중공부가 없는 압출단면을 설계하는 것이 바람직하다.
- **코너** — 압출품의 단면 내부와 외부에서 날카로운 코너 구조의 설계는 피해야 하며, 이는 공정 중 균일하지 않은 유동과, 최종 제품에서의 응력집중을 발생시키기 때문이다.

다음의 설계지침은 가장 널리 사용되는 플라스틱 성형 공정인 사출성형과, 압축성형 및 트랜스퍼 몰딩에 적용되는 것이다[3], [10].

- **경제적인 생산 수량** — 각각의 성형품은 고유한 금형을 요구하며, 위의 성형 공정을 위한 금형(특히 사출금형)은 고가이다. 사출성형을 위한 최소 생산수량은 일반적으로 10,000개 정도이며, 압축성형의 경우 금형구조가 간단하여 최소 생산수량이 1,000개 정도이다. 트랜스퍼몰딩은 두 성형 공정의 중간 정도이다.
- **제품의 복잡성** — 제품의 형상이 복잡하면 금형 제작비용이 증가하지만, 여러 개의 금형을 통해 제작된 다수의 부품을 조립하여야 한다면, 복잡한 하나의 금형을 설계하는 것이 더욱 경제적일

표 12.2 플라스틱 성형제품의 재료에 따른 추천 공차

플라스틱 재료	성형 공차*		플라스틱 재료	성형 공차*	
	50 mm 직경	10 mm 구멍		50 mm 직경	10 mm 구멍
열가소성플라스틱:			열가소성플라스틱:		
ABS	± 0.2 mm	± 0.08 mm	에폭시	± 0.15 mm	± 0.05 mm
폴리에틸렌	± 0.3 mm	± 0.13 mm	페놀	± 0.2 mm	± 0.08 mm
폴리스틸렌	± 0.15 mm	± 0.1 mm			

문헌 [3], [7], [14], [19]에서 편집함.

* 작은 치수의 제품의 경우보다 엄격한 공차가 적용될 수 있으며, 큰 치수의 제품은 보다 여유 있는 공차가 필요함.

수 있다. 플라스틱 성형 공정의 장점 중 하나는 여러 가지 기능을 갖는 구조가 복합적으로 구성된 제품을 제작할 수 있다는 점이다.

- **벽 두께** — 플라스틱 성형 공정에서 일반적으로 두꺼운 단면 구조는 재료를 낭비하는 것이고, 수축과정에서 뒤틀리기 쉬우며, 응고하는 데에 시간이 많이 소요되어 바람직하지 않다. 벽 두께를 과도하게 증가시키지 않고, 강성을 높이기 위하여 플라스틱 성형품의 설계에 보강대 구조(reinforcing rib)가 적용될 수 있다. 외벽에 함입자국(sink mark)을 최소화하기 위하여 보강하려는 벽보다 보강대가 더 얇아야 한다.

- **코너 반경 및 필릿(fillet)** — 제품의 외부와 내부 모두에 날카로운 코너는 용융체의 자연스러운 흐름을 방해하고, 표면 결함을 발생시킬 수 있으며, 최종 제품에 응력집중을 야기하므로 바람직하지 않다.

- **구멍(hole)** — 플라스틱 성형공정을 통해 구멍의 구현이 가능하나, 제품에 구멍이 존재하는 경우 금형설계가 복잡해지고, 용융체의 흐름을 방해하며, 성형 후 이형이 어려운 단점을 갖는다.

- **구배(draft)** — 성형 후 금형에서 제품을 이형시키기 위해 금형의 벽면에 구배가 설계되어야 한다. 특히 컵 모양의 성형품의 경우 제품이 수축하면서 양각금형에 끼일 가능성이 있으므로, 제품 내벽에 구배 여유를 설정하는 것이 중요하다. 열경화성 재료의 경우, 구배 여유는 1/2°에서 1° 정도가 추천되며, 열가소성 재료의 경우 일반적으로 1/8°~1/2° 정도이다. 구배 여유는 플라스틱 재료에 따라 다르며, 재료 공급자에 의해 재료에 따른 추천 드래프트 각이 제공된다.

- **공차** — 공차는 허용할 수 있는 제조상 오차를 의미한다. 사출성형공정에서 엄격한 공정제어를 통해 제품의 수축량을 예측할 수 있으나, 공정변수의 미세한 변화에 따른 수축량 변화 및 다양한 제품의 형상에 따른 불균일한 변형을 고려할 때 사출품의 설계 시 여유 있는 공차 설계가 바람직하다. 표 12.2는 몇몇 플라스틱 재료를 이용한 성형제품의 추천 공차를 보여준다.

참고문헌

[1] Baird, D. G., and Collias, D. I. *Polymer Processing Principles and Design,* John Wiley & Sons, New York, 1998.

[2] Billmeyer, Fred, W., Jr. *Textbook of Polymer Science,* 3rd ed. John Wiley & Sons, New York, 1984.

[3] Bralla, J. G.(editor in chief). *Design for Manufacturability Handbook,* 2nd ed. McGraw-Hill Book Company, New York, 1998.

[4] Briston, J. H. *Plastic Films,* 3rd ed. Longman Group U.K., Essex, England, 1989.

[5] Chanda, M., and Roy, S. K. *Plastics Technology Handbook,* Marcel Dekker, New York, 1998.

[6] Charrier, J-M. *Polymeric Materials and Processing,* Oxford University Press, New York, 1991.

[7] *Engineering Materials Handbook,* Vol. 2, *Engineering Plastics,* ASM International, Metals Park, Ohio, 1988.

[8] Hall, C. *Polymer Materials,* 2nd ed. John Wiley & Sons. New York, 1989.

[9] Hensen, F. (ed.). *Plastic Extrusion Technology,* Hanser Publishers, Munich, FRG, 1988. (Distributed in United States by Oxford University Press, New York.)

[10] McCrum, N. G., Buckley, C. P., and Bucknall, C. B. *Principles of Polymer Engineering,* 2nd ed., Oxford University Press, Oxford, UK, 1997.

[11] *Modern Plastics Encyclopedia,* Modern Plastics, McGraw-Hill, Hightstown, New Jersey, 1991.

[12] Morton-Jones, D. H. *Polymer Processing,* Chapman and Hall, London, UK, 1989.

[13] Pearson, J. R. A. *Mechanics of Polymer Processing,* Elsevier Applied Science Publishers, London, 1985.

[14] Rubin, I. I. *Injection Molding: Theory and Practice,* John Wiley & Sons, New York, 1973.

[15] Rudin, A. *The Elements of Polymer Science and Engineering,* 2nd ed., Academic Press, Orlando, Florida, 1999.

[16] Strong, A. B. *Plastics: Materials and Processing,* 3rd ed. Pearson Educational, Upper Saddle River, New Jersey, 2006.

[17] Sweeney, F. M. *Reaction Injection Molding Machinery and Processes,* Marcel Dekker, Inc., New York, 1987.

[18] Tadmor, Z., and Gogos, C. G. *Principles of Polymer Processing,* John Wiley & Sons, New York, 1979.

복습문제

12.1 플라스틱 성형 공정이 중요한 몇 가지 이유를 설명하여라.

12.2 성형품의 형상에 따라 플라스틱 성형 공정을 분류하여라.

12.3 플라스틱 성형 공정에서 고분자용융체의 점도는 매우 중요한 인자이다. 고분자용융체의 점도에 영향을 주는 인자는 무엇인가?

12.4 고분자용융체의 점도는 뉴턴유체의 점도와 어떻게 다른가?

12.5 점탄성(viscoelasticity)의 의미를 설명하고, 플라스틱 성형공정에서 고분자용융체의 점탄성 특성으로 인해 발생하는 현상에 대해 설명하여라.

12.6 압출 공정에서 다이팽윤(die swell)에 대해 설명하여라.

12.7 플라스틱 압출 공정을 간단히 설명하여라.

12.8 압출기의 배럴은 크게 세 부분으로 나뉘는데 각 부분을 간략히 설명하여라.

12.9 압출기 배럴의 다이 끝단에 위치한 스크린팩과 브레이커 판의 기능은 무엇인가?

12.10 다양한 압출품의 형상 및 이에 대응하는 다이 형상을 설명하여라.

12.11 플라스틱 시트와 필름의 차이는 무엇인가?

12.12 필름 소재를 생산하는 블로잉필름 압출공정을 설명하여라.

12.13 캘린더링 공정을 설명하여라.

12.14 고분자 화이버와 필라멘트는 다양한 분야에서 사용된다. 가장 주요한 응용 분야는 무엇인가?

12.15 기술적 관점에서 화이버와 필라멘트의 차이점을 설명하여라.

12.16 합성 화이버 재료 중 가장 중요한 것은 무엇인가?

12.17 사출성형 공정을 간단히 설명하여라.

12.18 사출성형기는 크게 두 부분으로 나뉘는데 각각의 이름은 무엇인가?

12.19 사출성형기에서 고정부(clamping unit)의 두 가지 기본 동작 형식은 무엇인가?

12.20 사출금형에서 게이트의 기능은 무엇인가?

12.21 사출성형공정에서 양판금형에 비해 3판금형이 갖는 장점은 무엇인가?

12.22 플라스틱 사출성형 공정에서 발생하는 결함에 대해 설명하여라.

12.23 구조용 폼 성형공정에 대해 설명하여라.

12.24 열가소성 플라스틱과 열경화성 플라스틱을 사용하는 사출성형 공정의 차이점을 장비와 공정의 관점에서 설명하여라.

12.25 반응 사출성형 공정에 대해 설명하여라.

12.26 블로우몰딩으로 생산되는 제품을 설명하여라.

12.27 열성형 공정에서 초기 원자재의 형태를 설명하여라.

12.28 열성형에서 양각금형과 음각금형의 차이를 설명하여라.

12.30 고분자 발포물이 생산되는 공정은 무엇인가?

12.31 플라스틱 제품을 설계함에 있어 설계자가 일반적으로 고려해야 하는 사항에 대해 설명하여라.

12.32 (동영상) 사출성형 공정과 관련된 비디오 자료에서 사출성형 공정에 영향을 주는 네 가지 주요 인자는 무엇인가?

12.33 (동영상) 사출성형 공정과 관련된 비디오 자료에서 일반적으로 산업현장에서 사용되는 네 가지 몰드 형태의 이름은 무엇인가?

12.34 (동영상) 사출성형 공정과 관련된 비디오 자료에서 산업현장에서 가장 널리 사용되는 사출성형기 형태는 무엇인가?

12.35 (동영상) 블로우 성형 공정과 관련된 비디오 자료에서 어떤 재료가 블로우 성형공정에 적용되는지 그 이름을 나열하여라.

12.36 (동영상) 블로우 성형 공정과 관련된 비디오 자료에서, 가장 일반적으로 적용되는 네 가지 블로우 성형 공정을 나열하여라.

12.37 (동영상) 비디오 자료를 토대로 압출 블로우 성형 공정의 단계를 설명하여라.

12.38 (동영상) 플라스틱 마무리가공(finishing) 비디오 자료를 토대로 플라스틱 제품에 수행되는 네 가지 형태의 마무리가공 공정의 이름을 나열하여라.

12.39 (동영상) 플라스틱 마무리가공 비디오 자료를 토대로 플라스틱 제품의 표면 개질(decoration)에 적용되는 공정을 나열하여라.

객관식문제(29개의 답)

12.1 압출 공정에서 다이 오리피스를 통과하는 유동의 저항에 의해 발생하는 추진류에 의해 배럴 내 고분자용융체의 전진방향 유동이 제한된다. (a) 맞음, (b) 틀림.

12.2 열가소성 플라스틱에 대한 일반적인 압출기 배럴은 세 부분으로 나뉠 수 있다. 가장 적절한 표현의 각 부분 명칭은 무엇인가? (a) 압축부, (b) 다이부, (c) 공급부, (d) 가열부, (e) 계량부, (f) 성형부.

12.3 다음 중 플라스틱 시트와 필름의 생산과 관련된 세 가지 공정은 무엇인가. (a) 블로잉필름 압출 공정, (b)캘린더링 공정, (c) 냉롤 압출, (d) 닥터 블레이드 공정, (e) 스피닝, (f) 열성형, (g) 트랜스퍼 몰딩.

12.4 다음 중 사출성형기의 주요 부품 두 가지는 무엇인가. (a) 고정부, (b) 호퍼, (c) 사출부, (d) 몰드, (e) 이형 시스템.

12.5 다음 중 사출성형에서 분리선에 대한 설명 중 옳은 것은? (a) 고분자용융체가 몰드의 코어 주위를 돌아 만날 때 생기는 선, (b) 부품이 탕도와 분리되는 좁은 게이트 부위, (c) 성형기에서 고정부와 사출부가 결합되는 지점, (d) 두 개의 금형판이 만나는 지점.

12.6 다음 중 사출성형에서 이형 시스템의 기능을 설명한 것으로 가장 적절한 것은? (a) 고분자용융체를 금형공동 내부로 이동시킴, (b) 금형공동이 충진된 다음 금형을 개방함. (c) 성형공정 후 성형품을 탕도 시스템으로부터 분리시킴, (d) 성형공정 후 성형품을 금형공동으로부터 분리시킴.

12.7 양판금형과 비교하여 3판금형이 갖는 장점으로 가장 적절한 두 가지는 무엇인가. (a) 탕도로부터 성형품의 자동 분리, (b) 게이트가 제품의 하부에 위치하여 용접선 결합이 최소화됨, (c) 탕구가 고화되지 않음, (d) 성형품의 강도가 높음.

12.8 다음 중 사출성형 공정과 관련된 결함 혹은 문제점 세 가지는 무엇인가. (a) 뱀부잉(bambooing), (b) 다이 팽윤, (c) 추진류, (d) 플래시, (e) 용융체 파손, (f) 주입 부족, (g) 함입 자국.

12.9 회전몰딩에서 원심력은 고분자용융체를 금형공동의 표면에 부착시켜 고화가 이루어지게 한다. (a) 맞음, (b) 틀림.

12.10 용융예비형성체는 다음 중 어떤 고분자 재료 성형 공정과 관련이 있나? (a) 이단 사출성형, (b) 블로우 몰딩, (c) 압축 성형, (d) 압축 열성형, (e) 샌드위치 성형.

12.11 열성형 공정에서 볼록한 모양의 금형을 무엇이라 부르나? (a) 다이, (b) 음각금형, (c) 양각금형, (d) 3판금형.

12.12 Encapsulation이라는 용어는 다음 중 어떤 고분자 성형공정과 관련이 있는가? (a) 플라스틱 주조, (b) 압축성형, (c) 중공형상 압출성형, (d) 금속 삽입물을 포함하는 제품의 사출성형, (e) 양각금형을 사용하는 진공 열성형.

12.13 다음 중 가장 일반적인 고분자 폼 재료 두 가지는 무엇인가? (a) 폴리아세탈, (b) 폴리에틸렌, (c) 폴리스틸렌, (d) 폴리우레탄, (e) PVC.

12.14 다음 중 금속과 비교하여 플라스틱 제품이 갖는 장점으로 적합한 두 가지는 무엇인가. (a) 내충격력, (b) 자외선에 대한 안정성, (c) 강성, (d) 강도, (e) 무게 당 강도 비율, (f) 내열성

12.15 다음 공정 중 열가소성 플라스틱 재료만 적용이 가능한 공정 두 가지는 무엇인가. (a) 블로우몰딩, (b) 압축성형, (c) 사출성형, (d) 회전몰딩, (e) 진공 열성형.

12.16 다음 중 작은 배의 선체를 제작할 수 있는 공정 세 가지는 무엇인가. (a) 블로우몰딩, (b) 압축성형, (c) 사출성형, (d) 회전성형, (e) 진공 열성형.

▌연습문제

압출

12.1 직경 65 mm, 길이 1.75 m의 압출 배럴 내에서 스크루가 55 rev/min으로 회전하고 있다. 스크루 채널의 깊이는 5.0 mm 플라이트 각은 18°이다. 압출 배럴의 다이 끝단 출구압력이 5.0×10^6 Pa이고, 고분자용융체의 점도는 100 Pa-s일 때, 배럴 내의 고분자 유량을 구하여라.

12.2 직경 12.5 cm, 직경 대 길이비가 26인 압출 배럴 내에 용융체 점도 17 Pa-s의 폴리프로필렌 재료가 230℃로 가열되어 있다. 피치 10.5 cm, 채널 깊이 0.38 cm의 스크루가 50 rev/min의 속도로 회전하고 출구압력이 3 MPa일 때, 다이 끝단에서 폴리프로필렌 수지의 유량은 얼마인가?

12.3 직경 110 mm, 길이 3.0 m의 압출 배럴 내에 채널 깊이 7.0 mm, 피치 95 mm의 스크루가 회전하고 있다. 고분자 용융체의 점도가 105 Pa-s이고 출구압력이 4.0 MPa일 때 90 cm³/s의 유량을 얻기 위한 스크루의 회전속도는 얼마인가?

12.4 직경 6.25 cm, 길이 2 m의 압출 배럴 내에 채널 깊이 0.6 cm, 플라이트 각 20°의 스크루가 55 rev/min의 속도로 회전하고 있다. 압출재료는 폴리프로필렌 수지이며, 현재 공정 조건에서 고분자용융체의 유량은 25 cm³/s이고 출구압력은 3.5 MPa이다. (a) 이때 폴리프로필렌 용융체의 점도는 얼마인가? (b) 그림 12.2를 사용하여 폴리프로필렌 수지의 온도를 추측하여라.

12.5 직경 80 mm, 길이 2.0 m의 압출 배럴 내에 채널깊이 5 mm, 플라이트 각 18°의 스크루가 1 rev/sec의 속도로 회전하고 있다. 고분자용융체의 점도가 150 Pa-s일 때 Q_{max}와 p_{max}를 계산하여 압출기 특성을 결정하고 두 점 사이를 연결하는 직선의 방정식을 찾아라.

12.6 플라스틱 압출 공정에서 스크루 직경 A와 스크루 피치 p가 같아, 스크루의 1회 회전에 의해 스크루의 직경만큼 플라이트가 전진하는 나선각(helix angle) A를 'Square' 각이라고 부른다. 플라이트 폭의 너비는 무시할 때 'Square' 각 A를 구하여라.

12.7 직경 6.25 cm, 길이 12.5 cm의 압출 배럴 내에 채널 깊이 0.5 cm, 플라이트각 17.5°의 스크루가 60 rev/min의 속도로 회전하고 있다. 배럴 내 다이 끝단에서 출구 압력이 5.5 MPa, 고분자용융체의 점도가 85 Pa-s일 때 배럴 내 플라스틱 재료의 유량을 구하여라.

12.8 직경 10 cm, L/D 비 28의 압출 배럴 내에 채널 깊이 0.63 cm, 피치 12 cm의 스크루가 60 rev/min의 속도로 회전하고 있다. 고분자용융체의 점도는 70 Pa-s일 때 40 cm³/cm의 유량을 얻기 위한 출구압력은?

12.9 압출 성형 공정을 통해 외경 5 cm, 내경 4.25 cm의 연

속적인 튜브 제품을 생산한다. 압출 배럴의 직경은 10 cm이고, 길이는 3 m이다. 스크루의 회전속도는 50 rev/min이고, 채널 깊이는 0.63 cm, 플라이트 각은 16°이다. 출구압력이 2.5 MPa이고 고분자용융체의 점도가 55 MPa일 때, 압출품의 다이 팽윤 현상이 발생하지 않도록 잡아당겨지고 있다고 가정하고(압출 튜브의 외경과 내경이 다이의 값과 동일함), 튜브의 생산속도 (length of tube/min)를 구하여라.

12.10 압출 성형 공정을 통해 외경 5 cm, 내경 3.8 cm의 연속적인 튜브 제품을 생산한다. 압출 배럴의 직경은 12.5 cm이고, 길이는 3.6 m이다. 스크루의 회전속도는 50 rev/min이고, 채널 깊이는 0.75 cm, 플라이트 각은 16°이다. 출구압력이 2.5 MPa, 고분자용융체의 점도가 60 MPa, 다이 팽윤 계수(die swell ratio)가 1.25로 주어졌을 때 튜브의 생산속도(length of tube/min)를 구하여라.

12.11 직경 100 mm, 길이 2.8 m의 압출 배럴 내에 채널 깊이 7.5 mm, 플라이트 각 17°의 스크루가 50 rev/min의 속도로 회전하고 있다. 고분자용융체의 전단 점도가 175 Pa-s일 때 다음을 구하여라. (a) 압출기 특성, (b) 직경 3.0 mm, 길이 12.0 mm인 원형 다이 개구부의 형상계수, (c) 작동점(Q와 p).

12.12 문제 12.11에서 사용된 재료는 아크릴이라 가정한다. (a) 그림 12.2를 이용하여 고분자용융체의 온도를 구하여라. (b) 만약 고분자용융체의 온도가 20°C 낮아지는 경우 고분자용융체의 점도를 구하여라(힌트: 그림 12.2의 y축은 선형이 아닌 로그 스케일임).

사출성형

12.17 표 12.1과 같이 폴리에틸렌 성형품이 수축한다면 제품의 부피 감소비를 계산하여라.

12.18 ABS로 제작된 어떤 사출품의 치수가 225.00 mm이다. 표 12.1의 수축 값을 이용하여 금형 공동은 어떤 치수로 가공되어야 하는지 계산하여라.

12.19 폴리카보네이트로 제작된 어떤 사출품의 치수가 9.375 cm이다. 표 12.1의 수축 값을 이용하여 금형 공동은 어떤 치수로 가공되어야 하는지 계산하여라.

12.20 사출성형 팀의 한 작업자가 폴리에틸렌 제품이 계산 값보다 크게 수축한다고 한다. 이 제품의 중요치수가

12.13 직경 11.25 cm, 길이 3.35 m의 압출 배럴 내에 채널 깊이 0.88 cm, 플라이트 각 20°의 스크루가 60 rev/min의 속도로 회전하고 있다. 고분자용융체의 전단 점도는 85 Pas일 때 다음을 구하여라. (a) Q_{max}와 p_{max}, (b) 직경 0.78 cm, 길이 1.88 cm인 원형 다이 개구부의 형상계수, (c) 작동점에서의 Q와 p값.

12.14 직경 12.5 cm, 길이 3.6 m의 압출 배럴 내에 채널 깊이 0.75 cm, 플라이트 각 17.7°의 스크루가 50 rev/min의 속도로 회전하고 있다. 고분자용융체의 전단 점도는 70 Pas일 때 다음을 구하여라. (a) 압출기 특성, (b) 다이특성이 $Q_x = 0.00150p$로 주어졌을 때 작동점에서의 Q와 p값.

12.15 문제 12.14에서 주어진 데이터에서 스크루의 플라이트 각이 17.7°가 아닌 변수로 지정하고, 엑셀을 이용하여 유량 Q_x가 최대화 되는 플라이트 각을 구하여라(플라이트 각의 범위는 10°~20°이며, 최적값은 0.1° 단위로 반올림하여 구하여라).

12.16 직경 8.75 cm, 길이 1.5 m의 압출 배럴 내에 채널 깊이 0.4 cm, 플라이트 각 22°의 스크루가 75 rev/min의 속도로 회전하고 있다. 동작온도 275°C에서 고분자용융체의 전단 점도는 45 Pas이다. 고분자 재료의 비중이 1.2이고, 인장강도가 55 MPa일 때, T형 압출물이 0.05 kg/s의 속도로 압출된다. 물의 밀도는 100 kg/m³이다. (a) 압출기 특성을 구하여라, (b) 작동점에서의 Q와 p를 구하여라. (c) 계산된 작동점 결과를 이용하여 다이 특성을 구하여라.

112.5 ±0.25 mm이고, 실제 치수가 112.02 mm이다. (a) 첫 단계로 금형 공동의 치수를 확인하여야 한다. 폴리에틸렌 수지지의 수축계수가 0.025(표 12.1)일 때, 금형의 치수를 계산하여라. (b) 수축량을 감소하기 위해 공정변수 중에서 어떤 값을 조정하여야 하는가?

12.21 폴리에틸렌으로 제작된 사출품의 치수가 6.25 cm이다. 동일한 금형을 사용하여 폴리카보네이트 수지로 사출품을 제작할 때 예상되는 제품의 치수를 계산하여라.

기타 성형공정 및 열성형

12.22 블로우몰딩에서 사용하는 폴리에틸렌 용융예비형성체의 압출다이 평균 직경은 18.0 mm이다. 다이링 출구의 크기는 2.0 mm이고, 다이 오리피스를 빠져나온 용융예비형성체의 평균직경은 21.5 mm로 팽창하는 것으로 관찰되었다. 블로우 성형 용기의 직경이 150 mm라면, 다음을 구하여라. (a) 용기의 벽 두께, (b) 용융예비형성체의 벽 두께.

12.23 용융예비형성체가 외경 11.5 mm, 내경 7.5 mm인 다이로 압출된다. 관측된 다이 팽윤비는 1.25이다. 용융예비형성체는 외경이 112 mm(2L 음료수병의 표준크기)인 음료수 용기를 블로우 성형하는 데 사용된다. (a) 용기의 벽 두께는 얼마인가? (b) 빈 음료수 용기를 구해서 주의 깊게 직경 방향으로 절단하고 마이크로미터를 이용하여 벽 두께를 측정한 뒤 (a)의 답과 비교하여라.

12.24 블로우 몰딩 공정을 이용하여 직경 5.625cm, 벽 두께 0.113 cm의 빈 용기를 생산한다. 사용된 용융예비형성체의 벽 두께가 0.725 cm이고 관측된 다이 팽윤비가 1.30일 때 (a) 요구되는 용융예비형성체의 직경은

얼마인가? (b) 다이의 지경은 얼마인가?

12.25 평균 직경이 27 mm인 용융예비형성체를 압출공정으로 생산한다. 용융예비형성체를 만드는 다이의 내경은 18 mm, 외경은 22 mm이다. 블로우몰딩으로 제작된 용기의 최소 벽 두께가 0.4 mm이면, 블로우 몰딩의 최대 허용 직경은 얼마인가?

12.26 회전몰딩을 이용하여 폴리프로필렌 재질의 속이 빈 장난감 공을 성형한다. 성형된 공의 직경은 0.4 m이며 벽두께는 15/64 cm이다. 이러한 치수를 만족하는 공을 제작하기 위해 초기에 투입되어야 하는 폴리프로필렌 재료의 중량은 얼마인가? 폴리프로필렌 재료의 비중은 0.90이며 물의 밀도는 1000 kg/m³이다.

12.27 어떤 열성형 공정으로 큰 컵 모양의 제품을 만드는데, 벽 두께가 너무 얇아지는 문제가 발생하였다. 양각금형을 사용한 전형적인 압력 열성형 공정을 이용하였으며, 고분자 재료는 초기 두께가 3.2 mm인 ABS 수지이다. (a) 컵의 두께가 얇아지는 현상이 왜 발생하는가? (b) 문제를 해결하기 위해 공정을 어떻게 개선해야 하는가?

13.1 고무소재 생산 및 성형
   13.1.1 고무의 생산
   13.1.2 합성
   13.1.3 혼합
   13.1.4 정형 및 관련 공정
   13.1.5 가황
13.2 타이어 및 기타 고무제품 제조
   13.2.1 타이어
   13.2.2 기타 고무제품
   13.2.3 열가소성 고탄성재료 가공 공정
13.3 고분자기지 복합재료 성형공정
   13.3.1 고분자기지 복합재료의 원소재
   13.3.2 기지와 강화재의 결합

13.4 개금형 공정
   13.4.1 수동 적층공정
   13.4.2 분사 적층공정
   13.4.3 자동 테입 적층가
   13.4.4 경화
13.5 폐금형 공정
   13.5.1 고분자기지 복합재료의 압축성형 공정
   13.5.2 고분자기지 복합재료의 트랜스퍼 몰딩 공정
   13.5.3 고분자기지 복합재료의 사출성형 공정
13.6 필라멘트 권선
13.7 연속인발성형 공정
   13.7.1 연속인발성형
   13.7.2 풀포밍
13.8 기타 고분자기지 복합재료의 성형공정

12장에서 설명한 대부분의 플라스틱 성형공정 고무(rubber)와 고분자기지 복합재료(polymer matrix composite)에 그대로 적용될 수 있으나, 고무 및 고분자기지 복합재료의 특성은 플라스틱 재료와 차이가 있으므로 해당 재료의 특성에 맞춘 변형공정이 요구된다. 본 장에서는 플라스틱 재료와 고무 및 고분자기지 복합재료의 특이점 및 이로 인한 성형공정의 변형에 대해 알아본다.

고무산업은 플라스틱산업과 크게 구분되며, 고무로 만들어지는 상품의 가장 큰 비중을 차지하는 제품은 타이어다. 타이어는 자동차, 트럭, 비행기, 자전거 등에 매우 많은 수가 사용된다. 1880년대 공기 타이어가 개발되었지만, 고무관련 기술의 시작은 가황(vulcanization)에 대한 발견(역사적 고찰 8.2 참조)이 이루어진 1839년까지 거슬러 올라간다. 가황은 천연고무 내의 고분자가 서로 가교결합(cross-linking)되면서 유용한 재료로 변환되는 과정이다. 가황법이 개발된 후 첫 100년 동안 고무산업은 천연고무의 성형에만 관심을 가졌으나, 2차 세계대전 무렵 합성고무가 개발되었고(역사적 고찰 8.3 참조), 오늘날에는 합성고무의 성형이 고무산업의 주류를 이룬다. 타이어 및 다른 여러 고무 제품은 실질적으로 카본블랙(carbon black)이 보강재(reinforcing phase)로 사용된 고분자기지 복합재료라 할 수 있다. 타이어와 고무 컨베이어 벨트 역시 제품에서 발생하는 팽창량을 제한하기 위해 금속 와이어 혹은 다른 재료를 포함하는 복합재료이다. 본 장에서는 고무소재 생산 공정에 대해 13.1절에서 알아보고, 13.2절에서는 타이어 및 기타 고무제품의 생산 방법에 대해 알아본다.

또한 본장에서는 고분자기지 복합재료를 유용한 부품 및 제품으로 성형하는 공정에 대해서 알아본다. 8장에서 설명한 내용을 다시 살펴보면 **고분자기지 복합재료**는 섬유나 분말과 같은 보강재와 고분자 재료로 구성된 복합재료이다. 최근 고분자기지 복합재료 사용이 증대됨에 따라 고분자기지 복합재료 성형공정의 기술적, 산업적 중요성이 커지고 있다. 특히 **유리섬유강화플라스틱**(fiber reinforced polymer)의 사용이 매우 증대되고 있어, 일반적으로 고분자기지 복합재료라는 명칭은 유리섬유강화플라스틱를 의미한다. 유리섬유강화플라스틱 복합재료는 무게당 강도 및 무게당 탄성계수 비율이 매우 높게 설계될 수 있으며, 이러한 특징으로 인해 비행기, 자동차, 트럭, 보트, 스포츠 용품 등에서 각광받고 있다. 고분자기지 복합재료의 성형공정에 대해 13.3 ~ 13.8절에서 알아본다.

▌13.1 고무소재 생산 및 성형

고무제품 제조공정은 크게 (1)고무소재 자체의 생산과 (2)성형공정을 통한 완제품 제작의 두 단계로 나뉜다. 이때 고무가 천연 또는 합성인지에 따라 고무소재 제조공정이 나뉜다. 이러한 차이는 원재료의 출처에 따른 것이며, 천연고무(natural rubber, NR)는 식물에서 만들어지며, 대부분의 합성고무는 원유로부터 만들어진다.

고무제품은 (1) 합성, (2) 혼합, (3) 성형, (4) 가황의 공정을 거쳐 최종 제품으로 제작된다. 천연고무와 합성고무의 생산공정은 거의 동일하며, 차이는 가황에 사용되는 화학물질에 있다. 한편 열가소성 고탄성 고분자의 경우 고무의 생산 공정이 아닌 열가소성 고분자 재료의 생산 공정으로 제작된다.

몇 가지 별개의 산업이 고무의 생산 및 가공에 관련되어 있다. 천연고무의 초기재료인 라텍스(latex)는 열대 기후의 대형 농장에서 얻어지기 때문에 천연고무 원재료의 생산은 농업으로 분류될 수 있다. 반면 합성고무의 경우 석유 화학 산업에서 생산된다. 이러한 재료로부터 타이어, 신발류 및 기타 고무제품을 만드는 것은 제조업에서 이루어진다. 일반적으로 고무산업이라 함은 고무제품의 제조와 관련된 산업을 이야기하며, 대표적인 고무산업 업체는 Goodyear사, B.F. Goodrich사, Michelin사 등이다.

13.1.1 고무의 생산

본 절에서는 천연고무와 합성고무의 생산방법에 대해 알아본다.

천연고무

천연고무는 동남아시아 및 기타 지역의 농장에서 주로 재배되는 **고무나무**(Hevea brasiliensis)에서 라텍스 형태로 얻어진다. 라텍스는 폴리이소프렌(polyisoprene)(8.4.2절) 고형입자가 물에 섞여 있는 콜로이드 용액이다. 폴리이소프렌은 고무를 이루고 있는 화학 물질이며, 라텍스에 약 30%가 함유되어 있다. 라텍스는 커다란 탱크에 수집되며, 다수의 나무에서 채취된 것을 함께 섞는다.

라텍스로부터 고무를 추출하는데 가장 선호되는 방법은 응고 공정이다. 먼저 라텍스를 물에 희석하여 처음 농축액 농도의 반 정도가 되도록 한다. 이후 포름산($HCOOH$) 또는 초산(CH_3COO)과 같은 산을 첨가하여 12시간 동안 응고 반응이 발생하도록 한다. 응고물은 부드러운 고형판 형상으로, 연속적인 롤러를 통과하면서 대부분의 물이 빠져나가 두께가 약 3 mm 정도로 감소된다. 마지막 롤러에는 응고된 박판표면에 십자무늬를 새겨 넣기위한 홈이 형성되어 있다. 제작된 박판은 나무 프레임에 걸려 훈제실에서 건조된다. 훈제실의 뜨거운 연기는 크레오소트(creosote)를 포함하고 있어 곰

곰팡이의 번식과 산화를 방지한다. 완전한 건조를 위해서는 보통 수일이 소요된다. 건조된 고무는 특이한 짙은 갈색을 띠며, **립드스모크드 시트**(ribbed smoked sheet)라 불린다. 최종적으로 건조된 고무는 배송을 위해 일정한 크기로 접혀 보관된다. 고무 박판의 건조는 훈제실에서 건조되는 방법이 아닌, 뜨거운 공기로만 건조될 수도 있으며, 이렇게 건조된 고무를 **공기건조 시트**(air-dried sheet)라고 부르며 상대적으로 품질이 높다. 최상 품질 등급의 고무인 **페일크레이프**(pale crepe)는 두 단계 응고 과정을 거친다. 첫 번째 단계는 라텍스의 불순물을 제거하는 단계이며, 추가적인 세척 및 기계적 가공작업 이후 따뜻한 공기에 의한 건조공정이 수행되어 황갈색의 고무를 얻게 된다.

13.1.2 합성

고무는 응용 분야에서 요구하는 성질, 가격, 가공특성 등을 만족하기 위해 항상 첨가제와 함께 합성(compounding)된다. 합성단계의 가황공정을 위해 화학물질이 첨가되는데, 전통적으로 황이 널리 사용된다. 가황공정과 가황공정을 위한 화학물질에 대해서는 13.1.5절에서 논의한다.

고무의 합성에 사용되는 첨가제 중 필러는 고무의 기계적인 특성을 보강하거나(보강재 역할) 비용을 줄이기 위해 고무를 팽창시키는(비보강재 역할) 역할을 한다. 고무에서 가장 중요한 보강재는 **카본블랙**(carbon black)이며, 이는 콜로이드 형태의 탄소로 검정색을 띠며 탄화수소(그을음, soot)를 열분해하여 얻는다. 카본블랙이 첨가된 고무제품은 인장강도 및 내마모성, 내파열성이 증가되는 효과가 있으며, 또한 자외선으로부터 제품을 보호하는 기능을 제공한다. 이러한 효과는 타이어에서 특히 중요하며, 대부분의 고무제품이 검은색을 띠는 이유도 카본블랙이 함유되어 있기 때문이다.

고무합성에 있어 카본블랙은 매우 중요한 충진재이지만, 기타 다른 성분의 충진재 역시 적용되고 있다. 수산화 알루미늄 실리케이트($Al_2Si_2O_5(OH)_4$)성분의 차이나클레이(china clay)는 카본블랙보다 보강능력은 떨어지지만 검은색이 적용될 수 없는 분야에서 사용된다. 탄산칼슘($CaCO_3$)은 비보강 충진재로 분류되며, 실리카(SiO_2)는 입자크기에 따라 보강기능 혹은 비보강기능을 수행한다. 또한 스티렌(styrene), PVC, 페놀 등과 같은 고분자재료도 충진재로 사용된다. 재활용 고무재료도 충진재로 사용될 수 있으나 함유비율은 10% 이하이다.

기타 고무합성의 첨가제로는 산화에 의한 노화효과(aging)를 완화시키는 항산화제, 피로 및 오존방지 화합물, 색소, 가소제(plasticizer) 및 유연 오일(softening oil), 고무 폼 생산을 위한 취입제(blowing agent), 금형 이형제 등이 있다.

많은 고무제품들은 신장성을 줄이면서도 고무의 바람직한 성질은 유지하기 위하여 필라멘트 보강재를 필요로 한다. 타이어와 컨베이어용 벨트는 필라멘트 보강제가 사용되는 좋은 예이다. 이러한 목적에 적용되는 필라멘트로는 셀룰로오스, 나일론, 폴리에스터가 있다. 유리 섬유와 강철 역시 보강재로 사용되기도 한다(예 : 강벨트 레이디얼 타이어). 이러한 연속 섬유 재료는 성형공정에서 추가되어야 하며, 다른 첨가제와 혼합되지는 않는다.

13.1.3 혼합

고무제품 내에 구성성분이 균일하게 분포되기 위해 기본 고무 재료와 첨가제가 완벽하게 혼합(mixing)되어야 한다. 경화되지 않은 고무는 높은 점도를 가지고 있어, 고무의 기계적인 혼합공정

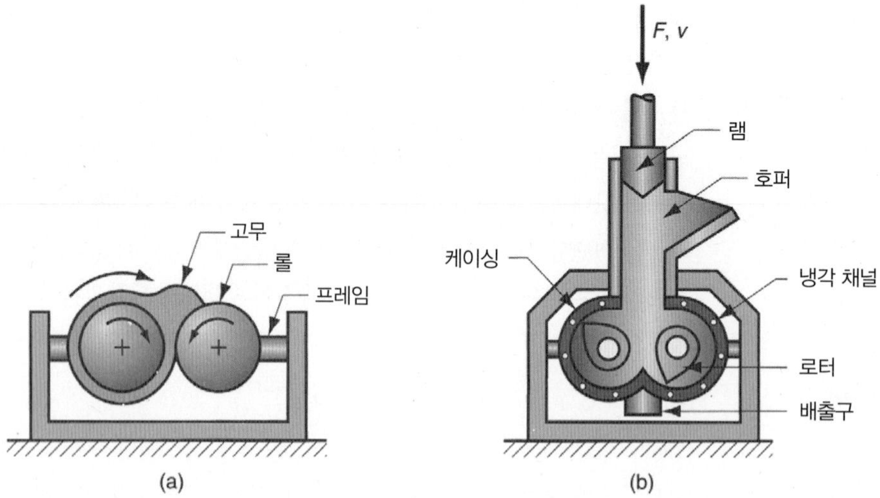

그림 13.1 고무 재료 혼합기. (a) 쌍롤밀, (b) 밴버리형식 내부혼합기. 이들 기계는 천연고무의 내림(mastication)에도 사용될 수 있다.

온도는 150℃까지 상승할 수 있다. 가황제가 혼합 초기단계에 첨가된다면, 너무 이른 경화가 이루어지는데, 이는 고무업체 현장에서 가장 피하고 싶은 문제라 할 수 있다 [15]. 따라서 일반적으로 두 단계의 혼합공정이 사용된다. 첫 번째 단계에서는 카본블랙 및 기타 비가황 첨가제가 고무와 혼합되며, 이러한 혼합물을 **마스터배치**(master batch)라 부른다. 완벽한 혼합이 이루어지고 충분한 냉각시간이 주어진 후, 두 번째 단계에서 가황제가 첨가된다.

혼합에 필요한 장비로는 그림 13.1에서 보는 바와 같이 **쌍롤밀**(two-roll mill)혼합기와 밴버리믹서(Banbury mixer)와 같은 내부혼합기가 있다. 쌍롤밀혼합기는 두 개의 평행한 롤과 지지 프레임으로 구성되며, 롤은 적당한 간격을 유지한 상태로 동일한 속도 혹은 약간 다른 속도로 회전한다. 밴버리 형식과 같은 **내부혼합기**는 그림 13.1(b)와 같이 재킷(jacket) 안의 두 개의 로터로 구성된다. 로터는 날을 갖고 있으며 반대방향으로 서로 다른 속도로 회전하고 이로 인해 혼합물 내에 복잡한 유동을 형성한다.

13.1.4 정형 및 관련 공정

고무제품의 정형(shaping)공정은 (1) 압출, (2) 캘린더링, (3) 코팅, (4) 몰딩 혹은 주조의 네 가지 종류로 나뉜다. 상기의 공정에 대해서는 앞장에서 이미 소개하였다. 본 절에서는 상기의 공정이 고무에 적용되었을 경우 발생하는 특이한 문제들을 알아본다. 일부 고무제품들은 몇 가지의 기초공정과 추가적인 조립공정이 필요하기도 하며, 타이어가 그 대표적 예이다.

압출

고분자 재료의 압출(extrusion)공정은 이전 장에서 설명하였다. 일반적으로 스크루 압출기가 고무의 압출공정에 사용된다. 열경화성 고분자재료의 압출과 같이 압출되기 전 교차결합(cross-linking)이 발생하는 위험을 줄이기 위해 압출기 길이 대 배럴직경비(L/D)는 약 $10 \sim 15$ 정도로 열가소성 고분자재료의 값보다 작다. 고무 역시 고분자재료와 같이 소성이 매우 높고 형상기억 성질이 있어, 고무 압출에서도 다이팽윤(die swell)이 발생한다. 압출공정에서 고무는 아직은 가황되지 않은 상태이다.

캘린더링

고무의 캘린더링(calendering)공정은 고무재료를 회전하는 롤러 사이로 통과시켜 두께를 줄이는 과정이다(12.3절 참조). 고무의 캘린더링 공정은 열가소성 고분자재료보다 낮은 온도에서 수행되며 이는 너무 이른 가황을 방지하기 위함이다. 또한 고무산업에 사용되는 캘린더링 장비는 열가소성 고분자재료에 사용되는 장비 보다 훨씬 크며, 그 이유는 열가소성 고분자보다 고무의 점도가 높고 성형성이 낮기 때문이다. 캘린더링의 결과물은 마지막 롤러 사이의 간격과 같은 두께의 고무박판이다. 그러나 고무판에서 팽윤이 발생하므로 실제 두께는 롤러 사이의 간격보다 약간 두껍다. 또한 캘린더링 공정은 고무를 코팅하거나, 고무직물을 만들기 위해 직물상에 고무를 함입시키는 데도 사용된다.

고무재료의 압출 및 캘린더링 공정으로 두꺼운 판 형태의 제품을 제작함에 있어, 압출의 경우 두께 조절이 어려운 단점이 있으며, 캘린더링의 경우 내부에 기공이 빈번하게 발생하는 문제점이 있다. 이러한 문제는 그림 13.2와 같이 압출공정과 캘린더링 공정이 결합된 **롤러 다이**(roller die)공정으로 해결될 수 있다. 여기서 압출다이는 캘린터링 공정에 재료를 공급하는 슬릿 역할을 하게 된다.

코팅

직물에 고무를 코팅하거나 함입시키는 것은 고무산업에 있어 매우 중요한 공정이다. 이러한 복합재료는 자동차 타이어, 컨베이어 벨트, 고무보트 및 방수포, 텐트, 우비를 위한 방수천 등에 사용된다. 섬유기판상에 고무를 **코팅**하는 다양한 공정이 알려져 있으며, 앞서 언급한 캘린더링 공정이 그중 하나이다. 그림 13.3은 강화 고무판을 얻기 위하여 직물을 캘린더 롤에 공급하는 방법을 보여준다.

직물에 고무를 코팅하는 또 다른 방법으로 스키밍, 디핑, 분무 공정이 있다. **스키밍**(skimming)공정에서는 고무 화합물을 유기용제에 용해시킨 짙은 용액을 공급 스풀에서 풀리는 직물에 도포한다. 코팅된 직물은 용제를 적당한 두께로 만들어주는 닥터블레이드(doctor blade)를 통과한 뒤, 증기 체임버(chamber)를 지나며, 이때 열에 의해 용제가 제거된다. **디핑**(dipping) 공정은 명칭에서 알 수 있듯 직물을 고무가 농축된 용액 안에 잠시 담그는 것이며 이후 건조공정이 뒤따른다. 마찬가지로 **분무**(spraying)공정에서는 분무 건이 고무용액을 분사시키는 데에 사용된다.

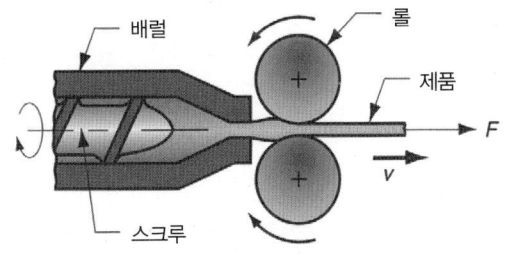

그림 13.2 롤러 다이 공정. 고무재료가 압출된 후 압연공정이 수행된다.

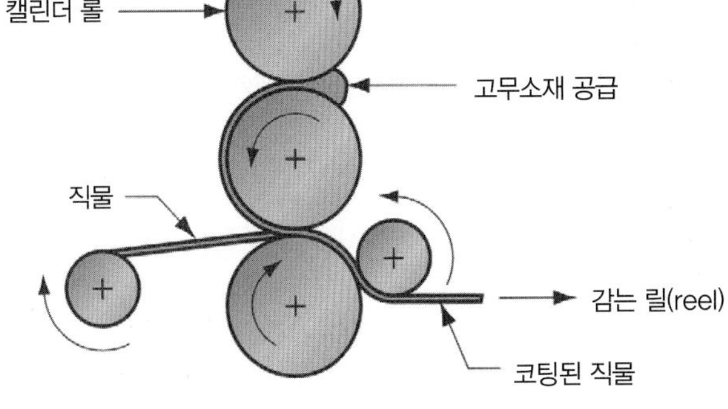

그림 13.3 캘린더링 공정을 이용한 직물의 고무 코팅.

몰딩 및 주조

신발창, 신발굽, 개스킷 및 누설 방지제, 흡입컵(suction cups), 병마개 등 다양한 부품이 고무재료의 몰딩 공정으로 제작된다. 또한 많은 종류의 고무폼 제품도 몰딩으로 제작된다. 몰딩공정은 타이어 제조에서도 중요한 공정이다. 고무재료에 대해 대표적으로 적용되는 몰딩공정은 (1) 압축성형, (2) 트랜스퍼 몰딩, (3) 사출성형이다. 이중 타이어 제조에 사용되는 압축성형공정이 가장 중요하다 할 수 있다. 세 가지 공정 모두, 경화(가황)는 금형 내에서 이루어지며, 이는 독립된 경화단계가 필요한 앞서 설명한 고무재료의 성형공정과의 차이점이다. 열경화성 고분자재료의 사출성형에서와 마찬가지로, 고무의 사출성형공정에서도 너무 일찍 재료가 경화될 수 있는 위험성이 존재하지만, 사출성형공정은 고무제품을 생산하는 전통적인 방법보다 높은 치수정밀도, 적은 스크랩, 빠른 사이클 타임의 장점을 갖는다. 또한 사출성형공정은 일반적인 고무재료의 몰딩 뿐 아니라 열가소성 고탄성중합체에도 적용 가능하다. 높은 금형 가격을 고려할 때, 사출성형공정은 대량생산에 적합하다.

딥주조(dip casting)는 고무장갑이나 장화를 만들기 위해 사용되는 공정이다. 딥주조 공정에서는 양각금형을 고분자 재료 용액에(또는 가열된 금형을 플라스티졸에) 담그고, 원하는 두께를 얻을 때까지 기다린 후 꺼낸다. 최종적으로 금형에 코팅된 고분자가 금형으로부터 벗겨진 후, 고무의 교차결합을 통해 경화과정이 수행된다.

13.1.5 가황

가황(vulcanization)은 고탄성체고분자들의 교차결합(cross-linking, 가교)을 위한 공정이며, 이로 인해 고무의 강성과 강도는 늘어나고 신장성은 줄어든다. 가황공정은 고무생산과정에서 매우 중요한 단계이다. 그림 13.4는 가황공정을 미세구조로 본 모습을 나타낸 것으로, 고무의 긴 사슬모양 분자들이 특정부위에서 교차결합을 수행하는 것을 보여준다. 이러한 교차결합으로 인해 고탄성중합체의 유동특성이 제한된다. 일반적으로 부드러운 고무는 약 천 개의 머(mer) 중 하나 혹은 둘의 교차결합을 갖고 있으며, 교차결합 가교의 수가 증가할수록 고분자재료는 더욱 단단해지고 열경화성 플라스틱과 같은 성질을 보인다(단단한 고무).

Goodyear사에서 개발한 초기의 가황공정은 140℃에서 약 5시간동안 진행되었으며, 다른 어떤 화학물질의 첨가 없이 황만을 (무게기준으로 천연고무 100에 대하여 황 8의 비율) 사용하였다. 현대에 와서 황만을 사용한 가황공정은 경화시간이 많이 소요되는 단점 때문에 더이상 사용되지 않는다. 가황공정의 속도를 증가시키고 강도를 향상시키기 위해 황과 함께 다양한 화학성분이 첨가되며 대표적 물질은 산화아연(ZnO) 및 스테아르산($C_{18}H_{36}O_2$)이다. 이를 통해 일반적인 승용차용 타이어의

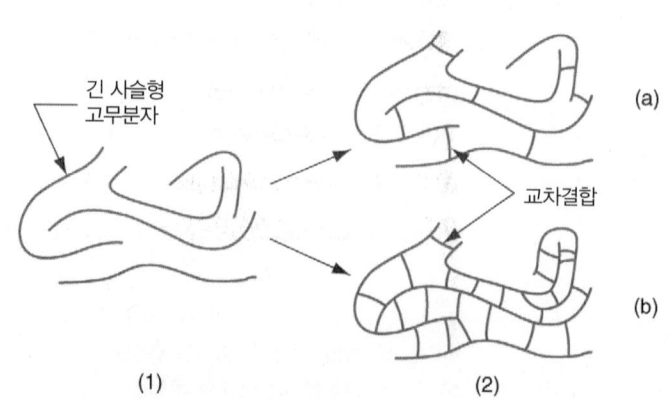

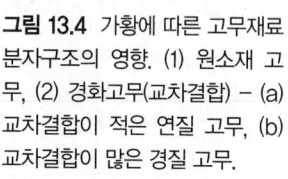

그림 13.4 가황에 따른 고무재료 분자구조의 영향. (1) 원소재 고무, (2) 경화고무(교차결합) – (a) 교차결합이 적은 연질 고무, (b) 교차결합이 많은 경질 고무.

경우 경화시간이 약 15～20분 정도로 빨라졌다. 또한 황을 사용하지 않은 다양한 가황공정이 개발되고 있다.

고무재료의 몰딩공정에서 가황공정은 금형 내에서 이루어지며, 금형의 온도는 경화에 알맞은 온도로 유지된다. 그외 성형공정에서는 제품이 성형된 이후 가황공정이 수행된다. 일반적으로 가황공정은 배치공정과 연속공정으로 나뉜다. 배치공정은 증기가열압력용기인 **오토클레이브**(autoclave)나 가열된 불활성가스(질소 등)로 경화시키는 **가스 경화법**(gas curing)에 적용된다. 고무생산의 다양한 기본공정이 연속적으로 제품을 생산하고 있으므로, 제품이 단품형태로 절단되지 않는다면, 연속 가황공정이 바람직하다. 연속 가황공정으로는 고무 코팅된 와이어나 케이블의 경화에 적합한 **고압증기법**(high pressure steam), 셀형 압출물과 카펫 밑깔개를 위한 **고온공기터널법**(hot-air tunnel) [5], 벨트 및 바닥재와 같은 연속적인 고무판이 하나 이상의 가열 롤러를 통과하는 **연속드럼경화법**(continuous drum cure)이 있다.

13.2 타이어 및 기타 고무제품 제조

타이어는 전세계 고무제품 중량의 3/4을 차지할 정도로 고무산업의 주요 품목이다. 그 밖의 주요한 제품은 신발, 호스, 컨베이어 벨트, 밀봉재(seal), 완충부품, 고무폼 제품, 스포츠 용품이다.

13.2.1 타이어

공기 타이어는 운송수단의 필수적인 부품으로, 자동차, 트럭, 버스, 농업용 트랙터, 토목기계, 군용장비, 자전거, 오토바이, 비행기 등에 사용된다. 타이어는 자동차, 승객, 화물의 무게를 지탱하며, 모터의 토크를 전달하여 추진력을 발생시키고(비행기는 제외), 도로의 진동과 충격을 완충하여 승차자에게 안락함을 제공한다.

타이어의 **구조와 제조단계**

타이어는 많은 부품의 조립품으로 제조공정이 의외로 복잡하다. 승용차 타이어는 대략 50개의 부품으로 이루어져 있으며, 토목기계용 대형 타이어는 많게는 175개 정도의 부품으로 이루어지기도 한다. 그림 13.5와 같이 타이어 구조는 (a) 사선플라이, (b) 벨티드 바이어스, (c) 레이디얼 플라이의 세 가지로 나뉜다. 세 가지 경우 모두, **뼈대**(carcass)라고 불리는 타이어 내부구조가, **플라이**(ply)라고 불리는 고무코팅 코드(cord)의 여러층으로 구성되어 있다. 코드는 나일론, 폴리에스터, 유리섬유, 강철과 같은 다양한 물질로 구성되며, 고무를 보강하여 고무가 잘 늘어나지 않도록 해준다. **사선 플라이 타이어**(diagonal ply tire)는 인접한 층끼리는 서로 직각방향을 유지하며 사선방향으로 나가는 코드들로 구성되어 있다. 전형적인 사선 플라이 타이어는 네 개의 플라이 층으로 구성된다. **벨티드 바이어스 타이어**(belted bias tire)는 서로 반대 방향인 사선 플라이들로 구성되며, 뼈대의 외곽 원주 방향에 몇 개 층이 더 추가된다. 이렇게 추가된 층이 벨트이며, 이는 타이어 접지면(tread) 부분의 강성을 증가시키고, 팽창할 때 직경방향의 신장을 제한한다. 그림에서 보는 바와 같이 벨트에서의 코드도 사선 방향이다.

레이디얼 타이어(radial tire)는 사선방향이 아니라 반경방향인 플라이로 구성된다. 또한 외곽에는

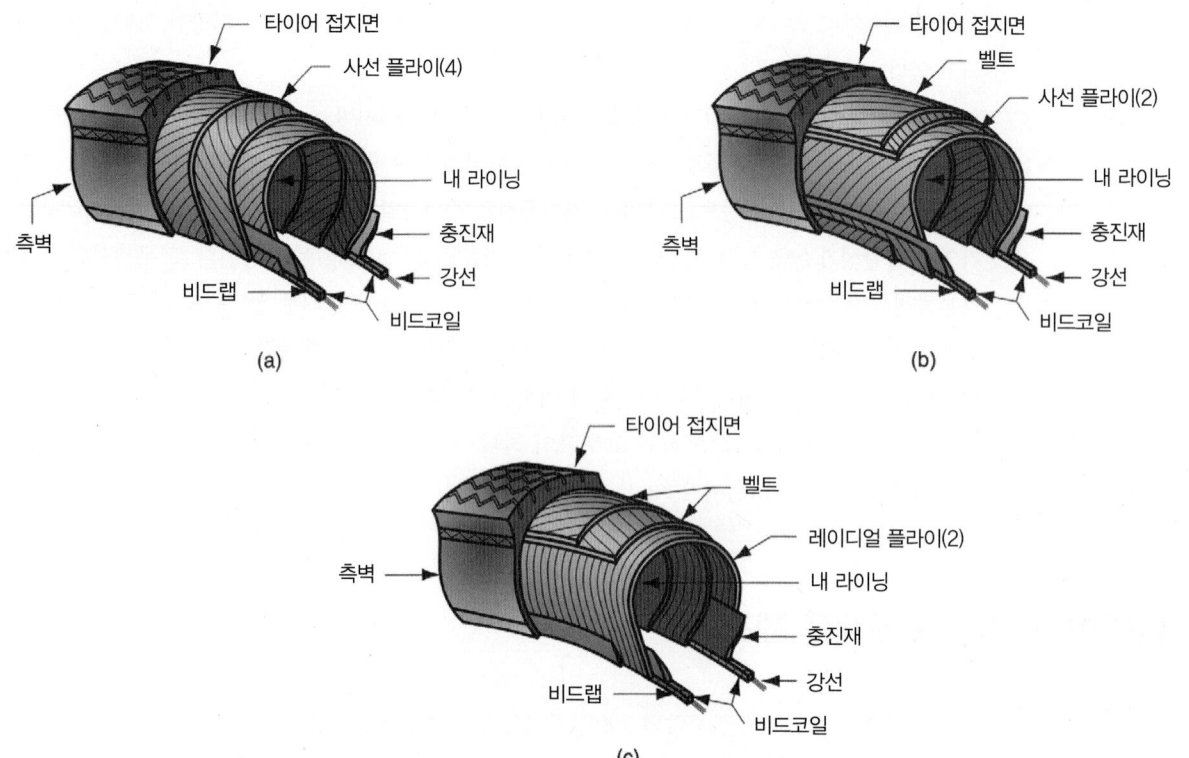

그림 13.5 세 가지 타이어 구조. (a) 사선 플라이, (b) 벨티드 바이어스, (c) 레이디얼 플라이.

지지를 위한 벨트가 사용된다. **스틸벨티드 레이디얼**(steel-belted radial) 타이어는 외곽 벨트가 강철 코드로 만들어진 타이어이다. 레이디얼 구조는 타이어의 옆면을 더 유연하게 하여, 타이어가 회전하는 중에 평평한 바닥면과 접할 때 변형되면서 벨트와 타이어 접지면에 발생하는 응력을 감소시킨다. 이러한 효과로 타이어 접지면 수명이 길어지고, 코너링 특성 및 운전 안정성이 향상되며, 고속 승차감이 향상된다.

모든 타이어 구조에서 뼈대는 단단한 고무로 덮여 있으며 덮여진 고무의 가장 두꺼운 부분이 타이어 접지면이 형성되는 부분이다. 또한 뼈대의 내부도 고무로 코팅된다. 내부에 튜브가 있는 타이어에서 내부 라이너(liner)는 가장 안쪽 플라이의 얇은 코팅이다. 튜브가 없는 타이어에서는 공기압을 유지하기 위해 매우 낮은 통기성을 갖는 내부 라이너가 사용되는데, 일반적으로 얇은 층상 고무가 사용된다.

전형적인 타이어 제조과정은 (1) 각 요소들의 성형, (2) 뼈대의 제작 및 옆면과 타이어 접지면의 형성을 위한 고무판의 부착, (3) 각각의 부품들을 성형하고 경화하여 하나의 몸체로 구현하는 단계의 세 가지로 요약될 수 있으나, 타이어의 구조, 크기, 타이어가 사용될 차량의 종류에 따라 공정이 변형될 수 있다.

구성요소들의 성형

그림 13.5에서 보는 바와 같이 뼈대는 여러 요소로 구성되어 있으며, 이중 대부분은 고무 또는 강화 고무이다. 옆면과 타이어 접지면의 고무뿐만 아니라 다른 요소들도 연속공정으로 생산되며, 후속 조립공정에 적합한 크기와 모양으로 잘라진다. 그림 13.5에 나타낸 요소에 대한 설명과 이들의 성형공정은 다음과 같다.

- **비드코일**(bead coil) — 연속된 강철 와이어를 고무재료로 코팅한 후 잘라, 코일 모양으로 감은 후 끝을 결합한다.
- **플라이**(plies) — 연속적인 와이어(직물, 나일론, 유리섬유, 강철)가 캘린더링 공정에서 고무로 코팅되고 크기와 모양에 맞추어 잘라진다
- **내부 라이닝**(inner lining) — 튜브 타이어의 경우, 가장 안쪽의 플라이 상에 내부 라이너가 캘린더링 공정으로 성형된다. 튜브가 없는 타이어의 경우에는 두 층으로 라이너가 캘린더링 된다.
- **벨트**(belt) — 플라이와 유사하게 연속적으로 와이어가 고무로 코팅되지만 보강 강도의 증가를 위해 다른 각도로 잘라진 후 접착되어 다중 플라이 벨트로 만들어진다.
- **타이어 접지면**(tread) — 연속된 스트립(strip)으로 압출된 후 잘라져서 벨트에 미리 결합된다.
- **측벽**(sidewall) — 연속된 스트립으로 압출된 후 크기와 모양에 따라 잘라진다.

뼈대 조립

일반적으로 뼈대는 **빌딩 드럼**(building drum)이라고 부르는 기계를 이용하여 조립된다. 빌딩드럼의 주 구성품은 회전하는 원통형 목재이다. 절단된 스트립들은 순서대로 원통에 쌓여가며 뼈대를 형성한다. 타이어의 단면을 형성하는 적층 플라이들은 두 개의 비드코일로 림(rim)의 양쪽에서 고정된다. **비드코일**은 고강도 강철와이어로 만들어지며, 타이어가 바퀴림에 고정되었을 때 견고하게 지지할 수 있도록 해준다. 타이어에 적절한 강도, 내열성, 함기성을 제공하고, 바퀴림에 맞춤을 가능하게 하기위한 다양한 포장재와 충진재들도 플라이와 비드코일에 결합된다. 이러한 재료들이 원통 목재를 따라 놓여지고, 적당한 수의 플라이가 추가된 뒤, 벨트를 감는다. 다음으로 측벽과 타이어 접지면이 되는 바깥 고무를 추가한다.[1] 이 시점에서 타이어 접지면은 균일한 단면을 가진 고무 스트립이다, 타이어 접지면의 홈형상은 추후 성형공정에서 구현된다. 빌딩드럼은 접을 수 있도록 디자인되어 있어 드럼상에 완성된 타이어를 빼낼 수 있다. 이 단계에서 타이어는 그림 13.6과 같은 대략적인 관모양이다.

성형 및 경화

타이어 성형용 금형은 일반적으로 두 부분으로(분할금형) 구성되며, 타이어에 각인할 타이어 접지면 무늬를 포함하고 있다. 금형은 프레스에 볼트로 고정되며, 한쪽은 상부판(lid)에 부착되고, 다른 한쪽은 하부판(base)에 부착된다. 경화되지 않은 타이어는 그림 13.7과 같이 팽창이 가능한 격판

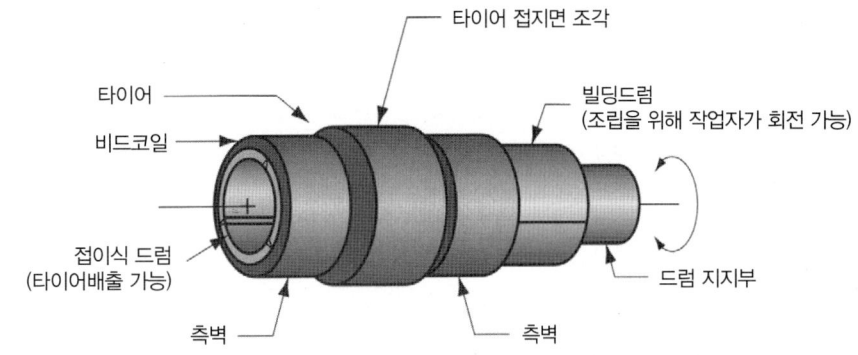

그림 13.6 성형과 경화공정을 수행하기 위해 빌딩 드럼에서 꺼내기 직전 상태의 타이어.

---

[1] 기술적 관점에서 측벽과 타이어 접지면은 뼈대의 구성품이 아니다.

그림 13.7 타이어 성형 공정 개념 단면도. (1) 미경화된 타이어가 팽창 격판 위에 위치된다. (2) 금형이 닫히고, 격판이 팽창되어 경화되지 않은 고무를 금형 공동에 압착하여, 고무에 접지면 패턴을 각인한다. 이때 몰드와 금형은 고무의 경화를 위해 가열된다.

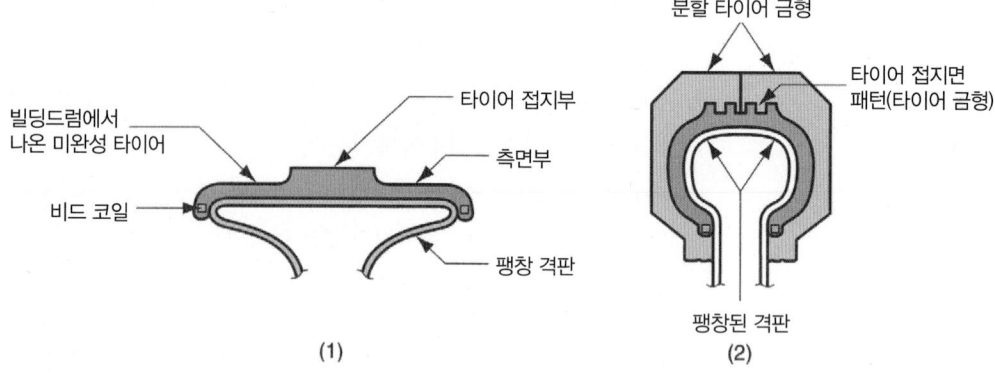

타이어 접지부

측면부

빌딩드럼에서 나온 미완성 타이어

비드 코일

팽창 격판

(1)

분할 타이어 금형

타이어 접지면 패턴(타이어 금형)

팽창된 격판

(2)

(diaphragm)에 놓여져 상하 금형 사이에 삽입된다. 프레스 금형이 닫히고 격판이 팽창하면 부드러운 고무가 금형 공동에 압착되어 금형에 새겨진 타이어 접지면 무늬가 전사된다. 동시에 고무는 외부의 금형과 내부의 격판으로 인해 가열된다. 내부 격판의 가열은 고온수 및 증기의 강제 순환으로 구현된다. 경화 시간은 타이어의 두께에 따라 영향을 받으며, 일반적인 승용차 타이어는 약 15분, 자전거 타이어의 경화에는 4분 정도가 소요된다. 대형 중장비의 경우 수시간의 경화공정이 필요하다. 경화가 완료되면 타이어는 냉각되고 프레스에서 배출된다.

13.2.2 기타 고무제품

타이어를 제외한 대부분 고무제품들은 타이어에 비해 덜 복잡한 공정으로 제작된다. **고무벨트**는 컨베이어나 기계적인 동력전달시스템에 광범위하게 사용되는데, 이러한 분야는 타이어와 더불어 고무재료의 이상적인 응용 분야이다. 고무벨트에서 요구하는 높은 유연성과 매우 낮은 팽창률을 갖기 위해 고무재료는 폴리에스터 또는 나일론과 같은 섬유로 보강된다. 이러한 고무 코팅된 섬유는 일반적으로 캘린더링 공정으로 제작되며 요구되는 플라이 수와 두께를 얻기 위해 함께 결합되고, 연속 혹은 배치 공정으로 진행되는 가열공정을 통해 가황공정이 수행된다.

고무호스는 일반 고무호스와 강화 고무호스(reinforced rubber hose)가 있으며, 일반 고무호스는 단순한 압출공정으로 제작된다. 강화 고무호스는 내관, 보강층(reinforced layer, 종종 뼈대라 불린다) 및 외층으로 구성된다. 내관은 특수한 재료로 혼합된 고무를 압출하여 제작되며, 보강층은 직물의 형태 또는 나선법(spiraling), 니팅(knitting), 브레이딩(braiding) 등의 방법으로 내관위에 덮인다. 외층은 외부 환경조건에 견딜 수 있도록 제작되어야 하며, 압출, 롤러를 이용한 방법 또는 기타 방법으로 제작된다.

신발은 크게 밑창, 뒷굽, 고무덮개 및 기타 요소로 구성되며, 신발을 제작함에 있어 매우 다양한 고무재료가 사용된다(8.4절). 사출성형, 압축성형 및 신발산업에서 개발된 특수한 성형기법으로 성형된 고형 혹은 폼 형태의 고무제품이 신발류의 제작에 일반적으로 사용되나, 특수한 소량생산의 경우 편평한 원소재로부터 수작업으로 고무를 잘라내는 경우도 있다.

또한 고무재료는 탁구채 고무, 골프채 그립 및 축구공을 포함한 다양한 종목의 운동용 공의 제작에 광범위하게 사용된다. 예를 들어 테니스공은 엄청난 양이 생산되는 고무제품의 한 예이다. 이러한 운동용품은 13.1.4절에서 논의한 다양한 고무성형 공정 또는 특정 품목에 맞추어 개발된 특수기술로 생산된다.

13.2.3 열가소성 고탄성재료 가공 공정

열가소성 고탄성재료(thermoplastic elastomer, TPE)는 고무의 특성을 가진 열가소성 고분자재료로(8.4.3절 참조) **열가소성 고무**(thermoplastic rubber)라 불리기도 한다. 열가소성 고탄성재료는 열가소성 고분자재료와 같은 방법으로 가공될 수 있으나, 응용분야는 고탄성 고분자와 같다. 가장 보편적인 성형공정은 사출성형과 압출이며, 이는 가황공정이 필수적인 전통 고무 가공 공정에 비하여 경제적이며 빠르다. TPE를 이용한 성형품은 신발창, 운동화, 자동차 펜더 및 코너패널 등이 있으며, 타이어의 경우 TPE 재료가 타이어에 적용함에 적합하지 않은 것으로 알려져 사용되지 않는다. 전선 절연피복, 의료용 튜브, 컨베이어 벨트, 박판 및 필름 제품이 TPE 재료의 압출공정으로 제작되며, 블로우 몰딩과 열성형(12.8, 12.9절 참조) 역시 열가소성 고탄성재료의 가공공정에 사용된다. 이러한 열가소성 고탄성재료의 가공공정은 가황이 필요한 고무재료에는 사용될 수 없다.

13.3 고분자기지 복합재료 성형공정

본 장에서 설명할 고분자기지 복합재료(polymer matrix composit, PMC) 성형공정의 일부는 느리고 노동 집약적이다. 일반적으로 복합재료 성형기술은 다른 재료의 제조공정에 비하여 효율성이 낮다. 여기에는 다음의 두 가지 이유가 있다. (1) 복합재료는 다른 재료들보다 훨씬 복잡한 특징을 갖는다. 둘 이상의 재료로 구성되며, 섬유강화 고분자(fiber reinforced polymer, FRP) 재료의 경우에는 강화재의 방향까지 고려해야 하기 때문이다. (2) 또한 복합재료의 가공 기술은 지난 수년동안 다른 재료의 가공기술에 비해 개선에 대한 노력이 많이 수행되지 않았기 때문이다.

섬유강화 고분자재료의 다양한 성형방법은 처음 접하는 사람들에게는 생소한 경우가 많다. 이에 새로운 분야를 접하는 독자들을 위해 유리섬유강화플라스틱 성형공정의 로드맵을 알아보도록 한다. 유리섬유강화플라스틱 성형공정은 그림 13.8과 같이 크게 (1) 개금형 공정, (2) 폐금형 공정, (3) 필라멘트 권선 (4) 연속인발성형법 (5) 기타 성형공정의 다섯 가지 종류로 구분된다. 개금형 공정은 형틀 위에 수지와 섬유를 쌓는 전통적인 수작업이 포함되는 공정이며, 폐금형 공정은 압축성형, 트랜스퍼 몰딩, 사출성형과 같은 일반적인 고분자재료의 성형공정(PMC에 대해서는 동일 공정이라도 부르는 명칭에 일부 변동이 있을 수 있음)과 매우 흡사하다. **필라멘트 권선 공정**에서는 수지용액에 담겼던 필라멘트를 회전하는 만드렐에 연속적으로 감는 공정을 수행하며, 수지가 경화되면 단단하고 속이 빈 원통형 모양이 만들어진다. **연속인발성형법**은 일정한 단면의 곧고 긴 형상을 성형하는 공정으로 압출과 유사하지만, 연속된 섬유강화재를 포함한다는 점에서 차이가 있다. 기타 성형공정은 위의 네 가지 공정에 포함되지 않은 몇몇 공정을 포함한다.

이러한 공정 중 일부는 연속섬유로 복합재료를 성형하는 공정이며, 그 밖의 공정들은 단섬유 고분자기지 복합재료를 성형하는 공정이다. 그림 13.8은 각각의 공정의 분류를 보여준다. 이제 고분자기지 복합재료 성형공정에서 각각의 공정이 어떻게 진행되고 각각의 공정 단계에서 원소재가 어떻게 가공되는지 알아보도록 하자. 고분자기지 복합재료 성형공정에 대한 전반적인 이해를 돕기 위해 독자는 비디오 클립 내 복합재료 및 제조(Composite Materials and Manufacturing) 부분을 꼭 시청하기 바란다.

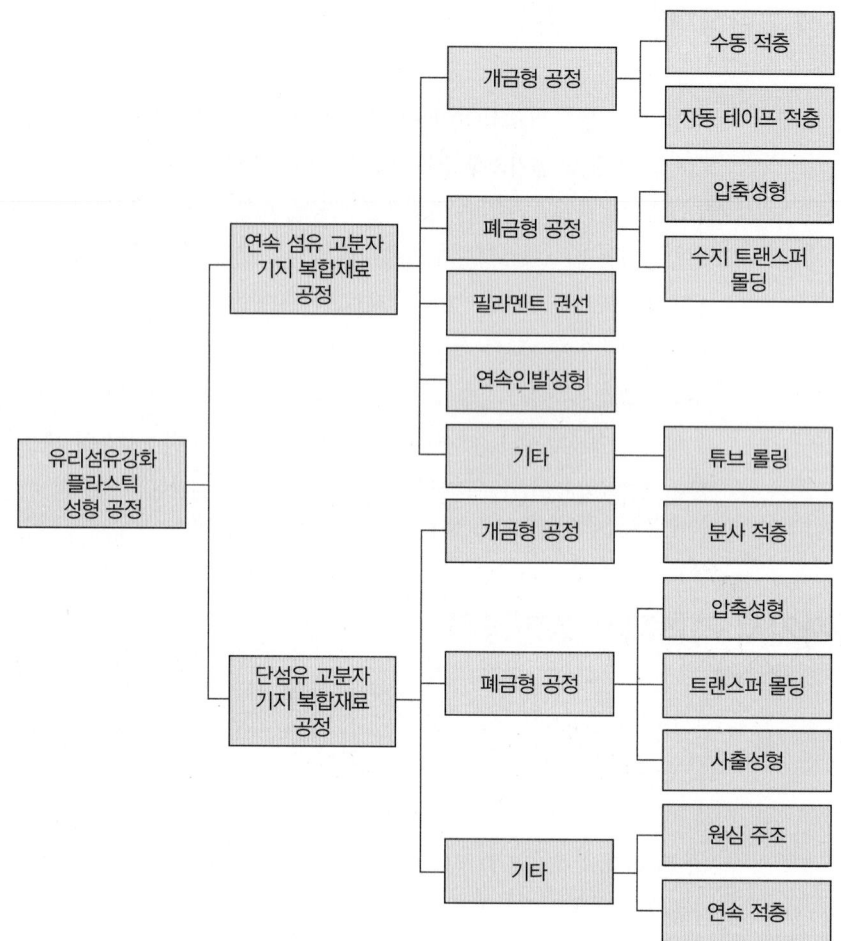

그림 13.8 섬유강화 고분자 기지 복합재료 제조 공정의 분류.

비디오클립

복합재료 및 제조(composite materials and manufacturing). 본 비디오 클립은 (1) 복합재료, (2) 복합재료 제조 공정, (3) 복합재료 개요의 세 가지 주제로 구성되어 있으며 두 번째 복합재료 제조공정이 본 장과 관련이 있다.

13.3.1 고분자기지 복합재료의 원소재

고분자기지 복합재료의 초기 원소재는 고분자 재료와 강화제이다. 이들은 복합재가 되기전 각각 독립적으로 처리된다. 본 절에서는 각각의 재료가 결합되기 이전에 어떻게 제조되는지 살펴본다.

고분자 기지

세 가지 기본적인 고분자재료(열가소성 고분자, 열경화성 고분자, 고탄성 고분자)가 고분자기지 복합재료의 고분자기지(polymer matrix)로 사용될 수 있다. 열경화성 고분자는 기지 재료물질로 가장 많이 사용되며, 주요 열경화성 고분자 기지 재료 물질로는 페놀, 불포화 폴리에스터, 에폭시가 있다. 페놀은 특수 강화제와 함께 사용되며, 폴리에스터와 에폭시는 유리섬유강화플라스틱에 주로 사용된다.

열가소성 고분자재료도 고분자기지 복합재료에 사용되는데, 사실 대부분의 몰딩컴파운드(molding compound)는 충진재와 강화재를 포함하는 복합재료라 할 수 있다. 이전에 설명한 바와 같이 거의 모든 고무는 카본블랙(활성탄소)으로 보강되므로 대부분의 고탄성 고분자 역시 복합재료라 할 수 있다. 본 절과 후속 절에서는 기지재료로 열경화성 고분자와 열가소성 고분자를 사용하는 고분자기지 복합재료 제조 공정만을 설명한다. 비록 12장에서 논의한 많은 고분자 성형공정들이 고분자기지 복합재료의 성형공정에 적용이 가능하지만, 고분자재료와 강화재를 결합하는 것은 종종 공정을 복잡하게 만든다.

강화재

강화재(reinforcing agent)는 다양한 기하학적 형태(섬유, 입자, 박편)와 재료(세라믹, 금속, 다른 고분자재료, 탄소 또는 붕소와 같은 원소)로 만들 수 있다. 강화재의 역할과 기술적 특성은 8.5.2절에서 설명되었다.

유리섬유강화플라스틱의 섬유 재료로 유리, 탄소, 케블러(Kevlar)가 일반적으로 사용된다. 이러한 재료의 섬유는 다른 장에서 살펴본 다양한 방법으로 제조된다. 유리섬유의 경우 작은 오리피스를 통한 인발공정으로 제작되며(11.2.3절 참조), 탄소의 경우 탄소 화합물을 포함하는 초기 필라멘트 전구체를 보다 높은 순도의 탄소로 변화시키기 위한 일련의 열처리공정이 수행된다. 초기 필라멘트 재료로는 폴리 아크릴로니트릴(polyacIylonitrile, PAN), 피치(콜타르, 우드타르, 석유 등을 증류해서 얻은 검은 탄소 수지), 레이온(셀룰로우스) 등이 사용될 수 있다. 케블라 섬유는 압출과 인발을 함께 이용하는 스피닝 공정의 좁은 오리피스를 통과시켜 제조한다(12.4절 참조).

섬유재료는 연속 필라멘트로 시작하여 재료의 요구 특성 및 복합재의 성형공정에 따라 다양한 형태로 고분자 기지와 결합된다. 일부 공정에서는 연속적일 필라멘트를 사용하기도 하며 또 다른 공정에서는 짧은 길이로 잘려진 필라멘트를 사용하기도 한다. 연속적인 필라멘트를 사용하는 경우 각각의 필라멘트는 **조방사**(roving)의 형태로 준비된다. 조방사는 꼬지않은(평행인) 연속된 섬유를 모은 것이며, 취급과 처리가 용이한 장점을 갖는다. 조방사는 일반적으로 12에서 120개의 섬유로 이루어진다. 반면에 **얀**(yarn)은 필라멘트를 꼬아서 만든 것이다. 연속 조방사는 원통 성형과 연속 인발성형을 포함하여 여러 고분자기지 복합재료 공정에 사용된다.

연속섬유의 가장 흔한 형태는 **천**(cloth)으로, 얀을 짜서 만든 직물을 의미한다. 천과 매우 비슷하지만, 구별되어야 하는 것이 **직조 조방사**(woven roving)이다. 이것은 얀이 아닌 꼬지 않은 필라멘트로 만든 직물이다. 직조 조방사는 두 방향으로 각각 다른 수의 섬유로 만들어지며, 각각의 방향에 따라 강도가 다르다. 이러한 이방성 직조 조방사는 적층 유리섬유강화플라스틱 복합재료에서 많이 사용된다.

또한 섬유는 **매트**(mat)의 형태로 준비되기도 하는데, 매트는 임의 방향의 짧은 섬유가 결합제로 느슨하게 결합된 펠트(felt)의 형태이다. 매트는 상업적으로 다양한 무게, 두께, 폭으로 판매된다. 매트는 적당한 모양으로 잘려져 폐금형 공정에서 **예비성형체**(preform)로 사용될 수 있다. 성형 과정중에 수지가 사전 성형체에 함입되어 경화하는 형태로 섬유강화 성형품의 제작이 가능하다.

입자 및 박편

입자(particle)와 박편(flake)은 실제로 동일한 종류이다. 박편은 길이가 두께보다 상대적으로 긴 입자를 말한다. 공학 분말 재료의 특징에 대해서는 14.1절에서 논의할 것이다. 금속 분말을 만드는 제조방법은 14.2절에서 소개되며 세라믹 입자 공정은 15.1.1절에서 설명한다.

13.3.2 기지와 강화재의 결합

기지 고분자 재료와 강화재를 결합하는 공정은 성형과정 중 혹은 그 이전에 이루어진다. 첫 번째 경우, 원재료들은 각각 따로 준비되고 성형과정 중에 복합재료로 결합된다. 이러한 예는 원통성형과 연속인발성형이다. 이러한 공정에서 초기 강화재는 연속섬유이다. 두 번째 방식은 기지 고분자 재료와 강화재를 성형공정에 사용하기 편리하도록 이전 단계에서 결합시키는 공정이다. 고분자재료 성형공정에 사용되는 열가소성 및 열경화성 재료의 대부분이 충진재와 혼합된 고분자재료이다(8.1.5절 참조). 충진재는 단섬유 또는 입자(박편 포함)이다.

　본 절에서 관심있는 것은 유리섬유강화플라스틱 복합재료를 위하여 특별히 설계된 성형공정에서 사용되는 초기폼(starting form)이다. 초기폼은 성형공정에서 사용될 수 있도록 사전에 만들어놓은 복합재료라고 할 수 있다. 이러한 폼에는 성형컴파운드와 수지침투가공재가 있다.

몰딩 컴파운드 (molding compound)

몰딩컴파운드는 플라스틱 성형공정에 사용하는 것과 유사한 것으로 성형공정에 적용될 수 있도록 유동성을 갖고 있다. 대다수의 몰딩 컴파운드는 열경화성 재료로, 성형공정 이전에는 경화되지 않으며 최종 성형공정 동안 혹은 이후에 경화된다. 유리섬유강화플라스틱의 복합 몰딩 컴파운드는 짧고 임의방향으로 분산된 섬유가 들어간 수지 모재로 구성되는데 몇 가지 형태로 공급된다.

　박판 몰딩 컴파운드(sheet-molding compound, SMC)는 열경화 고분자 수지, 충진재, 기타 첨가물, 잘게 잘려진 유리섬유(임의방향으로 놓여진)의 결합체이며, 두께 6.5 mm의 박판형태로 롤공정을 통해 제작된다. 가장 많이 쓰이는 수지는 불포화 폴리에스터이며, 충진재는 운모, 실리카 석회석과 같은 광물성 분말이 주로 사용된다. 일반적으로 유리섬유는 길이가 12～75 mm 정도이고 박판 몰딩 컴파운드 부피의 30% 정도를 차지한다. 박판 몰딩 컴파운드는 취급하기 용이하고, 성형공정에 맞도록 적당한 크기로 자르는 데 편리하다. 박판 성형 컴파운드는 보통 얇은 폴리에틸렌 층 사이에서 만들어지는데, 이는 열경화성 수지에서 휘발성 물질이 증발하는 것을 막기 위함이다. 또한 이러한 보호코팅은 후속 성형 제품의 표면 상태를 양호하게 한다. 그림 13.9는 연속된 박판 몰딩 컴파운드의 제조공정을 보여준다.

　벌크 몰딩 컴파운드(bulk-molding compound, BMC)의 성분은 박판 몰딩 컴파운드와 유사하나 화합고분자재료의 형상이 박판이 아니라 빌릿(billet)이다. 이러한 재료를 사용하는 성형공정에서는 더욱 큰 유동성이 요구되므로 섬유의 길이는 2～12 mm로 짧은 특징을 갖는다. 빌릿의 직경은 일반적으로 25～50 mm이다. 벌크 몰딩 컴파운드의 제작공정은 박판 몰딩 컴파운드와 유사하나 최종 빌릿 형상을 만들기 위하여 압출이 사용된다. 벌크 몰딩 컴파운드는 반죽(dough)과 같은 밀착성 때문에 **도우 몰딩 컴파운드**(dough-molding compound, DMC)라고도 한다. 기타 유리섬유강화플라스틱 성형 컴파운드로는 박판 몰딩 컴파운드와 유사하나 50mm까지 **두꺼운 후판 성형 컴파운드**(thick-molding compound, TMC), 기본적으로 단섬유를 포함하는 전형적인 플라스틱 성형화합물인 **펠릿 몰딩 컴파운드**(palletized molding compound, PMC)가 있다.

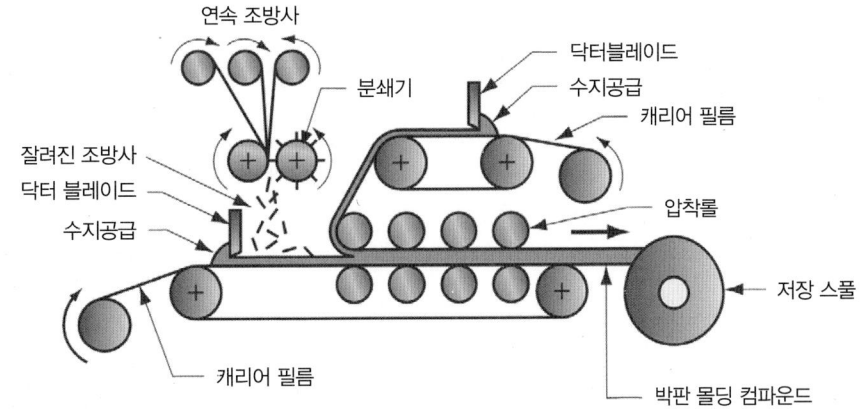

그림 13.9 박판 몰딩
컴파운드(SMC)의 제조 공정.

수지침투가공재

유리섬유강화플라스틱 성형공정에서 또 다른 초기폼은 **수지침투가공재**(prepreg)이며 성형공정을 용이하게 하기 위하여 부분 경화된 열경화성 수지성분을 포함한 섬유로 이루어지며, 성형공정 중 또는 후에 최종 경화가 완료된다. 수지침투가공재는 테이프, 시트, 또는 천의 형태로 사용된다. 수지침투가공재의 장점은 잘려진 임의 방향의 섬유가 아닌 연속 필라멘트로 제조되기 때문에 강도와 강성이 높다는 점이다. 수지침투가공재 테이프와 시트는 유리섬유뿐만 아니라 신복합재(붕소, 탄소/흑연, 케블라로 보강된)에 사용이 가능하다.

13.4 개금형 공정

유리섬유강화플라스틱 성형을 위한 개금형(open mold) 공정의 가장 주요한 특징은 층상 유리섬유 강화플라스틱 구조를 제작하기 위해 하나의 양각금형 또는 음각금형(그림 13.10)을 사용하는 것이다. 개금형 공정은 또한 **접촉적층**(contact lamination) 또는 **접촉성형**(contact molding)이라 불리기도 한다. 개금형 공정은 원소재(수지, 섬유, 매트, 직조 조방사)를 원하는 두께로 금형에 쌓고 경화시킨 후 이형하여 제품을 성형하는 단계로 진행된다. 개금형 공정에 널리 사용되는 재료는 유리섬유를 강화재로 사용하는 불포화 폴리에스터와 에폭시이다. 일반적으로 보트의 본체와 같은 대형 성형제품의 제작에 적합하며, 개금형 공정의 가장 큰 장점은 두벌의 금형을 사용하는 공정에 비해 저렴한 금형 비용이다. 개금형 공정의 단점으로는 금형 표면에 닿는 부품 표면은 양호한 표면품위를 가지나 반대면은 거칠다는 점이다. 금형과 닿는 면에서 높은 표면 품위를 얻기 위해서는 금형 자체의 표면조도가 매우 우수해야 한다.

유리섬유강화플라스틱 제품의 성형을 위한 개금형 공정은 금형에 재료를 적층하는 방법, 경화 기법 등에 따라 분류될 수 있으며, 본 절에서는 유리섬유강화플라스틱 제품의 성형을 위한 개금형 공정

그림 13.10 개금형의 종류.
(a) 양각금형, (b) 음각금형.

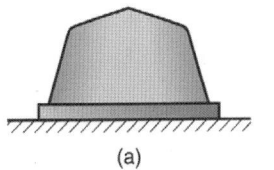
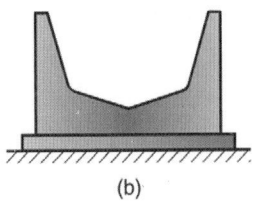

(a)　　　　(b)

중 (1) 수동 적층공정을 기반으로, 이의 변형 및 개선공정으로 간주되는 (2) 스프레이 적층, (3) 자동 테입 적층기, (4) 백 성형(bag molding)을 소개한다.

13.4.1 수동 적층공정

수동 적층(hand lay-up)은 1940년대 보트를 제조하는 데 처음 사용되었으며, 개금형을 이용한 유리섬유강화플라스틱 적층방법 중 가장 오래된 방법으로 노동 집약적인 방법이라 하겠다. 명칭에서 알 수 있듯 수동 적층 공정은 층상 유리섬유강화플라스틱 구조를 성형하기 위해, 수동으로 수지 및 강화재 층을 연속적으로 개금형 위에 쌓는 성형공정으로 그림 13.11과 같은 5단계의 공정으로 이루어진다. 이때 일반적으로 최종 성형품은 외곽 크기를 맞추기 위하여 전기톱을 사용한 트리밍 공정을 통해 얻어진다. 이러한 5단계 공정은 개금형 공정에 모두 적용되며 단계 (3)과 (4)의 차이에 따라 공정이 구별된다.

단계 (3)에서 매트 또는 천의 형태를 갖는 섬유는 건조된 상태에서 금형 위에 놓여진다. 이후 액상의 수지용액(경화되지 않은)이 섬유상에 부어지거나, 칠해지거나, 분사된다. 매트 혹은 천 형태의 섬유에 수지용액이 침투시키는 작업은 핸드롤링 공정으로 이루어진다. 이러한 방법을 **습식적층**(wet lay-up)이라 한다. 또 다른 방법으로 수지가 함유된 섬유강화층인 수지침투가공재를 금형 밖에서 먼저 준비하여 금형 위에 얹는 것이다. 수지침투가공재를 이용하는 공정의 장점은 섬유-수지 혼합비를 정밀하게 조절할 수 있으며, 적층 방법이 더 효율적이라는 것이다 [17].

개금형 접촉적층방식에 사용되는 몰드(금형)는 석고, 금속, 유리섬유강화 플라스틱 또는 기타 재료로 만들어진다. 몰드 재료의 선택은 비용, 표면 품질 및 기타 기술적 요인에 따라 선정된다. 단 하나의 제품만을 제작하는 시제품 제작시에는 석고몰드가 일반적으로 적당하며, 중간 정도의 생산량이 필요한 경우 유리섬유강화플라스틱이 몰드 재료로 사용될 수 있다. 대량생산의 경우 일반적으로 금속몰드를 사용한다. 금속몰드의 재료로는 알루미늄, 강, 니켈이 사용되며, 금형 표면의 내마모성을 향상시키기 위해 표면 경화공정이 적용되기도 한다. 금속재료 몰드의 장점으로는 높은 내구성 및 열

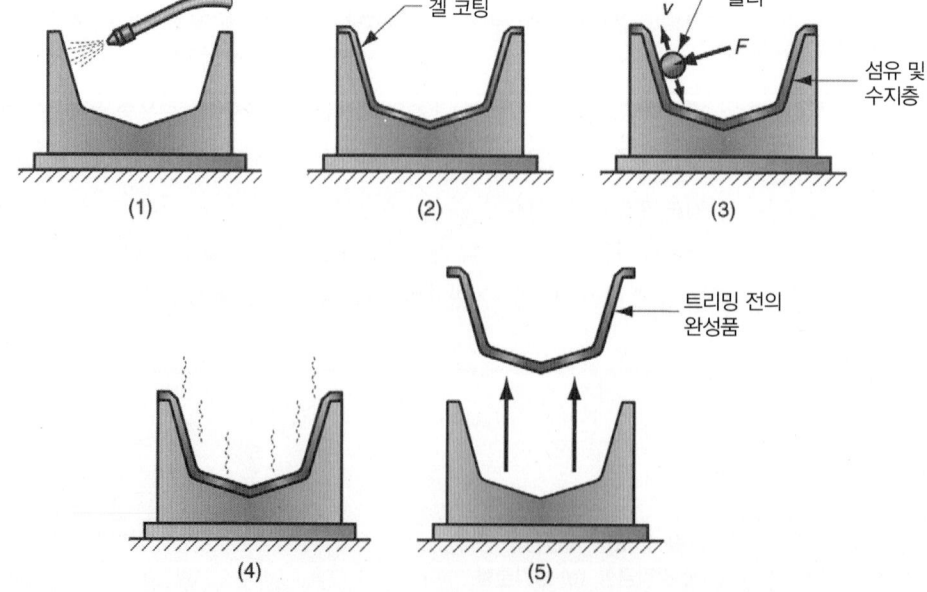

그림 13.11 수동 적층 공정단계. (1) 금형 세척 및 이형제 도포. (2) 성형품의 외면이 되는 겔(수지, 안료첨가 가능)이 얇게 코팅된다. (3) 겔 코팅이 완료되면 수지 및 섬유층을 연속해서 쌓는다. 섬유는 매트 또는 천의 형태이며, 각 층은 롤링을 통해 수지가 섬유에 잘 스며들게 하고 공기를 빼낸다. (4) 경화 공정. (5) 금형에서 경화가 완료된 제품을 이형한다.

전도성이며, 높은 열전도성으로 인해 가열 경화 시스템에 적용이 가능하며, 상온경화 시스템의 경우에도 적층된 층에서 발생한 열을 쉽게 방출시키는 특성을 갖는다.

수동 적층공정에 적합한 제품은 일반적으로 크기가 크면서 생산량이 적은 경우이다. 보트 선체 외에도 수영장 풀, 대용량 탱크, 공연 무대장치, 레이돔(radome, 레이더 안테나용 덮개) 등에 사용된다. 수동 적층공정은 자동차 부품의 성형에도 적용될 수 있으나, 대량생산에는 경제적이지 못하다. 수동 적층공정으로 제작한 가장 큰 성형품은 영국 해군에서 재작한 길이 85 m의 선체이다 [3].

13.4.2 분사 적층공정

분사 적층공정은 수동 적층공정의 세 번째 단계의 변형 공정으로 수지-섬유 적층공정을 기계화하여 적층시간을 단축시키기 위한 방법이다. 분사 적층공정에서는 수지용액과 잘게 자른 섬유를 그림 13.12와 같이 개금형 상에 분사하여 유리섬유강화플라스틱 적층을 수행한다. 분사건(spray gun)에는 분쇄기구가 설치되어 있어, 연속 필라멘트 조방사를 공급하면 25 ~ 75 mm 정도로 잘라주며, 노즐에서 분사되는 수지용액에 이들을 첨가시킨다. 수동 적층공정에서는 필라멘트의 정렬방향을 제어할 수 있는 반면(원하는 방향으로 섬유를 위치시킴), 분사 적층공정에서는 잘려진 필라멘트의 혼합과정에서 필라멘트가 임의 방향으로 위치하므로 이의 정렬이 불가능한 단점을 갖는다. 또한 수동적층공정의 섬유함유량이 최대 65%인 것에 비해, 분사 적층 공정에서 섬유의 함유량은 대략 35% 정도로 낮은 단점을 갖는다.

분사공정은 휴대용 분사건을 이용하여 수작업으로 진행될 수 있으며, 또한 분사건의 이동경로가 미리 프로그램화되어 컴퓨터가 제어하는 자동화 기계를 이용하여 진행될 수 있다. 자동화 공정은 노동생산성 측면과 작업환경안전 측면에서 유리하다. 수지용액에서 나오는 휘발 성분 중에는 유해한 성분이 있는데, 경로가 제어되는 자동화 기계는 밀폐된 공간에서 작업자 없이 작동될 수 있기 때문이다. 그러나 수동 적층공정과 마찬가지로 수동압연(rolling) 공정이 각 층마다 필요하다.

분사 적층공정으로 생산되는 제품은 보트선체, 욕조, 샤워칸막이, 자동차 및 트럭 차체부품, 레저차량 부품, 가구, 대형 구조판넬, 각종 용기 등이다. 극장과 무대 장치 역시 이 방법으로 제작될 수 있다. 분사 적층으로 만든 제품은 짧은 섬유가 임의의 방향으로 배열되어 있기 때문에, 섬유가 연속적이고 일정한 방향성이 있는 적층 방식 제품에 비하면 강도가 떨어진다.

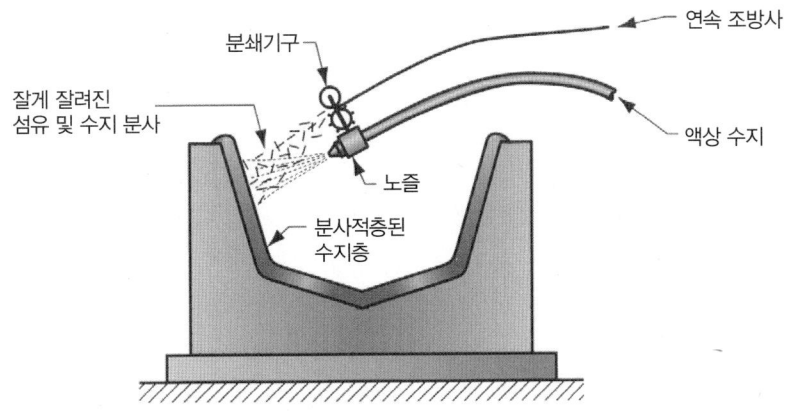

그림 13.12 분사 적층 공정.

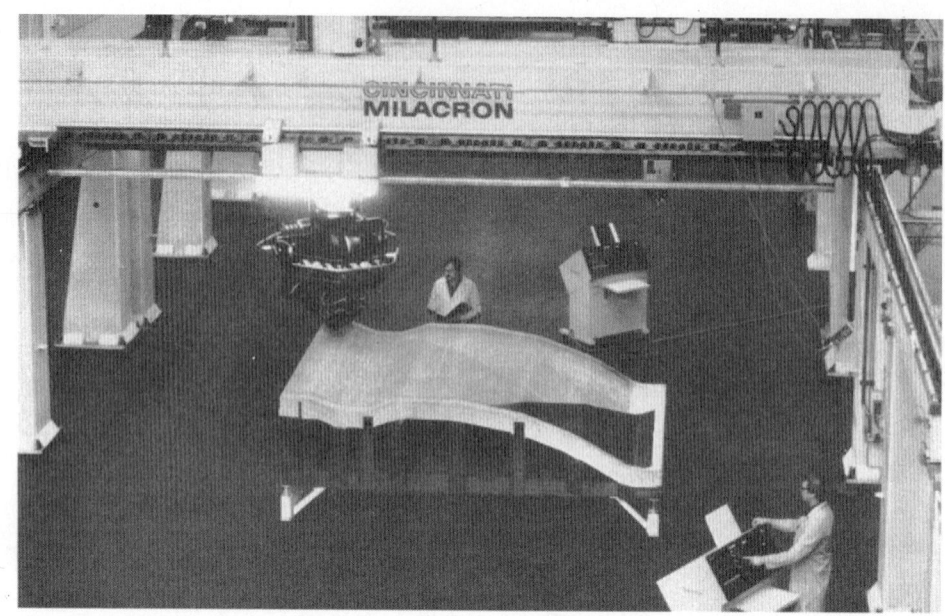

그림 13.13 자동테입적층기 (Cincinnati Milacron사 제공).

13.4.3 자동 테입 적층기

자동 테입적층기(automated tape-laying machine)공정은 적층공정에서 단계 (3)을 자동화하고 신속하게 수행하기 위한 방안으로, 수지침투가공재 테입을 정해진 경로로 개금형 위에 얹는 공정이다. 전형적인 자동 테입 적층기는 오버헤드 갠트리(overhead gantry)를 가지는데, 그림 13.13과 같이 여기에 테입 토출 헤드가 부착되어 있다. 갠트리는 헤드의 x-y-z 위치이동을 가능하게 해주며 정해진 연속 경로를 따라 움직일 수 있다. 헤드는 여러 회전축을 가지고 있으며, 경로 이동을 마친 후 테입을 절단하기 위한 절단기구가 포함되어 있다. 수지침투가공재 테입의 폭은 보통 75 mm이며 두께는 0.13 mm이나, 폭 300 mm의 테입이 사용된 예도 보고된 바 있다 [16]. 테입은 기계에 롤 형태로 저장되며, 정해진 경로를 따라 금형 전면이 덮일 때까지 왕복운동을 하며 금형표면에 도포된다.

　대다수 자동 테입적층기 관련 공정은 항공산업에서 노동비 절감, 높음 품질 및 생산품의 균일화를 위해 개발되었다. 자동 테입 적층기와 같은 CNC(컴퓨터 수치제어) 방식 기계의 단점은 사전 프로그래밍을 위한 시간이 소요된다는 점이다.

13.4.4 경화

유리섬유강화플라스틱 층상 복합재료에 사용되는 모든 열경화성 수지는 경화(단계 4)가 필요하다. 경화(curing)는 고분자에 교차결합(가교)을 일으키는 것으로, 수지를 액상 또는 높은 소성상태에서 고체 상태로 변화시키는 것이다. 경화공정에 있어 시간, 온도 압력이 주요한 세 가지 공정변수이다.

　수동 적층 및 분사 적층공정은 대형 성형품(보트선체 등)의 제작에 적용되며, 가열공정의 적용이 용이하지 않다. 이로 인해 수동 적층 및 분사 적층공정에서 사용되는 열경화 수지의 경화공정은 일반적으로 상온에서 이루어진다. 일부 상온경화공정의 경우 제품을 이형할 수 있을 정도로 완전한 경화가 이루어지는 데 수일이 소요되기도 한다. 따라서 가능하다면 신속한 경화공정을 위해 가열 공정이 수행되는 것이 바람직하다.

가열공정은 다양한 방법으로 수행될 수 있다. 오븐을 사용한 가열공정은 온도를 정밀하게 제어할 수 있는 장점이 있으며 일부 경화오븐은 부분적으로 진공 분위기의 구현이 가능하다. 성형공정이 오븐 안에서 진행되기 어려운 경우에는 적외선 가열 방법이 사용되기도 한다.

오토클레이브(autoclave)를 사용한 경화공정은 온도와 압력의 제어가 가능하다. 오토클레이브는 온도와 압력을 원하는 정도로 유지할 수 있는 밀폐된 체임버이다. 유리섬유강화플라스틱 복합재료 성형공정을 위한 오토클레이브는 일반적으로 양쪽 끝에 개폐문이 달려있는 대형 수평 체임버이다. **오토클레이브 성형**(autoclave molding)은 수지침투가공재 적층물을 오토클레이브 내에서 경화시키는 것을 의미한다. 이는 항공산업에서 매우 높은 품질의 복합재료 부품을 생산하기 위해 널리 사용되는 방법이다.

13.5 폐금형 공정

폐금형(closed mold) 공정은 성형공정 중에 열리고 닫히는 두 부분으로 나뉜 금형으로 성형공정을 수행하며 **매치드 다이성형**(matched die molding)이라 불리기도 한다. 폐금형의 비용은 개금형의 두 배 가격으로 생각될 수 있으나, 폐금형의 가공에 요구되는 복잡한 장비로 인해 그 이상의 비용이 필요하다. 높은 비용에도 불구하고, 폐금형 공정은 (1) 부품의 모든 표면이 우수하고, (2) 생산성이 높으며, (3) 정확한 공차 관리가 가능하고, (4) 복잡한 3차원 형상이 가능한 장점을 갖는다.

고분자재료의 성형공정을 참고하여 폐금형 공정은 (1) 압축성형, (2) 트랜스퍼몰딩, (3) 사출성형의 세 가지 범주로 나눌 수 있는데, 고분자기지 복합재료의 성형공정에서는 사용되는 용어의 차이가 있을 수 있다.

13.5.1 고분자기지 복합재료의 압축성형 공정

일반 몰딩컴파운드(molding compound)의 압축성형(compression molding)공정은(12.7.1절 참조), 하부 금형상에 투입물(charge)을 위치시키고 금형을 닫은 후, 압력을 가하여 투입물이 금형 공동의 모양을 갖도록 한 뒤, 상하부 금형을 가열하여 열경화성 고분자재료를 경화시키고, 성형물이 충분히 경화되면 금형을 열고 제품을 이형하는 순서로 진행된다. 압축성형을 기반으로 한 다양한 고분자기지 복합재료의 성형공정이 있으며, 각각의 공정 간의 차이는 대부분 초기 원소재의 형태에 있다. 공정 중 수지, 섬유, 기타 성분의 유동특성이 유리섬유강화플라스틱 복합재의 압축성형에 중요한 공정인자이다.

박판 몰딩 컴파운드, 후판 성형 컴파운드 및 벌크 몰딩 컴파운드의 성형
유리섬유강화플라스틱용 몰딩컴파운드는 그 형상에 따라 박판몰딩컴파운드(sheet molding compound, SMC), 벌크 몰딩 컴파운드(bulk molding compound, BMC), 후판몰딩컴파운드(thick molding compound, TMC)로 구분되며 적당한 크기로 잘려져 압축성형 공정의 초기 투입재로 사용된다. 이러한 재료는 성형공정 이전에 종종 냉장상태로 보관되기도 한다. 압축성형 공정의 명칭은 초기 몰딩컴파운드의 형태에 따라 정해진다. (즉, **SMC 몰딩**이란 초기 투입재가 박판몰딩컴파운드인 압축성형 공정을 의미한다. **벌크 몰딩 컴파운드**의 몰딩은 투입재 크기로 자른 벌크 몰딩 컴파운드를 사

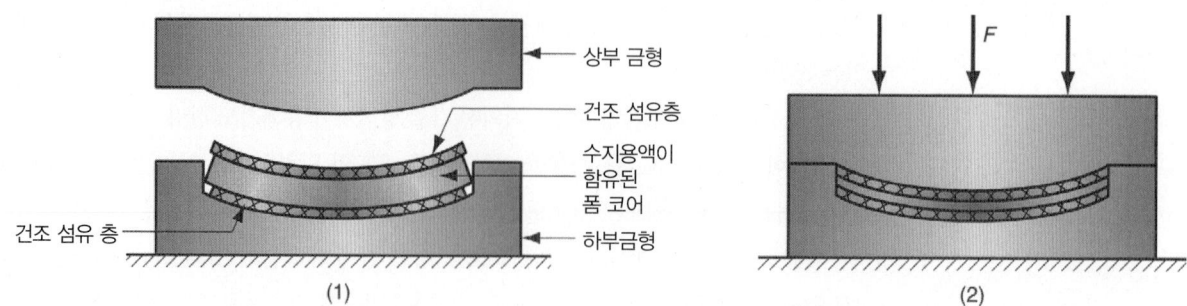

그림 13.14 탄성조성형공정. (1) 두 섬유층 사이의 폼을 금형에 위치시킨다. (2) 금형이 닫히고, 폼에서 나온 수지가 섬유층에 스며든다.

용하는 것이다.)

프리폼 성형

또 다른 압축성형의 형태인 **예비폼 성형**(preform molding) [17]은 압축성형용 하부금형 상부에 미리 절단된 매트와 고분자수지 투입재(펠릿 또는 박판)을 위치시킨 후, 가열된 금형을 닫아 고분자 수지 투입재를 압축함으로써, 수지가 섬유 매트에 침투한 후 경화되어 섬유강화 성형물을 구현하는 방법이다. 열가소성 또는 열경화성 고분자재료를 사용하는 다양한 공정형태가 존재한다.

탄성조 성형

탄성조 성형(elastic reservoir molding, ERM)의 초기 투입재는 두 개의 섬유층 사이에 발포(form) 고분자가 위치한 샌드위치 형상이다. 중앙의 고분자 폼은 보통 오픈셀(open-cell) 폴리우레탄이며, 에폭시 또는 폴리에스터와 같은 수지용액이 함침되어 있다. 건조 섬유층은 천, 직조 조방사 또는 기타 섬유형태가 될 수 있다. 그림 13.14에 나타낸 바와 같이, 샌드위치 소재가 하부 금형 상단에 위치한 뒤, 적절한 압력(대략 0.7 MPa)으로 가압되면, 폼코어가 눌리면서, 수지가 밀려나와 표면의 건조 섬유층을 적시게 된다. 탄성조 성형공정을 통해 낮은 밀도의 코어와 얇은 유리섬유강화플라스틱 표면을 갖는 가벼운 부품이 만들어진다.

13.5.2 고분자기지 복합재료의 트랜스퍼 몰딩 공정

일반적인 트랜스퍼 몰딩(12.7.2절)에서 열경화성 수지 투입재는 용기 또는 체임버에 담겨 가열된 후, 램에 의해 가압되어 금형공동으로 이동한다. 이때 금형은 가열되어 수지를 경화 시킨다. 트랜스퍼 몰딩의 명칭은 고분자 용액이 용기에서 금형으로 이송되는 것에 기인한다. 트랜스퍼 몰딩 공정은 단섬유가 포함된 열경화성 수지를 성형함으로써 유리섬유강화플라스틱 복합재료 부품을 만드는 데 적용될 수 있다. 다른 형태의 고분자기지 복합재료의 트랜스퍼몰딩의 형태는 **수지 트랜스퍼 몰딩**(resin transfer molding, RTM)이다 [8], [17]. 이는 하부금형 상단에 미리 제작된 매트를 위치시킨후, 금형을 닫고, 열경화성 수지를 (예를 들면 폴리에스터 수지) 적절한 압력으로 금형에 흘려보내 매트에 침투시키는 폐금형 공정이다. RTM 공정은 또한 **수지사출성형**(resin injection molding)이라 불리기도 한다 [8], [18]. (12장에서 언급한 바와 같이 트랜스퍼 몰딩과 사출성형의 차이는 모호하다.) RTM 공정은 욕조, 수영장품, 벤치의자, 작은 보트선체 등과 같은 제품을 만드는 데 사용된다.

기본적인 수지 트랜스퍼 몰딩 공정의 개선을 위한 다양한 시도가 수행되었다 [9]. 응용 수지 트랜스퍼 몰딩(advanced RTM)으로 불리는 방법은 에폭시 수지와 같은 고강도 고분자 재료와, 매트대신에 연속섬유 강화재를 사용하는 것으로, 항공부품, 미사일 날개, 스키 등에 적용된다. 또 다른 개선 공정으로 **열팽창수지트랜스퍼몰딩**(thermal expansion resin transfer molding, TERTM)과 **극강화 열경화성수지사출**(ultimately reinforced thermoset resin injection)이 있다. 열팽창수지트랜스퍼몰딩은 TERTM 사의 특허기술로 다음과 같은 단계로 수행된다 [9].

(1) 단단한 고분자폼(폴리우레탄 등)이 프리폼으로 성형된다. (2) 프리폼을 섬유강화재로 덮고 폐금형 상에 놓는다. (3) 열경화성 수지(에폭시 등)를 금형에 사출하여 섬유에 침투시켜 폼 주위를 감싼다. (4) 금형을 가열하여 폼을 팽창시키며 금형 공동을 채우고 수지를 경화시킨다. 극강화열경화성 수지사출 공정은 초기폼이 작고 속이 빈 유리구슬을 포함하는 에폭시라는 점 외에 열팽창수지트랜스퍼몰딩과 유사하다.

13.5.3 고분자기지 복합재료의 사출성형 공정

사출성형 공정은 플라스틱 제품의 저가 대량 생산에 매우 적합한 공정이다. 일반적으로 열가소성 플라스틱 재료가 널리 사용되나 열경화성 재료의 사출성형 공정도 가능하다(12.6.5절).

전통적 사출성형

고분자기지 복합재료의 사출성형 공정은 열가소성 및 열경화성 수지를 이용한 유리섬유강화플라스틱에 모두 적용이 가능하다. 실제로 모든 열가소성 고분자재료는 섬유 강화재를 포함한 복합재료로의 적용이 가능하다. 이때 잘게 자른 섬유가 사용되어야 하는데, 연속 섬유가 사용된다 하더라도 배럴 안에서 회전하는 스크루의 운동으로 인해 결과적으로 연속섬유의 양이 감소된다. 고분자기지 복합재료의 사출성형 과정에 있어 섬유의 방향은 재료가 배럴에서 노즐을 통해 금형공동으로 사출되는 과정에서 정렬되는 특성을 갖는다. 이러한 섬유의 정렬특성으로 인한 제품의 방향특성을 최적화하기 위해 설계자는 때로 제품 설계, 게이트의 위치, 게이트 대비 공동의 상대적 방향 등을 설계한다 [14].

열가소성 몰딩컴파운드를 사용한 사출성형에서 재료는 가열된 후 차가운 금형으로 주입되는 반면, 열경화성 고분자 재료는 경화공정을 위해 가열된 금형에 사출된다. 열경화성 재료의 사출성형공정은 사출체임버 내에서 교차결합이 미리 발생할 수 있는 위험성 때문에 더욱 정밀한 공정 제어가 요구된다. 섬유강화 열경화성 플라스틱 재료의 사출성형 공정에는 펠릿몰딩컴파운드 및 도우몰딩컴파운드 형태의 소재가 사용된다.

강화반응사출성형

일부 열경화성 재료는 열이 아닌 화학반응에 의해 경화과정이 수행된다. 이러한 수지는 반응사출성형(reaction injection molding, RIM) 공정으로 성형될 수 있다(12.6.5절 참조). 반응사출성형공정에서 두 개의 반응 재료는 혼합된 즉시 금형 공동에 사출되며, 화학반응에 의한 경화 및 응고가 급속히 진행된다. 유사한 방식으로 혼합물에 유리섬유와 같은 강화섬유를 넣는 공정을 강화반응사출성형(reinforced reaction injection molding, RRIM)이라 부른다. 강화반응사출성형품은 반응사출성형품과 유사한 장점을 갖으며 추가적으로 섬유 강화 효과를 갖는다. 강화반응사출성형 공정은 자동차 차체 및 트럭의 범퍼, 펜더 등에 광범위하게 사용된다.

▌13.6 필라멘트 권선

필라멘트 권선(filament winding)은 원하는 유리섬유강화플라스틱 제품의 내부형상을 가진 회전 만드렐 주위에 수지를 함유한 연속 섬유를 감싼 후, 수지를 경화시키고 만드렐을 제거하여 속이 빈 축대칭 제품(일반적으로 단면은 원형 형상)을 만드는 데 주로 사용되는 공정이다. 물론 불규칙한 형상에 적용되기도 한다. 그림 13.15는 필라멘트 권선의 가장 전형적인 공정 형태를 보여준다. 섬유 조방사 끈을 수지 저장조를 통과시킨 후 바로 원통 만드렐에 나선형으로 감는다. 감기를 계속하면 만드렐 위에 한 필라멘트 두께의 표면층이 형성되고, 원하는 두께가 될 때까지 층을 추가하기 위해 동일한 작업을 반복한다. 이때 감는 방향은 이전 방향과 열십자 무늬를 갖게 한다.

필라멘트 권선 공정에서 섬유에 수지를 함침시키는 방법은 크게 (1) 그림에서와 같이 만드렐에 감기전 수지용액 속에 필라멘트를 통과시키는 **습식 권선**(wet winding), (2) 미리 부분적으로 경화된 수지가 함유된 필라멘트를 가열된 만드렐에 감는 **수지침투가공재 권선**(건식 권선이라고도 불림), (3) 만드렐에 필라멘트를 다 감은 후 브러쉬 또는 다른 방법으로 수지를 함침시키는 **사후 함침**(postimpregnation)으로 나뉜다.

필라멘트 권선 공정에는 그림 13.16과 같이 (a) 나선형(helical)과 (b) 극형(polar) 두 가지 기본적인 권선 패턴이 사용된다. **나선형 권선**은 필라멘트를 나선각도 θ로 만드렐 주위에 나선형으로 감는 것이다. 나선각도가 90°에 가깝다면, 권선 1회당 진행거리는 끈의 두께가 되며, 필라멘트가 만드렐 주위를 거의 원형으로 감기게 되므로 **환형 권선**(hoop winding)이라고 한다. 이것은 나선형 권선의 특수한 경우이다. **극형 권선**에서는 필라멘트가 그림 13.16(b)와 같이 만드렐의 장축 주위에 감긴

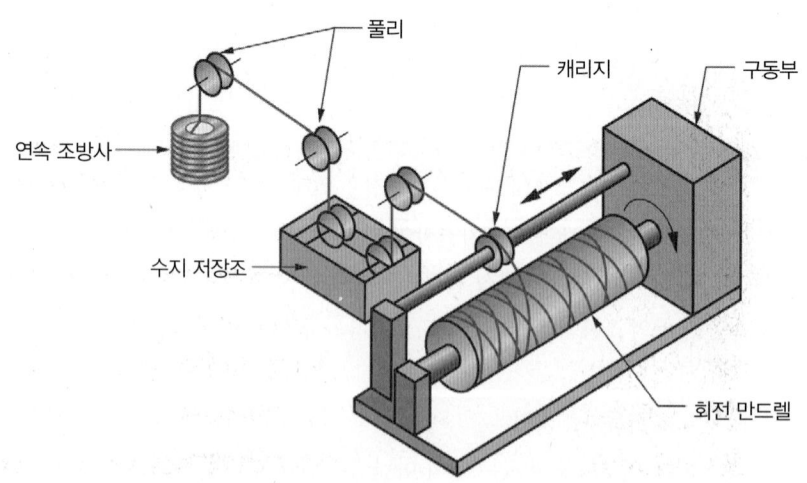

그림 13.15 필라멘트 권선 공정.

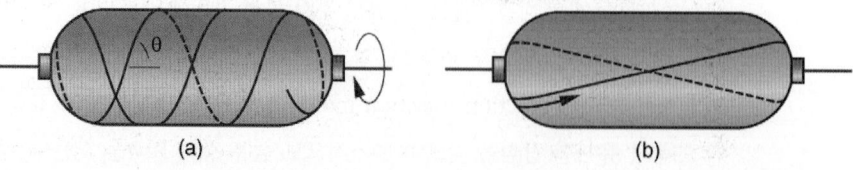

그림 13.16 필라멘트 권선에서 두 가지 기본 권선 패턴. (a) 나선형, (b) 극형.

다. 장축으로 한번 감은 후에 만드렐이 끈 두께만큼 회전하여 속이 빈 형상이 점차 만들어진다. 환형 권선과 극형 권선을 결합한 권선 공정도 가능한데, 층마다 교대로 권선하여 접하는 층과 서로 직각을 이루게 한다. 이를 **이축 권선**(bi-axial winding)이라 한다 [3].

필라멘트 권선기는 만드렐을 회전시키고 끈을 이송시키기 위해 모터를 사용하며, 선반과 유사한 운동 특성을 갖는다(20.1.3 참조). 한편 권선 패턴을 만들기 위해 만드렐과 캐리지(carriage) 간의 상대운동이 제어되어야 한다. 나선형 권선에서 나선각도와 기계변수와의 관계식은 다음과 같이 표시된다.

$$\tan\theta = \frac{v_c}{\pi DN} \tag{13.1}$$

여기서 θ는 그림 13.16(a)에서 만드렐 권선의 나선각도이며, v_c는 캐리지의 축방향 속도(m/sec), D는 만드렐의 직경(m), N은 회전속도(rev/sec)이다.

다양한 필라멘트 권선기의 제어방법이 존재하지만, 현대적인 장비는 만드렐의 회전과 캐리지 속도를 개별적으로 제어하여 상대운동의 정확도와 유연성을 향상시킬 수 있는 **컴퓨터 수치제어방식**(CNC, 35.3절 참조)을 사용한다. CNC 공정은 그림 13.17에서와 같은 나선 권선 형상에 매우 유용하다. 식 (13.1)에 명기된 바와 같이 나선각도 θ를 일정하게 유지하기 위해 v_c/DN 값이 일정하게 유지되어야 하며, v_c와 N은 D 값의 변화를 보상하기 위하여 실시간으로 제어되어야 한다.

만드렐(mandrel)은 필라멘트를 감아 만드는 제품의 형상을 결정하는 특수 공구이다. 권선과 경화 후 제품의 이형을 위해 만드렐은 분해될 수 있어야 한다. 팽창/수축 만드렐, 접이식 금속 만드렐, 용해성 염 또는 석고로 만든 만드렐 등 다양한 유형이 가능하다.

필라멘트 권선 공정의 적용분야는 항공산업과 상업용으로 나눌 수 있으나 [16], 항공산업에서 공학적 수요가 더 많다. 항공산업에서 본 공정은 로켓-모터 케이스, 미사일 본체, 레이더 덮개, 헬리콥터 날개, 비행기 꼬리부 및 자세제어부 등에 적용된다. 이러한 부품은 일반적으로 에폭시 기지에 탄소, 붕소, 케블라 및 유리 섬유 강화재를 결합한 신복합재료와 혼성복합재료(8.6.1절 참조)로 만들어진다. 상업적 적용 분야로는 저장탱크, 강화 파이프 및 튜브, 구동축, 풍차날개, 발광봉 등이 있다. 이

그림 13.17 필라멘트 권선 기계(Cincinnati Milacron사 제공).

러한 제품은 전통적인 유리섬유강화플라스틱으로 제작되며 고분자기지 재료로는 폴리에스터, 에폭시, 페놀 수지 등이 사용되고 유리 섬유가 강화재로 널리 사용된다.

13.7 연속인발성형 공정

기본적인 연속인발성형(pultrusion)은 1950년대 유리섬유 강화 고분자재료를 사용하여 낚시대를 만들면서 개발되었다. 이 공정은 압출(extrusion)과 유사하지만(이로 인해 명칭도 유사하다), 공작물을 당기는 동작을 가지고 있다(따라서 접두사에 'ex' 대신 'pul'이 사용된다). 압출과 같이 연속인발성형법도 일정한 단면의 연속 직선형 제품을 생산할 수 있다. 풀포밍(pulforming)이라고 부르는 유사 공정은 길이방향으로 단면이 변하고 휘어진 제품을 제작할 수 있다.

13.7.1 연속인발성형

연속인발성형은 그림 13.18과 같이 연속섬유 조방사를 수지 용기에 담갔다가, 성형 다이를 통해 잡아당기면서 함입된 수지를 경화시키는 공정이다. 그림에서는 경화된 제품을 길고 직선인 조각으로 자르는 모습을 보여준다. 제작된 성형품은 연속섬유로 전체 길이에 걸쳐 강화된 것이다. 압출과 같이 각 성형품은 일정한 단면을 가지며 단면 형상은 다이 출구의 형상에 따라 결정된다.

연속인발성형 공정은 그림에서 보여주듯 연속적으로 진행되는 5개의 단계로 구성된다 [3]. (1) 섬유가 크릴(creel, 필라멘트 실패와 회전축이 고정되어 있는 선반)에서 풀려나오는 **필라멘트 공급** 단계, (2) 섬유가 경화되지 않은 수지용액에 담겨지는 **수지 함침** 단계, (3) 필라멘트를 모아 원하는 단면과 비슷하게 만드는 **예비 다이 성형**(pre-die forming) 단계, (4) 함침 섬유를 길이가 1~1.5 m이고 내면이 고정도 폴리싱된 가열 다이를 통과시키는 **성형 및 경화** 단계, (5) 다이를 통과한 경화부를 당기고, 다이아몬드 입자 또는 실리콘 카바이드 성분의 절단 숫돌로 자르는 **풀링**(pulling) **및 절단** 단계.

연속인발성형 공정에 일반적으로 사용되는 수지는 불포화 폴리에스터, 에폭시, 실리콘과 같은 열경화성 수지이다. 이중 에폭시 재료는 다이 표면과의 점착특성으로 인해 공정상에 어려움이 있다. 한

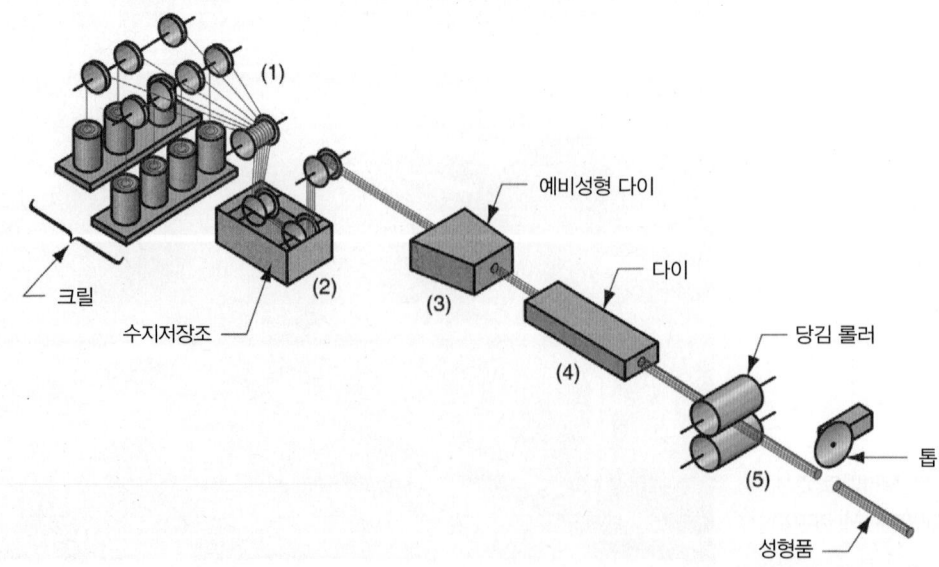

그림 13.18 연속인발성형 공정(각 단계의 설명은 본문 내용을 참조).

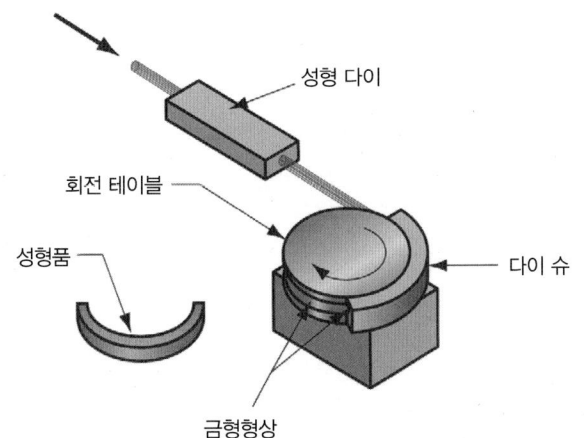

성형 다이

회전 테이블

성형품

다이 슈

금형형상

그림 13.19 풀포밍 공정(그림에서는 절단과정이 생략됨).

편 열가소성 고분자재료를 이용한 연속인발성형 공정이 적용될 수 있는 분야에 대한 연구도 지속적으로 진행되고 있다 [3]. 연속인발성형 공정에서 주로 사용되는 강화재료는 E-glass이며, 성분비는 30%~70%이다. 성형품의 탄성계수 및 인장강도는 강화재의 비율에 따라 증가하며, 일반적으로 막대관, 긴 평판, 채널, 앵글 및 플랜지 보 등과 같은 구조재, 고전압용 공구 손잡이, 지하철 3차 레일 커버 등이 연속인발성형 공정의 응용 분야이다.

13.7.2 풀포밍

연속인발성형 공정은 일정한 단면을 갖는 직선 부품의 생산에 적용되는 반면, 풀포밍 공정은 연속섬유로 보강된 길고 곡선형을 갖는 제품과 길이 방향에 따라 단면이 변하는 형태의 부품등 비정형 형상을 갖는 부품의 생산에 적용된다. **풀포밍**(pulforming)은 반원형 곡선으로 길이방향 성형을 하거나 여러 지점의 단면을 변형하는 부가 단계를 가진 연속인발성형 공정으로 정의할 수 있다. 그림 15.12는 풀포밍 장비의 개념을 보여준다. 성형 다이를 빠져나온 연속성 소재는 원주 상에 음각금형을 가진 회전 테이블에 공급되며, 다이슈(die shoe)가 제품을 금형 공동에 압착하여 여러 위치에서 다양한 단면을 만들거나 길이방향으로 곡률(curvature)을 만들게 된다. 이때 테이블의 직경은 제품의 반경을 결정한다. 제품이 다이 테이블을 떠난 후 적절한 길이로 절단된다. 풀포밍 공정에서는 연속인발성형 공정과 유사한 수지와 섬유가 사용되며, 본 공정의 주요한 적용분야는 자동차 겹판 스프링이다.

| 13.8 기타 고분자기지 복합재료의 성형공정

기타 주요한 고분자기지 복합재료의 성형공정으로는 원심주조, 튜브롤링, 연속 적층 및 절단공정이 있다. 아울러 블로우몰딩, 열성형, 압출 등 다양한 전통적인 열가소성 고분자 성형공정이 열가소성 고분자기지(단섬유) 유리섬유강화플라스틱에 적용될 수 있다.

원심주조

이 공정은 파이프나 탱크와 같은 원통형 제품에 이상적이며, 금속주조(10.3.4절 참조)와 방법은 동일

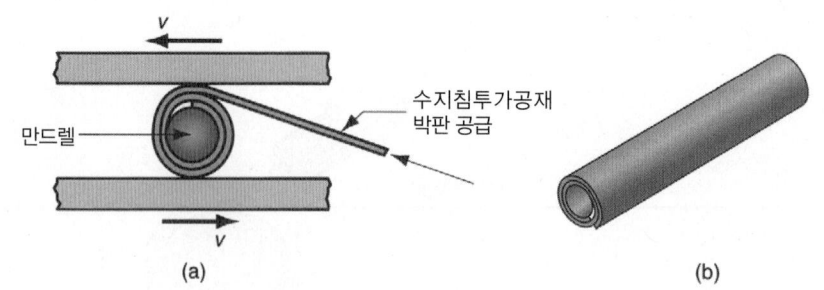

그림 13.20 튜브롤링 (a) 만드렐 주위에 유리섬유강화플라스틱의 수지침투가공재를 감싸는 일례, (b) 경화 후 만드렐을 이형하여 완성된 튜브 형상.

하다. 원심주조는 잘게 자를 섬유를 수지용액에 혼합한 후, 빠르게 회전하는 원통형 주형에 주입하여, 원심력에 의해 재료가 주형벽에 압착되어 경화되는 공정으로 진행된다. 최종 내면은 매우 매끄러우며, 재료의 수축현상 혹은 분할 주형을 이용하여 제품을 이형한다.

튜브롤링

유리섬유강화플라스틱 관은 그림 13.20과 같은 수지침투가공재 박판의 롤링 기술을 이용하여 생산할 수 있다. 이러한 관은 자전거 프레임과 트러스 구조물로 사용된다. 튜브롤링에서는 먼저 절단된 수지침투가공재 박판을 원통형 만드렐 주위에 여러 번 감아 원하는 두께가 되도록 한 후, 감은 박판을 열수축 슬리브(sleeve)에 넣고 오븐에서 경화한다. 이때 슬리브가 수축하면서 속에 있는 가스를 배출한다. 경화가 완료된 후 만드렐을 제거하면 유리섬유강화플라스틱 관이 제작된다. 이 공정은 간단하고 장비비용이 저렴한 장점을 갖는다. 수지침투가공재를 감는 방법의 변형, 치수정밀도 향상을 위해 수지침투가공재 롤을 감싸는 강철 금형을 사용하는 형태 등 다양한 변형 공정이 사용되고 있다.

연속 적층

섬유강화플라스틱 패널(반투명, 주름진형상 포함)은 건설현장에서 널리 사용되는 재료로 다음의 공정방법을 이용하여 성형된다. (1) 유리섬유 매트 또는 천을 수지용액에 담그거나 닥터 블레이드 아래로 통과시킨 후 합치는 공정, (2) 커버 필름(셀로판, 폴리에스터, 또는 기타 고분자 재료) 사이에 적층하는 공정, (3) 롤(roll)을 이용하여 압착하고 경화하는 공정, (4) 성형롤 또는 금형 슈를 이용한 주름형상을 생성하는 공정.

절단법

유리섬유강화플라스틱 층상 복합재료는 경화전/후 상태에서 절단되는 공정이 요구된다. 경화 전 상태의 재료(수지침투가공재, 프리폼, 박판 몰딩 컴파운드 및 기타 원소재)는 적층, 성형 및 기타 이유로 절단되어야 한다. 대표적인 절단 공구로는 칼, 가위, 동력 전단기, 금속 블랭킹 다이 등이다. 한편 레이저 절단과 워터제트 절단(24장 참조)과 같은 현대적인 절단방법이 사용되기도 한다.

경화된 유리섬유강화플라스틱은 경도, 인성, 마모성이 높아 절단하기 어렵지만, 많은 유리섬유강화플라스틱성형 공정에서 과도한 부분을 트리밍하거나, 구멍을 내기 위해, 외곽 형상을 구현하기 위해 절단이 필요하다. 유리섬유강화 플라스틱의 경우 절단을 위해 초경합금 절삭공구 혹은 고속도강 톱날이 사용되어야 한다. 보론-에폭시와 같은 일부 최근의 복합재료의 경우 다이아몬드 절삭공구가 사용되어야 한다. 한편 경화된 유리섬유강화플라스틱의 절단공정을 위해 워터제트가 사용되기도 하며 이는 재래식 절단방법의 문제점인 먼지와 소음을 줄이는 장점을 갖는다.

참고문헌

[1] Alliger, G., and Sjothun, I. J. (eds.). *Vulcanization of Elastomers*. Krieger Publishing Company, New York, 1978.

[2] *ASM Handbook*, Vol. 21: *Composites*, ASM International, Materials Park, Ohio, 2001.

[3] Bader, M. G., Smith, W., Isham, A. B., Rolston, J. A., and Metzner, A. B. *Delaware Composites Design Encyclopedia*. Vol. 3. *Processing and Fabrication Technology*. Technomic Publishing Co., Inc., Lancaster, P., 1990.

[4] Billmeyer, Fred, W., Jr. *Textbook of Polymer Science*. 3rd ed. John Wiley & Sons, New York, 1984.

[5] Blow, C. M., and Hepburn, C. *Rubber Technology and Manufacture*. 2nd ed. Butterworth-Heinemann, London, 1982.

[6] Bralla, J. G. (ed.). *Design for Manufacturability Handbook*. 2nd ed. McGraw-Hill Book Company, New York, 1999.

[7] Chawla, K. K., *Composite Materials: Science and Engineering*, 3rd ed., Springer-Verlag, New York, 2008.

[8] Charrier, J-M. *Polymeric Materials and Processing*. Oxford University Press, New York, 1991.

[9] Coulter, J. P. "Resin Impregnation During the Manufacture of Composite Materials," PhD Dissertation. University of Delaware, 1988.

[10] *Engineering Materials Handbook*. Vol. 1. *Composites*. ASM International, Metals Park, Ohio, 1987.

[11] Hofmann, W. *Rubber Technology Handbook*. Hanser-Gardner Publications, Cincinnati, Ohio, 1989.

[12] Mallick, P. K. *Fiber-Reinforced Composites: Materials, Manufacturing, and Design*. 2nd ed. Marcel Dekker, Inc., New York, 1993.

[13] Mark, J. E., and Erman, B. (eds.), *Science and Technology of Rubber*, 3rd ed. Academic Press, Orlando, Florida, 2005.

[14] McCrum, N. G., Buckley, C. P., and Bucknall, C. B. *Principles of Polymer Engineering*. Oxford University Press, Inc. Oxford, U.K, 1988.

[15] Morton-Jones, D. H. *Polymer Processing*. Chapman and Hall, London, U.K, 1989.

[16] Schwartz, M. M. *Composite Materials Handbook*. 2nd ed. McGraw-Hill Book Company, New York, 1992.

[17] Strong, A. B. *Fundamentals of Composites Manufacturing: Materials, Methods, and Applications*. 2nd ed. Society of Manufacturing Engineers, Dearborn, Mich, 2007.

[18] Wick, C., Benedict, J. T., and Veilleux, R. F. (eds.). *Tool and Manufacturing Engineers Handbook*. 4th ed. Vol. II. *Forming*, 1984.

[19] Wick, C., and Veilleux, R. F. (eds.). *Tool and Manufacturing Engineers Handbook*. 4th ed. Vol. III. *Materials, Finishing, and Coating*, 1985.

복습문제

13.1 고무산업은 어떻게 구성되어 있는가?

13.2 고무나무에서 채취된 라텍스로부터 어떻게 고무를 만드는가?

13.3 최종 고무제품을 생산하기 위하여 필요한 공정 단계는 무엇인가?

13.4 합성 과정 중에 고무에 넣는 첨가제의 기능은 무엇인가?

13.5 고무의 성형공정에 사용되는 네 가지 기본 공정 분류를 명기하여라.

13.6 가황공정은 고무를 어떻게 처리하는 것인가?

13.7 타이어의 세 가지 구조에 대해 나열하고 각각의 차이점을 설명하여라.

13.8 공기타이어의 제조에 있어 세 가지 기본단계는 무엇인가?

13.9 공기타이어에서 비드코일의 역할은 무엇인가?

13.10 TPE란 무엇인가?

13.11 플라스틱에 적용할 수 있는 설계 지침은 대부분 고무에서도 적용할 수 있다. 그러나, 고무의 높은 유연성은 플라스틱과의 차이를 야기하는데, 이러한 차이에 대한 예를 나열하여라.

13.12 섬유강화 고분자재료에 사용되는 주요 고분자 재료는 무엇인가?

13.13 조방사(roving)와 얀(yarn)의 차이는 무엇인가?

13.14 섬유강화고분자 재료 중 매트(mat)는 무엇인가?

13.15 입자와 박편이 강화재료 중 동일한 기본범주에 속하는 이유는 무엇인가?

13.16 박판몰딩컴파운드(SMC)에 대해 설명하여라.

13.17 몰딩컴파운드와 수지침투가공재의 차이점을 설명하여라.

13.18 분사적층공정으로 제작된 적층 유리섬유강화플라스틱

제품이 수동 적층공정으로 제작된 제품에 비해 강도가 낮은 이유를 설명하여라.

13.19 수동적층에서 습식적층 방식과 수지침투가공재 방식의 차이점은 무엇인가?

13.20 오토클레이브는 무엇인가?

13.21 고분자기지 복합재료의 성형공정 중 폐금형 공정이 개금형 공정에 비해 갖는 장점을 설명하여라.

13.22 고분자기지 복합재료 몰딩컴파운드의 몇 가지 유형을 구분하여라.

13.23 프리폼 몰딩이란 무엇인가?

13.24 강화반응사출성형(RRIM)을 설명하여라.

13.25 필라멘트 권선 공정을 설명하여라.

13.26 연속인발성형공정을 설명하여라.

13.27 풀포밍공정과 연속인발성형공정의 차이점을 설명하여라.

13.28 튜브롤링 공정으로 제작가능한 제품의 종류를 설명하여라.

13.29 유리섬유강화플라스틱 재료는 어떻게 절단하는가?

13.30 (동영상) 복합재에 대한 비디오자료를 토대로, 복합재에서 기지(matrix)와 보강재(reinforcement)의 주요 목적을 설명하여라.

13.31 (동영상) 복합재에 대한 비디오자료를 토대로, 섬유강화 열경화 고분자 복합재의 주요 성형공정을 나열하여라.

13.32 (동영상) 복합재에 대한 비디오자료를 토대로, 수지침투가공재 재료를 사용하는 복합재 적층공정의 장점과 단점은 무엇인가?

객관식문제(24개의 답)

13.1 다음 중 가장 중요한 고무제품은? (a) 신발, (b) 컨베이어 벨트, (c) 공기타이어, (d) 테니스공.

13.2 다음 중 고무나무의 라텍스로부터 회수된 성분의 화학성분 명은 무엇인가? (a) polybutadiene, (b) polyiso-butylene, (c) polyisoprene, (d) polystyrene.

13.3 다음의 고무 첨가제 중 가장 중요한 것 하나를 골라라. (a) 산화방지제, (b) 카본블랙, (c) 점토 및 수산화 알루미늄 실리케이트, (d) 가소제 및 유연오일, (e) 재활용 고무.

13.4 다음의 성형공정 재래식 고무로 만든 제품의 생산에 가장 중요한 것은? (a) 압축성형, (b) 사출성형, (c) 열성형, (d) 트랜스퍼 몰딩.

13.5 다음 중 가황 공정에 기여하지 않는 두 개의 성분을 고르시오. (a) calcium carbonate, (b) 카본블랙, (c) stearic acid, (d) sulfur, (e) zinc oxide.

13.6 최근의 승용차용 타이어의 경화(가황) 공정에는 몇분 정도가 소요되는가? (a) 5, (b) 15, (c) 25, (d) 45.

13.7 다음 중 타이어 외곽에 타이어 접지면 무늬를 새겨 넣는 시점은? (a) 예비성형 공정 중, (b) 뼈대 조립 중, (c) 성형 중, (d) 경화 중.

13.8 다음 중 일반적으로 고탄성고분자의 성형공정으로 사용되지 않는 두 개의 공정은 무엇인가? (a) 블로우 몰딩, (b) 압축 성형, (c) 압출, (d) 사출성형, (e) 가황공정.

13.9 다음 중 섬유강화 고분자 복합재료에서 가장 많이 사용하는 고분자 재료는 무엇인가? (a) 고탄성고분자, (b) 열가소성 고분자, (c) 열경화성 고분자.

13.10 다음 중 대부분의 고무제품이 속하는 세 가지 범주는 무엇인가? (a) 카본블랙으로 강화된 고탄성고분자, (b) 섬유강화 복합재료, (c) 입자강화 복합재료, (d) 고분자기지 복합재료, (e) 순수 고탄성고분자, (f) 순수 고분자재료.

13.11 다음 중 개금형 공정으로 분류되는 성형공정 두 가지는 무엇인가? (a) 압축성형, (b) 접촉적층, (c) 접촉성형, (d) 필라멘트 권선, (e) 매치드 다이성형, (f) 프리폼성형, (g) 연속인발성형.

13.12 다음 중 수동 적층 공정을 포함하는 두 가지 고분자기지 복합재료의 성형공정은 무엇인가? (a) 폐금형 공정, (b) 압축성형, (c) 접촉성형, (d) 원통성형, (e) 개금형 공정.

13.13 수동적층 공정에서 양호한 표면을 가진 양각금형을 사용하면 적층제품의 어느 면이 양호한 표면상태가 되는

가? (a) 내면, (b) 외면.

13.14 박판 몰딩 컴파운드는 다음 중 어떤 형태인가? (a) 압축성형, (b) 접촉성형, (c) 사출성형, (d) 개금형공정, (e) 연속인발성형, (f) 트랜스퍼 몰딩.

13.15 다음 중 필라멘트 권선 공정에서 사용되는 섬유는? (a) 연속 필라멘트, (b) 천, (c) 매트, (d) 수지침투가공재, (e) 단섬유, (f) 직조 조방사.

13.16 필라멘트 권선 공정 중 연속 필라멘트가 원통형 만드렐에 거의 90°의 나선각도로 감기는 공정을 무엇이라 하는가? (가장 정확한 하나의 답) (a) 2축 권선, (b) 나선형 권선, (c) 환형 권선, (d) 수직 권선, (e) 극형 권선, (f) 방사 권선.

13.17 연속인발성형 공정은 다음 중 어느 플라스틱 성형공정과 가장 비슷한가? (a) 블로우몰딩, (b) 압출, (c) 사출성형, (d) 열성형.

13.18 워터제트는 경화 또는 미경화된 유리섬유강화플라스틱를 절단하는 데 사용되는 여러 방법중 하나이다. 경화된 유리섬유강화플라스틱의 경우 이 방법은 먼지와 소음을 줄일 수 있다. (a) 참, (b) 거짓.

금속과 세라믹의 입자 공정

Chapter

14

분말 야금

14.1 공업용 분말소재의 특성
14.1.1 기하학적 특성
14.1.2 기타 특성

14.2 금속분말의 제조
14.2.1 분무법
14.2.2 기타 분말제조법

14.3 압축 및 소결 공정
14.3.1 분말의 혼련과 혼합
14.3.2 압축
14.3.3 소결
14.3.4 2차 공정
14.3.5 열처리 및 피니싱

14.4 압축/소결 공정의 대체공정
14.4.1 등방정압 가압법
14.4.2 분말 사출성형
14.4.3 분말압연, 압출, 단조
14.4.4 압축 공정과 소결공정의 결합
14.4.5 액상 소결법

14.5 분말야금 재료 및 제품

14.6 분말야금공정에서 제품설계 시 고려사항

본 절에서는 분말(매우 작은 고체 입자) 형태의 금속과 세라믹의 성형에 대한 내용을 다룬다. 전통적인 세라믹분말의 경우 자연에서 쉽게 구할 수 있는 규산염 광물(점토)이나 석영 같은 물질의 분쇄 혹은 연마 공정을 통해 제작되며, 금속이나 신소재 세라믹 분말의 경우 다양한 산업적 공정을 통해 제작된다. 본 파트에서는 두 장에 걸쳐 분말의 제조공정 뿐 아니라 분말로부터 제품을 성형하는 방법에 대해 소개한다. 14장은 분말야금, 15장은 세라믹 및 서멧의 입자 공정에 관한 내용이다.

분말야금공정(powder metallurgy, 분말야금)은 금속 분말로부터 제품을 생산하는 기술이다. 일반적인 분말야금공정에서 분말은 제품형상으로 압축된 후 열에너지에 의해 입자간의 결합이 발생하여 단단한 강체 형태가 된다. **프레싱**(pressing)이라 불리는 압축공정은 생산하고자 하는 제품에 맞추어 특별히 설계된 금형을 사용하는 프레스 기계에서 수행된다. 보통 한 개의 다이와 한 개 혹은 그이상의 펀치로 구성되는 분말야금의 금형은 고가이므로, 본 공정은 중·대량 생산에 적합하다. **소결**(sintering)이라 불리는 열처리 공정은 금속의 용융점 이하의 온도에서 수행되며, 분말야금공정으로 명명된 비디오클립을 통해 기본적인 분말야금공정 기술을 이해할 수 있을 것이다. 분말야금공정이 상업적으로 중요한 기술로 간주되는 이유는 다음과 같다.

- 분말야금 부품은 후속공정이 필요하지 않거나, 최소화되는 **순형상**(net shape) 또는 **근사순형상**(near net shape) 제품을 대량생산할 수 있다.
- 분말야금공정 자체는 약 97%의 초기 분말이 제품으로 변환되어 재료의 낭비가 거의 없다. 이는

매 생산 공정마다 탕구, 러너 및 라이저가 버려지는 주조와 비교된다.

- 분말야금공정에서는 초기재료의 특성에 기인하여 특정한 수준의 공극률(porosity)을 갖는 제품의 제작이 가능하다. 이러한 특징은 본 공정을 필터와, 오일함침 베어링, 오일함침 기어와 같은 다공성 금속 제품의 생산에 적용될 수 있게 한다.
- 다른 공정으로 가공하기 어려운 특정 금속 재료의 경우 분말야금공정이 유일한 성형 공정이 될 수 있다. 텅스텐이 대표적인 예이며, 백열전구에 사용되는 텅스텐 필라멘트가 분말야금 기술로 생산된다.
- 다른 공정으로 생산될 수 없는 특정 금속 합금과 서멧 역시 분말야금공정이 유일한 생산공정이 될 수 있다.
- 분말야금공정은 제품의 치수정밀도 측면에서 대부분의 주조공정보다 우수하다. 일반적으로 ± 0.13 mm의 공차관리가 가능하다.
- 분말야금공정은 자동화가 가능하여 경제적인 생산이 가능하다.

> **비디오클립**
>
> 분말야금(Powder Metallurgy). 본 비디오 클립은 (1) 금속 분말 제품의 생산과 (2) 분말야금공정의 두 가지 내용을 포함하고 있다.

분말야금공정의 한계와 단점은 다음과 같다. (1) 금형과 장비가 고가이며, (2) 금속 분말이 비싸고, (3) 금속 분말의 저장과 취급에 어려움이 있으며, (시간 경과에 따른 재료의 품질 저하 및 금속 분말의 화재 위험 등), (4) 압축공정 중 금속 분말이 옆으로 잘 퍼지지 않을 뿐만 아니라 압축 후 제품을 꺼내기 위한 치수 여유가 필요하여 제품설계 시 형상에 제한을 갖는다. (5) 추가로 복잡한 형상의 제품의 경우 제품 내 밀도 분포가 고르지 못하다.

분말야금공정을 통해 최대 22 kg에 이르는 제품의 성형이 가능하지만 일반적인 성형품은 2.2 kg 이하이다. 그림 14.1은 분말야금공정으로 제작된 부품을 보여준다. 분말야금공정에 가장 많이 사용

그림 14.1 분말야금공정으로 제작된 여러 가지 부품들 (Dorst America 제공).

금과 구리와 같은 금속 분말 및 일부 금속 산화물 분말은 고대부터 장식용으로 널리 사용되어 왔다. 이러한 분말은 도기에 장식을 하거나, 그림을 위한 물감 재료, 또는 화장품 재료로 사용되어 왔다. 이집트인들은 기원전 3000년 전부터 분말야금공정으로 도구를 만들기 시작한 것으로 추정된다.

현대적인 분말야금공정은 19세기 초에 시작되었는데, 이 시기에는 백금에 대한 관심이 매우 높았다. 1815년경, 영국인 William Wollaston은 백금 분말을 만들어, 높은 압력으로 압축하고 높은 온도에서 소결하는 공정을 개발하였다. Wollaston이 개발한 이 공정은 현대 분말야금공정의 효시로 기록된다.

1870년에는 S. Gwynn이 분말야금공정으로 제작된 자기윤활 베어링과 관련된 미국 특허를 취득하였다. 그는 99%의 주석분말과 1%의 석유를 섞어 혼합물을 만들고 열을 가한 다음 금형공동에 채우고 원하는 형상을 갖도록 매우 높은 압력을 가하는 방법을 사용하였다.

1900년대 초까지 백열등은 상업적으로 중요한 제품 중 하나였다. 백열등의 필라멘트를 제작하기 위해 탄소, 지르코늄, 바나듐,

오스뮴과 같은 여러 가지 재료가 테스트되었으며, 텅스텐 재료가 필라멘트의 가장 좋은 재료임이 밝혀졌다. 그러나 텅스텐의 경우 용융점이 너무 높고, 특수한 성질로 인해 필라멘트 형상으로 가공하기 쉽지 않은 문제가 있었다. 1908년 William Coolidge는 백열등용 텅스텐 필라멘트를 제작하는데 성공했는데, 그는 먼저 산화텅스텐(WO_3) 미세 분말을 금속 분말로 환원한 후, 압축하고, 전소결 처리하고, 둥근 형태로 열간 단조한 후, 이를 다시 소결하고, 최종적으로 필라멘트 선으로 인발하는 공정을 사용하였다. Coolidge 공정은 오늘날에도 백열등 필라멘트를 제조하는 데 사용되고 있다.

1920년대에는 시멘티드 카바이드(WC-Co) 공구가 분말야금공정으로 제작되었으며(역사적 고찰 7.2), 1930년대부터는 자기윤활 베어링의 생산이 크게 늘었다. 1960년대와 1970년대에는 지동차 산업을 중심으로 분말야금기어와 기타 부품들이 대량 생산되었으며, 1980년대에는 항공기용 터빈엔진 부품들이 분말야금공정으로 개발되었다.

되는 금속 재료는 철, 강 및 알루미늄 합금이며, 기타 재료로는 구리, 니켈, 내화금속(몰리브덴, 텅스텐) 등이 있다. 텅스텐 카바이드와 같은 금속 카바이드 재료도 분말야금공정 재료로 포함될 수 있으나, 금속 카바이드 재료는 세라믹 재료이므로 이들에 대한 설명은 다음 장에 논의한다.

현대 분말야금공정의 개발은 1800년대로 거슬러 올라간다(역사적 고찰 14.1). 현대적 분말야금기술은 제품생산 뿐 아니라 분말소재의 제작 기술을 포함하는데, 이는 분말야금의 성공 여부가 분말소재의 특성에 크게 영향을 받기 때문이다. 분말소재의 특성에 대해서는 14.1절에서 논의하며 순차적으로 분말소재의 생산, 압축, 소결공정에 대해 논의한다. 분말야금기술은 15장에서 다루는 세라믹공정과 매우 유사하다. 세라믹공정의 초기재료 역시 분말형태로 분말야금공정과 초기 재료의 특성을 공유하며, 성형법도 유사한 것이 많다.

14.1 공업용 분말소재의 특성

분말(powder)은 매우 잘게 나누어진 미립자형 고체를 의미한다. 본 절에서는 금속 분말의 특징에 대해 알아보지만, 본 절에서 논의된 내용은 세라믹 분말에도 그대로 적용될 수 있다.

14.1.1 기하학적 특성

분말의 기하학적 특성은 (1) 입자 크기 및 분포, (2) 입자 형상 및 내부 구조, (3) 표면적의 속성에 따라 정의될 수 있다.

입자크기 및 분포

입자 크기는 개별 분말의 크기를 의미한다. 만약 입자가 구형이라면, 하나의 치수로 크기를 표현할 수 있으나, 구형이 아닌 형상의 경우 두 개 혹은 세 개의 치수가 필요하다. 입자 크기를 측정하는 여러 가지 방법 중, 가장 일반적으로 사용되는 것은 여러 메쉬(mesh) 크기를 가진 스크린를 사용하는 것이다. **눈수**(mesh count)라는 용어는 스크린의 단위 길이(1 cm)당 구멍의 개수를 의미하며, 눈수가 클수록 입자의 크기가 작다는 의미이다. 눈수 20은 1 cm 당 20개의 구멍이 있다는 것을 의미하며, 구멍의 크기는 보통 정사각형이므로 양방향의 눈수는 같다. 따라서 1 cm² 당 전체 구멍의 개수는 $20^2 = 400$이다.

점진적으로 구멍의 크기가 작아지는 일련의 스크린을 통과시키는 방법으로 입자를 크기별로 분류할 수 있다. 분말은 특정 눈수를 갖는 스크린 위에 올려지고 진동에 의해 스크린의 구멍보다 작은 입자는 아래로 떨어진다. 하부의 스크린에 떨어진 입자 역시 유사한 형태로 구멍보다 작은 입자가 세 번째 네 번째 스크린에 떨어지면서 입자는 크기별로 분류된다. 어떤 입자의 크기가 40~60이라 하면, 이는 눈수 40의 스크린은 통과했으나 눈수 60의 스크린은 통과하지 못했음을 의미한다. 보다 간단하게 입자의 크기를 표기하기 위해 이런 경우 입자의 크기를 40이라고 한다. 분말을 입자의 크기에 따라 나누는 과정을 분류(classification)라고 부른다. 스크린을 통과하지 못하는 입자의 최소 크기가 스크린 구멍크기라 가정하면 입자의 크기는 다음의 식으로 구할 수 있다.

$$PS = \frac{1}{MC} - t_w \qquad (14.1)$$

여기서 PS는 입자의 크기이며, MC는 눈수(단위 cm 당 구멍수), t_w는 스크린내부 와이어의 두께이다.

그림 14.2는 스크린을 통과하고 통과하지 못하는 입자의 크기와 스크린의 구조에 대해 보여준다. 스크린에 의해 분류된 입자의 크기는 입자 형상의 차이, 분류에 사용된 스크린의 단계별 눈수, 동일 스크린 내의 구멍크기 차이 등에 의해 편차가 발생할 수 있다. 또한 스크린을 사용하는 방법은 현실적으로 최대 눈수가 400으로 제한되는데 이는 고밀도의 스크린을 제작하기 어려우며, 작은 입자크기의 분말에서 발생하는 뭉침현상(agglomeration) 때문이다. 입자 크기를 재는 다른 방법으로는 현미경과 엑스레이 기술 등이 있다.

압축과 소결공정을 사용하는 분말야금공정에서 일반적으로 사용되는 입자의 크기는 25 μm ~ 300 μm 정도이다. 입자의 크기가 큰 경우 눈수는 약 65 정도이며, 입자의 크기가 작은 경우 스크린을 사용한 방법으로는 분류가 거의 불가능하다.

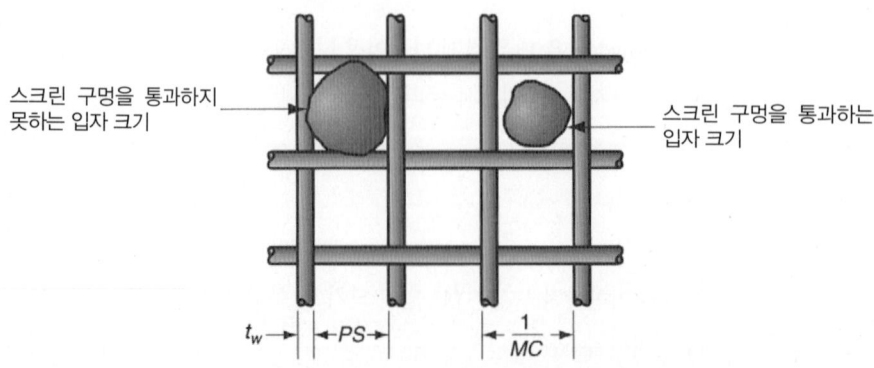

그림 14.2 입자의 크기를 분류하는 데 사용되는 스크린.

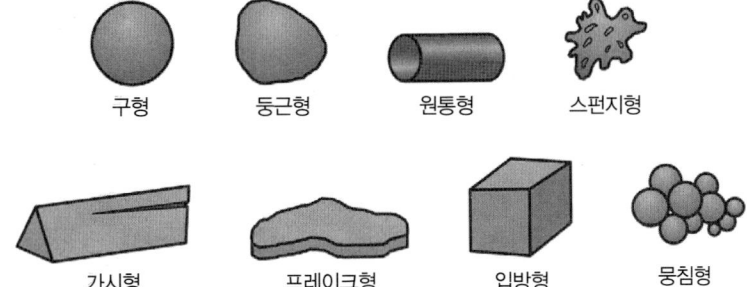

그림 14.3 분말야금공정에서 사용하는(이상적인) 입자형상.

입자 형상 및 내부 구조

금속분말 형상은 그림 14.3에서와 같이 여러 가지 형태로 나눌 수 있다. 분말 내부에서 각각의 입자 크기의 차이가 있듯 입자의 형상 역시 차이를 갖는다. 입자의 형상을 나타내는 쉽고 유용한 척도는 세장비(aspect ratio, 최소치수에 대한 최대치수의 비율)이다. 구형입자의 경우 세장비는 1.0이지만, 가시모양(Acicular) 입자의 경우 세장비가 2에서 4까지 되기도 한다. 입자의 형상 분류는 현미경을 이용한 분석이 필수적이다.

조밀하지 않은 분말의 입자 간에는 기공이 존재한다. 기공 중에서 **열린기공**(open pole)은 외부로 연결된 통로를 가진 기공을 말한다. 열린기공은 물, 오일 또는 용융 금속과 같은 유체가 침투해 들어갈 수 있는 공간이다. 이에 반해 **닫힌 기공**(closed pore)은 개별 입자 내부에 생긴 빈 공간이다. 이러한 내부 기공은 보통 극소량으로 존재하며, 혹시 존재하더라도 그 효과가 미미하다. 그러나 추후에 논의하는 밀도 측정에 영향을 줄 수 있다.

표면적

입자 형상이 완전한 구형이라 가정하면 입자의 면적 A와 부피 V는 다음과 같이 계산된다.

$$A = \pi D^2 \tag{14.2}$$

$$V = \frac{\pi D^3}{6} \tag{14.3}$$

여기서 D는 구형입자의 직경(mm)이며, 구형 입자에서 부피 대 면적비(area to volume ratio, A/V)는 다음과 같이 계산된다.

$$\frac{A}{V} = \frac{6}{D} \tag{14.4}$$

일반적으로 면적 대 부피비는 구형 또는 구형이 아니더라도 모든 입자에 대해 다음과 같이 표현될 수 있다.

$$\frac{A}{V} = \frac{K_s}{D} \quad \text{또는} \quad K_s = \frac{AD}{V} \tag{14.5}$$

여기서 K_s는 형상 계수, D는 일반적으로 비구형 입자의 등가 부피를 갖는 구형입자의 지름(mm)이다. 따라서 구형입자의 경우 K_s는 6.0이며, 구형을 제외한 다른 형상에 대해서 K_s는 6보다 크다.

위의 식으로부터 같은 중량의 금속분말에 대해 입자의 크기가 작을수록, 또는 입자의 형상계수(K_s)가 높을수록 표면적이 증대된다는 것을 알 수 있다. 이는 분말야금공정에 불필요한 표면산화가 발생하는 영역이 증가함을 의미한다. 또한 입자의 크기가 작아지면 입자의 뭉침현상이 심해져, 분말의 자동 이송(feeding)에 영향을 미친다. 그러나 작은 입자크기의 분말을 사용하는 분말야금공정에서는 수축(shrinkage)이 보다 균일하게 발생하고 최종 분말야금 제품의 기계적 특성이 우수한 장점을 갖는다.

14.1.2 기타 특성

공업용 분말의 기타 특성으로는 입자간 마찰력, 유동 특성, 패킹, 밀도, 공극률, 화학적 조성 및 표면막이 있다.

입자 간 마찰력 및 유동특성

입자 간 마찰력(interparticle friction)은 분말이 얼마나 쉽게 흐르고 단단히 압축될 수 있는지에 영향을 미친다. 일반적으로 입자 간 마찰력은 그림 14.4와 같이 좁은 깔대기에서 쏟아진 분말더미에서 측정된 **휴지각**(angle of repose)으로 표현된다. 휴지각이 크다는 것은 입자간 마찰력이 큼을 의미한다. 입자 크기가 작을수록 일반적으로 마찰력이 더 크고 따라서 휴지각도 더 커진다. 구형 입자에서 가장 낮은 마찰력이 발생하고 입자의 형상이 구형에서 벗어날수록 입자 간 마찰력이 증가하는 경향이 있다.

분말의 유동 특성은 금형 내 충진과 압축에 있어 중요하다. 자동 충진 공정의 가능여부는 분말의 유동이 얼마나 쉽게 발생하고 일관성이 있는지에 의해 영향을 받는다. 압축 공정에서 유동 저항은 압축품 내의 바람직하지 않은 밀도분포 불균일을 야기한다. 분말의 유동 특성을 측정하는 방법은 일정량(중량 기준)의 분말이 표준화된 크기의 깔대기를 통과하는 데 걸리는 시간을 측정하는 것이다. 짧은 통과 시간은 입자간 마찰이 작고 유동성이 크다는 것을 의미한다. 입자간 마찰을 줄이고 압축공정에서 유동성을 향상시키기 위해 때때로 적은 양의 윤활제를 분말에 섞기도 한다.

패킹, 밀도, 공극률

패킹(packing) 특성은 두 가지 밀도 측정방법에 의해 결정된다. 첫째는 **진밀도**(true density)로서 재료의 실제 부피에 대한 밀도이다. 이는 분말을 녹여 고체 덩어리로 만든 후, 측정한 밀도를 말한다. 표 4.1은 몇 가지 재료에 대한 진밀도를 보여준다. 두 번째는 **용적밀도**(bulk density)로서 분말을 쏟은 후 느슨한 상태에서 측정한 밀도이다. 용적밀도에는 입자 간에 존재하는 기공의 영향이 포함되기 때문에 진밀도보다 낮은 값을 갖는다.

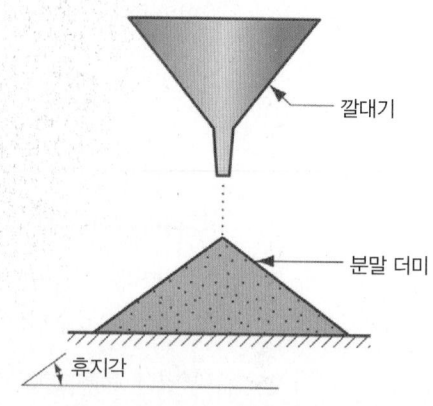

그림 14.4 입자 간 마찰력을 정량화하기 위해 좁은 깔대기에서 쏟아진 분말더미의 휴지각을 측정하는 방법. 휴지각이 크면 입자간 마찰력도 크다.

패킹 지수(paking factor)는 용적밀도를 진밀도로 나눈 값이다. 일반적으로 조밀하지 않은 분말에서 패킹 지수는 0.5에서 0.7 사이의 값을 갖는다. 패킹지수는 입자의 형상과 입자 크기의 분포에 따라 영향을 받는데, 다양한 크기의 입자가 포함된 분말의 경우 작은 크기의 입자가 공기로 채워져 있던 큰 입자 사이의 공극 내로 들어갈 수 있어, 패킹지수가 높아진다. 패킹 지수는 분말에 진동을 가함으로써 입자를 좀더 치밀하게 분포시켜 증가될 수 있다. 마지막으로 압축 공정 동안에 가해지는 외부 압력은 입자를 재배치시키고, 입자의 형상을 변화시켜 패킹 지수를 크게 증가시킨다.

공극률은 분말의 패킹 특성을 나타내는 또 다른 척도이다. **공극률**(porosity)은 용적부피(bulk volume)에 대한 기공부피(빈 공간)의 비율로 정의된다. 따라서 다음의 관계가 성립한다.

$$공극률 + 패킹지수 = 1.0 \qquad (14.6)$$

이때 일부 개별 입자 내의 닫힌 기공의 존재는 상황을 보다 복잡하게 만든다. 위 식은 닫힌 기공을 포함하여 공극률이 정확히 계산된 경우에만 정확하다.

화학적 조성 및 표면막

화학적 조성에 대한 정의 없이 완벽하게 분말의 특성을 이야기할 수 없다. 금속분말은 순수 금속으로 이루어진 기본분말(elemental powder)과, 합금입자로 구성된 합금분말(pre-alloyed powder)로 나뉜다. 각각에 대한 분류와 분말야금공정에서 자주 사용되는 금속에 대해서는 14.5.1절에서 논의한다.

표면막(surface film)은 단위 중량당 표면적이 큰 분말야금공정의 문제점 중 하나이다. 표면막은 주로 산화물, 실리카, 흡수된 유기물질, 수분 등으로 만들어지는데 [6], 일반적으로 이러한 표면막은 성형공정 전에 제거되어야 한다.

14.2 금속분말의 제조

분말야금공정에서 금속분말 제조와 분말야금제품 제조는 서로 다른 업체에서 진행된다. 분말 제조업체는 일종의 공급자이며, 제품 제조업체는 일종의 소비자라 할 수 있다. 따라서 분말 제조법을 본 절에서 설명하고 분말야금제품 제조법에 대해서는 다음절에서 설명한다.

거의 모든 금속이 분말 형태로 만들어질 수 있으며, 상업적 금속분말의 제조를 위한 세 가지 주요 공정은 (1) 분무법(atomization), (2) 화학법(chemical), (3) 전기분해법(electrolytic) [13]이다. 분말 제조 공정은 금속의 표면적을 증가시키기 위해 에너지를 가하는 공정이라 할 수 있다. 물론 분말 입자의 크기를 줄이기 위해 가끔 기계적 방법이 사용되지만, 기계적 방법은 세라믹분말 제조와 더욱 깊은 관련이 있어 다음 장에서 논의한다.

14.2.1 분무법

분무법(atomization)은 용융 금속을 유적(droplet)의 스프레이로 변환시킨 후 응고시켜 분말을 제조하는 공정이다. 이는 오늘날 가장 널리 사용되는 금속 분말 제조 공정으로, 순수 금속과 합금을 포함한 거의 모든 금속에 적용이 가능하다. 그림 14.5는 용융 금속을 유적의 스프레이 형태로 변환시키는 다양한 방법 중 일부를 나타낸 것이다. 이 중 두 개는 용융 금속을 분무하기 위해 고속의 가스(공기 혹은 불활성 가스)를 사용하는 **가스분무법**(gas atomization)에 기초한 것이다. 그림 14.5(a)에서 보듯, 확장 노즐 내에 가스가 흐르면 사이펀(siphon) 현상에 의해 용융 금속이 빨려 올라와 용기 속으로 분무되고, 스프레이 내의 금속 유적이 분말 형태로 굳어지게 된다. 유사한 방법이 그림 14.5(b)에 보여지는데, 이는 용융 금속을 중력방향으로 노즐을 통해 흘리면서, 주변의 공기 제트에 의해 즉시 입자화시키는 것이다. 만들어진 금속 분말은 주로 구형이며, 아래쪽의 체임버에 모아진다.

그림 14.5(c)에 소개된 방법은 14.5(b)와 유사한데, 단지 공기제트 대신 고속으로 흐르는 물을 사용한다는 점이 다르다. 이 방법은 **물분무법**(water atomization)으로 알려져 있으며, 가장 널리 사용되는 분무법으로, 특히 녹는점이 1600°C(1873 K) 이하인 금속에 적당하다. 본 공정은 물을 사용하기 때문에 냉각이 빠르게 진행되어, 생산된 분말입자의 형상이 구형이 아닌 불규칙한 형상이며, 입자의 표면이 산화된다는 단점을 갖는다. 이에 최근에 물 대신 합성 오일을 사용하여 표면의 산화를 줄이는 방법이 개발되었다. 가스 및 물 분무법에서 입자의 크기는 유체의 속도에 의해 제어되는데 유체의 속도가 증가할수록 입자의 크기가 작아진다.

또 다른 금속분말 제조법은 **원심분무법**(centrifugal atomization)에 기반한다. 그림 14.5(d)는 이 중 하나인 **회전 디스크법**(rotating disk method)을 보여준다. 이는 용융 금속을 빠르게 회전하는 디스크 상에 연속적으로 부어, 모든 방향으로 금속이 날아가면서 분말이 만들어지는 것이다.

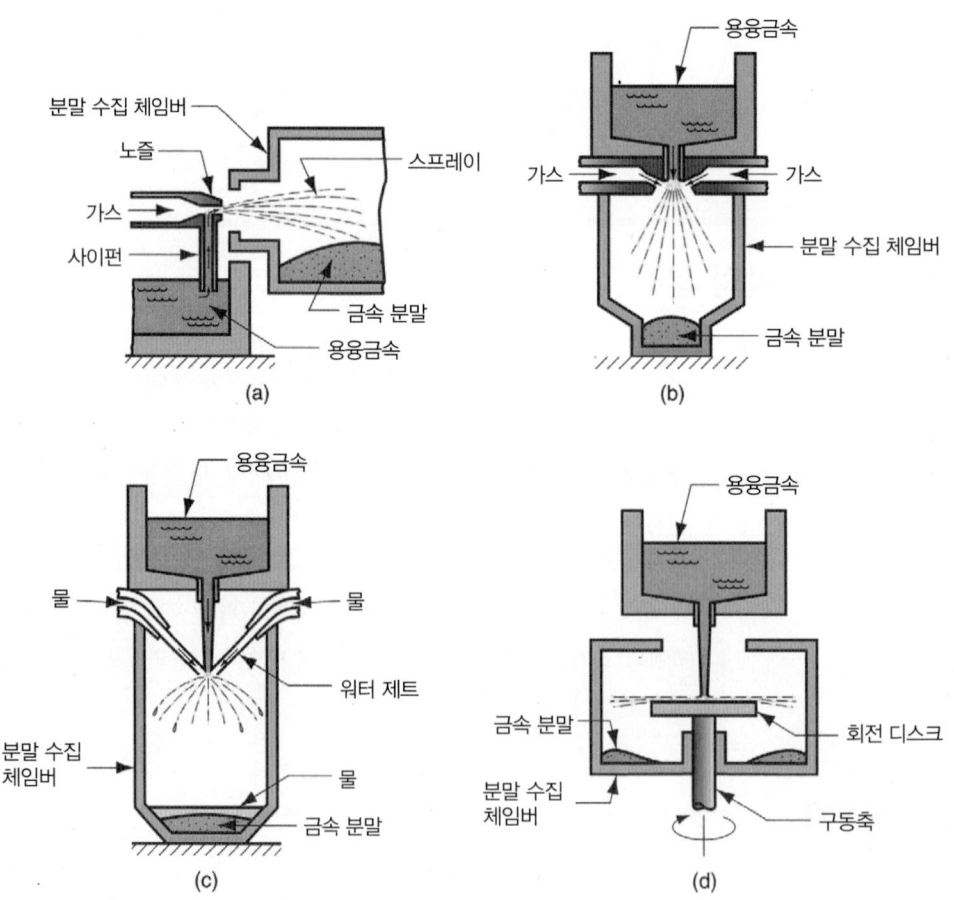

그림 14.5 금속 분말을 제작하는 분부법. (a), (b) 가스 분무법, (c) 물 분무법, (d) 회전 디스크법에 의한 원심분무법.

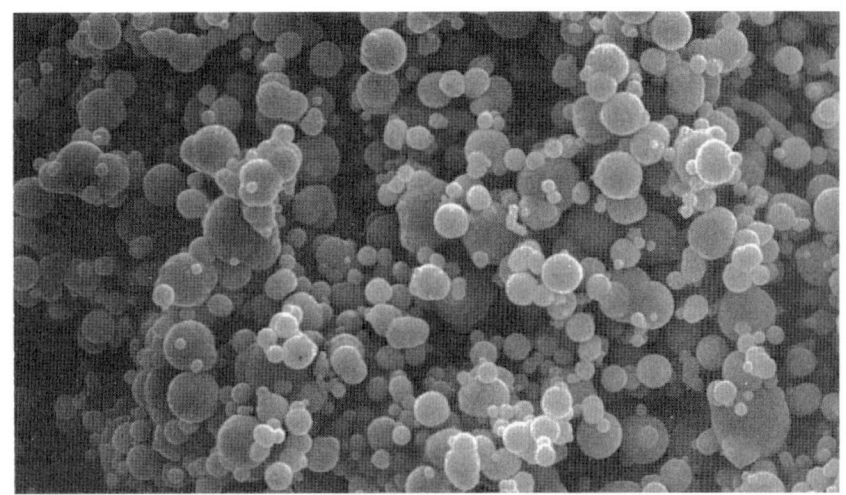

그림 14.6 오산화철의 화학적 분해 과정을 통해 얻어진 약 0.25~3.0 μm의 입자크기를 갖는 철 분말(GAF Chemicals Corp.의 Advanced Materials Division 제공).

14.2.2 기타 분말제조법

기타 금속분말 제조법에는 화학적 환원법, 석출법, 전기분해법 등이 있다.

화학적 환원법

화학적 환원법(chemical reduction)은 금속 화합물을 금속원소분말로 환원시키는 여러 가지 화학 반응을 이용하는 것이다. 일반적인 공정은 금속 산화물을 수소나 일산화탄소와 같은 환원제를 사용하여 금속으로 유리시키는 것이다. 환원제는 산화물 내 산소와 결합하여 금속 원소를 환원시킨다. 이 방법은 철, 텅스텐, 구리 분말을 생산하는 데 사용된다. 철 분말의 생산을 위해 사용되는 또 다른 화학적 방법은 오산화철(iron pentacarbonyl, $Fe(Co)_5$)을 분해하여 높은 순도의 구형 입자를 생산하는 것이다. 그림 14.6은 이 방법으로 생산된 분말을 보여준다. 또 다른 화학 공정으로는 물속에 녹아 있는 염으로부터 금속 입자를 얻는 **석출법**(precipitation)이 있다. 구리, 니켈, 코발트 분말이 이 방법으로 생산될 수 있다.

전기분해법

전기분해법(electrolysis)에서는 분말로 제작하고자 하는 금속을 양극으로 하는 전해전지를 구성한다. 양극의 금속은 천천히 분해되어 전해액을 통과하여 음극에 부착된다. 이 부착물을 떼어 내어 세척한 후 건조하면, 매우 순도 높은 금속 분말을 얻을 수 있다. 이러한 방법을 통해 베릴륨, 구리, 철, 은, 탄탈륨, 티타늄 분말을 제조할 수 있다.

14.3 압축 및 소결 공정

금속분말이 생산된 후 진행되는 일반적인 분말야금공정은 (1) 분말의 혼련(blending)과 혼합(mixing), (2) 분말을 원하는 부품형상으로 압축하는 과정인 압축(compaction)공정, (3) 재료의 용융점 이하의 온도로 가열하여 입자의 고체상태 접착을 야기하고 부품의 강도를 강화하는 소결(sintering)공정의 순서로 수행된다. 그림 14.7은 분말야금공정의 주요 단계라 분류되는 이 세 가지

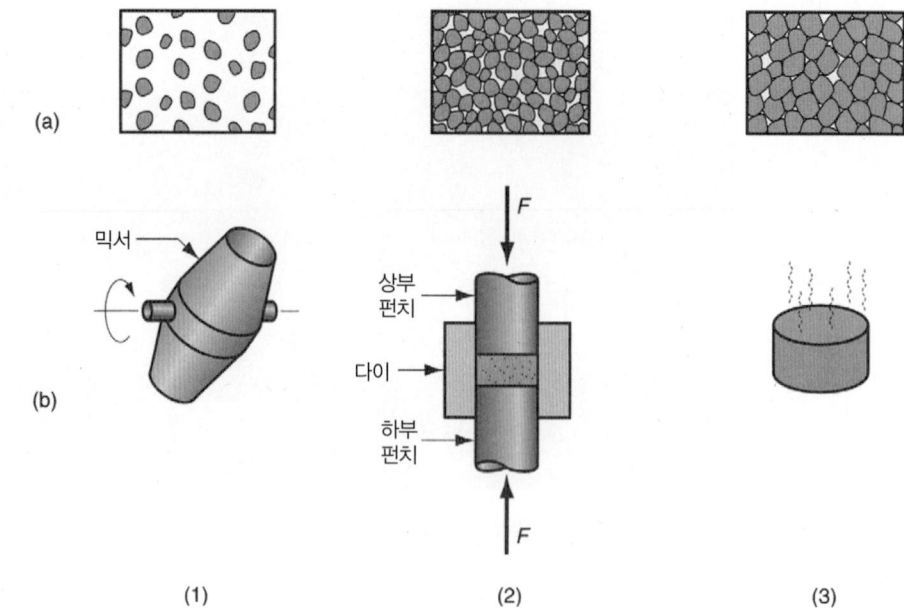

그림 14.7 일반적인 금속야금 공정. (1) 혼련, (2) 압축, (3) 소결. (a) 입자의 상태, (b) 단계별 공정 및 성형품 개념도.

단계를 개념적으로 보여준다. 분말야금공정에서는 상기의 주요단계 외에 치수 정밀도를 개선하고 밀도를 높이기 위해 2차 공정이 수행될 수도 있다.

14.3.1 분말의 혼련과 혼합

압축과 소결 과정에서 좋은 결과를 얻기 위해 금속 분말은 사전에 완벽한 균질성을 가져야 한다. 본 절에서는 혼련과 혼합이라는 두 용어가 사용된다. **혼련**(blending)은 화학적 조성은 같으나 입자 크기가 다양한 분말을 섞는 것을 의미한다. 입자크기가 다른 분말을 함께 섞음으로써 공극률이 줄어들수 있다. **혼합**(mixing)은 화학적 조성이 다른 분말을 섞는 것을 의미한다. 분말야금공정의 장점 중 하나는 다른 방법으로는 구현하기가 어렵거나 불가능한 합금을 만들 수 있다는 것이다. 다만 실제 산업현장에서는 혼련과 혼합의 용어 구분이 분명하지 않을 때가 많다.

혼련과 혼합은 기계적인 방법으로 이루어지는데, 대표적인 네 가지 방법의 개념을 그림 14.8에서 보여준다. (a) 드럼 속 회전, (b) 이중콘형 용기 속 회전, (c) 스크루믹서 속 교반, (d) 블레이드 믹서 속 교반. 분말의 혼련 및 혼합에는 생각보다 많은 과학적 공정 제어가 요구되는데, 가장 우수한 교반 효과는 분말이 용기부피의 20~40% 정도 차 있을 때 얻어진다. 용기 속에는 서로 다른 입자크기를

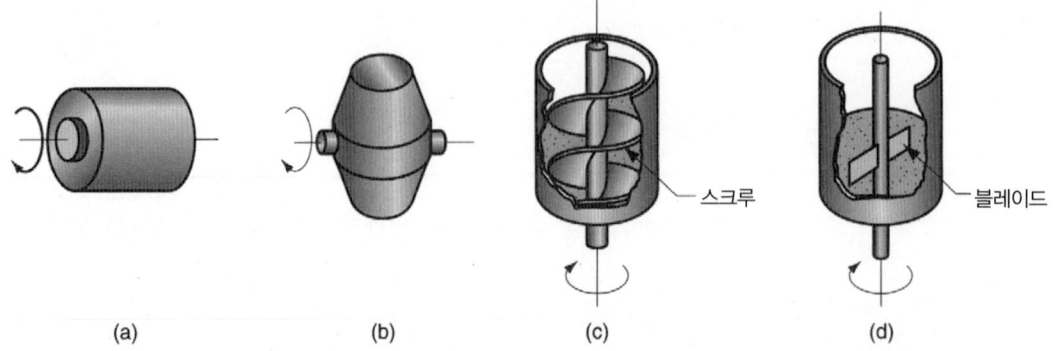

그림 14.8 혼련과 혼합도구들. (a) 회전 드럼, (b) 회전 이중 콘, (c) 스크루 믹서, (d) 블레이드 믹서.

갖는 분말의 혼련 시 분말이 자유 낙하를 하지 못하도록 하는 내부 조절판 또는 방해장치가 설치되어 있는데, 이는 입자크기 간의 낙하 속도의 차이에 의해 혼련공정의 목적과 정반대의 현상인 입자 간 분리가 발생할 수 있기 때문이다. 분말의 진동도 바람직하지 않는데, 이 또한 입자 분리를 야기하기 때문이다.

일반적으로 혼련과 혼합공정에서 금속 분말에 다른 첨가물이 들어간다. 이 중 (1) **윤활제**(lubricants)는 아연과 알루미늄계의 스테아르산염(stearate)으로 입자 간 마찰을 감소하고 압축 공정 시 다이벽에서의 마찰 감소를 위해 소량 첨가된다. (2) **결합제**(binder)는 압축공정이 진행되고 소결공정이 진행되지 않은 부품에 적당한 강도를 유지시킬 필요가 있을 때 사용된다. (3) **응집제거제**(deflocculant)는 후속 공정에서 우수한 유동 특성을 얻을 수 있도록 분말의 응집을 최소화하기 위해 사용된다.

14.3.2 압축

압축(compaction) 공정에서는 원하는 형상으로 분말을 성형하기 위해 높은 압력을 분말에 가한다. 일반적으로 압축공정에서는 **프레싱**(pressing)이 수행되며, 이는 마주보는 펀치가 다이 속에 들어 있는 분말을 압착하는 것이다. 그림 14.9는 프레싱 공정의 단계를 보여준다. 프레싱 후 성형된 작업물을 **압축생형**(green compact)이라 부른다. **생형밀도**(green density)라 불리는 프레싱 공정 후 성형품의 밀도는 초기 소재 밀도보다 매우 크며, 프레싱 공정 성형품의 **생형강도**(green strength)는 운반과 보관에는 적당한 정도이나, 소결 후 제품의 강도보다는 매우 작다.

압축공정의 초기 가압력은 분말을 압축하여 보다 효율적으로 배치하고, 충진 과정에서 형성된 '다리'를 제거하고, 기공을 줄이고, 입자 간의 접촉점의 수를 증가시키는 역할을 한다. 가압력이 점차 증가하면서 입자들은 소성 변형하여, 입자 간 접촉 면적이 증가하고 인근 입자들과 더욱 많이 접촉하게된다. 이로 인해 기공부피도 더욱 줄어든다. 그림 14.10은 가압공정 시 발생하는 분말 소재의 3단계 변화에 대해 구형 입자를 기준으로 설명한 것이며, 또한 각각의 단계와 관련된 밀도의 변화를 가압력

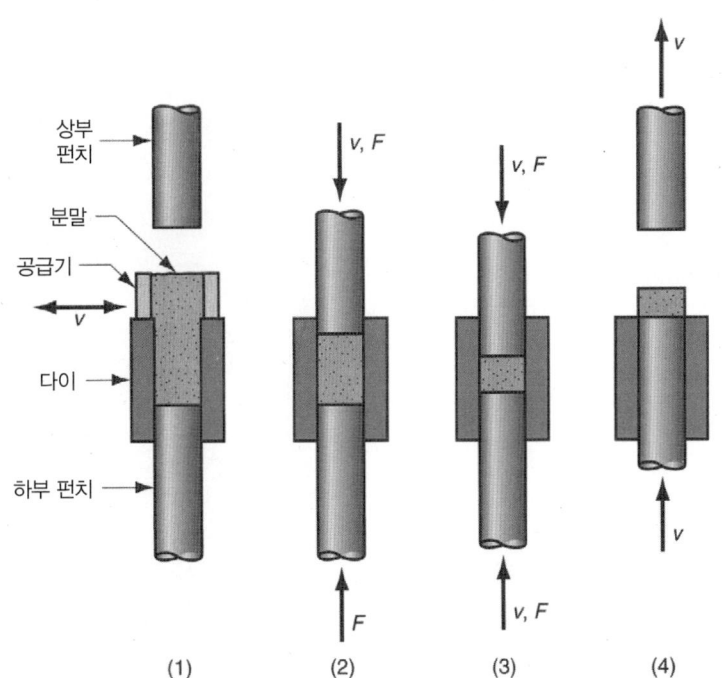

그림 14.9 분말야금공정에서 금속분말을 압축하는 보편적 방법인 프레싱 공정. (1) 자동화된 재료공급기를 이용하여 다이에 분말을 채우는 공정, 압축 공정 중 상하부 펀치의 (2) 초기 위치 및 (3) 최종 위치, (4) 성형품의 배출.

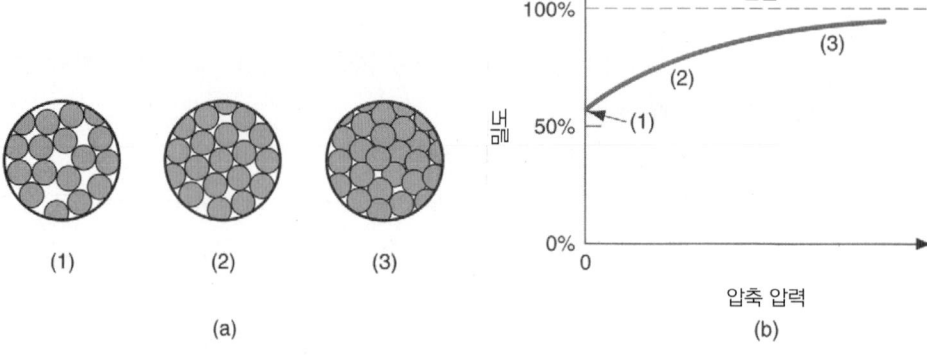

그림 14.10 (a) 압축공정에서 가압의 효과. (1) 초기 충진 후 느슨한 분말 상태, (2) 초기압축, (3) 입자의 변형. (b) 가압력에 따른 분말의 밀도 변화. 각 단계는 그림 14.9의 (1), (2), (3) 단계에 대응한다.

의 함수로 보여준다.

일반적인 분말야금공정에서 사용되는 프레스 기계는 기계식, 유압식 또는 이 둘의 조합으로 구분된다. 그림 14.11은 450 kN(50 ton) 유압 프레스를 보여준다. 부품의 복잡성과 가압 요구조건에 따라 프레스는 (1) 단동 프레스와 같이 한 방향으로 가압하는 유형과 (2) 대향 램, 복동, 다동 프레스와 같이 두 방향으로 가압하는 프레스로 구분될 수 있다. 최근에는 최대 10가지 동작을 제어하여 매우 복잡한 형상을 가진 부품을 생산할 수 있는 프레스 기술까지 개발되었다. 부품의 복잡성과 기타 설계시 고려사항에 대해서는 14.6절에서 살펴본다.

분말야금제품의 생산을 위한 프레스 용량은 일반적으로 tons, kN 혹은 MN으로 주어진다. 가압에 필요한 힘은 분말야금부품의 평면 투영 면적(수직 압력에 대한 수평면에서의 면적)에 금속 분말을 압축시키는 데 필요한 압력을 곱함으로써 얻어진다. 식으로 나타내면

$$F = A_p p_c \tag{14.7}$$

그림 14.11 분말야금 제품의 압축 공정을 위한 450 kN(50 ton) 유압식 프레스(Dorst America, Inc 제공).

여기서 $F(N)$는 요구되는 힘이며, $A_p(mm^2)$는 제품의 투영면적, $p_c(MPa)$는 주어진 분말 재료에 요구되는 압축 압력을 나타낸다.

일반적으로 압축 압력의 범위는 알루미늄 분말에 대해 사용되는 70 MPa부터 철과 강 분말에 사용되는 700 MPa에 이른다.

14.3.3 소결

가압 후, 압축생형은 강도와 경도가 부족하여, 작은 응력에도 쉽게 가루가 된다. **소결**(sintering)은 압축 성형품 내 금속 입자들을 접착시켜서 강도와 경도를 증가시키는 일종의 열처리 공정이다. 소결공정은 일반적으로 금속 용융점의 0.7에서 0.9배(절대온도 단위) 사이의 온도에서 수행된다. 간혹 이 공정은 **고상소결**(solid-state sintering, solid-phase sintering)이라 불리기도 하는데 이는 소결 온도에서 금속은 용융되지 않은 상태로 남아있기 때문이다.

소결을 일으키는 주요인은 표면에너지를 감소시키려는 방향으로의 재료변화라는 것이 관련 연구자의 일반적 견해이다 [6], [16]. 압축생형은 다수의 입자들로 구성되어 있고, 각각의 입자는 독립적인 표면적을 가지고 있어, 압축생형 내의 총 표면적은 매우 크다. 열이 가해지면 입자 간 결합의 생성과 성장으로 인해 표면적이 감소되고 표면에너지가 감소한다. 이때 입자의 크기가 작을수록 전체 표면적이 커지고 소결공정의 추진력도 더욱 높아진다.

그림 14.12는 금속 분말의 소결과정 동안 내부 마이크로구조의 변화를 개념적으로 나타낸 것이다. 소결공정에서는 질량이동에 의해 넥이 형성되고, 이후 입자 경계로 변화된다. 이러한 현상의 주요 메커니즘은 확산 현상이며 또 다른 가능한 메커니즘은 소성 유동이다. 소결과정에서는 기공 크기의 감소로 인해 수축이 발생한다. 수축은 압축생형의 밀도에 크게 영향을 받으며, 또한 밀도는 압축공정에서의 가압력에 영향을 받는다. 수축은 일반적으로 공정 조건이 정밀하게 제어되는 경우 예측이 가능하여 설계 시 보정할 수 있다.

분말야금공정은 보통 중·대량 생산에 적합하므로, 대부분의 소결로는 생산공정의 자동화된 흐름에 맞추어 설계된다. 연속로에서 열처리는 (1) 윤활제와 결합제를 태워 없애는 예열부, (2) 소결부, (3) 냉각부의 세 개의 체임버에서 순차적으로 이루어진다. 그림 14.13은 이러한 열처리 방법을 보여주며, 표 14.1은 일부 금속에 대한 소결 온도와 시간을 보여준다.

현대적인 소결 공정에서는 (1) 산화방지, (2) 압축생형에 존재하는 산화물의 제거를 위한 환원 분위기 제공 (3), 탄화 처리 분위기 제공, (4) 압축 공정에 사용된 윤활제 및 결합제의 제거를 위해 로의 분위기(atmosphere)를 제어한다. 소결로의 분위기는 보통 불활성 가스, 질소, 해리 암모니아, 수소, 천연가스로 조성 되며 [6], 스테인레스 강이나 텅스텐의 경우에는 진공 분위기가 사용된다.

그림 14.12 소결공정에서 내부 마이크로구조의 변화. (1) 초기 접촉점에서 입자간 접합이 시작됨, (2) 접촉점이 성장하여 넥(neck)을 이룸, (3) 입자간 기공의 크기가 감소함, (4) 입자간에 넥 대신 입자 경계가 형성됨.

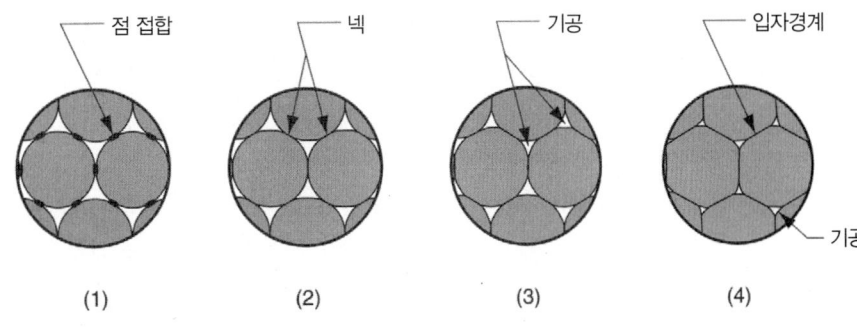

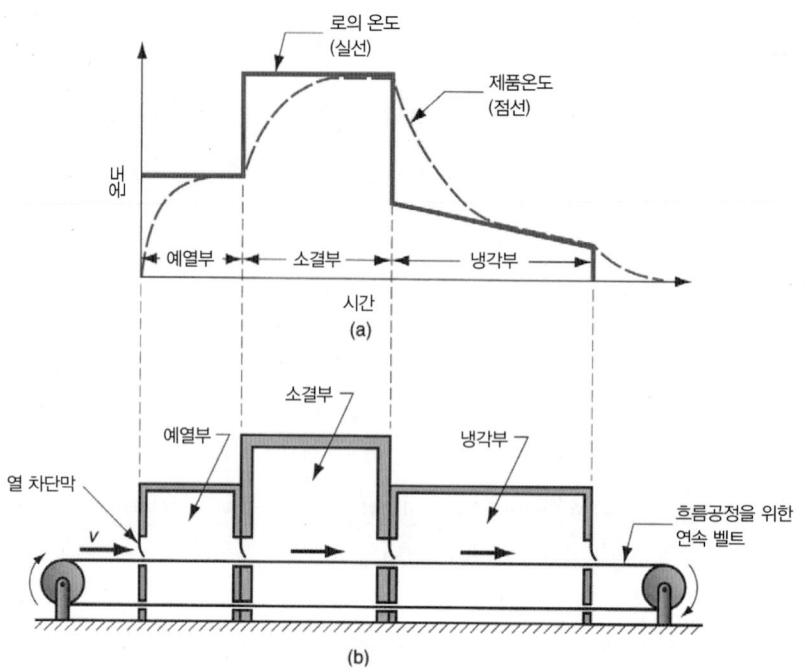

그림 14.13 (a) 소결공정에서 일반적인 열처리 곡선, (b) 연속 소결로의 개략적인 단면도.

표 14.1 일부 금속 분말의 소결 온도 및 시간.

금속	소결온도		시간(분)
	(°C)	(K)	
황동	850	1123	25
청동	820	1093	15
구리	850	1123	25
철	1100	1373	30
스테인레스 강	1200	1473	45
텅스텐	2300	2573	480

14.3.4 2차 공정

분말 야금 공정의 2차 공정으로는 치밀화(densification), 사이징(sizing), 함침(impregnation), 용침(infiltration), 열처리, 피니싱 등이 있다.

치밀화 및 사이징

상당수의 2차 공정은 소결품의 밀도 증가, 정밀도 향상 및 추가적인 형상 성형을 위해 수행된다. **재가압**(repressing)은 폐금형 안에 소결품을 넣고 다시 가압하는 것으로 밀도를 높이고 물리적 성질을 개선하기 위해 수행된다. **사이징**(sizing)은 소결품의 치수 정밀도를 높이기 위해 수행되는 것이며, **코이닝**(coining)은 소결품의 표면에 패턴을 새겨 넣기 위해 수행되는 프레스 공정이다.

일부 분말야금제품은 소결 후 **절삭가공**을 요구하기도 한다. 절삭가공공정은 드물게 소결품의 치수 정밀도 향상을 위해 사용되기도 하지만, 주로 압축공정으로 구현하기 어려운 내부 및 외부 나사선, 측면 구멍 등의 여러 상세부를 가공하는 데 사용된다.

함침과 용침

기공성은 분말야금의 독특하고 고유한 특성으로, 기공부에 기름, 고분자재료, 또는 모재 분말보다 낮은 용융점을 갖는 금속을 채워 특수한 제품을 만드는 공정이 개발되었다.

함침(impregnation)은 기름 및 다른 유체를 소결품의 기공 속으로 침투시키는 공정을 의미한다. 이 공정으로 제작된 가장 흔한 제품은 오일함침 베어링, 기어 및 유사한 기계부품들이다. 함침 공정은 소결품을 뜨거운 오일에 담그는 형태로 진행되며, 자동차 산업에서 널리 사용되는 자기윤활(self-lubricating) 베어링은 청동이나 철에 부피비로 10%에서 30%의 오일을 함침하여 제작된다.

함침법의 또 다른 응용으로 여러 종류의 고분자재료를 액체상태에서 소결품의 기공에 침투시킨 후 굳히는 방법이 있으며, 이를 이용하여 치밀 분말야금 제품 혹은 유체가 스며들지 못하는 분말야금 제품의 구현이 가능하다. 또한 수지 함침법은 후공정의 편의를 위해 적용되기도 한다. 일례로, 소결품의 후속공정으로 도금과 같이 공정 용제를 사용하는 후속공정이 필요한 경우, 용제가 기공 속으로 침투하여 제품의 품질저하를 야기할 수 있다. 이러한 경우 수지함침법을 적용하여 후속공정에서 공정 용제의 사용에 의한 제품 품질저하를 방지할 수 있다. 또한 수지함침법은 분말야금 제품의 절삭성을 향상시키는 목적으로 사용될 수 있다.

용침(infiltration)은 분말야금제품의 기공에 용융 금속을 채우는 작업으로, 용침되는 금속의 용융점은 반드시 분말야금제품보다 낮아야 한다. 용침되는 금속은 가열되어 용융된 뒤 소결품과 접촉하며, 이후 모세관 현상에 의해 용융 금속이 기공 속으로 주입된다. 용침제품은 상대적으로 기공이 거의 없고, 더욱 균일한 밀도를 가지며, 개선된 인성과 강도를 갖게 된다. 용침제품의 예로는 구리가 용침된 철제 분말야금 부품이 있다.

14.3.5 열처리 및 피니싱

주조나 기타 금속가공 부품에 적용되는 대부분의 열처리(25장) 및 피니싱(전주도금 또는 도장, 26장) 공정은 분말야금제품에도 적용될 수 있다. 분말야금부품 내의 기공으로 인해 열처리 공정에 있어 특별한 주의가 요구되는데, 예를 들어 분말야금부품의 열처리에는 염욕조(salt bath)를 사용하지 않는 것이다. 도금과 도장 공정 역시 미관과 내 부식성을 향상시키기 위해 분말야금제품에 적용될 수 있으며, 공정 중 기공 속에 화학 용제가 갇히지 않도록 주의할 필요가 있으며, 화학용제의 침투를 방지하기 위해 함침법과 용침법이 자주 사용된다. 분말야금부품에 주로 사용되는 도금물질은 구리, 니켈, 크롬, 아연 및 카드뮴이다.

14.4 압축/소결 공정의 대체공정

분말야금제품의 성형에 있어 전통적인 압축과 소결의 순차적인 공정이 가장 널리 사용된다. 본 절에서는 분말야금제품을 성형하는 또 다른 공정들을 살펴본다.

14.4.1 등방정압 가압법

전통적인 압축공정에서 압력은 일축방향으로(uniaxial) 가해진다. 이때 가압방향에 수직한 방향으로

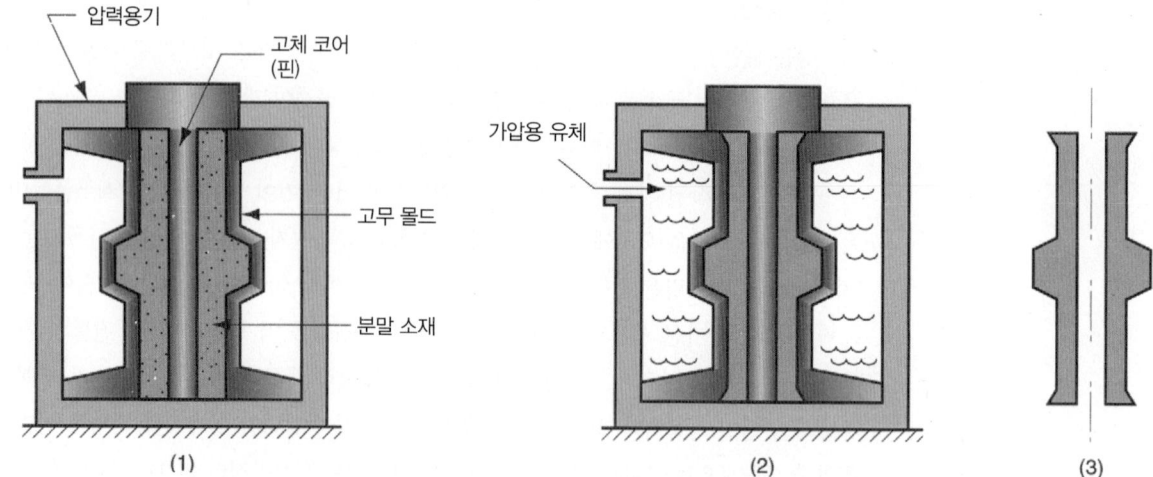

그림 14.14 냉간 등방정압 가압법. (1) 유연 몰드에 분말이 주입된다. (2) 분말의 압축을 위해 몰드에 대해 정수압이 가해진다. (3) 압력이 제거되고 제품이 이형된다.

는 금속분말이 잘 이동하지 못하기 때문에 성형 가능한 제품 형상에 제한이 발생한다. 또한 일축 가압법은 압축 성형품 내의 밀도 차이를 야기한다. **등방정압 가압법**(isostatic pressing)은 유압을 이용하여 유연한 몰드에 담긴 분말을 향해 모든 방향에서 압력을 가하는 공정이다. 등방정압 가압법은 크게 (1) 냉간 등방정압 가압법과 (2) 열간 등방정압 가압법으로 나뉜다.

냉간 등방정압 가압법(cold isostatic pressing, CIP)은 등방정압가압 공정이 상온에서 수행되는 것이다. 고무 혹은 기타 탄성체로 제작된 몰드는 수축을 보상하기 위해 제품의 치수보다 좀 더 크게 제작되며, 물 혹은 기름을 사용하여 체임버 내에 위치한 몰드를 향해 정수압(hydrostatic pressure)을 가한다. 그림 14.14는 냉간 등방정압 가압법의 공정 단계를 보여준다. 냉간 등방정압 가압법은 압축품 내의 밀도 분포를 균일하게 하고, 장비 가격이 상대적으로 저렴하며, 작업 시간이 비교적 짧은 장점이 있다. 그러나 유연한 몰드를 사용하기 때문에 높은 치수정밀도의 압축품을 성형하기 어렵다. 따라서 소결 전 혹은 후에 요구되는 치수를 갖도록 후속 성형공정이 종종 요구된다.

열간 등방정압 가압법(hot isostatic pressing, HIP)은 아르곤이나 헬륨 같은 가스를 압축 매개체로 하여 고온, 고압에서 수행되는 공정이다. 분말을 담는 몰드는 고온에서 견딜 수 있도록 금속 박판으로 제작된다. 압축과 소결공정이 동시에 수행되는 열간 등방정압 가압법의 장점에도 불구하고, 높은 공정비용으로 인해 열간 등방정압 가압법 공정은 항공 산업에서만 집중적으로 사용된다. 열간 등방정압 가압법공정으로 제작된 분말야금 제품은 밀도가 높고(공극률이 거의 없음), 입자 간 결합이 매우 강하며, 우수한 기계적 강도를 갖는다.

14.4.2 분말 사출성형

사출성형(injection molding)은 플라스틱 제품의 성형에 널리 사용되는 공정이다(12.6절). 초기 고분자 재료에 높은 함량의 분말을 첨가함으로써(일반적으로 부피비로 50~80%) 플라스틱 성형에 사용되는 동일한 공정이 금속 혹은 세라믹 분말 제품의 성형에 적용될 수 있다. 분말야금 분야에서는 이러한 공정을 **금속 사출성형**(metal injection molding, MIM)이라 부르며, 금속 및 세라믹 분말을 사용하는 공정까지 포함하여 **분말 사출성형**(powder injection molding, PIM)이라 부른다. 금속 사출성형 공정 단계는 다음과 같다 [7]. (1) 금속분말을 적당한 결합제와 섞는다. (2) 혼합물로 과립형의 펠릿(pellet)을 만든다. (3) 펠릿을 성형온도까지 가열한 후 금형공동으로 사출하고 냉각된 후 이형한다. (4) 용제 혹은 열처리 과정을 통해 성형품에서 결합제를 제거한다. (5) 성형품을 소결한다. (4) 소결품에 적절한 2차 공정을 수행한다.

분말 사출성형에서 결합제(binder)는 성형공정 시 입자의 유동 특성을 좋게 하고, 소결 전까지 성형된 형상을 유지하는 입자의 수송체(carrier) 역할을 한다. 분말사출성형 공정에서 기본 결합제로 사용되는 재료는 (1) 페놀과 같은 열경화성 고분자재료, (2) 폴리에틸린과 같은 열가소성 고분자재료, (3) 물, (4) 겔(gel), (5) 무기재료이며 [7], 이 중 고분자재료가 주로 사용된다.

분말 사출성형은 플라스틱 사출성형품과 유사한 형상의 제품을 제작할 때 적합하다. 단순한 축대칭 분말야금제품의 경우, 가격 경쟁력 측면에서 종래의 압축 및 소결공정이 더 적합하며, 분말 사출성형은 작고 높은 부가가치를 갖는 복잡한 제품을 성형함에 가장 경제적인 공정이다. 다만 소결 과정에서 발생하는 수축으로 인해 높은 치수 정밀도의 구현이 어렵다.

14.4.3 분말압연, 압출, 단조

압연, 압출, 단조 공정은 대표적인 금속성형 공정이나(17장 참조), 본 절에서는 분말야금공정의 관점에서 소개한다.

분말압연

분말압연 공정은 압연기를 이용하여 분말을 압축시켜 금속판 제품을 제작하는 것이다. 분말압연 공정은 그림 14.15에 보이는 것처럼 연속 혹은 반연속 공정으로 진행된다. 금속분말은 압축롤을 통과하며 압축된 후, 바로 소결로로 이동한다. 이후 냉간 압연과 재소결 작업을 거치게 된다.

압출

압출 공정은 기본 제조공정 중 하나이며(1.3.1절), 분말압출공정에서는 다양한 형태의 초기분말이 사용될 수 있다. 가장 일반적인 방법은 분말이 들어있는 금속박판으로 만든 진공 캔을 가열하여 압출하는 것이며, 또 다른 방법은 종래의 압축 및 소결 공정으로 먼저 빌릿(billet)을 성형하고 이를 열간 압출하는 것이다. 이러한 방법을 사용하여 매우 높은 밀도를 갖는 분말야금 제품의 생산이 가능하다.

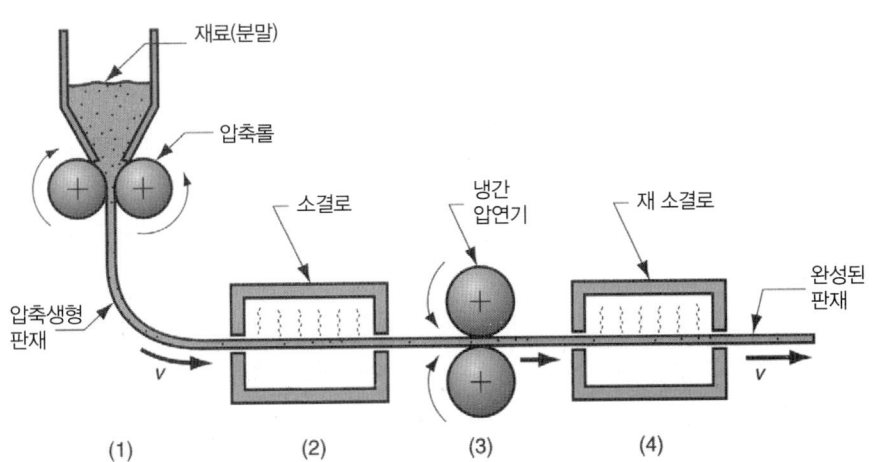

그림 14.15 분말압연공정. (1) 공급된 분말이 압축롤을 통과하며 압축생형판재를 성형, (2) 소결 공정, (3) 냉간 압연, (4) 재소결 공정.

단조

단조는 중요한 금속 성형법 중의 하나이며(1.3.1절), 분말단조 공정은 압축과 소결공정으로 성형된 적당한 크기의 분말야금 초기소재를 이용한 단조공정이다. 분말단조 공정의 장점은 (1) 분말야금 공작물의 치밀화 가능, (2) 미리 성형된 소재의 사용에 의한 낮은 금형비용 및 적은 타격 횟수(높은 생산성), (3) 재료낭비 감소를 들 수 있다.

14.4.4 압축 공정과 소결공정의 결합

14.4.1절에서 살펴본 열간 등방정압 가압법은 압축과 소결공정을 동시에 수행하는 방법이다. 본 절에서는 압축과 소결을 동시에 수행하는 또다른 기술인 열간 가압법과 스파크 소결법을 소개한다.

열간 가압법

일축(uniaxial)을 수행되는 열간가압법(hot pressing)은 종래의 분말야금 압축 공정과 매우 유사하며 차이점은 압축 과정에서 열을 가한다는 것이다. 열간 가압법으로 생산된 제품은 일반적으로 치밀하고, 강하고, 단단하고, 치수적으로 정밀하다. 이러한 장점에도 불구하고 본 공정은 몇 가지 기술적 문제로 인해 적용되는 데 한계를 가진다. 주요 기술적 문제로는 (1) 높은 소결온도를 견딜 수 있는 적절한 금형 재료의 선정이 어렵고, (2) 소결이 완료되기까지의 긴 공정시간이 요구되며, (3) 가열 방법 및 공정 중 분위기 제어가 쉽지 않다는 것이다 [2]. 열간 가압법의 적용 예로는 흑연 금형을 사용한 소결 카바이드 제품의 생산이 있다.

스파크 소결법

스파크 소결법(spark sintering)은 압축과 소결공정을 동시에 진행하며, 열간 가압법의 몇 가지 문제점을 극복한 공정이다. 본 공정은 (1) 분말 혹은 압축생형을 다이에 위치시키고, (2) 전극 역할을 겸하는 상·하부 펀치로 초기재료를 압축함과 동시에 높은 에너지의 전류를 가하여 표면의 불순물을 태워 없애면서 분말을 소결하는 두 개의 기본과정으로 구성되며, 치밀하고 단단한 제품을 약 15초만에 만들어낸다 [2], [17]. 스파크 소결법은 또한 다양한 금속에 대해 적용될 수 있다.

14.4.5 액상 소결법

14.3.3절에 소개된 일반적인 소결공정은 금속의 용융점 이하에서 수행되는 고체상태 소결공정이다. 용융점이 서로 다른 두 개의 금속분말이 섞여 있는 경우 액상 소결법(liquid phase sintering)이 사용된다. 액상 소결공정은 두 개의 금속분말을 혼합한 후 저융점 금속만 용융될 정도까지 온도를 올려 소결공정을 진행하는 것이다. 이때 용융된 금속은 고체상태로 남은 금속입자를 완전히 적신 상태에서 응고되므로 강한 결합력을 가진 치밀한 조직이 만들어진다. 사용되는 금속의 종류에 따라 지속적인 열을 가함으로써, 고체금속이 액체금속 속으로 조금씩 녹아 들어가거나 또는 액체금속이 고체금속 내로 확산되면서 합금을 성형할 수 있다. 액상소결법은 기공이 전혀 없는 강하고 치밀한 제품을 만들어내며, Fe-Cu, W-Cu, Cu-Co 합금이 액상소결공정으로 성형되는 합금의 예이다 [6].

| 14.5 분말야금 재료 및 제품

분말야금공정의 원재료는 금속을 분말 형태로 만들기 위해 추가적인 에너지가 요구되기 때문에 다른 금속가공용 원재료보다 비싸다. 따라서 분말야금법은 특정한 응용 범위 내에서만 경쟁력을 가지며, 본 절에서는 분말야금공정으로 성형되는 것이 가장 적합한 재료 및 제품을 소개한다.

분말야금재료

화학적 관점에서 금속분말은 기본분말과 합금분말로 구분된다. **기본분말**(elemental powder)은 순수 금속으로 구성되며 높은 순도가 요구되는 제품에 사용된다. 예를 들어, 자기적 성질이 중요한 곳에는 순철 제품이 사용될 수 있다. 가장 널리 사용되는 기본분말 재료는 철, 알루미늄, 구리이다.

기본분말은 또한 다른 금속분말과 혼합되어 재래식 공정으로는 얻기 어려운 특수한 합금을 만드는 데도 사용된다. 분말야금공정으로는 공구강과 같이 전통적인 합금 기술로는 구현이 어렵거나 불가능한 첨가물의 혼합이 가능하다. 특수한 합금이 필요한 경우가 아니라도 기본분말을 섞어 합금을 성형하는 공정은 합금분말을 사용하는 공정에 비해 장점을 갖는다. 기본분말을 섞어 합금을 성형하는 공정은 순수금속으로 구성된 분말을 사용하므로 합금금속에 비해 강도가 낮고 이로 인해 압축 공정 시 쉽게 변형되어 압축생형의 밀도와 강도가 합금분말의 압축생형보다 높기 때문이다.

합금분말(pre-alloyed powder)의 각 입자는 원하는 화학적 조성으로 구성된 합금이다. 합금분말을 이용한 분말야금공정은 기본분말을 섞어 분말야금공정으로 합금을 만드는 방법으로 구현이 불가능한 합금에 대해 사용된다. 스테인리스 강이 그 주요한 예이며, 그 외에도 구리합금, 고속도강 분말이 널리 사용된다.

분말야금공정에서 일반적으로 사용되는 기본분말과 합금분말을 소비되는 중량을 기준으로 순서대로 나열하면 다음과 같다. (1) 철, 지금까지 가장 널리 사용되는 분말야금 금속이며 때때로 흑연과 혼합되어 강 제품을 생산함, (2) 알루미늄, (3) 구리와 구리합금, (4) 니켈, (5) 스테인레스 강, (6) 고속도강, (7) 텅스텐, 몰리브덴, 티타늄, 주석, 귀금속 등의 기타 분말야금 재료.

분말야금 제품

분말야금공정에 제공하는 근본적인 장점은 성형품이 후공정이 필요없거나 거의 요구되지 않는 순형상 혹은 근사순형상을 갖는다는 것이다. 분말야금으로 성형되는 일반적인 제품으로는 기어, 베어링, 스프라킷(sprocket), 체결구(fastener), 전기 접점, 절삭공구 및 기타 다양한 기계 부품이 있다. 특히 분말야금공정은 기어와 베어링의 대량생산에 더욱 적합하다. 이는 (1) 제품이 특정형상을 갖는 상부 표면을 가질 뿐 측면에는 형상이 없는 2차원 구조이며, (2) 윤활유의 보관을 위해 소재 내에 기공이 필요한 제품이기 때문이다. 한편 압축생형 및 소결품에 절삭가공과 같은 2차가공을 수행하거나 다음 절에서 소개하는 제품 설계 지침을 준수하면 3차원 형상을 갖는 복잡한 제품도 분말야금공정으로 제작이 가능하다.

| 14.6 분말야금공정에서 제품설계 시 고려사항

분말야금공정은 일반적으로 특정 생산 상황이나 설계제품에 적합하다. 본 절에서는 분말야금공정이

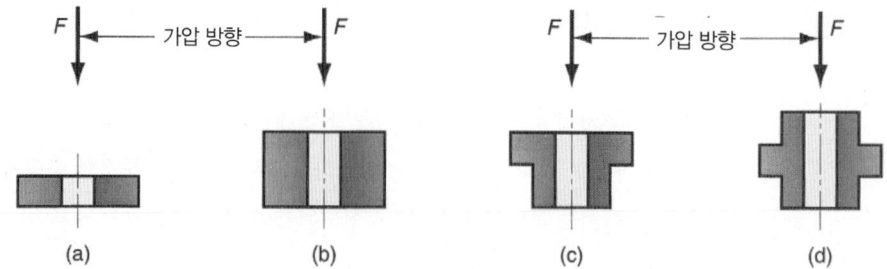

그림 14.16 분말야금제품의 형상에 따른 네 가지 분류(단면형상이 원형인 측면도 기준). (a) 등급 I — 한 방향에서 압축할 수 있는 단순한 얇은 형상, (b) 등급 II — 두 방향에서 압축해야하는 단순하고 두꺼운 형상, (c) 등급 III — 두 방향에서 압축해야만 하는 이단 구조를 갖는 형상, (d) 등급 IV — 압축공정 시 적절한 밀도를 얻기 위해 두 방향으로 압축하면서 각 층을 독립적으로 제어해야 하는 다층 구조를 가진 형상.

가장 적합한 분야의 특징에 대해 살펴본다. 먼저 분말야금 제품의 분류체계에 대해 소개하고 제품설계 지침을 설명한다.

금속분말산업협회(Metal Powder Industries Federation, MPIF)에서는 일반적인 압축공정의 난이도에 따라 분말야금 제품의 형상을 그림 14.16과 같이 네 등급으로 나누고 있다. 이 분류체계를 통해 일반적인 분말야금공정으로 성형할 수 있는 형상의 한계를 알 수 있다.

MPIF 분류체계로부터 일반적인 분말야금 압축공정에 적합한 제품의 형상에 대해 몇가지 지침을 얻을 수 있다. 추가로 참고문헌 [3], [13], [17]로부터 정리된 권장사항은 다음과 같다.

- 분말야금공정은 높은 장비와 금형 비용으로 인해 대량생산에서 경제성을 갖는다. 예외가 있긴 하지만 최소 10,000개 이상의 생산량이 요구된다.
- 분말야금공정은 특정 공극률을 갖는 다공성 제품을 성형하는 유일한 방법이다. 최대 50%의 공극률이 구현 가능하다.
- 분말야금공정은 다른 방법으로 성형이 어려운 특수 금속과 합금으로 제품을 만들 수 있다.
- 비록 그림 14.16의 MPIF 분류체계처럼 계단 형상의 제품이 성형될 수 있지만, 분말야금 제품은 일반적으로 수직 혹은 수직에 가까운 측면을 가져, 다이로부터 이형될 수 있도록 설계되어야 한다. 따라서 그림 14.17에 보이는 것과 같이 측면 구멍이나 언더컷(undercut)과 같은 설계는 피해야 한다. 그러나 그림 14.18에서 보이는 것과 같이 수직 언더컷과 수직구멍은 제품의 이형을 방해하지 않기 때문에 허용된다. 수직구멍의 단면 형상은 원형이 아닌 것(예 : 사각형, 키홈)도 금형 제작 및 공정에 있어 큰 어려움 없이 가능하다.
- 나사는 분말야금의 압축공정으로 성형할 수 없다. 꼭 필요한 경우 소결품에 절삭가공을 수행해야

그림 14.17 분말야금공정에서 이형이 불가능하기 때문에 피해야하는 제품 형상. (a) 측면 구멍, (b) 측면 언더컷.

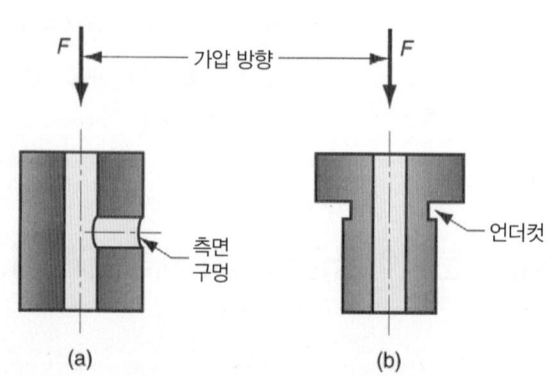

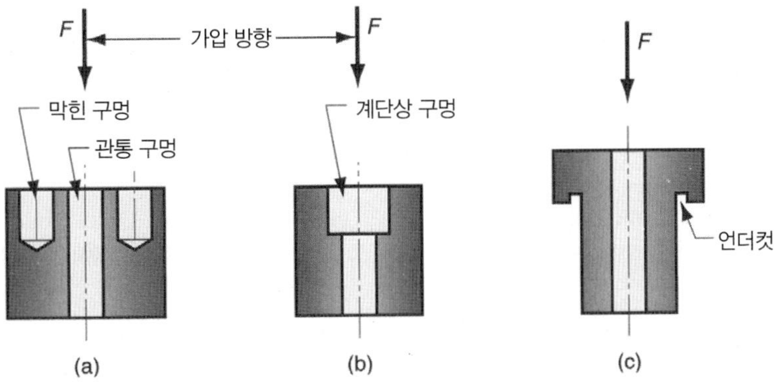

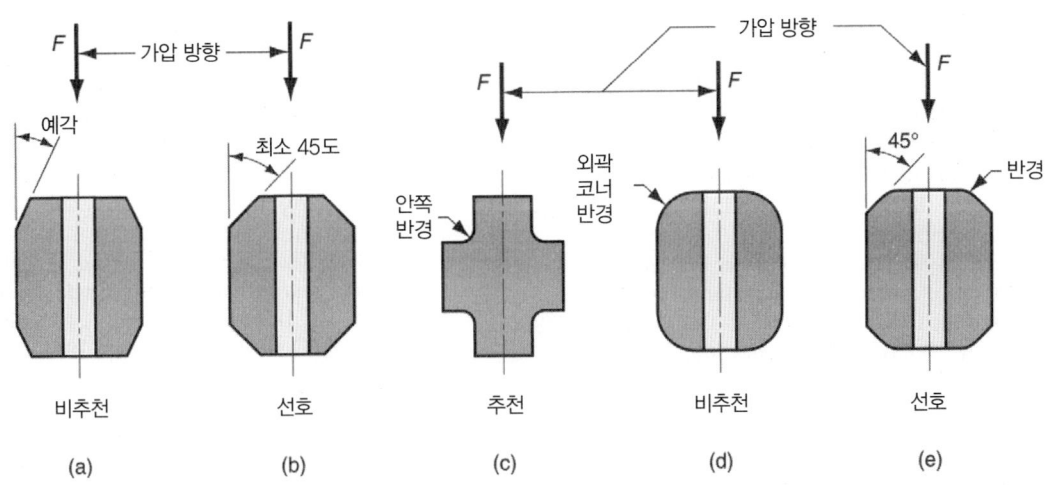

그림 14.18 분말야금공정에서 이형이 가능하여 허용되는 제품형상. (a)수직방향 막힌 또는 관통 구멍, (b) 수직방향 계단상 구멍, (c) 수직방향 언더컷.

그림 14.19 모따기와 코너반경은 구현이 가능하지만 몇 가지 규칙을 지켜야 한다. (a) 예각 모따기는 피한다. (b) 펀치의 강성을 위해 큰각이 선호된다. (c) 안쪽 코너반경은 작은 것이 바람직하다. (d) 외곽 코너반경은 코너의 모서리부분에서 펀치가 쉽게 깨질 수 있으므로 완전하게 만들기는 어렵다. (d) 외곽 코너 문제는 반경과 모따기를 조합하여 해결될 수 있다.

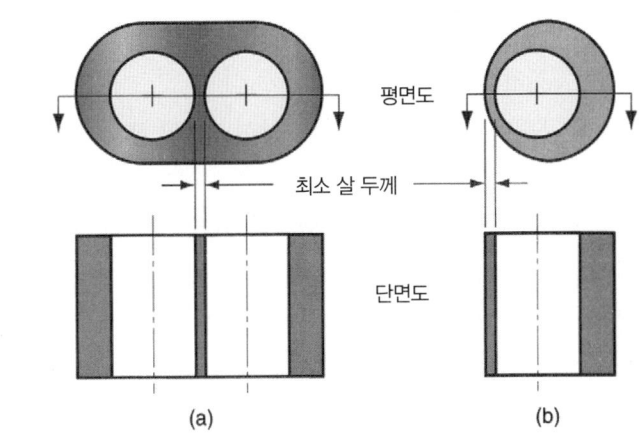

그림 14.20 최소 살 두께는 (a) 구멍 간, (b) 구멍과 외벽 간 모두 1.5 mm 이상을 추천함.

한다.

■ 모따기와 코너 반경은 그림 14.19와 같이 분말야금의 압축공정으로 구현될 수 있다. 다만 각이 너무 예각이면 펀치 강성이 문제가 될 수 있다.

■ 그림 14.20과 같이 구멍과 구멍 간, 구멍과 외벽 간의 살두께는 1.5 mm 이상이어야 한다. 아울러 구멍의 폭은 최소 1.5 mm 이상을 추천한다.

참고문헌

[1] *ASM Handbook,* Vol. 7: *Powder Metal Technologies and Applications,* ASM International, Materials Park, Ohio, 1998.

[2] Amstead, B. H., Ostwald, P. F., and Begeman, M. L. *Manufacturing Processes.* 8th ed. John Wiley & Sons, New York, 1987.

[3] Bralla, J. G. (ed.). *Design for Manufacturability Handbook.* 2nd ed. McGraw-Hill, New York, 1998.

[4] Bulger, M. "Metal Injection Molding," *Advanced Materials & Processes.* March 2005, pp. 39–40.

[5] Dixon, R. H. T., and Clayton, A. *Powder Metallurgy for Engineers.* The Machinery Publishing Co. Ltd., Brighton, U.K., 1971.

[6] German, R. M. *Powder Metallurgy Science.* 2nd ed. Metal Powder Industries Federation, Princeton, New Jersey, 1994.

[7] German, R. M. *Powder Injection Molding.* Metal Powder Industries Federation, Princeton, New Jersey, 1990.

[8] German, R. M. *A-Z of Powder Metallurgy,* Elsevier Science, Amsterdam, Netherlands, 2006.

[9] Johnson, P. K. "P/M Industry Trends in 2005," *Advanced Materials & Processes,* March 2005, pp. 25–28.

[10] *Metals Handbook.* 9th ed. Vol. 7. *Powder Metallurgy.* American Society for Metals, Metals Park, Ohio, 1984.

[11] Pease, L. F. "A Quick Tour of Powder Metallurgy," *Advanced Materials & Processes,* March 2005, pp. 36–38.

[12] Pease, L. F., and West, W. G. *Fundamentals of Powder Metallurgy,* Metal Powder Industries Federation, Princeton, New Jersey, 2002.

[13] *Powder Metallurgy Design Handbook.* Metal Powder Industries Federation, Princeton, New Jersey, 1989.

[14] Schey, J. A. *Introduction to Manufacturing Processes.* 3rd ed. McGraw-Hill, New York, 1999.

[15] Smythe, J. "Superalloy Powders: An Amazing History," *Advanced Materials & Processes,* November 2008, pp. 52–55.

[16] Waldron, M. B., and Daniell, B. L. *Sintering.* Heyden, London, 1978.

[17] Wick, C., Benedict, J. T., and Veilleux, R. F. (eds.). *Tool and Manufacturing Engineers Handbook.* 4th ed. Vol. II, *Forming.* Society of Manufacturing Engineers, Dearborn, Michigan, 1984.

복습문제

14.1 분말야금기술이 상업적으로 중요한 몇 가지 이유를 적어라.

14.2 분말야금공정의 단점은 무엇인가?

14.3 스크린을 이용한 입자크기 분류에서 눈수(mesh count)는 무엇을 의미하나?

14.4 금속 분말에서 열린 기공과 닫힌 기공의 차이점은 무엇인가?

14.5 금속 입자에서 세장비(aspect ratio)는 무엇을 의미하나?

14.6 금속분말의 휴지각은 어떻게 측정되는가?

14.7 금속분말에 대한 용적밀도와 진밀도를 정의하여라.

14.8 금소분말의 주요 생산방법은 무엇인가?

14.9 일반적인 분말야금 성형 공정의 기본 세 단계는 무엇인가?

14.10 분말야금공정에서 혼련과 혼합의 기술적 차이는 무엇인가?

14.11 금속분말의 혼련과 혼합공정에서 주로 첨가되는 첨가제는 무엇인가?

14.12 압축생형의 의미는 무엇인가?

14.13 압축공정 시 개별입자에 발생하는 현상을 설명하여라.

14.14 분말야금공정에서 소결 공정의 세 가지 단계는 무엇인가?

14.15 소결공정에서 로의 분위기 제어가 필요한 이유는 무엇인가?

14.16 분말야금제품의 용침공정의 장점은 무엇인가?

14.17 분말사출성형과 금속사출성형의 차이점은 무엇인가?

14.18 분말야금공정에서 등방정압 가압법은 일반적인 압축/소결 공정과 어떻게 구분되나?

14.19 액상소결공정에 대해 설명하여라.

14.20 화학적 관점에서 금속 분말의 두 가지 종류는 무엇인가?

14.21 기어와 베어링 제작 시 분말야금공정이 적합한 이유는?

14.22 (동영상) 분말야금 비디오 자료에 근거하여 압축생형을 제작하는 방법을 나열하여라.

14.23 (동영상) 분말야금 비디오 자료에 근거하여 소결공정의 분위기 환경에 대해 나열하여라.

객관식문제(19개의 답)

14.1 스크린을 통과할 수 있는 입자 크기는 스크린 눈수의 역수를 취함으로서 얻을 수 있다. (a) 참, (b) 거짓.

14.2 일정량의 금속분말에 있어서 분말의 전체 표면적은 어떤 경우에 증가되는가? (두 개의 정답) (a) 입자 크기가 큰 경우, (b) 입자크기가 작은 경우, (c) 형상계수가 큰 경우, 형상계수가 작은 경우.

14.3 입자 크기가 증가함에 따라 입자간 마찰력은 (a) 감소한다. (b) 증가한다. (c) 변화 없다.

14.4 다음 중 입자 간의 마찰력이 가장 작은 입자 형상은? (a) 입방형, (b) 프레이크형(flakey), (c) 구형, (d) 둥근형.

14.5 금속분말에 대한 설명으로 올바른 것은? (세 개의 정답) (a) 공극률 + 패킹지수 = 1.0, (b) 패킹지수 = 1/공극률, (c) 패킹지수 = 1 − 공극률, (d) 패킹지수 = − 공글률, (e) 패킹지수 = 용적밀도/진밀도.

14.6 다음 중 분말야금공정의 일반적인 소결온도에 가장 근접한 값은? (a) $0.5\ T_m$, (b) $0.8\ T_m$, (c) T_m. (여기서 T_m은 금속의 용융점이다.)

14.7 재가압법은 치수정밀도와 표면정도를 향상시키기 위

해 소결품을 패쇄 금형에 넣어 압축하는 공정이다. (a) 참, (b) 거짓.

14.8 다음 중 함침법에 대한 설명으로 올바른 것은? (두 개의 정답) (a) 용융금속으로 분말야금 제품의 기공을 채우는 것, (b) 고분자재료를 분말야금 제품의 기공에 넣는 것, (c) 분말야금 제품의 기공에 오일을 모세관 현상으로 침투시키는 것, (d) 공장에서 발생하지 않아야 하는 현상.

14.9 냉간 등방정압 가압공정에서 몰드재료는 주로 무엇인가? (a) 고무, (b) 금속 박판, (c) 직물, (d) 열경화성 고분자재료, (e) 공구강.

14.10 다음 중 금속 분말의 압축과 소결공정을 결합한 공정은? (세 개의 정답) (a) 열간 등방정압가압법, (b) 열간 가압법, (c) 금속 사출성형, (d) 압축/소결 공정, (e) 스파크 소결법.

14.11 다음 중 일반적인 압축/소결공정으로 구현하기 불가능한 설계 형상은? (세 개의 정답)(a) 외곽 둥근코너, (b) 측면 구멍, (c) 나사 구멍, (d) 수직 계단형 구멍, (e) 1/8 inch(3 mm)의 수직 살두께.

연습문제

공업용 분말소재의 특성

14.1 눈수 325의 스크린이 지름 0.003 cm의 직경을 갖는 와이어로 만들어졌다. (a) 메쉬를 통과할 수 있는 최대 입자 크기, (b) 스크린의 구멍이 차지하는 비율을 구하여라.

14.2 눈수 10의 스크린이 지름 0.05 cm의 직경을 갖는 와이어로 만들어졌다. (a) 메쉬를 통과할 수 있는 최대 입자 크기, (b) 스크린의 구멍이 차지하는 비율을 구하여라.

14.3 입방형 입자형상의 세장비는 얼마인가?

14.4 다음의 이상적인 형상을 갖는 금속입자에 대해 형상계수를 구하여라 (a) 구형, (b) 입방형, (c) 길이 대 직경비가 1:1인 원통형, (d) 길이 대 직경비가 2:1인 원통형, (e) 두께 대 직경비가 1:10인 디스크형 프레이크.

14.5 무게 0.9 kg의 철 분말 더미가 있다. 입자형상은 구형이며 모든 입자의 직경은 0.005cm이다. (a) 더미 속 모든 입자의 전체 표면적을 계산하여라, (b) 패킹지수가 0.6일 때 더미의 부피를 계산하여라. (철의 밀도는 8 g/cm³)

14.6 문제 14.5를 철 입자의 직경이 0.01 cm인 경우로 가정하여 다시 풀어라, 단 패킹 지수는 같다고 가정한다.

14.7 문제 14.5에서 철 입자의 평균 직경은 약 0.005 cm이나 다음의 확률분포를 따르는 크기 분포가 존재한다고 가정하자. 중량대비 25%의 입자는 직경이 0.0025 cm이며, 50%는 0.005 cm, 나머지 25%는 0.0075 cm이다. 이러한 분포 하에서 더미속의 모든 입자들의 전체

표면적은 얼마인가?

14.8 각 변의 길이가 0.3 m인 구리 고체 입방체가 가스 분무법에 의해 구형 입자로 변환되었다. 각각의 입자의 직경이 0.01 cm라 할 때 전체 표면적은 몇 퍼센트로 증가하였는가? (모든 입자가 같은 크기를 갖는다고 가정함.)

14.9 각 변의 길이가 1.0 m인 알루미늄 고체 입방체가 가스

분무법에 의해 구형 입자로 변환되었다. 각각의 입자 크기가 100 μm일 때 전체 표면적은 얼마나 증가하였는가?

14.10 큰 부피의 금속 분말이 주어져 있다. 모든 입자는 완벽하게 구형이며 동일한 직경을 갖는다. 이 분말이 만들어 낼 수 있는 패킹 지수의 최대값은 얼마인가?

압축 및 설계 시 고려사항

14.11 압축공정에서 개방형 금형에 투입된 금속분말의 패킹 지수가 0.5이다. 압축공정에서 분말은 초기 부피의 2/3로 감소하였고 이어지는 소결공정에서 약 10%의 부피 수축이 발생하였다. 이것만이 최종 제품의 구조에 영향을 주는 유일한 인자라고 가정할 때 최종 공극률을 구하여라.

14.12 단순형상의 베어링을 청동 분말을 이용하여 성형하기 위해 207 MPa의 압력으로 분말을 압축하였다. 베어링

의 외경은 44 mm, 내경은 22 mm, 길이는 25 mm일 때 본 공정을 위해 요구되는 프레스 톤수는 얼마인가?

14.13 그림 P14.13에 보여지는 부품이 철 분말의 압축공정으로 제작된다. 압축 압력이 520 MPa이고 표기된 단위는 센티미터이다. (a) 바람직한 압축 방향을 선정하여라, (b) 본공정을 위해 요구되는 프레스 톤수는 얼마인가? (c) 공극률이 10%라고 하면 성형품의 무게는 얼마인가? (단 소결공정에서의 수축은 무시한다.)

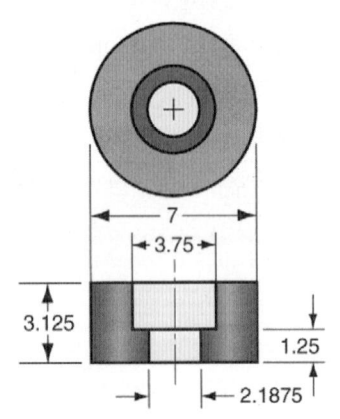

그림 P14.13 문제 14.13의 제품 도면
(치수의 단위는 센티미터).

14.14 그림 P14.14의 네 가지 도면의 제품에 대해 각각의 부품이 어떤 분말야금 등급에 속하는지, 두 방향에서 가

압되어야만 하는지, 몇 단계의 프레스 제어가 요구되는지 명기하여라. 도면의 치수단위는 mm이다.

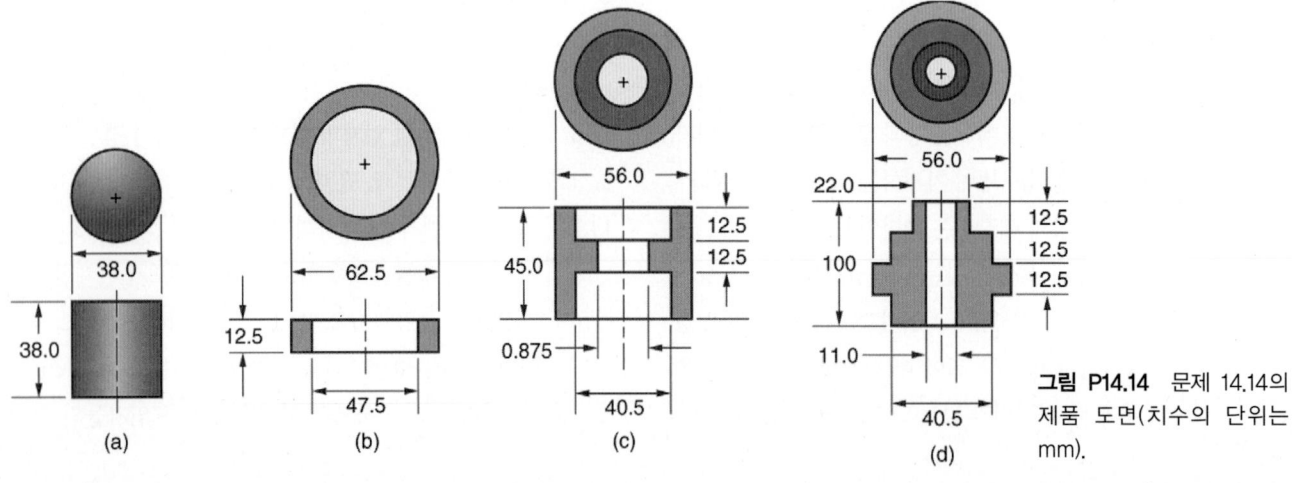

그림 P14.14 문제 14.14의 제품 도면(치수의 단위는 mm).

세라믹 및 서멧의 가공

15.1 전통적 세라믹 공정

15.1.1 원재료의 준비

15.1.2 성형공정

15.1.3 건조

15.1.4 굽기(소결)

15.2 신소재 세라믹 공정

15.2.1 원재료의 준비

15.2.2 성형공정

15.2.3 소결

15.2.4 피니싱

15.3 서멧 공정

15.3.1 초경합금

15.3.2 기타 서멧 및 세라믹기지 복합재

15.4 부품 설계 시 고려사항

세라믹 재료는 크게 (1) 전통적 세라믹, (2) 신소재 세라믹, (3) 유리로 분류된다(7장). 유리의 가공 공정은 주로 고형화와 관련 있으며 이는 11장에서 다루었다. 본 장에서는 전통적 세라믹과 신소재 세라믹에 사용되는 입자 공정에 대해 소개한다. 또한 세라믹 및 금속기지 복합재료의 가공공정에 관해서도 소개한다.

전통적 세라믹은 자연에서 얻는 광물질로 만들어지며 도기, 자기, 벽돌, 시멘트 등이 있다. 신소재 세라믹은 합성을 통해 생산된 원료로 만들어지며, 절삭공구, 인공뼈, 핵연료, 전자재료 등 다양한 분야에 사용된다. 두 가지 종류의 세라믹 모두 초기 소재는 분말 형태이다. 전통적 세라믹의 경우 분말을 물과 함께 섞어 일시적으로 입자들을 결합함으로써 형상을 만들기에 적당한 정도의 점도를 얻는다. 신소재 세라믹의 경우에는 물대신 결합제 역할을 하는 물질이 첨가된다. 성형공정으로 제작된 생형부품(green part)은 소결공정을 거쳐 최종 제품이 된다. 세라믹 공정에서는 소결공정을 **굽기**(firing)라 부르는데, 그 역할은 분말야금에서와 같다. 즉 고체 상태에서의 반응을 통해 분말을 단단한 물체로 변화시키는 것이다.

본 장에서 소개되는 공정들은 상업적·기술적으로 매우 중요한데, 이는 유리제품을 제외한 모든 세라믹 제품이 본 장에서 소개되는 공정들로 제조되기 때문이다. 전통적 세라믹과 신소재 세라믹은 모두 초기 소재가 분말로 같기 때문에 제조 단계도 동일하다. 그러나 두 재료의 공정 방법은 상당히 다르기에, 이 둘을 나누어 각각 설명한다.

15.1 전통적 세라믹 공정

본 절에서는 도기, 석기, 식기류, 벽돌, 타일, 세라믹 내화재와 같은 전통적 세라믹 제품을 제작하는 기술에 대해 논의한다. 연삭숫돌 또한 같은 기술로 제작된다. 상기의 제품들이 갖는 공통점은 그 소재가 기본적으로 규산염 광물, 즉 점토라는 것이다. 그림 15.1은 전통적 세라믹 제품 제작을 위한 일반적인 공정단계를 보여준다.

15.1.1 원재료의 준비

전통적 세라믹의 형상을 만들기 위해서는 먼저 쉽게 변형되는 반죽(plastic paste)이 필요하다. 이러한 반죽은 고운 세라믹 분말을 물과 함께 섞어 만드는데, 그 배합비율이 성형의 용이성과 제품의 품질을 결정한다. 분말의 원 소재는 보통 자연적으로 구할 수 있는 암석 덩어리이며, 이를 분말로 만드는 것이 세라믹 공정의 원재료 준비 과정이다.

세라믹 재료를 작은 입자크기의 분말로 가공하기 위해 충격, 압축, 마멸과 같은 기계적 에너지를 이용한다. 이를 **분쇄**(comminution)라 하는데 시멘트, 광석, 취성 금속 같은 취성재료의 가공에 매우 효율적이다. 분쇄 작업은 파쇄와 제분의 두 가지 형태로 구분될 수 있다.

파쇄(crushing)는 여러 단계에 거쳐 큰 덩어리를 작은 덩어리로 줄이는 작업이다. 1차 파쇄, 2차 파쇄 등 여러 단계로 수행되며, 각 단계별 입자크기 감소율은 3에서 6 정도이다. 파쇄 작업은 단단한 표면에 대한 압축 공정이나 강체의 운동에 의한 충격 공정으로 수행된다 [1]. 그림 15.2는 파쇄에 사용되는 몇 가지 장비의 형태를 보여준다. (a) 죠(jaw) 파쇄기는 단단한 고정 면에 대한 대형 죠의 전후 운동을 통해 덩어리를 파쇄하는 것이며, (b) 회전식 파쇄기는 회전 콘(cone)으로 단단한 고정 면에 대해 덩어리를 압축하여 파쇄하며, (c) 롤 파쇄기는 회전하는 롤 사이로 덩어리가 삽입되어 압착 파쇄되고, (d) 해머 밀 파쇄기는 회전하는 해머가 덩어리에 충격을 가하여 파쇄가 이루어진다.

제분(grinding)은 파쇄로 만들어진 작은 덩어리를 고운 분말로 만드는 작업이다. 제분 공정은 자유롭게 움직일 수 있는 볼, 자갈 또는 작은 막대가 일으키는 마멸과 충격을 이용한다 [1]. 그림 15.3은 대표적인 제분 공정인 (a) 볼 밀, (b) 롤러 밀, (c) 충격 제분을 보여준다.

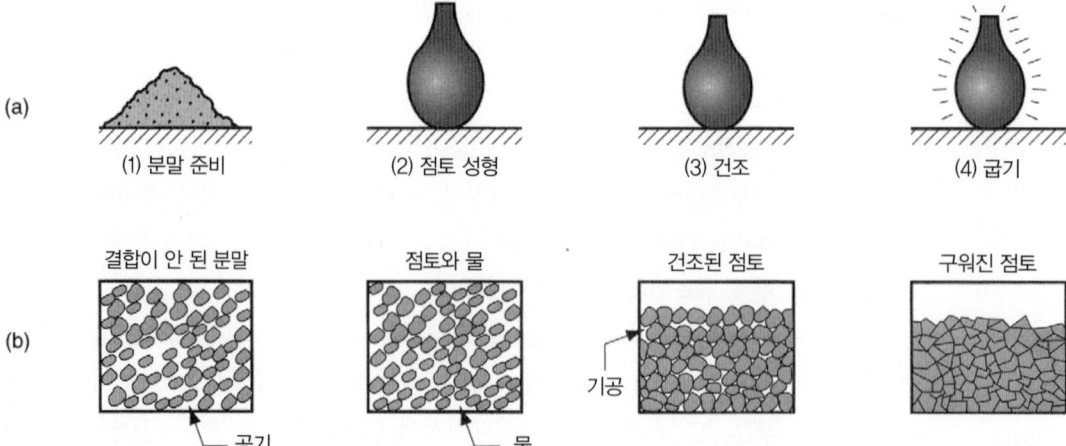

(a)

(1) 분말 준비 　 (2) 점토 성형 　 (3) 건조 　 (4) 굽기

결합이 안 된 분말 　 점토와 물 　 건조된 점토 　 구워진 점토

(b)

공기 　 물 　 기공

그림 15.1 전통적 세라믹 제작 공정 단계. (1) 원재료 준비, (2) 성형, (3) 건조, (4) 굽기. (a)는 단계별 작업물을 보여주며 (b)는 분말의 상태를 보여줌.

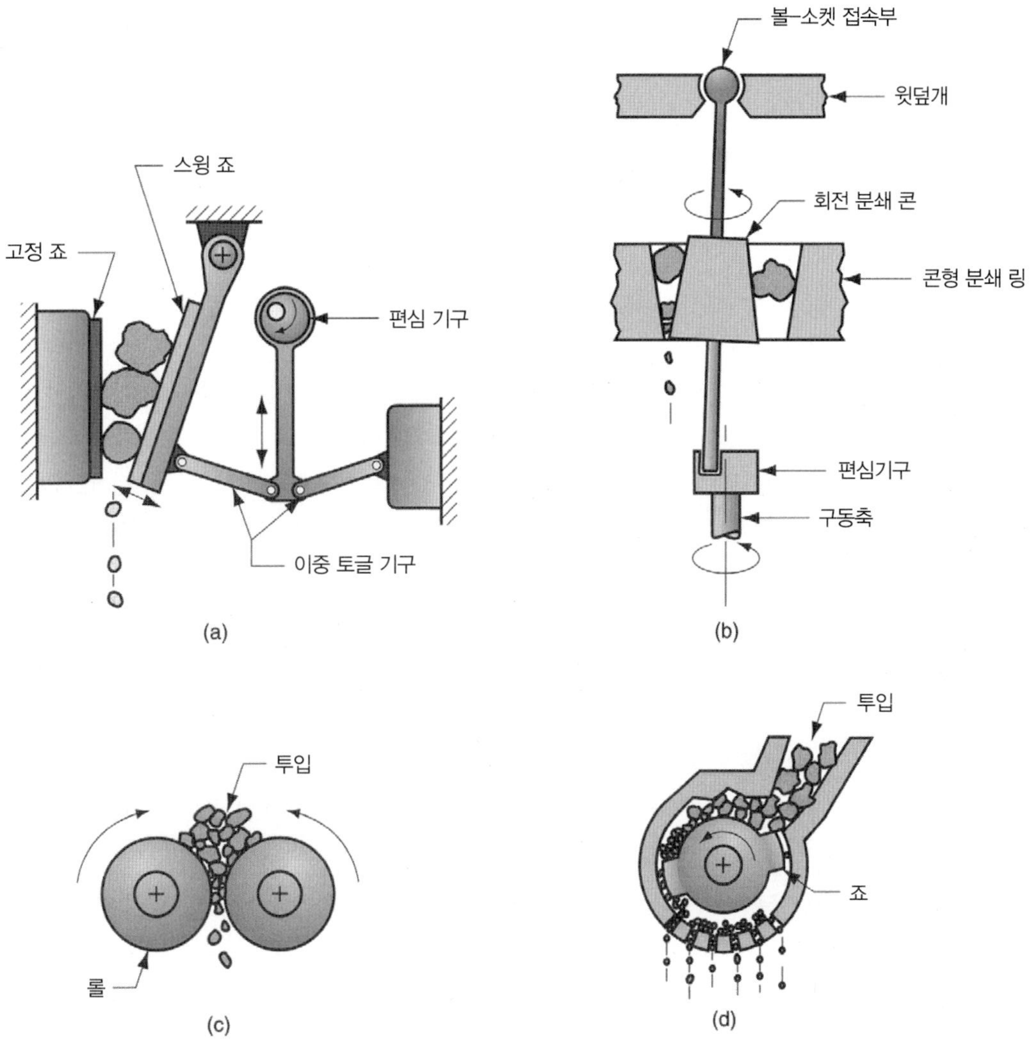

스윙 죠

고정 죠

편심 기구

이중 토글 기구

(a)

볼–소켓 접속부

윗덮개

회전 분쇄 콘

콘형 분쇄 링

편심기구

구동축

(b)

투입

롤

(c)

투입

죠

(d)

그림 15.2 파쇄 공정. (a) 죠 파쇄기, (b) 회전식 파쇄기, (c) 롤 파쇄기, (d) 해머 밀.

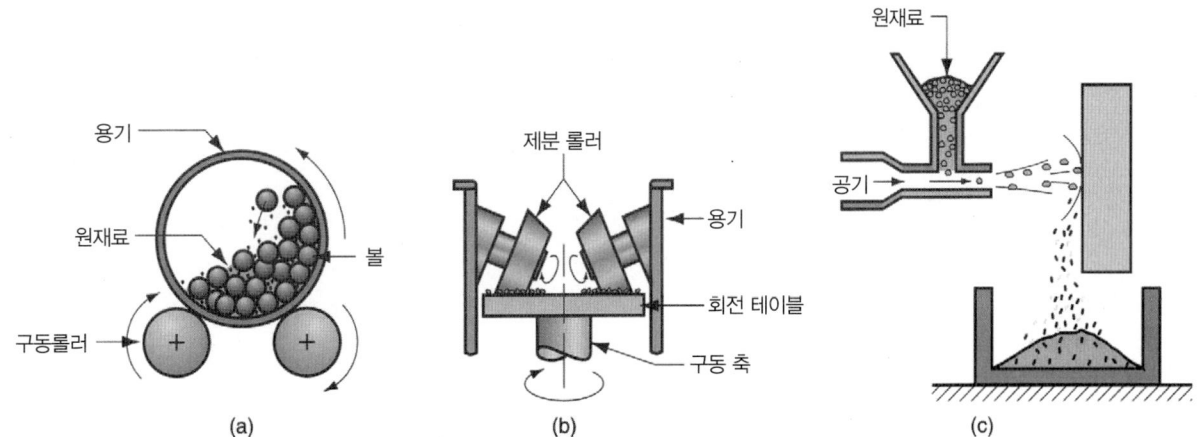

용기

원재료

볼

구동롤러

(a)

제분 롤러

용기

회전 테이블

구동 축

(b)

원재료

공기

(c)

그림 15.3 세라믹 분말을 제작하는 기계적 방법. (a) 볼밀, (b) 롤러밀, (c) 충격제분.

볼밀(ball mill)은 단단한 볼을 재료와 함께 섞어 큰 원통형 용기에 넣고 회전시키는 공정이다. 재료는 회전에 의해 볼과 함께 용기 벽을 따라 움직여 올라가다가 자중에 의해 바닥으로 떨어지면서 발생하는 충격과 마멸에 의해 분쇄된다. 종종 혼합물에 물을 섞기도 하는데, 이때 세라믹은 슬러리 형태가 된다. **롤러밀**(roller mill)에서 재료는 평평한 제분 테이블 위에 놓인 후, 회전하는 롤러와 테이블 간의 압착에 의해 분쇄된다. 그림에서 명확히 나타내지 못했지만 롤러가 누르는 압력은 스프링이나 유압 혹은 공압에 의해 조절된다. **충격제분**(impact grinding)에서는 재료를 고속 공기흐름 또는 고속 슬러리 형태로 단단한 벽을 향해 발사하여 그 충격으로 제분을 수행한다. 그러나 충격제분은 그리 자주 사용되는 방법은 아니다.

세라믹 공정의 성형 단계에서 사용되는 반죽은 세라믹 분말과 물로 이루어져 있다. 점토는 이상적인 성형 특성을 가진 원료로서 반죽의 주재료로 사용된다. 점토를 사용한 반죽에서는 물의 양이 많으면 많을수록 반죽의 성형성이 증가한다. 그러나 점토로 성형된 가공물은 건조 및 굽기 과정에서 발생하는 수축으로 인해 균열이 발생할 수 있다. 이의 해결을 위해 건조와 굽기 과정에서 잘 수축하지 않는 다른 세라믹 원료를 어느 정도 반죽에 첨가한다. 또한 특수 목적 첨가되는 원료도 있다. 따라서 세라믹 반죽의 구성물은 다음의 세 가지로 분류할 수 있다 [3]. (1) 점토–성형에 요구되는 강도와 성형성을 제공함. (2) 비성형성 원료–알루미나 또는 실리카가 있으며, 건조와 굽기 과정 중 수축하지 않지만, 반죽의 성형성을 저하시킴. (3) 기타 첨가물–굽기 과정에서 녹아 소결을 촉진시키는 용제 및 원료의 혼합을 촉진시키는 습윤제가 있음.

이러한 구성물들은 젖은 상태 혹은 건조한 상태로 완전히 섞여야 한다. 볼밀은 제분 기능 외에 이러한 목적으로 종종 사용된다. 또한 혼합과정에서 반죽 내에 분말과 물이 적절한 비율로 섞여야 하므로, 반죽의 상태와 점도를 살펴 물을 첨가하거나 제거하여야 한다.

15.1.2 성형공정

세라믹 재료의 성형공정은 사용되는 반죽 내의 물과 분말의 최적 혼합 비율에 따라 나뉜다. 일부 성형공정에서는 유동성이 높은 반죽이 사용되며, 다른 공정에서는 수분이 거의 포함되지 않은 반죽이 사용된다. 수분 함량이 약 50%인 반죽은 액체처럼 흐르는 슬러리(slurry) 형태가 된다. 수분 함량이 줄어들수록 점점 동일한 흐름성을 얻기 위해 반죽에 가해야 하는 압력이 높아진다. 세라믹 재료의 성형공정은 반죽 내의 수분함량에 따라 다음과 같이 분류될 수 있다. (1) 슬립 주조법–수분 함량이 25~40%인 슬러리 형태의 반죽이 사용됨. (2) 소성 성형법–15~25%의 수분 함량을 갖는 소성조건(plastic condition)의 반죽이 사용됨. (3) 반건조 가압법–10~15%의 수분 함량을 가져 촉촉하지만 가소성(plasticity)이 낮은 반죽이 사용됨. (4) 건조 가압법–5% 이하의 수분 함량을 가져 가소성이 매우 낮은 건조된 점토를 사용함. 그림 15.4는 전통적 세라믹 성형공정의 네 가지 분류를 초기 반죽의 상태와 함께 비교하여 보여준 것이며, 각각의 분류마다 여러 가지 성형법이 존재한다.

슬립주조

슬립주조(slip casting)는 **슬립**이라 불리는 세라믹 분말 현탁액을 다공성 석고($CaSO_4–2H_2O$) 주형에 부은 후, 현탁액 내의 물이 석고층 속으로 흡수되어 주형 표면으로부터 내부로 단단한 점토층이 형성되는 공정이다. 슬립의 구성성분은 물이 25~40% 정도이고, 나머지는 여러 첨가물이 혼합된 점토이다. 슬립은 주형 속으로 잘 흘러 들어갈 수 있을 정도의 충분한 유동성을 가져야 하나, 생산성

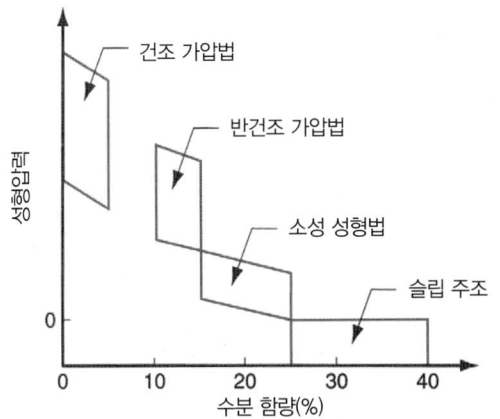

그림 15.4 반죽 내 수분 함량과 성형 압력에 따른 전통적 세라믹 성형공정의 네 가지 분류.

을 높이기 위해 수분 함량을 감소시키는 것이 바람직하다. 슬립주조는 크게 배출주조법과 고형주조법의 두 가지로 나뉜다. **배출주조법**(drain casting)은 전통적인 공정으로, 슬립을 주형에 부은 뒤 주형 표면에 반고체층이 형성되면, 주형을 뒤집어 내부의 덜 고화된 슬립을 배출시킨 뒤, 주형을 열고 제품을 이형하여 속이 빈 제품을 성형하는 공정이다. 그림 15.5는 배출주조법의 공정단계를 보여주는 것으로 이는 금속 슬러시 주조공정과 매우 유사하다. 이 방법을 통해 주전자, 꽃병, 예술품 및 기타 속이 빈 제품을 만들 수 있다. **고형주조법**(solid casting)은 슬립을 주형에 부은 뒤 충분한 시간을 주어 제품 전체가 단단해질 때까지 기다림으로써 속이 꽉 찬 제품을 만드는 데 사용된다. 이때 주기적으로 슬립을 추가하여 석고 주형의 수분 흡수로 인해 발생하는 수축을 보상한다.

소성 성형법

소성 성형법(plastic forming)에는 수작업으로 진행되는 혹은 기계화된 공정으로 진행되는 다양한 공정이 존재한다. 소성성형 공정에서는 소성 변형이 가능한 정도의 점도를 갖는 반죽이 필요하며 일반적으로 $15 \sim 25\%$의 수분 함량을 갖는 반죽이 사용된다. 수작업으로 진행되는 공정에서는 성형 공정의 용이성을 위해 물의 함량이 높은 반죽이 사용되나, 이는 건조공정에서 큰 수축 문제를 동반한다. 따라서 기계화된 공정에서는 일반적으로 수분의 함량이 낮은 단단한 점토 반죽을 사용한다.

수작업으로 진행되는 소성 성형법은 수천 년 전부터 시행되었지만, 현재까지도 숙련된 기술자들에 의해 제품의 생산 혹은 예술작품의 제작을 위해 사용되고 있다. **수작업 모델링법**(hand modeling)은 점토를 능숙하게 다루어 원하는 형상의 세라믹 제품을 만드는 방법으로 예술 작품 외에 슬립주조

그림 15.5 슬립주조법 중 배출 주조법 공정 개념도. (1) 슬립을 주형 속에 붓는다. (2) 슬립 내의 수분이 석고 주형 속으로 흡수되면서 단단한 표면층이 형성된다. (3) 주형을 뒤집어 내부의 슬립을 배출한다. (4) 제품을 이형하고 다듬는다.

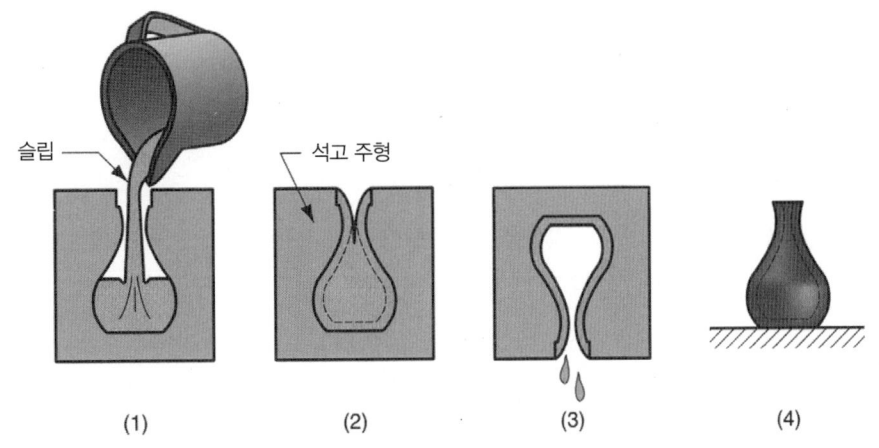

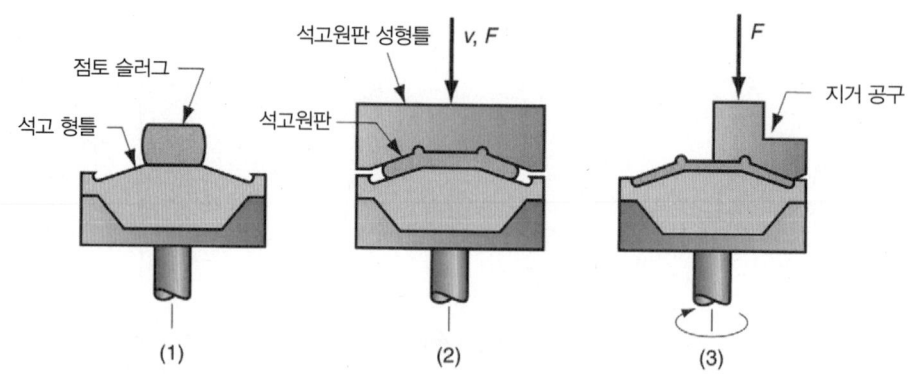

그림 15.6 지거링 공정 개념도. (1) 점토 슬러그를 볼록면 형틀에 위치시킨다. (2) 석고원판성형공정. (3) 물레 공구로 최종 형상을 만든다. 그림에서 v와 F는 각각 운동속도와 힘을 나타낸다.

에 사용되는 석고 주형의 제작을 위해 종종 사용된다. **수작업 몰딩법**(hand molding) 역시 수작업 모델링법과 유사하나, 외형의 일부를 주형이나 틀을 사용하여 제작하는 특징을 갖는다. 물레 위에서 수행되는 **수작업 선반법**(hand throwing)은 수작업 성형공정의 또 다른 방법이다. 물레(wheel)는 수직 축을 중심으로 회전하는 둥근 테이블로, 모터나 발로 작동된다. 회전형 단변을 가진 세라믹 제품이 이 방법으로 만들어지며, 내부 형상을 만들기 위해 틀이 사용되기도 한다.

엄밀히 말해 모터로 작동되는 물레를 사용하는 수작업 선반법은 일종의 기계화된 방법이다. 그러나 대부분의 기계화된 점토 성형법은 수작업이 거의 없는 공정을 의미한다. 기계화된 성형공정으로는 **지거링법**(Jiggering), 소성 가압법, 압출법 등이 있다. 지거링법은 물레법의 연장으로, 가정용 그릇이나 사발과 같은 동일 형상 제품의 대량 생산을 위해 수작업 선반을 대신하는 기계화된 방법을 사용한다. 사용되는 도구나 방법에 있어서 약간의 차이가 있지만, 지거링법의 일반적인 절차는 그림 15.6에서 보여주는 바와 같이 다음과 같다. (1) 볼록 형틀 위에 점토 슬러그를 위치시킨다. (2) 성형 도구로 슬러그를 눌러 대강의 초기 형상을 만든다. 이를 **석고원판 성형**(batting)이라고 하고 이렇게 해서 만든 작업물을 **석고원판**(bat)이라고 한다. (3) 가열된 물레(jigger) 공구를 회전하는 작업물에 대고 눌러서 최종 형상을 만든다. 가열된 공구를 사용하는 이유는 증기를 발생시켜 점토가 공구에 들러붙지 않게 하기 위함이다. 지거링법과 매우 유사한 공정으로 **졸링법**(jolleying)이 있으며, 이는 볼록면 대신 오목면을 가진 초기 형틀을 사용한다 [8]. 두 가지 공정 모두 회전하지 않는 지거나 졸리를 대신하여 회전하는 공구가 사용되기도 한다. 이 경우 초기에 슬러그를 뱃 형태로 가공하는 공정이 요구되지 않는다.

소성 가압법(plastic pressing)은 소성 점토 슬러그를 금속 링으로 둘러싸인 상부 및 하부 몰드 사이에 넣고 누르는 방법이다. 몰드는 석고와 같은 다공성 재질로 만들어지며, 몰드가 닫힌 뒤 후면에서 진공을 뽑아 점토 속 수분을 제거한다. 몰드를 열 때는 제품 쪽으로 공기압을 가하여 제품과 몰드가 들러붙지 않도록 한다. 소성 가압법은 지거링법보다 생산성이 높고 비대칭 제품에도 적용할 수 있다.

압출법(extrusion)은 균일한 단면 형상을 가진 긴 제품을 생산하는 데 사용된다. 압출장비는 스크루형 배럴을 이용하여 점토를 섞고 이를 다이 구멍으로 밀어낸다. 압출법은 속이 빈 벽돌, 타일, 배수 파이프, 튜브, 절연물을 만드는 데 널리 사용된다. 또한 이 방법은 지거링법이나 소성 가압법 같은 다른 세라믹 가공법에 사용될 초기 점토 슬러그를 만드는 데도 사용된다.

반건조 가압법

반건조 가압법(semi-dry pressing)에서 사용되는 초기 점토는 수분 함량비가 보통 10∼15% 정도

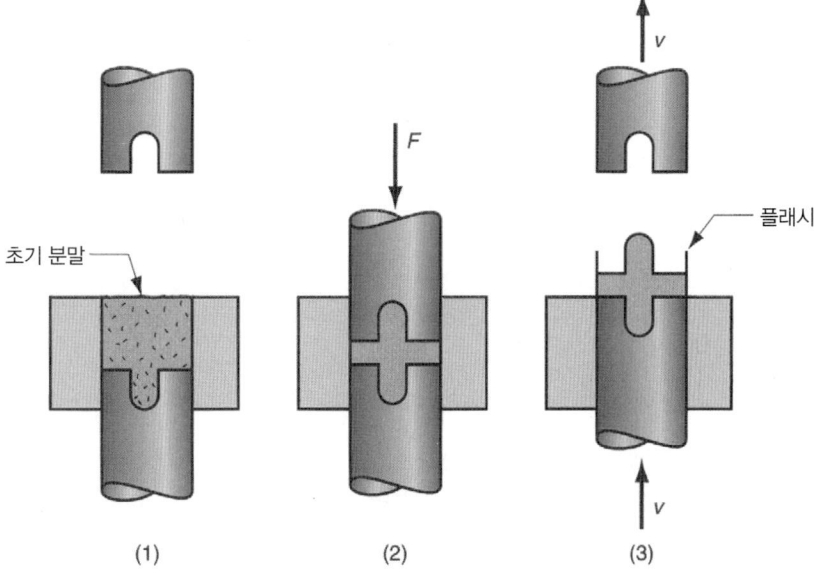

그림 15.7 반건조 가압법. (1) 금형에 수분을 함유한 분말을 채워 넣음. (2) 가압공정. (3) 금형을 열고 제품을 꺼냄. 그림에서 v와 F는 운동속도와 가압력을 보여줌.

로, 가소성이 낮아 높은 가소성의 반죽을 요구하는 소성 성형법의 적용이 어렵다. 반건조 가압법은 그림 15.7과 같이 낮은 가소성을 갖는 재료에 높은 압력을 가하여 재료를 강제로 금형 공동으로 흘러들어가게 하는 공정이다. 이때 금형 분할면 사이에 넘친 재료는 종종 플래시(flash)를 형성한다.

건조가압법
반건조 가압법과 건조 가압법의 주요 차이점은 초기 혼합물의 수분 함량이다. 건조 가압법에 사용되는 초기 점토의 수분 함량은 보통 5% 이하이다. 따라서 성형품이 후속공정의 진행을 위한 취급이 가능한 정도의 충분한 강도를 가질 수 있도록 건조 분말에 결합제를 함께 섞으며, 윤활제를 섞어 금형과의 점착을 방지한다. 건조 점토는 가소성이 없고 금형의 마모를 야기하므로, 반건조 가압공정과 비교할 때, 금형 설계와 운영 절차에 있어서 다른 점이 많다. 건조 가압법의 금형은 마모를 최소화하기 위해 경화 공구강 혹은 텅스텐카바이드로 제작된다. 또한 건조 점토는 가압을 해도 퍼지지 않기 때문에, 건조가압법으로 성형되는 제품은 상대적으로 단순한 형상으로 설계된다. 건조가압 공정에서는 초기 분말의 양과 분포를 적절하게 제어할 필요가 있으며, 본 공정은 플래시가 발생하지 않으며 건조 시 수축이 발생하지 않는 공정으로 건조 시간이 필요 없고 최종 제품의 치수정밀도가 매우 우수한 장점을 갖는다. 건조 가압법의 공정은 반건조 가압법과 비슷하며, 건조 가압법으로 제작되는 제품에는 타일, 전기 절연체, 내화벽돌 등이 있다.

15.1.3 건조

전통적 세라믹의 성형공정에서 물은 매우 중요한 역할을 수행한다. 그러나 성형공정이 종료되면 물의 역할이 없으며, 굽기 공정이 수행되기 전 물은 점토 제품에서 반드시 제거되어야 한다. 이때, 건조 과정에서 물이 제거되면서 물이 차지하고 있던 부피의 감소로 인해 수축 문제가 발생한다. 그림 15.8은 물에 의한 부피의 변화를 보여준다. 초기 건조된 점토에 물이 첨가될 때 물은 기공속의 공기를 대체해 나가기 때문에 점토의 부피 변화는 발생하지 않는다. 물의 양이 어느 수준 이상으로 증가하면 점토 입자 간 사이가 멀어지면서 전체 부피가 증가하고, 이로 인해 젖은 점토는 가소성과 성형성을 갖게 된다. 더욱 많은 물이 투입되면 혼합물은 궁극적으로 물속에 점토 입자가 떠다니는 현탁액 형태

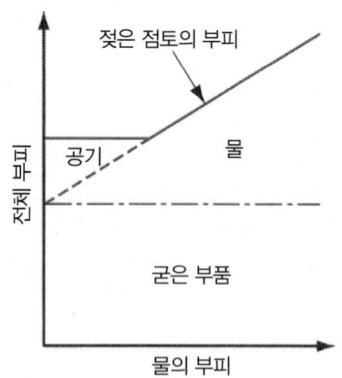

그림 15.8 수분 함량에 따른 점토의 부피 변화. 실제로 점토의 부피 변화는 점토의 조성 차이에 영향을 받으나 그림에서는 일반적인 경우를 보여준다.

가 된다.

건조 과정에서는 반대의 현상이 일어난다. 젖은 점토에서 물이 제거됨에 따라 제품의 부피는 줄어든다. 건조 과정은 그림 15.9에 나타낸 것처럼 두 단계로 나눌 수 있다. 첫 번째 단계는 점토 표면에 있는 물이 공기 중으로 증발하고 점토 내부에 있는 물은 모세관 현상에 의해 표면 쪽으로 향해 이동하는 단계로 건조율이 높고 일정하다. 이 단계에서 대부분의 수축이 발생하는데, 제품의 위치마다 다른 건조율로 인해 제품이 휘거나 깨어질 위험성이 높다. 두 번째 단계에서는 세라믹 입자들이 서로 접촉한 상태에서 수분이 제거되는 것으로, 수축이 전혀, 혹은 거의 발생하지 않는다. 건조 공정은 느리게 진행되며 도표에서 보는 것처럼 건조율은 건조가 진행됨에 따라 점차 감소한다.

일반적으로 양산공정에서 수행되는 건조공정은 적절한 온도 및 습도를 제어할 수 있는 건조 체임버 속에서 수행된다. 이때 제품 속 수분이 너무 빨리 제거되지 않도록 주의를 기울여야 하는데 그렇지 않으면 수분 함량 구배가 발생하여 깨어지기 쉬운 상태가 될 수 있다. 가열은 보통 적외선 열원을 사용하여 대류와 복사의 조합으로 이루어진다. 얇은 단면 제품의 경우 건조시간은 약 25분 정도이며, 매우 두꺼운 제품의 경우 수일이 소요되기도 한다.

15.1.4 굽기(소결)

굽기 공정(firing) 전 성형이 완료된 세라믹 제품은 분말야금에서와 같이 **생형**(green)이라 부른다. 생형은 경도와 강도가 약하며, 따라서 제품으로 사용할 수 있을 정도의 경도와 강도를 달성하기 위해 굽기 공정이 요구된다. **굽기** 공정은 세라믹 재료를 소결하는 열처리 공정으로서, **가마**(kiln)라고 불리는 가열로에서 수행된다. **소결**(sintering) 중에는 세라믹 입자들 사이에 결합이 발생하여 조직이

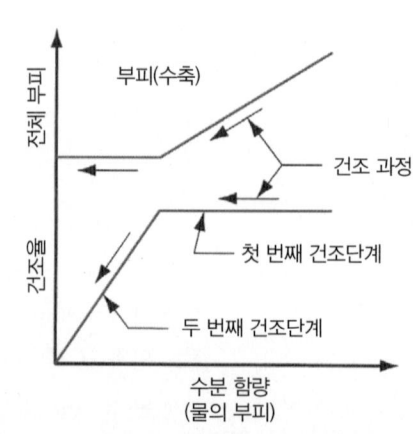

그림 15.9 세라믹 제품의 건조과정에서 일반적인 건조율 변화와 부피 변화(건조 수축). 두 번째 건조단계에서 건조율은 이 그림에서 선형(수분 함량 변화에 대해 일정한 건조율을 가짐)으로 나타내었으나 참고문헌에 따르면 볼록, 혹은 오목 형태의 변화를 보이기도 한다 [3], [8].

치밀화되고 기공이 감소한다. 따라서 건조 과정 중 발생하는 수축 외에 소결 공정에 의해 다결정 구조로 변하는 과정에서도 추가적인 수축이 발생한다. 세라믹의 소결 메커니즘은 기본적으로 분말야금에서와 동일하다. 전통적 세라믹의 굽기 공정에서는 혼합물 속 성분 간에 화학 반응이 일어나고, 또한 결합제로 작용하는 유리질 상이 결정들 간에 형성된다. 이 두 현상은 세라믹 재료의 화학적 성분구성과 굽는 온도에 따라 영향을 받는다.

유약을 바르지 않은 세라믹 제품은 한 번만 굽기 공정이 진행되는 반면 유약을 바른 제품은 두 번에 걸쳐 구워진다. **유약칠**(glazing)은 세라믹 표면에 코팅을 입히는 것으로써 제품의 외관을 향상시키고, 물이 스며들지 못하도록 하는 역할을 한다(7.2.2절). 유약칠을 한 제품을 만드는 일반적인 공정은 (1) 유약을 바르기 전에 한 번 구워 제품을 단단하게 만들고, (2) 유약을 바르고, (3) 2차로 구워서 유약을 경화시키는 형태로 수행된다.

15.2 신소재 세라믹 공정

대부분의 전통적 세라믹 제품은 물을 첨가함으로써 가소성을 갖고 건조 공정과 굽기 공정을 통해 단단해지는 점토를 기본 물질로 하여 만들어진다. 점토는 여러 가지 수산화알루미늄 규산염을 주성분으로 하고, 기타 세라믹 재료와 함께 혼합되어 화학적으로 복잡하게 구성되어 있다. 신소재 세라믹은 (7.3절) 산화물, 탄화물, 질화물 등으로 구성되어 화학적으로는 전통적 세라믹에 비해 단순하다고 할 수 있다. 신소재 세라믹을 구성하는 물질들은 물과 함께 섞여도 점토와 같은 가소성이나 성형성을 가지지 않는다. 따라서 일반적인 성형 공정을 적용하기 위해 또 다른 첨가물을 첨가하여 가소성 및 기타 특성을 갖도록 한다. 한편 신소재 세라믹은 전통적 세라믹 재료로는 구현하기 힘든 높은 강도, 경도 및 기타 성질들이 필요한 응용 분야를 위해 개발되었으며, 이로 인해 전통적인 세라믹에 사용되지 않은 여러 새로운 제조 공정 기술이 사용되기도 한다.

신소재 세라믹은 크게 (1) 초기 재료의 준비, (2) 성형, (3) 소결, (4) 마무리 공정으로 제작되며, 이러한 공정 단계는 전통적인 세라믹의 제조 공정 단계와 거의 유사하지만 세부적인 내용은 다음에서 살펴보는 것과 같이 매우 다르다.

15.2.1 원재료의 준비

일반적으로 전통적 세라믹에 비해 신소재 세라믹 제품의 경우 매우 높은 강도를 요구하는 분야에 주로 사용되므로, 초기 분말은 입자 크기와 화학적 조성에 있어서 더욱 균질해야 하고, 입자 크기는 더욱 작아져야 한다(세라믹 제품의 강도는 입자 크기에 반비례한다). 이러한 특성은 신소재 세라믹 공정에서 초기 분말 제조 공정을 더욱 잘 제어하여야 함을 의미한다. 신소재 세라믹 분말의 제조를 위해 기계적인 방법 및 화학적인 방법이 사용될 수 있다. 기계적 방법의 경우 전통적 세라믹에 사용되는 볼밀 제분법이 있으며, 이때 볼과 제분기 소재에서 떨어져 나온 입자로 인해 세라믹 분말이 오염될 수 있으며, 이로 인해 세라믹 분말의 순도가 떨어져 결국 최종 제품의 강도를 떨어뜨리는 미시적 결함이 나타날 수 있는 문제점을 갖는다.

신소재 세라믹 분말의 균질성을 높이는 화학적 방법으로는 **냉동건조법**(freeze drying)과 **침전법**(precipitation from solution)의 두 가지 방법이 있다. 냉동건조법에서는 물에 적당한 염을 녹인 후

이를 스프레이로 뿌려 작은 물방울 모양으로 만들면서 급속 냉동시킨다. 이후 진공 체임버에 넣어 물을 승화시키면 냉동 건조된 염이 만들어지고 추가로 열을 가하여 세라믹 파우더를 분해해낸다. 냉동 건조법은 일부 재료의 경우 적당한 수용성 염을 찾기 어렵기 때문에 모든 세라믹 재료에 적용될 수 있는 것은 아니다.

침전법은 신소재 세라믹의 제조를 위한 또 다른 방법이다. 일반적으로 침전법에서는 초기 광물에서 원하는 세라믹 조성을 가진 부분을 용해하는 형태로 불순물을 걸러낸다. 이후 침전 공정을 통해 중간 화합물을 만든 후 열을 가하여 최종 분말을 얻는다. 침전법의 대표적 예로 **베이어 공정**(Bayer process)을 들 수 있는데, 이를 이용해 고순도의 알루미나를 생산할 수 있다(또한 알루미늄의 생산에도 적용된다). 이 공정에서는 보크사이트 광물에서 산화알루미늄을 용해하여 철 및 기타 불순물이 제거하고, 침전법을 이용하여 수산화알루미늄을 얻은 뒤 가열을 통한 환원 공정을 통해 알루미나를 얻는다.

추가적인 세라믹 분말의 준비과정은 크기별 분류 및 혼합 과정이다. 신소재 세라믹 응용 분야에는 매우 미세한 분말이 요구되므로, 제작된 분말입자를 크기에 따라 나누고 분류할 필요가 있다. 또한 입자들이 편석(segregation)이 되는 것을 방지하기 위해 여러 입자들을 잘 혼합할 필요가 있다. 신소재 세라믹 원료의 준비에 있어 다양한 첨가물이 초기 분말에 소량 혼합된다. 이러한 첨가물로는 (1) 가소성 및 작업성을 향상시키는 **가소성제**(plasticizers), (2) 세라믹 입자를 결합하는 **결합제**(binders), (3) 혼합이 잘 되게 하는 **습윤제**(wetting agents), (4) 분말이 뭉치는 것을 방지하는 **응집제거제**(deflocculants), (5) 성형 시 입자 간 마찰을 줄이고, 이형 중 금형과의 점착을 방지하는 **윤활제**(lubricants)가 있다.

15.2.2 성형공정

대부분의 신소재 세라믹 재료의 성형공정은 분말야금 공정 및 전통적인 세라믹 공정과 동일하다. 14.3절에서 논의된 가압 및 소결법도 신소재 세라믹 재료에 대해서 그대로 적용되며, 15.1.2절에서 논의된 슬립주조법, 압출법, 건조 가압법 등 전통적 세라믹 성형법도 신소재 세라믹 성형법으로 사용된다. 다음에서 소개할 공정은 전통적 세라믹 성형공정에는 포함되지 않는 사용되지 않는 신소재 세라믹에만 적용되는 성형공정이다. 물론 이중 몇 가지는 분말야금공정과 관련이 있다.

고온 가압법

고온 가압법(hot pressing)은 건조 가압법과 유사하나(15.1.2절), 높은 온도에서 공정이 수행되어 가압과 함께 소결이 동시에 이루어진다는 점이 다르다. 이로 인해 별도의 굽기 공정이 필요하지 않다. 고온 가압법을 이용하면 밀도가 높고 미세한 결정 구조를 갖는 제품이 얻어지는 장점이 있는 반면, 고온 연마입자로 인한 표면 마모로 인해 금형 수명이 짧아지는 단점이 있다.

등압 가압법

등방정압 가압법(isostatic pressing)은 분말야금법에서 사용된 것과 동일한 공정이다(14.4.1절). 전통적인 일축 가압법에서는 최종 제품의 밀도 불균일 문제가 종종 발생하나, 정수압을 사용하여 세라믹 분말을 모든 방향에서 고르게 압축하는 등압 가압법을 이용함으로써 밀도 불균일 문제를 해결할 수 있다.

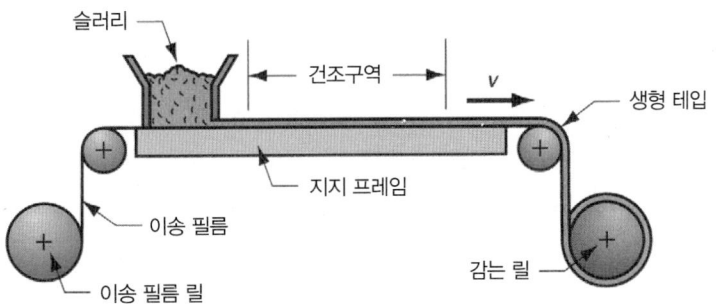

그림 15.10 얇은 세라믹 박판을 제작하는 데 사용되는 닥터블레이드 공정. *v*는 운동 방향 속도를 나타냄.

닥터블레이드 공정

본 공정은 얇은 세라믹 박판의 제작에 사용된다. 한 가지 대표적인 적용 예는 전자 산업 분야에서 집적회로(IC)를 만들기 위해 사용되는 박판이다. 그림 15.10은 닥터블레이드 공정을 개념적으로 보여준다. 셀로판 같은 필름을 프레임 위에서 이송시키면서 그 위에 세라믹 슬러리를 붓는다. 세라믹의 두께는 **닥터블레이드**(doctor-blade)라고 불리는 와이퍼(wiper)로 조절된다. 슬러리는 필름과 함께 이송되면서 건조되어 유연한 세라믹 테이프가 된다. 프레임 끝에는 감는 릴(reel)이 있어 완성된 테이프를 감는다. 테이프는 생형 상태에서 절단되어 사용되거나, 혹은 다른 공정을 거친 후 굽기 과정으로 들어간다.

분말 사출성형법(PIM)

본 공정은 사용 분말이 금속이 아닌 세라믹 재료라는 점 외에 분말야금 공정과 동일하다(14.4.2절). 세라믹 입자에 열가소성 고분자재료를 혼합하여 성형 온도에서 적당한 유동 특성을 갖도록 한다. 이 혼합물을 가열한 후 금형으로 사출하고, 냉각 후 고분자가 굳으면 금형을 열어서 제품을 꺼낸다, 고분자의 용융온도는 세라믹의 소결 온도보다 훨씬 낮기 때문에 성형된 제품은 생형 상태라 할 수 있다. 소결 공정이 진행되기 전에 고분자를 제거하는 공정이 수행되는데 이를 **디바인딩**(debinding)이라 부른다. 디바인딩 공정은 일반적으로 열처리와 용제처리를 조합하여 수행된다.

세라믹 분말사출 성형법의 디바인딩 공정은 고분자재료를 제거하는 속도가 상대적으로 느리고, 고분자가 제거됨으로써 생형의 강도도 매우 약해지는 단점을 갖는다. 이로 인해 이후 진행되는 소결 과정에서 제품이 휘어지거나 부서지기도 한다. 이를 방지하기 위해 디바인딩 과정과 소결과정의 제어가 요구되나 현실적 해결책이 미흡한 상태이다. 이로 인해 세라믹 분말사출 성형법은 거의 사용되지 않는다. 더욱이 분말사출 성형법으로 만들어진 세라믹 제품은 특히 미세한 결함에 취약해서 높은 강도를 기대할 수 없다.

15.2.3 소결

신소재 세라믹의 경우 성형성을 확보하기 위해 물을 사용하지 않으므로, 전통적 세라믹 제조과정에서 물의 제거를 위해 수행되는 건조과정이 생략된다. 그러나 소결(sintering) 과정은 제품의 강도와 경도를 최대한으로 끌어올리기 위해 꼭 필요하다. 전통적인 세라믹재료와 같이 신소재 세라믹의 경우에도 소결의 기능은 (1) 각각의 입자들을 결합하여 한 덩어리로 만들고, (2) 밀도를 증가시키고, (3) 공극률을 줄이거나 없애는 것이다.

소결 온도는 재료의 녹는점의 80%에서 90% 범위의 온도로 결정된다. 소결 메커니즘은 신소재 세라믹의 종류, 즉, 화학적 구성이 단일한 신소재 세라믹(예 : AlO_3)인가 혹은 녹는점이 각각 다른 여러 물질이 섞인 점토 기반 신소재 세라믹인가에 따라 다르다. 신소재 세라믹의 소결 메커니즘은 입자들 간 접촉 표면에 질량 확산에 의한 유동이 발생하는 형태이다. 이로 인해 소결 과정 중 입자 간 간격이 좁아져서 제품의 밀도가 높아지게 된다. 전통적 세라믹의 경우에는 더욱 복잡한 형태를 갖는데, 이는 일부 구성물이 녹아 유리질 상을 형성하여 결합제 역할을 하기 때문이다.

15.2.4 피니싱

신소재 세라믹으로 만들어진 부품은 때때로 마무리공정을 요구한다. 일반적으로 신소재 세라믹 재료의 마무리공정은 (1) 치수 정확도를 높이기 위해, (2) 표면 품위를 향상시키기 위해, (3) 제품 형상에 약간의 변화를 주기 위해 이루어진다. 마무리작업을 위해 연삭이나 연마 공정이 일반적으로 사용되며(23장), 경화된 세라믹 재료의 절단을 위해서는 다이아몬드 연마재가 반드시 필요하다.

15.3 서멧 공정

대부분의 금속기지 복합재료(MMC)와 세라믹기지 복합재료(CMC)는 입자 공정으로 제작된다. 가장 대표적인 예로는 초경합금(cemented carbide)과 여러 가지 서멧(cermet)이 있다.

15.3.1 초경합금

초경합금(cemented carbide)은 카바이드 세라믹 입자가 금속 결합제와 혼합된 복합재료이다. 금속성 결합제가 모재 역할을 하므로 초경합금은 금속모재 복합재료로 분류된다. 그러나 카바이드 입자가 복합재료의 대부분(부피비로 80%에서 95% 정도)을 차지하는 특징이 있다. 초경합금은 다른 서멧 재료와는 종종 구분되어 다루어지나, 기술적으로 서멧으로 분류된다.

가장 중요한 초경합금은 코발트 결합제를 사용한 텅스텐 카바이드(WC–Co)이다. 이는 일반적으로 Co 매트릭스에 WC, TiC, TaC가 혼합된 것으로 텅스텐 카바이드가 주재료이다. 또다른 초경합금으로는 니켈 모재 티타늄 카바이드(TiC–Ni)와 니켈 모재 크롬 카바이드(Cr_3C_2–Ni)가 있다. 이들 복합재에 대해서는 8.2.1절에서 논의하였으며, 카바이드 성분에 대해서는 7.3.2절에서 언급하였다. 본 절에서는 초경합금 재료의 입자공정 기술에 대해 설명한다.

기공이 없고 강한 제품을 얻기 위해 카바이드 분말은 금속 결합제와 함께 소결되어야 한다. 코발트는 WC와 가장 잘 맞는 반면, 니켈은 TiC, Cr_3C_2와 잘 맞는다. 금속 결합제의 비율은 보통 4% 정도에서 20%까지에 이른다. 카바이드와 결합용 금속분말은 볼밀(혹은 다른 적당한 혼합 기계)에 의해 입자크기가 작아지며 아울러 습식으로 완전히 섞여 균질의 슬러지(sludge)를 형성한다. 이렇게 만들어진 슬러지는 산화를 막기 위해 진공 또는 조절된 분위기의 로에서 건조된 후 압축 공정으로 넘어간다.

초경 분말 혼합물을 압축하여 원하는 형상의 생형을 만들기 위해 다양한 방법이 사용된다. 일반적으로 널리 사용되는 방법은 앞에서 언급한 바 있는 냉간가압법으로서 절삭용 인서트 등과 같은 초경합금 제품을 대량 생산하는 데 사용된다. 냉간가압용 금형은 소결 시 발생하는 수축을 고려하여 좀

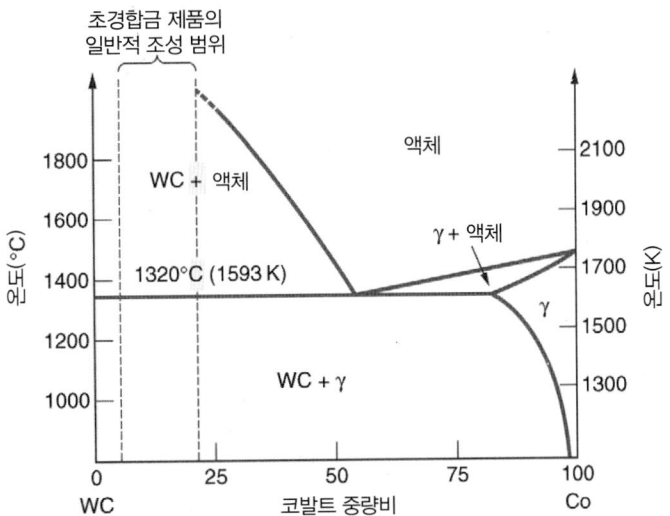

그림 15.11 WC–Co 상태도.

더 크게 만들어져야 하며, 수축은 대략 20% 정도 혹은 그 이상이 될 수 있다. 카바이드 입자에 의한 마모를 막기 위해 대량생산 공정에서는 다이 역시 WC–Co로 만들어야 한다. 한편 소량생산일 경우 넓은 평판 형태로 누른 후 원하는 크기의 작은 조각으로 자르는 방법이 사용되기도 한다.

또 다른 압축 방법으로는 인발용 다이나 볼밀용 볼 같은 큰 제품을 생산하기 위해 사용되는 등방 정압 가압법, 고온 가압법과 원형 혹은 사각형 단면의 길이가 긴 제품을 만드는 데 사용되는 압출법 이 있다. 이들 방법에 대한 내용은 본 장과 이전 장에서 이미 언급한 바 있다.

WC나 TiC는 결합용 금속 분말이 없이도 소결이 가능하지만, 100%의 진밀도에는 도달하지 못한 다. 결합제를 사용함으로써 공극이 없는 제품이 만들어진다. WC–Co의 소결은 액상 소결로 진행되 며(14.4.5절), 이 공정은 그림 15.11의 이들 두 요소의 상태도를 토대로 설명될 수 있다. 그림에는 일 반적인 상업용 초경합금 제품이 제작되는 조성 범위가 명기되어 있다. WC–Co의 소결 온도는 1370–1425°C(1643 K–1698 K)이며, 이는 코발트의 용융점인 1495°C 이하이다. 따라서 순수 금속 바인더는 소결온도에서 녹지 않는다. 그러나 상태도에서 볼 수 있듯이 WC는 고체상태로 Co에 용 해되어 들어가며, 열처리 중 WC는 점차 감마 상으로 용해되어 들어가면서 용융점이 낮아져 결국 녹 게 된다. 형성된 액체는 WC 입자를 젖게 하여 추가적인 용해를 야기한다. 용융금속이 흘러 들어감 에 따라 생형 내부에 남아있던 가스 역시 제거되며, 이로 인해 남아있던 WC 입자들은 더욱 조밀한 패킹 상태로 재배열되어 높은 밀도 증가 및 수축이 발생한다. 냉각 시에는 용해된 카바이드가 결정구 조 속에서 석출하여 기 형성된 결정구조에 부착되어 WC 골격 구조를 형성하고 Co 결합제 전체에 걸쳐 형성된다.

2차 가공 초경합금 제품은 일반적으로 소결 후 치수 조절을 위한 2차 가공이 요구된다. 이를 위해 다이아몬드 입자를 이용한 그라인딩 공정이 일반적으로 사용된다. 또한 24장의 비전통적 가공 공정 에서 언급한 방전 가공 및 초음파 가공 역시 단단한 초경합금의 가공에 사용될 수 있다.

15.3.2 기타 서멧 및 세라믹기지 복합재

초경합금 외에 Al_2O_3와 MgO 같은 산화물 세라믹에 기반한 서멧들이 있다. 이런 복합재의 금속 결 합제로는 크롬이 주로 쓰인다. 세라믹/금속 혼합비는 초경합금보다 더 넓고, 때때로 금속이 주재료가

되는 경우도 있다. 이러한 서멧 재료도 초경합금과 같은 성형법을 사용하여 제품으로 성형된다.

세라믹기지 복합재료(CMC)의 최근 기술(8.3절)은 탄소, SiC, Al_2O_3 섬유 조직으로 강화된 세라믹 재료(예 : Al_2O_3, BN, Si_3N_4, 유리)를 포함한다. 만약 섬유가 휘스커(whisker, 단결정으로 이루어진 섬유)라면 신소재 세라믹 가공에 쓰이는 입자 가공법으로 이러한 세라믹기지 복합재료들을 만들 수 있다.

15.4 부품 설계 시 고려사항

세라믹 재료는 응용 제품에 따라 설계자들에게 매력을 주는 여러 특별한 성질을 가지고 있다. Bralla [2]와 여러 자료에서 가져온 다음의 설계 추천 사항은 신소재 세라믹 및 전통적 세라믹 재료 둘 다에 적용 가능할 뿐 아니라 공학 제품에 적용될 수 있는 새로운 세라믹 재료에 대해서도 적용이 가능하다. 또한 일반적으로 초경합금에 대해서도 동일한 설계 지침이 적용될 수 있다.

- 세라믹 재료는 인장보다 압축에 대해 수 배 이상 강하다. 따라서 세라믹 제품은 인장응력이 아니라 압축응력을 받도록 설계되어야 한다.
- 세라믹 재료는 취성이 높고 연성이 거의 없다. 따라서 세라믹 제품은 파괴를 유발할 수 있는 충격 하중이나 높은 응력이 가해지는 부분에 적용되어서는 안 된다.
- 세라믹 재료의 가공 공정을 통해 복잡한 기하학적 형상의 제품 생산이 가능하지만 경제적, 기술적인 문제로 인해 보다 단순한 형상 설계가 바람직하다. 깊은 구멍, 채널, 언더컷, 긴 외팔보 형태는 피해야 한다.
- 세라믹 재료 제품의 외곽 코너에는 코너 반경이나 모따기(chamfer)를 만들어야 한다. 마찬가지로 안쪽 코너에도 반경이 필요하다. 이러한 설계 지침은 절삭 기능을 갖는 날카로운 외곽 코너를 요구하는 절삭 공구의 요구특성과 상반된다. 이에 절삭날에는 매우 작은 반경을 주어 가공을 수행하여 절삭 공정 시 치핑(chipping)이 발생하여 날이 파손되는 것을 막는다.
- 전통적인 세라믹 재료의 건조 및 굽기 과정, 신소재 세라믹의 소결 과정에서 제품의 수축이 심각하게 발생할 수 있으며, 설계자는 이를 보정하는 설계를 수행하여야 한다. 최종 치수가 규정된 공차 범위에 들 수 있도록 크기 여유를 결정하는 것은 생산 기술자에게 주어진 매우 큰 문제이다.
- 세라믹 재료 제품에서 나사부는 피해야만 한다. 나사부는 만들기도 어려울 뿐만 아니라 만들어도 적정 강도를 내기 어렵기 때문이다.

참고문헌

[1] Bhowmick, A. K. Bradley Pulverizer Company, Allentown, Pennsylvania, personal communication, February 1992.

[2] Bralla, J. G. (editor-in-chief). *Design for Manufacturability Handbook.* 2nd ed. McGraw-Hill, New York, 1999.

[3] Hlavac, J. *The Technology of Glass and Ceramics.* Elsevier Scientific Publishing, New York, 1983.

[4] Kingery, W. D., Bowen, H. K., and Uhlmann, D. R. *Introduction to Ceramics.* 2nd ed. John Wiley & Sons, New York, 1995.

[5] Rahaman, M. N. *Ceramic Processing.* CRC Taylor & Francis, Boca Raton, Florida, 2007.

[6] Richerson, D. W. *Modern Ceramic Engineering: Properties, Processing, and Use in Design,* 3rd ed. CRC Taylor & Francis, Boca Raton, Flotida, 2006.

[7] Schwarzkopf, P., and Kieffer, R. *Cemented Carbides.* Macmillan, New York, 1960.

[8] Singer, F., and Singer, S. S. *Industrial Ceramics.* Chemical Publishing Company, New York, 1963.

[9] Somiya, S. (ed.). *Advanced Technical Ceramics.* Academic Press, San Diego, California, 1989.

복습문제

15.1 원료 물질의 관점에서 전통적 세라믹과 신소재 세라믹의 차이점은 무엇인가?

15.2 전통적 세라믹 재료의 공정 순서를 나열하여라.

15.3 전통적 세라믹 재료의 준비단계에서 파쇄와 제분의 기술적 차이점은 무엇인가?

15.4 전통적 세라믹 재료 가공 공정 중 슬립주조법에 대해 설명하여라.

15.5 전통적 세라믹 제품을 성형하는 방법들을 나열하고 간단히 설명하여라.

15.6 지거링 공정은 무엇인가?

15.7 전통적 세라믹 제품을 만드는 데 쓰이는 건조 가압법과 반건조 가압법의 차이점은 무엇인가?

15.8 세라믹 재료가 소결되는 동안 어떤 일이 발생하는가?

15.9 세라믹 제품을 굽는 데 쓰이는 로를 무엇이라 부르나?

15.10 전통적 세라믹 공정에서 glazing이란 무엇인가?

15.11 신소재 세라믹 공정에서는 일반적으로 필요치 않은 건조 공정이 왜 전통적 세라믹 공정에서는 매우 중요한가?

15.12 전통적 세라믹 공정보다 신소재 세라믹 공정에 원료 제조가 더 중요한 이유는 무엇인가?

15.13 신소재 세라믹 분말을 만드는 데 사용되는 냉동 건조법이란 무엇인가?

15.14 닥터블레이드법에 대해 설명하여라.

15.15 WC–Co 생형을 소결할 때 소결 온도가 WC나 Co의 용융점보다 낮음에도 불구하고 소결공정이 진행되는 이유는 무엇인가?

15.16 세라믹 제품에 대한 설계 지침 사항을 몇 가지를 나열하여라.

객관식문제(16개의 답)

15.1 전통적 세라믹 원료를 제조하기 위해 다음의 장비들이 파쇄와 제분을 위해 사용된다. 이 중 제분을 위해 사용되는 장비는 무엇인가? (두 개의 정답) (a) 볼밀, (b) 해머밀, (c) 죠파쇄기, (d) 롤파쇄기, (e) 롤러 밀.

15.2 다음 중 어떤 재료가 물을 적당히 배합했을 때 가소성이 생기고 성형이 가능한 재료가 되는가? (a) 알루미늄 산화물, (b) 수소 산화물, (c) 수산화알루미늄 규산염, (d) 유리.

15.3 전통적 세라믹 공정에 있어서 다음 중 점토를 성형이 가능하도록 적당히 부드럽게 만드는 수분 비율은 무엇인가? (a) 5%, (b) 10%, (c) 20%, (d) 40%.

15.4 다음 중 전통적 세라믹 재료의 가공 공정으로 사용되지 않는 공정을 선택하여라. (세 개의 정답) (a) 건조 성형, (b) 압출, (c) 쟁글링(jangling), (d) 지거링(jiggering), (e) 졸링(jolleying), (f) 스피닝(spinning).

15.5 세라믹 공정에서 '생형'은 성형된 후 소결되지 않은 제품을 의미한다. (a) 참, (b) 거짓.

15.6 다결정 신소재 세라믹 재료로 만들어진 새로운 제품의 강도는 결정의 크기가 클수록 강도도 커진다. (a) 참,

(b) 거짓.

15.7 다음 중 어느 공정 하나는 신소재 세라믹 재료에 대해 성형과 소결을 동시에 수행할 수 없다. 어떤 것인가? (a) 닥터블레이드법, (b) 냉동건조법, (c) 고온가압법, (d) 사출 성형법, (e) 등방정압 가압법.

15.8 다음 중 신소재 세라믹 제품의 피니싱 공정의 목적이 아닌 것을 선택하여라. (두 개의 정답) (a) 표면 코팅 작업, (b) 표면 전주 도금, (c) 표면 조도를 향상시키기 위해, (d) 치수 정밀도를 향상시키기 위해, (e) 표면에 가공경화를 얻기 위해.

15.9 다음 중 초경합금을 가장 잘 표현한 용어를 하나 고르면? (a) 세라믹, (b) 서멧, (c) 복합재, (d) 금속, (e) 전통적 세라믹.

15.10 신소재 세라믹 제품을 설계함에 있어 다음 중 가능하다면 가장 피해야 하는 기하학적 형상을 선택하여라. (세 개의 정답) (a) 깊은 구멍, (b) 외곽 코너반경, (c) 둥글게 처리된 외부 코너, (d) 날카로운 모서리, (e) 두꺼운 단면, (f) 나사.

제 V 부

금속성형과 금속박판가공

Chapter **16**

금속성형의 기초

16.1 금속성형의 개요

16.2 금속성형에서의 재료 거동

16.3 금속성형에서의 온도

16.4 변형률속도 민감도

16.5 금속성형에서의 마찰과 윤활

금속성형(metal forming)은 금속 공작물의 형상을 변화시키기 위해 소성 변형이 사용되는 제조공정의 큰 그룹을 포함한다. 변형은 금속성형에서 일반적으로 **금형**(die, 다이)이라 불리는 공구(tool)에 금속의 항복강도 이상의 응력을 가함으로써 발생한다. 그러므로, 금속의 형상은 금형의 형상을 따르게 된다. 금속성형은 1장에서 **소성가공**(그림 1.4)이라 분류된 성형공정 부문을 주도한다.

금속을 소성적으로 변화시키기 위해서는 주로 압축응력이 필요하다. 그러나, 일부 성형공정에서는 금속을 늘리거나, 구부리거나, 혹은 전단응력을 가하기도 한다. 성형가공이 성공적으로 이루어지기 위하여 금속은 특정한 성질을 지녀야 한다. 바람직한 특성으로는 낮은 항복강도와 높은 연성 등이 있다. 이런 성질들은 온도의 영향을 받는다. 작업 온도가 올라가게 되면 연성은 증가하고 항복강도는 낮아지게 된다. 온도의 영향으로 인해 냉간가공, 온간가공, 열간가공으로 구별된다. 변형률과 마찰은 금속성형의 성능에 영향을 미치는 부가적인 요소들이다. 이 장에서는 이러한 모든 주제를 다룰 것이지만, 먼저 금속성형 공정의 개요부터 알아보기로 한다.

▌16.1 금속성형의 개요

금속성형 공정은 용적변형 공정과 박판가공 공정이라는 두 개의 기본 분야로 분류될 수 있다. 이 두 공정에 대해서는 17장과 18장에서 각각 자세히 다룬다. 각 분류는 그림 16.1에 나타난 것처럼 여러

그림 16.1 금속성형공정의 분류.

주요 성형공정을 포함하고 있다.

용적변형 공정

용적변형(bulk deformation) 공정은 일반적으로 상당한 변형량과 큰 형상변화의 특징을 가지고 있으며 공작물의 체적에 대한 표면적의 비가 상대적으로 작다. **용적**(bulk)이라는 용어는 이러한 낮은 값의 체적 당 표면적의 비를 가진 공작물을 의미한다. 초기 공작물 형상은 원통형 빌렛(billet)이나 직사각형 바(bar) 등이다. 그림 16.2는 다음과 같은 용적변형의 기본 공정들을 나타내고 있다.

- **압연**(rolling)—이것은 롤(roll)이라 불리는 두 개의 서로 마주보는 원통형 공구에 의해 슬라브

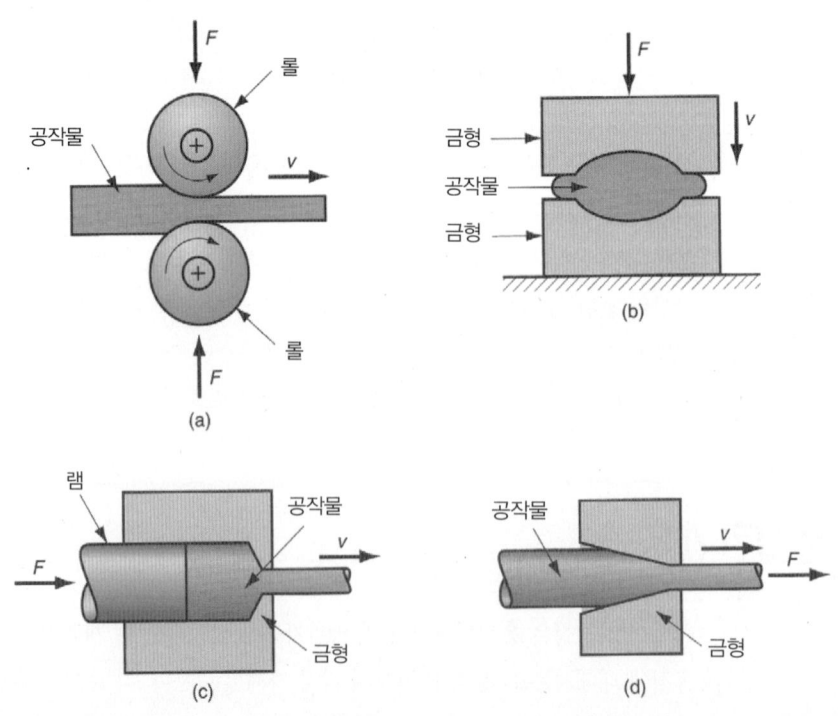

그림 16.2 기본 용적변형 공정. (a) 압연, (b) 단조, (c) 압출, (d) 인발. 공정에서 상대운동은 v, 힘은 F로 나타낸다.

(slab)나 판(plate)의 두께를 줄이는 압축변형 공정이다. 롤의 회전에 의해 롤 사이의 틈으로 공작물이 당겨지며 공작물을 압착한다.

- **단조**(forging)—단조에서는 공작물이 두 개의 마주보는 금형에 의해 압축이 되고 그 결과 금형 형상을 공작물에 새기는 공정이다. 단조는 전통적으로 열간가공 공정이지만 많은 종류의 단조는 냉간에서 이루어지기도 한다.
- **압출**(extrusion)—압출은 금속 공작물을 금형의 구멍으로 강제로 밀어 넣어 금형의 구멍 형상 단면을 가지도록 하는 압축변형 공정이다.
- **인발**(drawing)—다이 구멍을 통하여 선재나 봉재를 잡아당김으로써 그 직경을 줄이는 성형 공정이다.

박판금속 가공

박판금속 가공(sheet metalworking) 공정은 금속판재, 스트립(strip), 코일(coil)을 대상으로 하는 성형과 절단공정이다. 이와 같은 공정에서는 가공 초기 공작물의 체적당 표면적의 비가 높다. 즉, 이 비율은 박판가공과 용적변형을 구분하는 좋은 척도가 된다. **프레스가공**이라는 용어가 박판가공 작업에 자주 쓰이는데, 이는 박판가공 작업이 프레스 기계를 이용하여 주로 이루어지기 때문이다(여러 가지 형태의 프레스가 다른 제조공정에서도 역시 사용된다). 박판가공으로 생산된 부품을 **스탬핑**(stamping)이라고 부르기도 한다.

박판가공은 항상 냉간 가공 공정에서 이루어지며 흔히 **펀치**(punch)와 **다이**(die)라고 불리는 공구를 사용하여 이루어진다. 공구 중에서 펀치는 양각 부분에 다이는 음각 부분에 해당한다. 기본 박판가공의 공정이 그림 16.3에 나타나있고 그 정의는 다음과 같다.

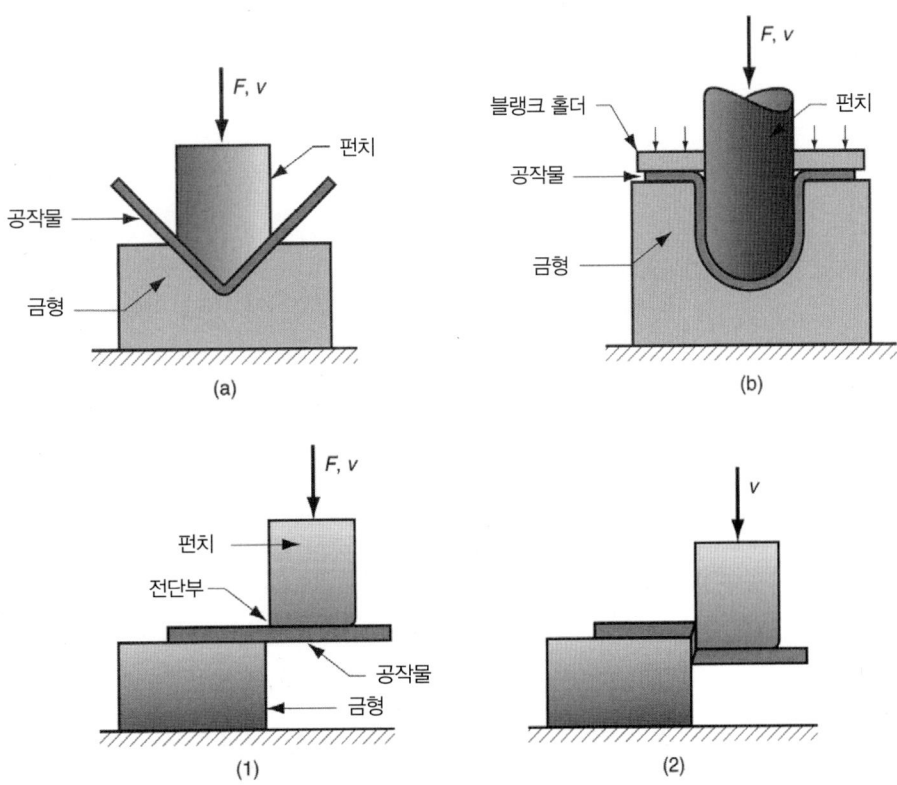

그림 16.3 기본 박판가공 공정. (a) 굽힘, (b) 드로잉, (c) 전단. (1) 펀치가 박판에 먼저 접촉함. (2) 절단 후. 이 공정에서 힘과 상대운동은 각각 *F*와 *v*로 표시된다.

- **굽힘**(bending)—굽힘은 금속 박판이나 판재를 직선 축을 따라 특정 각을 가지도록 변형하는 작업이다.
- **드로잉**(drawing)—박판가공에서의 드로잉은 편평한 금속을 컵과 같은 중공(hollow)이나 오목 형상 속으로 잡아당겨 성형하는 것을 의미한다. 그림 16.3(b)에서처럼 펀치가 금속박판을 밀면서 성형하는 동안 블랭크 홀더(blank holder)가 박판을 누르고 있다. 와이어(wire) 혹은 바(bar)의 드로잉(인발) 공정과 구별하기 위해 **컵 드로잉**(cup drawing) 또는 **딥 드로잉**(deep drawing)이라는 용어를 쓰기도 한다.
- **전단**(shearing)—이 공정은 변형 공정과는 조금 거리가 있어 보이는데, 이는 금속의 변형보다는 절단과 관련이 있기 때문이다. 전단 공정은 그림 16.3(c)처럼 펀치(punch)와 다이(die)를 이용하여 공작물을 절단한다. 비록 성형 공정은 아니지만, 이 작업이 박판가공에 있어서 매우 필요하고 일반적인 작업이기 때문에 성형 공정에 포함되었다.

그림 16.1의 분류에 보여진 금속 박판가공 중 기타 가공으로는 펀치와 다이를 사용하지 않는 다양한 종류의 성형공정을 포함한다. 예를 들어 스트레치 성형(stretch forming), 롤 벤딩(roll bending), 스피닝(spinning), 그리고 튜브 벤딩(bending of tube stock) 등이 있다.

16.2 금속성형에서의 재료 거동

성형 중 금속 거동에 대한 많은 정보는 응력-변형률 곡선을 이용하여 얻을 수 있다. 일반적으로 대부분의 금속재료에 대한 응력-변형률 곡선은 탄성영역과 소성영역으로 나뉘어진다(3.1.1절). 금속성형에서는 소성영역이 주목의 대상인데, 이는 이 영역에서 재료가 소성적 그리고 영구적 변형을 일으키기 때문이다.

금속재료의 일반적인 응력-변형률 관계에서 항복점 이하는 탄성을 나타내고 그 이상에서는 변형경화를 나타낸다. 그림 3.4와 3.5는 이 거동을 선형 축과 로그 축상에서 각각 나타내었다. 소성영역에서 금속의 거동은 다음의 유동곡선으로 표현된다.

$$\sigma = K\epsilon^n$$

여기서 K = 강도계수(MPa), n = 변형경화지수이다. 유동곡선에서의 응력과 변형률은 각각 진응력과 진변형률을 의미한다. 일반적으로 유동곡선은 냉간가공 시 금속의 소성 거동을 나타내는 관계식으로 유용하게 사용된다. 상온에서의 여러 금속 재료의 일반적인 K와 n값이 표 3.4에 나열되어 있다

유동응력

유동곡선은 금속성형이 이루어지는 영역에서의 응력-변형률 관계를 나타낸다. 이것은 금속의 **유동응력**(flow stress) 즉, 특정 성형공정을 수행하는 데 요구되는 힘과 동력을 결정하는 강도 특성을 의미한다. 상온에서 대부분의 금속의 경우, 그림 3.5의 응력-변형률 곡선이 의미하는 바와 같이 변형이 진행될수록 변형경화 현상 때문에 강도가 증가한다. 즉, 이와 같은 강도의 증가와 균형을 맞추기 위해 변형을 계속 일으키기 위한 응력도 계속 증가해야 한다. **유동응력**은 재료를 계속 변형시키는 데 필요한 즉, 금속을 '유동 상태'로 지속시키기 위해 필요한 순간 응력 값으로 정의된다. 이것은 변형

률의 함수로 표시된 금속의 항복강도이며 다음과 같이 표현될 수 있다.

$$Y_f = K\epsilon^n \tag{16.1}$$

여기서 Y_f = 유동 응력(MPa).

다음의 두 장에서 논의될 개별 성형 공정에서는 순간 유동응력이 공정을 해석하는 데 이용된다. 예를 들어 어떤 단조 공정에서는 압축 동안의 순간 성형력을 유동응력 값으로부터 결정할 수 있다. 또한 최대 성형력은 단조 행정 끝에서 최종 변형률 결과로부터의 유동응력을 근거로 계산될 수 있다.

어떤 경우에는, 순간 값보다는 변형 중 나타난 평균 응력 및 변형률을 근거로 분석을 수행한다. 그림 16.2(c)에 나타난 압출이 이에 해당된다. 빌릿(billet)이 압출 다이를 통과하면서 단면적이 감소함에 따라, 금속재료는 점차 변형경화를 일으키며 최대값에 도달한다. 단면이 감소함에 따라 순간 응력-변형률 값도 계속 변하는데, 이 값을 매번 결정하기는 매우 어려울 뿐만 아니라 의미가 별로 없다. 이럴 경우 변형 동안의 평균 유통응력에 근거하여 공정을 분석하는 것이 훨씬 더 유용하다.

평균 유동응력

평균 유동응력은 변형 동안 발생하는 변형률의 시작점에서 끝점(최대점)까지의 전체 응력-변형률 곡선에 걸친 응력의 평균값에 해당한다. 이 값은 그림 16.4의 응력-변형률 곡선에 설명되어 있다. 평균 유동응력은 유동곡선식인 식 (16.1)을 관심 구간인 제로 변형률과 최종 변형률 사이를 적분함으로써 얻을 수 있다.

$$\overline{Y}_f = \frac{K\epsilon^n}{1+n} \tag{16.2}$$

여기서 Y_f = 평균 유동응력(MPa), E = 변형공정 동안의 최대 변형률 값.

다음 장의 용적변형 공정에서는 평균 유동응력을 보다 광범위하게 활용한다. 공작물 재료의 K와 n값이 주어지게 되면, 최종 변형률을 계산하는 방법이 각 공정마다 전개될 것이다. 이 변형률을 근거로 식 (16.2)를 사용하여 공정 중 금속이 받는 평균 유동응력을 결정할 수 있다.

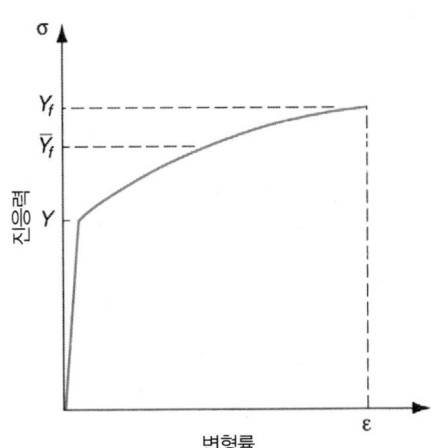

그림 16.4 항복강도 Y와 최종 유동응력 Y_f와 관련된 평균유동응력 Y_f의 위치를 나타내는 응력–변형률 선도.

| 16.3 금속성형에서의 온도

유동곡선은 소성변형 동안 금속의 응력-변형률 거동을 잘 나타내는데, 특히 냉간가공 공정에 잘 적용된다. 대부분의 금속의 K와 n값은 온도에 의존한다. 강도와 변형경화는 높은 온도에서 감소한다. 이와 같은 물성의 변화는 성형 공정이 낮은 힘과 동력에서 가능하다는 점에 있어서 매우 중요하다. 더욱이, 공작물의 소성변형을 더욱 증가시키는 연성이 고온에서 더욱 증가된다. 금속 성형 공정은 냉간(cold), 온간(warm), 열간(hot) 가공과 같은 세 가지 온도 영역으로 나뉜다.

냉간가공

냉간가공(cold working, 냉간성형)은 상온 또는 그 보다 약간 높은 온도에서 이루어지는 금속성형이다. 열간가공에 비해 냉간가공이 가지는 중요한 장점은 (1) 정확도 향상, (2) 표면 거칠기 향상, (3) 변형경화에 의한 제품의 강도 및 경도 증가, (4) 변형 중 결정립 유동으로 인한 가공 결과물 내부 바람직한 방향성 물성 획득 가능, (5) 가열할 필요가 없어 가열로와 연료비용 절감 및 높은 생산율 달성 등이다. 이런 장점들 때문에 많은 냉간가공 공정들이 중요한 대량 생산 공정을 차지하게 되었다. 냉간가공은 치수향상, 표면향상, 기계가공 최소화 등으로 인해 순형상(net shape) 혹은 근사 순형상(near net shape) 공정으로 분류될 수도 있다(1.3.1절).

냉간가공의 한계점 또는 단점으로는 (1) 공정 수행을 위한 높은 성형력과 동력이 요구되고, (2) 초기 소재의 표면에 산화물(scale)이나 오물이 없도록 주의해야 하고, (3) 재료의 연성과 변형경화는 요소에 가해질 수 있는 성형의 크기를 제한한다는 점 등을 들 수 있다. 일부 공정에서는 추가적인 변형을 위해 반드시 어닐링(25.1절)이 이루어져야 한다. 또 다른 경우에는 금속재료가 냉간가공을 할 수 없을 만큼 연성이 작을 때도 있다.

변형경화 문제를 극복하고 소요 성형력과 동력을 줄이기 위해 많은 공정들이 높은 온도에서 수행되고 있다. 두 개의 상승된 온도 범위가 있으며, 이는 온간가공과 열간가공으로 구분된다.

온간가공

공작물의 온도가 올라가면 일반적으로 소성변형 물성이 향상되기 때문에 성형 공정은 때때로 상온보다 높지만 재결정 온도보다 낮은 범위의 온도에서 수행된다. **온간가공**(warm working)이란 용어는 이런 온도 범위에 적용된다. 냉간가공과 온간가공을 구별하는 선은 흔히 금속 용융점의 관점에서 표현된다. 보통 이 구분 선(dividing line)은 $0.3T_m$으로 표현되는데, 여기서 T_m은 특정 금속의 용융점(절대 온도)을 의미한다.

중간 정도의 온도에서 높은 연성뿐만 아니라 낮은 강도와 변형경화로 인해 온간가공은 냉간가공에 비하여 다음과 같은 장점을 지니고 있다. (1) 작은 성형력 및 동력, (2) 더욱 복잡한 작업물의 형상이 가능, 그리고 (3) 어닐링 작업의 필요성이 줄거나 제거된다.

열간가공

열간가공(또는 열간성형)은 재결정 온도 이상의 온도에서 변형시키는 것을 의미한다(3.3절). 금속의 재결정 온도는 절대온도 척도에서 용융점의 절반 정도의 값이다. 실제로 **열간가공**(hot working)은 보통 $0.5T_m$ 이상의 온도에서 수행된다. $0.5T_m$ 이상으로 온도가 올라가면 금속은 계속 연화되며 열간가공의 이점을 더욱 살릴 수 있다. 그러나, 변형 공정 그 자체로 인해 추가적인 열이 발생하며 이로 인해 공작물의 일부분의 온도가 증가한다. 이는 국부 지역에서 금속의 용융을 초래할 수 있으며 매우 바람직하지 못한 현상이다. 또한, 높은 온도에서는 표면의 산화물(scale) 발생이 가속화된다. 따라서, 열간가공 온도는 보통 $0.5T_m$에서 $0.75T_m$의 범위로 유지된다.

열간가공의 가장 중요한 이점은 금속재료를 상당량 소성 변형시킬 수 있는 능력에 있으며 이는 냉간가공이나 온간가공에서보다 훨씬 크다. 그 주된 이유는 열간 가공되는 금속의 유동 곡선이 상온과 비교할 때 훨씬 작은 강도계수 값을 나타내고, 변형경화지수는 0(적어도 이론적으로)이며, 그리고 연성은 대단히 증가하기 때문이다. 이런 모든 이유로 인해 냉간가공에 비해 다음과 같은 이점을 가지고 있다. (1) 공작물의 형상을 크게 변화시킬 수 있다. (2) 성형공정 시 요구되는 성형력과 동력이 작다. (3) 냉간가공 시 파괴가 일어나는 금속도 성형할 수 있다. (4) 냉간가공에서 흔히 나타나는 결정의 방향성이 사라져 강도 성질이 등방성(isotropic)이 된다. (5) 가공경화(변형경화)로 인한 강화현상이 일어나지 않는다. 냉간가공에서는 가공경화가 이점으로 간주된다는 점에서 마지막 항목은 모순이 있어 보인다. 그러나, 가공경화로 인해 연성이 작아지기 때문에 어떤 때에는 가공경화가 바람직하지 않은 경우가 있다. 예를 들어, 만일 공작물이 냉간 성형에 의해 순차 가공되는 경우를 들 수 있다. 열간 가공의 단점으로는 (1) 낮은 치수 정확도, (2) 높은 전체 소요 에너지(공작물을 가열하는 데 필요한 열에너지로 인해), (3) 공작물 표면 산화물의 발생, (4) 낮은 표면 마무리, 그리고 (5) 짧은 공구 수명 등이 있다.

열간가공에서 금속의 재결정은 원자의 확산과 관계가 있는데, 이것은 시간에 의존하는 과정이다. 금속성형 공정은 변형 사이클 동안 결정립 구조가 완전히 재결정되기 위한 충분한 시간이 허용되지 않을 정도로 흔히 높은 속도로 진행된다. 그러나, 높은 온도 때문에 궁극적으론 재결정이 일어난다. 재결정은 성형 공정 중간 혹은 성형이 끝나고 공작물이 식으면서 일어날 수도 있다. 비록 성형 후에 재결정이 일어난다고 해도 재결정과 금속의 상당한 연화는 열간가공의 특징으로서 온간가공 및 냉간가공과 구별되는 점이다.

등온성형

고합금강, 티타늄합금, 고온 니켈합금과 같은 금속은 고온 경도가 좋기 때문에 고온용 소재로 유용하다. 그러나, 이와 같은 좋은 특성으로 인해 매력적이긴 하나 기존의 방법으로는 성형이 어렵다는 단점이 발생한다. 즉, 위와 같은 금속을 열간가공 온도까지 가열한 후 상대적으로 낮은 온도의 성형 공구와 접촉시킬 경우, 공작물의 표면으로부터 빨리 열이 이동하면서 접촉부의 강도가 높아지는 문제점이 발생한다. 이에 따라 공작물 부분 부분마다 온도와 강도가 달라지며, 성형 공정 동안 불규칙한 소성흐름 패턴이 발생하고 이것은 높은 잔류응력과 표면균열을 가져올 수 있다.

등온성형(isothermal forming)은 작업물의 표면냉각과 이로 인한 온도구배를 제거한 방식으로 수행되는 성형 공정을 말한다. 이를 위해 공작물과 접촉하는 공구를 공작물의 온도에 이를 때까지 미리 가열한다. 이로 인해 공구가 약해지고 공구의 수명이 짧아지나, 성형이 어려운 금속을 기존의 방법으로 성형할 때 발행할 수 있는 위에 언급된 문제를 피할 수 있게 해준다. 어떤 경우에는 등온성형만이 유일한 해결책인 재료도 있다. 이 성형법은 단조 공정과 매우 깊은 관련이 있다. 등온단조에 대해서는 다음 장에서 언급할 것이다.

| 16.4 변형률속도 민감도

이론적으로 열간가공 중인 금속은 변형경화지수가 $n = 0$인 완전 소성체처럼 거동한다. 이것은 일단 응력이 일정한 값에 도달하기만 하면, 그와 동일한 수준의 유동응력에서 금속이 계속 유동한다는 것을 의미한다. 그러나 변형 동안 특히, 열간가공의 상승된 온도에서 금속의 거동을 특정 짓는 또 다른 현상이 있다. 그것은 변형률 민감도이다. 변형률속도의 정의에 대해서 먼저 알아보자.

성형 공정에서 금속이 변형되는 속도는 변형률속도 v와 직접 연관되어 있다. 변형속도는 대부분의 공정에서 램(ram) 속도 또는 장비에서 운동을 하는 요소의 속도와 같다. 이는 인장시험기에서 베이스에 대한 장비 헤드의 상대속도를 떠올리면 쉽게 이해가 될 것이다. 변형률속도가 주어진다면, **변형률속도(strain rate)**는 다음과 같이 정의된다.

$$\dot{\epsilon} = \frac{v}{h} \tag{16.3}$$

여기서 진변형률속도(m/s/m, 또는 단순히 s^{-1}), $h =$ 변형 중인 공작물의 순간높이(m)이다. 만일 변형률속도 v가 공정 동안 일정하다면, 변형률속도는 h가 변함에 따라 함께 변할 것이다. 대부분의 실제 공정에 있어서 변형률속도의 평가는 공작물의 기하학적 형상과 위치에 따른 변형률속도의 변화로 인해 매우 복잡하다. 고속 압연 및 단조와 같은 일부 성형 가공의 경우 변형률속도는 $1000 s^{-1}$ 혹은 그 이상에 달한다.

앞에서 이미 금속의 유동응력이 온도의 함수라는 것을 언급하였다. 열간가공 온도에서 유동응력은 변형률속도에 의존한다. 변형률속도가 강도에 미치는 영향을 **변형률속도 민감도(strain rate sensitivity)**라고 한다. 이 효과는 그림 16.5에 나타나 있다. 변형률속도가 증가함에 따라 변형에 대한 저항도 함께 증가한다. 이것은 로그-로그 그래프에서 대략 직선으로 그려지기 때문에 다음과 같은 관계가 가능하다.

$$Y_f = C\dot{\epsilon}^m \tag{16.4}$$

여기서 C는 강도상수(유동곡선 식의 강도상수와 비슷하지만 같지 않다)이고 m은 변형률속도 민감도 지수이다. C값은 변형률속도가 1.0일 때의 값이고, m은 그림 16.5(b)에서 직선 기울기이다.

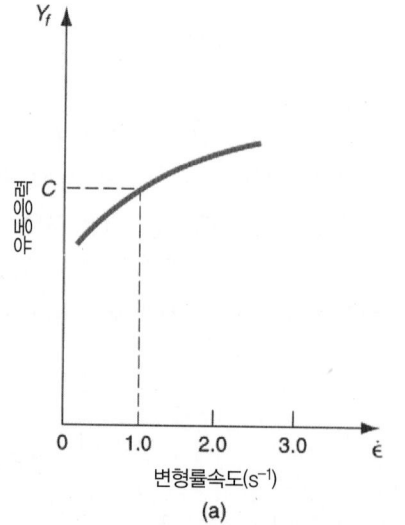
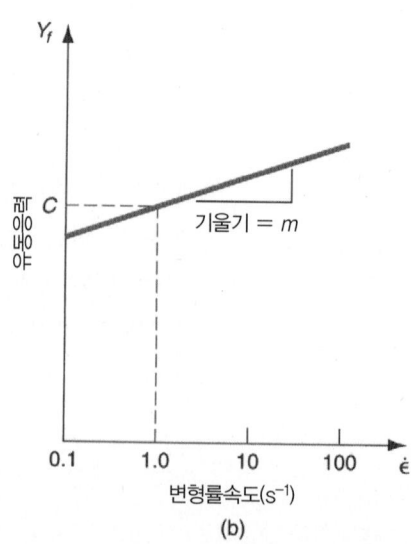

그림 16.5 (a) 고온에서 유동응력에 대한 변형률의 영향. (b) 동일한 관계를 log-log 좌표 계에 나타냄.

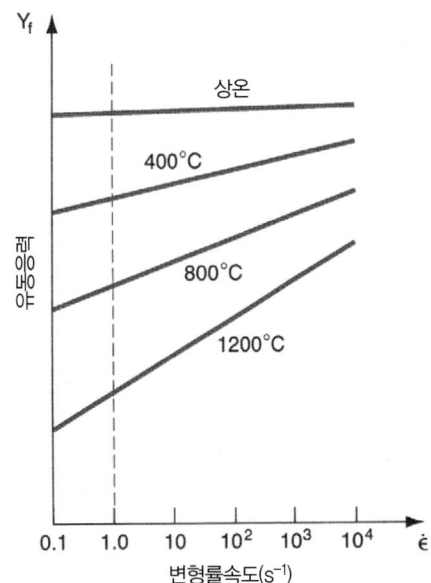

그림 16.6 일반 금속재료의 유동 응력에 대한 온도 영향. 온도가 올라감에 따라 변형률 1.0에서 수직 점선으로 표시된 선과의 교차점인 C 값은 감소하고 각 직선의 기울기인 m은 증가한다.

식 (16.4)의 인자들에 대한 온도의 영향은 매우 분명하다. 즉, 온도가 증가하면 C값이 감소하고 (유동곡선식에서 K의 변화와 동일함) m값은 증가한다. 그림 16.6에 일반적인 결과가 나타나있다. 상온에서는 변형률속도의 영향이 거의 없으며 이는 유동곡선이 재료 거동을 잘 묘사할 수 있음을 나타낸다. 온도가 상승함에 따라, 변형률속도는 유동응력을 결정하는 데 있어 중요한 역할을 하게 된다. 이는 그림에서 변형률속도와 기울기와의 관계를 확인함으로써 알 수 있다. 이러한 성질은 열간 가공에서 중요하다. 왜냐하면, 금속의 변형에 대한 저항이 변형률속도가 증가할수록 급속히 커지기 때문이다. 표 16.1에 금속가공이 이루어지는 세 가지 주요 온도 영역에서의 일반적인 m값을 나타내었다.

냉간가공에서도 변형률속도가 비록 작기는 하지만 유동응력에 영향을 끼침을 알 수 있다. 열간가공에서는 그 영향이 상당해질 수 있다. 변형률 및 변형률속도의 함수로 표현된 보다 완성된 형태의 유동응력식은 다음과 같다.

$$Y_f = A\epsilon^n \dot{\epsilon}^m \qquad (16.5)$$

여기서 $A = K$와 C값의 영향을 결합한 강도계수이다. 물론 A, n, 그리고 m 모두 온도의 함수이다. 여러 가지 재료, 여러 온도 범위에 걸쳐 이런 인자들의 값을 측정하여 정리하는 일은 너무 방대해서 거의 불가능하다.

17장에서 다루게 될 여러 열간용적변형 공정에서는 성형력과 동력을 계산하는 데 있어 변형률속도에 의한 효과를 무시할 것이다. 냉간가공과 온간가공뿐만 아니라 상대적으로 저속 변형하는 열간가공 공정에 대해서도 이런 가정은 타당한 것으로 간주된다.

표 16.1 냉간, 온간, 열간가공에서의 대표 온도, 변형률 민감도, 마찰계수.

범주	온도범위	변형률속도 민감도 지수	마찰계수
냉간	$\leq 0.3T_m$	$0.000 \leq m \leq 0.05$	0.1
온간	$0.3T_m - 0.5T_m$	$0.05 \leq m \leq 0.1$	0.2
열간	$0.5T_m - 0.75T_m$	$0.05 \leq m \leq 0.4$	$0.4 - 0.5$

| 16.5 금속성형에서의 마찰과 윤활

금속성형에서의 마찰은 공구와 공작물간의 접촉에 의해 발생하며 그리고 성형공정 중에 고압에 의해 두 표면이 서로 맞닿게 된다. 대부분의 금속성형 공정에서 마찰은 다음과 같은 이유로 바람직하지 않다. (1) 공작물의 금속 유동이 방해 받고 그 결과 잔류응력이나 제품 결함의 원인이 된다. (2) 공정 수행을 위한 성형력과 동력이 증가한다. (3) 공구 마모로 인해 치수 정밀도가 저하되어 불량품이 생기고 공구 교체를 필요로 한다. 금속성형에 사용되는 공구는 일반적으로 고가이기 때문에, 공구의 마모는 주요 관심 사항이다. 마찰과 공구의 마모는 흔히 가혹한 작업 환경으로 인해 열간가공 시 더욱 심각하다.

금속성형에서의 마찰은 기어, 축, 베어링, 그리고 두 표면 간의 상대운동을 수반하는 다른 기계요소 등의 기계시스템에서 마주치는 것과는 다르다. 기계 시스템에서의 마찰특징으로는 낮은 접촉압력, 적당한 온도, 그리고 금속 간 접촉을 최소화시키기 위한 충분한 윤활 등이 있다. 반면, 금속성형이 이루어지는 환경에서는 단단한 공구와 상대적으로 부드러운 공작물 간의 높은 접촉압력, 부드러운 소재의 소성 변형, 그리고 높은 온도(적어도 열간가공에서)가 특징이다. 이런 조건 하에서는 윤활이 이루어진다 하여도 금속가공 중의 마찰계수는 상대적으로 높다. 세 가지 금속성형 온도 범위에 대한 일반적인 마찰계수 값을 표 16.1에 나타내었다.

마찰계수가 충분히 높아지면 **고착**(sticking) 현상이 발생한다. 금속성형에서 고착 또는 **고착마찰**은 상대 운동하는 두 개의 표면이 미끄러지지 않고 서로 들러붙는 현상을 의미한다. 이것은 두 표면 간 마찰응력이 두 표면 사이의 전단유동응력을 초과한다는 것을 의미한다. 그리하여, 표면에서 미끄러지기보다는 표면 바로 아래에서 전단 현상이 발생하면서 변형하는 것이다. 고착은 금속성형 공정에서 발생하고, 특히 압연 공정에서 현저하게 발생하는 문제이다. 다음 장에서 이 문제에 대해 논의한다.

마찰로 인한 해로운 영향을 줄이기 위해 많은 성형 공정에서 금속 가공용 윤활제를 공구-공작물 계면에 적용한다. 이로써 얻을 수 있는 이점으로는 고착, 성형력, 동력 및 공구의 마모 감소가 있다. 그리고 제품 표면 품질 향상이 있다. 윤활유는 공구로부터 발생하는 열을 제거하는 역할 또한 하고 있다. 적절한 금속가공용 윤활제를 선정할 때 고려해야 할 점은 (1) 성형 공정의 유형(압연, 단조, 금속박판 드로잉, 기타), (2) 냉간 혹은 열간 가공 여부, (3) 공작물 소재, (4) 공구와 공작물과의 화학적 반응(마찰을 줄이는 데 있어 가장 효율적이기 위해 윤활제가 표면에 잘 달라붙는 것이 바람직하다), (5) 적용의 용이성, (6) 유독성 여부. (7) 가연성, 그리고 (8) 비용 등이 있다.

냉간가공용 윤활제로는 광물성 오일(mineral oils), 지방(fats) 혹은 지방유(fatty oils), 수성유제(water-based emulsion), 비누(soap), 기타 코팅재 등이 있다 [4], [7]. 열간가공은 때때로 일부 가공 및 사용 소재에 따라서 윤활제 없이 이루어진다(예로 강의 열간 압연과 알루미늄의 압출). 열간가공에서 사용되는 윤활제로는 광물성 오일, 흑연, 유리 등이 있다. 용융 상태의 유리는 강 합금을 열간 압출하는 데에 효율적인 윤활제로 사용된다. 물이나 광물성 오일이 혼합된 흑연 윤활제는 열간 단조용으로 자주 쓰인다. 금속성형에 사용되는 윤활제에 대한 보다 자세한 내용은 참고문헌 [7]과 [9]에서 찾아볼 수 있다.

참고문헌

[1] Altan, T., Oh, S.-I., and Gegel, H. L. *Metal Forming: Fundamentals and Applications.* ASM International, Materials Park, Ohio, 1983.

[2] Cook, N. H. *Manufacturing Analysis.* Addison-Wesley Publishing Company, Inc., Reading, Massachusetts, 1966.

[3] Hosford, W. F., and Caddell, R. M. *Metal Forming: Mechanics and Metallurgy,* 3rd ed. Cambridge University Press, Cambridge, UK, 2007.

[4] Lange, K. *Handbook of Metal Forming.* Society of Manufacturing Engineers, Dearborn, Michigan, 2006.

[5] Lenard, J. G. *Metal Forming Science and Practice,* Elsevier Science, Amsterdam, The Netherlands, 2002.

[6] Mielnik, E. M. *Metalworking Science and Engineering.* McGraw-Hill, Inc., New York, 1991.

[7] Nachtman, E. S., and Kalpakjian, S. *Lubricants and Lubrication in Metalworking Operations.* Marcel Dekker, Inc., New York, 1985.

[8] Wagoner, R. H., and Chenot, J.-L. *Fundamentals of Metal Forming.* John Wiley & Sons, Inc., New York, 1997.

[9] Wick, C., et al. (eds.). *Tool and Manufacturing Engineers Handbook,* 4th ed. Vol. II, *Forming.* Society of Manufacturing Engineers, Dearborn, Michigan, 1984.

복습문제

16.1 용적변형공정과 박판금속공정의 차이점은 무엇인가?

16.2 압출은 기본 성형공정이다. 이를 묘사하여라.

16.3 박판가공에서 왜 프레스가공이란 용어가 자주 사용되는가?

16.4 딥드로잉(deep drawing)과 봉재인발(bar drawing)의 차이점은 무엇인가?

16.5 유동곡선을 표현하는 수학식을 나타내어라.

16.6 온도 상승이 유동곡선식의 인자들에 어떤 영향을 미치는가?

16.7 온간가공과 열간가공에 비해 냉간가공의 장점을 설명하여라.

16.8 등온 성형(isothermal forming)이란 무언인가?

16.9 금속성형에서 변형률의 효과를 설명하여라.

16.10 왜 금속성형 공정에서 마찰이 바람직하지 않은가?

16.11 금속성형에서 고착마찰이란 무엇인가?

객관식문제(13개의 답)

16.1 다음 중 용적변형공정은? (세 개의 정답) (a) 굽힘, (b) 딥드로잉, (c) 압출, (d) 단조, (e) 압연, (f) 전단.

16.2 다음 중 박판가공을 위한 전형적인 초기 형상은 무엇인가? (a) 높은 부피당 면적의 비, (b) 낮은 부피당 면적의 비.

16.3 유동곡선은 금속 거동 중 응력-변형률 선도에서 어떤 부분을 나타내는가? (a) 탄성영역, (b) 소성영역.

16.4 평균유동응력은 다음 중 어떤 인자를 곱해서 얻어지나? (a) n, (b) $(1 + n)$, (c) $1/n$, (d) $1/(1 + n)$. $n =$ 변형경화지수.

16.5 금속의 열간가공은 절대온도척도에서 해당 재료의 어느 온도 영역에 해당되나? (a) 상온, (b) $0.2T_m$, (c) $0.4T_m$, $062T_m$.

16.6 다음 중 냉간가공에 비해 열간가공의 특징과 장점은 무엇인가? (네 개의 정답) (a) 낮은 파손가능성, (b) 마찰 감소, (c) 강도 향상, (d) 등방성 기계적 물성, (e) 낮은 소모 에너지, (f) 낮은 변형력, (g) 보다 높은 형상 변화 가능성, (h) 감소된 변형률 민감도.

16.7 증가된 변형률은 금속의 열간공정 동안 유동응력에 대해 다음 중 어떠한 영향을 미치는가? (a) 유동 응력 감소, (b) 영향 없음, (c) 유동 응력 증가.

16.8 냉간가공에서 소재와 공구 사이의 마찰은? (a) 높음, (b) 낮음, (c) 열간에 비교해 차이 없음.

연습문제

유동곡선

16.1 K = 550 MPa, n = 0.22인 금속이 있다. 성형공정 중 최종 진변형률은 0.85이다. 이 변형률에서의 성형공정 동안 유동응력과 평균유동응력을 계산하여라.

16.2 K = 850 MPa, n = 0.30의 유동곡선을 따르는 금속이 있다. 게이지 길이가 100 mm인 인장시편이 길이 157 mm로 인장되었다. 이 공정 동안 늘어간 길이에서의 유동응력과 평균유동응력을 결정하여라.

16.3 어떤 금속의 유동곡선 변수가 K = 240 MPa, n = 0.26이다. 게이지 길이가 5 cm인 인장시편이 길이 8.25 cm로 인장되었다. 변형 공정 동안 늘어간 새로운 길이에서의 유동응력과 평균유동응력을 결정하여라.

16.4 어떤 금속의 유동곡선 변수가 각각 K = 275 MPa, n = 0.19이다. 초기 직경이 6.25 cm이고 길이가 7.5 cm인 환봉 시편이 길이 = 3.75 cm로 압축이 되었다. 이 압축된 길이에서의 유동 응력과 평균유동응력을 구하여라.

16.5 식 (16.2)의 평균유동응력 식을 유도하여라.

16.6 K = 700 MPa, n = 0.27인 금속이 있다. 만일 응력이 K 값과 동일하게 된다면 이때 평균유동응력을 구하여라.

16.7 평균유동응력이 변형 후 최종 유동응력의 3/4이 되기 위한 변형경화지수는 얼마인가?

16.8 K = 240 MPa, n = 0.40인 금속 공작물이 성형공정 동안 인장에 의해 단면적을 줄이고자 한다. 만일 평균유동응력이 140 MPa이라면 변형 후 단면적 감소량을 계산하여라.

16.9 인장시험에서 항복 이후 두 쌍의 응력-변형률 값들이 측정되었다. (1) 진응력=217 MPa, 진변형률=0.35, (2) 진응력 = 259 MPa, 진변형률 = 0.68. 이들 데이터로부터, K와 n을 구하여라.

16.10 다음은 새로운 금소재료에 대한 소성영역에서의 인장시험에 의한 응력과 변형률 데이터이다. 진응력 = 300 MPa, 진변형률 = 0.27 cm/cm, (2) 진응력 = 360 MPa, 진변형률 = 0.85 cm/cm. 이 데이터로부터 K와 n을 구하여라.

변형률

16.11 인장시편의 게이지 길이가 150 mm이다. 인장시험을 통해 시편을 고정하고 있는 그립을 상대속도 =0.1 m/s로 이동하였다. 시편이 길이 200 mm로 당겨질 동안의 변형률 선도를 길이의 함수로 나타내어라.

16.12 초기 게이지 길이가 15 cm인 인장시편을 고정하고 있는 그립을 상대속도 =2.5 cm/s로 이동하였다. 시편이 길이 20cm로 당겨질 동안의 변형률 선도를 길이의 함수로 나타내어라.

16.13 초기 높이가 h = 100 mm인 공작물이 최종 높이 h = 50 mm로 압축되었다, 이 변형 동안, 시편 압축을 위한 압축 판의 상대속도는 200 mm/s이다. 다음 각 조건에서의 변형률을 구하여라. (a) h = 100 mm, (b) h = 75 mm, (c) h = 51 mm.

16.14 다양한 속도에서 열간가공이 이루어지고 있으며 K = 240 MPa, n = 0.40이다. 만일 변형률이 (a) 0.01/sec, (b) 1.0/sec, (c) 100/sec일 때, 유동응력을 계산하여라.

16.15 어떤 금속에 대하여 식 16.4의 강도상수 C와 변형률 민감도 지수 m을 결정하기 위한 인장시험이 이루어진다. 시험온도는 500°C이다. 변형률이 12/s일 때 응력은 160 MPa이고 변형률이 250/s일 때 응력은 300 MPa이다. (a) C와 m을 결정하여라. (b) 만일 온도가 600°C이었다면, C와 m 값은 어떻게 변할 것인가?

16.16 강도상수 C와 변형률 민감도 지수 m을 결정하기 위한 인장시험이 시험온도 540°C에서 이루어진다. 변형률이 10/s일 때 응력은 160 MPa이고 변형률이 300/s일 때 응력은 310 MPa로 측정되었다. (a) C와 m을 결정하여라. (b) 만일 온도가 480°C이었다면, C와 m 값은 어떻게 변할 것인가?

Chapter 17

금속의 용적변형공정

17.1 압연
17.1.1 평압연의 공학적 해석
17.1.2 형조압연
17.1.3 압연기

17.2 기타 압연 관련 변형공정

17.3 단조
17.3.1 자유단조
17.3.2 형단조
17.3.3 무플래시 단조
17.3.4 단조용 해머, 프레스, 금형

17.4 단조 관련 변형공정

17.5 압출
17.5.1 압출 형식
17.5.2 압출의 공학적 해석
17.5.3 압출 금형 및 프레스
17.5.4 기타 압출 공정
17.5.5 압출 제품의 결함

17.6 인발
17.6.1 인발의 공학적 해석
17.6.2 인발작업
17.6.3 튜브 인발

이 장에서 논의되는 변형공정들은 박판(sheet)이 아닌 용적(bulk) 공작물에 상당한 양의 형상변화를 유발시키는 공정들이다. 초기 소재는 원통형 봉재(bar)와 빌릿(billet), 사각형 빌릿과 슬래브(slab), 기타 이들과 유사한 기본 형상을 취하고 있다. 용적변형공정들은 원 재료의 형상을 바꾸고, 기하학적 특성을 더하고, 때로는 기계적 성질을 향상시키고, 그리고 항상 부가가치를 높이는 데 사용된다. 용적변형공정은 공작물에 충분한 응력을 가하여 원하는 형상 속으로 재료가 소성적으로 흘러 들어가게 하는 형식으로 수행된다.

용적변형공정은 냉간, 온간, 그리고 열간에서 수행된다. 냉간과 온간 공정은 형상 변화가 작을 때, 기계적 물성을 향상시킬 필요가 있을 때, 그리고 제품의 우수한 다듬질 정도를 얻고자 할 때 적합하다. 열간 공정은 일반적으로 큰 공작물에 대규모 변형이 요구될 때 사용된다.

용적변형공정의 상업적 · 기술적 중요성은 다음과 같은 이유에 근거한다.

■ 열간에서 작업할 경우, 공작물에 상당한 형상 변화를 얻을 수 있다.
■ 냉간에서 작업할 경우, 공작물의 형상 변형뿐만 아니라 변형경화를 통해 강도를 증가시킬 수 있다.
■ 공정의 부산물로서 남는 재료가 거의 혹은 전혀 발생하지 않는다. 일부 용적변형 작업은 **순형상**(net shape) 혹은 **근사 순형상**(near net shape) 공정이다. 최종 제품 형상을 얻기 위해 부가적인 절삭가공 공정이 거의 혹은 전혀 필요로 하지 않는다.

이 장에서 다뤄지는 용적변형공정은 (1) 압연, (2) 단조, (3) 압출, (4) 선재 및 봉재 인발이다. 또한 네 가지 기본 공정과 관련되어 지금까지 개발되어온 기타 공정들에 대해서도 설명하고 있다.

17.1 압연

압연(rolling)은 마주보는 두 개의 회전 롤의 압축력에 의해 소재의 두께를 감소시키는 변형공정이다. 롤은 그림 17.1에 묘사된 것처럼 회전하면서 롤 사이의 공작물을 잡아당기고 동시에 압착한다. 그림에 나타낸 공정은 평압연(flat rolling)이라는 기본 공정으로서, 사각형 단면의 두께를 줄이는 데 사용된다. 이와 매우 가까운 공정으로는 형조압연(shape rolling)이 있다. 이것은 정사각형 단면을 I-형강과 같은 형상으로 성형한다.

대부분의 압연 공정은 압연기(rolling mill)라고 불리는 대형 장비가 요구되어 매우 자본집중적이다. 높은 투자비용 때문에 압연기는 박판과 판재 같은 대량의 표준 제품 양산에 주로 사용된다. 대부분의 압연은 요구되는 변형량이 많기 때문에 대부분 열간 공정, 즉 **열간압연**(hot rolling)으로 수행된다. 열간압연으로 생산된 제품은 일반적으로 잔류응력이 없고 등방성을 지닌다. 열간압연의 단점으로는 작은 공차범위를 만들기 어렵고 표면에 산화물이 생성된다는 점이다.

제강업은 압연기를 사용하는 가장 일반적인 적용 분야이다(역사적 고찰 17.1). 다양한 제품에 대해 이해하기 위해 강재 압연기에서의 생산 절차를 살펴보자. 다른 기본 금속산업에서의 생산 절차도 이와 유사하다. 바로 고형화를 마친 주조 강재 잉곳(ingot)으로부터 작업이 시작된다. 고온의 잉곳을 그대로 가열로에 넣어 전체에 걸쳐 균일한 온도가 될 때까지 수시간 이상 가열한다. 이렇게 함으로써 압연 중에 금속 공작물이 균일하게 변형될 수 있도록 한다. 강재의 경우 압연 온도는 약 1200℃ (1473 K)이다. 이러한 가열 작업을 **소킹**(soaking)이라고 한다. 그리고 이때 사용되는 가열로를 **소킹 피트**(soaking pit)라 한다.

소킹 후 잉곳은 압연기로 옮겨져 세 가지 형태의 중간재인 블룸, 슬래브, 빌릿 중 하나로 압연된다. **블룸**(bloom)은 150 mm × 150 mm 혹은 그보다 큰 정사각형 단면을 가진 중간재이다. **슬래브** (slab)는 잉곳 혹은 블룸으로부터 압연되어 생산되는 것으로 폭이 250 mm 혹은 그 이상, 두께는 40 mm 혹은 그 이상의 직사각형 단면을 가진다. **빌릿**은 블룸으로부터 만들어지는데, 한 변의 길이가 40 mm 혹은 그 이상인 정사각형 단면을 가지고 있다. 이런 중간 단계의 형상들은 최종 제품 형상으로 순차적으로 압연된다.

블룸은 구조용 형강과 기차 레일로 압연된다. 빌릿은 봉재(bar)과 소형봉재(rod)로 압연된다. 이

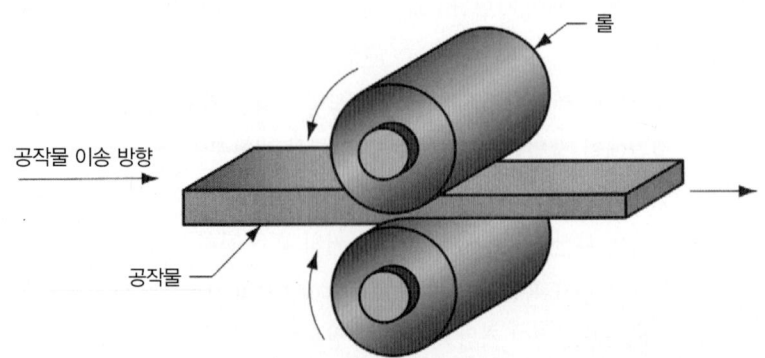

그림 17.1 압연공정
(특히, 평압연).

역사적 고찰 17.1 압연

수작업에 의한 금과 은의 압연은 14세기까지 거슬러 올라간 다. 레오나르도 다빈치는 1480년에 최초의 압연기 중 하나를 설계하였으나, 그의 설계가 실제 구현되었는지는 불확실하다. 1600년경까지는 납과 주석의 냉간 압연이 수동 압연기로 이루어 졌다. 1700년경까지 철의 열간 압연은 벨기에, 영국, 프랑스, 독일, 스웨덴에서 이루어지고 있었다. 이 압연기를 이용하여 철재 봉을 박판으로 만들었다. 이에 앞서 제강업에 사용된 유일한 롤은 슬리 팅(slitting) 압연기였다. 이것은 콜라(collar)를 가진 두 개의 마주 보는 롤(절단 디스크)로 구성되었는데, 철과 강을 잘라 폭 좁은 스트립(strip)을 만들어 못이나 유사 제품을 만드는 데 쓰였다. 슬리 팅 압연기는 두께를 줄이는 목적으로 사용되지는 않았다.

근대적인 압연 공정은 1783년 영국에서 홈이 있는 롤을 사용하여 철제 봉을 생산할 수 있는 특허가 승인되면서 시작되었다. 산업 혁명으로 엄청난 양의 철과 강이 필요해졌고, 이에 자극 받아 압연 기술이 개발되기 시작했다. 1820년 영국에서 철도용 레일을 생산하는 첫 번째 압연기가 가동되었다. 1849년에는 첫 번째 I-형강이 프랑스에서 압연으로 제조되었다. 또한, 이 기간 동안 평 압연기의 크기와 용량이 극적으로 증가했다.

압연은 매우 큰 동력원을 필요로 하는 공정이다. 18세기까지는 압연기를 돌리기 위해 수차를 사용하였다. 증기엔진의 발명으로 압연기의 용량이 증가하였고, 1900년 이후에는 전기 모터가 증기 엔진을 대체하였다.

것들은 절삭가공, 선재 인발, 단조, 기타 금속가공을 위한 원자재로 사용된다. 슬래브는 압연되어 판재, 박판, 스트립이 된다. 열간압연 판재는 선박, 교량, 보일러, 다양한 중장비용 용접 구조물, 튜브 및 파이프, 기타 여러 가지 제품에 사용된다. 그림 17.2에서 몇 가지 압연된 강 제품을 볼 수 있다. 더욱 얇아진 열간압연 판재와 박판은 여러 가지 금속박판 작업(18장)에 사용하기 위하여 냉간 압연이 수행되기도 한다. 냉간 압연은 금속의 강도를 높이고 두께 공차도 더욱 좋아지게 한다. 또한, 냉간 압연 박판의 표면은 산화물이 없고 일반적으로 상응하는 열간 압연 제품보다 우수하다. 이런 특성으로 인해 냉간 압연 박판, 스트립, 코일은 스탬핑(stamping), 외장 패널, 그리고 자동차에서부터 전기제품, 사무용 가구에 이르기까지 광범위한 제품의 부품에 매우 적합하다.

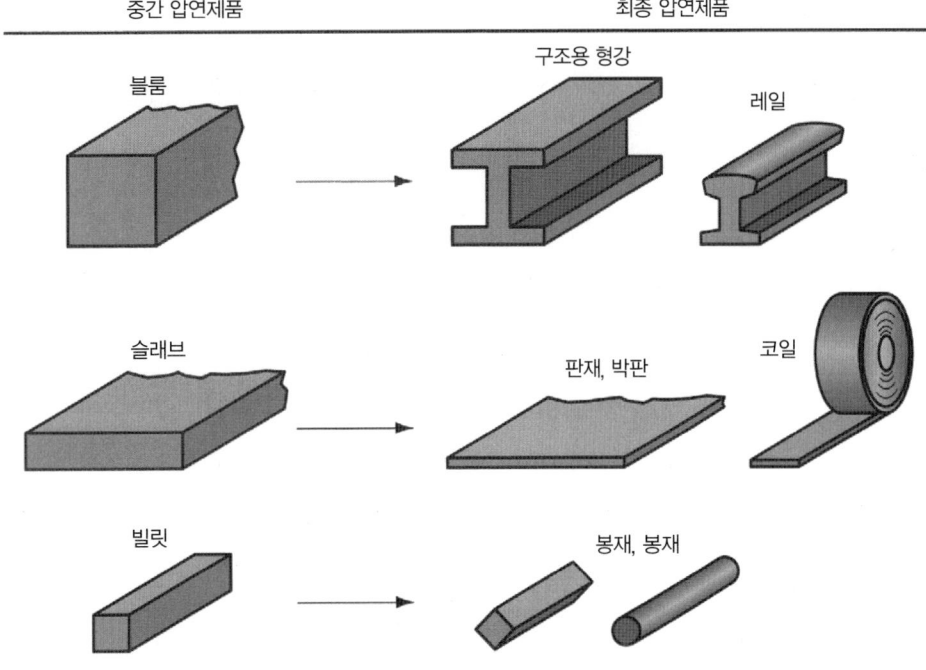

그림 17.2 압연기로 생산되는 여러 가지 강 제품.

17.1.1 평압연의 공학적 해석

평압연은 그림 17.1과 17.3에 도해되어 있다. 평압연은 슬래브, 스트립, 박판, 판재 등 두께보다 폭이 큰 단면을 가진 소재의 압연을 포함한다. 평압연에서는 두 개의 롤 사이에서 공작물을 압착하여 두께를 **구배**(draft)만큼 줄인다.

$$d = t_o - t_f \tag{17.1}$$

여기서 d = 구배(mm), t_o = 초기 두께(mm), t_f = 최종 두께(mm)이다. 구배는 때로 초기 공작물 두께에 대한 비율로 표현되기도 하는데, 이를 **압하율**(reduction)이라고 한다.

$$r = \frac{d}{t_o} \tag{17.2}$$

여기서 r = 압하율이다. 압연 공정이 연속해서 이어질 경우의 압하율은 구배 총합을 초기 두께로 나눈 값을 택한다.

압연은 일반적으로 두께 감소뿐만 아니라, 공작물의 폭을 증가시킨다. 이를 **스프레딩**(spreading)이라고 하며, 이는 두께당 폭의 비가 작거나 마찰계수가 작으면 매우 두드러지는 경향이 있다. 질량은 보존되므로 롤을 빠져나가는 금속의 부피는 들어가는 부피와 같다.

$$t_o w_o L_o = t_f w_f L_f \tag{17.3}$$

여기서 w_o와 w_f는 전후의 공작물 폭(mm)이고, L_o와 L_f는 전후의 공작물 길이(mm)이다. 마찬가지로, 전후의 부피유동속도도 같아야 하기 때문에 전후의 속도는 다음과 같은 관계가 있다.

$$t_o w_o v_o = t_f w_f v_f \tag{17.4}$$

여기서 v_o와 v_f는 작업물의 각각 입구속도와 출구속도이다.

롤은 각도 θ로 정의되는 접촉 호를 따라서 공작물과 접촉한다. 각 롤의 반경은 R, 롤 회전속도를 표면 선속도로 나타낸 것은 v_r이다. 이 속도는 공작물의 입구속도 v_o보다 크고 출구속도 v_f보다는 작다. 금속의 흐름이 연속적이므로, 공작물의 속도는 롤 사이에서 점진적으로 변한다. 하지만, 공작물 속도가 롤 속도와 일치하는 한 점이 접촉 호 내에 있다. 이 점을 **무슬립점**(no-slip point)이라고 부르며, **중립점**(neutral point)으로도 알려져 있다. 이 점을 중심으로 어느 쪽에서도 롤과 공작물 사이에 미끄러짐과 마찰이 존재한다. 롤과 공작물 사이의 미끄러지는 양은 다음과 같이 정의되는 전방향 슬립(forward slip)으로 측정될 수 있다.

$$s = \frac{v_f - v_r}{v_r} \tag{17.5}$$

여기서 s = 전방향 슬립, v_f = 최종(출구) 속도(m/s), v_r = 롤 속도(m/s)이다. 압연 공정 중 공작물의 진변형률은 전후의 두께 변화를 기준으로 계산된다. 식으로 표현하면 다음 식과 같다.

$$\epsilon = \ln \frac{t_o}{t_f} \tag{17.6}$$

진변형률은 평압연에서 공작물에 가해진 평균 유동응력 $\bar{Y}_f$를 결정하는 데 사용된다. 앞 장의 식

(16.2)로부터 다음 식이 된다.

$$\overline{Y}_f = \frac{K\epsilon^n}{1+n} \tag{17.7}$$

평균 유동응력은 압연에 소요되는 압하력(rolling force)과 동력 예상 값을 계산하는 데 사용된다.

 압연에서 마찰은 일정한 마찰계수를 가지고 발생하며, 롤의 압축력에 이 마찰계수를 곱하면 롤과 공작물 사이에 발생하는 마찰력이 된다. 무슬립점 입구 쪽을 기준으로 볼 때, 입구 쪽의 마찰력 방향과 출구 쪽 마찰력 방향은 서로 반대이다. 그러나, 두 힘의 크기는 같지 않다. 입구 쪽의 마찰력이 더 크므로 순수 힘은 공작물을 롤 사이로 끌어당기는 것이다. 만약 그렇지 않다면 압연 공정 자체가 불가능할 것이다. 마찰계수가 주어진 평압연에서 최대한으로 가능한 구배는 아래와 같이 한계가 있다.

$$d_{\max} = m^2 R \tag{17.8}$$

여기서 $d_{\max}$ = 최대 구배(mm), μ = 마찰계수, R = 롤 반경(mm)이다. 이 식이 의미하는 바는 만약 마찰이 0이라면 구배가 0이고 따라서 압연이 불가능하다는 것이다.

 압연에서 마찰계수는 윤활, 공작물 재료, 가공온도에 의존한다. 냉간 압연의 경우 그 값은 대략 0.1, 온간 가공에서는 대략 0.2, 열간 가공에서는 대략 0.4 정도이다 [16]. 열간 압연 중에 **고착**(sticking)이 발생하기도 하는데, 이것은 고온의 공작물이 접촉 호를 따라 롤에 달라붙는 현상을 말한다. 이런 현상은 강재나 고온의 합금을 압연할 때 가끔 발생한다. 고착이 발생하면 마찰계수는 0.7 정도까지 높아진다. 고착이 되면 공작물의 표면은 롤 속도 v_r과 같은 속도로 움직이고, 롤 틈새를 통해 강재가 통과하도록 하기 위하여 강재표면 바로 아래 부분에 심한 변형이 발생한다.

 압연하기에 충분한 마찰계수가 주어졌을 때, 두 롤 사이가 분리되어 유지되도록 하기 위해 필요한 압하력 F는 단위 롤 압력(그림 17.3에서 p)을 롤-공작물 접촉 면적에 걸쳐 적분하여 구할 수 있다. 이 것을 식으로 표현하면 다음과 같다.

$$F = w \int_0^L p\, dL \tag{17.9}$$

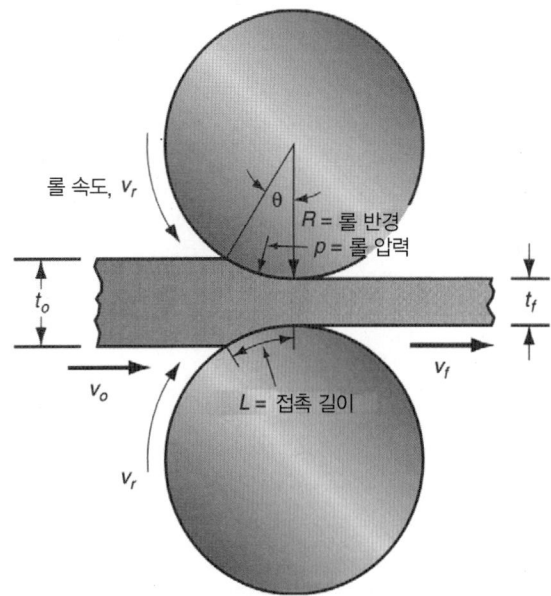

그림 17.3 평압연 측면도. 압연 전후의 두께, 공작물 속도, 롤 접촉각, 기타 특징을 보여준다.

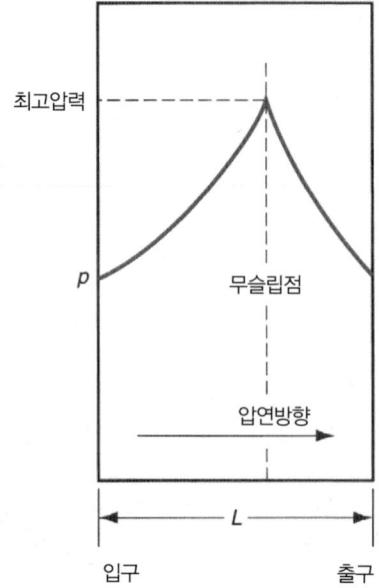

그림 17.4 평압연에서 접촉길이에 따른 압력의 전형적인 변화. 최고 압력은 중립점에서 발생한다. 곡선 아래 면적은 식 (17.9) 적분항에 해당하며 이는 압하력 *F*이다.

여기서 F = 롤 압하력(N), w = 압연되는 공작물의 폭(mm), p = 롤 압력(MPa), L = 롤과 공작물 사이의 접촉길이(mm)이다. 적분은 두 개의 구간, 즉 중립점을 중심으로 양쪽에 대해 수행된다. 접촉 길이 방향에 따른 롤 압력의 변화가 중요한데, 그림 17.4의 곡선으로부터 이런 변화를 알 수 있다. 중립점에서 압력이 최대값이고, 입구 쪽이나 출구 쪽으로 갈수록 차츰 줄어든다. 마찰이 증가함에 따라 최고 압력은 입구와 출구 값에 비해 상대적으로 증가한다. 마찰이 감소함에 따라 중립점은 입구 쪽으로부터 멀어지고, 그리고 압연 방향으로 순수 당기는 힘을 유지하기 위해 출구 쪽으로 가까워진다. 그렇지 않으면, 작은 마찰 속에서 공작물은 롤을 통과하지 못하고 미끄러지기만 할 것이다.

식 (17.9)로부터 얻은 대략적인 값은 롤 사이에 있는 공작물이 받는 평균 유동응력을 기반으로 계산될 수 있다. 즉, 다음과 같다.

$$F = \overline{Y}_f w L \tag{17.10}$$

여기서 $\overline{Y}_f$ = 식 (17.7)의 평균 유동응력(MPa), w와 L의 곱 wL은 롤-공작물 간 접촉면적 (mm²)이다. 접촉길이는 근사적으로 다음과 같다.

$$L = \sqrt{R(t_o - t_f)} \tag{17.11}$$

압연 시 발생하는 토크는 공작물이 롤 사이를 지나갈 때 롤 압하력이 공작물의 중심에서 생기고 그것은 접촉 길이 L의 절반에 해당하는 모멘트 길이를 가진다고 가정하여 계산될 수 있다. 따라서 각 롤에 발생하는 토크는 다음과 같다.

$$T = 0.5\,FL \tag{17.12}$$

각 롤을 움직이는 데 필요한 동력은 토크와 각속도를 곱함으로써 구할 수 있다. 각속도는 $2\pi N$이며, 여기서 N은 롤의 회전속도이다. 따라서, 각 롤의 동력은 $2\pi NT$이다. 식 (17.12)를 이 식에 대입하고 압연기가 두 개의 동력 롤로 구성되어 있다는 사실을 고려하여 두 배 해주면 다음과 같은 식을 얻을 수 있다.

$$P = 2\pi NFL \qquad (17.13)$$

여기서 P = 동력(J/s) 또는 W, N = 회전속도, 1/s(rev/min), F = 롤 압하력(N), L = 접촉길이(m) 이다.

예제 17.1 평압연

폭 300 mm, 두께 25 mm의 스트립을 반경 250 mm인 두 개의 롤 사이로 이송한다. 롤 속도 50 rev/min에서 한 번의 압연으로 공작물의 두께가 22 mm로 줄어든다. 공작물 재료는 K = 275 MPa, n = 0.15의 유동곡선을 따른다. 롤과 공작물 사이의 마찰계수는 0.12로 가정한다. 마찰로 압연 작업이 충분히 가능하다고 가정한다. 이때 압하력, 토크, 동력(마력)을 계산하여라.

풀이

이 압연공정에서의 구배는 다음과 같다.

$$d = 25 - 22 = 3 \text{ mm}$$

식 (17.8)로부터 주어진 마찰계수에서 가능한 최대 구배는 다음과 같다.

$$d_{max} - (0.12)^2(250) = 3.6 \text{ mm}$$

최대 허용 구배가 시도된 값보다 크므로 압연공정이 가능하다. 압하력을 계산하기 위해 접촉길이 L 과 평균 유동응력 $\overline{Y}_f$가 필요하다. 접촉길이는 식 (17.11)에 의해 주어진다.

$$L = \sqrt{250(25 - 22)} = 27.4 \text{ mm}$$

$\overline{Y}_f$는 진변형률로부터 계산된다.

$$\epsilon = \ln\frac{25}{22} = 0.128$$

$$\overline{Y}_f = \frac{275(0.128)^{0.15}}{1.15} = 175.7 \text{ MPa}$$

롤 압하력은 식 (17.10)으로부터 결정된다.

$$F = 175.7(300)(27.4) = 1,444,786 \text{ N}$$

각 롤을 회전시키는 데 필요한 토크는 식 (17.12)로 계산된다.

$$T = 0.5(1,444,786)(27,4)(10^{-3}) = 19,786 \text{ N-m}$$

그리고 필요한 동력은 식 (17.13)으로부터 얻을 수 있다.

$$P = 2\pi(50)(1,444,786)(27.4)(10^{-3}) = 12,432,086 \text{ N-m/min} = 207,201 \text{ N-m/s(W)}$$

이 예제로부터 압연 공정은 큰 힘과 동력이 요구됨을 알 수 있다. 식 (17.10)과 (17.13)을 살펴보면 폭과 재료가 주어진 스트립을 압연하기 위해 필요한 힘 및/또는 동력은 다음의 조치를 취하면 줄일 수 있음을 알 수 있다. (1) 공작물 재료의 강도와 변형경화(K와 n)를 줄일 수 있도록 냉간 압연 대신 열간 압연함, (2) 각 압연 패스의 구배를 줄임, (3) 압하력을 줄이기 위해 반경 R이 작은 롤을 사용함, (4) 동력을 줄이기 위해 롤의 회전속도 N을 낮춤.

17.1.2 형조압연

형조압연(shape rolling)을 통해서 공작물은 윤곽을 가진 단면으로 변형된다. 형조압연으로 만들어지는 제품으로는 I-빔, L-빔, U-채널 같은 구조용 형강, 철로, 원형 및 정사각형 봉재 또는 소형봉재가 있다(그림 17.2 참조). 이 공정은 가공하고자 하는 형상과 반대의 모양을 가진 롤 사이로 공작물을 통과시킴으로써 수행된다.

평압연에 적용되는 대부분의 원리가 형조압연에도 적용될 수 있다. 롤 형상은 좀 더 복잡하다. 보통 정사각형 단면의 초기 공작물은 여러 개의 롤을 거치면서 점진적으로 변형되어 최종 단면 형상에 이른다. 공작물의 중간 형상과 이를 위한 롤들의 설계를 **롤-패스 설계**(roll-pass design)라고 한다. 이의 목적은 각 단계를 넘어갈 때마다 단면 전체에 걸쳐 균일한 변형이 일어나도록 하는 것이다. 그렇지 않으면 공작물의 특정 부위에 변형이 집중되어 그 부분에서 신장이 많이 되기 때문이다. 불균일한 압연의 결과로 압연 제품이 휘어지고 깨어질 수 있다. 공작물을 균일하게 압연하기 위해 수평롤과 수직롤 모두를 사용한다.

17.1.3 압연기

압연 공정의 기술적 문제와 다양한 적용 분야에 대응하기 위해 여러 가지 형태의 압연기가 가능하다. 기본 압연기는 두 개의 마주보는 롤로 구성된 그림 17.5(a)와 같은 **2단식**(two-high) 압연기이다. 이 압연기의 롤 직경의 범위는 0.6 ~ 1.4 m이다. 2단 압연기는 역회전이 가능한 것과 불가능한 것으로 구분된다. **비역회전 압연기**에서 롤은 항상 같은 방향으로 회전하고 공작물은 항상 같은 방향으로 지나간다. **역회전 압연기**는 롤의 회전 방향을 거꾸로 할 수 있기 때문에 공작물은 어느 쪽으로든 지나갈 수 있다. 이는 단순히 공작물이 통과하는 방향만 여러 번 바꾸어주면 되기 때문에 하나의 롤 세트를 사용하여 여러 번의 압연을 가능하게 한다. 역회전 압연기의 단점으로는 큰 회전 롤 때문에 생기는 상당한 크기의 각운동량과 방향을 바꾸기 위한 기술적 문제를 들 수 있다.

그림 17.5에 그 밖의 압연기 유형이 도해되어 있다. 그림 17.5(b)의 **3단식**(three-high) 압연기에서는 수직 축을 따라 세 개의 롤이 있고, 각 롤의 회전방향은 변하지 않는다. 연속적으로 압연하기 위해 한 패스를 마친 후 공작물의 위치를 높이거나 낮추어서 다른 경로로 통과시킨다. 3단식 압연기는 공작물을 높이거나 낮추는 승강 메커니즘이 필요하기 때문에 그 구조가 좀 더 복잡하다.

앞에서 여러 수식들이 말해 주듯이 롤 직경을 줄임으로써 이점이 생긴다. 롤 반경을 낮춤으로 인해 롤-공작물간 접촉 길이가 짧아지고, 이로 인해 압하력, 토크, 동력이 감소한다. **4단식**(four-high) 압연기에서는 그림 17.5(c)에서 보듯 작은 직경을 가진 두 개의 롤은 공작물과 직접 접촉하고 나머지 두 개는 그 뒤를 받쳐준다. 만약 받쳐주는 큰 롤이 없다면 공작물과 직접 접촉하는 작은 롤은 높은 압

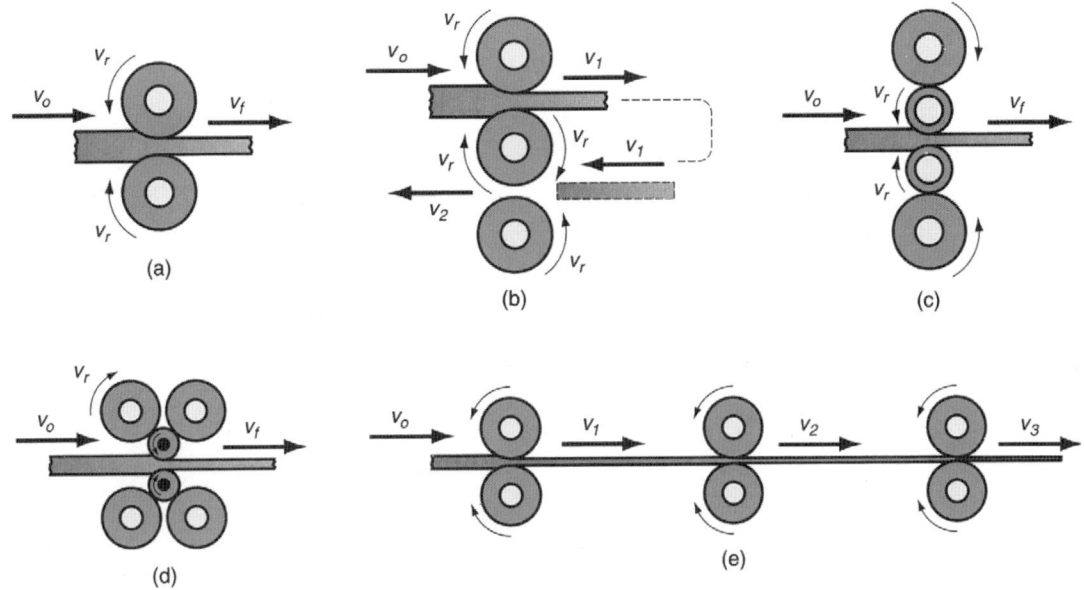

그림 17.5 압연기의 다양한 유형. (a) 2단식, (b) 3단식, (c) 4단식, (d) 클러스터형, (e) 탠덤 압연기.

하력 때문에 탄성 변형되어 휘어질 수 있다. 작은 롤을 사용하는 또 다른 압연기로는 그림 17.5(d)의 **클러스터**(cluster) **압연기**가 있다.

표준 제품을 빠른 속도로 생산하기 위하여 **탠덤**(tandem) **압연기**가 자주 쓰인다. 이것의 구조는 그림 17.6(e)에서처럼 롤 스탠드가 연속적으로 배치되어 있는 형태이다. 그림에서는 단지 세 개의 롤 스탠드만 보였지만, 전형적인 탠덤 압연기는 여덟 개 혹은 열 개의 스탠드를 가지고 있고, 각각은 두께를 줄이거나 혹은 공작물의 모양을 다듬는 용도로 사용된다. 각 압연 단계에서 공작물의 속도가 증가하므로 각 스탠드에서 롤 속도를 이에 맞추어야 하고 또한 압연기 전체적으로 흐름을 동기화시키는 것이 중요한 문제 중 하나이다.

최신의 탠덤 압연기는 연속주조 공정과 직접 연결되기도 한다(7.2.2절). 이러한 구조는 초기 원재료부터 최종 제품에 이르기까지 필요한 모든 공정들을 고도로 통합한 시스템이다. 장점으로는 소킹 피트(soaking pits)의 제거, 바닥면적 축소, 제조리드타임(manufacturing lead time)의 단축 등이 있다. 주조와 압연을 연속적으로 수행할 수 있는 압연기는 이러한 기술적 이점을 곧 경제적 이익으로 변환시켜준다.

17.2 기타 압연 관련 변형공정

롤을 사용하여 공작물을 가공하는 또 다른 용적변형공정으로서 나사 전조, 링 압연, 기어 전조, 롤 피어싱 등이 있다.

나사전조

나사전조(thread rolling)는 한 쌍의 금형 사이에서 원통형 공작물을 압연하여 나사를 만들기 위한 공정이다. 이것은 수나사부품(예로 볼트와 나사)을 대량생산하는 데 쓰이는 상업적으로 대단히 중요한 공정이다. 이와 경쟁하는 공정으로 나사절삭(20.7.1절)이 있다. 나사전조 작업의 대부분은 냉간에

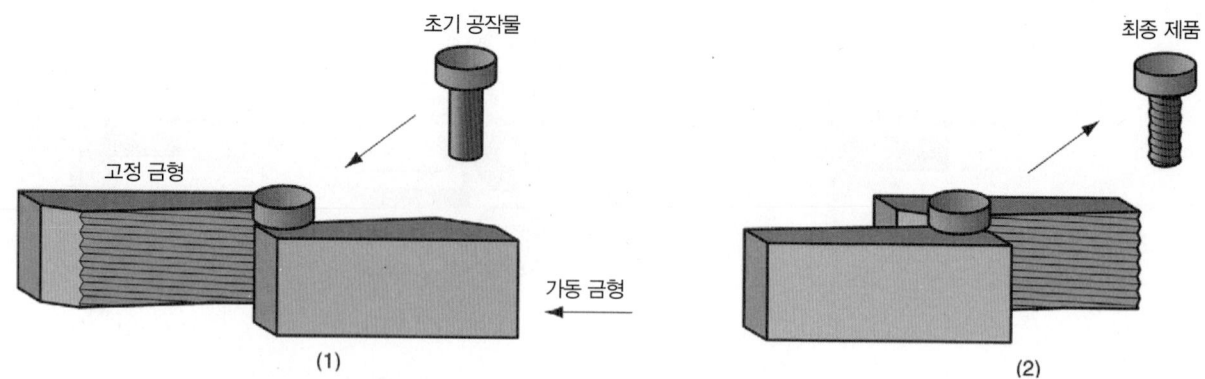

그림 17.6 평금형을 이용한 나사전조. (1) 공정 시작, (2) 공정 완료.

서 수행된다. 나사전조용 기계는 나사의 크기와 형태를 결정하는 특수금형을 장착하고 있다. 금형은 두 가지 형태로서 (1) 그림 17.6에 도해된 대로 서로 왕복 운동하는 평금형, (2) 서로 회전하면서 전조 작업을 수행하는 원형금형이 있다.

나사전조 공정의 생산속도는 작은 볼트나 나사의 경우 초당 8개까지 생산할 수 있을 정도로 높다. 이는 나사절삭가공보다 빠른 생산속도뿐만 아니라: (1) 우수한 재료 활용률, (2) 가공경화로 인한 나사의 강화, (3) 매끄러운 표면, (4) 전조 공정으로 인해 발생된 압축응력으로 인한 우수한 피로 저항성 등 절삭가공에 비해 우수한 점이 있다.

링압연

링압연(ring rolling)은 작은 직경과 두꺼운 벽을 가진 링을 압연하여 큰 직경과 얇은 벽을 가지는 링으로 변형시키는 공정이다. 그림 17.7에 공정 전후의 모습을 보였다. 두꺼운 벽을 가진 링을 압축하면 재료는 늘어나면서 링의 직경이 증가하게 된다. 큰 링의 경우에는 열간 가공을, 작은 링의 경우에는 냉간 가공을 주로 사용한다.

링압연이 적용되는 제품으로는 볼 및 롤러 베어링용 레이스(race), 기차 바퀴용 강철 타이어, 파이프용 링, 압력 용기, 회전 기계류 등이 있다. 링의 벽 단면은 사각형 이외의 좀 더 복잡한 형상도 가능하다. 링압연의 장점으로는 원소재의 절약, 적용 분야에 알맞은 이상적인 결정립 배열, 냉간가공으로 인한 강도 증가 등이 있다.

기어전조

기어전조(gear rolling)는 냉간 가공으로 기어를 생산하는 공정이다. 자동차 산업은 이러한 제품의 최대 수요처이다. 기어전조 장비는 나사전조 장비와 비슷한데, 단지 변형의 방향이 나사전조에서의

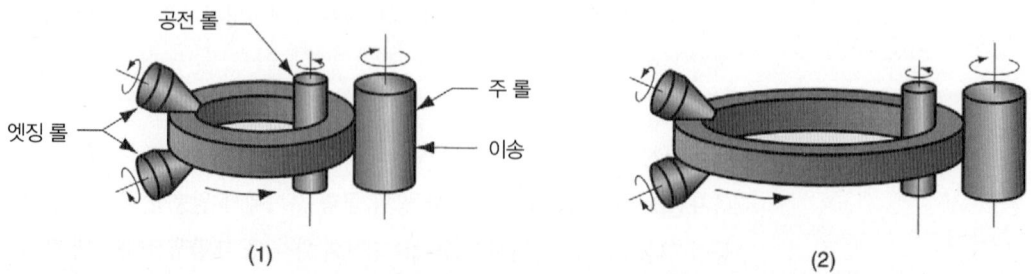

그림 17.7 벽 두께를 감소시키고 링의 직경을 증가시키는 링압연. (1) 공정 시작, (2) 공정 완료.

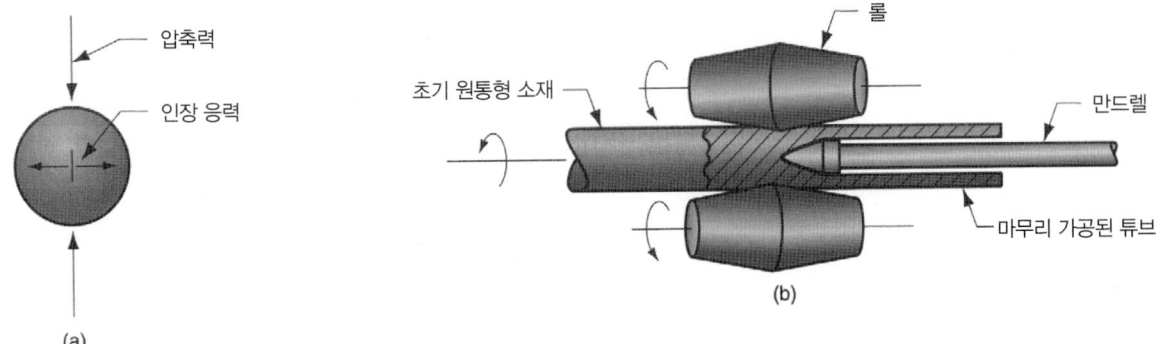

그림 17.8 롤 피어싱. (a) 원통형 부품의 압축에 의한 내부 응력 및 공동 형성, (b) 이음매 없는 튜브를 생산하기 위한 만네스만 압연기 장치.

나선형과 달리 소재가 되는 원통형 블랭크 혹은 디스크의 축과 평행(헬리컬 기어의 경우 각도를 가짐)하다는 점만이 다르다. 이 외에도 여러 기계가공을 이용한 기어 생산 방법이 있다(20.7.2절). 기어의 절삭가공에 비해 기어전조가 가지는 이점은 나사전조의 이점과 비슷하다. 높은 생산속도, 높은 강도와 피로 저항성, 재료 낭비 감소 등이 그것이다.

롤 피어싱

롤 피어싱(roll piercing, 회전 천공법)은 이음매 없는 두꺼운 벽을 가진 튜브를 만드는 특수 열간 가공 공정이다. 이것은 두 개의 마주보는 롤을 사용하여 이루어지기 때문에 압연 공정의 범주에 속하게 된다. 이는 속이 찬 원통형 공작물의 원주를 따라 그림 17.8(a)처럼 압축하면 공작물의 중심에 높은 인장응력이 형성된다는 원리에 기초하고 있다. 압축이 충분히 높으면 내부에 균열이 발생한다. 롤 피어싱의 경우, 그림 17.8(b)에 보여진 장치가 그 원리를 구현한 것이다. 두 개의 롤로 속이 찬 원통형 빌릿에 압축응력을 가한다. 이때 롤의 축은 빌릿의 축으로부터 약간 기울어져 있다(~6°). 이에 따라 롤의 회전에 의해 롤 사이로 빌릿을 잡아 당기게 되는 것이다. 만드렐(mandrel)을 사용하여 구멍의 크기와 끝 지점을 조절한다. **회전 튜브 피어싱**(rotary tube piercing) 또는 **만네스만 공정**(Mannesmann process)이라는 용어가 함께 튜브 제조 공정에 사용되고 있다.

17.3 단조

단조(forging)는 두 개의 금형을 이용하여 공작물에 충격 또는 점진적 압력을 가하여 형상을 만드는 변형공정이다. 이것은 가장 오래된 금속성형 공정으로서, 추정키로 B.C. 5000년 전까지 거슬러 올라간다(역사적 고찰 17.2). 오늘날에도 단조는 중요한 공정으로서 자동차, 항공기 및 기타 산업 분야의 고강도부품 제조에 사용되고 있다. 이러한 제품은 엔진 크랭크축, 커넥팅 로드, 기어, 항공기 구조물, 제트엔진 터빈 부품 등을 포함한다. 또한, 강재 및 기타 금속 산업에서는 단조를 사용하여 큰 부품의 기본 형상을 만든 후 후속 절삭가공으로 최종 형상을 만드는 방법을 쓰고 있다.

　단조 공정은 여러 다른 방법에 의해 수행된다. 그 한 가지 방법은 단조를 작업온도를 기준으로 분류하는 것이다. 대부분의 단조 작업은 열간 또는 온간에서 이루어지는데, 그 이유는 공정에서 변형량이 상당히 많이 요구되고 공작물의 강도를 줄이고 연성을 증가시켜야 하기 때문이다. 그러나, 일부

단조 공정은 약 7000년 전의 기록에서부터 찾을 수 있다. 단조가 이집트, 그리스, 페르시아, 인도, 중국, 일본에서 무기, 보석 및 여러 종류의 도구를 만드는 데 쓰였다는 증거가 있다. 이 시대의 단조 기술자들은 높은 존경을 받았다.

약 B.C. 1600년경 고대 크레타(Crete)에서는 조각된 석판을 각인 금형처럼 사용하여 금과 은에 요철 무늬를 새겼다. 이 기술이 발전하여 약 B.C. 800년경에는 동전을 만들 수 있게 되었다. 좀 더 복잡한 각인 금형은 약 A.D 200년경에 로마에서 사용되었다. 그 후 수세기 동안 대장장이가 하는 일은 별로 변하지 않은 채 유지되어 왔다. 18세기 끝 무렵에야 가이드 램이 설치된 드롭 해머(drop hammer)가 개발되어 사용되었다. 이 개발로 단조 작업은 산업화 시대로 진입할 수 있게 되었다.

제품의 경우 냉간 단조도 상당히 흔하게 사용된다. 냉간 단조의 이점은 제품의 변형 경화로 인해 강도가 증가된다는 것이다.

단조는 충격 또는 점진적 가압으로 수행된다. 그러나 이 두 가지는 공정 기술적 차이보다는 장비의 형태로 구분한 것이다. 충격 하중을 가할 수 있는 단조 기계를 **단조 해머**(forging hammer), 점진적 가압을 할 수 있는 장비를 **단조 프레스**(forging press)라고 한다.

또 다른 분류 기준으로서 단조 작업 중 공작물의 흐름이 금형에 의해 구속 받는 정도를 들 수 있다. 이 기준에 따르면 그림 17.9에 보인 바 같이 세 가지 형태의 단조 작업이 있다. (a) 자유단조, (b) 형단조, (c) 무플래시단조. **자유단조**(open-die forging)에서는 공작물이 두 개의 평면(또는 거의 평면) 금형으로 압축되기 때문에 측면 방향으로 아무런 구속을 받지 않고 변형된다. **형단조**(impression-die forging)에서는 특정한 내부 형상이 있는 금형으로 눌러서 그 형상을 공작물에 새기기 때문에 금속 유동이 상당히 제약된다. 이러한 종류의 공정에서는 일부 재료가 금형 밖으로 흘러나와 그림에서 보인 것처럼 **플래시**(flash)를 형성한다. 플래시는 과잉 재료로 후작업으로 제거되어야 한다. **무플래시단조**(flashless forging, 밀폐단조)에서는 공작물이 금형 내를 완전히 채우면서 플래시도 생성되지 않는다. 따라서 초기 소재의 부피는 금형의 공동 부피와 일치하도록 매우 엄격히 조절되어야 한다.

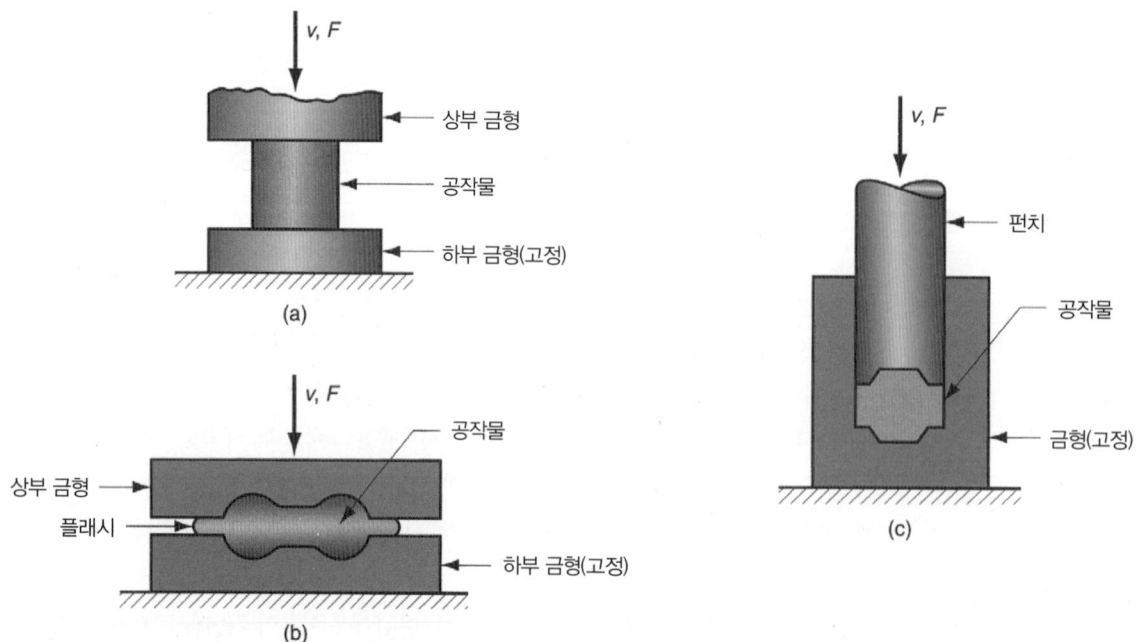

그림 17.9 단면도로 나타낸 세 가지 단조 공정 유형. (a) 자유단조, (b) 형단조, (c) 무플래시단조.

17.3.1 자유단조

개금형단조(open-die forging)라고도 불리는 자유단조의 가장 단순한 형태는 원통형 단면을 가진 공작물을 두 개의 개방형 평금형으로 압축하는 것으로 이는 압축 시험과 매우 유사하다(3.1.2절). 이 단조 작업은 **업셋팅**(upsetting) 또는 **업셋단조**(upset forging)라고 불리며 공작물의 높이를 줄이고 직경을 늘리는 데 사용된다.

자유단조의 공학적 해석

만일 공작물과 금형 표면 사이에 마찰이 없는 이상적인 상태에서 자유단조 작업이 수행되면, 그림 17.10에 묘사된 것처럼 균질한 변형, 즉 어떤 높이에서도 재료가 반경 방향으로 균일하게 변형하게 된다. 이런 이상적 상태 하에서 단조 동안 공작물의 진변형률은 다음과 같이 계산된다.

$$\epsilon = \ln \frac{h_o}{h} \tag{17.14}$$

여기서 h_o = 공작물의 초기 높이(mm), h = 공정 도중의 높이(mm)이다. 압축 완료 시, h는 최종 높이 h_f가 되고 진변형률은 최대값에 도달한다.

업셋팅을 수행하기 위한 추정 성형력은 다음과 같이 계산된다. 어떤 높이 h에서 압축을 계속하기 위해 요구되는 성형력은 그때의 단면적에 유동응력을 곱하여 구할 수 있다.

$$F = Y_f A \tag{17.15}$$

여기서 F = 성형력(N), A = 단면적(mm^2), Y_f = 식 (17.14)의 변형률에 해당하는 유동응력 (MPa)이다. 단면적 A는 높이가 감소함에 따라 공정 동안 계속해서 늘어난다. 금속이 완전 소성체인 경우 (예 : 열간가공)를 제외하고, 유동응력 Y_f 또한 가공경화로 인해 증가한다. 이 경우, 공작물의 변형경화지수 $n = 0$이고, 유동응력 Y_f는 금속의 항복응력과 동일해진다. 성형력은 단조 행정의 마지막에서 최대값에 이른다. 이때 면적과 유동응력 모두 각각 최대값 상태이다.

그러나 실제의 업셋팅 작업에서는 금형 표면의 마찰이 공작물의 변형을 방해하기 때문에 그림 17.10에서와 같은 형태로 변화하지 않는다. 이는 그림 17.11에서 보인 배럴링(barrelling, 배부름) 효

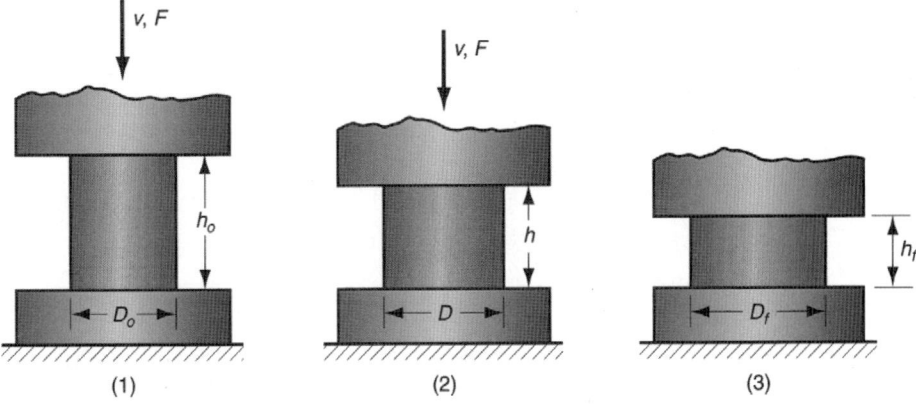

그림 17.10 자유단조 공정에서 이상적인 조건에서의 원통형 공작물의 균일한 변형. (1) 초기 길이와 직경을 가진 공작물로 공정 시작, (2) 부분 압축, (3) 최종 크기.

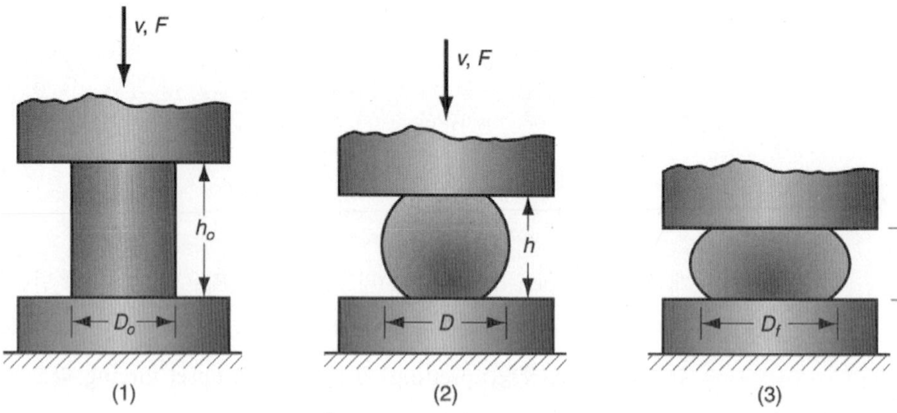

그림 17.11 자유단조에서 뚜렷한 배럴링 효과를 나타내는 원통형 공작물 실제 변형. (1) 공정 시작, (2) 부분 변형, (3) 최종 형상.

과를 유발한다. 고온의 공작물을 저온의 금형으로 작업할 경우, 배럴링 효과는 더욱 크게 나타난다. 일반적으로 열간가공에서 마찰계수가 클 뿐만 아니라, 금형 표면 및 그 근처에서 열전달에 의해 공작물이 냉각되므로 변형 저항성이 증가하기 때문이다. 공작물 중간 고온부가 표면 저온부보다 더 쉽게 변형된다. 배럴링 효과는 공작물의 직경 대 높이의 비가 커질수록, 즉 공작물과 금형의 접촉 면적이 증가할수록 더 심하게 나타난다.

이 모든 인자들 때문에 실제 업셋팅 성형력은 식 (17.15)로 예측되는 것보다 더 크다. 근사적 방법으로 D/h 비와 마찰 효과를 고려하기 위해 형상인자를 식 (17.15)에 적용할 수 있다.

$$F = K_f Y_f A \tag{17.16}$$

여기서 F, Y_f 그리고 A는 앞 식의 정의와 같고 K_f는 단조형상인자로서 다음과 같이 정의된다.

$$K_f = 1 + \frac{0.4\,\mu D}{h} \tag{17.17}$$

여기서 μ = 마찰계수, D = 공작물 직경 또는 접촉 길이를 나타내는 치수(mm), h = 공작물 높이 (mm)이다.

예제 17.2 자유단조

원통형 공작물로 냉간 업셋 단조 작업을 하고자 한다. 공작물의 초기 형상은 높이 75 mm, 직경이 50 mm이다. 단조작업으로 높이를 36 mm까지 줄인다. 재료의 K = 350 MPa, n = 0.17의 유동곡선을 따른다. 마찰계수는 0.1로 가정한다. 공정을 시작할 때, 중간높이가 62 mm 및 49 mm일 때, 그리고 최종높이가 36 mm일 때의 성형력을 구하여라.

풀이

공작물의 부피 $V = 75\pi(50^2/4) = 147{,}262$ mm^{3}이다. 상부 금형이 접촉을 시작하는 순간의 h = 75 mm이고 성형력은 F = 0이다. 재료가 항복점에 도달할 때 h는 75 mm보다 약간 작고, 이때의 변형률 = 0.002라고 가정하면 유동응력은 다음과 같다.

$$Y_f = K\epsilon^n = 350(0.002)^{0.17} = 121.7 \text{ MPa}$$

직경은 아직도 약 $D = 50$ mm이고, 면적 $A = \pi(50^2/4) = 1963.5$ mm²이다. 이 조건에서 보정계수인 단조형상인자 K_f는 다음과 같다.

$$K_f = 1 + \frac{0.4(0.1)(50)}{75} = 1.027$$

단조 성형력은 다음과 같다.

$$F = 1.027(121.7)(1963.5) = 245,410 \text{ MPa}$$

높이 $h = 62$ mm에서의 단조 성형력은 다음과 같다.

$$\epsilon = \ln\frac{75}{62} = \ln(1.21) = 0.1904$$
$$Y_f = 350(0.1904)^{17} = 264.0 \text{ MPa}$$

부피가 일정하다고 가정하고, 배럴링도 무시하면 다음과 같다.

$$A = 147,262/62 = 2375.2 \text{ mm}^2 \text{ and } D = \sqrt{\frac{4(2375.2)}{\pi}} = 55.0 \text{ mm}$$
$$K_f = 1 + \frac{0.4(0.1)(55)}{62} = 1.035$$
$$F = 1.035(264)(2375.2) = 649,303 \text{ N}$$

비슷한 방법으로 $h = 49$ mm일 때 $F = 955,642$ N이고, $h = 36$ mm일 때 $F = 1,467,422$ N이다. 이들 데이터로부터 그림 17.12의 하중-행정 곡선을 그릴 수 있다.

자유단조 공정의 수행

열간 자유단조는 중요한 산업 공정 중 하나이다. 자유단조 공정으로 얻을 수 있는 형상은 단순하다. 예를 들어, 축, 디스크, 링 등이 있다. 어떤 응용작업에서는 금형표면에 약간의 윤곽을 주어 공작물에 간단한 형상을 만들기도 한다. 또한 형상을 원하는 대로 변화 시키기 위해 가끔 공작물에 조작(예로

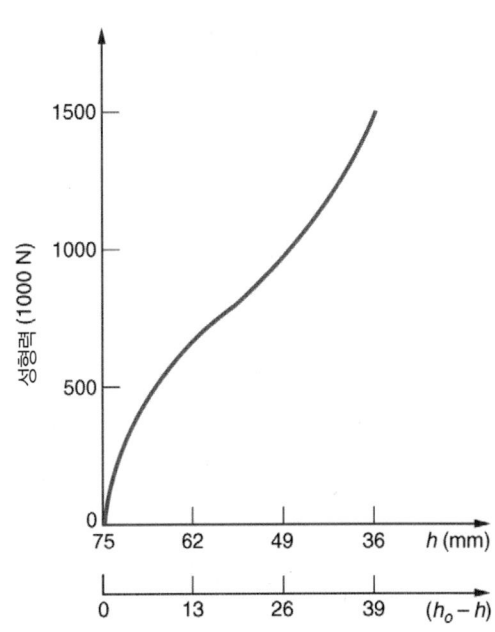

그림 17.12 높이 h와 높이 감소($h_o - h$)의 함수로서 업셋팅 성형력. 이 곡선은 때로 하중-행정 선도로도 불린다.

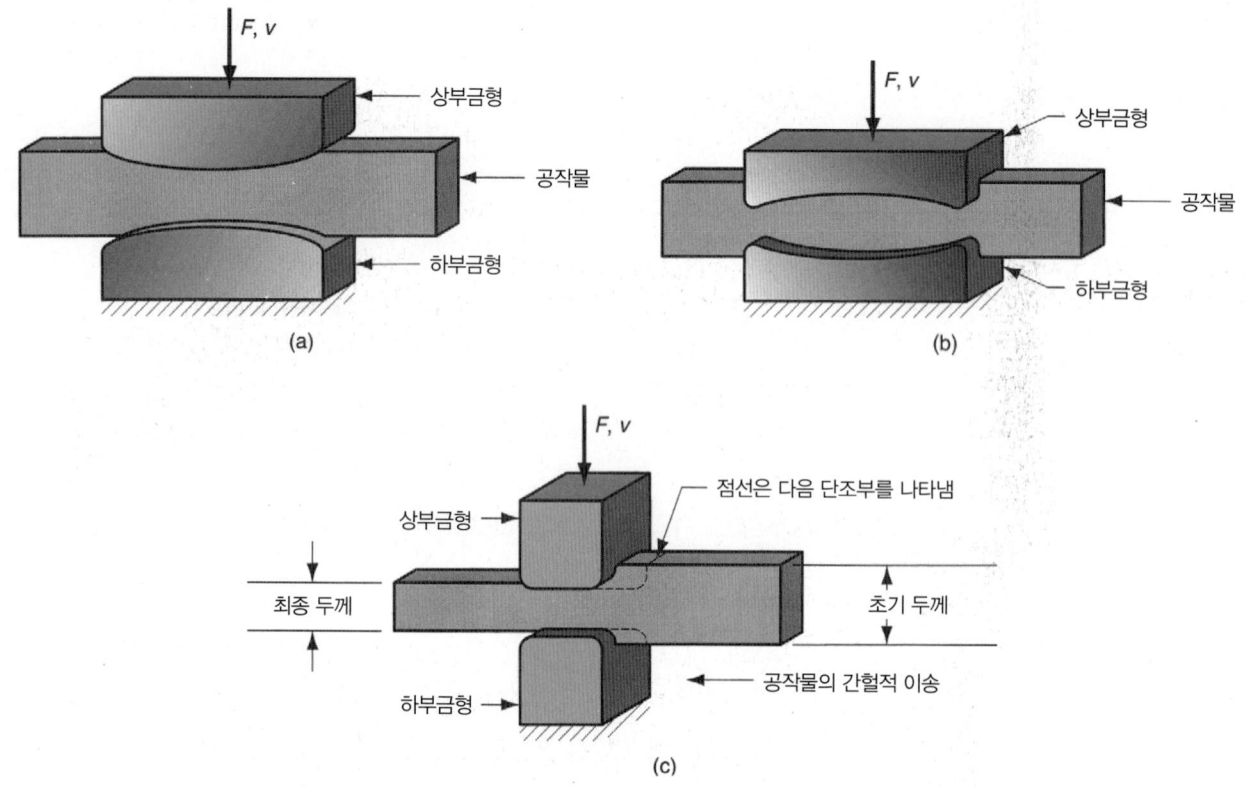

그림 17.13 몇몇 자유단조 공정. (a) 풀러링, (b) 엣징, (c) 코깅.

회전시킴)을 가해주기도 한다. 작업자의 숙련도 또한 공정 성공의 한 요소이다. 철강 산업에서 쓰이는 자유단조의 예로 큰 정사각형 주조 잉곳을 원형 단면의 제품으로 성형하는 것을 들 수 있다. 자유단조 공정은 대략적인 형상을 만드는 데 쓰이고 최종 형상과 치수를 갖는 제품으로 다듬기 위해서는 추가적인 가공 공정이 요구된다. 열간 자유단조가 중요하게 기여하는 바는 공작물 내에 원하는 단류선(grain flow)과 금속학적 조직을 생성한다는 점이다.

자유단조 또는 이와 관련된 작업으로 분류되는 공정은 그림 17.13에 도해된 바와 같이 풀러링, 엣징, 코깅 등이 있다. **풀러링**(fullering)은 단면을 줄이거나 다음 단계의 성형을 위한 준비를 위해 공작물을 재조직하기 위해 수행되는 단조 공정이다. 이것은 볼록면을 가진 금형으로 수행된다. 풀러링 금형의 공동은 흔히 복수 공동을 갖도록 설계되며 이로 인해 초기 봉재 형태의 공작물이 최종 성형 이전에 대략적인 형상을 갖도록 한다. **엣징**(edging)은 풀러링과 유사하지만 금형이 오목면을 가지고 있다는 것이 다른 점이다.

코깅(cogging) 공정은 공작물의 길이를 따라 일련의 단조 압축 공정으로 구성되며 이는 공작물의 단면을 줄이고 길이를 늘이는 데 사용된다. 이것은 강철 산업에서 주조 잉곳으로부터 블룸과 슬래브를 생산하는 데 쓰이고 있다. 평면 또는 약간의 윤곽이 있는 표면을 가진 개방 금형을 사용하여 수행된다. 간혹 **점진단조**(incremental forging)라는 용어가 사용 되기도 한다.

17.3.2 형단조

폐금형단조(closed-die forging)라고도 불리는 형단조는 제품 형상의 역상을 가진 금형으로 수행된다. 이 공정의 3단계 절차를 그림 17.14에 도해하였다. 공작물은 원통형으로서 이전의 자유단조에서

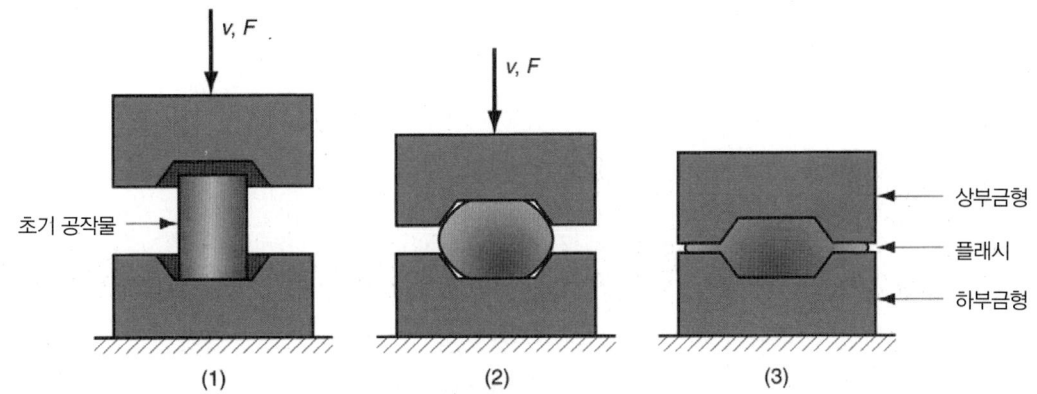

그림 17.14 형단조 순서. (1) 공작물과 초기 접촉 직전, (2) 부분적 압축, (3) 최종 금형 닫힘 상태, 상하 금형 틈새에서 플래시가 형성됨.

사용되는 것과 유사하다. 금형이 최종 위치에 가까워짐에 따라, 금형 공동을 채우고도 남는 재료가 빠져 나와 두 금형 사이에서 작은 갭으로 플래시(flash)를 형성한다. 플래시는 후가공으로 절단해야 하지만, 그 자체가 형단조에서 중요한 역할을 한다. 플래시가 금형 사이에서 만들어지기 시작하면서, 금속이 금형 틈새로의 흐름이 마찰로 인해 저항을 받아 대부분의 재료가 금형 공동 내에 남아있도록 구속된다. 열간단조에서는 얇은 플래시 부분이 금형에 비해 빨리 냉각되어 변형 저항성을 더욱 증가시키기 때문에 금속 유동이 더욱 제약된다. 이런 구속 때문에 공작물에 가해지는 압축 압력은 상당히 증가한다. 이에 따라 재료가 강제로 금형 내 복잡한 세부 부분에까지 채워지게 되어 높은 품질의 제품이 얻어질 수 있다.

형단조에서는 최종 형상을 만들기 위해 여러 번의 성형 단계가 요구되기도 한다. 각 단계를 위해 금형 내 분리된 공동들이 필요하다. 시작 단계의 금형은 균일한 변형을 얻기 위해 공작물 재료를 재분배하고 다음 단계에서 원하는 금속학적 조직을 얻을 수 있도록 설계 된다. 최종 단계에서는 공작물이 최종 형상을 가질 수 있도록 금형이 설계된다. 또한, 드롭(낙하)단조를 사용할 경우 각 단계마다 여러 번의 해머 타격이 요구될 수도 있다. 폐금형 드롭 단조를 수동으로 행할 경우 일관된 결과를 얻기 위해서는 불리한 작업 조건하에서 작업자의 숙련도가 무엇보다 크게 요구된다.

형단조에서 플래시의 형성과 더욱 복잡한 부품의 형상으로 인해 형단조에서 성형력은 자유단조에 비해 매우 클 뿐만 아니라 해석하기도 더욱 어렵다. 상대적으로 단순화된 수식과 설계인자를 사용하여 형단조에서의 성형력을 평가하기도 한다. 성형력 수식은 앞서의 자유단조와 관계된 식 (17.16)과 같지만 그 해석에는 약간의 차이가 있다.

$$F = K_f Y_f A \qquad (17.18)$$

여기서 F = 최대 성형력(N), A = 플래시를 포함한 공작물의 투영 면적(mm^2), Y_f = 재료의 유동응력(MPa), K_f = 단조형상인자이다. 열간단조에서 Y_f의 적정 값은 높은 온도에서의 재료의 항복강도이다. 그 외의 경우, 유동응력을 적정하게 선택하기는 어렵다. 왜냐하면 복잡한 형상의 공작물 전체에 걸쳐 변형률이 변하기 때문이다. 식 (17.18)에서 K_f는 여러 가지 복잡성을 가진 요소를 성형하기 위해 필요한 성형력의 증가를 반영하기 위한 계수이다. 표 17.1에 여러 가지 형상에 대한 K_f 값의 범위를 나타내었다. 주어진 형상의 공작물에 대해 적정한 K_f 값을 선정해야 하는 문제 때문에 계산된 성형력의 정확도는 제한적일 수밖에 없다.

식 (17.18)을 사용하여 최대 성형력을 계산할 수 있다. 그 이유는 성형력이 작업에 사용되는 프레

표 17.1 형단조 및 무플래시 단조에서 다양한 제품 형상에 대한 전형적인 K_f 값.

제품 형상	K_f	제품 형상	K_f
형단조		무플래시 단조	
플래시가 있는 단순 형상	6.0	코이닝(상하부면)	6.0
플래시가 있는 복잡한 형상	8.0	복잡한 형상	8.0
플래시가 있는 매우 복잡한 형상	10.0		

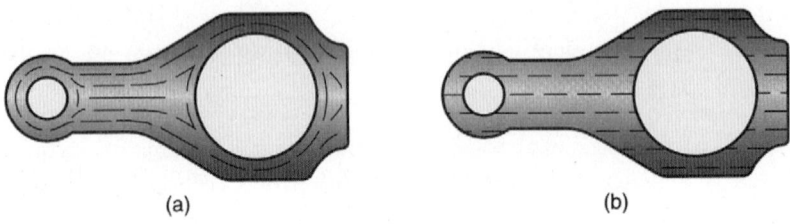

그림 17.15 제품 내부 금속 결정립 유선의 비교. (a) 열간 단조 후 절삭가공 처리, (b) 절삭가공만으로 제조.

(a)　　　　　(b)

스나 해머의 필요 용량을 결정하기 위해 사용되기 때문이다. 최대 성형력은 투영 면적이 가장 크고 마찰이 최대가 되는 단조 공정의 마지막 시점에서 발생한다.

형단조로 공차가 엄밀한 제품을 만들기는 어렵고 필요한 정밀도를 얻기 위해 절삭가공이 요구되기도 한다. 단조 공정으로 제품의 기본 형상을 만들고, 정밀 다듬질이 필요한 부분(예로 구멍, 나사, 다른 부품과의 맞춤면)에 대해 절삭가공을 수행한다. 부품을 완전히 절삭가공으로 만드는 것에 비해 단조가 가지는 장점은 높은 생산속도, 재료낭비 방지, 고강도, 단조로 인한 적절한 방향성을 가진 결정립 등이 있다. 그림 17.15에 단조와 기계가공으로 얻어지는 결정립 유선을 비교하여 도해하였다.

형단조 기술이 진보함에 따라 얇은 단면, 더욱 복잡한 형상, 구배의 상당한 축소, 엄밀한 공차, 가공 여유를 실질적으로 없앤 단조품을 생산할 수 있게 되었다. 이런 특징을 가진 단조 공정을 **정밀 단조**(precision forging)라고 한다. 정밀 단조에 사용되는 재료는 알루미늄과 티타늄이 있다. 그림 17.16에 정밀 형단조를 재래식 형단조와 비교하였다. 그림에서 보인 정밀 단조에서 플래시는 작아졌을 뿐, 없어지지 않는다는 것을 주목할 필요가 있다. 플래시를 만들지 않는 정밀단조 작업도 있다. 제품 완성을 위해 기계가공이 필요한지 여부에 따라 정밀단조는 근사 순형상 또는 순형상 공정의 범주에 속한다.

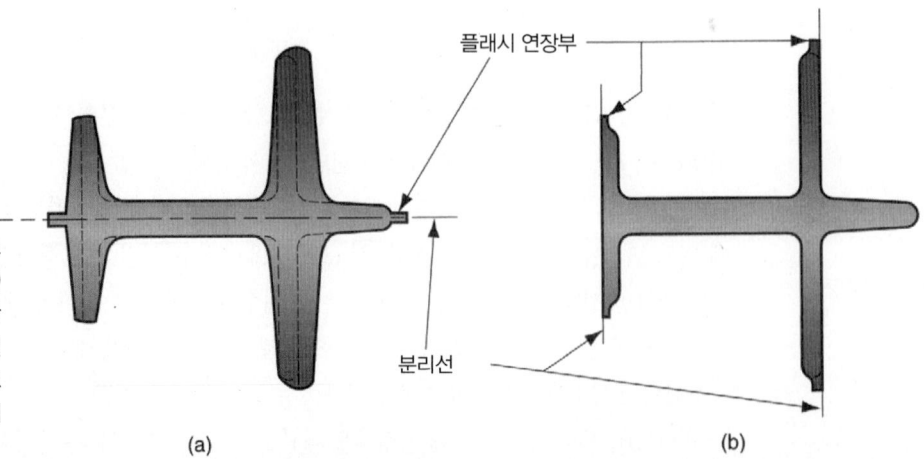

그림 17.16 (a) 재래식 단조 단면, (b) 정밀 단조 단면. (a)의 점선은 정밀단조와 동일한 형상을 얻기 위해 필요한 절삭가공을 의미함. 두 경우 모두 플래시 연장부가 반드시 제거되어야 한다.

플래시 연장부

분리선

(a)　　　　　(b)

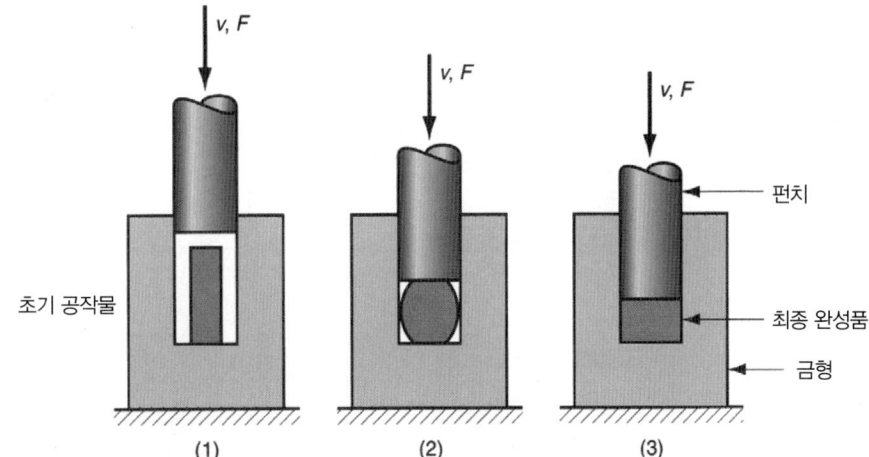

그림 17.17 무플래시 단조. (1) 공작물과 접촉 직전, (2) 부분 압축, (3) 펀치와 금형 닫힘. v와 F는 각각 속도와 성형력을 의미한다.

17.3.3 무플래시 단조

이미 언급했듯이 형단조는 산업에서 폐금형단조라고도 불린다. 그러나, 형단조와 실제 폐금형단조에는 기술적 차이점이 있다. 폐금형단조에서는 공작물이 금형공동을 완전히 채우지만 플래시는 발생하지 않는다. 그림 17.17에 그 공정 단계를 나타내었다. 이 공정에는 **무플래시단조**(flashless forging)라는 용어가 더욱 적절하다.

무플래시단조는 형단조에 비해 공정 제어가 더욱 요구된다. 가장 중요한 점은 공작물의 부피가 주어진 공차 내에서 금형 공동의 부피와 같아야만 한다는 것이다. 초기 블랭크(소재)가 너무 크면 과도한 압력이 걸려 금형 또는 프레스에 손상을 입힐 수 있다. 블랭크가 너무 작으면 공동을 채울 수 없다. 이런 특별한 요구 때문에 무플래시 공정은 제품의 형상이 보통 단순하고 대칭일 때, 또한 공작물 재료가 알루미늄, 마그네슘 및 그들의 합금일 때 가장 적합하다. 무플래시단조는 정밀단조 공정의 하나로 분류되기도 한다[5].

무플래시단조에서 성형력은 형단조와 유사하여 형단조에서 사용된 것과 같은 방법, 즉 식 (17.18)과 표 17.1로 계산될 수 있다.

코이닝(coining)은 폐금형단조의 특수한 응용으로서 금형의 매우 세세한 형상이 공작물의 윗면과 아래 면에 새겨진다. 코이닝에서 금속 유동은 거의 없고, 표 17.1의 K_f 값에서 알 수 있듯이 금형의 세부 모양을 새기기 위한 압력은 높다. 코이닝의 일반적인 상용 분야는 물론 동전 제조이다(그림 17.18). 이 공정은 또한 다른 공정으로 만들어진 공작물의 표면 다듬질과 치수 정밀도 향상을 위해 사용되기도 한다.

17.3.4 단조용 해머, 프레스, 금형

단조 장비는 해머와 프레스로 분류되는 단조 기계와 이 기계에 사용되는 특수한 공구인 단조 금형으로 구성되어 있다. 또한 보조 장비로서 공작물 가열로, 공작물 장·탈착 장치, 플래시 제거용 트리밍 장치 등이 필요하다.

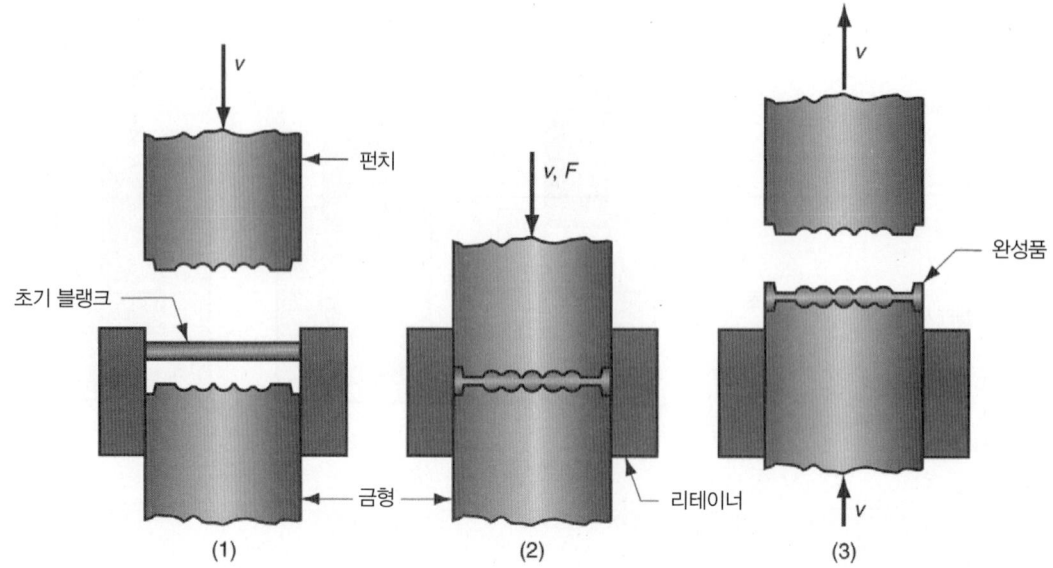

그림 17.18 코이닝 공정. (1) 공정 시작, (2) 압축 행정, (3) 완성품 배출.

단조해머

단조해머(forging hammers)는 공작물에 충격 하중을 가하는 장비이다. **드롭해머**(drop hammer)라는 용어를 쓰기도 하는데 이는 충격 에너지를 전달하는 수단에 기인한다(그림 17.19와 17.20). 드롭해머는 형단조용으로 가장 흔히 쓰이는 기계이다. 상부단조 금형은 램(ram)에 부착되고, 하부 금형은 앤빌(anvil)에 고정된다. 공작물을 하부 금형 위에 놓고 램을 올린 후 떨어뜨린다. 상부 금형이 공작물을 타격하면 충격에너지로 인해 공작물이 금형 공동의 모양대로 찍힌다. 원하는 형상을 얻기 위해 여러 번의 해머 타격이 필요할 때도 있다. 드롭 해머는 중력 드롭 해머와 동력 드롭 해머로 분류된

그림 17.19 사진 오른쪽의 컨베이어와 가열부로부터 이송되는 드롭단조해머(Chambersburg Engineering Company 제공).

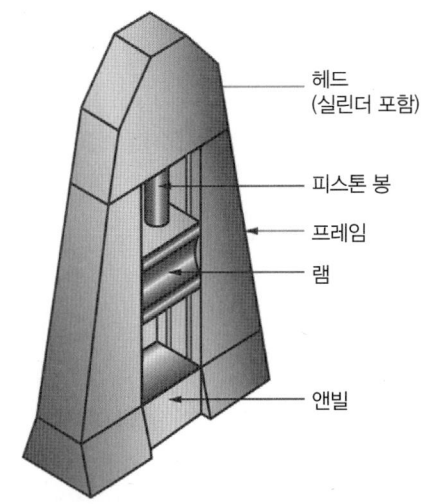

헤드
(실린더 포함)

피스톤 봉

프레임

램

앤빌

그림 17.20 형단조를 위한 드롭해머의 세부 구성도.

다. **중력 드롭해머**(gravity drop hammer)에서는 무거운 램을 자중으로 떨어뜨림으로써 에너지를 만든다. 타격력은 드롭 높이와 램 무게로 계산된다. **동력 드롭해머**(power drop hammer)에서는 램을 압축 공기나 증기로 가속시킨다. 드롭해머의 단점 중 하나는 충격에너지의 많은 부분이 앤빌과 바닥으로 전달된다는 것이다.

단조 프레스

프레스는 갑작스런 충격보다는 점진적으로 압력을 가하여 단조 작업을 수행한다. 단조 프레스에는 기계식 프레스, 유압식 프레스, 나사식 프레스가 있다. **기계식 프레스**는 모터의 회전 운동을 램의 병진 운동으로 바꿔주는 편심기구, 크랭크 혹은 너클 조인트(knuckle joint)를 사용하여 작동된다. 이 메커니즘은 스탬핑 프레스의 작동 방법과 매우 유사하다(20.5.2절). 기계식 프레스는 단조 행정의 하사점에서 매우 큰 힘을 얻을 수 있다. **유압식 프레스**는 유압으로 기동되는 피스톤으로 램을 움직이는 방식으로 작동된다. **나사식 프레스**는 나사 메커니즘을 이용해 수직 램을 움직여 힘을 가한다. 나사식과 유압식 프레스에서는 램이 상대적으로 낮은 속도로 움직이고 행정 전체에 걸쳐 일정한 힘을 얻을 수 있다. 따라서 이들 프레스는 긴 행정이 요구되는 단조 및 기타 성형 공정에 적합하다.

단조금형

단조 공정이 성공적으로 수행되기 위해서는 올바른 금형(다이) 설계가 중요하다. 단조품은 단조 공정의 원리와 그 한계에 대한 지식을 기반으로 설계되어야 한다. 여기에서 단조 설계와 단조 금형 설계에 사용되는 몇 가지 용어와 지침에 대해 설명한다. 자유단조 설계는 그 형상이 상대적으로 단순하기 때문에 일반적으로 간단하다. 따라서, 여기에서는 형단조와 폐금형 설계에 국한해서 설명한다. 그림 17.21은 형단조에 사용되는 몇 가지 용어에 대해 정의하였다.

단조품을 설계하거나 단조를 제조공정으로 채택할 때 반드시 고려해야 할 몇 가지 원칙과 그 한계에 대해서 다음의 단조 금형 용어와 함께 설명한다 [5].

- **분리선** : 분리선(parting line)은 상부 금형과 하부 금형을 나누는 평면이다. 형단조에서는 플래시선(flash line)이라고 부르기도 하며, 이 면에서 두 금형이 만난다. 설계자가 분리선을 어디에 두느냐에 따라 부품 내 결정립 유동, 소요 하중, 플래시 생성이 영향을 받는다.

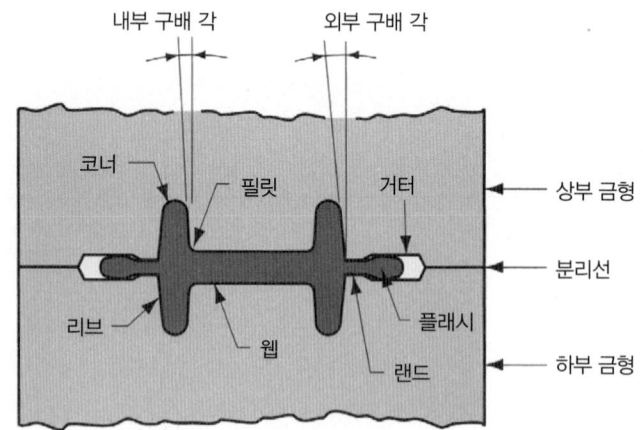

그림 17.21 전통적 형단조에서 사용되는 용어.

- **구배** : 구배(draft)는 제품을 금형으로부터 분리하기 위해 부품 옆면에 설치한 테이퍼의 양을 말한다. 또한, 이 용어는 금형 쪽의 옆면 테이퍼에도 적용된다. 전형적인 구배 각은 알루미늄과 마그네슘 부품의 경우 3°, 강 제품의 경우 5°∼7°이다. 정밀 단조품의 구배 각은 거의 0에 가깝다.
- **웹과 리브** : 웹(web)은 분리선과 평행한 얇은 부분을 말한다. 반면 리브(rib)는 분리선과 수직한 얇은 부분을 말한다. 이런 부분들의 특징은 얇아질수록 금속 흐름을 어렵게 한다는 것이다.
- **필렛과 코너 반경** : 필렛(fillet)과 코너 반경(corner radii)은 그림 17.21에 설명되어 있다. 반경이 작으면 금속 흐름이 제약 받고, 단조 시 금형 표면의 응력이 증가시키는 경향이 있다.
- **플래시** : 플래시(flash)는 금형 내에 높은 압력을 유발하여 금형공동을 꽉 채울 수 있도록 돕는 형단조에서 아주 중요한 역할을 한다. 이런 압력 형성은 그림 17.21에서 보인 것처럼 금형 내 플래시 랜드(land)와 거터(gutter) 설계로 조절된다. 랜드는 금속의 횡방향 흐름이 나타나는 표면적을 결정하여 금형 내 압력 증가를 조절한다. 거터는 여분의 금속이 빠져나올 수 있는 부분으로 단조 하중이 극한 값에 이르는 것을 방지한다.

17.4 단조 관련 변형공정

앞 절에서 논의한 일반적인 단조 공정 외에 단조와 관련성이 많은 다른 금속성형 공정들이 있다.

업셋팅 및 헤딩

업셋팅 또는 업셋단조는 원통형 공작물의 직경을 늘리고 길이를 줄이는 변형 작업이다. 이 공정에 대해서는 자유단조(17.3.1절)에서 해석한 바 있다. 그러나 업셋팅(upsetting)은 독립적인 공정으로 그림 17.22에서 보인 것처럼 폐금형단조로도 사용되고 있다.

업셋팅은 못, 볼트 및 이와 유사한 부품과 같은 체결구의 머리부를 만드는 산업체에서 널리 사용된다. 이 경우 **헤딩**(heading)이라는 용어를 사용하기도 한다. 그림 17.23은 여러 가지 종류의 헤딩 작업과 가능한 금형 구조를 보여주고 있다. 이와 같은 다양한 응용 덕분에, 업셋팅은 다른 단조 작업과 달리 많은 양의 부품을 만드는 데 사용된다. 헤더(headers) 혹은 포머(formers)라고 불리는 특수 업셋단조 기계를 사용하여 냉간, 온간, 열간에서 제품의 대량 생산이 가능하다. 이런 기계들은 수직 슬라이드를 갖고 있는 재래식 단조 해머나 프레스와는 달리 수평 슬라이드를 장착하고 있다. 긴 선재

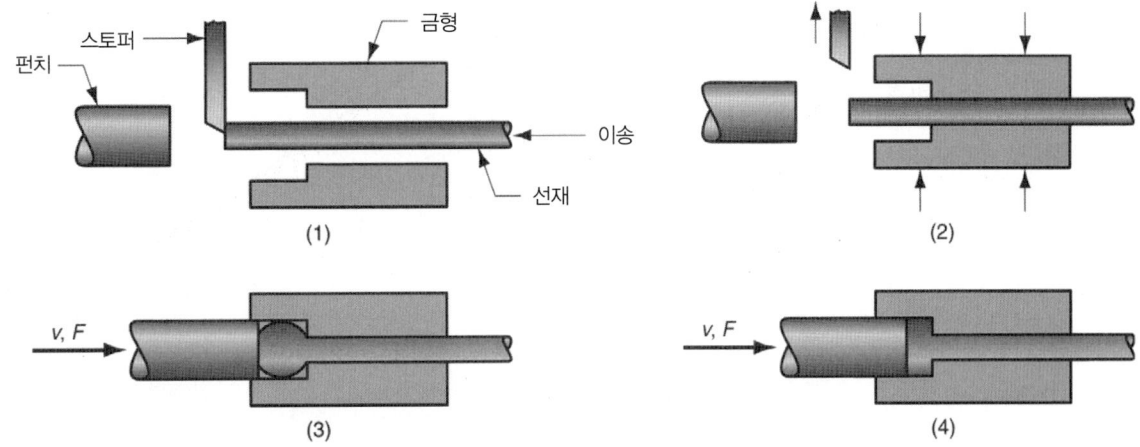

그림 17.22 볼트 혹은 유사한 제품의 헤드를 성형하기 위한 업셋단조 공정. 공정순서는 다음과 같다. (1) 선재를 스토퍼까지 이송한다, (2) 금형을 닫고 스토퍼를 뒤로 뺀다, (3) 펀치를 전방으로 이동시킨다, (4) 펀치 최대 이송점에서 헤드 완성.

그림 17.23 헤딩(엡셋팅 공정)의 예. (a) 자유단조를 이용한 못 머리내기, (b) 펀치를 이용한 둥근 머리내기, (c)와 (d) 금형을 이용한 머리내기, (e) 펀치와 금형을 이용한 볼트 머리내기.

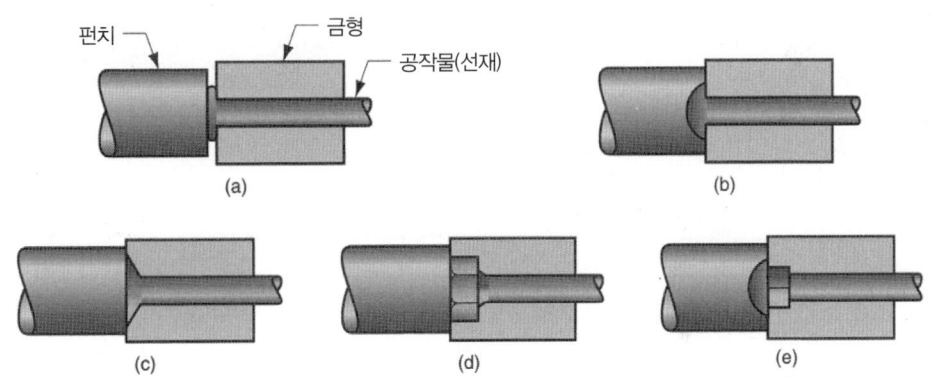

(와이어)나 봉재를 기계로 이송하여 그 끝을 업셋단조한 후 절단하여 원하는 형상의 제품을 만든다. 볼트와 나사에 대해서는 나사산을 만들기 위해 나사전조 (17.2절) 작업을 후속으로 수행한다.

업셋팅 공정으로 얻을 수 있는 변형량에는 한계가 있다. 그 한계치는 주로 단조 될 공작물의 최대 길이로 정의된다. 한 번의 타격으로 업셋할 수 있는 최대 길이는 공작물 직경의 세 배이다. 그렇지 않을 경우, 공작물이 휘거나 좌굴(buckle)되어 금형을 적절히 채우지 못한다.

스웨이징 및 래디얼 단조

이것들은 튜브나 속이 찬 봉의 직경을 줄이는 데 사용되는 단조 공정이다. 스웨이징(swaging)은 공작물의 끝 부분에 테이퍼진 단면을 만들기 위해 사용되기도 한다. 그림 17.24에 보인 **스웨이징**(swaging) 공정에서는 공작물이 금형 내부로 이송됨에 따라 회전하는 금형이 공작물을 안쪽 반경 방향으로 타격하여 테이퍼지도록 만든다. 그림 17.25에서 스웨이징 공정으로 만든 여러 가지 형상과 제품을 볼 수 있다. 간혹 튜브형 제품의 내경 형상과 크기 조절을 위해 만드렐이 사용되기도 한다. **래디얼 단조**(radial forging)는 스웨이징과 유사한 공작물에 대한 작업이 이루어지고 또한 비슷한 형상의 제품을 만드는 데 쓰인다. 다른 점이 있다면 래디얼 단조에서는 금형이 공작물 주위를 회전하지 않고 대신 공작물이 금형으로 들어가면서 회전한다는 점이다.

그림 17.24 중실 봉의 직경을 줄이기 위한 스웨이징 공정. 금형은 회전하면서 작업물을 가격한다. 래디얼 단조의 경우, 공작물은 회전하는 반면 금형은 고정된 방향을 유지한 채로 공작물을 가격한다.

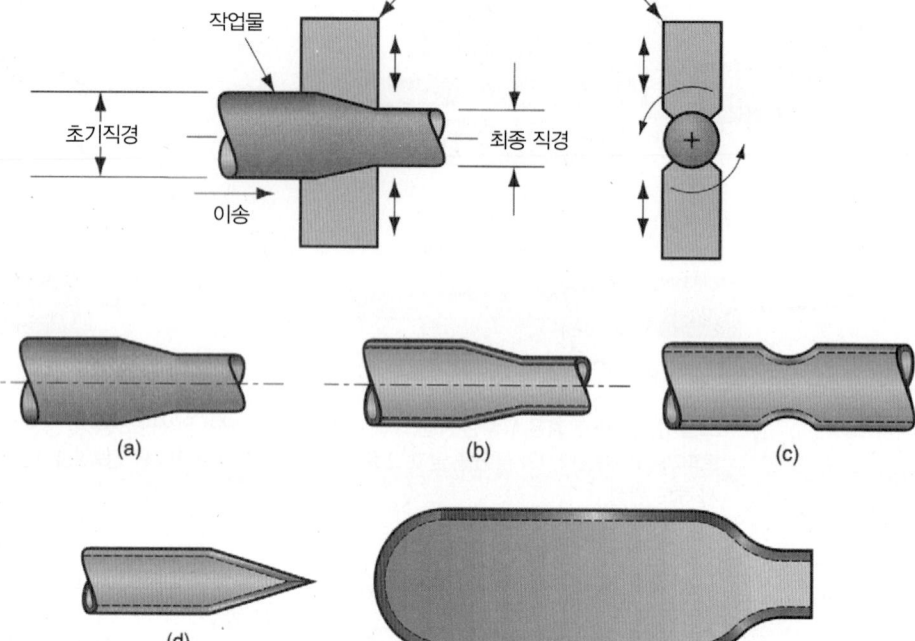

그림 17.25 스웨이징으로 만들어진 제품의 예. (a) 중실봉의 직경 축소, (b) 튜브의 테이퍼링, (c) 튜브에 홈내기, (d) 튜브 뽀족내기, (e) 가스 실린더 목내기 스웨이징.

롤단조

롤단조(roll forging)는 부품의 최종 형상에 맞게 홈이 새겨진 마주보는 일련의 롤 사이로 공작물을 통과시킴으로써 원통형(또는 사각형) 단면을 축소하는 데 사용되는 변형공정이다. 전형적인 작업 모습을 그림 17.26에 나타내었다. 롤단조는 롤을 사용함에도 불구하고 일반적으로 압연이 아닌 단조공정으로 분류된다. 롤들은 롤단조 공정 동안 계속 회전하지 않고 원하는 형상이 있는 일부분에서만 회전한다. 롤단조된 부품은 절삭가공으로 생산된 동일한 형상의 제품에 비해 일반적으로 더 강하고 우수한 조직을 갖는다.

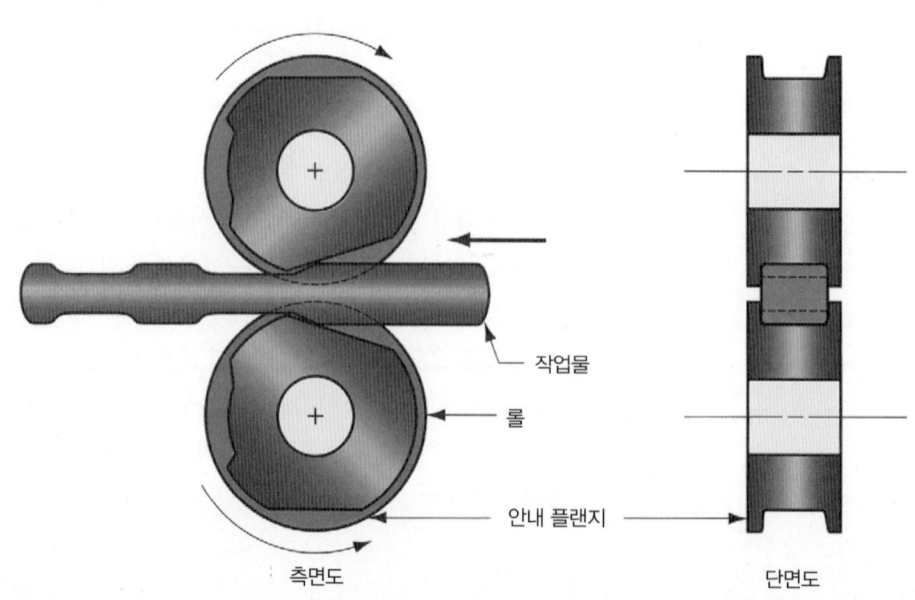

그림 17.26 롤 단조.

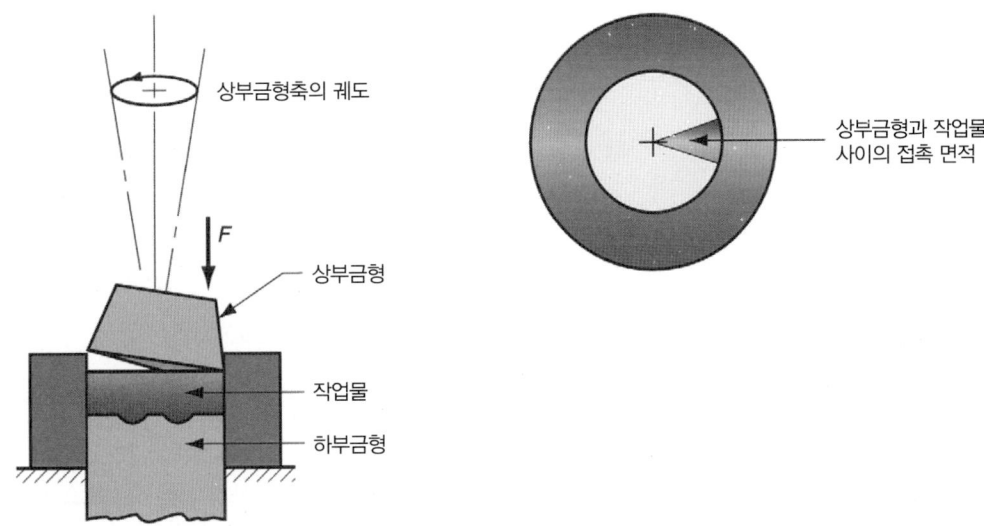

그림 17.27 궤도단조. 변형공정 마지막 단계에서 하부금형이 올라와 제품을 배출한다.

궤도단조

궤도단조(orbital forging)에서는 원뿔 형상의 상부 금형이 공작물 위를 구르면서 동시에 누름으로 써 변형을 일으킨다. 그림 17.27에 보인 바와 같이 공작물은 이 공작물이 압축되어 성형되는 공동을 지닌 하부 금형에 의해 지지되고 있다. 원뿔 축이 기울어져 있기 때문에 매 순간 공작물의 일부 면적 만 압축된다. 상부금형이 회전함에 따라 압축 받고 있는 면적도 역시 회전한다. 궤도단조의 이런 특 성으로 인해 변형을 일으키기 위해 필요한 프레스 하중이 상당히 작아진다.

허빙

허빙(hubbing)은 연강 또는 다른 연질 금속 블록에 경화강으로 만들어진 특정 형상의 다이를 압입 시켜 변형을 일으키는 공정이다. 이 공정은 그림 17.28과 같이 플라스틱 성형용 그리고 다이캐스팅 용 금형 공동을 만드는 데 흔히 사용된다. **허브**(hub)라고 불리는 경화강 금형은 성형이나 주조될 제

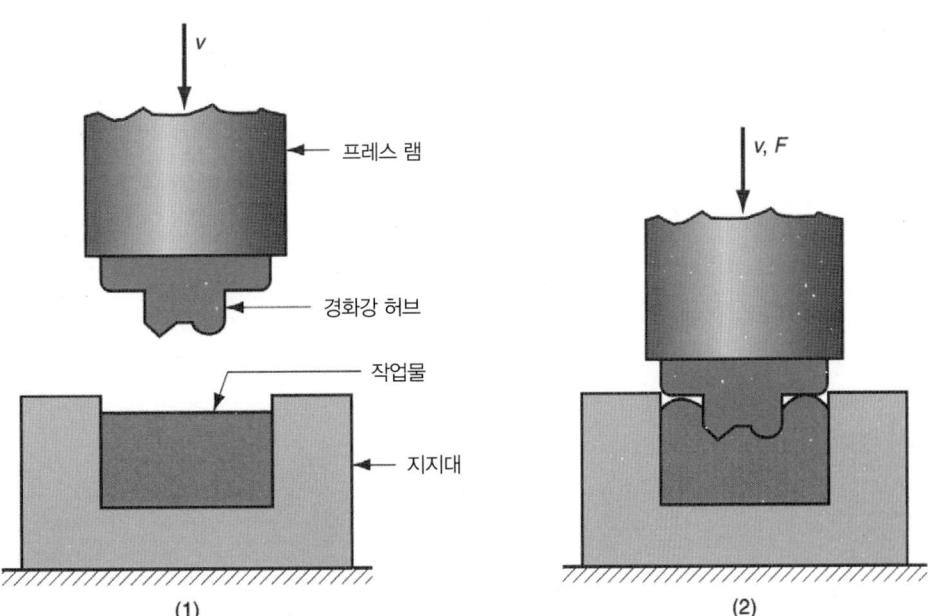

그림 17.28 허빙. (1) 변형 전, (2) 변형 완료. 허브의 관 통으로 인해 생성된 과다 재 료는 반드시 절삭에 의해 제 거되어야 한다.

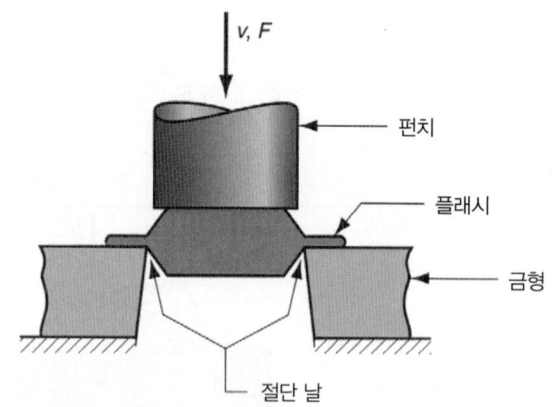

그림 17.29 형단조 후 플래시 제거를 위한 트리밍 공정(전단 공정).

품의 형상대로 기계 가공된다. 연성재 블록을 압입하기 위해서는 필요한 압력이 상당하며, 보통 허빙 작업은 유압프레스로 수행된다. 블록엔 완성된 형태의 금형 공동을 만들기 위해서 간혹 몇 단계를 더 거치기도 한다. 허빙 후 어닐링(풀림) 열처리를 하여 변형 경화된 금속을 회복(recovery)시킨다. 그림에서 보인 것처럼 상당한 양의 재료가 변형되면, 과도한 부분은 절삭가공으로 제거해야 한다. 일반 적으로 양각이 짝을 이루는 음각보다 절삭가공으로 만들기 쉬운데, 이것이 허빙의 장점이 된다. 허빙 으로 제작할 금형에 하나 이상의 공동 형상을 만들 경우 허빙의 장점은 배가 된다.

등온단조

등온단조(isothermal forging)는 변형 동안 공작물의 온도가 초기 온도 또는 그 근처 온도로 계속 유 지되면서 열간단조가 이루어지는 것을 말한다. 이때 일반적으로 단조 금형도 같은 온도로 가열한다. 이로써 일반적인 단조와 같은 차가운 금형과 맞닿아 공작물 표면이 냉각되는 현상을 방지할 수 있어 금속이 쉽게 유동하고 성형력도 감소한다. 등온단조는 재래식 단조에 비해 비용이 높으므로 단조가 어려운 금속 즉, 티타늄, 초합금이나 복잡한 형상을 가진 부품 생산용으로 보통 사용된다. 이 공정 은 금형이 빨리 산화되는 것을 피하기 위해 진공에서 행해지기도 한다. 등온단조와 유사한 것이 **고 온금형단조**(hot-die forging)이다. 이 공정에서는 금형을 공작물의 온도보다 약간 낮은 온도까지 가열한다.

트리밍

트리밍(trimming)은 형단조로 만든 공작물에 생성된 필요 없는 플래시를 제거하기 위해 사용되는 작업이다. 대부분의 경우 트리밍은 그림 17.29에서처럼 전단(shearing)가공으로 수행된다. 즉 펀치 로 공작물을 절단, 다이 쪽으로 밀어 최종 형상을 얻는다. 트리밍은 공작물이 뜨거울 때 보통 수행되 기 때문에 각 단조 해머 또는 프레스에 트리밍 프레스가 포함된다. 전단가공으로 공작물에 손상이 우 려될 경우 트리밍 대신에 연삭이나 톱작업이 수행되기도 한다.

▎17.5 압출

압출(extrusion)은 금속소재를 다이 구멍 속으로 강제로 밀어 넣어 원하는 단면 형상을 가진 제품을 만드는 압축성형 공정이다. 이 공정은 치약을 짜내는 것과 유사하다. 압출은 대략 1800년경부터 시

산업 공정으로서의 압출은 산업혁명 기간인 1800년경 기술 혁신으로 세계를 이끌던 영국에서 발명되었다. 그 발명은 납 파이프를 압출하기 위한 최초의 유압 프레스로 구성되었다. 1890년경 독일에서 중요한 발전이 있었다. 납보다 높은 용융점을

가진 금속을 압출하기 위해 처음으로 수평식 압출 프레스가 개발되었다. 이것이 가능했던 것은 램을 공작물 빌릿으로부터 분리한 압출판(dummy block)을 사용했기 때문이다.

작되었다(역사적 고찰 17.3) 현대적인 압출 공정에서는 다음과 같은 여러 장점을 찾을 수 있다. (1) 다양한 형상이 가능하다. 특히, 열간압출의 경우 더욱 그렇다. (2) 냉간 및 온간 압출로 강도와 조직 구조가 향상된다. (3) 냉간 압출의 경우 특히 엄격한 공차 관리가 가능하다. (4) 몇몇 압출 공정에서는 낭비되는 재료가 거의 혹은 전혀 없다.

17.5.1 압출 형식

압출은 여러 가지 방법으로 수행된다. 직접압출(direct extrusion)과 간접압출(indirect extrusion)을 구별하는 하나의 중요한 특징은 물리적 구조의 차이이다. 또 다른 분류 기준으로는 작업 온도에 따라 냉간, 온간, 열간압출로 분류하는 것이 있다. 마지막으로 압출은 연속 공정 혹은 단속 공정 중의 하나로 수행된다.

직접압출과 간접압출

직접압출(또는 전방압출)이 그림 17.30에 도해되어 있다. 금속 빌릿을 용기에 넣고 램으로 가압하여 용기 반대쪽에 있는 금형의 하나 혹은 여러 개의 구멍으로 강제로 재료를 밀어내는 작업이다. 램이 금형에 접근하더라도 빌릿의 일부분은 금형 구멍 속으로 압축되지 못하고 용기 속에 남는다. 이 남는 부분을 **버트**(butt)라고 하는데 금형 출구를 바로 지나 절단되어 제품에서 분리된다.

직접압출의 문제점 중 하나는 빌릿이 금형 구멍으로 미끄러져 가도록 가압이 되면서 공작물의 표면과 용기 벽 사이에 상당한 마찰이 발생한다는 것이다. 이로 인해 램 성형력이 상당히 증가한다. 열간압출의 경우 빌릿의 표면에 생기는 산화물 층 때문에 마찰 문제는 더욱 심각해진다. 이 산화물 층은 압출 제품에 결함을 유발시킬 수 있다. 이 문제를 해결하기 위해 램과 공작물 빌릿 사이에 압출판(dummy block)이 자주 사용된다. 압출판의 직경은 빌릿 직경보다 약간 작아서 좁은 링의 공작물 금속(거의 산화물 층)을 용기 속에 남겨 산화물이 없는 최종 제품이 생산되도록 돕는다.

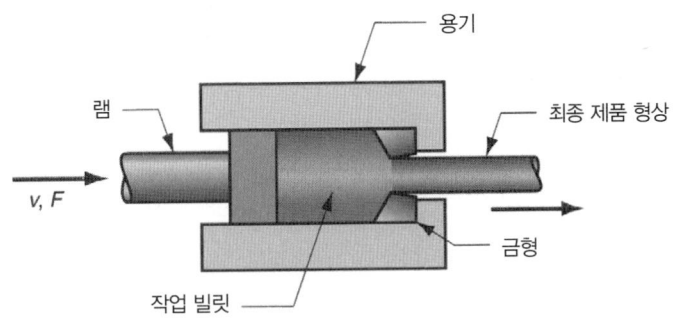

그림 17.30 직접 압출.

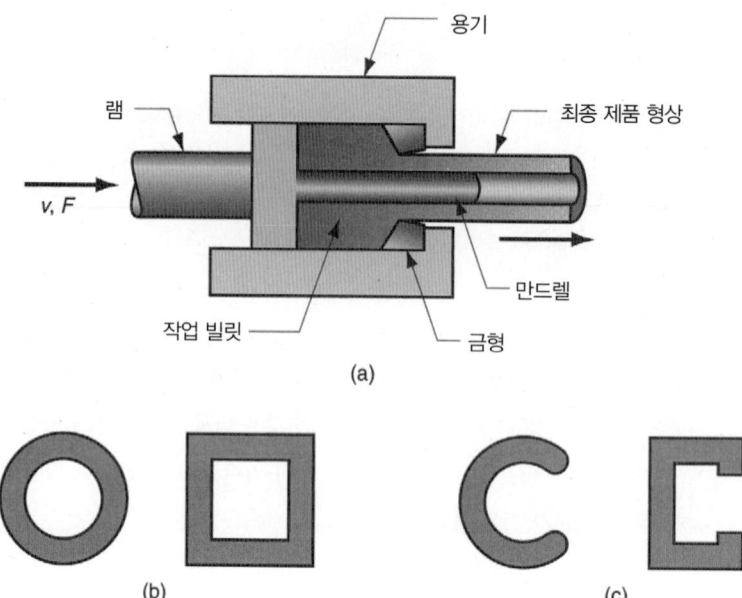

그림 17.31 (a) 중공 혹은 준 중공 단면을 만들기 위한 직접 압출, (b) 중공 단면, (c) 준 중공 단면.

중공 단면(예 : 튜브)도 그림 17.31에서처럼 직접압출로 만들 수 있다. 초기 빌릿은 그 축에 평행한 방향으로 구멍을 뚫어 준비한다. 이 구멍은 압출판에 붙은 만드렐의 통로를 확보해준다. 빌릿을 압축하면 재료가 만드렐과 다이 구멍 사이의 틈새를 통해 강제로 흐른다. 이로부터 튜브 형태의 단면이 만들어진다. 중공형 단면 형상도 보통 이와 같은 방법으로 압출이 된다.

직접압출에서 초기 빌릿의 단면 형상은 일반적으로 원형이다. 그러나 최종 형상은 다이 구멍 모양에 의해 결정된다. 다이 구멍의 가장 큰 치수는 빌릿의 직경보다 작아야 함은 분명한 사실이다.

그림 17.32(a)의 **간접압출**(또는 후방압출, 역방압출)에서는 금형이 용기의 반대편 끝 쪽보다는 램 쪽에 설치된다. 램을 공작물 쪽으로 밀면서 움직임에 따라 금속이 틈새를 통해 램의 진행 방향과 반대방향으로 빠져 나온다. 빌릿이 용기와 상대운동을 하지 않기 때문에 용기 벽에서 마찰이 발생하지 않고, 따라서 직접 압출보다 램 압출력이 낮다. 간접압출의 제한점으로는 중공 램의 강성이 낮고 금형을 빠져 나오는 압출품을 지지하기가 어렵다는 점이다.

간접압출로도 그림 17.32(b)와 같은 중공(튜브형) 단면 제품을 만들 수 있다. 이 방법에서 램으로 빌릿을 가압하면 재료가 램 주변으로 빠져 나와 컵 형상을 만든다. 이 방법으로 만들 수 있는 압출품의 길이에는 실제적으로 제한이 있다. 공작물의 길이가 길어지게 되면 램을 지지하는 것이 문제가 된다.

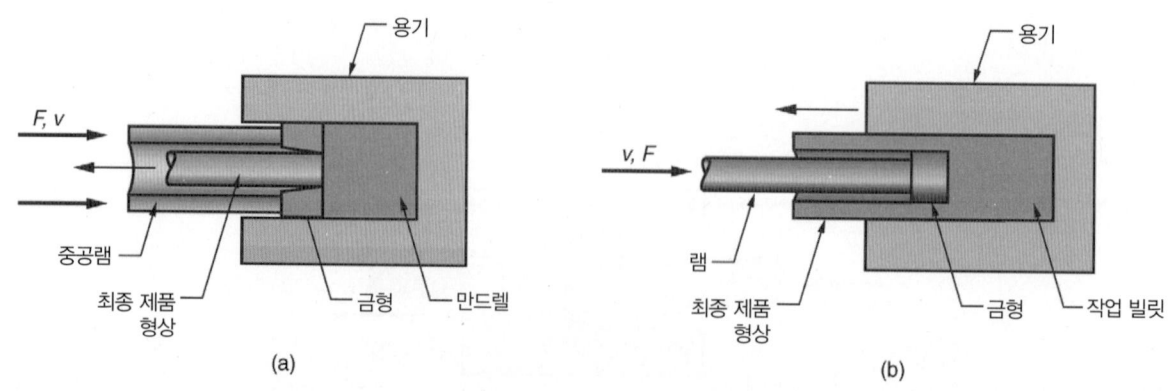

그림 17.32 간접압출. (a) 중실 단면 생산용, (b) 중공 단면 생산용.

열간압출과 냉간압출

압출은 금속에 따라 또는 변형량의 크기에 따라 열간 또는 냉간에서 수행될 수 있다. 열간에서 압출되는 전형적인 금속으로는 알루미늄, 구리, 마그네슘, 아연, 납 및 이들의 합금이 있다. 이 금속들이 냉간에서 압출될 때도 있다. 비록 연하고 높은 등급의 연강이 냉간 압출되기도 하지만, 강 합금은 보통 열간에서 압출된다(예 : 저탄소강, 스테인레스강). 알루미늄은 압출(열간 및 냉간)하기에 가장 이상적인 금속일 것이다. 상업용 알루미늄 제품 대부분이 이 공정으로 생산된다(구조용 자재, 문 및 창문 프레임).

열간압출(hot extrusion)에서는 먼저 빌릿을 재결정 온도 이상으로 가열한다. 이로써 강도를 낮추고 연성을 증가시키며 크기를 더 많이 줄일 수 있고 더욱 복잡한 형상을 만들어 낼 수 있게 된다. 또 다른 이점으로는 램 압출력의 감소, 램 속도의 증가, 최종 제품 내 결정립 유동의 감소 등이 있다. 빌릿이 용기와 접촉하면서 냉각되는 문제를 극복하기 위해서 **등온압출**이 사용되기도 한다. 열간압출을 적용하는 일부 금속(예 : 강)의 경우 윤활이 매우 중요하며 따라서 열간압출의 가혹한 조건 하에서도 효과적인 특수 윤활제가 개발되어 왔다. 유리가 윤활제로서 열간압출에 때때로 사용된다. 이것은 마찰을 감소시킬 뿐만 아니라 빌릿과 압출 용기 사이에 단열재 역할을 한다.

냉간압출(cold extrusion)과 온간압출은 흔히 최종 제품(혹은 근사 최종 제품) 형태로 불연속 제품을 만드는 데 사용된다. **충격압출**(impact extrusion)이라는 용어는 고속 냉간압출을 가리킬 때 사용된다. 이 방법에 대해서는 17.5.4절에서 더욱 상세히 설명되어 있다. 냉간압출의 몇 가지 중요한 이점으로는 변형 경화에 의한 강도 증가, 엄밀한 공차 관리, 표면 거칠기의 향상, 산화물 층 부재, 높은 생산속도 등이 있다. 상온에서의 냉간압출에서는 초기 빌릿을 가열할 필요가 없다.

연속압출과 단속압출

진정한 연속 공정은 정해지지 않은 기간 동안 정상 상태로 동작하는 것이다. 일부 압출 공정은 한 번의 사이클로 매우 긴 제품을 생산하기 때문에 이런 이상적인 상태에 근접한다. 그러나, 이런 공정에서도 압출 용기에 넣을 수 있는 빌릿의 크기로 인해 제한을 받는다. 따라서, 이런 공정을 준연속 공정으로 표현하는 것이 더 정확하다. 거의 모든 경우에 있어서 긴 제품은 후작업인 스웨이징 작업이나 전단작업을 통해 작은 길이의 제품으로 절단된다.

단속압출 공정에서는 각 압출사이클마다 하나씩의 제품이 생산된다. 충격압출이 단속압출 공정의 한 예이다.

17.5.2 압출의 공학적 해석

그림 17.33을 기초로 압출에서의 몇 가지 공정 인자에 대해 논의한다. 이 그림에서 빌릿과 압출품이 둥근 단면을 가진다고 가정한다. 중요한 한 가지 인자는 **압출비**(또는 축소비)이다. 이 비율은 다음과 같이 정의된다.

$$r_x = \frac{A_o}{A_f} \qquad (17.19)$$

여기서 r_x = 압출비, A_o = 초기 빌릿의 단면적(mm²), A_f = 압출품의 단면적(mm²)이다. 이 비율은 직접 및 간접압출 모두에 적용된다. 마찰과 과잉 일이 없는 이상적인 변형조건 하에서 r_x는 진변형률

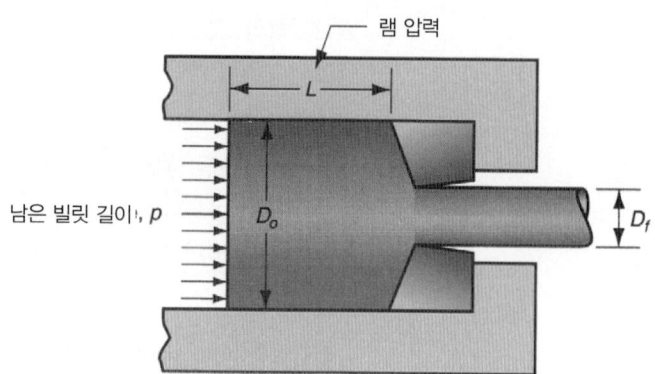

그림 17.33 직접압출에서의 압력과 기타 변수들.

을 구하는 데 사용될 수 있다.

$$\epsilon = \ln r_x = \ln \frac{A_o}{A_f} \tag{17.20}$$

이상적인 변형 가정(마찰과 과잉일이 없음) 하에서 그림에 묘사된 것과 같이 빌릿을 금형 구멍으로 밀어내는 램에 의해 가해지는 압력은 다음과 같이 계산된다.

$$p = \overline{Y}_f \ln r_x \tag{17.21}$$

여기서 Y_f = 변형 동안 평균 유동응력(MPa)이다. 편의상 앞 장의 식 (16.2)를 다시 적으면 다음과 같다.

$$\overline{Y}_f = \frac{K\epsilon^n}{1+n}$$

실제로 압출은 무마찰 공정이 아니므로, 위 식들은 압출 공정의 변형률과 압력을 전반적으로 저평가하고 있다. 압출 중에 빌릿이 점점 압착되어 금형을 통과함에 따라 금형과 공작물 사이에는 마찰이 존재한다. 직접압출에서도 마찬가지로 마찰이 용기 벽과 빌릿 표면 사이에 존재한다. 마찰은 금속의 변형률을 증가시키는 효과를 가져온다. 따라서 실제 압력은 무마찰을 가정한 식 (17.21)에서 계산되는 값보다 더 크다.

압출에 있어서 실제 진변형률과 램 압력을 계산할 수 있는 몇 가지 방법이 제안되어 왔다 [1], [3], [6], [11], [12], [19]. Johnson [11]에 의해 제안된 다음의 경험식이 압출에서의 변형률을 추정할 수 있는 것으로 받아들여지고 있다.

$$\epsilon_x = a + b \ln r_x \tag{17.22}$$

여기서 ϵ_x = 압출 변형률, a와 b는 주어진 다이 각도에 대한 경험 상수이다. 이 상수의 전형적인 값은 $a = 0.8$, $b = 1.2 - 1.5$이다. 금형 각이 증가하면 a와 b의 값도 증가하는 경향이 있다.

간접압출에서의 램 압력도 Johnson의 압출변형률 식을 근거로 다음과 같이 추정될 수 있다.

$$p = \overline{Y}_f \epsilon_x \tag{17.23a}$$

여기서 Y_f는 식 (17.22)의 압출변형률이 아니라 식 (17.20)의 이상적 변형률을 기초로 계산된다.

직접압출에서는 용기 벽과 빌릿 사이의 마찰 때문에 램 압력이 간접압출 때보다 더 커진다. 다음

식으로부터 직접압출 용기 내에서의 마찰력을 이끌어낼 수 있다.

$$\frac{p_f \pi D_o^2}{4} = \mu p_c \pi D_o L$$

여기서 p_f = 마찰을 이기기 위해 요구되는 추가 압력(MPa), $\pi D_o{}^2/4$ = 빌릿 단면적(mm²), μ = 용기 벽에서의 마찰계수, p_c = 용기 벽에 대한 빌릿의 압력(MPa), $\pi D_o L$ = 빌릿과 용기 벽 사이의 접촉면적(mm²)이다. 식의 오른쪽 항은 빌릿과 용기 사이의 마찰력이고, 왼쪽 항은 마찰을 이기기 위해 추가되는 램 압력력을 나타낸다. 최악의 경우 용기 벽에서 고착이 일어나고 그 결과 마찰에 의한 응력은 공작물 금속의 전단 항복강도와 같아진다.

$$\mu p_s \pi D_o L = Y_s \pi D_o L$$

여기서 Y_s = 전단 항복강도(MPa)이다. 만약 $Ys = \overline{Y}_f/2$ 라고 가정하면 p_f는 다음과 같다.

$$p_f = \overline{Y}_f \frac{2L}{D_o}$$

이러한 추론을 기초로 직접압출에서의 램 압력을 다음의 식으로 계산할 수 있다.

$$p = \overline{Y}_f \left(\epsilon_x + \frac{2L}{D_o} \right) \tag{17.23b}$$

여기서 $2L/D_o$ 항은 용기와 빌릿 접촉부에서의 마찰 때문에 추가되는 압력을 뜻한다. L은 압출되기 위해 남은 빌릿의 잔여 길이이고 D_o는 빌릿의 원래 직경이다. 잔여 빌릿의 길이가 줄어들면 p도 줄어듦을 알 수 있다. 직접 및 간접압출에서 램 행정에 따른 램 압력의 변화를 그림 17.34에 나타내었다. 식 (17.23b)는 램 압력을 과대 평가한다고 볼 수 있다. 윤활이 잘 되면 램 압력은 이 식으로 계산된 값보다 작을 수 있다.

직접 및 간접압출에서 램 압출력은 단순히 식 (17.23a) 또는 (17.23b)로부터의 압력 p와 빌릿 면적 A_o를 단순히 곱함으로써 구할 수 있다.

$$F = pA_o \tag{17.24}$$

여기서 F = 램 압출력(N)이다. 압출에 소요되는 동력은 다음과 같이 단순하다.

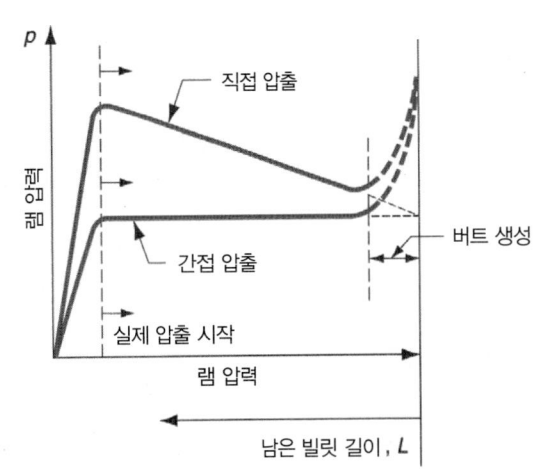

그림 17.34 집적 및 간접압출에 대한 램 압력 대 램행정(그리고 남은 빌릿 길이)의 전형적인 곡선. 직접압출에서 보다 높은 값은 용기 벽의 마찰에 기인한다. 곡선 시작점에서의 초기압력상승 형상은 금형각도(높은 금형각은 가파른 압력상승을 유발한다)에 의존한다. 행정 끝에서의 압력상승은 버트 생성과 관계가 있다.

$$P = Fv \tag{17.25}$$

여기서 P = 동력(J/s), F = 램 압출력(N), v = 램 속도(m/s)이다.

예제 17.3 압출 압력

길이 75 mm, 직경 25 mm인 빌릿이 압출비 r_x = 4.0으로 직접압출된다. 압출품은 둥근 단면을 가지고 있다. 금형각(반각)은 90°이다. 공작물의 강도계수 = 415 MPa, 변형경화지수 = 0.18이다. a = 0.8, b = 1.5의 Johnson 공식을 이용하여 압출변형율을 계산하여라. 램이 전방으로 이동할 때 빌릿의 끝에 작용하는 압력을 계산하여라.

풀이

빌릿 길이 L = 75 mm(초기 길이), L = 50 mm, L = 25 mm, L = 0 mm에서의 램 압력을 계산해 보자. 이상적인 진변형률, Johnson 공식을 이용한 압출변형률, 그리고 평균 유동응력을 계산하면 다음과 같다.

$$\epsilon = \ln r_x = \ln 4.0 = 1.3863$$
$$\epsilon_x = 0.8 + 1.5(1.3863) = 2.8795$$
$$\overline{Y}_f = \frac{415(1.3863)^{0.18}}{1.18} = 373\,\text{MPa}$$

L = 75 mm, 다이각 90°에서 빌릿 금속이 거의 즉각적으로 다이 구멍을 통과한다고 가정한다. 따라서, 빌릿 길이가 75 mm일 때 최대 압력에 도달한다고 가정하고 계산한다. 90°이하의 금형각 경우에는, 그림 17.34에서처럼 초기 빌릿이 압출 금형의 원뿔 부위로 압착되어 들어갈 때 압력이 최대값에 도달한다. 식 (17.23b)를 사용하여,

$$p = 373\left(2.8795 + 2\frac{75}{25}\right) = 3312\,\text{MPa}$$
$$L = 50\,\text{mm}: p = 373\left(2.8795 + 2\frac{50}{25}\right) = 2566\,\text{MPa}$$
$$L = 25\,\text{mm}: p = 373\left(2.8795 + 2\frac{25}{25}\right) = 1820\,\text{MPa}$$

L = 0: 직접압출에서 영의 길이는 가상적인 값이다. 실제로 공작물 전부를 다이 구멍으로 밀어 압출하는 것은 불가능하기 때문이다. 대신 빌릿의 일부분(butt)이 압출되지 않은 채 남게 되고 L이 0에 근접함에 따라 압력도 빠르게 증가한다. 행정 끝에서 압력이 이렇게 증가하는 모습을 그림 17.34의 램압력 대 램행정 곡선에서 볼 수 있다. 다음에 계산되는 값은 L = 0일 때 가상의 최소 램 압력 값이다.

$$p = 373\left(2.8795 + 2\frac{0}{25}\right) = 1074\,\text{MPa}$$

이 값은 빌릿 길이에 걸쳐 간접압출과 관련된 램 압력 값이기도 하다.

17.5.3 압출 금형 및 프레스

압출 금형의 중요한 인자는 다이각(die angle)과 구멍 형상이다. 금형각, 더 정확히 금형 반각은 그림 17.35(a)에서 α로 표시된다. 각도가 작으면 금형의 표면적은 크다. 따라서, 금형-빌릿 접촉부에서의 마찰이 증가한다. 높은 마찰은 큰 압출력을 유발한다. 반대로 큰 다이각은 단면이 줄어드는 동안 금속유동에서 난류(turbulence)를 더욱 유발시켜 필요한 압출력을 증가시킨다. 따라서 램 압출력에 미치는 금형각의 효과는 그림 17.35(b)에서처럼 U자형 함수이다. 가상의 그래프에서 제시되었듯이 최적의 금형각이 존재한다. 최적 각도는 여러 가지 인자(예 : 공작물 재료, 빌릿 온도, 윤활)에 영향을 받기 때문에 주어진 압출에 대해 구하기가 쉽지 않다. 실제로 금형 설계자는 적정 각도를 결정하는 데 경험적 법칙과 판단에 의존하게 된다.

앞서 논의한 램 압력에 관한 식 (17.23a)은 원형 구멍의 금형에 적용된다. 금형 구멍의 형상에 따라 압출에 필요한 램 압력이 달라진다. 그림 17.36에 보인 것 같은 복잡한 단면의 제품을 생산하기 위해서는 원형 형상에서 보다 더 높은 압력과 더 큰 압출력을 필요로 한다. 금형 구멍의 형상이 미치는 영향은 금형의 **형상인자**(shape factor)로 평가될 수 있다. 형상인자는 같은 면적의 원형 단면에 대비하여 주어진 단면 형상을 압출하는 데 필요한 압력의 비로 정의된다. 형상인자를 다음의 식으로 표현할 수 있다.

$$K_x = 0.98 + 0.02\left(\frac{C_x}{C_c}\right)^{2.25} \tag{17.26}$$

여기서 K_x = 금형 형상인자, C_x = 압출 단면의 둘레 길이(mm), C_c = 압출형상과 같은 면적 원의 원주 길이(mm)이다. 식 (17.26)은 Altan 등 [1]의 실험 결과에서 C_x/C_c 범위가 1.0에서 6.0까지의 경험 데이터를 근거로 만들어진 것이다. 따라서 이 범위를 많이 넘어설 경우 식이 올바르지 않을 수 있다.

식 (17.26)에 나타나 있듯이, 형상인자는 압출 단면의 둘레 길이를 동일한 면적을 가진 원 단면의 원주길이로 나눈 값의 함수이다. 원형 형상은 가장 간단한 것으로서 $K_x = 1.0$이다. 얇은 벽을 가진 중공 단면의 경우 형상인자 값이 높고, 따라서 압출하기가 더 어렵다. 오로지 원형 단면에만 적용되는 앞의 압력 식 (17.23a와 17.23b)에는 압력의 증가가 포함되지 않았다. 원형 단면이 아닌 일반적인 단면 형상의 경우 간접압출을 위한 식은

$$p = K_x \overline{Y}_f \epsilon_x \tag{17.27a}$$

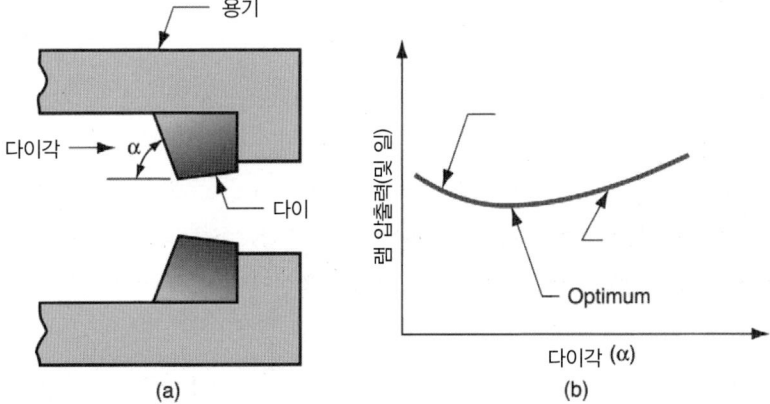

그림 17.35 (a) 직접압출에서의 다이각의 정의, (b) 램 압출력에 대한 다이각의 영향.

그림 17.36 복잡한 단면형상을 지닌 열발산(heat sink) 부품(Aluminum Company of America 제공).

이고, 직접압출에는 다음과 같다.

$$p = K_x \overline{Y}_f \left(\epsilon_x + \frac{2L}{D_o} \right) \tag{17.27b}$$

여기서 p = 압출압력(MPa), K_x = 형상인자, 기타 항목은 앞의 의미와 동일하다. 이 식으로 계산된 압력과 함께 식 (17.24)를 사용하여 램 압출력을 구할 수 있다.

열간압출에 사용되는 금형 소재로는 공구강과 합금강이 있다. 이러한 금형 재료가 가져야 할 중요한 성질로는 높은 내마모성, 높은 고온경도, 열 제거를 위한 높은 열전도성 등이다. 냉간 압출용 금형 소재로는 공구강과 초경합금(cemented carbides)이 있다. 내마모성과 높은 응력 하에서의 형상 유지 능력이 바람직한 성질이다. 초경합금은 높은 생산속도, 긴 금형 수명, 우수한 치수 조절이 요구될 때 주로 사용된다.

압출 프레스는 공작물의 축 방향에 따라 수평형 또는 수직형이 될 수 있으며, 수평형 프레스가 보다 일반적이다. 압출 프레스는 보통 유압식이다. 이것은 직접압출처럼 긴 제품을 생산하는 준연속 공정에 특별히 적합한 방식이다. 기계식 프레스는 충격압출처럼 단품을 냉간압출하는 데 자주 쓰인다.

17.5.4 기타 압출 공정

압출에서 주요 공정은 직접압출과 간접압출이다. 여기에 설명된 직접 및 간접압출의 특별한 경우에 해당되는 공정에 여러 가지 이름이 주어진다. 이 절에서 몇 가지 압출의 특별한 형식과 이와 관련된 공정에 대해 설명한다.

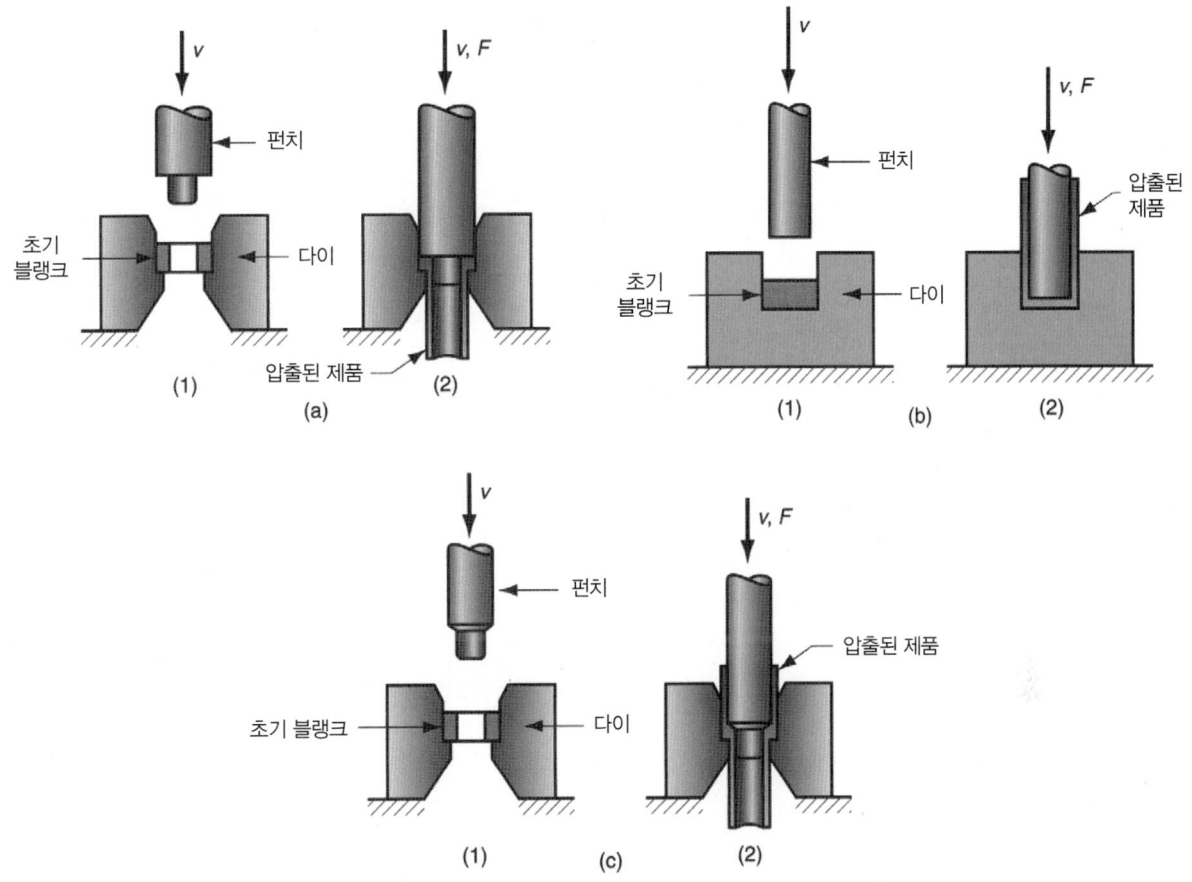

그림 17.37 충격압출의 몇 가지 예. (a) 전방, (b) 후방, (c) 전방과 후방의 조합.

충격압출

충격압출(impact extrusion)은 일반 압출에 비해 높은 속도와 짧은 행정으로 수행된다. 이는 개별 제품을 만드는 데 사용된다. 이름이 말해주듯이 펀치는 단순히 압력을 가하기보다는 공작물에 충격을 가한다. 충격은 전방압출, 후방압출 또는 두 조합으로 실행될 수 있다. 그림 17.37에 몇 가지 대표적인 예를 보였다.

충격압출은 여러 가지 금속을 사용하여 보통 냉간에서 수행된다. 후방충격압출이 가장 일반적이다. 이 방법으로 만들어지는 제품으로는 치약 튜브와 건전지용 원통용기 등이 있다. 예에 잘 나타나 있듯이 매우 얇은 벽을 가진 충격압출 제품이 가능하다. 충격이란 고속을 의미하므로 높은 생산속도와 큰 단면감소율을 이룰 수 있기 때문에 충격압출은 상업적으로 중요한 공정으로 간주된다.

정수압 압출

직접압출의 문제점 중 하나는 빌릿-용기 접촉면에서의 마찰이다. 이러한 문제는 그림 17.38에서처럼 빌릿이 유체에 잠기도록 한 다음 램을 전방으로 움직여 유체에 압력을 가해 해결될 수 있다. 이 방법으로 용기 내에 마찰을 완전히 없애고, 금형 구멍에서의 마찰을 줄일 수 있다. 따라서 램 압출력이 직접 압출에 비해 상당히 작게 된다. 빌릿 전면에 걸쳐 유체 압력이 작용하기 때문에 이런 이름이 붙게 되었다. 이 방법은 상온 또는 고온에서 수행될 수 있다. 고온에서는 특수 유체와 공정을 사용해야만 한다. 정수압 압출은 직접압출의 변종이라 할 수 있다.

공작물에 작용하는 정수압은 재료의 연성을 증가시킨다. 따라서, 이 공정은 재래식 압출 공정으로

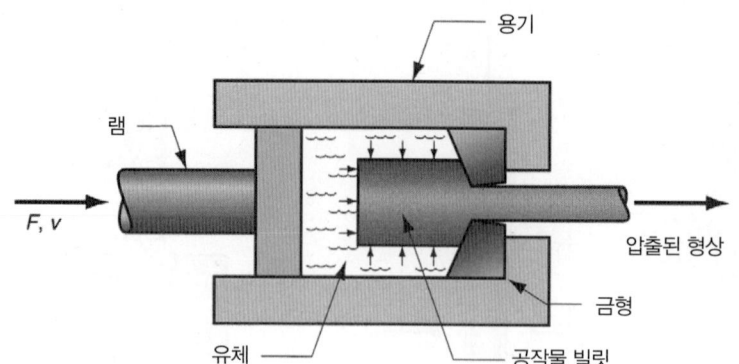

그림 17.38 정수압 압출

는 불가능한 취성이 매우 높은 금속에 적용할 수 있다. 연질 금속도 정수압 압출이 가능하며, 이 경우 매우 높은 단면 감소율을 얻을 수 있다. 이 공정의 단점 중 하나는 초기 빌릿을 알맞은 형태로 만들어야 한다는 것이다. 즉, 빌릿의 한쪽에 테이퍼를 만들어 금형 입구에 부드럽게 끼울 수 있도록 해야 한다는 것이다. 이렇게 해야만 용기 내에 초기 압력이 발생할 때 유체가 금형 구멍 사이로 분출되지 않는다.

17.5.5 압출 제품의 결함

압출 공정은 상당한 변형을 동반하기 때문에 압출된 제품에 많은 결함이 발생할 수 있다. 결함은 그림 17.39에 설명된 것처럼 다음과 같은 종류로 분류될 수 있다.

(a) **중심부 파열**(center burst). 이 결함은 압출되는 동안 공작물의 중심선을 따라 발생하는 인장응력으로 인한 내부균열이다. 비록 압출과 같은 압축 공정에서 인장응력이 발생하지 않을 것 같지만, 공작물의 중심축에서 멀리 떨어진 영역에서 큰 변형이 발생할 경우 이런 조건이 성립된다. 이들 외곽부에서 재료의 변형이 상당하게 되면 공작물의 중심을 따라 재료를 늘어나게 한다. 응력이 어느 정도 이상으로 커지게 되면 파열이 발생한다. 중심부 파열을 촉진하는 조건으로는 큰 금형각, 낮은 압출비, 균열의 시작점이 될 공작물 내 불순물 등이 있다. 중심부 파열을 탐지해내기는 쉽지 않다. 육안 검사로는 알 수 없는 내부 결함이기 때문이다. 이 결함의 다른 이름으로는 **화살머리형 파단**(arrowhead fracture), **중심부 균열**(center cracking), **셰브론 균열**(chevron cracking) 등이 있다.

(b) **파이핑**(piping). 파이핑은 직접압출과 관련된 결함이다. 그림 17.39(b)에서처럼, 이것은 빌릿의 끝에서 형성되는 함몰 구멍이다. 빌릿의 직경보다 약간 작은 압출판(dummy block)을 사용하

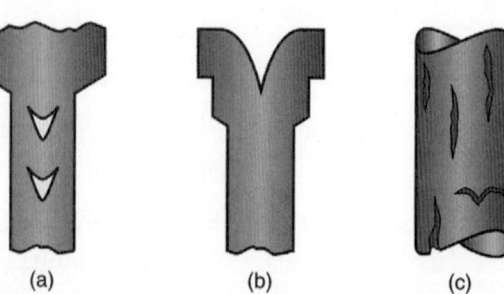

그림 17.39 압출에서의 일반적인 결함. (a) 중심부 파열, (b) 파이핑, (c) 표면 균열.

(a)　　　(b)　　　(c)

면 파이핑을 피하는 데 도움이 된다. 이 결함에 대한 다른 이름으로는 **테일파이프**(tailpipe)와 **피시테일링**(fishtailing)이 있다.

(c) **표면 균열**(surface cracking). 이 결함은 공작물의 온도가 높아서 표면에 균열이 발생하는 것을 말한다. 이것은 압출속도가 너무 높아서 변형률 속도가 높아지고 따라서 열이 발생될 때 일어난다. 표면 균열을 야기하는 기타 요인으로는 큰 마찰과 열간압출에서 고온 빌릿 표면의 냉각을 들 수 있다.

17.6 인발

용적변형 맥락에서 인발(drawing)은 그림 17.40에서처럼 봉재(bar), 소형봉재(rod) 또는 선재(wire)를 금형 구멍을 통해 잡아당김으로써 단면적을 줄이는 공정이다. 이 공정의 일반적인 특징은 압출과 유사하다. 다른 점은 압출이 공작물을 금형을 통해 밀어내는 반면, 인발에서는 공작물을 금형을 통해 잡아당긴다는 것이다. 인발에서는 인장응력이 분명하게 발생하지만 압축응력 또한 중요한 역할을 한다. 왜냐하면 공작물이 금형 구멍을 통과할 때 압착되기 때문이다. 이런 이유로 인발에서의 변형은 간접 압축으로 언급되기도 한다. 인발은 박판 금속가공(18.3절)에서도 사용되는 용어이다. 이 장에서 언급되는 인발의 영문 용어인 drawing을 금속박판의 동일한 이름인 drawing과 구별하기 위하여, 이 공정을 영문으로는 **wire and bar drawing**(선재 및 봉재 인발)으로 표기한다.

봉재 인발과 선재 인발의 기본적인 차이점은 공작물의 크기에 있다. **봉재 인발**(bar drawing)은 큰 직경의 봉과 바에 대해 사용되는 용어이고, 반면에 **선재 인발**(wire drawing)은 작은 직경에 대해 사용된다. 선재 직경 0.03 mm까지 선재 인발이 가능하다. 두 인발 공정의 역학이 동일함에도 불구하고, 방법, 장비, 심지어 사용 용어조차 약간의 차이가 있다.

봉재 인발은 일반적으로 **단일 구배** 공정(공작물이 한번 금형 구멍을 통과)으로 수행된다. 큰 직경을 가진 소재를 사용하기 때문에 공작물은 코일 형태로 감겨있지 않고 곧은 원통형이다. 이 때문에 인발될 공작물의 길이가 제한되므로 배치형(batch type) 작업이 필요하다. 이에 반해 선재 인발은 수백(또는 수천) 미터 길이의 와이어로 된 코일과 일련의 인발 금형들로 수행된다. 금형 수는 보통 4∼12개이다. **연속 인발**(continuous drawing)이라는 용어는 와이어 코일로 만들 수 있는 긴 생산 공정 때문에 이런 형태의 작업을 가리킬 때 사용된다. 여기서 와이어 코일은 진정한 의미에서의 연속 공정이 되도록 맞대기 용접으로 다음 코일을 앞의 코일과 연결시킬 수 있다.

인발 공정에서 공작물의 크기 변화는 보통 다음과 같이 정의되는 단면 감소율로 표현된다.

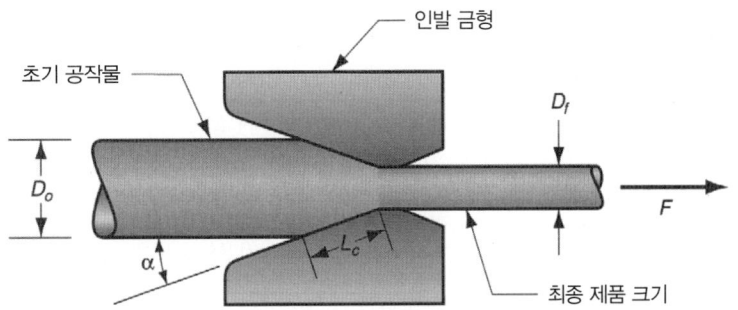

그림 17.40 봉재, 소형봉재, 혹은 선재 인발.

$$r = \frac{A_o - A_f}{A_o} \qquad (17.28)$$

여기서 r = 인발 단면감소율, A_o = 공작물의 초기 면적(mm^2), A_f = 최종 면적(mm^2)이다. 단면 감소율은 백분율로 표현되기도 한다.

봉재 인발, 소형봉재 인발, 업셋팅과 헤딩 공정용 굵은 직경의 선재 인발에 있어서 구배(draft)라는 용어는 소재의 전후 크기 차이를 나타내기 위해 사용된다. 구배는 단순히 초기 직경과 최종 직경의 차이이다.

$$d = D_o - D_f \qquad (17.29)$$

여기서 d = 구배(mm), D_o = 공작물의 초기 직경(mm), D_f = 공작물 최종 직경(mm)이다.

17.6.1 인발의 공학적 해석

이 절에서는 선재와 봉재의 인발 역학에 대해 살펴본다. 이 공정에서 응력과 인발력이 어떻게 계산되는가? 또한, 인발 공정에서 얼마나 큰 단면감소율이 가능한지도 고려한다.

인발 역학
인발에서 마찰과 과잉일(redundant work)이 없다면 진변형률은 다음과 같이 계산될 수 있다.

$$\epsilon = \ln \frac{A_o}{A_f} = \ln \frac{1}{1-r} \qquad (17.30)$$

여기서 A_o와 A_f는 앞에서 정의된 것처럼 공작물의 초기 및 최종 단면적을 각각 의미하고, r은 식 (17.28)로 주어진 인발 단면감소율이다. 이러한 이상적인 변형으로부터 얻어지는 응력은 다음과 같다.

$$\sigma = \overline{Y}_f \epsilon = \overline{Y}_f \ln \frac{A_o}{A_f} \qquad (17.31)$$

여기서 $\overline{Y}_f = K_\epsilon{}^n / 1 + n$ = 식 (17.30)에 의해 주어진 변형률에 기초한 평균 유동응력이다.

인발에서 마찰이 존재하고 작업 금속은 불균일한 변형을 겪기 때문에 실제 응력은 식 (17.31)에서 계산되는 것보다 더 크다. A_o/A_f 비 외에 인발응력에 영향을 끼치는 변수는 다이각과 공작물-다이 계면부에서의 마찰계수이다. 이런 인자들을 기반으로 인발응력을 예측하는 방법이 많이 제안되어 왔다 [1], [3], [19]. 여기서는 Schey [19]에 의해 제안된 식을 사용한다.

$$\sigma_d = \overline{Y}_f \left(1 + \frac{\mu}{\tan\alpha}\right) \phi \ln \frac{A_o}{A_f} \qquad (17.32)$$

여기서 σ_d = 인발응력(MPa), μ = 다이-공작물 간 마찰계수, α = 그림 17.40에 정의된 다이각(반각), ϕ = 불균일 변형을 나타내는 인자로서 원형 단면에 대해 다음 식으로 계산된다.

$$\phi = 0.88 \pm 0.12 \frac{D}{L_c} \qquad (17.33)$$

여기서 D = 인발공정 동안 공작물의 평균 직경(mm), L_c = 그림 17.40에서의 공작물과 인발 다이 간 접촉 길이(mm)이다. D와 L_c는 다음 식으로 결정된다.

$$D = \frac{D_o + D_f}{2} \tag{17.34a}$$

$$L_c = \frac{D_o - D_f}{2 \sin \alpha} \tag{17.34b}$$

그리고 이에 상응하는 인발력은 인발 단면적에 인발응력을 곱하여 얻을 수 있다.

$$F = A_f \sigma_d = A_f \overline{Y}_f \left(1 + \frac{\mu}{\tan \alpha}\right) \phi \ln \frac{A_o}{A_f} \tag{17.35}$$

여기서 F = 인발력(N)이고 다른 항목들은 위에서 정의된 것이다. 인발 공정에서 요구되는 동력은 인발력에 공작물의 출구 속도를 곱함으로써 계산된다.

예제 17.4 선재 인발에서의 응력과 힘

입구각 = 15°인 인발 금형을 통해 선재가 인발된다. 초기 직경은 2.5 mm이고 최종 직경은 2.0 mm 이다. 공작물-다이 계면의 마찰계수는 0.07이다. 금속 소재의 강도계수는 K = 205 MPa이고 변형 경화지수는 n = 0.20이다. 이 공정에서의 인발응력과 인발력을 계산하여라.

풀이
식 (17.33)을 사용하여 식 (17.34)의 D와 L_c를 결정할 수 있다. D = 2.25 mm이고 L_c = 0.966 mm이다. 따라서,

$$\phi = 0.88 + 0.12 \frac{2.25}{0.966} = 1.16$$

인발 전후의 면적은 A_o = 4.91 mm^2 그리고 A_f = 3.14 mm^{2}이다. 따라서 진변형률은 ϵ = ln(4.91/3.14) = 0.446이다. 그리고 평균 유동응력은 아래와 같이 계산된다.

$$\overline{Y}_f = \frac{205(0.446)^{0.20}}{1.20} = 145.4 \, \text{MPa}$$

인발응력은 식 (17.32)를 사용하여 계산된다.

$$\sigma_d = (145.4)\left(1 + \frac{0.07}{\tan 15}\right)(1.16)(0.446) = 94.1 \, \text{MPa}$$

마지막으로 인발력은 인발응력에 출구 쪽 선재의 단면적을 곱함으로써 얻을 수 있다.

$$F = 94.1(3.14) = 295.5 \, \text{N}$$

패스 당 최대 단면감소율
인발에 대해 가질 수 있는 의문 중 한 가지는 다음과 같다. 선재 인발에서 원하는 단면 감소율을 얻기

위해 왜 한 번 이상의 단계를 거쳐야 하는가? 압출에서처럼 하나의 금형으로 한 번에 전체 단면감소율을 이룰 수 없는가? 그 해답은 다음과 같이 설명될 수 있다. 앞에서의 식에서 분명히 알 수 있는 사실은 단면감소율이 증가하면 인발응력도 증가한다는 것이다. 단면감소율이 너무 크면 인발응력이 배출되는 금속의 항복강도를 초과할 것이다. 이런 상황이 발생하게 되면 인발된 선이 단지 늘어나기만 할 뿐 새 재료가 금형 구멍을 통하여 압축이 되지 않게 된다. 선재 인발이 성공하기 위해서는 최대 인발응력이 배출되는 금속 재료의 항복강도보다 반드시 작아야 한다.

최대 인발응력과 한 번의 패스 당 가능한 최대 단면감소율을 몇 가지 가정 하에서 간단하게 계산할 수 있다. 완전소성 금속($n = 0$), 무마찰, 그리고 무과잉 일을 가정한다. 이런 이상적인 경우에 가능한 최대 인발응력은 작업 재료의 항복강도와 같다. 이상적 변형조건 하에서 인발응력을 나타내는 식 (17.31)을 사용하고 $\overline{Y}_f = Y(n = 0$이기 때문에$)$라고 두면,

$$\sigma_d = \overline{Y}_f \ln \frac{A_o}{A_f} = Y \ln \frac{A_o}{A_f} = Y \ln \frac{1}{1-r} = Y$$

이다. 이것은 $\ln(A_o/A_f) = \ln(1/(1-r)) = 1$을 의미한다. 즉, $\epsilon_{\max} = 1.0$이다. $\epsilon_{\max} = 0$이 되기 위해서는 $A_o/A_f = 1/(1-r)$은 반드시 자연로그의 밑 e와 동일해야 한다. 따라서, 가능한 최대 면적비는,

$$\frac{A_o}{A_f} = e = 2.7183 \qquad (17.36)$$

이고 가능한 최대 단면감소율은 다음과 같다.

$$r_{\max} = \frac{e-1}{e} = 0.632 \qquad (17.37)$$

식 (17.37)로 주어진 값은 (1) 최대 가능 값을 낮추는 역할을 하는 마찰 및 과잉일 효과, (2) 출구 쪽 선재의 강도가 초기 금속 강도보다 높기 때문에 가능한 최대 단면감소율이 증가하는 변형경화의 효과를 무시했음에도 불구하고, 한 번의 인발에서 이론적으로 가능한 최대 단면감소율로 흔히 사용된다. 실제로 패스 당 단면 감소율은 이론적 한계치보다 많이 낮다. 산업 현장에서는 단일 구배 봉재 인발의 경우 0.5, 복수 구배 선재 인발의 경우 0.3의 단면감소율을 상한 값으로 간주한다.

17.6.2 인발작업

인발은 보통 냉간 공정에서 행해진다. 원형 단면의 제품을 만드는 데 가장 많이 쓰이고, 정사각형 및 기타 형상의 제품도 인발로 만들어진다. 선재 인발은 산업적으로 중요한 공정으로서 전선 및 케이블, 울타리용 선재, 옷걸이, 쇼핑용 카트 등을 위한 선재, 못 생산을 위한 봉재, 나사, 리벳, 스프링 등을 위한 봉 소재의 제품을 생산하는 데 사용된다. 봉재 인발은 절삭가공, 단조 및 기타 공정에 쓰일 금속 봉재를 생산하는 데 사용된다.

이러한 응용 분야에서 인발의 장점으로는, (1) 정밀한 치수 관리, (2) 우수한 표면 거칠기, (3) 강도나 경도와 같은 기계적 성질의 향상, (4) 경제적인 배치생산 또는 대량생산의 융통성 등이 있다. 인발 속도는 매우 가는 선의 경우 50 m/s에 이른다. 절삭가공용 소재를 만드는 봉재 인발의 경우, 인발 공정은 봉의 절삭성을 좋게 해준다(22.1절).

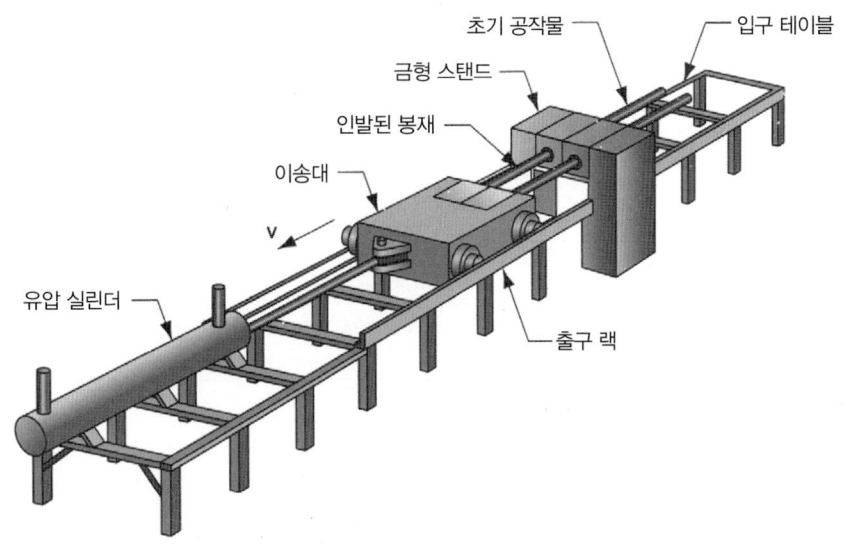

그림 17.41 금속 봉재 인발용 유압식 인발벤치.

인발 장비

봉재 인발은 **인발벤치**(draw bench)라는 기계로 수행된다. 인발벤치는 그림 17.41에서처럼 입구 테이블, 금형 스탠드(인발 금형을 포함), 이송대, 출구 랙으로 이루어져 있다. 이송대는 공작물을 인발 금형을 통해 당기는 역할을 하는 것으로 유압 실린더 또는 모터구동 체인으로 움직인다. 금형 스탠드는 한 개 이상의 금형을 수용할 수 있도록 설계되기 때문에 여러 개의 봉재를 동시에 각각의 금형을 통해서 잡아당길 수 있다.

선재 인발은 그림 17.42처럼 각 금형 사이의 드럼으로 분리된 복수의 인발 금형으로 구성된 연속 인발기계로 수행된다. 이러한 드럼을 **캡스턴**(capstan)이라고도 부르는데, 이들은 모터로 작동되며, 앞쪽의 금형을 통해 선을 인발하는 데 적당한 인장력을 제공한다. 또한, 다음 금형으로 들어가는 선재에 알맞은 장력을 유지시킨다. 각 금형은 각기 정해진 양의 단면 감소율을 달성하게 설계되어 있고, 따라서 연속된 다이를 통해 원하는 양의 전체 단면 감소율을 얻을 수 있다. 가공되는 금속과 전체 단면감소율 크기에 따라 다이 그룹 사이에 선재를 어닐링하는 장치가 필요할 때도 있다.

인발 금형

그림 17.43은 전형적인 인발 금형의 특징을 보여준다. 금형에는 네 가지 영역이 있다. (1) 입구 (entry), (2) 접근각, (3) 베어링 면(land), (4) 백 릴리프(back relief)가 그것이다. **입구** 영역은 보통

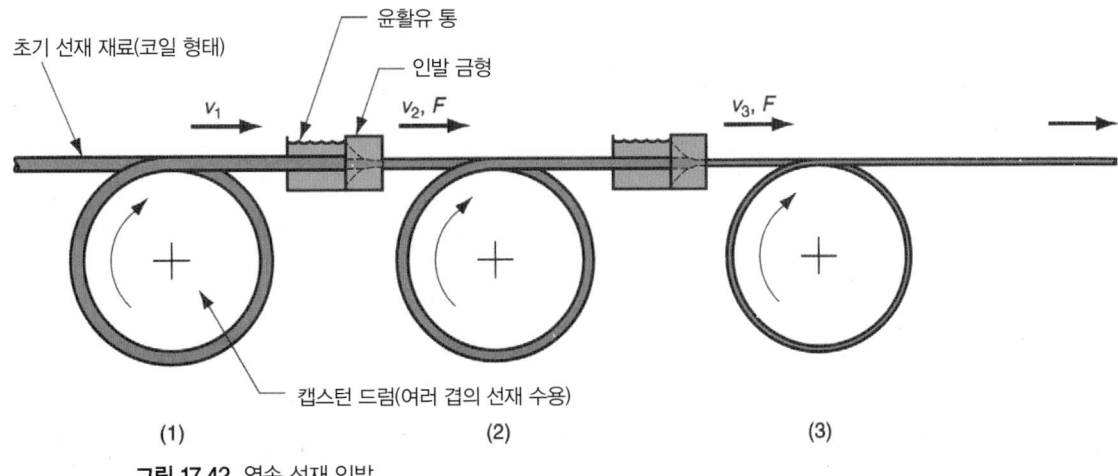

그림 17.42 연속 선재 인발

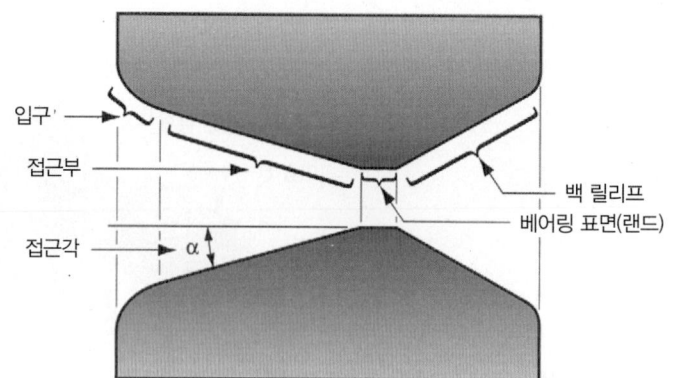

그림 17.43 둥근 봉재 혹은 선재 인발을 위한 인발 금형.

나팔형으로서 공작물과 접촉하지 않는다. 이것의 목적은 다이 속으로 윤활제를 흘려 넣어서 금형 표면과 공작물이 서로 긁히지 않도록 하는 것이다. **접근부**(approach)는 인발 공정이 실제 일어나는 영역이다. 이것은 원뿔 형상으로 보통 약 6°에서 20° 범위의 각(반각)을 가진다. 작업 재료에 따라 적정 각이 달라진다. **베어링 면**(bearing surface) 또는 **랜드**(land)는 최종 인발 제품의 크기를 결정한다. 마지막으로 **백 릴리프**(back relief)는 출구 영역이다. 이것은 약 30°의 백 릴리프 각(반각)을 가진다. 인발 금형은 공구강 또는 초경 합금으로 만들어진다. 고속 선재인발용 다이에는 마모 면에 다이아몬드(합성과 천연)로 만들어진 인서트가 흔히 사용된다.

공작물 준비

인발을 수행하기 전에 초기 소재를 알맞게 준비해야 한다. 준비단계는 세 가지 단계가 있다. (1) 어닐링, (2) 청정, (3) 포인팅이 그것이다. 어닐링(풀림)의 목적은 인발과정에서 변형이 제대로 일어나도록 재료의 연성을 증가시키는 것이다. 앞서 언급했듯이, 연속 인발에서는 각 단계 사이에 어닐링이 필요할 때가 있다. 청정은 공작물 표면과 인발 금형에 생길 수 있는 손상을 막기 위해 필요하다. 표면 불순물(예 : 산화물과 녹) 제거를 위해 화학적 처리 또는 샷 블라스팅(shot blasting)을 수행한다. 어떤 경우에는 청정 후 공작물 표면에 윤활유 처리를 하기도 한다.

포인팅(pointing)은 공작물 시작 부위의 직경을 줄여서 인발 금형에 쉽게 삽입될 수 있도록 가공하는 작업이다. 이것은 주로 스웨이징, 압연 또는 선삭으로 수행된다. 가공된 공작물의 뾰족한 부분을 이송대 조(carriage jaw) 또는 기타 장치로 잡은 다음 인발 공정이 시작된다.

17.6.3 튜브 인발

인발은 압출과 같은 타 공정으로 초기 튜브 작업을 마친 후, 이음매 없는 튜브와 파이프의 직경 또는 벽 두께를 줄이는 데 사용될 수 있다. 튜브 인발은 만드렐을 사용하거나 혹은 사용하지 않고 수행될 수 있다. 가장 단순한 방법은 그림 17.44에서처럼 만드렐을 사용하지 않고 직경을 줄이는 것이다. 이를 **튜브 싱킹**(tube sinking)이라고 부르기도 한다. 그림 17.44에 보인 것처럼 만드렐이 없는 튜브 인발의 문제점은 튜브의 내경과 벽 두께를 조절할 수 없다는 것이다. 이것이 만드렐이 사용될 수밖에 없는 이유이며, 이것의 두 가지 유형이 그림 17.45에 도해되어 있다. 그림 17.45(a)의 첫 번째 형식은 긴 지지대에 부착된 고정식 만드렐로 내경과 벽 두께를 조절하는 것이다. 실제로 지지대의 길이에 한계가 있기 때문에 이 방법으로 인발될 수 있는 튜브의 길이는 제한된다. 그림 17.45(b)의 두 번째 형식은 부동 플러그(floating plug)를 사용하는 것으로서, 그 모양은 금형의 단면 감소 영역에서 스

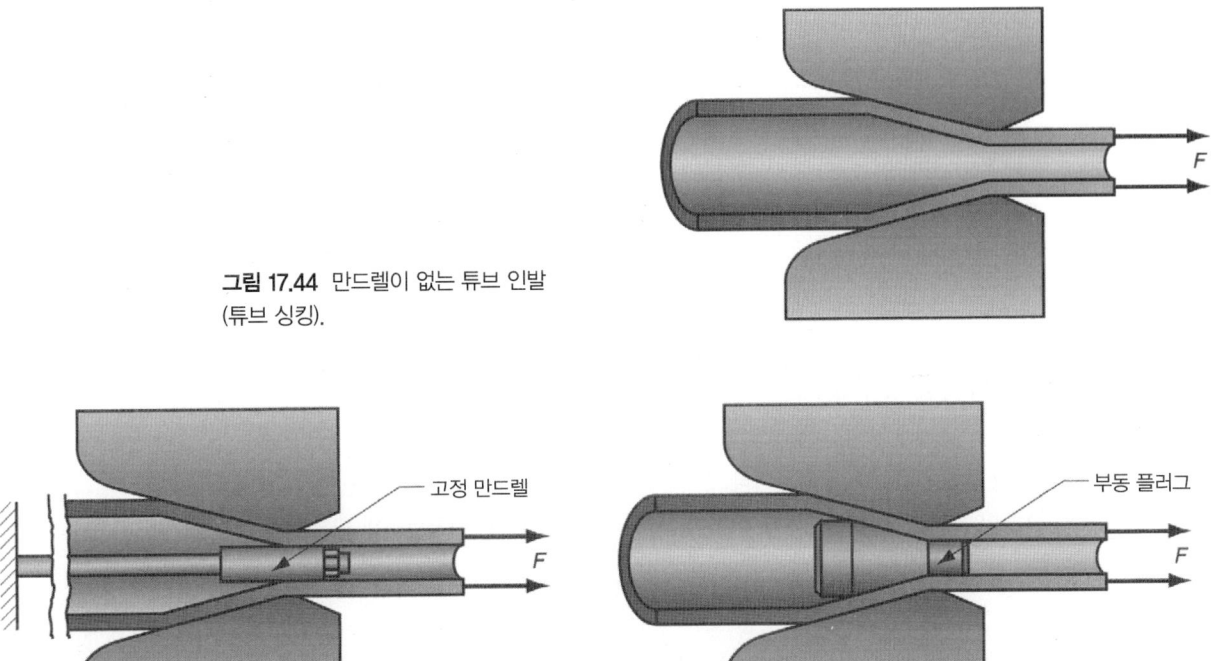

그림 17.44 만드렐이 없는 튜브 인발 (튜브 싱킹).

고정 만드렐

부동 플러그

(a)

(b)

그림 17.45 만드렐을 이용한 튜브 인발. (a) 고정 만드렐, (b) 부동 플러그.

스로 '중립' 위치에 있을 수 있도록 설계된다. 이 방법을 사용하면 고정식 만드렐과 달리 공작물 길이가 제한 받는 일은 없다.

참고문헌

[1] Altan, T., Oh, S-I., and Gegel, H. L. *Metal Forming: Fundamentals and Applications.* ASM International, Materials Park, Ohio, 1983.

[2] *ASM Handbook,* Vol. 14A, *Metalworking: Bulk Forming.* ASM International, Materials Park, Ohio, 2005.

[3] Avitzur, B. *Metal Forming: Processes and Analysis.* Robert E. Krieger Publishing Company, Huntington, New York, 1979.

[4] Black, J. T., and Kohser, R. A., *DeGarmo's Materials and Processes in Manufacturing,* 10th ed. John Wiley & Sons, Inc., Hoboken, New Jersey, 2008.

[5] Byrer, T. G.,et al. (eds.). *Forging Handbook.* Forging Industry Association, Cleveland, Ohio; and American Society for Metals, Metals Park, Ohio, 1985.

[6] Cook, N. H. *Manufacturing Analysis.* Addison-Wesley Publishing Company, Inc., Reading, Massachusetts, 1966.

[7] Groover, M. P."An Experimental Study of the Work Components and Extrusion Strain in the Cold Forward Extrusion of Steel," research report. Bethlehem Steel Corporation, Bethlehem, Pennsylvania, 1966.

[8] Harris, J. N. *Mechanical Working of Metals.* Pergamon Press, Oxford, UK, 1983.

[9] Hosford, W. F., and Caddell, R. M. *Metal Forming: Mechanics and Metallurgy,* 3rd ed. Cambridge University Press, Cambridge, UK, 2007.

[10] Jensen, J. E. (ed.). *Forging Industry Handbook.* Forging Industry Association, Cleveland, Ohio, 1970.

[11] Johnson, W."The Pressure for the Cold Extrusion of Lubricated Rod Through Square Dies of Moderate Reduction at Slow Speeds," *Journal of the Institute of Metals,* Vol. 85, 1956.

[12] Kalpakjian, S. *Mechanical Processing of Materials.* D. Van Nostrand Company, Inc., Princeton, New Jersey, 1967, Chapter 5.

[13] Kalpakjian, S., and SchmidS. R. *Manufacturing Processes for Engineering Materials,* 6th ed. Pearson Prentice Hall, Upper Saddle River, New Jersey, 2010.

[14] Lange, K. *Handbook of Metal Forming.* Society of Manufacturing Engineers, Dearborn, Michigan, 2006.

[15] Laue, K., and Stenger, H. *Extrusion: Processes, Machinery, and Tooling.* American Society for Metals, Metals Park, Ohio, 1981.

[16] Mielnik, E. M. *Metalworking Science and Engineering.* McGraw-Hill, Inc., New York, 1991.

[17] Roberts, W. L. *Hot Rolling of Steel.* Marcel Dekker, Inc., New York, 1983.

[18] Roberts, W. L. *Cold Rolling of Steel.* Marcel Dekker, Inc., New York, 1978.

[19] Schey, J. A. *Introduction to Manufacturing Processes,* 3rd ed. McGraw-Hill Book Company, New York, 2000.

[20] Wick, C., et al. (eds.). *Tool and Manufacturing Engineers Handbook,* 4th ed. Vol. II, *Forming.* Society of Manufacturing Engineers, Dearborn, Michigan, 1984.

복습문제

17.1 용적변형 공정이 상업적, 기술적으로 중요한 이유는 무엇인가?

17.2 네 가지 기본 용적변형 공적을 나열하여라.

17.3 용적변형 공정의 관점에서 롤링이란 무엇인가?

17.4 강의 압연에서 블룸(bloom), 슬래브(slab), 빌릿(billet)의 차이점은 무엇인가?

17.5 압연에 의해 만들어진 제품의 예 몇 가지를 나열하여라.

17.6 압연공정에서 구배(draft)는 무엇인가?

17.7 열간압연공정에서 고착현상(sticking)은 무엇인가?

17.8 평압연에서 압하력을 줄이기 위한 몇 가지 방법을 나열하여라.

17.9 2단식 압연기란 무엇인가?

17.10 역회전 압연기란 무엇인가?

17.11 평압연 및 형조압연 이외에 변형을 위해 롤을 사용하는 용적변형공정을 나열하여라.

17.12 단조란 무엇인가?

17.13 단조공정을 분류하는 한 가지 방식으로 금형에 대한 공작물의 구속 정도에 의한 것이 있다. 이 분류방법에 의한 세 가지 기본 형식을 나열하여라.

17.14 형단조에서 플래시 형성이 바람직한 이유는 무엇인가?

17.15 형단조의 관점에서 트리밍 공정은 무엇인가?

17.16 단조 장비의 두 가지 기본 유형은 무엇인가?

17.17 등온 단조란 무엇인가?

17.18 압출이란 무엇인가?

17.19 직접압출과 간접압출을 구별하여 설명하여라.

17.20 압출에 의해 생성되는 몇 가지 제품의 예를 들어라.

17.21 마찰이 직접압출에서는 램 압출력을 결정하는 인자이나 간접압출에서는 그렇지 않은 이유를 설명하여라.

17.22 압출에서의 중심부 파열 결점과 롤 피어싱 공정은 어떤 공통점을 가지는가?

17.23 선재인발과 바인발은 무엇인가?

17.24 선재인발에서 작업물이 인장응력을 받는 것은 당연함에도 불구하고 왜 압축응력 또한 인발에 영향을 미치는가?

17.25 선재인발공정에서 왜 인발응력이 작업금속의 항복응력을 넘으면 안 되는가?

17.26 (비디오) 성형에 관한 비디오에 따르면, 다양한 상황에서 단조제품의 기계적 성능을 사출제품보다 우수하게 만드는 주요한 요인은 무언인가?

17.27 (비디오) 단조에 관한 비디오에서 개금형 단조 동안 사용될 수 있는 액사서리 공구를 나열하여라.

17.28 (비디오) 성형에 관한 비디오에서 논의된 공정들을 나열하여라.

객관식문제(28개의 답)

17.1 평판 및 박판 강의 열간 압연 시 초기 공작물은 다음 어느 것인가? (한 개의 정답) (a) 봉재, (b) 빌릿, (c) 블룸, (d) 슬래브, (e) 선재.

17.2 압연공정에서 최대 가능 구배는 다음 중 어느 인자에 의존하는가? (두 개의 정답) (a) 롤과 작업물 사이 마찰계수, (b) 롤 직경, (c) 롤 속도, (d) 소재 두께, (e) 변형률, (f) 작업 금속의 강도 계수.

17.3 다음의 응력 혹은 강도 인자 중 롤 압하력 계산에 사용되는가? (한 개의 정답) (a) 평균 유동 응력, (b) 압축 강도, (c) 최종 유동 응력, (d) 인장 강도, (e) 항복 강

도.

17.4 다음 중 어느 압연기 형식이 상대적으로 작은 직경의 롤이 작업물과 접촉하는가? (두 개의 정답) (a) 클러스터 압연기, (b) 연속 압연기, (c) 4단식 압연기, (d) 역회전 압연기, (e) 3단식 압연기.

17.5 다음 중 파이프와 튜브를 생산할 수 있는 용적변형공정은 무엇인가? (세 개의 정답) (a) 압출, (b) 허빙, (c) 링 압연, (d) 롤 단조, (e) 롤 피어싱, (f) 튜브 싱킹, (g) 업셋팅.

17.6 다음의 어느 응력 혹은 강도 인자가 단조 공정에서 최대 힘 계산에 사용되는가? (한 개의 정답) (a) 평균 유동응력, (b) 압축 강도, (c) 최종 유동응력, (d) 인장강도, (e) 항복강도.

17.7 다음 중 개금형 단조와 밀접한 연관이 있는 공정은? (세 개의 정답) (a) 코깅, (b) 무플래시 단조, (c) 풀러링, (d) 형단조, (e) 만네스만 공정, (f) 피어싱 단조, (g) 소킹, (h) 업셋팅.

17.8 형단조에서 플래시는 성형 후 제품으로부터 반드시 제거되어야 하기 때문에 유용성이 없고 바람직하지 않다. (a) 참, (b) 거짓.

17.9 다음 중 단조공정에 해당하는 것은? (네 개의 정답) (a) 코이닝, (b) 풀러링, (c) 충격압출, (d) 롤 피어싱 (e) 스웨이징, (f) 나사 전조, (g) 트리밍, (h) 업셋팅.

17.10 다음 중 간접압출의 또 다른 이름은 무엇인가? (두 개의 정답) (a) 후방압출, (b) 직접압출, (c) 전방압출, (d) 충격압출, (e) 역방압출.

17.11 튜브 제품 생산은 간접압출에서 가능하나 직접압출에서는 그렇지 않다. (a) 참, (b) 거짓.

17.12 다음의 어느 응력 혹은 강도 인자가 압출 공정에서 압출력 계산에 사용되는가? (한 개의 정답) (a) 평균 유동응력, (b) 압축 강도, (c) 최종 유동응력, (d) 인장강도, (e) 항복강도.

17.13 다음 압출 공정 중에서 마찰이 압출력을 결정하는 인자인가? (a) 직접압출, (b) 간접압출.

17.14 완전소성 금속, 무마찰, 무과잉 일 조건하에서 이론적으로 가능한 최대 단면 감소율은 다음 중 어느 것인가? (한 개의 정답) (a) 0, (b) 0.63, (c) 1.0, (d) 2.72.

17.15 다음 중 목조 건설용 못 생산과 관련된 용적변형공정은 어느 것인가? (세 개의 정답) (a) 봉재, 선재 인발, (b) 압출, (c) 무플래시 단조, (d) 형단조, (e) 압연, (f) 업셋팅.

17.16 Johnson 식은 다음의 어느 용적변형공정과 연관이 있는가? (a) 봉재, 선재 인발, (b) 압출, (c) 단조, (d) 압연.

연습문제

17.1 두께 42 mm 저탄소강 판재가 한번의 압연으로 34 mm로 두께가 줄어든다. 두께가 줄어듦에 따라 판은 4% 넓어진다. 항복강도는 174 MPa, 인장강도는 290 MPa이다. 입구 속도는 15.0 m/min이다. 롤 반경은 325 mm이고 회전 속도는 49.0 rev/min이다. (a) 이와 같은 압연이 가능할 수 있는 최소 마찰계수, (b) 판재의 출구 속도, (c) 전방 슬립을 결정하여라.

17.2 슬래브의 두께는 5.0 cm, 폭은 25 cm, 길이는 3.6 m이다. 3단 열간압연 공정에 의해 두께를 줄이고자 한다. 각 단계에서 이전 두께의 75% 만큼 줄일 것이다. 슬래브는 각 단계에서 3% 넓어질 것으로 예상된다. 첫단계에서의 슬래브의 입구 속도는 3 m/min이고 롤 속도는 3단계에 걸쳐 모두 동일하다. (a) 길이, (b) 최종 단면 감소 후 슬래브의 출구 속도를 결정하여라.

17.3 역회전 2단식 압연기를 사용하여 여러 번의 냉간공정에 의해 판재의 두께를 50 mm에서 25 mm로 줄이고자 한다. 롤 직경은 700 mm이고 롤과 공작물 사이의 마찰계수는 0.15이다. 각 패스에서의 구배는 동일하게 유지되어야 하는 조건을 충족해야 한다. (a) 최소 요구 패스 수, (b) 각 패스 당 구배를 결정하여라.

17.4 이전 문제에서 구배 대신 백분율로 표시된 단면감소율이 각 패스당 모두 동일하다고 가정한다. (a) 최소 요구 패스 수는 얼마인가? (b) 각 패스 당 구배를 결정하여라.

17.5 연속 열간압연기가 두 개의 스탠드를 가지고 있다. 초기 판재의 두께는 25 mm이고 폭은 300 mm이다. 최종 두께는 13 mm이어야 한다. 각 스탠드에서 롤 반경은 250 mm이다. 첫 번째 스탠드의 회전속도는 20 rev/min이다. 각 스탠드마다 6 mm의 동일한 구배가 주어질 것이다. 판재는 그 두께에 비해 충분히 넓어 폭의 증가는 발생하지 않는다. 전방슬립이 각 스탠드마다 동일하다는 가정하에 다음을 결정하여라. (a) 각 스탠드에서의 속도, (b) 전방 슬립, (c) 첫 번째 스탠드 입구 속도가 26 m/min일 때, 각 압연 스탠드에서의 출구 속도.

17.6 연속 열간압연기가 여덟 개의 스탠드를 가지고 있다. 초기 슬래브의 치수는 다음과 같다. 두께 = 7.5 cm, 폭 = 37.5 cm, 길이 = 3 m. 최종 두께는 0.75 cm가 될 것이다. 각 스탠드에서의 롤 직경은 90cm이고, 스탠드의 1회 회전속도는 30 rev/min이다. 스탠드 1번 입구에서 슬래브의 속도는 72 m/min이었다. 압연 공정 중 슬래브의 폭의 변화는 없는 것으로 가정한다. 각각의 모든 스탠드에서 두께의 백분율 감소는 동일하며 전방슬립이 각 스탠드마다 동일할 것으로 예상된다. (a) 각 스탠드에서의 백분율 감소, (b) 압연 스탠드 2번~8번의 회전 속도, (c) 전방 슬립, (d) 스탠드 1번과 8번의 구배, (e) 스탠드 8번을 빠져 나오는 최종 판재의 길이와 속도를 결정하여라.

17.7 폭 250 mm, 두께 25 mm의 판재를 2단 압연기의 단일 패스를 통해 두께 20 mm로 줄이고자 한다. 롤 반경은 500 mm이고 속도는 30 m/min이다. 작업물의 강도계수는 240 MPa이고 변경경화지수는 0.2이다. (a) 압연력, (b) 압연 토크, (c) 이 공정을 완성하기 위해 필요한 동력을 결정하여라.

압연

17.14 원통형 공작물이 개금형에서 온간 업셋단조된다. 초기 직경은 45 mm이고 초기 높이는 40 mm이다. 단조 후 높이는 25 mm이다. 금형-공작물 간 마찰계수는 0.20이다. 공작물의 항복강도는 285 MPa이고 강도계수 = 600 MPa, 변형률경화지수 = 0.12이다. 다음 각각의 공정에서 성형력을 계산하여라. (a) 항복점에 도달했을 때(변형율 = 0.002에서 항복), (b) 높이 = 35 mm,

17.8 롤 반경 250 mm를 이용하여 문제 17.7을 계산하여라.

17.9 롤 반경 = 50 mm이고 클러스터 압연이라는 가정하에 문제 17.7을 계산하여라. 17.7과 17.8의 결과를 비교하여라. 그리고 롤 반경이 압연력, 토크, 그리고 동력에 미치는 중요한 효과에 대해 서술하여라.

17.10 폭 = 22.5 cm, 두께 = 11.20 cm, 길이 = 60 cm의 판재를 2단 압연기의 단일 패스를 통해 두께 9.6 cm로 줄이고자 한다. 롤은 5.50 rev/min 속도로 회전하고 롤 반경은 42.5 cm이다. 작업물의 강도계수 = 205 MPa이고 변형률경화지수는 = 0.15이다. (a) 압연력, (b) 압연토크, (c) 이 공정을 완수하기 위해 필요한 동력을 결정하여라.

17.11 단일 패스 압연공정을 통해 20 mm 두께의 판재를 18 mm로 줄이고자 한다. 초기 판재의 폭은 200 mm이다. 롤 반경 = 250 mm이고 회전속도는 12 rev/min이다. 작업물의 강도계수 = 600 MPa이고 변형률경화지수는 = 0.22이다. 이 공정을 완수하기 위해 필요한 동력을 결정하여라.

17.12 어느 열간압연기의 직경이 60 cm이다. 최대 압연력은 1780 kN이며 압연기의 최대 동력 75 kW이다. 3.75 cm 두께의 판재를 단일 패스 동안 최대 가능 구배에 의해 줄이고자 한다. 초기 판재의 폭은 25 cm이다. 열을 가한 상태에서, 작업물의 강도계수 = 140 MPa이고, 변형률경화지수는 = 0이다. (a) 최대 가능 구배, (b) 진변형률, (c) 공정 중 최대 압연 속도를 결정하여라.

17.13 위 문제 17.12에서 공정은 온간압연이며, 변형률경화지수 = 0.18이라고 가정하여 다시 계산하여라. 강도계수는 140 MPa로 변함이 없다.

(c) 높이 = 30 mm, (d) 높이 = 25 mm.

17.15 초기 직경과 높이가 각각 6.25 cm인 원통형 공작물이 개금형에서 온간 업셋단조로 높이가 3.75 cm로 성형된다. 금형-공작물 간 마찰계수는 0.10이다. 작업물의 K = 280 MPa, n = 0.15이다. 항복강도는 110 MPa이다. 다음의 공정에서의 성형력을 결정하여라. (a) 항복점에 도달했을 때(변형율 = 0.002에서 항복), (b) 높

이 = 5.75 cm, (c) 높이 = 5.25 cm, (d) 높이 = 4.75 cm, (e) 높이 = 4.25 cm, (f) 높이 = 3.75 cm.

17.16 초기 직경과 높이가 각각 6.25 cm, 10 cm인 원통형 공작물이 개금형에서 온간 업셋단조로 높이가 6.9 cm로 성형된다. 금형-공작물 간 마찰계수는 0.10이다. 공작물의 강도계수 = 170 MPa, 변형률경화지수 = 0.22이다. 성형력과 공작물 높이 관계를 도식하여라.

17.17 금속 못의 머리부분을 가공하기 위해 냉간 헤딩 공정이 수행된다. 강도 계수 = 600 MPa이고 변형률경화지수 = 0.22이다. 금형-공작물 간 마찰계수는 0.14이다. 못을 만들기 위한 선재의 초기 직경이 5.0 mm이다. 나사 머리부분의 직경은 9.5 mm, 두께는 1.6 mm가 된다. 최종 못의 길이는 120 mm이다. (a) 이 업셋팅 공정에서 충분한 부피를 제공하기 위해 어느 정도 길이의 공작물이 금형 밖으로 반드시 나와야 하는가? (b) 이 개금형 공정에서 못 머리부분을 성형하기 위해 반드시 필요한 최대 성형력을 계산하여라.

17.18 큰 사이즈의 평헤드를 가진 일반적인 못을 구하여라. 머리부 직경과 두께를 측정하여라. 또한 못의 자루(shank) 직경을 측정하여라. (a) 못을 성형하기 위한 충분한 부피를 제공하기 위하여 어느 정도 길이의 공작물이 금형 밖으로 반드시 나와야 하는가? (b) 이 재료에 대한 적절한 강도계수와 변경경화지수를 사용하여 헤딩 공정 중 머리부분을 성형하기 위한 최대 성형력을 계산하여라.

17.19 열간 업셋단조 공정이 개금형 형태로 수행된다. 초기

공작물의 직경 = 25 mm, 높이 = 50 mm이다. 이 공작물의 직경이 50 mm까지 업셋된다. 이 높은 온도에서 공작물은 85 MPa에서 항복한다($n = 0$). 금형-공작물 간 마찰계수는 0.40이다. (a) 공작물의 최종 높이, (b) 최대 성형력을 결정하여라.

17.20 최대 단조력 1,000,000 N을 낼 수 있는 유압식 단조프레스가 있다. 원통형 공작물이 냉간 업셋단조될 것이다. 초기 공작물은 직경 = 30 mm, 높이 = 30 mm이다. 작업물의 K = 400 MPa, n = 0.2이다. 마찰계수가 만일 0.1이라면 이 단조력으로 압축될 수 있는 공작물의 최대 높이 감소를 구하여라.

17.21 어느 부품이 폐금형에서 열간단조로 성형이 되도록 설계된다. 이 부품의 투영면적은 플래시를 포함하여 62.5 cm²이다. 부품의 형상은 매우 복잡하다. 열을 가함에 따라 작업물은 70 MPa에서 항복하고 변형경화 현상이 없다. 작업을 수행하기 위해 필요한 초대 성형력을 결정하여라.

17.22 커넥팅 로드가 폐금형을 이용하여 열간단조로 성형이 되도록 설계된다. 이 부품의 투영면적은 플래시를 포함하여 6,500 mm²이다. 금형 설계는 성형 과정 동안 플래시가 생성되도록 이루어졌으며 플래시를 포함하여 그 면적이 9,000 mm²가 될 것이다. 부품의 형상은 매우 복잡할 것이다. 열을 가함에 따라 작업물은 70 MPa에서 항복하고 변형경화 현상이 없다. 작업을 수행하기 위해 필요한 초대 성형력을 결정하여라.

압출

17.23 길이 = 100 mm, 직경 = 50 mm인 원통형 빌릿이 간접(후방)압출에 의해 직경을 20 mm로 줄이고자 한다. 다이각은 90°이다. 존슨 식의 a = 0.8, b = 1.4이고 강도 계수 = 800 MPa이고 변형률경화지수 = 0.13일 때 다음을 결정하여라. (a) 압출비, (b) 진변형률(균일 변형), (c) 압출 변형률, (d) 램 압력, (e) 램 압출력.

17.24 길이가 7.5cm이고 직경이 3.75 cm인 원통형 빌릿이 간접압출에 의해 직경을 0.09cm로 줄이고자 한다. 다이각은 90°이다. 존슨 식의 a = 0.8, b = 1.4이다. K = 520 MPa이고 n = 0.25일 때 다음을 결정하여라. 램 속도는 50 cm/min이다. (a) 압출비, (b) 진변형률

(균일 변형), (c) 압출 변형률, (d) 램 압력, (e) 램 압출력, (f) 동력.

17.25 길이가 75 mm이고 직경이 35 mm인 원통형 빌릿이 직접압출에 의해 직경을 20 mm로 줄이고자 한다. 다이각은 75°이다. 유동 곡선에서 K = 600 MPa이고 n = 0.25이다. 존슨 식의 a = 0.8, b = 1.4이다. 다음을 결정하여라. (a) 압출비, (b) 진변형률(균일 변형), (c) 압출 변형률, (d) L = 70, 60, 50, 40, 30, 20, 10 mm일 때 램 압력과 램 압출력.

17.26 길이가 5 cm이고 직경이 3.1 cm인 원통형 빌릿이 직접압출에 의해 직경을 1.25 cm로 줄이고자 한다. 다이

각은 90°이다. 유동 곡선에서 $K = 310$ MPa이고 $n = 0.20$이다. 존슨 식의 $a = 0.8$, $b = 1.5$이다. 다음을 결정하여라. (a) 압출비, (b) 진변형률(균일 변형), (c) 압출 변형률, (d) $L = 5, 3.75, 2.5, 1.25, 0.0$ cm일 때 램 압력.

17.27 초기 직경이 5 cm이고 초기 길이가 10 cm인 원통형 빌릿에 직접압출이 수행된다. 다이각은 60°이고 오리피스 직경은 1.25 cm이다. 존슨 식의 $a = 0.8$, $b = 1.5$이다. 열간공정에서 수행되며 가열된 금속은 90 MPa에서 항복하지만 이 과정에서 변형경화는 발생하지 않는다. (a) 압출비는 얼마인가? (b) 금속이 금형의 콘 부분으로 압축되어 금형을 통해 압출이 시작될 때의 램의 위치를 결정하여라. (c) 이 위치에 상응하는 램 압력은 무엇인가? (d) 만일 램이 금형 콘 시작부분에서 전방으로의 움직임을 정지한다면 최종 압출품의 길이는?

17.28 직경 = 5 cm이고 길이 = 7.5 cm인 알루미늄 빌릿이 간접압출되고 있다. 압출 후 최종 단면은 각 면의 길이가 2.5 cm인 정사각형이다. 다이각은 90°이다. 냉간압출이며 금속의 강도계수 $K = 180$ MPa, 변형률경화지수 $n = 0.20$의 유동곡선을 따른다. 존슨 식에서 $a = 0.8$, $b = 1.2$이다. (a) 압출비, 진변형률, 압출 변형률을 계산하여라. (b) 제품의 형상비는 무엇인가? (c) 행정 끝에서 용기에 남은 버트가 1.25 cm일 때 압출된 부분의 길이는 얼마인가? (d) 램 압력.

17.29 L자형 구조용 형강이 $L_o = 500$ mm, $D_o = 100$ mm인 알루미늄 빌릿으로부터 직접압출된다. 단면 치수는 그림 P17.29에 주어져 있다. 다이각은 90°이다. 다음

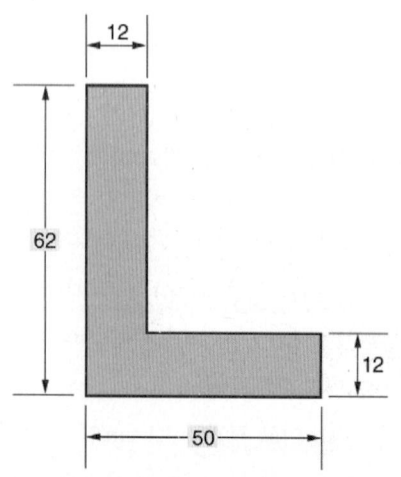

그림 P.17.29 문제 17.29의 제품(치수단위는 mm).

을 결정하여라. (a) 압출비, (b) 형상인자, (c) 램 행정의 마지막에 용기에 남아있는 버트가 25 mm일 때 압출된 제품의 길이.

17.30 문제 17.29의 알루미늄 합금의 유동곡선 특징은 다음과 같다. $K = 240$ MPa, $n = 0.16$. 만일 이 공적에서의 다이각이 90°이고 이에 상응하는 Johnson 변형률식의 $a = 0.8$, $b = 1.5$일 때, 압출 시작점에서 램을 전방으로 구동하기 위해 필요한 최대 압출력을 계산하여라.

17.31 직경이 50 mm인 알루미늄 슬러그(slug)로부터 컵 형상의 제품을 후방압출을 하고자 한다. 컵의 최종 치수는 OD = 50 mm, ID = 40 mm, 높이 = 100 mm, 컵 바닥 두께 = 5 mm이다. 다음을 결정하여라. (a) 압출비, (b) 형상인자, (c) 최종 치수를 얻기 위한 초기 슬러그의 높이, (d) 금속이 $K = 400$ MPa, $n = 0.25$.의 유동곡선을 따르고 Johnson 변형률식에서 $a = 0.8$, $b = 1.5$일 때, 압축력을 계산하여라.

17.32 그림 P17.32의 압출 금형 오리피스 형상에 대하여 각각의 형상 인자를 결정하여라.

17.33 직경 = 125 mm, 길이 = 350 mm인 황동(brass) 빌릿으로부터 그림 P17.32(a)의 단면 형상을 직접압출 공정에 의해 제조하고자 한다. 황동은 $K = 700$ MPa, $n = 0.35$의 유동곡선을 따른다. 변형률식에서 $a = 0.7$, $b = 1.4$일 때, 다음을 결정하여라. (a) 압출비, (b) 형상인자, (c) 용기에 남은 빌릿 길이가 300 mm인 공정점에서 램을 전방으로 움직이기 위해 요구되는 압출력, (d) 만일 용기에 남아있는 버트의 체적이 600,000 mm³이라면 공정의 끝에서 압출된 제품의 길이.

17.34 직접압출에서 그림 P17.32(b)와 같은 단면이 직경 = 100 mm, 길이 = 500 mm인 구리 빌릿으로부터 만들어진다. 구리의 유동곡선에서, 강도계수 = 300 MPa, 변형율경화지수 = 0.50이다. Johnson 변형률 식에서 $a = 0.8$, $b = 1.5$일 때 다음을 결정하여라. (a) 압출비, (b) 형상인자, (c) 용기에 남은 빌릿 길이가 450 mm인 공정점에서 램을 전방으로 움직이기 위해 요구되는 압출력, (d) 만일 용기에 남아있는 버트의 체적이 350,000 mm³이라면 공정의 끝에서 압출된 제품의 길이.

17.35 직접압출공정에서 그림 P17.32(c)에 나타난 단면이 직

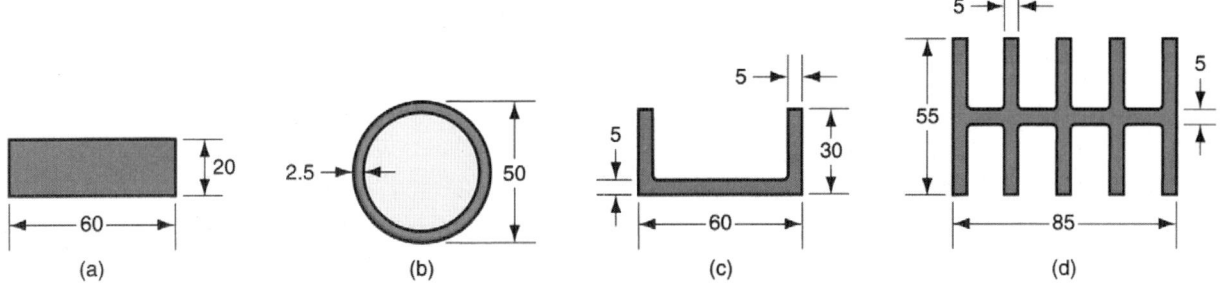

그림 P17.32 문제 17.32에 대한 단면 형상(치수는 mm). (a) 사각형 봉재, (b) 튜브, (c) 채널, (d) 냉각 핀.

경 = 150 mm, 길이 = 500 mm인 알루미늄 빌릿으로부터 만들어진다. 구리는 강도계수 = 240 MPa, 변형률경화지수 = 0.16의 유동곡선을 따른다. Johnson 변형률 식에서 a = 0.8, b = 1.2일 때 다음을 결정하여라. (a) 압출비, (b) 형상인자, (c) 용기에 남은 빌릿 길이가 400 mm인 공정점에서 램을 전방으로 움직이기 위해 요구되는 압출력, (d) 만일 용기에 남아있는 버트의 체적이 600,000 mm³이라면 공정의 끝에서 압출된 제품의 길이.

17.36 그림 P17.32(d)와 같은 단면의 제품을 직경 = 150

인발

17.37 선재의 초기직경이 2.5 mm이며 2.1 mm의 금형을 통해 인발된다. 입구각 = 18°이다. 금형-공작물 간 마찰계수는 0.08이다. 공작물은 강도계수 = 450 MPa, 변형률경화지수 = 0.26의 유동곡선을 따른다. 인발은 실온에서 수행된다. (a) 면적 감소, (b) 인발 응력, (c) 공정에 요구되는 인발력.

17.38 초기 직경이 1.25 cm인 봉재가 입구각 = 18°인 금형을 통해 인발된다. 봉재의 최종직경은 0.9 cm이다. 이 금속은 강도계수 = 450 MPa, 변형률경화지수 = 0.26의 유동곡선을 따른다. 금형-공작물 간 마찰계수는 0.1이다. 다음을 결정하여라. (a) 면적 감소, (b) 인발력, (c) 출구속도가 0.6m/sec일 때 공정수행을 위한 동력.

17.39 초기 직경이 90 mm인 봉재가 구배 = 15 mm로 인발

mm, 길이 = 900 mm인 알루미늄 빌릿으로부터 직접 압출공정으로 만들어진다. 알루미늄은 강도계수 = 240 MPa, 변형률경화지수 = 0.16의 유동곡선을 따른다. Johnson 변형률 식에서 a = 0.8, b = 1.5일 때 다음을 결정하여라. (a) 압출비, (b) 형상인자, (c) 용기에 남은 빌릿 길이가 850 mm인 공정점에서 램을 전방으로 움직이기 위해 요구되는 압출력, (d) 만일 용기에 남아있는 버트의 체적이 600,000 mm³이라면 공정의 끝에서 압출된 제품의 길이.

된다. 인발 금형의 입구각은 18°이며 금형-공작물 간 마찰계수는 0.08이다. 이 금속은 항복응력 105 MPa의 완전소성거동을 나타낸다. 다음을 결정하여라. (a) 면적 감소, (b) 인발 응력, (c) 인발력, (d) 출구속도가 1.0 m/sec일 때 공정수행을 위한 동력.

17.40 초기 직경이 0.31 cm인 선재가 단면감소율이 각각 0.20인 두 개의 금형을 통해 인발된다. 이 금속은 강도계수 = 275 MPa, 변형률경화지수 = 0.15의 유동곡선을 따른다. 각각의 금형은 12°의 입구각을 가지며 금형-공작물 간 마찰계수는 약 0.10이다. 금형 출구에서 캡스턴(capstan)을 구동하는 모터는 90% 효율로 1.1 kW를 전달한다. 봉재가 두 번째 금형을 나갈 때 선재의 최대 가능속도를 결정하여라.

Chapter

18

금속박판가공

18.1 절단 공정
18.1.1 전단, 블랭킹, 펀칭
18.1.2 금속 판재 절단의 공학적 해석
18.1.3 기타 금속박판 절단 공정
18.2 굽힘 공정
18.2.1 V-굽힘 및 모서리 굽힘
18.2.2 굽힘의 공학적 해석
18.2.3 기타 굽힘 및 성형 공정
18.3 드로잉
18.3.1 드로잉의 역학
18.3.2 드로잉의 공학적 해석
18.3.3 기타 드로잉 공정
18.3.4 드로잉 결함

18.4 기타 금속박판 성형공정
18.4.1 금속 공구로 수행되는 공정
18.4.2 고무 공구 공정
18.5 금속박판가공용 금형 및 프레스
18.5.1 금형
18.5.2 프레스
18.6 프레스를 사용하지 않는 금속박판 공정
18.6.1 연신성형
18.6.2 롤 굽힘 및 롤 성형
18.6.3 스피닝
18.6.4 고에너지속도 성형
18.7 튜브 소재의 굽힘

금속박판가공(sheet metalworking)은 비교적 얇은 금속 박판을 이용한 절단 및 성형 작업 등을 포함한다. 일반적인 금속박판의 두께는 0.4 mm에서 6 mm 사이이다. 두께가 약 6 mm를 넘어가면 박판이라는 이름 대신 판재라고 보통 불린다. 금속박판가공에 쓰이는 박판 또는 판재는 평압연으로 생산된다(17.1절). 가장 널리 사용되는 금속박판가공에 사용되는 소재는 저탄소강이다(0.06% ~ 0.15% C). 대부분의 제품 용도에 충분한 강도와 함께 낮은 가격과 우수한 성형성 등으로 인해 저탄소강은 금속박판가공을 시작하는 데 있어 이상적인 소재이다.

금속박판가공의 상업적 중요성은 상당하다. 박판이나 판재 금속 부품이 포함된 소비재 및 산업용 제품을 살펴보면 자동차 차체, 항공기, 철도 차량, 농업 및 건설 장비, 가전제품, 사무용 가구, 컴퓨터, 그 외 많은 제품들이 있다. 비록 이러한 예는 외장으로 금속박판이 사용되어 겉으로 쉽게 드러나는 것이지만, 많은 내부 부품도 또한 박판이나 판재로 만든다. 금속박판제품은 일반적으로 높은 강도, 높은 치수 정밀도, 우수한 표면, 상대적으로 저렴한 비용이라는 특징을 갖고 있다. 대량생산이 필요한 부품의 경우 금속박판을 사용하여 경제적인 대량생산 작업이 가능하도록 설계될 수 있다. 알루미늄 음료수 캔이 대표적인 예이다.

대부분의 금속박판가공은 상온에서 수행된다(냉간 가공). 재료가 두꺼울 때, 취성 금속일 때, 또는 심한 변형이 요구될 때에는 예외이다. 이럴 경우 열간 가공보다는 온간 가공으로 일반적으로 작업이 이루어진다.

대부분의 금속박판가공은 **프레스**(press)를 이용해 이루어진다. 단조와 압연용 프레스와 구별하기 위해 **스탬핑 프레스**(stamping press)라는 용어를 사용한다. 금속박판가공에 쓰이는 도구는 **펀치-금형**이다. **스탬핑 금형**(stamping die)이라는 용어 역시 사용된다. 금속박판 제품은 **스탬핑**이라 불린다. 대량생산을 위해 금속박판은 긴 스트립이나 코일의 형태로 프레스에 공급된다. 여러 가지 종류의 펀치-금형 공구와 스탬핑 프레스가 18.5절에 설명되어 있다. 이 장의 마지막 절은 스탬핑 프레스로 수행되지 않고 재래식 펀치-금형 공구를 사용하지 않는 여러 가지 공정에 관해 다룬다.

> **비디오클립**
> 금속 박판 전단 및 굽힘. 이 비디오는 전단과 굽힘에 관한 두 부분으로 구성되어 있다.

> **비디오클립**
> 금속 박판 스탬핑 금형과 공정. 비디오에 포함된 두 부분은 (1) 금속 박판 성형성, 그리고 (2) 기초 스탬핑 금형 공정이다.

금속 박판 공정의 주요 세 분류는 (1) 절단, (2) 굽힘, 그리고 (3) 인발이다. 절단은 대형 판재를 작은 조각으로 분리하고, 제품 주변부를 도려내고, 그리고 제품에 구멍을 만들기 위해 사용된다. 굽힘과 인발은 금속 판재를 원하는 형상으로 가공하기 사용된다.

18.1 절단 공정

금속박판의 절단은 두 개의 날카로운 절단 날에 의한 전단(shearing) 작용으로 수행된다. 전단작용은 그림 18.1의 4단계 스케치로 묘사되어 있듯이 상부 절단날(펀치)이 고정된 하부 절단날(금형)을 아래로 스쳐 지나가면서 이루어진다. 펀치가 공작물로 밀고 들어감에 따라 금속박판 표면에서 **소성변형**(plastic deformation)이 발생한다. 펀치가 아래로 더 움직이면 **진입**(penetration)이 일어나서 펀치가 박판을 압축하면서 자른다. 이 진입 영역은 일반적으로 박판 두께의 1/3 정도이다. 펀치가 공작물 쪽으로 더 전진함에 따라 양쪽 두 절단 날에서 **파단**(fracture)이 시작된다. 만약 펀치와 금형 사이의 간극이 정확하다면, 두 개의 파단선이 서로 만나서 공작물은 두 개의 조각으로 깨끗하게

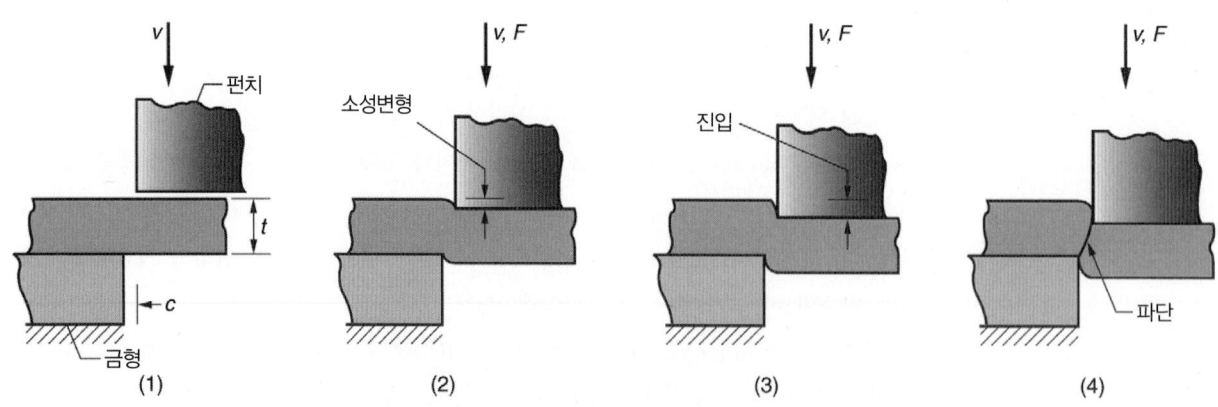

그림 18.1 두 개의 절단날에 의한 금속의 전단. (1) 펀치가 공작물과 접촉하기 직전. (2) 펀치가 공작물을 밀고 들어가면서 소성변형을 일으킴. (3) 펀치가 공작물에 진입하면서 매끄러운 절단면을 형성함. (4) 절단날에서 파단이 시작되어 박판이 분리됨. *v*와 *F*는 각각 운동과 작용력을 의미하고 *t* = 소재 두께, *c* = 간극이다.

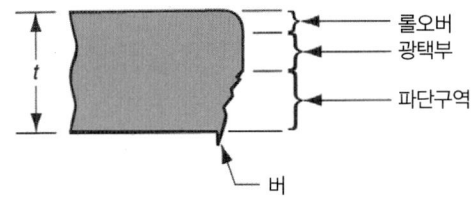

그림 18.2 공작물 전단부의 특징.

분리된다.

　박판의 전단부는 그림 18.2와 같은 특징을 가지고 있다. 절단면의 위쪽 영역을 **롤오버**(rollover, 눌린 부위)라고 부른다. 이것은 절단되기 전에 펀치에 의해 만들어진 함몰에 해당한다. 이는 공작물에서 초기 소성변형이 발생하는 지점이다. 롤오버 바로 아래는 상대적으로 매끄러운 영역으로 **광택부**(burnish)라고 불린다. 이것은 파단이 시작되기 전 펀치가 공작물 속으로 진입하면서 생긴 것이다. 광택부 바로 아래는 파단구역(fractured zone)으로 펀치가 계속 아래방향으로 전진하면서 파단이 발생한 상대적으로 거친 면을 가지고 있다. 마지막으로 절단면의 밑바닥에는 **버**(burr)가 발생한다. 이것은 금속이 최종 두 조각으로 분리되면서 금속의 인장에 의해 생긴 날카로운 모서리이다.

18.1.1 전단, 블랭킹, 펀칭

　전단 메커니즘에 의해 금속을 자르는 세 가지 주요 프레스 공정에는 전단, 블랭킹 및 펀칭이 있다.

　전단(shearing)은 그림 18.3(a)에 나타난 것처럼 두 개의 절단 날 사이의 직선을 따라 금속박판 절단을 수행하는 것이다. 전단은 전형적으로 큰 박판을 후공정에 쓰일 작은 박판으로 절단하는 데 쓰인다. 전단은 **동력전단기**(power shears) 또는 **사각전단기**(squaring shears)라고 불리는 기계로 수행된다. 동력전단기의 상부 날은 절단력을 줄이기 위한 목적으로 그림 18.3(b)처럼 보통 경사지게 설계된다.

　블랭킹(blanking)은 그림 18.4(a)처럼 소재로부터 닫힌 외곽선을 가진 부분을 한 번에 잘라내는 작업이다. 이렇게 잘린 부분은 원하는 제품이 되며 이를 **블랭크**(blank)라고 부른다. **펀칭**(punching)은 구멍을 생성하고 잘려 나온 부분이 **슬러그**(slug)라고 불리는 스크랩이 된다는 점을 제외하고 블랭킹과 유사하다. 즉, 남은 부분이 원하는 제품이 된다. 그림 18.4(b)에 그 차이점을 도해하였다.

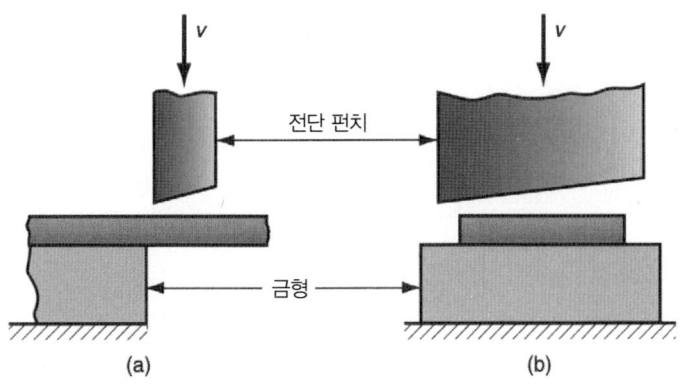

그림 18.3 전단공정. (a) 전단공정 측면도, (b) 기울어진 상부 절단날을 구비한 동력전단기의 정면도. v는 운동을 나타낸다.

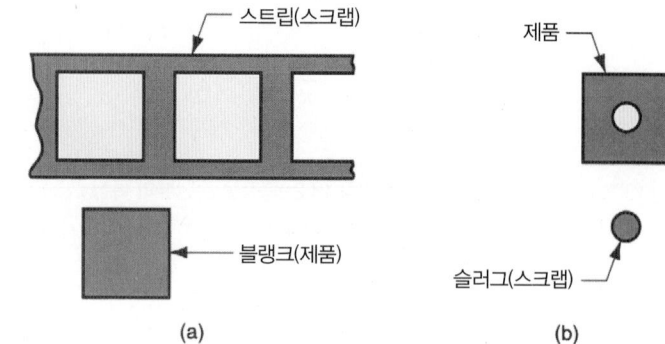

그림 18.4 (a) 블랭킹, (b) 펀칭.

18.1.2 금속 판재 절단의 공학적 해석

금속 박판 절단의 공정 변수는 펀치와 금형 사이의 간극, 소재의 두께, 금속의 종류와 그 강도, 절단 길이 등이 있다. 이들 인자들을 정의하고 상관관계에 대해 살펴보자.

간극

전단 공정에서 간극(clearance) c는 그림 18.1(a)에 보이는 것처럼 펀치와 금형 사이의 거리이다. 일반적인 프레스 작업에서 전형적인 간극 길이는 금속박판 두께 t의 4%에서 8% 범위이다. 부적절한 간극의 영향이 그림 18.5에 나타나있다. 만약 간극이 너무 작으면 파단선이 서로 만나지 못하고 지나가게 되어 이중의 광택부가 형성되고 절단력 상승을 유발한다. 만일 간극이 너무 크게 되면 재료가 절단 날 사이에 꽉 끼게 되고 과도한 버(burr)가 발생한다. 쉐이빙(shaving)이나 정밀 블랭킹(18.1.3절)처럼 매우 곧은 모서리를 요구하는 특수 가공에서는 간극이 단지 두께의 약 1% 정도에 지나지 않는다.

올바른 간극 길이는 금속박판 종류와 그 두께에 의존한다. 권장되는 간극 길이는 다음 식으로 계산된다.

$$c = A_c t \tag{18.1}$$

여기서 c = 간극(mm), A_c = 허용간극, t = 소재 두께(mm)이다. 허용간극은 금속의 종류에 따라 결정된다. 편의를 위해 금속은 각 그룹에 대해 해당 허용간극 값과 함께 표 18.1에 주어진 세 가지

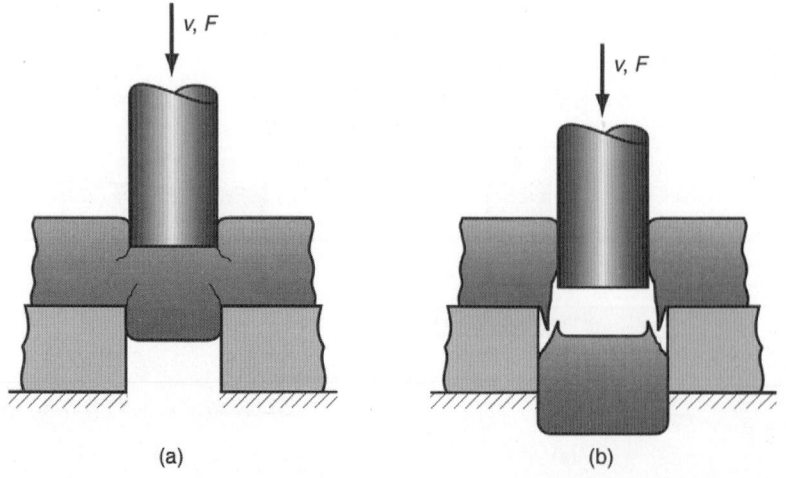

그림 18.5 간극의 영향. (a) 너무 작은 간극은 최적화보다 작은 파단과 과도한 힘을 유발함. (b) 너무 큰 간극은 과도한 버를 유발함. v와 F는 각각 운동과 작용력을 의미한다.

표 18.1 세 가지 금속 박판 그룹에 대한 간극허용(전단허용) 값.	
금속 그룹	A_c
알루미늄 합금(템퍼링 처리)	0.045
알루미늄 합금, 황동(템퍼링 처리), 냉간 압연 연강, 스테인리스 연강.	0.060
냉간압연강(반경화 처리), 스테인리스 강(반 경화 및 완전경화 처리)	0.075

문헌 [3]으로부터 편집함.

그룹으로 분류된다.

계산된 간극 값을 일반적인 블랭킹과 펀칭 작업에 적용하여 적정한 크기의 펀치와 금형 크기 결정에 적용될 수 있다. 금형 구멍은 펀치 크기보다 항상 커야 함은 명백하다. 간극 값을 다이 구멍 크기에 더하느냐 아니면 펀치 크기에서 빼느냐는 그림 18.6의 원형 제품에 대해 설명된 것처럼, 절단되는 제품이 블랭크 혹은 슬러그인지에 따라 결정된다. 전단날의 형상 때문에 박판에서 따내지는 제품의 외곽 치수는 구멍 크기보다 더 크다. 따라서 직경 D_b의 원형 블랭크를 따내기 위한 펀치와 금형의 크기는 다음과 같이 결정된다.

$$블랭킹 펀치 직경 = D_b - 2c \qquad (18.2a)$$
$$블랭킹 금형 직경 = D_b \qquad (18.2b)$$

직경 D_h의 원형 구멍을 따내기 위한 펀치와 금형의 크기는

$$구멍 펀치 직경 = D_h \qquad (18.3a)$$
$$구멍 금형 직경 = D_h + 2c \qquad (18.3b)$$

로 결정된다. 슬러그나 블랭크가 금형에서 떨어져 나오기 위해서는 각각의 측면에 0.25°에서 1.5°의 **각 간극**(angular clearance)이 필요하다(그림 18.7 참조).

절단력

절단력(cutting forces)은 요구되는 프레스 용량을 결정하기 때문에 절단력 추정은 중요하다. 금속 박판가공에서 절단력 F는 다음과 같이 결정된다.

$$F = StL \qquad (18.4)$$

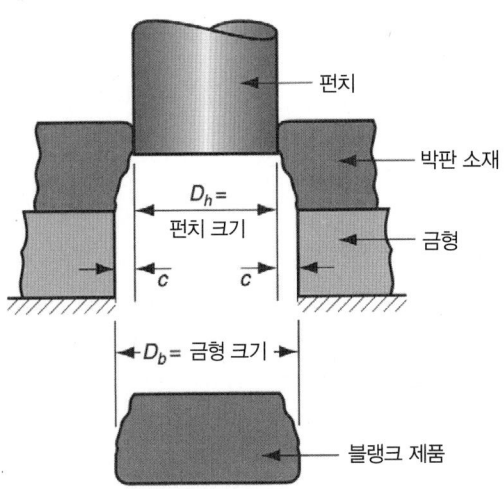

그림 18.6 금형 크기는 블랭크 크기 D_b를 결정한다. 펀치 크기는 구멍 크기 D_h를 결정한다. C = 간극.

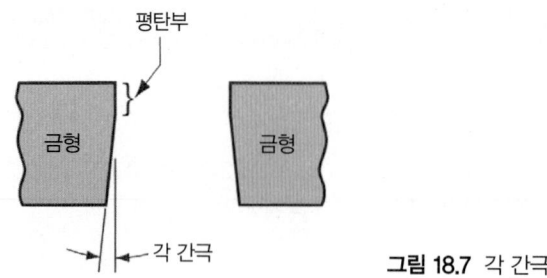

그림 18.7 각 간극.

여기서 S = 금속박판의 전단강도(MPa), t = 재료 두께(mm), L = 절단날 길이(mm)이다. 블랭킹, 펀칭, 슬로팅 및 이와 유사한 공정에서 L은 절단되는 블랭크나 구멍의 둘레 길이이다. L 값을 결정하는 데 있어 간극의 경미한 효과는 무시될 수 있다. 만약 전단강도를 알 수 없다면, 절단력을 추정하는 또 다른 방법으로 인장강도를 다음과 같이 사용하는 것이다.

$$F = 0.7(TS)tL \tag{18.5}$$

여기서 TS = 인장강도(MPa)이다.

절단력 추정을 위한 이 식들은 전체 전단길이 L에 걸쳐 동시에 절단이 일어난다고 가정하고 유도된 것이다. 이럴 경우 절단력은 최대가 될 것이다. 그림 18.3(b)처럼 펀치나 금형의 절단 날에 각도를 주어 최대 절단력을 낮추는 것이 가능하다. 이 각(**전단각**이라 함)으로 인해 절단부가 시간에 따라 조금씩 확대되며 모든 절단 과정 동안 절단력을 줄일 수 있게 된다. 하지만, 절단력이 순간에 집중되거나 긴 시간 동안 분포되는 것에 상관없이 공정에 필요한 전체 소요된 에너지는 동일하다.

예제 18.1 블랭킹 간극과 절단력

150 mm 직경의 원형 디스크가 전단 강도가 310 MPa이고 두께가 3.2 mm인 반경화 냉간 압연강 스트립으로부터 블랭킹된다. 다음을 결정하여라. (a) 적절한 펀치 및 금형 직경, (b) 블랭킹력 (blanking force).

풀이

(a) 표 18.1로부터 반경화 냉간압연강의 허용간극은 A_c = 0.075 이다. 따라서,

$$c = 0.075(3.2\,\mathrm{mm}) = \textbf{0.24 mm}$$

블랭크의 직경이 150 mm이고, 금형 크기가 블랭크 크기를 결정한다. 그러므로

$$\text{다이 구멍 지름} = \textbf{150.00 mm}$$
$$\text{펀치 지름} = 150 - 2(0.24) = \textbf{149.52 mm}$$

(b) 블랭킹력을 구하기 위해 제품의 전체 둘레가 한번에 절단된다고 가정한다. 절단면 길이와 힘은 아래와 같다.

$$L = \pi D_b = 150\pi = 471.2\,\mathrm{mm}$$
$$F = 310(471.2)(3.2) = \textbf{467,469 N}\,[\sim 53\,\text{tons}]$$

18.1.3 기타 금속박판 절단 공정

전단, 블랭킹, 펀칭 가공 외에 여러 다른 절단 공정이 있다. 각각의 절단 메커니즘은 위에서 논의된 전단 작용과 동일하다.

컷오프 및 분할

컷오프(cutoff)는 그림 18.8(a)에 보인 바와 같이 제품의 서로 마주보는 반대 면을 차례로 절단함으로써 박판 스트립으로부터 블랭크를 얻는 전단 공정이다. 절단이 한 번 이루어질 때마다 제품이 만들어진다. 일반 전단 작업과 구별되는 컷오프 작업의 특징은, (1) 절단 가장자리가 직선일 필요가 없고, (2) 스크랩이 발생하지 않도록 스트립에 블랭크가 분할배치 된다는 점이다.

 분단(parting)은 그림 18.8(b)에 보인 것처럼 블랭크의 서로 마주보는 면과 일치되는 두 개의 절단 날을 가진 펀치를 사용하여 박판 스트립을 절단하는 작업이다. 이 작업은 비정형 형상의 외곽선 때문에 블랭크가 완벽하게 분단배치되지 않는 제품을 만드는 데 쓰일 수 있다. 분단은 재료 일부가 버려진다는 점에서 컷오프보다 비효율적이다.

슬로팅, 천공, 노칭

슬로팅(slotting)은 펀칭 작업의 하나로 그림 18.9(a)에 도해된 것처럼 길게 늘어진 구멍 또는 직사각형 구멍을 잘라내는 데 쓰인다. **천공**(perforating)은 그림 18.9(b)처럼 금속박판에 구멍들의 패턴을 동시에 펀칭하는 작업이다. 구멍들의 패턴은 보통 장식적 목적이나 빛, 가스 또는 유체의 통로로 사용된다.

 블랭크로부터 원하는 외곽선을 얻기 위해 박판 금속 일부분이 노칭과 세미노칭에 의해 제거된다. **노칭**(notching)은 박판 혹은 스트립의 측면 부분 금속 일부를 절단하는 공정이다. **세미노칭**(semi notching)은 박판의 내부로부터 금속의 일부분을 제거한다. 이 공정은 그림 18.9(c)에 묘사되어 있다. 세미노칭은 펀칭이나 슬로팅 작업과 동일하게 보일 수 있다. 차이점은 세미노칭에 의해 제거된 금속이 블랭크의 외곽선을 형성하는 반면에 펀칭이나 슬로팅은 블랭크에 구멍을 만든다는 것이다.

트리밍, 쉐이빙, 정밀 블랭킹

트리밍(trimming)은 성형된 제품에서 잉여 금속 부분을 제거하여 치수를 맞추는 절단 작업이다.

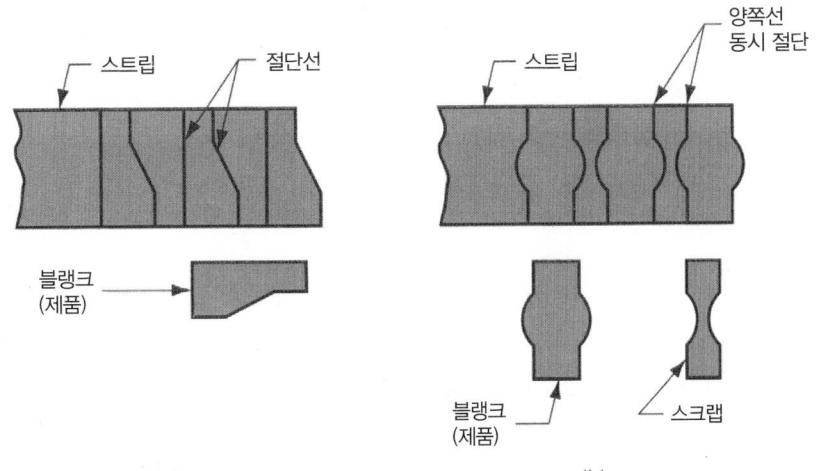

그림 18.8 (a) 컷오프, (b) 분단.

(a) (b)

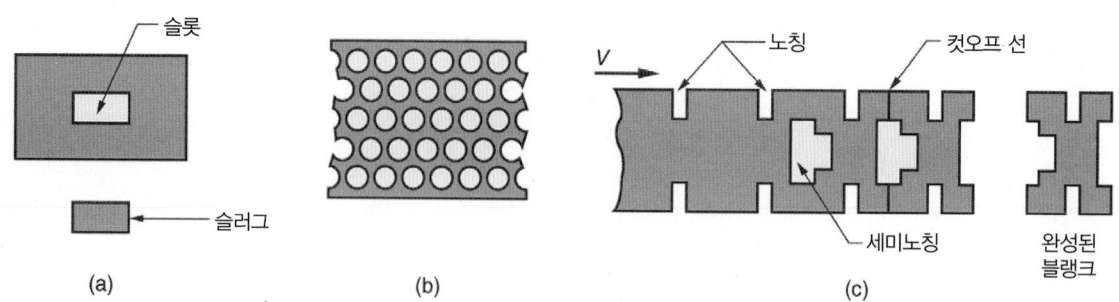

그림 18.9 (a) 슬로팅, (b) 천공, (c) 노칭 및 세미노칭. V는 스트립의 운동을 나타냄.

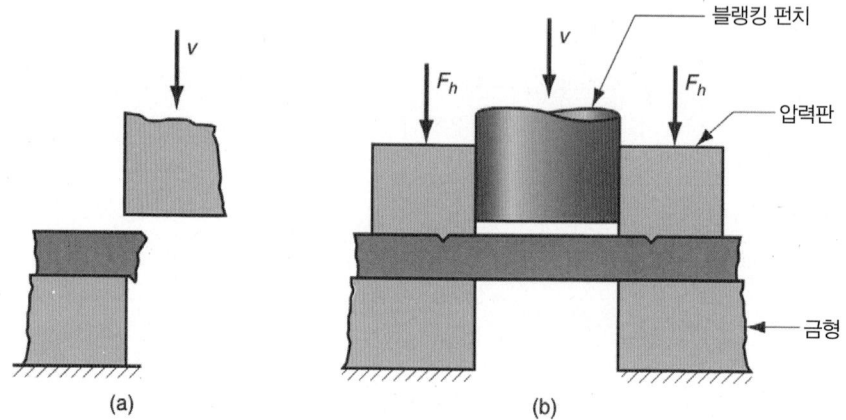

그림 18.10 (a) 쉐이빙, (b) 정밀 블랭킹. v = 펀치의 운동, F_h = 블랭크 고정력.

이 용어는 기본적으로 단조(17.4절)에서와 같은 의미이다. 금속박판가공에서 전형적인 예는 딥드로잉(deep drawing)된 컵의 상부를 원하는 치수만큼만 남기고 트리밍하는 것이다.

쉐이빙(shaving)은 그림 18.10(a)에서 묘사된 것처럼 매우 작은 간극을 이용하여 치수를 정밀하게 맞추고 절단면을 매끄럽고 곧게 만드는 전단 작업이다. 쉐이빙은 일반적으로 절단작업을 마친 부품에 대한 2차 공정 또는 다듬질 공정으로 사용된다.

정밀 블랭킹(fine blanking)은 그림 18.10(b)에 도해된 것처럼 한 번의 작업으로 정밀한 공차와 매끄럽고 곧은 절단면을 가진 금속박판 제품을 블랭킹하는 데 사용되는 전단작업이다. 작업시작 시 V형 돌기를 가진 압력패드(pressure pad)로 펀치에 인접한 공작물을 상대로 고정력 F_h를 가하여 압착하고 뒤틀림을 막는다. 이후 원하는 치수와 절단면을 얻기 위해 펀치가 정상 속도보다 낮은 속도와 작은 간극을 유지한 채 하강한다. 이 공정은 보통 소재 두께가 상대적으로 얇은 제품에 주로 사용된다.

18.2 굽힘 공정

금속박판가공에서 굽힘(bending)은 그림 18.11에서처럼 직선 축 주위로 금속에 변형을 가하는 것으로 정의된다. 굽힘 공정 동안, 중립면 안쪽의 재료는 압축되고 중립면 바깥쪽은 인장된다. 이러한 변형 조건은 그림 18.11(b)에서 볼 수 있다. 금속은 소성 변형되기 때문에 외부 응력이 제거되더라도 영구 변형된 상태를 유지한다. 굽힘은 박판의 두께를 거의 또는 전혀 변화시키지 않는다.

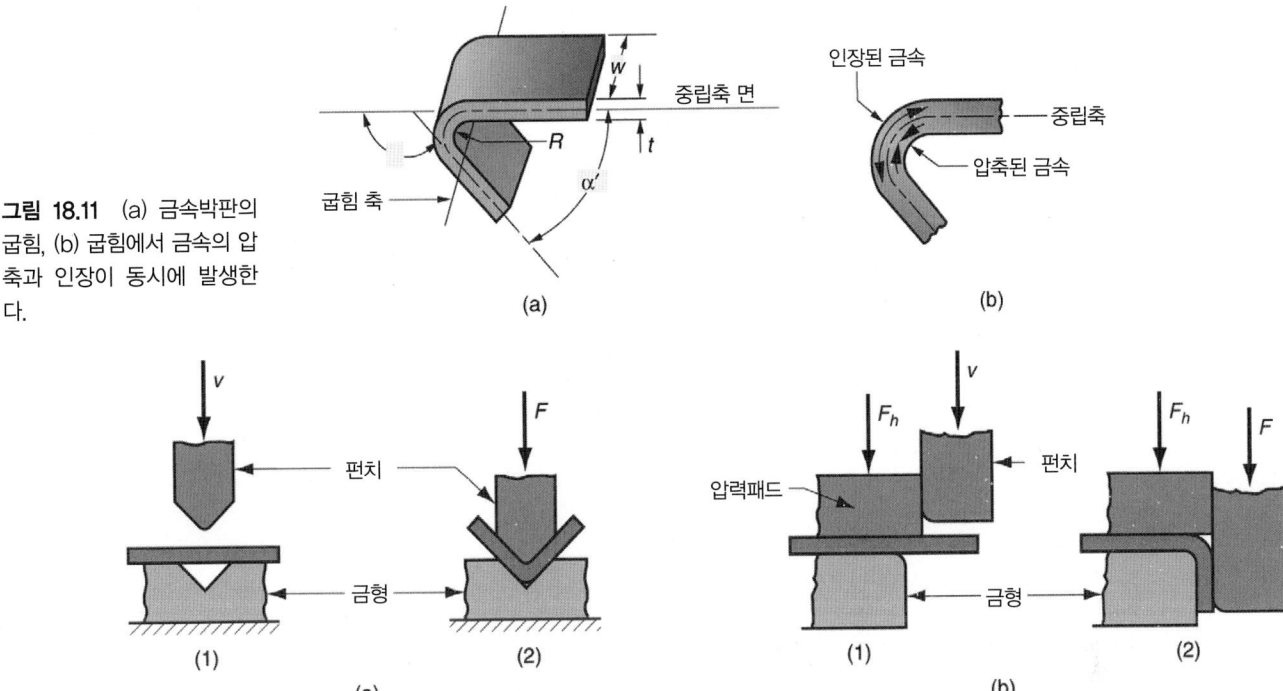

그림 18.11 (a) 금속박판의 굽힘, (b) 굽힘에서 금속의 압축과 인장이 동시에 발생한다.

그림 18.12 두 가지 일반적인 굽힘 공정. (a) v-굽힘, (b) 모서리 굽힘 (1) 굽힘 전 (2) 굽힘 후. v = 운동, F = 적용된 굽힘력, F_h = 블랭크 고정력.

18.2.1 V-굽힘 및 모서리 굽힘

굽힘 작업은 펀치와 금형으로 수행된다. 가장 보편적인 굽힘 방법 두 가지는 V-형 금형을 사용하는 V-굽힘, 그리고 와이핑 금형(wiping die)으로 수행되는 모서리 굽힘(edge bending)이다. 그림 18.12에 이 두 방법이 묘사되어있다.

V-굽힘(V-bending)에서는 V자형 펀치와 금형을 사용하여 금속박판을 구부린다. V-금형을 사용하여 둔각에서 예각에 이르기까지 어떤 내부 각도 만들 수 있다. V- 굽힘은 일반적으로 생산 수량이 적을 때 사용된다. 이 작업은 주로 프레스 브레이크(press brake)에서 수행되며(18.5.2절) V- 굽힘은 상대적으로 단순하고 가격이 저렴하다.

모서리 굽힘(edge bending)은 외팔보 형태의 박판에 하중을 가하여 수행된다. 압력패드로 힘 F_h를 가하여 제품을 금형으로부터 고정시킨 후 펀치로 금형 모서리를 따라 제품 테두리를 구부린다. 그림 18.12(b)에 보인 장치에서 모서리 굽힘이 낼 수 있는 각도는 90° 또는 그 이하의 각으로 제한된다. 좀 더 복잡한 와이핑 금형을 사용하면 90° 이상의 굽힘 각을 낼 수 있다. 압력패드 때문에 와이핑 금형은 V-금형보다 더 복잡하고 비싸다. 따라서 이 공정은 일반적으로 생산수량이 많은 작업에 사용된다.

18.2.2 굽힘의 공학적 해석

금속박판 굽힘 가공에 쓰이는 몇 가지 중요한 용어를 그림 18.11에 나타내었다. 두께 t의 금속이 굽힘 각 α로 굽혀진다. 이로써 내각 α′을 가진 금속박판 제품이 만들어진다. 여기서 α + α′ =

180°이다. 굽힘 반경 R은 통상적으로 중립축보다는 제품 안쪽 치수로 정의되며 굽힘에 사용되는 공구의 반경에 의해 결정된다. 굽힘은 공작물의 폭 w 전체에 걸쳐서 수행된다.

굽힘 여유

만약 굽힘 반경이 재료의 두께에 비해 상대적으로 작으면, 굽힘 동안 금속은 늘어나는 경향이 있다. 만일 금속이 늘어난다면 최종 제품 길이를 정해진 값으로 맞추기 위해서는 그 양을 계산할 수 있어야 한다. 문제는 최종 굽힘 단면의 신장량을 고려하기 위하여 굽힘 전 중립축 길이를 결정하는 것이다. 이 길이를 **굽힘 여유**(bend allowance)라고 하고 다음과 같이 계산한다.

$$A_b = 2\pi \frac{\alpha}{360}(R + K_{ba}t) \tag{18.6}$$

여기서 A_b = 굽힘 여유(mm), α = 굽힘각(도), R = 굽힘 반경(mm), t = 소재 두께(mm), K_{ba}는 신장 추정계수이다. K_{ba}에 대해 다음의 설계 값이 추천된다 [3]. 만약 $R < 2t$이면 $K_{ba} = 0.33$이고, $R \geq 2t$이면 $K_{ba} = 0.50$이다. 이것으로부터 굽힘 반경이 박판 두께에 비해 오로지 작을 경우에만 스트레칭이 일어남을 예측할 수 있다.

스프링백

변형 공정이 끝난 후 굽힘력이 제거되면 굽혀진 공작물 내에 남아있는 탄성에너지로 인해 변형량의 일부분이 원래의 형상 쪽으로 복원된다. 이런 탄성 복원을 **스프링백**(springback)이라고 부르며, 이것은 굽힘 공구의 내각에 대한 공구제거 후 구부러진 부품의 내각 증가량의 비로 정의된다. 그림 18.13에 이를 도해하였다. 식으로 표현하면 다음과 같다.

$$SB = \frac{\alpha' - \alpha'_t}{\alpha'_t} \tag{18.7}$$

여기서 SB = 스프링백, α' = 금속박판 부품의 내각, α'_t = 굽힘 공구의 내각(도)이다. 분명하지는 않지만, 탄성 회복으로 인해 굽힘 반경도 또한 증가한다. 스프링백 양은 작업 금속의 탄성계수 E와 항복강도 Y가 클수록 증가한다.

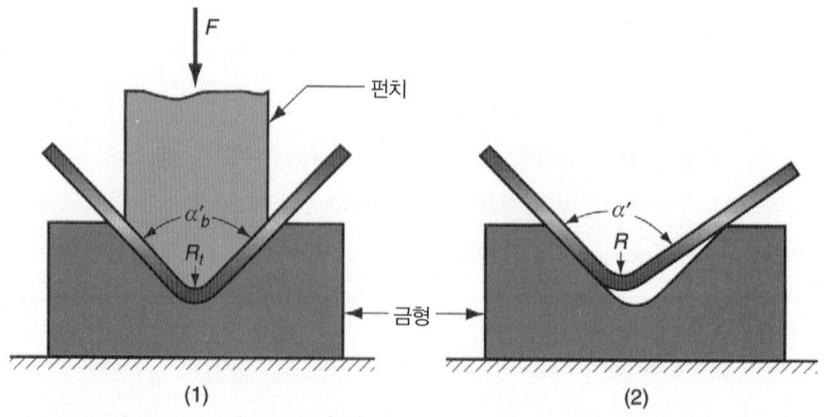

그림 18.13 굽힘에서 스프링백으로 인해 굽힘 각은 감소하고 굽힘 반경은 증가함을 나타냄. (1) 굽힘 가공 동안 소재가 공구(V−굽힘에서의 펀치)에 의해 정해진 반경, R_t 그리고 내각 α'_t로 강제 성형됨. (2) 펀치가 제거된 후 공작물이 반경 R과 α'로 스프링백됨. F = 적용된 굽힘력.

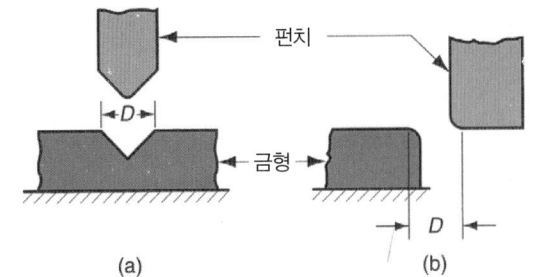

그림 18.14 금형 구멍 치수 *D*. (a) V-금형,
(b) 와이핑 금형.

스프링백은 여러 가지 방법으로 보정될 수 있다. 일반적으로 쓰이는 두 가지 방법은 과도굽힘과 바터밍이다. **과도굽힘**(overbending)은 펀치 각과 반경을 최종 제품에 명시된 각과 반경보다 조금 작게 만들어서 스프링백이 일어난 후에 원하는 치수가 나오도록 하는 방법이다. **바터밍**(bottoming)은 펀치 행정의 말기에 공작물을 강하게 눌러 굽힘 영역을 소성변형시키는 방법이다.

굽힘력

굽힘력(bending force)은 펀치 및 금형 형상, 소재 금속의 강도, 두께 및 길이에 의존한다. 최대 굽힘력은 다음의 식에 의해 추정될 수 있다.

$$F = \frac{K_{bf}(TS)wt^2}{D} \tag{18.8}$$

여기서 F = 굽힘력(N), TS = 금속박판의 인장강도(MPa), w = 굽힘 축 방향으로의 부품 폭(mm), t = 소재 두께(mm), D = 그림 18.14에서 정의된 금형 구멍 치수(mm)이다. 식 (18.8)은 단순보의 굽힘 역학에 근거한 것이므로 실제 굽힘 공정에서 나타나는 차이를 반영하기 위한 상수인 K_{bf}를 도입한다. 이 값은 굽힘 형태에 의존한다. V-굽힘의 경우 $K_{bf} = 1.33$, 모서리 굽힘의 경우 $K_{bf} = 0.33$이다.

예제 18.2 금속박판굽힘

금속박판 블랭크를 그림 18.15에 보인 것처럼 굽히고자 한다. 소재 금속의 탄성계수 $E = 205(10^3)$ MPa, 항복강도 $Y = 275$ MPa, 인장강도 $TS = 450$ MPa이다. (a) 초기 블랭크 사이즈, (b) V-금형을 사용하고 금형 구멍 크기 = 25 mm일 때의 굽힘력을 결정하여라.

풀이

(a) 초기 블랭크 폭 = 44.5 mm, 길이 = 38 + A_b + 25(mm)이다. 내각 $\alpha' = 120°$에 대하여, 굽힘 각 $\alpha = 60°$이다. $R/t = 4.75/3.2 = 1.48(< 2.0)$이므로, 식 (18.6)의 K_{ba}값은 0.33이다.

$$A_b = 2\pi \frac{60}{360}(4.75 + 0.33 \times 3.2) = 6.08 \text{ mm}$$

따라서 블랭크 길이 = 38 + 6.08 + 25 = 69.08 mm이다.

(b) 굽힘력은 $K_{bf} = 1.33$을 사용하여 식 (18.8)로부터 계산된다.

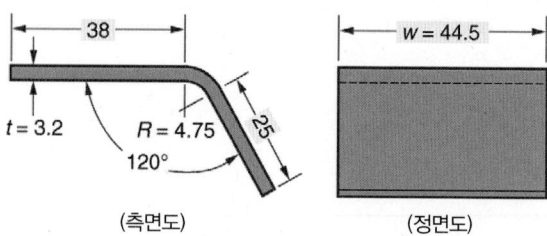

그림 18.15 예제 18.2의 금속박판 제품
(치수 단위는 mm).

$$F = \frac{1.33(450)(44.5)(3.2)^2}{2.5} = 10,909 \text{ N}$$

18.2.3 기타 굽힘 및 성형 공정

일부 박판 공정은 직선 축보다 곡선 축을 따라 굽힘을 행하는 경우를 포함하고 있거나 혹은 위에서 언급된 굽힘 작업과 구별되는 특징을 가진 공정도 있다.

플랜징, 헤밍, 시밍, 컬링
플랜징(flanging)은 금속박판 공작물의 모서리를 90°(주로) 각도로 굽혀 림(rim) 또는 플랜지를 형성하는 굽힘 작업이다. 이것은 금속박판을 강화하기 위해 주로 쓰인다. 플랜지는 그림 18.16(a)처럼 직선 굽힘축을 따라 성형되기도 하고 (b), (c)처럼 신장이나 수축이 동반할 수도 있다.

헤밍(hemming)은 박판의 모서리를 한 번 이상 굽혀서 포개는 작업이다. 이것은 제품의 날카로운 모서리를 없애고 강성을 증가시키고 외관을 미려하게 하기 위해 수행된다. **시밍**(seaming)은 두 개의 박판 모서리를 서로 결합하는 작업과 연관이 있다. 헤밍과 시밍을 그림 18.17(a), (b)에 나타내었다.

컬링(curling) 혹은 **비딩**(beading)이라 불리는 공정은 그림 18.17(c)에서처럼 공작물의 모서리를

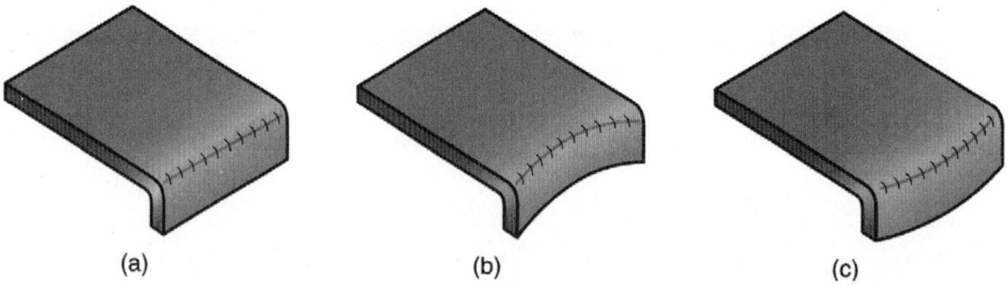

그림 18.16 플랜징. (a) 직선 플랜징, (b) 신장 플랜징, (c) 수축 플랜징.

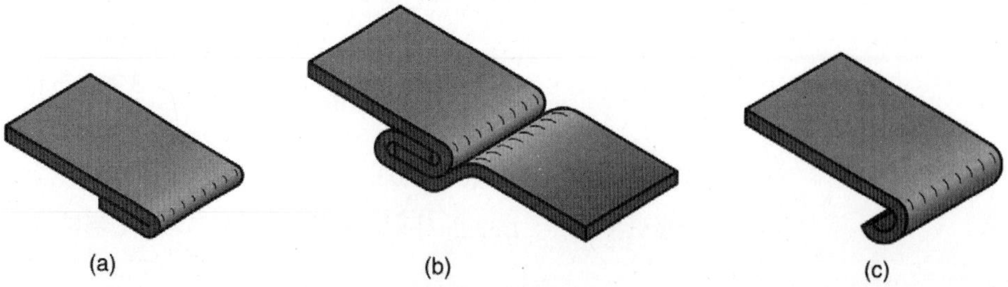

(a)　　　　(b)　　　　(c)

그림 18.17 (a) 헤밍, (b) 시밍, (c) 컬링.

(a)　　　　(b)　　　　(c)

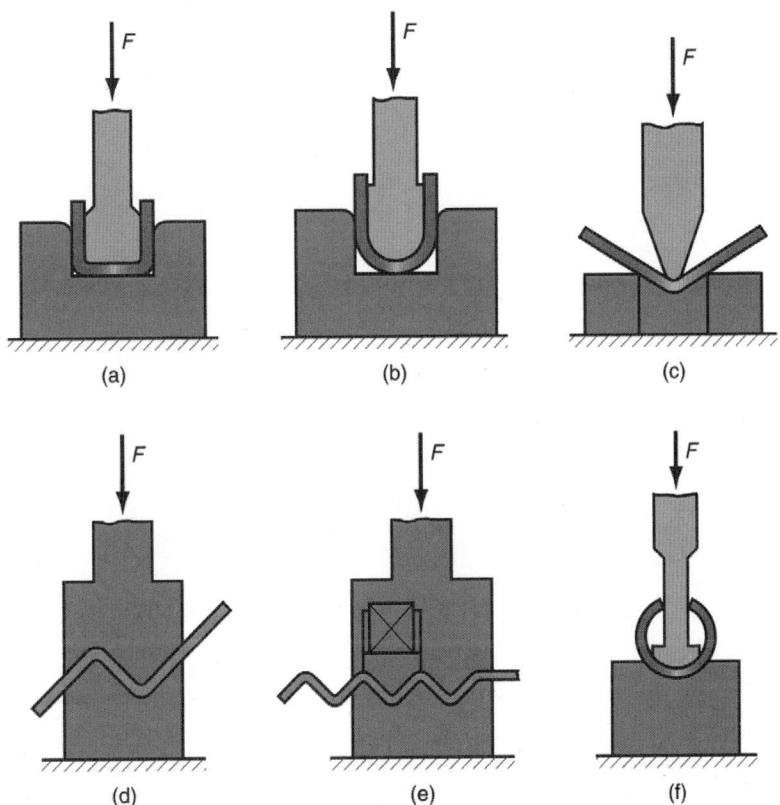

그림 18.18 기타 굽힘 공정. (a) 채널 굽힘, (b) U-굽힘, (c) 자유 굽힘, (d) 오프셋 굽힘, (e), 주름 굽힘, (f) 튜브 성형. F = 굽힘력.

둥글게 하거나 마는 작업이다. 헤밍처럼 이것도 안전, 강성, 미적 목적으로 행해진다. 컬링이 사용되는 제품의 예로 경첩, 냄비와 팬, 회중시계 케이스 등이 있다. 이런 예에서 보듯이 컬링은 직선 또는 곡선 굽힘축을 따라 수행될 수 있다.

기타 굽힘 공정

여러 가지 굽힘 공정이 그림 18.18에 묘사되어 있다. 이처럼 다양한 형상의 굽힘 공정이 가능함을 알 수 있다. 대부분의 작업은 V-금형이나 이와 유사한 단순 형상의 금형으로 수행된다.

18.3 드로잉

드로잉(drawing)은 컵 형상, 박스 형상, 혹은 다른 복잡한 곡선과 오목한 형상을 갖는 제품을 만드는 데 사용되는 금속박판 성형공정이다. 드로잉은 그림 18.19와 같이 금속박판 조각을 금형 공동 위에 놓고 펀치로 이를 금형 속으로 밀어 넣음으로써 수행된다. 블랭크는 일반적으로 블랭크 홀더에 의해 편평하게 고정되어야 한다. 드로잉 작업으로 만들어지는 제품으로 음료수 캔, 탄피, 싱크대, 요리용 냄비, 자동차 차체 패널 등을 들 수 있다.

18.3.1 드로잉의 역학

컵 형상 드로잉은 기본 드로잉 작업으로서, 그림 18.19에 표시된 치수와 인자를 가진다. 직경 D_b의

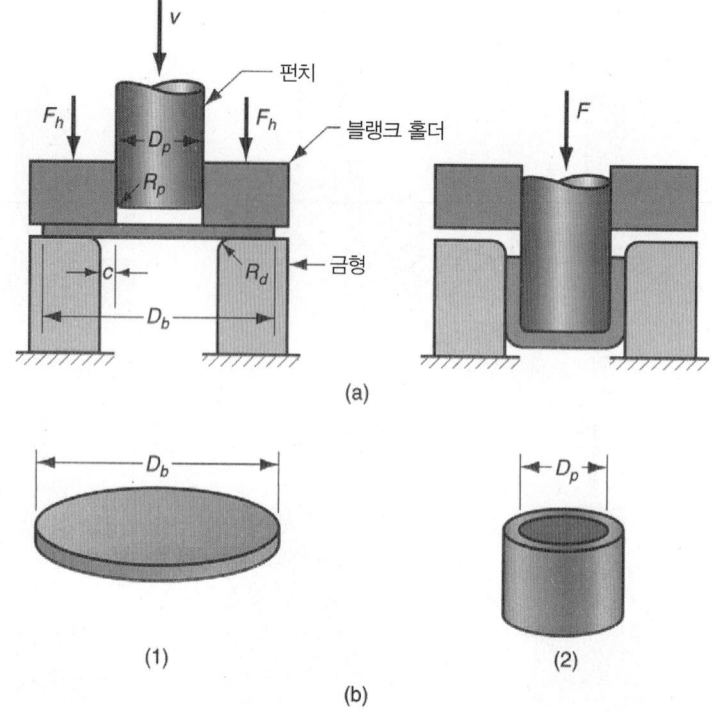

그림 18.19 (a) 컵 형상 제품의 드로잉. (1) 펀치가 공작물에 접촉 전 공정의 시작 단계, (2) 행정 완료 단계. (b) 해당 공작물. (1) 초기 블랭크, (2) 드로잉된 제품. C = 간극, D_b = 블랭크 직경, D_p = 펀치직경, R_d = 금형 코너 반경, R_p = 펀치 코너 반경, F = 드로잉력, F_h = 고정력.

블랭크가 직경 D_b의 펀치에 의해 금형 공동 속으로 밀려들어간다. 펀치와 금형은 코너 반경 R_p와 R_d를 각각 가진다. 만약 펀치와 금형이 날카로운 코너($R_p = R_d = 0$)를 가진다면, 드로잉 대신에 (별로 좋지 않은) 구멍 펀칭 작업이 이루어질 수 있다. 펀치와 금형은 간극 c의 크기만큼 떨어져 있다. 드로잉에서 간극은 소재 두께보다 약 10% 더 크다.

$$c = 1.1t \tag{18.9}$$

그림에서 보인 것처럼 펀치는 성형력 F를 아래 방향으로 가하여 금속을 변형을 완료하고, 그리고 블랭크 홀더에 의해 고정력 F_h가 가해지게 된다.

펀치가 최종 바닥 위치를 향해 아래로 진행함에 따라, 공작물이 펀치와 금형의 형상으로 점차 성형되어가면서 공작물은 복잡한 응력과 변형률을 차례로 경험하게 된다. 그림 18.20에 변형 과정이 단계별로 도해되어 있다. 먼저 펀치가 공작물을 누르기 시작하면, 금속은 **굽힘** 작용을 받는다. 박판은 그림 18.20(2)에서처럼 단순히 펀치와 금형의 코너 부분에서 굽혀진다. 블랭크의 외곽 둘레는 이 첫 단계에서 안쪽으로 매우 약간 움직인다.

펀치가 더 내려감에 따라, 그림 18.20(3)처럼 금형 반경에 걸쳐 굽혀져 있던 부분에서 **교정** (straightening) 작용이 발생한다. 컵의 바닥 부분과 펀치 반경에 걸쳐 있는 금속 부분은 펀치와 함께 아래로 이동하였으나, 금형 반경을 통해 굽힘이 발행한 금속은 간극 사이를 통과하면서 컵의 벽을 형성하기 위해 평탄화가 반드시 이루어져야 한다. 동시에 컵 벽 형성에 사용된 부분만큼의 여분의 금속이 반드시 보충되어야 한다. 이와 같은 여분의 금속은 블랭크 외곽 모서리로부터 공급된다. 블랭크 바깥쪽 부분의 금속이 미리 굽힘과 평탄을 거쳐 현재 실린더 벽을 형성하고 있는 금속을 지속적으로 공급하기 위해 다이 구멍을 향해 잡아당겨진다. 제한된 공간을 통한 이러한 금속 흐름 때문에 드로잉이라는 이름이 사용된다.

이와 같은 공정 동안 블랭크의 플랜지부에서 마찰과 압축이 중요한 역할을 한다. 플랜지부의 재료가 금형 구멍 쪽으로 움직이기 위해서는 두 접촉 부, 즉 금속박판과 블랭크 홀더 표면 사이, 금속

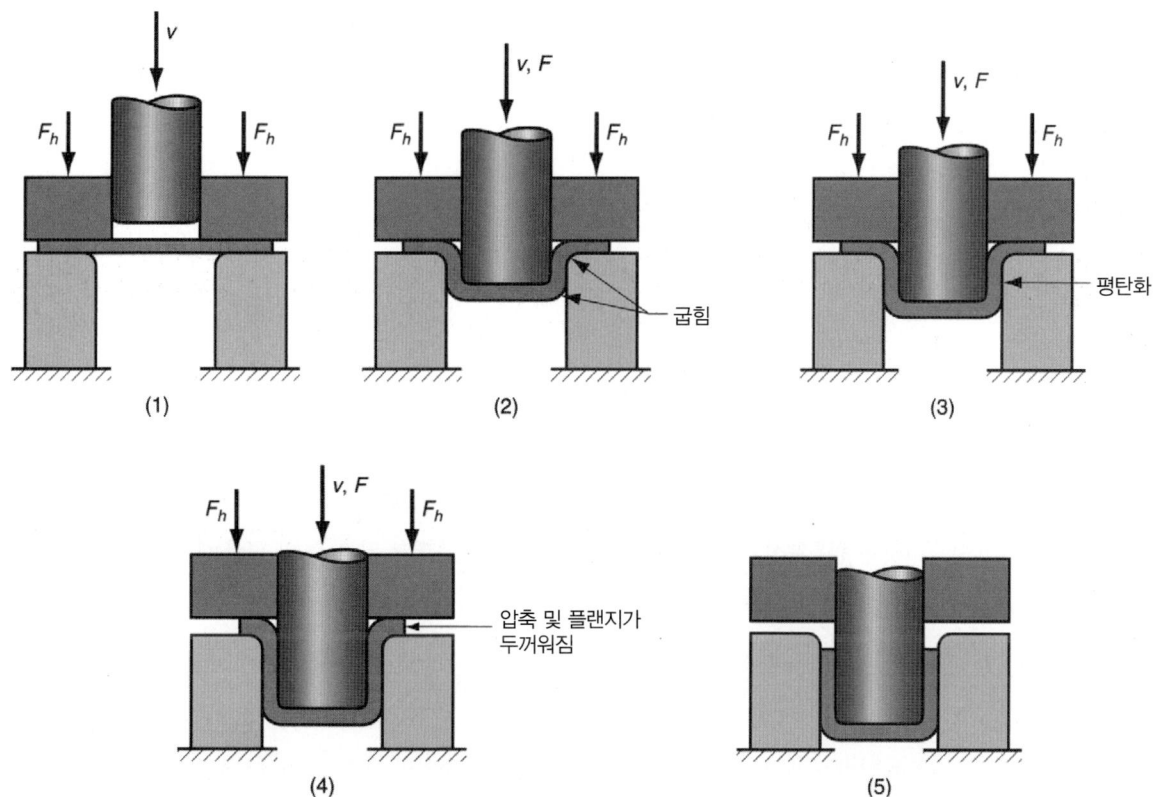

그림 18.20 딥드로잉에서 공작물의 변형 단계. (1) 펀치가 공작물과 초기 접촉함, (2) 굽힘, (3) 평탄화, (4) 마찰과 압축, (5) 컵의 벽면에 박화현상을 나타내는 최종 컵 형상. v = 펀치의 운동, F = 펀치 성형력, F_h = 블랭크 고정력.

박판과 다이 표면 사이에 발생하는 마찰을 이겨내야 한다. 초기에 금속의 미끄럼운동 전까지 정지마찰(static friction)이 작용한다. 그리고 금속이 움직이기 시작하면 동적 마찰(dynamic friction)이 공정에서 중요해진다. 이와 같은 관점에서 드로잉 작업이 성공하기 위해서는 두 접촉 계면에서의 마찰 조건뿐만 아니라 블랭크 홀더가 가하는 고정력의 크기도 매우 중요하다. 마찰력 저감을 위해 윤활제 또는 드로잉 컴파운드(drawing compound)가 일반적으로 사용된다. 마찰뿐만 아니라 블랭크 외곽에서 압축 또한 발생한다. 블랭크 외곽의 금속이 중심으로 빨려 들어옴에 따라 외곽 둘레가 점점 줄어든다. 금속의 부피가 일정하기 때문에, 둘레 길이가 줄어듦에 따라 금속은 압착되고 두꺼워진다. 이런 현상으로 인해 블랭크의 플랜지부에 종종 주름이 발생한다. 특히 얇은 금속일 경우 또는 블랭크 고정력이 너무 낮을 경우에 더 그렇다. 이것은 일단 발생하면 보정할 수 없는 조건이다. 그림 18.20(4)에 마찰과 압축의 효과를 도해하였다.

블랭크 홀더에 의한 고정력은 딥드로잉에서 결정적인 인자로 평가되고 있다. 만약 고정력이 너무 작으면 주름이 발생한다. 또한 너무 크면, 금형 공동 쪽으로 금속의 적절한 유동을 방해하여 금속박판의 신장이나 파열(tearing)을 유발한다. 따라서 적정한 고정력을 결정하는 것은 이러한 상반된 결과들 사이의 정교한 균형을 필요로 하는 중요한 문제이다.

계속해서 펀치가 아래방향으로 이동함에 따라 드로잉과 압축에 의한 지속적인 금속 유동을 유발한다. 또한 그림 18.20(5)에서처럼 실린더 벽이 얇아지는 **박화현상**(thinning)이 나타난다. 펀치력은 공정 동안 변형과 마찰의 형태로 금속에 의해 상쇄된다. 변형 부분은 금속이 금형 구멍의 모서리를 따라 당겨짐에 따라 금속의 신장과 박화를 수반한다. 드로잉 작업이 성공적으로 수행될 경우

컵 벽은 25%까지 얇아지며 이는 대부분 컵 바닥 근처에서 일어난다.

18.3.2 드로잉의 공학적 해석

드로잉 양의 한계를 평가하는 것, 즉 실제 가능한 드로잉 양을 평가하는 것은 매우 중요하다. 이는 흔히 주어진 공정에 대해 쉽게 바로 계산될 수 있는 단순한 형태의 척도를 통해 수행된다. 또한, 드로잉력과 고정력도 중요한 공정 변수들이다. 마지막으로 초기 블랭크 크기가 반드시 정해져야 한다.

드로잉의 척도

딥드로잉의 가혹도를 측정하는 한 가지 방법은 **드로잉 비**(drawing ratio) DR을 이용하는 것이다. 이것은 원통형상의 경우 펀치 직경 D_p에 대한 블랭크 직경 D_b의 비로 매우 간단히 정의된다. 식으로 표현하면 다음과 같다.

$$DR = \frac{D_b}{D_p} \tag{18.10}$$

드로잉비는 대략적이긴 하지만 주어진 드로잉 작업의 가혹도를 나타낸다. 비가 커질수록 작업은 더 어렵다. 근사적으로 드로잉비의 상한 값은 2.0이다. 주어진 작업에 대한 실제 한계 값은 펀치 및 금형 코너 반경(R_p와 R_d), 마찰 조건, 드로잉 깊이, 금속박판의 특성(예 : 연성, 강도 물성의 방향성 정도)에 따라 달라진다.

주어진 드로잉 공정을 평가하는 다른 방법으로 **감소율** r이 있다. 감소율은 다음과 같다.

$$r = \frac{D_b - D_p}{D_b} \tag{18.11}$$

이것은 드로잉 비와 매우 깊은 관계가 있다. DR의 한계치($DR \leq 2.0$)를 그대로 사용하면, 감소율 r 값은 0.50 이하여야 한다.

딥드로잉을 평가하는 세 번째 척도는 직경당 두께 비 t/D_b(초기 블랭크 두께 t를 블랭크 지름 D_b로 나눈 값)이다. 보통 백분율로 표현되는 t/Db 비는 1% 이상이 바람직한 값이다. t/D_b 비가 감소할수록 주름이 발생할 경향이 높다(18.3.4절).

어떤 설계된 제품의 드로잉 비, 감소율, t/D_b 비가 한계를 초과하게 될 경우, 두 번 혹은 그 이상의 단계로 블랭크를 드로잉해야 하며 때로는 각 단계 사이에 어닐링 열처리가 필요할 수도 있다.

예제 18.3 컵 드로잉 ———————————————————————————

드로잉 작업으로 내경 = 75 mm, 높이 = 50 mm인 원통형 컵을 만들고자 한다. 초기 블랭크 크기 = 138 mm이고, 소재 두께 = 2.4 mm이다. 이런 데이터로 볼 때, 드로잉 작업이 가능한지 결정하여라.

풀이

가능성을 평가하기 위해 드로잉 비, 감소율, 직경당 두께 비를 계산한다.

$$DR = 138/75 = 1.84$$
$$r = (138 - 75)/138 = 0.4565 = 45.65\%$$
$$t/D_b = 2.4/138 = 0.017 = 1.7\%$$

위의 계산 결과로 볼 때 드로잉 작업은 가능하다. 드로잉비는 2.0보다 작고, 감소율은 50%보다 작으며, t/D_b비는 1%보다 크기 때문이다. 이것은 기술적 가능성을 나타내기 위해 흔히 사용되는 가이드 라인이다.

드로잉에서의 힘

드로잉 작업을 수행하기 위해 필요한 **드로잉력**은 다음 식으로 대략 계산될 수 있다.

$$F = \pi D_p t(TS)\left(\frac{D_b}{D_p} - 0.7\right) \tag{18.12}$$

여기서 F = 드로잉력(N), t = 초기 블랭크 두께(mm), TS = 인장강도(MPa), D_b = 초기 블랭크 직경(mm), D_p = 펀치 직경(mm)이다. 상수 0.7은 마찰을 고려한 보정 인자이다. 식 (18.12)를 이용하여 최대 드로잉력을 계산할 수 있다. 드로잉력은 펀치의 진행에 따라 변하며 보통 펀치 행정의 약 1/3 위치에서 최대값에 도달한다.

고정력은 드로잉 작업에서 중요한 인자 중 하나이다. 대략적인 근사에 따르면 고정 압력은 금속박판 항복강도의 0.015 값으로 설정될 수 있다 [8]. 이 값에 블랭크 홀더가 성형 초기에 누르고 있던 면적을 곱함으로써 고정력을 구할 수 있다. 식으로 나타내면 다음과 같다.

$$F_h = 0.015 Y \pi \left\{ D_b^2 - (D_p + 2.2t + 2R_d)^2 \right\} \tag{18.13}$$

여기서 F_h = 고정력이(N), Y = 금속박판의 항복강도(MPa), t = 초기 소재 두께(mm), R_d = 다이 코너 반경(mm), 기타 항은 앞에서 정의된 바와 같다. 고정력은 보통 드로잉력의 약 1/3 정도이다 [10].

예제 18.4 드로잉력

예제 18.3의 드로잉 작업에서 금속 박판(저탄소강)의 인장강도 = 300 MPa, 항복강도 = 175 MPa일 때, (a) 드로잉력, (b) 고정력을 구하여라. 다이 코너 반경 = 6 mm이다.

풀이

(a) 최대 드로잉력은 식 (18.12)에 의해 다음과 같다.

$$F = \pi(75)(2.4)(300)\left(\frac{138}{75} - 0.7\right) = 193,396\,\text{N}$$

(b) 고정력은 식 (18.13)에 의해 추정된다.

$$F_h = 0.015(175)\,\pi(138^2 - (75 + 2.2 \times 2.4 + 2 \times 6)^2) = 86,824\,\text{N}$$

블랭크 크기 결정

원통형 컵을 최종 치수대로 만들기 위해서는, 올바른 초기 블랭크 직경 값이 필요하다. 초기 블랭크는 컵을 완성하기 위해 충분한 금속을 공급할 수 있도록 커야 한다. 그러나 너무 크면 소재 낭비가 심해질 것이다. 원통형 컵 형상이 아닌 형상에 대해서도 똑같은 초기 블랭크 크기 추정 문제가 발생한다. 이때는 초기 블랭크의 크기뿐만 아니라 형상도 계산되어야 한다.

다음에 언급할 내용은 원형 제품(축 대칭을 이룬다면 원통형과 보다 더 복잡한 형상도 포함)을 만들기 위한 딥드로잉 작업에서 초기 블랭크 크기를 결정하는 데 쓰일 수 있는 타당한 방법이다. 최종 제품의 부피와 초기 금속박판의 부피는 같기 때문에, 초기와 최종 부피를 같게 설정함으로써 초기 블랭크 직경 D_b를 구할 수 있다. 계산의 편의를 위해 벽 두께가 얇아지는 박화 현상은 흔히 무시한다.

18.3.3 기타 드로잉 공정

지금까지는 단일 공정에 의한 단순한 원통형 형상을 제조하고 공정을 수월하게 하기 위해 블랭크 홀더를 사용하는 일반적인 컵 드로잉 공정에 논의의 초점을 맞추었다. 여기에서는 이 기본 공정의 몇 가지 변종에 대해 논의한다.

재드로잉

만약 제품을 만들기 위해 필요한 형상 변화가 너무 심하면(드로잉비가 너무 높으면), 한 번 이상의 드로잉 작업을 거쳐야 제품 성형이 완료될 수 있다. 두 번째 드로잉 작업, 혹은 그 이상의 드로잉 작업을 **재드로잉**(redrawing)이라고 부른다. 이 작업은 그림 18.21에 잘 나타나있다.

드로잉비가 너무 커서 단일 공정으로 부품을 성형하지 못할 때, 재드로잉이 필요한 제품에 대해서 각 드로잉 단계별 감소량을 결정하는 데 쓰일 수 있는 일반적 지침은 다음과 같다 [10]. 첫 번째 드로잉에서 초기 블랭크의 최대 감소율은 40에서 45% 범위, 두 번째 드로잉(첫 번째 재드로잉)에서는 30%, 세 번째 드로잉(두 번째 재드로잉)에서는 최대 감소량 16%가 추천되고 있다.

이와 관련된 작업으로 **역드로잉**(reverse drawing)이 있는데 이것은 첫 번째 드로잉된 공작물의

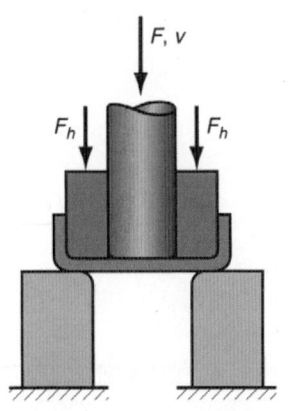
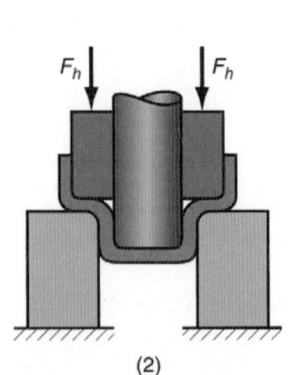

그림 18.21 컵의 재드로잉. (1) 재드로잉 시작, (2) 행정 완료. v = 펀치 속도, F = 펀치력, F_h = 블랭크홀더 고정력.

(1)

(2)

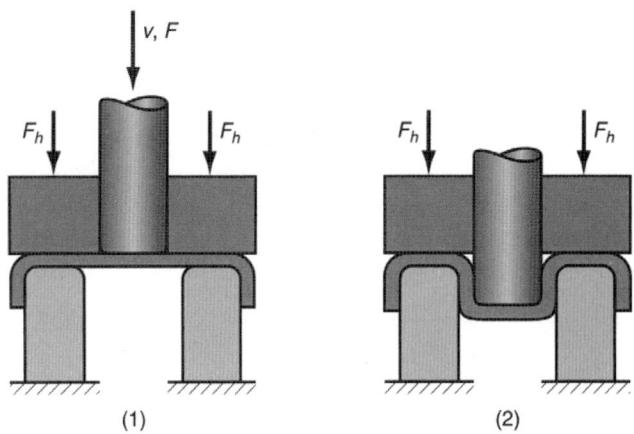

그림 18.22 역드로잉. (1) 시작, (2) 완료. v = 펀치 속도, F = 펀치력, F_h = 블랭크홀더 고정력.

(1)　　　　(2)

바닥이 위를 향하도록 금형 위에 올린 후 그림 18.22와 같이 두 번째 드로잉 작업을 수행하는 것이다. 언뜻 보기에 역드로잉이 재드로잉보다 소재 금속에 더 심한 변형을 유발할 것 같지만, 실제로는 더 쉽게 수행된다. 그 이유는 역드로잉에서는 금속박판이 금형의 안쪽 및 바깥쪽 코너에서 같은 방향으로 굽혀지기 때문이다. 반면에, 재드로잉에서는 두 코너에서 서로 반대 방향으로 굽혀지기 때문이다. 이런 차이로 인해 역드로잉에서 금속의 변형경화가 낮고 드로잉력도 낮아진다.

원통형 외 형상의 드로잉

많은 제품들이 원통형이 아닌 여러 다른 형상을 가지고 있다. 이런 제품으로는 정사각형 또는 직사각형 박스(싱크대와 같은), 단이 진 컵, 원뿔, 편평하지 않은 볼형 바닥을 가진 컵, 불규칙한 곡면형(자동차 차체 패널과 같은) 등을 들 수 있다. 이들 각각의 형상은 드로잉 시 독특한 기술적 어려움을 지니고 있다. Eary와 Reed [2]는 이와 같은 종류의 형상을 드로잉하기 위해 필요한 자세한 기술적 내용을 제시하였다.

블랭크 홀더가 없는 드로잉

블랭크 홀더의 주요한 역할 중 하나는 컵이 드로잉되는 동안 플랜지부에 주름이 발생되지 않도록 하는 것이다. 블랭크의 두께-직경비가 증가하면 주름 발생이 감소하는 경향이 있다. 만약 t/D_b 비가 충분히 크다면 블랭크 홀더가 없어도 그림 18.23과 같이 드로잉이 수행될 수 있다. 블랭크 홀더 없이 드로잉이 가능한 제한 조건은 다음으로부터 추정될 수 있다 [5].

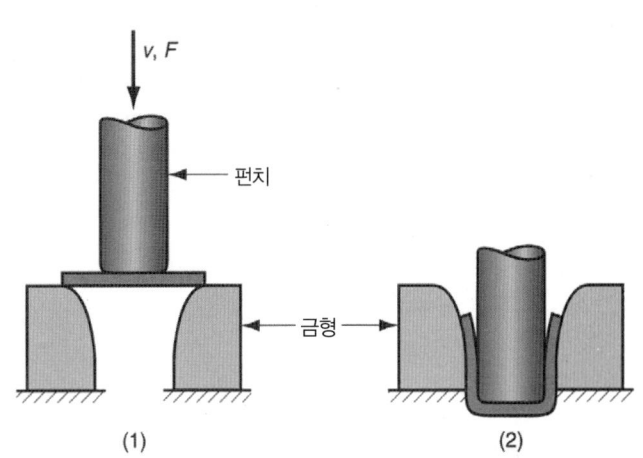

그림 18.23 블랭크홀더 없는 드로잉. (1) 공정 시작, (2) 행정 완료. v와 F는 각각 운동 속도와 드로잉력을 나타냄.

펀치

금형

(1)　　　　(2)

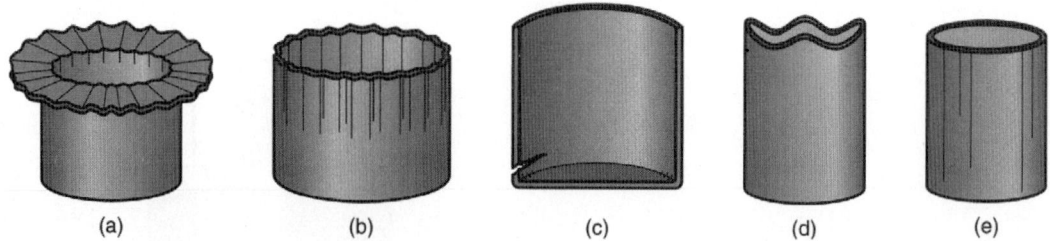

그림 18.24 드로잉 제품의 결함. (a) 플랜지 주름 발생, (b) 벽 주름 발생, (c) 파열, (d) 이어링, (e) 표면 스크래치.

$$D_b - D_p < 5t \qquad (18.14)$$

드로잉 금형은 재료가 금형의 공동 속으로 적절히 빨려 들어갈 수 있도록 깔때기 또는 원뿔 모양이 어야 한다. 블랭크 홀더 없이 드로잉이 가능하다면 금형 제작비용을 줄일 수 있을 뿐만 아니라, 간 단한 프레스로 작업할 수 있다는 이점이 생긴다. 이는 블랭크 홀더와 펀치의 운동을 따로따로 조절 해야 할 필요가 없어지기 때문이다.

18.3.4 드로잉 결함

박판 금속 드로잉 공정은 절단이나 굽힘보다 더 복잡한 금속가공 공정이며, 그 만큼 문제가 발생할 여지가 많다. 드로잉 제품에는 여러 가지 결함이 발생할 수 있으며, 이미 몇 가지에 대해서는 앞에 서 언급하였다. 다음에 나열하는 것들은 자주 발생하는 결함들로서, 그림 18.24에 스케치로 표현하 였다.

(a) **플랜지부 주름**(wrinkling in the flange). 드로잉 제품의 주름은 압축 좌굴(buckling)로 인해 공작물의 드로잉 되지 않은 플랜지부에 방사상으로 형성되는 일련의 융기된 형상을 말한다.

(b) **벽에서의 주름**(wrinkling in the wall). 주름진 플랜지가 컵 속으로 빨려 들어가면, 이러한 융 기된 형상이 수직 벽에도 나타난다.

(c) **파열**(tearing). 파열은 수직 벽에 노출된 균열을 말한다. 이것은 보통 드로잉 컵 바닥 부근에서 소재가 얇아지고 파단을 유발하는 높은 인장응력 때문에 발생한다. 이런 결함은 또한 날카로운 금형 코너를 지나 금속이 잡아당겨질 때에도 발생할 수 있다.

(d) **이어링**(earing). 이것은 딥드로잉된 컵의 상부 모서리에서 금속 박판의 이방성(anisotropy)에 의해 발생하는 불규칙한 형상을 일컫는다. 만일 금속이 완벽한 등방성(isotropy)이라면, 귀 (ear)가 발생하지 않는다.

(e) **표면 스크래치**(surface scratch). 만일 펀치와 다이 표면이 매끄럽지 못하거나 윤활이 원만하 지 않을 경우 드로잉 제품에 스크래치가 발행할 수 있다.

| 18.4 기타 금속박판 성형공정

굽힘과 드로잉뿐만 아니라 다른 여러 금속 박판 공정이 전통적인 프레스 가공에 의해 수행될 수 있 다. 이러한 공정들은 금속 공구로 수행되는 공정과 신축성 고무 공구로 수행되는 공정으로 나눌 수

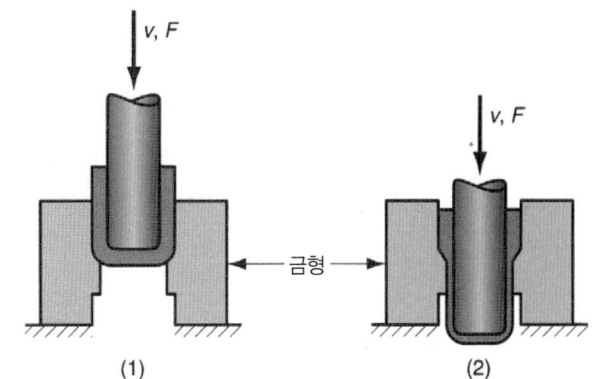

그림 18.25 드로잉된 컵에 더욱 균일한 벽 두께를 얻기 위한 아이어닝. (1) 공정시작, (2) 공정 중간. 벽의 두께가 얇아지고 길어짐. v와 F는 각각 운동속도와 드로잉력을 나타냄.

있다.

18.4.1 금속 공구로 수행되는 공정

금속 공구로 수행되는 공정으로 (1) 아이어닝(ironing), (2) 코이닝(coining) 및 엠보싱(embossing), (3) 랜싱(lancing), 그리고 (4) 트위스팅(twisting) 등을 들 수 있다.

아이어닝

딥드로잉에서 플랜지는 금형 구멍 방향으로 드로잉 됨에 따라 더 작은 원주로 가공되기 위해 블랭크 둘레의 압착 거동에 의해 압축된다. 이러한 압축 때문에 블랭크의 외곽 모서리 금속 박판의 두께가 점차 두꺼워진다. 만약 이 소재의 두께가 펀치와 금형 사이의 간극보다 더 커지게 되면, 이 부분이 간극을 지나갈 때 압착되면서 간극 두께로 줄어들 것이다. 이런 공정을 **아이어닝**(ironing)이라고 한다.

아이어닝은 드로잉 후 따로 수행되기도 한다. 이런 경우를 그림 18.25에 도해하였다. 아이어닝은 원통형 컵의 벽 두께를 보다 균일하게 성형한다. 따라서 성형 제품의 길이가 더욱 길어지고 재료의 활용도 관점에서 더 효율적이다. 생산량이 매우 많은 음료수 캔과 탄피 가공공정에는 재료사용 측면에서 경제성을 위해 아이어닝 공정을 포함한다.

코이닝 및 엠보싱

코이닝(coining)은 앞 장에서 언급된 용적변형 공정 중 하나이다. 이것은 또한 금속박판 공작물에도 자주 적용되어 압인이나 돌출부위를 만드는 데 쓰인다. 압인 가공 시 금속 박판이 얇아지고, 돌

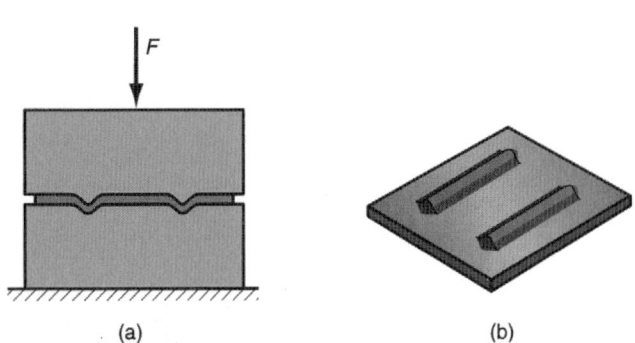

그림 18.26 엠보싱. (a) 프레스 가공 중 펀치와 금형 조합의 단면, (b) 엠보싱 리브를 가진 최종 제품.

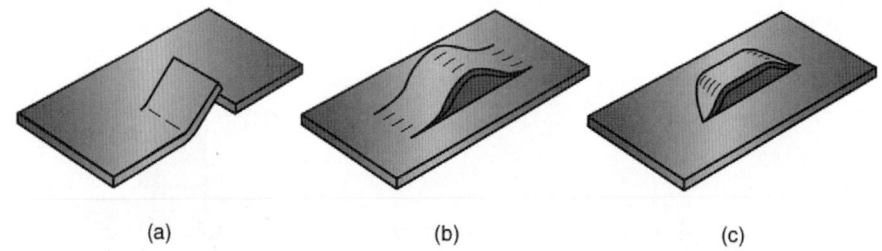

그림 18.27 여러 가지 형상의 랜싱. (a) 절단 및 굽힘, (b)와 (c) 두 가지 형태의 절단과 성형.

출부위 형성시에는 박판이 두꺼워진다.

엠보싱(embossing)은 그림 18.26에 나타나 있는 것처럼 돌출된(혹은 압인된) 문자 또는 보강 리브(rib)를 박판에 새기기 위한 성형 공정이다. 이 공정은 금속 일부분의 신장과 얇아지는 현상을 수반한다. 이 공정은 코이닝과 유사하게 보일 수 있다. 하지만, 엠보싱은 펀치의 양각 부분과 금형의 음각 부분이 딱 맞게 설계된 금형으로 수행되는 반면, 코이닝 금형은 두 쪽이 매우 상이한 형상을 가지고 있기 때문에 엠보싱보다 더욱 심한 금속 변형을 유발한다.

랜싱

랜싱(lancing)은 절단과 굽힘의 조합 또는 절단과 성형의 조합으로 이루어지는 공정으로서 박판으로부터 금속의 일부를 한 번에 분리하기 위한 공정이다. 몇 가지 예를 그림 18.27에 나타내었다. 기타 적용 예 가운데, 랜싱은 빌딩의 난방 혹은 냉방 시스템에 사용되는 공기 통풍구를 제조하기 위해 쓰인다.

트위스팅

트위스팅(twisting)은 박판에 굽힘 하중이 아닌 비틀림 하중을 가하여 제품의 길이를 따라 비틀림을 가하는 공정이다. 이러한 종류의 공정은 적용 한계점을 지니고 있다. 이 공정은 팬(fan) 그리고 프로펠러 날개와 같은 제품을 제조하기 위해 이용된다. 트위스팅은 비틀림 형상을 만들 수 있도록 설계된 전통적인 펀치와 금형을 이용해 수행될 수 있다.

18.4.2 고무 공구 공정

이 절에서 언급할 두 가지 공정은 일반 프레스로 수행되지만, 공정 공구로서 유연한 요소(고무 또는 유사 재료)와 같은 특이한 재료를 사용한다. 이 공정은 (1) 게린(Guerin) 공정, (2) 하이드로 포밍이다.

게린 공정

게린(Guerin) **공정**은 그림 18.28에서처럼 두꺼운 고무 패드(또는 다른 유연한 재료)를 사용하여 양각의 성형 블록 위에 놓인 금속박판을 성형하는 공정이다. 고무 패드는 강철 용기 속에 부착되어 있다. 램이 아래로 내려감에 따라, 고무는 점진적으로 박판을 둘러싸게 되며 그 결과 압력을 가하여 형상 블록의 모양대로 공작물을 성형한다. 이것은 상대적으로 깊이가 얕은 제품 생산에 한정된다. 왜냐하면 고무에 의해 발생되는 압력(최대 10 MPa)이 불충분하여 깊이가 깊을 경우 주름 발생을 막을 수 없기 때문이다.

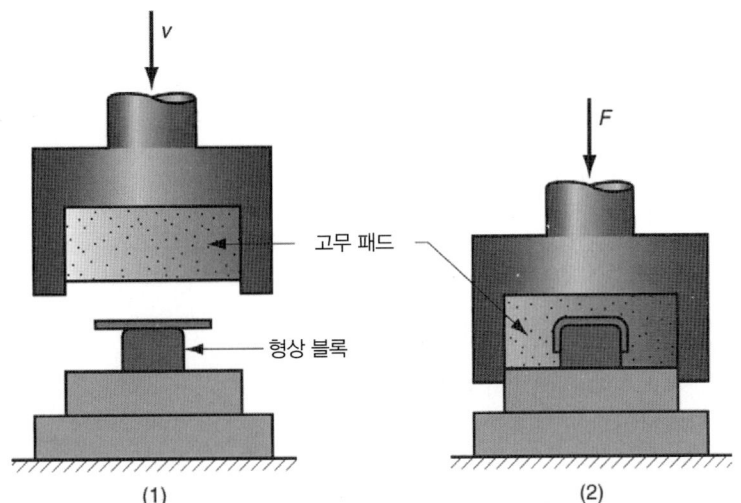

그림 18.28 게린 공정. (a) 공정 전, (b) 공정 후. v와 F는 각각 운동속도와 작용력을 의미한다.

고무 패드

형상 블록

(1)　　　　　(2)

게린 공정의 장점은 공구를 만드는 비용이 상대적으로 저렴한 데 있다. 형상 블록은 나무, 플라스틱, 혹은 기타 가공이 쉬운 재료로 만들 수 있으며, 고무 패드는 다른 형태의 형상 블록과도 조합될 수 있다. 이런 이유 때문에 게린 공정은 공정 개발 단계의 항공 산업과 같은 소량생산에 적합하다.

하이드로포밍

하이드로포밍(hydroforming)은 게린 공정과 유사하지만 그림 18.29에 도해된 것처럼 두꺼운 고무 패드를 대신해 작동유(hydraulic fluid)가 채워진 고무 막을 사용한다는 점이 다르다. 이 공정에서는 성형 압력을 약 100 MPa까지 올릴 수 있기 때문에 깊이가 깊은 제품 성형에서도 주름 발생을 막을 수 있다. 사실상 깊은 드로잉은 일반적인 딥드로잉보다는 하이드로포밍 공정으로 수행되는 경우가 많다. 그 이유는 하이드로포밍의 경우 공작물 전체 길이에 걸쳐 균일한 압력으로 공작물과 펀치가 접촉하므로 마찰이 증가하고 컵 바닥에서의 파열을 유발하는 인장응력이 작아지기 때문이다.

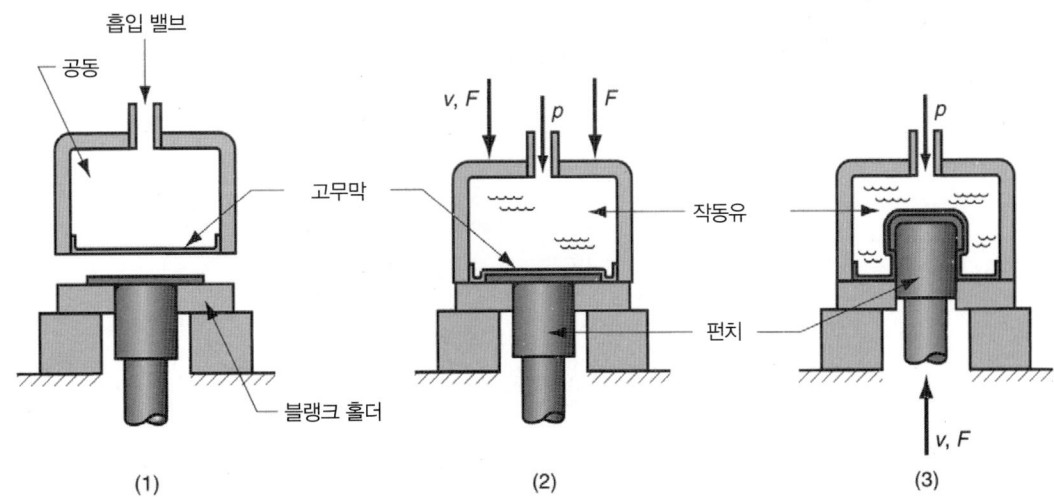

흡입 밸브

공동

고무막

작동유

펀치

블랭크 홀더

(1)　　　　　(2)　　　　　(3)

그림 18.29 하이드로포밍 공정. (1) 공정 시작, 공동 내 유체 없음. (2) 프레스 닫힘, 작동유에 의해 공동 내 압력 발생. (3) 제품 성형을 위한 펀치의 공작물 가압. v = 속도, F = 작용력, p = 작동유 압력.

18.5 금속박판가공용 금형 및 프레스

이 절에서는 일반 금속박판 공정에 사용되는 펀치 및 다이 공구와 생산장비에 대해 알아본다.

18.5.1 금형

앞에서 언급한 거의 모든 프레스 가공 공정에는 전통적인 펀치-금형 공구가 사용된다. 이 공구는 **금형**(die)을 일컫는다. 생산 제품별로 특별히 주문 제작되는 공구라고 할 수 있다. 고속 생산용 금형을 종종 **스탬핑**(stamping) **금형**이라고 부른다. 스탬핑 금형용 대표적 소재는 공구강 D, A, O 그리고 S 형식이 있다(표 6.5).

스탬핑 금형의 구성요소

단순 블랭킹 작업용 스탬핑 금형의 구성요소를 그림 18.30에 나타내었다. 절단 작업은 작동 요소인 펀치와 금형에 의해 수행된다. 이들은 금형 세트의 상부와 하부에 각각 부착되는데, 이를 각각 펀치 홀더(상부 슈)와 금형 홀더(하부 슈)라고 부른다. 금형 세트에는 내부에는 스탬핑 공정 중 펀치와 금형 사이의 적절한 정렬을 위한 안내 핀(guide pins)과 부싱(bushing)을 포함하고 있다. 금형 홀더는 프레스의 베이스에, 펀치 홀더는 램에 각각 부착된다. 따라서 램의 작동에 의해 프레스가공 공정이 수행된다.

이와 같은 구성요소 외에 블랭킹 또는 홀 펀칭 금형에는 공정이 끝나고 펀치가 다시 위로 올라갈 때 금속박판이 펀치에 들러붙지 않도록 하기 위한 장치가 포함되어야 한다. 소재에 새로이 생성된 구멍의 크기가 펀치의 크기와 같기 때문에 펀치에 달라붙는 경향이 있다. 금속박판을 펀치로부터 떼어내는 금형에서의 장치를 스트리퍼(stripper)라고 한다. 이것은 흔히 그림 18.30에서처럼 다이에 부착된 단순한 형태의 판이다. 이 판에는 펀치 직경보다 약간 큰 구멍이 가공되어 있다.

스트립 또는 코일 형태의 금속박판을 가공하는 금형에서는 프레스 주기 동안 금속박판이 금형 내로 전진함에 따라 박판을 멈추기 위한 장치가 필요하다. 이 장치를 스톱(stop)이라고 부른다. 스톱 장치는 스트립의 전진 운동을 막는 단순한 핀 형태에서부터 프레스 운동과 연동되어 움직이는 복잡한 기구에 이르기까지 다양하다. 단순한 모양의 스톱 장치를 그림 18.30에 보였다.

프레스 가공 금형에는 다른 요소들이 있긴 하지만, 앞서 설명된 내용은 기초 용어를 설명하였다.

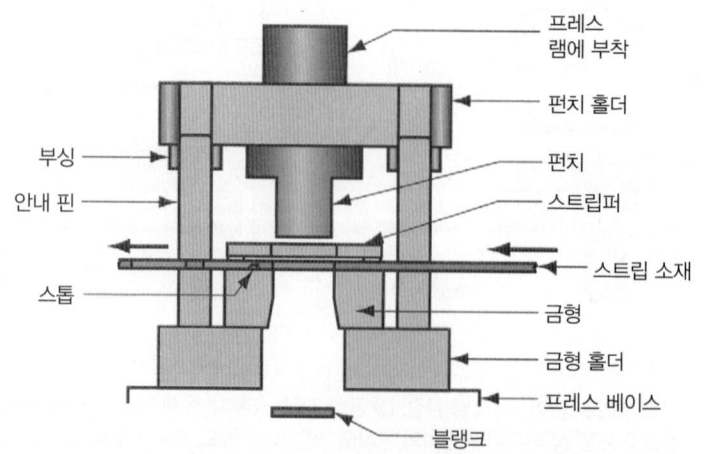

그림 18.30 블랭킹 공정용 펀치–금형 구성요소.

스탬핑 금형 형식

각각의 공정 종류(예로 절단, 굽힘, 드로잉)에 따른 스탬핑 금형의 차이뿐만 아니라, 한 번의 프레스 작동으로 몇 개의 공정이 함께 수행되는지, 또한 어떻게 수행되는지에 대해서도 다루어야 한다.

앞서 설명한 금형의 경우 한 번의 프레스 행정마다 한 번의 블랭킹 작업이 이루어지며 이를 **단순 금형**(simple die)이라고 부른다. 단일 공정을 수행하는 V형-다이(18.2.1절)가 이 범주에 속한다. 더 복잡한 프레스가공용 금형으로는 컴파운드 금형, 컴비네이션 금형, 프로그레시브 금형 등이 있다. **컴파운드 금형**(compound die)은 하나의 위치에서 두 가지 작업이 동시에 이루어지도록 만들어진 것으로 블랭킹과 펀칭 또는 블랭킹과 드로잉 등이 가능하다 [2]. 와셔(washer)의 블랭킹과 펀칭이 컴파운드 금형의 좋은 예이다. **컴비네이션 금형**(combination die)은 자주 쓰이지는 않으며, 두 개의 서로 다른 위치에서 두 가지 작업이 이루어지도록 만들어진 것이다. 응용 예로는 우편과 좌편 요소와 같은 두 개의 다른 부품을 블랭킹을 하거나, 같은 부품에 블랭킹 후 굽힘을 행하는 경우를 들 수 있다 [2].

프로그레시브 금형(progressive die)은 한 번의 프레스 행정으로 여러 위치에서 금속박판 코일에 둘 혹은 그 이상의 작업을 수행한다. 제품은 순차적으로 만들어진다. 코일이 한 위치에서 인접한 공정으로 이송되고, 각 위치마다 다른 작업(예로 펀칭, 노칭, 굽힘, 블랭킹)이 이루어진다. 공작물이 마지막 위치를 빠져나올 때, 제품이 완성되고 남은 코일로부터 분리(절단)된다. 프로그레시브 금형 설계는 스트립 또는 코일 위에 제품을 어떻게 배치할 것인지 그리고 어느 위치에서 어느 작업이 이루어질 것인가를 결정하는 것으로부터 시작된다. 이러한 공정 결과물을 **스트립 전개**(strip development)라고 부른다. 그림 18.31에 프로그레시브 금형과 관련된 스트립 전개의 예를 보였다. 프로그레시브 금형은 10개 혹은 그 이상의 가공 위치를 가질 수도 있다. 따라서 가장 복잡하고 가장 비용이 많이 드는 스탬핑 금형이다. 때문에 여러 번의 작업이 필요한 복잡한 제품을 고속으로 생산할 때만 경제적 타당성을 확보할 수 있다.

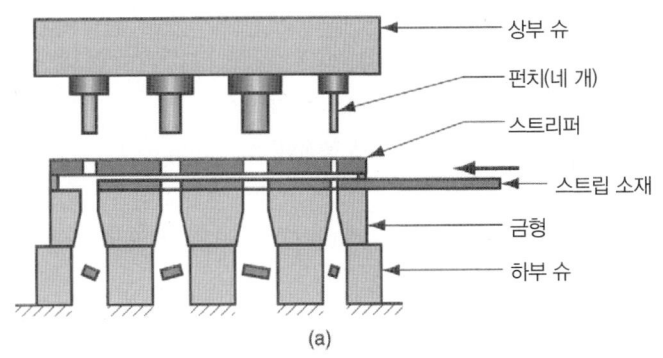

상부 슈
펀치(네 개)
스트리퍼
스트립 소재
금형
하부 슈

(a)

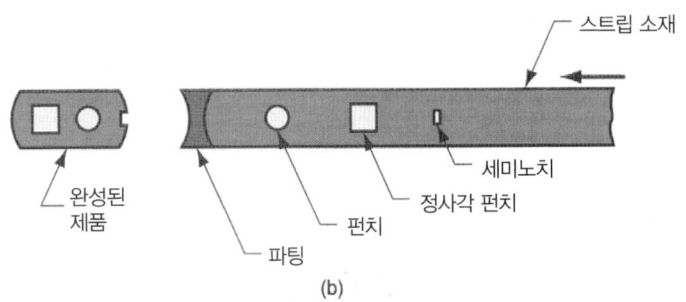

스트립 소재

완성된 제품
파팅
펀치
정사각 펀치
세미노치

그림 18.31 (a) 프로그레시브 금형, (b) 관련 스트립 전개.

(b)

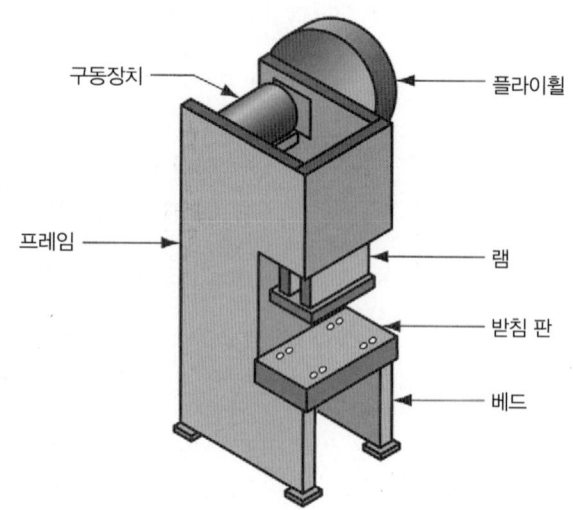

구동장치

플라이휠

프레임

램

받침 판

베드

그림 18.32 전형적인 기계식 스탬핑
프레스 구성요소.

18.5.2 프레스

금속박판가공용 프레스는 고정된 **베드**(bed)와 베드 방향 혹은 반대 방향 이동하며 절단, 성형 등의
공정을 수행하는 **램**(또는 **슬라이드**)으로 구성되어 있다. 전형적인 프레스 모습을 주요 요소와 함께
그림 18.32에 보였다. 베드와 램의 상대적 위치는 **프레임**(frame)에 의해 정해지며 램은 기계식 또
는 유압식 동력에 의해 구동된다. 금형을 프레스에 설치할 때, 펀치 홀더는 램에, 다이 홀더는 프레
스 베드의 **볼스터 판**(bolster plate)에 부착된다.

프레스는 용량, 동력시스템, 프레임 형식에 따라 여러 종류가 있다. 프레스 용량이란 스탬핑 공정
을 수행하기 위해 필요한 힘과 에너지를 전달하는 용량을 의미한다. 이것은 프레스의 물리적 크기
와 동력시스템에 의해 결정된다. 동력시스템이란 기계적 또는 유압식 동력을 사용하는지 여부와 이
동력을 램에 전달하는 구동 방식이 무엇인지에 관련된 용어이다. 생산율은 용량을 나타내는 또 다
른 중요한 요소이다. 프레임 형식은 프레스의 물리적 구조를 의미한다. 주로 사용되는 프레임에는
두 가지 형식이 있다. 갭(gap) 프레임과 일자형(straight-sided) 프레임이 그것이다.

갭 프레임 프레스

갭 프레임(gap frame)은 문자 C의 일반적인 구조로 되어 있기 때문에 흔히 **C-프레임**이라고 불리기
도 한다. 갭 프레임 프레스는 금형에 대한 접근성이 좋고, 일반적으로 스탬핑 제품이나 스크랩을 쉽
게 빼낼 수 있도록 후면 부분이 개방되어 있다. 갭 프레임 프레스의 주요 형식으로는 (a) 일체형
(solid) 갭 프레임, (b) 조정가능(adjustable) 베드 프레임, (c) 후개방(open-back) 경사, (d) 프레
스 브레이크(press brake), 그리고 (e) 터렛(turret) 프레스가 있다.

일체형 갭 프레임(solid gap frame) 프레스는 그림 18.32에서 보인 것처럼 단일 몸체 구조로 되
어 있다. 일반적으로 단순히 **갭 프레스**라고도 불린다. 이것은 강성이 좋으면서도 C자형으로 되어
있기 때문에 측면에서 스트립이나 코일 소재를 공급하기에 편리한 구조이다. 이와 같은 프레스는
다양한 사이즈와 용량이 최고 9,000 kN(1,000톤)까지 가능하다. 그림 18.33의 모델은 1,350 kN
(150톤) 용량을 보유한 모델이다. **조정가능 베드프레임**(adjustable bed frame) 프레스는 갭 프레임
의 변종으로서, 조정 가능한 베드가 설치되어 있어 여러 가지 크기의 금형을 수용할 수 있는 프레
스이다. 조정할 수 있다는 특징 때문에 용량이 줄어드는 것을 감수해야 한다. **후개방 경사**(open

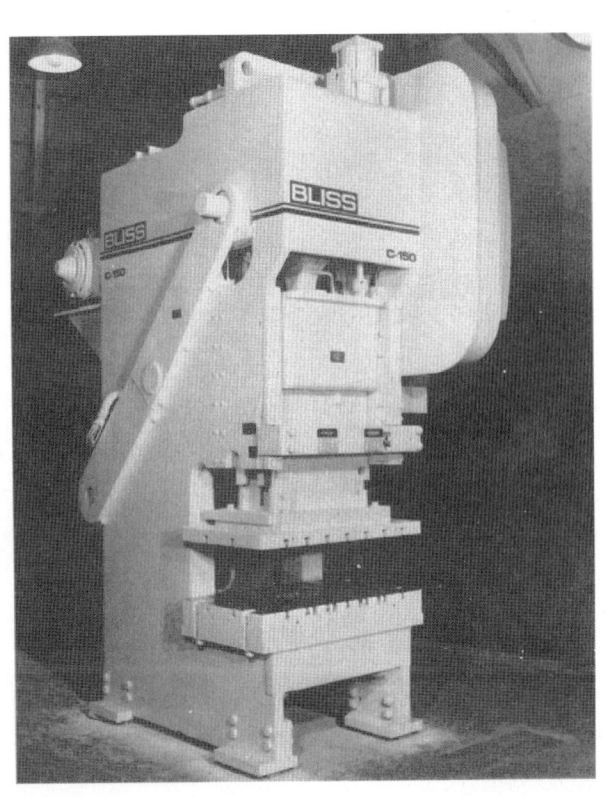

그림 18.33 박판금속 가공을 위한 갭 프레임 프레스, 용량 = 1350 kN(150톤) (E. W. Bliss Company 제공).

back inclinable) 프레스는 프레임이 여러 각도로 뒤쪽으로 기울일 수 있어 스탬핑 제품이 중력에 의해 뒤쪽 구멍으로 떨어질 수 있는 방식으로 바닥과 조립되어 있는 C-프레임을 가진 프레스이다. 후개방 경사 프레스의 용량은 1톤부터 약 2,250 kN(250톤) 범위이다. 이 프레스는 최고 분당 1,000 행정까지 고속으로 작동될 수 있다.

　　프레스 브레이크(press brake)는 매우 넓은 폭의 베드를 가진 갭 프레임 프레스의 일종이다. 그림 18.34에 나와 있는 모델의 베드 폭이 9.15 m에 이른다. 베드에는 독립된 여러 개의 금형(전형적으로 단순한 V- 굽힘용 금형)이 설치되어 있어서 소량의 스탬핑 제품을 경제적으로 생산할 수 있다. 여러 번의 다른 각도로 굽힘 작업이 필요한 생산 수량이 적은 제품은 수작업을 필요로 한다. 일련의 굽힘 작업이 필요한 제품의 경우, 작업자가 필요한 굽힘 금형의 순서에 따라 박판 소재를 이동시켜 가며 각각의 금형에서 프레스를 작동시켜 필요한 작업을 완료한다.

　　프레스 브레이크가 굽힘 공정에 특화되어 있는 반면, **터렛 프레스**(turret press)는 그림 18.35에서처럼 금속박판 제품에 일련의 펀칭, 노칭(notching), 절단공정이 반드시 수행되어야 하는 상황에 적합하다. 그림 18.36에서 그 구조가 명확하게 보이지는 않지만, 터렛 프레스는 C-프레임을 가지고 있다. 재래식 램과 펀치를 대신하여 여러 가지 크기와 형상을 가진 다수의 펀치가 내장된 터렛이 사용된다. 터렛은 인덱싱(회전) 기구에 의해 공정에 필요한 펀치를 선택한다. 펀치 터렛 아래에는 각 펀치에 해당하는 금형 구멍을 가진 금형 터렛이 위치하고 있다. 펀치와 금형 사이에는 금속박판 블랭크가 놓이는데 이것은 컴퓨터 수치제어(35.3절)로 작동되는 x-y 위치제어 시스템에 의해 그 위치가 제어된다. 블랭크는 각 절단 공정에서 필요한 좌표 위치로 이동하게 된다.

일자형 프레임 프레스

큰 프레스 용량이 요구되는 공정의 경우, 구조적으로 강성이 높은 프레임이 필요하다. 일자형 프레

그림 18.34 베드 폭 9.15, 용량 11,200 kN(1250톤)의 프레스 브레이크. 두 명의 작업자가 굽힘 공정을 위해 판재 소재를 장착하고 있다. (Niagara Machine & Tool Works 제공)

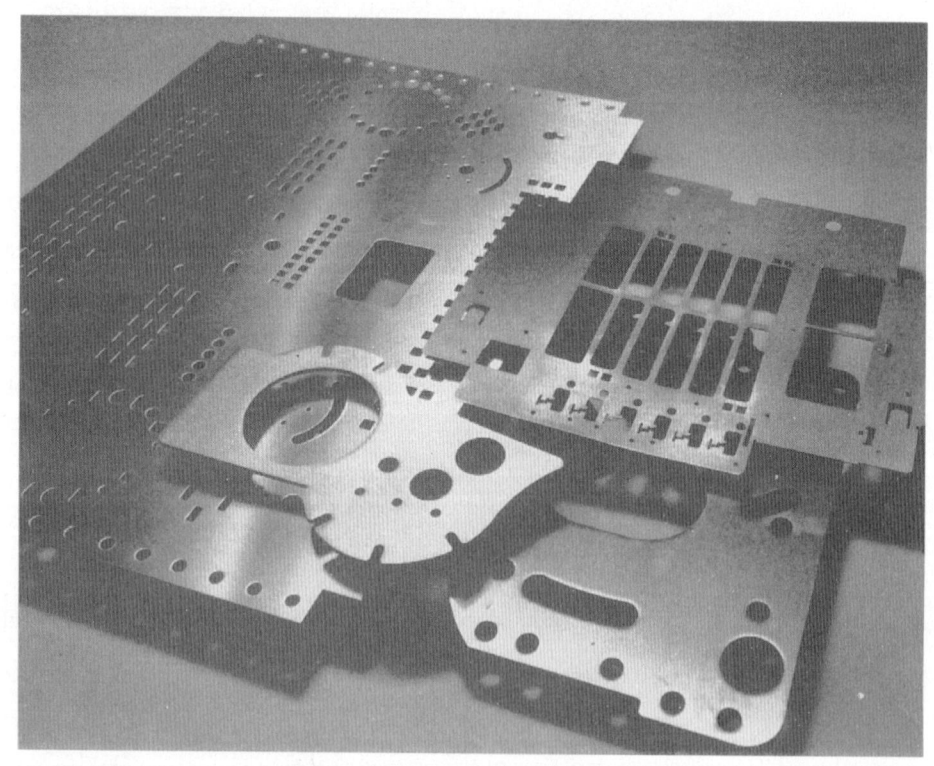

그림 18.35 터렛 프레스로 생산된 다양한 금속 박판 제품. 다양한 홀 형상을 보여준다. (Strippet Inc. 제공)

임(straight-sided frame) 프레스는 그림 18.37에서처럼 4면 박스형 외관을 가지고 있다. 이러한 구조는 프레임의 강도와 강성을 증가시킨다. 그 결과 금속박판 성형 시 최대 35,000 kN(4,000톤)의 용량까지 가능하다. 이런 프레임 형식을 가진 큰 프레스는 단조에 사용된다(17.3절).

C자형 프레스(gap frame)와 일자형 프레스 등의 모든 프레스에서 크기는 용량과 밀접하게 관계

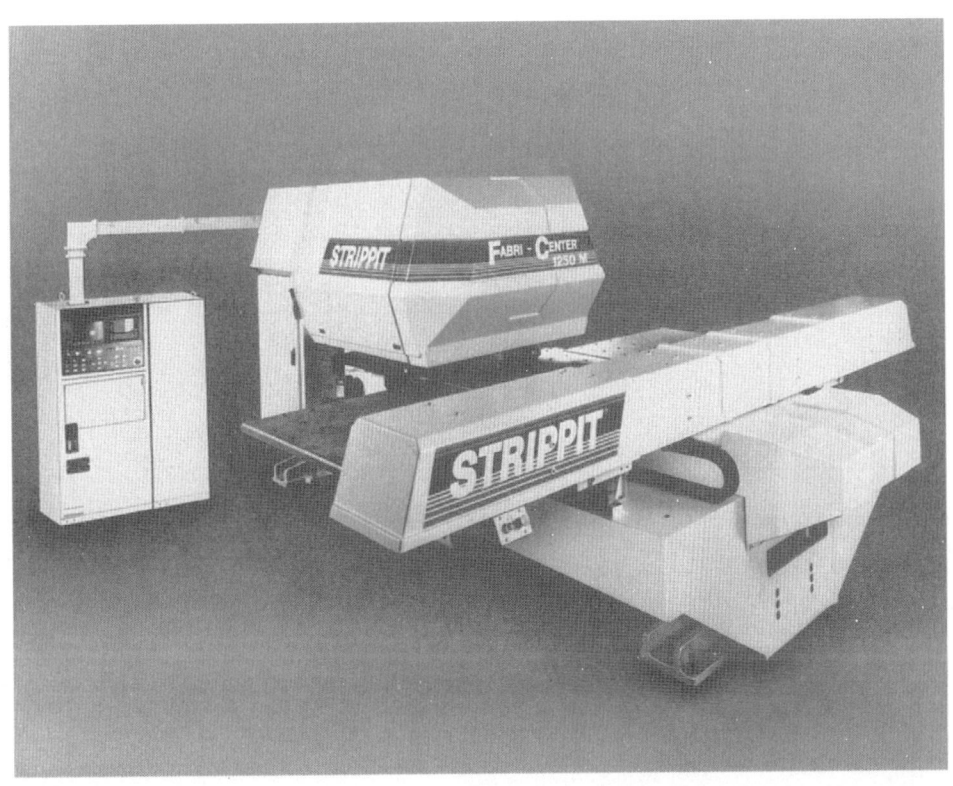

그림 18.36 CNC 터렛 프레스. (Strippet, Inc. 제공)

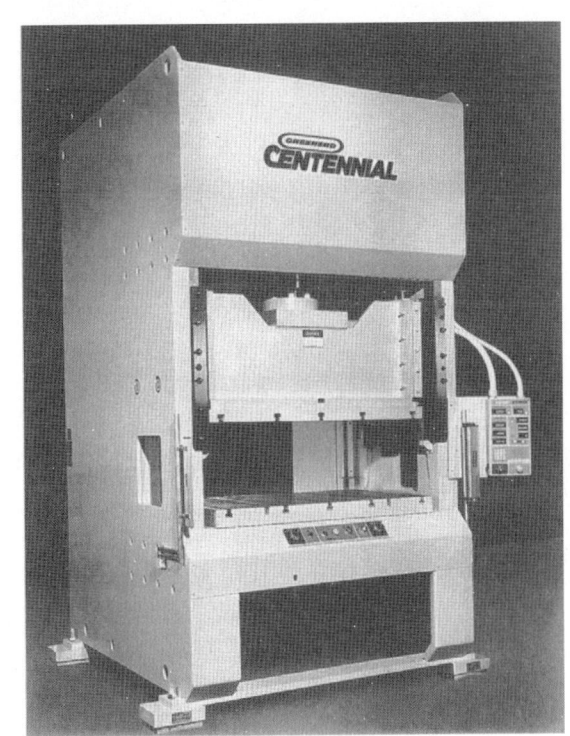

그림 18.37 일자형 프레임 프레스. (Greenerd Press & Machine Company 제공)

된다. 프레스 공정에서 더 높은 힘을 견디기 위해서 대형 프레스가 필요하다. 프레스 크기는 또한 작동 속도와도 관계가 있다. 작은 프레스일수록 일반적으로 대형 프레스에 비해 고속 생산에 적합하다.

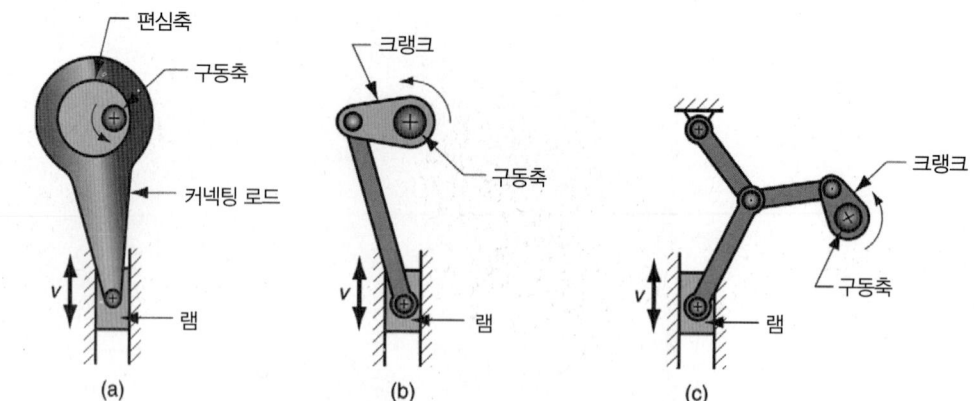

그림 18.38 금속박판 프레스를 위한 구동 형식. (a) 편심축, (b) 크랭크축, (c) 너클 조인트.

동력 및 구동 시스템

프레스의 동력시스템은 유압식 또는 기계식이다. **유압 프레스**는 큰 피스톤과 실린더를 사용하여 램을 구동한다. 이 유압식 동력시스템은 전형적으로 기계식 구동보다 더 긴 램 행정이 가능하고 행정 전체에 걸쳐 충분한 힘을 낼 수 있는 구조이나 속도가 느리다. 이것으로 통상 행할 수 있는 금속박판공정은 딥 드로잉과 위의 특성이 장점으로 작용하는 성형 공정들로 한정된다. 이 프레스는 한 개 또는 여러 개의 독립적으로 움직이는 슬라이드, 즉 단동(하나의 슬라이드), 복동(두 개의 슬라이드) 등의 형식을 가질 수 있다. 복동 프레스는 펀치력과 블랭크 고정력을 따로 제어해야 할 필요가 있는 딥 드로잉 공정에 유용하다.

기계식 프레스에 사용되는 **구동 메커니즘**에는 여러 형식이 있다. 이들 메커니즘으로는 그림 18.38에 도해된 것처럼 편심축(eccentric), 크랭크축(crankshaft), 너클 조인트(knuckle joint) 등이 있다. 이들은 구동 모터의 회전 운동을 램의 직선 운동으로 바꾼다. 구동 모터의 에너지를 축적하기 위해 스탬핑 공정에서 플라이 휠(fly wheel)이 사용된다. 이런 구동 방식을 갖는 기계식 프레스에서는 행정의 하사 점에서 매우 높은 힘을 얻을 수 있다. 따라서 블랭킹과 펀칭 공정에 매우 적합하다. 너클 조인트는 하사점에 도달했을 때 매우 큰 힘을 발생하기 때문에 코이닝(coining) 공정에 흔히 사용된다.

18.6 프레스를 사용하지 않는 금속박판 공정

다수의 금속박판 공정은 일반 스탬핑 프레스를 사용하지 않고 수행되기도 한다. 이 절에서는 이러한 공정들을 알아본다. (1) 연신성형, (2) 롤 굽힘 및 롤 성형, (3) 스피닝, 그리고 (4) 고에너지-속도 성형 공정.

18.6.1 연신성형

연신성형(stretch forming)은 박판 소재를 의도적으로 당기면서, 동시에 굽혀서 형상 변화를 얻기 위한 금속박판 변형공정이다. 이 공정은 그림 18.39에 보인 것처럼 상대적으로 단순한 점진적인 굽힘을 만드는 데 사용된다. 한 개 또는 여러 개의 죠(jaw)를 사용하여 공작물의 양단을 잡은 상태에서 원하는 형상을 가진 양각 다이를 이용해 잡아당김과 굽힘이 가해진다. 금속은 항복점 이상 수준

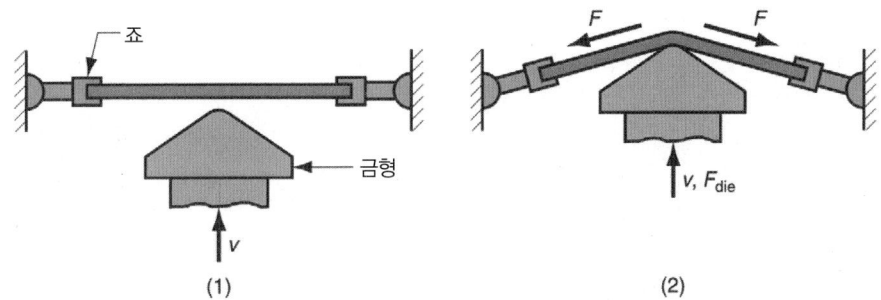

그림 18.39 연신성형. (1) 공정 시작. (2) 형상 금형이 F_{die}의 힘으로 공작물을 눌러 형상 주위로 신장과 굽힘을 유발함. F = 신장력.

까지 인장 응력이 가해진다. 인장 하중이 제거되면 금속은 소성 변형이 완료된다. 연신과 굽힘을 동시에 수행함으로써 스프링백이 상대적으로 줄어든다. 연신성형에 요구되는 예상 성형력은 당겨지는 방향으로의 박판의 단면적에 금속의 유동응력을 곱함으로써 구해진다. 식으로 표현하면 다음과 같다.

$$F = LtY_f \qquad (18.15)$$

여기서 F = 연신력(N), L = 스트레칭 방향에 수직한 방향으로의 박판 길이(mm), t = 순간 소재 두께 (mm), Y_f = 소재 금속의 유동응력(MPa)이다. 그림에 나타난 다이력 F_{die}는 수직방향 힘 성분의 평형조건으로부터 구할 수 있다.

그림에서 보인 것보다 더 복잡한 형상도 연신성형으로 만들 수 있다. 그러나, 어느 이상의 날카로운 곡선을 만드는 데에는 한계가 있다. 연신성형은 소량 생산 특성을 지닌 항공우주산업에서 대형 금속박판 제품을 경제적으로 만들기 위해 널리 쓰이고 있다.

18.6.2 롤 굽힘 및 롤 성형

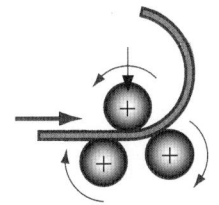

그림 18.40 롤 굽힘.

이 절에서 설명되는 작업은 금속박판가공을 위해 롤을 사용한다. **롤 굽힘**(roll bending)은 일반적으로 대형 박판 혹은 판형 제품을 롤을 사용하여 곡선형으로 가공하는 공정이다. 그림 18.40에 하나의 가능한 롤 조합의 예를 보였다. 박판이 롤 사이를 통과함에 따라, 롤이 서로를 향해 움직이면서 공작물에 원하는 곡률 반경을 만들 수 있도록 구성된다. 대형 저장탱크와 압력 용기의 요소를 롤 굽힙 공정으로 만들 수 있다. 이 작업은 또한 구조용 형강, 철도 레일, 튜브의 굽힘에 사용될 수 있다.

롤을 사용하는 관련 공정으로 편평하지 않은 박판(또는 기타 단면 형상)을 일련의 롤 사이로 통과시킴으로써 교정을 수행하는 **롤 교정**(roll straightening) 공정이 있다. 이것은. 즉, 롤들이 마주보면서 공작물에 작은 굽힘을 연속적으로 줄임으로써 편평하게 펴진 공작물을 얻게 된다.

롤 성형(roll forming 또는 contour roll forming)은 연속 굽힘 공정으로, 마주보는 롤을 사용하여 코일 또는 스트립 소재로부터 길이가 긴 성형된 제품을 만드는 작업이다. 원하는 형상을 순차적으로 만들어 가기 위해서 보통 여러 쌍의 롤이 필요하다. 그림 18.41은 U-형 단면을 만드는 롤 성형 과정을 보여 주고 있다. 롤 성형으로 만들어진 제품으로는 채널(channels), 거터(gutters), 가정용 금속 사이딩(metal siding sections), 이음매를 가지는 파이프나 튜브, 그리고 다양한 구조용 단면 등이 있다. 비록 롤 성형이 압연 작업과 유사하지만(그리고 공구 또한 유사해 보임), 롤 성형이 소재를 압축하기 보다는 굽힌다는 점에서 차이가 난다.

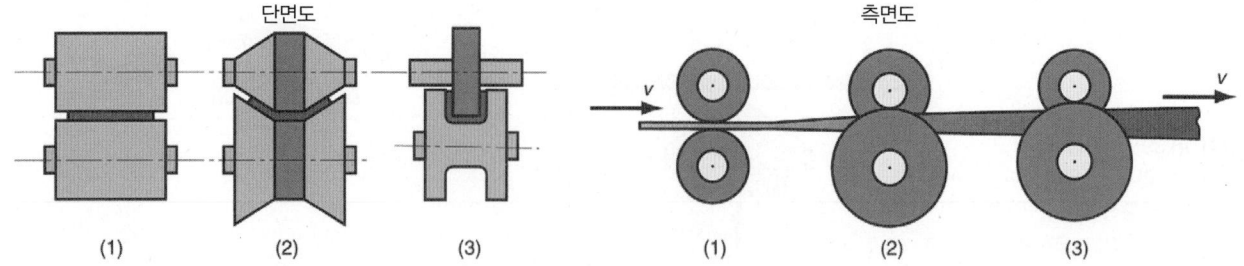

단면도   측면도

(1)   (2)   (3)   (1)   (2)   (3)

그림 18.41 연속 채널 제조를 위한 롤 성형. (1) 평 롤, (2) 부분 성형, (3) 최종 성형.

18.6.3 스피닝

스피닝(spinning)은 만드렐 또는 형 위에서 원형 공구 또는 롤러에 의해 축 대칭 제품을 점진적으로 형상 가공하는 금속성형 공정이다. 성형 공구 또는 롤러는 공작물의 표면 위에서 축 방향 및 반경 방향 움직임에 의해 공작물을 변형하기 위해 매우 국소적인 압력(거의 점 접촉)을 가한다. 스피닝으로 생산되는 전형적인 기본 형상에는 컵, 원뿔, 반구, 그리고 튜브 형상 등이 있다. 세 가지 형식의 스피닝 작업은 다음과 같다. (1) 일반 스피닝, (2) 전단 스피닝, (3) 튜브 스피닝.

일반 스피닝

일반 스피닝은 기본적인 스피닝 작업이다. 그림 18.42에 도해된 것처럼 최종 제품의 원하는 내부 형상을 가진 회전하는 만드렐의 끝에 금속박판 디스크를 고정하고 이를 회전시키면서 성형공구 또는 롤러로 금속을 만드렐 쪽으로 밀어 성형한다. 초기 공작물이 평판 디스크가 아닌 경우도 종종 있다. 그림에 보인 것처럼 성형을 완료하기 위해 여러 단계가 필요하다. 공구의 위치는 작업자가 지렛대 원리를 이용하여 수동으로 조절하거나, 컴퓨터 제어와 같은 자동화된 방법으로 조절된다. 이를 각각 **수동 스피닝**과 **동력 스피닝**이라고 부른다. 동력 스피닝은 작업 시 더 큰 힘을 가할 수 있기 때문에 성형 주기 시간이 줄고 더 큰 크기의 공작물이 성형될 수 있다. 또한 수동 스피닝보다 공정 제어 능력이 우수하다.

일반 스피닝은 움직이는 축대칭 만드렐의 외곽 표면을 따라 움직이는 원주 축을 주위로 금속을 굽히는 작업이다. 따라서 금속의 두께는 초기 두께와 비교하여 거의 변하지 않는다. 그러므로, 디스크의 직경은 최종 제품의 직경보다 조금 더 커야 한다. 초기 요구 직경은 스피닝 전후의 부피가 일

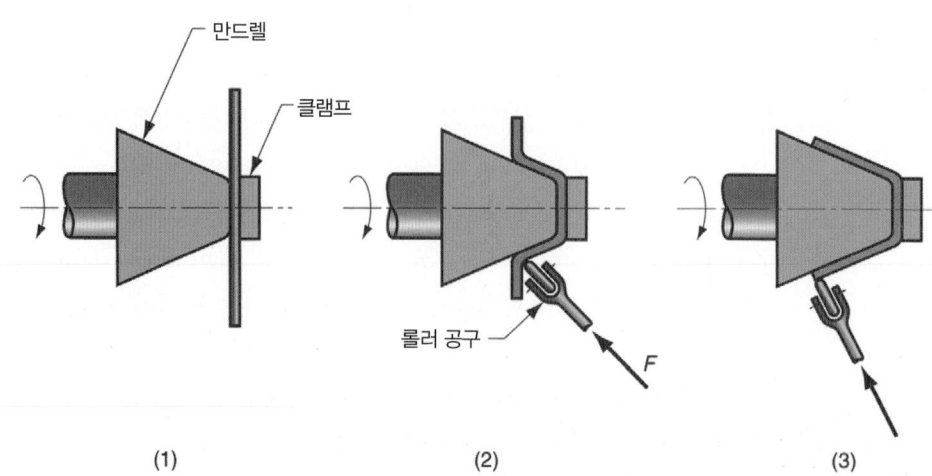

그림 18.42 일반 스피닝.
(1) 공정 시작 셋업,
(2) 스피닝 공정 중,
(3) 공정 완료.

만드렐
클램프
롤러 공구
F

(1)   (2)   (3)

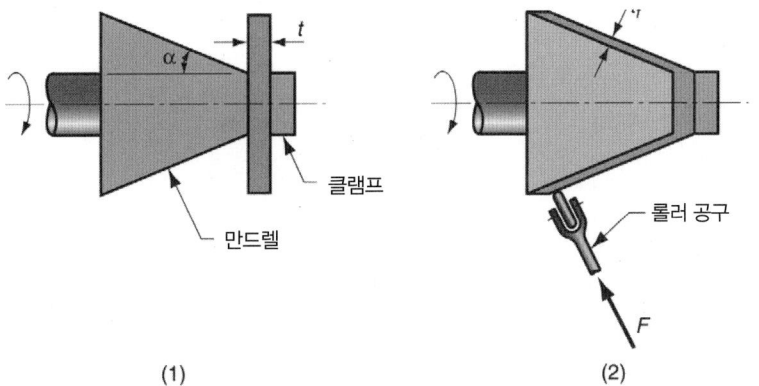

그림 18.43 전단 스피닝.
(1) 셋업, (2) 공정 완료.

(1)   (2)

정하다는 가정에 의해 유추될 수 있다.

일반 스피닝은 원뿔형과 곡선형 제품을 소량 생산하는 데 응용된다. 5 m 또는 그 이상의 매우 큰 직경을 가진 제품을 스피닝 공정으로 만들 수 있다. 이를 다른 금속박판가공 방법으로 만든다면 금형 비용이 지나치게 높을 것이다. 스피닝용 만드렐은 나무 또는 쉽게 가공이 가능한 부드러운 재료로 만들어질 수 있다. 따라서 이는 몇 가지 제품에서 대체 공정으로 쓰일 수 있는 딥드로잉에 사용되는 펀치와 금형과 비교할 때 공구 제작비용은 매우 저렴한 편이다.

전단 스피닝

전단 스피닝(shear spinning)에서는 만드렐 위로 소재의 외경이 일정하게 유지된 채 벽 두께가 얇아지는 전단변형 공정에 의해 그림 18.43에서처럼 제품이 성형된다. 이러한 전단 스피닝은 전단변형 작용(따라서 금속의 두께가 얇아짐)에 의해 성형된다는 점으로 인해 일반 스피닝의 굽힘 작용에 의한 성형과 구별된다. 전단 스피닝은 여러 가지 다른 이름, 즉 **유동 선삭**(flow turning), **전단 성형**(shear forming), **스핀 단조**(spin forging)로도 불린다. 이 공정은 항공우주산업에서 로켓의 선단부와 같은 큰 제품을 만드는 데 적용되어 왔다. 그림에서 보인 단순한 원뿔 형의 경우, 스피닝 후 벽 두께를 사인 법칙을 이용하여 쉽게 구할 수 있다.

$$t_f = t \sin \alpha \tag{18.16}$$

여기서 t_f = 스피닝 후 최종 벽두께, t = 디스크 초기 두께, α = 만드렐 각(실제로는 반각)이다. 스피닝 감소율 r을 사용하여 벽이 얇아지는 정도를 정량화하기도 한다.

$$r = \frac{t - t_f}{t} \tag{18.17}$$

스피닝 작업에서 파손이 발생하기 전까지 금속이 얇아지는 양에는 한계가 있다. 최대 감소율은 인장시험에서의 단면 감소율과 연관성이 있다 [8].

튜브 스피닝

튜브 스피닝(tube spinning)은 그림 18.44에서처럼 원통형 만드렐 위 공작물을 롤러를 사용하여 벽 두께를 줄이고 튜브 길이를 증가시키는 작업이다. 튜브 스피닝은 초기 공작물이 편평한 디스크가 아니고 튜브라는 점을 제외하고는 전단 스피닝과 유사하다. 이 작업은 공작물 외부에(튜브 안쪽에 원통형 만드렐 사용) 또는 내부에(튜브를 감싸는 금형 사용) 롤러를 이용함으로써 수행된다. 또한

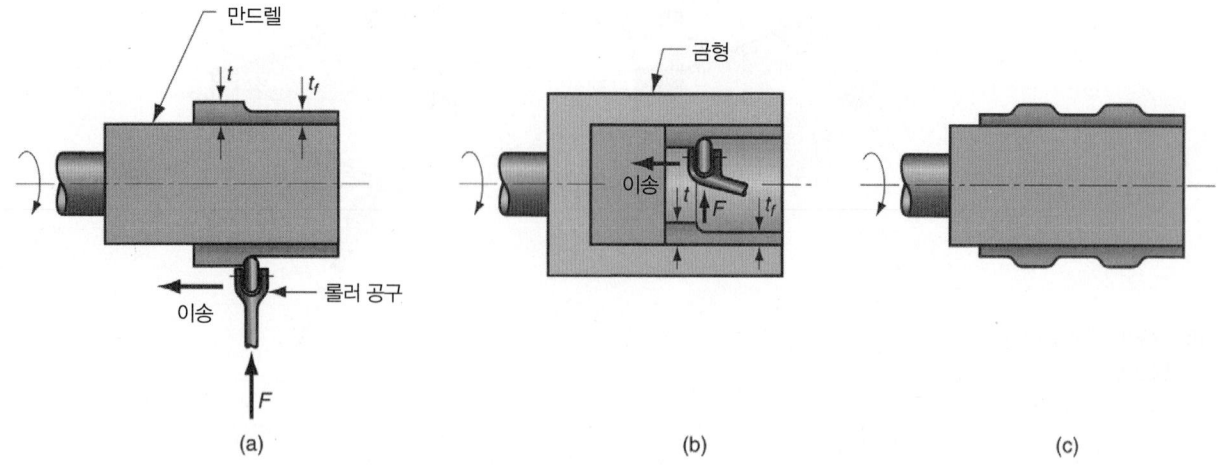

그림 18.44 튜브 스피닝. (a) 외부, (b) 내부, (c) 윤곽.

그림 18.44(c)처럼 롤러가 벽을 따라 접선방향으로 움직일 때 그 경로를 조절함으로써 튜브 벽에 윤곽을 만드는 것도 가능하다.

균일한 벽 두께를 만드는 튜브 스피닝 공정에 대한 스피닝 감소율은 전단 스피닝과 마찬가지로 식 (18.17)을 사용하여 구할 수 있다.

18.6.4 고에너지속도 성형

매우 짧은 시간에 많은 양의 에너지를 사용하여 금속을 성형하는 여러 가지 방법이 개발되어 왔다. 이런 특징으로 인해 이 공정을 **고에너지속도 성형**(high-energy-rate forming, HERF)이라고 부른다. 여기에는 폭발 성형, 전기수압 성형, 전자기 성형 등이 있다.

폭발성형
폭발성형(explosive forming)은 금속박판(또는 판재)을 성형하기 위해 폭약을 사용하는 공정이다. 그림 18.45에 이 공정을 수행하기 위한 한 가지 방법을 보였다. 금형에 공작물을 고정시키고 밀봉한 후 공동 아래쪽에 진공이 생성된다. 다음에 이 장치를 물이 들어 있는 큰 용기에 설치한다. 폭약

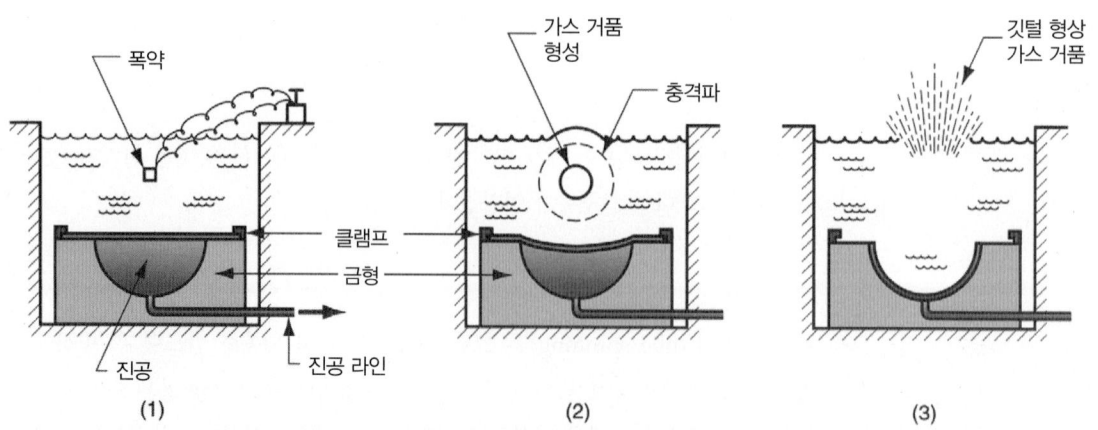

그림 18.45 폭발 성형. (1) 셋업, (2) 폭약 폭발, (3) 충격파가 제품을 성형하고 깃털형 가스 거품이 수면을 빠져 나옴.

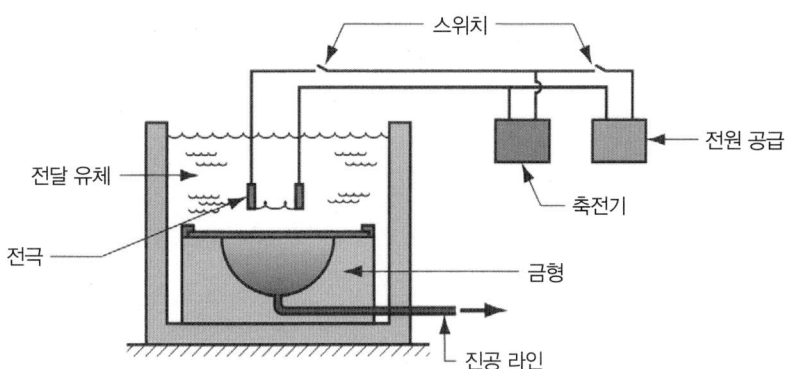

그림 18.46 전기수압 성형.

을 공작물 위에 어느 정도 거리를 가지고 물 속에 설치한다. 폭약이 폭발하면서 충격파가 발생하고 이것이 물에 의해 전달되면서 공작물이 빠르게 성형된다. 폭약의 크기와 공작물로부터 위치는 경험에 크게 의존한다. 폭발성형은 항공 산업에서 큰 제품을 만드는 데 주로 사용된다.

전기수압 성형

전기수압 성형(electro-hydraulic forming)은 전달 유체(물) 속에 설치된 두 개의 전극 사이에서 전기에너지를 방전시킴으로써 충격파가 공작물을 금형 공동 내부로 변형시키는 일종의 HERF 공정이다. 이러한 동작원리 때문에 **전기방전 성형**(electric discharge forming)이라고도 불린다. 이 공정을 위한 장치를 그림 18.46에 나타내었다. 전기에너지는 큰 축전기(capacitor, 콘덴서)에 축적된 후 전극 쪽으로 방출한다. 전기수압 성형은 폭발 성형과 유사하다. 차이점은 에너지를 만드는 방법과 상대적으로 작은 양의 에너지가 방출된다는 점이다. 이 때문에 전기수압 성형은 보다 작은 크기의 제품을 만드는 데 사용된다.

전자기 성형

전자기 성형(electromagnetic forming) 또는 **자기펄스 성형**(magnetic pulse forming)은 전압이 인가된 코일로 인해 공작물 내에서 유도된 전자기장의 기계적 힘을 이용하여 금속 박판을 성형하는 공정이다. 축전기에 의해 전압이 인가된 코일은 자기장을 만든다. 이 코일은 공작물 내에 자체적인 자기장을 형성하는 와전류를 생성한다. 유도된 자기장이 원래의 자기장과 대항하면서 기계적 힘이 만들어지며 이 힘으로 공동 주위로 공작물이 성형된다. 전자기 성형은 1960년대에 개발되었으며 HERF 공정 중에서 가장 널리 사용된다 [10]. 이 공정은 그림 18.47에 나타나 있는 것처럼 전형적으로 튜브형 제품을 만드는 데 쓰인다.

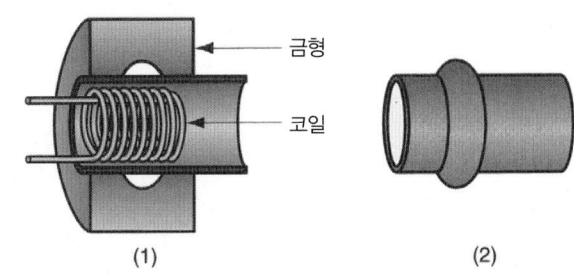

그림 18.47 전자기 성형. (1) 금형에 둘러싸인 튜브형 공작물에 코일이 삽입된 상태. (2) 성형된 제품.

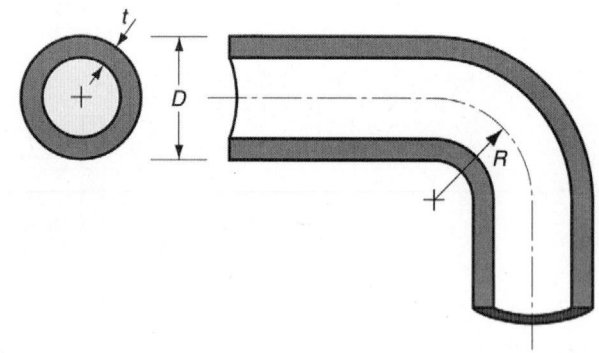

그림 18.48 굽힘 성형된 튜브의 치수와 용어. D = 튜브의 외경, R = 굽힘 반경, t = 벽 두께.

18.7 튜브 소재의 굽힘

튜브와 파이프를 만드는 여러 가지 방법을 앞 장에서 설명했고 18.6.3절에서는 튜브 스피닝에 대해 언급되어 있다. 이 절에서는 튜브를 굽히고 성형하는 방법에 대해 살펴본다. 튜브 소재에 굽힘을 가하는 것은 박판 소재보다 더 어렵다. 왜냐하면 이는 굽힘을 가할 때 튜브가 붕괴되고 접힐 수 있기 때문이다. 따라서 특수하게 제작된 유연한 만드렐을 굽힘 전에 튜브에 삽입하여 굽힘 공정 동안 벽을 떠받치게 한다.

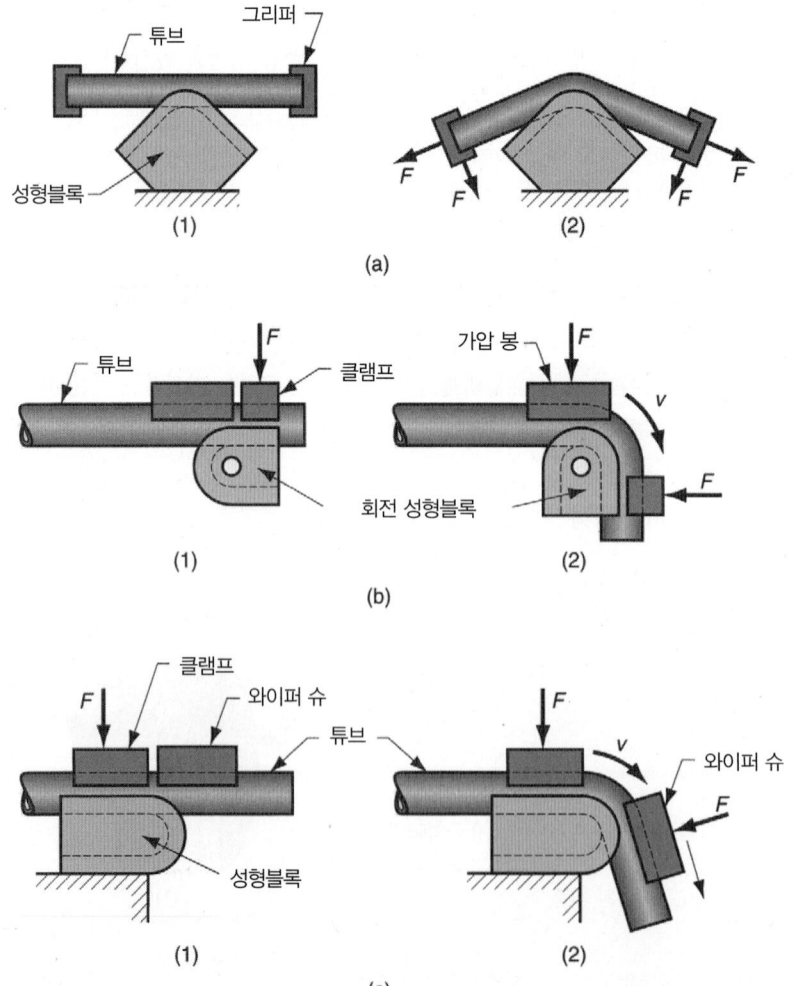

그림 18.49 튜브 굽힘 방법. (a) 연신굽힘, (b) 드로우 굽힘, (c) 압축 굽힘. 각 방법에 대해, (1) 공정 시작, (2) 굽힘 공정 중. v와 F는 각각 운동 속도와 작용력을 나타냄.

그림 18.48에 튜브굽힘에 쓰이는 몇 가지 용어가 정의되어 있다. 굽힘 반경 R은 튜브의 중심선으로부터 정의된다. 튜브를 구부릴 때 굽힘의 안쪽 벽에서는 압축이, 굽힘의 바깥쪽 벽에서는 인장이 발생된다. 이런 응력 조건으로 인해 바깥쪽 벽은 얇아지면서 길어지고 안쪽 벽은 두꺼워지면서 짧아진다. 그 결과, 안쪽 벽과 바깥쪽 벽이 서로를 향하는 경향이 생겨 튜브 단면의 모양이 납작해진다. 이와 같은 납작해지려는 경향 때문에 튜브가 굽혀질 수 있는 최소 굽힘 반경 R은 만드렐을 사용할 경우 직경 D의 약 1.5배, 만드렐을 사용하지 않을 경우 D의 세 배가 된다 [10]. 정확한 값은 벽 인자(wall factor) WF에 의해 의존한다. 여기서 WF는 직경 D를 벽두께 t로 나눈 값이다. WF 값이 높으면 최소 굽힘 반경이 증가한다. 즉, 벽이 얇을 때의 튜브 굽힘이 더 어렵다. 소재 재료의 연성도 또한 이 공정에서 중요한 요소 중 하나이다.

튜브(그리고 유사한 단면)를 굽히는 데 사용되는 여러 방법들을 그림 18.49에 도해하였다. **연신굽힘**(stretch bending)은 그림 18.49(a)에서처럼 고정된 형상 블록 주위로 튜브를 당기면서 구부리는 작업이다. **드로우굽힘**(draw bending)은 그림 18.49(b)에서처럼 튜브를 형 블록에 고정시키고 블록을 회전시킴으로써 튜브를 구부리고 잡아 당기는 작업이다. 굽힘 동안 공작물을 지지하기 위해 가압 봉(pressure bar)이 사용된다. **압축굽힘**(compression bending)에서는 고정되어 있는 형 블록의 윤곽을 따라 튜브를 감싸기 위해 와이퍼 슈(wiper shoe)가 사용된다. 일반적으로 박판 소재의 성형에 연관성이 있는 **롤 굽힘**(18.6.2절)은 튜브 및 기타 단면 제품을 구부리는 데도 사용된다.

참고문헌

[1] *ASM Handbook,* Vol. 14B, *Metalworking: Sheet Forming.* ASM International, Materials Park, Ohio, 2006.

[2] Eary, D. F., and Reed, E. A. *Techniques of Pressworking Sheet Metal,* 2nd ed. Prentice-Hall, Inc., Englewood Cliffs, New Jersey, 1974.

[3] Hoffman, E. G. *Fundamentals of Tool Design,* 2nd ed. Society of Manufacturing Engineers, Dearborn, Michigan, 1984.

[4] Hosford, W. F., and Caddell, R. M. *Metal Forming: Mechanics and Metallurgy,* 3rd ed. Cambridge University Press, Cambridge, UK, 2007.

[5] Kalpakjian, S. *Manufacturing Processes for Engineering Materials,* 4th ed. Prentice Hall/Pearson, Upper Saddle River, New Jersey, 2003.

[6] Lange, K., et al. (eds.). *Handbook of Metal Forming.* Society of Manufacturing Engineers, Dearborn, Michigan, 1995.

[7] Mielnik, E. M. *Metalworking Science and Engineering.* McGraw-Hill, Inc., New York, 1991.

[8] Schey, J. A. *Introduction to Manufacturing Processes,* 3rd ed. McGraw-Hill Book Company, New York, 2000.

[9] Spitler, D., Lantrip, J., Nee, J., and Smith, D. A. *Fundamentals of Tool Design,* 5th ed. Society of Manufacturing Engineers, Dearborn, Michigan, 2003.

[10] Wick, C., et al. (eds.). *Tool and Manufacturing Engineers Handbook,* 4th ed. Vol. II, *Forming.* Society of Manufacturing Engineers, Dearborn, Michigan, 1984.

복습문제

18.1 금속박판가공 공정의 기본 형식 세 가지를 밝혀라.

18.2 금속박판가공에서, (a) 도구의 이름은? (b) 가공에 사용되는 기계 도구의 이름은?

18.3 원형 박판 금속을 블랭킹하는 데 있어서 간극은 펀치 직경에 적용되는지 혹은 금형 직경에 적용되는지 답하여라.

18.4 컷오프 공정과 파팅 공정의 차이점은 무엇인가?

18.5 노칭 공정과 세미노칭 공정의 차이점은 무엇인가?

18.6 V-굽힘과 모서리 굽힘 벤딩에 대해서 설명하여라.

18.7 굽힘 허용은 무엇을 보상하기 위한 것인가?

18.8 금속박판가공에서 스프링백은 무엇인가?

18.9 금속박판가공의 관점에서 드로잉(drawing)을 정의하여라.

18.10 제시된 드로잉 공정이 가능한지 평가하기 위해 사용되는 간단한 척도에 대해 설명하여라.

18.11 재드로링과 역드로잉을 구별하여 설명하여라.

18.12 드로잉 제품에서 나타날 수 있는 결함에 대해 설명하여라.

18.13 엠보싱 공정이란 무엇인가?

18.14 연신성형이란 무엇인가?

18.15 블랭킹 공정을 수행하는 스탬핑 금형의 주요 구성요소를 밝혀라.

18.16 스탬핑 프레스에 사용되는 두 가지 기본 구조 프레임은 무엇인가?

18.17 금속박판가공에서 기계식 프레스와 유압식 프레스의 각각 상대적인 장단점은 무엇인가?

18.18 게린 공정은 무엇인가?

18.19 튜브 굽힘에서 주요 기술적 문제를 설명하여라.

18.20 롤 벤딩과 롤 성형의 차이점을 설명하여라.

객관식문제(21개의 답)

18.1 대부분의 금속박판공정은 다음의 어느 조건에서 수행되는가? (a) 냉간가공, (b) 열간 가공, (c) 온간 가공.

18.2 중앙에 구멍을 포함한 편평한 부품을 가공하기 위해 사용되는 박판절단공정에서 제품은 블랭크라 불리고 홀을 만들기 위해 절단되는 스크랩 조각은 슬러그 (slug)라 불린다. (a) 참, (b) 거짓.

18.3 블랭킹 공정에서 박판금속소재의 경도가 증가함에 따라 펀치와 금형 사이의 간극은 (a) 감소해야 한다, (b) 증가해야 한다, (c) 동일해야 한다.

18.4 구멍 펀칭 작업에서 생성되는 원형의 박판 슬러그는 다음의 어느 것과 동일한 직경을 가지는가? (a) 금형 구멍, (b) 펀치.

18.5 금속박판 블랭킹 공정에서 절단력은 다음 중 금속의 어느 기계적 물성에 의존하는가? (a) 압축 강도, (b) 탄성계수, (c) 전단 강도, (d) 변형률, (e) 인장 강도, (f) 항복 강도.

18.6 다음 설명 중 어느 것이 모서리 굽힘에 비교해볼 때 V-굽힘 공정에 해당하는가? (두 개의 정답) (a) 고가 공구, (b) 저가 공구, (c) 90° 혹은 그 이하 굽힘에 한정, (d) 대량 생산, (e) 소량 생산, (f) 금속박판을 지지하기 위해 압력패드 사용.

18.7 박판금속 굽힘은 다음 중 어느 응력과 변형률을 수반하는가? (두 개의 정답) (a) 압축, (b) 전단, (c) 인장.

18.8 다음 중 어느 설명이 굽힘 허용을 가장 잘 정의하고 있는가? (a) 금형이 펀치보다 큰 정도, (b) 굽힘 후 탄성 회복 양, (c) 굽힘력 계산에 사용되는 안전계수,

(d) 직선 박판 금속의 굽힘 전 길이.

18.9 금속박판 굽힘 공정에서 스프링백은 다음 중 어떤 결과에 기인하는가? (a) 금속의 탄성계수, (b) 금속 탄성 회복, (c) 과굽힘, (d) 과변형, (e) 항복강도.

18.10 다음 중 금속박판 굽힘 공정으로 파생된 공정은? (두 개의 정답) (a) 코이닝, (b) 프랜징, (c) 헤밍, (d) 아이어닝, (e) 노칭, (f) 전단 스피닝, (g) 트리밍, (h) 튜브 굽힘.

18.11 다음은 몇몇 제안된 컵 드로잉 공정에 대한 가능성을 알아보는 척도들이다. 어떤 공정이 가능성이 있는가? (세 개의 답) (a) $DR = 1.7$, (b) $DR = 2.7$, (c) $r = 0.35$, (d) $r = 0.65$, (e) $t/D = 2\%$.

18.12 드로잉 공정에서 고정력은 최대 드로잉력에 비해 어떤가? (a) 크다, (b) 동등하다, (c) 작다.

18.13 다음 중 가장 복잡한 스탬핑 금형은 어느 것인가? (a) 블랭킹 금형, (b) 컴비네이션 금형, (c) 컴파운드 금형, (d) 모서리 굽힘 금형, (e) 프로그레시브 금형, (f) V-금형.

18.14 다음 중 어느 프레스 형식이 금속박판 스탬핑 공정에서 가장 높은 생산율을 나타내는가? (a) 조정 가능 베드, (b) 후개방 경사, (c) 프레스 브레이크, (d) 일체형 갭, (e) 일자형 갭.

18.15 다음 공정 중 고에너지속도 변형 공정으로 분류되는 것은? (두 개의 답) (a) 전기화학(전해) 가공, (b) 전자기 가공, (c) 전자빔 절단, (d) 폭발 성형, (e) 게린 공정, (f) 하이드로포밍, (g) 재드로잉, (h) 전단 스피닝.

| 연습문제

절단 공정

18.1 동력전단를 사용하여 두께 4.75 mm인 냉간압연 연강을 절단하고자 한다. 전단기 간극을 얼마로 설정해야 최적 절단을 이룰 수 있는가?

18.2 두께 2.0 mm 냉간압연 강판(반 경화)에 블랭킹 공정을 수행하고자 한다. 제품은 직경 = 75.0 mm의 원형이다. 이 공정을 위한 적절한 펀치와 금형 크기를 결정하여라.

18.3 컴파운드 금형을 사용하여 두께 3.50 mm인 6061ST 알루미늄 합금 박판재로부터 큰 와셔를 블랭킹 및 펀칭하고자 한다. 와셔의 외경은 50.0 mm이고 내경은 15 mm이다. 다음을 결정하여라. (a) 블랭킹 작업에 필요한 펀치와 금형 크기, (b) 펀칭 작업을 위한 펀치와 금형 크기.

18.4 그림 P18.4에 보여진 제품 외형을 블랭킹하기 위해 블랭킹 금형을 설계하고자 한다. 재료는 두께 4 mm 스테인리스 강(반 경화)이다. 블랭킹 펀치와 금형 구멍 치수를 결정하여라.

18.5 문제 18.2에서 필요한 블랭킹력을 계산하여라. 재료의 전단강도 = 325 MPa이고 인장강도 = 450 MPa이다.

18.6 문제 18.3에서 블랭킹 및 펀칭 공정을 수행하기 위한 프레스 최소 용량을 결정하여라. 알루미늄 박판의 인장강도 = 310 MPa, 강도계수 = 350 MPa, 변형률 경화지수 = 0.12이다. (a) 블랭킹과 펀칭이 동시에 발생한다고 가정. (b) 펀칭-블랭킹 순서로 발생한다고 가정.

18.7 문제 18.4의 블랭킹 공정에 대해 소요 용량을 결정하여라. 스테인리스 강의 항복강도 = 500 MPa, 전단강도 = 600 MPa, 그리고 인장강도 = 700 MPa이다.

18.8 프레스 가공부의 책임자가 당신에게 블랭킹 공정으로 인해 제품에 과도한 버(burr)가 발생하고 있다고 한다. (a) 버가 발생하는 가능한 이유는 무엇인가? (b) 이를 수정하기 위해 어떤 조치를 취해야 하는가?

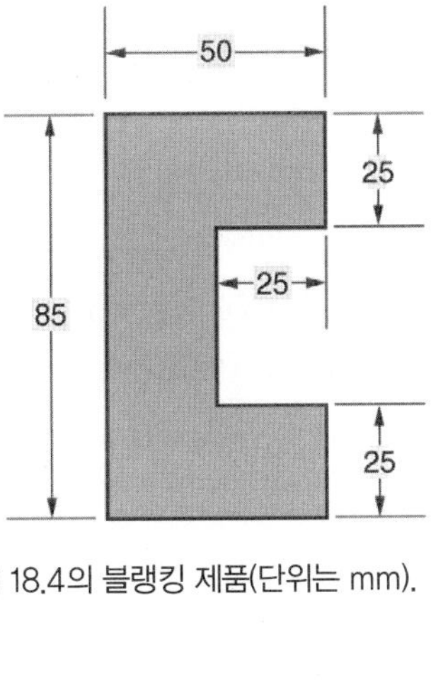

그림 P.18.4 문제 18.4의 블랭킹 제품(단위는 mm).

굽힘

18.9 5.00 mm 두께의 냉간압연 강에 대하여 굽힘 공정을 수행하려고 한다. 부품의 설계도는 그림 P18.9에 주어져 있다. 필요한 블랭크 크기를 결정하여라.

18.10 문제 18.9에서 굽힘 반경 $R = 11.35$ mm로 계산하여라.

18.11 L-형상 부품이 두께가 25/64 cm이고 넓이가 10 cm

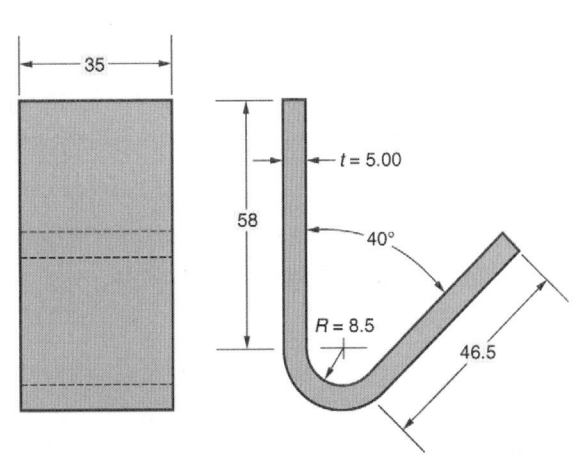

그림 P18.9 문제 18.9 굽힘 공정의 부품(치수는 mm).

× 3.8 cm인 평판으로부터 V-굽힘 공정으로 굽혀진다. 굽힘 각 90°가 길이 10 cm 중간에서 만들어진다. (a) 만일 굽힘 반경 = 15/32 cm일 경우 굽힘 결과로 나타나는 두 개의 동일한 측면의 치수를 결정하여라. 편의를 위해 측면은 굽힘 반경 시작과 함께 측정되어야 한다. (b) 역시, 굽힘 후 제품의 중립 축 길이를 결정하여라. (c) 제품의 초기 길이에 비교해 프레스 브레이크 상에서 작업자는 어느 곳에서 정지해야 하는가?

18.12 폭이 25 mm이고 길이가 100 mm인 두께 4 mm의 냉간 압연 강판에 대하여 굽힘 공정이 수행된다. 판재는 폭 방향으로 굽혀지고 그 결과 굽힘 길이는 25 mm가 된다. 가공 후 박판 금속 제품은 30° 예각을 가지고 굽힘 반경은 6 mm이다. 다음을 결정하여라. (a) 굽힘 허용, (b) 굽힘 후 제품의 중립 축 길이. (힌트 : 굽힘 전 중립 축 길이 = 100 mm)

드로잉 공정

18.18 드로잉 비 DR의 함수로서 드로잉 감소율 r에 대한 표현을 유도하여라.

18.19 딥드로잉 공정으로 컵을 만든다. 컵의 높이는 75 mm이고 내경 = 100 mm이다. 박판 금속의 두께 = 2 mm. 만일 블랭크 직경 = 225 mm이라면, 다음을 결정하여라. (a) 드로잉 비, (b) 감소율, (c) 두께 대 직경 비, (d) 이 공정이 가능한가?

18.20 문제 18.19에서 블랭크 직경 = 175 mm라고 하여 다시 계산하여라.

18.21 컵 내경이 10.625 cm이고 높이는 6.625 cm인 실린더 형상에 대하여 딥드로잉 공정을 수행하고자 한다. 소재의 두께는 15/32 cm이고 초기 블랭크 직경 = 19.25 cm이다. 펀치와 금형 반경은 25/64 cm이다. 금속의 인장강도 = 450 MPa, 항복강도 = 220 MPa, 전단강도 = 275MPa이다. 다음을 결정하여라. (a) 드로잉 비, (b) 감소율, (c) 도로잉력, (d) 블랭크 홀더력.

18.22 소재의 두께를 t = 5/16cm로 바꾸어 문제 18.21을 다시 계산하여라.

18.23 컵 드로잉 작업을 통해 내경 = 80 mm, 높이 = 50 mm인 컵을 만든다. 소재 두께 = 3.0 mm, 초기 블랭크 직경 = 150 mm이다. 펀치와 금형 반경은 4

18.13 문제 18.9에서 만일 굽힘이 금형 입구 치수가 40 mm인 V-굽힘 공정이 수행될 때 필요한 굽힘력을 계산하라. 재료의 인장강도는 600 MPa이고 전단강도는 430 MPa이다.

18.14 금형 입구 치수 = 28 mm인 와이핑 금형을 사용한 공정일 때 문제 18.13을 계산하여라.

18.15 문제 18.11에서 만일 굽힘이 금형 입구 폭 치수가 3.125 cm인 V-금형으로 수행될 때 필요한 굽힘력을 계산하여라. 재료의 인장강도는 480 MPa이다.

18.16 금형 입구 치수 = 1.875 cm인 와이핑 금형을 사용한 공정에 대하여 문제 18.15을 풀어라.

18.17 두께 3.0mm이고 길이가 20.0 mm인 박판금속이 V-금형에서 각도 60°, 굽힘 반경 = 7.5 mm로 굽혀진다. 금속의 항복강도 = 220 MPa이고 인장강도는 = 340 MPa이다. 만일 금형 입구치수가 15 mm라면 제품을 굽히기 위해 필요한 힘을 계산하여라.

mm이다. 이 박판금속의 인장강도 = 400 MPa, 항복강도 = 180 MPa이다. 다음을 결정하여라. (a) 드로잉 비, (b) 감소율, (c) 도로잉력, (d) 블랭크 홀더력.

18.24 두께가 5/16 cm인 금속박판 블랭크를 이용하여 딥드로잉을 수행하고자 한다. 컵의 높이(안쪽 치수) = 9.5 cm이고 직경(안쪽 치수) = 12.5 cm이다. 펀치 반경 = 0이라고 가정하여 플랜지에 남아있는 소재가 없는 공정을 완수하기 위해 초기 블랭크 크기를 계산하여라. 이 공정은 가능성이 있는 공정인가? (펀치 반경이 너무 작다는 사실은 무시하여라.)

18.25 펀치 반경 = 0.95 cm를 이용하여 문제 18.24를 계산하여라.

18.26 두께가 3.0 mm인 소재에 드로잉 공정을 수행한다. 실린더 컵 형상이며 높이 = 50 mm이고, 내경 = 70 mm이다. 펀치의 코너 반경이 영이라고 가정한다. (a) 필요한 초기 블랭크 크기 D_b를 결정하여라. (b) 이 공정은 가능한가?

18.27 높이 = 60 mm를 이용하여 문제 18.26을 계산하여라.

18.28 문제 18.27을 펀치의 코너 반경 = 10 mm를 이용하여 계산하여라.

18.29 공장 드로잉 부서 책임자가 드로잉 제품 샘플 몇 개를

당신에게 가지고 왔다. 제품은 다양한 결함을 가지고 있다. 하나는 이어링, 다른 하나는 주름 그리고 세 번째 샘플은 바닥에 파열이 있다. 각각의 결함의 발생의 원인은 무엇이며 당신은 어떤 해결 방한을 제시할 것인가?

18.30 금속 박판의 두께가 0.625 cm인 금속 박판으로부터

기타 공정

18.31 50cm 길이의 박판 금속 작업물이 그림 P18.31에 주어진 치수로 연신성형 공정에 의해 늘어난다. 초기 소재의 두께는 15.32 cm이고 폭은 21.25 cm이다. 이 금속은 강도 계수 515 MPa과 변형률 경화지수 0.20의 유동곡선을 따른다. 소재의 항복강도는 205 MPa이다. (a) 항복이 먼저 발생할 때 공정의 초기에 필요한 성형력을 계산하여라. 다음을 계산하여라. (b) 금속의 진변형률, (c) 성형력 F, (d) 그림 P18.31(b)에 나타난 것처럼 제품이 성형되었을 마지막 시점에서의 금형력(die force).

18.32 기본적인 스피닝 공정을 이용하여 그림 P18.32와 같은 제품을 스피닝하기 위해 요구되는 초기 디스크 직경을 결정하여라. 초기 두께 = 2.4 mm.

18.33 만일 그림 P18.32에 도해된 제품이 전단 스피닝에 의해 만들어진다면 다음을 결정하여라. (a) 콘 형상 부분을 따라서 벽의 두께, (b) 스피닝 감소율 r.

18.34 문제 18.33에서 전단 스핀된 소재의 전단 변형률을 결정하여라.

18.35 직경이 75 mm인 튜브가 일련의 단순튜브굽힘 공정에 의해 다소 복잡한 형상으로 굽혀진다. 튜브의 벽 두께 = 4.75 mm이다. 튜브는 화학 플랜트에서 유체를 운반하는 데 사용된다. 굽힘 공정 중 굽힘 반경이 125 mm인 단계에서 튜브의 벽들이 심하게 납작해진다. 이를 해결하기 위해 무엇이 필요한가?

블랭크 홀더 없이 컵 형상의 제품을 드로잉 하고자 한다. 컵의 내경 = 6.25 cm이고 높이 = 3.75 cm, 그리고 바닥에서의 코너 반경 = 0.95 cm이다. (a) 식 (18.14)에 따라 사용 가능한 최소 초기 블랭크 직경은 얼마인가? (b) 이 블랭크 직경은 컵을 만들기 위해 충분한 소재를 제공하는가?

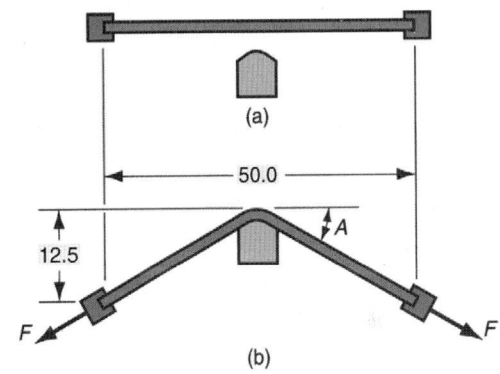

그림 P18.31 스트레칭 성형 공정. (a) 전, (b) 후(치수는 cm).

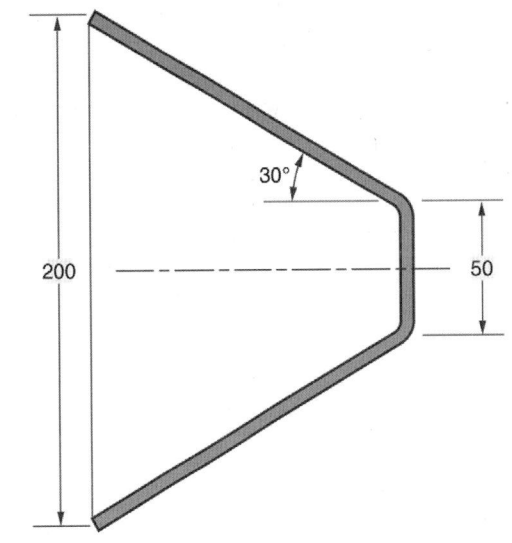

그림 P18.32 기본 스피닝에 의한 제품(단면)(치수는mm).

제 VI 부

재료제거공정

19. 1 절삭가공 기술의 개요

19.2 금속가공에서의 칩 형성 이론
  19.2.1 직교절삭모델
  19.2.2 실제 칩 형성

19.3 절삭력과 Merchant 식
  19.3.1 금속절삭력
  19.3.2 Merchant 식

19.4 절삭동력과 에너지

19.5 절삭온도
  19.5.1 절삭온도 계산을 위한 해석적 방법
  19.5.2 절삭온도의 측정

재료제거공정은 외형형성공정(그림 1.4)의 일종으로서, 초기 공작물로부터 불필요한 재료를 제거하여 남은 부분이 원하는 최종 형상이 되도록 하는 공정이다. 세부 공정 분류를 그림 19.1에 나타내었다. 이 가운데서 가장 중요한 것은 **절삭가공**(machining)으로서, 원하는 형상을 얻기 위하여 날카로운 절삭날을 사용하여 기계적으로 소재를 제거하는 것이다. 세 가지 주요 절삭공정은 선삭, 드릴링, 밀링이다. 그림 19.1에 주어진 그 밖의 절삭가공 공정으로는 형삭, 평삭, 브로칭, 톱작업이 있다. 절삭가공에 대하여 이 장을 시작으로 하여 22장까지 다룬다.

재료제거공정의 또 다른 그룹으로 강한 연마입자의 작용으로 소재를 기계적으로 제거하는 **연마공정**(abrasive processes)을 들 수 있다. 연삭을 포함하는 이 공정은 23장에서 다루어진다. 그림 19.1에서 기타 연마공정으로는 호닝(honing), 래핑(lapping), 수퍼피니싱(superfinishing)을 들 수 있다. 마지막으로 소재를 제거하기 위하여 날카로운 절삭날이나 연삭입자를 사용하는 대신에 여러 종류의 에너지 형태를 사용하는 **특수가공**이 있다. 이러한 에너지 형태로는 기계적, 전기화학적, 열적, 화학적 에너지가 있다. 특수가공에 대해서는 24장에서 논의된다.

절삭가공은 원하는 부품 형상을 얻기 위하여 날카로운 절삭날을 사용하여 재료를 절삭하는 제조공정이다. 절삭가공에서 가장 중요한 작용은 칩(chip)을 형성하기 위한 공작물 재료의 전단변형이다. 이때 칩이 제거됨에 따라 새로운 표면이 생성된다. 절삭가공은 주로 금속을 형상화하는 데 가장 흔히 적용된다. 이러한 공정은 그림 19.2에 나타나있다.

절삭가공은 가장 중요한 제조공정 중의 하나이다. 산업혁명과 세계의 생산관련 경제 성장의 배경

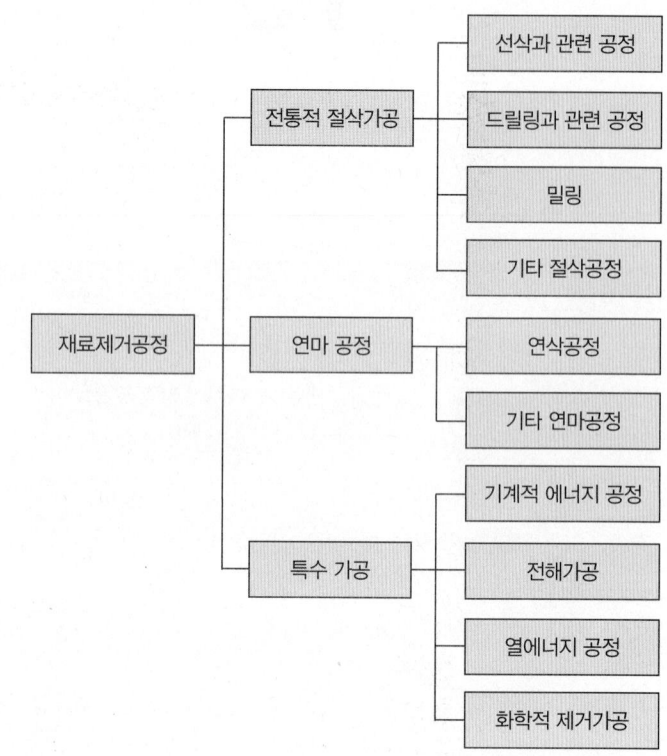

그림 19.1 재료제거공정의 분류.

에는 여러 가지 절삭가공 방법의 발전이 주된 역할을 하였다고 볼 수 있다(역사적 참고 20.1). 절삭가공은 다음의 여러 가지 이유로 상업적으로나 기술적으로 중요하다.

- **공작물 재료의 다양성** 여러 가지 재료에 절삭가공을 적용할 수 있다. 사실상 모든 고체 금속은 절삭가공이 가능하다. 플라스틱 및 플라스틱 복합재료 또한 절삭가공이 가능하다. 세라믹은 높은 경도와 취성으로 인하여 절삭가공이 어렵지만, 대개의 세라믹은 23장에서 다루어질 연마가공 공정에 의하여 성공적으로 절삭이 가능하다.
- **부품 형상 및 기하학적 특징의 다양성** 절삭가공으로 평판, 원형 구멍, 실린더 형태와 같은 정형화된 어떠한 형상의 가공이 가능하다. 또한 공구형상 및 공구경로의 변화를 이용해 나사산이나 T-슬롯 같은 비정형 형상의 가공도 가능하다. 형상이 다소 복잡하고 다양하더라도 여러 절삭가공 공정을 연속적으로 배치함으로써 거의 모든 형상의 가공이 가능하다.

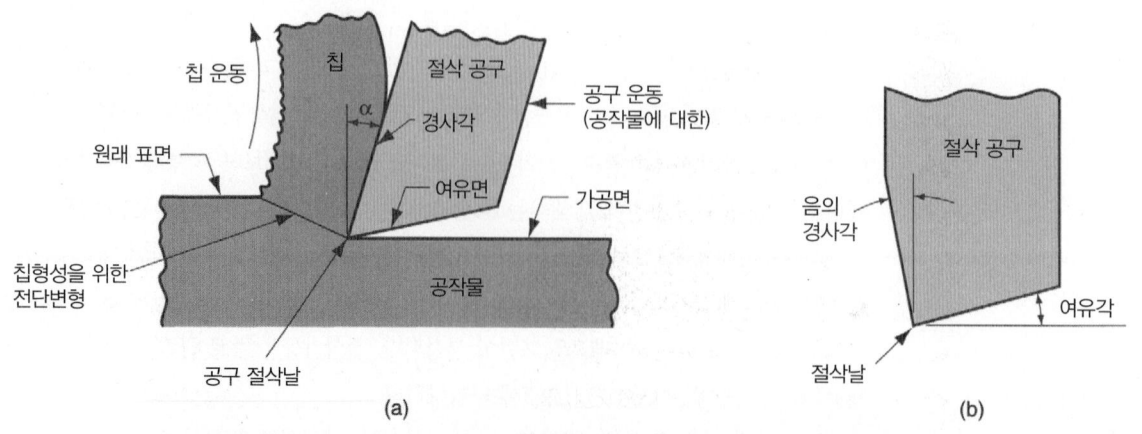

그림 19.2 (a) 절삭가공 공정의 단면도. (b) 음의 경사각을 가진 공구, 양의 경사각 (a)와 비교.

- **치수 정확성** 절삭가공은 매우 작은 공차를 갖는 치수로 제품을 생산할 수 있다. 대부분의 다른 공정보다 훨씬 정확한 ±0.025 mm의 공차를 일부 절삭공정을 통해 얻을 수도 있다.
- **우수한 표면 정도** 절삭가공으로 매우 좋은 표면 정도를 갖는 가공면을 얻을 수 있다. 보통의 절삭가공으로 거칠기 값이 0.4 μm인 가공 면을 얻을 수 있다. 일부 연마공정을 통해서는 훨씬 더 좋은 가공면을 얻을 수 있다.

반면에, 절삭가공 및 기타 재료제거공정에서 다음과 같은 단점이 있을 수 있다.

- **재료 낭비** 절삭가공은 재료의 낭비가 불가피하다. 절삭가공 공정에서 생성되는 칩은 폐기될 재료이다. 비록 이러한 칩들이 재활용될 수 있다고 하더라도, 제거된 재료는 해당 공정에서 일단은 버려진다.
- **시간 소모** 절삭가공 공정은 일반적으로 다른 성형공정인 주조나 단조에 비하여 주어진 형상을 얻기 위하여 더 많은 시간이 소모된다.

절삭가공은 일반적으로 주조 혹은 용적변형 공정(예, 단조, 인발) 등의 다른 제조공정 후에 수행된다. 다른 공정들이 원래의 공작물로부터 일반적인 형상을 만들고, 절삭가공은 마지막 형상, 치수, 표면 거칠기를 만들게 된다.

19.1 절삭가공 기술의 개요

절삭가공은 단순히 하나의 공정이 아니고, 여러 공정 그룹을 포함한다. 여러 공정들의 공통적인 특징은 공작물로부터 제거되는 칩을 형성하기 위하여 절삭공구를 사용한다는 것이다. 공정수행을 위하여 공구와 공작물 사이에 상대운동을 필요로 한다. 대개의 절삭가공 공정에서 이러한 상대운동은 **절삭 속도**(cutting speed)로 불리는 1차 운동과 **이송**(feed)으로 불리는 2차 운동에 의하여 이루어진다. 이러한 운동과 결합하여 공구형상과 공구의 공작물로의 침입 깊이가 최종 공작물 표면의 형상을 결정 짓게 된다.

절삭공정의 유형

어떤 특정 부품의 형상과 표면 형상을 생성하는 많은 종류의 절삭가공 공정이 있다. 이런 공정들에 대해서는 20장에서 상당히 자세히 설명하고 여기서는 그림 19.3에 나타낸 것처럼 세 가지의 가장 중요한 공정인 선삭, 드릴링, 밀링에 대하여 정의하기로 한다.

선삭에서는 그림 19.3(a)에 나타낸 것처럼 원통형의 형상을 얻기 위하여 회전하는 공작물로부터 재료를 제거하는 한 개의 절삭날(단인)을 가진 공구를 사용한다. 선삭에서의 절삭속도는 회전하는 공작물에 의하여 제공되며, 이송은 공작물의 회전축에 평행한 방향으로 천천히 움직이는 절삭날에 의하여 제공된다. **드릴링**은 원형 구멍을 생성하기 위한 공정이다. 일반적으로 두 개의 절삭날을 가진 회전하는 공구에 의하여 수행된다. 그림 19.3(b)에 나타낸 바와 같이 공구는 회전축에 평행한 방향으로 이송하면서 원형 구멍을 생성하게 된다. **밀링**에서는 여러 개의 절삭날(다인)을 가진 회전하는 공구가 공작물에 대하여 상대적으로 천천히 움직이면서 수평면이나 직선 수직면을 생성한다. 이송운

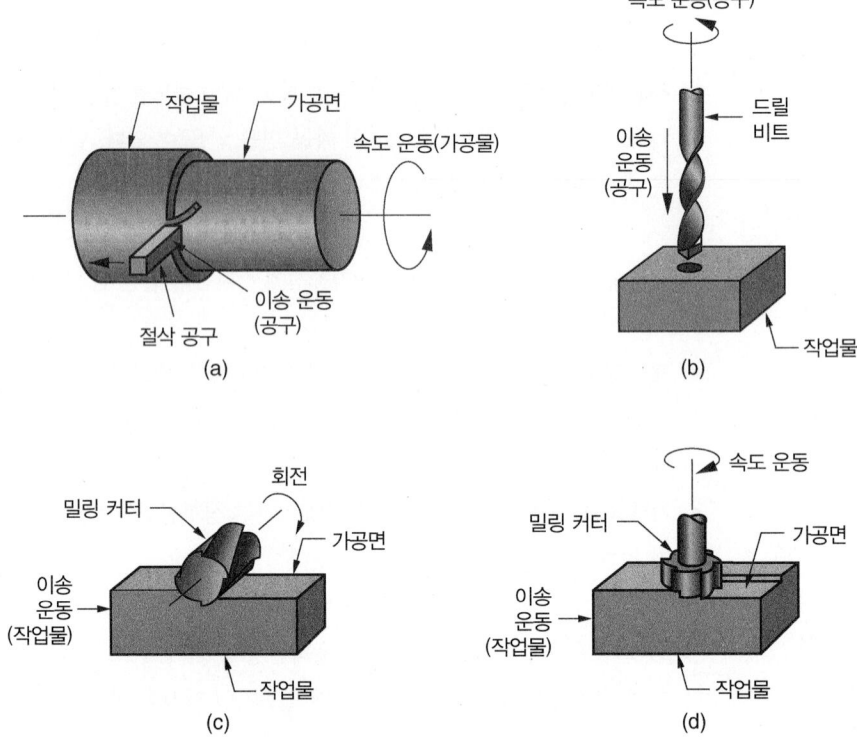

그림 19.3 세 가지 가장 주요한 절삭가공 공정. (a) 선삭, (b) 드릴링, 그리고 두 종류의 밀링 (c) 평밀링, (d) 정면 밀링.

동 방향은 공구의 회전 축에 수직이다. 절삭속도는 회전하는 밀링 커터에 의하여 제공된다. 밀링의 가장 기본적인 형태로는 그림 19.3(c)와 (d)에 나타난 것처럼 평밀링과 정면밀링이 있다.

기타 전통적인 절삭가공 공정으로 형삭, 평삭, 브로칭, 톱 작업을 들 수 있다(20.6절). 때때로 연삭과 기타 연마 공정을 절삭 공정의 범주에 포함시키기도 한다. 이런 공정들은 보통 전통적인 절삭가공 후에 수행되며 공작물의 매우 우수한 표면 마무리(surface finish)를 얻기 위하여 수행된다.

절삭공구

절삭공구는 한 개나 그 이상의 날카로운 절삭날을 가지며 작업물보다 단단한 재료로 만들어진다. 절삭 날은 모재로부터 칩을 분리하는 역할을 한다(그림 19.2). 경사면(rake face)과 여유면(flank)으로 불리는 두 개의 면이 절삭날에 접해 있다. 새롭게 생성된 칩이 유동하는 경사면은 **경사각**(rake angle) α라 불리는 각도로 위치하고 있다. 이 경사각은 공작물 표면에 수직인 면으로부터 측정된다. 이 경사각은 양(그림 19.2(a))이 될 수도 있고 음(그림 19.2(b))이 될 수도 있다. 공구 여유면은 공구와 새롭게 생성되는 가공면 사이에 틈새를 두어서, 표면 정도를 저하시킬 수 있는 마모작용으로부터 가공면을 보호하는 역할을 한다. 여유면은 **여유각**(relief angle)으로 불리는 각을 갖고 위치하고 있다.

실제로 대개의 절삭공구는 그림 19.2에 나타낸 것보다 훨씬 더 복잡한 형상을 갖고 있다. 두 개의 기본적인 유형이 있으며 그림 19.4에 그 예가 도해되어있다. (a) 단인공구, (b) 다인공구. **단인공구**(single-point tool)는 한 개의 절삭날을 가지는데, 선삭과 같은 공정에 주로 사용된다. 그림 19.2에 나타난 공구의 사양 이외에도, 이 절삭공구의 이름이 하나의 공구선단으로부터 유래한다. 가공 중 공구선단은 공작물 원래의 표면 아래로 관통해 들어간다. 이 선단은 노즈 반경(nose radius)이라 불리는 일정한 반지름을 가지는 원형 형상으로 되어 있다. **다인공구**(multiple cutting edge tool)는 하나 이상의 절삭날을 가지며 공작물에 대한 상대적 회전운동을 통해 작업을 수행한다. 드릴링과 밀링은

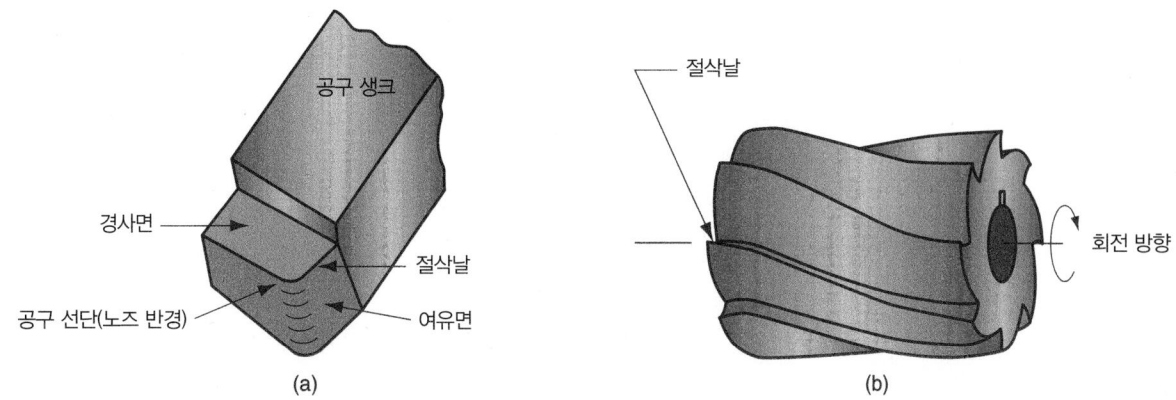

그림 19.4 (a) 경사면, 여유각, 공구 선단을 나타낸 단인공구, (b) 다인공구를 대표하는 헬리컬 밀링 커터.

회전하는 다인공구를 사용한다. 그림 19.4(b)는 평밀링에 사용되는 헬리컬 밀링커터를 나타낸다. 비록 형상이 단인공구와 상당히 다르지만, 공구의 상당 부분 요소가 유사하다. 단인공구, 다인공구, 그리고 이들에 사용되는 재료에 대한 좀 더 자세한 내용은 21장에서 설명하기로 한다.

절삭조건

절삭가공 공정을 수행하기 위해서는 공구와 공작물 사이에 상대운동이 존재하여야 한다. 일차 운동은 어떤 **절삭속도** v로 수행된다. 또한, 공구가 공작물을 가로질러 측면으로 이동하여야 한다. 이 이동은 훨씬 느린 운동이며 **이송** f라고 한다. 그 외의 절삭치수로서 원래의 공작물 아래로 절삭공구가 깊이 방향으로 파고드는 거리를 **절삭깊이** d라고 한다. 종합해볼 때 절삭속도, 이송, 절삭깊이를 **절삭조건**이라고 한다. 이들은 절삭가공 공정의 삼차원적인 특성을 결정하며, 어떤 공정(예를 들면, 대부분의 단인공구 공정)에 대해서 그 공정의 소재제거율(material removal rate)을 나타낸다.

$$R_{MR} = vfd \tag{19.1}$$

여기서 R_{MR} = 소재제거율(mm³/s), v = 절삭속도(m/s, 이는 mm/s로 변환되어야 함), f = 이송(mm), d = 절삭깊이(mm)를 나타낸다.

선삭공정에서의 절삭조건을 그림 19.5에 나타내었다. 절삭속도에 보통 사용되는 단위는 m/s이다. 선삭에서의 이송은 mm/rev, 절삭깊이는 mm로 나타낸다. 다른 절삭가공 공정에서 절삭조건의 의미가 달라질 수 있다. 예를 들면, 드릴링 공정에서의 깊이는 보통 드릴링된 구멍의 깊이를 지칭한다.

절삭가공은 보통 절삭 목적 및 조건에 따라서 황삭과 정삭으로 구분할 수 있다. **황삭**(roughing

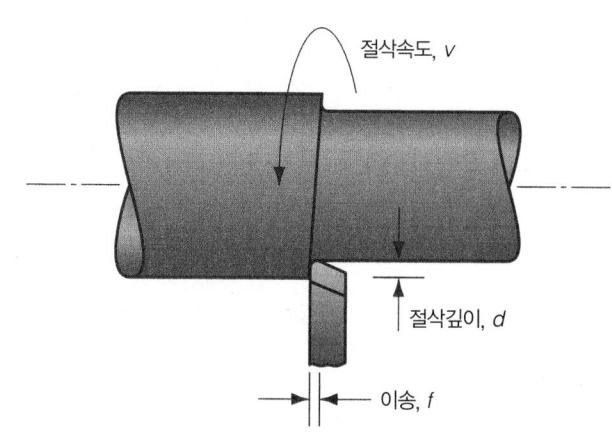

그림 19.5 선삭공정에서의 절삭속도, 이송, 절삭깊이.

cut)은 가능한 한 빨리 초기 공작물로부터 많은 양의 재료를 제거하는 것으로서, 최종 형상에 근접한 형상으로 가공하고 최종 마무리 공정을 위하여 절삭할 재료를 조금 남겨놓게 된다. **정삭**(finishing cut)은 가공물 형상을 완성하기 위하여 수행되며 최종 치수, 공차, 그리고 표면 정도를 달성하게 된다. 생산가공업에 있어 일반적으로 작업물에 하나 혹은 그 이상의 황삭이 이루어지고, 이후 하나 혹은 두 번의 정삭이 수행된다. 황삭공정은 일반적으로 높은 이송(0.4~1.25 mm/rev)과 절삭깊이(2.5~20 mm) 값으로 이루어진다. 반면에 정삭은 매우 낮은 이송(0.125~0.4 mm/rev)과 절삭깊이 (0.75~2.0 mm)가 일반적이다. 절삭속도는 정삭보다 황삭이 낮다.

절삭유는 절삭공구를 냉각하고 윤활하기 위해 절삭공정에 흔히 사용된다(21.4절에서 다루어짐). 절삭유가 반드시 사용되어야 하는지에 대한 결정, 그리고 만일 그럴 경우, 적절한 절삭유의 선택은 보통 절삭조건과 많은 관련이 있다. 주어진 공작물 재료와 공구에 대하여, 이러한 절삭조건의 선정은 성공적인 절삭가공 공정을 위하여 매우 중요하다.

공작기계

공작기계는 공작물을 고정하고, 공작물에 대한 공구의 상대위치를 결정하고, 미리 정해진 절삭속도, 이송, 절삭깊이를 가진 절삭공정을 위한 동력을 제공하기 위하여 사용된다. 공구, 공작물, 절삭조건을 적절하게 조절함으로써, 공작기계는 매우 높은 정확도 및 반복성을 가지고 0.025mm 혹은 그 이하의 공차를 가진 부품을 가공할 수 있다. **공작기계**(machine tool)라는 용어는 연삭 공정을 포함하여 모든 절삭공정을 수행하는 동력 구동기계를 지칭한다. 때로는 금속성형공정과 프레스공정(17, 18 장)을 수행하는 기계를 포함하기도 한다.

선삭, 드릴링, 밀링을 수행하기 위해 사용되는 전통적인 공작기계는 각각 선반, 드릴 프레스, 그리고 밀링 머신(milling machines)이다. 전통적으로 공작기계는 보통 사람에 의하여 공작물의 탈부착, 절삭공구 변경, 절삭조건 선정 등이 이루어진다. 다수의 현대적인 공작기계는 컴퓨터 수치제어라는 불리는 자동화 형태로 위와 같은 공정이 가능하도록 설계된다(35.3절).

19.2 금속가공에서의 칩 형성 이론

대부분의 실제 절삭가공 공정의 기하학적 문제는 조금 복잡하다. 기하학적으로 복잡한 부분을 많이 무시한 단순화된 모델이 가능하며 단순화되었음에도 공정의 역학을 상당히 유사하게 묘사가 가능하다. 그림 19.6에 나타낸 것처럼 이를 **직교절삭모델**(orthogonal cutting model)이라고 부른다. 실제 절삭가공 공정은 3차원임에도 불구하고 직교모델은 분석 시 중요한 역할을 하는 이차원 모델만을 해석한다.

19.2.1 직교절삭모델

정의에 의하면 직교절삭은 절삭날이 절삭속도 방향에 수직하게 놓여있는 쐐기 형상의 공구를 사용한다. 공구가 재료에 힘을 가함에 따라 공작물 표면에 각도 ϕ를 이루고 있는 **전단면**(shear plane)이라 불리는 평면을 따라 전단변형이 일어나 칩이 형성된다. 오로지 공구의 날카로운 절삭날 끝에서 재료의 파단이 발생하며, 그 결과 결국 모재로부터 칩이 분리된다. 절삭가공에서 기계적 에너지의 많은

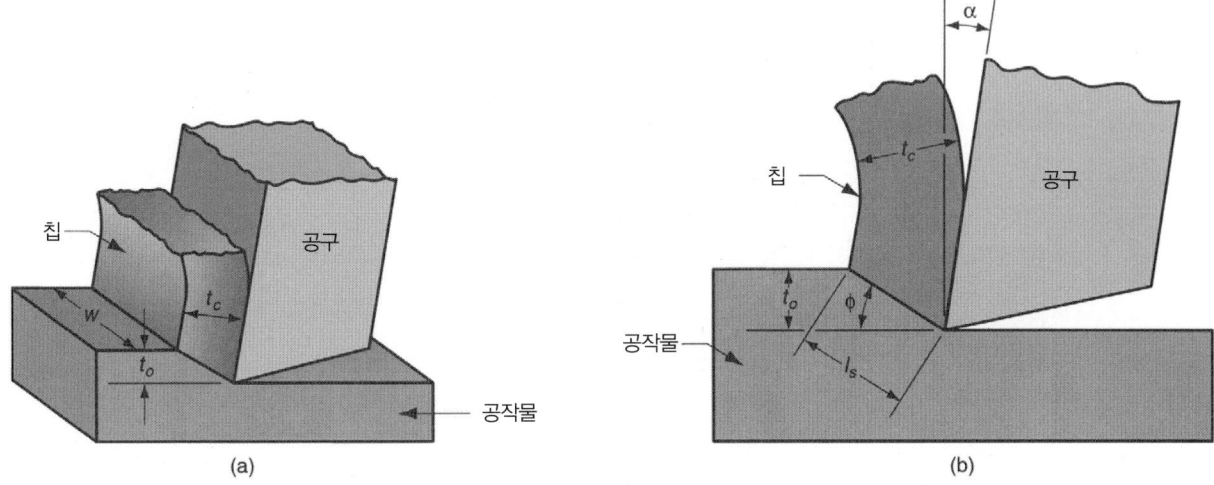

그림 19.6 직교 절삭. (a) 삼차원적 공정 형상, (b) 이차원으로 단순화된 측면형상.

부분이 소모되는 전단면을 따라서 재료는 소성적으로 변형하게 된다.

직교절삭에서 공구는 오직 두 가지 기하학적 요소만을 가진다. (1) 경사각과 (2) 여유각. 앞에서 기술한 바와 같이, 경사각 α는 칩이 공작물로부터 형성되어 유동하는 방향을 결정하며, 여유각은 공구 여유면과 새롭게 생성된 가공면 사이의 작은 틈새를 제공한다.

절삭 중에 공구 절삭날은 원래의 공작물 표면 아래로 어떤 깊이를 가지고 위치하게 된다. 이것은 칩이 형성되기 전의 칩 두께, t_o에 해당한다. 전단면을 따라 칩이 형성됨에 따라 그 두께는 t_c로 증가한다. t_o와 t_c의 비를 **칩 두께비**(혹은 **칩비**, chip ratio) r이라고 한다.

$$r = \frac{t_o}{t_c} \tag{19.2}$$

절삭 후 칩두께가 이에 상응하는 절삭 전 칩두께보다 항상 크기 때문에 칩비는 항상 1.0보다 작다.

t_o 외에도 직교절삭에는 그림 19.6(a)에 나타낸 것처럼 절삭 폭 w가 존재하지만 이 치수는 직교절삭의 해석에 많은 역할을 하지 못한다.

직교절삭모델의 기하학적 형상으로부터 칩 두께비, 경사각, 전단각 사이에 중요한 관계가 성립될 수 있다. l_s를 전단면의 길이라고 하면, $t_o = l_s \sin\phi$, $tc = l_s \cos(\phi - \alpha)$로 치환할 수 있다. 그러므로,

$$r = \frac{l_s \sin\phi}{l_s \cos(\phi - \alpha)} = \frac{\sin\phi}{\cos(\phi - \alpha)}$$

이 식은 ϕ를 결정하기 위하여 다음과 같이 바꿀 수 있다.

$$\tan\phi = \frac{r\cos\alpha}{1 - r\sin\alpha} \tag{19.3}$$

전단면을 따라 발생하는 전단변형은 그림 19.7을 분석함으로써 추정할 수 있다. 그림에서 (a)는 칩을 형성하기 위하여 서로 서로를 상대로 미끄러지는 일련의 평행한 평판들로 근사화된 전단변형을 나타낸다. 전단변형률에 대한 앞 절에서의 정의(3.1.4절)와 일치하게, 각각의 평판은 그림 19.7(b)에 나타낸 전단변형률을 가지게 된다. (c)의 그림을 참조하면, 이 전단 변형률은 아래와 같이 표현된다.

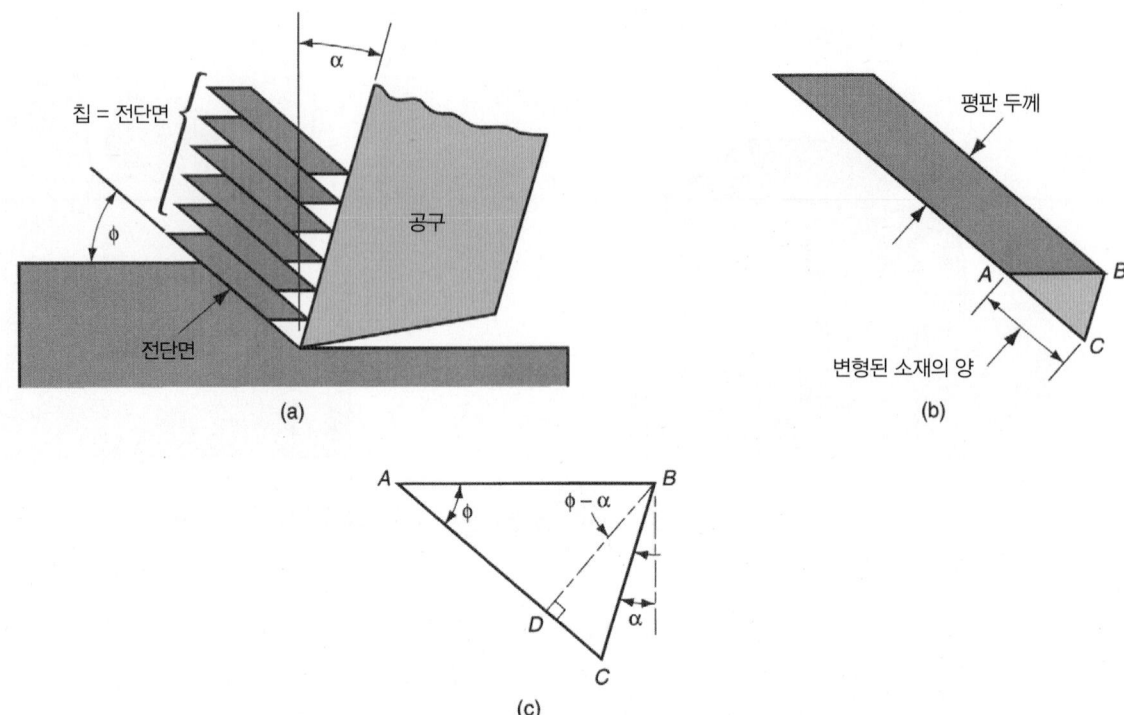

그림 19.7 칩 형성 중 전단변형. (a) 서로 미끄러지는 평판들로 묘사된 칩 형성, (b) 평행 평판모델에 기초해 전단 변형의 정의를 나타내기 위한 독립된 평판, (c) 식 (19.4)를 유도하기 위해 사용된 전단변형 삼각형.

$$\gamma = \frac{AC}{BD} = \frac{AD + DC}{BD}$$

이는 다음의 금속 절삭의 전단변형의 정의로 정리될 수 있다.

$$\gamma = \tan(\phi - \alpha) + \cot\phi \tag{19.4}$$

예제 19.1 직교절삭

직교절삭으로 근사화한 절삭가공 공정에서 절삭공구는 경사각 10°를 가진다. 절삭 전 칩두께 $t_o = 0.50$ mm, 절삭 후 칩두께 $t_c = 2.5$ cm이다. 이 공정에서 전단각과 전단 변형률을 계산하여라.

풀이

칩두께비는 식 (19.2)로부터 구할 수 있다.

$$r = \frac{0.50}{2.8} = 0.17$$

전단각은 식 (19.3)에 의해 주어진다.

$$\tan\phi = \frac{0.17\cos 10}{1 - 0.17\sin 10} = 0.1725$$
$$\phi = 9.7°$$

마지막으로 전단변형률은 식 (19.4)로부터 계산된다.

$$\gamma = \tan(9.7 - 10) + \cot 9.7$$
$$\gamma = -0.0052 + 5.88 = 5.877$$

19.2.2 실제 칩 형성

실제 절삭가공과 직교절삭 모델에 차이가 존재한다는 점에 주목하여야 한다. 첫째로, 전단변형이 평면을 따라 일어난다기보다는 어떤 영역에서 일어난다. 만일 전단이 두께가 0인 평면을 가로질러 일어난다고 가정하면, 이 전단작용이 비록 짧은 순간이지만 어떤 한정된 시간 동안에 걸쳐 발생한다기보다는, 평면을 가로질러감과 동시에 일어나야 한다는 것을 암시한다. 실제 재료 거동에서는, 전단변형은 얇은 전단영역 내에서 반드시 일어난다. 이와 같이 절삭가공에서 전단변형 과정의 보다 실제적인 모델이 그림 19.8에 주어져있다. 금속절삭 실험에 의하면 전단영역의 두께는 단지 수천분의 일 인치 정도밖에 되지 않는다. 전단영역의 두께가 매우 얇기 때문에, 이를 평면으로 간주하여도 대부분의 경우 정확성의 손실이 그다지 크지 않다.

둘째로, 전단영역에서 발생하는 전단변형 이외에 칩이 일단 형성된 후에 또 다른 전단작용이 칩에 발생한다. 이 부가적인 전단작용을 주전단(primary shear)과 구분하기 위하여 이차전단(secondary shear)이라고 한다. 이차전단은 칩이 공구 경사면을 따라 미끄러짐에 따라 발생하는 칩과 공구 사이의 마찰로부터 생긴다. 이 효과는 공구와 칩 사이의 마찰이 커짐에 따라 증가한다. 주전단 영역과 이차전단 영역이 그림 19.8에 나타나 있다.

셋째로, 칩 형성은 가공되는 재료의 종류와 절삭 조건에 의존한다. 그림 19.9에 나타낸 바와 같이 네 가지 기본적인 칩 형태가 있다.

- **불연속칩** 상대적으로 취성인 재료(예를 들면 주철)를 낮은 절삭속도로 가공할 때, 칩이 흔히 별개의 파편으로 분리되어 형성된다(때론 파편들이 느슨하게 붙어있다). 이는 불규칙적인 가공표면을 초래하는 경향이 있다. 높은 공구-칩 마찰, 큰 이송과 절삭깊이가 이런 유형의 칩 형태를 촉진한다.
- **연속칩** 연성 재료가 높은 속도, 상대적으로 작은 이송과 절삭깊이로 절삭될 때, 길고 연속적인 칩

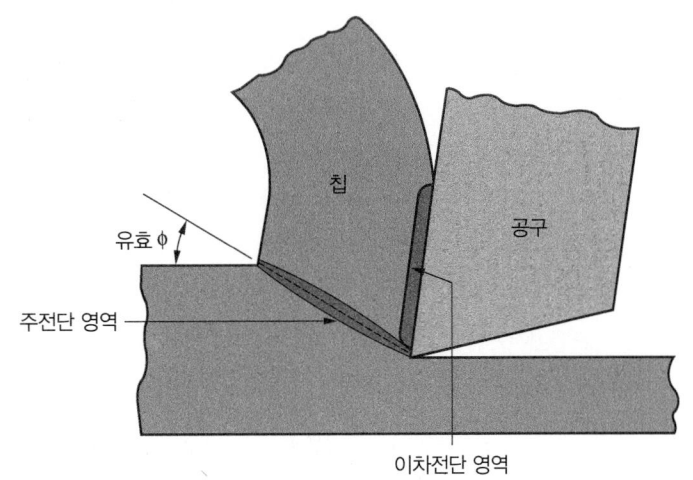

그림 19.8 전단면보다 전단영역을 나타낸 보다 사실적인 칩 형성 도식. 공구-칩 마찰로부터의 이차 전단영역 또한 나타나 있다.

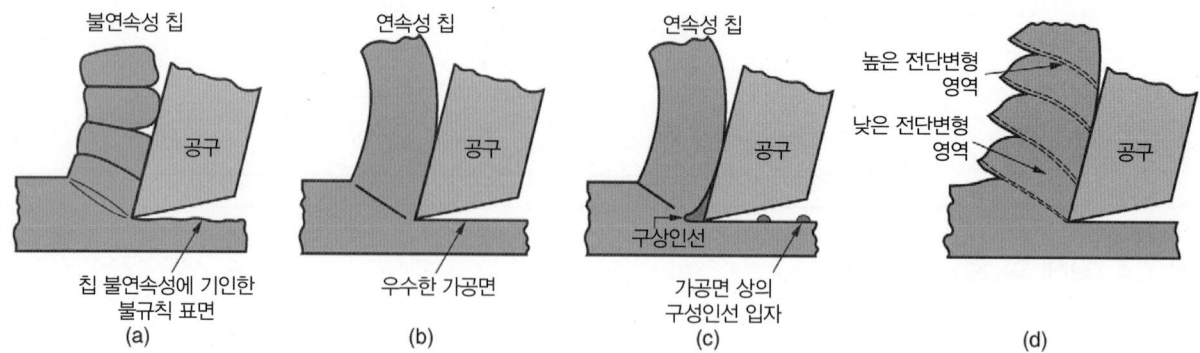

그림 19.9 금속절삭에서의 칩 형성 네 가지 유형. (a) 불연속칩, (b) 연속칩, (c) 구성인선 형상의 연속칩, (d) 톱니형칩.

이 형성된다. 이런 형태의 칩이 형성될 때 일반적으로 좋은 표면정도가 얻어진다. 날카로운 공구 절삭날과 낮은 공구-칩 마찰이 연속칩 형성을 돕는다. 길고 연속적인 칩(선삭에서처럼)은 칩 처리와 공구에 감기는 문제를 야기할 수 있다. 이런 문제점을 해결하기 위하여 선삭공구에서는 칩 브레이커(chip breakers)를 갖추고 있다. (21.3.1 절).

- **구성인선을 가진 연속칩** 절삭속도가 낮거나 보통인 연성재료를 가공할 때, 공구와 칩 사이의 마찰로 인하여 공작물 재료의 일부분이 절삭날 근처의 경사면에 들러붙게 된다. 이렇게 하여 생성된 것을 구성인선(built-up edge, BUE)이라고 한다. 구성인선의 형성은 주기적이다. 이것은 형성되어 성장하고, 불안정하게 되어 그리고 떨어져 나간다. 분리된 구성인선의 대부분은 칩과 함께 배출되는데, 때로는 공구 경사면의 일부분과 함께 배출되어 공구수명을 단축시키기도 한다. 칩과 함께 배출되지 못한 일부 구성인선은 새롭게 생성된 공작물 표면에 박히게 되어 가공면을 거칠게 한다.

앞에 기술한 칩 유형은 1930년대 후반에 Ernst에 의하여 처음으로 분류되었다 [13]. 그 이후로 새로운 공작물 재료와 절삭 공구가 출현하고 절삭속도가 증가함에 따라 다음의 네 번째 칩형태가 확인되었다.

- **톱니형 칩**(shear-localized라고도 불림) 높고 낮은 전단변형률이 교대로 발생하는 주기적인 칩 형성에 의하여 생성된 톱니 형상을 하고 있다는 점에서 이와 같은 칩 형태를 반연속형으로 볼 수 있다. 이러한 칩 형태는 매우 높은 절삭속도로 가공될 때 티타늄 합금, 니켈계 초합금, 오스테나이트계 스테인레스강과 같은 난삭재 금속에서 나타난다. 그러나 이와 같은 현상은 보통의 금속(예를 들면 강)을 고속으로 가공할 때에도 발견된다 [13].

19.3 절삭력과 Merchant 식

직교절삭모델에서 여러 힘들이 정의될 수 있다. 이런 힘들을 기초로 하여 전단응력, 마찰계수, 그리고 다른 관계식들이 정의될 수 있다.

19.3.1 금속절삭력

그림 19.10(a)의 직교절삭에서 칩에 작용하는 힘들을 고려해보자. 공구에 의하여 칩에 작용하는 힘들을 두 개의 서로 수직하는 요소들로 나눌 수 있다. 마찰력과 마찰에 수직한 수직마찰력. **마찰력** F는 공구와 칩 사이의 마찰로 인한 공구 경사면의 칩 유동에 저항하는 힘이다. **수직마찰력** N은 마찰력에 수직한 힘이다. 이 두 가지 절삭분력은 공구와 칩 사이의 마찰계수를 정의하기 위하여 사용될 수 있다.

$$\mu = \frac{F}{N} \tag{19.5}$$

마찰력과 수직마찰력은 합력 R을 구하기 위하여 벡터 합을 만들 수가 있다. 합력 R은 마찰 각으로 불리는 각 β를 가진 채 위치하고 있다. 마찰각은 마찰계수와 다음과 같은 관계가 있다.

$$\mu = \tan \beta \tag{19.6}$$

칩에 작용하는 공구력 이외에, 공작물에 의하여 칩에 작용하는 두 개의 절삭분력들이 있다. 전단력과 전단에 수직 성분인 수직전단력. 전단력 F_s는 전단면에서 일어나는 전단변형을 일으키는 힘이다. 수직전단력, F_n은 전단력에 수직한 힘이다. 전단력으로부터 공작물과 칩 사이의 전단면을 따라 작용하는 전단응력을 다음과 같이 정의할 수 있다.

$$\tau = \frac{F_s}{A_s} \tag{19.7}$$

여기서 A_s = 전단면의 면적이다. 전단면 면적은 다음과 같은 식으로 주어진다.

$$A_s = \frac{t_o w}{\sin \phi} \tag{19.8}$$

식 (19.7)에서의 전단응력은 절삭가공 공정을 수행하기 위하여 요구되는 응력의 크기를 나타낸다. 따라서, 이 응력은 절삭 작용이 일어나는 조건하에서 공작물의 전단강도와 일치한다.

F_s와 F_n 두 힘 요소의 벡터 합은 합력 R'를 만든다. 칩에 작용하는 힘들이 평형을 이루기 위해서는 합력 R에 반드시 크기는 같고, 방향은 반대이며 동일한 작용선상에 위치해야 한다.

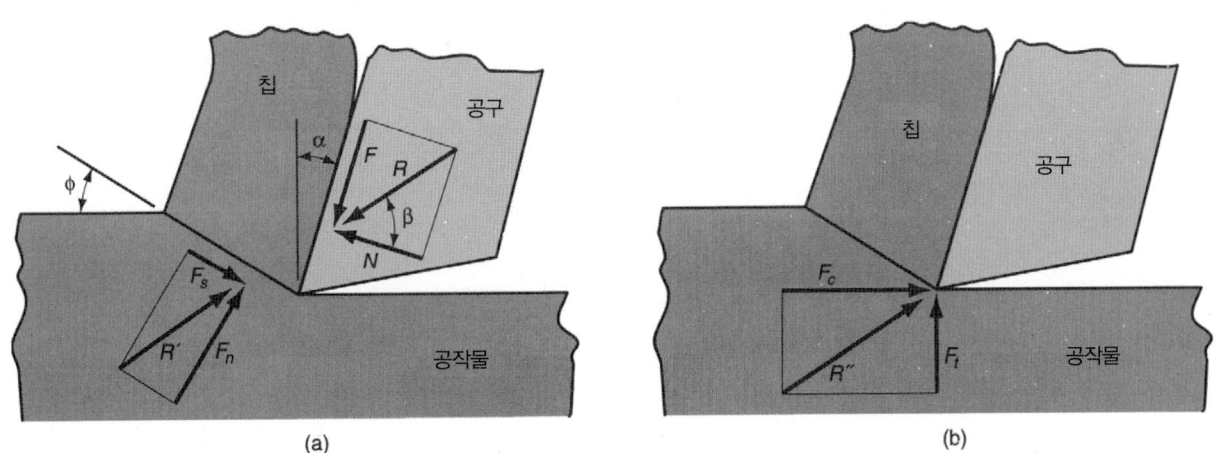

(a)   (b)

그림 19.10 금속 절삭에서의 힘. (a) 직교절삭에서 칩에 작용하는 힘, (b) 공구에 작용하는 측정 가능한 힘.

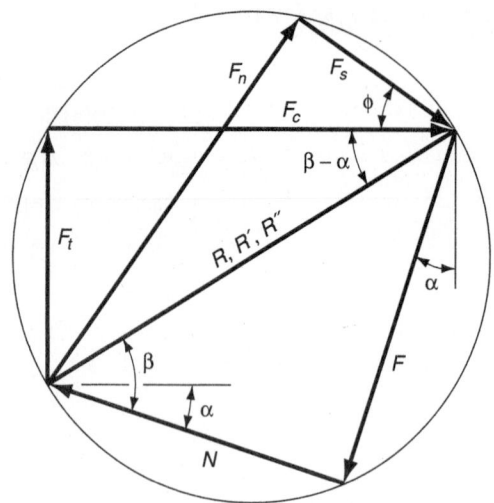

그림 19.11 F, N, F_s, F_m, F_t 사이의 힘의 기하학적 관계.

　네 개의 분력 F, N, F_s, F_n은 절삭가공 공정에서 직접 측정할 수가 없다. 왜냐하면, 이 힘들이 작용하는 방향들이 공구형상과 절삭조건에 따라 변하기 때문이다. 그러나, 절삭공구에 공구동력계(dynamometer)라고 불리는 기기를 설치하여 공구에 작용하는 두 개의 추가적인 힘들을 직접 측정하는 것은 가능하다. 절삭력과 배분력. **절삭력**(cutting force) F_c는 절삭 속도 v와 동일한 절삭방향으로 작용한다. 그리고 절삭력에 수직인 **배분력**(thrust force) F_t는 절삭 전 칩 두께 t_o와 관련 되어있다. 절삭력과 배분력을 합력 R''와 함께 그림 19.10(b)에 나타냈다. 이 힘들의 각각의 방향이 알려져 있기 때문에, 공구동력계의 힘 변환기를 이에 맞춰 설치할 수 있다.

　측정이 가능한 두 개의 힘으로부터 측정할 수 없는 네 개의 힘들에 관한 관계식을 유도할 수 있다. 그림 19.11에 나타낸 힘 선도로부터 다음의 기하학적 관계가 유도될 수 있다.

$$F = F_c \sin \alpha + F_t \cos \alpha \tag{19.9}$$
$$N = F_c \cos \alpha - F_t \sin \alpha \tag{19.10}$$
$$F_s = F_c \cos \phi - F_t \sin \phi \tag{19.11}$$
$$F_n = F_c \sin \phi + F_t \cos \phi \tag{19.12}$$

만일 절삭력과 배분력을 알고 있다면, 네 개의 식으로부터 마찰력, 수직마찰력, 전단력, 수직전단력 추정치를 계산해낼 수 있다. 이 네 개의 힘으로부터 전단응력과 마찰계수를 결정할 수 있다.

　직교절삭에서 경사각 $\alpha = 0$이 되는 특별한 경우, 이때 식 (19.9)와 (19.10)은 각각 $F = F_t$, $N = F_c$가 됨을 유의하자. 그러므로, 이와 같은 특별한 경우에 마찰력과 수직마찰력은 공구동력계에 의하여 직접 측정이 가능하게 된다.

예제 19.2 절삭가공에서의 전단응력

　예제 19.1에서 절삭력과 배분력이 직교절삭공정 동안 측정된다 가정하자. 그 결과 F_c = 1559 N, F_t = 1271 N이다. 직교절삭 공정에서의 절삭폭 w = 3.0 mm이다. 이 자료를 이용하여 공작물의 전단강도를 결정하여라.

풀이

예제 19.1로부터 경사각 $\alpha = 10°$, 전단각 $\phi = 25.4°$이다. 전단력은 식 (19.11)로부터 계산될 수 있다.

$$F_s = 1559 \cos 25.4 - 1271 \sin 25.4 = 863 \text{ N}$$

전단면 면적은 식 (19.8)에 의해 주어진다.

$$A_s = \frac{(0.5)(3.0)}{\sin 25.4} = 3.497 \text{ mm}^2$$

그러므로 공작물의 전단강도와 일치하는 전단응력은

$$\tau = S = \frac{863}{3.497} = 247 \text{ N/mm}^2 = 247 \text{ MPa}$$

이 예제는 절삭력과 배분력이 공작물의 전단강도와 관련되어 있다는 것을 입증하고 있다. 이와 같은 관련성을 좀 더 직접적으로 유도할 수 있다. 전단력 $F_s = SA_s$인 식 (19.7)로부터, 그림 19.11의 힘의 기하학적 관계 선도를 이용해 다음의 식들을 유도할 수 있다.

$$F_c = \frac{S t_o \, w \cos (\beta - \alpha)}{\sin \phi \cos(\phi + \beta - \alpha)} = \frac{F_s \cos (\beta - \alpha)}{\cos(\phi + \beta - \alpha)} \tag{19.13}$$

그리고

$$F_t = \frac{S_t w \sin (\beta - \alpha)}{\sin \phi \cos(\phi + \beta - \alpha)} = \frac{F_s \sin (\beta - \alpha)}{\cos (\phi + \beta - \alpha)} \tag{19.14}$$

이와 같은 식들은 만일 작업물의 전단 강도가 알려져 있을 경우 직교절삭 공정에서 절삭력과 배분력을 추정하는 데 사용된다.

19.3.2 Merchant 식

금속절삭에서 가장 중요한 관계 중의 하나는 Eugene Merchant에 의해 유도되었다 [10]. 이 관계는 직교절삭을 가정하여 유도되었지만, 삼차원 절삭가공에 연장하여 적용하여도 타당한 식이다. Merchant는 식 (19.7), (19.8), (19.11)을 결합하여 유도된 다음과 같은 관계의 형태로 표현되는 전단응력을 정의하였다.

$$\tau = \frac{F_c \cos \phi - F_t \sin \phi}{(t_o w / \sin \phi)} \tag{19.15}$$

전단변형이 발생할 수 있을 때의 공구 절삭날로부터 파생 가능한 모든 각들 중에서 ϕ라는 한 개의 각이 주된 역할을 한다고 그는 추론하였다. 이 각도에서 전단응력이 공작물의 전단강도와 동일해지며 이 각에서 전단변형이 발생한다. 이 외의 모든 전단각도에서는 전단응력이 전단강도보다 작아진다. 그래서, 이들 각도에서는 칩형성이 발생할 수 없다. 결과적으로, 공작물은 에너지를 최소화하는 전단각을 선택할 것이다. 이 각은 식 (19.15)의 전단응력 S를 ϕ에 관하여 미분한 후 0으로 놓음으로써 구할 수 있다. 이렇게 ϕ에 관하여 풀게 되면, Merchant 식이라고 하는 관계식을 다음과 같이 구할 수 있다.

$$\phi = 45 + \frac{\alpha}{2} - \frac{\beta}{2} \tag{19.16}$$

Merchant 식의 가정들 중에서 공작물의 전단강도는 일정하고, 전단변형률, 온도 및 기타 변수의 영향을 받지 않는다는 가정이 있다. 실제 절삭공정에서 이와 같은 가정은 맞지 않기 때문에, 식 (19.16)은 정확한 수학식이라기보다는 근사식으로 간주되어야 한다. 이와 상관없이 다음 예제에서 이 식의 적용을 고려해보자.

예제 19.3 마찰각 계산

앞 예제의 자료와 결과로부터, (a) 마찰각, (b) 마찰계수를 계산하여라.

풀이

(a) 예제 19.1로부터, $\alpha = 10°$, $\phi = 25.4°$이다. 식 (19.16)을 다시 써서 마찰각을 계산할 수 있다.

$$\beta = 2\,(45) + 10 - 2\,(25.4) = 49.2°$$

(b) 식 (19.6)에 의해 마찰계수를 계산한다.

$$\mu = \tan 49.2 = 1.16$$

Merchant 식의 의미

Merchant 식은 경사각, 공구-칩 마찰, 전단각 사이의 일반적인 관계를 정의한다는 점에서 실제 가치가 있다. 전단각은 (1) 경사각의 증가에 의해 그리고 (2) 공구와 칩 사이의 마찰각(마찰계수) 감소에 의해 증가한다. 경사각은 적절한 공구 설계에 의해 증가될 수 있고, 마찰각은 절삭유에 의해 감소될 수 있다.

전단각 증가의 중요성이 그림 19.12에 나타나있다. 만일 모든 다른 인자들이 동일하게 유지된다면, 전단각이 커질수록 전단면의 면적이 감소한다. 전단강도는 이 면적에 걸쳐 적용되기 때문에, 전

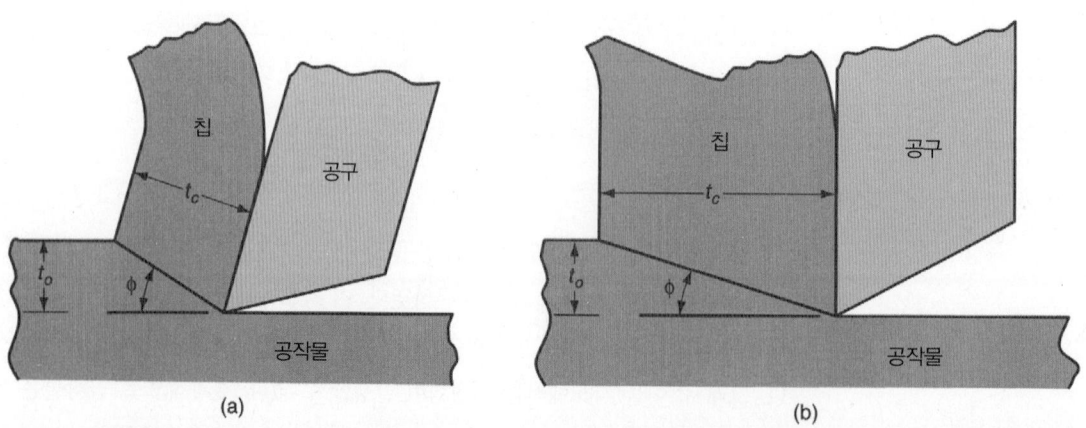

그림 19.12 전단각 ϕ의 영향. (a) 높은 전단각 ϕ는 전단면적 감소 초래, (a) 낮은 전단각 ϕ는 해당 전단면적 증가 초래. 경사각은 (a)의 경우 높으며 이는 Merchant 식에 따라 전단각을 증가시키는 경향이 있음을 주의하자.

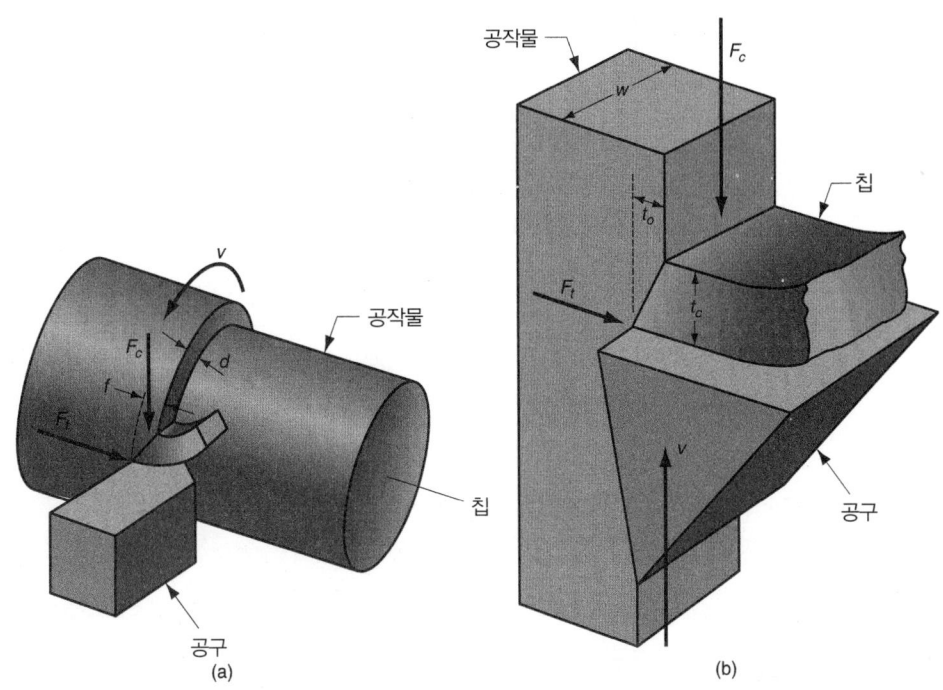

그림 19.13 직교모델에 의한 선삭 근사화. (a) 선삭, (b) 해당 직교절삭.

단면의 면적이 감소함에 따라 칩을 형성하기 위하여 요구되는 전단력은 감소할 것이다. 전단각이 증가할수록 절삭에너지, 동력수요, 그리고 절삭온도가 감소한다. 따라서 절삭가공 동안에 전단각을 되도록 크게 하려고 하는 이유가 이 때문이다.

직교절삭에 의한 선삭의 근사화

이송이 절삭깊이에 비하여 상대적으로 작다면 선삭과 다른 단인공구 절삭가공 공정을 직교절삭 모델을 이용하여 근사화시킬 수 있다. 따라서, 대부분의 절삭은 이송 방향으로 일어나고 공구선단 부근에서의 절삭은 무시될 것이다. 그림 19.13은 선삭으로부터 타 가공상황으로의 변환을 보여주고 있다.

그림의 두 경우에 있어서 절삭조건의 해석은 다르다. 직교절삭에서 절삭 전 칩 두께 t_o는 선삭에서 이송 f에 상응하고, 직교절삭에서 절삭폭 w는 선삭에서의 절삭깊이 d에 상응한다. 또한, 직교절삭 모델에서 배분력 F_t는 선삭에서의 이송력 F_f에 상응한다. 절삭속도와 절삭력은 두 경우에 똑같은 의미로 해석된다. 표 19.1에 이러한 변환을 요약하였다.

표 19.1 선삭공정과 직교절삭의 변환.	
선삭 공정	**직교설삭모델**
이송 f =	절삭 전 칩 두께 t_o
깊이 d =	절삭폭 w
절삭 속도 v =	절삭 속도 v
절삭력 F_c =	절삭력 F_c
이송력 F_f =	배분력 F_t

| 19.4 절삭동력과 에너지

절삭가공 공정은 동력을 요구한다. 절삭가공에서 절삭력은 예제 19.2에서 제시된 것처럼, 1,000 N
을 초과할 수도 있다. 보통의 절삭속도는 수백 m/min이다. 절삭력과 절삭속도의 곱은 절삭가공 공
정을 수행하기 위하여 요구되는 동력(단위 시간당 에너지)을 나타낸다.

$$P_c = F_c v \tag{19.17}$$

여기서 P_c = 절삭동력(N · m/s 혹은 W), F_c = 절삭력, v = 절삭속도(m/s)이다. 공작기계를 작동하
기 위하여 요구되는 총동력은 기계내부의 모터와 구동장치에서의 기계적 손실 때문에 절삭과정에
전달된 동력보다 크다. 이러한 손실은 공작기계의 기계효율로 표현될 수 있다.

$$P_g = \frac{P_c}{E} \tag{19.18}$$

여기서 P_g = 공작기계 모터의 총동력(W), 그리고 E = 공작기계의 기계효율을 나타낸다. 일반적으
로 공작기계의 E 값은 90% 정도이다.

　때로는 동력을 제거되는 소재의 단위 부피당 동력으로 변환하는 것이 유용할 때가 있다. 이를 **단위
동력**(unit power) P_u라 하고 다음과 같이 정의된다.

$$P_u = \frac{P_c}{R_{MR}} \tag{19.19}$$

여기서 R_{MR} = 소재 제거율(mm³/s)이다. 소재 제거율(material removal rate)은 $vt_o w$ 곱으로도 계
산될 수 있다. 이것은 표 19.1을 이용하여 변환을 한 식 (19.1)이다. 단위동력은 **비에너지**(specific
energy), U로도 알려져 있다.

$$U = P_u = \frac{P_c}{R_{MR}} = \frac{F_c v}{vt_o w} = \frac{F_c}{t_o w} \tag{19.20}$$

비에너지 단위는 흔히 Nm/mm³로 알려져 있다. 하지만, 식 (19.20)의 마지막 식은 단위가 N/mm²
로 나타내어질 수도 있음을 보여준다. 비에너지는 N · m/mm³ 혹은 J/mm³ 단위를 유지하는 것이
더 의미가 있다.

예제 19.4 절삭에서의 동력

앞에서의 예제들과 연속하여, 절삭속도 = 100 m/min일 때 절삭가공 공정에서의 절삭동력과 비에
너지를 구하여보자. 앞 예제들의 자료와 결과를 요약하면, t_o = 0.50 mm, w = 3.0 mm, F_c =
1577 N이다.

풀이
식 (19.17)로부터, 이 공정에서의 동력은

P_c = (1557 N)(100 min/min) = 155,700 N-m/min = 155,700 J/min = 2595 J/s = 2595 W

비에너지는 식 (19.20)으로부터 구할 수 있다.

$$U = \frac{155,700}{100(10^3)(3.0)(0.5)} = \frac{155,700}{150,000} = 1.038 \text{ N-m/min}^3$$

단위동력과 비에너지는 절삭가공 동안에 단위 부피의 소재를 제거하기 위하여 얼마만큼의 동력 (혹은 에너지)이 요구되는지를 알 수 있는 유용한 척도가 된다. 이러한 척도를 이용하여 서로 다른 공작물들을 동력과 에너지의 관점에서 비교할 수 있다. 표 19.2는 몇 개의 선정된 공작물에 대하여 단위마력과 비에너지 값들을 보여주고 있다.

표 19.2의 값들은 두 개의 가정에 기초한다. (1) 날카로운 절삭날, (2) 절삭 전 칩 두께 t_o = 0.25 mm. 만일 이와 같은 가정들을 만족하지 못하면, 어떤 보정을 반드시 필요로 하게 된다. 마모된 공구의 경우, 절삭에 필요한 동력이 커지게 되며, 이는 높은 비에너지 값으로 나타난다. 근사적 제시로서, 공구의 무딘 정도에 따라 표에 나타난 값에 1.00에서 1.25 사이의 값을 반드시 곱하여야 한다. 날카로운 절삭날의 경우, 이 값은 1.00이다. 많이 마모된 공구에 대하여 정삭에서는 이 값은 1.10이고, 황삭에서는 1.25이다.

절삭 전 칩 두께 t_o 또한 비에너지에 영향을 미친다. t_o가 감소함에 따라, 요구되는 단위동력은 증가한다. 이와 같은 관계를 **치수효과**(size effect)라고 한다. 예를 들면, 대부분의 절삭가공 공정에 비하여 칩의 크기가 매우 작은 연삭은 매우 큰 비에너지 값을 요구한다. 표 19.2의 U 값들은 t_o가 0.25mm가 아닌 상황에 절삭 전 칩 두께의 차이를 보정하기 위하여 보정계수를 적용함으로써 에너지를 산정하기 위하여 여전히 사용될 수 있다. 그림 19.14는 이 보정계수 값들을 t_o의 함수로써 나타내고 있다. t_o가 0.25mm가 아닐 때 표 19.2에서의 단위마력과 비에너지 값들은 적당한 보정계수로

표 19.2 날카로운 절삭날을 사용하고 절삭 전 칩 두께 t_o = 0.25 mm일 경우 선택된 가공 소재에 대한 단위마력과 비에너지 값.

소재	브리넬 경도	비에너지 U 혹은 단위동력 P_u N-m/mm³
탄소강	150-200	1.6
	201-250	2.2
	251-300	2.8
합금강	200-250	2.2
	251-300	2.8
	301-350	3.6
	351-400	4.4
주철	125-175	1.1
	175-250	1.6
스테인리스 강	150-250	2.8
알루미늄	50-100	0.7
알루미늄 합금	100-150	0.8
황동	100-150	2.2
청동	100-150	2.2
마그네슘 합금10^{-2}	50-100	0.4

문헌 [6], [8], [11]로부터 편집함.

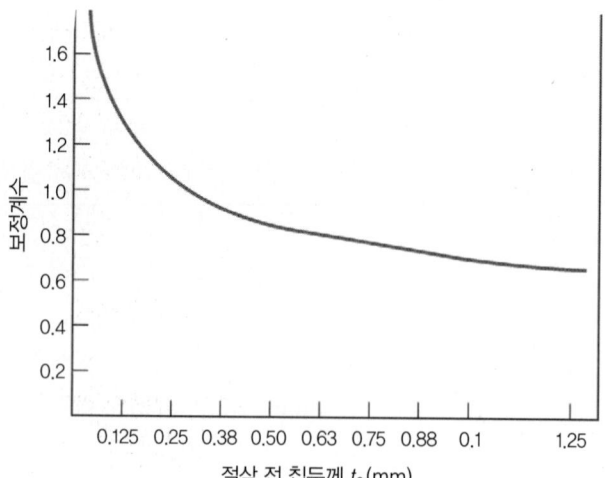

그림 19.14 절삭 전 칩 두께 t_o가 0.25 mm가 아닐 경우 비에너지 보정계수.

곱해져야 한다.

공구의 날카로움과 치수효과에 추가하여, 주어진 공정에서 다른 인자들 역시 비에너지와 단위마력에 영향을 미친다. 이 인자들로는 경사각, 절삭속도, 그리고 절삭유이다. 경사각과 절삭속도가 증가하거나, 혹은 절삭유가 공급되면 U와 HP_u 값들이 조금 감소한다. 이 장의 끝에 나오는 연습문제들의 목적상, 이러한 부수적인 영향들은 무시될 수 있다.

19.5 절삭온도

절삭가공에서 소모되는 총 에너지 중에서 거의 모두(약 98%)가 열로 변환된다. 이 열은 공구-칩 접촉면에서의 온도를 600°C 이상까지 매우 높게 할 수 있다. 나머지 에너지(약 2%)는 칩의 탄성에너지로 남는다.

절삭온도는 매우 중요하며 그 이유로는 (1) 고온은 공구의 수명을 단축시키고, (2) 기계 작동자의 안전에 해가 되는 고온의 칩을 형성하며, 그리고 공작물의 열팽창으로 인해 치수 부정확성을 초래할 수 있기 때문이다. 이 절에서는 절삭공정에서 절삭온도를 계산하고 측정하는 방법들을 논의한다.

19.5.1 절삭온도 계산을 위한 해석적 방법

절삭온도를 추정하는 해석적 방법들이 몇 가지 있다. 참고문헌 [3], [5], [9], [15]는 이러한 접근 방법들을 기술하고 있다. 여기서는 결과식에 대한 변수 값들을 알기 위하여 다양한 공작물에 대한 실험결과로부터 유도된 Cook [5]에 의하여 제시된 방법을 기술한다. 이 식은 절삭가공 동안에 공구-칩 접촉면에서의 온도 상승을 예측하기 위하여 사용될 수 있다.

$$\Delta T = \frac{0.4U}{\rho C} \left(\frac{v t_o}{K} \right)^{0.333} \tag{19.21}$$

여기서 ΔT = 공구-칩 접촉면에서의 평균 온도 상승[C°(K)], U = 작동 중 비에너지(N-m/mm³ 혹은 J/mm³), v = 절삭속도(m/s), t_o = 절삭 전 칩 두께(m), ρC = 공작물의 체적비열(J/mm³-C), K

= 공작물의 열 확산율(m^2/s).

예제 19.5 절삭온도

예제 19.4에서 구한 비에너지에 대하여, 대기온도 20℃를 고려하여 온도상승을 계산하여라. 이 장의 앞 예제들의 주어진 자료들을 이용하자. $v = 100$ m/min, $t_o = 0.50$ mm. 이 외에, 이 공작물에 대하여 체적비열 $= 3.0(10^{-3})$ J/mm^3 -C, 그리고 열확산율 $= 50(10^{-6})m^2$/s(혹은 50 mm^2/s).

풀이
절삭속도는 반드시 mm/s로 변환되어야 한다. $v = (100$ m/min)(103 mm/m)/(60 s/min) $= 1667$ mm/s. 평균 온도 상승을 계산하기 위하여 식 (19.22)를 사용한다.

$$\Delta T = \frac{0.4(1.038)}{3.0(10^3)}°C \left(\frac{1667(0.5)}{50}\right)^{0.333} = (138.4)(2.552) = 353°C$$

이 값에 대기온도를 더하면, 최종적으로 절삭온도는 20 + 353 = 373℃이다.

19.5.2 절삭온도의 측정

절삭가공에서의 온도를 측정하기 위하여 실험적 방법들이 발전되어 왔다. 가장 널리 쓰이는 측정 방법은 **공구-칩 열전대**(tool-chip thermocouple)이다. 이 열전대의 접합점을 형성하는 두 개의 서로 다른 금속은 각각 공구와 칩이 된다. 공구와 공작물(칩과 연결된)에 적절히 전기 도선을 연결하여 절삭 중 공구-칩 접촉면 사이에서 발생한 전압을 기록 가능한 전위차계(potentiometer) 혹은 기타 데이터 수집장치를 통해 측정할 수 있다. 공구-칩 열전대의 출력전압(mV)은 특정 공구-공작물 조합을 이용한 보정(calibration)을 통하여 이에 상응하는 온도 값으로 변환될 수 있다.

공구-칩 열전대는 온도와 절삭조건(절삭속도와 이송)과의 연관성을 연구하기 위하여 이용되어 왔

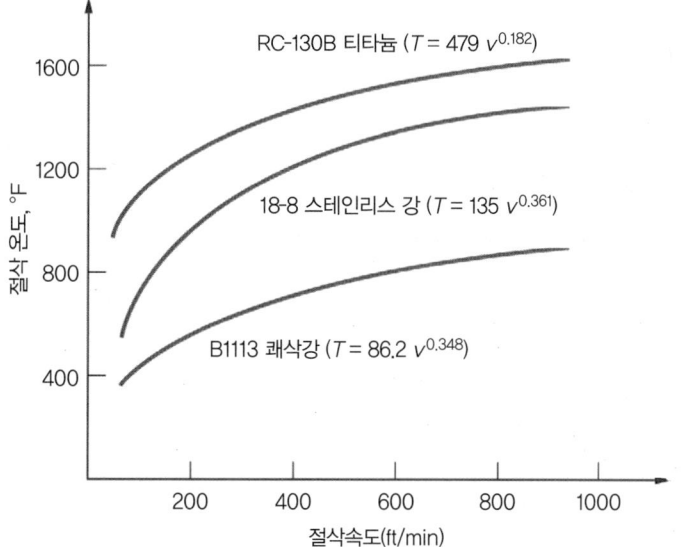

그림 19.15 절삭속도의 함수로 나타낸 세 가지 소재에 대한 실험적으로 측정된 절삭온도. 데이터는 참고문헌 [9]에 기초하며 식 19.23에 잘 일치함.

다. Trigger [14]는 절삭속도-온도 관계를 다음과 같은 일반적인 식으로 나타내었다.

$$T = K v^m \qquad (19.22)$$

여기서 T = 측정된 공구-칩 접촉면 온도, v = 절삭속도. 매개변수 K와 m은 절삭조건(v는 예외)과 공작물에 의존한다. 그림 19.15는 식 (19.22)에 따라 여러 공작물에 대하여 온도와 절삭속도의 관계를 나타내고 있다. 절삭온도와 이송도 유사한 관계를 나타낸다. 그러나, 온도에 대한 이송의 영향은 절삭속도만큼 크지 않다. 이러한 실험 결과들은 Cook에 의하여 제안된 식 (19.21)을 잘 뒷받침하고 있다.

참고문헌

[1] *ASM Handbook,* Vol. 16, *Machining.* ASM International, Materials Park, Ohio, 1989.

[2] Black, J, and Kohser, R. *DeGarmo's Materials and Processes in Manufacturing,* 10th ed. John Wiley & Sons, Inc., Hoboken, New Jersey, 2008.

[3] Boothroyd, G., and Knight, W. A. *Fundamentals of Metal Machining and Machine Tools,* 3rd ed. CRC Taylor and Francis, Boca Raton, Florida, 2006.

[4] Chao, B. T., and Trigger, K. J. "Temperature Distribution at the Tool-Chip Interface in Metal Cutting," *ASME Transactions,* Vol. 77, October 1955, pp. 1107– 1121.

[5] Cook, N. "Tool Wear and Tool Life," *ASME Transactions, Journal of Engineering for Industry,* Vol. 95, November 1973, pp. 931–938.

[6] Drozda, T. J., and Wick, C. (eds.). *Tool and Manufacturing Engineers Handbook,* 4th ed., Vol. I, *Machining.* Society of Manufacturing Engineers, Dearborn, Michigan, 1983.

[7] Kalpakjian, S., and Schmid, R. *Manufacturing Processes for Engineering Materials,* 4th ed. Prentice Hall/Pearson, Upper Saddle River, New Jersey, 2003.

[8] Lindberg, R. A. *Processes and Materials of Manufacture,* 4th ed. Allyn and Bacon, Inc., Boston, 1990.

[9] Loewen, E. G., and Shaw, M. C. "On the Analysis of Cutting Tool Temperatures," *ASME Transactions,* Vol. 76, No. 2, February 1954, pp. 217–225.

[10] Merchant, M. E., "Mechanics of the Metal Cutting Process: II. Plasticity Conditions in Orthogonal Cutting," *Journal of Applied Physics,* Vol. 16, June 1945 pp. 318–324.

[11] Schey, J. A. *Introduction to Manufacturing Processes,* 3rd ed. McGraw-Hill Book Company, New York, 1999.

[12] Shaw, M. C. *Metal Cutting Principles,* 2nd ed. Oxford University Press, Oxford, UK, 2005.

[13] Trent, E. M., and Wright, P. K. *Metal Cutting,* 4th ed. Butterworth Heinemann, Boston, 2000.

[14] Trigger, K. J. "Progress Report No. 2 on Tool–Chip Interface Temperatures," *ASME Transactions,* Vol. 71, No. 2, February 1949, pp. 163–174.

[15] Trigger, K. J., and Chao, B. T. "An Analytical Evaluation of Metal Cutting Temperatures," *ASME Transactions,* Vol. 73, No. 1, January 1951, pp. 57–68.

복습문제

19.1 재료제거공정의 세 가지 기본 분야를 나열하여라.

19.2 절삭가공과 다른 가공과의 차이점은 무엇인가?

19.3 절삭가공이 상업적, 기술적으로 중요한 이유를 규명하여라.

19.4 세 가지 가장 보편적인 절삭공정을 나열하여라.

19.5 절삭가공에서 기본적인 절삭공구의 두 가지는 무엇인가? 각각에 해당하는 절삭공정의 예를 들어라.

19.6 절삭조건의 범주에 해당하는 절삭가공공정의 변수들은 무엇인가?

19.7 절삭가공에서 황삭과 정삭의 차이점을 설명하여라.

19.8 공작기계란 무엇인가?

19.9 직교절삭공정이란 무엇인가?

19.10 금속 절삭가공 해석에서 직교절삭모델이 유용한 이유는?

19.11 금속 절삭가공 시 발행하는 칩 형태 네 가지를 간략히 설명하여라.

19.12 직교금속절삭모델에서 칩에 작용하나 공정 중에는 직접 측정할 수 없는 힘 네 가지를 규명하여라.

19.13 직교금속절삭모델에서 측정할 수 있는 힘 두 가지는 무엇인가?

19.14 직교절삭모델에서 마찰계수와 마찰각 사이의 관계는 무엇인가?

19.15 Merchant 식이 의미하는 바를 설명하여라.

19.16 절삭력과 관련된 절삭공정에 요구되는 동력에 대해 설명하여라.

19.17 금속가공에서 비에너지란 무엇인가?

19.18 금속절삭에서 치수효과란 무엇을 의미하는가?

19.19 공구-칩 열전대란 무엇인가?

객관식문제(17개의 답)

19.1 다음의 어느 제조공정이 재료제거공정으로 분류되는가? (두 개의 정답) (a) 주조, (b) 인발, (c) 압출, (d) 단조, (e) 연삭, (f) 절삭, (g) 몰딩, (h) 프레스 가공, 그리고 (i) 스피닝.

19.2 선반은 다음의 어느 제조공정에 사용되는가? (a) 브로우칭, (b) 드릴링, (c) 래핑, (d) 밀링, (e) 선삭.

19.3 다음 중 어느 기하학적 형상이 드릴링 공정과 가장 연관성이 큰 것은? (a) 외부 실린더, (b) 편평한 평면, (c) 둥근 구멍, (d) 나사 산, (e) 구 형상.

19.4 만일 선삭공정에서 절삭 조건이 절삭속도 = 90 m/min, 이송 = 0.0250 m/rev, 절삭깊이 = 0.25 cm이라면, 재료제거율은 얼마인가? (a) 0.39 cm³/min, (b) 4.68 cm³/min, (c) 46.8 cm³/min, (d) 56.2 cm³/min.

19.5 황삭공정은 일반적으로 다음의 어떠한 조합의 절삭조건을 포함하는가? (a) 높은 속도, 이송, 절삭깊이, (b) 높은 속도와 낮은 이송, 절삭깊이, (c) 낮은 속도, 높은 이송과 절삭깊이, (d) 낮은 속도, 이송, 절삭깊이.

19.6 직교절삭모델의 특성에 관해 올바른 것은? (세 개의 정답) (a) 원형 절삭날 사용, (b) 다인 절삭날 공구 사용, (c) 단인 절삭공구 사용, (d) 오직 2차원만이 해석에서 주요한 역할을 함, (e) 절삭선단은 절삭속도 방향과 평행, (f) 절삭선단은 절삭속도 방향과 수직, (g) 공구형상의 두 요소는 경사각과 여유각.

19.7 다음 중 칩 두께비는 어느 것인가? (a) t_c/t_o, (b) t_o/t_c, (c) f/d, (d) t_c/w, 여기서 tc = 절삭 후 칩 두께, t_o = 절삭 전 칩 두께, f = 이송, d = 절삭깊이, 그리고 w = 절삭 폭.

19.8 공작물이 취성재료이고 낮은 절삭속도에서 선삭가공이 이루어질 때 생성되는 칩의 형태는? (a) 연속형, (b) BUE의 연속형, (c) 불연속형, (d) 톱니형.

19.9 Merchant 식에 따르면 경사각의 증가는 다음 중 어떤 결과를 초래하는가? 모든 다른 변수는 고정돼 있음. (두 개의 정답) (a) 마찰각도 감소, (b) 소요동력 감소, (c) 전단각 감소, (d) 절삭 온도 증가, (e) 전단각 증가.

19.10 선삭공정을 근사화하기 위해 직교절삭모델을 사용함에 있어, 절삭 전 칩 두께는 선삭에서 다음의 어떤 절삭조건에 상응하는가? (a) 절삭깊이, (b) 이송, (c) 절삭속도.

19.11 다음 중 일반적으로 가장 낮은 단위동력이 소요되는 금속재료는? (a) 알루미늄, (b) 황동, (c) 주철, (d) 강.

19.12 다음의 절삭 전 칩 두께 중 가공 중 가장 큰 비에너지가 예상되는가? (a) 0.025 cm, (b) 0.0625 cm, (c) 0.12 mm, (d) 0.50 mm.

19.13 다음 중 절삭온도에 가장 큰 영향을 미치는 절삭조건은? (a) 이송, (b) 속도.

연습문제

칩형성과 힘

19.1 직교절삭 공정에서 공구 경사각 = 15°이다. 절삭 전 칩 두께는 0.30 mm이고 절삭으로 인해 두께 = 0.65 mm인 칩이 형성된다. 이 공정에 대하여 (a) 전단각, (b) 전단변형률을 계산하여라.

19.2 연습문제 19.1에서, 경가각이 0°로 바뀌었다고 가정하자. 마찰각이 그대로 유지된다 가정할 때, 이 공정에 대하여 (a) 전단각, (b) 칩두께, (c) 전단변형률을 계산하여라.

19.3 어떤 직교절삭공정에서 절삭폭이 0.62 cm인 공구가 경사각이 5°이다. 절삭 전 칩 두께는 0.025 cm이다. 절삭 후 변형된 칩 두께는 0.0675 cm일 때, 이 공정에 대하여 (a) 전단각, (b) 전단변형률을 계산하여라.

19.4 어는 선삭공정에서 절삭조건이 절삭속도 = 1.8 m/s, 이송 = 0.30 mm, 절삭깊이 = 2.6 mm이다. 공구경사각은 8°이고 절삭 후 칩 두께가 0.49 mm일 때, 이 선삭공정에 대하여 (a) 전단각, (b) 전단변형률, (c) 재료제거율을 계산하여라. 근사 선삭공정으로서의 직교절삭모델을 사용한다.

19.5 어느 직교절삭공정에서 절삭력 = 1470 N, 배분력 = 1589 N이다. 절삭조건이 경사각 = 5°, 절삭폭 = 5.0 mm, 절삭 전 칩 두께 = 0.6 mm, 칩 두께비 = 0.38이다. 이 공정에 대하여 (a) 공작물의 전단강도, (b) 마찰계수를 계산하여라.

19.6 어느 직교절삭공정에서 절삭력 = 1335 N, 배분력 = 1295 N으로 각각 측정되었다. 절삭조건이 경사각 = 10°, 절삭폭 = 5.0 cm, 절삭 전 칩 두께 = 0.0375 cm, 칩 두께비 = 0.4이다. 이 공정에 대하여 (a) 공작물의 전단강도, (b) 마찰계수를 계산하여라.

19.7 어떤 직교절삭공정이 경사각 = 15°, 절삭 전 칩 두께 = 0.03 cm, 절삭폭 = 0.25 cm로 수행된다. 절삭 후 칩 두께비는 0.55로 측정되었다. 이때, (a) 절삭 후 칩 두께, (b) 전단 각, (c) 마찰각, (d) 마찰계수, (e) 전단변형률을 계산하여라.

19.8 연습문제 19.7에 제시된 직교절삭공정은 전단강도가 275 MPa인 재료를 포함한다. 이전 문제의 정답을 고려하여 (a) 전단력, (b) 절삭력, (c) 배분력, (d) 마찰력을 계산하여라.

19.9 어느 직교절삭공정에서 경사각 = −5°, 절삭 전 칩 두께 = 0.2 mm, 절삭폭 = 4.0 mm, 칩두께비 = 0.4이다. 이 조건에 대하여 (a) 절삭 후 칩두께, (b) 전단 각, (c) 마찰각, (d) 마찰계수, (e) 전단변형률을 계산하여라.

19.10 어느 작업물의 전단강도는 345 MPa이다. 직교절삭공정이 경사각 = 20°에서 다음의 절삭조건 아래 수행된다. 절삭속도 = 30 m/s, 절삭 전 칩 두께 = 0.037 cm, 절삭폭 = 0.375 mm. 최종 칩 두께비는 0.50이다. 이때, (a), 전단각, (b) 전단력, (c) 절삭력 및 배분력, (d) 마찰력을 구하여라.

19.11 연습문제 19.10에서 경사각이 변동적이라는 것을 제외하고, 19.10의 (b), (c), (d)에서의 힘들에 대한 경사각의 효과가 다시 추정될 것이다. (a) 스프레드시트 계산기를 사용하여 전단력, 절삭력, 배분력, 마찰력을 경사각 −10°~20° 사이에서 5°의 간격을 가지고 경사각의 함수로 계산하여라. 경사각이 감소함에 따라 칩두께비는 감소하며 다음의 식에 의해 추정할 수 있다. $r = 0.38 + 0.006α$. 여기서 r = 칩 두께, $α$ = 경사각이다. 계산된 결과로부터 어떤 관측을 할 수 있나?

19.12 연습문제 19.10을 경사각이 −5°, 최종 칩 두께비 = 0.35일 때를 가정하여 계산하여라.

19.13 탄소강 바의 직경, 인장강도, 전단강도가 각각 7.64″ (194.056 mm), 450 MPa, 310 MPa이다. 직경이 절삭속도 120 m/min의 선삭공정에 의해 감소한다. 이송 = 0.027 cm/rev, 절삭깊이 = 0.3 cm이다. 칩 유동 방향으로의 경사각은 13°이다. 이와 같은 절삭조건으로 인해 칩비 0.52를 얻는다. 근사 선삭공정으로서 직교절삭모델을 사용하여 (a) 전단각, (b) 전단력, (c) 절삭력과 이송력, (d) 공구와 칩 사이의 마찰계수를 계산하여라.

19.14 인장강도 300 MPa와 전단강도 220 MPa를 갖는 저탄소강이 절삭속도 3.0 m/s에서 선삭공정에 의해 절단된다. 이송 = 0.20 mm/rev, 절삭깊이 = 30.0 mm이다. 칩 유동 방향으로의 공구 경사각은 5°이다. 최종 칩비

는 0.45이다. 근사 선삭공정으로서 직교절삭모델을 사용하여 (a) 전단각, (b) 전단력, (c) 절삭력과 이송력을 계산하여라.

19.15 선삭공정조건이 경사각 = 10°, 이송 = 0.025 cm/rev, 절삭깊이 = 0.25 cm이다. 공작물의 전단강도 = 345 MPa이고 절삭 후 칩 두께비는 0.40로 측정되었다. 이 때, 절삭력과 이송력을 계산하여라. 근사 선삭공정으로

동력과 에너지

19.19 경도 = 200 HB인 스테인레스강에 대한 선삭공정에서 절삭속도 = 200 m/min, 이송 = 0.25 mm/rev, 절삭깊이 = 7.5 mm이다. 만일 기계효율이 90%라고 하면 이 공정에 필요한 동력은 얼마인가? 적절한 비에너지 값을 위해 표 19.2를 사용한다.

19.20 연습문제 19.19에서 이송 = 0.50 mm/rev일 때 필요한 동력을 계산하여라.

19.21 알루미늄 선삭공정에서 절삭속도 = 270 m/min, 이송 = 0.05 cm/rev, 절삭깊이 = 0.62 cm이다. 만일 기계효율이 87%라고 하면 이 공정에 필요한 구동모터의 동력은 얼마인가? 적절한 단위동력 값을 위해 표 19.2를 사용하여라.

19.22 브리넬 경도 = 275 HB인 일반탄소강에 대한 선삭공정에서 절삭속도 = 200 m/min, 절삭깊이 = 6.0 mm이다. 선반 모터가 25 kW이고 그 기계효율이 90%이다. 표 19.2에서 적절한 비에너지 값을 사용하여 이 공정에서 필요한 최대 이송을 계산하여라. 필요한 반복 계산을 위해 스프레드시트 계산기를 사용하여라.

19.23 선삭공정에서의 선반 모터가 15 kW이고 효율이 87%이다. 경도가 325 ~ 335 HB인 합금강에 대해 절삭속도 = 938 cm/min, 이송 = 0.075 cm/rev, 절삭깊이 = 0.375 cm 조건에서 황삭이 수행된다. 이 자료를 바탕으로 볼 때, 15kW에서 이 작업이 가능한가? 적절한 단위동력 값을 위해 표 19.2를 사용한다.

19.24 연습문제 19.7, 19.8에서 절삭속도가 60 m/min라 가정하라. 이 질문에 대한 답으로부터 (a) 선삭공정에 의해 소모된 동력, (b) 금속제거율(cm³/min), (c) 단위동력(kW-min/cm³), (d) 비에너지(cm-N/cm³)를 구하여라.

19.25 연습문제 19.12에서 선반의 기계효율 = 0.83이다. 이

서 직교절삭모델을 사용한다.

19.16 식 (19.3)을 칩비의 정의, 식 (19.2), 그림 19.5(b)로부터 유도하여라.

19.17 식 (19.4)가 그림 19.6로부터 어떻게 유도되었는지 나타내어라.

19.18 그림 19.11을 이용하여 F, N, F_s, F_n에 관한 힘의 관계식을 유도하여라.

공정의 작업물에 대하여 (a) 선삭공정에 의해 소모된 동력, (b) 선반에 의해 반드시 생성되어야 하는 동력, (c) 단위 동력과 비에너지를 계산하여라.

19.26 저탄소강 선삭공정에서, 경도 = 175 BHN, 절삭속도 = 120 m/min, 이송 = 0.005 cm/rev, 절삭깊이 = 0.18 cm이다. 선반의 기계효율은 0.85이다. 표 19.2의 단위비에너지 값에 근거하여 (a) 선삭공정에 의해 소모된 동력, (b) 선반에 의해 반드시 생성되어야 하는 동력을 구하여라.

19.27 연습문제 19.26에서 이송 = 0.018 cm/rev, 작업물인 스테인레스강의 경도 = 240 HB로 가정하여 계산하여라.

19.28 알루미늄(100 BHN)에 대한 선삭공정에서 절삭속도 = 5.6 m/s, 이송 = 0.25 mm/rev, 절삭깊이 = 2.0 mm이다. 기계효율이 0.85라고 하면 표 19.2의 비에너지 값을 참조하여 (a) 절삭동력, (b) 선삭공정의 총 동력(Watt)을 구하여라.

19.30 어떤 선삭공정이 칩 유동방향으로의 공구 경사각 = 0°로 엔진선반에서 이루어진다. 작업물은 경도 = 325 HB인 합금강이다. 절삭조건은 절삭속도 = 90 m/min, 이송 = 0.03 cm/rev, 절삭깊이 = 0.3 cm이다. 절삭 후 칩 두께비는 0.45로 측정되었다. (a) 표 19.2의 적절한 비에너지 값을 참조하여, 선반효율이 85%일 때, 구동모터의 동력을 계산하고, (b) 동력 값으로부터, 이 선삭공정에 대한 가장 근사한 절삭력을 계산하여라. 근사 선삭공정으로서 직교절삭모델을 사용한다.

19.31 선반이 직경 15 cm 작업물에 대해 선삭작업을 수행한다. 작업물의 전단강도 = 275 MPa, 인장강도 = 415 MPa, 경사각은 6°, 절삭속도 = 210 m/s, 이송 = 0.0375 cm/rev, 절삭깊이 = 0.22 cm이다. 절삭 후 칩

두께는 0.06 cm이다. 이 공정에 대하여 (a) 공정 소요 동력, (b) 이 절삭조건 하에서 이 재료에 대한 단위동력, (c) t_o = 0.025 cm에 대한 표 19.2 표시된 것과 같은 단위 동력을 구하여라. 근사 선삭공정으로서 직교절삭모델을 사용한다.

절삭온도

19.33 질량비열 = 1.0 J/g-C, 밀도 = 2.9 g/cm³, 열확산계수 = 0.8 cm²/s를 가진 금속에 대해 직교절삭이 수행된다. 절삭속도 = 4.5 m/s, 절삭 전 칩 두께 = 0.25 mm, 절삭폭 = 2.2 mm. 측정된 절삭력은 1170N이다. Cook 식을 이용하여 대기온도가 22℃일 때 절삭온도를 계산하여라.

19.34 경도 = 275 HB인 강에 대한 절삭속도 = 3.0 m/s, 이송 = 0.25 mm/rev, 절삭깊이 = 4.0 mm에서 선삭공정을 고려하자. 4.1절로부터의 열적물성과 정의 그리고 표 19.2의 적절한 비에너지 값을 활용하여 Cook 식을 이용하여 절삭온도를 추정하여라. 대기온도는 20℃이다.

19.35 체적비열 = 78.2 cm-N/cm³-F, 열확산계수 = 0.8 cm²/sec인 어떤 금속에 대해 직교절삭공정이 이루어지고 있다. 절삭속도 = 105 m/s, 절삭 전 칩 두께 = 0.02 cm, 절삭 폭 = 0.25 cm이다. 측정 절삭력은 890 N이다. Cook 식을 이용하여 절삭온도를 추정하여라. 대기온도는 21℃이다.

19.36 경도가 240 HB인 어떤 합금강의 절삭온도를 추정하고자 한다. 표 19.2의 적절한 비에너지 값을 활용하여 절삭속도 = 150 m/min, 이송 = 0.01 cm/rev, 절삭깊이 = 0.17 cm의 절삭조건일 때 Cook 식을 이용하

19.32 알루미늄 소재에 대한 선삭공정에서 이송 = 0.05 cm/rev, 절삭깊이 = 0.625 cm이다. 선반 모터는 15 kW이고 효율은 92%이다. 이 등급의 알루미늄에 대한 단위 마력 값은 0.25 W/(cm³/min)이다. 이 작업에 사용될 수 있는 최대 절삭속도는 무엇인가?

여 절삭온도를 계산하여라. 작업물의 체적비열 = 150 cm-N/cm³-F, 열확산계수 = 1 cm²/sec이다. 대기온도는 31℃로 가정한다.

19.37 직교절삭가공의 재료제거율이 28 cm³/min이고 절삭력은 1330 N이다. 열확산계수 = 1.1 cm²/sec이고 체적비열 = 88 cm-N/cm³-F이다. 만일 이송 f = t_o = 0.025 cm, 절삭폭 = 0.25 cm라면, 대기온도가 21℃일 때 절삭온도를 Cook 식을 이용하여 계산하여라.

19.38 선삭공정에서 절삭속도 = 200 m/min, 이송 = 0.25 mm/rev, 절삭깊이 = 4.00 mm이다. 작업물의 열확산계수 = 20 mm²/s이고 체적비열 = 3.5(10⁻³) J/mm³-C이다. 대기온도 −6℃를 고려한 공구-칩 열전대로 측정한 온도가 700 ℃라면, 이 공정조건에서 작업물에 대한 비에너지를 계산하여라.

19.39 선삭공정에서 절삭온도를 측정하기 위하여 공구-칩 열전대가 사용된다. 다음의 온도 데이터는 각기 다른 세 가지 절삭속도에서 절삭 중 측정된 결과이다. (1) v = 100 m/min, T = 505℃, (2) v = 130 m/min, T = 552℃, (3) v = 160 m/min, T = 592℃. Trigger 식과 같은 형태의 절삭속도의 함수로서 온도관계식을 구하여라.

절삭공정과 공작기계

20.1 절삭가공과 부품 형상

20.2 선삭과 관련 공정

　　20.2.1 선삭의 절삭 조건

　　20.2.2 선삭 관련 작업

　　20.2.3 보통선반

　　20.2.4 기타 선반들

　　20.2.5 보링머신

20.3 드릴링과 관련 공정

　　20.3.1 드릴링의 절삭조건

　　20.3.2 드릴링 관련 작업

　　20.3.3 드릴프레스

20.4 밀링

　　20.4.1 밀링 공정의 종류

　　20.4.2 밀링의 절삭조건

　　20.4.3 밀링머신

20.5 머시닝센터와 터닝센터

20.6 기타 절삭가공 공정들

　　20.6.1 형삭 및 평삭

　　20.6.2 브로칭

　　20.6.3 톱작업

20.7 특수한 형상을 위한 절삭가공 공정들

　　20.7.1 나사산

　　20.7.2 기어

20.8 고속가공

　　절삭가공은 여러 유형의 부품 형상과 기하학적 특징을 가공하는 능력 면에서 모든 제조공정 중에서 가장 다양하고 정확한 공정이다. 주조 또한 다양한 형상을 제조할 수 있지만 절삭가공의 정밀도와 정확도에는 미치지 못한다. 이 장에서는 중요한 절삭가공 공정들과 이 공정들을 수행하기 위한 공작기계들을 기술한다. 역사적 고찰 20.1은 공작기계 기술의 발전에 관하여 간단히 이야기한다.

| 20.1 절삭가공과 부품 형상

　　이 장을 소개하기 위해서 절삭가공으로 부품 형상을 만드는 공정에 대하여 개략적으로 기술한다. 가공된 부품은 회전형과 비회전형으로 그림 20.1과 같이 분류할 수 있다. **회전형**(rotational) 부품은 원통형이나 원판형 형상을 가진다. 이와 같은 기하학적 형상을 생산하기 위한 공정은 절삭공구가 회전하는 공작물로부터 재료를 제거하는 것이 특징이다. 선삭과 보링을 예로 들 수 있다. 드릴링은 원통 내면이 만들어지고 대개의 드릴링 공정에서 공구(공작물보다는)가 회전한다는 점이 다르다. **비회전형**(nonrotational) 혹은 **각주형**(prismatic) 부품은 그림 20.1(b)와 같이 블록이나 평판 형상이다. 이와 같은 기하학적 형상은 회전하거나 직선으로 움직이는 공구 운동과 함께, 공작물의 직선 운동으로 얻어진다. 이 범위에 들어가는 공정으로 밀링, 형삭, 평삭, 톱 작업이 있다.

　　각 절삭가공은 두 가지 요인에 의하여 특징적인 형상을 만든다. (1) 공구와 공작물 사이의 상대적

역사적 고찰 20.1 　공작기계 기술

물건을 만들기 위한 재료 제거의 역사는 인간이 사냥과 농사를 위하여 나무를 깎고 돌을 쪼개던 선사시대로 거슬러 올라간다. 고대 이집트 사람들이 구멍을 뚫기 위하여 회전하는 활 기구를 이용하였다는 고고학적 증거가 있다.

현대 공작기계의 발전은 산업혁명과 밀접한 관계가 있다. 1763년경 영국에서 James Watt가 증기기관을 설계하였을 때, 증기가 피스톤 주위로 빠져나가지 않도록 실린더의 구멍을 충분히 정확하게 가공할 필요가 있었다. John Wilkinson이 1775년경에 수력 보링머신을 개발하고 나서야, Watt가 자신이 설계한 증기기관을 조립할 수 있었다. 이 **보링머신**(boring machine)을 최초의 공작기계라고 보통 일컫는다.

또 다른 영국사람, Henry Maudsley는 최초의 **나사절삭 선반**(screw-cutting lathe)을 1800년경에 개발하였다. 비록 그 전부터 수세기 동안 목재에 대한 선반가공을 해왔었지만, Maudsley의 기계는 공구 왕복대를 장착하여 훨씬 정확한 이송과 나사절삭이 가능하였다.

미국에서 Eli Whitney는 1818년경에 최초의 **밀링머신**(milling machine)을 개발하였다. 증기기관, 섬유기계, 산업혁명과 관련된 다른 기계들의 부품을 만들기 위한 필요성이 대두되면서, 1800년과 1835년 사이에 영국에서 **플레이너**(planer)와 **셰이퍼**(shaper)가 개발되었다. 1846년경에는 James Nasmyth가 동력 **드릴프레스**(drill press)를 개발하여 금속재료의 정확한 구멍가공이 가능하게 되었다.

현재 전통적으로 사용되고 있는 보링머신, 선반, 밀링머신, 플레이너, 셰이퍼, 드릴프레스들의 대부분은 처음 개발된 것과 지난 200년 동안 기본적인 설계는 같다. 현대 머시닝센터(한 종류 이상의 절삭공정을 수행할 수 있는 공작기계)는 NC가 개발된 후 1950년대 후반에 소개되었다(역사적 고찰 35.1).

인 운동, (2) 절삭공구의 형상. 이 공정들은 부품 형상이 만들어 지는 방법에 따라 생성가공과 총형가공으로 분류된다. **생성가공**(generating)에서 부품 형상은 절삭공구의 이송 궤적에 따라 결정된다. 형상을 만들기 위하여 이송 운동 동안에 공구에 의한 경로가 공작물 표면에 구현된다. 절삭가공에서 공작물 형상을 생성하는 예는 그림 20.2에 나타낸 것처럼 직선선삭, 테이퍼선삭, 윤곽선삭, 평밀링, 윤곽밀링이 있다. 각 공정에서 소재 제거는 절삭속도 운동으로 얻어지고 부품 형상은 이송 운동으로 결정된다. 공정 중 이송 궤적은 절삭 깊이와 절삭 폭의 변화를 수반할 수 있다. 예를 들면, 그림에 나타난 윤곽선삭과 윤곽밀링에서 이송 운동은 절삭이 진행됨에 따라 각각 깊이와 폭의 변화를 초래한다.

총형가공(forming)에서 부품 형상은 절삭날의 기하학적 형태에 따라 결정된다. 실제로, 공구 절삭날은 생산되고자 하는 부품 표면의 형상과 정반대되는 형상을 가진다. 총형선삭, 드릴링, 브로칭을 예로 들 수 있다. 그림 20.3에 나타낸 것처럼, 이 공정에서 부품 형상을 얻기 위하여 절삭날의 형태가 공작물에 구현된다. 총형가공에서 일반적으로 절삭조건은 공작물로 향하는 이송 운동과 결합된 주속도 운동으로 볼 수 있다. 보통 여기서의 절삭 깊이는 이송 운동이 완료되었을 때 공작물을 파고들어 간 양으로 볼 수 있다.

때때로 총형가공과 생성가공이 한 개의 공정에서 조합되어 나사선삭, 슬롯밀링과 같은 작업을 할

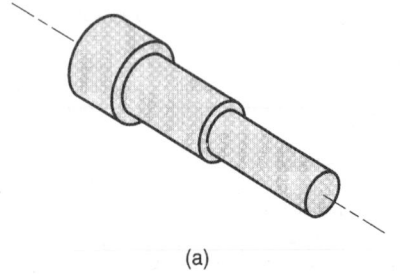
(a)

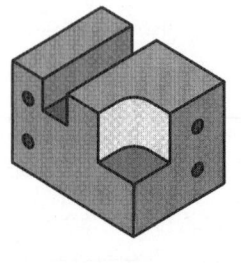
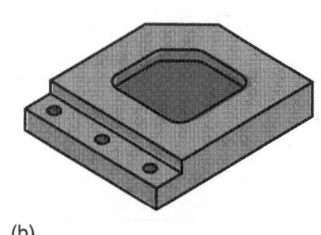
(b)

그림 20.1 가공부품의 분류. (a) 회전형, (b) 비회전형.

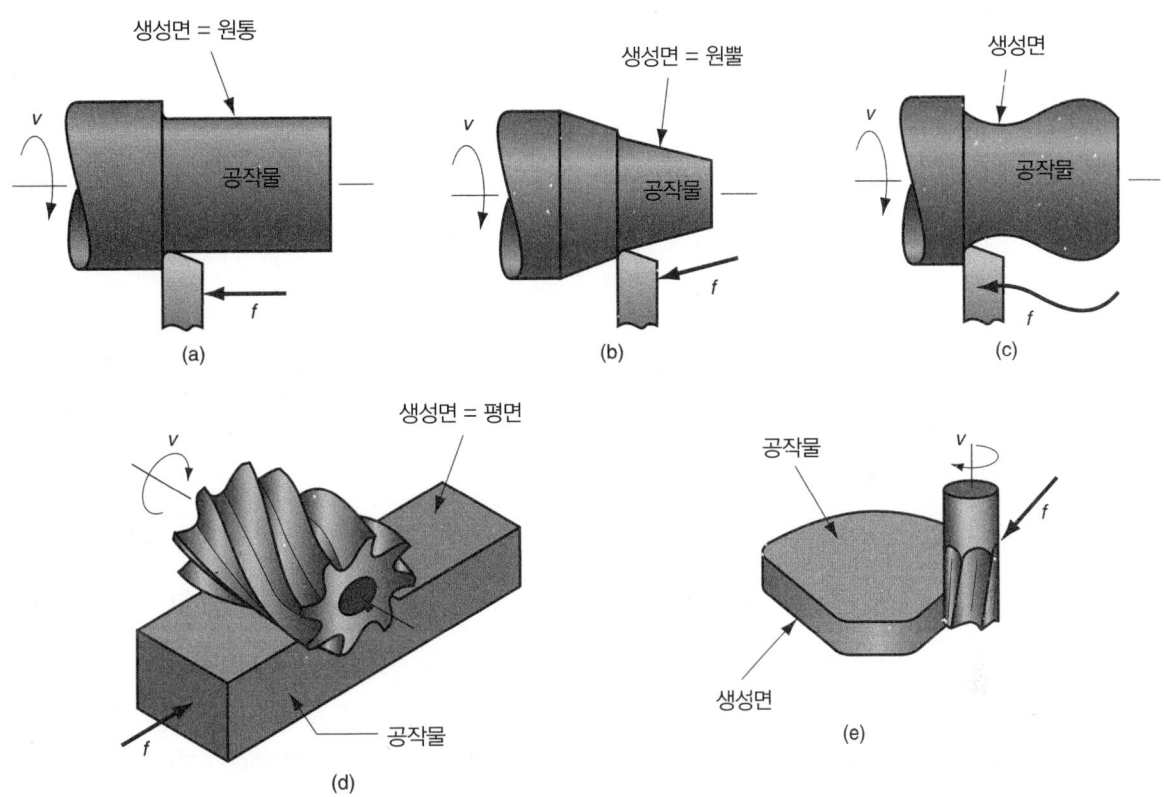

그림 20.2 절삭가공에서의 생성가공. (a) 직선선삭, (b) 테이퍼선삭, (c) 윤곽선삭, (d) 평밀링, (e) 윤곽밀링.

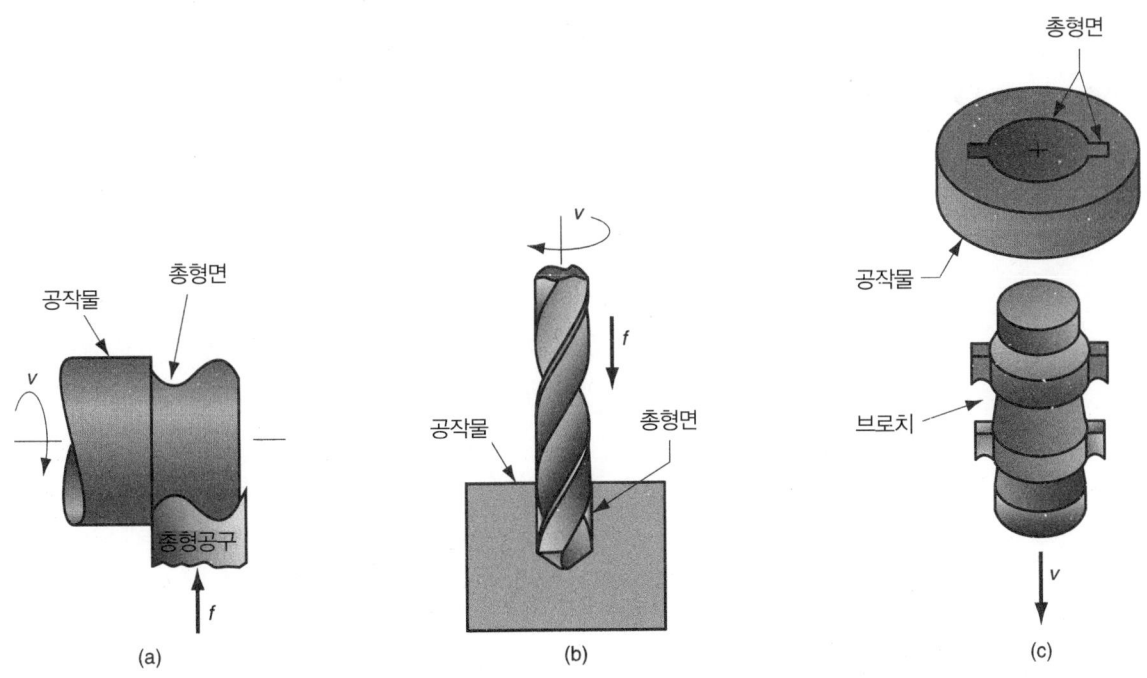

그림 20.3 절삭가공에서의 총형가공. (a) 총형선삭, (b) 드릴링, (c) 브로칭.

수 있다(그림 20.4). 나사선삭에서 절삭공구의 선단 형상이 나사 형상을 결정하고 높은 이송율이 나사를 생성한다. 슬롯밀링(슬로팅)에서 커터의 폭이 슬롯의 폭을 결정하고 이송 운동이 슬롯을 생성한다.

그림 20.4 총형가공과 생성가공의 조합. (a) 나사선삭, (b) 슬롯밀링.

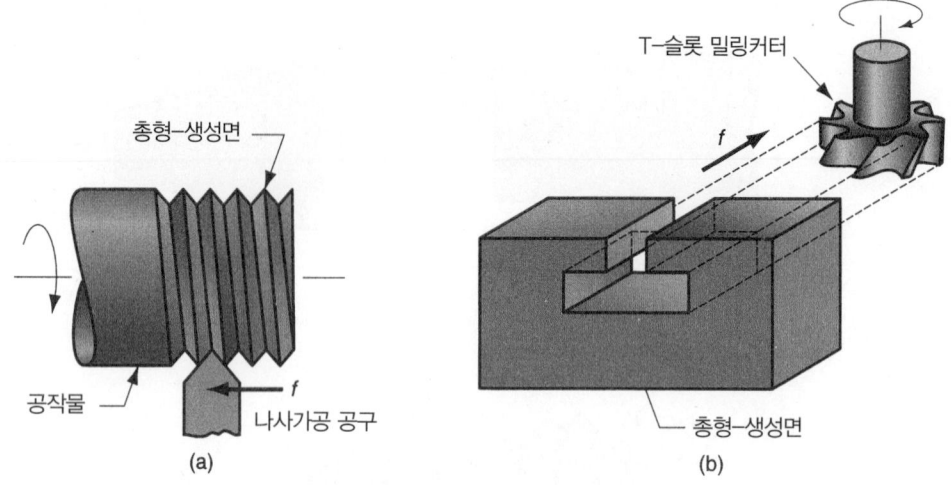

절삭가공은 이차 공정으로 분류된다. 일반적으로 이차 공정은 공작물의 초기 형태를 결정하는 기초 공정의 후속 공정이다. 기초 공정의 예로는 주조, 단조, 압연이 있다. 이와 같은 공정으로 생산된 형태를 이차 공정으로 정교하게 할 필요가 있는 경우가 많다. 절삭공정은 초기 형태를 부품 설계자가 지정한 최종 형태로 변환시킨다. 예를 들면 초기 형태의 봉(bar)이 여러 번의 절삭가공을 거치면서 최종 형태의 축(shaft)이 된다. 37.1.1절의 공정계획에서 기초 공정과 이차 공정에 대하여 더 자세히 알아보고 추가적인 예를 들어보기로 한다.

20.2 선삭과 관련 공정

선삭(turning)은 회전하는 원통형 공작물의 표면으로부터 단인공구가 소재를 제거하는 절삭가공 공정이다. 그림 20.2(a), 20.5에 나타낸 것처럼 공구는 회전 축에 평행한 방향으로 선형으로 이송된다. 선삭은 전통적으로 **선반**(lathe)이라고 불리는 공작기계에서 수행되는데, 이 기계는 주어진 회전속도로 공작물을 회전시키고 특정 속도와 절삭깊이로 공구를 이송시키기 위한 동력을 제공한다. 선삭에 관한 비디오 클립이 DVD에 수록되어 있다.

> **비디오클립**
> 선삭과 선반의 기초. 이 클립은 다음 4가지로 나뉘어 있다. (1) 선반의 종류, (2) 선반의 터릿, (3) 선반의 공작물 취급, (4) 선삭 공정.

20.2.1 선삭의 절삭 조건

선삭에서의 회전속도는 원통형 공작물의 표면에서 얻고자 하는 절삭속도와 다음과 같은 관련이 있다.

$$N = \frac{v}{\pi D_o}$$

(20.1)

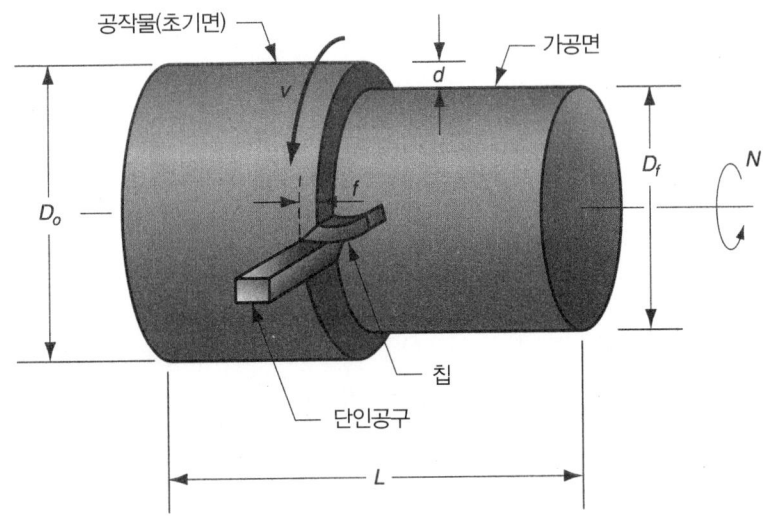

그림 20.5 선삭 공정.

여기서 N = 회전속도(rev/min), v = 절삭속도(m/min), D_o = 공작물의 초기직경(m).

선삭 공정으로 공작물의 직경 D_o는 최종직경 D_f로 감소된다. 직경의 변화는 절삭깊이 d에 의하여 결정된다.

$$D_f = D_o - 2d \qquad (20.2)$$

선삭에서의 이송은 일반적으로 mm/rev으로 표현된다. 이와 같은 이송은 다음 식에 의하여 mm/min의 선속도로 변환될 수 있다.

$$f_r = Nf \qquad (20.3)$$

여기서 f_r = 이송속도(mm/min), f = 이송(mm/rev).

원통형 공작물의 한쪽 끝에서 다른 쪽 끝까지의 가공시간은 다음과 같이 주어진다.

$$T_m = \frac{L}{f_r} \qquad (20.4)$$

여기서 T_m = 실제 가공시간(min), L = 공작물 길이(mm). 직접적으로 가공시간을 계산하면 다음과 같다.

$$T_m = \frac{\pi D_o L}{fv} \qquad (20.5)$$

여기서 D_o = 공작물 직경(mm), L = 공작물 길이(mm), f = 이송(mm/rev), v = 절삭속도 (mm/min). 실제로는 공구의 원활한 진입 및 진출을 위하여 공작물의 처음과 끝의 길이에 여유길이를 더하는 것이 보통이다. 그러므로 공작물을 지나는 이송 운동의 지속 시간은 T_m보다 길어진다.

소재제거율은 다음 식에 의하여 간단하게 결정된다.

$$R_{MR} = vfd \qquad (20.6)$$

여기서 R_{MR} = 소재제거율(mm³/min). 이 식을 사용할 때 f의 단위는 선삭의 회전 특성을 무시하고 단순히 mm로 표시한다. 또한 속도의 단위는 f와 d의 단위와 일치해야 하는 것에 주의해야 한다.

20.2.2 선삭 관련 작업

선삭 공정에 추가하여 선반에서 수행할 수 있는 여러 가지 많은 절삭가공 작업들이 있다(그림 20.6):

(a) **단면가공**(facing)-한쪽 끝의 단면에 평면을 만들기 위하여 회전하는 공작물에 공구가 반경 방향으로 이송한다.

(b) **테이퍼선삭**(taper turning)-공구가 공작물의 회전축에 평행하게 이송하지 않고, 어떤 각을 두고 이송하여 테이퍼형이나 원뿔형을 만든다.

(c) **윤곽선삭**(contour turning)-선삭처럼 공구가 공작물의 회전축을 따라 직선으로 이송하지 않고, 어떤 곡선을 따라 이송하여 가공물에 윤곽을 만든다.

(d) **총형선삭**(form turning)-**총형가공**(forming)이라고도 하며, 공구가 공작물에 반경 방향으로 이송하면서 공작물에 공구형상이 그대로 전달된다.

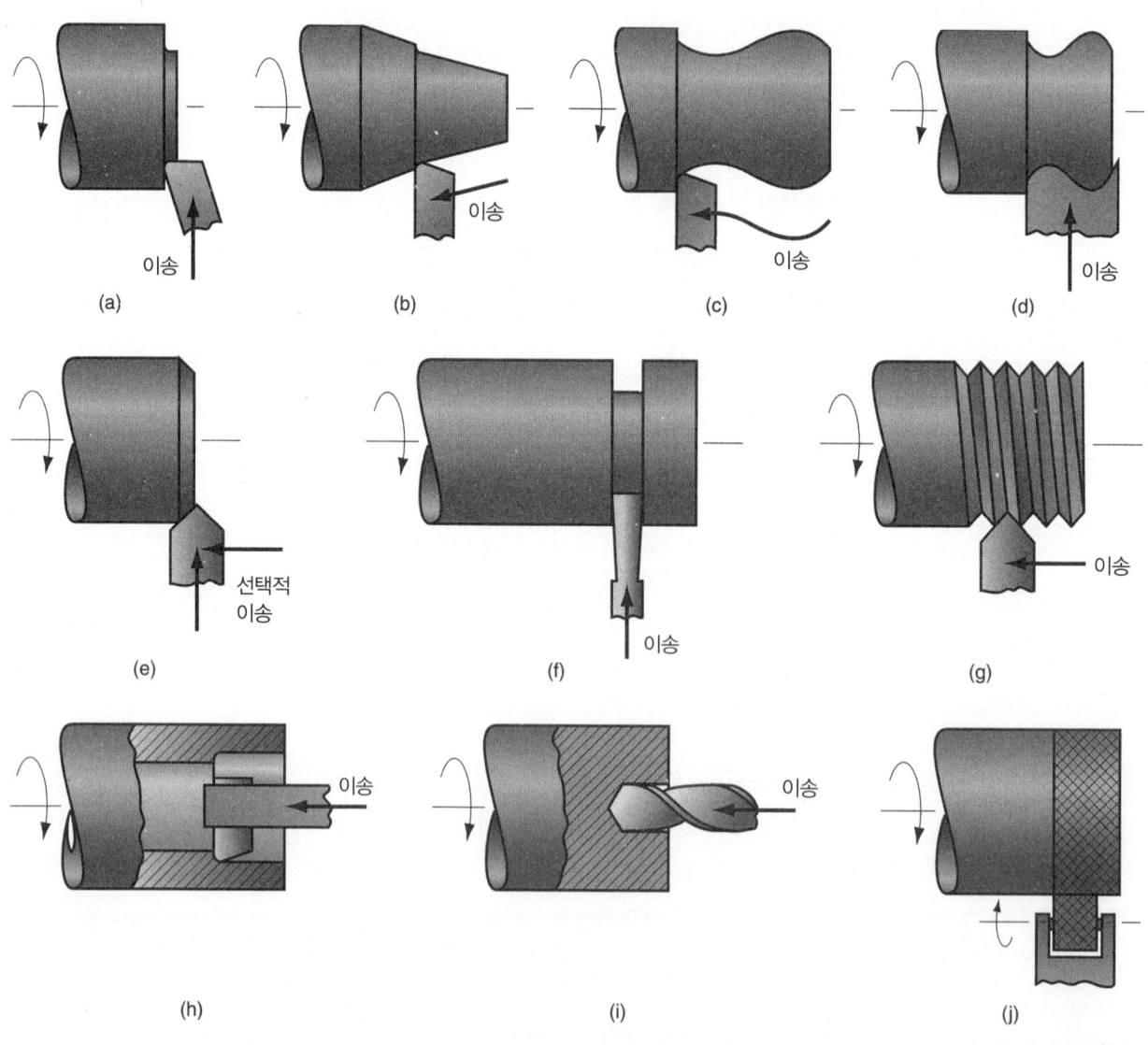

그림 20.6 선반에서 수행되는 선삭외의 절삭가공 작업. (a) 단면가공, (b) 테이퍼선삭, (c) 윤곽선삭, (d) 총형선삭, (e) 모따기, (f) 절단, (g) 나사가공, (h) 보링, (i) 드릴링, (j) 널링.

(e) **모따기**(chamfering)-원통형 공작물의 모서리가 각이 지도록 공구 절삭날을 사용하여 챔퍼 (chamfer)라고 불리는 형상을 가공한다.

(f) **절단**(cutoff)-부품의 한쪽 끝을 절단하기 위하여 공구가 회전하는 공작물에 반경 방향으로 이송 한다. 이 공정을 때때로 **분할**(parting)이라고도 한다.

(g) **나사가공**(threading)-뾰족한 공구가 회전하는 공작물 표면에 회전축에 평행한 방향으로 높은 이송속도로 직선으로 이송하여 원통면에 나사산을 생성한다. 나사산을 절삭가공하는 방법들이 20.7.1절에서 좀 더 자세하게 설명된다.

(h) **보링**(boring)-단인공구가 회전축에 평행하게 공작물의 이미 존재하는 구멍의 내면에 직선으로 이송한다.

(i) **드릴링**(drilling)-드릴을 회전하는 공작물에 회전축을 따라 이송시킴으로써 드릴링이 선반에서 수행될 수 있다. **리밍**(reaming)도 비슷한 방법으로 수행될 수 있다.

(j) **널링**(knurling)-소재 제거를 수반하지 않기 때문에 절삭가공 공정이 아니고, 공작물 표면에 교 차된 해칭 무늬를 새기기 위한 금속성형 공정이다.

대개의 선반 공정은 21.3.1절에서 설명하는 단인공구를 사용한다. 선삭, 단면가공, 테이퍼선삭, 윤 곽선삭, 모따기, 보링이 모두 단인공구로 수행된다. 나사가공은 나사형상으로 설계된 단인공구로 수 행된다. 단인공구가 아닌 공정들이 몇 개 있다. 총형선삭은 총형공구로 불리는 특별하게 설계된 공구 로 수행된다. 연삭된 공구의 윤곽 형상이 공작물 형상을 결정한다. 절단공구도 기본적으로는 총형공 구이다. 드릴링은 드릴비트로 수행된다(21.3.2절). 널링은 널링공구로 수행되며, 공작물에 무늬가 새 겨지도록 충분히 높은 압력으로 공구를 회전하는 공작물에 누른다.

20.2.3 보통선반

선삭과 관련 공정을 위한 기본적인 선반이 **보통선반**(engine lathe)이다. 이것은 중소 규모의 생산 에 널리 사용되는 다양한 공정이 가능한 수동 공작기계이다. 엔진(engine)이라는 용어는 이 기계가 **증기기관**(steam engine)으로 구동될 때 유래되었다.

보통선반의 구조

그림 20.7은 보통선반을 구성하고 있는 주요 부품들을 보여주고 있다. **주축대**(headstock)는 공작 물과 함께 **주축**(spindle)을 회전시키는 구동장치를 가지고 있다. 주축대의 반대쪽에는 공작물의 다 른 쪽 끝을 센터로 지지하기 위한 **심압대**(tailstock)가 있다.

절삭공구는 **공구대**(tool post)에 고정되어 있고, 공구대는 **왕복대**(carriage)에 설치된 **가로이송대** (cross-slide)에 고정되어 있다. 왕복대는 회전축에 평행하게 공구를 이송하기 위하여 선반의 **안내면** 을 따라 미끄러지도록 설계되어 있다. 안내면은 왕복대가 이동하는 궤도처럼 되어 있고, 주축에 대하 여 높은 평행도를 얻기 위하여 매우 정확하게 설계되어 있다. 안내면은 공작기계의 단단한 뼈대를 이 루는 선반의 **베드**(bed)에 설치되어 있다.

원하는 이송속도를 얻기 위하여 왕복대는 적당한 속도로 회전하는 **이송나사**(leadscrew)에 의하여 구동된다. 가로이송대는 왕복대가 이동하는 방향에 수직한 방향으로 이송하도록 설계되어 있다. 따 라서 왕복대 이동으로 인하여 공구가 공작물 축에 평행한 방향으로 이송하여 직선선삭을 수행할 수

그림 20.7 보통선반의
주요 구성 요소.

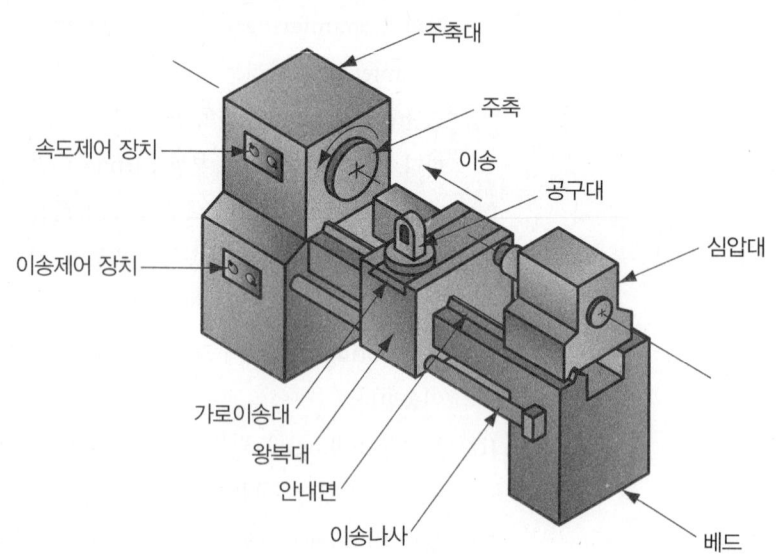

있고, 가로이송대 이동으로 인하여 공구가 공작물에 대하여 반경 방향으로 이송하여 단면가공, 총형선삭, 절단공정을 수행할 수 있다.

전통적인 보통선반과 이 절에서 기술하는 대부분의 기계들은 **수평선반**이다. 즉 주축이 수평하다. 이것은 공작물의 길이가 직경보다 큰 대부분의 선삭 공정에 적당하다. 공작물의 직경이 길이보다 크고 무거우면, 공작물이 수직축에 대하여 회전하도록 되어 있는 **수직선반**을 사용하는 것이 편리하다.

선반의 크기는 스윙과 센터간 최대거리로 나타낸다. **스윙**(swing)은 주축과 함께 회전할 수 있는 공작물의 최대직경으로, 주축의 중심선과 안내면 사이의 거리의 두 배가 된다. 선반이 수용할 수 있는 원통형 공작물의 실제 최대직경은 왕복대와 가로이송대가 안내면에 있기 때문에 스윙보다 작다. **센터 간 최대거리**는 주축대와 심압대 사이에 놓일 수 있는 공작물의 최대길이를 나타낸다. 예를 들면 350 mm × 1.2 m 선반은 스윙이 350 mm이고 센터간 최대거리가 1.2 m가 됨을 나타낸다.

공작물 고정 방법

선삭에서 공작물을 고정하는 방법에는 보통 네 가지가 있다. 이 방법들은 공작물을 잡고, 주축을 따라 센터링 및 지탱을 하고, 회전시키는 여러 가지 장치들로 구성되어 있다. 그림 20.8에 이 방법들을 나타냈다. (a) 센터 사이 공작물 고정, (b) 척, (c) 콜릿, (d) 면판. 공작물 취급에 관한 비디오 클립에서 선삭과 기타 절삭공정에서의 여러 고정 장치들을 보여준다.

> **비디오클립**
> 공작물 취급의 기초. 이 클립은 다음 네 가지로 나뉘어 있다. (1) 부품의 취급, (2) 공작물 취급의 법칙, (3) 3-2-1 위치선정 공작물 취급 방법, (4) 공작물의 리클램핑(reclamping).

센터 사이 공작물 고정은 두 개의 센터를 주축대와 심압대에 각각 사용한다(그림 20.8(a)). 이 방법은 직경에 비하여 길이가 긴 부품에 적당하다. 주축대 센터에 **돌리개**(dog)라 불리는 장치가 공작물의 외면에 부착되어 주축 회전을 전달시키는 데 사용된다. 심압대 센터는 공작물 끝의 테이퍼가 된 구멍에 들어갈 수 있도록 원뿔형상을 하고 있다. 심압대 센터는 회전센터와 정지센터가 있다. **회전센터**(live center)는 심압대의 베어링 안에서 회전하기 때문에 공작물과 회전센터와의 사이에 상대적

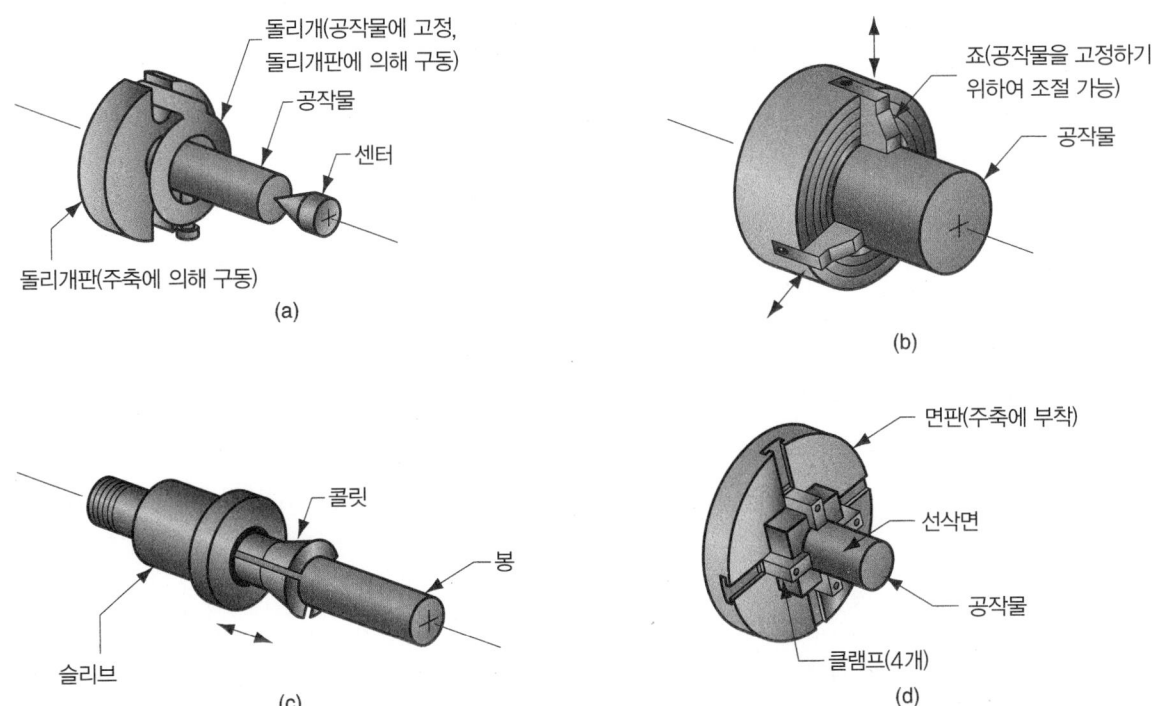

그림 20.8 선반에 사용되는 네 가지 공작물 고정 방법. (a) 돌리개를 이용한 센터 사이의 공작물 고정, (b) 척, (c) 콜릿, (d) 비원통형 부품을 위한 면판.

운동이 없어서 마찰이 없다. 반면에 **정지센터**(dead center)는 심압대에 고정되어서 회전할 수가 없고 공작물이 이 센터를 중심으로 회전한다. 정지센터는 마찰열이 발생할 수가 있기 때문에 보통 낮은 회전속도에서 사용되고, 회전센터는 높은 회전속도에서 사용된다.

척(chuck)은 여러 종류가 있는데 세 개나 네 개의 죠(jaw)가 있어서 원통형 공작물의 외면을 잡을 수 있게 되어 있다(그림 20.8(b)). 때로는 죠가 관형 부품의 내면을 잡을 수 있게 설계되기도 한다. **연동식**(self-centering) 척은 죠가 동시에 움직이도록 되어 있어 공작물이 주축의 중심에 오도록 한다. 이외에 각각의 죠가 독립적으로 움직이는 단동식 척이 있다. 척은 심압대 센터와 같이 사용될 수도 있고, 아닐 수도 있다. 직경에 비하여 길이가 짧은 부품에 대해서는 외팔보처럼 부품을 척으로 지지하는 것이 절삭력을 지지하기에 대체로 충분하다. 길이가 긴 봉형 공작물을 지지하기 위해서는 심압대 센터가 필요하다.

콜릿(collet)은 전체 길이의 반 정도가 길이 방향으로 갈라진 슬릿(slit)이 원주를 따라 같은 간격으로 배열된 관형으로 되어 있다(그림 20.8(c)). 콜릿의 안쪽 면은 봉과 같은 원통형 공작물을 고정하기 위하여 사용된다. 콜릿의 한 끝을 슬릿을 통하여 누르게 하여 반경을 감소시켜 공작물을 단단히 압착하여 고정하게 된다. 주어진 반경의 콜릿이 얻을 수 있는 감소량에는 한계가 있기 때문에 이 장치는 작업하는 특정 공작물에 대응하여 여러 가지 크기가 필요하다.

면판(face plate)은 선반 주축에 부착되어 불규칙한 형상의 부품을 고정하기 위하여 사용되는 장치이다(그림 20.8(d)). 불규칙한 형상의 부품은 다른 공작물 고정 방법으로는 고정시킬 수가 없다. 그러므로 면판은 특정 형상의 부품을 위하여 이에 맞게 설계된 클램프(clamp)를 갖고 있다.

20.2.4 기타 선반들

보통선반에 추가하여 특별한 기능을 필요로 하거나 선삭 공정을 자동화하기 위하여 다음과 같은 새로운 선반들이 개발되어 왔다. (1) 공구선반, (2) 속도선반, (3) 터릿선반, (4) 척킹머신, (5) 자동나사기계, (6) NC선반.

공구선반과 속도선반은 보통선반과 매우 밀접한 관계가 있다. **공구선반**(toolroom lathe)은 크기가 상대적으로 작고, 선택할 수 있는 속도와 이송의 범위가 넓다. 또한 공구, 고정구, 기타 고정밀 장치들의 가공이 가능하도록 매우 높은 정밀도로 만들어졌다.

속도선반(speed lathe)은 구조면에서 보통선반보다 간단하다. 왕복대와 가로이송대가 없고, 왕복대를 구동하는 리드스크루도 없다. 절삭공구의 지지는 작업자가 선반에 부착된 받침대를 사용한다. 속도는 높지만 설정된 속도들의 개수는 한정적이다. 목재 선삭, 금속 스피닝, 폴리싱 공정에 적용되고 있다.

터릿선반(turret lathe)은 심압대가 6개까지의 절삭공구를 보유할 수 있는 터릿으로 교체된 수동선반이다. 공구들이 터릿을 분할(indexing)하여 공작물에 대하여 한 개씩 빠르게 위치를 잡는다. 또한 보통선반에 사용되는 전통적인 공구대가 4개의 공구로 분할될 수 있는 4면의 터릿으로 대체되기도 한다. 터릿선반은 한 개의 공구로부터 다른 공구로 빠르게 교환될 수 있는 능력 때문에 여러 절삭공정이 필요한 부품의 대량생산 공정에 많이 사용된다.

척킹머신(chucking machine)은 공작물을 고정하기 위하여 주축에 척을 사용한다. 심압대가 없기 때문에 센터 사이에 공작물을 지지할 수 없다. 따라서 척킹머신은 짧고 가벼운 공작물에만 사용할 수 있다. 절삭공구의 이송이 수동이라기보다는 자동이라는 점 외에는 터릿선반과 비슷하다. 작업자의 역할은 부품을 올려놓고 내려놓는 일이다.

바머신(bar machine)은 긴 봉이 주축대를 통하여 고정되기 위하여 콜릿(척 대신)이 사용된다는 것 외에는 척킹머신과 비슷하다. 주기적인 각 절삭가공 공정의 끝에서 절단 공정이 공작물을 분리한 다음, 새 공정을 위하여 봉이 앞으로 밀어 넣어진다. 공구 분할 및 이송뿐만 아니라 재료 이송이 자동적으로 수행된다. 높은 수준의 자동화 공정으로 인하여 **자동바머신**(automatic bar machine)으로 자주 불린다. 나사류 등의 작은 부품의 생산에 중요하게 적용된다. **자동나사기계**(automatic screw machine)가 이와 같은 작업에 자주 사용된다.

바머신을 단축(single spindle)과 다축(multiple spindle)으로 분류할 수 있다. **단축바머신**은 한 개의 공작물 가공을 위하여 보통 한 개의 절삭공구를 사용하는 한 개의 주축을 가진다. 따라서 각 공구가 공작물을 가공할 때 다른 공구들은 쉬고 있다. 터릿선반과 척킹머신 또한 동시적 공구 공정이라기보다는 연속적 공구 공정으로 제한되어 있다. 절삭공구의 가동률과 생산속도를 높이기 위하여 **다축바머신**이 사용된다. 이 기계는 한 개 이상의 주축을 가지고 있어서 여러 개의 부품이 여러 개의 공구에 의하여 동시에 가공이 가능하다. 예를 들면 그림 20.9에 나타난 것처럼 6축자동바머신이 한번에 6개의 부품을 가공한다. 주기적인 각 가공 공정의 끝에서는 주축(콜릿과 바를 포함하는)이 다음 위치로 분할(회전)한다. 그림에서 각 부품은 6번의 주기를 가지는 5개의 절삭공구(위치 1에서는 바의 진입을 정지함)에 의하여 연속적으로 절삭된다. 결과적으로 매우 높은 생산속도를 달성할 수 있다.

바머신과 척킹머신의 연속적인 운동은 전통적으로 캠과 같은 기계적 장치에 의하여 수행되어 왔다. 현대의 제어 형태는 **CNC**(computer numerical control, 컴퓨터수치제어)로서, 공작기계가 프로그래밍된 지령에 따라 움직인다(35.3절). CNC는 기계적 장치보다 더욱 복잡하고 다양한 제어 수단을

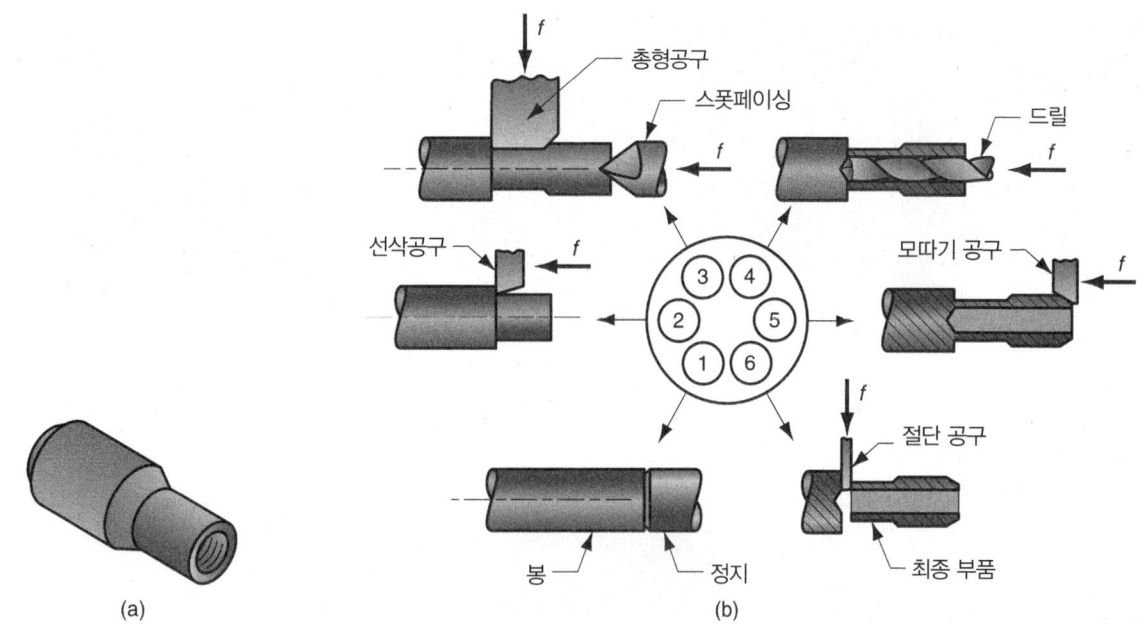

그림 20.9 (a) 6축자동바머신에서 생산된 부품, (b) 이 부품 생산을 위한 연속 공정. (1) 소재진입 정지, (2) 주 외경 선삭, (3) 2차 선삭 및 스폿페이싱, (4) 드릴링, (5) 모따기, (6) 절단.

제공한다. CNC는 복잡한 절삭가공 및 공작물 형상 가공, 고도의 자동화 공정이 가능한 공작기계의 개발을 가능하게 하였다. 선삭에서 이런 절삭가공의 예로 CNC선반이 있다. 윤곽선삭 공정과 작은 공차가 필요한 공정에 유용하게 적용된다. 오늘날 자동척킹머신과 바머신은 CNC로 작동된다.

20.2.5 보링머신

보링(boring) 공정은 선삭과 유사하다. 이 공정은 회전하는 공작물에 대하여 단인공구를 사용한다. 차이점은 보링 공정은 원통형 공작물의 외면보다는 이미 존재하는 구멍 내면에 작업을 수행한다는 점이다. 결과적으로 보링 공정은 내면 선삭 공정이다. 보링 공정을 수행하기 위한 공작기계를 **보링머신**(boring machine, boring mill)이라고 한다. 보링머신은 선반과 많은 공통점이 있어서 앞에서 기술한 바와 같이, 선반이 때때로 보링 공정을 수행한다.

보링머신은 기계 주축이나 공작물의 회전축 방향에 따라 수평형과 수직형이 있다. **수평보링머신**은 두 가지 형태가 있다. 첫 번째는 공작물은 회전하는 주축에 고정되어 있고 공작물로 이송하는 외팔보형의 보링바(boring bar)에 공구가 부착되어 있다(그림 20.10(a)). 이 장치에서 보링바는 절삭 중에 변형과 진동을 피하기 위하여 매우 강성이 좋아야 한다. 높은 강성을 얻기 위하여 보링바는 보통 탄성계수가 620×10^3 MPa에 이르는 초경합금(cemented carbide)으로 만들어진다. 그림 20.11은 초경 보링바를 보여주고 있다.

두 번째 가능한 방법은 공구가 보링바에 부착되어 있고, 보링바가 센터 사이에 지지되어 회전한다. 공작물은 공구를 지나 이송하도록 이송 장치에 고정되어 있다(그림 20.10(b)). 이 방법으로 보통선반에서 보링 공정을 수행할 수 있다.

수직보링머신은 크고 무겁고, 길이에 비해 직경이 큰 공작물에 보통 사용된다. 그림 20.12에서처럼, 기계 베이스에 대하여 회전하는 작업테이블에 공작물이 고정되어 있다. 작업테이블의 직경이

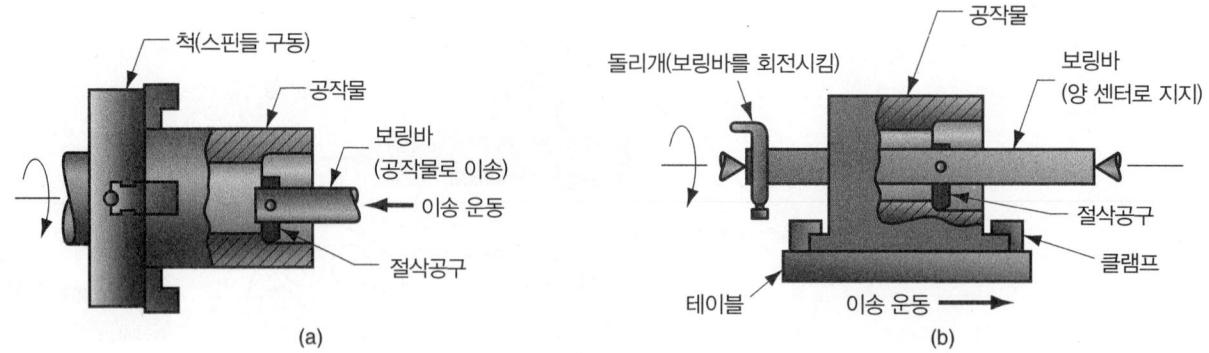

그림 20.10 두 가지 형태의 수평보링 공정: (a) 보링바가 회전하는 공작물로 이송, (b) 회전하는 보링바를 지나서 공작물이 이송.

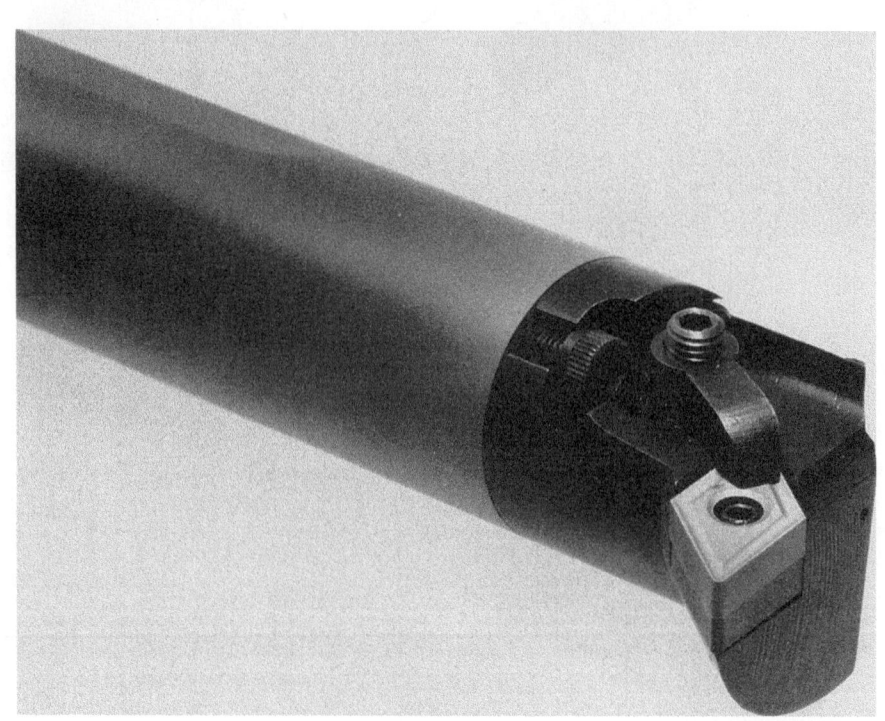

그림 20.11 초경 인서트를 장착하고, 몸체는 초경합금(WC–Co)으로 만든 보링바.

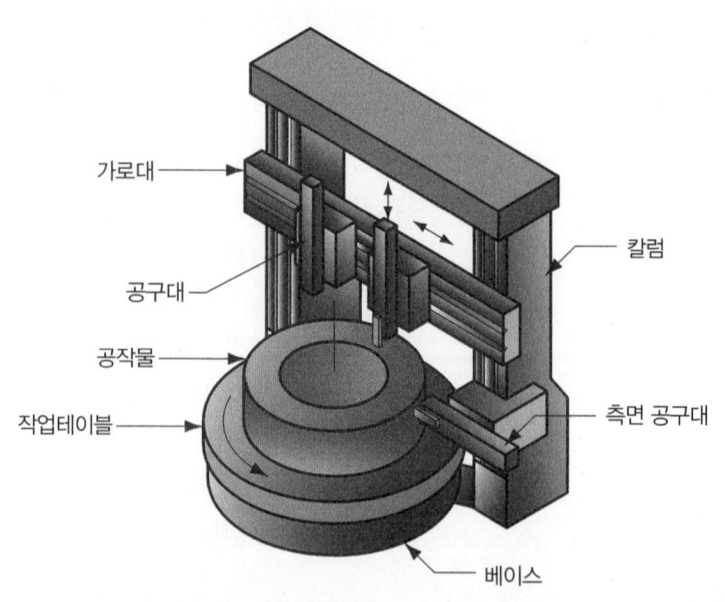

그림 20.12 수직보링머신.

12m가 넘는 것도 있다. 보통의 보링머신은 여러 절삭공구들을 장착하여 동시에 이송할 수가 있다. 공구는 작업테이블에 대하여 수평이나 수직으로 이송하는 공구대에 장착된다. 한 개나 두 개의 공구대가 작업테이블 위의 수평 가로대에 장착된다. 공작물 위에 장착된 절삭공구는 단면가공이나 보링 공정에 사용된다. 가로대의 공구 외에, 추가적으로 한 두 개의 공구대가 칼럼에 장착되어 공작물의 외경 선삭 공정을 수행할 수 있다.

수직보링머신에 사용되는 공구대는 여러 절삭공구들을 수용하기 위하여 자주 터릿을 이용한다. 따라서 이 기계와 **수직터릿선반**과의 차이가 없어지게 된다. 일부 공작기계 업체는 수직터릿선반을 2.5 m까지의 공작물 직경에 사용하고, 수직보링머신은 더 큰 직경에 사용하는 것으로 차이를 두고 있다. 또한 수직보링머신은 보통 한 가지 부품의 한 가지 가공에 사용되는 반면 수직터릿선반은 뱃치 생산에 사용된다.

20.3 드릴링과 관련 공정

드릴링(drilling)은 공작물에 둥근 구멍을 만들어내는 절삭가공 공정이다(그림 20.3(b)). 이것은 이미 존재하는 구멍을 확장하는 보링 공정과 비교된다. 드릴링 공정은 보통 끝단에 두 개의 절삭날을 가지는 회전하는 원통형 공구에 의해 수행된다. 이 공구를 **드릴**(drill)이나 **드릴비트**(drill bit)라고 부른다(21.3.2절). 회전하는 공구가 드릴 직경과 같은 크기의 구멍을 공작물에 만들기 위하여 정지된 공작물로 이송한다. 드릴링 공정을 수행할 수 있는 공작기계는 많지만, 전통적으로 드릴링 공정은 **드릴프레스**(drill press)에서 수행된다. 구멍 가공에 대한 비디오 클립이 드릴링 공정을 보여준다.

> **비디오클립**
> 기본적인 구멍 가공: 이 클립은 다음 두 가지로 나뉘어 있다. (1) 드릴, (2) 구멍 가공 기계.

20.3.1 드릴링의 절삭조건

드릴링 공정의 절삭속도는 드릴 외면의 표면속도이다. 절삭속도가 편의상 이런 식으로 설정되기는 하지만, 실제로 절삭의 대부분은 회전축에 가까운 낮은 속도로 수행된다. 드릴링에서 원하는 절삭속도를 얻기 위하여 드릴의 회전속도를 결정할 필요가 있다. N을 주축의 회전속도(rev/min)라고 하면,

$$N = \frac{v}{\pi D} \tag{20.7}$$

여기서 v = 절삭속도(mm/min), D = 드릴 직경(mm). 일부 드릴링 공정에서는 정지된 공구에 대하여 공작물이 회전하지만, 같은 식이 적용된다.

드릴링의 이송 f는 mm/rev로 표시된다. 추천되는 이송의 크기는 대략 드릴 직경에 비례한다. 큰 직경의 드릴은 높은 이송으로 사용된다. 드릴 선단에 보통 두 개의 절삭날이 있기 때문에 각 절삭날에 의하여 제거되는 미절삭 칩두께(칩부하, chip load)는 이송의 반이 된다. 이송은 선삭에서와 같은 식을 이용하여 이송속도로 변환될 수 있다.

$$f_r = Nf \tag{20.8}$$

여기서 f_r = 이송속도(mm/min).

드릴링 구멍은 관통 구멍이거나 막힌 구멍이다(그림 20.13). **관통 구멍**(through hole)에서, 드릴은 공작물의 반대쪽 면을 빠져나오지만, **막힌 구멍**(blind hole)에서는 그렇지 못하다. 관통 구멍을 뚫기 위하여 요구되는 가공시간은 다음 식으로 결정될 수 있다.

$$T_m = \frac{t + A}{f_r} \tag{20.9}$$

여기서 T_m = 가공(드릴링)시간(min), t = 공작물 두께(mm), f_r = 이송속도(mm/min), A = 드릴 선단각에 대한 진입여유(그림 20.13(a)). 이 여유는 다음과 같이 주어진다.

$$A = 0.5\,D \tan\left(90 - \frac{\theta}{2}\right) \tag{20.10}$$

여기서 A = 진입여유(mm), θ = 드릴 선단각. 관통 구멍에서 이송 운동은 공작물 반대쪽을 조금 지나는 것이 보통이다. 따라서 실제 절삭 지속 시간은 식 (20.9)의 T_m 보다 조금 길게 된다.

막힌 구멍에서 구멍깊이 d는 공작물 표면으로부터 구멍 끝점까지의 거리로 정의된다(그림 20.13(b)). 따라서 막힌 구멍에 대하여 가공시간은 다음과 같이 주어진다.

$$T_m = \frac{d + A}{f_r} \tag{20.11}$$

여기서 A = 진입여유(mm)(식 20.10 참조).

드릴링의 소재제거율은 드릴 단면적과 이송속도의 곱으로 결정된다.

$$R_{MR} = \frac{\pi D^2 f_r}{4} \tag{20.12}$$

이 식은 드릴이 외경까지 완전히 진입한 후에 타당하며, 드릴이 공작물에 처음 진입할 때는 맞지 않는다.

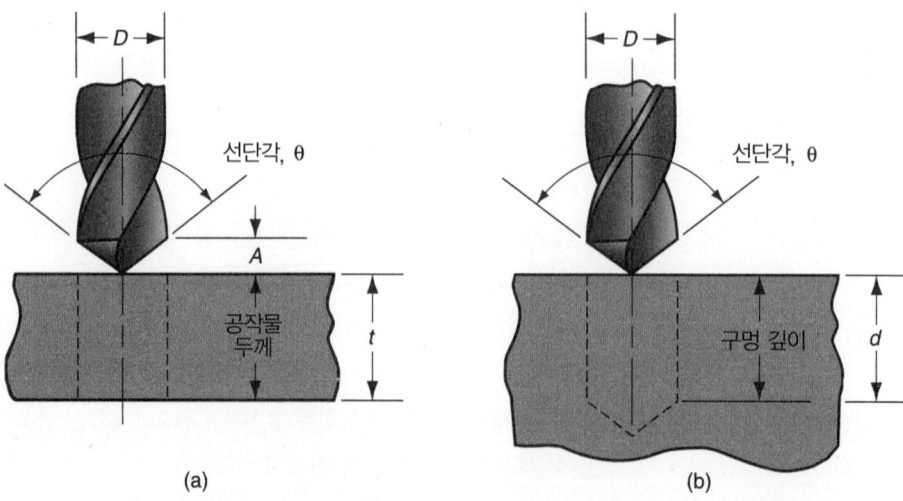

그림 20.13 두 가지 구멍 종류.
(a) 관통 구멍, (b) 막힌 구멍.

20.3.2 드릴링 관련 작업

여러 가지 작업들이 드릴링과 관련되어 있다. 이를 그림 20.14에 나타내었고 이 절에서 설명하고자 한다. 대개의 공정들이 드릴링의 후속 공정이다. 일단 구멍이 드릴링 공정에 의하여 만들어져야 하고, 이 구멍이 다른 공정들 중의 하나에 의하여 수정된다. 센터링과 스폿페이싱은 예외이다. 모든 공정이 회전하는 공구를 사용한다.

(a) **리밍**(reaming)-리밍은 구멍을 조금 확장시켜, 치수정확도와 표면정도를 향상시키는데 사용된다. 사용되는 공구를 **리머**(reamer)라고 하며, 보통 직선형 홈(flute)을 가진다.

(b) **태핑**(tapping)-이 공정은 **탭**(tap)에 의하여 수행되며 이미 존재하는 구멍의 내면에 나사산을 만든다. 20.7.1 절에서 태핑에 대하여 더 자세히 설명한다.

(c) **카운터보링**(counterboring)-카운터보링은 단이 진 구멍을 만들어 볼트 머리가 구멍으로 들어가서 보이지 않도록 한다.

(d) **카운터싱킹**(countersinking)-접시머리 나사와 볼트를 사용하기 위하여, 단이 진 구멍 형상이 원뿔형상이라는 것을 제외하고는 카운터보링과 유사하다.

(e) **센터링**(centering)-센터드릴링(centerdrilling)이라고도 하며, 후속되는 드릴링 공정을 위하여 정확하게 위치를 잡아주기 위한 시작 구멍을 만드는 작업이다. 사용되는 공구를 **센터드릴**(centerdrill)이라고 한다.

(f) **스폿페이싱**(spotfacing)-밀링과 비슷한 공정으로 공작물에 국부적으로 편평한 가공면을 만든다.

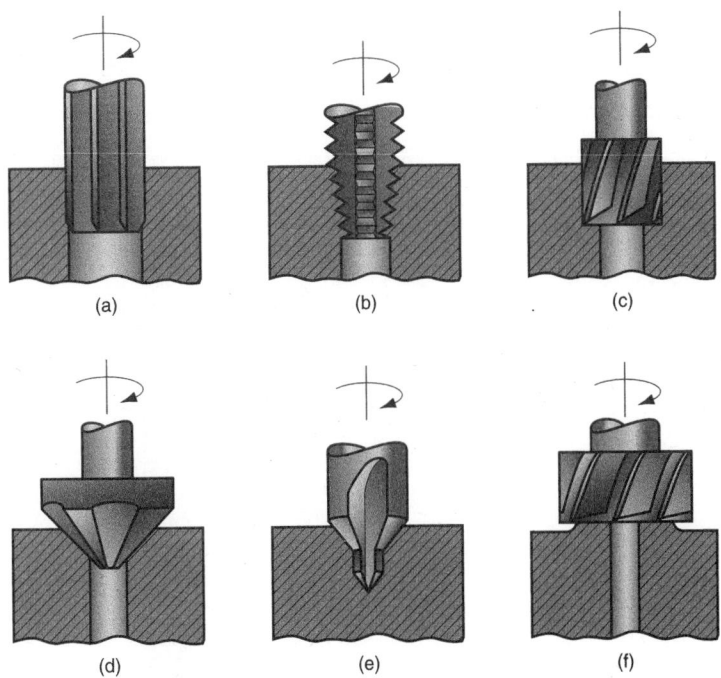

그림 20.14 드릴링 관련 가공 공정. (a) 리밍, (b) 태핑, (c) 카운터보링, (d) 카운터싱킹, (e) 센터드릴링, (f) 스폿페이싱.

20.3.3 드릴프레스

드릴프레스는 드릴링 공정을 위하여 널리 쓰이는 공작기계이다. 여러 종류의 드릴프레스가 있는데 이중에서 가장 기본적인 것이 직립드릴링머신이다(그림 20.15). **직립드릴링머신**(upright drill)은 바닥에 세워서 사용하며, 공작물을 고정하는 테이블, 드릴링비트를 위한 주축이 붙어있는 드릴링 헤드, 베이스, 칼럼으로 구성되어 있다. 작지만 유사한 드릴프레스인 **탁상드릴링머신**(bench drill)은 바닥이 아닌 작업대에 설치된다.

레이디얼드릴링머신(radial drill)은 큰 공작물의 구멍을 뚫기 위하여 설계된 대형의 드릴프레스이다(그림 20.16). 드릴링 헤드를 이송하고 고정할 수 있는 방사형 팔을 가지고 있다. 따라서 큰 공작물을 가공하기 위하여 칼럼으로부터 상당한 거리의 팔의 위치에 헤드를 고정시킬 수 있다. 방사형 팔은 또한 작업 테이블의 양 옆에 있는 부품의 가공을 위하여 칼럼에 대하여 선회할 수도 있다.

갱드릴링머신(gang drill)은 기본적으로 2개부터 6개까지의 직립드릴링머신이 한 줄로 연결되어 있는 드릴프레스이다. 각 주축에 동력이 공급되어 독립적으로 작동되며, 작업테이블은 공유한다. 따라서 일련의 드릴링 및 관련 작업들(예를 들면, 센터링, 드릴링, 리밍, 태핑)이 단순히 작업테이블을 따라 공작물을 한 개의 주축에서 다음 주축으로 옮김으로써 연속적으로 수행된다. 이와 비슷한 **다축드릴링머신**(multiple-spindle drill)은 공작물에 동시에 여러 개의 구멍을 뚫기 위하여 여러 개의 드릴 주축이 연결되어 있다.

추가적으로 공작물의 구멍 위치들을 제어하는 **CNC드릴프레스**가 있다. 이 드릴프레스는 보통 CNC 프로그램에 의하여 위치가 분할되는 여러 공구들을 보유한 터릿을 장착하고 있다. 이와 같은 공작기계에 대해서 **CNC터릿드릴링머신**이라는 용어도 쓰인다.

드릴프레스에서는 공작물을 바이스, 고정구, 지그에 고정시킨다. **바이스**(vise)는 두 개의 죠(jaw)가 공작물을 잡고 있는 다목적 공작물 고정 장치이다. **고정구**(fixture)는 보통 특정 공작물에 맞도록 설계된 공작물 고정 장치이다. 고정구는 가공 공정에 대한 높은 정확도를 갖는 공작물 고정, 높은 생산속도, 작업자의 사용 편의성을 얻을 수 있도록 설계된다. **지그**(jig) 또한 공작물에 맞게 특별히 설계된다. 지그와 고정구의 뚜렷한 차이점은 지그는 드릴링 공정 중에 공구를 안내할 수 있다는 점이다. 고정구는 이러한 공구를 안내하는 특징이 없다. 드릴링에 사용되는 지그를 **드릴지그**라고 한다.

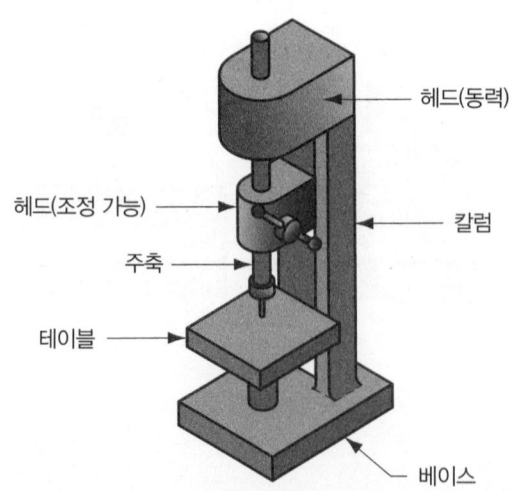

그림 20.15 직립드릴링머신.

그림 20.16 레이디얼드릴링 머신.

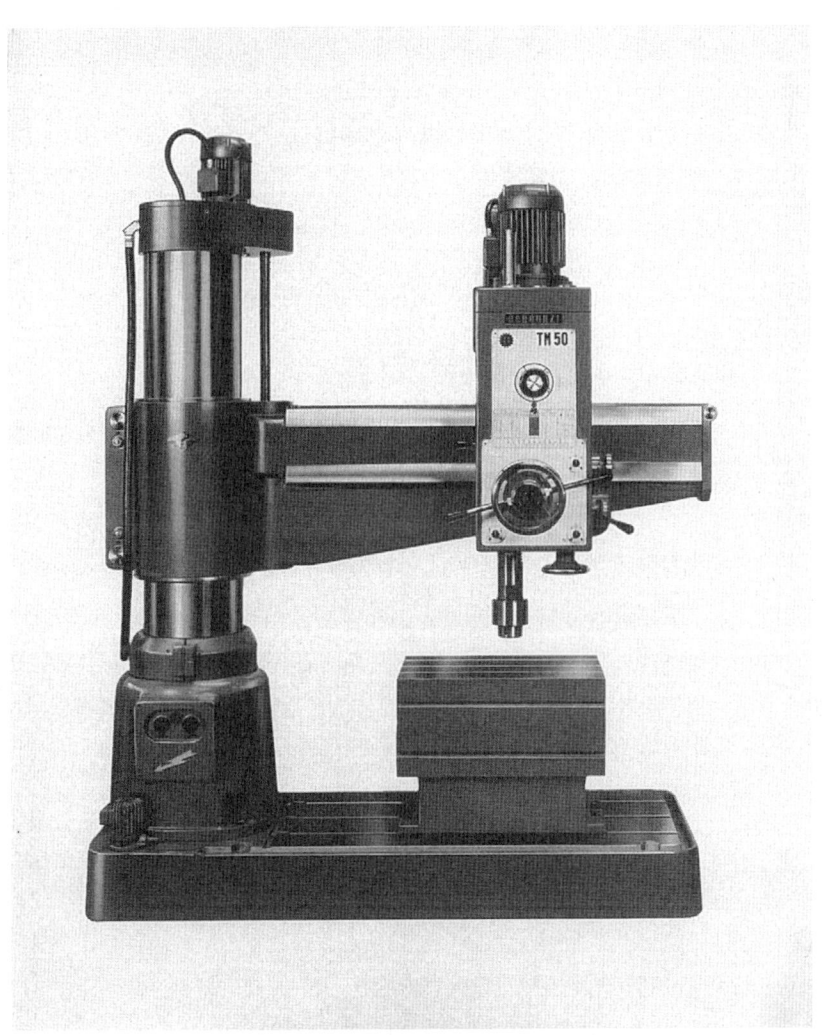

| 20.4 밀링

밀링(milling)은 그림 20.2(d)와 (e)에 보인 바와 같이 여러 절삭날을 가진 회전하는 원통형 공구가 공작물을 지나 이송하게 하는 절삭가공 공정이다(드문 경우, **fly-cutter**라고 불리는 한 개의 절삭날을 가진 공구를 사용한다). 절삭공구의 회전축은 이송 방향에 수직하다. 이와 같은 공구축과 이송방향 사이의 관계는 밀링이 드릴링과 구별되는 특징 중의 하나이다. 드릴링에서의 절삭공구는 공구 회전축에 평행한 방향으로 이송된다. 밀링에서의 절삭공구를 **밀링커터**라 하고 절삭날을 이(teeth)라고 한다. 밀링커터의 기하학적 형상에 대하여 21.3.2절에서 설명한다. 전통적으로 이와 같은 공정을 수행하는 공작기계를 **밀링머신**이라고 한다. 밀링과 머시닝센터에 대한 비디오 클립에서 밀링 공정과 여러 밀링머신을 볼 수 있다.

> **비디오클립**
> 밀링과 머시닝센터 기초. 밀링 커터와 공정에 대한 부분 참조.

밀링에 의하여 만들어지는 기하학적 형상은 평면이다. 커터 경로나 커터 형상에 따라 다른 공작물 형상이 만들어질 수 있다. 가능한 형상의 다양성과 높은 생산속도로 인하여, 밀링은 가장 용도가 많고 널리 쓰이는 절삭가공 공정 중의 하나이다.

밀링은 **단속절삭**(interrupted cutting) 공정이다. 밀링커터의 이가 회전 중 공작물에 진입과 진출을 반복한다. 이와 같은 단속절삭으로 인하여 이는 회전 중에 주기적인 충격력과 열충격을 받게 된다. 공구재료와 커터 형상이 이러한 조건을 견디게 설계되어야 한다.

20.4.1 밀링 공정의 종류

그림 20.17은 두 가지 기본적인 밀링 공정을 나타내고 있다. (a) 평밀링, (b) 정면밀링. 대부분의 밀링 공정은 형상을 생성하는 생성가공이다(20.1 절).

평밀링

평밀링(peripheral milling, plain milling)에서 공구축은 가공면에 평행하고, 공정은 커터 원통옆면에 있는 절삭날에 의하여 수행된다. 그림 20.18에 여러 종류의 평밀링 작업을 나타내고 있다. (a) **평판밀링**(slab milling)-밀링의 기본적인 형태; 커터 폭이 공작물 양 옆을 지나 연장되어 있다. (b) 슬

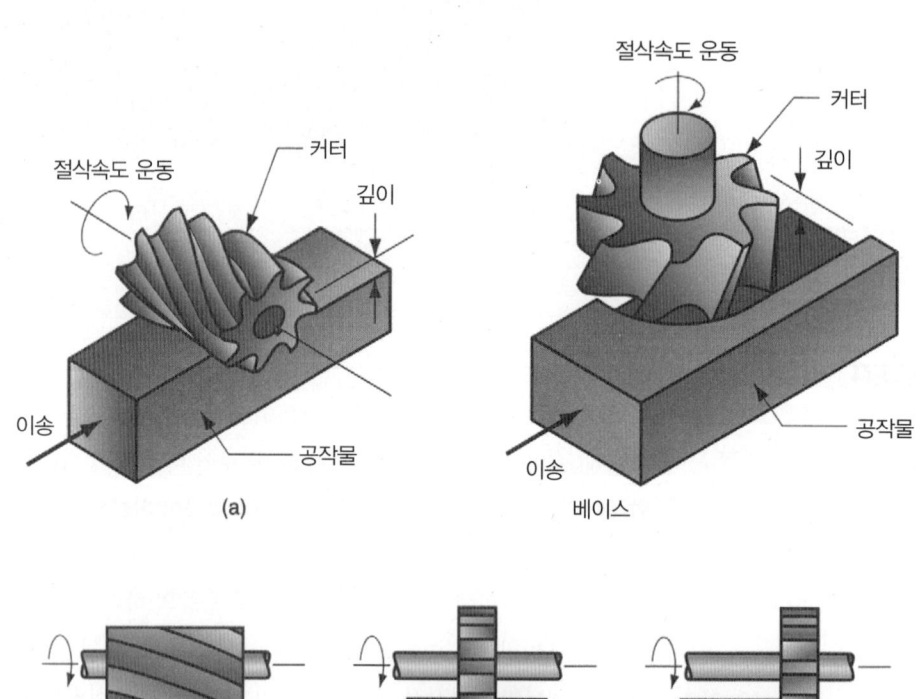

그림 20.17 두 가지 기본적인 밀링 공정. (a) 평밀링, (b) 정면밀링.

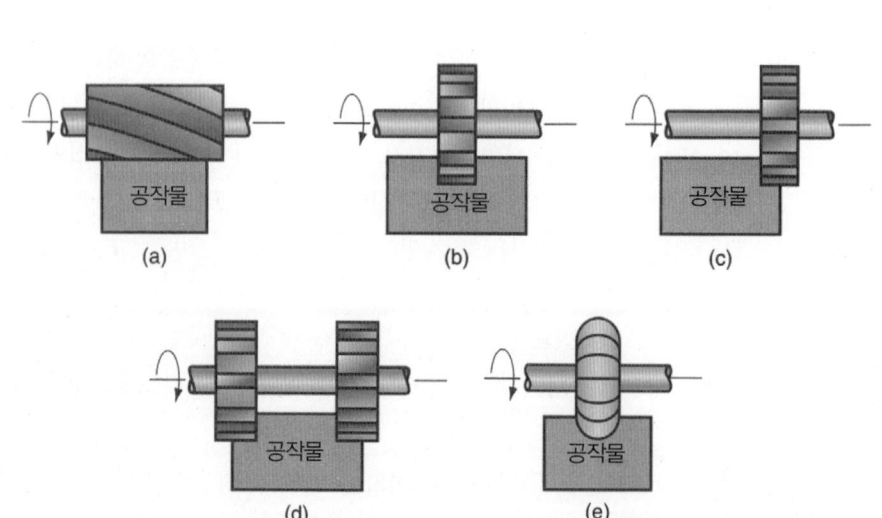

그림 20.18 평밀링 작업. (a) 평판밀링, (b) 슬로팅, (c) 사이드밀링, (d) 스트래들밀링, (e) 총형밀링.

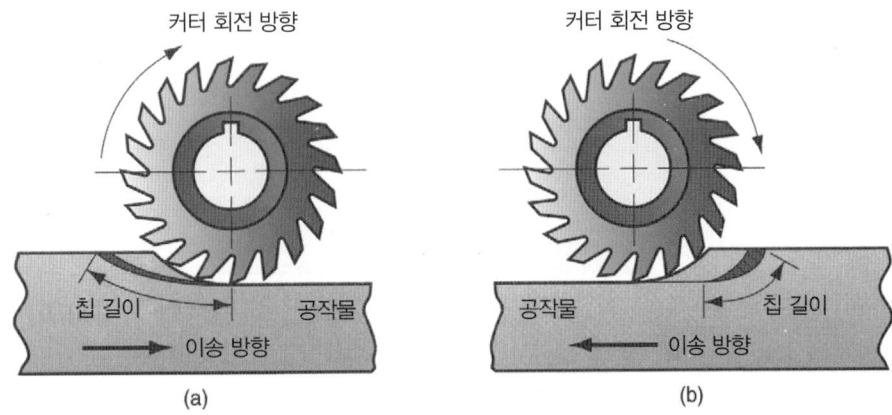

그림 20.19 두 가지 형태의 밀링 방향. (a) 상향절삭, (b) 하향절삭.

로팅(slotting, slot milling)-커터 폭이 공작물 폭보다 작아서 공작물에 홈을 만든다. 매우 얇은 커터 폭은 좁은 홈을 만들거나 공작물을 두 개로 절단할 때(saw milling) 사용된다. (c) **사이드밀링**(side milling)-커터가 공작물의 측면을 가공한다. (d) **스트래들밀링**(straddle milling)-사이드밀링과 유사하며, 다만 절삭이 공작물의 양쪽 측면에서 일어난다. (e) **총형밀링**(form milling)-밀링 커터의 이가 공작물의 홈 형상을 결정하는 특수한 형태로 되어 있다. 따라서 총형밀링은 총형가공으로 분류된다 (20.1절).

평밀링에서 커터의 회전 방향은 그림 20.19에 나타낸 것처럼 상향절삭, 하향절삭의 밀링 공정으로 구분된다. **상향절삭**(up milling, conventional milling)은 커터의 회전 방향이 커터가 공작물에 물릴 때의 이송 방향과 반대 방향이다. **하향절삭**(down milling, climb milling)은 커터의 회전 방향이 커터가 공작물에 물릴 때의 이송 방향과 같은 방향이다.

이와 같이 상대적으로 다른 두 가지 기하학적 형태의 밀링 공정은 절삭공정의 차이를 초래한다. 상향절삭에서 커터가 회전하는 동안에 각 절삭날에 의하여 생성되는 칩은 매우 얇게 시작하여 점점 두께가 증가한다. 하향절삭에서 생성되는 칩은 두껍게 시작하여 절삭이 진행되면서 점점 두께가 감소한다. 하향절삭의 칩 길이는 상향절삭보다 짧다(그림에서 차이점이 과장되어 있다). 이는 하향절삭에서 커터가 절삭부피당 공작물에 물려있는 시간이 짧기 때문에 공구수명이 증가한다는 것을 의미한다.

절삭력 방향은 공작물에 물려있는 날에 대하여 커터 외면에 접하는 방향이다. 따라서 상향절삭에서는 커터 날이 재료로부터 진출할 때 공작물을 들어올리는 경향을 가진다. 하향절삭에서는 절삭날 방향이 아래로 향하기 때문에 작업테이블에 공작물을 고정하려는 경향을 가진다.

정면밀링

정면밀링(face milling)에서 커터 축은 가공되는 면에 수직하고, 작업은 커터의 원통밑면과 옆면에 있는 절삭날에 의하여 수행된다. 평밀링 공정에서처럼 여러 종류의 정면밀링 작업이 있다(그림 20.20): (a) **보통정면밀링**(conventional face milling)-커터의 직경이 공작물 폭보다 커서 커터가 공작물 양 옆으로 걸쳐진다. (b) **부분정면밀링**(partial face milling)-커터가 공작물의 한 쪽 옆에만 걸쳐진다. (c) **엔드밀링**(end milling)-커터의 직경이 공작물 폭보다 작아서 공작물에 홈이 만들어진다. (d) **윤곽밀링**(profile milling)-편평한 부품의 외주면을 가공하는 엔드밀링의 한 형태이다. (e) **포켓밀링**(pocket milling)-편평한 부품에서 얇게 오목한 곳을 파내는 엔드밀링의 또 다른 형태이다. (f)

그림 20.20 정면밀링 작업. (a) 보통정면밀링, (b) 부분정면밀링, (c) 엔드밀링, (d) 윤곽밀링, (e) 포켓밀링, (f) 표면윤곽가공.

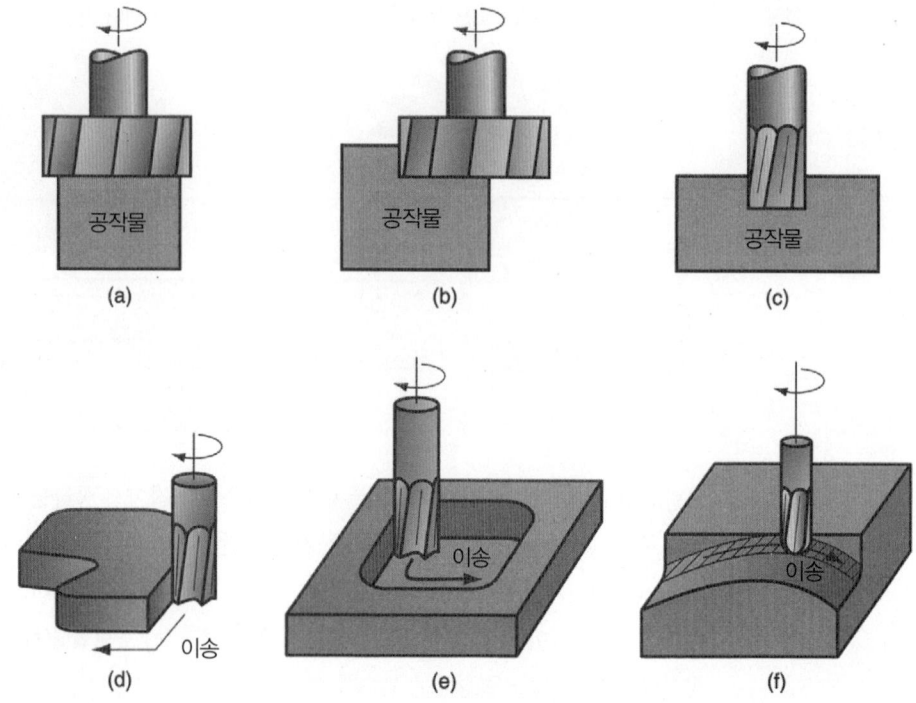

표면윤곽가공(surface contouring)-삼차원적인 표면 형상을 만들어내기 위하여 볼 형태의 커터가 짧은 간격을 두고 곡선 경로를 따라 공작물 상을 앞뒤로 이송한다. 금형이나 다이의 윤곽가공을 위하여 기본적으로 같은 방법으로 커터 이송을 제어하여야 하는데 이 경우의 공정을 **다이싱킹**(die sinking)이라고 한다.

20.4.2 밀링의 절삭조건

절삭속도는 밀링커터의 외면에서 결정된다. 이것은 익숙해진 다음 식을 이용하여 주축 회전속도로 변환될 수 있다.

$$N = \frac{v}{\pi D} \tag{20.13}$$

밀링에서 이송 f는 커터의 날당 이송으로 보통 주어지고 **칩부하**(chip load)으로 불리며, 각 절삭날에 의하여 생성된 칩의 크기를 표현한다. 이것은 주축속도와 커터의 날수를 고려하여 다음과 같이 이송속도로 변환될 수 있다.

$$f_r = N n_t f \tag{20.14}$$

여기서 f_r = 이송속도(mm/min), N = 주축속도(rev/min), n_t = 커터의 날수, f = 칩부하(mm/날).

밀링에서 소재제거율은 절삭단면적과 이송속도의 곱으로 결정된다. 따라서 평판밀링 공정이 폭 w와 깊이 d로 공작물을 절삭한다면 소재제거율은

$$R_{MR} = w d f_r \tag{20.15}$$

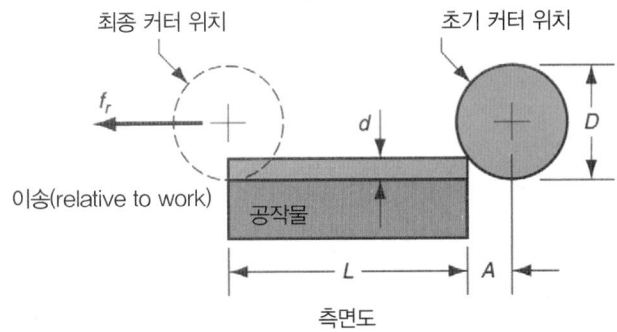

그림 20.21 공작물에 대한 커터의 진입을 나타내는 평판 밀링.

이 식은 완전하게 물리기 전의 커터의 초기 진입 상태는 무시한다. 식 (20.15)는 절삭단면적의 적절한 계산을 통하여 엔드밀링, 사이드밀링, 정면밀링 등에 적용될 수 있다.

길이가 L인 공작물을 가공하기 위하여 소요되는 시간은 커터가 완전하게 물리기 위하여 요구되는 진입거리를 고려해야 한다. 먼저 그림 20.21의 평판밀링의 경우를 고려한다. 평판밀링 공정에 필요한 시간을 결정하기 위하여, 완전 물림이 되기 위한 진입거리 A는 다음과 같이 주어진다.

$$A = \sqrt{d(D - d)} \tag{20.16}$$

여기서 d = 절삭깊이(mm), D = 밀링커터의 직경(mm). 그러므로 공작물 가공시간 T_m은

$$T_m = \frac{L + A}{f_r} \tag{20.17}$$

정면밀링에 대해서는 그림 20.22에 두 가지 가능한 경우를 나타냈다. 첫 번째 경우는 커터가 직사각형 공작물의 중심을 오른쪽에서 왼쪽으로 지난다(그림 20.22(a)). 커터가 공작물의 전체 폭을 지난다고 하면 진입거리가 다음과 같이 주어진다.

$$A = 0.5\left(D - \sqrt{D^2 - w^2}\right) \tag{20.18}$$

여기서 D = 커터 직경(mm), w = 공작물 폭(mm). 만약 $D = w$라고 하면 식 (20.18)은 $A = 0.5D$가 되고, $D < w$라고 하면 공작물에 홈이 파이고 $A = 0.5D$가 된다.

두 번째 경우는 커터가 공작물의 한쪽으로 치우쳐 지난다(그림 20.22(b)). 이 경우에 진입거리는 다음과 같이 주어진다.

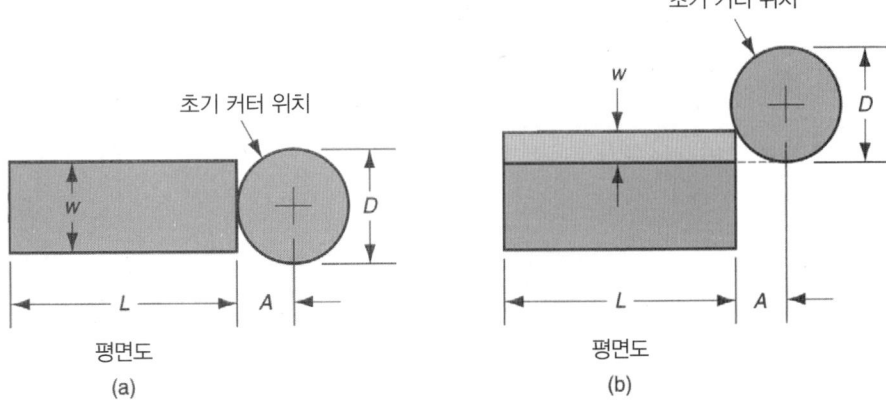

그림 20.22 두 가지 경우의 진입거리를 나타내는 정면밀링. (a) 커터가 공작물의 중심을 지날 때, (b) 커터가 공작물의 한 쪽으로 치우쳐 지날 때.

$$A = \sqrt{w(D - w)} \qquad\qquad (20.19)$$

여기서 w = 절삭 폭(mm). 두 경우에 있어서 가공시간은 다음과 같다.

$$T_m = \frac{L + A}{f_r} \qquad\qquad (20.20)$$

여기서 강조되어야 할 것은 T_m은 커터 이가 공작물에 물려서 칩을 만드는 시간이다. 일반적으로 공작물을 올려놓거나 내려놓기 위하여 절삭 초기와 종료시에 공작물을 취급하기 위하여 진입거리와 진출거리가 더해진다. 그러므로 커터 이송 운동의 실제 지속 시간은 T_m보다 더 길어진다.

20.4.3 밀링머신

밀링머신은 커터를 회전시키는 주축과 공작물 고정과 이송에 필요한 테이블이 있어야한다. 이러한 요구가 만족되도록 설계된 여러 공작기계가 있다. 먼저 밀링머신은 수평형과 수직형이 있다. **수평밀링머신**(horizontal milling machine)은 수평 주축을 가지고 있고, 입방체와 비슷한 공작물에 대하여 평밀링 공정(예를 들면, 평판밀링, 슬로팅, 사이드밀링, 스트래들밀링)이 가능하도록 설계되었다. **수직밀링머신**(vertical milling machine)은 수직 주축을 가지고 있고, 상대적으로 편평한 공작물에 대하여 정면밀링, 엔드밀링, 표면윤곽가공, 다이싱킹 공정이 가능한 구조이다.

주축 방향 외에도 밀링머신은 다음과 같이 분류될 수 있다. (1) 니형, (2) 베드형, (3) 플레이너형, (4) 모방밀링머신, (5) CNC밀링머신.

니형(knee-and-column type) 밀링머신은 기본적인 밀링용 공작기계이다. 주축을 지지하는 **칼럼**(column)과 작업테이블을 지지하는 **니**(knee)가 주요 구성 부품이다. 수평형과 수직형이 있다(그림 20.23). 수평형에서는 보통 아버가 커터를 지지한다. **아버**(arbor)는 기본적으로 밀링커터를 고정하고 주축에 의해 구동된다. 아버를 지지하기 위하여 수평형 기계는 오버암(overarm)을 갖추고 있다. 니형 수직밀링머신은 아버없이 밀링커터가 직접 주축에 장착된다.

다양한 작업을 가능하게 하는 니형 밀링머신의 특징 중의 하나는 x-y-z 축의 어떤 방향으로도 이송이 가능한 작업테이블의 이송 능력이다. 작업테이블은 x-방향, 새들은 y-방향, 니는 z-방향으로의

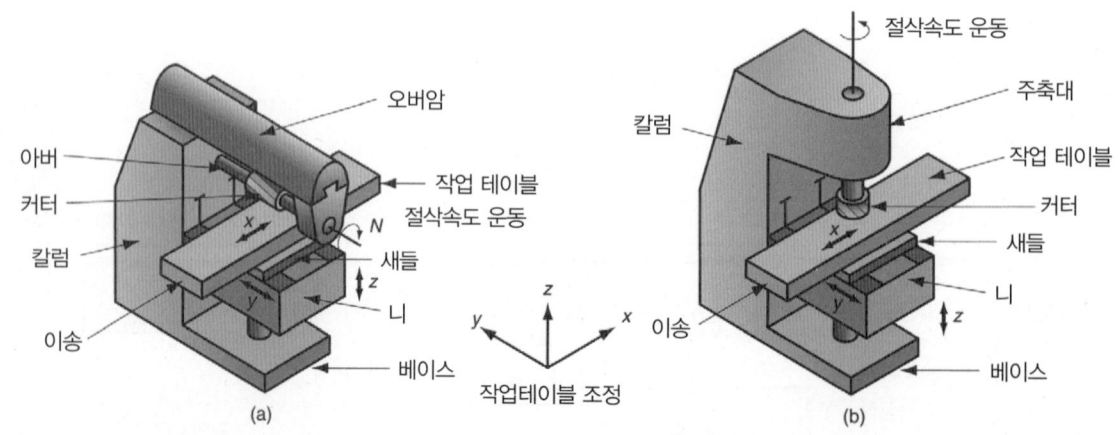

그림 20.23 두 가지 기본적인 니형 밀링머신. (a) 수평형, (b) 수직형.

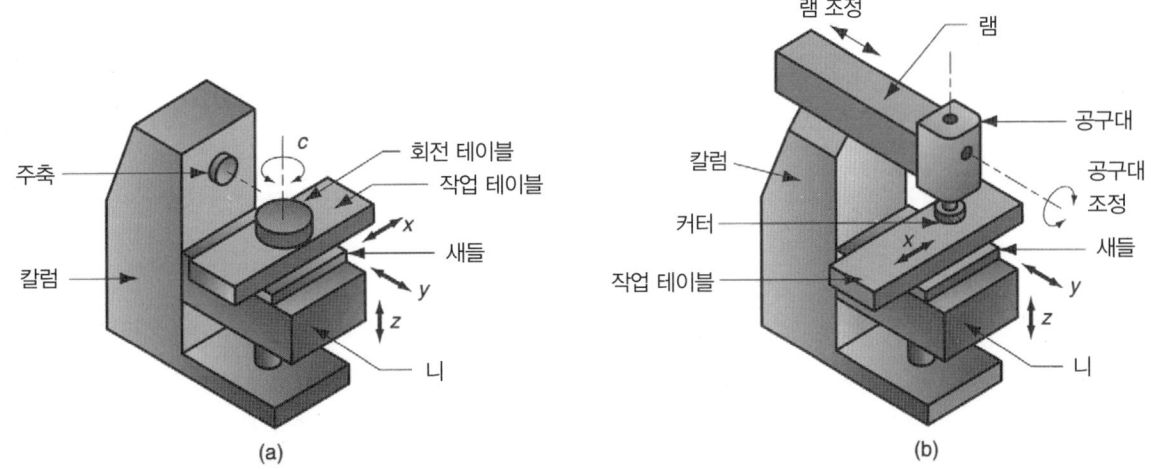

그림 20.24 특별한 형태의 니형 밀링머신. (a) 만능형 − 오버암, 아버, 커터를 생략하여 나타냄, (b) 램형.

운동이 가능하다.

두 가지 특별한 니형 밀링머신이 있다. 하나는 그림 20.24(a)에 나타낸 **만능밀링머신**(universal milling machine)으로, 수직축에 관하여 주어진 각도로 마음대로 회전할 수 있는 테이블을 가지고 있다. 따라서 각이 있거나 나선형인 공작물을 가공할 수 있다. 또 다른 형태가 그림 20.24(b)에 나타낸 **램밀링머신**(ram mill)으로, 주축을 포함하는 공구대가 수평 램의 끝에 위치하고 있다. 램은 공작물에 대하여 커터를 고정하기 위하여 테이블 위에서 앞뒤로 조정이 가능하다. 공구대는 공작물에 대한 커터의 각 운동을 위하여 회전이 가능하다. 따라서 매우 다양한 형태의 공작물을 가공할 수 있다.

베드형(bed type) 밀링머신은 대량 생산을 위하여 설계되었다. 니형 밀링머신보다 강성이 높기 때문에, 높은 이송속도와 절삭깊이로 높은 소재제거율을 달성할 수 있다. 그림 20.25에 나타낸 것처럼, 작업테이블이 공작기계의 베드에 직접 연결되어있는 것이 강성이 약한 니형 설계와 다르다. 이와 같은 구조는 공작물이 밀링커터를 지나 세로 방향으로 이송되도록 하는 테이블의 운동을 제한한다. 커터는 칼럼을 따라 수직으로 조정되도록 주축대에 설치되어 있다. 주축이 하나인 것을 **단두식** 밀링머신(simplex mill)이라고 하고, 수평형과 수직형이 있다. **양두식** 밀링머신(duplex mill)은 두 개의 주축대를 가지고 있다. 주축대는 보통 공작물의 한번 이송으로 동시 공정이 가능하도록 베드의 반대 방향에 수평으로 위치하고 있다. **삼두식** 밀링머신(triplex mill)은 가공 능력을 키우기 위하여 베드 위에 수직으로 세 번째 주축을 설치한 것이다.

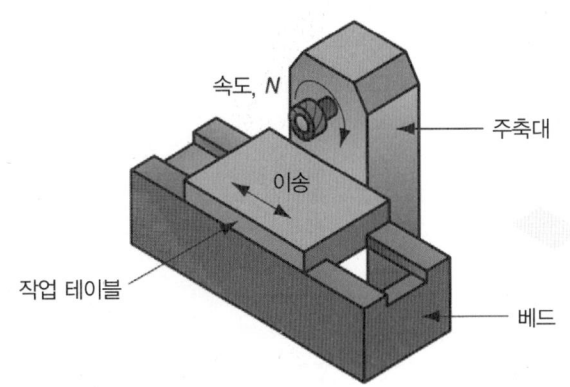

그림 20.25 두 가지 기본적인 니형 밀링머신. (a) 수평형, (b) 수직형.

플레이너형(planer type) 밀링머신은 가장 큰 밀링머신이다. 일반적인 외형과 구조는 대형 플레이너(그림 20.31)와 똑같고, 평삭(플레이닝) 공정대신에 밀링 공정이 수행된다는 점이 다르다. 따라서 한 개나 그 이상의 밀링 헤드가 플레이너의 단인공구를 대체하며, 공구를 지나는 공작물 이송이 절삭속도 운동이 아니고 이송속도 운동이다. 플레이너형 밀링머신은 매우 큰 부품을 가공한다. 작업테이블과 베드는 무거우며 바닥에 낮게 위치하고 있고, 밀링 헤드는 테이블에 걸쳐 있는 다리형 구조물에 의하여 지지된다.

모방밀링머신(tracer mill, profiling mill)은 모방용 형판(template)으로 불규칙한 부품 형상을 재생하도록 설계되었다. 작업자에 의한 수동 이송이나 공작기계에 의한 자동 이송으로 트레이싱 탐침(tracing probe)이 형판을 따라가도록 제어하여, 탐침에 의하여 생성된 경로를 밀링 헤드가 모방하여 원하는 형상을 가공하게 된다. 모방밀링머신은 다음과 같은 종류로 나눌 수 있다. (1) *x-y* 트레이싱(형판의 외형이 2축 제어로 윤곽밀링된 평판), (2) *x-y-z* 트레이싱(탐침이 3축 제어로 삼차원 모형을 따라감). 모방밀링머신은 밀링커터를 향한 공작물의 단순한 이송으로는 쉽게 생성될 수 없는 형상을 만드는 데 사용되어 왔다. 주형과 금형의 가공에도 적용될 수 있다. 최근에는 모방밀링머신으로 수행되던 많은 공정들이 CNC밀링머신으로 대체되고 있다.

CNC밀링머신은 커터 경로가 형판 대신에 데이터에 의하여 제어되는 공작기계이다. 윤곽밀링, 포켓밀링, 표면윤곽가공, 다이싱킹 공정에 잘 적용할 수 있으며, 원하는 커터 경로를 얻기 위하여 작업테이블의 2축이나 3축이 동시에 제어되어야 한다. 일반적으로 공작물 취급뿐만 아니라 커터 교환에 한 명의 작업자가 필요하다.

20.5 머시닝센터와 터닝센터

머시닝센터(machining center)는 고도로 자동화된 공작기계로서, 인간이 최소한으로 개입하여 설정된 조건으로 여러 가지 절삭가공 공정을 CNC 제어로 수행할 수 있다(그림 20.26). 부품 취급을 위

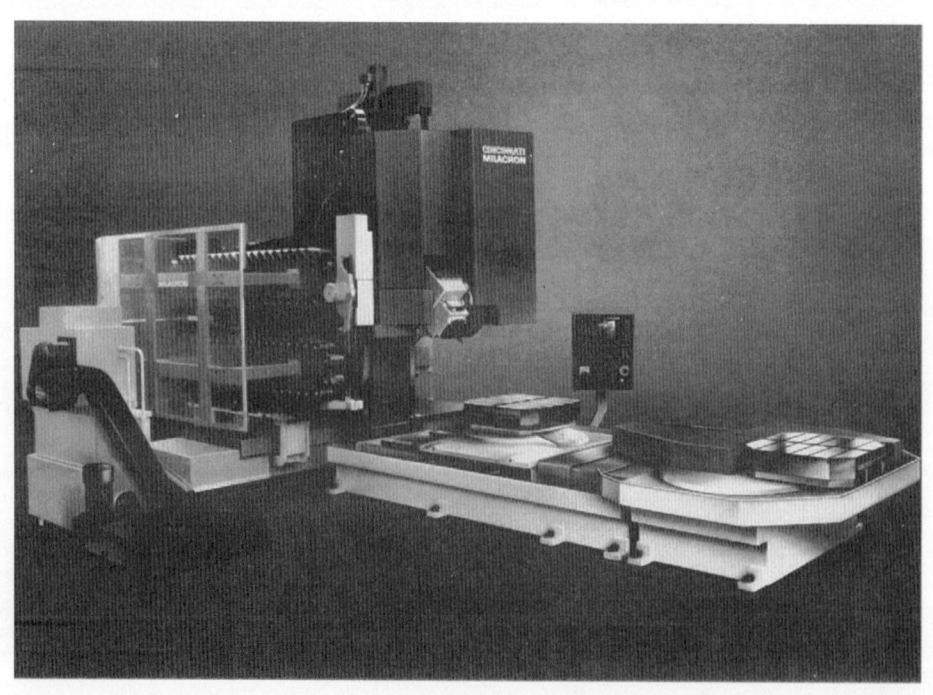

그림 20.26 5축 만능머시닝센터.

하여 작업자가 필요하지만, 일반적으로 기계 사이클 타임보다 훨씬 적은 시간을 소비하기 때문에 1인 작업자가 한 개 이상의 기계를 관리할 수 있다. 전형적인 공정은 밀링과 드릴링 같은 회전하는 절삭공구를 사용하는 공정이다.

머시닝센터가 전통적인 공작기계와 차별이 되고 생산성이 좋은 것은 다음과 같은 특징들에 기인한다.

- **한 번의 셋업으로 많은 작업 가능**-대부분의 공작물은 특정 형상으로 완벽하게 가공하기위해서 여러 번의 공정이 필요하다. 복잡한 부품은 10개 이상의 별도의 가공 공정이 필요하고 각각의 공정은 별도의 공작기계, 셋업, 절삭공구를 필요로 한다. 머시닝센터는 한 번의 위치에서 대부분의 작업을 할 수 있어서 셋업 시간과 생산 리드 타임을 최소화할 수 있다.

- **자동공구교환**-한 작업에서 다른 절삭 작업으로 전환될 때, 공구가 교환되어야 한다. 머시닝센터에서는 CNC 프로그램을 수행하여 자동공구교환장치(automatic tool changer)에 의하여 기계 주축과 **공구수납고**(tool storage carousels) 사이에서 커터를 교환한다. 이 수납고는 보통 16개부터 80개까지의 절삭공구를 보유할 수 있다. 그림 20.26의 기계는 왼쪽 칼럼에 2개의 공구수납고를 갖고 있다.

- **팰릿 셔틀**(pallet shuttle)-주축과 공작물을 올려놓는 위치 사이에서 자동으로 전달되는 팰릿 셔틀을 장착한 머시닝센터가 있다(그림 20.26). 부품이 셔틀에 붙어있는 팰릿에 고정되어 있다. 두 개의 셔틀을 이용하여, 공작기계가 가공을 하고 있는 중에도, 작업자는 가공이 끝난 부품을 셔틀로부터 들어내고 새로운 부품을 장착할 수 있다. 이는 기계의 비생산시간을 감소시킨다.

- **공작물의 자동위치결정**-대개의 머시닝센터는 3축 이상을 가진다. 추가적인 축들 중의 하나가 주축에 대하여 주어진 각도로 공작물을 위치시키기 위하여 회전테이블로 설계되기도 한다. 회전테이블은 한 번의 셋업으로 커터가 부품의 네 면을 가공할 수 있도록 한다.

머시닝센터는 주축 방향에 따라 수평형, 수직형, 만능형으로 분류된다. 수평머시닝센터(horizontal machining center)는 보통 네 개의 수직면들이 커터에 의하여 접근이 가능한 입방체형 부품을 가공한다. 수직머시닝센터(vertical machining center)는 공구가 윗면을 가공할 수 있는 편평한 부품에 적당하다. 만능머시닝센터(universal machining center)는 수평축과 수직축의 어떤 각으로도 주축을 회전시킬 수 있다(그림 20.26). 머시닝센터에 관한 비디오 클립이 여러 종류를 보여준다.

> **비디오클립**
> 밀링과 머시닝센터 기초. 관련된 부분은 다음과 같다: (1) 수직머시닝센터, (2) 수평머시닝센터, (3) 머시닝센터의 공작물 취급

CNC머시닝센터의 성공으로 CNC터닝센터를 개발하게 되었다. 그림 20.27에 나타낸 **CNC터닝센터**(CNC turning center)는 여러 종류의 선삭과 관련 작업들, 윤곽선삭, 자동공구 인덱싱을 컴퓨터 제어로 할 수 있다. 또한 정교하게 만들어진 터닝센터는 다음과 같은 공정들이 가능하다. (1) 가공물 측정(가공 후 주요 치수 검사), (2) 공구감시(tool monitoring), (3) 공구 마모시의 자동공구교환, (4) 가공 후 자동공작물교환 [14].

그림 20.27 4축 CNC터닝센터.

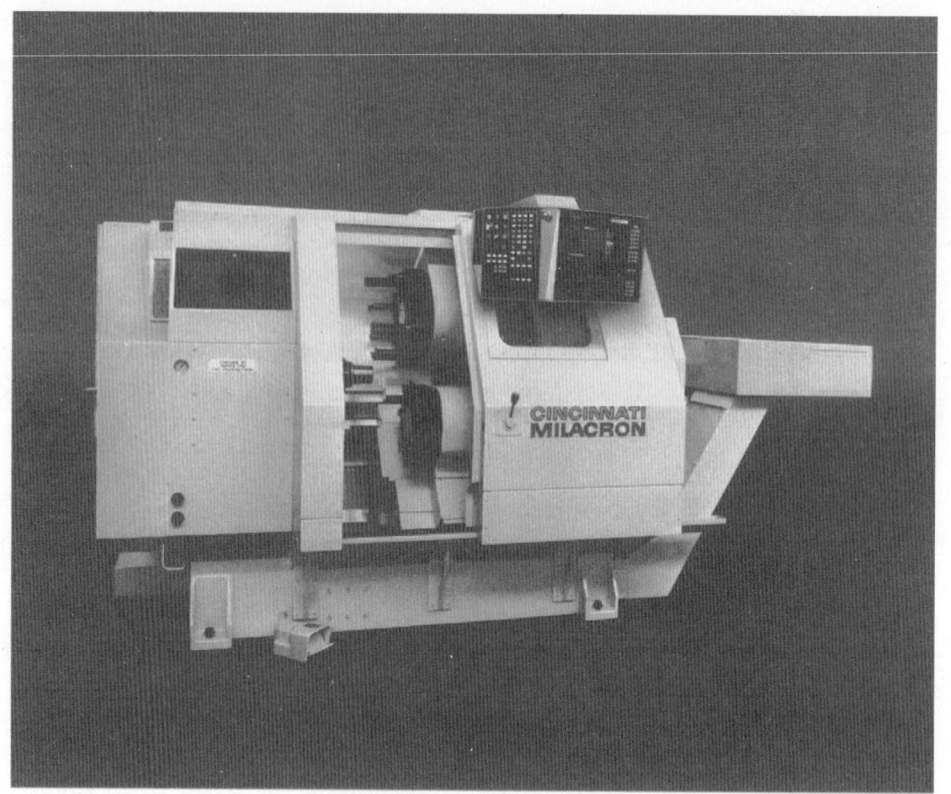

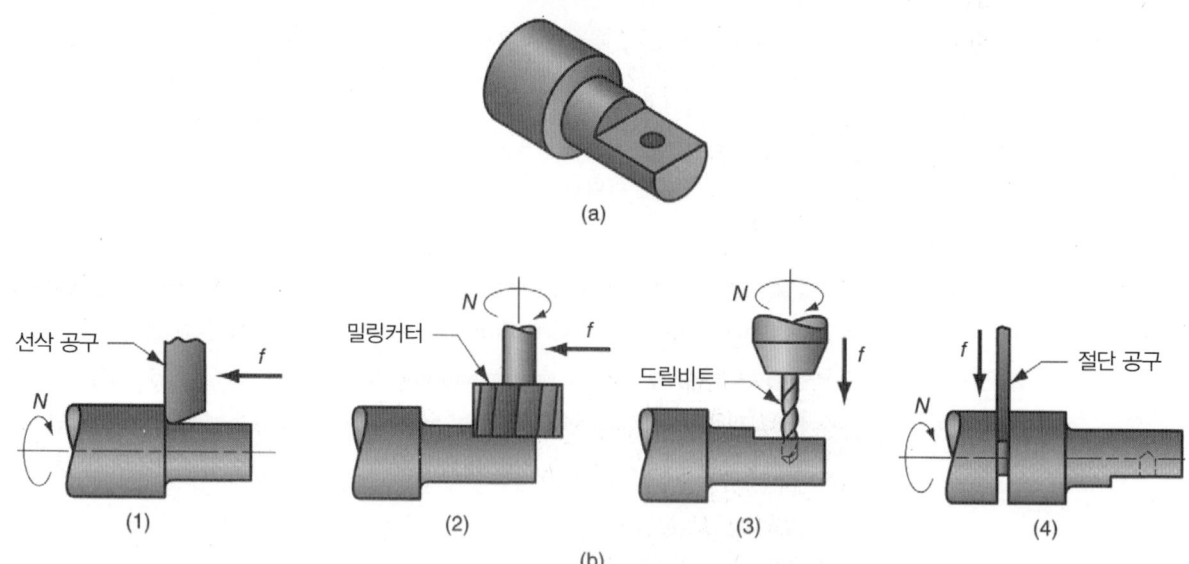

그림 20.28 밀링터닝센터의 작업. (a) 선삭, 밀링, 드릴링이 필요한 부품의 예, (b) 밀링터닝센터에서의 연속적인 작업들: (1) 2차 외경 선삭, (2) 특정각에서의 밀링, (3) 같은 위치에서의 드릴링, (4) 절단.

머시닝센터와 터닝센터와 관련된 또 다른 공작기계로 **CNC밀링터닝센터**(CNC mill-turn center)가 있다. 이 기계의 일반적인 형태는 터닝센터이고, 추가적으로 원통형 공작물을 주어진 각으로 고정시키고, 회전하는 절삭공구(예를 들면, 밀링커터)가 부품의 외면을 특정 형상으로 가공한다(그림 20.28). 보통의 터닝센터는 공작물을 특정 각으로 고정시킬 수 없고 회전하는 공구 주축을 가지고 있지 않다.

공작기계 기술의 발달로 밀링터닝센터는 한 개의 기계에 기능을 추가하여 더욱 발전하게 되었다. 추가적인 기능으로는 (1) 밀링, 드릴링, 선삭을 연삭, 용접, 검사와 한 개의 기계로 통합; (2) 한 개나 두 개의 공작물에 대하여 다축 동시 가공; (3) 산업용 로봇을 추가하여 공작물 취급을 자동화함 [2], [20].

20.6 기타 절삭가공 공정들

선삭, 드릴링, 밀링 공정에 추가하여 다음과 같은 다른 절삭가공 공정들을 살펴본다. (1) 형삭과 평삭, (2) 브로칭, (3) 톱작업.

20.6.1 형삭 및 평삭

형삭과 평삭은 공작물에 대하여 직선으로 움직이는 단인공구를 사용하는 서로 유사한 공정이다. 이와 같은 운동에 의하여 보통의 형삭과 평삭 공정에서 직선의 평면이 얻어진다. 이 두 공정의 차이가 그림 20.29에 나타나 있다. 형삭 공정에서의 절삭속도 운동은 절삭공구의 움직임으로 얻어진다. 평삭 공정에서는 절삭속도 운동이 공작물의 움직임으로 일어난다.

형삭과 평삭에 사용되는 절삭공구는 단인공구이다(21.3.1절). 선삭과 달리 형삭과 평삭에서는 단속절삭이 일어나며, 공구가 공작물에 충격 하중을 주면서 진입하게 된다. 또한 공구의 시작 및 정지 운동으로 인하여 공구는 낮은 속도로 제한된다. 이와 같은 조건 때문에 고속도강 공구를 보통 사용하게 된다.

형삭

형삭(shaping)은 **셰이퍼**(shaper)라 불리는 공작기계로 수행된다(그림 20.30). 셰이퍼의 주요 부품으로 **칼럼**(column)에 대하여 상대적으로 움직이는 **램**(ram)이 있어서 절삭속도 운동을 제공하고, 공작물을 고정하는 작업테이블이 이송 운동을 제공한다. 램의 운동은 절삭을 수행하기 위하여 전방으로 움직이는 절삭행정과, 공구가 공작물과 여유를 두기 위하여 조금 들리면서 움직이고 다음 이동을 준비하는 귀환행정이 있다. 각 귀환행정이 완료될 때마다 작업테이블은 공작물에 이송을 주기 위

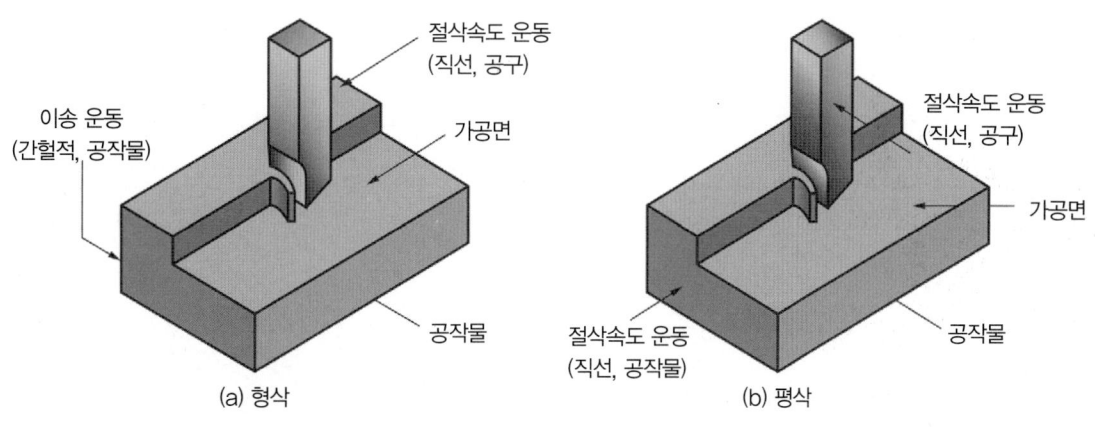

그림 20.29 (a) 형삭, (b) 평삭.

그림 20.30 셰이퍼의 주요 구성요소.

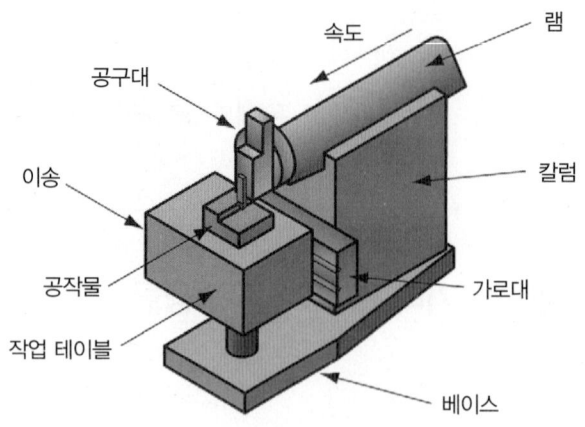

하여 램 운동에 대하여 옆으로 이동한다. 이송은 mm/stroke로 표시된다. 램을 구동하는 장치는 유압식이거나 기계식이다. 유압식은 행정 길이를 조절하기 쉽고 절삭행정 동안에 일정한 속도를 유지할 수 있지만, 기계식보다 비싸다. 두 방식 모두 절삭행정보다 귀환행정(비절삭행정)에서 더 높은 속도가 되도록 설계하여, 절삭에 소요되는 시간이 상대적으로 많아지도록 한다.

평삭

평삭(planing)을 위한 공작기계는 **플레이너**(planer)이다. 절삭속도는 단인공구를 지나 부품을 움직이게 하는 작업테이블의 왕복 운동으로 얻어진다. 플레이너의 구조와 운동은 셰이퍼보다 훨씬 큰 부품을 가공할 수 있게 한다. 플레이너는 단주형과 쌍주형으로 분류된다. 그림 20.31에서처럼, **단주형 플레이너**(open side planer, single column planer)는 공구대가 설치된 가로대를 지지하고 있는 한 개의 칼럼을 가진다. 또 다른 공구대가 설치되어 수직 칼럼을 따라 이송할 수 있다. 다수의 공구대는 한번의 이동으로 한번 이상의 절삭공정을 가능하게 한다. 각각의 행정이 완료되면, 공구대는 가로대(혹은 칼럼)에 대하여 조금 이동하여 간헐적인 이송 운동을 얻게 된다. 구조적으로 단주형 플레이너는 폭이 매우 넓은 공작물을 가공할 수 있다.

쌍주형 플레이너(double-column planer)는 베이스와 작업테이블 양쪽으로 두 개의 칼럼을 가지고 있다. 칼럼들은 한 개 이상의 공구대가 설치된 가로대를 지지한다. 두 개의 칼럼은 이 기계에 더 큰 강성을 부여하지만, 취급할 수 있는 공작물의 폭을 제한한다.

형삭과 평삭으로 평판이외의 형상도 가공할 수 있다. 다만 가공면은 직선이어야 한다. 즉, 그림

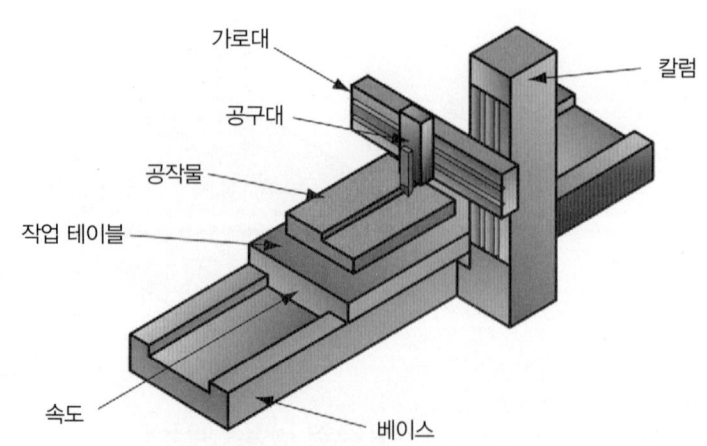

그림 20.31 단주형 플레이너.

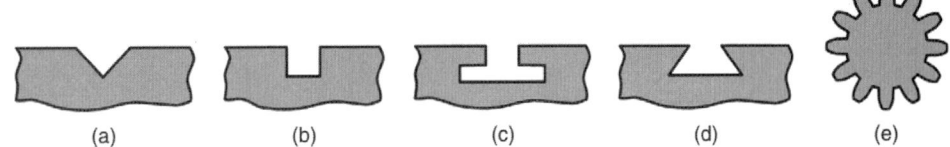

그림 20.32 형삭과 평삭으로 가공이 가능한 형상. (a) V자형 그루브, (b) 각형 그루브, (c) T 슬롯, (d) 더브테일 (dovetail) 슬롯, (e) 기어 이.

20.32와 같은 그루브(groove), 슬롯(slot), 기어 이(gear tooth) 등을 가공할 수 있다. 이와 같은 형상을 가공하기 위해서는 기본적인 단인공구 형상외의 특별한 공구형상이 필요하다. 실제로 이런 형상의 가공을 위해서 전용 공작기계가 사용되기도 한다. **기어셰이퍼**(gear shaper)가 좋은 예이다. 이 기계는 특별히 설계된 회전하는 이송테이블과 평기어를 생성하기 위한 동기식 공구대를 가진 수직 셰이퍼이다. 기어 셰이핑과 기타 기어 가공 방법은 20.7.2절에서 설명한다.

20.6.2 브로칭

브로칭(broaching)은 다인공구를 공작물에 대하여 공구 축 방향으로 직선으로 이동시켜 수행된다 (그림 20.33). 절삭공구를 **브로치**(broach)라 하고, 공작기계를 **브로칭머신**(broaching machine)이라 한다. 브로치의 기하학적 형상은 21.3.2절에서 설명한다. 브로칭 공정은 매우 생산성이 좋은 절삭가공 공정이다. 이외의 장점으로 좋은 표면정도, 정확한 치수, 공작물 형상의 다양성이 있다. 공구는 복잡하고 특별 주문된 형상으로 가공되어야 하기 때문에 비싼 편이다.

브로칭에는 다음의 두 가지 유형이 있다. 외면(또는 표면)과 내면. **외면브로칭**(external broaching) 은 어떤 단면형상을 얻기 위하여 공작물의 외면에 수행된다. 그림 20.34(a)는 외면브로칭에 의하여 얻을 수 있는 가능한 단면들을 나타내고 있다. **내면브로칭**(internal broaching)은 공작물의 구멍 내면에 수행된다. 따라서 브로칭 행정을 시작할 때 브로치를 삽입하기 위한 초기 구멍이 공작물에 준비되어 있어야 한다. 그림 20.34(b)는 내면브로칭으로 얻을 수 있는 형상들을 나타내고 있다.

브로칭머신의 기본적인 기능은 정지하고 있는 공작물을 지나 공구를 정확하게 직선 운동을 시키는 것인데, 여러 가지 방법이 있다. 대개의 브로칭머신은 수직형과 수평형으로 분류된다. **수직브로칭 머신**은 브로치를 수직으로 움직이도록 설계되었고, **수평브로칭머신**은 수평의 공구 경로를 가진다. 대개의 브로칭머신은 공작물에 대하여 브로치를 당긴다. 그러나 예외가 있는데, 공작물에 대하여 공구를 미는 **브로칭프레스**(broaching press)라고 불리는 것으로 내면브로칭으로만 사용된다. 또 다른 예외가 **연속브로칭머신**(continuous broaching machine)으로, 공작물이 무한 벨트에 고정되어 있고,

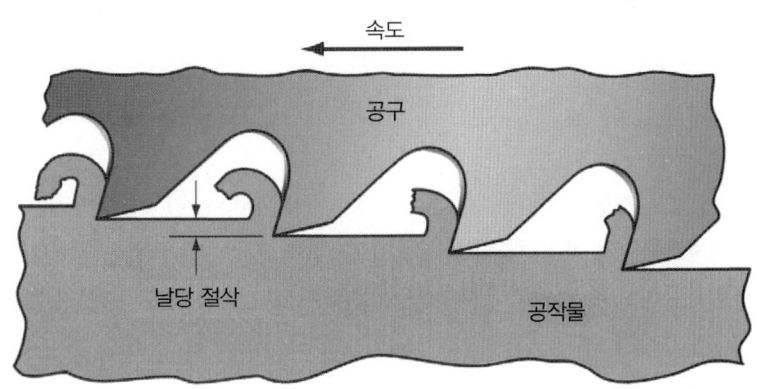

그림 20.33 브로칭 공정.

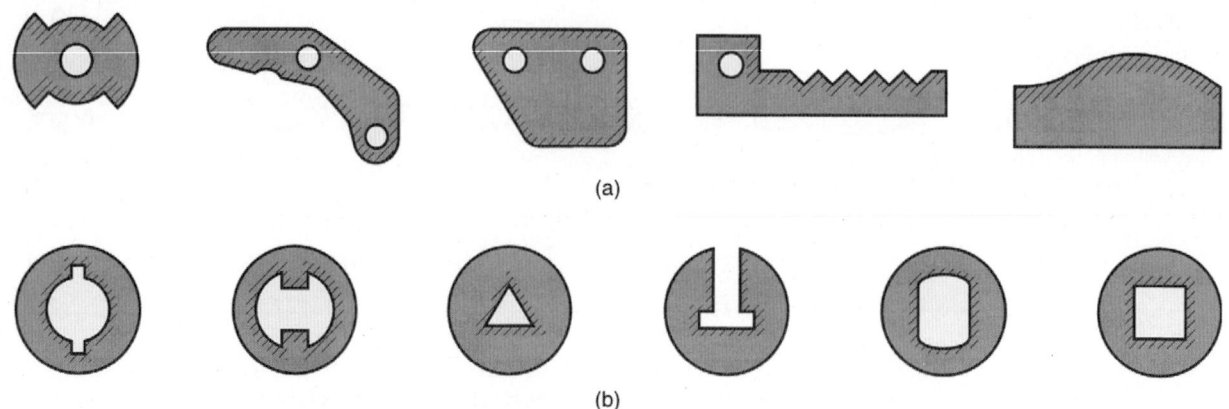

(a)

(b)

그림 20.34 브로칭 공정으로 얻을 수 있는 형상. (a) 외면브로칭, (b) 내면브로칭. 빗금친 부분이 가공면이다.

정지되어 있는 브로치를 지나 이동한다. 연속 공정이기 때문에 표면브로칭으로만 사용된다.

20.6.3 톱작업

톱작업(sawing)은 좁은 간격으로 배열된 날로 구성된 공구로 공작물을 두 조각으로 나누거나 불필요한 부분을 잘라내는 공정으로, **절단**(cuttoff) 공정이라고도 한다. 제조공정에 있어서 절단 작업은 자주 필요한 과정이기 때문에, 톱작업은 중요한 제조공정 중 하나이다.

대개의 톱작업에서 공작물은 정지되어있고, **톱날**(saw blade)이 공작물에 대하여 이동한다. 톱날의 기하학적 형상은 21.3.2절에서 설명한다. 그림 20.35에서처럼, 날이 이동하는 방식에 따라 세 가지 종류의 기본적인 톱작업이 있다. (a) 활톱작업, (b) 띠톱작업, (c) 둥근톱작업.

활톱작업(hacksawing)은 공작물에 대하여 톱이 직선 왕복 운동을 한다(그림 20.35(a)). 이 톱작업은 절단 공정으로 자주 사용된다. 절삭은 톱날이 오직 전방으로 이동할 때만 수행된다. 이와 같은 간헐적인 절삭작용 때문에, 활톱작업은 연속적인 다른 두 공정에 비하여 효율적이지 못하다. 활톱날은 한쪽 가장자리에 절삭날이 있는 얇은 직선 공구이다. 활톱작업은 수동 혹은 동력에 의해 구동된다. **동력활톱**(power hacksaw)은 원하는 속도로 톱날을 구동하는 장치를 가지고 있고, 주어진 이송속도와 톱작업에 필요한 압력을 제공한다.

띠톱작업(bandsawing)은 한쪽 가장자리에 날을 가진 무한궤도로 만들어진 유연한 띠톱날을 사용하며, 연속적인 직선 운동을 한다. 띠톱은 공작물에 대하여 띠톱날을 연속적으로 이동시키고 안내하기 위하여 풀리와 같은 구동장치를 사용한다. 띠톱은 톱날의 운동 방향에 따라서 수직식과 수평식이 있다. 수직띠톱은 절단 공정뿐만 아니라 윤곽가공과 슬로팅가공으로도 사용된다. 띠톱에서의 **윤곽가공**(contouring)은 평판형 소재로부터 부품 윤곽을 잘라내는 것이다. **슬로팅**(slotting)은 부품에 가는 홈을 만들어내는 것으로, 띠톱작업으로 잘 수행될 수 있다. 윤곽가공과 슬로팅은 공작물이 톱날로 이송되는 공정이다.

수직띠톱에서 수동으로 작업자가 톱날에 대하여 공작물을 안내하고 이송하거나, 또는 자동으로 동력을 사용하여 공작물을 이송할 수 있다. 최근에는 복잡한 외면의 윤곽가공을 위하여 CNC를 사용하기도 한다. 수직띠톱작업을 그림 20.35(b)에 나타냈다. 수평띠톱은 동력활톱의 대안으로서 보통 절단 공정으로 사용된다.

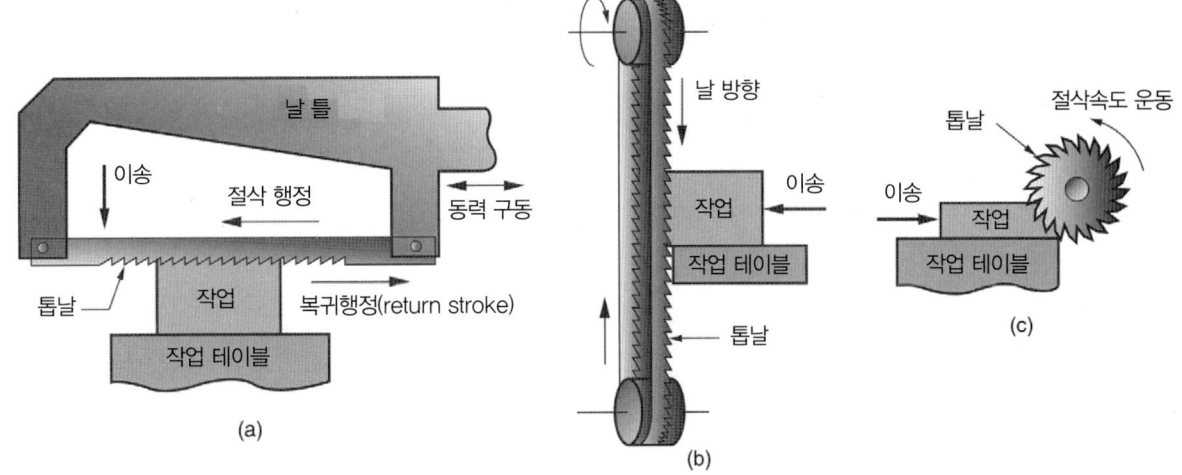

그림 20.35 세 가지 종류의 톱작업. (a) 활톱, (b) 띠톱(수직), (c) 둥근톱.

둥근톱작업(circular sawing)은 공작물에 대하여 공구의 연속적인 운동을 제공하기 위하여 회전하는 톱날을 사용한다(그림 20.35(c)). 둥근톱작업은 길이가 긴 봉, 관 등을 특정 길이로 자르는데 자주 사용된다. 둥근톱의 절삭작용은 톱날이 얇고 많은 절삭날을 보유하고 있다는 것 외에는 슬롯밀링작업과 유사하다. 둥근톱은 톱날을 회전시키기 위해 동력으로 구동되는 주축과 회전하는 날을 공작물로 이동시키는 이송장치를 가진다.

연마제절단과 마찰톱작업(friction sawing)이 둥근톱작업과 연관되어 있다. **연마제절단**(abrasive cutoff)은 원판숫돌(abrasive disk)을 사용하여 전통적인 톱작업이 어려운 경한 재료에 대한 절단 공정을 수행한다. **마찰톱작업**은 강으로 되어있는 원판을 공작물에 대하여 매우 고속으로 회전시켜 마찰열을 발생시킴으로써, 원판이 공작물에 들어가기에 충분하도록 공작물을 연화시킨다. 이 두 공정의 절삭속도는 둥근톱작업에 비하여 훨씬 고속이다.

20.7 특수한 형상을 위한 절삭가공 공정들

절삭가공이 기술적으로 중요한 이유들 중에서 나사산과 기어 이와 같은 기하학적으로 독특한 형상을 만들어낼 수 있는 능력이 있다. 이 절에서는 이와 같은 모양을 얻기 위하여 사용되는 절삭공정들에 대하여 설명할 것이며, 이 공정들의 대부분은 이 장의 앞에서 설명하였던 가공 공정에서 발전된 것들이다.

20.7.1 나사산

나사산이 있는 철물 부품이 조립 제품에서 체결용(나사, 볼트, 너트, 30.1절)과 기계류에서 운동용(예를 들면, 위치결정 시스템에서 이송나사, 35.3.2절)으로 광범위하게 사용되고 있다. 나사산은 원통의 바깥면을 따라가거나(수나사), 둥근 구멍의 안쪽면을 따라가는(암나사) 나선을 형성하는 홈으로 정의할 수 있다. 나사산이 있는 제품의 생산은 17.2절에서 나사전조를 설명할 때 이미 고려하였다. 나사전조는 수나사를 생산하기 위하여 가장 많이 사용되는 방법이지만, 이 공정은 생산량이 적을 때는 경제적이지 못하고 공작물 금속이 연성이어야 한다. 나사산을 갖는 금속 부품은 또한 주조, 특히 인베스트먼트 주조와 다이캐스팅(10.2.4절과 10.3.3절)으로 제조할 수 있고, 플라스틱 부품은 사출성형(12.6절)으로 제조할 수 있다. 마지막으로 나사산 부품을 절삭가공으로 제조할 수 있으며, 이것이 여기서 설명할 내용이다. 수나사와 암나사 가공으로 나눠서 설명한다.

수나사

원통형 공작물에 수나사를 절삭하는 가장 간단하고 응용이 넓은 방법은 선반의 단인공구를 사용하는 **단인공구 나사가공**(single-point threading)이다. 그림 20.6(g)에 이 공정을 나타내었다. 공작물의 초기 지름은 나사산의 바깥지름과 같다. 공구는 나사 홈의 형상을 가져야 하며, 선반은 일정한 나선형을 절삭하기 위하여 공구와 공작물 사이의 관계가 연속적인 경로에서 같도록 유지할 수 있어야 한다. 이와 같은 관계는 선반의 이송나사(그림 20.7)에 의하여 성취된다. 일반적으로 한 번을 초과하는 선삭이 필요하다. 처음에는 선삭을 가볍게 한 다음에, 공구를 후퇴시켜 초기 위치로 빠르게 이송한다. 그런 다음에 각각의 후속 공정에서 공구를 원하는 나사 홈이 만들어질 때까지 절삭깊이를 조금씩 증가시키면서 같은 나선형을 뒤따르게 한다. 이 방법은 소량이나 때론 중량 생산에서는 적당하지만, 대량 생산에서는 시간이 덜 드는 방법이 더 경제적이다.

단인공구를 사용하는 또 다른 방법은 그림 20.36에 나타낸 **나사 다이스**(threading die)이다. 수나사를 절삭하기 위하여 다이스가 적당한 지름을 갖는 원통형 초기 재료의 주위를 회전하는데, 한 쪽 끝에서 시작하여 다른 쪽 끝으로 진행한다. 다이스의 입구 측 절삭 이(teeth)는 테이퍼가 되어 있어서 절삭깊이가 작업 초기에는 작게 시작하지만, 다이스의 출구 측에서는 나사산의 높이와 같게 된다. 다이스 이의 피치가 절삭되는 나사의 피치를 결정한다. 그림 20.36의 다이스는 이의 공구 마모를 보정하거나 나사 크기의 작은 차이를 대비하기 위하여 입구의 크기가 조정이 되도록하는 슬릿(slit)을 갖고 있다. 다이스는 단인공구 나사가공처럼 여러 번의 공정보다는 한 번의 공정으로 나사산을 절삭한다.

다이스는 일반적으로 손으로 회전시킬 수 있는 홀더로 고정되어 수작업으로 사용된다. 공작물의 다른 쪽에 머리나 다른 장애물이 있다면 다이스를 제거하기 위하여 방금 만들었던 나사로부터 다이스를 풀어야 한다. 이것은 시간을 소비할 뿐만 아니라 나사 면에 손상을 입힐 수도 있다. 기계화된 나사 작업에서 사이클 시간(cycle time)은 각각의 절삭이 끝났을 때 절삭 이를 자동으로 열도록 설계되어 있는 **자동개방 다이스**(self-opening threading die)에 의하여 감소될 수 있다. 이것은 공작물로부

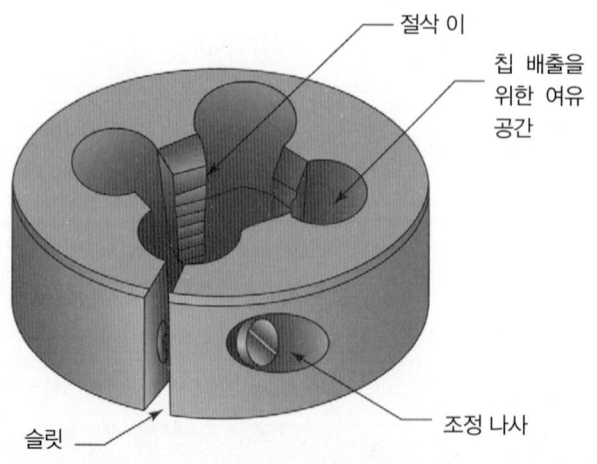

그림 20.36 다이스.

터 다이스를 풀어야할 필요가 없고 나사에 손상을 입힐 가능성을 피할 수 있다. 자동개방 다이스는 그림 20.36의 다이스와 유사한 네 개의 절삭 이를 장착하고 있지만, 절삭 이가 재연삭을 위하여 조정과 제거가 가능하며 공구홀더가 자동개방 기능을 갖고 있다는 점이 다르다. 나사의 크기가 달라지면 다른 절삭 이를 사용하여야 한다.

나사절삭기(thread chasing equipment)는 자동개방 다이스를 사용하는 장비로 두 가지 종류가 있다. 선삭 공정처럼 공작물이 회전하고 다이스는 회전하지 않는 고정식과 드릴링 공정처럼 다이가 회전하고 공작물이 회전하지 않는 회전식이 있다.

추가적으로 두 가지 수나사 작업이 있는데, **나사밀링**(thread milling)과 나사연삭(thread grinding)이다. 나사밀링은 나사산을 형성하기 위하여 밀링커터를 사용한다. 그림 20.37에서처럼 나사 홈의 형상을 갖는 총형밀링커터가 나사산의 나선각(helix angle)과 같은 각도로 위치하고 있고 공작물이 천천히 회전함에 따라 이송한다. 생산속도를 높이기 위하여 여러 개의 커터를 사용하여 여러 개의 나사산이 동시에 절삭될 수도 있다. 나사절삭기에 비하여 나사밀링을 선호하는 이유는 다음과 같다. (1) 다이스로 쉽게 절삭이 어려운 크기가 큰 나사산의 절삭이 가능하다. (2) 나사밀링이 일반적으로 더 정확하고 더 매끄러운 나사를 얻을 수 있다.

나사연삭은 나사밀링과 유사하지만 커터가 나사 홈의 형상의 갖는 연삭숫돌이고 연삭숫돌의 회전속도가 나사밀링보다 훨씬 크다는 점이 다르다. 이 공정은 나사산을 완전하게 형성하거나, 앞에서 설명했던 공정으로 형성된 나사산을 다듬질하기 위하여 사용될 수 있다. 나사연삭은 열처리에 의하여 경화된 나사산에 특별히 적용이 가능하다.

암나사

암나사를 절삭하는 가장 흔한 공정은 **태핑**(tapping)이다. 이 공정에서는 나사산의 피치와 같은 나선형으로 배열된 절삭 이를 갖는 원통형 공구가 동시에 회전하고 미리 가공된 구멍으로 이송된다. 이

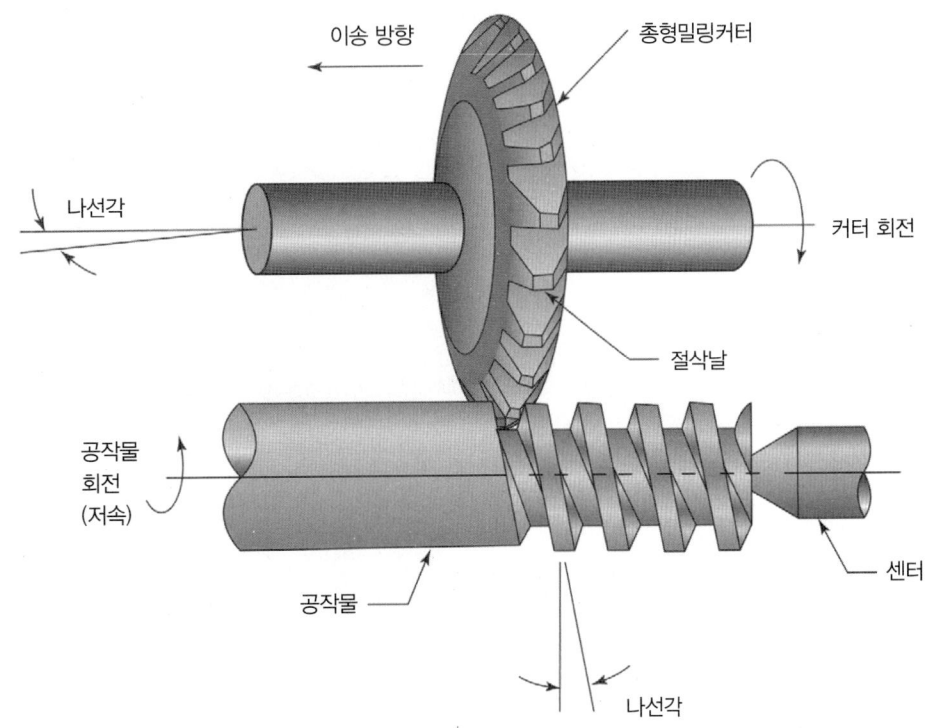

그림 20.37 총형밀링커터를 사용하는 나사밀링.

작업은 그림 20.14(b)에 나타나 있고, 절삭공구를 **탭**(tap)이라고 한다. 구멍 입구에 잘 들어가게 하기 위하여 공구의 끝은 조금 원뿔형이다. 초기 구멍의 크기는 대략 나사산의 골지름과 같다. 이 공정의 가장 간단한 방법은 탭이 일체형이고, 나사 피치와 대응하는 이송 속도가 가능한 태핑 헤드를 장착한 드릴프레스로 태핑 작업이 수행된다. 작업이 종료되면 주축 회전이 반대 방향이 되어 탭이 구멍으로부터 빠져나올 수 있다.

일체형 탭 이외에 **접이형 탭**(collapsible tap)이 있는데 수나사에 대하여 자동개방 다이스를 사용하는 것과 유사하다. 접이형 탭은 나사산의 절삭이 완료되면 자동으로 공구로 후퇴하는 절삭 이를 갖추어서, 주축 회전을 반대로 하지 않고 가공된 구멍으로부터 빠르게 벗어날 수 있도록 한다. 따라서 사이클 시간의 감소가 가능하다.

태핑에 의한 생산이 드릴프레스나 다른 전통적인 공작기계(예를 들면, 선반, 터릿선반)로 수행될 수 있지만, 높은 생산속도를 위해 여러 종류의 전용기계가 발전되어 왔다. 단축태핑머신은 소재를 수동 또는 자동으로 장착 및 탈착을 하면서 한 번에 한 개의 공작물의 태핑을 수행한다. 다축태핑머신은 다수의 공작물에 동시에 작업을 하여 여러 종류의 구멍 크기와 나사 피치를 제공할 수 있다. 마지막으로 갱드릴링머신(20.3.3절)은 같은 부품에 드릴링, 리밍, 태핑을 연속적으로 빠르게 수행할 수 있도록 설정할 수 있다.

20.7.2 기어

기어는 회전하는 축들 사이에서 운동과 동력을 전달하기 위하여 사용되는 기계부품이다. 그림 20.38에 나타난바와 같이, 회전 운동의 전달은 각각의 원주 주위에 있는 이(teeth)에 의하여 맞물린 기어들 사이에서 얻어진다. 이는 맞물린 기어의 접촉하는 이들 사이의 마찰 및 마모를 최소화시키는 인벌류트(involute)라고 불리는 특수한 형태의 곡선을 갖는다. 두 개의 기어의 상대적인 잇수에 의존하여, 한 개의 기어로부터 다른 기어로의 회전속도가 증가 또는 감소할 수 있으며, 토크 또한 대응하여 감소 또는 증가한다. 35.3.2절의 NC 위치제어시스템에서 이와 같은 속도의 영향을 설명한다.

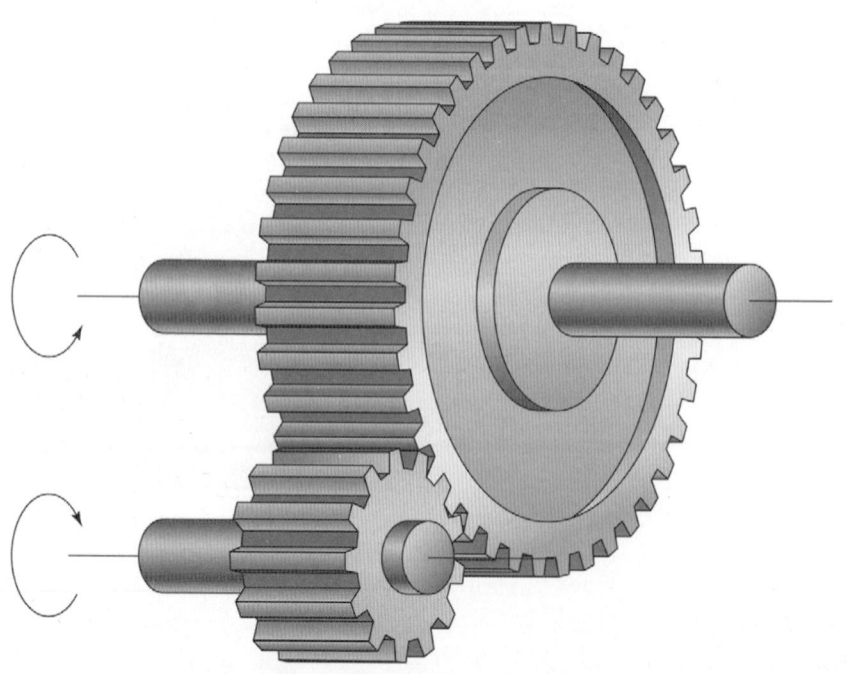

그림 20.38 두 개의 맞물린 스퍼 기어.

여러 가지 종류의 기어가 있지만 가장 기본적이고 제조하기에 덜 복잡한 것이 그림 20.38에 나타낸 **스퍼 기어**(spur gear)이다. 이것은 기어의 회전축에 평행한 이를 가지고 있다. 회전축에 대하여 각도가 있는 이를 가지고 있는 기어를 **헬리컬 기어**(helical gear)라고 한다. 헬리컬 기어는 매끄러운 운동을 위하여 한 개를 초과하는 이가 접촉하도록 설계되어 있다. 스퍼 기어와 헬리컬 기어는 평행한 축들의 회전에 사용된다. **베벨 기어**(bevel gear)는 서로 각도가 있는 축, 보통 90°인 축들의 회전에 사용된다. **랙**(rack)은 회전 운동을 직선 운동으로 변환하기 위하여 사용되는 직선형 기어(반지름의 크기가 무한대인 기어)이다. 기어의 종류는 매우 많기 때문에 모두를 설명할 수는 없고, 여기에서 설명하고자하는 것은 기어의 제조이다.

기어를 제조하기 위하여 앞 장에서 설명하였던 여러 가지 공정들이 사용될 수 있다. 인베스트먼트 주조, 다이캐스팅, 플라스틱 사출성형, 분말야금, 단조, 기타 용적변형 공정(예를 들면 기어전조, 17.2절)들을 들 수 있다. 절삭가공에 비하여 이 공정들의 장점은 칩이 발생하지 않기 때문에 재료가 절약된다는 점이다. 금속박판 스탬핑 공정(18.1절)이 시계에 사용되는 얇은 기어를 만들기 위하여 사용된다. 앞에서 언급한 모든 공정으로 생산된 기어들은 후가공이 없이 자주 사용된다. 다른 경우는, 주조나 단조에 의하여 초기 재료가 만들어진 후에 기어 이를 형성하기 위하여 절삭가공을 한다. 정확한 이의 치수를 얻기 위하여 다듬질 공정이 자주 요구된다.

기어 이를 절삭하기 위한 주요 공정으로 총형 밀링(form milling), 기어 호빙(gear hobbing), 기어 셰이핑(gear shaping), 기어 브로칭(gear broaching)이 있다. 20.1절에서 총형 밀링과 기어 브로칭은 총형가공으로 설명하였지만, 기어 호빙과 기어 셰이핑은 생성가공으로 분류된다. 기어 이의 다듬질 공정으로는 기어 셰이빙(gear shaving), 기어 연삭(gear grinding), 버니싱(burnishing)이 있다. 기어와 기어 제조에 관한 비디오 클립은 여러 가지 기어 기술을 보여준다. 기어를 제조하기 위한 많은 공정들은 또한 스플라인(spline), 스프로켓(sprocket), 기타 특수한 기계부품을 만들기 위하여 사용될 수 있다.

> **비디오클립**
> 기어와 기어 제조. 이 클립은 두 개의 부분으로 되어 있다: (1) 기어의 기능, (2) 기어의 절삭가공 방법.

총형 밀링

그림 20.39에 나타낸 이 공정에서, 기어 이 사이의 공간과 같은 형상을 갖는 절삭날을 갖는 총형밀링커터에 의하여 소재의 이가 개별적으로 가공된다. 커터의 형상이 기어 이의 기하학적 형상을 결정하기 때문에 총형가공(20.1절)으로 분류할 수 있다. 총형 밀링의 단점은 각각의 이의 공간이 한 번에 한 개씩 생성되기 때문에 생산속도가 느리고, 기어 이의 정확한 치수를 위하여 기어 소재가 각 공정 사이에 분할(index)되어야 하는데 이것 또한 시간을 소비한다. 다음에 설명하는 기어 호빙에 비하여 총형 밀링의 장점은 밀링커터가 훨씬 싸다는 것이다. 낮은 생산속도와 상대적으로 적은 공구 비용으로 총형 밀링은 소량 생산에 적합하다.

그림 20.39 기어 이의 총형 밀링.

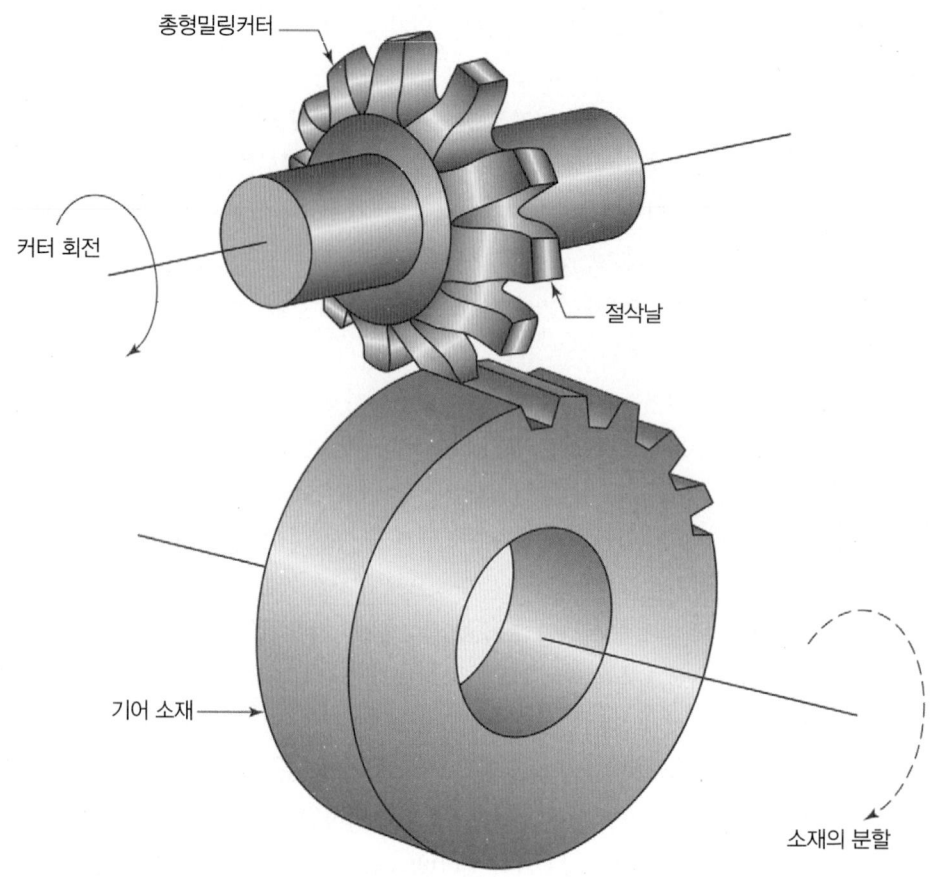

총형밀링커터

커터 회전

절삭날

기어 소재

소재의 분할

기어 호빙

기어 호빙 또한 밀링 공정이지만, **호브**(hob)라고 불리는 커터가 훨씬 복잡해서 총형밀링커터보다 훨씬 비싸다. 추가적으로, 커터와 기어 소재 사이의 상대적인 속도와 이송을 얻기 위하여 **호빙 머신**(hobbing machine)이라 불리는 전용 밀링머신이 필요하다. 기어 호빙을 그림 20.40에 나타내었다. 그림에 나타낸 것처럼, 호브는 약간의 나선형이고, 소재가 절삭이 됨에 따라 호브의 절삭 이가 소재의 이와 맞물리도록 호브의 회전이 기어 소재의 매우 느린 회전과 대응되도록 해야 한다. 이것은 스퍼 기어에 대하여 호브의 회전축을 기어 소재의 회전축에 대하여 상대적으로 90°에서 나선각을 뺀 만큼 보정시켜서 얻을 수 있다. 호브와 공작물의 이와 같은 회전 운동에 추가적으로, 호브를 기어 소재에 대하여 전체에 걸쳐서 이송시키는 직선 운동이 또한 요구된다. 호빙에서는 여러 개의 이가 동시에 절삭이 되어 총형 밀링보다 높은 생산속도가 가능하다. 따라서 이 방법은 기어의 중량 및 대량 생산에 광범위하게 사용된다.

기어 셰이핑

기어 셰이핑에서는 총형 밀링과 기어 호빙에서와 같은 회전 운동보다는 왕복하는 절삭공구 운동이 사용된다. 두 개의 아주 다른 방법의 셰이핑 공정(20.6.1절)이 기어를 제조하기 위하여 사용된다. 첫 번째 방법으로는, 단인공구가 컴퓨터 제어나 템플레이트(template)를 사용하여 각각의 이의 윤곽을 점진적으로 생성하기 위하여 여러 번의 행정이 필요하다. 기어 소재가 천천히 회전 또는 분할되어 각각의 이와 같은 윤곽이 주어진다. 이와 같은 과정은 느리고, 매우 큰 기어의 제조에만 적용된다.

두 번째 방법으로는, 커터가 한쪽 면은 절삭 이를 갖고 있으면서 기어의 일반적인 형상을 나타낸

그림 20.40 기어 호빙.

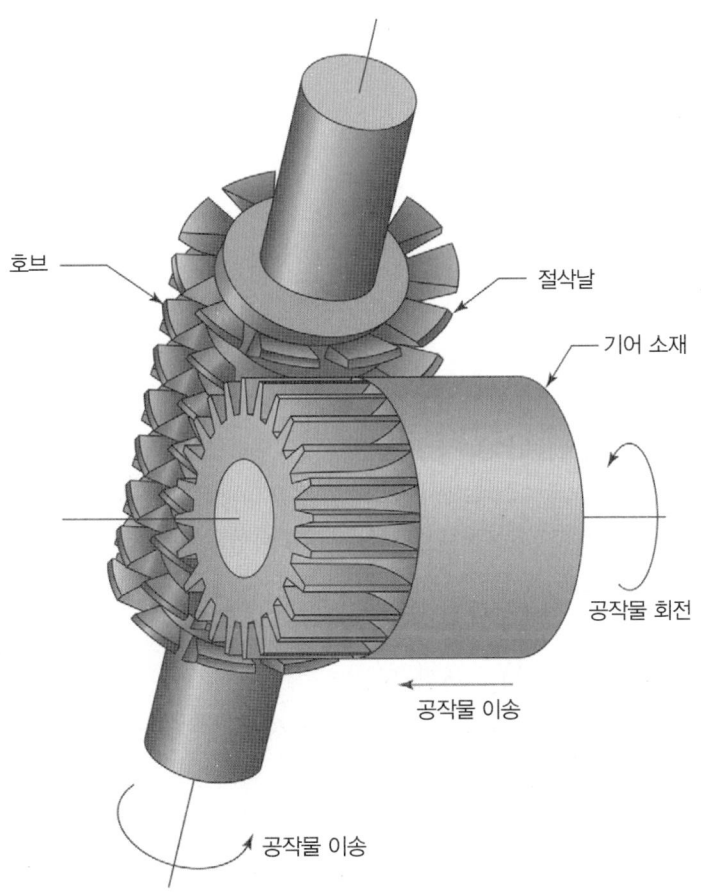

호브

절삭날

기어 소재

공작물 회전

공작물 이송

공작물 이송

다. 커터의 축과 기어 소재의 축은 그림 20.41에 보인 바와 같이 평행하고, 운동 형태가 짝을 이루는 한 쌍의 기어와 유사하지만 커터의 왕복 운동이 짝을 이루는 부품의 이의 형상을 점진적으로 생성하는 것이 다르다. 주어진 기어 소재에 대하여 초기 공정에서는, 요구되는 깊이에 도달할 때까지 각 행

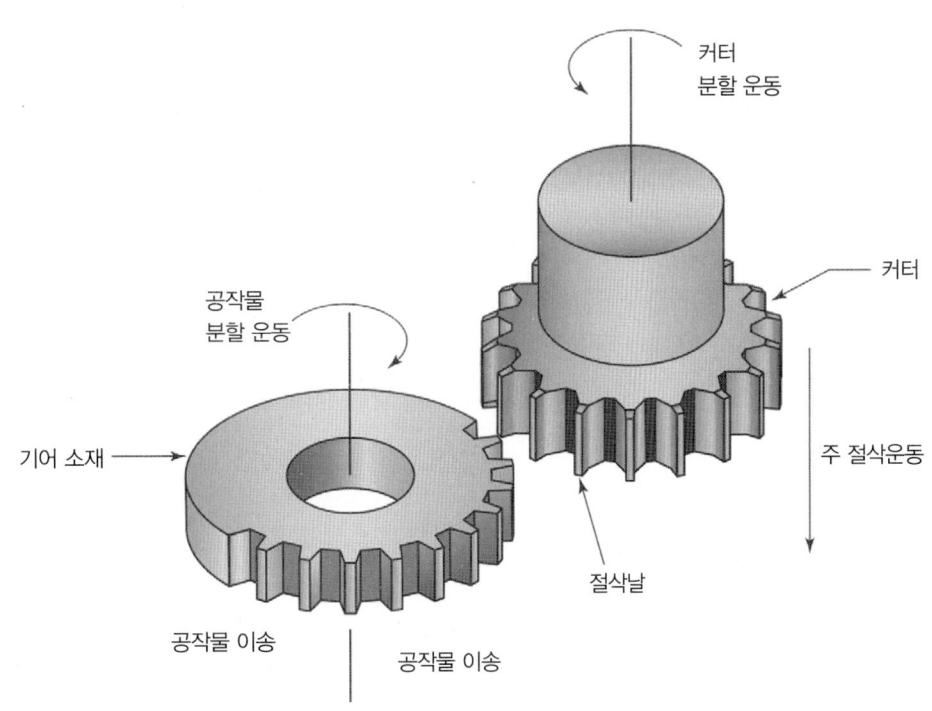

커터
분할 운동

커터

공작물
분할 운동

주 절삭운동

기어 소재

절삭날

공작물 이송

공작물 이송

그림 20.41 기어 셰이핑.

정 후에 커터가 소재로 이송된다. 그런 다음에 커터와 소재가 모두 적은 양(분할 된 양)만큼 회전하여 각각의 이의 공간이 같게 유지되도록 한다. 두 번째 방법은 **기어 셰이퍼**(gear shaper)라 불리는 전용 기계로 산업체에서 광범위하게 사용되고 있다.

기어 브로칭

기어를 제조하는 브로칭(20.6.2절)은 짧은 생산 사이클 시간과 높은 공구비용으로 알려져 있다. 따라서 대량 생산인 경우에만 경제적이다. 또한 치수 정확도가 좋고 표면거칠기가 우수한 것은 기어 브로칭의 특징이다. 이 공정은 외접 기어와 내접 기어 모두에 적용할 수 있다. 내접 기어의 가공 공정은 그림 20.3(c)와 유사하지만, 브로치가 소재로부터 당겨짐에 따라 연속적인 단계를 거쳐 기어 이를 형성하기 위하여 점차적으로 커지는 기어 형상의 절삭 이로 공구의 단면이 구성되어 있는 것이 다르다. 외접 기어를 가공하기 위해서 브로치는 안쪽 방향의 절삭 이를 갖는 관 형상을 하고 있다. 언급한 바와 같이 두 경우의 공구 비용은 복잡한 형태로 인하여 높다.

다듬질 공정

열처리를 하지 않고 사용할 수 있는 금속 기어도 있지만, 험한 조건에서 적용되는 기어는 내마모성을 높이기 위하여 일반적으로 이를 경화하기 위한 열처리를 한다. 그러나 열처리(25장)는 때때로 공작물을 뒤틀리게 하기 때문에 적절한 기어 이 형상으로 복원되어야 한다. 열처리에 관계없이 절삭가공 후에 기어의 치수 정확도와 표면거칠기를 개선시키기 위하여 다듬질 공정이 일반적으로 요구된다. 열처리를 하지 않은 기어에 적용되는 다듬질 공정은 셰이빙과 버니싱이 있다. 경화된 기어에 적용되는 다듬질 공정은 연삭, 래핑, 호닝(23장)이 있다.

기어 셰이빙은 기어와 맞물리면서 회전하는 기어 형상의 커터를 사용한다. 회전하는 동안 커터의 왕복 운동으로 절삭이 이루어진다. 기어 형상 커터의 각각의 이는 폭을 따라 여러 개의 절삭날을 갖고 있어, 매우 작은 칩을 만들어내면서 각각의 기어 이 표면으로부터 아주 소량의 금속을 제거한다. 기어 셰이빙은 아마도 기어를 다듬질하기 위하여 산업체에서 가장 흔하게 사용되는 공정이다. 열처리 전에 기어에 적용되는 경우가 많고, 열처리 후에 연삭이나 래핑 공정이 뒤따른다.

기어 버니싱은 한 개 이상의 경화된 기어 형상의 다이가 기어와 접촉하면서 압력을 가해 기어 이가 냉간가공되는 소성변형공정이다. 따라서 이가 변화경화를 통하여 강해지고, 표면거칠기가 개선된다.

연삭, 호닝, 래핑은 경화된 기어에 적용할 수 있는 다듬질 공정이다. **기어 연삭**에는 두 가지 방법이 있다. 첫 번째는 연삭숫돌이 이 사이의 공간과 정확하게 같은(총형 밀링과 유사) 총형 연삭으로, 한 번 이상의 연삭 과정을 거쳐 각각의 기어 이를 다듬질한다. 다른 방법은 옆면이 평탄한 전통적인 연삭숫돌을 사용하여 이의 윤곽을 생성하는 것이다. 두 가지 모두가 매우 시간을 많이 소비하고 비싼 방법이다.

23.2.1절과 23.2.2절에서 각각 설명하는 호닝과 래핑은 매우 미세한 연마입자를 사용하는 다듬질 공정으로 기어의 다듬질에 적용할 수 있다. 두 공정 모두에서 공구는 가공될 기어와 맞물리는 기어의 형상을 일반적으로 갖는다. 기어 호닝은 연마입자가 함유된 플라스틱이나, 탄화물로 코팅된 강으로 된 공구를 사용한다. 기어 래핑은 주철 공구(때론 다른 금속으로 대체)를 사용하며, 연마입자가 포함된 랩제를 사용하여 절삭이 수행된다.

20.8 고속가공

금속 절삭가공의 역사에서 지속적인 경향은 절삭속도를 계속 올리는 것이다. 최근에는, 생산속도 증대, 리드타임 단축, 비용 감소, 품질 향상의 측면에서 더욱 관심을 가지게 되었다. **고속가공**(high-speed machining, HSM)은 전통적인 절삭가공 공정에서 사용된 절삭속도보다 훨씬 빠른 속도로 가공하는 것을 의미한다. 전통적인 가공과 고속가공의 절삭속도가 표 20.1에 비교되어 있다.

절삭가공에 사용되는 다양한 공작물과 공구재료들을 다루기 위해서 고속가공의 또 다른 정의들이 발전되어 왔다. 고속가공에 대하여 널리 쓰이는 정의 중의 하나가 **DN비**이다 - 베어링 구멍(bearing bore) 직경(mm)에 최대주축속도(rev/min)를 곱한 값이다. 고속가공의 DN비는 보통 500,000에서 1,000,000 사이의 범위에 있다. 이 정의에 의하면 직경이 큰 베어링을 사용하면 작은 베어링을 사용할 때보다 회전속도가 낮더라도 고속가공의 범위에 들어가게 된다. 고속가공을 위한 전형적인 주축속도는 8,000에서 35,000 rpm 사이의 범위에 있고, 최근에는 100,000 rpm까지 회전하는 주축도 있다.

또 다른 고속가공의 정의는 최대주축속도에 대한 마력의 비(**hp/rpm비**)가 있다. 일반 공작기계는 고속가공이 가능한 공작기계보다 보통 높은 hp/rpm비를 가진다. 일반 공작기계와 고속가공 공작기계를 구분하는 값은 미터법을 사용하면 약 3.75 W/rpm이다. 그러므로 10,000 rpm으로 회전하는 37.5 kW의 주축(3.75 W/rpm)과 30,000 rpm으로 회전하는 10.5 kW의 주축(0.35 W/rpm)은 고속가공에 포함된다.

다른 정의들은 생산속도 증대와 리드타임 단축을 강조한다. 이 경우에 고속이송속도와 고속자동공구교환(7초 이하의 'chip-to-chip' 시간) 등과 같은 비절삭 요인들이 중요하게 된다.

고속가공을 위한 요구 조건은 다음과 같다. (1) 높은 회전수(rpm)를 위하여 특별히 설계된 베어링을 사용하는 고속주축, (2) 높은 이송속도, 약 50 m/min, (3) 원하는 공구 경로로부터 벗어나는 것을 예측하고 보정하는 CNC 운동제어, (4) 진동의 영향을 최소화하기 위하여 균형이 잘 잡힌 절삭공구, 공구홀더, 주축, (5) 고압으로 공급이 가능한 냉각유 공급장치, (6) 매우 높은 소재제거율에 대응하는 칩 처리장치. 또한 중요한 것이 절삭공구재료이다. 표 20.1에 나타난 것처럼 고속가공을 위하여 여러 공구재료들이 사용되며, 이 재료들에 대하여 다음 장에서 설명한다.

고속가공의 적용을 세 가지 범주로 나눌 수 있다 [3]. 첫 번째가 항공우주산업으로 큰 알루미늄 블

표 20.1 여러 공작물에 대한 일반가공속도와 고속가공속도의 비교.

| 공작물 재료 | 일체형 공구(엔드밀링, 드릴링) | | 분할형 공구(정면밀링) | |
	일반가공속도 m/min	고속가공속도 m/min	일반가공속도 m/min	고속가공속도 m/min
알루미늄	300+	3000+	600+	3600+
주철(연한)	150	360	360	1200
연주철	105	250	250	900
쾌삭강				
합금강	75	250	210	360
티타늄	40	60	45	90

록으로부터 긴 항공기 구조물이 가공된다. 일반적으로 밀링 공정으로 많은 소재가 제거된다. 이런 구조물은 여러 부품과 리벳들이 필요한 조립 공정보다 더 빠르고 더 신뢰성 있게 생산된다. 두 번째가 복식 절삭공정(multiple cutting operation)으로 알루미늄을 절삭가공하는 것으로서 자동차, 컴퓨터, 의료기기 산업의 다양한 부품을 생산한다. 복식 절삭공정은 많은 공구교환뿐만 아니라 공구의 수많은 가속 및 감속을 의미한다. 따라서 이의 적용에는 고속공구교환과 공구경로제어가 중요하다. 세 번째가 금형과 주형 산업에서 나타나는데, 경한 재료로부터 복잡한 형상을 가공한다. 이 경우 고속가공은 금형이나 주형의 공동부(cavity) 가공을 위한 많은 양의 소재 제거와 좋은 표면정도를 얻기 위한 다듬질 가공을 수반한다.

참고문헌

[1] Aronson, R. B. "Spindles are the Key to HSM," *Manufacturing Engineering,* October 2004, pp. 67–80.

[2] Aronson, R. B. "Multitalented Machine Tools," *Manufacturing Engineering,* January 2005, pp. 65–75.

[3] Ashley, S. "High-speed Machining Goes Mainstream," *Mechanical Engineering,* May 1995, pp. 56–61.

[4] *ASM Handbook,* Vol. 16, *Machining.* ASM International, Materials Park, Ohio, 1989.

[5] Black, J, and Kohser, R. *DeGarmo's Materials and Processes in Manufacturing,* 10th ed. John Wiley & Sons, Inc., Hoboken, New Jersey, 2008.

[6] Boston, O. W. *Metal Processing,* 2nd ed. John Wiley & Sons, Inc., New York, 1951.

[7] Drozda, T. J., and Wick, C. (eds.) *Tool and Manufacturing Engineers Handbook,* 4th ed. Vol. I, *Machining.* Society of Manufacturing Engineers, Dearborn, Michigan, 1983.

[8] Eary, D. F., and Johnson, G. E. *Process Engineering: for Manufacturing.* Prentice Hall, Inc., Englewood Cliffs, New Jersey, 1962.

[9] Kalpakjian, S., and Schmid, S. R. *Manufacturing Engineering and Technology,* 4th ed. Prentice Hall, Upper Saddle River, New Jersey, 2003.

[10] Kalpakjian, S., and Schmid S. R. *Manufacturing Processes for Engineering Materials,* 6th ed. Pearson Prentice Hall, Upper Saddle River, New Jersey, 2010.

[11] Krar, S. F., and Ratterman, E. *Superabrasives: Grinding and Machining with CBN and Diamond.* McGraw-Hill, Inc., New York, 1990.

[12] Lindberg, R. A. *Processes and Materials of Manufacture,* 4th ed. Allyn and Bacon, Inc., Boston, 1990.

[13] Marinac, D. "Smart Tool Paths for HSM," *Manufacturing Engineering,* November 2000, pp. 44–50.

[14] Mason, F., and Freeman, N. B. "Turning Centers Come of Age," Special Report 773, *American Machinist,* February 1985, pp. 97–116.

[15] *Modern Metal Cutting.* AB Sandvik Coromant, Sandvik, Sweden, 1994.

[16] Ostwald, P. F., and J. Munoz, *Manufacturing Processes and Systems,* 9th ed. John Wiley & Sons, Inc., New York, 1997.

[17] Rolt, L. T. C. *A Short History of Machine Tools.* The MIT Press, Cambridge, Massachusetts, 1965.

[18] Steeds, W. *A History of Machine Tools—1700–1910.* Oxford University Press, London, 1969.

[19] Trent, E. M., and Wright, P. K. *Metal Cutting,* 4th ed. Butterworth Heinemann, Boston, 2000.

[20] Witkorski, M., and Bingeman, A. "The Case for Multiple Spindle HMCs," *Manufacturing Engineering,* March 2004, pp. 139–148.

복습문제

20.1 절삭가공에서 회전형 부품과 각주형 부품의 차이점을 설명하여라.

20.2 공작물을 가공할 때 생성가공과 총형가공을 구별하여라.

20.3 생성가공과 총형가공이 조합하는 절삭가공 공정의 예를 두 가지 나열하여라.

20.4 선삭 공정을 설명하여라.

20.5 나사가공과 태핑의 차이점은 무엇인가?

20.6 보링 공정이 선삭 공정과 다른 점이 무엇인가?

20.7 30 cm × 90 cm 선반은 무엇을 의미하는가?

20.8 공작물을 선반에 고정하는 여러 방법들을 설명하여라.

20.9 선반에서 회전센터와 정지센터의 차이점은 무엇인가?

20.10 터릿선반은 보통선반과 어떻게 다른가?

20.11 Blind hole이란 무엇인가?

20.12 레이디얼드릴링머신의 특징은 무엇인가?

20.13 평밀링과 정면밀링의 차이점은 무엇인가?

20.14 윤곽밀링을 설명하여라.

20.15 포켓밀링은 무엇인가?

20.16 상향절삭과 하향절삭의 차이점을 설명하여라.

20.17 만능밀링머신은 니형밀링머신과 어떻게 다른가?

20.18 머시닝센터란 무엇인가?

20.19 머시닝센터와 터닝센터의 차이점은 무엇인가?

20.20 밀링터닝센터는 터닝센터가 할 수 없는 어떤 것을 할 수 있는가?

20.21 형삭과 평삭은 어떻게 다른가?

20.22 내면브로칭과 외면브로칭의 차이점은 무엇인가?

20.23 톱작업의 세 가지 기본적인 종류를 설명하여라.

20.24 (동영상) 수직터릿선반을 사용해야 하는 부품의 종류는 무엇인가?

20.25 (동영상) 테이블 위에 회전축을 갖는 수직머시닝센터의 4축을 열거하여라.

20.26 (동영상) 수평머시닝센터에 사용되는 tombstone의 목적은 무엇인가?

20.27 (동영상) 일반적인 트위스트 드릴의 3부분을 열거하여라.

20.28 (동영상) 갱드릴링머신은 무엇인가?

객관식문제(23개의 답)

20.1 총형가공과 비교하여, 다음 중 어떤 것들이 생성가공인가? (두 개의 답) (a) 브로칭, (b) 윤곽선삭, (c) 드릴링, (d) 윤곽밀링, (e) 태핑.

20.2 선삭 공정에서, 공작물의 직경 변화는 다음 중 어떤 것과 같은가? (a) 1 × 절삭깊이, (b) 2 × 절삭깊이, (c) 1 × 이송, (d) 2 × 이송.

20.3 선반은 다음 중 어떤 작업을 수행하는가? (세 개의 답) (a) 보링, (b) 브로칭, (c) 드릴링, (d) 밀링, (e) 평삭, (f) 선삭.

20.4 단면가공 공정은 보통 다음 중 어떤 공작기계로 수행되는가? (한 개의 정답) (a) 드릴프레스, (b) 선반, (c) 밀링머신, (d) 플레이너, (e) 셰이퍼.

20.5 널링은 선반에서 수행된다. 그러나 이것은 재료제거 공정이라기보다는 금속성형 공정이다. (a) 맞음, (b) 틀림.

20.6 다음 중 터릿선반에 사용될 수 없는 한 가지 절삭공구는? (a) 브로치, (b) 절단공구, (c) 드릴비트, (d) 단인선삭공구, (e) 나사가공공구.

20.7 다음 어떤 선반이 매우 긴 봉을 가공할 수 있는가? (a) 척킹머신, (b) 보통선반, (c) 나사기계, (d) 속도선반, (e) 터릿선반.

20.8 트위스트 드릴은 가장 널리 쓰이는 드릴비트이다. (a) 맞음, (b) 틀림.

20.9 다음 어떤 형상을 만들기 위하여 탭을 사용하는 가? (a) 수나사, (b) 평면, (c) 둥근 구멍, (d) 암나사, (e) 사각 구멍.

20.10 리밍은 다음 어떤 기능을 위하여 사용되는가? (세 개의 정답) (a) 정확한 구멍 위치 선정, (b) 드릴 구멍의 확대, (c) 구멍의 표면정도 개선, (d) 구멍 직경의 공차 개선, (e) 내면 나사산 가공.

20.11 엔드밀링은 다음 중 어떤 것과 가장 유사한가? (a) 정면밀링, (b) peripheral milling, (c) plain milling, (d) 평판밀링.

20.12 다음 중 어떤 것이 기본적인 밀링머신인가? (a) 베드형, (b) 니형, (c) 모방밀링머신, (d) 램밀링머신, (e) 만능밀링머신.

20.13 다음 중 어떤 것이 평삭 공정을 잘 설명하는가? (a) 단인공구가 정지하고 있는 공작물을 직선으로 지나감, (b) 다인공구가 정지하고 있는 공작물을 직선으로 지나감, (c) 공작물이 회전하는 공구를 직선으로 지나감, (d) 공작물이 정지하고 있는 단인공구를 직선으로 지나감.

20.14 다음 중 어떤 것이 브로칭 공정을 잘 설명하는가? (a) 회전하는 공구가 정지하고 있는 공작물을 지나감, (b) 다인공구가 정지하고 있는 공작물을 직선으로 지나감, (c) 공작물이 회전하는 공구를 지나감, (d) 공작물이

정지하고 있는 단인공구를 직선으로 지나감.

20.15 톱날의 종류에 따라 톱작업을 세 가지로 분류하면?
(a) 연마제절단, (b) 띠톱작업, (c) 둥근톱작업, (d) 윤

곽가공, (e) 마찰톱작업, (f) 활톱작업, (g) 슬로팅.

20.16 기어 호빙은 다음 어떤 작업의 특수한 형태인가?
(a) 연삭, (b) 밀링, (c) 평삭, (d) 형삭, (e) 선삭.

▌연습문제

선삭과 관련 공정

20.1 직경 200 mm, 길이 700 mm인 원통형 공작물이 보통선반에서 선삭된다. 절삭속도 = 2.30 m/s, 이송 = 0.32 mm/rev, 절삭깊이 = 1.80 mm이다. (a) 절삭시간, (b) 소재제거율을 구하여라.

20.2 선삭 공정으로 원통형 공작물을 한번 이동으로 가공하려고 한다. 길이 400 mm이고 직경 150 mm이다. 이송 = 0.30 mm/rev, 절삭깊이 = 4.0 mm로 5분 만에 공정을 끝내기 위한 절삭속도를 구하여라.

20.3 보통선반으로 단면가공을 한다. 원통형 공작물의 직경은 18 cm이고 길이는 37.5 cm이다. 주축은 180 rev/min으로 회전한다. 절삭깊이 = 0.275cm, 이송 = 0.02 cm/rev이다. 절삭공구가 공작물의 외면으로부터 정확하게 중심 방향으로 일정한 속도로 이동한다고 가정한다. (a) 외면으로부터 중심으로의 공구 속도, (b) 절삭시간을 구하여라.

20.4 테이퍼진 표면을 자동선반으로 선삭하려고 한다. 공작물의 길이는 750 mm이고, 최소직경과 최대직경은 각각 100 mm, 200 mm이다. 선반의 자동제어 장치는 공작물 직경에 대하여 회전속도를 조절함으로써 200 m/min의 일정한 표면속도를 유지하게 한다. 이송 = 0.25 mm/rev, 절삭깊이 = 3.0 mm일 때, (a) 테이퍼를 가공하기위한 시간, (b) 절삭 시작과 끝에서의 회전속도를 구하여라.

20.5 앞 연습문제 20.4에서 표면속도 제어장치를 가진 자동선반대신에 보통선반을 사용한다고 가정한다. 앞 연습문제의 (a)로부터 구한 가공시간으로 공정을 마치기 위한 회전속도를 구하여라.

20.6 11.25cm 직경과 130 cm 길이를 가진 봉을 보통선반의 척과 회전센터로 지지한다. 115 cm 만큼을 10.625 cm 직경으로 절삭속도 = 135 m/min로 한번 이동하여 가공하려고 한다. 소재제거율은 105 cm³/min이다. (a) 요구되는 절삭깊이, (b) 이송, (c) 절삭시간을 구하여라.

20.7 10 cm 직경과 62.5 cm 길이를 가진 봉을 8.75 cm 직경으로 두 번 이동하여 보통선반에서 가공하려고 한다. 절삭속도 = 90 m/min, 이송 = 0.0375 cm/rev, 절삭깊이 = 0.3125 cm이다. 봉은 척과 회전센터로 지지된다. 이와 같은 공작물 고정장치에서는 공작물의 한쪽을 원하는 직경으로 가공한 다음에 다른 쪽을 가공하기 위하여 공작물을 돌려야 한다. 공작물을 올려놓고 내려놓는 시간은 5분이고, 공작물을 돌리는 시간은 3분이다. 각 선삭에서 총 진입 및 진출 여유는 1.25 cm이다. 이 선삭 공정을 마치기 위한 총 시간을 구하여라.

20.8 관형 공작물의 끝이 CNC수직보링머신으로 이송된다. 공작물의 외경은 95 cm, 내경은 60 cm이다. 회전속도 = 40.0 rev/min, 이송 = 0.0375 cm/rev, 절삭깊이 = 0.45 cm로 단면가공이 수행된다면, (a) 절삭시간, (b) 절삭 시작과 끝에서의 절삭속도와 소재제거율을 구하여라.

20.9 공작기계의 제어장치가 회전속도를 조절하여 일정한 절삭속도로 가공한다고 가정하고 연습문제 20.8을 풀어라. 절삭 시작에서의 회전속도는 40 rev/min이고, 일정한 절삭속도를 유지하기 위하여 계속 증가한다.

드릴링

20.10 12.7 mm 직경의 트위스트 드릴로 드릴작업을 한다. 구멍은 막힌 구멍으로 깊이 = 60 mm, 선단각 = 118°이다. 절삭속도 = 25 m/min, 이송 = 0.30 mm/rev이다. (a) 절삭시간, (b) 소재제거율을 구하여라.

20.11 두 개 축을 가진 드릴링머신으로 2.5 cm 두께의 공작물에 5/4 cm 구멍과 15/8 cm 구멍을 동시에 가공한다. 모두 트위스트 드릴을 사용하며 선단각은 118°이다. 절삭속도는 70 m/min 이고, 각 축의 회전속도는 별도로 정해진다. 두 개의 구멍에 대한 이송속도는 같은 값으로 하고, 전체 소재제거율이 23.45 cm³/min를 넘지 않도록 정해진다. (a) 최대 이송속도(cm/min), (b) 구멍에 대한 각각의 이송(cm/rev), (c) 드릴링 시간을 구하여라.

20.12 CNC드릴프레스로 4.375 cm 두께의 재료에 일련의 관통 구멍을 뚫는다. 각 구멍은 15/8 cm 직경이다. 100개의 구멍이 10 × 10으로 배열되어 있고, 인접한 구멍 중심과의 거리는 3.75 cm이다. 절삭속도 = 90 m/min, 깊이방향 이송 = 0.0375 cm/rev, 구멍 사이의 이송속도 = 37.5 cm/min이다. 구멍 사이의 이송은 공작물 표면으로부터 1.25 cm 위에서 이동하며, 이 거리는 각 구멍에 대한 깊이방향 이송속도에 포함되어야 한다. 또한 각 구멍으로부터 드릴이 빠져나오는 속도는 깊이방향 이송속도의 두 배이다. 드릴의 선단각은 100°이다. 공정에 소요되는 총 가공시간을 구하여라.

20.13 45/128 cm 직경의 구멍을 어떤 특정 깊이까지 가공하기 위하여 건드릴링 공정을 수행한다. 주축속도 = 4000 rev/min, 이송 = 0.004 cm/rev일 때, 공정시간은 4.5분이 걸린다고 한다. 표면정도를 향상시키기 위하여 속도를 20% 증가시키고 이송을 25% 감소시킨다면, 새로운 가공조건에서의 공정시간을 구하여라.

밀링

20.14 길이 400 mm, 폭 60 mm인 직사각형 공작물에 평밀링 공정을 수행한다. 직경이 80 mm이고 5개의 날을 가진 밀링커터가 공작물 폭 양쪽으로 걸쳐있다. 절삭속도 = 70 m/min, 칩부하 = 0.25 mm/날, 절삭깊이 = 5.0 mm라고 할 때, (a) 실제 가공시간, (b) 소재제거율을 구하여라.

20.15 길이 300 mm, 폭 125 mm인 직사각형 알루미늄 공작물의 표면으로부터 6.0 mm를 가공하기 위하여 정면밀링 공정을 수행한다. 커터는 공작물의 중심을 지난다. 커터는 4개의 날을 가지고 직경이 150 mm이다. 절삭속도 = 2.8 m/s, 칩부하 = 0.27 mm/날이라고 할 때, (a) 실제 가공시간, (b) 소재제거율을 구하여라.

20.16 길이 30cm, 폭 6.25 cm인 직사각형 공작물에 평판밀링 공정을 수행한다. 직경이 7.5 cm이고 10개의 날을 가진 헬리컬 밀링커터가 공작물 폭 양쪽으로 걸쳐있다. 절삭속도 = 37.5 m/min, 이송 = 0.015 cm/날, 절삭깊이 = 0.75 cm라고 할 때, (a) 실제 가공시간, (b) 소재제거율을 구하여라. (c) 추가 진입거리 1.25 cm가 절삭 초기에 주어지고, 절삭 종료시의 진출거리는 커터반경 + 1.25 cm로 주어진다면, 이송 운동의 지속 시간을 구하여라.

20.17 길이 30 cm, 폭 6.25 cm인 직사각형 공작물에 정면밀링 공정을 수행한다. 커터는 공작물의 중심을 지난다. 밀링커터는 5개의 날을 가지고 있고 직경이 7.5 cm이다. 절삭속도 = 75 m/min, 이송 = 0.015 cm/날, 절삭깊이 = 0.375cm라고 할 때, (a) 실제 가공시간, (b) 소재제거율을 구하여라. (c) 추가 진입거리 1.25cm가 절삭 초기에 주어지고, 절삭 종료시의 진출거리는 커터반경 + 1.25cm로 주어진다면, 이송 운동의 지속 시간을 구하여라.

20.18 공작물 폭이 12.5 cm이고, 커터가 공작물 한쪽으로 치우쳐 지나가고 이 때의 절삭폭이 2.5cm라고 하고 연습문제 20.17을 풀어라.

20.19 정면밀링으로 직경 9.75 cm인 원통형 공작물의 끝면으로부터 0.8 cm를 제거한다. 커터는 10 cm 직경이고 4개의 날을 가지고 있고, 이송 궤적이 공작물의 끝면 중심을 지난다. 절삭속도 = 112.5 m/min, 칩부하 = 0.015 cm/날이라고 할 때, (a) 절삭시간, (b) 평균 소재제거율, (c) 최대 소재제거율을 구하여라.

20.20 평밀링으로 길이 735 mm, 폭 50 mm, 두께 95 mm

인 직사각형 공작물의 표면을 가공한다. 5개의 날을 갖고 60 mm 직경인 커터가 공작물 폭 양쪽으로 걸쳐있다. 절삭속도 = 80 m/min, 칩부하 = 0.30 mm/날,

절삭깊이 = 7.5 mm 라고 할 때, (a) 절삭시간(진입거리 = 5 mm, 진출거리 = 25 mm), (b) 최대 소재제거율을 구하여라.

머시닝센터와 터닝센터

20.21 3축 CNC 머시닝센터를 작업자가 관리하고 있으며, 절삭작업을 위하여 공작물을 장착 및 탈착하여야 한다. 절삭의 사이클시간은 5.75분이고, 공작물의 장착 및 탈착을 위하여 호이스트를 사용하는 시간이 2.80분이다. 생산성 향상을 위하여 팰릿셔틀을 사용하려고 한다. 작업테이블과 스테이션 사이의 팰릿셔틀에 의한 이동시간은 15초이다. (a) 현재의 사이클시간, (b) 팰릿셔틀을 사용하였을 때의 사이클시간을 구하여라. 또한 팰릿셔틀의 사용으로 인한 시간당 생산성 향상(%)을 구하여라.

20.22 세 개의 밀링머신과 세 개의 드릴프레스로 공작물을 생산한다. 이 기계들의 절삭 사이클시간은 4.7분, 2.3분, 0.8분, 0.9분, 3.4분, 0.5분이다. 이 작업의 각각에 대한 평균 장착/탈착 시간은 1.25분이다. 대응하는 셋업시간은 1.55시간, 2.82시간, 57분, 45분, 3.15시간, 36분이다. 기계들 사이의 공작물 취급시간은 총 20분이다(6개의 기계들에 대하여 5번 이동). 한 개의 머시닝센터가 설치되고 6가지의 작업을 수행하려 한다. 이 작업에 대한 셋업시간은 1.0시간이고, 프로그래밍에 필

요한 시간은 3.0시간이다. 절삭 사이클시간은 6개의 기계에 의한 절삭 사이클시간의 합이다. 장착/탈착 시간은 1.25분이다. (a) 6개의 기계를 사용하여 1개의 부품을 생산하기 위하여 소요되는 총 시간(셋업 시간, 절삭시간, 장착/탈착 시간, 공작물 취급)을 구하여라. (b) CNC 머시닝센터를 사용하여 1개의 부품을 생산하기 위하여 소요되는 총 시간(셋업 시간, 프로그래밍 시간, 절삭시간, 장착/탈착 시간)을 구하여라. 또한 (a)와 비교하여 생산성 향상(%)을 구하여라. (c) 20개의 한 배치를 (a)의 작업 조건으로 생산한다고 할 때 총 시간을 구하여라. 20개를 운반하는 총 공작물 취급시간을 40분으로 한다. (d) 20개의 한 배치를 머시닝센터로 (b)의 작업 조건으로 생산한다고 할 때 총 시간을 구하여라. 또한 (c)와 비교하여 생산성 향상(%)을 구하여라. (e) 20개의 똑같은 제품의 추가 주문이 들어오면 프로그래밍 시간은 필요없게 된다. 이 경우에 20개를 생산하기위한 시간을 구하여라. 또한 (c)와 비교하여 생산성 향상(%)을 구하여라.

기타 공정들

20.23 50 mm 두께의 부품을 45 mm로 감소시키기 위하여 셰이퍼를 사용한다. 이 부품의 재질은 주철이고 인장강도 = 270 MPa, 브리넬 경도 = 165 HB이다. 이 부품의 초기 치수는 750 mm × 450 mm × 50 mm이다. 절삭속도 = 0.125 m/sec, 이송 = 0.40 mm/pass이다. 램은 유압으로 구동되며, 귀환행정 시간은 절삭행정 시간의 50%이다. 가속과 감속을 위하여 부품의 전방과 후방에 150 mm가 추가된다. 램이 부품의 길이방향에 평행하게 이동한다면 가공에 소요되는 시간을 구하여라.

20.24 단주형 플레이너로 50 cm × 112.5 cm 직사각형 공작물의 윗면을 가공한다. 절삭속도 = 9 m/min, 이송 =

0.0375 cm/pass, 절삭깊이 = 0.625 cm이다. 진입 및 진출 여유는 25 cm이다. 귀환행정 시간은 전진행정 시간의 60%이다. 공작물은 탄소강으로 인장강도 = 345 MPa, 브리넬 경도 = 110 HB이다. 공작물이 공정시간을 최소화하도록 설치되어 있다고 가정하고 공정시간을 구하여라.

20.25 문제 20.15의 알루미늄 공작물에 대하여 고속가공을 하려고 한다. 절삭속도와 인서트 종류 이외의 모든 절삭조건은 동일하다. 절삭속도는 표 20.1의 한계에 있다고 가정한다. (a) 가공시간, (b) 소재제거율을 구하여라. (c) 이 부품이 고속가공에 적당한 지를 설명하여라.

21.1 공구수명
21.1.1 공구 마모
21.1.2 공구수명과 Taylor 공구수명식

21.2 공구재료
21.2.1 고속도강과 그 이전 재료들
21.2.2 주조 코발트 합금
21.2.3 초경합금, 서멧, 코팅초경합금
21.2.4 세라믹
21.2.5 합성다이아몬드와 CBN

21.3 공구형상
21.3.1 단인공구 형상
21.3.2 다인 공구

21.4 절삭유
21.4.1 절삭유의 종류
21.4.2 절삭유의 공급

절삭가공 공정은 절삭공구를 사용하여 수행된다. 절삭가공 중의 큰 절삭력과 높은 온도는 공구에 대하여 매우 가혹한 환경을 제공한다. 절삭력이 너무 크면 공구가 파괴된다. 절삭온도가 너무 높으면 공구재료가 연화되어 파손된다. 공구파손을 초래하는 이런 조건이 아니더라도, 절삭공구에 대한 지속적인 마모작용이 결국은 파손을 가져온다.

절삭공구 기술을 두 가지로 크게 나누어 생각할 수 있다. 공구재료와 공구형상. 첫 번째는 절삭가공 중의 절삭력, 온도, 마모작용을 견딜 수 있는 재료를 개발하는 것이다. 두 번째는 주어진 공구재료와 공정에 대하여 공구형상을 최적화하는 것이다. 이것들이 이 장에서 다루어야 할 논점들이다. 먼저 공구수명을 고려하는 것이 공구재료에 대한 앞으로의 설명에 도움이 될 것이다. 또한 이 장의 끝에서 절삭유에 대하여 설명한다. 절삭유는 절삭공구의 수명을 연장하기 위하여 절삭가공 공정에 자주 사용된다. 첨부되어 있는 DVD에 절삭공구재료에 관한 비디오 클립이 포함되어 있다.

비디오클립
절삭공구재료. 이 클립은 3부분으로 나뉘어 있다. (1) 절삭공구재료 개요, (2) 공구재료의 선택, (3) 공구파손의 형태.

21.1 공구수명

서문에서 언급한 것처럼 절삭가공에서 절삭공구는 다음 세 가지 형태로 파손된다.

1. **파괴파손**(fracture failure)-공구 끝에 작용하는 절삭력이 너무 커서 취성파괴에 의하여 파손된다.

2. **온도파손**(temperature failure)-절삭온도가 너무 높아서 공구 끝의 재료가 연화되어 소성변형과 함께 예리한 날 끝이 손실된다.

3. **점진적 마모**(gradual wear)-절삭 날의 점진적 마모는 공구형상의 손실, 절삭효율 감소, 마모 진행에 따른 마모작용의 가속화를 가져와 마침내 온도파손과 비슷한 형태로 공구가 파손된다.

파괴파손과 온도파손은 절삭공구의 조기 손실을 가져온다. 그러므로 이 두 가지 파손 형태는 바람직하지 않다. 세 가지 가능한 파손 형태 중에서 점진적 마모가 선호되는데, 이는 공구를 장시간 사용할 수 있고 이와 관련된 경제적인 이점이 있기 때문이다.

공구파손 형태를 관리할 때 제품의 품질 또한 고려되어야한다. 공구 끝이 절삭 중에 갑자기 파손되면 공작물 표면에 손상을 입힐 수 있다. 이러한 손상은 표면을 재가공하거나 부품을 못 쓰게 되는 경우를 초래한다. 파괴파손이나 온도 파손보다는 공구의 점진적 마모를 유발하는 공구조건을 선택하고, 절삭 날의 돌발적인 손실이 일어나기 전에 공구 교환을 함으로써, 이러한 표면손상을 피할 수 있다.

21.1.1 공구 마모

점진적 마모는 절삭공구의 두 주요 위치에서 일어난다. 경사면과 여유면. 따라서 공구마모를 두 가지 주된 유형으로 구분할 수 있다. 크레이터마모와 플랭크마모(그림 21.1과 21.2). 공구마모와 이를 유발시키는 메커니즘을 설명하기 위하여 단인공구를 고려한다. **크레이터마모**(crater wear)는 공구 경사면의 오목한 부분으로, 면에 대한 칩의 미끄럼 운동으로 형성된다(그림 21.2(a)). 높은 응력과 온도가 공구-칩 접촉면에 작용하고 마모작용을 일으킨다. 크레이터마모는 마모의 깊이나 면적으로 측정된다. **플랭크마모**(flank wear)는 공구 여유면에 형성되며, 새롭게 생성된 공작물 표면과 절삭날 근

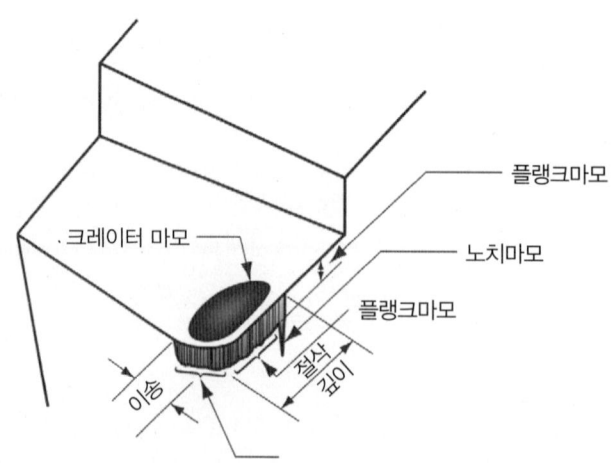

그림 21.1 마모가 일어나는 위치와 마모 유형을 나타낸 마모된 절삭공구.

처의 여유면이 서로 문질러지면서 발생한다(그림 21.2(b)). 플랭크마모는 **마모랜드**(wear land)의 폭으로 측정된다.

플랭크마모의 특징은 첫째로 매우 심한 플랭크마모가 원래의 공작물 표면에 대응하는 절삭 날 위치에서 자주 발견된다는 것이다. 이를 **노치마모**(notch wear)라고 한다. 노치마모는 공작물 재료가 이전 공정인 냉간 인발이나 절삭가공에 의해 가공경화가 되었거나, 주조에서 표면에 모래 입자가 남았거나 하는 원인에 의해, 공작물 표면이 내부보다 더 경하고 연마성이 강하기 때문에 발생한다. 더 경한 표면으로 인하여 이 위치에서 마모가 가속화된다. 플랭크 마모의 두 번째 특징은 **노즈반경마모** (nose radius wear)로서, 앞날(end cutting edge)로 이르는 노즈 반경에서 발생한다.

절삭가공을 할 때 공구-칩과 공구-공작물 접촉면에서 마모를 일으키는 마모 메커니즘은 다음과 같이 요약할 수 있다.

- **연마마모**(abrasion)-이것은 공작물의 경한 입자들이 공구의 작은 부분을 파내고 제거하는 기계적

(a)

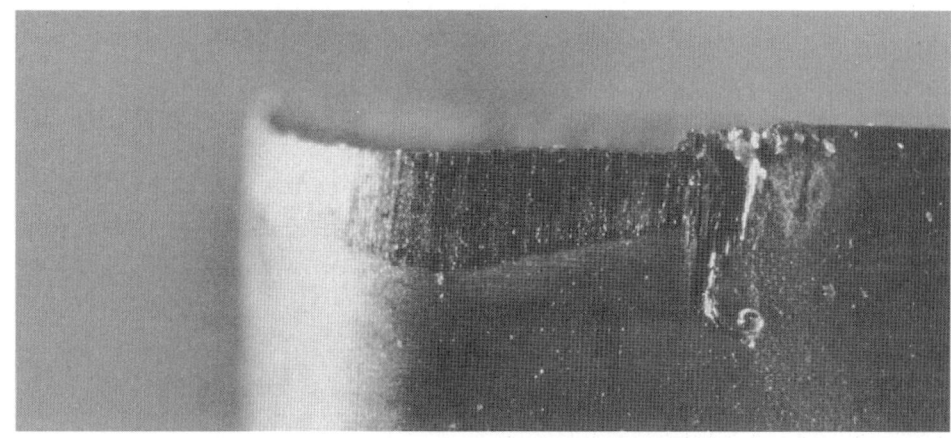

(b)

그림 21.2 공구현미경으로 관찰된 초경공구의 마모. (a) 크레이터마모, (b) 플랭크 마모.

인 마모작용이다. 이러한 연마마모는 플랭크 마모와 크레이터마모 모두에서 일어나는데, 대부분 플랭크 마모를 일으키는 주요 요인이 된다.

- **응착**(adhesion)-두 개의 금속이 높은 압력과 온도에서 접촉하게 되면, 응착과 용접이 두 면 사이에서 일어난다. 이러한 조건이 칩과 공구 경사면 사이에 존재한다. 칩이 공구를 따라 유동함에 따라 공구의 작은 입자들이 표면으로부터 떨어져나가면서 표면이 마모된다.

- **확산**(diffusion)-이것은 두 물질 사이의 밀착된 접촉면을 통하여 원자들이 상호 이동하면서 발생한다(4.3절). 공구마모의 경우, 공구-칩 경계에서 확산이 일어나서 경한 공구면의 원자들이 고갈된다. 이 과정이 진행됨에 따라 공구 면이 연마작용과 응착에 더 민감해지게 된다. 확산은 크레이터마모를 일으키는 주요 요인으로 알려져 있다.

- **화학반응**(chemical reaction)-고속의 절삭가공에서 공구-칩 접촉면의 고온과 깨끗한 표면은 공구 경사면에 화학반응, 특히 산화(oxidation)를 일으킨다. 이런 산화층은 공구 모재보다 연해서, 반응 공정을 계속하기 위한 새로운 재료를 노출시키면서 깎여나간다.

- **소성변형**(plastic deformation)-공구마모를 일으키는 또 다른 원인이 절삭 날의 소성변형이다. 높은 온도에서 절삭 날에 작용하는 절삭력은 날의 소성변형을 일으켜서, 공구면의 연마마모를 용이하게 한다. 소성변형은 주로 플랭크 마모에 영향을 미친다.

마모 메커니즘의 대부분은 높은 절삭속도와 온도에서 가속된다. 확산과 화학반응은 높은 온도에 특히 민감하다.

21.1.2 공구수명과 Taylor 공구수명식

절삭이 진행됨에 따라 여러 마모 메커니즘들이 절삭공구의 마모량을 증가시킨다. 공무마모와 절삭시간의 일반적인 관계가 그림 21.3에 나타나 있다. 플랭크마모에 대한 관계를 나타내었지만, 크레이터마모에 대해서도 비슷한 관계가 나타난다. 전형적인 마모 성장 곡선에서 보통 세 가지 영역을 확인할 수 있다. 첫 번째가 사용 초기에 날카로운 절삭날이 빠르게 마모되는 **길들임 기간**(break-in period)이다. 이 영역은 절삭 초기 수 분 안에 일어난다. 길들임 기간이 지나면 꽤 균일한 속도로 마모가 일어나는 영역이 뒤따른다. 이를 정상상태 마모영역이라고 한다. 실제 절삭가공에서 직선으로

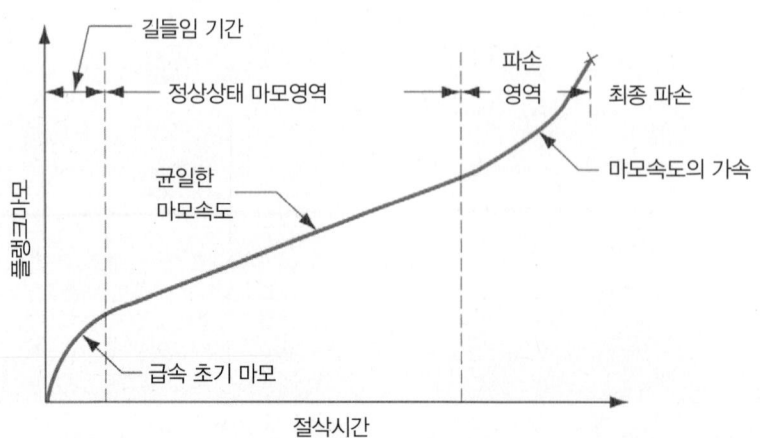

그림 21.3 절삭시간에 대한 공구마모. 플랭크마모(FW)를 측정하였지만 크레이터마모도 비슷한 성장 곡선을 나타낸다.

부터 어느 정도 벗어나기는 하지만, 그림에서 이 영역은 시간에 선형으로 비례하는 것으로 나타나있다. 마지막으로, 마모속도가 가속되기 시작하는 상태까지 마모가 진행된다. 이 상태가 **파손 영역**의 시작으로, 이 영역에서 절삭온도가 높아지고, 절삭공정의 일반적인 효율이 감소된다. 계속 진행되면 공구는 결국 온도파손에 의하여 파손된다.

정상상태영역에서 공구마모 곡선의 기울기는 공작물 재료와 절삭조건의 영향을 받는다. 경한 공작물 재료는 마모속도(곡선 기울기)를 증가시킨다. 속도, 이송, 절삭깊이의 증가도 비슷한 영향을 미치고, 이 중에서 속도의 영향이 가장 크다. 공구마모 곡선을 여러 다른 절삭속도에 대하여 구하면, 그림 21.4와 같이 된다. 절삭속도가 증가함에 따라, 마모속도도 증가하여 더 적은 시간으로 같은 마모량에 도달한다.

공구수명(tool life)은 공구를 사용할 수 있는 절삭시간으로 정의된다. 공구가 최종 파손에 이를 때까지 공구를 사용하는 것이 공구수명을 구하는 한 방법이다. 이것이 각 공구마모 곡선이 끝나는 최종점으로 그림 21.4에 표시되어 있다. 그러나 생산현장에서 이런 파손이 일어날 때까지 공구를 사용하는 것은 공구 재연삭의 어려움과 공작물 품질의 문제 때문에 비현실적이다. 대안으로 어떤 공구마모의 수준을 공구수명기준으로 선정하여 마모가 이 기준에 도달하였을 때 공구를 교체하는 것이다. 그림의 수평선으로 나타난 0.5 mm와 같은 어떤 플랭크마모 값을 공구수명기준으로 사용하는 것이 편리하다. 각 마모곡선이 이 선과 교차할 때 대응하는 공구가 수명이 다한 것으로 정의된다. 교차점을 시간 축으로 투영하여, 공구수명 값을 구할 수 있다.

Taylor 공구수명식

그림 21.4의 세 마모곡선에 대한 공구수명 값을 자연로그 그래프 상에 절삭속도에 대하여 그리면, 그림 21.5에서처럼 직선의 관계가 된다.[1]

이와 같은 관계를 1900년경에 F. W. Tayor가 개발하였는데 아래 식으로 표현될 수 있고, 이를 Tayor 공구수명식이라고 한다.

$$vT^n = C \tag{21.1}$$

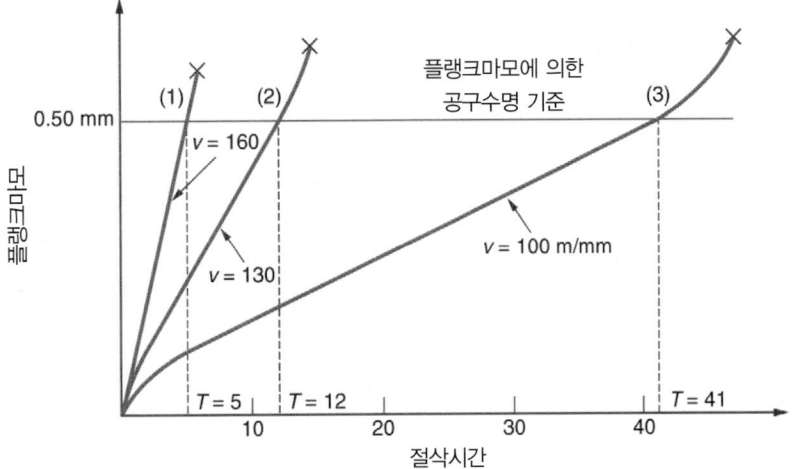

그림 21.4 세 개의 절삭속도에 대하여, 플랭크마모에 대한 절삭속도의 영향. 0.50 mm 플랭크마모의 공구수명 기준에 대하여 속도와 공구마모의 값이 예시되어 있다.

---

[1] 독자들은 그림 21.5의 수평축에 종속변수(공구수명)를 수직축에 독립변수(절삭속도)를 도시한 것에 주목하자. 이것은 일반적인 도시법의 역순이지만 Taylor 공구 수명식은 보통 이런 식으로 도시된다.

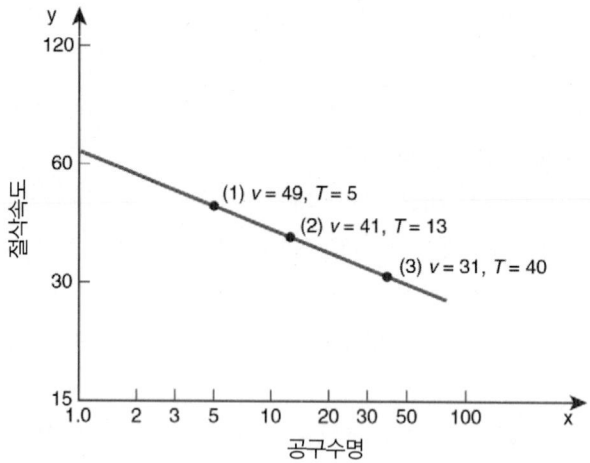

그림 21.5

여기서 v = 절삭속도(m/min); T = 공구수명(min); n과 C는 이송, 절삭깊이, 공작물 재료, 공구(특히 재료), 공구수명기준에 의존하는 매개변수이다.

n값은 주어진 공구재료에 대하여 일정한 반면에, C값은 공구재질, 공작물 재질, 절삭조건에 의존한다. 21.2절에서 여러 공구재료를 설명할 때 이 관계를 더 자세히 설명할 것이다.

기본적으로 식 (21.1)은 절삭속도가 높을수록 공구수명은 짧아진다는 것을 의미한다. 그림 21.5에서 n은 기울기를 나타내고, C는 속도 축과의 절편을 나타낸다. C는 공구수명이 1분일 때의 절삭속도이다.

식 (21.1)은 식의 오른쪽과 왼쪽의 단위가 일치하지 않는 문제가 있다. 단위를 일치시키기 위하여, 이 식을 다음과 같이 표현하여야한다.

$$vT^n = C \left(T_{\text{ref}}^n \right) \tag{21.2}$$

여기서 T_{ref} = C의 기준값. m/min와 min이 각각 v와 T에 대하여 사용된다면, T_{ref}는 단순히 1분이 된다.

Taylor 식을 m/min와 min 이외의 단위를 가지고 사용하려 할 때 식 (21.2)의 이점이 있다. 예를 들면 절삭속도가 m/sec로 표현되고 공구수명이 sec로 표현된다고 하자. 이 경우에 T_{ref}는 60 초이고 C는 m/sec 단위로 전환되지만 식 (21.1)과 같은 값이 된다. 기울기 n도 식 (21.1)과 같은 값을 가진다.

예제 21.1 Taylor 공구수명식

그림 21.5의 C와 n값을 구하기 위하여, 그림에서 세 개의 점 중에서 두 개를 선택하여 식 (21.1) 형태의 연립방정식을 풀어라.

풀이

양쪽 끝점들을 선택한다. v = 160 m/min, T = 5 min; v = 100 m/min, T = 41 min.

$$160(5)^n = C$$
$$100(41)^n = C$$

따라서,

$$160(5)^n = 100(41)^n$$

각 항에 자연로그를 취하면,

$$\ln(160) + n\ln(5) = \ln(100) + n\ln(41)$$
$$5.0752 + 1.6094\,n = 4.6052 + 3.7136\,n$$
$$0.4700 = 2.1042\,n$$
$$n = \frac{0.4700}{2.1042} = 0.223$$

이 n 값들을 처음 식에 대입하면, C 값을 얻을 수 있다.

$$C = 160(5)^{0.223} = 229$$
$$C = 100(41)^{0.223} = 229$$

그러므로 그림 21.5의 Taylor 공구수명식은 다음과 같다.

$$vT^{0.223} = 229$$

이송, 절삭깊이, 공작물 경도의 영향을 고려하면, 식 (21.2)을 다음과 같이 확장할 수 있다.

$$vT^n f^m d^p H^p = KT_{\text{ref}}{}^n f_{\text{ref}}{}^m d_{\text{ref}}{}^p H_{\text{ref}}{}^q \tag{21.3}$$

여기서 f = 이송(mm); d = 절삭깊이(mm); H = 경도; m, p, q는 공정 조건에 따라 실험적으로 결정된 지수; K = 식 (21.2)의 C와 유사한 상수; $f_{\text{ref}}, d_{\text{ref}}, H_{\text{ref}}$는 이송, 절삭깊이, 경도에 대한 기준값.

이송과 절삭깊이의 지수, m과 p는 1.0보다 작다. 이는 v의 지수는 1.0이기 때문에 절삭속도가 공구수명에 더 큰 영향을 미친다는 것을 의미한다. 속도 다음으로는 이송이 중요하다. 그러므로 m이 p보다 큰 값을 가진다. 공작물 경도에 대한 지수, q 또한 1.0보다 작다.

아마도 식 (21.3)을 실제 절삭가공 공정에 적용할 때 가장 어려운 점은 이 식의 매개변수들을 결정하기 위하여 요구되는 엄청나게 많은 양의 절삭가공 데이터이다. 공작물 재료와 시험조건의 변화 또한 데이터의 통계적 변화를 가져오기 때문에 어려움을 준다. 식 (21.3)은 변수들 간의 일반적인 경향을 나타내기는 좋지만, 공구수명을 정확하게 예측하지는 못한다. 이런 문제들을 감소시키고 식을 간단히 하기 위하여, 몇 개의 항들을 제거한다. 예를 들면 식 (21.3)에서 절삭깊이와 경도를 제거하면 다음과 같이 된다.

$$vT^n f^m = KT_{\text{ref}}{}^n f_{\text{ref}}{}^m \tag{21.4}$$

여기서 각 항들은 앞에서와 같은 의미를 가진다. 다만 상수 K는 조금 다른 해석이 필요하다.

생산현장의 공구수명기준

플랭크 마모가 앞에서 기술한 Taylor 공구수명식의 기준으로 사용되지만, 생산현장에서는 플랭크 마모를 측정하는 어려움과 시간 때문에 이 기준을 실제로 적용하기가 어렵다. 다음은 생산현장에서 편리하게 공구수명을 판별할 수 있는 9개의 기준들이다. 이중 몇 개는 다분히 주관적이다.

1. 절삭 날이 완전히 파손된다(파괴파손, 온도파손, 혹은 공구를 완전히 못쓰게 될 때까지의 마모).

2. 작업자가 플랭크마모(혹은 크레이터마모)를 시각적으로(공구현미경을 사용하지 않고) 검사한다. 이는 육안으로 공구마모를 관찰하는 작업자의 판단과 능력에 좌우된다.

3. 작업자가 절삭 날의 불규칙성을 검사하기 위하여 손톱으로 긁어본다.

4. 작업환경 변화로부터 나오는 소리로 작업자가 판단한다.

5. 칩이 리본형, 실 오리형, 처리하기 어려운 형이 된다.

6. 공작물의 표면정도가 나빠진다.

7. 공정에 필요한 소요 동력이 증가한다. 이는 공작기계에 연결된 전력계로 측정할 수 있다.

8. 가공한 공작물 개수. 작업자는 어떤 주어진 개수의 공작물 가공이 완료되면 공구를 교환하도록 한다.

9. 누적 절삭시간. 공작물 개수와 유사하지만 공구의 절삭시간이 모니터링되는 것이 다르다. 컴퓨터에 의하여 제어되는 공작기계에서 가능하다. 컴퓨터가 각 공구에 대한 총 절삭시간을 저장하도록 프로그램 되어있다.

21.2 공구재료

공구재료에 필요한 몇 가지 중요한 성질들을 공구파손의 세 가지 형태를 이용하여 설명하면 다음과 같다.

- **인성**(toughness)-파괴파손을 피하기 위하여, 공구재료는 높은 인성을 가져야 한다. 인성은 파손되지 않고 에너지를 흡수할 수 있는 재료의 능력이다. 이는 보통 재료의 강도와 연성이 조합된 특징으로 나타난다.

- **고온경도**(hot hardness)-고온경도는 높은 온도에서 경도를 유지할 수 있는 재료의 능력이다. 이것은 공구를 사용하는 환경의 온도가 매우 높기 때문에 요구된다.

- **내마모성**(wear resistance)-경도는 연마마모에 저항하는 매우 중요한 성질이다. 모든 절삭공구재료는 경도가 높아야 한다. 그러나 금속절삭에서의 내마모성은 다른 마모 메커니즘으로 인하여 공구 경도 만에 의존하지 않는다. 내마모성에 영향을 미치는 다른 특성들로는 공구의 표면정도(매끄러운 표면은 낮은 마찰계수를 의미한다), 공구와 공작물간의 화학적 친화성, 절삭유 사용 유무가 있다.

절삭공구재료는 이러한 성질들을 다양하게 조합하여 얻을 수 있다. 이 절에서 다음의 절삭공구재료에 대하여 설명한다. (1) 고속도강과 그 이전 재료들, 일반탄소강 및 저합금강, (2) 주조코발트합금, (3) 초경합금, 서멧, 코팅초경합금, (4) 세라믹, (5) 합성다이아몬드와 입방정질화붕소. 이런 개개의 재료들을 설명하기 전에, 간단한 개요와 기술적인 비교가 도움이 될 것이다. 이 재료들의 역사적인 발전을 역사적 고찰 21.1에 서술한다. 상업적으로 가장 중요한 공구재료에는 고속도강과 함께 초경합금, 서멧, 코팅초경합금이 있다. 이것들이 절삭가공 공정에 사용되는 절삭공구의 90% 이상을 차지하고 있다.

표 21.1과 그림 21.6은 여러 공구재료의 성질들을 나타내고 있다. 이 성질들은 공구재료의 요구조건들인 경도, 인성, 고온경도와 관련되어 있다. 표 21.1은 상온 경도와 횡방향 파단강도를 나열하였다. 횡 방향 파단강도(3.1.3절)는 경한 재료의 인성을 나타내는데 사용되는 성질이다. 그림 21.6은 이 절에서 서술하는 여러 공구재료에 대하여 온도의 함수로서 경도를 나타내고 있다.

이와 같이 성질을 비교하는 것에 추가하여, Taylor 공구수명식의 n과 C값의 관점에서 재료들을 비교하는 것이 유익하다. 일반적으로 새로운 절삭공구재료의 개발은 이 두 값들의 증가를 가져온다. 표 21.2는 몇 가지 공구재료에 대하여 Taylor 공구수명식의 대표적인 n과 C 값들을 제공하고 있다.

일반적으로 새로운 공구재료는 더 높은 절삭속도가 가능하도록 계속 발전되어 왔다. 표 21.3은 여러 공구재료의 대략적인 최초 사용연도와 최대 허용 절삭속도를 나타내고 있다. 표에 나타난 바와 같이, 공구재료 기술의 발전은 절삭가공의 생산성을 극적으로 증가시켰다. 실제로는 공작기계가 절삭공구 기술과 보조를 맞추지 못하고 있다. 마력, 공작기계 강성, 주축 베어링의 한계성과, 산업현장에서 현재까지도 광범위하게 사용되고 있는 재래식 기계로 인하여 공구재료의 가능한 최대절삭속도를 제대로 발휘하지 못하고 있다.

역사적 고찰 21.1 절삭공구재료

1800년에, 영국은 산업혁명을 주도하고 있었고, 철은 산업혁명의 주된 금속이었다. 철을 절삭하기에 가장 좋은 공구는 1742년에 B. Huntsman에 의하여 도가니 공정으로 만들어진 주강(cast steel)이었다. 탄소량이 연철과 주철 사이였던 주강은 다른 금속을 절삭가공하기 위해서 열처리로 경화될 수 있었다. 1868년에 R. Mushet는 도가니강에 약 7%의 텅스텐을 합금해서, 열처리 후에 공랭하면 경화된 공구강을 얻을 수 있다는 것을 발견하였다. Mushet의 공구강은 이전 재료보다 훨씬 우수하였다.

F. W. Taylor는 절삭공구의 역사에서 매우 중요한 인물이다. 약 1880년경 Philadelphia의 Midvale Steel에서 시작하여, 그 후 Pennsylvania의 Bethlehem Steel에서 그는 1/4세기 동안을 지속해온 일련의 실험들을 통하여 금속절삭에 대하여 훨씬 진보된 해석들을 연구해 냈다. Taylor와 동료인 M. White가 Bethlehem에서 개발한 것들 중에서, **고속도강**(high-speed steel)은 이전의 절삭공구보다 훨씬 높은 절삭속도가 가능한 고합금공구강이었다. 고속도강의 우수성은 합금 기술뿐만 아니라 열처리의 정련 기술로부터 비롯되었다. 새로 개발된 공구강은 Mushet의 강보다 두 배 이상의 절삭속도, 일반탄소주강보다는 거의 네 배의 절삭속도가 가능하였다.

텅스텐카바이드(WC)는 1890년대 후반에 처음 개발되었다. 텅스텐카바이드를 금속결합제로 소결하여 **초경합금**(cemented carbide)으로 만들어 절삭공구재료로 사용하기까지는 거의 30년이 걸렸다. 1920년대 중반에 독일에서, 1920년대 후반에 미국에서(역사적 고찰 7.2) 처음 금속절삭에 사용되었다. 티타늄카바이드를 기반으로 한 **서멧**(cermet) 절삭공구는 1950년에 처음 소개되어 1970년에 상업적으로 사용되기 시작하였다. WC–Co 모재에 단층으로 코팅된 최초의 **코팅초경합금**(coated carbide)은 1970년에 처음 사용되었다. 코팅재료로는 TiC, TiN, Al₂O₃가 있다. 현대의 코팅초경합금은 여러 경한 재료 위에 세 개 이상의 코팅층을 가진다.

1900년대 초반에 유럽에서 **알루미나세라믹**(alumina ceramics)을 절삭가공에 처음 사용하기 시작하였다. 초기에는 이 재료의 취성으로 어려움이 많았지만, 수십 년 동안의 공정 개선으로 성질이 많이 향상되었다. 미국이 세라믹 절삭공구를 상업적으로 사용하기 시작한 것은 1950년대 중반부터이다.

최초의 산업용 다이아몬드는 General Electric에 의하여 1954년에 개발되었다. 이것은 단결정 다이아몬드로, 1957년경을 시작으로 연삭공정에 어느 정도 성공적으로 적용되었다. 다이아몬드 절삭공구는 1970년대 초반에 **소결 다결정 다이아몬드**가 개발되면서 많이 사용되기 시작하였다. 유사한 공구재료인 소결 **입방정질화붕소**(cubic boron nitride)는 1969년에 GE에 의하여 BORAZON이란 이름으로 처음 소개되었다.

표 21.1 여러 공구재료의 경도(상온)와 횡방향 파단강도.

재료	경도	횡파단강도 MPa
일반탄소강	60 HRC	5200
고속도강	65 HRC	4100
주조코발트합금	65 HRC	2250
초경합금(WC)		
적은 Co 량	93 HRA, 1800 HK	1400
많은 Co 량	90 HRA, 1700 HK	2400
서멧(TiC)	2400 HK	1700
알루미나(Al_2O_3)	2100 HK	400
입방정질화붕소	5000 HK	700
다결정 다이아몬드	6000 HK	1000
천연 다이아몬드	8000 HK	1500

표의 수치들은 비교를 위하여 일반적인 값을 나타낸 것이고 조성과 공정에 따라 달라질 수 있음.
문헌 [4], [9], [17]로부터 편집함.

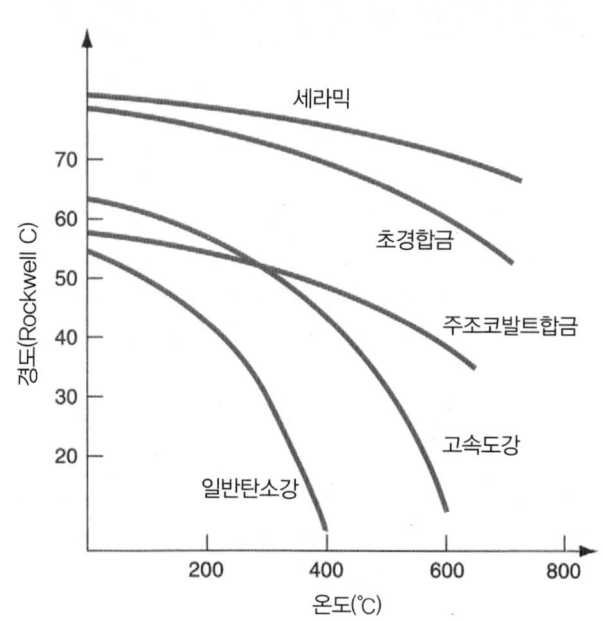

그림 21.6 여러 공구재료의 고온경도.

21.2.1 고속도강과 그 이전 재료들

고속도강이 개발되기 전에, 일반탄소강과 Mushet강이 금속절삭을 위하여 주로 사용된 공구재료이다. 오늘날 이 재료들은 절삭가공 산업에서 거의 사용되지 않는다. 절삭공구로 사용된 일반탄소강은 높은 탄소량으로 인하여 열처리하면 상대적으로 높은 경도(Rockwell 경도 C 60)를 얻을 수 있었다. 그러나 적은 합금량으로 인하여 고온경도가 좋지 않기 때문에(그림 21.6), 오늘날의 관점에서 볼 때 실용적이지 않은 매우 낮은 속도 외에는 금속절삭에 적용하기가 어렵다. Mushet강은 공구 야금학의 발전에 따라 더 이상 쓰이지 않고 있다.

고속도강(high-speed steel, HSS)은 높은 온도에서 경도를 유지할 수 있기 때문에 고탄소강이나

표 21.2 일부 공구재료에 대한 Taylor 공구수명식의 대표적인 *n*과 *C* 값들.

공구재료	*n*	C 비강절삭 m/min	강절삭 m/min
일반탄소공구강	0.1	70	20
고속도강	0.125	120	70
초경합금	0.25	900	500
서멧	0.25		600
코팅초경합금	0.25		700
세라믹	0.6		3000

이송 = 0.25 mm/rev, 절삭깊이 = 2.5 mm인 선삭인 경우이다. 비강절삭은 알루미늄, 황동, 주철과 같은 쾌삭금속을 지칭하며 강절삭은 경화되지 않은 연강을 지칭한다. 실제 적용에 있어서는 상당한 값의 차이가 있을 수 있다.
문헌 [4], [9]로부터 편집함.

표 21.3 여러 공구재료의 최초 사용연도와 허용 절삭속도.

공구재료	최초 사용연도	허용 절삭속도 비강절삭 m/min	강절삭 m/min
일반탄소공구강	1800s	10이하	5이하
고속도강	1900	25–65	17–33
주조코발트합금	1915	50–200	33–100
초경합금(WC)	1930	330–650	100–300
서멧(TiC)	1950s		165–400
세라믹(Al_2O_3)	1955		330–650
합성다이아몬드	1954, 1973	390–1300	
입방정질화붕소	1969		500–800
코팅초경합금	1970		165–400

문헌 [9], [12], [16], [19]로부터 편집함.

저합금강보다 우수한 고합금공구강이다. 고온경도가 좋기 때문에 고속도강으로 만든 공구는 높은 절삭속도에서 사용될 수 있다. 개발되었을 당시의 다른 공구재료들과 비교해보면 공구이름을 고속이라고 할 만 했다. 여러 종류의 고속도강이 있지만 이를 두 가지 기본적인 종류로 나눌 수 있다. (1) 텅스텐계(T-grade), (2) 몰리브덴계(M-grade).

텅스텐계 고속도강은 텅스텐(W)을 주요 합금 성분으로 하고 있다. 다른 합금 성분으로 크롬(Cr), 바나듐(V)이 있다. 가장 잘 알려진 초창기 고속도강 중의 하나가 T1(18-4-1 고속도강)으로, 18% W, 4% Cr, 1% V을 함유하고 있다. **몰리브덴계 고속도강**은 텅스텐과 몰리브덴(Mo)과 함께 텅스텐계와 같은 추가 합금 성분을 가지고 있다. 때론 코발트(Co)를 고속도강에 첨가하여 고온경도를 높이기도 한다. 물론 고속도강도 모든 강과 마찬가지로 탄소를 함유하고 있다. 고속도강에서 전형적인 합금량과 각 합금원소들의 기능이 표 21.4에 나열되어 있다.

상업적으로, 고속도강은 한 세기 전에 소개되었지만 오늘날 사용되고 있는 가장 중요한 절삭공구 중의 하나이다. 고속도강은 드릴, 탭, 밀링커터, 브로치와 같이 특별히 복잡한 공구형상을 수반하는

표 21.4 고속도강에서 전형적인 합금량과 각 합금원소들의 기능.

합금원소	함유량(무게 %)	기능
텅스텐	T-계 고속도강 : 12–20 M-계 고속도강 : 1.5–6	고온경도 증가 경한 탄화물 형성으로 내연마모성 향상
몰리브덴	T-계 고속도강 : 없음 M-계 고속도강 : 5–10	고온경도 증가 경한 탄화물 형성으로 내연마모성 향상
크롬	3.75–4.5	경화능 향상 경한 탄화물 형성으로 내연마모성 향상 내부식성(작은 효과)
바나듐	1–5	내마모성을 위해 탄소와 결합 인성 향상을 위해 결정립 성장 억제
코발트	0–12	고온경도 증가
탄소	0.75–1.5	주된 경화 원소 내마모성을 위해 다른 합금원소와 탄화물 형성을 위한 탄소 제공

공정에 잘 맞는다. 일반적으로 이런 복잡한 공구들은 다른 공구재료보다는 고속도강으로 생산하는 것이 더 쉽고 더 싸다. 열처리가 가능해서 절삭날 경도가 매우 좋고(Rockwell 경도 C 65), 공구 내부의 인성 또한 우수하다. 고속도강 커터는 절삭가공에 사용되는 경도가 더 우수한 비철 공구재료, 즉 초경합금과 세라믹보다 더 좋은 인성을 가지고 있다. 단인공구까지도 고속도강이 작업자들에게 인기가 좋은데, 원하는 공구형상으로 연삭하기가 쉽기 때문이다. 수년간에 걸친 고속도강의 금속학적 품질 향상으로, 이 종류의 공구재료는 아직 경쟁력을 갖고 많이 적용되고 있다. 또한 고속도강 공구, 특히 드릴은 특별히 얇은 티타늄질화물(titanium nitride, TiN)로 코팅하여 절삭수행 능력을 향상시켰다. 물리증착법(26.5.1절)인 스퍼터링(sputtering)과 이온도금(ion plating)이 고속도강공구를 코팅하기 위하여 보통 사용 된다.

21.2.2 주조 코발트 합금

주조코발트합금 절삭공구는 다음 성분으로 구성되어있다. 코발트(약 40%에서 50%), 크롬(약 25%에서 35%), 텅스텐(보통 15%에서 20%), 약간의 다른 원소들. 이 공구는 흑연 주형으로 원하는 형상으로 주조된 다음 최종 크기와 절삭날로 연삭된다. 높은 경도를 주조로 얻기 때문에 열처리로 얻는 고속도강보다 유리하다. 주조코발트합금의 내마모성은 고속도강보다 좋지만 초경합금보다는 좋지 않다. 주조코발트공구의 인성은 초경합금보다 좋지만 고속도강보다는 좋지 않다. 고온경도 또한 이 두 재료의 중간에 있다.

이러한 성질로부터, 주조코발트공구의 적용은 일반적으로 고속도강과 초경합금의 중간에 있다. 이 공구는 고속도강보다 높은 속도로, 초경합금보다 높은 이송으로 상당량을 황삭할 수 있다. 공작물로는 강과 비강(nonsteel) 뿐만 아니라 플라스틱과 흑연같은 비금속재료가 있다. 오늘날 주조코발트합금공구는 고속도강이나 초경합금만큼 상업적으로 중요하지 않다. 이것은 1915년경에 고속도강보다 높은 절삭속도가 가능한 공구재료로 처음 소개되었다. 초경합금이 이후에 개발되었고 대개의 절삭환경에서 주조코발트합금보다 우수하다는 것이 판명되었다.

21.2.3 초경합금, 서멧, 코팅초경합금

서멧(cermet)은 ceramic과 metallic material의 합성어이다(8.2.1절). 기술적으로 말하면 초경합금이 이 범주에 포함되지만, WC-TiC-TaC-Co를 포함하는 WC-Co계 서멧을 보통 초경합금이라고 한다. 절삭공구 용어에서 서멧이라는 용어는 TiC와 TiN을 포함하고 WC가 없는 다른 세라믹을 포함하는 세라믹-금속 복합물에 적용된다. 최신 절삭공구재료 기술 중의 하나가 매우 얇은 층을 WC-Co 모재에 코팅할 수 있다는 것이다. 이 공구를 코팅초경합금이라고 한다.

초경합금

초경합금(carbide, cemented carbide, sintered carbide, **시멘트카바이드**)은 분말야금기술(14장)을 이용하여 코발트(Co)를 결합제(7.3.2, 8.6.2, 15.3.1절)로 하여 텅스텐카바이드(WC)로부터 만들어진 경한 공구재료이다. 텅스텐카바이드외에도 티타늄카바이드(TiC)와 탄탈룸카바이드(TaC) 같은 카바이드 화합물이 있다.

최초의 초경 절삭공구는 WC-Co로 만들어졌고(역사적 고찰 7.2), 고속도강과 주조코발트합금보다 높은 절삭속도로 주철과 비강 재료를 가공할 수 있었다. 그러나 순수 WC-Co 공구로 강을 가공하면 크레이터마모가 빠르게 발생하여 공구의 조기파손을 가져왔다. 이와 같은 공작물-공구 조합에서는 강과 텅스텐카바이드의 탄소 사이에 강한 화학적 친화성이 존재하여, 공구-칩 접촉면에서의 확산과 화학반응으로 마모가 가속된다. 결과적으로, 순수 WC-Co 공구는 강을 효과적으로 가공할 수가 없다. 이 후에 WC-Co 혼합물에 티타늄카바이드와 탄탈룸카바이드를 첨가하면 강을 절삭할 때 크레이터마모속도를 상당히 지연시킨다는 것을 발견하였다. 이 새로운 WC-TiC-TaC-Co 공구는 강을 가공하는데 사용될 수 있었다. 결과적으로 초경합금을 두 가지 기본적인 종류로 나눌 수가 있다. (1) 비강절삭 등급, 순수 WC-Co, (2) 강절삭 등급, WC-Co에 첨가된 TiC와 TaC의 조합.

두 종류 초경합금의 일반적인 성질은 유사하다. (1) 고 압축강도(그러나 저·중 인장강도), (2) 고 경도(90~95HRA), (3) 우수한 고온경도, (4) 우수한 내마모성, (5) 고 열전도성, (6) 고 탄성계수(최대 약 600×10^3 MPa의 E 값), (7) 고속도강보다 낮은 인성.

비강절삭 등급은 알루미늄, 황동, 구리, 마그네슘, 티타늄 등의 비철금속들을 가공하기에 적당한 초경합금을 지칭한다. 이례적으로 회주철이 이 범주의 공작물 재료에 들어간다. 비강절삭 등급에서 결정립 크기와 코발트 함유량은 초경합금의 성질에 영향을 미치는 요인들이다. 전통적인 초경합금의 전형적인 결정립 크기는 0.5~5 μm이다. 결정립 크기가 증가함에 따라 경도와 고온경도는 감소하지만 횡방향 파단강도는 증가한다. 절삭공구로 사용되는 초경합금의 전형적인 코발트 함유량은 3~12%이다. 코발트 함유량이 경도와 횡방향 파단강도에 미치는 영향을 그림 8.9에 나타내었다. 코발트 함유량이 증가함에 따라 경도와 내마모성은 감소하지만 횡방향 파단강도는 증가한다. 낮은 코발트 함유량(3~6%)을 가진 초경합금은 높은 경도와 낮은 횡방향 파단강도를 가지는 반면에, 높은 코발트 함유량(6~12%)을 가진 초경합금은 높은 횡방향 파단강도와 낮은 경도를 가진다(표 21.1). 따라서 높은 코발트 함유량을 가진 초경합금은 황삭 공정과 단속절삭공정(예를 들면 밀링)에 사용되고,

낮은 코발트 함유량(높은 경도와 내마모성)을 가진 초경합금은 정삭 공정에 사용된다.

강절삭 등급은 저탄소강과 스테인레스강 등의 합금강에 사용된다. 이것은 티타늄카바이드와 탄탈룸카바이드가 텅스텐카바이드의 일부를 대체한 것이다. TiC가 대개의 경우에 더 많이 사용되는 첨가제이다. 일반적으로, 10~25%의 WC가 TiC와 TaC의 조합으로 대체된다. 이와 같은 합성물은 강절삭에 대한 크레이터마모 저항성을 증가시키지만 비강절삭의 경우에는 플랭크마모 저항성에 역으로 작용한다. 이것이 초경합금에서 두 가지 기본적인 종류가 필요한 이유이다.

최근의 초경합금 기술에서 중요한 것 중의 하나는 여러 탄화물 성분(WC, TiC, TaC)의 매우 미세한(submicron size) 결정립 크기를 사용하는 것이다. 작은 결정립 크기는 보통 높은 경도와 낮은 횡방향 파단강도와 관련되지만, 매우 미세한 입자 크기로 인하여 횡방향 파단강도의 감소가 경감되거나 반대가 된다. 그러므로 이와 같은 극도로 미세한 결정립의 탄화물은 높은 경도와 함께 좋은 인성을 가진다.

두 가지 기본적인 초경합금이 1920년대와 1930년대에 처음 소개된 이후에, 공업재료의 수가 증가되고 다양화되어서 이와 같은 가장 적당한 초경합금의 선택이 복잡하게 되었다. 등급 선정의 문제를 다루기 위하여, 두 가지 분류시스템이 발전되어왔다. (1) 1942년경을 시작으로 미국에서 개발된 ANSI(American National Standards Institute) C-등급 시스템, (2) 1964년경에 ISO(International Organization of Standardization)에 의하여 제안된 ISO R513-1975(E) 시스템. 표 21.5에 요약된 C-등급 시스템에서, 초경합금의 절삭가공 등급을 비강절삭과 강절삭의 두 그룹으로 나눈다. 각 그룹 안에 황삭, 일반 절삭, 정삭, 정밀 정삭의 네 가지의 단계가 있다.

표제가 '칩 제거 절삭가공에 초경합금의 적용'인 ISO R513-1975(E) 시스템은 초경합금의 모든 절삭가공 등급을 각기 고유 문자와 색깔을 가진 세 가지 기본적인 그룹으로 나눈다(표 21.6). 각 그룹 안에서 등급을 최대 경도에서 최대 인성까지 숫자로 단계를 표시하였다. 경도가 높은 등급은 정삭 공정(높은 속도, 낮은 이송과 깊이)에 사용되고, 인성이 높은 등급은 황삭 공정에 사용된다. ISO 분류시스템은 서멧과 코팅초경합금에 대해서도 사용할 수 있다.

이 두 시스템은 다음과 같이 서로 대응한다. ANSI C1에서 C4 등급은 ISO K 등급에 역순으로 대응하고, ANSI C5에서 C8 등급은 ISO P 등급에 역순으로 대응한다.

서멧

초경합금이 기술적으로는 서멧 복합물로 분류될 수 있지만, 절삭공구에서 **서멧**(cermet)이라는 용어는 니켈과 몰리브덴을 결합제로 하고 TiC, TiN, TiCN(titaniumcarbonitride)의 화합물을 지칭한

표 21.5 초경합금의 ANSI-C 등급 분류시스템.

적용 대상	비강절삭 등급	강절삭 등급	코발트와 성질
황삭	C1	C5	고 Co (최대 인성)
일반 목적	C2	C6	중-고 Co
정삭	C3	C7	중-저 Co
정밀 정삭	C4	C8	저 Co (최대 경도)
공작물재질	Al, 황동, Ti, 주철	탄소와 합금강	
성분	WC-Co	WC-TiC-TaC-Co	

표 21.6 ISO R513–1975(E) "칩 제거 절삭가공에 초경합금의 적용".

그룹	초경 종류	공작물	코발트와 성질
P (청색)	고합금된 WC-TiC-TaC-Co	강, 주강, 연주철 (긴 칩을 가진 철금속)	P01(저 Co, 최대 경도) to P50 (고 Co, 최대 인성)
M (황색)	합금된 WC-TiC-TaC-Co	쾌삭강, 회주철, 오스테나이트계 스테인레스강, 초합금	M10 (저 Co, 최대 경도) to M40 (고 Co, 최대 인성)
K (적색)	순수 WC-Co	비철금속과 합금, 회주철 (짧은 칩을 가진 철합금), 비금속	K01 (저 Co, 최대 경도) to K40 (고 Co, 최대 인성)

다. 일부 서멧의 화학적 성질은 매우 복잡하다(예를 들면, TaxNbyC와 같은 세라믹과 Mo2C와 같은 결합제). 그러나 서멧은 WC-Co를 주된 기반으로 하는 금속 복합물은 제외한다. 서멧은 고속 정삭 공정과 강, 스테인레스강, 주철의 준정삭(semifinishing)공정에 적용된다. 이 공구는 강절삭 초경등급과 비교하여 일반적으로 더 높은 절삭속도가 가능하다. 보통 적은 이송으로 작업하여 좋은 표면정도를 얻는다. 따라서 경우에 따라 연삭할 필요가 없다.

코팅초경합금

1970년경의 코팅초경합금의 개발은 절삭공구 기술에 있어서 많은 발전을 가져왔다. **코팅초경합금**(coated carbide)은 티타늄탄화물(titanium carbide), 티타늄질화물(titaniumnitride), 알루미늄산화물(aluminum oxide, Al_2O_3)과 같은 내마모성 재료로 한 개 이상의 얇은 층으로 코팅된 초경합금 인서트이다. 코팅은 화학증착법(26.5절)이나 물리증착법(26.5절)에 의하여 모재에 적용된다. 코팅층의 두께는 2.5~13 μm이다. 두께가 두꺼울수록 취성이 커져서 균열, 치핑(chipping), 모재와의 분리가 일어나기 쉽다.

초기의 코팅초경합금은 오직 단층코팅(TiC, TiN, Al_2O_3)이였고 아직 사용되고 있다. 최근에는 다층코팅된 인서트가 개발되었다. WC-Co 모재에 적용되는 첫 번째 층은 보통 좋은 응착과 유사한 열팽창계수를 가지는 TiN이나 TiCN을 사용한다. 추가적인 층은 TiN, TiCN, Al_2O_3, TiAlN을 조합하여 연속적으로 적용된다.

코팅초경합금은 주철과 강을 선삭과 밀링 가공할 때 사용된다. 이 공구는 동하중과 열충격이 적은 환경에서 고속가공할 때 가장 잘 적용될 수 있다. 일부 단속적 절삭공정처럼 이 조건이 너무 가혹하면, 코팅층의 치핑이 발생하여 조기 공구손상을 초래할 수 있다. 이 경우에는 인성을 위하여 코팅되지 않은 초경합금이 선호된다. 적절히 사용하면, 코팅초경합금은 코팅되지 않은 초경합금에 비하여 허용 절삭속도를 높일 수 있다.

코팅초경합금 절삭공구의 사용이 공구수명향상과 고속절삭속도로 인하여 비철금속과 비금속으로 확대되고 있다. 크롬탄화물(chromium carbide, CrC), 지르코늄질화물(zirconium nitride, ZrN), 다이아몬드와 같은 다른 코팅재료들이 필요하다 [11].

21.2.4 세라믹

세라믹으로 만든 절삭공구는 1900년대 초반에 유럽에서 처음 개발되었지만, 상업적으로 사용된 것은 1950년대 중반 미국에서였다. 오늘날의 세라믹 절삭공구는 주로 **산화알루미늄**(알루미나라고도 함, aluminum oxide, Al_2O_3) 미세 입자를 결합제 없이 고압과 고온으로 압축 소결하여 인서트 형태로 만든 것이다(15.2절). 산화알루미늄은 일부 생산자들이 다른 산화물(지르코늄산화물)을 소량 첨가하기는 하지만 일반적으로 순도가 매우 높다(보통 99%). 재료의 낮은 인성을 향상시키기 위하여 세라믹공구를 생산할 때 알루미나 분말을 매우 미세한 결정립 크기로 사용하고, 높은 압력으로 압축하여 혼합물의 밀도를 최대화하는 것이 중요하다.

산화알루미늄 절삭공구는 주철이나 강의 고속선삭에 성공적으로 사용된다. 높은 절삭속도, 낮은 이송과 절삭깊이, 공작물의 견고한 고정이 적용된다고 하면, 이 공구는 경화강의 선삭 정삭용으로 사용될 수 있다. 세라믹공구 대부분의 조기 파괴파손은 공구의 기계적 충격을 초래하는 약한 공작물 고정으로부터 비롯된다. 적절히 사용하면 세라믹공구는 매우 좋은 표면정도를 생성한다. 세라믹은 낮은 인성으로 인하여 가혹한 단속절삭공정(예를 들면, 밀링 황삭)에는 추천할 만하지 않다. 전통 절삭가공 공정에 인서트로 사용되는 것 외에, 산화알루미늄은 연마재로서 연삭공정과 연마공정에 광범위하게 사용된다(23장).

상업적으로 사용되는 기타 세라믹 절삭공구로는 질화실리콘(SiN), **시아론**(sialon, 질화실리콘과 산화알루미늄, $SiN-Al_2O_3$), 산화알루미늄과 탄화티타늄(Al_2O_3-TiC), 탄화실리콘의 단결정 위스커로 강화된 산화알루미늄이 있다. 일반적으로 이러한 공구들은 특수한 목적에 사용되는 것들이다.

21.2.5 합성다이아몬드와 CBN

다이아몬드는 현재 알려진 재료 중에서 가장 단단하다(7.5.1절). 경도를 비교해보면, 다이아몬드는 텅스텐카바이드나 산화알루미늄보다 서너 배 경도가 높다. 높은 경도는 절삭공구의 중요한 성질이기 때문에 다이아몬드를 절삭가공이나 연삭에 적용하려는 것은 당연하다. 합성다이아몬드 절삭공구는 1970년대 초반에 소결다결정 다이아몬드로 만들었다. **소결다결정 다이아몬드**(sintered poly-crystalline diamond, SPD)는 미세 입자의 다이아몬드 결정을 고온과 고압으로 원하는 형상으로 소결하여 제조된다. 결합제는 거의 사용하지 않는다. 결정들이 불규칙한 방향을 가지기 때문에 단결정 다이아몬드에 비하여 상당히 인성이 높아진다. 공구 인서트는 초경 모재의 표면에 보통 SPD층을 0.5mm 두께로 증착하여 만든다. 매우 작은 인서트는 100% SPD로 만들 수도 있다.

다이아몬드 절삭공구는 비철금속과 유리섬유, 흑연, 나무와 같은 연마성 비금속재료의 고속가공에 사용된다. 강, 철계금속, 니켈계 합금을 SPD공구로 가공하는 것은 이 금속들과 탄소(다이아몬드는 결국 탄소이다)간의 화학적 친화성으로 인하여 실용적이지 못하다.

다이아몬드 다음으로 경한 재료로 알려진 것이 **입방정 질화붕소**(cubic boron nitride, CBN)이다(7.3.3절). 절삭공구 인서트로 제작하는 것은 기본적으로 SPD와 같다. 즉 WC-Co 인서트의 코팅공정이다. CBN은 SPD처럼 철과 니켈에 화학적으로 반응하지 않는다. 그러므로 CBN 코팅공구는 강과 니켈계 합금을 절삭가공할 수 있다. SPD와 CBN은 비싸기 때문에 이를 이용하려면 공구비용 지출을 정당화시킬 수 있어야 한다.

21.3 공구형상

절삭공구는 절삭가공 공정에 적당한 형상을 갖추어야 한다. 절삭공구를 분류하는 중요한 방법 중의 하나가 절삭 공정에 따르는 것이다. 그러므로 사용되는 공정에 따라서 선삭공구, 절단공구, 밀링커터, 드릴비트, 리머, 탭 등으로 분류될 수 있고, 각 공구는 고유하고 때론 유일한 공구형상을 가지고 있다. 19.1절에 서술한 것처럼, 절삭공구를 단인공구와 다인공구의 두 가지 유형으로 나눌 수 있다. 단인공구는 선삭, 보링, 형삭, 평삭 공정에 사용되고, 다인공구는 드릴링, 리밍, 태핑, 밀링, 브로칭, 톱작업에 사용된다. 두 번째 유형의 대부분의 공정들은 회전하는 공구를 사용한다. 칩형성 메커니즘은 기본적으로 모든 절삭가공 공정에 대하여 똑같기 때문에, 단인공구에 적용되는 많은 법칙들이 다른 공구 유형에 적용될 수 있다.

21.3.1 단인공구 형상

단인공구의 일반적인 형상이 그림 19.4(a)에 나타나 있다. 더 자세한 그림이 그림 21.7에 있다. 선삭과 선반 기초에 관한 비디오 클립에서 단인공구를 살펴볼 수 있다.

> **비디오클립**
> 선삭과 선반 기초. 관련된 부분은 '선삭 공정'이다.

앞에서 절삭공구의 경사각을 하나의 인자로 고려하였다. 단인공구에서 경사면의 방향은 두 각으로 정의된다. **상면경사각**(back rake angle, α_b)과 **측면경사각**(side rake angle, α_s). 이 각들은 경사면을 따라 칩이 유동하는 방향을 결정한다. 공구의 여유면은 **선단여유각**(end relief angle, ERA)과 **측면여유각**(side relief angle, SRA)으로 정의된다. 이 각들은 공구와 새롭게 가공된 면 사이의 여유량을 결정한다. 단인공구의 절삭날을 두 부분으로 나눌 수가 있다. 옆날(side cutting edge)과 앞날

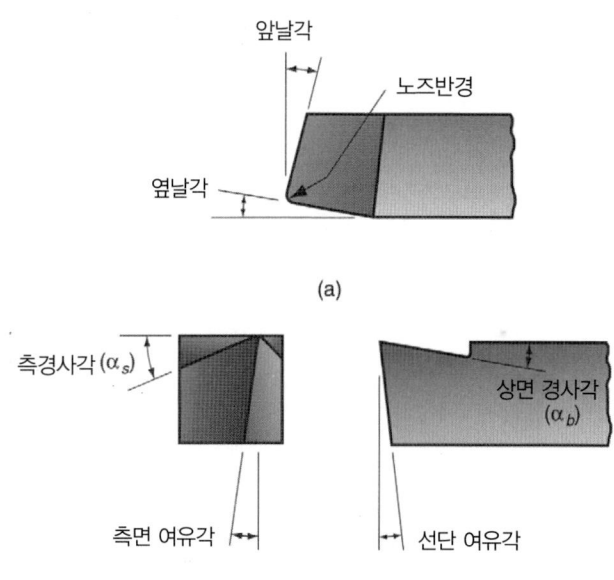

(a)

그림 21.7 여러 공구재료의 고온경도.
(a) 단인공구의 7가지 형상 인자,
(b) 형상 인자의 표시.

(b) 공구약칭: α_b, α_s, ERA, SRA, ECEA, SCEA, NR

(end cutting edge). 이 두 부분은 노즈반경으로 불리는 일정한 반경을 가지고 있는 공구 끝점에 의해 분리되어 있다. **옆날각**(side cutting edge angle, SCEA)은 공작물에 대한 공구 진입을 결정하고, 공구가 공작물에 접촉할 때 공구가 받는 충격하중을 감소시키기 위하여 사용된다. **노즈반경**(nose radius, NR)은 생성되는 가공면 형상에 결정적으로 영향을 미친다. 매우 뾰족한 공구(작은 노즈반경)는 가공면에 매우 뚜렷한 이송자국(feed mark)을 남긴다. 이와 같은 표면거칠기에 대하여 22.2.2절에서 다시 기술한다. **앞날각**(end cutting edge angle, ECEA)은 공구의 뒤따르는 부분과 새롭게 생성되는 가공면 사이에 여유를 제공하여 면에 작용하는 마찰을 감소시킨다.

결과적으로 단인공구에 대한 공구형상은 7개의 요소로 되어 있다. 다음과 같은 순서로 공구형상 표시를 할 수 있다. 상면경사각, 측경사각, 선단여유각, 측면여유각, 앞날각, 옆날각, 노즈반경. 예를 들면 선삭에 사용되는 단인공구를 다음과 같이 표시할 수 있다. 5, 5.7, 7, 20, 15, 0.8 mm.

칩 브레이커

칩 처리는 선삭과 같은 연속절삭에서 자주 일어나는 문제이다. 특히 연성재료를 고속으로 선삭할 때 긴 실오리형 칩이 자주 발생한다. 이런 칩들은 작업자와 공작물 표면정도에 나쁜 영향을 미치고, 선삭 공정의 자동화 공정을 간섭하기도 한다. **칩 브레이커**(chip breaker)는 칩을 원래보다 더 말아서 절단하는 목적으로 단인공구에 자주 사용된다. 단인선삭공구에 보통 사용되는 두 가지 주된 유형의 칩 브레이커가 있다(그림 21.8). (a) 절삭공구 자체에 설계된 홈형 칩 브레이커, (b) 공구 경사면에 부착하는 장애물형 칩 브레이커. 장애물형에서는 칩 브레이커 거리가 절삭조건에 따라 조종될 수 있다.

공구형상에 대한 공구재료의 영향

Merchant식(19.3.2절)에 대한 설명에 따르면, 양의 경사각이 일반적으로 절삭력, 온도, 소요동력을 감소시키기 때문에 더 바람직하다. 고속도강 공구는 거의 항상 양의 경사각인 +5°에서 +20°로 연삭되어 제작된다. 고속도강은 좋은 강도와 인성을 가지고 있기 때문에 큰 양의 경사각으로 제작되더라도 공구 파손의 문제점을 잘 일으키지 않는다. 고속도강 공구는 주로 일체형으로 제작된다. 고속도강의 열처리는 재료의 중심부는 인성이 좋도록 유지하면서, 절삭날은 경하게 얻을 수 있도록 조절할 수 있다.

매우 단단한 공구재료의 발전으로(예를 들면, 초경합금과 세라믹), 공구형상의 변화가 요구되었다. 대체로 이런 재료들은 고속도강보다 높은 경도와 낮은 인성을 가지고 있다. 또한 전단강도와 인장강도가 압축강도에 비하여 낮고, 고속도강처럼 열처리로 성질을 조절할 수가 없다. 마지막으로, 이런

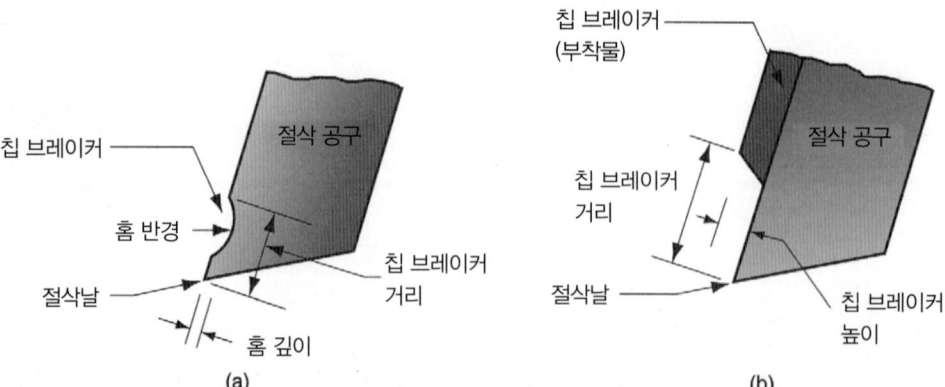

그림 21.8 단인공구에서 두 가지 유형의 칩 브레이커. (a) 홈형, (b) 장애물형.

매우 경한 재료들은 단위무게 당 가격이 고속도강보다 높다. 이런 요인들이 매우 단단한 공구재료를 설계할 때 몇 가지 방법으로 영향을 미친다.

첫째로 매우 경한 재료는 음의 경사각이나 작은 양의 경사각으로 설계되어야 한다. 이런 변화는 공구에 대하여 압축하중 증가와 전단하중 감소를 초래하여, 이런 경한 재료가 가지는 높은 압축강도를 뒷받침한다. 예를 들면 초경합금은 보통 −5°에서 +10°인 경사각으로 사용된다. 세라믹은 보통 −5°에서 −15°인 경사각을 가진다. 여유각은 절삭날을 가능한 한 많이 지지할 수 있도록 가능한 한 작게 만든다(5°가 보통).

또 다른 차이점은 공구의 절삭날을 고정하는 방법이다. 단인공구에 대하여 절삭날을고정하는 방법들을 그림 21.9에 나타냈다. 고속도강 공구의 형상은 그림의 (a)부분에 보인 것처럼 일체형으로 연삭하여 만든다. 경한 공구재료는 비싸고 성질과 공정이 다양하기 때문에 브래이징(경납접)하거나 기계적으로 클램핑할 수 있는 인서트(insert)로 제작된다. 그림에서 (b)부분이 공구생크에 브래이징된 초경 인서트를 나타낸다. 생크는 강도와 인성을 위하여 공구강으로 만든다. 그림에서 (c)부분은 공구홀더에 기계적으로 클램핑된 인서트를 나타내고 있다. 기계적 클램핑은 초경합금과 세라믹 등의 경한 재료에 사용된다. 기계적으로 클램핑된 인서트의 중요한 장점은 각 인서트가 여러 절삭날을 가진다는 것이다. 한 개의 날이 마모되어 못쓰게 되면 다음 날로 회전시켜 계속 사용할 수 있다. 모든 절삭날들이 마모되어 못쓰게 되면 인서트는 폐기되어 대체된다.

인서트

절삭공구 인서트는 경제적이고 선삭, 보링, 나사가공, 밀링, 드릴링 등의 여러 절삭가공 공정에 적용할 수 있기 때문에 광범위하게 사용된다. 실제적인 여러 절삭 환경을 고려하여 다양한 형상과 크기로 이용이 가능하다. 사각 인서트가 그림 21.9(c)에 보이고 있다. 선삭 공정에 사용되는 다른 형태들이 그림 21.10에 나타나 있다. 일반적으로 강도와 경제성 측면에서 가장 큰 선단각이 선정되어야 한다. 원형 인서트가 원래 형상으로 인하여 큰 선단각(또한 큰 노즈반경)을 가지고 있다. 큰 선단각을 가진 인서트는 강하고 절삭 중에 치핑과 파손의 가능성이 적지만, 소요 동력이 커지고 진동의 가능성이 있다.

원형 인서트의 경제적 이점은 한 개의 인서트로 여러 번 분할하여 사용할 수 있다는 것이다. 사각 인서트는 네 개의 절삭날, 삼각 인서트는 세 개의 절삭날을 가지는 반면에, 마름모형 인서트는 오직

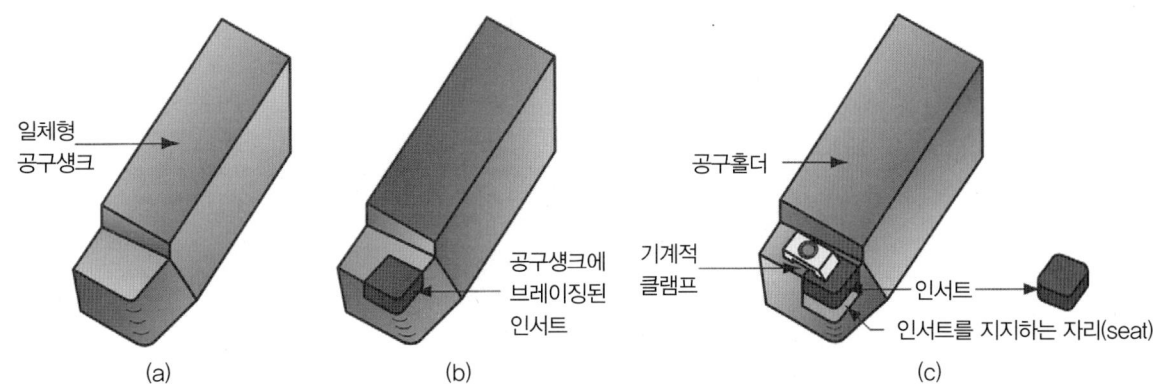

그림 21.9 단인공구에 대하여 절삭날을 고정하는 세 가지 방법. (a) 일체형 공구, 일반 고속도강; (b) 브래이징된 인서트, 초경 인서트를 고정하는 한 방법; (c) 기계적으로 클램핑된 인서트, 초경과 세라믹 등의 매우 경한 공구재료에 사용.

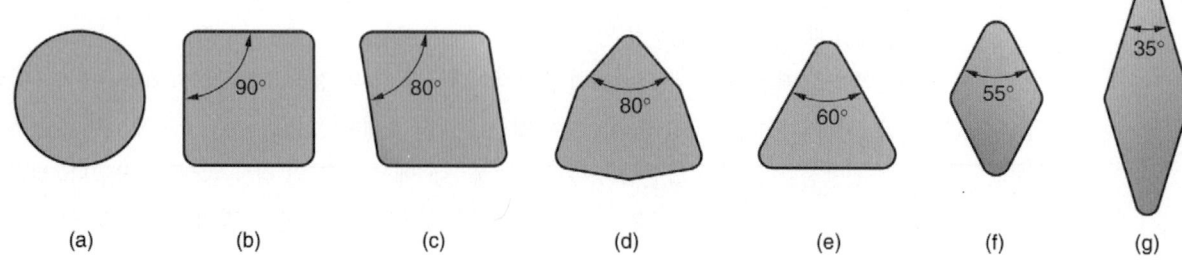

강도, 소요동력, 진도 성향

다목적성과 접근성

그림 21.10 인서트 형태. (a) 원형, (b) 사각형, (c) 두 개의 80° 선단각을 가진 마름모형, (d) 세 개의 80° 선단각을 가진 육각형, (e) 삼각형, (f) 두 개의 55° 선단각을 가진 마름모형, (g) 두 개의 35° 선단각을 가진 마름모형.

두 개를 가진다. 비용의 관점에서 날이 적을수록 불리하다. 인서트의 양 면을 사용할 수 있다면(예를 들면, 음의 경사각인 대개의 공정), 절삭날 수는 두 배가 된다. 여러 종류의 공정을 수행하려면 다기능성과 접근성 측면에서 마름모 형상(특히 날카로운 선단각을 가진)이 사용된다. 이런 형상은 단단하게 쉽게 고정시킬 수가 있고, 선삭뿐만 아니라 단면가공(그림 20.6(a))과 윤곽선삭(그림 20.6(c))에도 사용할 수 있다.

인서트 형태로 보통 만드는 공구재료(초경합금, 코팅초경합금, 서멧, 세라믹, CBN, 다이아몬드)는 매우 경하고 취성이 크다. 따라서 날을 지나치게 날카롭게 하면 날이 약해지고 쉽게 파괴되기 때문에, 인서트는 보통 완전하게 날카로운 절삭날로 만들지 않는다. 보통 매우 미세한 정도로 절삭날에 형태변화를 주게 된다. 이와 같은 **날준비**(edge preparation)의 효과는 공구의 여유날과 경사면 사이에 점진적인 변화를 주게 되어 절삭날의 강도를 증가시킨다. 세 가지 유형의 날준비가 그림 21.11에 나타나 있다. (a) 둥근형, (b) 모따기, (c) 랜드. 비교를 위하여 완전하게 날카로운 절삭날을 (d)에 나타냈다. (a)에서 반경은 보통 약 0.025 mm이고 (c)에서 랜드는 15°나 20°이다. 강화 효과를 최대화하기 위하여 이와 같은 날준비 유형들을 조합하여 단인공구에 자주 적용한다.

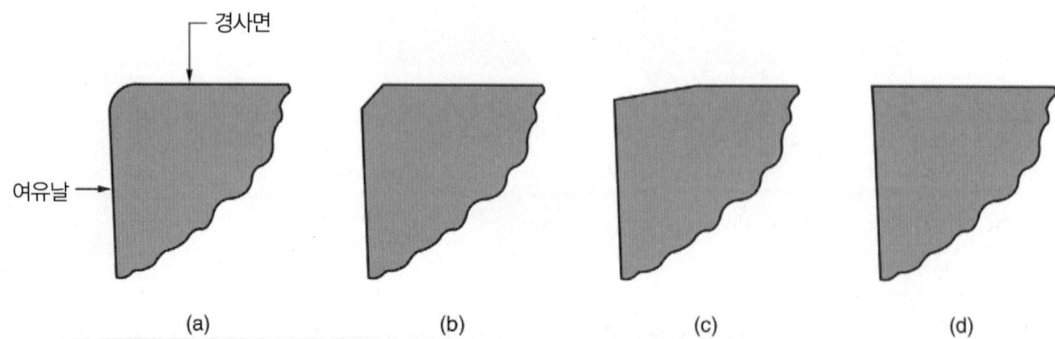

그림 21.11 인서트의 절삭날에 적용된 세 가지 유형의 날준비. (a) 둥근형, (b) 모따기, (c) 랜드, (d) 완전하게 날카로운 날(날준비 없음).

21.3.2 다인 공구

대개의 다인공구는 공구가 회전하는 절삭가공 공정에 사용된다. 드릴링과 밀링을 예로 들 수 있다. 한편으로, 브로칭과 일부 톱 작업(활톱과 띠톱)은 직선 운동을 하는 다인공구를 사용한다. 다른 톱작업(둥근톱)은 회전하는 톱날을 사용한다.

드릴

구멍가공을 위한 여러 절삭공구가 나와 있지만, **트위스트 드릴**(twist drill)이 가장 널리 쓰인다. 직경이 약 0.15mm에서 75mm까지 나와 있다. 트위스트 드릴은 빠르고 경제적인 구멍가공을 위하여 산업현장에서 광범위하게 사용된다. 구멍가공에 관한 비디오 클립이 트위스트 드릴을 보여준다.

> **비디오클립**
> 구멍가공. '드릴' 부분을 참조한다.

표준형 트위스트 드릴 형상이 그림 21.12에 나타나있다. 드릴 본체는 두 개의 나선형 **홈**(flute)을 가진다. 나선형 홈들의 각도를 **나선각**(helix angle)이라하고 보통 약 30°이다. 드릴링할 때 이 홈들은 구멍으로부터 칩의 배출 통로 역할을 한다. 칩이 잘 배출되도록 홈의 통로가 크면 좋겠지만, 드릴 본체가 길이 방향에 걸쳐서 지지되어야 한다. 홈들 사이의 드릴 두께인 **웹**(web)이 이를 지지한다.

트위스트 드릴의 끝은 원뿔형 형상을 가진다. 전형적인 **선단각**(point angle)은 118°이다. 공구 끝은 여러 형상으로 설계되지만 가장 흔한 설계가 **치즐날**(chisel edge)이다(그림 21.12). 홈과 통해있는 두 개의 절삭날(lip)이 치즐날에 연결되어있다. 절삭날에 근접하고 있는 홈 부분은 공구의 경사면으로 작용한다.

트위스트 드릴의 절삭작용은 복잡하다. 드릴비트의 회전과 이송이 절삭날과 공작물 사이의 상대적인 운동을 초래하여 칩을 생성한다. 각 절삭날을 따라 절삭속도는 회전축으로부터의 거리의 함수로 변화한다. 따라서 절삭작용의 효율은 드릴의 외경에서 최대이고 중심부에서 최소가 된다. 실제로 드릴 끝의 상대속도는 영이 되어 절삭이 일어나지 않는다. 대신에 드릴 끝의 치즐날이 구멍으로 들어감에 따라 중심부의 재료를 옆으로 밀어낸다. 트위스트 드릴을 구멍 쪽으로 밀어 넣기 위해서 큰 추력(thrust force)이 필요하다. 또한 공정 초기에 회전하는 치즐날이 공작물 표면으로부터 탈선하려

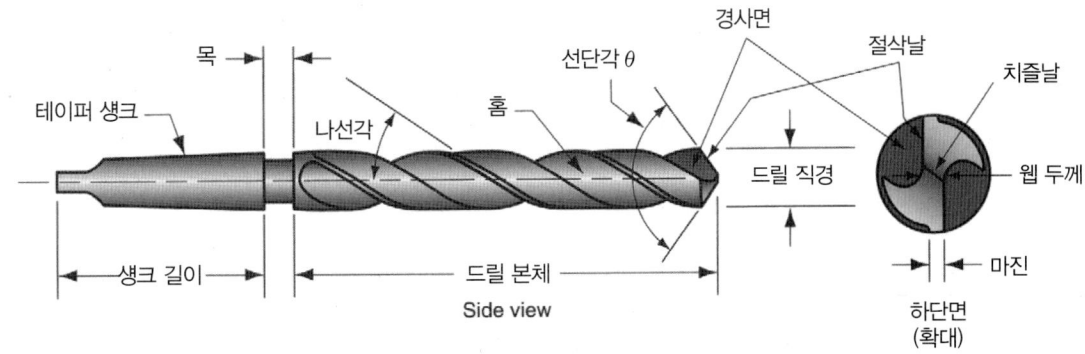

그림 21.12 트위스트 드릴의 표준 형상.

고 해서 위치 정확성을 잃을 수가 있다. 이런 문제를 해결하기 위해서 여러 가지로 설계한 드릴 끝이 개발되고 있다.

칩 제거가 드릴링에서 문제가 될 수 있다. 절삭작용은 구멍 내부에서 일어나고, 홈은 칩이 구멍으로부터 배출될 수 있도록 길이 방향으로 충분한 통로를 제공하여야 한다. 칩이 생성됨에 따라 칩은 홈을 따라 공작물 표면으로 밀어올려진다. 마찰이 이를 어렵게 만든다. 금속절삭에서 칩과 절삭날의 경사면 사이에 존재하는 보통의 마찰 외에, 드릴비트의 외면과 새롭게 생성된 구멍 사이에도 마찰이 존재한다. 이 마찰은 드릴과 공작물의 온도를 증가시킨다. 마찰과 열을 감소시키기 위해서 드릴 끝에 절삭유를 공급하는 것은 칩이 반대 방향으로 유동하기 때문에 어렵다. 칩 제거와 열로 인하여, 트위스트 드릴은 일반적으로 직경의 약 네 배인 구멍깊이의 제한을 받는다. 트위스트 드릴 중에는 길이 방향으로 내부 구멍을 가지고 있어 절삭유를 드릴 끝으로 직접 공급하도록 설계된 것도 있다. 내부 구멍을 가지고 있지 않는 트위스트 드릴은 대신에 드릴링 중에 '쪼기(pecking)' 공정을 할 수도 있다. 이 공정은 구멍이 더 깊어지기 전에, 칩을 배출하기 위하여 드릴을 구멍으로부터 주기적으로 잡아당기는 것이다.

트위스트 드릴은 보통 고속도강으로 만든다. 드릴 형상을 열처리 전에 제작한 다음에, 드릴 내부 중심부는 상대적으로 높은 인성을 유지하도록 하고 드릴의 외부(절삭날과 마찰면)만을 경화시킨다. 연삭을 통하여 절삭 날을 날카롭게 하고 드릴 끝의 형상을 만든다.

트위스트 드릴이 가장 보편적인 구멍가공용 공구이지만, 다른 종류의 드릴들이 있다. **세로홈드릴** (straight-flute drill)은 트위스트 드릴과 유사하지만, 칩 제거를 위한 플루트가 나선형이라기보다는 드릴 길이를 따라서 직선형이라는 점이 다르다. 세로홈드릴의 단순화된 설계로 인하여 절삭날로 초경 팁을 브래이징하거나 기계적으로 분할하여 사용할 수 있다. 그림 21.13은 분할형 인서트를 사용하는 세로홈드릴을 보여주고 있다. 초경 인서트는 고속도강 트위스트 드릴보다 더 높은 절삭속도와 생산속도가 가능하다. 그러나 인서트의 사용으로 드릴을 작게 만들기가 어렵다. 그러므로 분할형 인서트를 사용하는 경우에 상업적으로 사용되는 드릴의 직경은 16 mm에서 127 mm 정도이다 [9].

깊은 구멍을 가공하기 위하여 설계된 세로홈드릴은 **건 드릴**(gun drill)이다(그림 21.14). 트위스트 드릴로 가공이 가능한 구멍은 직경 대비 깊이 비율이 보통 4:1이고, 세로홈드릴은 3:1이지만, 건 드릴은 직경의 125배 깊이의 구멍도 가공이 가능하다. 그림에서 보는 것처럼 건 드릴은 초경 절삭날, 칩 제거를 위한 한 개의 홈(flute), 드릴 길이 방향의 냉각제 구멍을 가지고 있다. 일반적인 건 드릴

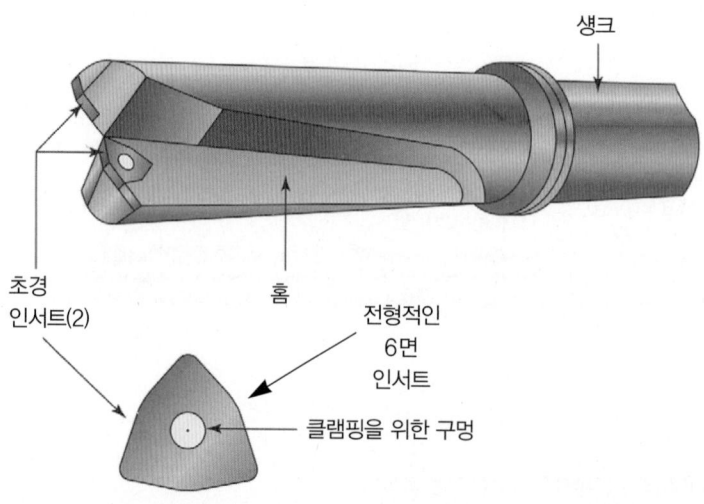

그림 21.13 분할형 인서트(6면)를 사용하는 트위스트 드릴.

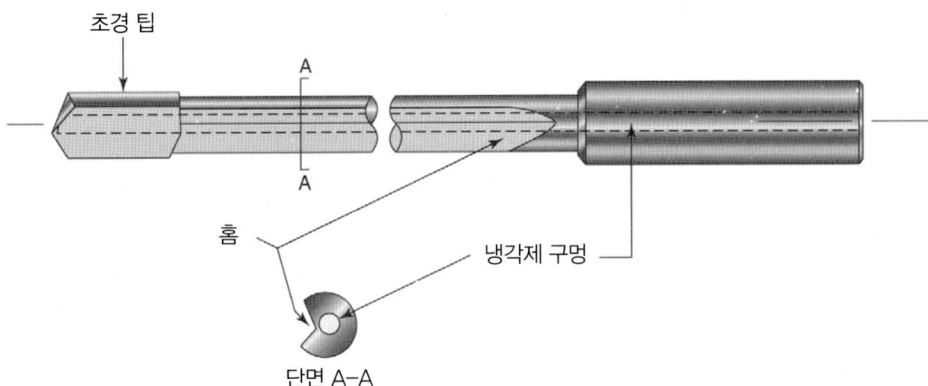

그림 21.14 건 드릴.

공정은 고정된 드릴 주위를 공작물이 회전하고(대부분의 드릴링 공정과 반대), 냉각제가 절삭 부위에 들어가서 홈을 따라 나오게 되며, 이때 칩도 같이 배출된다. 건 드릴의 직경은 2 mm 이하로부터 약 50 mm 까지이다.

앞에서 일반적인 트위스트 드릴의 직경은 75 mm 까지라고 언급하였다. 크기가 커지면 드릴비트에 소요되는 금속의 양이 많아지기 때문이다. 직경이 큰 구멍의 가공은 그림 21.15에 나타낸 것처럼 **스페이드 드릴**(spade drill)을 사용한다. 가공이 가능한 일반적인 구멍의 크기는 25~152 mm 이다. 교체 가능한 드릴비트가 절삭공정에서 강성을 부여할 수 있는 공구홀더에 장착되어 있다. 스페이드 드릴은 같은 직경의 트위스트 드릴보다 훨씬 가볍다.

밀링커터

밀링커터의 분류는 20.4.1절에 기술한 밀링 공정과 깊은 관련이 있다. 밀링에 관한 비디오 클립이 일부 공구들을 보여 준다. 밀링커터의 유형은 다음과 같다.

- **평밀링커터**(plain milling cutter)-이것은 평밀링 공정이나 평판밀링 공정(slab milling)에 사용되며, 여러 줄의 날을 가진 원통형을 하고 있다(그림 20.17(a), 20.18(a)). 일반적으로 절삭날은 공작물에 물릴 때의 충격을 완화하기 위하여 나선각으로 되어있는데, 이를 **헬리컬밀링커터**(helical

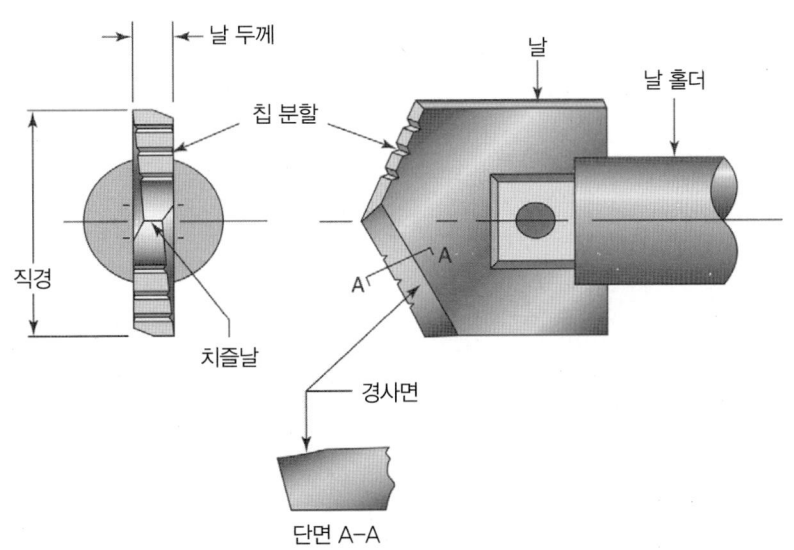

그림 21.15 스페이드 드릴.

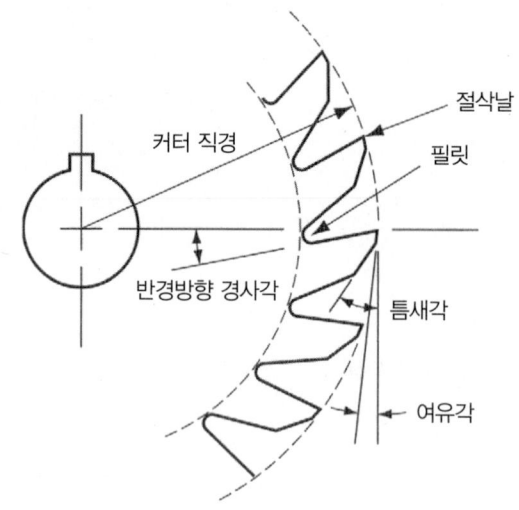

그림 21.16 18개의 날을
가진 평밀링커터의 공구형상.

milling cutter)라고 한다. 평밀링커터의 공구형상이 그림 21.16에 나타나 있다.

- **총형밀링커터**(form milling cutter)-이것은 특별한 절삭날의 윤곽이 공작물에 그대로 전달되는 평밀링커터이다. 총형밀링커터는 기어 가공에 중요하게 적용된다. 커터가 인접한 기어 이 사이의 홈을 가공하여 결국 기어 이의 형상을 남긴다.

- **정면밀링커터**(face milling cutter)-이것은 커터의 원주면뿐만 아니라 측면에도 절삭날을 가지도록 설계되었다. 정면밀링커터는 그림 20.17(b)처럼 고속도강으로 만들거나, 초경 인서트를 사용할 수 있도록 설계된다. 그림 21.17는 인서트를 사용하는 네 개의 날을 가진 정면밀링커터를 보이고 있다.

- **엔드밀링커터**(end milling cutter)-그림 20.20(c)에 보인 것처럼 엔드밀링커터는 드릴비트처럼 생겼으나, 자세히 보면 끝에 있는 날보다는 원주면에 있는 날이 주로 절삭하도록 설계되었다(드릴비트는 공작물로 들어감에 따라 오직 끝의 날로 절삭한다). 엔드밀(end mill)은 사각형, 반경형, 볼형으로 제작된다. 엔드밀은 정면밀링, 윤곽밀링, 포켓밀링, 홈가공, 조각가공, 표면윤곽가공, 금형가공에 사용될 수 있다.

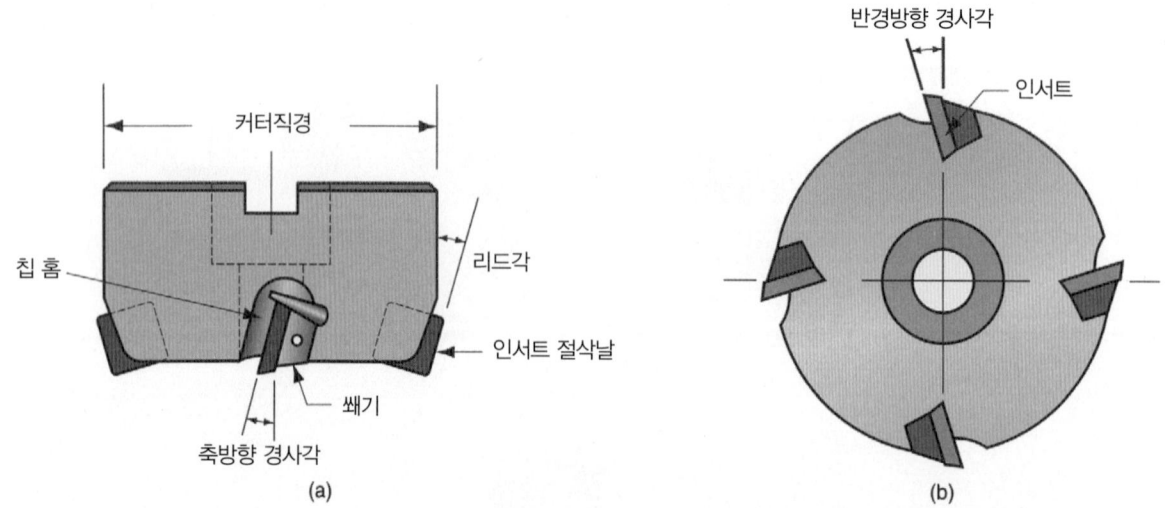

그림 21.17 네 개의 날을 가진 정면밀링커터의 공구형상. (a) 측면도, (b) 밑면도.

브로치

브로치(broach)의 용어와 형상이 그림 21.18에 나타나 있다. 브로치는 길이 방향으로 별개로 배치된 일련의 절삭날로 구성되어 있다. 이송은 연속적으로 배치된 날들 사이의 단(step)의 높이 증가로 성취된다. 대개의 절삭가공 공정은 공구나 공작물에 의해 수행되는 상대적인 운동으로 이송이 이루어지기 때문에, 브로치의 이송 공정은 독특하다고 할 수 있다. 브로치의 한 번 이동으로 제거되는 총 소재량은 공구의 모든 단에 의한 누적된 결과이다. 절삭속도 운동은 공작물 표면을 지나는 공구의 직선 운동으로 수행된다. 절삭면의 형상은 브로치의 절삭날, 특히 마지막 절삭날의 외형에 의해 결정된다. 복잡한 형상과 낮은 속도로 인하여 대개의 브로치는 고속도강으로 만든다. 주철의 브로칭 공정에서는 공구에 브래이징되거나 기계적으로 고정된 초경 인서트를 사용한다.

톱날

세 가지 톱작업(20.6.3절)에서 톱날은 형상, 간격, 배열에 있어서 공통적인 특징을 가진다(그림 21.19). 날형상은 각 절삭날의 기하학적 형태이다. 경사각, 여유각, 날간격 등이 그림 21.19(a)에 나타나 있다. 날간격은 인접한 날들 사이의 거리이다. 이것은 날 크기와 날 사이의 목(gullet) 크기를 결정한다. 목은 인접한 절삭날에 의하여 칩이 생성되는 공간을 제공한다. 공작물과 절삭환경에 따라 절삭날 형상도 바뀔 수 있다. 활톱과 띠톱에 보통 사용되는 날형상이 그림 21.19(b)에 나타나있다. 날배열은 절단폭(kerf)이 톱날 자체의 폭보다 넓게 가공되도록 한다. 그렇지 않으면 톱날이 가공된 틈새에 끼워지게 된다. 보통 사용되는 두 가지 날배열이 그림 21.19(c)에 나타나 있다.

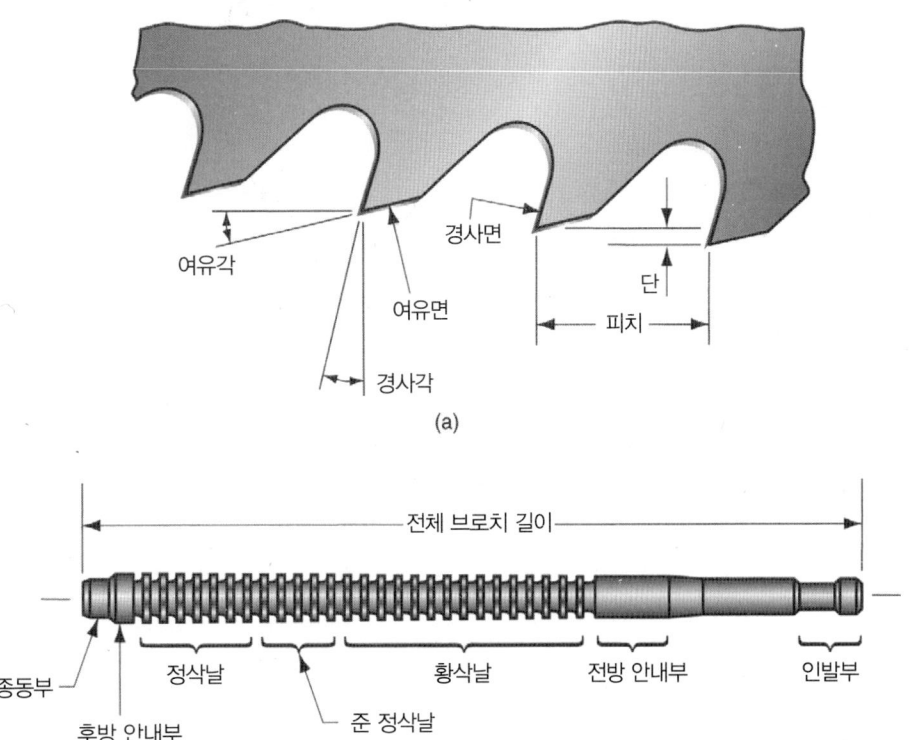

그림 21.18 브로치. (a) 날 세부 명칭, (b) 내면브로칭 공정에 사용되는 브로치.

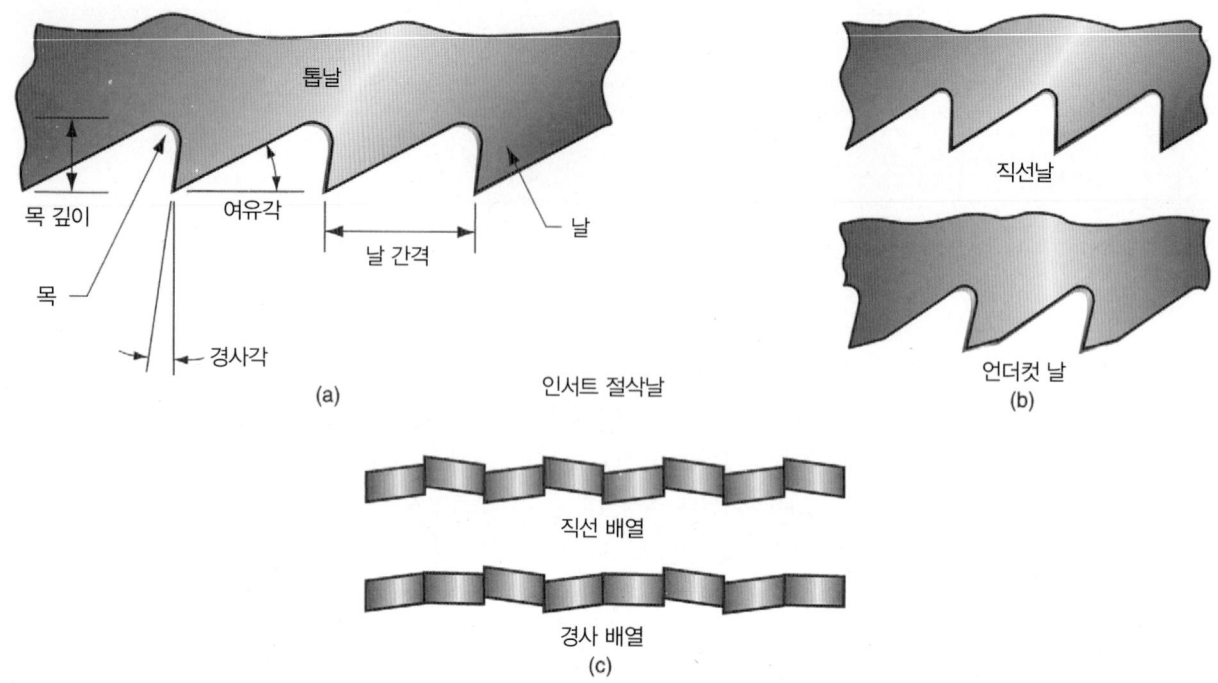

그림 21.19 톱날의 형상. (a) 명칭, (b) 날형상, (c) 날배열.

21.4 절삭유

절삭유(cutting fluid)는 절삭성능을 향상시키기 위하여 절삭가공 공정에 직접 공급되는 액체나 기체를 말한다. 절삭유는 두 가지 주된 문제를 해결한다. (1) 전단영역과 마찰영역에서 발생하는 열, (2) 공구-칩과 공구-공작물 접촉면의 마찰. 열을 제거하고 마찰을 감소시키는 역할 외에도, 절삭유는 칩을 씻어내고(특히 연삭과 밀링에서), 공작물 온도를 낮춰 취급을 쉽게 하고, 절삭력과 소요동력을 감소시키고, 공작물의 치수 안정성을 향상시키고, 표면정도를 향상시킨다.

21.4.1 절삭유의 종류

여러 종류의 절삭유가 있는데, 먼저 기능에 따라 서술한 다음에 화학적 성질에 따라 분류하고자 한다.

절삭유의 기능

일반적으로 기능에 따라서는 냉각제와 윤활제의 두 가지 종류가 있다. **냉각제**(coolant)는 절삭가공 공정에서 열의 영향을 감소시키기 위한 절삭유이다. 이것은 절삭에 발생하는 열에너지의 양에는 제한적인 영향을 미치지만, 발생된 열을 가져가서 공구와 공작물의 온도를 낮춘다. 따라서 절삭공구의 수명이 연장된다. 절삭유가 절삭가공에서 온도를 낮추는 능력은 절삭유의 열적성질에 의존한다. 비열과 열전도율이 가장 중요한 성질이다(4.2.1절). 물은 다른 액체에 비하여 비열과 열전도율이 높기 때문에 냉각성 절삭유의 기본 용액으로 사용된다. 이 성질들은 냉각제가 공정으로부터 열을 가져가서 절삭공구의 온도를 낮추게 한다.

냉각성 절삭유는 열 발생과 높은 온도가 문제인 상대적으로 높은 절삭속도에서 가장 효과적이다. 또한 고속도강과 같은 온도파손에 매우 민감한 공구재료에 효과적이고, 많은 열이 발생하는 선삭과 밀링 공정에 자주 사용된다. 냉각제는 보통 물을 기반으로 하거나 물 유상액(emulsion)인데, 물이 이 같은 절삭유에 잘 맞는 열적성질을 가졌기 때문이다.

윤활제(lubricant)는 공구-칩과 공구-공작물 접촉면의 마찰을 감소시키기 위하여 보통 오일을 기반으로 한 용액(오일이 좋은 윤활 성질을 가지기 때문에)이다. 윤활성 절삭유는 극압윤활에 의하여 수행된다. **극압윤활**(extreme pressure lubrication)은 윤활제와의 화학반응을 통하여 고온의 깨끗한 금속표면에 생기는 얇은 고체층을 수반하는 특별한 윤활 방식이다. 윤활제에 있는 황, 염소, 인 화합물이, 두 금속표면(예를 들면, 칩과 공구)을 분리하는 작용을 하는 이런 표면층을 형성시킨다. 이 극압층은 두 표면 사이에 유막이 존재하는 전통 윤활에 비하여 금속절삭에서 마찰을 줄이는데 매우 매우 효과적이다.

윤활성 절삭유는 낮은 절삭속도에서 가장 효과적이다. 높은 절삭속도(약 120 m/min 이상)에서는 빠른 칩의 운동이 공구-칩 접촉면에 절삭유가 도달하는 것을 막기 때문에 효과적이지 못하다. 또한 높은 속도에서의 높은 절삭온도가 윤활작용을 하기 전에 오일을 기화시킨다. 드릴링과 태핑 같은 절삭가공 공정은 일반적으로 윤활제를 사용하는 것이 좋다. 구성인선의 생성이 억제되고 공구 회전력이 감소된다.

윤활제의 주요 목적은 마찰을 감소시키는 것이지만, 또한 여러 가지 방법으로 가공 온도를 감소시킨다. 첫째로, 윤활제의 비열과 열전도율이 가공 부위로부터 열을 제거하여 온도를 낮춘다. 둘째로, 마찰이 감소하기 때문에 마찰로부터 생기는 열이 또한 감소한다. 셋째로, 마찰계수가 감소한다는 것은 마찰각이 감소한다는 것을 의미한다. Merchant식(식 19.16)에 따르면, 마찰각이 감소하면 전단각이 증가하게 되어 전단영역에서 발생되는 열에너지의 양을 감소시킨다. 일반적으로 두 가지 종류의 절삭유에 중복되는 효과가 있다. 냉각제에도 마찰을 감소시키는 성분이 있다. 윤활제는 물만큼 우수하지는 않지만, 열을 제거하는 열적 성질을 가진다. 절삭유(냉각제와 윤활제)는 높아지는 C 값을 통하여 Taylor 공구수명식에 영향을 준다. 10에서 40%의 증가가 일반적이다. 기울기 n은 별로 영향 받지 않는다.

절삭유의 화학적 성질

화학적 성질에 따라서 네 가지 종류의 절삭유가 있다. (1) 절삭오일, (2) 유화오일, (3) 준화학용액, (4) 화학용액. 이 모든 절삭유는 냉각기능과 윤활기능 모두를 제공한다. 절삭오일은 윤활제로서 가장 효과적이고, 다른 세 종류는 주성분이 물이기 때문에 냉각제로서 더 효과적이다.

절삭오일(cutting oil)은 석유, 동물, 해양, 식물로부터 얻은 오일을 기반으로 한다. 원유를 기반으로 한 광유(mineral oil)가 자원이 풍부하고 바람직한 윤활 특성을 가지고 있기 때문에 주로 사용된다. 최대 윤활 효과를 얻기 위하여 여러 종류의 오일을 조합하여 사용되기도 한다. 또한 이를 위하여 화학첨가제를 사용하기도 한다. 이런 첨가제는 황, 염소, 인 화합물을 포함하며, 금속간의 접촉을 피하기 위한 고체층을 형성하기 위하여 칩 및 공구 표면과 화학적으로 반응하게 한다(극압윤활).

유화오일(emulsified oil)은 물에 떠도는 작은 오일 방울로 구성되어 있다. 유상액의 혼합성과 안정성을 높이기 위해 유화제를 사용하여 물에 오일(보통 광유)을 섞은 것이다. 일반적으로 물과 오일의 비는 30:1이다. 극압윤활을 이루기 위하여 황, 염소, 인을 기반으로 하는 화학첨가제를 사용하기도 한다. 오일과 물을 모두 포함하고 있기 때문에 유화오일은 냉각성과 윤활성을 모두 가지고 있다.

화학용액(chemical fluid)은 물에 유화된 오일이라기보다는 물에 용해된 화학물질이다. 용해되는 화학물질로는 황, 염소, 인 화합물과 함께 습윤제(wetting agent)가 있다. 화학물질은 어느 정도의 윤활작용을 제공한다. 화학용액은 좋은 냉각성을 가지고 있으나, 윤활성은 다른 절삭유에 비하여 떨어진다. **준화학용액**(semichemical fluid)은 윤활특성을 증가시키기 위하여 소량의 유화오일이 첨가된다. 실제로 이것은 화학용액과 유화오일의 중간 수준에 위치한다.

21.4.2 절삭유의 공급

절삭유는 여러 가지 방법으로 절삭공정에 공급된다. 이 절에서는 이러한 공급 기술들을 서술한다. 또한 절삭유의 오염 문제와 이를 해결하기 위한 방법들을 고려한다.

공급방법

가장 흔한 방법은 **유동공급**(flooding)으로, 냉각성 절삭유를 보통 사용하기 때문에 유동냉각(flood cooling)이라고도 한다. 유동공급에서, 정상상태의 절삭유가 절삭가공 중의 공구-공작물이나 공구-칩 접촉면을 향하여 유동한다. 두 번째 공급방법으로 물을 기반으로 하는 절삭유에 보통 사용되는 **분무공급**(mist application)이 있다. 절삭유가 고압의 공기와 함께 분무 형태로 공정부위에 공급된다. 분무공급은 일반적으로 공구를 냉각하는데 있어서 유동공급만큼 효과적이지 못하다. 그러나 분무 형태가 고속이기 때문에 분무공급은 전통적인 유동공급으로 접근이 어려운 지역에 절삭유를 공급하는데 있어서 더 효과적이다.

수동공급(manual application)은 분무기나 붓으로 절삭속도가 낮고 마찰이 문제인 태핑과 같은 공정에 윤활제를 공급하는 것이다. 공급의 변화성이 너무 커서 잘 쓰이고 있지 않다.

절삭유 여과와 건식가공

절삭유는 기름(기계윤활유, 유압오일 등), 불순물(담배재, 음식물 등), 작은 칩, 곰팡이, 박테리아와 같은 외부 물질에 의하여 시간이 갈수록 오염되어 간다. 냄새가 나고 건강에 해로운 것 외에도, 오염된 절삭유는 윤활 기능을 제대로 수행하지 못한다. 이런 문제들을 해결하는 방법으로는 (1) 규칙적으로 자주(한달에 두 번 정도) 절삭유를 교환한다. (2) 절삭유를 깨끗이 하기 위하여 연속적이거나 주기적으로 여과시스템을 사용한다. (3) 절삭유를 사용하지 않고 절삭가공한다(건식가공). 공해와 관련된 입법화에 대한 관심이 고조되면서, 절삭유 폐기는 비용이 많이 들고 일반 공공복지에 상반되어 가고 있다.

오늘날 오염 문제를 해결하기 위하여 많은 공장이 여과시스템을 설치하고 있다. 이 시스템의 장점은: (1) 절삭유 수명 연장—한 달에 한두 번 교환하는 것이 아니고 일 년을 사용할 수 있다. (2) 절삭유 폐기비용 감소-필터를 사용하면 폐기 횟수가 훨씬 감소하기 때문이다. (3) 깨끗해진 절삭유—작업환경이 좋아지고 건강상의 해로움이 감소된다. (4) 공작기계 유지비용의 감소. (5) 공구수명의 연장. 절삭유를 여과하는 여러 가지 종류의 여과시스템이 있다 [19].

세 번째 방법을 **건식가공**(dry machining)이라 하는데, 절삭유를 사용하지 않는다는 의미이다. 건식가공은 절삭유의 오염, 폐기, 여과에 관한 문제를 피할 수 있지만 다음과 같은 본질적인 문제를 초래한다. (1) 공구 과열, (2) 공구수명 연장을 위한 저속가공과 낮은 생산속도, (3) 연삭과 밀링에서의 칩 제거 작용의 부재. 공구 제조업자들은 건삭가공이 가능한 등급의 초경합금과 코팅초경합금을 개발해왔다.

참고문헌

[1] Aronson, R. B. "Using High-Pressure Fluids," *Manufacturing Engineering,* June 2004, pp. 87–96.

[2] *ASM Handbook,* Vol. 16: *Machining,* ASM International, Materials Park, Ohio, 1989.

[3] Black, J, and Kohser, R. *DeGarmo's Materials and Processes in Manufacturing,* 10th ed., John Wiley & Sons, Hoboken, New Jersey, 2008.

[4] Brierley, R. G., and Siekman, H. J. *Machining Principles and Cost Control.* McGraw-Hill, New York, 1964.

[5] Carnes, R., and Maddock, G. "Tool Steel Selection," *Advanced Materials & Processes,* June 2004, pp. 37–40.

[6] Cook, N. H. "Tool Wear and Tool Life," *ASME Transactions, Journal of Engineering for Industry,* Vol. *95,* November 1973, pp. 931–938.

[7] Davis, J. R. (ed.), *ASM Specialty Handbook Tool Materials,* ASM International, Materials Park, Ohio, 1995.

[8] Destephani, J. "The Science of pCBN," *Manufacturing Engineering,* January 2005, pp. 53–62.

[9] Drozda, T. J., and Wick, C. (eds.). *Tool and Manufacturing Engineers Handbook,* 4th ed., Vol. I. Machining, Society of Manufacturing Engineers, Dearborn, Michigan, 1983.

[10] Esford, D. "Ceramics Take a Turn," *Cutting Tool Engineering,* Vol. *52,* No. 7, July 2000, pp. 40–46.

[11] Koelsch, J. R. "Beyond TiN," *Manufacturing Engineering,* October 1992, pp. 27–32.

[12] Krar, S. F., and Ratterman, E. *Superabrasives: Grinding and Machining with CBN and Diamond.* McGraw-Hill, New York, 1990.

[13] Liebhold, P. "The History of Tools," *Cutting Tool Engineer,* June 1989, pp. 137–138.

[14] *Machining Data Handbook,* 3rd ed., Vols. I. and II. Metcut Research Associates, Inc., Cincinnati, Ohio, 1980.

[15] *Modern Metal Cutting,* AB Sandvik Coromant, Sandvik, Sweden, 1994.

[16] Owen, J. V. "Are Cermets for Real?" *Manufacturing Engineering,* October 1991, pp. 28–31.

[17] Pfouts, W. R. "Cutting Edge Coatings," *Manufacturing Engineering,* July 2000, pp. 98–107.

[18] Schey, J. A. *Introduction to Manufacturing Processes,* 3rd ed. McGraw-Hill, New York, 1999.

[19] Shaw, M. C. *Metal Cutting Principles,* 2nd ed. Oxford University Press, Oxford, England, 2005.

[20] Spitler, D., Lantrip, J., Nee, J., and Smith, D. A. *Fundamentals of Tool Design,* 5th ed., Society of Manufacturing Engineers, Dearborn, Michigan, 2003.

[21] Tlusty, J. *Manufacturing Processes and Equipment,* Prentice Hall, Upper Saddle River, New Jersey, 2000.

복습문제

21.1 절삭공구 기술의 두 가지 기본적인 것은 무엇인가?

21.2 절삭가공에서 세 가지 형태의 공구파손을 열거하여라.

21.3 절삭공구에서 공구마모가 일어나는 두 가지 주요 위치들은 어디인가?

21.4 절삭가공에서 절삭공구의 마모 메커니즘을 열거하여라.

21.5 Taylor 공구수명식에서 매개변수 C의 물리적 의미는 무엇인가?

21.6 절삭속도 외에 어떤 절삭변수들이 Taylor 공구수명식을 확장한 식에 포함되는가?

21.7 생산현장에 사용되는 공구수명 기준은 어떤 것들이 있는가?

21.8 절삭공구재료의 세 가지 주요 성질을 기술하여라.

21.9 고속도강의 주된 합금 성분들은 무엇인가?

21.10 초경합금의 강절삭 등급과 비강절삭 등급의 성분 차이는 무엇인가?

21.11 코팅초경합금 인서트의 표면에 얇은 코팅층을 형성하는 합성물을 열거하여라.

21.12 단인공구의 공구형상에 대한 7가지 요소를 열거하여라.

21.13 세라믹공구가 일반적으로 음의 경사각으로 설계되는 이유는 무엇인가?

21.14 절삭공정에서 절삭공구를 고정하는 방법들을 열거하여라.

21.15 절삭유를 기능에 따라 두 가지로 분류하여라.

21.16 절삭유를 화학적 성질에 따라 네 가지로 분류하여라.

21.17 절삭유의 주된 윤활 방식은 무엇인가?

21.18 절삭유가 절삭가공 공정에 공급되는 방법은 어떤 것이 있는가?

21.19 절삭유 여과시스템이 점차 일반화되고 있는 이유는 무엇인가? 장점은 무엇인가?

21.20 건식가공이 선호되고 있는 이유는 절삭유를 사용할 때 생기는 문제점 때문이다. 절삭유의 사용과 관련된 문제점들은 무엇인가?

21.21 건식가공으로 생기는 새로운 문제점들은 무엇인가?

21.22 (동영상) 절삭공구의 기본적인 두 가지 종류들을 열거하여라.

21.23 (동영상) 비디오 클립에 따르면 주어진 작업에서 절삭공구의 선택 목적은 무엇인가?

21.24 (동영상) 적절한 툴링을 선택하기 위하여 작업자가 알아야 할 요소들을 최소한 5가지 열거하여라.

21.25 (동영상) 좋은 공구재료의 5가지 특징들을 열거하여라.

객관식문제(19개의 답)

21.1 다음 절삭조건 중에서 공구마모에 가장 큰 영향을 미치는 것은 어떤 것인가? (a) 절삭속도, (b) 절삭깊이, (c) 이송.

21.2 고속도강의 합금 성분으로 텅스텐은 다음 중 어떤 기능을 하는가? (두 개의 답) (a) 내연삭마모를 위한 경한 탄화물 형성, (b) 강도와 경도 향상, (c) 내부식성 향상, (d) 고온경도 향상, (e) 인성 향상.

21.3 주조코발트합금은 보통 다음 어떤 성분을 주로 포함하는가? (세 개의 답) (a) 알루미늄, (b) 코발트, (c) 크롬, (d) 주철, (e) 니켈, (f) 강, (g) 텅스텐.

21.4 다음 중에서 초경공구의 주요 성분이 아닌 것은 어떤 것인가? (두 개의 답) (a) Al_2O_3, (b) Co, (c) CrC, (d) TiC, (e) WC.

21.5 코발트 함유량의 증가는 WC-Co 초경합금에 다음 중 어떤 영향을 미치는가? (두 개의 답) (a) 경도 감소, (b) 횡방향 파단강도 감소, (c) 경도 증가, (d) 인성 증가, (e) 내마모성 증가.

21.6 초경의 강절삭 등급은 다음 어떤 성분들에 의해 특징지어지는가? (세 개의 답) (a) Co, (b) Fe, (c) Mo, (d) Ni, (e) TiC, (f) WC.

21.7 강의 마무리 선삭을 위하여 초경을 사용한다면, 다음 어떤 등급을 선택하여야 하는가? (최상의 답 하나) (a) C1, (b) C3, (c) C5, (d) C7.

21.8 코팅초경 인서트의 얇은 코팅층을 만들기 위해 다음 어떤 공정이 필요한가? (두 개의 답) (a) 화학증착, (b) 전기도금, (c) 물리증착, (d) 압축과 소결, (e) 스프레이 페인팅.

21.9 다음 중 어떤 재료가 가장 큰 경도를 가지는가? (a) 산화알루미늄, (b) 입방정질화붕소, (c) 고속도강, (d) 티타늄카바이드, (e) 텅스텐카바이드.

21.10 다음 중 어떤 것들이 절삭가공에서 절삭유의 두 가지 주된 기능인가? (두 개의 답) (a) 공작물 표면정도 향상, (b) 힘과 동력 감소, (c) 공구-칩 접촉면의 마찰 감소, (d) 공정으로부터 열의 제거, (e) 칩 세척작용.

연습문제

공구수명과 Taylor식

21.1 경화된 합금강에 코팅초경공구를 사용한 선삭 시험을 통하여 플랭크마모 데이터를 얻었다. 이송속도는 0.30 mm/rev, 깊이는 4.0 mm 이다. 125 m/min 의 속도에서 플랭크마모는 1분에 0.12 mm, 5분에 0.27 mm, 11

분에 0.45 mm, 15분에 0.58 mm, 20분에 0.73 mm, 25분에 0.97 mm이다. 165 m/min의 속도에서 플랭크마모는 1분에 0.22 mm, 5분에 0.47 mm, 9분에 0.70 mm, 11분에 0.80 mm, 13분에 0.99 mm이다. 마지막 마모 데이터는 최종 공구손상이 일어났을 때이다. (a) 플랭크마모를 시간의 함수로 하여 그래프로 나타내어라. 0.75 mm의 플랭크마모를 공구수명 기준으로 해서 두 개의 절삭속도에 대한 공구수명을 결정하여라. (b) 앞 부분에서 구한 결과들을 자연로그 그래프로 나타내어라. 그림으로부터, Taylor 공구수명식의 n과 C값을 결정하여라. (c) 비교를 위하여, 연립방정식을 풀어서 Taylor 공구수명식의 n과 C값을 결정하여라. n과 C의 결과 값들이 같은가?

21.2 공구수명 기준을 0.75 mm가 아니고 0.50 mm의 플랭크마모로하여 연습문제 21.1을 풀어라.

21.3 초경합금공구를 사용한 선삭 시험을 통하여 플랭크마모 데이터를 얻었다. 이송속도는 0.025 cm/rev, 깊이는 0.3125 cm이다. 105 m/min의 속도에서 플랭크마모는 1분에 0.0125 cm, 5분에 0.02 cm, 11분에 0.03 cm, 15분에 0.037 cm, 20분에 0.05 cm, 25분에 0.1 cm이다. 135 m/min의 속도에서 플랭크마모는 1분에 0.017 cm, 5분에 0.04 cm, 9분에 0.067 cm, 11분에 0.08 cm, 13분에 0.1 cm이다. 마지막 마모 데이터는 최종 공구손상이 일어났을 때이다. (a) 플랭크마모를 시간의 함수로 하여 그래프로 나타내어라. 0.05 cm의 플랭크마모를 공구수명 기준으로 해서 두 개의 절삭속도에 대한 공구수명을 결정하여라. (b) 앞 부분에서 구한 결과들을 자연로그 그래프로 나타내어라. 그림으로부터, Taylor 공구수명식의 n과 C값을 결정하여라. (c) 비교를 위하여, 연립방정식을 풀어서 Taylor 공구수명식의 n과 C값을 결정하여라. n과 C의 결과 값들이 같은가?

21.4 공구수명 기준을 0.037 cm의 플랭크마모로하여 연습문제 21.3을 풀어라. 20분의 공구수명을 갖는 절삭속도를 구하여라.

21.5 선반에서의 공구수명 시험으로 다음과 같은 데이터를 얻었다. (1) 112 m/min의 절삭속도에서 공구수명은 5.5분이다; (2) 82 m/min의 절삭속도에서 공구수명은 53분이다. (a) Taylor 공구수명식의 n과 C값을 결

정하여라. (b) n과 C 값으로 판단할 때, 이 공정에 사용된 공구재료는 어떤 것인가? (c) 식으로부터, 90 m/min의 절삭속도에 대응하는 공구수명을 계산하여라. (d) 공구수명 $T = 10$ min에 대응하는 절삭속도를 계산하여라.

21.6 선삭 공구수명 시험으로 다음과 같은 데이터를 얻었다. (1) 절삭속도가 100 m/min일 때 공구수명은 10분이다. (2) 절삭속도가 75 m/min일 때 공구수명은 30분이다. (a) Taylor 공구수명식의 n과 C값을 결정하여라. (b) 식으로부터, 절삭속 110 m/min에 대응하는 공구수명을 계산하여라. (c) 공구수명 15분에 대응하는 절삭속도를 계산하여라.

21.7 선삭 시험으로 절삭속도 4.0 m/s에 대하여 1분의 공구수명, 절삭속도 2.0 m/s에 대하여 20분의 공구수명을 얻었다. (a) Taylor 공구수명식의 n과 C값을 결정하여라. (b) 절삭속도 1.0 m/s일 때 공구수명을 구하여라.

21.8 37.5 cm×5 cm의 공작물을 한 개의 초경 인서트를 가진 6.25 cm 직경의 플라이 커터를 사용하여 정면밀링으로 가공한다. 이송은 0.025 cm/날이고 깊이는 0.5 cm이다. 120 m/min의 절삭속도를 사용하면 세 개를 가공할 수 있다. 60 m/min의 절삭속도를 사용하면 12개를 가공할 수 있다. Taylor 공구수명식을 구하여라.

21.9 선삭 공정에서, 공작물 직경이 125 mm이고 길이가 300 mm이다. 이송속도는 0.225 mm/rev이다. 절삭속도 = 3.0 m/s라고 하면 매번 5개의 공작물마다 공구가 교환되어야 하고, 절삭속도 = 2.0 m/s라고 하면 매번 25개의 공작물마다 공구가 교환되어야 한다. 이 공정에 대한 Taylor 공구수명식을 결정하여라.

21.10 그림 21.5에 대하여 가운데 데이터 점($v = 130$ m/min, $T = 12$ min)이 예제 21.1에서 결정된 Taylor 식과 일치함을 보여라.

21.11 그림 21.4에 대하여 공구의 완전 파손은 각 마모 곡선의 끝으로 표시된다. 0.50 mm의 플랭크마모 대신에 완전 파손을 공구수명 기준으로 하면, 다음과 같은 데이터를 얻는다. (1) $v = 160$ m/min, $T = 5.75$ min; (2) $v = 130$ m/min, $T = 14.25$ min; (3) $v = 100$ m/min, $T = 47$ min. 이 데이터를 이용하여 Taylor 공구수명식의 n과 C값을 결정하여라.

21.12 어떤 시험조건에서 Taylor 식이 $vT^{25} = 1000$이다. 여

기서 v는 m/min, T는 min의 단위를 사용한다. 이 식을 v의 단위는 m/sec, T의 단위는 sec인 식으로 변환하여라. 공구수명 = 16 min에 대하여 이 식을 검증하여라. 즉 이 두 식들을 이용하여 대응하는 절삭속도를 m/min와 m/sec로 나타내어라.

21.13 Taylor 식의 확장식(식 (21.4))에서 n, m, K를 구하기 위하여 선삭 시험을 수행한다. 시험을 통하여 다음과 같은 데이터가 얻어졌다. (1) v = 1.9 m/s, f = 0.22 mm/rev, T = 10분; (2) v = 1.3 m/s, f = 0.22 mm/rev, T = 47분; (3) v = 1.9 m/s, f = 0.32 mm/rev, T = 8분. (a) n, m, K를 결정하여라. (b) 식을 이용하여, v = 1.5 m/s, f = 0.28 mm/rev일 때의 공구수명을 구하여라.

21.14 본문의 식 (21.4)는 공구수명을 속도와 이송에 연관시킨다. n, m, K를 결정하기 위하여 선삭 시험을 수행하여 다음과 같은 데이터를 얻었다. (1) v = 120 m/min, f = 0.025 cm./rev, T = 10분; (2) v = 90 m/min, f = 0.025 cm./rev, T = 35분; (3) v = 120 m/min, f = 0.037 cm./rev, T = 8분. n, m, K를 결정하여라. 상수 K의 물리적 의미는 무엇인가?

21.15 표 21.2의 n과 C값은 이송속도 = 0.25 mm/rev, 절삭깊이 = 2.5 mm를 기준으로 한다. 다음의 공구를 사용할 때 10분의 공구수명에 대하여 제거되는 강의 체적을 구하여라. (a) 일반탄소강, (b) 고속도강, (c) 초경합금, (d) 세라믹.

21.16 2.5cm 두께의 주철 판을 1.25 cm의 직경으로 뚫기 위하여 드릴링 공정을 수행한다. 공구수명을 결정하기 위하여 두 가지 속도로 가공 시험을 한다. 80 m/min의 속도로 50개의 구멍, 120 m/min의 속도로 5개의 구멍을 가공할 수 있었다. 드릴의 이송속도는 0.075 cm/rev이다. (드릴 진입과 진출의 영향을 무시하여라. 절삭깊이는 판 두께인 2.5 cm로 한다.) 이 데이터를 이용하여 Taylor 공구수명식의 n과 C값을 결정하여라. 여기서 절삭속도 v는 m/min, 공구수명 T는 분으로 표현된다.

21.17 티타늄합금으로 만든 원통형 공작물이 선삭된다. 초기

직경 = 400 mm, 길이 = 1100 mm이다. 이송은 0.35 mm/rev이고 절삭깊이는 2.5 mm이다. Taylor 식에서 n = 0.24, C = 450인 초경합금으로 가공된다. Taylor 식의 단위는 공구수명은 min, 절삭속도는 m/min이다. 공구수명이 이 공작물의 절삭시간과 정확히 일치하기 위한 절삭속도를 계산하여라.

21.18 원통형 공작물이 선삭된다. 초기 직경 = 65 cm, 길이 = 120cm이다. 절삭조건은 이송 = 0.03 cm/rev, 절삭깊이 = 0.3125 cm이다. Taylor 식에서 n = 0.25, C = 1300인 초경합금으로 가공된다. Taylor 식의 단위는 공구수명은 min, 절삭속도는 m/min이다. 공구수명이 이 공작물의 선삭시간과 일치하기 위한 절삭속도를 결정하여라.

21.19 선삭에서 공작물의 직경이 88 mm이고 길이가 400 mm이다. 이송이 0.25 mm/rev이다. 절삭속도가 3.5 m/s일 때 공작물 3개를 가공할 때마다 공구를 교체하고, 절삭속도가 2.5 m/s일 때는 공작물 20개를 가공할 수 있다. 공작물 50개를 가공할 수 있는 절삭속도를 구하여라.

21.20 선삭에서 강 재질의 공작물이 직경 11.2 cm, 길이 43.7 cm이다. 이송이 0.03 cm/rev이다. 절삭속도가 120 m/min일 때 공구는 4개의 공작물을 가공할 수 있고, 절삭속도가 80 m/min일 때 15개를 가공할 수 있다. 새로운 주문을 받았는데 직경이 8.75cm이고 길이는 37.5 cm이고 25개를 가공해야 한다. 공작물 재질, 공구, 이송, 절삭깊이가 동일하여 앞에서 사용한 공작물의 Taylor 공구수명식을 사용할 수 있다고 할 때, 새로운 주문에 대하여 한 개의 공구로 가공할 수 있는 절삭속도를 구하여라.

21.21 초기 직경이 300 mm이고 길이가 625 mm인 공작물을 선삭한다. 이송은 0.35 mm/rev이고 절삭깊이는 2.5 mm이다. 초경합금 절삭공구를 사용하는데 Taylor 공구수명식의 n = 0.24, C = 450이다. 단위는 공구수명은 min, 절삭속도는 m/min이다. 이 공작물 3개를 절삭하기 위한 절삭시간이 공구수명과 정확히 일치하기 위한 절삭속도를 구하여라.

공구 적용

21.22 다음 각각의 조건에서 초경합금의 ANSI C 등급(표 21.5)을 분류하여라. (a) 고탄소강 봉을 10.5 cm에서 8.75 cm로 선삭, (b) 티타늄 공작물을 낮은 절삭깊이와 이송으로 최종 정면밀링, (c) 합금강 재질의 자동차 엔진블록을 호닝하기 전에 보링, (d) 대형 황동 밸브의 입구 및 출구의 나사 가공.

21.23 어떤 기계공장에서 네 가지 등급의 초경공구를 사용한다. 조성은 다음과 같다. 등급 1은 95% WC, 5% Co; 등급 2는 82% WC, 4% Co, 14% TiC; 등급 3은 80% WC, 10% Co, 10% TiC; 등급 4는 89% WC, 11% Co. (a) 경화되지 않은 강의 선삭에 사용될 정삭 공구는? (b) 알루미늄의 밀링에 사용될 황삭 공구는? (c) 황동의 선삭에 사용될 정삭 공구는? (d) 주철의 가공에 사용될 공구는? 각각에 대하여 추천 이유를 설명하여라.

21.24 다음 각각의 조건에서 ISO R513-1975(E) 그룹(표 21.6)을 열거하고, 숫자들이 낮은 쪽인지 높은 쪽인지를 밝혀라: (a) 알루미늄 실린더 헤드의 헤드 개스킷면의 밀링, (b) 경화된 강 봉의 거친 선삭, (c) 정확한 표면정도를 요구하는 섬유강화복합재료의 밀링, (d) 경화되기 전의 강 다이의 거친 밀링

21.25 직경이 12.5 cm이고 길이가 80 cm인 강으로 만든 축을 선삭한다. 슬롯 혹은 키홈은 밀링가공되었다. 선삭은 축 직경을 감소시킨다. 다음의 각 공구재료에 대하여 이 공정에 사용하기가 적합한 지를 판단하여라. (a) 일반탄소강, (b) 고속도강, (c) 초경합금, (d) 세라믹, (e) 소결다결정 다이아몬드.

절삭유

21.26 냉각제를 사용하지 않는 밀링 공정에서 150 m/min의 절삭속도가 사용된다. 현재의 절삭조건에서 Taylor 공구수명식의 $n = 0.25$, $C = 390$(m/min)이다. 냉각제를 사용하면 절삭속도를 20% 향상시킬 수 있고 공구수명은 동일하게 할 수 있다. n이 동일하다고 할 때 C의 값을 구하여라.

21.27 고속도강을 사용하는 선삭 공정에서 절삭속도 = 110 m/min이다. 건식가공일 때 Taylor 식에서 $n = 0.140$, $C = 150$(m/min)이다. 냉각제가 사용되면 C의 값이 15% 증가한다. 절삭속도가 110 m/min으로 유지된다고 하면 공구수명의 증가를 %로 나타내라.

21.28 강의 선삭 공정은 고속도강을 사용하여 보통 37 m/min의 절삭속도로 절삭유를 사용하지 않고 수행된다. Taylor 식에서 적당한 n과 C값은 표 21.2에서 주어진다. 냉각성 절삭유를 사용하면 공구수명에 영향을 주지 않고 절삭속도를 7.5 m/min만큼 증가시킬 수 있다고 한다. 절삭유의 효과가 단순히 상수 C를 25만큼 증가시키는 것이라고 하면, 초기 절삭속도 40 m/min이 유지된다고 할 때 공구수명은 얼마만큼 증가하는가?

21.29 연강에 대한 드릴링 공정을 위하여 고속도강으로 만든 6.0 mm의 트위스트 드릴이 사용된다. 절삭오일이 작업자에 의해 브러쉬로 드릴 끝과 홈(flute)에 도포된다. 절삭조건은 속도 = 25 m/min, 이송 = 0.10 mm/rev, 구멍깊이 = 40 mm이다. 이 공작물에 대한 속도와 이송은 핸드북을 참조하여 정해진 것이다. 그럼에도 불구하고 칩이 홈에 들러붙어 마찰열이 발생하고, 드릴 비트가 과열로 조기 파손된다. 무엇이 문제인가? 문제 해결을 위하여 무엇을 추천할 것인가?

절삭가공의 경제성

22.1 절삭성

22.2 공차와 표면정도
22.2.1 절삭가공의 공차
22.2.2 절삭가공의 표면정도

22.3 절삭조건의 선정
22.3.1 이송과 절삭 깊이의 선정
22.3.2 최적 절삭 속도

22.4 절삭가공 부품을 고려한 설계

이 장에서는 절삭가공에 관한 나머지 주제들을 설명하면서 전통적인 절삭가공을 결론지으려 한다. 첫 번째는 절삭성으로, 절삭가공에 사용되는 공작물의 성질과 이 성질이 절삭가공 성능에 미치는 영향에 관한 것이다. 두 번째는 절삭가공에서의 공차와 표면정도(5장)에 관한 것이다. 세 번째는 절삭가공 공정에서 절삭조건(속도, 이송, 절삭깊이)의 선정에 관한 것이다. 이들의 적합한 선정이 크게는 주어진 공정의 경제적인 성공을 결정한다. 마지막으로, 설계자가 절삭가공으로 생산되는 부품을 설계할 때 고려해야 할 사항들에 관한 것이다.

22.1 절삭성

공작물 재료의 성질은 성공적인 절삭가공 공정을 위하여 매우 중요하다. 이 성질들과 공작물의 다른 특성들이 절삭성이라는 용어로 요약될 수 있다. **절삭성**(machinability)은 적당한 공구와 절삭조건을 사용하여 재료(보통 금속)를 가공할 수 있는 상대적 용이성을 말한다.

절삭성을 평가하기 위해 사용되는 여러 가지 중요한 기준들이 있다. (1) 공구수명, (2) 힘과 동력, (3) 표면정도, (4) 칩 처리의 용이성. 일반적으로 절삭성이 공작물에 대한 것이지만, 절삭가공 성능이 재료에만 의존하는 것은 아니다. 재료 성질뿐만 아니라 절삭가공 공정의 종류, 공구, 절삭조건들이 중요한 요인들이다. 그 외에도 절삭성의 기준 또한 변수가 될 수 있다. 공구수명이 연장되는 공작물 재료가 있는가 하면, 좋은 표면정도를 얻을 수 있는 재료가 있을 수 있다. 이런 요인들 모두가 절삭성 평가를 어렵게 하고 있다.

일반적으로 절삭성 시험은 공작물 재료를 비교하는 것이다. 표준 재료에 대하여 시험 재료의 상대적인 절삭가공 성능이 측정된다. 절삭성 시험에서 다음과 같은 성능 측정이 가능하다. (1) 공구수명, (2) 공구마모, (3) 절삭력, (4) 소요동력, (5) 절삭온도, (6) 표준시험 조건에서의 소재제거율. 상대적인 성능은 절삭성 등급(machinability rating, MR)이라 불리는 값으로 표현된다. 표준 재료의 절삭성 등급은 1.00으로 주어진다. B1112 강이 절삭성 시험의 표준 재료로 자주 사용된다. 표준 재료보다 절삭가공이 쉬운 재료는 1.00보다 높은 등급을 갖고, 절삭가공이 어려운 재료는 1.00보다 낮은 등급을 갖는다. 절삭성 등급은 숫자보다 퍼센트로 표현되기도 한다. 공구수명 시험을 통하여 어떻게 절삭성 등급이 결정되는지를 알아보도록 하자.

예제 22.1 절삭성

두 가지 공작물 재료에 대하여 속도만 변하고 다른 절삭조건들은 일정하게 하여 공구수명 시험을 한다. 표준 재료로 정해진 재료의 Tayor 공구수명식은 $vT^{0.28} = 350$, 다른 재료(시험 재료)의 Tayor 공구수명식은 $vT^{0.27} = 440$인 결과를 얻었다. 여기서 속도는 m/min, 공구수명은 min이다. 60min의 공구수명에 대한 절삭속도를 사용하여 시험 재료의 절삭성 등급을 결정하여라. 이 속도를 v_{60}으로 표시한다.

풀이

표준 재료의 절삭성 등급은 1.0이다. 이 재료에 대한 v_{60}은 Taylor 공구수명식으로부터 다음과 같이 구한다.

$$v_{60} = (350/60^{0.28}) = 111 \text{ m/min}$$

시험 재료의 60min 공구수명에 대한 절삭속도를 유사하게 구할 수 있다.

$$v_{60} = (440/60^{0.27}) = 146 \text{ m/min}$$

따라서, 절삭성 등급은 다음과 같이 계산된다.

$$\text{MR(시험 재료에 대한)} = \frac{146}{111} = 1.31 \text{ (131\%)}$$

공작물 재료의 많은 요인들이 절삭가공 성능에 영향을 미친다. 절삭성에 영향을 미치는 공작물의 기계적 성질로 경도와 강도가 있다. 경도가 증가함에 따라, 공구의 연마마모가 증가하여 공구수명이 감소한다. 절삭가공이 전단응력을 수반하기는 하지만, 강도는 보통 인장강도를 지칭한다. 물론 전단강도와 인장강도는 서로 연관되어 있다. 공작물의 강도가 증가함에 따라 절삭력, 비에너지, 절삭온도가 증가하여 재료의 가공을 어렵게 한다. 한편으로 매우 낮은 경도는 절삭가공 성능에 나쁜 영향을 미친다. 예를 들면, 상대적으로 낮은 경도를 가지는 저탄소강은 절삭가공을 하기에 너무 높은 연성을 가진다. 높은 연성은 칩이 생성됨에 따라 재료의 파열을 야기시켜 좋지 않은 표면거칠기 문제와 칩처리 문제를 초래한다. 저탄소강의 표면 경도를 증가시키고 절삭 중의 칩 절단을 촉진시키기 위하여 냉간 인발이 자주 사용된다.

　금속의 화학적 성분에 따라 금속의 성질이 달라지는데, 화학적 성분이 공구재료에 작용하는 마모 메커니즘에 영향을 미치기도 한다. 이런 관계로 하여 화학적 조성이 절삭성에 영향을 미친다. 탄소 함유량은 강의 성질에 중요한 영향을 미친다. 탄소가 증가함에 따라, 강의 강도와 경도는 증가한다. 이것은 절삭가공 성능을 감소시킨다. 성질 개선을 위하여 강에 첨가되는 많은 합금 원소들은 절삭성에 해가 된다. 크롬, 몰리브덴, 텅스텐은 공구마모를 증가시키고 절삭성을 감소시키는 탄화물을 강에 형성한다. 망간과 니켈은 강의 강도와 인성을 증가시켜 절삭성을 감소시킨다. 납, 황, 인과 같은 원소들을 강에 첨가하여 절삭성을 증가시킬 수도 있다. 이런 첨가제들은 공구와 칩 사이의 마찰계수를 감소시키는 효과가 있기 때문에 절삭력, 온도, 구성인선의 형성이 감소된다. 이로 인하여 공구수명이 연장되고 표면정도가 좋아진다. 절삭성을 화학적으로 향상시켜 제조된 합금강을 **쾌삭강**(free

표 22.1 공작물 재료에 대한 브리넬 경도와 절삭성 등급.

공작물 재료	브리넬 경도	절삭성 등급[a]	공작물 재료	브리넬 경도	절삭성 등급
표준강: B1112	180–220	1.00	공구강(경화되지 않은)	200–250	0.30
저탄소강:	130–170	0.50	주철		
C1008, C1010, C1015			연한	60	0.70
중탄소강:	140–210	0.65	중간정도	200	0.55
C1020, C1025, C1030			경한	230	0.40
고탄소강:	180–230	0.55	초합금		
C1040, C1045, C1050			인코넬	240–260	0.30
합금강24[b]			인코넬 X	350–370	0.15
1320, 1330, 3130, 3140	170–230	0.55	Waspalloy	250–280	0.12
4130	180–200	0.65	티타늄		
4140	190–210	0.55	순수	160	0.30
4340	200–230	0.45	합금	220–280	0.20
4340(주조)	250–300	0.25	알루미늄		
6120, 6130, 6140	180–230	0.50	2-S, 11-S, 17-S	Soft	5.00[c]
8620, 8630	190–200	0.60	알루미늄 합금(연한)	Soft	2.00[d]
B1113	170–220	1.35	알루미늄 합금(경한)	Hard	1.25[d]
쾌삭강	160–220	1.50	구리	Soft	0.60
스테인레스강			황동	Soft	2.00[d]
301, 302	170–190	0.50	청동	Soft	0.65[d]
304	160–170	0.40			
316, 317	190–200	0.35			
403	190–210	0.55			
416	190–210	0.90			

등급은 주어진 공구수명에 대한 상대적인 절삭속도를 표현한다(예제 22.1 참조). 문헌 [1], [4], [5], [7]로부터 편집함.
[a] 절삭성 등급은 종종 백분율로(인덱스 번호는 100%)로 표시된다.
[b] 합금강의 목록은 결코 완전하지 않다. 이 표에서는 일반적인 합금 중 일부를 포함하고, 이러한 강에 대한 절삭성 등급의 범위를 나타내었다.
[c] 알루미늄의 절삭성은 매우 다양하다. 여기서 MR = 5.00으로 표시되지만, 범위는 약 3.00～10.00 이상이다.
[d] 알루미늄 합금, 황동과 청동 역시 가공 성능 차이는 매우 크다. 등급에 따라 절삭성 등급을 달리 부여하였다. 각각의 경우에 대해서, 피삭재에 따라 상대적인 성능을 나타내기 위해 피삭재 하나의 평균값의 변동을 줄이려고 노력하였다.

machining steel)이라고 한다(6.2.3절).

다른 공작물 재료에 대해서도 비슷한 관계들이 있다. 표 22.1은 몇 가지 금속들의 근사적인 절삭성 등급을 보이고 있다. 이 등급은 재료의 절삭가공 성능을 정리하기 위해 사용된다.

22.2 공차와 표면정도

절삭가공은 설계자가 지정한 공차와 표면정도로 정의된 형상으로 부품을 생산하는 것이다. 이 절에서는 절삭가공에서의 공차와 표면정도에 대하여 알아본다.

22.2.1 절삭가공의 공차

어떠한 제조공정에도 변동성(variability)은 있게 마련이고, 공차는 이 변화성의 가능한 한계를 설정하는데 사용된다(5.1.1절). 절삭가공 공정은 대개의 다른 공정에 비하여 높은 정확성을 제공하기 때문에 공차가 엄격한 경우에 자주 선호된다. 표 22.2는 20장에서 기술한 절삭가공 공정들로 얻을 수 있는 전형적인 공차를 나타낸다. 이 표의 값들은 이상적인 조건을 대표하지만, 이는 현대의 공장에서 쉽게 얻을 수 있는 조건이다. 공작기계가 오래되고 마모가 심하면, 공정의 변화성은 이상적인 경우보다 클 것이고 이러한 공차를 유지하기 어렵다. 한편으로 신형 공작기계는 열거한 값들보다 작은 공차를 얻을 수 있다.

작은 공차는 보통 많은 비용을 의미한다. 예를 들어 설계자가 6.0 mm의 구멍 직경에 ±0.10 mm의 공차를 지정한다면, 표 22.2에 의해 이런 공차는 드릴링 공정으로 얻을 수 있다. 그러나 설계자가

표 22.2 절삭공정으로 얻을 수 있는 일반적인 공차와 표면거칠기(산술평균).

절삭가공	공차 mm	표면거칠기 (AA) μm	절삭가공	공차 mm	표면거칠기 (AA) μm
선삭, 보링		0.8	리밍		0.4
직경 $D < 25$ mm	±0.025		직경 $D < 12$ mm	±0.025	
25 mm $< D < 50$ mm	±0.05		12 mm $< D < 25$ mm	±0.05	
직경 $D > 50$ mm	±0.075		직경 $D > 25$ mm	±0.075	
드릴링		0.8	밀링		0.4
직경 $D < 2.5$ mm	±0.05		평밀링	±0.025	
2.5 mm $< D < 6$ mm	±0.075		정면밀링	±0.025	
6 mm $< D < 12$ mm	±0.10		앤드밀링	±0.05	
12 mm $< D < 25$ mm	±0.125		형삭, 슬로팅	±0.025	1.6
직경 $D > 25$ mm	±0.20		평삭	±0.075	1.6
브로칭	±0.025	0.2	톱작업	±0.50	6.0

* 드릴링 공차는 전형적인 편의된 양쪽공차로 표현하였다(예 +0.010/−0.002).
이 표의 값은 가장 근접한 양쪽공차로 표현하였다(예 0.006)
문헌 [2], [5], [7], [8], [12], [15]로부터 편집함.

±0.025 mm의 공차를 지정한다면, 엄격해진 공차를 만족하기 위하여 추가적인 리밍 공정이 필요하다. 공차와 제조비용 사이의 일반적인 관계는 그림 43.1을 참조하여 얻을 수 있다. 이것은 공차가 큰 것이 항상 좋다는 것을 의미하는 것은 아니다. 각 부품들을 작은 공차와 낮은 변동성으로 절삭가공하였을 때, 조립 공정, 최종제품 시험, 고장 서비스, 고객만족 측면에서 별 문제가 없다는 것은 자주 있는 일이다. 이런 비용이 직접 제조비용으로 쉽게 정량화되지는 않지만, 그럼에도 불구하고 매우 중요하다. 공장의 제조공정에 대해 보다 더 관리가 잘 되게 해주는 엄격한 공차가, 길게 볼 때 그 회사의 총 공정비용을 낮출 수가 있다.

22.2.2 절삭가공의 표면정도

절삭가공은 부품의 최종 형상과 치수를 결정하는 경우가 많은 제조공정이기 때문에, 부품의 표면구조(surface texture)을 결정하게 되는 경우도 자주 있다(5.3.2절). 표 22.2는 절삭가공 공정으로 얻을 수 있는 전형적인 표면거칠기를 나열하고 있다. 이 정도의 표면거칠기는 현대식 공작기계로 쉽게 성취할 수 있다.

절삭가공 공정에서 어떻게 표면정도가 결정되는지를 살펴본다. 절삭가공면의 거칠기는 다음과 같이 분류되는 많은 요인들에 의하여 영향을 받는다. (1) 기하학적 요인, (2) 공작물 재료, (3) 진동과 공작기계. 이 절에서는 표면정도에 대한 이런 요인과 그 영향에 대하여 설명한다.

기하학적 요인

이것은 가공부품의 표면형상을 결정하는 절삭가공의 인자로서 다음과 같은 것이 있다. (1) 절삭공정의 유형; (2) 절삭공구 형상, 특히 노즈반경; (3) 이송. 이런 요인들에 의하여 결정되는 표면 형상을 '이상적(ideal)' 혹은 '이론적(theoretical)' 표면거칠기라고 하며, 공작물, 진동, 공작기계의 영향이 없는 상태에서 얻을 수 있는 표면정도이다.

공정 유형은 표면을 생성하기 위하여 사용되는 절삭가공 공정을 지칭한다. 예를 들면 평밀링, 정면밀링, 형삭은 모두 편평한 표면을 만들어낸다. 그러나 표면형상은 각 공정 유형에 따라서 다른데, 공구 형상의 차이점과 공구와 표면과의 상호작용의 차이점 때문이다(그림 5.14 참조).

공구형상과 이송이 결합하여 표면형상을 만든다. 공구형상 중에서 공구 끝의 형상이 가장 중요하다. 단인공구에 대하여 이 영향이 그림 22.1에 나타나있다. 같은 크기의 이송에서 노즈반경이 커질수록 이송자국(feed mark)이 덜 뚜렷해져서 표면정도가 좋아진다. 같은 크기의 노즈반경에서는 이송이 커질수록 이송자국이 더 뚜렷해져서 이상적 표면거칠기의 값이 증가한다. 이송속도가 충분히 크고 노즈반경이 충분히 작아서 앞날각이 새로운 표면을 생성하는데 참여한다면, 앞날각이 표면형상에 영향을 미칠 것이다. 이 경우에 앞날각이 커질수록 표면거칠기의 값이 증가한다. 이론적으로 앞날각이 영이 되면 완전 평면을 얻게 된다. 그러나 공구, 공작물, 가공공정의 불완전성이 이와 같은 완전 평면의 생성을 불가능하게 한다.

단인공구에 의해 생성된 표면의 이상적 표면거칠기를 예측하기 위하여 노즈반경과 이송의 영향을 한 개의 식으로 결합할 수 있다. 이 식은 선삭, 형삭, 평삭과 같은 공정에 적용된다.

$$R_i = \frac{f^2}{32NR}$$

(22.1)

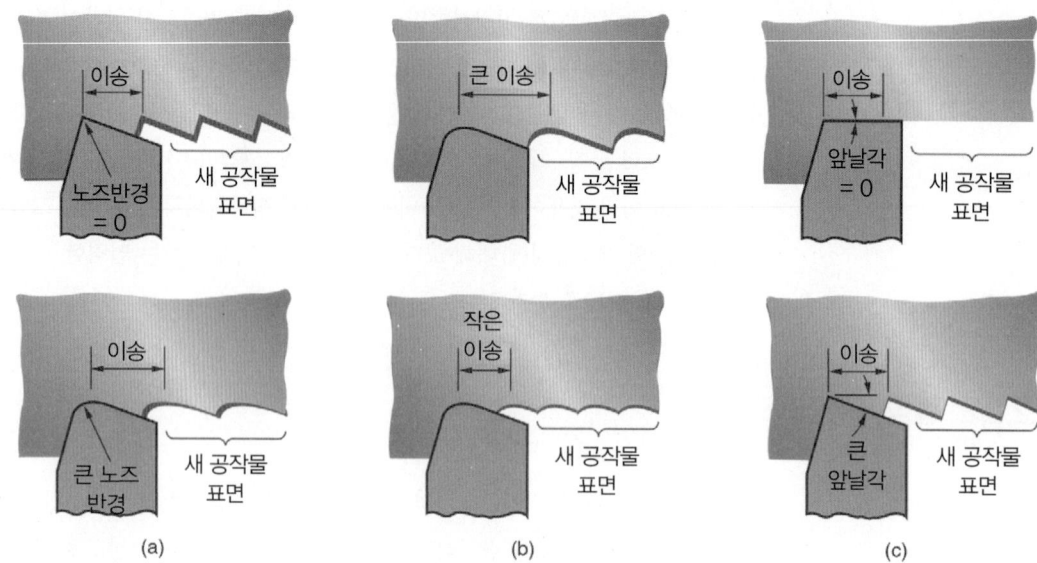

그림 22.1 단인공구에 대하여 공작물의 이상적 표면거칠기를 결정하는 기하학적 요인의 영향. (a) 노즈반경의 영향, (b) 이송의 영향, (c) 앞날각의 영향.

여기서, R_i = 이론적 평균거칠기(mm), f = 이송(mm), NR = 노즈반경(mm).

이 식은 노즈반경이 0이 아니고, 이송과 노즈반경이 공구형상을 결정하는 주된 요인이라고 가정한다. R_i의 값은 mm 단위가 될 것이고 μm로 전환될 수 있다. 식 (22.1)은 인서트를 가진 정면밀링의 이상적 표면거칠기를 구할 때에 사용될 수 있으며, 이 때 f 는 칩부하(chip load, 날당 이송)을 의미한다.

식 (22.1)은 날카로운 절삭날을 가정한다. 공구가 마모됨에 따라 절삭날 끝의 형상이 바뀌게 되고, 이것이 공작물의 표면 형상에 반영된다. 공구마모가 작으면 이 영향이 잘 나타나지 않지만, 공구마모(특히 노즈반경마모)가 커짐에 따라 표면거칠기는 위의 식에서 주어지는 이상적인 값에 비하여 나빠진다.

공작물 재료

공작물 재료에 관련된 요인들과 공작물-공구와의 상호작용 때문에 대개의 절삭가공 공정에서 이상적 표면거칠기를 달성하는 것은 가능하지 않다. 공작물 재료에 관련된 다음과 같은 요인들이 표면정도에 영향을 미친다. (1) 구성인선—구성인선이 주기적으로 형성이 되고 떨어져나가면서 입자들이 새롭게 생성된 공작물 표면에 부착되어 표면을 거칠게 한다. (2) 칩이 말리면서 공작물 표면에 입히는 손상. (3) 연성재료를 가공할 때 칩형성 중 공작물 표면의 파열. (4) 취성재료를 가공할 때 불연속칩의 형성으로 인한 공작물 표면의 균열. (5) 공구 여유면과 새롭게 생성된 공작물 표면 사이의 마찰. 이런 요인들은 절삭속도와 경사각의 영향을 받기 때문에 일반적으로 절삭속도나 경사각을 증가시키면 표면정도를 향상시킬 수 있다.

이와 같은 요인들은 일반적으로 이상적인 표면정도보다 실제 표면정도를 더 나쁘게 한다. 이상적 표면거칠기를 실제 표면거칠기로 변환하기 위해서 실험적으로 어떤 비(ratio)를 구할 수 있다. 이것은 구성인선의 형성, 파열 등의 요인들을 고려하였고, 공작물 재질뿐만 아니라 절삭속도에 의존한다. 그림 22.2는 여러 공작물에 대하여 이상적 표면거칠기에 대한 실제 표면거칠기의 비를 절삭속도의 함수로써 나타내고 있다.

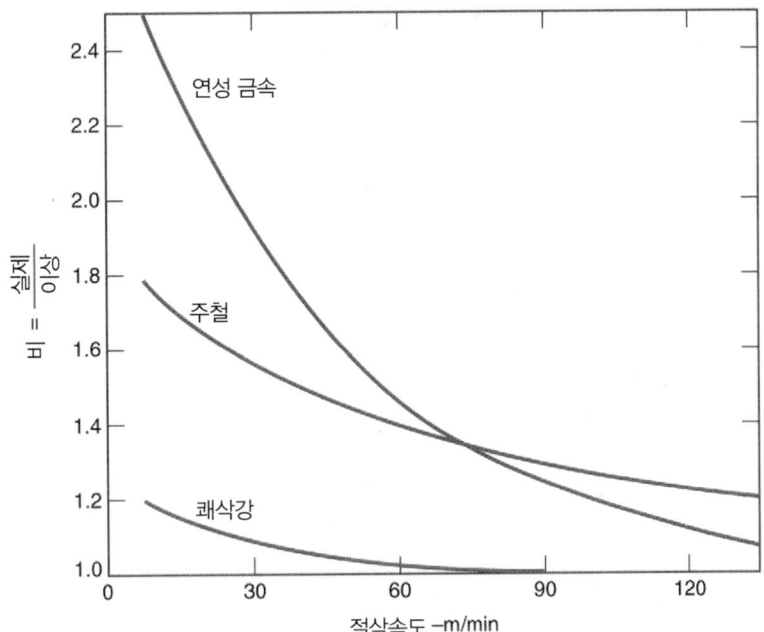

그림 22.2 이상적 표면거칠기에 대한 실제 표면거칠기의 비.

절삭가공 공정에서 실제 표면거칠기를 예측하려면 이상적 표면거칠기를 구한 다음에, 이 값에 앞에서 설명한 비의 값을 곱하면 된다.

$$R_a = r_{ai}R_i \qquad (22.2)$$

여기서 R_a = 실제 표면거칠기, r_{ai} = 이상적 표면거칠기에 대한 실제 표면거칠기의 비(그림 22.2), R_i = 이상적 표면거칠기(식 (22.1)).

예제 22.2 표면 거칠기

노즈반경 = 1.2 mm인 공구를 사용하여 C1008강(연성재료)을 선삭한다. 절삭조건은 속도 = 100 m/min, 이송 = 0.25 mm/rev이다. 이 공정에서 실제 표면거칠기를 예측하여라.

풀이
이상적 표면거칠기는 식 (22.1)로부터 계산될 수 있다.

$$R_i = (0.25)^2/(32 \times 1.2) = 0.0016 \text{ mm} = 1.6 \text{ μm}$$

그림 22.2로부터, 100 m/min의 절삭속도에서 연성금속에 대한 비는 약 1.25이다. 따라서 이 공정에 대한 실제 표면거칠기는 다음과 같이 계산된다.

$$R_a = 1.25 \times 1.6 = 2.0 \text{ μm}$$

진동과 공작기계
이 요인들은 공작기계, 공구, 셋업과 관련되어 있고, 다음과 같은 것들이 있다 — 기계나 공구의 채터(chatter)나 진동, 고정구의 변형(진동을 유발), 특별히 오래된 공작기계 이송기구의 백래쉬

(backlash). 이런 요인들이 최소화되거나 제거된다면, 절삭가공에서의 표면거칠기는 이미 기술한 기하학적 요인들과 공작물에 관련된 요인들에 의하여 주로 결정될 것이다.

절삭공정의 채터나 진동은 공작물 표면에 뚜렷한 표면파형(waviness)을 남긴다. 채터가 발생하면 경험있는 기계기술자가 인식할 수 있는 독특한 소리가 난다. 진동을 줄이거나 제거할 수 있는 다음과 같은 방법들이 있다. (1) 강성과 댐핑의 추가. (2) 공작기계의 고유진동수를 피하는 속도에서의 작업. (3) 절삭력을 감소시키기 위한 이송과 깊이의 감소. (4) 절삭력 감소를 위한 커터 설계 변경. 공작물 형상이 때로는 채터에 중요한 역할을 한다. 얇은 단면은 채터 발생 가능성을 높이기 때문에, 채터를 줄이기 위해서는 부품을 추가적으로 지지하는 것이 필요하다.

22.3 절삭조건의 선정

절삭가공에서 실제적인 문제는 주어진 공정에 대하여 적당한 절삭조건을 선정하는 것이다. 이는 공정계획(process planning) 기능 중의 하나이다(37.1절). 각 공정에 대하여 공작물의 절삭성, 부품 형상, 표면거칠기 등을 기초로 하여 공작기계, 절삭공구, 절삭조건에 관한 사항들을 결정해야 한다.

22.3.1 이송과 절삭 깊이의 선정

절삭가공의 절삭조건은 속도, 이송, 절삭깊이, 절삭유(절삭유의 사용 유무, 절삭유의 종류)로 구성된다. 일반적으로 공구의 선정은 절삭유의 결정에 중요하게 작용한다(21.4절). 절삭깊이는 공작물 형상과 공정 순서에 따라서 미리 정해지는 경우가 많다. 대개의 경우 일련의 황삭작업을 한 후에 최종 정삭작업을 수행한다. 황삭에서 절삭깊이는 동력, 기계 강성, 절삭공구 강도 등의 한도 내에서 가능한 한 크게 정해진다. 정삭에서 절삭깊이는 부품의 최종치수를 얻도록 정해진다.

그 다음 이송과 절삭속도 선정의 문제가 남는다. 일반적으로 **우선 이송을 정하고 그 다음 절삭속도를 정하는 순서**로 행해진다. 주어진 절삭가공 공정에서 적당한 이송속도의 결정은 다음과 같은 인자들에 의존한다.

- **공구** — 어떤 공구를 사용할 것인가? 경한 공구재료(초경, 세라믹 등)는 고속도강보다 더 쉽게 파괴되는 경향이 있다. 이런 공구들은 보통 낮은 이송속도에서 사용된다. 고속도강은 인성이 크기 때문에 높은 이송을 견딜 수 있다.

- **황삭 혹은 정삭** — 황삭 공정은 높은 이송을 수반한다(선삭에 대하여 0.5~1.25 mm/rev); 정삭 공정은 낮은 이송을 수반한다(선삭에 대하여 0.125~0.4 mm/rev).

- **황삭에서의 이송 조건** — 황삭 공정이라면 이송속도는 얼마까지 가능한가? 최대 소재제거율을 위하여, 이송은 가능한 한 크게 정해져야 한다. 이송의 최대치는 절삭력, 기계 강성, 마력에 따라 정해진다.

- **정삭에서 요구되는 표면정도** — 정삭 공정이라면 원하는 표면정도는 얼마인가? 이송이 표면정도의 중요한 요인이 된다. 예제 22.2와 같은 계산을 이용하여 원하는 표면정도를 산출할 수 있는 이송을 얻을 수 있다.

22.3.2 최적 절삭 속도

절삭속도의 선정은 특정 절삭공구를 가장 효과적으로 사용하는 것을 기반으로 한다. 일반적으로 이것은 적당하게 긴 공구수명과 함께 높은 소재제거율을 제공할 수 있는 속도를 선택하는 것을 의미한다. 주어진 절삭가공 공정의 여러 가지 시간과 비용에 관한 정보를 알고 있는 경우, 최적 절삭속도를 결정할 수 있는 수학적인 식이 유도되었다. W. Gilbert [10]가 **절삭가공의 경제성**에 관한 식을 처음으로 유도하였다. 이 식에서 최적절삭속도가 두 가지 목적으로 계산된다. (1) 최대 생산속도 (production rate), (2) 최소 단위비용(unit cost). 두 가지 목적함수 모두가 소재제거율과 공구수명 사이에서 적절한 균형을 찾는 것이다. 이 식은 공정에 사용되는 공구에 대한 Taylor 공구수명식을 알고 있어야 한다. 따라서 이송, 절삭깊이, 공작물은 이미 정해져 있다. 다음에서 선삭에 대한 식을 유도할 것이다. 다른 종류의 절삭가공 공정에도 비슷한 식을 유도할 수 있다 [3].

최대 생산 속도

생산속도(생산률)를 최대로 하기 위하여, 단위부품당 가공시간을 최소로 하는 절삭속도를 결정한다. 단위당 절삭시간을 최소로 하는 것은 생산속도를 최대로 하는 것과 같다. 이것은 생산 주문이 가능한 한 빨리 완료되어야 하는 경우에 중요하다.

선삭에서 한 개의 부품에 대한 총 생산시간은 다음의 세 가지 시간요소를 근거로 하고 있다.

1. **부품취급시간** T_h - 이것은 작업자가 초기에 공작기계에 부품을 장착하고 가공이 완료된 후에 부품을 탈착하는데 걸리는 시간이다.

2. **가공시간** T_m - 이것은 공구가 실제로 가공하는 데 소요되는 시간이다.

3. **공구교환시간** T_t - 공구수명이 끝나서, 공구를 교환하려면 시간이 걸린다. 이 시간은 공구수명이 다할 때까지 절삭을 한 부품들에 배분되어 있다. n_p = 공구수명당 절삭한 부품 수(공구를 교환할 때까지 한 개의 절삭날로 가공한 부품 수)라고 하면, 부품당 공구교환시간 = T_t/n_p.

이 세 가지 시간요소의 합이 주어진 공정 사이클에 대한 단위부품당 총 생산시간이다.

$$T_c = T_h + T_m + \frac{T_t}{n_p} \tag{22.3}$$

여기서 T_c = 부품당 생산시간(min), 다른 항들은 위에 정의되어 있다.

생산시간 T_c는 절삭속도의 함수이다. 절삭속도가 증가함에 따라 T_m은 감소하고 T_t/n_p는 증가한다. T_h는 속도의 영향을 받지 않는다. 이 세 가지 관계가 그림 22.3에 나타나 있다.

어떤 절삭속도에서 부품당 총 생산시간이 최소가 된다. 이 최적절삭속도를 식 (22.3)을 속도의 함수로 변환하여 구할 수 있다. 직선 선삭 공정에서 가공시간은 식 (20.5)에 의하여 다음과 같이 주어진다.

$$T_m + \frac{\pi D L}{v f}$$

여기서 T_m = 가공시간(min), D = 공작물 직경(mm), L = 공작물 길이(mm), f = 이송(mm/rev), v = 절삭속도(mm/min).

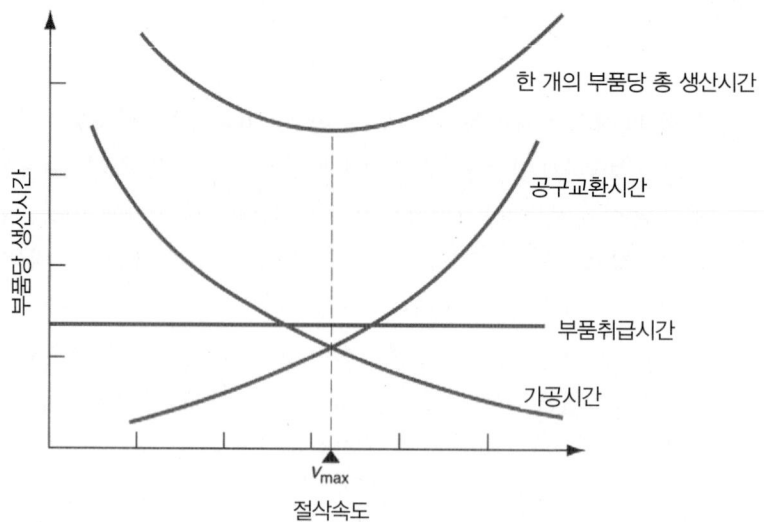

그림 22.3 가공 사이클에서 시간의 요소는 절삭속도의 함수로 표시되었다. 가공부품당 총 가공시간은 절삭속도의 임의의 값에서 최소화되는데, 이것이 최대 생산율을 위한 절삭속도이다.

공구당 부품 수 n_p 또한 속도의 함수로서 다음과 같다.

$$n_p = \frac{T}{T_m} \tag{22.4}$$

여기서 T = 공구수명(min/tool), T_m = 부품당 가공시간(min/pc). T와 T_m 모두가 속도의 함수이므로, 식 (22.4)도 속도의 함수이다.

$$n_p = \frac{fC^{1/n}}{\pi DL v^{1/n-1}} \tag{22.5}$$

이 식에 의하면 절삭속도가 증가함에 따라 식 (22.3)의 T_t/n_p가 증가한다. 식 (22.5)를 식 (22.3)에 대입하면 다음과 같다.

$$T_c = T_h + \frac{\pi DL}{fv} + \frac{T_t\left(\pi DL v^{1/n-1}\right)}{fC^{1/n}} \tag{22.6}$$

식 (22.6)을 미분한 식이 0이 되는 절삭속도에서 부품당 시간이 최소가 된다.

$$\frac{dT_c}{dv} = 0$$

이 식을 풀면 주어진 공정의 최대 생산속도를 위한 절삭속도를 구할 수 있다.

$$v_{\max} = \frac{C}{\left[\left(\frac{1}{n}-1\right)T_t\right]^n} \tag{22.7}$$

여기서 $v_{\max}$은 m/min으로 표현된다. 최대 생산속도에 대응하는 공구수명은 다음과 같다.

$$T_{\max} = \left(\frac{1}{n}-1\right)T_t \tag{22.8}$$

최소 단위비용

부품 단위당 비용을 최소로 하기 위하여, 주어진 공정의 단위당 생산비용을 최소로 하는 절삭속도를 결정한다. 이 경우에 대한 식을 유도하기 위하여, 선삭 공정에서 한 개의 부품 생산에 필요한 총 비용을 결정하는 네 가지 비용요소를 고려한다.

1. **부품취급비용**-이것은 작업자가 부품을 장착하고 탈착하는데 필요한 시간에 대한 비용이다. C_o를 작업자와 기계의 시간당 비용(cost rate)이라고 하면, 부품취급비용은 $C_o T_h$가 된다.

2. **가공비용**-이것은 공구가 가공하는 시간에 대한 비용이다. 따라서 가공비용은 $C_o T_m$이 된다.

3. **공구교환비용**-공구교환에 필요한 시간에 대한 비용은 $C_o T_t / n_p$가 된다.

4. **공구비용**-공구교환비용에 추가하여, 공구 자체의 비용이 총 공정비용에 더해져야한다. 이것은 절삭날당 비용 C_t를 한 절삭날이 가공한 부품 수 n_p로 나눈 값이다. 따라서, 단위부품당 공구비용은 C_t / n_p가 된다.

공구비용은 공구 유형에 따라서 영향을 받기 때문에 더 설명이 필요하다. 사용 후 버리는 인서트(예를 들면 초경 인서트)의 공구비용은 다음과 같다.

$$C_t = \frac{P_t}{n_e} \tag{22.9}$$

여기서 C_t = 절삭날당 비용, P_t = 인서트 비용, n_e = 인서트당 절삭날 수.

이것은 인서트 형태에 의존한다. 예를 들면, 한 면만 사용(양의 경사각)할 수 있는 삼각 인서트는 3개의 절삭날이 있고, 이 인서트의 양 면을 사용(음의 경사각)할 수 있다면, 6개의 절삭날이 있다.

재연삭이 필요한 일체형 공구(예를 들면, 고속도강, 브래이징된 초경)에 대한 공구비용은 구입비용과 재연삭비용이 포함된다.

$$C_t = \frac{P_t}{n_e} + T_g C_g \tag{22.10}$$

여기서 C_t = 공구수명당 비용, P_t = 공구 구입비용, n_g = 공구당 공구수명 수(더 이상 사용할 수 없을 때까지의 재연삭 횟수, 황삭용은 5~10회, 정삭용은 10~20회), T_g = 공구 연삭시간, C_g = 시간당 연삭비용.

네 가지 비용요소들의 합이 주어진 공정에 대한 단위부품당 총 비용 C_c이다.

$$C_c = C_o T_h + C_o T_m + \frac{C_o T_t}{n_p} + \frac{C_t}{n_p} \tag{22.11}$$

C_c는 절삭속도의 함수로서, T_c가 절삭속도의 함수인 것과 유사하다. 각 항들과 총 비용과의 관계가 절삭속도의 함수로서 그림 22.4에 나타나 있다. 식 (22.11)은 다음과 같이 v의 함수로 변환될 수 있다.

$$C_c = C_o T_h + \frac{C_o \pi DL}{fv} + \frac{(C_o T_t + C_t)(\pi DL v^{1/n-1})}{f C^{1/n}} \tag{22.12}$$

주어진 공정에 대한 부품당 최소비용을 얻기 위한 절삭속도는 식 (22.12)를 v에 관하여 미분하여 0

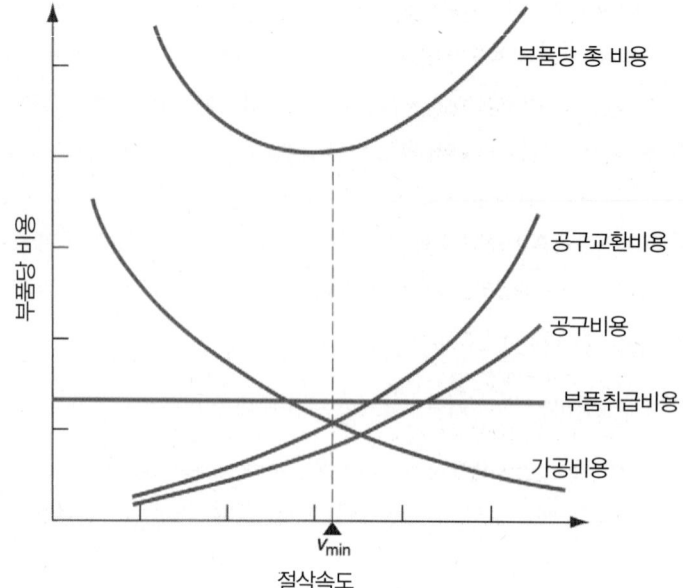

그림 22.4 절삭속도의 함수로 나타낸 절삭가공에서의 네 가지 비용요소. 어떤 절삭속도에서 부품당 총비용이 최소가 된다. 이것이 부품당 최소 비용을 위한 절삭속도이다.

(그림 내 레이블: 부품당 총 비용, 공구교환비용, 공구비용, 부품취급비용, 가공비용, 부품당 비용, 절삭속도, v_{min})

으로 놓으면 구할 수 있다. 이렇게 해서 구한 v_{min}은 다음과 같다.

$$v_{min} = C\left(\frac{n}{1-n} \cdot \frac{C_o}{C_o T_t + C_t}\right)^n \tag{22.13}$$

이에 대응하는 공구수명은 다음과 같다.

$$T_{min} = \left(\frac{1}{n} - 1\right)\left(\frac{C_o T_t + C_t}{C_o}\right) \tag{22.14}$$

예제 22.3 절삭가공의 경제성 관점에서 절삭속도의 결정

고속도강 공구로 연강을 다음과 같은 조건으로 선삭한다. Taylor 공구수명식의 $n = 0.125$, $C = 70$ m/min(표 21.2), 공작물의 길이 = 500 mm, 직경 = 100 mm, 이송 = 0.25 mm/rev, 부품취급시간 = 5.0 min, 공구교환시간 = 2.0 min, 기계와 작업자의 비용 = \$30/hr, 절삭날당 공구비용 = \$3. (a) 최대 생산속도를 위한 절삭속도를 구하여라. (b) 최소 비용을 위한 절삭속도를 구하여라.

풀이

(a) 최대 생산속도를 위한 절삭속도는 식 (22.7)로 주어진다.

$$v_{max} = 70\left(\frac{0.125}{0.875} \cdot \frac{1}{2}\right)^{0.125} = 50\,\text{m/min}$$

(b) $C_o = \$30/hr$를 \$0.5/min으로 변환하고, 최소 비용을 위한 절삭속도를 식 (22.13)을 이용하여 계산한다.

$$v_{min} = 70\left(\frac{0.125}{0.875} \cdot \frac{0.5}{0.5(2) + 3.00}\right)^{0.125} = 42\,\text{m/min}$$

예제 22.4 절삭가공의 경제성 관점에서 생산속도와 비용의 결정 ─────

예제 22.3에서 계산된 두 가지 절삭속도에 대하여 시간당 생산속도(생산률)와 단위당 비용을 결정하여라.

풀이

(a) 최대 생산속도를 위한 절삭속도, $v_{max} = 50$ m/min에 대하여 부품당 가공시간과 공구수명을 다음과 같이 구한다.

$$\text{Machining time } T_m = \frac{\pi(0.5)(0.1)}{(0.25)(10^{-3})(50)} = 12.57 \text{ min/pc}$$

$$\text{Tool life } T = \left(\frac{70}{50}\right)^8 = 14.76 \text{ min/cutting edge}$$

이로부터, 공구당 부품 수 $n_p = 14.76/12.57 = 1.17$. $n_p = 1.0$으로 한다. 식 (22.3)으로부터, 이 공정에 대한 평균 생산시간은 다음과 같다.

$$T_c = 5.0 + 12.57 + 2.0/1 = 19.57 \text{ min/pc}$$

대응하는 시간당 생산속도 $R_p = 60/19.57 = 3.1$pc/hr. 식 (22.11)로부터, 이 공정에 대한 부품당 평균 비용은 다음과 같다.

$$C_c = 0.5(5.0) + 0.5(12.57) + 0.5(2.0)/1 + 3.00/1 = \$12.79/\text{pc}$$

(b) 부품당 최소 생산비용을 위한 절삭속도, $v_{min} = 42$ m/min에 대하여 부품당 가공시간과 공구수명을 다음과 같이 구한다.

$$\text{Machining time } T_m = \frac{\pi(0.5)(0.1)}{(0.25)(10^{-3})(42)} = 14.96 \text{ min/pc}$$

$$\text{Tool life } T = \left(\frac{70}{42}\right)^8 = 59.54 \text{ min/cutting edge}$$

공구당 부품 수 $n_p = 59.54/14.96 = 3.98$. 공정 중의 파손을 피하기 위하여 $n_p = 3.0$으로 한다. 이 공정에 대한 평균 생산시간은 다음과 같다.

$$T_c = 5.0 + 14.96 + 2.0/3 = 20.63 \text{ min/pc.}$$

대응하는 시간당 생산속도 $R_p = 60/20.63 = 2.9$ pc/hr. 이 공정에 대한 부품당 평균 비용은 다음과 같다.

$$C_c = 0.5(5.0) + 0.5(14.96) + 0.5(2.0)/3 + 3.00/3 = \$11.32/\text{pc}$$

생산속도는 v_{max}에 대하여 더 크고, 부품당 비용은 v_{min}에 대하여 더 작다는 것에 주목하여라.

절삭가공의 경제성 고려

위와 같은 최적 절삭속도에 관한 식에 대하여 실제적으로 몇 가지 고려할 점들이 있다. 첫 번째로 식 (22.7)나 식 (22.13)에 의하면, Taylor 공구수명식의 C와 n값들이 증가함에 따라, 최적 절삭속도가 증가한다. 상대적으로 높은 절삭속도에서는 고속도강보다는 초경합금과 세라믹 절삭공구가 사용되어야 한다.

두 번째로 절삭속도 식에 따르면 공구교환시간과 공구비용(T_t와 C_t)이 증가하게 되면, 절삭속도가 감소한다. 낮은 절삭속도에서는 공구수명이 길어지기 때문에, 공구교환시간이나 공구비용이 크다면 공구를 자주 교환하는 것은 낭비다. 사용 후 버리는 인서트가 재연삭하는 공구보다 일반적으로 상당한 경제적인 이점이 있다는 것은 공구비용에 있어서 중요한 사실이다. 인서트당 비용은 크지만, 인서트당 날 수가 충분히 많고 절삭날을 교환하는 시간이 비교적 적기 때문에, 사용 후 버리는 공구는 일반적으로 높은 생산속도와 적은 단위부품당 비용을 성취할 수 있다.

세 번째로, v_{max}은 항상 v_{min}보다 크다. 식 (22.13)의 C_t/n_p 항은 그림 22.4에서 최적 속도값을 왼쪽으로 미는 효과를 가지고 있어, 그림 22.3에서보다 낮은 값을 초래한다. 대개의 기계공장에서는 v_{max}보다 높거나 v_{min}보다 낮은 속도로 절삭하는 위험성보다는 v_{min}과 v_{max} 사이의 속도로 작업하려고 노력한다. 이 속도 간격을 "고효율구간(high-efficiency range)"이라고 지칭하기도 한다.

절삭가공에서 이송과 속도를 선정하기 위해 여기서 기술한 과정은 실제로 적용되기 어려운 경우가 많다. 각 공작기계에 대하여 표면정도, 절삭력, 마력 등이 이송과 어떤 관계가 있는지를 쉽게 규명하기가 어렵기 때문에, 최적 이송속도를 결정하는 것이 어렵다. 적당한 이송을 선정하기 위해서는 경험, 판단, 실험이 필요하다. 또한 최적 절삭속도는 Taylor 식의 C와 n이 보통 시험을 통하여 알 수 있는 것이기 때문에 계산하기가 어렵다. 생산현장에서 이와 같은 시험은 비용이 많이 든다.

22.4 절삭가공 부품을 고려한 설계

공차와 표면정도를 기술하면서 부품설계에 관한 몇 가지 중요한 점들을 설명하였다(22.2절). 이 절에서는 절삭가공으로 제조되는 부품에 대한 설계 지침을 소개한다[1, 5, 15]:

- 가능하다면 절삭가공이 필요하지 않도록 부품을 설계한다. 이것이 불가능하다면 부품에 필요한 절삭가공의 양을 최소화한다. 일반적으로 정밀주조, 폐금형단조, 플라스틱성형 같은 순형상(net shape) 공정이나 형단조와 같은 근사순형상(near net shape) 공정을 이용하는 것이 비용이 적게 든다. 다음과 같은 요인들이 절삭가공을 필요로 한다. 엄격한 공차; 좋은 표면정도; 특별한 기하학적 형상(나사산, 정밀한 구멍, 높은 진원도를 가진 원통형 등).

- 공차는 기능적인 요구조건을 만족하도록 정해져야 하지만, 공정 능력이 또한 고려되어야 한다. 절삭가공의 공차능력에 대한 표 22.2를 참조하여라. 지나치게 엄격한 공차는 비용이 많이 들고 제품의 가치를 높이지도 않는다. 공차가 엄격할수록 추가적으로 생기는 공정, 고정구, 검사, 분류, 재가공, 폐기물 등으로 인하여 제품 비용이 보통 증가한다

- 표면정도는 기능적·미적 요구조건을 만족하도록 정해져야 하지만, 좋은 표면정도는 연삭과 래핑 같은 추가 공정이 필요하기 때문에 공정비용을 증가시킨다.

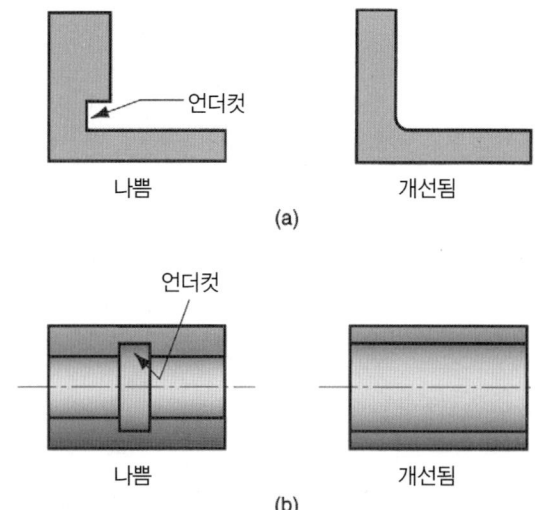

그림 22.5 언더컷을 가진 두 가지 가공부품과 개선된 부품. (a) 브래킷(bracket), (b) 회전형 부품.

- 날카로운 코너, 모서리, 끝점 등은 가공하기 어렵기 때문에 피해야 한다. 날카로운 안쪽 코너를 가공하기 위해서는 날카로운 절삭공구가 필요한데, 이는 절삭 중에 파손되기 쉽다. 날카로운 끝과 모서리는 버(burr)를 발생시키기 쉽고 취급하기가 어렵다.

- 깊은 구멍의 보링 공정은 긴 보링바가 필요하기 때문에 피해야 한다. 보링바는 강성이 좋아야 하고, 일반적으로 높은 탄성계수를 가진 비싼 재료(예를 들면 초경합금)를 필요로 한다.

- 가공되는 부품은 표준규격으로 나와 있는 재료로부터 제작될 수 있도록 설계되어야 한다. 절삭가공을 최소화하기 위하여 표준 제품에 꼭 맞거나 비슷한 외형 치수를 선택한다. 이미 시중에 나와 있는 제품 표준규격과 같은 직경을 갖는 회전축의 설계를 예로 들 수 있다.

- 부품은 절삭력과 공작물을 고정하는 힘을 견디기에 충분한 강성을 가지도록 설계되어야 한다. 길고 가는 부품, 넓고 편평한 부품, 얇은 벽을 가진 부품 등의 절삭가공은 가능한 한 피한다.

- 그림 22.5와 같은 언더컷(undercut)은 대체로 추가적인 셋업, 공정, 공구가 필요하기 때문에 피해야 한다. 또한 이것은 사용 중에 응력집중을 일으키기도 한다.

- 절삭성이 좋은 재료를 선택하여 설계하여야 한다(22.1절). 대체적으로, 재료의 절삭성 등급은 가능한 절삭속도와 생산속도에 연관되어 있다. 그러므로 낮은 절삭성을 가진 재료로 만든 부품은 가공하기에 비용이 많이 든다. 열처리로 경화된 부품은 최종 치수와 공차를 맞추기 위하여 일반적으로 연삭공정을 하거나 비싼 공구로 정삭작업을 하여야 한다.

- 절삭가공 부품은 최소한(가능하면 한 번)의 공작물 고정 작업으로 가공될 수 있는 형상을 가지도록 설계되어야 한다. 이것은 보통 한쪽 면만으로 충분히 접근할 수 있는 기하학적 형상을 의미한

그림 22.6 유사한 구멍을 가진 두 가지 부품. (a) 두 면으로부터 가공되어야 하는 구멍 (두 번의 공작물 고정 작업이 필요), (b) 한 면으로부터 모두 가공될 수 있는 구멍.

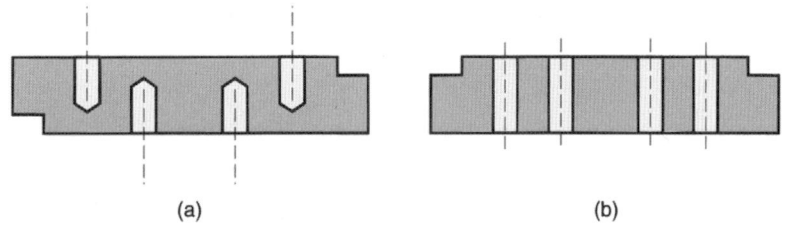

다(그림 22.6).

- 절삭가공 부품은 표준 절삭공구로 얻을 수 있는 형상을 가지도록 설계되어야 한다. 특별한 치수를 가진 구멍과 나사산, 특별한 형상의 공구가 필요한 부품 형상 등은 피하여야 한다는 의미이다. 또한 절삭가공에 필요한 개개의 절삭공구들의 수가 최소화되도록 부품을 설계하는 것이 좋다. 이것은 다수의 공구수용능력을 가진 머시닝센터와 같은 공작기계로 한 번의 공정으로 가공이 완료될 수 있도록 한다.

참고문헌

[1] Bakerjian, R. (ed.). *Tool and Manufacturing Engineers Handbook.* 4th ed. Vol VI, *Design for Manufacturability.* Society of Manufacturing Engineers, Dearborn, Michigan, 1992.

[2] Black, J, and Kohser, R. *DeGarmo's Materials and Processes in Manufacturing,* 10th ed., John Wiley & Sons, Hoboken, New Jersey, 2008.

[3] Boothroyd, G., and Knight, W. A. *Fundamentals of Metal Machining and Machine Tools.* 3rd ed. CRC Taylor & Francis, Boca Raton, Florida, 2006.

[4] Boston, O. W. *Metal Processing.* 2nd ed. John Wiley & Sons, New York, 1951.

[5] Bralla, J. G. (ed.). *Design for Manufacturability Handbook.* 2nd ed. McGraw-Hill, New York, 1998.

[6] Brierley, R. G., and Siekman, H. J. *Machining Principles and Cost Control.* McGraw-Hill, New York, 1964.

[7] Drozda, T. J., and Wick, C. (eds.). *Tool and Manufacturing Engineers Handbook.* 4th ed. Vol I, *Machining.* Society of Manufacturing Engineers, Dearborn, Michigan, 1983.

[8] Eary, D. F., and Johnson, G. E. *Process Engineering: for Manufacturing.* Prentice-Hall, Englewood Cliffs, New Jersey, 1962.

[9] Ewell, J. R. "Thermal Coefficients—A Proposed Machinability Index." *Technical Paper MR67-200.* Society of Manufacturing Engineers, Dearborn, Michigan, 1967.

[10] Gilbert, W. W. "Economics of Machining." *Machining—Theory and Practice.* American Society for Metals, Metals Park, Ohio, 1950, pp. 465–485.

[11] Groover, M. P. "A Survey on the Machinability of Metals." *Technical Paper MR76-269.* Society of Manufacturing Engineers, Dearborn, Michigan, 1976.

[12] *Machining Data Handbook.* 3rd ed. Vols. I. and II, Metcut Research Associates, Cincinnati, Ohio, 1980.

[13] Schaffer, G. H. "The Many Faces of Surface Texture." Special Report 801, *American Machinist & Automated Manufacturing.* June 1988 pp. 61–68.

[14] *Surface Finish.* Machining Development Service, Publication A-5, General Electric Company, Schenectady, New York (no date).

[15] Trucks, H. E., and Lewis, G. *Designing for Economical Production.* 2nd ed. Society of Manufacturing Engineers, Dearborn, Michigan, 1987.

[16] Van Voast, J. *United States Air Force Machinability Report.* Vol. 3. Curtis-Wright Corporation, 1954.

복습문제

22.1 절삭성을 정의하여라.

22.2 절삭가공에서 절삭성을 평가하는 기준은 보통 어떤 것이 있는가?

22.3 공작물의 절삭성에 중요하게 영향을 주는 기계적·물리적 성질을 나열하여라.

22.4 절삭가공 부품에 좋은 표면정도가 요구되면 비용이 증가하는 이유는 무엇인가?

22.5 절삭가공에서 표면정도에 영향을 주는 기본적인 요인들은 어떤 것이 있는가?

22.6 선삭에서 이상적 표면거칠기를 결정하는데 중요하게 영향을 미치는 것은 어떤 것인가?

22.7 절삭가공의 진동을 줄이거나 제거하기 위한 방법들을 나열하여라.

22.8 절삭가공의 이송을 선정하기 위한 근거는 어떤 것이 있는가?

22.9 절삭가공의 단위비용은 네 가지 비용요소들의 합이다. 처음 세 가지는 부품취급비용, 가공비용, 공구교환비용이다. 네 번째 요소는 무엇인가?

22.10 주어진 절삭가공 공정에서 최소 비용을 위한 절삭속도와 최대 생산속도를 위한 절삭속도 중에서 어떤 것이 항상 작은 값을 가지는가? 왜 그런가?

객관식문제(14개의 답)

22.1 다음 기준들 중에서 일반적으로 좋은 절삭성으로 인식되는 것은 어떤 것인가? (네 개의 답) (a) 칩 처리의 용이성, (b) 높은 절삭온도, (c) 높은 소요동력, (d) 높은 값의 R_a, (e) 긴 공구수명, (f) 낮은 절삭력, (g) 영의 전단각.

22.2 절삭성을 시험하는 여러 방법 중에서, 다음 중 어떤 것이 가장 중요한가? (a) 절삭력, (b) 절삭온도, (c) 소요마력, (d) 표면거칠기, (e) 공구수명, (f) 공구마모.

22.3 1.0보다 큰 절삭성 등급을 가지는 공작물 재료는 1.0인 등급을 가지는 표준 재료와 비교하면 어떤가? (a) 표준 재료보다 가공이 쉽다. (b) 표준 재료보다 가공이 어렵다.

22.4 일반적으로 다음 중 어떤 재료가 가장 좋은 절삭성을 가지는가? (a) 알루미늄, (b) 주철, (c) 구리, (d) 저탄소강, (e) 스테인레스강, (f) 티타늄합금, (g) 경화되지 않은 공구강.

22.5 다음 공정 중에서 어떤 것이 일반적으로 가장 좋은 공차를 얻을 수 있는가? (a) 브로칭, (b) 드릴링, (c) 엔드밀링, (d) 평삭, (e) 톱작업.

22.6 연성 공작물을 절삭할 때, 일반적으로 절삭속도의 증가는 표면정도에 어떤 영향을 미치는가? (a) 표면정도의 악화(높은 R_a), (b) 표면정도의 개선(낮은 R_a).

22.7 일반적으로 다음 중 어떤 공정이 가장 좋은 표면정도(가장 낮은 R_a)를 생성하는가? (a) 브로칭, (b) 드릴링, (c) 엔드밀링, (d) 평삭, (e) 선삭.

22.8 평균 생산시간의 다음 중 어떤 시간요소가 절삭속도의 영향을 받는가? (두 개의 답) (a) 부품취급시간, (b) 공작기계 셋업시간, (c) 가공시간, (d) 공구교환시간.

22.9 주어진 절삭가공 공정에서 어떤 절삭속도가 항상 작은 값을 가지는가? (a) 최대 생산속도를 위한 절삭속도, (b) 최소 비용을 위한 절삭속도.

22.10 공구비용과 공구교환시간의 증가는 최소 비용을 위한 절삭속도에 어떤 영향을 미치는가? (a) 감소, (b) 영향 없음, (c) 증가.

연습문제

절삭성

22.1 새 공작물 재료의 절삭성 등급을 60 min 공구수명을 기준으로 한 절삭속도를 사용하여 결정하려고 한다. 표준 재료(B1112강)의 시험결과는 Taylor식에서 $n = 0.29$, $C = 500$이다. 여기서 속도는 m/min이고 공구수명은 min이다. 새 공작물은 $n = 0.21$, $C = 400$이다. 이 결과들은 초경공구를 사용하여 얻었다. (a) 새 공작물의 절삭성 등급을 계산하여라. (b) 절삭성이 10 min 공구수명에 대한 절삭속도를 기준으로 한다고 가정하고, 이 경우에 대한 절삭성 등급을 계산하여라. (c) 이 두 결과들은 절삭성 측정에 있어서 어떤 어려움을 나타내고 있는가?

22.2 5 cm의 금속 봉을 띠톱으로 절삭하려고 한다. 이 회사는 동일한 기계적 성질을 갖는 절삭성이 좋은 새로운 공작물을 도입하려고 하고 있다. 기존의 공작물을 절삭하기 위해서는 평균 2분 20초가 소요되지만, 새로운 공작물을 절삭하기 위해서는 평균 2분 6초가 소요된다. (a) 기존의 공작물을 표준으로 하여, 5 cm의 봉에 대한 절삭시간을 기준으로 한 절삭성 등급 시스템을 수립하여라. (b) 새로운 공작물에 대한 절삭성 등급을 결정하여라.

22.3 새 공작물에 대한 절삭성 등급을 결정하려고 한다. 표준 재료(B1112강)의 시험결과는 Taylor식에서 $n = $

0.29, $C = 490$이다. 새 공작물은 $n = 0.23$, $C = 430$이다. 속도는 m/min이고 공구수명은 min이다. 이 결과들은 초경공구를 사용하여 얻었다. (a) 30 min 공구수명에 대한 절삭속도를 사용하여 새 공작물의 절삭성 등급을 계산하여라. (b) 절삭성이 150 m/min의 절삭속도에 대한 공구수명을 기준으로 할 때, 새 공작물에 대한 절삭성 등급을 계산하여라.

22.4 고속도강으로 B1112강에 선삭을 하여 공구수명 시험을 한 결과, Taylor식에서 $n = 0.13$, $C = 225$이다. 이 시험에서 이송은 0.025 cm/rev, 절삭깊이는 0.25 cm이다. 이 공정에서 원하는 공구수명이 30 min이라면, 표 22.1의 절삭성 등급을 이용하여 다음 공작물 재료에 대한 적당한 절삭속도를 결정하여라: (a) 150 브리넬 경도를 가진 C1008 저탄소강, (b) 190 브리넬 경도를 가진 4130 합금강, (c) 170 브리넬 경도를 가진 B1113 강.

표면거칠기

22.5 주철의 선삭가공에서 공구 노즈반경 = 1.5 mm, 이송속도 = 0.22 mm/rev, 속도 = 1.8 m/s이다. 이 공정에서 표면거칠기를 추정하여라.

22.6 쾌삭강의 선삭 공정에 5/64 cm의 노즈반경을 가진 공구를 사용한다. 이송속도는 0.025 cm/rev이고 절삭속도는 = 90 m/min이다. 이 공정의 표면거칠기를 결정하여라.

22.7 연강의 형삭 공정에 15/128 cm의 노즈반경을 가진 고속도강공구를 사용한다. 절삭속도 = 36 m/min, 이송 = 0.035 cm/pass, 절삭깊이 = 0.338 cm. 이 공정의 표면거칠기를 결정하여라.

22.8 보통선반으로 1.6 μm의 표면정도를 얻으려고 한다. 부품은 쾌삭 알루미늄합금이다. 절삭속도 = 150 m/min, 절삭깊이 = 4.0mm. 노즈반경 = 0.75 mm. 주어진 표면정도를 얻기 위한 이송을 구하여라.

22.9 부품이 쾌삭 알루미늄합금이 아니라 주철이고 절삭속도가 100 m/min으로 감소되었다고 가정하고 앞 연습문제 22.8을 풀어라.

22.10 보통선반으로 1.5 μm의 표면정도를 얻으려고 한다. 부품은 알루미늄이다. 절삭속도 = 1.5 m/sec. 절삭깊이 = 3.0 mm. 노즈반경 = 1.0 mm. 주어진 표면정도를 얻기 위한 이송을 구하여라.

22.11 선삭 공정으로 0.8 μm의 표면정도를 얻으려고 한다.

공작물은 주철이다. 절삭속도 = 75 m/min. 이송 = 0.3 mm/rev, 절삭깊이 = 4.0 mm. 이 공정에서 주어진 표면정도를 얻기 위한 최소 노즈반경을 구하여라.

22.12 정면밀링으로 주철을 1 μm의 표면으로 다듬질 가공하려고 한다. 커터는 4개의 인서트를 사용하고 직경은 7.5 cm이다. 커터는 475 rev/min로 회전한다. 최선의 표면정도를 얻기 위하여 5/32 cm 노즈반경을 갖는 초경 인서트를 사용한다. 1 μm의 표면정도를 얻기 위한 이송속도를 구하여라.

22.13 어떤 정면밀링 공정에서 원하는 표면정도를 얻지 못하고 있다. 커터는 네 개의 인서트를 가지고 있다. 이런 문제점의 원인이 공작물이 너무 연성이라고 작업자가 생각하지만, 시험을 통해 얻은 이 재료의 성질은 설계자가 지정한 이 재료의 연성 범위 안에 충분히 놓여있다. 표면정도를 향상시키기 위해서 절삭조건과 공구에 어떤 변화가 필요한가?

22.14 선삭으로 연성을 갖고 있는 C1010강을 가공한다. 소재제거율을 최대로 하면서, 1.5 μm의 표면정도를 얻으려고 한다. 절삭속도는 60～120 m/min의 범위에 있고, 절삭깊이는 0.2 cm이다. 공구 노즈반경은 15/128 cm이다. 이를 만족하기 위한 속도와 이송을 구하여라.

절삭가공의 경제성

22.15 길이 300 mm, 직경 80 mm인 강 공작물을 고속도강공구로 선삭한다. 이송 = 0.4 mm/rev에 대하여 Taylor식에서, $n = 0.13$, $C = 75$(m/min)이다. 작업자와 기계 비용 = $30/hr, 절삭날당 공구비용 = $4. 부품취급시간 = 2.0 min. 공구교환시간 = 3.5 min. 다음을 결정하여라. (a) 최대 생산속도를 위한 절삭속도, (b) 공구수명, (c) 단위부품당 생산시간 및 비용.

22.16 앞 연습문제 22.15 (a)를 최소 비용을 위한 절삭속도로

바꾸어서 문제를 풀어라.

22.17 길이 14.0 in., 직경 10 cm인 공작물을 초경공구로 선삭한다. Taylor식에서, $n = 0.075$, $C = 300$(m/min). 작업자와 기계 비용 = \$45/hr, 절삭날당 공구비용 = \$2.50. 부품취급시간 = 2.5 min. 공구교환시간 = 1.5 min. 이송 = 0.0375 cm/rev. 다음을 결정하여라. (a) 최대 생산속도를 위한 절삭속도, (b) 공구수명, (c) 단위부품당 생산시간 및 비용.

22.18 앞 연습문제 22.17 (a)를 최소 비용을 위한 절삭속도로 바꾸어서 문제를 풀어라.

22.19 사용 후 버리는 공구와 재연삭 공구를 선삭 공정에서 비교한다. 모두 같은 등급의 초경합금으로 만든 두 가지 공구를 준비한다. 사용 후 버리는 인서트와 브레이징된 인서트. 이에 대하여 Taylor 식은 $n = 0.25$, $C = 300$(m/min). 사용 후 버리는 인서트에 대하여, 각 인서트 비용은 \$6이고 인서트당 네 개의 절삭날이 있으며, 공구교환시간은 1.0 min이다. 인서트를 분할하는 시간과 모든 날을 다 사용한 다음 교환하는 시간의 평균 공구비용은 \$30이고 폐기될 때까지 15번을 사용할 수 있으며, 공구교환시간은 3.0 min이다. 공구 연삭시간 = 5.0 min. 공구 연삭비용 = \$20/hr. 기계 비용 = \$24/hr. 공작물은 길이 =375 mm, 직경 = 62.5 mm. 부품취급시간 = 2.0 min. 이송 = 0.3 mm/rev. 이 두 가지 공구에 대하여 다음을 비교하여라. (a) 최소 비용을 위한 절삭속도, (b) 공구수명, (c) 단위부품당 생산시간 및 비용. 어떤 공구를 추천할 수 있을 것인가?

22.20 앞 연습문제 22.19 (a)를 최대 생산속도를 위한 절삭속도로 바꾸어서 문제를 풀어라.

22.21 150개의 강 공작물을 선삭하면서 세 가지 공구재료를 비교한다. 고속도강, 초경, 세라믹. 고속도강공구에 대하여, Taylor 식의 $n = 0.130$, $C = 80$(m/min), 공구가격 = \$20, 재연삭 횟수 = 15, 연삭비용 = \$2, 공구교환시간 = 3 min. 초경공구와 세라믹공구는 인서트 형태이고 공구홀더에 기계적으로 고정된다. 초경공구에 대하여, $n = 0.30$, $C = 650$(m/min). 세라믹공구에 대하여, $n = 0.6$, $C = 3,500$(m/min). 초경의 인서트당 비용 = \$8, 세라믹의 인서트당 비용 = \$10. 두 경우 모두 인서트당 절삭날 수 = 6, 공구교환시간 = 1.0 min. 부품교환시간 = 2.5 min. 이송 = 0.30 mm/rev. 깊이 = 3.5 mm. 기계 비용 = \$40/hr. 공작물의 직경 = 73.0 mm, 길이 = 250 mm. 배치 셋업시간 = 2.0 hr. 세 가지 공구재료에 대하여 다음을 비교하여라. (a) 최소 비용을 위한 절삭속도, (b) 공구수명, (c) 생산시간, (d) 단위부품당 비용, (e) 공정완료시간과 생산속도, (f) 총 공정시간에 대한 실제 가공시간의 비율.

22.22 앞 연습문제 22.21 (a), (b)를 최대 생산속도를 위한 절삭속도와 공구수명으로 바꾸어서 문제를 풀어라.

22.23 수직보링머신으로 관형 부품의 내면을 가공한다. 구멍의 직경 = 70 cm, 길이 = 35 cm. 절삭조건은 속도 = 60 m/min, 이송 = 0.0375 cm/rev, 깊이 = 0.3125 cm. 이 공구에 대하여 Taylor 식은 $n = 0.07$, $C = 256$(m/min). 공구교환시간 = 3.0 min. 절삭날당 공구비용 = \$3.50. 부품취급시간 = 12.0 min. 기계비용 = \$42/hr. 생산속도를 25% 증가시키려고 하는데 이것이 가능한가? 이송은 일정하다고 가정한다. 이 공정에 대한 현재의 생산속도와 최대 가능한 생산속도를 구하여라.

22.24 NC 선반을 사용하여 두 번의 자동 이송으로 원통형 공작물을 가공한다. 초기 공작물 직경 = 7.5 cm, 길이 = 25 cm. 공정은 다음과 같은 순서로 진행된다. (1) 작업자가 공작물을 올려놓고 공정을 시작한다(1.00 min), (2) NC 선반이 첫 번째 이송을 위하여 공구를 위치시킨다(0.10 min), (3) NC 선반이 첫 번째 이송으로 가공을 한다(시간은 절삭속도에 의존), (4) NC 선반이 두 번째 이송을 위하여 공구를 위치시킨다(0.40 min), (5) NC 선반이 두 번째 이송으로 가공을 한다(시간은 절삭속도에 의존), (6) 작업자가 공작물을 내려놓는다(1.0 min). 추가적으로, 공구교환시간 = 1.00 min, 이송속도 = 0.0175 cm/rev, 각 이송의 절삭깊이 = 0.25cm, 작업자와 기계 비용 = \$39/hr, 절삭날당 공구비용 = \$2, Taylor 식의 $n = 0.08$, $C = 270$(m/min). 이 공정에서 다음을 결정하여라. (a) 부품당 최소 비용을 위한 절삭속도, (b) 평균 생산시간, (c) 생산비용, (d) 만약 공정설정시간 = 3 hr, 배치크기 = 300개라고 하면, 공정을 완료하기 위한 시간을 구하여라.

22.25 21.4절에서 기술한 바와 같이, 절삭유의 영향은 Taylor 식에서 C의 값을 증가시키는 것이다. 고속도강을 사용하는 어떤 절삭가공 공정에서, 절삭유의 사용으로 C의 값이 200에서 225로 증가되었다. n값은 절

삭유 사용 유무에 상관없이 $n = 0.125$로 같다. 절삭조건은, 절삭속도 = 37.5 m/min, 이송 = 0.025 cm/rev, 깊이 = 0.25 cm. 절삭유의 영향은 절삭속도 증가(같은 공구수명에서)이거나 공구수명 증가(같은 절삭속도에서)이다. (a) 공구수명이 절삭유를 사용하지 않을 때와 같다고 하면, 절삭유를 사용할 때의 절삭속도를 구하여라. (b) 절삭속도가 37.5 m/min으로 유지될 때, 공구수명을 구하여라. (c) 경제적으로 어떤 것이 유리한가? 절삭날당 공구비용 = $2, 공구교환시간 = 2.5 min, 작업자와 기계 비용 = $30/hr. 절삭된 소재체적당 비용을 이용하여 비교하여라. 부품취급시간은 무시한다.

22.26 연강의 선삭 공정에서, 5/64 cm 노즈반경 공구를 이용하여 1.6 μm의 실제 표면거칠기를 얻으려고 한다. 이상적 거칠기는 식 (22.1)로 주어지고, 실제 거칠기를 이상적 거칠기로 변환하는 그림 22.2를 이용한다. 사용 후 버리는 인서트를 이용한다. 절삭날당 비용은 $1.75이다(각 인서트 비용은 $7.00이고 인서트당 4개의 날이 있다). 각 인서트 교환에 걸리는 평균 시간은 1.0min이다. 공작물의 길이 =75 cm, 직경 = 8.75 cm. 기계와 작업자 비용 = $39/hr. 이 공정에 대한 Tayor 공구수명식 = $vT^{0.23}f^{0.55} = 40.75$($T$ = 공구수명, min; v = 절삭속도, m/min; f = 이송, cm/rev). 다음을 구하여라. (a) 실제 거칠기를 얻기 위한 이송, (b) (a)에서 구한 이송에 대하여 부품당 최소 비용을 위한 절삭속도. 반복계산 방법을 이용하여 (a)와 (b)를 구하여라.

22.27 앞 연습문제 22.26을 최대 생산속도로 바꾸어서 문제를 풀어라.

22.28 식 (22.6)을 미분하여 식 (22.7)이 됨을 증명하여라.

22.29 식 (22.12)를 미분하여 식 (22.13)이 됨을 증명하여라.

Chapter 23

연삭과 기타 연마공정

23.1 연삭

23.1.1 연삭숫돌

23.1.2 연삭의 공학적 해석

23.1.3 연삭의 적용

23.1.4 연삭공정과 연삭기

23.2 기타 연마공정

23.2.1 호닝

23.2.2 래핑

23.2.3 슈퍼피니싱

23.2.4 폴리싱과 버핑

연마가공(abrasive machining)은 보통 숫돌 형태로 결합되어 있는 경한 연마재 입자들에 의해 재료를 제거하는 공정이다. 연삭가공은 가장 중요한 연마 공정이다. 사용되고 있는 공작기계의 수를 관점으로 할 때 연삭가공이 모든 금속가공 공정 중에서 가장 흔하다고 할 수 있다 [11]. 기타 연마 공정으로는 호닝, 래핑, 슈퍼피니싱, 폴리싱, 버핑 등이 있다. 일부 연마가공은 전통적 절삭가공 공정에 견줄 만큼 높은 소재제거율을 갖고 있지만, 일반적으로 연마가공 공정은 다듬질 공정으로 사용된다.

부품을 형상화하기 위하여 연마제 입자를 사용하는 것은 아마도 가장 오래된 소재제거공정이다(역사적 고찰 23.1). 연마공정은 다음 이유들로 인하여 상업적으로나 기술적으로 중요하다.

- 연한 금속부터, 경화강, 경한 비금속재료(세라믹, 규소 등)에 이르기까지 모든 종류의 재료 가공에 사용될 수 있다.
- 매우 우수한 표면거칠기(0.025 m까지)를 얻을 수 있다.
- 치수 정확도가 매우 우수하다.

연마제워터제트절단과 초음파가공도 연마재 입자로 가공을 하기 때문에 때로는 연마가공으로 분류되기도 한다. 그러나 이 공정들은 일반적으로 특수가공으로 알려져 있기 때문에 다음 장에서 기술하기로 한다.

역사적 고찰 23.1   연마공정의 발전

연마입자의 사용은 다른 어떤 절삭가공 공정보다 역사적으로 앞서는 기술이다. 고대인들이 공구나 무기를 날카롭게 하고, 연한 재료의 불필요한 부분을 제거하여 가내 용품을 만들기 위해서, 자연에서 발견된 사암(sandstone)같은 연마성 돌을 사용하였던 고고학적인 증거가 있다.

연삭가공은 고대 이집트에서 기술적으로 중요한 일이 되었다. 이집트 피라미드를 세우기 위해 큰 돌들이 원시적인 연삭공정으로 적당한 크기로 절단되었다. 금속의 연삭가공은 B.C. 2000년경에 시작되었고, 그 당시 매우 중요한 기술이었다.

초창기의 연마제 입자는 사암과 같이 자연에서 발견되는 것들이었다. 이것은 주로 석영(SiO₂), 금강사(emery), 다이아몬드로 구성되어 있다. 최초의 연삭숫돌은 사암으로부터 절단되어 만들어졌고, 당연히 수동으로 회전되었다. 그러나 이런 방법으로 만든 연삭숫돌은 품질 면에서 균일하지 않았다.

1800년대 초기에 최초로 하나의 몸체로 결합된 연삭숫돌이 인도에서 만들어졌다. 이것은 보석을 연삭하기 위하여 사용되었고, 그 당시 인도에서 중요한 일이었다. 연마입자로 코런덤(corundum), 금강사, 다이아몬드를 이용하였다. 결합제는 천연고무수지 셸락(natural gum-resin shellac)이었다. 이 기술은 유럽과 미국으로 전파되었고, 다음과 같은 다른 결합제들이 계속 개발되었다. 1800년대 중반의 고무 결합제, 1870년경의 비트리파이드 결합제, 1880년경의 셸락 결합제, 1920년대의 레지노이드 결합제.

1800년대 후반에 실리콘카바이드(SiC)와 산화알루미늄(Al₂O₃)과 같은 합성 연마입자가 처음 제조되었다. 연마입자를 제조할 수 있게 됨으로써, 각 연마입자들의 화학성질 및 크기를 쉽게 조절할 수 있게 되어, 우수한 연삭숫돌을 얻을 수 있었다.

최초의 실질적인 연삭기는 미국 회사인 Brown & Sharpe에 의하여 1860년대에 그 당시 중요한 산업이었던 재봉기계 부품을 연삭하기 위하여 처음 개발되었다. 연삭기는 또한 1890년대의 자전거 산업과 그 후의 미국 자동차 산업의 발전에 많은 기여를 하였다. 이 제품들에 사용되는 열처리된(경화된) 부품들의 다듬질 공정에 연삭공정이 사용되었다.

매우 연마성이 강한 다이아몬도와 입방정질화붕소는 20세기의 산물이다. 합성다이아몬드는 General Electric에 의하여 1955년에 처음 제조되었다. 이 연마입자는 초경공구의 연삭가공에 사용되었고, 오늘날까지도 중요하게 적용되고 있다. 입방정질화붕소(CBN)는 다이아몬드 다음으로 경한 재료로서 인조다이아몬드를 만드는 방법과 비슷한 공정으로 GE에 의하여 1957년에 처음 합성되었다. CBN은 경화강의 연삭가공에 필요한 중요한 연마입자가 되었다.

23.1 연삭

연삭(grinding)공정은 재료제거 공정으로써 연마성이 강한 입자들이 연삭숫돌의 형태로 결합되어 매우 높은 속도로 회전하며 사용되는 것이다. 연삭숫돌은 보통 원판형이고, 고속 회전이 가능하도록 밸런스가 잘 잡혀 있다. 연삭의 기초에 관한 비디오 클립에서 연삭공정을 볼 수 있다.

> **비디오클립**
> 연삭의 기초. 이 클립은 네 개 부분으로 나뉘어 있다. (1) CNC연삭, (2) 연삭숫돌 링 검사, (3) 드레싱, (4) 연삭액.

연삭가공은 밀링 공정과 유사하다. 절삭이 연삭숫돌의 원주면이나 끝면에서 일어나기 때문에, 평밀링이나 정면밀링과 비슷하다. 평연삭이 정면연삭보다 훨씬 많이 사용되고 있다. 회전하는 연삭숫돌은 많은 절삭날(연마입자들)로 구성되어 있고, 연삭숫돌에 대하여 공작물이 이송하여 소재제거가 수행된다. 연삭과 밀링 사이에 유사한 점이 많기는 하지만, 중요한 차이점들이 몇 가지 있다. (1) 연삭숫돌의 연마입자들이 밀링커터의 날보다 훨씬 작고 수가 훨씬 많다. (2) 연삭의 절삭속도가 밀링보다 훨씬 높다. (3) 연삭숫돌의 연마입자들은 불규칙적으로 배열되어있고 평균적으로 매우 높은 음의 경사각을 가진다. (4) 연삭숫돌은 자생작용(self-sharpening)을 한다. 즉 숫돌이 마모되어 무뎌짐에 따라, 연마입자들이 파괴되어 새로운 절삭날이 생기거나 안쪽에 있던 연마입자들이 숫돌 표면으로 나와서 새 절삭날이 된다.

23.1.1 연삭숫돌

연삭숫돌은 연마재 입자들과 결합제로 구성되어있다. 결합제는 입자들을 제 위치에 고정시키고, 숫돌의 형상과 조직을 형성한다. 이 두 성분들과 결합 방법이 다음과 같은 연삭숫돌의 파라미터들을 결정한다. (1) 입자 재료, (2) 입자 크기, (3) 결합제, (4) 숫돌 등급, (5) 숫돌 조직. 이 변수들은 전통적인 절삭공구의 재료와 형상과 유사하다. 주어진 조건에서 원하는 성능을 얻기 위해서는 각 파라미터들을 신중히 선정하여야 한다.

입자 재료

공작물 재료에 따라 적당한 연마입자 재료를 선정하여야 한다. 연삭숫돌에 사용되는 연마입자는 일반적으로 높은 경도, 내마모성, 인성, 파쇄성을 가지고 있어야 한다. 경도, 내마모성, 인성은 어떤 절삭공구 재료라도 가지고 있어야 할 성질이다. **파쇄성**(friability)은 날카로운 새 절삭날을 생기게 하기 위하여 입자의 절삭날이 무디어져서 파괴되는 연마입자의 능력을 말한다.

연마입자의 발전은 역사적 고찰에서 다루어졌다. 현재 상업적으로 중요하게 쓰이고 있는 연마입자 재료는 산화알루미늄, 탄화규소, 입방정질화붕소, 다이아몬드이다. 이를 경도와 함께 표 23.1에 간단하게 설명하였다.

입자 크기(입도)

연마재의 입자 크기(grain size)는 표면거칠기와 소재제거율을 결정하는데 많은 영향을 미친다.

표 23.1 연삭숫돌에 사용되는 연마입자 재료.

연마입자	설명	누프(Knoop) 경도
산화알루미늄	가장 흔한 연마입자이다(7.3.1 절). 강이나 고강도 철합금을 연삭할 때 사용된다.	2100
실리콘카바이드	산화알루미늄보다 경하나 인성은 그만큼 높지 못하다(7.2 절). 알루미늄, 황동, 스테인레스강 같은 연성금속뿐만 아니라 주철, 세라믹 같은 취성재료에 적용될 수 있다. SiC의 탄소와 철 사이의 화학적 친화성이 크기 때문에, 강을 연삭하기에는 효과적이지 못하다.	2500
입방정질화붕소	CBN(7.3.3 절)은 GE에 의하여 Borazon이라는 상품명을 가지고 연마입자로 사용되었다. 이것으로 만든 연삭숫돌은 경화된 공구강과 항공기용 합금 같은 단단한 재료에 적용된다.	5000
다이아몬드(합성)	다이아몬드 연마입자는 자연산이거나 혹은 합성하여 만들 수 있다(7.5.1 절). 다이아몬드 숫돌은 세라믹, 초경합금, 유리 같이 단단하고 연마성이 강한 재료의 연삭에 보통 사용된다.	7000

입자가 작으면 표면정도가 좋아지고, 입자가 크면 소재제거율이 커진다. 그러므로 연마입자의 크기를 선택할 때 이 두 가지 목표 사이에서 결정이 되어야 한다. 또한 입자 크기의 선택은 어느 정도 공작물 재료의 종류에 의존한다. 경한 공작물 재료는 효율적인 절삭을 위하여 작은 입자가 필요한 반면, 연한 재료는 큰 입자를 필요로 한다.

입자 크기는 14.1절에서 설명한 것처럼, 체(screen mesh)를 사용하여 측정한다. 입자 크기가 작을수록 체눈번호가 커진다. 연삭숫돌에 사용되는 입자 크기는 보통 8~250 사이에 있다. 입자 크기 8은 매우 조대하고 250은 매우 미세하다. 미세한 입자 크기는 래핑이나 슈퍼피니싱에 사용된다 (23.2절).

결합제

결합제(bonding material)는 연마입자들을 결합시켜 연삭숫돌의 형상과 조직을 형성한다. 결합제의 바람직한 성질로는 강도, 인성, 경도, 내열성이 있다. 결합제는 연삭숫돌에 의해 발생되는 원심력과 높은 온도를 견딜 수 있어야 하고, 충격하중에 부수어지지 말아야 하고, 연삭이 잘 수행되도록 연마입자들을 단단히 고정하면서도 입자가 마모되면 새 입자가 노출되기 쉽도록 해주어야 한다. 연삭숫돌에 보통 사용되는 결합제를 표 23.2에 정리하였다.

숫돌 조직과 숫돌 등급

숫돌 조직(wheel structure)은 숫돌에서 연마입자들의 상대적인 간격을 말한다. 연삭숫돌은 연마입자와 결합제외에 기공(pore)을 포함하고 있다(그림 23.1). 입자, 결합제, 기공의 부피 분률은 다음과 같이 표현된다.

$$P_g + P_p + P_p = 1.0 \tag{23.1}$$

여기서 P_g = 숫돌의 총 부피 중에서 연마입자의 분률, P_b = 결합제의 분률, P_p = 기공의 분률.

숫돌 조직은 성긴(open) 조직과 조밀(dense) 조직 사이의 범위로 측정된다. 성긴 조직은 P_p가 상대적으로 크고 P_g가 상대적으로 작은 조직이다. 즉 성긴 조직의 숫돌은 단위부피당 많은 기공과 적은

표 23.2 연삭숫돌에 사용되는 결합제.

결합계	설명
비트리파이드(vitrified) 결합제	주로 점토와 세라믹으로 되어있고, 가장 널리 사용되고 있다. 강도, 강성, 내열성이 있고, 연삭액으로 보통 사용되는 물이나 오일의 영향에 상대적으로 강하다.
실리케이드(silicate) 결합제	주성분은 물유리(sodium silicate, Na_2SO_3)이다. 일반적으로 절삭공구를 연삭할 때와 같이 열 발생이 최소화되어야 하는 곳에 제한적으로 사용되고 있다.
고무 결합제	결합제 재료 중에서 가장 유연하다. 절단용 숫돌의 결합제로 사용된다.
레지노이드(resinoid) 결합제	여러 종류의 열경화성 수지로 만든다. 높은 강도를 가지고 있고, 거친 연삭이나 절단 공정에 사용된다.
셸락(shellac) 결합제	강도는 상대적으로 높으나 강성은 그렇지 못하다. 좋은 표면정도가 필요한 공정에 주로 사용된다.
금속 결합제	다이아몬드와 CBN 연삭숫돌의 결합제로는 보통 금속이 사용되는데, 주로 청동이 사용된다. 분말공정기술을 이용하여 연마입자와 결합제를 금속 숫돌의 원주면에 결합하여 비싼 연마입자를 절약한다(14, 15장)

그림 23.1 전형적인 연삭숫돌의 조직.

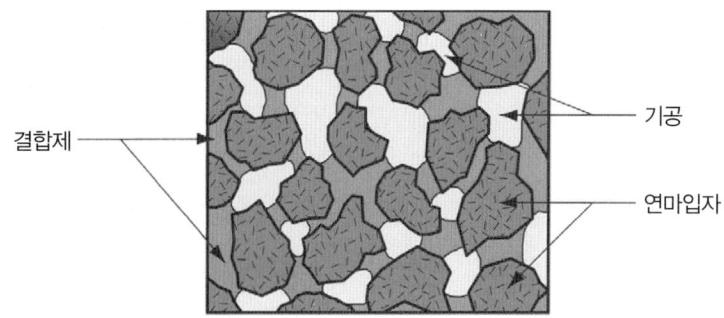

결합제

기공

연마입자

입자들이 존재한다. 반대로 조밀 조직은 P_p가 상대적으로 작고 P_g가 상대적으로 큰 조직이다. 일반적으로 성긴 조직은 원활한 칩의 배출이 필요할 때 사용되고, 조밀 조직은 좋은 표면정도과 정확한 치수를 얻기 위하여 사용된다.

숫돌 등급(wheel grade)은 연삭 중에 연마입자들을 지탱할 수 있는 연삭숫돌의 결합 강도를 말한다. 이것은 숫돌 조직에 존재하는 결합제의 양(P_p)에 크게 의존하고, 연한(soft) 등급과 강한(hard) 등급 사이의 범위에서 측정된다. 연한 숫돌은 입자들이 쉽게 떨어져나가는 반면에, 강한 숫돌은 입자들을 잘 지탱하고 있다. 연한 숫돌은 낮은 소재제거율과 경한 공작물의 연삭에 주로 사용되고, 강한 숫돌은 높은 소재제거율과 연한 공작물의 연삭에 주로 사용된다.

연삭숫돌의 표기

앞의 파라미터들은 ANSI(American National Standards Insitute)에서 정한 연삭숫돌 표기법에 의하여 간결하게 표시될 수 있다 [3]. 이 표기법은 숫자와 문자를 사용하여 연마입자, 입자 크기, 등급, 조직, 결합제를 나타낸다(표 23.3). 이것은 또한 연삭숫돌 제조업체들이 필요한 추가적인 정보를 제공하는데 이용된다. 다이아몬드와 CBN 연삭숫돌에 대한 표기법은 재래식 숫돌과 조금 다르다(표 23.4).

그림 23.2에서처럼, 연삭숫돌은 여러 가지 형상과 크기로 사용되고 있다. 그림에서 (a), (b), (c)는 숫돌의 원주면에 의하여 소재가 제거되는 평연삭숫돌이다. 전형적인 연마절단 숫돌이 (d)에 나타나 있는데, 이것 또한 원주면 절삭을 수반한다. 숫돌 (e), (f), (g)는 정면연삭숫돌로서, 숫돌의 편평한 면에 의하여 소재를 제거한다.

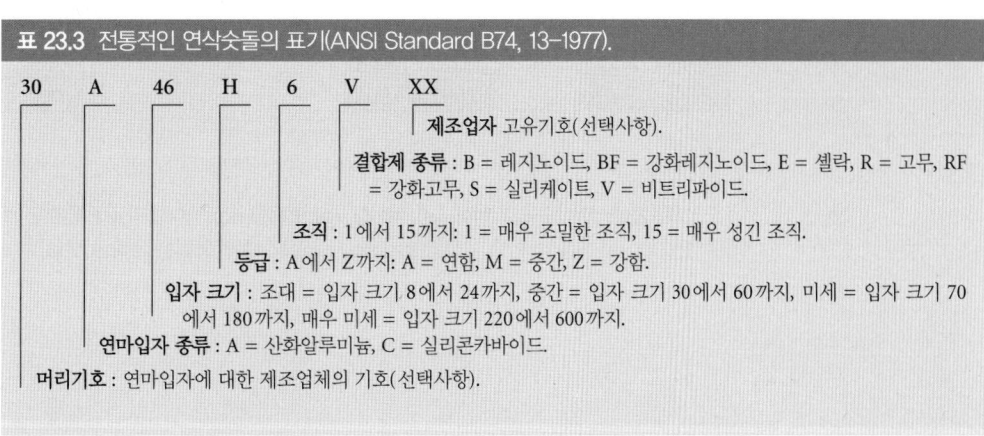

표 23.3 전통적인 연삭숫돌의 표기(ANSI Standard B74, 13–1977).

30	A	46	H	6	V	XX

제조업자 고유기호(선택사항).

결합제 종류 : B = 레지노이드, BF = 강화레지노이드, E = 셸락, R = 고무, RF = 강화고무, S = 실리케이트, V = 비트리파이드.

조직 : 1에서 15까지: 1 = 매우 조밀한 조직, 15 = 매우 성긴 조직.

등급 : A에서 Z까지: A = 연합, M = 중간, Z = 강함.

입자 크기 : 조대 = 입자 크기 8에서 24까지, 중간 = 입자 크기 30에서 60까지, 미세 = 입자 크기 70에서 180까지, 매우 미세 = 입자 크기 220에서 600까지.

연마입자 종류 : A = 산화알루미늄, C = 실리콘카바이드.

머리기호 : 연마입자에 대한 제조업체의 기호(선택사항).

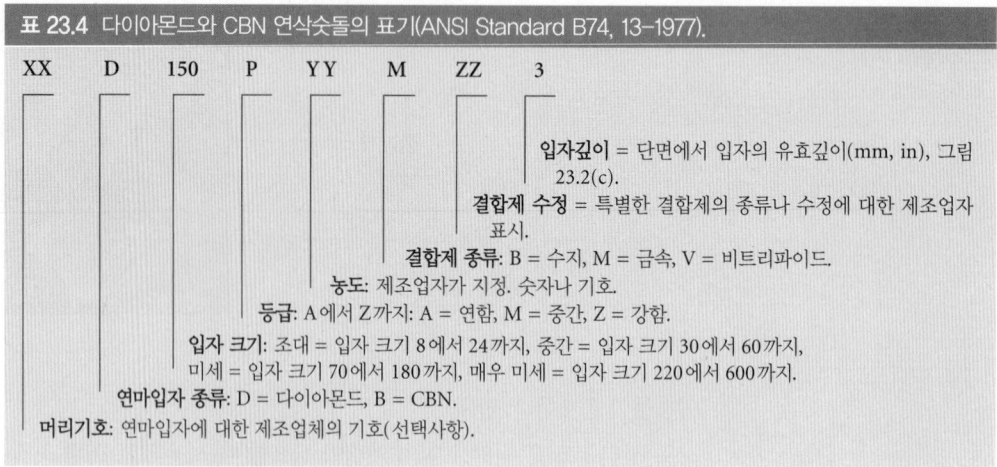

표 23.4 다이아몬드와 CBN 연삭숫돌의 표기(ANSI Standard B74, 13–1977).

XX　D　150　P　YY　M　ZZ　3

입자깊이 = 단면에서 입자의 유효깊이(mm, in), 그림 23.2(c).

결합제 수정 = 특별한 결합제의 종류나 수정에 대한 제조업자 표시.

결합제 종류: B = 수지, M = 금속, V = 비트리파이드.

농도: 제조업자가 지정. 숫자나 기호.

등급: A에서 Z까지: A = 연함, M = 중간, Z = 강함.

입자 크기: 조대 = 입자 크기 8에서 24까지, 중간 = 입자 크기 30에서 60까지, 미세 = 입자 크기 70에서 180까지, 매우 미세 = 입자 크기 220에서 600까지.

연마입자 종류: D = 다이아몬드, B = CBN.

머리기호: 연마입자에 대한 제조업체의 기호(선택사항).

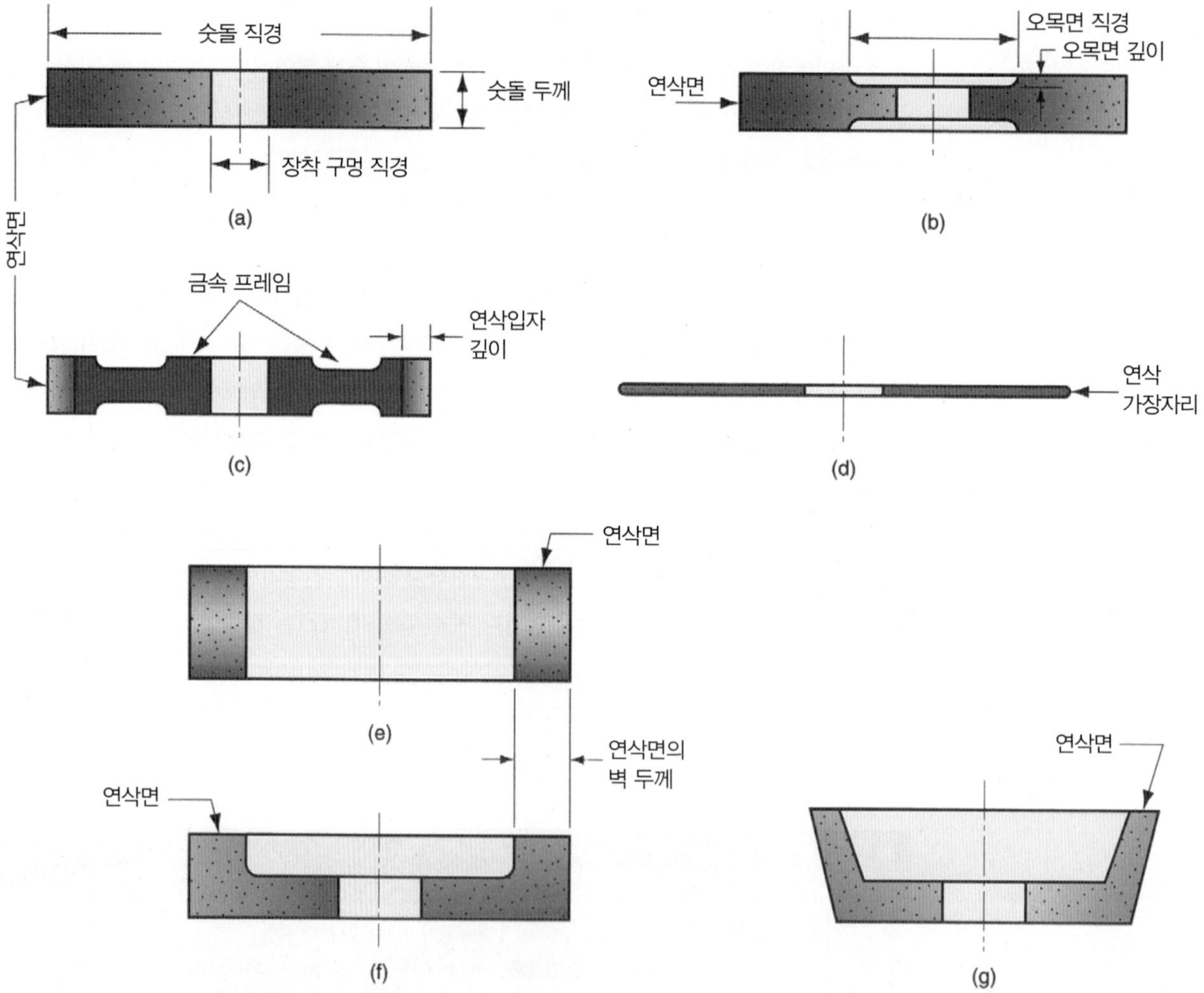

그림 23.2 연삭숫돌의 형상. (a) 직선형, (b) 오목형, (c) 연마입자들이 원주면에 결합된 금속 연삭숫돌, (d) 연마절단숫돌, (e) 원통형, (f) 직선컵형(straight cup), (g) 플레어컵형(flaring cup).

23.1.2 연삭의 공학적 해석

연삭가공에서 절삭조건의 특징은 밀링 등 다른 전통 절삭가공에 비하여 매우 높은 속도와 매우 적은 절삭량이라고 할 수 있다. 그림 23.3(a)에 나타낸 평면연삭이 연삭공정의 기본적인 특징을 보여주고 있다. 연삭숫돌의 원주속도는 숫돌의 회전속도로 결정된다.

$$v = \pi DN \tag{23.2}$$

여기서 v = 숫돌의 표면속도(m/min), N = 주축속도(rev/min), D = 숫돌 직경(m).

인피드(infeed)로 불리는 절삭깊이 d는 초기 공작물 표면 아래로 숫돌이 파고들어간 깊이를 말한다. 공정이 진행됨에 따라 연삭숫돌은 매 행정마다 표면 위를 가로질러 옆으로 이송한다. 이를 **크로스피드**(crossfeed, 가로이송)라 하며 그림 23.3(a)에서 폭 w를 결정한다. 이 폭에 깊이 d를 곱한 값이 절삭 단면적을 결정한다. 대개의 연삭공정에서 공작물이 숫돌에 대하여 어떤 속도 v_w로 지나가므로 소재제거율은 다음과 같이 계산된다.

$$R_{MR} = v_w w d \tag{23.3}$$

연삭숫돌의 각 입자는 개개의 칩을 잘라낸다. 절삭 전의 길이방향의 형상은 그림 23.3(b)에 나타나 있고 단면의 형상은 그림 23.3(c)에서처럼 삼각형으로 가정한다. 공작물로부터 입자가 빠져나올 때 칩의 단면적이 최대가 되는데, 이 때의 삼각형은 높이 t와 폭 w'를 가진다.

연삭공정의 절삭조건들이 연삭숫돌 파라미터들과 조합하여 다음과 같은 것들에 영향을 미친다. (1) 표면정도, (2) 힘과 에너지, (3) 공작물 표면온도, (4) 숫돌마모.

표면정도

상업적으로 널리 쓰이는 대개의 연삭가공은 전통 절삭가공으로 얻을 수 있는 것보다 우수한 표면정도를 얻기 위하여 수행된다. 공작물의 표면정도는 연삭 중에 형성된 각 칩의 크기에 영향을 받는다. 칩의 크기를 결정하는 것은 명백하게 입자 크기이다. 입자 크기가 작을수록 표면정도가 좋아진다.

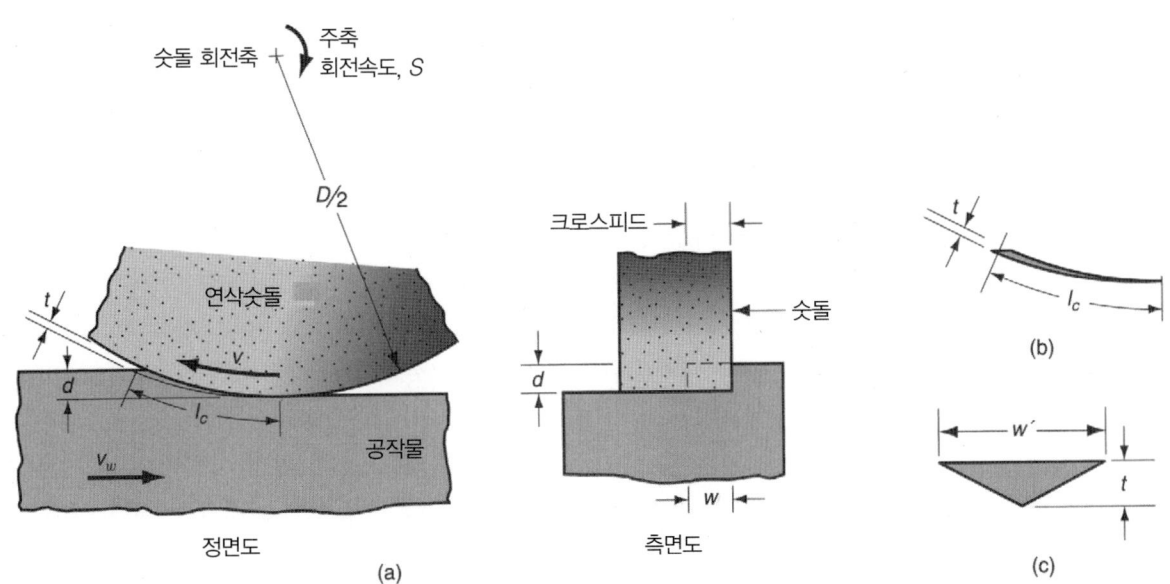

그림 23.3 (a) 절삭조건을 나타내는 평면연삭의 형상, (b) 칩의 길이방향 형상, (c) 칩의 가정된 단면.

개별 칩에 대한 치수를 살펴보자. 그림 23.3의 연삭공정의 형상으로부터 칩의 평균 길이는 다음과 같이 주어진다.

$$l_c = \sqrt{Dd} \tag{23.4}$$

여기서 l_c = 칩의 길이(mm), D = 숫돌 직경(mm), d = 절삭깊이(인피드)(mm).

이것은 칩이 그림에서 보인 전체 호의 길이를 통하여 작용하는 입자에 의하여 형성된다고 가정한 것이다.

그림 23.3(c)는 연삭가공으로 형성된 칩의 가정된 단면을 보이고 있다. 단면 형상은 삼각형이고, 폭 w'는 입자비(grain aspect ratio) r_g라 불리는 비율만큼 t보다 크다.

$$r_g = \frac{w'}{t} \tag{23.5}$$

일반적으로 입자비의 값은 10에서 20 사이에 있다.

연삭숫돌의 원주면의 단위면적당 활성 입자(절삭날)들의 수를 C라고 표시한다. C값은 보통 입자 크기에 반비례하고, 숫돌 조직과 연관되어 있다. 조밀 조직은 단위면적당 더 많은 입자를 의미한다. C의 값을 기준으로 하여, 단위시간당 형성된 칩의 수 n_c는 다음과 같이 주어진다.

$$n_c = vwC \tag{23.6}$$

여기서 v = 숫돌속도(mm/min), w = 크로스피드(mm), C = 연삭숫돌 표면의 단위면적당 입자들의 수(grits/mm²).

표면정도는 주어진 폭 w에 대하여 공작물 표면에 단위시간당 형성되는 칩의 수를 증가시킴으로써 향상된다. 그러므로 식 (23.6)에 따라서, v와 C를 증가시키면 표면정도가 향상된다. 입자 크기를 작게 하면 C가 증가된다.

힘과 에너지

연삭숫돌에 대하여 공작물을 이동시키는 데 필요한 힘을 알고 있다면, 연삭가공의 비에너지는 다음과 같이 결정된다.

$$U = \frac{F_c v}{v_w w d} \tag{23.7}$$

여기서 U = 비에너지(J/mm³), F_c = 절삭력, 숫돌에 대하여 공작물을 이동시키는 힘(N), v = 숫돌속도(m/min), v_w = 공작물속도(mm/min), w = 절삭폭(mm), d = 절삭깊이(mm).

연삭가공의 비에너지는 전통적인 절삭가공보다 훨씬 크다. 여기에는 여러 이유들이 있다. 첫 번째가 **치수효과**이다. 앞에서 기술한 바와 같이, 연삭가공의 칩두께는 밀링 같은 다른 절삭가공 공정에 비하여 훨씬 작다. 치수효과로 인하여(19.4절), 연삭가공의 작은 칩은 단위부피의 소재를 제거하는데 있어서 전통적 절삭가공보다 훨씬 많은 에너지의 소모를 초래한다(대체적으로 10배 정도).

두 번째로, 연삭숫돌의 각 입자들은 매우 큰 음의 경사각을 가진다. 경사각의 크기는 평균적으로 약 −30°, 일부 입자들은 −60° 것도 있다. 이와 같이 낮은 경사각은 낮은 전단각과 높은 전단변형률을 초래하여 연삭가공의 에너지를 높게 한다.

세 번째로, 각 입자들이 절삭에 모두 참여하는 것이 아니기 때문에 연삭가공의 비에너지가 높다.

숫돌에서 입자들의 위치와 방향이 불규칙하기 때문에, 일부 입자들은 공작물에 충분히 물리지 못해서 절삭을 수행하지 못한다. 그림 23.4에서처럼 입자들은 세 가지 종류의 작용을 한다. (a) **절삭**(cutting)—입자가 공작물에 충분히 물려 들어가서 칩을 형성하고 소재를 제거한다. (b) **긁음**(plowing)—입자가 공작물에 물려있기는 하지만 절삭을 수행하기에는 충분하지 못해서 소재는 제거되지 않고 공작물 표면이 변형이 되고 에너지가 소모된다. (c) **마찰**(rubbing)—입자가 공작물 표면에 접촉하여 오직 미끄럼 마찰만이 일어나서 소재는 제거되지 않고 에너지가 소모된다.

치수효과, 음의 경사각, 입자의 비효과적인 작용의 세 가지가 조합되어, 제거된 소재의 단위부피당 에너지 소모의 관점에서 연삭공정을 비효율적으로 만든다.

비에너지에 관한 식 (23.7)을 이용하고 연삭숫돌의 한 개의 입자에 작용하는 절삭력이 $r_g t$에 비례한다고 가정하면 다음과 같은 식을 얻을 수 있다 [10].

$$F_c' = K_1 \left(\frac{r_g v_w}{v C}\right)^{0.5} \left(\frac{d}{D}\right)^{0.25} \tag{23.8}$$

여기서 F_c'는 한 개의 입자에 작용하는 절삭력이고, K_1은 공작물의 강도와 입자의 날카로움에 의존하는 비례상수이다.

이 식이 실제적으로 중요한 것은 각 입자들이 연삭숫돌로부터 떨어져나갈지의 여부를 F_c'가 결정한다는 것이다. 이는 자생작용에 대한 숫돌의 성능을 판단할 수 있는 중요한 요인이 된다. 식 (23.8)에 따르면 v_w, v, d의 값을 적당히 조절하여 각 입자에 작용하는 절삭력을 증가시키면 강한 숫돌을 연하게 사용할 수 있다.

공작물 표면의 온도

연삭공정의 특징은 치수효과, 높은 음의 경사각, 공작물에 대한 입자들의 긁음 및 마찰 작용으로 인한 높은 온도와 높은 마찰이다. 공정 중에 발생된 열에너지의 대부분이 칩과 함께 배출되는 전통적 절삭가공 공정과는 다르게, 연삭가공에서 발생되는 대부분의 열은 연삭면에 남아서, 높은 공작물 표면온도를 초래한다. 높은 표면온도는 표면소손(surface burn)과 표면균열과 같은 표면손상을 가져온다. 소손 자국은 산화작용에 의하여 표면이 변색되어 보인다. 연삭의 표면소손은 표면아래에서 발생하는 금속학적 손상을 나타내는 신호가 되기도 한다. 표면균열은 숫돌속도의 방향에 수직으로 나타난다. 이것은 공작물 표면의 매우 심한 열손상을 나타낸다.

해로운 열영향의 두 번째로 들 수 있는 것이 공작물 표면이 연화되는 현상이다. 대부분의 연삭공정은 높은 경도를 얻기 위하여 열처리된 부품에 수행된다. 높은 연삭온도는 표면의 경도를 떨어뜨린

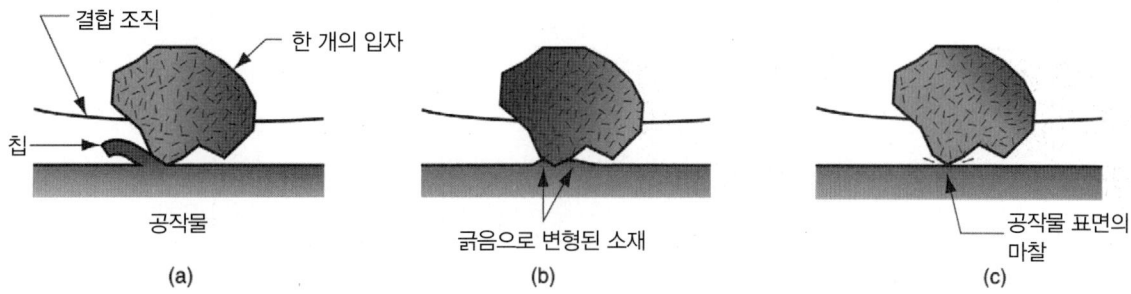

그림 23.4 연삭가공에서 입자의 세 가지 작용. (a) 절삭, (b) 긁음, (c) 마찰.

다. 세 번째의 열영향은 공작물 표면에 잔류응력을 유발한다는 것이다. 이것은 부품의 피로강도를 감소시킨다.

연삭가공에서 공작물의 표면온도에 영향을 미치는 요인들을 살펴본다. 표면온도는 연삭된 표면적당 에너지(비에너지 U와 밀접한 관계가 있는)에 의존한다는 것이 실험적으로 관찰되었다. 이것은 칩두께에 반비례하기 때문에 표면온도 T_s는 다음과 같이 주어진다 [10].

$$T_s = K_2 d^{0.75} \left(\frac{r_g Cv}{v_w}\right)^{0.5} D^{0.25} \tag{23.9}$$

여기서 K_2 = 비례상수.

이 식의 실제적인 의미는 절삭깊이 d, 숫돌속도 v, 연삭숫돌의 단위면적당 활성 입자 수 C를 감소시키거나 공작물속도 v_w를 증가시키면 높은 공작물 온도로 인한 표면손상을 줄일 수 있다는 것이다. 또한 무딘 연삭숫돌, 강한 등급과 조밀 조직의 연삭숫돌은 열영향을 초래한다. 물론 연삭액을 사용하면 연삭온도가 감소한다.

숫돌마모

절삭공구가 마모되는 것처럼, 연삭숫돌도 마모된다. 연삭숫돌에서 일어나는 마모의 주요 원인으로 세 가지 마모 메커니즘을 들 수 있다. (1) 입자파괴, (2) 소모마모, (3) 결합파괴. **입자파괴**(grain fracture)는 입자의 일부가 떨어져나가고 일부가 남아서 숫돌에 붙어있을 때 발생한다. 파괴된 면의 모서리는 연삭숫돌의 새로운 절삭날이 된다. 입자가 파괴되는 성질을 **파쇄성**(friability)이라 한다. 높은 파쇄성은 입자에 작용하는 절삭력 F'_c에 의하여 입자가 쉽게 파괴되는 것을 의미한다.

소모마모(attritious wear)는 개개의 입자가 무디어져서 편평하고 둥그렇게 되는 것을 말한다. 소모마모는 절삭공구의 공구마모와 유사하다. 마찰과 확산을 포함하는 유사한 물리적인 요인뿐만 아니라, 매우 높은 온도로 인한 연마입자와 공작물 재료와의 화학반응에 의하여 이와 같은 마모가 초래된다.

결합파괴(bond fracture)는 개개의 입자들이 결합제로부터 떨어져나갈 때 발생한다. 이런 경향은 숫돌 등급에 많이 의존한다. 입자가 소모마모로 무디어지고 결과적으로 절삭력이 커지게 되면 결합파괴가 자주 일어난다. 낮은 절삭력으로 효율적인 절삭을 하는 날카로운 입자들이 결합 조직에 잘 붙어있다.

세 가지 마모 메커니즘이 조합하여 그림 23.5에 나타난 것처럼 연삭숫돌을 마모시킨다. 세 가지 마모영역을 볼 수 있다. 첫 번째 영역에서, 초기의 날카롭던 입자들이 입자파괴에 의하여 마모가 가속된다. 이것은 전통적인 공구마모의 길들임 기간(break-in period)에 대응한다. 두 번째 영역에서, 마모속도가 꽤 일정해서 숫돌마모와 제거된 소재체적과 비례관계를 이룬다. 이 영역에서는 약간의 입자파괴와 결합파괴와 함께 주로 소모마모가 일어난다. 세 번째 영역에서, 입자들이 무디어지고 절삭에 비하여 긁음과 마찰 작용이 증가한다. 또한 일부 칩들이 숫돌의 기공에 끼인다. 이것을 **숫돌로딩**(wheel loading)이라하며 절삭 작용을 어렵게 하고 높은 열과 높은 공작물 표면온도를 야기시킨다. 결과적으로 연삭효율이 감소하고 제거된 소재체적에 비하여 제거된 숫돌체적이 증가하게 된다.

연삭비(grinding ratio)는 숫돌 마모곡선의 기울기를 나타내기 위하여 사용되며, 다음과 같이 정의된다.

그림 23.5 연삭숫돌의
전형적인 마모곡선.

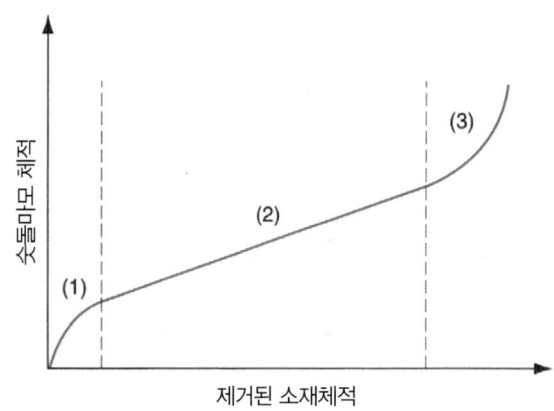

$$GR = \frac{V_w}{V_g} \tag{23.10}$$

여기서 GR = 연삭비, V_w = 제거된 소재체적, V_g = 숫돌의 마모체적.

　연삭비는 그림 23.5의 선형인 관계의 마모영역에서 중요한 의미를 갖는다. GR의 값은 보통 95와 125 사이에 있고 [5], 절삭가공의 유사한 값보다 약 105배 만큼 작은 값이다. 일반적으로 숫돌속도 v 가 증가하면 연삭비가 증가한다. 이것은 높은 속도로 인하여 각 입자에 의해 형성된 칩의 크기가 작아져서 입자파괴되는 양이 감소하기 때문이다. 또한 높은 숫돌속도는 표면정도를 향상시키기 때문에 높은 연삭속도로 가공하는 것이 일반적으로 유리하다. 그러나 속도가 너무 높으면 소모마모와 표면온도가 증가한다. 결과적으로 연삭비가 감소하고 표면정도가 나빠진다. 이 같은 현상은 Krabacher [14]에 의하여 처음으로 보고되었다(그림 23.6).

　숫돌이 마모곡선의 세 번째 영역에 있을 때 **드레싱**(dressing)이라 불리는 다음의 과정에 의하여 날카로운 숫돌을 다시 얻게 된다. (1) 날카로운 새 입자를 노출시키기 위하여 연삭숫돌의 원주면에 있는 무딘 입자를 파쇄한다. (2) 숫돌에 끼여 있는 칩들을 제거한다. 드레싱이 필요한 숫돌을 회전시키면서 회전하는 원판, 연마입자로 된 막대기, 고속 회전하는 다른 연삭숫돌을 이용하여 드레싱을 수행한다. 비록 드레싱이 숫돌을 날카롭게 하기는 하지만, 숫돌의 형상을 보장하지는 않는다. **트루잉** (truing)은 숫돌을 날카롭게 할 뿐만 아니라 숫돌의 원형 형상과 직선 원주면을 복원시키는 공정이다. 이것은 회전하는 숫돌면을 가로질러 저속으로 정밀하게 이송하는 다이아몬드공구(또는 다른 트루잉 공구)에 의하여 수행된다. 매우 낮은 절삭깊이(0.025 mm 이하)로 작업이 진행된다.

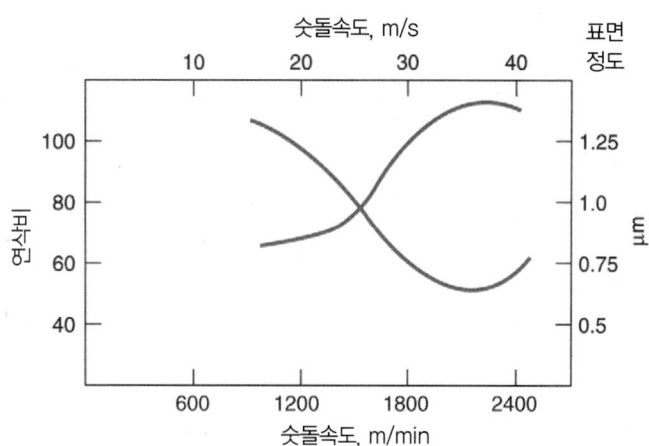

그림 23.6 숫돌속도의
함수로 나타낸 연삭비와
표면정도.

23.1.3 연삭의 적용

이 절에서는 숫돌의 파라미터에 대한 내용과 연삭가공의 이론적인 해석을 토대로 하여 연삭가공의 실제적인 적용에 대하여 고려하고자 한다. 또한 연삭공정에 흔하게 사용되는 연삭액에 대해서도 기술한다.

적용 지침

성공적인 연삭공정의 수행을 위하여 많은 변수들이 영향을 미친다. 표 23.5에 나오는 지침은 적당한 숫돌 파라미터와 연삭조건을 선정하는 데 도움을 줄 것이다.

연삭액

절삭유를 적당히 사용하면 앞에서 기술한 열영향과 높은 공작물 표면온도를 효과적으로 감소시킬 수 있다. 절삭유가 연삭공정에 사용될 때 연삭액이라고 한다. 연삭액의 기능은 절삭유와 유사하다 (23.4절). 마찰 감소와 열 제거가 두 가지 주요 기능이다. 추가적으로, 칩을 씻어내고 공작물 표면온도를 낮추는 것도 연삭가공에서는 중요하다.

화학적으로 연삭액을 분류하면 연삭오일과 유화오일(emulsified oil)이 있다. 연삭오일은 주로 석유로부터 제조된다. 이것은 마찰이 중요한 연삭가공에서 유용해보이지만, 화재와 작업자의 건강을 해치는 위험성이 있고, 유화오일에 비하여 비싸다. 또한 열을 가져가는 능력도 물이 주성분인 용액에

표 23.5 연삭의 적용 지침	
적용	**추천 및 지침**
강이나 대부분의 주철의 연삭가공	산화알루미늄을 연마입자로 선택
대부분의 비철금속의 연삭가공	실리콘카바이드를 연마입자로 선택
경화된 공구강이나 일부 항공기용 합금의 연삭가공	CBN을 연마입자로 선택
세라믹, 초경합금, 유리와 같은 경하고 연마성이 강한 재료의 연삭가공	다이아몬드를 연마입자로 선택
연한 금속의 연삭가공	큰 입자 크기와 강한 등급의 숫돌을 선택
경한 금속의 연삭가공	작은 입자 크기와 연한 등급의 숫돌을 선택
최적의 표면정도	작은 입자 크기와 조밀 숫돌 조직을 선택
	또한 높은 숫돌속도, 낮은 공작물속도를 선택
최대 소재제거율	큰 입자 크기, 성긴 숫돌 조직, 비트리파이드 결합제를 선택
공작물 표면의 열손상, 균열, 뒤틀림을 최소화	숫돌을 항상 날카롭게 유지. 숫돌을 자주 드레싱
	또한 작은 절삭깊이, 낮은 숫돌속도, 높은 공작물속도를 선택
연삭숫돌이 반들반들해지고 타게 된다면	연한 등급과 성긴 조직의 숫돌을 선택
연삭숫돌이 너무 빨리 부서진다면	강한 등급과 조밀 조직의 숫돌을 선택
문헌 [8], [11], [16]으로부터 편집함.	

비하여 떨어진다. 따라서 물에 오일을 섞은 혼합물이 연삭액으로 가장 많이 추천된다. 전통 절삭유로 사용되는 유화오일보다 높은 농도로 혼합된다. 이렇게 하여 마찰을 감소하는 기능을 증가시킨다.

23.1.4 연삭공정과 연삭기

전통적으로 연삭가공은 다른 공정에 의하여 기하학적 형상이 이미 만들어진 부품의 다듬질 공정으로 사용되었다. 따라서 연삭기는 단순한 평면, 원통의 외면과 내면, 나사산 같은 윤곽을 연삭하기 위하여 발전되어 왔다. 윤곽가공은 원하는 공작물의 형상과 반대형상을 가지도록 특별히 제작된 숫돌로 수행되기도 한다. 연삭가공은 또한 절삭공구의 형상 가공을 위하여 공구실에서 사용될 때도 있다. 이와 같은 전통적인 용도이외에도, 연삭가공은 높은 가공속도, 높은 소재제거율이 필요한 상황으로 적용범위를 넓히고 있다. 이 절에서 다룰 연삭공정과 연삭기는 다음과 같은 종류들이 있다. (1) 평면연삭기, (2) 원통연삭기, (3) 센터리스연삭기, (4) 크리프피드연삭기, (5) 기타 연삭공정.

평면연삭

평면연삭(surface grinding)은 단순한 평면을 연삭하기 위하여 사용된다. 이것은 연삭숫돌의 원주면이나 편평한 밑면을 사용하여 수행된다. 공작물이 보통 수평으로 고정되기 때문에, 평연삭은 수평축에 대하여 숫돌이 회전하고, 정면연삭은 수직축에 대하여 숫돌이 회전한다. 두 경우 모두 공작물의 상대운동은 연삭숫돌에 대하여 공작물을 왕복 운동시키거나 회전시킨다. 숫돌 방향과 공작물 운동의 가능한 조합에 따라 평면연삭기는 네 가지 종류가 있다(그림 23.7).

네 가지 종류 중에서, 그림 23.8에서처럼 수평 주축과 왕복 운동하는 작업테이블을 가진 연삭기가 가장 널리 쓰인다. 연삭가공은 공작물을 숫돌 아래로 매우 작은 깊이(infeed)에서 길이방향으로 왕

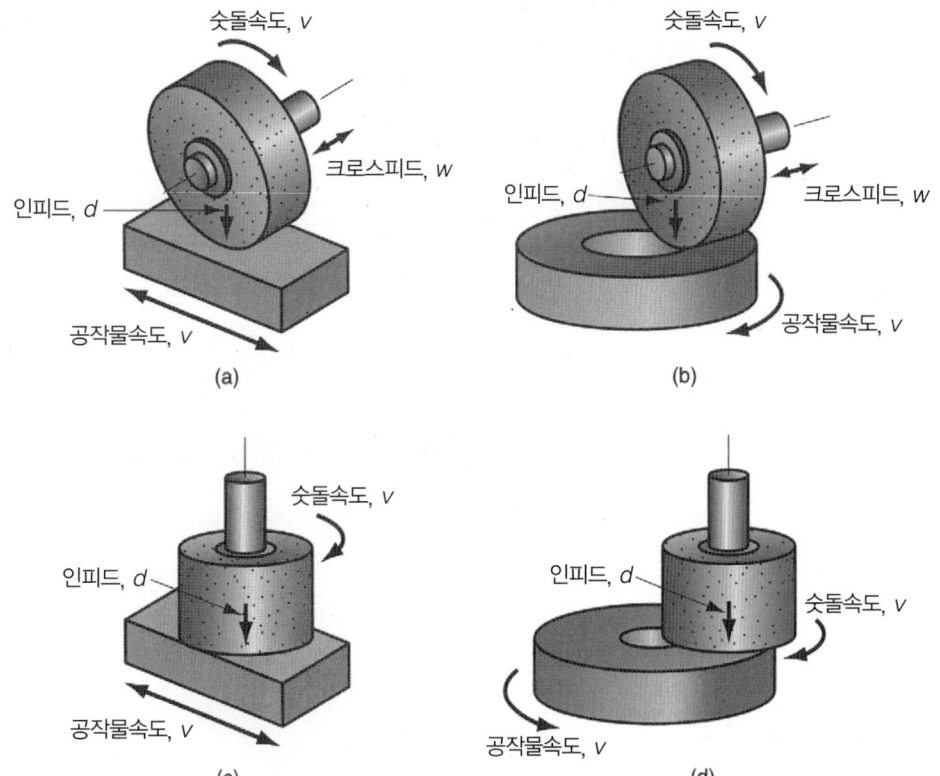

그림 23.7 평면연삭의 네 가지 종류. (a) 수평 주축과 왕복 운동하는 작업테이블, (b) 수평 주축과 회전하는 작업테이블, (c) 수직 주축과 왕복 운동하는 작업테이블, (d) 수직 주축과 회전하는 작업테이블.

복 운동시키면서 매 행정마다 숫돌을 횡방향으로 어떤 거리만큼 크로스이송(crossfeed)시켜 수행된다. 이 공정에서 숫돌의 폭은 공작물의 폭보다 작은 것이 보통이다.

전통적인 공정 외에도 수평 주축과 왕복 운동하는 테이블을 가진 연삭기는 특별한 형상의 윤곽가공을 할 수 있다. 숫돌이 공작물을 가로질러 횡방향으로 이송하는 것 대신에 공작물에 대하여 수직으로 **플런지이송**(plunge-feed)한다. 이렇게 하여 숫돌의 형상이 공작물 표면에 전달된다.

수직 주축과 왕복 운동하는 테이블을 가진 연삭기에서는 숫돌 직경이 공작물 폭보다 크다. 따라서 이 공정은 횡방향 이송 운동이 필요 없다. 대신에 공작물이 숫돌에 대하여 왕복 운동하고, 원하는 크기만큼 숫돌이 공작물로 수직 이송한다. 이 공정으로 매우 편평한 평면을 얻을 수 있다.

그림 23.7(b)와 (d)에 나타낸 회전하는 테이블을 가진 두 가지 종류의 연삭기 중에서 수직 주축을 가진 연삭기가 더 많이 쓰인다. 숫돌과 공작물 사이의 상대적으로 큰 접촉면적으로 인하여, 수직 주축과 회전하는 테이블을 가진 연삭기는 적절한 연삭숫돌을 사용할 때 높은 소재제거율을 달성할 수 있다.

원통연삭

원통연삭(cylindrical grinding)은 회전하는 부품을 연삭가공하는 것이다. 이 연삭공정은 두 가지 기본적인 종류로 나눌 수 있다(그림 23.9). (a) 외면원통연삭, (b) 내면원통연삭.

외면원통연삭(external cylindrical grinding, **center-type grinding**)은 선삭 공정처럼 수행된다. 이 공정에 사용되는 연삭기는 공구대가, 연삭숫돌을 회전시키는 고속 모터로 대체된 선반과 매우 흡사하다. 원통형 공작물이 센터 사이에서 $18 \sim 30$ m/min의 표면속도로 회전하고 [16], 연삭숫돌이 $1200 \sim 2000$ m/min의 속도로 회전하며 절삭을 수행한다. 그림 23.10에 보인 것처럼, 두 가지 종류의 이송 운동이 가능하다. 횡이송과 플런지이송. 횡이송(traverse feed)에서 연삭숫돌은 공작물의 회전축에 평행한 방향으로 이송된다. 인피드는 보통 $0.0075 \sim 0.075$ mm의 범위 내에서 정해진다. 표면정도를 향상시키기 위하여 길이방향의 왕복 운동이 공작물이나 숫돌에 주어지기도 한다. 플런지이송에서 연삭숫돌은 공작물에 반경 방향으로 이송된다. 총형 연삭숫돌이 이런 유형의 이송 운동을 한다.

외면원통연삭은 최종 치수에 근접한 크기로 절삭가공되고 원하는 경도로 열처리된 부품의 다듬질 공정에 사용된다. 액슬(axle), 크랭크축, 스핀들, 베어링 및 부싱, 압연기의 롤 등에 적용된다. 이 연

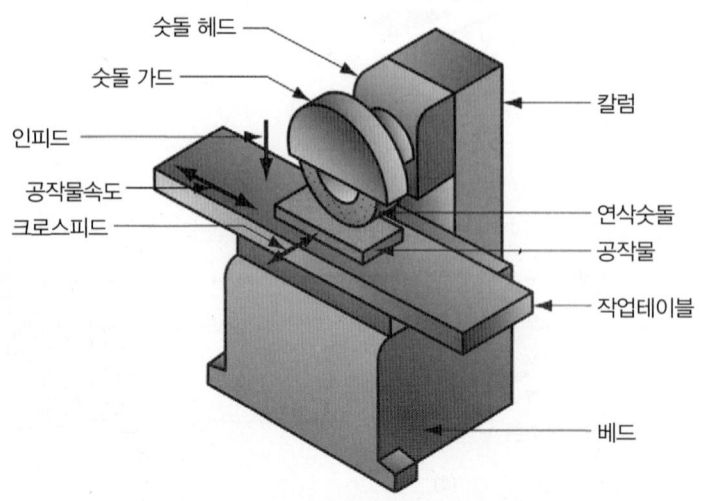

그림 23.8 수평 주축과 왕복 운동하는 작업테이블을 가진 평면연삭기.

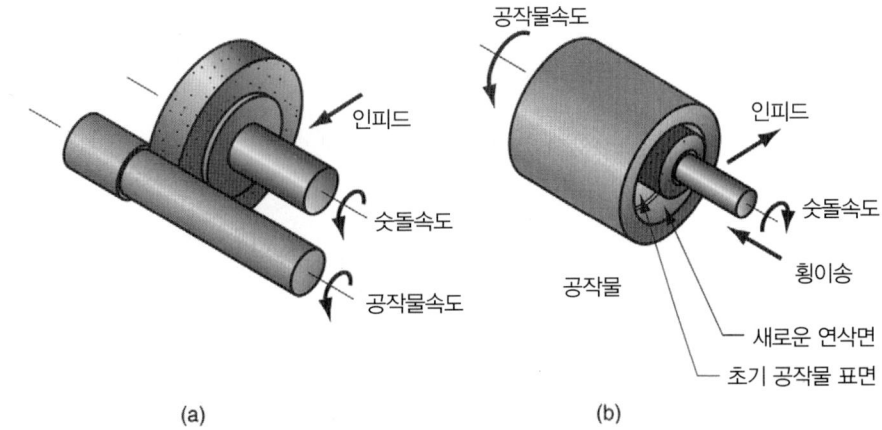

그림 23.9 두 가지 종류의 원통 연삭. (a) 외면, (b) 내면.

삭공정으로 경화된 부품의 최종 치수와 원하는 표면정도를 얻을 수 있다.

내면원통연삭(internal cylindrical grinding)은 보링 공정과 어느 정도 유사하다. 공작물은 보통 척으로 고정되고 20~60 m/min의 표면속도로 회전한다 [16]. 숫돌의 표면속도는 외면원통연삭과 비슷하다. 숫돌은 횡이송(그림 23.9(b))과 플런지이송의 두 가지 방법으로 이송된다. 내면원통연삭에 서 숫돌의 직경은 공작물의 구멍보다 작아야 한다는 것은 명백하다. 따라서 숫돌의 직경이 아주 작으 면 원하는 표면속도를 얻기 위하여 매우 높은 회전속도가 필요하다. 내면원통연삭은 베어링 레이스 (race)나 부싱(bushing)의 경화된 내면 등의 다듬질 공정에 적용된다.

센터리스연삭

센터리스연삭(centerless grinding)은 원통형 공작물의 외면과 내면을 연삭할 수 있는 또 다른 공 정이다. 이름이 뜻하는 바와 같이 공작물이 센터 사이에 고정되어 있지 않다. 이로 인해 공작물 취급 시간의 단축이 가능하다. 따라서 센터리스연삭은 높은 생산성의 공정에 자주 사용된다. **외면센터리스 연삭**은 연삭숫돌과 조정숫돌의 두 개의 숫돌로 구성되어 있다(그림 23.11). 공작물이 받침판(rest blade)으로 지지되어 두 개의 숫돌 사이로 종이송(throughfeed)된다. 공작물은 여러 개의 짧은 원통 형이거나 긴 막대형(3~4 m)이다. 연삭숫돌이 1200~1800 m/min의 표면속도로 회전하면서 연삭 을 수행한다. 조정숫돌은 훨씬 낮은 속도로 회전하며, 공작물의 이송을 조절하기 위해서 작은 경사각

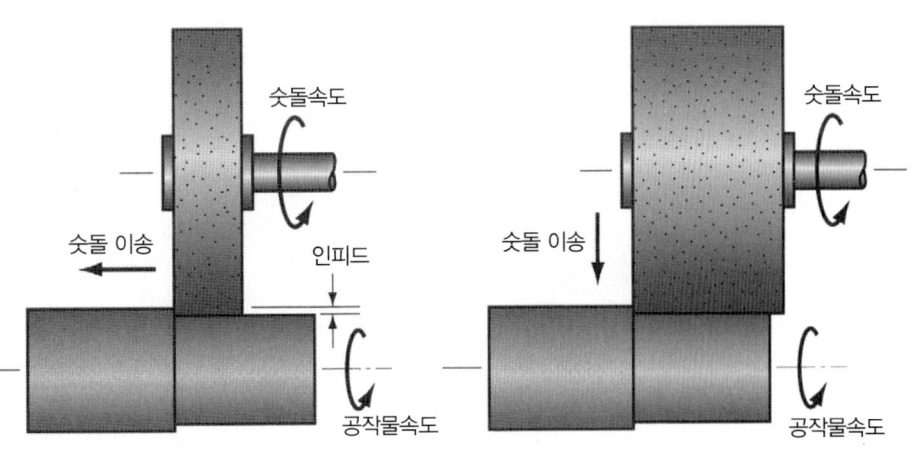

그림 23.10 외면원통연삭에 서 두 가지 종류의 이송 운동. (a) 횡이송, (b) 플런지이송.

그림 23.11
외면센터리스연삭.

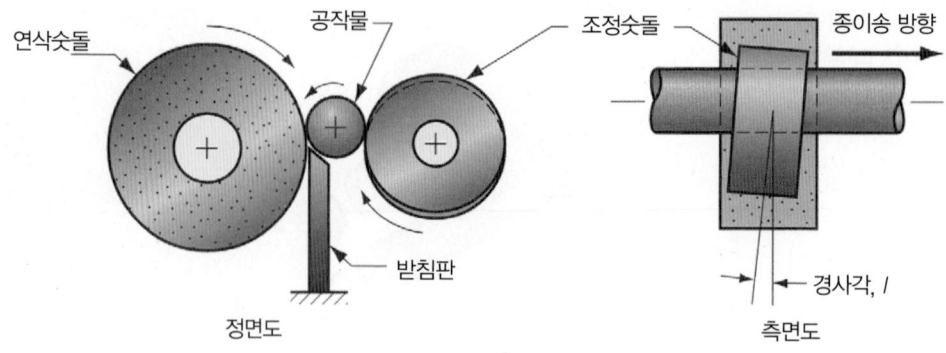

I로 기울어져 있다. 종이송속도를 예측하기 위하여 다음 식을 이용할 수 있다[16]:

$$f_r = \pi D_r N_r \sin I \tag{23.11}$$

여기서 f_r = 종이송속도(mm/min), D_r = 조정숫돌의 직경(mm), N_r = 조정숫돌의 회전속도(rev/min), I = 조정숫돌의 경사각.

내면센터리스연삭을 그림 23.12에 나타냈다. 공작물을 지지하기 위하여 받침판 대신에 두 개의 지지 롤(support roll)이 사용된다. 연삭숫돌에 대하여 공작물의 이송을 조절하기 위하여 조정숫돌이 작은 경사각으로 기울어져 있다. 연삭숫돌을 지지해야 되기 때문에 외면센터리스연삭과 같은 공작물의 종이송은 가능하지 않다. 그러므로 이 연삭공정은 외면센터리스연삭과 같은 높은 생산속도를 얻기는 힘들다. 장점으로는 롤러베어링 레이스 같은 관형 부품에서 내측과 외측 원주면 사이의 매우 정확한 동심도를 얻을 수 있다는 것이다.

크리프피드연삭

상대적으로 새로운 형식의 연삭이 1958년경에 개발된 크리프피드연삭(creep feed grinding)이다. 크리프피드연삭은 매우 높은 절삭깊이와 매우 낮은 이송속도로 수행된다. 그림 23.13에 일반적인 평면연삭과의 비교를 나타냈다.

크리프피드연삭에서의 절삭깊이는 일반 평면연삭보다 1,000에서 10,000배 만큼 더 크고, 이송속도는 거의 같은 비율만큼 작다. 그러나 소재제거율과 생산성은 숫돌이 연속적으로 절삭을 하기 때문에 크리프피드연삭이 높다. 이것은 공작물의 왕복 운동에 의해 매 행정마다 시간 소비가 많은 일반 평면연삭과 비교된다.

크리프피드연삭은 평면연삭이나 외면원통연삭에 모두 적용될 수 있다. 평면연삭에 적용하는 경우

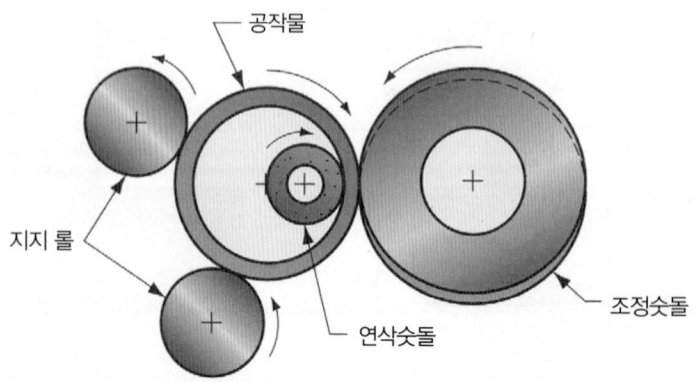

그림 23.12 내면센터리스연삭.

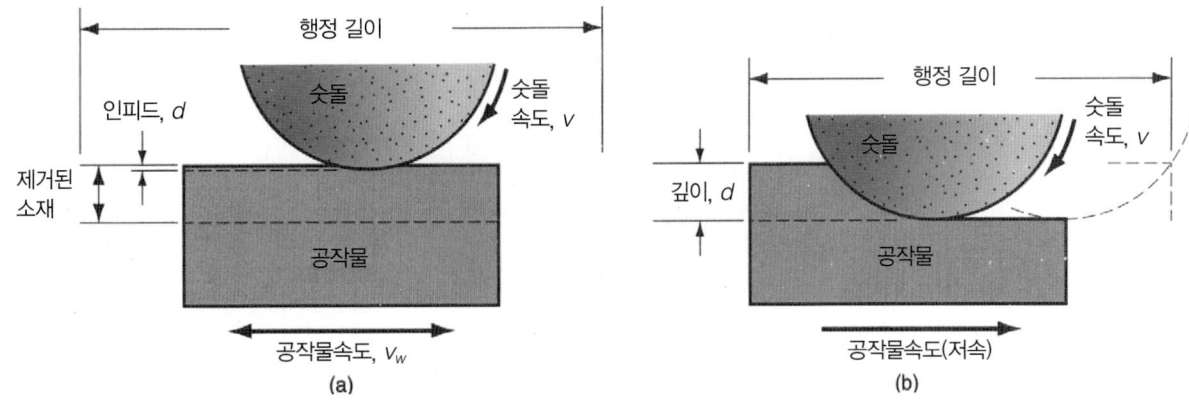

그림 23.13 연삭공정의 비교. (a) 일반 평면연삭, (b) 크리프피드연삭.

에는 홈과 윤곽의 연삭가공이 있다. 이 공정은 폭에 비하여 깊이가 깊은 경우에 특히 잘 적용된다. 원통연삭에 적용하는 경우는 나사산, 기어 형상, 기타 원통형 부품이다. 유럽에서는 이와 같은 외면원통 크리프피드연삭을 지칭하기 위하여 **디프그라인딩**(deep grinding)이라는 용어를 사용한다.

크리프피드연삭을 위해 특별하게 설계된 연삭기에 관심이 많아졌다. 특징은 다음과 같다 [11]: 높은 정적 및 동적 안정성, 스틱슬립(stick-slip)이 별로 없는 매우 정확한 슬라이드, 증가된 주축 동력(전통 연삭기의 두세 배), 낮은 이송속도에서 안정된 테이블 속도, 고압의 연삭액 공급시스템, 작업 중에 가능한 연삭숫돌 드레싱시스템. 일반적으로 크리프피드연삭의 장점으로는 (1) 높은 소재제거율, (2) 윤곽가공의 정확성, (3) 공작물 표면온도의 감소를 들 수 있다.

기타 연삭공정들

기타 연삭공정에는 공구연삭, 지그연삭, 원판연삭, 스내그연삭, 연마벨트연삭 등이 있다.

절삭공구는 경화된 공구강이나 다른 단단한 재료로 만든다. **공구연삭기**(tool grinder)는 절삭날을 세우고 수리하는 특수한 연삭기이다. 원하는 면을 특정 각과 반경으로 연삭할 수 있도록 공구를 고정하는 장치를 가지고 있다. 범용성을 가지는 연삭기도 있는 반면에 특정 공구의 고유 형상만을 가공하는 전용 연삭기도 있다. 범용 공구연삭기는 여러 종류의 공구 형상을 연삭할 수 있는 특별한 장치를 갖고 있다. 전용 공구연삭기에는 기어커터, 밀링커터, 브로치, 드릴 등을 전용으로 가공하는 연삭기들이 있다.

지그연삭기(jig grinder)는 전통적으로 경화강으로 된 부품의 구멍을 높은 정밀도로 연삭할 수 있다. 초기에는 프레스 금형과 공구에 많이 적용되었다. 아직도 이 분야에 중요하게 적용되고 있지만, 오늘날 지그연삭기는 경화된 부품을 높은 정밀도와 좋은 표면정도로 연삭할 필요가 있는 곳에 광범위하게 사용되고 있다. 최신 지그연삭기는 자동화의 필요성 때문에 NC기술도 사용되고 있다.

원판연삭기(disk grinder)는 수평 주축의 양 끝에 큰 원판형 연삭숫돌이 장착된 연삭기이다(그림 23.14). 숫돌 측면의 편평한 면에 대하여 공작물을 조작(보통 수동)하여 연삭공정을 수행한다. 주축이 반대 방향으로 두 개인 원판연삭기도 있다. 원판형 숫돌들을 원하는 거리만큼 분리하여 위치시키면, 공작물이 자동으로 두 개의 원판 사이로 이송이 되고 양 쪽 면이 동시에 연삭된다. 원판연삭기의 장점은 좋은 평면도와 평행도를 높은 생산속도로 얻을 수 있다는 점이다.

스내그연삭기(snag grinder)는 원판연삭기와 유사한 형태를 가진다. 차이점은 숫돌 측면의 편평한 면 대신에 바깥 원주면을 사용한다는 점이다. 그러므로 여기에 쓰이는 연삭숫돌은 원판연삭기의 연

그림 23.14 원판연삭기.

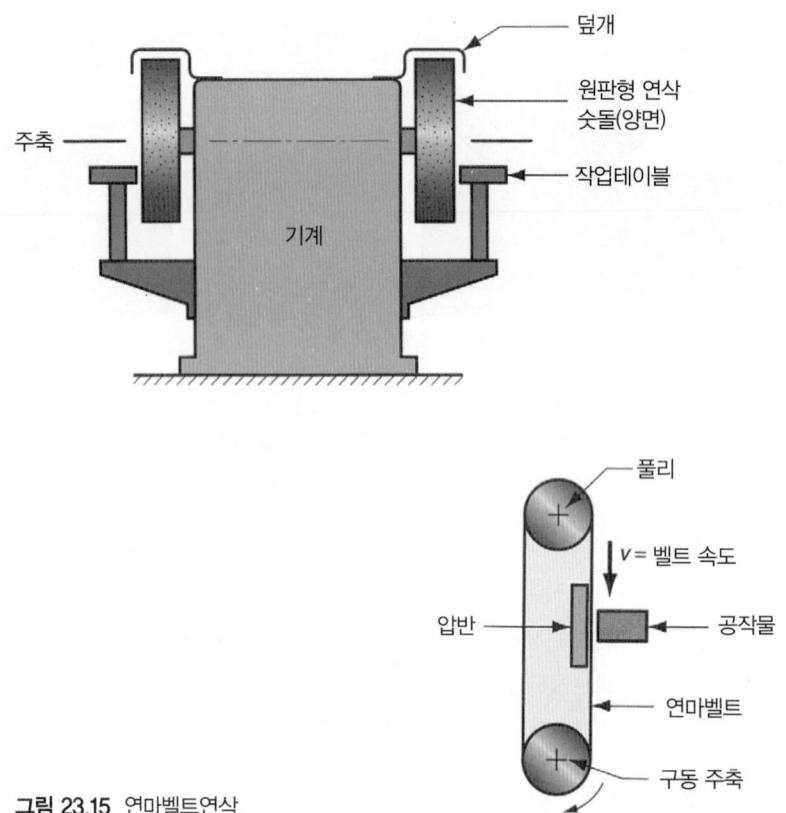

그림 23.15 연마벨트연삭.

삭숫돌과 다르게 설계된다. 스내그연삭기는 보통 수동으로 작동되며, 주조나 단조의 플래쉬 제거, 용접 접합부의 평탄화 같은 거친 연삭공정에 사용된다.

연마벨트연삭(abrasive belt grinding)은 유연한 천 벨트에 결합된 연마입자들을 사용한다(그림 23.15). 공작물을 압착할 때 벨트를 지지하기 위하여 벨트 뒤에 롤이나 압반(platen)을 위치시킨다. 편평한 면이 필요한 공작물에는 평면 압반이 사용된다. 연삭 중에 연마벨트가 부품의 대체적인 윤곽을 따라갈 필요가 있을 때에는 연한 압반을 사용할 수 있다. 벨트 속도는 연삭되는 재료에 의존하며, 대체적으로 750~1700 m/min의 범위를 가진다 [16]. 전통적으로 가벼운 공정에 사용되었던 연마벨트연삭은 연마입자와 결합제의 발전으로 매우 높은 소재제거율이 필요한 공정에 점차 사용되고 있다. 공작물을 수동으로 벨트에 압착하여 버(burr)나 높은 지점을 제거하여 좋은 표면정도를 빠르게 얻을 수 있는 가벼운 연삭공정을 **벨트샌딩**(belt sanding)이라고 한다.

23.2 기타 연마공정

다른 연마공정으로는 호닝, 래핑, 슈퍼피니싱, 폴리싱, 버핑이 있고, 다듬질 공정으로만 사용된다. 초기 부품 형상은 다른 공정으로 만들어지고 아주 우수한 표면정도를 얻기 위하여 이와 같은 연마공정으로 마무리 공정을 한다. 이 공정이 적용되는 보통의 부품 형상과 전형적인 표면거칠기 값이 표 23.6에 나열되어 있다. 비교를 위하여 연삭가공의 경우도 나타내었다.

또 다른 다듬질 공정으로 대량다듬질(mass finishing)이라고 불리는 공정은 부품들을 한꺼번에 다듬질할 때 사용된다(26.1.2절). 이 방법은 청정과 버제거 공정을 위하여 사용되기도 한다.

표 23.6 호닝, 래핑, 슈퍼피니싱, 폴리싱, 버핑 적용 대상 부품 형상과 표면거칠기.

공정	부품 형상	표면거칠기, μm
연삭, 중간크기 입자	평면, 원통 외면, 둥근 구멍	0.4〜1.6
연삭, 미세 입자	평면, 원통 외면, 둥근 구멍	0.2〜0.4
호닝	둥근 구멍	0.1〜0.8
래핑	평면, 반구형(렌즈 등)	0.025〜0.4
슈퍼피니싱	평면, 원통 외면	0.013〜0.2
폴리싱	다양한 형상	0.025〜0.8
버핑	다양한 형상	0.013〜0.4

23.2.1 호닝

호닝(honing)은 연마입자들이 부착되어 있는 막대형 숫돌에 의하여 수행되는 연마공정이다. 내연기관 실린더 구멍의 다듬질 공정에 많이 사용되고 있다. 또한 베어링, 유압실린더, 총신에도 적용된다. 이 공정으로 약 0.12 m나 그보다 조금 좋은 표면거칠기를 얻을 수 있다. 또한 호닝은 부품의 작동 중에 윤활유를 간직할 수 있도록 교차된 해칭면(cross-hatched surface)을 만들어낼 수 있어서 부품의 성능과 수명에 도움을 준다.

원통 내면을 위한 호닝 공정이 그림 23.16에 나타나 있다. 호닝공구는 연마입자가 결합되어 있는 막대형 숫돌들로 구성되어 있다. 그림에 나타난 공구는 네 개의 막대숫돌을 사용하고 있지만, 막대숫돌의 수는 구멍 크기에 의존한다. 작은 구멍(총신 같은)은 두 개에서 네 개의 숫돌이 사용되고 큰 구멍에는 12개 이상의 숫돌이 사용된다. 호닝공구의 운동은 숫돌의 한 점이 같은 경로를 반복하여 따라가지 않도록 조절된, 회전운동과 직선왕복운동의 조합이다. 이 같은 꽤 복잡한 운동이 구멍 내면에 교차된 해칭면을 생기게 한다. 호닝속도는 15〜150 m/min이다 [4]. 필요한 연삭 작용을 위하여 공정 중에 막대숫돌은 구멍 내면에 대하여 바깥쪽으로 압력이 가해진다. 1〜3 MPa의 압력이 보통이고 이 범위를 벗어나는 경우도 가끔 있다. 호닝공구는 두 개의 유니버설 조인트로 구멍 안에서 지지되어, 공구가 앞에서 정해진 구멍 축을 따라가도록 되어 있다. 호닝은 구멍을 확장하고 다듬질하지만 구멍 축 위치를 변경하지는 않는다.

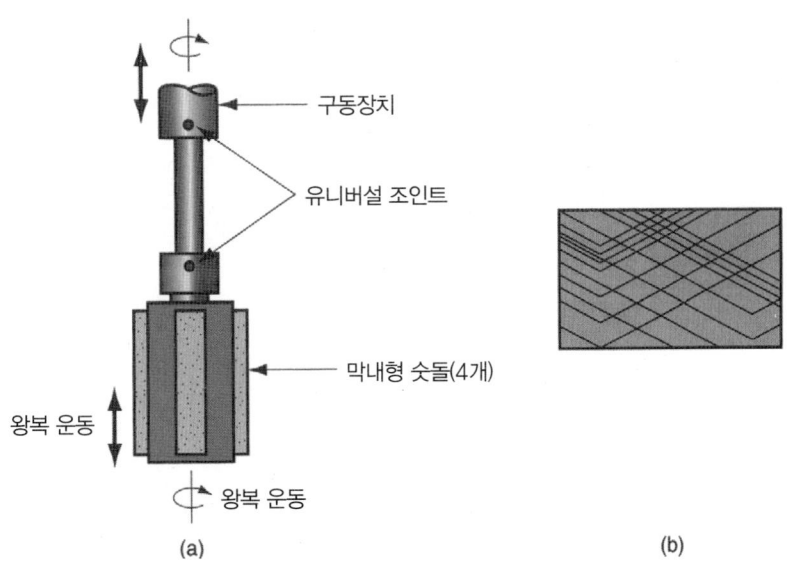

그림 23.16 호닝 공정. (a) 원통 내면을 위한 호닝공구, (b) 호닝공구로 생성된 교차된 해칭면.

호닝의 입자크기는 30~600 사이의 범위에 있다. 연삭가공과 마찬가지로 좋은 표면정도와 높은 소재제거율 사이에서 적절한 절충이 필요하다. 호닝 공정으로 공작물 표면으로부터 제거되는 소재의 양은 많아야 0.5 mm 정도이고, 보통 이보다 훨씬 작다. 공구의 냉각 및 윤활과 칩 제거를 돕기 위하여 호닝에서는 절삭유가 사용된다.

23.2.2 래핑

래핑(lapping)은 매우 정밀하고 매끄러운 표면정도를 얻기 위하여 사용되는 연마공정이다. 광학 렌즈, 베어링 표면, 게이지, 기타 정밀 부품의 생산에 적용된다. 피로 하중을 받는 금속 부품이나 기밀을 요하는 표면에 자주 래핑이 사용된다.

결합된 연마입자로 된 공구를 사용하는 것 대신에, 래핑은 공작물과 래핑공구 사이에 존재하는 매우 작은 연마입자들이 섞여 있는 용액이 사용된다. 렌즈에 적용된 래핑 공정이 그림 23.17에 나타나 있다. 연마입자들이 섞여있는 용액을 **랩제**(lapping compound)라고 하며 일반적으로 분필가루 반죽처럼 보인다. 사용되는 용액으로는 오일과 등유가 있다. 입자 크기가 300~600인 산화알루미늄과 실리콘카바이드가 연마입자로 보통 쓰인다. 래핑공구는 **랩**(lap)이라 불리며 원하는 공작물의 형상과 반대되는 형상을 가진다. 랩은 공작물에 대하여 압력이 가해지면서 표면의 모든 부분이 같은 작용을 받도록 8자형이나 다른 운동패턴을 가지고 앞뒤로 움직인다. 래핑은 손으로 수행되기도 하지만 래핑 머신을 사용하면 일관성있고 효율적인 작업이 가능하다.

랩의 재료는 강과 주철에서부터 구리와 납까지 다양하다. 나무로 된 랩도 사용된다. 결합된 연마입자로 된 공구를 사용하는 것 대신에 랩제를 사용하기 때문에 이 공정이 진행되는 과정은 연삭과 호닝과는 어느 정도 다르다. 래핑에는 두 가지 상반되는 절삭 메커니즘이 존재한다고 알려져 있다 [4]. 첫 번째가 연마입자들이 랩과 공작물 사이에서 구르고 미끄러지면서 양 면에 매우 작은 절삭을 일으킨다는 것이다. 두 번째는 연마입자가 랩 표면에 묻혀있게 되고 연삭과 유사한 절삭작용이 일어난다는 것이다. 래핑은 공작물과 랩의 상대적인 경도에 따라서 이 두 가지 절삭 메커니즘의 조합으로 일어난다고 볼 수 있다. 연한 재료로 만든 랩에 대해서는 묻혀있는 입자에 의한 절삭 메커니즘이 강조되며, 경한 랩은 구르고 미끄러지는 절삭 메커니즘이 지배적이 된다.

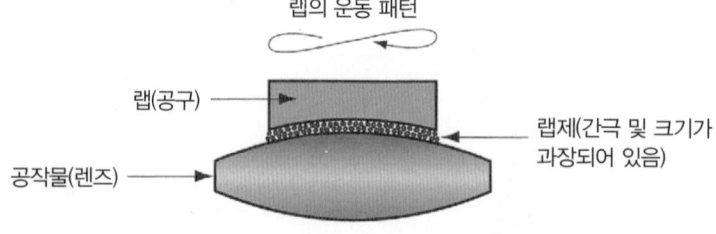

그림 23.17 렌즈에 적용된 래핑 공정.

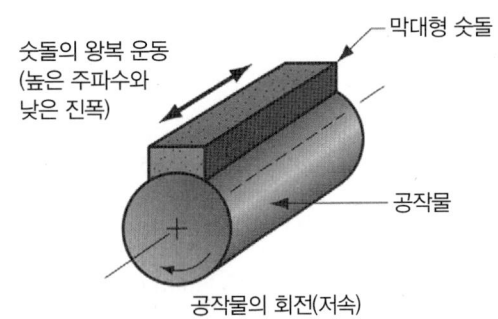

그림 23.18 원통 외면의 슈퍼피니싱.

23.2.3 슈퍼피니싱

슈퍼피니싱(superfinishing, 초다듬질)은 호닝과 비슷한 연마공정이다. 두 공정 모두 왕복 운동하면서 공작물 표면에 압력을 가하는 막대형 숫돌을 사용한다. 슈퍼피니싱은 호닝과는 다음과 같은 차이점이 있다 [4]. (1) 행정이 짧다(5 mm). (2) 높은 진동수가 사용된다(최대 1500행정/분). (3) 낮은 압력이 공구와 공작물 사이에 가해진다(0.28 MPa이하). (4) 공작물 속도가 더 낮다(15 m/min이하). (5) 입자 크기가 보통 작다. 막대숫돌과 공작물 표면 사이의 상대 운동이 변하기 때문에 각 입자들이 같은 경로를 따라가지 않는다. 공작물 표면을 냉각시키고 칩을 제거하기 위하여 절삭유가 사용된다. 또한 절삭유는 어떤 수준의 표면정도에 도달하면 숫돌을 공작물 표면으로부터 분리하는 역할을 하기 때문에 더 이상의 절삭작용을 막을 수가 있다. 이 공정으로 표면거칠기가 0.025 m인 거울 같은 표면을 얻을 수 있다. 슈퍼피니싱은 평면과 원통 외면(그림 23.18)을 다듬질하기 위하여 사용된다.

23.2.4 폴리싱과 버핑

폴리싱(polishing)은 고속(약 2300 m/min)으로 회전하는 폴리싱 휠에 부착된 연마입자에 의하여 흠집과 버를 제거하고 거친 표면을 매끄럽게 하기 위하여 사용된다. 휠은 천, 가죽, 펠트(felt), 종이로 만들어져 있고, 어느 정도 유연하다. 연마입자들은 휠의 바깥면에 접착되어 있다. 연마입자들이 닳아 없어지게 되면 휠이 새로운 입자들로 보충이 되어야 한다. 거친 폴리싱에 사용되는 입자 크기는 20~80 정도이고, 마무리 폴리싱은 90~120, 미세 마무리 공정은 120이상이다. 폴리싱은 수동으로 수행하는 경우가 많다.

버핑(buffing)은 외형상 폴리싱과 유사하지만 기능은 다르다. 버핑은 광택이 많이 나는 매력적인 표면을 얻기 위하여 사용된다. 버핑 휠은 가죽, 펠트, 천 등과 같이 폴리싱휠과 비슷한 재료로 만들지만, 버핑 휠이 보통 더 연하다. 연마입자들은 매우 미세하며 버핑제에 포함되어 있다. 버핑제는 휠이 회전하는 동안에 휠의 바깥면에 압력을 가한다. 이것은 연마입자들이 휠 표면에 접착되어 있는 폴리싱과 대조된다. 폴리싱에서처럼 연마입자들이 주기적으로 보충이 되어야 하며, 자동으로 수행되는 기계도 있지만 버핑은 보통 수동 공정이 더 많다. 버핑은 보통 2400~5200 m/min의 속도로 수행된다.

참고문헌

[1] Aronson, R. B. "More Than a Pretty Finish," *Manufacturing Engineering,* February 2005, pp. 57–69.

[2] Andrew, C., Howes, T. D., and Pearce, T. R. A. *Creep Feed Grinding*. Holt, Rinehart and Winston, London, 1985.

[3] *ANSI Standard B74. 13-1977*, "Markings for Identifying Grinding Wheels and Other Bonded Abrasives." American National Standards Institute, New York, 1977.

[4] Armarego, E. J. A., and Brown, R. H. *The Machining of Metals*. Prentice-Hall, Englewood Cliffs, New Jersey, 1969.

[5] Bacher, W. R., and Merchant, M. E. "On the Basic Mechanics of the Grinding Process," *Transactions ASME,* Series B, Vol. *80* No. 1, 1958, pp. 141.

[6] Black, J, and Kohser, R. *DeGarmo's Materials and Processes in Manufacturing*, 10th ed. John Wiley & Sons, Hoboken, New Jersey, 2008.

[7] Black, P. H. *Theory of Metal Cutting*. McGraw-Hill, New York, 1961.

[8] Boothroyd, G., and Knight, W. A. *Fundamentals of Metal Machining and Machine Tools*. 3rd ed. CRC Taylor and Francis, Boca Raton, Florida, 2006.

[9] Boston, O. W. *Metal Processing*. 2nd ed. John Wiley & Sons, New York, 1951.

[10] Cook, N. H. *Manufacturing Analysis*. Addison-Wesley, Inc., Reading, Massachusetts, 1966.

[11] Drozda, T. J., and Wick, C. (eds.). *Tool and Manufacturing Engineers Handbook*. 4th ed. Vol. I, *Machining,* Society of Manufacturing Engineers, Dearborn, Michigan, 1983.

[12] Eary, D. F., and Johnson, G. E. *Process Engineering: for Manufacturing*. Prentice-Hall, Englewood Cliffs, New Jersey, 1962.

[13] Kaiser, R. "The Facts about Grinding." *Manufacturing Engineering*. Vol. 125, No. 3, September 2000, pp. 78–85.

[14] Krabacher, E. J. "Factors Influencing the Performance of Grinding Wheels." *Transactions ASME,* Series B, Vol. 81, No. 3, 1959, pp. 187–199.

[15] Krar, S. F. *Grinding Technology*. 2nd ed. Delmar Publishers, Florence, Kentucky, 1995.

[16] *Machining Data Handbook*. 3rd ed. Vol. I. and II. Metcut Research Associates, Cincinnati, Ohio, 1980.

[17] Malkin, S. *Grinding Technology: Theory and Applications of Machining with Abrasives*. 2nd ed. Industrial Press, New York, 2008.

[18] Phillips, D. "Creeping Up." *Cutting Tool Engineering*. Vol. 52, No. 3, March 2000, pp. 32–43.

[19] Rowe, W. *Principles of Modern Grinding Technology*, William Andrew, Elsevier Applied Science Publishers, New York, 2009.

[20] Salmon, S. "Creep-Feed Grinding Is Surprisingly Versatile." *Manufacturing Engineering,* November 2004, pp. 59–64.

복습문제

23.1 연마공정이 기술적으로나 상업적으로 왜 중요한가?

23.2 연삭숫돌의 5가지 주요 파라미터는 무엇인가?

23.3 연삭숫돌에 사용되는 주요 입자 재료들은 무엇인가?

23.4 연삭숫돌에 사용되는 주요 결합제를 열거하여라.

23.5 숫돌 조직이란 무엇인가?

23.6 숫돌 등급이란 무엇인가?

23.7 비에너지 값이 전통 금속절삭가공보다 연삭가공에서 왜 높은가?

23.8 연삭은 높은 온도를 초래한다. 온도가 연삭에서 왜 해로운가?

23.9 연삭숫돌의 세 가지 마모 메커니즘은 무엇인가?

23.10 연삭숫돌에서 드레싱이란 무엇인가?

23.11 연삭숫돌에서 트루잉이란 무엇인가?

23.12 초경절삭공구를 연삭하기 위하여 어떤 연마입자를 선택하여야 하나?

23.13 연삭액의 기능은 무엇인가?

23.14 센터리스연삭이란 무엇인가?

23.15 크리프피드연삭은 전통 연삭과 어떻게 다른가?

23.16 연마벨트연삭은 전통 평면연삭과 어떻게 다른가?

23.17 매우 좋은 표면정도를 얻기 위한 연마공정들을 열거하여라.

23.18 (동영상) 연삭숫돌 링 검사를 설명하여라.

23.19 (동영상) 연삭숫돌을 드레싱하는 두 가지 목적을 설명하여라.

23.20 (동영상) 연삭공정에서 냉각제를 사용하는 목적은 무엇인가?

객관식문제(16개의 답)

23.1 연삭은 다음의 절삭가공 공정 중에서 어떤 것에 기하학적으로 가장 가까운가? (a) 드릴링, (b) 밀링, (c) 형삭, (d) 선삭.

23.2 다음 연마입자 중에서 어떤 것이 가장 경도가 높은가? (a) 산화알루미늄, (b) cBN, (c) 실리콘카바이드.

23.3 연삭숫돌에서 작은 연마입자는 다음 중 어떤 결과를 가져오는가? (a) 표면정도의 악화, (b) 표면정도에 무관, (c) 표면정도의 개선.

23.4 다음 중 어떤 것이 높은 소재제거율을 초래하는가? (a) 큰 입자 크기, (b) 작은 입자 크기.

23.5 다음 중 어떤 것이 연삭에서 표면정도를 향상시키는가? (세 개의 답) (a) 조밀한 연삭 조직, (b) 높은 숫돌속도, (c) 높은 공작물속도, (d) 높은 인피드, (e) 낮은 인피드, (f) 낮은 숫돌속도, (g) 낮은 공작물속도 (h) 성긴 숫돌 조직.

23.6 다음 연마입자 중에서 어떤 것이 강과 주철의 연삭에 가장 적당한가? (a) 산화알루미늄, (b) CBN, (c) 다이아몬드, (d) 실리콘카바이드.

23.7 다음 연마입자 중에서 어떤 것이 경화된 공구강의 연삭에 가장 적당한가? (a) 산화알루미늄, (b) CBN, (c) 다이아몬드, (d) 실리콘카바이드.

23.8 다음 연마입자 중에서 어떤 것이 비철금속의 연삭에 가장 적당한가? (a) 산화알루미늄, (b) CBN, (c) 다이아몬드, (d) 실리콘카바이드.

23.9 다음 중에서 어떤 것이 연삭면의 열손상 발생을 감소시키는데 도움이 되는가? (네 개의 답) (a) 숫돌의 빈번한 드레싱과 트루잉, (b) 높은 인피드, (c) 높은 숫돌속도, (d) 높은 공작물속도, (e) 낮은 인피드, (f) 낮은 숫돌속도, (g) 낮은 공작물속도.

23.10 다음 연마공정 중에서 어떤 것이 가장 좋은 표면정도를 얻을 수 있는가? (a) 센터리스연삭, (b) 호닝, (c) 래핑, (d) 슈퍼피니싱.

23.11 디프그라인딩은 다음 중 어떤 것을 지칭하는가? (a) 모든 크리프피드연삭, (b) 외면원통 크리프피드연삭, (c) 구멍 끝에서의 연삭, (d) 크로스피드가 큰 평면연삭, (e) 인피드가 큰 평면연삭.

연습문제

23.1 평면연삭 공정에서 숫돌직경 = 150 mm, 인피드 = 0.07 mm, 숫돌속도 = 1450 m/min, 공작물속도 = 0.25 m/s, 크로스피드 = 5 mm, 숫돌 원주면의 단위면적당 활성 입자 수 = 0.75 grits/mm². 다음을 결정하여라. (a) 칩당 평균 길이, (b) 소재제거율, (c) 단위시간당 형성된 칩의 수.

23.2 다음 조건으로 평면연삭 공정을 한다. 숫돌직경 = 15 cm, 인피드 = 0.0645 cm, 숫돌속도 = 1425 m/min, 공작물속도 = 15 m/min, 크로스피드 = 0.5 cm, 숫돌 면적당 활성 입자 수 = 80 grits/cm². 다음을 결정하여라. (a) 칩당 평균 길이, (b) 소재제거율, (c) 단위시간당 형성된 칩의 수.

23.3 내면원통연삭기로 원통 내면을 다듬질 가공하여 초기 직경 250 mm를 최종 직경 252.5 mm로 만든다. 구멍 길이는 125 mm이다. 초기 직경이 150 mm이고 폭이 20 mm인 연삭숫돌을 사용한다. 공정 후에 연삭숫돌의 직경은 149.75 mm로 감소되었다. 이 공정의 연삭비를 결정하여라.

23.4 경화된 일반탄소강에 평면연삭 공정이 수행된다. 숫돌의 직경 = 200 mm, 폭 = 25 mm, 회전속도 = 2400 rev/min. 절삭깊이(인피드) = 0.05 mm/pass, 크로스피드 = 3.50 mm. 공작물의 왕복 속도 = 6 m/min. 연삭액은 사용하지 않는다. (a) 숫돌과 공작물 사이의 접촉길이를 구하여라. (b) 소재제거율을 구하여라. (c) 숫돌 면적당 활성 입자 수가 64 grits/cm²이라고 하면, 단위시간당 형성된 칩의 수를 구하여라. (d) 칩당 평균 체적을 구하여라. (e) 공작물의 접선 절삭력이 25N이라고 하면, 비에너지를 구하여라.

23.5 열처리된 4340강에 평면연삭 공정이 수행된다. 숫돌의 직경 = 20 cm, 폭 = 2.5 cm, 표면속도 = 1500 m/

min. 절삭깊이(인피드) = 0.005 cm/pass, 크로스피드 = 0.375 cm. 공작물의 왕복 속도 = 6 m/min. 연삭액은 사용하지 않는다. (a) 숫돌과 공작물 사이의 접촉길이를 구하여라. (b) 소재제거율을 구하여라. (c) 숫돌 면적당 활성 입자 수가 48 active grits/cm²이라고 하면, 단위시간당 형성된 칩의 수를 구하여라. (d) 칩당 평균 체적을 구하여라. (e) 공작물의 접선 절삭력이 32 N이라고 하면, 비에너지를 구하여라.

23.6 6150강(풀림, 200 BHN)에 평면연삭 공정이 수행된다. 연삭숫돌의 표시 = C-24-D-5-V. 숫돌직경 = 17.5 cm, 폭 = 2.5 cm, 회전속도 = 3000 rev/min. 절삭깊이(인피드) = 0.005 cm/pass, 크로스피드 = 1.25 cm. 공작물속도 = 6 m/min. 표면정도가 좋지 못하고 표면에 금속학적 손상이 나타난다. 또한 공정이 시작하자마자 숫돌이 거의 메워진다. 다시 말해서 거의 모든 것이 최악이다. (a) 소재제거율을 구하여라. (b) 숫돌 면적당 활성 입자 수가 32 active grits/cm²이라고 하면, 평균 칩길이와 시간당 형성된 칩의 수를 구하여라. (c) 발생된 문제들을 해결하기 위하여 연삭숫돌에 어떤 변화가 필요한가?

23.7 센터리스연삭 공정에서, 연삭숫돌의 직경 = 200 mm, 조정숫돌의 직경 = 125 mm, 연삭숫돌의 회전속도 = 3000 rev/min, 조정숫돌의 회전속도 = 200 rev/min, 조정숫돌의 경사각 = 2.5°. 직경이 25.0 mm이고 길이가 175 mm인 원통형 공작물의 종이송속도를 구하여라.

23.8 센터리스연삭 공정에서, 조정숫돌의 직경 = 150 mm, 조정숫돌의 회전속도 = 500 rev/min. 직경이 18 mm이고 길이가 3.5 m인 원통형 공작물을 30초 동안 이송하기 위하여 필요한 조정숫돌의 경사각을 구하여라.

23.9 센터리스연삭 공정에서, 연삭숫돌의 직경 = 21.2 cm, 조정숫돌의 직경 = 12.5 cm, 연삭숫돌의 회전속도 = 3500 rev/min, 조정숫돌의 회전속도 = 150 rev/min, 조정숫돌의 경사각 = 3°. 직경이 3.125 cm이고 길이가 20 cm인 원통형 공작물의 종이송속도를 구하여라.

23.10 전통 평면연삭과 크리프피드연삭의 생산속도를 비교하려 한다. 공작물의 길이 = 200 mm, 폭 = 30 mm, 두께 = 75 mm. 두 경우 모두에 사용되는 연삭숫돌의 직경 = 250 mm, 폭 = 35 mm, 회전속도 = 1500 rev/min. 표면으로부터 25 mm의 소재를 제거하려 한다. 전통 평면연삭이 사용될 때, 인피드는 0.025 mm이고, 인피드가 새로 적용되기 전에 각 행정마다 숫돌이 두 번(앞 뒤로) 이동한다. 숫돌의 폭이 공작물의 폭보다 크기 때문에 크로스피드는 없다. 각 행정에서 공작물속도는 12 m/min이지만 숫돌이 공작물의 양 끝에서 지나치게 된다. 가속과 감속으로 숫돌은 각 행정 시간의 50% 동안만 공작물에 물려있게 된다. 크리프피드연삭이 사용될 때, 절삭깊이는 1000배 증가하고 공작물 이송은 1000배 감소한다. 연삭공정을 완료하기 위한 시간을 구하여라. (a) 일반 평면연삭, (b) 크리프피드연삭.

23.11 어떤 연삭공정에서 숫돌 등급이 M(중간)이어야 하지만 숫돌 등급이 T(강함)인 연삭숫돌만을 가지고 있다. 숫돌이 더 연해지는 효과를 보이도록 하기 위해서는 절삭조건을 어떻게 바꿔야 하는가?

23.12 좋은 표면정도를 얻기 위하여 알루미늄합금을 외면원통연삭을 한다. 이 공정에 필요한 적당한 연삭숫돌 파라미터와 연삭조건을 지정하여라.

23.13 좋은 표면정도를 얻기 위하여 고속도강 브로치(경화된)를 재연삭한다. 이 공정에 필요한 적당한 연삭숫돌 매개변수를 지정하여라.

23.14 본문의 식을 근거로 하여, 연삭공정에서 형성된 칩당 평균 체적을 계산하는 식을 유도하여라.

특수가공과 열적 절삭공정

24.1 기계적 에너지 공정

　　24.1.1 초음파가공

　　24.1.2 워터제트 이용 공정

　　24.1.3 기타 비전통식 연마제 이용 공정

24.2 전기화학 공정

　　24.2.1 전해가공

　　24.2.2 전해디버링과 전해연삭

24.3 열에너지 공정

　　24.3.1 방전공정

　　24.3.2 전자빔가공

　　24.3.3 레이저가공

　　24.3.4 아크절단 공정

　　24.3.5 산소절단 공정

24.4 화학가공

　　24.4.1 화학가공의 역학과 화학

　　24.4.2 화학가공 공정

24.5 특수가공 적용 시 고려사항

전통적인 절삭 공정(예 : 선삭, 드릴링, 밀링 등)은 예리한 절삭공구를 사용하여 전단변형에 의해 공작물로부터 칩을 형성하여 제거한다. 전통적인 방법 외에 재료를 제거하는 다른 메커니즘을 사용하는 공정들이 있다. **특수가공**(nontraditional machining)은 기계적, 열적, 전기적, 화학적 에너지(혹은 이들의 조합)에 관련된 다양한 기술에 의해 재료를 제거하는 공정 그룹에 대한 통칭이다. 이 그룹은 전통적인 예리한 절삭공구를 사용하지 않는다.

특수가공은 제2차 세계대전 이후 재래식 방법으로는 만족시키지 못하는 새롭고 특이한 가공 요구사항을 맞추기 위해서 개발되기 시작하였다. 이러한 요구사항과 이에 따른 특수가공의 상업적, 기술적 중요성은 다음과 같다.

- 새롭게 개발된 금속과 비금속 가공에 대한 필요성. 이러한 신소재는 재래식 방법으로는 힘들거나 불가능한 특별한 특성(예 : 고강도, 고경도, 고인성)을 가지고 있다.
- 전통적인 방법으로는 가공하기 쉽지 않거나 불가능한 독특하고 복잡한 부품 형상에 대한 요구.
- 전통적인 방법을 사용할 경우 발생하는 응력에 동반되는 표면손상 방지에 대한 요구

이러한 요구사항은 최근 들어 중요성이 증가하고 있는 항공 및 전자산업과 연관되어 있다.

특수가공 공정의 종류는 상당히 많은데, 그 각각이 독특한 응용영역을 갖고 있다. 이 장에서는 상업적으로 중요한 공정에 대해서 설명한다. 특수가공에 대한 보다 상세한 설명은 참고문헌에 나

와 있다.

특수가공은 재료 제거에 사용되는 주된 에너지의 유형에 따라 다음과 같이 네 가지로 분류된다.

1. **기계적** — 전통적인 절삭공구의 작용과는 전혀 다른 형태의 기계적 에너지가 특수가공에서 사용된다. 고속의 연마제 혹은 유체(혹은 두 가지 모두)에 의한 공작물의 침식이 이러한 공정에서 나타나는 대표적 형태의 기계적 작용이다.
2. **전기적** — 공작물을 제거하기 위해 전기화학적 에너지를 사용한다. 이 메커니즘은 전기도금의 역과정이다.
3. **열적** — 이러한 공정에서는 공작물을 자르고 성형하는 목적으로 열에너지를 이용한다. 일반적으로 열에너지는 공작물 표면의 매우 작은 영역에 작용하여 재료의 융해 혹은 증발에 의해 그 영역이 제거된다. 열에너지는 전기적 에너지의 변환에 의해 만들어진다.
4. **화학적** — 대부분의 재료(특히 금속)는 산이나 부식액에 의한 화학적 반응에 약하다. 화학적 가공법에서는 공작물의 일부분이 화학물질에 의해서 선택적으로 제거되고, 나머지 부분은 마스크에 의해 보호된다.

24.1 기계적 에너지 공정

이 절에서는 기계적 에너지를 이용하는 다음과 같은 특수가공 공정을 살펴본다. (1) 초음파 가공, (2) 워터제트 절단, (3) 기타 연마제 이용 가공.

24.1.1 초음파가공

초음파가공(ultrasonic machining, USM)은 저진폭(약 0.075 mm), 고주파(약 20,000 Hz)로 진동하는 공구에 의해, 슬러리에 함유된 연마제 입자를 고속으로 공작물에 충돌시키는 가공법이다. 공구가 공작물 표면에 수직 방향으로 진동하면서 공작물 쪽으로 서서히 이송되면, 공구의 형상이 공작물에 형성된다. 하지만 가공을 수행하는 것은 공구가 아니라, 공작물에 부딪치는 연마제의 동작이다. 그림 24.1은 초음파가공의 원리를 보여준다.

초음파가공에 사용되는 대표적인 공구 재료는 연강과 스테인레스강이다. 연마제 재료는 질화붕소(보론나이트라이드), 탄화붕소(보론카바이드), 산화알루미늄(알루미나, Al_2O_3), 탄화규소(실리콘카바이

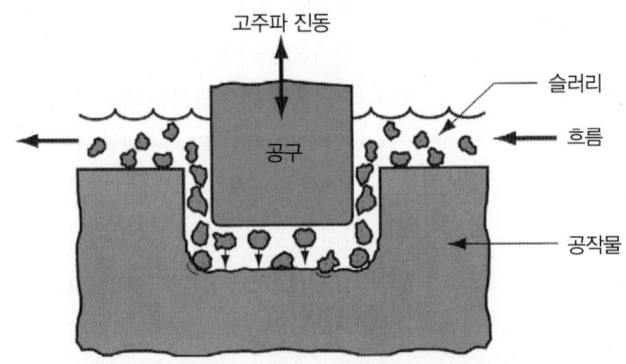

그림 24.1 초음파가공.

드, SiC), 다이아몬드 등이다. 입도(grit size, 입자크기)(14.1.1절)는 100과 2000 사이의 수준인데, 진폭을 입도와 거의 같은 값으로 설정하여야 하며, 간극은 입도의 대략 두 배로 맞추어야 한다. 생성되는 표면의 다듬질 정도를 가장 크게 결정짓는 요소가 입도이다. 표면거칠기에 추가하여 재료제거율(material removal rate)이 초음파가공의 중요한 성능변수이다. 주어진 공작물 재료에 대해, 주파수와 진폭이 증가함에 따라 재료제거율이 증가한다.

절삭 효과는 공작물뿐만 아니라 공구에서도 나타난다. 즉 연마제 입자가 공작물 표면을 침식시킬 때, 동시에 공구 또한 침식시켜 결국 공구 형상에 영향을 끼친다. 따라서, 공정 중에 제거되는 공작물 재료와 공구재료의 상대적인 부피비를 알고 있는 것이 중요한데, 이것은 연삭비(grinding ratio)와 유사하다(23.1.2절). 공작물제거량 대 공구마모량의 비는 공작물 재질에 따라 다르게 나타나는데, 유리의 경우인 100 : 1로부터 공구강의 경우인 1 : 1까지 범위가 넓다.

초음파가공의 슬러리(slurry, 혼합액)는 물과 연마제 입자의 혼합물이다. 물속의 연마제 농도는 20~60% 정도이다 [5]. 공구와 공작물 사이의 간극에 새로운 입자를 가져와서 작용하게 하려면, 슬러리가 계속 순환되어야 한다. 또한 이것이 발생된 칩과 마모된 입자를 씻겨 나가게 해준다.

초음파가공이 개발된 동기는 세라믹, 유리, 카바이드 등과 같이 단단하고 취성이 큰 재료의 가공 필요성이었다. 또한 스테인레스강과 티타늄과 같은 금속에도 잘 사용할 수 있다. 초음파가공을 통해 비원형 구멍과 굽은 구멍 등의 형상을 얻을 수 있고, 공구의 이미지패턴을 편평한 공작물 표면으로 옮기는 코이닝(coining)작업도 가능하다.

24.1.2 워터제트 이용 공정

이 절에서는 고속으로 분출되는 물, 또는 물과 연마제 입자의 혼합물을 사용하는 두 가지 공정에 대해서 설명한다.

워터제트절단

워터제트절단(water jet cutting, WJC)은 그림 24.2와 같이 고압 고속의 미세한(fine) 워터 제트를 공작물 표면으로 향하게 하여 대상물을 절단하는 방법이다. 미세한 흐름을 얻기 위해서 출구 직경이 0.1~0.4 mm 정도 되는 작은 노즐이 사용된다. 절단을 위한 충분한 에너지가 나오기 위해서는 압력이 400 MPa 정도, 유체속도가 900 m/s 정도가 되어야 한다. 유압펌프로 고압을 만들며, 노즐부는 스테인레스강으로 만든 홀더와 사파이어, 루비, 다이아몬드 등으로 만든 노즐로 구성된다. 다이아몬드가 수명이 가장 길지만, 비용이 가장 많이 든다. 절단 시 발생하는 부스러기를 분리하기 위해서 필터 시스템이 필요하다.

워터제트절단에 사용되는 절삭유는 일관된 흐름을 얻기가 수월한 고분자용액이 적합하다. 절삭유에 대해서는 전통적 가공과 관련하여 이미 논의한 바 있으나(21.4절), 그 용어는 워터제트절단의 경우에 가장 적합하게 적용될 수 있다.

중요한 공정 파라미터로는 발사간격, 노즐출구직경, 유체압력, 절단이송속도 등을 들 수 있다. 그림 24.2와 같이 **발사간격**(standoff distance)은 노즐출구와 공작물 표면 사이의 간격이다. 유체흐름이 표면을 타격하기 전에 흩어지는 것을 막기 위해서는 이 간격을 최소화하는 것이 바람직하다. 보편적인 발사간격은 3.2 mm이다. 노즐출구의 직경은 절단의 정밀도에 영향을 주는데, 출구가 작아질수록 더 얇은 소재의 더 미세한 절단이 가능하다. 공작물이 두꺼워질수록 굵은 유체흐름과 고압이 요구

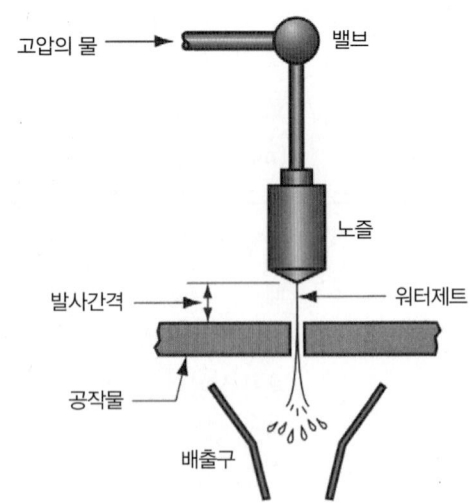

고압의 물

밸브

노즐

발사간격

워터제트

공작물

배출구

그림 24.2 워터제트절단.

된다. 절단이송속도는 노즐이 절단경로를 따라 움직이는 속도를 말하는데, 공작물 재질과 두께에 따라 보통 5 mm/s에서 500 mm/s 사이의 값을 사용한다 [5]. 워터제트절단 공정은 노즐경로 제어를 위해 대개 컴퓨터수치제어(CNC)나 산업용 로봇을 사용하여 자동화되어 있다.

워터제트절단은 플라스틱, 섬유, 복합재, 타일, 카페트, 가죽, 두꺼운 종이 등의 편평한 소재를 가는 홈으로 절단하기 위해 유용한 방법이다. 노즐을 장착한 산업용 로봇으로 구성되는 로봇 셀의 사례도 있는데, 이것은 자동차 대시보드의 조립 전에 절단과 트리밍을 위해서 3차원상의 불규칙한 경로를 찾아가기 위해 사용된다 [9]. 이런 응착한 분야들에서 나타나는 워터제트절단의 장점은 (1) 다른 기계적 혹은 열적 공정에서 나타나는 표면의 부서짐의 불소가 없고, (2) 좁은 절단 홈 덕분에 재료손실이 적으며, (3) 환경오염이 거의 없고, (4) 공정에서 자동화가 용이하다는 점이다. 워터제트절단의 단점은 절단 시 균열이 발생하는 경향 때문에 취성이 큰 재료(예 : 유리)에 사용하기가 어렵다는 점이다.

연마제워터제트절단

워터제트절단을 금속 부품에 사용할 경우 절단을 원활하게 하기 위해 연마제 입자를 섞어 사용하는데, 이런 방법을 **연마제워터제트절단**(abrasive water jet cutting, AWJC)이라고 한다. 물제트에 연마제를 섞게 되면 통제해야 할 파라미터(연마제 종류, 입자크기, 유량 등)가 늘어나서 공정을 복잡하게 만든다. 알루미나(Al_2O_3), 실리카(SiO_2), 가닛(garnet, 규산염광물질) 등이 일반적으로 첨가되는 연마재료이고, 입도(입자크기)는 60∼120 정도이다. 연마제 입자는 노즐을 나간 후 약 0.25 kg/min 정도 첨가된다.

나머지 공정 파라미터는 워터제트절단과 동일한 노즐출구직경, 수압, 발사간격 등이다. 노즐출구직경은 0.25∼0.63 mm 정도여서 워터제트절단보다 다소 큰 편인데, 그 이유는 연마제 주입 직전의 유량과 에너지를 증가시켜주기 위함이다. 수압은 워터제트절단과 거의 비슷하다. 발사간격은 약간 작은 편인데, 연마제 입자를 포함한 절삭유의 흩어짐을 최소화시켜주기 위함이다. 일반적인 발사간격은 워터제트절단의 1/4∼1/2 수준이다.

24.1.3 기타 비전통적 연마제 이용 공정

버 제거(deburring)나 연마, 기타 매우 적은 재료의 제거를 위한 공정을 수행하기 위해 연마제를 사용하는 부가적인 두 가지 기계적 에너지 공정을 소개한다.

연마제제트가공

연마제제트가공(abrasive jet machining, AJM)은 그림 24.3과 같이 연마제 입자가 첨가된, 고속의 가스 흐름으로 재료를 제거하는 공정으로 연마제워터제트절단(AWJC)과 혼동하지 말아야 한다. 사용되는 가스는 0.2~1.4 MPa 정도의 압력으로 건조한 상태여야 하고, 직경 0.075~1.0 mm의 노즐 출구를 2.5~5.0 m/s의 속도로 빠져나가야 한다. 가스의 성분은 건조공기, 질소, 이산화탄소, 헬륨 등이다.

연마제제트가공에서 작업자의 역할은 노즐을 공작물에 향하게 하는 것이다. 보편적인 발사간격은 3~75 mm 정도이다. 작업자를 위해 환기가 잘 되는 작업장을 만들어야 한다.

연마제제트가공은 주가공 공정보다는 디버링, 트리밍, 플래쉬 제거, 청정 및 폴리싱 등의 다듬질 가공공정으로 많이 사용된다. 경도와 취성이 높은 재질(예 : 유리, 실리콘, 미카, 세라믹 등)의 얇은 평판 형태의 소재에서 이 가공이 원활하게 수행된다. 연마제 재료로 알루미나(알루미늄과 황동 가공용), 실리콘 카바이드(스테인레스강과 세라믹 가공용), 유리입자(폴리싱 용) 등이 사용된다. 입자크기는 직경 15~40 μm 정도로 작은 편이며, 크기가 균일하여야만 한다. 사용한 입자는 깨지거나(크기의 감소), 마모되거나, 오염되었기 때문에 재활용해서는 안 된다.

연마제흐름가공

이 공정은 1960년대에 접근이 어려운 영역의 버 제거 및 폴리싱을 위해 개발되었다. 점탄성 고분자 재료(폴리머)에 연마제 입자를 혼합하여 부품 표면이나 모서리의 둘레나 그것을 관통하여 흐르도록 한다. 고분자재료는 균일한 접합력을 지니고 있다. 실리콘 카바이드는 전형적인 연마제이다. 연마제 흐름가공(abrasive flow machining, AFM)은 특히 전통적 방법으로는 접근이 불가능한 내부 통로 가공에 적합하다. 연마제-폴리머 혼합물(매체, media라 부름)은 0.7~20 MPa의 압력으로 부품의 목표영역을 통과하여 흐른다. 버 제거와 폴리싱 외에도 예리한 모서리의 반지름 형성, 거친 주물표면의 제거 및 기타 마무리 공정에 사용된다. 이러한 응용 예는 항공, 자동차 및 금형가공과 같은 산업에서 찾을 수 있다. 이 공정은 시간당 수백 개의 부품을 경제적으로 마무리 가공하도록 자동화할 수 있다.

일반적인 장치는 두 개의 마주보는 원통(하나는 매체로 채워져 있고, 다른 하나는 빈 것) 사이에 공작

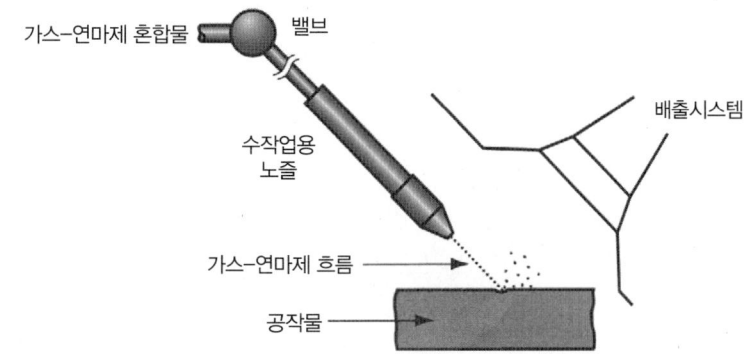

그림 24.3 연마제제트가공.

물을 설치하는 것이다. 매체는 하나의 원통으로부터 다른 원통으로 부품을 통과하여 흐르도록 강제하고, 다시 반대로 흐르도록 한다. 그 횟수는 요구되는 재료 제거와 마무리 상태를 얻기에 필요한 만큼 여러 번 반복된다.

24.2 전기화학 공정

특수가공 중 중요한 것 중 하나는 재료를 제거하기 위해 전기적 에너지를 사용하는 그룹이다. 이 그룹을 **전기화학 공정**(electrochemical process)이라고 부르는데, 소재제거를 위해 전기에너지가 화학반응과 결합하여 사용된다. 실제로 이 공정은 전기도금(26.3.1절)의 역과정이다. 전기화학 공정의 공작물 재질은 전기도체이어야 한다.

24.2.1 전해가공

전기화학 공정의 가장 기본적인 유형인 전해가공(electrochemical machining, ECM)은 양극분해에 의해서 전기도체 공작물로부터 재료를 제거하는 가공법이다. 부품의 형상은 전해액이 빠르게 지나가는 약간의 간격만큼 공작물과 떨어져 있고, 원하는 형상으로 만들어진 전극공구에 의해 만들어진다. 전해가공은 기본적으로 전기분해 과정이다. 그림 24.4와 같이 공작물은 양극, 공구는 음극이 된다. 재료가 양극으로부터 전기분해되어 전해액(4.5절) 속의 음극에 쌓여가는 것이 전기도금의 원리이다. 전기분해와 다른 점은 분해된 재료가 탈락이 쉽게 되고 공구에 도금이 되지 않게 하기 위해서, 전해액이 두 전극 사이에서 빠르게 흐른다는 점이다.

동, 황동, 스테인레스강으로 만드는 전극공구는 원하는 부품형상의 반대 형상으로 설계된다. 공구와 공작물 사이의 간극을 고려하여 공구의 치수공차를 조정한다. 소재를 깎아내기 위해서는 공작물의 소재제거율과 동일한 속도로 공구가 이송되어야 한다. 전류에 의해 생성되는 화학적 변화량(분해되는 금속량)은 지나가는 전기량(전류 × 시간)에 비례한다는 Faraday의 제1법칙에 의하여 소재제거율이 결정된다.

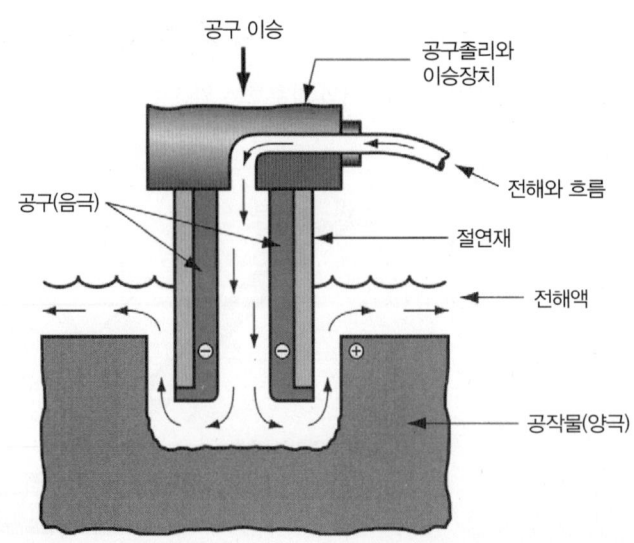

그림 24.4 전해가공.

$$V = CIt \qquad (24.1)$$

여기서, V = 제거되는 금속부피(mm³), C = 공작물 재료의 원자량, 원자가, 밀도에 따라 달라지는 비(比)소재제거율 상수(mm³/amp-s), I = 전류(amps), t = 시간(sec)이다.

Ohm의 법칙에 의하면 전류 $I = E/R$ (E = 전압, R = 저항)이 된다. 전해가공의 조건에서 저항은 다음과 같이 주어진다.

$$R = \frac{gr}{A} \qquad (24.2)$$

여기서, g = 전극과 공작물 사이 간극(mm), r = 전해액의 비저항(ohm-mm), A = 공작물과 공구 간극에 형성되는 공구전면의 단면적(mm²).

R에 대한 이 식을 Ohm 법칙에 대입하면,

$$I = \frac{EA}{gr} \qquad (24.3)$$

다시 이 식을 Faraday 법칙을 정의하는 식(24.1)에 대입하면,

$$V = \frac{C(EAt)}{gr} \qquad (24.4)$$

식 (24.4)를 전극(공구)이 공작물 속으로 전진할 수 있는 속도인 공구의 이송속도에 관한 식으로 변환하는 것이 용이하다. 이 변환은 두 단계로 이루어지는데, 첫 단계로 식 (24.4)를 At(면적 × 시간)로 나누어 제거되는 재료의 부피를 선형 운동속도로 바꾸어 준다.

$$\frac{V}{At} = f_r = \frac{CE}{gr} \qquad (24.5)$$

여기서, f_r은 이송속도(mm/s)이다. 두 번째 단계로 식 (24.3)으로부터 $E/(gr)$ 대신 I/A를 대입하면 전해가공의 이송속도는 다음과 같이 된다.

$$f_r = \frac{CI}{A} \qquad (24.6)$$

표 24.1 일부 재료에 대한 전해가공의 비(比)소재제거율 C.

재질[a]	비(比)소재제거율 C mm³/amp-sec	재질[a]	비(比)소재제거율 C mm³/amp-sec
알루미늄(3)	3.44×10^{-2}	강:	
동(1)	7.35×10^{-2}	저합금	3.0×10^{-2}
철(2)	3.69×10^{-2}	고합금	2.73×10^{-2}
니켈(2)	3.42×10^{-2}	스테인레스	2.46×10^{-2}
		티타늄(4)	2.73×10^{-2}

문헌 [8]로부터 편집함.

a 괄호 안의 숫자는 그 재질의 가장 흔한 원자가를 의미함. 다른 원자가에 대한 C계산은 표 안의 C값에 괄호 안의 원자가 값을 곱한 후 실제 원자가로 나누어준다.

여기서, A는 전극의 전면부 면적(mm²).

이것은 공구의 공작물 안쪽 이송방향으로 나타낸 공구의 투영면적이다. 표 24.1은 다양한 공작물 재질에 대한 비(比)소재제거율 C값을 보여준다. 위의 식은 재료제거에 있어서 100%의 효율을 가정한 결과이다. 실제 효율은 90~100% 사이의 값을 가지게 되는데, 공구형상, 전압, 전류밀도 및 기타 인자에 따라 달라진다.

예제 24.1 전해가공

12 mm 두께의 알루미늄판에 가로 10 mm, 세로 30 mm의 직사각형 구멍을 내기 위해 전해가공 공정을 사용하고자 한다. 전류값은 1200 amps이고, 효율은 95%로 예상된다. 이송속도와 판재를 완전히 관통하는 구멍을 만들 때까지 걸리는 시간을 구하여라.

풀이

표 24.1로부터 알루미늄의 C값은 3.44×10^{-2} mm³/A-s임을 알 수 있다. 전극 전면부 면적은 $A = 10 \times 30 = 300$ mm²이다. 따라서 1200 amps 전류상태에서 이송속도는

$$f_r = 0.0344 \text{ mm}^3/\text{A-s} \left(\frac{1200}{300} \text{ A/mm}^2\right) = 0.1376 \text{ mm/s}$$

효율이 95%이므로, 실제 이송속도는

$$f_r = 0.1376 \text{ mm/s} \, (0.95) = 0.1307 \text{ mm/s}$$

12 mm 판재를 뚫기 위해서 필요한 시간은

$$T_m = \frac{12.0}{0.1307} = 91.8 \text{ s} = 1.53 \text{ min}$$

위의 식들에 따르면 전해가공에서 소재제거율과 이송속도에 영향을 미치는 중요한 파라미터들이 간극 g, 전해액의 비저항 r, 전류 I, 전극 전면면적 A라는 것을 알 수 있다. 간극은 세심히 제어되어야 할 필요가 있는데, 간극이 너무 크면 전해 공정이 느려진다. 그러나 전극이 공작물에 닿게 되면, 회로가 단락되어 공정 전체를 멈추게 만든다. 실제 적용되는 간극 값은 0.075~0.75 mm 수준이다.

전해가공 전해액의 기초 구성물질은 물이다. 전해액의 저항을 줄이기 위해서는 NaCl 혹은 $NaNO_3$와 같은 염이 용액에 첨가된다. 공작물로부터 탈락된 소재를 멀리 보내기 위해 전해액을 흐르게 하는데, 이것이 화학반응 시 발생하는 열과 수소거품을 제거하는 역할도 해준다. 탈락된 재료는 미세한 입자의 형태인데, 이들을 전해액으로부터 걸러내기 위해서 원심력, 침전, 혹은 다른 방법들을 이용한다. 걸러낸 입자는 걸쭉한 슬러지(sludge) 형태를 가지는데, 이것을 처리하는 것이 전해가공의 환경문제이다.

전해가공을 수행하기 위해서는 많은 전력이 요구된다. 위의 식들에 나타나 있듯이 소재제거율은 전력에 의해 결정되는데, 특히 공정에 공급되는 전류밀도에 의해 결정된다. 전압은 간극에서의 아크 발생을 막기 위해서 상대적으로 작게 유지시킨다.

전해가공은 일반적으로 재질이 매우 단단하거나 가공하기 어려운, 혹은 재래식 가공법으로 만들

기 어려운 복잡한 형상을 가지는 부품에 적합하다. 공정이 기계적인 것이 아니기 때문에 소재의 경도와는 관련이 없다. 전해가공이 자주 적용되는 대상은 (1) 단조금형, 플라스틱용 금형, 혹은 기타 성형공구류의 불규칙한 내면 형상이나 윤곽 등을 만드는 **다이싱킹**(die sinking), (2) 여러 구멍 동시 가공(전통적 구멍가공은 연속적임), (3) 원형이 아닌 구멍가공(회전드릴을 사용하지 않으므로), (4) 디버링(24.2.2절) 등이다.

전해가공의 장점은 (1) 공작물 표면의 손상이 거의 없고, (2) 재래식 가공에서 발생하는 버(burr)가 발생하지 않고, (3) 공구마모가 거의 없으며(전해핵 흐름에 의한 마모 정도 밖에 없음), (4) 경도가 높은 재료나 난삭재에 대해서도 비교적 높은 소재제거율이 가능하다는 것이다. 단점으로는 (1) 많은 전력 비용, (2) 전해액 찌꺼기인 슬러지의 폐기 문제를 들 수 있다.

24.2.2 전해디버링과 전해연삭

전해디버링(electrochemical deburring, ECD)은 전해가공법을, 버(거스러미)를 제거하거나 날카로운 모서리를 둥글게 하기 위한 목적으로 약간 변형한 공정이다. 전해디버링의 한 예를 그림 24.5에 나타내었다. 그림의 공작물에는 드릴링 공정에 의해서 만들어진 날카로운 버가 있다. 전극공구가 버 부분의 금속만을 집중하여 제거하도록 설계된다. 공구 몸체에서 가공에 사용되지 않는 부분은 절연처리가 된다. 전해액은 구멍 속을 통과하면서 흘러 버에서 떨어진 입자를 내보낸다. 원리는 전해가공과 동일하지만, 전해디버링에서는 훨씬 적은 재료가 제거되기 때문에 사이클 시간이 1분이 안 될 정도로 매우 짧다. 버 제거에 추가하여 코너의 라운딩 작업을 수행하면 사이클 시간은 길어진다.

전해연삭(electrochemical grinding, ECG)은 전기도체 결합제로 만든 회전 연삭숫돌이 공작물 표면에 전기분해를 일으키는 연삭법이다(그림 24.6). 연마제는 알루미나 혹은 다이아몬드가 사용된다. 결합제로는 금속본드(다이아몬드 연마제의 경우)나 전기도체를 만들기 위한 금속 입자를 함유한 수지 본드(알루미나 연마제의 경우)가 사용된다. 숫돌로부터 튀어나와 있는 연마입자들이 공작물과 접촉하면서 간극을 형성한다. 전해액이 그 입자들 사이의 간극을 통해 흐르면서 전기분해의 역할을 수행한다.

전해연삭에서 소재제거의 95% 이상이 전기분해에 의해 이루어지고, 접촉된 연산숫돌 입자에 의한 제거는 나머지 5% 미만이다. 공작물 표면에서 전기화학반응 동안 형성된 얇은 막 형태의 염(salt film)이 대부분이다. 대부분의 가공이 전기화학 반응에 의해 수행되므로 전해연삭에서 연삭숫돌은 전통적 연삭숫돌보다 훨씬 수명이 길다. 결과적으로 연삭비가 훨씬 크다. 또한 연삭숫돌의 드레싱은 훨씬 덜 빈번하게 요구된다. 이런 점이 이 공정의 주요한 장점이다. 전해연삭은 초경공구를 날카롭게

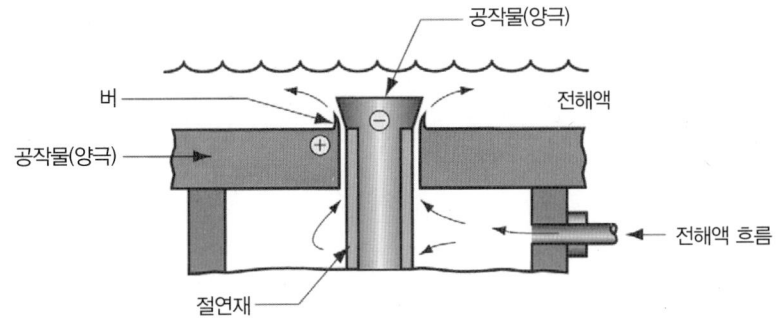

그림 24.5 전해디버링.

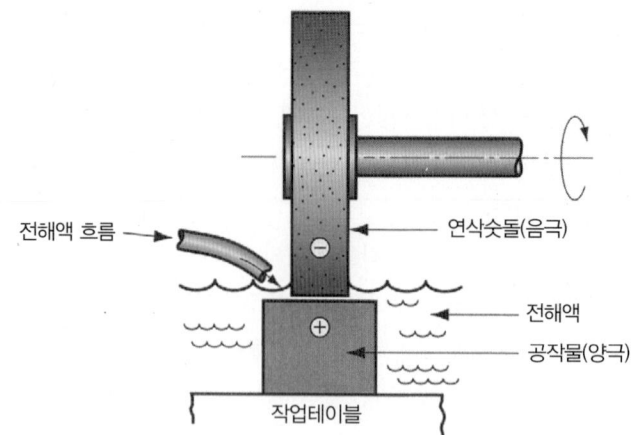

전해액 흐름

연삭숫돌(음극)

전해액

공작물(양극)

작업테이블

그림 24.6 전해연삭.

하거나 수술용 바늘, 혹은 다른 얇은 벽두께의 관과 깨지기 쉬운 부품을 연삭하려는 경우 이용할 수 있다.

24.3 열에너지 공정

열에너지에 기초한 재료제거 공정의 특징은 국부적으로 매우 높은 온도라고 할 수 있는데, 이 온도는 재료를 용해 혹은 증발시켜 제거하기에 충분히 높아야 한다. 이러한 공정은 고온 때문에 새롭게 형성된 공작물 표면에 물리적, 금속학적 손상을 야기한다. 어떤 경우에는 표면다듬질정도가 너무 열악하여 표면을 향상시킬 부가적인 공정이 필요할 수도 있다. 이 절에서 상업적으로 중요한 몇 가지 열에너지 공정에 대해서 살펴볼 것이다. (1) 방전가공과 방전 와이어커팅, (2) 전자빔가공, (3) 레이저가공, (4) 아크절단 공정, (5) 산소절단 공정.

24.3.1 방전공정

방전공정에서는 일련의 단속적인 전기방전(스파크)을 일으켜 금속을 제거한다. 이때 방전에 의해 발생한 국부적인 고온은 방전이 발생한 직접적인 주변의 금속을 용용 또는 기화시키기에 충분히 높다. 여기에는 두 가지의 주요 공정이 있는데, (1) 방전가공, (2) 와이어 방전가공이 그것이다. 이 공정은 전기적으로 도체인 공작물에만 적용할 수 있다. 방전가공에 관한 동영상에서 다양한 종류의 방전가공을 보여준다.

> **비디오클립**
> 방전가공. 본 동영상은 세 가지 영상으로 구성되어 있다.
> (1) 방전가공, (2) 램(ram) 방전가공, (3) 와이어 방전가공.

방전가공

방전가공(electric discharge machining, EDM)은 가장 많이 사용되는 특수가공 공정 중의 하나다.

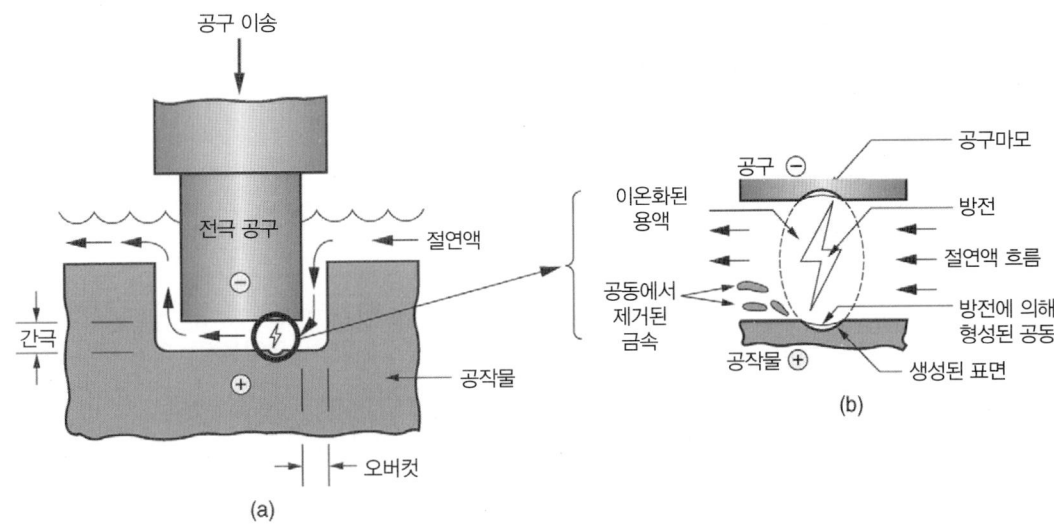

그림 24.7 방전가공(EDM). (a) 전체 구조, (b) 확대 간극(방전 및 금속 제거를 나타냄).

방전가공 장치는 그림 24.7과 같다. 공작물의 최종 표면형상은 전극공구에 의해 생성된다. 스파크(spark)는 공구와 공작물 표면 사이의 작은 간극을 가로질러 발생한다. 방전가공 공정은 절연액(dielectric fluid) 속에서 수행되어야만 한다. 그 이유는 절연액은 간극 사이에서 이온화되어, 방전 발생을 위한 경로를 생성하기 때문이다. 방전은 공작물과 공구를 연결하는 맥동(pulsating) 직류전원 공급장치에 의해 발생한다.

그림 24.7(b)는 공구와 공작물 사이의 간극을 확대한 것이다. 방전은 두 표면이 가장 가까이 위치하는 곳에서 발생한다. 절연유는 이곳에서 이온화되어 방전 발생을 위한 경로를 생성한다. 방전이 발생하는 지역은 극도의 고온으로 가열되어, 공작물 표면의 미세한 부분이 갑자기 녹아서 제거된다. 절연액의 흐름이 이 작은 입자('칩, chip'이라 함)를 씻어서 내보낸다. 이전에 방전된 위치에서는 공작물 표면이 공구로부터 상당히 멀리 떨어져 있으므로, 주변이 이와 같아지거나 더 낮아질 때까지는 방전이 일어나지 않는다. 개별적인 방전은 매우 제한된 지점에서 금속을 제거하지만, 일초당 수백, 수천 번의 방전이 발생하므로 공작물 표면 전체에 걸쳐 점진적인 침식이 일어난다.

방전가공에서 중요한 두 파라미터는 방전전류와 방전주파수다. 이 값들이 증가함에 따라 금속 소재제거율이 증가한다. 표면거칠기 또한 전류와 주파수의 영향을 받는다[그림 24.8(a)]. 방전가공 시 최상의 표면은 높은 방전주파수와 낮은 방전전류에서 작업할 때 얻을 수 있다. 전극공구가 공작물 속으로 들어감에 따라 오버컷이 발생한다. 방전가공에서 **오버컷**(overcut)은 공작물에 가공된 구멍

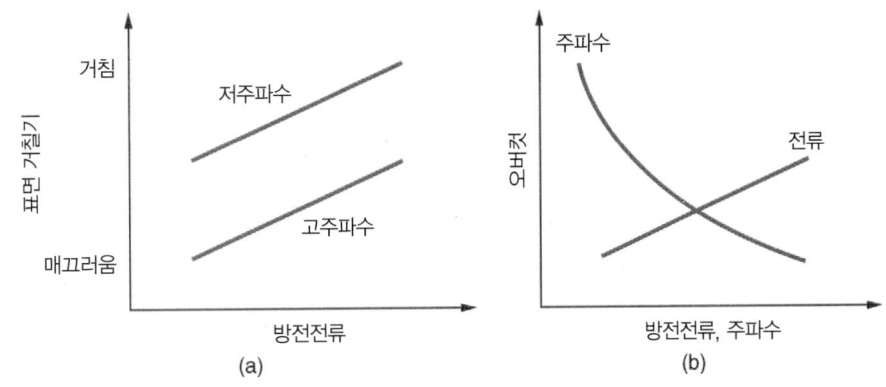

그림 24.8 (a) 방전가공에서 표면다듬질정도와 방전전류 및 방전주파수 사이의 관계, (b) 방전가공에서 오버컷과 방전전류 및 방전주파수 사이의 관계.

(cavity)의 크기가 공구의 각 측면에서의 크기를 초과한 길이를 말한다[그림 24.7(a)]. 이것은 방전이 공구 앞면뿐 아니라 옆면에서도 발생하기 때문에 나타난다. 오버컷은 전류와 주파수의 함수이고[그림 24.8(b)], 수백분의 1 mm 정도까지의 값을 갖는다.

고온의 스파크 온도가 공작물뿐 아니라 공구도 용융시키므로, 공작물에 형성된 구멍(cavity)과 마주보는 표면에도 작은 구멍이 형성된다. 공구마모는 보통 공구 소재제거량에 대한 공작물 소재제거량의 비율(연삭비와 유사)로 평가한다. 이 마모비는 1.0~100 또는 이보다 약간 큰 값을 갖는데, 공작물과 전극의 재질에 따라 다르다. 전극은 흑연, 동, 황동, 동-텅스텐합금, 은-텅스텐합금 및 기타 재료로 만든다. 재질의 선택은 방전기 전력공급회로의 종류, 공작물재료의 종류 및 황삭 또는 정삭 여부에 따라 달라진다. 흑연은 용융특성이 우수하여 많이 사용된다. 실제로 흑연은 용융되지 않는다. 흑연은 고온에서 기화되기 때문에, 스파크에 의해 생성된 공구 공동은 일반적으로 대부분의 다른 전극 재료의 경우보다 작게 만들어진다. 결과적으로 흑연을 사용할 경우, 공구 소재제거량에 대한 공작물 소재제거량의 비율이 높게 나타난다. 방전가공은 소재와 공구 사이에서 단단함을 경쟁하는 공정이 아니기 때문에, 공작물 소재의 경도와 강도가 중요한 인자가 되지 못한다. 공작물 재료의 용융온도는 중요한 변수이며, 금속 소재제거율은 용융점과 근사적으로 연결할 수 있는데 다음의 경험식으로 표현한 Weller식에 기초하고 있다 [17].

$$R_{MR} = \frac{KI}{T_m^{1.23}} \tag{24.7}$$

여기서, R_{MR} = 소재제거율(mm³/s), K = 비례상수(= 664, SI 단위에서), I = 방전전류(amps), T_m = 공작물 금속의 용융온도(°C).

일부 재료의 용융점은 표 4.1에 나타나 있다.

예제 24.2 방전가공

구리를 방전가공으로 가공하고자 한다. 방전전류 = 25 amps일 때, 예상되는 금속 소재제거율은 얼마인가?

풀이
표 4.1로부터 구리의 용융온도는 1083°C다. 식 (24.7)을 적용하면, 예상되는 금속 소재제거율은 다음과 같다.

$$R_{MR} = \frac{664(25)}{1083^{1.23}} = 3.07 \text{ mm}^3/\text{s}$$

방전가공의 절연액으로 탄화수소기름, 석유 및 증류수 또는 탈이온수가 사용된다. 절연액의 역할은 스파크가 발생되는 이온화 시점을 제외한 경우, 간극에서의 절연작용이다. 또 다른 기능은 간극으로부터 부스러기를 씻어내는 것과 공구와 공작물로부터 열을 제거하는 것이다.

방전가공의 용도로는 공구류의 제조와 부품의 생산 모두에서 찾을 수 있다. 본서에서 다루는 대부분의 기계적인 공정에 필요한 공구류는 방전가공으로 만들 수 있는데, 플라스틱 사출성형금형, 압출

다이, 인발다이, 단조금형, 헤딩금형 및 판재 스탬핑다이가 포함된다. 전해가공(ECM)에서와 같이 금형공동을 생산하는 데에 **다이싱킹**(die sinking)이라는 용어가 사용되며, 이러한 방전가공을 때로는 **램 방전가공**(ram EDM)이라 부른다. 많은 경우에 공구 제조에 사용되는 재료는 재래식 절삭방법으로는 가공이 어렵거나 불가능하다. 특정한 부품에는 방전가공을 적용하여야 한다. 이러한 예로는, 재래식 가공의 절삭력을 견디지 못하는 약한 부품, 구멍 중심축이 표면과 예각을 이루어 드릴링작업을 시작하기 어려운 구멍을 가지는 부품, 단단하거나 특이한 금속의 가공을 들 수 있다.

방전와이어커팅

방전와이어커팅(electric discharge wire cutting, EDWC)은 보통 **와이어방전가공**(wire EDM)이라 하는데, 작은 직경의 와이어를 전극으로 사용하여 공작물을 좁은 절단폭(kerf)으로 절단하는 방전가공의 특수한 형태이다. 절단 작용은 전극와이어와 공작물 사이의 전기방전에 의한 열에너지에 의해 이루어진다. 그림 24.9에는 와이어 방전가공 개념도를 나타냈다. 공작물은 띠톱 절단에서와 같이 와이어를 통과하여 이송되면서 원하는 절단경로를 완성한다. NC기술을 사용하여 절단 중의 공작물 운동을 제어한다. 절단공정 중에 와이어는 공급스풀(supply spool)로부터 감기스풀(take-up spool)로 서서히 연속적으로 풀려 지나가며, 일정한 직경을 가진 새로운 전극을 공작물에 제공한다. 이것은 절단하는 동안 절단폭을 일정하게 유지하는 데 도움을 준다. 방전가공과 마찬가지로, 와이어 방전가공에도 절연액이 필요하다. 절연액은 노즐을 통해 공구-공작물의 경계면에 직접 공급(그림 24.9)하거나, 또는 공작물을 절연액 욕조에 담가서 작업할 수도 있다.

와이어 지름은 보통 0.076~0.30 mm 정도이며, 요구되는 절단폭에 따라 달라진다. 와이어 재료로는 황동, 동, 텅스텐 및 몰리브덴이 사용된다. 절연액은 탈이온수 또는 기름이 이용된다.

와이어방전가공에서도 방전가공처럼 절단폭(kerf)을 와이어 직경보다 더 크게 만드는 오버컷이 존재한다(그림 24.10). 오버컷의 범위는 보통 0.020~0.050 mm 수준이다. 일단 주어진 대상에 대한 가공조건들이 정해지면, 오버컷은 상당히 일정하고 예측 가능한 값으로 유지된다.

와이어방전가공이 띠톱 절단과 유사해 보일지라도, 정밀도 수준은 훨씬 높다. 절단폭이 훨씬 더 좁고, 코너가 훨씬 더 예리할 수 있으며, 공작물에 대한 절삭력은 작용하지 않는다. 또한 공작물 소재의 경도와 인성은 절삭 성능에 영향을 주지 않는다. 유일한 요구조건은 공작물 소재가 전기도체이어야 한다는 것이다. 이러한 특성 때문에 와이어방전가공은 스탬핑다이 부품을 만드는 데 이상적이다. 절단폭이 매우 좁기 때문에 한 번의 절단가공으로 펀치와 다이를 제작하는 것이 가능하다(그림 24.11). 선반의 총형공구(form tool), 압출다이 및 형판(template)과 같이 외형이 복잡한 공구나 부

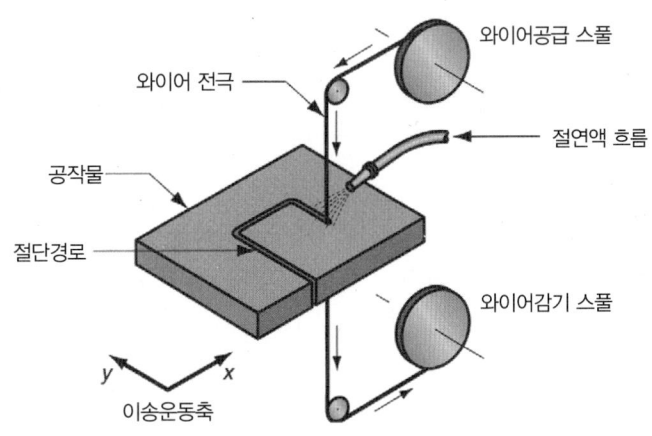

그림 24.9 방전와이어커팅의 개념도. 와이어방전가공이라고도 함.

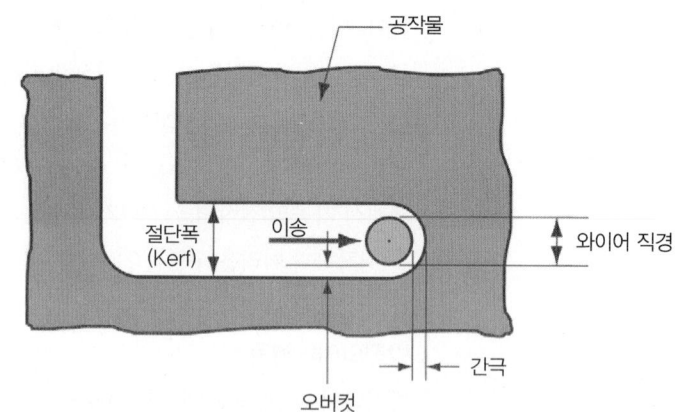

그림 24.10 방전와이어커팅의 절단폭과 오버컷에 대한 정의.

그림 24.11 와이어방전가공으로 가공한 불규칙한 윤곽을 가지는 부품(LeBlond Makino Machine Tool Company, Amelia, Ohio. 제공).

품도 와이어 방전가공으로 만든다.

24.3.2 전자빔가공

전자빔가공(electron beam machining, EBM)은 전자빔을 이용하는 산업공정 중 하나다. 전자빔은 가공 외에도 열처리(25.5.2절)와 용접(28.4절)에도 응용된다. 전자빔가공은 고속의 전자흐름을 공작물 표면에 집중시켜 용융과 기화에 의해 재료를 제거하는 가공법이다. 전자빔공정의 개략도를 그림 24.12에 나타냈다. 전자빔 건(gun)이 광속의 약 75% 수준으로 가속된 전자들의 연속흐름을 발생시키고, 전자기식렌즈를 통해 물체 표면에 집중시킨다. 이 렌즈는 빔의 면적을 지름 0.025 mm 수준까지 줄일 수 있다. 빔이 표면에 닿으면 전자의 운동에너지가 열에너지로 변화되는데, 이 열에너지의 밀도가 매우 높아서 미소 영역의 재료를 녹이거나 기화시킬 수 있다.

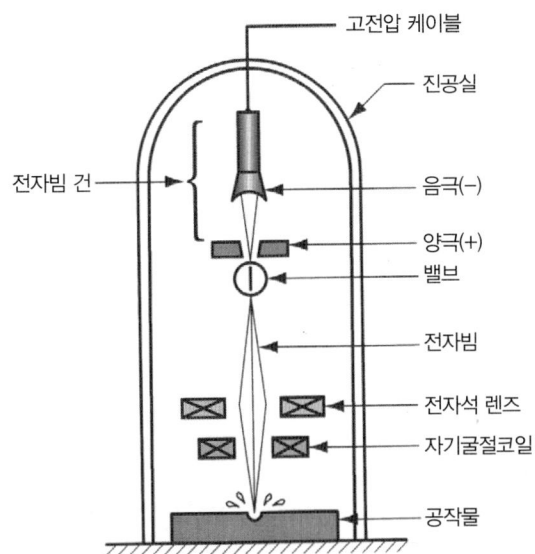

고전압 케이블
진공실
전자빔 건
음극(−)
양극(+)
밸브
전자빔
전자석 렌즈
자기굴절코일
공작물

그림 24.12 전자빔가공(EBM).

전자빔가공은 모든 재료에 대한 다양한 고정밀 절단가공에 사용된다. 적용 예로는 극소 구멍(지름 0.05 mm까지)의 드릴링가공, 깊이 대 지름비가 매우 높은 구멍(100 : 1이상)의 드릴링가공, 약 0.025 mm 폭의 홈 절삭가공을 들 수 있다. 이러한 절단부는 절단력이나 공구마모 없이 매우 작은 공차로 가공할 수 있다. 전자빔가공은 미세가공에 적합한데, 일반적으로 얇은 소재(두께 0.25~6.3 mm)의 절단가공에 제한되어 있다. 전자빔가공은 진공실에서 수행되어야 하는데, 이는 기체분자와 전자의 충돌을 방지하기 위함이다. 다른 단점으로는 높은 에너지와 고가의 장비를 들 수 있다.

24.3.3 레이저가공

레이저는 열처리(25.5.2절), 용접(28.4절), 측정(39.6.2절)뿐 아니라 조각, 절단 및 드릴링(여기서 기술)과 같은 다양한 산업영역에 응용된다. 레이저(laser)라는 용어는 'light amplification by stimulated emission of radiation'의 약자다. 레이저는 전기에너지를 고도로 집중된 광선으로 바꾸어주는 일종의 광변환기다. 레이저 광선은 다른 종류의 빛과 구별되는 몇 가지 특성을 가지고 있다. 그 특징은 단색광(이론적으로 단일 파장을 가지는 빛)과 높은 직진성(빔의 광선들이 거의 완벽한 평행)이다.

이런 특성이 있어 레이저에 의해 생성된 빛을 광학렌즈를 사용하여 매우 작은 점에 집중시켜 고밀도의 에너지를 얻는 것이 가능하다. 광선에 포함된 에너지양과 작은 점에 집중할 수 있는 수준에 따라 위에 언급한 다양한 레이저 공정들을 수행할 수 있다.

레이저가공(laser beam machining, LBM)은 기화나 용융에 의해 재료를 제거하기 위해서 레이저로부터 나오는 광에너지를 사용하는 가공법이다(그림 24.13). 레이저가공에 사용되는 레이저의 종류는 주로 이산화탄소 레이저와 고상 레이저(다양한 종류가 있음)다. 레이저가공에서 빛 에너지의 집중은 광학적으로뿐 아니라 시간적으로도 이루어진다. 즉 펄스 형태의 빔을 통해 방출된 에너지가 공작물 표면에 충격을 가하여 기화와 용융을 동시에 만들어내고, 용융된 재료가 빠른 속도로 표면으로부터 탈락되게 해준다.

레이저가공은 다양한 유형의 드릴링가공, 홈가공, 조각, 마킹의 공정에 적용될 수 있다. 작은 지름

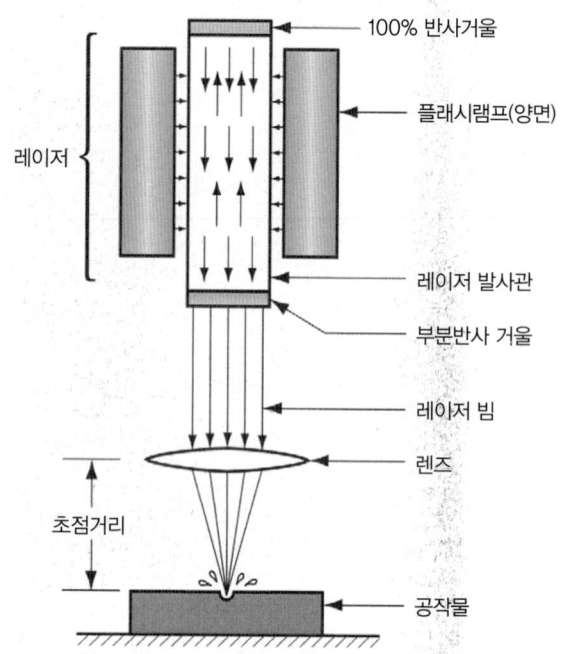

레이저
100% 반사거울
플래시램프(양면)
레이저 발사관
부분반사 거울
레이저 빔
렌즈
초점거리
공작물

그림 24.13 레이저가공(LBM).

의 드릴링가공은 지름 0.025 mm까지 가능하다. 큰 지름(0.50 mm까지)의 드릴링가공은 레이저빔으로 구멍의 윤곽을 절단하도록 제어하여 수행할 수 있다. 레이저가공은 대량생산용 공정은 아니며, 일반적으로 얇은 두께의 소재에 적용된다. 레이저가공은 거의 모든 소재의 재질에 대해 가능하다. 이상적인 재료는 빛에너지의 흡수율이 높고, 반사도가 낮고, 열전도성이 좋고, 비열이 작고, 용융열과 기화열이 적은 특성을 갖는 것이라고 할 수 있다. 물론 어떤 재료도 이 모든 특성을 만족하는 것은 없다. 실제로 레이저가공에 의해 가공되는 재료로는 고경도와 고강도의 금속, 연한 금속, 세라믹, 유리와 유리에폭시, 플라스틱, 고무, 직물 및 목재를 들 수 있다.

24.3.4 아크절단 공정

전기 아크(arc)로부터 나오는 매우 강렬한 열은 용접이나 절단을 위해 실제 모든 금속을 용융하는 데 사용할 수 있다. 대부분의 아크절단 공정(arc-cutting process)은 전극과 금속 공작물(주로 판재) 사이의 아크에 의해 발생하는 열을 이용하여 절단폭(kerf)을 용융시켜 공작물을 분리한다. 가장 흔한 아크절단법은 (1) 플라즈마 아크절단과 (2) 탄소 아크절단이다 [11].

플라즈마 아크절단

플라즈마(plasma)는 전기적으로 이온화된 초고온의 가스로 정의된다. 플라즈마 아크절단(plasma arc cutting, PAC)은 10,000∼14,000°C(10,273 K∼14,273 K) 온도 범위의 플라즈마 흐름으로 금속을 용융시켜 절단하는 공정이다(그림 24.14). 절단작업은 고속의 플라즈마 흐름을 공작물로 보내 그 부분을 녹이고, 용융된 금속을 절단폭(kerf) 사이로 불어내는 방식으로 이루어진다. 플라즈마 아크는 토치 내부의 전극과 음극인 공작물 사이에서 만들어진다. 플라즈마는 수냉 노즐을 통해 흐르는데, 이 노즐이 흐름을 압축하여 공작물 표면의 원하는 곳으로 향하도록 방향을 잡는 역할을 한다. 이런 과정을 거쳐 만들어진 플라즈마 제트는 중심부의 온도가 극히 높고, 고속이며, 평행하게 잘 정렬

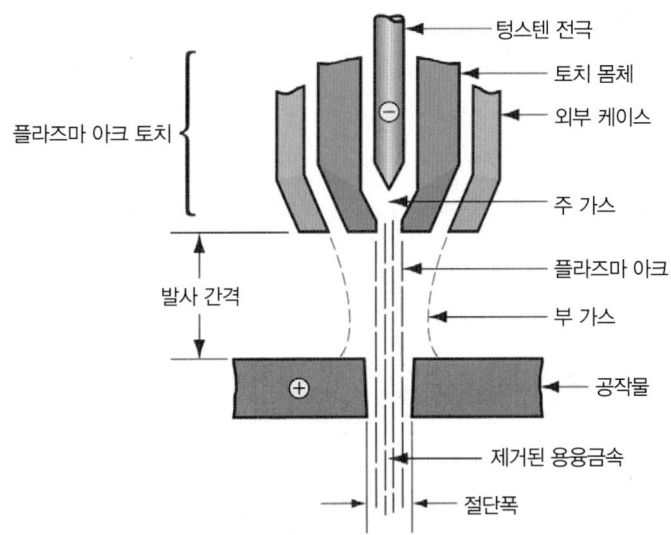

그림 24.14 플라즈마 아크절단.

된 흐름인데, 경우에 따라 두께 150 mm의 금속까지 절단할 정도로 온도가 높다.

플라즈마 아크절단에 사용되는 플라즈마를 생성시키는 데 사용되는 가스로는 질소, 아르곤, 수소 또는 이들의 혼합가스가 있다. 이들을 주 가스(primary gas)라 부른다. 부 가스(secondary gas) 또는 물은 플라즈마 제트를 둘러싸도록 방향을 잡는데, 이를 통해 아크를 제한하고 용융된 절단폭을 세 척한다.

플라즈마 아크절단은 대부분 금속 박판이나 평판의 절단에 사용된다. 또한 천공이나 미리 정의된 경로를 따라 절단하는 데 이용되기도 한다. 원하는 경로의 절단은 작업자가 수동으로 조작하는 토치, 또는 NC(numerical control) 장치에 의해 제어되는 토치를 이용해 수행된다. 높은 생산성과 정확성을 위해서는 NC를 선호하는데, 이는 발사간격(standoff distance)과 이송속도와 같은 중요한 공정 변수들이 잘 제어되기 때문이다. 플라즈마 아크절단은 거의 모든 전기도체 금속에 적용될 수 있다. 플라즈마 아크절단으로 흔히 절단하는 금속은 일반탄소강, 스테인리스강 및 알루미늄이다. NC 플라즈마 아크절단의 장점은 높은 생산성이다. 절단경로의 이송속도는 두께 6 mm의 알루미늄 판재에 대해 200 mm/s, 두께 6 mm의 강철 판재에 대해 85 mm/s까지 가능하다 [8]. 이송속도는 두께가 커질수록 감소시켜야 한다. 예를 들어, 두께 100 mm의 알루미늄 소재 절단에 필요한 최대 이송속도는 약 8mm/s이다 [8]. 플라즈마 아크절단의 단점은 (1) 절단면이 거칠다는 것과, (2) 표면의 금속학적 손상이 여러 가지 특수 금속가공법 중 가장 심각하다는 것이다.

공기 탄소 아크절단

이 공정에서 아크는 탄소전극과 금속 공작물 사이에서 발생하고, 고속의 공기제트를 사용하여 용융된 금속을 불어낸다. 이 방법은 부품의 절단을 위한 절단폭 형성 또는 부품의 둥근 홈 가공에 사용된다. 둥근 홈은 용접 판재 모서리를 준비하기 위해 만드는데, 맞대기 용접부의 U자 홈 생성을 예로 들 수 있다(27.2.1절). 공기 탄소 아크절단(air carbon arc cutting)은 주철, 탄소강, 저합금, 스테인리스강 및 다양한 비철합금에 적용된다. 용융된 금속부의 튀김현상(spattering)은 매우 위험하며 이 공정의 단점이다.

기타 아크절단 공정

플라즈마 아크절단과 탄소 아크절단만큼 보편적이지 않지만 기타 다양한 전기아크 절단공정이 사용된다. 이러한 전기아크 절단공정으로는 (1) 가스금속 아크절단, (2) 피복금속 아크절단, (3) 가스텅스텐 아크절단 및 (4) 탄소 아크절단을 들 수 있다. 이러한 기술들은 전기아크열이 절단에 사용된다는 점을 제외하고는 아크용접(28.1절)의 원리와 동일하다.

24.3.5 산소절단 공정

열적 절단공정 중 널리 사용되는 **화염절단**(flame cutting)은, 산소와 금속의 발열작용과 결합된 특정 연료가스의 연소열을 이용하는 방법이다. 이 공정에서 사용되는 절단 토치는 연료가스와 산소가 적절한 양으로 혼합하여 공급하고, 산소의 흐름이 절단영역으로 향하도록 설계되어 있다. 산소절단(oxyfuel cutting, OFC)에서 재료제거의 주 메커니즘은 소재와 산소의 화학반응이다. 산소 연소의 목적은 반응을 지원하기 위해 절단영역의 온도를 상승시키는 것이다. 이런 공정은 일반적으로 철계 금속 판재의 절단에 사용되는데, 다음의 화학식에 따라 철의 급속한 산화가 이루어진다 [11].

$$Fe + O \rightarrow FeO + heat \tag{24.8a}$$

$$3Fe + 2O_2 \rightarrow Fe_3O_4 + heat \tag{24.8b}$$

$$2Fe + 1.5O_2 \rightarrow Fe_2O_3 + heat \tag{24.8c}$$

두 번째 반응식[식 (24.8b)]이 열 발생 측면에서 가장 중요하다.

비철금속의 절단 메커니즘은 약간 차이가 있다. 이 금속은 일반적으로 철계 금속보다 용융온도가 낮기 때문에 산화에 대한 저항성이 더 크다. 이때 산소-연료 혼합가스의 연소열이 절단폭을 생성하는 데 더 중요한 역할을 한다. 또한 금속산화반응을 활성화하기 위해 흔히 화학용제 또는 금속분말이 산소흐름에 추가된다.

산소절단에 사용되는 연료로는 아세틸렌(C_2H_2), MAPP(methylacetylene-propadiene, C_3H_4), 프로필렌(C_3H_6) 및 프로판(C_3H_8)이 있다. 이러한 연료의 화염온도와 연소열은 표 28.2에 나와 있다. 아세틸렌이 가장 높은 화염온도를 가지기 때문에, 용접과 절단을 위해 가장 널리 사용된다. 그러나 아세틸렌의 저장과 취급에는 위험이 따르기 때문에 주의하여야 한다(28.3.1절).

산소절단 공정은 수동으로 또는 기계에 의해 수행된다. 수작업 토치는 수리작업, 스크랩금속의 절단, 사형주물의 라이저 트리밍 및 일반적으로 최소의 정확성을 요하는 유사한 공정에 이용된다. 생산적인 작업을 위해서는 기계화염절단이 속도와 정확성을 높여준다. 이러한 장비는 흔히 NC기술을 적용하여 윤곽을 절단한다.

24.4 화학가공

화학가공(chemical machining, CHM)은 강한 화학적 부식액을 이용하여 재료를 제거하는 특수가공 공정이다. 산업용 공정으로서 실용화가 시작된 것은 제2차 세계대전 직후 항공기 산업이었다. 공작물로부터 원하지 않는 부분을 제거하기 위해 화학약품을 사용하는 데에는 몇 가지 방법이 있는데, 이들 방법을 구별하기 위해서 몇 가지 새로운 용어를 개발했다. 이러한 용어로는 화학밀링, 화학블랭킹, 화학조각 및 광화학가공이 있다. 이들 모두에게는 동일한 재료제거 메커니즘이 적용되는데, 개별 공정의 정의에 앞서서 화학가공의 일반적 특성을 알아보는 것이 적합하다.

24.4.1 화학가공의 역학과 화학

화학가공공정은 몇 가지 단계로 구성되어 있다. 적용 대상의 차이와 각 단계를 실행하는 방법의 차이로 인해 다양한 형태의 화학가공이 존재한다. 각 단계는 다음과 같다.

1. **세척**(cleaning) — 첫 단계는 세척 공정으로, 부식시킬 표면으로부터 재료가 균일하게 제거되도록 보장한다.
2. **마스킹**(masking) — 마스칸트(maskant)라고 불리는 보호코팅을 부품표면의 특정 부분에 덮는다. 마스칸트는 부식액에 강한 내부식성이 있는 물질로 만들며, **레지스트**(resist)라는 용어는 마스킹 재료를 부르기 위해 사용된다. 따라서 부식이 되지 않아야 할 공작물 표면부에 레지스트를 덮는다.
3. **에칭**(etching, 부식) — 이 단계는 재료제거 단계이다. 부품을 부식액 속에 담가서 마스킹이 안 된 부품 표면부분을 화학적으로 공격하도록 한다. 화학적 공격의 일반적인 원리는 공작물 재료(예 : 금속)를 염(salt)으로 변환시켜, 부식액 속에서 분해시킨 후 표면으로부터 제거하는 것이다. 원하는 양의 재료가 제거되면, 부품을 부식액으로부터 꺼내고 세척하여 공정진행을 멈추도록 한다.
4. **마스크제거**(demasking) — 마스칸트를 소재로부터 제거한다.

화학가공에서 방법, 재료 및 공정변수에 많은 다양성이 포함되어있는 단계가 마스킹과 부식 단계이다.

마스칸트 재료로는 네오프렌(neoprene), PVC, 폴리에틸렌 및 다른 고분자 화합물들을 사용할 수 있다. 마스킹은 다음의 세 가지 방법 중 하나로 수행할 수 있다. (1) 컷앤필, (2) 포토레지스트 및 (3) 스크린레지스트.

컷앤필(cut and peel) 방법에서는 담그기, 페인팅 또는 스프레이를 통해 부품 전체에 마스칸트를 바른다. 마스칸트의 최종 두께는 0.025~0.125 mm다. 마스칸트가 굳은 후, 부식시킬 공작물 표면부분의 마스칸트를 조각칼로 절단하고 벗겨 제거한다. 마스칸트 절단과정은 보통 형판(template)을 대고 수작업으로 수행된다. 일반적으로 컷앤필 방법은 대형부품, 소량생산 그리고 정확성이 그다지 요구되지 않을 경우에 사용된다. 이 방법에서는 ±0.125 mm보다 더 좁은 공차범위는 극도의 주의를 기울이지 않는 한 얻기 힘들다.

포토레지스트(photographic resist 또는 photoresist) 방법은 마스킹 단계에서 사진현상 기술을 응용하는 것이다. 마스킹 재료는 빛에 민감한 화학물질, 즉 감광제를 포함한다. 공작물 표면에 감광제를 도포한 후, 부식시킬 영역의 음화(negative images)를 통해 빛에 노출시킨다. 노출된 마스칸트 부분을 사진현상 방법으로 표면으로부터 제거한다. 이렇게 해서 부품에 남겨 놓고자 하는 부분은 마스칸트의 보호를 받게 하고, 그 외의 부분은 보호받지 못하여 화학적 부식에 취약하도록 남겨둔다. 포토레지스트 방법은 일반적으로 소형의 부품을 대량으로, 높은 공차수준으로 생산할 때 적용된다. 공차는 ±0.0125 mm보다 작은 것도 가능하다 [17].

스크린레지스트(screen resist) 방법은 실크스크린(silk screening) 방법을 응용하여 마스칸트를 형

표 24.2 화학가공의 일반적인 공작물 재료와 부식액, 그리고 대표적인 침투속도와 부식계수.

공작물 재료	부식액	침투속도(mm/min)	부식계수
알루미늄과	$FeCl_3$	0.020	1.75
그 합금	NaOH	0.025	1.75
구리와 그 합금	$FeCl_3$	0.050	2.75
마그네슘과 그 합금	H_2SO_4	0.038	1.0
실리콘	$HNO_3 : HF : H_2O$	매우 느림	NA
연강	$HCl : HNO_3$	0.025	2.0
	$FeCl_3$	0.025	2.0
티타늄과	HF	0.025	1.0
그 합금	$HF : HNO_3$	0.025	1.0

참고문헌 [5], [8] 및 [17]로부터 편집함.
NA: 데이터 없음.

성하는 방법이다. 여기서는 마스칸트를 실크 또는 스테인리스 망을 통해 공작물 표면에 도포하는 것이다. 스텐실(stencil)은 부식시킬 영역을 페인팅(도포)으로부터 보호하는 역할을 하는데, 이것은 망에 새겨져 있다. 따라서 마스칸트는 부식시키지 않을 공작물 영역에 도포된다. 이 방법은 정확도, 부품 크기 및 생산수량의 측면에서 위 두 가지 마스킹 방법의 중간 정도다. 이 방법을 사용하면 공차는 ±0.075 mm 정도를 얻을 수 있다.

　부식액(etchant)의 선정은 부식시킬 공작물 재질, 소재제거 깊이와 속도 및 원하는 표면거칠기 수준에 따라 결정된다. 또한 부식액은 마스칸트 재료와 잘 맞아서, 마스칸트 재료가 부식액의 화학적 공격을 견뎌낼 수 있어야 한다. 표 24.2에 화학가공이 적용되는 공작물 재질과 이들에 적합한 부식액을 나타냈다. 또한 침투속도와 부식계수도 표시하였다. 이 변수들은 후에 설명한다.

　화학가공의 소재제거율은 일반적으로 침투속도(penetration rates, mm/min)로 표시하는데, 부식액에 의한 화학적 공격 속도가 표면 안쪽으로 진행되기 때문이다. 침투속도는 표면적에 영향을 받지 않는다. 표 24.2의 침투속도 값은 주어진 재료와 부식액에 대한 대표적인 값이다.

　화학가공의 가공깊이는 금속판재로 만든 항공기패널의 경우 12.5 mm까지도 가능하다. 그러나 대부분의 적용에서는 단지 수백분의 1 mm 정도의 가공깊이를 요구한다. 부식은 소재 안쪽 방향으로 일어날 뿐만 아니라, 그림 24.15와 같이 마스칸트 아래의 측면 방향으로도 일어난다. 이런 현상을 **언더컷**(undercut)이라 하는데, 마스크 설계 시 이것을 충분히 고려하여야만 공정 후의 절단 치수가 원하는 값을 맞추게 된다. 주어진 공작물 재료에서 언더컷은 가공깊이와 직접적으로 연관되어 있다. 재료에 대한 비례상수를 부식계수(etch factor)라 하며, 다음과 같이 정의된다.

$$F_e = \frac{d}{u} \tag{24.9}$$

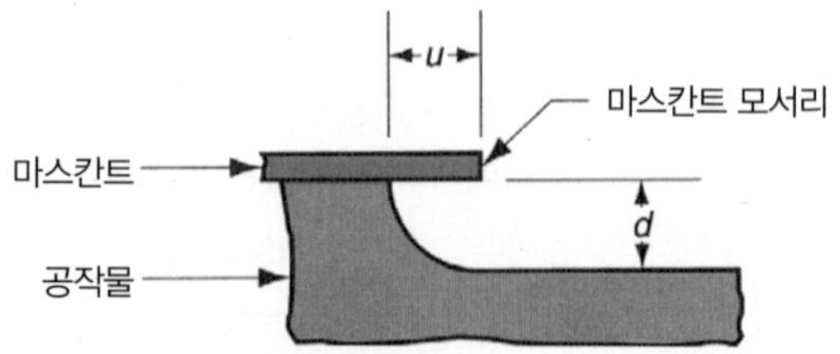

그림 24.15 화학가공의 언더컷.

여기서, F_e = 부식계수, d = 가공깊이(mm), u = 언더컷(mm).

치수 u와 d는 그림 24.15에 정의되어 있다. 화학가공에서 부식계수는 재료에 따라 다른 값을 갖는다. 몇 가지 대표적인 값을 표 24.2에서 소개하고 있다. 부식계수는 마스칸트의 제거영역 치수를 결정하는 데 이용되어, 설계에 명시된 치수를 갖는 부식영역을 달성하도록 해준다.

24.4.2 화학가공 공정

이 절에서는 다음과 같은 화학가공 공정들의 원리에 대해 설명한다. (1) 화학밀링, (2) 화학블랭킹, (3) 화학조각 및 (4) 광화학가공.

화학밀링

화학밀링(chemical milling)은 화학가공 공정 중 가장 먼저 상업적으로 응용되었다. 제2차 세계대전 중에 미국의 항공기 제작사에서 비행기 부품의 가공을 위해 화학밀링을 사용하기 시작했다. 그 당시 이런 공정을 'chem-mill'이라 불렀다. 화학밀링은 오늘날에도 항공기 산업에서 널리 사용되는데, 무게를 줄일 목적으로 비행기 날개와 동체 패널로부터 재료를 제거하는 데 사용된다. 공정을 통해 상당한 양의 재료를 제거하는 대형 부품에 적용할 수 있다. 컷앤필 마스킹 방법이 적용된다. 에칭 후의 언더컷을 고려한 형판(template)이 사용된다. 공정의 각 단계를 그림 24.16에 나타냈다.

화학밀링을 통해 얻는 표면거칠기는 공작물 재질에 따라 달라진다. 표 24.3에서는 이러한 값 중 추출된 견본을 보여준다. 표면거칠기는 침투깊이에 따라 달라진다. 깊이가 깊어지면 표면이 거칠어지고, 표 24.3의 표면거칠기 상한선 값에 접근한다. 화학밀링에 의한 금속학적 손상은 매우 적어서,

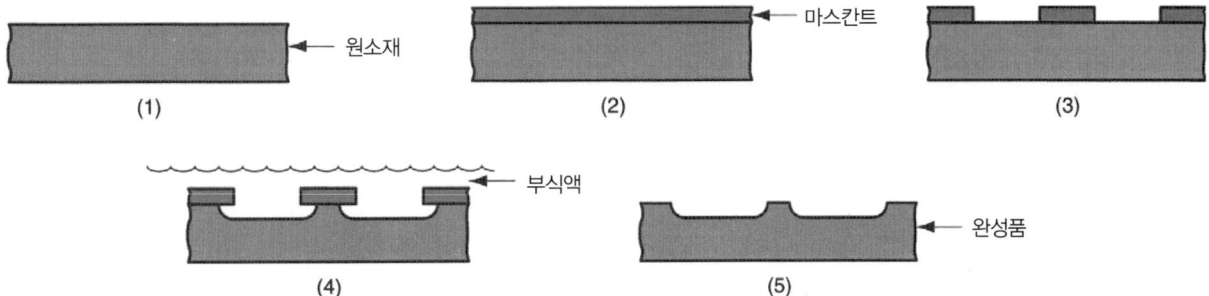

그림 24.16 화학밀링의 공정 순서. (1) 원소재 세척, (2) 마스칸트 도포, (3) 부식시킬 부분으로부터 마스칸트 컷앤필, (4) 에칭(부식), (5) 마스칸트 제거 및 완성부품 세척.

표 24.3 화학밀링에서 예상되는 표면거칠기.	
공작물 재료	**표면거칠기 범위(μm)**
알루미늄과 그 합금	1.8–4.1
마그네슘	0.8–1.8
연강	0.8–6.4
티타늄과 그 합금	0.4–2.5
참고문헌 [8]과 [17]로부터 편집함.	

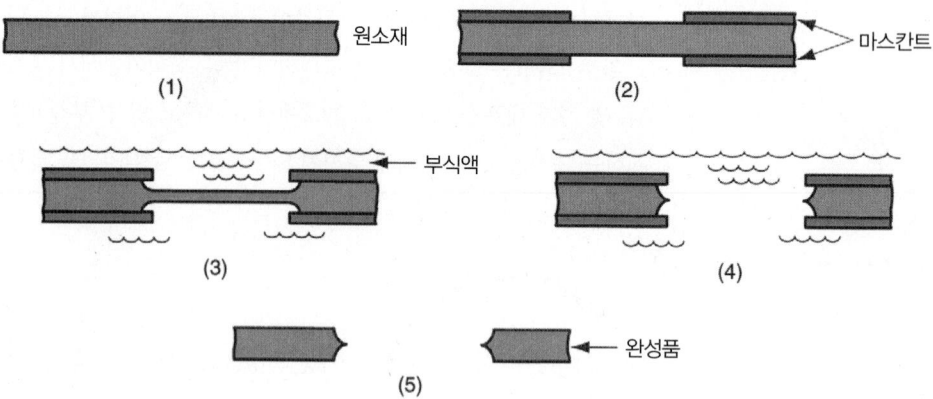

그림 24.17 화학블랭킹의 공정 순서. (1) 원소재 세척, (2) 스크린을 통한 레지스트(마스칸트) 도포, (3) 진행 중인 에칭(부식) (4) 완료된 에칭, (5) 레지스트 제거 및 세척.

공작물표면으로부터 약 0.005 mm에 이른다.

화학블랭킹

화학블랭킹(chemical blanking)은 화학적 부식을 이용하여 매우 얇은 금속박판(두께 0.025 mm까지)을 절단하거나 복잡한 절단패턴을 만드는 공정이다.

이 두 가지 경우에 전통적인 펀치-다이 방법은 적절히 작동하지 못하는데, 그 이유는 스탬핑 하중이 박판을 손상시키거나, 공구비용이 매우 비싸기 때문이다. 화학블랭킹은 버(burr)가 없는 제품을 생산하므로, 이것이 전통적 전단공정보다 우수한 장점 중 하나다.

화학블랭킹에서는 마스칸트를 도포하기 위해 포토레지스트 또는 스크린레지스트 방법을 사용한다. 크기가 작거나 복잡한 절단패턴, 그리고 작은 공차에는 포토레지스트 방법을 사용한다. 포토레지스트 마스킹 방법을 사용하면 두께 0.025 mm의 소재에 대해 ±0.0025 mm의 공차까지 얻을 수 있다. 소재가 두꺼워질수록 더욱 큰 공차를 허용하여야 한다. 스크린레지스트 마스킹 방법은 포토레지스트만큼 정확하지 않다. 작은 치수를 갖는 공작물의 화학블랭킹에서는 컷앤필 방법은 배제한다.

스크린레지스트를 사용하는 화학블랭킹의 공정 순서를 그림 24.17에 나타냈다. 화학블랭킹에서는 화학적 부식이 부품의 상하 양면에서 발생되기 때문에, 마스킹 공정이 두 면의 정확한 위치에서 이루어져야 한다. 그렇지 않으면, 반대 방향으로 진행해 온 침식이 정확히 정렬되지 않을 수 있다. 이런 문제는 특히 작거나 복잡한 패턴을 갖는 부품의 경우 중요하다.

앞서 언급한 이유로 인해 화학블랭킹의 적용은 일반적으로 얇은 소재나 복잡한 형태의 부품에 제한되어 있다. 적용가능한 최대 두께는 약 0.75 mm다. 또한, 기계적인 방법을 사용하면 파단 발생이 확실한 경화된 취성이 큰 재료도 화학블랭킹을 사용해 가공할 수 있다. 그림 24.18에서는 화학블랭킹 공정으로 얻어진 부품들을 보여준다.

화학조각

화학조각(chemical engraving)은 명패나 한 면에 문자 또는 그림이 새겨진 평판을 만드는 화학가공 공정이다. 이러한 판재나 패널은 화학조각법을 사용하지 않으면 재래식 조각기계나 유사한 공정으로 제작될 것이다. 화학조각은 음각 또는 양각의 글자가 새겨진 패널 제작에 사용될 수 있는데, 이것은 단지 패널의 부식될 부분을 반대로 하면 된다. 마스킹에는 포토레지스트 또는 스크린레지스트 방법이 사용된다. 화학조각의 순서는 다른 화학가공 공정과 유사한데, 차이점은 부식작업 후에 충전(filling, 充塡)작업을 한다는 것이다. 충전작업의 목적은 에칭에 의해 생긴 음각부에 페인트나 기타

그림 24.18 화학블랭킹 공정으로 생산한 부품(Buckbee-Mears St. Paul 제공).

코팅재를 적용하여 묻히는 것이다. 그 다음 패널을 용액 속에 담그는데, 이 용액에 의해 레지스트는 용해되고 코팅재는 공격받지 않는다. 이렇게 하여 레지스트가 제거되면, 코팅재는 부식영역 내에 남아있게 되고, 마스킹 영역은 사라진다. 이것은 패턴을 뚜렷하게 보여주는 효과를 나타낸다.

광화학가공

광화학가공(photochemical machining, PCM)은 포토레지스트 마스킹 방법을 사용하는 화학가공이다. 따라서 이 명칭은 화학블랭킹이나 화학조각에서 포토레지스트를 사용하는 경우에도 사용할 수 있다. 광화학가공은 편평한 부품에 작은 공차와 복잡한 패턴이 요구되는 금속가공에 사용한다. 광화학공정은 또한 반도체 웨이퍼 위에 복잡한 회로를 만들기 위해 전자산업에서 광범위하게 사용된다 (32.3절).

그림 24.19는 광화학공정이 화학블랭킹에 적용이 될 때의 공정순서를 보여준다. 원하는 이미지를 레지스트 위에, 사진기술에 의해 노출시키는 방법은 다양하다. 그림에서는 노출과정에서 레지스트 표면과 접촉하고 있는 음화(negative)를 보여준다. 이것은 접촉식 인쇄방법인데, 이 밖에도 레지스트 표면에 인쇄될 패턴의 크기를 늘리거나 줄이기 위해 렌즈시스템을 관통하여 노출하는 사진기술적인 인쇄방법이 있다. 현재 사용되고 있는 포토레지스트 물질은 자외선에 민감하게 반응하고, 다른 파장의 빛에는 반응하지 않는다. 그러므로 공장 내의 적절한 조명만 있다면, 공정을 암실에서 수행해야 할 필요는 없다. 마스킹 공정 이후의 나머지 단계는 화학가공과 유사하다.

광화학가공에서 부식계수와 상응하는 용어는 **이방성지수**(anisotropy)인데, 이는 가공깊이 d를 언더컷 u로 나눈 비로 정의된다(그림 24.17). 이것은 식 (24.9)와 동일하게 정의된 것이다.

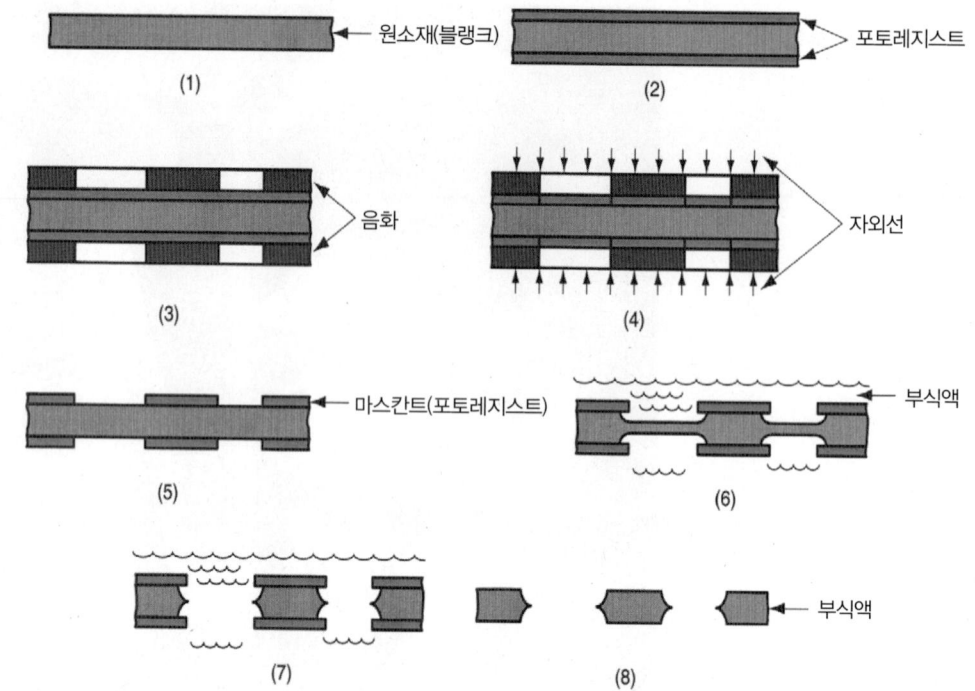

그림 24.19 광화학가공의 공정순서. (1) 원소재 세척, (2) 담금, 스프레이 또는 페인팅에 의한 레지스트(마스칸트) 도포, (3) 레지스트 위에 음화 설치, (4) 자외선 노출, (5) 부식(에칭)될 영역으로부터 레지스트를 제거하는 현상과정, (6) 진행 중인 부식(부분적으로 부식됨), (7) 완료된 부식, (8) 레지스트 제거 및 세척.

24.5 특수가공 적용 시 고려 사항

특수가공 공정을 적용하는 대표적인 경우에는 전통적인 기술로는 쉽게 가공하기 어려운 특수한 기하학적 특징과 공작물 재료가 포함된다. 여기서는 이러한 주제에 대해서 설명한다. 또한 특수가공의 일반적인 성능 특성에 대해서도 언급한다.

공작물의 기하학적 특징과 공작물 재료

표 24.4에는 특수가공 공정이 잘 적용되는 몇 가지의 특수한 공작물 형상을, 그것을 가공하기에 적합한 특수가공 공정과 함께 나열하였다.

특수가공 공정은 금속과 비금속 거의 모든 재료에 적용될 수 있다. 그러나 특정 공정에 따라 적용할 수 없는 특정 공작물 재료들이 있다. 표 24.5에서는 여러 유형의 재료에 대한 특수가공의 적용가능성을 보여 준다.

일부 공정은 금속에만 사용되고 비금속에는 적용할 수 없다. 예를 들어 전해가공, 방전가공, 플라즈마아크절단 공정에서는 공작물 재료가 전기도체이어야 한다. 그 공정들의 적용가능성은 일반적으로 금속부품으로 제한된다. 화학가공은 주어진 공작물 재료에 대해 적합한 부식액이 존재하는가에 따라 적용가능성이 결정된다. 금속이 다양한 부식액에 의한 화학적인 공격을 받기 쉬우므로, 화학가공은 보통 금속가공에 사용된다. 몇 가지 예외적인 경우는 있으나, 초음파가공, 연마제제트가공, 전자빔가공, 레이저가공은 금속과 비금속에 모두 사용할 수 있다. 워터제트절단은 일반적으로 플라스틱, 판지, 직물 등 금속정도의 강도를 갖지 못하는 재료에만 제한되어 사용된다.

특수가공의 성능

특수가공 공정은 재래식 가공법과 비교하여 낮은 소재제거율과 높은 비에너지(specific energy)라는

표 24.4 공작물의 기하학적 특징과 적합한 특수가공공정.

기하학적 특징	적합한 공정
매우 작은 구멍. 지름 0.125 mm 미만의 구멍인데, 경우에 따라 최소 지름 0.025 mm. 일반적인 드릴공구의 지름보다 더 작음.	전자빔가공, 레이저가공
깊이/지름의 비가 큰 구멍(예: $d/D > 20$). 이러한 구멍은 건(gun)드릴링을 제외한 전통적인 드릴링 방법으로는 가공할 수 없음.	전해가공, 방전가공
비원형 구멍. 둥글지 않은 구멍은 회전하는 드릴공구로 가공할 수 없음.	방전가공, 전해가공
좁은 홈. 다양한 재료의 후판(slab)과 평판(plate)에 좁은 홈을 내는 경우. 홈이 반드시 직선은 아님. 경우에 따라 홈(slot)은 극히 복잡한 형상을 가짐.	전자빔가공, 레이저가공, 워터제트절단, 와이어방전가공, 연마제워터제트절단
미세가공(micromachining). 작은 구멍과 좁은 틈 외에도, 공작물이나 절단 영역이 매우 작은 재료제거 응용이 존재함.	광화학가공, 레이저가공, 전자빔가공
편평한 부품의 얇은 포켓과 표면의 세부형상. 이 경우는 미시적인 집적회로 칩으로부터 대형 항공기패널까지 부품 크기가 매우 넓은 범위에 걸쳐 있음.	화학가공
주형과 금형의 특수한 윤곽. 때때로 다이싱킹(die-sinking)이라 함.	방전가공, 전해가공

표 24.5 다양한 공작물 재료에 대한 특수가공 공정의 적용가능성. 비교를 위해 전통적인 밀링과 연삭을 포함시킴.

	특수가공법								전통적 가공법	
	기계적		전기적		열적			화학적		
공작물 재료	초음파 가공	워터제트 절단	전해 가공	방전 가공	전자빔 가공	레이저 가공	플라즈마 아크절단	화학 가공	밀링	연삭
알루미늄	C	C	B	B	B	B	A	A	A	A
강	B	D	A	A	B	B	A	A	A	A
초합금	C	D	A	A	B	B	A	B	B	B
세라믹	A	D	D	D	A	A	D	C	D	C
유리	A	D	D	D	B	B	D	B	D	C
실리콘[a]			D	D	B	B	D	B	D	B
플라스틱	B	B	D	D	B	B	D	C	B	C
판지[b]	D	A	D	D			D	D	D	D
직물[c]	D	A	D	D			D	D	D	D

참고문헌 [17]과 기타 출처로부터 편집함.

A: 매우 적합, B: 적합, C: 미흡, D: 적용불가, 공란: 데이터 없음.

[a] 집적회로 칩 제조에 사용되는 실리콘.

[b] 기타 종이 제품류 포함.

[c] 펠트, 가죽 및 유사 재료 포함.

표 24.6 특수가공 공정의 가공 특성.

공작물 재료	특수가공법								전통적 가공법	
	기계적		전기적		열적				화학적	
	초음파 가공	워터제트 절단	전해 가공	방전 가공	전자빔 가공	레이저 가공	플라즈마 아크절단	화학 가공	밀링	연삭
소재제거율	C	C	B	C	D	D	A	B-D[a]	A	B
치수 정도	A	B	B	A-D[b]	A	A	D	A-B[b]	B	A
표면거칠기	A	A	B	B-D[b]	B	B	D	B	B-C[b]	A
표면손상[c]	B	B	A	D	D	D	D	A	B	B-C[b]

참고문헌 [17]로부터 편집함.

A: 매우 우수, B: 우수, C: 양호, D: 불량.

[a] 등급은 공작물의 크기와 마스킹 방법에 따라 달라짐.

[b] 등급은 절삭조건에 따라 달라짐.

[c] 우수등급은 표면손상이 적은 것을 의미하고, 불량등급은 표면으로부터 깊이 침투하는 손상을 의미함. 열적 공정의 표면손상은 가공 후 새롭게 생성된 소재 표면으로부터 0.50mm까지 발생할 수 있음.

특징을 가지고 있다. 특수가공을 통해 얻는 치수정도와 표면거칠기는 공정별로 큰 차이가 있는데, 높은 정확도와 우수한 표면을 얻을 수 있는 공정이 있는 반면, 반대의 결과를 가져다주는 공정도 있다. 표면손상 또한 주의를 기울어야 할 부분이다. 일부 공정들은 표면과 표면 바로 아래에 금속학적 손상을 거의 입히지 않지만, 어떤 공정들(대부분 열적 공정)에서는 표면손상이 심각하게 나타난다. 중요한 특수가공법들이 갖는 이러한 특성들을 서로 비교하여 나타낸 것이 표 24.6이다. 이 데이터를 살펴보면 가공 특성에 커다란 차이가 있음을 알 수 있다. 특수가공과 전통적 가공법을 비교하면, 일반적으로 특수가공은 전통적 가공법이 가능하지 않거나 비경제적인 경우에 사용된다는 것을 기억하여야 한다.

참고문헌

[1] Aronson, R. B. "Spindles are the Key to HSM." "Waterjets Move into the Mainstream." *Manufacturing Engineering*, April 2005, pp. 69–74.

[2] Bellows, G., and Kohls, J. B. "Drilling without Drills," Special Report 743, *American Machinist*, March 1982, pp. 173–188.

[3] Benedict, G. F. *Nontraditional Manufacturing Processes.* Marcel Dekker, New York, 1987.

[4] Dini, J. W. "Fundamentals of Chemical Milling." Special Report 768, *American Machinist*, July 1984, pp. 99–114.

[5] Drozda, T. J., and C. Wick (eds.). *Tool and Manufacturing Engineers Handbook.* 4th ed. Vol. I, *Machining.* Society of Manufacturing Engineers, Dearborn, Michigan, 1983.

[6] El-Hofy, H. *Advanced Machining Processes: Nontraditional and Hybrid Machining Processes,* McGraw-Hill Professional, New York, 2005.

[8] *Machining Data Handbook.* 3rd ed., Vol. 2. Machinability Data Center, Metcut Research Associates Inc., Cincinnati, Ohio, 1980.

[9] Mason, F. "Water Jet Cuts Instrument Panels." *American Machinist & Automated Manufacturing*, July 1988, pp. 126–127.

[10] McGeough, J. A. *Advanced Methods of Machining.* Chapman and Hall, London, England, 1988.

[11] O'Brien, R. L. *Welding Handbook.* 8th ed. Vol. 2, *Welding Processes.* American Welding Society, Miami, Florida, 1991.

[12] Pandey, P. C., and Shan, H. S. *Modern Machining Processes.* Tata McGraw-Hill, New Delhi, India, 1980.

[13] Vaccari, J. A. "The Laser's Edge in Metalworking." Special Report 768, *American Machinist*. August 1984, pp. 99–114.

[14] Vaccari, J. A. "Thermal Cutting." Special Report 778, *American Machinist*, July 1988, pp. 111–126.

[15] Vaccari, J. A. "Advances in Laser Cutting." *American Machinist & Automated Manufacturing*, March 1988, pp. 59–61.

[16] Waurzyniak, P. "EDM's Cutting Edge." *Manufacturing Engineering*, Vol. *123*, No. 5, November 1999, pp. 38–44.

[17] Weller, E. J. (ed.). *Nontraditional Machining Processes.* 2nd ed. Society of Manufacturing Engineers, Dearborn, Michigan, 1984.

[18] www.engineershandbook.com/MfgMethods.

│ 복습문제

24.1 특수가공 공정이 중요한 이유를 설명하여라.

24.2 주된 적용에너지의 종류에 따라 특수가공을 분류할 때, 네 가지 유형의 특수가공 명칭을 나열하여라.

24.3 초음파가공의 원리를 설명하여라.

24.4 워터제트절단 공정에 대해 설명하여라.

24.5 워터제트절단, 연마제워터제트절단 및 연마제제트절단의 차이점을 설명하여라.

24.6 전기화학적인 가공법의 세 가지 주요 공정의 명칭을 나열하여라.

24.7 전해가공의 두 가지 중요한 단점을 설명하여라.

24.8 방전가공에서 방전전류가 증가함에 따라 소재제거율과 표면거칠기에 미치는 영향을 설명하여라.

24.9 방전가공의 오버컷을 설명하여라.

24.10 플라즈마 아크절단의 주요 단점 두 가지를 설명하여라.

24.11 산소절단에서 사용되는 연료 몇 가지를 나열하여라.

24.12 화학가공의 네 가지 주요한 단계를 나열하여라.

24.13 화학가공에서 마스킹을 위해 사용되는 세 종류의 방법을 설명하여라.

24.14 화학가공의 포토레지스트를 설명하여라.

24.15 (동영상) 방전가공 후 부품의 표면에 나타나는 세 가지 층을 설명하여라.

24.16 (동영상) 램(ram) 방전가공의 다른 이름 두 가지를 나열하여라.

24.17 (동영상) 램(ram) 방전가공의 네 가지 부분시스템을 나열하여라.

24.18 (동영상) 와이어방전가공의 네 가지 부분시스템을 나열하여라.

│ 객관식문제(17개의 답)

24.1 다음 중 주된 에너지원으로 기계적 에너지를 사용하는 공정은? (세 개의 정답) (a) 전해연삭, (b) 레이저가공, (c) 밀링, (d) 초음파가공, (e) 워터제트절단 (f) 와이어방전가공.

24.2 초음파가공은 금속과 비금속 소재 모두에 적용할 수 있다. (a) 참, (b) 거짓.

24.3 전자빔가공의 적용은 공작물이 전기도체이어야 하므로 금속소재에 한정된다. (a) 참, (b) 거짓.

24.4 다음 중 플라즈마 아크절단이 적용되는 온도에 가장 근접한 것은? (a) 2,750°C(5773 K), (b) 5,500°C (3023 K), (c) 8,300°C(8573 K), (d) 11,000°C (11273 K), (e) 16,500°C(16773 K).

24.5 화학밀링은 다음 중 어느 경우에 사용되는가? (두 개의 정답) (a) 깊이/지름 비가 큰 구멍의 드릴링, (b) 금속박판에 정교한 무늬의 형성, (c) 얕은 포켓형상을 만들기 위한 금속소재의 제거, (d) 항공기 날개패널로부터 금속의 제거, (e) 플라스틱 박판의 절단.

24.6 화학가공의 부식계수는 다음 중 어느 것과 동일한가? (두 개의 답) (a) 이방성지수, (b) CIt, (c) d/u, (d) u/d ;

여기서, C = 비소재제거율(specific removal rate), d = 가공깊이, I = 전류, t = 시간, u = 언더컷

24.7 다음 공정 중 소재제거율이 가장 큰 것은? (a) 방전가공, (b) 전해가공, (c)레이저가공, (d) 산소절단, (e) 플라즈마 아크절단, (f) 초음파가공, (g) 워터제트절단.

24.8 강철 공작물에 한 변의 길이가 0.625 cm인 정사각형

구멍을 2.5 cm 깊이로 뚫기 위해 가장 적합한 공정은? (a) 연마제제트가공, (b) 화학밀링, (c) 방전가공, (d) 레이저가공, (e) 산소절단, (f) 워터제트절단, (g) 와이어방전가공.

24.9 두께 0.94 cm의 섬유강화 플라스틱(FRP) 판에 폭 0.0875 cm 미만의 좁은 홈을 만들기 위해서 적합한 공정은 무엇인가? (두 개의 정답) (a) 연마제제트가공, (b) 화학밀링, (c) 방전가공, (d) 레이저가공, (e) 산소절단, (f) 워터제트절단, (g) 와이어방전가공.

24.10 두께 0.156 cm의 알루미늄 판에 지름 0.007 cm의 관통하는 구멍을 만들기 위해 가장 적합한 공정은? (a) 연마제제트가공, (b) 화학밀링, (c) 방전가공, (d) 레이저가공, (e) 산소절단, (f) 워터제트절단, (g) 와이어방전가공.

24.11 두께 1.25 cm의 넓은 강판을 두 부분으로 자르기 위해 사용될 수 있는 공정은? (두 개의 정답) (a) 연마제제트가공, (b) 화학밀링, (c) 방전가공, (d) 레이저가공, (e) 산소절단, (f) 워터제트절단, (g) 와이어방전가공.

연습문제

응용 문제

24.1 다음의 각 작업 내용에 대해 적용 가능한 특수가공 공정을 하나 또는 그 이상 선택하고, 적절한 선택근거를 기술하여라. 부품형상 또는 공작물 재료(또는 두 가지 모두)가 전통적인 절삭가공을 적용하기에 부적합하다고 가정한다. 두께 3.2 mm의 경화공구강 판에 지름 0.1 mm 구멍의 배열을 가공하려고 한다. 배열은 75 mm × 125 mm의 직사각형이고, 구멍 간의 간격은 각 방향으로 1.6 mm다.

24.2 다음의 각 작업 내용에 대해 적용 가능한 특수가공 공정을 하나 또는 그 이상 선택하고, 적절한 선택근거를 기술하여라. 부품형상 또는 공작물 재료(또는 두 가지 모두)가 전통적인 절삭가공을 적용하기에 부적합하다고 가정한다. Lincoln's Gettysburg라는 주소가 새겨진 275 mm × 350 mm의 포스터를 인쇄하려고 한다. 이를 위해 옵셋인쇄기계에 사용될 알루미늄 인쇄원판을 제작한다.

24.3 다음의 각 작업 내용에 대해 적용 가능한 특수가공 공정을 하나 또는 그 이상 선택하고, 적절한 선택근거를 기술하여라. 부품형상 또는 공작물 재료(또는 두 가지 모두)가 전통적인 절삭가공을 적용하기에 부적합하다고 가정한다. 두께 12.5 mm의 유리판에 L자형의 관통구멍을 가공하려고 한다. L자의 크기는 25 mm × 15 mm이고, 구멍의 폭은 3 mm다.

24.4 다음의 각 작업 내용에 대해 적용 가능한 특수가공 공정을 하나 또는 그 이상 선택하고, 적절한 선택근거를 기술하여라. 부품형상 또는 공작물 재료(또는 두 가지 모두)가 전통적인 절삭가공을 적용하기에 부적합하다고 가정한다. 한 변이 50 mm인 강철 정육면체에 G자형의 막힌 홈을 가공하려고 한다. G자의 크기는 25 mm × 19 mm이고, 홈의 깊이는 3.8 mm, 홈의 폭은 3 mm다.

24.5 Cut-Anything 사의 주 작업은 놀이보트용 유리섬유 평판을 성형하고 자르는 것이다. 현재 절단은 휴대용 톱에 의한 수작업으로 이루어지고 있는데, 생산속도가 느리고 스크랩 비율이 너무 높다. 현장책임자는 플라즈마 아크절단기를 도입할 것을 요청했지만, 공장관리자는 이 도입비용이 너무 크다고 판단하고 있다. 당신은 어떻게 생각하는가? 이 상황에 대해 플라즈마아크절단 공정이 적합한지 또는 부적합한지 판단할 수 있는 공정특성을 제시하여 당신의 주장을 정당화하여라.

24.6 안락의자와 소파를 만드는 가구공장에는 많은 양의 직물을 자르는 공정이 필요하다. 이 직물의 대부분은 강하고 내마모성이 있어 절단이 쉽지 않다. 이 경우에 추천할 수 있는 특수가공 공정(들)은 무엇인가? 그 공정이 적합한지 판단할 수 있는 공정특성을 제시하여 당신의 주장을 정당화하여라.

전해가공

24.7 전해가공 공정에 사용되는 전극의 끝부분 작업면적은 2000 mm²다. 전류 = 1800 amps, 전압 = 12 volts가 사용된다. 가공할 재료는 니켈(원자가 = 2)이며, 비(比)소재제거율 C는 표 24.1에 나와 있다.

(a) 공정의 효율이 90%일 경우 금속 소재제거율을 mm³/min의 단위로 구하여라.

(b) 전해액의 비저항 = 140 ohm-mm일 경우, 작업간극(gap)을 결정하여라.

24.8 전해가공 공정에 사용되는 전극의 끝부분 작업면적은 15.625 cm²다. 전류 = 1500 amps, 전압 = 12 volts가 사용된다. 가공할 재료는 순수한 알루미늄이며, 비(比)소재제거율 C는 표 24.1에 나와 있다.

(a) 공정의 효율이 90%일 경우 금속 소재제거율을 mm3/hr의 단위로 구하여라.

(b) 전해액의 비저항 = 15.5 ohm-cm일 경우, 작업간극(gap)을 결정하여라.

24.9 정사각형 구멍을 두께 = 20 mm인 순수한 구리(원자가 = 1) 판재에 전해가공으로 만들고자 한다. 구멍의 각 변은 25 mm이지만 전극의 크기는 오버컷을 고려하여 이보다 약간 작다. 또한 전극 중심부에는 구멍이 있어 전해액이 흐를 수 있고, 가공영역도 줄일 수 있다. 이러한 설계 결과 공구선단면의 면적은 200 mm²다. 가해지는 전류가 1000 amps이고 효율이 95%라면 구멍을 완성하는 데 걸리는 시간은 얼마인가?

24.10 지름 8.75 cm의 관통구멍을 두께 5 cm인 순수한 철(원자가 = 2) 블록에 전해가공으로 만들고자 한다. 절삭공정을 빠르게 하기 위해 전극의 중심부에 지름 7.5 cm의 구멍을 만든다. 이 중심부 구멍에 의해 중앙부에 공작물 코어가 형성되고, 공구가 공작물을 관통한 후에는 이 코어를 제거할 수 있다. 전극의 바깥지름은 오버컷을 고려하여 8.75 cm보다 약간 작다. 오버컷은 측면에 0.0125 cm가 형성될 것으로 예상한다. 전해가공의 효율이 90%이고 구멍을 완성하는데 걸리는 시간이 20분이라면 필요한 전류의 크기는 얼마인가?

방전가공

24.11 텅스텐과 주석 두 가지 공작물 재료에 방전가공을 실시하고자 한다. 방전전류 = 20 amps일 때 공정시작 1시간 후 제거된 금속량을 구하여라. 미터 단위를 사용하고 답을 mm³/hr로 표기하여라. 텅스텐과 주석의 용융온도는 표 4.1과 같이 각각 3410°C와 232°C다.

24.12 텅스텐과 아연 두 가지 공작물 재료에 방전가공을 실시하고자 한다. 방전전류 = 20 amps일 때 공정시작 1시간 후 제거된 금속량을 구하여라. 미터 단위를 사용하고 답을 mm³/hr로 표기하여라. 텅스텐과 아연의 용융온도는 표 4.1과 같이 각각 3410°C와 215°C다.

24.13 문제 24.10의 구멍을 가공하기 위해 전해가공이 아닌 방전가공을 사용한다고 가정한다. 방전전류 = 20 amps를 사용하면(이 전류값은 방전가공에서는 대표적임), 구멍 가공에 필요한 시간은 얼마인가? 철의 용융온도는 표 4.1과 같이 1538°C다.

24.14 순수한 철 공작물에 방전가공을 사용하여 금속소재제거율 = 0.025 cm³/min에 도달하였다. 동일한 방전전류를 사용한다면 니켈 소재에서 도달할 수 있는 금속재료제거율은 얼마인가? 철과 니켈의 용융온도는 각각 1538°C와 1455°C다.

24.15 두께 = 7 mm의 C1080강 공작물을 대상으로 와이어방전가공을 수행하고자 한다. 와이어 전극은 텅스텐 재질이고 지름 = 0.125 mm다. 과거의 경험에 의하면 오버컷 = 0.02 mm로 예상되고, 따라서 절단폭(kerf) = 0.165 mm가 될 것이다. 방전전류 = 10 amps를 사용할 경우, 공정에서 허용가능한 이송속도는 얼마인가? 용융온도는 그림 6.4의 상태도에서 0.80% 탄소강의 용융온도로 추정하여라.

24.16 두께 = 1.0 cm의 알루미늄 슬랩(slab) 공작물을 대상으로 와이어방전가공을 수행하고자 한다. 와이어 전극은 황동 재질이고 지름 = 0.0125 cm다. 오버컷 = 0.0025 cm로 예상되고, 따라서 절단폭(kerf) = 0.0175 cm가 될 것이다. 방전전류 = 7 amps를 사용할 경우, 공정에서 허용가능한 이송속도는 얼마인가? 알루미늄의 용융온도는 660°C다.

24.17 와이어방전가공을 통해 두께 = 25 mm의 공구강 판재로부터 펀치와 다이 부품을 잘라내고자 한다. 그러나 1차 절단을 거친 결과 절단면에서의 표면거칠기 수

준이 좋지 않았다. 표면거칠기 수준을 향상하기 위해

방전전류와 방전주파수를 어떻게 변화시켜야 하는가?

화학가공

24.18 어떤 항공기제작공장에서 화학밀링을 사용하여 알루미늄합금 소재의 날개부에 몇 개의 포켓 형상을 만들고 있다. 소재의 초기 두께 = 20 mm이다. 직사각형 포켓들의 치수 = 200 mm × 400 mm이고, 깊이 = 12 mm다. 각 포켓의 모서리는 반경 = 15 mm로 라운딩 처리된다. 재질이 알루미늄 합금이어서 부식액은 NaOH를 사용한다. 이 경우 침투속도는 0.024 mm/min이고, 부식계수는 1.75이다. 다음을 결정하여라. (a) 금속재료제거율, 단위 mm³/min, (b) 규정된 깊이를 가공하는 데 걸리는 시간, (c) 원하는 포켓 크기를 얻기 위해 필요한 컷앤필 마스칸트의 치수.

24.19 평평한 연강 판재에 화학밀링 공정을 적용하여 깊이 = 1 cm의 타원형 포켓 형상을 만들고자 한다. 타원형의 두 축은 각각 a = 22.5 cm와 b = 15 cm다. 부식액으로는 염산과 질산 용액을 사용한다. 다음을 결정하여라. (a) 금속소재제거율, 단위 mm³/hr, (b) 규정된 깊

이를 가공하는 데 걸리는 시간, (c) 원하는 포켓 크기를 얻기 위해 필요한 컷앤필 마스칸트의 치수.

24.20 화학블랭킹 공정에서 황산 부식액을 이용하여 마그네슘합금 박판의 소재를 제거하려 한다. 판재의 두께 = 0.25 mm다. 마스킹은 스크린레지스트법을 사용하여 높은 생산성을 추구 한다. 공정 수행 결과 많은 양의 스크랩이 발생하고 있고, 규정 공차 ±0.025 mm도 달성하지 못했다. 화학블랭킹 공정부서의 현장책임자는 그 원인이 황산의 농도에 있을 것이라고 언급했다. 이 문제를 분석하고 해결책을 제시하여라.

24.21 화학블랭킹 공정에서 사용하는 알루미늄 판재의 두께 = 0.0375 cm다. 판재로부터 지름 = 0.25 cm 구멍들의 매트릭스로 구성된 패턴을 절단하려 한다. 광화학가공을 이용하여 이 구멍들을 가공하고, 접촉식 인쇄 방법으로 레지스트(마스칸트) 패턴을 만들 경우, 패턴에 사용되어야 하는 구멍의 지름을 결정하여라.

제 VII 부

공업재료

Chapter

25

금속의 열처리

25.1 아닐링

25.2 강의 마르텐사이트 형성
25.2.1 시간–온도–변태 곡선
25.2.2 마르텐사이트화 열처리 공정
25.2.3 경화능

25.3 석출경화

25.4 표면경화

25.5 열처리 방법과 장비
25.5.1 열처리로
25.5.2 선택적 표면경화법

앞 장들에서 다룬 제조공정들은 부품의 형상을 만드는 것들이었다. 이제는 부품의 물성들을 향상 시키거나(25장), 청정 혹은 코팅(26장)과 같이 부품의 표면을 처리하는 공정에 대하여 알아보고자 한다. 물성향상 작업이란 공작물 재료의 기계적·물리적 물성을 향상시키기 위해 수행되는 작업을 의미한다. 이런 작업은 적어도 의도적으로는 부품의 형상을 바꾸어주지는 않는다. 가장 중요한 물성 향상 작업은 열처리이다. **열처리**(heat treatment)는 다양한 가열과 냉각 과정들을 통해 재료 내부의 미세 구조적인 변화를 일으켜 결국에는 기계적 물성을 바꾸어준다. 열처리가 가장 보편적으로 적용 되는 재료는 금속이고, 이 장에서 다루게 된다. 유사한 열처리 방법이 유리 세라믹(7.4.3절), 강화유 리(11.3.1절), 분말 금속과 세라믹(14.3.3절, 15.2.3절)에도 적용될 수 있다.

열처리는 제조 공정 동안에 금속 공작물에 대하여 여러 시점에서 실시될 수 있다. 성형 전에 공정 의 용이성을 위해 실시될 수도 있고(예를 들면, 가열되는 동안에 성형을 용이하게 하기 위한 금속의 연 화), 또 다른 경우에는 성형 중의 변형경화 영향을 줄여주어 계속되는 변형을 쉽게 하기 위해 수행될 수도 있다. 또한, 최종 제품에 요구되는 강도나 경도를 얻기 위하여 공정 단계의 끝이나 근처에서 실 시될 수도 있다. 기본적으로 중요한 열처리 방법은 아닐링, 강에 마르텐사이트 형성, 석출경화, 표면 경화 등이다.

25.1 아닐링

아닐링(annealing, 풀림)은 금속을 적절한 온도로 가열하여 일정 시간 동안 온도를 유지하였다가, 서서히 냉각시키는 과정으로 **소킹**(soaking)이라고도 한다. 아닐링은 다음과 같은 목적으로 금속에 행해진다. (1) 경도와 취성의 감소, (2) 미세구조를 바꾸어 원하는 기계적 물성을 획득, (3) 가공성과 성형성 향상을 위한 금속의 연화, (4) 냉간가공(변형경화) 금속의 재결정화, (5) 성형 공정의 결과로 나온 잔류응력의 감소 등. 처리되는 금속의 재결정 온도에 대하여 상대적인 공정의 세부 사항에 따라 아닐링이 아닌 다른 명칭으로 불리기도 한다.

완전풀림(full annealing)은 주로 철계금속(보통 저탄소강이나 중탄소강)에 적용된다. 재료를 오스테나이트 영역까지 가열한 후, 거친 펄라이트를 생성하기 위해 노 속에서 서냉시키는 처리법이다. **노말라이징**(normalizing)은 비슷한 가열과 소킹 과정을 가지지만, 냉각 속도는 더 빠르게 수행한다. 노말라이징은 강을 상온의 공기 중에서 냉각시킨다. 이 결과로 미세한 펄라이트, 더 높은 강도와 경도를 얻지만, 완전풀림에서보다는 낮은 연성이 나타난다.

냉간가공된 부품은 종종 변형경화를 줄이고 연성을 증가시키기 위해서 아닐링을 한다. 이렇게 함으로써 변형경화된 금속을 온도, 소킹 시간, 냉각속도에 따라 부분적으로 혹은 완전하게 재결정화한다. 만일 부품에 대해 냉간가공 작업을 더 수행하기 위해서 풀림을 실시할 경우, 이것을 **공정풀림**(preocess anneal)이라고 부른다. 냉간가공이 끝난 부품에서 변형경화의 효과를 제거하고 더 이상의 변형 공정이 없다면 이런 경우를 단순히 풀림(anneal)이라고 부른다. 이와 같이 열처리 공정 자체는 상당히 유사하지만, 목적에 따라서 다른 명칭이 붙여진다.

만일 풀림 조건이 냉간가공된 금속을 원래의 결정립구조로 완전히 회복시키는 것이라면 **재결정**(recrystallization)을 필요로 한다. 성형 작업으로 새로운 형상을 갖게 된 금속 소재에 이런 종류의 풀림을 실시하면, 결정립 구조와 이에 따른 기계적 물성은 냉간가공 전과 본질적으로 동일하게 된다. 재결정이 보다 쉽게 나타나는 조건은 높은 온도, 긴 유지시간, 느린 냉각속도이다. 원래의 결정립 구조로 부분적으로 회복되기 위해서 풀림을 실시할 때는 **회복풀림**(recovery anneal)이라는 용어를 사용한다. 이런 회복으로 금속은 냉간가공 중 생긴 변형경화를 대부분 그대로 갖게 되지만, 부품의 인성은 증가된다.

이상의 풀림 공정들은 응력 제거 외의 다른 목적이 주가 되는 것들이다. 그런데 **응력 제거풀림**(stress-relief annealing)은 성형공정에서 발생한 부품의 잔류응력만을 제거하는 열처리이다. 이것을 통해 응력을 받는 부품들에서 나타날 수 있는 뒤틀림이나 치수의 변동을 줄여줄 수 있다.

25.2 강의 마르텐사이트 형성

그림 6.4의 철-탄소 상평형도는 평형조건 하에서의 철과 탄화철(cementite, 시멘타이트)의 상들을 보여준다. 그 도표에서는 오스테나이트가 상온에서 페라이트와 시멘타이트의 혼합물로 충분히 분리될 만큼, 고온으로부터의 냉각이 천천히 진행된다는 것이 가정되어 있다. 이 분해 과정은 확산을 필요로 하며, 금속을 최종 형상으로 변형시키기 위하여 시간과 온도에 따른 기타 과정도 필요로 한다. 그러나, 급랭의 조건 하에서는 평형반응을 막게 되어, 오스테나이트가 마르텐사이트라고 부르는 비

평형상으로 변태된다. **마르텐사이트**(martensite)는 경도와 취성이 큰 상인데, 이로 인해 강이 매우 높은 수준으로 강화될 수 있다는 독특한 능력을 갖게 된다.

비디오클립
열처리 : 'iron-carbon phase diagram' 내용을 볼 것.

25.2.1 시간-온도-변태 곡선

마르텐사이트 변태의 성질은 그림 25.1과 같은 공정 강의 시간-온도-변태 곡선을 사용하여 가장 잘 설명된다. TTT곡선은 냉각속도가 오스테나이트로부터의 다양한 가능한 상들로의 변태에 어떻게 영향을 주는지 보여준다. 상은 (1) 페라이트와 시멘타이트가 교대로 배열된 상과 (2) 마르텐사이트로 나뉠 수 있다. 시간은 수평축(편의상 로그좌표)으로, 온도는 수직축으로 나타낸다. 시작시간(시간 0)에 오스테나이트 지역(주어진 조성에 대한 A_1 온도선 위의 어떤 지점)에 위치하다가, 시간이 경과함에 따라 어떻게 냉각되는가를 보여주는 경로를 따라 우측하단 방향으로 진행되는 것을 보여준다. 그림에서 보여주는 TTT곡선은 특정한 조성의 강(탄소 0.80%)에 대한 것이며, 다른 조성에서는 다른 곡선이 만들어진다.

냉각속도가 느린 곳에서는, 페라이트-카바이드가 교대로 배열된 혼합물 형태인 펄라이트 혹은 베이나이트로의 변태를 나타내는 지역으로 경로가 형성된다. 이러한 변태는 시간이 걸리기 때문에, TTT 선도에서 두 개의 선, 즉 시간 경과에 따른 시작선과 종료선(그림에서 첨자 s와 f)으로 상이한 상 영역을 구분해준다. **펄라이트**(pearlite)는 얇은 평행 층으로 형성된 페라이트와 카바이드 상들의 혼합물이다. 이것은 오스테나이트가 서서히 냉각되면 얻어지므로, 냉각경로가 TTT곡선 '코모양(nose)' 위의 어떤 P_s점을 지나가게 된다. **베이나이트**(bainite)는 펄라이트와 동일한 혼합상이 교대

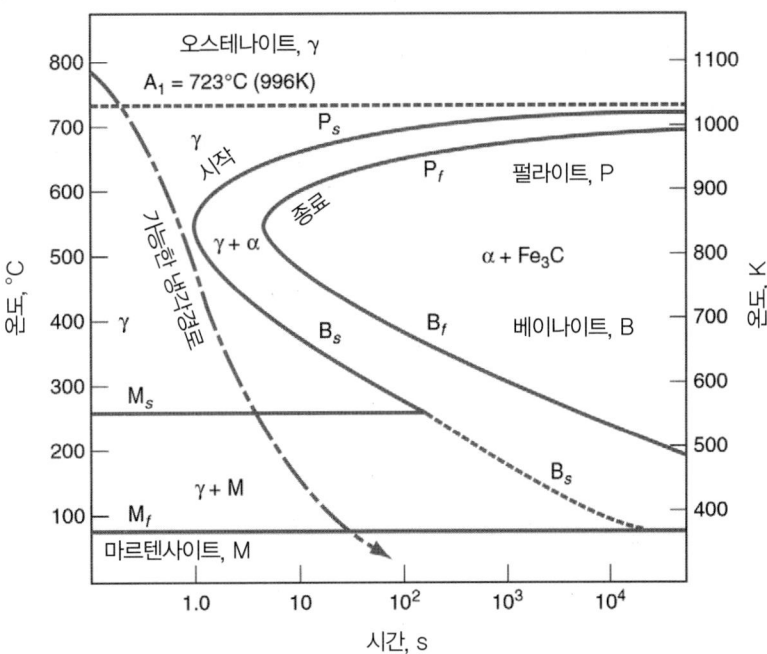

그림 25.1 0.80% 탄소강에 대하여, 시간과 온도에 따라 오스테나이트로부터 다른 상으로 변태되는 것을 보여주는 TTT 곡선. 여기에 표시된 냉각경로의 경우는 마르텐사이트로 변태되고 있음.

로 배열된 형태이지만, 초기에 M_s점 위의 어떤 온도부터 급속한 냉각에 의해 형성되므로, TTT곡선의 코모양을 피해서 진행한다. 초기 냉각 후에는 훨씬 느린 냉각속도를 가져서 B_s를 통과하여 페라이트-카바이드 영역으로 들어간다. 베이나이트는 미세한 카바이드 지역의 성분으로 구성되는 침상(needle-like) 혹은 깃털상(feather-like) 구조를 갖는다.

냉각이 충분히 빠른 속도로 이루어진다면(그림 25.1의 점선으로 표시됨), 오스테나이트가 마르텐사이트로 변태된다. **마르텐사이트**(martensite)는 오스테나이트와 동일한 조성을 갖는 철-탄소 용액의 혼합물의 독특한 상이다. 오스테나이트의 면심입방(face-centered cubic, FCC) 구조가 마르텐사이트의 체심입방(body-centered tetragonal, BCT) 구조로 거의 순간적인 변태가 일어난다. 즉 다른 변태에서 나타나는, 페라이트와 탄화철을 분리해주는, 시간의 함수로서의 확산 과정이 없다.

냉각 과정 동안에 마르텐사이트 변태는 TTT선도의 어떤 온도 M_s에서 시작하여 더 낮은 온도 M_f에서 종료된다. 이 두 온도 사이에서는 강이 오스테나이트와 마르텐사이트의 혼합물로 존재한다. 만약 냉각이 M_s선과 M_f선 사이에서 중지된다면, 시간-온도 경로가 B_s 임계점을 가로질러 오스테나이트가 베이나이트로 변태된다. M_s선의 높이는 탄소를 포함하는 합금원소에 따라 달라진다. 어떤 경우 M_s선이 상온 아래로 떨어질 수도 있는데, 이런 강의 경우 전통적인 열처리 방법으로는 마르텐사이트를 형성시킬 수 없다.

마르텐사이트의 매우 높은 경도는 체심입방격자 안에 갇힌 탄소 원자들에 의해 형성된 격자변형의 결과인데, 이로 인해 슬립이 방해를 받는다. 그림 25.2는 탄소 함량이 증가함에 따라 마르텐사이트 변태가 강의 경도에 미치는 영향을 보여준다.

25.2.2 마르텐사이트화 열처리 공정

마르텐사이트를 형성시키기 위한 열처리는 오스테나이타이징과 퀜칭의 두 단계로 이루어진다. 이 두 단계를 마치면 템퍼링을 실시하여 템퍼드 마르텐사이트를 생성시킨다. **오스테나이타이징**(austenitizing)은 강을 충분히 높은 온도로 가열하여, 전체 혹은 일부를 오스테나이트로 바꾸어주는

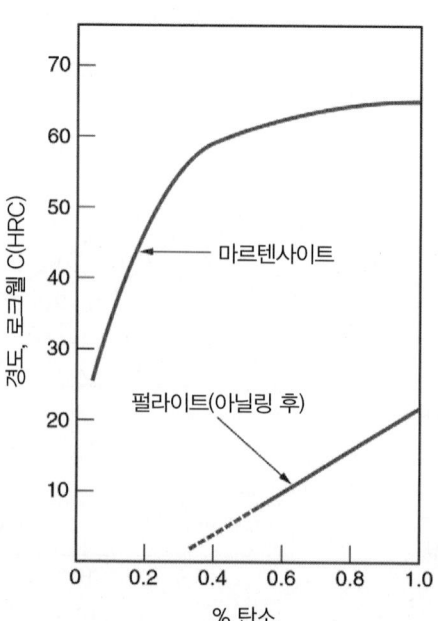

그림 25.2 마르텐사이트와 아닐링된 펄라이트에서 탄소량에 따른 순수탄소강의 경도.

것이다. 이 온도는 특정한 합금 조성에 대한 상평형도로부터 결정될 수 있다. 오스테나이트로의 변태는 상의 변화를 포함하는데, 이를 위해서는 시간뿐만 아니라 가열도 필요로 한다. 따라서 새로운 상이 형성되고 요구되는 균질성을 달성하기 위해서는 상승된 온도를 충분한 시간 동안 유지시켜야 한다.

퀜칭(quenching, 담금질)은 그림 25.1의 냉각경로에 나타난 것과 같은 TTT곡선의 코모양을 피할 수 있을 정도로 오스테나이트를 급속히 냉각시키는 것이다. 냉각속도는 퀜칭매질과 강소재의 열전도율에 따라 달라진다. 다양한 퀜칭매질들로는 (1) 염수(보통 교반시킴), (2) 순수한 물(정지된, 교반되지 않은), (3) 정지된 기름, (4) 공기 등이 상업적 열처리에 사용된다. 교반시킨 염수 속에서의 담금질이 가열된 부품 표면의 냉각속도가 가장 빠르고, 공기 속에서의 담금질이 가장 느리다. 하지만 퀜칭매질의 냉각 효율이 클수록, 제품에 내부응력, 뒤틀림, 균열 등을 발생시킬 가능성이 크다는 문제점이 있다.

부품 내의 열전달율은 질량과 형상에 매우 크게 영향을 받는다. 커다란 직육면체 형상은 작고, 얇은 판보다는 훨씬 더 늦게 냉각된다. 입자로 구성된 부품의 열전도도 계수 k는 또한 금속의 열흐름에 있어서의 하나의 인자이다. 강의 다양한 등급에 따라 k값은 상당한 변화가 있다. 예를 들어, 순수 탄소강과 저탄소강은 0.046 J/s-mm-°C의 전형적인 k값을 갖는 반면, 고합금강은 그 값은 1/3정도 이다.

마르텐사이트는 경도와 취성이 크다. **템퍼링**(tempering)은 경화된 강에 대해 취성을 줄이고, 연성과 인성을 증가시키고, 마르텐사이트 조직 내의 응력을 감소시키는 열처리이다. 방법은 오스테나이타이징 온도 이하로 약 1시간 동안 가열하여 유지한 후 서냉시키는 것이다. 이 결과로 마르텐사이트 철-탄소 용액에서 매우 미세한 탄화물 입자가 석출되고, 체심정방구조에서 체심입방구조로 결정구조가 서서히 변화한다. 이 새로운 구조를 **템퍼드 마르텐사이트**(tempered martensite)라고 부른다. 강도와 경도의 경미한 감소는 연성과 인성의 증가를 함께 가져온다. 일반 마르텐사이트에서 템퍼드 마르텐사이트로의 변화는 확산을 포함하기 때문에, 템퍼링 처리의 온도와 시간에 의해 경화강의 연화 정도를 조절할 수 있다.

정리해보면 템퍼드 마르텐사이트를 생성시키기 위한 열처리의 세 단계는 그림 25.3과 같다. 두 번의 가열-냉각 사이클이 있는데, 첫 번째는 마르텐사이트를 생성하는 것이고, 두 번째는 마르텐사이트를 템퍼링하는 것이다.

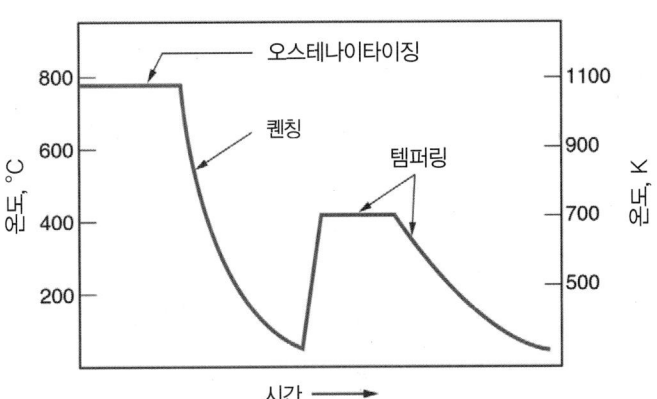

그림 25.3 강의 전형적인 열처리. 오스테나이타이징, 퀜칭, 템퍼링.

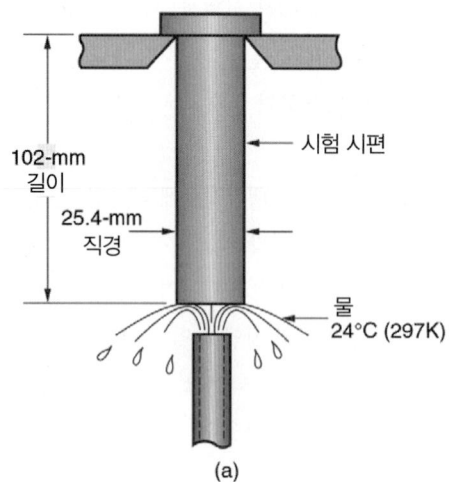

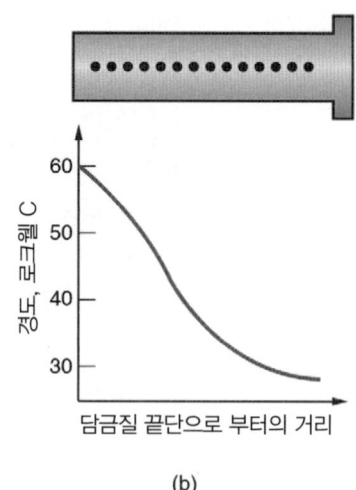

그림 25.4 저미니 담금질시험법. (a) 시편의 끝단을 담금질, (b) 담금질 끝단으로부터의 거리 함수로 표현되는 전형적인 경도 패턴.

102-mm 길이

25.4-mm 직경

시험 시편

물 24°C (297K)

(a)

경도, 로크웰 C

담금질 끝단으로 부터의 거리

(b)

25.2.3 경화능

경화능이란 마르텐사이트 변태를 통해 강이 경화될 수 있는 상대적인 능력을 말한다. 경화능은 표면으로부터 경화된 담금질 깊이, 혹은 일정한 깊이까지 주어진 경도 달성을 위한 담금질 난이도로 결정되는 물성이다. 우수한 경화능을 갖는 강은 표면 아래로 더 깊게 경화시킬 수 있고, 높은 냉각속도를 필요로 하지 않는다. 경화능은 가능한 최대경도를 의미하는 것은 아닌데, 이것은 탄소 함량에 따라 결정되는 것이다.

강의 경화능은 합금을 통해서 증대될 수 있다. 경화능에 가장 큰 영향을 주는 합금 원소들은 크롬, 망간, 몰리브덴(니켈, 보다 적게) 등이다. 이런 합금 재료들의 작용에 의한 메커니즘은 TTT선도의 오스테나이트-펄라이트 변태 시작 전에 시간을 늘려준다. 실제로 TTT곡선이 오른쪽으로 움직여서, 퀜칭속도를 더 느리게 해준다. 이리하여 냉각경로가 M_s선으로 가는 덜 급한 길을 따라 가게 되어, TTT곡선의 코모양 지점을 쉽게 피해갈 수 있다.

경화능을 측정하는 가장 일반적인 방법은 **저미니 담금질시험법**(Jominy end-quench test)이다. 방법은 직경 25.4 mm, 길이 10.2 mm의 표준시편을 오스테나이트 영역까지 가열한 후, 그림 25.4(a)처럼 시편을 수직으로 고정시키고, 흐르는 냉수로 한쪽 끝을 퀜칭하는 것이다. 담금질 끝단으로부터의 거리가 증가할수록 시험 시편 내부의 냉각속도는 감소한다. 경화능은 그림 25.4(b)와 같이 담금질 끝단으로부터의 거리 함수로 시편의 경도를 표시하는 것이라 할 수 있다.

25.3 석출경화

석출경화는 조밀입자를 형성시켜 전위의 이동을 막아 금속의 강도와 경도를 높여주는 방법이다. 이것은 알루미늄, 구리, 마그네슘, 니켈의 합금들과 기타 비철금속들을 강화하는 데 사용되는 중요한 열처리 방법이다. 석출경화는 또한 일반적인 강합금을 강화하는 데에도 사용될 수 있다. 강에 적용될 때 이 공정은 **머레이징**(maraging, 마르텐사이트와 시효의 축약어)이라고 불리며, 강은 머레이징강이라고 한다(6.2.3절).

합금계가 석출경화법으로 강화시킬 수 있는가 여부를 결정해주는 필요조건은 그림 25.5(a)의 상

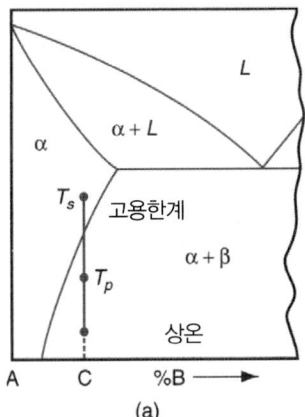
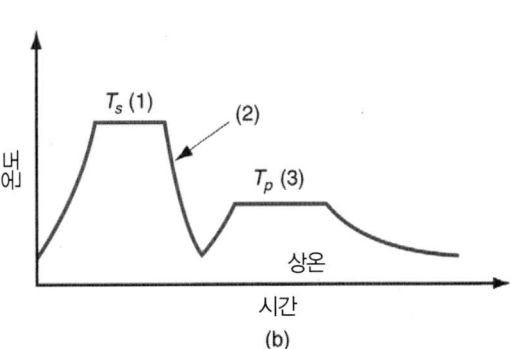

그림 25.5 석출경화. (a) 석출경화될 수 있는 금속 A와 B로 구성되는 합금의 상평형도, (b) 열처리 과정 : (1) 용체화처리, (2) 퀜칭, (3) 석출경화.

평형도에서와 같은 경사진 고용한계선(solvus line)의 존재 여부이다. 석출경화가 가능한 조성은 상온에서 두 개의 상을 가지고 있지만, 어떤 온도로 가열되면 두 번째 상이 분해가 된다. 그림에서 조성 C가 이런 조건을 만족한다. 석출경화법은 그림 25.5(b)와 같은 세 단계를 거친다. (1) 합금을 고용한계선 위 α상 지역의 온도 T_s로 가열하여 β상을 분해하기에 충분한 시간동안 유지시키는 **용체화처리**(solution treatment), (2) 과포화 고용체를 만들기 위한 상온까지의 **퀜칭**(quenching), (3) β상의 조밀 입자를 석출시키기 위해 T_s 아래의 온도 T_p까지 가열하는 **석출처리**(precipitation treatment). 세 번째 단계를 **시효**(aging)라고도 부르는데, 이런 이유로 전체 석출경화 열처리방법을 **시효경화**(age hardening)라고도 부른다. 그러나 시효는 상온에서 일부 합금에서만 발생하므로, **석출경화**(precipitation hardening)라는 용어가 위에서 설명한 3단계 열처리 공정의 이름으로 더 정확한 표현이다. 시효 단계가 상온에서 수행되면, 이를 **자연시효**(natural aging)라 하고, 이보다 높은 온도에서 수행되면 **인공시효**(artificial aging)라 한다.

시효 단계에서 합금의 높은 강도와 경도가 얻어진다. 석출처리(시효) 과정 동안에 온도와 시간의 조합이 합금의 원하는 물성을 결정짓는 중요한 요인이다. 그림 25.6(a)에서 높은 석출처리 온도는 비교적 짧은 시간 안에 경도의 정점을 갖게 되는 반면에, 낮은 온도에서는 그림 25.6(b)와 같이 합금을 경화시키는 데 시간이 더 필요하게 되나, 최대 경도값은 첫 번째 경우보다 더 커지게 된다. 그림에 나타나 있듯이 계속되는 시효공정은 경도와 강도의 감소를 가져오는데, 이를 **과시효**(overaging)라고 한다. 이것의 전체적인 효과는 아닐링과 유사하다.

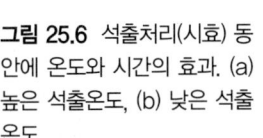
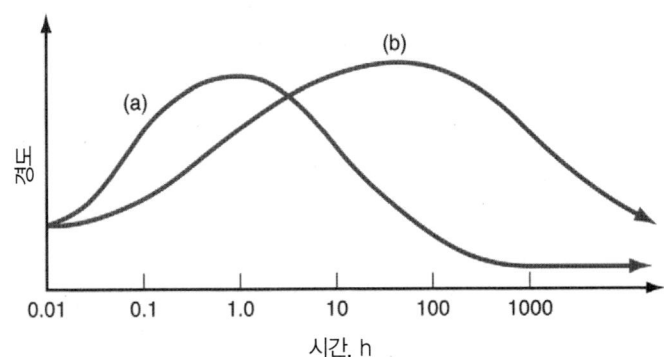

그림 25.6 석출처리(시효) 동안에 온도와 시간의 효과. (a) 높은 석출온도, (b) 낮은 석출온도.

| 25.4 표면경화

표면경화는 탄소, 질소, 혹은 기타 원소를 첨가함으로써 강소재 표면의 조성을 바꾸어주는 열-기계적 처리법을 통칭하는 용어이다. 가장 보편적인 표면경화는 침탄, 질화, 침탄질화이다. 이들 공정은 일반적으로 저탄소강 부품에 대해 내부의 인성은 유지하고, 바깥 표면부만 경도와 내마모성을 증가시키기 위해 적용된다. 따라서 이들 공정에 대해 **케이스경화**(case hardening)라는 용어가 사용되기도 한다.

침탄(carburizing)은 가장 많이 사용되는 표면경화 처리로, 탄소가 가득한 환경 속에서 저탄소강 부품을 가열하여 탄소가 표면 속으로 확산되게 하는 방법이다. 결과적으로 표면이 고탄소강으로 변화되어 탄소량이 적은 내부보다 경도가 높아지게 된다. 탄소가 풍부한 환경은 몇 가지 방법으로 만들 수 있다. 그 중 하나는 목탄이나 코크스와 같은 탄소물질을 부품과 함께 밀폐된 용기 속에 넣는 것이다. **팩침탄**(pack carburizing)이라 불리는 이 공정은 0.6 mm ~ 4 mm의 비교적 두꺼운 경화층을 만들 수 있다. 다른 방법으로는 **가스침탄**(gas carburizing)이 있는데, 프로판(C_3H_8)과 같은 탄화수소 연료를 밀폐된 노 속에 넣어 탄소가 확산되게 하는 방법으로, 0.13 mm ~ 0.75 mm의 얇은 두께를 얻는다. 또다른 공정은 **액체침탄**(liquid carburizing)으로 청산나트륨(NaCN), 염화바륨($BaCl_2$)과 기타 화합물이 담긴 염욕조에 넣어 탄소를 강에 확산이 되도록 하는 방법이다. 이 공정에서 얻는 표면층 두께는 위 두 방법의 중간 정도가 된다. 전형적인 침탄온도는 875°C ~ 925°C(1148 K ~ 1198 K) 정도로, 오스테나이트 영역에 들어간다.

퀜칭 후에 침탄을 실시하면 표면경도가 HRC 60정도로 만들어진다. 하지만, 부품의 내부가 저탄소강이어서 경화능이 낮기 때문에 담금질에 의해 영향을 받지 않고, 인성과 연성은 상대적으로 유지되기 때문에 충격과 피로응력에 견딜 수 있다.

질화(nitriding)는 얇고 단단한 표면을 만들기 위해 특수합금강의 표면에 질소를 확산시켜서 퀜칭 없이 얇고 단단한 표면을 만드는 처리이다. 이 방법으로 최대의 효과를 얻기 위해서는 강에 알루미늄(0.85% ~ 1.5%) 혹은 크롬(5% 이상)과 같은 합금원소들이 함유되어 있어야만 한다. 이런 성분들이 강을 경화하는 포장에 매우 조밀한 입자 형태로 석출되는 질소화합물을 형성한다. 질화의 세부 종류에는 암모니아(NH_3) 혹은 다른 질소가 풍부한 가스 혼합물 속에서 강부품을 가열하는 **가스질화**(gas nitriding)와, 용융 청산염(cyanide salt) 속에 부품을 담그는 **액체질화**(liquid nitriding)가 있다. 두 방법 모두 약 500°C(773 K) 근처에서 수행된다. 표면 두께는 0.025 mm ~ 0.5 mm 정도로 낮고, 경도는 HRC 70까지 얻을 수 있다.

침탄질화(carbonitriding)는 이름에서도 알 수 있듯이, 강 표면에 탄소와 질소를 침투시키는 처리인데, 탄소와 암모니아가 들어간 노 안에서 가열하는 것이 일반적인 방법이다. 표면 두께는 보통 0.07 mm ~ 0.5 mm 정도이고, 위의 두 방법의 결과와 비슷한 경도가 만들어진다.

두 가지 부가적인 표면경화 처리는 전형적으로 단지 0.025 mm ~ 0.05 mm 정도의 표면 두께를 만들기 위하여 강 속으로 크롬과 붕소를 확산시키는 것이다. 크로마이징(chromizing)은 위의 표면경화법들보다 더 높은 온도에서 더 오랫동안 처리해야 하지만, 표면층은 경도와 내마모성뿐만 아니라 내화성과 내부식성도 갖추게 된다. 이 공정도 보통 저탄소강에 적용된다. 크롬을 표면에 확산시키는 방법으로는 크롬 성분이 풍부한 분말이나 입자 속에 강부품을 넣거나, 크롬과 크롬염이 담긴 용융 염욕조에 넣거나, 화학증착법(26.5.2절)의 이용이 있다.

붕화(boronizing)는 순수탄소강 외에도 공구강, 니켈과 코발트 기저 합금, 주철에 대하여 수행되는데, 붕소를 함유하는 분말, 염용액, 혹은 가스를 사용한다. 이 공정을 통해 얇은 표면에 고내마멸성과 저마찰계수를 얻을 수 있다. 표면경도는 HRC 70까지 달한다. 저탄소강이나 저합금강에 붕화 처리를 실시하면, 내부식성 또한 향상된다.

25.5 열처리 방법과 장비

대부분의 열처리 작업은 가열로 속에서 수행된다. 게다가, 다른 기술들에서는 공작물의 표면이나 단지 표면의 일부만 선택적으로 가열되기도 한다. 따라서 이 절에서는 방법과 장비의 두 가지 범주에 따라 열처리를 분류하고자 한다 [11].

다음에 설명할 장비들 중 일부는 열처리 외의 공정에도 사용될 수 있다. 이러한 장비들로는 주조용 금속 용융(10.4.1절), 열간 및 냉간 가공 전의 가열(16.3절), 브레이징, 솔더링, 접착제의 경화(29장), 반도체 공정(32장) 등이 그런 예이다.

25.5.1 열처리로

노는 가열 기술, 크기와 용량, 구조, 공기 제어 방식 등에 따라 종류가 다양하다. 일반적으로 복사, 대류, 전도의 조합으로 공작물을 가열한다. 가열 기술은 연료연소와 전기가열로 나눌 수 있다. **연료연소로**(fuel-fired furnace)는 **직접연소**(direct-fired)로라고도 하는데, 이는 공작물을 연소물질에 직접 노출시킴을 의미한다. 연료로는 천연가스와 프로판과 같은 기체류와 경유와 연료유 같이 분무될 수 있는 기름이 사용된다. 연소물질의 화학성분은 공작물 표면의 산화를 최소화하는 방향으로 연료-공기 혹은 연료-산소 혼합비를 조절함으로써 제어된다. **전기로**(electric furnace)는 가열을 위해 전기저항을 이용한다. 이 방법은 보다 청결하고, 조용하며, 균일한 가열이 가능하나, 장비를 구입하고 운영하는 데 더 많은 비용이 들게 된다.

전통적인 노는 열손실을 막고 처리할 공작물 크기에 맞는 밀폐된 형태를 갖고 있다. 노의 다른 분류법은 뱃치로와 연속로로 나누는 것이다. **뱃치로**(batch furnace)는 단열된 체임버에 공작물을 넣고 뺄 수 있는 문이 달려있는 단순한 형태이다. **연속로**(continuous furnace)는 일반적으로 높은 생산율에 사용되며, 공작물을 가열 체임버 내로 이동시키는 수단이 마련되어 있다.

표면경화법과 같은 특정한 열처리 작업을 위해서는 특별한 열처리 환경이 필요하다. 이런 환경의 예로는 공작물 표면으로의 확산이 잘 되게 해주는 탄소와 질소가 풍부한 분위기를 들 수 있다. 전통적인 열처리 작업에서 과도한 산화와 탈탄을 위해서 열처리 환경을 제어하는 것이 바람직하다.

진공로는 가열실 내부를 진공으로 만들고, 공작물의 가열을 위해 복사에너지가 사용되는 노이다. 진공로는 공작물 표면의 산화를 막을 수 있다는 장점이 있어서, 열처리 환경제어를 위한 훌륭한 방법으로 인식되고 있다. 단점으로는 진공을 만들기 위해 걸리는 시간이 길어서 생산속도가 떨어진다는 점을 들 수 있다.

이 밖의 열처리로에는 염욕로와 유동성베드로가 있다. **염욕로**(salt bath furnace)는 염화물과 질화물이 용해된 염이 담긴 통 속에 소재를 담가서 가열하는 로이다. **유동성베드로**(fluidized bed furnace)에는 고속으로 흐르는 고온 가스에 의해 유동하는 불활성 입자가 가득한 용기를 사용한다. 적절한 조건하에서 입자들의 총체적인 거동이 유체와 같아서, 입자베드 속에 잠긴 소재가 신속히 가열된다.

25.5.2 선택적 표면경화법

이 방법은 공작물의 표면만 혹은 표면 중 국소부만을 가열하는 방법이다. 아무런 화학적 변화가 일어나지 않는 점에서 일반적인 표면경화법(25.4)과는 구별된다. 여기에서 처리법들은 단지 열만 사용한다. 선택적 표면경화법에는 화염경화법, 유도가열법, 고주파저항가열법, 전자빔가열법, 레이저가열법 등이 속한다.

화염경화법(flame hardening)은 하나 혹은 그 이상의 토치로 소재 표면을 가열한 후 급속 냉각을 하는 방법이다. 탄소강, 합금강, 공구강, 주철 등에 적용되는 경화 공정이다. 연료로는 아세틸렌(C_2H_2), 프로판(C_3H_8), 기타 가스가 사용된다. 화염경화라는 이름은 결과에 대한 통제가 힘든 매우 수작업적인 이미지를 불러일으킨다. 하지만 온도조절, 공작물 고정구, 정확한 사이클 시간에 맞추어 주는 인덱싱 기구 등을 포함하도록 셋업될 수 있고, 이러한 모든 것들이 열처리 결과에 대하여 세밀한 조정을 제공해준다. 화염경화는 신속하고 적용대상이 넓은 공정이어서 노의 용량을 초과하는 커다란 기어와 같은 대형부품뿐만 아니라 대량생산에도 적합하다.

유도가열법(induction heating)은 유도코일에 의해서 생기는 전기도체 부품의 전자기적 유도에너지를 이용하는 가열 방법이다. 브레이징, 솔더링, 접착제결합, 다양한 열처리 등의 공정이 필요한 산업에서 널리 활용되고 있다. 강의 경화를 위해 사용될 경우에는 가열 후에 퀜칭을 하게 된다. 유도가열의 전형적인 셋업은 그림 25.7과 같다. 유도코일에 고주파 교류가 흐르면 공작물을 둘러싸는 유도전류가 발생하여 열을 발생시킨다. 이 공정으로 부품의 표면, 표면의 일부, 혹은 내부를 포함한 전체를 가열할 수 있다. 유도가열법은 전기전도체 재료의 가열에 있어서 빠르고 효율적인 방법을 제공한다. 가열 사이클 시간이 짧기 때문에 중량생산뿐만 아니라 대량생산에도 적합하다.

고주파저항가열법(high-frequency(HF) resistance heating)은 고주파(보통 400 kHz)의 국부적인 저항열을 이용하여 강소재의 특정 영역만을 경화하는 데 사용되는 방법이다. 고주파저항가열법의 전형적인 셋업은 그림 25.8과 같다. 가열장치 외관은 가열할 영역 위에 위치시키는 수냉식 근접 도체로 구성되어 있다. 접점은 소재의 바깥쪽 양모서리에 부착된다. 고주파 전류가 흐르면 근접 도체 밑의 영역이 신속히 고온으로 가열된다(오스테나이트 범위로 가열하는 데 1초도 안 걸린다). 전원을 끊으면,

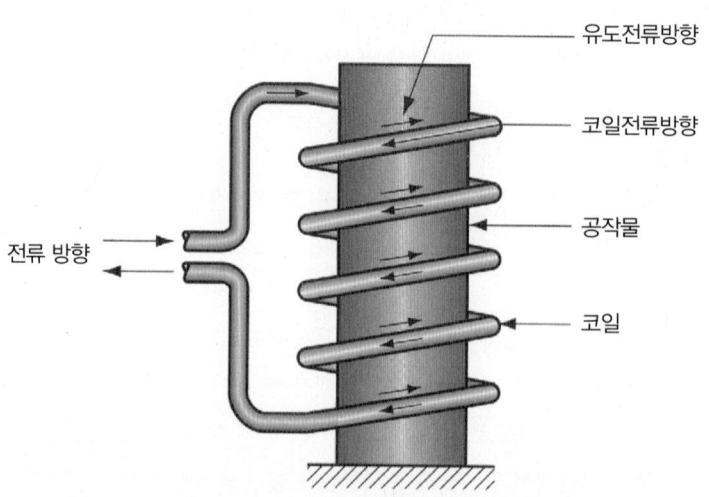

그림 25.7 전형적인 유도가열법 셋업. 가열 효과를 주기 위하여 코일 속의 고주파 교류가 공작물에 유도전류를 인가한다.

유도전류방향

코일전류방향

공작물

코일

전류 방향

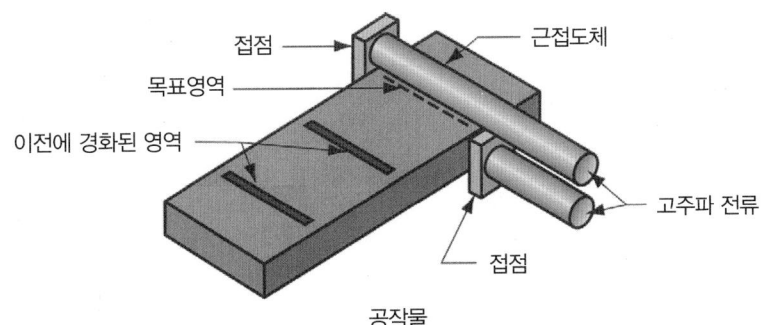

그림 25.8 전형적인 고주파 저항가열법 셋업.

좁은 선 형태의 가열영역에서 열이 금속 주변으로 전달되어 결국 퀜칭의 효과가 나타난다. 처리영역의 깊이는 약 0.63 mm이고, 경도는 강소재의 탄소함유량에 따라 달라지는데, 60HRC까지 가능하다 [11].

전자빔가열법(electron beam(EB) heating)은 전자빔을 작은 영역에 초점을 맞추어 빠르게 열을 증가시켜서 국부적으로 강의 표면을 경화시키는 방법이다. 오스테나이타이징 온도까지 가열하는 데에 일반적으로 1초도 안 걸린다. 직접적인 빔이 제거되면, 가열된 영역은 금속 주변의 비가열 부분으로 열전달을 하여 즉각적으로 퀜칭되고 경화된다. 전자빔가열의 단점은 공정이 진공에서 수행될 때에만 최상의 결과가 얻어진다는 점이다. 특별한 진공 체임버가 필요하고, 진공을 제거하는 시간이 소요되기 때문에, 생산성이 떨어진다.

레이저빔가열법(laser beam(LB) heating)은 작은 영역에 초점을 맞추어 일관된 빛의 고밀도 빔을 사용한다. 빔은 오스테나이트 영역으로 강을 가열하기 위하여 공작물 표면에 미리 정의된 경로를 따라 움직인다. 빔이 제거되면 주변 금속으로 급속히 열이 전도되면서 신속한 담금질 효과가 나타난다. **레이저**(laser)는 light amplification by stimulated emission of radiation의 약어이다. 레이저빔가열에서는 최상의 결과를 얻기 위하여 진공을 필요로 하지 않는다는 점이 전자빔가열과 비교하여 장점이라고 할 수 있다. 이 두 가열법의 에너지밀도 수준은 절단이나 용접공정보다는 떨어진다.

참고문헌

[1] *ASM Handbook.* Vol. 4, *Heat Treating.* ASM International, Materials Park, Ohio, 1991.

[2] Babu, S. S., and Totten, G. E. *Steel Heat Treatment Handbook,* 2nd ed. CRC Taylor & Francis, Boca Raton, Florida, 2006.

[3] Brick, R. M., Pense, A. W., and Gordon, R. B. *Structure and Properties of Engineering Materials.* 4th ed. McGraw-Hill, New York, 1977.

[4] Chandler, H. (ed.). *Heat Treater's Guide: Practices and Procedures for Irons and Steels.* ASM International, Materials Park, Ohio, 1995.

[5] Chandler, H. (ed.). *Heat Treater's Guide: Practices and Procedures for Nonferrous Alloys.* ASM International, Materials Park, Ohio, 1996.

[6] Dossett, J. L., and Boyer, H. E. *Practical Heat Treating,* 2nd ed. 2006.

[7] Flinn, R. A., and Trojan, P. K. *Engineering Materials and Their Applications.* 5th ed. John Wiley & Sons, New York, 1995.

[8] Guy, A. G., and Hren, J. J. *Elements of Physical Metallurgy.* 3rd ed. Addison-Wesley, Reading, Massachusetts, 1974.

[9] Ostwald, P. F., and Munoz, J. *Manufacturing Processes and Systems.* 9th ed. John Wiley & Sons, New York, 1997.

[10] Vaccari, J. A. "Fundamentals of heat treating." Special Report 737, *American Machinist.* September 1981, pp. 185–200.

[11] Wick, C. and Veilleux, R. F. (eds.). *Tool and Manufacturing Engineers Handbook.* 4th ed. Vol. 3, *Materials, Finishing, and Coating.* Section 2: Heat Treatment. Society of Manufacturing Engineers, Dearborn, Michigan, 1985.

복습문제

25.1 금속 재료에 열처리를 하는 이유는 무엇인가?

25.2 금속에 아닐링을 하는 중요한 이유를 설명하여라.

25.3 강을 경화시키는 용도로서 가장 중요한 열처리 공정은 무엇인가?

25.4 열처리 동안에 탄소가 강을 강화시키는 메커니즘은 무엇인가?

25.5 TTT곡선에서 얻을 수 있는 정보는 무엇인가?

25.6 템퍼링의 기능은 무엇인가?

25.7 경화능을 정의하여라.

25.8 강의 경화능에 가장 큰 영향을 미치는 요소들을 기술하여라.

25.9 강의 경화능에 있어서 합금 원소들이 어떻게 TTT 곡선에 영향을 미치는지 설명하여라.

25.10 석출경화를 정의하여라.

25.11 침탄법의 수행 방법을 설명하여라.

25.12 선택적 표면경화법의 종류를 분류하여라.

25.13 (동영상) 상온에서 페라이트의 세 가지 물성들을 나열하여라.

25.14 (동영상) 오스테나이트는 페라이트와 어떻게 다른가?

객관식문제(12개의 답)

25.1 다음 중 열처리의 일반적인 목적은 어느 것인가? (정답 세 개)

(a) 경도의 증가, (b) 용융 온도의 증가, (c) 재결정 온도 증가, (d) 취성의 감소, (e) 밀도의 감소, (f) 응력의 제거.

25.2 다음의 담금질 매질 중에서 가장 빠른 냉각속도를 제공하는 것은?

(a) 공기, (b) 염수, (c) 기름, (d) 순수한 물.

25.3 다음 금속 중에서 오스테나이타이징이 수행될 수 있는 것은 어느 것인가?

(a) 알루미늄 합금, (b) 황동, (c) 동 합금, (d) 강.

25.4 마르텐사이트의 취성을 줄여주는 열처리를 다음 중 무엇이라 하는가?

(a) 시효, (b) 아닐링, (c) 오스테나이타이징, (d) 노말라이징, (e) 퀜칭, (f) 템퍼링.

25.5 저미니 담금질시험법은 다음 중 무엇을 알기 위해서 만들어진 방법인가?

(a) 냉각속도, (b) 연성, (c) 경화능, (d) 경도, (e) 강도.

25.6 석출경화 과정 중에서 금속의 경화와 강화는 다음의 어느 단계에서 발생하는가?

(a) 시효, (b) 퀜칭, (c) 용체화 처리.

25.7 다음 중 가장 일반적인 표면경화 방법은 무엇인가?

(a) 붕화법, (b) 침탄질화법, (c) 침탄법, (d) 크로마이징, (e) 질화법.

25.8 다음 중 선택적 표면경화법에 속하는 것은 어느 것인가? (정답 세 개)

(a) 오스테나이타이징, (b) 전자빔가열, (c) 유동성 베드로, (d) 유도가열, (e) 레이저빔가열, (f) 진공로.

Chapter 26

표면 공정 작업

26.1 산업적 청정 공정
　26.1.1 화학적 청정법
　26.1.2 기계적 청정법과 표면처리

26.2 확산법과 이온 주입법
　26.2.1 확산법
　26.2.2 이온주입법

26.3 도금과 관련 공정들
　26.3.1 전기도금
　26.3.2 전해성형
　26.3.3 무전해도금
　26.3.4 고온딥핑

26.4 변환코팅
　26.4.1 화학적 변환코팅
　26.4.2 애노다이징

26.5 증착 공정
　26.5.1 물리 증착법
　26.5.2 화학 증착법

26.6 유기코팅
　26.6.1 적용 방법
　26.6.2 분말 코팅

26.7 법랑에나멜링과 기타 세라믹 코팅

26.8 열적 기계적 코팅 공정
　26.8.1 열적 표면처리 공정
　26.8.2 기계적 도금

이 장에서 논의될 공정들은 부품과(또는) 제품들의 표면에 작업하는 것이다. 표면 공정 작업의 주요 범주는 (1) 청정법, (2) 표면처리법, (3) 코팅과 얇은 막 증착으로 나뉜다. 청정법은 이전 공정이나 작업 공장 환경으로부터 나오는 얼룩이나 오염물질들을 제거하는 것이다. 화학적, 기계적 청정법 모두를 포함한다. 표면처리법은 표면의 마무리 상태를 향상시키거나 화학적 물리적 물성들을 바꾸기 위해 공작물 표면에 다른 물질의 원자를 주입하는 방법들과 같은 화학적 물리적 작업이다.

코팅과 얇은 막 증착은 표면에 재료 층을 적용시키는 다양한 공정들을 포함한다. 금속 제품들은 거의 대부분 항상 전기도금(예, 크롬 도금), 페인팅 또는 다른 공정에 의해 코팅이 된다. 금속에 코팅을 하는 주요 이유는 다음과 같다. (1) 모재에 대한 부식 방지, (2) 제품의 외관을 좋게 함(예, 특별한 색상 혹은 무늬를 제공), (3) 내마모성을 증가시키고 동시에(또는) 표면의 마찰을 감소시킴, (4) 전기 전도성을 증가시킴, (5) 전기 저항을 증가시킴, (6) 후속 공정을 위한 금속 표면 상태를 준비시킴, (7) 사용 중 표면 마모나 부식 부위를 재생시킴. 비금속 재료도 또한 때때로 코팅된다. 몇 가지 예로는 (1) 플라스틱 부품은 금속성의 외관 느낌을 주기 위해 코팅되고, (2) 무광택 코팅은 광학 렌즈에 적용되며, (3) 일부 코팅과 증착 공정은 반도체 칩(32장)과 인쇄회로기판(33장)의 제조에 사용된다. 모든 경우에 있어서, 기질과 코팅 사이에 좋은 접착성이 얻어져야 하며, 이렇게 되기 위해서는 기질의 표면이 매우 깨끗해야만 한다.

| 26.1 산업적 청정 공정

대부분의 공작물들은 생산이 이루어지는 여러 공정 동안에 한 번 또는 그 이상 청정 작업을 거쳐야만 한다. 이러한 청정 작업을 위해서 화학적, 그리고(또는) 기계적 공정들이 사용될 수 있다. 화학적 청정법은 기름과 얼룩 같은 불필요한 물질을 공작물 표면으로부터 제거하기 위해서 화학약품을 사용하는 것이다. 기계적 청정법은 여러 종류의 기계적인 공정을 통해 공작물 표면의 이물질을 제거하는 것이다. 이러한 공정들은 버제거, 평활도향상, 광택증가, 표면 물성 강화 등의 추가적인 기능을 발휘하기도 한다.

26.1.1 화학적 청정법

전형적으로 공작물의 표면은 보통 다양한 막, 기름, 먼지 및 기타 오염물로 덮여 있다(5.3.1절). 이들 물질의 일부는 유익하게 작용할 수도 있지만(예, 알루미늄의 산화막), 일반적으로는 표면으로부터 오염물을 제거하는 것이 바람직하다. 이 절에서는 청정법에 관련된 일반적인 사항을 살펴보고, 산업용으로 중요한 화학적 청정 공정에 대하여 설명한다.

제조되는 부품(혹은 제품)이 청정공정을 왜 거쳐야 하는가에 대한 중요한 이유는 (1) 코팅, 접착제 접합과 같은 후속 공정을 위한 표면의 준비, (2) 작업자와 고객의 위생조건 개선, (3) 표면과 화학적으로 반응할 수도 있는 오염물질의 제거, (4) 제품의 외관과 성능 향상 등을 들 수 있다.

청정법에 있어서 일반적인 고려사항들

모든 청정 작업에 적용될 수 있는 유일한 청정법은 존재하지 않는다. 다양한 가사일(세탁, 설거지, 냄비 세척, 욕조 청소 등)에 필요한 비누와 세제가 각각 다르듯이, 산업에서 발생하는 다양한 청정 문제를 해결하기 위해서 다양한 청정 방법들이 필요하다. 청정법을 선택하는 중요한 인자들은 (1) 제거할 오염 물질, (2) 요구되는 청정도 수준, (3) 청정법이 적용될 기질 재료, (4) 청정의 목적, (5) 환경 및 안전 문제, (6) 부품의 크기와 형상, (7) 생산과 비용의 요구 조건 등이다.

이전 공정이나 공장 환경 등으로 인해 여러 가지 종류의 오염물질들이 부품 표면에 쌓일 수 있다. 최적의 청정 방법을 선택하기 위해서는 청정의 대상을 우선 식별해야 한다. 공장에서 발견되는 표면 오염물들은 다음의 범주로 분류될 수 있다. (1) 금속가공 시 윤활제로 사용되는 기름과 그리스, (2) 금속 칩, 연마용 모래, 현장 오물, 먼지 등과 같은 고체 입자들, (3) 버핑 혹은 폴리싱 화합물, (4) 산화막, 녹, 산화물 조각.

청정도 수준은 주어진 청정 작업을 수행한 후에 남는 오염물의 양을 의미한다. 코팅(예, 페인트, 금속막) 혹은 접착을 할 부품은 매우 깨끗하게 준비되어야만 한다. 그렇지 않으면 코팅된 재료의 접착 상태가 불안정하게 된다. 다른 경우로는 청정 공정에서 부품 표면에 잔여물을 남겨서 저장하는 동안에 부식을 막는 것이 바람직할 수도 있는데, 사실상 표면의 오염물질을 이로운 다른 물질로 대체하는 것이 효과적이다. 청정도 수준을 정량적 방법으로 평가하기가 어려운 경우가 많다. 간단한 측정법은 **와이핑 방법**(wiping method)인데, 표면을 깨끗한 흰 천으로 닦은 후 천에 흡수된 얼룩의 양을 관찰하는 방법이다. 비록 정량적인 것이 아니지만 사용하기에 편한 측정법이다.

기질 재료도 청정 방법을 선택하는 데 있어서 반드시 고려되어야만 하는데, 이는 청정용 화학물질에 의해 손상이 일어나는 반응을 막을 수 있기 때문이다. 몇 가지 예를 들면 알루미늄은 대부분의 산과 알카리에 용해되고, 마그네슘은 많은 산에, 구리는 산화물 산(예, 질산)에 약하며, 강은 알카리에 강하나 거의 모든 산에 반응을 한다.

일부 청정 방법은 페인팅용 표면을 준비하기에 적합하나, 반면에 다른 방법들은 도금하기에 더 좋을 수 있다. 산업 공정들에서 환경보호와 작업자 안전이 점점 더 중요성이 증가되고 있다. 오염을 일으키거나 건강을 위협하는 것을 피할 수 있는 청정법과 이에 관련된 화학물질을 선정하여야 한다.

화학적 청정 공정들

화학적 청정법은 표면으로부터 오염 물질을 제거할 수 있는 다양한 종류의 화학약품들을 사용한다. 주요한 화학적 청정 방법들은 (1) 알카리 청정, (2) 유지 청정, (3) 용제 청정, (4) 산 청정, (5) 초음파 청정 등이 있다. 어떤 경우에는 다른 에너지 유형에 의해서 화학 반응이 촉진되기도 한다(예, 초음파 청정은 화학적 청정과 결합된 기계적인 고주파 진동을 사용함). 다음의 단락에서는 이러한 화학적 방법들에 대하여 검토한다.

알칼리성 청정(alkaline cleaning)은 산업용 청정 방법으로 가장 널리 사용되는 방법이다. 이름에서 알 수 있듯이, 금속표면으로부터 기름, 그리스, 왁스 및 다양한 유형의 입자들(금속칩, 실리카, 탄소, 산화물 조각)을 제거하기 위해 알칼리 용액을 사용한다. 알칼리성 청정 용액으로는 수산화나트륨($NaOH$), 수산화칼륨(KOH), 탄산나트륨(Na_2CO_3), 붕사($Na_2B_4O_7$), 인산나트륨, 인산칼륨, 규산나트륨, 규산칼륨 등의 저가의 수용성 알칼리염과 분산제 및 계면활성제가 물속에서 섞인 것이 사용된다. 청정 방법은 보통 $50°C \sim 95°C$(323 K ~ 368 K)의 온도에서 용액에 담그거나 분무로 수행된다. 알칼리성 용액 처리 후에 물로 헹구어서 잔여 알칼리를 제거한다. 알칼리성 용액으로 세척된 금속 표면은 전형적으로 도금되거나 변환 코팅 된다.

전해청정(electrolytic cleaning) 혹은 **전기청정**(electrocleaning)은 알칼리성 청정 용액에 3 V ~ 12 V의 직류를 걸어주는 공정이다. 전해 작용이 부품 표면에 거품을 발생시키고, 이것이 강력한 오염막 제거를 도와주는 세척작용을 일으킨다.

유제청정(emulsion cleaning)은 물에 탄 유기용제(기름)를 사용하는 청정법이다. 적절한 유화제(비누)의 사용은 2상의 청정액(물속의 기름)을 만들고, 이것이 부품표면의 오염물을 분해하거나 유화시키는 기능을 발휘한다. 이 공정은 금속과 비금속에 모두 적용될 수 있다. 도금 전에 유기용제의 잔여물을 말끔히 없애기 위해서 유제청정 공정 다음에는 알칼리성 청정 공정이 뒤따라야만 한다.

용제청정(solvent cleaning)은 화학약품을 써서 금속표면으로부터 기름과 그리스와 같은 유기 오염물을 분해하여 제거하는 방법이다. 일반적인 적용 기술들로는 손 세척, 용액에 담그거나, 분무 혹은 증기기름제거법 등이 사용된다. **증기기름제거법**(vapor degreasing)은 뜨거운 증기의 용제를 사용하여 부품 표면의 기름과 그리스를 용해 제거하는 방법이다. 일반적으로 사용되는 용제로는 삼염화에틸렌(C_2HCl_3), 염화메틸렌(CH_2Cl_2), 퍼클로에틸렌(C_2Cl_4)과 이들 계통 중에서 상대적으로 끓는점[1]이 낮은 것들을 포함한다. 증기기름제거 공정은 뜨거운 증기를 만들기 위해서 액체 용제를 용기 안에 넣고 끓는점 이상으로 가열한다. 청정될 부품들을 증기 속으로 집어넣어서 오염물을 용해시켜 용기 바닥으로 떨어뜨리고, 상대적으로 차가운 부품 표면은 응축된다. 용기의 꼭대기 근처에 있는 응축코일이 용기 내에서 대기 중으로 어떤 증기도 빠져나가지 못하도록 막아준다. 이것은 매우 중요한데, 이러한 용제들이 '1992 Clean Air act'의 조건에 따라 해로운 공기 오염 물질로 분류되었기 때

---

[1] 세 가지 용제들 중에서 끓는점이 가장 높은 것은 121°C(394K)인 C_2Cl_4이다.

문이다.

산청정(acis cleaning)은 용액에 담그거나, 분무, 브러싱, 와이핑 등을 통하여 금속 표면의 기름과 가벼운 산화물을 없애는 방법이다. 공정은 상온 혹은 상승된 온도 조건에서 수행된다. 일반적인 세척액은 산용액에 수용성 용제와 유화제를 섞은 것이다. 사용되는 산으로는 염산(HCl), 질산(HNO_3), 인산(H_3PO_4), 황산(H_2SO_4) 등이 있으며, 모재 금속과 청정 목적에 따라 이들 중에서 선택한다. 예를 들어, 인산은 금속 표면에 가벼운 인산염 막을 형성하여 페인팅이 잘 되도록 해준다. 청정 공정과 매우 밀접한 관계가 있는 **산피클링**(acid pickling)은 두꺼운 산화물, 녹과 산화물 조각들을 제거해주는 더 강한 처리법을 포함한다. 일반적으로 이 방법은 금속표면의 부식을 약간 발생시켜서 유기페인트의 접착력을 증가시켜 준다.

초음파 청정(ultrasonic cleaning)은 화학적인 청정법과 세척액의 기계적인 교반을 결합하여 표면의 오염물을 제거하는 매우 효과적인 방법이다. 청정액으로는 일반적으로 알칼리성 세제를 함유하는 수액이 사용된다. 저압 공기방울이나 공동들을 형성하는 캐비테이션을 일으키기에 충분한 진폭의 고주파 진동에 의해 기계적인 교반이 만들어진다. 진동파가 액체 속의 주어진 점을 지남에 따라, 저압 영역 뒤로 공기방울을 터뜨려 줄 수 있는 고압 영역이 따르게 되어, 결국 공작물 표면에 붙어있는 오염 입자를 뚫을 수 있는 충격파를 생성시키게 된다. 이러한 캐비테이션과 내파의 빠른 사이클이 액체 매질 전체에 걸쳐 발생하게 된다. 따라서, 초음파 청정은 복잡한 외형이나 내부형상을 가진 부품에 대해서도 효과적으로 사용될 수 있다. 공정은 20 kHz~45 kHz의 주파수에서 수행되고, 청정액은 전형적으로 온도를 65°C~85°C(338 K~358 K)까지 올려서 사용한다.

26.1.2 기계적 청정법과 표면처리

기계적 청정법은 연마입자의 운동이나 혹은 유사한 기계적 동작으로 오물, 산화물 조각 혹은 막 등을 공작물 표면으로부터 물리적으로 제거하는 방법이다. 기계적 청정법으로 사용되는 공정들은 종종 버제거와 표면 마무리 개선과 같은 청정 이외의 다른 기능들을 제공하기도 한다.

블래스트다듬질과 샷피닝

블래스트다듬질은 입자형 매질의 고속 충격을 이용하여 표면을 청정하고 다듬질하는 방법이다. 이 방법 중 가장 잘 알려진 방법이 블래스팅 매질로 모래(SiO_2)를 사용하는 **샌드블래스팅**(sand blasting)이다. 그밖에 산화알루미늄(Al_2O_3)이나 실리콘카바이드(SiC)와 같이 단단한 연마재와 나일론 구슬이나 분쇄된 견과의 껍질과 같은 연한 매질이 사용될 수 있다. 매질은 압축 공기나 원심력에 의해 목표물 표면에 발사된다. 어떤 공정의 경우에는 물 슬러리 속의 미세 입자가 수압을 받아 표면으로 향하는 습식 방법도 사용될 수도 있다.

샷피닝(shot peening)은 **샷**(shot)이라고 부르는 작은 주강 알갱이들을 금속표면에 직접 고속으로 쏘아서 냉간가공의 효과를 얻고 표면층에 압축응력을 유발시키는 공정이다. 샷피닝은 금속부품의 피로강도를 향상시키기 위해서 주로 사용된다. 따라서 표면 청정이 작업의 부산물을 위해 수행되기 때문에, 주목적이 블래스트다듬질과는 차이가 있다.

텀블링과 기타 대량다듬질

텀블링, 진동다듬질 및 이들과 유사한 공정들은 대량다듬질 방법이라고 알려진 그룹에 속한다. **대**

량다듬질(mass finishing)이란 한꺼번에 많은 부품들을 연마재와 함께 용기 속에 넣고 혼합하는 다듬질 방법이다. 혼합과정을 통해 부품들이 연마재와 다른 부품들과 서로 문지르는 작용을 하여 원하는 다듬질 작업이 수행된다. 대량다듬질 방법들은 버제거(디버링), 스케일제거, 플래시제거, 폴리싱, 라운딩, 광택, 청정 등의 용도로 사용된다. 스탬핑부품, 주물, 단조품, 압출품, 절삭가공부품 등이 대량다듬질 작업에 포함된다. 플라스틱과 세라믹 부품들에도 원하는 다듬질 결과를 얻기 위해서 적용되기도 한다. 적용되는 부품의 크기는 보통 작은 편이고, 따라서 개별적으로 다듬질하기는 비경제적이다.

대량다듬질 공정에는 텀블링, 진동다듬질과 원심력을 이용하는 몇 가지 기술들이 속한다. **텀블링**(tumbling)[**배럴다듬질**(barrel finishing), **텀블링배럴다듬질**(tumbling barrel finishing)이라고도 함]은 6각형이나 8각형의 단면을 가지고 중심축이 수평으로 놓인 배럴을 10 rpm ~ 50 rpm 속도로 회전시켜서, 그 속의 부품들이 서로 섞이게 하는 공정이다. 배럴 회전에 따라 매질과 부품이 '산사태'처럼 미끄러져 내려오는 동작에 의해 다듬질 작업이 수행된다. 그림 26.1에 나타낸 것처럼, 회전함에 따라 배럴 속의 내용물이 위로 올라갔다가, 중력에 의해 맨 위층이 밑으로 텀블링하여 내려오게 된다. 이 오르내리기 사이클은 연속적으로 발생하는데, 시간에 경과함에 따라 모든 부품들이 똑같은 원하는 다듬질 작업을 겪는다. 그러나 어떤 한 순간에 최상층의 부품만이 다듬질되는 것이기 때문에, 배럴다듬질은 다른 대량다듬질보다는 상대적으로 느린 공정이다. 텀블링 공정을 완수하는 데 수시간씩 걸리는 경우가 종종 발생한다. 그 밖의 단점으로는 소음이 크다는 것과 필요한 공간이 넓다는 점을 들 수 있다.

진동다듬질(vibratory finishing)은 1950년대 후반에 텀블링을 대체할 방법으로 개발되었다. 진동하는 용기가 그 속의 모든 부품들을 연마재와 함께 요동시킨다는 점이 맨 위층만 다듬질되는 배럴다듬질보다 좋은 점이다. 결국 진동다듬질을 사용하면 공정시간이 상당히 줄어든다. 또한, 개방된 용기를 사용하기 때문에 공정 동안에 부품을 검사하기가 용이하고, 소음도 줄어든다.

대량다듬질에 사용되는 대부분의 **매질**(media)은 연마재이지만, 광택작업과 표면경화 같은 비연마 다듬질을 수행하기도 한다. 매질은 천연매질과 합성매질로 나눌 수 있다. 천연매질로는 강옥, 화강암, 석회석과 일부 견목 등이 있다. 천연매질은 일반적으로 너무 연해서 빨리 마모된다는 점과 크기가 균일하지 않아서 서로 걸려 막힐 수도 있다는 점이 단점이다. 반면에 합성매질은 크기와 경도 면에서 훨씬 큰 일관성을 갖는다. 대표적인 합성매질 재료는 Al_2O_3와 SiC인데, 폴리에스터 수지와 같은 결합제와 섞여서 원하는 형상과 크기로 압축된다. 이러한 매질의 형상은 그림 26.2(a)와 같이 구, 뿔, 경사진 원통과 그 밖의 규칙적인 기하학적 입체들이 있다. 그림 26.2(b)와 같은 형상을 가지는 강 또한 대량다듬질 매질로 사용될 수 있는데, 주로 광택작업, 표면경화, 가벼운 버제거 등을 위해 사용된다. 그림 26.2에 나타낸 매질 형상들은 다양한 크기로 만들어진다. 매질을 선택할 때는 다듬질 요구조건 뿐만 아니라 부품의 크기와 형상도 고려해야 한다.

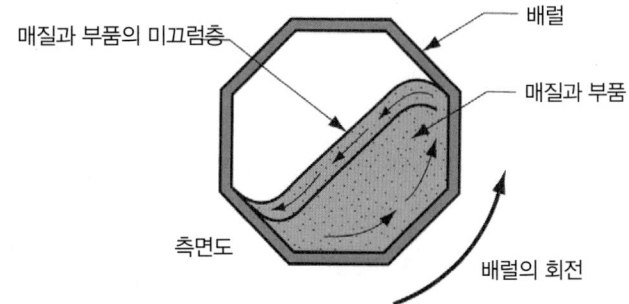

그림 26.1 부품을 다듬질하기 위하여 부품과 연마재가 '산사태' 형으로 미끄러지는 작업을 보여주는 텀블링(배럴다듬질) 모식도.

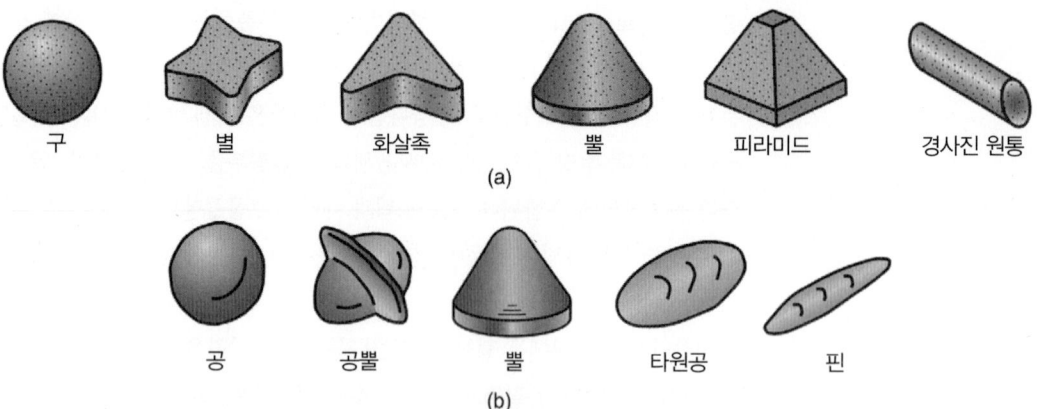

구　　　　별　　　　화살촉　　　　뿔　　　　피라미드　　　　경사진 원통

(a)

공　　　　공뿔　　　　뿔　　　　타원공　　　　핀

(b)

그림 26.2 대량다듬질 작업에서 사용되는 전형적인 매질 형상. (a) 다듬질을 위한 연마매질, (b) 버니싱을 위한 강 매질.

대부분의 대량다듬질 공정에서 **컴파운드**(compound)가 매질과 함께 사용된다. 여기서의 컴파운드란 청정, 냉각, 녹방지(강부품과 강매질의 경우), 부품의 명암과 색상의 조정(특히 버니싱의 경우) 등과 같은 특정한 기능을 위하여 화학약품들이 조합된 것을 말한다.

26.2 확산법과 이온 주입법

이 절에서는 기질의 표면에 화학적 성질과 물성을 바꾸어줄 외부 원자를 심어주는 두 가지 공정에 대해서 설명한다.

26.2.1 확산법

확산법은 소재의 표면 속으로 다른 재료(보통 원소)의 원자를 확산시켜 재료의 표면층을 변화시키는 것을 포함한다(4.3절). 확산공정은 기질의 표면층에 외부 원소를 침투시키긴 하지만, 표면은 여전히 기질 재료를 상당 부분 포함하고 있다. 확산 코팅된 금속부품의 표면 깊이에 따른 화학조성의 전형적인 경향을 그림 26.3에 나타내었다. 확산된 표면의 특성은 확산된 물질의 비율이 표면에서 최대 비율을 차지하며, 표면 아래로 갈수록 급격히 비율이 떨어짐을 알 수 있다. 확산 공정은 금속분야와

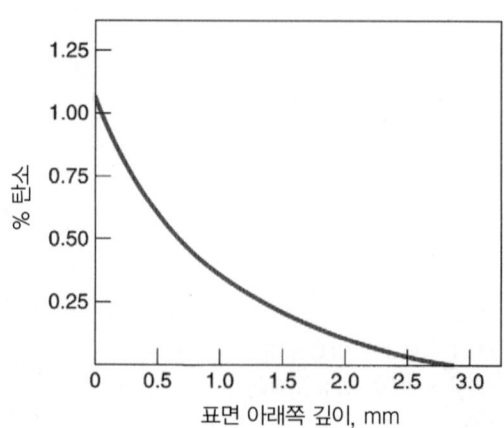

그림 26.3 표면 아래쪽 깊이에 따른 확산원소의 특성 경향(이 경우는 철에 확산된 탄소 [6]).

반도체 공정에서 중요하게 적용된다.

금속 분야에서, 확산 공정은 많은 공정과 처리법에서 금속의 표면 화학성분을 변화시키기 위해 사용된다. 그 중 중요한 하나의 응용영역은 **침탄법**(carburizing), **질화법**(nitriding), **침탄질화법**(carbonitriding), **크로마이징**(chromizing), **붕화법**(boronizing)(25.4절) 등을 이용한 표면경화이다. 이런 처리법에서 하나 혹은 그 이상의 원소들(탄소, 질소, 붕소, 크롬)이 철 또는 강의 표면에 확산된다.

내식성과(또는), 고온에서의 산화에 저항하는 것이 중요한 목적이 되는 확산 공정도 있다. 알루미나이징, 실리코나이징 등이 중요한 예이다. **알루미나이징**(aluminizing)은 **캐러라이징**(calorizing)이라고도 부르는데, 탄소강, 합금강과 니켈과 코발트의 합금에 알루미늄을 확산시키는 처리법이다. 이 처리법은 다음의 두 가지 중 하나에 의해 수행된다. (1) 공작물을 Al 분말과 함께 용기에 밀봉하여 고온으로 구워서 확산층을 만드는 **팩확산법**(pack diffusion)과, (2) 공작물을 Al 분말과 결합제의 혼합용액 속에 담그거나 혼합용액을 분무한 후 건조하고 굽는 **슬러리법**(slurry method)이 있다.

실리코나이징(siliconizing)은 우수한 내식성, 내마모성, 그리고 보통의 내열성을 갖도록 하기 위해 강 부품의 표면에 실리콘을 확산시키는 처리법이다. 이 처리는 4염화규소($SiCl_4$) 증기를 함유하는 분위기 속에서 탄화규소 분말과 부품을 함께 가열하여 수행한다. 그러나 실리코나이징은 알루미나이징보다는 덜 사용되는 방법이다.

반도체 응용

반도체 공정에서 트랜지스터나 다이오드와 같은 전자소자를 생산하기 위하여 표면에 전기적 물성 변화의 목적으로 실리콘 칩의 표면으로 불순물 원소를 확산시키는 방법이 사용된다. 이러한 공정의 이름인 **도핑**(doping)을 수행하는 데에 확산법이 어떻게 활용되는가 하는 것과 이 밖의 반도체 공정에 대해서는 32장에서 설명한다.

26.2.2 이온주입법

이온주입법은 확산에서 요구되는 높은 온도 때문에 확산법이 가능하지 않은 경우 대안으로 사용될 수 있다. 이온주입 공정은 하나의(혹은 그 이상의) 이물질 원자를 소재 기질 표면에 심어 넣는 방법

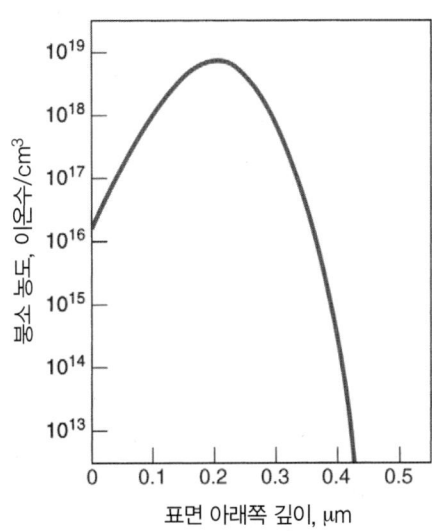

그림 26.4 이온주입으로 처리된 표면의 화학성분 경향 [17]. (이 경우는 실리콘에 주입된 붕소의 전형적인 경향이다. 그림 26.3의 확산법에 의한 변환층의 모양, 깊이의 경향과의 차이점을 주목할 것.)

인데, 이때 이온화된 입자들의 고에너지 빔을 사용한다. 그 결과로 기질표면 근처 층들의 화학적, 물리적 물성을 변화시키게 된다. 원자의 침투로 인해 확산법보다 훨씬 더 얇은 변환층을 얻을 수 있는데, 그림 26.3과 26.4를 통해 이 비교를 확인할 수 있다. 또한, 주입된 원소의 농도 분포경향이 확산법의 경향과 확연한 차이가 있음을 알 수 있다.

이온주입법의 장점으로는 (1) 저온 공정, (2) 불순물의 침투깊이에 대한 우수한 조절 능력과 재현성, (3) 잉여 원자의 석출 없이도 용해도 한계가 더 높아지는 점 등을 들 수 있다. 또한 (4) 전기도금과 많은 코팅 공정에서 발생하는 폐기물 처리 문제가 없고, (5) 코팅재와 기질 사이의 불연속성이 없는 점 등이 일부 코팅공정을 대체할 수 있는 점이 이온주입법의 장점이 된다. 이온주입의 중요한 적용분야는 물성 향상을 위하여 금속표면을 변화시키는 경우와 반도체 소자의 제조이다.

26.3 도금과 관련 공정들

도금은 기질 재료의 표면 위에 얇은 금속층을 코팅하는 것이다. 플라스틱 판이나 세라믹 부품에도 도금이 가능하기도 하지만, 일반적으로 사용되는 기질은 금속성이다. 가장 친숙하고 폭넓게 사용되는 도금 기술은 전기도금이다.

26.3.1 전기도금

전기도금 혹은 **전기화학도금**(electrochemical plating)은 전해액 속의 금속이온이 음극의 공작물에 부착되는 전해법이다(4.5절). 이 장치의 예가 그림 26.5에 나타나있다. 양극은 일반적으로 도금이 될 금속으로 만들어져 있고, 따라서 도금 금속의 공급처 역할을 한다. 외부 전원으로부터의 직류 전류는 양극과 음극 사이를 통과한다. 전해액은 산, 염기 또는 소금의 수용성 용액이며, 용액 속에서 도금 금속이온을 용해시켜 전류를 통하게 한다. 최적의 결과를 얻기 위해서 부품은 전기도금 전에 화학적으로 세정이 되어 있어야만 한다.

전기도금의 원리

전기화학도금은 Faraday의 두 가지 물리적 법칙에 기초를 두고 있다. 이 법칙들을 공정 목적에 맞게 간단히 요약하면, (1) 전기분해에서 발산되는 물질의 양은 전해조를 통과하는 전기의 양에 비례한다. (2) 발산되는 물질의 양은 전기화학적 원자 등량(원자가에 대한 원자량의 비)에 비례한다. 이 효

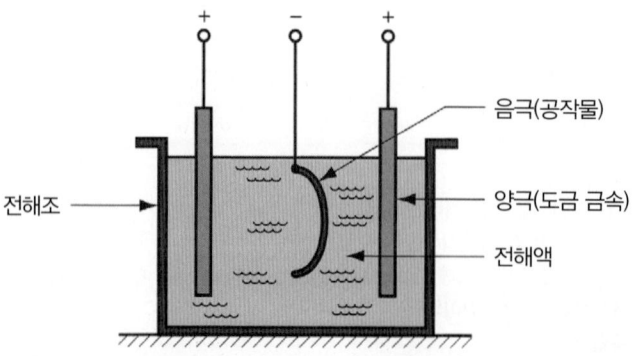

그림 26.5 전기도금 장치.

표 26.1 전기도금에 있어서 전형적인 음극효율과 도금상수의 값.

도금금속[a]	전해액	음극효율(%)	도금상수 C[a]
카드뮴(2)	시안화물	90	6.73×10^{-2}
크롬(3)	크롬산 황산염	15	2.50×10^{-2}
구리(1)	시안화물	98	7.35×10^{-2}
금(1)	시안화물	80	10.6×10^{-2}
니켈(2)	산성 황산염	95	3.42×10^{-2}
은(1)	시안화물	100	10.7×10^{-2}
주석(4)	산성 황산염	90	4.21×10^{-2}
아연(2)	연화물	95	4.75×10^{-2}

[a] 괄호 안에 주어진 값은 가장 일반적인 원자가 : 도금상수 C를 결정하는 데에 가정하는 값. 각각의 원자가에 대하여, 표에 주어진 C값을 곱해서 새로운 C값을 계산한 후 새로운 원자가로 나눈다.
문헌 [17]로부터 편집함.

과는 다음 식으로 정리될 수 있다.

$$V = CIt \tag{26.1}$$

여기서 V는 도금되는 금속의 부피(mm^3), C는 전기화학적 원자 등량과 밀도에 따른 도금상수(mm^3/As), I는 전류(A), t는 전류가 인가된 시간(s)이다. 곱 It(전류 × 시간)는 전해조를 통과한 전하량이고, C값은 전하량 당 음극 공작물에 도포되는 도금재료의 양을 나타낸다.

대부분의 도금 금속에서, 공정의 모든 전기에너지가 금속 도포를 위해서만 사용되는 것은 아니다. 일부 에너지는 음극에서 수소를 분리시키는 것과 같은 다른 반응에 사용될 수도 있다. 이것은 도금되는 금속의 양을 감소시킨다. 음극(작업 부품)에 도포되는 실제 금속의 양을 식 (26.1)에 의해 주어지는 이론적인 양으로 나눈 값을 **음극효율**(cathode efficiency)이라고 부른다. 음극효율을 고려할 때, 도금되는 금속의 부피를 결정하는 더 실제적인 식은 다음과 같다.

$$V = ECIt \tag{26.2}$$

여기서 E는 음극 효율, 그리고 다른 항들은 앞에서 정의되었다. 몇 가지 금속에 대한 음극효율 E와 도금상수 C의 일반적인 값들을 표 26.1에 나타내었다. 평균 도금두께는 다음의 식으로 결정될 수 있다.

$$d = \frac{V}{A} \tag{26.3}$$

여기서 d는 도금두께(mm), V는 식 (26.2)에 의한 도금 금속의 부피(mm^3), 그리고 A는 도금되는 부품의 표면적(mm^2)이다.

예제 26.1 전기도금

표면적 $A = 125$ cm²인 강 부품이 니켈 도금되어야 한다. 만일 12[A]의 전류가 15분 동안 산성 황산염 전해조에 가해진다면 평균 도금 두께는 얼마가 되겠는가?

풀이

표 26.1로부터 니켈의 음극효율 $E = 0.95$, 도금상수 $C = 3.42 \times 10^{-2}$ mm³/As이다. 식 (26.2)를 이용하여 15분 동안 부품 표면에 도포된 도금 금속의 부피는 다음과 같다.

$$V = 0.95(3.42 \times 10^{-2})(12)(15)(60) = 350.892 \cong 350.9 \text{ mm}^3$$

이 부피만큼 면적 $A = 125$ cm² $= 12,500$ mm²에 걸쳐서 퍼져 있다. 평균 도금두께는

$$d = \frac{350.89}{12500} = 0.02807 \cong \textbf{0.0281 mm}$$

전기도금 방법과 적용

전해도금을 위해 다양한 도금 장비가 적용 가능하며, 그 선택은 부품의 크기와 형상, 요구 생산량과 도금금속 재질에 달려 있다. 주요 방법으로는 (1) 배럴 도금, (2) 랙 도금, (3) 스트립 도금이 있다. **배럴 도금**(barrel plating)은 수평 또는 기울어진(35℃) 통이 회전하면서 이루어진다. 이 방법은 많은 작은 부품을 한꺼번에 도금할 때에 적합하다. 전기적 접촉은 부품들 자체의 텀블링 작용과, 외부로부터 통 안으로 연결된 전도체에 의해 유지된다. 배럴 도금에는 몇 가지 제약이 있는데, 공정 고유의 텀블링 작용이 연질금속 부품, 나사산이 있는 부품, 우수한 다듬질 정도가 필요한 부품, 날카로운 모서리가 있는 무거운 부품 등에는 손상을 줄 수 있다.

랙 도금(rack plating)은 배럴 도금으로 하기에는 너무 크고 무거우거나 복잡한 부품의 도금에 사용된다. 랙은 굵은 구리 와이어로, 부품을 걸기에 적절한 형상으로 만들어져서 부품에 전류를 통하게 한다. 즉 부품이 고리 또는 집게에 걸려 매달릴 수 있거나, 바스켓에 넣어질 수 있도록 만들어진다. 구리 자체가 도금되는 것을 막기 위해서 부품 접촉이 이루어지는 부분을 제외한 랙의 나머지 부분은 절연체로 보호된다. 부품을 포함하는 랙은 전기도금 작업을 수행하기 위해 일련의 탱크를 통하여 이동된다. **스트립 도금**(strip plating)은 감는 릴에 의해 도금 용액 속으로 끌려 들어가는 연속적인 스트립으로 구성되는 작업으로, 생산성이 높은 방법이다. 도금된 선재가 적절한 적용의 예이다. 긴 스트립에 달려있는 작은 금속박판 부품 또한 이 방법으로 도금될 수 있다. 이 공정은 부품의 특정 부분만 도금이 되도록 할 수 있다(예를 들면 전기 커넥터에 금으로 도금된 접촉점).

전기도금의 일반적인 코팅금속은 아연, 니켈, 주석, 구리, 크롬 등이 포함된다. 강은 가장 일반적인 기질 금속이다. 귀금속(금, 은, 백금)은 보석류에 도금된다. 금은 또한 전기적 접점에 사용된다.

아연도금(zinc-plated)된 강 제품에는 체결구, 와이어 제품, 전기 스위치 상자, 그리고 다양한 박판 부품 등이 있다. 아연 코팅은 하부의 강재 부식을 막는 보호막의 역할을 한다. 강재의 아연도금에 대한 대체 공정이 갈바나이징이다(26.3.4절). **니켈도금**(nickel plating)은 강, 황동, 아연의 다이캐스팅 부품과 다른 일부 금속에 대해 내부식성과 장식의 목적으로 사용된다. 적용 분야로는 자동차 내 외장재와 기타 소비재에도 사용된다. 니켈은 또한 훨씬 얇은 크롬 도금의 하부 코팅으로도 사용된다. **주석도금**(tin plate)은 주석 캔과 음식물 용기의 부식방지용으로 여전히 널리 사용되고 있다. 주석도금은 또한 전기 부품의 솔더링 성능을 개선하는 데에도 사용된다.

구리(copper)는 도금 금속으로서 몇 가지 중요한 용도가 있다. 구리는 단독적으로 또는 아연과 합금되어 황동 도금으로, 아연과 강 위에 장식용 코팅재로 널리 사용된다. 또한 구리는 인쇄회로기판(PCB)상에서 중요한 도금 적용 물질의 역할을 하고 있다(33.2절). 구리는 니켈과(또는) 크롬 도금의 기저부로서 강 위에 도금되기도 한다. **크롬도금**(chromium plate, **chrome plate**로 더 잘 알려짐)은 장

식적인 외관이 중요한 분야와, 자동차 관련 제품들, 사무용 가구, 그리고 주방기기에 널리 사용된다. 또한 이것은 전기도금된 코팅 중에서 가장 단단한 코팅 층을 형성한다. 따라서 마모저항을 필요로 하는 부품에 널리 사용된다(예로, 유압 피스톤과 실린더, 피스톤 링, 항공기 엔진 부품, 직조 기계의 나사 가이드 등).

26.3.2 전해성형

이 공정은 사실상 전기도금과 동일하지만, 그 목적은 전혀 다르다. 전해성형에서는 원하는 두께가 얻어질 때까지 패턴 위에 금속의 전해질 도포를 한 후, 형성된 부품을 남겨두고 패턴은 제거된다. 반면에 전형적인 도금두께가 단지 0.05 mm 또는 그 이하인데, 전해성형 부품은 대체로 더 두껍다. 따라서 생산 사이클이 비례적으로 더 길다.

전해성형에 사용되는 패턴들은 영구성이거나 또는 소모성이다. 영구성 패턴은 전기도금된 부품의 제거가 가능하도록 테이퍼가 있거나 다른 기하학적 구조를 갖고 있다. 소모성 패턴은 부품 분리 시에 파괴된다. 부품 형상에 따라 영구성 패턴 사용이 불가능할 때 소모성 패턴이 사용된다. 소모성 패턴은 용융성이거나 용해성이다. 용융성 패턴은 저융점 합금, 플라스틱, 왁스 또는 녹여서 제거될 수 있는 재료로 만들어진다. 비전도성 패턴 재료가 사용될 때에는 전기도금 코팅을 받아들이기 위해서 패턴이 금속화되어야 한다. 용해성 패턴은 화학약품으로 용해될 수 있는 재료로 만들어진다. 예를 들면, 알루미늄은 수산화나트륨(NaOH)에 용해될 수 있다.

전해성형 부품들은 보통 구리, 니켈, 니켈-코발트 합금으로 제조된다. 그 응용대상은 정밀 주형과 금형이다. 응용 예로는, 렌즈와 CD를 위한 금형, 빈 인쇄회로기판을 생산하는 데에 사용되는 구리 호일, 엠보싱과 인쇄를 위한 판을 들 수 있다. CD 표면 위에 인쇄되어야 하는 미세부는 μm 단위($1 \, \mu$m $= 10^{-6}$ m)로 측정되어야 하기 때문에, CD와 DVD 생산을 위한 금형의 제작에 이 방법을 사용하고 있다. 이러한 미세부는 전해성형에 의한 금형에서 충분히 얻어진다.

26.3.3 무전해도금

무전해도금은 외부 전원을 필요로 하지 않고 완전히 화학 반응에 의해 진행되는 도금 공정이다. 부품 표면 위에 금속의 도포는, 원하는 도금 금속의 이온을 포함하는 수용액 속에서 이루어진다. 이 공정은 감속재를 사용하고, 작업 부품의 표면이 반응을 위한 촉매 역할을 한다.

무전해도금이 될 수 있는 금속은 제한적이며, 이 기술에 의해 작업이 가능한 부품의 제조원가는 일반적으로 전기화학도금 부품보다 더 비싸다. 가장 일반적인 무전해도금 금속은 니켈과 그 합금들이다(Ni-Co, Ni-P, Ni-B). 구리 그리고 구리보다는 적지만, 금도 또한 무전해도금용 금속으로 사용된다. 이 공정을 이용한 니켈도금은 부식과 마모에 대하여 높은 저항이 필요한 경우에 사용된다. 무전해 구리도금은 PCB의 관통구멍(through hole)의 도금에 사용된다(33.2.4절). 구리는 또한 장식의 목적으로 플라스틱 부품 위에 도금될 수 있다. 무전해도금의 장점으로는 (1) 복잡한 부품 형상에 대해 일정한 도금 두께(전기도금의 문제점)를 얻을 수 있고, (2) 금속과 비금속 기질에 대해 둘 다 사용 가능하고, (3) 공정을 진행시키기 위한 직류전원이 필요 없다는 점 등이다.

26.3.4 고온딥핑

고온딥핑(hot dipping)은 금속 기질을 이차 금속이 용융된 조(bath)에 침잠시킨 후 꺼내어 이차 금속을 기질 금속 위에 코팅하는 공정이다. 물론 기질 금속은 이차 금속보다 높은 용융점을 갖고 있어야 한다. 가장 일반적인 기질 금속은 강과 철이다. 아연, 알루미늄, 주석, 납은 일반적인 코팅 금속이다. 고온딥핑은 다양한 합금 조성을 갖는 전이층을 형성하는 것이다. 기질 바로 위에는 보통 두 금속의 금속간화합물이 덮이고, 바깥쪽에는 주로 코팅 금속으로 구성된 고용체 합금이 존재하게 된다. 전이층은 코팅의 접착이 잘 되도록 해준다.

고온딥핑의 기본적인 목적은 부식 방지이다. 이러한 보호를 제공하기 위하여 두 가지 메커니즘이 작용한다. (1) 방벽보호 — 코팅은 단순히 하부 금속에 대한 보호막 역할을 한다. (2) 희생보호 — 기질을 보호하기 위해 코팅이 전기화학적 공정에 의해 부식된다.

고온딥핑은 코팅 금속에 따라 다른 이름을 갖고 있다. **갈바나이징**(galvanizing)은 아연이 강이나 철 위에 코팅이 될 때이고, **알루미나이징**(aluminizing)은 기질 위에 알루미늄이 코팅될 때이고, **티닝**(tinning)은 주석코팅이며, **턴플레이트**(terneplate)는 납-주석 합금이 강 위에 도금되는 것을 뜻한다. 갈바나이징은 역사가 200년이나 거슬러 올라가는 가장 중요한 고온딥핑 공정이다. 이 공정은 일련의 공정에서 다듬질된 강과 철 부품에 적용된다. 또한 자동연속 공정에서 박판, 스트립, 파이프, 튜브, 와이어들에 적용된다. 코팅 두께는 전형적으로 0.04 mm ~ 0.09 mm 정도이다. 두께는 대게 침잠 시간에 의해 조절된다. 조(bath) 온도는 약 450℃(723 K) 정도로 유지된다.

알루미나이징의 상업적 이용은 증가하고 있으며 점진적으로 갈바나이징에 대해 상대적으로 시장 점유율이 증가하고 있다. 고온딥핑 처리된 알루미늄 코팅은 우수한 부식방지를 보여준다. 어떤 경우에는 갈바나이징보다 다섯 배나 더 효과적이다 [17]. 고온딥핑에 의한 주석코팅은 음식물 용기, 낙농 기구와 솔더링 적용 분야에서 강에 대해 무독성 부식방지를 제공한다. 고온딥핑은 점진적으로 강에 주석을 코팅하는 선호되는 상업적 방법인 전기도금에 의해 추월당하고 있다. 합금은 납 성분이 지배적(주석 단지 2% ~ 15%)이지만, 만족할만한 코팅 접착력을 얻기 위해서 주석이 필요하다. 턴플레이트는 강에 대해서 가장 저렴한 가격의 코팅 방법이지만, 부식 방지는 제한적이다.

26.4 변환코팅

변환코팅은 화학적 또는 전기화학적 반응을 이용하여 산화물, 인산염 또는 크롬산염의 박막을 금속 표면 위에 형성시키는 일련의 공정을 의미한다. 침적법과 분무법이 금속 표면을 반응 화학약품에 노출시키는 가장 일반적인 두 가지 방법이다. 변환코팅에 의해 처리되는 일반적인 금속은 강(갈바나이징된 강 포함), 아연 그리고 알루미늄이다. 그러나 거의 어떠한 금속 제품도 변환코팅 처리의 이점을 얻을 수 있다. 변환코팅 공정을 이용하는 가장 중요한 이유는 (1) 부식 방지, (2) 도장을 위한 표면 준비, (3) 내마모상 증가, (4) 금속성형 공정에 있어서 표면의 윤활제 흡수성을 높여줌, (5) 표면의 전기저항 증가, (6) 장식적인 다듬질 제공, (7) 부품의 구별이다 [17].

변환코팅 공정은 다음의 두 범주로 나누어진다. (1) 단지 화학 반응만을 포함하는 화학적 처리, (2) 전기화학적 반응에 의해 산화막 코팅을 생성하는 애노다이징이다[애노다이즈(anodize)는 **anodic oxidize**의 축약임].

26.4.1 화학적 변환코팅

화학적 변환코팅은 모재 금속을 어떤 화학용액에 노출시켜서 얇은 비금속 표면막을 형성하는 것이다. 자연에서도 유사한 화학반응이 일어나는데, 철과 알루미늄의 산화가 그 예이다. 철에 쌓이는 녹은 점진적으로 철을 파괴하는 반응인 반면, 알루미늄 위의 얇은 산화알루미늄(Al_2O_3) 코팅은 모재 금속을 보호한다. 이 후자와 같은 효과를 얻는 것이 화학적 변환 처리의 목적이다. 두 가지의 주요한 공정은 인산염과 크롬산염의 코팅이다.

인산염 코팅(phosphate coating)은 묽은 인산(H_3PO_4)과 인산염(예: 아연, 마그네슘, 칼슘)의 용액에 노출시킴으로써 보호성 인 박막으로 모재 금속 표면을 변환하는 것이다. 코팅 두께의 범위는 0.0025mm에서 0.05mm이다. 가장 일반적인 모재 금속은 아연과 강(갈바나이징된 강 포함)이다. 인산염 코팅은 자동차와 중장비 산업 분야에서 도장의 준비 단계로 사용된다.

크롬산염 코팅(chromate coating)은 크롬산, 크롬산염 그리고 다른 화학물질의 수용액을 사용하여 모재 금속 표면을 다양한 크롬산염 박막의 형태로 변환시킨다. 이 방법에 의해 처리되는 금속은 알루미늄, 카드뮴, 구리, 마그네슘, 아연(그리고 그들의 합금) 등이다. 모재 부품의 침적법이 일반적인 적용 방법이다. 크롬산염 변환코팅은 인산염 코팅보다 다소 얇아서, 전형적으로 두께 0.0025 mm 이하 정도이다. 크롬산염 코팅의 목적은 보통 (1) 부식 방지, (2) 도장에 대한 준비, (3) 장식 목적이다. 크롬산염 코팅은 투명할 수도 있고 유색도 가능한데, 가능한 색상으로는 올리브 담갈색, 청동색, 노랑 그리고 밝은 파란색이다.

26.4.2 애노다이징

앞 절의 공정들은 전기분해 작용이 없이 수행되지만, 애노다이징(anodizing, 산화피막법)은 금속 표면 위에 안정적인 산화층을 생성하는 전기분해적 처리법이다. 이것의 가장 일반적인 적용은 알루미늄과 마그네슘에 대한 것이지만, 또한 아연, 티타늄 그리고 흔하지 않지만 다른 금속에도 적용된다. 애노다이징된 코팅은 기본적으로 장식적인 목적으로 사용되지만, 또한 부식에 대한 보호기능도 제공한다.

애노다이징과 전기도금법은 자주 비교되는데, 이는 둘 다 전기분해적인 공정이기 때문이다. 두 가지 두드러진 차이점은 (1) 전기도금에서 작업 부품은 반응 중에 음극에서 코팅이 된다. 이와는 대조적으로, 애노다이징에서는 공정 탱크가 음극인 반면 작업 부품은 양극이다. (2) 전기도금에서는 모재 금속 표면에 이차 금속 이온의 접착에 의해 코팅이 성장하지만, 애노다이징에서는 산화층을 위한 기질금속의 화학반응을 통해서 표면 코팅이 형성된다.

애노다이징된 코팅은 보통 0.0025 mm에서 0.075 mm 사이의 두께를 갖는다. 넓고 다양한 색상을 내기 위하여 염료가 애노다이징 공정에 혼합될 수 있다. 이것이 알루미늄 애노다이징에서는 특별히 일반적이다. 0.25 mm까지의 아주 두꺼운 코팅은 **하드 애노다이징**(hard anodizing)이라는 특별한 공정에 의해 알루미늄 위에 형성될 수 있다. 이러한 코팅들은 마모와 부식에 대한 높은 저항성으로 인해 주목받고 있다.

| 26.5 증착 공정

증착 공정들은 기질 표면에 응축 또는 가스의 화학 반응을 이용하여 기질에 얇은 코팅을 형성한다. 이 주제에 해당하는 공정들의 두 가지 범주는 물리 증착법과 화학 증착법이다.

26.5.1 물리 증착법

물리 증착법(physical vapor deposition, PVD)은 물질이 진공 체임버 안에서 증기상으로 변환되어, 아주 얇은 박막의 형태로 기질 표면에 응축되는 얇은 박막 공정을 일컫는다. PVD는 금속, 합금, 세라믹, 기타 무기화합물과 심지어 일부 고분자재료까지의 넓고 다양한 코팅재료를 사용할 수 있다. 적용 가능한 기질은 금속, 유리, 플라스틱을 포함한다. 따라서 물리 증착법은 기질 재료와 코팅 물질의 조합이 거의 무제한으로 적용될 수 있는 다용도의 코팅 기술이라고 할 수 있다.

PVD는 트로피, 장난감, 펜과 연필, 시계 케이스, 자동차의 내부 장식과 같은 플라스틱과 금속 부품의 얇은 장식 코팅에 적용된다. 얇은 알루미늄 막(약 150 nm)이 투명한 래커(lacquer)와 함께 코팅되면, 광택 은색 또는 크롬의 외관처럼 보이게 된다. PVD의 또 다른 적용 분야는 광학 렌즈에 불화마그네슘(MgF_2)의 무반사 코팅이다. PVD는 금속을 도포하여 집적회로에서 전기적인 연결을 형성하는 전자장치의 제조에도 적용된다. 마지막으로 PVD는 절삭공구와 플라스틱 사출금형의 내마모성을 위한 질화티타늄(TiN)의 코팅에 널리 쓰인다.

모든 물리 증착 공정은 다음의 단계들로 구성되어 있다. (1) 코팅 증기의 합성, (2) 기질로의 증기 이송, (3) 기질 표면 위의 증기 응축. 이러한 단계들은 일반적으로 진공 체임버 안에서 진행된다. 따라서 실제 PVD 공정 전에 체임버를 비우는 것이 반드시 선행되어야 한다.

코팅 증기의 합성은 전기저항 가열이나 고체(또는 액체)를 증기화하기 위한 이온 충격 같은 여러 방법 중 하나에 의해 수행될 수 있다. 어떤 방법을 사용하는가에 따라 PVD 공정이 분류된다. 그 결과 다음의 세 가지 주요 공정 유형으로 나누어진다. (1) 진공 기화, (2) 스퍼터링, (3) 이온 도금. 표 26.2에 이 공정들에 대하여 요약하였다.

표 26.2 물리 증착 공정들의 요약.

물리 증착 공정	특징과 비교	코팅재료
진공기화	장비가 상대적으로 저렴하고 단순하다. 화합물의 도포는 어렵다. 코팅 접착력은 다른 PVD 공정만큼 좋지 못하다.	Ag, Al, Au, Cr, Cu, Mo, W
스퍼터링	진공기화보다 더 나은 균일 전착성과 더 강한 코팅 접착력. 화합물을 코팅할 수도 있으나, 진공기화보다 도포속도가 더 느리며, 공정제어가 더 어렵다.	Al_2O_3, Au, Cr, Mo, SiO_2, Si_3N_4, TiC, TiN
이온도금	PVD 공정 중 최고의 적용범위와 최상의 코팅 접착력. 가장 복잡한 공정제어, 스퍼터링보다 높은 도포속도.	Ag, Au, Cr, Mo, Si_3N_4, TiC, TiN

문헌 [2]로부터 편집함.

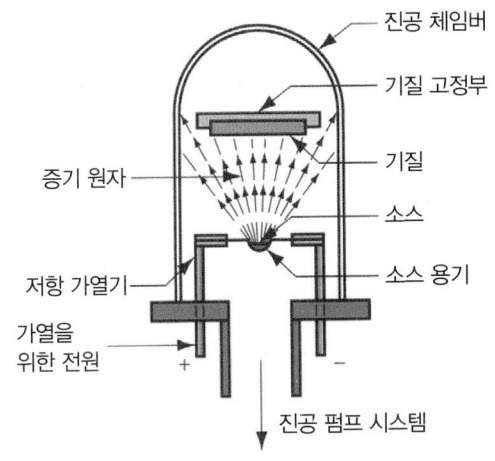

진공 체임버

기질 고정부

기질

소스

소스 용기

증기 원자

저항 가열기

가열을
위한 전원

진공 펌프 시스템

그림 26.6 진공기화 PVD 장치.

진공기화

　어떤 물질(대부분 순수한 금속)을 진공 속에서 고체 상태로부터 증기 상태로 변환시킨 후, 기질 표면에 응축시킴으로써 기질 위에 도포를 시킬 수 있다. 진공기화 공정을 위한 장치를 그림 26.6에 나타내었다. 소스라고 불리는 코팅 재료는 기화(또는 승화)가 될 만큼 충분히 높은 온도로 가열이 된다. 가열이 진공 속에서 이루어지기 때문에, 기화에 필요한 온도는 대기압 하에서 필요한 해당 온도에 비에 현저히 낮다. 또한 체임버 내에 공기가 없으므로, 가열 온도 하에서 소스 물질의 산화를 방지해준다.

　물질의 가열과 기화에 다양한 방법이 사용될 수 있다. 기화되기 전에 소스 재료를 담기 위해서 용기가 준비되어야 한다. 저항 가열과 전자빔 충돌이 중요한 기화 방법에 해당한다. **저항가열**(resistance heating)은 가장 간단한 기술이다. 소스 재료를 담기 위한 적절한 용기는 W나 Mo 같은 내화금속으로 만들어진다. 용기를 가열하기 위해 전류가 주어지면 거기에 접촉하고 있는 물질이 가열된다. 이 가열 방법에서 한 가지 문제점은 용기와 내용물 사이의 합금 형성이다. 따라서 도포된 막이 저항가열 용기의 금속으로 오염된다. **전자빔기화**(electron beam evaporation)에서 고속 전자빔의 흐름이 소스 금속의 표면에 충돌되어 기화를 일으킨다. 저항가열과는 대조적으로 아주 작은 에너지가 용기를 가열하는 데에 작용하므로 용기 재료에 의한 오염을 최소화한다.

　기화 기술이 어떤 것이든지, 기화된 원자는 소스 재료를 떠나 다른 가스 분자에 충돌하거나 고체 표면을 때릴 때까지 직선 경로를 따라 간다. 체임버 내의 진공이 궁극적으로 다른 가스 분자를 제거해 주어서 소스 증기 원자와의 충돌 가능성을 줄여준다. 코팅될 기질 표면은 보통 소스 재료에 대응하는 위치에 고정되어, 증기 원자가 도포될 수 있는 고체 표면을 제공한다. 표면 전체를 코팅시키기 위해 때때로 기계적 조정 장치가 기질을 회전시키는 데에 사용되기도 한다. 상대적으로 차가운 기질 표면에 접촉하자마자, 충돌 원자의 에너지 수준은 증기의 상태로 남아 있을 수 없는 지점에서 갑자기 떨어진다. 따라서 이들이 응축되어 고체 표면에 달라붙게 되어 도포된 박막을 형성하게 된다.

스퍼터링

　고체(또는 액체)의 표면이 충분히 높은 에너지를 가진 원자의 입자에 의해 충돌된다면, 표면에 있는 각각의 원자는 충돌에 의해 충분한 에너지를 얻게 되어 운동량의 전달을 받아 표면에서 떨어져 나가게 된다. 이것이 스퍼터링이라고 알려진 공정이다. 가장 편리한 형태의 높은 에너지 입자는, 플라즈마를 형성하는 전기장에 의해 에너지를 받은 아르곤과 같은 이온화된 가스이다. PVD 공정으로

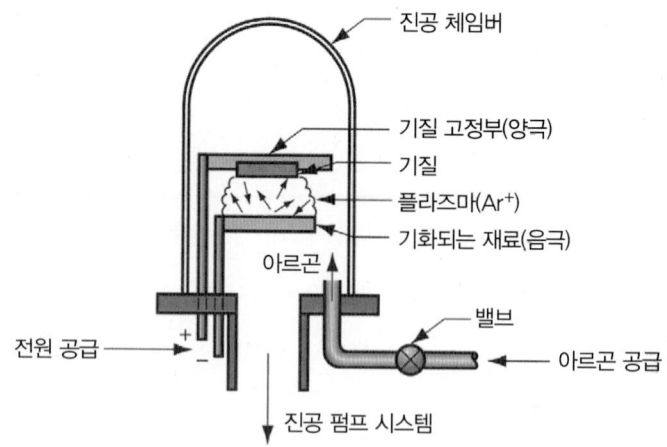

그림 26.7 물리 증착법을 형성하는 스퍼터링 장치.

서의 **스퍼터링**(sputtering)은 아르곤이온(Ar^+)으로 음극 코팅재료에 충돌을 일으킨다. 아르곤이온은 코팅재 표면 원자가 튀어나오게 하여, 이것들이 결국 기질 위에 도포되어 기질 표면의 박막을 형성하도록 해준다. 기질은 음극과 가까이 놓여야 하며, 보통 코팅 원자의 접합력을 향상시키기 위해 가열된다. 전형적인 장치가 그림 26.7에 나타나 있다.

진공기화는 일반적으로 금속에 제한되는 반면, 스퍼터링은 거의 모든 재료(금속과 비금속 원소 : 합금, 세라믹, 고분자재료 등)에 적용될 수 있다. 스퍼터링을 통해 합금과 화합물의 화학적인 조성을 바꾸지 않고도 막을 생성시킬 수 있다. 또한 화학적 혼합물의 막은 스퍼터링 금속과 산화물, 탄화물 또는 질화물을 형성하는 반응성 가스의 선택에 의해 도포될 수 있다.

스퍼터링 PVD의 결점으로는 (1) 느린 도포 속도와, (2) 표면에 충돌하는 이온이 가스이기 때문에 가스의 흔적이 보통 코팅된 막에서 발견될 수 있다. 표면에 갇혀 있는 가스는 때때로 기계적인 물성에 불리한 영향을 주기도 한다.

이온도금

이온도금은 기질 위에 박막을 도포하기 위하여 스퍼터링과 진공기화의 조합을 사용한다. 공정은 다음과 같이 진행된다. 체임버의 윗부분에 기질을 음극이 되도록 설치하고, 소스 재료가 그 밑에 놓여진다. 그 다음 체임버 내에 진공이 형성된다. 아르곤 가스가 주입되고, 가스를 이온화(Ar^+)하기 위한 전기장이 적용되어 플라즈마를 생성한다. 이것은 기질에 이온 충격을 유발하고(스퍼터링), 표면은 원자 수준으로 매우 깨끗한 상태까지 문질러진다. 다음은 소스 재료가 코팅 증기를 생성할 정도로 충분히 가열된다. 여기서 사용되는 가열 방법은 진공기화에서 사용되는 방법(저항가열, 전자빔충격 등)과 유사하다. 증기 분자들은 플라즈마를 통과하여 기질을 코팅한다. 도포 중에 스퍼터링은 계속되는데, 이온 충격은 원래의 아르곤 이온 뿐만 아니라, 아르곤과 같은 에너지 장에 놓여 에너지가 공급된 소스 물질로도 구성되기 때문이다. 이러한 공정 조건의 효과는 기질에 대하여 균일한 두께와 아주 우수한 접착력을 가진 막을 만들어낸다.

이온도금은 플라즈마 장에 존재하는 분산 효과 때문에 불규칙적인 형상을 가진 부품에도 적용이 가능하다. 주목받는 한 가지 예로는 고속도강 절삭공구(예, 드릴날)의 TiN 코팅이다. 코팅 균일성과 우수한 접착력 이외에도 이 공정의 장점은 높은 도포율, 높은 막밀도, 구멍과 기타 중공 형상의 내벽에 대한 코팅 능력 등을 들 수 있다.

26.5.2 화학 증착법

물리 증착법은 증기상으로부터 기질 표면에 응축에 의한 코팅을 의미한다. 이것은 분명한 물리적 공정이다. 이에 비해 **화학 증착법**(chemical vapor deposition, CVD)은 가스 혼합물과 가열된 기질 표면 사이의 상호 반응을 통하여 일부 가스성분의 화학적 분리를 일으켜서 기질 위에 고체 막을 형성한다. 반응은 밀폐된 반응 체임버 안에서 일어난다. 반응 생성물(금속 또는 화합물)은 핵을 형성하고 기질 표면에서 성장하여 코팅을 형성한다. 대부분의 CVD 반응은 열을 필요로 한다. 그러나 포함된 화학 성분에 따라, 반응은 자외선이나 플라즈마와 같은, 다른 가능한 에너지원에 의해 진행될 수도 있다. CVD는 넓은 범위의 압력과 온도를 포함하고, 대단히 다양한 코팅 재료와 기질 재료에 적용될 수 있다.

금속학적 산업 공정에서 화학 증착법의 역사는 1800년대로 거슬러 올라간다(예 : 표 26.3의 몬드

표 26.3 화학 증착법에서의 반응의 예.

1. **몬드 공정**(Mond process)은 니켈 광석을 정련하는 데에서 생성되는 중간 화합물인 니켈카보닐 ($Ni(CO)_4$)에서 니켈을 분해하는 CVD 공정이다.

$$Ni(CO)_4 \xrightarrow{200°C\ (473K)} Ni + 4CO \tag{26.4}$$

2. 고성능 절삭공구를 생산하기 위해 초경 텅스텐탄화물(WC-Co)의 기질 위에 티타늄탄화물(TiC)의 코팅.

$$TiCl_4 + CH_4 \xrightarrow[\text{excess } H_2]{1000°C\ (1273K)} TiC + 4HCl \tag{26.5}$$

3. 고성능 절삭공구를 생산하기 위해 초경 텅스텐탄화물(WC-Co)의 기질 위에 티타늄질화물(TiN)의 코팅.

$$TiCl_4 + 0.5N_2 + 2H_2 \xrightarrow{900°C\ (1173K)} TiN + 4HCl \tag{26.6}$$

4. 고성능 절삭공구를 생산하기 위해 초경 텅스텐탄화물(WC-Co)의 기질 위에 산화알루미늄(Al_2O_3)의 코팅.

$$2AlCl_3 + 3CO_2 + 3H_2 \xrightarrow{500°C\ (773K)} Al_2O_3 + 3CO + 6HCl \tag{26.7}$$

5. 반도체 제조공정에서 실리콘(Si) 위에 실리콘질화물(Si_3N_4)의 코팅.

$$3SiF_4 + 4NH_3 \xrightarrow{1000°C\ (1273K)} Si_3N_4 + 12HF \tag{26.8}$$

6. 반도체 제조공정에서 실리콘(Si) 위에 실리콘산화물(SiO_2)의 코팅.

$$2SiCl_3 + 3H_2O + 0.5O_2 \xrightarrow{900°C\ (1173K)} 2SiO_2 + 6HCl \tag{26.9}$$

7. 제트엔진 터빈블레이드와 같은 기질 위에 내화성 금속 텅스텐(W)의 코팅.

$$WF_6 + 3H_2 \xrightarrow{600°C\ (873K)} W + 6HF \tag{26.10}$$

문헌 [6], [13], [17]로부터 편집함.

공정). 현대에 있어서 CVD에 대한 관심은 적용 대상에 초점이 맞추어져 있는데 코팅된 초경합금공구, 태양전지, 제트엔진 터빈블레이드 위의 내화 금속 도포와, 마모 부식 침식 열 충격에 대한 저항이 중요한 분야가 관심대상이다. 부가적으로 CVD는 반도체 분야의 집적 회로 제조에 있어서 중요한 기술이다.

CVD의 전형적인 장점은 (1) 용융온도나 소결온도보다 낮은 온도에서 내화성 재료의 도포에 대한 가능성, (2) 결정립 크기의 조절 가능, (3) 대기압 하에서 공정이 수행되어 진공장치의 불필요, (4) 기질 표면에 대한 우수한 코팅 접착력 등이다 [1]. 단점으로는 (1) 부식성과 독성이 있는 화학약품의 본성으로 인해 특수한 펌프와 처리 장치는 물론 밀폐된 체임버가 일반적으로 필요하고, (2) 일부 반응 물질은 상대적으로 고가격이며, (3) 낮은 재료 활용도 등이다.

CVD 재료 및 반응

일반적으로 전기도금되는 금속들은 사용해야 할 유독한 화학 성분과 이에 필요한 보호에 드는 비용 때문에 CVD의 좋은 대상은 아니다. CVD에 의한 코팅에 적절한 금속은 텅스텐, 몰리브덴, 티타늄, 바나듐, 탄탈륨 등이다. 화학 증착법은 특별히 산화알루미늄(Al_2O_3), 산화규소(SiO_2), 질화규소(Si_3N_4), 탄화티타늄(TiC), 질화티타늄(TiN) 등의 화합물의 도포에 적합하다. 그림 26.8은 초경합금 절삭공구 위에 복수의 내마모 코팅을 제공하기 위하여 CVD와 PVD가 함께 적용된 예를 보여준다.

보통 사용되는 반응 가스 또는 증기는 금속의 수소화물(MH_x), 염화물(MCl_x), 불화물(MF_x) 그리고 탄산화물($M(CO)_x$)이다. 여기서 M은 도포되는 금속이며, x는 화합물에서 원자가를 맞추기 위해 사용되는 숫자이다. 수소(H_2)나 질소(N_2), 메탄(CH_4), 이산화탄소(CO_2), 암모니아(NH_3)와 같은 다른 가스들도 일부의 반응에 사용된다. 표 26.3은 적절한 기질 위에 금속이나 세라믹 코팅을 도포해주는 CVD 반응의 예를 보여준다. 이러한 반응들이 이루어지는 전형적인 온도들도 나타나 있다.

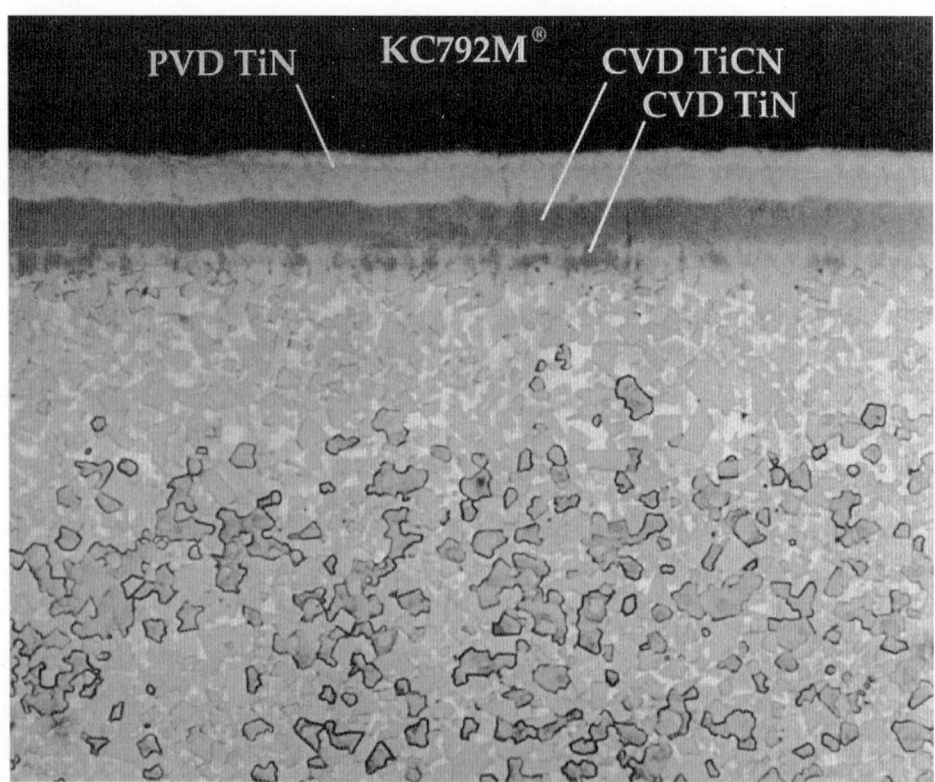

그림 26.8 코팅된 초경합금 절삭공구(Kennametal Grade KC792M)의 절단면 사진. WC-Co 기질 표면 위에 TiN과 TiCN 코팅에 CVD가 사용되고, PVD에 의해 TiN 코팅이 적용되었다 (Latrobe, Pennsylvania, Kennametal사 사진 제공).

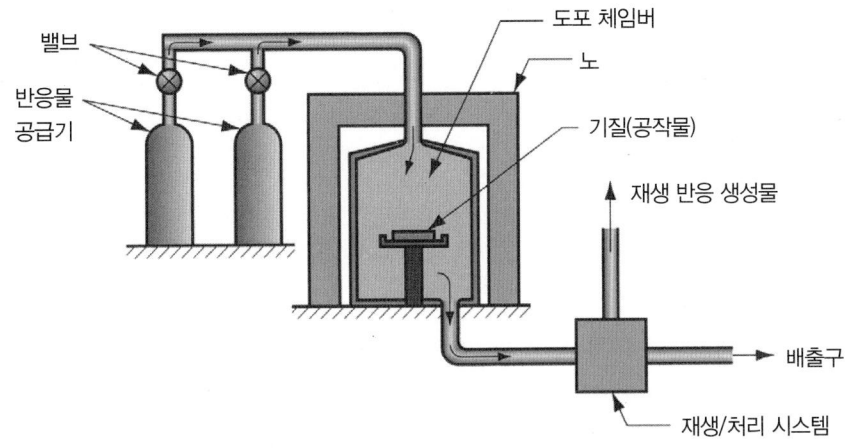

그림 26.9 CVD에 사용되는 전형적인 반응기.

공정 장치

화학 증착 공정은 반응기 내에서 이루어지며, 이것은 (1) 반응물 공급 시스템, (2) 도포 체임버, (3) 재생/처리 시스템으로 구성되어 있다. 반응기의 구성은 적용 대상에 따라 다른데, 가능한 CVD의 한 예를 그림 26.9에 나타내었다. 반응물 공급 시스템의 목적은, 적절한 비율로 도포 체임버 내에 반응물을 공급해주는 것이다. 공급되는 반응물이 기체, 액체 아니면 고체(펠릿, 분말 등)인가에 따라 다른 종류의 공급 시스템이 요구된다.

도포 체임버는 기질과 기질 표면 위에 반응 생성물의 도포를 유도하는 화학 반응물을 담고 있다. 도포는 높은 온도에서 일어나기 때문에 기질은 유도가열, 복사열 혹은 다른 수단에 의해 가열되어야 한다. 각기 다른 CVD 반응에 대한 도포온도는 250°C에서 1950°C(523 K∼2223 K)까지의 범위를 갖는다. 따라서 체임버는 이러한 온도 조건을 만족하도록 설계되어야 한다.

반응기의 세 번째 요소는 재생/처리 시스템이며, 그 기능은 CVD 반응에서 나온 무해한 부산물을 처리하는 것이다. 또한 이것은 독성과 부식성이 있는 그리고(또는) 가연성의 물질을 모아서 적절한 처리와 폐기하는 것을 포함한다.

기타 CVD

위에서 설명한 CVD는 대기압 수준 하에서 수행되는 **대기압 화학 증착**(atmospheric pressure chemical vapor deposition)이었다. 많은 반응들에 있어서, 대기압보다 낮은 압력에서 공정을 수행할 경우에 가능한 장점들이 있다. 이것을 **저압 화학 증착**(low-pressure chemical vapor deposition, LPCVD)이라고 하며, 반응은 부분 진공 상태에서 진행된다. LPCVD의 장점은 (1) 균일한 두께, (2) 조성과 구조에 대한 용이한 조절, (3) 저온 공정, (4) 빠른 도포율, (5) 높은 생산성과 낮은 공정 비용 등을 포함한다 [13]. LPCVD의 기술적 문제는 반응 생성물이 고온이고 부식성일 경우에 부분 진공을 생성하는 진공 펌프의 설계이다. 이러한 펌프들은 부식성 가스가 실제 펌핑부에 이르기 전에 냉각시키고 가두어 두는 장치를 포함하고 있어야 한다.

CVD의 또 다른 변형으로 **플라즈마 증진 화학 증착**(plasma-assisted chemical vapor deposition, PACVD)이 있는데, 여기서의 도포는 전기적 방전(즉, 플라즈마)에 의해 이온화된 가스 내의 물질의 반응에 의해 이루어진다. 사실상, 열에너지보다 플라즈마에 포함된 에너지가 화학 반응을 활성화하는 데에 사용된다. PACVD의 장점들은 다음과 같다. (1) 낮은 기질 온도, (2) 더 나은 보호력, (3) 더 나은 접착력, (4) 빠른 도포율 [6]. 그 적용 사례는 반도체 공정에서 실리콘질화물(Si_3N_4)의 도포, 공구에 대한 TiN과 TiC의 코팅, 그리고 고분자 코팅 등이다. 이 공정은 플라즈마 기상증착성장(plasma-enhanced chemical vapor deposition), 플라즈마 화학 증착(plasma chemical vapor deposition) 또는 플라즈마 도포(plasma deposition)로도 알려져 있다.

26.6 유기코팅

유기코팅 재료는 자연적으로 또는 합성으로 만들어지며, 보통 기질 재료 위에서 액체가 마르거나 경화되어 얇은 표면 막이 되도록 처리된 고분자재료와 수지이다. 이 코팅들은 다양한 색깔과 질감, 기질 표면을 보호하는 능력, 낮은 가격 그리고 적용의 용이성 등으로 평가받고 있다. 이 절에서는 유기코팅의 조성과 그것을 적용하는 방법에 대해 고려한다. 대부분의 유기코팅은 액체의 형태로 적용되지만, 일부는 분말로도 적용된다. 26.6.2절에서 이 대안에 대하여 고려한다.

유기코팅은 다음 성분을 포함하여 구성된다. (1) 코팅에 그 물성을 부여하는 결합제, (2) 코팅에 색깔을 주는 염료나 안료, (3) 고분자재료와 수지를 용해하여 적절한 유동성을 부여하는 용제, (4) 첨가제.

유기코팅에서 **결합제**(binder)는 기질 표면에 강도, 물리적 물성, 접착력 같은 코팅재의 고체 상태 물성을 결정하는 고분자재료와 수지이다. 결합제는 표면에 적용하는 동안이나 적용 후에, 코팅에서 색소와 다른 성분들을 유지시켜 준다. 유기코팅에서 가장 일반적인 결합제는 천연기름(유성페인트를 생산하는 데에 사용되는)과 폴리에스터, 폴리우레탄, 에폭시, 아크릴, 셀룰로오스 수지이다.

염료와 안료는 코팅에 색을 제공한다. **염료**(dye)는 용해성의 화학약품으로 코팅 용액에 색을 주지만, 적용하고 난 후에도 표면 밑을 감추지는 않는다. 따라서 염료 채색된 코팅은 일반적으로 투명하거나 반투명이다. **안료**(pigment)는 균일하고 미세한 크기의 고체 입자이며 코팅 용액 안에 퍼져 있기는 하지만 그 속에 녹지는 않는다. 그것들은 코팅에 색을 입힐 뿐 아니라 표면 하부를 감추어준다. 안료는 입자화되어 있기 때문에 코팅을 강화하는 경향이 있다.

용제(solvent)는 액상 코팅 성분내의 결합제와 일부 다른 요소를 용해하는 데에 사용된다. 유기코팅에 사용되는 일반적인 용제는 지방족 방향족 탄화수소, 알콜, 에스테르, 케톤, 염소화 용제이다. 서로 다른 결합제에는 각기 다른 용제가 필요하다. 유기코팅에서 **첨가제**(additive)는 계면활성제(표면 위에 퍼짐을 용이하게 하는), 살생물제와 살균제, 두께증진제, 결빙/해동 안정제, 열/광 안정제, 합착제, 가소제, 거품제거제 그리고 교차결합을 촉진하는 촉매 등을 포함한다. 이 성분들은 페인트, 래커, 니스 등과 같이 폭넓고 다양한 코팅재가 되도록 성분이 배합된다.

26.6.1 적용 방법

표면에 대한 유기코팅의 적용 방법은 코팅액의 성분, 코팅에 필요한 두께, 생산속도와 비용에 대한 고려, 부품 크기와 환경적 요구 조건 등에 의해 결정된다. 그 어떠한 적용 방법에 대해서도, 표면이 적절하게 준비되어야 하는 것이 가장 중요하다. 이것은 청정과 인산염 코팅과 같은 가능한 표면처리를 의미한다. 어떤 경우에 금속 표면은 최대한의 부식 방지를 위하여, 유기 코팅 전에 도금되기도 한다.

어떠한 코팅 방법에서라도 이동효율이 가장 중요한 측정값이다. **이동효율**(transfer efficiency)이란 공정에 공급된 페인트 중 공작물 표면 위에 실제로 도포된 양의 비율이다. 어떤 방법은 30% 정도로 낮은 이동효율을 보이기도 한다(이것은 70%의 페인트가 낭비되고 회수될 수 없다는 의미이다).

액상 유기코팅 적용의 가능한 방법으로는 브러싱과 롤링, 분무 코팅, 침잠 코팅, 유동 코팅이 있다. 어떤 경우에는 원하는 결과를 얻기 위하여 기질 표면에 몇 가지의 연속적 코팅이 적용되기도 한다. 자동차 몸체는 중요한 예이다. 다음은 자동차의 대량생산에서 자동차 몸체에 적용되는 전형적인 순서이다. (1) 딥핑에 의해 적용되는 인 코팅, (2) 딥핑에 의한 초벌 코팅, (3) 분무 코팅에 의한 색상페인트 코팅, (4) 분무에 의한 투명 코팅(좋은 광택과 보호를 추가하기 위한 것).

브러싱(brushing)과 **롤링**(rolling), 이 두 가지는 대부분의 일반인들에게 가장 친숙한 적용 방법이다. 이 방법들은 100%에 가까운 높은 이동효율을 가지고 있다. 수동 브러싱과 롤링 방법은 대량생산이 아닌 소량생산의 경우에 적합하다. 브러싱은 적용 대상이 매우 다양한 반면, 롤링은 평평한 표면으로 제한된다.

분무코팅(spray coating)은 유기코팅의 적용에 널리 사용되는 생산 방법이다. 이 공정은 부품의 표면에 도포하기 직전에 강제로 코팅 액체를 미세한 안개 형태로 원자화시킨다. 방울이 표면에 닿으면 퍼지면서 함께 흘러서, 분무된 부분에서 일정한 코팅을 형성한다. 적절히 적용되면, 분무코팅은 부품 표면 전체에 걸쳐서 균일한 코팅을 제공한다.

분무코팅은 분무 페인팅 부스 안에서 수동으로 실행될 수도 있고, 자동화된 공정으로도 설치될 수도 있다. 이 방법의 이동효율은 상대적으로 낮다(30% 정도). 효율은 작업 부품을 전기적으로 접지시키고, 원자화된 방울은 정전기를 갖게 하는 **정전분무**(electrostatic spraying)에 의해 향상될 수 있다. 이로 인해 방울이 부품 표면에 끌려가도록 하여 이동효율을 90%까지 증가시킬 수 있다 [17]. 분무는 자동차산업에서 차체의 외부코팅에 광범위하게 사용된다. 또한 가전제품이나 다른 생활용품의 코팅에 사용될 수 있다.

침적(immersion)은 많은 양의 코팅액을 공작물에 적용하고, 과잉분은 떨어져서 다시 사용되도록 한다. 가장 간단한 방법은 **딥코팅**(dip coating)이며, 여기서 부품은 액상 코팅물질이 담긴 탱크에 잠겼다가 꺼내지고, 과잉 액체는 탱크에 다시 떨어진다. 딥코팅의 변형으로 **전기코팅**(electrocoating)이 있는데, 여기서 부품은 전기적으로 대전된 후 반대의 전하를 띤 페인트조에 잠겨진다. 이 방법은 결합력을 개선하고, 수용성 페인트의 사용을 가능하게 한다(화재와 오염의 위험 감소).

유동코팅(flow coating)에서는 공작물이 밀폐된 페인트 부스 속을 움직이며, 일련의 노즐들이 부품 표면에 대해 코팅액을 분사한다. 과잉 코팅액은 저장소로 흘러가서 다시 사용된다.

한 번 적용되면 유기코팅은 액체에서 고체로 변환되어야 한다. **건조**(drying)라는 용어는 이 변환 공정을 설명하는 데에 종종 사용된다. 많은 유기코팅은 그 용제의 증발에 의해 건조된다. 그러나 기질 표면 위에 내구성 있는 막을 형성하기 위해서는 경화라고 불리는, 더 나은 변환 공정이 필요하다. **경화**(curing)는 유기수지 내에서의 화학적 변화를 포함하고 있으며, 여기서는 중합화 또는 교차결합(가교)이 일어나서 코팅을 더 단단하게 한다.

수지의 종류가 경화에서 발생하는 화학적 반응의 유형을 결정한다. 유기코팅에서 경화의 효과가 우수한 주요 방법들은 (1) **상온경화**(ambient temperature curing)—수지의 산화와 용제의 증발을 의미한다(대부분의 래커는 이 방법으로 경화된다). (2) **고온경화**(elevated temperature curing)—수지의 중합화와 교차결합뿐만 아니라, 용제의 증발을 가속화하기 위해 고온을 이용한다. (3) **촉매경화**(catalytic curing)—중합화와 교차결합을 일으키기 위해서 적용되기 직전에 초기 수지에 반응촉진제를 혼합한다(예, 에폭시와 폴리우레탄 페인트). (4) **방사경화**(radiation curing)—극초단파, 자외선,

전자빔과 같은 다양한 형태의 방사물이 수지를 경화하기 위해 사용된다 [17].

26.6.2 분말코팅

앞에서 설명된 유기코팅은 적절한 용제에 잘 녹는(아니면 적어도 혼합되기 쉬운) 수지로 구성된 액상 시스템이다. **분말코팅**(powder coating)은 이와는 달라서, 표면에서 녹아 균일한 액체 막을 형성하고, 그 다음에 다시 건조한 코팅으로 재차 고형화되는 건조하고 곱게 빻아진 고체 입자의 형태로 적용된다. 분말코팅 시스템은 1970년도 중반부터 유기코팅법 사이에서 상업적인 중요성을 크게 키워 왔다.

분말코팅재는 열가소성과 열경화성으로 분류된다. 일반적인 열가소성 분말은 폴리염화비닐(PVC), 나일론, 폴리에스테르, 폴리에틸렌, 폴리프로필렌을 포함한다. 이들은 일반적으로 0.08 mm ~0.30 mm 정도의 상대적으로 두꺼운 코팅을 형성한다. 일반적인 열경화성 코팅 분말은 에폭시, 폴리에스테르이다. 이들은 경화되지 않은 수지 상태로 적용되어 다른 요소들과의 반응이나 열에 의해 중합화가 되거나 교차결합한다. 코팅 두께는 전형적으로 0.025~0.075 mm 정도이다.

분말코팅의 주요 적용 방법에는 분무와 유동화베드의 두 가지가 있다. **분무**(spraying) 방법에서는 전기적으로 접지된 부품의 표면이 입자들을 끌어당기게 하기 위하여 각 입자에 대해 정전기가 주어진다. 분말이 전하를 가지게 하기 위한 몇 가지의 분무건 설계가 가능하다. 분무건은 수동이나 산업용 로봇에 의해 작동될 수 있다. 분무건에서는 압축공기가 분말을 노즐로 밀어내는 데에 사용된다. 분무될 때에 분말은 건조되어 있으며, 표면에 다다르지 못한 잉여 입자는 재사용될 수 있다(동일한 분무 부스 내에 여러 가지 색의 도료가 사용되지 않는 한). 분말이 상온에서 부품에 분무될 경우 분말을 녹이기 위해 분무 후에 부품이 가열될 수도 있고, 분말의 용융점 이상으로 이미 가열된 부품에 분무될 수도 있다. 후자의 경우 보통 두꺼운 코팅을 생성한다.

유동화베드법(fluidized bed)은 일반적으로 덜 사용되는 정전기 분무법의 대체 방법이다. 이 방법에서는 코팅될 공작물을 예열시켜 베드를 통과시키며, 그 속에서 분말은 공기 흐름에 의해 떠 있게(유동화)된다. 분말은 스스로 부품 표면에 붙어서 코팅을 형성한다. 이 코팅 방법을 적용하는 일부 경우에서는 분말이 정전기를 띠게 만들어, 접지된 부품 표면의 흡인력을 증가시킨다.

26.7 법랑에나멜링과 기타 세라믹 코팅

법랑은 고령도, 장석, 석영으로 만들어진 세라믹이다(7장). 이것은 강, 주철, 알루미늄과 같은 기질 금속에 유리질의 코팅재가 사용될 수 있다. 법랑 코팅은 그 아름다움, 색조, 부드러움, 청정의 용이, 화학적 불활성, 일반적인 내구성으로 가치를 인정받고 있다. **법랑에나멜링**(porcelain enameling)은 이 세라믹 코팅 재료와 그것이 적용되는 공정 기술에 대해 주어지는 이름이다.

법랑에나멜링은 목욕탕 자재(예 : 개수대, 목욕통, 변기), 가전제품(예 : 레인지, 온수기, 세탁기, 식기세척기), 주방용품, 병원기구, 제트엔진 부품, 자동차 머플러, 전자 회로기판 등을 포함하는 다양한 제품에 널리 사용되고 있다. 법랑의 구성 성분은 제품 요구 조건에 따라 변한다. 어떤 법랑은 색상과 아름다움을 위한 구성 성분을 갖고, 반면에 다른 것들은 화학약품과 기후에 대한 저항, 높은 사용 온도에서 견디는 능력, 경도와 마모저항, 전기저항과 같은 기능을 위해 설계된다.

법랑에나멜링 공정은 다음과 같이 구성된다. (1) 코팅 재료의 준비, (2) 표면에 적용, (3) 필요할 경우 건조, (4) 굽기. 준비 단계는 유리 같은 법랑을 **프리트**(frit)라고 부르는 고운 입자로 변환하는 것을 포함하며, 이것들은 적절하고 균일한 크기로 분쇄된다. 프리트를 적용하는 방법은 유기코팅을 적용하는 데에 사용된 방법과 유사하다. 다만 초기 재료가 전혀 다를 뿐이다. 일부 적용 방법에서는 물을 매개체로서 프리트와 섞는다(이 혼합물은 **슬립**(slip)이라고 부른다). 반면에 다른 방법은 건조한 분말의 형태로 법랑을 도포한다. 이 기술에는 분무, 정전분무, 유동코팅, 딥핑, 전기도포 등이 포함된다. 굽기는 약 800°C(1073 K) 정도의 온도에서 이루어진다. 굽기는 프리트가 무공성의 유리질 법랑으로 변환되는 하나의 **소결**(sintering) 공정이다(15.1.4절). 이 공정에서 코팅 두께의 범위는 약 0.075 mm~2 mm이다. 원하는 두께를 얻기 위해서 공정 단계가 여러 번 반복될 수도 있다.

특별한 목적을 위해서 법랑 공정에 더하여 다른 세라믹도 코팅으로 사용될 수 있다. 보통 이러한 코팅들은 높은 함량의 알루미나를 포함하고 있고, 이것은 내화성이 필요한 경우에 보다 더 적합하다. 굽는 온도가 더 높다는 것을 제외하고는 코팅을 적용하는 기술은 앞에서 설명한 것과 유사하다.

26.8 열적 기계적 코팅 공정

이 공정들은 이 장에서 설명된 다른 공정에 의해 도포된 코팅보다 일반적으로 더 두꺼운, 개별적인 코팅층을 만들어내는 것이다. 이들은 열적 또는 기계적인 에너지에 기반을 두고 있다.

26.8.1 열적 표면처리 공정

이 방법들은 부식, 침식, 마모, 고온산화에 대한 저항성을 제공하는 기능을 갖는 코팅을 적용하기 위해 여러 가지 형태의 열에너지를 사용한다. 이 공정은 다음을 포함한다. (1) 가열분무, (2) 하드페이싱, (3) 유연오버레이 공정.

가열분무(thermal spraying)에서는 용융된 또는 반쯤 용융된 코팅 재료가 기질 표면에 분무된 후 고형화되고 표면에 접착된다. 이 방법에서는 순수금속과 금속합금, 세라믹(산화물, 탄화물, 일종의 유리 등), 다른 금속 화합물(황화물, 규산화물), 서멧 복합재료, 일부 플라스틱(에폭시, 나일론, 테프론 등) 등 넓고 다양한 코팅 재료가 적용될 수 있다. 기질은 금속, 세라믹, 유리, 일부 플라스틱, 나무, 종이 등이 가능하다. 이상의 모든 기질에 모든 코팅을 적용할 수 있는 것은 아니다. 분무공정이 금속 코팅을 적용하는 데에 사용되면, **금속화**(metallizing) 또는 **금속분무**(metal spraying)라는 용어가 사용된다.

코팅 재료를 가열하는 데에 사용되는 기술은 산소연료 화염, 전기아크, 플라즈마아크가 있다. 초기 코팅 재료는 와이어나 막대 또는 분말의 형태이다. 와이어(또는 막대)가 사용될 경우, 와이어의 앞 끝이 열원에 의해 녹아서, 고체 소재로부터 분리된다. 용융된 재료는 고속 기체 흐름(압축 공기 또는 다른 방법)에 의해 미세화되어, 그 방울이 작업 부품 표면에 튀게 된다. 분말 소재가 사용될 경우에는 분말공급기가 고운 입자를 기체 흐름 속에 뿌려주어, 화염으로 이동되어 용융된다. 화염 속에서 팽창하는 가스는 용융된(또는 반용융된) 분말을 공작물 표면으로 몰고 간다. 가열분무에서 코팅 두께는 일반적으로 다른 도포공정보다 두껍다. 전형적인 범위는 0.05 mm~2.5 mm이다.

가열분무 코팅의 초기 적용 대상은 기계 부품에서 마모된 부분의 재생과, 너무 작게 가공된 불량

부품의 재활용이었다. 이 방법은 그 후 기술적으로 발전하여 내부식성, 고온 보호, 내마모성, 전기전도성, 전기저항, 전자기적 간섭 보호, 그리고 기타 기능을 위한 생산 분야에 있어서 코팅 공정의 적용을 가능하게 했다.

하드페이싱(hard facing)은 표면처리 기술로서 기질 금속에 용접된 형태로 합금을 부착시키는 공정이다. 가열분무에서의 결합은 전형적으로 연마 마모에는 그다지 견딜 수 없는 기계적인 맞물림인 반면에, 이 방법에서는 융접과 같이(27장) 코팅과 기질 사이에 융합이 일어난다. 따라서 하드페이싱은 높은 내마모성이 필요한 경우에 특별히 적절하다. 적용 대상에는 새로운 부품의 코팅과 심하게 마모, 침식, 부식된 부품 표면의 수리가 포함된다. 하드페이싱의 장점으로 반드시 언급되어야 할 사항은 산소아세틸렌 가스용접과 아크용접과 같은 많은 일반적인 용접공정을 수행할 수 있는 상대적으로 통제된 공장 환경 바깥에서도 바로 수행될 수 있다는 것이다. 일반적인 표면처리 재료의 일부는 강, 철합금, 코발트기반 합금, 니켈기반 합금 등이다. 코팅 두께는 보통 0.75 mm∼2.5 mm이지만, 9 mm의 두께까지도 가능하다.

유연오버레이 공정(flexible overlay process)은 텅스텐 카바이드(WC)와 같이 매우 단단한 코팅 재료를 기질 표면 위에 도포할 수 있다. 이것은 코팅 경도를 70 Rockwell C까지 가능하게 하며, 이 점이 다른 방법과 비교할 때 이 공정의 중요한 장점이다. 이 공정은 또한 공작물의 선택된 부위에만 코팅을 적용하는 데에도 사용될 수 있다. 유연오버레이 공정에서는 단단한 세라믹이나 금속 분말을 함유한 천과, 브레이징 합금을 함유한 다른 천이 기질 위에 놓이고, 분말이 표면에 융해되도록 가열된다. 오버레이 코팅의 두께는 보통 0.25 mm∼2.5 mm이다. WC와 WC-Co의 코팅 이외에도 코발트 기반과 니켈 기반의 합금이 또한 적용된다. 적용 대상은 체인 톱니, 암반용 드릴, 유전용 드릴 칼라, 압출 다이, 그리고 우수한 마모 저항이 필요한 유사한 부품을 포함한다.

26.8.2 기계적 도금

이 코팅 공정에서는 표면에 금속 코팅을 형성하기 위하여 기계적 에너지가 사용된다. 기계적 도금에서, 코팅될 부품은 도금 금속분말, 유리알, 도금 작용을 촉진하는 특별한 화학 물질 등과 함께 통 안에서 섞여진다. 금속분말은 지름이 5 μm 정도의 미세한 크기를 갖는 반면에, 유리알은 지름이 2.5 mm로 훨씬 더 크다. 혼합물이 섞이면, 회전하는 통의 기계적인 에너지가 유리알을 통해서 금속 분말을 타격하여 부품 표면에 전달되고, 결과적으로 기계적 또는 금속적 결합이 이루어진다. 도포되는 금속은 기질과의 만족할 만한 결합을 얻기 위하여 가단성이 있어야 한다. 도금 금속은 아연, 카드뮴, 주석, 납 등이다. **기계적 아연도화**(mechanical galvanizing)라는 용어는 아연 코팅된 부품에 사용된다. 철계 금속이 가장 일반적으로 코팅되는 기질이며, 그 밖의 다른 금속으로는 황동과 청동이 있다. 전형적인 적용 대상은 나사, 볼트, 너트, 못과 같은 체결구이다. 기계적 도금의 도금 두께는 보통 0.005 mm∼0.025 mm이다. 아연은 약 0.075 mm 정도의 두께로 기계적 도금이 이루어진다.

참고문헌

[1] *ASM Handbook,* Vol. 5, *Surface Engineering.* ASM International, Materials Park, Ohio, 1993.

[2] Budinski, K. G. *Surface Engineering for Wear Resistance.* Prentice Hall, Inc., Englewood Cliffs, New Jersey, 1988.

[3] Durney, L. J. (ed.). *The Graham's Electroplating Engineering Handbook,* 4th ed. Chapman & Hall, London, 1996.

[4] Freeman, N. B."A New Look at Mass Finishing," Special Report 757, *American Machinist,* August 1983, pp. 93–104.

[5] George, J. *Preparation of Thin Films.* Marcel Dekker, Inc., New York, 1992.

[6] Hocking, M. G., Vasantasree, V., and Sidky, P. S. *Metallic and Ceramic Coatings.* Addison-Wesley Longman, Ltd., Reading, Massachusetts, 1989.

[7] *Metal Finishing;* Guidebook and Directory Issue. Metals and Plastics Publications, Inc., Hackensack, New Jersey, 2000.

[8] Morosanu, C. E. *Thin Films by Chemical Vapour Deposition.* Elsevier, Amsterdam, The Netherlands, 1990.

[9] Murphy, J. A. (ed.). *Surface Preparation and Finishes for Metals.* McGraw-Hill Book Company, New York, 1971.

[10] Sabatka, W."Vapor Degreasing." Available at: www .pfonline.com.

[11] Satas, D. (ed.). *Coatings Technology Handbook,* 2nd ed. Marcel Dekker, Inc., New York, 2000.

[12] Stuart, R. V. *Vacuum Technology, Thin Films, and Sputtering.* Academic Press, New York, 1983.

[13] Sze, S. M. *VLSI Technology,* 2nd ed. McGraw-Hill Book Company, New York, 1988.

[14] Tracton, A. A. (ed.) *Coatings Technology Handbook,* 3rd ed. CRC Taylor & Francis, Boca Raton, Florida, 2006.

[15] Tucker, Jr., R. C."Surface Engineering Technologies," *Advanced Materials & Processes,* April 2002, pp. 36–38.

[16] Tucker, Jr., R. C."Considerations in the Selection of Coatings," *Advanced Materials & Processes,* March 2004, pp. 25–28.

[17] Wick, C., and Veilleux, R. (eds.). *Tool and Manufacturing Engineers Handbook,* 4th ed., Vol III, *Materials, Finishes, and Coating.* Society of Manufacturing Engineers, Dearborn, Michigan, 1985.

복습문제

26.1 제조된 부품이 청정되어야 하는 중요한 이유 몇 가지는 무엇인가?

26.2 기계적인 표면처리법이 청정 목적 이외에 혹은 청정에 추가되는 목적으로 종종 수행된다. 그 이유는 무엇인가?

26.3 생산에 있어서 금속 표면으로부터 제거되어야할 오염물의 기본 유형은 무엇인가?

26.4 중요한 화학적 청정법의 종류를 들어라.

26.5 표면 청정 외에, 샷피닝에 의해 수행되는 주요 기능은 무엇인가?

26.6 대량다듬질의 의미는 무엇인가?

26.7 확산법과 이온주입법의 차이점은 무엇인가?

26.8 캐러라이징이란 무엇인가?

26.9 왜 금속을 코팅하는가?

26.10 가장 일반적인 코팅 공정의 종류를 분류하여라.

26.11 부식 방지의 두 가지 기본적인 메커니즘은 무엇인가?

26.12 가장 일반적으로 도금되는 기질 금속은 무엇인가?

26.13 전해성형에 있어서 **만드렐**(mandrel) 유형 중 하나는 고체 만드렐이다. 고체 만드렐로부터 부품이 어떻게 제거되는가?

26.14 무전해도금은 전기도금과 어떻게 다른가?

26.15 변환코팅이란 무엇인가?

26.16 애노다이징은 다른 변환코팅과 어떻게 다른가?

26.17 물리 증착법이란 무엇인가?

26.18 물리 증착법과 화학 증착법의 차이점은 무엇인가?

26.19 PVD의 적용 예는 어떤 것들이 있는가?

26.20 절삭공구 위에 PVD에 의해 도포되는 일반적인 코팅 재료들의 이름은?

26.21 화학 증착법의 장점은 무엇인가?

26.22 화학 증착법에 의해 절삭공구에 코팅되는 두 가지 가장 일반적인 티타늄 화합물은 무엇인가?

26.23 유기 코팅에 있어서 네 가지 주요 성분을 구분하여라.

26.24 유기 코팅 기술에서 이동효율은 무엇을 의미하는가?

26.25 표면에 적용되는 유기 코팅의 주요 방법을 설명하여라.

26.26 건조와 경화는 각각 다른 뜻을 가지고 있다. 그 차이를 설명하여라.

26.27 법랑 에나멜에서 프리트란 무엇인가?

객관식문제(20개의 답)

26.1 다음 중 산업에 있어서 공작물을 청정시키는 이유는? (네 개의 정답)
(a) 공기 오염의 회피, (b) 물 오염의 회피, (c) 외관의 향상, (d) 표면의 기계적 물성 향상, (e) 작업자의 위생 조건 향상, (f) 표면 다듬질 향상, (g) 후속 공정에 대한 표면 준비, (h) 표면을 화학적으로 손상시킬 수 있는 오염물의 제거.

26.2 다음 중 알칼리성 청정에 사용되는 화학물질은? (두 개의 정답)
(a) 붕산, (b) 염산, (c) 프로판, (d) 수산화나트륨, (e) 황산, (f) 삼염화에틸렌.

26.3 샌드블래스팅에서 사용되는 매개체는?
(a) Al_2O_3, (b) 분쇄된 견과껍질, (c) 나일론 구슬, (d) SiC, (e) SiO_2.

26.4 다음 두 공정 중에서 침투 표면에 원자가 더 깊게 침투되는 것은?
(a) 확산, (b) 이온주입.

26.5 다음의 표면 공정 중에서 캐러라이징과 같은 의미의 용어는?
(a) 알루미나이징, (b) 도핑, (c) 고온 샌드블래스팅, (d) 실리코나이징.

26.6 다음 도금 금속 중 어느 것이 금속 모재 위에서 가장 단단한 표면을 만드는가?
(a) 카드뮴, (b) 크롬, (c) 구리, (d) 니켈, (e) 주석.

26.7 다음 중 갈바나이징이라는 용어와 관련이 있는 도금 금속은 어느 것인가?

(a) 철, (b) 납, (c) 강, (d) 주석, (e) 아연.

26.8 다음 중 전기화학 반응을 포함하는 공정은 어느 것인가? (두 개의 정답)
(a) 애노다이징, (b) 크롬산염 코팅, (c) 무전해도금, (d) 전기도금, (e) 인산염 코팅.

26.9 애노다이징과 가장 일반적으로 관련 있는 금속은 어느 것인가?
(a) 알루미늄, (b) 마그네슘, (c) 강, (d) 티타늄, (e) 아연.

26.10 스퍼터링은 다음 중 어느 공정에 속하는가?
(a) 화학 증착법, (b) 아크용접의 결합, (c) 확산, (d) 이온주입, (e) 물리 증착법.

26.11 다음 중 어느 가스가 스퍼터링과 이온도금에 가장 일반적으로 사용되는가?
(a) 아르곤, (b) 염소, (c) 네온, (d) 질소, (e) 산소.

26.12 다음 중 분말 코팅을 적용하는 주요 방법은 어느 것인가? (두 개의 답)
(a) 브러싱, (b) 정전분무, (c) 유동화베드, (d) 침잠, (e) 롤러 코팅.

26.13 다음 중 어떤 형태의 표면에 법랑 에나멜이 적용되는가?
(a) 액상 에멀전, (b) 액상 용액, (c) 용융된 용액, (d) 분말.

26.14 하드페이싱은 다음 중 어느 기본 공정을 사용하는가?
(a) 아크용접, (b) 브레이징, (c) 딥 코팅, (d) 전기 도금, (e) 표면을 가공경화하기 위한 기계적 변형.

연습문제

26.1 10[A]의 전류가 1시간 동안 공급되면 얼마의 부피 (cm³)와 질량(g)의 아연이 음극의 작업 부품에 도포되는가?

26.2 표면적 $A = 100$ cm²인 강철판 부품이 아연 도금되어야 한다. 염화물 전해액 속에서 15[A]의 전류가 12분 동안 공급되면 평균 도금두께는 얼마나 되는가?

26.3 표면적 $A = 93.75$ cm^{2}인 강철판 부품이 크롬 도금되어야 한다. 크롬산 황산 조 속에서 15[A]의 전류가 10분 동안 공급되면 평균 도금두께는 얼마나 되는가?

26.4 표면적 $A = 3.125$ cm^{2}인 25개의 귀금속 조각이 일괄 도금 공정으로 금도금되어야 한다. (a) 시안화물 조 안에서 8[A]의 전류가 10분 동안 공급되면 평균 도금두께는 얼마나 되는가? (b) 금 1온스가 $900이라면 한 개의 조각에 도금되는 금값은 얼마인가? 금의 밀도는 0.019 kg/cm^{3}이다.

26.5 강판으로 만들어진 부품이 니켈 도금되어야 한다. 부품은 사각형 평판에 0.075 cm 두께이며, 윗면의 치수는 14 cm × 19 cm이다. 도금 작업은 황산 전해질 내에서 전류 20[A]로 30분 동안 수행된다. 이 작업의 결과로 도금된 금속의 평균두께를 정하여라.

26.6 강판 부품의 전체 표면적은 $A = 225$ cm^{2}이다. 그 면적 위에 전류가 15[A] 공급된다면 두께 0.002 cm로 구리 도금을 하는 데에 시간이 얼마나 걸리겠는가? (원

자가는 +1로 가정한다).

26.7 전기 도금 공정에서 작업 부품의 표면 위에 다음 관계식에 따라 전류가 공급된다. $I = 12.0 + 0.2t$, 여기서 는 전류[A], t는 시간(min)이다. 도금 금속은 크롬이며 부품은 도금 용액 속에 20분 동안 잠겨 있다. 이 공정에서 적용되는 코팅 부피는 얼마인가?

26.8 부품 100개가 한꺼번에 배럴 도금 공정으로 니켈 도금이 되어야 한다. 부품들은 모두 동일하고 각각의 표면적은 $A = 48.75$ cm^{2}이다. 도금 공정에서 전류는 120[A]가 공급되고, 완료하는 데에는 40분이 걸린다. 부품의 평균 도금 두께를 구하여라.

26.9 동일한 40개의 부품이 랙에서 크롬 도금되어야 한다. 각 부품의 표면적은 $A = 22.7$cm^{2}이다, 각 부품의 표면에서 평균 도금두께 0.010 mm가 요구된다면, 전류가 80[A]일 때에 도금 작업의 시간은 얼마나 걸리겠는가?

제 VIII 부

접합과 조립 공정

Chapter 27

용접의 기초

27.1 용접기술의 개요
   27.1.1 용접공정의 유형
   27.1.2 용접의 산업 응용

27.2 용접 접합부
   27.2.1 접합부의 유형
   27.2.2 용접의 유형

27.3 용접의 물리학
   27.3.1 출력 밀도
   27.3.2 융합 용접에서의 열 균형

27.4 융합용접 접합부의 특징

제VIII부에서는 둘 혹은 그 이상의 부품을 결합시켜 하나의 조립품으로 만드는 데에 사용되는 공정들을 다룬다. 이 공정들은 그림 1.4에서 아래쪽 가지를 형성한다. **접합**(joining)이라는 용어는 보통 용접, 브레이징, 솔더링, 접착제 결합 등 쉽게 떨어질 수 없도록 두 부품을 영구적으로 결합시키는 방법을 의미한다. **조립**(assembly)이라는 용어는 보통 부품들을 함께 잠그는 기계적인 방법들을 의미한다. 방법들의 일부를 사용하면 분해하기가 용이할 수도 있고 아닐 수도 있다. 기계적 조립은 30장에서 다루게 된다. 브레이징, 솔더링, 접착제 결합은 29장에서 논의된다. 그에 앞서서 우선 용접을 이용한 접합과 조립 공정에 대한 사항을 30장과 31장에서 설명한다.

용접(welding)이란 두 개 이상의 부품을 그들의 접촉면에서 열과(혹은) 압력을 사용하여 합체시키는 재료 접합공정이다. 많은 용접 공정들이 압력 없이 단지 열만 사용하여 수행되지만, 일부는 열과 압력을 같이 사용하기도 하고, 어떤 경우는 외부의 가열 없이 압력만 적용하기도 한다. 일부 용접법에서는 **용가재**(filler)를 사용하여 접합을 수월하게 하기도 한다. 용접에 의해 접합된 조립체를 **용접물**(weldment)이라고 부른다. 용접은 대부분 금속 부품에 적용되나, 플라스틱을 접합하는 데에도 사용될 수도 있다. 본서에서는 용접의 대상을 금속부품으로 국한한다.

용접은 비교적 새로운 공정이라고 할 수 있다(역사적 고찰 27.1 참조). 용접의 상업적 및 기술적 중요성은 다음 사항으로부터 기인한다.

- 용접은 영구결합을 제공한다. 용접된 부품은 단일체가 된다.

- 만일 모재보다 우수한 강도특성을 갖는 용가재 금속을 사용하고 적절한 용접기술이 적용된다면 용접접합부가 모재보다 더 강하게 될 수 있다.
- 용접은 일반적으로 재료활용도와 제조비용 측면에서 부품을 접합하기에 경제적인 방법이다. 조립을 위한 다른 기계적인 대체 방법들은 더 복잡한 형상의 변화(예, 구멍의 드릴링)와 체결부품(예, 리벳, 볼트)을 필요로 한다. 따라서, 이런 기계적인 조립품은 보통 용접물보다 더 무겁게 된다.
- 용접은 공장 내부에서뿐만 아니라, 야외에서도 수행될 수 있다.

용접은 위에서 설명한 바와 같이 여러 가지 장점을 가지고 있지만, 다음과 같은 한계점과 단점(혹은 잠재적인 단점)을 갖는다.

- 대부분의 용접 작업은 수작업으로 수행되어서 인건비 차원에서 비싼 공정이다. 많은 용접 작업들은 기술을 필요로 하는 작업으로 여겨지고, 이런 기술을 가진 인력이 흔치 않다.
- 대부분의 용접 공정은 고에너지를 사용하기 때문에 위험성이 있다.
- 용접은 부품들 간의 영구적인 접합을 만들어내기 때문에 쉽게 분해되지 않는다. 제품을 분해해야만 할 경우(수리 혹은 유지보수)에는 조립방법으로 용접을 사용하지 않는다.
- 용접접합부에 감지할 수 없는 품질결함을 발생할 수 있다. 이 결함들은 접합부의 강도를 떨어뜨릴 수 있다.

역사적 고찰 27.1   **용접의 기원**

용접법은 비교적 새로운 공정이라고 할 수 있지만, 그 기원은 고대로 거슬러 올라간다. 기원전 1000년경 이집트와 지중해 동부 연안 사람들이 단접법(28.5.2절)을 알고 있었다. 이것은 무기, 공구, 기타 기구들을 만들 때 사용하던 열간 단조가 자연스럽게 확장된 기술이었다. 청동제 단접 공예품들이 고고학자들에 의해서 이집트 피라미드에서 발견되었다. 이러한 초기에서 중세시대를 거쳐 오면서 단조공 업계가 해머링을 이용하여 완성도 높은 용접 공예품들을 개발하였다. 이 시대의 철과 다른 금속의 용접물들이 인도와 유럽에서도 발견되었다.

현대적인 용접법의 기술적 토대는 1800년대에 이르러서야 정립되었다. 영국 과학자 Sir Humphrey Davy가 발견한 두 가지 중요한 용접기술에 공헌을 했는데, (1) 전기아크와 (2) 아세틸렌가스가 그것이다.

1801에 Davy는 두 탄소전극 사이에서 발생하는 전기아크를 발견했다. 그러나 1800년대 중반까지는 전기발전기가 발명되지 않아서 **아크용접**(arc welding)을 수행하기에 충분한 전력을 얻을 수 없었다. 탄소아크용접 공정에 대한 일련의 특허(하나는 1885년 영국에서, 다른 특허들은 1887년 미국에서)를 받은 사람은 프랑스 연구실에서 일하던 러시아인 Nikolai Benardos였다. 이리하여 1900년까지 탄소아크용접이 금속을 접합하는 보편적인 상업적 공정이 되었다.

Benardos의 발명은 탄소아크용접에 국한되었다. 1892년에 Charles Coffin이라는 미국인이 금속전극을 이용한 아크용접법에 대한 미국 특허를 취득하였다. 이것이 탄소아크 공정과 다른 고유한 기술은 전극이 용접 접합부에 용가금속을 채워준다는 것이었다. 대기로부터 용접공정을 보호하기 위하여 금속전극을 코팅하는 아이디어는 그 후인 1900년경 영국과 스웨덴에서 기존 금속아크 용접 공정을 개선하여 만들어졌다.

1885년에서 1900년 사이에 **저항용접**(resistance welding)의 몇 가지 형태가 Elihu Thompson에 의하여 개발되었다. 점용접과 심용접이 여기에 속하는데, 이 두 가지 접합 방법은 현대의 금속판재가공에서 널리 사용된다.

Davy가 1800년대에 이미 아세틸렌가스를 발견했지만, **산소가스용접**(oxyfuel gas welding)은 1900년경 아세틸렌과 산소를 결합해주는 토치가 개발된 이후에 사용될 수 있었다. 1890년대 동안에 용접을 목적으로 수소와 천연가스를 산소와 혼합하는 시도를 하였지만, 산소아세틸렌 화염이 훨씬 더 높은 온도를 만들 수 있었다.

이러한 세 가지 공정들(아크용접, 저항용접, 산소가스용접)이 오늘날 수행되는 용접 작업들의 대부분을 차지한다.

27.1 용접기술의 개요

용접은 두 금속 부품의 접합면에서의 국부적인 합체와 접합을 포함한다. **접합면**(faying surface)이란 접합이 이루어질 부분의 접촉 또는 매우 근접한 부품 표면을 의미한다. 용접은 보통 동일한 금속 재질에 대해 수행되나, 일부 공정은 상이한 재질에 대해서도 사용될 수 있다.

27.1.1 용접공정의 유형

미국용접협회(American Welding Society)에서는 50가지의 용접법 유형을 목록화 하였다. 이들 방법들은 요구되는 파워를 공급하기 위해 에너지들의 다양한 종류와 조합을 사용한다. 여기서는 우선 다음과 같은 두 주요 그룹으로 용접 공정들을 분류한다. (1) 융접, (2) 고상용접.

융접

융접(fusion welding) 공정은 모재를 용융시키기 위해 열을 사용한다. 많은 융접 작업에서 공정을 촉진시키고 용접부의 체적과 강도를 채워주기 위해 용가재 금속이 액상금속에 더해진다. 용가재 금속이 사용되지 않는 용접법을 **자생**(autogenous) 용접이라고 한다. 융접에 속하는 용접법들이 가장 많이 사용되고 있으며, 이들은 다음과 같이 일반적인 그룹으로 분류될 수 있다(괄호 안의 머리글자는 미국용접협회에서 제정된 것임).

- **아크용접**(arc welding, AW) - 그림 27.1에서와 같이 전기아크를 통해 금속을 가열하는 용접 공정들이다. 일부 아크용접 작업은 공정 중에 압력을 가하기도 하고 대부분 용가재를 사용한다.
- **저항용접**(resistance welding, RW) - 압력이 가해진 두 개의 접합면 사이에 흐르는 전류에 의해 발생되는 전기 저항열로 접합부를 만드는 공정이다.
- **산소가스용접**(oxyfuel gas welding, OFW) - 산소와 아세틸렌의 혼합물과 같은 산소연료가스를 사용하여 모재와 용가재를 용융시킬 고온의 화염을 만드는 접합공정이다.
- 기타 융접 공정들 - **전자빔용접**(electron beam welding) 및 **레이저빔용접**(laser beam welding)과 같이 결합된 금속의 융합을 일으키는 공정들이 있다.

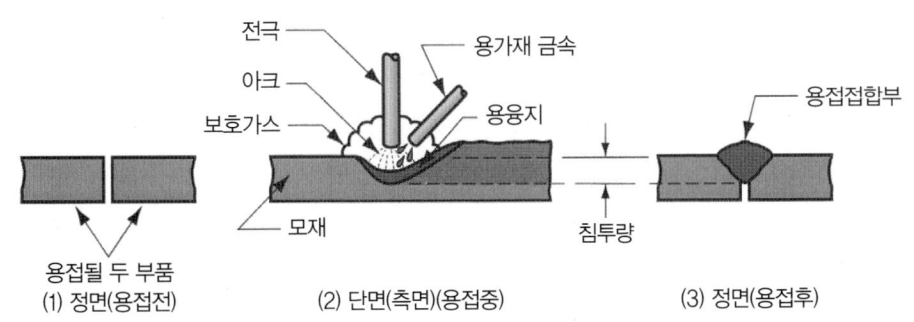

그림 27.1 아크용접의 개략도. (1) 용접전, (2) 용접중, 모재가 용융되고 용가재가 용융지에 첨가됨, (3) 용접후. 아크용접 공정에는 많은 변화가 존재한다.

전극 · 용가재 금속 · 아크 · 보호가스 · 용융지 · 모재 · 침투량 · 용접접합부

용접될 두 부품
(1) 정면(용접전) (2) 단면(측면)(용접중) (3) 정면(용접후)

일부 아크와 산소 공정은 금속을 절단하기 위해 사용되기도 한다(24.3.4절, 24.3.5절).

고상용접

고상용접(solid-state welding)은 압력만을 사용하거나 열과 압력을 동시에 사용하여 접합하는 공정이다. 열이 사용되는 경우 공정의 온도는 용접될 금속의 용융점 이하에 머문다. 용가재는 사용되지 않는다. 이 그룹의 대표적인 용접 공정들은 다음과 같다.

- **확산용접**(diffusion welding, DFW) - 가열한 상태로 두 면의 압력을 유지시켜 확산원리를 이용하여 고체 상태로 접합하는 공정이다.
- **마찰용접**(friction welding, FRW) - 두 면 사이의 마찰열로 접합이 이루어진다.
- **초음파용접**(ultrasonic welding, USW) - 두 부품 사이에 적절한 압력을 가하고, 접촉면과 평행하게 초음파 주파수의 진동을 일으키는 공정이다. 정하중과 진동하중의 결합으로 전단응력을 발생시켜 표면의 이물질과 산화막을 제거하고 표면의 원자결합을 얻어낸다.

28장에서 다양한 용접 공정에 대하여 보다 상세하게 다룬다. 이에 앞서 용접의 전문용어와 원리에 대한 충분한 틀을 이 장에서 다루게 된다.

27.1.2 용접의 산업 응용

용접의 주요 적용 분야 [1] : (1) 건설업(예, 건물, 교량), (2) 배관, 압력용기, 보일러, 저장탱크, (3) 조선, (4) 항공 산업, (5) 자동차와 철도 등 이와 같이 용접은 다양한 장소와 산업에서 수행된다. 용접이 상업적 제품 조립기술로서 다양한 능력을 가지고 있기 때문에, 많은 용접 공정이 공장에서 채택되어 수행된다. 하지만 아크용접이나 산소가스용접 같은 몇몇 전통적인 용접법은 이동이 쉬운 장비를 사용하기 때문에 사용 범위가 공장 내부로 국한되지는 않는다. 즉 건설현장, 조선소, 고객의 공장, 자동차 정비소 등에서도 수행될 수 있다.

대부분의 용접 작업들은 노동집약적이다. 예를 들어 아크용접은 커다란 장치의 개별 구성품들을 수작업으로 경로를 조절하면서 용접부를 만드는 숙련된 **용접공**(welder)이 수행한다. 아크 용접이 공장에서 수작업으로 수행될 때, 용접공은 종종 **용접보조공**(fitter)이라고 부르는 두 번째 작업자와 함께 수행한다. 용접보조공의 역할은 용접공이 용접을 하기에 앞서 용접고정구와 용접위치 결정구를 가지고 각 부품을 정렬, 고정시키는 것이다. **용접고정구**(welding fixture)는 용접 중에 구성품들을 정해진 위치에서 움직이지 않도록 고정 상태를 유지시켜주는 장치이다. 이 고정구는 용접물의 특정한 형상에 따라 맞춤형으로 만들어지므로, 생산할 조립품의 수량에 근거하여 그 경제성이 판단되어야만 한다. **용접위치결정구**(welding positioner)는 용접 중에 부품을 잡고 원하는 용접 위치로 이동시켜주는 역할을 하는 장치이다. 이것이 용접고정구와 다른 점은 원하는 하나의 정해진 위치에 부품들이 있도록 유지만 시켜준다는 점이다. 원하는 위치란 보통 평평하고 수평적인 용접경로상의 한 위치이다.

안전문제

용접 작업을 수행하는 용접공은 위험에 노출되어 있으므로 안전에 유의해야 한다. 용접에 있어서 용융금속의 높은 온도가 두드러지는 위험 요소이다. 가스용접에서 아세틸렌과 같은 연료는 화재의 위험이 많다. 대부분의 용접 공정들이 접합될 부품표면을 녹일 수 있는 높은 에너지를 사용한다. 특히 전기에너지가 열에너지원으로 많이 사용되기 때문에 작업자에게 감전의 위험이 따른다. 어떤 용접 공정은 고유의 위험요소를 갖고 있다. 예를 들어 아크용접에서는 사람의 눈에 해가 되는 자외선이 방출된다. 짙은 창이 있는 특별한 헬멧을 착용하여야만 한다. 이 창이 위험한 광선을 차단하여 주지만, 너무 짙어서 아크가 발생될 때를 제외하고는 용접공의 시야를 일시적으로 어둡게 하는 현상이 발생하기도 한다. 스파크, 용융금속의 비산, 연기, 매연 등도 용접 작업의 위험성이 더해진다. 용접에서 사용되는 용제와 용융금속에 의해 만들어지는 유독가스를 배출시키기 위한 환기시설이 설치되어야 한다. 만약 밀폐된 공간에서 작업이 수행된다면, 특별한 환기 복장이나 두건이 필요하다.

용접의 자동화

수작업 용접의 위험성 때문에, 생산성과 제품 품질을 향상시키기 위해서, 다양한 형태의 기계화, 자동화 방법이 개발되어 왔다. 여기에는 기계용접, 자동용접, 로봇용접이 속한다.

기계용접(machine welding)은 조작자의 지속적인 감시 하에 수행되는, 기계화된 용접장비에 의한 용접법을 의미한다. 기계적인 수단에 의해 용접말단이 정지된 공작물에 대하여 상대운동하거나, 정지된 용접말단에 대하여 공작물이 상대운동하는 두 가지 형태로 수행될 수 있다. 작업자의 역할은 작업을 조정하기 위해 장비를 계속 감시하면서 상호 작용하는 것이다.

용접장비가 작업자의 조종 없이도 작업을 수행할 수 있는 경우는 **자동용접**(automatic welding)이라고 부른다. 작업자는 공정을 감독하고 정상상태로부터의 변동을 감지하기 위해 필요하다. 자동용접이 기계용접과 다른 점은 사람이 계속 지켜보지 않아도 공작물을 자동으로 이동과 위치를 조절해 주는 용접 사이클 제어기가 있다는 것이다. 자동용접은 용접말단에 대한 상대적인 용접고정구와(혹은) 위치결정구를 필요로 한다. 또한 용접물을 구성하는 부품에 대해서는 더 높은 수준의 일관성과 정확성을 요구한다. 이런 이유로 자동용접은 대량생산의 경우에만 타당한 방법이다.

로봇용접(robotic welding)에서는 산업용 로봇 혹은 프로그램이 가능한 조작팔이 공작물에 대하여 상대적인 용접말단의 움직임을 자동으로 제어하기 위해서 사용된다(35.4.3절). 유연한 도달범위를 갖는 로봇팔을 사용하기 때문에 비교적 단순한 고정구를 사용할 수가 있고, 새로운 부품 구성에 대한 로봇의 재프로그래밍 능력으로 인해 비교적 소량생산의 경우 이 방법이 적절하다고 할 수 있다. 전형적인 로봇 아크용접 셀은 두 개의 용접고정구와 용접 중에 부품을 장착/탈착하여 주는 작업자로 구성된다. 아크용접뿐만 아니라 자동차 최종 조립 공장에서 자동차 바디의 저항용접을 수행하기 위해서도 산업용 로봇이 사용된다(그림 36.11).

| 27.2 용접 접합부

용접은 두 부품 사이에서 단단한 연결을 만들어준다. **용접접합부**는 부품의 모서리 혹은 면이 용접에 의해 접합되는 부위를 말한다. 이 절에서는 용접접합부의 유형과 각 접합부를 형성하기 위해서 적용되는 용접부에 대하여 설명한다.

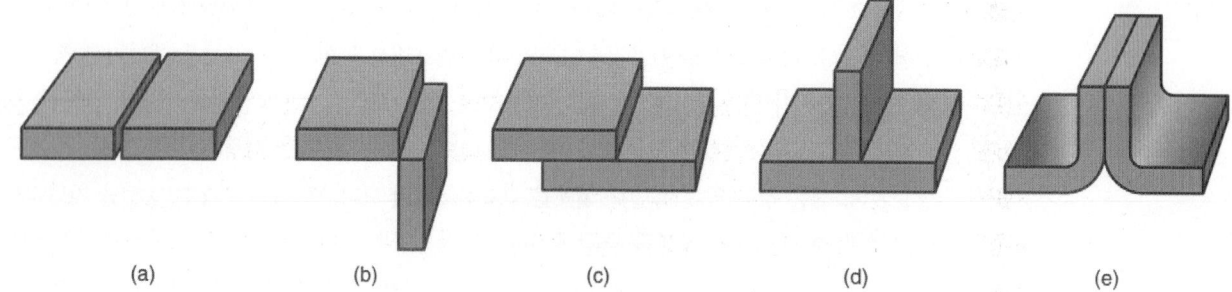

그림 27.2 접합부의 다섯 가지 기본 유형.
(a) 맞대기이음, (b) 모서리이음, (c) 겹치기이음, (d) T자이음, (e) 끝단이음.

27.2.1 접합부의 유형

접합부에는 다섯 가지의 기본 유형이 있다. 이 다섯 가지 유형들은 용접에만 국한되는 것은 아니며, 다른 접합과 체결에도 적용될 수 있다. 그림 27.2에 기초하여 이 다섯 유형을 다음과 같이 정의한다.

(a) **맞대기이음**(butt joint) - 두 부품이 동일한 평면에 놓이고 모서리에서 접합된다.
(b) **모서리이음**(corner joint) - 두 부품이 직각을 이루며 모서리에서 접합된다.
(c) **겹치기이음**(lap joint) - 두 부품이 겹치는 영역이 존재하는 접합부이다.
(d) **T자이음**(tee joint) - 한 부품이 다른 부품에 대해 직각으로 위치하여 T자를 만드는 접합부이다.
(e) **끝단이음**(edge joint) - 두 부품이 적어도 하나의 모서리를 공유하고 접합부가 공유 모서리(들)에서 만들어진다.

27.2.2 용접의 유형

위에서 정의된 각 접합부는 용접을 통해 만들 수 있다. 접합부와 용접된 방식(용접 유형)을 구분하는 것은 적절하다. 용접 유형들 간의 차이는 형상(용접접합부 유형)과 용접공정에 따라 발생한다.

필릿용접(fillet weld)은 그림 27.3과 같이 모서리이음, 겹치기이음, T자이음에 의해 만들어진 판의 모서리를 채우는 데 사용된다. 직각삼각형 형태의 단면을 만들기 위해 용가금속이 사용된다. 필릿용접은 아크용접과 산소용접에서 가장 보편적으로 나타나는 유형인데, 그 이유는 모서리의 준비 작업이 최소로 필요하기 때문이다(부품들의 기본적인 직각 모서리를 사용). 필릿용접은 단면 혹은 양면에 형성될 수 있고, 연속적 혹은 단속적일 수 있다(접합부의 전체 길이를 따라가거나 그 길이의 중간 중간

그림 27.3 필릿용접의 다양한 형태. (a) 모서리이음 내부의 단일 필릿, (b) 모서리이음 외부의 단일 필릿, (c) 겹치기이음의 복수 필릿, (d) T자이음의 복수 필릿. 점선은 부품의 초기 모서리를 나타냄.

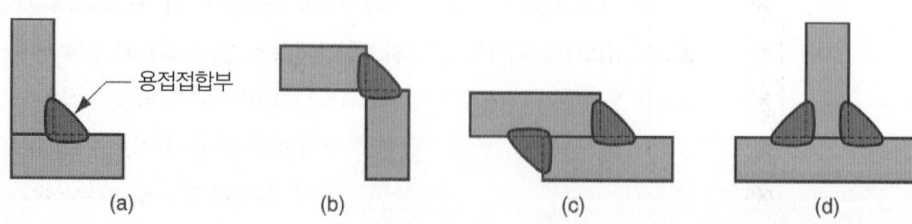

용접접합부

그림 27.4 일부 전형적인 홈 용접의 형태. (a) 사각 홈용접 (단면) (b) 단일 경사 홈용접, (c) 단일 V자홈 용접, (d) 단일 U자홈 용접, (e) 단일 J자홈 용접, (f) 양면 V자홈 용접 (두꺼운 단면). 점선은 부품의 초기 모서리를 나타냄.

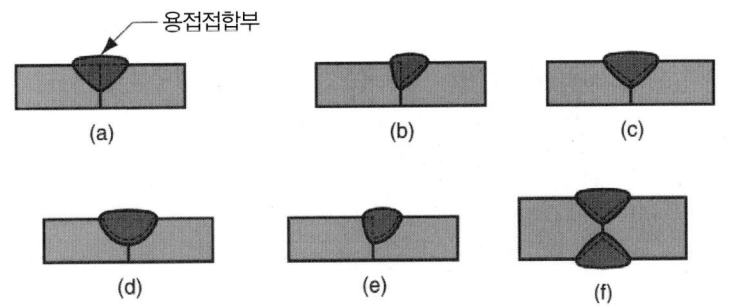

용접이 되지 않는 부분이 있을 수 있음).

홈용접(groove weld)은 용입부가 잘 들어갈 수 있도록 부품의 모서리에 홈 형상을 만드는 것이다. 홈 형상은 그림 27.4와 같이 정사각형, 사선형, V자형, U자형, J자형 등이 있고, 이들이 단면 혹은 양면에 있을 수 있다. 보통 아크용접이나 산소용접으로 접합부를 채우기 위해 용가금속이 사용된다. 기본적인 직각 모서리보다 복잡한 부품모서리를 종종 준비하는데, 이는 부가적인 공정이 필요하긴 하지만 접합부의 강도를 증가시켜 주고, 더 두꺼운 부품의 용접이 가능해진다. 홈용접부는 맞대기이음과 가장 잘 어울리지만, 겹치기이음을 제외한 모든 접합부 유형에도 적용할 수 있다.

플러그용접(plug weld)과 **슬롯용접**(slot weld)은 그림 27.5와 같이 상부 부품에 하나 이상의 구멍이나 슬롯을 만들고 그 안에 용가금속을 채워 평평한 판을 접합하는 데에 사용한다.

그림 27.6은 겹치기접합부에 사용한 점용접과 심용접을 나타낸다. **점용접**(spot weld)은 두 장의 박판이나 평판 사이에서 형성되는 작은 융합부위를 말한다. 부품 전체를 접합하기 위해서는 전형적으로 여러 개의 점용접이 필요하다. 점용접은 저항용접과 밀접한 관련이 있다. **심용접**(seam weld)은 두 박판이나 평판 사이에서 다소 연속적인 융합부가 생긴다는 점을 제외하고는 점용접과 유사하다.

그림 27.7은 플랜지용접과 표면용접을 보여준다. **플랜지용접**(flange weld)은 둘 혹은 그 이상의

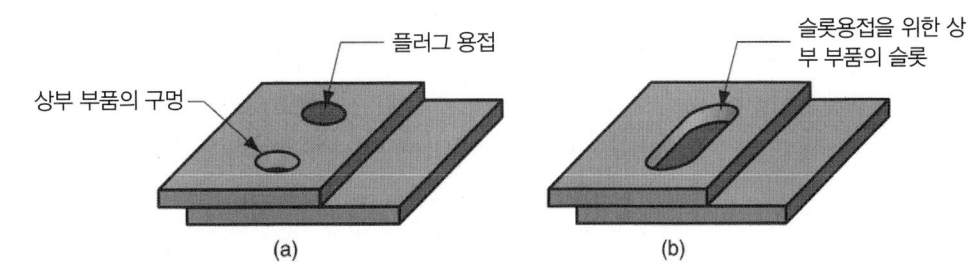

그림 27.5 (a) 플러그용접, (b) 슬롯용접.

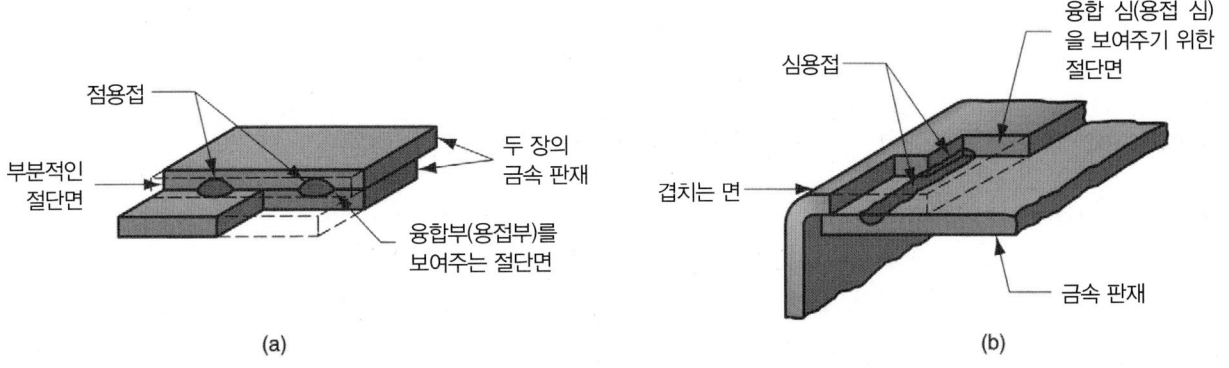

그림 27.6 (a) 점용접, (b) 심용접.

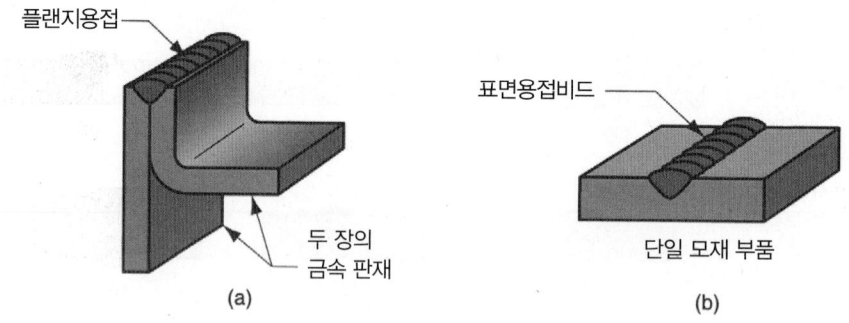

그림 27.7 (a) 플랜지용접,
(b) 표면용접.

금속박판이나 판재의 끝단에 적용되는데, 그림 27.7(a)와 같이 적어도 한 부품은 플랜지가 만들어져 있어야 한다. **표면용접**(surfacing weld)은 부품을 접합하기 위해서 사용되는 것이 아니고, 모재의 표면에 한 줄 이상의 비드 형태로 용가금속을 붙이는 것이다. 용접 비드를 평행경로를 따라 연속으로 겹치게 형성시키면, 모재의 넓은 면적을 덮을 수 있다. 이런 작업의 목적은 판재의 두께를 증가시키거나 표면을 보호 코팅하기 위한 것이다.

27.3 용접의 물리학

용접을 위한 몇 가지 접합 메커니즘이 유용하지만, 융합이 현재까지도 가장 보편적인 수단이다. 이 절에서는 융합 용접을 수행하기 위한 물리적 관계를 고려한다. 우선적으로 출력밀도 문제와 그 중요성을 조사한 후, 용접 공정을 설명해주는 열과 출력의 방정식을 정의한다.

27.3.1 출력 밀도

융합을 이루기 위해서는 고밀도 열에너지원이 접합면에 공급되고, 이 결과로 발생하는 온도가 모재의 국부적인 용융을 일으키기에 충분히 높아야 한다. 만일 용가 금속이 첨가될 경우 이것 또한 용융시킬 수 있도록 열밀도가 더 커져야 한다. 열밀도는 소재의 단위 표면적당 전달되는 출력을 의미하고, W/mm^2의 단위를 갖는다. 금속용융에 필요한 시간은 출력밀도에 반비례한다. 낮은 출력밀도에서는 용융을 일으키는 데 많은 시간이 필요하다. 만약 출력밀도가 너무 낮을 경우에는, 열이 표면에 공급되는 속도만큼 소재로 전도되어, 용융이 일어나지 않을 수 있다. 용접에서 대부분의 금속을 용융시키는 데 필요한 최소의 출력밀도가 약 10 W/mm^2라는 것이 알려져 있다. 열밀도가 증가할수록 용융시간이 단축된다. 출력밀도가 너무 높은 경우(10^5 W/mm^2 정도 이상) 열영향부의 금속을 기화시키는 경향이 발생한다. 따라서 용접이 수행되기에 적합한 출력밀도의 실용 범위가 존재한다. 용접 공정에 따라 이 범위가 달라질 수 있는데, 그 차이는 (1) 용접의 수행 속도와(또는) (2) 용접 부위의 크기에 따라 달라진다. 표 27.1은 중요한 융합 용접 공정에 대한 출력밀도의 비교를 보여준다. 산소가스용접은 고온을 만들 수 있지만, 열밀도는 상대적으로 낮은데, 그 이유는 열이 넓은 면적으로 퍼지기 때문이다. 산소용접용 연료 중에서 가장 뜨거운 산소아세틸렌가스는 3,500°C(3773 K) 부근에서 연소한다. 반면에 아크용접은 좁은 지역에 높은 에너지를 생성시켜서 국부 온도를 5,500°C∼6,600°C(5,773 K∼6,873 K) 정도로 만든다. 금속학적 측면에서 최소에너지로 금속을 녹이는 것이 바람직하기 때문에, 높은 열밀도가 일반적으로 선호된다.

표 27.1 출력밀도에 기초한 몇 가지 융합 용접 공정의 비교.

용접 공정	출력밀도의 근사치
산소용접	10
아크용접	50
저항용접	1000
레이저빔용접	9000
전자빔용접	10,000

출력밀도는 다음 식과 같이 표면에 유입되는 출력을 해당 표면적으로 나눈 값이다.

$$PD = \frac{P}{A} \tag{27.1}$$

여기서 PD는 출력밀도(W/mm^2), P는 표면에 유입되는 출력(W), A는 에너지가 가해지는 표면적(mm^2)이다. 실제 문제는 식 27.1에 나타낸 것보다는 더 복잡하다. 그 복잡성 중 하나는 출력원(예, 아크)이 많은 용접 공정 중에 움직여서, 실제 공정에 대해서는 예열과 후열 같은 작용을 한다는 것이다. 다른 복잡성으로는 출력밀도가 열영향부 전체에 걸쳐 고르게 분포되지 않는다는 점이다. 즉 다음의 예제와 같이 면적의 함수로서 분포하게 된다.

예제 27.1 용접의 출력밀도

어떤 열원에서 금속부품 표면에 3000 W의 출력을 전달할 수 있다. 이 열은 표면의 원형 영역에 열의 세기가 원 내부에서 다르게 나타나는 영향을 준다. 즉 출력의 70%가 직경 5 mm 원 안으로 전달되고, 출력의 90%가 직경 12 mm의 동심원 내부로 전해진다. (a) 직경 5 mm 원 안의 출력밀도는? (b) 내부 원 바깥의 직경 12 mm 링의 출력밀도는 얼마인가?

풀이

(a) 내부원의 면적 $A = \dfrac{\pi(5)^2}{4} = 19.634 \cong 19.63\ mm^2$

이 면적 내부의 출력 $P = 0.70 \times 3000 = 2100\ W$

출력밀도 $PD = \dfrac{2100}{19.63} = 106.979 \cong 106.98\ W/mm^2$

(b) 내부원 바깥 링의 면적 $A = \dfrac{\pi(12^2 - 5^2)}{4} = 93.462 \cong 93.46\ mm^2$

이 영역의 출력 $P = 0.9 \times 3000 - 2100 = 600\ W$

출력밀도 $PD = \dfrac{600}{93.46} = 6.419 \cong 6.42\ W/mm^2$

관찰 : 출력밀도가 내부원을 용융시키기에 충분히 높을 것 같으나 내부원 바깥의 링을 녹이기에는 불충분할 것이다.

27.3.2 융합 용접에서의 열 균형

주어진 금속의 체적을 용융시키는 데 필요한 열의 양은 (1) 고체금속을 용융점까지 올리는 데 필요한 열(금속의 체적 비열과 관계), (2) 금속의 용융점, (3) 금속의 용융점에서 고상으로부터 액상으로 변환시키는 데 필요한 융해열에 따라 다르다. 이 열의 양은 다음 식과 같이 근사적으로 계산된다 [5].

$$U_m = KT_m^2 \qquad (27.2)$$

여기서 U_m은 용융을 위한 단위에너지, 즉 상온에서 출발하여 단위체적의 금속을 용융시킬 때까지 필요한 열의 양(J/mm³), T_m은 절대온도로서의 금속 용융점 °C(K) K는 Kelvin 온도스케일을 사용할 때 3.33 × 10⁻⁶인 상수이다. 일부 금속에 대한 절대용융온도를 표 27.2에 나타내었다.

열원에서 발생된 에너지 전부가 용접금속을 녹이기 위해 사용되지는 않는다. 소재에서 두 가지 열전달 메커니즘이 있는데, 이 둘 다 용접공정에서 사용되는 발생된 열의 양을 줄어들게 만든다. 이러한 상황을 그림 27.8에 나타내었다. 첫 번째 메커니즘은 열원과 소재 표면 사이에서의 열전달이다. 이 과정은 소재가 받는 실제 열과 열원으로부터 생성된 총열과의 비율인 **열전달인자**(heat transfer factor, f_1)가 개입된다. 두 번째 메커니즘은 용접 부위로부터 금속 소재로 열이 발산되어 표면에 전달된 열의 일부만이 용융을 위해 사용되게 만드는 열전도이다. 이것을 **용융인자**(melting factor, f_2)라고 부르는데, 용융을 위해 소재 표면이 받는 열의 비율을 의미한다. 이 두 가지 인자들이 결합된 효과가 다음 식과 같이 용접을 위해 사용될 열에너지를 감소시킨다.

$$H_w = f_1 f_2 H \qquad (27.3)$$

여기서 H_w는 용접에 사용되는 순수 열(J), f_1은 열전달인자, f_2는 용융인자, H는 용접 공정에 의해 발생된 전체 열(J)이다.

두 인자 f_1과 f_2는 0과 1 사이의 값을 갖는다. f_1과 f_2가 용접 공정 중에 서로 조화를 이루어 작용하지만, 개념적으로 이 둘을 분리하는 것이 바람직하다. f_1은 크게 보아서 적용 용접 공정에 따라 결정되며, 출력원(예, 전기에너지)이 소재 표면에서 유용한 열로 변환되는 능력에도 좌우된다. 아크용접은

표 27.2 일부 금속들의 용융온도(절대온도).

금속	용융온도 °C	°Kª	금속	용융온도 °C	°Kª
알루미늄 합금	657	930	강		
주철	1257	1530	저탄소강	1487	1760
동과 그 합금			중탄소강	1427	1700
순수 동	1077	1350	고탄소강	1377	1650
황동	887	1160	저합금강	1427	1700
청동(90 Cu–10 Sn)	847	1120	스테인리스강		
인코넬(inconel)	1387	1660	오스테나이트계	1397	1670
마그네슘	667	940	마르텐사이트계	1427	1700
니켈	1447	1720	티타늄	1797	2070

ª 켈빈 스케일 = 섭씨온도 + 273.
문헌 [2]로부터 편집함.

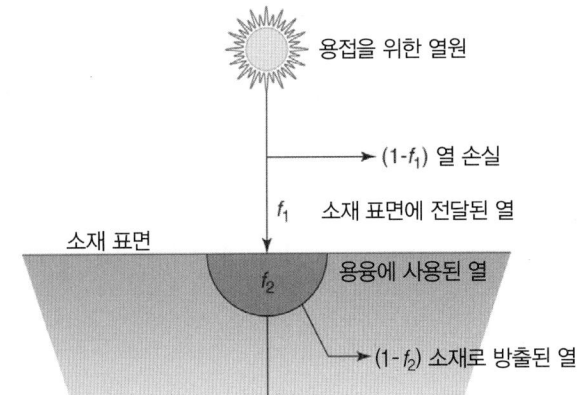

그림 27.8 융합 용접에서의 열전달 메커니즘.

이런 측면에서 상대적으로 효율적인 공정이고, 반면에 산소가스용접 공정은 비교적 비효율적인 공정이다.

용융인자 f_2도 용접 공정에 따라 결정되지만, 금속의 열특성, 접합부 형태, 소재 두께 등에 의해서도 영향을 받는다. 알루미늄과 구리와 같이 열전도성이 높은 금속은 열접촉 영역에서 열이 빠르게 흩어지기 때문에 용접에 있어서는 문제를 발생시킨다. 이 문제는 낮은 에너지 밀도의 열원을 갖는 용접 공정(예, 산소용접)에서 더 크게 발생하는데, 그 이유는 열의 입력이 넓은 지역으로 퍼져서 소재 전체로 쉽게 전도되기 때문이다. 일반적으로 높은 출력밀도와 작은 열전도성의 공작물 재료의 경우 높은 용융인자를 나타낸다.

입력되는 에너지와 용접에 필요한 에너지 간의 균형방정식은 다음과 같다.

$$H_w = U_m V \tag{27.4}$$

여기서 H_w는 용접 작업에 사용되는 순수 열에너지(J), U_m은 단위체적 금속의 용융 에너지(J/mm^3), V는 용융될 금속의 체적(mm^3)이다.

대부분의 용접 작업은 속도 공정이라고 할 수 있다. 즉 순수열에너지 H_w가 주어진 속도로 공급된다는 것이고, 용접비드가 일정한 이동속도로 형성된다. 이것이 대부분의 아크용접과 많은 산소가스용접의 예에서 나타나는 특징이며, 심지어 일부 저항용접 작업에서도 나타난다. 그러므로 식 (27.4)를 다음과 같이 속도 균형방정식의 형태로 표현할 수 있다.

$$R_{Hw} = U_m R_{WV} \tag{27.5}$$

여기서 R_{Hw}는 용접 작업에 전달되는 순수 열에너지의 공급속도(J/s = W), R_{WV}은 용접금속의 시간당 체적(mm^3/s)이다. 연속적인 비드가 형성되는 용접에서 용접금속의 시간당 체적은 용접면적 A_w와 이동속도 v와의 곱이 된다. 식 (27.5)에 이 관계를 대입하면 속도 균형방정식은 다음과 같이 표현될 수 있다.

$$R_{Hw} = f_1 f_2 R_H = U_m A_{wV} \tag{27.6}$$

여기서 f_1은 열전달인자, f_2는 용융인자, R_H는 용접출력원에 의해 생성되는 입력 에너지 속도(W), A_w는 용접단면적(mm^2), v는 용접 작업의 이동속도(mm/s)이다. 28장에서 식 (27.1)에 있는 출력밀도와 식 (27.6)에 있는 입력 에너지 속도가 개별 용접 공정별로 어떻게 발생되는지 조사한다.

예제 27.2 용접 이동속도

어떤 용접의 출력원이 3500 W를 열전달인자 f_1 = 0.7로 공작물 표면에 전달한다. 용접 대상 금속은 저탄소강으로, 이 재질의 용융온도는 표 27.2로부터 T_m = 1760 K이다. 이 작업에서 용융인자(f_2)는 0.5이다. 단면적 A_w = 20 mm²인 연속적인 필릿용접이 공정을 통해 만들어진다. 용접 작업이 수행될 수 있는 이동속도를 결정하여라.

풀이

금속의 용융에 필요한 단위 에너지를 식 (27.2)를 이용하여 계산하면,

$$U_m = 3.33(10^{-6}) \times 1760^2 = 10.315 \cong 10.32 \text{ J/mm}^3$$

이동속도를 얻기 위해 식(27.6)을 변형시켜 이용하면

$$v = \frac{f_1 f_2 R_H}{U_m A_w}, \quad v = \frac{0.7(0.5)(3500)}{10.32(20)} = 5.935 \cong 5.94 \text{ mm/s}$$

27.4 융합용접 접합부의 특징

위에서 언급한 용접 접합부의 대부분은 융합용접의 경우이다. 그림 27.9(a)의 단면모습에 나타내었듯이 용가 금속이 첨가되는 전형적인 융합용접 접합부는 다음과 같은 몇 가지 부분으로 구성된다. (1) 융합부, (2) 용접경계부, (3) 열영향부, (4) 비영향 모재부.

융합부(fusion zone)는 용가 금속과 모재 금속이 완전히 용융되어 혼합된 부분이다. 이 영역의 특징은 용접 동안에 용융된 구성 금속 간에 높은 수준의 균질성을 지니고 있다는 점이다. 이런 구성요소들의 혼합은 용융 용접 풀 속에서의 대류현상에 의해 진행된다. 융합부의 응고는 주조 공정과 유사하다. 용접에 있어서 용접될 부품의 용융되지 않은 모서리나 표면이 마치 주형과 같은 역할을 해준다. 용접에서의 응고가 주조에서의 응고와 다른 점은 결정립이 층을 이루면서 성장한다는 점이다. 주조에서는 주형벽면의 고체입자를 핵으로 하여 금속결정립이 형성된 후 성장한다. 용접에서는 응고핵형성단계 대신에, 용융풀의 원자가 인접한 고체 모재금속이 갖고 있는 격자 위치보다 앞서는 곳에서 응고되는 **결정립 적층성장**(epitaxial grain growth)이라는 메커니즘을 갖고 있다. 결과적으로 열영향부 근처의 융합부 결정립구조는 주변 열영향부의 결정방향을 따라가려는 경향이 생긴다. 융합부 안

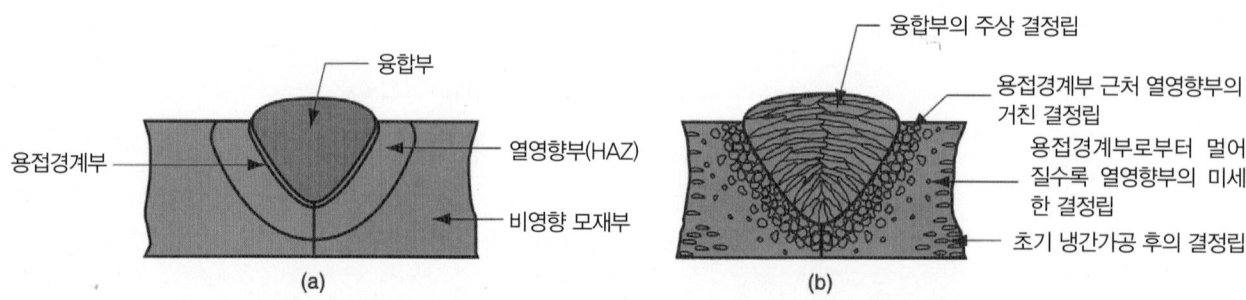

그림 27.9 전형적인 융합용접 접합부의 단면. (a) 접합부의 중요 영역, (b) 전형적인 결정립 구조.

으로 더 들어가면 결정립이 용접경계부에 대략 직각인 방향성이 나타난다. 응고된 융합부의 결과적인 구조는 그림 27.9(b)와 같은 거친 주상 결정립이 된다. 결정립 구조는 용접 공정, 용접대상 금속(예를 들어 동종 금속과 이종 금속 용접), 용가 금속의 사용 여부, 용접의 이송속도 등의 여러 요인에 의해 좌우된다. 용접 금속학에 대한 자세한 설명은 이 책의 범위를 넘어서므로, 관심 있는 독자는 참고문헌 [1], [4], [5]를 참조하기 바란다.

용접 접합부의 두 번째 영역은 융합부와 열영향부를 구분지어 주는 좁은 경계인 **용접경계부**(weld interface)이다. 이 경계부는 용접 공정 동안에 완전히 용융되거나 부분적으로 용융되었지만(결정립 안에서의 부분적인 용융), 융합부의 어떤 금속과 혼합되기 전에 즉시 응고될, 모재금속의 얇은 띠로 구성되어 있다. 따라서 용접경계부의 화학적 조성은 모재 금속의 조성과 동일하다.

전형적인 융합용접의 세 번째 영역은 **열영향부**(heat-affected zone, HAZ)이다. 이 영역의 금속은 용융점 이하의 온도를 받지만, 이 온도는 고체 금속의 미세구조의 변화를 야기시킬 수 있을 정도로 충분히 높은 온도이다. 열영향부의 화학적 조성은 모재금속과 같지만, 용접온도로 인해 열처리 효과를 받아 물성과 구조가 변화된다. 열영향부의 야금학적 손상량은 열입력량과 최고온도, 융합부로부터의 거리에 영향을 받으며, 높은 온도, 냉각속도, 금속의 열특성 등의 영향을 받는 시간에 따라 달라진다. 열영향부가 기계적 물성에 미치는 영향은 보통 부정적인데, 용접 불량이 종종 발생하는 부분이 바로 이 부분이다.

융합부로부터의 거리가 멀어질수록, 아무런 야금학적 변화가 발생하지 않은 **비영향 모재부**(unaffected base metal zone)에 도달하게 된다. 그럼에도 불구하고 열영향부 부근의 모재금속은 융합부의 수축 결과로 나타나는 높은 잔류응력 상태가 되기 쉽다.

참고문헌

[1] *ASM Handbook,* Vol. 6, *Welding, Brazing, and Soldering.* ASM International, Materials Park, Ohio, 1993.

[2] Cary, H. B., and Helzer, S. C. *Modern Welding Technology,* 6th ed. Pearson/Prentice-Hall, Upper Saddle River, New Jersey, 2005.

[3] Datsko, J. *Material Properties and Manufacturing Processes.* John Wiley & Sons, Inc., New York, 1966.

[4] Messler, R. W., Jr. *Principles of Welding: Processes, Physics, Chemistry, and Metallurgy.* John Wiley & Sons, Inc., New York, 1999.

[5] *Welding Handbook,* 9th ed., Vol. 1, *Welding Science and Technology.* American Welding Society, Miami, Florida, 2007.

[6] Wick, C., and Veilleux, R. F. *Tool and Manufacturing Engineers Handbook,* 4th ed., Vol. IV, *Quality Control and Assembly.* Society of Manufacturing Engineers, Dearborn, Michigan, 1987.

복습문제

27.1 용접을 다른 조립방법과 비교했을 때 장점과 단점은 무엇인가?

27.2 현대의 용접기술 개발을 이끈 Humphery Davy의 두 가지 발견은 무엇인가?

27.3 접합면의 의미는 무엇인가?

27.4 용접을 정의하여라.

27.5 융접과 고상용접의 근본적인 차이점은 무엇인가?

27.6 자생용접이란 무엇인가?

27.7 대부분의 용접 공정이 위험한 이유를 설명하여라.

27.8 기계용접과 자동용접의 차이점은 무엇인가?

27.9 용접부의 다섯 유형의 이름을 적고 간단하게 스케치하여라.

27.10 필릿용접을 정의하고 스케치하여라.

27.11 홈용접을 정의하고 스케치하여라.

27.12 표면용접이 다른 용접과 구별되는 이유는 무엇인가?

27.13 높은 열밀도를 갖는 용접에 에너지원을 사용하는 것이 바람직한 이유는 무엇인가?

27.14 용접에서 단위 용융에너지는 무엇이며, 이것에 영향을 미치는 인자는 무엇이 있는가?

27.15 용접에서 열전달인자와 용융인자에 대하여 각각 정의하고 구별하여라.

27.16 용접에서 열영향부(HAZ)란 무엇인가?

객관식문제(14개의 답)

27.1 용접은 동일한 용융점을 갖는 금속들에 대해서만 수행될 수 있다. 그렇지 않다면 더 낮은 용융점의 금속이 항상 용융이 되는 반면에 높은 용융점 금속은 고체 상태로 남아 있게 된다.

(a) 참, (b) 거짓.

27.2 필릿용접은 다음 중 어떤 접합부에 사용될 수 있는가? (세 개의 답)

(a) 맞대기이음, (b) 모서리이음, (c) 끝단이음, (d) 겹치기이음, (e) T자이음.

27.3 필릿용접의 단면 형상은 다음 중 어느 것에 가까운가?

(a) 직사각형, (b) 원형, (c) 정사각형, (d) 삼각형.

27.4 홈용접은 다음의 접합부 유형 중에서 어떤 유형에 가장 잘 부합되는가?

(a) 맞대기이음, (b) 모서리이음, (c) 끝단이음, (d) 겹치기이음, (e) T자이음.

27.5 플랜지용접은 어떤 접합부 유형에 가장 잘 부합되는가?

(a) 맞대기이음, (b) 모서리이음, (c) 끝단이음, (d) 겹치기이음, (e) T자이음.

27.6 금속학적 이유로 최소의 에너지 입력으로 용접 금속을 용융시키는 것이 바람직하다. 이런 목적에 가장 잘 맞는 열원은 다음 중 무엇인가?

(a) 높은 출력, (b) 높은 출력밀도, (c) 낮은 출력,

(d) 낮은 출력밀도.

27.7 주어진 금속 부피를 녹이는 데 필요한 열의 양은 다음 중 어떤 물성들에 크게 영향을 받는가? (세 개의 답)

(a) 열팽창계수, (b) 용융열, (c) 용융온도, (d) 탄성계수, (e) 비열, (f) 열전도성, (g) 열확산성.

27.8 다음 중 용접에 있어서 열전달인자에 대한 설명 중에서 맞게 정의된 것은 무엇인가?

(a) 용융을 위해서 사용되는 열이 소재 표면에 전달되는 비율, (b) 열원에서 발생되는 총 열 중 소재 표면에 전달되는 열의 비율, (c) 열원에서 발생되는 총 열 중 용융에 사용되는 열의 비율, (d) 열원에서 발생되는 총 열 중 용접에 사용되는 열의 비율.

27.9 다음 중 용접에 있어서 용융인자에 대한 설명 중에서 맞게 정의된 것은 무엇인가?

(a) 용융을 위해서 사용되는 열이 소재 표면에 전달되는 비율, (b) 열원에서 발생되는 총 열 중 소재 표면에 전달되는 열의 비율, (c) 열원에서 발생되는 총 열 중 용융에 사용되는 열의 비율, (d) 열원에서 발생되는 총 열 중 용접에 사용되는 열의 비율.

27.10 용접결함은 항상 용접접합부의 융합부에서 발생되는데 그 이유는 이 부분이 접합부에서 용융이 일어났던 부분이기 때문이다.

(a) 참, (b) 거짓.

연습문제

출력밀도

27.1 어떤 열원이 금속부품표면을 녹이기 위해 3500 J/s의 열을 전달할 수 있다. 열을 받는 부분은 원형인데, 반경

이 증가함에 따라 열의 세기가 감소하고, 열의 70%가 3.75 mm 직경의 원에 집중된다. 이런 결과로 발생하는 출력밀도가 금속을 녹이기에 충분한가?

27.2 레이저빔 용접 공정에서, 만약 열이 0.2 mm 직경의 원에 집중된다면, 재료에 전달되는 시간당 열의 양(J/s)은 얼마인가? 표 27.1에 제공된 출력밀도를 이용하여라.

27.3 용접 열원이 금속 부품 표면으로 160 kJ/min의 열을

전달할 수 있다. 가열된 영역이 거의 원형이고, 반경이 증가함에 따라 열의 세기가 감소하고, 출력의 50%가 직경 0.25 cm의 원형 내에 전달되며, 75%가 직경 0.625 cm의 원 내에 전달된다. (a) 직경 0.625 cm의 원 내부의 출력밀도를 구하여라. (b) 안쪽 원 둘레와 직경 0.625 cm의 원으로 이루어진 링 부분의 출력밀도를 구하여라. (c) 이러한 출력밀도들은 금속을 용융시키기에 충분한가?

단위 용융에너지

27.4 다음 금속들을 용융시키는 데 필요한 단위에너지를 계산하여라. (a) 알루미늄, (b) 순수 저탄소강.

27.5 다음 금속들을 용융시키는 데 필요한 단위에너지를 계산하여라. (a) 동, (b) 티타늄.

27.6 온도와 단위용융에너지의 관계를 계산하고 이를 그래프로 나타내어라. 그래프 작성을 위해 온도는 200°C, 400°C, 600°C, 800°C, 1000°C, 1200°C, 1400°C, 1600°C, 1800°C, 2000°C를 이용하여라. 그래프 상에 표 27.2의 용접 금속 일부의 위치를 표시하여라. 계산을 위해서는 스프레드시트 프로그램의 사용이 추천할 만하다.

27.7 온도와 단위용융에너지의 관계를 계산하고 이를 그래프로 나타내어라. 그래프 작성을 위해 온도는 260°C, 540°C, 815°C, 1095°C, 1370°C, 1648°C, 1925°C를 이용하여라. 그래프 상에 표 27.2의 용접 금속 일부의 위치를 표시하여라. 계산을 위해서는 스프레드시트 프로그램의 사용이 추천할만하다.

27.8 어떤 필릿용접의 단면부 면적은 $A = 25.0$ mm²이고, 길이는 30 mm이다. (a) 용접대상 금속이 저탄소강이라면 이 용접을 완수하기 위해 필요한 열의 양(J)은 얼마인가? (b) 열전달인자가 0.75, 용융인자가 0.63이라면 용접 열원으로부터 생성되어야 할 열의 양은 얼마인가?

27.9 U자형 홈용접이 두 개의 7.0 mm 두께의 티타늄 판의 맞대기이음에 사용된다. U자형 홈홈은 밀링 커터를 이용하여 홈의 반경이 3.0 mm로 가공된다. 용접 동안에 용입부가 용융될 재료보다 1.5 mm 부가적으로 발생된다. 최종 용접의 단면적은 대략적으로 반경 4.5 mm의 반원이 된다. 용접 길이는 200 mm이다. 용융인자는 0.57이고, 열전달인자는 0.86이다. (a) 이 용접(모재

금속에 용가금속이 더해짐)에서 주어진 부피의 금속을 용융하는 데 필요한 열의 양(J)은 얼마인가? 용접비드의 맨 위쪽 표면은 판의 맨 위쪽 표면과 동일 평면이라고 가정한다. (b) 용접 열원에서 발생되어야 할 열의 양은 얼마인가?

27.10 어떤 홈용접의 단면부 면적은 $A = 0.28$ cm²이고, 길이는 25 cm이다. (a) 용접대상 금속이 중탄소강이라면 이 용접을 완수하기 위해 필요한 열의 양(J)은 얼마인가? (b) 열전달인자가 0.9, 용융인자가 0.7이라면 용접 열원으로부터 생성되어야 할 열의 양은 얼마인가?

27.11 용접될 금속이 알루미늄인 것을 제외하고 나머지 조건은 앞의 문제 27.10과 같다. 일치하는 용융효율은 강에 대한 값의 반을 이용하여 앞의 문제를 풀어라.

27.12 제어된 실험에서, 용접비드의 단면부 면적은 $A = 6.0$ mm²이고, 길이는 150.0 mm인 금속을 용융시키는 데 3700 J의 열이 필요하다. (a) 표 27.2에서 가장 근접한 금속은 무엇인지 찾아라. (b) 만약 용접 공정에 대하여 열전달인자가 0.85이고, 용융인자가 0.55라면, 용접을 수행하기 위하여 용접 열원으로부터 생성되어야 할 열의 양은 얼마인가?

27.13 (a) 알루미늄과 (b) 강에 대하여 각각 단위용융에너지를 계산하여라. 단위용융에너지는 (1) 금속을 상온으로부터 용융점까지 상승시키는 데에 필요한 열, 즉 체적비열과 온도증가치의 곱과 (2) 용융열의 합이 된다. 이렇게 계산된 값과 식 (27.2)에 의해 계산된 단위용융에너지 값을 비교하여라. SI 단위를 사용하고, 이 계산을 위하여 필요한 물성치를 이 책이나 다른 참고문헌에서 찾아라. 계산된 값이 식 (27.2)를 입증할 만큼 충분히 가까운가?

용접에서의 에너지 평형

27.14 특정한 아크용접 작업에서 발생되는 용접출력은 3000 W이고, 이 양이 열전달인자 0.9를 갖는 소재 표면으로 전달된다. 용접금속은 구리(동)이고 이의 용융점은 표 27.2에 나타나 있다. 용융인자는 0.25이고, 단면적 $A = 15.0$ mm²을 갖는 연속적 필릿용접이 만들어진다. 이 용접 작업을 수행하기 위한 용접 이동속도를 구하여라.

27.15 문제 27.8에서 금속이 고탄소강이고 단면적 $A = 25.0$ mm², 용융인자가 0.6인 경우에 대하여 계산하여라.

27.16 알루미늄합금으로 홈용접을 만드는 어떤 용접 작업에서 용접 단면적 $A = 30.0$ mm², 용접속도 4.0 mm/s이다. 열전달인자는 0.92이고 용융인자는 0.48이다. 알루미늄합금의 용융온도는 650℃이다. 이 용접을 수행하기 위한 용접 열원의 열발생율을 결정하여라.

27.17 특정한 용접 작업의 열원이 131 kJ/min의 열을 발생하여 열전달인자 0.8로 소재 표면에 열을 전달한다. 용접될 금속의 용융점은 982℃이고, 용융인자는 0.5이다. 단면적 $A = 0.25$ cm²를 갖는 연속적 필릿용접이 만들어진다. 이 용접 작업을 수행하기 위한 용접 이동속도를 결정하여라.

27.18 단면적 $A = 0.15$ cm², 이송속도 38 m/min로 필릿용접을 만들기 위하여 용접 작업이 수행된다. 만약 용접될 금속의 열전달인자가 0.95, 용융인자가 0.5, 용융점이 1093℃라면, 이 용접을 수행하기 위한 용접 열원의 열발생율을 결정하여라.

27.19 필릿용접이 각각의 두께가 5.0 mm인 두 개의 중탄소강판을 접합하는 데 사용된다. 두 강판은 안쪽 필릿 코너 접합부에 90°로 접합된다. 용접비드 속도는 6 mm/s이다. 용접비드의 단면은 밑변의 길이가 4.5 mm인 거의 직각이등변삼각형이고, 열전달인자는 0.80, 용융인자는 0.58이라고 가정하자. 이 용접을 수행하기 위한 용접 열원의 열발생율을 결정하여라.

27.20 아크용접 공정을 이용하여 점용접이 이루어진다. 점용접 작업에서 두 개의 0.15 cm 두께의 알루미늄 판들이 접합된다. 용융된 금속은 직경 0.62 cm의 덩어리가 된다. 작업은 4초 동안의 출력을 필요로 한다. 최종 덩어리는 두 개의 알루미늄 판의 두께(0.31 cm)가 같아지고, 열전달인자는 0.80, 용융인자는 0.50이라고 가정하자. 이 용접을 수행하기 위한 용접 열원의 열발생율을 결정하여라.

27.21 가로 200 mm, 세로 350 mm 크기의 직사각형 저탄소강판에 표면용접을 형성하고자 한다. 덧붙여지는 용가금속은 경도가 더 높은 등급의(합금된) 강인데, 용융점은 같다고 가정한다. 2.0 mm의 두께가 강판에 더해지지만, 모재로의 용입이 발생해서 용접 동안에 용융되는 총 두께는 평균적으로 6.0 mm이다. 강판의 길이방향에 평행하면서 겹치게 비드가 표면에 형성된다. 작업은 자동으로 수행되는데, 비드 형성을 위한 이송속도는 7.0 mm/s이고, 각 경로의 간격은 5 mm이다. 용접비드는 가로 5 mm, 세로 6 mm 직사각형 단면이라고 가정한다. 강판 모서리부에서의 방향전환을 위한 이동은 무시한다. 열전달인자는 0.8이고, 용융인자는 0.6이다. (a) 출력원에서 발생되어야 하는 열발생율과 (b) 이 표면용접 작업의 종료까지 소요시간을 계산하여라.

27.22 고탄소강으로 만들어진 축-베어링 표면이 사용수명 이상으로 마모가 발생하였다. 새것이었을 때의 직경이 10 cm이었다. 균일한 표면을 제공하기 위하여 9.75 cm 직경으로 가공하였다. 그런 다음 축은 선반에서 단일 경로를 이용하여 나선형 패턴으로 표면용접 비드를 축적하여 더 큰 크기가 되었다. 용접이 이루어진 후에 축은 원래의 직경 10 cm로 가공되었다. 축적된 용접금속은 축에 사용된 강와 유사한 조성을 갖는다. 베어링 표면의 길이는 17.5 cm이다. 용접 작업 동안에 용접 외관은 공구 고정구에 부착되고, 축이 회전하면서 선반의 앞쪽으로 공급된다. 축은 4.0 rev/min의 속도로 회전한다. 용접비드의 높이는 원래 표면보다 3/32 in.만큼 높다. 게다가 용접비드가 축의 표면으로 0.15cm만큼 침투한다. 용접비드의 폭은 0.62 cm이므로 선반에 공급되는 속도는 0.62 cm/rev이다. 열전달인자는 0.80이고, 용융인자는 0.65라고 가정한다면, (a) 공작물과 용접 헤드 사이의 상대속도, (b) 용접 열원에서 발생되는 열발생율, (c) 이 용접 작업의 종료까지 소요시간을 계산하여라.

Chapter
28

용접 공정

28.1 아크용접
28.1.1 아크용접의 일반적 기술
28.1.2 아크용접 공정 – 소모성 전극
28.1.3 아크용접 공정 – 비소모성 전극

28.2 저항용접
28.2.1 저항용접의 전원
28.2.2 저항용접 공정

28.3 산소연료가스용접
28.3.1 산소아세틸렌용접
28.3.2 산소용접을 위한 대체 가스

28.4 기타 융접 공정

28.5 고상용접
28.5.1 고상용접의 일반적인 고려사항들
28.5.2 고상용접 공정

28.6 용접품질

28.7 용접성

28.8 용접에서의 설계 고려사항

용접 공정은 다음의 두 주요 영역으로 구분할 수 있다. (1) 두 부품을 용융시켜서 접합시키고, 경우에 따라서는 용가재 금속을 더하기도 하는 **융접**(fusion welding), (2) 열과(혹은) 압력을 사용하여 접합하지만 모재의 용융이나 용가재의 사용이 없는 **고상용접**(solid-state welding).

아직까지는 융접이 더 중요하다고 볼 수 있는데, 융접에는 (1) 아크용접, (2) 저항용접, (3) 산소가스용접, (4) 이상의 세 가지에 속하지 않는 기타 융접 공정 등이 포함된다. 융접 공정에 대해서는 이 장의 처음 네 절에서 다룬다. 28.5절은 고상용접을 설명하고, 마지막 세 절은 모든 용접 작업에 공통으로 적용되는 용접 품질, 용접성, 용접감안설계에 대하여 논의한다.

28.1 아크용접

아크용접은 전극과 공작물 사이의 전기아크로부터 발생하는 열에 의해서 금속을 접합시키는 융접 공정이다. 기본적으로 동일한 공정이 아크절단(24.3.4절)에도 사용된다. 일반적인 아크용접 공정을 그림 28.1에 나타내었다. 전기아크란 전기회로에서 떨어진 간격을 흐르는 전류에 의해 발생하는 방전 현상이다. 열 이온화된 가스기둥(플라즈마)으로 전류가 흐르면서 아크가 유지된다. 아크용접 공정에서 아크를 유발시키기 위해서는 전극을 일단 공작물에 접촉시킨 다음 짧은 거리만큼 신속히 이동시켜야 한다. 이렇게 함으로써 아크로부터 나오는 전기에너지가 어떤 금속이든지 용융시키기에 충분

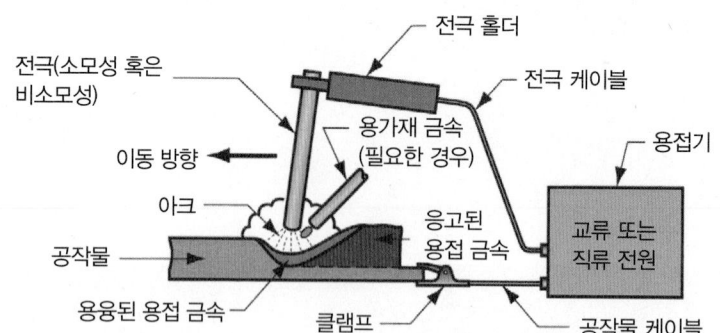

그림 28.1 아크용접 공정의 기본 구성과 전기회로.

한 5500℃(5773 K) 이상의 고온을 만들어낸다. 모재금속과 용가재 금속(사용되었을 경우)이 합쳐진 금속 용융지가 전극의 끝 근처에서 형성된다. 대부분의 아크용접 공정에서 용가재 금속이 용접접합부의 체적과 강도를 증가시키기 위해 공정 중에 첨가된다. 전극이 접합부를 따라 움직여 가면, 용접 용융지가 점점 응고된다. 용접에 관한 비디오클립은 이 절에서 설명되는 다양한 형태의 아크용접에 대하여 설명해준다.

> **비디오클립**
>
> 용접 : 'Arc Welding' 제목을 볼 것.

공작물에 대한 전극의 상대적인 움직임은 용접공(수작업 용접)이나 기계적인 수단(기계용접, 자동용접, 로봇용접)에 의해 수행된다. 수작업 아크용접의 문제점 중 하나는 용접부의 품질이 용접공의 숙련도와 직업윤리에 의해 좌우된다는 점이다. 생산성 또한 문제가 된다. 생산성은 다음과 같은 식의 수행되는 아크용접의 작업시간 비율인 **아크시간**(arc time, arc-on time)으로써 측정된다.

$$\text{아크시간} = (\text{아크발생 시간})/(\text{작업시간}) \tag{28.1}$$

이 정의는 용접공에 혹은 기계화된 작업장에 개별적으로 적용시킬 수 있다. 수작업 용접의 경우 아크시간은 보통 20% 내외이다. 수작업은 스트레스가 많은 환경 속에서 손과 눈의 조화를 요구하기 때문에, 피로를 극복하기 위해서는 용접공이 자주 휴식 시간을 가져야 한다. 기계, 자동, 로봇 용접법을 쓰면 아크시간은 약 50%까지(공정에 따라 다름) 증가한다.

28.1.1 아크용접의 일반적 기술

세부적인 아크용접 공정을 설명하기에 앞서서 아크용접 공정에 적용하기 위한 일반적인 기술적 사항에 대하여 살펴본다.

전극

아크용접 공정에 사용되는 전극은 소모성과 비소모성으로 구분된다. **소모성전극**(consumable electrode)은 전극이 용가재 금속의 역할도 해주는 것이다. 이런 전극 형상은 봉(rod), 막대(stick)라고도 함)과 와이어로 나뉜다. 용접봉의 전형적인 크기는 길이 225 mm ~ 450 mm, 직경 9.5 mm 이하이다. 전극봉을 사용할 때의 문제점 중 하나는 생산 작업 중에 주기적으로 교체해야 하기 때문에 용접공의 아크시간이 줄어든다는 점이다. 반면에 와이어는 긴 와이어가 감긴 스풀로부터 용접지로 연속적인 공급이 이루어진다는 장점을 가지고 있다. 따라서, 용접봉처럼 빈번하게 공정을 정지할 필요가 없다. 봉과 와이어 두 경우 모두 전극이 소모되면서 용접접합부로 들어가는 용가재 금속의 역할을 한다.

비소모성전극(nonconsumable electrode)은 아크열에 녹지 않는 텅스텐(드물게는 탄소)으로 만들어진다. 이러한 명칭에도 불구하고, 비소모성전극도 용접 공정 동안에 점차로 소진이 되는데(기화현상이 주된 이유가 된다), 이는 절삭 작업에서 절삭 공구의 점진적인 마모와 유사하다. 비소모성전극을 이용하는 아크용접 공정에 쓰이는 용가재 금속은 독립된 와이어의 형태로 용접지로 공급되어야만 한다.

아크 보호

아크용접에서 발생되는 고온에서는 접합되는 금속이 공기 중의 산소, 질소, 수소와 매우 활발하게 화학적 반응을 할 수 있다. 이러한 반응은 용접접합부의 기계적 물성을 심하게 떨어뜨릴 수 있다. 따라서 주변 공기로부터 아크를 보호할 수단이 거의 모든 아크용접 공정에서 강구되어야 한다. 아크 보호는 가스나 용제의 피복, 혹은 이 둘을 모두 사용하여 용접금속이 공기에 노출되지 않도록 전극 끝, 아크, 용융지를 덮는 방법이다.

보편적인 보호 가스는 아르곤과 헬륨과 같은 불활성 기체이다. 아크용접 공정으로 철계금속을 용접할 때 산소와 이산화탄소가 아르곤과(혹은) 헬륨과 같이 섞여 사용되어, 산화기체를 만들거나 용접형상을 제어한다.

용제(flux)는 산화물과 기타 바람직하지 않은 오염물의 형성을 막거나 분해하고 제거하기 위해 사용된다. 용접 중에 용제는 녹아서 액상의 슬래그가 되어서 용접 부위를 덮고 용융 용접금속을 보호하게 된다. 용접부가 냉각되면 슬래그도 경화되고, 이를 깎거나 털어서 제거해야만 한다. 용제는 이외에도 다음과 같은 몇 가지 기능을 발휘한다. (1) 용접을 보호하는 기체 환경 조성, (2) 아크의 안정화, (3) 비산의 감소.

용제의 적용방법은 각 용접 공정마다 차이가 있다. 용제 공급기술에는 (1) 용접 작업에 과립상의 용제를 공급하는 방법, (2) 용제로 전극봉을 코팅하여 용접 작업 동안에 코팅재가 용해되도록 하는 방법, (3) 관 형태의 전극 중심부에 용제를 넣어 전극이 소모되면서 용제가 공급되게 하는 방법 등이 있다. 이들 방법들에 대해서는 세부적인 아크용접 공정을 설명할 때 더 자세하게 다루기로 한다.

아크용접의 전원

직류와 교류 모두 아크 용접에 사용된다. AC장비가 구매비용과 유지비용이 좀 더 적게 들지만, 일반적으로 철계금속의 용접에만 용도가 제한된다. DC장비는 모든 금속에 좋은 효과를 볼 수 있고, 일반적으로 아크의 제어성이 더 좋다.

모든 아크용접 공정에서 작업을 수행하는 전력은 아크를 지나가는 전류 I와 전압 E의 곱이라고 할 수 있다. 이 동력이 열로 변환되지만, 이 열의 전부가 소재 표면에 전달되는 것은 아니다. 대류, 전도, 복사, 비산 등이 가용 열량의 손실을 가져온다. 손실의 영향은 열전달인자 f_1으로 표현된다(27.3절). 표 28.1에 몇 가지 아크용접 공정에 대한 대표적인 열전달인자 값을 나타내었다. 소모성전극을 사용하는 아크용접의 열전달인자가 더 큰 편인데, 그 이유는 전극을 용해시키는 데 사용되는 열의 대

표 28.1 일부 아크용접 공정의 열전달인자.

아크용접 공정[a]	전형적인 열전달인자 f_1
피복금속 아크용접	0.9
가스금속 아크용접	0.9
유심용제 아크용접	0.9
서브머지드 아크용접	0.95
가스텅스텐 아크용접	0.7

[a] 아크용접 공정들은 28.1.2절과 28.1.3절에서 설명되었다.
문헌 [5]로부터 편집함.

부분이 결국 용융금속의 형태로 소재에 전달되기 때문이다. 표 28.1에서 가장 낮은 f_1을 갖는 공정은 비소모성전극을 사용하는 가스텅스텐 아크용접이다. 용융인자 f_2(27.3절)가 용접에 사용 가능한 열을 더 줄여준다. 아크용접에 있어서 최종적인 전력식은 다음과 같이 정의된다.

$$R_{Hw} = f_1 f_2 IE = U_m A_w v \tag{28.2}$$

여기서 E는 전압(V), I는 전류(A)이고 다른 항목은 27.3절에서 이미 정의되었다. R_{Hw}의 단위는 ampere × voltage인 와트인데 J/s와 동일한 양이다.

예제 28.1 아크용접의 전력

300 A의 전류와 20 V의 전압으로 가스텅스텐 아크용접을 수행하고 있다. 용융인자 $f_2 = 0.5$이고, 금속의 단위용융에너지 $U_m = 10$ J/mm³일 때, (a) 작업에 있어서의 동력, (b) 용접에서 열발생 속도, (c) 용접부의 금속부피증가 속도를 구하여라.

풀이

(a) 동력은

$$P = IE = (300 \text{ A})(20 \text{ V}) = 6000 \text{ W}$$

(b) 표 28.1로부터 열전달인자 $f_1 = 0.7$이므로, 용접에 사용되는 열발생 속도는

$$R_{Hw} = f_1 f_2 IE = (0.7)(0.5)(6000) = 2100 \text{ W} = 2100 \text{ J/s}$$

(c) 용접부의 금속부피증가 속도는

$$R_{VW} = (2100 \text{ J/s})(10 \text{ J/mm}^3) = 210 \text{ mm}^3/\text{s}$$

28.1.2 아크용접 공정 ― 소모성 전극

대부분의 아크용접 공정이 소모성 전극을 사용한다. 이러한 용접 공정들에 대하여 이 절에서 논의되며, 사용되는 용접 공정에 대한 기호는 미국용접협회에서 사용하는 것들이다.

피복금속 아크용접

피복금속 아크용접(shielded metal arc welding, SMAW)은 용제와 방호 역할을 하는 화학재가 코팅된 용가재 금속 봉을 소모성 전극으로 사용하는 아크용접법이다. 그림 28.2와 28.3은 이 용접 공정을 보여준다. **용접봉**(SMAW는 때때로 **stick welding**이라고도 함)은 전형적으로 길이가 225 mm ~450 mm이고 직경은 2.5 mm~9.2 mm이다. 봉에 사용되는 용가재 금속은 용접할 금속 재질과의 화합성이 있어야만 하는데, 보통 모재와 매우 가까운 성분을 가진다. 피복재는 산화물, 탄화물과 기타 성분이 혼합된 분말 섬유소(면이나 목분)로 구성되는데, 규산 결합제로 결합되어 있다. 용가재 금속의 양을 증가시키거나 합금원소를 첨가하기 위해서 금속 분말이 때때로 피복재에 포함되기도 한다. 용접 공정의 열이 피복을 용해시켜서 용접 작업 동안에 보호공기환경과 슬래그를 형성시킨다. 또한 아크를 안정화시키고 전극이 용융되는 속도를 조절하는 데 도움을 준다.

작업 동안에 용접봉의 반대편 끝이 전원에 연결된 전극집게에 고정된다. 이 집게에는 절연된 손잡이가 있어서 용접공이 잡고 조작할 수 있게 되어 있다. 피복금속 아크용접에 사용되는 전류는 전형적으로 30 A~300 A, 전압은 15 V~45 V 수준이다. 적절한 전력 파라미터의 선택은 용접대상금속, 전극유형과 전극 길이, 요구되는 용접침투깊이 등에 따라서 좌우된다. 전원 공급, 전극 케이블과 전극 집게는 수천 달러 정도면 구입 가능하다.

피복금속 아크용접은 보통 수작업으로 수행된다. 일반적인 적용 분야는 건설, 배관, 기계구조물,

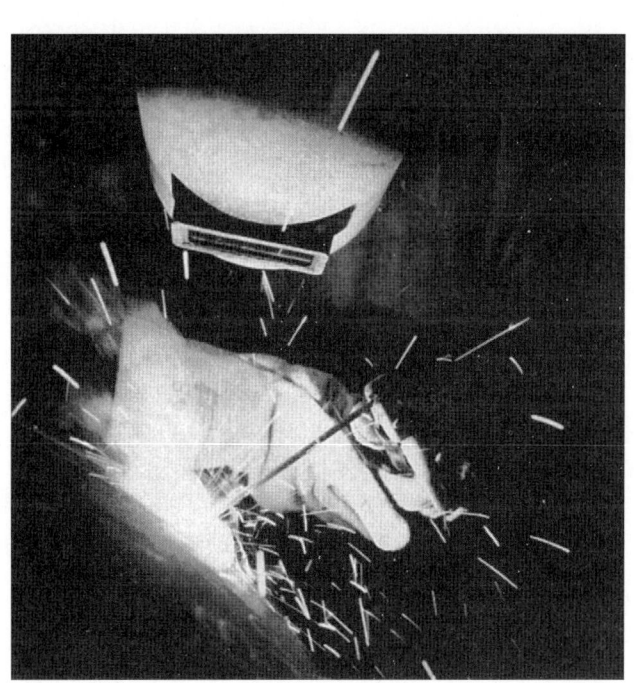

그림 28.2 용접공에 의한 피복 금속 아크용접 작업수행 모습. (Hobart Brothers사 제공.)

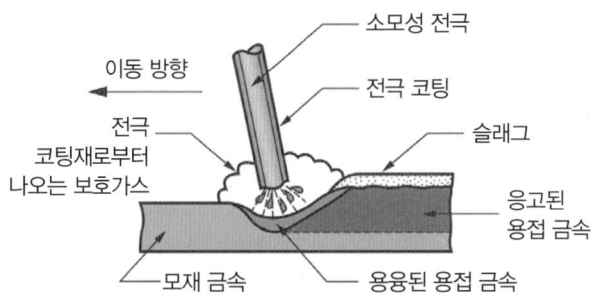

그림 28.3 피복금속 아크용접 (SMAW).

조선, 제작소, 수리점 등이다. 두께 면에서는 피복금속 아크용접이 산소용접보다 선호되는데(5mm 이상 가능), 이는 더 높은 출력밀도를 가지기 때문이다. 장비의 이동이 가능하고 저가이기 때문에, 피복금속 아크용접은 용도가 매우 다양하고 아크용접 공정 중에서 가장 널리 사용되는 방법이라고 할 수 있다. 모재 금속으로는 강, 스테인리스강, 주철, 일부 비철합금 등이 사용된다. 알루미늄과 이의 합금, 구리합금, 티타늄에는 거의 사용하지 않는다.

피복금속 아크용접을 생산 작업에 적용할 때의 단점은 소모성 전극을 사용하기 때문에 발생한다. 전극봉이 소모됨에 따라 주기적으로 교체되어야만 한다. 이로 인하여 아크 시간이 줄어든다. 또 다른 제약은 사용되는 전류수준이다. 전극 길이가 작업 중에 줄어들고, 이러한 길이는 전극의 저항열에 영향을 주기 때문에, 전류수준이 안전한 범위 내에 있도록 유지시켜야만 하거나, 또는 새로운 용접봉이 시작될 때 피복재가 과열되어 미리 녹을 수도 있다. 일부 다른 아크용접은 피복금속 아크용접의 용접봉 길이의 단점을 극복하기 위해 와이어전극을 연속적으로 공급하는 방법을 적용하고 있다.

가스금속 아크용접

가스금속 아크용접(gas metal arc welding, GMAW)은 코팅이 안 된 소모성 금속와이어 형태의 전극을 사용하고, 아크에 흘러 들어가는 가스로 보호를 하는 아크용접법이다. 코팅이 안 된 와이어는 스풀로부터 용접건으로 연속적·자동적으로 공급된다(그림 28.4). 그림 28.5는 용접건을 나타낸다. 가스금속 아크용접에 사용되는 와이어의 직경은 0.8 mm ~ 6.5 mm 정도인데, 이 크기는 접합할 부품의 두께와 원하는 적층속도에 따라 달라진다. 보호용 가스로는 아르곤과 헬륨 같은 불활성기체와 이산화탄소와 같은 활성기체가 사용된다. 가스의 선정과 혼합비의 결정은 용접대상금속과 기타 인자들에 의해 정해진다. 불활성 기체는 알루미늄 합금과 스테인리스강에 사용되는 반면에, CO_2는 일반적으로 저탄소강과 중탄소강에 사용된다. 전극와이어와 보호가스의 조합으로 용접비드를 덮는 슬래그가 생기지 않고, 결국 수작업 연삭으로 슬래그를 제거할 필요도 없다. 그러므로 가스금속 아크용접 공정은 동일한 접합부에 여러 번 용접을 하는 경우에 이상적이라고 할 수 있다.

가스금속 아크용접을 적용하는 다양한 금속이 있고, 공정 자체에도 많은 변화가 일어나면서 가스금속 아크용접에 대한 많은 명칭들이 붙여졌다. 이 공정이 처음 개발된 1940년대 후반에는 아크 보호를 위하여 불활성가스를 사용하는 알루미늄 용접에 적용되었다. 이런 공정에 붙여진 이름은 **MIG용접**(metal inert gas welding)이었다. 똑같은 공정을 강철에 적용하였을 시에는 불활성가스(아르곤)가 비경제적인 것으로 판명되어 이산화탄소가 대체 가스로 사용되었다. 따라서 **CO_2용접**(CO_2 welding)이라는 용어가 만들어졌다. 강철용접을 위해 가스금속 아크용접를 개선한 결과 CO_2와 아

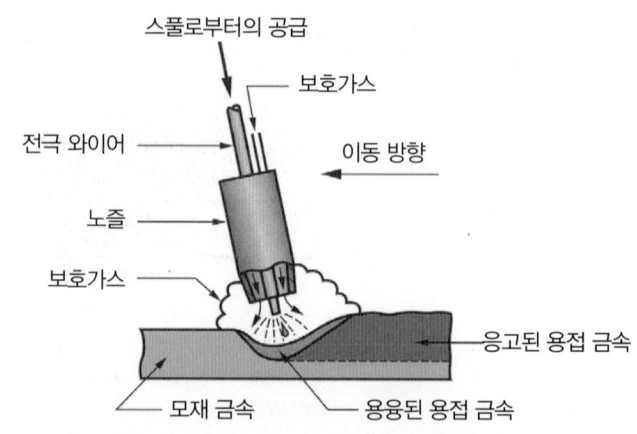

그림 28.4 가스금속 아크용접 (GMAW).

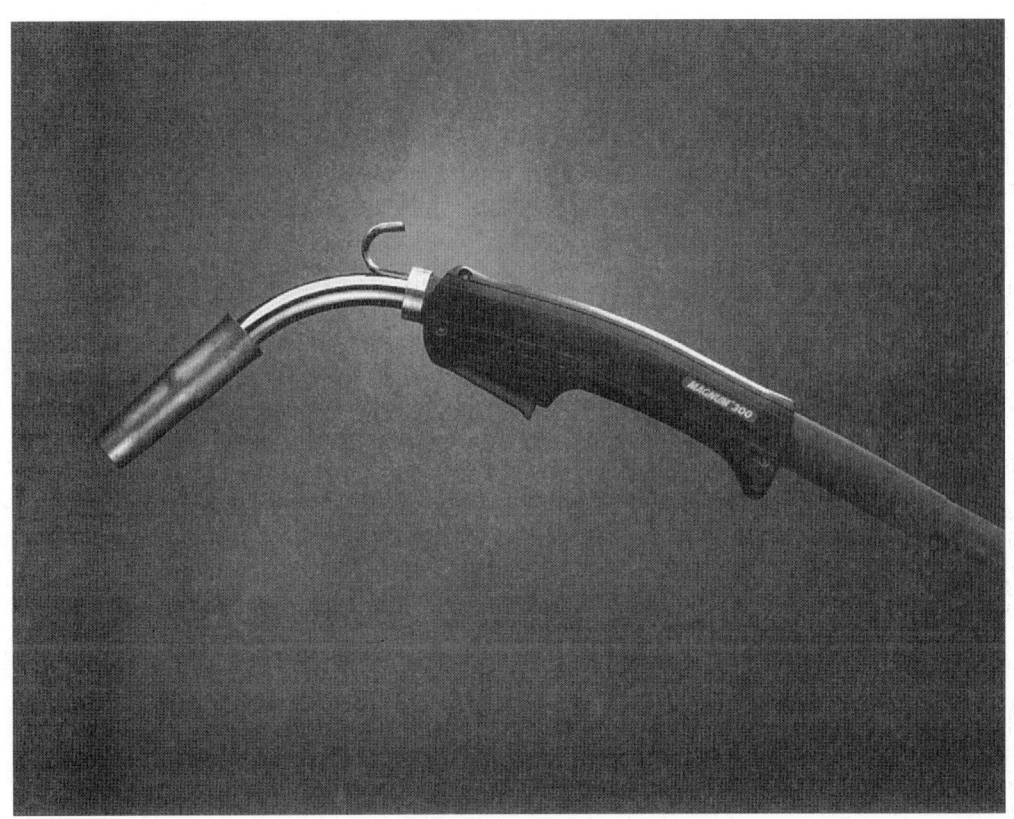

그림 28.5 가스금속 아크용접용 용접건(Lincoln Electric사 제공).

르곤, 산소와 아르곤의 혼합 가스가 사용되었다.

가스금속 아크용접은 다양한 철 및 비철 금속의 용접이 필요한 공장에서 제조 작업으로 널리 사용되고 있다. 용접봉이 아닌 연속적인 용접 와이어를 사용하기 때문에, 수작업으로 수행될 때 가스금속 아크용접이 아크 시간 면에서 피복금속 아크용접보다 큰 우수성을 가지고 있다. 똑같은 이유로 아크용접 공정의 자동화도 가능하다. 피복금속 아크용접에서는 쓰고 남는 전극이 있어 용가재 금속을 낭비하게 되므로, 가스금속 아크용접의 전극재료 활용도가 더 높다. 가스금속 아크용접의 다른 특징으로는 슬래그의 제거가 불필요(용제의 비사용), 피복금속 아크용접보다 높은 적층속도, 다양한 용도 등을 들 수 있다.

유심용제 아크용접

이 아크용접 공정은 1950년대 초반에 전극봉을 사용함으로써 생기는 피복금속 아크용접의 한계성을 극복하기 위하여 개발되었다. **유심용제 아크용접**(flux-cored arc welding, FCAW)은 용제와 다른 성분을 담을 수 있는 연속적인 관 형태의 소모성 전극을 사용하는 아크용접 공정이다. 다른 성분에는 산화방지제와 합금 원소들이 포함될 수 있다. 관상 유심용제 '와이어'는 유연성이 있어서, 코일로부터 아크용접건으로 연속적인 공급이 이루어질 수 있다. 유심용제 아크용접에는 (1) 자기보호와 (2) 가스보호의 두 가지 유형이 있다. 유심용제 아크용접의 개발 초기에는 용제 코어에 의해 아크보호가 이루어졌기 때문에 **자기보호 유심용제 아크용접**(self-shielding flux-cored arc welding)이라는 명칭이 붙여졌다. 이런 유심용제 아크용접의 코어 속에는 용제뿐만 아니라 아크를 보호하기 위한 보호가스를 방출시켜주는 물질도 포함하고 있다. 유심용제 아크용접의 두 번째 유형은 주로 강을 용접하기 위해서 개발되었는데, 가스금속 아크용접과 비슷하게 외부에서 공급되는 가스로 아크를 보

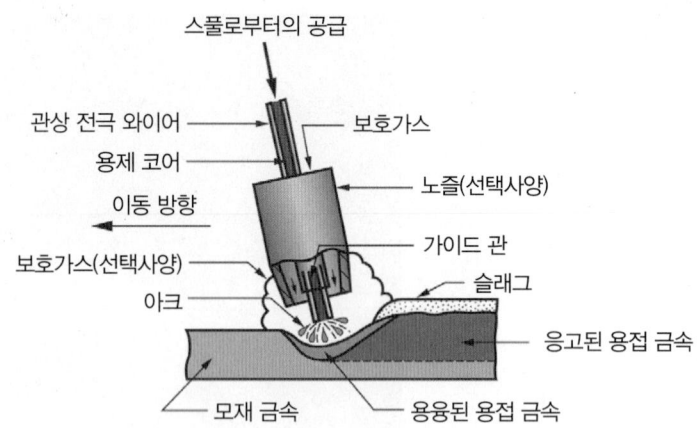

그림 28.6 유심용제 아크용접. 외부로부터 공급되는 보호가스의 유무에 따라 두 유형으로 구분. (1) 코어가 보호 물질을 제공하는 자기보호, (2) 외부에서 가스가 공급되는 가스보호.

호한다. 이런 유형을 **가스보호 유심용제 아크용접**(gas-shielded flux-cored arc welding)이라고 한다. 자체 용제를 갖는 전극과 독립된 보호가스를 같이 사용하는 피복금속 아크용접과 가스금속 아크용접의 혼합형이라고 할 수 있다. 사용되는 보호가스는 연강의 경우에 이산화탄소를 사용하고, 스테인리스강의 경우에는 아르곤과 이산화탄소를 섞어 사용한다. 그림 28.6은 유심용제 아크용접 공정을 보여주는데, 가스(선택사양)가 두 유형의 차이를 구분지어준다.

유심용제 아크용접은 전극을 연속적으로 공급한다는 측면에서 가스금속 아크용접과 유사한 장점을 가지고 있다. 이 방법은 주로 강과 스테인리스강 재질의 넓은 범위의 두께에 걸쳐서 사용된다. 매끄럽고 균일한 매우 높은 품질의 용접접합부를 생성하는 능력이 주목받을 만하다.

일렉트로가스 용접

일렉트로가스 용접(electrogas welding, EGW)은 연속적인 소모성 전극(유심용제 와이어 혹은 보호가스가 외부에서 공급되는 와이어)과 용융금속을 담아주는 형판지지대를 사용하는 아크용접법이다. 이 공정은 그림 28.7과 같이 주로 수직 방향의 맞대기이음에 사용된다. 코어에 용제가 들어간 전극 와이어가 채택되었을 경우에는 외부 가스가 공급되지 않기 때문에 자기보호 유심용제 아크용접의 특수한 경우로 취급된다. 코어 없는 전극 와이어를 사용하고 외부에서 보호가스가 공급되면 가스금속 아크용접의 특수한 경우로 취급된다. 형판지지대는 용접풀에 녹아 들어가는 것을 막기 위해 물로써 냉각된다. 형판지지대는 용접될 부품들의 모서리와 함께 하나의 용기(주형공동과 거의 유사)를 형성하

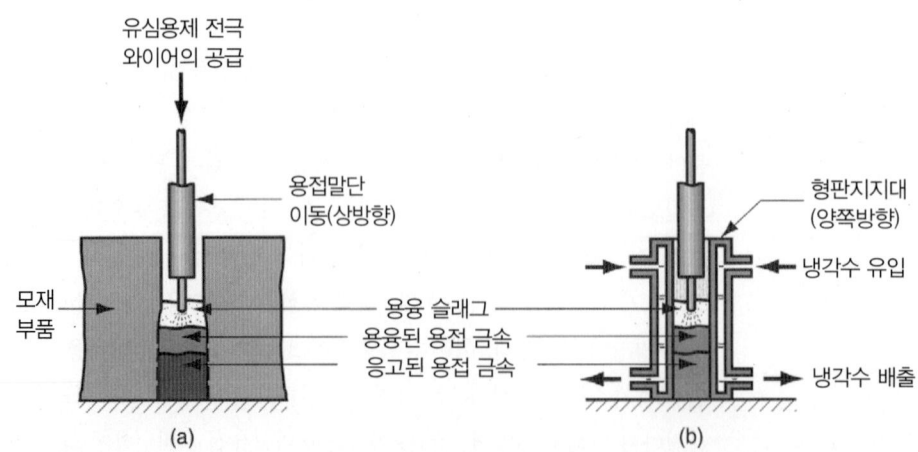

그림 28.7 유심용제를 사용하는 일렉트로가스 용접. (a) 이해를 돕기 위해 형판지지대를 제거한 정면도, (b) 양쪽의 형판지지대를 나타낸 측면 모습.

여 전극과 모재로부터 용융된 금속이 점진적으로 더해지도록 해준다. 수직으로 위쪽 방향으로 용접 말단을 1회 이동시켜 공동 속을 채우는 공정은 자동으로 수행된다.

일렉트로가스 용접의 주요 적용대상은 대형 저장탱크의 건설이나 조선 산업에 쓰이는 강(저탄소강, 중탄소강, 저합금강, 일부 스테인리스강)의 용접이다. 소재 두께 12 mm ~ 75 mm 정도가 일렉트로가스 용접을 처리할 수 있는 범위이다. 맞대기이음 외에 필릿용접과 홈용접에도 적용될 수 있는데, 항상 수직방향만 가능하다. 경우에 따라서 접합부 형상에 맞게 형판지지대를 특수하게 설계할 필요도 있다.

서브머지드 아크용접

1930년대 동안에 개발된 이 공정은 최초로 자동화된 아크용접법 중의 하나이다. **서브머지드 아크용접**(submerged arc welding, SAW)은 연속적이고 소모성인 와이어전극을 사용하고, 아크보호가 과립형 용제의 도포에 의해 이루어지는 아크용접 공정이다. 전극 와이어는 코일로부터 아크로 자동으로 공급된다. 용제는 접합부에 용접아크가 도착하기 약간 전에 그림 28.8과 같이 호퍼로부터 중력에 의해 공급된다. 과립용제의 도포층이 아크용접부를 완전히 감싸게 되어, 다른 아크용접법에서의 위험 요소인 스파크, 비산, 복사열 등을 막아 준다. 따라서 서브머지드 아크용접의 용접작업자는 다소 귀찮은 얼굴 보호장구를 다른 공정처럼 착용할 필요가 없다(물론 안전유리, 보호 장갑은 필요함). 아크에서 가장 가까이 위치한 용제는 용해되어 불순물을 제거하기 위해 용융금속과 섞이게 되고, 그런 다음에 용접접합부 위에서 응고되어 유리와 같은 슬래그를 형성한다. 슬래그와 융합되지 않은 용제 입자들은 공기로부터 좋은 보호막을 제공하고, 용접영역에 대해 좋은 단열재의 역할을 하기 때문에, 비교적 느린 냉각과 고품질(인성, 연성 우수)의 용접접합부를 얻어낼 수 있다. 그림 28.8에서와 같이 용접 후에 남은 비융합 용제는 회수되어 재활용이 가능하다. 용접부를 덮는 고체 슬래그는 수작업으로 깎아내야만 한다.

서브머지드 아크용접은 강구조물(예, 용접된 I빔)의 제조, 대형 파이프, 탱크, 압력용기의 길이방향과 원주방향의 이음, 중기계의 용접부품 등에 널리 사용된다. 이런 종류의 대상에서 강판의 두께가 25mm 이상 되고 더 무거운 경우 통상적으로 이 방법을 쓴다. 저탄소강, 저합금강, 스테인리스강 재질이 서브머지드 아크용접으로 쉽게 용접되는데, 고탄소강, 공구강, 대부분의 비철 합금에는 적합하지 않다. 과립용제가 중력에 의해 공급되기 때문에 공작물이 항상 수평으로 위치해야 하고, 용접 작업 동안에 접합부 밑에 지지판이 필요한 경우가 종종 발생한다.

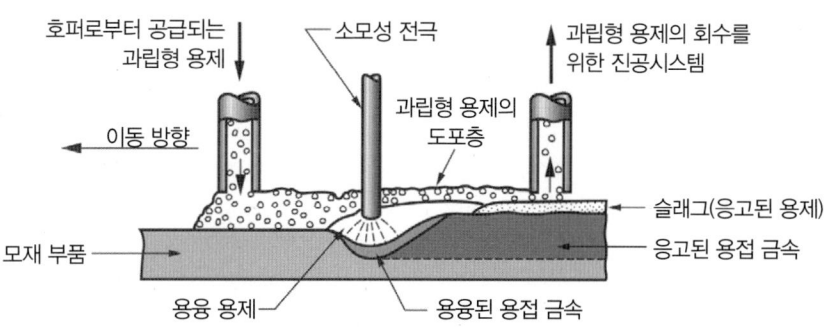

그림 28.8 서브머지드 아크용접(SAW).

28.1.3 아크용접 공정 – 비소모성 전극

앞에서 소개된 아크용접 공정들은 소모성 전극을 사용한다. 가스텅스텐 아크용접, 플라즈마 아크용접과 기타 몇 가지 용접 공정들은 비소모성 전극을 사용한다.

가스텅스텐 아크용접

가스텅스텐 아크용접(gas tungsten arc gas welding, GTAW)은 비소모성 텅스텐 전극과 아크보호용 불활성 가스를 사용하는 아크용접법이다. TIG용접(tungsten inert gas welding)이라는 명칭도 자주 사용된다[유럽에서는 **WIG용접**이라는 용어가 사용된다(텅스텐의 화학 기호에 해당하는 wolfram(텅스텐의 별칭)의 W를 사용함)]. 가스텅스텐 아크용접 공정은 용가재 금속을 사용할 수도, 안 할 수도 있다. 그림 28.9는 후자의 경우를 보여준다. 용가재가 사용될 경우에는 분리된 봉이나 와이어로부터 소모성 전극에서와 같이 아크를 가로질러 전달되기보다는 아크열에 의해 용융되어 용융지에 첨가된다. 텅스텐은 용융점이 3410°C로 매우 높기 때문에 좋은 전극 재료가 된다. 전형적인 보호가스로는 아르곤, 헬륨, 혹은 이들의 혼합 가스가 사용된다.

가스텅스텐 아크용접은 거의 모든 금속에 대한 넓은 영역의 소재두께에 적용될 수 있다. 또한 상이한 금속의 다양한 조합으로 이루어진 접합부에도 사용될 수 있다. 가장 보편적인 적용 재질은 알루미늄과 스테인리스강이다. 주철, 연철, 텅스텐 등은 가스텅스텐 아크용접으로 용접하기 어려운 재료이다. 강을 용접하는 경우, 얇은 단면이 있고 매우 고품질의 용접부를 요구할 때를 제외하고는 소모성 전극을 사용하는 아크용접 공정들보다 가스텅스텐 아크용접 공정이 더 느리고 비용이 더 드는 방법이다. TIG용접이 얇은 박판에 대해서 적은 공차범위를 얻기 위해서 적용될 때는 용가재 금속이 보통 첨가되지 않는다. TIG용접 공정은 수작업 혹은 기계화 및 자동화 방법으로 수행될 수 있으며, 모든 접합부 형태에 적용될 수 있다. 가스텅스텐 아크용접의 장점으로는 용가재 금속이 아크를 가로질러 가지 않기 때문에 용접부의 품질이 높고, 용접 비산이 없으며, 용제를 사용하지 않기 때문에 후처리작업이 없거나 거의 없는 점 등을 들 수 있다.

플라즈마 아크용접

플라즈마 아크용접(plasma arc welding, PAW)은 압축된 플라즈마 아크를 용접 영역으로 직접 향하게 하는 가스텅스텐 아크용접의 특수한 형태이다. 플라즈마 아크용접의 텅스텐 전극에는 불활성가스(아르곤 혹은 아르곤과 수소의 혼합가스)의 고속흐름을 집중시켜서 고속과 고열의 플라즈마 아크 흐름을 만들어 아크 지역으로 보내도록 특수하게 설계된 노즐을 가지고 있다(그림 28.10). 또한 아르곤, 아르곤-수소, 헬륨 등이 아크 보호가스로 사용된다.

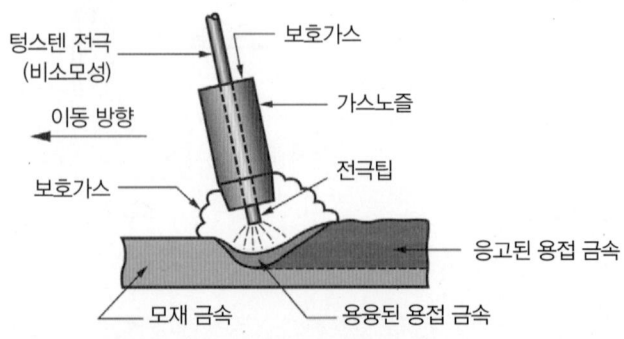

그림 28.9 가스텅스텐 아크용접(GTAW).

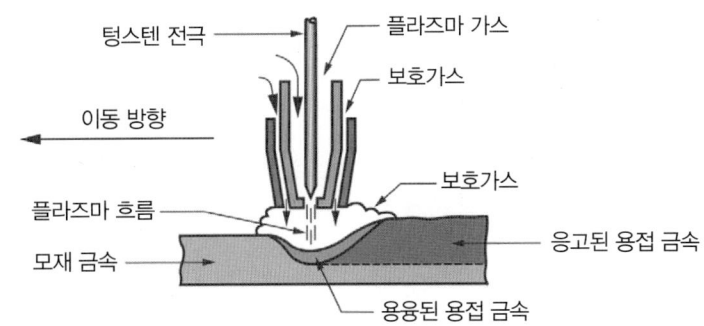

그림 28.10 플라즈마
아크용접(PAW).

플라즈마 아크용접의 온도는 17,000°C(17,273 K) 혹은 그 이상까지 달하여 알려진 모든 금속을 녹이기에 충분하다. 이렇게 온도(가스텅스텐 아크용접에서보다 매우 높은 온도)가 높게 나오는 원인은 아크의 압축에 있다. 즉 플라즈마 아크용접에 사용되는 전력수준은 가스텅스텐 아크용접보다 낮지만, 작은 직경의 매우 높은 출력 밀도를 갖는 플라즈마 제트를 얻기 위해서 매우 집중화시키는 것이다.

플라즈마 아크용접은 1960년경에 개발되었지만 서서히 전파되고 있다. 최근에 와서 자동차 반조립품, 금속 캐비닛, 문과 창문 프레임, 가전기기 등과 같은 제품들에서 가스텅스텐 아크용접을 대체할 방법으로 적용이 늘어나고 있다. 플라즈마 아크용접이 지니고 있는 특별한 특성으로 인하여, 이러한 적용 분야에서의 장점으로는 우수한 아크 안정성, 대부분의 다른 아크용접 공정들보다 우수한 침투 조절능력, 빠른 이송속도, 훌륭한 용접품질 등을 들 수 있다. 플라즈마 아크용접 공정은 텅스텐까지 포함하는 거의 모든 금속에 사용될 수 있다. 플라즈마 아크용접으로 용접하기 힘든 금속은 청동, 주철, 납, 마그네슘 등이다. 높은 장비 가격이 단점이고, 또한 다른 아크용접 작업에서보다 토치가 너무 커서 일부 접합부 형상에는 접근성이 떨어지는 경향이 있는 점도 제한적 요인이 된다.

기타 아크용접과 관련 공정

앞에서 언급한 아크용접 공정들은 상업적으로 가장 중요한 것들이다. 추가로 설명해야 할 몇 가지 아크용접 기술들이 있는데, 이들은 주요 아크용접 공정들의 특수한 경우이거나 변형된 기술이다.

탄소 아크용접(carbon arc welding, CAW)은 비소모성 탄소(흑연) 전극이 사용되는 아크용접 공정이다. 최초로 개발된 아크용접 공정이라는 면에서는 역사적인 중요성을 갖지만, 현대 산업에서의 상업적인 중요성은 거의 없다. 탄소 아크 공정은 브레이징이나 철주물 수리를 위한 열원으로 사용된다. 또한 내마모성 재료를 표면에 적층시키기 위해 사용되기도 한다. 용접용 흑연전극은 대부분 텅스텐 전극(GTAW와 PAW)으로 대체되었다.

스터드용접(stud welding, SW)은 스터드 혹은 이와 유사한 부품들을 모재 부품에 접합시키기 위해 사용되는 특수한 아크용접 공정 공정이다. 전형적인 스터드용접 공정이 그림 28.11에 나타나 있는데, 세라믹 재질의 끼움고리에 의해 보호가 이루어진다. 공정에 앞서서 시간과 전력이 단계별로 자동 제어되는 특수 용접건이 스터드를 물게 된다. 작업자는 스터드가 부착될 모재의 위치로 건을 위치시키고 방아쇠를 당겨서 용접을 수행한다. 스터드용접 공정은 주방용기에 핸들부착, 기계에 열방출 핀 부착 등과 이와 유사한 조립 공정에서 사용되는 나사체결부품에도 적용될 수 있다. 대량생산에서는 스터드용접은 보통 리벳, 수동 아크용접, 드릴링과 태핑 등보다 더 나은 장점이 있다.

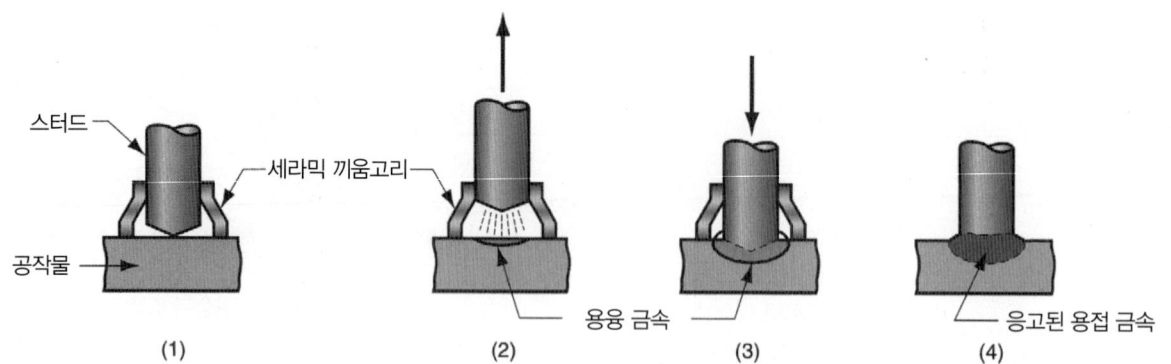

그림 28.11 스터드 아크용접(SW). (1) 스터드의 위치잡기, (2) 전류를 인가한 후 건과 스터드를 분리시켜 아크와 용융지 형성, (3) 스터드를 용융지에 삽입, (4) 응고 후 세라믹 끼움고리를 제거.

28.2 저항용접

저항용접(resistance welding, RW)이란 용접될 접합부에 흐르는 전류에 의한 전기적 저항으로부터 발생하는 열과 압력의 조합을 이용하는 융접 공정의 그룹을 말한다. 이 그룹 중에서 가장 많이 사용되는 저항 점용접 작업의 주요 구성요소를 그림 28.12에 나타내었다. 구성요소에는 용접할 공작물(보통 금속박판 소재), 전극들 사이에서 공작물을 꽉 조여서 압력을 적용시키는 두 전극, 전류가 제어되는 AC 전원이 속한다. 작업의 결과로 점용접에서 **용접너깃**(weld nugget)이라고 부르는 융합부가 두 부품 사이에서 생성된다.

아크용접과 비교하여 저항용접은 보호가스, 용제, 용가재 금속을 사용하지 않고, 공정에 전기적 출력을 공급하는 전극은 비소모성이다. 저항용접은 융접으로 분류되는데, 그 이유는 가해지는 열이 거의 항상 접합면을 용융시키기 때문이다. 그러나 예외도 있다. 저항열을 이용하는 공정 중 일부는 모재의 용융점보다 낮은 온도를 이용하기 때문에 융합은 발생하지 않는다.

28.2.1 저항용접의 전원

저항용접 작업에 공급되는 열에너지는 전류, 회로의 저항, 전류공급시간에 따라 다르다. 이 관계는

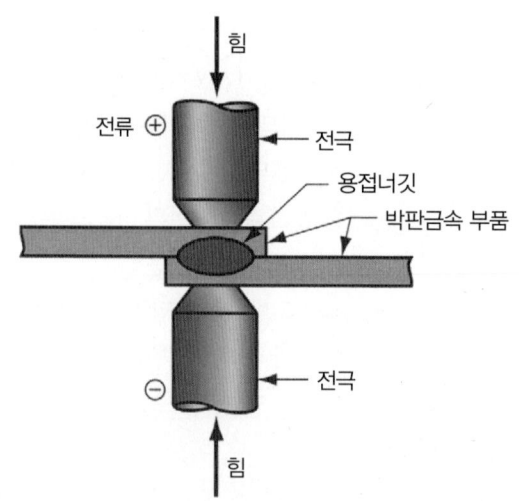

그림 28.12 저항용접(RW) 중 가장 보편적인 점용접의 구성요소들을 보여줌.

다음 식과 같이 표현된다.

$$H = I^2Rt \tag{28.3}$$

여기서 H는 발생열(J), I는 전류(A), R은 전기저항(Ω), t는 시간(s)이다.

저항용접 작업에 사용되는 전류값은 매우 높은 반면에(전형적으로 5,000 A~20,000 A), 전압은 상대적으로 낮다(보통 10 V 이하). 전류공급시간 t는 대부분의 공정에서 매우 짧아, 전형적인 점용접의 경우 0.1초~0.4초 수준이다.

저항용접에서 사용되는 전류가 그렇게 높은 이유는 (1) 전류값이 클수록 식 (28.3)에 의해 제곱으로 효과가 증폭하기 때문이고, (2) 저항치는 약 0.0001 Ω 정도로 매우 낮기 때문이다. 용접회로에서의 저항은 (1) 전극저항, (2) 공작물 저항, (3) 전극과 공작물 간의 접촉저항, (4) 접합면의 접촉저항을 합친 것이다. 따라서, 열은 전기적 저항의 모든 부분에서 발생된다. 접합면이 원하는 용접 위치가 되기 때문에, 가장 이상적인 경우는 접합면의 저항이 네 가지 저항 중에 가장 큰 값이 되는 것이다. 전극의 저항은 구리와 같이 매우 낮은 전기 저항성을 갖는 금속을 사용하여 최소화시킨다. 또한 전극은 열이 발생된 곳에서 방출되도록 종종 물로 냉각된다. 공작물의 저항은 모재 금속의 저항성과 공작물 두께의 함수이다. 전극과 공작물 사이의 접촉저항은 접촉면적(즉, 전극의 크기와 형상)과 표면상태(예, 공작물 표면의 청정도와 전극의 산화물 수준)에 따라서 결정된다. 마지막으로, 접합면의 저항은 표면마무리 상태, 청정도, 접촉면적, 압력에 의해 좌우된다. 페인트, 기름, 먼지 혹은 기타 오염물질 등이 접촉 표면을 서로 분리되게 만드는 원인이 되므로 반드시 제거되어야 한다.

예제 28.2 저항용접 ——————————————————————————————————

1.5 mm 두께를 가지는 두 강판을 12,000 A의 전류를 0.2초 동안 흘려 저항 점용접하려 한다. 전극 직경은 접촉면에서 6 mm이다. 저항은 0.0001 Ω으로 추정되었고, 직경 6 mm, 두께 2.5 mm의 저항너깃을 만들고자 한다. 대상 소재의 단위용융에너지 U_m은 12.0 J/mm³이다. 발생된 열에서 얼마만큼이 너깃을 형성하는 데 쓰였고, 얼마만큼이 공작물, 전극, 주변 공기로 분산되었는가?

풀이
공정에서 발생하는 열을 식 (28.3)으로 구해보면,

$$H = (12,000)^2(0.0001)(0.2) = 2880 \text{ J}$$

용접너깃을 디스크 형으로 가정하고 부피를 구해보면,

$$V = 2.5\frac{\pi(6)^2}{4} = 70.685 \cong 70.69 \text{ mm}^3$$

이 만큼의 부피를 용융시키기 위해서 필요한 열은,

$$H_m = 70.69(12.0) = 848.28 \text{ J}$$

나머지 열인 2880 − 848.28 = 2031.72 J (전체의 70.55%)이 공작물, 전극, 용접부 주변 공기로 분산된다. 이러한 손실은 열전달인자 f_1과 용융인자 f_2의 결합된 영향을 나타낸다.

저항용접의 성공 여부는 열뿐만 아니라 압력에 의해 결정된다. 저항용접에서 압력의 주요한 기능은 (1) 전류를 공급하기 전에 전극과 공작물 사이와 두 공작물 표면 사이의 접촉을 위한 힘, (2) 적정 용접온도에 달했을 때 접촉면의 접합을 완성시키기 위한 압력이다.

저항용접의 일반적인 장점은 (1) 용가재 금속의 불필요, (2) 고생산성 가능, (3) 기계화와 자동화 기능, (4) 아크용접에 필요한 숙련도보다 낮은 작업자의 숙련도, (5) 우수한 반복성과 신뢰성 등을 들 수 있다. 단점으로는 (1) 장비비용이 대부분의 아크용접 작업보다 매우 높고, (2) 대부분의 저항 용접 공정에 대해서 용접될 수 있는 접합부의 형태가 겹치기 이음인 경우에만 적용할 수 있다는 점이다.

28.2.2 저항용접 공정

대부분 상업적으로 중요한 저항용접 공정에는 점용접, 심용접, 프로젝션용접이 있다. 이러한 공정들은 비디오클립 '용접' 에 잘 설명되어 있다.

비디오클립

용접 : 'Resistance Welding' 제목을 볼 것.

저항 점용접

저항 점용접은 저항용접 중 현재까지 가장 많이 사용되고 있는데, 주로 자동차, 가전기기, 금속가구, 그리고 기타 판재로 만들어지는 제품의 대량생산에 적용되고 있다. 보통의 자동차 바디가 약 10,000개의 용접점을 가지고 있고, 전 세계 자동차의 연간 생산량이 수천만 대인 것으로 생각해 보면 저항 점용접의 경제적 중요성을 알 수 있을 것이다.

저항 점용접(resistance spot welding, RSW)은 두 개의 반대 위치 전극에 의해 겹치기이음부 접합면의 한 지점에 융합을 이루어내는 저항용접 공정이다. 이 공정은 두께 3 mm 이하 금속박판의 일련의 점 위치에 대해 수행되는데, 완전한 밀봉이 필요 없는 경우 사용된다. 점용접부의 크기와 형상은 전극끝단에 의해 결정되며, 전극끝단은 대부분의 경우 원형이지만, 육각형, 사각형, 혹은 다른 형상도 있다. 공정결과로 얻는 용접너깃은 전형적으로 5 mm ~ 10 mm 직경을 가지는데, 열영향부(HAZ)는 너깃보다 약간 크게 모재 속에 형성된다. 용접부가 적절히 만들어질 경우, 그곳의 강도가 모재 수준까지 될 수 있다. 점용접 사이클의 각 단계를 그림 28.13에 나타내었다.

저항 점용접 전극에 사용되는 재료는 (1) 동 합금, (2) 내화금속의 합금(예, 동과 텅스텐의 조합)의 두 그룹으로 나눌 수 있다. 후자의 경우 내마모성이 더 우수하다. 대부분의 제조 공정에서처럼 점용접의 공구도 사용함에 따라 점차로 마모된다. 용접작업시마다 점용접 공구의 내부에 물이 지나가는 경로를 설계하여 냉각효과를 얻는다.

산업용으로 많이 사용되기 때문에 점용접 작업을 위한 다양한 장비와 방법들이 알려져 있다. 장비로는 로커암 점용접기, 프레스형 점용접기, 이동형 점용접건 등이 있다. 그림 28.14와 같은 **로커암 점용접기**(rocker-arm spot welder)는 고정된 하부 전극과 상하 운동하는 상부 전극이 있어 공작물을 장착하고 탈착할 수 있다. 상부전극은 작업자가 밟는 페달에 의해 조종되는 로커암에 연결되어 있다. 최근의 장비는 용접사이클 중 힘과 전류를 제어하는 프로그램이 가능하다.

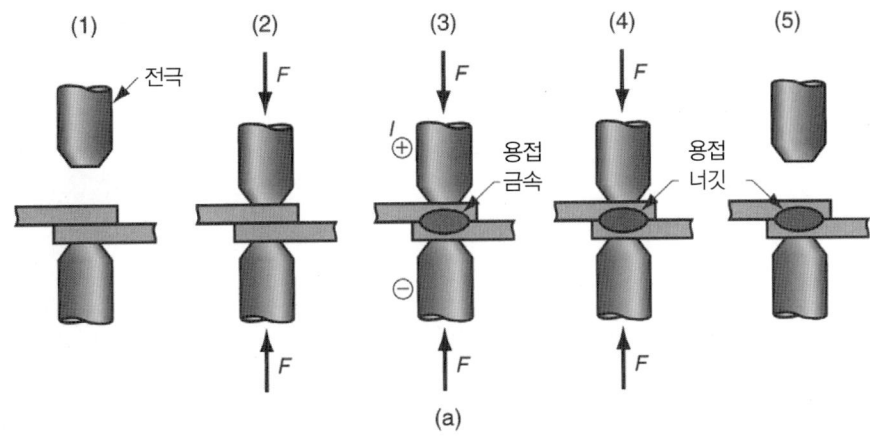

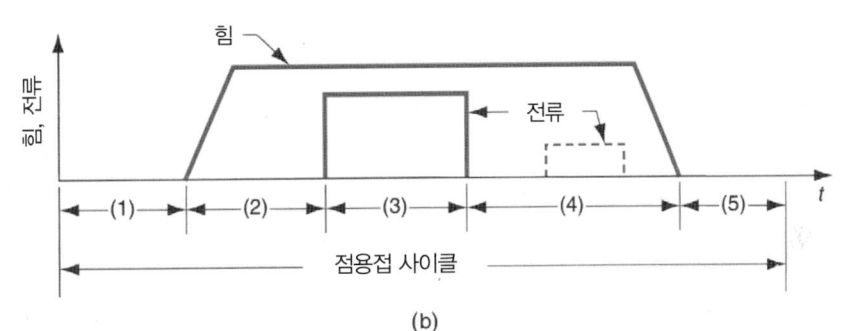

그림 28.13 (a) 점용접 사이클의 단계, (b) 사이클 동안의 압착력과 전류의 선도. 공정 단계는 (1) 열린 전극 사이로 부품을 삽입, (2) 전극의 접촉 및 가압, (3) 전류가 가해지는 용접시간, (4) 전류공급 차단, 압력은 유지되거나 증가(용접부의 응력제거를 위해 이 단계 끝에서 적은 전류를 공급하기도 함), (5) 전극 개방과 용접물 제거.

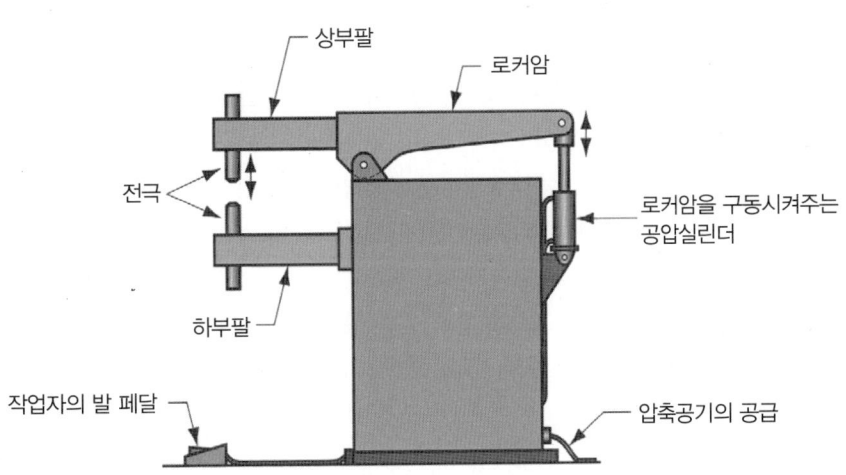

그림 28.14 로커암 점용접기.

프레스형 점용접기(press-type spot welder)는 더 큰 부품을 위해 개발된 기기이다. 상부 전극이 공압 혹은 유압 수직프레스에 의해 직선운동을 한다. 프레스 동작을 통해 더 큰 힘을 얻을 수 있으며, 복잡한 용접사이클을 위한 프로그래밍이 가능하다.

위의 두 장비는 고정된 점용접기여서 공작물이 장비로 접근하여야 한다. 대형의 무거운 공작물의 경우, 이동하고 방향을 잡기가 어렵다. 다양한 크기와 조합의 경우에 대하여 **이동형 점용접기**(portable spot-welding gun)가 사용된다. 이 장비는 집게형 메커니즘을 갖는 두 개의 전극으로 구성된다. 장비가 경량이어서 작업자나 산업용 로봇이 들고 작업하기에 용이하다. 용접건이 유연한 전기케이블과 공압호스를 통해 자체 전원과 제어기에 연결된다. 필요한 경우 수냉식 전극을 위해 물호스가 연결될 때도 있다. 이동형 점용접기는 자동차 최종조립 공장에서 차체 용접을 위해 많이 사용된

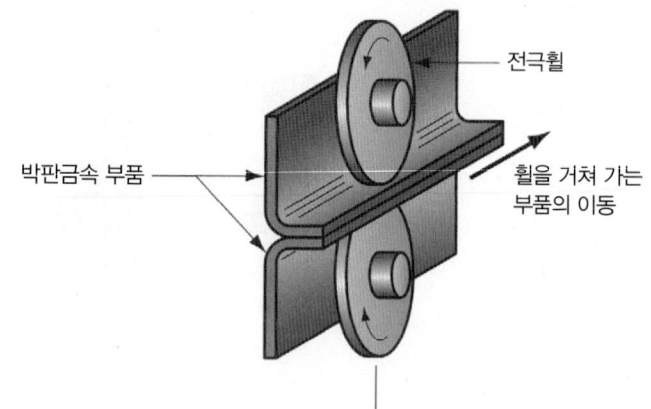

전극휠

박판금속 부품

휠을 거쳐 가는
부품의 이동

그림 28.15 저항 심용접(RSEW).

다. 이런 공장의 용접건은 사람이 조작하기도 하지만, 산업용 로봇을 이용하는 것이 더 좋은 기술이 되었다(그림 35.16).

저항 심용접

그림 28.15처럼 점용접의 막대형 전극을 회전휠로 대체하여 연속적으로 겹치는 점용접부를 만들 수 있는 것이 **저항 심용접**(resistance seam welding, RSEW)이다. 이 공정을 통해 완전 밀폐된 결합 부를 만들 수 있기 때문에, 가솔린탱크, 자동차 머플러, 기타 다양한 박판용기를 제조하는 데 이용된 다. 휠전극으로 인한 일부 복잡한 문제를 제외하고는 기술적인 면에서 심용접은 점용접과 대부분 동 일하다. 작업이 보통 이산적이 아닌 연속적으로 수행되기 때문에, 직선 혹은 일정한 곡선을 따라 이 음매가 만들어진다. 예리한 코너나 이와 유사한 불연속선은 만들기 어렵다. 또한 공작물의 위치를 잡 아 비뚤어짐을 최소화하기 위해서 추가적인 고정구가 필요하다.

저항 심용접에서 용접너깃 간의 간격은 용접전류의 공급에 대해 상대적인 전극휠의 운동에 따라 달라진다. **연속운동용접**(continuous motion welding)이라고 부르는 보통의 작업 방법을 사용하면, 휠이 일정한 속도로 연속적으로 회전하고, 심을 따라 점용접되는 간격과 일치하는 시간 간격으로 전 류가 공급된다. 전류공급 주기는 보통 너깃이 겹쳐서 형성되도록 설정한다. 만일 공급 빈도수가 충분 히 줄어들면 용접점 사이에 공간이 만들어지는데 이런 방법을 **롤 점용접**(roll spot welding)이라고 한다. 또 다른 변형으로는 전류를 주기적이 아닌 일정하게 흘려보내어 순수하게 연속적인 이음매를 만드는 방법이 있다. 이러한 다양성들을 그림 28.16에 나타내었다.

연속운동용접의 반대 방법은 **단속운동용접**(intermittent motion welding)인데, 이것은 전극휠이 용접점을 만들기 위해서 주기적으로 정지하는 것이다. 정지시점 간의 휠회전량이 이음매 상의 용접

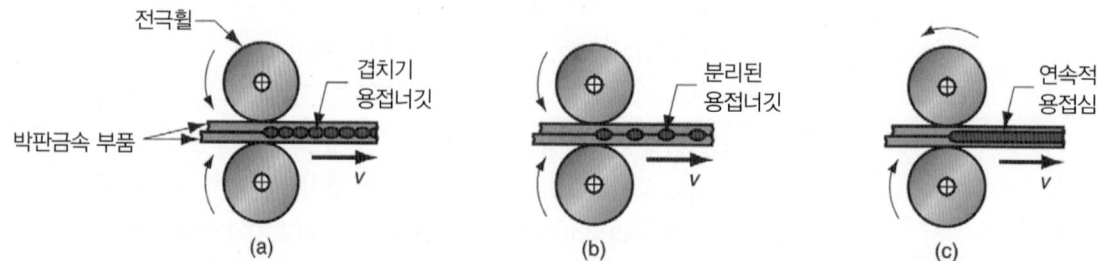

전극휠

겹치기
용접너깃

박판금속 부품

(a)

분리된
용접너깃

(b)

연속적
용접심

(c)

그림 28.16 전극휠에 의해 생성되는 심의 유형. (a) 겹치는 점이 생성되는 전통적인 저항 심용접, (b) 롤점용접, (c) 연속 저항 심.

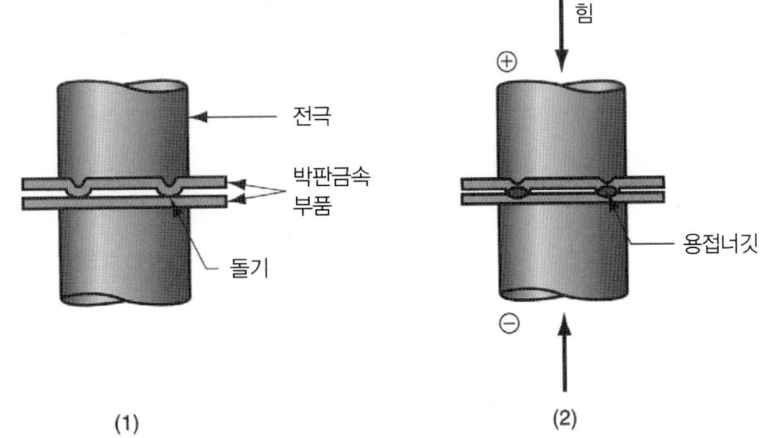

그림 28.17 저항 프로젝션용접(RPW). (1) 돌기에서 두 부품이 접촉하는 작업의 시작, (2) 전류가 가해지면 점용접에서와 유사한 용접너깃이 돌기에서 생성된다.

점 간격을 결정하는데, 이 유형은 그림 28.16의 (a), (b)와 유사하다.

심용접기는 막대기형 전극이 아닌 전극휠을 사용한다는 점을 제외하고는 프레스형 점용접기와 유사하다. 저항 심용접에서는 공작물과 휠의 냉각이 종종 필요한 경우가 있는데, 냉각방법은 휠 부근의 공작물 위 아래 표면에 직접 물을 보내는 것이다.

저항 프로젝션용접

저항 프로젝션용접(resistance projection welding, RPW)이란 공작물 상의 하나 혹은 그 이상의 작은 접촉점에서 접합이 일어나는 저항용접 공정을 말한다. 접촉점은 결합할 부품의 설계에 따라 정해지며, 돌기, 요철 혹은 부품의 국부적 교차점 등이 해당될 수 있다. 그림 28.17은 두 장의 금속박판이 이 방법을 통해 하나로 용접되는 전형적인 경우를 나타낸다. 위쪽 부품에는 공정초기에 아래 부품과 접촉이 될 두 개의 돌기가 만들어져 있다. 돌기부를 만드는 엠보싱 작업에 추가 비용이 드는 것이 문제가 될 수 있지만, 이 비용은 저렴한 용접비용으로 상쇄될 수 있을 것이다.

저항 프로젝션용접이 변형된 방법이 몇 가지 있는데, 그 중 두 방법을 그림 28.18에 나타내었다. 첫 번째 변형은 절삭 혹은 성형에 의해 만들어진 돌기가 있는 체결부품을 저항 프로젝션용접에 의해 박판 혹은 판재에 영구히 결합시켜서 이후의 조립 작업을 원활하게 하는 방법이다. 다른 변형으로는 **교차와이어용접**(cross-wire welding)이 있는데 와이어 담장, 쇼핑카트, 석쇠 등과 같은 와이어 용접 부품을 만드는 데 적용된다. 이 공정에서 둥근 와이어의 접촉면이 용접에 필요한 저항열을 발생시키는 돌기의 역할을 한다.

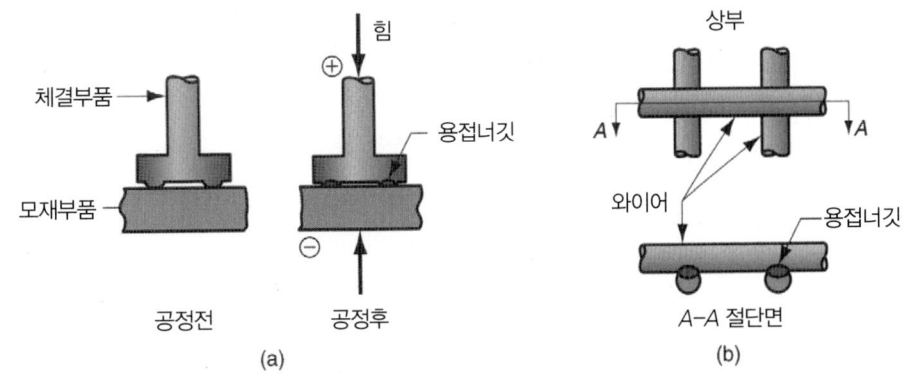

그림 28.18 저항 프로젝션용접의 변형들. (a) 금속박판 부품 위에 가공 혹은 성형된 체결부품을 용접, (b) 교차와이어용접.

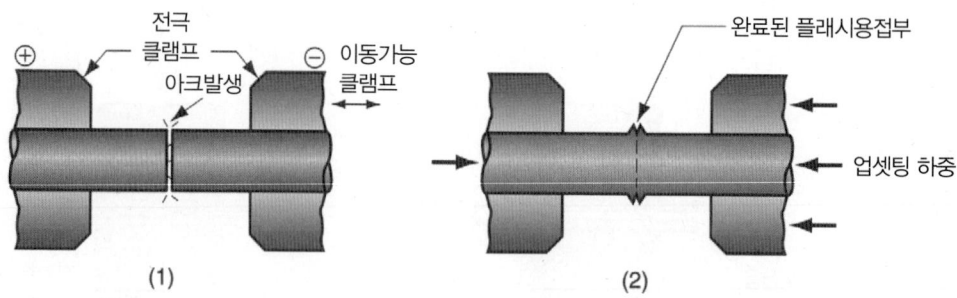

그림 28.19 플래시용접(FW). (1) 전기저항에 의한 가열, (2) 부품에 힘을 가해 합체시키는 업셋팅.

기타 저항용접 작업들

앞에서 설명한 주요 저항용접 공정 외에 추가로 플래시용접, 업셋용접, 퍼커션용접, 고주파 저항용접 등의 공정들이 있다.

플래시용접(flash welding, FW)은 주로 맞대기이음에 대해 수행되는데, 접합할 두 면을 접촉 혹은 거의 접촉시켜 놓고 전류를 공급하여 접촉면을 용융점까지 가열한 후, 두 면이 하나가 되도록 힘을 가하는 방법이다. 그림 28.19는 이 공정의 두 단계를 보여준다. 저항열과 함께 접합면 사이의 접촉 크기에 따른 일종의 아크(flashing이라고 함)가 발생하기 때문에, 플래시용접을 아크용접 그룹으로 분류하기도 한다. 전류는 보통 업셋팅 과정에서 차단된다. 표면상의 오염물뿐만 아니라 금속의 일부분이 접합부로부터 밀려나오기 때문에 균일한 크기의 접합부를 얻으려면 용접 후에 기계적인 가공이 필요하다.

플래시용접이 사용되는 경우는 압연 작업에서 강판의 결합, 와이어인발에서 와이어 끝의 연결, 관재의 용접 등이다. 결합될 부품의 두 끝은 같은 단면을 가져야만 한다. 이런 종류의 대량생산 공정에 대해서 플래시용접은 신속성과 경제성을 보장하지만 장비는 비싼 편이다.

업셋용접(upset welding, UW)은 플래시용접과 유사한데, 플래시용접에서는 용접사이클 동안에 가열과 가압 단계가 분리되어 있고, 업셋용접에서는 가열과 업셋팅 과정 동안에 접합면이 압력을 받는다는 점이 차이점이다. 업셋용접의 가열은 전적으로 접촉면에서의 전기저항에만 의존하고, 아무런 아크도 발생하지 않는다. 접합면이 용융점 이하의 적절한 온도로 가열되면, 두 부품에 가해지는 압력이 더 증가하여 접촉 영역에서의 업셋팅과 접합을 유도한다. 따라서 업셋용접은 이전에 설명된 다른 용접 공정들과는 다른 용접법이라고 할 수 있다. 업셋용접의 적용 대상은 와이어, 파이프, 관 등의 끝단의 결합으로 플래시용접과 비슷하다.

퍼커션용접(percussion welding, PEW)은 용접사이클의 지속시간이 단지 1 ms ~ 10 ms 정도로 매우 짧다는 점을 제외하고는 플래시용접과 유사하다. 접합될 두 면 사이에서 전기에너지의 급속한 방전에 의해 빠른 가열이 이루어지며, 가열 후 즉시 한 부품이 다른 부품을 타격하여 용접이 수행된다. 가열이 매우 국부적으로 이루어지므로 크기가 매우 작고 열에 민감한 전자제품의 용접에 적용하기에 적합하다.

고주파저항용접(high-frequency resistance welding, HFRW)은 그림 28.20(a)와 같이 고주파 교류로 가열을 한 후 업셋팅 하중을 급속히 가해 접합을 이루는 방법이다. 주파수는 10 kHz ~ 500 kHz 정도이고, 전극이 용접부의 바로 인접한 부근에서 공작물과 접촉한다. 이 공정이 약간 변형된 것으로 **고주파유도용접**(high-frequency induction welding, HFIW)을 들 수 있는데, 이것은 그림 28.20(b)와 같이 가열용 전류가 고주파유도코일에 의해 공작물 속에서 유도되는 방법이다. 코일은 공작물과 물리적으로 접촉하지는 않는다. 고주파저항용접과 고주파유도용접의 주요 적용 대상은 금

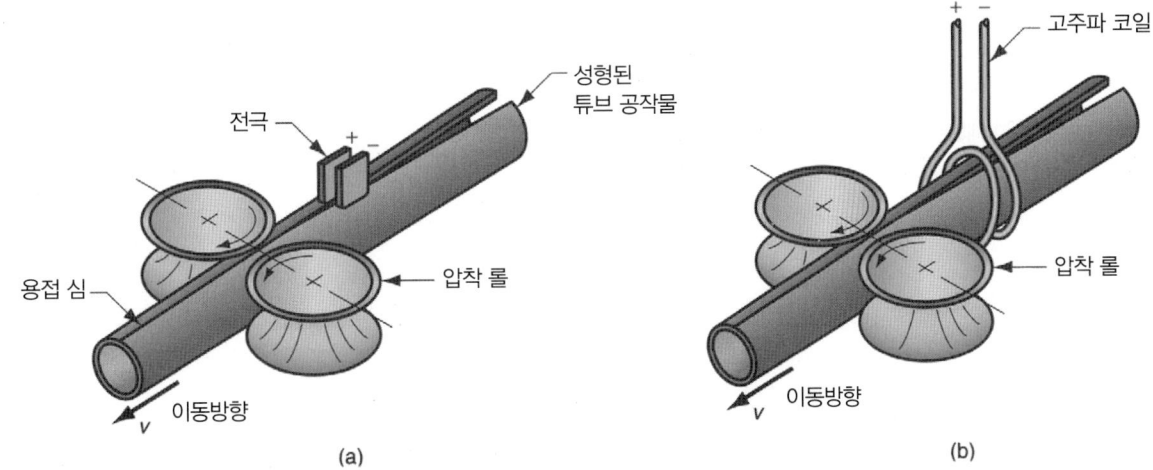

그림 28.20 관의 이음매 용접. (a) 고주파저항용접, (b) 고주파유도용접.

속 파이프와 관의 길이 방향 이음매를 만들기 위한 연속 맞대기용접이다.

28.3 산소연료가스용접

산소연료가스용접(oxyfuel gas welding, OFW)이란 산소에 혼합된 다양한 연료를 연소시켜 용접을 수행하는 공정들을 통칭하여 부르는 용어이다. 산소용접 공정에 사용되는 가스는 몇 가지 종류가 있는데, 이에 따라 산소용접을 분류하게 된다. 또한 이들 산소가스들은 금속 판재나 부품들을 절단하는 데에도 절단토치로 사용된다(24.3.5절). 가장 중요한 산소용접 공정은 산소아세틸렌용접이다.

28.3.1 산소아세틸렌용접

산소아세틸렌용접(oxyacetylene welding, OAW)은 아세틸렌과 산소의 연소로부터 나오는 고온 화염을 이용하는 융접 공정이다. 화염은 용접토치로부터 나온다. 용가재 금속이 사용되기도 하고, 간혹 소재의 접촉표면 사이에 압력을 가하기도 한다. 그림 28.21은 전형적인 산소아세틸렌용접 공정을 보여준다. 용가재 금속은 전형적으로 1.6 mm ~ 9.5 mm의 직경을 갖는 봉 형태가 사용된다. 용가재의 조성은 모재 금속과 유사해야만 한다. 용가재는 대개 **용제**(flux)로 코팅되어 있는데, 이것이 표면을 세정하고 산화를 막아서 더 우수한 용접접합부를 생성하는 것을 돕는다.

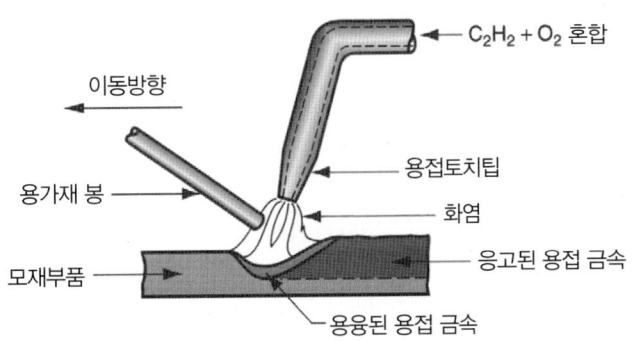

그림 28.21 전형적인 산소아세틸렌용접 작업(OAW).

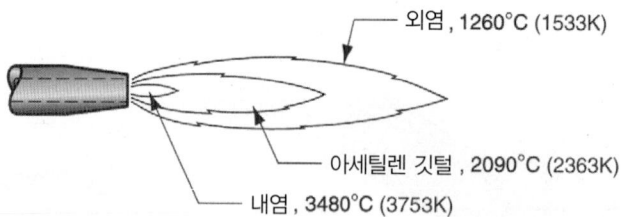

그림 28.22 산소아세틸렌 토치로부터 나오는 중성염(얻어지는 온도를 나타냄).

외염 , 1260°C (1533K)

아세틸렌 깃털 , 2090°C (2363K)

내염 , 3480°C (3753K)

아세틸렌(C_2H_2)이 산소용접 방법들 중 가장 보편적인 연료인데, 그 이유는 어떤 다른 가스보다도 더 높은 열(3480°C, 3753 K)을 발생시킬 수 있기 때문이다. 산소아세틸렌용접의 화염은 아세틸렌과 산소의 두 단계에 걸친 화학반응에 의해 생성된다. 1단계는 다음과 같은 반응이다.

$$C_2H_2 + O_2 \rightarrow 2CO + H_2 + heat \tag{28.4a}$$

위 반응의 산출물은 둘 다 가연성을 가지고 있어서 다음과 같은 2단계 반응이 나타난다.

$$2CO + H_2 + 1.5O_2 \rightarrow 2CO + H_2O + heat \tag{28.4b}$$

두 단계의 연소 과정은 토치에서 방출되는 산소아세틸렌 화염 안에서 눈으로 확인할 수 있다. 식 (28.4a와 b)에 기술한 바와 같이 아세틸렌과 산소가 1:1로 혼합되면 그림 28.22와 같은 **중성염**(neutral flame)이 나타난다. 반응의 1단계는 색깔은 백색이며 중성염의 내염에서 볼 수 있는 반면, 2단계는 외염에 나타나고, 이의 색깔은 약간 청색에서 오렌지색 사이의 거의 무색이라고 할 수 있다. 화염의 최대 온도는 내염의 끝에서 발생하고, 외염의 온도는 내염보다 작다. 용접공정 동안에 외염은 퍼져나가서 접합될 공작물 표면을 덮게 되는데, 이것이 주변 대기로부터 보호하는 역할을 해준다.

두 단계 연소에 의해 발생하는 전체 열은 55×10^6 J/m³이다. 그러나 화염내부의 온도분포, 화염의 공작물 표면으로의 퍼짐, 공기로의 손실 등으로 인하여 산소아세틸렌용접의 출력밀도와 열전달인자는 비교적 낮은 편이다($f_1 = 0.10 \sim 0.30$).

예제 28.3 산소아세틸렌용접의 열생성

시간당 0.3 m³의 아세틸렌과 동일한 양의 산소를 공급하는 토치로 4.5 mm 두께의 강판에 산소아세틸렌용접을 수행한다. 연소로 발생되는 열이 열전달인자 $f_1 = 0.20$으로 공작물 표면에 전달된다. 화염 열의 75%가 공작물 표면상의 직경 9.0 mm의 원형 지역에 집중될 경우 다음을 구하여라. (a) 연소 중 열발생속도, (b) 공작물표면으로의 열전달속도, (c) 원형 지역의 평균 출력밀도

풀이

(a) 토치에서 생성되는 열의 속도는 아세틸렌의 부피 속도와 연소열을 곱한 값이다.

$$R_H = (0.3 \text{ m}^3/hr)(55 \times 10^6 \text{ J/m}^3) = 16.5 \times 10^6 \text{ J/hr 또는 } 4583.33 \text{ J/s}$$

(b) 공작물 표면이 열을 받는 속도는

$$f_1 R_H = (0.20)(4583.33) = 916.666 \cong 916.67 \text{ J/s}$$

(c) 원의 면적은

$$A = \frac{\pi(9)^2}{4} = 63.617 \cong 63.62 \text{ mm}^2$$

원의 출력밀도는 가용열을 원의 면적으로 나누면 된다.

$$PD = \frac{0.75(916.67)}{63.62} = 10.806 \cong 10.81 \text{ W/mm}^2$$

아세틸렌과 산소의 혼합가스의 연소는 가연성이 높기 때문에 산소아세틸렌용접이 수행되는 환경은 위험하다. 위험의 일부는 특별히 아세틸렌과 연관이 있다. 순수한 아세틸렌은 무색무취 가스이다. 안전을 위해서 상업적인 아세틸렌은 마늘향이 나도록 처리된다. 이 가스의 물리적 한계점 중 하나는 1기압(0.1 MPa)을 많이 초과하는 압력에서는 불안정하다는 것이다. 따라서 아세틸렌 저장 실린더는 아세톤(CH_3COCH_3)을 가득 채운 다공성의 충진 재료(석면, 발사목 등)가 채워진다. 아세톤은 자신의 체적보다 25배나 많은 아세틸렌을 용해시킬 수 있어서 이 용접 가스를 저장할 수 있는 비교적 안전한 수단이 된다. 산소용접공은 눈과 피부를 보호할 부가적인 안전장구(고글, 장갑, 보호작업복 등)를 착용해야 한다. 호스를 잘못 연결하는 실수를 방지하기 위해서, 저장 실린더와 호스의 연결부품을 아세틸렌과 산소에 대해 서로 다른 나사산을 갖는 것을 구분하여 사용하여야 한다. 장비의 적절한 유지보수가 반드시 필요하다. 산소아세틸렌용접장비는 비교적 저가이고 이동이 용이하다. 따라서 소량 생산이나 수리작업에 적합한 경제적이고 용도가 다양한 공정이라고 할 수 있다. 두께 6.4 mm 이상의 박판과 판재에는 산소아세틸렌용접이 거의 사용되지 않고, 이 경우 아크용접이 적합하다. 산소아세틸렌용접 공정을 기계화할 수도 있지만, 보통 수작업으로 수행되며, 따라서 고품질의 용접접합부를 만드는 것은 용접공의 기술에 의존한다.

28.3.2 산소용접을 위한 대체 가스

산소용접 공정들 중의 몇 가지는 아세틸렌 이외의 가스들을 사용한다. 이런 가스 연료들의 대부분과 각각의 연소온도와 연소열을 표 28.2에 나타내었다. 비교를 위하여 아세틸렌 가스도 함께 나타내었다. 산소-아세틸렌이 가장 보편적인 연료이긴 하지만, 다른 가스들은 어떤 적용대상, 전형적으로 용융점이 낮은 금속 박판과 금속의 용접과 브레이징(29.1절)을 위해 사용된다. 게다가 일부 사용자들은 안전을 이유로 이러한 대체 가스를 더 선호하기도 한다.

연소온도 측면에서 아세틸렌에 가장 필적할 만한 연료는 메틸아세틸렌-프로파디엔(C_3H_4)인데, 개발자인 Dow Chemical사의 상표명인 MAPP로 더 잘 알려져 있다. MAPP(C_3H_4)는 아세틸렌과 비슷한 가열특성을 가지고 있고, 압력 하에서 액체 상태로 저장이 가능하여 아세틸렌이 가지고 있는 특수한 저장 문제를 피할 수 있다.

수소가 연료로서 산소와 함께 사용되는 공정을 **산소수소용접**(oxyhydrogen welding, OHW)이라고 한다. 표 28.2에서와 같이 산소수소용접의 용접온도는 산소아세틸렌용접보다 낮다. 게다가 수소와 산소의 혼합 차이에 따라 화염색이 영향을 받지 않아서, 용접공이 토치를 조절하기가 쉽지 않다.

산소연료가스용접에 사용되는 그 밖의 연료로는 프로판과 천연가스가 있다. 프로판(C_3H_8)은 용접보다는 브레이징, 솔더링, 절단 작업에 더 잘 사용된다. 천연가스는 주로 에탄(C_2H_6)과 메탄(CH_4)으로 구성되어 있다. 천연가스가 산소와 혼합이 되었을 때 고온의 화염을 만들 수 있으며, 작은 용접

표 28.2 산소용접과(또는) 절단에 사용되는 가스의 화염온도와 연소열.

연료	온도[a]		연소열(MJ/m³)
	°C	K	
아세틸렌(C_2H_2)	3087	3360	54.8
MAPP[b](C_3H_4)	2927	3200	91.7
수소(H_2)	2660	2933	12.1
프로필렌[c](C_3H_6)	2900	3173	89.4
프로판(C_3H_8)	2526	2799	93.1
천연가스[d]	2538	2811	37.3

[a] 중성염 온도는 용접에 사용되는 가장 일반적인 화염 온도와 비교되었다.

[b] MAPP는 메틸아세틸렌-프로파디엔의 상업적 축약어이다.

[c] 프로필렌은 기본적으로 화염 절단에 사용된다.

[d] 데이터는 메탄가스(CH_4)를 기초로 한다. 천연가스는 에탄과 메탄으로 구성된다. 화염 온도와 연소열은 조성에 따라 변한다.

문헌 [10]으로부터 편집함.

공장에서 점점 더 사용이 늘어나는 추세이다.

압력가스용접

이 공정은 연료가스가 아닌 적용대상에 따라 구별되는, 특수한 산소용접 공정이다. **압력가스용접**(pressure gas welding, PGW)이란 적절한 혼합연료(보통 산소아세틸렌가스)로 두 부품의 접촉면 전체를 가열한 후 그 면을 접합하기 위해서 압력을 가하는 용접 공정이다. 전형적인 적용을 그림 28.23에 나타내었다. 부품들은 접합될 표면에서 용융이 일어나기 시작할 때까지 가열된다. 그 다음, 가열 토치를 빼내고 두 부품에 같이 압력을 가한 후, 응고과정 동안에 고압을 유지시킨다. 용가재 금속은 사용되지 않는다.

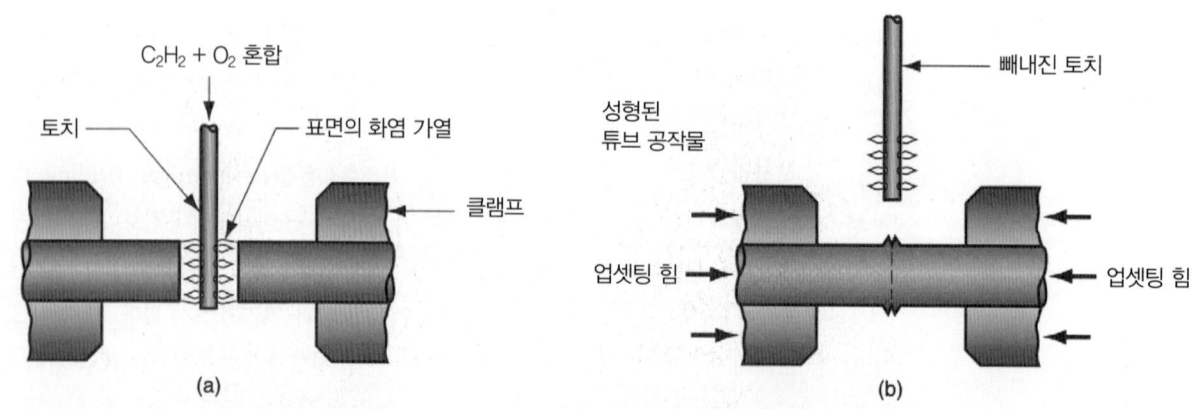

그림 28.23 압력가스용접의 적용. (a) 두 부품의 가열, (b) 용접부 형성을 위해 가압.

| 28.4 기타 융접 공정

일부 용접 공정들은 아크용접, 저항용접, 산소용접의 범주로 분류될 수 없다. 이들 공정들은 용융을 위한 열 생성을 위해 각자의 독특한 기술을 사용하고, 전형적으로 적용대상도 각각 고유하다.

전자빔용접

전자빔용접(electron-beam welding, EBW)은 용접을 위한 열의 집중성이 매우 크고, 강한 전자의 흐름을 공작물 표면에 부딪히게 하여 용접을 위한 열을 발생시키는 융접 공정이다. 장비는 전자빔 가공(24.3.2절)에서 사용되는 것과 유사하다. 전자를 가속시키기 위해서 높은 전압(보통 10 kV ~ 150 kV)과 낮은 빔전류(밀리암페어로 측정됨) 조건에서 전자빔건이 사용된다. 전자빔용접의 전력은 다른 공정과 차이가 없으나, 출력밀도는 다르다. 전자빔을 공작물 표면의 매우 작은 영역에 집중시키기 때문에 높은 출력밀도를 얻을 수 있다. 출력밀도는 다음 식에서 얻어진다.

$$PD = \frac{f_1 EI}{A} \tag{28.5}$$

여기서 PD는 출력밀도(W/mm²), f_1은 열전달인자(전자빔용접에서는 보통 0.8 ~ 0.95 [9]), E는 가속전압(V), I는 빔전류(A), A는 전자빔이 집중되는 공작물 표면의 면적(mm²)이다. 전자빔용접의 일반적인 용접면적은 13×10^{-3} mm² ~ 2000×10^{-3} mm² 사이이다.

전자빔용접은 1950년대 원자력 부문에서 시작되었다. 처음 개발되었을 때, 공기분자에 의해 전자빔이 파괴되는 것을 최소화하기 위해서 용접이 진공체임버 안에서 수행되었다. 용접에 앞서 체임버를 진공으로 만드는 시간이 필요하기 때문에, 이 문제가 생산에 있어서는 심각한 불편함을 초래했다. 펌프-다운 시간으로 불리는 이 시간은 체임버의 크기와 원하는 진공수준에 따라 길게는 한 시간까지 소요된다. 현재 전자빔용접 기술은 진공이 아닌 환경에서도 수행될 수 있도록 발전해왔다. 전자빔용접 공정을 다음과 같은 세 가지 범주로 나눌 수 있다. (1) 빔 발생과 동일한 진공 속에서 용접이 수행되는 **고진공용접**(high-vacuum welding, EBW-HV), (2) 부분적으로 진공이 된 분리된 체임버 안에서 작업이 수행되는 **중진공용접**(medium-vacuum welding, EBW-MV), (3) 용접이 대기압 혹은 그 부근 압력에서 수행되는 **비진공용접**(nonvacuum welding, EBW-NV). 공작물 장착과 탈착 동안에 진공을 만드는 펌프-다운 시간이 중진공 전자빔용접에서는 감소되고, 비진공 전자빔용접에서는 최소화할 수 있지만, 이런 장점을 위해서는 추가적인 비용이 든다. 후자인 두 공정의 장비는 빔발생기(높은 진공도를 요구)를 공작물을 체임버와 분리시키는 하나 혹은 그 이상의 진공분리기(공기흐름은 막고 전자빔은 통과시키는 매우 작은 오리피스)가 있어야만 한다. 또한 비진공 전자빔용접에서는 공작물을 전자빔건의 오리피스 가까이(약 13 mm 이하)에 위치시켜야 한다. 결국에 진공도가 낮은 공정으로는 고품질의 용접부와 고진공 전자빔용접에서 얻어질 수 있는 깊이-폭 비율을 얻을 수 없다.

아크용접이 가능한 모든 금속과 일부 내화금속, 그리고 아크용접에 적합지 않은 난용접 금속 등은 전자빔용접이 가능하다. 공작물의 크기는 얇은 포일로부터 두꺼운 판재에 이르기까지 다양하다. 전자빔용접는 자동차, 항공기, 원자력 산업에서 주로 사용된다. 자동차 산업 분야에서 전자빔용접 조립 공정은 알루미늄 매니폴드, 강재 토크컨버터, 촉매컨버터, 변속기부품 등의 조립에 적용된다. 이상의 조립 공정들과 기타 적용 분야에서 전자빔용접은 깊고(또는) 좁은 윤곽의 고품질 용접, 제한된 열영향부(HAZ), 낮은 열적 뒤틀림과 같은 장점을 가진다. 전자빔용접의 용접속도는 다른 연속 용접 작업들보다 빠르다. 또한 아무런 용가재 금속, 용제, 보호가스도 필요로 하지 않는다. 전자빔용접의 단점은 높은 장비비용, 정밀한 접합부의 준비 및 정렬의 필요, 진공에서 수행되어야 하는 제한성 등을 들 수 있다. 게다가, 전자빔용접에서는 X-레이가 방출되므로 사람을 보호시켜야 하는 안전문제가 있다.

레이저빔용접

레이저빔용접(laser-beam welding, LBW)은 응집된 광빔의 에너지를 용접할 접합부에 집중시켜서 접합을 얻어내는 용접 공정이다. **레이저**(laser)라는 용어는 'light amplification by stimulated emission of radiation'의 두문자어이다. 동일한 기술이 레이저빔가공(24.3.3절)에도 사용된다. 레이저빔용접은 일반적으로 산화를 막기 위해 헬륨, 아르곤, 질소, 이산화탄소 등의 보호가스와 함께 수행된다. 용가재 금속은 보통 사용되지 않는다.

레이저빔용접은 고품질, 깊은 용입, 좁은 열영향부 얻을 수 있는 용접 공정이다. 이런 특징은 전자빔용접과 유사하기 때문에, 이 두 공정은 종종 비교된다. 레이저빔용접이 전자빔용접보다 나은 점은 진공체임버가 필요 없고, X-레이가 방출되지 않으며, 레이저빔이 광학렌즈와 거울에 의해 집중되고 방향이 잡힌다는 점이다. 반대로 레이저빔용접은 전자빔용접에서처럼 깊은 용접부와 높은 깊이-폭 비율을 얻을 수 없다. 레이저빔의 최대 깊이는 약 19 mm인 반면에 전자빔은 50 mm 깊이까지 용접할 수 있다. 레이저빔용접의 깊이-폭 비율은 전형적으로 약 5:1로 제한된다. 레이저빔은 에너지가 좁은 영역에 매우 집중되어 작용하기 때문에, 주로 작은 부품의 결합에 사용되는 공정이다.

일렉트로슬래그용접

이 공정은 일부 아크용접 작업에서와 같이 기본적으로 동일한 장비를 사용하고 용접을 시작하는 데에 아크를 사용한다. 그러나 아크를 용접 동안에 사용하지 않기 때문에 아크용접에 속한다고는 볼 수 없다. **일렉트로슬래그용접**(electroslag welding, ESW)은 모재와 용가재 금속에 작용하는 고온의 전기전도성 용융슬래그에 의해 접합을 수행하는 용접 공정이다. 그림 28.24에서처럼 일렉트로슬래그용접의 일반적인 구성은 일렉트로가스용접과 유사하다. 일렉트로슬래그용접은 용융슬래그와 용접금속을 담아주는 수냉 막음판을 이용하여 수직방향(여기서는 맞대기이음)으로 수행된다. 공정초기에 과립형 전도성 용제를 공동 속에 넣는다. 소모성 전극팁이 공동의 하단부 근처에 도달하면, 아크가 짧게 발생하여 용제를 녹이기 시작한다. 슬래그의 풀이 일단 생성되면 아크가 꺼지고, 전류가 전극으로부터 전도성 슬래그를 거쳐 모재에 전달되어, 이것의 전기저항이 용접 공정을 진행시킬 열을 발생시킨다. 슬래그의 밀도가 용융금속의 밀도보다 작기 때문에 위쪽에 머물면서 용융지를 보호하게

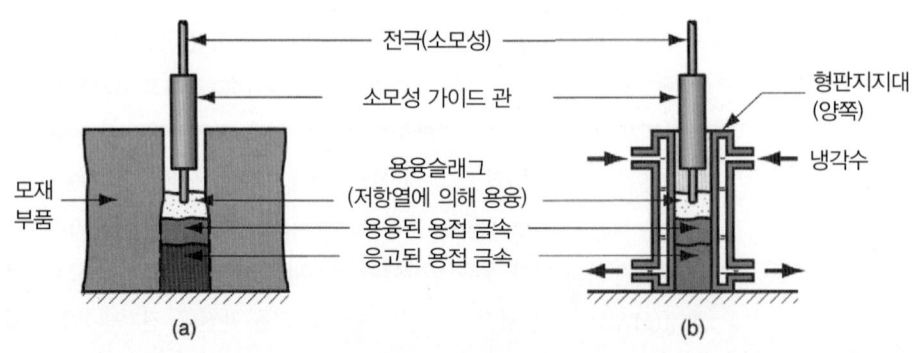

그림 28.24 일렉트로슬래그용접(ESW). (a) 이해를 돕기 위해 형판지지대를 제거한 정면 모습, (b) 양쪽의 형판지지대를 나타낸 측면 모습. 일렉트로가스용접(그림 28.7)과 유사하나, 용융슬래그의 저항열이 모재와 용가재 금속을 용융시키는 데 사용된다.

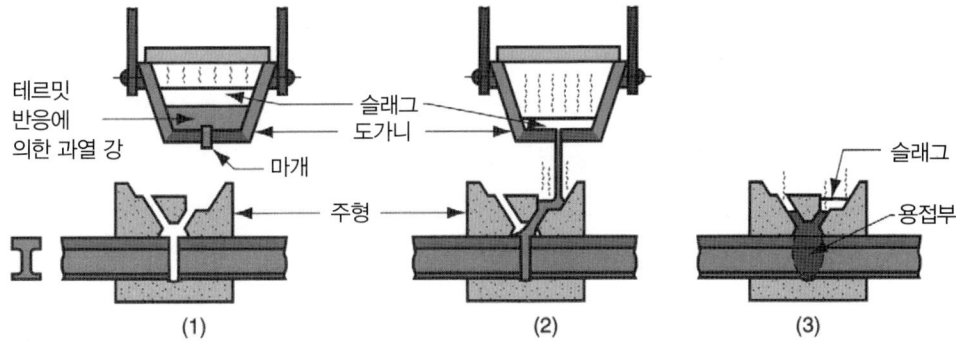

그림 28.25 테르밋용접. (1) 테르밋 점화, (2) 과열된 금속이 도가니로부터 주형으로 주입, (3) 금속이 응고되어 용접부를 형성.

된다. 응고는 바닥에서부터 시작되어 올라오고, 전극과 모재의 모서리에 의해 추가 용융금속이 위로부터 공급된다. 공정은 접합부의 상단에 도달할 때까지 점진적으로 계속된다.

테르밋용접

테르밋(thermit)은 점화되면 발열 반응하는 알루미늄 분말과 산화철의 혼합물인 **써마이트**(thermite)의 상표명인데, 소이탄과 용접을 위해 사용되고 있다. 용접 공정으로서 테르밋을 사용하게 된 것은 1900년경으로 거슬러 올라간다. **테르밋용접**(thermit welding, TW)은 테르밋의 화학적 반응으로부터 얻는 과열된 용융금속에 의해 접합열을 얻어내는 융접 공정이다. 용가재 금속은 액상의 금속에서 얻어진다. 이 공정이 접합을 위해 사용되지만, 용접보다는 주조에 가까운 공정이라고 할 수 있다.

알루미늄과 산화철이 정확히 혼합되고(1:3 비율), 1300°C(1573 K) 정도에서 연소되면 다음의 화학적 반응이 이루어진다.

$$8Al + 3Fe_3O_4 \rightarrow 9Fe + 4Al_2O_3 + heat \tag{28.6}$$

반응으로부터 얻는 온도는 약 2500°C(2773 K)인데, 이 결과로 슬래그의 형태로 상부에 떠서 대기로부터 철을 보호하는 과열 용융철과 산화알루미늄을 만들어낸다. 테르밋용접에서 과열된 철(만약 파우더의 혼합이 적절하다면 강도 가능)은, 그림 28.25의 테르밋용접 공정의 모식도처럼 용접접합부 위에 놓인 도가니로에 담겨진다. 반응이 종료되면(약 30초, 테르밋 양에 따라 다름), 도가니로가 기울여져 액상 금속이 흘러 나와 용접부 주위를 덮도록 특별히 제작된 주형 속으로 부어진다. 유입되는 금속은 매우 뜨겁기 때문에 모재의 가장자리를 녹인 후 응고되면서 접합을 만들어낸다. 냉각 후에 주형은 부수어지고, 탕구와 라이저가 산소아세틸렌 토치나 다른 방법으로 제거된다.

테르밋용접은 철도레일(그림 28.25)의 결합, 잉곳 주형과 같은 대형 강철 주물과 단조물, 대직경 축, 기계 프레임 그리고 선박 키의 균열 수리 등에 사용된다. 이런 적용 예에서의 용접표면은 충분히 매끄러워 추가적인 마무리작업이 필요 없다.

28.5 고상용접

고상용접에서는 부품표면의 접합이 (1) 압력 단독으로, 혹은 (2) 열과 압력으로 만들어진다. 일부 고상용접 공정에서는 시간 또한 인자가 된다. 열과 압력이 모두 사용되는 고상용접은 열 자체가 공작물 표면을 용융시킬 정도로 충분히 높지 않다. 즉 이들 공정에서 가해지는 외부 열 자체만으로는 부품의 융합을 일으키지 못한다는 것이다. 열과 압력의 조합 또는 특별한 방법으로 압력만 가하는 경우 접합면에서 국부적인 용융을 일으키기에 충분한 에너지를 발생시킬 수 있다. 용가재 금속은 고상용접에서는 사용되지 않는다.

28.5.1 고상용접의 일반적인 고려사항들

대부분의 고상용접 공정에서 모재의 용융이 없거나 거의 없이 금속학적 결합이 이루어진다. 두 개의 동종 혹은 이종 금속의 금속학적 결합을 만들기 위해서는, 두 금속을 밀접하게 접촉시켜서 원자 간의 인력이 서로를 끌어당기게 하여야만 한다. 두 면 사이에 화학적인 박막, 가스, 기름 등이 있으면 정상적인 물리적 접촉이 이루어지기 힘들다. 원자결합이 성공하기 위해서는 이러한 박막이나 다른 물질들이 제거되어야만 한다. 융접(브레이징이나 솔더링과 같은 다른 결합공정에서도 마찬가지)에서는 박막이 고온에 의해 분해되거나 연소되고, 금속의 용융과 응고에 의해 원자결합이 이루어진다. 그러나 고상용접에서는 박막이나 불순물들이 금속학적 결합이 일어날 수 있도록 다른 방법으로 제거되어야 한다. 일부의 경우에는 용접 공정 전에 표면을 철저히 세척하게 된다. 반면에 어떤 경우에는 부품 표면을 접근시키는 과정에 통합하여 세척이 이루어지는 경우도 있다. 정리하자면, 성공적인 고상용접을 위한 필수조건은 두 면이 매우 깨끗해야 하고, 원자결합을 이루기 위해서 두 면을 물리적으로 매우 가깝게 접촉시켜야 한다는 점이다.

용융을 포함하지 않는 용접 공정들은 융접 공정에 비해 몇 가지 장점을 가진다. 용융이 일어나지 않기 때문에, 열영향부(HAZ)가 존재하지 않아 접합부 주변 금속이 원래의 물성을 유지한다. 대부분의 고상용접 공정들은 두 부품 사이의 전체 접촉 경계면을 채우는 용접접합부를 만들어내는 반면, 대부분의 융접공정에서는 점 혹은 심의 일부분 접합을 만든다. 또한, 일부 고상용접 공정들은 접합 작업 동안에 이종 금속의 용융과 응고 과정에서 보통 발생하는 상대적인 열팽창, 열전도 및 기타 문제들 없이 이종 금속의 용접에 잘 사용될 수 있다.

28.5.2 고상용접 공정

고상용접 그룹은 최신 기술뿐만 아니라 가장 오래된 결합 공정도 포함한다. 고상용접 그룹의 각 공정은 접합면에서 결합을 만드는 각자 독특한 방법을 가지고 있다. 우선 역사상 최초의 용접공정이라고 할 수 있는 단접부터 다루기로 한다.

단접

단접은 제조기술의 발전 과정에서 역사적인 중요성을 가지고 있다. 이 공정은 고대문명의 대장장이가 두 금속 부품의 접합법을 알게 된 BC1000년경부터 시작되었다(역사적 고찰 27.1). **단접**(forge welding)은 접합할 부품을 열간가공온도로 가열한 후 해머 혹은 다른 수단을 이용하여 단조하는 용접 공정이다. 현대의 표준에 맞는 우수한 용접부를 만들기 위해서는 매우 높은 숙련 기술을 필요로 한다. 단접 공정은 역사적인 관심을 받을 만 하지만, 현대에 와서는 다음에 설명할 단접의 변형 공정을 제외하고는 상업적인 중요성이 그다지 크지 않다.

냉간용접

냉간용접(cold welding, CW)은 상온에서 두 개의 깨끗한 접촉면 사이에 고압을 작용시켜 수행하는 고상용접 공정이다. 냉간용접이 성공하기 위해서는 접합면을 극도로 깨끗하게 만들어야 하기에, 결합 직전에 기름제거법이나 와이어 브러싱으로 청정 작업을 수행한다. 또한 용접할 두 금속 모두 혹은 적어도 하나는 연성이 매우 높고 가공경화가 없어야만 한다. 연질의 알루미늄과 구리 같은 금속이 쉽게 냉간용접될 수 있다. 이 공정에 작용하는 압축력은 금속부품에 냉간가공을 일으켜서 두께를 50%까지도 줄여줄 수 있다. 그러나 접촉면에서는 국부적인 소성변형을 일으켜 결국 접합을 만들어낸다. 작은 부품에 대해서는 단순한 수동 공구에 의해서도 힘을 가해줄 수 있다. 큰 부품에 대해서는 필요한 힘을 얻기 위해 동력 프레스가 사용된다. 냉간용접에서는 외부에서 열이 가해지지 않지만, 변형 공정에서 공작물의 온도가 다소 올라가게 된다. 냉간단접은 전기적 연결에 사용되기도 한다.

롤용접

롤용접은 공작물의 외부 가열이 공정 전에 일어나는가의 여부에 따라 단접 혹은 냉간용접의 변형된 공정이라고 할 수 있다. 롤용접(roll welding, ROW)은 접합을 이루기에 충분한 압력을 롤을 통해 얻어지는 고상용접인데, 외부 열이 가해질 수도 있고 필요 없을 수도 있다. 이 공정을 그림 28.26에 나타내었다. 외부 열이 공급되지 않는 경우를 **냉간롤용접**(cold-roll welding)이라 하고, 열이 공급되면 **열간롤용접**(hot-roll welding)이라고 한다, 롤용접은 부식 방지를 위해 연강 혹은 저합금강에 스테인리스강을 덧씌우는 작업, 온도측정을 위한 바이메탈띠 제조, 미국 조폐청에서 '샌드위치' 동전 제작 등에 적용된다.

고온고압용접

고온고압용접(hot pressure welding, HPW)은 모재의 상당한 변형을 일으키기에 충분한 열과 압력을 가하여 접합을 이루는 단접의 또 다른 변형된 공정이다. 변형 공정이 표면의 산화막을 제거해주어 깨끗한 금속표면에서 두 부품의 결합이 잘 이루어지게 해준다. 접합면을 가로지르는 방향으로 확산을 일으키기 위해서는 시간이 필요하다. 이 작업은 보통 진공체임버 내부 혹은 보호 매개체 속에서 실시된다. 고온고압용접의 주요 적용 대상은 항공산업체에서 볼 수 있다.

확산용접

확산용접(diffusion welding, DFW)은 보통 조절된 환경 속에서 확산과 접합에 충분한 시간을 가지고 열과 압력을 가하는 고상용접 공정이다. 온도는 금속의 용융점보다 꽤 낮고(최고치가 약 $0.5\ T_m$), 표면의 소성변형은 최소화된다. 접합의 주요 메커니즘은 접촉면 사이에서 경계면을 넘어 원자가 이동하는 고상 확산이다. 확산용접은 항공산업과 원자력산업에서 고강도 내화 금속의 결합에 사용된

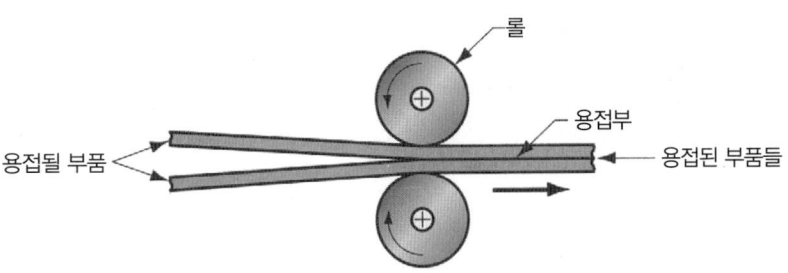

그림 28.26 롤용접(ROW).

다. 이 공정은 동종 혹은 이종 금속의 결합 둘 다에 적용할 수 있고, 후자의 경우 확산을 용이하게 하기 위해 두 모재층 사이에 다른 금속의 층을 끼워 넣어 수행된다. 접합면에서 확산을 일으키기에 필요한 시간이 중요성을 갖는데, 어떤 응용 사례에서는 한 시간 이상 걸리는 경우도 있다 [10].

폭발용접

폭발용접(explosion welding, EXW)은 폭발 에너지에 의해 두 금속 표면을 접합하는 고상용접 공정이다. 이 방법은 보통 이종 금속재질을 결합하는데 이용되는데, 특히 모재 상면의 넓은 지역에 걸쳐 다른 금속을 덧붙일 때 이용된다. 적용대상에는 화학공업과 석유화학산업의 공정 장비에 필요한 내부식성 박판과 판재의 제조가 포함된다. **폭발클래딩**(explosion cladding)이 이런 경우의 용어로 사용된다. 폭발용접에서는 용가재 금속과 외부 열이 가해지지 않는다. 또한 공정 동안에 확산도 일어나지 않는다(시간이 너무 짧음). 결합의 본성은 야금인데, 많은 경우에 두 금속 사이의 경계면의 굴곡과 기복에 의한 기계적인 맞물림과 결합하여 이루어진다.

클래딩 공정에서 한 금속판 위의 다른 금속판의 배열 상태는 그림 28.27과 같다. 여기서 두 판이 일정한 간격을 두고 평행하게 위치되고 폭약이 **비행판**(flyer plate)이라고 부르는 상판 위에 위치한다. 비행판의 표면을 보호하기 위해서 폭약과 비행판 사이에 완충층(고무나 플라스틱)을 종종 넣는다. **고정금속**(backer metal)이라고 부르는 하판은 앤빌 위에 올려져 지지된다. 폭발이 시작되면, 폭발이 비행판의 한쪽 끝으로부터 반대쪽으로 전파되어 가는데, 과정의 한 순간 상황을 그림 28.27(2)에 나타내었다. 폭발용접의 거동 중에서 이해하기 힘든 것 중 하나는 폭발이 순간적으로 일어난다는 잘못된 상식이다. 폭발이 매우 급속한 것으로 받아들여질지라도(8,500 m/s까지도 가능한 전파속도), 실제로 폭발은 점진적인 반응과정이다. 폭발에 의한 고압영역이 비행판을 고정금속에 충돌하도록 밀어내고, 이 과정은 폭발이 진행됨에 따라 그림 28.27(2)처럼 각이 진 형태를 띠게 된다. 위쪽판은 아직 폭발이 일어나지 않은 지역에 그대로 남아 있다. 고속의 충돌이 접촉점에서의 표면을 유체로 만들고 표면의 어떤 박막이든지 각도의 정점으로부터 진행방향으로 밀어낼 수 있다. 충돌하는 표면은 화학적으로 청정한 수준이 되며, 두 면 사이에서의 일부의 계면 용융을 포함하는 금속의 유체적 거동은 면 사이의 긴밀한 접촉을 이루어 금속학적 결합으로 이끈다. 충돌속도와 공정 동안의 충격각도 변화들이 두 금속 사이에서 굴곡과 기복이 있는 경계면을 초래한다. 이런 종류의 경계면이 결합을 강화시키는데, 그 이유는 접촉 면적이 증가하고 두 면 사이에서 기계적인 맞물림이 가능하기 때문이다.

마찰용접

마찰용접은 산업용으로 널리 사용되는 공정이며, 자동생산방법이 가능한 용접법이다. 이 공정은

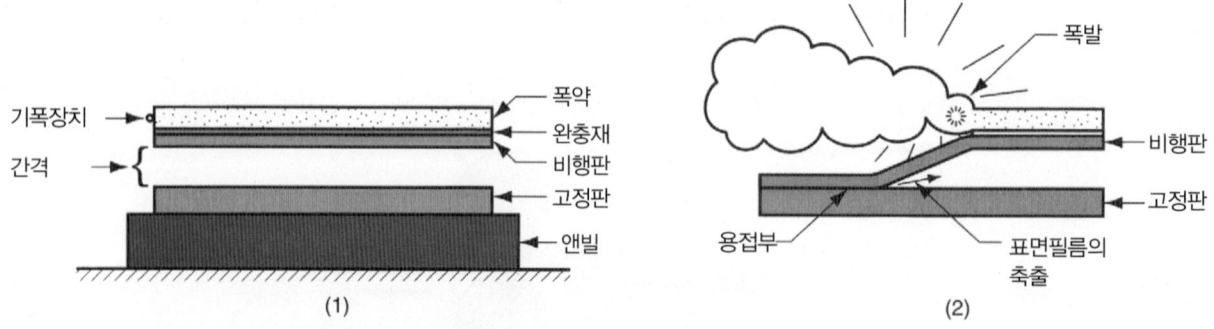

그림 28.27 폭발용접(EXW). (1) 준비 상태, (2) 폭약의 폭발 과정.

구소련에서 개발되어 1960년경 미국에 소개되었다. **마찰용접**(friction welding, FRW)은 압력과 결합된 마찰열에 의해 접합을 이루어내는 고상용접 공정이다. 마찰은 두 표면 사이에서의 기계적인 문지름 동작으로 발생하며, 보통 한 부품을 다른 부품에 대하여 상대적으로 회전시켜 발생시킨 마찰을 이용하여 접합경계면의 온도를 대상 금속재료의 열간가공 범위까지 올리게 된다. 그런 다음 두 부품을 충분한 힘으로 서로에게 압착시켜 금속학적 결합을 만들어낸다. 전형적인 적용 대상인 원통형 부품의 마찰용접 과정을 그림 28.28에 나타내었다. 축방향의 압축력이 두 부품을 뭉툭하게 만들어 튀어나온 재료인 플래시가 생성된다. 접촉 표면에 있던 표면막들은 공정 동안에 모두 제거된다. 플래시는 매끄러운 표면을 갖는 용접부로 만들기 위해서 공정 후에 트리밍 공정(예, 선삭)을 통해 제거되어야만 한다. 적절히 조절할 경우 접합면에서 용융이 전혀 일어나지 않을 수도 있다. 용가재 금속, 용제, 보호가스는 일반적으로 사용되지 않는다.

거의 모든 마찰용접 작업들은 용접을 위한 마찰열을 얻기 위해 회전운동을 이용한다. 회전구동 시스템은 두 가지가 있는데, 이에 따라 마찰용접 공정을 다음과 같이 분류한다. (1) 연속구동 마찰용접, (2) 관성 마찰용접. **연속구동 마찰용접**(continuous-drive friction welding)은 한 부품을 일정한 회전속도로 구동시키면서 정지되어 있는 부품에 힘을 가하며 접촉시켜서 마찰열을 접촉면에서 발생시키는 방법이다. 적당한 열간가공온도에 도달하였을 때, 갑작스럽게 회전에 제동을 가하면서 동시에 부품들을 단조압력으로 강제로 합치게 된다. **관성 마찰용접**(inertia friction welding)에서는 회전될 부품이 미리 설정된 속도로 치켜 올라가는 플라이휠에 연결된다. 위로 올라간 플라이휠이 구동모터로부터 이탈되면 그 관성력으로 두 부품이 힘을 받게 된다. 플라이휠에 저장된 운동에너지가 마찰열의 형태로 발산되면서 인접한 면들의 접합을 만들어낸다. 이 작업의 총 사이클 시간은 약 20초 정도이다.

마찰용접에 사용되는 장비는 선반과 흡사한 외형을 가지고 있다. 한쪽 부품을 고속으로 회전시켜주는 주축이 요구되며, 회전 부품과 비회전 부품 사이에서 축방향 힘을 가해줄 수단이 필요하다. 사이클 시간이 짧기 때문에 이 공정을 대량생산에 적용하는 것이 가능하여 자동차, 항공기, 농기계, 석유화학, 천연가스 등의 산업에서 다양한 축 혹은 관 부품을 결합하는 방법으로 사용되고 있다. 마찰

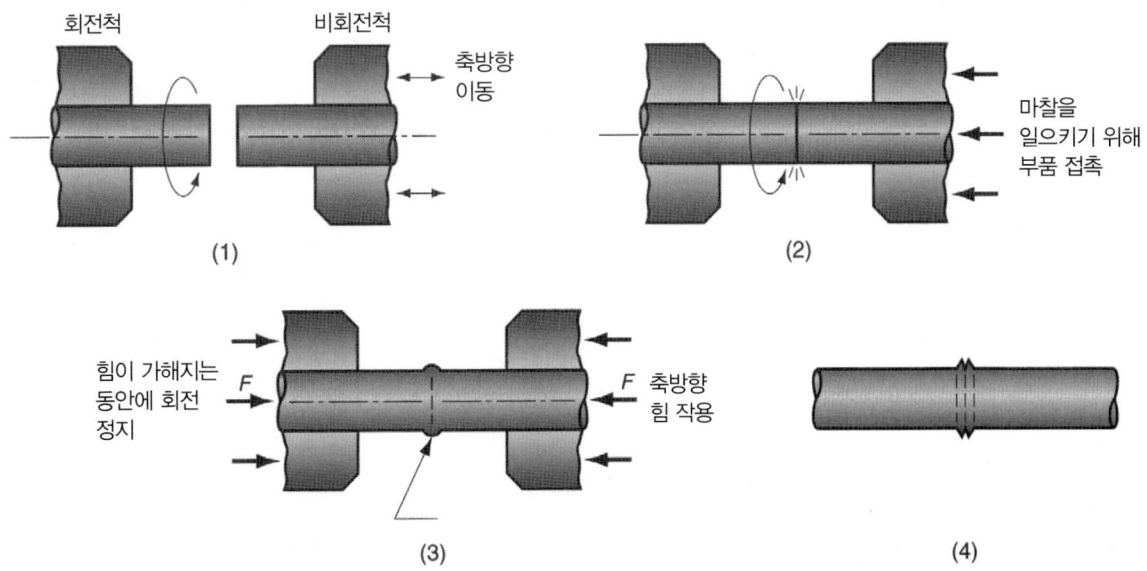

그림 28.28 마찰용접(FRW). (1) 회전 부품, 접촉전, (2) 마찰열을 생성시키기 위해 부품을 접촉, (3) 회전정지, 축방향 가압, (4) 용접부 형성.

용접의 열영향부는 좁은 편이고, 이종 금속을 결합할 수도 있는 장점이 있다. 하지만 적어도 한 부품을 회전시켜야 하고, 보통 플래시를 제거하는 것이 필요하며, 소재가 뭉툭해짐에 따라 부품의 길이가 짧아진다는 단점(제품설계 시 고려되어야 할 사항)이 지적된다.

앞에서 설명한 전통적인 마찰용접 작업들은 접합면 사이에 요구되는 마찰을 발생시키기 위하여 회전 운동을 이용하였다. 이 공정의 조금 더 최근 기술은 두 부품 사이에 마찰열을 발생시키는 데 선형 왕복운동을 적용하는 **선형 마찰용접**(linear friction welding)이다. 이 공정은 적어도 부품들 중 하나는 회전하여야 점을 없애준다(예: 원통형, 관형).

마찰교반용접

마찰교반용접(friction stir welding, FSW)은 그림 28.29에 나타낸 것처럼, 회전 공구가 두 공작물 사이의 접합선을 따라 작동되어 마찰열을 발생시키고, 용접 심을 형성하도록 금속을 기계적으로 교반하여 접합하는 고상용접 공정이다. 이 공정 명칭은 이러한 교반이나 혼합작업으로부터 나왔다. 마찰교반용접은 저항열이 부품 자체에 의해서라기보다는 분리된 마모저항 공구에 의해서 발생된다는 점에서 전통적인 마찰용접과는 구분된다. 마찰교반용접은 영국 캠브리지에 있는 'The Welding Institute'에서 1991년에 개발되었다.

회전공구는 원통형 쇼울더와 그 바로 밑에 튀어나와 있는 더 작은 탐침으로 구성된다. 용접 동안에 쇼울더는 두 부품들의 윗면을 문질러서 많은 마찰열을 발생시키는 반면에, 탐침은 맞대기 표면을 따라서 기계적으로 금속을 혼합하여 부가적인 열을 발생시킨다. 탐침은 혼합 작용을 용이하게 하도록 형상이 설계되어져 있다. 마찰과 혼합의 조합에 의해 생성된 열은 금속을 녹이는 것이 아니라 높은 소성 조건을 갖도록 완화시키는 것이다. 공구가 접합부를 따라서 동작함에 따라, 회전하는 탐침의 앞쪽의 표면이 금속 주변과 탐침의 지나간 자리에 힘을 가하고, 용접 심으로 만들어줄 수 있는 단조력을 발생시킨다. 쇼울더는 소성화된 금속이 탐침 주변에 따라 흘러가도록 해준다.

마찰교반용접 공정은 우주항공, 자동차, 철도 그리고 선박건조 산업 분야에 사용된다. 전형적인 적용은 대형 알루미늄 부품들의 맞대기 이음에 적용된다. 강, 구리, 티타늄 등을 포함하여 다른 금속들뿐만 아니라, 고분자와 복합재료들의 접합에도 마찰교반용접 공정이 사용된다. 이러한 적용 분야에서의 이점은 다음과 같다. (1) 용접 접합부의 우수한 기계적 물성, (2) 유독 가스, 뒤틀림, 보호 문제

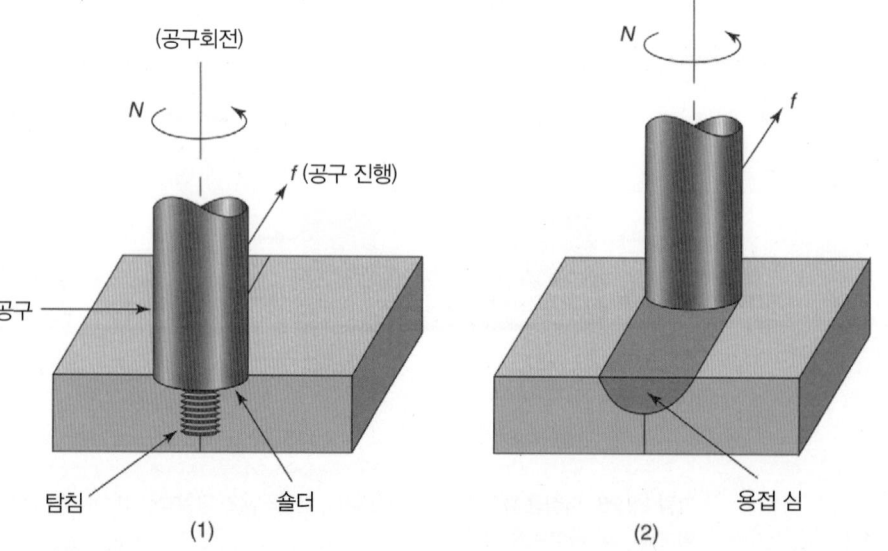

그림 28.29 폭발용접(EXW). (1) 접합부로 진행하기 전의 회전공구, (2) 부분적으로 완료된 용접 심. N = 공구 회전수, f = 공구 진행.

(공구회전)

N

f (공구 진행)

공구

탐침   숄더

(1)

N

f

용접 심

(2)

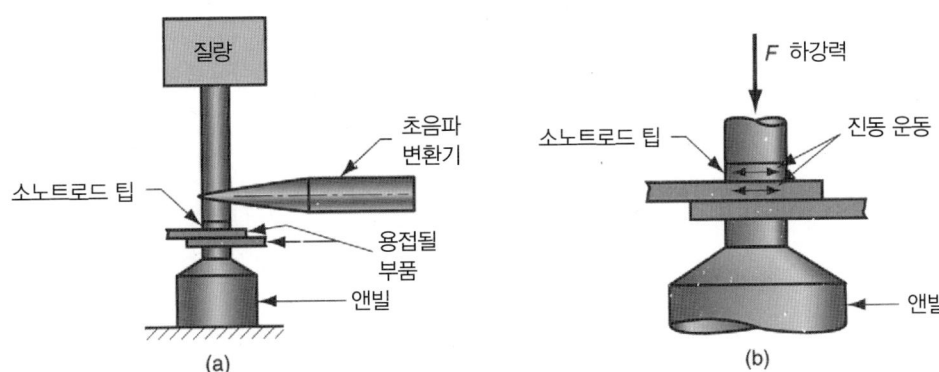

그림 28.30 초음파용접 (USW). (a) 겹치기이음 형태의 일반적인 모습, (b) 용접 영역의 확대 모습.

와 아크용접과 관련된 다른 문제들을 피할 수 있음, (3) 비틀림과 수축이 거의 없음, (4) 우수한 용접 외관. 단점으로는 (1) 공구가 공작물로부터 빠져나갈 때 생기는 출구 구멍과, (2) 매우 큰 부품 고정력이 필요하다.

초음파용접

초음파용접(ultrasonic welding, USW)은 두 부품을 그리 크지 않은 고정력으로 같이 붙여놓고, 초음파주파수를 가지는 진동 전단응력을 접촉면에 가하여 접합을 이루어내는 고상용접 공정이다. 초음파용접의 겹치기 용접에 대한 전형적인 적용을 그림 28.30에 나타내었다. 두 부품 사이에서의 진동 운동이 모든 표면박막을 부수어 표면 사이에서의 기밀한 접촉과 강한 금속학적 결합을 만들어낸다. 접촉 표면의 마찰과 소성변형으로 인해 열이 발생하긴 하지만, 이 열로 인한 온도는 용융점보다는 상당히 낮다. 초음파용접에서는 용가재 금속, 용제, 보호가스가 필요 없다.

진동 운동은 초음파 변환기에 연결된 **소노트로드**(sonotrode)에 의해 상부 부품에 전달된다. 이 장치는 전기적 출력을 고주파 진동으로 변환한다. 초음파용접에 사용되는 전형적인 진동수는 15 kHz ~ 75 kHz, 진폭은 0.018 mm ~ 0.13 mm 정도이다. 두 부품의 고정압력은 냉간용접의 압력보다 상당히 작아서 두 면 사이에서 아무런 소성변형도 일어나지 않는다. 이러한 조건하에서 용접시간은 1초 미만이다.

초음파용접 작업은 일반적으로 알루미늄과 구리와 같은 연질 재료의 겹치기이음용으로 국한된다. 더 단단한 재료의 용접에 이용할 경우, 상부 부품에 접촉하고 있는 소노트로드의 빠른 마모를 초래한다. 초음파용접은 비교적 작은 부품과 용접 두께 3 mm 이하의 부품에 주로 사용된다. 적용 사례로는 전기전자 산업에서 와이어 연결(솔더링을 대체), 알루미늄 박판의 조립, 태양전지판에 관 용접과 기타 작은 부품의 조립작업에서 많이 찾을 수 있다.

28.6 용접품질

모든 용접 공정의 목적은 둘 혹은 그 이상의 부품을 접합시켜 하나의 구조로 만드는 것이다. 따라서 형성되는 새로운 구조의 물리적 완전성은 용접의 품질에 의존한다. 앞으로 다룰 용접품질에 대한 논의는 주로 아크용접을 대상으로 하는데, 이는 가장 널리 사용되는 용접 공정이고 품질문제가 가장 중요하고 복잡한 공정이기 때문이다.

잔류응력과 비틀림 전단변형

　융접, 특히 아크용접 동안에 공작물의 국부영역이 급속히 가열되었다가 냉각되기 때문에 용접물에 잔류응력을 일으키는 열팽창과 수축이 발생한다. 이런 잔류응력이 용접 조립품에 비틀림 전단변형과 뒤틀림을 야기시킨다.

　용접의 이러한 상황은 복잡한데, 그 이유는 (1) 가열이 국부적이고, (2) 모재금속의 용융이 이 국부적 영역에서 발생하고, (3) 가열과 용융의 위치가 이동하기(적어도 아크용접에서는) 때문이다. 예를 들어, 그림 28.31(a)와 같이 아크용접으로 두 판의 맞대기이음을 하는 경우를 고려해보자. 작업은 한쪽 끝에서 시작하여 반대쪽 끝을 향해 진행된다. 진행에 따라 모재금속(용가재 금속이 사용되는 경우도 해당됨)으로부터 용융지가 형성되어 아크가 지나간 다음 신속히 응고된다. 용접비드에 바로 인접한 공작물 부분은 극도로 가열되고 팽창이 되며, 반면에 용접부에서 제외된 부분은 상대적으로 저온이다. 용융지는 두 부품 사이의 공동 속에서 신속히 응고되고, 이것과 주변 금속이 냉각됨에 따라, 그림 28.31(b)와 같이 용접물의 폭을 가로질러 떨어진 부분에는 수축이 발생하게 된다. 용접 심에는 용접물로부터 떨어진 부품의 지역에 잔류 인장력과 반발 압축 응력이 형성된다. 전류응력과 수축은 또한 용접비드의 길이 방향을 따라서도 발생한다. 모재의 바깥 지역은 상대적으로 저온 상태로 남아 있기 때문에 치수적으로 변화가 없고, 반면에 용접비드는 매우 높은 온도에서 응고된 후 수축되었기에 잔류 인장응력이 용접비드의 종방향으로 남아있게 된다. 이러한 횡방향과 종방향 응력 패턴을 그림 28.31(c)에 나타내었다. 이들 횡방향, 종방향의 잔류응력의 결과로 그림 28.31(d)와 같이 용접 조립물에 뒤틀림을 가져올 것이다.

　위의 예에서 아크용접된 맞대기이음은 다양한 접합부 유형과 다양한 용접 작업 중의 하나이다. 열에 의해 발생한 잔류응력과 이에 따르는 비틀림 전단변형은 거의 모든 용접 공정과 상당한 열이 발생하는 일부 고상용접 작업이 가지고 있는 문제점이다.

　용접물의 뒤틀림을 최소화하기 위한 다양한 기술이 다음과 같이 알려져 있다. (1) **용접고정구**(welding fixtures)는 용접작업 중의 부품 움직임을 물리적으로 구속하기 위해 사용한다. (2) **히트싱크**(heat sinks)가 용접된 부품의 단면으로부터 열을 신속히 제거한다. (3) 접합부를 따라 만드는 다

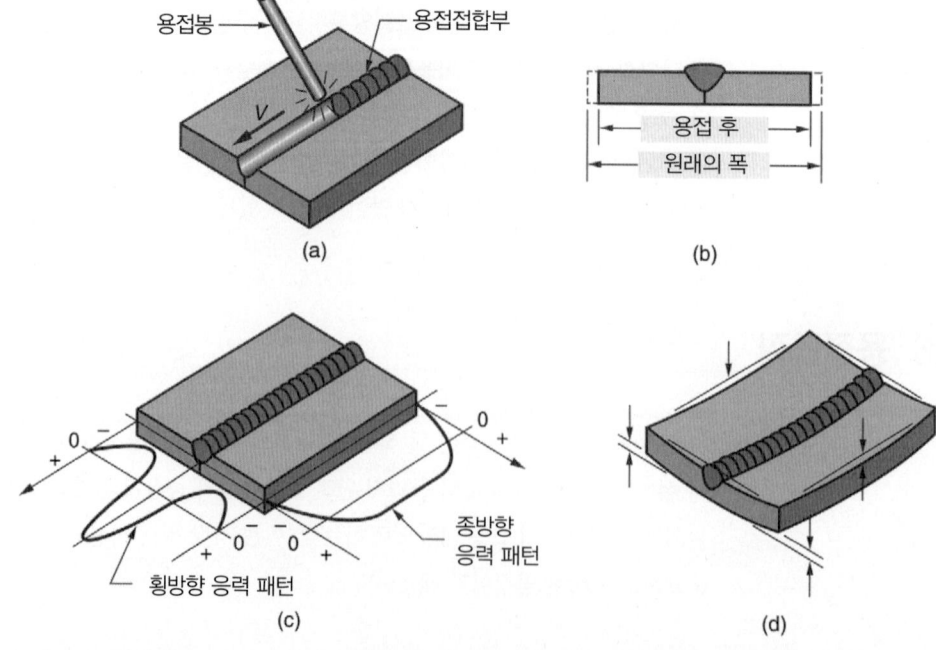

그림 28.31 (a) 두 판의 맞대기 용접부, (b) 용접 조립물의 폭방향 수축, (c) 횡방향, 종방향의 잔류응력 패턴, (d) 용접 조립물에 발생가능한 뒤틀림.

중점들의 **택용접**(tack welding)은 연속적인 심용접보다 더 견고한 구조를 만들 수 있다. (4) 뒤틀림을 줄이기 위해 **용접조건**(welding conditions : 속도, 용가재 금속의 양 등)을 적절히 선정한다. (5) 용접될 부품이 겪는 잔류응력 수준을 줄이기 위해 모재 부품을 **예열**(preheated)한다. (6) 작은 용접물용 가열로나 대형 구조물용 분야에서 사용될 수 있는 방법을 이용하여 용접 조립품에 대해 **응력완화**(stress relief) 열처리를 실시한다. (7) 비틀림의 정도를 줄일 수 있는 용접물의 **적절한 설계**(proper design)가 이루어지도록 한다.

용접 결함

최종 조립품의 잔류응력 및 비틀림 전단변형과 더불어, 다른 결함 요소들이 발생할 수 있다. 다음은 Cary [3]의 분류에 기초한 주요 결함 범주에 대한 간단한 설명이다.

■ **균열**(cracks) 균열은 용접부 자체나 용접부 근처의 모재에 파괴 형태의 불연속성을 의미한다. 이것이 용접결함 중 가장 심각한 결함이라고 할 수 있는데, 그 이유는 용접물의 강도를 상당히 감소시키는 불연속성을 만들기 때문이다. 그림 28.32는 균열의 몇 가지 유형을 보여준다. 용접균열의 원인은 용접부의 취성화 또는 저연성이 될 수 있고(또는), 수축 동안에 모재가 많은 구속을 받았기 때문일 수도 있다. 일반적으로 이런 결함은 수리되어야 한다.

■ **공동**(cavities)이 결함에는 다양한 기공과 수축공이 포함된다. **기공**(porosity)은 응고 과정 동안에 용접부 안에 갇힌 가스에 의해 생긴 작은 구멍들을 의미한다. 이런 구멍들의 형상은 구형(blow holes)으로부터 연장선형(worm holes)까지 다양하다. 기공의 일반적인 원인은 주변 가스의 유입, 용접금속 내부의 황, 표면위의 오염물 등이다. **수축공**(shrinkage void)은 응고 동안에 수축에 의해 형성되는 공동을 말한다. 이 두 가지 공동 형태의 결함은 주조에서 발견되는 결함과 유사하여, 주조와 용접 간의 밀접한 연관성을 나타내주는 것이라고 할 수 있다.

■ **고체개재물**(solid inclusions) 고체개재물은 용접 금속 내부에 갇혀있는 비금속 고체들을 말한다. 이런 결함의 가장 보편적인 형태는 용제를 사용하는 아크용접 공정 동안에 발생하는 슬래그개재물이다. 슬래그가 용융지 위에 뜨는 대신에, 금속의 응고 동안에 알갱이 형태로 들어가는 경우이다. 개재물의 또 다른 형태는, 알루미늄을 용접하면 보통 Al_2O_3의 표면코팅이 만들어지는 것과 같이 특정한 금속을 용접할 때 발생하는 금속산화물이다.

■ **불완전 용융**(incomplete fusion) 이런 결함의 몇 가지 유형을 그림 28.33에 나타내었다. **용융부족**(lack of fusion)이라고도 하는 불완전 융합은 접합부의 전체 단면적을 채우는 융합이 일어나

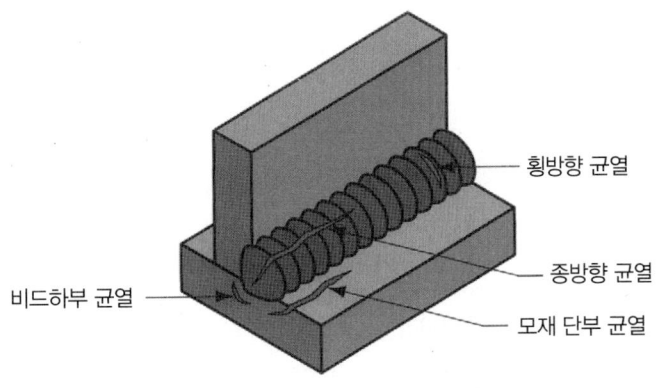

그림 28.32 용접균열의 다양한 형태.

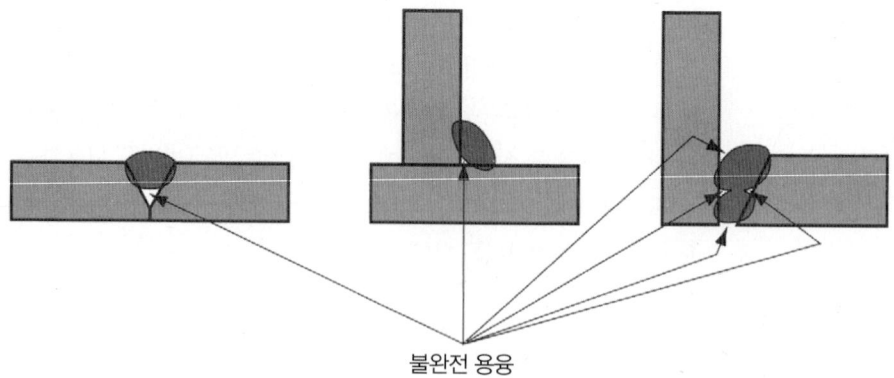

그림 28.33 불완전 용융의 몇 가지 형태.

불완전 용융

지 않은 용접 비드를 만드는 것을 말한다. 관련이 있는 결함으로 **용입부족**(lack of penetration) 이 있는데, 접합부의 바닥으로 융합이 충분히 깊게 용입되지 않는 경우를 의미한다.

- **불완전 형상 혹은 부적절한 윤곽**(imperfect shape or unacceptable contour) 용접부가 최대의 강도를 얻기 위해서는 그림 28.34(a)의 V자 홈 용접에서와 같이 어떤 바람직한 윤곽이 나와야 한다. 이런 용접부 윤곽은 용접접합부의 강도를 최대로 만들어주고, 불완전 용융과 용입부족을 막아 준다. 그림 28.34에 용접부 형상과 윤곽에서의 몇 가지 보편적인 결함을 나타내었다.

- **기타 다양한 결함**(miscellaneous defects) **아크타격**(arc strikes)이란 용접공이 전극을 용접부 주변의 모재금속에 우발적으로 접촉시켜서 부품 표면에 자국을 남기게 되는 결함이다. **과도비산**(excessive spatter)은 용융된 용접 금속이 모재금속 표면에 튀어서 떨어진 결함이다.

검사와 시험 방법들

용접 접합부의 품질을 점검하기 위한 다양한 검사법과 시험법이 사용되고 있다. 표준화된 절차들이 AWS(American Welding Society)와 같은 공학회, 무역 협회들에 의해서 수년간 개발, 정립되어 왔다. 설명을 위해서 여기서는 이들 방법을 다음의 세 가지 영역으로 분류한다. (1) 육안검사, (2) 비파괴검사, (3) 파괴검사.

육안검사(visual inspection)는 의심할 여지없이 가장 폭넓게 사용되는 용접 검사 방법이다. 검사자는 용접물의 다음과 같은 사항에 대하여 육안으로 관찰한다. (1) 부품도면 상의 치수 사양과의 일치여부, (2) 뒤틀림 여부, (3) 균열, 공동, 불완전 용융 및 기타 결함 여부. 또한 용접 검사자는 보통 비파괴적인 검사 범주에 속하는 추가적인 시험이 필요한지도 결정한다. 육안검사의 한계점은 표면 결함만이 검출되고 내부의 결함은 발견되지 않는다는 점이다.

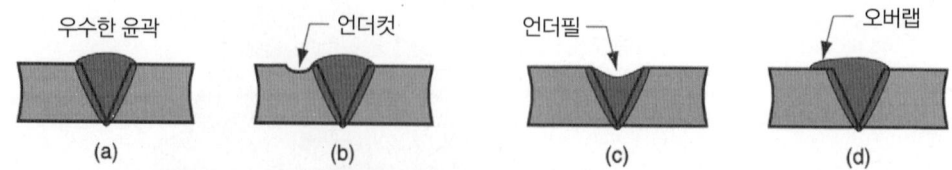

그림 28.34 (a) 단일 V자 홈 형의 바람직한 용접 접합부 윤곽. 동일한 접합부이지만 발생 가능한 몇 가지 용접 결함은 다음과 같다. (b) 모재의 일부가 녹아 없어진 **언더컷**(undercut), (c) 용접부의 높이가 주변 모재보다 낮아지는 **언더필**(underfill), (d) 용접금속이 접합부 밖의 모재 표면으로 넘쳐나갔지만 용융이 일어나지 않은 **오버랩**(overlap).

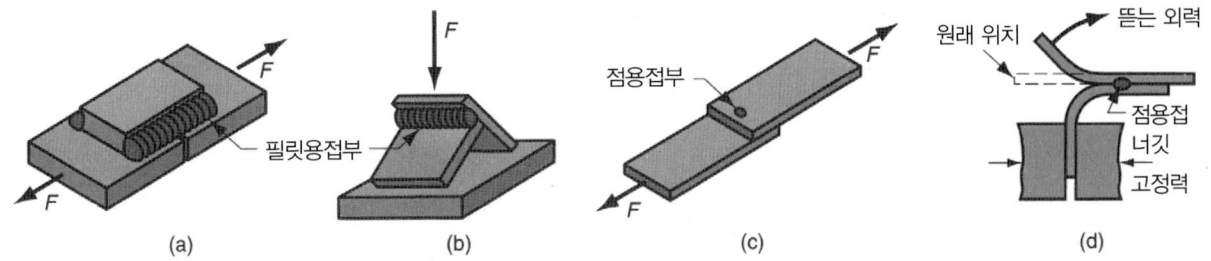

그림 28.35 용접에 사용되는 기계적인 시험법. (a) 아크용접물에 대한 인장–전단 시험, (b) 필릿 파괴 시험, (c) 점용접부에 대한 인장–전단 시험, (d) 점용접부에 대한 뜯기 시험.

비파괴검사(nondestructive evaluation, NDE)는 검사대상 시편에 아무런 해를 끼치지 않고 검사하는 다양한 방법들을 포함한다. **염료침투법**(dye-penetrant)과 **형광물질침투법**(fluorescent-penetrant tests)이 균열과 공동처럼 표면으로 노출되는 작은 결함을 찾는 방법으로 사용된다. 형광물질침투의 결과는 자외선에 노출시켰을 때 매우 잘 보이게 하기 때문에, 염료보다 더 민감도가 높은 기술이라 할 수 있다.

몇몇 비파괴검사에 대하여도 설명되어야만 한다. **자기탐상법**(magnetic particle testing)은 강자성 물질에만 사용되는 검사방법이다. 대상 부품에 자계를 형성시킨 후 자성입자(철가루 등)를 표면에 뿌린다. 균열이나 개재물과 같은 표면 밑 결함들이 자기장을 왜곡시켜 입자들을 표면의 특정지역에 집중되게 함으로써 결함 자체가 드러나게 만든다. **초음파검사**(ultrasonic testing)는 고주파 음파 (20 kHz 이상)를 시편에 직접 사용하여 음파전달의 손실을 통해 불연속성(예, 균열, 개재물, 기공)들을 감지하는 방법이다. **방사선검사**(radiographic testing)는 X 레이나 감마선을 사용하여 용접금속 내부의 결함을 발견하는 방법인데, 모든 결함에 대하여 사진필름 기록을 남길 수 있도록 해준다.

파괴시험(destructive testing) 이 방법은 시험과정 동안에 혹은 시험시편을 만들기 위하여 용접부를 파괴시키는 방법이다. 기계적 시험과 금속학적 시험을 포함한다. **기계적 시험**(mechanical test)의 목적은 인장시험이나 전단시험(3장)과 같은 고전적인 시험방법과 유사하다. 차이점은 단지 시험 시편이 용접접합부라는 점이다. 그림 28.35는 용접에 사용되는 기계적 시험의 몇 가지 예를 보여준다. **금속학적 시험**(metallurgical test)은 금속구조, 결함, 열영향부의 확장과 조건, 다른 원소의 존재와 유사한 현상 등의 성질을 알아보기 위해서 금속학적인 시편을 준비하는 것을 포함한다.

28.7 용접성

용접성은 하나의 금속 혹은 여러 금속들의 조합이 적절히 설계된 구조로 용접이 잘 될 수 있고, 의도된 용접 목적에 만족할만한 수준으로 사용될 수 있을 만한 금속학적 물성들을 가질 수 있는 능력을 의미한다. 좋은 용접성이란 용접공정의 수월성, 용접결함의 부재, 접합부의 적절한 강도·연성·인성 등으로 특징지어진다.

용접성에 영향을 미치는 인자로는 (1) 용접 공정, (2) 모재금속의 물성, (3) 용가재 금속, (4) 표면 조건 등이 있다. 용접 공정은 매우 중요한 인자이다. 어떤 공정에 쉽게 용접되는 금속들이 다른 공정으로는 용접이 잘 안 될 수도 있다. 예를 들어, 스테인리스강은 대부분의 아크용접 공정으로 용접이 잘 되지만, 산소용접으로는 어려운 금속재질로 고려된다.

모재 금속의 물성은 용접수행도에 영향을 미친다. 중요한 물성으로는 용융점, 열전도율, 열팽창계수 등이 있다. 용융점이 낮으면 용접이 더 쉽게 될 수 있을 것이라 생각하기 쉽지만, 일부 금속(예, 알루미늄)은 너무 쉽게 녹아버리는 경향이 있다. 열전도성이 좋은 금속(예, 구리)은 열을 용접부로부터 멀리 보내려는 경향이 있어서, 용접하기 어렵게 만들 수 있다. 금속에 있어서 높은 열팽창과 수축은 용접 조립품의 뒤틀림 문제를 발생시킬 수 있다.

이종 금속이 용접될 때, 이들의 물리적(혹은), 기계적인 성질이 본질적으로 다르다면 용접상의 특별한 문제가 나타난다. 용융온도의 차이가 두드러진 문제점 중의 하나이다. 강도의 차이나 열팽창계수의 차이는 균열을 야기시킬 수 있는 높은 잔류응력의 결과를 가져올 수 있다. 만일 용가재 금속이 사용된다면, 모재 금속과 화합성이 있어야 한다. 일반적으로 고용체를 형성하는 액체 상태에서 혼합된 원소들은 별 문제를 발생시키지 않는다. 용해 한계를 초과할 경우 용접접합 후의 취성화가 발생될 수도 있다.

모재금속의 표면조건은 작업에 불리하게 영향을 줄 수 있다. 예를 들어 습기는 용융부에서의 기공을 만들 수 있다. 금속표면의 산화물과 기타 고체막은 충분한 접촉과 용융이 이루어지는 것을 방해할 수 있다.

28.8 용접에서의 설계 고려사항

만일 어떤 조립품을 영구히 용접하려면, 설계자는 다음의 지침을 따라야 한다 [2], [3].

■ **용접감안 설계**(design for welding) - 가장 기본적인 지침은 처음부터 제품을 주물, 단조물, 혹은 기타 성형물이 아닌 용접조립품으로 보고 설계해야 한다는 것이다.

■ **부품의 최소화**(minimum parts) - 용접조립품은 가능한 최소의 부품으로 구성되어야 한다. 예를 들어, 하나의 부품에 대해 단순한 굽힘가공을 수행하는 것이 판재들을 용접하여 조립하는 것보다 경제성이 더 높을 수 있다.

다음의 지침은 아크용접에 적용된다.

■ **용접될 부품의 정확한 준비**(good fit-up of parts)가 치수관리를 유지시키고 뒤틀림을 최소화하기 위해 중요하다. 만족스러운 준비가 되기 위해서 절삭가공이 때때로 필요한 경우도 있다.

■ 용접건이 용접 영역에 접근하기에 충분한 공간이 조립품에 마련되어 있어야 한다.

■ 가능하다면, **편평위치 용접**(flat welding)을 수행할 수 있도록 조립품을 설계해야 한다. 그 이유는 이 경우 가장 빠르고 편한 용접 위치가 나오기 때문이다. 그림 28.36에 가능한 용접 위치를 정의하였다. 가장 어려운 경우는 오버헤드 위치이다.

다음의 설계지침은 저항 점용접에 적용된다.

■ 두께 3.2 mm 이하의 저탄소강판이 저항 점용접의 이상적인 소재이다.

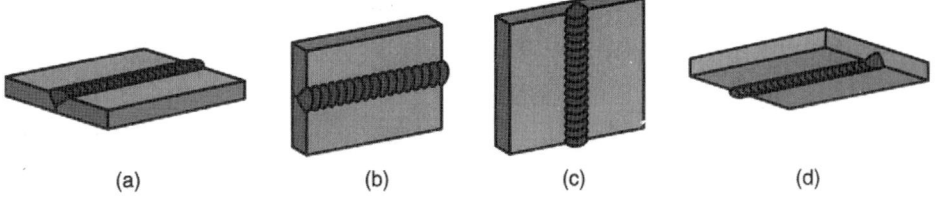

그림 28.36 용접 위치(홈 용접부에 대해 정의). (a) 편평, (b) 수평, (c) 수직, (d) 오버헤드.

- 넓고 평평한 금속박판 부품의 강도와 강성을 보강하기 위해서는 (1) 점용접을 통해 강화부품을 접합시키거나, (2) 플랜지나 돌기부를 형성시킴으로써 가능하다.

- 전극이 용접부위에 접근하기에 충분한 공간이 점용접된 조립품에 마련되어 있어야 한다.

- 전극 끝이 적절한 접촉을 이루기 위해서는 두 금속박판 부품이 충분한 양만큼 겹쳐있어야 한다. 예를 들어, 저탄소강판의 경우 겹치는 거리는 3.2 mm 정도의 두꺼운 판에 대해서는 두께의 6배부터, 0.5 mm 정도로 얇은 판에 대해서는 두께의 20배까지의 범위가 설정되어야 한다.

참고문헌

[1] *ASM Handbook,* Vol. 6, *Welding, Brazing, and Soldering.* ASM International, Materials Park, Ohio, 1993.

[2] Bralla, J. G. (Editor in Chief). *Design for Manufacturability Handbook,* 2nd ed. McGraw-Hill Book Company, New York, 1998.

[3] Cary, H. B., and Helzer S. C. *Modern Welding Technology,* 6th ed. Pearson/Prentice-Hall, Upper Saddle River, New Jersey, 2005.

[4] Galyen, J., Sear, G., and Tuttle, C. A. *Welding, Fundamentals and Procedures,* 2nd ed. Prentice-Hall, Inc., Upper Saddle River, New Jersey, 1991.

[5] Jeffus, L. F. *Welding: Principles and Applications,* 6th ed. Delmar Cengage Learning, Clifton Park, New York, 2007.

[6] Messler, R. W., Jr. *Principles of Welding: Processes, Physics, Chemistry, and Metallurgy.* John Wiley & Sons, Inc., New York, 1999.

[7] Stotler, T., and Bernath, J. "Friction Stir Welding Advances," *Advanced Materials and Processes,* March 2009, pp 35–37.

[8] Stout, R. D., and Ott, C. D. *Weldability of Steels,* 4th ed. Welding Research Council, New York, 1987.

[9] *Welding Handbook,* 9th ed., Vol. 1, *Welding Science and Technology.* American Welding Society, Miami, Florida, 2007.

[10] *Welding Handbook,* 9th ed., Vol. 2, *Welding Processes.* American Welding Society, Miami, Florida, 2007.

[11] Wick, C., and Veilleux, R. F. (eds.). *Tool and Manufacturing Engineers Handbook,* 4th ed. Vol. IV, *Quality Control and Assembly.* Society of Manufacturing Engineers, Dearborn, Michigan, 1987.

복습문제

28.1 용접에 속하는 주요 그룹의 이름은 무엇인가?

28.2 용접이 고상용접과 구별되는 근본적인 특징은 무엇인가?

28.3 전기 아크란 무엇인지 정의하여라.

28.4 아크시간의 의미는 무엇인가?

28.5 아크용접용 전극은 두 유형으로 나뉜다. 그 이름과 정의를 써라.

28.6 아크보호의 두 가지 기본 방법은 무엇인가?

28.7 소모성 전극을 사용하는 아크용접 공정이 비소모성 전극을 사용하는 아크용접보다 열전달인자가 더 큰 이유를 설명하여라.

28.8 피복금속 아크용접(SMAW)의 공정에 대하여 설명하여라.

28.9 피복금속 아크용접 공정을 자동화하기 어려운 이유는 무엇인가?

28.10 서브머지드 아크용접(SAW)에 대하여 설명하여라.

28.11 플라즈마 아크용접의 온도가 다른 아크용접 공정보다 상당히 높은 이유는 무엇인가?

28.12 저항용접의 정의는 무엇인가?

28.13 금속이 저항용접에서 좋은 용접성을 보이기 위해 필요한 물성은 무엇인가?

28.14 저항 점용접 작업 사이클의 각 단계를 설명하여라.

28.15 저항 프로젝션용접이란 무엇인가?

28.16 교차와이어용접에 대하여 설명하여라.

28.17 산소아세틸렌용접 공정이 다른 산소용접 공정들보다 선호되는 이유는 무엇인가?

28.18 압력가스용접을 정의하여라.

28.19 전자빔용접은 대량생산에서는 취약점을 보이는데 이런 점은 무엇인가?

28.20 레이저빔용접과 전자빔용접은 둘 다 매우 높은 출력밀도를 생성시키기 때문에 자주 비교가 된다. 레이저빔용접이 전자빔용접에 비해 갖는 장점은 무엇인가?

28.21 현대의 단접 공정은 원래의 용접공정과 조금 다르게

변형되었는데 이들 변형 공정의 이름을 써라.

28.22 마찰용접의 두 가지 기본 유형을 적고 이들을 구별하고 설명하여라.

28.23 마찰교반용접은 무엇이며, 마찰용접과 어떻게 다른지 설명하여라.

28.24 초음파용접의 소노트로드란 무엇인가?

28.25 뒤틀림은 용접, 특히 아크용접에서 나타나는 심각한 문제점이다. 이런 뒤틀림의 발생과 확장을 줄이기 위해 취할 수 있는 기법들은 무엇인가?

28.26 중요한 용접결함에는 어떤 것들이 있는가?

28.27 용접물에 사용되는 검사와 시험 기술을 세 가지 범주로 나누고, 각 범주의 전형적인 검사 및(또는) 시험방법의 이름을 써라.

28.28 용접성에 영향을 미치는 요인들은 무엇인가?

28.29 아크용접을 적용하는 용접물에 대한 설계 지침에는 어떤 것들이 있는가?

28.30 (동영상) 비디오에 따르면, 저항 점용접에서 전극의 가능한 네 가지 기능들은 무엇인가?

▎객관식문제(23개의 답)

28.1 융접이 고상용접과 구별되는 특징은 용접 중에 접합면에서 용융이 일어난다는 점이다.
(a) 참, (b) 거짓.

28.2 다음 중 융접에 속하는 공정은 어느 것인가? (세 개의 정답)
(a) 일렉트로가스용접, (b) 전자빔용접, (c) 폭발용접, (d) 단접, (e) 레이저빔용접, (f) 초음파용접.

28.3 다음 중 융접에 속하는 공정은 어느 것인가? (두 개의 정답)
(a) 확산용접, (b) 마찰용접, (c) 압력가스용접, (d) 저항용접, (e) 롤용접.

28.4 다음 중 고상용접에 속하는 공정은 어느 것인가? (세 개의 정답)
(a) 확산용접, (b) 마찰교반용접, (c) 저항 점용접, (d) 롤용접, (e) 테르밋용접, (f) 업셋용접.

28.5 전기아크란 전기회로에서의 간극에 발생하는 전류 방전이다. 아크용접 공정에서 아크는 전극과 공작물 사

이의 간극을 가로지르는 방향으로의 용융금속의 유동에 의해서 유지된다.
(a) 참, (b) 거짓.

28.6 다음 중 비소모성 전극을 사용하는 아크용접 공정은 어느 것인가?
(a) FCAW, (b) GMAW, (c) GTAW, (d) SMAW.

28.7 MIG 용접이란 다음 중 어떤 공정의 다른 이름인가?
(a) FCAW, (b) GMAW, (c) GTAW, (d) SMAW.

28.8 봉용접이란 다음 중 어떤 공정의 다른 이름인가?
(a) FCAW, (b) GMAW, (c) GTAW, (d) SMAW.

28.9 다음 중 코어 속에 용제와 기타 성분을 넣은 연속소모성 전극을 사용하는 아크용접 공정은 어느 것인가?
(a) FCAW, (b) GMAW, (c) GTAW, (d) SMAW.

28.10 다음 중 가장 높은 온도를 생성시키는 아크용접 공정은 어느 것인가?
(a) CAW, (b) PAW, (c) SAW, (d) TIG용접.

28.11 저항용접 공정은 결합할 두 부품의 융합을 이루기 위

해 전기저항으로부터 발생하는 열을 사용하며, 압력과 용가재 금속은 사용하지 않는다.

(a) 참, (b) 거짓.

28.12 저항용접을 적용하기가 쉬운 금속은 저항값이 작은 것으로, 그 이유는 저항이 작으면 전류의 흐름이 원활해지기 때문이다.

(a) 참, (b) 거짓.

28.13 산소아세틸렌 용접이 산소용접 공정 중 가장 많이 사용되는데, 그 이유는 아세틸렌이 같은 부피의 공기가 섞일 때 어떤 다른 상업적 연료보다도 더 높은 온도로 연소되기 때문이다.

(a) 참, (b) 거짓.

28.14 'laser'는 'light actuated system for effective reflection'의 약자이다.

(a) 참, (b) 거짓.

28.15 다음 중 외부 열원으로부터 나오는 열을 사용하는 고상용접 공정은 어느 것인가? (두 개의 정답)

(a) 확산용접, (b) 단접, (c) 마찰용접, (d) 초음파용.

28.16 용접성이란 용어는 수행할 용접공정의 용이성뿐만 아니라 결과 용접물의 품질도 고려하는 것이다.

(a) 참, (b) 거짓.

28.17 동은 열전도성이 높기 때문에 용접하기에 상대적으로 쉬운 금속이다.

(a) 참, (b) 거짓.

▎연습문제

아크용접

28.1 용접공과 보조자에 의해 SMAW 작업이 공작물 셀에 수행되고 있다. 작업 사이클의 초기에 보조자가 용접 대상 부품들을 고정하는 데 걸리는 시간은 5.5 min이고, 종료 시 용접물을 탈착하는 데에는 2.5 min이 소요된다. 총 용접심의 길이는 2000 mm이고, 용접공에 의해 이송되는 용접속도는 평균 400 mm/min이다. 매 750 mm 용접 길이마다 용접을 수행하고 용접봉을 교체하는 데 0.8 min이 소요된다. 보조자가 작업을 할 때 용접공은 휴식을 취하고, 반대로 용접공이 일할 때는 보조자가 쉬게 된다. (a) 이 용접 사이클의 평균 아크시간을 계산하여라. (b) 용접공이 FCAW(수동) 방법으로 바꾸어, 매 5개의 용접물마다 유심용제 와이어를 교체하고 이 교체에 5분이 걸린다면, 아크시간에 있어서 얼마만큼의 개선을 얻을 수 있을 것인가? (c) 위의 두 경우에 생산율(시간 당 완성 용접물의 수)은 각각 얼마인가?

28.2 앞의 문제에서 용접공을 대체하여 산업용 로봇셀을 이용한다고 가정하자. 이 셀은 로봇(SMAW나 FCAW 대신 GMAW 수행), 두 개의 용접고정구, 부품의 장/탈착을 수행하는 한 명의 보조자로 구성된다. 두 개의 용접 고정구를 이용하여, 로봇과 보조자는 동시에 작업을 수행할 수 있다. 즉, 보조자가 하나의 고정구에 대해 장/탈착을 하는 동안 로봇이 다른 고정구에 대해서 용접을 수행하고, 각 사이클이 끝나면 이 고정구를 서로 교환한다. 전극와이어스풀은 5개의 용접물마다 보조자에 의해 교체를 해야 하고, 이때 5 min이 소요된다. 이 작업셀에 대해 (a) 아크시간과 (b) 생산율을 계산하여라.

28.3 피복금속아크용접 작업이 $E = 30$ V와 $I = 225$ A를 가지며 강 소재에 대해서 수행되고 있다. 열전달인자 $f_1 = 0.85$이고, 용융인자 $f_2 = 0.75$이다. 강의 단위용융에너지는 10.2 J/mm³이다. (a) 용접부에서의 열발생속도, (b) 시간당 용접부피를 계산하여라.

28.4 GTAW 작업이 단위용융에너지 10.3 J/mm³인 저탄소강에 대하여 수행되고 있다. 용접 전압 $E = 22$ V, 용접 전류 $I = 135$ A이다. 열전달인자 $f_1 = 0.7$이고, 용융인자 $f_2 = 0.65$이다. 만약 직경 3.5 mm의 용가재 금속 와이어가 사용된다면, 최종 용접 비드는 60%의 용가재 금속과 40%의 모재로 구성된다. 만약, 용접 작업에 있어서 이송 속도가 5 mm/s라면, (a) 용접 비드의 단면적, (b) 공급되어야 하는 용가재 금속 와이어의 공급 속도(mm/s)를 구하여라.

28.5 유심용제 아크용접 작업을 통하여 두 개의 오스테나이트계 알루미늄강판을 맞대기이음으로 붙이고자 한다.

용접 전압 E = 21 V와 용접 전류 I = 185 A이다. 용접 심의 단면적은 75 mm²이고, 용융인자 f_2 = 0.60이라고 가정한다. 이 장과 이전 장에 주어진 테이블 데이터와 방정식을 이용하여 이 용접 작업에서의 이송속도 v를 결정하여라.

28.6 유심용제아크용접 공정이 바깥쪽 90° 필릿 용접에 두 개의 저합금강판에 대하여 수행되고 있다. 강판은 1.25 cm의 두께이다. 용접 비드는 전극으로부터 55%의 금속과 강판으로부터 나머지 45%로 구성된다. 강의 용융인자 f_2 = 0.65이고, 열전달인자 f_1 = 0.90이다. 용접 전류 I = 75 A이고, 용접 전압 E = 16 V이다. 용접 비드의 생성 속도는 100 cm/min이다. 용접 전극의 직경은 0.25 cm이다. 전극의 중심을 지나가는 유심의 직경은 0.125 cm이고, 용제(용접 비드의 구성 성분이 되지 않는)를 포함한다. (a) 용접 비드의 단면적은 얼마인가? (b) 공작물로 전극이 얼마나 빠르게 공급되어야 하는가?

28.7 어떤 금속과 작업에 대하여 용융인자 f_2의 값을 결정하

저항용접

28.9 RSW 작업이 각각 2.0 mm 두께의 두 개의 알루미늄을 연속 점용접하는 데 사용된다. 알루미늄의 단위용융에너지는 2.90 J/mm³이다. 용접 전류 I = 6,000 A이고, 전류 공급시간은 0.15s이다. 저항은 75 $\mu\Omega$이라 가정한다. 최종 용접 너깃은 직경 5.0 mm, 두께 2.5 mm를 갖는다. 용접 너깃을 형성하기 위해 발생시켜야할 총 에너지는 얼마인가?

28.10 RSW 작업이 단위용융에너지가 8.3 GPa인 두 개의 강판을 결합하는 데 사용된다. 강판의 두께는 0.3125 mm이다. 용접 전류 I = 11,000 A를 0.25s 동안 공급한다. 전극 직경에 기초하여, 용접 너깃의 직경은 0.75 cm가 될 것이다. 경험적으로 공급된 열의 40%가 너깃을 녹이는 데 사용되고, 나머지는 금속으로 방출된다. 만약 접촉면 사이의 전기저항이 130 $\mu\Omega$이라면, 용접 너깃의 두께는 얼마인가? (너깃의 두께는 일정하다고 가정)

28.11 어떤 금속 박판의 단위용융에너지는 9.5 J/mm³이다. 점용접될 두 박판 각각의 두께는 3.5 mm이다. 요구되는 강도를 얻기 위하여, 직경 5.5 mm, 두께 5.0 mm의

기 위하여 GMAW 시험이 수행된다. 용접 전압 E = 25 V이고, 용접 전류 I = 125 A이다. 열전달인자 f_1 = 0.90으로 가정한다. 용가재 금속이 용접에 공급되는 비율은 7.8 cm³/min이고, 최종 용접 비드는 용가재 금속 57%, 모재 금속 43%의 측정값을 갖는다. 금속의 단위용융에너지는 4.82 GPa로 알려져 있다. (a) 용융인자를 구하여라. (b) 만약 용접 비드의 단면적이 0.3125 cm²라면, 이송속도는 얼마인가?

28.8 용접 전압 E = 25V이고, 용접 전류 I = 300 A로 자동 조절되는 서브머지드 아크용접을 이용한 연속용접이 직경이 15 cm인 둥근 강관 둘레에 수행되고 있다. 멈춰 있는 용접 헤드에 강관이 천천히 회전하고 있다. SAW를 위한 열전달인자 f_1 = 0.95이고, 용융인자 f_2 = 0.7이라 가정한다. 용접 비드의 단면적은 0.3cm²이다. 만약 강에 대한 단위용융에너지가 9.6 GPa일 때 다음을 구하여라. (a) 관의 회전속도, (b) 용접을 완전히 수행하는 데 필요한 시간.

용접 너깃을 형성하도록 설계된다. 용접 시간은 0.3s이다. 두 면 사이의 전기적 저항이 140 $\mu\Omega$이고, 발생된 전기적 에너지의 단지 1/3만이 용접 너깃을 형성하는 데 사용된다(나머지는 방출된다)고 가정하면, 이 작업을 수행하기 위하여 필요한 최소 전류는 얼마인가?

28.12 저항 점용접 작업이 0.1 cm 두께의 두 강판(저탄소강)에 수행된다. 단위용융에너지는 9.6 GPa이다. 공정 변수는 전류 I = 9500 A, 용접 시간은 0.17s이다. 최종 용접 너깃의 직경은 0.475 cm, 두께는 0.15 cm이다. 저항이 100 $\mu\Omega$이라고 가정할 때 다음을 구하여라. (a) 용접 너깃에 의해 결정되는 경계 영역의 평균 출력밀도, (b) 발생된 에너지 중 용접 너깃을 형성하는 데 사용된 에너지의 비율.

28.13 컨테이너를 만들기 위하여 저항 심용접 작업이 두 개의 두께 2.5 mm 오스테나이트계 스테인리스강에 수행된다. 작업에 사용되는 용접 전류 I = 10,000 A, 용접 시간은 0.3s이고, 경계부의 저항은 75 $\mu\Omega$이다. 직경 200 mm의 전극 휠을 이용한 연속운동 용접이 수행된다. RSEW 작업에서는 직경 6 mm, 두께 3 mm

의 개별 용접 너깃들이 형성된다(용접 너깃들은 디스크 모양으로 가정). 이러한 용접 너깃들은 밀봉용 심을 만들기 위해서 서로 인접하여야 한다. 공정을 수행하는 단위 출력은 점용접부 사이마다 1.0s의 여유가 있어야 한다. 이 공정에 대해서 다음을 계산하여라. (a) 앞 장에서의 방법을 적용한 스테인리스강의 단위용융에너지, (b) 생성에너지 중 각 용접 너깃의 형성에 들어가는 비율, (c) 전극 휠의 회전속도.

28.14 앞 문제의 공정을 심용접 대신에 롤점용접으로 수행하고자 한다. 경계부의 저항은 100 $\mu\Omega$으로 증가되고 너깃의 중심 간격은 25 mm이다. 나머지 조건은 앞 문제와 동일하다고 보고 다음을 계산하여라. (a) 생성에너지 중 각 용접 너깃의 형성에 들어가는 비율, (b) 전극 휠의 회전속도, (c) 이렇게 더 높아진 회전속도에 대하여 전류 인가시간 동안 휠이 움직인 거리, 이것이 너깃의 확장 효과(원형이 아닌 타원형)를 초래할 수 있겠는가?

28.15 저항 프로젝션용접이 두 개의 얇은 강판을 네 개의 위치에서 동시에 수행된다. 두 개의 강판 중 한쪽은 직경 0.625 cm, 높이 0.5 cm를 갖는 돌기가 미리 형성되어 있다. 용접이 진행되는 동안에 0.3s간 전류가 인가되고, 네 개의 돌기 모두가 동시에 용접된다. 강판의 단위 용융에너지는 9 GPa이고, 판 사이의 저항은 90.0 $\mu\Omega$이다. 경험상 55%의 열이 금속으로 방출되고, 나머지 45%는 용접 너깃을 녹이는 데 사용된다. 너깃들의 부피는 금속이 두 판들로부터 용융되기 때문에 돌기들의 부피의 두 배가 된다고 가정한다. 공정을 수행하기 위하여 전류는 얼마나 필요한가?

28.16 실험용 점용접 파워가 시간에 따라 경사형(ramp) 전류가 나오도록 설계되었다(전류 $I = 100,000t$, I의 단위는 A, t의 단위는 s). 파워 공급 시간의 끝에서 전류를 갑자기 중단시킨다. 점용접 대상 금속박판 재료는 단위용융에너지가 10 J/mm^{3}인 저탄소강이다. 저항 $R = 85\ \mu\Omega$이다. 원하는 용접 너깃은 직경 4 mm, 두께 2 mm이다(디스크형 너깃으로 가정). 발생된 에너지의 1/4이 용접 너깃을 만들기 위해서 사용된다고 가정한다. 이 점용접 작업을 수행하기 위해 필요한 전류 인가 시간을 계산하여라.

산소용접

28.17 연습문제 28.3에서 용접을 위해 사용되는 연료를 아세틸렌이 아닌 MAPP라 하고, 직경 9 mm 원에 집중되는 열의 비율을 75%가 아닌 60%로 바꾼다. 이때 다음을 구하여라. (a) 연소 중의 열 발산 속도, (b) 공작물 표면에 전달되는 열 속도, (c) 원 내부에서의 평균 출력밀도.

28.18 OAW 작업에서 산소아세틸렌 토치가 0.625 cm의 강 에 시간당 0.23 m^{3}의 아세틸렌을 공급하고, 같은 양의 산소를 공급한다. 연소에 의해 발생된 열이 열전달인자 $f_1 = 0.3$으로 공작물 표면에 전달된다. 불꽃에서 발생된 열의 80%가 직경 1 cm의 원 내부에 집중된다고 가정할 때 다음을 구하여라. (a) 연소 동안에 방출되는 열 속도, (b) 공작물 표면에 전달되는 열 속도, (c) 원 내부에서의 평균 출력밀도.

전자빔용접

28.19 EBW 작업에서 전압은 45 kV이다. 직경 0.25 mm인 원 내부에 전자빔이 집중된다. 열전달인자 $f_1 = 0.87$이다. 원 내부에서의 평균 출력밀도를 W/mm^2 단위로 구하여라.

28.20 두께 3.0 mm의 두 박판 부품을 맞대기 용접시키기 위하여 전자빔용접 작업이 수행된다. 단위용융에너지는 5.0 J/mm^{3}이다. 용접접합부의 폭은 0.35 mm여서 용융부의 단면적은 0.35 mm와 3.0 mm의 곱이 된다. 만약 가속전압이 25 kV, 빔전류가 30 mA, 열전달인자 $f_1 = 0.85$, 용융인자 $f_2 = 0.75$라면, 이 용접심을 만들기 위한 이동속도를 구하여라.

28.21 전자빔용접 작업이 두 개의 강판을 결합시킬 것이다. 판들의 두께는 2.5 cm이다. 단위용융에너지는 8.0 GPa이다. 빔이 집중되는 공작물 영역의 직경은 1.5 cm이다. 따라서, 용접의 폭은 1.5 cm가 될 것이다. 가속전압은 30 kV, 빔전류는 35 mA이다. 열전달인자 $f_1 = 0.70$, 용융인자 $f_2 = 0.55$이다. 만약 빔이 125 cm/min의 속도로 움직인다면, 판들의 전체 두께를 뚫을

수 있겠는가?

28.22 전자빔용접이 다음의 공정 변수들을 사용하여 수행된다. 가속전압이 25 kV, 빔전류가 100 mA, 빔이 집중되는 원의 직경은 0.05 cm. 만약 열전달인자 $f_1 = 0.90$ 이라면, 원 내부에서의 평균 출력밀도를 W/mm² 단위로 구하여라.

Chapter 29

경납접, 연납접 및 접착제 접합

29.1 경납접

29.1.1 경납접합부

29.1.2 용가재와 용제

29.1.3 경납접 방법

29.2 연납접

29.2.1 연납접합부 설계

29.2.2 연납재와 용제

29.2.3 연납접 방법

29.3 접착제 접합

29.3.1 접합부 설계

29.3.2 접착제의 종류

29.3.3 접착제 적용 기술

이 장에서는 일부 용접법과 유사한 세 가지 접합공정인 경납접, 연납접 및 접착제 접합에 대해 다루기로 한다. 경납접과 연납접은 접합을 위해 용가재를 사용하며, 두 개 이상의 금속부품을 영구적으로 결합시킨다. 따라서, 경납접 및 연납접으로 접합이 된 부품들은 분리하기가 어렵다. 접합공정 차원에서 살펴보면, 이 두 공정은 용접과 고상용접의 중간 성격을 가지고 있다. 대부분의 융접 공정에서처럼 용가재가 사용되는 반면에, 고상용접과 같이 모재금속의 용융은 일어나지 않는다. 이러한 모순되는 점이 있지만, 경납접과 연납접은 일반 용접과는 분리되어 다루어진다. 용접에 비해 이 두 공정이 더 선호되는 상황은 (1) 금속의 용접성이 낮을 경우, (2) 이종 금속의 접합, (3) 용접의 강한 열이 접합될 부품에 손상을 줄 경우, (4) 일반 용접이 불가능한 접합부의 형상, (5) 높은 강도가 그다지 요구되지 않는 경우 등이다.

접착제 접합의 일부 특성은 경납접이나 연납접과 동일하다. 즉, 이들 방법은 아주 가깝게 접근한 두 표면과 용가재 사이에서의 부착력을 이용하는 것이다. 차이점은 접착제 접합에서 사용하는 용가재가 금속 재질이 아니라는 점과 접합공정이 상온 혹은 그보다 약간 높은 온도에서 이루어진다는 점이다.

29.1 경납접

경납접(Brazing, 브레이징, 경납땜)은 용가재가 녹아서 모세관 현상에 의해 접합시킬 부품의 접합면 사이로 퍼짐으로써 접합이 이루어지는 공정이다. 모재 금속은 용융되지 않고, 용가재만 용융된다. 경납접에서 사용되는 용가재(**경납금속**)는 용융온도(액상선)가 450°C(723 K) 이상이어야 하는데, 접합할 모재의 용융점(고상선)보다는 낮아야 한다. 접합부가 알맞게 설계되고 공정이 알맞게 수행되면, 경납접합부의 강도가 용가재보다 더 우수할 수 있다. 이러한 다소 놀라운 결과의 이유는 경납접에서는 부품 간 간극이 작고, 모재와 용가재 사이에서 금속학적 접합이 발생하며, 접합부에 나타나는 기하학적 수축과 조임 때문이다.

브레이징은 용접에 비해 다음과 같은 장점이 있다. (1) 이종 금속을 포함하는 모든 금속의 접합이 가능, (2) 신속하고 일관된 공정이 가능하여 생산성과 자동화 생산이 가능, (3) 동시에 다수의 접합부 생성이 가능, (4) 용접이 불가능한 박판 부품의 접합이 가능, (5) 일반적으로 용접보다 적은 열과 에너지를 사용, (6) 접합부 근처 모재의 열영향부(HAZ) 문제의 감소, (7) 용융된 용가재의 모세관 현상을 이용하므로 용접법으로는 접근 불가능한 접합부의 처리가 가능.

경납접의 한계점 및 단점으로는 (1) 일반적으로 용접보다 낮은 접합부 강도, (2) 우수한 경납접합부의 강도는 용가재 강도보다 높지만, 모재 강도보다는 낮음, (3) 사용 온도가 높을 경우, 경납접합부가 취약하게 될 가능성, (4) 경납접합부의 색깔이 모재의 색과 차이가 있을 수 있기 때문에 발생하는 외관상의 문제 등을 들 수 있다.

생산 공정으로서의 경납접은 여러 산업에서 널리 사용되는데, 그 예로는 자동차(예, 관과 파이프의 결합), 전기기기(예, 와이어와 케이블의 결합), 절삭공구(공구 몸통에 초경합금인서트의 결합), 귀금속제작 등을 들 수 있다. 또한, 화학공정산업과 배관 및 설비 공사에서도 금속관이나 파이프를 결합하는 데에 경납접을 사용한다. 거의 모든 산업체에서 유지 및 보수를 위해서도 광범위하게 사용된다.

29.1.1 경납접합부

경납접 접합부는 일반적으로 맞대기 이음과 겹치기 이음의 두 가지 유형이 있다(27.2.1절). 그러나 경납접을 위해서는 이 두 접합부를 몇 가지 형태로 변형시켜야할 필요가 있다. 보통의 맞대기 이음부는 경납접에 적용하기에 면적이 너무 작아 접합부의 강도를 위태롭게 만들 수 있다. 경납접합부의 접합단면적을 넓히기 위해서 그림 29.1 처럼 엇걸이(Scarf)이음, 계단 맞대기 이음 혹은 기타 변형된 방법을 사용한다. 물론, 이런 특수한 접합부를 만들기 위해서는 부품에 부가적인 공정이 필요하다. 엇걸이이음부의 특별히 어려운 점은 경납접 공정전과 공정 중에 부품의 정렬을 유지해야 한다.

경납접에서 겹치기 이음이 부품 사이에 비교적 넓은 부품 간 접촉면을 제공하기 때문에 더 많이 사용된다. 일반적으로 좋은 설계는 더 얇은 부품 두께의 적어도 세 배 이상의 겹치는 길이가 나오는 경우이다. 경납접을 위해 겹치기 이음부를 변형한 것이 그림 29.2에 나타나 있다. 겹치기 이음에서 경납접이 용접보다 우수한 점은 전 접촉면에 걸쳐 용가재가 모재를 접합시킨다는 것이다. 아크용접의 경우, 단지 모서리 부분만 접합되고, 저항점용접의 경우는 불연속적인 점들이 접합된다.

경납접에서는 모재부품의 접합면 사이 간극이 중요한 변수이다. 액상의 용가재 금속이 전 접합면을 걸쳐 흘러 들어가는 것이 방해받지 않을 정도로 이 간극이 충분히 커야 한다. 그러나, 간극이 너무

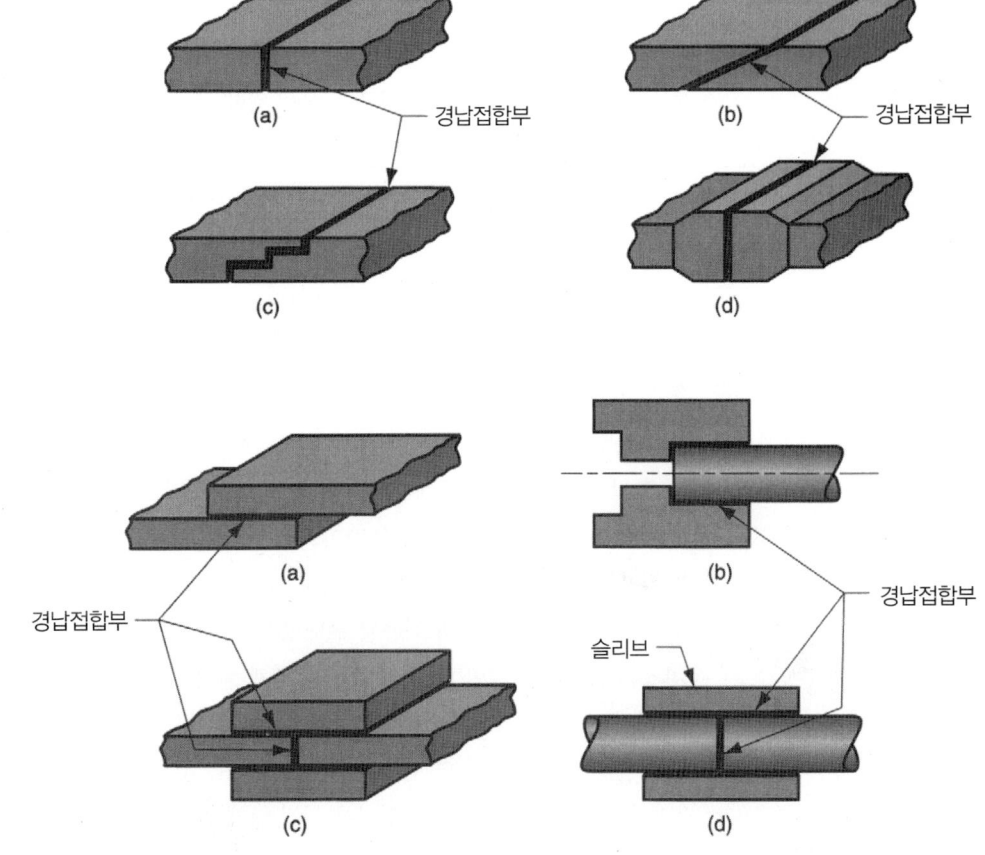

그림 29.1 (a) 전형적인 맞대기 이음을 경납접에 적용, (b) 엇걸이 이음, (c) 계단 맞대기 이음, (d) 접합부에서 증가된 단면적.

그림 29.2 (a) 전형적인 겹치기 이음을 경납접에 적용, (b) 원통형 부품, (c) 샌드위치형 부품, (d) 맞대기 이음을 겹치기 이음으로 바꾸기 위해 슬리브 사용.

커지면 모세관 효과가 줄어들어 용가재가 들어가지 않는 구역이 생길 수 있다. 그림 29.3의 그래프에 나타내었듯이 접합부 강도는 간극의 영향을 받는다. 접합부 강도를 최대화하는 최적의 간극 값이 존재한다. 최적 값은 모재와 용가재 재질, 접합부 형상 및 공정조건 등에도 영향을 받아 최적화 문제가 더 복잡해진다. 실제로 적용되는 간극은 0.025∼0.25 mm로, 이 값은 경납접 온도 하에서의 접합부 간극을 의미하는데, 모재 금속의 열팽창을 고려한다면, 상온의 접합부 간극과는 다른 값이다.

경납접 수행 전에 접합면의 청정도 역시 중요한 조건이다. 전체 접합면에 걸쳐 결합력을 향상시키고, 공정 중에 젖음 및 모세관 현상을 증진시키기 위해서는 접합면 표면은 산화물, 기름 및 기타 오염

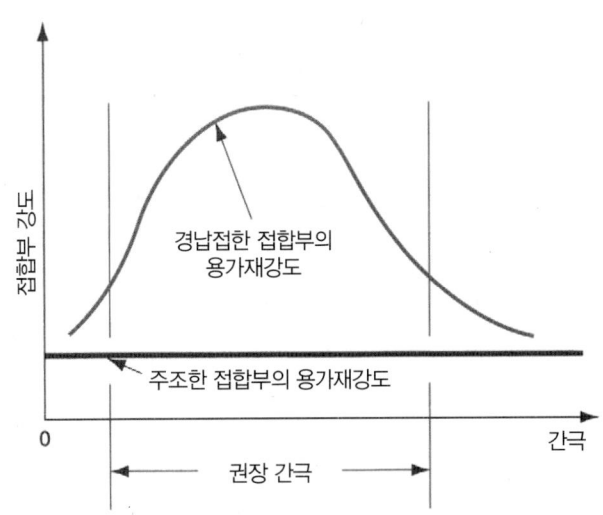

그림 29.3 접합부 간극에 따른 접합부 강도.

물을 제거해야만 한다. 용제세척(26.1.1절)과 같은 화학적 처리법과 와이어브러싱 혹은 샌드블래스팅(26.1.2절)과 같은 기계적 처리법이 사용된다. 청정법 실시 후와 경납접 공정 중에 표면의 청정도를 유지하고 접합면 사이의 모세관 현상을 위한 젖음특성을 향상시키기 위해 용제(flux)가 사용된다.

29.1.2 용가재와 용제

경납접에 사용되는 일반적인 용가재(filler metals)를 주요 모재금속과 함께 표 29.1에 나타내었다. 경납금속으로 필요한 성질로는 (1) 용융온도가 모재의 용융온도와 조화를 이루어야 하고, (2) 우수한 젖음성을 위해 액상에서의 표면장력이 낮아야 하고, (3) 용융 금속이 접촉면으로 잘 침투할 수 있도록 용융 금속의 유동성이 높아야 하고, (4) 용가재를 사용하여 적절한 강도를 갖는 접합부를 만들 수 있어야 하고, (5) 모재와의 화학적, 물리적 상호작용(예, galvanic 반응)이 없어야 한다. 용가재는 와이어, 봉, 박판, 조각, 분말, 페이스트 등 여러 방식으로 경납접 공정에 적용된다. 그 밖에 특수한 접합부 형상에 맞도록 설계된 경납접 금속으로 만든 사전성형 부품과, 경납접 될 부품 표면 위에 덧씌우는 형태로 용가재가 적용될 수도 있다. 이런 기술들 중 몇 가지가 그림 29.4와 29.5에 나타나 있다. 그림 29.5와 같이 경납페이스트는 액체 용제와 결합제가 혼합된 용가재 금속 분말로 이루어져 있다. 경납용제(brazing fluxes)는 용접접합과 유사한 목적을 가지고 사용된다. 즉, 경납접 공정에서 발생하는 산화물이나 기타 원하지 않는 부산물을 분해하거나 결합시키거나 혹은 생성을 막아 준다. 용제를 사용하더라도 위에서 언급한 청정 단계는 필요하다. 우수한 용제의 조건으로는 (1) 저융점, (2) 저점성(용가제에 의해 제거될 수 있도록), (3) 우수한 젖음성, (4) 용가재가 응고될 때까지 접합부의 보호 등을 들 수 있다. 용제는 경납접 공정후 손쉽게 제거될 수 있어야 한다. 경납용제의 일반적인 성분은 붕사(borax), 붕산염(borate), 불소화물, 염화물을 포함한다. 액상 용가재의 표면장력을 감소시키고 젖음성을 향상시키기 위해 젖음성향상제도 용제에 혼합된다. 용제는 분말, 페이스트 및 슬러리 등의 형태를 가진다. 용제를 사용하는 대신, 산화물 형성을 막기 위해 진공 상태 혹은 공기를 줄인 상태에서 공정을 수행할 수도 있다.

표 29.1 경납접에서 사용되는 일반적 용가재와 모재금속.

용가재 금속	대표적인 조성	경납접 온도		모재금속
		°C	K	
알루미늄과 실리콘	90 Al, 10 Si	600	873K	알루미늄
동	99.9 Cu	1120	1393K	니켈동
동과 인	95 Cu, 5 P	850	1123K	동
황동	60 Cu, 40 Zn	925	1198K	강, 주철, 니켈
금과 은	80 Au, 20 Ag	950	1223K	스테인레스강, 니켈합금
니켈 합금	Ni, Cr, 기타	1120	1393K	스테인레스강, 니켈합금
은 합금	Ag, Cu, Zn, Cd	730	1003K	티타늄, 모넬, 인코넬, 공구강, 니켈

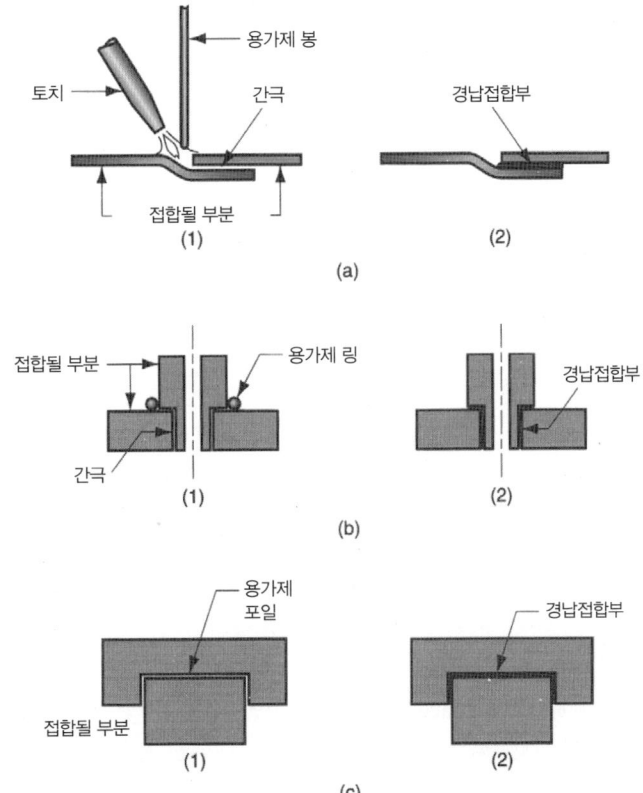

그림 29.4 경납접에서 용가재를 적용하는 방법. (a) 토치와 용가재 봉, (b) 간극 입구의 용가재 링, (c) 편평한 부품면 사이의 용가재 포일. 공정순서는 (1) 전, (2) 후.

그림 29.5 토출기에 의한 경납페이스트 주입.

29.1.3 경납접 방법

경납접에는 다양한 방법이 있는데, 주로 가열원에 의해 구별된다.

토치경납접

토치경납접(torch brazing)에서는 용제를 부품 표면에 가하고 토치의 화염을 접합부 부근의 공작물을 향해 가도록 하는 방법이다. 산화를 방지하기 위해 일반적으로 약한 화염을 사용한다. 부품의 접합부가 적당한 온도로 가열되면, 와이어 혹은 봉재 용가재가 접합부에 가해진다. 토치경납접에 사용되는 연료는 아세틸렌, 프로판이나 기타 가스를 공기 혹은 산소와 섞어 사용한다. 혼합 연료의 선택은 작업에서의 가열 조건에 따라 달라진다. 토치경납접은 주로 수작업으로 수행되며, 보수작업이 주 적용대상으로 화염을 조절하고, 토치를 조작하고, 온도를 판단하기 위해 숙련된 작업자가 필요하다. 이 방법은 기계화된 생산 공정에도 응용될 수 있는데, 대상부품과 경납금속이 컨베이어나 인덱싱테이블 위에 올려져 하나 이상의 토치 밑을 지나가게 된다.

노내경납접

노내경납접(furnace brazing)은 경납접을 위한 열의 공급원으로 노를 이용하는 방법으로, 중량 혹은 대량생산에 적합하다. 주로 뱃치 단위인 중량생산에서는 대상부품과 경납금속을 노 속에 넣어 경납접 온도로 가열한 다음 냉각시킨다. 대량생산에서는 부품을 컨베이어에 놓고 다양한 가열 및 냉각지역을 지나게 하는 유동로를 사용한다. 노내경납접에서는 온도와 공기의 제어가 중요하다. 공기는 중성이거나 희박해야만 한다. 진공로가 간혹 이용되기도 한다. 또한, 공기와 경납접 대상 금속에 따라 용제가 필요 없을 수도 있다.

유도가열경납접

유도가열경납접(induction brazing)은 공작물에 유도되는 고주파 전류에 의한 전기저항열을 이용하는 방법이다. 미리 용가재를 가해 놓은 부품을 고주파 교류장에 넣는다(부품을 유도코일에 직접 접촉시키지 않음). 주파수는 5 kHz ~ 50 MHz 범위를 사용한다. 고주파 전원은 부품 표면을 가열시키는 반면, 저주파수는 공작물 속으로 열을 더 깊게 보낼 수 있어서 대형 부품에 적합하다. 이 공정은 소량에서 대량생산까지 적용될 수 있다.

저항경납접

용가재 금속을 녹이는 열을 대상부품에 흐르는 전류에 의한 저항으로부터 얻는 방법이다. 유도가열경납접에서 구별되었듯이, 저항경납접(resistance brazing)에서 부품은 전기회로에 직접 연결된다. 장비는 저항용접에 사용되는 장비와 유사한데, 적은 전력이 필요하다는 점이 다르다. 용가재를 미리 가한 부품을 전극 사이에 위치시켜 압력과 전류를 동시에 가한다. 저항경납접과 유도가열경납접 모두 급속 가열사이클을 수행할 수 있고, 비교적 작은 부품에 사용된다. 유도가열경납접이 부품이 작은 경우에 더 흔히 사용된다.

침잠경납접

용융 염욕조(salt bath) 혹은 용융 금속욕조를 통해 가열하는 방법이다. 두 욕조 모두 가열 용기를

그림 29.6 경납용접. 접합부는 경납(용가재)금속으로만 채워져 있고, 모재는 융합되지 않음.

경납 금속

모재 금속

가지고 있고, 조립품을 잠기게 할 수 있다. 부품을 욕조로부터 꺼내면 응고가 시작된다. **염욕조법**에서는 용융혼합물이 용제성분을 포함하고, 용가재가 조립품에 미리 가해진다. **금속욕조법**에서는 용융 용가재가 가열 매개체가 되며, 담금 과정 중에 접합부의 모세관 현상으로 가해진다. 용제는 용융금속 욕조의 표면을 덮고 있게 된다. 침잠경납접(dip brazing)은 빠른 가열사이클을 수행할 수 있고, 단일 부품 혹은 다수 부품의 여러 접합부를 동시에 접합하기 위해 사용될 수 있다.

적외선경납접

적외선경납접(infrared brazing)은 고강도 적외선램프로부터 얻은 열을 사용하는 방법이다. 5,000 W까지의 복사열에너지를 발생시킬 수 있는 적외선램프도 있으며 직접 대상 부품으로 향하게 한다. 이 공정은 위에서 설명한 다른 방법들보다는 속도가 느리고, 일반적으로 얇은 단면부로 제한되어 사용된다.

경납용접

경납용접(braze welding)과 다른 경납접 방법들과의 차이점은 적용되는 접합부의 형태이다. 그림 29.6에 나타내었듯이 경납용접은 V자 접합부와 같은 전통적인 용접접합부를 채우기 위해 사용된다. 경납접보다 많은 양의 용가재가 필요하며, 모세관 현상은 발생되지 않는다. 경납용접에서는 접합부가 전적으로 용가재로 구성되고, 모재금속은 용융되지 않기 때문에 전형적인 융접 공정에서처럼 모재가 접합부로 용융되어 들어가지 않는다. 경납용접은 주로 수리 및 보수 작업에 사용된다.

29.2 연납접

연납접(soldering, 솔더링, 연납땜)은 경납접과 유사하며, 용융점이 450°C(723 K)를 넘지 않는 용가재를 녹여서, 접합할 금속 부품의 접합면 사이를 모세관현상으로 퍼지게 만드는 공정이다. 경납접과 같이 모재의 용융은 일어나지 않고, 용가재가 모재에 퍼져 야금학적 결합을 이루게 된다. 연납접의 세부 사항은 경납접과 유사하고, 대부분의 가열 방법도 똑같이 적용된다. 연납접될 표면은 산화물과 기름 등이 없도록 미리 깨끗하게 만들어야 한다. 적절한 용제가 접합면에 가해지고, 이 면이 가열된다. **연납재**(Solder, 땜납)라고 부르는 용가재가 접합부에 가해지는데, 밀접하게 접촉하는 부품 사이로 퍼지게 된다.

어떤 경우에는 연납재가 한 쪽 혹은 양 쪽 표면에 미리 코팅되기도 한다. 연납재가 주석(tin)의 함유 여부와 상관없이 이 과정을 **도금**(tinning)이라고 부른다. 연납접에서 전형적인 간극은 0.075~0.125 mm로, 표면이 도금을 거친 것이라면 약 0.025 mm의 간극이 사용된다. 응고 후에 잔여 용제는 제거된다.

산업용 공정으로서 솔더링은 전자 조립(33장)과 밀접한 관련이 있다. 기계적인 접합에도 사용할 수 있지만, 높은 응력과 온도를 받는 접합부에는 사용할 수 없다. 연납접의 장점으로는 (1) 경납접과 융접에 비하여 낮은 에너지 입력, (2) 다양한 가열 방법, (3) 접합부의 우수한 전기전도성 및 열전도성, (4) 용기에 사용할 경우 공기와 액체를 차단하는 우수한 밀봉 기능, (5) 용이한 보수와 재작업 등을 들 수 있다. 연납접의 가장 큰 단점으로는 (1) 낮은 접합부 강도(기계적인 수단으로 보강이 되지 않을 경우), (2) 높은 온도에서 사용할 경우 접합부가 취약해지거나 녹아버릴 위험성이 있다.

29.2.1 연납접합부 설계

경납접과 같이 연납접의 접합부도 맞대기 이음과 겹치기 이음으로 제한된다. 맞대기 이음은 하중을 받는 경우에 적용할 수 없다. 경납접에 적용된 일부의 접합부 형상을 연납접에도 적용할 수 있고, 전기접속을 위해 특수한 부품의 형상을 다루기 위해 몇 가지 변형된 형상이 추가된다. 금속판재의 연납접을 이용한 기계적 접합부는 판재의 모서리가 연납접에 앞서 접합강도를 증가시키기 위해 그림 29.7과 같이 구부려 체결할 수 있도록 한다.

솔더링을 전자산업에서 사용할 때 접합부의 주요 기능은 접합된 두 부품 사이에 전기가 도통되도록 하는 일이다. 그 밖에 연납접합부를 설계할 때, 접합부의 전기저항에 의한 열 발생과 진동 문제를 고려해야 한다. 연납접을 한 전기접속부의 기계적인 강도는, 부품 간의 기계적인 접합을 위해 하나혹은 양쪽 부품 모두를 변형시켜 확보할 수 있고, 연납재에 의한 최대 접합력을 얻기 위해 표면적을 넓게 하여 확보할 수도 있다. 그림 29.8에 이런 몇 가지 예를 나타내었다.

29.2.2 연납재와 용제

연납재와 용제는 연납접에 사용되는 재료이며, 이 두 재료는 접합과정에서 매우 중요한 역할을 한다.

연납재

대부분의 연납재(solders)는 주석과 납의 합금으로 구성되어 있으며, 이 두 금속이 적합한 이유는 두 금속 모두 용융점이 낮기 때문이다(그림 6.3 참조). 이들 합금은 고상온도와 액상온도 사이의 범위

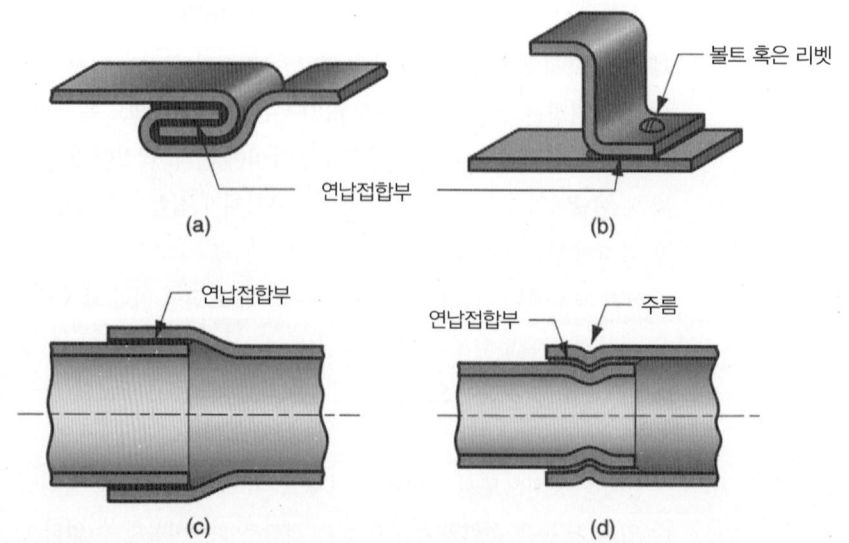

그림 29.7 연납접합부의 강도를 증가시키기 위한 기계적 맞물리기 방법. (a) 평 맞물리기, (b) 볼트 혹은 리벳 결합, (c) 동파이프 맞춤 – 원통형 겹치기이음, (d) 주름에 의한 원통형 겹치기 이음.

볼트 혹은 리벳

연납접합부

(a)

(b)

연납접합부

연납접합부　　주름

(c)

(d)

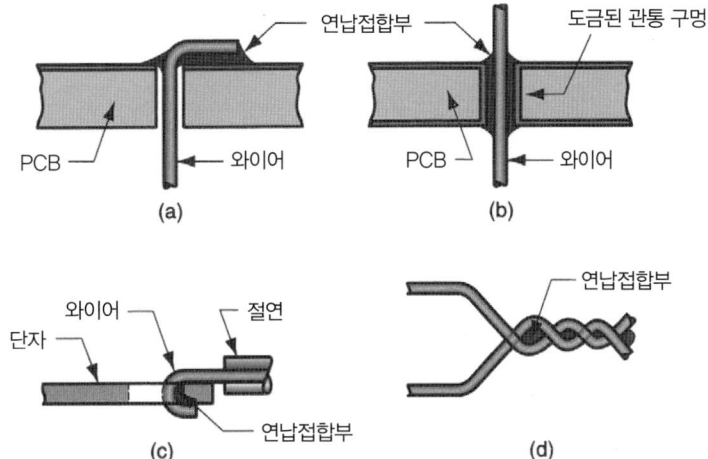

그림 29.8 전기접속을 위한 연납접 전에 기계적인 방법으로 접합부를 견고하게 하기 위한 기술들. (a) 리드선을 PCB 위로 구부리기, (b) 연납재의 접촉면적을 최대화하기 위해 PCB에 도금된 관통구멍을 만들기, (C) 평단자에 훅형와이어를 걸기, (d) 와이어 꼬기.

를 가지고 있어 적용 대상에 따라 연납접 공정을 수월하게 제어할 수 있게 해준다. 납은 유해한 금속이기 때문에, 대부분의 경우 납의 함유량을 최소화시킨다. 주석은 연납접이 수행되는 온도에서 화학적으로 활성화되고, 접합이 잘 이루어지도록 젖음성을 증진시킨다. 일반적인 전기접속 재료인 구리를 연납접할 경우 구리와 주석의 금속간 화합물이 형성되어 결합력을 강화시켜준다. 은과 안티몬도 연납재 합금으로 사용될 수 있다. 표 29.2에 다양한 연납재 합금 조성을 연납접 온도와 주요 적용대상과 함께 나타내었다.

연납용제

연납용제(soldering fluxes)가 갖추어야 할 조건은 (1) 연납접 온도에서의 용융, (2) 모재부품의 표면에서 산화막과 오염물질을 제거, (3) 가열 중 산화 방지, (4) 접합면에서의 젖음성 증진, (5) 공정 중에 용이하게 용융 연납재와 자리 바뀜, (6) 잔사가 비 부식성과 비전도성 특성을 갖아야 한다. 모든 연납재와 대상 모재 재질의 조합에 대해 이들 조건을 모두 만족시키는 용제는 없다. 따라서, 주

표 29.2 대표적인 연납재 합금의 조성, 용융점, 적용 대상.

용가재 금속	대표적인 조성	용융 온도		주요 적용대상
		°C	K	
납-은	96 Pb, 4 Ag	305	578	가열 접합부
주석-안티몬	95 Sn, 5 Sb	238	511	배관, 난방
주석-납	63 Sn, 37 Pb	183[a]	456[a]	전자
	60 Sn, 40 Pb	188	461	전자
	50 Sn, 50 Pb	199	472	일반 용도
	40 Sn, 60 Pb	207	480	자동차 라디에이터
주석-은	96 Sn, 4 Ag	221	494	음식 용기
주석-아연	91 Sn, 9 Zn	199	472	알루미늄 접합
주석-은-구리	95.5 Sn, 3.9 Ag, 0.6 Cu	217	490	전자 : 표면 시장기술

문헌 [2], [3], [4], [13]으로부터 편집함.
[a] 공정조성 : 주석-납 조성 중에서 가장 낮은 용융점.

어진 적용 대상에 따라 용제 성분을 선정하여야 한다.

연납용제는 유기용제와 무기용제로 구분할 수 있다. **유기용제**(Organic fluxes)는 로진(rosin, 고무나무와 같은 비수용성 천연수지) 혹은 수용성 재료(예, 알콜, 유기산, 할로겐화 염)로 만들어진다. 수용성 유기용제는 연납접 후 세척이 용이하다. 유기용제는 일반적으로 전기, 전자 부품 연결에 사용된다. 유기용제는 연납접 온도에서 화학적으로 반응하는 경향이 있지만, 상온에서는 비교적 비부식성을 가지고 있다. **무기용제**(inorganic fluxes)는 무기산(예, 염산)과 염(예, 아연과 염화암모니아의 혼합)으로 구성되고, 산화막이 문제가 되는 경우에 빠르고 강한 용제·역할을 하기 위해 사용된다. 염은 용융되면 활성화되지만, 산보다는 덜 부식된다. 솔더(acid core solder) 와이어 **내부에 포함되어 있는 산**이 바로 이 범주에 포함된다.

유기용제와 무기용제 모두 연납접 후에 제거되어야 하는데, 무기용제의 경우 특별히 금속표면의 지속적인 부식을 막기 위해 제거작업이 매우 중요하다. 로진을 제외한 용제들은 일반적으로 물을 사용하여 제거되고, 로진의 경우 화학용매가 필요하다. 산업체의 최근 경향은 로진 제거에 사용되는 화학용매가 환경과 인간에 유해하기 때문에 수용성 용제가 로진보다 선호되어 사용된다.

29.2.3 연납접 방법

대부분의 연납접의 방법들은 경납접 방법들과 유사한데, 연납접의 경우 낮은 열과 온도가 필요하다는 것이 차이점이다. 이 방법에는 토치연납접, 노내연납접, 유도가열연납접, 저항연납접, 침잠연납점점 및 적외선연납접 등이 있다. 경납접에 사용되지 않는 연납접 방법으로 수작업 납땜, 웨이브솔더링, 리플로우솔더링이 있으며 그 방법들은 다음과 같다.

수작업 납땜

수작업 납땜(hand soldering)은 뜨거운 납땜인두를 사용하여 수작업으로 수행된다. 동으로 만드는 **비트**(bit)는 납땜인두의 작업부위 끝단을 의미한다. 비트는 (1) 접합될 대상 부품에 열을 전달, (2) 연납재의 용융, (3) 접합부에 용융 연납재를 전달, (4) 과도한 연납재 제거의 역할을 수행한다. 대부분의 인두는 전기저항에 의해 가열된다. 전자조립에서는 간헐적(on-off)인 조작과 급속 가열을 위해 사용되는 **납땜 총**(soldering guns)이 사용되기도 한다. 이 납땜 총으로 약 1초 안에 연납접합부를 만들어낼 수 있다.

웨이브솔더링

웨이브솔더링(wave soldering)은 분출되는 용융 연납재 위로 인쇄회로기판(printed circuit board, PCB)을 지나가게 하여 다수의 리드를 PCB에 연납접하기 위한 기계화된 기술이다. 전형적인 경우는 PCB상에 전자부품들을 위치시키고 그들의 리드(다리)를 PCB의 구멍을 통해 밑으로 나오게 한 후, 컨베이어 위에 올려놓고 웨이브솔더링 장비 속을 지나가도록 이송시킨다. 컨베이어는 PCB를 양 옆에서 지지하며, PCB 밑면이 각 단계의 공정상에 노출된다. 각 단계는 (1) 몇 가지 방법(거품, 스프레이, 슬질 등)에 의한 용제의 공급, (2) 용제를 활성화하거나 증발시키고 조립온도를 높이기 위한 예열(전구, 가열코일, 적외선장치 등을 사용), (3) 액상 연납재를 용융조로부터 PCB 밑으로 뿜어 올려서 리드와 PCB상의 금속회로 사이의 연납접합을 만들어내는 웨이브솔더링으로 구성된다. 이 세 번째 단계를 그림 29.9에 나타내었다. PCB를 보통 약간 기울이고, 표면장력을 줄이기 위해서

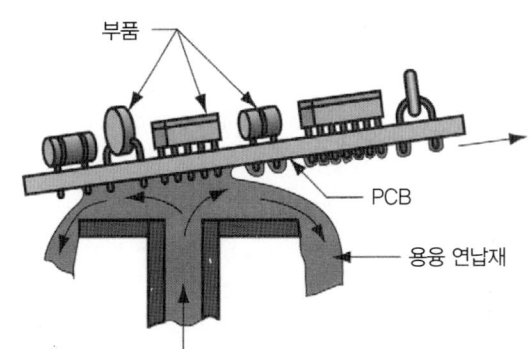

그림 29.9 웨이브솔더링, 좁은 홈을 통해 나오는 용융 연납재가 PCB 하면으로 전달되어 부품 리드를 연결.

특수한 납땜용오일(tinning oil)이 용융 연납재에 섞이기도 한다. 이 두 가지 방안 모두 과도한 연납재가 남아있는 것과 PCB 밑에 고드름과 같은 형상이 생기는 것을 막아준다. 웨이브솔더링은 전자산업에서 PCB 조립을 위해 널리 사용된다(33.3.2절).

리플로우솔더링

이 공정은 전자산업에서 표면실장부품을 PCB 위에 조립하는 방법으로 흔히 사용된다(33.4.2절). 용제 결합제와 섞인 연납재 분말로 구성된 연납페이스트가 표면실장부품과 PCB의 구리회로와의 전기접촉이 만들어질 PCB상의 회로에 가해진다. 그 다음 부품을 페이스트가 공급된 곳에 위치시키고, 연납재를 녹일 수 있도록 PCB를 가열시킨다. 최종적으로 부품 리드와 PCB 상의 구리단자 간의 기계적 및 전기적인 접합이 이루어진다.

리플로우솔더링(reflow soldering)의 가열 방법에는 증기리플로우와 적외선리플로우가 있다. **증기리플로우솔더링**(vapor phase reflow soldering)에서는 불활성 불소화탄화수소용액이 오븐 속에서 가열되어 증기화된 후 PCB 표면에 응축된다. 이에 따라 기화열이 전달되어 연납페이스트가 녹아 연납접합부를 형성하게 된다. **적외선리플로우솔더링**(infrared reflowsoldering)에서는 적외선램프에서 발생한 열이 연납페이스트를 녹이게 되고, 부품리드와 회로 간의 접합이 이루어진다. 이외에 고온판, 고온공기 및 레이저를 이용하는 가열 방법도 있다.

29.3 접착제 접합

접착제를 사용한 역사는 고대로 거슬러 올라가는데(역사적 고찰 29.1), 접착제 접합이 영구적인 접합방법으로는 최초의 방법일 것이다. 오늘날 접착제는 금속, 플라스틱, 세라믹, 나무, 종이, 판지 등과 같은 동일한 혹은 상이한 재료를 접합하고 밀봉하기 위해 널리 사용되고 있다. 접합법으로 잘 확립되어 있지만 새로운 적용 분야에 대한 폭넓은 적용 가능성 때문에 접착제 접합법은 조립 기술들 중에서도 성장하고 있는 분야로 인정받고 있다.

접착제 접합(adhesive bonding)은 용가재를 사용하여 둘 이상의 부품을 표면부착을 통해 밀착시킨다. 부품을 접합시켜주는 용가재를 **접착제**(adhesives)라고 한다. 비금속 물질이고 일반적으로 고분자화합물(폴리머)이다. 접합될 부품은 **접착물**(adherend)이라고 부른다. 공학적으로 가장 큰 관심을 받는 접착제는 구조용 접착제인데, 강성이 큰 접착물에 대해서 강하고 영구적인 접합을 만들 수 있다. 상용화된 접착제들은 각각 다양한 경화 메커니즘을 가지고 있으며 다양한 재료의 접합에 사용

접착제는 고대에서부터 사용되었다. 3,300년 전의 유적에서 나무를 접합하는 데에 사용된 아교단지와 솔이 발견되었다. 고대 이집트인들은 아카시아 나무에서 추출한 고무풀을 조립이나 밀봉의 목적으로 사용하였다. 아스팔트계 접착제인 바이투멘(bitumen)은 고대 소아시아의 건축에서 시멘트와 모르타르로서 사용되었다. 로마인들은 배의 이음부를 막기 위해 소나무 타르와 밀랍을 이용하였다. 기원 후 초기에 물고기, 사슴뿔, 치즈 등에서 추출한 아교도 목재를 조립하는 데 쓰였다.

현대에 들어 접착제 접합은 중요한 접합 공정으로서 자리잡게 되었다. 여러 목재층을 접착제를 사용하여 붙인 합판은 1900년경에 개발되었다. 1910년경 최초의 합성접착제인 페놀 포름알데히드가 발명되었으며, 주 용도로 합판과 같은 목재의 접합에 사용되었다. 2차 세계대전 중에 일부 항공기 부품의 접착제 접합을 위해 페놀 수지가 개발되었다. 1950년대에 에폭시가 처음으로 합성되었고, 이때 이후로 새로운 고분자화합물과 2세대 아크릴을 포함하는 다양한 접착제가 개발되었다.

된다. **경화**(curing)란 접착제의 물리적 성질이 액체에서 고체로 변화되는 과정을 의미하며, 보통 화학반응에 의해 부품 간 표면 접착이 이루어진다. 화학반응에는 중합화(polymerization), 응축(condensation), 가황(vulcanization) 반응 등이 있다. 종종 열과(혹은) 촉매에 의해 경화가 시작되기도 하고, 압력이 결합과정을 활성화시키기 위해 두 부품 간에 가해지기도 한다. 열이 필요한 경우에도 경화온도는 비교적 낮기 때문에 접합될 재료는 보통 열에 의한 영향을 받지 않는 장점을 가지고 있다. 접착제의 경화는 **경화시간**(curing time, setting time)이라고 부르는 시간이 필요하다. 어떤 경우에는 경화시간이 상당히 길어 접착제 접합의 일반적인 단점이 된다.

접착제 접합에서 접합부 강도는 접착제 자체 강도와 접착제와 접착물 사이의 접착 강도에 의해 결정된다. 양호한 접합부라고 결정할 수 있는 한 가지방법은, 과도응력에 의한 파괴가 발생할 경우, 그 파괴점이 접착제와 접합물의 경계면 혹은 접착제 내부가 아니라 접착물에서 생겼는가 하는 것이다. 접착강도는 다음과 같은 몇 가지 메커니즘에 의해 결정되는데, 이들은 접착제와 접착물에 따라 다르게 나타난다. (1) 접착제가 접착물을 접합시키는 1차 화학결합, (2) 반대편 표면의 원자들 사이에서 발생하는 2차 접합력인 물리적인 상호작용, (3) 접착물의 표면 거칠기가 경화된 접착제를 표면의 미세한 요철부에 얽히게 하거나 가두어버리는 기계적인 맞물림.

이러한 접착 메커니즘이 최상의 결과를 만들어내기 위해서 다음과 같은 조건들이 만족되어야 한다. (1) 접착물의 표면이 깨끗해야 한다. 즉, 접착제와 접착물의 밀착을 방해하는 먼지, 기름, 산화막 등을 제거해야 한다. 이를 위해, 종종 표면에 특별한 준비과정이 필요하다. (2) 초기 액상의 접착제가 접착물 표면 전체를 적셔야 한다. (3) 일반적으로 표면이 완벽하게 매끄럽지 않은 것이 오히려 도움이 된다. 약간 거친 표면이 유효 접촉면적을 증가시키고 기계적인 맞물림을 조성한다. 부가적으로 접착제 접합의 강도를 십분 활용하고 한계를 피할 수 있도록 접합부 설계가 이루어져야 한다.

29.3.1 접합부 설계

접착제 접합부는 일반적으로 용접, 경납접, 연납접만큼 강하지 않다. 따라서, 접착제로 접합할 접합부 설계에 유의하여야 한다. 보통 적용되는 접착접합부의 설계 원칙으로는 (1) 접합부 접촉면적을 최대화한다. (2) 접착제 접합부는 그림 29.10(a)와 (b)에 나타낸 바와 같이 외력 중 인장력과 전단력에 가장 강하기 때문에 인장력과 전단력이 작용하도록 접합부를 설계한다. (3) 접착제 접합부는 그

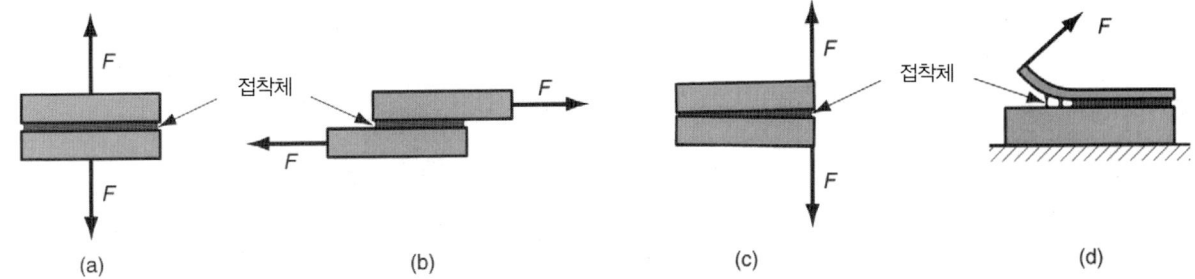

그림 29.10 접착제 접합에서 고려해야 할 하중의 종류. (a) 인장, (b) 전단, (c) 쪼개짐, (d) 벗김.

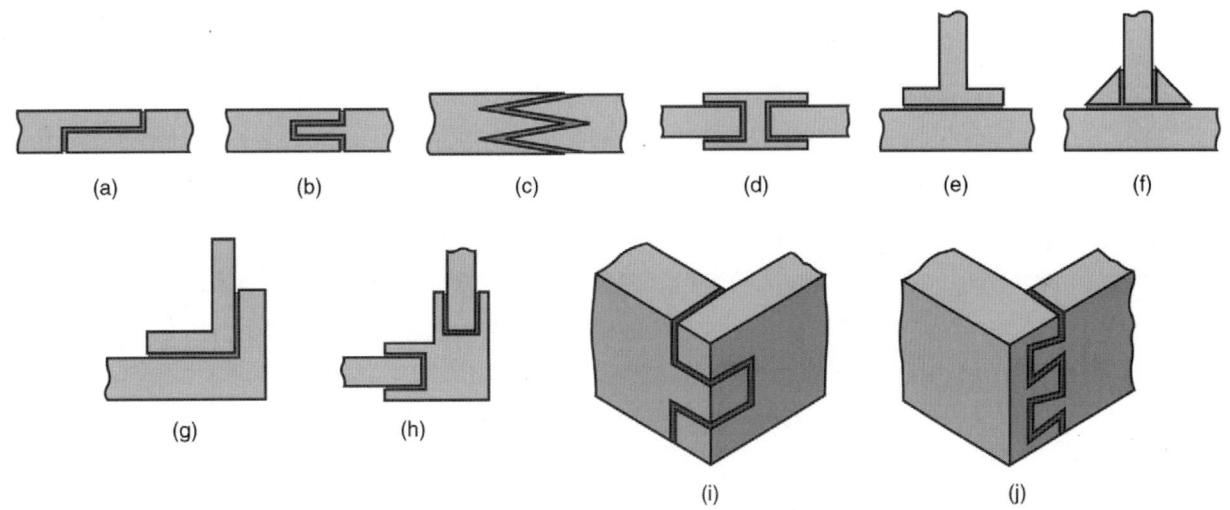

그림 29.11 접착제 접합부의 설계. (a)～(d) 겹치기이음, (e)～(f) T자이음: (g)～(i) 모서리이음.

림 29.10(c)와 (d)에 나타낸 바와 같이 쪼개짐(cleavage)과 벗김(peeling) 형태의 외력에 가장 약하기 때문에 이런 유형의 응력을 피할 수 있도록 접합부를 설계한다.

이러한 설계원칙이 적용된 접합부 설계안들을 그림 29.11에 나타내었다. 강도를 보강하거나 두 부품 간 밀봉을 위하여 접착제 접합과 다른 접합방법을 같이 사용하는 설계도 있을 수 있는데, 그림 29.12에 나타내었다. 예를 들어, 접착제 접합과 점용접의 조합을 **용접접합**(weldbonding)이라고 한다.

접합부의 기계적인 형상과 더불어 접착제와 접착물의 물리적 및 화학적 성질이 조립품이 사용될 환경에 적합해야 한다. 접착물의 재질은 금속, 세라믹, 유리, 플라스틱, 나무, 고무, 가죽, 직물, 종이 및 판지 등이 될 수 있다. 이 재료에는 단단하거나 유연한 재료, 다공성 혹은 무공성 재료, 금속 혹은

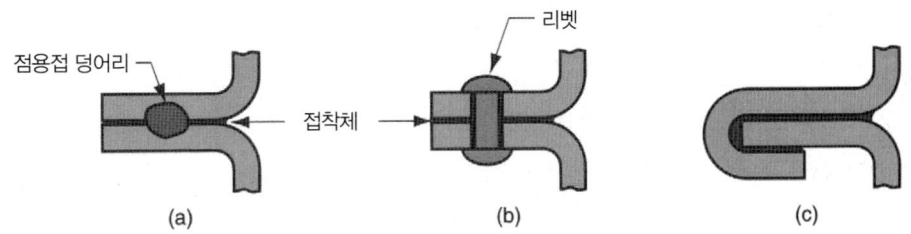

그림 29.12 접착제 접합법과 다른 접합 기술과의 결합. (a) 용접접합 – 점용접과 접착제 접합, (b) 리벳(혹은 볼트)과 접착제 접합, (C) 성형과 접착제 접합.

비금속 재료들이 포함되어 있고, 동일한 혹은 상이한 물질이 서로 접합될 수 있다는 사실에 유의해야 한다.

29.3.2 접착제의 종류

매우 많은 종류의 상업용 접착제가 있는데, 다음과 같이 (1) 천연접착제, (2) 무기접착제, (3) 합성 접착제로 분류할 수 있다.

천연접착제(natural adhesives)는 자연(예, 나무와 동물)에서 얻어지는 것으로 고무풀, 녹말, 덱스트린(dextrin), 소야(soy)가루 및 콜라겐(collagen)이 있다. 이 유형의 접착제들은 주로 판지상자, 가구, 책 제본과 같은 응력이 적게 걸리는 경우와 넓은 표면적에 적용할 경우(예, 합판)에 제한적으로 사용된다. **무기접착제**(inorganic adhesives)는 주로 규산나트륨, 염화마그네슘을 기초로 한 재료이다. 무기접착제는 가격이 저가이지만, 강도 또한 낮은 편이어서 구조용 접착제로 사용하기에는 부적합하다.

합성접착제(synthetic adhesives)는 제조업에서 매우 중요한 접착제로 사용된다. 합성접착제는 다양한 열경화성 및 열가소성 고분자재료(폴리머)를 포함하는데, 표 29.3에 요약하여 나열하였다. 합성접착제의 경화 메커니즘으로는 (1) 접착제 도포 직전에 촉매제나 반응성분 혼합, (2) 화학반응 개시를 위한 가열, (3) 자외선과 같은 방사경화, (4) 액체 혹은 페이스트 상태의 접착제에서 수분 증발을 통한 경화와 같은 다양한 경화 메커니즘을 가지고 있다. 또한, 일부 합성접착제는 접착물의 한쪽 표면상에 필름 혹은 감압 코팅 형태로 가해지기도 한다.

29.3.3 접착제 적용 기술

산업에서의 접착제 이용은 널리 퍼져 있고, 증가하는 추세에 있다. 주요 사용처는 자동차, 항공기, 건축재, 포장 산업이고, 그 밖에 신발, 가구, 제본, 전기, 조선 등에서도 많이 적용된다. 표 29.3은 합성접착제가 사용되는 특수 적용 분야를 보여주고 있다. 이 절에서는 접착제 적용 기술에 관련된 몇 가지 사항을 살펴보기로 한다.

표면준비

접착제 접합이 성공적으로 이루어지기 위해서는 부품 표면이 매우 깨끗해야 한다. 접합강도는 접착제와 접착물 간의 접착 정도에 따라 좌우되는데, 접착 정도는 표면의 청정도에 따라 달라진다. 대부분의 경우, 세척과 표면준비를 위한 부가적인 공정 단계가 필요하며, 그 방법은 접착물의 재질에 따라 달라진다. 금속의 경우, 용제로 닦아내는 방법이 주로 사용되며, 샌드블래스팅(sand blasting)을 이용한 표면 마모 등과 같은 방법으로 접착력을 강화시킬 수도 있다. 비금속 부품의 경우, 용제세척 방법이 주로 사용되며, 표면의 거칠기를 증가시키기 위해 기계적으로 마모시키거나 화학적으로 부식시킬 때도 있다. 시간이 경과함에 따라 표면의 산화와 오염물 축적이 증대되기 때문에 표면처리를 완료하는 즉시 접착제 접합공정이 수행되는 것이 바람직하다.

표 29.3 대표적 합성접착제.

접착제	특징과 적용 대상
혐기성접착제	단일조성, 열경화성, 아크릴계. 상온에서 자연급속 경화. 밀봉재와 구조용 조립품에 사용
변형 아크릴	아크릴계 수지와 기폭제/경화제로 구성, 열경화성, 혼합 후 상온에서 경화. 보트의 유리섬유, 자동차와 비행기의 금속판재에 사용.
시안계 아크릴	단일 조성, 열경화성, 아크릴계. 상온의 알카리 표면에서 경화. 고무와 플라스틱의 접합, PCB의 전자부품, 플라스틱과 금속으로 된 화장품 케이스 등에 사용.
에폭시	에폭시 수지, 경화제, 첨가제 등으로 구성되는 다양한 접착제. 일부는 가열되면 경화. 비행기의 알루미늄부품과 벌집형 구조물 접합, 자동차의 박판 보강재, 목재의 적층, 전자부품의 밀봉 등에 사용.
고온 용융제	단일 조성, 열가소성. 가열상태로부터 냉각 후 경화. 에틸렌비닐아세테이트, 폴리에틸렌, 부틸고무, 폴리아미드, 폴리우레탄, 폴리에스터 등으로 구성, 포장(상자, 레이블), 가구, 신발, 제본, 카페팅, 가전제품과 자동차의 조립품 등에 사용.
감압테이프와 필름	고체 상태로 압력을 가하면 매우 끈적거리는 성질이 나타나 접합. 분자량이 높은 다양한 고분자로 구성. 단면 혹은 양면으로 사용. 태양열판, 전자조립 플라스틱과 나무, 플라스틱과 금속의 접합에 사용.
실리콘	단일조성 혹은 복합조성, 열경화성 액체, 실리콘 고분자계. 상온 가황작용으로 고무상태로 경화. 자동차(예, 앞유리)의 밀봉, 전자제품 밀봉, 절연, 개스킷, 플라스틱 접합에 사용.
우레탄	단일조성 혹은 복합조성. 열경화성, 우레탄계. 유리섬유와 플라스틱의 접합에 사용.

문헌 [8], [10], [14]로부터 편집함.

접착제 적용방법

한 부품 또는 양 부품 표면에 접착제를 실제로 적용하기 위해서 다양한 방법들이 사용된다. 산업체에서 자주 사용되는 적용 방법들은 다음과 같다.

- **솔질**(brushing): 손으로 강모 솔(브러쉬)을 사용하는 방법으로 코팅이 균일하지 못하다.
- **유동**(flowing): 손으로 작동되는 압력 건(gun)을 이용하여 접착제를 유동시키는 것으로 솔질보다 균일성이 더 우수하다.
- **수동 롤러**(manual rollers): 페인트 롤러와 유사한 롤러를 사용하여 평판용기로부터 접착제를 도포한다.
- **실크 스크리닝**(silk screening): 부품 표면 위에 놓인 스크린의 뚫려 있는 부분을 통하여 접착제 솔질을 하여, 공급될 영역에만 선택적으로 코팅이 가능한 방법이다.
- **분무**(spraying): 넓은 영역이나 공급하기 어려운 영역에 신속하게 접착제를 도포하기 위해 공기압(혹은 무공기) 스프레이건을 사용한다.
- **자동 도포기**(automatic applicators): 다양한 자동 토출기(dispenser)나 노즐이 중속과 고속 생산을 위해 사용된다. 그림 29.13은 조립을 위한 토출기의 사용 예를 보여준다.
- **롤코팅**(roll coating): 접착제 용기 속에 부분적으로 잠겨있는 회전하는 롤러에 부착된 접착제를 소재 표면에 전달하는 기계적인 기술이다. 그림 29.14는 롤코팅의 적용 사례로서 소재가 얇은 유연한 재료(예, 종이, 직물, 가죽, 플라스틱)에 적용된다. 이 방법을 변형하여 목재, 목재 복합재, 판지 및 이와 유사한 넓은 표면적을 가지는 재료의 접착제 코팅을 위해 사용된다.

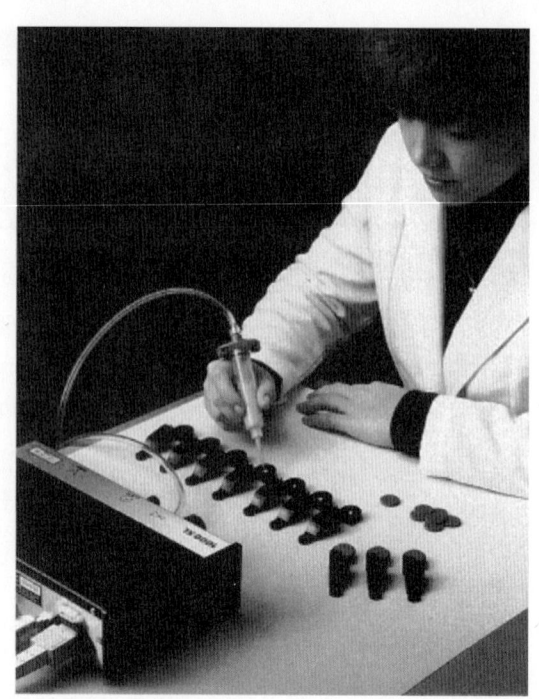

그림 29.13 수동조작 토출기에 의해 접착제가 조립할 부품에 주입되는 모습(EDF사 제공).

장점과 한계점

접착제 접합의 장점은 다음과 같다. (1) 넓은 범위의 재료에 적용이 가능하다. (2) 상이한 크기와 단면적을 가지는 부품 및 깨지기 쉬운 부품의 결합이 가능하다. (3) 융접에서 점이나 연속적인 선으로 접합되는 것과 달리, 접합부 전면적에 걸쳐 접합이 생성되어 응력을 전체 면적으로 분산된다. (4) 일부 접착제는 접착 후에 유연성을 가지고 있어서 주기적인 부하와 접착물과의 열팽창 차이를 허용한다. (5) 저온에서 경화되어 접합부품의 손상을 방지할 수 있다. (6) 접합뿐만 아니라 밀봉할 수도 있다. (7) 접합부 설계를 종종 간소화할 수 있다. (예, 나사구멍과 같은 특별한 부품형상 없이도 평평한 두 부품을 접합 가능).

접착제 접합기술의 한계점은 다음과 같다. (1) 접합부가 일반적으로 다른 접합 방법보다 강하지 못하다. (2) 접착제가 접합될 재료에 적합해야 한다. (3) 사용 온도가 제한된다. (4) 접착제 적용 이전의 세척과 표면 준비가 중요하다. (5) 경화 시간이 생산속도의 제한요소가 된다. (6) 접합부의 검사가 어렵다.

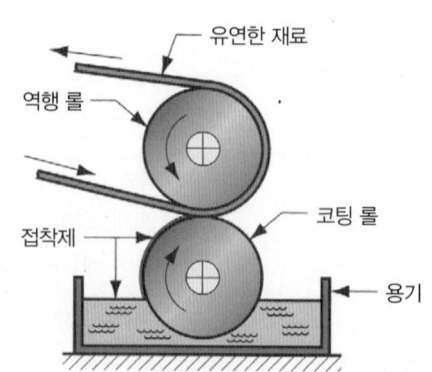

그림 29.14 롤코팅을 통해 얇은 유연재(종이, 직물, 유연고분자) 상에 접착제 도포.

참고문헌

[1] Adams, R. S. (ed.). *Adhesive Bonding: Science, Technology, and Applications.* CRC Taylor & Francis, Boca Raton, Florida, 2005.

[2] Bastow, E. "Five Solder Families and How They Work," *Advanced Materials & Processes,* December 2003, pp. 26–29.

[3] Bilotta, A. J. *Connections in Electronic Assemblies.* Marcel Dekker, Inc., New York, 1985.

[4] Bralla, J. G. (Editor in Chief). *Design for Manufacturability Handbook,* 2nd ed. McGraw-Hill Book Company, New York, 1998.

[5] *Brazing Manual,* 3rd ed. American Welding Society, Miami, Florida, 1976.

[6] Brockman, W., Geiss, P. L., Klingen, J., and Schroeder, K. B. *Adhesive Bonding: Materials, Applications, and Technology.* John Wiley & Sons, Hoboken, New Jersey, 2009.

[7] Cary, H. B., and Helzer, S. C. *Modern Welding Technology,* 6th ed. Pearson/Prentice Hall, Upper Saddle River, New Jersey, 2005.

[8] Doyle, D. J. "The Sticky Six—Steps for Selecting Adhesives," *Manufacturing Engineering,* June 1991, pp. 39–43.

[9] Driscoll, B., and Campagna, J. "Epoxy, Acrylic, and Urethane Adhesives," *Advanced Materials & Processes,* August 2003, pp. 73–75.

[10] Hartshorn, S. R. (ed.). *Structural Adhesives, Chemistry and Technology.* Plenum Press, New York, 1986.

[11] Humpston, G., and Jacobson, D. M. *Principles of Brazing.* ASM International, Materials Park, Ohio, 2005.

[12] Humpston, G., and Jacobson, D. M. *Principles of Soldering.* ASM International, Materials Park, Ohio, 2004.

[13] Lambert, L. P. *Soldering for Electronic Assemblies.* Marcel Dekker, Inc., New York, 1988.

[14] Lincoln, B., Gomes, K. J., and Braden, J. F. *Mechanical Fastening of Plastics.* Marcel Dekker, Inc., New York, 1984.

[15] Petrie, E. M. *Handbook of Adhesives and Sealants,* 2nd ed. McGraw-Hill, New York, 2006.

[16] Schneberger, G. L. (ed.). *Adhesives in Manufacturing.* CRC Taylor & Francis, Boca Raton, Florida, 1983.

[17] Shields, J. *Adhesives Handbook,* 3rd ed. Butterworths Heinemann, Woburn, UK, 1984.

[18] Skeist, I. (ed.). *Handbook of Adhesives,* 3rd ed. Chapman & Hall, New York, 1990.

[19] *Soldering Manual,* 2nd ed. American Welding Society, Miami, Florida, 1978.

[20] *Welding Handbook,* 9th ed., Vol. 2, *Welding Processes.* American Welding Society, Miami, Florida, 2007.

[21] Wick, C., and Veilleux, R. F. (eds.). *Tool and Manufacturing Engineers Handbook,* 4th ed., Vol. 4, *Quality Control and Assembly.* Society of Manufacturing Engineers, Dearborn, Michigan, 1987.

복습문제

29.1 경납접과 연납접이 용접과 다른 점은 무엇인가?

29.2 경납접과 연납접이 고상용접과 다른 점은 무엇인가?

29.3 경납접과 연납접의 기술적인 차이점은 무엇인가?

29.4 어떤 환경 하에서 경납접과 연납접이 용접보다 선호될 수 있는가?

29.5 경납접에서 가장 보편적으로 사용되는 접합부 유형 두 가지는 무엇인가?

29.6 경납접합부의 강도를 증가시키기 위해 접합부의 형상을 변형시키는 방식에는 어떤 것들이 있는가?

29.7 경납접에서 용융된 용가금속이 모세관 현상에 의해 접합부 전체로 퍼져간다. 여기서, 모세관 현상이란 무엇인가?

29.8 경납용제의 요구되는 특성은 무엇이 있는가?

29.9 침잠경납접이란 무엇인가?

29.10 경납용접의 정의는?

29.11 경납접의 단점과 한계점은 무엇인가?

29.12 연납재로 사용되는 가장 대표적인 합금원소 두 가지는?

29.13 수작업 납땜에서 납땜인두 비트의 기능은 무엇인가?

29.14 웨이브솔더링이란 무엇인가?

29.15 산업용 결합방법으로서의 솔더링의 장점을 열거하여라.

29.16 연납접의 단점들은 무엇인가?

29.17 구조용 접착제의 의미는 무엇인가?

29.18 접착제가 접착효과를 보이기 위해서는 경화되어야 한다. 여기서, 경화의 의미는 무엇인가?

29.19 접착제를 경화시키는 방법들에는 어떤 것이 있는가?

29.20 상업용 접착제의 세 가지 기본 유형의 이름을 써라.

29.21 접착제 접합 공정의 성공을 위한 주요 조건은 무엇인가?

29.22 산업체의 생산 공정에서 접착제 적용방법들에는 어떤 것이 있는가?

29.23 다른 접합방법과 비교할 때 생각할 수 있는 접착제 접합의 장점을 몇 가지 들어라.

29.24 접착제 접합의 한계점들은 어떤 것이 있는가?

객관식문제(20개의 답)

29.1 경납접에서 모재금속은 450°C(723 K) 이상에서 용융되고, 연납접에서는 모재가 450°C(723 K)나 그 이하에서 용융된다. (a) 참, (b) 거짓.

29.2 경납접합부의 강도는 용가재 금속에 비해 보통 어떠한가? (a) 같다, (b) 강하다, (c) 약하다.

29.3 경납접을 통한 맞대기이음에서 엇걸이(scarfing)는 결합할 두 부품 주변을 감싸는 덮개를 써서 가열단계 도중에 용융된 용가재를 담고 있게 해준다. (a) 참, (b) 거짓.

29.4 경납접에서 면 사이의 간극은? (a) 0.0025~0.025 mm, (b) 0.025~0.250 mm, (c) 0.250~2.50 mm, (d) 2.5~5.0mm.

29.5 다음 중 경납접의 장점은? (세 개의 답) (a) 모재의 풀림(annealing)은 공정의 부산물, (b) 상이이종 금속의 결합 가능, (c) 용접보다 적은 열과 에너지 사용, (d) 모재의 금속학적 향상, (e) 여러 접합부를 동시에 접합 가능, (f) 부품의 분리가 용이, (g) 용접보다 강한 결합.

29.6 다음의 연납접 방법 중에 경납접에서는 사용되지 않는 것은? (두 개의 답) (a) 침잠연납접, (b) 적외선연납접, (c) 연납접 인두, (d) 토치연납접, (e) 웨이브솔더링.

29.7 경납접과 연납접에서의 용제의 기능이 아닌 것은? (a) 용가재의 부착을 더 쉽게 하기 위해 표면의 거칠기를 증가시키는 화학적 부식, (b) 표면의 습윤성 증가, (c) 공정 중 접합면 보호, (d) 산화피막의 제거 혹은 방지.

29.8 연납합금으로 사용되는 금속은? (네 개의 답) (a) 알루미늄, (b) 안티몬, (c) 금, (d) 철, (e) 납, (f) 니켈, (g) 은, (h) 주석, (i) 티타늄.

29.9 납땜 총은 용융 땜납금속을 접합부에 주입하는 일을 한다. (a) 참, (b) 거짓.

29.10 접착제 접합법에서 접착할 부품에 사용되는 용어는? (a) adherend, (b) adherent, (c) adhesive, (d) adhibit, (e) ad infinitum.

29.11 용접접합(weldbonding)이란 열을 사용하여 접착제를 녹이는 접착제 접합법의 일종이다. (a) 참, (b) 거짓.

29.12 접착제 접합부는 다음 중 어느 유형의 응력에 강한가? (두 개의 답) (a) 쪼개짐, (b) 벗김, (c) 전단, (d) 인장.

29.13 접합면을 거칠게 만들면 접착제가 접합면 전체로 퍼지는 것을 저지하기 때문에 접착강도를 (a) 아무 영향 없음, (b) 증가, (c) 감소시킨다.

30.1 나사체결구
　30.1.1 나사, 볼트, 너트
　30.1.2 기타 나사체결구와 관련 부품들
　30.1.3 볼트 결합부의 응력과 강도
　30.1.4 나사체결 방법과 공구

30.2 리벳과 아일릿

30.3 간섭박음에 의한 조립법

30.4 기타 기계적 체결 방법

30.5 몰딩삽입구와 복합체결구

30.6 조립성 감안 설계
　30.6.1 조립성 감안 설계의 일반적 원칙
　30.6.2 자동조립을 위한 설계

　기계적 조립(mechanical assembly)이란 둘 혹은 그 이상의 부품을 기계적으로 결합하기 위해 다양한 체결 방법을 사용하는 것이다. 대부분의 경우, 체결 방법으로 조립공정 중에 구성품에 첨가되는 **체결구**(fastener)라고 부르는 부품을 사용한다. 그 밖의 체결 방법으로는 조립할 구성품의 성형이 포함될 수도 있고, 체결구가 필요 없는 경우도 있다. 자동차, 가전제품, 전화기, 가구, 주방용품 등 많은 소비재 제품들이 기계적인 체결방법에 의해 조립되고, 심지어 의류도 기계적인 수단에 의해 '조립'된다고 볼 수 있다. 더욱이, 비행기, 기계공구 및 건설장비와 같은 산업용 제품에도 항상 기계적인 조립을 사용한다.

　기계적 체결방법은 두 유형으로 (1) 분해가 가능한 방법과 (2) 영구접합을 만드는 방법으로 분류할 수 있다. 나사, 볼트, 너트 등과 같은 나사체결구는 첫 번째 유형의 예이고, 리벳은 두 번째 범주에 속한다. 앞 장들에서 설명된 다른 접합공정보다 기계적 조립이 종종 선호되는 주된 이유로는 (1) 조립의 용이성과 (2) 분해의 용이성(체결방법이 분해를 허용하는 경우)을 들 수 있다.

　일반적으로 기계적 조립은 그다지 숙련을 요하지 않는 작업자가 최소한의 특수 공구를 가지고, 비교적 짧은 시간에 비교적 쉽게 수행할 수 있다. 조립기술은 간단하고, 조립품의 검사도 용이하다. 이런 특성들은 공장에서뿐만 아니라 작업현장에서 매우 유용한 점들이다. 너무 크고 무거워 완전히 조립된 상태로 운송이 될 수 없는 제품들은 더 작은 반조립품 형태로 운반되어 고객이 원하는 장소에서 합체할 수 있다. 분해의 용이성은 당연히 분해가 허용되는 기계적 체결방법에만 적용된다. 대부분의 제품은 유지보수의 목적으로 주기적으로 분해할 필요가 있는데, 고장부품의 교환, 부품조정 등이 그 예이다. 용접과 같은 영구접합 기술은 분해를 허용하지 않는다.

이 장에서는 기계적 조립을 다음의 다섯 영역으로 (1) 나사체결구, (2) 리벳, (3) 끼워맞춤, (4) 기타 기계적 체결법, (5) 일체형인서트와 복합체결구로 분류하여 30.1절부터 30.5절에 걸쳐 설명한다. 30.6절에서는 조립에 있어서 중요한 주제인 조립성 감안설계에 대해 알아본다. 전자제품의 조립도 기계적인 기술을 포함한다. 그러나 전자조립은 독특하고 전문화된 영역을 차지하므로 33장에서 다루도록 한다.

30.1 나사체결구

나사체결구는 부품조립을 위해 외부 혹은 내부에 나사가 만들어져 있는 부품을 말한다. 거의 모든 경우, 분해를 허용하는 부품이다. 나사체결구는 기계적인 조립에 있어서 가장 중요한 자리를 차지하고 있다. 대표적인 나사체결구로는 나사, 볼트, 너트가 있다.

30.1.1 나사, 볼트, 너트

나사와 볼트는 외부에 나사선이 형성되어 있는 부품이다. 나사와 볼트의 기술적인 차이점은 있지만, 일상적인 사용에 있어서는 별로 차이가 없다. **나사**(screw)는 일반적으로 막혀 있는 나사 구멍 속으로 조립되어 들어가는 체결구이다. **태핑나사**(self-tapping screw)와 같은 일부 체결구는 구멍 속으로 들어가면서 나사를 성형하거나 깎을 수 있다. **볼트**(bolt)는 부품의 관통구멍 속으로 들어가 반대편에서 너트를 돌려 고정시키는 형태의 나사체결구이다. **너트**(nut)는 맞추어질 볼트와 동일한 직경, 피치, 나사산 형태를 가지는 나사가 내부에 형성되어 있는 부품을 말한다. 나사와 볼트를 사용한 조립의 전형적인 형태를 그림 30.1에 나타내었다.

나사와 볼트는 다양한 표준규격의 크기, 나사산, 형상으로 제공된다. 표준규격의 일반 나사체결구 크기를 미터 단위계(ISO규격: International Standard Organization)로 표 30.1에 나타내었다. 미터 표기법은 공칭직경(mm)과 피치(mm)로 표기되는데, 4-0.7의 표기는 직경이 4.0 mm, 피치가 0.7 mm라는 것을 의미한다. 거친피치(coarse picth)와 세밀피치(fine pitch)규격을 표에 함께 나타내었다.

부가적인 나사체결구에 대한 기술자료 및 규격에 관한 사항은 설계서 및 편람 등에서 찾을 수 있다. 미국에서는 나사체결구의 크기를 점차적으로 미터 표기로 바꾸고 있다. 나사체결구가 다르다는 것은 제조공정에서 사용할 공구가 다르다는 것을 의미한다는 것에 유의해야 한다. 특별한 형태의 나사나 볼트를 사용하기 위해서는 작업자는 이 특별한 나사체결구에 맞게 설계된 공구를 가지고 있어

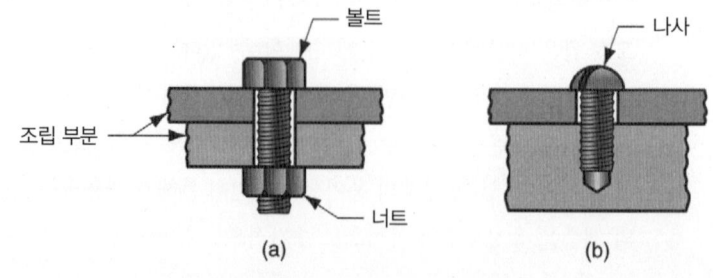

그림 30.1 (a) 볼트와 너트를 이용한 조립, (b) 나사를 이용한 조립.

표 30.1 표준 나사체결구 크기(미터단위계).

ISO 규격		
공칭직경(mm)	거친피치(mm)	세밀피치(mm)
2	0.4	
3	0.5	
4	0.7	
5	0.8	
6	1.0	
8	1.25	
10	1.5	1.25
12	1.75	1.25
16	2.0	1.5
20	2.5	1.5
24	3.0	2.0
30	3.5	2.0

야 한다. 예를 들어, 볼트와 나사에는 다양한 머리 모양이 있는데, 이들 중 가장 보편적인 것들을 그림 30.2에 나타내었다. 다양한 머리 형상뿐만 아니라 다양한 크기로 인해 작업자는 많은 수공구(예, 스크루드라이버)를 필요로 한다. 일자형 드라이버로 육각홈 머리볼트를 돌리기는 쉽지 않을 것이다.

나사는 볼트보다도 훨씬 사양이 다양한데, 그 이유는 나사의 기능이 보다 많기 때문이다. 일반나사, 나사의 유형에는 캡나사, 세트나사, 태핑나사 등이 있다. **일반나사**(machine screw)는 나사구멍 속으로 조립되어 들어가게 만들어진 일반적인 나사를 말한다. 간혹 너트에 조립되는 경우도 있는데, 이때는 볼트의 쓰임새와 겹친다. **캡나사**(capscrew)는 형상 자체는 일반나사와 유사하지만, 고강도의 금속으로 보다 정확한 치수로 만든 것이다. **세트나사**(setscrew)는 그림 30.3(a)와 같이 칼라(collar), 기어, 풀리 등을 축에 체결시키는 조립 기능을 발휘하기 위해 설계된 경화 나사이다. 그림 30.3(b)는 다양한 형상의 세트나사를 보여준다. **태핑나사**(self-tapping screw)는 나사 없는 구멍 속에 돌아 들어가면서 성형 혹은 절삭의 방법으로 나사를 만들 수 있다. 그림 30.4는 태핑나사의 두 가지 나사 유형을 보여 준다.

나사체결구는 대부분 냉간가공에 의해 제조된다(17.2절). 일부는 절삭에 의해 만들어지기도 하지만(20.2.2절, 20.3.2절, 20.7.1절), 제조원가가 더 비싸진다. 나사체결구로 다양한 재료가 사용되는데, 우수한 강도를 가지며 저렴한 강(steel)이 가장 흔하게 사용된다. 또한, 합금강뿐만 아니라 저 탄소강

Flat head

Fillester head

Truss head

Hexagon head

Phillips head

Hex (internal) head

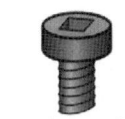
Square (internal) head

그림 30.2 나사와 볼트에 적용되는 다양한 머리 형상.

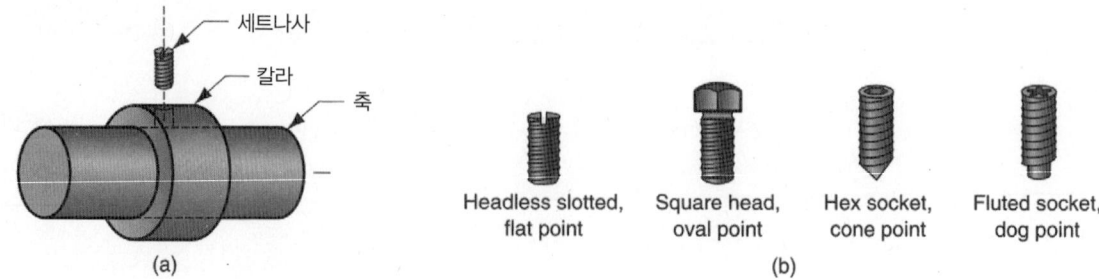

그림 30.3 (a) 세트나사를 이용하여 축에 칼라를 조립, (b) 다양한 세트나사 유형.

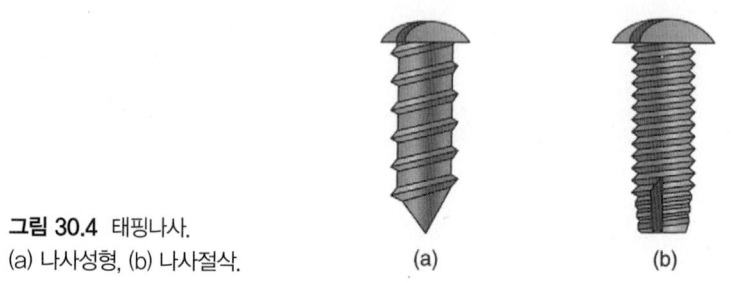

그림 30.4 태핑나사.
(a) 나사성형, (b) 나사절삭.

과 중탄소강도 흔히 사용된다. 강 재질의 나사체결구는 일반적으로 내부식성을 확보하기 위해 도금 또는 코팅된다. 이런 목적으로 니켈, 크롬, 아연, 흑산화(black oxide), 기타 코팅 방법 등이 사용된 다. 부식이나 다른 요인들로 인해 강 재질을 사용하기 어려운 경우, 스테인레스강, 알루미늄합금, 니 켈합금, 플라스틱(저응력을 받는 경우만) 등의 다른 재료를 적용한다.

30.1.2 기타 나사체결구와 관련 부품들

기타 나사체결구와 관련 부품들에는 스터드(stud), 나사인서터(screw thread insert), 구속나사체 결구(captive threaded fastener)와 와셔(washer) 등이 있다. **스터드**(stud)는 볼트처럼 외부에 나사 가 나있는 부품이지만 머리는 없는 나사체결구이다. 그림 30.5(a)와 같이 두 개의 너트를 사용하여 두 부품을 조립하기 위해 사용될 수 있다. 그려 30.5(b)와 (c)는 각각 한 쪽 끝에 나사가 있는 유형과 양 쪽에 나사가 있는 유형을 보여준다.

나사인서트(screw thread insert)는 내부에 나사가 나있는 마개나 코일로서 나사가 없는 구멍에 삽입 후 외부나사체결구와 체결하기 위해 사용되는 부품이다. 나사인서트는 약한 재질(예, 플라스틱, 나무, 마그네슘 등의 경금속)과 조립되어 강한 나사결합을 만든다. 많은 유형의 나사인서트가 있는데,

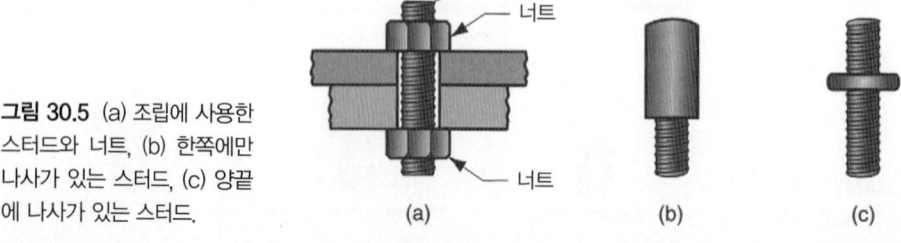

그림 30.5 (a) 조립에 사용한 스터드와 너트, (b) 한쪽에만 나사가 있는 스터드, (c) 양끝 에 나사가 있는 스터드.

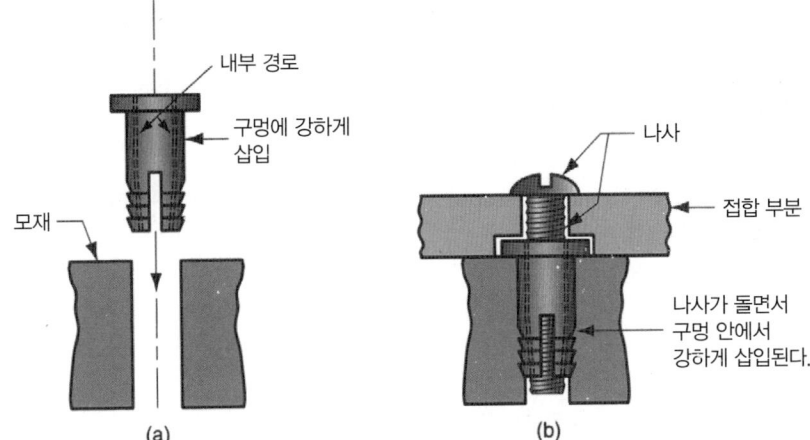

그림 30.6 나사인서트. (a) 구멍 삽입 전, (b) 구멍 삽입 후 나사가 인서트 속에 들어감.

그림 30.6에 한 예를 나타내었다. 나중 단계인 인서트 속 나사 삽입 과정에서 인서트 통이 구멍 안에서 확장되어 조립을 견고하게 해준다.

구속나사체결구(captive threaded fastener)는 결합될 부품의 한 쪽에 사전에 영구 조립되어 있는 나사체결구이다. 사전조립 공정으로는 용접, 경납접, 프레스맞춤, 냉간가공 등이 있다. 구속나사체결구의 두 유형을 그림 30.7에 나타내었다.

와셔(washer)는 나사체결구의 기계적 결합을 더 견고하게 하기 위해서 추가로 사용되는 부품이다. 금속박판으로 만든 평평하고 얇은 단순한 링 형태를 가지고 있으며, 다음과 같은 다양한 역할을 수행한다 [13]. (1) 볼트와 나사 머리와 너트에 집중될 응력을 분산시켜준다. (2) 조립품 구멍 내에 큰 틈새가 있을 때 기계적 결합을 견고하게 해준다. (3) 스프링 장력을 증가시켜준다. (4) 부품 표면을 보호해준다. (5) 결합부를 밀봉해준다. (6) 나사체결구가 풀리는 것을 막아준다 [13]. 그림 30.8에 세 가지 형태의 와셔를 나타내었다.

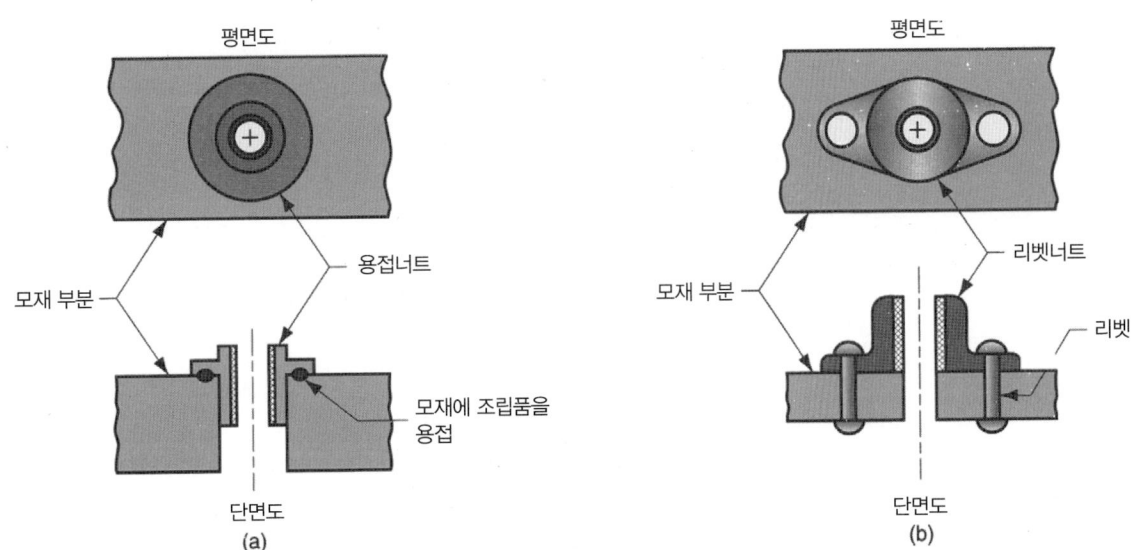

그림 30.7 구속나사체결구. (a) 용접너트, (b) 리벳너트.

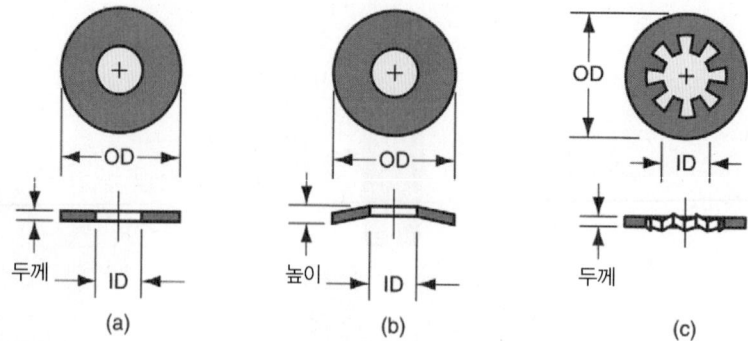

그림 30.8 와셔의 종류. (a) 평와셔, (b) 스프링와셔(진동 흡수 혹은 마모상쇄 용), (c) 록와셔(볼트와 나사의 풀림방지) 보호.

30.1.3 볼트 결합부의 응력과 강도

볼트나 나사로 결합된 부위에 일반적으로 작용하는 응력은 그림 30.9에 나타낸 바와 같이 인장응력과 전단응력이 작용한다. 볼트를 조이면 인장력을 받고 부품은 압축력을 받는다. 부품의 다른 방향으로 하중을 받는 경우, 볼트의 단면부에 전단력이 작용하게 된다. 마지막으로, 너트와 맞물린 구간에서 볼트의 축과 평행한 방향으로 나사산에 작용하는 응력이 발생한다. 이 전단응력은 나사산의 **마모**(stripping)를 초래한다(너트의 경우, 안쪽 나사에 같은 결함이 발생).

나사체결구의 강도는 보통 인장강도(tensile strength)와 항복강도(proof strength)의 두 가지 척도로 나타낼 수 있다(3.1.1절). 인장강도는 전통적인 의미를 가지고 있으며, **항복강도**(proof strength)란 외부나사체결구에서 영구변형이 일어나지 않을 최대 인장응력을 의미한다. 표 30.2에 강 볼트의 인장강도 및 항복강도를 나타내었다.

조립 중에 발생할 수 있는 문제 중 하나는 나사체결구가 과도하게 조여져서 체결구 재료의 강도보다 높은 응력을 일으키는 것이다. 그림 30.9와 같은 볼트와 너트 조립의 경우, (1) 바깥나사(볼트)의 마모, (2) 안나사(너트)의 마모, (3) 단면상의 과도한 인장응력으로 인한 볼트의 파괴와 같은 파손이 일어날 수 있다. 파손 (1)과 (2)와 같은 나사의 마모는 전단파손이라고 할 수 있는데, 맞물림 길이가 너무 짧을 때(볼트 공칭지름의 60%미만) 발생한다. 이런 파손은 체결구를 설계할 때 적당한 나사 맞물림을 고려함으로써 피할 수 있다. 인장파손(3)과 같은 문제가 가장 흔히 발생한다. 볼트는 조이는 과정에서 인장응력과 비틀림응력이 결합되어 나타나기 때문에, 인장강도의 약 85% 정도에서 파괴된다[2].

볼트가 받는 인장강도는 결합부에 작용하는 인장하중을 작용면적으로 나누어서 구할 수 있다.

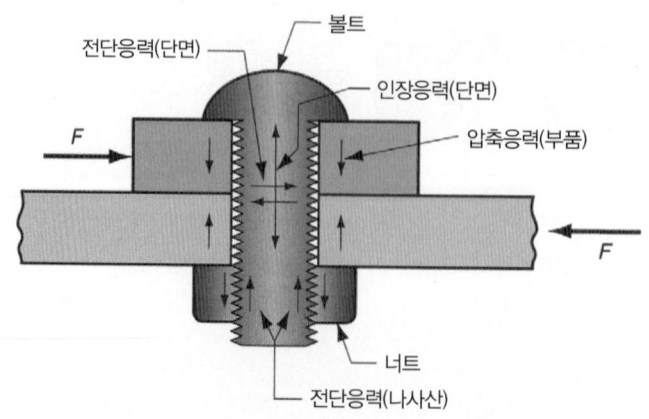

그림 30.9 볼트결합부에 작용하는 전형적인 응력

표 30.2 직경 6.4 mm–38 mm 범위의 강 볼트와 너트의 인장강도와 항복강도[13]

재질	항복강도(MPa)	세밀피치(mm)
저탄소강/중탄소강	228	414
합금강	830	1030

$$\sigma = \frac{F}{A_s} \tag{30.1}$$

여기서, σ는 응력(MPa), F는 하중(N)을 A_s는 인장면적(mm²)을 나타낸다.

이 응력을 표 30.2의 볼트강도 값과 비교된다. 나사체결구의 인장면적이란 나사 최소 직경의 단면적을 말한다. 미터 규격(ISO)으로 다음 식으로부터 계산할 수 있다[2].

$$A_s = \frac{\pi}{4}(D - 0.9382\,p)^2 \tag{30.2}$$

여기서, D는 볼트 혹은 나사의 공칭치수(기본적인 중요 직경, mm), p는 나사피치(mm)를 나타낸다.

30.1.4 나사체결 방법과 공구

나사체결구를 조립하는 방법과 공구의 기본 기능은 암나사와 수나사의 상대적인 회전운동을 만들고 조립이 견고하게 되기에 충분한 토크(torque)를 만들어주는 것이다. 이런 목적의 공구는 간단한 수동 스크루드라이버나 렌치부터 적절한 죔 강도에 맞추어 주는 정밀한 센서를 내장한 전동 공구까지 매우 다양하다. 공구가 볼트, 너트, 나사의 형상과 크기에 잘 맞아야 하는 것이 중요한데, 그 이유는 나사체결구 머리 모양이 다양하기 때문이다. 수공구는 대개 한 종류의 끝단이나 날을 가지고 있지만, 전동 공구는 일반적으로 끝단을 교체할 수 있도록 만들어진다. 전동 공구는 공압, 유압, 혹은 전기로 작동된다.

나사체결구가 의도된 목적을 제대로 수행하는가 하는 여부는 그것을 조이기 위해 가해지는 토크의 크기에 상당 부분 의존한다. 볼트나 나사(혹은 너트)가 부품 표면에 자리잡을 때까지 돌려지고 나서 추가로 더 조이게 되면 체결구에 응력이 증가하게 되고(동시에 조립되는 부품들의 압축력이 증가), 토크가 더 커짐에 따라 조임이 저항을 받게 된다. 따라서 체결구를 조이게 위한 토크와 이로 인해 발생되는 인장 응력과는 상관관계가 존재한다. 조립부에서 원하는 특성을 얻고(예, 피로 저항의 향상) 나사체결구를 완전히 구속하기 위해서는, 작용하는 인장력을 제품 설계자가 정하게 된다. 이 힘을 **선부하**(preload)라고 부른다. 다음 관계식이 일정한 선부하를 얻기 위해 필요한 토크를 결정하는 데에 사용된다 [13].

$$T = C_t D F \tag{30.3}$$

여기서, T는 토크(N-mm), C_t는 토크계수(나사표면 조건에 따라 0.15~0.25의 값을 가짐), D는 볼트나 나사의 공칭 직경(mm), F는 정해진 인장력(N)을 나타낸다.

필요한 토크를 가해주는 방법은 다음과 같다. (1) 작업자의 감각-그다지 정확하지는 않지만 대부분의 조립에서 적절하다. (2) 토크 렌치-나사체결구가 회전할 때 토크가 측정된다. (3) 멈춤 모터-적절한 토크에 도달하면 정지되도록 설계된 전동 렌치를 사용한다. (4) 토크회전 조임-체결구를 초기에 적은 토크로 조인 다음 정해진 추가 양만큼(예, 1/4회전) 더 회전시킨다.

30.2 리벳과 아일릿

리벳은 영구적인 기계적 결합을 위해 널리 사용된다. 리벳팅은 고생산성, 단순성, 신뢰성 및 경제성을 제공하는 체결 방법이다. 이러한 장점이 있지만, 최근 들어, 나사체결구, 용접, 접착제 접합법 등에 비해 사용도가 점점 줄고 있다. 그러나 리벳팅은 항공우주산업에서 몸체를 골격 혹은 다른 구조물에 결합시키는 주요 체결방법의 하나로 사용되고 있다.

리벳(rivet)은 나사가 없고 머리만 있는 핀형 부품으로서, 두 부품(혹은 그 이상)의 구멍에 끼운 후 머리가 없는 반대쪽에 두 번째 머리를 성형(업셋팅)시켜 부품을 결합시키는 방법이다. 변형 공정으로 열간 혹은 냉간 가공 및 망치질이나 일정한 압력을 가하는 방식을 사용할 수 있다. 리벳이 일단 변형되고 나면 한쪽 머리를 부수지 않고서는 제거할 수 없다. 리벳은 길이, 직경, 머리, 유형으로 구분된다. 리벳 유형은 다섯 가지의 기본 형상으로 구분되는데, 이 유형에 따라 두 번째 머리를 성형하는 방법이 결정된다. 다섯 유형을 그림 30.10에 나타내었다. 또한, 특수한 용도의 특수 유형의 리벳도 있다.

리벳은 주로 겹치기이음에 사용된다. 리벳이 삽입될 구멍의 직경은 리벳 직경과 거의 같아야 한다. 만일 구멍이 너무 작으면, 리벳 삽입이 어려워져 생산성이 떨어지게 된다. 구멍이 너무 큰 경우에는 리벳이 구멍을 다 채울 수 없게 되어 반대쪽 머리를 만들 때 굽힘이 발생할 수 있다. 최적의 구멍 크기를 정하기 위해 리벳 설계표가 만들어져 있다.

리벳팅 방법과 공구는 다음과 같이 (1) 공압 해머를 통한 연속 타격으로 업셋팅을 하는 충격식, (2) 리벳팅 공구가 지속적인 압착력을 가하는 압축식, (3) 충격과 압축의 조합식으로 구분할 수 있다. 대부분의 리벳팅 장비는 휴대용이고 수동으로 작동된다. 자동 드릴링 리벳팅 기계는 구멍을 뚫은 후, 리벳을 삽입하고 업셋팅을 해주는 단계를 한 기계에서 가능하게 해준다.

아일릿(eyelets)은 그림 30.11(a)와 같이 얇은 관상 체결구로서, 한쪽 편에 프랜지가 있고, 보통 금속 박판으로 만들어진다. 아일릿은 두 개(혹은 그 이상)의 평평한 부품에 영구적인 겹치기 이음을 만들기 위해 사용된다. 응력이 적게 걸리는 부분에는 재료, 무게, 비용을 절약하기 위해 리벳 대신에 아

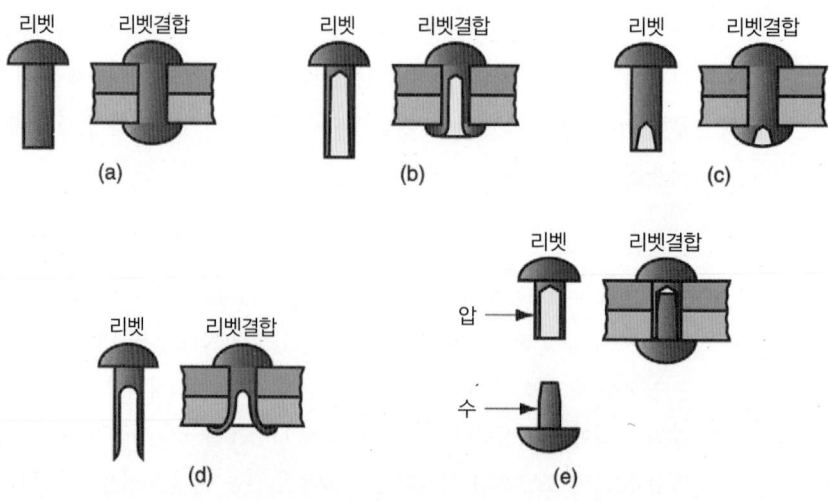

그림 30.10 다섯 가지 기본 리벳 유형. (a) 일체형, (b) 관상, (c) 반관상, (d) 분기형, (e) 압축형.

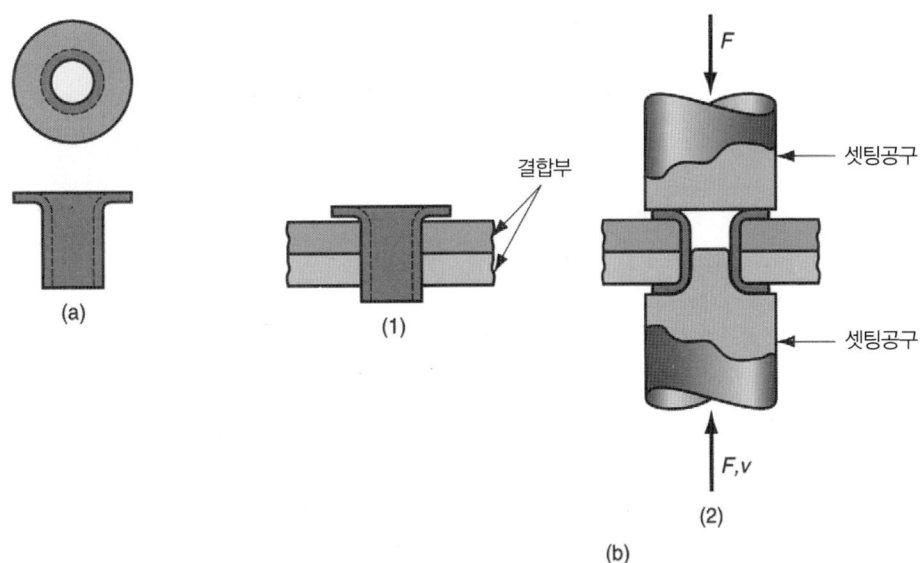

그림 30.11 아일릿을 이용한 체결. (a) 아일릿, (b) 조립순서, (1) 구멍 속에 아일릿 삽입, (2) 셋팅.

일릿을 사용할 수 있다. 체결 공정은 아일릿을 부품 구멍 속으로 삽입 후, 곧은 끝단을 성형하여 조립을 견고하게 한다. 성형 공정을 **셋팅**(setting)이라 부르는데, 반대 쪽 공구가 아일릿을 붙잡고 뻗어 나온 부분을 구부리게 된다. 그림 30.11(b)는 일반적인 아일릿 공정을 보여준다. 이 체결 방법은 자동차부품, 전기부품, 장난감, 의류 등에 적용된다.

30.3 간섭박음에 의한 조립법

결합할 두 부품 간의 기계적인 간섭(interference)을 바탕으로 한 조립 방법이 있다. 이 간섭은 조립 중 혹은 조립 후에 발생할 수 있는데, 부품을 하나로 유지시켜주는 역할을 한다. 이런 범주에 속하는 조립법에는 가압박음, 수축 및 팽창박음, 스냅박음, 멈춤링 등이 있다.

가압박음

가압박음(press fitting) 조립품에서는 두 부품 간에 간섭박음 현상이 나타난다. 전형적인 경우는 일정한 직경을 가지는 핀(예, 곧은 원통형 핀)을 그보다 약간 작은 직경을 가지는 구멍 속으로 밀어 넣는 것이다. 상업적으로 유통되는 표준 핀 크기가 있는데, (1) 부품을 위치시켜 고정-두 부품을 고정된 정렬점에 위치시켜 나사체결구를 강화, (2) 피봇점-한 부품이 다른 부품에 대해 회전하는 것을 허용, (3) 전단핀과 같은 기능을 한다. 전단핀을 제외하고는 보통 경화된 핀이 사용된다. 전단핀은 순간적이거나 심한 전단 부하를 받을 경우, 나머지 조립품을 보호하기 위해 쉽게 부서지도록 더 연한 금속으로 만든다. 가압박음은 칼라(collar), 기어, 풀리와 이들과 유사하게 축에 들어가는 부품의 조립에도 사용된다.

간섭박음의 압력과 응력은 몇 가지 공식에 의해 추정할 수 있다. 그림 30.12와 같이 박음이 칼라(혹은 유사 부품) 속의 원형핀 혹은 축으로 구성되고, 부품들이 동일한 재료일 경우, 핀과 칼라의 반경 방향 압력은 다음과 같이 구할 수 있다 [13].

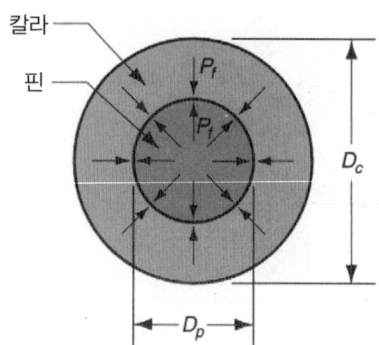

그림 30.12 간섭박음으로 핀 혹은 축이 칼라에 결합된 단면 모습.

$$P_f = \frac{Ei(D_c^2 - D_p^2)}{DpD_c^2} \tag{30.4}$$

여기서, p_f는 반경 방향 혹은 간섭박음 압력(MPa), E는 사용재료의 탄성계수, i는 핀(혹은 축)과 칼라 사이의 간섭치, 즉 칼라의 내경과 핀의 외경의 초기 차이값(mm), D_c는 칼라의 외경(mm), D_p는 핀 혹은 축 직경(mm)을 나타낸다.

최대 유효 응력은 칼라의 내부 직경에서 발생하는데, 다음과 같이 계산할 수 있다.

$$\text{Max } \sigma_e = \frac{2p_f D_c^2}{D_c^2 - D_p^2} \tag{30.5}$$

여기서, Max σ_e는 최대 유효 응력(MPa), p_f는 식 (30.4)로 계산되는 간섭박음 압력을 나타낸다.

직선 핀이나 축이 칼라가 아닌 형상을 가지는 대형 부품의 구멍 속으로 박혀 들어가는 경우에는 외경 D_c를 무한대로 바꾸어 이전 식에 적용하면 간섭압력의 공식이 다음과 같이 줄어든다.

$$p_f = \frac{Ei}{D_p} \tag{30.6}$$

이 경우, 최대 유효 응력은 다음과 같다.

$$\text{Max } \sigma_e = 2p_f \tag{30.7}$$

대부분의 경우, 특히 연성 재료의 경우에는 최대 유효 응력을 재료의 항복강도와 비교해야 하는데, 적절한 안전계수를 고려하면 다음과 같다.

$$\text{Max } \sigma_e \leq \frac{Y}{SF} \tag{30.8}$$

여기서, Y는 재료의 항복강도, SF는 적용 안전계수를 나타낸다.

다양한 형상의 핀이 간섭박음에 사용된다. 기본 유형은 **직선핀**(straight pin)으로 냉간 인발된 탄소강 선이나 봉으로 만들며, 직경은 1.6 ∼ 25.0 mm 정도이다. 연마는 되어 있지 않고, 끝단은 모따기가 되어 있거나 직각으로 되어 있다(모따기는 가압박음을 수월하게 해줌). **다우얼핀**(dowel pin)은 직선핀보다 더 정밀하게 제조되는데, 연마와 경화가 되어 있다. 다우얼핀은 금형, 치공구 등에서 부품조립을 위한 정렬을 위해 사용된다. **테이퍼핀**(taper pin)은 미터당 21.3 mm의 테이퍼를 가지고 있어 구멍에 삽입되어 부품간의 고정된 상대위치를 만들어 준다. 구멍 밖으로 쉽게 배출될 수 있다는 것이 장점이다.

추가적으로 몇 가지 다른 형상의 핀이 있다. **홈핀**(grooved pin)은 직선핀의 길이 방향으로 세 개의 홈이 파져 있어, 핀이 구멍에 들어갔을 때 각 홈에서 간섭을 일으켜준다. 그 밖에, 핀에 있는 널 (knurl)무늬가 구멍에서 간섭을 만들어주는 **널핀**(knurled pin), 압연판재로부터 코일스프링 형태로 만들어지는 **나선핀**(spiral pin)이라고도 불리는 **코일핀**(coiled pin)이 있다.

수축박음과 팽창박음

이 두 방법은 상온에서 두 부품을 간섭박음에 의해 조립할 때 사용된다. 대표적으로 칼라로 들어가는 원통형 핀 혹은 축이 있다. **수축박음**(shrink fitting)으로 조립하기 위해서는 외부 부품이 열에 의해 팽창되도록 가열하고, 내부 부품은 상온으로 두거나 수축을 위해 냉각시킨다. 그 다음에 두 부품을 조립시키고, 상온으로 되돌려주면 외부 부품이 수축되고, 만약 미리 내부부품을 냉각시킨 경우에는 상온에서 확장되어 더 강한 간섭이 일어난다. 내부 부품만을 냉각한 경우는 **팽창박음** (expansion fit)이라고 부른다. 즉, 조립할 부품 속으로 삽입된 후, 상온으로 온도가 올라감에 따라 팽창되어 간섭된 조립을 이루게 된다. 이들 조립 방법은 기어, 풀리, 슬리브(sleeve) 등의 부품을 축에 조립할 때 이용된다.

부품의 직경을 변화시키기 위한 가열과 냉각 방법에는 여러 가지가 있다. 가열 장비로는 토치, 노, 전기저항히터, 전기유도히터 등이 사용된다. 냉각 방법에는 냉장고, 드라이아이스, 액화질소와 같은 냉각액체 등이 포함된다. 직경의 변화는 재료의 열팽창계수와 가해지는 온도 차이에 따라 달라진다. 가열과 냉각에 의해 전부품의 온도가 균일하다고 가정하면, 직경변화는 다음과 같다.

$$D_2 - D_1 = \alpha\, D_1 (T_2 - T_1) \tag{30.9}$$

여기서, σ는 재료의 선형열팽창계수(mm/mm-°C)(표 4.1 참조), T_2는 부품이 가열된 혹은 냉각된 온도(°C), T_1은 시작(주변) 온도(°C), D_1는 T_2에서의 부품 직경(mm), D_1은 T_1에서의 부품 직경 (mm)을 나타낸다.

간섭압력과 유효응력 계산을 위한 식 (30.4)~(30.8)이 수축 및 팽창박음의 경우에도 사용할 수 있다.

걸쇠박음과 멈춤링

걸쇠박음(snap fits)은 간섭박음이 변형된 것으로서, 짝을 이루는 요소가 힘을 받으며 만날 때는 간섭을 일으키다가, 일단 조립이 되면 걸림(interlock)이 생기는 조립이 유지된다. 그림 30.13에 대표적인 예를 나타내었다. 부품들이 서로 힘을 받게 되면 간섭에 적응하기 위해서 짝을 이루는 부분이 탄성적으로 변형되어, 결과적으로 두 부품이 하나로 걸리게 된다.

일단 자리를 잡으면 부품이 기계적으로 연결되어 쉽게 분해되지 않는다. 일반적으로 조립 후에 약간의 간섭이 존재하도록 부품이 설계된다.

걸쇠박음 조립의 장점은 (1) 자체정렬 특성을 갖는 부품의 설계가 가능하고 (2) 특별한 공구가 불필요하며 (3) 신속한 조립이 가능하다. 걸쇠박음 방법은 초창기에 산업용 로봇에 적합한 이상적인 조립법으로 인식되었는데, 로봇에 적합한 조립기술이면 인간에게도 잘 맞는다고 할 수 있다.

멈춤링(retaining ring) 혹은 **스냅링**(snap ring)은 그림 30.14에 나타낸 바와 같이 축 혹은 관의 원주를 따라 형성되어 있는 홈에 맞추는 체결구이다. 이 체결구는 축상에 부착되는 부품을 위치시키거나 움직임을 구속하기 위해 사용된다. 멈춤링은 외부용(축)과 내부용(구멍)으로 사용할 수 있다. 금속박판이나 선재로부터 만들어지고, 경도와 인성을 강화하기 위하여 열처리된다. 멈춤링을 조립하기

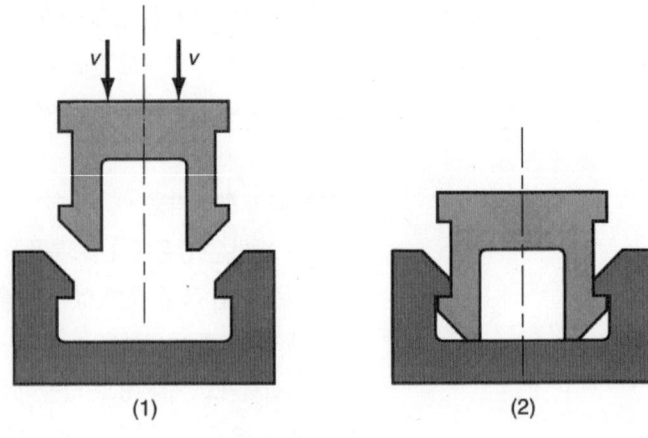

그림 30.13
걸쇠박음 조립 대상 두 부품.
(1) 조립전, (2) 합체 후.

(1)   (2)

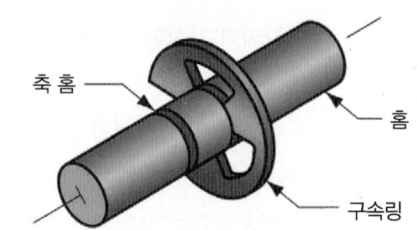

그림 30.14
축 홈에 조립된 구속링.

위해서는 특수 플라이어 공구를 사용하여 탄성적인 변형을 주어 축 상에(혹은 구멍 속) 박아 넣은 후, 홈 속에서 풀어주게 된다.

30.4 기타 기계적 체결 방법

앞서 설명한 기계적인 조립 기술 이외에, 체결구를 사용하는 몇 가지 추가적인 방법들이 있다. 이 방법에는 바느질, 봉합, 재봉, 코터핀 등이 있다.

바느질, 봉합, 재봉

산업용 바느질과 봉합은 U자형의 금속 체결구를 사용하는 것과 같은 유사한 공정이다. **바느질** (stitching)은 바느질 기계를 이용하여 강선으로부터 U자형 바느질을 한 번에 하나씩 형성시켜, 결합할 부품에 즉시 밀어 넣는 체결 공정이다. 그림 30.15는 와이어 바느질의 몇 가지 유형을 보여준다. 결합할 부품은 바느질 크기에 맞으면서 비교적 얇은 것이 적합하고, 금속과 비금속 재질의 다양한 조합의 조립에 응용될 수 있다. 산업용 바느질은 경량의 금속박판 조립품, 금속 경첩, 전기적 연결, 잡지 제본, 골판지 상자, 최종 제품 포장 등에 사용된다. 이렇게 다양한 용도로 바느질이 선호되는 경우는 (1) 고속 공정, (2) 부품에 구멍을 미리 낼 필요가 없는 경우, (3) 부품을 둘러싸는 체결구가 필요한 경우 등이다.

봉합(stapling)에서는 U자형 봉합이 결합할 두 부품에 펀치되어 관통하게 된다. 봉합은 사용하기 쉬운 스트립(strip) 형태로 공급된다. 개별 봉합은 가볍게 붙어 스트립을 형성하고 있지만, 봉합 공구에 의해 쉽게 분리될 수 있다. 봉합은 공작물 속으로 삽입이 원활히 이루어지도록 다양한 끝단 형상을 가질 수 있다. 일반적으로 휴대용 공압 건(gun)을 사용하여 공정이 이루어지는데, 수백 개의 봉합

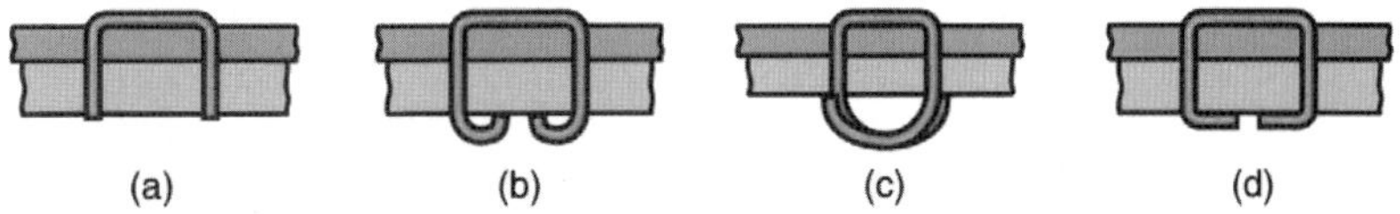

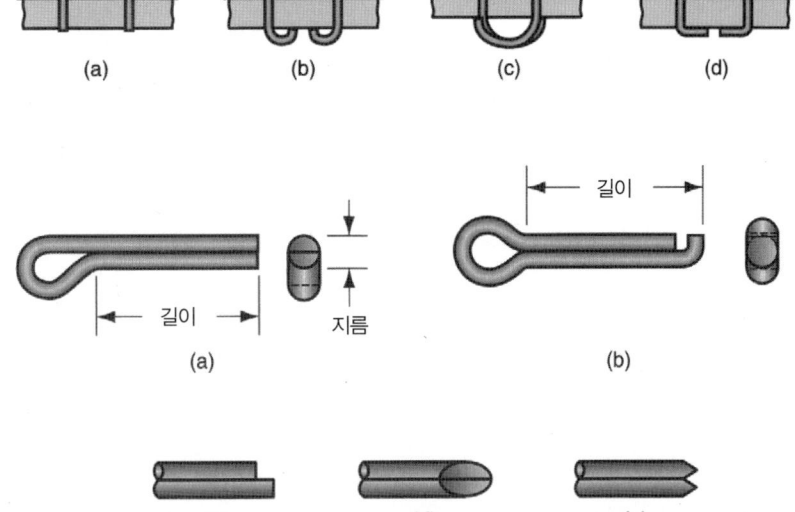

그림 30.15 와이어 바느질의 일반적 유형. (a) 비구부림형, (b) 표준루프형, (c) 우회루프형, (d) 평구부림형.

그림 30.16 코터핀. (a) 오프셋 머리와 표준 끝단, (b) 대칭 머리와 망치잠금 끝단, (c) 사각 끝단, (d) 주교관형 끝단, (e) 정 끝단.

으로 구성되는 스트립을 장착할 수 있다. 적용 분야는 가구와 실내 장식용품의 조립, 자동차 시트 조립, 경량의 금속박판 및 플라스틱 조립 작업 등이다.

재봉(sewing)은 옷감과 가죽과 같은 부드럽고 유연한 부품을 결합하는 일반적인 방법이다. 부품 사이에서 연속적인 이음매를 만들어주기 위해 긴 실이나 끈으로 부품을 엮어준다. 이 공정은 의류를 취급하는 산업에서 널리 사용되고 있다.

코터핀

코터핀(cotter pin)은 그림 30.16처럼 반원의 와이어로부터 만들고, 두 다리로 이루어진 끝단을 가지는 체결구이다. 직경은 0.8 mm에서 19 mm 정도로 다양하고, 끝단의 형상도 그림에서와 같이 몇 가지가 있다. 코터핀은 짝이 되는 두 부품의 구멍에 삽입된 후, 두 다리를 벌려서 조립품을 고정시키게 된다. 축이나 유사한 부품에 다른 부품을 고정시키는 목적으로 사용된다.

30.5 몰딩삽입구와 복합체결구

이 조립방법은 주조, 몰딩, 판금성형 등과 같은 공정을 통해 조립 부품 중 하나를 성형하여 부품 간에 영구 결합을 만들어내는 방법이다.

몰딩과 주조용 인서트

이 방법은 플라스틱 몰딩이나 금속주조에 앞서서 주형 속에 하나의 부품을 삽입시켜 몰딩 혹은 주물과 일체화된 영구적 부품으로 만드는 방법이다. 인서트(insert) 재료의 우수한 특성(예, 강도)이 필요한 경우나 얻고자 하는 제품 형상이 너무 복잡하여 주형으로 그 형상을 만들기에 어려운 경우에는 분리된 부품으로 만들어 삽입하는 것이 형상을 몰딩을 통해 얻는 것보다 유리하다. 이러한 인서트의 예로는 내부에 나사가 있는 부싱과 너트, 외부에 나사가 있는 스터드, 베어링, 전기접점 등이다. 이들 중 일부를 그림 30.17에 나타내었다. 내부나사 인서트를 사용할 때에는 용융재료가 나사구멍으로 흘

그림 30.17 몰딩삽입구의 예. (a) 나사 부싱, (b) 나사 스터드.

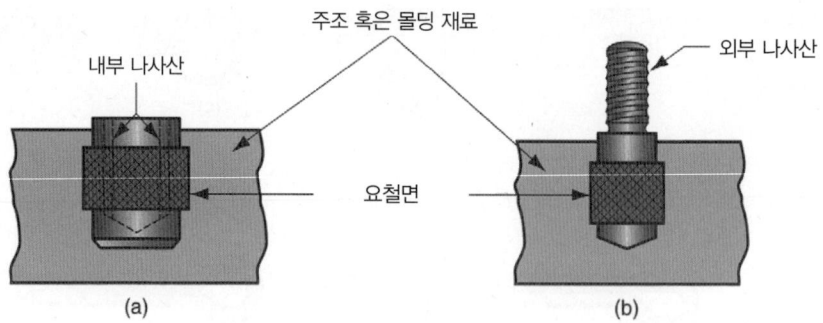

러들어가는 것을 방지하기 위해서 나사핀과 함께 주형 속에 넣어야 한다.

인서트를 주형 속에 사용하는 것은 생산에 있어서 다음과 같은 단점이 있다. (1) 주형의 설계가 더 어려워진다. (2) 인서트를 공동 속에서 자리 잡게 하는 데에 시간을 소비하여 생산율을 저하시킨다. (3) 인서트가 주물 혹은 몰딩 제품에 대해서는 이물질이므로 결함제품의 경우, 주물금속 혹은 플라스틱을 재생하기가 어렵다. 이러한 여러 단점이 있지만, 때로는 인서트의 사용이 가장 기능적인 설계와 경제적인 생산 방법이다.

복합체결구

복합체결구(Integral Fasteners)는 부품의 변형을 통해서 인터록(interlock)과 기계적인 체결 부위를 만들어낸다. 이 조립방법은 금속박판 부품에 널리 사용되고 있다. 그림 30.18에 나타낸 바와 같이 복합체결구를 응용할 수 있는 방법으로는 (a) 와이어나 축을 박판부품에 부착시키는 **돌출탭**(lanced tab) 방법, (b) 돌기를 한쪽 부품에 만들고, 다른 쪽 부품은 평평하게 만들어 조립하는 **돌기부**(embossed protrusions) 방법, (c) 두 박판 부품의 모서리나 반대편 모서리를 구부려 체결 이음매를 만드는 **시밍**(seaming) 방법, 이 방법에서 금속은 구부릴 수 있도록 연한 재질이어야 한다. (d) 속이 빈 관 형태의 부품을 그보다 직경이 작은 축(혹은 원통형 부품)에 끼운 후, 축에 난 홈을 따라 바깥 부품을 안으로 변형시켜서 두 부품 간의 간섭을 원주를 따라 유발시키는 비딩(beading) 방법과 (e) 안쪽 부품을 구속시키기 위해 바깥쪽 부품을 오목한 원형 부위들이 생기도록 변형시키는 **딤플링**(dimpling) 방법 등이 있다.

잔주름가공(crimping)은 또 다른 복합체결법으로서, 한쪽 부품의 끝이 결합될 부품 위에서 변형이 되는 조립방법이다. 전기단자의 배럴(barrel)을 전기선상에 압착시키는 경우에 사용된다(33.5.1절).

30.6 조립성 감안 설계

조립성 감안 설계(design for assembly, DFA)는 최근 들어, 많은 제조업체의 노동비 중 조립공정의 비중이 상당히 크기 때문에 많은 주목을 받고 있다. 성공적인 조립성 감안 설계는 다음과 같이 간단히 기술될 수 있다 [3]. (1) 부품수를 최소화하여 제품을 설계하고, (2) 쉽게 조립되도록 부품을 설계한다. 제품의 개별 부품수는 제품설계 단계에서 결정되고 부품들이 조립되는 방법도 결정되기 때문에, 조립비용의 상당 부분은 제품설계 단계에서 결정된다고 할 수 있다. 조립비용이 결정되면, 조립비용에 영향을 주는 다른 일은 거의 없다(공정이 제대로 수행되도록 관리하는 일은 제외).

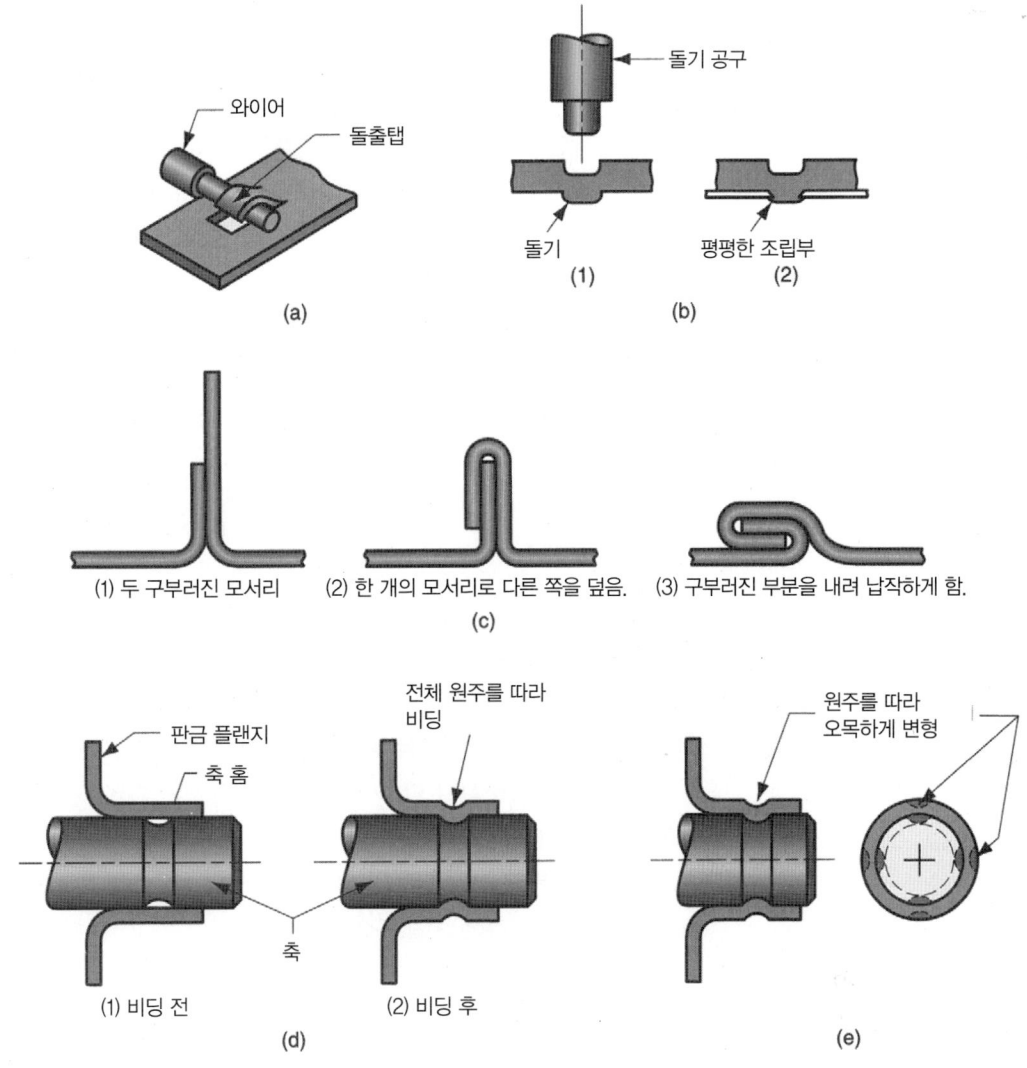

그림 30.18 복합체결구. (a) 박판에 와이어나 축을 부착하기 위한 돌출탭, (b) 리벳팅과 유사한 돌기부, (c) 시밍, (d) 비딩, (e) 딤플링. 그림 (b), (c), (d)의 괄호는 순서를 나타냄.

이 절에서는 제품설계에서 조립을 원활히 하기 위해 적용할 수 있는 원칙에 대하여 설명한다. 대부분의 원칙은 기계조립을 위하여 개발된 것이고, 일부분은 다른 조립 및 접합공정에 적용된다. 조립성 감안 설계에 대한 연구는 산업체에서 자동조립시스템의 활발한 사용으로 더욱 발전되어 왔다. 따라서, (1) 조립성 강한 설계의 일반적인 원칙과 (2) 자동조립을 위한 설계로 나누어 설명한다.

30.6.1 조립성 감안 설계의 일반적 원칙

대부분의 일반 원칙은 수동과 자동 조립에 적용할 수 있다. 일반 원칙의 목표는 가장 간단하고 가장 저렴한 방법으로 요구되는 설계의 기능성을 확보하는 것이다. 다음의 원칙들은 참고문헌 [1], [3], [4] 및 [6]에서 발췌한 것이다.

■ **필요한 조립작업의 양을 줄이기 위해 가능한 부품수를 줄여라.** 이 원칙은 개별 부품들을 통해 얻을

그림 30.19 대칭부품이 삽입하여 조립하기가 용이. (a) 삽입을 위해 단지 하나의 방향만이 가능, (b) 두 방향이 가능, (c) 네 방향이 가능, (d) 무한대의 회전 방향.

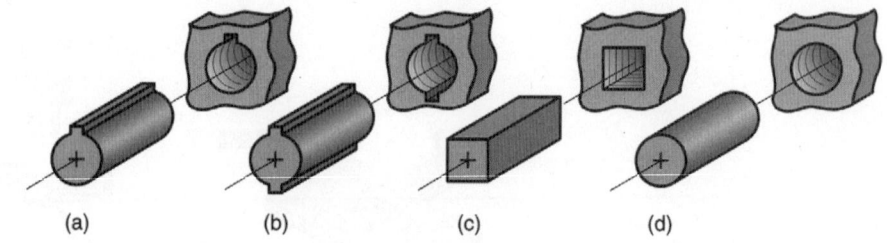

(a)   (b)   (c)   (d)

기능들이 동일한 부품 속에서 이루어지도록 결합함으로써 달성된다(예, 판금재 부품들의 조립품을 하나의 플라스틱 사출성형품으로 대체).

■ **필요한 나사체결구의 수를 줄여라.** 개별적인 나사체결구를 사용하는 대신에, 걸쇠박음, 멈춤링, 복합체결구와 이와 유사한 체결 메커니즘을 이용하여 보다 신속한 조립이 이루어지도록 한다. 나사체결구는 꼭 필요한 경우(예, 분해나 조정이 필요한 경우)에만 사용한다.

■ **체결구를 표준화하라.** 이것은 제품에 필요한 체결구의 크기와 유형의 숫자를 줄이기 위한 것이다. 표준화에 의해 주문과 재고 문제가 줄어들게 되고, 조립작업자가 많은 개별 체결구를 일일이 구별해야 할 필요가 없어지고, 작업장이 단순화되며, 체결공구의 다양성도 줄어든다.

■ **부품방향성의 난이도를 줄여라.** 일반적으로 부품을 대칭으로 설계하고 비대칭성의 특정 형상을 최소화함으로써 방향성 문제를 줄일 수 있다. 이런 방법으로, 조립시 부품 취급과 삽입을 더 쉽게 할 수 있다. 이 원칙을 그림 30.19에 나타내었다.

■ **부품의 얽힘을 피하라.** 일부 부품 형상은 부품 용기 속에서 얽힘을 유발하여, 조립 작업자를 어렵게 만들거나 자동 공급기를 정지시킬 수 있다. 그림 30.20과 같이 고리, 구멍, 홈, 컬(curl) 형상의 부품에서 이러한 경향이 더 잘 나타난다.

30.6.2 자동조립을 위한 설계

수동조립에 적합한 방법들이 자동조립을 위한 최적의 방법은 아니다. 작업자에 의해 수행되는 일부 조립공정은 자동화하기에 상당히 어렵다(예, 볼트와 너트의 조립). 조립공정을 자동화하기 위해서는 기계에 의한 삽입과 접합 기술이 가능하고 인간이 지닌 감각, 숙련도 및 지능이 필요 없는 부품체결 방법을 제품설계 시에 정해주어야 한다. 다음은 자동조립을 가능하게 해줄 수 있는 제품설계 원칙이다 [6], [10].

■ **제품설계에 있어 모듈을 사용하라.** 자동조립시스템으로 수행할 세부 작업수가 증가할수록 시스템의 신뢰성이 떨어진다. 이 신뢰성 문제를 줄이기 위해서, Riley [10]는 단일 조립시스템 상에서 생산될 수 있는 최대 12개 혹은 13개 부품으로 구성되는 모듈이나 반조립품으로 구성되는 모듈화된 제품 설계를 제안하였다. 또한, 반조립품은 다른 부품이 더해질 수 있는 기초부품으로 설계되어야 한다.

■ **한 번에 다수 부품이 취급될 필요를 줄여라.** 자동조립이 실현되기 위해서는 동일한 작업장에서 다수의 부품이 동시에 취급되어 체결되는 것보다는 다른 여러 작업장으로 공정들을 분리시키는 것이 좋다.

■ **필요한 접근 방향을 제한하라.** 반조립품에 새로운 부품이 합쳐질 방향의 수를 최소화하는 것을 의

그림 30.20 (a) 얽히기 쉬운 부품 형상, (b) 얽힘을 방지하기 위해 설계된 부품.

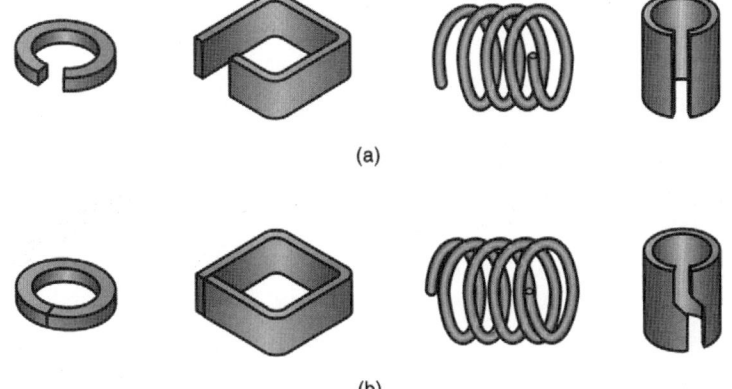

(a)

(b)

미한다. 가능하다면 모든 부품을 상방향에서 수직으로 합쳐지도록 하는 것이 이상적이다.

- **고품질의 부품을 사용하라.** 고성능의 자동조립시스템을 위해서는 각 작업장에서 지속적으로 양질의 부품이 공급되어야 한다. 나쁜 품질의 부품은 공급과 조립 메커니즘이 멈추어 가동이 정지될 수 있다.
- **걸쇠박음 조립을 사용하라.** 나사체결구의 필요성을 제거하고, 조립이 보통 위로부터 단순한 삽입으로 이루어지도록 한다. 이를 위해서는 부품의 삽입과 체결이 쉽게 될 수 있는 특수한 요철 형상으로 설계되어야 한다.

참고문헌

[1] Andreasen, M., Kahler, S., and Lund, T. *Design for Assembly.* Springer-Verlag, New York, 1988.

[2] Blake, A. *What Every Engineer Should Know About Threaded Fasteners.* Marcel Dekker, New York, 1986.

[3] Boothroyd, G., Dewhurst, P., and Knight, W. *Product Design for Manufacture and Assembly.* 2nd ed. CRC Taylor & Francis, Boca Raton, Florida, 2001.

[4] Bralla, J. G. (Editor-in-Chief). *Design for Manufacturability Handbook,* 2nd ed. McGraw-Hill, New York, 1998.

[5] Dewhurst, P., and Boothroyd, G. "Design for Assembly in Action," *Assembly Engineering,* January 1987, pp. 64–68.

[6] Groover, M. P. *Automation, Production Systems, and Computer Integrated Manufacturing,* 3rd ed. Pearson Prentice-Hall, Upper Saddle River, New Jersey, 2008.

[7] Groover, M. P., Weiss, M., Nagel, R. N., and Odrey, N. G. *Industrial Robotics: Technology, Programming, and Applications.* McGraw-Hill, New York, 1986.

[8] Nof, S. Y., Wilhelm, W. E., and Warnecke, H-J. *Industrial Assembly.* Chapman & Hall, New York, 1997.

[9] Parmley, R. O. (ed.). *Standard Handbook of Fastening and Joining,* 3rd ed. McGraw-Hill, New York, 1997.

[10] Riley, F. J. *Assembly Automation, A. Management Handbook,* 2nd ed. Industrial Press, New York, 1999.

[11] Speck, J. A. *Mechanical Fastening, Joining, and Assembly.* Marcel Dekker, New York, 1997.

[12] Whitney, D. E. *Mechanical Assemblies.* Oxford University Press, New York, 2004.

[13] Wick, C., and Veilleux, R. F. (eds.). *Tool and Manufacturing Engineers Handbook,* 4th ed., Vol. IV, *Quality Control and Assembly.* Society of Manufacturing Engineers, Dearborn, Michigan, 1987.

복습문제

30.1 기계적 조립방법은 다른 결합 방법들(예, 용접, 경납접 등)과 어떤 차이가 있는가?

30.2 조립품이 분해되어야 할 경우가 필요한 이유는 무엇인가?

30.3 나사와 볼트의 기술적인 차이점은 무엇인가?

30.4 나사체결구로서 스터드란 무엇인가?

30.5 토크회전 조임(torque-turn tightening)이란 무엇인가?

30.6 나사체결구에 적용하는 용어로서 항복강도의 정의는 무엇인가?

30.7 나사체결구가 조여지는 동안 파손되는 유형 세 가지는 무엇인가?

30.8 리벳이란 무엇인가?

30.9 수축박음과 팽창박음의 차이점은 무엇인가?

30.10 걸쇠박음의 장점들은 무엇인가?

30.11 산업용 바느질과 봉합의 차이점은 무엇인가?

30.12 복합체결구란 무엇인가?

30.13 조립성감안 설계의 일반적인 원칙과 지침을 열거하여라.

30.14 자동조립에 특별히 적용될 원칙과 지침을 열거하여라.

객관식문제(16개의 답)

30.1 다음 중 기계적 조립 방법이 다른 결합 공정에 비해 선호되는 이유는? (두 개의 답) (a) 조립의 용이성, (b) 해체의 용이성, (c) 크기의 경제성, (d) 모재의 용융, (e) 모재에 열영향부가 없음, (f) 전문적 생산 활동.

30.2 대부분의 외부 나사체결구는 다음의 어떤 가공으로 생산되는가? (a) 절삭, (b) 밀링, (c) 탭핑, (d) 롤링, (e) 회전.

30.3 나사체결구에서 필요로 하는 선부하를 달성하기 위해 가해야 할 토크는 다음 중 어떤 방법에 의해 만들어지는가? (세 개의 답) (a) 아버(arbor) 프레스, (b) 예비하중법, (c) 작업자의 손감각, (d) 걸쇠박음, (e) 멈춤모터 렌치, (f) 토크 렌치, (g) 잠금와셔.

30.4 다음 중 나사체결구의 체결 중에 발생하는 파손은? (두 개의 답) (a) 체결 공구에 의해 가해지는 힘에 의해 체결구의 머리에 걸리는 과도한 압축응력, (b) 체결구의 다리부분에 걸리는 과도한 압축응력, (c) 체결구의 다리부분에 걸리는 과도한 전단응력, (d) 체결 공구에 의해 가해지는 힘에 의해 체결구의 머리에 걸리는 과도한 인장응력, (e) 체결구의 다리부분에 걸리는 과도한 인장응력, (f) 내부 및 외부 나사선의 벗겨짐.

30.5 수축박음과 확장박음의 차이점은 수축박음에서는 내부 부품이 낮은 온도에서 크기가 작아지면서 수축되어 결합되고, 확장박음에서는 외부 부품이 가열되어 크기가 커지면서 결합된다. (a) 참, (b) 거짓.

30.6 다음 중 걸쇠박음 조립의 장점은? (세 개의 답) (a) 맞춤이 원활해질 수 있는 특징형상을 가지고 부품을 설계, (b) 해체의 용이성, (c) 열영향부가 없음, (d) 특수공구가 불필요, (e) 신속한 조립, (f) 다른 조립방법보다 강한 결합력.

30.7 산업용 바느질과 봉합의 차이점은 바느질은 공정중에 U자형 체결구가 형성되는 반면, 봉합에서는 체결구가 미리 성형되어 사용된다는 점이다. (a) 참, (b) 거짓.

30.8 조립비용의 관점에서 응력을 보다 균일하게 분배하기 위해서는, 몇 개의 큰 나사체결구를 사용하는 것보다는 다수의 작은 나사체결구를 사용하는 것이 더 바람직하다. (a) 참, (b) 거짓.

30.9 다음 중 자동조립을 수행하기에 좋은 제품 설계는 어떤 것인가? (두 개의 답) (a) 가능한 적은수의 부품으로 조립품을 설계, (b) 분해를 위해서, 가능한 경우마다 볼트와 너트를 사용하여 설계, (c) 설계의 유연성을 위해서 가능한 많은 종류의 체결구를 사용, (d) 서로 합체될 부분에 비대칭 형상을 사용하여, 합체될 방법의 수를 최소화, (e) 기초부품에 부품을 더해 나갈 때, 필요한 접근 방향을 제한.

연습문제

나사체결구

30.1 직경 5 mm의 볼트가 250 N의 선부하력을 생성하도록 조여지고 있다. 토크계수가 C = 0.23이라면, 가해야할 토크는 얼마인가?

30.2 9.4 × 1.05 너트와 볼트(9.4 mm 직경, 1.05 mm 피치)가 두 개 철판의 구멍에 삽입되어 4.5 kN의 힘으로 조여진다. 토크 계수가 0.2일 때, (a) 조이기 위해 필요한 토크는 얼마인가? (b) 볼트에 걸리는 응력은 얼마인가?

30.3 10 × 1.5 볼트(10 mm 직경, 1.5 mm 피치)가 나사구멍에 돌려 들어가, 830 MPa인 항복강도의 반으로 조여진다. 토크계수 C = 0.18이라면, 사용할 최대 토크는 얼마인가?

30.4 16 × 2 나사(16 mm 직경, 2 mm 피치)가 조여지는 동안 15 N-m의 토크를 받는다. 토크계수 C = 0.24인 경우, 볼트의 인장응력을 계산하여라.

30.5 1/2-13 나사에 4.5 kN의 인장력의 초기부하가 걸려있다. 토크 계수가 0.22일 때 볼트를 조이는 데 필요한 토크는 얼마인가?

30.6 나사체결구가 몇 가지 시스템에서 유용하게 사용된다. 거친 피치와 세밀 피치 두 가지가 있는데(표 30.1) 세밀 나사산은 그렇게 깊게 절삭하기 않아 같은 공칭 직경의 면적에 더 큰 인장 응력이 걸린다. (a) 12 mm 볼트의 거친 피치 및 세밀 피치 나사산에 안전하게 적용될 수 있는 최대 초기부하는 얼마인가? (b) 거친 나사산에 비해 세밀 나사산에 몇 %가 증가한 초기 부하가 적용되는가? 거친 피치는 1.75 mm, 세밀 피치는 1.25 mm

이고, 두 볼트의 항복강도는 600 MPa이라고 가정한다.

30.7 토크랜치가 자동차 최종 조립 공장에서 20 × 2.5 볼트에 사용된다. 95 N-m의 토크가 렌치에 의해 발생된다. 토크 계수가 0.17일 경우 볼트에 걸리는 인장 응력은 얼마인가?

30.8 설계자가 어떤 제품에 9.5 × 1.5 저탄소 볼트(9.5 mm 공칭 직경, 2.5 mm 피치)가 228 MPa의 항복강도(표 30.2 참조)로 힘을 받도록 지정했다. 토크계수 C = 0.25라면, 사용할 최대 토크는 얼마인가?

30.9 300 mm 길이의 렌치가 20 × 2.5 볼트를 조이기 위해 사용된다. 볼트의 항복강도는 380 MPa이고 토크계수는 0.21이다. 볼트가 영구적으로 변하지 않게 렌치의 끝단에 적용할 수 있는 최대 힘은 얼마인가?

30.10 25 × 3 저탄소강 볼트(25 mm 직경, 3 mm 피치)가 어떤 제품에 사용된다. 항복강도의 75%인 228 MPa이 초기부하로 걸려 있다. 그러나, 볼트가 부품 적용에는 너무 크고 강도도 너무 강해서 더 작은 볼트가 필요하다. (a) 회사에서 사용되는 다음의 6.25 × 1.25, 8 × 1.4, 9.5 × 1.5, 12.5 × 2, 15 × 2.2, 18 × 2.5의 표준 볼트를 사용하여 같은 초기부하를 얻을 수 있는 합금강 볼트의 최소 공칭 크기는 얼마인가? (b) 토크 계수가 0.2라면, 초기 2.5 cm 볼트 및 (a)에서 선택된 합금강 볼트로 초기부하를 얻기 위해 필요한 토크는 얼마인가?

간섭박음

30.1 강철(탄성계수 E = 209,000 MPa)로 만든 다우얼핀이 강재 칼라에 가압박음으로 들어간다. 핀의 공칭직경은 16 mm이고, 칼라의 외경은 27 mm이다. (a) 축의 외경과 칼라의 내경 사이의 간섭량이 0.03 mm일 경우, 반경방향 압력과 최대 유효응력을 계산하여라, (b) 칼라의 외경을 39 mm로 증가시킬 경우, 반경방향 압력과 최대 유효응력에 미치는 영향을 결정하여라.

30.2 합금강으로 만든 핀이 대형 기계 기초부에 가공된 구멍으로 가압박음된다. 구멍의 직경은 6.24 cm이고 핀의 직경은 6.25 cm이다. 기계 기초부는 1.2 m × 2.4 m이고, 기초부와 핀의 탄성계수는 205 GPa, 항복강도는 585 MPa, 인장강도는 828 MPa이다. (a) 기초부와 핀 사이에 걸리는 반경방향 압력은 얼마인가? (b) 계면에 걸리는 최대 유효응력은 얼마인가?

30.3 알루미늄(탄성계수 E = 69,000 MPa) 기어가 알루미늄 축에 가압박음된다. 기어의 이뿌리원 직경은 55 mm

이다. 기어의 공칭 내경은 30 mm이고, 간섭량은 0.10 mm이다. 다음을 계산하여라. (a) 축과 기어 사이의 반경방향 압력, (b) 기어의 내경부에 작용하는 최대 유효응력.

30.4 강철 칼라가 강철 축에 가압박음된다. 강철의 탄성계수는 210 × 10³ MPa이다. 칼라의 내경은 6.245 cm, 축의 외경은 6.25 cm이고 칼라의 외경은 10 cm이다. (a) 조립품의 반경방향 압력은 얼마인가? (b) 칼라의 내경부에 작용하는 최대 유효응력은 얼마인가?

30.5 어떤 금속의 항복강도는 345 MPa이고 탄성계수는 150 × 10³ MPa이다. 이 금속이 같은 금속으로 만든 축에 결합하기 위해 가압박음 조립을 위한 외부 링에 사용되었다. 링의 공칭 내경은 2.5 cm이고 외경은 6.25 cm이다. 안전계수를 2.0으로 하여 이 조립품에 사용될 수 있는 최대 간섭량은 얼마인가?

30.6 상온(21°C)에서 직경이 40.0 mm인 알루미늄 축이 있다. 알루미늄의 열팽창계수는 α = 24.8 × 10⁻⁶ mm/mm per °C이다. 이 축을 팽창박음으로 구멍에 넣기 위해서 0.20 mm만큼 직경을 줄여야 한다면, 축이 냉각되어야 할 온도는 얼마인가?

30.7 상온(21°C)에서 안지름이 30 mm 바깥지름이 50 mm인 강철 링이 있다. 강의 열팽창계수는 α = 12.1 × 10⁻⁶ mm/mm per °C이다. 이 링이 500°C로 가열되었을 때 안지름을 구하여라.

30.8 강철 칼라가 상온(21°C)에서 371°C로 가열된다. 칼라의 내경은 2.5 cm, 외경은 4.06 cm이다. 강철의 열팽창계수가 0.12 × 10⁻⁶ cm/cm per °C이라면, 칼라 내경의 증가량은 얼마인가?

30.9 150kW 모터 외축의 베어링이 축에 꽉 끼어지도록 가열되었다. 21°C에서 베어링의 내경은 10 cm이고 외경은 10.01 cm이다. 축과 베어링의 탄성계수는 210 × 10³ MPa이고, 열팽창계수는 0.12 × 10⁻⁶ cm/cm per °C이다. (a) 베어링이 축과의 0.005의 간극을 가지기 위한 온도는 얼마인가? (b) 조립되어 냉각된 후에 베어링과 축과의 반경방향 압력은 얼마인가? (c) 베어링의 최대 유효응력은 얼마인가?

30.10 상온에서 외경이 7.5 cm인 강철 칼라가 축은 상온으로 유지하면서 고온으로 가열하여 강철 축에 가압박음된다. 축 직경은 3.75 cm이다. 칼라가 538°C의 온도로 가열될 때 손쉽게 조립하기 위해서 축과 칼라의 간극은 0.017 cm가 되어야 한다. (a) 이 간극을 만족하는 상온에서의 칼라의 초기 내경은 얼마인가? (b) 반경방향 압력은 얼마인가? (c) 상온(21°C)에서 내경부에 작용하는 최대 유효응력은 얼마인가? 강철의 탄성계수는 210 × 10³ MPa, 열팽창계수는 0.12 × 10⁻⁶ cm/cm per °C이다.

30.11 팽창박음을 통해서 어떤 핀을 칼라에 삽입하고자 한다. 핀과 칼라 금속의 열팽창계수는 12.3 × 10⁻⁶ mm/mm/°C, 항복강도는 400 MPa, 탄성계수는 209 GPa이다. 상온(20°C)에서 칼라의 외경과 내경은 각각 95.00 mm와 60.00 mm이고, 핀 직경은 60.03 mm이다. 핀이 칼라 안으로 조립되어 들어갈 수 있도록, 냉각에 의해 직경이 줄어드는데, 이때 간극은 0.06 mm가 된다. (a) 조립을 위해 핀이 냉각될 온도는 얼마인가? (b) 조립 후 상온에서 반경방향 압력은 얼마인가? (c) 조립결과물의 안전계수는 얼마인가?

제 IX 부

특수 가공 및 조립 공정

급속조형

31.1 급속조형의 기초

31.2 급속조형 기술
  31.2.1 액체기반 급속조형 시스템
  31.2.2 고체기반 급속조형 시스템
  31.2.3 분말기반 급속조형 시스템

31.3 급속조형 기술의 응용

제IX부에서는 그림 1.4에 표시된 분류 구조에 포함되지 않는 공정기술과 조립기술들에 대해 설명한다. 이러한 기술은 전통적인 제조공정 및 조립작업으로부터 변형된 것이거나, 특별한 기능 또는 설계자 및 제조자의 요구를 만족하기 위해 새로이 개발된 것이다. 본 장에서 다루어지는 급속조형 기술은 모델, 제품 또는 공구를 빠른 시간에 제작하는 기술을 의미한다. 32장과 33장은 경제적인 중요성이 커지고 있는 전자부품 제조에 사용되는 기술들을 다룬다. 32장은 집적회로 공정을 설명하고, 33장은 전자 조립과 패키징 기술을 살펴본다. 34장에서는 매우 작은 부품과 제품을 생산하는 데 사용되는 마이크로 및 나노가공기술에 대해 살펴본다. 마이크로가공기술은 마이크론(10^{-6} m) 단위의 제품을 생산하는 기술이며 나노가공기술은 나노스케일(10^{-9} m)의 부품을 제작하는 기술을 의미한다. 본 파트의 네 개의 장에서 다루어지는 기술은 상대적으로 최신의 기술이다. 급속조형은 1988년경 시작되었으며, 초기에 비해 비약적인 발전이 이루어진 전자부품 제조 기술 역시 1960년도에 시작되었다 (역사적 고찰 32.1). 35장에서 소개되는 마이크로 가공 기술은 전자소자 제조 공정 개발 직후 출현하였으며, 최근 각광받는 나노가공기술의 경우 1990년대에 개발이 시작되었다.

    급속조형(rapid prototyping, RP)은 대상 제품의 CAD(computer aided design)모델을 기반으로 짧은 시간 내에 공학적 시제품(prototype)을 만들도록 개발된 공정들의 총칭이다. 전통적인 시제품 제작공정은 절삭가공으로, 이는 부품의 복잡성과 재료 주문의 어려움, 장비 사용 계획 등에 따라, 최대 수주 정도의 시일을 요구하는 공정이다. 때때로 수주 이상이 소요되는 경우도 있다. 최근에는 CAD 시스템으로 생성된 제품의 컴퓨터 모델이 주어진 경우, 몇 주가 아닌 수일 또는 수시간 내에 시

제품을 제작할 수 있는 다양한 급속 조형기술이 개발되어 사용되고 있다.

31.1 급속조형의 기초

급속조형 기술은 설계자가 컴퓨터 모델이나 도면보다는 설계된 제품의 실제 물리적 모형을 갖고자 하는 욕구에 의해 개발되었다. 제품 설계에 있어 시제품(prototype)의 제작단계는 종합화의 단계이다. 제품설계에 대한 컴퓨터 모델인 **가상모형**(virtual prototype)은 설계자들이 부품을 관찰하기에 충분하지 않으며, 비록 유한요소법이나 다른 방법으로 가상 실험이 가능할지라도, 제품에 실제 물리적인 실험은 불가능하다. 적절한 급속조형 기술을 사용하는 경우, 견고하고 물리적인 시제품이 상대적으로 짧은 시간(만일 회사에서 급속조형 장비를 갖추고 있다면 수시간, 또는 급속조형을 전문으로 하는 외부회사에서 제작해야 한다면 수일)에 제작될 수 있으며, 설계자들은 부품을 시각적으로 검토하고, 물리적으로 느낄 수 있고, 장단점을 평가하기 위한 시험과 실험을 수행할 수 있다.

현재까지 개발된 급속조형 기술은 크게 (1) **재료 제거**(material removal) 공정과 (2) **재료 첨가** (material-addition) 공정의 두 가지의 범주로 구분될 수 있다. 재료제거 급속조형은 설계부서에 사용이 가능한 전용 컴퓨터 수치제어(CNC) 기계가 구축된 경우 이를 사용한 절삭가공 공정(주로 밀링과 드릴링, 20장)으로 구현된다. 이때 CNC 공정을 위해 CAD 모델로부터 가공 프로그래밍(NC) 코드 작성이 선행되어야 한다(35.3.3절). 가공의 초기 소재는 보통 고체 블록 형태의 왁스 재료로 가공이 매우 용이하고, 시제품이 더 이상 필요가 없는 경우 제품을 녹여 재 경화함으로써 다시 사용할 수 있는 장점을 갖는다. 또 다른 초기 소재로는 나무, 플라스틱 또는 금속(절삭가공이 용이한 알루미늄 및 황동 등)이 사용될 수 있다. 일반적으로 급속조형 공정에는 **탁상형 밀링기**(desktop milling) 또는 **탁상형 절삭기**(desktop machining)라 불리는 소형 CNC 가공기가 사용된다. 일반적으로 탁상형 장비에 사용가능한 초기 블록의 최대 크기는 x방향으로 180 mm, y방향으로 150 mm, z방향으로 150 mm 정도이다 [2].

본 장에서 중점적으로 다루는 급속조형 공정은 밑에서부터 위로 한 층씩 재료를 적층하여 고체 모형을 제작하는 재료첨가 급속조형 공정이다. 재료첨가 급속조형 공정의 초기 소재로는 크게 (1) 액상 단량체(monomer, 레이저에 의해 한 층씩 경화되어 고체 폴리머 형태로 쌓임), (2) 분말(입자 간에 뭉쳐 결합되는 형태로 한 층씩 쌓임) (3) 시트(sheet, 한 장씩 적층되어 고체 모형이 됨)로 나뉜다. 초기 재료 외에 재료첨가 급속조형 공정을 구별하는 기준으로 고체 모형을 제작하기 위해 재료를 적층하는 기술을 들 수 있다. 일부 기술은 초기 재료를 고형화하기 위해 레이저를 사용하고, 또 다른 기술은 각층의 외곽선에 부드러운 플라스틱 실을 도포하여 적층하며, 다른 기술은 고체층을 함께 접합한다. 초기 재료와 모형을 만들기 위한 적층 기술 사이에는 앞으로 살펴보게 되겠지만 상관관계가 존재한다.

현재의 모든 재료적층 급속조형 기술에서 제어명령(파트프로그램)을 준비하는 일반적인 접근 방법은 다음의 단계들을 포함한다 [6].

1. **기하학적 모델링** : 이것은 CAD 시스템 상에서, 제품의 전체 3차원 형상을 정의하는 부품의 모델링을 의미한다. 솔리드 모델링 기법은 형상에 대해 완전하고 모호하지 않은 수학적인 표현을 제공하기 때문에 일반적으로 선호된다. 급속조형에서 중요한 논점은 부품의 내부공간과 외부를 구분하는 것이며, 솔리드모델링은 이것을 가능하게 해준다.

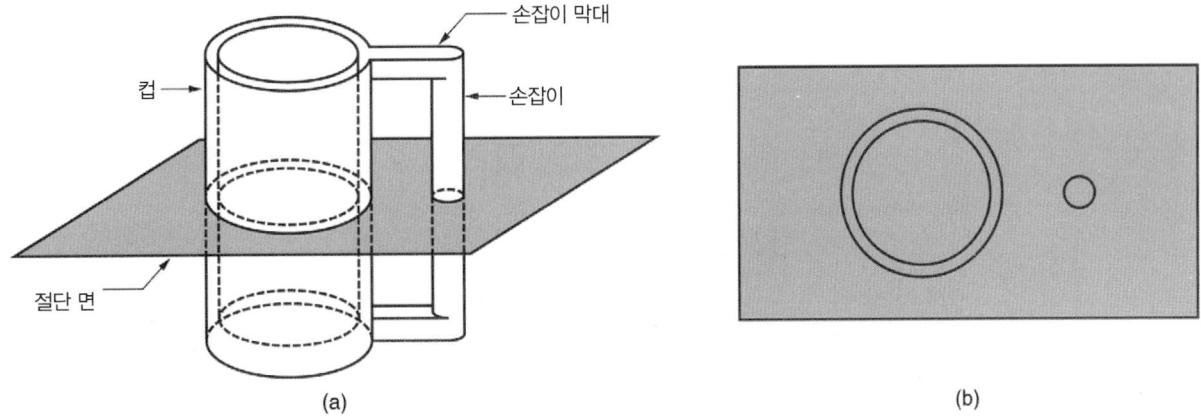

그림 31.1 물체의 솔리드모델로부터 층을 얻는 과정(한 개의 층만을 보여줌).

2. **기하학적 모델의 테셀레이션**(tessellation) : 테셀레이션은 일반적으로 모자이크(장식을 위해 표면에 색이 다른 작은 타일을 붙여서 구성된 것)의 생성을 의미하나, 급속조형 공정에서는 CAD 모델을 삼각형 혹은 다각형으로 구성된 표면으로 근사화하는 과정을 의미한다. 이때 삼각형 또는 다각형 표면은 물체의 외부와 내부를 구별하도록 정렬된 꼭지점들을 갖고 있다. 급속 조형에서 일반적으로 사용되는 테셀레이션 포맷은 광조형법(STereoLithography, STL)이며, 이는 거의 모든 급속조형 시스템의 표준 입력 양식이다.

3. **모델의 층상 절단** : 이 단계에 STL파일 포맷의 모델은 얇고 평행한 층(layer)으로 잘라진다. 그림 31.1은 솔리드모델을 각각의 층으로 변환하는 예를 보여준다. 각각의 층은 급속조형 시스템에 의해 순차적으로 사용되며, 최종적으로 물리적인 제품을 만들게 된다. 일반적으로 층은 x-y 평면으로 구성되며 z방향으로 층을 적층하는 과정이 진행된다. 각각의 층에 대해서 STI 파일이라 부르는 경화경로가 생성되고 급속조형 시스템은 경화 경로를 따라 각 층을 경화(또는 고화)시킨다.

급속조형에 대한 간략한 설명에서도 언급하였듯이, 재료첨가 급속조형으로 분류될 수 있는 몇 가지 변형 기술들이 존재한다. 이러한 변형 기술들로 인해 급속조형에 대한 몇 가지 다른 이름들이 출현하였으며, 대표적으로 **층 제조**(layer manufacturing), **직접 CAD 제조**(direct CAD manufacturing), **솔리드 자유형 제작**(solid freeform fabrication, SFF)이 있다. **급속 조형 및 제조**(rapid prototyping and manufacturing, RPM)라는 용어는 최근 들어 급속조형 기술이 단순히 시제품의 제작 뿐 아니라 제품의 생산과 공구의 제작에 적용될 수 있음을 의미한다.

▌31.2 급속조형 기술

현재까지 개발된 약 25가지 정도의 급속조형 기술은 다양한 방법으로 분류될 수 있으나, 본 책에서는 참고문헌 [6]에서 제안된 분류방법과 같이 본 책의 제품성형 공정에 사용되는 일관된 체계를 적용하여 분류하고자 한다. 결국 급속조형 기술 역시 제품성형 공정이기 때문이다. 급속조형 기술은 초기 재료의 형태에 따라 (1) 액체 기반, (2) 고체 기반, (3) 분말 기반의 세 가지로 분류된다. 다음의 세 절에서 각각의 분류에 포함되는 급속조형 기술에 대해 소개한다.

31.2.1 액체기반 급속조형 시스템

액체 기반 급속조형 기술의 초기 재료는 액체이다. 대략 십 수개의 급속조형 기술이 이 범주에 속하며 이중 대표적으로 (1) 광조형법, (2) SGC(solid ground curing) 공정, (3) 비말침착 공정(droplet deposition manufacturing) 기술들에 대해 본 절에서 설명한다.

광조형법

광조형법(Stereolithography, STL)은 최초의 재료 첨가 급속조형 기술로서 개발자인 Charles Hull의 연구를 기반으로 3D system 사에 의해 1988년 처음으로 소개되었다. 광조형법은 현재까지도 다른 어떤 급속조형 시스템보다 많이 설치되어 사용되고 있다. 광조형법은 광민감성(photo sensitive) 액체 고분자 재료를 레이저빔을 직접 사용하여 고체 고분자로 경화시켜 플라스틱 부품을 제작하는 공정이다. 그림 31.2는 본 공정에 대한 일반적인 장치 구성을 보여준다. 제품은 연속적인 층 공정으로 구현되며, 이때 한 층을 제작하고 그 위에 또 다른 한 층을 추가하여 점진적으로 원하는 3차원 형상이 구현된다. 그림 31.3은 광조형법에 의해 제작된 제품을 보여준다.

광조형법 장치는 (1) 광민감성 폴리머를 담고 있는 용기 안에서 수직으로 움직일 수 있는 작업대와 (2) x, y 방향으로 빔을 이동할 수 있는 레이저로 구성된다. 공정초기 작업대는 액상의 포토폴리머 표면에 위치하며, 이후 제품의 베이스(바닥 층)에 해당하는 영역을 형성할 경화 경로를 따라 레이저빔이 조사된다. 바닥층과 이후의 층에 대한 경화 경로는 STI 파일(앞서 설명한 설명된 제어명령 준비 단계의 세 번째 단계에서 얻어진)에 의해 정의된다. 레이저가 조사된 액상의 광민감성 폴리머는 단단하게 경화(cure)되어, 작업대에 부착된 상태로 플라스틱 고체층이 형성된다. 첫 번째 층이 완성되면, 층의 두께와 같은 높이만큼 작업대가 아래로 이동한 뒤, 레이저에 의해 두 번째 층이 첫 번째 층 위에 형성되고, 유사한 공정이 반복된다. 새로운 층이 경화되기 전, 점성 액상 층 전면에 걸쳐 와이퍼 블레이드(wiper blade)가 지나가면서 액상 폴리머의 높이가 같아지도록 한다. 각각의 경화된 층은 자체 면적과 형상이 다르게 구성되어 있으며, 층의 연속적인 적층 공정에 의해 제품의 형상이 만들어진다. 각각의 층은 0.076 ~ 0.5 mm의 두께를 가지며, 각 층의 두께를 줄일수록 보다 높은 해상도를 제공하여, 더 복잡한 제품의 형상을 가능하게 하지만 공정 시간이 길어지는 단점을 갖는다. 광조형법을 위한 에폭시 계열 재료의 사용이 보고된 적이 있지만 [10], 포토폴리머는 일반적으로 아크릴 계열이

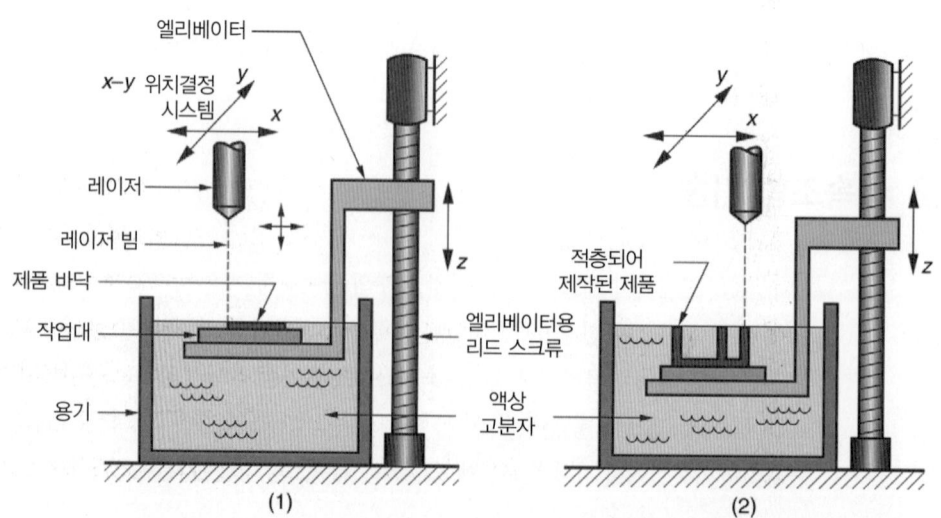

그림 31.2 광조형법. (1) 공정 초기에 작업대 위에 첫 번째 층이 형성된다. (2) 몇 개의 층이 적층됨에 따라 제품의 형상이 점차 구현된다.

그림 31.3 스테레오리소그래피에 의해 제작된 부품(3D systems사 제공).

다 [13]. 초기 재료는 액상의 단량체(monomer)이며, 중합화(polymerization)는 헬륨-카드뮴 또는 아르곤-이온 레이저와 같은 자외선 레이저를 조사하여 발생시킨다. 광조형법에서 레이저의 스캔 속도는 500∼2500 mm/s이다.

광조형법 공정에 의한 제품 제작시간은 작고 단순한 부품의 경우 한 시간 정도이며, 복잡한 부품은 수십 시간까지 소요된다. 제품의 형상 외에 공정 시간에 영향을 주는 요소는 스캔 속도와 층 두께이다. 스테레오리소그래피에서 제품 제작 시간은 각각의 층을 완성하는 데 걸리는 시간을 계산하고, 모든 층에 대해 각각의 층을 완성하는 데 소요되는 시간을 합하여 계산될 수 있다. 먼저 하나의 층을 완성하는 데에 걸리는 시간은 다음 식에 의해 주어진다.

$$T_i = \frac{A_i}{vD} + T_r \tag{31.1}$$

여기서 T_i는 i번째 층을 완성하는 데 걸리는 시간(초)이며, A_i는 i번째 층의 면적(mm²), v는 표면에서 레이저빔의 평균 스캔 속도(mm/s), D는 표면에서 레이저 빔의 직경[mm, 빔의 형상이 원형인 경우 점의 크기(spot size)라 불린다], T_r은 각 층 사이에서 작업대를 재위치 시키는 데에 소요되는 지연시간이다.

광조형법 공정에서 다음 층으로 이동하는 데 소요되는 재위치 시간은 작업대를 아래 방향으로 이송하고 다음 층의 경화 공정의 시작이 가능한 시점까지 소요되는 시간을 의미한다. 다른 급속조형 공정의 경우에도 층간에 연속적인 재위치 시간이 소요된다. 표면에서 레이저빔의 평균 스캔속도 v는 어떠한 경화경로의 차단 효과(예를 들면 주어진 층에서의 영역 간의 빈 공간 등에 의한)도 고려하여야 한다. 모든 층에 대해 T_i 값이 결정되면 전체 제작 공정 시간은 다음과 같이 결정된다.

$$T_c = \sum_{i=1}^{n_l} + T_i \tag{31.2}$$

여기서 T_c는 광조형법 제작 공정 시간(sec), n_l은 모형을 제작하는 데 사용된 층의 수를 의미한다.

광조형법 공정으로 모든 층이 형성되는 시점에서 레이저 빔에 의해 경화된 포토폴리머의 경화도는 약 95% 정도이다. 나머지 5%의 경화를 수행하기 위해 형광 오븐 속에서 굽기(bake) 공정이 수행된다. 경화되지 않은 폴리머는 알콜로 제거되며, 때때로 표면 거칠기를 향상시키고 외관을 개선하기 위해 가벼운 사포질이 수행되기도 한다.

부품의 형상과 방향에 따라 광조형법에서와 같이 바닥에서 올라가는 방법으로는 지지할 수 없는 돌출 구조를 제품이 가질 수 있다. 예를 들어서 그림 31.1의 제품에서 손잡이의 하부와 하부 손잡이 막대를 제거하면, 손잡이의 상부 부분은 제작하는 동안에 지지를 받을 수 없게 된다. 이러한 경우에 단지 지지의 목적으로, 부품에 추가의 기둥 또는 판이 더해질 필요가 있다. 그렇지 않으면 돌출부가 떠다니거나, 부품 형상이 왜곡될 수 있기 때문이다. 이러한 지지를 위한 추가 형상부는 공정이 끝난 다음에 트리밍(trimming)되어야 한다.

SGC 공정

광조형법과 같이 SGC(solid ground curing) 공정 역시 CAD 형상 데이터에 근거하여 솔리드 모델을 제작하기 위해 광민감성 폴리머를 층 단위로 경화하는 공정을 사용한다. SGC 공정에서는 각각의 층 내에서 경화를 위해 레이저 빔을 스캐닝하는 방식 대신, 액상 폴리머의 상부에 위치하는 마스크를 통해 자외선 광원을 전체 층에 노출시키는 방법을 사용한다. 각각의 층에 대해 총 경화 시간은 약 2~3초 정도가 소요된다. SGC 시스템은 Cubital사에 의해 Solider system이라는 이름으로 판매되고 있다.

SGC 공정에서 사용되는 초기 데이터는 스테레오리소그래피에서 사용되는 것과 유사하다. 즉 층으로 얇게 절단된 CAD 형상 모델들이다. 그림 31.4는 각각의 층에 대해 SGC 공정을 단계별로 보여

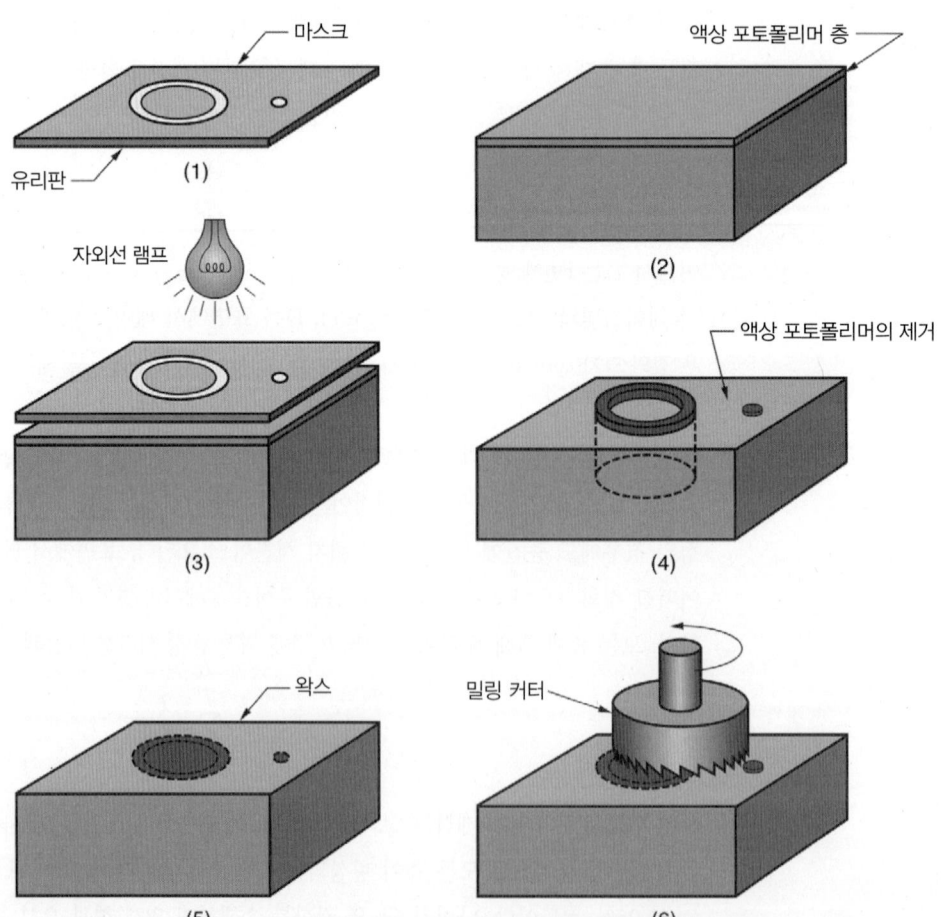

그림 31.4 SGC 공정 단계. (1) 마스크 준비, (2) 액상 포토폴리머 층 도포, (3) 마스크 정렬 및 노광, (4) 경화되지 않은 폴리머의 제거, (5) 왁스 충진, (6) 두께와 편평도 확보를 위한 밀링 공정.

주는 것이다. (1) 마스크의 제작 – 유리 기판상에 정전기력을 이용하여 최종 제품의 반전 이미지를 형성한다. 이러한 이미지를 형성하는 기술은 복사기에서 사용되는 기술과 원론적으로 같은 기술이다. (2) 작업대 위에 액상의 포토폴리머가 얇고 평평하게 코팅된다. (3) 마스크가 액상 폴리머 표면상에 위치되고, 고전력(2000 W)의 자외선 램프에 의해 재료가 노광된다. 이 과정에서 마스크에 의해 보호되지 못하는 액상 폴리머 영역은 약 2초 내에 경화되며, 마스크에 의해 그림자가 발생한 영역은 액상의 상태로 남게 된다. (4) 마스크가 제거되고, 마스크 유리판은 세척되어 후속 층의 형성을 위한 단계 (1)을 준비한다. 이 과정 중 표면에 남아있는 액상의 폴리머는 문지름과 진공 공정에 의해 제거된다. (5) 층 내의 비어있는 공간들은 뜨거운 왁스로 채워지며, 경화된 후 왁스는 부품의 돌출된 부분을 지지하는 역할을 한다. (6) 왁스가 식어서 경화되면, 폴리머와 왁스로 구성된 표면은 밀링 공정을 통해 일정한 두께의 평탄한 층으로 가공된다. 이후 단계 (2)의 액상 포토폴리머의 코팅을 대기하게 된다. 비록 여기서는 SGC 공정을 순차적으로 설명하였으나, 실제 공정에서 일부 단계들은 동시에 수행된다. 특히 두 개의 유리판을 사용하게 되면, 다음 층을 위한 마스크 준비 단계 (1)은 층 제조 단계 (2)에서 (6)까지와 동시에 진행될 수 있다.

SGC 공정에서 각각의 층을 형성하기 위해 대략 90초 정도가 소요되며, SGC에 의해 제품을 생산하는 시간은 다른 급속조형 시스템보다 8배 정도 빠른 것으로 알려져 있다 [6]. SGC 공정으로 제작된 육면체 형태의 고체는 경화된 폴리머와 왁스로 구성되어 있다. 왁스는 제작 공정 과정에서 깨지기 쉽고 돌출된 부분에 대한 지지를 제공하며, 공정이 완료된 후 녹아 제거된다. 또한 SGC 공정은 광조형법에서 요구되는 완성된 모형에 대한 후경화가 필요하지 않다.

비말침착 공정

비말침착 공정(droplet deposition manufacturing, DDM)은 초기 재료를 녹인 후 작은 방울들을 이전에 형성된 층 위에 발사하는 공정으로 수행된다. 용융 재료의 액체 방울은 이전 층의 표면에서 냉각되며 융착하여 새로운 층을 형성한다. 새로운 층에 대한 방울의 도포는 x-y 평면 운동을 하는 분사노즐 헤드에 의해 조정되며, 그 경로는 층으로 얇게 슬라이싱된 (다른 RP 시스템과 유사) CAD 모델의 단면에 근거한다. 새로운 층이 형성된 이후 부품을 받치고 있는 작업대는 형성되는 층의 두께에 해당하는 높이만큼 하부로 이동하여 다음 층의 공정을 준비한다. 비말침착 공정이라는 용어는 공정 재료의 작은 입자가 작업 헤드 노즐로부터 분출되는 방울 형태로 도포된다는 사실에 근거한다.

비말침착 공정을 기반으로 하는 몇 가지 상업화된 급속조형 시스템이 보급되었으며, 이들 시스템은 도포되는 재료의 종류 및 이에 따른 재료의 용융 및 도포를 위한 작업 헤드의 가동 기술의 차이로 구분된다. 비말침착 공정을 기반으로 하는 급속조형 시스템에서 사용되는 초기 재료의 가장 중요한 특성은 용융 상태로 존재해야 한다는 것이며, 이후 특별한 처리 없이 경화가 가능하여야 한다는 것이다. 비말침착 공정에서 사용되는 대표적 공정 재료는 왁스와 열가소성 플라스틱이나, 주석, 아연, 납, 알루미늄과 같은 낮은 용융점의 금속 역시 공정이 가능하다.

Ballistic particle manufacturing(BPM)이라고도 불리는 비말침착 공정을 이용하는 가장 대표적인 시스템은 BPM Technology 사의 Personal Modeler이다. 이 시스템에서 공정 재료는 일반적으로 왁스이며, 분사 헤드는 압전(piezoelectric) 진동 시스템을 이용하여 초당 10,000 ~ 15,000 회의 속도로 왁스 방울을 발사한다. 분사된 방울의 직경은 약 0.076 mm 로 일정하며, 제품 표면에 충돌하여 약 0.05 mm 두께의 구조를 형성한다. 각 층이 도포된 이후에는 z방향의 정확도를 얻기 위해 표면은 밀링 가공되거나 열처리 과정을 거쳐 평평해진다. 각각의 층의 두께는 약 0.09 mm이다.

31.2.2 고체기반 급속조형 시스템

본 절에서 소개되는 급속조형시스템의 일반적인 특성은 초기 재료가 고체라는 것이다. 본 절에서는 고체기반 급속조형 공정 중 (1) 박판 적층법과 (2) 융착 모델링법을 소개한다.

박판적층 공정

박판적층 공정(laminated-object manufacturing, LOM)시스템의 주요 생산자는 Helisys 사이다. 흥미롭게도 박판적층법에 대한 초기 연구와 개발은 미국립과학재단(National Science Foundation)의 재정 지원으로 수행되었으며, 첫 번째 상업화된 박판적층법 장비는 1991년에 출시되었다.

박판적층 공정은 층으로 슬라이싱된 CAD 모델의 단면 형상대로 외곽선을 잘라낸 시트(sheet) 소재를 층층이 쌓아올려 물리적 모델을 제작하는 것이다. 층들은 잘려지기 전 이전 층 위에 접착되며, 잘려진 후 남은 재료 역시 그 자리에 남아 제작 중에 부품을 지지한다. 박판적층 공정의 초기 소재로는 박판이나 시트의 형태를 가진 종이, 플라스틱, 섬유질, 금속, 섬유 강화 복합재 같은 다양한 재료가 사용될 수 있다. 박판적층 공정에서 한 층의 두께는 0.05 mm에서 0.50 mm까지이며, 박판적층 공정에서 시트 재료는 보통 그림 31.5에서와 같이 두 개의 릴 사이에서 롤에 의해, 뒷면에 접착제가 도포된 상태로 공급된다. 그렇지 않은 경우는 각 층에 대해 접착제 코팅 공정이 필요하다.

박판적층 공정에서 데이터 준비 단계는 주어진 제품에 대한 STL 파일을 사용하여 기하학적 모델을 얇게 슬라이싱하는 것으로 시작된다. 이러한 슬라이싱 데이터를 얻는 과정은 박판적층법에 사용되는 특별한 소프트웨어인 LOMSlice™에 의해 수행된다. 광조형법 모델의 슬라이싱은 각 층이 물리적으로 완성될 때마다 제품의 수직 높이를 측정한 다음에 수행된다. 이는 사용되는 시트 소재의 실제 두께를 반영하는 피드백 보정을 제공하는데, 이러한 기능은 대부분의 다른 급속조형 시스템에 존재하지 않는 것이다. 그림 31.5를 참고로, 박판적층 공정에서 각각의 층을 형성하는 과정을 설명하면 우선 새로운 시트 소재를 이송하여 이전 층에 접한 후, (1) 현재 완료된 층에서 물리적 제품의 높이를 측정하고 이를 근거로 LOMSlice™을 사용하여 광조형법 모델의 단면 형상을 얻는다. (2) 레이저빔으로 단면 형상에 따라 자르고, 단면 형상 외부는 해칭 절단을 하여 추후에 제거될 수 있도록 한다. 일반적으로 사용되는 레이저는 25 ~ 50 W의 파워를 갖는 CO_2 레이저이며, 절단 궤적은 x-y 스

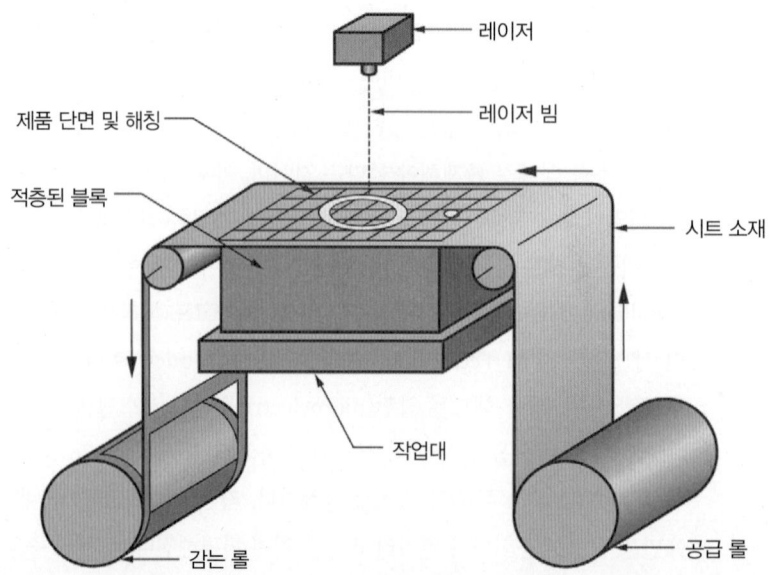

레이저

레이저 빔

제품 단면 및 해칭

적층된 블록

시트 소재

작업대

그림 31.5 박판적층 공정 개념도.

감는 롤

공급 롤

테이지를 이용하여 제어된다. 또한 절단 깊이는 가장 위층만 절단이 되도록 조절된다. (3) 다음으로 적층물이 올린 작업대가 아래로 이동하고, 시트 소재가 다음 층을 위해 공급 롤로부터 감는 롤로 전진한다. 이후 작업대가 적층 두께와 맞는 높이로 올려지고, 가열된 롤러가 새로운 층위를 이동하며, 이전 층과 새로운 시트를 접착시킨다. 현재까지 적층물의 실제 높이가 측정되며 이후 LOMSlice^{TM}에 의해 다음번 공정을 위한 단면 형상이 계산된다.

모든 층이 완료되면 망치, 칼, 목재 조각공구 등에 의해서 부품 테두리 외부의 남은 재료들을 제거한다. 그리고 나서 부품에 사포질을 하여 층의 경계를 없게 하여 매끄럽게 만든다. 이후 흡습과 파손을 방지하기 위해서 우레탄, 에폭시 또는 다른 폴리머 분무를 사용한 밀봉 작업이 추천된다. 박판적층 공정으로 만드는 제품의 크기는 다른 급속조형 공정에 비해 상대적으로 큰 편이며, 최대 800 × 500 × 550 mm의 부피를 갖는 부품도 제작이 가능하다. 일반적인 박판적층 공정의 부품 체적은 380 × 250 × 350 mm이다.

박판적층 공정을 기반으로 하는 몇 개의 저가 급속조형 시스템이 판매되고 있으며 이중 Schroff Development 사에서 구입 가능한 JP System 5는 각 층의 적층 시트를 절단하는 수단으로 레이저가 아닌 기계적인 칼을 사용한다. 이 시스템은 교육용 목적으로 개발되었으며, 층들의 수동 접합을 필요로 한다.

용착조형 공정

용착조형 공정(fused-deposition modeling, FDM)은 작업 헤드를 통해 왁스 또는 폴리머 재료의 필라멘트(filament)를 기존의 제품 표면 위에 압출하여 각각의 층을 완성하는 공정이다. 작업 헤드는 각 층에 대해 x-y 평면 이송을 하며 하나의 층을 완성한 뒤 z방향으로 한 층의 두께만큼 상승하여 다음 층을 준비한다. 공정의 초기 재료는 일반적으로 직경 1.25 mm인 가는 실이며, 스풀로부터 작업 헤드로 공급된다. 작업헤드에서는 재료를 용융점보다 약 0.5℃ 높은 온도로 가열한 후 제품 표면에 압출한다. 압출물은 차가운 부품 표면에서 약 0.1초만에 고형화되어 냉각 융착된다. 다른 RP시스템에서와 마찬가지로 각 층별로 밑에서부터 공정이 수행된다.

용착조형 공정은 Stratasys 사에서 개발되었고, 첫 번째 기계는 1990년에 판매되었다. 공정을 위한 초기 데이터는 Stratasys 사의 소프트웨어 모듈인 QuickSlice와 SupportWork^{TM}에 의해 처리된 CAD 형상 모델이다. QuickSlice는 모델을 슬라이싱하여 단면 정보를 얻기 위해 사용되며, SupportWork^{TM}은 제작 과정에서 필요한 지지 구조를 생성하는 데에 사용된다. 지지 구조가 필요한 경우, 제품의 구현을 위한 재료 외에 지지대를 구성하는 또 다른 재료가 필요하며 이를 위한 이중 압출 헤드가 필요하다. 두 번째 재료는 원래의 시제품 재료로부터 쉽게 분리될 수 있도록 선택된다. 용착조형 공정에서 각 층의 두께는 0.05~0.75 mm 사이의 값으로 정해질 수 있으며, 압출 헤드에 의해 대략 초당 400 mm의 속도로 폭(선폭) 0.25~2.5 mm인 필라멘트 재료가 도포될 수 있다. 용착조형 공정의 초기 재료로는 왁스와 ABS, 폴리아미드, 폴리에틸렌, 폴리프로필렌등의 고분자 재료이다. 이러한 재료들은 무독성이기 때문에, 사무실 환경에서도 용착조형 공정 기계의 설치가 가능하다.

31.2.3 분말기반 급속조형 시스템

이 절에서 설명되는 급속조형 기술은 초기 재료가 분말(분말의 정의 특성 및 생산 방법에 대해서는 14장과 15장에서 다루었다)인 것을 특징으로 한다. 본 책에서는 분말기반 급속조형 시스템 중 (1) 선택적 레이저 소결 공정과 (2) 3차원 프린팅 공정에 대해 설명한다.

선택적 레이저 소결 공정

선택적 레이저 소결 공정(selective laser sistering, SLS)은 이동하는 레이저 빔을 이용하여 열 용융성 분말을 소결(sinter)시키는 형태로 기하학적 CAD 모델의 한 층을 형성하고 이를 적층하여 고형의 제품을 만드는 공정이다. 한 층이 완성되면, 새로운 분말(조밀한 상태)이 전체 표면에 롤러를 사용하여 도포된다. 도포된 분말은 접착을 용이하게 하고 뒤틀림을 최소화하기 위해 용융점 바로 직전까지 예열되며, 레이저에 의해 점착(소결)되어 각각의 층을 형성한다. 이러한 층들을 적층하여 고체 덩어리의 3차원 제품 형상을 구현한다. 레이저빔에 의해 소결되지 않은 부분은 분말이 초기의 조밀한 상태로 남아있게 되며, 공정이 완료된 후 완성된 부품으로부터 쏟아질 수 있다. 또한 소결되지 않은 분말은 공정이 진행되는 동안에 부품의 돌출부를 지지하는 역할을 한다. SLS 공정에서 각 층의 두께는 보통 0.075에서 0.5 mm 정도이다.

선택적 레이저 소결 공정은 광조형법에 대한 대안으로 University of Texas at Austin에서 개발되었고, 현재 DTM 사에 의해 선택적 레이저 소결 장비가 판매되고 있다. 선택적 레이저 소결 공정은 광조형법보다 사용가능한 재료가 다양한 장점을 갖는다. 현재 선택적 레이저 소결 공정에 사용되는 재료는 폴리염화비닐(PVC), 폴리카보네이트, 폴리에스터, 폴리우레탄, ABS, 나일론, 그리고 인베스트먼트 주조용 왁스 등이 있다. 이러한 재료들은 스테레오리소그래피에서 사용되는 광 민감성 수지보다 저렴하며, 무독성이고 저전력(25 ~ 50 W)의 CO_2 레이저를 이용하여 소결될 수 있는 장점을 갖는다. 또한 금속과 세라믹 분말 역시 선택적 레이저 소결 공정에 사용될 수 있다.

3차원 프린팅

본 기술을 이용한 급속조형 공정은 MIT에서 개발되었다. 3차원 프린팅(3-dimensional printing, 3DP)은 잉크젯 프린터를 사용하여 접착제를 분말 층에 연속적으로 분사하는 공정으로 각각의 층을 형성하고 이를 적층하여 제품을 구현한다. CAD 모델을 층으로 슬라이싱하여 얻어지는 제품의 단면 형상에 해당하는 영역에 결합제(binder)가 도포되며, 결합제는 분말들을 결합시켜 고형의 제품을 형성한다. 이때 결합제가 도포되지 않은 영역의 분말들은 초기 상태로 남아 공정 중에 부품의 돌출부 혹은 깨지기 쉬운 부분을 지지하며 공정이 종료된 후 제거된다. 공정이 완료되면 제품은 결합력을 증대시키기 위해 열처리되고, 동시에 결합되지 않은 분말이 제거된다. 부품을 더욱 강화하기 위하여, 각각의 분말을 결합시키는 소결 단계가 적용될 수도 있다.

3차원 프린팅에서 제품은 피스톤에 의해 높이가 조절되는 작업대 위에서 제작된다. 그림 31.6을 참고로 하나의 층에 대한 공정을 설명하면 다음과 같다. (1) 공정진행 중인 제품상에 한 층의 분말이 도포된다. (2) 잉크젯 프린팅 헤드가 표면 위를 움직이며, 고체 제품이 되어야 하는 부위에 결합제의 방울을 분사한다. (3) 현재 층의 프린팅이 완료되면, 다음 층을 위해 피스톤이 작업대를 낮춘다.

3DP 공정의 초기 재료는 세라믹, 금속, 서멧(cermet)의 분말과, 고분자상 또는 콜로이드 상의 실리카 또는 실리콘카바이드의 결합제이다 [10], [13]. 3DP 공정에서 일반적인 층 두께는 0.10 ~ 0.18 mm 정도이며, 잉크젯 헤드는 층 위에서 1.5 m/sec의 속도로 래스터스캐닝(raster scanning) 방식에 의해 이동하면서 정해진 영역에 결합제를 분사한다. 한 층당 스캐닝 시간은 분말의 도포 시간을 포함하여 약 2초 정도이다 [13].

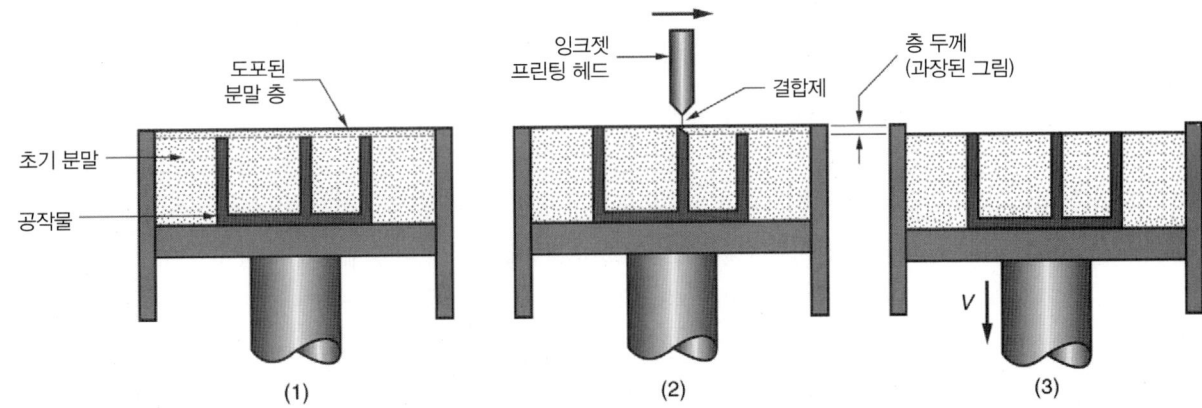

그림 31.6 3차원 프린팅 공정. (1) 분말 층이 도포됨, (2) 제품이 되는 영역에 잉크젯 프린팅이 수행됨, (3) 다음 층을 위해 피스톤이 아래로 이동함(v = 속도).

31.3 급속조형 기술의 응용

급속조형의 응용 분야는 (1) 설계, (2) 공학적 분석과 계획, (3) 가공과 제조의 세 가지 범주로 분류될 수 있다.

설계
설계는 초기 급속조형 공정의 개발 단계에서부터의 응용 분야이다. 설계자는 급속조형 공정을 이용하여 최소한의 시간에 실제의 물리적인 모델을 구현함으로써, 자신의 설계에 대한 확신을 가질 수 있다. 도면을 지면 형태나 CAD 시스템의 모니터 상에서 보여주는 것보다 물리적인 모델을 사용함으로써, 제품의 특성과 기능에 대해 다른 사람과 보다 쉽게 의사소통할 수 있게 되었다. 설계 단계에서 급속조형을 사용함으로써 발생하는 장점은 다음과 같다 [2]. (1) 제품의 모형을 제작하는 시간을 감축시킬 수 있고, (2) 물리적인 실체의 존재로 인해, 부품의 형상을 보여주는 능력이 향상되며, (3) 설계 오류를 조기에 발견하거나 최소화할 수 있으며, (4) 부품과 조립품의 질량 특성을 계산하는 능력을 향상시킬 수 있다.

공학적 분석과 계획
급속조형으로 제작된 제품으로 인하여, 물리적 모형이 없는 경우 매우 어려운 일부 공학적 분석과 계획 수립이 가능하게 되었다. 이러한 예로는 다음과 같다. (1) 제품의 미적인 매력을 최대화하기 위하여 다른 형상 및 스타일의 제품과의 비교, (2) 급속조형 제품 제작을 통해 밸브에 들어갈 서로 다른 오리피스 설계에 따른 유량 실험 결과 비교, (3) 급속조형에 의해 제작된 물리적 모델을 사용한 서로 다른 유선 형상에 대한 풍동 실험, (4) 급속조형으로 제작된 물리적 모델의 응력 해석, (5) 공정 계획과 공구 설계에 도움이 되는 시작품의 제조, (6) MRI와 같은 의학적 영상 기술과 급속 조형의 결합을 통해 의료용 모델을 급속조형으로 제작하고 이를 이용하여 외과적 수술 절차를 계획하거나, 보철물 또는 이식물의 제작에 활용 등.

공구 준비와 제조
급속조형 공정은 최근 공구류의 제작과 부품의 실제 제조로 그 응용 분야를 넓혀가고 있다. 급속조형

공정을 이용한 공구의 제작 공정은 급속공구 제작(rapid tool making, RTM)이라 불리며, 크게 두 가지 방법으로 나뉜다 [4]. 첫 번째 방법은 간접 급속공구 제작으로 급속조형에 의해 패턴을 만들고 이를 이용하여 실제 공구를 제작하는 것이다. 두 번째 방법은 직접 급속공구 제작으로 RP를 통해 공구 자체를 만드는 것이다. 간접 급속공구 제작 공정의 예로는 (1) 급속조형으로 제작된 패턴을 이용하여 실리콘 고무 몰드를 만들고, 이렇게 만들어진 몰드를 생산용으로 계속 사용하는 공정, (2) 급속조형 공정으로 사형주조에서 모래 주형을 만들기 위한 패턴의 제작(10.1절), (3) 급속조형 공정으로 제한된 수량의 저융점 재료(예 : 왁스) 패턴을 만들고 인베스트먼트 주조를 적용함(10.2.4절), (4) 방전가공(EDM) 공정의 전극 제조(24.3.1 참조) 등이 있다 [6], [10]. 직접 급속공구 제작 공정의 예로는 (1) 금속 재료의 스프레이 코팅이 가능한 급속조형 공정으로 제작된 몰드 인서트를 적용하여 제작된 사출 금형을 이용한 제한된 수량의 플라스틱 부품의 제조(12.6절), (2) 금속 분말을 이용한 3차원 프린팅 공정을 통해 제품을 제작하고 이의 소결 및 용침 공정을 통해 다이를 제작함 등이 있다 [4], [6], [10].

급속조형 공정을 실제 부품의 생산에 적용한 예로는 (1) 높은 금형의 가격 때문에, 경제적으로 사출 성형될 수 없는 작은 배치 크기의 플라스틱 부품, (2) 기존의 공정 방법으로는 조립 과정을 거쳐야만 구현 가능한 복잡한 내부 형상을 가진 부품, (3) 각 사용자들에게 정확한 크기로 제조되어야 하는 인공뼈와 같은 특별한 부품 등이 있다.

급속조형의 문제점

현재 급속조형 기술의 주요한 문제점들은 (1) 부품 정확도, (2) 제한된 재료의 범위, (3) 제작된 부품의 기계적인 성능 등이다.

급속조형 공정에서 부품의 정확도를 제한하는 원인은 크게 (1) 수학적 오차, (2) 공정 관련 오차, (3) 재료 관련 오차로 구분된다 [13]. 수학적 오차는, 급속조형 데이터 준비 단계에서 사용되는 부품 표면의 근사화 과정에서 발생할 수 있으며, 또한 물리적인 부품의 실제 층 두께와 슬라이싱 두께 사이의 차이에 의해 발생할 수 있다. 후자의 경우 z축 방향의 치수 차이를 유발한다. 급속조형 제작 부품의 원천적인 한계점은 층간에 발생하는 계단 형태의 형상이다. 특히 층 두께가 증가되면, 부품 표면의 경사면은 더 심한 계단 형상을 갖게 된다. 공정 관련 오차는 급속조형 시스템에서 사용되는 특수한 형상 구현 기술로부터 야기되는 것들이다. 이러한 오차들은 각각의 층 내에서의 형상 오차 및 인접한 층간의 접합과정에서 오차를 발생시킬 수 있다. 공정 오차는 또한 z방향 치수에 영향을 미친다. 마지막으로 재료 관련 오차는 재료의 수축과 변형에 의한 것으로, 공정과 재료에 대한 이전의 경험에 근거하여 제품의 CAD 모델을 보다 크게 만들어 줌으로써 수축에 대한 보정을 수행할 수 있다.

현재의 급속조형 시스템은 공정이 가능한 재료의 제한을 가지고 있다. 예를 들어 가장 일반적인 급속조형 기술인 광조형법은 빛에 민감한 폴리머로만 공정이 가능하다. 일반적으로 급속조형 시스템에서 사용되는 재료는 실제 생산에서 사용되고 있는 제품 재료만큼 강하지 못하다. 이는 모형의 기계적인 성능과 제품 개발 기간 동안 설계를 검증할 수 있는 현실성 있는 시험 회수를 제한한다.

참고문헌

[1] Ashley, S. "Rapid Prototyping Is Coming of Age," *Mechanical Engineering,* July 1995, pp. 62–68.

[2] Bakerjian, R., and Mitchell, P. (eds.). *Tool and Manufacturing Engineers Handbook,* 4th ed., Vol. VI, *Design for Manufacturability.* Society of Manufacturing Engineers, Dearborn, Michigan, 1992, Chapter 7.

[3] Destefani, J. "Plus or Minus," *Manufacturing Engineering,* April 2005, pp. 93–97.

[4] Hilton, P. "Making the Leap to Rapid Tool Making," *Mechanical Engineering,* July 1995, pp. 75–76.

[5] Kai, C. C., and Fai, L. K. "Rapid Prototyping and Manufacturing: The Essential Link between Design and Manufacturing," Chapter 6 in *Integrated Product and Process Development: Methods, Tools, and Technologies,* J. M. Usher, U. Roy, and H. R. Parsaei (eds.). John Wiley & Sons, New York, 1998, pp. 151–183.

[6] Kai, C. C., Fai, L. K., and Chu-Sing, L. *Rapid Prototyping: Principles and Applications.* 2nd ed. World Scientific Publishing Co., Singapore, 2003.

[7] Kochan, D., Kai, C. C. and Zhaohui, D. "Rapid Prototyping Issues in the 21st Century," *Computers in Industry,* Vol. 39, pp. 3–10, 1999.

[8] Noorani, R. I., *Rapid Prototyping: Principles and Applications,* John Wiley & Sons, Hoboken, New Jersey, 2006.

[9] Pacheco, J. M. *Rapid Prototyping,* Report MTIAC SOAR-93-01. Manufacturing Technology Information Analysis Center, IIT Research Institute, Chicago, 1993.

[10] Pham, D. T., and Gault, R. S. "A Comparison of Rapid Prototyping Technologies," *International Journal of Machine Tools and Manufacture,* Vol. 38, pp. 1257–1287, 1998.

[11] Tseng, A. A., Lee, M. H., and Zhao, B. "Design and Operation of a Droplet Deposition System for Freeform Fabrication of Metal Parts," *ASME Journal of Eng. Mat. Tech.,* Vol. 123, No. 1, 2001.

[12] Wohlers, T., "Direct Digital Manufacturing," *Manufacturing Engineering,* January 2009, pp. 73–81.

[13] Yan, X., and Gu, P. "A Review of Rapid Prototyping Technologies and Systems," *Computer-Aided Design,* Vol. 28, No. 4, pp. 307–318, 1996.

복습문제

31.1 급속조형은 무엇인가? 용어의 정의를 설명하여라.

31.2 급속조형 공정의 세 가지 초기 재료의 종류는 무엇인가?

31.3 초기 재료를 제외하고 급속조형 기술을 구분하는 다른 특징은 무엇인가?

31.4 재료 첨가 기술을 사용하는 급속조형 시스템에서 공정 시스템의 제어를 위해 공통적으로 사용되는 접근 방법은 무엇인가?

31.5 현존하는 모든 급속조형 기술 중 가장 널리 사용되는 기술은 무엇인가?

31.6 SGC라 불리는 급속조형 기술을 설명하여라.

31.7 박판적층 공정(laminated-object manufacturing)이라 불리는 급속조형 기술을 설명하여라.

31.8 용착조형 공정(fused-deposition modeling)의 초기 재료는 무엇인가?

객관식문제(11개의 답)

31.1 절삭가공은 너무 오래 걸리기 때문에 급속조형에서 절대 사용되지 않는다. (a) 참, (b) 거짓.

31.2 다음의 급속조형 공정 중 제품을 제작하기 위해 광민감성 액상 고분자를 사용하는 공정을 선택하여라. (두 개의 정답) (a) Ballistic particle manufacturing, (b) 용착조형 공정, (c) 선택적 레이저 소결 공정 (d) solid ground curing, (e) 광조형법.

31.3 현존하는 모든 재료첨가 RP 기술 중 어떤 공정이 가장 널리 사용되는가? (a) Ballistic particle manufacturing, (b) 용착조형 공정, (c) 선택적 레이저 소결 공정, (d) solid ground curing, (e) 광조형법.

31.4 다음의 급속조형 공정 중 초기 재료로 고체 박판을 소

재로 사용하는 것은 무엇인가? (a) Ballistic particle manufacturing, (b) 용착조형 공정, (c) 박판적층 공정, (d) solid ground curing, (e) 광조형법.

31.5 다음의 급속조형 공정 중 초기 재료로 분말을 사용하는 공정을 선택하여라. (두 개의 정답) (a) Ballistic particle manufacturing, (b) 용착조형 공정, (c) 선택적 레이저 소결 공정, (d) solid ground curing, (e) 3차원 프린팅.

31.6 급속조형 기술은 제품의 생산 공정에는 사용되지 않는다. (a) 참, (b) 거짓.

31.7 다음 중 현재의 재료 첨가 급속조형 기술의 문제점을 선택하여라. (세 개의 정답) (a) 설계자가 제품을 설계할 수 없음, (b) 고제 제품을 각각의 층으로 변환할 수 없음, (c) 사용가능한 재료의 제한, (d) 제품의 형상 정밀도, (e) 제품의 수축, (f) 초기 재료의 낮은 절삭성.

연습문제

31.1 사각 단면을 갖는 튜브 모델을 광조형법으로 제작하였다. 사각 단면의 외곽 크기는 100 mm이고 내부 크기는 90 mm이다(코너를 제외한 벽 두께는 5 mm). 튜브의 높이(z방향)가 80 mm이고, 각 층의 두께가 0.1 mm, 레이저 빔의 spot size가 0.25 mm이다. 포토폴리머 표면에서 레이저 빔의 이송 속도가 500 mm/s이고, 제품이 놓여있는 플랫폼을 하부로 이송하는데 각 층마다 10초가 소요되고, 후경화 시간을 무시한다고 가정할 때 제품을 제작하는데 소요되는 시간을 계산하여라.

31.2 연습문제 31.1을 각 층의 두께가 0.4 mm인 경우에 대해 다시 풀어라.

31.3 연습문제 31.1의 제품을 광조형법 대신 용착조형 공정으로 제작하려고 한다. 각각의 층 두께는 0.2 mm이고 표면에 도포되는 압출물의 폭이 1.25 mm이다. 압출작업 헤드는 x-y 평면상에서 150 mm/s의 속도로 이송된다. 각 층의 완료 시 작업 헤드 위치 조정에 10초가 지연된다고 할 때 제품을 만드는 데 소요되는 시간을 계산하여라.

31.4 다음의 추가 정보를 반영하여 연습문제 31.3을 다시 풀어 보아라. 압출작업 헤드에 공급되는 필라멘트의 지름은 1.25 mm로 알려져 있다. 작업 헤드가 재료를 도포하는 동안, 필라멘트는 그 스풀에서 30.6 mm/s의 속도로 작업 헤드에 공급된다. 층과 층 사이에서는 스풀로부터의 이송속도는 0이다.

31.5 원뿔형 부품이 광조형법으로 제작된다. 바닥면에서 부품의 직경은 35 mm이며 높이는 40 mm이다. 각 층의 두께는 0.2 mm이다. 레이저 빔의 직경은 0.22 mm이고 레이저 빔은 포토폴리머 상에서 500 mm/s의 속도로 이송된다. 제품이 놓여있는 플랫폼을 후보로 이송하는데 각 층마다 10초가 소요되고 후경화 시간을 무시한다고 가정할 때 제품을 제작하는 데 소요되는 시간을 계산하여라.

31.6 연습문제 31.5의 원뿔형 부품이 박판적층 공정에 의해 제작된다. 층 두께는 0.2 mm이다. 레이저 빔은 박판 소재를 500 mm/s의 속도로 자를 수 있다. 제품이 놓여 있는 작업대의 높이를 한층 낮추고, 다음 층을 준비하는 데 10초가 소요된다. 원뿔 고유의 형상에 따라 부품 바깥쪽의 영역은 적층물로부터 그대로 떨어질 수 있으므로 부품 바깥쪽의 해칭된 면적의 절단 과정은 무시하는 경우 제품의 제작에 소요되는 시간을 계산하여라.

31.7 본문의 그림 31.1의 부품을 만드는 데 광조형법이 사용된다. 부품의 치수들은 높이 125 mm, 바깥지름 75 nm, 안지름 65 mm, 손잡이 지름 12 mm, 손잡이(중심)에서 컵(중심)까지의 거리 70 mm이다. 위와 바닥에서 컵과 손잡이를 연결하는 손잡이 막대는 사각형의 단면을 갖고 있고, 단면은 10 mm 두께에 12 mm 폭을 갖는다. 컵 바닥의 두께는 10 mm이다. 레이저빔의 직경은 0.25 mm이고, 빔은 포토폴리머의 표면을 500 mm/s의 속도로 움직인다. 각 층의 두께는 0.20 mm이다. 제품을 올리는 작업대의 높이를 한층 낮추는 데에 소비되는 시간이 10초라고 하고, 후 경화 시간을 무시할 때, 이 제품을 만드는 데에 필요한 시간을 계산하

여라.

31.8 광조형법을 이용하여 시제품을 제작한다. 제품의 형상은 직각 삼각형이며 밑변의 길이는 36 mm, 높이는 48 mm, 두께는 25 mm이다. 응용 시 제품은 36 mm × 25 mm의 크기인 바닥면에 의해 세워져 있어야 한다. 광조형법 공정에서 각층의 두께는 0.2 mm이고 레이저빔의 직경은 0.15 mm, 포토폴리머 표면에서 빔의 속도는 400 mm/s이다. 제품을 올리는 작업대의 높이를 한층 낮추는 데에 소비되는 시간이 8초라고 하고, 후 경화 시간을 무시할 때, 이 제품을 만드는 데에 필요한 최소한의 시간을 계산하여라.

반도체 공정

32.1 반도체 공정의 개요
   32.1.1 공정 절차
   32.1.2 클린 룸

32.2 실리콘 공정
   32.2.1 전자등급 실리콘의 생산
   32.2.2 결정 성장
   32.2.3 웨이퍼로의 실리콘 성형

32.3 리소그래피
   32.3.1 포토 리소그래피
   32.3.2 기타 리소그래피 기술

32.4 적층 공정
   32.4.1 열 산화법
   32.4.2 화학기상증착법
   32.4.3 도핑
   32.4.4 금속배선 공정
   32.4.5 에칭

32.5 반도체 공정단계의 통합

32.6 IC 패키징
   32.6.1 IC 패키지 설계
   32.6.2 IC 패키징의 공정 단계

32.7 반도체 공정의 수율

집적회로(integrated circuit, IC)는 반도체 재료의 작은 칩 위에 제조되어 전기적으로 서로 연결된 트랜지스터, 다이오드 그리고 저항과 같은 전자 소자의 집합이다. IC는 1959년에 발명되었으며, 그 후 지속적인 개발이 이루어져 왔다(역사적 고찰 32.1). 규소(실리콘, Si)는 그 특성이 우수하고 가격이 저렴해서 IC에 가장 널리 쓰이는 반도체 재료이다. 특별한 경우, 반도체 칩은 게르마늄(Ge)과 갈륨비소(GaAs)로 만들어진다. 회로들이 한 몸체의 고형물로 만들어지기 때문에, **고상**(solid-state, 고체) 전자라는 용어가 이런 소자를 나타내는 데 사용된다.

마이크로전자 기술의 가장 매력적인 면은 방대한 수의 소자를 하나의 작은 칩 속에 탑재할 수 있다는 것이다. 집적도와 조립의 밀도를 나타내기 위해 고밀도집적(large-scale integration, LSI)이나 초고밀도집적(very large-scale integration, VLSI)과 같은 다양한 용어들이 개발되었다. 표 32.1에 용어와 정의(그 구분방법에 대해 완전한 합의가 이루어진 것은 아님) 및 기술이 소개된 시점에 대해 나타내었다.

32.1 반도체 공정의 개요

구조적으로 집적회로는 실리콘 칩의 표면 위에서 제조되어 전기적으로 연결된 수백, 수천 또는 수백만의 미세 전자소자들로 구성되어 있다. **다이**(die)라고도 불리는 **칩**(chip)은, 정사각형 또는 직사

집적회로의 역사는 전자소자의 발명과 이 소자들을 만드는 공정을 포함하고 있다. 제2차 세계대전(1939~1945) 직전, 레이더의 개발은 레이더 회로에서 사용되는 다이오드를 위해 실리콘과 게르마늄이 주요 반도체 원소로 여겨졌다. 전쟁에서 레이더 기술의 중요성 덕분에 게르마늄과 실리콘의 상업적인 공급원이 개발되었다.

1947년 Bell 전화 연구소에서 J. Bardeen과 W. Brattain에 의해 트랜지스터가 개발되었다. 그 후, 개선된 제품이 1952년에 Bell 연구소의 W. Shokley에 의해 발명되었다. 이 세 사람의 발명가는 트랜지스터의 발견과 반도체의 연구로 1956년 노벨 물리학상을 공동 수상했다. Bell 연구소의 관심은 그 당시 사용되던 전기-기계적인 릴레이와 진공관보다 더 신뢰성 있는 전자 스위칭 시스템을 개발하는 것이었다.

1959년 2월, Texas Instrument사의 J. Kilby는 다중 전자소자의 제조와 반도체 재료의 단일 반도체 소재 위에 회로를 형성하는 연결에 대한 특허를 출원하였다. 그는 집적회로(IC)에 대해 기술하였다. 1959년 5월, Fairchild Semiconductor사의 J. Hoerni는 트랜지스터를 제조하는 평면 공정에 대한 특허를 출원

하였다. 같은 해 7월, 같은 회사의 R. Noyce는 Kilby의 발명과 유사하지만 평면기술과 접착성 납의 사용을 명기한 특허를 출원하였다. 비록 Kilby보다는 늦게 출원되었지만 Noyce의 특허는 1961년 먼저 등록되었다(Kilby의 특허는 1964년 상을 받았다). 날짜에 대한 이러한 불일치와 발명의 유사성은 누가 진정한 IC의 발명자인가에 대해 적지 않은 논쟁을 초래하였다. 문제는 법적인 소송으로 번져 미국 대법원까지 가게 되었다. 대법원은 이 사건의 심리를 거부하고 Noyce의 청구항 몇 개를 지지하는 하급 법원으로 되돌려 보냈다. 결과적으로(지나치게 단순화되었다는 우려가 있지만), Kilby는 일반적으로 단일체 집적회로의 개념 창안자로 인정받고, Noyce는 그 제조 방법의 창안자로 인정받게 되었다.

최초의 상업적인 집적회로는 1960년 3월 Texas Instrument사에 의해 소개되었다. 초기의 IC는 대략 3 mm(0.12 in) 정도의 작은 사각형의 실리콘 칩 위에 약 10개 정도의 소자를 포함하고 있었다. 1966년부터 실리콘은, 선호되는 반도체 재료로서 게르마늄을 능가하게 되고, 그 이후로 실리콘은 IC제조의 주재료가 되었다. 1960년대 이후로 소형화와 단일 칩상의 집적도를 향상시키려는 경향이 전자 산업에서 나타났다(발전은 표 32.1에서 볼 수 있다).

표 32.1 마이크로전자에서 집적도 수준.

집적도 수준	단일 칩 위의 소자의 수	개발된 연도
저밀도집적(SSI)	$10 \sim 50$	1959
중밀도집적(MSI)	$50 \sim 10^3$	1960s
고밀도집적(LSI)	$10^3 \sim 10^4$	1970s
초고밀도집적(VLSI)	$10^4 \sim 10^6$	1980s
극고밀도집적(ULSI)	$10^6 \sim 10^8$	1990s
기가규모집적	$10^9 \sim 10^{10}$	2000s

각형의 평평한 판으로 두께가 약 0.5 mm이며, 일반적으로 한 변의 길이가 5에서 25 mm이다.

칩 표면 위의 각각의 전자 소자(예, 트랜지스터, 다이오드 등)는 소자의 특정한 전자적 성능을 구현하도록 결합된 각기 다른 전기적 특성을 가진 분리된 층과 구역으로 구성되어 있다. 전형적인 MOSFET[1] 소자의 단면을 그림 32.1에 나타내었다. 소자들은 보통 알루미늄과 같은 전도성 재료의 가느다란 선에 의해 서로 전기적으로 연결된 소자(즉, 집적회로)들이 정해진 기능을 수행한다. 전기적으로 IC와 리드(lead)를 연결하기 위해 전도성 선과 패드도 사용되며, IC가 외부 회로와 연결되는

---

[1] MOSFET는 금속 산화막 반도체 전계 효과 트랜지스터(metal-oxide-semiconductor field-effect transistor)를 나타낸다. 트랜지스터는 증폭 제어 또는 전기 신호를 생성하는 등 다양한 기능을 수행할 수 있는 반도체 소자이다. 전계 효과 트랜지스터는 채널 게이트의 응용전압의 전류와, 소스와 드레인 영역 사이의 전류 중 하나이다. FET 금속-산화물 반도체는 채널과 게이트 금속화를 분리하는 이산화규소를 사용한다.

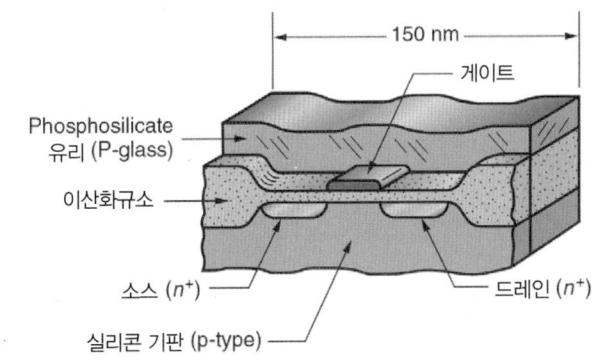

그림 32.1 집적회로에서 트랜지스터 (MOSFET)의 단면. 근사수치이며 부품에서 소자 크기가 40 nm임.

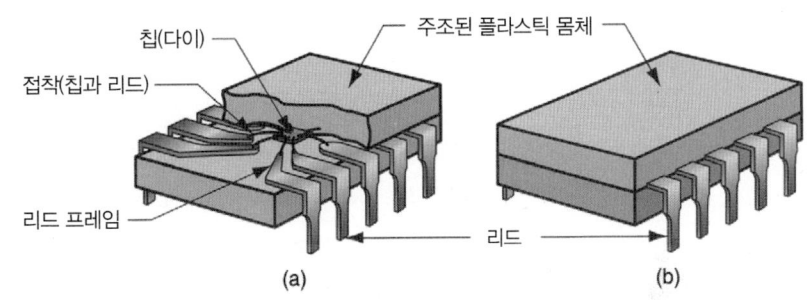

그림 32.2 집적회로 칩의 패키징. (a) 단면도에서 보여주는 대로 칩은 리드 프레임에 붙어있고, 플라스틱 재료로 밀봉되어 있다. (b) 사용자에게 보이는 패키지 형태. 이러한 종류의 패키지는 Dual in-line 패키지(DIP)라고 불림.

것을 가능하게 한다.

IC를 바깥 세계와 연결하고, 파손을 방지하기 위해서 그림 32.2와 같이 칩을 리드 프레임과 연결하고 내부를 적절한 패키지로 봉한다. 이 패키지는 보통 플라스틱이나 세라믹으로 만들어진 밀봉체이며, 칩을 기계적 및 환경적으로 보호해주고, IC를 외부 회로와 전기적으로 연결하는 리드를 가지고 있다. 이 리드는 칩 위의 도전 패드에 연결되어 있다.

32.1.1 공정 절차

실리콘 기반 IC 칩의 제조 절차는 실리콘 공정으로부터 시작한다(7.5.2절). 간단하게 말해서, 매우 순도가 높은 실리콘은 모래(이산화규소, SiO_2)로부터 몇 가지 단계를 거쳐서 얻어진다. 실리콘은 용융 상태에서 성장하여, 길이가 1에서 3 m, 지름이 300 mm에 이르는 단결정 봉이 된다. 이것을 **부울** (boule)이라고 부르며, 얇게 잘라져서 웨이퍼(wafer)가 되고 두께가 약 0.5 mm인 원판 형태이다.

적절한 다듬질과 세정을 마친 후에, 웨이퍼는 공정 절차를 위한 준비가 완료된다. 이 공정들에 의해 전자 소자와 소자 간의 연결을 만들기 위하여, 다양한 화학 성분들이 표면에서 미세하게 만들어진다. 그 절차는 몇 가지 종류의 공정으로 구성되며, 대부분은 여러 번 반복된다. 일반 IC 제조에 200개가 넘는 공정 단계가 필요하다. 기본적으로, 각 단계의 목적은 웨이퍼의 표면 위의 정해진 구역에 재료의 층을 추가하고 변경시키거나 제거하는 것이다. IC 제조에서 층 형성 단계를 때때로 **평면공정** (planar process)으로 부른다. 왜냐하면 평면인 실리콘 웨이퍼의 기하학적 형상에 의존하기 때문이다. 적층을 위한 공정은 물리기상증착법과 화학기상증착법(26.5절)과 같은 박막 적층 기술을 포함하며, 만들어진 층은 확산과 이온주입(26.2절)에 의해 변화된다. 그 밖의 층 형성 기술로 열 산화법과 같은 기술이 적용된다. 층들은 화학적 부식액(보통 산 용액)을 사용하는 에칭(etching)이나, 보다 더 진보된 플라즈마 에칭 기술과 같은 방법에 의해 선택적으로 제거된다.

층들의 추가, 변경 및 제거는 선택적으로 이루어져야 한다. 즉, 그림 32.1에서와 같이 미세 소자를 형성하기 위해 웨이퍼 표면의 아주 미세한 영역만 선택적으로 처리가 가능해야 한다. 각 공정 단계에서 영향을 받아야 할 영역을 구별하기 위해서 **리소그래피**(lithography, 노광)라는 공정이 사용된다. 이 기술에서는 특정 영역을 보호하기 위해서 표면에 마스크가 형성되고, 다른 영역은 특별한 공정 (즉, 박막 증착이나 에칭)에 노출되도록 한다. 각 단계에서 다른 영역을 노출시키는 과정을 여러 번 반복함으로써 초기 실리콘 웨이퍼는 점차로 많은 집적회로로 변환된다.

웨이퍼 공정은 한 장의 웨이퍼 상에 많은 칩 표면이 형성되도록 구성되어 있다. 최종 칩은 단지 한 변이 12 mm인 정사각형인데 반해, 웨이퍼는 지름이 150~300 mm 범위의 원형이므로 한 장의 웨이퍼로 수백 개의 칩을 생산하는 것이 가능하다. 평면공정의 결과로서 웨이퍼상의 각 칩들은 시각적, 기능적으로 검사되고 각각의 칩으로 잘라진 후, 품질 검사를 통과한 칩은 그림 32.2와 같이 밀봉된다.

위의 설명을 요약하면, 실리콘 기반의 집적회로의 생산은 그림 32.3에 나타낸 바와 같이 다음과 같은 단계로 구성되어 있다. (1) **실리콘 공정** – 모래가 매우 순수한 실리콘으로 되며 웨이퍼로 성형된다. (2) **IC 제조**(fabrication) – 선택된 영역에서 전자소자를 형성하기 위하여 박막의 추가, 변경 또는 제거의 다중의 공정 단계로 구성된다. 리소그래피 공정이 웨이퍼 표면에서 처리되어야 할 부분을 정하기 위해 사용된다. (3) **IC 패키징** – 웨이퍼를 검사 및 시험하고, 각 다이(칩)로 절단된 후, 다이는 적절한 패키지로 밀봉된다.

이 장의 다음 절에서는 이러한 공정 단계들을 상세하게 설명한다. 32.2절은 실리콘 공정을 다루고, 32.3절은 리소그래피, 32.4절은 리소그래피와 연관되어 층을 추가, 변경 및 제거하는 공정을 검토한다. 32.5절에는 IC 제조의 예를 살펴보고, 32.6절은 다이의 절단과 칩의 패키징에 대해 설명한다. 마지막으로 32.7절은 반도체 제조의 생산성 분석을 다룬다.

공정에 대한 상세한 내용을 다루기 전에, 집적회로에서 소자의 미세한 크기로 인해 IC 제조가 실행되는 환경에 대한 특별한 환경조건이 필요하다는 사실에 주의해야 한다.

32.1.2 클린 룸

대부분의 집적 회로의 공정 절차는 클린 룸(clean room)에서 이루어져야 한다. 클린 룸의 환경은 생산 공장이라기보다는 병원의 수술실과 더 비슷하다. 청정도는 IC의 미세 크기에 의해 정해지며, 그 크기는 세월이 지날수록 계속해서 감소하고 있다. 그림 32.4는 반도체 소자 크기의 경향을 보여준

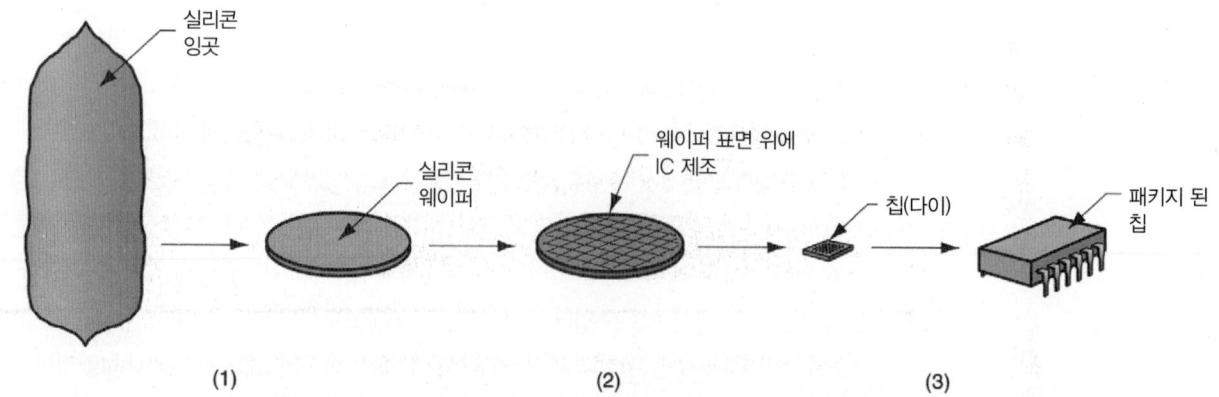

그림 32.3 집적회로 생산의 공정 순서. (1) 순수한 실리콘이 용융 상태에서 잉곳으로 형성되고 얇게 잘라진다. (2) 웨이퍼 표면 위에 집적회로의 제조, (3) 웨이퍼는 칩으로 잘라져 패키징됨.

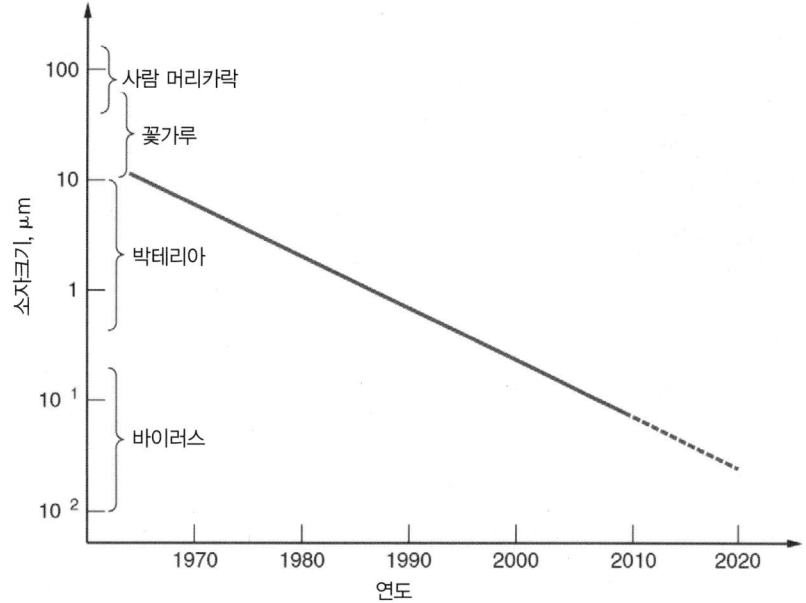

그림 32.4 반도체 제조에서 년도에 따른 소자 크기의 경향 및 공정 환경을 오염시킬 수 있는 일반 공기 중 입자의 크기. 논리형 IC의 최소 소자 크기는 2016년 약 13 nm에 이를 것으로 예상 [10].

다. 또한, 반도체 공정에서 오염물질이 될 가능성이 있는 일반 공기 중의 입자를 보여준다. 이러한 입자들은 집적회로에서 결함을 유발하고 생산성을 줄이며 원가를 상승시킨다.

클린 룸은 이러한 오염물질로부터 보호한다. 공정 환경에서 대부분의 입자를 제거하기 위해서 공기가 정화된다. 온도와 습도 또한 조절된다. 클린 룸의 청정도를 지정하기 위하여 표준 분류시스템이 사용된다. 이 시스템에서는 1 입방미터의 공기 속에 0.5 μm 이상의 입자의 양을 나타내는 수(10배수)가 사용된다. 예를 들어, **클래스 100**인 클린 룸은 0.5 μm 이상의 입자 수가 4000 /m³ 이하로 유지하여야 한다. 현대의 VLSI 공정은 **클래스 10**의 클린 룸을 요구한다. 이것은 크기가 0.5 μm 이상의 입자 수가 400 /m³ 보다 적다는 것을 의미한다. 클린 룸의 공기는 21°C(294 K)의 온도와 45%의 상대습도로 조절된다. 공기는 입자 오염물질을 막기 위하여 HEPA(high efficiency particulate air) 필터를 통과하게 된다.

반도체 공정에서 사람은 가장 큰 오염원이다. 사람으로부터 발생하는 것은 박테리아, 담배연기, 바이러스, 머리카락 및 여러 입자들이다. 반도체 공정에서 일하는 작업자는, 일반적으로 흰색 겉옷에 장갑 및 모자로 구성된 특별한 옷을 입는 것이 요구된다. 극도의 청결도가 필요한 곳에서는, 작업자는 몸을 완전히 둘러싸는 옷을 입는다. 공정 설비는 두 번째 주요한 오염원이다. 기계류는 마모 입자, 기름, 때 및 유사한 오염물질을 유발한다. IC 공정은 보통 층류(laminar flow) 공기순환이 있는 곳에서 수행된다. 그렇게 함으로써 일반적인 클린 룸 환경보다 더 높은 수준의 청정도로 정화할 수 있다.

클린 룸에 의해 공급되는 아주 순수한 공기 이외에도, IC 공정에서 사용되는 화학 물질과 물은 매우 깨끗하고 입자가 없어야 한다. 현재 현장에서는 화학용액과 물이 사용 전에 걸러지는 것이 요구된다.

32.2 실리콘 공정

미세전자 칩은 반도체 재료의 기판 위에 제조된다. 오늘날 실리콘이 대표적인 반도체 재료로 세계에서 생산되는 반도체 소자의 95% 이상을 차지하고 있다. 본서에서의 설명은 실리콘에 제한하기로 한다. 실리콘 기판 준비는 다음과 같이 (1) 전자등급 실리콘의 생산, (2) 결정 성장, (3) 웨이퍼로의 실리콘 성형의 세 단계로 나누어진다.

32.2.1 전자등급 실리콘의 생산

실리콘은 지구 표면에서 가장 풍부한 재료이며(표 7.1) 자연 상태에서는 실리카(모래)나 실리케이트(점토)로 존재한다. 전자등급 실리콘(electronic grade silicon, EGS)은 초고순도의 다결정질 실리콘으로 대단히 순수해서 불순물은 십억 분의 일(parts per billion, PPB)단위의 범위로 존재한다. 이러한 범위는 통상적인 화학실험실 기술로는 측정할 수 없고, 실험용 잉곳(ingot, 괴)의 저항측정으로부터 추론해야만 한다. 자연적으로 발생하는 Si성분을 전자등급 실리콘으로 만들기 위해서는 다음과 같은 공정 단계를 수행한다.

첫 번째 단계는 서브머지드 전극 아크로에서 수행된다. 실리콘의 주요 원재료는 **규암**(quartzite)이며, 매우 순수한 SiO_2이다. 노 내에서 일어나는 다양한 화학반응을 위해 석탄, 코우크스 및 톱밥 등이 탄소의 공급원으로 제공된다. 실제적인 산출물로 금속학적 등급 실리콘(metallurgical grade silicon, MGS)과 SiO 및 CO 가스가 얻어진다. 금속학적 등급 실리콘은 약 98% 순도의 Si이며, 금속학적 합금에는 적절하지만, 전자부품에는 충분하지 않다. 금속학적 등급 실리콘에서 나머지 2%를 차지하는 주요 불순물은 알루미늄, 칼슘, 탄소, 철 및 티타늄이다.

두 번째 단계는 취성의 금속학적 등급 실리콘을 갈아서 SI 분말을 무수 염산(HCl)과 반응시켜서 삼염 수소화 규소를 만드는 것이다.

$$Si + 3HCl(gas) \rightarrow SiHCl_3(gas) + H_2(gas) \tag{32.1}$$

화학반응은 액화 반응기 안에서 300°C(573 K)의 온도에서 이루어진다. 비록 식 (32.1)에서는 가스로 표현되어 있지만, 삼염 수소화 규소($SiHCl_3$)는 실온에서 액체이다. 삼염 수소화 규소의 낮은 비등점 32°C(305 K)은 분류 증류에 의해서 금속학적 등급 실리콘에 잔존하는 불순물로부터 분리가 가능하게 한다.

공정에서 최종단계는 정화된 삼염 수소화 규소를 수소 가스와 반응시킨다. 이 공정은 1000°C(1273 K)에서 실행되며, 화학 반응식은 다음과 같이 나타낼 수 있다.

$$SiHCl_3(gas) + H_2(gas) \rightarrow Si + 3HCl(gas) \tag{32.2}$$

이 반응의 산출물은 전자등급 실리콘이다(거의 100% 순도).

32.2.2 결정 성장

미세전자 칩을 위한 실리콘 기판은 그 단위 셀이 특정한 방향을 향하고 있는 단일 결정으로 만들어져야 한다. 기판의 특성과 진행되어야 할 공정 모두 이 요소의 영향을 받는다. 따라서, 반도체 소자의 제조에서 원재료로 사용되는 실리콘은 초고순도이어야 할 뿐 아니라, 전자등급 실리콘이어야 한다. 또한, 단결정의 형태를 가져야 하며 원하는 평면 방향으로 잘라져야 한다. 다음 절에서는 절단 작업을 상세히 다루고, 여기서는 결정성장 공정을 다루기로 한다.

반도체 산업에서 가장 널리 사용되는 결정 성장 방법은 그림 32.5에 나타낸 바와 같은 **초크랄스키 공정**(Czochralski process, 결정인상법)이다. 여기서는 **부울**(boule)이라고 불리는 단결정 잉곳이 용융

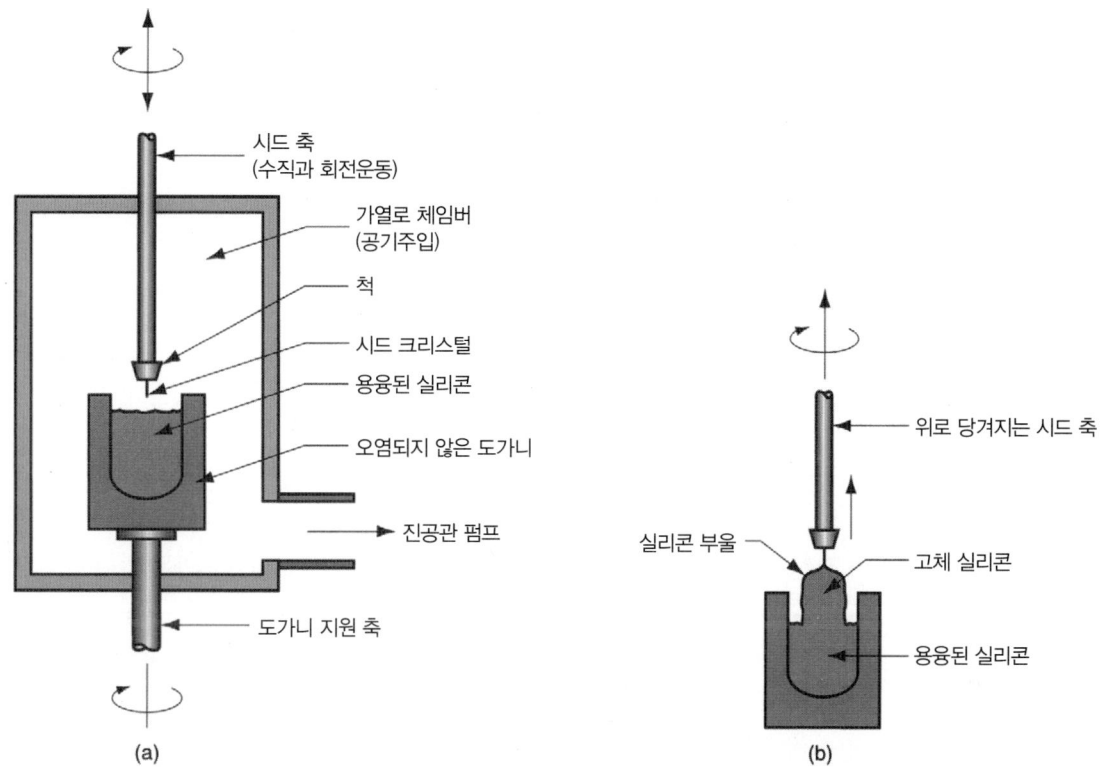

그림 32.5 결정 실리콘 잉곳을 성장시키는 초크랄스키 공정. (a) 결정 당김 시작 전, (b) 부울을 생성하기 위한 결정 당김 중.

된 실리콘 욕조로부터 위로 당겨진다. 설비는 가열로, 부울을 잡아당기는 기계적인 장치, 진공시스템 및 제어시스템으로 구성된다. 가열로는 진공 체임버에 들어있는 도가니와 가열 시스템으로 구성되어 있다. 도가니는 결정을 잡아당기는 공정 동안에 회전이 가능한 기구 장치에 의해 지지된다. 전자등급 실리콘 덩어리는 도가니 안에 위치하고 실리콘의 용융온도인 1410℃(1683 K)보다 약간 높은 온도로 가열된다. 가열은 유도 또는 저항 방식으로 이루어지는데, 후자가 큰 규모의 용해에 사용된다. 용융된 실리콘은 p형 또는 n형의 결정을 만들기 위해 부울을 당기기 전에 도핑된다.

결정을 성장시키기 위해 실리콘의 시드(seed) 결정이 용융된 욕조에 담가지고 정밀하게 제어하면서 위로 끌어 올려진다. 초기에 당기는 속도(당기는 장치의 수직 속도)는 상대적으로 빨라 실리콘 단결정이 시드 결정에 가느다란 목을 형성하면서 응고된다. 그 다음 속도는 감소시켜 단결정 구조를 유지하면서 가는 목을 원하는 직경의 부울로 성장시킨다. 잡아당기는 속도 이외에도 도가니의 회전과 다른 공정변수들이 부울 크기를 결정하는 데에 사용된다. 일반적으로 300 mm의 지름과 3 m 길이까지의 단결정 잉곳이 전자칩의 제조를 위해 생산된다.

단결정 성장 중에 실리콘의 오염을 방지하는 것은 매우 중요하다. 아무리 작은 양이라도 오염물질은 Si의 전기적인 특성을 극단적으로 변화시키기 때문이다. 고온의 결정 성장과정에서 실리콘과의 원치 않는 반응과 오염물질의 침입을 최소화하기 위해서, 공정은 불활성 가스(아르곤이나 헬륨) 속이나 진공에서 수행된다. 도가니 소재의 선택도 중요하다. 용융실리카(SiO_2)는 이 용도에 완벽하지는 않지만 최적의 소재로 알려져 있고 거의 독점적으로 사용되고 있다. 도가니의 점진적인 용해로 인해 실리콘 부울에 대해 원치 않는 불순물로서 산소가 들어가게 된다. 공정 중에 용융된 물질 속의 산소농도가 증가하여 잉곳의 길이와 지름 방향을 따라 불순물의 농도 변화를 가져온다.

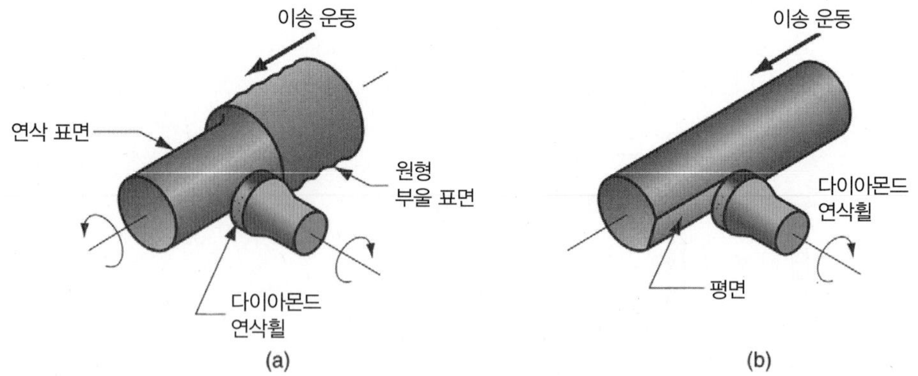

이송 운동

연삭 표면

원형
부울 표면

그림 32.6 실리콘 잉곳의 성
형에 사용되는 연삭 작업. (a)
원통 연삭은 지름치수와 진원
도를 향상시킨다, (b) 원통의
평면 연삭.

다이아몬드
연삭휠

(a)

이송 운동

다이아몬드
연삭휠

평면

(b)

32.2.3 웨이퍼로의 실리콘 성형

일련의 공정 작업으로 부울로부터 얇은 디스크 형태의 웨이퍼를 만든다. 이 단계들은 다음과 같이
(1) 잉곳 처리, (2) 웨이퍼 슬라이싱, (3) 웨이퍼 처리로 나눌 수 있다. 잉곳 처리에서는 시드와 잉곳
끝의 뾰족한 부분이 먼저 절단되고, 후속 IC 공정을 위하여 엄격하게 저항이나 결정학적 요구를 만
족하지 못하는 부분도 절단된다. 결정성장 공정은 지름과 진원도에 대한 만족할 만한 수준을 얻을 수
없기 때문에, 그림 32.6(a)에 보듯이, 잉곳을 보다 더 완전한 원통형으로 만들기 위해서 원통 연삭이
사용된다. 다음으로 그림 32.6(b)와 같이 잉곳의 길이 방향을 따라 한 번 또는 그 이상 평면 연삭을
한다. 웨이퍼가 잉곳으로부터 잘린 후에 이 평면은 다음과 같이 (1) 식별, (2) 결정구조에 대한 IC의
방향, (3) 공정 중 기계적인 위치 결정의 기능을 한다.

이제 잉곳은 그림 32.7에 나타낸 연마재 절단 공정에 의해 웨이퍼로 슬라이싱될 준비가 되었다.
톱날의 내경에 다이아몬드 입자가 접착된 아주 얇은 회전 톱날이 절단 날의 역할을 한다. 회전 톱날
의 외경보다 내경을 사용함으로써 편평도, 두께, 평행도 및 웨이퍼의 표면 특성의 조절이 더 용이하
다. 웨이퍼는 지름에 따라(지름이 크면 두께도 두껍다) 대개 0.5 ~ 0.7 mm의 두께로 절단된다. 각 웨
이퍼 절단 시, 회전 톱날의 절단 폭 때문에 어느 정도의 실리콘이 낭비된다. 절단 폭 손실을 최소화하
기 위해서 톱날은 가능한 한 얇게 만들어진다(약 0.33 mm).

다음으로 웨이퍼는 IC 제조를 위한 취급과 후속 공정을 위해서 준비된다. 슬라이싱 된 후에, 그림
32.8(a)에서 보듯이 윤곽 연삭가공을 통해 웨이퍼의 림(rim)이 원형이 되도록 한다. 이렇게 함으로
써, 웨이퍼를 취급할 때 웨이퍼 모서리의 부스러짐을 줄이고, 웨이퍼 림에 포토레지스트 용액이 적층
되는 것을 최소화할 수 있다. 다음으로 웨이퍼는 슬라이싱 공정 중에 생긴 표면 결함을 제거하기 위
해서 화학적으로 에칭된다. 그 다음으로 후속 포토리소그래피 공정을 위하여, 고 편평도의 표면을 제
공하기 위한 평면 폴리싱 공정이 뒤따른다. 그림 32.8(b)에 나타낸 바와 같이, 폴리싱 단계는 수산화
나트륨(NaOH)의 용액 속에 아주 고운 실리카(SiO_2) 입자의 슬러리를 사용한다. NaOH는 웨이퍼

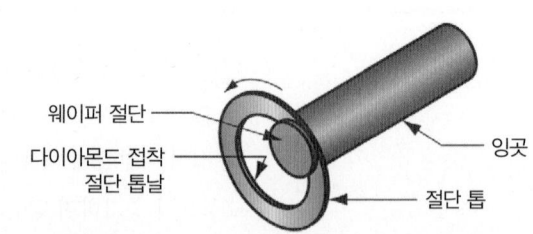

웨이퍼 절단

다이아몬드 접착
절단 톱날

잉곳

절단 톱

그림 32.7 다이아몬드 절단
톱날을 사용한 웨이퍼 슬라이싱.

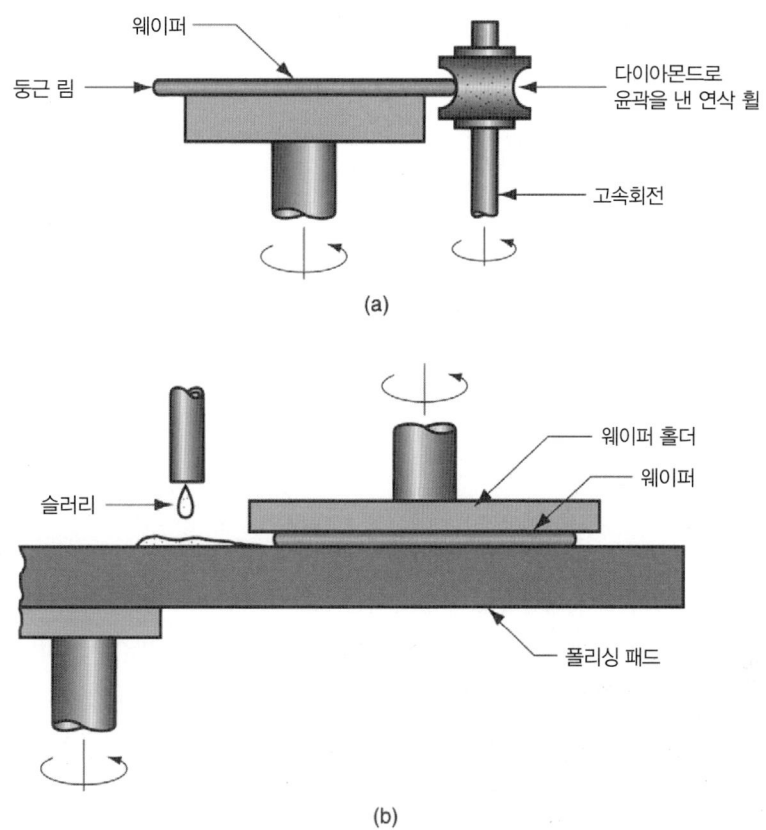

그림 32.8 웨이퍼 처리의 두 단계. (a) 웨이퍼의 둘레를 둥글게 하기 위한 외곽 연삭, (b) 표면 폴리싱.

표면의 Si를 산화시키고 연마제 입자가 산화된 표면층을 제거한다. 약 0.025 mm가 폴리싱 중에 Si 양면에서 제거된다. 최종적으로, 웨이퍼는 잔여물과 유기물의 막이 제거하기 위해 화학적으로 세정된다.

주어진 크기의 웨이퍼로 얼마나 많은 IC 칩을 제조할 수 있는지 안다는 것은 흥미롭다. 제조할 수 있는 칩의 수량은 웨이퍼 크기 대비 칩의 크기에 의해 결정된다. 칩이 사각형이라고 가정하고 웨이퍼로부터 제조 가능한 칩의 수량을 다음의 관계식으로부터 예측할 수 있다.

$$n_c = 0.34\left(\frac{D_w}{L_c}\right)^{2.25} \tag{32.3}$$

여기서, n_c는 웨이퍼로부터 제조 가능한 칩의 수량, D_w는 가공 가능한 웨이퍼의 직경(mm)(원형으로 가정), L_c는 칩의 한 변의 길이(mm, 사각형으로 가정)를 나타낸다. 가공 가능한 웨이퍼의 직경은 웨이퍼 외경보다 약간 작다. 웨이퍼로부터 실제 제조한 칩의 수량이 웨이퍼에 칩을 배치하는 방식에 따라 식 (32.3)에서 얻은 값과 다를 수도 있다.

32.3 리소그래피

하나의 IC는 웨이퍼 표면 위에 회로설계에서 설정된 트랜지스터와 다른 소자들과 상호 연결부로 채워진 수많은 미세 영역으로 구성되어 있다. 평면공정에서 영역들이 단계적인 공정으로 만들어지고, 표면 위의 지정된 구역에 또 다른 층을 추가된다. 각 층의 형태는 리소그래피라고 알려진 공정(기본적으로 수 세기동안 예술가와 인쇄업자들이 사용한 것과 같은 공정)에 의해 웨이퍼 표면에 옮겨진 회로 설계 정보를 나타내는 기하학적인 패턴을 따라 결정된다.

다음과 같은 몇 가지의 리소그래피 기술들이 반도체 공정에서 사용된다. 리소그래피 기술은 (1) 포토 리소그래피, (2) 전자 리소그래피, (3) x선 리소그래피, (4) 이온 리소그래피가 있다. 각각의 리소그래피 기술의 명칭들이 나타내는 대로 기술의 차이점은 포토레지스트에 노광을 하여 마스크 패턴을 표면에 전달하는 데 사용되는 방사기술의 종류에 있다. 전통적인 기술은 포토 리소그래피이며, 이 절에서는 대부분 이 방법에 대해 다룬다. 일부 화학가공 공정에서 리소그래피가 사용된 것을 소개한 바 있다(24.4절).

32.3.1 포토 리소그래피

포토 리소그래피(photolithography, 사진노광기술)는 **광리소그래피**(optical lithography, 광노광기술)라고도 알려져 있으며, 실리콘 웨이퍼 표면 위의 포토레지스트 코팅을 노광하는 데에 빛을 사용한다. 각 층에 대해 필요한 기하학적 패턴을 갖고 있는 마스크(mask)는 웨이퍼로부터 광원을 분리하는 역할을 한다. 따라서, 마스크에 의해 가려지지 않은 포토레지스트의 일부만이 노광(빛에 노출)된다.

마스크(mask)는 투명하고 평평한 유리판으로 구성되며, 원하는 패턴을 형성하기 위하여 일부분에 불투명한 물질의 얇은 막이 도포되어 있다. 유리판의 두께는 대략 2 mm 정도이며, 도포된 막의 두께는 수 미크론 정도이다(일부 막 재료는 1 μm 이하). 마스크 자체도 리소그래피에 의해 제작되며, 회로설계 데이터에 근거한 패턴은 보통 회로 설계자가 사용하는 CAD 시스템으로 만들어진다.

포토레지스트

포토레지스트(photoresists)는 특정 파장 범위에서 광 방사에 민감하게 반응하는 유기 고분자이며, 빛에 대한 반응도가 어떤 화학 물질에 대한 고분자의 용해성을 증가시키거나 감소시키는 역할을 한다. 일반적인 반도체 공정에서는 자외선(UV)에 민감한 포토레지스트를 사용한다. UV선은 가시광선에 비해 짧은 파장을 가지기 때문에, 웨이퍼 표면 위에 미세 회로의 이미지를 세밀하게 구현할 수 있다. 또한, 자외선 대역 밖의 낮은 광수준의 조명을 갖는 공장에서도 공정을 가능하게 해준다.

두 종류의 포토레지스트가 있는데, 양성 포토레지스트와 음성 포토레지스트로 구분된다. **양성 포토레지스트**는 빛에 노출된 후 현상액에 더 잘 용해된다. **음성 포토레지스트**는 빛에 노출되면 폴리머의 경화반응에 의해 현상액에 잘 녹지 않는다. 그림 32.9에 이 두 종류의 포토레지스트 기능에 대해 나타내었다. 음성 포토레지스트는 SiO_2와 금속 표면에 강한 부착력을 가지고 좋은 에칭 저항성을 가지고 있다. 그러나, 양성 포토레지스트가 보다 좋은 해상도를 얻을 수 있어 IC의 크기가 점점 미세화됨에 따라 폭 넓게 사용되고 있다.

노광 기술

레지스트는 그림 32.10에 보인 바와 같이 (a) 접촉 인쇄, (b) 근접 인쇄, (c) 투영 인쇄의 세 가지 노광 기술(exposure techniques) 중 한 가지에 의해 마스크를 통해 빛을 받는다. **접촉 인쇄**(contact printing)에서는 레지스트 코팅이 노출 동안에 마스크에 의해 눌려진다. 이로부터 웨이퍼 표면에 고해상도 패턴을 얻을 수 있다. 주요 단점으로는 웨이퍼와의 물리적인 접촉이 마스크를 점차로 닳게 한다는 것이다. **근접 인쇄**(proximity printing)에서는 마스크가 레지스트 코팅으로부터 $10 \sim 25$ μm

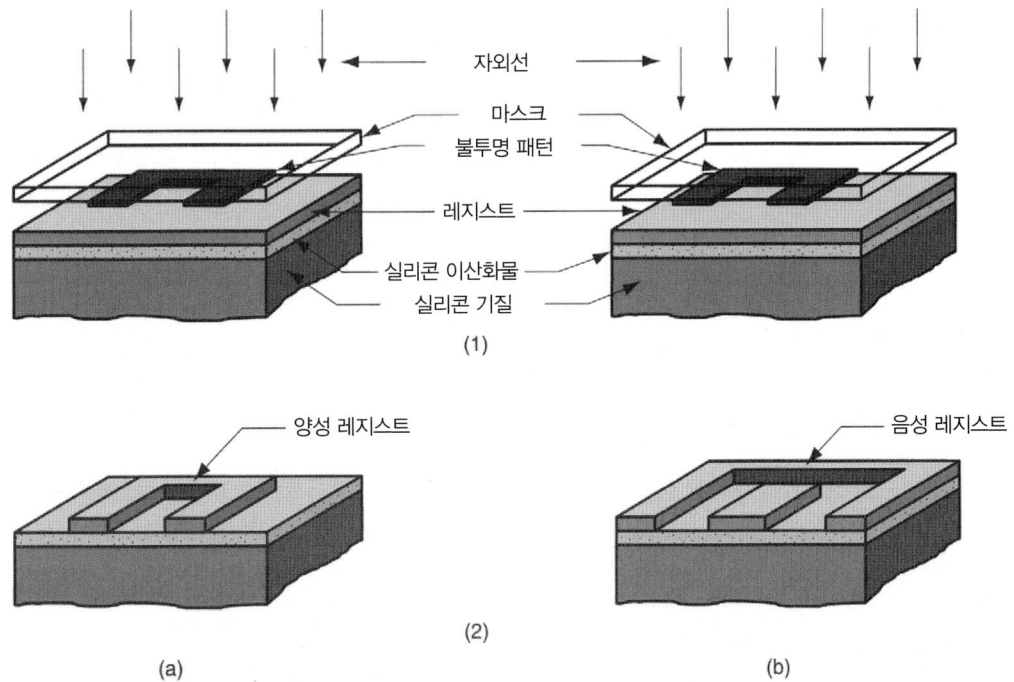

그림 32.9 포토리소그래피에 (a) 양성 레지스트, (b) 음성 레지스트의 적용. 두 가지 방식 모두의 공정순서는, (1) 마스크를 통한 노광, (2) 현상 후에 잔유 레지스트.

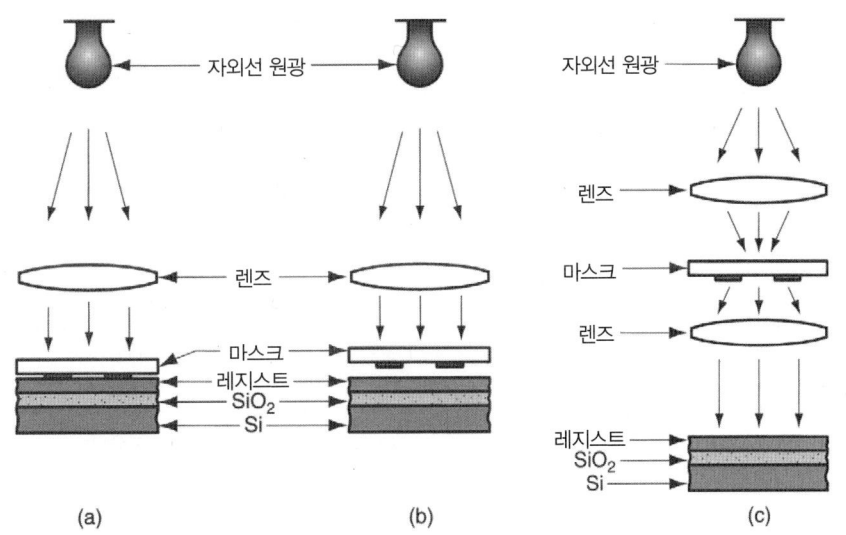

그림 32.10 포토리소그래피 노광 기술. (a) 접촉인쇄, (b) 근접인쇄, (c) 투영인쇄.

정도 떨어져 있다. 마스크의 마모는 없지만 이미지의 해상도는 약간 감소한다. **투영 인쇄**(projection printing)는 마스크를 통해 웨이퍼에 이미지를 투영하기 위하여 고품질 렌즈(또는 거울) 시스템을 사용한다. 이 방법은 비접촉식이며(마스크의 마모가 없음) 고해상도를 얻기 위해서 광학적 투영을 통해 마스크 패턴을 축소할 수 있기 때문에 가장 선호하는 기술이 되었다.

포토리소그래피의 공정 절차

실리콘 웨이퍼에 포토리소그래피를 적용하는 전형적인 공정 절차에 대해 살펴보자. 실리콘의 표면은 웨이퍼 위에 SiO_2의 박막을 형성하기 위해 산화되어 있다. 마스크 패턴에 의해 정의된 영역의

SiO₂ 필름을 제거해야 한다. 양성 포토레지스트에 대한 절차는 그림 32.11에 나타난 대로 다음과 같이 진행된다. **(1) 표면의 준비** – 레지스트의 젖음성과 접착성을 증진시키기 위해서 웨이퍼를 적절하게 세정한다. **(2) 포토레지스트의 도포** – 반도체 공정에서 포토레지스트는 웨이퍼의 중심 위에 정해진 양의 액상의 레지스트를 공급한 후, 웨이퍼를 회전시키면서 액체를 퍼뜨려 균일한 코팅 두께를 얻는다. 두께는 대략 1 μm가 바람직하며, 핀홀 결함을 최소화하며 좋은 해상도를 얻을 수 있다. **(3) 소프트베이크(soft-bake)** – 노출 전에 가열하여 용제를 제거하고, 접착성을 향상시키며, 레지스트를 경화시킨다. 전형적인 소프트베이크의 온도는 대략 90°C(363 K)로 10∼20분간 가열한다. **(4) 마스크의 정렬과 노광** – 패턴 마스크가 웨이퍼에 정렬되고, 위에서 설명한 방법 중의 한 방법에 의해 레지스트는 마스크를 통해 노광된다. 정렬은 정렬 목적으로 설계된 광학적 기계적인 장치에 의해 매우 정밀하게 이루어져야 한다. 이미 웨이퍼가 리소그래피에 의해 처리되어 웨이퍼 상에 패턴이 형성되어 있는 경우에는 후속 마스크가 기존의 패턴과 상대적으로 정밀하게 맞추어져야 한다. 레지스트의 노광은 사진의 경우처럼 기본적인 원칙대로 진행된다. 노광은 빛의 강도 시간의 함수이며, 수은등이나 다른 자외선 광원이 사용된다. **(5) 레지스트의 현상** – 노출된 웨이퍼는 현상액 속에 잠겨지거나 또는 현상액이 웨이퍼 표면에 분무된다. 양성 포토레지스트의 경우에는 노출된 부분이 현상액에 용해되어 SiO₂ 표면이 노출된다. 현상 후에는 현상이 진행되는 것을 멈추고 남아있는 화학 성분을 제거하기 위해 세척을 한다. **(6) 하드베이크(hard-bake)** – 이 단계는 현상 용액으로부터 남아있던 휘발 성분을 날려버리고, 특히 새로 형성된 레지스트 막의 모서리 부분의 레지스트 접착력을 증가시킨다. **(7) 에칭(etching)** – 에칭은 레지스트가 제거된 부분의 SiO₂ 층을 제거한다. **(8) 레지스트 박리** – 에칭 후, 표면에 남아 있는 레지스트 코팅은 제거되어야 한다. 박리는 습식 또는 건식 기술을 사용하여 수행된다. 습식박리는 화학 용액을 사용한다. 황산(H₂SO₄)과 과산화수소(H₂O₂)수의 혼합물이 일반적이다. 건식박리는 반응 가스로서 산소를 사용하는 플라즈마 에칭법을 적용한다.

비록 여기서는 실리콘 기판에서 SiO₂의 박막을 제거하는 포토리소그래피의 절차에 대해 설명하였지만, 다른 공정에서도 동일한 기본 절차로 진행된다. 이 모든 단계에서 포토리소그래피의 목적은 포토레지스트 층 밑의 특정한 영역을 노출시켜서 이 노출된 부분에 대한 공정이 진행될 수 있도록 하는 것이다. 주어진 웨이퍼의 공정에서 포토리소그래피는 원하는 집적회로를 생산하기에 필요한 만큼 여러 번 반복되고, 매번 적절한 패턴을 정의하기 위해서 다른 마스크가 사용된다.

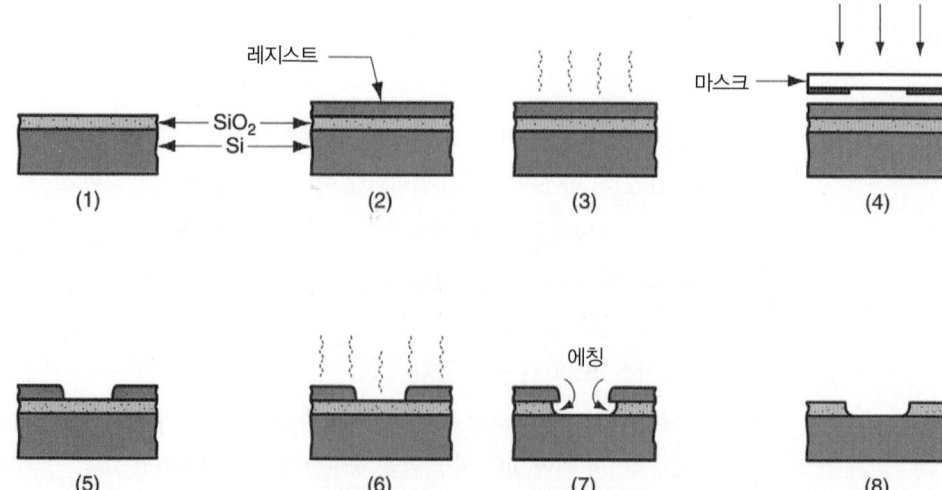

그림 32.11 실리콘 웨이퍼에 적용된 포토리소그래피 공정. (1) 표면 준비, (2) 포토레지스트의 적용, (3) 소프트베이크, (4) 마스크 정렬과 노출, (5) 레지스트의 현상, (6) 하드베이크, (7) 에칭, (8) 레지스트 박리.

32.3.2 기타 리소그래피 기술

집적회로 내의 소자 크기가 점점 소형화되고, 전통적인 UV 포토리소그래피가 점차 부적합해짐에 따라, 더 높은 해상도를 얻을 수 있는 다른 리소그래피 기술의 개발이 중요하게 되었다. 이 기술들에는 극자외선 리소그래피, 전자빔 리소그래피, x선 리소그래피 및 이온 리소그래피가 있다. 다음 절에서는 이러한 대체 기술들에 대해 간략하게 설명한다. 각각의 기술은 특별한 종류의 광원에 반응하는 특수 레지스트 재료가 필요하다.

극자외선 리소그래피(extreme ultraviolet lithography, EUV)는 전통적인 UV 리소그래피가 개선된 것으로 노광 중에 더 짧은 파장의 UV를 사용한다. 이 극자외선 분광의 범위는 10 nm에서 380 nm(nm = nanometer = 10^{-9}m)까지이고, 이 상한선은 거의 가시광선의 범위(400 ~ 700 nm 파장)와 가깝다. 전통적인 UV 노광의 경우, 구현할 수 있는 집적회로의 크기는 0.1 μm인데 반해, EUV 기술은 0.04 μm까지 줄일 수 있다.

전자빔(E-beam) **리소그래피**는 UV 및 EUV 리소그래피에 비해서 빛의 회절을 거의 없앨 수 있어, 이미지의 높은 해상도를 얻을 수 있다. 또 다른 잠재적인 장점으로는 스캐닝 전자빔은 웨이퍼 표면의 특정영역만 노광하도록 방향을 정할 수 있기 때문에 마스크가 없어도 된다는 점이다. 고품질의 전자빔 시스템은 가격이 비싸고 시간이 소요되는 순차적인 특성의 노광방법 때문에, 광리소그래피의 마스크 기술에 비해 생산성이 낮다. 따라서, 전자빔 리소그래피의 사용은 소량 생산에 제한적으로 사용된다. 전자빔 기술은 UV 리소그래피에서 사용되는 마스크 제조에 널리 사용된다.

X선 리소그래피는 1972년 이래로 계속 개발 중이다. 전자빔 리소그래피와 마찬가지로, X선의 파장은 UV선보다 훨씬 짧다(X선의 파장은 0.005 nm에서 수십 nm까지이며 하한은 UV의 파장 범위와 겹친다). 따라서, 이 방법은 노광 중에 선명한 이미지를 얻을 수 있다. X선은 리소그래피 작업 중에 초점을 맞추기가 어렵다. 결과적으로 접촉 또는 근접 인쇄방식이 사용되어야 하고, 마스크를 통해서 좋은 이미지 해상도를 얻기 위해서는, 웨이퍼 표면으로부터 상대적으로 먼 거리에서 작은 X선 소스가 사용되어야 한다.

이온 리소그래피 시스템은 두 가지의 범주로 나누어진다. (1) 초점이 맞춰진 이온빔시스템 – 마스크 사용이 필요 없고, 스캐닝 전자빔 시스템과 작동이 유사하다. (2) 마스크 사용 이온빔 시스템 – 근접 인쇄 방식에 의해 마스크를 통해 레지스트에 노광시킨다. 전자빔이나 X선 시스템과 같이, 이온 리소그래피는 전통적인 UV 포토리소그래피보다 높은 이미지 해상도를 얻을 수 있다.

32.4 적층 공정

집적회로를 생산하는 데에 필요한 단계는 실리콘 웨이퍼 상에 포토리소그래피에 의해 결정된 영역을 더하고, 변화시키고, 제거하는 화학적·물리적 공정으로 구성되어 있다. 이러한 영역들은 절연체, 반도체 및 도체 영역을 조성하여 집적회로 내의 상호 연결과 소자를 형성한다. 층들은 한 번에 한 층씩 단계적으로 제조되는데, 각 층은 각기 다른 특성을 가지며, 웨이퍼 표면상에 도전 경로와 전자소자의 모든 미세 부분이 만들어질 때까지 별도의 포토리소그래피 마스크를 필요로 한다.

이 절에서는 층을 더하고, 변경시키고, 제거하는 웨이퍼 공정을 알아본다. 표면에 층을 더하고 변경시키는 공정은 다음과 같다. (1) 열 산화법 – 실리콘 기판상에 이산화실리콘 층을 성장시킨다. (2)

화학기상증착 ― IC 제조에서 다양한 종류의 층 성장에 사용 용도가 많은 공정이다. (3) 확산과 이온 주입 ― 기존 층 또는 기판의 화학성분을 변경하는 데에 사용된다. (4) 다양한 도금 공정 ― 웨이퍼에 전기전도성을 갖는 영역을 제공하는 금속 층을 추가한다. (5) 몇 가지 에칭 공정 ― 집적회로에서 원하는 상세부를 얻기 위해 첨가된 층의 일부를 제거하는 데에 사용된다.

32.4.1 열 산화법

실리콘 웨이퍼의 산화는 집적회로를 제조하는 동안 여러 번 수행될 수 있다. 이산화규소(SiO_2)는 Si의 반도체 특성과는 달리 절연체이다. 실리콘 웨이퍼의 표면 위에 SiO_2의 박막이 형성되기 쉽다는 점은 실리콘이 반도체 재료가 가지는 매력적인 특징 중의 하나이다.

이산화규소는 IC 제조에 있어서 다음과 같이 여러 가지 중요한 기능을 한다. (1) 실리콘에 불순물 (dopant)의 확산이나 이온주입을 방지하는 마스크로서 사용된다. (2) 회로에서 소자들을 분리하는 데 사용될 수 있다. (3) 다층 금속배선 시스템에서 층 간 전기적 절연을 제공한다.

반도체 제조에서 칩을 제작할 때, 언제 산화물이 추가되어야 하는지에 따라서 몇 가지 공정이 SiO_2 형성에 사용된다. 가장 일반적인 공정은 열산화이며, 실리콘 기판 위에 SiO_2 막을 성장시키는 데에 적절하다. **열산화법**(thermal oxidation)은 웨이퍼를 상승된 온도의 산화 환경에 노출시키는 것이다. 이런 환경은 산소 또는 수증기 환경이 사용되는데, 다음 식이 이 두 환경에서 일어나는 반응을 나타낸다.

$$Si + O_2 \rightarrow SiO_2 \qquad (32.4)$$

또는

$$Si + 2H_2O \rightarrow SiO_2 + 2H_2 \qquad (32.5)$$

실리콘의 열산화에 사용되는 전형적인 온도 범위는 900°C ~ 1300°C(1173 K ~ 1573 K)이다. 온도와 시간을 조절함으로써, 예측 가능한 산화막의 두께가 얻어질 수 있다. 위의 반응식은 그림 32.12에서 보듯이, 웨이퍼의 표면에서 실리콘이 반응에 소비되는 것을 보여준다. SiO_2 막을 두께 d만큼 성장시키는 데에는 두께 $0.44d$의 실리콘 층이 필요하다.

실리콘이 아닌 표면 위에 산화실리콘의 막을 형성시킬 때는 직접적인 열산화는 적합하지 않다. 화학기상증착법과 같은 대체 공정이 사용되어야 한다.

32.4.2 화학기상증착법

화학기상증착법(chemical vapor deposition, CVD)은 화학 반응 또는 가스 분해에 의해 가열된

그림 32.12 실리콘 기판 위에 열산화에 의한 SiO_2의 성장. 두께의 변화가 일어나는 것을 보여주고 있다. (a) 열산화 전, (b) 열산화 후.

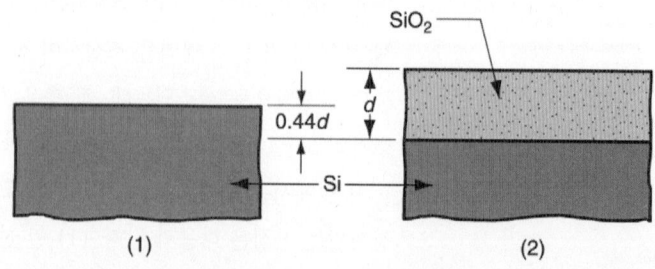

기판 표면 위에 박막을 성장시키는 공정이다(26.5.2절). CVD는 반도체 웨이퍼 공정에 이산화실리콘, 질화실리콘(Si_3N_4) 및 실리콘 층을 추가하기 위해 널리 사용된다. 플라즈마 향상 CVD도 종종 사용되는데 더 낮은 온도에서 반응이 일으킬 수 있다.

전형적인 CVD 반응

SiO_2를 형성시킬 경우, 웨이퍼의 표면이 실리콘이면(즉, IC 제조 초기단계) 열산화법이 SiO_2 층을 형성하기에 적합한 공정이다. 만약 산화층이 알루미늄이나 질화규소와 같이 실리콘이 아닌 다른 물질 위에 성장시켜야 한다면, 화학기상증착법과 같은 다른 대체 기술을 사용하여야 한다. SiO_2의 화학기상증착은 가열된 기판상에 실레인(silane, SiH_4)같은 규소 화합물을 산소와 반응시킴으로써 이루어진다. 반응은 대략 425°C(698 K) 정도에서 이루어지며 반응식은 다음과 같이 나타낼 수 있다.

$$SiH_4 + O_2 \rightarrow SiO_2 + 2H_2 \tag{32.6}$$

일반적으로 화학기상증착에 의해 생성된 실리콘 산화물 막의 밀도와 기판에 대한 접합성은 열산화에 의해 생성된 것보다 떨어진다. 결과적으로 CVD는 다른 증착방법이 적절하지 못한 경우, 즉, 기판 표면이 실리콘이 아니거나, 열산화의 고온을 견딜 수 없거나 하는 경우에 사용된다. CVD는 인(P) 불순물이 섞인 이산화규소(P-glass라고 부름)처럼 도핑된 SiO_2의 층을 만드는 데에 사용될 수 있다.

질화실리콘은 실리콘을 산화시킬 때 마스크 층으로 사용된다. Si_3N_4는 Si에 비해 낮은 산화율을 갖고 있어서, 질화물 마스크는 실리콘 표면에 코팅되어 실리콘의 산화를 방지하는 데에 사용할 수 있다. 또한, 실리콘 질화물은 보호층(passivation layer, 나트륨 확산이나 습기로부터 보호)으로 사용될 수 있다. 실리콘 웨이퍼 위에 Si_3N_4의 코팅을 위한 통상적인 CVD 공정은 약 800°C(1073 K)의 온도에서 다음과 같은 실레인과 암모니아(NH_3)의 반응을 일으킨다.

$$3SiH_4 + 4NH_3 \rightarrow Si_3N_4 + 12H_2 \tag{32.7}$$

플라즈마 향상 CVD는 기본적으로 같은 코팅 반응에 사용되며, 장점으로는 약 300°C(573K) 정도의 매우 낮은 온도에서 수행될 수 있다는 점이다.

반도체 제조에서 다결정 실리콘(부울이나 웨이퍼와 같이 단결정 구조를 가진 실리콘과 구별하기 위해서 폴리실리콘이라고 불림)은 리드를 위한 도전 재료, MOS 소자에서 게이트 전극 및 얇은 접합(shallow junction)소자에서의 접점 재료 등 여러 가지 용도로 사용된다. 웨이퍼 위에 폴리실리콘은 화학기상증착을 통해 약 600°C(873 K)에서 실레인을 분해시켜 얻을 수 있으며 화학 반응식은 다음과 같다.

$$SiH_4 \rightarrow Si + 2H_2 \tag{32.8}$$

에피택시 증착법

기판상의 박막 성장과 관련 있는 공정으로 에피택시 증착법(epitaxial deposition)이 있는데, 이는 박막이 기판 구조와 같은 결정구조를 갖고 있는 독특한 특징을 가지고 있다. 박막 재료가 기판과 같다면(예, 실리콘 위의 실리콘), 결정격자는 웨이퍼의 결정과 동일하고, 연속이 된다. 에피택시 증착을 위한 주요 방법으로는 증기상 에피택시와 분자빔 에피택시가 있다.

증기상 에피택시(vapor-phase epitaxy)는 반도체 공정 중에서 가장 중요한 에피택시 증착법으로 화학기상증착법에 기반을 두고 있다. 실리콘 위에 실리콘을 성장시키는 데에 있어서, 일반적인 Si의 CVD보다 높은 온도로 정밀하게 제어된 상태 하에서 수행된다. 공정을 느리게 하여 에피택시 층이 성공적으로 형성되도록 해주는 희석된 반응 가스를 사용한다. 식 (32.8)을 포함하여 다양한 반응이 가능하지만, 1100°C(1373 K)에서의 사염화실리콘 가스와 수소의 반응이 산업체에서 가장 널리 사용된다.

$$SiCl_4 + 2H_2 \rightarrow Si + 4HCl \tag{32.9}$$

실리콘의 용융점은 1410°C(1683 K)이므로 위의 반응은 Si의 용융점보다 낮은 온도에서 수행되기 때문에 증기상 에피택시의 장점으로 간주된다.

분자빔 에피택시(molecular-beam epitaxy)는 진공기화 공정을 사용한다(26.5.1절). 여기서, 실리콘은 하나 또는 그 이상의 불순물(dopant)과 함께 기화되어 진공용기 안에서 기판으로 전달된다. 장점은 바로 CVD보다 낮은 온도에서 수행할 수 있다는 점이다. 공정 온도는 400°C에서 800°C(673 K ~ 1073 K) 사이다. 그러나 생산성이 상대적으로 낮고 장비가 고가이다.

32.4.3 도핑

IC 기술은 표면의 선택된 부분에 불순물을 투입하여 실리콘의 전자적인 특성을 바꾸는 능력에 좌우한다. 실리콘 표면에 불순물을 더하는 것을 **도핑**(doping)이라고 부른다. 도핑된 부분은 회로 내에 트랜지스터, 다이오드 및 다른 소자들을 형성하는 p-n 접합을 생성하는 데에 사용된다. 열 산화와 포토리소그래피에 의해 만들어지는 이산화규소 마스크는, 실리콘에서 도핑이 되어야 할 부분을 분리하는 데에 사용된다. 불순물로 사용되는 일반적인 원소는 붕소(B)로, 실리콘 기판에서 전자 수용체(acceptor) 영역을 형성한다(p형 영역). 그리고 인(P), 비소(As) 및 안티몬(Sb)은 전자 공여체(donor) 영역(n형 영역)을 형성한다. 이러한 원소들로 실리콘이 도핑되는 주된 기술에는 이온주입이 있다.

이온주입(ion implantation)에서 기화된 불순물 원소의 이온은 전기장에 의해 가속되고, 실리콘 기판 표면을 향하게 된다(26.2.2절). 원자는 표면을 관통하고 에너지를 잃어서 결정구조의 내부에서 멈추게 된다. 평균 깊이는 이온의 질량과 가속 전압에 의해 결정된다. 전압이 높아질수록 침투 깊이는 더 깊어지며, 일반적으로 수백 옹스트롬(1 Angstrom = 10^{-4} mm = 10^{-1} nm)이다. 이온주입법의 장점은 상온에서 수행할 수 있으며, 정확한 도핑 밀도를 얻을 수 있다. 이온주입법의 문제점은 이온 충돌이 결정격자 구조를 붕괴시키고 손상을 입힌다는 것이다. 매우 높은 에너지의 충돌은 초기 결정질 재료를 비정질의 구조로 변환시킨다. 이 문제는 500°C와 900°C(773 K ~ 1173 K) 사이에서 어닐링함으로써 해결할 수 있다. 이런 열처리는 격자구조가 스스로 회복하여 원래의 결정 상태로 되돌아가도록 해준다.

32.4.4 금속배선 공정

전도성 재료는 다음과 같은 기능을 제공하기 위해서 웨이퍼 위에 적층되어야 한다. (1) IC 안에 특정 요소(예, 게이트)를 형성한다. (2) 칩 상의 소자 사이에 도전 경로를 제공한다. (3) 칩을 외부 회로와 연결한다. 이러한 기능들을 만족시키기 위하여, 전도성 재료는 매우 미세한 패턴을 형성해야 한다. 이러한 패턴의 제작공정을 **금속배선**(metallization) 공정이라고 부르며, 여러 가지 박막 증착 기술과 포토리소그래피를 조합한 방법이다. 이 절에서 금속배선에 사용되는 재료와 공정에 대해 설명한다. 칩을 외부 회로와 연결하는 것은 IC 패키징도 포함하며, 32.6절에서 다룬다.

금속배선 재료

실리콘 기반의 집적회로의 금속배선에 사용되는 재료(metallization materials)는 요구되는 특정 물성을 가지고 있어야 하며, 그 중 일부는 전기적 기능과 관련이 있고 어떤 것들은 제조공정과 관련이 있다. 요구되는 금속배선의 재료 물성은 (1) 낮은 전기저항, (2) 실리콘과의 낮은 접촉 저항, (3) 보통 Si 또는 SiO_2인 하부 재료와의 좋은 접착성, (4) 증착의 용이성과 포토리소그래피와의 호환성, (5) 화학적 안정성(비부식성, 비반응성, 비오염유발성), (6) 공정 중 온도 변화에 대한 물리적인 안정성, (7) 수명주기 중의 안정성 등이 있다 [5], [14].

이러한 요구 조건을 모두 만족하는 재료는 없지만, 알루미늄은 대부분을 만족시키고, 가장 널리 사용되는 금속배선 재료이다. 알루미늄은 보통 다음과 같은 원소들을 소량 혼합한 합금의 형태로 사용된다. (1) 실리콘 – 기판에서 실리콘과의 반응성을 감소시키기 위하여 첨가한다. (2) 구리 – IC 작동 중에 전류 흐름에 의한 Al 원자의 전자이동(electromigration)을 억제하기 위해 첨가한다. 집적회로에서 금속배선에 사용되는 기타 재료들은 폴리실리콘(Si), 금(AU), 내화금속(W, MO), 규화물(WSi_2, $MoSi_2$, $TaSi_2$), 질화물(TaN, TiN, ZrN)이 있다. 이 기타 재료들은 일반적으로 게이트나 접점과 같은 곳에 사용된다. 알루미늄은 일반적으로 소자의 내부연결 및 외부회로와의 연결에 선호된다.

금속배선 공정

IC제조에서 금속배선을 위해 물리기상증착, 화학기상증착 및 전기도금과 같은 여러 공정을 적용할 수 있다. 물리기상증착(PVD) 공정 중에서는 **진공증착법**(vacuum evaporation)과 **스퍼터링**(sputtering)을 적용할 수 있다(26.5.1절). 진공증착법은 알루미늄 금속배선에 적용할 수 있다. 기화는 보통 저항 가열이나 전자빔 기화를 통해 이루어진다. 기화는 내화성 금속이나 화합물의 증착에는 적용이 어렵거나 불가능하다. **스퍼터링**은 알루미늄뿐만 아니라 내화성 금속과, 일부 화합물 증착에 사용할 수 있다. 이 방법은 진공증착법보다 더 우수한 단차피복(step coverage) 특성을 가지고 있으며, 많은 공정 사이클을 거쳐 표면 윤곽이 불규칙하게 되었을 때에 유용하지만 증착속도가 느리고 장비가 더 비싸다. 또한, **화학기상증착법**(CVD)도 금속배선 기술에 적용 가능하다. 이 공정의 장점은 뛰어난 단차피복 특성과 증착속도가 빠른 점이다. CVD에 적합한 재료로는 텅스텐, 몰리브덴 및 반도체 금속배선에 사용되는 대부분의 규화물이 있다. 반도체 공정에서 금속배선을 위한 공정에는 PVD가 CVD보다 일반적으로 사용된다. 최종적으로 **전기도금법**(26.3.1절)은 박막의 두께를 증가시키기 위해서 IC 제조에서 때때로 사용된다.

32.4.5 에칭

이 절 앞에서 설명된 모든 공정들은 박막의 형태나 불순물 원소의 표면 도핑 형태로 웨이퍼 표면 위에 재료를 추가하는 것에 관련된 것이다. IC 제조에서 어떤 단계는 표면으로부터 재료를 제거할 필요가 있다. 이는 원하지 않는 재료를 부식시켜 제거함으로써 얻어진다. 에칭(etching)은 보호되어야 할 부분의 표면은 코팅하고 다른 부분은 부식에 노출되도록 하여 선택적으로 이루어진다. 코팅재는 내부식성 포토레지스트이거나 이산화규소처럼 이전에 적층된 재료일 수도 있다. 앞서 포토리소그래피 공정에서 간략하게 에칭에 대해 설명하였다. 이 절에서는 IC 제조에서 에칭에 대해 좀더 상세하게 기술적인 부분을 설명한다.

반도체 공정에서 에칭 공정은 크게 습식화학 에칭과 건식플라즈마 에칭을 들 수 있다. 습식화학에칭은 더 오래된 방법이며 사용하기가 더 쉽다. 그러나 일부 단점이 있어서 건식플라즈마 에칭의 사용이 증가하고 있다.

습식화학 에칭

습식화학 에칭(wet chemical etching)은 대상 재료를 에칭하여 제거하기 위해 보통 산성(acid) 수용액을 사용한다. 에칭액은 제거해야 할 특정 재료만 화학적으로 부식시키고, 마스크로 사용된 보호층은 부식시키지 않도록 선택해야 한다. 웨이퍼 공정에서 재료를 제거하기 위해 일반적으로 사용되는 에칭액을 표 32.2에 나타내었다.

간단한 형태의 공정은 마스크가 입혀진 웨이퍼를 해당 에칭액에 일정 시간 동안 침적시켰다가 꺼내어 바로 세척하여 에칭을 정지시킴으로써 이루어진다. 침적 시간, 에칭액 농도 및 온도는 제거해야 할 재료의 양을 결정하는 데에 있어서 중요한 공정변수들이다. 알맞게 부식된 층은 그림 32.13과 같은 단면구조를 갖는다. 에칭 반응은 모든 방향으로 똑같이 부식되는 **등방성**(isotropic)이라는 점에 유의해야 한다. 따라서, 보호 마스크 아래에 언더컷(undercut)이 발생한다. 일반적으로 습식화학 에칭은 등방성이기 때문에, 마스크 패턴은 이러한 영향을 보상할 수 있도록 크기를 결정하여야 한다.

또한, 그림에서 에칭액은 대상 소재의 밑에 있는 층은 부식시키지 않는 점에 주목해야 한다. 이상적인 경우에는, 에칭 용액은 오직 대상 재료에만 반응하고, 여기에 접촉하고 있는 다른 재료와는 반응하지 않도록 조성해야 한다. 실제적으로는 에칭액에 노출된 다른 재료도 대상 재료만큼은 아니지만 어느 정도 에칭될 수 있다. 에칭액의 **에칭선택성**(etch selectivity)은 대상 재료와 마스크로 사용되는 다른 재료나 기판 재료와의 에칭 속도의 비율을 말한다. 예를 들어, Si에 대한 SiO_2의 불화수소산 에칭선택성은 무한이다.

표 32.2 반도체 공정에 사용되는 일반적인 화학 에칭액.	
제거할 재료	**에칭액(보통 수용액 상태)**
알루미늄(Al)	인산(H_3PO_4)과 질산(HNO_3) 그리고 아세트산(CH_3COOH)의 혼합물
실리콘(Si)	질산(HNO_3)과 불화수소산(HF)의 혼합물
이산화실리콘(SiO_2)	불화수소산(HF)
질화실리콘(Si_3N_4)	뜨거운 인산(H_3PO_4)

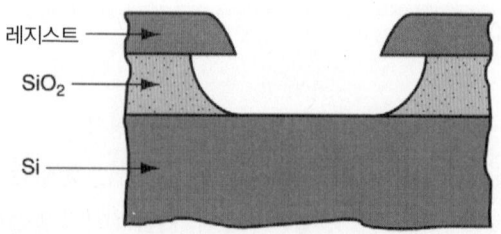

그림 32.13 적절히 에칭된 층의 단면 형상.

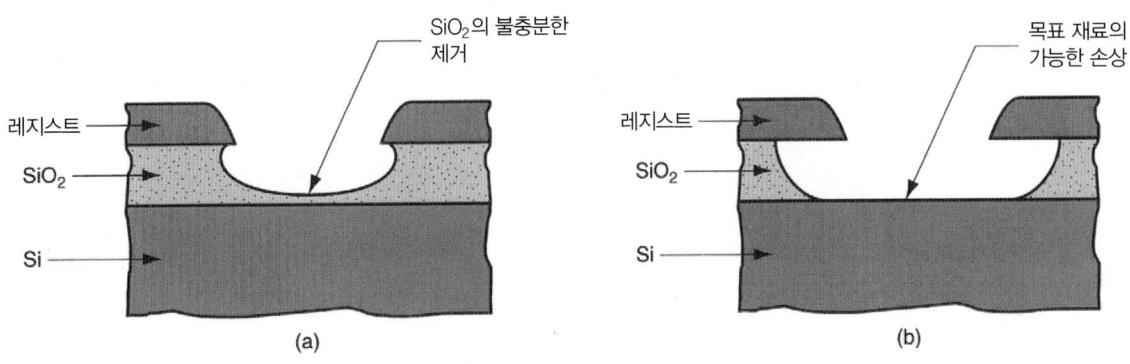

그림 32.14 에칭에서의 두 가지 문제. (a) 언더 에칭, (b) 오버 에칭.

공정 제어가 부적절하게 이루어지면 그림 32.14와 같이 언더 에칭이나 오버 에칭이 발생할 수 있다. 언더에칭은 대상 층이 완전히 제거되지 않은 것으로, 에칭 시간이 너무 짧거나 에칭 용액이 너무 묽거나 할 때 발생한다. 오버 에칭은 목표 재료가 너무 많이 제거되는 것이며, 패턴이 사라지거나 대상 재료 밑의 층에 손상을 입힌다. 오버 에칭은 에칭액에 너무 많이 노출됨으로써 발생한다.

건식플라즈마 에칭

건식플라즈마 에칭(dry plasma etching)은 대상 재료를 에칭하기 위해 이온화된 가스를 사용한다. 이온화된 가스는 진공 용기에 적절한 가스 혼합물을 넣음으로써 생성되고, 가스의 일부를 이온화하기 위해 무선(RF) 전기에너지를 사용함으로써 플라즈마를 발생시킨다. 고에너지 플라즈마는 대상 표면과 반응하고, 재료를 제거하기 위해 기화시킨다. 재료를 에칭하는 데에 플라즈마를 사용하는 몇 가지 방법들이 있다. IC 제조에서 중요한 두 가지 공정은 플라즈마 에칭과 반응성 이온 에칭 공정이 있다.

플라즈마 에칭(plasma etching)의 경우, 이온화된 가스의 기능은 화학적으로 매우 반응성이 높은 원자나 분자를 생성하는 것이며, 대상 재료가 여기에 노출되면 화학적으로 에칭된다. 플라즈마 에칭물은 보통 불소나 염소에 기반을 둔 가스이다. 일반적으로 에칭선택성은 습식화학 에칭보다 플라즈마 에칭에서 더 큰 문제가 된다. 예를 들어, HF 화학에칭의 무한대의 에칭선택성과 비교해 전형적인 플라즈마 에칭 공정에서는 Si에 대한 SiO_2의 에칭선택성은 최고 15이다 [4].

이온화된 가스의 다른 대체 기능은 대상 재료에 물리적으로 충돌해서 원자가 표면으로부터 떨어져 나가도록 하는 것이다. 이것이 물리기상증착 기술의 하나인 스퍼터링 공정이다. 이 공정이 에칭을 위해 사용되었을 때, **스퍼터링 에칭**(sputtering etching)이라고 한다. 비록 이런 형태의 에칭이 반도체 공정에 적용되어 왔지만, 지금은 위에서 언급한 플라즈마 에칭과 스퍼터링을 결합한 것이 훨씬 더 일반적이며 **반응성이온에칭**(reactive ion etching)이라고 한다. 이 공정은 대상 표면에 화학적인 동시에 물리적인 에칭이 일어난다.

습식화학 에칭에 비하여 플라즈마 에칭 공정의 장점은 훨씬 더 **이방성**(anisotropic)이라는 점이다. 이 특성을 그림 32.15를 참조하여 쉽게 정의할 수 있다. (a)에서는 완전한 이방성 에칭을 보여주고 있다. 즉, 언더컷이 발생하지 않는다. 에칭 공정의 이방성 정도는 다음과 같은 비율로 정의할 수 있다.

$$A = \frac{d}{u} \tag{32.10}$$

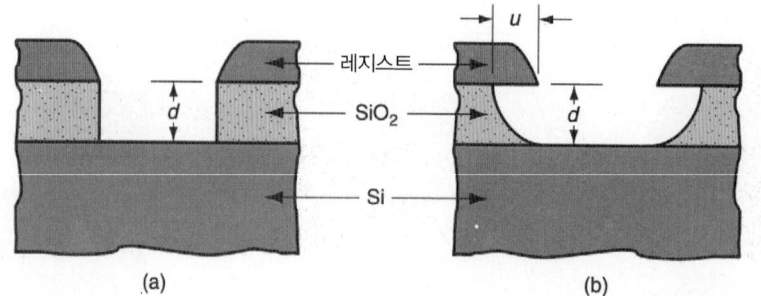

그림 32.15 (a) *A*가 무한대인 완전 이방성 에칭 (b) *A*가 약 1.3인 부분 이방성 에칭

여기서, *A*는 이방성도(degree of anisotropy)이고, *d*는 에칭 깊이(거의 대부분의 경우, 에칭된 층의 두께와 같음), *u*는 언더컷 치수로 그림 32.15(b)에 나타내었다.

습식화학 에칭의 경우, 보통 *A*값은 대략 1이며, 등방성 에칭을 나타낸다. 스퍼터링 에칭에서는 표면의 이온 충돌이 거의 수직이며, 결과적으로 거의 완전 이방성으로 *A*값이 무한대에 가깝다. 플라즈마 에칭과 반응성이온 에칭은 높은 이방성도를 갖고 있지만 스퍼터링 에칭보다는 낮다. IC의 치수가 계속 줄어들면서, 이방성은 원하는 치수공차를 얻기 위해 갈수록 중요해지고 있다.

32.5 반도체 공정단계의 통합

32.3절과 32.4절에서 IC 제조에 사용되는 개별 공정기술에 대해 설명하였다. 이 절에서는 이러한 기술들이 집적회로를 생산하기 위해 어떻게 결합되어 공정단계를 구성하는지 보여준다. 평면공정 절차는 실리콘 기판 위의 정해진 영역에 여러 재질의 층을 제조하는 단계들로 구성되어 있다. 층들은 집적회로에서 요구되는 특정한 전자 소자를 제조하기 위해 절연체, 반도체 및 도전체 영역을 기판 위에 형성한다. 또한, 층들은 다른 영역을 덮는 임시적인 기능을 제공하여, 표면의 원하는 부위에 특정 공정이 적용되도록 한다. 마스크는 공정 후에 제거된다.

층들은 열산화, 에피택시 성장, 증착기술(CVD와 PVD), 확산, 이온주입법으로 형성된다. 주어진 종류의 소재 층을 추가하고 변화시키는 데에 일반적으로 사용되는 공정들을 표 32.3에 정리하여 나타내었다. 표면의 정해진 영역에만 특정한 공정을 적용하기 위한 리소그래피의 사용이 그림 32.16에 나타나 있다.

IC 제조에서 공정들의 통합을 보여 주는 유용한 예로서, n-채널 모스(NMOS) 논리소자의 사례를

표 32.3 반도체 공정에서 추가, 변경되는 층 재료.

층의 재료(기능)	전형적인 제조공정
Si, 폴리실리콘(반도체)	CVD
Si, 에피택셜(반도체)	증기상 에피택시
Si 도핑(n형 또는 p형)	이온주입, 확산
SiO_2(절연, 마스크)	열 산화, CVD
Si_3N_4(마스크)	CVD
Al(전도체)	PVD, CVD
P-glass(보호용)	CVD

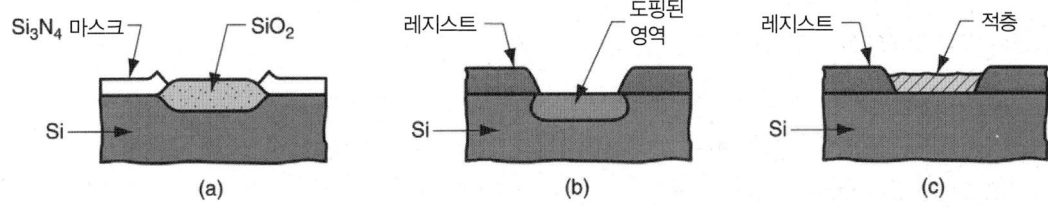

그림 32.16 마스크를 사용한 선택적인 층의 형성. (a) 실리콘의 열산화, (b) 선택적 도핑, (c) 기판 위로 재료 적층.

소개한다. 비록 IC에 대한 공정은 기본적으로 유사하지만, NMOS IC 공정은 CMOS나 바이폴라 기술보다 덜 복잡하다. 제조될 소자를 그림 32.1에 나타내었다. 초기 기판은 약간 도핑된 p형 실리콘 웨이퍼이고, 이것이 n-채널 트랜지스터의 기초부를 형성한다. 공정 단계는 그림 32.17에 나와 있고 공정단계는 다음과 같다(일부 세부 항목은 단순화 되었고, 소자의 내부 연결을 위한 금속배선 공정은 생략했다).

(1) 영역을 정의하기 위해 포토리소그래피를 사용하여 Si$_3$N$_4$의 층이 Si 기판 위에 CVD에 의해 적층된다. 이 Si$_3$N$_4$층은 다음 단계인 열산화 공정에서 마스크 역할을 한다 .

(2) SiO$_2$가 표면의 노출된 부분에서 열산화에 의해 성장한다. SiO$_2$ 영역은 절연체이기 때문에, 회로 내의 다른 소자들과 전기적으로 분리시키는 수단으로 쓰인다.

(3) Si$_3$N$_4$ 마스크는 에칭에 의해 박리된다.

(4) 이전에 노출된 표면에 얇은 게이트 산화물 층을 추가하고, 이전의 SiO$_2$층의 두께를 증가시키기 위해서, 또 다른 열산화가 실시된다.

(5) 폴리실리콘이 CVD에 의해 표면에 증착되고, 이온주입법을 사용하여 n형으로 도핑한다. (6) 트랜지스터의 게이트 전극을 남기기 위해, 포토리소그래피에 의해 폴리실리콘이 선택적으로 에칭된다.

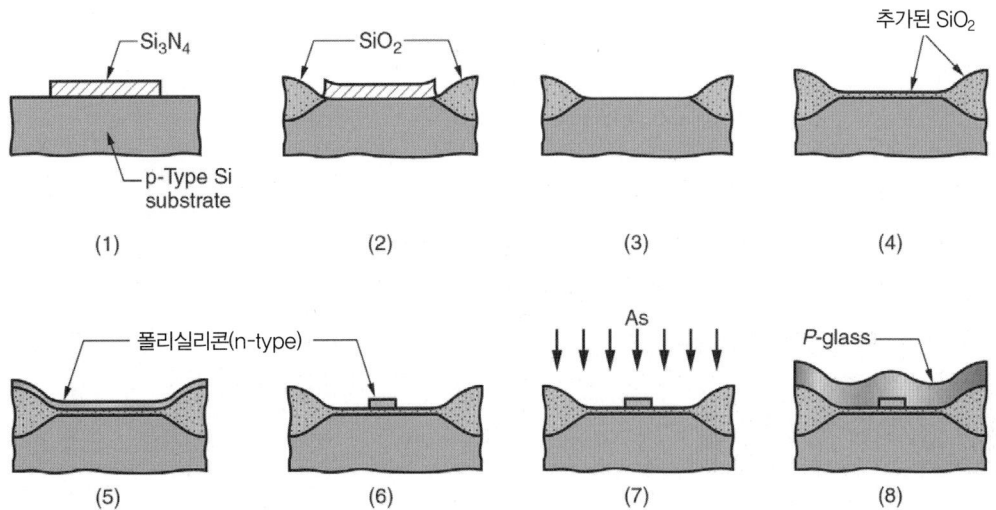

그림 32.17 IC 제조순서. (1) Si 기판 위에 CVD에 의해 Si$_3$N$_4$ 마스크가 적층된다. (2) 마스크가 덮이지 않은 부분에 열산화에 의해 SiO$_2$가 성장한다. (3) Si$_3$N$_4$ 마스크가 박리된다. (4) 열산화에 의해 얇은 SiO$_2$층이 성장한다 (5) CVD에 의해 폴리실리콘이 적층되고 이온주입에 의해 n$^+$로 도핑된다. (6) 게이트 전극을 형성하기 위해, 포토리소그래피를 사용하여 폴리실리콘이 선택적으로 에칭된다. (7) 기판에 n$^+$ 도핑에 의해 소스와 드레인 부분이 형성된다. (8) 보호를 위해 표면 위에 P-glass가 적층된다.

(7) 기판에 비소(As)를 이온 주입시켜 소스와 드레인 영역 (n⁺)이 형성된다. 얇은 SiO_2층은 관통하지만 폴리실리콘 게이트나 두꺼운 SiO_2 분리층은 관통하지 못하도록 주입 에너지 수준을 선택한다.

(8) 밑의 회로들을 보호하기 위해, CVD에 의해 인규산염 유리(P-glass)가 표면 위에 증착된다.

32.6 IC 패키징

웨이퍼 상의 모든 공정 단계가 완료되면 웨이퍼를 개개의 칩으로 나누어 외부 회로와 연결하고, 클린 룸 밖의 거친 환경에서 견딜 수 있도록 최종적인 몇 단계의 작업이 이루어져야 한다. 이 최종 단계들을 IC 패키징(IC packaging)이라고 부른다(다음 장에서 보게 되듯이, 패키징은 개별 IC 칩의 단순한 제작 수준을 넘어선다).

집적 회로의 패키징은 다음과 같은 설계 문제와 관련이 있다. 즉, (1) 외부 회로와의 전기적인 연결, (2) 칩을 둘러싸서 외부 환경(습도, 부식, 온도, 진동, 기계적인 충격)으로부터 보호하는 재료, (3) 열의 발산, (4) 성능, 신뢰성, 수명, (5) 비용을 들 수 있다.

또한, 패키징에서의 제조 문제도 있는데, (1) 칩 분리(웨이퍼를 개별 칩으로 절단), (2) 칩을 패키지와 연결, (3) 칩의 밀봉, (4) 회로 시험 등이 있다. 제조 문제는 이 절에서 가장 큰 관심을 두는 문제이다. 대부분의 설계 문제를 다른 참고문헌 [8], [11], [13]에서 상세히 다루고 있지만, 패키지 제작을 위한 공정 단계를 설명하기 전에, IC패키지의 공학적인 측면과 IC 패키지의 종류에 대해 살펴보기로 한다.

32.6.1 IC 패키지 설계

이 절에서는 집적회로 패키지의 설계와 관련된 (1) 주어진 크기의 IC에 요구되는 입출력 단자의 수, (2) 패키지 재료, (3) 패키지 형상에 대해 설명한다.

입/출력 단자 수의 결정

IC 패키징에서 기본적인 공학적 문제는 많은 내부 회로를 입/출력(I/O) 단자와 연결하여 적절한 전기적 신호가 IC와 외부 세계 사이를 통할 수 있도록 하는 것이다. IC 내의 소자 수가 증가할수록, 요구되는 I/O 단자(리드) 수도 증가한다. 이 문제와 더불어 하나의 IC에 넣어야 하는 소자의 크기를 줄이고 수를 늘리는 반도체 기술 경향에 따라 문제가 더 심각해지고 있다. 다행히도 IC에서 I/O 단자의 수는 소자의 수와 같을 필요가 없다. 두 값 사이의 의존성은 1960년대 다음의 관계식을 정의한 IBM 기술자(E. F. Rent)의 이름을 이용하여 지어진 렌트의 법칙(Rent's rule)에 따른다.

$$n_{io} = Cn_c^{m} \tag{32.11}$$

여기서, n_{io}는 필요한 입/출력 단자의 수이고, n_c는 IC에서 회로의 수이며, 보통 논리게이트의 수로 받아들여진다. C와 m은 변수를 나타낸다.

일반적으로 사용되는 C와 m의 값은 현대의 VLSI 마이크로프로세서 회로의 경우 4.5와 0.5의 값을 가진다. 그러나 렌트의 법칙에서의 변수값은 회로의 종류에 따라 다르다. 메모리 단위의 열과 행구조 때문에, 메모리 소자는 마이크로프로세서보다 훨씬 적은 I/O 단자를 필요로 한다. 일반적으로 정적 메모리 소자에 대한 값은 C는 6.0, m은 0.12 값을 가진다.

IC 패키지 재료

패키지 밀봉은 적절한 패키징 재료로 IC 칩을 봉지화(encapsulating)하는 것을 의미한다. 현재의 패키징 기술에서는 세라믹과 플라스틱 두 가지 재료가 지배적이다. 금속은 초기 패키징 설계에서 사용되었지만, 현재에는 리드 프레임을 제외하고는 더 이상 중요하지 않다.

일반적인 패키징 재료는 알루미나(Al_2O_3)이다. 세라믹 패키징의 장점은 IC 칩의 밀봉성이 좋다는 점과 매우 복잡한 패키지도 생산할 수 있다는 것이다. 단점으로는 굽기 위해 가열했을 때 수축으로 치수 조절이 힘들고 알루미나의 높은 유전(절연) 계수를 들 수 있다.

플라스틱 IC 패키지는 완전 밀봉이 되지는 않지만, 비용이 세라믹보다 저렴하여 일반적으로 매우 높은 신뢰성을 필요로 하지 않는 대량 생산되는 IC에 사용된다. IC 패키징에 사용되는 플라스틱은 에폭시, 폴리이미드(polyimide) 및 실리콘이 있다.

IC 패키지 형상

앞서 설명한 입/출력 조건을 만족하기 위하여 매우 다양한 IC 패키지 형상이 있다. 거의 모든 제품에서 IC는 커다란 전자시스템의 부품이 되며, 인쇄회로기판(PCB)에 부착되어야 한다. PCB에 부품을 실장하는 데에 그림 32.18과 같이 관통형과 표면 실장형의 두 가지 기판 유형이 있다. **핀인홀**(pin-in-hole, PIH) 기술이라고도 알려진 **관통형 실장**(through-hole mounting)은 IC 패키지 및 다른 전자부품(저항과 콘덴서 등)의 리드가 기판 위의 구멍에 삽입되어 기판의 반대쪽에서 납땜이 된다. **표면 실장기술**(surface-mount technology, SMT)에서는, 부품이 기판 위의 표면에(일부 경우, 기판의 위·아래 양쪽 표면) 접착된다. 표면 실장기술에서는 그림 32.18(b), (c), (d)와 같은 몇 가지 리드 구성이 가능하다.

IC 패키지의 주요 형상은 (1) 듀얼인라인 패키지, (2) 스퀘어 패키지, (3) 핀그리드 어레이가 있다. 이들 중 일부는 관통형 실장 및 표면실장형 두 가지 모두 사용이 가능하고 일부는 오직 한 가지의 실장 방법을 위해 설계된다.

듀얼인라인 패키지(dual in-line package, DIP)는 현재 IC 패키지의 가장 일반적인 형태이며, 관통형과 표면실장형 두 방법 모두 적용 가능하다. 이 패키지는 그림 32.19와 같이 직사각형의 두 변에 두 줄의 리드(단자)를 갖고 있다. 전통적인 관통형 듀얼인라인 패키지는 리드 사이의 간격(중심과 중심의 거리)은 2.54 mm이며, 8에서 64개의 리드 수를 가지고 있다. 관통형 듀얼인라인 패키지 방식에서 구멍 간격은 인쇄회로기판 위에 얼마나 서로 가깝게 구멍을 뚫을 수 있는가 하는 능력에 따라 제한된다. 표면실장 기술에서는 리드가 기판에 삽입되지 않기 때문에, 이 제한이 완화될 수 있다. 표면 실장형 듀얼인라인 패키지에서 리드사이 표준 거리는 1.27 mm이다.

그림 32.18 PCB 위에 리드 부착되는 부품의 유형. (a) 스루홀과 몇 가지 형상의 표면 실장기술, (b) 버트 리드, (c) J 리드, (d) 걸윙(gull-wing).

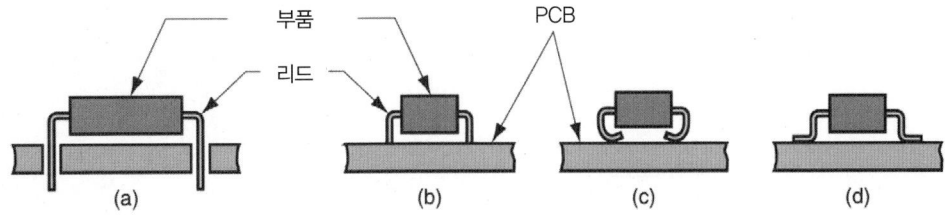

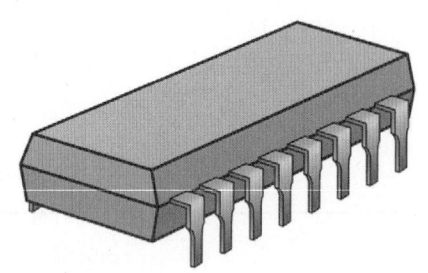

그림 32.19 관통홀 구조의 16 단자 듀얼인라인 패키지.

듀얼인라인 패키지에서 단자의 수는 리드가 양쪽으로 뻗어 나간 직사각형의 치수에 의해 제한된다. 즉, 한 변의 리드의 수가 $n_{io}/2$ 임을 의미한다. n_{io} 가 큰 값(48과 64사이)에 대해서는 듀얼인라인 패키지의 중간에 있는 리드와 양 끝에 있는 리드 사이의 도전 길이의 차이가 고속 전자 특성에 문제를 일으킬 수 있다. 이러한 일부 문제들은 스퀘어 패키지로 해결된다. 즉, 리드가 패키지 둘레에 정렬되어 한 변의 단자의 수는 $n_{io}/4$ 이 된다. 표면 실장형 스퀘어 패키지를 그림 32.20에 나타내었다.

정사각형 칩 패키지라도 패키지의 리드는 일직선으로 배열되어 있어 단자수에는 실질적인 상한선이 있다. 패키지에서 리드 수는 핀의 정사각형 행렬을 사용함으로써 최대화될 수 있다. **핀그리드 어레이**(pin grid array, PCA)는 정사각형 칩 패키지의 밑면에 2차원적인 핀 단자배열이 구성되어 있다. 이상적으로는 패키지의 바닥면 전체가 핀으로 점유되어 각 방향으로의 핀의 수는 n_{io} 의 제곱근이다. 그러나 현실적인 문제로 인해 패키지의 중심부에는 칩이 들어가 있기 때문에 핀이 없다.

32.6.2 IC 패키징의 공정 단계

제조에서 IC 칩의 패키징의 공정 단계는 (1) 웨이퍼 시험, (2) 칩 분리, (3) 다이 접합, (4) 와이어 접합, (5) 패키지 밀봉으로 나눌 수 있다. 패키징이 끝나면 각 IC에 대해 최종 기능시험이 행해진다.

웨이퍼 검사

현재의 반도체 공정 기술은 한 장의 웨이퍼에서 수백 개의 개별 칩을 형성할 수 있다. IC상에서 이루어지는 어떤 기능 검사(시험)들은 칩들이 분리 전에 아직 웨이퍼 상에 있을 때 수행하는 것이 편리하다. 칩 표면의 연결 패드와 일치하도록 되어있는 바늘 탐침을 사용하는 컴퓨터로 제어되는 시험 장비에 의해 검사가 수행된다. 이 시험 절차에 사용되는 용어가 **다중탐침**(multiprobe)이다. 탐침이 패드에 접촉하게 되면, 일련의 직류 검사가 수행되어, 회로의 단락과 그 밖의 오류를 표시한다. 그리고 IC의 기능시험이 곧 이어진다. 검사에 불합격한 칩은 잉크 점으로 표시되고, 이 불량 칩들은 패키징되지 않는다. 검사를 위한 탐침 밑으로 각각의 IC는 차례대로 위치가 정해지는데, 한 칩에서 다음 칩

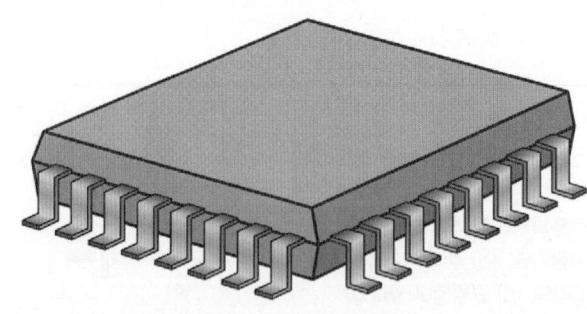

그림 32.20 걸윙으로 표면실장 될 스퀘어 패키지.

으로의 위치 제어를 위해 고정밀도 x-y 테이블이 사용된다.

칩 분리

검사의 다음 단계는 웨이퍼를 개별의 칩(다이)으로 절단하는 것이다. 다이아몬드가 함유된 얇은 톱날이 사용되어 절단 공정이 수행된다. 절단기계는 고정밀도로 자동화되어 있고, 회로 사이의 통로 정렬은 매우 정확하다. 웨이퍼는 테이프로 접착되어 프레임 위에 올려진다. 접착테이프는 절단 중과 절단 후에 각각의 칩을 제자리에 고정시키고 프레임은 후속적으로 이루어지는 칩의 취급을 편리하게 해준다. 잉크 점이 찍힌 칩들은 이 단계에서 버려진다.

다이 접합

각 칩은 각각의 패키지에 접착되어야 하는데, 이 절차를 다이 접합이라고 부른다. 칩의 작은 크기로 인해, 자동화된 취급 시스템이 사용되어 분리된 칩을 테이프 프레임에서 집어낸 후, 다이 접합을 위해 내려놓는다. 칩을 패키징 기판에 붙이기 위해 다양한 기술이 개발되었다. 여기서는 두 가지 방법인 공정 다이본딩과 에폭시 다이본딩에 대해 설명한다. 세라믹 패키지에 사용되는 **공정 다이접합**(eutectic die bonding)은 다음과 같은 단계로 구성된다. (1) 칩의 바닥 면에 금 박막을 도포한다. (2) 세라믹 패키지의 베이스를 약 370°C(643 K)까지 가열한다. 이 온도는 금-실리콘 시스템의 공정점이다. (3) 가열된 베이스 위에서 칩이 금속배선 패턴에 접착된다. 플라스틱 VLSI 패키징에 사용되는 **에폭시 다이접합**(epoxy die bonding)에서는 적은 양의 에폭시를 패키징 베이스(리드 프레임) 위에 도포하고, 칩을 에폭시 위에 올려진 후, 에폭시는 경화되어 칩이 표면에 접착된다.

와이어 접합

다이가 패키지에 접착된 후에, 칩 표면 위의 접촉 패드와 패키지 리드 사이의 전기적인 연결이 이루어진다. 연결은 그림 32.21에서 보듯이 일반적으로 작은 지름의 알루미늄이나 금 와이어를 사용하여 이루어진다. 전형적인 알루미늄 와이어 지름은 0.05 mm이며, 금 와이어 지름은 알루미늄 와이어 지름의 반 정도이다(금은 알루미늄보다 높은 전기전도성을 갖고 있으나 더 비쌈). 알루미늄 와이어는 초음파 접합법으로 접합되며, 반면에 금 와이어는 열압착이나 열초음파 또는 초음파를 사용한다. **초음파 접합**은 와이어를 패드 표면에 접합시키는 데에 초음파 에너지를 사용한다. **열압착 접합**은 와이어의 끝단을 가열하여 용융 볼을 형성하고, 볼이 패드에 압축되어 접합된다. **열초음파 접합**은 초음파와 열에너지를 결합하여 접합부를 형성한다. 자동 와이어 접합 기계는 분당 200회까지의 속도로 작업하는 데에 사용된다.

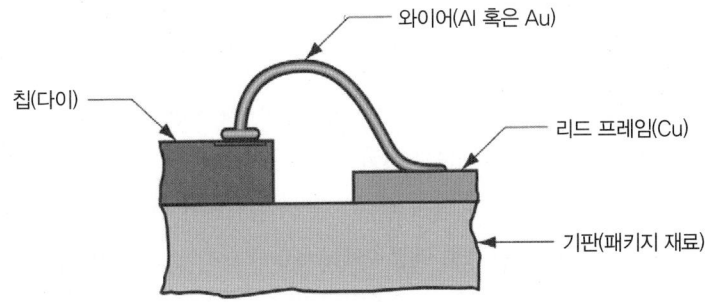

그림 32.21 칩 접촉패드와 리드 사이의 전형적인 와이어 연결.

패키지 봉인

위에서 설명한 바와 같이, 두 가지 일반적인 패키지 재료는 세라믹과 플라스틱이다. 공정방법은 두 가지 재료에 따라 서로 다르다. **세라믹 패키지**는 액상 결합제(예, 폴리머나 솔벤트)에 세라믹 분말 (Al_2O_3가 일반적)을 뿌려 만들어진다. 이 혼합물은 처음에는 얇은 박판의 형태로 만들어 건조된 후, 크기에 맞게 절단된다. 전기적 연결을 위해 구멍을 뚫은 다음 각 박판 위에 필요로 하는 도선 통로가 제작되고 구멍에 금속이 채워진다. 그 후, 박판이 압착에 의해 적층되고 일체형 몸체를 형성하기 위해 소결된다.

플라스틱 패키지는 사후 몰딩형과 사전 몰딩형의 두 가지 형태로 적용할 수 있다. **후몰딩 패키지** (postmolded packages)는 에폭시 열경화성 플라스틱이 조립된 칩과 리드프레임 주변에(와이어 본딩 후) 몰딩되는 것으로, 여러 조각들을 일체형으로 변환하는 것이다. 그러나, 후몰딩 공정은 섬세한 와이어 접합에 영향을 미치기 때문에, 선몰딩 패키지가 대신 사용된다. **선몰딩 패키징**(premolded packaging)에서는 기초부분을 봉지화 하기 전에 미리 몰딩되어, 칩과 리드 프레임은 여기에 연결되고, 뚜껑을 더하거나 칩과 리드프레임을 보호하기 위한 다른 재료를 추가한다.

최종 검사

패키징 절차를 마침에 따라, 각 IC는 마지막 검사(시험)를 거쳐야 한다. 이 검사의 목적은 (1) 패키징 중 파손이 있다면, 어느 것이 파손되었는가를 찾고, (2) 각 소자의 성능 특성을 측정하기 위해 수행된다. 번인시험(bum-in test) 절차는 때때로 고온 시험을 포함하는데, 여기서는 패키징 된 IC가 약 125°C(398 K) 온도에서 오븐 속에 24시간 정도 놓여진 후에 시험한다. 시험에서 불합격된 소자들은 실제 사용 중의 초기에 고장 나기가 쉽다. 온도 변화가 크게 일어나는 환경에서 소자가 사용될 것이라면, 온도 사이클 시험이 적당하다. 이 시험은 각 소자가 낮게는 −50°C(223 K)에서 높게는 125°C(398 K)까지의 온도 변화를 겪는다. 높은 신뢰성이 필요한 소자에 대한 추가적인 시험은 기계적인 진동시험과 밀봉(누출) 시험이 있다.

32.7 반도체 공정의 수율

집적회로의 제조는 연속적으로 수행되는 많은 공정 단계로 구성되어 있다. 특히, 웨이퍼 공정에서는 웨이퍼가 통과해야 하는 서로 다른 수백 가지의 작업들이 있다. 각 단계에서는 무엇인가 잘못될 수 있는 가능성이 있고, 결과적으로 웨이퍼 또는 개별 칩들의 손실을 초래할 수 있다. 양품의 최종 수율을 예측하는 간단한 확률 모델은 다음과 같다.

$$Y = Y_1 Y_2 \ldots Y_n$$

여기서, Y는 최종 수율이고 Y_1, Y_2, Y_3는 각 공정 단계에서의 수율이다. n은 공정 절차에서 전체 공정의 수를 나타낸다.

이 모델이 타당성을 가지고 있긴 하지만, 현실적인 문제에서는 관련된 공정의 수가 너무 많고 각 단계의 수율의 변화가 너무 크기 때문에 사용하기가 어렵다. 이 장에서 설명한 순서(그림 32.3)와 같이 공정절차를 주요 단계별로 나누고 각 단계에서 수율을 정의하는 것이 더 편리하다. 첫 단계에는 단결정 부울의 성장으로 **결정 수율**(crystal yield) Y_c는 전자등급 실리콘의 초기 양에 비교한 부울의 단결정 재료의 양을 의미한다. 전형적인 결정 수율은 약 50%이다. 결정 성장 후에, 부울은 웨이퍼로 슬라이싱 되며, 이에 대한 수율은 **결정-슬라이스 수율**(crystal-to-slice yield) Y_s라고 표시한다. 이것은 부울의 연마 중에 손실되는 재료의 양, 슬라이싱 중 웨이퍼 두께 대비 톱날의 폭 및 기타 손실에 달려있다. 연마와 슬라이싱 중에 유실되는 실리콘의 많은 부분이 재활용이 가능하지만, 전형적인 값은 50% 정도이다.

다음 단계는 개별 IC를 제조하기 위한 웨이퍼 공정이다. 수율의 관점에서 보면, 웨이퍼의 수율과 다중 탐침의 수율로 구분할 수 있다. **웨이퍼 수율**(wafer yield) Y_w는 초기의 웨이퍼 양에 비교하여 공정에서 살아남는 웨이퍼의 수를 의미한다. 어떤 웨이퍼는 시험용 또는 그와 유사한 용도로 사용되기 때문에, 손실로 간주되고 수율을 감소시킨다. 다른 경우에는 웨이퍼가 깨지거나 공정 조건이 잘못 적용될 수도 있다. 웨이퍼 수율의 전형적인 값은 시험용 손실을 포함하여 70% 정도이다. 공정을 완료한 후, 다중 탐침 검사를 거친 웨이퍼에 대해서는 일정 비율만의 칩이 검사를 통과하는데, 이에 발생되는 수율을 **다중탐침 수율**(multiprobe yield) Y_m이라고 부른다. 다중탐침 수율은 매우 변화가 큰데, IC의 복잡성과 작업자의 기술에 따라 그 범위가 아주 낮은 값(10% 이하)에서 상대적으로 높은 값(90% 이상)까지 분포한다.

패키징 후에 IC의 최종 검사가 수행된다. 이것도 항상 추가적인 손실을 초래하여 값의 범위가 90%에서 95% 사이인 **최종시험 수율**(final test yield) Y_t로 나타난다. 식 (32.12)와 같이 다섯 단계의 수율이 결합하면, 최종 수율은 다음 식과 같이 예측할 수 있다.

$$Y = Y_c Y_s Y_w Y_m Y_t \tag{32.12}$$

각 단계에서 수율 값을 얻으면 초기 실리콘의 양과 비교할 때 최종 수율은 매우 낮아진다.

IC 제조의 핵심은 웨이퍼 공정이며, 그 수율은 다중탐침 시험 Y_m으로 측정된다. 다른 영역에서의 수율은 예측이 가능하지만, 웨이퍼 공정의 경우는 그렇지 않다. 웨이퍼 공정에서 (1) 영역 결함, (2) 점 결함과 같은 두 가지 종류의 공정 결함을 분간할 수 있다. **영역결함**(area defects)은 웨이퍼의 주요 영역에 영향을 미치고, 전체 표면까지 영향을 끼칠 수 있다. 이 결함은 공정변수의 편차 또는 부정확한 설정에 의해 발생한다. 예를 들면, 너무 얇거나 너무 두꺼운 층이 추가된 경우나, 도핑에서 불충분한 확산 깊이 및 과도하거나 모자라는 에칭 등이 있다. 일반적으로 이러한 결함들은 공정 제어를 개선하거나, 보다 우수한 대체 공정을 개발함으로써 교정될 수 있다. 예를 들어 이온주입에 의한 도핑은 주로 확산법을 대체하고 있고, 건식플라즈마 에칭은 습식화학 에칭을 대체하여 보다 나은 치수 제어 특성을 얻는다.

점결함(point defects)은 웨이퍼 표면상의 매우 국부적인 부분에서 일어나므로, 하나 또는 제한된 수의 칩의 특정 부분에만 영향을 미친다. 이 결함들은 보통 웨이퍼 표면이나 리소그래피 마스크 위의 먼지 입자에 의해 발생한다. 점결함은 또한 결정격자 구조(2.3.2절)의 전위를 포함한다. 이 점결함들은 웨이퍼의 표면 위에 어떤 양상으로 분포되어 있고, 결함의 밀도, 표면에 걸친 점결함 분포 및 웨이퍼 상의 공정 처리된 영역 등의 함수인 수율로 나타난다. 영역결함을 무시할 수 있고 점결함이 웨이퍼의 표면에 걸쳐서 일정하게 분포되어 있다면, 수율은 다음의 식으로 나타낼 수 있다.

$$Y_m = \frac{1}{1 + AD} \tag{32.13}$$

여기서, Y_m은 다중탐침에 의해 결정되는 양품 칩의 수율, A는 공정 처리된 면적(cm²), D는 점결함의 밀도(결함/cm²)를 나타낸다. 이 식은 **보스-아인슈타인**(Bose-Einstein) 통계에 기반을 두고 있으며 특히, 고밀도 집적 칩(VLSI 이상)에 웨이퍼 공정 수율을 정밀하게 예측할 수 있다고 알려져 있다.

웨이퍼 공정은 IC를 성공적으로 제조하기 위한 핵심 역할을 한다. IC 제조업체가 이익을 얻기 위해서는 이 제조 단계에서 높은 수율이 달성되어야 한다. 이것은 가능한 한 가장 순수한 원재료로 시작하고, 가장 최신의 장비 기술을 사용하며 각 공정 단계의 우수한 공정 제어와, 클린 룸 조건을 유지하며, 효율적이고 효과적인 시험, 검사 절차를 적용함으로써 달성될 수 있다.

참고문헌

[1] Bakoglu, H. B. *Circuits, Interconnections, and Packaging for VLSI.* Addison-Wesley Longman, Reading, Massachusetts, 1990.

[2] Coombs, C. F., Jr. (ed.) *Printed Circuits Handbook,* 6th ed. McGraw-Hill, New York, 2006.

[3] Edwards, P. R. *Manufacturing Technology in the Electronics Industry.* Chapman & Hall, London, 1991.

[4] *Encyclopedia of Chemical Technology.* 4th ed. John Wiley & Sons, New York, 2000.

[5] Gise, P., and Blanchard, R. *Modern Semiconductor Fabrication Technology.* Prentice-Hall, Upper Saddle River, New Jersey, 1986.

[6] Harper, C. *Electronic Materials and Processes Handbook,* 3rd ed., McGraw-Hill, New York, 2009.

[7] Jackson, K. A., and Schroter, W. (eds.). *Handbook of Semiconductor Technology.* Vol. 2, *Processing of Semiconductors.* John Wiley & Sons, New York, 2000.

[8] Manzione, L. T. *Plastic Packaging of Microelectronic Devices.* AT&T Bell Laboratories, published by Van Nostrand Reinhold, New York, 1990.

[9] May, G. S., and Spanos, C. J. *Fundamentals of Semiconductor Manufacturing and Process Control.* John Wiley & Sons, Hoboken, New Jersey, 2006.

[10] National Research Council (NRC). *Implications of Emerging Micro- and Nanotechnologies.* Committee on Implications of Emerging Micro- and Nanotechnologies, The National Academies Press, Washington, D.C., 2002.

[11] Pecht, M. (ed.). *Handbook of Electronic Package Design.* Marcel Dekker, New York, 1991.

[12] Runyan, W. R., and Bean, K. E. *Semiconductor Integrated Circuit Processing Technology.* Addison-Wesley Longman, Reading, Massachusetts, 1990.

[13] Seraphim, D. P., Lasky, R., and Li, C-Y. (eds.). *Principles of Electronic Packaging.* McGraw-Hill, New York, 1989.

[14] Sze, S. M. (ed.). *VLSI Technology.* McGraw-Hill, New York, 2004.

[15] Ulrich, R. K., and Brown, W. D. *Advanced Electronic Packaging.* 2nd ed. IEEE Press and John Wiley & Sons, Hoboken, New Jersey, 2006.

[16] Van Zant, P. *Microchip Fabrication.* 5th ed. McGraw-Hill, New York, 2005.

복습문제

32.1 집적회로란 무엇인가?

32.2 중요한 반도체 재료의 이름을 들어보아라.

32.3 평면공정을 설명하여라.

32.4 실리콘 기반의 집적회로의 제조에서 세 가지 중요 단계는 어떤 것인가?

32.5 클린 룸은 무엇인가? 클린 룸의 등급을 매기는 분류 시스템을 설명하여라.

32.6 IC 공정에서 오염을 유발하는 주요 원천은 무엇인가?

32.7 반도체 공정을 위하여, 단결정 실리콘 잉곳을 성장시키는 데에 사용되는 가장 일반적인 공정의 이름을 들어보아라.

32.8 IC 공정에서 포토리소그래피를 대체할 수 있는 것은 무엇인가?

32.9 포토레지스트는 무엇인가?

32.10 포토리소그래피에서 가시광선보다 자외선이 선호되는 이유는 무엇인가?

32.11 포토리소그래피에서 세 가지 노출 기술의 이름을 들어보아라.

32.12 IC 제조에서 열산화에 의해 생산되는 층 재료는 무엇인가?

32.13 에피택시 증착을 정의하여라.

32.14 IC 패키징의 중요한 설계 성능은 무엇인가?

32.15 렌트의 법칙은 무엇인가?

32.16 인쇄회로기판에 부품을 실장하는 두 가지 종류의 이름

을 들어보아라.

32.17 DIP란 무엇인가?

32.18 플라스틱 IC 칩 패키징에서 선몰딩과 후몰딩 사이의 차이는 무엇인가?

객관식문제(16개의 답)

32.1 VLSI의 범주로 분류되기 위해서, 한 개의 칩 안에 얼마나 많은 전자 소자들이 포함되어 있어야 하는가? (a) 1,000, (b) 10,000, (c) 1백만, (d) 1억.

32.2 반도체 공정에서 칩에 대한 또 다른 이름은 다음 중 어느 것인가? (a) 부품, (b) 소자, (c) 다이, (d) 패키지, (e) 웨이퍼.

32.3 반도체 공정에서 실리콘의 원료는 다음 중 어느 것인가? (a) 순수한 자연 Si, (b) SiC, (c) Si_3N_4, (d) SiO_2.

32.4 포토리소그래피에서 사용되는 가장 일반적인 형태의 방사는 다음 중 어느 것인가? (a) 전자빔 방사, (b) 백열등 빛, (c) 적외선, (d) 자외선, (e) X선.

32.5 빛에 노출된 후에, 양화레지스트는 화학 현상액에서 어떻게 되는가? (a) 녹기 어려워진다, (b) 더 녹기 쉬워진다.

32.6 IC 제조에서 다양한 재료의 층을 추가하는 데에 사용되는 공정은 다음 중 어느 것인가? (세 개의 답) (a) 화학기상증착, (b) 확산, (c) 이온주입, (d) 물리기상증착, (e) 플라즈마 에칭, (f) 열산화, (g) 습식에칭.

32.7 IC 제조에서 도핑 공정은 다음 중 어느 것인가? (두 개의 답) (a) 화학기상증착, (b) 확산, (c) 이온주입, (d) 물리기상증착, (e) 플라즈마 에칭, (f) 열산화, (g) 습식에칭.

32.8 실리콘 집적 회로에서 소자의 전기적 연결에 가장 일반적으로 사용되는 금속은 다음 중 어느 것인가? (a) 알루미늄, (b) 구리, (c) 금, (d)니켈, (e) 실리콘, (f) 은.

32.9 IC 제조에서 보다 높은 이방성의 에칭을 생산하는 에칭 공정은 어느 것인가? (a) 플라즈마 에칭, (b) 습식화학 에칭.

32.10 IC 패키징에서 사용되는 두 가지 주요 패키징 재료는 다음 중 어느 것인가? (a) 알루미늄, (b) 산화알루미늄, (c) 구리, (d) 에폭시, (e) 이산화실리콘.

32.11 리드프레임과 칩 패드의 와이어 연결에 일반적으로 사용되는 금속은 다음 중 어느 것인가? (두 개의 답) (a) 알루미늄, (b) 구리, (c) 금, (d) 니켈, (e) 실리콘, (f) 은.

연습문제

실리콘공정과 IC 제조

32.1 단결정 실리콘 부울이 초크랄스키 공정에 의해 평균 지름 320 mm, 길이 1500 mm로 성장되어야 한다. 시드와 끝 부분은 제거되어야 하며 이에 의해 길이는 950 mm로 감소한다. 지름은 300 mm로 정해졌다. 90 mm 폭의 평판이 표면에 고정되고 한 쪽 끝에서 다른 쪽으로 뻗어 나갔다. 잉곳은, 두께 0.33 mm인 연마톱날을 사용하여, 얇게 잘라져서 0.5 mm 두께의 웨이퍼가 된다. 시드와 끝 부분은 원뿔 모양으로 초기 부울의 끝에서 잘라진다고 가정하고, 다음을 결정하여라. (a) 초기 부울의 부피, mm³ (b) 전체 길이 1150 mm가 잘

라질 수 있다고 할 때, 얼마나 많은 웨이퍼를 얻을 수 있는가? (c) 공정 중에 초기 부울에서 낭비되는 실리콘 부피의 비율

32.2 실리콘 보울이 초크랄스키 공정에 의해 지름 13 cm, 길이 12.5 cm로 성장되어야 한다. 시드와 끝 부분은 잘라져야 하며 이에 의해 유효 길이는 120 cm로 감소한다. 시드와 끝 부분은 원뿔 모양으로 가정한다. 지름은 12.5 cm로 정해졌다. 폭 4.06 cm인 초기 평판이 전체 잉곳 길이에 걸쳐서 표면에 고정된다. 잉곳은 두께 0.032 cm인 연마 톱날을 사용하여 얇게 잘라져서

0.0625 cm 두께의 웨이퍼가 된다. 다음을 결정하라. (a) 원래 부울의 부피, cm³ (b) 전체 길이 10 cm가 잘라질 수 있다고 할 때, 얼마나 많은 웨이퍼를 얻을 수 있는가? (c) 공정 중에 초기 부울에서 낭비되는 실리콘 부피의 비율.

32.3 지름 156 mm의 웨이퍼 위에서 가공 가능한 면적은 지름 150 mm의 원이라고 한다. 만일 칩의 한 변의 길이가 7.5 mm라면, 얼마나 많은 정사각형 IC들이 이 면적에서 가공될 수 있는가? 모든 칩은 완전하게 가공 가능 면적 내에 놓여야 한다. 칩 사이의 절단 선은 무시할 만한 폭으로 간주한다.

32.4 웨이퍼의 크기가 25 7mm, 가공 가능한 면적의 지름이 250 mm라고 할 때에, 앞의 문제 32.3을 풀어라. 다음에서 증가하는 비율(%)은 얼마나 되는가? (a) 웨이퍼 지름 (b) 가공 가능한 웨이퍼 면적 (c) 칩의 수, 앞의 문제와 값들을 비교하여라.

32.5 15 cm 웨이퍼는 가공 가능한 면적의 지름이 14.6 cm이다. 만일 칩의 한 변의 길이가 1.25 cm라면, 얼마나 많은 정사각형 IC들이 이 면적에서 제조될 수 있는가? 칩 사이의 절단선은 무시할만한 폭으로 간주한다.

32.6 웨이퍼의 사이즈가 30 cm이고 가공 가능한 면적의 지름이 29.3 cm일 때에, 앞의 문제 32.5를 풀어보아라. 다음에서 증가하는 비율(%)은 얼마나 되는가? (a) 가공 가능한 웨이퍼 면적 (b) 웨이퍼의 지름이 200% 증가한 것에 비해 칩수의 증가는 몇 % 인가?

32.7 실리콘 웨이퍼의 직경이 250 mm이고 가공 가능한 면의 지름이 225 mm이다. 한 변의 길이가 20 mm인 웨이퍼 표면에 IC 칩이 제조된다. 각 칩의 가공 가능한 면적은 18 mm × 18 mm이다. 각 칩의 가공 가능한 영역의 회로 밀도는 mm² 당 465 회로이다. (a) 웨이퍼에 만들 수 있는 IC 칩은 몇 개인가? (b) $C = 3.8, m = 0.43$을 가지는 렌트의 법칙을 이용하여 각각의 칩에 필요한 I/O 단자(핀)는 몇 개인가?

32.8 실리콘 웨이퍼의 직경이 30 cm이고 가공 가능한 면의 지름이 28.5 cm이다. IC 칩의 절단을 포함하여 한 변의 길이가 1.875 cm인 정사각형의 IC 칩이 웨이퍼 표면에 제조된다. 각 칩의 가공 가능한 면적은 1.5 cm × 1.5 cm이다. 각 칩의 가공 가능한 영역의 회로 밀도는 cm² 당 16,000 회로이다. (a) 웨이퍼에 만들 수 있는 IC 칩은 몇 개인가? (b) $C = 3.8, m = 0.43$을 가지는 렌트의 법칙을 이용하여 각각의 칩에 필요한 I/O 단자(핀)는 몇 개인가?

32.9 실리콘 부울 직경이 285 mm, 길이가 900 mm의 실린더 모양으로 가공된다. 다음으로, 두께 0.5 mm의 톱날을 사용하여 0.7 mm 두께의 웨이퍼로 자른다. 웨이퍼는 PC 시장을 위해 가능한 한 많은 IC 칩을 제조하는 데 사용된다. 각 IC는 $98의 시장 가치를 가지고 있다. 칩은 한 변의 길이가 15 mm인 정사각형이고 각 웨이퍼의 가공 가능한 면적은 직경이 270 mm이다. 제조 수율이 80%라고 가정하면, 생산될 수 있는 모든 IC 칩의 가치는 얼마인가?

32.10 실리콘 웨이퍼의 표면이 열간 산화되어 두께 100 nm의 SiO_2막이 되었다. 초기 웨이퍼의 두께가 정확히 0.4 mm였다면, 최종 웨이퍼 두께는 얼마인가?

32.11 실리콘 웨이퍼의 표면에서 산화 실리콘 막의 일부를 에칭해서 제거하는 것이 필요하다. SiO_2막의 두께는 3 미크론이다. 에칭으로 제거하는 면적의 폭은 10미크론으로 정해졌다. 공정에서 에칭액에 대한 이방성의 정도가 0.8로 알려졌다면 에칭액이 작용하는 마스크의 개구부의 크기는 얼마가 되어야 하는가?

IC 패키징

32.12 마이크로프로세서에 사용되는 집적회로는 1000개의 논리게이트를 갖고 있다. 렌트의 법칙($C = 3.8, n = 0.6$)을 사용하여, 이 패키지에서 필요한 대략적인 I/O 핀의 수를 결정하여라.

32.13 어떤 DIP가 48개의 리드를 갖고 있다. 렌트의 법칙($C = 4.5, n = 0.5$)을 사용하여, 이 패키지를 위해 IC 칩에서 제조될 수 있는, 대략적인 논리게이트의 수를 정하여라.

32.14 IC의 칩 위에 제조될 수 있는 회로(논리게이트)의 수에 대한 패키지 종류의 영향을 결정할 필요가 있다. 렌트의 법칙($C = 4.5, n = 0.5$)을 사용하여, 다음과 같은 경우에, 칩 위에 놓일 수 있는 대략적인 소자(논리게이트)의 수를 계산하여라. (a) 한 변에 16 I/O 핀이 있는 DIP – 전부 32 핀 (b) 정사각형 칩 운반체 – 한 변에

16핀, 전부 64 I/O핀, 그리고 (c) PCA 16 × 16핀 – 전부 256핀

32.15 메모리 모듈에 사용되는 집적회로는 2^{24}개의 메모리 회로를 가지고 있다. 16개의 집적회로가 기판에 패키지되어 256 Mbyte의 메모리 모듈을 형성한다. 식 32.11의 렌트의 법칙($C = 6.0, n = 0.12$)을 사용하여 각각의 집적회로에 필요한 I/O 핀의 수를 계산하여라.

32.16 $C = 4.5, n = 0.5$인 렌트의 법칙에 대한 식에서 로직 게이트의 수가 I/O 단자의 수와 같을 때 n_{io}와 n_c에 대한 값을 구하여라.

32.17 정적 메모리 소자는 64 × 64셀의 2차원적인 배열을 갖고 있다. 렌트의 법칙($C = 6.0, n = 0.12$)을 사용하여 필요한 I/O 핀의 수를 비교하여라.

32.18 10 메가비트의 메모리 칩을 생산하기 위해 렌트의 법칙($C = 6.0, n = 0.12$)을 사용하여 얼마나 많은 I/O 핀이 예상되는가?

32.19 초기 IBM PC는 1979년 공개된 인텔 8088 CPU를 기본으로 만들어졌다. 8088 CPU는 29,000개의 트랜지스터와 40개의 I/O 단자를 가지고 있었다. 팬티엄 III (1GHz)가 2000년에 공개되었는데 28,000,000개의 트랜지스터와 370개의 I/O 단자를 가지고 있었다. (a) 렌트의 법칙을 이용하여 트랜지스터 수를 예측할 수 있는 m과 C의 값을 결정하여라. (b) 이 값을 사용하여 42,000,000개의 트랜지스터를 가지는 팬티엄 4에 필요한 I/O 단자 수를 예측하여라. (c) 2001년 공개된 팬티엄 4의 단자수는 423개였다. 위의 예측한 값과 비교하여 예측의 정확도에 대해 설명하여라.

32.20 DIP 패키지에 32 I/O lead를 가진 메모리 소자를 만들려고 한다. 렌트의 법칙($C = 6.0, n = 0.12$)을 이용하여 이 소자에 얼마나 많은 메모리 셀이 포함되겠는가?

32.21 실리콘 웨이퍼의 직경이 12인치이고 가공 가능한 면의 지름이 28.5 cm이다. IC 칩의 절단을 포함하여 한 변의 길이가 1.875 cm인 정사각형의 IC 칩이 웨이퍼 표면에 제조된다. 각 칩의 가공 가능한 면적은 1.5 cm × 1.5 cm이다. 각 칩의 가공 가능한 영역의 회로 밀도는 cm² 당 16,000 회로이다. (a) 웨이퍼에 만들 수 있는 IC 칩은 몇 개인가? (b) $C = 3.8, m = 0.43$을 가지는 렌트의 법칙을 이용하여 각각의 칩에 필요한 I/O 단자(핀)는 몇 개인가?

32.22 실리콘 웨이퍼의 직경이 250 mm이고 가공 가능한 면의 지름이 225 mm이다. IC 칩이 한 변의 길이가 20 mm인 웨이퍼 표면에 제조된다. 각 칩의 가공 가능한 면적은 18 mm × 18 mm이다. 각 칩의 가공 가능한 영역의 회로 밀도는 mm² 당 465 회로이다. (a) 웨이퍼에 만들 수 있는 IC 칩은 몇 개인가? (b) $C = 4.5, m = 0.35$을 가지는 렌트의 법칙을 이용하여 각각의 칩에 필요한 I/O 단자(핀)는 몇 개인가?

IC 공정의 수율

32.23 결정의 수율은 55%, 결정-슬라이스 수율은 60%, 웨이퍼의 수율은 75%, 다중 탐침 수율은 65%, 최종시험수율은 95%이고 초기 부울 무게는 75 kg라고 가정하자. 최종 테스트 이후의 결과적인 실리콘의 최종 무게는 얼마인가?

32.24 웨이퍼의 제조 능력이 결정의 수율은 60%, 결정-슬라이스 수율은 60%, 웨이퍼의 수율은 90%, 다중 탐침 수율은 70%, 최종시험수율은 80%이다. (a) 생산라인의 최종 수율은 얼마인가? (b) 웨이퍼 수율과 다중 탐침 수율이 같은 범위로 합쳐진다면 최종 수율은 얼마인가?

32.25 직경이 200 mm인 실리콘 웨이퍼가 직경이 190 mm의 원형 면적에 가공된다. 제조되는 칩은 한 변이 10

mm인 정사각형이다. 표면적에서 점 결함의 밀도는 0.0047 결함/cm²이다. 보스-아인슈타인 수율 평가식을 사용하여 결함 없는 칩의 수를 결정하여라.

32.26 지름 30cm인 웨이퍼가 지름 29.375 cm인 원형 면적에 대해 공정 처리된다. 표면적에서 점 결함의 밀도는 $2.8 × 10^{-3}$ 결함/cm²이다. 제조되는 칩은 한 변이 1 cm인 정사각형이다. 보스-아인슈타인 수율 평가식을 사용하여 결함 없는 칩의 수를 결정하여라.

32.27 어떤 웨이퍼의 뱃치에 대한 다중 탐침에서 무결함 칩의 수율은 83%이다. 웨이퍼의 지름은 150 mm이며, 공정처리가 가능한 면적의 지름은 140 mm이다. 결함이 전부 점 결함이라면, 보스-아인슈타인 수율 평가식을 점 결함의 밀도를 예측하여라.

32.28 어떤 실리콘 웨이퍼가 공정처리 가능한 면적 220 cm²를 갖고 있다. 이 웨이퍼에서 결함이 없는 칩의 수율은 Y_m은 75%이다. 결함이 전부 점 결함이라면, 보스-아인슈타인 수율 평가식을 점 결함의 밀도를 예측하여라.

Chapter
33

전자 조립과 패키징

33.1 전자 패키징

33.2 인쇄회로기판
　　33.2.1 PCB의 구조, 종류 및 재료
　　33.2.2 소재기판의 생산
　　33.2.3 PCB 제조에 사용되는 공정
　　33.2.4 PCB 제조 절차

33.3 PCB 조립
　　33.3.1 부품 삽입
　　33.3.2 연납접
　　33.3.3 세정, 검사 및 재작업

33.4 표면실장 기술
　　33.4.1 접착제 접합과 웨이브솔더링
　　33.4.2 연납페이스트와 리플로우솔더링
　　33.4.3 SMT-PIH의 조합 조립
　　33.4.4 세정, 검사, 시험 및 재작업

33.5 전기 커넥터 기술
　　33.5.1 영구적 연결법
　　33.5.2 분리가능 커넥터

집적회로는 전자 시스템의 심장부를 구성한다. 그러나, 완전한 시스템은 패키징 된 IC보다 훨씬 더 많은 것들로 구성된다. IC와 다른 부품들이 인쇄회로기판 위에 실장되고 전기적으로 연결된다. 그리고 그것들은 순서대로 연결되고, 섀시나 캐비닛 내에 넣는다. 칩 패키징(32.6절)은 단지 전체적인 전자 패키징의 일부분일 뿐이다. 이 장에서는 패키지의 나머지 계층과 그것들이 어떻게 제조되고 조립되는지에 대해 알아볼 것이다.

33.1 전자 패키징

전자 패키지는 시스템 내의 부품이 전기적으로 연결되고 외부 기기와 연결되도록 하는 물리적인 수단이다. 또한, 회로를 유지하고 보호하는 기계적인 구조를 포함한다. 잘 설계된 전자 패키지는 (1) 전원의 배분과 신호의 연결, (2) 구조적 지지, (3) 주변 환경의 물리·화학적인 위험으로부터 회로의 보호, (4) 회로에서 발생하는 열의 발산, (5) 시스템 내 신호전달에 있어서 지연시간의 최소화 등과 같은 역할을 한다.

많은 부품 및 전기적 연결을 포함하고 있는 복잡한 시스템에 있어서, 전자 패키지는 **패키징 계층 구조**로 조직되는 레벨로 구성된다. 이를 그림 33.1에 나타내었으며 표 33.1에 요약하여 나타내었다. 가장 낮은 단계는 **레벨 0**이며, 이 레벨은 반도체 칩 내에서의 상호 연결에 해당한다. 플라스틱

레벨 0

IC 칩(다이)

레벨 1

패키징된 칩

레벨 2

부품

PCB

레벨 3

랙

레벨 4

캐비닛과 시스템

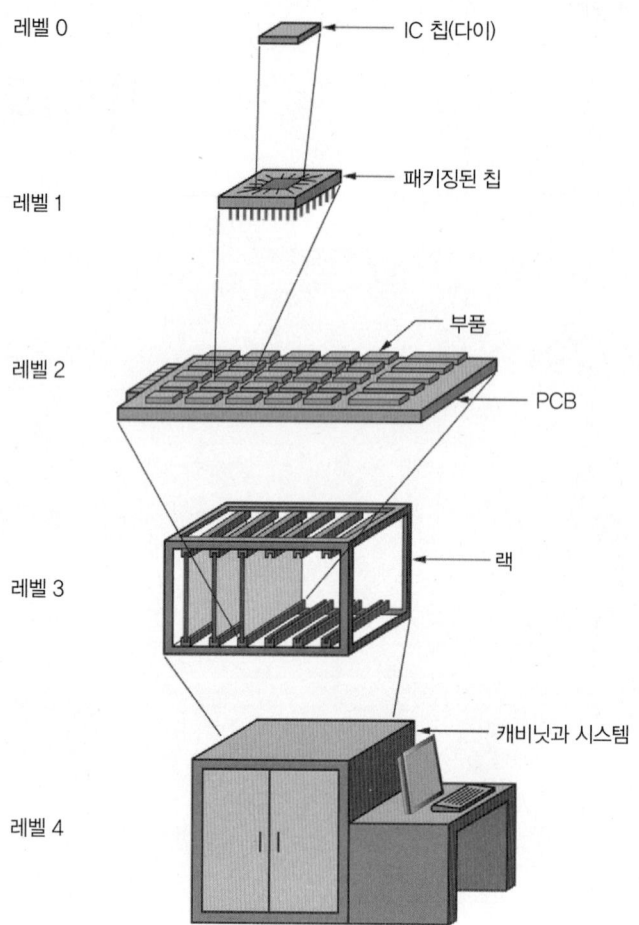

그림 33.1 대형 전자 시스템에서의 패키징 계층 구조.

이나 세라믹 패키지 내의 IC로 구성되고 패키지 리드와 연결되어 패키징된 칩은 **패키징 레벨 1**을 구성한다.

패키징된 칩과 다른 부품들은 (1) **핀인홀기술**(pin-in-hole, PIH) 및 (2) **표면실장기술**(surface-mount technology, SMT) 중 하나의 기술을 사용하여 인쇄회로기판(PCB)에 조립된다(32.6.1절). 핀인홀기술와 SMT에 대한 칩 패키지의 형태와 조립 기술은 서로 다르다. 많은 경우에 위의 두 가지 조립 기술이 동일 회로기판 위에 적용된다. PCB 조립은 **패키징 레벨 2**를 나타낸다. 그림 33.2는 핀인홀기술와 표면실장기술 종류의 여러 가지 PCB 조립물을 보여준다. 조립된 PCB들은 섀시나 다른 구조물에 연결되는데 이것이 **패키징 레벨 3**이다. 이 레벨은 기판을 끼울 수 있는 **랙**으로 구성될 수 있고, 전기적 연결을 하는 배선케이블이 사용된다. 대형 컴퓨터와 같은 주요 전자 시스템에서는 PCB

표 33.1 패키징 계층 구조.	
레벨	**전기적 연결에 대한 설명**
0	칩 내의 상호 연결
1	IC 패키지를 형성하기 위한, 칩과 패키지의 연결
2	IC 패키지와 회로기판의 연결
3	회로기판의 랙 삽입, 카드온보드 패키징
4	캐비닛 내의 와이어와 케이블 연결

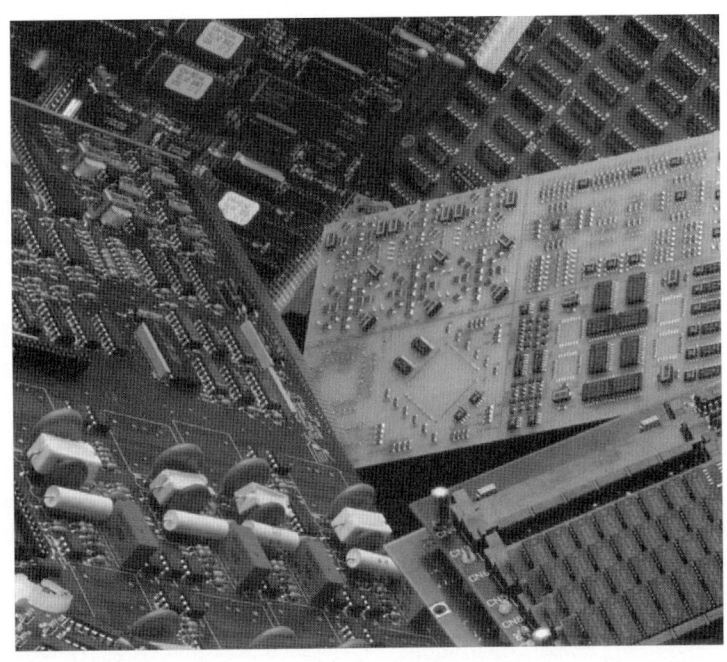

그림 33.2 조립된 인쇄회로기판. PIH기술과 SMT기술의 적용을 보여주고 있다 (Pheonix Technologies 사 제공).

들이 전형적으로 **백플레인**(back plane)이라고 불리는 더 큰 인쇄회로기판 위에 실장된다. 백플레인은 거기에 장착된 작은 기판들 사이의 전기적 연결을 가능하게 하는 도전 경로를 가지고 있다. 이 구성은 **카드온보드**(card-on-board, COB) 패키징이라고 알려져 있다. 여기에서는 작은 PCB들을 카드라고 부르고, 백플레인은 보드라고 부른다. **패키징 레벨 4**는 전자시스템을 포함하는 캐비닛 내의 배선과 결선으로 구성된다. 상대적으로 덜 복잡한 시스템에서는 패키징의 모든 레벨을 다 포함하지 않을 수도 있다.

33.2 인쇄회로기판

인쇄회로기판(printed circuit board, PCB)은 하나 또는 그 이상의 비전도성 재료로 된 얇은 층과, 그 기판 상의 부품들을 전기적으로 연결하는 가느다란 구리선으로 구성된다. 하나 이상의 층으로 구성되는 기판에서 구리 도전 경로가 층 사이에 삽입된다. PCB는 부품을 지지하고, 부품들 사이에 전기적인 연결을 제공하며 외부 회로와의 연결을 위해 사용된다. 패키징된 IC와 다른 부품들을 포함하는 모든 전자시스템에서, PCB가 표준 단위 블록이 된다(역사적 고찰 33.1). PCB가 매우 중요하게 널리 쓰이는 이유는 (1) 부품을 위해 편리한 구조적 작업대를 제공, (2) 보통 손으로 배선을 했을 때 생기는 편차 없이 정확하게 전기적으로 연결하는 기판의 일관된 양산 가능, (3) 부품과 PCB 사이의 모든 연납접 접합을 기계화된 작동으로 한 번만에 완료 가능, (4) 조립된 PCB의 확실한 성능 및 (5) 복잡한 전자시스템에서, 각 조립된 PCB가 수리 보수를 위해 시스템으로부터 분리가 가능하다는 점이다.

33.2.1 PCB의 구조, 종류 및 재료

PCB는 **인쇄배선기판**(printed wiring board, PWB)이라고도 불리는데, 기판에 부착된 전자 부품

역사적 고찰 33.1 인베스트먼트 주조

인쇄회로기판 이전에는 전기전자 부품들이 금속박판 기판 위에 손으로 고정한 후, 원하는 회로를 구성하기 위하여 배선하고 납땜되었다. 보통 금속박판은 알루미늄이었다. 1950년대 후반, 다양한 플라스틱 기판이 상업적으로 출시되었다. 이 기판들은 전기적인 절연성을 제공하고, 점차로 알루미늄 기판을 대체해 나갔다. 첫 번째 플라스틱은 페놀이었고, 그 후 유리섬유강화 에폭시가 뒤를 이었다. 그 기판은 표준 간격으로 미리 구멍이 양면에 뚫려서 공급되었다. 이것은 이 구멍 간격과 일치하는 전자부품의 사용에 대한 영감을 불러 일으켰다. 이 기간 동안 듀얼 인 패키지(dual-in-package)가 개발되었다.

이 회로기판 위의 부품은 손으로 배선이 되었고, 따라서 부품의 밀도가 증가하고 회로가 복잡해질수록 조립이 어렵고 사람의 실수가 유발되기 쉽다는 것이 증명되었다. 전기적인 연결을 형성하기 위하여 표면에 에칭된 구리 박판이 적용된 인쇄회로기판이 이러한 수작업 배선의 문제를 해결하기 위하여 개발되었다.

회로 마스크를 설계하는 초기 기술은 수동 잉크작업이 필요하였고, 설계자들은 커다란 종이 또는 가죽 위에 원하는 연결을 제공하면서 회로단락을 막아주는 전도성 통로를 설정하는 시도를 하였다. 기판 위의 부품의 수가 증가하고, 부품을 연결하는 도선이 가늘어지면서 점점 더 어려워졌다. 도전 경로 설정 문제를 해결하는 데에 있어서 설계자를 돕기 위하여 컴퓨터 프로그램이 개발되었다. 그러나 많은 경우에 있어서 가로지르는 통로(회로의 단락) 없이 해결책을 찾는 것은 불가능하였다. 이 문제를 해결하기 위해서 이러한 연결을 위한 점퍼선이 손으로 기판 위에 납땜질되었다. 점퍼선의 수가 늘어나면서 사람 실수의 문제가 다시 대두되었다. 이러한 도전 경로 문제를 해결하기 위하여 다층 기판이 소개되었다.

구리가 덮인 기판 위에 회로 패턴의 '인쇄'를 위한 초기 기술은 스크린 프린팅 기술이었다. 도전 경로의 폭이 점점 더 미세해지면서 포토리소그래피가 대신하게 되었다.

간의 전기적인 연결을 제공하도록 설계된 절연물질이 적층된 평판이다. 전기적인 연결은 기판의 표면 위 또는 절연 물질의 층 사이에 위치한 층 위의 가느다란 도전 경로에 의해 이루어진다. 도전 경로는 구리로 만들어지고 **트랙**(track)이라고 불린다. **랜드**(land)라고 불리는 기판 표면 위의 또 다른 구리영역이 부품의 전기적인 연결과 부착을 위해 사용된다. PCB 내의 절연물질은 보통 유리직물이나 종이로 강화된 고분자 복합재이다. 고분자재료는 에폭시(가장 널리 쓰임), 페놀 및 폴리이미드가 사용된다. 특히, 에폭시 PCB에서는 E-glass가 일반적인 유리강화 섬유이고, 페놀 기판에서는 종이가 일반적인 강화층이다. 일반적인 기판 층 두께는 0.8에서 3.2mm이고 구리 박판의 두께는 대개 0.04mm이다. PCB 구조를 형성하는 재료는 전기적으로 절연성이 있어야 하며, 강하고 단단해야 한다. 또한, 휨에 대해 저항성이 있어야 하고, 치수적으로 안정적이어야 하며, 열에 강하고 불연성이어야 한다. 열과 불에 대한 특성을 얻기 위해 화학 물질들이 고분자 복합재에 첨가되기도 한다. 인쇄회로기판의 종류는 크게 세 가지로 그림 33.3에 나타낸 바와 같이, (a) 절연기판의 한 면 위에만 구리 박판이 있는 **단면기판**, (b) 기판의 양면 위에 동 박판이 있는 **양면기판**, (c) 전도성 박판과 절연 물질의 층이 번갈아 가며 구성된 **다층기판**이 있다. 이 모든 기판 구조에서, 절연층은 강하고 단단한 구조를 형성하도록 함께 접착된 에폭시 유리판(또는 다른 복합재)의 다중 적층으로 구성된다. 다층기판은 많은 트랙 설정으로 연결되어야 하는 부품의 수가 많아서 단면이나 양면 구리 층으로 해결할 수 있는 것보다 더 많은 도전 경로를 필요로 하는 복잡한 회로 조립에 사용된다. 4층이 가장 일반적이지만 도전 층이 24층인 기판까지 생산되고 있다.

33.2.2 소재기판의 생산

단면과 양면기판은 표준 크기의 기판을 대량으로 전문적으로 양산하는 공급자로부터 구매할 수 있다. 정해진 사용처를 위해 특정한 회로 패턴과 크기로 제작하는 회로 제작자에 의해 사용자에 맞게

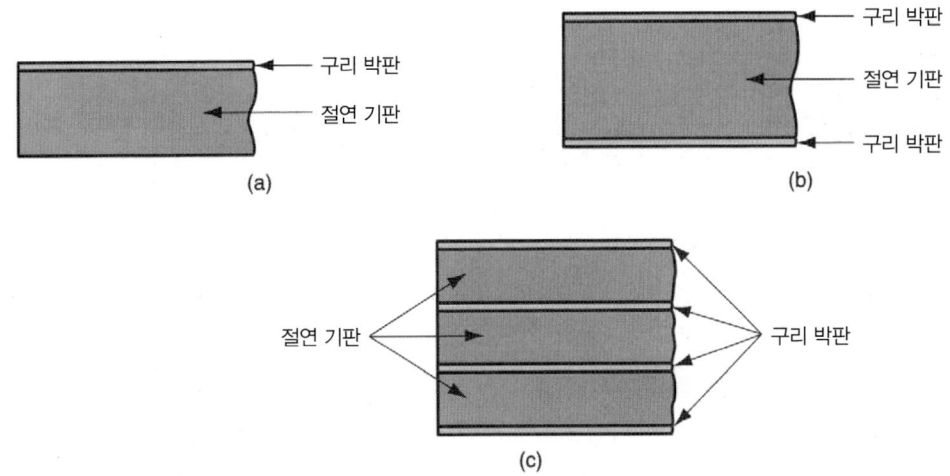

그림 33.3 PCB 구조의 세 가지 종류. (a) 단면기판, (b) 양면기판, (c) 다층기판.

공정이 진행된다. 다층기판은 표준 단면 및 양면기판으로부터 제작된다. 회로 제작자는 최종 구조에서 각 층에 대해 필요한 회로 패턴을 형성하기 위해 각 기판에 대한 공정을 진행한다. 그 다음 에폭시 직물 층과 함께 각각의 기판을 접착한다. 다층기판의 공정은 다른 종류보다 더 복잡하고 비싸다. 그러나, 다층기판을 사용하는 이유는, 큰 시스템을 위해 더 간단한 구조의 낮은 밀도를 가진 기판을 여러 장 사용하는 것보다 더 나은 성능을 제공하기 때문이다.

소재 기판을 도포하는 데에 쓰이는 구리 박판은 연속적인 전해성형 공정(26.3.2절)에 의해 생산된다. 이 공정에서는 구리 이온을 담고 있는 전해질 욕조 속에 회전하는 매끄러운 금속 드럼이 부분적으로 잠겨 있다. 이 드럼은 회로에서 음극이 되어 구리가 그 표면에 도금되도록 한다. 드럼이 욕조 밖으로 회전하면서 얇은 구리 박판이 드럼 표면에서 벗겨진다. 이 공정은 PCB에서 필요한 매우 얇은 구리 박판을 제조하는 데에 이상적이라고 할 수 있다.

소재 기판은 부분적으로 경화된 에폭시(또는 다른 열경화성 고분자)를 포함하는 직조된 유리섬유의 다중 박판을 압착하는 공정을 거친다. 초기 샌드위치 구조에서 사용된 박판의 수는 최종 기판의 두께를 결정한다. 단면기판 혹은 양면기판인가에 따라 구리박판이 에폭시-유리 적층의 단면 또는 양면기판 위에 놓여진다. 단면기판의 경우, 프레스에 에폭시가 들러붙는 것을 방지하기 위해서 한 면에 구리 박판 대신에 배출박막이 사용된다. 압착은 증기 가열된 두 개의 평판 사이에서 수압 프레스에 의해 이루어진다. 열과 압력의 조합이 에폭시-유리 층을 누르면서 경화시켜, 적층을 결합시키고 단단하게 하여 한 장의 기판이 만들어진다. 그 다음 기판은 냉각되고 모서리에서 삐져나온 잉여 에폭시를 제거하기 위해 마무리 손질된다.

완료된 기판은 한 면이나 양쪽 면이 동 박판으로 덮인 유리직물강화 에폭시판으로 구성된다. 이렇게 하면 회로 제작을 위한 준비가 완료된다. 소재 기판은 보통 웨이브솔더링 장비, 자동삽입기 및 다른 PCB 공정과 조립 설비가 갖는 기판 취급시스템에 맞도록 설계된 표준 폭 크기로 생산된다. 전자 설계가 작은 크기를 요구하면, 몇 개의 기판이 큰 기판 위에서 제작된 후 나중에 분리된다.

33.2.3 PCB 제조에 사용되는 공정

회로 제작자는 부품의 조립을 준비하기 위한 완성 PCB를 생산하기 위하여 다양한 공정을 수행한다. 이 작업은 청정, 전단, 드릴링 또는 펀칭, 패턴 이미징, 에칭, 무전해도금 또는 전기도금 등을 포함한다. 이 공정들 대부분은 이미 앞에서 설명되었다.

이 절에서는 PCB의 제조와 관계가 있는 것들에 대해서 초점을 맞추고자 한다. 앞으로의 설명은 기판 제조 공정의 순서를 따를 것이다. 그러나, 기판의 종류가 다르면 공정 순서의 차이가 있고, 이러한 차이에 대해 33.2.4절에서 다루도록 한다. PCB 제조에서 일부 작업, 특히 세밀한 도전 경로와 미세한 부분을 가진 기판에 대해서는 인쇄회로의 결함을 피하기 위해서 크린 룸 상태에서 수행되어야 한다.

기판 준비

기판의 초기 준비는 전단(shearing), 구멍 만들기와 탭, 슬롯 및 유사 특징 형상을 만드는 여러 가지 성형 작업들로 구성된다. 필요하다면, 소재 기판이 회로 제작자의 설비에 맞도록 적절한 크기로 절단되어야 한다. 정렬구멍(tooling hole)이라고 불리는 구멍은 드릴링이나 펀칭으로 만들어지고 후속 공정에서 기판의 위치 정렬에 사용된다. 각 제조 단계들은 한 공정에서 다음 공정으로 정밀한 정렬을 필요로 하고, 이 구멍들은 정확한 위치를 정하기 위해서 각 작업에서 위치 맞춤핀과 함께 사용된다. 이 용도로는 기판 당 보통 세 개의 공구구멍이면 충분하다. 구멍의 크기는 약 3.2 mm로 나중에 드릴링 되는 회로 구멍보다 크다.

이 준비 단계에서 기판 식별을 위해 바코드가 일반적으로 부여된다. 마지막으로 청정 공정을 통해 오물과 기름을 기판의 표면으로부터 제거한다. 비록 IC의 제조처럼 청정도의 요구 조건이 엄격하지는 않지만, 작은 입자, 오물, 먼지가 PCB의 회로 패턴에 결함을 유발할 수 있다. 또한, 표면의 기름막은 에칭과 다른 화학공정을 방해할 수 있다. 청정도는 신뢰성 있는 PCB 제조에 필수적이다.

구멍 가공

공구구멍 이외에 다음과 같은 기능성 회로 구멍이 PCB에 필요하다. (1) 관통홀(through hole) 기판에서 부품의 리드를 삽입하기 위한 **삽입구멍**(insertion hole), (2) 구리 도금이 되어 있고, 기판의 한쪽에서 다른 쪽으로 도전 경로로 사용되는 **비아홀**(via hole), (3) 방열판이나 기판 커넥터와 같은 어떤 부품을 고정하기 위한 구멍 등이다. 이 구멍들은 위치결정을 위한 정렬구멍을 사용하여 드릴링 되거나 펀칭된다. 더 깨끗한 구멍을 드릴링을 통해 얻을 수 있어 PCB 제조에서 대부분의 구멍은 드릴에 의해 가공되지만, 더 빠른 생산속도는 펀칭에 의해 얻어진다. 컴퓨터 수치제어(CNC) 프레스를 이용하여 세 장 또는 네 장의 기판을 겹쳐서 한 번의 작업으로 드릴링 할 수 있다. 이 프레스는 설계 데이터베이스로부터 프로그램 지시를 받는다. 대량생산 작업에서는 한 번의 이송운동으로 기판의 모든 구멍이 드릴링 될 수 있도록 다축 드릴이 가끔 사용된다.

표준 트위스트 드릴(21.3.2절)이 구멍 드릴링에 사용되지만, 이 공정은 드릴과 드릴링 장비에 대해 여러 가지의 특별한 준비가 필요하다. 가장 큰 문제는 PCB의 구멍 크기가 작다는 것이다. 드릴의 직경은 일반적으로 1.27 mm 이하이지만 일부 고밀도 기판에서는 구멍 크기가 0.15 mm 또는 그 이하가 요구된다 [8]. 그런 작은 드릴 공구는 강도가 약하고 열을 발산시키는 능력이 낮다.

또 다른 어려움은 독특한 작업 재료이다. 드릴 공구는 먼저 얇은 구리 박막을 관통해야 하고, 그 다음에 연마성이 있는 에폭시-유리 복합재를 통과해야 한다. 각각의 드릴은 보통 이러한 재료별로 특성화되어 있지만, PCB 드릴링의 경우, 하나의 드릴로 처리해야 한다. 몇 장의 기판을 적층한 경우나 다층 기판의 드릴링에서 작은 구멍 크기는 높은 지름 대비 깊이의 비율 문제나 구멍으로부터 드릴링

조각의 배출 문제를 악화시킨다. 작업에 관련된 다른 요구조건들은 구멍 위치가 매우 정확해야 하고 구멍 측면이 매끄럽고 구멍 버(burr)가 없어야 한다. 버는 보통 구멍에 드릴이 들어가거나 나올 때 형성된다. 박판의 소재가 적층된 기판의 위나 밑에 놓여서 기판 자체의 버 형성을 방지하기도 한다.

마지막으로 최고의 효율로 작업하기 위해서는 모든 절삭 공구가 일정한 절삭 속도로 사용되어야 한다. 드릴 공구에 대해서는 절삭 속도가 원주에서 측정된다. 이것은 아주 작은 크기의 드릴에 대해서는, 어떤 경우에는 100,000 rpm에 이를 정도의 극도로 높은 회전 속도가 됨을 의미한다. 이러한 속도를 얻기 위해서는 특별한 스핀들 베어링과 모터가 필요하다.

회로패턴 이미징과 에칭

회로패턴이 기판의 구리 표면 위에 전사되는 기본 방법은 스크린프린팅과 포토리소그래피방법이 있다. 두 가지 방법 모두 기판 표면 위에 레지스트 코팅을 사용하고, 레지스트 코팅에 따라 회로 위의 도전 경로와 전극을 생성하기 위해 구리의 어느 부분이 에칭 될 것인가가 결정된다.

스크린프린팅은 PCB에 사용된 첫 번째 방법이다. 이것은 일종의 인쇄기술이며, 인쇄회로기판이라는 용어도 이 방법에서 나온 것이다. **스크린프린팅**(screen printing)에서는 회로패턴이 새겨 있는 스텐실(stencil) 스크린을 기판 위에 올려놓고 액상 레지스트가 스크린 채눈을 통과해서 기판표면에 짜진다. 이 방법은 간단하고 저렴하지만, 그 해상도는 제한적이어서 도전 경로 폭이 약 0.25 mm 이상인 경우에만 사용된다.

회로패턴을 전달하는 두 번째 방법은 **포토리소그래피**이다. 여기서는 회로패턴을 전사하기 위해서 빛에 민감한 레지스트 소재가 마스크를 통해서 노광된다. 공정 절차는 IC 제조에서 이에 해당하는 공정(32.3.1절)과 유사하다. PCB 공정을 위한 포토리소그래피의 세부 사항이 여기서 설명된다.

회로 제작자에 의해 사용되는 포토레지스트는 크게 액상과 드라이필름이 있다. 액상 레지스트는 롤러나 스프레이로 공급할 수 있다. 드라이필름 레지스트는 PCB 제조에서 더 일반적으로 사용된다. 드라이필름 레지스트는 세 층으로 구성되어 있으며, 광민감성 폴리머의 필름이 폴리에스터 지지층과 제거될 플라스틱 커버층 사이에 끼여 있다. 커버층은 광민감성 재료가 보관이나 취급 중에 들러붙는 것을 방지한다. 액상 레지스트보다는 비싸지만, 균일한 두께의 코팅을 얻을 수 있고, 포토리소그래피 공정이 더욱 단순하다. 드라이필름을 적용할 때는 커버 층을 제거하고 레지스트 필름을 구리 표면 위에 놓으면 쉽게 접착된다. 가열된 롤러가 표면 위의 레지스트를 누르고 매끈하게 하는 데에 사용된다. 기판에 대한 마스크의 정렬은 마스크의 정렬구멍을 사용함으로써 가능한데, 이 구멍은 기판 위의 정렬구멍과 정렬이 되어 있다. 접촉인쇄법이 마스크 밑의 레지스트를 노출시키는 데에 사용된다. 그 다음 레지스트가 현상되는데 표면에서 음성레지스트가 광에 노출되지 않은 부분이 제거된다.

레지스트 현상 후에 구리 표면의 일부분은 레지스트에 의해 덮힌 채로 남아있고 나머지 부분은 노출되어 있다. 덮힌 부분은 회로 도전경로와 전극에 해당하고, 노출된 부분은 그 사이의 열린 부분에 해당한다. **에칭**(etching)은 보통 화학 에칭액에 의해 기판 표면에서 보호되지 않은 부분의 구리를 제거한다. 에칭은 구리 박막을 전기회로를 위한 내부 연결부로 변환시키는 단계다.

에칭은 레지스트가 일부분만 덮혀 있는 기판의 표면 위에 에칭액을 분무하는 에칭 체임버 내에서 실시된다. 황산암모니아($(NH_4)_2SO_4$), 수산화암모니아(NH_4OH), 염화구리($CuCl_2$), 염화제이철($FeCl_3$)과 같은 다양한 에칭액이 구리를 제거하기 위하여 사용된다. 각각 상대적인 장점과 단점을 갖고 있다. 공정변수(예, 온도, 에칭액 농도, 시간)들은 IC 제조에서와 마찬가지로 오버 에칭이나 언더 에칭을 피하기 위하여 정밀하게 제어되어야 한다. 에칭 후에 기판은 세척되어야 하고 남아있는 레지스트들은 표면에서 화학적으로 박리된다.

도금

인쇄회로기판에서 양면기판의 한쪽에서 다른 한쪽으로, 또는 다층기판에서 층 간의 도전 경로를 제공하기 위해서 구멍 표면 위에 도금(plating)이 필요하다. PCB 제조에서 사용되는 도금 공정은 전기도금과 무전해도금(26.3.3절)이 있다. 전기도금은 무전해도금보다 높은 증착률을 보이지만, 도금될 표면이 항상 금속성(전도체)이어야 한다. 무전해도금은 느리지만 전도성 표면을 요구하지는 않는다.

비아홀이나 삽입구멍을 드릴링한 후, 구멍 내벽은 에폭시-유리 절연 재료로 구성되어 있기 때문에 비전도성이라고 할 수 있다. 따라서, 구멍 내벽에 얇은 구리 코팅을 하기 위해서 우선 무전해도금이 사용된다. 일단 얇은 구리 박막이 생성되면 구멍 표면의 코팅 두께를 0.025 mm와 0.05 mm 사이로 증가시키기 위해 전기도금이 사용된다. 인쇄회로기판에 가끔 도금되는 또 다른 금속으로는 금이 있다. 금은 우수한 전기적 접촉을 제공하기 위해서 PCB모서리 커넥터에 아주 얇은 코팅으로 사용된다. 코팅 두께는 약 2.5 μm으로 매우 얇다.

33.2.4 PCB 제조 절차

이 절에서는 다양한 기판 종류에 대한 공정 절차에 대해 설명한다. 그 절차는 강화고분자재료의 구리로 덮힌 기판을 PCB로 변환하는 과정이라고 할 수 있으며, 이 공정을 **회로화**(circuitization)라고 부른다. 그림 33.4에 양면기판의 회로화를 통해 생성된 여러 가지 구조물을 나타내었다.

회로화

기판의 어느 부분이 구리로 코팅할 것인지 결정하는 데에 다음과 같이, (1) 제거법, (2) 추가법, (3) 준추가법의 세 가지의 회로화(circuitization) 방법이 사용된다 [12].

제거법(subtractive method)에서는 소재 기판에서 구리 박판의 개방된 부분이 에칭으로 표면으로부터 제거되어 원하는 회로의 도전 경로와 단자만 남게 된다. 기판 표면에서 구리가 제거되기 때문에 이런 명칭으로 불린다. 제거법의 순서를 그림 33.5에 나타내었다.

추가법(additive method)은 단면기판의 코팅되지 않은 표면처럼 구리가 덮이지 않은 기판 표면으로부터 시작한다. 코팅이 되지 않은 표면은 화학적으로 처리되는데, 이를 **버터코트**(buttercoat)라고 부르며, 무전해도금에서 촉매 역할을 한다. 이 방법의 절차를 그림 33.6에 나타내었다.

준추가법(semiadditive method)은 추가법과 제거법의 순서를 조합하여 사용한다. 소재 기판은 표

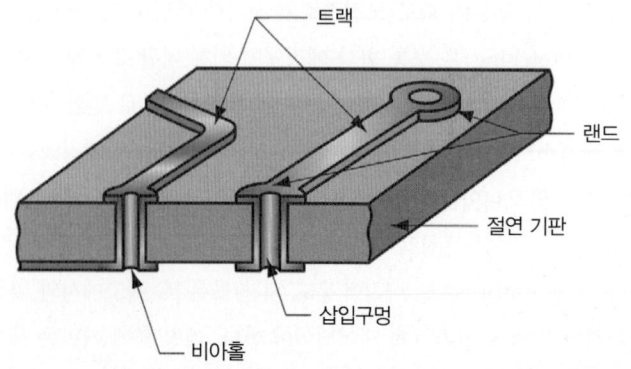

그림 33.4 양면 PCB의 단면 제조 중에 얻어지는 여러 가지 특성을 보여준다. 트랙과 랜드 그리고 구리 도금된 삽입구멍과 비아홀.

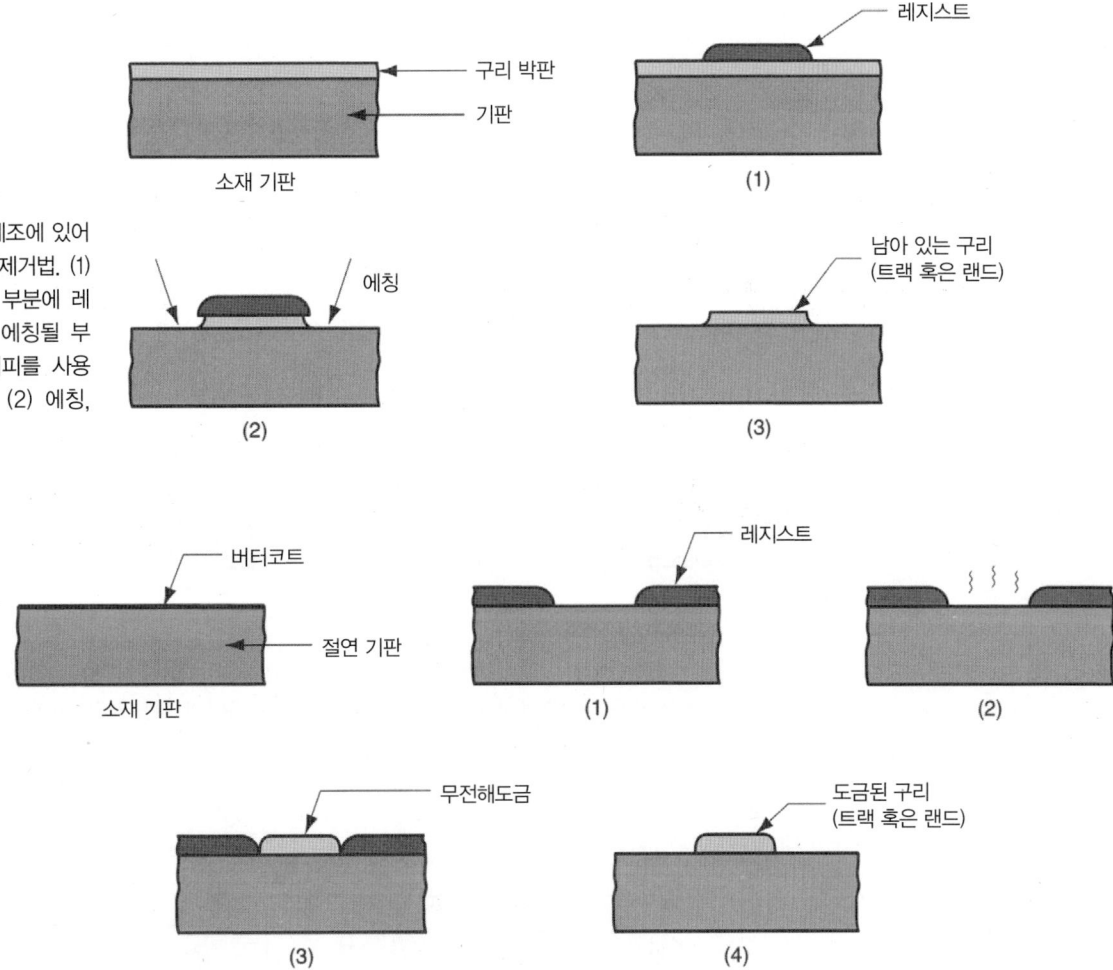

그림 33.5 PCB 제조에 있어서 회로화를 위한 제거법. (1) 에칭이 되지 않는 부분에 레지스트를 입힌다. 에칭될 부분은 포토리소그래피를 사용하여 노출시킨다. (2) 에칭, (3) 박리.

그림 33.6 PCB 제조에서 회로화를 위한 추가법. (1) 구리 도금이 되어야 할 부분을 노출시키기 위해 리소그래피를 사용하여 표면에 레지스트 필름이 적용된다. (2) 무전해 도금을 위한 촉매로 작용하기 위해 노출된 표면이 화학적으로 활성화된다. (3) 노출된 부분에 구리가 도금된다. (4) 레지스트가 박리된다.

면에 5 μm(0.0002 in.) 또는 그 이하의 매우 얇은 구리 박막을 갖고 있다. 이 공정은 그림 33.7에 나타낸 바와 같이 진행된다.

기판 유형에 따른 공정

공정 방법은 단면, 양면 및 다층의 세 가지 PCB 종류에 따라 다르다. **단면기판**(single-sided board)은 한쪽이 구리 박막에 의해 덮인 절연성 재료의 평판 제조로부터 시작한다. 구리가 덮인 상태에서 회로 패턴을 형성하기 위해서 제거법이 사용된다.

양면기판(double-sided board)은 전기적으로 연결되어야 하는 회로 도전 경로를 양면에 가지고 있기 때문에 좀 더 복잡한 공정 절차를 가지고 있다. 전기적 연결은 구리가 도금된 비아홀을 통해서 이루어지는데, 그림 33.4와 같이 기판의 한쪽 표면의 전극에서 반대쪽 표면의 전극으로 통한다. 양면기판을 제조하는 절차는 준추가법을 사용한다. 드릴로 구멍을 뚫고 무전해도금으로 구멍을 도금한 뒤, 전기도금으로 도금 막을 증가시킨다.

다층기판(multilayer board)은 구조적으로 세 가지 종류 중에서 가장 복잡하며 이 복잡성은 그 제조순서에 반영되어 있다. 그림 33.8에 적층된 구조를 볼 수 있는데, 이것은 다층 PCB의 여러 가지

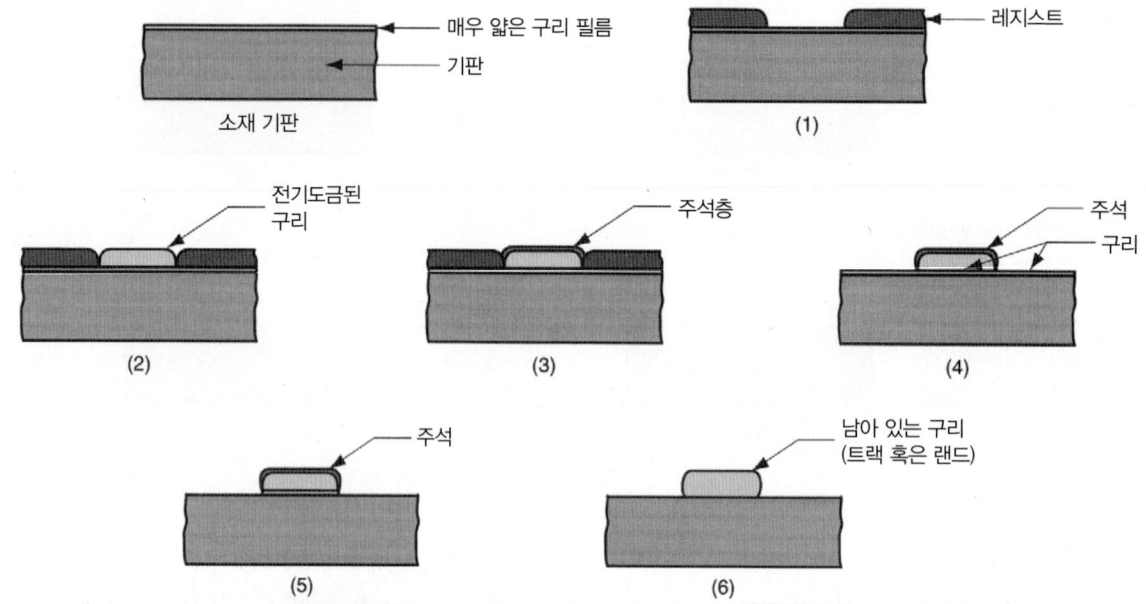

그림 33.7 PCB 제조에서 회로화를 위한 준추가법 (1) 도금이 되지 않을 부분에 레지스트를 도포한다. (2) 전도를 위한 얇은 구리 필름을 사용한 구리의 전기도금, (3) 도금된 구리 위에 주석의 적용, (4) 레지스트의 박리, (5) 표면에 남아있는 구리의 얇은 필름을 에칭, 이 동안 주석은 전기도금된 구리에 대한 레지스트의 역할을 한다. (6) 구리로부터 주석을 박리한다.

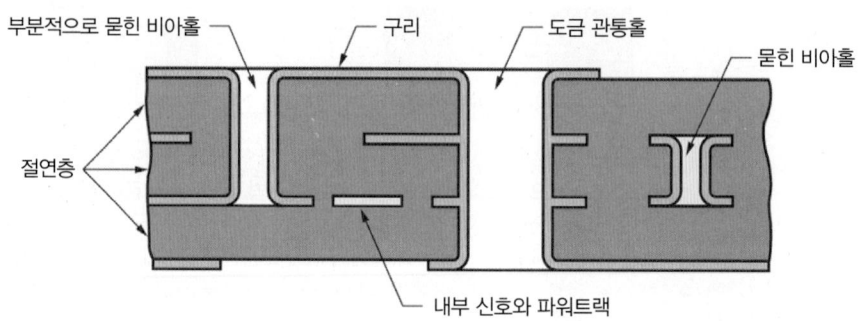

그림 33.8 전형적인 다층 PCB의 단면.

특성을 보여 준다. 각 층의 제조 순서는 기본적으로 단면이나 양면 기판에서 사용되는 것과 같다. 다층기판 제조가 더 복잡한 이유는 (1) 자체의 회로 설계를 가진 모든 층들이 먼저 제조되어야 하고, (2) 각 층들은 합쳐져서 하나의 통합된 기판을 형성해야 하며, (3) 결합된 기판이 그 자체의 공정 순서를 거쳐야 하는 점이다.

다층기판은 기판 위의 부품 간 전기신호를 전달하는 **논리층**(loging layers)과 전원을 배분하는 **전압층**(voltage layer)으로 구성되어 있다. 논리층은 일반적으로 양면기판으로 제조된다. 반면에, 전압층은 보통 단면기판으로 제조된다. 단면이나 양면 기판보다 더 얇은 절연 기판이 다층기판에 사용되며 최종기판의 두께가 결정된다.

두 번째 단계에서 각각의 층은 합해져서 조립된다. 바닥 바깥 면 위의 구리 박막으로부터 단계가 시작되고, 각 층이 추가되는데, 이 층들은 부분적으로 경화된 에폭시가 함유된 한두 장의 유리 직물에 의해 다음 층과 분리된다. 모든 층들이 결합된 후에 마지막 구리 박막이 가장 바깥쪽 층을 형성하기 위하여 적층물 위에 놓여진다. 그 다음, 에폭시를 경화하기 위해 압력을 가하고 가열함으로써 하나의 기판으로 접합된다. 경화 후에 적층물에서 삐져나온 수지는 다듬어진다.

세 번째 제조단계는 기판의 외부 표면이 구리 박판으로 덮이고, 층들이 모여서 접합된 다층기판으로부터 시작된다. 따라서, 그 제조공정은 양면기판의 제조공정과 연관이 있으며 유사하다. 절차는 추가적인 관통 홀의 드릴링, 내외곽의 구리 박막 사이에 도전 경로를 구성하기 위한 구멍의 도금, 포토리소그래피의 사용 및 바깥 구리 표면 위에 회로 패턴을 형성하기 위한 에칭 등으로 구성된다.

시험과 마무리 작업

기판 표면 위에 회로가 제작된 후에, 제품이 설계 사양대로 기능을 발휘하고 품질 결함이 없는지를 검증하기 위해서 검사 및 시험을 실시해야 한다. 다음과 같이 (1) 시각검사, (2) 연속성시험의 두가지 방법이 있다.

시각검사(visual inspection)는 기판에 전원을 적용하지 않고 회로의 단락이나 합선, 드릴링된 구멍의 위치 오류 및 기타 결함들을 감지하기 위해서 시각적으로 검사하는 것이다. 시각검사는 제조 후에만 실시되는 것이 아니고, 제조 중 주요 단계에서 다양하게 실시되는데, 육안이나 머신비전으로 실시된다(39.6.3절).

연속성 시험(continuity testing)은 기판 표면 위의 도전 경로와 단자의 영역에 동시 접촉할 수 있는 접촉 탐침을 사용하여 실시한다. 장치는 기판 표면 위의 특정점과 접촉이 되도록 가볍게 눌리는 탐침의 배열로 구성된다. 접촉점 사이의 전기적인 연결성은 이 과정으로 빠르게 점검된다.

전자부품 조립을 준비하기 위해 기판 위에 몇 가지 추가적인 공정을 실행해야 한다. 이 마무리 작업의 첫 번째 공정은 도전 경로와 단자 표면 위에 얇은 연납재(땜납)층을 만드는 것이다. 이 층은 산화와 오염으로부터 구리층을 보호하는 역할을 한다. 이것은 전기도금으로 실시되거나, 녹은 연납재속에 부분적으로 담근 채 회전하는 롤러와 구리 면이 접촉하여 연납재 층을 만든다.

두 번째 작업은 조립 과정에서 나중에 납땜되어야 하는 랜드를 제외한 기판 표면의 전체 영역에 연납 레지스트를 코팅하는 것이다. 연납 레지스트의 재료는 땜납의 접착을 막는 화학 성분으로 구성되어 있다. 따라서, 후속 연납접 공정에서 땜납은 단자 부분에만 접착된다. 연납 레지스트는 보통 스크린프린팅으로 도포된다.

최종적으로, 스크린프린팅으로 식별 기호가 표면에 인쇄된다. 기호(legend)는 최종 조립에서 기판 위의 어디에 어떤 부품들이 놓여야 하는가를 가리킨다. 현대의 산업체에서는 생산관리의 목적으로 기판 위에 바코드가 인쇄된다.

| 33.3 PCB 조립

인쇄회로기판 조립품은 PCB에 실장된 기계적 부품(예, 체결구, 방열구) 뿐만 아니라 전자 부품(예, IC 패키지, 저항, 콘덴서)으로 구성된다. 이것은 전자 패키징에서 레벨 2에 해당한다(표 33.1). 앞에서 설명한 바와 같이 PCB 조립은 핀인홀이나 표면실장 기술에 기반을 두고 있다. 일부 PCB 조립품은 리드가 있는 부품과 표면실장 부품을 두 가지 다 포함한다. 이 절에서는 리드가 있는 부품만을 사용한 PCB에 대해 다룬다. 33.4절에서는 표면실장 기술과 두 가지 기술의 결합에 대해 다룰 것이다. 전자조립의 범위는 여러 장의 PCB를 섀시나 캐비닛에 전기적, 기계적으로 연결하는 높은 레벨의 패키징을 포함한다. 33.5절에서는 패키징에서 구성되는 전기적인 연결을 위한 기술에 대해 알아본다.

리드가 있는 부품으로 조립할 때, 리드핀이 회로기판의 관통 홀로 삽입되어야 한다. 한번 삽입되면 리드는 기판의 구멍이 있는 위치에 접합된다. 양면이나 다중기판에서는 리드가 삽입되는 구멍 표면은 일반적으로 구리로 도금이 되며, 이 경우에는 **도금 관통홀**(plated-through-hole, PTH)이라는 이름으로 불린다. 접합(연납접) 후에 기판은 세정되고 검사(시험)된다. 시험에 통과하지 못한 기판은 가능하면 재작업된다. 리드가 있는 부품의 PCB 공정을 다음과 같이 (1) 부품 삽입, (2)납땜, (3)세정, (4) 검사(시험), (5) 재작업의 단계로 나눌 수 있다.

33.3.1 부품 삽입

부품 삽입 작업에서 부품의 리드는 PCB의 알맞은 관통 홀에 삽입된다. 하나의 기판이 수백 개의 각기 다른 부품(dual-in-line package, DIP나 저항 등)으로 들어찰 수 있는데, 이 모든 부품들이 기판에 삽입되어야 한다. 현대의 전자조립 공장에서는 대부분의 부품 삽입은 자동삽입기계로 이루어진다. 자동기계를 적용할 수 없는 일부의 비표준 부품에 대해서는 수작업으로 이루어진다. 이러한 비표준 부품에는 스위치, 커넥터, 저항, 콘덴서 등 여러 부품들이 있다. 산업에서 수동으로 부품삽입을 하는 비율은 낮지만 자동삽입에 비해 매우 낮은 생산율 때문에 가격은 비싸다. 산업용 로봇(35.4절)이 이런 부품들을 삽입할 때 노동력을 대체하는 데 사용되기도 한다.

자동삽입기계는 반자동이거나 완전 자동일 수 있다. 반자동 타입은 작업자가 기판에 대한 상대적인 위치를 조절하고, 부품의 삽입은 기계적인 장치가 담당하는 것이다. 완전자동 삽입기계는 더 빠르고, 문제가 생겼을 경우 처리하거나 부품을 적재하는 경우에만 작업자의 주의가 필요하기 때문에 더 선호된다. 자동삽입기계는 일반적으로 회로설계 데이터로부터 직접 준비된 프로그램에 의해 제어된다. 부품은 릴, 매거진 또는 삽입되기 전까지 부품이 적절한 방향을 유지하는 다른 운반체의 형태로 기계에 탑재된다.

삽입 작업은 (1) 리드의 사전 성형, (2) 기판 구멍에 리드의 삽입, (3) 기판의 반대편에서 리드의 절단과 구부리기로 구성된다. 사전 성형은 일부 부품에만 필요하고 삽입을 위해 처음에는 곧은 리드를 U자형으로 구부린다. 대부분의 부품들은 알맞은 리드의 형태로 공급되기 때문에 사전 성형이 조금 필요하거나 아예 필요하지 않다.

삽입은 부품의 종류에 맞게 설계된 작업 헤드에 의해 이루어진다. 자동기계에 의해 삽입되는 부품은 다음과 같이 (a) 축방향 리드, (b) 방사형 리드, (c) 듀얼인라인 패키지(DIP)의 세 가지 기본 범주로 나눌 수 있다. 듀얼인라인 패키지(32.6.1절)는 집적회로에서 매우 일반적인 패키지다. 전형적인 축방향 및 방사형 리드 부품을 그림 33.9에 나타내었다. 축방향 부품은 리드가 양끝에서 뻗어 나가며, 마치 원통과 같은 모습을 하고 있다. 이러한 유형의 전형적인 부품은 저항, 콘덴서 및 다이오드가 있다. 이 리드들은 그림에서 나타내었듯이, 삽입되기 위해 구부려야 한다. 방사형 부품은 평행한 리드를 갖고 있고 다양한 몸통 형상을 갖고 있다. 그림 33.9(b)에 방사형 부품의 한 종류를 나타내었다.

그림 33.9 자동삽입기계에서 사용되는 세 가지 기본 부품 종류 중에서 두 가지. (a) 축방향 리드, (b) 방사형 리드, 세 번째 종류인 듀얼인라인 패키지(DIP)는 그림 32.19에 나와 있다.

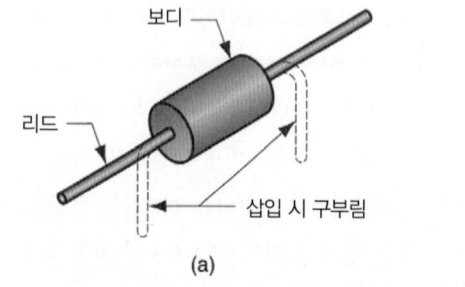

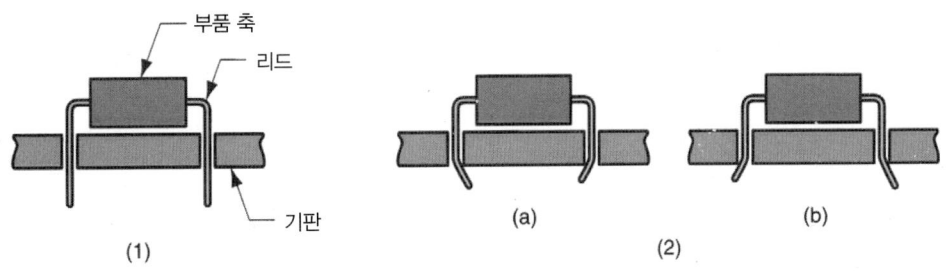

그림 33.10 부품 리드의 구부림과 절단. (1) 삽입된 모습, (2) 구부린 후에 자른 리드는 (a) 안으로 또는 (b) 밖으로 약간 구부릴 수 있다.

이러한 종류의 부품으로는 LED(light-emitting diode), 전위차계(potentiometer), 저항 네트웍 및 퓨즈 홀더 등이 있다. 이러한 부품의 형상들은 상당히 달라서 삽입기계들은 각 부품 종류에 맞추어 사용되어야 할 적절한 작업헤드 설계에 따라 분류된다. 삽입하기 전에 작업헤드 밑에서 기판의 정확한 위치 정렬이 고속 x-y 위치결정 테이블에 의해 이루어진다.

기판에서 리드가 일단 관통 홀에 삽입되면 구부러지고 절단된다. 구부림의 목적은 그림 33.10과 같이 접합할 때까지 기판에 부품을 기계적으로 확실히 고정하기 위해서다. 만일, 이것이 없다면, 부품은 취급 중에 구멍에서 떨어질 위험이 있다. 절단 단계에서 리드는 알맞은 길이로 잘라진다. 그렇지 않으면, 구부러져서 인접한 회로의 도전 경로나 부품과 합선될 위험이 있다. 이 작업은 삽입기계에 의해 기판 밑에서 자동으로 수행된다.

세 가지 기본적인 부품의 구성에 따라, 세 가지 종류의 삽입기계는 통합된 PCB 조립라인을 형성하기 위해 연결될 수 있다. 통합 조립라인은 하나의 삽입기계에서 다른 삽입기계로 기판을 이송시키는 컨베이어 시스템으로 구축할 수 있다. 각 기판이 셀 내를 이동함에 따라 공정을 추적하면서 각 워크스테이션에 올바른 프로그램을 다운로드하기 위해서 컴퓨터 제어 시스템이 사용된다.

33.3.2 연납접

PCB 조립에서 두 번째 기본 단계는 연납접(soldering, 납땜)이다. 삽입된 부품을 위해서 가장 중요한 연납접 기술은 수작업 납땜과 웨이브솔더링이다. 이 방법들과 연납접의 다른 측면을 29.2절에서 설명하였다.

웨이브솔더링

웨이브솔더링(wave soldering)은 기계화된 기술로서 부품이 삽입된 인쇄회로 기판이 컨베이어에 의해 용융된 연납재(땜납)가 분수 위로 이동한다(그림 29.9). 컨베이어의 위치는 구멍을 통해서 부품의 리드부가 뻗어 나온 기판의 하부만 연납재와 닿도록 되어 있다. 모세관 현상과 분수에서 위로 향하는 힘의 조합이 액상 연납재로 하여금 리드와 관통 홀 사이의 간극으로 흐르게 하여 좋은 접합부를 얻게 한다. 웨이브솔더링의 커다란 장점은 한 번의 공정을 통해서 기판 위의 모든 부품이 접합된다는 것이다.

수작업 납땜

수작업 납땜(hand soldering)은 회로연결을 위해 납땜 인두를 사용하는 숙련된 작업자를 필요로 한다. 웨이브솔더링에 비해 수작업 납땜은 납땜 연결부가 한 번에 하나씩 만들어지기 때문에 속도가 느리다. 생산 방법으로는 보통 적은 양의 생산이나 재작업을 위해서만 사용된다. 다른 수작업과 마찬가지로, 사람의 실수로 품질 문제를 야기할 수 있다. 수작업 납땜은 웨이브솔더링 체임버의 극심한 환경에서 파손이 될 수 있는 민감한 부품을 추가할 경우에 웨이브솔더링 후에 사용된다. 수작업 방법은 PCB 조립에서 다음과 같은 주목할 만한 장점을 가지고 있다. (1) 가열이 국부적이므로, 작은 영역에 적용할 수 있다. (2) 웨이브솔더링에 비해 장비가 저렴하고 (3) 에너지 소비가 현저히 적다.

33.3.3 세정, 검사 및 재작업

PCB 조립에서 마지막 공정 단계는 세정, 검사(시험) 및 재작업이다. 또한, 시각 검사가 명백한 결함을 감지하기 위해서 수행된다.

세정

연납접 이후에 오염물이 회로 조립품상에 발생한다. 이 이물질은 용제, 기름, 그리스, 염분 및 오물을 포함하며, 일부는 조립품의 화학적 열화를 초래하고 전기적인 기능을 방해하기도 한다. 하나 이상의 청정 작업(26.1.1절)이 오염 물질들을 제거하기 위해 수행된다.

PCB 조립품에 사용되는 전통적인 세정(cleaning) 방법은 용제(solvent)로 하는 수작업과 염소 처리된 솔벤트로 하는 증기 기름제거법이 있다. 최근, 환경 위험에 대한 관심으로 증기 기름제거에 사용되는 전통적인 염소처리나 불소 처리된 화학물질을 대체하는 효율적인 수용액 기반의 용제 개발의 필요성이 점점 커지고 있다.

검사

육안으로 관찰할 수 있는 품질 결함을 포함하여 기판의 손상, 누락되거나 손상된 부품, 납땜 실수 등을 찾아내기 위하여 시각 검사가 사용된다. 머신비전(machine vision)시스템은 이러한 검사를 자동 수행할 정도로 개발되어 그 설치 숫자가 점점 증가하고 있다.

검사(testing) 절차가 PCB의 기능을 검증하기 위해 완성된 조립품에 대해 수행되어야 한다. 기판 설계는 이러한 검사가 가능하도록 해야 하며, 회로의 배치에서 검사 접점을 포함하고 있어야 한다. 이러한 검사 접점들은 검사를 위해 탐침이 접촉할 수 있도록 회로 상에서 편리한 위치에 있어야 한다. 회로의 개별 부품들은 각 부품 리드에 접촉하여 시험 신호를 입력하고 출력 신호를 측정한다. 보나 복잡한 절차로는 디지털 기능 검사가 있다. 작동 상태를 실험하기 위해, 전체 회로 또는 일부 주요 회로부분에 프로그래밍된 일련의 입력 신호를 사용하여 그에 해당하는 출력신호를 측정한다.

인쇄회로기판 조립에 사용되는 또 다른 검사 방법은 대체 시험법이다. 이 시험법은 생산품이 작동시스템의 모형(mock-up)에 연결되어 그 기능을 수행하도록 되어 있다. 조립품이 만족할 정도로 작동되면 시험에 합격한 것으로 인정된다. 그 다음 전원 연결이 제거되고 다음 제품이 모형에 장착된다.

마지막으로, 번인 시험(bum-in test)이 '조기 고장'이 되기 쉬운 특정 PCB 조립품에 대해 실시된다. 일부 기판은 보통의 기능 검사로는 드러나지 않는 결함을 갖고 있고, 이것은 사용 초기에 회로가 작동되지 않게 할 수도 있다. 번인 시험은 일정 시간 동안 때로는 일정 고온에서 조립품을 작동시켜 이 결함들이 시험기간 동안에 고장을 확실히 드러내도록 한다. 이 조기 고장에 해당하지 않는 기판은 이 시험에서 통과하여 오랜 기간 사용될 수 있다.

재작업

검사와 시험 결과에 따라 기판상의 한 두 개의 부품에 결함이 있거나 어떤 연납접합부가 잘못된 것으로 판명되면 문제없는 부품과 함께 기판을 버리기보다는 조립품의 수리를 시도하는 것이 합리적이다. 이 수리 단계를 재작업(rework)이라고 부르며, 통합된 전자조립 공장 작업의 한 부분이다. 일반적인 재작업 과정은 터치업(touchup, 연납접 결함의 수리), 누락되거나 결함이 있는 제품의 교체, 기판 표면에서 들뜬 구리 박막의 수리 등을 포함한다. 이러한 작업들은 수작업이며 납땜 인두를 사용하는 숙련된 작업자를 필요로 한다.

33.4 표면실장 기술

전자 시스템이 점점 복잡하게 됨에 따라 인쇄회로 조립에서 더 큰 실장 밀도가 요구되고 있다. 리드가 있는 부품이 관통 홀에 삽입되는 전통적인 PCB 조립은 실장 밀도에 대해 본질적인 한계를 지니고 있다. 이러한 한계들은 (1) 부품들이 기판의 한 면에만 실장될 수 있고, (2) 리드가 있는 부품에서 리드 중심 간의 거리가 최소 1.0 mm는 되어야 하고, 보통은 2.5 mm라는 점이다.

표면실장 기술(Surface-Mount Technology)은 기판의 관통 홀보다는 기판 표면 위의 전극에 부품의 리드가 연납접되는 조립 방법을 사용한다(역사적 고찰 33.2). 기판의 관통 홀을 통해서 삽입되는 리드의 필요성을 제거함으로써, 다음의 몇 가지 장점을 얻을 수 있다 [6]. (1) 리드가 서로 가까워지면서 더 작은 부품이 만들어질 수 있다. (2) 실장 밀도가 증가될 수 있다. (3) 부품이 기판 양면에 실장될 수 있다. (4) 동일한 전자시스템에 더 작은 PCB가 사용될 수 있다. (5) 기판 제작에서 많은 관통 홀의 드릴링이 제거된다. 층간 연결을 위한 비아홀은 여전히 필요하다. 관통 홀형 부품과 비교할 때, SMT형 부품이 기판 표면을 차지하는 면적은 20%에서 60% 범위이다.

이러한 장점에도 불구하고, 전자산업에서는 PIH 기술을 배제하고 완전히 SMT만을 사용하지는 않았다. 거기에는 다음과 같은 몇 가지 이유가 있다. (1) 표면실장 부품의 크기가 작아서 사람이 다루고 조립하기가 더 어렵다. (2) SMT형 부품은 일반적으로 리드가 있는 부품에 비해 더 비싸다. 이 단점은 SMT 생산기술을 더 완벽하게 바꾸어 놓았다. (3) 크기가 더 작기 때문에, 회로 조립의 검사, 시험 및 재작업이 SMT에서 더 어렵다. (4) 어떤 종류의 부품은 표면실장의 형태로 제작이 불가능하다. 이 마지막 한계로 인해 표면실장형과 리드형 부품이 함께 존재하는 전자조립품이 있다.

역사적 고찰 33.2 　表面실장 기술

표면실장 기술은 그 기원을 1960년대의 항공 국방산업 전자 시스템에서 찾을 수 있다. 첫 번째 부품은 갈매기날개(gull-wing) 모양의 리드를 가진 작고 평평한 세라믹 패키지였다. 초기에 이러한 패키지가 관통 홀 기술에 비해 인기가 있었던 이유는 PCB의 양쪽 면에 실장될 수 있다는 것이었다(실제로 부품 밀도가 배다). 게다가, SMT형 패키지는 비교되는 관통 홀형 패키지에 비해 더 작게 만들 수 있어 PCB의 부품 밀도를 더욱 더 증가시킬 수 있었다.

1970년대 초에 리드 없는 부품(리드가 없는 세라믹 패키지 부품)의 형태로서 SMT는 더욱 진전되었다. 이로써 국방과 항공 전자산업에서 회로 밀도가 더욱더 높아졌다. 1970년대 말, 플라스틱 SMT 패키지가 개발되면서 SMT가 널리 퍼지는 계기가 되었다. 컴퓨터와 자동차 산업은 SMT의 주요 사용처가 되었고, SMT형 부품에 대한 그들의 요구로 이 기술은 괄목할만한 성장을 하였다.

표면실장형 부품의 PCB 조립은 PIH 기술에서와 같은 기본 절차가 필요하다. 부품은 기판 위에 놓여야 하고, 연납접된 후에 세정, 시험 및 재작업 절차를 거친다. 표면실장기술에서는 일부 시험과 재작업 절차는 물론, 부품의 장착과 연납접 방법이 다르다. SMT에서 부품의 장착은 PCB 위에 바르게 부품을 위치하게 하는 것이고, 연납접이 영구적인 기계적 · 전기적인 연결을 제공할 때까지 충분하게 표면에 고정시키는 것이다. 이와 같은 부품의 장착과 연납접 방법에는 (1) 부품의 접착제 접합과 웨이브솔더링과 (2) 연납페이스트와 리플로우솔더링과 같은 방법이 있다. SMT형 부품에 따라서 두 방법 중 어느 한 방법이 더 적합하게 사용된다.

33.4.1 접착제 접합과 웨이브솔더링

이 방법의 순서를 그림 33.11에 나타내었다. 여러 가지 접착제(29.3절)가 부품을 기판 표면에 붙이기 위해 사용된다. 가장 일반적인 것은 에폭시와 아크릴이다. 접착제는 다음과 같이 세 가지 방법 중 한 가지 방법으로 적용된다. 접착제의 적용 방법은 (1) 스크린스텐실을 통한 액상 접착제 브러싱, (2) 프로그램 가능한 x-y 위치결정 시스템을 가진 자동 토출기 사용, (3) 접착제가 적용되어야 하는 위치에 따라 정렬된 핀으로 구성된 고정구가 액상의 접착제에 잠기고, 기판 표면의 원하는 위치에 접착제를 도포하기 위해 위치가 정해지는, 핀 이송 방법의 사용이 있다.

부품은 컴퓨터제어로 작동하는 자동 장착기계에 의해 기판의 표면 위에 장착된다. 이러한 기계에 대해, PIH 기술에서 사용되는 삽입기(insertion machine)라는 용어와 구별하기 위해서 장착기(onsertion machine)라는 용어가 사용된다. 장착기는 초당 네 개의 부품을 장착할 정도의 속도로 작동한다. 부품이 장착되면 접착제가 경화된다. 접착제의 종류에 따라, 경화는 열, 자외선(UV), 또는 자외선과 적외선(IR)의 조합에 의해 이루어진다. PCB 표면 위에 표면실장형 부품이 접합되면, 기판은 웨이브솔더링을 거치게 된다. 작업은 부품 자체가 용융된 연납재 분수 위를 통과한다는 점에서

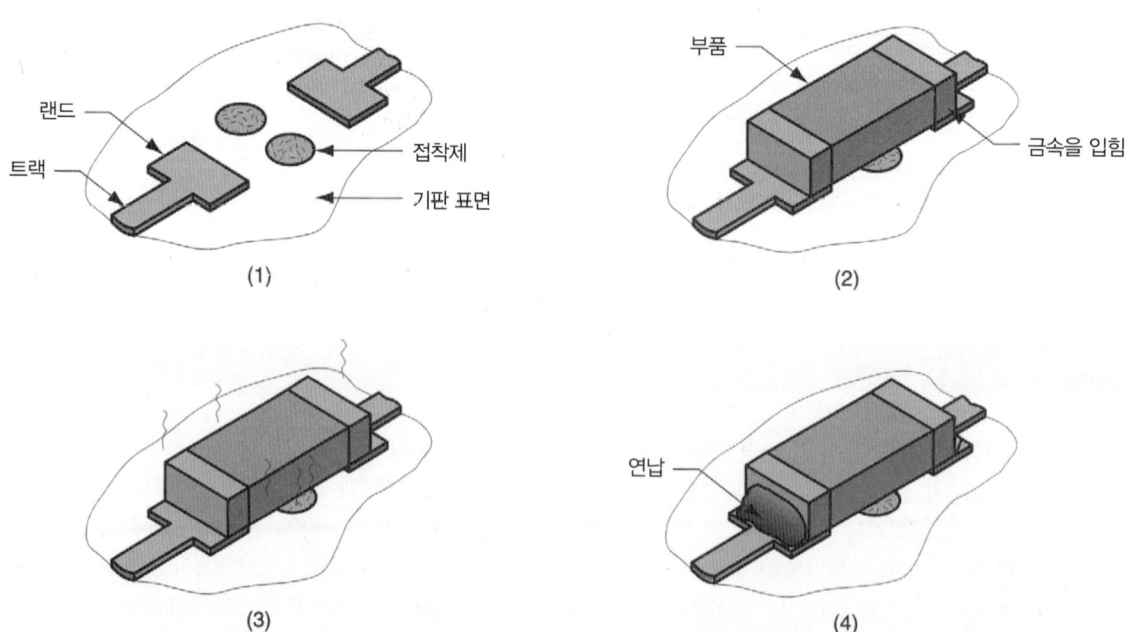

그림 33.11 접착제 접합과 웨이브솔더링, 여기서 보이는 것은 콘덴서나 저항 부품이다. (1) 기판 위 부품이 놓일 자리에 접착제가 도포된다. (2) 접착제가 덮인 부분에 부품이 놓인다. (3) 접착제가 경화되고, (4) 웨이브솔더링에 의해 연납 접합부가 만들어진다.

PIH의 해당 공정과 다르다. SMT 웨이브솔더링에서 때때로 부딪치는 기술적인 문제는 부품이 기판에서 거꾸로 서는 문제, 부품의 위치 이동 및 큰 부품의 인접한 부품의 그림자가 연납접을 방해하는 문제 등이 있다.

33.4.2 연납페이스트와 리플로우솔더링

이 방법에서는 연납페이스트가 회로 기판 표면에 부품을 접착시키는 데에 사용된다. 진행 순서는 그림 33.12에 나타내었다.

연납페이스트(solder paste)는 용제 결합제 속에 연납재 분말이 들어간 현탁액이다. 연납페이스트는 (1) 연납재로서 전체 페이스트 부피의 80~90%를 차지, (2) 용제(flux), (3) 기판 표면 위에 부품을 고정시키는 접착제와 같은 세 가지 기능을 가지고 있다. 연납페이스트를 기판 표면 위에 도포하는 방법은 스크린프린팅과 주사기토출이 있다. 페이스트의 물성은 도포방법에 적합하여야 한다. 페이스트는 흘러야 하지만, 도포되는 부분적인 면적을 넘어서 퍼질 정도로 액상이어서는 안 된다.

연납페이스트가 도포된 후에 부품이 접착제 접합 조립방법에서 사용되는 것과 같은 종류의 장착기에 의해 기판 위에 실장된다. 플럭스 결합제를 건조시키기 위해 저온 베이킹 공정이 실행된다. 이 공정으로 연납접 공정 중 발생하는 가스 유출을 감소시킨다. 최종적으로 역류솔더링(reflow soldering) 공정(29.2.3절)에서 연납페이스트를 충분히 가열하면 연납재 입자들이 녹아서 기판 위의 리드와 회로의 단자 사이에서 고품질의 기계적·전기적 접합부를 형성한다.

핀인홀 기술에서와 같이 SMT PCB의 조립에 필요한 여러 가지 공정을 수행하기 위해서는 그림 33.13과 같은 통합 생산라인이 사용된다.

33.4.3 SMT-PIH의 조합 조립

SMT 조립방법에 대한 설명에서 SMT형 부품이 한쪽에만 실장된 상대적으로 간단한 회로기판을 가정했었다. 대부분의 SMT 회로조립은 같은 기판 위에 표면실장형과 핀인홀형 부품을 혼용하기 때

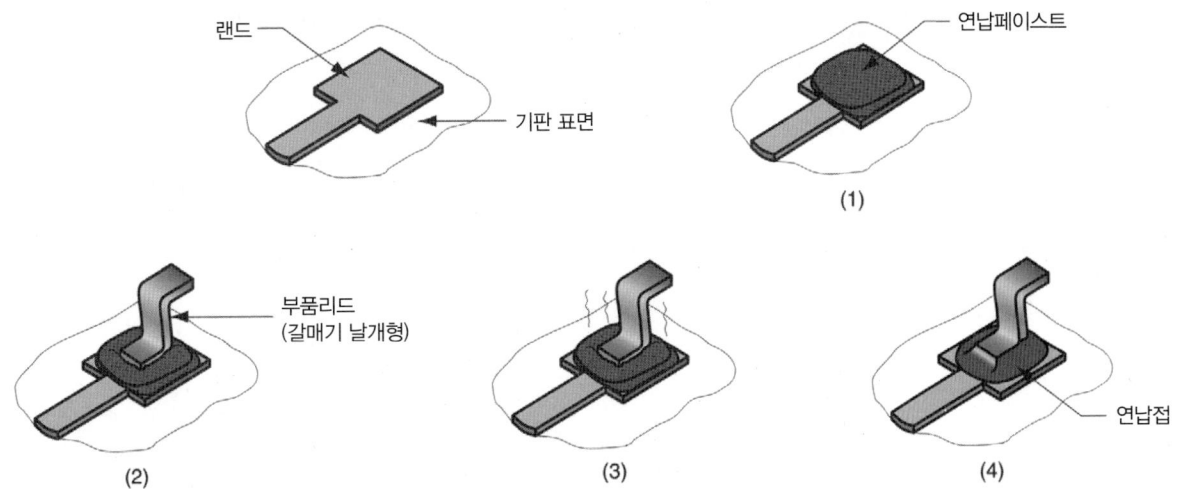

그림 33.12 연납페이스트와 리플로우솔더링 방법. (1) 연납페이스트를 원하는 랜드 부분에 도포, (2) 기판 위에 부품을 장착, (3) 페이스트의 메이킹, (4) 연납 역류.

그림 33.13 SMT 생산라인. 기판의 장착과 연납페이스트의 스크린프린팅, 몇 가지 부품 장착 작업, 연납 리플로우 오븐으로 구성이 되어 있다 (Universal instrument사 제공).

문에 이 같은 경우는 매우 드문 경우이다. 또한, PIH형 부품은 보통 한면에만 제한되는 반면에 SMT 조립은 기판 양면에 조밀하게 배치될 수 있다. 비록 앞의 두 절에서 설명된 기본적인 공정 순서는 같더라도 이러한 부가적인 가능성이 허용되도록 조립 절차는 변경되어야 한다.

한 가지 가능성은 SMT형 부품과 PIH형 부품이 기판의 같은 면에 놓이게 되는 경우이다. 이 경우에 전형적인 조립 절차는 그림 33.14에 나타낸 순서대로 구성된다. 보다 복잡한 PCB 조립은 그림에서 보듯이 SMT-PIH형 부품으로 구성되지만, SMT형 부품은 기판의 양면에 존재할 경우이다.

33.4.4 세정, 검사, 시험 및 재작업

부품이 기판에 연결된 후에 조립품은 세정되고, 연납접 검사를 실시하고, 회로 시험을 하여 필요하면 재작업을 해야 한다.

연납접 품질 검사는 표면실장 회로의 경우가 좀 더 어렵다. 왜냐하면, 이러한 조립은 관통 홀 조립에 비해 결합부 형상이 다르고, 결합부 크기가 더 작으며 일반적으로 더 조밀하게 실장되어 있기 때문이다. 한 가지 문제는 연납접 공정 중에 표면실장 부품이 위치를 잡는 방식이다. PIH 조립에서 부품은 구부러진 리드에 의해서 기계적으로 위치가 고정된다. SMT 조립에서는 부품이 접착제나 페이

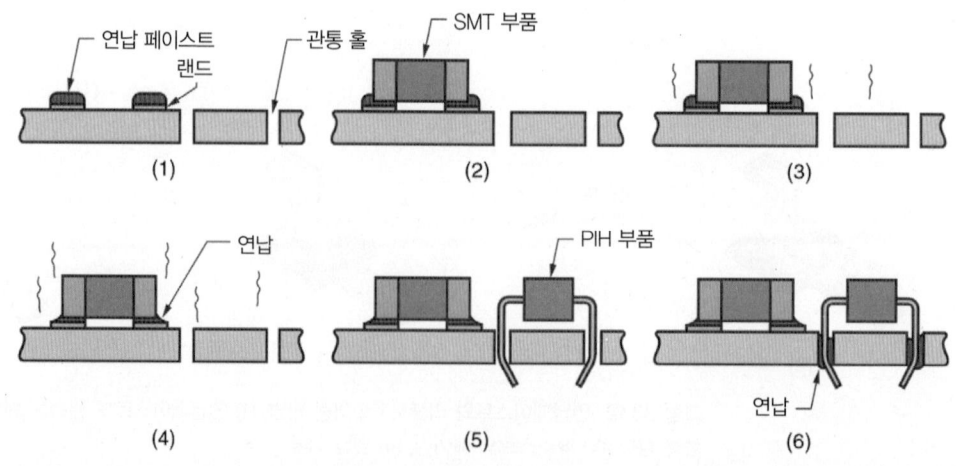

그림 33.14 기판의 같은 쪽에 부품이 있으며, 조합 SMT-PIH 조립의 전형적인 공정 순서. (1) SMT 부품을 위해 랜드에 연납페이스트를 적용한다. (2) 기판에 SMT 부품을 장착한다. (3) 굽기 (bake), (4) 연납 리플로우, (5) PIH 부품의 삽입, (5) PIH 부품의 웨이브솔더링, (7) 세정, 시험, 재작업.

스트에 의해 고정되어 있다. 연납접 온도에서 이 부착 방법은 견고하지 않아서 때때로 부품의 위치 이동이 발생한다. SMT에서 작은 크기의 부품에서 일어나는 또 다른 문제는 인접한 리드 사이에 연납재 다리(solder bridge)가 만들어져서 회로가 단락될 가능성이 매우 크다는 것이다.

부품의 크기가 작아져 각 부품 사이의 공간이 작기 때문에 SMT 회로 시험에서 다른 문제를 내포한다. SHT 조립이 점점 더 조밀해지기 때문에 접촉탐침은 물리적으로 더 작아져야 하고 더 많은 탐침이 필요하다. 이러한 문제에 대처하는 한 가지 방법은 시험 탐침 접촉을 위해서 단지 그 목적으로 추가의 단자를 회로 설계에 반영하는 것이다. 불행하게도 이 같은 단자의 추가는 기판의 실장 밀도를 높인다는 목적과 배치된다.

표면실장 조립에서 작업자에 의한 재작업 또한, 작은 부품 크기 때문에 전통적인 PIH 조립에서보다 더 어렵다. 끝이 매우 작은 납땜인두나, 확대기기 및 작은 부품을 잡고 다루는 기구 등 특별한 공구가 필요하다.

33.5 전기 커넥터 기술

PCB 조립품은 연결소켓이 있는 기관(back plane)과 연결되어야 하고, 다시 랙과 캐비닛 속에 집어넣어야 한다. 그리고 이 캐비닛은 케이블에 의해 다른 캐비닛이나 시스템과 연결되어야 한다. 많은 종류의 제품들에서 전자기기의 사용이 증가함에 따라 전자적 연결이 중요한 기술이 되었다. 어떤 전자시스템의 성능은 시스템의 요소들 간의 연결 신뢰성에 달려 있다. 이 절에서는 전자 패키징에서 레벨 3 또는 그 이상의 레벨에 적용되는 커넥터 기술에 대해 알아본다.

전기적 연결 방법은 기본적으로 (1) 연납접과 (2) 압력연결 방법이 있다. 연납접은 29.2절과 이 장에서 논의되었다. 이 방법은 전자산업에서 가장 널리 쓰이는 기술이다. **압력연결**(pressure connection)은 부품 사이의 전기적인 연속성을 위하여 기계적인 힘을 사용하는 전기적 연결이다. 이 방법은 영구적인 연결과 분리가능 연결의 두 가지 종류로 구분될 수 있다. 이 절에서는 이 두 가지 종류의 압력연결 방법에 대해서 살펴본다.

33.5.1 영구적 연결법

영구적 연결법에서는 두 금속 표면 사이에 높은 압력의 접촉을 발생시킨다. 따라서, 부품의 한쪽 또는 양쪽이 조립공정 중에 기계적으로 변형된다. 영구적 연결 방법은 크림핑, 가압박음 기술 및 절연물 제거법이 있다.

커넥터 단자의 크림핑

이 연결 방법은 전기 단자에 와이어를 조립하기 위하여 사용된다. 단자의 와이어 연결은 영구적인 결합부를 형성하지만, 단자 자체는 짝이 되는 부품과 연결 및 분리가 가능하도록 설계되어 있다. 단자는 여러 가지 종류와 다양한 크기가 있는데, 그 중 일부를 그림 33.15에 나타내었다. 이 단자들은 모두 전도성 와이어에 연결이 되어야 하는데, 크림핑은 이 연결을 위한 작업이다. **크림핑**(crimping)은 삽입되는 와이어의 벗겨진 끝과 영구적인 연결을 위해 단자 통(barrel)에 기계적인 변형을 일으키는 것이다. 크림핑 작업에서는 벗겨진 와이어 둘레의 통을 누르고 닫는다. 크림핑은 수공구나 크림핑

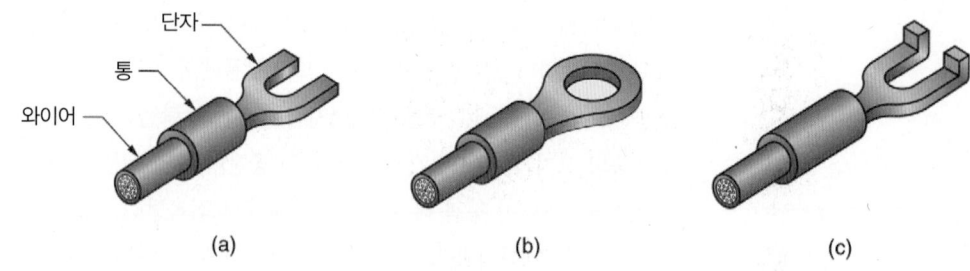

그림 33.15 분리 가능한 전기적 연결을 위한 단자의 형태. (a) 갈라진 혀 모양, (b) 혀 모양의 링, (c) 플랜지 끝형.

기계로 수행된다. 단자는 낱개 형태 또는 크림핑 기계로 이송될 수 있는 긴 띠의 형태로 공급된다. 알맞게 작업하면 크림핑된 결합부는 낮은 전기적 저항과 높은 기계적 강도를 갖게 된다.

가압박음 기술

전기적인 연결에서 가압박음은 기계적인 조립 방법과 유사하다. 그러나, 부품 형상은 다르다. 가압박음 기술은 전자산업에서 대형 PCB의 도금된 관통 홀에 단자 핀을 조립하는 용도로 널리 쓰인다. 전기연결의 **가압박음**(press fit)은 단자 핀과 그 핀이 삽입될 도금된 구멍사이의 간섭박음(interference fit) 상태를 유발하는 것이다. 단자 핀에는 그림 33.16과 같이 (a) 견고형, (b) 유연형의 두 가지 범주가 있다. 이 범주 내에서 핀 설계는 공급자에 따라 달라진다. 견고형 핀의 단면은 사각형이며, 양호한 전기적 연결을 형성하기 위해서 도금된 구멍의 금속에 핀 모서리가 눌려지고 심지어 잘려들어 가도록 설계되어 있다. 유연형 핀은 구멍의 외형과 일치하도록 윤곽이 형성되고 전기적인 접촉을 위해서 구멍의 벽에 눌리도록 스프링이 장착된 기기처럼 설계된다.

절연물 제거법

절연물 제거법(insulation displacement)은 영구적인 전기적 연결을 하는 방법으로 전기적 연결을 형성하기 위하여 날카로운 갈퀴 형상의 단자가 절연체를 관통하여 와이어 도체에 끼워진다. 이 방법을 그림 33.17에 나타내었으며, 보통 다중 접점과 평평한 케이블 사이에서 동시 연결을 할 때에 사용한다. **리본케이블**(ribbon cable)이라고 불리는 평평한 케이블은 둘레가 절연체에 의해 고정 배열된 평행한 여러 개의 와이어로 구성되어 있다. 주요 반조립품 간의 전기적인 연결을 위하여 전자 제품에서 널리 사용되는 다중 핀 커넥터로 단자를 만들기도 한다.

절연물 제거법은 배선 에러를 줄이고 장치 조립을 빠르게 한나. 조립을 하기 위해서 케이블은 네

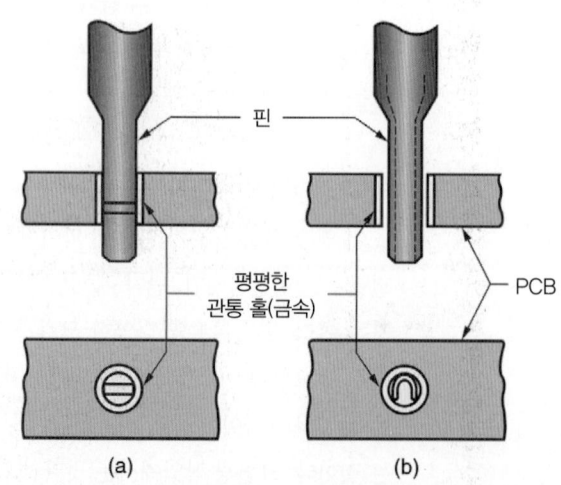

그림 33.16 전기적 압축 박음 기술에서 두 가지 종류의 단자 핀 (a) 견고형, (b) 유연형.

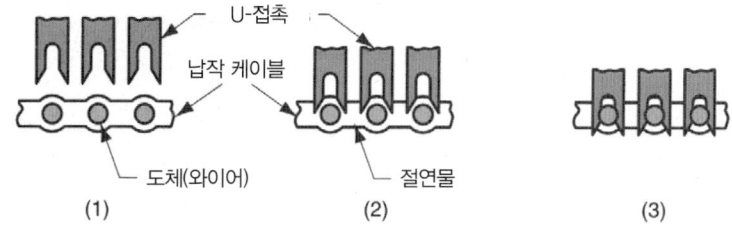

그림 33.17 평평한 와이어 케이블에 커넥터 케이블을 연결하는 절연물 제거법. (1) 초기 위치, (2) 절연물을 관통한 접촉, (3) 연결 후.

스트(nest)에 놓여진 후, 절연 물질을 통해 금속 와이어와 커넥터 연결을 위해 프레스가 사용된다.

33.5.2 분리가능 커넥터

분리가능 연결법은 분리와 재조립이 가능하도록 설계된다. 즉, 여러 번 조립되고 분리될 수 있다는 것을 의미한다. 일단 연결이 되면, 짝이 되는 부품 사이에서 높은 신뢰성과 낮은 전기 저항을 가진 금속과 금속의 접촉을 제공한다. 전형적으로 커넥터는 다중 접점을 가지고 있으며, 플라스틱 몰딩된 커버에 들어 있고, 호환이 되는 커넥터나 각각의 와이어 또는 단자와 짝이 지어지도록 설계되어 있다. 커넥터는 여러 가지 케이블, PCB, 부품 및 각각의 와이어와의 전기적 연결을 위해 사용된다.

커넥터는 다양한 제품에 적용 가능하도록 선택의 폭이 넓다. 커넥터를 선택할 때에 설계적인 관점은 (1) 전력 수준(예, 커넥터가 전원을 위해 사용되는가 아니면 신호전달을 위해 사용되는가), (2) 비용, (3) 사용되는 전도체의 수, (4) 연결되는 부품과 회로의 종류, (5) 공간의 제한성, (6) 리드와의 커넥터 연결 용이성, (7) 짝이 되는 단자 또는 커넥터와의 연결 용이성, (8) 연결과 분리의 빈도 등이 있다. 주요 커넥터의 종류로는 케이블 커넥터, 단자 블록, 소켓 및 삽입력이 매우 적거나 필요 없는 커넥터가 있다.

케이블 커넥터

케이블 커넥터(cable connector)는 영구적으로 케이블에 연결(한쪽 또는 양쪽 끝)되는 부품으로 짝이 되는 커넥터에 꽂고 뺄 수 있도록 설계되어 있다. 벽 콘센트에 꽂는 전력선 커넥터가 알기 쉬운 예이다. 다른 형태로는 그림 33.18과 같이 전자 반조립품 사이의 신호 전달을 위해 사용되는, 다중 핀 커넥터 종류와 짝이 되는 콘센트가 있다. 다른 종류의 다중 핀 커넥터는 전자시스템에서 다른 반조립품에 PCB를 부착하는 데에 사용된다.

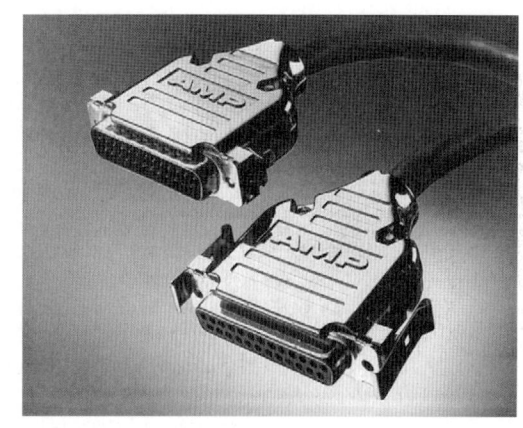

그림 33.18 다중 핀 커넥터와 이에 짝이 되는 콘센트. 둘 다 케이블에 연결(AMP사 제공).

그림 33.19 단자에 부착하기 위해 나사를 쓰는 단자블록(AMP사 제공).

단자 블록

단자 블록(terminal block)은 각각의 단자 또는 와이어 사이의 연결을 위하여 같은 간격으로 배치된 연속콘센트로 구성된다. 단자 또는 와이어는 가끔 나사 또는 분리가 가능한 기계적인 체결기구에 의해 블록에 부착된다. 전통적인 단자블록을 그림 33.19에 나타내었다.

소켓

전자시스템에서 소켓(socket)은 PCB에 실장된 연결부품을 말하며, IC 패키지와 다른 부품들이 삽입될 수 있다. 소켓은 PCB에 연납접이나 가압박음에 의해 영구적으로 부착되어 있지만, 부품을 위해서 분리 가능한 연결 방법을 제공한다. 따라서, 편리하게 PCB 조립물 상에서 추가, 제거 및 교체를 할 수 있다. 소켓은 전자 패키지에 있어서 연납접을 대체할 수 있다.

삽입 혹은 제거할 때에 필요한 힘은 핀 연결이나 PCB 소켓의 사용에 있어서 문제가 될 수 있다. 이러한 힘들은 적용된 핀의 수에 비례해서 증가한다. 많은 접점이 있는 부품이 조립될 경우에 파손의 결과를 가져올 수도 있다. 이러한 문제는 **저삽입력**(low insertion force, LIF) 또는 **무삽입력**(zero insertion force, ZIF) 커넥터 개발 동기를 유발하여, 암수 커넥터를 눌러 결합시키거나, 분리시키는 데에 필요한 힘을 줄이거나 제거하도록 한 특별한 기구 구조가 고안되었다.

▌참고문헌

[1] Arabian, J. *Computer Integrated Electronics Manufacturing and Testing.* Marcel Dekker, New York, 1989.

[2] Bakoglu, H. B. *Circuits, Interconnections, and Packaging for VLSI.* Addison-Wesley, Reading, Massachusetts, 1990.

[3] Bilotta, A. J. *Connections in Electronic Assemblies.* Marcel Dekker, New York, 1985.

[4] Capillo, C. *Surface Mount Technology.* McGraw-Hill, New York, 1990.

[5] Coombs, C. F. Jr. (ed.). *Printed Circuits Handbook,* 6th ed. McGraw-Hill, New York, 2007.

[6] Edwards, P. R. *Manufacturing Technology in the Electronics Industry.* Chapman & Hall, London, 1991.

[7] Harper, C. *Electronic Materials and Processes Handbook,* 3rd ed. McGraw-Hill, New York, 2009.

[8] Kear, F. W. *Printed Circuit Assembly Manufacturing,* Marcel Dekker, New York, 1987.

[9] Lambert, L. P. *Soldering for Electronic Assemblies.* Marcel Dekker, New York, 1988.

[10] Marks, L. and Caterina, J. *Printed Circuit Assembly Design.* McGraw-Hill, New York, 2000.

[11] Prasad, R. P. *Surface Mount Technology: Principles and Practice,* 2nd ed. New York, Springer, 1997.

[12] Seraphim, D. P., Lasky, R., and Li, C-Y. (eds.). *Principles of Electronic Packaging.* McGraw-Hill, New York, 1989.

[13] Ulrich, R. K., and Brown, W. D. *Advanced Electronic Packaging.* 2nd ed. IEEE Press and John Wiley & Sons, Hoboken, New Jersey, 2006.

복습문제

33.1 잘 설계된 전자 패키지의 기능은 무엇인가?

33.2 전자 패키징 계층 구조의 레벨을 구분하여라.

33.3 인쇄회로기판에서 트랙과 랜드 사이의 차이점은 무엇인가?

33.4 인쇄회로기판(PCB)를 정의하여라.

33.5 PCB의 주요 종류 세 가지의 이름은?

33.6 PCB에서 비아홀이란 무엇인가?

33.7 회로 패턴을 기판의 구리 표면으로 전사하기 위한 두 가지 기본 방법은 무엇인가?

33.8 PCB 제조에서 사용되는 에칭이란 무엇인가?

33.9 연속성 시험은 무엇인가? 그리고 이것은 PCB 제조공정 중 언제 수행되는가?

33.10 기판에 부품을 부착하는 방법으로 구별했을 때, PCB 조립의 두 가지 주요 범주는 무엇인가?

33.11 PCB 제조공정에서 통합된 재작업을 하도록 하는 이유와 그런 결함은 어떤 것인가?

33.12 기존의 관통홀 기술에 비교하여, 표면실장 기술의 장점들을 기술하여라.

33.13 표면실장 기술의 단점과 한계점을 들어라.

33.14 SMT에서 부품을 장착하고 연납접하는 두 가지 기술은 무엇인가?

33.15 연납페이스트란 무엇인가?

33.16 전기적인 연결을 이루는 두 가지 기본적인 방법을 구분하여라.

33.17 전기적 연결에서 크림핑을 정의하여라.

33.18 전기적 연결에서 가압박음 기술이란 무엇인가?

33.19 단자 블록이 무엇인지 정의하여라.

33.20 핀 커넥터란 무엇인가?

객관식문제(14개의 답)

33.1 두 번째 레벨의 패키징은 다음 중 어느 것에 해당하는가? (a) 인쇄회로기판에 부품 조립, (b) IC 칩의 패키징, (c) 칩의 내부 연결, (d) 와이어와 케이블 연결.

33.2 표면실장 기술은 다음의 패키지 레벨 중에서 어디에 포함되는가? (a) 0, (b) 1, (c) 2, (d) 3, (e) 4.

33.3 카드온보드(card-on-board, COB) 패키지는 전자패키징 계층 구조에서 다음 어떤 레벨에 해당하는가? (a) 0, (b) 1, (c) 2, (d) 3, (e) 4.

33.4 인쇄회로기판의 절연층 요소로서 일반적으로 사용되는 고분자 재료는 다음 중 어느 것인가? (두 개의 답) (a) 구리, (b) E-glass, (c) 에폭시, (d) 페놀, (e) 폴리에틸렌, (f) 폴리프로필렌.

33.5 PCB에서의 구리 층의 일반적인 두께는 다음 중 얼마인가? (a) 0.25 cm, (b) 0.025 cm, (c) 0.0025 cm, (d) 0.00025 cm.

33.6 포토리소그래피는 PCB 제조에 널리 쓰인다. 다음 중 어느 것이 PCB 제조공정에 가장 일반적으로 쓰이는 레지스트 종류인가?

(a) 음성 레지스트, (b) 양성 레지스트.

33.7 PCB 제조에서 다음 어떤 도금 공정이 더 높은 도포율을 갖고 있는가? (a) 무전해도금, (b) 전기도금.

33.8 다음 중 어떤 금속이 PCB에 구리 다음으로 일반적으로 도금되는가?

(a) 알루미늄, (b) 금, (c) 니켈, (d) 주석.

33.9 관통홀 기술에서, 인쇄회로기판에 부품을 장착하는 데에 쓰이는 연납접 공정은 다음 중 어느 것인가? (두 개의 답) (a) 수작업납땜, (b) 적외선연납접, (c) 리플로우솔더링, (d) 토치연납접, (e) 웨이브솔더링.

33.10 다음 중 어떤 기술이 재작업에서 일반적으로 더 큰 문제를 야기하는가? (a) 표면실장 기술, (b) 관통홀 기술.

33.11 다음 전기적 연결 방법 중에 분리가능 연결을 만드는 것은 어떤 것인가? (두 개의 답) (a) 단자 클림핑, (b) 가압박음, (c) 연납접, (d) 단자블록, (e) 소켓.

Chapter 34

마이크로 제조 및 나노 제조기술

34.1 마이크로시스템 제품
　34.1.1 마이크로시스템 기기의 종류
　34.1.2 마이크로시스템 적용

34.2 마이크로 제조공정
　34.2.1 실리콘 층 형성 공정
　34.2.2 LIGA 공정
　34.2.3 기타 마이크로 제조공정

34.3 나노 기술 제품

34.4 나노과학 개요
　34.4.1 크기 문제
　34.4.2 주사탐침현미경

34.5 나노 제조공정
　34.5.1 하향식 접근법
　34.5.2 상향식 접근법

공학 설계와 제조에 있어서 주요 경향은 그 특성 크기가 마이크론($1\ \mu m = 10^{-3}\ mm = 10^{-6}\ m$)으로 측정되는 제품 또는 부품의 수가 늘어나고 있다. 몇 가지 용어들이 이런 초소형화된 제품이나 부품에 적용된다. **미세전자기계 시스템**(microelectromechanical systems, MEMS)은 전자와 기계적 요소들로 구성된 초소형화 된 시스템이다. **마이크로기계**(micromachine)라는 용어도 이런 시스템에 사용된다. **마이크로시스템 기술**(microsystem technology, MST)은 보다 일반적인 용어로, 제품을 생산하는 데 사용되는 제조기술뿐만 아니라 제품(전자-기계 생산품에 한정되는 것은 아님)에도 사용된다. 관련 있는 용어로는 **나노 기술**(nanotechnology)이 있으며, 이것은 크기가 나노미터($1\ nm = 10^{-3}\ \mu m = 10^{-9}\ m$)로 측정되는 보다 더 작은 제품을 말한다. 그림 34.1은 이러한 용어들과 연관된 상대적인 크기들과 다른 인자들을 나타낸다.

　나노 기술이란 그 특성 크기가 1 nm에서 100 nm($1\ nm = 10^{-3}\ \mu m = 10^{-6}\ mm = 10^{-9}\ m$)에 해당하는 제조와 응용을 말한다. 나노 기술은 필름, 코팅, 점, 선, 와이어, 튜브, 구조물 및 시스템을 포함한다. 용어 앞의 '나노' 란 이런 항목들에 나노튜브, 나노구조, 나노스케일 및 나노과학 등과 같은 새로운 용어로 사용되고 있다. **나노과학**(nanoscience)은 위와 같은 크기의 대상물과 관련한 과학적 학문 분야이다. **나노스케일**(nanoscale)은 위와 같은 크기나 이보다 약간 작은 크기를 말하며, 원자나 분자의 크기와 하한치가 겹친다. 예를 들면, 가장 작은 원자는 헬륨으로 직경이 약 0.1 nm에 가깝다. 우라늄은 직경이 약 0.22 nm이며 자연적으로 존재하는 원자 중에 제일 큰 원소이다. 분자는 복수의 원자로 구성되기 때문에 좀 더 큰 경향이 있다. 약 30여 개의 원자로 구성된 분자는 포함된

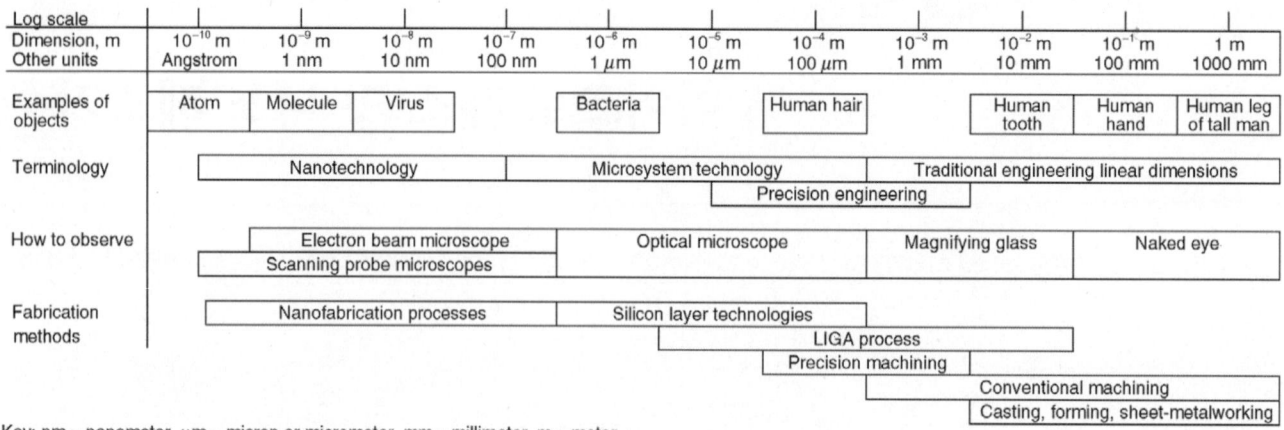

그림 34.1 마이크로시스템과 이에 관련된 기술에 대한 용어와 상대적인 크기.

원소에 따라 다르지만, 대략 크기가 1 nm 정도 된다. 따라서, 나노과학은 각각의 분자 거동과 이 거동을 설명하는 원리와 연관되어 있으며, 나노 기술은 유용한 제품을 만들기 위해 이 원리들의 응용과 연관되어 있다.

마이크로 제조 및 나노 제조기술로서 먼저, 마이크로시스템 제품과 이와 관련된 제조공정에 대해 살펴본다. 다음으로 나노 기술 제품과 제조기술에 대해 살펴보고 나노과학 입문과 왜 나노스케일이 거시적 스케일(macroscale) 및 마이크로스케일의 제품 및 공정들과 다른지에 대해 살펴보기로 한다.

34.1 마이크로시스템 제품

미세 부품과 반조립품으로 구성된 소형 제품 설계란 더 적은 양의 재료 사용, 저전력 사용, 단위 공간 당 더 큰 기능성 및 대형 제품에서는 허용되지 않는 영역에의 접근성 등을 의미한다. 대부분의 경우, 더 작은 제품은 더 적은 양의 재료가 사용되었기 때문에 더 싼 가격을 의미한다. 그러나, 주어진 제품의 가격은 연구, 개발 및 생산 비용에 영향을 받으며 어떻게 이 비용을 판매되는 제품의 수로 분산시키는가에 영향을 받는다. 저가의 제품 가격으로 결정되는 규모의 경제는 이 절에서 검토하려는 몇 가지 경우를 제외하고는, 아직 마이크로시스템 기술에서는 충분히 고려되지 않고 있다.

34.1.1 마이크로시스템 기기의 종류

마이크로시스템 제품은 기기의 종류(예 : 센서, 액추에이터)또는 적용 분야(예 : 의료, 자동차)에 따라 분류할 수 있다. 기기의 종류는 다음과 같이 분류된다[6].

- **마이크로 센서**(microsensors) – 센서는 열이나 압력과 같은 어떠한 물리적인 현상을 감지하거나 측정하는 기기이다. 센서에는 한 가지의 물리적인 변수를 다른 형태로 변환하는 변환기 (transducer)(예 : 압전소자는 기계적인 힘을 전류로 변환) 및 물리적인 패키징과 외부 연결을 포함한다. 대부분의 마이크로센서는 집적회로(32장)를 만드는 데 사용되는 공정기술을 사용하여 실리콘 기판 위에 제조된다. 미세한 센서는 힘, 압력, 위치, 속도, 가속도, 온도, 유량 및 다양한 광학,

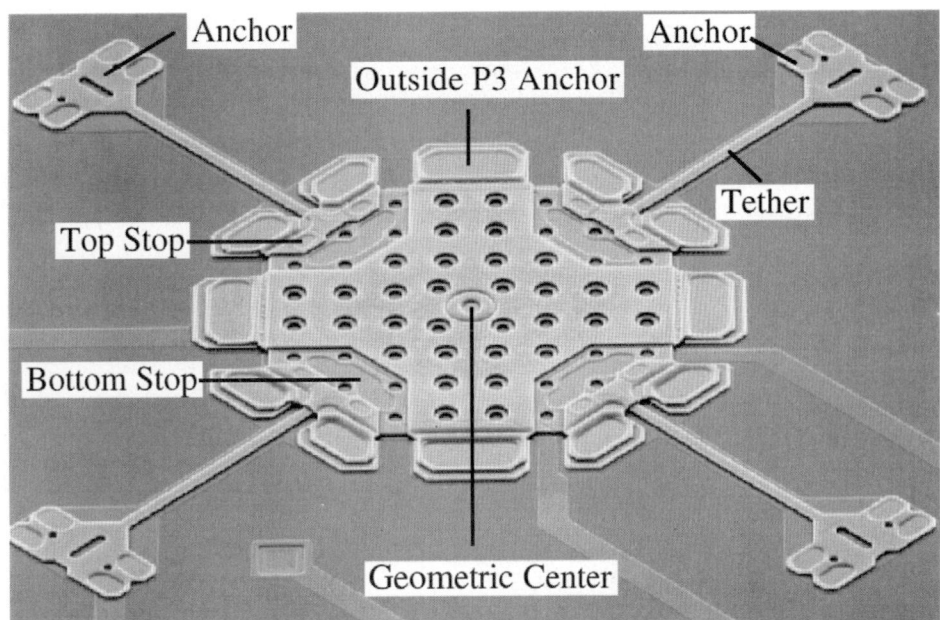

그림 34.2 마이크로가속도계의 현미경 사진.
(A. A. Tseng, Arizona 주립대 제공 [11]).

화학, 환경적, 생물학적 변수들을 측정하기 위해 개발되고 있다. **조합형 마이크로센서**(hybrid microsensor)라는 용어는 같은 기기 내에서 전자적 요소와 감지 요소(변환기)가 같이 조합되어 있는 경우에 사용된다. 그림 34.2는 Motorola사에서 개발된 마이크로 가속도계의 현미경 사진을 보여준다.

- **마이크로 액추에이터**(microactuators) – 센서와 같이, 액추에이터(actuator)는 한 가지 유형의 물리적인 변수를 다른 종류로 변환한다. 그러나, 변환된 변수는 대개 기계적인 움직임을 말한다(즉, 압전소자 기기는 변화하는 전기장에 응답하여 진동을 일으킴). 액추에이터는 위치나 적용되는 힘을 변화시킨다. 마이크로 액추에이터의 예로는 밸브, 위치 결정기, 스위치, 펌프, 회전형과 선형 모터를 들 수 있다 [6].

- **마이크로 구조물과 부품**(microstructures and microcomponents) – 이 용어들은 센서나 액추에이터가 아닌 마이크로 크기의 부품들을 지칭할 때에 사용된다. 마이크로 구조물과 마이크로 부품의 예로는 마이크로 기어, 렌즈, 거울, 노즐 및 보(beam)를 포함한다. 유용한 기능을 제공하기 위해서는 이 부품들은 다른 요소(초소형 혹은 보통 크기)와 조합이 되어야 한다. 그림 34.3에 비교를 위해 머리카락 옆의 마이크로 기어를 보여준다.

- **마이크로 시스템과 기기**(microsystems and micro-instruments) – 이 용어들은 전술한 몇 개의 요소들이 알맞은 전자적 패키지와 함께 초소형화 된 시스템 또는 기기로 통합된 것을 의미한다. 마이크로 시스템과 기기는 아주 특정한 분야에만 적용되는 경향이 있다. 예를 들면, 마이크로 레이저, 광학-화학적 분석기, 마이크로 분광기 등이 있다. 이러한 시스템의 제조 경제성을 따져보면, 상업화 하기에는 아직 어려운 부분이 있다.

34.1.2 마이크로시스템 적용

전술한 마이크로 기기와 시스템은 다양한 분야에서 폭 넓게 적용되고 있다. 초소형 기기를 적용하는 것이 최선인 분야가 많이 있다. 몇 가지 중요한 예는 다음과 같다.

그림 34.3 마이크로 기어와 모발. 전자현미경의 사진으로 기어는 LIGA 공정(34.3.3절)과 비슷한 공정으로 몰드 된 고밀도 폴리에틸렌, 주형 공동은 이온빔으로 제조되었음 (W. Hung, Texas A&M, M. Ali, Nanyang Technological University 제공).

잉크젯 프린팅 헤드

이것은 마이크로시스템 기술이 가장 많이 적용되는 분야 중의 하나로, 일반적인 잉크젯 프린터는 매년 몇 개의 카트리지를 사용할 정도로 많이 사용되기 때문이다. 잉크젯 프린팅 헤드의 동작을 그림 34.4에 나타내었다. 저항 가열 요소의 배열이 해당되는 노즐 배열의 윗부분에 위치하고 있다. 잉크는 저장탱크에서 공급되며 히터와 노즐 사이로 흘러간다. 각각의 가열 요소는 마이크로프로세서 제어에 의해 마이크로초 안에 마이크로프로세서 제어를 통해 독립적으로 작동된다. 작동을 시작하면 가열기 아래의 액상잉크가 순간적으로 끓어 증기 기포가 형성되어 잉크가 노즐의 개구부를 통해서 나오게 된다. 잉크가 종이에 분사되고 바로 건조되어 문자나 숫자 또는 다른 이미지의 일부분인 점을 형성한다. 그 동안, 잉크를 보급하기 위해 잉크를 저장탱크로부터 가져오면서 증기기포는 사라진다. 최근의 잉크젯 프린터는 인치당 1200점(dpi)의 해상도를 갖고 있다. 이것을 노즐 간격으로 환산하면 약 21 μm로 마이크로시스템의 범위에 포함된다.

박막 자기 헤드

읽기-쓰기 헤드는 자기 저장기기에 있어서 핵심 요소이다. 이 헤드들은 이전에는 절연 구리선을 수동으로 감은 말굽자석으로 제조되었다. 높은 저장용량을 갖는 자기 매체의 읽고 쓰기 능력은 헤드의 크기에 의해 제한을 받기 때문에, 손으로 감은 말굽자석이 보다 높은 저장 밀도를 향한 기술 발전의 장애 요소가 되었다. IBM에서의 박막 자기 헤드(thin-film magnetic heads)의 개발은 마이크로 제조기술의 의미 있는 성공 사례일 뿐만 아니라, 디지털 저장 기술에서 중요한 돌파구였다. 박막 읽기-쓰기 헤드는 매년 수억 개씩 제조되며 매년 수십억 달러의 시장을 형성하고 있다.

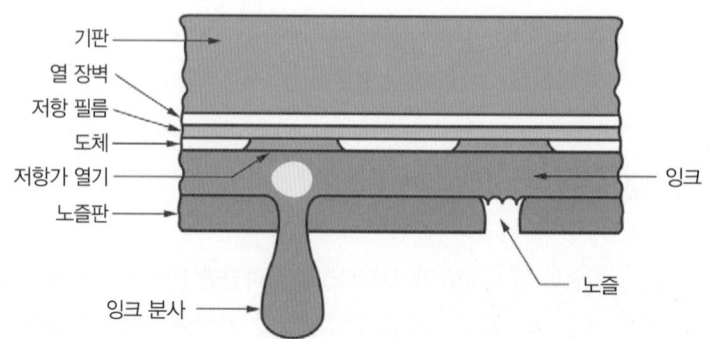

그림 34.4 잉크젯 프린팅 헤드 모식도.

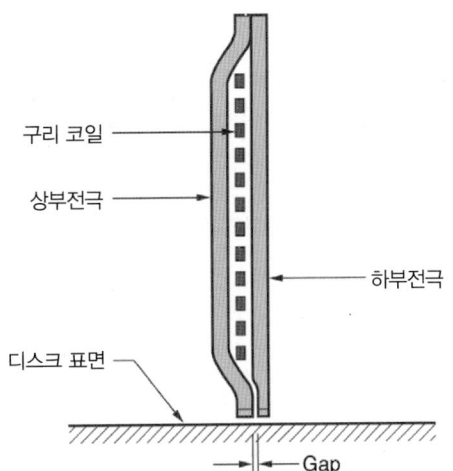

그림 34.5 박막 자기
읽기-쓰기 헤드(간략도)

읽기-쓰기 헤드의 간략도를 그림 34.5에 나타내었으며 사용되는 마이크로 부품을 보여 준다. 구리 도전 코일은 레지스트 몰드를 통해 구리의 전기도금으로 제조된다. 코일의 단면은 한쪽이 대개 2~3 μm이다. 읽기-쓰기 헤드의 초소형화로 자기저장 매체의 저장 밀도는 현저히 증가하고 있다. 초소형화가 마이크로 제조기술로 가능하게 되었다.

콤팩트디스크

콤팩트디스크(compact disc, CD)와 DVD 디스크는 오늘날 음악과 비디오, 게임 및 컴퓨터 소프트웨어 및 데이터 저장 매체로서 중요한 상업용 제품이다. CD는 폴리카보네이트로 주조(8.2절)되는 데 이상적인 광학적, 기계적 특성을 가지고 있다. 디스크는 직경이 120 mm이며 두께가 1.2 mm이다. 데이터는 원형 궤도에 작은 구멍(pit)으로 구성되어 있다. 원형 궤도는 안쪽으로 46 mm의 직경으로 시작해서 바깥쪽이 약 117 mm의 직경을 가진다. 원형 궤도는 약 1.6 μm 정도 떨어져 있다. 각각의 구멍은 폭이 약 0.5 μm, 길이가 0.8 μm에서 3.5 μm이다. 이런 치수들이 바로 CD가 마이크로시스템 기술의 산물임을 증명한다. DVD는 상응하는 치수가 더 작고 큰 저장 용량을 가지고 있다.

대부분의 마이크로 제조공정을 34.2절에 다루었지만, 여기서는 CD의 제조공정에 몇몇 일반 마이크로 제조 및 다소 특수한 제조공정을 사용하므로 간단히 설명하기로 한다. 제품으로서 음악 CD는 플라스틱 사출성형(12.6절)으로 대량 생산된다. 주형을 만들기 위해 원현(master)이 300 mm 직경의 유리판 위에 도포된 부드럽고 얇은 양성 포토레지스트를 통해 제작된다. 이 유리판이 원형 궤도를 만들기 위해 회전하면서 천천히 정밀하게 움직일 때, 레이저 빔이 유리판 표면의 미세 영역에 노광되어 포토레지스트 위에 데이터를 작성한다. 포토레지스트는 현상을 통해 노출된 영역이 제거된다. 이러한 영역이 CD의 미세한 구멍에 해당한다. 그 다음으로 니켈 박막이 스퍼터링을 통해 원형 위에 증착된다(26.5.1절). 전해성형(26.3.2절)을 통하여 니켈이 필요한 두께만큼 성장되어 원형의 음각을 형성한다. 이것을 'father'라고 부른다. 이로부터 몇 개의 각인이 전해성형에 의해 만들어져 표면 형상이 원래의 유리판 원형과 똑같은 음각이 형성된다. 마지막으로 실제 사출 각인을 만들기 위해 'mother'(스탬프라 불림)가 사용된다. 사출 각인은 전해형성에 의해 제작되며 CD의 대량생산에 사용된다. DVD 제작의 공정 절차는 이와 비슷하지만, 더 작은 크기와 다른 데이터 포맷 양식 때문에 다른 공정이 더 필요하다.

일단 주조되면, 폴리카보네이트 디스크에 구멍이 형성된 면에 유리표면을 얻기 위해 알루미늄이스퍼터링되어 도포된다. 이 층을 보호하기 위해 폴리머(예, 아크릴) 박막이 금속 위에 도포된다. 따라서, 최종 CD는 한 면에 상대적으로 두꺼운 폴리카보네이트 층과 반대편에는 폴리머 박막이 그 사이에는 알루미늄 박막이 들어가 있는 구조가 된다. 계속해서 CD 재생기(또는 다른 데이터 판독기)의 레이저 빔이 반사 표면 위의 폴리카보네이트 층에 조사되고 반사된 빔이 연속적인 이진수로 판독된다.

자동차

마이크로 센서와 여러 마이크로 기기들이 현대의 자동차에 널리 사용된다. 이러한 마이크로시스템의 사용은 자동차에서 제어와 안전 기능을 담당하기 위한 전자 기기의 사용이 증가하는 것과 일맥상통한다. 이러한 기능들은 에어컨이나 라디오는 말할 것도 없고, 전자 엔진제어, 크루즈컨트롤, ABS 시스템, 에어백, 자동변속기 제어, 동력 조향, 4륜구동, 안정성 자동제어, 내비게이션 시스템, 원격 잠김/시동 장치 등을 포함한다. 이러한 제어시스템과 안전 기능들은 센서와 구동 장치를 필요로 하고, 초소형인 부품의 숫자가 점차 증가하고 있다. 제조사와 모델에 따라 20에서 100개 정도의 센서가 자동차에 장착되어 있다. 1970년에는 실제로 자동차에 센서가 없었다. 일부 특수한 자동차 장착 마이크로센서를 표 34.1에 나타내었다.

의료용

마이크로시스템 기술을 이 분야에 적용할 가능성은 매우 높다. 사실 주목할 만한 진전이 이미 이루어져 있고 많은 전통적인 의학적, 외과적인 방법들이 이미 마이크로 시스템 기술에 의해 변화되고 있다. 마이크로 기기들의 사용 동기가 되는 추진력 중의 하나는 최소 침해 치료의 원리이다. 이것은 의학적으로 문제가 있는 부분에 접근하기 위해, 인체에 매우 작은 절개 또는 작은 구멍을 내는 것을 말한다. 상대적으로 커다란 외과적인 절개의 사용에 비해 이러한 방법의 장점은 환자의 불편함을 줄이고, 빠른 회복, 작은 상처, 짧은 입원 기간 및 낮은 건강보험 비용 등이 있다.

의료 기구의 초소형화를 기반으로 한 기술 중에는 내시경의 분야가 있는데, 외과수술에 사용이 증가하고 있고 이제는 진단의 목적으로도 흔히 사용된다. 오늘날, 내시경 검사를 통해 맹장이나 쓸개와 같은 기관의 제거나 탈장을 치료하는 복강경수술을 하는 것이 일반적인 진료 행위이다. 유사한 과정의 적용으로, 두개골에 하나 또는 몇 개의 작은 구멍을 뚫고 시술하는 식으로 뇌수술에서 많이 볼 수

표 34.1 현대의 자동차에 장착된 마이크로 센서들.	
마이크로 기기	**적용 사례**
가속도계	에어백 작동
각속도 센서	지능 내비게이션 시스템
레벨 센서	오일과 연료 양의 감지
광학 센서	자동 조향 장치
압력 센서	연료 소비의 최적화, 오일압력 감지, 유압 장치의 입력 감지(예, 현가장치), 좌석 지지압력 감지, 기후 제어, 타이어 압력
근접/범위 센서	주차 제어와 충돌 방지를 위한, 앞/뒤 범퍼로부터의 거리 감지
온도 센서	실내 온도 제어
토크 센서	차축
문헌 [6], [13]으로부터 편집함.	

있을 것으로 예상된다.

의료 분야에서 마이크로시스템 기술이 적용될 것으로 예상되는 분야는 다음과 같다. (1) 혈관성형, 손상된 혈관과 동맥은 외과 수술, 레이저 또는 요도의 끝에 정맥을 통해 주입된 소형화된 팽창 가능한 풍선을 사용하여 치료된다. (2) 원격 마이크로 외과수술, 여기서 외과 수술은 입체현미경과 마이크로 수술기구를 통하여 원격으로 이루어진다. (3) 인조 보철물이나 인공장기, 심장 박동기나 보청기와 같은 것, (4) 혈압이나 체온과 같은 인체의 물리적인 변수들을 감시할 수 있는 이식 가능한 센서 시스템, (5) 환자에 의해 삼켜진 후, 장과 같이 치료가 필요한 정확한 위치에서 원격제어에 의해 활성화가 되는 약물전달 시스템, (6) 인공안구 등이 있다.

화학과 환경 응용

화학과 환경적인 응용에서 마이크로시스템 기술의 중요한 역할은 화학물질의 양을 추적하고 측정하며 유해한 오염 물질을 검출하기 위한 물질의 분석이다. 다양한 화학용 마이크로 센서가 개발되어 있다. 이 센서들은 대상 물질의 아주 적은 양의 시료를 가지고도 분석할 수 있는 성능을 갖고 있다. 대상 물질의 적절한 양이 센서 요소로 전달되도록 마이크로 펌프가 종종 이 시스템들과 통합되기도 한다.

다른 적용

위에서 설명한 예를 제외하고도 마이크로시스템 기술의 다른 적용 분야는 많이 있다. 몇 가지 예를 들면 다음과 같다.

- **주사탐침현미경** – 이것은 나노미터 수준으로 표면 구조를 검사할 수 있도록 하여 미세하게 표면을 관찰하기 위한 기술 중의 하나이다. 이러한 치수 범위에서 가동하기 위해서는 기계에 길이가 수 미터이고 표면으로부터 수 나노미터 떨어져 표면을 스캐닝 할 수 있는 탐침이 필요하다. 이 탐침이 바로 마이크로 제조기술로 만들어진다.
- **생명기술** – 생명공학 분야에서는 관심 있는 시료는 종종 미세한 크기를 가지고 있다. 이러한 시료를 연구하기 위해서는 조종 장치와 기타 기구들도 비슷한 크기여야 할 필요가 있다. 마이크로 기기들은 현미경 밑에서 생체 물질의 작은 시료들을 잡고, 움직이고, 분류하고, 자르고, 주입하기 위하여 개발되었다.
- **전자기술** – 인쇄회로기판(PCB)과 커넥터 기술이 33장에서 논의되었지만, 마이크로시스템 기술과 연계하여 여기서도 거론되어야 한다. 전자 분야에서의 소형화 경향으로 PCB, 접점, 커넥터들이 더 작고 물리적으로 더 복잡하게 만들어지고 그 기계적인 구조는 32장에서 논의된 IC보다는 이 장에서 설명되는 마이크로 기기와 관련성이 더 많다.

34.2 마이크로 제조공정

마이크로시스템 기술에서의 많은 제품들은 실리콘을 기반으로 하고 있으며, 마이크로시스템 제조에 사용되는 대부분의 공정 기술은 마이크로전자 산업에서 가져왔다. 마이크로시스템 기술에서 왜 실리콘이 바람직한 물질인가에 대해서는 몇 가지 중요한 이유가 있다. (1) 마이크로시스템 기술에서 마이크로 기기는 대개 전자회로를 포함한다. 따라서, 전자회로와 마이크로 기기를 같은 기판 위에서 조합시켜 만들 수 있다. (2) 바람직한 전자적인 물성 이외에도, 실리콘은 높은 강도와 탄성, 높은 경도, 상대적으로 낮은 밀도와 같은 유용한 기계적인 성질을 갖고 있다. (3) 실리콘 공정 기술은 마이크로 전자에서 널리 사용되고 있기 때문에 이미 잘 구축되어 있다. (4) 단결정 실리콘의 사용으로 매우 작은 허용 오차로 물리적인 특성을 구현할 수 있다.

특별한 마이크로 기기를 얻기 위하여, 마이크로시스템 기술은 때때로 실리콘이 다른 재료와 같이 제조되어야 할 필요가 있다. 예를 들면, 마이크로 액추에이터는 일반적으로 다른 재료로 만들어진 몇 가지 부품으로 구성된다. 따라서, 마이크로 제조기술은 실리콘 공정 그 이상으로 구성된다. 본서에서는 마이크로 제조공정에 대해 (1) 실리콘 층 형성 공정, (2) LIGA 공정, (3) 현미경적 크기로 수행되는 기타 공정으로 구분하여 다루기로 한다.

34.2.1 실리콘 층 형성 공정

마이크로시스템 기술에서 실리콘의 첫 번째 적용은 1960년대 초반에 응력, 변형률, 압력 측정을 위한 실리콘 압전 저항 센서의 제조에서였다 [13]. 실리콘은 센서와 액추에이터 및 다른 마이크로 기기를 생산하기 위해서 마이크로시스템 기술에서 널리 사용된다. 기본적인 공정기술은 집적 회로를 생산하는 데에 사용되는 것이다(32장). 그러나, 이장에서 논의되는 마이크로 기기의 제조와 IC 공정 사이에는 다음과 같은 차이가 존재하는 것을 주목해야 한다.

1. 마이크로 제조에서 종횡비는 일반적으로 IC 제조에서보다 훨씬 크다. **종횡비**(aspect ratio)는 그림 34.6과 같이 제조 형상의 폭 대비 높이의 비율로 정의된다. 반도체 공정에서 일반적인 종횡비는 대개 1.0 이하이지만, 마이크로 제조에서는 그 비율이 400 정도까지 높다 [5].
2. 마이크로 제조에서 만들어진 기기의 크기는 IC 공정에서 만들어진 것보다 일반적으로 훨씬 크다. 마이크로 전자에서의 일반적인 경향은 높은 회로 밀도와 초소형화에 있다.
3. 마이크로 제조에서 만들어진 구조는 때때로 외팔보와 다리 및 층간의 간격이 필요한 다른 형상들을 포함한다. 이러한 종류의 구조들은 IC 제조에서는 드문 것이다.
4. 실리콘 공정기술은 마이크로시스템에서 3차원 구조 또는 다른 물리적인 특징을 얻기 위하여 때

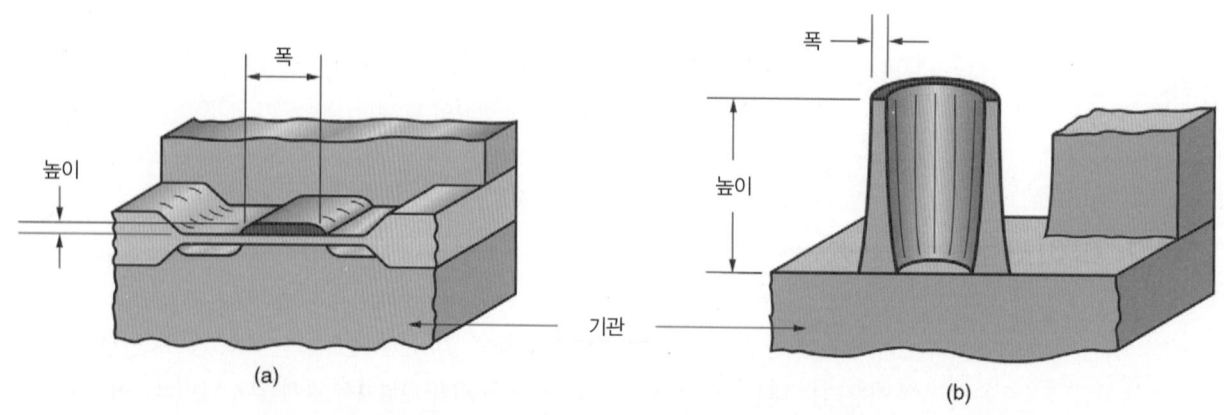

(a)

(b)

그림 34.6 전형적인 종횡비(폭 대비 높이의 비율). (1) 집적회로의 제조, (2) 마이크로 제조 부품.

때로 보완된다.

이러한 차이에도 불구하고, 마이크로 제조에서 사용되는 대부분의 실리콘 공정 단계는 IC 생산에 사용되는 공정과 매우 유사하거나 같다고 보기로 한다. 결국, 집적회로나 마이크로 기기에 사용되는 실리콘은 같은 물질이다. 공정 단계를 간단한 설명과 독자들이 더 자세한 설명을 얻을 수 있는 참고 자료와 함께 정리하여 표 34.2에 나타내었다. 이 모든 공정들은 앞의 장들에서 논의되었다. IC 제조에서와 같이 리소그래피 마스크에 포함된 기하학적 데이터에 따라 기판에 물질의 층을 더하고, 변경시키고, 또는 제거하는 다양한 공정이 마이크로 제조에 사용된다. 노광기술은 제조되는 마이크로 기기의 형상을 결정하는 기본 기술이다.

앞에서 열거된 마이크로 기기의 제조와 IC 제조 사이의 차이점 중에 종횡비 문제는 좀 더 자세히 설명되어야 한다. IC 공정에서의 구조는 기본적으로 평면인 반면, 마이크로 시스템에서는 3차원적인 구조가 자주 요구된다. 마이크로 기기의 구조들은 큰 종횡비를 갖기 쉽다. 만일 결정구조가 이방성으로 에칭공정이 진행되도록 방향지어졌다면, 이러한 3차원적 특징은 습식 에칭에 의해 단결정 실리콘으로 만들 수 있다. 다결정상 실리콘의 화학적 습식 에칭은 그림 32.13과 같이 레지스트의 모서리 밑에 공간을 형성하는 등방성 성질을 가지고 있다. 그러나, 단결정 Si에서는 에칭 속도가 격자 구조의 방향에 따라 다르다. 그림 34.7에 세 가지 실리콘 입방체 격자 구조의 결정면을 나타내었다. 수산화칼륨(KOH)이나 수산화나트륨(NaOH)과 같은 용액은 (111) 방향의 결정면에서는 매우 느린

표 34.2 마이크로 제조에서 사용되는 실리콘 층형성 공정.

공정	간략한 설명	참고 부분
노광기술	마스크의 패턴을 다른 단단한 재료(예: 이산화 실리콘)의 실리콘 표면 위에 복사하여 옮기는 데에 사용되는 인쇄공정. 마이크로 제조에서의 일반적인 기술은 포토리소그래피.	32.3절
열산화	(층 추가) 이산화 실리콘 층을 형성하기 위한 실리콘 표면의 산화.	32.4.1절
화학기상증착	(층 추가) 화학 반응 또는 가스의 분해에 의한, 기저층 표면 위의 박막의 형성.	26.5.2절, 32.4.2절
물리기상증착	(층 추가) 재료가 증기상태로 변환되었다가 기저층 표면 위에 박막으로서 응축되는 적층 공정의 일종. PVD 공정은 진공기화와 스퍼터링 공정을 포함한다.	26.5.1절
전기도금과 전해성형	(층 추가) 용액 속의 금속 이온이 음극의 작업 재료에 도포되는 전해 공정.	26.3.1절, 26.3.2절
무전해도금	(층 추가) 외부 전류 없이 도금 금속의 이온을 함유하고 있는 수용액 속에서의 도포. 작업물의 표면이 반응의 촉매로 작용.	26.3.3절
열 확산(도핑)	(층 변경) 고농도의 구역에서 저농도의 구역으로 원자가 이동하는 물리적 공정.	26.2.1절, 32.4.3절
이온주입(도핑)	(층 변경) 이온화된 입자의 고에너지 빔을 사용하여 기저층에 하나 또는 그 이상의 원소의 원자를 삽입.	26.2.2절, 32.4.3절
습식 에칭	(층 제거) 일반 마스크 패턴과 함께, 목표 물질을 부식시키기 위해 수용액속에 화학 에칭제의 적용.	32.4.5절
건식 에칭	(층 제거) 목표 물질을 에칭하기 위해서 이온화된 가스를 사용한 건식 플라즈마 에칭.	32.4.5절

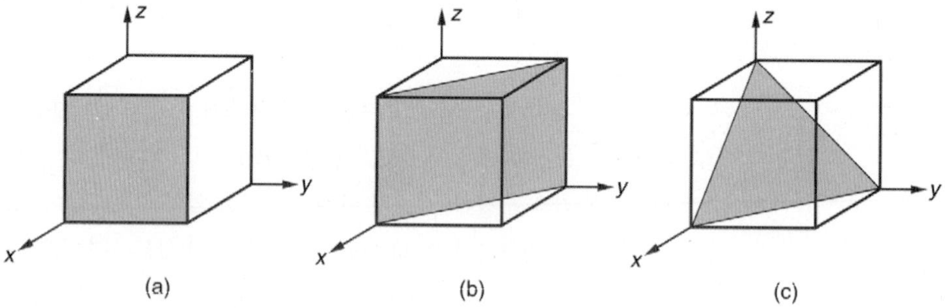

그림 34.7 실리콘 입방 격자 구조에서 세 가지 결정면. (a) (100) 결정면, (b) (110) 결정면, (c) (111) 결정면.

에칭 속도를 갖고 있다. 이 특성으로 단결정 Si 기판에 날카로운 모서리를 가진 뚜렷한 기하학적 구조 형성이 가능하다. 이 단결정 Si 격자는 수직으로 관통되거나, 기판으로 날카로운 각도로 에칭이 되기 쉽다.

그림 34.8과 같은 구조들은 이 과정을 이용하여 만들 수 있다. 이방성 습식 에칭은 IC의 제조에서도 바람직하다는 것을 주목해야 하지만(32.4.5절), 훨씬 더 큰 종횡비 때문에 그 중요성은 마이크로 제조에서 훨씬 더 크다고 할 수 있다. **용적 미세가공**(bulk micromachining)이라는 용어는 단결정 실리론 기판(Si 웨이퍼)에 상대적으로 깊은 습식 에칭 공정을 위해 사용된다. **표면 미세가공**(surface micromachining)이라는 용어는 박막 적층 가공을 이용하여 기판 표면을 평면 구조화시키는 것을 말한다.

용적 미세가공은 마이크로 구조물에서 얇은 막(membrane)을 제조하는 데에 사용될 수 있다. 그러나, 이 방법은 막의 층을 남겨 놓기 위하여 Si으로 침투하는 에칭 정도를 제어할 필요가 있다. 이러한 목적을 위해 사용되는 일반적인 방법은 실리콘 기판을 붕소 원자로 도핑하는 것이다. 이렇게 함으로서 실리콘의 에칭 속도를 현저하게 낮출 수 있다. 공정 순서를 그림 34.9에 나타내었다. 단계 (2)에서 에피택시 증착이 실리콘의 위층에 적용되어 기판과 같은 단결정구조와 격자 방향을 갖게 된다 (32.4.2절). 이것은 후속 공정에서 깊게 에칭 되는 영역을 제공하기 위해 사용되는 용적 마이크로가공의 필요조건이다. 실리콘의 에칭 저항 층을 형성하기 위한 붕소 도핑을 **P$^+$ 에칭정지 기술**(P$^+$ etch-stop technique)이라고 부른다.

표면 미세가공은 그림 34.10(5)와 같이 실리콘 기판 위에 외팔보, 돌출물 및 이와 유사한 구조를

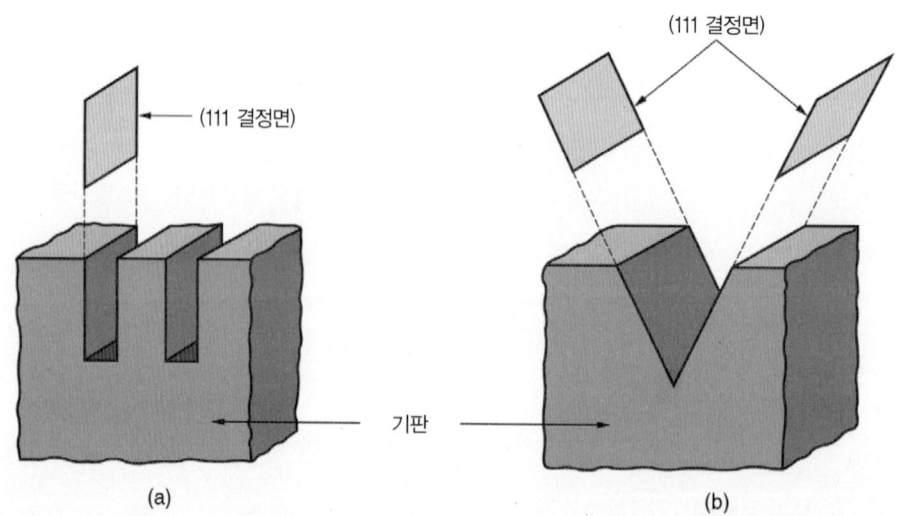

그림 34.8 용적 마이크로가공에 의해 단결정 실리콘 기판에 형성될 수 있는 몇 가지 구조. (a) (110) 실리콘, (b) (100) 실리콘.

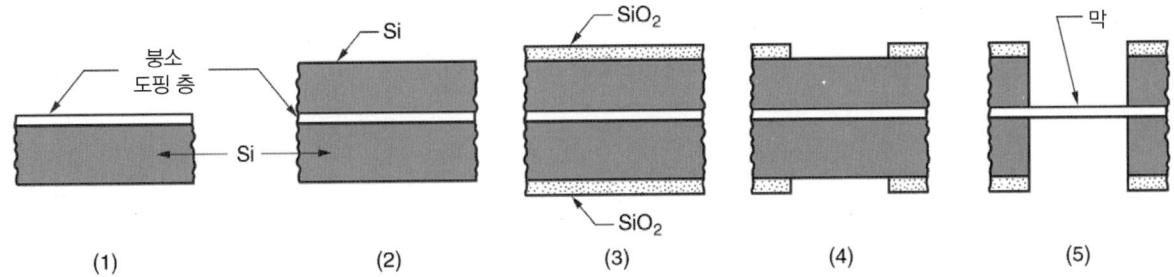

그림 34.9 실리콘 기판에서 박막의 형성. (1) 실리콘 기판이 붕소로 도핑된다. (2) 도핑된 층 위에, 에피택시 증착에 의해 두꺼운 실리콘 층이 생성된다. (3) 표면에 SiO_2 레지스트를 형성하기 위해 양면이 열산화된다. (4) 노광기술에 의해 레지스트에 패턴이 형성된다. (5) 붕소 도핑된 층을 제외하고 실리콘을 제거하기 위해 이방성 에칭이 사용된다.

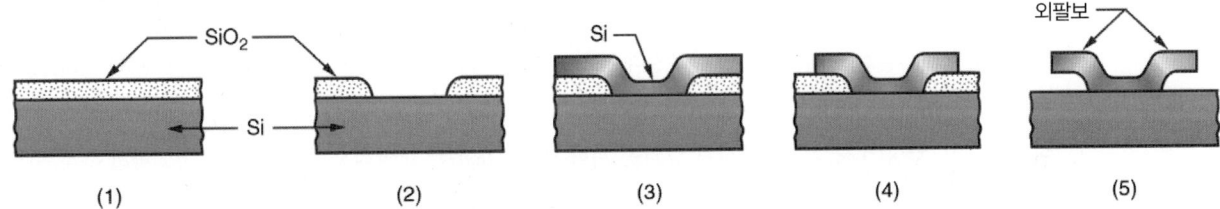

그림 34.10 외팔보를 형성하기 위한 표면 미세가공. (1) 실리콘 산화층이 실리콘 기판 위에 형성된다. 이 두께가 외팔보의 틈새 크기를 결정한다. (2) SiO_2 층의 일부가 노광기술을 사용하여 에칭된다. (3) 폴리실리콘 층이 형성된다. (4) 폴리실리콘 층의 일부가 노광기술을 사용하여 에칭된다. (5) 외팔보 밑의 SiO_2 층이 선택적으로 에칭된다.

형성하기 위해 사용된다. 그림에서 외팔보는 실리콘 표면과 평행하지만 일정 간격만큼 떨어져 있다. 간격 크기와 보의 두께는 미터 범위이다. 이러한 종류의 구조를 제조하기 위한 공정 순서를 그림 34.10의 앞부분에 나타내었다.

건식 에칭은 이온화된 가스(plasma) 속의 이온과 이온화 된 가스에 노출된 표면의 원자 사이의 물리적 그리고/또는 화학적 반응을 통하여 물질을 제거하는데(32.4.5절), 거의 모든 재료에서 이방성 에칭 특성을 얻을 수 있다. 이 이방성 침투 특성은 단결정 실리콘 기판에만 해당되는 것은 아니다. 반대로, 건식 에칭에서는 에칭 선택성이 더 큰 문제이다. 즉, 플라즈마에 노출된 표면은 모두 영향을 받는다. **리프트오프 기술**(lift-off technique)이라고 불리는 공정이 기판 위의 백금과 같은 금속의 패턴을 만드는 마이크로 제조에 사용된다. 이러한 구조물들은 일부 화학 센서에 사용되는데, 습식 에칭으로 만들기는 어렵다. 리프트오프 기술의 공정 순서를 그림 34.11에 나타내었다.

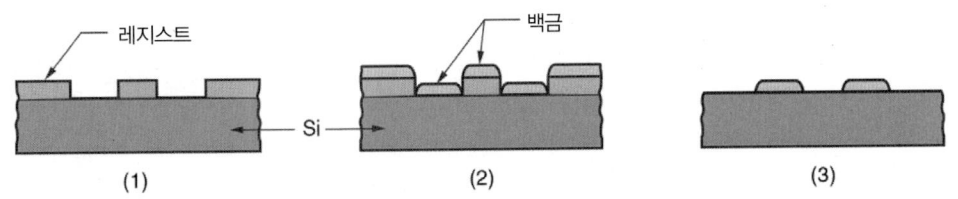

그림 34.11 리프트오프 기술. (1) 기판에 레지스트가 도포되고 노광기술에 의해 구조가 만들어진다. (2) 백금이 표면에 도포된다. (3) 표면 위의 백금과 함께 레지스트가 제거된다. 원하는 백금의 마이크로 구조는 남겨진다.

34.2.2 LIGA 공정

LIGA 공정은 마이크로시스템 기술에서 아주 중요한 공정이다. LIGA 공정은 1980년대 초 독일에서 개발되었으며, **LICA**라는 글자는 독일어에서 **LI**thographie(그림 34.3의 이온 빔 같은 다른 리소그래피 노광방법도 사용되지만, 특히 x선 노광기술을 사용), **G**alvanoformung(전해도포 또는 전해성형으로 해석) 및 **A**bformtechnik(플라스틱 몰딩)을 나타낸다. 글자 순서가 LIGA 공정 순서를 나타낸다. 이 공정들의 내용은 이 책의 앞 절에서 설명되었다. x선 노광기술은 32.3.2절, 전해도포 또는 전해 형성은 각각 26.3.1절과 26.3.2절, 그리고 플라스틱 몰딩 공정은 12.6절과 12.7절에 설명되었다. 이 공정들이 LIGA 기술에서 어떻게 합쳐졌는지 검토해보자.

그림 34.12에 LIGA공정 순서를 나타내었다. 그림의 설명문에서 제공된 짧은 설명에 대해 자세히 검토해 보자. (1) 방사광(X-ray)에 민감한 두꺼운 레지스트 층이 기판에 도포된다. 층의 두께는 수 m에서 수 cm까지이며, 만들려는 부품의 크기에 따라 다르다. LIGA에서 사용되는 일반적인 레지스트 물질은 폴리메틸메타크릴레이트(PMMA, 8.2.2절 '아크릴계')이다. 기판은 후속 전해도포 공정의 실행을 위해 전도성 물질이어야 한다. 레지스트는 마스크를 통해 고에너지 x선 방사에 노출된다. (2) 양성 레지스트의 조사된 영역은 기판 표면으로부터 화학적으로 제거되고, 비노출된 부분은 3차원 플라스틱 구조로 남는다. (3) 레지스트가 제거된 부분은 전해도포를 사용하여 금속으로 채워진다. 니켈은 LIGA에서 일반적으로 사용되는 도금 금속이다. (4) 남은 레지스트 부분은 벗겨지고(제거되고), 3차원 금속 구조만 남는다. 생성된 형상에 따라 이 금속 구조는, (a) 사출성형, 반응 사출성형, 또는 압축성형에 의해 플라스틱 부품 제작에 사용되는 금형이 될 수 있다. 열가소성 부품이 생산되는 사출성형의 경우, 이 부품들은 인베스트먼트 주물에서 소모성 주형처럼 사용될 수 있다(10.2.4절). (b) 금속부는 전해 도포에 의해 보다 많은 금속 부품을 생산하는 데에 사용되는 플라스틱 금형 제조를 위한 패턴이 될 수 있다.

위의 설명에서 알 수 있듯이, LIGA는 몇 가지 다른 방법으로 부품을 생산할 수 있다. 이점이 마이크로 제조공정에서 장점 중의 하나이다. 즉, 그 장점은 (1) LIGA는 응용이 다양한 공정이라는 것이다. LIGA 기술의 다른 장점으로는 (2) 큰 종횡비(제조된 부품에서, 폭 대비 높이의 비율이 큼)가 가능,

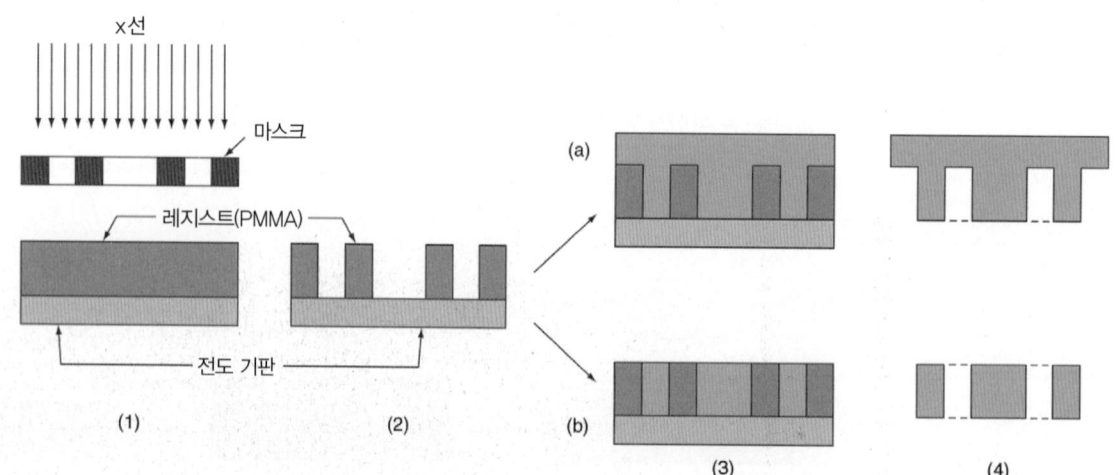

그림 34.12 LIGA 공정 단계. (1) 두꺼운 레지스트 층이 적용되고 마스크를 통해 x선에 노출된다. (2) 레지스트의 노출된 부분이 제거된다. (3) 레지스트의 남은 부분을 채우기 위해 전해도포를 한다. (4) (a) 몰드나 (b) 금속부분을 제공하기 위해 레지스트가 박리된다.

(3) 마이크로미터에서 센티미터까지의 높이를 가지는 부품 크기의 넓은 범위, (4) 작은 허용오차 등이 있다. LIGA의 주요 단점은 가격이 매우 비싸다는 것이며, 따라서 LIGA 적용을 정당화하기 위해서 보통 많은 양의 부품이 제조되어야 한다. 또한, X-ray의 사용이 필요한 점도 주요 단점 중의 하나이다.

34.2.3 기타 마이크로 제조공정

마이크로시스템 기술의 연구는 몇 가지 추가적인 제조기술을 제공하고 있는데, 대부분은 노광기술의 변형이거나 일반 크기 소재용 공정들을 적용한 것이다. 이 절에서 이 추가적인 몇 가지 기술에 대해 설명한다.

소프트 노광기술

이 용어는 기판 표면에 패턴을 형성하기 위해 탄성 중합체 평 주형(고무 잉크 도장과 유사)을 사용하는 공정에 사용된다. 이 주형을 제작 공정을 그림 34.13에 나타내었다. 원형 패턴을 UV 노광기술이나 전자 빔 노광기술과 같은 노광기술 공정을 사용하여 실리콘 표면 위에 제작한다. 그리고 나서, 원형 패턴은 소프트 노광기술에 사용될 평 주형을 제작하기 위해 사용된다. 일반적인 주형의 재료는 폴리디메틸실록산(polydimethylsiloxane, PDMS, 실리콘 고무, 8.4.3절)이다. PDMS가 경화되면, 패턴에서 벗겨내고 지지와 취급을 위해 기판에 붙인다.

두 가지 소프트 노광기술(soft lithography)로 마이크로 임프린트 노광기술과 마이크로 접촉 프린팅 방법이 있다. **마이크로 임프린트 노광기술**은 주형으로 후속 에칭 공정에서 기판의 특정 영역에서 제거하기 위해서 부드러운 레지스트 표면을 누른다. 이 공정 순서를 그림 34.14에 나타내었다. 주형은 요철 모양으로 구성되어 돌출된 영역은 기판을 노출시키기 위해 제거될 레지스트 표면의 영역에 해당한다. 레지스트 재료는 열가소성 수지로 누르기 전에 열을 가하여 부드럽게 만든다. 레지스트 층의 변형은 전형적인 노광기술 방법과 같은 전자기 방사라기보다는 기계적인 변형이다. 레지스트 층의 눌린 영역은 이방성 에칭에 의해 제거된다(32.4.5절). 에칭 공정은 남아있는 레지스트 층 두께를 감소시키지만, 후속 공정을 위해 기판을 보호하기에 충분한 두께의 레지스트 층은 남겨진다. 마이크로 임프린트 노광기술이 적당한 비용의 고속 생산을 위해 준비된다. 주형 단계에서는 마스크 준비가 필요하지만, 임프린트 단계에서는 필요하지 않다.

같은 형태의 평 도장이 프린팅 방법으로 사용될 수 있는데 이 공정을 **마이크로 접촉 프린팅**(micro-contact printing)이라 부른다. 이 형태의 소프트 노광기술에서는 잉크가 종이 표면에 옮겨지는 것처럼 주형이 기판 표면에 구조 패턴을 전사하는 데 사용된다. 이 공정으로 기판 위에 매우 얇은 박막을 제조할 수 있다.

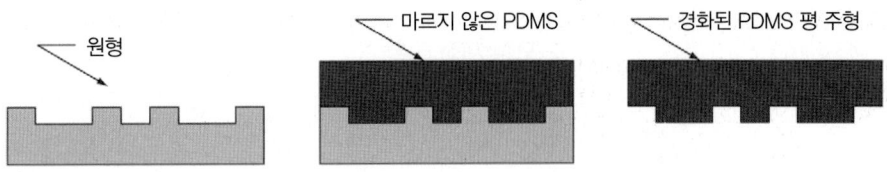

그림 34.13 소프트 노광기술에 사용할 몰드 제작과정. (1) 노광기술로 원형을 제작. (2) 폴리디메틸실록센인 평 주형이 주형을 원형으로부터 주물. (3) 경화된 평 주형 제작.

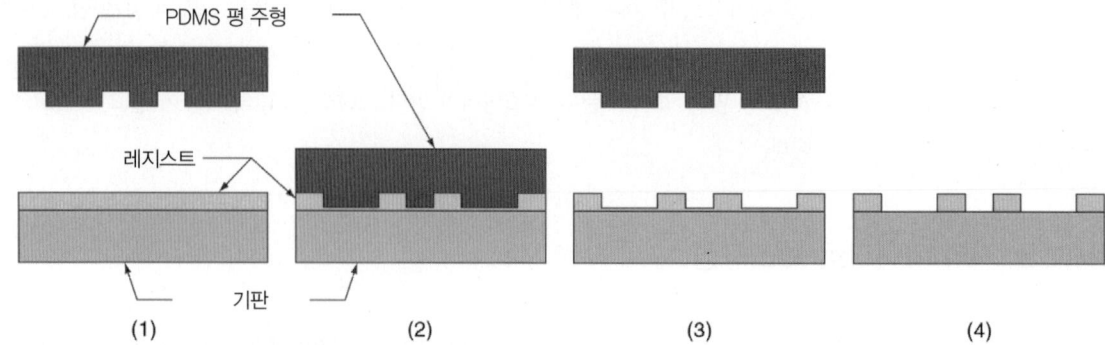

그림 34.14 마이크로 임프린트 노광기술 단계. (1) 주형을 상부에 위치. (2) 레지스트를 누름. (3) 주형을 들어올림. (4) 잔류 레지스트를 정의된 영역에서 제거.

마이크로 제조용 특수 공정 및 전통적 공정

전통적 제조공정뿐만 아니라 여러 가지 특수 가공 공정(24장)이 마이크로 제조에 있어 중요하다. **광화학가공**(photochemical machining, PCM, 24.4.2절)은 IC 공정과 마이크로 제조에서 핵심적인 공정이지만, 이 장과 32장의 설명에서 광화학가공을 포토리소그래피와 결합된 습식 에칭으로 간주하였다. PCM은 미세한 패턴 마스크에 따라 금속 물질 층을 추가하기 위하여, **전기도금**과 **전해성형** 그리고/또는 **무전해도금**(26.3절) 등의 전통적인 공정과 함께 사용된다.

마이크로 수준의 공정이 가능한 다른 특수 공정은 다음과 같다 [13]. (1) **방전가공**(electric discharge machining) — 종횡비(직경 대비 깊이의 비)가 100 정도로 높고 지름이 0.3 mm 정도의 작은 구멍을 뚫을 때 사용된다. (2) **전자빔 가공**(electron-beam machining) — 절삭가공이 어려운 재료에 지름 100 μm 보다 작은 구멍을 뚫을 때 사용한다. (3) **레이저 빔 가공**(laser-beam machining) — 종횡비(폭 대비 깊이 또는 지름 대비 깊이)가 거의 50이면서 지름이 10μm 정도의 작은 구멍과 복잡한 윤곽을 만들 수 있다. (4) **초음파가공**(ultrasonic machining) — 단단하고 깨지기 쉬운 재료에 지름 50 μm 정도의 작은 구멍을 뚫을 수 있다. (5) **와이어 방전절단**(wire electric discharge cutting) 또는 **와이어-EDM**(wire-EDM) — 종횡비(폭 대비 길이)가 100 이상이면서 매우 좁은 폭으로 절단할 수 있다.

마이크로 제조에서 전통적인 가공법의 경향은 더 작은 절삭 크기와 이에 따르는 공차를 감당할 수 있어야 한다. **초고정밀가공**으로 불리는 기술은 단결정 다이아몬드 절단공구와 해상도가 0.01 μm 정도로 미세한 위치제어 시스템을 포함한다 [13]. 그림 34.15에 보고된 적용 예를 나타내었다. 단일 점 다이아몬드 플라이 커터를 사용하여 알루미늄 포일에 홈을 가공한다. 알루미늄 호일은 100 μm의 두께이고, 홈의 폭은 85 μm, 홈 깊이는 70 μm이다. 오늘날 유사한 초고정밀 가공이 컴퓨터 하드디스크, 복사기 드럼, CD 리더 헤드를 위한 주조 인서트 및 고화질 TV 투사 렌즈 등의 제품을 생산하는 데에 적용되고 있다.

급속 모형 제작 기술

몇 가지 급속 모형(rapid prototyping, RP) 방법(31장)이 마이크로 크기의 부품을 생산하는 데에 채택되었다 [20]. 급속 모형 방법은 부품의 CAD 모델을 기초로 3차원 부품을 만들기 위해 층을 추가하며 제작한다. 각 층은 보통 0.05 mm 정도의 두께로 매우 얇아서 마이크로 제조기술의 범위에 가깝다. 층을 더 얇게 만듦으로써 마이크로 부품을 제조할 수 있다.

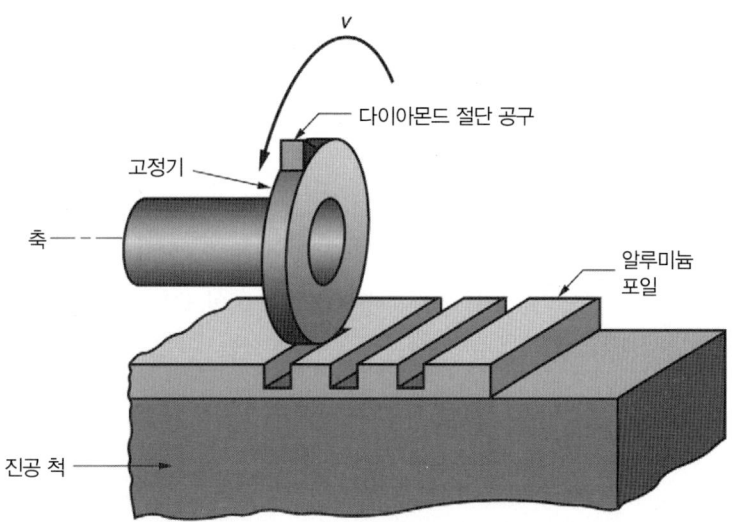

그림 34.15
알루미늄 포일의 홈가공을
위한 초고정밀 밀링.

한 가지 방법은 **전기화학 제조법**(elctrochemical fabrication, EFAB)이라고 불리며, 이것은 만들려고 하는 대상의 CAD 모델을 슬라이싱시켜, 이를 통해 만들어지는 패턴 마스크에 의해 결정되는 특정 영역에 금속성 층을 전기화학적으로 도포하는 것이다(31.1절). 도포된 층의 폭은 20 μm 정도, 두께는 5∼10 μm 정도이다. 전기화학 제조법은 60°C(333 K) 이하의 온도에서 수행되며, 클린룸 환경을 필요로 하지는 않는다. 그러나, 공정이 느려서 한 층 도포에 40분, 약 36층(높이 180∼360 μm)에 24시간 정도가 걸린다. 이러한 단점을 극복하기 위해서, 각 층에 대한 마스크가 부품 슬라이스 패턴의 여러 복사본(copy)을 갖게 하여, 일괄공정(batch process)으로 동시에 여러 부품을 생산할 수 있도록 한다.

또 다른 rp 접근법은 마이크로 **입체 노광기술**(microstereolithography)이라 불리는데, 입체 노광기술(STL, 31.2.1절)에 기반을 두고 있으며, 공정 단계에서 크기가 축소된 것이다. 전통적인 입체 노광기술에서는 층의 두께가 75에서 500 μm인 반면, 마이크로 입체 노광기술(MSTL)은 일반적으로 10∼20 μm 두께의 층(더 얇은 층도 가능)을 사용한다. STL에서 일반적인 레이저 점의 크기는 지름이 250 μm이지만, MSTL에서는 점의 크기가 1 내지 2 μm 정도로 작다. MSTL의 또 다른 차이점은 작업 재료가 광민감성 고분자로 제한받지 않는다는 것이다. 많은 연구자들이 세라믹과 금속재료로부터 3차원 마이크로 구조 제조에 성공하였다. 차이점은 초기 재료가 액상이라기보다는 분말이라는 것이다.

광 제조

광 제조(photofabrication)란 패턴 마스크를 통하여 노출된 자외선이 광학적으로 투명한 재료의 화학적 용해도에 중요한 변화를 초래시키는 공정이다. 이 변화는 특정 에칭액에서 용해도 증가의 형태로 증명된다. 예를 들면, 불화수소산은 자외선에 노출된 감광성 유리를 노출되지 않는 것보다 15 내지 30배 빠르게 에칭한다. 마스킹은 에칭에서 필요하지 않으며, 용해도의 차이가 어떤 부분의 유리가 제거될지에 대한 결정적인 요인이 된다.

실제로 광 제조의 기원은 실리콘의 마이크로 공정보다 앞선다. 오늘날 마이크로 제조기술에 대한 관심이 증가하면서, 오래된 기술에 대한 관심이 새로워지고 있다. 광 제조에서 사용되는 물질의 예로는 코닝글래스 사의 Fotoform™ 유리와 Fotoceram™ 세라믹 및 Dupont 사의 Dycil과 Templex

감광성 고체 폴리머들이 있다. 이 재료들로 공정을 하면 고분자에서는 3 : 1 정도, 유리와 세라믹에서는 20 : 1 정도의 종횡비를 얻을 수 있다.

34.3 나노 기술 제품

대부분의 나노 기술 제품은 단순한 마이크로시스템 기술 제품이 작아진 것을 의미하지는 않는다. 여기에는 마이크로시스템 기술의 범주에는 포함되어 있지 않은 새로운 재료, 코팅 및 독특한 특성이 포함되어 있다. 주변에서 볼 수 있는 나노 크기의 제품 및 공정은 다음과 같다.

- 중세시대에 건축된 교회의 다채로운 스테인드 글라스 창문은 유리에 나노 크기의 금 입자가 박혀 있는 것이다. 금 입자의 크기에 따라 다양한 색을 낼 수 있다.
- 현대의 사진의 근간은 150년을 거슬러 올라가며 사진에 이미지를 만들기 위한 은 나노 입자의 구성에 따라 달라진다.
- 탄소 나노 입자는 자동차 타이어의 강화 필러로 사용된다.
- 현대의 자동차의 배기시스템에 필요한 촉매변환장치는 나노 크기의 백금이나 팔라듐을 세라믹 벌집 구조 위에 코팅하여 사용된다. 이 금속 코팅은 유해한 배기가스를 유해하지 않은 가스로 변화시켜주는 촉매 역할을 한다.

오늘날 집적회로 제작에 사용되는 제조기술도 나노 기술 범주에 해당하는 배선폭을 포함하고 있다. 물론, 집적회로는 1960년대 이후에 생산되었지만 최근에 나노스케일의 특성이 달성되었다.

가장 최근에 나노기술을 적용한 제품으로는 화장품, 자외선 차단제, 자동차 광택제, 왁스, 안경렌즈 코팅 및 내마모성 페인트 등이 있다. 이 모든 것들에는 나노스케일의 입자가 포함되어 있으며 나노기술의 산물이다. 현재 및 미래의 나노기술을 바탕으로 한 제품이나 재료들의 예를 표 34.3에 정리하였다. 좀 더 광범위한 나노기술의 제품들을 알고 싶다면 www.nanotechproject.org/inventories/consumer를 참조하길 바란다 [33].

마이크로시스템 기술의 중요 제품에는 미세전자기계시스템이 있는데 컴퓨터, 의료, 자동차 산업에서 몇 가지 적용례를 찾을 수 있다(34.1.2절). 나노기술의 출현으로 나노스케일 범위의 이러한 기기들의 개발을 더욱 더 확장하려는 생각이 점점 더 커지고 있다. **나노전자 기계시스템**(nanoelectromechanical systems, NEMS)은 서브 마이크론 크기를 가지는 MEMS 기기에 대응하는 시스템으로 더 작은 크기로도 더 많은 잠재적 장점들을 가지고 있다. 현재 생산되고 있는 주요 NEMS 구조의 제품은 원자현미경에 사용되는 탐침이 있다(34.4.2절). 탐침의 날카로운 팁이 바로 나노스케일의 크기를 가진다. 현재 개발되고 있는 응용제품으로는 나노센서가 있다. 나노센서는 크기가 큰 센서에 비해 더 정확하고 응답성이 빨라야 하며 저전력에 작동이 가능해야 한다. 현재 NEMS 센서의 응용제품으로는 가속도계와 화학 센서가 있다. 데이터를 얻고자 하는 영역 전반부에 걸쳐 다중 나노센서를 사용함으로써 한곳에 큰 센서를 하나 사용하는 것보다 관심 있는 변수를 다중으로 읽어들일 수 있다.

나노기계는 적어도 두 가지 움직이는 부품들로 재료를 가지는 나노시스템으로 정의할 수 있는데 응용제품에서 큰 기술적 문제점들이 발생한다 [8]. 이 문제점은 부품 표면이 원자나 분자 크기로 매

표 34.3 현재 및 미래의 나노기술을 바탕으로 한 제품이나 재료들의 예.

컴퓨터 – 탄소 나노튜브(34.3절)는 실리콘 웨이퍼 상에 집적회로를 제작하기 위해 사용되는 노광기술을 바탕으로 한 공정에서 크기 감소의 한계에 다다르고 있어 실리콘 기반의 전자기기를 대체할 강력한 후보물질이다.

재료 – 나노스케일 입자(나노점)와 파이버(나노선)는 복합재료 강화물질에 매우 유용하다는 것이 알려졌다. 예를 들면, General Motor의 Hummer 자동차의 트럭 침상이 나노 복합재료로 만들어졌다. 오늘날 알려지지 않았지만 완전히 새로운 재료 시스템이 나노기술로 가능해 질 것이다.

나노입자 촉매 – 세라믹 기판 위에 금속 나노입자와 귀금속(예, 금, 플라티늄)의 코팅이 화학 반응을 위한 촉매제의 역할을 한다. 자동차에서 촉매변환장치가 주요 적용 예이다.

항암제 – 나노스케일의 약은 환자의 암 세포의 특정 유전자 프로파일에 들어맞고 그 세포를 파괴하도록 설계되어 개발되고 있다. 예를 들면, Abraxine은 미국 제약회사에서 제조된 나노스케일의 단백질 기반의 약으로 전이성유방암(metastatic breast cancer)을 치료하는 데 사용 된다.

태양에너지 – 나노스케일의 표면박막은 현존하는 광전지 콘센트보다 태양의 전자기 에너지를 더 많이 흡수할 수 있는 가능성을 가지고 있다. 이 영역에서의 진보는 발전(power generation)을 위한 화석연료 의존도를 낮출지도 모른다.

코팅 – 나노스케일 코팅과 초박막은 표면의 내마모성(이런 코팅이 안경 렌즈에 이미 적용되고 있음), 직물의 내변형성 및 창문이나 다른 표면 의 자가 세척 능력 등이 향상되도록 개발되고 있다.

평판디스플레이(TV 및 컴퓨터) – TV 화면은 2006년에 소개되어 개발되고 있는 탄소나노튜브를 바탕으로 하고 있다. 화면은 현재의 디스플 레이보다 더 밝고 저전력에 고효율이 요구되고 있다. 이러한 평판디스플레이는 한국의 삼성전자에서 생산될 것이다.

휴대용 의료기기 – 나노기술을 바탕으로 한 기구가 당뇨병이나 인체 면역 결핍 바이러스(HIV)와 같은 질환의 빠른 진단을 제공할 것이다.

배터리 – 탄소 나노튜브는 고전력 배터리 및 수소 저장 기기에서 사용될 미래의 주요 요소이다. 수소저장은 화석연료를 사용하는 자동차를 수 소 기반 엔진으로 변환시키는 데 반드시 주요 역할을 할 것이다.

광원 – 백열전구에서 사용되는 에너지에 비해 소량 에너지를 사용하고 에너지가 다 소진되지 않는 전등이 나노기술을 바탕으로 개발될 것 이다.

문헌 [1], [31]로부터 편집함.

끄럽게 만들 수 없다는 사실에서 발생한다. 34.4.1절에 설명했듯이 다른 표면 특성들이 발생한다.

나노기술에서 주요한 과학적 및 상업적 관심을 끄는 두 구조물은 바로 탄소 버키볼(buckyball)과 나노튜브이다. 이들은 기본적으로 흑연 층이 각각 구형과 튜브 형태로 구성되어 있다.

버키볼이란 명칭은 C_{60}을 의미하는데 그림 34.16과 같이 정확히 60개의 탄소 원자로 구성이 되며 축구공처럼 생겼다. 분자의 원래 이름은 **buckministerfullerene**이며 C_{60} 구조를 닮은 측지선 돔을 설 계한 건축가인 발명가 R. Buckminister Fuller의 이름에서 따온 것이다. 오늘날 C_{60}은 간단히 **플러 렌**이라고 부르며, 12개의 오각형과 다양한 수의 육각형으로 구성된 속인 빈 탄소 분자를 말한다. C_{60} 은 볼 형상이 되도록 12개의 오각형과 20개의 육각형이 볼의 대칭적으로 배열되어 있다. 이 분자들 은 면심입방체(face-centered cubic)의 격자구조(그림 2.8(b), 2.3.1절)를 가지는 결정을 형성하기 위 해 서로 반데르발스 힘(2.2절)으로 결합되어 있다. C_{60} 격자 구조에서 분자와 가장 가까운 분자 사이 의 거리는 1 nm이다.

플러렌은 다음과 같은 여러 가지 이유로 크게 관심을 받고 있다. 한 가지 이유는 플러렌의 전기적 특성 및 이 특성을 변화시킬 수 있는 능력을 가지고 있다는 것이다. C_{60} 결정은 절연체의 특성을 가 지고 있다. 그러나, 칼륨과 같은 알칼리 금속으로 도핑되면(K_3C_{60} 형성) 도전체로 특성이 바뀐다. 또

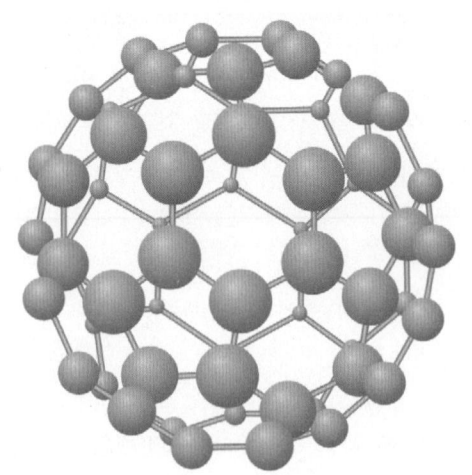

그림 34.16
C_{60} 플러렌 구조[23].

한, 18 K의 온도에서 초전도체의 특성을 보인다. C_{60} 플러렌의 또 다른 잠재적 응용분야는 의료 영역이다. C_{60} 분자는 집중 약물 치료를 위해 부착이 가능한 점들이 매우 많다. 버키볼의 의료 용도로는 산화방지제, 화상연고 및 영상진단 등에 사용가능하다.

탄소나노튜브

탄소나토튜브(carbon nanotube, CNT)는 탄소 원자들이 결합되어 긴 튜브 모양의 분자 구조를 가지고 있다. 원자들은 몇 가지 다른 모양으로 배열될 수 있으며, 그림 34.17에 세 가지 모양을 나타내었다. 그림에 나타낸 탄소나노튜브는 단일벽 나노튜브(single-walled nanotube, SWNT)이며 튜브 안에 튜브들이 있는 다중벽 나노튜브(multi-walled nanotube, MWNT)도 제조할 수 있다. SWNT는 일반적으로 수 nm의 직경(1 nm까지)과 100 nm의 길이를 가지고 있으며 양 쪽 끝단은 닫혀 있는 구조를 가지고 있다.

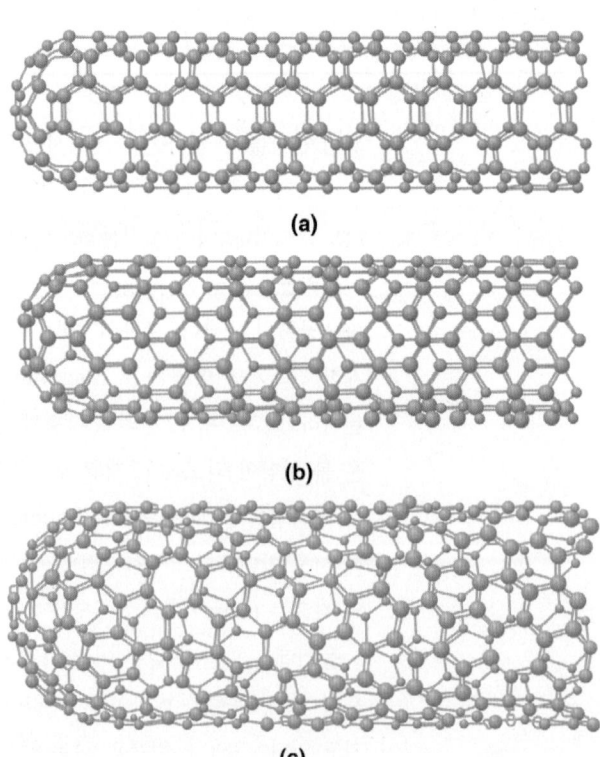

(a)

(b)

(c)

그림 34.17 탄소나노튜브의 구조들. (1) armchair 형. (2) zigzag 형. (3) chiral 형 [23].

나노튜브의 전기적 특성은 독특하다. 구조와 직경에 따라 나노튜브는 금속성(도전성) 또는 반도체 특성을 가진다. 금속성의 나노튜브의 전도성은 구리보다 10^6배 더 우수하다 [8]. 나노튜브는 금속에서 전자를 분산시켜 전기저항을 증가시키는 결함이 거의 없기 때문이다. 나노튜브는 전기 저항이 낮아 높은 전류를 흘려도 같은 전기 부하에도 금속이 뜨거워지는 것처럼 온도가 증가하지 않는다. 이러한 전기적, 열적 특성은 실리콘 칩 위에 소자 밀도가 증가하면서 발생하는 열 증가 문제없이 프로세서의 더 빠른 클럭 속도를 구현할 수 있기 때문에 컴퓨터나 집적회로의 제조자에게는 상당히 흥미로운 점이다. 소자의 밀도를 크게 하여 현재 프로세서보다 10^4배나 빠른 클럭 속도를 구현할 수 있다 [23].

탄소나노튜브의 또 다른 전기적 특성은 전계방사(field emission)로 전기장이 나노튜브와 평행한 축으로 형성되면 전자들은 빠른 속도로 튜브 끝단으로부터 방사된다. 나노튜브의 전계방사 특성을 이용할 수 있는 상업 제품으로는 TV의 평판디스플레이와 컴퓨터 모니터를 들 수 있다.

기계적 특성도 SWNT가 관심을 끄는 이유 중의 하나이다. 철과 비교하면, 밀도는 1/6, 탄성계수는 5배, 인장강도는 100배가 더 크다 [8]. 또한, SWNT를 구부리면 아무런 손상 없이 원래의 형태로 되돌아오는 큰 복원력을 가지고 있다. 이러한 기계적 특성은 폴리머 매트릭스 복합재료의 강화물질(8.6.1절)에서 방탄조끼의 섬유 의류에 이르는 다양한 응용분야에 사용할 수 있는 기회를 제공한다.

34.4 나노과학 입문

나노과학 및 나노기술 영역은 다른 학문 분야와 관련이 많다. 화학, 물리, 다양한 공학 분야 및 컴퓨터 과학의 상승 작용에 기여한다. 생물학과 의과학의 영역도 포함된다. 생물학은 나노스케일의 범위에서 수행된다. 생물체의 기본 물질인 단백질은 4 nm에서 50 nm의 크기를 가지는 큰 분자이다. 단백질은 분자 크기가 약 0.5 nm인 아미노산(아미노 그룹 NH_2를 포함하는 유기산)으로 구성된다. 각 단백질 분자는 다양한 아미노산의 분자들의 조합으로 구성되는데, 서로 연결되어 긴 사슬(나노선)을 형성하고 있다. 이 긴 사슬이 꼬여져 단면적이 4 nm ∼ 50 nm를 가지는 덩어리로 촘촘해진다. 나노스케일의 또 다른 생물학적 개체는 식물의 엽록소(약 1 nm), 혈액의 헤모글로빈(7 nm) 및 유행성 감기 바이러스(60 nm)가 있다. 세포는 이보다 10의 몇 승 정도 더 크다. 예를 들면, 적혈구는 지름이 약 8,000 nm(8 μm), 두께가 약 1,500 nm(1.5 μm)인 얇고 납작한 원형물이다. 모발의 직경은 그림 34.3에 보인 바와 같이 약 100,000 nm(0.1 mm)이다.

이 장에서 다루고자 하는 나노스케일의 대상은 비생물로, 생물학에서와 같이 나노기술은 원자나 분자보다 그렇게 크지 않은 대상물을 다룬다. 34.4.1절에서는 '크기 효과'와 물성치가 대상물이 나노사이즈로 되면 어떤 게 영향을 받는지 다룬다. 나노스케일의 물체를 볼 수 없다는 것이 최근까지도 나노기술의 발전을 저해하고 있다. 1980년대 주사탐침현미경의 출현으로 분자 수준으로 물체를 가시화하고 측정할 수 있게 되었다. 이런 형태의 현미경을 34.4.2절에 소개한다.

34.4.1 크기 문제

매우 작은 물체에서 발생하는 물리적 효과들 중의 하나는 표면 특성이 용적(bulk) 재료가 가지는 표면 특성에 비해 매우 중요해진다는 점이다. 일정량의 재료의 크기가 바뀔 때, 표면대비부피 비율을 생각해보자. 각 면이 1 m인 입방체의 재료는 총 표면적이 6 m²이고 부피는 1 m³로 표면대비 부피 비율은 6 : 1이다. 같은 부피를 가지는 재료가 1 μm 두께(모발 직경의 1/100)를 가지는 사각형 평판으로 눌려진다면, 각 면의 길이는 1000 m가 되고 총 표면적(위, 아래 및 측면)은 2,000,000.004 m² (10001000 m²인 위아래면 + 0.001m²인 네 개의 측면)가 된다. 이로부터 표면대비부피 비율은 2,000,000 : 1보다 약간 큰 값을 가진다.

다음으로, 이 평판을 1 μm × 1 μm × 1 μm의 정육면체를 만들기 위해 두 방향으로 자른다고 가정해 보자. 총 정육면체 수는 10^{18}개이고 각 정육면체의 표면적은 6 μm²(6×10^{-12} m²)가 된다. 각 정육면체의 표면적을 총 수로 곱하면, 총 표면적은 6,000,000 m²가 되고, 원래 재료의 표면대비부피 비율은 6,000,000 : 1이 된다.

각 변이 1 μm인 정육면체는 매우 작은 크기이지만 나노미터로는 1000 nm가 된다. 이 재료의 분자가 정육면체이고 앞선 논의로부터 각 분자는 한 면이 1 nm라고 가정해보자. 이 말은 1 μm의 정육면체는 10^9개의 분자를 가지고 있으며 정육면체의 표면에는 6(10^6)개의 분자가 있다. 즉, 내부(표면 아래)에는 $10^9 - 6(10^6) = 994(10^6)$개의 분자가 남게 된다. 내부대비표면 분자 비율은 994 : 6 또는 155.667 : 1이 된다. 비교해보면, 각 변이 1 m인 정육면체의 경우에는 그 비율은 약 10^{27} : 1이 된다. 정육면체의 크기가 작아짐에 따라 내부대비표면 분자 비율은 점점 더 작아진다. 결국, 큐브의 한 변의 길이가 1nm가 되면(분자 자체의 크기), 내부 분자는 없게 된다. 이 수학 문제가 설명하는 것은 물체의 크기가 나노미터 수준으로 작아지면 표면 분자의 수가 많아지기 때문에 내부 분자에 비해 표면 분자가 점점 더 중요해진다. 따라서, 나노미터 크기를 가지는 물체를 구성하는 재료의 표면 특성이 물체의 거동을 결정하는 데 큰 영향을 미치고, 용적 재료의 특성의 영향은 상대적으로 감소된다.

2.2절의 두 가지 형태의 원자 결합을 상기해보자. 원자 결합은 (1) 일반적으로 원자를 분자로 결합시키는 데 일차 결합과 (2) 분자들을 끌어당겨 용적 재료를 형성하는 이차 결합이 있다. 나노스케일 물체의 커다란 표면대비부피 비율이 함축하고 있는 내용 중의 하나는 분자 사이에 존재하는 이차 결합은 분자의 크기보다 그렇게 크지 않은 물체의 모양이나 특성은 이차 결합력에 의존하는 경향이 있기 때문에 더욱 중요해진다는 것이다. 따라서, 재료의 특성 및 나노스케일 구조의 거동은 거시적 스케일 및 마이크로스케일 영역의 구조물과 다르다. 이러한 차이점들은 향상된 전기적, 자기적 및 광학적 특성을 가지도록 재료나 제품을 제조하는 데 이용될 수 있다. 최근, 이렇게 적용된 예로 (1) 탄소나노튜브(34.3절)와 (2) 고밀도 자기 메모리에 사용되는 자기저항 재료가 있다. 나노기술로 완전히 새로운 종류의 재료를 개발할 수 있을 것이다.

나노스케일의 물체와 거시적 스케일의 물체에서 발생하는 또 다른 차이점은 재료 거동이 용적 물성보다는 양자역학에 영향을 받는 경향이 있다는 점이다. **양자역학**(quantum mechanics)은 물리학의 한 분야이며 모든 형태의 에너지(예, 전기, 빛)는 작은 스케일로 관찰할 때 개별 단위나 다발(packet)에서 발생한다는 개념과 관계되어 있다. 이 개별 단위나 다발을 양자라고 하며, 더 나눌 수 없다. 예를 들면, 전기는 전자라고 하는 단위로 전도된다. 하나의 전자보다 작은 전하는 불가능하다. 빛 에너지에서는 양자는 광자이고, 자기 에너지에서는 매그논(magnon)이다. 모든 형태의 에너지에는 거기에 알맞은 단위가 있다. 모든 물리적 현상은 서브 마이크론 수준의 양자 거동을 나타낸다. 거시적 수준으로 에너지는 매우 많은 양의 양자로 방출되기 때문에 연속적으로 발생한다.

마이크로전자에서 전자의 움직임은 집적회로에서 지속적으로 이루어지고 있는 엄청난 크기의 축소로 인하여 특별히 관심이 높다. 2009년 생산된 집적회로의 회로선폭은 50 nm였다. 이 회로선폭은 2015년경에는 약 20 nm까지 낮춰질 전망이다. 10 nm 수준의 회로선폭이 되면 소자의 동작 방법이 바뀌면서 양자역학의 역할이 매우 중요해진다. 회로선폭이 몇 나노미터 수준으로 축소되면 소자의 표면 원자들의 비율이 표면 밑의 원자들에 비해 상대적으로 증가하게 되고, 이는 전기적 특성이 더 이상 재료의 용적 특성에 전적으로 결정되지 않는다는 것을 의미한다. 소자의 크기가 점점 더 작아짐에 따라 칩 위의 요소 밀도는 계속해서 증가하게 되고, 전자산업은 32장에서 소개한 현재의 제조공정의 기술적 한계에 다다르게 될 것이다.

34.4.2 주사탐침현미경

광학현미경은 매우 작은 물체의 상을 크게 하기 위해 가시광선을 사용하며 광학 렌즈를 통해 초점을 맞춘다. 그러나 가시광선의 파장은 400~700 nm로 나노 크기의 물체의 치수보다도 크다. 따라서, 이러한 물체는 일반 광학현미경으로는 관찰할 수 없다. 가장 성능 좋은 광학현미경은 해상도가 약 0.0002 mm까지 제공할 수 있는 약 1000배까지 확대가 가능하다. 1930년경에 개발된 전자현미경은 가시광선 대신에 전자 빔을 사용하여 시편을 가시화할 수 있다. 전자 빔은 파동의 형태로 여겨지며, 극초단파이다(오늘날 전자현미경은 약 1,000,000배까지 확대가 가능하고 1 nm의 해상도를 가짐). 표면의 형상을 얻기 위해서, 전자 빔은 래스터(raster, 주사선의 가로줄)패턴으로 물체의 표면을 스캔한다. 이는 음극선이 TV스크린 표면을 스캔하는 방식과 유사하다.

나노스케일의 수준으로 물체를 관찰하기 위해 전자현미경을 넘어서는 개량기기는 1980년대로 거슬러 올라가는 일련의 주사 탐침 기기들이다. 이 기기들은 전자현미경에 비해 10배 정도 큰 확대 성능을 가지고 있다. 주사탐침현미경(scanning probe microscope, SPM)은 매우 날카로운 팁의 바늘로 구성되어 있다. 관측 가능한 크기는 원자 하나의 크기에 달한다. 탐침이 시편의 표면 위로 약 1 nm 정도 떨어져서 표면을 따라 움직이며, 주사 탐침의 종류에 따라 다르지만 몇 가지 표면 특성을 측정한다. 나노기술에서 큰 관심을 끌고 있는 두 가지 주사탐침현미경은 주사터널링현미경과 원자현미경이 있다.

주사터널링현미경(scanning tunneling microscope, STM)은 처음으로 개발된 주사탐침기기이다. 현미경의 운전은 **터널링**(tunneling)으로 알려진 양자 역학의 현상을 기반으로 하고 있다. 터널링 현상은 고체 재료에서 각각의 전자들이 고체 표면을 떠나서 공간으로 튀어 나올 수 있다. 전자가 표면을 떠나 공간에 있을 확률은 표면으로부터 떨어진 거리에 비례하여 지수적으로 감소한다. 이 거리에 대한 민감도는 탐침을 표면에 매우 가깝게 근접시켜(예, 1 nm) 둘 사이에 낮은 전압을 걸어서 이용된다. 이렇게 하여 표면 원자의 전자가 탐침의 적은 양전하에 붙게 되고, 전자들이 탐침과의 공간을 통과한다. 탐침이 표면을 따라 움직이면 표면의 각 원자들의 위치에 따라 전류가 변하게 된다. 표면 위에 탐침이 일정한 전류를 유지하면서 떠 있을 수 있으면, 표면을 따라 움직일 때 탐침의 수직 변형을 측정할 수 있다. 이 전류의 변화나 위치 변화는 원자나 분자스케일로 표면의 모습이나 지형도를 만드는 데 사용된다.

주사탐침현미경의 단점은 도전체 재료의 표면에서만 사용이 가능하다는 점이다. 이와 비교해서 **원자현미경**(atomic force microscope, AFM)은 모든 재료에 다 적용 가능하다. 원자현미경에서는 섬세한 외팔보에 붙여진 탐침을 사용하는데, 탐침이 시편 표면을 횡단할 때 탐침에 가해지는 힘에 의해 외팔보에 민감하게 변형된다. 원자현미경은 적용 분야에 따라 다양한 종류의 힘에 반응한다. 이 힘에는 반데르발스 힘(2.2절), 모세관력, 전자기력 등의 시편 표면에 탐침의 물리적 접촉에 의한 기계적인 힘과 비접촉 힘이 있다. 탐침의 수직 방향의 변형은 빛의 간섭패턴이나 외팔보로부터의 레이

그림 34.18 실리콘 기판 상의 이산화실리콘 문자의 원자현미경 사진. 글자의 선폭은 약 20 nm. (IBM Corporation 제공)

저 빔의 반사를 이용하여 광학적으로 측정된다. 그림 34.18에 원자현미경을 이용하여 얻어진 모습을 나타내었다.

이 절에서는 표면을 관찰하기 위해 주사탐침현미경의 사용에 중점을 두어 설명하고 있다. 34.5.2 절에서는 이러한 기기들을 응용하여 각각의 원자, 분자 및 원자나 분자의 나노스케일의 클러스터를 조작하는 기법에 대해 설명한다.

34.5 나노 제조공정

일부 제작물의 크기가 나노미터 범위에 있는 제품을 제작하기 위해서는 용적 재료나 거시적 스케일의 제품을 만들기 위해 사용되는 제조기술과는 다른 특수한 제조기술이 필요하다. 나노스케일의 재료나 구조를 위한 제조공정은 다음과 같이 두 가지로 나눌 수 있다.

1. **하향식 접근법**(top-down approaches) – 이 접근법은 나노스케일의 물체를 제작하기 위해 몇 가지의 노광기술 기반의 마이크로 제조기술을 사용한다. 이 기술은 원하는 기하학적 형상을 얻기 위한 대부분의 제거 공정(substractive process, 재료 제거)이 포함된다.
2. **상향식 접근법**(bottom-up approaches) – 이 접근법에서 원자나 분자는 조작되어 거대한 구조로 결합된다. 이 방법은 더 작은 요소로부터 나노스케일의 요소를 만들기 때문에 부가 공정(additive process)으로 얘기할 수 있다.

이 절에서는 두 가지 접근법에 대해 설명하기로 한다. 상향식 접근법과 관계된 공정방법이 앞선 두 장에서 설명되었기 때문에 34.5.1절에서는 어떻게 이 공정들이 나노스케일의 요소를 제작하기 위해 변경되어야 하는지에 대해 설명하도록 한다. 34.5.2절에서는 상향식 접근법에 대해 설명한다. 상향식 접근법은 독창적이고 나노기술과의 특별한 관련성으로 큰 관심을 받을 것이다.

34.5.1 하향식 접근법

나노스케일의 물체를 제작하기 위한 하향식 접근법은 용적 재료(예, 실리콘 웨이퍼) 공정이나 집적회로나 마이크로시스템 제조에서 사용된 것과 같은 노광기술을 사용한 박막 공정을 포함한다. 또한, 하향식 접근법은 나노구조물을 만드는 데 사용되는 다른 정밀 기계가공 기술(34.2.3절)도 포함한다. **나노가공**(nanomachining)이라는 용어가 서브 마이크론 수준으로 적용될 때 재료 제거를 포함한 공정들에 사용된다. 나노구조물은 실리콘, 탄화규소, 다이아몬드 및 질화실리콘과 같은 재료를 가공해서 제거함으로써 제작된다 [30]. 나노가공은 종종 원하는 구조물이나 재료의 조합을 얻기 위해 물리기상증착 및 화학기상증착(26.5절)과 같은 박막 증착 공정과 같이 결합되어야 한다.

IC에서 요소의 배선폭이 점점 더 작아지면서 광학 노광기술을 기반으로 한 제조기술이 가시광선의 파장이 길어 한계에 다다랐다. 파장이 더 짧아 더 작은 제작물을 제조할 수 있고 IC의 요소 밀도를 증가시킬 수 있기 때문에 자외선이 IC 제조에 많이 사용되고 있다. 현재, IC 제조를 위해 더 발전된 기술로는 **극자외선 노광기술**이라고 불리는 기술(32.3.2절)이다. 이 기술은 파장이 13 nm의 매우 짧은 자외선을 사용하며, 이 범위는 확실히 나노기술의 범위에 들어간다. 그러나, 극자외선 노광기술은 매우 짧은 파장의 자외선을 사용할 때 다음과 같은 기술적 문제가 발생된다. (1) 극자외선의 짧은 파장에 민감하게 반응하는 새로운 포토레지스트가 사용되어야 한다. (2) 초점 시스템 모두 반사 광학을 기반으로 해야 한다. (3) 크세논 원소의 레이저 방사에 기초한 플라즈마 소스가 사용되어야 한다 [18].

다른 노광기술이 나노스케일 구조물을 제조하는 데 사용될 수 있다. 이 기술로는 전자 빔 노광기술, X선 노광기술, 마이크로 또는 나노 임프린트 노광기술이 포함된다. 전자 빔과 X선 노광기술은 32.3.2절의 집적회로 공정에서 설명하였다. **전자 빔 노광기술**은 정밀하게 초점 맞춰진 전자 빔을 재료 표면에 원하는 패턴을 따라 직접 조사되어 마스크가 필요 없이 연속적으로 표면 영역을 조사할 수 있다. 비록 전자 빔 노광기술로 10 nm 수준의 해상도를 얻을 수 있지만, 연속공정이 마스크를 사용하는 기술에 비해 느리게 진행되어 대량생산에는 적합하지 않다. **X선 노광기술**은 20 nm 정도의 해상도를 가지는 패턴을 만들 수 있다. 이 기술은 마스크를 사용하며 대량생산에 적합하다. 그러나, X선은 초점을 맞추기가 어렵고 접촉 및 근접프린팅 방법(32.3.1절)이 필요하다. 또한, 장비가 제품생산을 위해 너무 비싸고 X선이 인체에 해롭다.

소프트 노광기술로 알려진 두 가지 공정에 대해서 34.2.3절에 설명하였다. 첫 번째 공정은 **마이크로 임프린트 노광기술**로 패턴이 된 평 주형(고무도장과 유사)이 에칭을 위해 준비된 기판 표면의 열가소성 레지스트를 기계적으로 변형시킨다. 두 번째 공정은 **마이크로 접촉 프린팅 공정**으로 도장을 재료 안에 담근 후에 기판에 누른다. 도장으로 정의된 패턴으로 기판 표면 위에 매우 얇은 재료의 막을 전사한다. 동일한 공정이 나노제조에서 적용될 수 있다. 이 공정으로는 **나노 임프린트 노광기술**과 **나노 접촉 프린팅 공정방법**이 있다. 나노 임프린트 노광기술은 약 5 nm의 해상도를 가지는 미세 패턴을 얻을 수 있다 [30]. 나노 접촉 프린팅의 응용분야 중 하나는 금표면 위에 싸이올(thiol, 황화수소로 얻어지는 유기 화합물)의 박막을 전사할 때 사용된다. 이 응용의 특별한 점은 바로 나노스케일이라고 분류할 수 있는 단분자층(34.5.2절)의 두께로 막이 형성된다는 점이다.

34.5.2 상향식 접근법

상향식 접근법에서 가공 대상물은 원자, 분자 및 이온이다. 원하는 가공물을 제작하기 위해서 이러한 기본 가공 대상물을 함께 가공하거나 어떤 경우에는 한 번에 하나씩 가공한다. 나노기술에서 상당히 관심을 받고 있는 다음과 같은 (1) 탄소나노튜브 제조와 (2) 주사탐침기술에 의한 나노제조 및 (3) 자기조립법에 대해 설명한다.

탄소나노튜브 생산

탄소나노튜브의 탁월한 특성과 잠재적인 응용분야를 34.3절에 설명하였다. 탄소나노튜브는 몇 가지 기술로 만들 수 있다. 다음은 (1) 레이저 증착법, (2) 탄소 아크 기술 및 (3) 화학 기상 증착법에 대해 설명한다.

레이저 증착법에서 원 재료는 약간의 코발트와 니켈이 함유된 흑연 소재이다. 이런 금속은 나노튜브를 연속적으로 만들기 위한 핵생성 자리로 작용하면서 촉매제의 역할을 수행한다. 흑연은 아르곤 가스가 채워진 석영 튜브 안에 위치시키고 1200°C(1473 K)로 가열한다. 펄스 레이저 빔으로 소재에 초점을 맞추면 용적 흑연으로부터 탄소 원자가 증발된다. 아르곤은 탄소 원자를 튜브의 고온 영역 밖으로 수냉된 구리 장치 영역으로 이동시킨다. 탄소 원자는 차가운 구리에 응축되면서 직경이 10~20 nm, 길이가 약 100 μm인 나노튜브가 형성된다.

탄소 아크 기술은 직경이 5~20 μm인 두 개의 탄소 전극을 사용하며 두 전극은 1 mm 떨어져 있다. 전극은 어느 정도 진공(1 대기압의 2/3)되고 헬륨가스가 흘려지는 용기에 위치한다. 공정을 시작하기 위해 약 25V의 전압이 두 전극 사이에 가해지면 탄소 원자가 양극 전극으로부터 방출되고 나노튜브가 생성되는 음극으로 운반된다. 나노튜브의 구조는 촉매를 사용하는지에 따라 달라진다. 촉매를 사용하지 않으면, 다중벽 나노튜브가 생성된다. 만약 미량의 코발트, 철 또는 니켈이 양극 전극의 내부에 위치하면 직경이 1~5 nm, 길이가 약 1 μm의 단일벽 나노튜브가 생성된다.

화학 기상 증착법(26.5.2절)이 탄소나노튜브를 제조하는 데 사용될 수 있다. CVD에서 한 가지 변화는 초기 공정 물질이 메탄(CH_4)과 같은 탄화수소 가스이다. 이 가스가 1100°C(1373 K)로 가열되면, 가스는 분해되어 탄소 원자가 떨어져 나온다. 이 원자들이 차가운 기판에 응축되어 다른 제조 기술에서 얻어지는 폐쇄 특성의 나노튜브라기보다는 개방 특성을 가진 나노튜브가 생성된다. 기판은 공정 중에 촉매로 작용하는 철 또는 다른 금속을 포함한다. 금속 촉매제는 나노튜브의 핵생성 자리로서 작용하며 구조의 방위를 제어한다. HiPCO라고 불리는 대체 CVD 공정은 일산화탄소(CO)를 초기 공정 물질로 사용하고, 900~1100°C(1173~1373 K)의 온도와 30~50 atm의 압력에서 고순도 단일벽 나노튜브를 형성하기 위해 촉매제로서 펜타카르보닐철($Fe(CO)_5$)을 사용한다 [8].

CVD에 의한 나노튜브의 제작은 연속적으로 만들 수 있어 대량 생산에 경제적으로 매력적인 장점을 가지고 있다.

주사 탐침 기술을 이용한 나노 제조

주사탐침현미경 기술은 34.4.2절에서 나노미터 스케일의 구조물이나 물체를 측정하고 관찰하는 내용에서 설명하였다. 표면을 관찰하는 것과 더불어 주사터널링현미경과 원자현미경은 흡착력(약한 화학 결합)에 의해 기판에 달라붙은 원자, 분자, 원자 및 분자 클러스터를 조작하는 데 사용된다. 원자 또는 분자 클러스터를 **나노 클러스터**라고 부르며, 그 크기가 대략 수 나노미터 정도이다 [30]. 그림

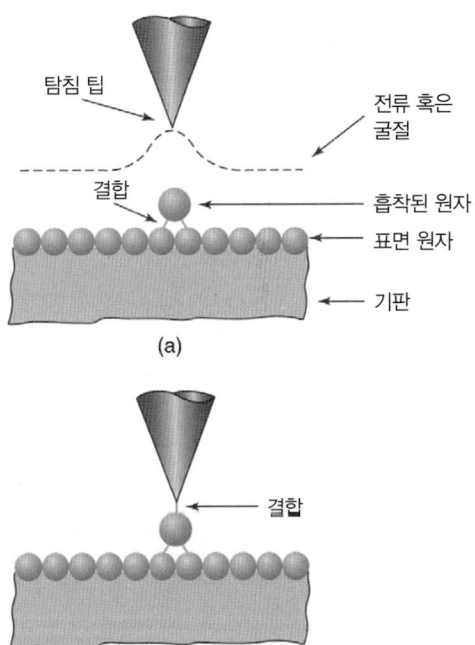

그림 34.19 주사터널링현미경 기술을 이용한 원자들의 조작. (a) 탐침 팁이 흡착된 원자를 방해하지 않도록 충분한 거리를 유지한다. (b) 탐침 팁이 표면으로 가깝게 이동하면 흡착된 원자가 팁으로 당겨진다.

34.19(a)에 탐침 팁이 흡착된 원자가 놓인 표면을 가로질러 이동할 때 STM 탐침 팁의 전류 변화 또는 변형을 나타내었다. 팁이 흡착된 원자 위를 지나면 신호가 커진다. 비록 원자를 표면으로 잡아끄는 결합력은 작지만, 단지 거리가 멀기 때문에 팁에 의해 발생하는 인력보다는 상당히 크다. 그러나, 탐침 팁이 흡착된 원자에 매우 가깝게 다가가면 인력이 흡착력보다 커지게 되어 그림 34.19(b)와 같이 원자는 표면을 따라 끌어당겨질 것이다. 이런 방법으로 각각의 원자나 분자가 다양한 나노스케일의 구조물을 만들기 위해 조작될 수 있다. IBM 연구소에서 제작한 주목할 만한 STM의 예는 5 nm 16 nm의 크기의 니켈 표면에 흡착된 크세논으로 회사 로고를 제작한 것이다. 이 크기는 그림 34.18에 보인 글자보다도 훨씬 작다.

주사터널링현미경 기술을 이용한 각각의 원자나 분자의 조작은 수평 조작 및 수직 조작이 있다. 수평 조작에서는 그림 34.20(b)와 같이 원자나 분자가 STM 팁에 의해 인력이나 척력으로 표면을 따라 수평으로 이동된다. 수직 조작에서는 원자나 분자가 표면으로부터 들어 올려져 구조를 형성하기 위해 다른 위치에 도포된다. 이런 종류의 원자나 분자의 STM 조작은 과학적으로 매우 흥미로운 일이지만 상업용으로 쓰기에는 적어도 나노기술 제품의 대량생산에는 기술적인 제한요소가 많이 있다. 제한요소 중 하나는 공정을 방해하는 원자나 분자가 없도록 반드시 초고진공 분위기에서 수행되어

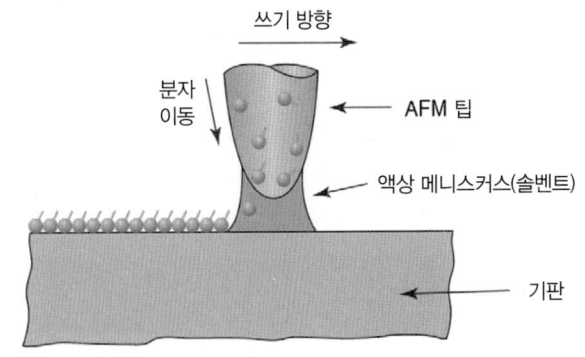

그림 34.20 딥-펜 나노 노광기술. 원자현미경의 팁이 팁과 기판 사이에 자연스럽게 형성된 물의 메니스커스를 통해 분자가 도포된다.

야 한다는 점이다. 다른 제한요소는 형성되는 원자 구조를 점차적으로 비틀어지게 하는 열확산으로, 이를 막기 위해서 기판의 표면이 절대영도($-273°C$, 0 K)에 가깝게 냉각되어야 한다. 이러한 제한요소들로 공정이 매우 느려지고 비용이 많이 들게 된다.

원자현미경도 유사한 나노스케일 조작에 사용된다. AFM과 STM의 응용과 비교해서 AFM은 STM에서처럼 도전체 표면에 국한되지 않고 일반 대기 분위기에서 사용될 수 있기 때문에 더 활용도가 좋다. 그러나, AFM은 STM에 비해 해상도가 낮다. 따라서, STM은 단 원자를 조작하기 위해 사용되지만, AFM은 거대 분자나 나노클러스터 조작에 더 적합하다 [30].

다른 주사탐침 기술로 실제 응용에 기대가 되는 **딥-펜 나노 노광기술**(dip-pen nanolithography, DPN)이라 불리는 기술이 있다. 딥-펜 나노 노광기술은 그림 34.20과 같이 원자현미경의 팁이 분자를 솔벤트의 메니스커스에 의해 기판 표면으로 이동시키는 데 사용된다. 이 공정은 구식의 깃대펜으로 잉크의 표면장력을 이용하여 잉크를 종이 표면 위로 옮기는 것과 다소 유사하다. DPN에서는 AFM의 팁이 펜의 펜촉과 같은 역할을 하며 기판은 액화분자(예, 잉크)가 도포되는 표면이 된다. 도포된 분자는 잉크가 종이에 젖어 달라붙는 것처럼 기판 재료와 화학적 친화력을 가지고 있어야 한다. DPN은 표면에 분자를 이용하여 서브 마이크론 수준의 패턴을 새기는 데 사용될 수 있다. 또한, DPN은 기판 표면 위에 다른 위치에 다른 종류의 분자들을 도포하는 데 사용될 수 있다.

자기조립

자기조립(self-assembly)은 자연계에서 발생하는 기본적인 공정이다. 용융된 광석이 천천히 냉각되면서 자연적으로 결정 구조가 형성되는 것은 무생물의 자기조립의 예이며, 유기체가 성장하는 것은 생물학적 자기조립의 한 예이다. 두 예에서 원자나 분자 수준의 개체가 어떤 계획된 것을 만들어가는 구조 방식으로 진행되면서 자신이 서로 결합되어 큰 개체가 된다. 대상이 유기체이면, 매개체는 생체 세포이며, 유기체는 각각의 세포 형성이 대량 복제되는 부가 공정을 통하여 성장한다. 그러나, 최종 결과물은 종종 매우 난해하고 복잡한 개체가 된다(예, 인간).

나노 기술의 유망한 상향식 접근법 중의 하나는 최종 산물은 나노스케일보다 더 크겠지만, 나노미터 수준의 형태나 구조물을 가지는 재료나 시스템을 만들어내는 자연계의 자기조립 공정의 모방이 있다. 최종 산물은 마이크로나 거시적 스케일의 크기를 가질 것이다. **생체모방**(biomimetic)이라는 용어는 자연계의 방식을 모방하여 인위적인 무생물 개체를 만들어가는 프로세스라고 말할 수 있다. 나노 기술에서 원자 또는 분자의 자기조립 공정의 매력적인 특성은 다음과 같다. (1) 빨리 수행된다. (2) 자동적으로 일어나며 어떠한 제어도 필요하지 않다. (3) 대량 복제된다. (4) 비교적 일반적인 환경에서 수행될 수 있다(대기압 부근과 상온). 자기조립은 낮은 비용, 다양한 크기(나노스케일에서 거시적 스케일까지)의 구조물을 만들 수 있는 능력, 다양한 제품에의 적용성 등으로 나노 제조 공정에 있어서 가장 중요한 공정이 될 것 같다 [24].

자기조립의 원칙은 바로 에너지 최소화 법칙이다. 원자나 분자와 같은 물질은 자신들이 구성하고 있는 시스템의 전체 에너지를 최소화하려는 경향이 있다. 이 원칙은 자기조립을 위해 다음과 같은 내용을 가지고 있다.

1. 시스템에서 물질(예 : 원자, 분자, 이온)이 움직일 수 있는 메커니즘이 있어야 한다. 이로써 물질이 다른 물질에 매우 근접해질 수 있다. 이 움직임을 유발할 수 있는 메커니즘으로는 확산, 유체에서의 대류 및 전기장이 있다.

2. 물질들 사이에서 분자 인식 형태가 있어야 한다. 분자 인식이란 한 분자(또는 원자나 이온)가 끌어 당겨져 다른 분자(또는 원자나 이온)와 결합하는 것을 말한다. 예를 들면, 나트륨과 염소가 서로 끌어당겨져 소금을 형성하는 것과 같다.

3. 물질들 사이에서 분자 인식을 통해 최종 물질들의 물리적 배열이 최소 에너지 상태를 얻는 방식으로 물질들이 결합된다. 이 결합은 화학 결합을 말하며, 보통 결합력이 약한 이차 결합(예, 반데르발스 결합)이다.

우리는 앞서 이 책에서 분자 수준의 자기조립에 몇 가지 경우를 살펴보았다. 두 가지 자기조립의 예로서 (1) 결정 형성과 (2) 중합화(polymerization)에 대해 설명한다. 금속, 세라믹 및 일부 폴리머에서의 결정 형성은 자기조립의 한 형태다. 초크랄스키 공정(32.2.2절)에서 집적회로 제조에 사용될 실리콘 부울의 성장이 자기조립을 보여 주는 좋은 예이다. 종자 결정을 사용하여 고순도의 액상 실리콘이 시드의 결정격자와 일치하는 격자를 가지는 원형의 고체 실리콘으로 변한다. 결정구조에서 격자 간격이 나노미터 크기이지만 결정격자들이 자기조립된 것은 더 긴 범위의 크기를 가지고 있다.

폴리머는 나노스케일의 자기조립의 산물이라고 말할 수 있다. 중합화 과정(8.1.1절)은 각각의 모노머(에틸렌 C_2H_4와 같은 각 분자)들이 결합하여 매우 큰 분자(폴리에틸렌과 같은 고분자)를 형성하는 것을 말하며, 종종 수천 개의 단위체가 긴 사슬을 형성하고 있다. 혼성중합체(copolymer)(8.1.2절)는 좀 더 복잡한 자기조립 과정을 보여준다. 처음에 서로 다른 두 종류의 모노머가 규칙적인 반복 구조로 결합된다. 한 예로 에틸렌과 프로필렌(C_3H_6)으로부터 혼성중합체가 합성된다. 이러한 폴리머의 예에서 반복적인 단위체의 크기가 나노미터이며, 대량의 자기조립 과정으로 매우 중요한 산업용 가치를 가지는 용적 재료를 만든다.

실리콘 부울 및 폴리머를 제조하는 기술이 현재 나노기술의 과학적 관심 대상은 아니지만, 이 장에서는 나노기술이라는 표제로 개발되고 있는 자기조립 제조 기술이 가장 큰 관련이 있다. 이러한 자기조립 공정 대부분은 아직 연구 단계에 있으며 다음과 같은 내용을 포함하고 있다. (1) 분자, 거대분자, 부자클러스터, 나노튜브 및 결정과 같은 나노스케일의 대상물 제조, (2) 자기조립 단분자막(박막 두께가 하나의 분자 크기) 및 분자들의 3차원 조직 등이 있다.

(1)과 관련된 프로세스는 이미 앞서 설명하였다. 여기서는 (2)의 범주에 해당하는 주요 예를 들어 표면 박막의 자기조립에 대해 설명하도록 한다. 표면 박막은 고체 기판 위(3차원)에 형성되는 2차원 코팅이다. 대부분의 표면 박막은 본질적으로 얇지만 이 두께는 일반적으로 나노미터를 넘어 마이크로미터나 밀리미터에 달한다. 여기에서의 주 관심은 나노미터 수준의 두께를 가지는 표면 박막이다. 나노기술에서의 주 관심은 자기조립되는 표면 박막으로, 표면 박막은 단분자막 두께를 가지며 분자들이 규칙적으로 조직된다. 이러한 형태의 박막을 자기조립 단분자막(self-assembled monolayers, SAMs)이라고 부른다. 다층구조물도 규칙적인 조직으로 두 개 이상의 분자 두께로 형성될 수 있다.

자기조립 단분자막과 다층박막을 형성하기 위한 기판의 재료로는 다양한 금속 및 무기화합물이 있다. 이러한 재료에는 금, 은, 구리, 실리콘 및 이산화 실리콘 등이 있다. 귀금속 재료는 원하는 층을 만들기 위한 반응을 방해하는 산화막이 형성되지 않는 장점을 가지고 있다. 적층 재료로는 티올, 황화물 및 이황화물도 포함한다. 적층 재료는 기판 재료 위에서 흡착성이 좋아야만 한다. 금 위에 티올의 단분자층을 형성하는 전형적인 공정절차를 그림 34.21에 나타내었다. 적층 분자들은 기판표면 위로 자유롭게 움직이고 표면 위에 흡착된다. 표면 위에 흡착된 분자들 사이에서 서로 접촉하게 되고, 안정한 섬 조직을 형성한다. 이 섬 조직은 점점 커져서 기판이 완전히 덮여질 때까지 더 많은 분자들

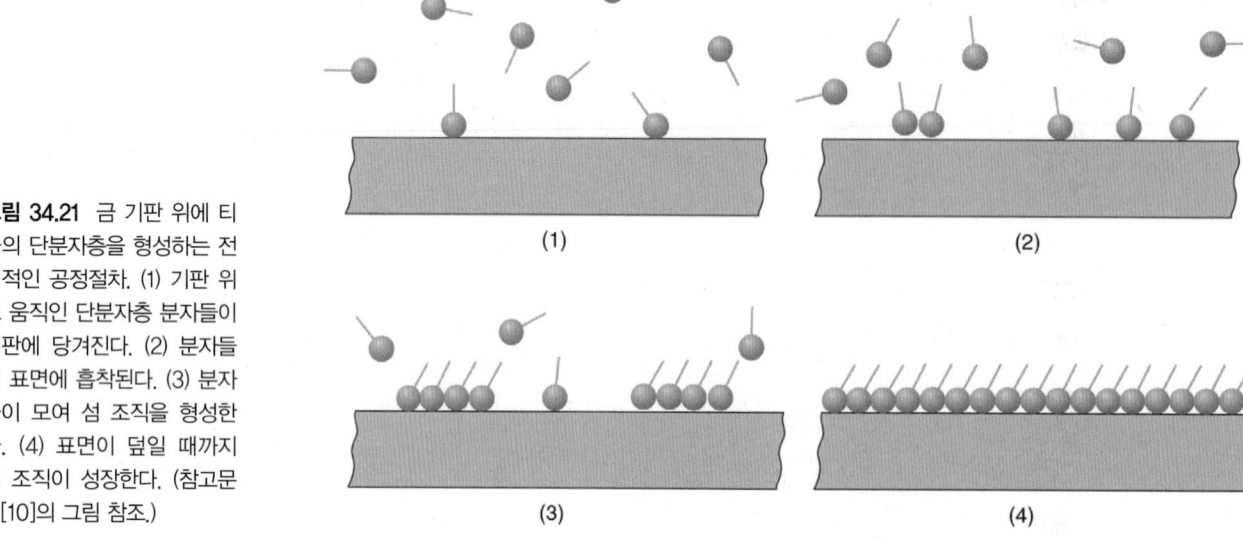

그림 34.21 금 기판 위에 티올의 단분자층을 형성하는 전형적인 공정절차. (1) 기판 위로 움직인 단분자층 분자들이 기판에 당겨진다. (2) 분자들이 표면에 흡착된다. (3) 분자들이 모여 섬 조직을 형성한다. (4) 표면이 덮일 때까지 섬 조직이 성장한다. (참고문헌[10]의 그림 참조.)

이 표면 위에 더해져서 서로 결합된다. 금 표면에 접합은 티올, 황화물 및 이황화물 층의 황에 의해서 이루어진다. 어떤 응용분야에서는 나노 접촉 프린팅이나 딥-펜 나노 노광기술과 같은 기술을 이용하여 자기조립 단분자막을 기판표면 위에 원하는 패턴이나 영역으로 형성시킨다.

▌참고문헌

[1] Baker, S., and Aston, A. "The Business of Nanotech," **Business Week,** February 14, 2005, pp. 64–71.

[2] Balzani, V., Credi, A., and Venturi, M. **Molecular Devices and Machines—A Journey into the Nano World**. Wiley-VCH Verlag GmbH & Co. KGaA, Weinheim, Germany, 2003.

[3] Bashir, R. "Biologically Mediated Assembly of Artificial Nanostructures and Microstructures," Chapter 5 in **Handbook of Nanoscience, Engineering, and Technology**, W. A. Goddard, III, D. W. Brenner, S. E. Lyshevski and G. J. Iafrate (eds.). CRC Press, Boca Raton, Fl., 2003.

[4] Chaiko, D. J. "Nanocomposite Manufacturing," **Advanced Materials & Processes,** June 2003, pp. 44–46.

[5] Drexler, K. E. **Nanosystems: Molecular Machinery, Manufacturing, and Computation**. Wiley-Interscience, John Wiley & Sons, Inc., New York, 1992.

[6] Fatikow, S., and Rembold, U. **Microsystem Technology and Microrobotics**. Springer-Verlag, Berlin, 1997.

[7] Fujita, H. (ed.). **Micromachines as Tools for Nanotechnology**. Springer-Verlag, Berlin, 2003.

[8] Hornyak, G. L., Moore, J. J., Tibbals, H. F., and Dutta, J., **Fundamentals of Nanotechnology**, CRC Taylor & Francis, Boca Raton, Florida, 2009.

[9] Jackson, M. J., **Micro and Nanomanufacturing**, Springer, New York, 2007.

[10] Kohler, M., and Fritsche, W. **Nanotechnology: An Introduction to Nanostructuring Techniques**. Wiley-VCH Verlag GmbH & Co. KGaA, Weinheim, Germany, 2004.

[11] Li, G., and Tseng, A. A., "Low Stress Packaging of a Micromachined Accelerometer," **IEEE Transactions on Electronics Packaging Manufacturing,** Vol. 24, No. 1, January 2001, pp. 18–25.

[12] Lyshevski, S. E. "Nano- and Micromachines in NEMS and MEMS," Chapter 23 in **Handbook of Nanoscience, Engineering, and Technology**, W. A. Goddard, III, D. W. Brenner, S. E. Lyshevski, and G. J. Iafrate (eds.). CRC Press, Boca Raton, Fl., 2003, pp. 23–27.

[13] Madou, M. *Fundamentals of Microfabrication.* CRC Press, Boca Raton, Fl., 1997.

[14] Madou, M. *Manufacturing Techniques for Micro-fabrication and Nanotechnology.* CRC Taylor & Francis, Boca Raton, Florida, 2009.

[15] Maynor, B. W., and Liu, J., "Dip-Pen Lithography," *Encyclopedia of Nanoscience and Nanotechnology*, American Scientific Publishers, 2004, pp 429–441.

[16] Meyyappan, M., and Srivastava, D. "Carbon Nanotubes," Chapter 18 in *Handbook of Nanoscience, Engineering, and Technology*, W. A. Goddard, III, D. W. Brenner, S. E. Lyshevski, and G. J. Iafrate (eds.). CRC Press, Boca Raton, Fl., 2003. pp. 18–1 to 18–26.

[17] Morita, S., Wiesendanger, R., and Meyer, E. (eds.). *Noncontact Atomic Force Microscopy.* Springer-Verlag, Berlin, 2002.

[18] National Research Council (NRC). *Implications of Emerging Micro- and Nanotechnologies.* Committee on Implications of Emerging Micro- and Nanotechnologies, The National Academies Press, Washington, D.C., 2002.

[19] Nazarov, A. A., and Mulyukov, R. R. "Nanostructured Materials," Chapter 22 in *Handbook of Nanoscience, Engineering, and Technology*, W. A. Goddard, III, D. W. Brenner, S. E. Lyshevski, and G. J. Iafrate (eds.). CRC Press, Boca Raton, Fl., 2003. 22–1 to 22–41.

[20] O'Connor, L., and Hutchinson, H. "Skyscrapers in a Microworld," *Mechanical Engineering*, Vol. 122, No. 3, March 2000, pp. 64–67.

[21] Paula, G. "An Explosion in Microsystems Technology," *Mechanical Engineering*, Vol. 119, No. 9, September 1997, pp. 71–74.

[22] Piner, R. D., Zhu, J., Xu, F., Hong, S., and Mirkin, C. A. "Dip-Pen Nanolithography," *Science*, Vol. 283, January 29, 1999, pp. 661–663.

[23] Poole, Jr., C. P., and Owens, F. J. *Introduction to Nanotechnology.* Wiley-Interscience, John Wiley & Sons, Inc., Hoboken, N.J., 2003.

[24] Ratner, M., and Ratner, D. *Nanotechnology: A Gentle Introduction to the Next Big Idea.* Prentice Hall PTR, Pearson Education, Inc., Upper Saddle River, N.J., 2003.

[25] Rietman, E. A. *Molecular Engineering of Nanosystems.* Springer-Verlag, Berlin, 2000.

[26] Rubahn, H.-G., *Basics of Nanotechnology*, 3rd ed., Wiley-VCH, Weinheim, Germany, 2008.

[27] Schmid, G. (ed.). *Nanoparticles: From Theory to Application.* Wiley-VCH Verlag GmbH & Co. KGaA, Weinheim, Germany, 2004.

[28] Torres, C. M. S. (ed.). *Alternative Lithography: Unleashing the Potentials of Nanotechnology.* Kluwer Academic/Plenum Publishers, New York, 2003.

[29] Tseng, A. A., and Mon, J-I. "NSF 2001 Workshop on Manufacturing of Micro-Electro Mechanical Systems," in *Proceedings of the 2001 NSF Design, Service, and Manufacturing Grantees and Research Conference*, National Science Foundation, 2001.

[30] Tseng, A. A. (ed.), *Nanofabrication Fundamentals and Applications*, World Scientific, Singapore, 2008.

[31] Weber, A. "Nanotech: Small Products, Big Potential," *Assembly*, February 2004, pp. 54–59.

[32] Website: en.wikipedia.org/wiki/nanotechnology

[33] Website: www.nanotechproject.org/inventories/consumer

[34] Website: www.research.ibm.com/nanscience.

[35] Website: www.zurich.ibm.com/st/atomic_manipulation.

복습문제

34.1 미세전자 기계 시스템을 정의하여라.

34.2 마이크로시스템 기술에서 대략적인 크기 규모는 어떻게 되는가?

34.3 종래 크기의 커다란 제품보다 낮은 가격으로 마이크로시스템 제품이 제조가능하다고 믿는 것이 왜 합당한가?

34.4 조합형 마이크로 센서는 무엇인가?

34.5 기본적인 종류의 마이크로시스템 기기에는 무엇이 있는가?

34.6 마이크로시스템을 대표하는 제품의 예를 들어라.

34.7 마이크로시스템 기술에서 왜 실리콘이 바람직한 작업 재료인가?

34.8 마이크로시스템 기술에서 종횡비라는 용어는 무엇을 의미하는가?

34.9 용적 미세가공과 표면 미세가공의 차이는 무엇인가?

34.10 LIGA 공정의 세 단계는 무엇인가?

34.11 나노기술과 관련된 대상물의 크기 범위는?

34.12 나노기술과 관련된 현재 및 미래의 제품은 무엇이 있는가?

34.13 벅키볼이란 무엇인가?

34.14 탄소나노튜브란 무엇인가?

34.15 나노과학 및 나노기술에 관련된 과학 및 기술 교육에는 무엇이 있는가?

34.16 생물학을 왜 나노과학 및 나노기술과 밀접하게 연관지어 생각할 수 있는가?

34.17 나노스케일의 구조물의 거동은 이 책에서 설명한 두

가지 요인으로 인해 거시적 스케일 및 마이크로스케일의 구조물과는 다르다. 이 두 가지 요인은 무엇인가?

34.18 주사탐침 기기란 무엇이고, 왜 나노과학 및 나노기술에서 중요한가?

34.19 주사터널링현미경에서 설명한 터널링이란 무엇인가?

34.20 나노 제조에서 사용되는 두 가지 기본 접근법에는 무엇이 있는가?

34.21 왜 나노기술에서는 가시광선을 기본으로 한 포토리소그래피를 사용하지 않는가?

34.22 나노 제조에 사용되는 노광기술에는 무엇이 있는가?

34.23 나노 임프린트 노광기술과 마이크로 임프린트 노광기술이 다른 점은 무엇인가?

34.24 주사터널링현미경이 상업제품화의 걸림돌이 되는 제한요소는 무엇인가?

34.25 나노 제조에서 자기조립이란 무엇인가?

34.26 나노기술에서 원자 또는 분자의 자기조립 공정을 위해 바람직한 특성들은 무엇이 있는가?

객관식문제(32개의 답)

34.1 마이크로시스템 기술은 다음 중 어떤 것을 포함하는가? (세 개의 답) (a) LIGA 기술, (b) 미세전자 기계 시스템, (c) 미세가공, (d) 나노 기술, (e) 정밀 공학.

34.2 최근의 자동차에서 현재 마이크로시스템 기술이 적용되는 것은 다음 중 어느 것인가? (세 개의 답) (a) 에어백 작동 센서, (b) 혈중 알콜 농도 센서, (c) 도난 방지를 위한 운전자 인식 센서, (d) 오일압력 센서, (e) 실내온도 조절을 위한 온도 센서.

34.3 폴리머는 CD 및 DVD 제작에 사용된다. 다음 중 해당되는 폴리머는? (a) 아미노수지, (b) 에폭시수지, (c) 폴리아미드, (d) 폴리카보네이트, (e) 폴리에틸렌, (f) 폴리프로필렌.

34.4 다음 중 마이크로시스템에서 가장 널리 사용되는 작업재료는 무엇인가? (a) 보론, (b) 금, (c) 니켈, (d) 수산화칼륨, (e) 실리콘.

34.5 마이크로시스템 기술에서 Aspect ratio를 다음 어느것이 가장 잘 정의하고 있는가? (a) 에칭된 부분에서 이방성의 정도, (b) 제조된 형상의 폭 대비 높이의 비율, (c) 마이크로 기기의 폭 대비 높이의 비율, (d) 제조된 형상의 폭 대비 길이의 비율, (e) 마이크로 기기의 길이 대비 두께의 비율.

34.6 다음의 방사 형태에서 포토리소그래피에 사용되는 자외선의 파장보다 짧은 파장을 가지는 것은 무엇인가? (두 개의 답) (a) 전자 빔 방사, (b) 자연광, (c) X-레이 방사.

34.7 용적 미세가공은 단결정 실리콘 기판을 상대적으로 깊게 에칭 하는 공정을 말한다. (a) 참, (b) 거짓.

34.8 LIGA 공정에서 문자가 의미하는 것은 다음 중 어느 것인가? (a) let it go already, (b) little grinding apparatus, (c) lithographic applications, (d) lithography, electrodeposition, and plastic molding, (e) lithography, grinding, and alteration.

34.9 포토제조는 포토리소그래피와 같은 공정이다. (a) 참, (b) 거짓.

34.10 나노기술은 다음 주 어떤 범위의 크기를 가지는 대상물을 만들기 위한 공정인가? (a) 0.1 nm∼10 nm, (b) 1 nm∼100 nm, (c) 100 nm∼1000 nm.

34.11 1 나노미터는 다음 중 어느 것과 같은가? (두 개의 답) (a) 1×10^{-3} μm. (b) 1×10^{-6} m, (c) 1×10^{-9} m, (d) 1×10^{6} mm.

34.12 NNI 가 의미하는 것은 무엇인가? (a) Nanoscience Naval Institute, (b) Nanoscience Nonsense and Ignorance, (c) National Nanotechnology Initiative, (d) Nanotechnology News Identification.

34.13 각 변이 1×10^{-6} m인 정육면체의 체적 대비 표면 비율이 각 변이 1 m인 정육면체의 체적 대비 표면 비율에 비해 크다. (a) 참, (b) 거짓.

34.14 내부 분자에 대한 표면 분자 비율은 각 변이 1×10^{-6} m인 정육면체가 각 변이 1 m인 정육면체보다 크다. (a) 참, (b) 거짓.

34.15 다음 중 가장 크게 확대할 수 있는 현미경은 무엇인가? (a) 전자현미경, (b) 광학현미경, (c) 주사터널링현미경.

34.16 다음 중 벅키볼에 대한 올바른 설명은 무엇인가? (세 개의 답) (a) 60개 원자를 포함한다. (b) 100개의 원자를 포함한다. (c) 600개의 원자를 포함한다. (d) 탄소 원자다. (e) 탄소분자다. (f) 농구공처럼 생겼다. (g) 관 모양으로 생겼다. (h) 배구공처럼 생겼다.

34.17 다음 중 나노 제조에서 하향식 접근법의 범주에 들어가는 기술은 무엇인가? (세 개의 답) (a) 생물학적 진화, (b) 전자빔 노광기술, (c) 마이크로 임프린트 노광기술, (d) 주사탐침현미경, (e) 자기조립, (f) X선 노광기술.

34.18 다음 중 나노 제조에서 상향식 접근법의 범주에 들어가는 기술은 무엇인가? (세 개의 답) (a) 전자빔 노광기술, (b) 극자외선 노광기술, (c) 탄소나노튜브 제작을 위한 화학기상증착법, (d) 나노 임프린트 노광기술, (e) 주사탐침 기술, (f) 자기조립, (g) X선 노광기술.

34.19 딥-펜 나노 노광기술은 다음 중 어느 기술 또는 부품을 사용하는가? (a) 원자현미경, (b) 화학기상증착, (c) 전자빔 노광기술, (d) 나노 임프린트 노광기술, (e) 자기조립.

34.20 자기조립 단분자막의 두께는 얼마인가? (a) 1 μm, (b) 1 mm, (c) 분자 한 개, (d) 1 nm.

제 X 부

제조시스템

35.1 자동화 기초
    35.1.1 자동화 시스템의 세 가지 요소
    35.1.2 자동화 유형

35.2 자동화를 위한 하드웨어 구성요소
    35.2.1 센서
    35.2.2 엑추에이터
    35.2.3 인터페이스 장치
    35.2.4 공정 제어기

35.3 컴퓨터 수치제어
    35.3.1 수치제어 기술
    35.3.2 NC 위치제어 시스템의 이해
    35.3.3 NC 파트 프로그래밍
    35.3.4 NC의 응용

35.4 산업 로봇공학
    35.4.1 로봇의 구조
    35.4.2 제어시스템과 로봇 프로그래밍
    35.4.3 산업용 로봇의 응용

본 파트에서는 앞 장에서 논의된 생산과 조립 프로세스와 연관되는 제조시스템에 대해서 다룬다. **제조시스템**은 원재료, 부품 혹은 부품의 조합에 대해서 한 가지 혹은 그 이상의 공정 및 조립 작업을 수행하는 장치와 인적 자원의 통합된 집합체라고 정의할 수 있다. 통합 장치는 생산 기계, 자재취급 및 위치제어 장치, 그리고 컴퓨터 시스템으로 구성된다. 인적 자원은 장치를 가동하기 위해서 풀타임 혹은 파트타임으로 활용된다. 보다 넓은 범위의 생산시스템 내에서의 제조시스템의 위치는 그림 35.1과 같다. 그림에서 볼 수 있듯이 제조시스템은 공장 내에 위치한다. 제조시스템은 부품이나 제품에 부가가치를 더하는 작업을 수행한다.

제조시스템은 자동으로 혹은 수동으로 작동하는 시스템을 모두 포함한다. 이 두 분류의 차이가 항상 명백하지는 않은데 그 이유는 많은 제조시스템이 자동 및 수동으로 작동하는 요소를 포함하고 있기 때문이다(예를 들어, 반자동 공정 사이클을 지원하지만 각 사이클마다 작업자가 탈부착을 해야 하는 공작기계). 본 교재는 두 분류의 시스템을 다 다루는데, 35장에서는 자동화 기술을 36장에서는 통합 제조시스템을 다룬다.

35장은 자동화 기술과 자동화 시스템을 구성하는 요소들에 대한 기본적인 내용을 다룬다. 또한 제조에 있어서 가장 중요한 두 가지의 자동화 기술인 수체제어와 산업용 로봇에 대해서 다룬다. 36장에서는 이러한 자동화 기술이 어떻게 보다 복잡한 자동화 시스템에 통합되는지를 설명한다. 36장에서 다루어지는 주제는 생산라인, 셀 방식 제조, 유연생산시스템 및 컴퓨터통합생산을 포함한다. 이 두 개의 장에서 다루어지는 주제들에 대한 더 상세한 내용은 참고문헌 [5]에서 찾을 수 있다.

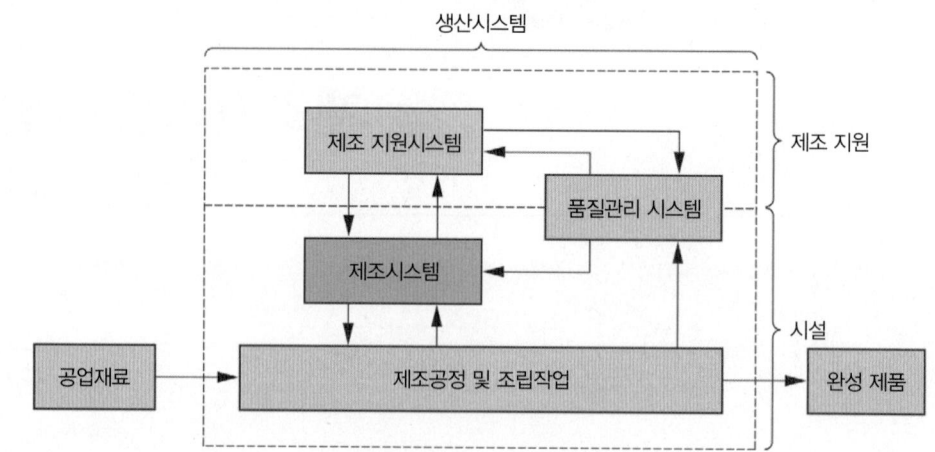

그림 35.1 넓은 범위의 생산시스템 내에서의 제조시스템의 위치.

35.1 자동화 기초

자동화는 사람의 도움 없이 공정이나 절차가 수행되는 기술로 정의될 수 있다. 사람은 감시자나 참여자로서 있을 수 있지만 공정은 시스템의 지령에 의해서 수행된다. 자동화는 명령으로 구성된 프로그램을 수행하는 제어시스템에 의해서 구현된다. 공정을 자동화하기 위해서는 제어시스템을 작동하고 또한 공정 자체를 수행하기 위한 동력을 필요로 한다.

35.1.1 자동화시스템의 세 가지 요소

위에서 언급했듯이 자동화시스템은 다음과 같이 세 가지 기본 요소로 구성된다. (1) 동력, (2) 명령 프로그램, (3) 명령을 수행하는 제어시스템. 이들 요소 간의 관계는 그림 35.2와 같다.

대부분의 자동화시스템에서는 전기동력이 사용된다. 전기동력의 장점은 다음과 같다. (1) 쉽게 제공된다. (2) 기계, 열 그리고 유압 등의 동력으로 쉽게 변환된다. (3) 신호처리, 통신, 데이터 저장 및 데이터 처리 기능들을 위해 낮은 동력 수준으로 사용될 수 있다. (4) 수명이 긴 배터리에 저장될 수 있다 [5].

제조공정에서 특정 공정을 수행하기 위해서는 동력이 필요하다. 이러한 공정 활동에는 다음과 같은 것들이 포함된다. (1) 주조 작업에서 금속을 녹이기, (2) 절삭 작업에서 공작물에 대해서 상대적으로 절삭공구를 이동하기, (3) 분말야금 공정에서 부품을 압축하고 소결하기. 수동으로 하지 않는 경우에는 부품의 적재 및 이재와 같이 자재취급 공정을 수행하는 데도 동력이 소요된다. 마지막으로 제어시스템을 작동시키기 위해서도 동력이 사용된다.

자동화된 공정에서의 모든 활동은 명령 프로그램에 의해서 결정된다. 가장 단순한 자동화 공정에서의 명령은 열처리로(heat treatment furnace)의 온도를 조절하는 것처럼 단순히 어떤 제어변수를

그림 35.2 자동화시스템의 요소.
(1) 동력, (2) 명령 프로그램,
(3) 제어시스템.

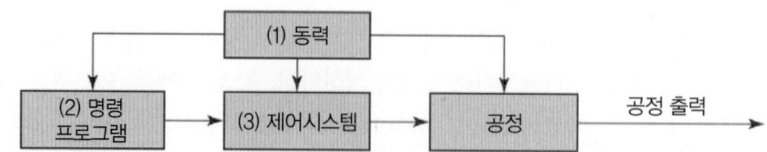

규정된 레벨로 유지하는 것일 수도 있다. 더 복잡한 공정에서는 작업 사이클 중에 일련의 활동들이 요구된다. 이때 각 활동의 순서와 상세 사항은 명령 프로그램에 의해서 정의된다. 각각의 활동은 예를 들어 공작기계 작업테이블의 x좌표 값을 변화시키거나, 유체 흐름 시스템의 밸브를 여닫거나, 혹은 모터를 켜거나 끄는 등 한 개 혹은 그 이상의 공정파라미터(process parameter)를 변화시킨다. 공정파라미터는 공정에 대한 입력 값이다. 이 값들은 연속적이거나(작업테이블의 x좌표처럼 주어진 범위 내에서 연속적으로 변하는) 혹은 단속적이다(온 혹은 오프). 이 값들은 공정의 출력에 영향을 미치는데 이들을 공정 변수라 부른다. 공정파라미터와 마찬가지로 공정 변수(process variables)도 연속적이거나 단속적일 수 있다. 공정 변수의 예로는 공작기계 작업테이블의 실제 위치, 모터 축의 회전 속도, 혹은 경고등의 온/오프를 들 수 있다. 명령 프로그램은 공정파라미터의 변화를 규정하고 작업 사이클 중 언제 변화가 일어나야 하는지를 정한다. 공정파라미터의 변화는 공정 변수의 결과 값들을 결정한다. 예를 들어 컴퓨터 수치제어에서 명령 프로그램은 파트 프로그램이라 부른다. 수치제어(NC) 파트 프로그램은 주어진 파트를 가공하는 데 필요한 개별 작업 순서를 규정한다. 여기에는 작업테이블과 공구의 위치, 절삭 속도, 이송 및 그 외의 작업 상세사항이 포함된다.

일부 자동화 공정에서는 작업 사이클 프로그램이 작업 중에 발생하는 예기치 않은 상황에 반응하거나 결정을 내리는 지시사항을 포함한다. 이런 종류의 기능을 필요로 하는 상황으로는 다음과 같은 경우가 있다. (1) 공정 파라미터의 조정을 필요로 하는 원재료의 편차, (2) 시스템의 상태 정보에 대한 요청에 응답하는 것과 같은 작업자와의 상호작용 및 통신, (3) 안전 모니터링 요구 조건, (4) 장비의 고장.

명령 프로그램은 자동화 시스템의 세 번째 기본요소인 제어시스템에 의해서 수행된다. 제어시스템은 **개루프**(open loop)와 **폐루프**(closed loop)로 구분될 수 있다. 피드백 제어시스템으로도 불리는 폐루프 시스템은 공정 변수(공정의 출력)가 해당 공정 파라미터(공정의 입력)와 비교되고, 출력 값이 입력 값과 같아지도록 유도하기 위해 그 차이 값이 사용된다. 그림 35.3(a)는 다음과 같은 폐루프 시스템의 여섯 가지 요소를 보여주고 있다. (1) 입력 파라미터, (2) 공정, (3) 출력 변수, (4) 피드백 센서, (5) 제어기, (6) 액추에이터. 입력 파라미터는 출력 변수의 희망 값을 나타낸다. 공정은 제어되는 작업이나 활동을 의미하는데, 특히 출력 변수가 시스템에 의해서 제어된다. 센서는 출력 변수를 측정하는 데 사용되고, 측정된 값을 제어기로 피드백한다. 제어기는 출력 값과 입력 값을 비교하여 그 차이를 줄이기 위한 조정을 한다. 이 조정은 한 개 혹은 그 이상의 액추에이터에 의해서 이루어지는데, 액추에이터는 물리적으로 실제 조정 행위를 수행하는 하드웨어 장치이다.

다른 타입의 제어 시스템은 그림 35.3(b)에 도시된 개루프 시스템이다. 그림에서 보듯이 **개루프 시**

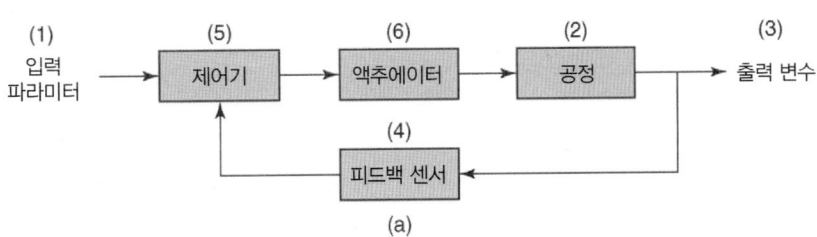

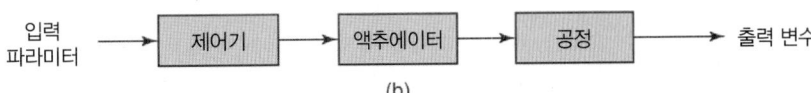

그림 35.3 두 가지의 기본적인 제어 시스템. (a) 폐루프 (b) 개루프.

스템은 피드백 루프 없이 명령 프로그램을 수행한다. 개루프 시스템에서는 출력 변수를 측정하지 않고, 따라서 출력 값과 입력 값을 비교하지도 않는다. 사실상 제어기는 액추에이터가 출력 변수에 의도된 결과를 도출할 것이라는 기대 하에 작동된다. 따라서 개루프 시스템에서는 액추에이터가 적절하게 기능하지 않거나, 기대되는 결과 값을 내지 않을 가능성이 항상 존재한다. 한편으로 개루프 시스템의 장점은 폐루프 시스템보다 비용이 적게 소요된다는 점이다.

35.1.2 자동화 유형

제조분야에서 사용되는 자동화 시스템은 다음과 같이 세 가지의 기본 유형으로 분류될 수 있다. (1) 고정(fixed) 자동화, (2) 프로그래머블(programmable) 자동화, (3) 유연(flexible) 자동화.

고정 자동화

고정 자동화에서는 공정이나 조립의 단계 및 절차가 장비의 구성에 의해서 고정되어 있다. 명령 프로그램은 장비의 설계에 의해서 결정되고 쉽게 변화될 수 없다. 공정의 각 단계는 회전 스핀들을 직선 방향으로 피드 하는 것과 같은 단순한 동작으로 구성된다. 비록 작업 사이클이 단순한 동작으로 구성되기는 하지만, 그 동작들을 통합하고 조화시키기 위해서는 흔히 컴퓨터 제어와 같은 상당히 복잡한 제어 시스템을 필요로 한다.

고정 자동화의 전형적인 특징은 다음과 같다. (1) 전용 장비에 대한 높은 초기 투자비용, (2) 높은 생산 속도, (3) 생산 제품의 다양성에 대한 수용성이 거의 없음. 이러한 특징을 가지는 자동화 시스템은 생산량이 아주 많은 부품이나 제품에 적합하다. 생산량이 많기 때문에 초기 투자비용은 높지만 단위 부품당 비용은 다른 생산 방법에 비해서 낮게 산출된다. 다음 장에서 설명되는 자동 생산라인은 고정 자동화의 예를 보여준다.

프로그래머블 자동화

이름에서 볼 수 있듯이 프로그래머블 자동화에 사용되는 장비는 다른 종류의 부품이나 제품을 생산할 수 있도록 명령 프로그램을 바꿀 수 있는 기능을 가지도록 설계되어 있다. 새 부품의 생산을 위해서는 새 프로그램을 준비하고, 장비는 각 프로그램을 읽어서 부호화된 명령을 수행한다. 따라서 프로그래머블 자동화의 특징은 다음과 같다. (1) 재프로그램이 가능한 범용 장비에 대한 높은 초기투자, (2) 고정 자동화에 비해서 낮은 생산 속도, (3) 장비의 재프로그래밍에 의해서 제품의 다양성에 대처하는 능력, (4) 다양한 부품이나 제품 스타일의 배치(batch) 생산 적합성. 프로그래머블 자동화의 예로는 35.3절과 35.4절에서 각각 설명되는 컴퓨터 수치제어 및 산업용 로봇을 들 수 있다.

유연 자동화

프로그래머블 자동화의 특징 중 하나로 배치 생산 적합성을 들 수 있다. 1장에서 언급한 바와 같이 배치 생산의 단점은 다음 배치 생산을 위해서는 장비와 공구를 교환해야 하기 때문에 생산 시간의 손실이 발생한다는 점이다. 따라서 프로그래머블 자동화는 보통 이러한 단점을 가지고 있다. 유연 자동화는 프로그래머블 자동화의 확장으로 셋업의 변경이나 재프로그래밍으로 인한 생산 시간의 손실을 사실상 없애는 방법이다. 필요한 명령 프로그램이나 셋업의 변경은 다음 작업 단위가 기계의 작업 위치로 이동하는 데 소요되는 시간 내에 매우 신속하게 이루어질 수 있다. 따라서 유연 시스템에서는 다른 종류의 부품 혹은 제품을 각각 다른 배치에서 생산하는 대신에 연속적으로 혼합 생산할 수 있다. 유연 자동화 시스템의 특징은 다음과 같다. (1) 주문설계된 장비에 대한 높은 초기투자, (2) 중간 생산 속도, (3) 다른 종류의 부품과 제품의 연속적인 혼합생산.

1장에서 설명한 용어를 사용하면 고정 자동화는 경다양성, 프로그래머블 자동화는 중다양성, 유연 자동화는 연다양성 상황에 각각 적합하다고 할 수 있다.

35.2 자동화를 위한 하드웨어 구성요소

자동화와 공정제어는 생산 작업 및 관련 공정 장비와 상호작용을 하는 다양한 하드웨어 장치를 이용하여 구현된다. 공정 변수를 측정하기 위해서는 센서가 사용된다. 액추에이터는 공정 파라미터를 조정하기 위해서 사용된다. 그리고 센서와 액추에이터를 보통은 디지털컴퓨터인 공정 제어기와 인터페이스하기 위해서 추가적인 다양한 장치들이 필요하다.

35.2.1 센서

센서는 물리적 자극 혹은 관심 변수(예를 들어, 온도, 힘, 압력, 혹은 그 외의 공정 특성)를 측정하기 위해서 더 편리한 물리적인 형태(예를 들어, 전압)로 변환하는 장치이다. 변환은 그 변수 값을 정량적인 값으로 해석할 수 있게 한다.

제조 자동화에서 피드백 제어를 위한 데이터를 수집하기 위해서는 다양한 유형의 센서가 사용된다. 센서는 자극의 유형에 따라서 기계적, 전기적, 열, 방사성, 자기 및 화학 센서로 분류된다. 각각의 카테고리 내에서 측정될 수 있는 값의 종류는 다양하다. 기계적인 카테고리 내에서는 위치, 속도, 힘, 토크 및 그 외의 값을 측정할 수 있다. 전기적인 값은 전압, 전류 및 저항 등이 포함한다. 다른 주요 카테고리 내에서도 다양한 값을 측정할 수 있다.

센서는 자극의 유형에 따른 분류 이외에도 아날로그 혹은 이산(discrete) 센서로 분류할 수 있다. **아날로그 센서**는 연속적인 아날로그 변수를 측정하여 전압과 같은 연속 신호로 변환한다. 열전대, 스트레인 게이지 및 전류계는 아날로그 센서의 예이다. **이산 센서**는 제한된 개수의 값만을 가지는 신호를 생성한다. **이진(binary) 센서**와 디지털 센서가 이 분류에 속한다. 이진 센서는 온과 오프, 혹은 0과 1 같이 두 가지의 값만을 가질 수 있다. 리미트(limit) 스위치가 이러한 방식으로 작동한다. 디지털 센서는 광전 센서 어레이처럼 병렬 상태 비트의 형식이나 광학 인코더처럼 연속적인 펄스의 형태로 디지털 출력 신호를 생성한다. 디지털 센서는 쉽게 디지털 컴퓨터에 연결할 수 있는 장점이 있는 반면에 아날로그 센서의 신호는 컴퓨터에 입력하기 위해서 디지털 신호로 변환이 이루어져야 한다.

센서에는 물리적인 자극 값과 센서에 의해서 생성되는 신호 값 간의 관계가 존재한다. 이 입력/출력 관계를 센서의 **전달함수**라 부르며 다음과 같이 표현된다.

$$S = f(s) \tag{35.1}$$

여기에서 S = 센서의 출력 신호(보통 전압), s = 자극 혹은 입력, 그리고 $f(s)$는 그 두 값 간의 함수관계를 나타낸다. 아날로그 센서의 이상적인 전달함수 형태는 비례 관계이다.

$$S = C + ms \qquad (35.2)$$

여기에서 C = 자극이 0일 때의 센서 출력 값, m = s와 S 간의 비례상수를 나타낸다. 상수 m은 출력 S가 입력 s에 의해서 얼마나 큰 영향을 받는지를 의미한다. 이것을 측정 장치의 **민감도**(sensitivity)라고 부른다. 예를 들어 표준 크로멜/알루멜(chromel/alumel) 열전대는 온도 섭씨 1도의 변화에 대해서 40.6 마이크로볼트를 생성한다.

이진 센서(예를 들어 리미트 스위치, 광전 스위치)는 자극과 센서 출력 간에 이진 관계를 보인다.

$$S = 1 \text{ if } s > 0 \quad \text{그리고} \quad S = 0 \text{ if } s \le 0 \qquad (35.3)$$

측정 장치가 사용되려면 미리 보정이 이루어져야 한다. 보정이란 센서의 전달함수를 결정하는 것을 의미하는데, 구체적으로는 출력 신호 S 값으로부터 어떻게 자극 s 값을 결정하는가 하는 것이다. 보정의 용이성은 측정 장비 선정에 있어서 중요한 평가기준 중의 하나이다. 다른 평가기준으로는 정확도(accuracy), 정밀도(precision), 작동 범위, 반응 속도, 신뢰성(reliability), 가격 등이 있다.

35.2.2 액추에이터

자동화 시스템에서 액추에이터는 제어 신호를 물리적인 동작으로 변환하는 장치이다. 여기서 물리적 동작이란 공정 입력 파라미터의 변화를 의미한다. 동작은 보통 작업대의 위치 변화나 모터의 회전 속도의 변화와 같은 기계적인 동작이다.

액추에이터는 증폭기의 유형에 따라서 (1) 전기식, (2) 유압식, (3) 공압식으로 분류될 수 있다. 전기 액추에이터에는 AC/DC 전기 모터, 스텝 모터, 그리고 솔레노이드 등이 있다. 두 가지 타입의 전기 모터(서보 모터와 스텝 모터)의 작동에 대해서는 위치결정 시스템에 대해서 다루는 35.3.2절에서 설명한다. 유압 액추에이터는 제어 신호를 증폭하기 위해서 유압유를 사용하고 큰 힘이 필요할 때 이용된다. 공압 액추에이터는 압축 공기로 구동되는데 공장에서 많이 활용된다. 세 가지 액추에이터 타입 모두 선형 혹은 회전운동 장치에 사용될 수 있다. 이 명칭은 출력 운동이 회전운동인지 혹은 직선운동인지에 따라 구분된다. 전기 모터와 스텝 모터는 회전 액추에이터에 많이 활용되는 반면, 대부분의 유압 및 공압 액추에이터는 직선 운동에 활용된다.

35.2.3 인터페이스 장치

인터페이스 장치는 공정이 컴퓨터 제어장치와 혹은 그 반대 방향으로 연결되도록 하는 역할을 한다. 제조 프로세스로부터의 센서 신호가 컴퓨터로 보내지고 명령 신호는 공정을 수행하는 액추에이터로 보내진다.

이 절에서는 공정과 제어기 간의 통신을 가능하게 하는 하드웨어 장치에 대해서 설명한다. 이러한 장치에는 아날로그-디지털 변환기, 디지털-아날로그 변환기, 접촉 입력/출력 인터페이스, 그리고 펄스 계수기와 생성기 등이 포함된다. 공정에 부착된 센서로부터 측정된 연속적 아날로그 신호는 제어 컴퓨터에서 사용될 수 있는 디지털 값으로 변환되어야 한다. 이 기능은 **아날로그-디지털 변환기**(ADC)에 의해서 수행된다. 그림 35.4에 도시된 바와 같이 ADC는 (1) 주기적인 간격으로 연속 신호에서 샘플링하고 (2) 표본추출된 데이터를 유한한 개수의 정해진 크기 레벨 중 하나로 변환하고

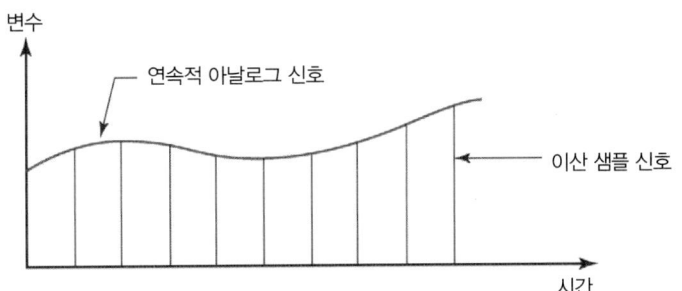

그림 35.4 아날로그-디지털 변환기는 연속적인 아날로그 신호를 일련의 이산 샘플 데이터로 변환한다.

(3) 각 크기 레벨을 제어 컴퓨터에서 해독될 수 있는 이진 값으로 부호화한다. 아날로그-디지털 변환기의 중요한 특성 중에는 샘플링 속도와 분해도가 포함된다. 샘플링 속도는 연속 신호를 샘플링하는 주기를 말한다. 샘플링 속도가 빠르다는 것은 연속 신호의 실제 형태에 더 가깝게 근사화할 수 있다는 것을 의미한다. 분해도는 아날로그 값을 이진 코드로 변환하는 정밀도를 의미한다. 이것은 부호화에 사용되는 비트 수에 따라 달라지는데, 더 많은 비트 수를 사용할수록 분해도가 높아진다. 불행이도 더 많은 비트를 사용하면 변환 시간이 많이 소요되어 샘플링 속도에 실질적인 제약을 가하게 된다.

　　디지털-아날로그 변환기(DAC)는 ADC의 역방향 프로세스이다. DAC는 제어 컴퓨터의 디지털 출력을 아날로그 액추에이터나 다른 아날로그 장치를 구동할 수 있는 유사 연속(quasi-continuous) 신호로 변환한다. DAC는 그 기능을 다음과 같이 두 단계로 수행한다. (1) 연속적인 디지털 출력 값을 이산 시간 간격에서의 연속적인 아날로그 값으로 변환하는 해독, (2) 각 아날로그 값을 정해진 시간 간격동안 연속적인 신호로 바꾸어 주는 데이터 유지. 가장 단순한 경우에는 연속 신호가 그림 35.5에서처럼 스텝 함수의 연속이고, 이는 아날로그 액추에이터를 구동하는 데 사용된다.

　　많은 자동화 시스템은 모터, 스위치, 그리고 다른 장치들을 조건에 맞게, 그리고 시간의 함수로 켜거나 끄는 방법으로 운영된다. 이러한 제어 장치들은 이진 값을 사용한다. 이 장치들은 두 가지 가능한 값, 즉 1 혹은 0 중의 하나의 값을 가진다. 이 값들은 온(on) 혹은 오프(off), 객체가 존재하거나 혹은 아니거나, 고전압 혹은 저전압 레벨 등을 의미한다. 공정 제어 시스템에서 흔히 사용되는 이진 센서로는 리미트 스위치와 광전지가 있다. 많이 사용되는 이진 액추에이터로는 솔레노이드, 밸브, 클러치, 라이트, 제어 릴레이 및 특정 종류의 모터가 있다.

　　접촉 입력/출력 인터페이스는 공정과 제어 컴퓨터 사이에서 이진 데이터로 양방향 통신을 하는 데 사용되는 구성요소이다. 접촉 입력 인터페이스는 외부 소스로부터 컴퓨터로 이진데이터를 읽어 들이

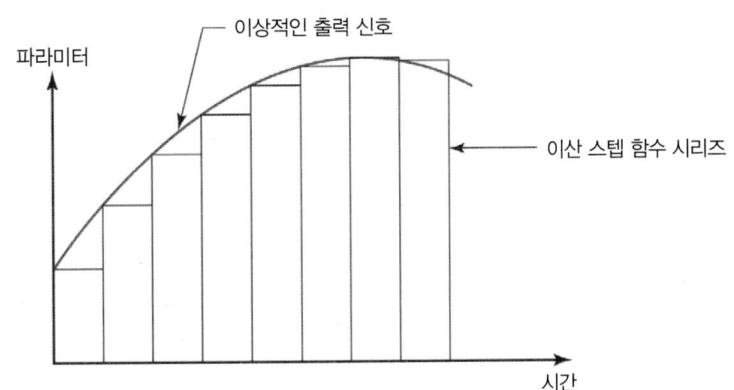

그림 35.5 디지털-아날로그 변환기는 연속적인 디지털 출력 값을 아날로그 값으로 변환한다.

는 장치이다. 이는 공정에 부착된 리미트 스위치와 같이 이진 장치의 상태를 나타내는 일련의 이진 전기 접점으로 구성된다. 각 접점의 상태는 주기적으로 컴퓨터에 의해서 스캔되고 제어 프로그램에서 사용되는 값을 업데이트한다. 접촉 출력 인터페이스는 컴퓨터로부터 온/오프 신호를 솔레노이드, 경보장치, 지시등과 같은 외부 이진 요소로 보내는 장치이다. 이는 등속 모터를 켜고 끄는 데도 사용될 수 있다.

앞에서 언급한 바와 같이 이산 데이터는 가끔 일련의 펄스 형태로 존재한다. 예를 들어 광학 인코더는(35.3.2절에서 설명) 속도와 위치의 측정값을 방출한다. **펄스 계수기**는 외부 소스로부터 감지된 일련의 펄스를 제어 컴퓨터로 보내지는 디지털 값으로 변환하는 장치이다. 펄스 계수기는 공학 인코더의 출력을 읽는 것 이외에도 컨베이어 상에서 광전 센서를 통과하는 부품의 개수를 세는 데도 사용된다. 펄스 계수기의 반대 기능을 하는 **펄스 생성기**는 제어 컴퓨터에서 생성된 디지털 값에 해당되는 전기 펄스를 생성하는 장치이다. 이때 펄스의 수와 주기가 제어된다. 펄스 생성기의 중요한 응용분야로는 스텝 각도라 부르는 작은 증분 각도를 통해서 스텝 단위로 회전하는 스텝 모터를 구동하는 것이다.

35.2.4 공정 제어기

대부분의 공정 제어시스템은 제어기로 디지털 컴퓨터를 사용한다. 제어에 있어서 이산 파라미터와 변수가 사용되든, 연속적인 값과 이산 값이 동시에 사용되든 35.2.3절에서 설명한 인터페이스 장치들을 이용해서 통신과 상호작용을 위해 디지털 컴퓨터를 공정에 연결할 수 있다. 실시간 컴퓨터 제어를 위해서는 다음과 같은 요구사항들이 만족되어야 한다.

- 컴퓨터가 공정으로부터 들어오는 신호에 반응하는 기능, 그리고 필요한 경우 들어오는 신호에 반응하기 위해서 현재 실행중인 프로그램을 중단하는 기능.
- 공정에 연결된 액추에이터에 의해서 실현될 명령을 공정에 전달하는 기능.
- 공정 작업 중의 특정 시점에 어떤 동작을 실행하는 기능.
- 공정에 연결된 다른 컴퓨터와 통신 및 상호작용을 할 수 있는 기능. 공정제어의 작업 부하를 분담하는 다수의 마이크로컴퓨터가 사용되는 제어시스템을 표현하기 위해서 분산 공정제어라는 용어가 사용된다.
- 작업자로부터의 입력을 수용할 수 있는 기능. 새로운 프로그램 혹은 데이터를 입력하거나, 기존 프로그램을 편집하거나, 비상시 공정을 정지시키는 작업 등에 이에 해당된다.

이러한 요구사항을 만족하는 제어기로서 널리 사용되는 프로그래머블 로직 컨트롤러가 있다. **프로그래머블 로직 컨트롤러**(programmable logic controller, PLC)는 프로그램이 가능한 메모리에 저장된 명령을 이용하는 마이크로컴퓨터 기반의 제어기이다. 명령은 디지털 혹은 아날로그 입력/출력 모듈을 통해서 기계와 공정을 제어하기 위한 논리, 순서, 타이밍, 카운팅 및 연산 제어 기능을 실현한다. 그림 35.6에서와 같이 PLC의 주요한 구성 요소는 다음과 같다. (1) PLC와 제어하고자 하는 산업 장치를 연결하는 **입력/출력 모듈**, (2) 입력 신호를 받아 제어 프로그램으로 출력 신호를 계산해서 공정을 제어하기 위한 논리와 순서 기능을 수행하는 중앙 처리 장치(central processing unit, CPU)인 **프로세서**, (3) 프로세서에 연결되어 있고 논리와 순서 명령을 저장하는 **PLC 메모리**, (4) **전원 장치**

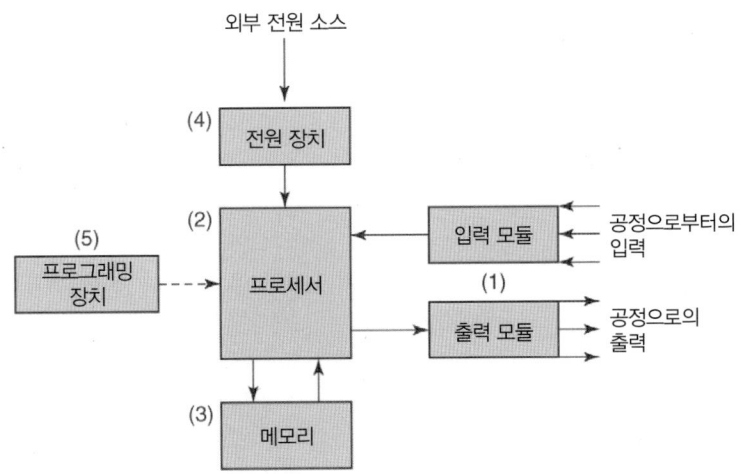

외부 전원 소스

(4) 전원 장치

(5) 프로그래밍 장치

(2) 프로세서

입력 모듈 ← 공정으로부터의 입력

(1) 출력 모듈 → 공정으로의 출력

(3) 메모리

그림 35.6 프로그래머블 로직 컨트롤러의 주요 구성요소

— PLC를 구동하기 위해 전원을 공급하는 장치, (5) PLC에 프로그램을 입력하는 **프로그래밍 장치** (보통 분리되어 있다).

프로그래밍을 위해서는 프로그래밍 장치를 이용하여 PLC에 제어 명령을 입력해야 한다. 가장 일반적인 제어 명령으로는 논리 연산, 순서, 카운팅, 타이밍 등이 있다. 하지만 많은 분야에서 아날로그 제어, 데이터 처리 및 계산 등의 추가적인 명령들을 필요로 한다. 사다리 논리 다이어그램(ladder logic diagram)으로부터 구조화된 텍스트까지 다양한 PLC 프로그래밍 언어가 개발되었다. 본 교재에서 프로그래밍 언어는 다루지 않으므로 독자는 참고문헌을 참고하기 바란다.

프로그래밍 로직 컨트롤러의 장점은 다음과 같다. (1) PLC를 프로그램하는 것은 릴레이 제어 패널을 배선하는 것보다 쉽다. (2) 수정을 위해서는 전통적인 배선 제어는 새로 배선을 하거나 재배선의 어려움 때문에 기존 배선을 버려야하는데 PLC는 재프로그램이 가능하다. (3) PLC는 전통적인 제어방법보다 공장의 컴퓨터시스템에 인터페이스하기 쉽다. (4) PLC는 신뢰성이 높고 유지관리가 용이하다.

35.3 컴퓨터 수치제어

수치제어(NC)는 장비의 기계적인 동작을 영문자와 숫자로 부호화된 프로그램에 의해서 제어하는 프로그램 자동화의 한 형태이다. 데이터는 주축대(workhead)와 공작물의 상태위치를 표현한다. 주축대는 공구이거나 혹은 다른 가공장치이고 가공물은 가공되는 물체이다. NC의 동작원리는 주축대와 가공물의 상대적인 운동을 제어하고, 또한 운동이 수행되는 순서를 제어하는 것이다. 수치제어의 첫 번째 응용분야는 기계가공이었고(역사적 고찰 35.1) 아직도 중요한 응용 분야이다. NC 공작기계의 사진은 그림 20.26과 20.27을 참조하라. 컴퓨터 수치제어에 관한 비디오 클립은 다양한 종류의 CNC 기계와 작업을 보여준다.

비디오클립
컴퓨터 수치제어. 클립은 두 부분으로 구성된다. (1) 컴퓨터 수치제어, (2) CNC 원리.

역사적 고찰 35.1 수치제어 [3], [5]

치제어에 대한 초기 개발은 194년대 후반 미시건주의 파슨스 사(Parsons Corporation)의 존 파슨스(John Parsons)와 프랭크 스툴렌(Frank Stulen)에 의해 이루어졌다. 파슨스는 미국 공군의 기계가공 계약자였는데, 항공기의 복잡한 부품의 가공을 위한 목적으로 밀링머신의 작업테이블을 이동하기 위해 수치좌표 데이터를 사용하는 방법을 고안하였다. 공군은 파슨스의 작업에 기초해서 1949년에 회사와 공작기계의 새로운 제어 개념에 대한 연구를 계약하였다. 회사는 다시 새로운 수치 데이터 원리를 활용하는 공작기계 시제품을 개발하기 위해서 MIT와 연구 프로젝트를 계약하였다. MIT의 연구는 그 개념이 실현 가능함을 보여주었으며 아날로그-디지털 혼합제어를 사용하여 3축 수직 밀링머신에 적용하는 것을 추진하였다. 그 시스템에 수치제어(NC)라는 이름이 붙여졌는데, 공작기계 운동이 그것에 의해 수행되었기 때문이다. 기계의 시제품은 1952년에 선보였다.

NC 시스템의 정확도와 반복정밀도는 당시에 가능했던 어떤 수동 가공법에 비해서도 비교할 수 없을 만큼 좋았다. 가공 사이클에서 비생산적인 시간을 줄일 수 있는 가능성도 매우 명백했다. 1956년에 공군은 여러 회사에서 NC 공작기계를 개발하도록 지원했다. 이 기계들은 1958년과 1960년 사이에 여러 항공기 공장에 설치되어 사용되었다. NC의 장점은 곧 너무 명백해졌으며 항공기 회사들은 새로운 NC 기계들을 주문하기 시작했다.

파트 프로그래밍의 필요성은 처음부터 명백했다. 공군은 NC 기계를 제어하기 위한 파트 프로그래밍 언어 개발을 위해 MIT의 연구를 지원함으로써 NC의 개발과 활용을 장려했다. 이 연구의 결과로 1958년에 APT(automatically programmed tooling)가 탄생했다. APT는 사용자가 단순한 영어와 같은 문장으로 기계 명령을 구성할 수 있는 파트 프로그래밍 언어이다. 이 문장은 NC 시스템에 의해서 해독될 수 있도록 부호화된다.

35.3.1 수치제어 기술

이 절에서는 수치제어 시스템의 구성요소를 정의하고 좌표계와 운동 제어에 대해서 설명한다.

NC 시스템의 구성요소

수치제어 시스템은 다음과 같이 세 개의 기본요소로 구성된다. (1) 파트 프로그램, (2) 기계제어 유닛, (3) 가공 장비, **파트 프로그램**(공작기계 기술에서 일반적으로 사용되는 용어)은 가공장비가 수행하는 상세한 명령들의 집합이다. 이는 NC 제어 시스템의 명령 프로그램이다. 각각의 명령은 공작물에 대한 주축대의 상대적인 위치 혹은 운동을 명시한다. 위치는 x-y-z 좌표로 정의된다. 공작기계 분야에서는 NC 프로그램의 추가적인 상세사항으로 주축 회전속도, 주축 회전방향, 이송 속도, 공구 교환 명령 및 다른 명령들이 포함된다. 파트 프로그램은 파트 프로그래머에 의해서 준비되는데, 파트 프로그래머는 프로그래밍 언어에 익숙하고 가공 장비에 관한 기술을 잘 이해해야 한다.

현대 NC 기술에서 기계 제어 유닛(machine control unit, MCU)은 프로그램을 저장하고 각 명령을 한 개씩 가공 장비의 동작으로 변환하는 마이크로컴퓨터이다. MCU는 하드웨어와 소프트웨어로 구성된다. 하드웨어는 마이크로컴퓨터, 가공 장비와의 인터페이스를 위한 장치, 그리고 피드백 제어 장치를 포함한다. MCU의 소프트웨어는 제어 시스템 소프트웨어, 계산 알고리즘, 그리고 NC 파트 프로그램을 MCU가 사용할 수 있는 형태로 변환하는 변환 소프트웨어를 포함한다. MCU는 프로그램에 오류가 있거나 절삭조건의 변경 등의 경우를 위하여 파트 프로그램을 편집할 수 있는 기능을 가지고 있다. MCU가 컴퓨터이기 때문에 이러한 형태의 NC를 이전의 하드와이어드(hardwired) NC와 구별하기 위해서 컴퓨터 수치제어(CNC)라는 용어가 사용된다.

가공 장비는 초기 공작물을 완성 파트로 변환하기 위한 일련의 가공단계를 수행한다. 가공 장비는 MCU의 제어 하에 파트 프로그램의 명령에 따라서 작동된다. 35.3.4절에서 다양한 적용 분야와 가공장비들을 소개한다.

NC 좌표계와 운동 제어

수치제어에서 위치를 명시하기 위해서 표준 좌표축 시스템이 사용된다. 좌표계는 그림 35.7(a)에서 와 같이 직교좌표계의 세 직선 축 (x, y, z)과 세 회전 축 (a, b, c)으로 구성된다. 회전 축은 공작물의 다른 표면을 가공하기 위해 회전하거나, 공구나 주축대를 공작물과 특정 상대적인 각도를 이루도록 회전시키는 데 사용된다. 대부분의 NC 시스템은 6축 전부를 필요로 하지 않는다. 가장 단순한 NC 시스템은(예를 들어 플로터, 평평한 판재를 가공하는 프레스 기계, 그리고 부품 삽입 기계) x-y 평면상에서 위치를 결정하는 시스템이다. 이러한 기계의 프로그래밍은 일련의 x-y 좌표를 명시하는 작업을 포함한다. 이와는 대조적으로 어떤 공작기계는 복잡한 형상의 가공을 위해서 5축 제어 기능을 가지고 있다. 이러한 시스템은 보통 세 개의 직선 축과 두 개의 회전 축을 가진다.

회전 NC 시스템의 좌표계가 그림 35.7(b)에 도시되어 있다. 이 시스템은 NC 선반의 선삭 작업과 연관되어 있다. 이 경우 공작물이 회전하지만 전통적인 NC 선반 시스템에서 이 회전 축은 제어되는 축이 아니다. 회전하는 공작물에 대한 상대적인 공구의 절삭경로는 그림에서처럼 x-z 평면에서 정의된다.

많은 NC 시스템에서 공구와 공작물 간의 상대운동은 부품을 작업대에 고정시키고 작업대의 위치와 운동을 고정 혹은 반고정 주축대에 대해서 상대적으로 제어함으로써 수행된다. 대부분의 공작기계와 부품 삽입기는 이러한 방법으로 작동한다. 다른 종류의 시스템에서는 공작물이 고정되고 주축대가 두 축 혹은 세 축을 따라서 운동한다. 화염절단기, x-y 플로터, 그리고 좌표측정기는 이러한 방법으로 작동된다.

NC를 기반으로 하는 운동 제어 시스템은 다음과 같이 두 가지의 타입으로 분류된다. (1) 점간 (point-to-point) 경로, (2) 연속 경로. **위치 제어 시스템**으로도 부르는 **점간 제어 시스템**은 주축대(혹은 공작물)를 경로와 상관없이 프로그램된 위치로 이동한다. 이동이 종료되면 그 위치에서 드릴링 혹은 펀칭과 같이 주축대에 의한 가공작업이 수행된다. 따라서 프로그램은 가공작업이 수행되는 위치의 연속적인 포인트들로 구성된다.

연속 경로 시스템은 한 개 이상의 축에 대해서 연속적인 동시 제어 기능을 제공하여, 공작물에 대한 공구의 상대 경로를 제어한다. 따라서 축이 이동함에 따라서 시스템이 공작물에 경사면, 2차원 곡선 혹은 3차원 윤곽 가공을 가능하게 한다. 이 작동 방법은 제도기, 특정 타입의 밀링과 선삭 작업, 그리고 화염절삭에 사용된다. 기계 가공에서 연속 경로 제어는 **윤곽제어**라고 부르기도 한다.

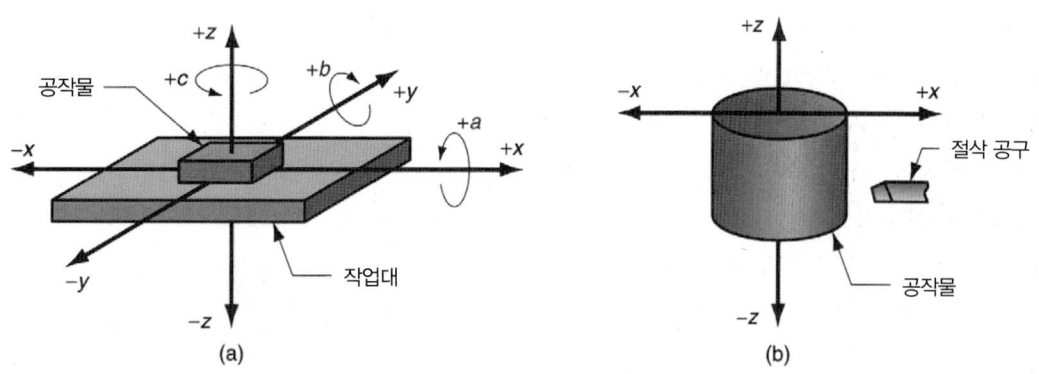

그림 35.7 수치제어에서 사용되는 좌표계. (a) 평면 및 각주형 공작물, (b) 회전 공작물.

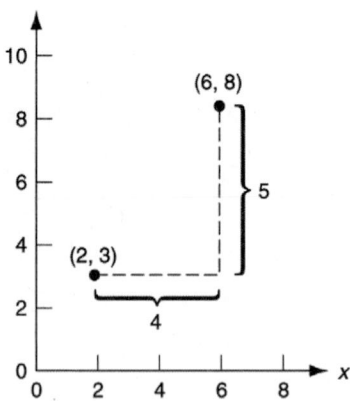

그림 35.8 절대 위치제어와 증분 위치제어. 주축대가 현재 (2,3)에 있고 (6,8)의 위치로 이동되려고 한다. 절대 위치제어에서는 이 이동을 $x = 6$, $y = 8$로 명시하고, 증분 위치제어에서는 이 이동을 $x = 4$, $y = 5$로 명시한다.

연속 경로제어의 중요한 요소는 **보간**인데, 이것은 공작물에 대해 주축대가 상대적으로 이동하는 경로 상의 중간점들을 계산하는 것이다. 가장 일반적인 형태의 보간으로는 직선 및 원 보간이 있다. **직선 보간**은 직선 경로에 사용되는데, 파트 프로그래머가 직선의 시작점과 끝점의 좌표와 이송 속도를 명시하여 정의한다. 보간기(interpolater)는 명시된 경로를 생성하기 위한 두 개 혹은 세 개 축의 속도를 계산한다. **원 보간**은 중심점 혹은 원호의 반경과 함께 시작점과 끝점의 좌표를 명시하여 주축대가 원호를 따라 이동하도록 한다. 보간기는 명시된 공차 이내로 원을 근사하는 일련의 작은 직선 조각들을 계산해낸다. 운동제어의 다른 측면은 좌표계에서의 위치를 절대적으로 혹은 상대적으로 정의하느냐 하는 점이다. **절대 위치제어**에서 주축대의 위치는 항상 좌표계의 원점을 기준으로 정의된다. **증분 위치제어**에서는 주축대의 다음 위치를 현재 위치에 대해 상대적으로 정의한다. 그 차이점은 그림 35.8에 도시되어 있다.

35.3.2 NC 위치제어 시스템의 이해

위치제어 시스템의 기능은 NC 파트 프로그램에 명시된 좌표를 가공 중에 공구와 공작물 간의 상대 위치로 변환하는 것이다. 그림 35.9의 단순한 위치제어 시스템이 어떻게 작동하는지 생각해보자. 시스템은 공작물이 고정되는 작업대로 구성되어 있다. 작업대의 목적은 공작물을 공구나 주축대에 대해 상대적인 운동을 하도록 하는 것이다. 이를 위해서 작업대는 모터로 구동되는 리드스크루에 의해서 직선 운동을 한다. 스케치에서는 단순하게 한 축만 그려져 있다. x-y 기능을 제공하기 위해서는 두 번째 축을 첫 축과 직각 방향으로 위에 올리면 된다. 리드스크루는 mm/thread 혹은 mm/rev 단위의 피치 p를 가진다. 따라서 테이블은 각 회전 당 리드스크루의 피치만큼 이동한다. 작업대가 이동

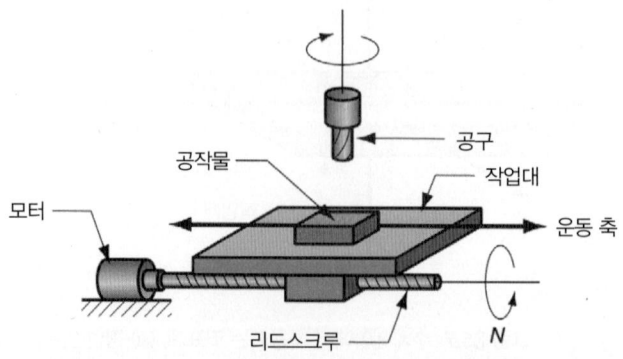

그림 35.9 NC 위치제어 시스템에서 모터와 리드스크루 장치.

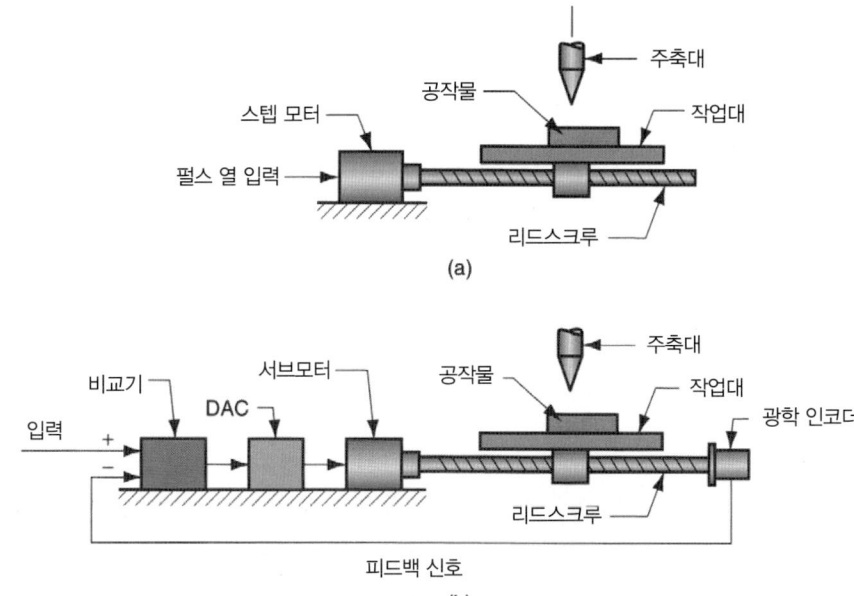

주축대
공작물
작업대
스텝 모터
펄스 열 입력
리드스크루
(a)

그림 35.10 수치제어에 있어서 두 가지 타입의 운동제어. (a) 개루프(open loop), (b) 폐루프(closed loop).

하는 속도는 리드스크루의 회전 속도에 의해 결정된다.

NC에서는 두 가지의 기본적인 타입의 운동제어가 사용된다. 그림 35.10의 (a) 개루프 (b) 폐루프가 각각 그것이다. 개루프 시스템은 작업대가 원하는 위치에 있는지를 확인하지 않고 동작하는 것이다. 반면에 폐루프 제어 시스템은 작업대의 위치가 실제로 프로그램에서 명시된 위치에 있는지를 확인하는 피드백 측정값을 사용한다. 개루프 시스템은 폐루프 시스템에 비해서 비용이 적게 소요되고, 점간 제어 드릴링에서처럼 운동에 저항하는 힘이 적은 경우에 적합하다. 폐루프 시스템은 밀링이나 선삭처럼 저항력이 큰 연속 경로 작업을 수행하는 공작기계에 적용된다.

개루프 위치 제어 시스템

개루프 위치 제어 시스템은 리드스크루를 회전시키기 위해서 스텝모터(stepping motor, stepper motor)를 사용한다. NC에서 스텝모터는 기계 제어 유닛에서 발생시킨 일련의 전기 펄스에 의해서 구동된다. 각 펄스는 스텝 각(step angle)이라 부르는 한 회전의 일부에 해당하는 회전을 일으킨다. 스텝 각은 다음과 같은 관계를 만족해야 한다.

$$\alpha = \frac{360}{n_s} \qquad (35.1)$$

여기에서 α = 스텝 각, 단위는 도이고, n_s = 정수로 표현되는 모터의 스텝 각 개수이다. 모터 축이 회전하는 각도는 다음과 같이 주어진다.

$$A_m = \alpha n_p \qquad (35.2)$$

A_m = 모터 축의 회전 각도, 단위는 도, n_p = 모터에 입력된 펄스의 개수, α = 도/펄스로 정의되는 스텝 각이다. 마지막으로 모터 축의 회전 속도는 모토로 보내지는 펄스의 주파수에 의해 결정된다.

$$N_m = \frac{60\alpha f_p}{360} \qquad (35.3)$$

여기서 N_m = 모터 축의 회전 속도, 단위는 회전수/분, f_p = 스텝모터를 구동하는 펄스의 주파수, 단위는 Hz(펄스/초)이고, 상수 60에 의해서 펄스/초가 펄스/분으로 변환된다. 상수 360에 의해서 회전 각도가 회전수로 변환되고, 앞에서와 마찬가지로 α = 스텝 각이다.

모터 축은 작업대의 위치와 속도를 결정하는 리드스크루를 구동한다. 이때 보통 테이블의 정밀도를 증가시키기 위해서 감속기를 통해서 연결된다. 리드스크루의 회전 각과 회전 속도는 이 기어비에 의해서 줄어든다. 관계식은 다음과 같다.

$$A_m = r_g A_{ls} \tag{35.4a}$$

$$N_m = r_g N_{ls} \tag{35.4b}$$

여기서 A_m과 N_m은 각각 회전 각, 단위는 도, 그리고 회전 속도, 단위는 회전수/분을 나타낸다. A_{ls}와 N_{ls}는 각각 리드스크루의 회전 각, 단위는 도, 그리고 회전 속도, 단위는 회전수/분을 나타낸다. 그리고 r_g = 모터 축과 리트스크루 사이의 기어 감속비를 나타낸다. 예를 들어 감속비 2는 리드스크루 1회전에 대해서 모터 축이 2회전 하는 것을 의미한다.

리드스크루의 회전에 따른 테이블의 직선 이동은 다음의 식과 같이 리드스크루의 피치 p에 의해서 결정된다.

$$x = \frac{p A_{ls}}{360} \tag{35.5}$$

여기서 x = 시작 위치에 상대적인 x-축 위치, 단위는 mm, p = 리드스크루의 피치, 단위는 mm/회전, 그리고 $A_{ls}/360$ = 리드스크루의 회전수(그리고 부분적인 회전수)를 나타낸다. 식 (35.2), (35.4a), 및 (35.5)를 조합하여 정리하면, 점간 제어 시스템에서 x-축 방향으로의 상대 이동에 필요한 펄스의 개수는 다음 식에 의해서 결정된다.

$$n_p = \frac{360 r_g x}{p \alpha} = \frac{r_g n_s A_{ls}}{360} \tag{35.6}$$

리드스크루 축 방향으로의 작업대 속도는 다음 식에 의해서 결정된다.

$$v_t = f_r = N_{ls} p \tag{35.7}$$

여기서 v_t = 작업대의 이동(travel) 속도, 단위는 mm/분, f_r = 작업대의 이송(feed) 속도, 단위는 mm/분, N_{ls}는 리드스크루의 회전 속도, 단위는 회전수/분, p = 리드스크루의 피치, 단위는 mm/회전이다. 리드스크루의 회전 속도는 스텝모터를 구동하는 펄스의 주파수에 의해 결정된다.

$$N_{ls} = \frac{60 f_p}{n_s r_g} \tag{35.8}$$

N_{ls}는 리드스크루의 회전 속도, 단위는 회전수/분, f_p = 펄스의 주파수, 단위는 Hz(펄스/초)이고, n_s = 스텝/회전 혹은 펄스/회전, r_g = 모터 축과 리트스크루 사이의 기어 감속비이다. 연속 경로제어를 하는 2축 테이블에서는 원하는 운동 경로 방향을 얻기 위해서 두 축의 상대 속도를 조정한다. 마지막으로 특정 이송 속도로 작업대를 구동하기 위해서 필요한 펄스 주파수는 식 (35.7)과 (35.8)을 결합하여 f_p에 대해서 정리한 다음 식에 의해서 구할 수 있다.

$$f_p = \frac{v_t n_s r_g}{60 p} = \frac{f_r n_s r_g}{60 p} = \frac{N_{ls} n_s r_g}{60} = \frac{N_m n_s}{60} \qquad (35.9)$$

예제 35.1 개루프 위치 제어

스텝모터가 48개의 스텝 각을 가지고 있다. 모터 축은 4 : 1의 감속비를 가지고 리드스크루와 연결되어 있다(리드스크루 한 회전에 대해서 모터 축은 4회전). 리드스크루 피치는 5.0 mm이다. 위치 제어 시스템의 작업대는 리드스크루에 의해서 구동된다. 테이블을 현재 위치로부터 400 mm/분의 속도로 75.0 mm 거리만큼 이동시키고자 한다. 다음 물음에 답하여라. (a) 명시된 거리를 이동하는 데 필요한 펄스의 수, (b) 모터의 속도, (c) 원하는 테이블 속도를 내기 위한 펄스의 주파수.

풀이

(a) 75 mm의 거리를 이동하기 위해서 리드스크루는 다음과 같이 계산된 각도만큼 회전하여여 한다.

$$A_{ls} = \frac{360x}{p} = \frac{360(75)}{5} = 5400°$$

스텝 각이 48개이고 기어 감속비는 4이므로 75 mm를 이동하기 위한 펄스의 개수는 다음과 같다.

$$n_p = \frac{4(48)(5400)}{360} = 2880 \text{ 펄스}$$

(b) 테이블의 속도 400 mm/분에 해당되는 리드스크루의 속도를 계산하기 위해서 식 (35.7)을 사용할 수 있다.

$$N_{ls} = \frac{v_t}{p} = \frac{400}{5.0} = 80.0 \text{ 회전수/분}$$

모터 속도는 네 배 만큼 빠르므로,

$$N_m = r_g N_{ls} = 4(80) = 320 \text{ 회전수/분}$$

(c) 마지막으로 펄스의 속도는 식 (35.13)에 의해서 다음과 같이 계산된다.

$$f_p = \frac{320(48)}{60} = 256 \text{ Hz}$$

폐루프 위치제어 시스템

그림 35.10(b)의 폐루프 NC 시스템은 의도된 위치를 보장하기 위해서 서보모터와 피드백 측정을 사용한다. NC에서(산업용 로봇에서도) 사용되는 일반적인 피드백 센서는 그림 35.11에 도시된 광학 회전 인코더이다. 광학 회전 인코더는 광원, 광전지(photocell), 그리고 광원이 통과해서 광전지에 전류를 일으키도록 슬롯이 뚫어진 디스크로 구성된다. 디스크는 회전축에 연결되고, 이 축은 직접 리드스크루에 연결된다. 리드스크루가 회전하면 슬롯을 통해서 광원이 단속적으로 광전지를 비추고, 단속적으로 비친 빛은 그에 상당하는 전기 펄스로 변환된다. 펄스의 수와 펄스의 주파수에 의해서 리드

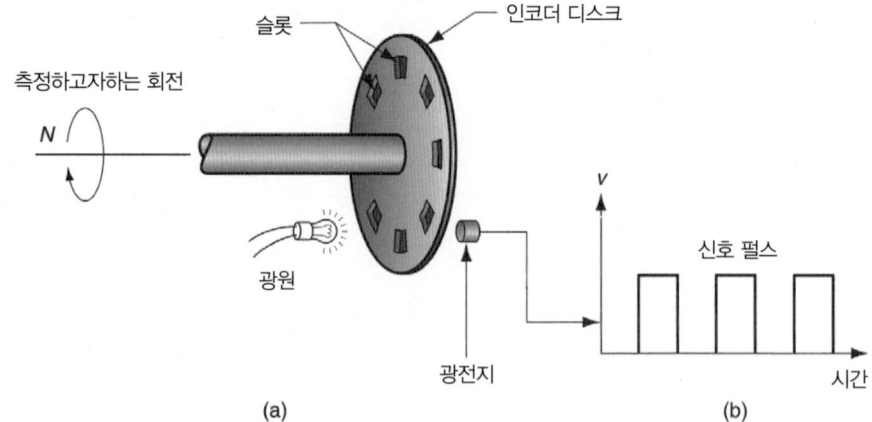

그림 35.11 광학 인코더. (a) 장치, (b) 디스크의 회전 측정을 위해 방사된 펄스.

스크루의 각도와 회전 속도를 계산하고, 리드스크루의 피치를 이용하여 작업대의 위치와 속도를 얻을 수 있다.

폐루프 위치 제어 시스템의 작동을 설명하는 식은 개루프 시스템과 유사하다. 기본적인 광학 인코더에서 디스크의 슬롯 간의 각도는 다음의 관계를 만족시켜야 한다.

$$\alpha = \frac{360}{n_s} \qquad (35.10)$$

여기서 α = 슬롯 간의 각도, 단위는 도/슬롯, n_s = 디스크의 슬롯 개수, 단위는 슬롯/회전, 그리고 360은 한 회전 당 각도이다. 리드스크루의 회전 각도에 대해서 인코더는 다음과 같은 개수의 펄스를 생성한다.

$$n_p = \frac{A_{ls}}{\alpha} = \frac{A_{ls}n_s}{360} \qquad (35.11)$$

여기서 n_p = 펄스의 개수, A_{ls} = 리드스크루의 회전 각도, 단위는 도, 그리고 α = 인코더의 슬롯 간 각도, 단위는 도/슬롯이다. 펄스의 개수는 리드스크루의 피치를 고려하여 다음과 같이 x-축 위치를 계산하는 데 사용될 수 있다.

$$x = \frac{pn_p}{n_s} = \frac{pA_{ls}}{360} \qquad (35.12)$$

유사하게 작업대가 이동하는 이송 속도는 펄스의 주파수로부터 얻어진다.

$$v_t = f_r = \frac{60pf_p}{n_s} \qquad (35.13)$$

여기서 v_t = 테이블 이동 속도, 단위는 mm/분, f_r = 이송 속도, 단위는 mm/분, p = 피치, 단위는 mm/회전, f_p = 펄스의 주파수, 단위는 Hz(펄스/초), n_s = 인코더 디스크의 슬롯 개수, 단위는 펄스/회전, 그리고 상수 60은 초를 분으로 변환한다. 식 (35.7)의 속도 관계는 폐루프 위치제어 시스템에서도 동일하게 적용된다.

인코더에서 생성된 펄스는 파트 프로그램에서 명시된 좌표 위치와 이송속도와 비교되고, 기계 제어 유닛에서 그 차이만큼 서보모터를 구동하여 리드스크루를 통해 작업대를 이동한다. 개루프 시스템에서와 같이 서보모터와 리드스크루 간에 감속이 사용될 수 있고, 식 (35.4)가 동일하게 적용된다.

MCU에서 사용되는 디지털 신호를 구동 모터를 작동하기 위한 연속적인 아날로그 신호로 변환하기 위해 디지털-아날로그 변환기가 사용된다. 여기서 설명된 타입의 폐루프 NC 시스템은 테이블의 이동에 저항하는 힘이 존재할 때 적합한 시스템이다. 대부분의 금속 절삭작업은 이 분류에 속하는데, 특히 밀링과 선삭처럼 연속 경로 제어가 필요할 때는 이러한 제어 시스템이 필요하다.

예제 35.2 NC 폐루프 위치 제어

NC 작업대가 서보모터, 리드스크루 그리고 광학 인코더로 구성된 폐루프 위치 제어 시스템에 의해서 구동된다. 리드스크루는 피치가 5.0 mm이고 모터 축과 기어비 4:1로 연결되어 있다(리드스크루 한 회전에 대해서 모터 축은 4회전). 광학 인코더는 리드스크루 한 회전 당 100펄스를 생성한다. 테이블이 400 mm/분의 이송 속도로 75.0 mm 거리를 이동하도록 프로그램되었다. 다음의 값을 계산하라. (a) 테이블이 정확히 75.0 mm 이동된 것을 확인하기 위해서 제어시스템이 받아야하는 펄스의 개수, (b) 펄스 속도, 즉 펄스 주파수, (c) 명시된 이송 속도에 해당하는 모터 속도.

풀이

(a) n_p를 계산하기 위해서 식 (35.12)를 재정리하면 다음과 같다.

$$n_p = \frac{xn_s}{p} = \frac{75(100)}{5} = 1500 \text{ 펄스}$$

(b) 400 mm/분에 해당하는 펄스 속도는 다음과 같이 식 (35.13)을 재정리하여 얻을 수 있다.

$$f_p = \frac{f_r n_s}{60 p} = \frac{400(100)}{60(5)} = 133.33 \text{ Hz}$$

(c) 리드스크루의 회전 속도는 테이블 속도를 피치로 나눈 값이다.

$$N_{ls} = \frac{f_r}{p} = 80 \text{ 회전/분}$$

기어비 $r_g = 4.0$이므로 모터 속도 $N = 4(80) = 320$회전/분이다.

위치 제어의 정밀도

위치 제어의 정밀도를 결정하는 세 가지의 척도는 제어 분해능(control resolution), 정확도(accuracy), 그리고 반복성(repeatability)이다. 이 용어들은 1축 위치 제어 시스템을 이용해서 쉽게 설명할 수 있다.

제어 분해능은 축 방향 전체 운동 범위를 제어 유닛에 의해서 구별할 수 있는 촘촘한 점들로 나누는 시스템의 성능을 의미한다. **제어 분해능**은 축 방향 운동에서 두 개의 이웃한 제어 포인트(control point) 간의 거리로 정의된다. 제어 포인트는 가끔 **지정 가능 포인트**(addressable point)로도 부르는데, 그 이유는 제어 포인트가 축상에서 작업대를 보낼 수 있는 위치이기 때문이다. 제어 분해능은 작을수록 바람직하다. 제어 분해능은 다음과 같은 요인에 의해 제한된다. (1) 위치 제어 시스템의 전자기계적 요소, (2) 제어기에서 축상의 좌표를 정의하기 위해서 사용되는 비트의 수.

분해능을 제한하는 전자기계적 요소로는 리드스크루의 피치, 구동 시스템에서의 기어비, 그리고 스텝모터의 스텝 각도(개루프 시스템에서) 혹은 인코더 디스크의 슬롯 간 각도(폐루프 시스템에서) 등이 있다. 이러한 요소들이 합쳐져서 제어 분해능 혹은 작업대가 이동할 수 있는 최소거리를 결정한다. 예를 들어 모터 축과 리드스크루 간에 기어 감속이 있고 스텝모터로 구동되는 개루프 시스템에 대한 제어 분해능은 다음과 같이 주어진다.

$$CR_1 = \frac{p}{n_s r_g} \tag{35.14a}$$

여기서 CR_1 = 전자기계 요소의 제어 분해능, 단위는 mm, p = 리드스크루 피치, 단위는 mm/회전, n_s = 스텝 개수, 단위는 스텝/회전, 그리고 r_g = 기어 감속비이다.

폐루프 위치 제어 시스템에 해당되는 식은 이와 유사하나 리드스크루에 직접 인코더가 부착되어 있기 때문에 기어 감속비가 포함되지 않는다. 따라서 폐루브 시스템의 제어 분해능은 다음과 같이 정의된다.

$$CR_1 = \frac{p}{n_s} \tag{35.14b}$$

여기서 n_s는 광학 인코더의 슬롯 개수를 의미한다.

현대 컴퓨터 기술에서는 흔치 않지만, 제어 분해능을 제한할 수 있는 두 번째 요소로는 좌표 값을 정의하는 비트의 수이다. 예를 들어 제어기의 비트 저장 능력에 따라서 이러한 제한이 가해질 수 있다. 만일 B가 한 축에 대한 저장 레지스터의 비트 수라면 한 축의 전체 범위를 나눌 수 있는 제어 포인트의 개수는 2^B개다. 제어 포인트가 전체 범위에서 등간격으로 분포된다면 관계식은 다음과 같다.

$$CR_2 = \frac{L}{2^B - 1} \tag{35.15}$$

여기서 CR_2 = 컴퓨터 제어 시스템의 제어 분해능, 단위는 mm, 그리고 L = 축의 범위, 단위는 mm이다. 위치 제어 시스템의 제어 분해능은 다음 식에서처럼 이 두 값 중 큰 값이다.

$$CR = \text{Max}\{CR_1, CR_2\} \tag{35.16}$$

일반적으로 $CR_2 \leq CR_1$이 바람직한데, 즉 제어 분해능의 제한요소는 전자기계 시스템이라는 의미이다.

위치 제어 시스템이 작업대를 주어진 제어 포인트로 보낼 때, 시스템이 그 위치로 이동할 수 있는 성능은 기계적 오차에 의해 제한된다. 이러한 오차는 리드스크루와 작업대 간의 움직임, 기어의 백래시(backlash), 기계요소의 변형 등과 같은 기계 시스템의 부정확성과 결함에 의해서 발생한다. 이 오차는 제어 포인트에 대해 평균이 0인 불편정규분포(unbiased normal distribution)의 통계적 분포를 가진다고 가정하는 것이 편리하다. 나아가서 축의 전 범위에서 분포의 표준편차가 일정하다고 가정하면, 거의 모든 기계적 오차(99.73%)가 제어 포인트의 ±3 표준편차 내에 포함된다. 이 내용이 그림 35.12에 세 개의 제어 포인트를 포함하는 축의 일부분에 대해서 그려져 있다.

이와 같은 제어 분해능과 기계적 오차 분포의 정의를 가지고 정확도와 반복성에 대해서 생각해보자. 정확도는 희망 목표 포인트가 두 개의 인접한 제어 포인트의 중간에 놓이는 최악의 시나리오에서 정의된다. 시스템은 두 제어 포인트 중의 한 개의 위치로만 이동 가능하기 때문에 작업대의 최종 위

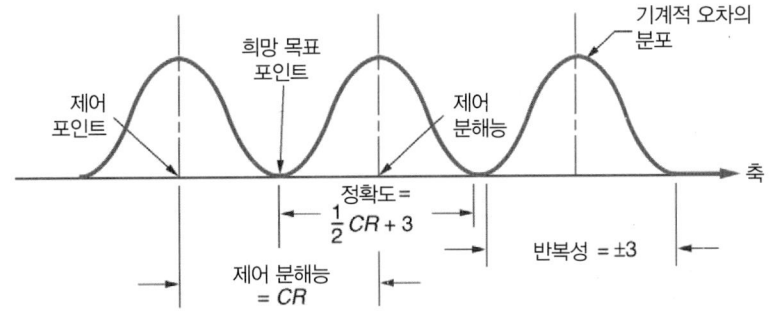

그림 35.12 제어 분해능, 정확도, 반복성의 정의와 함께 도시된 직선 위치 제어 시스템 축의 일부분.

치에는 오차가 생긴다. 목표 위치가 한 개의 제어 포인트에 가까우면 테이블은 가까운 제어 포인트로 이동하고 오차는 작아질 것이다. 하지만 정확성은 최악의 경우에 대해서 정의되는 것이 적절하다. 위치 제어 시스템의 축의 정확도는 희망하는 목표 위치와 시스템의 실제 위치 간에 발생할 수 있는 최대 오차이다. 식으로는 다음과 같이 표현된다.

$$\text{정확도} = 0.5\, CR + 3\sigma \tag{35.17}$$

여기서 CR = 제어 분해능, 단위는 mm, σ = 오차 분포의 표준 편차, 단위는 mm이다.

반복정밀도는 이미 프로그래밍된 제어 포인트로 돌아가는 위치 제어 시스템의 성능을 의미한다. 이 성능은 시스템이 제어 포인트 상으로 이동할 때 발생하는 위치 오차로 측정된다. 위치 오차는 위치 제어 시스템에서의 기계적 오차의 발현인데, 위에서 설명한 것처럼 정규 분포에 의해서 정의된다. 따라서 위치 제어 시스템의 한 축의 반복성은 다음 식과 같이 그 축과 연관된 기계적 오차의 범위로 정의된다.

$$\text{반복성} = \pm 3\sigma \tag{35.17}$$

예제 35.3 제어 분해능, 정확도 및 반복정밀도

예제 35.1에서 개루프 위치 제어 시스템의 기계적인 부정확도는 표준편차가 0.005 mm인 정규분포에 의해서 표현된다. 작업대 축의 운동 범위는 550 mm이고 프로그램된 위치를 저장하는 디지털 제어기에서 사용되는 이진 레지스터는 16비트를 사용한다. 이와 같은 위치 제어 시스템에 대해서 다음의 값을 결정하여라. (a) 제어 분해능, (b) 정확도, (c) 반복성.

풀이

(a) 제어 분해능은 식 (35.14a)와 (35.15)에서 정의된 CR_1과 CR_2 중에서 큰 값이다.

$$CR_1 = \frac{p}{n_s r_g} = \frac{5.0}{48(4)} = 0.0260 \text{ mm}$$

$$CR_2 = \frac{L}{2^B - 1} = \frac{550}{2^{16} - 1} = \frac{550}{65,535} = 0.0084 \text{ mm}$$

$$CR = \text{Max}\{0.0260, 0.0084\} = 0.0260 \text{ mm}$$

(b) 정확도는 식 (35.17)에 의해서 계산된다.

$$정확도 = 0.5(0.0260) + 3(0.005) = 0.0280 \, \text{mm}$$

(c) 반복성 $= \pm 3(0.005) = \pm 0.015 \, \text{mm}.$

35.3.3 NC 파트 프로그래밍

공작기계에서 시스템을 프로그래밍하는 작업을 NC 파트 프로그래밍이라고 부르는데, 그 이유는 주어진 부품(part)에 대한 프로그램을 준비하는 작업이기 때문이다. 이 작업은 보통 공장의 특정 장비에 대한 프로그래밍 절차를 배웠고 금속가공 공정에 익숙한 작업자에 의해서 수행된다. 다른 종류의 공정에 대해서는 프로그래밍에 다른 종류의 용어가 사용될 수는 있지만 원리는 유사하고 훈련을 받은 작업자가 프로그램을 수행한다. NC 프로그래밍에는 컴퓨터 시스템이 광범위하게 사용된다. 파트 프로그래밍에서는 프로그래머가 좌표계 상의 공작물에 대한 점, 선, 곡면을 정의한다. 그리고 이렇게 정의된 부품의 특징에 대해 상대적으로 공구의 이동을 제어한다. 몇 가지의 파트 프로그래밍 기법이 존재하는데 가장 중요한 기법은 다음과 같다. (1) 수동 파트 프로그래밍, (2) 컴퓨터 지원 파트 프로그래밍, (3) CAD/CAM 지원 파트 프로그래밍, (4) 수동 데이터 입력.

수동 파트 프로그래밍

드릴링 작업과 같은 단순한 점간 위치 제어 기계가공 작업에서는 수동 프로그래밍 작업이 가장 쉽고 경제적이다. 수동 파트 프로그래밍은 공정 단계를 정의하기 위해서 기본적인 수치데이터와 특수 알파뉴메릭(alphanumeric) 코드를 사용한다. 예를 들어 드릴링 작업을 수행하기 위해서 다음과 같은 형식의 명령을 입력한다.

$$n010 \quad x70.0 \quad y85.5 \quad f175 \quad s500$$

문장에서의 각 '워드(word)'는 드릴링 작업의 상세 사항을 명시한다. n-워드(n010)는 단순하게 문장의 순서를 표시하는 번호이다. x-워드와 y-워드는 x와 y좌표($x = 70.0 \, \text{mm and } y = 85.5 \, \text{mm}$)를 나타낸다. f-워드와 s-워드는 드릴링 작업에 사용되는 이송 속도와 주축 속도를 나타낸다(이송 속도 $= 175 \, \text{mm/분}$, 주축 속도 $= 500 \, \text{회전/분}$). 전체 NC 파트 프로그램은 이와 같은 명령과 유사한 문장들의 연속으로 구성된다.

컴퓨터 지원 파트 프로그래밍

컴퓨터 지원 파트 프로그래밍에서는 고급 프로그래밍 언어를 사용한다. 이 방법은 수동 프로그래밍에서 보다 더 복잡한 작업의 프로그래밍에 적합하다. 맨 처음 개발된 파트 프로그래밍 언어는 APT(automatically programmed tooling)인데 처음의 NC 공작기계 연구의 확장으로 개발되었고 1960년경에 처음으로 현장에서 사용되었다.

APT에서는 파트 프로그래밍 작업이, (1) 파트의 기하학적 형상 정의, (2) 공구 경로와 작업 순서의 명시 등 두 단계로 구분된다. 첫 번째 단계에서 파트 프로그래머는 점, 선, 평면, 원, 실린더와 같은 기본적인 기하 요소를 이용하여 공작물의 기하학적 형상을 정의한다. 이러한 기본 요소는 다음과 같이 APT 기하 문장을 이용하여 정의된다.

$$P1 = POINT/25.0, 150.0$$
$$L1 = LINE/P1, P2$$

P1은 x-y 평면상에서 $x = 25$ mm, $y = 150$ mm에 위치하는 점이다. L1은 P1과 P2를 통과하는 직선이다. 원, 실린더 및 다른 기하 요소를 정의하기 위해서도 이와 유사한 문장들이 사용된다. 대부분의 공작물 형상은 면, 코너, 에지 및 구멍의 위치 등을 정의하기 위한 이러한 문장들로 표현이 가능하다. 공구 경로는 APT 이동 문장으로 명시한다. 점간 이동을 위한 전형적인 문장은 다음과 같다.

GOTO/P1

이 문장은 공구가 현 위치에서 이미 APT 기하 문장으로 정의한 P1의 위치로 이동하게 한다. 연속 경로 명령은 직선, 원, 평면과 같은 기하 요소를 사용한다. 예를 들어 다음의 문장은 공구가 직선 L3의 오른쪽을 따라서 직선 L4를 지나가는 위치까지 이동하도록 한다(물론 L4는 L3와 교차하는 직선이어야 한다).

GORGT/L3, PAST, L4

이송 속도, 주축 속도, 공구 크기, 공차 등 작업 파라미터를 정의하기 위해서는 추가적인 APT 문장들이 사용된다.

프로그램이 완료되면 파트 프로그래머는 APT 프로그램을 컴퓨터에 입력한다. 파트 프로그램은 이 컴퓨터에서 특정 공작기계에서 사용될 수 있는 하위 레벨의 문장(수동 파트 프로그래밍에서 사용되는 문장과 유사한)으로 변환된다.

CAD/CAM 지원 파트 프로그래밍

CAD/CAM 기술은 프로그래머와의 상호작용을 허용하는 컴퓨터 그래픽스 시스템(CAD/CAM 시스템)에 의해 파트 프로그래밍을 한 단계 더 발전시켰다. APT가 사용되는 전통적인 프로그래밍에서는 완전한 프로그램을 만든 다음 컴퓨터에 입력한다. 따라서 많은 오류들이 컴퓨터로 처리하기 전에는 발견되지 않는다. CAD/CAM 시스템을 사용하면 각 문장을 입력할 때마다 문장이 정확한지에 대한 시각적인 검증이 가능하다. 프로그래머가 파트 형상을 입력할 때 기하 요소들이 모니터에 디스플레이 된다. 공구경로가 구성되면 프로그래머는 공구에 대한 이동 명령에 의해 어떻게 공구가 공작물에 대해 상대적으로 운동하는지 정확하게 볼 수 있다. 따라서 오류는 프로그램이 완료되기 전에 즉시 수정될 수 있다.

프로그래머와 프로그래밍 시스템 간의 상호 작용은 CAD/CAM 지원 프로그래밍의 중요한 장점이다. NC 파트 프로그래밍에 CAD/CAM을 사용하는 것에는 다른 중요한 장점들이 또 있다. 첫 번째로 제품과 그 부품들이 CAD/CAM 시스템에서 설계되었을 수 있다. 이때 각 부품의 기하학적 정의를 포함하는 설계 데이터베이스는 NC 프로그래머가 파트 프로그래밍의 기초 형상으로 사용할 수 있다. 이러한 데이터 재사용은 APT 기하 문장을 사용하여 처음부터 부품을 모델링하는 것에 비해서 많은 시간을 절약할 수 있게 해준다.

두 번째로 CAD/CAM 지원 파트 프로그래밍에서는 공구 경로의 일부를 자동으로 생성할 수 있게 해주는 소프트웨어가 있다. 이러한 자동 공구 경로 생성은 공작물의 바깥쪽 주변을 따라서 가공하는 윤곽 밀링, 포켓 밀링, 곡면 윤곽 밀링, 특정 점간 이동 작업들을 포함한다. 이러한 소프트웨어 루틴은 특수 **매크로** 명령이라고 부른다. 이러한 루틴의 사용에 의해서 프로그래밍 시간과 노력을 많이 절감할 수 있다.

수동 데이터 입력

수동 데이터 입력(manual data input, MDI)은 기계 오퍼레이터가 공장에서 파트 프로그램을 직접 입력하는 방법이다. 이 방법에서는 공작기계 제어기의 그래픽 기능이 있는 CRT 디스플레이를 사용한다. 보통 공작기계 오퍼레이터가 최소한의 교육을 받고, 메뉴를 사용하여 NC 파트 프로그램 문장을 입력한다. 파트 프로그래밍이 단순하고 NC 파트 프로그래밍을 위한 특별한 스태프가 필요치 않기 때문에, MDI는 소규모 기계공장에서 NC를 도입할 사용하기 좋은 방법이다.

35.3.4 NC의 응용

절삭가공은 수치제어의 가장 중요한 응용분야이지만, NC의 작동원리는 그 밖의 여러 분야에 응용될 수 있다. 주축대의 위치가 작업 중인 부품 또는 제품에 대해 상대적으로 제어되어야 하는 산업공정은 많다. 이들을 두 가지로 나누어보면, (1) 공작기계 관련 응용분야, (2) 비공작기계 응용분야로 나눌 수 있다. 하지만 각각의 해당분야에서 NC라는 용어를 사용하는 것은 아니다.

공작기계 관련 응용분야에서 NC는 선삭, 드릴링, 밀링 등과 같은 절삭가공 공정에 폭넓게 사용된다(각각 20.2절, 20.3절, 20.4절). 절삭가공에서 NC의 사용은 고도로 자동화된 공작기계인 **머시닝센터**(machining center) 개발의 동기가 되었는데, 머시닝 센터는 NC 프로그램 제어에 의해 스스로 절삭공구를 교환하며, 다양한 절삭작업들을 수행한다(20.5절). 절삭가공 이외에도, 다음과 같은 수치제어 공작기계들이 있다. (1) 연삭기(23.1절), (2) 금속박판의 프레스 가공기(18.5.2절), (3) 튜브 벤딩기(18.7절), (4) 열에 의한 절단공정(24.3절) 등이 그 예이다.

비공작기계 응용분야는 (1) 복합재료를 위한 테이프 적층기와 필라멘트 와인딩기(13.4.3절, 13.6절), (2) 아크용접기(29.1절)와 저항용접기(29.2절), (3) 전자조립을 위한 부품삽입기(33.3절, 33.4절), (4) 제도기, (5) 검사를 위한 3차원 측정기(39.6.1절)가 있다.

이들 NC 응용분야에서 수동으로 조작하는 장비에 대비되는 NC의 이점은 (1) 결과적으로 사이클 타임을 줄이게 되는, 비생산적인 시간의 감축, (2) 제조 리드타임의 단축, (3) 더 간단한 고정 방법(fixturing), (4) 제조 유연성의 증가, (5) 정확도의 증가, (6) 작업자 오류 감소 등이다

35.4 산업 로봇공학

산업용 로봇(industrial robot)은 인간과 유사한 특성을 가지고 있고 프로그램이 가능한 범용 기계이다. 산업용 로봇에서 인간과 가장 유사한 부분은 기계팔 또는 매니퓰레이터(manipulator)이다. 현대의 산업용 로봇 제어장치는 복잡한 서브루틴을 수행할 수 있는 컴퓨터로, 지능부여가 가능하여 때때로 거의 사람처럼 보이기도 한다. 로봇팔은 고수준의 제어기와 결합되어 있어서 산업용 로봇이 생산기계의 소재 장착과 탈착, 점용접, 그리고 스프레이 도장작업 같은 다양한 작업을 수행할 수 있는 것이다. 로봇은 이러한 작업 영역들에서 작업자를 대체하여 사용되고 있다. 최초의 산업용 로봇은 포드 자동차사의 다이캐스팅 공정에 설치되었는데, 로봇은 다이캐스팅 기계에서 주물을 탈착하는 일을 수행하였다.

이 절에서는 산업용 로봇을 프로그래밍하는 방법을 포함하여, 로봇 기술과 응용에 대해서 다룬다.

35.4.1 로봇의 구조

산업용 로봇은 로봇팔과 그것을 구동하고, 관련된 다른 기능들을 수행하는 제어기로 이루어진다. 로봇팔은 베이스에 대해서 상대적으로 끝부분의 위치와 방향을 잡아주는 관절(joint)들과 링크(link)들로 구성된다. 제어기는 프로그램된 동작 사이클을 실행하기 위해서 관절들을 조화시켜 구동하는 하드웨어와 소프트웨어로 이루어진다. **로봇의 구조**(robot anatomy)는 로봇팔 및 그 구성과 관련이 있다. 그림 35.13은 산업용 로봇의 일반적인 구조를 보여준다.

로봇팔의 관절과 링크

로봇의 관절은 인체의 관절과 유사하다. 이것은 몸의 두 부분 사이의 상대운동을 가능하게 한다. 각 관절에서는 입력 링크와 출력 링크가 연결되며, 각 관절은 입력링크에 대해 출력 링크를 상대적으로 운동시킨다. 로봇팔은 연속된 링크-관절-링크의 조합으로 구성되며, 한 관절의 출력링크는 다음 관절의 입력링크가 된다. 일반적인 산업용 로봇은 5개 또는 6개의 관절을 가지고 있다. 이 관절들의 조화운동(coordinated movement)에 의해 로봇이 생산적인 작업을 수행하기 위해서 물체를 이동하고, 위치시키며, 방향을 바꿀 수 있게 된다. 로봇팔의 관절은 직선형과 회전형으로 구분되는데, 이 분류는 입력링크에 대한 출력링크의 상대 운동 형태에 따른 것이다.

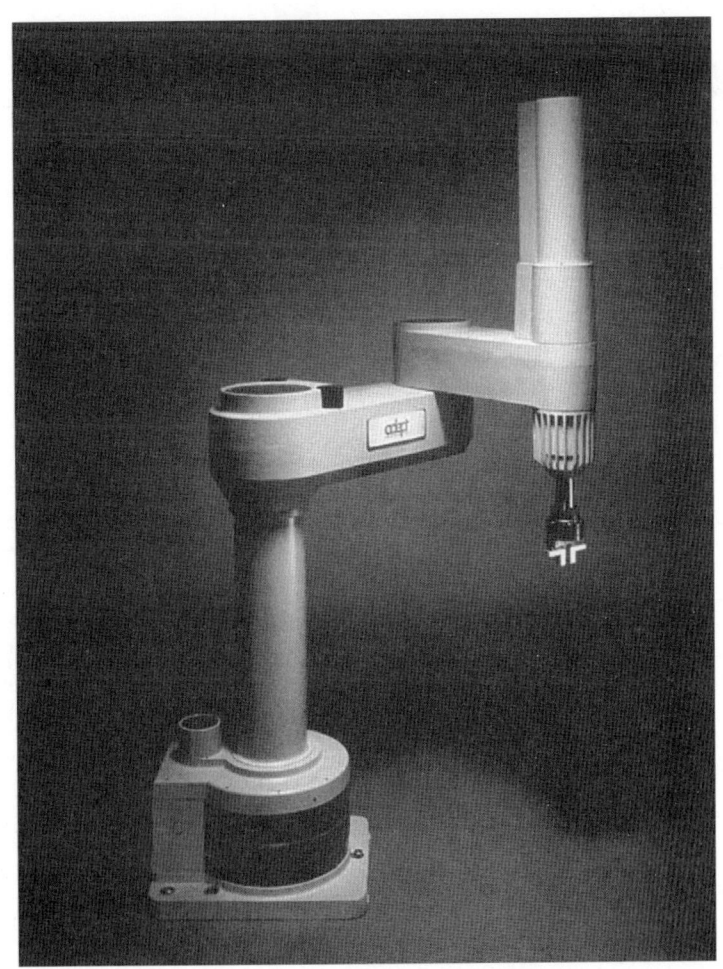

그림 35.13 현대적인 산업용 로봇의 로봇팔(Adept Technology, Inc., Pleasanton, CA 제공)

로봇팔 설계

두 가지 기본 타입의 관절을 조합하여 로봇팔을 구성하는데, 각각의 관절은 링크에 의해 구분된다. 대부분의 산업용 로봇들은 바닥에 고정된다. 이 베이스를 링크 0이라고 하자. 이 링크는 링크 1을 출력링크로 갖는 관절 1의 입력링크이며, 링크 1은 링크 2를 출력링크로 갖는 관절 2의 입력 링크가 된다. 관절과 링크의 연결 관계는 이런 방식으로 계속된다.

로봇팔은 팔-몸체(arm-and-body) 조립체와 손목(wrist) 조립체의 두 부분으로 나눌 수 있다. 팔-몸체에는 보통 세 개의 관절이 있고, 손목에는 두 개 혹은 세 개의 관절이 있다. 팔-몸체의 기능은 물체나 공구의 위치잡기이며, 손목의 기능은 물체나 공구의 자세잡기이다. 위치잡기란 부품이나 공구를 한 곳에서 다른 곳으로 이동시키는 것이다. 자세잡기란 물체를 작업 영역 내의 어떤 고정위치에 상대적으로 정교하게 방향을 맞추는 것이다.

이러한 기능들을 수행하기 위해서, 팔-몸체 설계는 손목의 설계와는 다르다. 위치잡기는 공간적으로 큰 이동을 필요로 하며, 자세잡기는 작업장의 고정위치에 대해 부품 또는 공구를 정렬하기 위해 비틀거나 회전하는 운동을 필요로 한다. 팔-몸체는 큰 링크들과 관절들로 구성되며, 손목은 짧은 링크들로 구성된다. 팔-몸체 관절은 일반적으로 직선운동과 회전운동 타입을 모두 포함하며, 손목 관절은 대개 회전운동 타입이다.

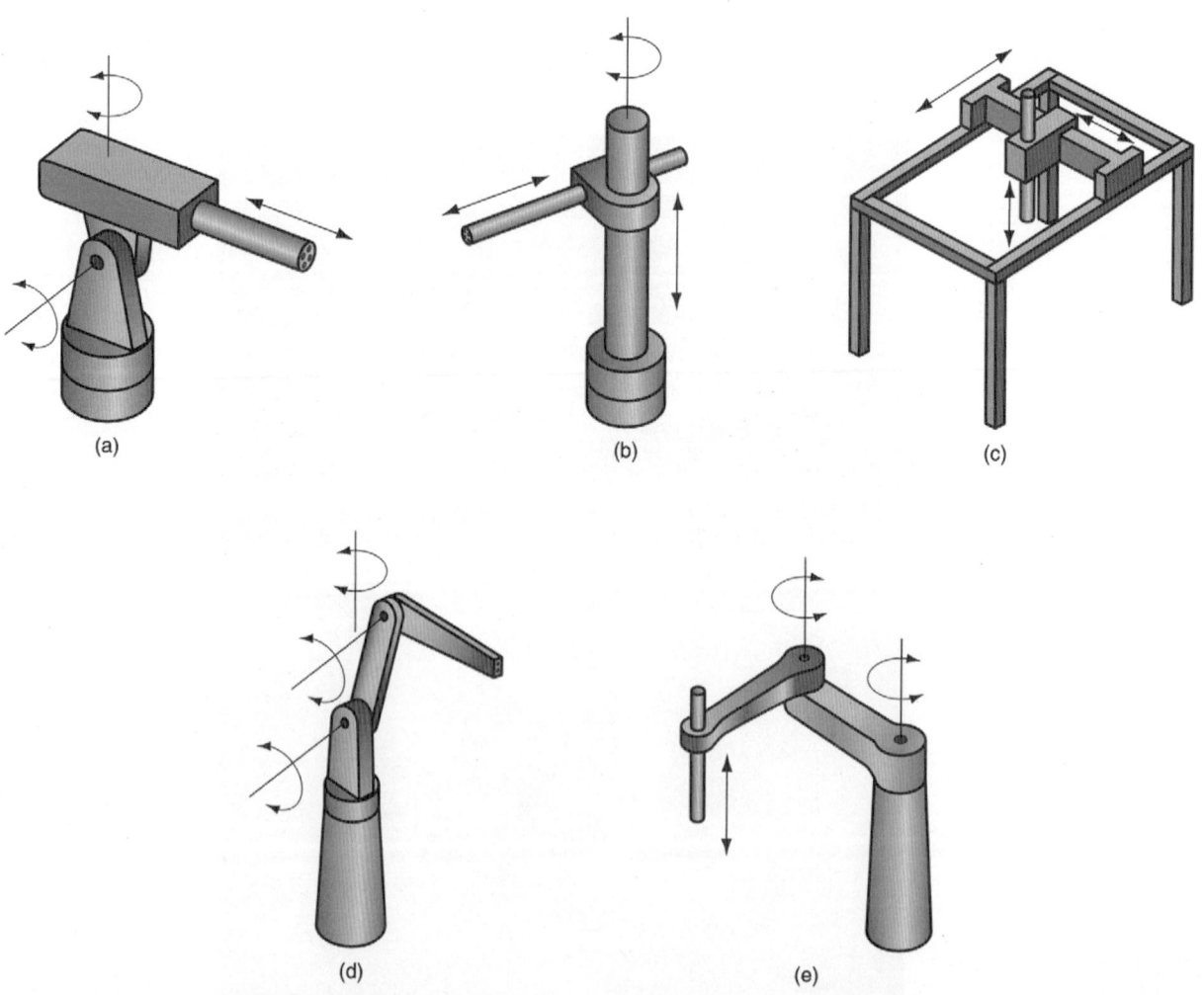

그림 35.14 산업용 로봇의 다섯 가지 기본 구조. (a) 극좌표형, (b) 원통좌표형, (c) 직교좌표형, (d) 다관절, (e) SCARA.

상업적으로 사용되는 산업용 로봇들은 그림 35.14에 나와 있는 것처럼 다섯 가지의 팔-몸체 구성으로 분류된다. 그림 35.14의 (e)와 그림 35.13에 있는 타입을 SCARA 로봇이라고 하는데, 이는 'selectively compliant assembly robot arm(선택적으로 유연한 조립 로봇팔)' 의 약자이다. 이것은 어깨와 팔꿈치 관절의 회전축이 수직이라는 것만 제외하면 다관절 로봇과 유사하며, 수직방향으로는 강성이 크지만, 수평 방향으로는 상대적으로 유연성을 가진다.

손목은 어떤 팔-몸체 기본 구조에서도 마지막 링크에 부착된다. SCARA의 경우는 예외인데, 그 이유는 수직운동이 포함되는 단순한 핸들링 및 조립 작업들에 주로 사용되기 때문이다. 따라서 로봇 팔의 끝부분에 항상 손목이 존재해야 하는 것은 아니다. SCARA에서는 보통 이동이나 조립을 위해서 부품을 잡을 수 있는 그리퍼가 손목대신에 사용된다.

작업공간과 운동 정밀도

산업용 로봇에 대한 중요한 기술적 고려사항들 중 하나는 작업공간의 크기이다. **작업공간**(work volume)은 로봇팔이 손목의 끝을 위치 및 회전시킬 수 있는 범위(envelope)로 정의된다. 이 공간은 관절의 개수, 타입, 운동범위, 그리고 링크들의 크기에 의해서 결정된다. 작업공간은 로봇이 수행할 응용분야를 결정하는 데 매우 중요한 역할을 한다.

35.3.2절에서 다루었던 NC 위치제어 시스템의 제어 분해능, 정확도, 반복성의 정의는 산업용 로봇에도 동일하게 적용된다. 로봇팔도 결국 위치제어시스템이라고 할 수 있다. 일반적으로, 로봇의 관절과 링크는 공작기계의 기계요소들에 비해 강성이 떨어지기 때문에, 운동의 정확도와 반복성이 공작기계보다 좋지 못하다.

단말작동체

산업용 로봇은 범용기계이다. 로봇을 특정한 응용분야에 사용하려면, 해당 응용분야에 맞게 설계된 특별한 공구를 장착하는 것이 필요하다. **단말작동체**(end effector)란 특정작업을 수행할 수 있도록 손목에 장착하는 특별한 공구이며, 일반적으로 악력기(gripper)와 공구의 두 가지 종류가 있다. 공구는 로봇이 어떤 제조공정을 수행할 때 사용된다. 특수 공구에는 점용접 건(gun), 아크용접 공구, 분사 페인팅 노즐, 회전 주축, 가열 토치, 조립 공구(예를 들어 자동 스크루드라이버) 등이 있다. 로봇은 공작물에 대해 상대적으로 공구를 움직이도록 프로그래밍 된다.

악력기는 작업 사이클 중에 물체를 잡고 이동시키는 데 사용된다. 물체는 대개 공작물이 되며, 단말작동체는 특정 부품에 맞게 설계된다. 악력기는 부품의 배치, 기계로의 장착 및 탈착, 그리고 팰리

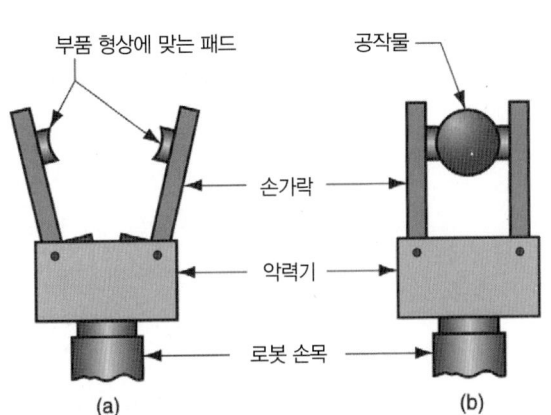

그림 35.15 로봇 그리퍼 (gripper). (a) 열린 상태, (b) 공작물을 잡기 위해 닫힌 상태.

타이징(palletizing) 등의 작업에 사용된다. 그림 35.15는 전형적인 악력기의 구조를 보여주고 있다.

35.4.2 제어 시스템과 로봇 프로그래밍

로봇 제어기는 프로그램 동작 사이클을 수행하는 동안 관절들을 제어하는 전자 하드웨어와 소프트 웨어로 구성된다. 오늘날 대부분의 로봇 제어유닛은 마이크로컴퓨터를 기반으로 구성되어있다. 로봇 제어 시스템은 다음과 같이 분류된다.

1. **점간 제어를 하는 재연**(playback with point-to-point(PTP) control). 수치제어와 마찬가지로, 로 봇 동작제어는 점간제어와 연속경로로 나뉜다. 점간제어 재연 로봇을 위한 프로그램은 일련의 점 위치들과 동작 사이클 동안 이 점들을 지나가는 순서로 구성된다. 프로그램 작성과정에서 이 점들 은 메모리에 저장되며, 프로그램이 실행되는 동안 재연된다. 점간 동작에서는 최종 위치에 도달하 기까지의 경로는 제어되지 않는다.

2. **연속 경로 제어를 하는 재연**(playback with continuous path(CP) control). 연속경로제어는 개별 적인 점들이 아니라 이동경로가 메모리에 저장된다는 점을 제외라고는 PTP와 유사하다. 두 점 사 이의 직선 운동과 같은 표준적인 CP 이동에서, 로봇팔의 이동 경로는 제어유닛이 각각의 이동에 대해 계산한다. 스프레이 페인팅 같은 비정형적인 연속 이동에서는 연속된 다수의 촘촘한 점들로 표현되는 근사 궤적으로 경로를 정의한다. 연속경로 운동을 할 수 있는 로봇은 점간 이동도 할 수 있다.

3. **지능제어**(intelligent control). 최신의 산업용 로봇들은 지능적으로 행동하는 것처럼 보이는 특징 들을 가지고 있다. 이 특징들은 머신비전과 같은 복잡한 센서들에 반응하고, 동작 사이클 도중 문 제가 발생할 경우 의사결정을 수행하고, 연산을 수행하며 사람과 대화하는 능력을 포함한다. 로봇 지능은 강력한 마이크로프로세서와 진보된 소프트웨어 기술에 의해 구현된다.

로봇은 NC 파트 프로그램과 같이 이미 저장되어있는 명령 프로그램을 실행하는데, 이 프로그램 은 동작 사이클에서의 일련의 동작들과 위치들을 정의하고 있다. 프로그램에는 동작 명령 이외에도 외부장치들과의 상호 작용, 센서에 대한 응답, 데이터 처리 등과 같은 기능들이 포함된다.

최신 로봇 프로그래밍 방식에는 교시형 프로그래밍과 컴퓨터 프로그래밍 언어의 두 가지 방식이 있다. **교시형 프로그래밍**(leadthrough programming)은 원하는 동작 사이클을 따라 프로그래머가 로봇팔을 동작시키고, 제어기가 이 동작을 메모리에 저장해 놓았다가 나중에 이를 재연하는 방식이 다. 교시 과정을 수행하는 방법으로는 동력이용 교시와 수동 교시의 두 가지 방법이 있다. **동력이용 교시**(powered leadthrough)에서는 로봇팔을 동작시키기 위해 제어박스가 사용되는데, 제어 박스에 는 로봇팔 관절의 움직임을 제어하기 위한 토글스위치나 버튼이 있다. 프로그래머는 제어 박스를 이 용하여 로봇팔을 각각의 위치로 이동시켜서 각 위치를 메모리에 저장한다. 동력이용 교시는 일반적 으로 점간제어를 하는 재연 방식의 로봇에 사용된다. **수동 교시**(manual leadthrough)는 연속 경로 제어를 하는 재연방식의 로봇에 사용된다. 이 방식에서는 프로그래머가 동작 사이클 동안 물리적으 로 로봇팔의 손목을 움직인다. 스프레이 페인팅을 비롯한 다른 작업들에는 이 프로그래밍 방법이 더 편리하다.

로봇을 프로그래밍하기 위한 **컴퓨터 프로그래밍 언어**는 마이크로컴퓨터 제어기의 사용과 함께 발전해 왔다. 최초의 상용 언어는 1979년경에 소개되었다. 컴퓨터 언어는 동작사이클 동안의 의사결정 논리, 다른 장비들과의 연동, 센서와의 인터페이스 등 운동이 아닌 기능들을 통합하기에 용이하다. 로봇 프로그램에 대한 더욱 깊이 있는 설명은 참고문헌 [6]에 나와 있다.

35.4.3 산업용 로봇의 응용

일부 산업 분야의 작업은 로봇에 자리를 내어주고 있다. 다음과 같은 작업환경 특성들이 작업자를 로봇으로 대체하는 것을 가속화시키는 상황을 만들고 있다. (1) 인간에게 유해한 작업환경, (2) 반복적 작업 사이클, (3) 고정위치에서 수행되는 작업, (4) 작업자가 취급하기 어려운 부품이나 공구, (5) 복수교대 작업, (6) 장시간 지속되고 교체가 드문 작업, (7) 부품의 위치와 방향이 동작 사이클의 시작점에서 결정되는 경우.

이러한 특성들에 맞는 산업용 로봇의 응용분야는 일반적으로 (1) 자재취급, (2) 가공 프로세스, (3) 조립 및 검사의 세 가지 범주로 분류된다.

자재취급(material handling)은 자재나 부품을 한 장소에서 다른 장소로 옮기는 작업이다. 이 운반 작업을 수행하기 위해서는 로봇에 악력기를 장착해야 한다. 전술한 바와 같이, 악력기는 해당 응용분야의 특정한 부품을 잡기 위해 맞춤설계 되어야한다. 자재취급 분야에는 자재 이송(부품 배치, 팰릿타이징, 디팰릿타이징)과 공작기계, 프레스, 플라스틱 사출성형기와 같은 기계에서의 장착 및 탈착이 포함된다.

가공 공정 분야에서는 로봇에 단말작동체로 공구가 장착되어 사용된다. 응용 분야에는 점용접, 연속 아크용접, 스프레이 코팅, 그리고 금속의 절삭가공과 디버링이 포함된다. 이러한 응용 분야에서는 로봇팔이 단말작동체로 특수한 도구들을 사용한다. 점용접 응용사례가 그림 35.16에 나와 있다. 로

그림 35.16 로봇이 점용접 작업을 수행하는 자동차 조립 라인(Ford Motor Company, Dearborn, MI 제공).

봇에 의한 점용접은 자동차 산업에서 가장 활발하게 사용된다.

조립 및 검사 응용분야는 앞에서 설명한 분야처럼 명확하게 분류되지 않는데, 어떤 경우에는 자재 취급 작업을, 다른 경우에는 도구의 조종과 관련이 있다. 조립 작업은 주로 어떤 부품을 다른 부품 위에 놓는 것이어서 기본적으로 자재취급이라고도 볼 수 있다. 다른 작업에서는 자동 스크루드라이버와 같은 공구를 조정해서 조립을 수행하기도 한다. 이와 유사하게 검사 작업은 검사기기에 대해 특정한 상대적인 위치로 공작물을 위치시키거나, 검사장비에 부품을 장착한다. 어떤 경우에는 검사를 수행하기 위해서 센서를 조작하는 작업들이 포함된다.

참고문헌

[1] Asfahl, C. R. *Robots and Manufacturing Automation.* John Wiley & Sons, Inc., New York, 1992.

[2] Bollinger, J. G., and Duffie N. A. *Computer Control of Machines and Processes.* Addison-Wesley Longman, Inc., New York, 1989.

[3] Chang, C-H., and Melkanoff, M. A. *NC Machine Programming and Software Design,* 3rd ed. Prentice Hall, Inc., Upper Saddle River, New Jersey, 2005.

[4] Engelberger, J. F. *Robotics in Practice: Management and Applications of Robotics in Industry.* AMACOM, New York, 1985.

[5] Groover, M. P. *Automation, Production Systems, and Computer Integrated Manufacturing,* 3rd ed. Pearson/Prentice Hall, Upper Saddle River, New Jersey, 2008.

[6] Groover, M. P., Weiss, M., Nagel, R. N., and Odrey, N. G. *Industrial Robotics: Technology, Programming, and Applications.* McGraw-Hill, New York, 1986.

[7] Hughes, T. A., *Programmable Controllers,* 4th ed. Instrumentation, Systems, and Automation Society, Research Triangle Park, North Carolina, 2005.

[8] Pessen, D. W. *Industrial Automation.* John Wiley & Sons, Inc., New York, 1989.

[9] Seames W. *Computer Numerical Control, Concepts and Programming.* Delmar-Thomson Learning, Albany, New York, 2002.

[10] Webb, J. W., and Reis, R. A. *Programmable Logic Controllers: Principles and Applications,* 5th ed. Pearson/Prentice Hall, Upper Saddle River, New Jersey, 2003.

[11] Weber, A. "Robot Dos and Don'ts," *Assembly,* February 2005, pp. 50–57.

복습문제

35.1 제조시스템이라는 용어를 정의하여라.

35.2 자동화 시스템의 세 가지 기본 구성요소는?

35.3 자동화 시스템에서 전기 동력을 사용해서 얻는 장점은?

35.4 폐루프 제어 시스템과 개루프 제어 시스템의 차이는?

35.5 고정 자동화와 프로그래머블 자동화의 차이점은 무엇인가?

35.6 센서란 무엇인가?

35.7 자동화 시스템에서 액추에이터란 무엇인가?

35.8 접촉 입력 인터페이스란 무엇인가?

35.9 프로그래머블 로직 자동화란 무엇인가?

35.10 NC시스템의 세 가지 기본 요소들을 들고 각각을 간략하게 설명하여라.

35.11 운동제어시스템에서 점간제어와 연속경로제어의 차이점은 무엇인가?

35.12 절대 위치제어와 증분 위치제어의 차이점은 무엇인가?

35.13 개루프 위치제어와 폐루프 위치제어의 차이점은 무엇인가?

35.14 어떤 상황에서 폐루프 위치제어가 개루프 위치제어보다 더 바람직한가?

35.15 광학 인코더의 작동원리에 대해 설명하여라.

35.16 제어기의 저장 레지스터보다 전자기계 시스템이 제어 분해능의 한계요인이 되는 이유는 무엇인가?

35.17 NC 파트 프로그램에서 수동데이터 입력이란 무엇인가?

35.18 공작기계 외의 NC 응용분야에는 무엇이 있는가?

35.19 수동으로 운영되는 다른 방식들에 비하여 NC의 이점은 무엇인가?

35.20 산업용 로봇이란 무엇인가?

35.21 산업용 로봇이 NC와 어떤 점에서 유사한가?

35.22 단말작동체란 무엇인가?

35.23 로봇 프로그래밍에서 동력이용 교시와 수동 교시의 차이점은 무엇인가?

객관식문제(21개의 답)

35.1 자동화 시스템의 세 가지 구성요소는? (a) 액추에이터, (b) 통신 시스템, (c) 제어 시스템, (d) 피드백 루프, (e) 사람, (f) 동력, (g) 명령 프로그램, (h) 센서.

35.2 자동화 시스템의 세 가지 기본 타입은 고정 자동화, 프로그래머블 자동화, 그리고 유연 자동화이다. 유연 자동화는 프로그래머블 자동화의 확장으로 셋업의 변경이나 재프로그래밍으로 인한 생산 시간의 낭비가 거의 없다. (a) 맞다, 혹은 (b) 틀리다.

35.3 센서의 입력/출력 관계는 다음의 용어로 지칭된다. (a) 아날로그, (b) 변환기, (c) 민감도, (d) 전달 함수.

35.4 스텝 모터는 다음 중 어느 타입의 장치에 속하는가? (a) 액추에이터, (b) 인터페이스 장치, (c) 펄스 계수기, (d) 센서.

35.5 접촉 입력 인터페이스는 외부 소스로부터 컴퓨터로 아날로그 데이터를 읽어 들이는 장치이다. (a) 맞다, 혹은 (b) 틀리다.

35.6 프로그래머블 로직 컨트롤러는 제어 분야에서 다음 중 어느 것을 대체하는가? (a) 컴퓨터 수치제어, (b) 분산 공정 제어, (c) 사람, (d) 산업용 로봇, (e) 릴레이 제어 패널.

35.7 NC 공작기계에서 표준 좌표계는 다음 중 어느 것에 기반을 두고 있는가? (a) 직교좌표계, (b) 원통좌표계, (c) 극좌표계.

35.8 다음 중 연속경로 제어가 아닌 점간 제어를 사용하는 것은 어느 것인가? (세 개의 정답) (a) 아크 용접, (b) 드릴링, (c) 판재의 구멍 펀칭, (d) 밀링, (e) 점 용접, (f) 선삭.

35.9 미리 정의된 위치로 정확히 돌아올 수 있는 위치제어 시스템의 능력을 표현하는 것은 다음 중 어느 것인가? (a) 정확도, (b) 제어 분해능, (c) 반복정밀도.

35.10 APT 명령 GORGT의 의미는 다음 중 어떤 것인가? (두 개의 답) (a) 연속경로 명령, (b) 중심축에 대한 회전 부피를 의미하는 기하명령어, (c) 스타워즈 영화에 나오는 인간형 로봇의 이름, (d) 점간제어 명령, (e) 다음 동작에서 공구가 우회전해야 한다는 공구경로 명령.

35.11 로봇 매니퓰레이터의 팔과 몸체는 다음 중 어떤 기능을 수행하는가? (a) 단말작동체 장착, (b) 작업 공간 내에서 단말작동체의 방향 잡기, (c) 작업 공간 내에서 손목의 위치잡기.

35.12 SCARA 로봇은 일반적으로 다음 중 어느 분야에 활용되는가? (a) 아크 용접, (b) 조립, (c) 검사, (d) 기계에의 장착 및 탈착, (e) 저항 용접.

35.13 로봇 공학에서 스프레이 페인팅은 다음 중 어느 응용 분야로 분류되는가? (a) 연속경로 제어 작업, (b) 점간 제어 작업.

35.14 다음 중 어떤 특성이 작업자를 로봇으로 대체하는 요인인가? (세 개의 답) (a) 빈번한 작업 교체, (b) 위험한 작업 환경, (c) 반복되는 동작 사이클, (d) 복수의 교대 작업, (e) 작업에 이동성이 필요한 경우.

연습문제

개루프 위치제어 시스템

35.1 7.5 mm 피치의 리드스크루가 NC 위치제어 시스템의 작업테이블을 이동시킨다. 리드스크루는 스텝 각의 수가 200개인 스텝모터에 의해 구동된다. 작업테이블이 300 mm/min의 속도로 현재 위치에서 120 mm 이동하도록 프로그래밍하였다. (a) 정해진 거리를 이동하기 위해서 필요한 펄스의 개수는? (b)지정된 테이블 속도를 얻기 위해 필요한 모터 속도와 펄스 주파수를 구하여라.

35.2 위의 문제에서 개루프 위치제어 시스템의 기계적 오차가 표준편차 0.005 mm의 정규분포를 갖는다고 하자. 작업 테이블 축의 길이가 500 mm이고, 디지털 제어기에서 위치저장용으로 12비트 메모리 레지스터를 사용한다. (a) 제어분해능, (b) 정확도, (c) 반복정밀도를 구하고, (d) 기계 구동계가 제어분해능을 결정하는 요소가 되게 하려면 제어기 레지스터의 비트 수는 최소 얼마여야 되는가?

35.3 스텝모터가 200개의 스텝 각을 가지고 있다. 모터 축이 피치가 0.625 mm인 리드스크루에 직접 연결되어 있고, 이 리드스크루가 테이블을 이동시킨다. 테이블이 50 cm/min의 속도로 현재위치에서 12.5 cm 이동하여야 한다. (a) 정해진 거리를 이동하기 위해서 필요한 펄스의 개수는? (b) 지정된 테이블 속도를 얻기 위해 필요한 모터 속도와 펄스 주파수를 구하여라.

35.4 100개의 스텝 각을 가진 스텝 모터가 기어 감속비 9:1 (리드스크루 1 회전 당 모터 9회전)을 거쳐 리드스크루에 연결되어 있다. 리드스크루는 1 cm당 두 개의 나사가 있다. 리드스크루에 의해 움직이는 테이블은 75 cm/min의 피드 속도로 25 cm를 움직여야 한다. (a) 정해진 거리를 이동하기 위해서 필요한 펄스의 개수는? (b) 지정된 테이블 속도를 얻기 위해 필요한 모터 속도와 펄스 주파수를 구하여라.

35.5 위치제어 테이블의 구동 유닛이 스텝 모터의 축과 직접 연결된 리드스크루에 의해서 구동된다. 리드스크루의 피치는 0.46 cm이다. 테이블이 87.5 cm/min의 속도로 이동하고 위치 정확도는 0.0025 cm이다. 모터,

리드스크루, 테이블 연결부의 기계적 오차는 표준편차 0.0005 cm의 정규분포를 가진다. (a) 정확도를 달성하기 위한 스텝 모터의 최소 스텝 각의 개수 (b) 스텝 각 (c) 테이블을 원하는 속도로 구동하기 위한 펄스열의 주파수를 구하여라.

35.6 부품 삽입기의 위치제어 테이블이 스텝 모터와 리드스크루를 사용한다. 테이블의 설계사양은 속도가 100 cm/m이고 정확도는 0.002 cm이다. 리드스크루의 피치는 0.5 cm이고 기어비는 2:1이다(모터 2회전 당 리드스크루 1회전). 모터, 기어박스, 리드스크루 및 테이블 체결부의 기계적 오차는 표준편차 0.00025 cm의 정규분포를 가진다. (a) 최소 스텝 각의 개수를 구하여라. (b) (a)의 스텝 모터를 사용하여 요구되는 최대 속도로 테이블을 구동하는 데 필요한 펄스열의 주파수를 구하여라.

35.7 부품 삽입기의 위치제어 테이블의 구동 유닛이 스텝 모터와 리드스크루로 구성되어 있다. 테이블의 사양은 600 mm 범위에서 속도는 25 mm/s이고 정확도는 0.025 mm이다. 리드스크루의 피치는 4.5 mm이고 기어비는 5 : 1이다(모터 5회전 당 리드스크루 1회전). 모터, 기어박스, 리드스크루 및 테이블 체결부의 기계적 오차는 표준편차 0.0005 mm의 정규분포를 가진다. (a) 최소 스텝 각의 개수를 구하여라. (b) (a)의 스텝모터를 사용하여 요구되는 최대 속도로 테이블을 구동하는 데 필요한 펄스열의 주파수를 구하여라.

35.8 *x-y* 위치제어 테이블의 두 축이 각각 10 : 1 기어비로 연결된 리드스크루로 스텝 모터에 의해서 구동된다. 각 스텝모터의 스텝 각은 7.5°이다. 각 리드스크루의 피치는 5.0 mm, 이동범위는 300.0 mm이다. 두 축의 위치데이터를 저장하는 제어기는 16비트 이진 레지스터를 사용한다. (a) 각 축의 제어분해능은 얼마인가? (b) (25, 25) 위치에서 (100, 150) 위치로, 600 mm/min의 속도로 테이블을 직선 이동시키기 위한 각 스테핑 모터의 회전 속도와 펄스열의 주파수를 구하여라. 가속도는 무시한다.

35.9 *x-y* 위치제어 테이블의 *y*축이 3 : 1 기어비로 연결된
리드스크루로 스텝 모터에 의해서 구동된다. 스텝 모
터는 72개의 스텝 각을 가진다. 리드스크루는 1 cm 당
두 개의 나사를 가지고, 축의 이동범위는 75 cm이다.
두 축의 위치데이터를 저장하는 제어기는 16비트 이진
레지스터를 사용한다. (a) *y*축의 제어분해능은 얼마인
가? (b) 30초 동안에 (50 cm, 62.5 cm) 위치에서
(11.25 cm, 18.75 cm) 위치로, 테이블을 직선 이동시
키는 *y*축 스텝 모터의 회전 속도는 얼마인가? (b) 이
때 필요한 펄스열의 주파수를 구하여라. 가속도는 무
시한다.

폐루프 위치제어 시스템

35.11 NC 공작기계 테이블이 서버모터, 리드스크루, 그리고
광학 인코더로 구성되어 있다. 리드스크루 피치는 5.0
mm이고 모터 축에 감속비 16 : 1로(리드스크루 1회전
에 모터 16회전) 연결되어 있다. 광학 인코더는 리드스
크루와 직접 연결되어 있으며, 리드스크루 1회전 당
200개의 펄스를 생성한다. 테이블은 500 mm/min의
속도로 100 mm를 움직여야 한다. (a) 테이블이 정확
히 100 mm 이동했는지를 확인하기 위해 제어시스템
이 받아야 하는 펄스 수, (b) 펄스 주파수, (c) 정해진
이송속도 500 mm/min을 얻기 위한 모터 회전속도를
구하여라.

35.12 NC 공작기계 테이블이 서버 모터, 리드스크루, 그리고
광학 인코더로 구성된 폐루프 위치제어 시스템에 의해
서 구동된다. 리드스크루는 1 cm 당 두 개의 나사가
있고, 모터 축에 직접(리드스크루 1회전에 모터 1회전)
연결되어 있다. 광학 인코더는 모터 1회전 당 200개의
펄스를 생성한다. 테이블은 50 cm/min의 속도로
18.75를 이동하도록 프로그래밍 되어있다. (a) 테이블
이 프로그램된 거리를 이동했는지를 확인하기 위해 제
어시스템이 받아야 하는 펄스 수를 구하여라. (b) 정해
진 이송속도를 얻기 위한 펄스 주파수와 (c) 모터 회전
속도를 구하여라.

35.13 NC 밀링머신의 한 축을 구동하기 위해서 리드스크루
가 DC 서보 모터에 직접 연결되어 있다. 리드스크루는
1 cm 당 두 개의 나사가 있다. 광학 인코더는 리드스
크루와 직접 연결되어 있으며, 리드스크루 1회전 당

35.10 *x-y* 위치제어 테이블의 두 축이 각각 4 : 1 기어비로 연
결된 리드스크루로 스텝 모터에 의해서 구동된다. 각
스텝 모터는 200개의 스텝 각을 가진다. 각 리드스크
루의 피치는 5.0 mm, 이동범위는 400.0 mm이다. 두
축의 위치데이터를 저장하는 제어기는 16비트 이진 레
지스터를 사용한다. (a) 각 축의 제어분해능은 얼마인
가? (b) (25, 25) 위치에서 (300, 150) 위치로, 600
mm/min의 속도로 테이블을 직선 이동시키기 위한
각 스테핑 모터의 회전 속도와 펄스열의 주파수를 구
하여라. 가속도는 무시한다.

100개의 펄스를 생성한다. 모터는 최대 800 rev/min
의 속도로 회전한다. (a) 시스템의 제어 분해능을 테이
블 축의 직선이동 거리로 계산하여라. (b) 서보 모터가
최대속도로 작동할 때 광학 인코더에서 발생하는 펄스
열의 주파수를 구하여라. (c) 모터의 최대 회전 속도에
해당하는 테이블의 속도를 구하여라.

35.14 앞의 문제에서 서보 모터가 12 : 1의 감속비를 가지는
기어박스를 통해서 리드스크루에 연결된 경우에 대해
서 풀어라.

35.15 위치제어 테이블의 구동시스템에서 DC 서보모터가
리드스크루에 직접 연결되어 있다: 리드스크루의 피치
는 4 mm이다. 리드스크루에 연결된 광학 인코더는 리
드스크루 1회전 당 250개의 펄스를 생성한다. (a) 시
스템의 제어 분해능을 테이블 축의 직선이동 거리로
계산하여라. (b) 서버모터가 초당 14회전할 때 광학 인
코더에서 발생하는 펄스열의 주파수를 구하고, (c) 테
이블 이송속도를 구하여라.

35.16 NC 머시닝센터에서 밀링가공을 하려고 한다. 테이블
한 축 방향으로 평행하게 총 300 mm를 이동해야 한
다. 절삭속도는 1.25 m/sec이고 이송량은 0.05 mm/
날이다. 엔드밀은 네 개의 날을 가지고 있고 직경은
20.0 mm이다. 이 축은 피치 6.0 mm의 리드스크루를
통하여 DC 서보모터와 연결되어 있다. 피드백 센서로
는 1회전에 250개의 펄스를 생성하는 광학 인코더를
사용한다. (a) 이송 속도와 가공 소요시간, (b) 주어진
이송속도에서 모터의 회전속도와 인코더의 펄스 주파

수를 구하여라.

35.17 325 mm의 직선경로를 따라 가공하는 엔드밀 작업을 수행한다. 절삭은 NC 머시닝센터에서 x축에 평행한 방향으로 수행된다. 절삭속도는 30 m/min이며, 이송량은 0.06 mm/날이다. 엔드밀은 두 개의 날을 가지며 직경은 16.0 mm이다. 피치 6.0 mm의 리드스크루는 DC 서버모터와 직접 연결되어 있다. 피드백 센서로는 1회 전에 400개의 펄스를 생성하는 광학 인코더를 사용한다. (a) 이송속도와 가공 소요시간 (b) 주어진 이송속도에서 모터의 회전속도와 인코더의 펄스 주파수를 구하여라.

35.18 NC 밀링머신 테이블의 x축을 DC 서보 모터로 구동한다. 모터는 4 : 1의 감속비로 리드스크루에 연결되어 있다. 리드스크루 피치는 6.25 mm이다. 광학 인코더는 리드스크루에 직접 연결되어 있고, 1회전 당 500펄스를 생성한다. 어떤 작업을 위해서 테이블이 (87.5

mm, 35.0 mm) 위치에서 (25.0 mm, 180.0 mm) 위치로 200 mm/min의 이송속도로 직선 운동을 한다. (a) x축의 제어 분해능을 구하여라. (b) 정해진 이송속도를 위해서 필요한 모터의 회전 속도와, (c) 광학 인코더에서 생성되는 펄스열의 주파수를 구하여라.

35.19 NC 밀링머신 테이블의 y축을 DC 서보 모터로 구동한다. 모터는 2 : 1의 감속비로 리드스크루에 연결되어 있다. 리드스크루는 1 cm 당 두 개의 나사를 가진다. 광학 인코더는 리드스크루에 직접 연결되어 있고, 1회전당 100펄스를 생성한다. 어떤 작업을 위해서 테이블이 (25.0 mm, 28.0 mm) 위치에서 (155.0 mm, 275.0 mm) 위치로 200 mm/min의 이송속도로 직선 운동을 한다. (a) y축의 제어 분해능을 구하여라. (b) 정해진 이송속도를 위해서 필요한 모터의 회전 속도와, (c) 광학 인코더에서 생성되는 펄스열의 주파수를 구하여라.

산업용 로봇

35.20 직교좌표 로봇의 가장 긴 축의 이동범위가 750 mm이며, 사용된 풀리시스템의 기계적 정확도는 0.25 mm, 반복정밀도는 ±0.15 mm이다. 로봇 제어기 메모리에서 이 축에 해당되는 이진 레지스터의 최소 비트 수는 얼마인가?

35.21 산업용 로봇의 선형 관절을 위한 구동시스템으로 스텝 모터가 사용된다. 요구되는 관절의 정확도는 0.25 mm이다. 모터는 기어 감속비 2 : 1로 리드스크루와 연결되어 있다. 리드스크루의 피치는 5.0 mm이다. 리드스크루와 감속기의 백래시에 의한 기계적 오차는 표준편차 ±0.05 mm의 정규분포를 가진다. 요구되는 정확도를 얻기 위한 모터 스텝 각의 수는 얼마인가?

35.22 극좌표형 로봇의 설계자가 출력 링크에 연결되는 회전 관절로 구성되는 매니퓰레이터를 구상하고 있다. 출력 링크는 길이가 62.5 cm이고 회전 관절은 75°의 회전 범위를 가진다. 관절의 회전으로 인해서 링크의 끝에서 선형 측정값으로 표현되는 관절-링크 조합의 정확도는 0.075 cm이다. 관절의 기계적 오차는 ±0.030°의 회전 반복 정밀도를 가진다. 링크를 강체로 가정하고 변형에 의한 오차가 없다고 가정한다. (a) 주어진 반복 정밀도에서 명시된 정확도가 성취될 수 있다는 것을 보여라. (b) 명시된 정확도를 얻기 위해서 로봇 제어기 메모리의 이진 레지스터에 필요한 최소 비트 수를 구하여라.

Chapter
36

통합생산시스템

36.1 자재취급

36.2 생산라인의 기초
    36.2.1 공작물 이송 방법
    36.2.2 제품 다양성

36.3 수동조립라인
    36.3.1 사이클타임 분석
    36.3.2 라인 밸런싱과 위치이동으로 인한 시간 손실

36.4 자동생산라인
    36.4.1 자동라인의 종류
    36.4.2 자동생산라인의 분석

36.5 셀방식 제조
    36.5.1 부품군
    36.5.2 기계 셀

36.6 유연생산시스템과 유연생산셀
    36.6.1 유연생산시스템 구성요소의 통합
    36.6.2 유연생산시스템 적용

36.7 컴퓨터통합생산

본 장에서 논의되는 생산시스템은 복수 개의 작업스테이션과 기계로 구성되는데, 여기서 수행되는 작업은 작업장 간에 부품 혹은 제품을 이동시키는 자재취급 시스템에 의해서 통합된다. 또한 이러한 시스템은 작업장과 자재취급 시스템 간의 동작을 조정하기 위해, 또 전체 시스템의 성능 데이터를 수집하기 위해서 컴퓨터제어를 이용한다. 따라서 통합생산시스템은, (1) 작업장과 기계, (2) 자재취급 장비, (3) 컴퓨터제어 시스템으로 구성된다. 또한 시스템을 관리하기 위해서 작업자가 필요한데, 작업자는 개별 작업스테이션과 기계를 작동하는 데 활용될 수도 있다.

통합생산시스템은 수동 및 자동 생산라인, 제조 셀('셀방식 제조'라는 용어가 사용되는 근거), 그리고 유연생산시스템 등을 포함한다. 마지막 절에서는 궁극적인 통합생산시스템인 컴퓨터통합생산(CIM)에 대해 정의한다. 통합생산시스템에서 물리적 통합장치 역할을 하는 자재취급 시스템에 대한 간략한 개요부터 설명을 시작한다.

36.1 자재취급

자재취급은 '제조 및 유통 과정에서 자재의 이동, 저장, 보호 및 제어'로 정의된다. 이 용어는 보통 상품의 배달에 사용되는 철도, 트럭, 항공, 수상 운송 등 시설 외부의 운송이 아니라 시설 내부에서 발생하는 활동에 사용된다.

자재는 최종 제품으로 변환되는 일련의 작업 순서 동안 이동한다. 자재취급 기능으로는 (1) 각 작업스테이션에서 공작물의 적재(loading) 및 정렬, (2) 작업스테이션으로부터의 탈착, (3) 작업스테이션 간의 이송이 있다. 적재는 공작물을 작업스테이션에 근접한 곳 혹은 내부의 위치로부터 생산기계로 이동하는 작업이다. 정렬은 공작물을 가공이나 조립작업에 맞게 정해진 방향으로 위치시키는 작업이다. 작업이 끝나면 공작물은 스테이션으로부터 이재(unloading)되거나 제거된다. 적재와 이재는 수작업으로 수행되거나 산업용 로봇과 같은 자동화장치에 의해서 수행된다. 제조작업이 복수개의 작업스테이션을 필요로 하는 경우에 공작물은 한 스테이션에서 다음 작업스테이션으로 차례대로 이송된다. 많은 경우에 자재취급 시스템은 임시 저장기능을 제공하는데, 이는 공작물이 각 작업스테이션에서 순서를 기다릴 수 있기 때문이다. 이 경우 저장의 목적은 공작물이 항상 각 작업스테이션에 대기하여 작업자나 장비의 유휴 시간을 줄이기 위해서이다.

제조에서 사용되는 자재취급 장비와 방법은 다음과 같이 분류된다. (1) 자재이송, (2) 저장, (3) 단위별 분류(unitizing).

공장의 작업스테이션 간에 부품과 자재를 이동할 때 자재이송 장비가 사용된다. 이 이동에는 가공 중인 공작물의 일시저장을 위한 중간 정지도 포함된다. 자재이송 장비는 다음과 같이 다섯 종류가 있다. (1) 산업용 트럭, 그중 가장 중요한 타입은 지게차, (2) 무인반송차, (3) 레일 가이드 차량, (4) 컨베이어, (5) 호이스트와 크레인. 이 장비들은 표 36.1에 간략히 설명되어 있다.

자재이송 장비는 작업스테이션 간의 라우팅 타입에 따라서 고정과 가변 두 가지로 분류할 수 있다. **고정라우팅**(fixed routing)에서는 모든 공작물이 스테이션을 정해진 순서대로 이동한다. 이는 모든 공작물에 필요한 공정 순서가 동일하거나 매우 유사하다는 것을 의미한다. 고정 라우팅은 수동조립라인과 자동 생산라인에 사용된다. 고정 라우팅에 사용되는 대표적인 자재취급 장비로는 컨베이어와 레일 가이드 차량이 있다. **가변라우팅**(variable routing)에서는 다른 공작물들이 다른 순서로 작업스테이션을 이동한다. 이는 제조시스템이 다른 종류의 부품 혹은 제품을 가공하거나 조립한다는 것을 의미한다. 제조 셀과 유연생산시스템은 이러한 방식으로 운영된다. 가변라우팅에서 사용되는 대표적

표 36.1 다섯 가지 타입의 자재이송 장비.

타입	설명	대표적 적용 분야
산업용 트럭	동력 트럭에는 그림 36.1(a)와 같은 지게차가 있다. 수동 트럭에는 바퀴달린 플랫폼과 짐수레가 있다.	공장과 창고 내에서 팰릿과 컨테이너 화물의 이동.
무인반송차	그림 36.1(b)과 같이 독립적으로 운영되며 정해진 경로를 따라 이동하는 자체추진 차량. 내장 배터리로 작동.	조립라인이나 유연생산시스템에서 부품의 이동.
레일 가이드 차량	고정 레일 시스템에 의해서 가이드되는 모터동력 차량. 전기레일로 동력제공.	큰 부품이나 부분 조립체를 오버헤드로 이송하는 데 사용하는 모노레일.
컨베이어	체인, 이송 벨트, 롤러(그림 36.1(c)) 혹은 여타 기계적 구동장치를 이용하여 고정 경로를 따라 부품을 이송하는 장치.	특정 위치 간에 많은 양의 이송. 생산라인에서의 제품 이송.
호이스트와 크레인	수직방향(호이스트)과 수평방향(크레인)으로 이송하는 장치.	무거운 자재와 화물을 들어올리고 이송하는 데 사용.

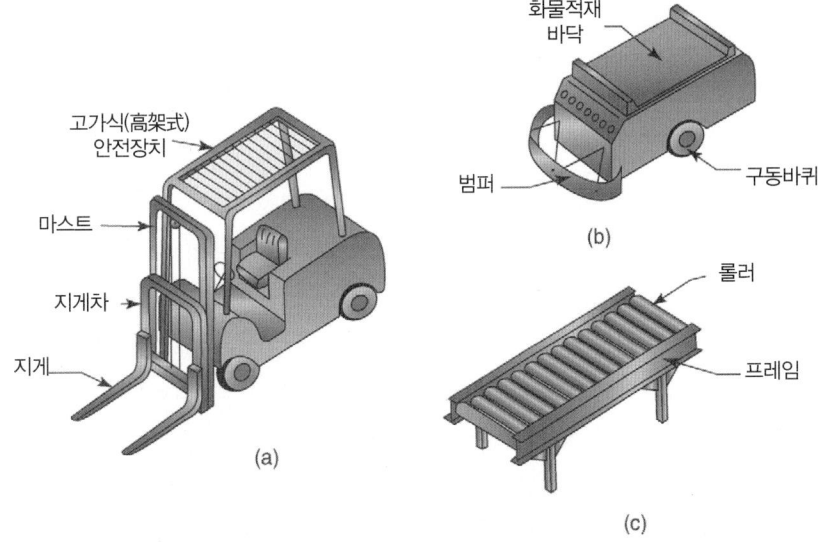

그림 36.1 여러 가지 타입의 자재취급 장비. (a) 지게차, (b) 무인반송차, (c) 롤러 컨베이어.

표 36.2 네 가지 타입의 플랜트 레이아웃에 일반적으로 적용되는 자재취급 방법과 시스템.

레이아웃 타입	특징	대표적 방법과 장비
고정 위치	제품이 크고 무겁고 낮은 생산 속도	크레인, 호이스트, 지게차
프로세스	제품의 다양성이 중간이거나 어렵고, 생산속도는 낮거나 중간	지게차, 무인반송차. 작업스테이션에서의 수작업
셀 타입	다양한 생산이 쉽고, 중간 생산속도	컨베이어, 로딩과 스테이션 간의 이송을 위한 수작업
제품	제품의 다양성이 없거나 약간 있음. 높은 생산 속도	제품의 이송에 컨베이어, 스테이션에 부품을 공급하기 위해서는 지게차나 무인반송차

인 자재취급 장비로는 산업용 트럭, 무인반송차, 호이스트 및 크레인 등이 있다.

(1) 전통적인 저장 방법과 장비. 이는 열린 공간에서의 벌크저장, 랙 시스템, 선반을 포함한다. (2) 자동 저장 시스템. 이는 팰릿 화물을 저장하고 반출하는 자동 크레인에 의해서 운영되는 랙 시스템을 포함한다.

마지막으로 단위별 분류에는 이동과 저장 중에 개별 아이템을 담아두는 컨테이너와 그러한 단위 화물을 구성하는 데 사용되는 장비가 사용된다. 컨테이너에는 팰릿, 그릇, 상자, 바구니 등이 있다. 단위별 분류 장비로는 팰릿에 상자를 올리고 쌓는 팰릿타이저와 내리는 작업을 하는 데 사용되는 디팰릿타이저가 있다. 팰릿타이저와 디팰릿타이저는 각각 공장에서 출하되는 완제품 상자와 공장으로 들어오는 원재료 상자에 사용된다.

1.4.1절에서 네 가지 형태의 공장 레이아웃을 설명했는데, 자재 취급 방법과 장비들은 표 36.2에 요약된 바와 같이 각 공장의 타입과 관련이 있다.

36.2 생산라인의 기초

생산라인은 대량의 동일한 혹은 유사한 제품이 생산될 때 중요한 제조시스템이다. 생산라인은 제품 혹은 부품에 필요한 작업이 여러 단계로 구성되어 있는 상황에 적합하다. 예를 들어 조립제품(자동차와 가전제품)과 여러 가지 기계가공 작업이 필요한 대량생산 기계부품(엔진블럭과 변속기 하우징) 등이 생산라인에 적합하다. 생산라인에서는 전체 작업이 작은 작업으로 나뉘고 작업자가 기계들이 효율이 높게 작업을 수행한다. 생산라인을 체계적으로 다루기 위해서 수동조립라인과 자동 생산라인의 두 가지 기본 형태로 구분할 수 있다. 그러나 수동과 자동 작업이 섞인 혼합라인(hybrid line)도 많이 볼 수 있다. 이러한 시스템들에 대해서 구체적으로 살펴보기 전에 생산라인의 설계와 운영과 관련된 일반적인 주제들에 대해서 생각해보자.

생산라인은 그림 36.2에서처럼 제품이 한 스테이션에서 다음으로 이동하도록 구성된 일련의 작업 스테이션으로 구성되어 있고 각각의 위치에서 전체 작업의 일부가 수행된다. 라인의 생산속도는 가장 속도가 느린 스테이션에 의해서 결정된다. 가장 느린 스테이션보다 속도가 빠른 스테이션들은 그 병목 스테이션에 의해서 제한을 받는다. 제품은 보통 컨베이어 시스템이나 기계적 이송 장치에 의해서 라인을 따라 이동하는데, 일부 수동라인에서는 작업자들이 손으로 이동을 시키기도 한다. 생산라인은 대량생산에 이용된다. 만일 생산량이 많고 전체 작업이 각 스테이션에서 수행될 수 있도록 별개의 작업으로 분리하는 것이 가능하면 생산라인이 가장 적합한 제조시스템이다.

36.2.1 공작물의 이송 방법

작업단위를 하나의 작업장에서 다른 작업장으로 이동시키는 방법은 여러 가지가 있으며, 크게 수동과 기계화의 두 가지로 분류된다.

수동 공작물 이송 방법

이 방법에서는 작업단위가 수작업에 의해 작업장 사이를 이동한다. 이 방법은 수작업 조립라인과 관련이 있다. 어떤 경우는 각 작업장의 결과가 상자나 운반그릇에 모이고 상자가 가득 차면 다음 작업장으로 이송된다. 이 경우에 원치 않는 상당한 양의 재공재고(in-process inventory)를 야기할 수 있다. 다른 경우에는 작업단위가 평평한 작업대나 무동력 컨베이어(예를 들어 롤러컨베이어)를 통해 개별적으로 이동되기도 한다. 각각의 작업장에서 작업이 완료되면 작업자는 단순히 다음 작업장 쪽으로 작업단위를 민다. 작업장 사이에는 하나 혹은 그 이상의 작업단위를 위한 여유 공간이 허용되며, 이 공간은 모든 작업자들이 동시적으로 작업을 수행하지 않아도 되는 여유를 허용한다. 수동 작업단위 이송 방법의 문제는 라인의 생산속도를 조절하는 것이 어렵다는 것이다. 작업자들은 속도를 제어

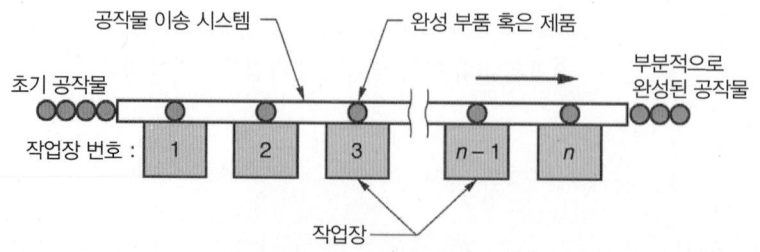

그림 36.2 생산라인의 일반적인 구성.

하는 기계화된 수단이 사용되지 않으면 느린 속도로 작업하는 경향이 있다.

기계화된 공작물 이송 방법

생산라인을 따라 작업단위를 이동시키는 데 동력 기계시스템이 널리 사용된다. 들어 올려서 옮기는 (lift-and-carry) 장치, 집어서 적치하는(pick-and-place) 메커니즘, 동력 컨베이어(예를 들면, 고가식 체인 컨베이어, 벨트 컨베이어, 플로어 체인 컨베이어), 기타 자재취급 장비, 때로는 같은 라인에서 몇 종류가 결합되어 사용된다. 생산라인에서 사용되는 공작물의 이송시스템들은 크게 연속이송, 동기이송, 비동기이송의 세 가지로 나눌 수 있다.

연속이송(continuous transfer) 시스템은 일정한 속도로 연속적으로 움직이는 컨베이어로 구성되며, 수동조립 라인에서 가장 일반적으로 사용된다. 연속이송 시스템에는 두 가지 경우가 있는데, (1) 부품이 컨베이어에 고정된 경우와 (2) 부품이 컨베이어로부터 분리 가능한 경우이다. 전자의 경우 일반적으로 제품은 크고 무거우며(예를 들면 자동차, 세탁기), 라인에서 분리할 수 없다. 따라서 작업자는 해당 작업장 안에서 움직이는 컨베이어를 따라 이동하면서 할당된 작업을 완료해야 한다. 후자의 경우 제품의 크기가 작아서 작업자가 컨베이어에서 분리해서 작업할 수 있다. 이 경우 작업자가 작업장에서 할당된 작업을 할당된 시간 내에 완료하지 않아도 되기 때문에 라인속도로부터 얻을 수 있는 장점을 잃어버리게 된다. 그런데 다른 측면에서 보면, 이 경우에는 작업자가 특정 작업단위에서 생길 수 있는 기술적인 문제들을 다룰 때 더 유연하게 대처할 수 있다.

동시적 운반(synchronous transfer) 시스템에서는 작업단위가 빠르고, 불연속적인 운동으로 동시에 작업장 사이를 이동한다. 이 유형의 시스템은 **단속적 운반**(intermittant transfer)으로 부르기도 하며, 이는 작업단위가 이송되는 운동방식을 표현한 것이다. 동시적 운반은 특히 자동화된 라인에 적용되는 경우 작업장에서의 정확한 위치결정을 필요로 한다. 동기이송은 수동라인에서는 일반적으로 사용되지 않는다. 왜냐하면 작업이 각 작업장에서 정해진 시간 안에 완료되어야 하는데 그렇지 않으면 작업단위가 완료되지 않은 상태로 작업장을 떠나게 되기 때문이다. 이러한 고정된 작업속도는 작업자에게 스트레스를 초래한다. 이러한 특성으로 인하여 동시적 운반은 자동화된 작업에 바람직하다.

비동시적 운반(asynchronous transfer) 시스템에서는 작업단위가 할당된 작업이 완료되는 시점에 작업장을 떠난다. 작업단위는 동기적이 아니라 독립적으로 이동한다. 따라서 어떤 작업단위가 작업장에 위치해 있는 사이에 다른 작업단위는 작업장 사이를 이동할 수도 있다. 비동기이송 시스템에서는 작업장 사이에서 의도적인 대기열을 사용할 수도 있다. 비동시적 운반 시스템에서는 각 작업장 앞에 약간의 대기열을 허용하는데, 작업자의 작업시간 편차가 평균화되어 작업장에는 항상 대기중인 공작물들이 있게 된다. 비동시적 운반은 수동과 자동 생산시스템에 모두 사용된다.

36.2.2 제품의 다양성

생산라인은 제품 모델의 다양성에 대응할 수 있도록 설계할 수 있다. 생산라인은 단일모델 라인, 배치(batch)모델 라인, 그리고 혼합모델 라인의 세 가지 타입으로 분류할 수 있다. 단일모델 라인은 한 가지의 모델만을 생산하는 것으로, 제품 모델의 변화가 없다. 따라서 각 작업장에서 수행되는 모든 작업은 모든 제품 단위에 대해 동일하다.

배치모델과 혼합모델 라인은 모두 두 가지 이상의 제품 모델을 생산하기 위해 설계되지만, 모델의 다양성에 대처하는 데 있어서 서로 다른 접근 방법을 사용한다. 이름에서 알 수 있듯 배치모델 라인은 각 모델을 배치로 생산한다. 작업장은 첫 번째 모델의 수량을 생산하기 위해 준비되며, 다음 모델을 생산하기 위해서는 다시 준비되는 형태로 반복한다. 이때 준비 전환으로 인해서 배치 간에 생산시간의 손실이 발생한다. 각 제품에 대한 생산량과 다양성이 중간 정도일 경우 제품은 종종 이 방법으로 조립된다. 이 경우에는 여러 종류의 제품을 하나의 생산라인에서 생산하는 것이 각 모델을 위해 분리된 라인을 만드는 것에 비해 경제적이다.

혼합모델 라인 또한 여러 모델을 생산하지만, 모델들이 배치로 생산되는 것이 아니라 같은 라인에서 혼합되어 만들어진다. 어떤 작업장에서 한 가지 모델이 생산되는 동안 다른 다음 작업장에서는 다른 모델이 생산된다. 각 작업장에는 투입되는 어떠한 모델이라도 생산할 수 있도록 다양한 작업을 수행할 수 있는 기능과 필요한 공구들이 갖추어진다. 제품의 다양성이 높은 많은 소비재 제품들이 혼합모델 라인에서 조립된다. 대표적인 예로서 자동차, 주요 가전제품이 있는데, 이들은 모델의 종류와 선택사양이 다양하다는 특성을 가지고 있다.

36.3 수동조립라인

수동조립라인은 통합생산시스템의 발전에서 중요한 역할을 했다. 오늘날에도 전 세계적으로 자동차와 트럭, 소비재 전자제품, 가전제품, 전동공구들처럼 대량생산되는 조립제품들을 생산하기 위한 중요한 생산시스템으로 사용되고 있다

수동조립라인은 그림 36.3과 같이 연속적으로 배치되어 있는 다수의 작업장들로 이루어지며, 조립작업은 각 작업장의 작업자에 의해 수행된다. 수작업라인에서는 일반적으로 기본부품을 라인의 시작부분에 '투입(launching)' 하는 것으로 작업을 시작한다. 라인을 따라 이동하는 동안 부품을 고정하기 위해서 공작물 운반대가 종종 사용된다. 기본부품이 작업자가 작업을 수행하는 작업장들을 통과하며 이동하면서 점진적으로 제품이 만들어진다. 각 작업장에서 기본부품에 부품들이 추가되며, 마

그림 36.3 수동조립라인의 일부. 각 작업자는 자신의 작업대에서 작업을 수행한다. 컨베이어가 운반대 위의 부품을 다음 작업장으로 이송한다.

지막 작업장에서 완성된 제품이 얻어질 때까지 점진적으로 조립작업이 수행된다. 수동조립라인에서 수행되는 공정들에는 기계적 체결(30장), 점용접(28.2절), 수동납땜(29.2절) 그리고 접착법(29.3절)이 있다.

36.3.1 사이클타임 분석

정해진 연간 생산량을 달성하기 위해서 필요한 수동조립라인의 작업장 수와 작업자를 계산하기 위한 식을 세울 수 있다. 어떤 제품의 연간 생산량을 만족하는 단일모델 라인의 경우를 생각해보자. 관리자는 라인을 운영하는 주당 교대수와 각 교대 당 작업시간을 결정해야 한다. 1년이 50주라고 가정하면 라인에서 요구되는 시간당 생산량은 다음과 같다.

$$R_p = \frac{D_a}{50S_wH_{sh}}$$ (36.1)

여기서 R_p는 평균 생산량, 단위는 개/시간이며, D_a는 제품의 연간 수요량, 단위는 개/년이고, S_w는 주 당 교대 수, 그리고 H_{sh}는 교대 당 작업시간이다. 년 52주 동안 가동된다면 $R_p = D_a/52S_wH_{sh}$이다. 한 개의 생산에 걸리는 시간 T_p는 분 단위로 다음과 같이 계산된다.

$$T_p = \frac{60}{R_p}$$ (36.2)

불행히도 라인은 신뢰성 문제로 인한 시간 손실 때문에 전체 기간에 주어진 $50S_wH_{sh}$ 동안 가동될 수 없다. 신뢰성 문제에는 기계적인 고장, 전기적인 고장, 공구의 마모, 정전 및 유사한 고장 등이 포함된다. 따라서 이러한 문제를 보정하기 위해 라인은 T_p보다 빠른 속도로 운영되어야 한다. 만약 E = 라인 효율, 즉 라인이 가동되는 시간의 비율이라면, 라인의 사이클타임 T_c는 다음과 같다.

$$T_c = ET_p = \frac{60E}{R_p}$$ (36.3)

어떤 제품이든지 라인에서 수행되어야 하는 모든 작업요소들을 나타내는 작업내용이 있다. 이런 작업내용의 완수를 위해서 필요한 시간이 **라인작업시간**(work content time)이 T_{wc}이다. 이 값은 라인에서 제품을 만들기 위해 필요한 총 시간이다. 만약 라인작업시간이 작업장들 사이에 균등하게 나누어질 수 있어서 각 작업장이 작업시간 T_c의 동일한 작업부하를 갖는다면, 라인에 필요한 최소 작업자 수 w_{min}은 다음과 같이 정할 수 있다.

$$w_{min} = \text{최소정수값}, \ \geq \frac{T_{wc}}{T_c}$$ (36.4)

만일 각 작업자가 각각 다른 작업장에 배치되면 작업장의 수는 작업자의 수와 같다. 즉 $n_{min} = w_{min}$이다.

최소 작업장 수는 이상적인 값이며, 다음과 같은 이유들로 인하여 실제의 경우에는 거의 맞지 않는다. (1) **불완전한 밸런싱** — 일부 작업자는 T_c보다 적은 시간을 필요로 하는 작업을 수행하므로 이러한 비효율성은 라인에 필요한 총 작업자의 수를 증가시킨다. (2) **위치변경으로 인한 시간 손실** — 각각의 작업장에서 공작물 또는 작업자의 위치 변경으로 인하여 약간의 시간이 손실된다. 따라서 실제 작업을 수행하기 위해 작업장에서 사용 가능한 시간은 T_c보다 작게 되어 필요한 작업자의 수가 늘어나게 된다.

36.3.2 라인 밸런싱과 위치이동으로 인한 시간 손실

수동조립라인을 설계하고 운영하는 데 있어서 가장 큰 기술적인 문제 중 하나는 라인 밸런싱(line balancing)이다. 이것은 모든 작업자들이 균등한 작업량을 수행하도록 작업량을 작업자들에게 할당하는 문제이다. 라인에서 수행해야 하는 모든 작업을 순작업(work content)이라고 하면, 이러한 순작업은 이상적인 **최소작업요소**(minimum rational work elements)로 분할할 수 있는데, 이것은 구성부품을 추가하는 것, 두 개의 구성요소를 연결하는 것, 또는 전체 순작업 중에서 다른 종류의 일부작업을 수행하는 것을 말한다. 최소작업요소는 사실상 더 이상 나눌 수 없는 가장 작은 작업 단위를 의미한다. 서로 다른 작업요소에는 각기 다른 작업시간이 소요되므로, 요소들이 논리적으로 그룹화되어 작업자에게 할당되는 경우 각자의 작업시간이 동일하지 않을 수 있다. 따라서 작업요소 시간들이 상이하다는 단순한 사실 때문에 어떤 작업자들은 더 많은 작업을 할당받게 되고, 일부 작업자들은 더 적은 양의 작업을 할당받게 된다. 조립라인의 사이클타임은 가장 긴 시간이 소요되는 작업장에 의해 결정된다.

비록 각각의 작업요소에 소요되는 시간들이 다르지만, 작업시간의 합이 완전히 동일하지는 않더라도 거의 동일하게 되는 작업요소 그룹들은 찾을 수 있을 것으로 생각할 수 있다. 그러나 이 조합 문제에서 몇 가지 제약조건들 때문에 적절한 그룹을 찾는 것이 쉽지 않다. 첫째, 라인은 요구되는 생산속도를 만족시켜야 하는데, 이를 위해서 식 (36.3)의 사이클타임 T_c를 만족해야 한다. 따라서 각 작업장에 할당되는 작업요소시간들의 합은 반드시 T_c보다 작거나 같아야 한다.

둘째, 작업요소들이 수행되는 순서에 제한이 있다. 어떤 작업요소는 다른 작업요소들보다 먼저 수행되어야 한다. 예를 들어 나사를 내기 위해서는, 먼저 드릴링을 해야 한다. 나사로 부품을 결합하기 위해서는 먼저 구멍이 가공되고 태핑이 이루어져야 한다. 작업의 순서에 요구되는 조건을 **선행조건**(precedence constraints)이라고 한다. 이러한 선행조건은 라인 밸런싱 문제를 더욱 복잡하게 만든다. 작업자의 작업시간을 T_c로 만들기 위해 어떤 작업요소를 할당하는 것이 선행조건 위반으로 불가능할 수도 있다는 것이다.

전술된 제약조건들과 여러 가지 제한들로 인하여 라인 밸런싱을 완벽하게 달성하는 것은 불가능하며, 이것은 어떤 작업자들은 다른 작업자들보다 일을 마치기 위해 더 긴 시간동안 작업을 수행해야 한다는 것을 의미한다. 라인 밸런싱 문제를 해결하는, 즉 작업요소들을 작업장에 할당하는 방법들에 대해서는 다른 참고문헌들(특히, 참고문헌 [10])에서 잘 다루고 있다. 완벽한 라인 밸런싱을 달성할 수 없기 때문에 대부분의 작업장에서는 유휴시간이 발생한다. 이 때문에 라인에 필요한 실제 작업자의 수는 식 (36.4)에서 주어지는 작업장의 수보다 크게 된다.

수동조립라인에서 총 유휴시간의 척도는 총 라인작업시간을 라인에서 가능한 총 사용가능 작업시간으로 나눈 값으로 정의되는 **밸런싱 효율**(balancing efficiency) E_b로 주어진다. 총 라인작업시간은 라인에서 수행되는 모든 작업요소들에 소요되는 시간의 합이다. 라인에서의 총 사용가능 작업시간은 wT_s이고, 여기서 w는 라인 상의 작업자 수, T_s는 그 라인에서의 가장 긴 작업시간이다. 즉 $i = 1, 2, \ldots n$이고, T_{si}가 작업장 i에서의 작업시간일 때 $T_s = \text{Max}\{T_{si}\}$ (단위는 분)이다.

여기서 기존의 사이클타임 T_c를 사용하지 않고 새로운 기호 T_s를 사용하는 이유는 불완전한 라인

밸런싱으로 발생하는 유휴시간 외에 생산라인 상에서 작업수행 중 또 다른 시간 손실이 있기 때문이다. 그것은 **위치이동시간**(repositioning time) T_r이다. 위치이동시간은 각 사이클에서 작업자나 공작물, 또는 이 두 가지 모두를 이동시키는 데 필요한 시간이다. 작업 단위가 라인에 투입되어 일정한 속도로 움직이는 연속이송라인에서, T_r은 방금 작업이 완료된 작업단위로부터 새로이 들어오는 작업단위까지 작업자가 걸어가는 데 걸리는 시간이다. 모든 수동조립라인에서는 위치이동으로 인한 시간 손실이 있다. 실제 위치이동시간은 작업장마다 다르겠지만 T_r이 작업자마다 동일하다고 가정한다면, T_s, T_c 그리고 T_r의 관계는 다음과 같다.

$$T_c = T_s + T_r \tag{36.5}$$

밸런싱효율 E_b는 이제 다음 식과 같이 정리할 수 있다.

$$E_b = \frac{T_{wc}}{wT_s} \tag{36.6}$$

완벽한 라인 밸런스에서는 $E_b = 1.00$인 값을 가지는데, 실제 산업에서의 라인 밸런싱 효율은 0.90에서 0.95 사이의 값이다.

수동조립라인에서 필요한 작업자수를 얻기 위한 식은 식 (36.6)으로부터 아래와 같이 정리할 수 있다.

$$w = \text{최소정수값}, \ \geq \frac{T_{wc}}{T_s E_b} \tag{36.7}$$

이 관계식은 식 (36.6)에서와 같이 밸런스효율 E_b가 w에 의해 결정된다는 사실 때문에 적용에 제약을 받는다. 불행히도, 결정하고자 하는 값이 그 값의 영향을 받는 파라미터에 의해 다시 영향을 받는 식인 것이다. 이러한 결점에도 불구하고, 식 (36.7)은 수작업조립라인에서 파라미터들 간의 관계를 정의한다. 유사한 기존의 라인에 기초한 전형적인 E_b 값과 이 식을 사용하여 주어진 조립제품을 생산하기 위한 작업자의 수를 추정할 수 있다.

예제 36.1 수동조립라인

연간 생산량이 90,000개인 제품을 생산하기 위한 수동조립라인을 계획하고 있다. 작업단위가 부착되는 연속이송 컨베이어가 사용되며, 순작업시간은 55분이다. 라인은 50주/년, 5교대/주, 8시간/일 기준으로 가동된다. 각 작업자는 별도의 작업장에 배치된다. 과거의 경험에 기초하여 라인효율은 0.95, 밸런싱효율은 0.93, 위치이동시간은 9초로 가정한다. 다음의 물음에 답하여라. (a) 생산량을 충족시키기 위한 시간당 생산속도, (b) 작업자와 작업장의 수, (c) 비교를 위해, 식 (36.4)로 주어지는 이상적인 경우의 최소값 w_{min}.

풀이

(a) 연간 수요를 만족하기 위한 시간당 생산율은 식 (36.1)에 의해 계산된다.

$$R_p = \frac{90,000}{50(5)(8)} = \textbf{45 units/hr}$$

(b) 라인효율이 0.95이므로, 이상적인 사이클타임은 다음과 같다.

$$T_c = \frac{60(0.95)}{45} = \textbf{1.2667 min}$$

위치이동시간 T_r = 9초 = 0.15분이므로 사용가능한 시간은

$$T_s = 1.2667 - 0.150 = 1.1167 \text{ min}$$

라인을 가동하기 위한 작업자 수는 식 (36.7)에 따라

$$w = \text{최소정수값}, \ge \frac{55}{1.1167(0.93)} = 52.96 \rightarrow \textbf{53 명}$$

작업장마다 한 사람의 작업자가 있다면, 작업장 수 n = **53개**.

(c) 식 (36.4)에 의해 얻을 수 있는 이상적인 최소작업자 수와 비교해보면,

$$w_{\min} = \text{최소정수값}, \ge \frac{55}{1.2667} = 43.42 \rightarrow \textbf{44 명}$$

위치이동과 라인 불완전한 밸런싱으로 인한 시간 손실은 수동조립라인의 전체적인 효율을 저하시키는 것을 확인할 수 있다.

수동조립라인에서 작업장의 수와 작업자의 수가 꼭 같아야만 하는 것은 아니다. 승용차나 트럭의 최종 조립라인의 경우처럼 큰 제품의 경우, 한 작업장에 여러 명의 작업자가 할당될 수 있다. 예를 들어, 한 작업장에 있는 두 명의 작업자가 차량의 양쪽에서 조립작업을 수행할 수 있다. 한 작업장의 작업자 수를 해당 작업장의 **유인화수준**(manning level) M_i라고 한다. 라인 전체에 걸친 평균 유인화수준은 다음과 같다.

$$M = \frac{w}{n} \tag{36.8}$$

여기서 M은 조립라인의 평균 유인화수준이며, w는 라인의 작업자수, 그리고 n은 작업장의 수이다. w와 n은 당연히 정수이다. 복수의 작업자를 배치하면 필요한 작업장의 수를 줄일 수 있으므로 소중한 공장 바닥면적을 절약할 수 있다.

조립라인에서 유인화수준에 영향을 주는 다른 요인은 산업용 로봇을 사용하는 것을 포함하여 (38.4절 참조) 라인상의 자동작업장 수이다. 비록 자동작업장을 운영하고 유지보수하기 위한 훈련된 기술인력의 필요성이 증가하기는 하지만, 자동화는 라인에 필요한 노동력을 줄여준다. 자동차 회사에서는 자동차 바디에 대한 점용접과 분사 도장을 수행하기 위해 로봇작업장을 폭넓게 활용한다. 로봇들은 작업자보다 훨씬 높은 반복정밀도로 작업을 수행하여 결과적으로 고품질의 제품을 생산한다.

36.4 자동생산라인

수동조립라인에서는 일반적으로 작업장 사이에서 부품을 이동시키기 위해서 기계화된 이송 시스템

을 이용하지만, 작업장에서는 작업자에 의해 수동으로 작업이 진행된다. **자동화생산라인**(automated production line)은 자동화된 작업장들로 구성되며, 각각의 작업장들과 연계되어 작동하는 부품 이송시스템으로 연결된다. 이상적으로는 공구교환, 라인의 시작과 끝에서의 부품 장착 또는 탈착, 그리고 수리나 유지보수 활동을 제외하고는 작업자 없이 라인이 운영된다. 현대식 자동라인들은 컴퓨터 제어에 의해 운영되는 통합된 시스템이다.

자동화작업장에서 수행되는 작업들은 작업자에 의해 수작업으로 이루어지는 작업들에 비해 단순한 경향이 있으며, 이것은 간단한 작업일수록 자동화가 쉽기 때문이다. 자동화가 어려운 작업들은 여러 단계의 작업이 필요하거나, 판단 또는 작업자의 인지능력을 필요로 하는 작업들이다. 자동화가 용이한 작업은 단일 작업요소, 빠른 운동, 기계가공에서처럼 직선 이송운동 등으로 구성되는 작업이다.

36.4.1 자동라인의 종류

자동생산라인은 기본적으로 (1) 절삭과 같은 가공 수행을 위한 것과 (2) 조립작업을 수행하기 위한 것의 두 가지로 구분할 수 있다. 가공 수행을 위한 중요한 형태가 이송라인이다.

운반라인 및 유사한 가공시스템들

운반라인(transfer line)은 작업장 사이에서 작업 단위들을 자동으로 운반하며, 가공작업을 수행하는 연속된 작업장들로 구성된다. 그림 36.4에서처럼 절삭가공이 대표적인 가공작업이다. 판재가공과 조립작업에도 자동이송시스템이 사용된다. 절삭가공의 경우, 공작물은 주조 또는 단조로부터 시작되어, 일련의 절삭작업들을 통하여 높은 정밀도를 얻게 된다(예를 들어 구멍, 나사, 마무리 평면 등).

이송라인은 일반적으로 고가의 설비로 어떤 경우에는 수백만 불이 소요되기도 하는데, 대량 생산에 적합하도록 설계된다. 공작물에 수행되어야 하는 절삭가공의 양이 많기는 하지만, 작업이 다수의 작업장으로 나누어져 있으므로, 다른 생산방법에 비해서 생산율은 높고 원가는 절감된다. 자동가공라인에서 작업장 간에는 일반적으로 동기이송이 사용된다.

자동이송라인의 변형된 형태로 그림 36.5와 같은 **다이얼 인덱싱 장치**(dial indexing machine)가 있는데, 작업장들이 다이얼이라고 불리는 원형의 작업테이블을 따라 배치된다. 작업테이블은 구동

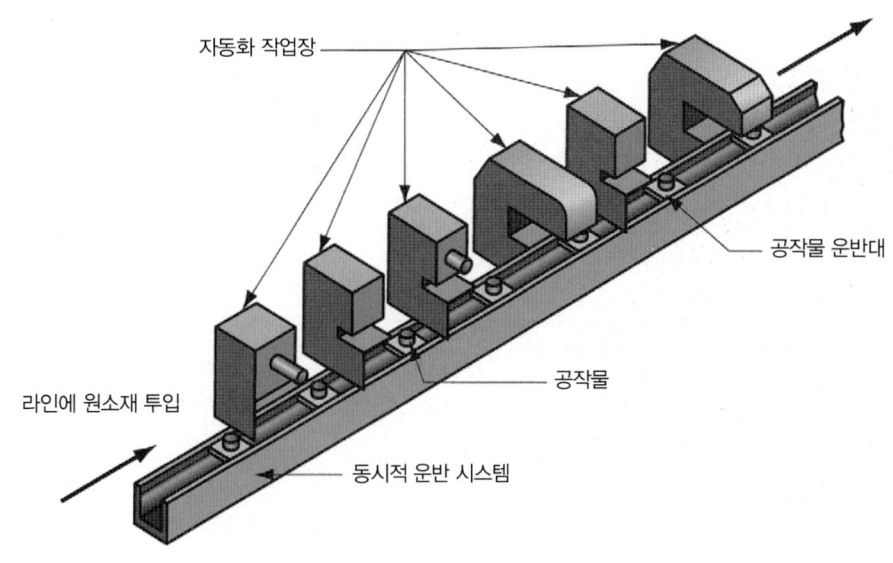

그림 36.4 자동화생산라인의 중요한 종류인 절삭가공 운반라인.

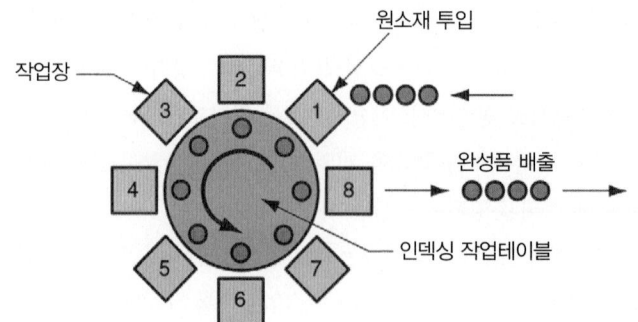

그림 36.5 다이얼 인덱싱 장치의 구성.

메커니즘에 의해 각 작업 사이클마다 조금씩 회전한다. 테이블 둘레를 따라 배치될 작업장의 수에 맞추어 회전 위치의 수가 결정된다. 다이얼 인덱싱 장치의 형상은 이송라인과 매우 상이하지만, 운영과 활용 분야는 거의 유사하다.

자동조립시스템

자동조립시스템은 부품을 추가하거나, 이를 작업단위에 고정시키는 등의 조립작업을 수행하는 하나 또는 여러 개의 작업장으로 구성된다. 자동조립시스템은 단일 작업장 셀과 복수작업장 시스템으로 분류된다. **단일작업장 조립셀**(single station assembly cell)은 대개 조립단계를 순차적으로 수행하도록 프로그래밍된 산업용 로봇 주위에 구성된다. 로봇은 연속된 전용 자동작업장들보다는 빠르지 못하므로, 단일작업장 셀은 주로 중간 규모의 생산량인 경우에 사용된다.

　복수작업장 조립셀(multiple station assembly cell)은 볼펜, 담배 라이터, 손전등, 혹은 이들과 유사하게 적은 개수의 부품으로 이루어지는 작은 제품의 대량생산에 적합하다. 복잡도가 증가할수록 시스템 신뢰성이 급격하게 감소하기 때문에 부품의 수와 조립단계는 작은 수로 제한된다.

　복수작업장 조립셀에는 그림 36.6과 같이 몇 가지 종류가 있다. 즉 (a) 직선형, (b) 회전형, (c) 캐러셀(carousel)형이 있다. 직선형은 조립작업을 수행하기 위한 전통적인 이송라인이다. 이 시스템은 기계가공의 경우처럼 대규모는 아니다. 회전형 시스템은 일반적으로 다이얼 인덱싱 장치를 사용하여 구성된다. 캐러셀 조립시스템은 루프 형태로 구성된다. 이 시스템은 회전형 시스템에서보다 많은 수의 작업장을 설치할 수 있다. 캐러셀에서는 루프 형태의 구조 때문에 공작물 캐리어가 자동으로 시작 위치로 돌아온다. 이 장점은 회전형 시스템에도 해당되지만 회수를 위한 장치를 특별히 설계하지 않는 한 직선형 이송라인에는 해당되지 않는다.

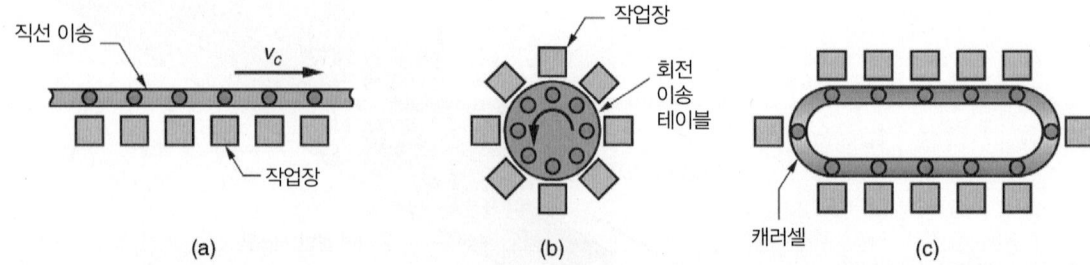

그림 36.6 복수작업장 조립시스템의 세 가지 형태. (a) 직선형, (b) 회전형, (c) 캐러셀형.

36.4.2 자동생산라인의 분석

라인밸런싱은 수동조립라인의 경우와 같이 자동라인에서도 발생하는 문제다. 즉 총 순작업이 개별 작업장에 할당되어야 한다. 자동 작업장의 경우에는 할당되는 각 작업이 일반적으로 단순하고, 라인이 종종 적은 수의 작업장으로 구성되기 때문에, 각각의 작업장에서 어떤 작업이 수행되어야 하는지 결정하는 문제는 수동라인의 경우처럼 어렵지는 않다.

자동라인에서 더 심각한 문제는 신뢰성이다. 라인은 다수의 작업장들로 구성되어 있으며, 이 작업장들은 이송시스템으로 연결되어 있다. 통합된 시스템으로 운영되기 때문에 한 작업장의 고장이 전체시스템에 부정적인 영향을 주게 된다. 자동생산라인의 운영을 분석하기 위해, 가공작업을 수행하고 동기이송을 사용하는 시스템이라고 가정하자. 이 모델은 이송라인과 다이얼 인덱싱 장치를 포함하는데, 해석모델의 변화가 필요한 자동조립라인은 이 모델에 해당되지 않는다 [10]. 앞 절에서 이미 사용한 기호를 사용하기로 한다. n은 라인 상의 작업장 수, T_c는 라인의 이상적 사이클타임, T_r은 위치이동시간으로 이송라인에서는 이송시간으로 부른다. 그리고 T_{si}는 작업장 i의 가동시간이다. 이상적인 사이클타임 T_c는 라인에서 가장 느린 작업장의 가동시간에 이송 시간을 더한 것이다.

$$T_c = T_r + \text{Max}\{T_{si}\} \tag{36.9}$$

이송라인에서의 주기적인 고장은 전체 라인의 정지를 유발한다. F는 라인을 정지하게 하는 고장 발생 빈도, T_d는 고장 발생 시 이로 인한 라인의 평균 정지시간이다. 라인정지시간은 보수 작업자가 행동을 개시하여, 고장의 원인을 진단하고, 수리하며, 라인을 재가동시키는 데 소요되는 시간을 모두 포함한다.

이상과 같은 정의를 바탕으로 실제 평균 생산시간 T_p는 다음과 같은 식으로 표현된다.

$$T_p = T_c + FT_d \tag{36.10}$$

여기서 F는 고장빈도, 단위는 라인정지횟수/사이클이며, T_d는 각 라인정지 당 고장시간이다, 따라서 FT_d는 사이클 당 평균 정지시간이다. 실제 생산율은 식 (36.2)에서와 같이 $R_p = 60/T_p$이다. 이상적인 생산율은 다음과 같다.

$$R_c = \frac{60}{T_c} \tag{36.11}$$

여기서 R_p와 R_c는 개/시간으로 표현되며, T_p와 T_c의 단위는 분이다.

이러한 정의를 기반으로 이송라인의 라인효율 E를 정의할 수 있다. 자동생산시스템에서 E는 가동 시간의 비율인데, 효율성보다는 신뢰성을 측정하는 지표가 된다.

$$E = \frac{T_c}{T_c + FT_d} \tag{36.12}$$

$T_p = T_c + FT_d$이므로 이 식은 식 (36.3)과 동일한 관계를 표현한다. 수동조립라인에서는 기술적인 고장이 중요한 문제가 아닌 것을 제외하고는, 수동조립라인과 자동조립라인에서 라인효율의 정의가 같다는 사실에 주목할 필요가 있다(여기서 다루는 관점에서 보면, 작업자가 전기기계 설비보다 신뢰성이 높다).

라인 정지는 개별 작업장의 고장과 관련되어 있다. 정지의 이유에는 계획된 또는 계획되지 않은 공구 교환, 기계적/전기적 고장, 유압시스템 고장, 그리고 설비의 정상적인 마모 등이 있다. p_i를 i 작업장에서 고장이 발생할 확률 혹은 빈도라 하면 F는 다음과 같다.

$$F = \sum_{i-1}^{n} p_i \tag{36.13}$$

만약 모든 p_i가 같다고 가정하거나, p_i의 평균값을 계산하여 이것을 p라고 하면,

$$F = np \tag{36.14}$$

두 식 모두 작업장의 수가 증가할수록 라인 정지의 빈도가 증가하는 것을 나타낸다. 다시 말해서 작업장의 수가 증가하면 라인의 신뢰성은 감소된다.

예제 36.2 자동이송라인

20개의 작업장으로 구성되고, 이상적인 사이클타임이 1.0분인 자동이송라인이 있다. 작업장의 고장 발생 확률 p는 0.01이고 고장이 발생했을 때 평균 정지시간은 10분이다. (a) 평균 생산율 R_p와 (b) 라인효율 E를 계산하여라.

풀이

라인의 고장발생 빈도 $F = p_n = 0.01 \times 20 = 0.20$이다. 그러므로 실제 평균 생산시간은,

$$T_p = 1.0 + 0.20(10) = 3.0 \text{ min}$$

(a) 따라서 생산율은

$$R_p = \frac{60}{T_p} = \frac{60}{3.0} = 20 \text{ pc/hr}$$

이상적 생산율보다 매우 작게 나오는 것을 주목하라.

$$R_c = \frac{60}{T_c} = \frac{60}{1.0} = 60 \text{ pc/hr}$$

(b) 라인효율은 다음과 같이 계산된다.

$$E = \frac{T_c}{T_p} = \frac{1.0}{3.0} = 0.333 \text{(or 33.3\%)}$$

이 예제와 같이 라인이 운용된다면, 가동시간보다 정지시간이 더 많은 것을 알 수 있다. 자동생산라인에서 중요한 문제는 높은 효율의 달성이다.

자동생산라인의 운영비용은 설비와 설치에 소요되는 투자비와 유지보수비, 유틸리티, 라인에 투입되는 인건비가 있다. 이러한 비용을 매년 일정하게 소요되는 연간비용으로 변환하고 연간 작업시간으로 나누면 시간당 비용을 얻을 수 있다. 이 시간당 비용은 라인에서 공작물을 처리하는 데 소요되는 단가를 계산하기 위해서 사용된다.

$$C_p = \frac{C_o T_p}{60}$$

(36.15)

여기서 C_p는 단위 제품당 비용(\$/개), C_o는 라인 가동시간 당 비용(\$/분), T_p는 공작물 당 실제 평균 생산시간(분/개), 그리고 상수 60은 시간당 비용을 \$/분으로 환산하기 위해 사용되었다.

36.5 셀방식 제조

셀방식 제조는 유사한 부품군이나 중간 규모 생산량의 제품 생산에 특화된 작업셀을 이용하는 것을 의미한다. 이러한 생산량 규모의 부품(그리고 제품)은 전통적으로 배치로 생산된다. 그런데 배치생산의 경우에는 셋업 변경으로 인한 시간 손실이 발생하고 높은 재고로 인하여 원가 상승요인이 된다. 셀방식 제조는 그룹테크놀러지(group technology, GT)를 기반으로 하는데, 부품들이 다르더라도 유사성을 가지는 점을 활용하여 배치생산의 단점을 최소화한다. 이러한 유사성이 생산에 활용되면 운영효율을 높일 수 있다. 이러한 개선은 일반적으로 제조셀들 주위에 생산작업을 배치함으로써 달성된다. 각 셀은 한 가지의 부품군(혹은 몇 가지의 부품군)을 생산하도록 설계되는데, 그렇게 하여 작업의 특화 원칙을 따른다. 셀은 특수한 생산 장비와 맞춤 설계된 공구와 고정구를 포함하여 부품군의 생산을 최적화한다. 사실상 각 셀은 공장 안의 공장이 된다.

36.5.1 부품군

셀방식 생산과 GT의 주요한 특징은 부품군이다. 부품의 기하학적 모양과 크기가 유사하거나, 생산을 위하여 유사한 공정이 필요한 부품의 집합을 **부품군**(part family)이라고 한다. 예를 들어 10,000개의 서로 다른 부품을 생산하는 공장의 경우 부품을 20에서 30개의 부품군으로 그룹화하는 것은 어렵지 않은 일이다. 각 부품군은 유사한 공정단계를 거친다. 같은 부품군 내의 부품들은 서로 똑같은 것은 아니지만, 같은 부품군에 포함될 정도의 부품 간 유사성을 가지고 있다. 그림 36.7과 36.8은 두 개의 서로 다른 부품군을 보여준다. 그림 36.7의 두 부품은 크기와 형상은 같으나, 재질, 생산량, 설계공차에서의 차이로 제조 측면에서는 매우 다르다. 그림 36.8의 부품들은 기하학적으로는 다르나, 제조 측면에서는 매우 유사하다.

제조업에서 부품군을 결정하는 데는 몇 가지의 방법이 있다. 한 가지 방법은 육안 판별을 사용하는 것으로 실제로 부품을 보거나 사진을 통해 판단을 함으로써 유사한 특징을 가진 군으로 정리하는 것이다. 다른 방법은 **생산흐름분석**(production flow analysis)이라 부르는데, 공정절차서(routing

그림 36.7 유사한 형상과 치수를 갖지만 제조 측면에서는 상당한 차이가 있는 경우. (a) 연간 백만 개 생산, 공차 ±0.01 in., 1015 CR강, 니켈 도금, (b) 연간 100개 생산, 공차 ±0.001 in., 18–8 스테인레스강

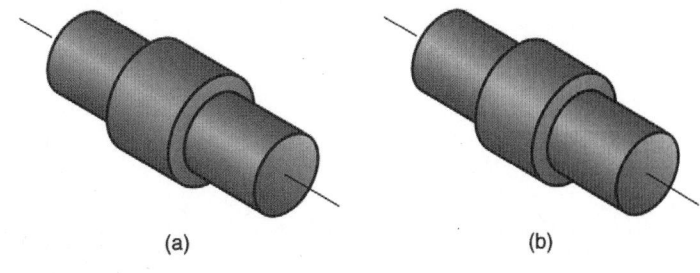

(a)　　　(b)

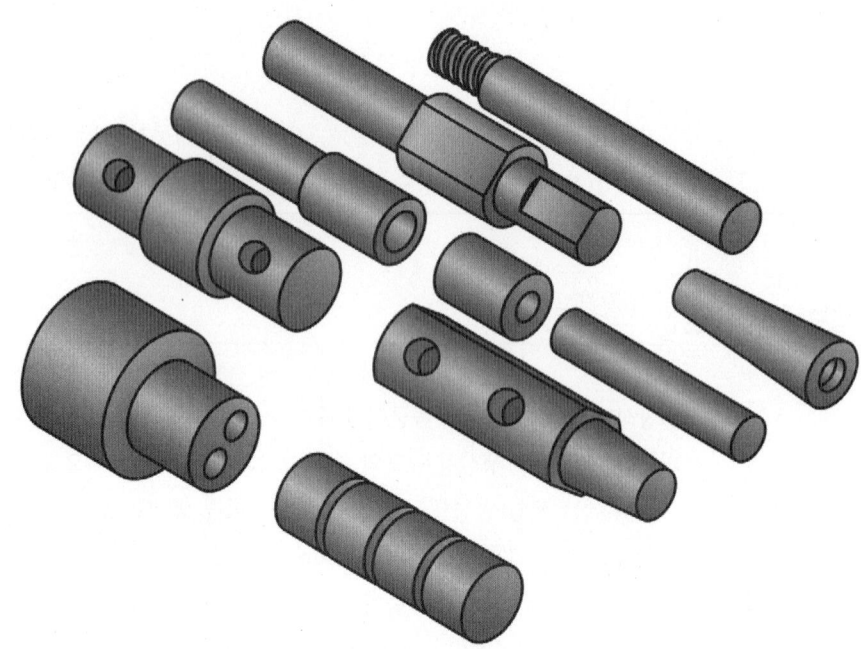

그림 36.8 크기와 형상은 다르지만 제조공정이 유사한 10개의 부품. 모든 부품이 원통형 소재로부터 선삭을 통해 가공되고, 일부는 드릴링 혹은 밀링이 필요하다.

sheets)(37.1.1절)에 포함된 정보를 이용하여 부품들을 분류하는 것이다. 사실상 유사한 공정을 가진 부품들을 동일한 부품군으로 분류한다.

세 번째, 가장 실용적이지만, 가장 많은 비용이 소요되는 방법으로 부품 분류 및 코딩 방법이 있다. **부품 분류 및 코딩**(classification and coding)에서는 부품 간의 유사성과 차이점을 파악하고 수치적인 코딩시스템을 이용하여 부품들의 연관성을 표현한다. 대부분의 분류 및 코딩시스템은 다음과 같이 구분된다. (1) 설계속성 기반 시스템, (2) 제조속성 기반 시스템, (3) 설계속성 및 제조속성 기반 시스템. 표 36.3은 GT 시스템에서 사용되는 부품 설계 및 제조 속성들을 나타낸다. 제조업체들은 각각 고유한 부품과 제품들을 생산하므로, 한 업체에 적합한 분류 및 코딩시스템이 다른 업체에도 적합한 것은 아니다. 각 회사들은 각자 자기 회사에 적합한 고유의 코딩시스템을 설계해야 한다. 부품 분류 및 코딩 시스템은 참고문헌 [8], [10], [11]에 잘 설명되어 있다.

잘 만들어져 있는 분류 및 코딩 시스템은 (1) 부품군을 잘 구성하고, (2) 부품 설계도를 신속하게 찾을 수 있게 하고, (3) 기존의 유사하거나 동일한 설계를 찾아 재사용하므로 반복 설계를 줄일 수 있고, (4) 설계 표준화를 촉진하며, (5) 원가 산출 및 회계를 용이하게 하며, (6) 신규 부품에 대해 같은 부품군에 속한 기존 부품의 기본적인 파트 프로그램을 사용할 수 있게 하고, (7) 공구 및 고정구를 공동으로 사용할 수 있게 하며, (8) 부품군의 코드에 따라 표준공정계획을 작성하고, 같은 부품군

표 36.3 부품 분류 및 코딩시스템에 일반적으로 포함되는 설계와 제조 속성.

설계 속성		제조 속성	
주요 치수	재료의 종류	주요 공정	주요 치수
기본 외부형상	부품 기능	작업 순서	기본 외부형상
기본 내부형상	공차	배치 크기	길이/직경 비
길이/직경 비	표면 거칠기	연간생산량	재료의 종류
		공작기계	공차
		절삭공구	표면 거칠기

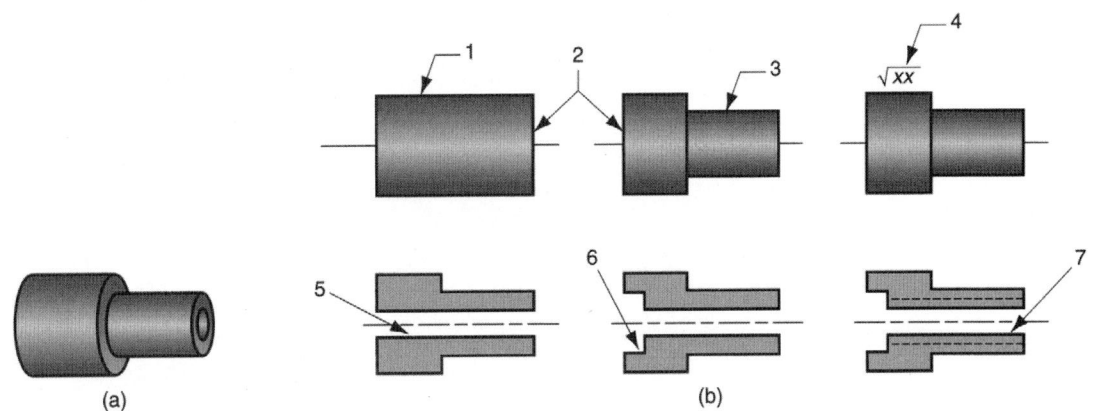

그림 36.9 가상조합부품의 개념. (a) 회전형 절삭부품군의 가상조합부품, (b) 가상조합부품의 개별 특징형상.

에 속하는 신규 부품의 공정계획은 공정계획을 재사용하거나 편집해서 사용할 수 있으므로, 컴퓨터 이용 공정설계(CAPP, 37.1.3절)를 용이하게 한다.

36.5.2 기계 셀

부품군에 속한 부품들 사이의 유사성을 최대로 활용하기 위해서는, 그 부품들을 가공하는 데 특화되도록 설계된 기계 셀을 사용하여 생산이 이루어져야 한다. GT 기계 셀을 설계하는 기본원리 중 중요한 하나는 가상조합부품의 개념이다.

가상조합부품 개념

동일 부품군에 속한 부품들은 유사한 설계 그리고/또는 제조 특징형상을 가지고 있다. 일반적으로 부품의 설계 특징형상과 제조 공정사이에는 연관성이 있다. 즉 원형 구멍은 드릴링에 의해, 원통형상은 선삭에 의해 가공되는 등의 관계가 있다.

어떤 부품군의 **가상조합부품**(composite part)은 부품군의 설계 및 제조 속성을 모두 가지고 있는 가상의 부품이다. 일반적으로 부품군의 각 부품은 부품군을 정의하는 특징 형상들 중 일부를 가지고 있고 모든 특징형상을 가지는 것은 아니다. 부품군을 위해 설계된 생산셀은 가상조합부품을 생산하기 위하여 필요한 기계들을 포함한다. 이러한 셀은 특정한 부품의 특징형상과 관계없는 공정만을 생략함으로써 부품군의 모든 요소를 생산할 수 있다. 또한, 이러한 셀은 부품군 내에서 부품 크기와 특징형상의 변화에 대응할 수 있도록 설계된다.

예를 들어 그림 36.9(a)의 가상조합부품에 대하여 살펴보자. 이 가상조합부품은 그림 36.9(b)에서 정의된 특징형상을 가진 회전형 부품군을 나타낸다. 각 특징형상은 표 36.4에 요약된 절삭공정과 연관되어 있다. 이러한 부품군을 생산하기 위한 기계셀은 표의 제조공정 난에 표기된 모든 공정을 수행할 수 있도록 설계된다.

기계 셀 설계

기계 셀은 기계의 수와 자동화 정도에 따라 다음과 같이 분류된다. (a) 단일기계 셀, (b) 수동 복수기계 셀, (c) 기계화된 복수기계 셀, (d) 유연생산셀, (e) 유연생산시스템이 그것이다. 각 셀의 구성은

표 36.4 그림 36.3의 가상조합부품의 설계 특징형상과 그에 대응되는 제조공정.

번호	설계 특징형상	대응되는 제조공정
1	외부 원통면	선삭
2	원통 끝면	면삭
3	원통 단	선삭
4	매끄러운 표면	외부원통연삭
5	축방향 구멍	드릴링
6	카운터보어	보링, 카운터보링
7	내부나사	태핑

그림 36.10에 도시되어 있다.

단일기계 셀(single machine cell)은 수동으로 작동되는 기계 한 대로 구성된다. 셀은 생산되는 부품군 내에서 특징형상과 크기의 변화에 대응할 수 있는 고정구와 공구를 가진다. 그림 36.9의 부품군을 위한 기계셀이 이 경우에 해당된다.

복수기계 셀(multiple machine cell)은 수동으로 작동되는 두 대 또는 그 이상의 기계들로 구성된다. 이 셀은 부품의 이동방법에 따라 수동과 기계화된 것으로 구분된다. 수동은 셀 내에서의 부품 이동이 작업자(보통은 기계 오퍼레이터)에 의해서 이루어지는 것을 의미한다. 기계화된 셀은 부품을 한 기계에서 다음 기계로 이동하는 데 컨베이어 같은 기계장치를 이용하는 것을 말한다. 이는 셀에서 가공되는 부품의 크기나 무게 때문에 필요할 수도 있고, 단순히 생산성을 높이기 위해서 필요할 수 있

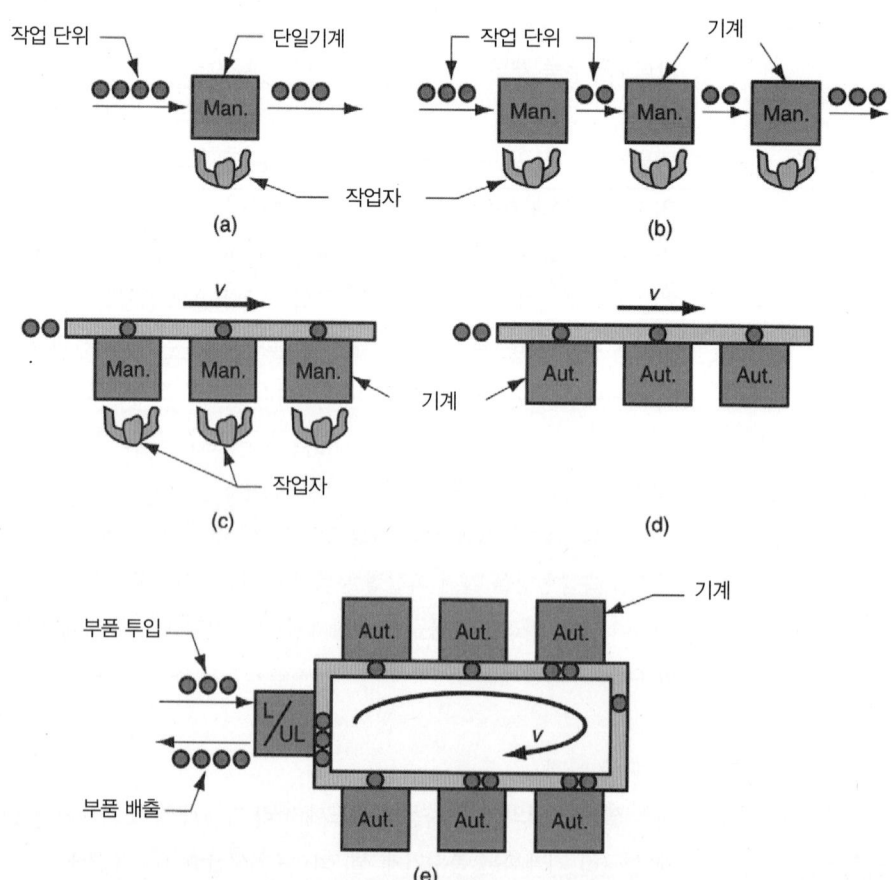

그림 36.10 GT 기계 셀의 종류. (a) 단일기계 셀, (b) 수동 복수기계 셀, (c) 기계화된 복수기계 셀, (d) 유연생산셀, (e) 유연생산시스템(Man.: 수동기계, Aut.: 자동화기계).

다. 그림에서는 작업흐름이 직선형이지만 U자형이나 루프형도 가능하다.

유연생산셀(flexible manufacturing cell)과 **유연생산시스템**(flexible manufacturing system)은 자동이송장치를 가진 자동화 기계들로 구성된다. 이 통합생산시스템의 특별한 성질과 중요성 때문에 36.6절에서 다시 자세히 다룬다.

GT의 장점과 문제점

기계 셀과 GT기술은 원칙과 인내심을 가지고 추진하면 기업에 상당한 이익을 가져다준다. 잠재적인 이득들은 다음과 같다. (1) GT는 공구, 고정구, 셋업의 표준화를 촉진시킨다. (2) 부품이 공장 전체가 아니라 해당 기계 셀에서만 이동하므로 자재취급이 감소한다. (3) 생산계획이 단순해진다. (4) 제조리드 타임이 감소한다. (5) 재공재고(work-in-process)가 감소한다. (6) 공정계획이 단순해진다. (7) 일반적으로 GT 셀에서 일하는 작업자의 만족도가 크다. (8) 제품 품질이 향상된다.

하지만 GT를 구현하기 위해서는 몇 가지 문제가 있다. 첫 번째 문제는 기계들을 적절한 작업셀로 재배치하는 것이다. 이의 계획과 실행에는 시간이 소요되며, 재배치 중에는 생산이 중단된다. GT 프로그램을 시작할 때 가장 큰 문제는 부품군을 파악하는 것이다. 만약 공장에서 10,000개의 다른 부품을 생산한다면, 모든 부품들의 도면을 검토하고, 그것들을 그룹화하기 위해서 상당히 많은 시간이 소용된다.

36.6 유연생산시스템과 유연생산셀

유연생산시스템(flexible manufacturing system, FMS)은 고도로 자동화된 GT 기계 셀이며, 자동 자재취급 및 저장시스템과 연결되어 있는 작업스테이션(일반적으로 CNC 공작기계) 그룹으로 구성되어 있고, 통합컴퓨터시스템으로 제어된다. FMS는 각각 다른 작업장에서, NC프로그램을 통해 여러 유형의 다양한 부품들을 동시에 가공할 수 있다.

FMS는 GT의 원리에 기초하고 있다. 어떠한 생산시스템도 완벽하게 유연할 수는 없으며, 모든 범위의 제품을 생산할 수는 없다. FMS의 유연성에는 일정한 한계가 존재하는 것이다. 따라서 유연생산시스템은 어떤 범위 안의 유형, 크기, 공정을 가지는 부품(또는 제품)을 생산하도록 설계된다. 즉 FMS는 단일 부품군이나 제한된 범주의 부품군들만을 생산할 수 있다.

유연생산시스템은 공작기계의 대수와 유연성의 정도에 따라 다양하다고 할 수 있다. 시스템이 단지 몇 대의 소수 기계들로 구성되어 있을 때는, 종종 **유연생산셀**(flexible manufacturing cell, FMC)로도 부르는데, 셀 및 시스템 모두 고도로 자동화되어 있으며, 컴퓨터에 의해 제어된다. FMS와 FMC의 차이점이 항상 명확한 것은 아니지만, 일반적으로 기계(또는 작업장)의 수에 의해 구분된다. 유연생산셀은 세 대 또는 그 이하의 기계들로 구성되나, 유연생산시스템은 네 대 또는 그 이상의 기계들로 이루어진다 [10].

생산시스템이 유연하다고 인정받기 위해서는 여러 조건들을 만족해야 한다. 자동생산시스템의 유연성에 대한 조건은 (1) 배치모드가 아닌 상태로 여러 가지의 다른 부품 유형을 가공할 수 있는, (2) 생산일정의 변경이 가능한, (3) 장비 오작동과 고장에 잘 대응할 수 있는, 그리고 (4) 새로운 종류의 부품에 잘 대응할 수 있는 능력이다. 이러한 기능들은 시스템의 여러 요소들을 제어하고 조정하는 중앙 컴퓨터에 의해 가능하다. 가장 중요한 기준은 (1)과 (2)이며, (3)과 (4)는 상대적으로 유연하며 다양한 수준으로 구현될 수 있다.

36.6.1 유연생산시스템 구성요소의 통합

FMS는 효율적이고 신뢰성 있는 시스템으로 통합되어야 하는 하드웨어와 소프트웨어로 구성되며, 물론 인력도 포함된다. 이 절에서는 각 구성 요소들과 이들이 어떻게 통합되는지 살펴본다.

하드웨어 요소

FMS 하드웨어는 작업장, 자재취급시스템 및 중앙제어 컴퓨터로 구성된다. 작업장은 절삭가공 시스템의 CNC 기계, 검사장, 부품 세척장, 그리고 추가로 필요한 다른 작업장들이다. FMS에서는 바닥 아래에 중앙 칩 컨베이어가 종종 설치된다.

자재취급시스템은 작업장 간에 부품을 이동하는 수단을 의미한다. 자재취급시스템은 일반적으로 부품 저장 기능을 제한적으로 가진다. 자동생산에 적합한 자재취급시스템은 롤러 컨베이어, 무인반송차, 그리고 산업용 로봇이다. 어떤 종류가 적절한지는 부품의 크기와 형상, 경제성과 다른 FMS 요소들과의 호환성에 의해 결정된다. 비회전형상 부품은 주로 팰릿고정구 위에서 이동되므로, 팰릿은 특정한 자재취급시스템에 맞게 설계되며, 고정구는 부품군에 속한 다양한 부품의 형상을 수용할 수 있도록 설계된다. 회전형 부품은 무게로 인한 제약이 있지 않는 경우, 대개 로봇에 의해 취급된다.

자재취급시스템은 FMS의 기본 레이아웃을 결정한다. 레이아웃은 다음과 같이 다섯 가지 형태로 구분된다. (1) 직선형, (2) 루프형, (3) 사다리형, (4) 개방형, (5) 로봇중심 셀. 이 중 (1), (3), (4), (5) 형태가 그림 36.11에 나타나 있으며, (2) 형태는 그림 36.10(e)에 나타나 있다. **직선형 레이아웃** (in-line layout)에서는 직선이송 시스템을 이용하여 공정작업장과 장착/탈착 작업장 사이에서 부품을 이동한다. 직선이송 시스템은 일반적으로 양방향 이송이 가능하다. 그렇지 않은 경우, FMS는 트랜스퍼라인과 유사하며, 한 방향의 흐름 때문에 시스템에서 만들어지는 여러 다른 종류의 부품들은 동일한 기본 공정순서를 거쳐야 한다. **루프 레이아웃**(loop layout)은 컨베이어 루프와 이 둘레를 따라 위치하고 있는 작업장들로 이루어진다. 이 배치에서는 한 스테이션에서 어떠한 스테이션으로도 이동이 가능하므로 모든 공정 순서가 가능하다. 이는 **사다리형 레이아웃**(ladder layout)의 경우에도 해당되는데, 작업장이 사다리의 가로대를 따라 배치되는 형태이기 때문이다. **개방형 레이아웃**(open-field layout)은 가장 복잡한 FMS 형태로, 여러 개의 루프가 함께 묶여 있는 것이다. 마지막으로, 로봇중심 셀(robot-centered cell)은 셀 내 기계들의 모든 장착/탈착 위치가 포함되는 작업범위를 가지는 로봇으로 구성된다.

또한 FMS에는 다른 하드웨어 요소들과 연결되어 있는 중앙컴퓨터가 포함된다. 중앙컴퓨터 이외에도 각각의 기계들과 다른 구성요소들은 모두 개별 제어유닛으로서 마이크로컴퓨터를 가진다. 중앙컴퓨터의 기능은 시스템의 운영이 전체적으로 원활하게 진행되도록 각 요소들의 동작들을 조정하는 것이다. 이러한 기능은 소프트웨어에 의해 구현된다.

FMS 소프트웨어와 제어 기능

FMS 소프트웨어는 생산시스템에서 수행되는 다양한 기능들과 관련된 여러 가지 모듈들로 구성된다. 예를 들면 각각의 공작기계에 NC 파트 프로그램을 전송하는 기능, 자재취급시스템을 제어하는 기능, 공구관리와 관련된 기능 등이다. 표 36.5는 FMS를 운영하기 위해 필요한 일반적인 기능들을

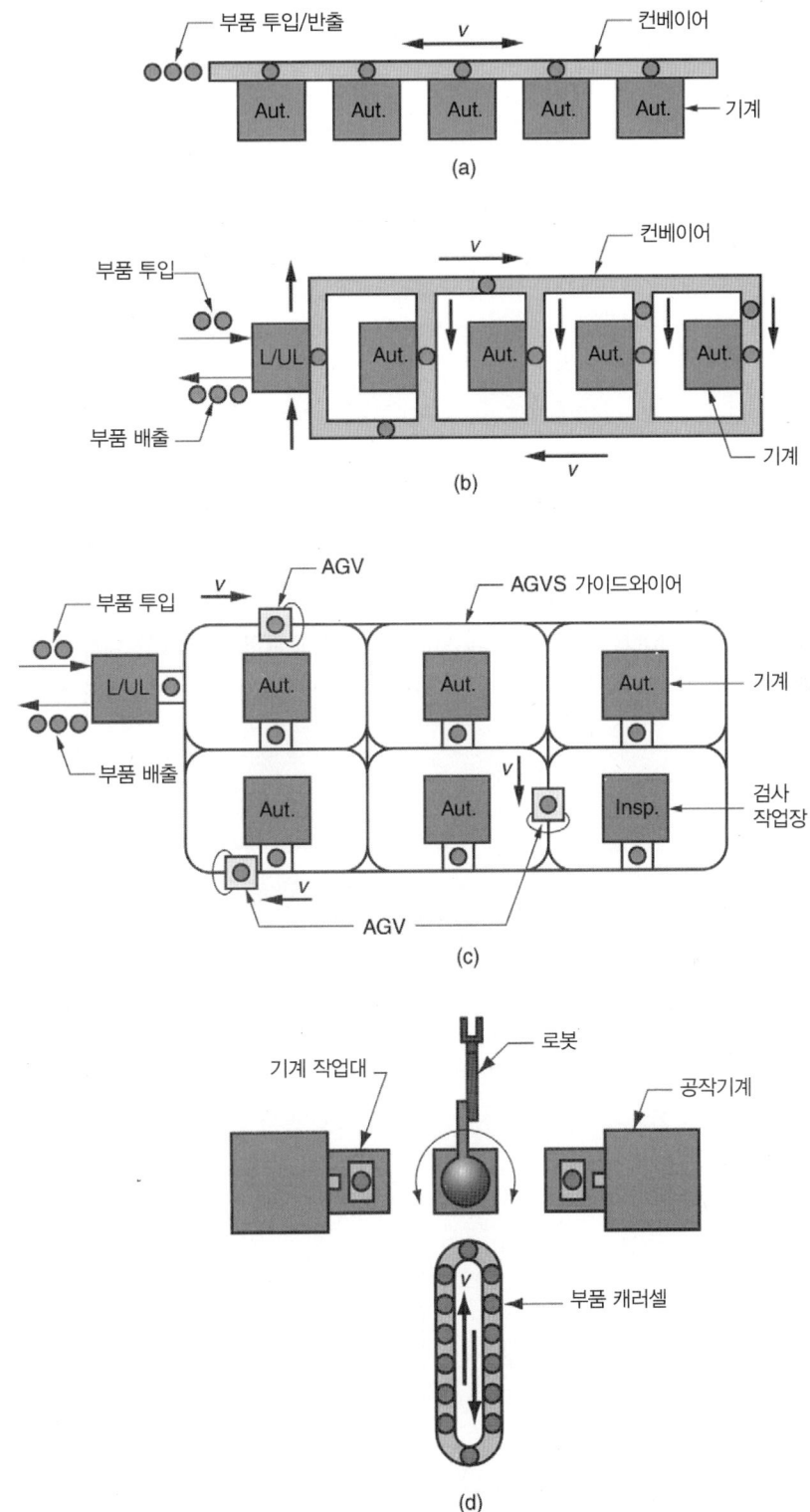

그림 36.11 다섯 가지 FMS 레이아웃 유형 중 네 가지. (a) 직선형, (b) 사다리형, (c) 개방형, (d) 로봇중심셀 (Aut=자동작업장, L/UL=장착/탈착 작업장, Insp=검사장, AGV=무인반송차, AGVS=무인반송차 시스템).

나타낸다. 각 기능을 수행하기 위해서는 하나 또는 그 이상의 소프트웨어 모듈이 필요하다. 실제 설치되는 시스템들에서는 표에 적힌 것과 다른 용어들이 사용될 수 있으며, 기능과 모듈들은 그 응용분야에 따라 크게 달라진다.

표 36.5 FMS에서 응용소프트웨어 모듈들에 의해 수행되는 전형적인 컴퓨터 기능.

기능	세부 사항
NC 파트 프로그래밍	새로운 부품의 가공을 위한 NC 프로그램 작성. APT 같은 언어들이 포함됨.
생산 통제	제품 혼합, 가공 일정 및 다른 계획 기능.
NC 프로그램 다운로드	파트 프로그램이 중앙컴퓨터에서 개별 스테이션들로 다운로드됨.
기계 제어	각 작업장을 제어, 일반적으로 CNC.
공작물 제어	시스템의 공작물 상태 모니터링, 팰릿고정구의 상태, 팰릿고정구 장착/탈착을 위한 명령.
공구 관리	공구 재고관리, 공구의 기대수명 대비 공구 상태, 공구 교환 및 재가공, 공구 연마기로의 운반.
운반 제어	공작물 취급시스템의 일정계획 및 제어.
시스템 관리	효율에 대한 관리보고서(가동율, 생산량, 생산율 등) 생성, 간혹 FMS 시뮬레이션도 포함.

작업자

FMS나 FMC에 필요한 추가적인 요소로는 작업자가 있다. 작업자가 수행하는 주요 임무는 다음과 같다. (1) 부품의 장착과 탈착, (2) 공구교환 및 준비, (3) 장비 유지 및 보수, (4) NC 파트프로그래밍, (5) 컴퓨터시스템 프로그래밍 및 운영, 그리고 (6) 시스템의 전반적 관리.

36.6.2 유연생산시스템 적용

유연생산시스템은 일반적으로 중품종(midvariety), 중량(midvolume) 생산에 적용된다. 만약 부품이나 제품을 유형의 변화 없이 대량으로 생산한다면, 트랜스퍼라인이나 그와 유사한 전용 생산시스템이 적합하다. 만약 부품이 다품종 소량 생산이라면, 개별 NC공작기계 또는 수작업으로 생산하는 방법이 더욱 적합하다. 이러한 적용상 특성이 그림 36.12에 요약되어 있다.

유연절삭시스템은 FMS 기술의 가장 보편적인 적용분야이다. 컴퓨터수치제어의 유연성과 기능으로 인하여, 몇 대의 CNC 공작기계들을 작은 중앙 컴퓨터를 연결하고, 기계 간 공작물 이송을 위한

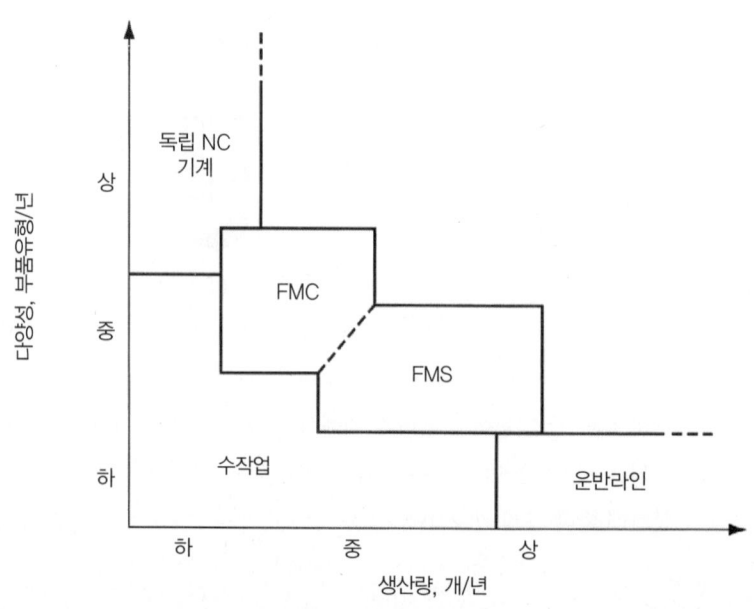

그림 36.12 다른 형태의 생산시스템과 비교한 유연생산시스템과 셀의 적용범위.

그림 36.13 다섯 개의 작업장들로 구성된 유연생산시스템(오하이오주 바타비아시 신시내티 밀라크론 사 제공).

자동자재취급시스템을 설치하는 것이 가능하다. 그림 36.13은 다섯 대의 CNC 머시닝센터와 부품을 중앙 장착/탈착 스테이션에서 잡아서 적절한 가공스테이션으로 이동시키는 직선형 이송시스템으로 구성된 유연생산시스템을 보여준다.

절삭가공에서처럼 활발한 적용이 이루어지지는 않았으나, 조립, 검사, 금속박판 공정(펀칭, 전단가공, 굽힘, 성형) 그리고 단조를 위한 여러 종류의 유연생산시스템이 개발되었다.

유연생산시스템에 대한 경험은 대부분 절삭가공분야에서 많이 얻어졌다. 유연가공시스템의 적용 효과는 일반적으로 다음과 같다. (1) 재래식 가공공장보다 높은 가동율(일반적인 배치 형태의 가공공정에서 얻는 40~50% 정도의 가동률에 비하여, FMS에서는 75% 정도의 가동률을 얻는다. 이는 보다 효율적인 자재취급, 오프라인 준비, 향상된 일정계획 등으로 인해서이다). (2) 배치생산이 아닌 연속적인 생산으로 인한 재공재고의 감소. (3) 제조 리드타임(lead time)의 단축. (4) 생산 일정계획에서의 유연성 증가.

| 36.7 컴퓨터통합생산

현대적인 제조공장에서는 본 장에서 설명한 통합시스템들을 모니터하고 제어하기 위해서 분산 컴퓨터 네트워크가 많이 사용된다. 일부 작업은 수동으로 수행되기도 하지만(예를 들어 수동조립라인과 유인 셀), 생산계획, 데이터 수집, 기록, 성능 트래킹 및 그 외의 정보관련 기능에는 컴퓨터시스템이 활용된다. 더 자동화된 시스템(예를 들어 이송라인과 FMC)에서는 컴퓨터가 직접 작업을 제어한다. **컴퓨터통합생산**(computer integrated manufacturing, CIM)이라는 용어는 조직 내에서 광범위하게 컴퓨터를 사용하는 것을 의미하는데, 작업을 모니터하고 제어하는 것뿐 아니라 제품을 설계하고, 제조

공정을 수립하고, 생산과 관련된 모든 비즈니스 기능에 컴퓨터를 사용하는 것을 포함한다. CIM은 궁극적인 통합생산시스템이라고 말할 수 있다. 제X부의 마지막 부분에서 CIM의 범위에 대해서 간략히 기술하고 제조지원시스템에 대한 제XI부와의 관련성을 설명한다.

먼저 대부분의 제조기업에서 수행되는 네 가지의 일반적 기능은 다음과 같다. (1) 제품설계 (product design), (2) 제조계획(manufacturing planning), (3) 제조관리(manufacturing control), (4) 관리기능(business function). 제품설계는 보통 제품의 수요 파악, 제품의 정의, 창의적인 해결책 제시, 해석 및 최적화, 평가 그리고 문서화를 반복적으로 수행하는 절차이다. 설계 결과물의 전반적인 품질은 제품의 상업적인 성공 여부에 가장 중요한 역할을 한다. 또한 제품 최종 원가의 가장 많은 부분이 제품설계 기간의 의사결정에 의해서 좌우된다. 제조계획은 제품설계를 정의하는 도면과 명세서를 제품생산을 위한 계획으로 변환하는 것이다. 제조계획에서는 어떤 부품을 구입하고(make-or-buy decision, 제조/구입 결정), 어떻게 '제조' 부품을 생산하며, 어떤 장비가 사용될 것이며, 작업에 대한 일정계획을 어떻게 수립할 것인 등을 결정한다. 제37장에서는 제조공학적인 결정에 대해서, 38장에서는 생산계획에 대해서 자세히 설명한다. 제조관리는 각각의 공정 및 장비의 관리뿐 아니라 38장과 39장에서 각각 다루는 작업현장관리(shop floor control)와 품질관리 등 지원기능을 포함한다. 마지막으로 관리기능은 주문, 원가회계, 급여, 대금청구 및 제조와 관련한 관리 측면의 정보활동을 포함한다.

이러한 일반적인 네 가지 기능에 있어서 컴퓨터 시스템은 매우 중요한 역할을 차지하고, 조직 내부에서의 시스템 통합은 그림 36.14에서 보는 바와 같이 CIM의 구별되는 특징이다. 제품설계에 사용되는 컴퓨터 시스템은 CAD(computer-aided design) 시스템이라 부른다. 설계 시스템과 소프트웨어에는 형상모델링, 유한요소해석과 같은 공학해석 패키지, 설계 검토와 평가, 자동제도 시스템들이 포함된다. 제조계획을 지원하는 컴퓨터 시스템은 CAM(computer-aided manufacturing) 시스템이라고 부르는데, 컴퓨터원용공정계획(computer-aided process planning, CAPP), NC 파트 프로그래밍, 생산일정계획(production scheduling), 제조자원관리(manufacturing resource planning, 38장에서 설명)와 같은 관리 패키지를 포함한다. 제조관리시스템은 공정제어, 공정관리, 재고관리, 품

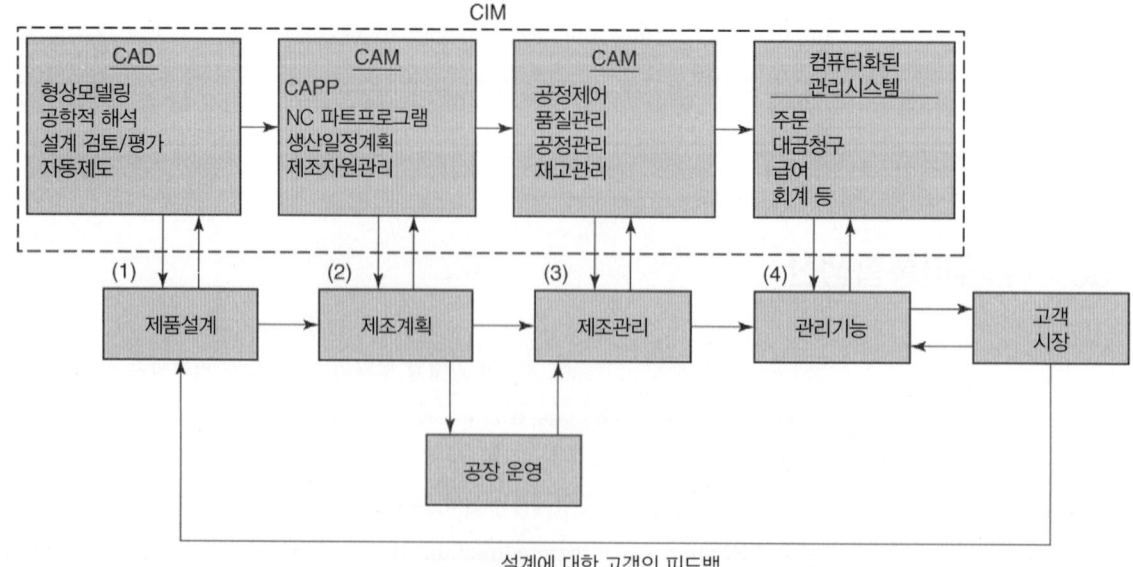

그림 36.14 제조 기업에 필요한 네 가지의 일반적인 기능과 컴퓨터통합제조시스템이 이 기능들을 지원하는 방법.

질관리를 위한 컴퓨터원용검사에서 사용되는 시스템들을 포함한다. 컴퓨터화된 관리시스템은 주문, 대금청구 및 그 외의 다른 관리 기능에 사용된다. 고객 주문은 회사의 영업부서나 고객 자신에 의해서 컴퓨터화된 주문시스템에 입력된다. 주문에는 제품의 사양이 포함되는데 이 정보는 설계 부서로 보내진다. 이러한 입력을 기반으로 회사의 CAD 시스템에 의해 새로운 제품이 설계된다. 설계 상세 사항은 제조 엔지니어링 부서로 보내지는데 여기에서 CAPP, 컴퓨터를 이용한 공구설계, 그리고 추가적인 관련 활동들이 실제 생산에 앞서서 진행된다. 제조 엔지니어링 부서에서 생성된 정보는 제조 자원관리와 생산일정계획에 필요한 대부분의 입력정보로 사용된다. 따라서 CIM은 제품의 실제 생산을 달성하기 위해 필요한 정보의 흐름을 제공한다.

오늘날 많은 회사에서 **전사적 자원관리**(enterprise resource planning, ERP)를 사용하여 CIM을 구현하는데, ERP는 회사 내에서의 정보흐름을 하나의 중앙 데이터베이스로 조직하고 통합하도록 제조자원관리를 확장한 것이다. ERP 기능의 범위는 제조 작업의 범위를 넘어서는데, 판매, 영업, 구매, 물류, 배송, 재고관리, 재무 및 인사를 포함한다. 회사 내에서 ERP 사용자는 사무실에 있거나, 공장에 있거나에 관계없이 각자의 작업장에 있는 개인용 컴퓨터를 이용하여 시스템에 연결하여 사용한다.

참고문헌

[1] Black, J. T. *The Design of the Factory with a Future.* McGraw-Hill, New York, 1990.

[2] Black, J. T. "An Overview of Cellular Manufacturing Systems and Comparison to Conventional Systems," *Industrial Engineering,* November 1983, pp. 36–84.

[3] Boothroyd, G., Poli, C., and Murch, L. E. *Automatic Assembly.* Marcel Dekker, New York, 1982.

[4] Buzacott, J. A. "Prediction of the Efficiency of Production Systems without Internal Storage," *International Journal of Production Research,* Vol. 6, No. 3, 1968, pp. 173–188.

[5] Buzacott, J. A., and Shanthikumar, J. G. *Stochastic Models of Manufacturing Systems.* Prentice-Hall, Upper Saddle River, New Jersey, 1993.

[6] Chang, T-C., Wysk, R. A., and Wang, H-P. *Computer-Aided Manufacturing,* 3rd ed. Prentice-Hall, Upper Saddle River, New Jersey, 2005.

[7] Chow, W-M. *Assembly Line Design.* Marcel Dekker, New York, 1990.

[8] Gallagher, C. C., and Knight, W. A. *Group Technology.* Butterworth & Co., Ltd., London, 1973.

[9] Groover, M. P. "Analyzing Automatic Transfer Lines," *Industrial Engineering,* Vol. 7, No. 11, 1975, pp. 26–31.

[10] Groover, M. P. *Automation, Production Systems, and Computer Integrated Manufacturing,* 3rd ed. Pearson Prentice-Hall, Upper Saddle River, New Jersey, 2008.

[11] Ham, I., Hitomi, K., and Yoshida, T. *Group Technology.* Kluwer Nijhoff Publishers, Hingham, Massachusetts, 1985.

[12] Houtzeel, A. "The Many Faces of Group Technology," *American Machinist,* January 1979, pp. 115–120.

[13] Luggen, W. W. *Flexible Manufacturing Cells and Systems.* Prentice Hall, Inc., Englewood Cliffs, New Jersey, 1991.

[14] Maleki, R. A. *Flexible Manufacturing Systems: The Technology and Management.* Prentice Hall, Inc., Englewood Cliffs, New Jersey, 1991.

[15] Moodie, C., Uzsoy, R., and Yih, Y. *Manufacturing Cells: A Systems Engineering View.* Taylor & Francis, Ltd., London, 1995.

[16] Parsai, H., Leep, H., and Jeon, G. *The Principles of Group Technology and Cellular Manufacturing.* John Wiley & Sons, Hoboken, New Jersey, 2006.

[17] Riley, F. J. *Assembly Automation, A. Management Handbook,* 2nd ed. Industrial Press, New York, 1999.

[18] Weber, A. "Is Flexibility a Myth?" *Assembly,* May 2004, pp. 50–59.

복습문제

36.1 통합제조시스템의 주요 구성요소는 무엇인가?

36.2 제조에서 주요한 자재취급 기능은 어떤 것들인가?

36.3 자재운반 장비 다섯 가지 종류의 이름은?

36.4 자재운반 시스템에서 고정 라우팅과 가변 라우팅의 차이는 무엇인가?

36.5 생산라인이란 무엇인가?

36.6 여러 가지 다른 스타일의 제품을 생산할 경우, 배치모델 라인에 비해서 혼합모델 라인의 장점은 무엇인가?

36.7 배치모델 라인과 비교해볼 때 혼합모델 라인의 문제점은 무엇인가?

36.8 생산라인에서 작업장 사이에 부품을 이동하기 위해서 수동방법들이 어떻게 적용되는지 기술하여라.

36.9 생산라인에서 사용되는 기계화된 공작물 이송 시스템의 세 가지 형태를 간략하게 정의하여라.

36.10 수동조립을 위한 연속이송시스템에서 때때로 부품이 컨베이어에 고정되는 이유는 무엇인가?

36.11 제품수요를 만족시키기 위해 필요한 속도보다 생산라인의 속도를 더 높게 잡아야하는 이유는 무엇인가?

36.12 동시적 운반라인에서 위치이동시간은 다른 이름으로 부른다. 무엇인가?

36.13 단일 작업장 조립셀이 높은 생산율을 요구하는 작업에 적합하지 않은 이유는 무엇인가?

36.14 기계가공 운반라인에서 가동중단 이유로는 어떤 것들이 있는가?

36.15 그룹테크놀러지의 정의는 무엇인가?

36.16 부품군이란 무엇인가?

36.17 셀방식 제조의 정의는 무엇인가?

36.18 그룹테크놀러지에서 가상조합부품의 개념을 설명하여라.

36.19 유연생산시스템이란 무엇인가?

36.20 자동제조시스템을 유연하게 만드는 조건들에는 무엇이 있는가?

36.21 FMS 소프트웨어와 제어 기능들을 나열하여라.

36.22 전통적인 배치 작업과 비교해볼 때 FMS 기술의 장점을 무엇인가?

36.23 CIM의 정의는?

객관식문제(21개의 답)

36.1 자재취급은 보통 철도, 트럭, 항공, 혹은 선박을 이용하는 상품 수송과는 관계가 없다. (a) 맞다, (b) 틀리다.

36.2 고정 라우팅은 다음 중 어떤 제조시스템 종류와 관계가 있는가? (두 개의 답) (a) 자동생산라인, (b) 자동보관시스템, (c) 셀방식 제조시스템, (d) FMS, (e) 주문생산 공장(job shop), (f) 수동조립라인.

36.3 다음 중 어떤 종류의 자재취급 장비가 공정 타입의 레이아웃에 사용되는가? (두 개의 답) (a) 컨베이어, (b) 크레인과 호이스트, (c) 지게차, (d) 레일가이드 차량.

36.4 배치모델 생산라인은 다음 중 어떤 경우에 가장 적합한가? (a) 주문생산, (b) 대량생산, (c) 중량생산.

36.5 선행조건을 가장 잘 설명한 것은 다음 중 어느 것인가? (a) 혼합모델 라인에서 작업순서, (b) 작업자나 작업장에 할당된 작업요소 시간들의 합의 한계치, (c) 라인에서 작업장의 순서, (d) 작업요소들이 수행되는 순서.

36.6 자동 작업장에서 수행되는 작업들의 특성을 가장 잘 설명한 것은 무엇인가? (세 개의 답) (a) 복잡성, (b) 복수 개의 작업요소들로 구성, (c) 단일 작업요소, (d) 직선운동을 포함, (e) 감지 기능의 필요성, (f) 단순성.

36.7 다음의 생산 작업들 중 이송라인과 가장 깊은 관계가 있는 것은 무엇인가? (a) 조립, (b) 자동차 샤시 제작, (c) 절삭가공, (d) 프레스 작업, (e) 점용접.

36.8 다음 중 어떤 이송방식이 다이얼 인덱싱 기계를 사용하는가? (a) 비동기, (b) 연속, (c) 수동, (d) 동기.

36.9 생산흐름분석은 부품군을 결정하는 방법이다. 이를 위해서 다음 중 어떤 자료를 이용하는가? (a) 자재명세서, (b) 도면, (c) 마스터 일정, (d) 생산일정계획, (e) 공정절차서.

36.10 대부분의 부품 분류 및 코딩 시스템은 부품의 속성들 중 어떤 것들을 기초로 하는가? (두 개의 답) (a) 연간 생산량, (b) 설계 날짜, (c) 설계 (d) 제조, (e) 무게.

36.11 제조 셀과 유연생산시스템을 구분하는 기준은 무엇인가? (a) 두 대의 기계, (b) 네 대의 기계, (c) 여섯 대의 기계.

36.12 배치 모드로 여러 종류의 부품을 생산할 수 있는 기계는 유연생산시스템이라고 할 수 있다. (a) 맞다, (b) 틀리다.

36.13 FMS의 레이아웃은 주로 무엇에 의해 결정되는가? (a) 컴퓨터 시스템, (b) 자재취급시스템, (c) 부품군, (d) 공정장비, (e) 작업할 부품의 무게.

36.14 산업용 로봇은 일반적으로 유연생산시스템에서 다음 중 어떤 종류의 부품을 가장 쉽게 다룰 수 있는가? (a) 무거운 부품, (b) 금속 부품, (c) 비회전형 부품, (d) 플라스틱 부품, (e) 회전형 부품.

36.15 유연생산시스템과 유연생산셀은 일반적으로 다음 중 어떤 분야에 적용되는가? (a) 다품종 소량생산, (b) 소품종 생산, (c) 소량 생산, (d) 대량 생산, (e) 중품종 중량 생산.

36.16 유연절삭시스템와 가장 연관 관계가 깊은 기술은 다음 중 어떤 것인가? (a) 레이저, (b) 머신비전, (c) 수동조립라인, (d) 수치제어, (e) 이송라인.

| 연습문제

수동조립라인

36.1 연간 수요가 100,000개인 제품에 대한 수작업 조립라인을 설계하려고 한다. 라인은 50주/년, 5교대/주, 7.5시간/교대로 가동될 계획이다. 작업단위는 연속이동 컨베이어에서 조립된다. 순작업시간은 42분이다. 라인효율은 0.97, 밸런싱효율은 0.92, 위치이동시간은 6초로 가정할 때 (a) 수요를 만족시키는 시간당 생산율, (b) 필요한 작업자 수, (c) 추정 유인화수준이 1.4일 때의 작업장 수를 구하여라.

36.2 작은 장치를 생산하는 수작업조립라인의 순작업시간이 25.9분이다. 원하는 생산율은 50개/시간이다. 위치이동시간은 6초, 라인효율이 95%, 그리고 밸런싱효율이 93%일 때, 라인에 필요한 작업자수를 구하여라.

36.3 단일모델 수동조립라인의 순작업시간이 47.8분이다. 라인에는 24개의 작업장이 있으며, 유인화수준은 1.25다. 일일 작업시간은 8시간이지만 작업 중 정지시간 때문에 실제 생산시간은 평균 7.6시간이다. 결과적으로 256개/일의 평균 생산율을 달성한다. 작업자 당 위치이동시간은 사이클타임의 8%이다. (a) 라인효율, (b) 밸런싱효율, (c) 위치이동시간을 구하여라.

36.4 어떤 자동차 모델의 최종조립 공장이 매년 240,000대의 생산용량을 가지고 있다. 공장은 50주/년, 2교대/일, 5일/주, 그리고 8.0시간/교대로 운영된다. 이 공장은 (1) 차체공장, (2) 도장공장, (3) 트림-샤시-마무리의 세 개 공장으로 나누어진다. 차체공장은 로봇을 사용하여 차체를 용접하고, 도장공장에서는 몸체를 도장한다. 이 두 개의 공장은 고도로 자동화되어 있으나, 트림-샤시-마무리 공장은 자동화가 되어 있지는 않으며, 각 자동차에 대해서 15.5시간의 직접 노동이 소요되고, 연속컨베이어에 의해 차가 이동한다. (a) 전체 공장의 시간당 생산율, (b) 자동화된 작업장이 사용되지 않고, 유인화수준이 2.5, 밸런싱효율이 93%, 가동률이 95%, 그리고 각 작업자에게 허용되는 위치이동시간이 0.15분일 경우 트림-샤시-마무리 공장에 필요한 작업자와 작업장의 수를 구하여라.

36.5 순작업시간이 50분인 제품이 수동조립라인에서 조립된다. 요구되는 생산율은 시간당 30개이다. 유사한 제품에 대한 예전 경험으로부터 유인화수준은 1.5 정도일 것으로 예측된다. 가동률과 라인밸런싱효율이 1.0이라고 가정한다. 위치이동으로 인하여 사이클타임에서 9초 정도가 소모되는 경우 (a)사이클타임, (b) 라인에 필요한 작업자와 작업장 수를 구하여라.

36.6 작업장이 17개이고 각 작업장마다 한 명의 작업자가 있는 수동조립라인이 있다. 제품의 조립에 필요한 총 순작업시간은 22.2분이다. 생산율은 시간당 36개다.

한 작업장에서 다음으로 제품을 이송하기 위해 동기이송시스템이 사용되며 이송시간은 6초다. 작업자는 라인을 따라 앉아 있다. 가동률이 0.90일 때 밸런스효율을 구하여라.

36.7 네 개의 자동작업장으로 구성된(나머지 작업장은 수동) 생산라인이 조립을 위해 투여되는 직접 노동력의 총 순작업시간이 55.0분인 제품을 생산한다. 라인의 생산율은 45개/시간이다. 자동화된 작업장들 때문에 가동률은 89%이다. 수동작업장에는 각각 한 명의 작업자가 있고 위치이동으로 인하여 사이클타임의 10%가 소모된다. 수동 작업장에서 밸런스효율이 0.92인 경우, (a) 사이클타임, (b) 라인상의 작업자수, (c) 라인상의 작업장 수를 구하여라. (d) 자동작업장도 포함할 경우의 평균 유인화수준은 어떻게 되는가?

36.8 어떤 조립제품의 생산율이 47개/시간이다. 총 순작업시간이 직접 노동력으로 32분이고, 라인 가동률은 95%이다. 10개의 작업장에서 두 명의 작업자가 서로 반대편에서 동시에 작업을 수행하고, 나머지 작업장들은 작업자 한 명으로 구성되어 있다. 위치이동으로 인한 시간 손실은 작업자별로 0.2분/사이클이다. 라인상의 작업자 수는 완벽한 밸런스를 위해 요구되는 수보다 두 명 많은 것을 알고 있다. (a) 작업자 수, (b) 작업장의 수, (c) 밸런싱효율, (d) 평균 유인화수준을 구하여라.

36.9 수동생산라인의 제품 조립에 필요한 총 순작업시간이 48분이다. 작업물은 0.9 m/분의 속도로 운영되는 연속 오버헤드 컨베이어에 의해 이송된다. 24개의 작업장이 있으며, 그 중 1/3은 두 명의 작업자에 의해 작업이 수행되며, 나머지 작업장은 각각 한 명의 작업자에 의해서 운영된다. 작업자별 위치이동시간은 9초이며, 가동률은 95%이다. (a) 라인이 완벽하게 밸런스되어 있는 경우 가능한 시간당 최대 생산율, (b) 실제 생산율이 (a)에서 구해진 최대 생산율의 92%일 때, 라인의 밸런스효율을 구하여라.

자동생산라인

36.10 자동 이송라인에 20개의 작업장이 있고 이상적인 사이클타임은 1.50분이다. 작업장의 고장 발생 확률이 0.008이고, 고장발생 시 평균 정지시간은 10분이다. (a) 평균 생산율, (b) 라인효율을 구하여라.

36.11 다이얼 인덱싱 테이블 주위에 6개의 작업장이 있다. 한 작업장에서는 작업자에 의해 장착과 탈착이 수행된다. 나머지 5개의 작업장에서는 공정이 수행된다. 가장 긴 공정은 25초이며, 인덱싱 시간은 5초이다. 각 작업장의 고장발생 빈도는 0.015이다. 고장이 발생하면, 수리와 재가동에 3.0분이 소요된다. (a) 시간당 생산율, (b) 라인효율을 구하여라.

36.12 일곱 개의 작업장으로 구성되어있는 트랜스퍼 라인을 40시간 동안 관찰하였다, 각 작업장에서의 공정시간은 다음과 같다. 작업장 1, 0.08분; 작업장 2, 1.10분; 작업장 3, 1.15분; 작업장 4, 0.95분; 작업장 5, 1.06분; 작업장 6, 0.92분; 작업장 7, 0.80분. 작업장사이의 이송시간은 6초이며, 고장발생 횟수는 110건, 정지시간은 14.5시간이다. (a) 일주일동안 생산되는 부품 수, (b) 실제 평균생산율, 개/시간, (c) 라인효율, (d) 만약 밸런싱 효율을 계산한다면 그 값은?

36.13 12개의 작업장으로 구성된 이송라인의 이상적인 생산율을 50개/시간으로 설계하였다. 그러나 라인효율이 0.60이므로 이상적인 생산율을 얻을 수 없다. 재료비를 제외하고 라인을 운영하기 위해 $75/시간이 소요되며, 라인은 1년에 4,000시간 운영된다. 설치비 포함 가격이 $25,000인 컴퓨터 모니터링 시스템을 설치할 경우 라인 정지시간이 25% 감소한다. 이로 인해 제품에 추가되는 이익이 개당 $4라면, 컴퓨터 시스템에 대한 투자비를 1년 안에 회수할 수 있나? 컴퓨터 시스템을 설치하여 추가로 기대할 수 있는 수익의 증가는 얼마나 될 것인가? 재료비는 무시하고 계산하여라.

36.14 자동이송라인을 설계하려고 한다. 경험으로 볼 때 고장 건당 평균 정지시간은 5.0분이고, 라인 정지를 유발할 수 있는 작업장의 고장 발생 확률은 0.01이다. 총 순작업시간은 9.8분이며, 작업장 별로 균일하게 나누면 각 작업장의 이상적인 사이클타임은 $9.8/n$분이다. (a) 생산율을 최대로 할 수 있는 최적의 작업장 수 n, (b) (a)에서 계산된 작업장 수를 이용하여 구한 생산율과 가동률.

Chapter 37

제조공학

37.1 공정계획

37.1.1 전통적인 공정계획

37.1.2 자체제조 또는 구매 결정

37.1.3 컴퓨터원용 공정계획

37.2 문제해결 및 지속적 개선

37.3 동시공학과 제조성 감안설계

37.3.1 제조/조립 감안설계

37.3.2 동시공학

본 교재의 마지막 파트는 **제조지원시스템**(manufacturing support systems)에 대해서 다루는데, 이는 공정을 계획하고, 자재를 주문하고, 생산을 통제하고, 제품이 요구되는 품질 규격을 만족시킬 수 있도록 하기 위한 과정에서 부딪히는 여러 가지 기술적인 문제들과 물류 문제들을 해결하기 위해서 기업에서 사용하는 절차와 시스템을 말한다. 그림 37.1은 전체적인 기업 활동에서 제조지원시스템이 차지하는 위치를 보여준다. 공장의 생산시스템과 마찬가지로 제조지원시스템도 사람을 포함한다. 시스템을 작동시키는 것은 결국 사람이다. 공장의 생산시스템과는 다르게 제조지원시스템은 생산되고 조립되는 제품에 직접적으로 접촉하지는 않는다. 대신 제조지원시스템은 높은 품질 기준을 만족시키는 제품이 정확한 수량으로 생산되어서 고객에게 제시간에 공급될 수 있도록 공장에서 벌어지는 여러 활동들을 계획하고 통제한다.

품질관리시스템은 제조지원시스템의 일부이지만, 공장 안에 위치하고 있는 설비들로 이루어지기도 하는데, 공정이 수행될 소재와 조립되는 제품을 측정하고 게이징하는 검사장비들이 그것이다. 품질관리시스템은 품질관리와 검사에 대한 제39장에서 다룬다. 검사에 사용되는 많은 전통적인 측정과 게이징 기술은 제5장에 기술되어 있다. 제조지원시스템의 다른 부분인 생산계획 및 통제에 대해서는 제38장에서 다루며, 제조공학은 본 장에서 다룬다.

제조공학(manufacturing engineering)은 고품질의 제품을 경제적으로 생산할 수 있도록 제조공정을 계획하는 것과 관련되는 기술 스태프(staff)의 기능이다. 제조공학의 주요 역할은 설계 사양을 물리적인 제품으로 변환시키는 것이며, 전체적인 목표는 특정 조직에서의 생산을 최적화하는 것이

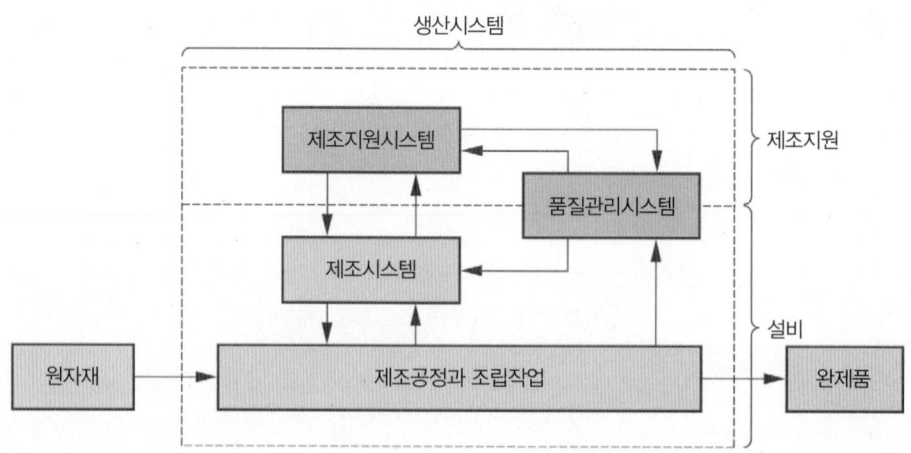

그림 37.1 생산시스템에서 제조지원시스템의 위치.

다. 제조공학의 범위는 많은 활동들과 임무들을 포함하는데, 이들은 수행되는 생산 작업의 유형에 따라 달라진다. 일반적인 활동들은 다음과 같다.

- **공정계획**. 정의가 의미하듯이, 공정계획(process planning)은 제조공학의 가장 중요한 활동이다. 공정계획에서는 (1) 어떤 공정과 방법들이 어떤 순서로 사용되는지를 결정하고, (2) 공구류에 대한 요구사항을 결정하며, (3) 생산장비와 시스템을 선택하고, (4) 선택한 공정, 공구 그리고 장비에 대한 비용 예측 등을 수행한다.
- **문제해결 및 지속적인 개선**. 제조공학은 기술적인 생산의 문제들을 해결하기 위해 작업부서(부품가공과 제품 조립)에 대해서 스태프 지원을 제공한다. 또한 제조원가를 줄이고, 생산성을 높이고, 제품 품질을 향상시키기 위한 지속적인 노력에도 관여한다.
- **제조성 감안설계**. 위의 두 가지보다 시기적으로 선행되는 기능으로, 제조 엔지니어가 제품 설계자에게 제조성에 대한 조언하는 역할을 하는 것이다. 목표는 제품설계 시에 기능과 성능에 대한 요구사항만을 만족하는 것이 아니라, 기술적인 문제를 최소화하여 적은 비용으로, 가장 짧은 시간에, 가능한 가장 높은 품질을 가진 제품을 생산하도록 하는 것이다.

제조공학은 생산에 관련된 모든 기업 조직에서 수행되어야만 한다. 제조공학 부서는 회사의 생산담당 관리자의 책임 하에 있게 되는데, 회사에 따라 이 부서를 공정 엔지니어링 또는 생산 엔지니어링으로 부른다. 또한 공구류 설계 및 제작, 그리고 다양한 기술지원그룹이 종종 제조공학에 포함된다.

| 37.1 공정계획

공정계획이란 제품 설계정보를 바탕으로 제품 혹은 부품을 제조하기 위해 가장 적합한 제조공정들과 그 순서를 결정하는 것이다. 조립제품의 경우에는 적절한 조립 순서를 결정하는 것도 포함된다. 공정계획은 사용가능한 장비들과 공장의 생산능력에 의해 제한을 받게 된다. 내부에서 만들 수 없는 부품이나 중간 조립품은 외부 공급자로부터 구매하게 된다. 어떤 경우에는 내부에서 만들 수 있는 부품도 경제적인 이유나 혹은 다른 이유로 인해 외부업체로부터 구매하기도 한다.

표 37.1 공정계획에서 요구되는 세부 결정사항들.

공정과 순서. 공정계획은 순서에 따라 작업 단위(예를 들어 부품, 조립)에 대해 수행되는 모든 공정 단계에 대해 간단하게 설명한다.

장비 선택. 일반적으로 제조 엔지니어는 기존의 장비를 최대로 이용하는 공정계획을 작성한다. 이것이 불가능한 경우는, 부품을 구매하거나 (37.1.2절), 새로운 장비를 공장에 설치한다.

공구, 금형, 주형, 고정구, 게이지. 공정계획자는 각 공정에 대해 필요한 공구류를 결정해야 한다. 이들의 설계는 일반적으로 공구설계 부서에 위임하며, 제작은 공구실에서 수행된다.

기계가공을 위한 절삭공구와 절삭조건. 공정계획자, 산업공학 엔지니어, 공장의 직장, 기계 운영자들에 의해 결정되며, 일반적으로 표준핸드북의 권장사항을 따른다.

작업방법. 팔과 몸의 동작, 작업장의 배치, 작은 공구, 무거운 부품을 들어올리기 위한 승강기 등에 대한 방법이 포함된다. 수작업(예를 들어 조립)과 기계 사이클에서의 수작업 부분(예를 들어 생산기계로의 장착과 탈착)에 대한 방법이 반드시 결정되어야 한다. 방법을 계획하는 것은 전통적으로 산업공학 엔지니어에 의해 수행된다.

작업표준. 각 작업에 대한 작업시간 기준을 수립하기 위해서 작업 측정기술을 이용한다.

제조원가 예측. 보통 공정계획자의 도움을 받아서 원가분석자가 수행한다.

37.1.1 전통적인 공정계획

전통적으로 공정계획은 공장에서 수행되는 특정 제조공정에 대한 지식을 가지고 있고, 설계도면을 해석할 능력이 있는 제조 엔지니어가 수행해왔다. 그들은 자신의 지식, 기술, 경험에 기초하여 부품을 만드는 데 필요한 가장 논리적인 순서로 공정 단계를 결정한다. 표 37.1은 공정계획의 범위에서 일반적으로 결정되는 세부 결정사항들을 정리한 것이다. 이들 중 어떤 것은 공구 설계자 같은 전문가에게 위임되기도 하지만 궁극적으로 제조 엔지니어가 책임을 진다.

부품에 대한 공정계획

부품을 제조하는 데 필요한 절차는 소재에 의해서 가장 큰 영향을 받는다. 소재는 기능적인 요구사항에 기초하여 제품설계자가 결정한다. 일단 소재가 결정되면, 적용 가능한 공정의 범위가 크게 줄어들게 된다. 앞 장들에서 재료에 대해 다룰 때 네 가지 재료 그룹, 즉 금속(6.5절), 세라믹(7.6절), 고분자화합물과 복합재료(8.7절)에 대한 공정 가이드를 설명한 바 있다.

이산 부품을 제작하는 데 있어서 일반적인 공정순서는 그림 37.2와 같이 (1) 기초 공정, (2) 2차 공정, (3) 물성향상 작업, (4) 다듬질 작업이다. 기초 공정과 2차 공정은 공작물의 형상을 바꾸는 성형 공정들이다(1.3.1절). **기초 공정**(basic process)은 부품의 초기형상을 만드는 것으로 금속주조, 단조, 판재압연 등이 있다. 대부분의 경우 초기형상은 일련의 **2차 공정**(secondary process)들을 통하여 형상이 개선된다. 2차 공정은 기초형상을 최종형상으로 변형시키는데, 사용 가능한 2차 공정은

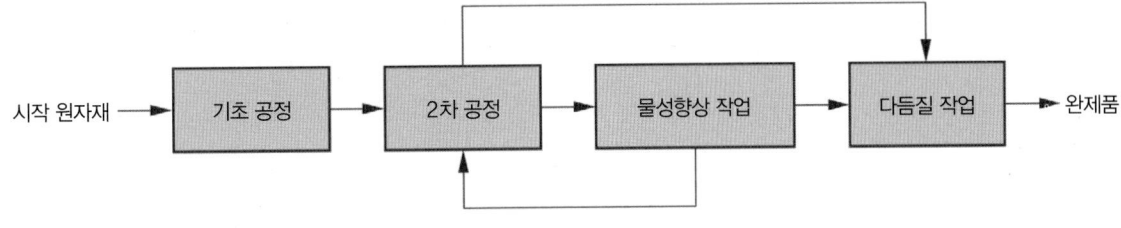

그림 37.2 부품 제조를 위한 전형적인 공정 순서.

초기형상을 만드는 데 사용된 기초 공정과 연관성이 있다. 예를 들어, 주조나 단조가 기초 공정이라면 일반적으로 절삭가공이 2차 공정이 된다. 압연을 통해 금속판재의 코일이나 스트립이 만들어지면 2차 공정으로는 블랭킹, 펀칭, 굽힘 등과 같은 스탬핑 공정이 사용된다. 어떤 기초 공정의 경우에는 2차 공정의 필요성이 최소화 된다. 예를 들어 플라스틱 사출이 기초 공정으로 사용된 경우에는 기초 공정만으로도 상세한 기하학적 특성들을 좋은 치수 정확도로 얻을 수 있기 때문에 보통 2차 공정이 필요치 않다.

일반적으로 성형작업이 끝나면 제품의 물리적 성질을 향상시키고 마무리하기 위한 작업이 수행된다. 금속 부품과 유리에 대한 열처리가 **물성향상 작업**(operations to enhance properties)의 대표적인 예이다. 많은 경우 이 물성향상 작업을 거치지 않기도 하는데, 그림의 대안 화살표 경로는 이 경우를 나타낸 것이다. **다듬질 작업**(finishing operations)은 순서의 마지막 작업인데, 보통 부품 혹은 조립품의 표면을 코팅하는 것으로서 전기도금, 페인트 도장이 여기에 해당된다.

어떤 경우에는 그림 37.2의 루프와 같이 물성향상 작업이 수행된 후 다듬질 작업이 수행되기 전에 2차 공정이 추가되기도 한다. 예를 들면 열처리에 의해 경화되는 절삭가공된 부품이 여기에 해당된다. 열처리 전에 부품은 변형을 고려하여 약간의 여유를 가지도록 가공한다. 경화가 끝난 후, 최종 크기와 공차를 가지도록 연삭을 수행한다. 또 다른 경우로는, 금속 부품을 제작할 때, 냉간가공이 끝난 후 추가적인 변형을 위해서 연성을 회복하기 위한 풀림(annealing)을 수행하는 것을 들 수 있다.

표 37.2는 여러 가지 재료와 기초 공정에 대한 전형적인 공정순서를 보여준다. 공정계획자의 업무는 일반적으로 기초 공정에 의해 부품의 초기 형상이 결정된 상태에서 시작된다. 절삭 부품은 바 소재나 주조 또는 단조로 시작되며, 이러한 기초 공정은 외부에서 수행되어 제조 공장으로 들어오는 경우가 많다. 스탬핑은 제철소에서 구매해오는 박판 코일이나 스트립에서 시작된다. 이들 원자재는 외부 공급자로부터 들어오고, 2차 공정과 후속 공정들이 공장에서 수행된다. 공정계획자의 기술, 경험, 그리고 판단력에 따라서 가장 적절한 공정과 순서가 결정된다. 표 37.3은 공정계획자가 의사결정을 내릴 때의 기본적인 지침과 고려사항들을 정리한 것이다.

공정절차서

공정계획은 **공정절차서**(route sheet)라는 양식을 이용하여 작성되며, 그림 37.3은 전형적인 예를 보여준다(어떤 회사에서는 이 양식을 다른 이름으로 부르기도 한다). 공정절차서라고 부르는 이유는 그 부

표 37.2 전형적인 공정순서들.

기초 공정	2차 공정	물성향상 작업	다듬질 작업
사형주조	절삭가공	(불필요)	페인팅
다이캐스팅	(불필요, 순형상)	(불필요)	페인팅
유리주조	프레스 작업, 블로우몰딩	(불필요)	(불필요)
사출성형	(불필요, 순형상)	(불필요)	(불필요)
바 소재의 압연	절삭가공	열처리(선택)	전기도금
박판의 압연	블랭킹, 굽힘, 드로잉	(불필요)	전기도금
단조	절삭가공(근사순형상)	(불필요)	페인팅
압출(알루미늄)	절단	(불필요)	산화피막법
금속분말야금	분말야금 부품의 프레스 작업	소결	페인팅

문헌 [5]로부터 편집함.

표 37.3 공정계획에서 공정과 순서를 결정할 때의 지침과 고려사항들.

설계 요구사항. 공정의 순서가 제품 설계의 치수, 공차, 표면거칠기, 그리고 다른 사양을 만족시켜야 한다.

품질 요구사항. 공정들이 공차, 표면의 완전성, 일관성, 반복도 등 품질 요구사항을 만족하도록 선택되어야 한다.

생산량과 생산율. 제품이 소량, 중량, 혹은 대량생산인가? 제조공정과 시스템은 생산량과 생산율에 크게 영향을 받는다.

사용 가능한 공정. 제품과 부품이 자체 제작되는 것이라면, 공정계획자는 공장에서 이미 보유하고 있는 공정과 설비를 선택해야 한다.

재료 활용률. 재료를 효율적으로 이용하고 폐기물을 최소화시키도록 공정순서를 결정하는 것이 좋다. 가능하다면, 순형상(net shape) 또는 근사 순형상(near net shape)으로 기공할 수 있는 공정을 선택한다.

선행조건. 이것은 공정이 수행되는 순서가 결정되거나 제약을 받을 수 있는 기술적인 요구사항이다. 예를 들어 구멍은 나사를 내기 전에 드릴로 가공되어야 하며, 분말야금에서는 소결을 수행하기 전에 프레스 작업이 수행되어야 하며, 표면은 페인팅하기 전에 세척해야 하는 등이다.

기준면. 어떤 면은 제일 먼저 가공되어서(보통 절삭가공으로) 추후 다른 작업에 의해 가공되는 치수 등의 기준으로 사용된다. 예를 들어 부품의 모서리로부터 일정한 거리에 구멍을 내는 드릴링을 수행하려면 먼저 모서리를 절삭가공해야 한다.

준비작업 최소화. 기계 준비작업의 횟수는 최소화해야 한다. 가능하다면 작업들은 같은 작업장에서 수행하는 것이 좋다. 이것은 자재취급과 시간을 감소시킨다.

불필요한 작업 제거. 공정은 최소 개의 작업 단계를 수행하도록 계획한다. 불필요한 작업은 반드시 피한다. 꼭 필요한 특징이 아니면 설계에서 제거하여 그 특징으로 인한 작업을 제거하는 것이 좋다.

유연성. 가능하다면 설계가 변경되더라도 대응할 수 있도록 공정을 유연하게 결정한다. 이것은 부품을 생산하기 위해 전용 공구가 필요할 때 종종 문제가 된다. 부품 설계가 변경되면 전용 공구류는 모두 쓸모가 없어진다.

안전성. 공정을 선택할 때 작업자의 안전을 고려해야 한다. 이것은 경제적인 문제이기도 하고 법적인 문제이기도 하다(직업 안전과 건강에 관한 법률).

비용 최소화. 공정 절차는 위의 모든 조건을 만족해야 할 뿐만 아니라 가장 적은 비용이 소요되도록 결정한다.

Part No:	Part Name:	Rev.	
031393	Housing, valve	2	Page 1 of 2
Matl: 416 Stainless	**Size:** 2.0 dia × 5. long	**Planner:** MPG	**Date:** 3/13/XX

No.	Operation	Dept.	Machine	Tooling, gages	Setup time	Cycle time
10	Face; rough & finish turn to 1.473 ± 0.003 dia. × 1.250 ± 0.003 length; face shoulder to 0.313 ± 0.002; finish turn to 1.875 ± 0.002 dia.; form 3 grooves at 0.125 width × 0.063 deep.	L	325	G857	1.0 h	8.22 m
20	Reverse; face to 4.750 ± 0.005 length; finish turn to 1.875 ± 0.002 dia.; drill 1.000 + 0.006, −0.002 dia. axial hole.	L	325		0.5 h	3.10 m
30	Drill & ream 3 radial holes at 0.375 ± 0.002 dia.	D	114	F511	0.3 h	2.50 m
40	Mill 0.500 ± 0.004 wide × 0.375 ± 0.003 deep slot.	M	240	F332	0.3 h	1.75 m
50	Mill 0.750 ± 0.004 wide × 0.375 ± 0.003 deep flat.	M	240	F333	0.3 h	1.60 m

그림 37.3 공정계획을 명시한 공정절차서의 전형적인 예.

품이 지나가는 공정과 장비의 순서를 규정하고 있기 때문이다. 공정계획자에게 공정절차서는 제품설계자에게 도면과 같은 것으로, 공정계획의 상세한 내용을 정의하고 있는 공식적인 문서이다. 공정절차서는 공작물에 수행되는 모든 제조 공정들을 수행되는 순서에 따라서 포함하고 있다. 각각의 작업에 대하여는 다음과 같은 내용이 기입된다. (1) 수행될 작업에 대한 간단한 설명, 도면에 참조하여 공정이 수행될 표면의 표시, 가공으로 얻어져서 하는 치수(공차가 도면에 표시되어 있지 않은 경우에는 공차도 포함). (2) 작업 수행을 위해 필요한 장비. (3) 금형, 주형, 절삭공구, 지그, 고정구, 게이지와 같은 특수 공구류 정보. 회사에 따라서는 싸이클타임 기준, 준비작업 시간, 혹은 기타 데이터를 추가하기도 한다.

어떤 경우에는 공정절차서에 있는 각각의 작업에 대해 더욱 자세한 **작업계획서**(operation sheet)가 준비되기도 한다. 이것은 공정을 수행할 해당 부서에서 보관하며, 절삭속도, 이송속도, 공구와 같이 작업자에게 유용한 여러 가지 지시사항이 포함된다. 준비작업(setup)에 대한 스케치가 포함되기도 한다.

조립품을 위한 공정계획

일반적으로 소량생산에서는 개별 작업장에서 한 명의 작업자 혹은 팀이 조립 작업들을 수행하여 제품을 완성한다. 중량생산과 대량생산에서는 대개 생산라인에서 조립이 수행된다(36.4절). 어느 경우이든지 작업이 수행되기 위한 순서가 존재한다.

조립공정계획에서는 수행할 조립작업에 대한 지시를 준비한다. 단일 작업장에서 수행하는 조립작업에 대해서는 그림 37.3의 공정절차서와 비슷하게 작업순서에 따라 수행할 조립작업들이 정리되어 있다. 조립라인생산의 공정계획은 개별 작업장에 작업요소를 배치하는 절차, 즉 **라인밸런싱**을 포함한다(36.3.2절). 실제로 조립라인은 공작물을 개별 작업장으로 보내며, 라인밸런싱에 의해서 각 작업장에서 어떤 조립작업을 수행할지를 결정한다. 부품의 공정계획과 마찬가지로, 주어진 조립작업 요소들을 수행하기 위한 모든 공구류와 고정구들이 결정되어야 하며, 작업장 배치가 설계되어야 한다.

37.1.2 자체제조 또는 구매 결정

해당 부품을 외부에서 구매할지 아니면 내부적으로 제조할지에 대한 질문은 필연적인 것이다. 우선 사실상 모든 제조업체가 공급자로부터 원자재를 구매한다는 사실에 주목할 필요가 있다. 기계가공 공장에서는 금속 공급업체에서 바 형태의 소재를 구매하고, 주물공장에서 주물을 구매한다. 플라스틱 성형업체는 성형재료를 화학공장에서 구매한다. 프레스공장에서는 압연공장으로부터 금속박판을 공급받는다. 원소재로부터 최종제품까지 모두 취급하는 회사는 거의 없다.

회사가 최소한 원자재의 일부는 구매하므로, 어떤 부품에 대해서 구매할 것인지, 아니면 자체적으로 제조할지에 대해 의문을 갖는 것은 당연한 일이다. 이러한 질문에 대한 답이 **자체제작 또는 구매결정**(make or buy decision)이다. 회사에서 사용하는 모든 부품에 대해서 이러한 질문을 하는 것은 어떻게 보면 당연한 일이다.

이러한 결정에 있어서 가장 중요한 인자는 원가이다. 만약 어떤 공급업체가 해당 부품을 제조하는 데 요구되는 공정에 대하여 탁월한 능력을 가지고 있다면, 그 업체의 이윤이 추가됨에도 불구하고, 구매가격이 자체 제조하는 경우의 원가보다 더 낮을 수도 있다. 한편으로 부품을 사오게 되면 자사의 설비들은 가동을 하지 않게 되는 것이므로, 공급업체로 인한 원가 절감이 자체 공장에 대해서는 단점이 될 수도 있다. 다음 예제를 보자.

예제 37.1 자체제작 또는 구매 시의 원가 비교

공급업체에 1,000개 주문 시 개당 가격이 $8.00인 어떤 부품이 있다. 자체 공장에서 직접 제작할 경우 단가는 $9.00이며, 직접 제작할 경우의 원가분석 결과는 다음과 같다.

$$
\begin{aligned}
\text{재료비} &= \text{개당 } \$2.25 \\
\text{직접 노동비} &= \text{개당 } \$2.00 \\
\text{간접 노동비(150\%)} &= \text{개당 } \$3.00 \\
\text{고정시설비} &= \text{개당 } \$1.75 \\
\hline
\text{합계} &= \text{개당 } \$9.00
\end{aligned}
$$

이 부품을 구매해야 하는가 아니면 직접 제작해야 하는가?

풀이

공급업체의 가격으로 인해서 구매가 유리해 보이지만 외부업체로부터 구매할 경우 공장에 미치는 영향을 고려해보자. 시설비는 이미 완료된 투자로 인한 비용이다. 만약, 부품을 사오는 것으로 결정된다면, 시설을 사용하지는 않지만 고정비 $1.75는 계속 지출된다고 주장할 수 있다. 이와 유사하게 공장 공간 비용, 간접 노동 비용 등으로 구성된 간접비 $3.00도 계속 소요된다. 이러한 이유로 구매로 인하여 공장의 기계들이 가동되지 못하는 경우에 고려해야할 원가는 개당 $8.00 + $1.75 + $3.00 = $12.75이다.

  그러나 만일 그 장비들을 이용하여 자체제작 원가가 외부에 지불하는 단가보다 작은 다른 품목을 생산할 수 있다면, 예제의 품목에 대한 구매 결정은 경제적인 측면에서 올바른 것이다.

  자체제작 또는 구매 결정은 보통 예제 37.1에서와 같이 명확하게 이루어지지는 않는다. 의사결정에 영향을 미치는 다른 요인들이 표 37.4에 정리되어 있다. 이러한 요인들은 주관적으로 보이기는 하

표 37.4 자체제조 또는 구매 결정의 주요 인자들.

요인	설명 및 제작/구매 결정에 미치는 영향
내부에서 가능한 공정	필요한 공정이 내부에서 수행 불가능하면, 구매해야 한다. 공급업체들은 외부-내부의 비교에 대하여 가격 경쟁력을 유지할 수 있도록 소수의 공정들에 대해서는 경쟁력을 가지고 있다. 현재는 내부적으로 보유하고 있지 않지만 장기적인 관점에서 경쟁력 있는 공정기술을 갖출 필요가 있는 경우는 예외이다.
생산량	필요한 개수. 대량생산의 경우는 제조를, 소량생산의 경우는 구매하는 경향을 보인다.
제품 수명	제품의 수명이 긴 경우는 내부 제작이 유리하다.
표준부품	볼트, 나사, 너트와 같은 표준 부품은 해당 제품에 전문화되어 있는 공급업체에서 경제적으로 생산할 수 있다. 이러한 표준부품은 거의 모든 경우 구매하는 것이 좋다.
공급업체의 신뢰성	신뢰성 있는 공급업체와 거래한다.
대체 공급원	공장에서 스스로 생산하는 것을 대신할 수 있는 공급업체로부터 구매하는 경우가 있다. 부품공급이 중단되지 않도록 하고, 생산량이 집중되는 기간에도 부품공급에 문제가 없게 하기 위한 것이다.

지만, 직접 또는 간접적으로 원가에 영향을 미친다. 최근에 큰 회사들은 부품 공급업체들과의 긴밀한 관계를 구축하는 것을 매우 중요하게 생각하고 있다. 이 경향은 자동차 산업에 널리 퍼져있는데, 각 자동차 메이커들이 고품질의 제품을 신뢰성 있게 제시간에 공급할 수 있는 제한된 수의 부품 공급업체들과 장기적인 협력체계를 맺고 있다.

37.1.3 컴퓨터원용 공정계획

제조현장에서 공정에 익숙한 엔지니어들이 점차 줄어들고 있어, 최근에는 컴퓨터를 이용해 공정계획 기능을 자동화하는 **컴퓨터원용 공정계획**(computer-aided process planning, CAPP)에 대한 관심이 크게 늘고 있다. 전통적인 공정계획 방법에 대한 대안의 필요성이 커지고 있고, CAPP 시스템이 그 대안이 되고 있다. 컴퓨터원용 공정계획 시스템은 두 가지 방법으로 구현되고 있는데, (1) 변성형 시스템, (2) 창성형 시스템이 그것이다.

변성형 CAPP 시스템

변성형 CAPP 시스템(retrieval CAPP system 혹은 variant CAPP system)은 그룹테크놀러지(GT)와 부품분류 및 코딩에 기초를 두고 있다(36.5절). 즉 각 부품코드 번호에 대해 표준공정계획이 컴퓨터 파일 형태로 저장된다. 여기서 표준공정계획은 현장에서 현재 생산되고 있는 부품에 대한 공정절차이거나, 각 부품군을 위해 만들어진 이상적인 공정계획이다. 변성형 CAPP 시스템은 그림 37.4에 표시된 것과 같이 운영된다. 작업자는 우선 공정계획을 결정해야 하는 부품에 대해 GT코드를 부여한다. 다음으로 부품군 파일 검색을 통하여 해당 부품코드에 대한 표준 공정절차서가 존재하는지를 검색한다. 만약 파일에 그 부품에 대한 공정계획이 있으면 작업자에게 제공된다. 표준공정계획은 검토를 통하여 수정이 필요한지 여부를 결정하게 된다. 동일한 코드를 갖더라도 부품을 만들기 위한 공정에는 약간의 차이가 필요할 수 있으며, 필요에 따라서 표준계획을 편집한다. 검색한 공정계획을 변경하는 기능 때문에 이러한 시스템을 변성형 시스템이라고 부르는 것이다.

만약 주어진 코드번호에 해당하는 표준공정계획이 파일에 없는 경우, 사용자는 표준 공정절차가 존재하는 유사한 코드번호를 파일에서 찾는다. 사용자는 기존의 공정계획을 편집하거나, 처음부터 시작하여 새로운 부품에 대한 공정계획을 작성한다. 이렇게 만들어진 공정계획은 새로운 부품 코드 번호의 표준공정계획이 된다.

마지막 단계는 공정계획 작성기(formatter)인데 적절한 양식으로 공정계획을 출력한다. 작성기는 공작기계 작동을 위한 절삭조건 결정, 절삭작업을 위한 표준시간의 계산, 또는 원가예측에 대한 계산

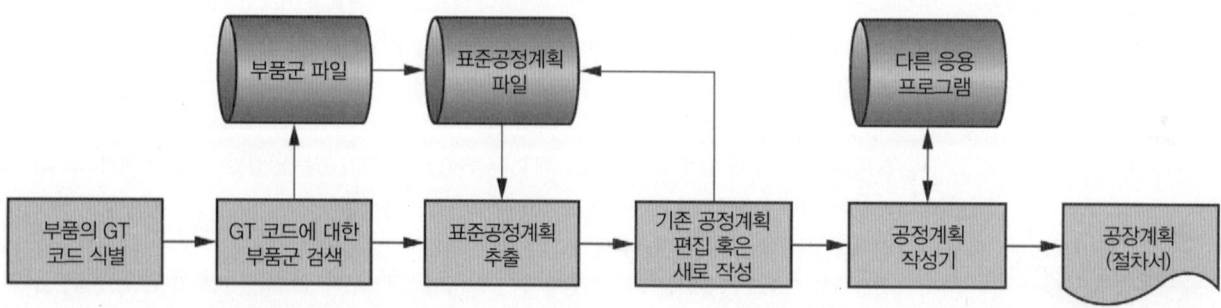

그림 37.4 변성형 CAPP 시스템의 운영(출처 [5]).

과 같은 응용 프로그램을 호출할 수도 있다.

창성형 CAPP 시스템

창성형 CAPP 시스템(generative CAPP system)은 변성형 시스템의 대안이다. 데이터베이스에서 기존의 계획을 불러 편집하는 대신, 창성형 시스템은 공정계획자가 계획을 수립하는 것과 유사한 체계적인 절차에 따라 공정계획을 생성한다. 완전한 창성형 시스템은 작업자의 개입이나 미리 정의된 표준계획 없이 공정순서를 생성한다.

창성형 시스템을 설계하는 것은 인공지능의 한 분야인 전문가시스템의 영역에 해당되는 문제이다. **전문가 시스템**(expert system)이란 수년간의 교육과 경험이 있는 사람을 필요로 하는 복잡한 문제를 해결할 수 있는 컴퓨터 프로그램을 의미하는데, 공정계획은 이러한 정의에 잘 부합된다. 완전한 창성형 CAPP 시스템에 요구되는 몇 가지 핵심적인 요소는 다음과 같다.

1. **지식 베이스.** 숙달된 공정계획자가 사용하는 제조기술에 대한 지식과 논리를 추출하여 컴퓨터 프로그램으로 작성해야 한다. 공정계획에 적용되는 전문가시스템은 공정계획자의 지식과 논리를 지식 베이스(knowledge base)에 통합시킨다. 창성형 CAPP 시스템은 공정계획 문제들을 풀기 위해, 즉 공정절차서를 작성하기 위해 지식 베이스를 사용한다.
2. **컴퓨터에서 사용 가능한 부품데이터.** 창성형 공정계획 시스템에서는 부품이 컴퓨터에서 사용 가능하도록 표현되어야 한다. 공정순서를 계획하는 데 필요한 모든 데이터가 포함되어야 한다. 두 가지의 부품표현 방법으로 (1) 제품설계 시 CAD 시스템에서 생성된 부품 형상모델, (2) 부품의 가공 특징형상을 상세하게 정의한 GT 코드 번호가 있다.
3. **추론 엔진.** 창성형 CAPP 시스템은 주어진 부품 정보에 대해서 지식 베이스에 담겨있는 공정계획 논리와 공정지식을 적용할 수 있는 기능을 가져야 한다. CAPP 시스템은 지식 베이스를 적용하여 새로운 부품에 대해 공정을 계획하는 문제들을 해결한다. 이러한 문제해결 절차를 전문가시스템에서 사용하는 용어로 '추론 엔진(inference engine)'이라고 부른다. CAPP 시스템은 지식 베이스와 추론 엔진을 이용하여 새로운 부품에 대한 새로운 공정계획을 만들어낸다.

CAPP의 이점

컴퓨터원용 공정계획의 이점은 다음과 같다. (1) 공정의 합리화 및 표준화-자동화된 공정계획은 수동으로 작성되었을 때보다 더 논리적이고 일관성 있는 결과를 얻을 수 있다. (2) 공정계획자들의 생산성 향상-데이터 파일로 저장되어 있는 표준공정계획이 확보되어 있고 체계적인 접근 방법을 활용할 수 있어 공정계획자들이 보다 더 많은 공정계획 업무를 수행할 수 있다. (3) 공정계획 준비에 소요되는 시간이 단축된다. (4) 수기로 작성된 공정절차서보다 읽기 쉽다. (5) 비용 산출, 작업 표준 등 다른 응용프로그램들과의 인터페이스가 용이하다.

▌37.2 문제해결 및 지속적 개선

생산부서의 라인 조직에서 일상적으로 대응이 가능한 범위를 넘어서 기술 조직의 지원을 필요로 하는 제조의 문제들이 발생하기도 한다. 이러한 기술지원을 제공하는 것은 제조공학의 책임이다. 문제들은 대부분 작업부서에서 수행하는 공정의 특정기술과 관련되어 있다. 절삭가공에서의 문제로는 절삭공구의 선택, 제대로 작동하지 않는 고정구, 공차범위를 벗어나는 부품, 또는 최적화되어 있지 않은 가공조건 등이 있다. 플라스틱 사출성형에서의 문제는 지나친 플래시, 부품이 금형에서 빠지지 않는 문제, 또는 성형품에서 발생할 수 있는 여러 가지 결함들이다. 이러한 문제들은 기술적인 것이며, 해결을 위해서는 공학적인 전문성이 요구된다.

어떤 경우에는 문제해결을 위해서 설계 변경이 필요할 수도 있다. 제품의 기능은 그대로 유지하면서 최종 연삭 작업을 제거하기 위해 부품의 치수 공차를 변경하는 경우가 이러한 예에 속한다. 제조 엔지니어가 적절한 해결책을 강구하고 설계부서에 설계변경을 제안하는 책임을 진다.

개선하기 좋은 부분 중 하나가 준비작업 시간이다. 하나의 생산 준비작업에서 다음 준비작업으로 변경하는 절차(예를 들어 배치 생산의 경우)는 시간과 비용이 많이 소요되는 작업이다. 제조 엔지니어에게는 이러한 변경절차를 분석하여 시간을 절감해야 하는 책임이 있다. 38.4절에서 준비작업 시간을 감소시키기 위한 방법들을 소개한다.

제조공학 부서는 현재의 기술적인 문제('급한 불 끄기')들을 해결하는 것 이외에도 지속적인 개선 프로젝트를 진행해야 하는 책임이 있다. 지속적 개선은 비용을 절감하고, 품질을 향상시키며, 생산성을 높일 수 있는 실현 방안을 지속적으로 모색하는 것이다. 프로젝트는 한 개씩 진행되는데, 프로젝트팀은 문제 영역의 유형에 따라 제조공학 뿐만 아니라 제품설계, 품질관리, 생산부서와 같은 여러 부서의 인원으로 구성될 수도 있다.

37.3 동시공학과 제조성 감안설계

37.1절에 기술된 공정계획 기능의 많은 부분은 제품설계에서 진행되는 의사결정들에 의해 영향을 받는다. 소재, 부품 형상, 공차, 표면거칠기, 반조립품으로의 부품 그룹화, 그리고 조립기술 등이 주어진 부품을 만드는 데 적용 가능한 제조공정을 결정한다. 만약 설계 엔지니어가 절삭가공으로만 만들 수 있는 특징형상(예를 들면, 좋은 표면거칠기를 갖는 평면, 좁은 공차, 그리고 나사구멍)을 가지고 있는 알루미늄 사형주조 제품을 설계했다면, 공정계획자는 선택의 여지없이 사형주조와 절삭가공을 순차적으로 사용할 수밖에 없게 된다. 만약 제품설계자가 여러 개의 스탬핑 판재를 나사로 체결하도록 설계하면, 공정계획자는 프레스로 블랭킹, 펀칭, 그리고 성형을 수행하고, 그 다음으로 조립하는 공정을 선택하게 된다. 이상의 두 가지 예제에서, 플라스틱 사출성형 부품이 기능과 경제성을 모두 만족시킬 수 있는 우수한 설계가 될 수 있다. 제조용이성은 제조부서 뿐만 아니라 설계자에게도 중요하기 때문에, 제조 엔지니어가 설계자에게 제조용이성에 대해 조언해주는 것은 매우 중요한 일이다. 기능적으로 우수하면서 최소비용으로 생산할 수 있는 제품설계는 시장에서 큰 성공이 보장된다. 설계자로서의 성공적인 경력은 성공한 제품들로부터 나온다.

제품의 생산용이성을 개선하고자 하는 시도와 관련된 용어로는 **제조 감안설계**(design for manufacturing, DFM)와 **조립성 감안설계**(design for assembly, DFA)가 있다. 물론 DFM과 DFA는 밀접하게 연관이 되어있기 때문에, 제조/조립 감안설계(DFM/A)라는 용어를 사용하기도 한다. DFM/A의 범위는 어떤 회사에서는 제조뿐만 아니라 시장용이성, 시험용이성, 서비스용이성, 유지보수용이성 등으로 확장되기도 한다. 이러한 광의의 개념에서는 설계와 제조 분야뿐만 아니라 다른 여러 부서에서의 협력이 필요하며, 이러한 접근방법을 **동시공학**(concurrent engineering)이라고 한다.

여기서는 DFM/A와 동시공학을 각각의 절에서 다룬다.

37.3.1 제조/조립 감안설계

제조/조립 감안설계는 설계 단계에서 제조용이성과 조립용이성을 체계적으로 고려하고자 하는 제품 설계 방법이다. DFM/A에는 조직의 변화와 설계 원칙 및 지침이 포함된다.

DFM/A를 효과적으로 구현하기 위해서는 회사조직을 공식적 혹은 비공식적으로 변화시켜서, 설계와 제조 담당자들이 보다 밀접한 관계를 가지고 활발하게 의사소통을 하게 해야 한다. 이를 위해서 흔히 설계자, 제조 엔지니어 및 기타 전문가들(품질관리 엔지니어, 재료공학자 등)로 구성되는 프로젝트팀에 의해서 제품 설계를 수행한다. 어떤 회사에서는 설계자가 일정기간 제조 현장에서 경험을 쌓게 하여 제품을 만드는 과정에서 부딪치는 문제들에 대해 경험을 쌓게 한다. 또 다른 방법으로는 제조 엔지니어를 설계부서에 전임으로 배치하여 자문 역할을 수행하게 하기도 한다.

또한 DFM/A에서는 주어진 제품을 설계할 때 제조용이성을 최대화시킬 수 있는 원칙과 지침을

표 37.5 제조/조립 감안설계의 일반 원칙과 지침.

부품수를 최소화하라. 조립비용이 감소된다. 연결 부위가 적어져서 최종 제품의 신뢰성이 증가한다. 유지보수와 현장 서비스를 위한 분해가 용이해진다. 부품 수가 줄면 자동화가 용이해진다. 재공재고가 줄어들고 재고관리 문제가 감소한다. 구매품이 감소하고 주문비용이 줄어든다.

상용화된 표준부품을 사용하라. 설계에 필요한 시간과 노력이 감소한다. 맞춤설계 부품이 줄어든다. 부품 수가 감소한다. 재고 관리가 용이하다. 대량구매에 따른 절약이 가능하다.

제품 라인에 공용부품을 사용하라. GT기법(36.5절)의 사용이 가능하다. 제조 셀의 구성이 가능할 수 있다. 대량구매에 따른 절약이 가능하다.

부품 제작이 용이하도록 설계하라. 순형상 공정 혹은 근사 순형상 공정이 가능할 수도 있다. 부품형상을 단순화하고 불필요한 특징형상을 피한다. 추가적인 공정이 필요하게 되는 불필요한 표면거칠기를 피한다.

공정능력 범위 안의 공차로 설계하라. 공정능력보다 작은 공차수준은 피한다(39.2절). 그렇지 않으면 추가 공정과 분류가 필요해진다. 양쪽 공차를 이용하라.

조립할 때 오류방지(foolproof)가 되도록 제품을 설계하라. 조립이 모호하지 않아야 한다. 한 방법으로만 조립되도록 부품을 설계한다. 특별한 특징형상을 부품에 추가하여 조립오류가 발생하지 않도록 한다.

유연한 부품을 최소화하라. 유연한 부품에는 고무, 벨트, 개스킷, 케이블 등이 있다. 일반적으로 유연한 부품은 취급과 조립이 어렵다.

조립이 용이하도록 설계하라. 조립 짝 부품에 모따기와 경사면과 같은 형상을 포함시킨다. 다른 부품들을 추가로 조립할 기초부품을 이용하는 조립설계를 한다. 한 방향(보통 수직)으로 부품이 조립되도록 설계한다. 가능하면 나사류(나사, 볼트, 너트)를 사용하여 조립하는 설계를 피한다. 대신에 스냅핏(snap fit)과 접착제와 같은 신속한 조립 방법을 사용한다. 체결구의 종류를 최소화한다.

모듈 설계를 이용하라. 각 중간 조립품은 5∼10개의 부품으로 구성한다. 유지보수와 수리가 용이해진다. 자동 및 수동 조립이 용이해진다. 요구 재고량이 감소된다. 최종 조립시간이 감소한다.

포장이 용이하도록 부품과 제품의 형상을 설계하라. 표준 포장상자를 사용할 수 있도록 제품을 설계한다. 자동포장 설비와 부합한다. 고객 배송이 용이해진다.

조정의 필요성을 줄이거나 제거하라. 조립작업에서 조정에는 시간이 많이 소요된다. 제품에 조정이 필요한 설계가 들어가면 조정을 벗어날 기회가 많이 발생한다.

문헌 [1], [2], [9]에서 편집함.

이용한다. 이들은 거의 모든 제품의 설계 상황에 적용될 수 있는 일반적인 설계지침인데 표 37.5에 정리되어 있다. 이 밖에 특정한 공정에만 적용되는 DFM/A 원칙들이 해당 제조공정과 관련된 여러 장에 설명되어 있다.

설계지침이 서로 상충되는 경우가 발생하기도 한다. 예를 들어, 부품설계에서 부품형상을 가능한 단순화하라는 지침은 부품 수와 조립시간을 줄이기 위해서 여러 개의 조립 부품을 단일한 부품으로 조합하는 것이 바람직 하다는 지침과 상충된다. 이런 경우 제조를 감안한 설계와 조립을 감안한 설계가 상충되는데, 이때는 서로 상충되는 양면의 균형이 되는 곳에서 타협을 해야 한다.

DFM/A의 전형적인 이점은 다음과 같다. 즉, (1) 시장 출시에 소요되는 시간의 단축, (2) 생산으로의 자연스러운 이행, (3) 보다 적은 수의 부품들로 구성되는 최종 제품, (4) 쉬운 조립, (5) 저렴한 제조비용, (6) 높은 제품 품질, 그리고 (7) 높은 고객 만족도 등이다 [1], [2].

37.3.2 동시공학

동시공학(concurrent engineering)이란 신제품을 출시하는 데 소요되는 시간을 줄이기 위해 설계, 제조 엔지니어링 및 기타 기능을 통합하여 제품설계 과정에 사용하는 접근 방법이다. 전통적인 방법에서는 그림 37.5(a)처럼 신제품의 출시를 위해 두 기능들이 분리되는 경향이 있었다. 제품설계 부서에서는 새로운 설계를 진행하면서, 때때로 회사가 보유하고 있는 제조능력에 주의를 하지 않는다. 설계 엔지니어는 회사의 공정능력에 대해서, 또 공정능력에 맞춰서 제품설계를 어떻게 수정하는 것이 좋을지 조언해줄 수 있는 제조 엔지니어와 거의 의사교환을 하지 않는다. 이것은 마치 두 개의 기능 사이에 벽이 존재하는 것과 같다. 설계 엔지니어가 설계를 마치면, 벽 너머로 도면과 설계사양서를 던지고, 공정계획이 시작된다.

동시공학(simultaneous engineering이라고도 함)을 실천하는 회사에서는 그림 37.5(b)처럼 제품설계가 진행되는 동안, 제조계획이 시작된다. 제조부서가 제품개발 과정에 일찍부터 참여하며, 또한 현장 서비스, 품질공학, 제조부서, 주요 부품의 공급업체, 어떤 경우에는 제품을 사용할 고객까지도 추가적으로 참여한다. 이러한 참여는 단지 기능적으로 잘 작동하는 제품의 설계에만 기여하는 것이 아니라, 제조, 조립, 검사, 시험, 수리, 유지보수 등이 용이하고, 결함이 없으며, 안전한 제품의 설계에 기여한다. 모든 관점이 결합되어 고품질의 제품을 설계하고 고객만족을 달성하게 되는 것이다. 설계를 쉽게 변경하기에 너무 늦은 시점에서 최종 제품설계를 검토하는 것이 아니라, 초기에 관여함으로써 제품개발 사이클을 상당히 줄일 수 있다.

제조와 조립을 감안한 설계 이외에 품질, 제품의 생명주기, 원가를 감안하는 설계도 동시공학에 포함된다.

국제적인 경쟁 하에서 품질의 중요성과 함께, 높은 품질의 제품을 생산할 수 있는 회사의 성공을 고려해볼 때 **품질 감안설계**(design for quality, DFQ) 역시 매우 중요하다는 것을 알 수 있다. 제39장에서 품질관리에 대한 주제들과 제품설계를 위한 품질 접근 방법에 대해 논의한다.

수명주기 감안설계(design for life cycle)는 제품이 생산된 후를 고려한 설계에 대한 것이다. 많은 경우에 제품은 구매가격보다 이외에도 많은 비용을 고객에게 유발시킨다. 이 비용은 설치, 유지보수와 수리, 여분의 부품, 미래의 제품 업그레이드, 작업 중의 안전, 그리고 제품 사용 수명이 끝난 후 제품의 처분 비용을 모두 포함한다. 제품의 수명주기 비용이 모두 포함되면 제품 자체의 가격은 일부에 지나지 않는다. 관공서 같은 일부 고객들은 구매 결정 단계에서 이러한 비용들을 고려한다. 제조사들

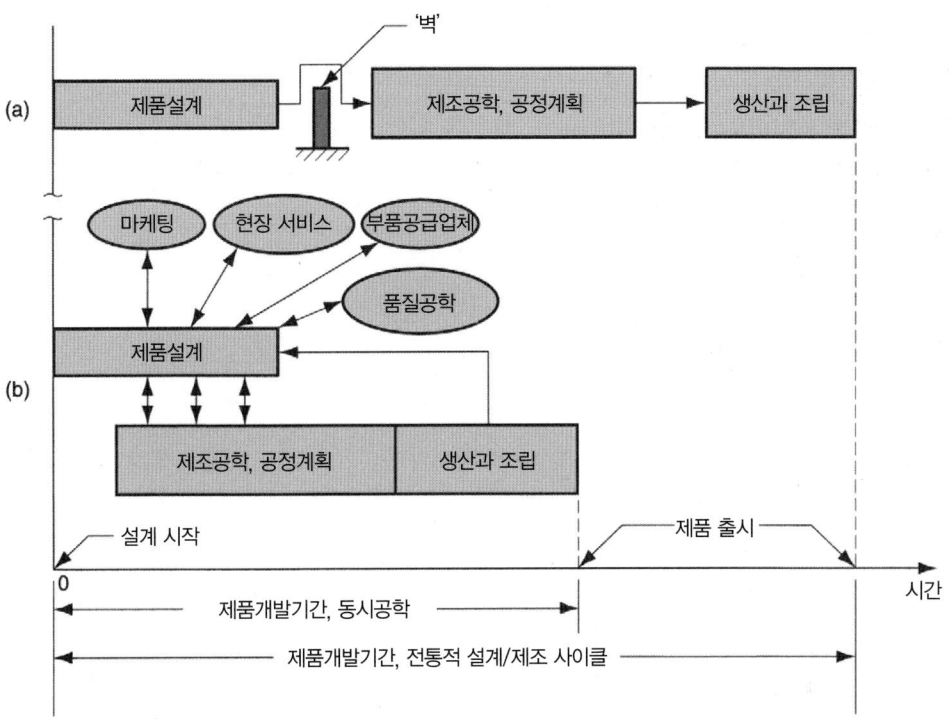

그림 37.5 (a) 전통적 제품개발 사이클과 (b) 동시공학을 활용한 제품개발 사이클의 비교.

은 흔히 고객들이 과도한 유지보수와 서비스 비용을 지출하지 않도록 제한하는 서비스 계약을 포함시키는 경우가 있다. 이런 경우 정확하게 추정된 생명주기 비용이 총 제품원가에 포함되어야 한다.

제품 원가는 상업적인 성공을 결정짓는 주요한 요인 중 하나이다. 원가는 제품의 가격과 회사가 얻을 이익에 영향을 준다. **원가 감안설계**(design for product cost)란 설계과정에서의 결정 사항이 제품 원가에 주는 영향을 규명하고, 설계최적화를 통해 원가를 줄이려는 노력이라고 할 수 있다. 많은 DFM/A 지침들이 제품 원가를 줄이려는 목적을 가지고 있다.

참고문헌

[1] Bakerjian, R., and Mitchell, P. *Tool and Manufacturing Engineers Handbook,* 4th ed., Vol. VI, *Design for Manufacturability.* Society of Manufacturing Engineers, Dearborn, Michigan, 1992.

[2] Chang, C-H., and Melkanoff, M. A. *NC Machine Programming and Software Design,* 3rd ed. Prentice Hall, Inc., Upper Saddle River, New Jersey, 2005.

[3] Eary, D. F., and Johnson, G. E. *Process Engineering for Manufacturing.* Prentice Hall, Inc., Englewood Cliffs, New Jersey, 1962.

[4] Groover, M. P., and Zimmers, E. W., Jr. *CAD/CAM: Computer-Aided Design and Manufacturing.* Prentice Hall, Englewood Cliffs, New Jersey, 1984.

[5] Groover, M. P. *Automation, Production Systems, and Computer Integrated Manufacturing,* 3rd ed. Pearson Prentice Hall, Upper Saddle River, New Jersey, 2008.

[6] Kane, G. E. "The Role of the Manufacturing Engineer," Technical paper MM70-222. Society of Manufacturing Engineers, Dearborn, Michigan, 1970.

[7] Koenig, D. T. *Manufacturing Engineering.* Hemisphere Publishing Corporation (Harper & Row, Publishers, Inc.), Washington, DC, 1987.

[8] Kusiak, A. (ed.). *Concurrent Engineering: Automation, Tools, and Techniques.* John Wiley & Sons, Inc., New York, 1993.

[9] Martin, J. M. "The Final Piece of the Puzzle," *Manufacturing Engineering,* September 1988, pp. 46–51.

[10] Nevins, J. L., and Whitney, D. E. (eds.). *Concurrent Design of Products and Processes.* McGraw-Hill, New York, 1989.

[11] Tanner, J. P. *Manufacturing Engineering,* 2nd ed. CRC Taylor & Francis, Boca Raton, Florida, 1990.

[12] Usher, J. M., Roy, U., and Parsaei, H. R. (eds.). *Integrated Product and Process Development.* John Wiley & Sons, Inc., New York, 1998.

[13] Veilleux, R. F., and Petro, L. W. *Tool and Manufacturing Engineers Handbook,* 4th ed., Vol. V, *Manufacturing Management.* Society of Manufacturing Engineers, Dearborn, Michigan, 1988.

복습문제

37.1 제조공학을 정의하여라.

37.2 제조공학의 주요 활동들은 무엇인가?

37.3 공정계획의 범위에 포함되는 상세 내용과 결정사항들을 나열하여라.

37.4 공정절차서는 무엇인가?

37.5 기초 공정과 2차 공정의 차이점은 무엇인가?

37.6 공정계획에서 선행조건이란 무엇인가?

37.7 자체제조 또는 구매 결정에서, 자체생산 단가보다 구매가격이 낮은 경우에도 부품을 내부에서 제작하는 것보다 업체에서 구매하는 경우 더 많은 비용이 소요되는 것은 어떤 이유 때문인가?

37.8 자체제조 또는 구매 결정의 중요한 인자는 무엇인가?

37.9 제조성 감안설계의 일반적 원칙과 지침 중 세 가지를 나열하여라.

37.10 동시공학은 무엇이며, 주요 구성요소들은 무엇인가?

37.11 생명주기 감안설계라는 용어의 의미는?

객관식문제(19개의 답)

37.1 회사의 제조공학 부서를 가장 잘 표현한 답은? (a) 판매부서의 지점, (b) 동시공학, (c) 관리, (d) 제품설계, (e) 생산 책임자, (f) 기술 스태프 기능.

37.2 제조공학 부서의 일반적인 책임은 무엇인가? (네 개의 정답) (a) 제조성 감안설계에 대한 조언, (b) 설비계획, (c) 제품의 마케팅, (d) 공장 관리, (e) 공정개선, (f) 공정계획, (g) 제품설계, (h) 생산부서의 기술적 문제 해결, (i) 생산 작업자 감독.

37.3 다음 중 2차 공정에 대비되는 기초 공정은 어느 것인가? (네 개의 정답) (a) 열풀림, (b) 산화피막법, (c) 드릴링, (d) 전기도금, (e) 알루미늄 막대 생산을 위한 열간압출, (f) 각인금형단조, (g) 판재강의 압연, (h) 사형주조, (i) 박판 스템핑, (j) 점용접, (k) 경화강의 표면연삭, (l) 마르텐사이트 강의 뜨임(tempering), (m) 선삭

37.4 다음 중 기초 공정에 대비되는 2차 공정은 어느 것인가? (네 개의 정답) (a) 열풀림, (b) 아크용접, (c) 드릴링, (d) 전기도금, (e) 강재 자동차 부품을 제조하기 위한 압출, (f) 각인금형단조, (g) 페인팅, (h) 플라스틱 사출성형 (i) 판재강의 압연, (j) 사형주조, (k) 박판 스템핑, (1) 프레스된 세라믹분말의 소결, (m) 초음파 가공.

37.5 다음 중 성질향상 공정은 어느 것인가? (세 개의 정답) (a) 열풀림, (b) 산화피막법, (c) 다이캐스팅, (d) 드릴링, (e) 전기도금, (f) 니켈합금의 압연, (g) 판재의 인발 (h) 프레스된 세라믹 분말의 소결, (i) 경화강의 표면 연삭, (j) 마르텐사이트 철의 뜨임, (k) 선삭, (l) 초음파 세척.

37.6 공정절차서는 다음 중 어떤 기능을 위한 것인가? (a) 지속적인 개선, (b) 제조성 감안설계, (c) 자재 취급자가 부품을 이동하는 권한을 주는 것, (d) 품질검사 절차, (e) 공정계획을 명시한 것, (f) 주어진 작업에 대한 상세사항을 명시한 것.

37.7 자체제조 또는 구매 결정 시 외부업체의 부품가격이 내부에서 제조하는 경우의 예상 비용보다 낮을 경우에는 항상 구매하는 방향으로 결정해야 한다. (a) 맞다, (b) 틀리다.

37.8 다음 중 부품 분류와 코딩에 기반하여 컴퓨터이용 공정계획을 수행하는 방법은 무엇인가? (a) 창성형 CAPP, (b) 변성형 CAPP, (c) 전통적 공정계획, (d) 해당되는 답 없음.

Chapter 38

생산계획 및 관리

38.1 총괄생산계획 및 기준생산계획

38.2 재고관리
    38.2.1 재고의 종류
    38.2.2 발주점 시스템

38.3 자재소요계획 및 생산능력계획
    38.3.1 자재소요계획
    38.3.2 생산능력계획

38.4 JIT와 린 생산

38.5 제조현장관리

생산계획 및 관리는 제조에서 조달문제와 관련된 제조지원시스템이다. **생산계획**(production planning)은 어떤 제품을, 언제, 얼마나 생산할 것인지를 계획하며, 그러한 계획을 실행하기 위한 자원들을 고려하는 것이다. **생산관리**(production control)는 생산계획 수행하는 데 필요한 자원이 준비되었는지 판단하고, 준비되지 않았으면 적절하게 필요한 행동을 취하는 것이다. 생산계획 및 관리에는 필요한 원자재, 재공품, 완제품들의 적절한 재고수준 유지를 위한 **재고관리**(inventory control)가 포함된다.

생산계획 및 관리 문제들은 생산의 유형에 따라 다른데, 가장 중요한 요인들 중 하나는 제품다양성과 생산량 사이의 관계이다(1.1.2절). 여러 가지 다른 제품들이 소량으로 생산되는 **개별공정생산**(job shop production)은 극단적인 예로서, 제품이 복잡하고 여러 가지 부품들로 이루어지며, 각 부품은 여러 가지의 작업을 거쳐 생산된다. 이러한 공장의 조달문제에는 상세한 계획수립이 필요한데, 여기에는 여러 가지 다른 부품들과 여러 단계의 공정들에 대한 일정계획과 조정이 포함된다.

또 다른 극단적인 예는 **대량생산**(mass production)으로서, 단일한 제품(혹은 적은 종류의 모델 변화가 있는 제품)이 대량(수백만 개)으로 생산된다. 제품과 공정이 단순하면 대량생산에서의 조달문제는 단순하다. 더 복잡한 경우에는 제품이 많은 부품들의 조립으로 이루어지며(예를 들어 자동차와 가전제품), 제조설비는 생산라인으로 구성된다(36.2절). 생산라인에서의 조달문제는 제품이 여러 작업장을 통과하며 조립될 수 있도록 필요한 부품을 정확한 시점에 정확한 작업장에 공급하는 것이다. 이것이 잘못되면 중요한 부품의 공급중단으로 전체 생산라인이 중단될 수 있다.

생산계획 및 관리의 문제에서 두 극단적인 경우를 구별해보면, 개별공정생산에서는 생산계획의 기능이, 조립제품의 대량생산에서는 생산관리의 기능이 중요하다고 할 수 있다. 두 극단적인 생산유형 사이에 존재하는 다양한 형태의 생산시스템들에는 각기 적절하게 다른 점을 가지는 생산계획 및 관리시스템이 필요하다.

그림 38.1은 현대적인 생산계획 및 관리시스템의 활동들과 그들 사이의 관계를 보여준다. 이 활동들은 다음의 세 단계로 구분된다. (1) 총괄생산계획, (2) 자재소요계획 및 생산능력계획, (3) 구매 및 제조현장관리. 이 장에서는 이러한 구분에 따라 생산계획 및 관리에 대해서 논의한다.

38.1 총괄생산계획 및 기준생산계획

어떤 제조회사든지 사업계획을 가지고 있으며, 여기에는 어떤 제품을 언제 얼마나 생산할지가 포함되어 있다. 생산계획에는 현재의 주문량과 판매예측, 재고수준, 그리고 생산능력이 고려된다. 계획의 범위에 따라 여러 유형의 생산계획이 있는데, (1) 앞으로 일 년 이상의 계획을 다루는 **장기계획**, (2) 앞으로 6개월에서 일 년 사이의 계획을 다루는 **중기계획**, (3) 며칠이나 몇 주간 계획을 다루는 **단기계획**이 그것이다.

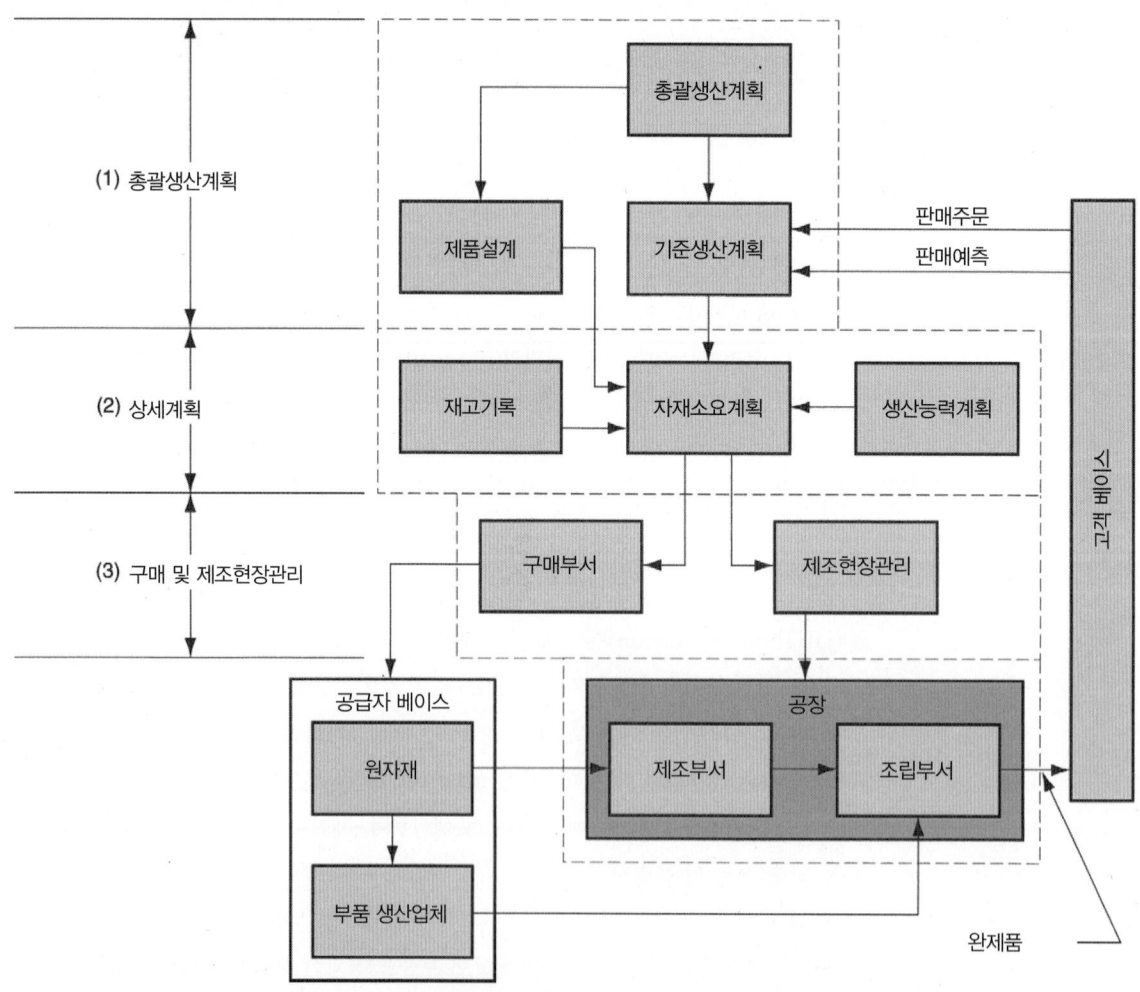

그림 38.1 생산계획 및 관리 시스템의 활동들.

표 38.1 가상의 제품라인에 대한 (a) 총괄생산계획, (b) 기준생산계획.

(a)

제품라인	주									
	1	2	3	4	5	6	7	8	9	10
P 모델	—	—	—	—	—	—	—	50	150	250
O 모델	400	400	400	300	300	300	300	250	250	250
R 모델	100	100	150	150	200	200	200	250	300	350

(b)

제품	주									
	1	2	3	4	5	6	7	8	9	10
모델 P1								50	75	100
모델 P2									50	50
모델 P3									25	50
모델 P4										50
모델 Q1	200	200	200	100	100	100	100	50	50	50
모델 Q2(등등)	200	200	200	200	200	200	200	200	200	200

장기계획은 회사의 목표와 전략, 미래의 제품라인, 미래에 대한 재정계획, 미래를 위한 자원(사람, 시설, 장비) 수급과 관련이 있으며, 회사의 고위 경영진의 책임이다. 계획의 시간범위가 줄어들면 회사의 장기계획은 보다 구체적인 중기와 단기계획으로 변환된다. 이 절에서 다루는 총괄생산계획과 기준생산계획은 중기계획 수준이며, 자재소요계획, 생산능력계획, 그리고 주문에 대한 상세일정은 단기계획 수준이다.

총괄생산계획(aggregate production plan)은 특정 제품이 아니라 주요 제품라인의 생산 수준을 말하는데, 판매부서와 마케팅부서의 계획과 조화를 이루어야 하며 현재의 재고수준 또한 고려해야 한다. 따라서 총괄생산계획은 높은 수준의 회사 차원의 업무인데, 계획의 세부적인 절차는 담당 부서에 위임된다. 총괄계획은 현재 생산 중인 제품과 개발 중인 신제품에 대한 마케팅계획과 생산능력을 조화시켜야 한다.

총괄생산계획에 있는 주요 제품라인들의 생산량은 개별 제품에 대한 매우 구체화된 일정계획으로 변환되어야 하는데, 이를 **기준생산계획**(master production schedule)이라고 부른다. 이것은 생산될 제품과 완료 시점, 그리고 수량을 포함하고 있다. 가상의 기준생산계획이 표 38.1(b)에 나타나 있는데, 이는 표 38.1(a)의 총괄생산계획에 해당되는 기준생산계획이다.

기준생산계획에 포함되는 제품은 (1) 확정주문, (2) 예상수요, (3) 여유부품의 세 가지의 유형으로 분류할 수 있다. 특정 제품에 대한 고객주문이 들어오면, 회사로서는 판매부서가 고객과 약속한 시점까지 납품해야 할 의무가 있다. 두 번째 유형의 생산수량은 기존의 수요 패턴, 판매부서의 추정 등에 통계적 예측기술을 적용하여 얻어진다. 수요예측은 흔히 기준생산계획에서 가장 큰 부분을 차지한다. 세 번째 유형은 회사의 서비스부서에 입고될 개별 부품에 대한 수요다. 회사에서 생산하는 제품이 최종 제품이 아닌 경우에는 이 세 번째 유형이 기준생산계획에서 제외된다.

기준생산계획은 원자재와 부품을 주문하고, 사내에서 부품을 가공하고, 최종제품으로 조립하고 시험하는 데 필요한 기간을 고려해야 하기 때문에 중기계획이다. 제품에 따라서 이 기간은 수개월에서 1년 이상이 될 수도 있다. 중기계획이기는 하지만 동적인 계획이다. 가까운 기간 내의 기준생산계획은 고정된 것으로 간주되는데, 보통 약 6주 이내에는 계획 변경이 허용되지 않는다. 그러나 6주 이상 남은 계획은 수요의 변화나 신제품의 개발 등에 따라 조정이 가능하다. 따라서 총괄생산계획이 기준생산계획을 완전히 결정하는 것은 아니라는 것을 알아야 한다. 기준생산계획이 총괄생산계획으로부터 벗어나도록 하는 요인으로는 새로운 주문이나 단기간 내의 판매예측 변화를 들 수 있다.

38.2 재고관리

재고관리는 (1) 재고보유 비용의 최소화, (2) 고객에 대한 서비스의 최대화라는 상반된 목표 사이에서 균형을 유지하는 것이다. 재고비용에는 투자비용, 창고비용, 폐기 혹은 훼손 가능성으로 인한 비용 등이 포함된다. 보통은 투자비용이 가장 중요한 요소인데, 전형적인 사례는 회사가 고객에게 아직 공급하지 않은 자재들 때문에 이자를 지불한 대출금을 투자한 경우이다. 이러한 모든 비용을 **유지비용**(carrying cost)이라고 부른다. 유지비용은 재고를 0으로 유지함으로써 최소화할 수 있다. 그러나 이 경우 고객서비스의 질이 낮아질 가능성이 높으며, 고객이 다른 곳에서 물건을 구입하는 상황이 발생할 수 있다. 이는 비용을 수반하는데, 이 비용을 **재고소진비용**(stock-out cost)이라고 한다. 합리적인 기업은 재고소진비용을 최소화하면서 높은 수준의 고객서비스를 제공하기를 원한다. 고객에는 두 종류가 있는데, (1) 우리가 쉽게 생각할 수 있는 외부 고객과 (2) 내부고객이다. 내부고객은 자재와 부품의 즉각적인 가용여부에 의존하는 작업부서, 최종조립부서, 그리고 기타 부서 등을 말한다.

38.2.1 재고의 종류

제조에서는 다양한 유형의 재고를 볼 수 있다. 생산계획 및 관리에서 크게 관심을 갖는 유형으로는 원자재, 구매 부품, 재공품, 그리고 완제품이 있다.

어떤 유형의 재고를 관리하느냐에 따라 적절한 재고관리 절차가 사용된다. 독립수요와 종속수요에 해당되는 품목 간에는 중요한 차이점이 있다. **독립수요**(independent demand)는 한 품목에 대한 수요가 다른 품목의 수요와 관련이 없는 것을 의미한다. 최종제품과 여유부품은 서로 독립적인 수요이다. 고객이 최종제품과 여유부품을 구입하지만 한 품목의 구입 결정은 다른 품목의 구매와 관계성이 없다.

종속수요(dependent demand)는 어떤 품목에 대한 수요가 다른 품목의 수요와 직접적으로 관련되어 있는 사실을 의미하며, 보통 그 품목이 독립수요에 따르는 최종 제품의 구성품일 경우이다. 예를 들어 최종 제품인 자동차는 독립수요에 해당되나, 각 차마다 네 개씩(스페어타이어를 포함하면 5개) 필요한 타이어는 자동차의 수요에 따르는 종속수요가 된다. 최종조립공장에서 차를 한 대씩 생산할 때마다 네 개의 타이어가 주문되며, 이는 자동차에 들어가는 수천 개의 다른 부품에도 모두 해당된다. 차를 한 대 생산하기로 결정하면, 이러한 모든 부품들이 공급되어야하는 것이다.

타이어는 새 차에 대해서는 종속수요에 해당되지만, 타이어 교환 시장에서는 독립수요가 되므로 흥미 있는 사례라고 할 수 있다.

독립수요와 종속수요에 대해서 각기 서로 다른 생산관리 및 재고관리 방법이 사용되어야 한다. 독립수요 제품의 향후 생산량을 결정하는 데에는 예측기법이 사용된다. 그리고 정해진 생산량에 의해서 제품에 사용되는 부품들의 생산이 직접적으로 결정된다. 재고관리에는 (1) 발주점 시스템과, (2) 자재소요계획의 두 가지 방법이 있다. 발주점 시스템은 다음 절에서, 자재소요계획은 38.3.1 절에서 다룬다.

38.2.2 발주점 시스템

발주점 시스템(order point system)은 독립수요 품목의 재고를 관리할 때 마주치는 두 가지 문제 즉, 얼마만큼의 양을, 언제 주문할 것인가 하는 서로 연관된 두 가지 문제를 다룬다. 첫 번째 문제는 경제적 주문량 공식에 의해, 두 번째 문제는 재발주점(reorder point) 방법에 의해 해결할 수 있다.

경제적 주문량

주문하거나 생산해야 하는 적정한 수량을 결정하는 문제는 독립수요 제품의 경우에 발생한다. 이 경우 해당 품목에 대한 수요는 고려 대상 기간 동안 비교적 일정하고 생산율은 수요 속도보다 훨씬 높다. 이는 전형적인 **비축생산**(make-to-stock) 상황이다. 최종 제품에서 부품이 시간에 따라 비교적 일정하게 소요되고, 셋업 빈도를 줄이기 위해 재고유지비용을 지불하는 것이 합리적일 때 종속수요의 경우에도 유사한 문제가 발생한다. 두 가지 경우 모두에서 재고량은 그림 38.2에서와 같이 시간에 따라 점진적으로 감소하다가, 주문량만큼 급격하게 다시 최대량으로 보충된다.

그림 38.2의 재고모델에 대한 총재고비용 식은 유지비용과 셋업비용의 합으로 유도할 수 있다. 이 모델은 소비에 의해 0까지 진행되는 점진적인 감소 이후 급격한 보충에 의한 최대량 Q로 증가하는 톱니 형태를 보인다. 이러한 특성 때문에 평균재고량은 최대재고량 Q의 절반이 된다. 따라서 연간 총재고비용은 다음과 같다.

$$TIC = \frac{C_h Q}{2} + \frac{C_{su} D_a}{Q} \tag{38.1}$$

여기서 연간 총재고비용인 TIC(total annual inventory cost)(유지비용과 주문비용, \$/년)에서, Q는 주문량(개/주문), C_h는 재고유지비용(\$/개/년), C_{su}는 주문 당 셋업비용(\$/셋업 또는 \$/주문), D_a는 연간수요(개/년)이다. 이 식에서 D_a/Q는 연간 주문횟수 또는 연간 생산배치 수가 된다. 이 값은 연간 셋업의 회수와 같다.

재고유지비용 C_h는 일반적으로 품목의 가치에 비례한다.

$$C_h = h C_p \tag{38.2}$$

여기서 C_p는 품목의 단가(\$/개), h는 연간 유지비용율인데 이자와 창고비용을 포함하고 단위는 (년)$^{-1}$이다.

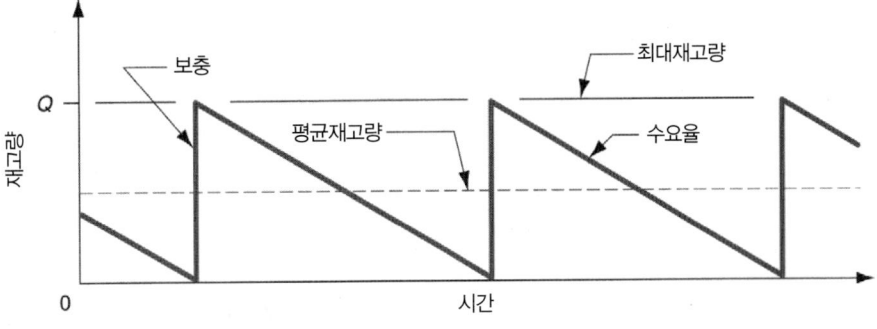

그림 38.2 전형적인 비축생산 상황에서 시간경과에 따른 재고수준 모델.

셋업비용 C_{su}에는 배치가 변경될 때 발생하는 장비의 유휴시간에 따른 비용과 셋업변경을 수행하는 작업자의 노동비가 포함된다. 즉,

$$C_{su} = T_{su}C_{dt} \qquad (38.3)$$

여기서 T_{su}는 배치 간 셋업변경시간(단위는 시간), C_{dt}는 기계 유휴비용율(단위는 \$/시간)이다. 외부업체로부터 부품을 주문하는 경우, 셋업비용은 직접적으로 또는 수량 할인의 방법으로 가격에 반영되어 있다. C_{su}에는 외부업체로 주문을 내는 내부 비용도 포함해야 한다.

식 (38.1)에는 부품제조에 필요한 실제 연간비용, D_aC_p가 빠져있는데, 이 비용을 포함하면 연간 총비용은 다음과 같다.

$$TC = D_aC_p + \frac{C_hQ}{2} + \frac{C_{su}D_a}{Q} \qquad (38.4)$$

식 (38.1) 또는 식 (38.4)를 미분하여 0으로 설정하면, 총유지비용과 셋업비용의 합을 최소화하는 경제적 주문량을 얻을 수 있다.

$$EOQ = \sqrt{\frac{2D_aC_{su}}{C_h}} \qquad (38.5)$$

여기서 경제적 주문량(economic order quantity, EOQ. 한 배치에서 생산해야 하는 부품 수, 단위는 개)이다.

예제 38.1 경제적 주문량

어떤 품목에 대해서 비축생산을 한다. 연간 수요량이 12,000개이고, 개당 비용이 \$10, 유지비용율이 24%/년이다. 제품을 배치생산하기 위해 장비교환이 필요하며, 셋업시간이 4시간 걸린다. 시간당 셋업비용은 장비유휴비용과 인건비를 합하여 \$100/시간이다. 이 경우 경제적 주문량과 총재고비용을 구하여라.

풀이

(a) 셋업시간 $C_{su} = 4 \times \$110 = \$400$이다. 품목 당 재고유지비용은 $0.24 \times \$10 = \$2.40$이다. 이상의 값들을 EOQ 식에 대입하면,

$$EOQ = \sqrt{\frac{2(12,000)(400)}{2.40}} = 2,000 \text{ units}$$

총재고비용은 TIC 식에 의해 구해진다.

$$TIC = 0.5(2.40)(2,000) + 400(12,000/2,000) = \$4800$$

연간 실제 총생산비용을 포함하여 식 (38.4)를 이용하면,

$$TC = 12,000(10) + 4,800 = \$124,800$$

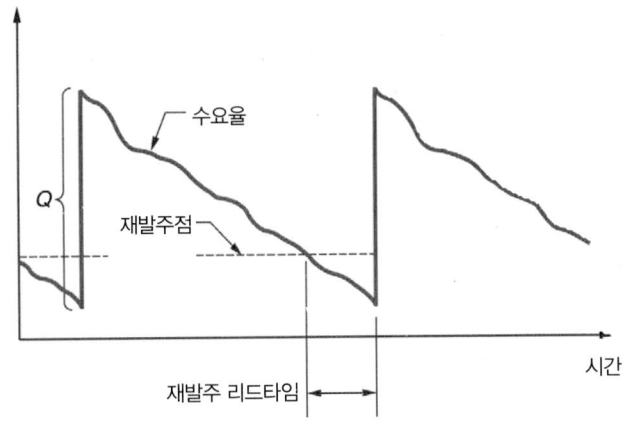

그림 38.3 재발주점
재고시스템의 운영.

EOQ 공식은 '최적생산량'을 결정하기 위한 모델로 널리 사용된다. 생산율과 같은 요인들을 고려하여 식 (38.1)과 식 (38.4)의 변형들을 사용하기도 한다. 공식의 수학적인 정확성은 의심할 수 없지만 적용상의 몇 가지 어려움에 대해서는 생각해볼 필요가 있다. 첫 번째 어려운 점은 공식 속의 셋업 또는 주문비용과 재고유지비용의 값을 정하는 것이다. 이 비용들은 EOQ 값에 큰 영향을 미치지만, 정확하게 평가하기는 어려운 경우가 많다.

두 번째 어려움은 미국에서 EOQ 공식이 사용되면서 전파된 잘못된 생산철학에 기인하는 것으로, 배치생산에서는 생산을 오래 지속하는 것이 최선의 전략이라는 것이다. 셋업변경에 소요되는 비용이 아무리 크더라도, 공식을 통해 최적의 배치 크기를 결정할 수 있다. 셋업비용이 커질수록 생산지속시간이 길어진다. 셋업비용을 줄이기 위해서 셋업 변경시간을 크게 단축하는 방법을 개발하는 것이 좋다. 셋업시간 감소는 적시(just-in-time, JIT) 생산에서 중요한 요소이며, 셋업시간을 줄이기 위한 방법들을 38.4절에서 다룬다.

재발주 시점

언제 재발주할 것인가를 결정하는 것은 여러 가지 방법으로 가능하다. 여기서는 산업계에서 널리 사용되는 재발주점 시스템에 대해 다룬다. 그림 38.2보다 실제 상황에 더 가까운 그림 38.3을 보면 수요율의 변화가 존재하는 것을 알 수 있다. 재발주점 시스템(reorder point system)에서는 재고수준이 재발주점으로 설정해놓은 일정한 수준에 도달하면 그 품목을 입고시키기 위한 주문이 나가야 하는 신호로 해석한다. 재발주점에 도달한 시점과 새로운 주문이 입고될 시점 사이의 기간에 재고가 소진이 될 가능성을 최소화하기에 충분한 수준에서 재발주 시점이 결정된다.

재발주점 전략은 컴퓨터화된 재고관리시스템을 이용하여 구현할 수 있다. 이러한 시스템에서는 거래가 처리될 때마다 재고수준을 지속적으로 모니터링하여 재고수준이 재발주점 이하로 떨어지면 새로운 배치를 자동으로 주문한다. 컴퓨터화되지 않은 시스템인 **두 용기 방법**(two-bin approach)에서는 어떤 부품으로 똑같이 채워진 두 개의 용기로 시작하는데, 수요가 있으면 한 용기에서만 부품을 반출한다. 그 용기의 부품이 모두 소진되면 다시 채우기 위해서 주문이 들어가고 다른 용기의 부품이 사용되기 시작한다. 이러한 방식으로 용기를 바꾸어가면서 사용하면 매우 단순하게 재고관리를 할 수 있다. 사실상 용기 중 한 개가 비워지면 재발주 신호가 발생하는 것이다.

38.3 자재소요계획 및 생산능력계획

생산과 재고를 관리하는 두 가지의 대안에 대해서 설명하고자 한다. 본 절에서는 개별공정(job shop)생산과 중량의 조립제품 생산에 사용되는 절차에 대해서 다룬다. 38.4절에서는 대량생산에 더 적합한 방법을 다룬다.

38.3.1 자재소요계획

자재소요계획(material requirements planning, MRP)은 최종제품의 기준생산계획을 제품에 소요되는 원자재와 구성부품에 대한 상세일정계획으로 변환하는 계산절차이다. 상세일정계획에 포함되는 사항은 제품의 기준생산계획을 맞추기 위한 각 품목들의 수량, 발주시점, 공급시점 등이다. **생산능력계획**(capacity requirements planning, 38.3.2절)은 인적자원과 장비 등의 자원을 자재소요량에 따라 조정한다.

자재소요계획은 개별공정과 구매 혹은 제조되는 여러 개의 부품들로 구성되는 제품의 배치생산에 적합하다. 자재소요계획은 원자재, 구매 부품, 재공품 등의 재고로 구성되는 종속수요 품목의 수량을 결정하는 데 유용한 기술이다.

자재소요계획의 개념 자체는 간단하지만 처리해야 하는 데이터의 양 때문에 실제 적용하기에는 상당히 복잡하다. 기준생산계획은 월 단위로 공급해야 하는 최종제품의 생산활동을 정하는데, 각 제품은 수백 개의 개별 부품으로 구성될 수 있다. 이 부품들은 원자재로부터 제조되는데, 일부 원자재는 몇 가지 부품에 공통적으로 적용될 수 있다(예 : 스탬핑을 위한 강판). 어떤 부품은 여러 가지 다른 제품에 공통으로 사용될 수도 있다(이들을 자재소요계획에서는 **공용품목**(common use item)이라고 부른다). 부품들은 단순한 반조립품으로 조립이 되고, 이들은 더욱 복잡한 형태의 반조립품으로 조립되며, 이러한 몇 단계를 거쳐 최종조립 제품이 생산된다. 각 단계에는 시간이 소요되는데 이러한 모든 요소들이 모두 MRP에 포함되어야 한다. 각각의 계산은 단순하나, 많은 횟수의 연산이 수행되어야 하고 데이터의 양이 방대하므로 자재소요계획은 컴퓨터를 이용하여 구현된다.

어떤 작업의 리드타임은 작업을 시작하여 끝낼 때까지 소요되는 시간인데, MRP에서는 발주리드타임과 제조리드타임의 두 가지 유형이 있다. **발주리드타임**(ordering lead time)은 어떤 품목에 대한 구매요청 시점에서 공급자로부터의 입고까지 걸리는 시간이다. 만약 그 품목이 공급자가 보유하고 있는 원자재라면 발주리드타임은 수주 정도로 비교적 짧을 수 있다. 만일 발주 품목이 제조해야 할 품목이라면 리드타임이 몇 개월까지 길어질 수도 있다. **제조리드타임**(manufacturing lead time)은 회사의 공장 내에서 작업지시로부터 품목을 생산하는 데까지 소요되는 시간이다.

자재소요계획에 대한 입력

자재소요계획이 제대로 기능을 수행하기 위해서는 다음과 같은 몇 개의 파일들로부터 입력을 받아야 한다. (1) 기준생산계획, (2) 자재명세서 형태의 제품설계 데이터, (3) 재고기록, (4) 생산능력계획. 그림 38.1은 자재소요계획 프로그램으로의 데이터 흐름과 출력보고서의 수령자를 보여준다.

기준생산계획은 38.1절에서 논의되었다. **자재명세서**(bill-of-material, BOM) 파일은 제품을 구성하는 부품들과 반조립품들의 목록이며, 기준생산계획상의 최종제품에 사용되는 원자재와 부품의 소

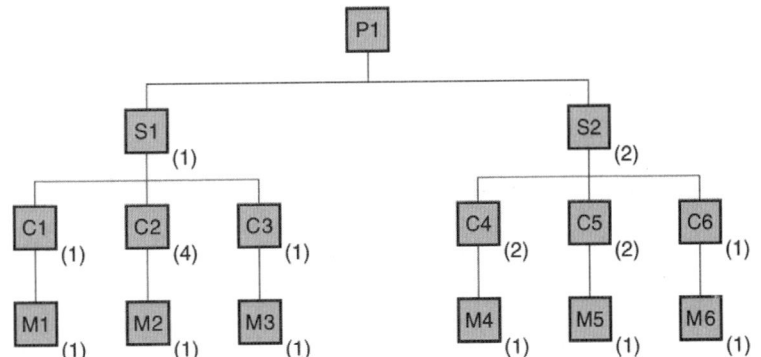

그림 38.4 조립제품 P1의 제품구조([3]의 데이터 기반).

요량을 계산하는 데 사용된다. 그림 38.4는 어떤 조립품의 구조를 간단하게 나타낸 것이다. 제품은 두 개의 반조립품으로 이루어지며, 이들은 각각 세 개의 부품들로 이루어져 있다. 제품구조에서 바로 상위의 품목에 필요한 각 품목의 개수가 괄호 안에 표시되어 있다.

재고기록파일(inventory record file)에는 각 품목(부품번호로 구분) 별로 재고상태의 시간에 따른 기록이 담겨있다. 이는 그 품목의 현재 재고량뿐만 아니라 미래에 변동될 재고수준 기록도 언제 발생할지와 함께 기록된다는 의미이다. 이러한 데이터에는 그 품목의 총소요량(기준생산계획의 제품들을 만들기 위해 필요한 부품 수), 예정입고량, 보유재고량, 계획발주량이 포함된다. 이러한 데이터 각각은 일정계획의 기간(예 : 월, 주)에 따른 변동을 표시한다.

자재소요계획이 작동하는 방법

자재소요계획 시스템은 기준생산계획, 자재명세서 및 재고기록으로부터의 입력 데이터를 바탕으로 최종제품에 대한 계획을 제품구조상의 하위레벨로 순차적으로 전개하여 각 부품과 원자재의 소요량을 미래의 기간별로 계산한다. 자재소요계획 계산과정에서는 몇 가지 복잡한 요인들이 고려되어야 한다. 첫째, 부품과 반조립품의 수량은 재고 또는 주문량에 따라 조정되어야 한다. 둘째, 공용품목의 수량은 부품전개 과정에서 각 부품들과 원자재들의 총량을 합쳐서 구해야 한다. 셋째, 최종제품의 단계적인 공급을 위해서는 리드타임을 적절히 감안하여 부품과 원자재의 단계적인 소요량을 계산하여야 한다. 기준생산계획상의 최종제품 각각에 대해서 각 유형별 부품의 소요량을 발주리드타임과 제조리드타임을 고려하여 발주하고, 제작해야 한다. 각 부품들에 대해서는 원자재를 주문해야 하며, 이때 발주리드타임을 고려하고, 반제품과 최종제품의 일정계획을 위해서는 조립리드타임이 반드시 고려되어야 한다.

예제 38.2 자재소요계획

제품 P1에서 사용되는 부품 C4에 대한 자재소요계획 과정을 생각해보자. P1의 납기일정은 표 38.1(b)의 기준생산계획에 나타나 있다. 그림 38.4의 제품구조에 따르면, 반조립품 S2를 만들기 위해 두 개의 C4가 필요하고, 최종제품 P1을 만들기 위해서 두 개의 S2가 필요하다. C4를 한 개 만들기 위해서는 원자재 M1 한 개가 필요하다. 이 품목에 대한 주문, 제조, 조립 리드타임은 알고 있다. P1과 S1은 리드타임이 1주, C4는 2주, M4는 3주이다. M4의 재고는 50개이고 C4와 S2는 재고가 없다. 이 품목들에 대한 재고기록에는 소요량, 입고량 및 주문 계획이 없다. M4와 C4는 다른 제품에는 사용되지 않는다. 즉 공용부품이 아니다. 제품 P1의 기준생산계획을 만족시키기 위한 M4, C4, S2의 기간별 소요량을 구하여라. 10주 이후의 P1에 대한 주문은 무시된다.

풀이

표 38.2는 이 자재소요계획 문제에 대한 답을 보여준다. P1의 계획발주(planned order release)는 P1의 납기시점보다 1주 당겨졌으며, S2는 P1 한 개당 두 개가 필요하며 계획발주는 1주가 당겨졌다. C4는 S2 한 개당 두 개가 필요하며 소요량을 얻기 위해 2주가 당겨졌다. 그리고 M4는 현재 보유하고 있는 재고량을 고려해볼 때 납기시점보다 발주시점이 3주 앞당겨진다.

자재소요계획의 출력보고서와 이점

자재소요계획 시스템은 공장운영의 계획과 관리에 사용할 수 있는 다양한 형태의 보고서를 출력한다. 보고서에는 (1) MRP 시스템에서 계획된 주문에 대한 권한을 주는 발주서, (2) 미래 기간의 계획발주서, (3) 기 발주한 주문에 대한 납기 변경을 가리키는 재일정계획통지, (4) 기준생산계획의 변경

표 38.2 예제 38.2에 대한 자재소요계획 결과.

기간		1	2	3	4	5	6	7	8	9	10
품목 : **제품 P1**											
총소요량									50	75	100
입고계획											
재고	0										
순소요량									50	75	100
계획발주								50	75	100	
품목 : **반조립품 S2**											
총소요량								100	150	200	
입고계획											
재고	0										
순소요량								100	150	200	
계획발주							100	150	200		
품목 : **부품 C4**											
총소요량							200	300	400		
입고계획											
재고	0										
순소요량							200	300	400		
계획발주					200	300	400				
품목 : **원자재 M4**											
총소요량							200	300	400		
입고계획											
재고	50	50	50	50	50						
순소요량						150	300	400			
계획발주		150	300	400							

으로 인한 주문 취소를 가리키는 주문취소통지, (5) 재고상황 보고서, (6) 성능보고서 (7) 일정계획의 차질, 지연된 주문, 폐기물 등에 대한 예외보고서, (8) 재고량에 대한 앞으로의 예상을 포함한 재고예측 등이 포함된다.

　자재소요계획 시스템을 잘 설계하면 다음과 같은 많은 이점을 제공한다. (1) 재고 감소, (2) 수요 변화에 대한 빠른 대응, (3) 셋업과 전환비용 감소, (4) 장비활용율의 향상, (5) 기준생산계획의 변화에 대처하는 능력 향상, (6) 기준생산계획 수립 지원. 이러한 이점에도 불구하고 산업체에서 자재소요계획 시스템의 성공적인 활용 수준은 매우 다양하다. 자재소요계획 시스템의 구현이 실패하는 이유는 다음과 같다. (1) 부적절한 적용, (2) 부정확한 데이터에 기초한 자재소요계획 계산, (3) 생산능력계획의 부재.

38.3.2 생산능력계획

생산능력계획(capacity requirements planning)은 기준생산계획과 회사의 장기적인 생산능력의 수요에 필요한 인적자원과 설비 요구사항을 결정하는 것이다. 또한 생산능력계획은 생산계획이 현실적으로 수립되도록 가용 생산자원의 한계를 찾는 역할도 수행한다.

　현실성 있는 기준생산계획은 그 제품을 생산할 공장의 제조능력을 고려하여야 한다. 따라서 제조업체는 자신의 생산능력을 알고 있어야 하고, 기준생산계획에 명시된 생산요구량의 변동에 대응하도록 생산능력의 변경을 계획하여야 한다. 그림 38.1은 생산능력계획과 생산계획 및 관리시스템의 다른 기능들과의 관계를 보여준다. 기준생산계획은 MRP를 이용하여 원자재와 부품의 소요량으로 환원된다. 이 소요량에 의해서 부품을 생산하는 데 필요한 노동시간이나 다른 자원들의 소요량이 예측된다. 예측된 필요 자원들은 계획기간동안 공장의 생산능력과 비교되며, 기준생산계획이 공장의 생산능력을 넘어서는 경우, 생산일정 또는 공장의 생산능력에 대한 조정이 필요하다.

　공장의 생산능력은 단기단위로 또한 장기단위로 조정될 수 있다. 단기적인 생산능력 조정 방법에는 (1) **인력고용 수준** — 생산능력 소요의 변화에 따른 공장의 직접 노동인력의 증감, (2) **작업시간** — 작업시간을 줄이거나 오버타임 근무를 함으로써 한 교대(shift)당 작업시간을 조정하기, (3) **작업교대 회수** — 저녁, 밤, 주말 근무를 허용함으로써 생산기간 중 작업교대 회수의 조정, (4) **재고비축** — 이 전략은 수요가 적더라도 인력 고용수준을 일정하게 유지하기 위해서 사용, (5) **공급지연** — 생산자원이 수요를 따르기에 부족한 기간에는 고객에게 공급을 지연함, (6) **외주계약** — 바쁜 기간에는 외부업체와의 외주계약을 하거나, 느슨한 기간에는 추가 작업을 수행한다.

　장기적인 생산능력 조정방법은 일반적으로 긴 리드타임이 필요한 생산능력의 변화를 수반하는데, 다음과 같은 유형의 결정들이 이에 포함된다. (1) **신규장비** — 추가적인 기계, 생산성이 더 높은 기계, 제품설계의 변경에 대응할 수 있는 새로운 유형의 기계에 대한 투자, (2) **신규공장** — 새로운 공장을 건설하거나 다른 회사의 기존 공장을 인수, (3) **공장폐쇄** — 향후 불필요한 공장의 폐쇄.

38.4 JIT와 린 생산

적시(JIT) 생산시스템은 재고를 최소화하려는 목적으로 일본의 토요타 자동차사에서 개발되었다. 재공품과 그 밖의 재고들을 최소화하거나 제거해야 할 낭비로 인식하였다. 재고는 투자금을 묶고, 공간을 필요로 한다. JIT 방법에서는 이러한 낭비를 제거하기 위해서 직접 또는 간접적으로 재고를 줄이기 위한 많은 원칙과 절차들을 개발하였다. 사실 적시의 범위는 너무 넓어서 종종 하나의 철학으로 간주되기도 한다. 적시생산에서 낭비를 줄이고자하는 원칙인 '린 생산'이 중요한 요소 중 하나다. **린 생산**(lean production)은 모든 형태의 낭비를 줄이기 위한 여러 가지 방법들을 적용함으로써 작업자와 작업셀을 보다 유연하고 효율적으로 만든 대량생산방식의 변형이다.

적시생산은 자동차산업과 같이 반복되는 대량생산 공정에서 가장 효과적이었다 [4]. 제품의 생산량이 많고, 제품마다 대량의 부품이 필요한 이러한 유형의 제조에서는 재공품이 쌓일 가능성이 매우 높다. 적시 시스템에서는 부품이 필요한 바로 그 시점(just-in-time)의 제조 단계에 요구되는 정확한 수량만 생산된다. 이상적인 배치 크기는 부품 하나인데, 현실적으로는 동시에 여러 개의 부품을 생산하지만 배치 크기를 최소로 유지한다. JIT 체제 하에서는 지나치게 많은 부품을 생산하는 것은 지나치게 적은 부품을 생산하는 것과 마찬가지로 금기사항이다. 이러한 생산원칙은 기계고장, 불량부품, 또는 기타 원활한 생산을 저해하는 요인들로 인한 문제들에 대응하기 위해 큰 규모의 재공품을 유지하는 것을 장려하던 전통적인 미국의 관행과 극명하게 대비된다. 미국에서 채택한 방법은 만일의 경우에 대비하는('just-in-case') 철학이라고 할 수 있다.

JIT의 주요 주제는 재고감소이지만, 이것이 간단하게 실행되는 것은 아니며 다음과 같은 몇 가지의 필수조건들이 만족되어야 가능하다. (1) 안정적인 생산일정계획, (2) 작은 배치 크기와 짧은 셋업시간, (3) 정시 공급, (4) 결함 없는 부품과 자재, (5) 생산설비의 신뢰성 (6) 생산관리의 풀(pull) 시스템, (7) 유능하고, 헌신적이며 협조적인 인력, (8) 신뢰할 수 있는 공급자.

안정적인 일정계획
적시생산이 성공하기 위해서는 작업이 정상상태로부터 최소한의 변동만을 가지면서 원활하게 진행되어야 한다. 변동은 작업절차의 변경을 가져오는데, 생산율의 증감, 계획되지 않은 셋업, 정기적인 작업절차로부터의 변형, 그리고 다른 예외 상황들이 이에 속한다. 후반부 작업(예, 최종조립)에서의 변동은 작업이 시작되는 부분(예 : 부품공급)에서 증폭되는 경향이 있다. 기준생산계획을 시간에 따라서 비교적 일정하게 유지하는 것은 원활한 작업과 생산에서의 장애와 변경을 최소화할 수 있는 한 방법이 된다.

배치 크기 소형화와 셋업시간 절감
재고를 최소화하기 위한 두 가지의 필요사항은 배치 크기 소형화와 셋업시간 최소화이다. 배치 크기와 셋업시간의 관계는 식 (38.5)의 EOQ 공식으로 주어진다. EOQ 공식을 배치의 크기를 계산하는 데 사용하는 대신에, 셋업시간을 절감하는 방법을 찾는데 노력을 집중하여 배치 크기를 줄이고 재공품 수준을 낮추도록 노력해야 한다. 셋업시간을 줄이기 위해서는 다음과 같은 방법들을 사용할 수 있다. (1) 선행작업이 진행 중일 때 가능한 많은 셋업작업을 수행한다. (2) 볼트나 너트대신에 신속하게 작동하는 체결장치를 이용한다. (3) 셋업에서 조정 작업을 없애거나 최소화한다. (4) 유사한 부품들이 같은 장비에서 생산되도록 그룹테크놀러지와 셀방식 생산을 이용한다.

정시공급, 무결함 및 생산설비의 신뢰성
적시생산의 성공을 위해서는 정시공급, 부품의 품질, 그리고 설비의 신뢰성 측면에서 거의 완벽성이 요구된다. 적시에서는 주문단위가 작고 부품여유가 적기 때문에 후공정 작업장에서 재고가 바닥나기 전에 부품이 공급되어야 한다. 그렇지 않으면 이러한 작업장들에서는 부품이 부족하여 생산이 멈추게 된다. 부품에 결함이 있으면, 조립이 진행될 수 없다. 이 사실은 부품제조 시 무결함을 추구하게 한다. 작업자는 작업결과를 다음 공정으로 보내기 전에 검사를 수행하여 이상이 없음을 확인해야 한다. 재공품이 적으므로 생산장비의 신뢰성이 요구된다. 고장이 발생하는 기계는 JIT 생산시스템에서 용인되지 않는다. 따라서 신뢰성 높은 장비의 설계와 사전 유지보수가 매우 중요하다.

생산관리의 풀 시스템

적시시스템은 생산관리의 **풀 시스템**(pull system)을 필요로 하는데, 이는 어떤 작업장에서의 부품에 대한 생산지시가 그 부품을 사용하는 후공정 작업장으로부터 오는 것이다. 후공정 작업장에서 부품이 소진되어갈 때, 선행공정 작업장으로 부족분을 채우라는 '발주'를 보낸다. 선행공정 작업장은 이 지시에 의해서 필요한 부품들을 생산한다. 이런 절차가 공장 내의 모든 작업장에서 반복된다면 생산시스템을 통해서 부품을 당기는 효과가 있다. 이와 대조적으로 생산의 **푸시 시스템**(push system)에서는 각 작업장으로 부품이 공급되며, 결과적으로 작업물을 선행작업장에서 후방작업장으로 보내게 된다. MRP는 푸시 시스템이다. 이 시스템의 문제는 처리할 수 있는 작업량보다 많은 작업이 할당되어 도착하는 부품을 처리할 수 없게 되고, 결국 기계 앞에 대기부품이 많이 쌓이게 되는 것이다. 생산능력계획을 고려하지 않은 잘못된 자재소요계획 시스템에서 이러한 문제가 생기기 쉽다.

유명한 풀 시스템 중 하나가 일본 자동차 회사인 토요타 자동차사에서 사용하고 있는 **간판**(kanban)시스템이다. 간판이란 일본어로 카드의 의미를 갖는데, 생산관리에서 간판시스템은 카드를 이용하여 공장 내의 생산지시와 업무흐름을 관리하는 방법이다. 간판에는 (1) 생산지시 간판과 (2) 운반지시 간판의 두 가지 종류가 있다. **생산지시 간판**(production kanban)은 선행공정으로 하여금 부품의 한 배치를 생산할 수 있는 권한을 준다. 부품은 용기에 담겨져 있기 때문에, 한 배치는 그 용기를 채울 수 있는 만큼의 부품들로 구성된다. **운반지시 간판**(transport kanban)은 부품용기가 순서상 다음 작업장으로 운반될 수 있는 권한을 부여한다.

그림 38.5는 한 작업장에서 다른 작업장으로 부품을 공급하는 두 개의 작업장이 간판시스템 하에서 어떻게 운영되는지를 보여준다. 그림에는 네 개의 작업장이 있지만, 그 중 B, C 작업장을 살펴보자. 작업장 B는 공급자의 역할을 하고, 작업장 C는 소비자의 역할을 한다. 작업장 C는 작업장 D에 공급하며, 작업장 A는 작업장 B에 공급한다. 작업장 C에서 용기가 가득 채워진 상태에서 작업이 시작될 때, 작업자는 운반지시간판을 용기에서 제거하여 작업장 B로 돌려보낸다. 작업자는 작업장 B에서 막 생산된 가득 채워진 용기를 찾아서 생산지시간판을 제거하고 B의 랙에다 올려놓는다. 작업자는 가득 찬 용기에 운반지시간판을 붙여서 작업장 C로 운반될 수 있는 권한을 부여한다. 작업장 B의 랙에 있는 생산지시간판은 새로운 배치를 생산할 수 있는 권한을 부여한다. 작업장 B에서는 작업장 C 이외에도 다른 후방 작업장에서 사용하는 여러 가지 부품유형을 생산한다. 작업의 일정계획은

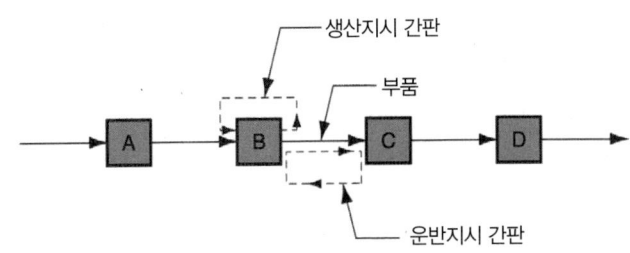

그림 38.5 작업장 사이에서 간판 시스템의 운영.

생산지시 간판이 랙에 붙여지는 순서에 의해 결정된다.

작업장 A와 B, 작업장 C와 D 사이에서 운영되는 간판 풀 시스템은 작업장 B와 C 사이에서와 같이 운영된다. 이러한 생산관리 시스템에서는 불필요한 문서작업을 피할 수 있다. 생산지시와 운반지시를 매 사이클마다 작성하는 대신 카드를 여러 번 반복하여 사용할 수 있다. 자재취급(작업장 간의 카드와 용기의 운반)에 인력투입이 필요하다는 단점이 있지만, 작업자 간의 팀워크와 협력이 향상된다는 장점이 있다.

인력과 공급자 기반

JIT 생산시스템에서 요구되는 추가적인 점은 작업자들이 협조적이고, 헌신적이며, 여러 작업을 수행할 수 있어야 한다는 것이다. 작업자들은 각 해당 작업장에서 여러 가지 종류의 부품을 생산하고, 작업의 결과를 검사하고, 심각한 고장이 발생하지 않도록 장비의 경미한 기술적인 문제점들을 다룰 수 있을 정도로 유연해야 한다.

적시는 회사에 원자재와 부품을 공급하는 공급자에까지 확장된다. 공급자들도 정시납기, 무결함 등 회사 내에서 요구되는 JIT의 요건 기준에 맞춰야 한다. 적시를 구현하기 위해서 회사가 사용하는 공급자 관련 정책에는 다음과 같은 것들이 포함된다. (1) 공급자수의 축소, (2) 품질과 납기에 대해 입증된 공급자의 선택, (3) 공급자와의 장기적인 제휴관계 형성, (4) 회사의 공장에서 가까운 공급자의 선택.

38.5 제조현장관리

생산계획 및 관리(그림 38.1)의 세 번째 단계는 제조지시를 현장에 보내고, 이 지시가 수행되는 것을 감독 · 관리하며, 이 지시작업에 대한 가장 최신의 작업현황 정보를 수집하는 일이다. 구매부서는 공급자들을 대해 이러한 기능들을 수행한다. **제조현장관리**(shop floor control)는 회사의 공장 내에서 이러한 기능들을 수행하는 것을 말하며, 기본적으로 공장에서 수행중인 작업들을 관리하는 것을 의미한다. 이 일은 개별공정생산 및 배치생산과 가장 관련이 있는데, 이러한 공장 내에서는 상대적인 중요도에 따라 일정을 계획하고 결과를 추적해야 하는 다양한 지시가 내려진다.

전형적인 제조현장관리 시스템은 (1) 작업지시발부, (2) 작업일정계획, (3) 작업진행의 세 가지 모듈로 이루어진다. 세 개의 모듈들과 공장 내의 다른 기능들과의 연관관계가 그림 38.6에 나타나 있다. 제조현장관리는 컴퓨터와 인적자원이 결합되어 구현된다.

작업지시발부

제조현장관리에서 작업지시발부(order release)는 공장을 통해서 생산을 수행하는 데 필요한 문서들을 발부하는 것인데, 공장패킷(shop packet)이라고도 부른다. 이러한 문서는 (1) 공정절차서, (2) 창고에서 원자재를 가져오기 위한 자재요청서, (3) 작업지시를 수행하는 데 드는 직접노동시간을 보고하는 작업카드, (4) 공정절차상의 다음 작업장으로 부품 운반을 허가하는 이동티켓, 그리고 (5) 조립작업에 필요한 부품리스트 등을 포함하고 있다. 과거의 공장에서는 이러한 문서들이 제조지시와 함께 서류의 형태로 공장 내에서 옮겨 다니면서 진행상황을 추적하기 위해서 사용되었으나, 현대적인 공장에서는 바코드 기술 등 자동화된 기술들을 생산현황을 모니터 하는 데 사용하기 때문에 종이문

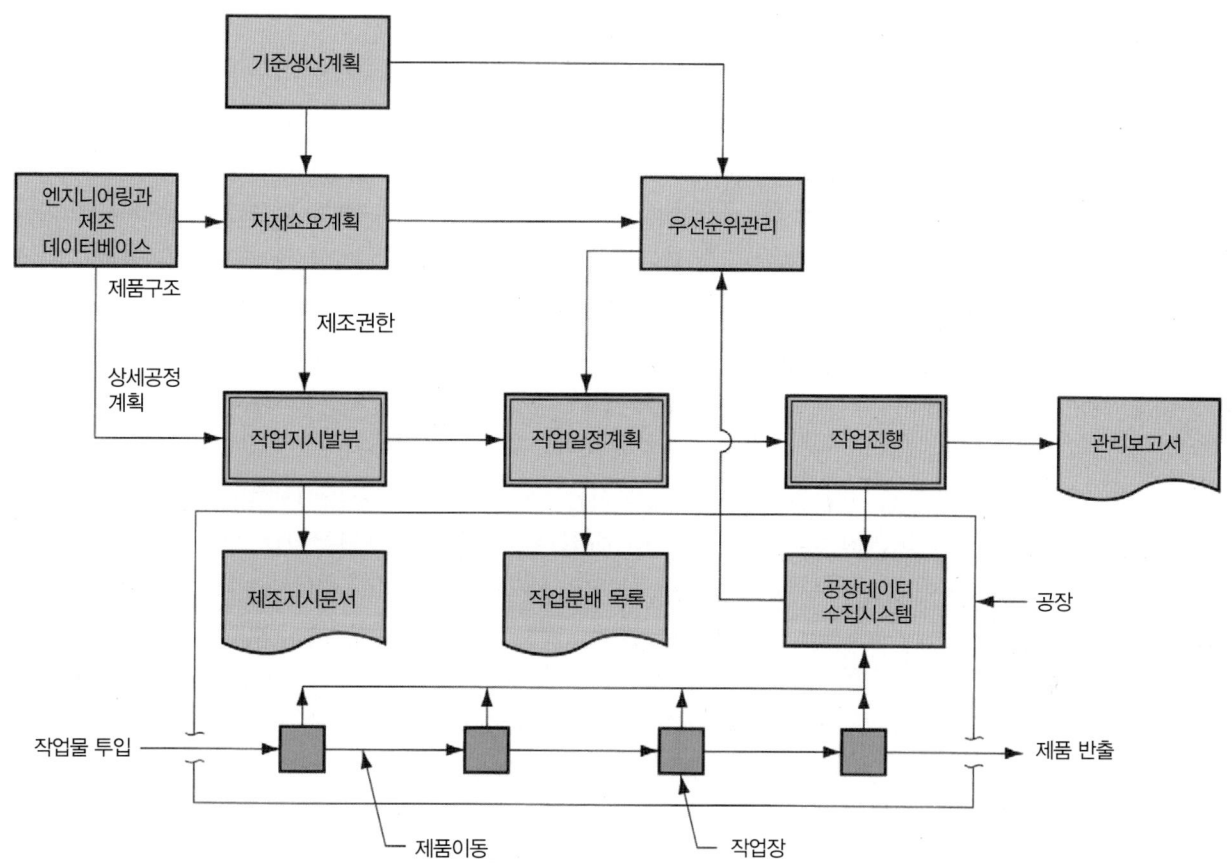

그림 38.6 제조현장관리의 세 모듈과 생산계획 및 관리기능들과의 관계.

서는 거의 불필요하게 되었다.

작업지시발부는 그림 38.6과 같이 두 개의 주요한 입력을 기초로 하여 수행된다. (1) 제조 권한을 담고 있는 자재소요계획, (2) 작업지시가 현장을 거치는 동안 동반하는 각종 문서들을 작성하는 데 필요한 제품구조와 상세공정계획을 담고 있는 엔지니어링 데이터베이스와 제조 데이터베이스.

작업일정계획

작업일정계획(order scheduling)은 공장 내의 여러 기계로 제조지시를 할당한다. 즉 생산계획과 관리에서 작업을 할당하는 역할을 수행한다. 일정계획에서는 어떤 작업지시가 어떤 기계에서 수행되어야 하는지 가리키는 작업분배목록이 작성된다. 또한, 각 작업들의 상대적인 우선순위를 제공한다(예를 들어 각 작업별로 종료일을 표시). 작업분배목록은 작업 부서의 직장이 기준생산계획을 달성할 수 있도록 작업을 지시하고 자원을 할당하는 일을 도와준다.

작업일정계획은 생산계획 및 관리에서 기계 로딩과 작업순서계획의 두 가지 문제를 다룬다. 작업 일정계획을 위해서 공장 내의 여러 기계로 주어진 작업지시들을 할당해야 하는데 이를 **기계부하**(machine loading)라고 한다. 공장 내의 모든 기계에 작업을 할당하는 것을 **공장 부하**(shop loading)라고 한다. 일반적으로 지시된 작업의 수가 기계의 수보다 많기 때문에 각 기계에는 작업을 기다리는 대기열이 있게 된다. 어떤 생산기계는 10에서 20개의 대기 작업들을 가질 수도 있다.

작업순서계획(job sequencing)은 해당 기계에서 어떤 순서로 작업을 수행할 것인지를 결정하는 문제이다. 작업순서는 대기 작업들 간의 상대적 우선순위에 의해서 정해진다. 상대적 우선순위는 **우**

선순위관리(priority control)라고 부르는 기능에 의해 결정된다. 공장에서 생산지시에 대한 우선순의를 결정하기 위해서 다음과 같은 몇 가지 규칙들이 사용된다. (1) **선착순**(first-come-first-serve) — 기계에 도착한 순서대로 작업이 수행된다, (2) **납기우선**(earliest due date) — 납기가 촉박한 작업 순으로 우선순위를 부여한다, (3) **최소작업시간**(shortest processing time) — 해당 기계에서 공정시간이 짧은 작업 순으로 우선순위를 부여한다, (4) **최소여유시간**(least slack time) — 여유시간이 적은 작업 순으로 우선순위를 부여한다(여유시간이란 납기까지의 잔여시간과 잔여공정시간의 차이이다), (5) **긴급성비율**(critical ratio) — 긴급성비율이 낮은 작업 순으로 우선순위를 부여한다(긴급성비율이란 납기까지 잔여시간을 잔여공정시간으로 나눈 비율 값이다).

작업의 상대적인 우선순위는 시간에 따라 변할 수 있다. 그 이유로는 제품 예상수요 변동, 설비고장 발생, 주문 취소, 원자재 결함이나 그 외의 다른 여러 가지가 있을 수 있다. 우선순위관리 기능은 제조지시의 상대적 우선순위를 검토하며, 작업분배목록을 적절하게 조정한다. 한 기계에서 작업이 완료되면 공정절차서상의 다음 작업으로 이동한다. 이 작업은 다음 기계에 대한 기계로딩의 일부가 되고, 그 기계에서 수행되는 작업들의 작업순서를 결정하기 위해서 우선순위관리가 다시 사용된다.

작업진행

제조현장관리에서 작업진행 모듈은 각 작업들의 상태, 재공품, 그리고 생산현황과 성과를 나타내는 기타 파라미터들을 모니터하는 일을 수행한다. 즉 작업진행(order progress)의 목표는 공장에서 수집된 데이터에 기초하여 공장을 관리하는 데 필요한 정보를 제공하는 것이다.

공장으로부터 데이터를 수집하기 위해서 다양한 기술들이 사용된다. 이 기술들은 작업자들이 수기로 종이문서를 작성하고 나중에 취합하는 방법으로부터, 작업자의 개입이 없는 완전 자동화된 방법까지 매우 다양하다. 가끔 이러한 기술들을 **공장데이터수집시스템**(factory data collection system)이라고 부른다. 보다 자세한 내용은 참고문헌 [3]에서 다루고 있다.

관리자에게 보고되는 정보는 다음과 같은 보고서의 형태로 요약하여 작성한다. (1) **작업상황보고서**(work order status reports), 이것은 각 작업의 현 상황을 보여주는데, 여기에는 각 작업이 현재 위치하고 있는 기계, 각 작업을 완료하기 위해 남은 공정시간, 작업의 정시 여부, 우선순위 수준 등이 포함된다. (2) **진행보고서**(progress reports), 주 혹은 월 단위의 일정한 기간 동안의 현장성과를 보여주는데, 여기에는 그 기간 동안 완료작업의 수, 미완료작업 수 등을 포함한다. (3) **이상보고서**(exception reports)는 작업지연 등과 같이 생산계획에서 벗어난 이상 사항에 대한 정보를 포함한다. 이러한 보고서들은 자원을 할당하는 문제에 대한 결정, 초과근무 허가 여부 결정, 또한 기준생산계획을 달성하는 데 장애가 되는 문제들을 찾아내는 데 도움이 된다.

참고문헌

[1] Bedworth, D. D., and Bailey, J. E. *Integrated Production Control Systems,* 2nd ed. John Wiley & Sons, New York, 1987.

[2] Chase, R. B., and Aquilano, N. J., et al. *Production and Operations Management,* 10th ed. McGraw-Hill-Irwin, Boston, 2001.

[3] Groover, M. P. *Automation, Production Systems, and Computer Integrated Manufacturing,* 3rd ed. Pearson Prentice-Hall, Upper Saddle River, New Jersey, 2008.

[4] Monden, Y. *Toyota Production System,* 3rd ed. Engineering and Management Press, Norcross, Georgia, 1998.

[5] Orlicky, J. *Material Requirements Planning.* McGraw-Hill, New York, 1975.
[6] Silver, E. A., Pyke, D. F., and Peterson, R. *Inventory Management and Production Planning and Control,* 3rd ed. John Wiley & Sons, New York, 1998.
[7] Veilleux, R. F., and Petro, L. W. (eds.). *Tool and Manufacturing Engineers Handbook,* 4th ed.,

Vol. V, *Manufacturing Management.* Society of Manufacturing Engineers, Dearborn, Michigan, 1988.
[8] Vollman, T. E., Berry, W. L., Whybark, D. C., and Jacobs, F. R. *Manufacturing Planning and Control Systems for Supply Chain Management,* 5th ed. McGraw-Hill, New York, 2005.

복습문제

38.1 비축생산(make-to-stock production)은 무엇을 의미하는가?

38.2 총괄생산계획과 기준생산계획의 차이는 무엇인가?

38.3 기준생산계획에 나열되는 제품분류는 어떤 것이 있는가?

38.4 독립수요와 종속수요의 차이점은 무엇인가?

38.5 재발주점 재고시스템의 정의는 무엇인가?

38.6 자재소요계획에서 공용품목이란 무엇인가?

38.7 자재소요계획 시스템에 대한 입력에는 어떤 것이 있는가?

38.8 단기적으로 공장의 생산능력을 증가시키기 위한 자원 조정방법은 무엇인가?

38.9 적시생산의 주요 목표는 무엇인가?

38.10 생산관리 및 재고관리에서 풀 시스템과 푸시 시스템은 어떻게 구별되는가?

38.11 제조현장관리의 세 가지 단계는 무엇인가?

객관식문제(15개의 답)

38.1 생산계획 및 관리시스템의 전체적인 기능을 가장 잘 표현한 것은 다음 중 어느 것인가? (a) 재고관리, (b) 제조를 위한 조달, (c) 제조엔지니어링, (d) 대량생산, (e) 제품설계.

38.2 다음 중 일반적으로 기준생산계획에 포함되는 세 가지의 아이템 유형은? (a) 최종 제품을 만들기 위한 부품들, (b) 고객들의 고정적인 주문, (c) 일반 생산라인, (d) 유지보수 및 여유 부품에 대한 주문, (e) 예상 판매량, (f) 스페어타이어.

38.3 다음 중 재고유지비용에 포함되는 것은 무엇인가? (두 개의 정답) (a) 설비고장 시간, (b) 이자, (e) 생산, (d) 셋업, (e) 손상, (f) 재고소진, (g) 보관.

38.4 다음 중 경제적 주문량 식에서 사용되는 세 개의 용어는? (a) 연간 수요량, (b) 배치 크기, (c) 개당원가, (d) 유지비용, (e) 이자율, (f) 셋업비용.

38.5 발주점 재고 시스템은 다음 중 무엇을 위한 것인가? (두 개의 정답) (a) 종속수요 품목, (b) 독립수요 품목, (c) 소량생산, (d) 대량생산, (e) 중량생산.

38.6 다음의 제조자원들 중 생산능력계획과 관련이 있는 것은 무엇인가? (두 개의 정답) (a) 부품, (b) 직접 노동, (c) 재고 저장 공간, (d) 생산설비, (e) 원자재.

38.7 다음 중 간판이라는 용어와 가장 밀접한 관계가 있는 것은 무엇인가? (a) 생산능력계획, (b) 경제적 주문량, (c) JIT 생산, (d) 기준생산계획, (e) 자재소요계획.

38.8 다음 중 기계로딩과 가장 관계가 깊은 것은 무엇인가? (a) 기계에 대한 작업 할당, (b) 공장의 바닥기초, (c) 공장의 재공품 관리, (d) 작업지시발부, (e) 어떤 기계에 대한 작업순서계획.

연습문제

재고관리

38.1 비축을 위한 제품 생산을 한다. 연간 수요량은 86,000개다. 각 부품의 단가는 $9.50이고, 연간 유지비용률은 22%다. 이 제품을 생산하기 위한 셋업비용은 $800이다. (a) 경제적 주문량, (b) 총재고비용을 계산하여라.

38.2 어떤 제품의 연간 수요량이 20,000개이고, 개당 단가는 $6이다. 유지비용율은 2.5%/월, 제품 간 셋업시간은 평균 2시간이고, 교환에 소요되는 비용은 $200/시간이다. (a) 경제적 주문량, (b) 총재고비용을 계산하여라.

38.3 어떤 제품이 배치로 생산된다. 배치 크기는 2,000개, 연간 수요량은 50,000개이며, 단가는 $4이다. 배치를 생산하기 위한 셋업시간은 2.5시간, 기계의 정지비용은 $250/시간이고, 연간 유지비용율은 30%이다. 만약 경제적 주문량으로 생산한다면 연간 비용절감은 얼마인가?

38.4 제품의 조립을 위해서 부품을 주문해서 비축해야 한다. 제품에 대한 수요는 연간 7,800개로 일정하게 유지된다. 발주비용은 $95이다. 부품당 원가는 $56이고 유지비용율은 22%이다. 품목을 발주하면 2주 후에 입고된다. 다음의 값을 결정하여라. (a) 경제적 주문량. (b) 재발주점. (c) 부품은 100개 단위로 미리 포장되어 있다. 따라서 공급자는 100개 단위로 공급하면 포장을 풀고 다시 포장하는 시간을 절약할 수 있다. 공급자는 100개 단위로 구매하면 개당 $1을 할인해 주겠다는 제안을 하였다. 이 제안을 받아들이면 얼마가(실제 절약된다면) 절약되는가?

38.5 조립제품에 필요한 다양한 부품을 생산하기 위해 생산설비가 사용된다. 재공품을 적게 유지하기 위해서 배치 크기는 150개로 결정하였다. 각 제품의 연간 수요량은 2,500개이고, 생산중지 비용은 $200/시간이다. 설비에서 만들어지는 부품들은 거의 $9의 동일한 비용이 소요된다. 유지비용율은 30%/년이다. 경제적 생산량이 150개가 되려면 배치와 배치 사이의 셋업시간은 몇 분이어야 하는가?

38.6 현재 어떤 기계의 셋업시간이 세 시간이다. 기계정지로 인한 비용은 $200/시간으로 예상된다. 설비에서 만들어지는 부품의 연간 유지비용, C_h는 $1이다. 연간 수요량은 15,000개이다. (a) EOQ, (b) 총 재고비용, 그리고 셋업시간이 6분으로 줄었을 때의 (c) EOQ, (d) 총 재고비용을 구하여라.

38.7 저가 제품에 대하여 두 용기(two-bin)를 이용하여 재고관리를 한다. 각 용기는 1,200개씩을 저장할 수 있으며, 부품의 연간사용량은 40,000개다. 부품의 발주비용은 $70이다. (a) 이 데이터에서 개당 재고유지비용은 얼마인가? (b) 만약 재고유지비용이 개당 7센트라면, 발주단위가 몇 개가 되어야 하는가? (c) 두 용기 방법에 소요되는 연간 총 재고비용은 경제적 주문량과 비교해서 얼마나 더 소요되는가?

자재소요계획

38.8 제품 P1의 부품 C2의 소요량계획을 하려고 한다. P1에 대한 납품 계획이 표 38.1에 표시되어 있다. 발주, 제조, 그리고 조립 리드타임은 다음과 같다. P1과 C2의 리드타임은 1주, S1과 M2의 리드타임은 2주이다. 그림 38.4의 제품구조에 의거하여 P1의 기준생산계획을 맞추기 위한 M2, C2, S1의 기간별 소요량을 구하여라. 공용부품은 없고 보유재고와 예정입고량은 없는 것으로 가정한다. 계산을 위해서 표 38.2와 유사한 형식을 사용하고 스프레드시트 프로그램을 만들어라. 기간 10(주) 이후의 수요는 무시한다.

38.9 제품 P1의 부품 C5의 소요량계획을 하려고 한다. P1에 대한 납품 계획이 표 38.1에 표시되어 있다. 발주, 제조, 그리고 조립 리드타임은 다음과 같다. P1과 S2의 리드타임은 1주, C5의 리드타임은 3주, M5의 리드타임은 2주이다. 그림 38.4의 제품구조에 의거하여 P1의 기준생산계획을 맞추기 위한 M5, C5, S2의 기간별 소요량을 구하여라. 공용부품은 없다고 가정한다. M5의 재고는 200개, C5의 재고는 100개이고 S2의 재고는 없다. 계산을 위해서 표 38.2와 유사한 형식을 사용하고 스프레드시트 프로그램을 만들어라. 기간 10(주)

이후의 수요는 무시한다.

38.10 나머지 데이터는 동일하고, M5의 예정입고량이 셋째 주에 250개, 넷째 주에 50개일 때 위의 문제를 풀어라.

작업일정계획

38.11 네 개의 제품이 부서 A에서 생산되며, 이 제품들의 수요를 만족시키기 위해서 어떤 주에 부서의 자원을 어떻게 할당할지를 결정해야 한다. 제품 1에 대해서는 주당 수요가 750개, 셋업시간은 6시간, 공정시간은 4분, 제품 2에 대해서는 주당 수요가 900개, 셋업시간은 5시간, 공정시간은 3분, 제품 3에 대해서는 주당 수요가 400개, 셋업시간은 7시간, 공정시간은 2분, 제품 4에 대해서는 주당 수요가 400개, 셋업시간은 6시간, 공정시간은 3분이다. 공장에서 보통 작업은 1교대(7시간 작업)로 이루어지며, 1주일에 5일간 일하고, 부서에는 현재 3대의 기계가 있다. 주간 수요를 만족시키기 위한 일정계획을 작성할 방법을 제안하여라.

38.12 위 문제에서 세 대가 아닌 네 대의 기계가 있는 경우 주간 수요를 만족시키기 위한 일정계획을 작성할 방법을 제안하여라.

38.13 어떤 생산달력에서 오늘이 14일째 생산일자이다. 어떤 기계에서 세 개의 작업(A, B, C)이 처리되어야 하는데, 작업지시는 A-B-C의 순으로 들어왔다. 주문 A에 대해서는 잔여공정시간이 8일, 납기일은 생산달력의 24일, 주문 B에 대해서는 잔여공정시간이 14일, 납기일은 생산달력의 33일, 주문 C에 대해서는 잔여공정시간이 6일, 납기일은 생산달력의 26일이다. 제시되는 각각의 규칙에 따라 작업순서를 결정하여라. (a) 선착순, (b) 납기우선, (c) 최소작업시간, (d) 최소여유시간, (e) 긴급성비율.

38.14 어떤 기계에서 수행할 다섯 개의 작업에 대해서 일정계획을 세워야 한다. 주문 A에 대해서는 잔여공정시간이 5일, 납기일은 8일, 주문 B에 대해서는 잔여공정시간이 7일, 납기일은 16일, 주문 C에 대해서는 잔여공정시간이 11일, 납기일은 22일, 주문 D에 대해서는 잔여공정시간이 9일, 납기일은 31일, 주문 E에 대해서는 잔여공정시간이 10일, 납기일은 26일이다. 제시되는 각각의 규칙에 따라 작업순서를 결정하여라. (a) 최소작업시간, (b) 납기우선, (c) 긴급성비율, (d) 최소여유시간.

Chapter **39**

품질관리와 검사

39.1 제품품질

39.2 공정능력과 공차

39.3 통계적 공정관리
  39.3.1 계량형 관리도
  39.3.2 계수형 관리도
  39.3.3 관리도의 해석

39.4 제조업에서의 품질 프로그램
  39.4.1 전사적 품질경영
  39.4.2 식스시그마
  39.4.3 다구치 방법
  39.4.4 ISO 9000

39.5 검사의 원리
  39.5.1 수동 및 자동 검사
  39.5.2 접촉식 및 비접촉식 검사

39.6 최신 검사 기술
  39.6.1 삼차원 측정기
  39.6.2 레이저를 이용한 측정
  39.6.3 머신비전
  39.6.4 기타 비접촉식 검사기술

전통적으로 **품질관리**(quality control, QC)는 제품의 결함을 찾아내고 이를 제거하기 위해 적절한 조치를 취하는 것으로 생각되어 왔다. 품질관리는 제품이나 부품을 검사하여 치수 또는 특징들이 설계 규격과 부합하는지를 판별하는 업무로 제한되어 왔다. 부합되는 경우 그 제품은 출고된다. 품질관리의 현대적 정의는 통계적 공정관리와 식스시스마를 비롯한 다양한 품질 프로그램 및 삼차원 측정기와 머신 비전과 같은 최신의 검사기술을 비롯하여 더 넓은 범위의 활동들을 포함한다. 이 장에서는 이러한 주제와 그 외 최신 제조기술과 연관되는 검사관련 주제에 대해서 다룬다. 품질관리에 대한 정의부터 살펴보도록 하자.

▌39.1 제품품질

사전에서는 품질을 '어떤 사물이 갖고 있는 우수성의 정도' 또는 '어떤 사물이 되도록 만들어주는 특성, 즉 특징적 요소와 속성' 으로 정의하고 있다. 미국품질관리학회(American Society for Quality Control, ASQC)는 품질을 '주어진 요구를 충족하기 위한 능력과 관련하여 제품이나 서비스가 보유하는 특징과 특성의 총체' 로 정의하고 있다 [2].

제조되는 제품에서 품질은 (1) 제품특성과 (2) 무결함의 두 가지 측면을 가지고 있다 [4]. **제품특성**(product feature)은 설계의 결과로 나타나는데, 고객의 흥미를 끌고 고객을 만족시키는 기능적이고 심미적인 특성이다. 자동차의 경우 차의 크기, 스타일, 차체의 마무리, 연비, 신뢰성, 제조사의 평판 등을 포함한다. 고객이 선택할 수 있는 옵션 사항들도 여기에 포함된다. 보통 제품특성들이 합쳐져서 제품의 **등급**(grade)이 결정되며, 등급은 그 제품이 목표로 하는 시장에서의 수준과 연관성이 있다. 자동차(그리고 대부분의 다른 제품들)에는 여러 등급이 있는데, 어떤 고객들은 단지 운송 기능만을 원하기 때문에 운송 기능만을 갖춘 자동차가 있고, 어떤 고객은 더 '좋은 제품'을 소유하기 위해 기꺼이 비용을 지불하므로 이들을 위한 고급 자동차도 있다. 제품특성은 설계단계에서 결정되며 특성에 따라 제품의 내재적 원가가 어느 정도 결정된다. 뛰어난 특성을 가질수록, 또 그 종류가 많을수록 가격도 높아진다.

무결함(freedom from deficiencies)은 제품이 설계특성 범위 내에서 제 기능을 수행한다는 뜻이다. 즉 결함이 없고 공차를 벗어나지 않으며 결손 부품이 없다는 뜻이다. 품질의 이러한 측면은 제품 자체뿐 아니라 부품 및 조립체에도 적용된다. 결함이 없다는 것은 설계명세서에 부합되게 제조되었다는 것이다. 제품의 내재적 원가는 설계에 의해 결정되지만, 설계 범위 내에서 제품의 원가를 최소로 낮추려면 제조과정에서 결함을 없애고, 공차의 이탈 및 다른 오류를 피해야 한다. 이러한 결함으로 발생하는 비용에는 폐기되는 부품, 폐기를 고려해서 증가된 로트크기, 재작업, 재검사, 분류, 고객 불만과 반품, 보증비용과 고객공제, 판매 손실, 시장에서의 이미지 상실 등이 포함된다.

요약하면 제품특성은 설계부서에 책임이 있는 품질 측면이며, 기업이 제품에 대해서 정할 수 있는 가격을 어느 정도 결정한다. 무결함은 제조부서에 책임이 있는 품질 측면으로, 결함을 최소화하는 능력은 제품 원가에 상당한 영향을 미친다. 이런 일반화는 실제 일어나는 일을 지나치게 단순화하는 것인데, 왜냐하면 높은 품질에 대한 책임은 조직에서 설계와 제조 부서 이외의 다른 부서에도 광범위하게 퍼져있기 때문이다.

39.2 공정능력과 공차

모든 제조 공정에서 공정 산출물에는 변동성이 존재한다. 가장 정밀한 공정 중 하나인 절삭공정을 거친 부품들은 겉으로는 동일해 보여도 정밀한 측정을 하면 치수에 서로 차이가 있는 것을 알 수 있다. 제조공정에서의 변동성은 우연변동과 이상변동의 두 가지로 나눌 수 있다.

우연변동(random variation)은 각 작업 사이클 내에서 인간 고유의 변동성, 원자재의 차이, 기계의 진동 등의 많은 요인들로 인해 발생한다. 이러한 요인들은 개별적으로는 큰 영향이 없으나, 오류들이 모이게 되면 심각한 문제를 가져올 수 있다. 이러한 요인들 각각은 큰 문제가 되지 않을 수 있으나, 오차들이 합해지면 모든 오차들이 부품의 공차 내에 있는 경우를 제외하고는 문제를 일으키기에 충분하게 심각해진다. 우연변동은 일반적으로 정규분포를 따르는 경향이 있다. 즉 공정의 결과값이 평균 근처에 모이는 경향이 있는데, 이 값은 부품 길이나 직경 같은 제품의 품질 특성치이다. 결과의 대부분이 평균값에 집중되고, 일부만 평균에서 떨어지게 된다. 공정 변동에 이런 유형만 존재할 때, 공정은 **통계적 관리**(statistical control) 상태에 있다고 말한다. 이런 유형의 변동은 공정이 정상적으로 수행되는 한 지속된다. 두 번째 종류의 변동성이 나타나면 이러한 정상 운영 조건에서 벗어나게 된다.

이상변동(assignable variation)은 정상조건에서 벗어난, 우연변동으로 설명되지 않는 어떤 상황이 발생한 경우를 의미한다. 작업자의 실수, 불량 원자재, 공구파손, 장비고장 등이 원인이 될 수 있다. 이상변동은 정규분포에서 벗어나는 결과물이 나타날 때 알 수 있고, 이때는 공정이 통계적 관리 상태 밖에 있게 된다.

공정능력(process capability)은 공정이 통계적 관리 상태에 있을 때 내재하는 산출물의 변동과 관계되는 것으로서, 결과치의 평균을 기준으로 표준편차의 ±3배 (총 6배)의 범위와 같다.

$$PC = \mu \pm 3\sigma \qquad (39.1)$$

여기서 PC는 공정능력, μ는 공정평균인데 양쪽공차(bilateral tolerancing, 5.1.1절)로 표시되는 제품 특성치의 공칭값(nominal value)으로 설정된 것이고, σ는 공정의 표준편차이다. 여기에 들어가는 가정은 (1) 공장이 정상상태에서 수행되고 통계적 관리 상태에 있으며 (2) 공정결과는 정규분포를 따른다는 것이다. 이러한 가정 하에서 부품의 99.73%가 평균을 기준으로 ±3.0σ 안에 분포한다.

주어진 제조 공정의 공정능력을 항상 알 수 있는 것은 아니므로, 이것을 알기 위해서는 실험이 필요하다. 공정의 샘플링을 기초로 자연공차한계(natural tolerance limit)를 추정할 수 있는 방법들이 있다.

공차와 관련된 문제는 제품품질에 큰 영향을 준다. 설계자는 부품과 조립체의 크기 변동이 기능과 성능에 어떤 영향을 주는가에 대한 판단 하에 치수 공차를 부여한다. 통상적으로 공차가 작을수록 좋은 성능을 보인다. 공정능력에 비해 너무 엄격하게 부여된 공차로 인한 비용 상승에는 관심을 적게 기울인다. 공차가 작아질수록 공차를 만족시키기 위한 비용은 급격하게 늘어나는데, 그 이유는 그 공차를 만족하기 위해서는 추가 공정이 필요할 수 있고, 더욱 정밀하고 비싼 기계들이 필요할 수도 있기 때문이다. 설계자는 이러한 관계를 반드시 인식해야 한다. 일차적으로는 주어진 기능을 고려하여 공차를 부여하지만, 비용도 고려해야 하며, 제품의 기능을 희생하지 않으면서 더 큰 공차를 선호하는 제조부서의 입장 역시 고려해야 한다.

설계공차는 공정능력과 부합되어야 한다. 만약 공정능력이 ±0.025 mm보다 크다면, 치수의 공차를 ±0.025 mm로 정하는 것은 아무런 의미가 없다. 설계 기능에 문제가 없다면 공차를 더욱 크게 잡거나 다른 제조공정을 선택해야 한다. 이상적으로 공차는 공정능력보다 커야만 한다. 만일 요구되는 기능과 사용가능한 공정 때문에 이를 지키지 못하면, 모든 공정 단위를 대상으로 하여 공차 범위 안의 부품만 분리해내는 분류 공정을 추가해야 한다.

설계공차가 식 (39.1)에서 정의된 공정능력과 동일하게 설정된 경우, 이 범위의 상하한선을 **자연공차한계**(natural tolerance limits)라고 한다. 설계공차가 자연공차한계에 맞춰져 있다면, 99.73%의 부품이 공차범위 안에 있고, 0.27%가 범위를 벗어나게 된다. 공차범위를 증가시키면 결함부품의 비율이 낮아진다.

제품설계자가 자연공차한계를 공차로 사용하는 일은 드물다. 공차는 요구되는 기능과 성능을 달성할 수 있는 허용 변동치에 의해 결정된다. 공정능력에 대한 공차의 상대적인 비를 **공정능력지수**(process capability index)라고 한다.

$$PCI = \frac{T}{6\sigma} \qquad (39.2)$$

여기서 PCI는 공정능력지수, T는 공차범위, 즉 공차범위 상한과 하한의 차이, 그리고 6σ는 자연공차한계이다. 이 정의에서는 공정 평균이 공칭설계규격과 동일하게 설정되어 식 (39.2)의 분자와 분모가 동일한 값을 기준으로 한다는 가정을 하고 있다.

표 39.1은 불량률(공차 밖의 부품 비율)이 표준편차의 배수에 따라 어떻게 변하는지를 보여준다. 매

표 39.1 표준편차의 배수로 정의되는 공차에 따른 불량률(공정이 통계적 관리 상태인 경우).

표준편차의 배수	공정능력지수	불량률, %	백만 개당 불량품수
±1.0	0.333	31.74%	317,400
±2.0	0.667	4.56%	45,600
±3.0	1.00	0.27%	2,700
±4.0	1.333	0.0063%	63
±5.0	1.667	0.000057%	0.57
±6.0	2.00	0.0000002%	0.002

우 낮은 불량률을 달성하기 위한 욕구 때문에 결국 공정관리에서 잘 알려진 '식스시그마(six sigma)'라는 개념이 발생하게 되었다. 식스시그마 한계를 달성한다는 것은 공정이 통계적 관리에 있다는 가정 하에 제품의 결함을 거의 제거하는 것을 의미한다. 나중에 살펴보겠지만 식스시그마 프로그램은 실제로 그 이름에 부응하지는 않는다. 그 주제를 다루기 전에 많이 쓰이는 공정관리 기술인 통계적 공정관리에 대해서 먼저 살펴본다.

39.3 통계적 공정관리

통계적 공정관리(statistical process control, SPC)에서는 공정에서의 변동들을 평가하고 분석하는 다양한 통계적 방법들을 사용한다. SPC 방법에는 단순히 생산데이터, 히스토그램, 공정능력 분석, 관리도 등을 기록하는 것이 포함되는데, 관리도는 SPC에서 가장 널리 사용되는 방법으로서 본 절에서 자세히 다룬다.

관리도에서 중요한 원칙은 어떤 공정에서의 변동도 다음과 같은 두 가지로 분류할 수 있다는 것이다(39.2절). (1) 공정이 통계적으로 관리될 때 유일하게 존재하는 우연변동과 (2) 통계적 관리로부터 벗어났음을 의미하는 이상변동이 그 것이다. 관리도의 목적은 공정이 통계적 관리 밖으로 나갔을 때를 알아내어 교정을 위한 신호를 보내는 것이다.

관리도(control chart)란 어떤 공정 특성의 측정값으로부터 계산된 통계치를 시간에 따라 그래프에 표시하여 공정이 통계적 관리 상태에 있는지 여부를 판단하는 기법이다. 관리도의 일반적인 형태는 그림 39.1과 같으며, 시간경과에 따라 일정한 세 개의 수평선(중심선, 관리상한선, 관리하한선)이

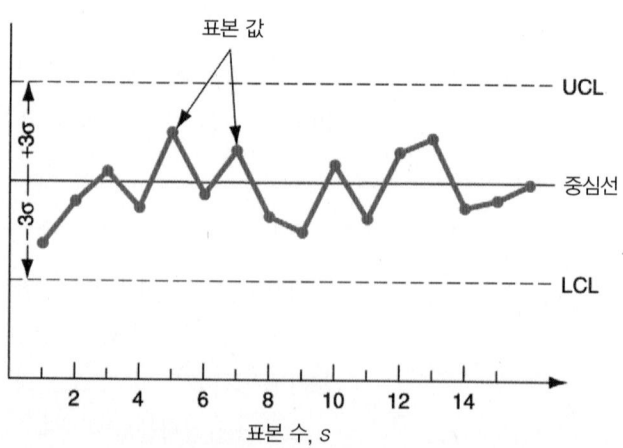

그림 39.1 관리도.

표시된다. 중심선은 일반적으로 목표 설계치(명목치)로 설정하고, 관리상한선(upper control limit, UCL)과 관리하한선(lower control limit, LCL)은 $\pm 3\sigma$로 설정한다.

공정이 통계적 관리 상태에 있을 때는 공정에서 우연하게 추출한 표본이 관리상한선이나 관리하한선 밖으로 거의 나가지 않을 것이다. 따라서 만일 어떤 표본값이 이 한계 밖으로 나갈 때는 공정에 문제가 생긴 것으로 판단할 수 있다. 이런 경우 그 원인을 조사하여 문제를 해결하기 위한 조치를 취해야 한다. 비슷한 이유로 공정이 통계적 관리 상태에 있고, 데이터가 바람직하지 않은 경향을 보인다는 증거가 없다면 조정의 필요가 없다. 필요 없는 조정은 이상변동을 발생시키기 때문이다. 관리도에서는 '고장 나지 않았으면 고치지 않는다.' 라는 철학이 적용된다.

관리도에는 두 가지 기본 유형이 있는데, 계량형(variables) 관리도와 계수형(attributes) 관리도가 그것이다. 계량형관리도에서는 관심대상인 품질 특성치의 측정이 필요하고, 계수형관리도에서는 단순히 부품의 불량여부와 표본 내의 불량품수 등을 필요로 한다.

39.3.1 계량형 관리도

통계적 관리를 벗어난 공정은 공정의 평균값 혹은 공정의 변동성, 또는 두 가지 모두에 상당한 변화를 초래함으로써 알 수 있다. 이러한 두 가지 가능성에 해당되는 관리도로 $\bar{x}$ 관리도와 R 관리도의 두 가지 변량관리도가 사용된다. $\bar{x}$ **관리도**는 제조공정에서 주기적으로 취해진 표본들에 대한 특정 품질 특성 측정값의 평균을 나타내는 것이다. 이는 공정의 평균이 시간에 따라 어떻게 변하는지를 보여준다. R **관리도**는 각 표본의 범위를 플롯하여, 공정의 변동성을 모니터링하고 그것이 시간에 따라 변화하는지 여부를 확인하게 해준다.

$\bar{x}$ 관리도와 R 관리도 상에서 추적할 변수로 공정의 적절한 품질특성이 선택되어야 한다. 기계 공정에서는 축의 직경 또는 다른 주요 치수들이다. 이러한 두 관리도를 그리기 위해서는 공정에 대한 측정값 자체가 사용되어야 한다.

공정이 원활하게 수행되고 이상변동이 없는 경우, 작은 샘플 크기(표본당 $n = 4, 5$ 또는 6개)로 연속적으로 표본(적어도 $m = 20$회 이상이 권장됨)을 수집하고, 각 부품에 대한 특성치를 측정한다. 각 관리도의 중심선, 관리상한선(UCL), 관리하한선(LCL)을 구성하기 위해서 다음과 같은 절차가 사용된다.

1. m개의 각 표본에 대한 평균 $\bar{x}$와 범위 R을 계산한다.

2. 각 $\bar{x}$의 평균인 전체평균 $\bar{\bar{x}}$를 계산하면, 이것이 $\bar{x}$ 관리도의 중심선이 된다.

3. m개의 표본에 대한 R의 평균인 $\bar{R}$를 계산하면, 이것이 R 관리도의 중심선이 된다.

4. $\bar{x}$ 관리도와 R 관리도 각각에 대해 UCL과 LCL을 결정한다. 이 값들은 특별히 이러한 관리도를 위해 유도된 표 39.2의 통계적 인자를 기반으로 계산한다. 인수들의 값은 표본크기 n에 좌우된다.

$\bar{x}$ 관리도에 대하여

$$\text{LCL} = \bar{\bar{x}} - A_2\bar{R} \quad \text{그리고} \quad \text{UCL} = \bar{\bar{x}} + A_2\bar{R} \tag{39.3}$$

표 39.2 관리도와 R 관리도를 위한 상수.

| 표본크기 n | $\bar{x}$ 관리도 | R 관리도 | |
	A_2	D_3	D_4
3	1.023	0	2.574
4	0.729	0	2.282
5	0.577	0	2.114
6	0.483	0	2.004
7	0.419	0.076	1.924
8	0.373	0.136	1.864
9	0.337	0.184	1.816
10	0.308	0.223	1.777

R 관리도에 대하여

$$\text{LCL} = D_3\overline{R} \quad \text{그리고} \quad \text{UCL} = D_4\overline{R} \tag{39.4}$$

예제 39.1 $\bar{x}$ 관리도와 R 관리도

통계적 관리 상태에 있는 공정으로부터 크기 4($n = 4$)인 표본을 8번($m = 8$) 추출하여 부품의 치수를 측정하였다. $\bar{x}$ 관리도와 R 관리도를 작성하기 위한 중심선, 관리상한선, 관리하한선 값을 구하고자 한다. 8개의 표본에서 계산된 $\bar{x}$의 값(단위 cm)은 2.008, 1.998, 1.993, 2.002, 2.001, 1.995, 2.004, 1.999이다. 계산된 R 값(단위 cm)은 각각 0.027, 0.011, 0.017, 0.009, 0.014, 0.020, 0.024, 0.018이다.

풀이

위의 $\bar{x}$ 값과 R 값의 계산이 절차의 1단계이다. 2단계에서는 표본 평균의 전체 평균을 구한다.

$$\bar{\bar{x}} = (2.008 + 1.998 + \cdots + 1.999)/8 = 2.000$$

3단계에서 R의 평균값을 구하면,

$$\overline{R} = (0.027 + 0.011 + \cdots + 0.018)/8 = 0.0175$$

4단계에서 표 39.2의 상수를 이용하여 LCL과 UCL을 계산한다. 먼저 $\bar{x}$ 관리도를 위하여 식 (39.3)을 이용하면,

$$\text{LCL} = 2.000 - 0.729(0.0175) = 1.9872$$

$$\text{UCL} = 2.000 + 0.729(0.0175) = 2.0128$$

R 관리도에 대해서는 식 (39.4)를 이용한다.

$$\text{LCL} = 0(0.0175) = 0$$

$$\text{UCL} = 2.282(0.0175) = 0.0399$$

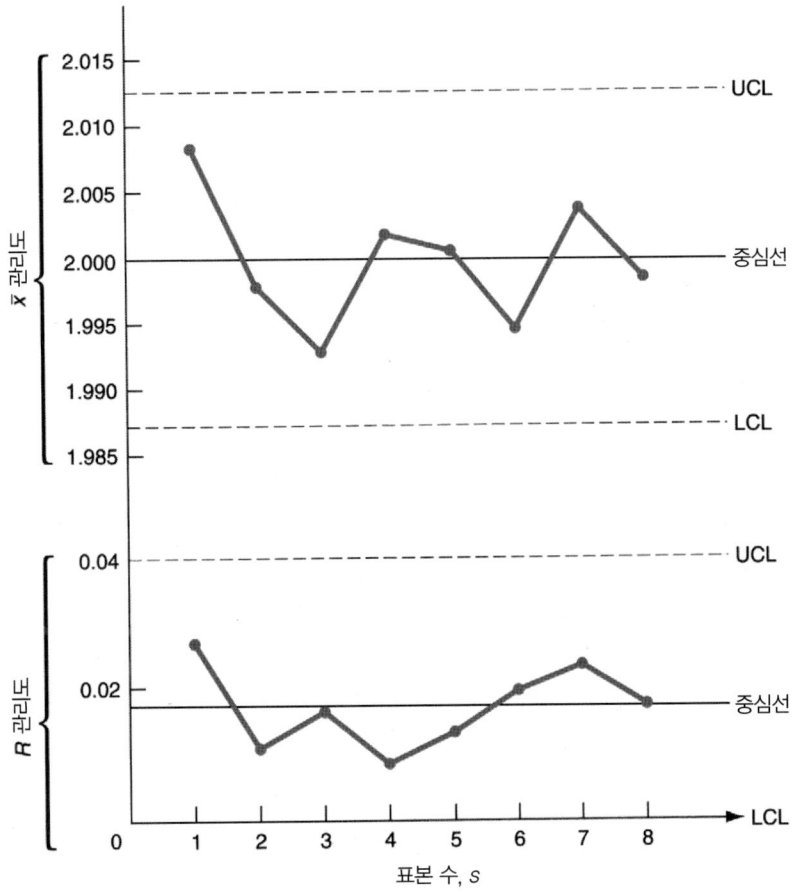

그림 39.2 예제 39.2의 관리도.

그림 39.2는 예제 데이터를 이용하여 관리도를 그린 결과이다.

39.3.2 계수형 관리도

계수형 관리도에서는 품질변량의 측정치를 사용하지 않으며, 통계적 그래프를 이용하여 표본의 불량 수나 불량률을 감시한다. 이런 종류의 속성의 예로는 자동차 한 대당 결함의 수, 추출된 샘플 내에서 이상 부품의 비율, 플라스틱 사출성형 부품에서 돌출 플래쉬(flash)의 유무, 금속박판의 롤당 결함 수 등이 있다. 계수형 관리도에는 두 가지의 기본 유형이 있는데 (1) 연속적인 표본에 대한 불량률을 표시하는 p 관리도와 (2) 표본당 불량, 결함 혹은 다른 부적합성의 수를 표시하는 c 관리도가 주로 사용된다.

p 관리도

p 관리도에서는 관심 품질특성이 부적합품 혹은 불량품의 비율(proportion, p)이다. 각 표본의 불량률 p_i는 표본 수 n에 대한 불량품 수 d_i의 비율이다(관리도를 그리고, 사용할 때 표본의 수가 동일하다고 가정한다).

$$p_i = \frac{d_i}{n} \tag{39.5}$$

여기서 i는 각 표본의 번호이다. 만약 충분한 수의 표본 p_i 값의 평균을 계산하면, 평균값 $\bar{p}$는 공정의 실제 p 값에 대한 합리적인 추정치가 된다. p 관리도는 이항분포(binomial distribution)를 따르며, p는 부적합품이 발생할 확률이다. p 관리도의 중심선은 공정이 통계적 관리 하에 있을 때 동일한 표본크기 n개의 m번의 표본추출에 대해서 계산한 $\bar{p}$값이다.

$$\bar{p} = \frac{\sum\limits_{i=1}^{m} p_i}{m} \tag{39.6}$$

관리 한계선은 중심선의 양방향에서 3로 계산된다. 즉,

$$\text{LCL} = \bar{p} - 3\sqrt{\frac{\bar{p}(1-\bar{p})}{n}} \quad \text{그리고} \quad \text{UCL} = \bar{p} + 3\sqrt{\frac{\bar{p}(1-\bar{p})}{n}} \tag{39.7}$$

이항분포에서 $\bar{p}$의 표준편차는 다음과 같다.

$$\sigma_p = \sqrt{\frac{\bar{p}(1-\bar{p})}{n}}$$

만약 $\bar{p}$가 비교적 작고, 표본크기 n이 작다면, 관리하한선은 첫 번째 식에 의해 음수가 나올 수도 있는데, 이 경우 LCL은 0으로 간주해야 한다(불량률은 0보다 작을 수 없다).

c 관리도

c 관리도(count의 c)에서는 표본의 불량수가 시간경과에 따라 기입된다. 예를 들어 자동차와 같은 단일 제품에서 c는 최종검사에서 발견된 불량의 수이다. 또는 카펫 공장에서 c는 절단 전 카펫의 단위길이에서 발견되는 결함의 수이다. c 관리도는 포아송 분포(Poisson distribution)에 기초하는데, 여기서 c 값은 정해진 표본공간 내에서 발생하는 이벤트의 수를 나타내는 파라미터이다. 실제 c 값의 가장 좋은 추정치는 공정이 통계적 관리 상태에 있는 동안 추출된 큰 표본의 평균값이다.

$$\bar{c} = \frac{\sum\limits_{i=1}^{m} c_i}{m} \tag{39.8}$$

$\bar{c}$ 값은 관리도의 중심선으로 사용된다. 포아송 분포에서 표준편차는 파라미터 c의 제곱근이 된다. 따라서 관리한계선은 다음과 같다.

$$\text{LCL} = \bar{c} - 3\sqrt{\bar{c}} \quad \text{그리고} \quad \text{UCL} = \bar{c} + 3\sqrt{\bar{c}} \tag{39.9}$$

39.3.3 관리도의 해석

제품 품질을 감시하기 위해 관리도를 사용할 때, 우선 우연표본 n개가 공정으로부터 추출된다. $\bar{x}$ 관리도와 R 관리도를 위해서 측정된 특성치의 $\bar{x}$와 R 값이 관리도에 표시되며, 그림에서처럼 편의상 점들은 연결되어 표시된다. 데이터를 해석하기 위해서 공정이 통계적 관리를 벗어난 징후를 찾는다. 가장 확실한 징후는 $\bar{x}$ 혹은 R이 (혹은 둘 다) LCL 혹은 UCL 밖으로 나갈 때이다. 이는 불량원자재, 신입 작업자, 파손된 공구 등과 같은 원인이 있음을 의미한다. 한계를 벗어나는 $\bar{x}$는 공정 평균이 이동한 것을 의미한다. 한계를 벗어나는 R은 공정의 변동성이 변화했다는 것을 의미한다. R이 증가하면 그 결과로 보통 변동성이 커진다. 표본값들이 $\pm 3\sigma$ 내에 분포하더라도, 다음과 같이 모호한 조건

들이 문제를 초래할 수도 있다. (1) 데이터에 어떤 경향과 주기적인 유형이 보인다. 이는 마모 혹은 시간의 함수로 발생하는 다른 요인을 의미한다. (2) 데이터의 평균값에 갑작스러운 변화가 있다. (3) 데이터가 상한 혹은 하한 근처에 일관되게 분포한다.

이와 같은 $\bar{x}$ 관리도와 R 관리도의 해석 방법은 p 관리도와 c 관리도에도 동일하게 적용될 수 있다.

39.4 제조업에서의 품질 프로그램

제조 부품과 제품의 품질을 감시하기 위해서 통계적 공정관리가 폭넓게 사용된다. 산업계에서는 그 외의 다른 종류의 품질관리 기법이 사용되기도 하는데 이 절에서는 그 중 네 가지를 간략히 소개한다. (1) 종합적 품질관리, (2) 식스시그마, (3) 다구치 방법, (4) ISO 9000이 그것이다. 이러한 프로그램은 통계적 품질관리(SPC)의 대안은 아니며, 종합적 품질관리와 식스시그마에서 사실 통계적 공정관리에서 사용하는 도구들이 포함된다.

39.4.1 전사적 품질경영

전사적 품질경영(total quality management, TQM)은 다음의 세 가지 목표를 추구하는 품질관리 기법이다. (1) 고객 만족도 달성, (2) 모든 작업자의 참여 권장, (3) 지속적인 개선.

고객과 고객만족은 전사적 품질경영의 중심이며 제품은 이를 염두에 두고 설계, 제조된다. 제품은 고객이 원하는 특성을 갖도록 설계되고 결함이 없도록 제조되어야 한다. 고객만족의 관점에는 (1) 외부고객, (2) 내부고객의 두 부류의 고객이 있다는 것을 인식해야 한다. 외부고객은 회사의 제품과 서비스를 구매하는 고객이다. 내부고객은 부품 제조부서의 고객인 최종조립부서와 같이 회사 내부에 있다. 전체 조직이 효과적이고 효율적이기 위해서는 이 두 가지 고객의 만족이 동시에 달성되어야 한다.

전사적 품질경영에서는 회사의 최고위 관리자로부터 그 아래 모든 레벨의 작업자에 이르기까지 품질관리에 참여한다. 제품설계는 제품의 품질에 매우 큰 영향을 미치며, 설계 과정에서의 의사결정이 제조에서 달성될 수 있는 품질에 영향을 미친다. 또한 부품이 이미 생산된 다음에 결함을 찾기 위해서 검사자에 의존하기보다는 생산 담당자가 자기가 생산한 부품의 품질에 책임을 진다. 통계적 공정관리 도구의 사용법 등을 포함하는 전사적 품질경영 훈련을 모든 작업자에게 실시한다. 조직의 모든 구성원들이 고품질을 추구하는 노력을 한다.

전사적 품질경영의 세 번째 목표는 지속적인 개선이다. 즉 제품이건 공정이건 항상 개선이 가능하다는 자세를 견지한다. 조직 내에서의 지속적인 개선은 생산에서 발견된 특정 문제를 해결하기 위해서 조직한 작업팀에 의해서 수행된다. 이는 품질 문제에만 국한되는 것이 아니라 생산성, 원가, 안전, 혹은 어떤 관심 분야도 포함될 수 있다. 팀원은 특정 문제의 분야에 대한 지식 보유 여부에 의해 선발된다. 팀원은 각종 부서에서 차출되어 문제를 해결하거나 의견을 제시할 수 있을 때까지 매달 수회 미팅을 가지는 등 파트타임으로 일한 다음 해체된다.

39.4.2 식스시그마

식스시그마(six sigma) 품질 프로그램은 1980년대에 모토롤라사(Motorola Corporation)에서 처음으로 개발되어 사용되었다. 그 후 미국의 많은 회사들에서 채택되었는데, 교재의 1.5절에서 제조기술의 경향 중 한 가지로 간략히 소개된 바 있다. 식스시그마는 관리자의 참여, 특정 문제를 해결하기 위한 작업팀, 관리도와 같은 통계적공정관리 도구의 사용을 강조한다는 점에서 종합적 품질관리와 상당히 유사하다. 가장 큰 차이는 식스시그마는 정규분포의 평균으로부터 멀어지는 표준편차(sigma, σ)의 배수에 기초한 품질의 정량적 목표를 가진다는 점이다. 식스시그마는 정규분포에서 공정이 거의 완벽함을 의미한다. 식스시그마 프로그램에서 6σ 수준으로 운영되는 공정에서는 고객만족도를 맞추지 못하는 결함이 백만 개당 3.4개보다 작다.

전사적 품질경영에서처럼 작업팀이 문제해결 프로젝트에 참여한다. 프로젝트에서는 식스시그마 팀이 (1) 문제를 정의하고, (2) 공정을 측정하여 현재의 성능을 평가하고, (3) 공정을 분석하며, (4) 개선 사항을 건의하고, (5) 개선안을 구현하고 유지하는 관리계획을 개발한다. 관리자의 임무는 운영상의 중요 문제점을 식별해서 작업팀이 이러한 문제를 해결하도록 지원하는 것이다.

식스시그마의 통계적 기반

식스시그마에서는 어떤 공정에서든지 결함을 정량적으로 측정할 수 있다는 기본 가정을 하고 있다. 일단 정량화되면 결함의 원인을 찾아서 제거하거나 감소시킬 수 있는 개선이 가능하다. 개선의 효과는 비교 전후의 동일한 측정에 의해서 평가할 수 있다. 비교는 흔히 시그마 수준으로 요약한다. 예를 들어 '이전에는 공정이 2.6-시그마 수준에서 운영되던 것이 지금은 4.8-시그마 수준에서 운영된다.'는 식이다. 시그마 수준과 백만 개당 결함(defects per million, DPM)의 관계를 표 39.3에서 볼 수 있다. 앞의 예의 경우에 DPM이 135,666이었던 것이 483으로 줄어든 것을 알 수 있다.

통상적으로 좋은 공정품질의 수준은 ±3σ이다. 이는 공정이 안정적이고 통계적 관리 하에 있으며 공정의 산출을 나타내는 변량이 정규분포를 가진다는 점을 내포한다. 이러한 조건 하에 산출물의 99.73%가 ±3σ 범위 내에 있으며, 0.27% 혹은 2700 DPM이 한계치의 외부에 분포한다(0.135% 혹은 1350 DPM이 관리상한선보다 위에, 그리고 같은 수가 관리하한선의 아래에). 그런데 잠깐, 표 39.3의 3.0σ를 보면 66,807 DPM에 해당된다. 왜 표준정규분포값(2700 DPM과 표 39.3의 값 66,807 DPM)에 차이가 있는가? 이 불일치에는 두 가지 이유가 있다. 첫째로, 표 39.3의 값은 분포의 한쪽 꼬리만을 참조하므로 표준 정규값과 적절하게 비교하려면 분포의 한쪽 꼬리(1350 DPM)만 사용해야 한다. 두 번째로, 더 중요한 것은 모토로라사가 식스시그마 프로그램을 고안했을 때 공정의 장기간 가동을

표 39.3 식스시그마 프로그램에서 시그마 수준과 해당 DPM의 관계.

시그마 수준	DPM	시그마 수준	DPM	시그마 수준	DPM	시그마 수준	DPM
6.0σ	3.4						
5.8σ	8.5	4.8σ	483	3.8σ	10,724	2.8σ	96,801
5.6σ	21	4.6σ	968	3.6σ	17,864	2.6σ	135,666
5.4σ	48	4.4σ	1,866	3.4σ	28,716	2.4σ	184,060
5.2σ	108	4.2σ	3,467	3.2σ	44,565	2.2σ	241,964
5.0σ	233	4.0σ	6,210	3.0σ	66,807	2.0σ	308,538

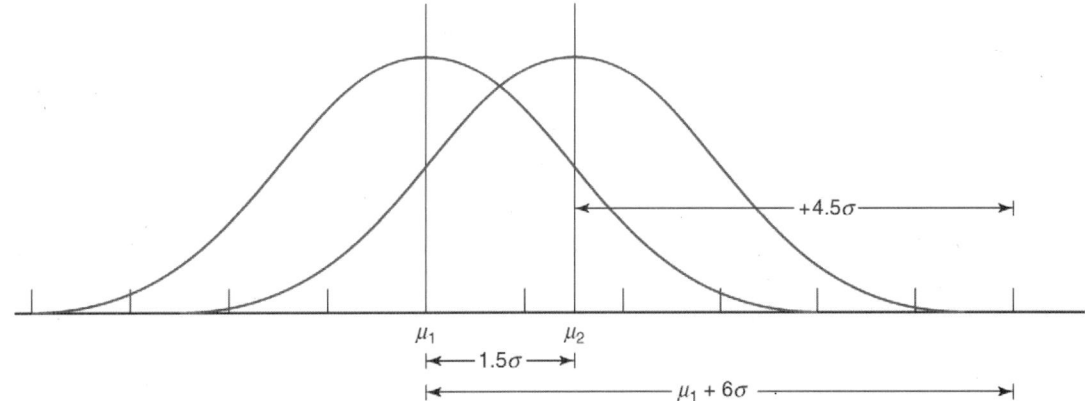

그림 39.3 원래 평균에서 1.5σ 만큼 이동된 정규분포와 분포의 한쪽(오른쪽) 꼬리만 고려. μ₁ = 처음 분포의 평균, μ₂ = 이동된 분포의 평균, σ = 표준편차.

고려했는데, 공정을 장기간 가동하면 원래 공정평균으로부터의 이동이 발생한다. 모토로라사는 평균의 이동을 보정하기 위해서 표준 정규 값을 1.5σ 만큼 조정하기로 결정했다. 요약하자면 표 39.3은 정규분포의 한쪽 꼬리만을 포함하고 있으며, 표준정규분포에 비해서 1.5σ 만큼 분포를 이동한 것이다. 이 효과는 그림 39.3에서 볼 수 있다.

시그마 수준의 측정

식스시그마 프로젝트에서 공정의 성능 수준은 시그마 수준으로 환원된다. 이는 다음과 같이 프로젝트 기간의 두 시점에서 이루어진다. 즉 (1) 현재 상태에서 공정의 측정이 이루어진 다음, 그리고 (2) 개선의 효과를 평가하기 위해서 공정 개선이 이루어진 다음의 두 시점이다. 이렇게 해서 개선 전후의 비교를 할 수 있다. 큰 시그마 값은 성능이 좋다는 것을 의미하고 작은 시그마 값은 성능이 나쁘다는 것을 의미한다.

시그마 수준을 계산하기 위해서는 먼저 백만 개당 결함 개수를 결정해야 한다. 식스시그마에서는 백만 개당 결함 개수의 척도가 세 가지 있다. 가장 중요한 첫 번째는 백만 기회 당 결함(defects per million opportunities, DPMO)인데, 이는 각 제품이나 서비스의 단위마다 복수개의 결함 종류가 있을 수 있다는 것을 고려하는 것이다. 더 복잡한 제품에는 단순한 제품에서보다 결함이 있을 기회가 더 많다는 것이다. 따라서 DPMO는 제품의 복잡도를 고려하고 각각 다른 종류의 제품과 서비스를 비교 가능하게 한다. DPMO는 다음 식으로 계산한다.

$$DPMO = 1,000,000 \frac{N_d}{N_u N_o} \tag{39.10}$$

여기서 N_d는 발견된 결함의 총 수, N_u는 검사 대상 단위의 수, N_o는 단위 당 결함의 기회 수이다. 상수 1,000,000은 비율을 백만 개당 결함 수로 변환한다.

DPMO 외의 척도로는 DPM이 있는데, 이는 검사 대상에서 발견된 모든 결함의 수를 측정하는 것이고, 백만 개당 결함 단위(defective units per million, DUPM)는 검사 대상 중 모든 결함 단위를 세는 것인데 이 방법에서는 결함이 있는 단위에는 한 가지 이상의 결함이 있을 수도 있다는 점을 인정한다.

$$DPM = 1,000,000 \frac{N_d}{N_u} \tag{39.11}$$

$$DUPM = 1,000,000 \frac{N_{du}}{N_u} \tag{39.12}$$

여기서 N_{du}는 결함이 있는 단위의 수이고 나머지는 식 (39.10)에서와 같다. DPMO, DPM, DUPM 의 값이 결정되면 표 39.3을 이용하여 해당 시그마 수준으로 변환한다.

예제 39.2 공정의 시그마 수준 결정 ────────────────────

세탁기를 만드는 최종 조립 공장에서 전체적인 품질에 중요한 23가지 특성에 대해서 검사를 수행한다. 전 달에 9056 대의 세탁기가 생산되었다. 검사에서 23가지의 특성에 대해서 479개의 결함이 발견되었고 226대의 세탁기가 한 개 혹은 그 이상의 결함을 보였다. 이 데이터에 대해서 DPMO, DPM, DUPM의 값을 구하고 해당 시그마 수준으로 변환하여라.

풀이
데이터를 요약하면 $N_u = 9056$, $N_o = 23$, $N_d = 479$, $N_{du} = 226$이다. 따라서,

$$DPMO = 1,000,000 \frac{479}{9056(23)} = 2300$$

표 39.3으로부터 해당 시그마 수준은 4.3이다.

$$DPM = 1,000,000 \frac{479}{9056} = 52,893$$

해당 시그마 수준은 3.1이다

$$DUPM = 1,000,000 \frac{226}{9056} = 24,956$$

해당 시그마 수준은 3.4이다.

39.4.3 다구치 방법

Genichi Taguchi는 품질공학의 발전 특히 설계부문(제품설계와 공정설계)에서의 품질공학발전에 큰 영향을 주었다. 본 절에서는 다구치 방법 중 두 가지, 즉 손실함수(loss function)와 강건설계(robust design)에 대해서 설명한다. 더 자세한 내용은 문헌 [5], [10]을 참고하라.

손실함수
다구치는 품질을 '제품이 출하되는 시점부터 사회에 끼치는 손실'로 정의한다 [10]. 손실은 운영비용, 고장, 유지보수와 수리비용, 고객불만, 잘못된 설계로 인한 부상 등을 포함한다. 일부 손실은 돈으로 환산하기 어렵지만 실재하는 것이다. 출하되기 전에 발견된 불량품이나 부품은 이 손실에 포함

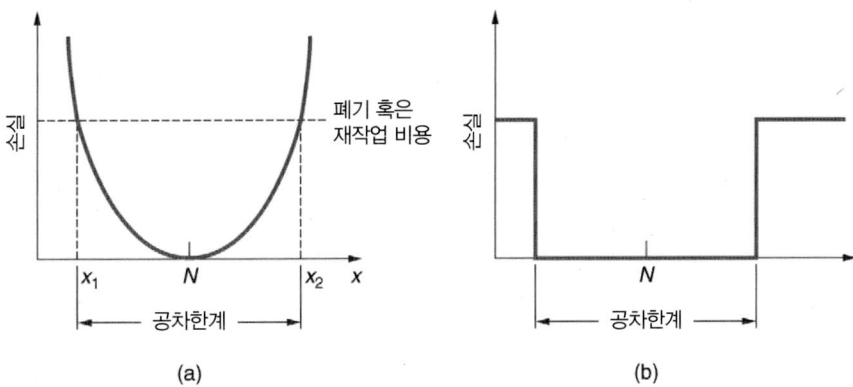

그림 39.4 (a) 이차 품질 손실함수, (b) 전통적인 공차규격에 내포된 손실함수.

되지 않는다. 불량품에 대한 재작업이나 폐기 비용은 품질손실(quality loss)이 아니라 제조비용에 포함된다.

손실은 제품의 기능적 특성이 목표치와 다를 때 발생한다. 기능적 특성이 직접 제품 치수와 관련되는 것은 아니지만 손실 관계는 치수로 파악할 때 가장 쉽게 이해할 수 있다. 부품의 치수가 공칭값을 벗어날 때 부품의 기능에 이상이 발생한다. 편차가 아무리 작더라도 약간의 기능손실이 발생한다. 다구치에 의하면 치수의 오차가 커질수록 손실의 증가는 가속된다. 품질특성을 x라 하고 N을 공칭값이라고 하면 손실함수는 그림 39.4(a)와 같이 U자형 곡선이 된다. 이 곡선을 이차식으로 표현하면 다음과 같다.

$$L(x) = k(x - N)^2 \qquad (39.13)$$

여기서 $L(x)$는 손실함수, k는 비례상수를 나타내고, x와 N은 위에서 정의한 바와 같다. 오차가 $(x_2 - N) = -(x_1 - N)$ 수준이면 손실이 너무 커서 제품을 폐기하거나 재작업을 해야 한다. 이 수준은 치수에 대한 공차를 설정하는 한 가지 기준이 될 수 있다.

품질관리에 대한 전통적인 접근방법은 공차한계를 정의하고 이 범위 내에 드는 모든 제품은 양품으로 간주하는 것이다. 품질특성(예를 들어 치수)이 공칭값에 가까운지 한계치에 가까운지에 관계없이 이 범위 내에만 있으면 양품이 된다. 이러한 접근방법을 앞서 살펴본 손실함수의 경우처럼 가시화하면 그림 39.4(b)와 같이 불연속적인 손실함수를 얻는다. 실제로는 공칭값에 가깝게 만들어진 제품이 더 품질이 좋고 높은 고객만족을 얻을 수 있다. 품질과 고객만족을 향상시키기 위해서는 제품이나 공정을 잘 설계해서 생산품이 목표치에 근접하게 하여 손실을 줄이려고 노력해야 한다.

예제 39.3 다구치 손실함수

어떤 제품이 20.00 ± 0.04 cm로 지정된 중요한 치수를 가지고 있다. 기록에 의하면 공차를 초과하는 제품은 반품되어서 배송비와 교체비로 인해 생산자에게 $80의 손실을 가져다 줄 확률이 75%이다. (a) 다구치 손실함수의 식 (39.13)에서의 상수 k를 계산하여라. (b) (a)의 값을 사용하여 회사가 0.04 cm 대신 0.01 cm의 공차를 유지할 경우의 손실함수의 값을 구하여라.

풀이

수식 (39.13)에서 의 값은 0.04 cm의 공차이다. 손실은 교체와 배송으로 인한 예상 비용이다. 즉,

$$E\{L(x)\} = 0.75(\$80) + 0.25(0) = \$60$$

이 예상 비용을 손실함수에 사용하면 k 값은 아래와 같이 계산된다.

$$60 = k(0.04)^2 = 0.0016k$$
$$k = 60/0.0016 = \$37,500$$

따라서, 다구치 손실함수는 $L(x) = 37,500(x - N)$이다.

(b) 0.01 cm의 공차에 대해서는 손실 함수는 아래와 같이 계산된다.

$$L(x) = 37,500(0.01)^2 = 37,500(0.0001) = \$3.75$$

이 값은 cm의 공차를 사용할 때의 $60.00에 비해서 상당히 줄어든 값이다.

강건설계

품질관리의 기본 목적은 변동을 최소화하는 것이다. 다구치는 변동을 잡음인자라고 하였다. **잡음인자**(noise factor)는 통제가 불가능하거나 어려우면서 제품의 기능적 특성에 영향을 미치는 변동의 원인을 의미한다. 잡음요소는 (1) 개체 간, (2) 내부, 그리고 (3) 외부의 세 가지 형태로 구분된다.

개체 간 잡음인자(unit-to-unit noise factors)는 원자재, 기계, 작업자의 가변성으로 인해 생기는 제품과 공정의 고유한 우연변동을 말한다. 개체 간 잡음인자는 앞에서 다룬 공정의 우연변동에 해당되고, 통계적으로 관리되는 제조 공정과 연관된다.

내부 잡음인자(internal noise factors)는 제품이나 공정의 내부적 변동 원인을 말한다. 이러한 원인들에는 기계 부품의 마모, 원자재의 손상, 금속 부품의 피로 등 시간과 관련된 요소와, 제품이나 공작기계의 잘못된 설정 같은 운영상의 실수가 있다. **외부 잡음인자**(external noise factors)는 외부기온, 습도, 원자재공급, 전압 등과 같이 제품과 공정에 대한 외적인 변동요인을 말한다. 내부잡음과 외부잡음은 앞에서 설명한 이상변동에 해당된다.

강건설계(robust design)는 제품의 기능과 성능이 설계와 제조 파라미터들의 변동에 덜 민감한 설계이다. 즉 제품과 공정을 설계할 때, 제조되는 제품이 모든 잡음요소들로부터 비교적 영향을 덜 받도록 하는 것이다. 강건설계의 예로는, 시동장치가 여름날의 미시시피 주의 머리디언 시에서만큼, 미국의 미네소타 주의 미니애폴리스 시에서의 겨울에도 잘 작동하는 자동차를 들 수 있다. 강건 공정설계의 예로는 원자재의 온도 변화에도 불구하고 제품을 잘 생산하는 압출 공정을 들 수 있다.

39.4.4 ISO 9000

ISO 9000은 한 시설에서 생산되는 제품(혹은 서비스)의 품질과 관련되는 국제표준이다. 이 표준은 스위스의 제네바에 위치한 국제표준기구(ISO)에 의해서 제정되었다. ISO 9000은 제품 자체에 대한 표준이 아니라, 시설에서 제품의 품질을 결정하는 시스템과 절차들에 대한 표준을 설정한다. 이 표준은 시스템과 절차에 대해서 관심을 두는데, 여기에는 품질을 관리하기 위해서 필요한 조직구조, 임무, 방법, 자원 등이 포함된다. ISO 9000은 제품이 고객을 만족시키도록 하기 위해서 수행하는 활동과 관련이 있다.

ISO 9000은 공식적, 비공식 두 가지 방법으로 구현될 수 있다. 공식적 구현은 시설을 인증받는 것인데, 이는 그 시설이 표준의 요구사항을 모두 충족한다는 것을 인증하는 것이다. 인증은 제3의 인증기관을 통해서 진행하는데, 인증기관은 현장을 방문하여 시설의 품질 시스템과 절차를 검토한다. 인증으로 인한 혜택은 그 시설이 ISO 9000 인증을 요구하는 회사들과 비즈니스를 할 수 있는 자격이 생긴다는 것이다. 유럽경제공동체(European Economic Community, EEC)에서는 어떤 제품들의 제조를 위해서는 ISO 9000 인증이 필요하도록 통제하는 것이 일반화되어 있다.

ISO 900의 비공식적 구현이라는 것은 어떤 시설에서 품질 시스템을 향상시키기 위해 전체표준 혹은 그 일부를 실시하는 것을 의미한다. 높은 품질의 제품을 생산하기 원하는 회사로서는, 공식인증은 취득하지 않더라도 이를 구현할 만한 충분한 가치가 있다.

▍39.5 검사의 원리

검사(inspection)는 측정과 게이징(gaging) 기술을 이용하여 제품, 부품, 반조립품, 또는 원자재가 설계사양에 부합하는지를 확인하는 것이다. 설계사양은 제품설계자에 의해 작성되는데, 기계제품에서는 치수, 공차, 표면거칠기, 그리고 이와 유사한 특성들이 이에 해당된다. 치수, 공차, 표면거칠기는 5장에서 정의하였고, 이러한 사양을 평가하기 위한 다양한 측정기기도 그 장에서 다루었다.

검사는 제조 전, 제조 도중, 그리고 제조 후에 이루어진다. 원자재와 시작 부품은 공급자로부터 수령 시에 검사를 수행한다. 작업 단위에 대해서는 생산과정 동안 다양한 단계에서 검사가 이루어지고 최종제품은 고객에게 발송되기 전에 검사되어야 한다.

검사와 **시험**(test)은 서로 매우 가까운 관계인데 그 차이점을 분명히 이해해야 한다. 설계사양에 대비하여 제품 품질을 평가하기 위한 것이 검사라면, 시험은 일반적으로 제품의 기능적인 측면을 평가하기 위한 것이다. 즉 제품이 계획된 대로 제대로 동작하는가, 적절한 기간 동안 동작이 계속될 것인가, 극단적인 온도와 습도에서도 잘 동작될 것인가 등을 시험하는 것이다. 품질관리에서 **시험**(testing)이란 서비스 중 겪을 수 있는 여러 조건하에서 제품, 반조립품, 부품, 자재 등을 관찰하는 절차이다. 예를 들어 어떤 제품을 일정한 기간 동안 동작시켜, 기능이 적절히 발휘되는가 여부를 판단하기 위한 시험을 할 수 있다. 시험을 통과하면, 고객에게 발송하는 것이 승인된다.

간혹 시험 때문에 제품이나 재료가 손상을 입거나 파괴하기도 한다. 이러한 경우에는 표본 추출을 기반으로 시험을 수행한다. 파괴적인 시험에 소요되는 비용이 너무 크므로 파괴하지 않고 시험할 수 있는 방법을 개발하기 위해 많은 노력이 기울여지고 있는데, 이런 방법을 **비파괴시험**(nondestructive testing) 또는 **비파괴평가**(nondestructive evaluation)라고 한다.

검사는 두 가지 유형으로 분류되는데 (1) 적절한 측정기기를 이용하여 제품과 부품의 치수를 측정하는 **변량검사**(inspection by variables), (2) 부품이 공차범위 안에 있는지 판별하기 위해서 게이징하는 **속성검사**(inspection by attributes)가 있다. 부품을 측정하는 것의 장점은 그것의 실제 값에 대한 데이터를 얻을 수 있다는 것이다. 기간경과에 따라 데이터를 기록하면 제조공정의 경향을 분석할 수 있다. 이 데이터를 활용하여 추후 제조할 부품이 설계사양을 더 잘 만족시키도록 공정을 조정할 수 있다. 치수를 단순한 게이지를 이용하여 체크하면 부품이 공차 내에 있는지, 너무 큰지, 혹은 너무 작은지 여부만 판단할 수 있다. 이런 속성검사의 장점은 적은 비용으로 신속히 수행될 수 있다는 것이다.

39.5.1 수동 및 자동 검사

검사는 대개 수작업으로 진행되며, 지루하고 단조로운 일인데 반해 요구되는 정밀도와 정확도의 수준은 높다. 한 부품의 주요 치수를 측정하기 위해서만 여러 시간이 걸리기도 한다. 수동검사는 많은 시간과 비용을 필요로 하기 때문에, 모든 부품을 검사하기보다는 일반적으로 통계적으로 표본을 추출하여 검사하는 방법이 활용된다.

표본검사와 전수검사

표본검사(sampling inspection)에서 일반적으로 표본크기는 제조되는 부품수에 비하여 작다. 어떤 경우는 표본 크기가 생산량의 1%밖에 되지 않을 수도 있다. 모두를 검사하는 것이 아니기 때문에, 표본 과정에서 일부 불량품이 검사 과정을 거치지 않고 빠져나갈 위험성이 존재한다. 통계적 표본추출의 목표 중 하나는 예상되는 위험도를 결정하는 것이다. 즉 표본검사 과정을 통과하는 불량품의 평균 비율을 결정하는 것이다. 이러한 위험은 표본의 크기를 증가시키고 표본을 자주 추출함으로써 줄일 수 있으나, 표본검사를 하면 100% 좋은 품질의 제품은 보장되지 않는다.

이론적으로는 오직 전수검사(100% inspection)를 해야지만 좋은 품질의 제품을 100% 얻을 수 있다. 전수검사에서는 모든 불량품들이 걸러지고, 좋은 품질을 가지는 제품만이 통과된다. 그러나 전수검사가 수작업으로 진행될 때는 두 가지 문제가 발생한다. 첫째는 검사비용 문제이다. 표본에 대한 검사비용이 전체 생산량에 분산되는 표본검사와는 달리 모든 제품에 대해 검사비용이 들어가기 때문에, 심지어 검사비용이 제조비용을 초과하는 일이 발생할 수도 있다. 두 번째로 전수검사가 수동으로 실시될 경우 검사과정에서 필연적으로 오류가 발생한다는 것이다. 오류발생 가능성은 검사작업의 복잡성이나 어려움, 그리고 검사자에 의한 판단이 얼마나 많은지에 따라서 달라진다. 이러한 요인들은 검사자의 피로도에 따라서 더 복합적이 된다. 오류란 나쁜 품질의 부품이 통과하고, 좋은 품질의 부품이 통과하지 못하는 것을 의미한다. 따라서 수작업 전수검사가 좋은 품질의 제품을 100% 보장하는 것은 아니다.

자동화된 전수검사

검사공정을 자동화함으로써 수작업으로 진행되는 전수검사의 문제점들을 극복할 수 있다. **자동화검사**(automated inspection)는 다음과 같은 검사절차 중 하나 혹은 그 이상의 단계를 자동화하는 것이다. (1) 자동 자재취급시스템을 통해 부품의 운반과 자세를 자동화하고, 사람이 실제 검사를 수행(예를 들어 육안 검사), (2) 사람이 부품을 자동검사기에 장착, (3) 자동검사 셀에서 장착, 검사의 모든 과정을 자동으로 수행, 그리고 (4) 전자 측정기기로부터 컴퓨터를 이용한 데이터 수집이 포함되기도 한다.

자동화된 전수검사는 공정에서 어떤 동작을 수행하기 위해서 제조 공정과 통합되기도 한다. 이러한 동작은 (1) 부품 분류, 그리고/또는 (2) 공정으로의 데이터 피드백이다. **부품 분류**는 부품을 두 가지 또는 그 이상의 품질수준으로 분류하는 것이다. 기본적으로는 양품이냐 불량품이냐 하는 두 가지로 분류되지만, 어떤 경우에는 양품, 재작업, 그리고 폐기 등 두 가지 이상으로 분류가 필요하다. 검사와 분류는 동일 작업장에서 복합적으로 수행될 수도 있고, 라인을 따라 여러 검사작업장을 위치시키고 라인의 끝에 있는 분류작업장으로 각 부품에 대해 수행할 작업들에 대한 작업지시를 보낼 수도 있다.

상위 공정으로 검사데이터를 **피드백**(feedback)하면 공정 변동성을 줄이고 품질을 향상시키기 위한 조정 작업을 가능하게 한다. 만일 검사결과가 부품공차의 한쪽 방향으로 치우치기 시작한다는 것을 알려주면(예를 들어 공구의 마모로 인해), 공정 파라미터를 조정하여 공칭값으로 되돌아가도록 할 수 있다.

39.5.2 접촉식 및 비접촉식 검사

검사에서 사용되는 측정과 게이징 기술은 다양한데, 이들은 크게 접촉검사와 비접촉검사로 분류할 수 있다. **접촉검사**(contact inspection)는 검사될 물체에 접촉하는 기계적 탐침(mechanical probe)이나 기타 장치를 사용한다. 그 특성상 접촉검사는 부품의 물리적 크기를 측정하거나 게이징하기 위해 사용되며 수동 또는 자동으로 수행된다. 5장에서 설명된 전통적인 측정 및 게이징 장비들은 대개 접촉검사와 연관되어 있다. 자동화된 접촉식 측정 시스템의 대표적인 예로는 삼차원측정기(coordinate measuring machine)가 있다(39.6.1절).

비접촉검사(noncontact inspection)는 원하는 특징을 측정하거나 게이징하기 위해 물체로부터 얼마간 떨어진 곳에 위치한 센서를 이용한다. 전형적인 비접촉식 검사의 장점은 (1) 빠른 검사시간, (2) 접촉으로 인해 발생할 수 있는 손상 방지 등이다. 비접촉식 방법은 종종 생산라인 상에서 특별한 장치가 없이도 수행될 수 있다. 이와는 대조적으로, 접촉검사(contact inspection)에서는 부품을 생산라인으로부터 꺼내서 검사를 위한 위치를 잡아야 한다. 또한 비접촉식 검사에서는 고정되어 있는 센서를 사용하기 때문에 본질적으로 빠르지만, 접촉식에서는 각 부품에 대해 탐침을 접촉시켜야 하기 때문에 시간이 많이 소요된다.

비접촉식검사 기술은 광학식과 비광학식으로 분류된다. 광학식 검사기술로는 주로 레이저(39.6.2절)와 머신비전(39.6.3절)이 사용된다. 비광학식 검사기술에는 전기장기술, 방사선 기술, 그리고 초음파 등이 포함된다(39.6.4절).

39.6 최신 검사 기술

현대적인 제조공장에서는 진보된 기술들이 수동으로 진행되는 측정과 게이징을 대체하고 있다. 여기에는 접촉식과 비접촉식 센싱 기술이 모두 포함된다. 중요한 접촉식 검사기술인 삼차원 측정기로부터 설명을 시작한다.

39.6.1 삼차원 측정기

삼차원 측정기는 그림 39.5와 같이 삼차원 공간상에서 물체의 표면과 특징 형상에 대해 상대적으로 위치시킬 수 있는 기구와 접촉 탐침으로 구성된다. 부품의 기하학적 데이터를 얻기 위해서 탐침이 부품의 면에 접촉할 때 탐침의 위치 좌표를 정확하게 기록할 수 있다.

삼차원 측정기에서 탐침은 측정대상 부품에 대해서 탐침의 상대적인 움직임을 가능하게 하는 구조물에 부착되어 있는데, 부품은 구조물에 연결된 측정 테이블에 고정된다. 구조물은 측정 오류를 불

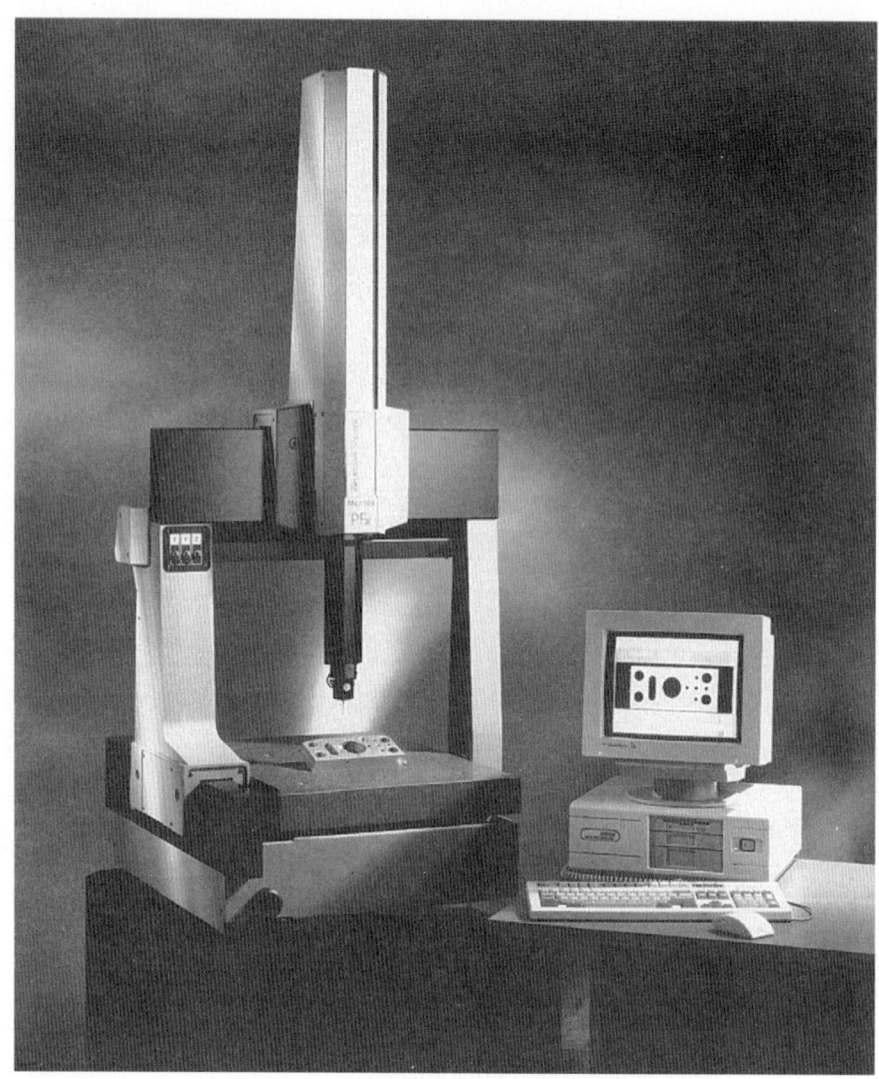

그림 39.5 삼차원 측정기
(로드아일랜드 주,
노스캔싱턴 시 소재
브라운 & 샤프 사 제공).

러일으키는 변형을 최소화하도록 강건하게 설계되어어야 하는데, 그림 39.5는 가장 많이 사용되는 브리지(bridge)구조를 가진 측정기를 보여주고 있다. 높은 정밀도와 정확도를 갖는 측정기를 제작하기 위해서, 마찰을 줄이기 위한 공기 베어링과 진동을 줄이기 위한 기계적 격리와 같은 특별한 장치들이 사용된다. 삼차원측정기에서 중요한 측면 중 한 가지는 접촉 탐침과 그것의 작동이다. 최신 접촉-트리거(touch-trigger) 탐침은 아주 작은 양이라도 중립 위치를 벗어나는 변형이 발생될 때 전기신호를 보내도록 구성되어 있다. 접촉이 발생하면 삼차원측정기의 제어기에 의해 좌표가 기록되는데, 이때 탐침의 크기와 추가 이동(over travel)이 보정된다.

탐침을 측정물에 대한 상대적인 위치로 이동시키는 작업은 수동 또는 컴퓨터제어에 의해 수행될 수 있다. 삼차원측정기를 조작하는 방법으로는 (1) 수동구동, (2) 컴퓨터지원 수동구동, (3) 컴퓨터지원 전동구동, (4) 직접 컴퓨터제어 방법 등이 있다.

수동구동(manual control)에서는 작업자가 탐침이 물체와 접촉하도록 기계의 축을 따라서 탐침을 이동시키고 측정값을 기록한다. 탐침은 쉽게 움직일 수 있게 자유 부양 상태이다. 측정값은 디지털 표시장치를 통하여 얻어지는데, 작업자는 수동 또는 자동(프린터 출력이용)으로 측정결과를 기록할 수 있다. 모든 삼각법 계산은 작업자가 수행해야 한다. **컴퓨터지원 수동구동**(manual computer-assisted) 삼차원측정기에서는 이러한 계산을 수행하기 위해서 데이터 처리 기능을 제공한다. 계산

기능에는 미국 관습단위와 SI 단위 사이의 변환과 같은 간단한 것으로부터 두 평면 사이의 각도계산, 구멍 중심의 위치 계산과 같은 것 등이 있다. 탐침은 작업자가 원하는 표면과 쉽게 접촉시킬 수 있도록 하기 위해서 역시 자유부양 상태이다.

컴퓨터지원 전동구동(motorized computer-assisted) CMM은 작업자의 통제 하에 기계 축을 따라서 탐침을 구동시키는 데 전기모터를 사용한다. 조이스틱이나 다른 유사한 장치가 동작을 제어하기 위한 수단으로 사용되며, 저출력 스테핑 모터나 마찰 클러치와 같은 요소들이 탐침과 물체 사이의 충돌효과를 줄이는 데 사용된다. **직접 컴퓨터제어**(direct computer-control) 삼차원측정기는 CNC 공작기계처럼 작동하며, 프로그램에 의해 제어되는 컴퓨터화된 검사장치이다. 삼차원 측정기의 기본적인 기능은 부품표면에 접촉한 탐침의 좌표값을 결정하는 것이다. 컴퓨터제어를 통해 삼차원측정기로 다음과 같은 더욱 복잡한 측정과 검사를 수행하는 것이 가능해진다. (1) 구멍이나 원통 중심의 위치 결정, (2) 평면 정의, (3) 한 면의 편평도에 대한 측정 혹은 두 면 사이의 평행도, (4) 두 평면 사이의 각도 측정.

삼차원 측정기를 이용하면 수동 검사 방법에 비하여 다음과 같은 장점이 있다. (1) 높은 생산성-삼차원측정기는 전통적인 수작업에 비하여 복잡한 검사절차를 짧은 시간에 수행할 수 있다. (2) 전통적인 방법에 비해 높은 정확도와 정밀도. (3) 검사절차와 계산에서 작업자의 오류 감소 [8]. 삼차원측정기는 다양한 형상의 부품을 검사할 수 있는 범용기계이다.

39.6.2 레이저를 이용한 측정

레이저(LASER)는 Light Amplification by Stimulated Emission of Radiation의 약자이다. 레이저의 응용 분야로는 절삭(24.3.3절)과 용접(28.4절)이 있는데, 이는 고체 상태(solid-state) 레이저가 공작물을 용융시키거나 승화시키기에 충분하게 출력을 집중시킬 수 있기 때문이다. 측정 분야에서는 헬륨-네온 레이저 같은 저출력 가스레이저가 사용되는데, 이들은 가시영역의 빛을 방사한다. 레이저로부터 방출되는 빛은 단일 파장이고, 같은 방향의 평행한 광선이다. 이러한 성질로 인해 검사와 측정의 여러 응용 분야에서 레이저를 사용하는 것이 가능하게 되었다. 여기서는 두 가지에 대해서 설명한다.

스캐닝 레이저 시스템
스캐닝 레이저는 그림 39.6에서 보는 바와 같이 회전거울에 의해서 반사되는 레이저 광선을 이용하여 물체를 지나가는 광선을 생산하다, 물체 뒤에 위치하는 광검출기는 물체가 광선을 가리는 짧은 시간을 제외하고 광선을 감지하게 된다. 이 시간주기는 매우 신속하고 정확하게 측정된다. 마이크로프로세서 시스템은 광선이 물체를 지나갈 때 광선의 중단 시간을 측정하고, 그 시간을 선형 치수로 변환한다. 스캐닝레이저 장치는 대량생산 제품에 대한 온라인 검사와 게이징에 사용될 수 있다. 생산공정을 조정하거나 생산라인의 분류장치를 작동시키도록 생산 장비에 신호를 보내는 것이 가능하다. 스캐닝레이저 시스템은 압연, 와이어 압출, 절삭과 연삭 공정 등에 활용될 수 있다.

레이저 삼각측량
삼각측량은 위치를 아는 두 점과 물체의 거리를 삼각법을 이용하여 측정하는 것이다. 이러한 원리는

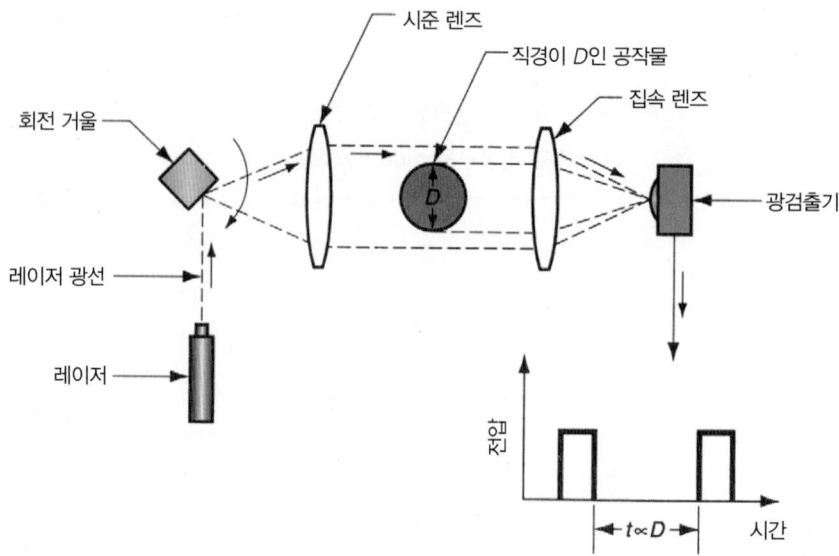

그림 39.6 원통형 공작물의 직경을 측정하기 위한 스캐닝 레이저 시스템. 광선의 중단 시간은 직경 D에 비례한다.

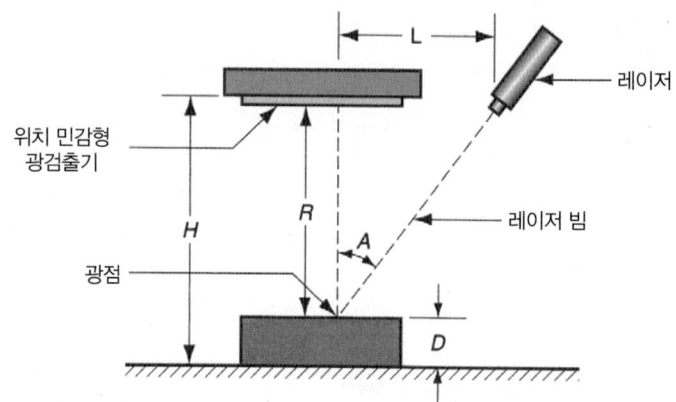

그림 39.7 부품의 치수 D를 측정하기 위한 레이저 삼각측량법.

그림 39.7과 같이 레이저시스템을 이용하여 거리를 측정하는 데 적용될 수 있다. 레이저는 물체에 광점이 맺히도록 하는 데 사용되며, 위치 민감형 광검출기를 이용하여 점의 위치를 결정한다. 물체를 향한 광선의 각도 A와 거리 H는 고정되어 있으며 미리 정해져 있다. 고정된 작업대로부터 광검출기의 거리가 고정되어 있다면 그림 39.7에서 부품의 깊이 D는 다음과 같이 결정된다.

$$D = H - R = H - L \cot A \tag{39.14}$$

여기서 L은 공작물 상의 광점의 위치에 의해 결정된다.

39.6.3 머신비전

머신비전(machine vision)은 여러 응용 분야에서 컴퓨터를 이용하여 영상 데이터를 획득, 처리 및 해석하는 작업과 관련이 있다. 비전시스템은 이차원과 삼차원으로 분류된다. 이차원 비전시스템은 장면을 2-D 영상으로 보는데, 평면 물체를 다루는 응용 분야에 적합하다. 예를 들면 치수 측정과 게이징, 부품 유무의 판단, 평면(또는 거의 평면) 상의 특징형상 검사 등이 여기에 포함된다. 윤곽이나 형상들처럼 장면의 3-D 분석이 요구되는 응용 분야에서는 삼차원 비전 시스템이 필요하다. 현재 대부분의 응용은 2-D이며, 본 절에서도 이 기술을 집중적으로 다룬다.

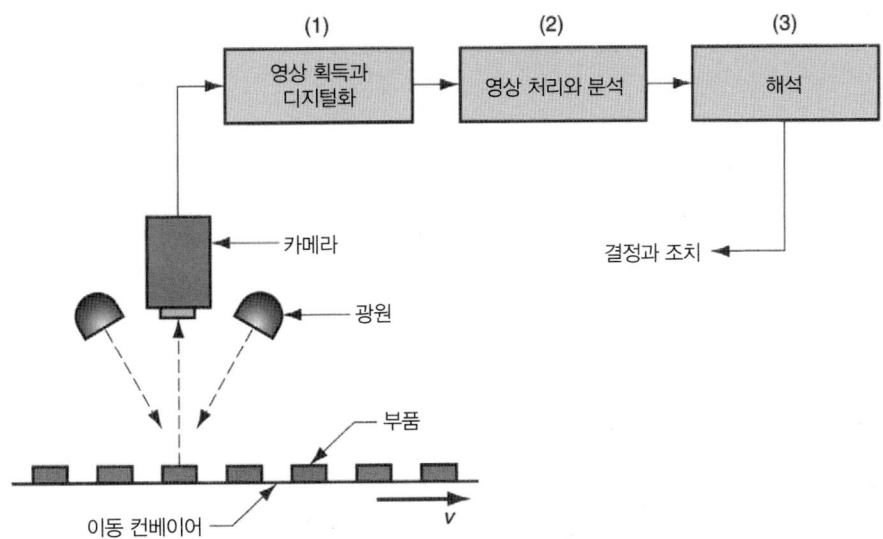

그림 39.8 머신비전 시스템의 운영.

머신비전 시스템의 운영

머신비전 시스템의 운영은 그림 39.8과 같이, (1) 영상 획득과 디지털화, (2) 영상 처리와 분석, (3) 해석의 세 단계로 구성된다.

영상 획득과 디지털화는 분석을 위해 영상 데이터를 저장하는 디지타이징(digitizing) 시스템에 연결된 비디오카메라에 의해서 수행된다. 측정하고자 하는 물체에 초점을 맞춘 카메라를 통하여 조망(viewing) 영역을 이산적인 **화소**(pixel)의 행렬로 분할함으로써 영상이 얻어지는데, 이때 각 화소는 장면의 각 부분의 빛의 강도에 비례하는 값을 갖는다. 각 화소의 빛의 강도는 아날로그-디지털 변환에 의해서 등가의 디지털 값으로 변환된다. 그림 39.9는 **이진 비전**(binary vision) 시스템에서의 영상 획득과 디지털화를 설명하는 것으로, 표 39.4에서처럼 빛의 강도가 두 값(검은색 또는 흰색 = 0 또는 1) 중 하나로 변환된다. 그림에서는 단지 12 × 12 크기의 화소 행렬을 보여주는데, 실제 비전시스템에서는 더 좋은 해상도를 위해서 더 많은 화소를 사용한다. 디지털화된 화소값의 한 세트를 **프레임**이라고 부르는데, 프레임은 컴퓨터 메모리에 저장된다. 프레임의 모든 화소값을 읽는 작업은 미국에서는 초당 30번, 유럽에서는 초당 25번의 주기로 수행된다.

비전시스템의 해상도(resolution)는 영상의 미세한 부분과 특징들을 감지해내는 능력을 말하며, 사용되는 화소의 수에 의해 결정된다. 전형적인 화소 배열은 256(수평)×256(수직), 512×512, 그리

그림 39.9 영상 획득과 디지털화. (a) 장면은 어두운 색의 부품과 밝은 색의 배경으로 이루어진다. (b) 장면에 부가된 12 × 12 크기의 화소 행렬.

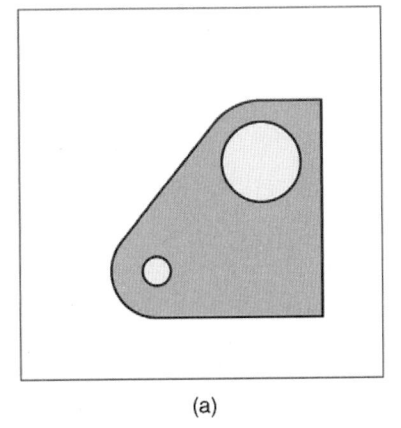

(a)

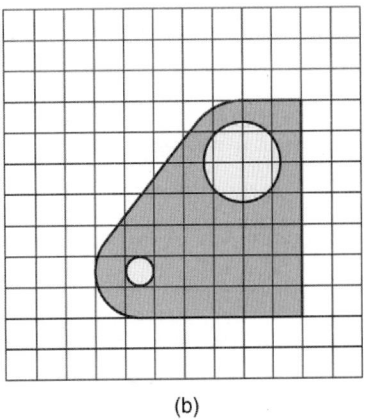

(b)

표.39.4 그림 39.8의 영상에 해당되는 이진 비전시스템의 화소 값들.

1	1	1	1	1	1	1	1	1	1	1	1
1	1	1	1	1	1	1	1	1	1	1	1
1	1	1	1	1	1	1	1	1	1	1	1
1	1	1	1	1	1	0	0	0	0	1	1
1	1	1	1	1	1	0	1	1	0	1	1
1	1	1	1	0	0	1	1	0	0	1	1
1	1	1	0	0	0	0	0	0	0	0	1
1	1	0	0	0	0	0	0	0	0	0	1
1	1	1	0	1	0	0	0	0	0	1	1
1	1	1	1	0	0	0	0	0	0	1	1
1	1	1	1	1	1	1	1	1	1	1	1
1	1	1	1	1	1	1	1	1	1	1	1

고 1024 × 1024 화소이다. 비전시스템의 화소가 많아질수록 해상도가 높아지나, 시스템의 가격도 화소 수에 따라 올라간다. 또한 화소의 개수가 많아짐에 따라서 화소를 읽고 데이터를 처리하는 데 소요되는 시간이 길어진다. 이진 비전시스템보다 더욱 정교한 시스템에서는 재질감과 같은 표면의 특성을 결정할 수 있도록 영상에서 회색의 농도를 구분할 수 있다. 이러한 시스템을 **그레이스케일 비전**(gray-scale vision)이라 부르는데, 보통 4, 6 또는 8비트 메모리를 사용한다. 다른 비전시스템들은 색을 구별할 수도 있다.

머신비전의 두 번째 기능은 **영상처리와 분석**(image processing and analysis)이다. 각 프레임의 데이터는 스캔을 한 번 완수하는 데 소요되는 시간(1/30초 또는 1/25초) 내에 분석되어야 한다. 영상 데이터를 분석하기 위해서 모서리검출이나 특징형상추출과 같은 많은 기술들이 개발되었다. **모서리검출**(edge detection)은 영상에서 물체와 배경 사이의 경계 위치를 찾는 것이다. 이는 물체의 경계에 근접한 화소들 간의 빛의 강도의 차이를 식별함으로써 이루어진다. **특징형상추출**(feature extraction)은 영상의 특징 값을 결정하는 것이다. 대부분의 머신비전 시스템은 영상에서 물체의 특징을 이용하여 물체를 식별한다. 물체의 특징으로는 면적, 길이, 폭, 지름, 둘레, 무게중심, 가로 세로 비 등이 있다. 특징형상 추출 알고리즘들은 물체의 면적과 경계를 기본으로 이러한 특징들을 결정하도록 설계된다. 물체의 면적은 물체를 구성하는 화소의 개수를 셈으로써 얻어질 수 있다. 물체의 길이는 물체 모서리의 양끝 사이의 거리(화소 단위로)를 측정함으로써 얻을 수 있다.

세 번째 기능은 **해석**(interpretation)인데, 이는 추출된 특징형상을 이용하여 수행된다. 해석은 보통 물체를 인식하는 것과 관련이 있는데, 미리 정의된 모델이나 표준 값과 영상 내부의 물체를 비교하여 그 물체를 인식하는 것이다. 흔히 사용되는 해석기술로는 **형판 매칭**(template matching)이 있는데, 이는 영상에 있는 한 개 혹은 그 이상의 특징을 컴퓨터 메모리에 저장된 모델이나 템플리트의 해당 특징과 비교하는 방법이다.

머신비전의 응용 분야

머신비전의 해석 기능은 응용영역과 관련이 있는데, 응용영역은 (1) 검사, (2) 부품식별, (3) 시각유도 및 제어, (4) 안전감시와 같이 크게 네 가지로 나눌 수 있다.

검사(inspection)는 가장 중요한 범주로, 산업체 응용의 약 90%를 차지한다. 검사는 대량생산에 적합한데, 그 이유는 프로그래밍 시간과 시스템을 설치하는 시간이 많은 생산단위로 나누어져서 생산단위 당 비용이 적게 소요되기 때문이다. 전형적인 검사 작업에는 다음과 같은 것들이 포함된다.

(1) **치수 측정 및 게이징** — 컨베이어 상에서 이동하는 부품이나 제품의 치수에 대한 측정이나 게이징을 말한다. (2) **확인 기능** — 조립품에서 부품의 존재여부, 공작물의 구멍 존재여부 확인 등 이와 유사한 작업들. (3) **결함의 식별** — 예를 들어 인쇄 라벨의 잘못된 위치, 잘못 인쇄된 글자, 숫자 또는 그림 등의 결함 인식.

부품식별(part identification)은 컨베이어를 따라 흐르는 부품의 종류별 집계, 부품 분류, 문자 인식 등을 포함한다. **시각유도 및 제어**(visual guidance and control)는 비전시스템이 로봇 또는 이와 유사한 기계와 연결되어 기계의 동작을 제어하는 것이다. 예를 들면 연속 아크용접에서 이음새 추적, 부품의 위치결정, 부품의 방향결정, 상자에서 부품 꺼내기 등이 있다. **안전감시**(safety monitoring)는 비전시스템이 장비나 작업자들에게 위험할 수 있는 비정상적인 상황을 감지하도록 생산 공정을 감시하는 것이다.

39.6.4 기타 비접촉식 검사기술

광학적인 검사 방법들 이외에도 다양한 비광학적 검사 방법들이 존재한다. 여기에는 전기장, 방사선, 그리고 초음파를 기반으로 하는 센서 기술들이 포함된다.

어떤 조건에서는 검사를 위해 전기탐침이 만들어내는 전기장(electrical field)이 이용될 수 있다. 전기장에는 자기저항(reluctance) 정전용량(capacitance), 유도계수(inductance)가 포함되는데, 이 값들은 탐침 부근에서 물체의 영향을 받는다. 보통 공작물은 탐침에 대해 상대적으로 고정된 위치에 놓인다. 전기장에 대한 물체의 영향을 측정하여, 간접적으로 치수, 판재의 두께, 결함(표면 밑의 균열과 공동) 등의 부품 특성을 측정할 수 있다.

방사선 기술(radiation techniques)은 금속과 용접부위를 검사하기 위해 X-선을 사용하는 것이다. 금속에 의해 흡수되는 방사선의 양은 두께와 부품 및 용접부의 결함 존재 여부를 나타낸다. 예를 들어 압연공정에서 판재의 두께를 측정하기 위해서 X-선 검사가 사용된다(17.1 절). 검사에서 수집된 데이터는 압연기의 롤 사이 간격을 조정하는 데 사용된다.

초음파 기술(ultrasonic techniques)은 다양한 검사 작업을 수행하기 위해 고주파(2,000 Hz 이상)의 음파를 이용한다. 한 가지 방법으로는 탐침에 의해 방사되어 물체에서 반사된 초음파의 파동을 분석하는 방법이 있다. 검사절차를 위한 셋업 동안에 이상적인 시편을 탐침의 앞에 놓고 반사되는 소리의 패턴을 얻는다. 이 소리 패턴은 비교할 대상인 생산 부품에 대한 기준으로 사용된다. 만약 어떤 부품에서 반사된 패턴이 기준에 부합되면, 부품은 합격된다. 만약 부합되지 않으면, 그 부품은 불합격된다.

참고문헌

[1] DeFeo, J. A., Gryna, F. M., and Chua, R. C. H. *Juran's Quality Planning and Analysis for Enterprise Quality,* 5th ed., McGraw-Hill, New York, 2006.

[2] Evans, J. R., and Lindsay, W. M. *The Management and Control of Quality,* 6th ed. Thomson/South-Western College Publishing Company, Mason, Ohio, 2005.

[3] Groover, M. P. *Automation, Production Systems, and Computer Integrated Manufacturing,* 3rd ed. Prentice Hall, Upper Saddle River, New Jersey, 2008.

[4] Juran, J. M., and Gryna, F. M. *Quality Planning and Analysis,* 3rd ed. McGraw-Hill, New York, 1993.

[5] Lochner, R. H., and Matar, J. E. *Designing for Quality.* ASQC Quality Press, Milwaukee, Wisconsin, 1990.

[6] Montgomery, D. C. *Introduction to Statistical Quality Control,* 6th ed. John Wiley & Sons, Inc., Hoboken, New Jersey, 2008.

[7] Pyzdek, T., and Keller, P. *Quality Engineering Handbook.* 2nd ed. CRC Taylor & Francis, Boca Raton, Florida, 2003.

[8] Schaffer, G. H. "Taking the Measure of CMMs." Special Report 749, *American Machinist,* October 1982, pp. 145–160.

[9] Schaffer, G. H. "Machine Vision: A Sense for CIM." Special Report 767, *American Machinist,* June 1984, pp. 101–120.

[10] Taguchi, G., Elsayed, E. A., and Hsiang, T. C. *Quality Engineering in Production Systems.* McGraw-Hill, New York, 1989.

[11] Wick, C., and Veilleux, R. F. *Tool and Manufacturing Engineers Handbook,* 4th ed. Vol. IV, *Quality Control and Assembly.* Society of Manufacturing Engineers, Dearborn, Michigan, 1987.

복습문제

39.1 제품 품질의 두 가지 주요 측면은 무엇인가?

39.2 통계적으로 관리되는 공정은 그렇지 않은 경우와 어떻게 구별되는가?

39.3 공정능력을 정의하여라.

39.4 자연공차한계란 무엇인가?

39.5 계량형관리도와 계수형관리도의 차이점은 무엇인가?

39.6 계량형관리도의 두 가지 유형은 무엇인가?

39.7 계수형관리도의 두 가지 유형은 무엇인가?

39.8 관리도를 해석할 때, 문제를 식별하기 위해 찾아야하는 것은 무엇인가?

39.9 전사적 품질경영의 세 가지 주된 목표는 무엇인가?

39.10 전사적 품질경영에서 내부고객과 외부고객의 차이는 무엇인가?

39.11 식스시그마가 처음으로 사용된 회사는?

39.12 식스시그마에서 사용되는 정규 통계표는 확률과 통계를 다루는 교재에서 볼 수 있는 표준 정규 통계표와 왜 다른가?

39.13 식스시그마 프로그램은 공정의 성능을 평가하기 위해서 세 가지의 DPM 척도를 사용한다. 세 가지 DPM 척도의 이름은?

39.14 다구치가 정의한 강건설계의 의미는?

39.15 자동검사는 어떤 작업을 수행하기 위해 제조공정과 통합될 수 있다. 이러한 작업들에는 어떤 것이 있는가?

39.16 비접촉 검사기술의 예를 들어라.

39.17 삼차원 측정기란 무엇인가?

39.18 스캐닝 레이저시스템을 설명하여라.

39.19 이진 비전시스템은 무엇인가?

39.20 검사에 사용되는 비광학식 비접촉 센서기술의 이름을 몇 개 나열하여라.

객관식문제(23개의 답)

39.1 다음 중 제품의 특성이 아니라 무결함의 예로 분류되는 품질 측면은? (두 개의 정답) (a) 공차 내의 부품, (b) ON/OFF 스위치의 위치, (c) 빠진 부품이 없음, (d) 제품의 무게, (e) 신뢰성, (f) 회사의 평판.

39.2 제품 공차가 공정능력지수가 1.0이 되도록 정해져 있다면, 공정이 통계적으로 관리될 때 공차범위 내 부품은 얼마나 되는가? (a) 35%, (b) 65%, (c) 95%, (d) 99%, (e) 100%.

39.3 관리도에서 관리상한선은 다음 중 무엇과 같게 정하는가? (a) 공정평균값, (b) 공정평균값 더하기 표준편차의 세 배, (c) 설계공차의 상한선, (d) 최대 범위 R의 상한치.

39.4 다음 제품 또는 부품 특성 중 R 관리도가 사용될 수 있는 어느 것인가? (a) 표본 중 불합격된 개수, (b) 표본 중 재작업한 부품 수, (c) 회전형 부품의 반지름, (d) 표본값들의 범위.

39.5 다음 중 c 관리도를 적용하기 가장 적합한 상황은 어느 것인가? (a) 결함 부품의 관리, (b) 부품특성의 평균값, (c) 표본 중 결함의 수, (d) 표본에서 결함의 비율.

39.6 관리도에서 관리 상태를 벗어났을 가능성을 보여주는

징후는 다음 중 어떤 것인가? (세 개의 정답) (a) 값의 지속적인 증가, (b) 중심에 가까운 점들, (c) 중심에서 앞뒤로 진동하는 점들, (d) R 관리도에서 관리한계 밖의 R, (e) 중심선보다 약간 위에 지속적으로 분포하는 점들, (f) 관리도에서 관리한계 밖의 .

39.7 전사적 품질경영 프로그램의 세 가지 주요 목표는? (a) 고객만족 달성, (b) DPM의 계산, (c) 지속적인 개선, (d) 제품과 공정의 강건한 설계, (e) 모든 종업원의 참여 독려, (f) 작업팀의 구성, (g) 통계적 공정관리, (h) 무결함.

39.8 다음 중 어떤 식스시그마 척도가 각각 다른 복잡도를 가지는 제품을 직접 비교가능하게 하는가? (a) DPM, (b) DPMO, (c) DUPM.

39.9 다음 중 다구치가 고안한 원리 혹은 방법은? (두 개의 정답) (a) 승인 샘플링(acceptance sampling), (b) 관리도, (c) 손실함수, (d) 파레토 우선지수(Pareto priority index), (e) 강건설계.

39.10 ISO 9000과 관련하여 맞는 문장은? (세 개의 정답) (a) 스위스 제네바의 International Standard Office에 의해서 인증된다, (b) 유럽의 다른 곳에 위치한 Interna-

tional Organization for Standardization에 의해서 개발되었다, (c) 시설에서 사용되는 품질 시스템과 절차에 대한 표준을 확립한다, (d) 시설에서 출하되는 제품과 서비스에 대한 표준을 확립한다, (e) ISO 9000 인증은 시설의 품질 시스템을 인증하는 별도의 인증기관을 통해서 획득한다.

39.11 검사의 두 가지 기본 유형은 변량검사와 속성검사다. 후자의 유형에 사용되는 방법은 다음 중 어느 것인가? (a) 파괴시험, (b) 게이징, (c) 측정, (d) 비파괴시험.

39.12 자동화된 전수검사는 다음 중 어떤 작업을 위해 제조공정과 통합될 수 있는가? (두 개의 정답) (a) 더 나은 제품 설계, (b) 공정을 조정하기 위한 피드백, (c) 100% 완벽한 품질, (d) 불량품과 양품의 분류.

39.13 다음 중 접촉식 검사의 예는 어느 것인가? (a) 삼차원 측정기, (b) 머신비전, (c) 방사선 기술, (d) 스캐닝레이저 시스템, (e) 초음파 기술.

39.14 다음 중 비전시스템의 가장 중요한 응용 분야는 무엇인가? (a) 검사, (b) 물체 식별, (c) 안전감시, (d) 로봇 팔의 시각유도 및 제어.

연습문제

* 표시가 있는 문제는 본 교재에서 제공되지 않는 통계표를 필요로 한다.

공정능력과 공차

39.1 자동 선삭공정에서 직경 6.255 cm의 평균치를 가지는 부품을 생산한다. 이 공정은 통계적 관리 하에 있고, 가공결과의 표준편차가 0.004 cm인 정규분포를 갖는다. 공정능력을 계산하여라.

39.2 위의 문제에서 제품의 설계 규격이 직경 6.250 ± 0.013 cm이다. (a) 공차 한계를 벗어나는 부품의 비율이 얼마인가? (b) 만약 평균직경은 6.250 cm, 표준편차는 동일하게 공정을 조정했다면, 공차한계를 벗어나는 부품의 비율이 얼마인가?

39.3 판재의 굽힘 공정에서 각도 92.1°가 포함된 제품을 생산한다. 이 공정이 통계적 관리 안에 있고, 각도가 표준편차 0.23°인 정규분포를 가진다. 각도에 대한 설계규

격이 90 ± 2°일 때 (a) 공정능력을 계산하여라, (b) 만약 평균이 90°가 되도록 공정이 조정되는 경우의 공정능력지수를 구하여라.

39.4 단면 직경이 28.6 mm인 둥근 제품을 생산하는 플라스틱 압출공정이 있다. 공정은 통계적 관리 하에 있으며, 결과는 표준편차 0.53 mm의 정규분포를 가진다. 공정능력을 계산하여라.

39.5 *앞의 문제에서 제품 직경의 설계규격이 28.0 ± 2.0 mm이다. (a) 공차한계를 벗어나는 부품의 비율이 얼마인가? (b) 공정을 조정하여 평균값이 28.0 mm가 되고, 표준편차는 변동이 없는 경우에 공차한계를 벗어나는 부품의 비율은 얼마인가? (c) 조정된 평균값이

28.0 mm일 때 공정능력지수를 구하여라.

관리도

39.6 크기 $n = 7$인 12개의 표본에 대해서 표본 평균의 평균값 $\bar{\bar{x}} = 6.860$ cm, 표본 범위의 평균 $\bar{R} = 0.027$ cm일 때 다음을 계산하여라. (a) $\bar{x}$ 관리도의 관리상한선과 관리하한선, (b) R 관리도의 관리상한선과 관리하한선, (c) 이 공정의 표준편차 추정치.

39.7 크기 $n = 10$인 9개의 표본에 대해서 표본의 전체평균 $\bar{\bar{x}} = 100$, 표본 범위의 평균 $= 8.5$이다. (a) $\bar{x}$ 관리도의 관리상한선과 관리하한선, (b) R 관리도의 관리상한선과 관리하한선, (c) 주어진 데이터를 기반으로 공정의 표준편차 추정치를 구하여라.

39.8 크기 $n = 8$인 표본 10개를 통계적 관리하의 공정에서 수집하여 측정하였다. (a) $\bar{x}$ 관리도와 R 관리도에 대한 중심값, LCL, UCL를 구하여라. 각 표본에 대해 계산된 $\bar{x}$ 와 R 값은 아래와 같다(단위: mm). (b) 관리도를 완성하고 관리도 상에 표본 값을 표시하여라.

표본	1	2	3	4	5	6	7	8	9	10
$\bar{x}$	9.22	9.15	9.20	9.28	9.19	9.12	9.20	9.24	9.17	9.23
R	0.24	0.17	0.30	0.26	0.26	0.19	0.21	0.32	0.21	0.23

39.9 통계적 관리 하에 있는 압출공정에서 생산된 제품 중에서 $n = 5$의 표본을 7개 준비하여 직경을 측정하였다. (a) 관리도와 R 관리도를 작성하기 위한 중심선, 관리상한선, 관리하한선 값을 결정하여라. 각 표본에 대해 계산된 $\bar{x}$와 R 값은 다음과 같다. (b) 관리도를 완성하고 관리도 상에 표본 값을 표시하여라.

표본	1	2	3	4	5	6	7
$\bar{x}$	2.505	2.497	2.487	2.51	2.49	2.495	2.515
R	0.025	0.028	0.035	0.05	0.02	0.033	0.043

39.10 p 관리도를 그리려고 한다. 25개의 부품으로 구성되는 6개의 표본이 수집되었으며, 각 표본 당 결함의 수는 평균 2.75이다. 중심선, 관리상한선, 관리하한선을 결정하여라.

39.11 p 관리도를 구성하기 위해 동일한 크기의 10개의 표본을 수집하였다. 10개 표본에 포함된 총 부품수는 900이고, 결함의 총 수는 117이다. p 관리도의 중심선, 관리상한선, 관리하한선을 구하여라.

39.12 집적회로의 실리콘 공정에서 양품의 비율이 91%이며, 웨이퍼 당 칩의 수는 200이다. 이 공정에 대한 p 관리도의 중심선, 관리상한선, 관리하한선을 구하여라.

39.13 어떤 p 관리도의 LCL과 UCL이 각각 0.19와 0.24이다. 이 관리도에 사용된 표본의 크기 n을 구하여라.

39.14 어떤 p 관리도의 LCL과 UCL이 각각 0과 0.20이다. 이 관리도와 부합하기 위한 표본의 최소크기 n을 구하여라.

39.15 자동차 공장에서 12대의 자동차가 최종 조립 후에 검사를 받는다. 검사결과 자동차 한 대당 87과 139개 사이의 결함이 발견되었고, 평균치는 116이었다. 이 상황에서 사용될 수 있는 c 관리도에 대한 중심선, UCL, LCL을 구하여라.

품질 프로그램

39.16 터빈블레이드를 주조하는 공장에서 품질에 큰 영향을 미치는 여덟 가지 특성에 대한 검사를 수행한다. 전 달에 1,236개가 생산되었는데, 검사에서 47개의 결함이 발견되었고, 29개에는 한 가지 이상의 결함이 있었다. 이 데이터에 대해서 식스시그마 프로그램의 DPMO, DPM, DUPM을 계산하고 각각을 해당 시그마 수준으로 변환하여라.

39.17 앞의 문제에서 품질 성능을 DPM의 세 가지 척도에서 모두 5.0 시그마 수준으로 향상시키려면 연간 15,000개 생산량의 경우 몇 개의 결함과 불량품이 허용되는가? 품질 평가를 위해서 앞에서와 동일하게 여덟 가지의 특성이 사용된다고 가정한다.

39.18 자동차 최종조립 공장 검사부서에서 고객 만족에 중요하다고 판단되는 55가지의 품질 특성에 대해서 검사한다. 검사부서에서는 소비자 보호기관에서 사용하는 것과 동일한 척도로 100대당 발견되는 결함의 수를 센다.

한 달 동안 16,582대의 자동차가 조립되었는데 총 6,045개의 결함이 발견되었고, 이는 100대당 36.5개의 결함에 해당된다. 또한 1,955대의 자동차에서는 한 개 이상의 결함이 발견되었다. 이 데이터에 대해서 식 스시그마 프로그램의 DPMO, DPM, DUPM을 계산하고 각각을 해당 시그마 수준으로 변환하여라.

39.19 어떤 회사에서 중요치수가 93.75 ± 0.0625인 부품을 생산한다. 고객은 공차를 벗어나는 제품을 반품하는데, 이때 재작업과 교체 비용으로 $200가 소요된다. (a) 식 (39.13)의 다구치 손실함수에서 상수 k를 구하여라.

레이저 측정 기술

39.21 레이저 삼각측량 시스템에서 레이저가 수직방향에서 35도의 각도로 설치되어 있다. 작업대와 광검출기 간의 거리는 60 cm이다. 이때 다음의 값을 계산하여라. (a) 부품이 없을 때 레이저와 광검출기 간의 거리, (b) 레이저와 광검출기 간의 거리가 30.125cm일 때 부품의 높이.

(b) 공차를 ±0.0025로 줄이기 위해서 연삭공정을 추가할 수 있다. (a)의 손실함수를 이용하면 새로운 공차로 인한 손실 값은 얼마인가?

39.20 앞의 문제에서 추가 공정으로 인해 현재 원가 $13.50에 추가적인 비용이 $2.00 늘어난다. 만일 공차가 ± 0.0625일 때 반품 비율이 2.1%이고, 새로운 공차기준을 적용하여 반품비율을 0으로 줄이고자 한다면 회사는 연삭공정을 추가해야 하는가? 이 질문에 대해서 다구치 손실함수를 고려하지 않고 원가와 반품 비율만 사용하여 답하여라.

39.22 강철 블록의 높이를 측정하기 위해서 레이저 삼각측량 시스템이 사용된다. 광민감형 검출기가 작업표면 위 750.00 mm에 위치하고 레이저는 수직방향에서 30.00도의 각도로 설치되어 있다. 작업대에 부품이 없을 때 광센서에 레이저 반사점의 위치가 기록된다. 작업대에 부품을 위치시킨 다음에 반사점이 레이저 방향으로 70.000 mm 이동하였다. 이때 부품의 높이를 구하여라.

찾아보기

ㄱ

가공경화 51, 137
가공공정 10, 12
가공시간 623
가교결합 284, 311, 333
가단주철 132, 264
가로이송대 543
가마 396
가변라우팅 970
가상모형 832
가상조합부품 985
가소성 392
가소성제 398
가소제 179, 335
가속도계 908
가스 경화법 339
가스금속 아크용접 754
가스보호 유심용제 아크용접 756
가스분무법 372
가스질화 698
가스침탄 698
가스텅스텐 아크용접 758
가시모양 369
가압박음 15, 817, 898
가열분무 725
가정용 금속 사이딩 499
가황 12, 333, 338, 802
가황처리 191
각 간극 473
각도기 94
각속도 센서 908
각주형 537
간극 472
간접압출 445, 446, 448
간접 연소로 259
간판 1025

갈바나이징 714
감기스풀 671
감소율 484
감압테이프 805
강 264
강건설계 1044, 1046
강도 241, 326
강도계수 51
강도-중량비 74
강성 326
강절삭 등급 594
강철 9
강철자 89
강화반응사출성형 353
강화유리 278
강화재 196, 345
강화제 179
강화충진제 206
강화플라스틱 179
개금형 347
개금형단조 431
개루프 939
개루프 시스템 939
개방 셀 324
개방형 레이아웃 988
개방형 주형 220
개방형라이저 233
개변 99
개별공정생산 1013
개별생산 17
개체 간 잡음인자 1046
갭 프레스 494
갭(gap) 프레임 494
갱드릴링머신 552
거대분자 170
거친피치 810

거칠기 96
거터 440, 499
건 드릴 602
건식가공 608
건식 스피닝 300
건식 에칭 911
건식플라즈마 에칭 865
건조 723
건조 가압법 395
건조사주형 241
걸쇠박음 819
게린(Guerin) 공정 490
게이지블록 88
게이지측정 87
게이징 1055
게이트 304
격판 341
견고 발포 324
결정 수율 872
결정립 38
결정립 간의 파괴 99
결정립경계 39
결정립 적층성장 744
결정자 176
결정질 39
결정질 세라믹 9
결정화도 176
결정-슬라이스 수율 873
결함 36
결함의 식별 1055
결합제 207, 375, 381, 398, 638, 722
결합파괴 644
겹치기이음 738, 816
겹침 99, 102
경 사도 87
경납금속 792

경납용접 797

경납용제 794

경납접 15, 792

경다양성 6

경도 58

경도변화 99

경도시험 58

경사각 516

경제적 주문량 1018

경제적인 생산 수량 326

경질 고무 190

경화 187, 311, 350, 723, 802

경화(가황)고무 190

경화능 696

경화시간 802

계량부 287

계량형(variables) 관리도 1037

계수형(attributes) 관리도 1037

고강도 109

고강도저합금 125

고강성 109

고령토 149, 153

고로 115, 117

고무 167, 333

고무 결합제 638

고무나무 191, 334

고무벨트 342

고무호스 342

고밀도 폴리에틸렌 168, 186

고밀도집적 848

고분자 9

고분자기지 344

고분자기지 복합재 196, 204

고분자기지 복합재료 333, 343

고분자용융체 285

고분자재료 61

고분자화합물 8

고상선 75, 227

고상소결 377

고상용접 736, 749

고상(solid-state, 고체) 전자 847

고속가공 575

고속도강 129, 589, 590

고속이송속도 575

고속자동공구교환 575

고압증기법 339

고에너지속도 성형 498, 502

고온 가압법 398

고온 경도 62

고온 용융제 805

고온경도 588

고온경화 723

고온고압용접 775

고온공기터널법 339

고온금형단조 444

고온딥핑 714

고용체 110

고용한계선 697

고정 게이지 92

고정구 552

고정금속 776

고정라우팅 970

고정력 485

고정부 303

고정위치 배치 17

고정판 304

고정형 냄비로 259

고주파유도용접 766

고주파저항가열법 700

고주파저항용접 766

고진공용접 771

고착 416, 423

고착마찰 416

고체개재물 781

고충격폴리스티렌 186

고탄성고분자 10, 42, 311

고탄소강 125

고형주조법 393

고화 187

고효율구간 628

곡률 357

공구 622

공구감시 561

공구강 127, 253

공구교환시간 623

공구대 543

공구동력계 524

공구류 16

공구마모 616

공구선반 546

공구수납고 561

공구수명 585, 616

공구연삭기 651

공구-칩 열전대 531

공극 36

공극률 366, 371

공급부 287

공급스풀 671

공급품 5

공기 탄소 아크절단 675

공기건조 시트 335

공동 781

공동부 576

공석조성 117

공용품목 1020

공유결합 32

공작기계 3, 15, 518, 570

공장 부하 1027

공장데이터수집시스템 1028

공장배치 17

공장시스템 3

공장용량 7

공장패킷 1026

공정 7

공정 다이접합 871

공정 변수 939

공정계획 622

공정능력 1035

공정능력지수 1035

공정별 배치 17

공정시간 302

공정온도 114, 228

공정절차서 983, 1002

공정조성 228

공정파라미터 939

공정풀림 692

공정합금 114, 228

공중합체 175

공차 85, 86, 327

공칭변형률 47

공칭응력 47

공칭표면 95

과공석강 117

과냉 75

과냉액체 40

과도굽힘 479

과도비산 782

과시효 697

과열량 223

과학적 관리 운동 3

관리도 1036

관리상한선 1037

관리하한선 1037

관성 마찰용접 777

관통 구멍 550

관통형 실장 869

광 제조 917

광리소그래피　856
광물성 오일　416
광원　919, 951
광전지　951
광조형법　833, 834
광택부　471
광학 센서　908
광학 유리　161
광학현미경　923
광화학가공　681, 916
교시형 프로그래밍　962
교정　482
교차결합　336, 338
교차결합 중합체　174
교차결합촉진제　179
교차와이어용접　765
교호(alternating) 공중합체　176
구동 메커니즘　498
구리　712
구리-니켈계　111
구멍　327
구배　327, 422, 440
구분 선　412
구성인선　522
구속나사체결구　812, 813
구조용 발포 성형　310
국부론　2
국부응고시간　226
국제시스템　87
굴곡시험　55
굵은 모래 연마　261
굽기　153, 389, 396
굽힘　410, 476, 482
굽힘 여유　478
굽힘공정　55
굽힘력　479
굽힘시험　55
궤도단조　443
귀금속　30
귀환행정　563
규소　164
규암　852
규화물　863
균열　99, 102, 781
균질중합체　175
그래프트(graft) 공중합체　176
그레이스케일 비전　1054
그루브　565
그룹 테크놀러지　19, 983

극강화열경화성수지사출　353
극고밀도집적　848
극압윤활　607
극자외선 노광기술　925
극자외선 리소그래피　859
극형 권선　354
근사순형상　219, 365, 383, 412, 419
근사순형상(near net shape) 공정　628
근접 인쇄　856
근접/범위 센서　908
긁음　643
금　863
금속　8, 109, 199
금속 결합제　638
금속 박판의 이방성　488
금속 사출성형　380
금속 샷　261
금속 열팽창　40
금속결합　33
금속기지 복합재(MMCs)　197, 206, 400
금속박판　502
금속박판가공　469
금속배선　863
금속분말산업협회　384
금속분무　725
금속성형　407
금속욕조법　797
금속판재　409
금속학적 시험　783
금속화　725
금형　304, 407, 492
금형강　253
금형공동　301, 304
급속 조형 및 제조　833
급속조형　831
기가규모집적　848
기계부하　1027
기계식 프레스　439
기계용접　737
기계적 게이지　91
기계적 시험　783
기계적 아연도화　726
기계적 열성형　322
기계적 조립 방법　15
기계적 탐침　1049
기공　309, 781
기공부피　371
기냉경화　129
기본분말　371, 383

기술　1
기어　383
기어 버니싱　574
기어 브로칭　571
기어 셰이빙　571, 574
기어 셰이퍼　565, 574
기어 셰이핑　571, 572
기어 연삭　571, 574
기어 이　565
기어 호빙　571, 572
기어전조　428
기울임형 냄비로　259
기준생산계획　1015
기질　95
기초 공정　1001
기포막포장　322
긴급성비율　1028
길들임 기간　584, 644
깊이측정용 마이크로미터　91
껍데기판　310
끝단이음　738

ㄴ

나노가공　925
나노과학　903
나노기계　918
나노기술　23, 903
나노스케일　903
나노 임프린트 노광기술　925
나노전자 기계시스템　918
나노 접촉 프린팅 공정방법　925
나노 클러스터　926
나사　810
나사가공　543
나사게이지　93
나사 다이스　568
나사밀링　569
나사산　567
나사식 프레스　439
나사연삭　569
나사인서터　812
나사인서트　812
나사전조　427
나사절삭 선반　538
나사절삭기　569
나사체결구　15, 810
나선각　569, 601
나선법　342
나선전위　36

나선핀 819
나선형 권선 354
나일론 168, 185
난류 223, 451
날준비 600
납기우선 1028
납땜 총 800
내마모성 588
내면브로칭 565
내면센터리스연삭 650
내면원통연삭 648, 649
내부 라이닝 341
내부 잡음인자 1046
내부측정용 마이크로미터 90
내부측정용 캘리퍼스 89
내부칠 231
내부혼합기 336
내충격 공구강 129
내충격성 326
내화금속 142, 863
내화세라믹 150, 155
냄비로 259, 272
냉가압실 다이캐스팅 기계 253
냉각롤 압출 297
냉각 시스템 304
냉각제 606
냉간 412
냉간가공 146, 412
냉간가공용 공구강 129
냉간가압법 400
냉간단조 137
냉간 등방정압 가압법 380
냉간롤용접 775
냉간압출 447
냉간용접 775
냉간인발 300
냉동건조법 397
너클 조인트 498
너트 810
널 93
널링 543
널핀 819
네오프렌 193, 677
네킹 48
노광기술 856, 911
노내경납접 796
노듈러주철 264
노말라이징 692
노즈반경 516, 598

노즈반경마모 583
노치마모 583
노칭 475, 495
녹색 제조 22
논리층 888
농도구배 78
누설류 291
누프경도값 60
누프(Knoop) 경도시험 60
눈수 368
뉴턴유체 65, 285
니 558
니켈 125
니켈-기저 합금 145
니켈도금 712
니켈 모재 크롬 카바이드 400
니켈 모재 티타늄 카바이드 400
니켈합금 265
니트릴고무 193
니팅 342
니형 558

ㄷ

다결정 38
다공성 석고 392
다듬질 공정 571
다듬질 작업 1002
다량생산 19
다우얼핀 818
다이 409, 847
다이각 451
다이슈 357
다이싱킹 556, 558, 667, 671
다이아몬드 163, 637
다이얼 게이지 91
다이얼 인덱싱 장치 979
다이캐스팅 251
다이특성 292
다이팽윤 68, 286, 315, 336
다인공구 516
다중벽 나노튜브 920
다중탐침 870
다중탐침 수율 873
다축 546
다축드릴링머신 552
다축바머신 546
다층기판 882, 887
닥터블레이드 301, 337, 399
단기계획 1014

단동 498
단두식 밀링머신 559
단량체 170
단류선 434
단말작동체 961
단면 두께 266
단면가공 542
단면감소율 49
단면기판 882, 887
단섬유 357
단속운동용접 764
단속적 운반 973
단속절삭 554
단순각도기 94
단순 금형 493
단위동력 528
단위작업 10
단위체 9, 42
단인공구 516
단인공구 나사가공 568
단일 구배 455
단일기계 셀 986
단일모델 생산라인 19
단일벽 나노튜브 920
단일작업장 조립셀 980
단자 블록 900
단접 774
단조 55, 382, 409, 429
단조 금속 110
단조금형 439
단조 프레스 430, 439
단조해머 16, 430, 438
단주형 플레이너 564
단차피복 863
단축 546
단축바머신 546
닫힌 기공 369
담금질 11
대기압 화학 증착 721
대량다듬질 652, 706
대량생산 6, 19, 1013
데이탱크 272
덴드라이트성장 227
도가니로 259
도금 797, 886
도금 관통홀 890
도금막 141
도우 몰딩 컴파운드 346
도장 310

도핑 709, 862
독립수요 1016
돌기부 822
돌리개 544
돌출탭 822
동 축도 87
동력 드롭해머 439
동력 스피닝 500
동력 직조기 3
동력이용 교시 962
동력전단기 471
동력활톱 566
동소체 35
동시공학 1008, 1010
동시적 운반 973
동작점 292
동적 마찰 483
동합금 265
두 용기 방법 1019
두꺼운 후판 성형 컴파운드 346
둥근톱작업 567
듀로미터 60
듀얼인라인 패키지 869, 890
듀플렉스 스테인리스 127
드래프트 266
드래프트 각 327
드레싱 645
드레싱(dressing) 공구 163
드로우굽힘 505
드로잉 410, 481
드로잉 비 484
드로잉 컴파운드 483
드로잉력 485
드롭해머 438
드릴 549
드릴 프레스 518
드릴링 14, 515, 543, 549
드릴비트 549
드릴지그 552
드릴프레스 538, 549
들어올림형 도가니 259
등급 1034
등방성 413, 488, 864
등방정압 가압법 380, 398
등온단조 444
등온성형 413
등온압출 447
디바이더 89
디바인딩 399

디지타이징 1053
디지털-아날로그 변환기 943
디팰릿타이저 971
디프그라인딩 651
디핑 337
딤플링 822
딥드로잉 130, 410, 476
딥주조 338
딥코팅 723
딥-펜 나노 노광기술 928
뜨거운 인산 864
뜨임 11
뜨임처리 134
띠톱작업 566

ㄹ

라디안 57
라이너 340
라이저 221
라인밸런싱 1004
라인작업시간 975
라텍스 191, 334
래디얼 단조 441
래스터스캐닝 840
래핑 103, 513, 654
랙 571, 880
랙 도금 712
랜덤오차 87
랜드 440, 460, 882
랜싱 489
램 414, 438, 494, 563
램 방전가공 671
램밀링머신 559
랩 654
랩제 654
런던힘 33
레벨 센서 908
레어 278
레이 96
레이돔 349
레이들 260
레이디얼 타이어 339
레이디얼드릴링머신 552
레이온 168, 184, 345
레이저 673, 772
레이저 빔 가공 916
레이저 증착법 926
레이저가공 673, 682
레이저빔가열법 701

레이저빔용접 735, 772
레지노이드 결합제 638
레지스트 677, 858
레지스트 박리 858
렌트의 법칙 868
로듐 144
로봇용접 737
로스트왁스 공정 246
로스트패턴 공정 244
로스트폼 공정 244
로커암 점용접기 762
로크웰(Rockwell) 경도시험 59
롤 408
롤 교정 499
롤 굽힘 498, 499, 505
롤 방식 301
롤 벤딩 410
롤 성형 498, 499
롤 점용접 764
롤 피어싱 429
롤단조 442
롤러 다이 337
롤러밀 392
롤링 723
롤오버 471
롤용접 775
롤코팅 805
롤-패스 설계 426
루타일 139, 157
루테늄 144
루프 레이아웃 988
리노타입 252
리드타임 575
리머(551
리모나이트 117
리밍 543, 551
리벳 15, 816
리본케이블 898
리브 440
리소그래피 850, 855
리클램핑 544
리프트오프 기술 913
린 생산 20, 1024
릴 399
림 341
립드스모크드 시트 335
링게이지 93
링압연 428

ㅁ

마그네슘합금 265
마그네타이트 117
마레이징강 129, 253
마르텐사이트 693, 694
마르텐사이트계 스테인리스 127
마모 814
마스칸트 677
마스크제거 677
마스킹 677
마스터 게이지 92
마스터다이 246
마스터배치 336
마이크로 구조물 905
마이크로 센서 904
마이크로 시스템 905
마이크로 액추에이터 905
마이크로 임프린트 노광기술 915, 925
마이크로 접촉 프린팅 915
마이크로 접촉 프린팅 공정 925
마이크로가공 23
마이크로기계 903
마이크로시스템 기술 903
마찰 643
마찰각 526
마찰교반용접 778
마찰력 523, 524
마찰용접 736, 776, 777
마찰톱작업 567
막힌 구멍 550
만네스만 공정 429
만능머시닝센터 561
만능밀링머신 559
만드렐 295, 355, 429, 504
말레산무수물 188
망간 125
망상구조 174
맞대기이음 738
매니퓰레이터 958
매질 707
매출주조법 393
매치드 다이성형 351
매치플레이트 패턴 239
매트 345
맥동(pulsating) 직류전원 공급장치 669
머 338
머레이징 696
머쉬존 227
머시닝센터 560, 561, 562, 958

머신비전 892, 1052
멈춤링 819
메소포타미아 218
멜라민-포름알데히드 188
면결함 36
면심입방격자 35
면심입방체 919
면판 544, 545
모따기 402, 543
모방밀링머신 558, 560
모서리 266
모서리 굽힘 477
모서리검출 1054
모서리이음 738
모서리전위 36
모재(matrix) 10
몬드 공정 719
몰드강 129
몰딩컴파운드 345
몰리브덴 125
몰리브덴계 고속도강 591
몰리브덴합금 142
무결함 1034
무기용제 800
무기접착제 804
무부식금속 137, 143
무삽입력 900
무슬립점 422
무전해도금 713, 911, 916
무플래시단조 430, 437
물레 394
물리 증착법 716
물리기상증착 911
물리적 블로잉제 324
물리적 증착법 15
물분무법 372
물성향상 작업 1002
물성향상공정 12
뭉침현상 368
미국시스템 87
미국재료시험학회 130
미국철강협회 123
미국품질관리학회 1033
미세가공 683
미세경도 프로파일 102
미세구조 검사 102
미세기공 262
미세전자기계 시스템 903
미스런 261, 263

미절삭 칩두께 549
미터시스템 87
민감도 942
밀도 74
밀링 14, 515, 553
밀링머신 518, 538, 553
밀링커터 553
밀봉 공정 323

ㅂ

바나듐 125
바느질 820
바머신 546
바이스 552
바이오플라스틱 181
바터밍 479
박막 자기 헤드 906
박막적층공정 15
박판 284, 297, 419
박판 몰딩 컴파운드 346
박판가공 409
박판금속 가공 409
박판몰딩컴파운드 351
박판적층 공정 838
박편 130, 200, 345
박화현상 483
반건조 가압법 394
반금속 30
반데르발스(van der Waals) 결합 170
반데르발스(van der Waals) 힘 33
반도체 81
반원심주조 256
반응사출성형 311, 353
반응성이온에칭 865
반응시스템 탄성중합체 191
반자동금형 313
반죽 390
발사간격 661, 675
발주리드타임 1020
발주점 시스템 1017
발포 284, 310, 324, 352
발포 고분자 324
발포 폴리스티렌 주조 공정 244
밤부잉 296
방사 326
방사경화 723
방사선 기술 1055
방사선검사 783
방사형 리드 890

방적기 3

방전가공 668, 916

방전와이어커팅 671

방향성응고 231

배럴 254, 822

배럴 도금 712

배럴다듬질 707

배럴링 54, 431

배분력 524

배압 290

배압 유동 290

배출주조법 393

배치 생산 18

배치형 455

배터리 919

백 릴리프 459, 460

백 성형 348

백래쉬 621

백색도자기 150

백주철 131, 264

백플레인 881

밴버리믹서 336

밸런싱 효율 976

뱃치로 699

버 471, 629, 667

버니싱 571

버니어 캘리퍼스 89

버키볼 919

버터코트 886

버트 445

버핑 261, 655

벌집 204

벌크 몰딩 컴파운드 346, 351

범용장비 16

법랑에나멜링 724

벗김 803

베드 494, 543

베드형 558, 559

베르누이 정리 223

베벨 기어 571

베벨각도기 94

베서머 전로 115

베어링 383, 648

베어링 레이스 649

베어링 면 460

베이나이트 693

베이어 공정 398

베이크라이트 168, 188

벨트 341

벨트샌딩 652

벨티드 바이어스 타이어 339

벽 두께 326, 327

벽 인자 505

벽개 56

벽에서의 주름 488

변동성 618

변량검사 1047

변성형 CAPP 시스템 1006

변형 아크릴 805

변형각도 57

변형경화 39, 51, 53

변형경화지수 51

변형공정 13

변형률 48

변형률속도 414

변형률속도 민감도 414

변화층 96

변환코팅 714

보간 948

보강재 333

보강층 342

보라존 158

보락스 164

보링 218, 543, 547

보링머신 538, 547

보링바 547

보빈 300

보스-아인슈타인 873

보정 531

보크사이트 132, 154

보통 산소 전로 115, 119

보통선반 543

보통정면밀링 555

복동 498

복동 프레스 498

복수 사출성형 공정 310

복수기계 셀 986

복수작업장 조립셀 980

복식 절삭공정 576

복합재 109

복합재료 8, 10, 169, 333

복합체결구 822

볼밀 141, 392

볼스터 판 494

볼트 810

봉 540

봉재 419

봉재 인발 455

봉합 820

부 가스 675

부분적인 자연분해성 플라스틱 181

부분정면밀링 555

부식계수 678

부식액 678

부싱 492, 648, 649

부울 849, 852

부유선광 137

부적절한 윤곽 782

부타디엔-아크릴로니트릴 고무 194

부틸고무 193

부품 5

부품군 983

부품식별 1055

부품취급시간 623

분단 475

분류 272

분리면 304

분리선 221, 304, 439

분말 367

분말 금속 110

분말 사출성형 380

분말압연 381

분말야금공정 365

분말코팅 724

분무 301, 337, 724, 805

분무공급 608

분무법 371

분무코팅 723

분사 적층공정 349

분사건 349

분쇄 390

분자 내의 결합 32

분자빔 에피택시 862

분지 중합체 174

분할 543

분할 패턴 239

불규칙(random) 공중합체 176

불소화물 794

불연속 섬유 197

불연속칩 521

불완전 용융 781

불완전 형상 782

불완전성 36

불편정규분포 954

불포화 폴리에스터 188, 344

불화수소산 864

붕괴성 241

붕사 794
붕산염 794
붕소 164, 198
붕화 698
붕화법 709
브러싱 723
브레이딩 342
브로치 565
브로칭 565
브로칭머신 565
브로칭프레스 565
브리넬 경도값 58
브리넬 경도시험 58
브리스터동 137
블랭크 471
블랭킹 471
블랭킹력 474
블로우몰딩 315
블로우포밍 319
블로우-블로우 274
블로잉 66, 274, 298
블록(block) 공중합체 176
블룸 420
비강절삭 등급 593
비교 측정기기 91
비누 416
비동시적 운반 973
비드코일 341
비딩 480, 822
비말침착 공정 837
비소모성전극 751
비아홀 884
비에너지 528
비역회전 압연기 426
비열 76
비영향 모재부 745
비유리질화 159
비접촉검사 1049
비정질 39, 151
비주형상자주조 241
비중력 74
비진공용접 771
비철계 110
비철계 주조합금 265
비철금속 9, 132
비축생산 1017
비커스 경도 59
비커스(Vickers) 경도시험 59
비트 800

비트리파이드 결합제 638
비틀림시험 56
비파괴검사 783
비파괴시험 1047
비파괴평가 1047
비행판 776
비회전형 537
빌딩 드럼 341
빌렛 408
빌릿 419, 420
빙정석 133
뼈대 339

ㅅ

사각전단기 471
사기그릇 155
사다리형 레이아웃 988
사선 플라이 타이어 339
사슬중합 171
사암 153, 636
사용온도 326
사이더라이트 117
사이드밀링 555, 558
사이징 378
사인바 94
사점 294
사출 블로우몰딩 316
사출부 306
사출성형 12, 301, 380
사형주조 238, 247
사후 함침 354
산 무수물 188
산성(acid) 수용액 864
산소가스용접 734, 735
산소수소용접 769
산소아세틸렌용접 767
산소연료가스용접 767
산소절단 676
산업용 로봇 958
산업혁명 2
산청정 706
산피클링 706
산화막 96
산화물 412
산화아연 338
산화알루미늄 596, 637
산화코팅 140
삼두식 밀링머신 559
삼중합체 176

삼차원측정기 1049
삽입구멍 884
상 110
상면경사각 597
상부라이저 233
상부판 341
상온경화 723
상평형도 111
상향식 접근법 924
상향절삭 555
상형 221
상형-하형 패턴 239
상(phase) 10
샌드블래스팅 706, 794, 804
샌드블로우 262
샌드워시 263
샌드위치 성형 310
샌드위치구조 203
샌딩 310
생명기술 909
생사주형 241
생산 4
생산계획 1013
생산관리 1013
생산능력계획 1020
생산라인 972
생산설비 17
생산수량 6
생산용량 7
생산지시 간판 1025
생산흐름분석 983
생성가공 538
생체모방 928
생체세라믹 150
생형 396
생형강도 375
생형밀도 375
생형부품 389
샤크스킨 296
샷 706
샷피닝 706
서멧 157, 207, 400, 589, 593, 594
서브머지드 아크용접 757
석고원판 394
석고원판 성형 394
석고주형 주조 247
석영 153
석출경화 696, 697
석출경화 스테인리스 127

석출법   373
석출처리   697
석회석   117
선결함   36
선단각   601
선단여유각   597
선몰딩 패키징   872
선반   540
선부하   815
선삭   14, 515, 540
선재 인발   455
선철   115, 119, 258
선택적 레이저 소결 공정   840
선택적 에칭   99
선행조건   976
선형 마찰용접   778
선형 중합체   174
섬유   197
섬유강화 고분자   204
성형   13
성형력   431
성형주조   217
세라믹   8, 9, 109, 149, 199, 389
세라믹 절연체   150
세라믹 패키지   872
세라믹기지 복합재   197
세라믹기지 복합재료   400
세라믹주형 주조   248
세로홈드릴   602
세미노칭   475
세미솔리드 금속주조   254
세밀피치   810
세장비   369
세척   677
세트나사   811
센터 간 최대거리   544
센터드릴   551
센터드릴링   551
센터리스연삭   649
센터링   551
셀 밀도   324
셀 주조   323
셀로판   168, 184
셀룰로오스   184
셀룰로오스아세테이트   168
셀룰로이드   168
셀형 고분자   324
셀형 배치   19
셀형 생산   18

셋팅   817
셰브론 균열   454
셰이퍼   538, 563
셸락 결합제   638
셸주조   243
소결   15, 365, 373, 377, 396, 399, 725
소결다결정 다이아몬드   589, 596
소노트로드   779
소량생산   5, 17
소모마모   644
소모성전극   750
소모성주형   220
소비재   5
소성 가압법   394
소성 변형   470
소성 성형법   393
소성가공   407
소성변형   37, 99, 584
소성영역   51
소성조건   392
소요동력   616
소재제거율   541
소켓   900
소킹   420, 692
소킹 피트   420, 427
소프트베이크   858
속도선반   546
속성검사   1047
손실함수   1044
손톱시험   100
솔기   102
솔더링   114
솔리드 자유형 제작   833
솔리드 패턴   239
솔질   805
수나사   568
수나사부품   427
수냉경화 공구강   129
수동 교시   962
수동 데이터 입력   958
수동 롤러   805
수동 스피닝   500
수동 적층   348
수동공급   608
수동구동   1050
수동금형   313
수동압연   349
수동조립라인   974
수명주기 감안설계   1010

수상구조   262
수성유제   416
수소결합   33, 34
수송체   381
수작업 납땜   800, 891
수작업 모델링법   393
수작업 몰딩법   394
수작업 선반법   394
수지 트랜스퍼 몰딩   352
수지 함침   356
수지사출성형   352
수지침투가공재   347
수지침투가공재 권선   354
수직띠톱   566
수직마찰력   523, 524
수직머시닝센터   561
수직밀링머신   558
수직보링머신   547
수직브로칭머신   565
수직선반   544
수직전단력   524
수직터릿선반   549
수직형 원심주조   256
수축 공동   262
수축공   781
수축박음   75, 819
수퍼피니싱   103, 513
수평머시닝센터   561
수평밀링머신   558
수평보링머신   547
수평브로칭머신   565
수평선반   544
수평형 원심주조   255
순수탄소강   123
순형상   169, 219, 283, 365, 383, 412, 419
순형상(net shape) 공정   14, 628
숫돌 등급   639
숫돌 조직   638
숫돌로딩   644
쉐이라이트   156
쉐이빙   476
슈퍼피니싱   655
스내그연삭기   651
스냅게이지   93
스냅링   819
스미스소나이트   140
스웨이징   441
스윙   544

스캡 263
스퀴즈주조 254
스크랩 258
스크레로스코프 60
스크루 예비가소 사출기 306
스크류 254
스크린레지스트 677
스크린프린팅 885
스키밍 337
스탬핑 409, 421, 470
스탬핑(stamping) 금형 470, 492
스탬핑 프레스 470
스터드 812
스터드용접 759
스테레오리소그래피 836
스테아르산 338
스테인리스강 126
스텐실 678
스텝모터 949
스톱 492
스툴 122
스트래들밀링 555, 558
스트랜드주조 122
스트레치 블로우몰딩 317
스트레치 성형 410
스트레치포밍 53
스트리퍼 492
스트립 409
스트립 도금 712
스트립 전개 493
스티렌 186
스티렌-부타디엔 고무 193, 195
스티렌-부타디엔-스티렌 195
스틱슬립 651
스틸벨티드 레이디얼 340
스파이더 295
스파크 669
스파크 소결법 382
스팰러라이트 140
스퍼 기어 571
스퍼터링 717, 718, 863
스퍼터링 에칭 865
스페이드 드릴 603
스폿페이싱 551
스프라킷 383
스프레딩 422
스프로켓 571
스프링백 478
스플라인 571

스피너레트 300
스피닝 273, 299, 410, 498, 500
스핀 단조 501
스핀들 89, 648
슬라이드 494
슬라이드 캘리퍼스 89
슬래그 117
슬래브 419, 420
슬러그 471
슬러리 135, 392, 661
슬러리법 709
슬러시 주조 249, 323
슬러지 400, 666
슬로팅 475, 554, 558, 566
슬롯 565
슬롯밀링 539
슬롯용접 739
슬리브 295
슬립 37, 392, 725
슬립면 37
슬립방향 37
슬립주조 392
슬릿 297, 545, 568
습식 권선 354
습식 스피닝 300
습식 에칭 911
습식적층 348
습식화학 에칭 864
시각검사 889
시간 소모 515
시드 853
시멘타이트 117
시멘트 150
시멘트카바이드 593
시밍 480, 822
시스템 7
시아론 158, 596
시안계 아크릴 805
시트 832
시효 697
시효경화 697
식스시그마 1036
신디오택틱 174
신복합재 205
신소재 세라믹 155, 389
실록산 189
실리카 9, 149, 153, 158
실리케이드 결합제 638
실리코나이징 709

실리콘 168, 189, 805, 864
실리콘 공정 850
실리콘 중합체 189
실리콘카바이드 154, 156, 637
실크 스크리닝 805
실험기구 유리 160
심압대 543
심압대 센터 544
심용접 739
싸이올 925
쌍극자힘 33
쌍롤밀 336
쌍정 38
쌍주형 플레이너 564
써마이트 773

○

아공석강 117
아날로그 센서 941
아날로그-디지털 변환기 942
아닐링 278, 692
아라미드 185
아르키메데스 원리 242
아미노 플라스틱 188
아버 558
아세탈 184
아세트산 864
아세틸렌 676
아연도강 140
아연도금 712
아연합금 265
아이소택틱 174
아이어닝 489
아일릿 816
아크릴 184
아크릴 박판 323
아크시간 750
아크용접 734, 735
아크절단 공정 674
아크타격 782
악력기 961
안내롤 298
안내면 543
안료 179, 722
알루미나 9, 149, 154, 156
알루미나세라믹 589
알루미나이징 709, 714
알루미늄 864
알루미늄합금 265

알칼리성 청정　705
알키드　189
압력 센서　908
압력 열성형　319
압력가스용접　770
압력연결　897
압력패드　476
압반　652
압연　55, 408, 420
압연기　426, 648
압축　45, 375
압축 좌굴　488
압축공정　55
압축굽힘　505
압축부　287
압축생형　375
압축성형　312
압출　55, 287, 336, 356, 409, 444
압출 금형　451
압출 블로우몰딩　315, 316
압출기 특성　291
압출물　287
압출배럴　287
압출법　394
압출비　447
압출압력　452
압출판　445, 454
압하력　423
압하율　422
앞날각　598
애노다이징　715
액상 단량체　832
액상 소결법　382
액상선　75, 227
액슬　648
액체질화　698
액체침탄　698
액체-금속 단조　254
액추에이터　905, 942
앤빌　89, 438
얀　345
양각금형　320
양극　82
양두식 밀링머신　559
양면기판　882, 887
양성 포토레지스트　856
양자역학　922
양쪽공차　86, 1035
양판금형　304

어택틱　174
언더컷　384, 629, 678, 782, 864
언더필　782
업셋단조　431
업셋용접　766
업셋팅　431, 440
엇걸이(Scarf)이음　792
에보나이트　168
에칭　677, 858, 863, 885
에칭선택성　864
에틸렌　705
에틸렌글리콜　188
에틸렌-프로필렌 고무　194
에폭사이드　188
에폭시　168, 344, 805
에폭시 다이접합　871
에피택시 증착법　861
엔드밀링　555, 558
엔드밀링커터　604
엠보싱　489, 490
엣징　434
여유각　516
역드로잉　486
역류솔더링　895
역지 밸브　302
역지렛대 법칙　113
역청탄　117
역회전 압연기　426
연납용제　799
연납재　797, 798
연납접　15, 797, 891
연납페이스트　895
연다양성　6
연동식　545
연료연소로　699
연마가공　635
연마공정　513
연마마모　583
연마벨트연삭　652
연마재　150, 155
연마제워터제트절단　662
연마제절단　567
연마제제트가공　663
연마제흐름가공　663
연삭　636
연삭비　644, 661
연삭오일　646
연성　49
연속 경로 시스템　947

연속 섬유　197
연속 인발　455
연속공정　5
연속구동 마찰용접　777
연속드럼경화법　339
연속로　699
연속브로칭머신　565
연속성 법칙　224
연속성 시험　889
연속운동용접　764
연속이송　973
연속인발성형　356
연속인발성형법　343
연속주조　122
연속칩　521, 522
연속탱크로　272
연신 굽힘　505
연신성형　498
연신율　49
연안 외부위탁　21
연주철　131
연철　116
열 확산　911
열가소성　172, 284
열가소성 고무　343
열가소성 고분자　10
열가소성 고분자화합물　42
열가소성 고탄성재료　343
열가소성 중합체　167
열가소성 탄성중합체　168, 191, 195
열가소성 폴리에스터 공중합체　195
열가소성 폴리우레탄　195
열가압실 기계　251
열간　412
열간 등방정압 가압법　380
열간가공　63, 412
열간가공용 공구강　129
열간가압법　382
열간균열　262
열간롤용접　775
열간압연　420
열간압출　447
열간탕도　305
열경화성　187, 284
열경화성 고분자　10
열경화성 고분자화합물　42
열경화성 중합체　167, 172
열린기공　369
열산화　911

열산화법 860
열성형 319
열안정성 241
열압착 접합 871
열영향부 99, 745
열적균열 152
열적시효 182
열적충격 152
열전달인자 742
열전도계수 77
열전도도 109
열처리 15, 146, 378, 691
열초음파 접합 871
열팽창 326
열팽창계수 75
열팽창수지트랜스퍼몰딩 353
열확산도 77
염 667
염료 179, 722
염료침투법 783
염욕로 699
염욕조 379
염욕조법 797
염화메틸렌 705
염화물 794
영구주형 220
영구주형 주조 249
영상처리와 분석 1054
영역결함 873
옆날각 598
예비 다이 성형 356
예비성형체 345
예비폼 성형 352
예열 781
오버랩 782
오버암 558
오버컷 669
오버헤드 갠트리 350
오산화철 373
오스테나이타이징 694
오스테나이트 116
오스테나이트계 스테인리스 127
오시뮴 144
오토클레이브 339, 351
오토클레이브 성형 351
오픈셀 352
온간 412
온간가공 412
온도 센서 908

와셔 493, 813
와이어 방전절단 916
와이어방전가공 671
와이어브러싱 261, 794
와이어-EDM 916
와이퍼 399
와이퍼 슈 505
와이핑 금형 477
와이핑 방법 704
완전 자연분해성 플라스틱 181
완전소성 53
완전자동 금형 313
완전탄성 52, 66
완전풀림 692
왕복 스크루 303
왕복대 543
외면브로칭 565
외면센터리스연삭 649
외면원통연삭 648
외부 잡음인자 1046
외부측정용 마이크로미터 90
외부측정용 캘리퍼스 89
외부칠 231
외피 263
외형형성공정 12
요변주조 254
요변주형 254
요소 포름알데히드 172, 188
용가재 733, 794
용기 유리 160
용선로 119, 258
용융 염욕조 796
용융부족 781
용융열 40, 75, 226
용융예비형성체 315
용융인자 742
용융점 75, 412
용융체 스피닝 300
용융체 파괴 296
용입부족 782
용적 408, 419, 921
용적 미세가공 912
용적밀도 370
용적변형 408
용적부피 371
용접 15, 733
용접경계부 745
용접고정구 736, 780
용접공 736

용접너깃 760
용접물 733
용접법 12
용접보조공 736
용접봉 753
용접선 305, 309
용접위치결정구 736
용접접합 803
용접접합부 737
용접조건 781
용제 117, 258, 300, 722, 751, 767, 892
용제세척 794
용제청정 705
용착조형 공정 839
용체화처리 697
용침 378, 379
용해제련 137
우레탄 189, 805
우선순위관리 1027
우수한 표면 정도 515
우연변동 1034
운모 200
운반라인 979
운반지시 간판 1025
올프라마이트 156
워터제트절단 661
원 보간 948
원 통도 87
원가 감안설계 1011
원심분무법 372
원심분사 277
원심주조 257, 273
원자가 전자 31
원자현미경 923
원판숫돌 567
원판연삭기 651
웨이브솔더링 800, 891
웨이퍼 수율 873
웹 440, 601
위치 제어 시스템 947
위치이동시간 977
유기용제 800
유냉경화 129
유도가열경납접 796
유도가열법 700
유동 805
유동 선삭 501
유동곡선 51, 52, 58
유동공급 608

유동성 64, 225
유동성베드로 699
유동응력 410
유동코팅 723
유동학 254
유동화베드법 724
유럽경제공동체 1047
유리 9, 150, 158, 198, 389
유리 섬유 150
유리블로잉 159
유리섬유강화플라스틱 334
유리세라믹 150
유리조성체 159
유리질 151, 153
유리-천이온도 40, 178
유변주조 254
유심용제 아크용접 755
유압 기계식 고정부 307
유압 프레스 498
유압식 고정부 307
유압식 프레스 439
유약칠 155, 397
유연 발포 324
유연 오일 335
유연생산셀 987
유연생산시스템 987
유연오버레이 공정 726
유인화수준 978
유전강도 80
유전체 80
유제청정 705
유지비용 1016
유화오일 607, 646
육안검사 102, 782
윤곽가공 566
윤곽기기 100
윤곽밀링 538, 555
윤곽선삭 538, 542
윤곽제어 947
윤활제 179, 375, 398, 607
용접 749
융합부 744
음각금형 320
음극 82
음극효율 711
음성 포토레지스트 856
응고공정 13
응고수축 229
응고점 75

응력 56
응력 제거풀림 692
응력완화 781
응력-변형률 46
응집제거제 375, 398
응착 584
응축 802
응축중합 171
의소성 66, 285
이단 사출기 306
이단 사출성형 310
이동판 304
이동형 점용접기 763
이동효율 722
이리듐 144
이방성 163, 865
이방성지수 681
이산 센서 941
이산형 5
이산화실리콘 864
이상변동 1034
이상보고서 1028
이소시아네이트 189
이소프렌 194
이송 515, 517
이송나사 543
이송대 조 460
이송자국 619
이어링 488
이온 리소그래피 859
이온결합 32
이온도금 718
이온쌍 공극 36
이온주입 862, 911
이온주입법 709
이원위치금형 310
이진 비전 1053
이진(binary) 센서 941
이차전단 521
이축 권선 355
이항분포 1040
이형 시스템 304
이형 핀 304
인공시효 697
인발 53, 409, 455
인발벤치 459
인벌류트 570
인베스트 245
인베스트먼트 245

인산 864
인산염 코팅 715
인서트 314, 821
인성 109, 588
인쇄배선기판 881
인쇄회로기판 800, 881
인장 45
인장강도 48, 485, 814
인터록 822
인피드 641
인화지연제 179
일괄공정 917
일렉트로가스 용접 756
일렉트로슬래그용접 772
일메나이트 139, 157
일반 스피닝 500
일반나사 811
일자형(straight-sided) 프레임 494, 495
일체형 갭 프레임 494
입방정질화붕소 158, 589, 596, 637
입자 345
입자공정 13
입자성물질 199
입자파괴 644
입체 노광기술 917
입체규칙성 174
잉곳 121, 217
잉곳 철 116
잉곳편석 228

ㅈ

자기 155
자기보호 유심용제 아크용접 755
자기조립 928
자기조립 단분자막 929
자기탐상법 783
자기펄스 성형 503
자동 도포기 805
자동 테입적층기 350
자동개방 다이스 568
자동공구교환 561
자동공구교환장치 561
자동나사기계 546
자동바머신 546
자동용접 737
자동차공업협회 123
자동화검사 1048
자동화생산라인 979
자본재 5

자삽기   16
자생작용   637
자생(autogenous) 용접   735
자성세라믹   150
자승평균제곱근   98
자연공차한계   1035
자연시효   697
자외선흡수제   180
자유단조   430, 431
자재명세서   1020
자재취급   963
작동유   491
작업계획서   1004
작업공간   961
작업상황보고서   1028
작업순서계획   1027
작업일정계획   1027
작업지시발부   1026
잔류응력   99, 780
잔류응력 윤곽   102
잔주름가공   822
잡음인자   1046
장기계획   1014
장석   154
재가압   378
재결정   63, 99, 692
재결정온도   63
재고관리   1013
재고기록파일   1021
재고비축생산   18
재고소진비용   1016
재공재고   972
재도포 금속   99
재드로잉   486
재료   5
재료 낭비   515
재료 제거   832
재료 첨가   832
재료제거공정   12, 13, 513
재료제거율   661
재발주점   1017
재봉   821
재사용성   241
재생셀룰로오스   184
재응고 금속   99
재활용   180
저미니 담금질시험법   696
저밀도 폴리에틸렌   181, 186
저밀도집적   848

저삽입력   900
저압 주조   250
저압 화학 증착   721
저탄소강   123, 264
저합금강   125
저합금공구강   129
저항   80
저항 심용접   764
저항 점용접   762
저항 프로젝션용접   765
저항가열   717
저항경납접   796
저항용접   734, 735, 760
적시(JIT) 생산시스템   1023
적외선경납접   797
적외선리플로우솔더링   801
적절한 설계   781
전구 유리   160
전극   82
전기도금   82, 710, 911, 916
전기도금법   863
전기로   115, 272
전기방전 성형   503
전기분해   82, 133
전기분해법   371, 373
전기수압 성형   503
전기아크로   121, 259
전기유도로   260
전기장   1055
전기전도도   80, 109
전기청정   705
전기코팅   723
전기화학   82
전기화학 공정   664
전기화학 제조법   917
전기화학도금   710
전단   45, 410, 444, 471
전단 성형   501
전단 스피닝   501
전단각   474, 526
전단강도   58
전단계수   57
전단력   524
전단면   518
전단변형률   519
전단속도   64, 285
전단응력   56, 64, 285
전단점도 계수   285
전단탄성계수   57

전달함수   941
전도체   80
전방향 슬립   422
전사적 자원관리   993
전사적 품질경영   1041
전수검사   101, 1048
전압층   888
전용장비   16
전원 장치   944
전위   36
전위차계   531, 891
전자 빔 노광기술   925
전자게이지   92
전자기 성형   503
전자기술   909
전자등급 실리콘   852
전자빔가공   672, 682, 916
전자빔가열법   701
전자빔기화   717
전자빔용접   735, 771
전자빔(E-beam) 리소그래피   859
전통적 복합재   195
전통적 세라믹   389
전하운반체   80
전해가공   82, 664
전해디버링   667
전해성형   713, 911, 916
전해액   82
전해연삭   667
전해전지   82
전해철   116
전해청정   705
절단   356, 543, 566
절단력   473
절대 위치제어   948
절삭   14, 643
절삭 여유   266
절삭가공   378, 513, 537, 615
절삭공구   516
절삭공구재료   150
절삭깊이   517
절삭동력   528
절삭력   524, 528, 555, 616
절삭성   615
절삭성 등급   616
절삭속도   515, 517, 528
절삭오일   607
절삭온도   530, 616
절삭유   518, 606

절삭조건   517
절삭행정과   563
절연물 제거법   898
절연액   669
절연체   80
점간 제어 시스템   947
점결함   36, 873
점성   64, 285
점용접   739
점진단조   434
점탄성   66, 286
점탄성계수   67
점토   9
접근부   460
접이롤   298
접이형 탭   570
접지면   339
접착물   801
접착법   15
접착제   801
접착제 접합   801
접촉 인쇄   856
접촉 입력/출력 인터페이스   943
접촉검사   1049
접촉면   200
접촉성형   347
접촉적층   347
접합   733
접합면   735
정량적 측정기기   88
정렬구멍   884
정면밀링   555, 557, 558
정면밀링커터   604
정밀 단조   436
정밀 블랭킹   476
정밀도   87
정반   88
정삭   518, 622
정성적 측정장치   89
정수압   380
정적 응력   45
정전분무   723
정지 마찰   483
정지센터   544, 545
정지한계   92
정형   336
정확도   87
제거법   886
제분   390

제어 분해능   953
제조   1
제조 감안설계   1008
제조공정   10
제조공학   999
제조능력   7
제조리드타임   427, 1020
제조시스템   2, 17, 937
제조지원시스템   17, 999
제조현장관리   1026
제품다양성   6
제품별 배치   19
제품의 복잡성   326
제품특성   1033
조립   733
조립라인   3
조립성 감안 설계   822, 1008
조립작업   10
조밀육방격자   35
조방사   345
조정가능 베드프레임   494
조합형 마이크로센서   905
존 파슨스   946
졸링법   394
종속수요   1016
종횡비   910
좌굴   441
주 가스   675
주름   99
주름판   177
주물   217, 284
주물공장   219
주물작업자   219
주사탐침현미경   909, 923
주사터널링현미경   923
주석기조 합금   265
주석도금   712
주석코팅강판 용기   142
주입부족   309
주입속도   223
주입온도   223
주입컵   221
주입탕구   221
주전단   521
주조   13, 66, 217, 274, 323
주조 금속   110
주조용 티타늄합금   265
주철   9, 117, 130, 264
주철 공구   574

주철수도파이프   264
주철합금   264
주축   543
주축대   543
주형   219
주형 균열   263
주형 상수   229
주형 어긋남   263
주형상자   240
주형침식   223
준금속   30
준영구주형 주조   249
준추가법   886
준화학용액   608
중간 상   111, 200
중공   326, 410
중공 프로파일   295
중공형상   318
중기계획   1014
중량생산   5, 18
중력 드롭해머   439
중립점   422
중밀도집적   848
중성염   768
중실 프로파일   294
중심부 균열   454
중심부 파열   454
중진공용접   771
중탄소강   124
중합도   173
중합체   109, 167
중합체의 분자량   173
중합화   802
증기기관   543
증기기름제거법   705
증기리플로우솔더링   801
증기상 에피택시   861
증발폼 공정   244
증분 위치제어   948
증분변화량   64
지거링법   394
지그   552
지그연삭기   651
지능제어   962
지방   416
지방유   416
지속가능 제조   22
지정 가능 포인트   953
직각도   87, 92

직교절삭　527
직교절삭모델　518, 522
직립드릴링머신　552
직선 보간　948
직선선삭　538
직선핀　818
직선형 레이아웃　988
직접 컴퓨터제어　1051
직접 CAD 제조　833
직접압출　445, 448, 453
직접연소　699
직접연소로　259
직조 조방사　345
진 원도　87
진 직도　87
진공　244
진공 열성형　319
진공영구주형 주조　250
진공주조　244
진공증착법　863
진동다듬질　707
진밀도　370
진변형률　50, 422
진원도　92
진원심주조　255
진응력　49
진입　470
진직도　92
진행보고서　1028
질량확산　78
질산　864
질산셀룰로오스　168
질화　698
질화규소　157
질화물　9, 863
질화법　709
질화붕소　158
질화실리콘　864
질화티타늄　158
집적회로　847
쪼개짐　803

채널　499
척　544, 545
척킹머신　546
천　345
천공　475
천연가스　259
천연고무　190, 334
천연매질　707
천연접착제　804
철계　110
철금속　9
철-기저 합금　144
첨가제　722
첨가중합　171
청동　137
청정　15
청정생산　22
체　638
체결구　383, 809
체심입방격자　35
초경합금　157, 207, 400, 452, 547, 589, 593
초고밀도집적　848
초고정밀가공　916
초기폼　346
초내열합금　144
초음파 기술　1055
초음파 접합　871
초음파 청정　706
초음파가공　660, 916
초음파검사　783
초음파용접　736, 779
초전도체　81
초크랄스키 공정　852
촉매경화　723
촉매활성　311
촉침　100
촉침 기기　101
총괄생산계획　1015
총응고시간　226
총형가공　538, 542
총형 밀링　555, 571
총형밀링커터　569, 604
총형선삭　542
최대 인장강도　48
최소여유시간　1028
최소작업시간　1028
최신 접촉-트리거(touch-trigger) 탐침 1050

최종시험 수율　873
추가법　886
추진류　289
축　540
축방향 리드　890
축소비　447
축전기　503
출력밀도　741
충격압출　447, 453
충격제분　392
충전물　312
충진재　308, 311
충진제　179, 200, 206
취성재료　55
취입제　335
측면게이트　305
측면경사각　597
측면라이저　233
측면여유각　597
측벽　341
측정　87
층 제조　833
층류　294
층상복합재구조　203
치밀화　378
치수　85, 86
치수 정확성　515
치수공차　266
치수효과　529, 642
치즐날　601
치핑　402
치환이온　36
치환형 고용체　110
칙소트로피　254
칠　231
침입　36
침입형 고용체　111
침입형자유강　117, 130
침잠경납접　796
침적　301, 723
침전법　397
침탄　698
침탄법　709
침탄질화　698
침탄질화법　709
침투　263
칩　513, 847
칩 두께비　519
칩 브레이커　522, 598

ㅊ

차단길이　98
차이나　155
차이나클레이　335
착색제　179
찰코파이라이트　136
창문 유리　160

칩부하 556
칩비 519

ㅋ

카드온보드 881
카본블랙 333, 335, 345
카우축 192
카운터보링 551
카운터싱킹 551
칼날전위 36
칼라 817
칼럼 563
캐러라이징 709
캐러셀(carousel)형 980
캘리퍼스 89
캘린더링 299, 337
캡나사 811
캡스턴 459
커나이트 164
컬 313
컬링 480
컴비네이션 금형 493
컴파운드 708
컴파운드 금형 493
컴퓨터 수치제어방식 355
컴퓨터원용 공정계획 1006
컴퓨터지원 수동구동 1050
컴퓨터지원 전동구동 1051
컴퓨터통합생산 991
컵 드로잉 410
컷앤필 677
컷오프 475
케블라 196
케블라 49 199
케이블 커넥터 899
케이스경화 698
코깅 434
코너 326
코너 반경 327, 440
코런덤 154
코발트-기저 초합금 145
코어 221, 240, 266
코어 편향 263
코어받침 240
코이닝 378, 437, 489, 498, 661
코일 409
코일핀 819
코크스 117, 119, 258
코터핀 821

코팅 15, 919
코팅재 416
코팅초경합금 589, 595
콜드샷 262
콜드셧 261, 263
콜릿 544, 545
콤팩트디스크 907
쾌삭강 129, 617
크라운 유리 161
크랭크축 498, 648
크레오소트 334
크레이터 99, 102
크레이터마모 582
크로마이징 698, 709
크로스피드 641
크롬 125
크롬도금 712
크롬산염 코팅 715
크롬카바이드 208
크리프피드연삭 650
크림핑 897
크보리노프 법칙 229
클램프 504, 545
클러스터(cluster) 압연기 427
클린 룸 850

ㅌ

타이어 339
타이어 접지면 341
탁상드릴링머신 552
탁상형 밀링기 832
탁상형 절삭기 832
탄산칼슘 335
탄성 발포 324
탄성계수 47, 202
탄성조 성형 352
탄성중합체 168, 190
탄성한계 48
탄소 198
탄소 아크 기술 926
탄소 아크용접 759
탄소나노튜브 920
탄탈륨카바이드 156, 157
탄화규소 9
탄화물 9
탄화물 세라믹 156
탄화수소 335
탄화크롬 156, 157
탕구 304

탕구계 221
탕도 221, 304
탕로 221
태핑 551, 569
태핑나사 810, 811
택용접 781
탠덤(tandem) 압연기 427
탭 551, 570
터널링 923
터닝센터 562
터렛 495
터렛 프레스 495
터릿 549
터릿선반 546
턴디시 122
턴플레이트 714
텀블링 261, 707
텀블링배럴다듬질 707
텅스텐계 고속도강 591
텅스텐카바이드 156, 207, 400
테르밋 773
테르밋용접 773
테셀레이션 833
테이퍼게이지 93
테이퍼선삭 538, 542
테이퍼핀 818
테일파이프 455
테프론 168, 184
템퍼드 마르텐사이트 695
템퍼링 278, 695
템플레이트 572
토글식 고정부 307
토기 154
토치경납접 796
토크 815
토크 센서 908
톱날 566
톱니형 칩 522
톱작업 566
통계적 관리 1034
통계적 분포 954
통과한계 92
통과/정지 게이지 92
통기성 241
투영 인쇄 857
투입 272
투입재 272
튀김현상 675
튜브 벤딩 410

튜브 스피닝　501
튜브 싱킹　460
튜브 인발　461
튜브롤링　358
트랙　882
트랜스퍼몰딩　313, 352
트레이싱 탐침　560
트루잉　645
트리밍　261, 444, 475
트위스트 드릴　601
트위스팅　489
특수 매크로 명령　957
특수 알파뉴메릭　956
특수가공　14, 513, 659
특수가공 공정　682
특수강　129
특징형상추출　1054
티닝　714
티타늄카바이드　156, 157, 208

ㅍ

파괴시험　783
파단　470
파단구역　471
파단응력　48
파손 영역　585
파쇄　390
파쇄성　637, 644
파열　483, 488
파워프레스　304
파이프　229
파이핑　454
팔라듐　144
패리슨　274
패리슨용융예비형성체　315
패키징 계층 구조　879
패킹　370
패킹 지수　371
패턴　221, 239
패턴수축여유　230
패턴트리　247
팩침탄　698
팩확산법　709
팰릿 셔틀　561
팰릿타이저　971
팽윤비　315
팽윤율　286
팽창 고분자　324
팽창박음　15, 75, 819

퍼커션용접　766
퍼클로에틸렌　705
펀치　409
펀치-금형　470
펀칭　471
필라이트　693
펄스 계수기　944
펄스 생성기　944
페놀　344
페놀 포름알데히드　172, 188
페라이트　116
페라이트계 스테인리스　127
페일크레이프　335
펜트란다이트　138
펠릿　183, 287, 381
펠릿 몰딩 컴파운드　346
편석　113
편심축　498
평 탄도　87
평 행도　87
평균 유동응력　411
평균거칠기　97
평균기기　101
평로　115
평면 코팅　301
평면공정　849
평면연삭　647
평밀링　538, 554
평밀링커터　603
평삭　564
평압연　420, 422, 425
평탄도　92
평판디스플레이　919
평판밀링　554, 558
평행도　92
평형상태도　113
폐금형단조　434
폐루프　939
폐루프 NC 시스템　951
폐쇄 셀　324
폐쇄형 주형　220
폐쇄형라이저　233
포갬　99
포말　310
포머　440
포아송 분포　1040
포인팅　460
포켓밀링　555
포토레지스트　677, 856

포토리소그래피　856, 885
포트트랜스퍼몰딩　313
폭발성형　502
폭발용접　776
폭발클래딩　776
폴리 아크릴로니트릴　345
폴리디메틸실록산　194, 915
폴리렉타이드　181
폴리메틸메타크릴레이트　184
폴리부타디엔　193
폴리비닐클로라이드　180
폴리스티렌　168, 171, 181
폴리스틸렌 발포　325
폴리실리콘　863
폴리싱　103, 655
폴리아미드　185
폴리에스터　168, 188
폴리에틸렌　168, 185, 677
폴리에틸렌 텔레프탈레이트　180, 185
폴리에틸렌(HDPE)　180
폴리염화비닐　168, 171, 186
폴리옥시메틸렌　184
폴리올　189
폴리우레탄　168, 189, 194
폴리이미드　189
폴리이소부틸렌　193
폴리이소프렌　191, 193, 194, 334
폴리카보네이트　168, 181, 185
폴리클로로프렌　193
폴리프로필렌　168, 171, 181, 186
폴리4불화에틸렌　184
폼 고분자　206
폼 재료　204
표면　85
표면 균열　455
표면 마무리　516
표면 미세가공　912
표면 스크래치　488
표면거칠기　96, 97, 266, 619
표면건조주형　241
표면경화법　79
표면공정　12
표면구조　619
표면기술　95
표면다듬질정도　97
표면막　371
표면세척　261
표면소손　643
표면실장기술　869, 880, 893

표면아래층   99
표면용접   740
표면윤곽가공   556, 558
표면윤곽측정기   100
표면정도   622
표면조직   96, 102
표면처리   15
표면파형   96, 622
표면품위   96, 99
표본검사   1048
표피포장   322
푸시 시스템   1025
풀 시스템   1025
풀러링   434
풀림로   275
풀링   356
풀몰드 공정   244
풀포밍   356, 357
품질 감안설계   1010
품질관리   1033
프랭크 스툴렌   946
프레스   16, 469
프레스 브레이크   477, 495
프레스가공   409
프레스형 점용접기   763
프레스-블로우   274
프레싱   273, 365, 375
프레임   494
프로그래머블 로직 컨트롤러   944
프로그래밍 장치   945
프로그레시브 금형   493
프로스트 라인   298
프로판   676
프로필렌   676
프리트   725
프리폼 비드   325
프리폼 성형   352
플라스크   221
플라스티졸   323
플라스틱   167
플라스틱 산업 협회   180
플라스틱 식별 코드   180
플라스틱 패키지   872
플라이   339, 341
플라이 휠   498
플라즈마   674
플라즈마 기상증착성장   722
플라즈마 도포   722
플라즈마 아크용접   758

플라즈마 에칭   865
플라즈마 증진 화학 증착   721
플라즈마 화학 증착   722
플래시   253, 395, 430, 440
플래시선   439
플래시용접   766
플래싱   309
플랜지부 주름   488
플랜지용접   739
플랜징   480
플랭크마모   582
플러그   460
플러그게이지   93
플러그용접   739
플러렌   919
플런저   306
플런저식 사출성형기   307
플런저트랜스퍼몰딩   313
플런지이송   648
플레이너   538, 564
플레이너형   558
플레이너형(planer type) 밀링머신   560
플로우트 공정   276
플린트 유리   161
피니싱   378, 400
피복금속 아크용접   753
피봇 조립체   94
피시테일링   455
피치   345
피트   99
피트성형   218
핀   263, 492
핀그리드 어레이   870
핀인홀   869
핀인홀기술   880
핀치 롤   298
핀홀   262
필라멘트   197, 284, 299
필라멘트 공급   356
필라멘트 권선   354
필라멘트 권선 공정   343
필렛   440
필름   297, 805
필릿   266, 327
필릿용접   738

ㅎ

하단이 넓은 주형   121
하드 애노다이징   715

하드베이크   858
하드웨어   4
하드페이싱   726
하부판   341
하이드로 포밍   490
하향식 접근법   924
하향절삭   555
하형   221
한계게이지   92
한계치수   86
한쪽공차   86
할로겐 원소   30
함유물   99
함입   97
함입자국   309
함침   378
합금   8, 110, 146
합금분말   371, 383
합금원소감소   99
합금주철   132
합성   335
합성고무   190
합성매질   707
합성 복합재   195
합성접착제   804
합침   379
합판유리   278
핫스팟   266
핫크래킹   262
항복강도   48, 485, 814
항복응력   48
항복점   48
항산화제   180
항암제   919
해석   1054
해외 외부위탁   21
해칭면   653
핵연료   150
행성모델   30
허브   443
허빙   443
헤딩   440
헤마타이트   117
헤미모페이트   140
헤밍   480
헬리컬 기어   571
헬리컬밀링커터   603
혐기성접착제   805
형광물질침투법   783

형단조 430, 434
형삭 563
형상 단순화 265
형상인자 451
형조압연 420, 426
형체력 304, 309
형판 671
형판 매칭 1054
호닝 103, 513, 653
호브 572
호빙 머신 572
호퍼 287
호환가능 부품 3
혼련 373, 374
혼성복합재 205
혼성중합체 929
혼합 374
혼합 헤드 311
혼합라인 972
혼합모델 생산라인 19
혼합물 규칙 201
혼합활성 311
홈 601
홈용접 739
홈핀 818
화살머리형 파단 454
화염경화법 700
화염절단 676
화이버 299
화학 기상 증착법 926
화학 증착법 719
화학가공 676
화학기상증착 911
화학기상증착법 860, 863
화학밀링 679
화학반응 584
화학법 371
화학블랭킹 680
화학용액 608
화학적 블로잉제 324
화학적 산피클링 261
화학적 증착법 15
화학적 환원법 373
화학조각 680
화학촉매 171
확산 584
확산용접 79, 736, 775
확장재 206
환경고려 설계 22

환형 권선 354
활석 200
활성탄소 192, 345
활톱작업 566
황동 137
황삭 517, 622
황삭공정 518
회로화 886
회복풀림 692
회전 디스크법 372
회전 스크루 287
회전 콘 390
회전 튜브 피어싱 429
회전몰딩 318
회전센터 544
회전형 537
회주철 130, 264
횡방향 붕괴강도 207
횡이송 648
횡적붕괴강도 56
후개방 경사 494
후몰딩 패키지 872
휘스커 197
휴지각 370
흐름라인 생산 19
흑연 130, 163
흔들림 공차 92
흠집 96
흡수 99
흡입컵 338
히트싱크 780

기타

1차 산업 4
2단식(two-high) 압연기 426
2원 상평형도 111
2차 산업 4
3단식(three-high) 압연기 426
3중중합체 176
3차 산업 4
3차원 그래픽 렌더링 98
3차원 프린팅 840
3판 금형 305
4단식(four-high) 압연기 426
6시그마 21
ABS 168, 181, 184, 323
AISI 123
ANSI 86, 639
Antioch 공정 248

ASTM 46, 130
AWS 782
Bayer 공정 133
BHN 58
BOF 119
C자형 프레스 496
C-프레임 494
CNC 546
CNC드릴프레스 552
CNC밀링머신 560
CNC밀링터닝센터 562
CNC터닝센터 561
CNC터릿드릴링머신 552
CO2용접 754
Danner 공정 276
DFE 22
DN비 575
ECM 664
EOQ 공식 1019
Faraday의 제1법칙 664
Fick의 제1법칙 78
Frenkel 결함 36
GDP 1
HIPS 186
HK 60
Hooke의 법칙 47
HV 59
IC 제조 850
IC 패키징 850, 868
ISO 9000 1046
JIT 21
Krabacher 645
Kroll 공정 140
LED 891
LIGA 공정 914
MAPP 676
Merchant 식 525
Michael Faraday 83
MIG용접 754
MPIF 분류체계 384
NC 958
NC 파트 프로그래밍 956, 990
NC 프로그램 다운로드 990
P⁺ 에칭정지 기술 912
PCB 881
PLC 메모리 944
poise 65
PP 186
PVC 186, 677

RTM   352

SAE   123

SBR   193

SCARA 로봇   961

Schottky 결함   36

SGC 공정   836

SMC 몰딩   351

T자이음   738

Taylor 공구수명식   616

TIG용접   758

TiN 코팅   718

TZM   142

UNS   137

V 공정   244

V-굽힘   477

Watt의 증기기관   3

WIG용접   758

X선 노광기술   925

X선 리소그래피   859

x-y 트레이싱   560

x-y-z 트레이싱   560

역자 소개

김도석 중앙대학교 공과대학 기계공학부 겸임교수 kdoseok@naver.com
김석민 중앙대학교 공과대학 기계공학부 교수 smkim@cau.ac.kr
김종민 중앙대학교 공과대학 기계공학부 교수 0326kjm@cau.ac.kr
김주현 국민대학교 공과대학 기계시스템공학부 교수 kim@kookmin.ac.kr
신영의 중앙대학교 공과대학 기계공학부 교수 shinyoun@cau.ac.kr
이건상 국민대학교 공과대학 기계시스템공학부 교수 kslee@kookmin.ac.kr
조민행 중앙대학교 공과대학 기계공학부 교수 mhcho87@cau.ac.kr
최 영 중앙대학교 공과대학 기계공학부 교수 yychoi@cau.ac.kr
최만성 한국기술교육대학교 메카트로닉스공학부 교수 mschoi@kut.ac.kr

현대 제조공학 제4판
PRINCIPLES of MODERN MANUFACTURING 4/e

4판 1쇄 발행 : 2012년 8월 30일

지은이	Mikell P. Groover
옮긴이	김도석, 김석민, 김종민, 김주현, 신영의, 이건상, 조민행, 최영
감수자	최만성
펴낸이	최규학
진행	고광노
편집디자인	늘푸른나무
표지디자인	김남우
발행처	도서출판 ITC
등록번호	제8-399호
등록일자	2003년 4월 15일
주소	경기도 파주시 문발동 파주출판도시 535-7 307호
전화	031-955-4353(대표)
팩스	031-955-4355
이메일	chaeon365@itcpub.co.kr

용지 신승지류유통 인쇄 해외정판사 제본 동호문화

ISBN-10 : 89-6351-038-7
ISBN-13 : 978-89-6351-038-5   93560

값 35,000원